# plurall

CB136319

Parabéns!
Agora você faz parte do **Plurall**, a plataforma digital do seu livro didático! Acesse e conheça todos os recursos e funcionalidades disponíveis para as suas aulas digitais.

Baixe o aplicativo do **Plurall** para Android e IOS ou acesse **www.plurall.net** e cadastre-se utilizando o seu código de acesso exclusivo:

**AASNQNH2E**

Este é o seu código de acesso Plurall. Cadastre-se e ative-o para ter acesso aos conteúdos relacionados a esta obra.

@plurallnet

@plurallnetoficial

SOMOS EDUCAÇÃO

conecte
LIVE

TÓPICOS DE

# Física


RONALDO FOGO

Licenciado em Física pelo Instituto de Física da Universidade de São Paulo.
Engenheiro metalurgista pela Escola Politécnica da Universidade de São Paulo.
Coordenador das Turmas Olímpicas de Física do Colégio Objetivo.
Vice-Presidente da IJSO *(International Junior Science Olympiad)*.

NEWTON VILLAS BÔAS

Licenciado em Física pela Universidade de São Paulo (USP).
Professor de Física na rede particular de ensino.

RICARDO HELOU DOCA

Engenheiro eletricista formado pela Faculdade de Engenharia Industrial (FEI-SP).
Professor de Física na rede particular de ensino.


3


Editora Saraiva

**Editora Saraiva**

**Direção geral:** Guilherme Luz
**Direção editorial:** Luiz Tonolli e Renata Mascarenhas
**Gestão de projeto editorial:** Viviane Carpegiani
**Gestão e coordenação de área:** Julio Cesar Augustus de Paula Santos e Juliana Grassmann dos Santos
**Edição:** Andrezza Cacione, César Augusto Morais de Souza, Lucas James Faga, Marcela Muniz Gontijo, Maria Ângela de Camargo e Mateus Carneiro Ribeiro Alves
**Gerência de produção editorial:** Ricardo de Gan Braga
**Planejamento e controle de produção:** Paula Godo, Roseli Said e Marcos Toledo
**Revisão:** Hélia de Jesus Gonsaga (ger.), Kátia Scaff Marques (coord.), Rosângela Muricy (coord.), Ana Curci, Ana Paula C. Malfa, Arali Gomes, Brenda T. M. Morais, Carlos Eduardo Sigrist, Celina I. Fugyama, Cesar G. Sacramento, Claudia Virgilio, Flavia S. Vênezio, Hires Heglan, Lilian M. Kumai, Luís M. Boa Nova, Marília Lima, Maura Loria, Patricia Cordeiro, Paula T. de Jesus, Raquel A. Taveira, Rita de Cássia C. Queiroz, Sandra Fernandez, Vanessa P. Santos; Amanda Teixeira Silva e Bárbara de M. Genereze (estagiárias)
**Arte:** Daniela Amaral (ger.), André Gomes Vitale (coord.) e Lisandro Paim Cardoso (edição de arte)
**Diagramação:** Setup
**Iconografia:** Sílvio Kligin (ger.), Roberto Silva (coord.) e Carlos Luvizari (pesquisa iconográfica)
**Licenciamento de conteúdos de terceiros:** Thiago Fontana (coord.), Flavia Zambon (licenciamento de textos), Erika Ramires, Luciana Pedrosa Bierbauer e Claudia Rodrigues (analistas adm.)
**Tratamento de imagem:** Cesar Wolf e Fernanda Crevin
**Ilustrações:** CJT/Zapt, Luciano da S. Teixeira e Rodval Matias
**Design:** Gláucia Correa Koller (ger.), Erika Yamauchi Asato, Filipe Dias (proj. gráfico) e Adilson Casarotti (capa)
**Composição de capa:** Segue Pro
**Foto de capa:** Igartist 79/Shutterstock, solarseven/Shutterstock, George Rudy/Shutterstock


Avenida das Nações Unidas, 7221, 1º andar, Setor A – Espaço 2 – Pinheiros – SP – CEP 05425-902
SAC 0800 011 7875
www.editorasaraiva.com.br

**Dados Internacionais de Catalogação na Publicação (CIP)**

```
Bôas, Newton Villas
   Tópicos de física 3 : conecte live / Newton Villas Bôas,
Ricardo Helou Doca, Ronaldo Fogo. -- 3. ed. -- São Paulo :
Saraiva, 2018.

   Suplementado pelo manual do professor.
   Bibliografia.
   ISBN: 978-85-472-3473-7 (aluno)
   ISBN: 978-85-472-3474-4 (professor)

   1.    Física (ensino médio). I. Doca, Ricardo Helou.
II. Fogo, Ronaldo. III. Título.

2018-0020                                    CDD: 530.07
```

Julia do Nascimento – Bibliotecária – CRB-8/010142

**2023**
Código da obra CL 800854
CAE 628184 (AL) / 628185 (PR)
3ª edição
7ª impressão



Impressão e acabamento: EGB Editora Gráfica Bernardi Ltda.

Uma publicação SOMOS EDUCAÇÃO

Dedicamos este trabalho ao nosso mestre, professor Eduardo Figueiredo, de raro conhecimento e exemplar entusiasmo pela Física. Obrigado por tantos ensinamentos.

# Ao estudante

*Tópicos de Física* é uma obra viva, em permanente processo de renovação e aprimoramento. Pretendemos nesta edição, mais uma vez, oferecer um material contemporâneo e abrangente, capaz de satisfazer aos cursos de Ensino Médio mais exigentes.

Elaboramos este trabalho com a certeza de proporcionar a você um caminho metódico e bem planejado para um início consistente no aprendizado de Física. Nem por um momento perdemos de vista a necessidade de despertar seu real interesse pela disciplina. Para alcançar esse objetivo, criamos uma obra rica em situações contextuais, baseadas em ocorrências do dia a dia. Uma variedade de exemplos, ilustrações e outros recursos foi inserida com o intuito de instigar sua curiosidade e seu desejo de saber mais e se aprofundar nos temas abordados.

Optamos pela distribuição clássica dos conteúdos e dividimos o material em três volumes:

*Volume 1:* Mecânica;

*Volume 2:* Termologia, Ondulatória e Óptica Geométrica;

*Volume 3:* Eletricidade, Física moderna e Análise dimensional.

Cada volume compõe-se de *unidades*, que equivalem aos grandes setores de interesse da Física. Estas, por sua vez, são constituídas de *tópicos*, que abordam determinado assunto teórica e operacionalmente. Em cada tópico a matéria está dividida em *blocos*, que agregam itens relacionados entre si. Nos blocos a compreensão da teoria é favorecida pela inclusão de um grande número de exemplos práticos, ilustrações e fotos legendadas.

Esperamos que, ao utilizar este material, você amplie sua percepção de mundo e torne mais flexível seu raciocínio formal. Desejamos também que você adquira uma consistente visão dessa fascinante disciplina, o que, certamente, contribuirá para seu ingresso nas mais concorridas instituições de Ensino Superior do país.

**Os autores**

# Conheça seu livro

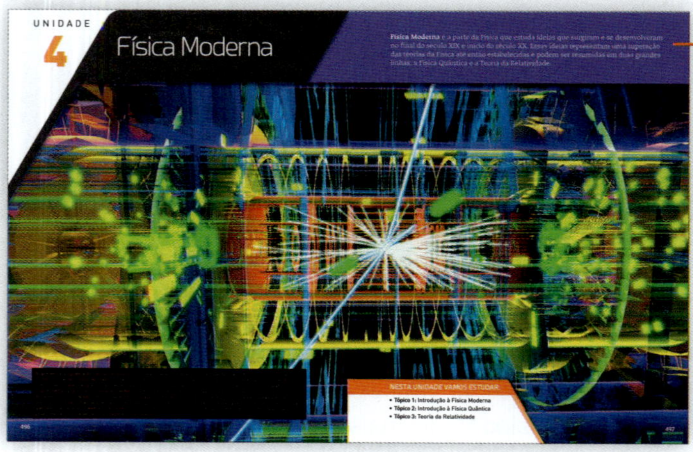


## Unidade

Na *Abertura de unidade*, é feita uma breve apresentação da área da Física que será estudada e da maneira como a unidade foi estruturada, indicando-se os tópicos que a compõem.

## Tópico

A *Abertura de tópico* traz uma breve introdução do que será trabalho ao longo do tópico.

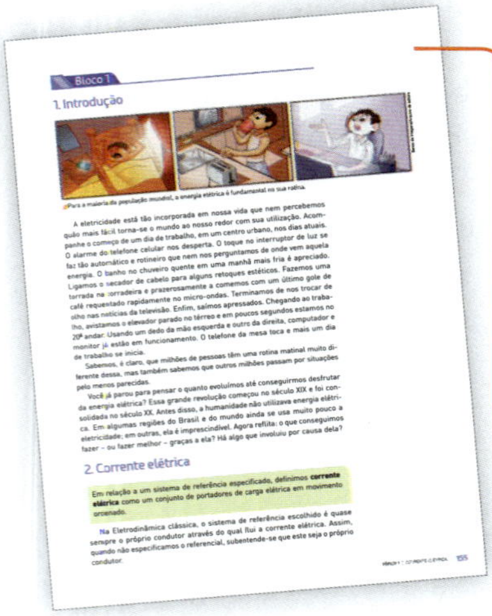


## Bloco

Cada tópico está dividido em *blocos*, que agregam itens relacionados entre si.

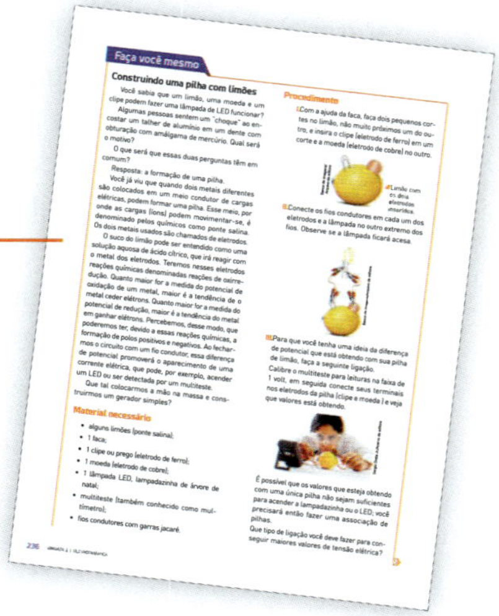


## Faça você mesmo

A seção *Faça você mesmo* traz atividades experimentais ou de verificação simples que podem auxiliá-lo na compreensão de fenômenos e conceitos importantes da Física.

## Ampliando o olhar

Nesta seção, você encontra textos complementares cuja finalidade é propor outras referências fenomenológicas, históricas e tecnológicas, além de curiosidades e justificativas que podem contribuir para a construção do conhecimento da Física e de sua relação com outros componentes curriculares.

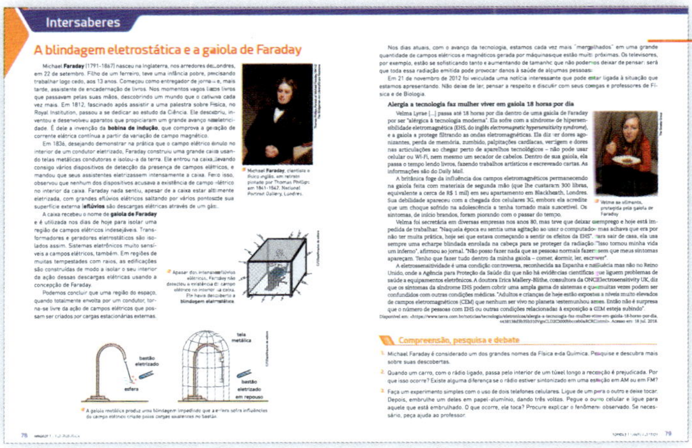

## Intersaberes

Na seção *Intersaberes*, você tem acesso a textos que podem ser explorados de maneira integrada com outras disciplinas. É uma oportunidade de complementar e aprofundar o conteúdo do tópico, estabelecer conexões entre diferentes áreas do conhecimento, realizar pesquisas e promover um debate de opiniões envolvendo os colegas e o professor.

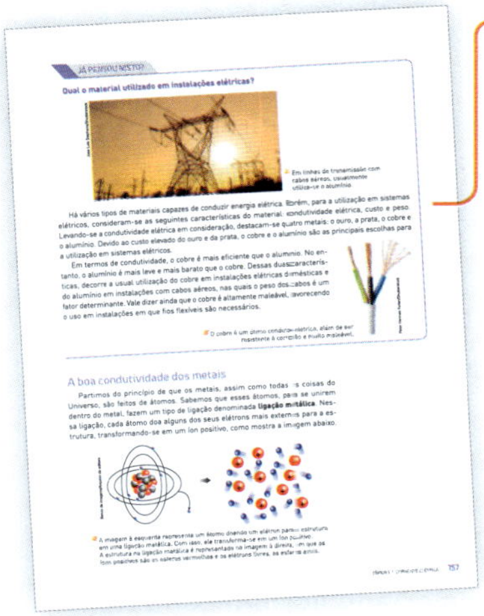

## Já pensou nisto?

Neste boxe, você encontra imagens fotográficas acompanhadas de títulos instigadores. Esses títulos são propostos quase sempre em forma de perguntas ou simples reflexões, cujo objetivo é motivá-lo a fazer a leitura do conteúdo estabelecendo conexões com situações do cotidiano.

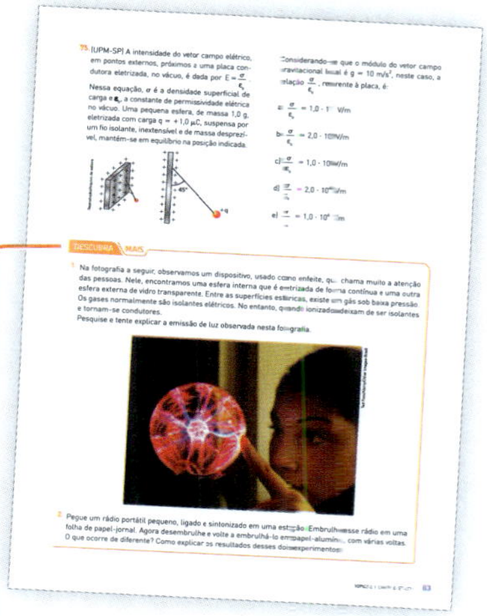

## Descubra mais

No boxe *Descubra mais*, você encontra questões que o convidam a pesquisar e a conhecer um pouco mais os assuntos estudados. Com isso, você poderá ampliar a abordagem do texto e descobrir temas correlatos enriquecedores.

Em cada tópico há quatro grupos de exercícios com diferentes níveis de dificuldade, a saber, *nível 1*, *nível 2*, *nível 3* e *Para raciocinar um pouco mais*. Intercalados aos exercícios nível 1 e nível 2 há alguns *Exercícios resolvidos (ER)*, que servem de ponto de partida para o encaminhamento de questões semelhantes.

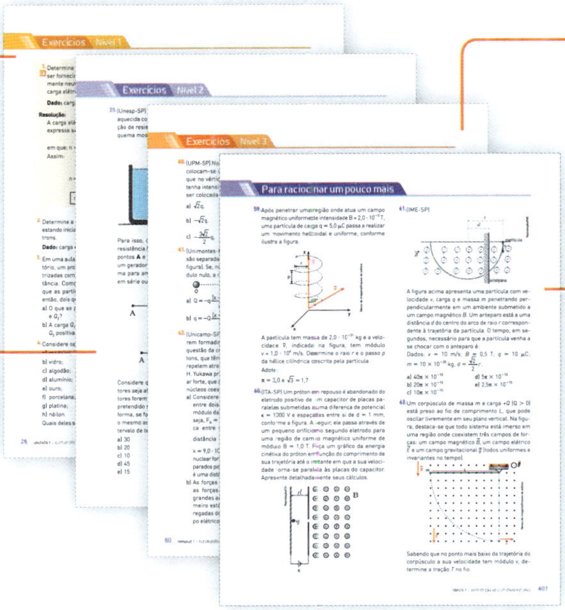

*Exercícios nível 1* – requerem, de forma simples, conhecimento apenas dos conceitos essenciais. Esses exercícios estão logo após a apresentação da teoria de cada bloco.

*Exercícios nível 2* – além dos aspectos conceituais, valorizam a descrição quantitativa dos fenômenos e contextos. Os exercícios nível 2 estão logo após os exercícios nível 1.

*Exercícios nível 3* – em sua maioria, são exercícios de vestibulares, nos quais inserimos elementos de complementação. Aparecem logo após a apresentação da teoria do último bloco de cada tópico.

*Para raciocinar um pouco mais* – comparecendo nesta edição em maior número, são exercícios com formulações mais complexas, recomendados àqueles que se dispuserem a alcançar maior grau de aprofundamento no conhecimento de Física. Encontram-se logo após os exercícios nível 3.

# Sumário

## Parte I

Sumário

## Parte II

### Unidade 2 – Eletrodinâmica

UNIDADE

# 1 Eletrostática

Moderno gerador eletrostático do tipo Van de Graaff, que pode produzir milhões de volts. Museu de Ciências de Boston, Estados Unidos, 2012.

A **Eletrostática** é a parte da Física que estuda as diversas situações de cargas elétricas em equilíbrio e os fenômenos que advêm dessas situações.

Há muito tempo o ser humano vivencia e observa fenômenos relacionados à eletricidade. Entre esses diversos fenômenos, podemos destacar alguns relacionados à eletrostática, desde o acúmulo de cargas elétricas na superfície de corpos devido ao atrito até o funcionamento de máquinas copiadoras.

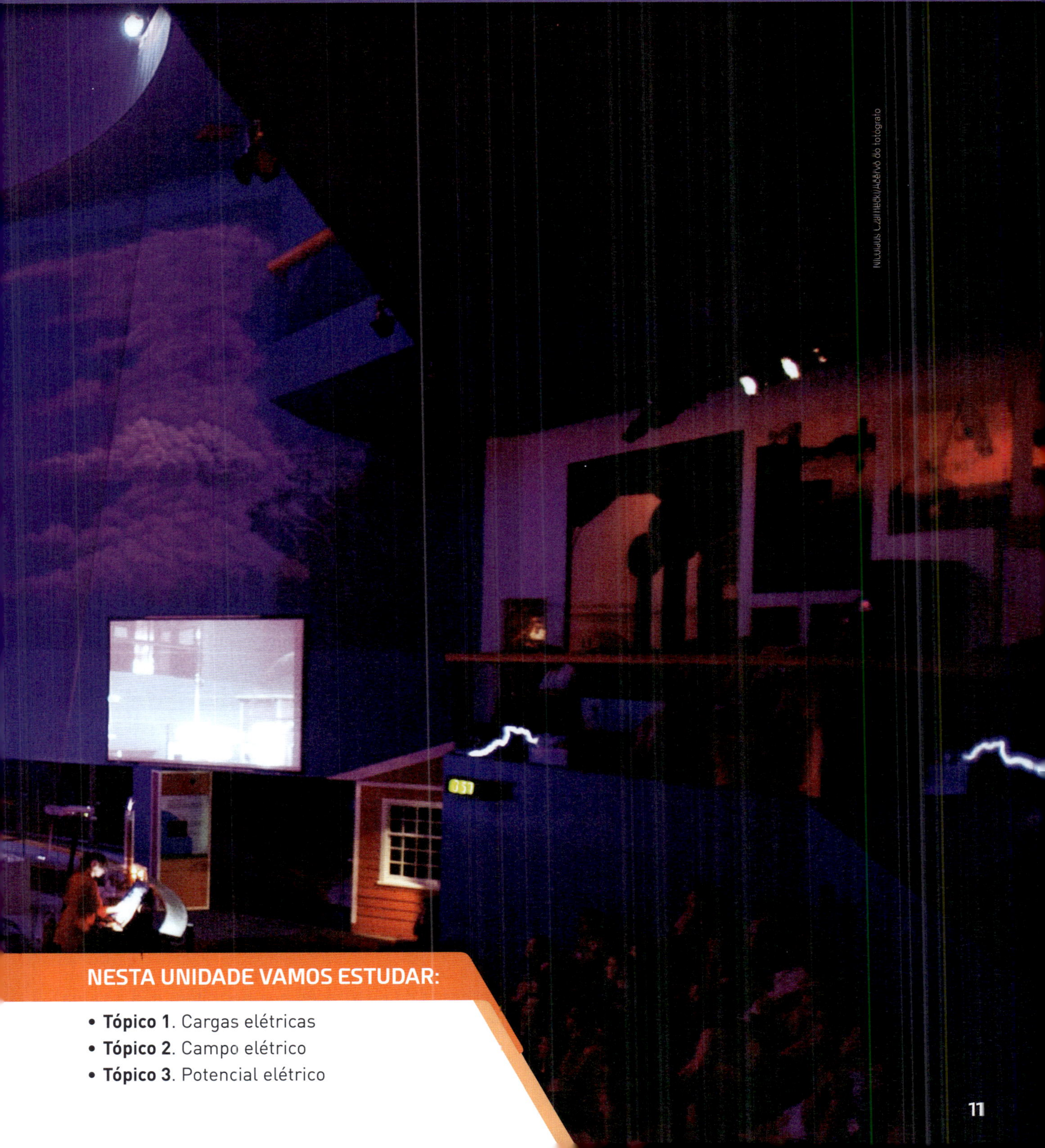

## NESTA UNIDADE VAMOS ESTUDAR:

- **Tópico 1**. Cargas elétricas
- **Tópico 2**. Campo elétrico
- **Tópico 3**. Potencial elétrico

TÓPICO

1

# Cargas elétricas

Sergio Ranalli/Pulsar Imagens

O relâmpago foi a primeira manifestação de **eletricidade** observada pelo ser humano. Envolto em medos e mistérios, demorou muito tempo para esse fenômeno natural começar a ser cientificamente explicado. Na fotografia acima, chuva com raios na região central de Londrina-PR. Janeiro de 2015.

Você já atritou um pente de plástico nos cabelos e observou que ele atrai pequenos fragmentos de papel? Já reparou que depois de desligar a TV a tela do aparelho atrai intensamente os pelos de seu braço? Esses fatos se devem à eletrização do pente e da tela da TV. Quando perdem elétrons, esses corpos adquirem carga elétrica positiva e, quando ganham elétrons, adquirem carga elétrica negativa.

Neste tópico, estudaremos a carga elétrica, propriedade fundamental da matéria. Investigaremos os processos de eletrização que permitem que a carga elétrica de um corpo mude e as interações entre corpos portadores de diferentes cargas elétricas.

## Bloco 1

# 1. Introdução

A história da eletricidade inicia-se no século VI a.C. com uma descoberta feita pelo matemático e filósofo grego **Tales de Mileto**, um dos sete sábios da Grécia antiga. Ele observou que o atrito entre uma resina fóssil (o âmbar) e um tecido ou pele de animal produzia na resina a propriedade de atrair pequenos pedaços de palha e pequenas penas de aves. Como em grego a palavra usada para designar âmbar é *élektron*, dela vieram as palavras **elétron** e **eletricidade**.

PjrStudio/Alamy/Other Images - Brasil

O âmbar é uma espécie de seiva vegetal petrificada, material fóssil cujo nome em grego é *élektron*.

Por mais de vinte séculos, nada foi acrescentado à descoberta de Tales de Mileto. No final do século XVI, **William Gilbert** (1544-1603), médico da rainha Elizabeth I da Inglaterra, repetiu a experiência com o âmbar e descobriu que é possível realizá-la com outros materiais. Nessa época, fervilhavam novas ideias, e o **método científico** criado por Galileu Galilei começava a ser utilizado. Gilbert realizou outros experimentos e publicou o livro *De magnete*, que trazia também um estudo sobre ímãs. Nele, Gilbert fazia clara distinção entre a atração exercida por materiais eletrizados por atrito e a atração exercida por ímãs. Propunha também um modelo segundo o qual a Terra se comporta como um grande ímã, fazendo as agulhas das bússolas se orientar na direção norte-sul.

Universal Images Group/Universal History Archive/Diomedia

Retrato de William Gilbert, médico inglês, autor do livro *De magnete*.

Por volta de 1729, o inglês **Stephen Gray** (1666-1736) descobriu que a propriedade de atrair ou repelir poderia ser transferida de um corpo para outro por meio de contato. Até então, acreditava-se que somente por meio de atrito conseguia-se tal propriedade. Nessa época, **Charles François Du Fay** (1698-1739) realizou um experimento em que atraía uma fina folha de ouro com um bastão de vidro atritado. Porém, ao encostar o bastão na folha, esta era repelida. Du Fay sugeriu a existência de duas espécies de "eletricidade", que denominou eletricidade **vítrea** e eletricidade **resinosa**.

Em 1747, o grande político e cientista norte-americano **Benjamin Franklin** (1706-1790), o inventor do para-raios, propôs uma teoria que considerava a carga elétrica um único fluido elétrico que podia ser transferido de um corpo para outro: o corpo que perdia esse fluido ficava com falta de carga elétrica (negativo); e o que recebia, com excesso de carga elétrica (positivo). Hoje sabemos que os elétrons é que são transferidos. Um corpo com "excesso" de elétrons está eletrizado negativamente e um corpo com "falta" de elétrons encontra-se eletrizado positivamente.

Reprodução/Arquivo da editora

Reprodução de gravura do século XVIII que mostra um experimento de eletricidade estática realizado pelo físico **Stephen Gray**. O garoto suspenso por fios isolantes foi eletrizado, passando a atrair pequenos pedaços de papel.

## Ampliando o olhar

### Benjamin Franklin

Joseph Siffred Duplessis.Portrait of Benjamin Franklin, c.18th/The Bridgeman art Library/Grupo Keystone. Coleção particular.

Retrato de Benjamin Franklin. Óleo sobre tela de Joseph S. Duplessis, século XVIII, coleção particular.

Benjamin Franklin nasceu em 1706, em Boston, situada em Massachusetts, uma das 13 colônias que, após a independência, se constituíram nos Estados Unidos da América. Aos 12 anos, guiado por um de seus irmãos, aprendeu a profissão de tipógrafo em um jornal. Ainda jovem, brigou com esse irmão e mudou-se para a Inglaterra. Ao voltar para os Estados Unidos, iniciou a publicação (em 1732) do livro *Poor Richard's Almanack*, que o tornaria muito popular. Em 1731, com outros maçons, fundou a primeira biblioteca pública da Filadélfia. Esse ato provocou um aumento de novas bibliotecas por toda a colônia, sendo considerado um dos fatores que ajudaram na independência. Em 1748, vendeu seus negócios para se dedicar mais à vida pública e a seus estudos.

Benjamin participou da fundação da Universidade de Nova York, criando a sociedade filosófica americana com o intuito de divulgar o conhecimento científico. Nessa época iniciou seus contatos com a Royal Society de Londres. Organizou a criação do corpo de bombeiros e do primeiro hospital de Massachusetts e reformou o serviço de correios.

Além de ser um homem público e um membro graduado da maçonaria, Benjamin Franklin se destacou no estudo da eletricidade, realizando o famoso experimento da pipa, quando provou que o relâmpago era uma manifestação de cargas elétricas na natureza. Foi ele quem construiu o primeiro para-raios e, com o intuito de fazer a previsão do tempo, iniciou o estudo da meteorologia.

Em 1776, Benjamin participou ativamente do movimento pela independência, fazendo parte do grupo de homens que fundaram os Estados Unidos da América. Tornou-se embaixador na França, onde, paralelamente, participou da depuração e da unificação da maçonaria. Em 1785 voltou à América e tornou-se abolicionista, sendo escolhido como presidente da sociedade promotora da abolição da escravatura. Benjamin Franklin morreu em 1790 aos 84 anos de idade.

Thinkstock/Getty Images

Gravura inspirada no experimento de Benjamin Franklin que levou à invenção do para-raios. Está no livro *Natural Philosophy for Common and High Schools* (1881), de Le Roy C. Cooley. Coleção particular.

# 2. Noção de carga elétrica

Como sabemos, no núcleo de um átomo encontramos partículas denominadas **prótons** e **nêutrons**. Ao redor do núcleo, na região chamada **eletrosfera**, movem-se outras partículas, denominadas **elétrons**.

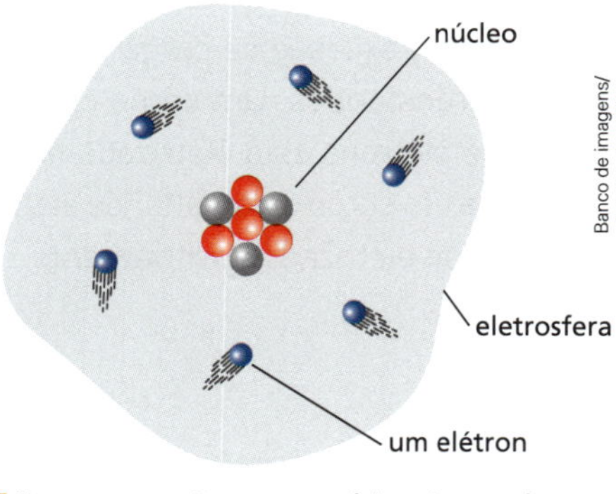


Banco de imagens/ Arquivo da editora

Representação esquemática de um átomo.

A massa de um próton e a massa de um nêutron são praticamente iguais. A massa de um elétron, porém, é muito menor: quase 2 mil vezes menor que a do próton.

$$m_e \cong \frac{m_p}{1836}$$

Se um próton, um nêutron e um elétron passarem entre os polos de um ímã em forma de **U**, como sugere a figura ao lado, constataremos que o próton desviará para cima, o elétron desviará para baixo e o nêutron não sofrerá desvio. (A teoria referente a esses desvios será apresentada na Unidade 3 deste volume em Eletromagnetismo.)

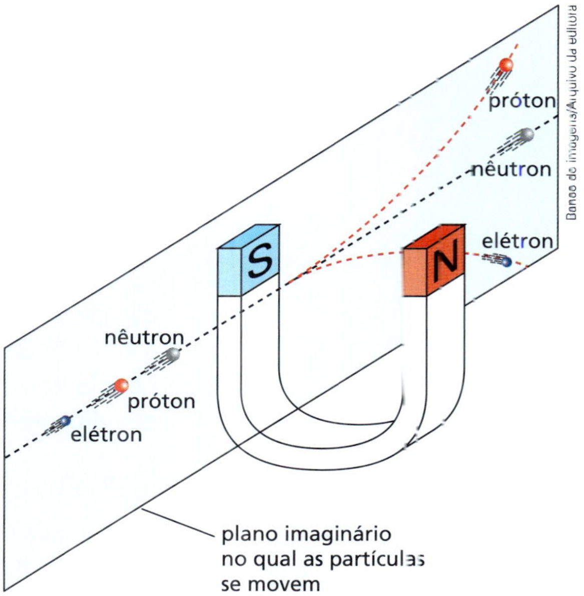


Esse resultado experimental revela que os prótons e os elétrons têm alguma propriedade que os nêutrons não têm. Essa propriedade foi denominada **carga elétrica**, e convencionou-se considerar **positiva** a carga elétrica do próton e **negativa** a carga elétrica do elétron. Entretanto, em valor absoluto, as cargas elétricas do próton e do elétron são iguais. Esse valor absoluto é denominado **carga elétrica elementar** e simbolizado pela letra *e*. Recebe o nome de **elementar** porque é a menor quantidade de carga elétrica que podemos encontrar isolada na natureza.

A unidade de medida de carga elétrica no SI é o **coulomb** (**C**), em homenagem ao físico francês **Charles Augustin de Coulomb** (1736-1806).

Comparada com a unidade coulomb, a carga elementar é extremamente pequena. De fato, o valor de *e*, determinado experimentalmente pela primeira vez pelo físico norte-americano **Robert Andrews Millikan** (1868-1953), é:

$$e = 1{,}6 \cdot 10^{-19}\ C$$

Temos, então:

Carga elétrica do próton $= +e = +1{,}6 \cdot 10^{-19}\ C$
Carga elétrica do elétron $= -e = -1{,}6 \cdot 10^{-19}\ C$
Carga elétrica do nêutron $= 0$

É preciso salientar ainda que 1 coulomb, apesar de corresponder a apenas uma unidade de carga elétrica, representa uma quantidade muito grande dessa grandeza física. Por isso, costumam-se usar submúltiplos do coulomb. Veja na tabela ao lado os principais submúltiplos.

| Submúltiplo | Símbolo | Valor |
|---|---|---|
| milicoulomb | mC | $10^{-3}$ C |
| microcoulomb | $\mu$C | $10^{-6}$ C |
| nanocoulomb | nC | $10^{-9}$ C |
| picocoulomb | pC | $10^{-12}$ C |

**NOTAS!**

- Além dos prótons e dos elétrons, existem outras partículas elementares dotadas de carga elétrica de módulo igual a *e*. É o caso, por exemplo, dos píons ($\pi^+$) e dos múons ($\mu^-$), encontrados nos raios cósmicos.
- A definição da unidade coulomb depende da definição prévia da unidade **ampere** (**A**) de intensidade de corrente elétrica. Entretanto, essa unidade será definida apenas em Eletrodinâmica.

Um **coulomb** (**C**) é a quantidade de carga elétrica que atravessa, em um **segundo** (**s**), a secção transversal de um condutor percorrido por uma corrente contínua de intensidade igual a um **ampere** (**A**).

## Uma convenção bem pensada

A convenção de sinais feita para as cargas elétricas do próton e do elétron é bastante adequada por dois motivos:

1º) Ela leva em conta a existência de **dois tipos** de carga elétrica. De fato, prótons e elétrons apresentam comportamentos opostos nas experiências, como naquela que descrevemos, nesta seção, usando um ímã.

2º) A presença de prótons e elétrons em **igual** quantidade em um mesmo corpo faz com que ele **não exiba** a propriedade carga elétrica: as cargas dos prótons e dos elétrons neutralizam-se e a carga total do corpo é igual a zero. Se um átomo, por exemplo, passar entre os polos do ímã da experiência descrita, ele não desviará, porque possui prótons e elétrons em quantidades iguais: sua carga total é igual a zero.

Louis Hierle. Charles-Augustin de Coulomb,1894/ RMN-Grand Palais (Château de Versailles)/ Gérard Blot/Other Images

Retrato de Charles-Augustin de **Coulomb**. Óleo sobre tela de Louis Hierle, 1894. Versailles, châteaux de Versailles et de Trianon.

## Charles-Augustin de Coulomb

Charles-Augustin de **Coulomb** nasceu em 1736, em Angoulême, França. Estudou em bons colégios de Paris, formando-se em Engenharia Militar. Entrou para o exército francês, sendo destacado como engenheiro na Martinica (América Central), onde se dedicou, entre os anos de 1764 e 1772, à construção de fortes e outras edificações.

Entre 1781 e 1791 produziu sete importantes trabalhos sobre Eletricidade e Magnetismo, que foram apresentados à Academia de Ciências de Paris. Em 1785, estabeleceu a relação entre a força eletrostática e o inverso do quadrado da distância entre as cargas, que recebeu o nome de **Lei de Coulomb** em sua homenagem. Em 1802, foi nomeado para um cargo público que ocupou até sua morte, em 1806.

### Ampliando o olhar

#### Uma breve abordagem dos *quarks*

Até o início da década de 1960, os prótons e os nêutrons eram considerados partículas indivisíveis. Experimentos, todavia, levaram a acreditar que eles possuem uma estrutura interna e são constituídos por três unidades mais elementares, denominadas *quarks*.

Entre 1970 e 1995, cientistas cogitaram a existência de seis tipos de *quarks*, **u** (*up*), **d** (*down*), **s** (*strange*), **t** (*top*), **b** (*bottom*) e **c** (*charm*). Dois desses *quarks* participariam da composição dos prótons e dos nêutrons: o *quark up* e o *quark down*, com cargas elétricas respectivamente iguais a $\left(+\frac{2}{3}e\right)$ e $\left(-\frac{1}{3}e\right)$, em que *e* é a carga elementar.

Veja, abaixo, uma representação esquemática da suposta composição do próton e do nêutron.

Conhecendo as cargas dos dois *quarks* citados, vamos conferir as cargas do próton e do nêutron:

$$\text{Carga do próton } (\mathbf{uud}) = \left(+\frac{2}{3}e\right) + \left(+\frac{2}{3}e\right) + \left(-\frac{1}{3}e\right) = +e$$

$$\text{Carga do nêutron } (\mathbf{ddu}) = \left(-\frac{1}{3}e\right) + \left(-\frac{1}{3}e\right) + \left(+\frac{2}{3}e\right) = 0$$

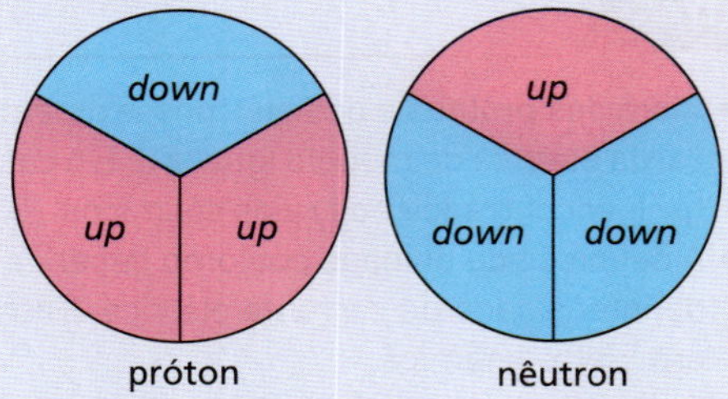


Banco de imagens/Arquivo da editora

Note que encontramos os resultados esperados.

Além dos *quarks* **u** e **d** (*up* e *down*), cujas cargas elétricas vimos acima, temos ainda o **t** (*top*) cuja carga vale $\left(+\frac{2}{3}e\right)$, o **s** (*strange*) de carga $\left(-\frac{1}{3}e\right)$, o **b** (*bottom*) de carga $\left(-\frac{1}{3}e\right)$ e o **c** (*charm*) de carga $\left(+\frac{2}{3}e\right)$.

O elétron seria um lépton de carga elétrica igual a $-e$.

## 3. Corpo eletricamente neutro e corpo eletrizado

Um corpo apresenta-se eletricamente **neutro** quando a sua quantidade de prótons e elétrons é igual, ou seja, a soma algébrica de todas as suas cargas é igual a zero.

Quando, porém, o número de prótons é diferente do número de elétrons, dizemos que o corpo está **eletrizado positivamente**, se o número de prótons for maior que o de elétrons, e **eletrizado negativamente**, se o número de elétrons for maior que o de prótons. É o caso, por exemplo, de um íon, isto é, um átomo que perdeu ou ganhou elétrons.

O modelo a seguir facilita a visualização do assunto que acabamos de abordar.

Banco de imagens/Arquivo da editora

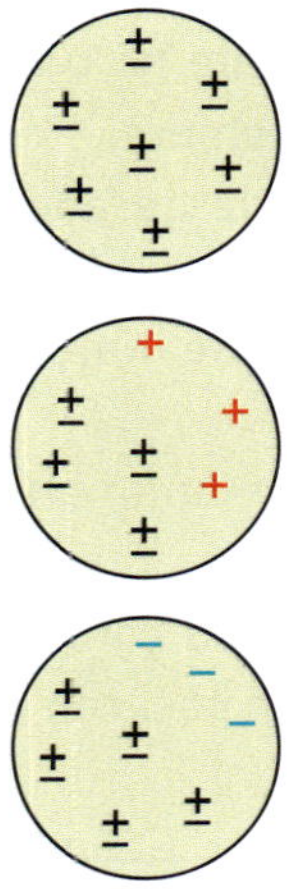

**Corpo eletricamente neutro:** para cada próton existe um elétron.

**Corpo eletrizado positivamente:** há mais prótons que elétrons.

**Corpo eletrizado negativamente:** há mais elétrons que prótons.

**NOTA!**

Para simplificar a linguagem, falamos frequentemente em "carga" quando deveríamos dizer "corpo eletrizado com determinada carga". Assim, quando um texto informar que existe uma **carga** de, por exemplo, 5 μC em um determinado local, devemos entender que nesse local existe um **corpo eletrizado** com carga de 5 μC. Quando se fala "cargas puntiformes" ou "partículas eletrizadas", entende-se que se trata de corpos eletrizados cujas dimensões podem ser desprezadas sem comprometer o estudo do fenômeno que está sendo analisado.

Podemos dizer, então, que **eletrizar** um corpo significa tornar diferentes suas quantidades de prótons e elétrons. No cotidiano, isso é feito por fornecimento ou extração de **elétrons**, uma vez que alterações no núcleo só podem ser produzidas em equipamentos altamente sofisticados, que são os aceleradores de partículas.

## 4. Quantização da carga elétrica

A carga elétrica de um corpo é **quantizada**, isto é, ela sempre é um **múltiplo** da carga elétrica elementar. Isso é verdade porque um corpo, ao ser eletrizado, recebe ou perde um número **inteiro** de elétrons. Assim, um corpo pode ter, por exemplo, uma carga igual a $9{,}6 \cdot 10^{-19}$ C, pois corresponde a um número inteiro (6) de cargas elementares ($6 \cdot 1{,}6 \cdot 10^{-19}\ \text{C} = 9{,}6 \cdot 10^{-19}\ \text{C}$). Entretanto, sua carga não pode ser, por exemplo, igual a $7{,}1 \cdot 10^{-19}$ C, pois esse valor não é um múltiplo da carga elementar.

Representando por $Q$ a carga elétrica de um corpo eletrizado qualquer, temos:

$$Q = \pm ne \quad (n = 1, 2, 3, \ldots)$$

Entre os cientistas que tentaram determinar o valor da carga elétrica do elétron, cujo módulo é igual à carga elementar $e$, destaca-se Robert Andrews Millikan (1868-1953), que chegou ao valor $1{,}59 \cdot 10^{-19}$ C. Atualmente, o valor aceito de $e$ é aproximadamente igual a

$$1{,}602 \cdot 10^{-19}\ \text{C}$$

Wikipedia/Wikimedia Commons

Retrato de Robert Andrews Millikan. Millikan foi um físico estadunidense famoso por desenvolver técnicas experimentais e – devido às suas contribuições para o estudo do efeito fotoelétrico e a determinação do valor da carga elétrica elementar – ganhar o Prêmio Nobel de Física (1923).

JÁ PENSOU NISTO?

**Matéria e antimatéria se aniquilam?**

Na cabeça de muita gente, a antimatéria é apenas um integrante da ficção científica. Entretanto, ela existe.

De modo simplificado, podemos pensar que a antimatéria é constituída de átomos formados por antielétrons ou pósitrons (elétrons com carga positiva) que orbitam um núcleo atômico girando com rotação (*spin*) em sentido contrário ao do elétron. No núcleo, encontramos os antiprótons (prótons com carga negativa) e os antinêutrons (com carga nula, como os nêutrons). Quando a antimatéria se encontra com a matéria, ambas se aniquilam transformando-se em energia, que é emitida em forma de um pulso de raios gama.

A antimatéria, quando aparece em nosso mundo, dura uma fração ínfima de tempo, pois ela é aniquilada rapidamente. Para mantermos a antimatéria, precisamos construir um recipiente no qual suas paredes são campos magnéticos que evitam o contato desse material com a matéria existente.

Acredita-se que no *big-bang*, na origem, o número de partículas de matéria gerada tenha sido um pouco maior do que o número de partículas de antimatéria. Assim, supõe-se que, após o aniquilamento inicial, que gerou uma quantidade imensa de energia, tenha sobrado um pouco de matéria para iniciar o nosso Universo.

A atmosfera é bombardeada constantemente com pequenas quantidades de antimatéria proveniente dos raios cósmicos que atingem o nosso planeta.

Atenção: as bananas também emitem antimatéria! A explicação é que a banana contém uma pequena quantidade de potássio-40, um isótopo natural do potássio, que decai, emitindo um pósitron (elétron positivo) a cada 75 minutos.

# 5. Princípios da Eletrostática

A Eletrostática baseia-se em dois princípios fundamentais: o **Princípio da Atração e da Repulsão** e o **Princípio da Conservação das Cargas Elétricas**.

## Princípio da Atração e da Repulsão

Experimentalmente, ao serem aproximadas duas partículas eletrizadas com **cargas elétricas de mesmo sinal**, verifica-se que ocorre uma **repulsão** entre elas. Se essas partículas tiverem **cargas elétricas de sinais opostos**, ocorrerá uma **atração** entre elas.

Partindo desse fato, pode-se enunciar o **Princípio da Atração e da Repulsão** da seguinte forma:

Partículas eletrizadas com cargas de sinais iguais se repelem, enquanto as eletrizadas com cargas de sinais opostos se atraem.

Esquematicamente:

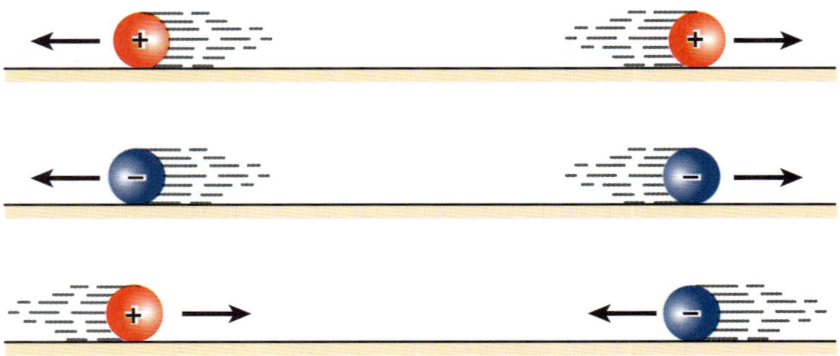


Banco de imagens/Arquivo da editora

## Princípio da Conservação das Cargas Elétricas

Inicialmente, devemos observar que a propriedade carga elétrica existente nas partículas elementares é inerente a estas (como a massa, por exemplo), não podendo ser retirada delas ou nelas colocada. Assim, não havendo alteração da quantidade e do tipo das partículas dotadas de carga elétrica, a carga total de um sistema permanece constante.

Fundamentados na noção de que:

> Sistema eletricamente isolado é aquele que não troca cargas elétricas com o meio exterior.

Podemos enunciar o **Princípio da Conservação das Cargas Elétricas**:

> A soma algébrica das cargas elétricas existentes em um sistema eletricamente isolado é constante.

Portanto, se em um sistema eletricamente isolado houver *n* corpos com pelo menos um deles eletrizado, poderão ocorrer trocas de cargas elétricas entre eles, mas a soma algébrica dessas cargas será a mesma antes, durante e depois das trocas.

Como exemplo, considere os três corpos **A**, **B** e **C** representados a seguir.

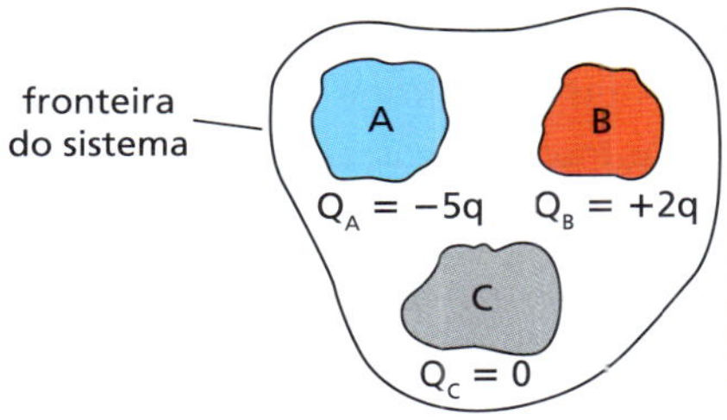


Banco de imagens/Arquivo da editora

Note que a soma algébrica das cargas elétricas existentes nos corpos vale:

$$\Sigma Q = Q_A + Q_B + Q_C \Rightarrow \Sigma Q = (-5q) + (+2q) + (0) \Rightarrow \Sigma Q = -3q$$

Suponha, agora, que, por meio de um processo qualquer – por exemplo, por contato de **A** com **C** –, o sistema sofra uma alteração conforme representado a seguir.

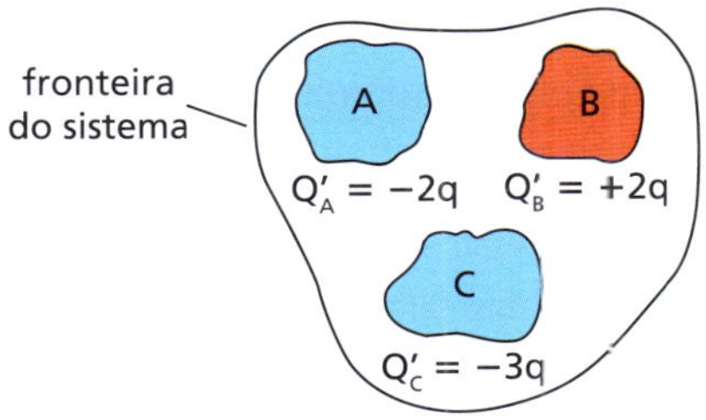


Banco de imagens/Arquivo da editora

Observe que houve passagem de cargas elétricas do corpo **A** para o corpo **C**. No entanto, a soma algébrica das cargas continuou a mesma:

$$\Sigma Q' = Q'_A + Q'_B + Q'_C \Rightarrow \Sigma Q' = (-2q) + (+2q) + (-3q) \Rightarrow \Sigma Q' = -3q$$

Assim, para um sistema eletricamente isolado, pode-se escrever:

$$(\Sigma Q)_{\text{antes das trocas}} = (\Sigma Q')_{\text{após as trocas}}$$

# 6. Condutores e isolantes elétricos

Em alguns corpos, podemos encontrar portadores de cargas elétricas com grande liberdade de movimentação. Esses corpos são denominados **condutores elétricos**. Nos demais, essa liberdade de movimentação praticamente não existe; esses corpos são denominados **isolantes elétricos** ou **dielétricos**.

Um material é chamado **condutor elétrico** quando há nele grande quantidade de portadores de carga elétrica que podem se movimentar com grande facilidade. Caso contrário, ele será denominado **isolante elétrico**.

Tanto um condutor como um isolante podem ser eletrizados. É importante observar, porém, que, no isolante, a carga elétrica em excesso permanece exclusivamente no local onde se deu o processo de eletrização, enquanto no condutor essa carga busca uma situação de equilíbrio, distribuindo-se em sua superfície externa.

Em condutores eletrizados em equilíbrio eletrostático, as cargas elétricas distribuem-se na superfície externa. Por enquanto, pode-se dizer que isso ocorre devido à **repulsão** entre cargas elétricas de mesmo sinal, que buscam maior distanciamento entre si.

Os metais, a grafita, os gases ionizados e as soluções eletrolíticas são exemplos de **condutores elétricos**.

O ar, o vidro, a borracha, a porcelana, os plásticos, o algodão, a seda, a lã, as resinas, a água pura, o enxofre e a ebonite são exemplos de **isolantes elétricos**.

Quando se diz que um material é condutor, deve-se entender que se trata de um **bom** condutor. Do mesmo modo, quando se diz que um material é isolante, estamos nos referindo a um **bom** isolante.

Tanto os condutores como os isolantes podem ser encontrados nos estados sólido, líquido ou gasoso.

Em relação aos portadores de cargas elétricas que podem se movimentar com grande facilidade, os condutores classificam-se em três casos: condutores de primeira, segunda e terceira espécies.

## Condutores de primeira espécie

São aqueles nos quais os portadores móveis de carga são os **elétrons livres**. Embora a existência dos elétrons livres só possa ser justificada pela Física Quântica, pode-se dizer, de um modo mais simples, que esses elétrons têm grande liberdade de movimentação por estarem muito afastados dos núcleos dos átomos dos quais fazem parte e, além disso, por serem atraídos fracamente em várias direções e sentidos pelos núcleos existentes ao seu redor.

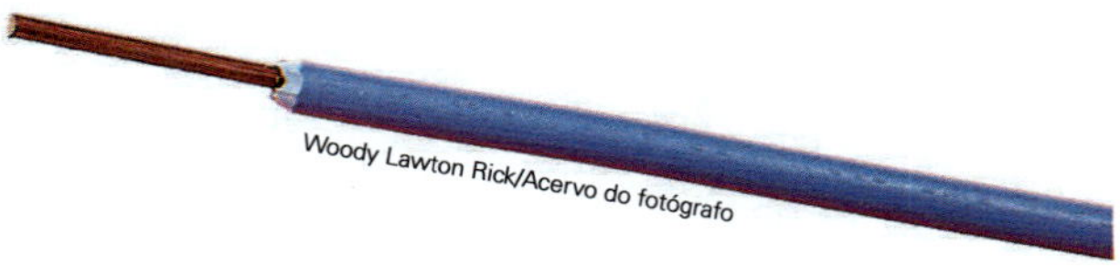


O fio de cobre, largamente utilizado nas instalações elétricas, é um condutor e a capa plástica que o envolve é um isolante.

São classificados como condutores de primeira espécie os **metais** e a **grafita**.

## Condutores de segunda espécie

Nos condutores de segunda espécie, os portadores móveis de carga são **íons positivos** e **íons negativos**, isto é, átomos (ou grupos de átomos) que, por terem perdido ou recebido elétrons, passam a ter o número de prótons diferente do número de elétrons.

Íons são encontrados em soluções eletrolíticas, por exemplo, soluções aquosas de alguns **ácidos**, **bases** ou **sais**.

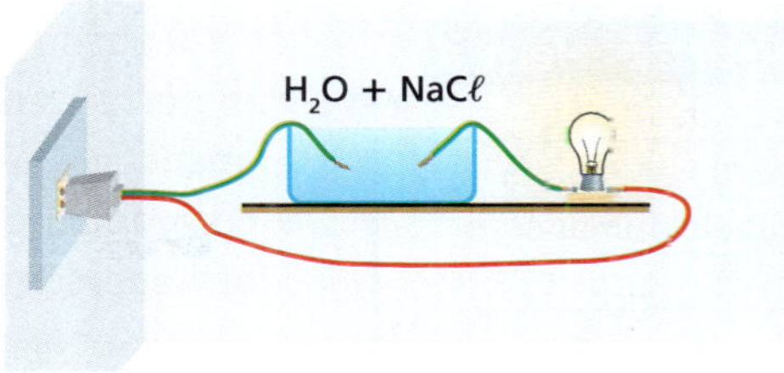


Banco de imagens/Arquivo da editora

A solução aquosa de cloreto de sódio (sal de cozinha) é condutora. Nos fios, movimentam-se elétrons e, na solução, íons.

## Condutores de terceira espécie

Nos condutores de terceira espécie, os portadores móveis de carga podem ser **íons positivos**, **íons negativos** e **elétrons livres**. Isso ocorre nos **gases ionizados**.

Woody Lawton Rick/ Acervo do fotógrafo

A tensão elétrica aplicada entre as extremidades da lâmpada fluorescente ioniza o gás existente em seu interior, tornando-o condutor.

# 7. Processos de eletrização

Como vimos, um corpo estará eletrizado quando possuir mais elétrons do que prótons ou mais prótons do que elétrons. Um corpo neutro, por sua vez, tem igual número de prótons e de elétrons. Assim, para eletrizá-lo negativamente basta fornecer elétrons a ele. Por outro lado, para adquirir carga positiva, o corpo neutro deve perder elétrons, pois dessa forma ficará com mais prótons do que elétrons.

Denomina-se **eletrização** o fenômeno pelo qual um corpo neutro passa a eletrizado devido à alteração no número de seus elétrons.

Os processos mais comuns de eletrização são descritos a seguir.

## Eletrização por atrito de materiais diferentes

Esse é o primeiro método de eletrização de que se tem conhecimento. Como vimos, data do século VI a.C., quando Tales de Mileto observou pela primeira vez que o âmbar, ao ser atritado com tecido ou pele de animal, adquiria a propriedade de atrair pequenos pedaços de palha.

Experimentalmente, comprova-se que, ao atritar entre si dois corpos neutros de materiais diferentes, um deles recebe elétrons do outro, ficando eletrizado com carga negativa, enquanto o outro – o que perdeu elétrons – adquire carga positiva.

Ao se atritar, por exemplo, seda com um bastão de vidro, constata-se que o vidro passa a apresentar carga positiva, enquanto a seda passa a ter carga negativa. Entretanto, quando a seda é atritada com um bastão de ebonite, ela torna-se positiva, ficando a ebonite com carga negativa.

Os corpos atritados adquirem cargas de **mesmo módulo** e **sinais opostos**.

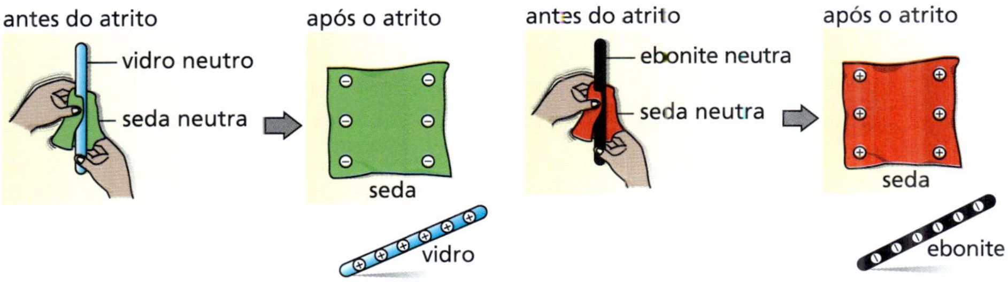


Banco de imagens/Arquivo da editora

**NOTA!**

A ebonite é obtida pela vulcanização da borracha com excesso de enxofre. Essa substância é um isolante eletrotérmico, sendo muito usada na confecção de cabos de panelas e invólucros de interruptores e tomadas.

| Série triboelétrica |
|---|
| pele de coelho |
| vidro |
| cabelo humano |
| mica |
| lã |
| pele de gato |
| seda |
| algodão |
| âmbar |
| ebonite |
| poliéster |
| isopor |
| plástico |

(⊕ no topo da série, seta para baixo até ⊖)

A partir do experimento descrito, surgiu a conveniência de se ordenarem os materiais em uma lista chamada **série triboelétrica**. A confecção dessa lista obedece a um critério bem definido: um elemento da relação, ao ser atritado com outro que o segue, fica eletrizado com carga elétrica positiva e, ao ser atritado com o que o precede, fica eletrizado com carga elétrica negativa.

Observe a série. Quando atritamos, por exemplo, um bastão de vidro com poliéster, o vidro torna-se positivo (perde elétrons) e o poliéster, negativo (recebe elétrons). No entanto, se atritarmos o bastão de vidro com pele de coelho, o vidro ficará eletrizado negativamente e a pele de coelho, positivamente. Assim, quem está acima na série triboelétrica fica eletrizado positivamente quando atritado com quem está abaixo, que fica eletrizado negativamente.

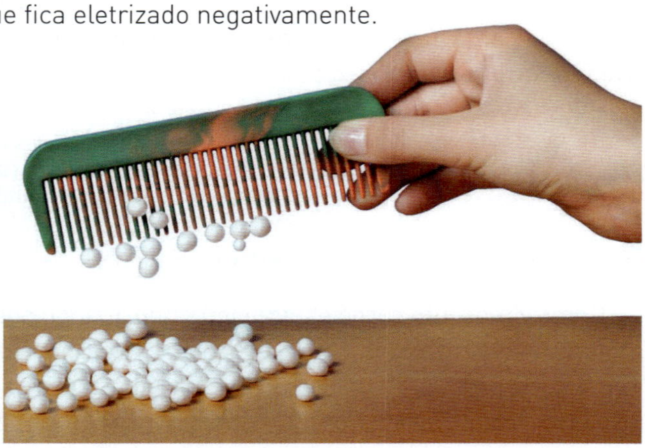

Martyn F. Chillmaid/SPL/Latinstock

// Após o atritamento com o cabelo de uma pessoa, o pente passou a apresentar cargas elétricas negativas em excesso, tornando-se eletrizado (consultar a série triboelétrica). Na aproximação, as bolinhas de isopor, muito leves, são atraídas. As cargas não são descarregadas para a mão da pessoa porque o material do pente é péssimo condutor. As cargas negativas, que apareceram em excesso, ficam localizadas, isto é, não se distribuem pela superfície, como ocorre em um material condutor.

## Eletrização por contato

Quando dois ou mais corpos condutores são colocados em contato, estando pelo menos um deles eletrizado, observa-se uma redistribuição de carga elétrica pelas suas superfícies externas.

Considere, por exemplo, dois condutores **A** e **B**, estando **A** eletrizado negativamente e **B**, neutro.

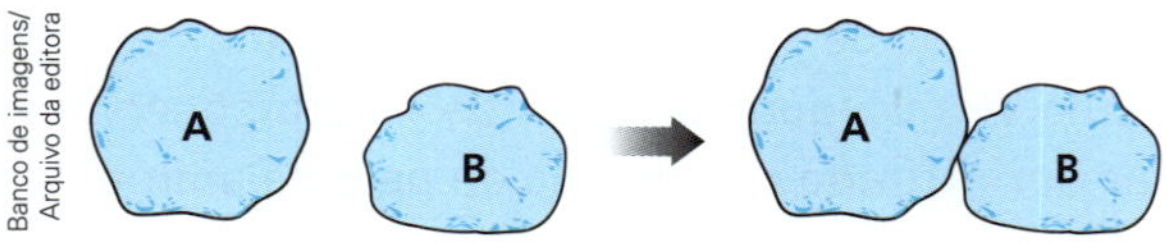


É importante observar que, ao se fazer contato entre esses dois condutores, obtém-se um novo condutor de superfície externa praticamente igual à soma das superfícies individuais.

Assim, a carga elétrica de **A** redistribui-se sobre a superfície total.

É importante também notar que o corpo inicialmente neutro adquire carga de **mesmo sinal** da carga do corpo que já estava eletrizado e que a soma algébrica das cargas elétricas deve ser a mesma antes, durante e depois do contato.

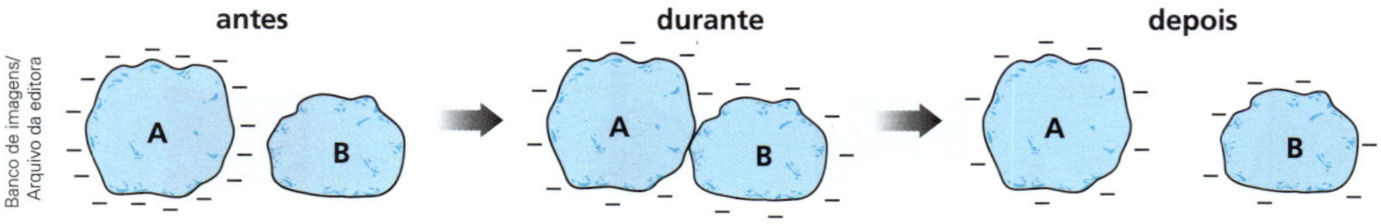


A quantidade de carga elétrica existente em cada um dos condutores no final do processo depende da forma e das dimensões deles.

Considere o caso particular de esferas condutoras de mesmo raio.

Nessas esferas, a redistribuição é feita de tal forma que temos, no final, cargas iguais em cada uma delas.

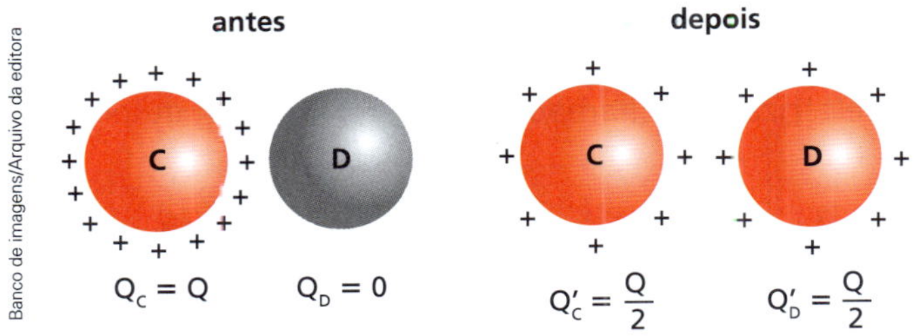


**C** e **D** são condutores esféricos de raios iguais, estando **C** carregado positivamente com carga igual a **Q**, e **D**, neutro. Depois do contato, cada um deles fica carregado com carga $\frac{Q}{2}$, metade da carga total.

No caso de haver contato simultâneo entre três esferas condutoras de mesmo raio, cada uma ficará, no final, com um terço da carga total do sistema. Assim, para o contato simultâneo de *n* esferas de mesmo raio e admitindo que a carga total do sistema seja igual a *Q*, tem-se, no final, a carga $\frac{Q}{n}$ em cada condutor.

## Condutores em contato com a Terra

Sempre que um condutor solitário eletrizado é colocado em contato com a Terra, ele se neutraliza. Caso o condutor tenha excesso de elétrons, estes irão para a Terra. Caso o condutor tenha excesso de prótons, ou seja, falta de elétrons, estes subirão da Terra para **neutralizá-lo**. Assim, pode-se dizer que todo condutor eletrizado se "**descarrega**" ao ser ligado à Terra.

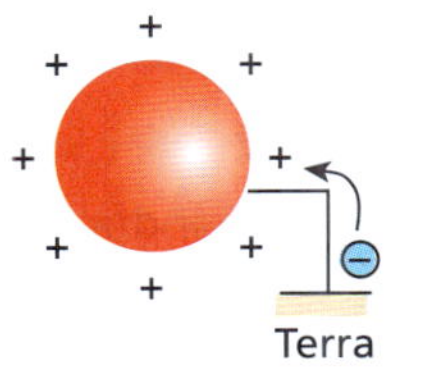


Quando a carga do condutor for **positiva**, ele será "descarregado" pelos elétrons que subirão da Terra.

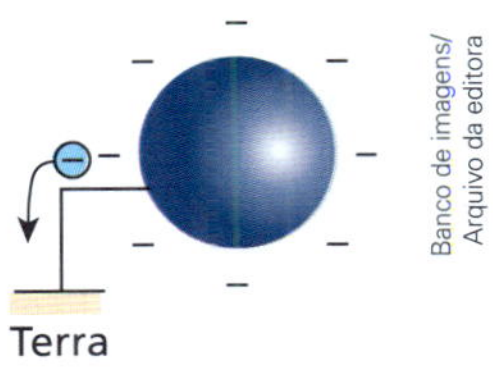


Quando a carga do condutor for **negativa**, ele será "descarregado" porque seus elétrons em excesso descerão para a Terra.

JÁ PENSOU NISTO?

### Bactérias gerando energia elétrica?

A busca de novas fontes de geração de energia elétrica tem movimentado toda a comunidade científica e muito se tem avançado nesse campo. Atualmente, podemos encontrar na internet a boa notícia de que pesquisadores da Universidade de Ingeniería y Tecnología, no Peru, desenvolveram uma nova maneira de gerar eletricidade usando as "geobactérias". Esses microrganismos podem se desenvolver em ambientes bastante hostis, como em ausência de oxigênio, locais contaminados com radiação (depósitos de resíduos radioativos de usinas nucleares) ou mesmo em uma grande concentração de petróleo derramado (eles degradam o óleo). Nesse processo de "limpeza" absorvem energia e emitem elétrons que podem ser recebidos e armazenados em baterias para uso posterior.

Os pesquisadores peruanos usaram uma grade de metal que, ao ser mergulhada na cultura desses microrganismos, recebeu e transferiu os elétrons liberados. Cada bateria carregada com esses elétrons pode alimentar uma lâmpada de LED por até duas horas por dia. Dez protótipos estão sendo testados por famílias de Nuevo Saposoa, aldeia que teve sua rede elétrica destruída por fortes chuvas.

Reprodução/UTEC

Iluminação alimentada por bateria carregada por meio do processo de geração de energia elétrica usando bactérias.

## Eletrização por indução eletrostática

Quando aproximamos (sem tocar) um condutor eletrizado de um neutro, provocamos no condutor neutro uma redistribuição de seus elétrons livres. Esse fenômeno, denominado **indução eletrostática**, ocorre porque as cargas existentes no condutor eletrizado podem atrair ou repelir os elétrons livres do condutor neutro. O condutor eletrizado é chamado de **indutor** e o condutor neutro, de **induzido**.

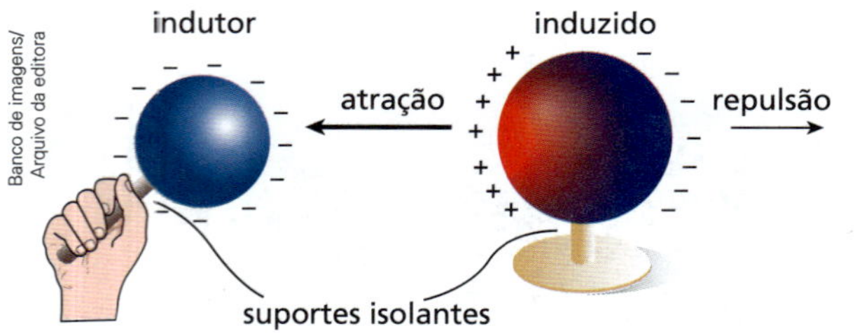


Quando o indutor possui carga negativa, elétrons livres do incuzido procuram ficar o mais longe possível do indutor. Observe que as cargas positivas do induzido estão mais próximas do indutor, o que faz a atração ser maior do que a repulsão. Por isso, devido à indução, um condutor neutro é atraído por outro eletrizado.

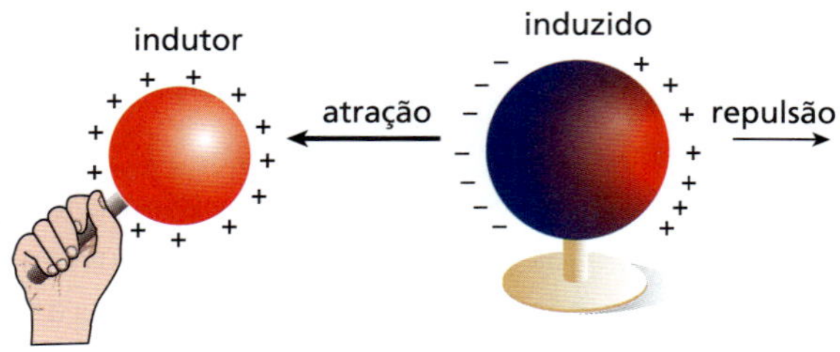


Quando o indutor possui carga positiva, elétrons livres do induzido procuram ficar o mais perto possível do indutor e, mais uma vez, o condutor neutro é atraído pelo eletrizado.

Usando a indução eletrostática, podemos eletrizar um condutor. Para isso, devemos:

1. Aproximar o indutor (condutor eletrizado) do induzido (condutor neutro).

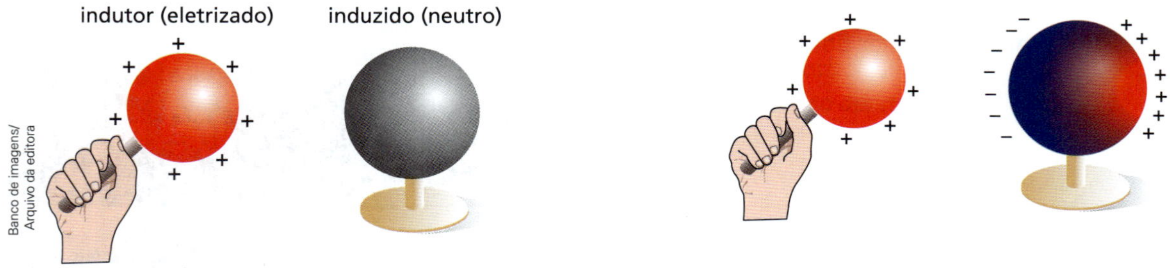


2. Na presença do indutor, ligar o induzido à Terra.

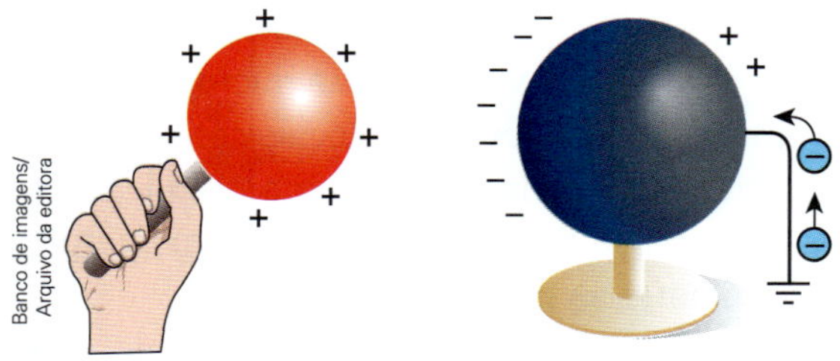


3. Desligar o induzido da Terra.

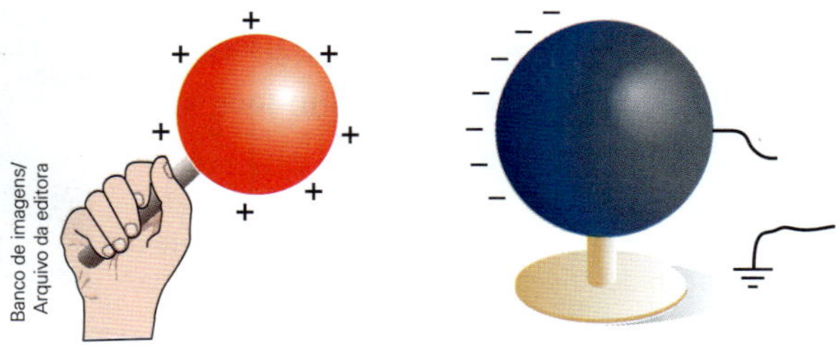

4. Agora, podemos afastar o indutor do induzido.

Observe que, após afastar o indutor, as cargas existentes no induzido se redistribuem por toda a sua superfície externa. Essa carga adquirida pelo induzido tem **sinal contrário** ao da carga do indutor. A carga do indutor não se altera.

Se o indutor estivesse eletrizado com carga negativa, após o procedimento descrito, a carga adquirida pelo induzido seria positiva.

Mais detalhes a respeito do fenômeno da **indução eletrostática** serão apresentados no Tópico 3.

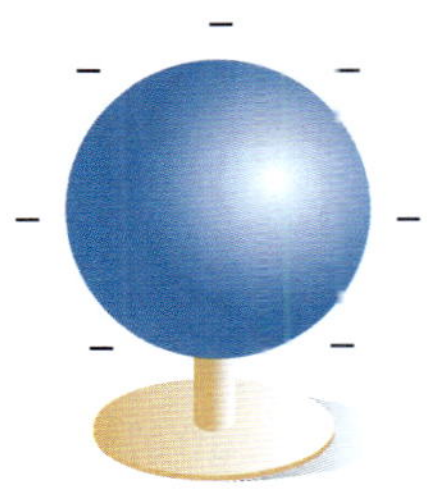

Banco de imagens/Arquivo da editora

## Faça você mesmo

### Solução iônica (condutora de eletricidade)

Você já deve ter ouvido falar de pessoas que, ao terminarem um banho, levaram choques ao fecharem a torneira metálica do chuveiro ou, ao lavar a cozinha descalças, foram abrir a geladeira e receberam uma descarga elétrica. Por que será que isso ocorreu?

Para entendermos esse fenômeno, podemos realizar uma atividade experimental bastante simples.

#### Material necessário

- 1 pilha média ou AA;
- 1 pequena lâmpada de 1,5 V;
- 1 m de fio de cobre, de diâmetro pequeno;
- 1 pires;
- água destilada, equivalente a uma xícara de chá;
- 1 porção de sal de cozinha (cloreto de sódio), equivalente a uma colher de chá.

#### Procedimento

I. Corte o fio de cobre e monte o circuito indicado a seguir.

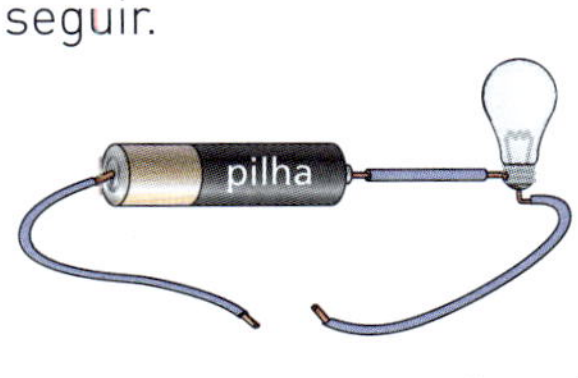


Banco de imagens/Arquivo da editora

II. Encoste os terminais dos fios, fechando o circuito. Você verá que a lâmpada se acende.

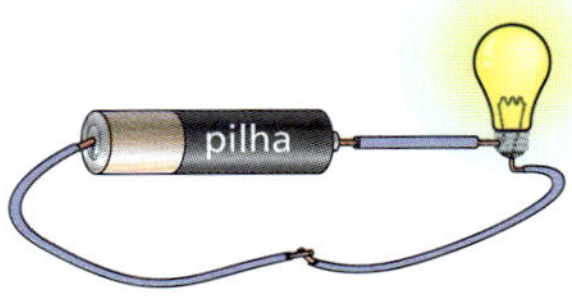


Banco de imagens/Arquivo da editora

III. Desencoste os terminais e veja que a lâmpada se apaga. Em seguida, mergulhe os terminais em um pires com água destilada. Observe que a lâmpada permanece apagada.

Banco de imagens/Arquivo da editora

IV. Retire os fios do pires e dissolva um pouco de sal de cozinha na água. Volte a mergulhar os terminais na água com sal dissolvido. Note que a lâmpada se acende.

Banco de imagens/Arquivo da editora

#### Desenvolvimento

Discuta com seus colegas, levante hipóteses e responda às questões a seguir.

1. O que existe de diferente na água destilada e na água com sal dissolvido?
2. O que o sal de cozinha acrescenta na água ao ser dissolvido?
3. Como se processa a passagem da corrente elétrica através da solução água + sal de cozinha?
4. Em termos de condutibilidade elétrica, a água que recebemos nas torneiras de nossas casas é mais parecida com a água destilada ou com a solução água + sal de cozinha? Por que isso ocorre?
5. No início deste *Faça você mesmo* foram citadas duas situações que envolveram a água como solução iônica. Pesquise e procure outras situações em que a água aparece como condutora de eletricidade.

## Exercícios Nível 1

**1.** E.R. Determine o número de elétrons que deverá ser fornecido a um condutor metálico, inicialmente neutro, para que fique eletrizado com carga elétrica igual a $-1,0$ C.

**Dado:** carga elementar $e = 1,6 \cdot 10^{-19}$ C

**Resolução:**

A carga elétrica de qualquer corpo pode ser expressa sempre da seguinte forma:

$$Q = \pm ne$$

em que: n = 1, 2, 3... e *e* é a carga elementar.

Assim:

$$-1,0 = -n \cdot 1,6 \cdot 10^{-19}$$

$$n = \frac{1,0}{1,6 \cdot 10^{-19}} = 0,625 \cdot 10^{19}$$

$$\boxed{n = 6,25 \cdot 10^{18} \text{ elétrons}}$$

**2.** Determine a carga elétrica de um condutor que, estando inicialmente neutro, perdeu $5,0 \cdot 10^{13}$ elétrons.

**Dado:** carga elementar $e = 1,6 \cdot 10^{-19}$ C

**3.** Em uma aula experimental, realizada em laboratório, um professor colocou duas partículas eletrizadas com cargas $Q_1$ e $Q_2$ a uma pequena distância. Como resultado, os alunos observaram que as partículas se atraíam. O professor fez, então, dois questionamentos.

a) O que se pode afirmar sobre os sinais de $Q_1$ e $Q_2$?

b) A carga $Q_1$ é repelida por uma terceira carga, $Q_3$ positiva. Qual é o sinal de $Q_2$?

**4.** Considere os materiais a seguir:

a) madeira;

b) vidro;

c) algodão;

d) alumínio;

e) ouro;

f) porcelana;

g) platina;

h) náilon.

Quais deles são bons condutores de eletricidade?

**5.** Durante uma aula de Física, uma aluna de longos cabelos começa a penteá-los usando pente de plástico. Após passar o pente pelos cabelos, nota que ele atrai pequenos pedaços de papel que se encontram sobre sua carteira. Admirada, ela pergunta ao professor qual a explicação para tal fato. O professor pede que os demais alunos se manifestem. Cinco deles deram respostas diferentes, qual acertou a explicação?

Aluno **A** — O pente é um bom condutor elétrico.

Aluna **B** — O papel é um bom condutor elétrico.

Aluno **C** — Os pedaços de papel já estavam eletrizados.

Aluna **D** — O pente ficou eletrizado por atrito no cabelo.

Aluno **E** — Entre o pente e os pedaços de papel ocorre atração gravitacional.

**6.** Dois corpos **A** e **B** de materiais diferentes, inicialmente neutros e isolados de outros corpos, são atritados entre si. Após o atrito, observamos que:

a) um fica eletrizado positivamente e o outro continua neutro.

b) um fica eletrizado negativamente e o outro continua neutro.

c) ambos ficam eletrizados negativamente.

d) ambos ficam eletrizados positivamente.

e) um fica eletrizado negativamente e o outro, positivamente.

**7.** Três pequenas esferas metálicas **A**, **B** e **C** idênticas estão eletrizadas com cargas $+3q$, $-2q$ e $+5q$, respectivamente. Determine a carga de cada uma após um contato simultâneo entre as três.

**8.** (Unifor-CE) Dois corpos **x** e **y** são eletrizados por atrito, tendo o corpo **x** cedido elétrons a **y**. Em seguida, outro corpo, **z**, inicialmente neutro, é eletrizado por contato com o corpo **x**. No final dos processos citados, as cargas elétricas de **x**, **y** e **z** são, respectivamente:

a) negativa, negativa e positiva.

b) positiva, positiva e negativa.

c) positiva, negativa e positiva.

d) negativa, positiva e negativa.

e) positiva, positiva e positiva.

**9.** Em um experimento realizado em sala de aula, um professor de Física mostrou duas pequenas esferas metálicas idênticas, suspensas por fios isolantes, em uma situação de atração.

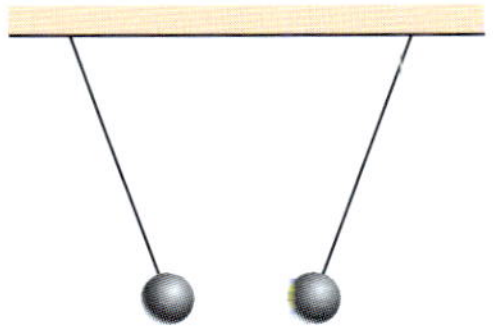

Banco de imagens/Arquivo da editora

Na tentativa de explicar esse fenômeno, cinco alunos fizeram os seguintes comentários:

Maria — Uma das esferas pode estar eletrizada positivamente e a outra, negativamente.

José — Uma esfera pode estar eletrizada positivamente e a outra, neutra.

Roberto — O que estamos observando é simplesmente uma atração gravitacional entre as esferas.

Marisa — Essas esferas só podem estar funcionando como ímãs.

Celine — Uma esfera pode estar eletrizada negativamente e a outra, neutra.

Fizeram comentários corretos os alunos:

a) Marisa, Celine e Roberto.
b) Roberto, Maria e José.
c) Celine, José e Maria.
d) José, Roberto e Maria.
e) Marisa e Roberto.

**10.** (Unesp-SP) Um dispositivo simples, capaz de detectar se um corpo está ou não eletrizado, é o pêndulo eletrostático, que pode ser feito com uma pequena esfera condutora suspensa por um fio fino e isolante. Um aluno, ao aproximar um bastão eletrizado do pêndulo, observou que ele foi repelido (etapa I). O aluno segurou a esfera do pêndulo com suas mãos, descarregando-a e, então, ao aproximar novamente o bastão, eletrizado com a mesma carga inicial, percebeu que o pêndulo foi atraído (etapa II). Após tocar o bastão, o pêndulo voltou a sofrer repulsão (etapa III). A partir dessas informações, considere as seguintes possibilidades para a carga elétrica presente na esfera do pêndulo:

| Possibilidade | Etapa I | Etapa II | Etapa III |
|---|---|---|---|
| 1 | Neutra | Negativa | Neutra |
| 2 | Positiva | Neutra | Positiva |
| 3 | Negativa | Positiva | Negativa |
| 4 | Positiva | Negativa | Negativa |
| 5 | Negativa | Neutra | Negativa |

Somente pode ser considerado verdadeiro o descrito nas possibilidades:

a) 1 e 3.
b) 1 e 2.
c) 2 e 4.
d) 4 e 5.
e) 2 e 5.

**11.** (Vunesp) Objetos eletricamente neutros podem ser eletrizados por vários processos. Considere:

I. Na eletrização por contato, os objetos que se tocam assumem, no final do processo, cargas elétricas de mesmo sinal.

II. Na eletrização por indução, os elétrons do objeto induzido procuram se afastar o máximo possível dos elétrons do corpo indutor.

III. Na eletrização por atrito, há transferência de elétrons de um objeto para outro e, por conta disso, os objetos adquirem cargas de sinais opostos.

É correto o contido em:

a) I, apenas.
b) III, apenas.
c) I e II, apenas.
d) II e III, apenas.
e) I, II e III.

## Exercícios Nível 2

**12.** (PUC-PR) Um corpo possui $5 \cdot 10^{19}$ prótons e $4 \cdot 10^{19}$ elétrons. Considerando a carga elementar igual a $1{,}6 \cdot 10^{-19}$ C, este corpo está:

a) carregado negativamente com uma carga igual a $1 \cdot 10^{-19}$ C.
b) neutro.
c) carregado positivamente com uma carga igual a 1,6 C.
d) carregado negativamente com uma carga igual a 1,6 C.
e) carregado positivamente com uma carga igual a $1 \cdot 10^{-19}$ C.

**13.** Um átomo de cálcio perde dois elétrons para dois átomos de cloro; um elétron para cada átomo de cloro. Forma-se, assim, o composto iônico $Ca^{++} C\ell_2^-$ (cloreto de cálcio). Calcule, em coulomb, a carga de cada íon:

a) $Ca^{++}$
b) $C\ell^-$

**Dado:** $e = 1{,}6 \cdot 10^{-19}$ C

**14.** (Ufpel-RS) Recentemente foi inaugurado o LHC, um grande acelerador de partículas que deverá permitir a recriação das condições do universo logo após o "Big Bang".

De acordo com as teorias atuais, os prótons e os nêutrons são formados, cada um, por três partículas elementares chamadas de *quarks*. Existem doze tipos de *quarks* na natureza, mas os prótons e nêutrons são formados por apenas dois tipos. O *quark up* (**u**) possui carga elétrica positiva igual a $\frac{2}{3}$ do valor da carga elétrica elementar (*e*), enquanto o *quark down* (**d**) possui carga elétrica negativa igual a $\frac{1}{3}$ do valor da carga elétrica elementar.

Assinale a alternativa que representa a composição do próton (**p**) e do nêutron (**n**), respectivamente:

a) (p) u, d, d – (n) u, d, u.
b) (p) d, d, u – (n) d, d, d.
c) (p) u, u, u – (n) u, d, u.
d) (p) u, u, d – (n) u, d, d.
e) (p) u, u, d – (n) u, u, u.

**15.** (UEA-AM) Os processos de eletrização, em eletrostática, são aqueles por meio dos quais podemos transformar um corpo neutro em um eletrizado, isto é, em um corpo negativo ou positivo. A respeito desses processos, pode-se afirmar corretamente que:

a) para transformar um corpo neutro em um eletrizado positivamente, devemos retirar todos os elétrons desse corpo.
b) quando dois corpos isolantes, inicialmente neutros, são atritados um contra o outro, adquirem cargas elétricas de sinais iguais.
c) em um sistema eletricamente isolado não pode haver troca de cargas entre corpos de dentro do sistema.
d) só é possível eletrizar por indução corpos neutros que permaneçam o tempo todo em contato com a Terra.
e) se um corpo condutor inicialmente eletrizado toca outro corpo condutor, idêntico ao primeiro, porém neutro, eles adquirem cargas de sinais e módulos iguais.

**16.** E.R. Três pequenas esferas condutoras, **M**, **N** e **P**, idênticas estão eletrizadas com cargas $+6q$, $+q$ e $-4q$, respectivamente. Uma quarta esfera, **Z**, igual às anteriores, encontra-se neutra. Determine a carga elétrica adquirida pela esfera **Z**, após contatos sucessivos com **M**, **N** e **P**, nessa ordem.

**Resolução:**

Como os condutores são idênticos, após o contato entre dois deles cada um fica com metade da soma algébrica das suas cargas iniciais.

Assim, no contato entre **Z** e **M**, temos:

$$\text{antes}\begin{cases}Q_Z = 0\\ Q_M = +6q\end{cases} \qquad \text{após}\begin{cases}Q'_Z = +3q\\ Q'_M = +3q\end{cases}$$

No contato entre **Z** e **N**, temos:

$$\text{antes}\begin{cases}Q'_Z = +3q\\ Q_N = +q\end{cases} \qquad \text{após}\begin{cases}Q''_Z = +2q\\ Q'_N = +2q\end{cases}$$

Finalmente, no contato entre **Z** e **P**, temos:

$$\text{antes}\begin{cases}Q''_Z = +2q\\ Q_P = -4q\end{cases} \qquad \text{após}\begin{cases}Q'''_Z = -q\\ Q'_P = -q\end{cases}$$

Portanto, após os contatos sucessivos de **Z** com **M**, **N** e **P**, sua carga elétrica $Q'''_Z$ é dada por:

$$\boxed{Q'''_Z = -q}$$

**17.** (UEL-PR) Três esferas condutoras, **A**, **B** e **C**, têm o mesmo diâmetro. A esfera **A** está inicialmente neutra e as outras duas estão carregadas com cargas $Q_B = 1{,}2\ \mu C$ e $Q_C = 1{,}8\ \mu C$. Com a esfera **A**, toca-se primeiro a esfera **B** e depois a **C**. As cargas elétricas de **A**, **B** e **C**, depois desses contatos, são, respectivamente:

a) 0,60 μC, 0,60 μC e 1,8 μC.
b) 0,60 μC, 1,2 μC e 1,2 μC.
c) 1,0 μC, 1,0 μC e 1,0 μC.
d) 1,2 μC, 0,60 μC e 1,2 μC.
e) 1,2 μC, 0,8 μC e 1,0 μC.

**18.** (UPM-SP) Três pequenas esferas de cobre, idênticas, são utilizadas em um experimento de Eletrostática. A primeira, denominada **A**, está inicialmente eletrizada com carga $Q_A = +2{,}40$ nC; a segunda, denominada **B**, não está eletrizada; e a terceira, denominada **C**, está inicialmente eletrizada com carga $Q_C = -4{,}80$ nC. Em um dado instante, são colocadas em contato entre si as esferas **A** e **B**. Após atingido o equilíbrio eletrostático, **A** e **B** são separadas uma da outra e, então, são postas em contato as esferas **B** e **C**. Ao se atingir o equilíbrio eletrostático entre **B** e **C**, a esfera **C**:

a) perdeu a carga elétrica equivalente a $1{,}125 \cdot 10^{10}$ elétrons.
b) perdeu a carga elétrica equivalente a $1{,}875 \cdot 10^{10}$ elétrons.
c) ganhou a carga elétrica equivalente a $1{,}125 \cdot 10^{10}$ elétrons.
d) ganhou a carga elétrica equivalente a $1{,}875 \cdot 10^{10}$ elétrons.
e) manteve sua carga elétrica inalterada.

**Dado:** carga do elétron $= -1{,}60 \cdot 10^{-19}$ C

**19.** (Unicastelo/MED-SP) Três condutores elétricos idênticos, **A**, **B** e **C**, estão inicialmente carregados com cargas elétricas $x$, $-2x$ e $3x$, respectivamente. É feita a seguinte sequência de contatos: **A** com **B**; **C** com **B**; e **A** com **C**. O valor de $x$ para que **A** e **C** terminem com carga igual a 3 unidades de carga elétrica é

a) 1. b) 2. c) 8. d) 4. e) 6.

**20.** Em uma esfera metálica oca, carregada positivamente, são encostadas esferas metálicas menores, presas a cabos isolantes e inicialmente descarregadas.

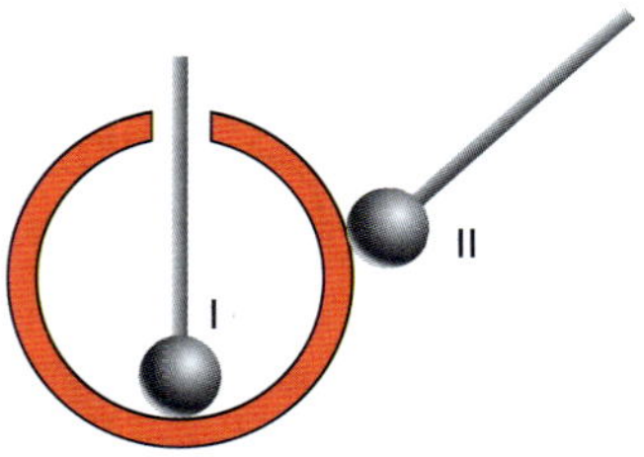

Banco de imagens/Arquivo da editora

As cargas que passam para as esferas menores, I e II, são, respectivamente:

a) zero e negativa;
b) zero e positiva;
c) positiva e negativa;
d) positiva e zero;
e) negativa e positiva.

**21.** (UFPE) Uma grande esfera condutora, oca e isolada, está carregada com uma carga Q = 60 mC. Através de uma pequena abertura, no topo da esfera, é introduzida uma pequena esfera metálica, de carga q = − 6 mC, suspensa por um fio. Se a pequena esfera toca a superfície interna do primeiro condutor, qual será a carga final na superfície externa da esfera maior, em mC?

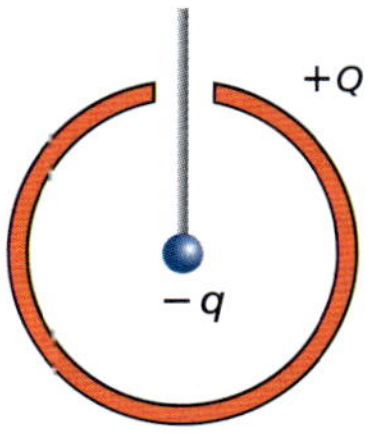

Reprodução/Arquivo da editora

**22.** (Fuvest-SP) Aproximando-se uma barra eletrizada de duas esferas condutoras, inicialmente descarregadas e encostadas uma na outra, observa-se a distribuição de cargas esquematizada a seguir.

Reprodução/Arquivo da editora

Em seguida, sem tirar do lugar a barra eletrizada, afasta-se um pouco uma esfera da outra. Finalmente, sem mexer mais nas esferas, remove-se a barra, levando-a para muito longe das esferas. Nessa situação final, a figura que melhor representa a distribuição de cargas nas duas esferas é:

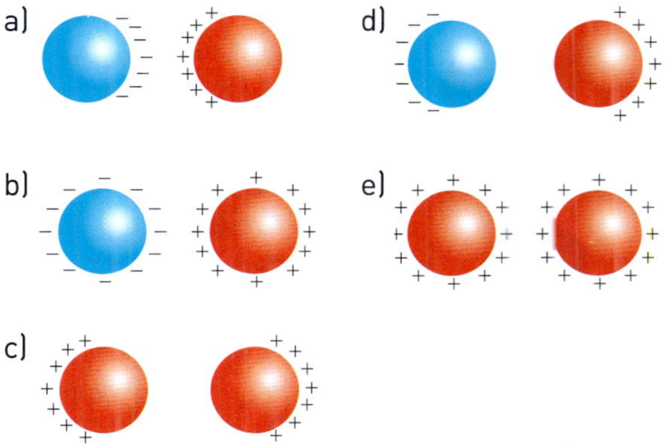

Reprodução/Arquivo da editora

**23.** A cidade de Brasília possui um clima bastante seco, chovendo raramente. Nesse tipo de ambiente os condutores eletrizados mantêm suas cargas elétricas mais tempo do que o normal. Em um laboratório, de um colégio de Brasília, um professor de Física realizou um experimento para seus alunos. Ele utilizou duas pequenas esferas metálicas, ocas e leves penduradas em fios isolantes de massas desprezíveis. Um bastão de vidro foi atritado com um pano de poliéster, tornando-se positivamente eletrizado. O bastão é, então, aproximado, sem tocar da esfera da direita, como mostra a ilustração dada a seguir.

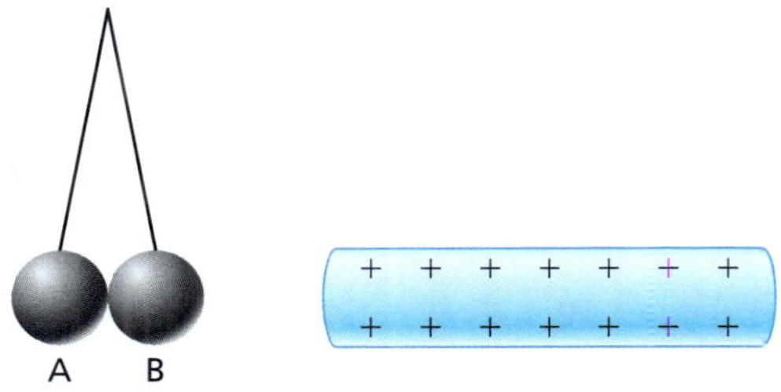

Banco de imagens/Arquivo da editora

Decorridos alguns segundos, mantido o bastão à direita próximo da esfera **B**, a configuração que melhor representa o estado final do experimento é:

a)

d)

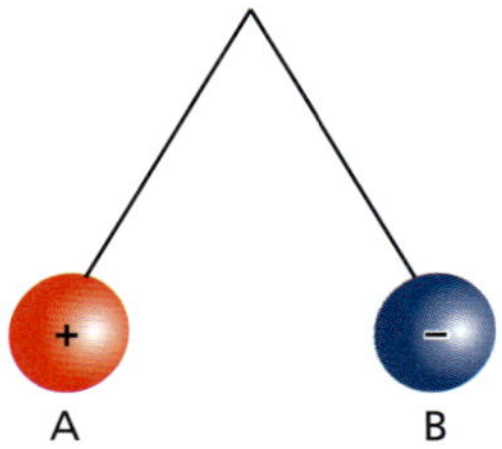


Ilustrações: Banco de imagens/ Arquivo da editora

b)

e)

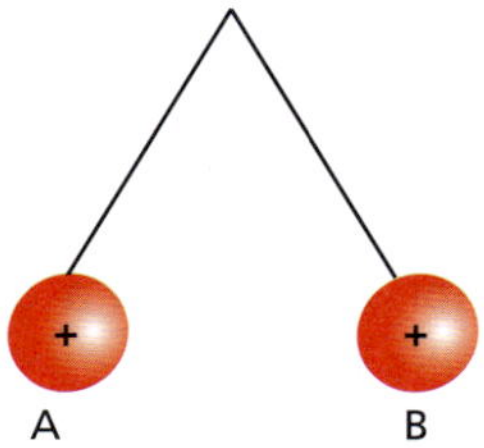


c)

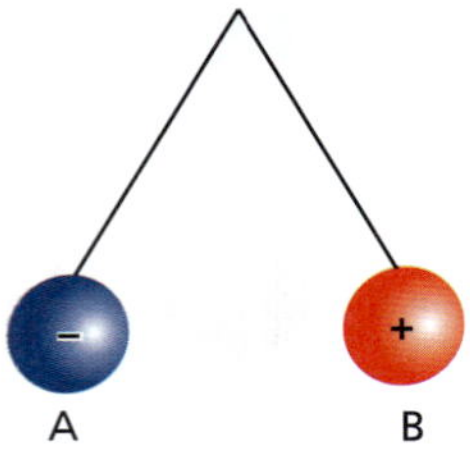


**24.** (OBC) Denomina-se "série triboelétrica" uma sequência ordenada de substâncias de modo que cada substância ao ser atritada com qualquer outra que a sucede adquire carga elétrica positiva e quando atritada com qualquer outra que a antecede, adquire carga elétrica negativa.

Exemplo de uma série triboelétrica com algumas substâncias:

... vidro, mica, lã, pele de coelho, seda, algodão, ebonite, cobre, enxofre...

Atrita-se uma barra de vidro com um pano de lã, inicialmente neutros. Depois, coloca-se o pano de lã em contato com uma bolinha de isopor, também neutra, suspensa por um fio isolante. A seguir, aproxima-se a bolinha de isopor de outra bolinha idêntica, eletrizada e também suspensa por um fio isolante. Observa-se que entre as esferas ocorre repulsão.

Pode-se afirmar que:

a) a barra de vidro adquire, depois do atrito, carga elétrica negativa;
b) o pano de lã se eletriza positivamente;
c) a segunda esfera de isopor está eletrizada negativamente;
d) a segunda esfera de isopor está eletrizada positivamente;
e) entre a segunda esfera de isopor e o pano de lã, depois de ser atritado com a barra de vidro, observa-se atração.

**25.** (Vunesp) As figuras mostram a sequência de um processo de eletrização por indução. Inicialmente têm-se um bastão eletrizado positivamente e uma esfera neutra sobre um pedestal isolante (1). Aproxima-se o bastão da esfera (2), liga-se a esfera à Terra (3), desfaz-se a ligação (4) e afasta-se o bastão da esfera (5).

**figura 1**

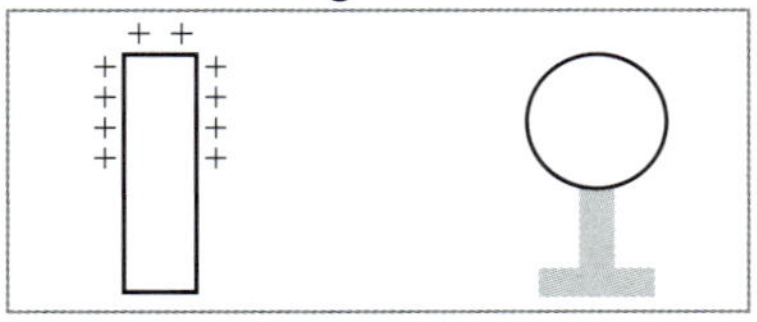

Reprodução/Arquivo da editora

**figura 2**

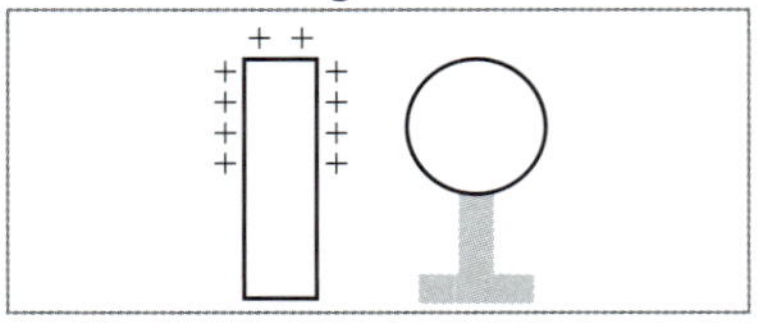

**figura 3**

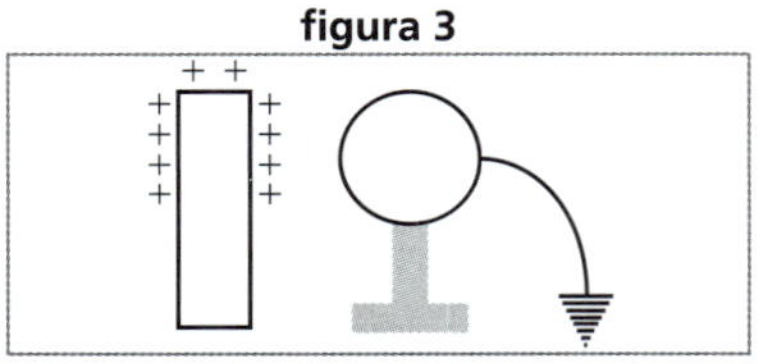

**figura 4**

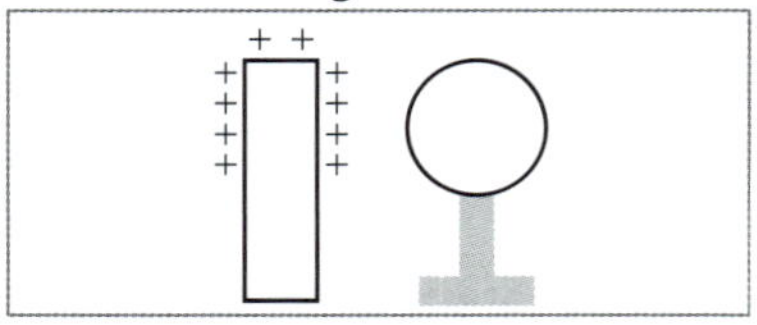

**figura 5**

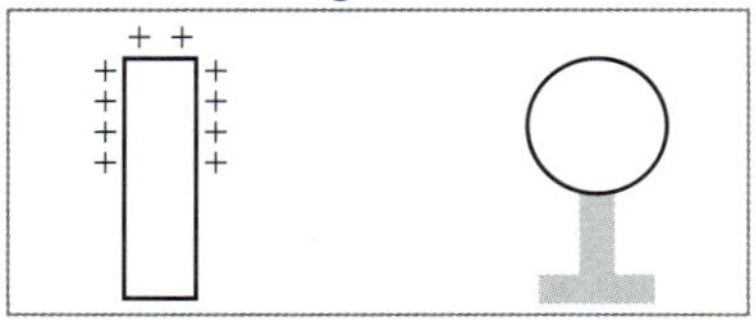

A esfera nas situações representadas nas figuras (2) e (4), respectivamente, está

a) neutra e eletrizada positivamente.
b) eletrizada negativamente e neutra.
c) eletrizada positivamente e eletrizada negativamente.
d) eletrizada negativamente e eletrizada negativamente.
e) neutra e eletrizada negativamente.

## Bloco 2

# 8. Lei de Coulomb

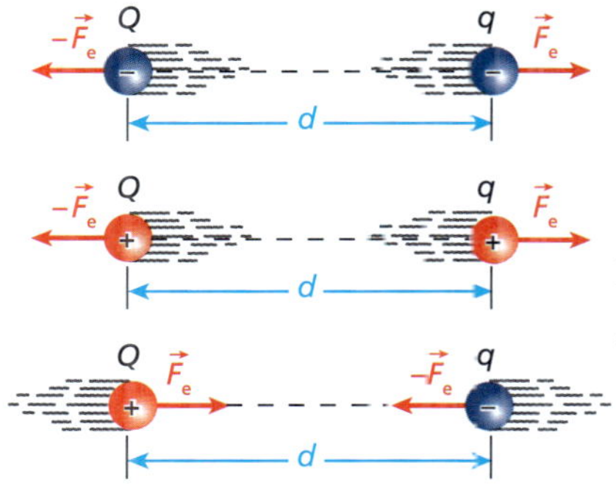


Banco de imagens/Arquivo da editora

Foi o francês Charles Augustin de **Coulomb** quem formulou, em 1785, a lei matemática que rege as interações entre partículas eletrizadas. Usando um modelo newtoniano, ele estabeleceu que a interação eletrostática entre essas partículas manifestava-se por meio de forças de atração e repulsão, dependendo dos sinais das cargas.

O enunciado da **Lei de Coulomb** pode ser apresentado da seguinte forma:

As forças de interação entre duas partículas eletrizadas possuem intensidades iguais e são sempre dirigidas segundo o segmento de reta que as une. Suas intensidades são diretamente proporcionais ao módulo do produto das cargas e inversamente proporcionais ao quadrado da distância entre as partículas.

Considere duas partículas eletrizadas com cargas $Q$ e $q$, a uma distância $d$ uma da outra. De acordo com a Lei de Coulomb, a intensidade da força de interação eletrostática (atração ou repulsão) entre as cargas é calculada por:

$$F_e = k\frac{|Qq|}{d^2}$$

em que $k$ é uma constante de proporcionalidade.

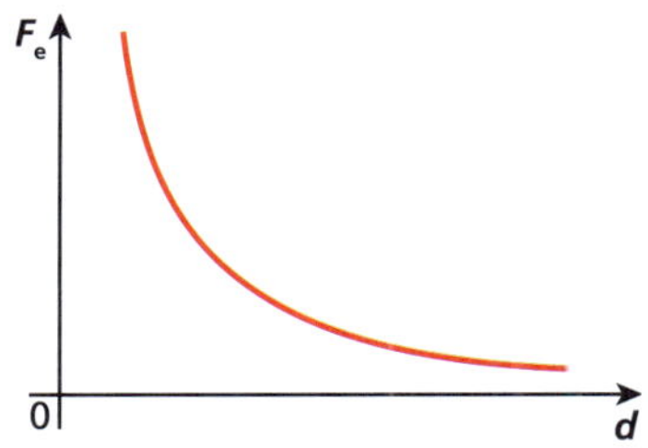


Banco de imagens/Arquivo da editora

Representação gráfica de $F_e$ em função de $d$.

O valor da constante $k$, denominada **constante eletrostática**, depende do meio em que as cargas se encontram. Essa constante $k$ é definida, no SI, por:

$$k = \frac{1}{4\pi\varepsilon}$$

sendo $\varepsilon$ a **permissividade absoluta** do meio onde as cargas estão.

Como em nosso estudo geralmente o meio considerado é o vácuo, nesse dielétrico temos, no SI:

$$\varepsilon_0 = 8{,}85 \cdot 10^{-12}\ N^{-1}\ m^{-2}\ C^2$$

de onde:

$$k_0 = \frac{1}{4\pi\varepsilon_0} = \frac{1}{4\pi \cdot 8{,}85 \cdot 10^{-12}}$$

$$k_0 \cong 9{,}0 \cdot 10^9\ N\ m^2\ C^{-2}$$

**NOTA!**

O significado da permissividade de um meio será estudado em Eletrodinâmica. Por enquanto, basta sabermos que permissividade é uma constante física associada ao meio onde as cargas elétricas se encontram.

É comum encontrarmos os termos **permissividade relativa** ou **constante dielétrica**, denominações referentes a uma mesma grandeza, definida pela relação:

$$\varepsilon_r = \frac{\varepsilon}{\varepsilon_0}$$

Assim, a **permissividade relativa** ($\varepsilon_r$) de um meio é o quociente da permissividade absoluta desse meio ($\varepsilon$) pela permissividade absoluta do vácuo ($\varepsilon_0$).

## JÁ PENSOU NISTO?

### Isso é que é atração!

O balão foi atritado na roupa de um aluno, tornando-se eletrizado. Quando aproximado do filete de água, as cargas elétricas em excesso na superfície do balão irão atraí-lo. Devemos lembrar que as moléculas de água são polares. Através da indução, as cargas do balão irão organizar as moléculas da água, permitindo que haja a atração. O desvio do curso do filete pode ser explicado pela atração entre cargas elétricas de sinais opostos.

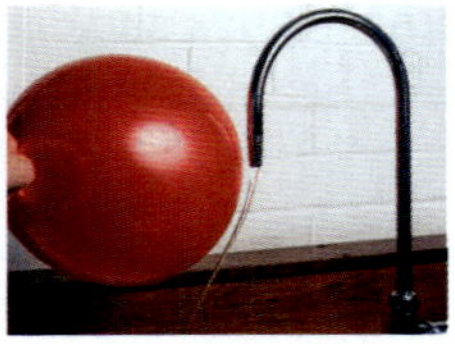

Sciencephotos/Alamy/Other Images - Brasil

## Ampliando o olhar

### Alguns exemplos de manifestações da eletricidade estática

A eletricidade estática, obtida principalmente por atrito, pode manifestar-se em vários fenômenos do nosso cotidiano, às vezes de forma inofensiva, mas eventualmente de forma perigosa.

Uma dessas manifestações inofensivas pode ser observada em locais muito secos, de índices de umidade do ar muito baixos. Ao manusear um agasalho de lã sintética, podemos ouvir estalidos, devido a pequenas descargas elétricas entre seus fios. Se estivermos no escuro, poderemos observar pequenas faíscas entre os fios que foram eletrizados por atrito. Veja alguns exemplos.

**Exemplo 1**

Nas tecelagens e nas fábricas de papel-jornal, onde o tecido e o papel são enrolados em grandes bobinas, ocorre o atritamento desses materiais com as partes metálicas das máquinas e, em consequência, aparecem cargas elétricas que podem produzir faíscas quando um operário encosta um objeto – uma chave de fenda, por exemplo. Essas faíscas podem iniciar a combustão do tecido ou do papel. Para evitar que isso ocorra, o local deve ser fechado e mantido com umidade controlada, pois as gotículas de água que são borrifadas nas peças que se atritam descarregam-nas, evitando os perigos de incêndio.

**Exemplo 2**

Faíscas indesejáveis podem também ocorrer onde existe material inflamável, como nas refinarias de petróleo, indústrias de certos produtos químicos e salas de cirurgia dos hospitais (onde a maioria dos anestésicos gera vapores altamente explosivos). Por isso, nesses locais, é necessário um controle para evitar possíveis acidentes provocados pela eletricidade estática.

Doug Martin/Photo Researchers/Diomedia

Na fotografia, podemos observar a aparência estranha dos cabelos do menino. A explicação é que o garoto, ao manter suas mãos em contato com um gerador eletrostático, torna-se eletrizado e seus fios de cabelo se repelem, buscando o máximo distanciamento entre si, já que suas cargas estão com mesmo sinal.

### Exemplo 3

O atrito da superfície externa de um avião com o ar produz a eletrização dessa superfície. Para o escoamento das cargas elétricas acumuladas durante o voo existem nas asas pequenos fios metálicos.

Durante o abastecimento de aviões, eles são conectados à Terra para que possíveis cargas elétricas existentes na superfície externa sejam escoadas, evitando pequenas descargas elétricas que poderiam explodir o combustível que está sendo introduzido nos tanques.

A conexão com a Terra (fio terra) pode ser feita por meio da escada ou do túnel por onde transitam os passageiros.

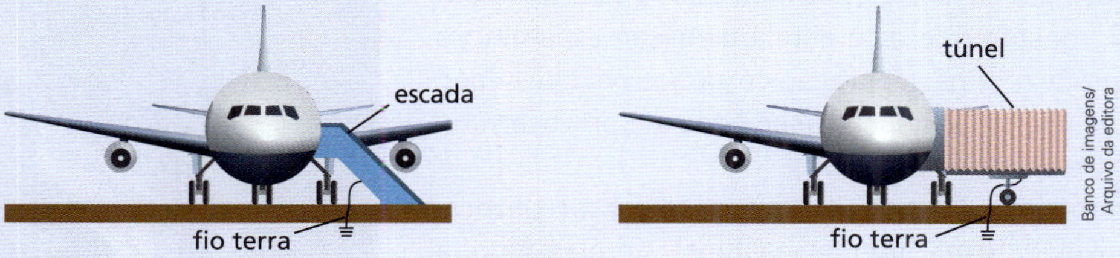


### Exemplo 4

Os caminhões que transportam combustíveis também se eletrizam devido ao atrito com o ar. Assim, antes de iniciar o descarregamento, o terminal da mangueira é encaixado na boca do tanque. Essa boca possui um aterramento, isto é, uma conexão condutora com a Terra. Um cabo metálico faz a ligação entre o tanque do caminhão e o terminal da mangueira para descarregamento de possíveis cargas elétricas existentes no caminhão. Só após essa operação, o abastecimento é efetuado.

Os caminhões que transportam combustíveis precisam ter o tanque aterrado.

### Exemplo 5

A eletricidade estática tem, em alguns casos, caráter útil. As máquinas copiadoras, por exemplo, usam cargas eletrostáticas na reprodução de textos ou ilustrações de um original. A imagem desse original é projetada em um cilindro condutor revestido de selênio (fotocondutor – isolante nos locais não iluminados e condutor nos locais expostos à luz). Esse cilindro, inicialmente eletrizado, é descarregado na razão direta da intensidade da luz que nele incide a partir do original, permanecendo eletrizado nos locais das imagens projetadas. Em seguida, partículas de *toner* (tinta em pó) são atraídas pelas regiões ainda eletrizadas do cilindro. A tinta é, então, transferida para o papel da cópia e fundida por aquecimento, obtendo-se uma reprodução duradoura.

Pessoa utilizando máquina copiadora.

Veja, a seguir, um corte de uma máquina copiadora e os cinco passos para a reprodução de um original.

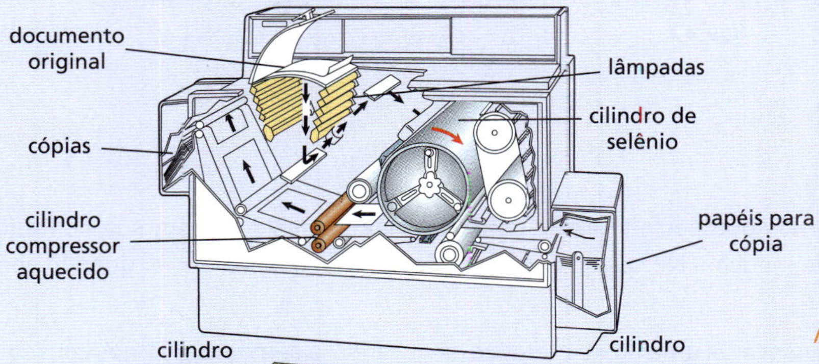


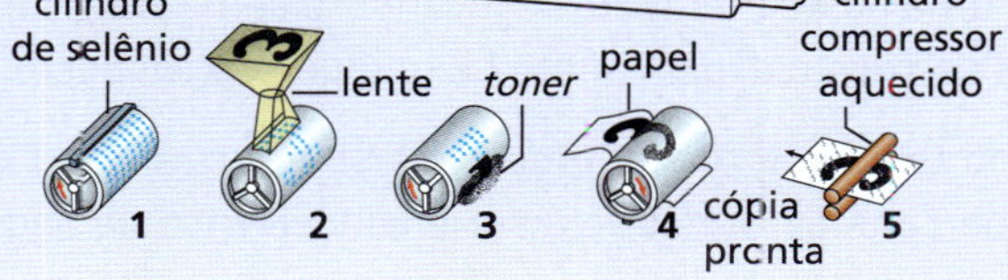


1. Eletrizando o cilindro.
2. Projetando a imagem no cilindro.
3. O *toner* sendo atraído para as regiões eletrizadas do cilindro.
4. Transferindo o *toner* para o papel.
5. Fixando o *toner* no papel.

## Faça você mesmo

# Moléculas de água são polares

Quando atritamos dois corpos de materiais diferentes, sabemos que um deles retira elétrons do outro. O que recebe elétrons fica negativo e o que perde fica positivo. Quando aproximamos um desses corpos eletrizados de um terceiro (condutor), mesmo que este esteja eletricamente neutro, podemos produzir uma separação de cargas em sua superfície externa usando a indução. Isso pode até provocar uma atração entre esses dois corpos.

O que propomos neste *Faça você mesmo* é a realização de uma atividade experimental bastante simples na qual podemos constatar o descrito no parágrafo anterior.

Martyn F. Chillmaid/SPL/Latinstock

Na fotografia podemos observar a realização do *Faça você mesmo*. O bastão atritado adquiriu cargas elétricas em excesso, passando a atrair as moléculas de água, que são polares.

## Material necessário

- 1 caneta esferográfica plástica simples com tampa;
- 1 torneira, de onde pode fluir um estreito filete de água.

## Procedimento

I. Durante alguns segundos esfregue o corpo da caneta em sua roupa; isso irá eletrizá-lo. Abra um pouco a torneira e deixe cair um fino filete de água. Aproxime a caneta do filete.
Você observará o curso da água mudar, sendo atraído pela caneta.

II. Essa caneta eletrizada também pode atrair pequenos pedaços de papel ou os cabelos longos de um(a) colega. Experimente e observe a atração.

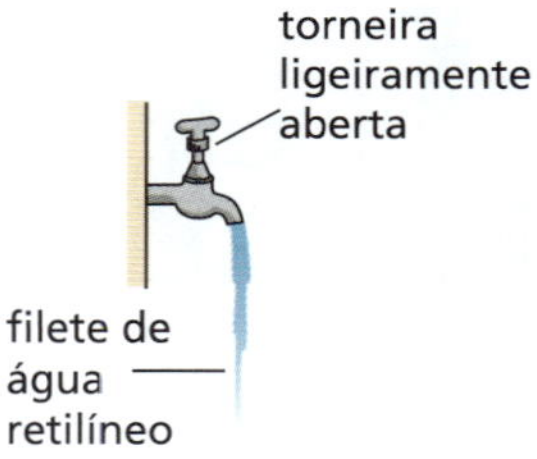


figura 1

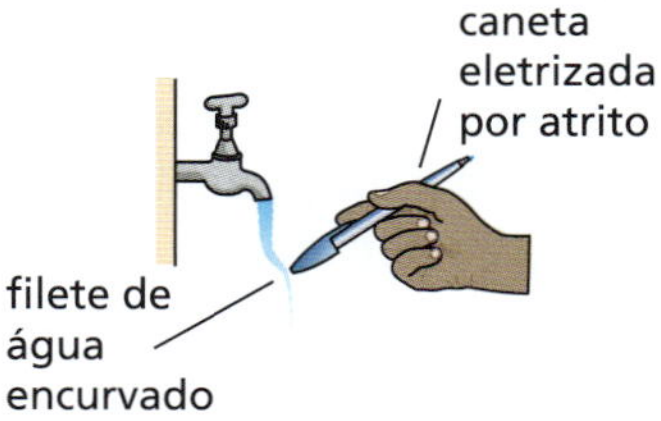


figura 2

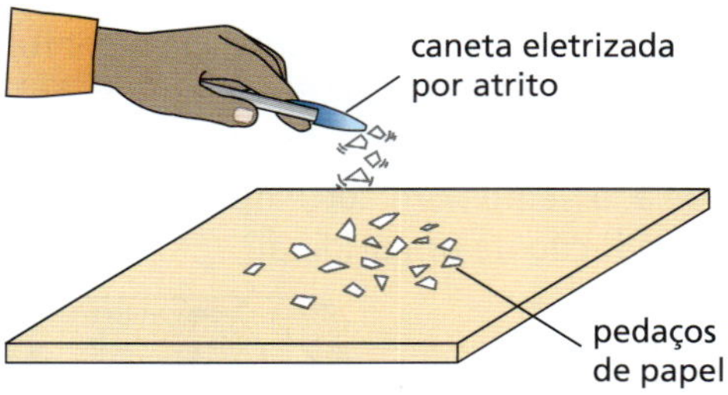


figura 3

CJT/Zapt/Arquivo da editora

## Desenvolvimento

1. Em um corpo condutor sabemos que portadores de carga elétrica se deslocam em sua superfície externa durante o processo de indução. No caso da água, como ocorre sua eletrização quando aproximamos a caneta eletrizada?

2. Se, em vez da caneta plástica, usarmos uma haste metálica, segurando-a sem luvas, vamos conseguir manter essa haste eletrizada para realizarmos o experimento? Explique sua resposta.

3. Quando atritamos o corpo da caneta no tecido da nossa roupa, ele se eletriza. Qual é o sinal mais provável da carga elétrica adquirida pela caneta? Consulte a série triboelétrica da página 22.

## Exercícios Nível 1

**26.** (PUC-SP) Suponha duas pequenas esferas **A** e **B** eletrizadas com cargas de sinais opostos e separadas por certa distância. A esfera **A** tem uma quantidade de carga duas vezes maior que a esfera **B** e ambas estão fixas num plano horizontal. Supondo que as esferas troquem entre si as forças de atração $\vec{F}_{AB}$ e $\vec{F}_{BA}$, podemos afirmar que a figura que representa corretamente essas forças é:

a) 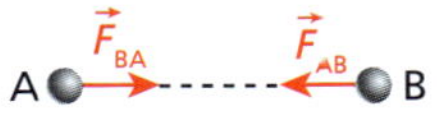


b) 

c) 

d) 

e) 

Reprodução/Arquivo da editora

**27.** **E.R.** Determine o módulo da força de interação entre duas partículas eletrizadas com $+4{,}0\ \mu C$ e $-3{,}0\ \mu C$, estando elas no vácuo à distância de 6,0 cm uma da outra.

**Dado:** constante eletrostática do vácuo $k_0 = 9{,}0 \cdot 10^9\ N\ m^2C^{-2}$

**Resolução:**

Como as cargas têm sinais opostos, a interação entre elas é atrativa.

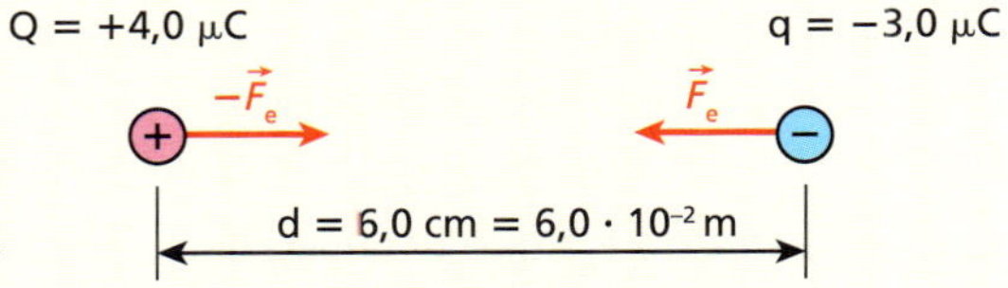


Banco de imagens/Arquivo da editora

Aplicando a **Lei de Coulomb** a essa interação, temos:

$$F_e = k\frac{|Qq|}{d^2}$$

Substituindo os valores conhecidos, vem:

$$F_e = 9{,}0 \cdot 10^9 \cdot \frac{4{,}0 \cdot 10^{-6} \cdot 3{,}0 \cdot 10^{-6}}{(6{,}0 \cdot 10^{-2})^2}$$

$$\boxed{F_e = 30\ N}$$

**28.** (UEA/SIS-AM) Conhecer a constante eletrostática de uma substância nos possibilita selecionar qual melhor meio para envolvermos corpos eletricamente carregados. Para uma forte interação entre esses corpos, pode-se utilizar o vácuo, que apresenta a maior constante eletrostática. Assim, para que houvesse uma menor interação entre duas cargas elétricas, $q_1 = 2\ \mu C$ e $q_2 = 4\ \mu C$, colocadas a 40 cm uma da outra, foi utilizado o etanol e a medida da força de interação entre elas apresentou intensidade igual a $18 \cdot 10^{-3}$ N. Nessa interação a constante eletrostática $k$ no etanol tem valor, em $N \cdot m^2/C^2$, igual a

a) $3{,}6 \cdot 10^8$.
b) $5{,}2 \cdot 10^8$.
c) $7{,}4 \cdot 10^8$.
d) $8{,}6 \cdot 10^8$.
e) $9{,}0 \cdot 10^8$.

**29.** (UEA/SIS-AM) Duas cargas elétricas, $q_1$ e $q_2$, apresentam, quando separadas a uma distância $r$ uma da outra, uma intensidade da força de interação entre elas igual a $F$. Se as duas cargas forem duplicadas e a distância entre elas for reduzida à metade, a intensidade da força de interação entre essas duas cargas será igual a

a) $\frac{1}{2}F$.
b) $\frac{1}{4}F$.
c) 4F.
d) 8F.
e) 16F.

**30.** Duas cargas puntiformes $q_1 = 5 \cdot 10^{-6}$ C e $q_2 = 12 \cdot 10^{-6}$ C estão separadas 1 m uma da outra no vácuo. Sendo $k = 9 \cdot 10^9\ Nm^2C^{-2}$ a constante eletrostática do vácuo, qual a intensidade da força de interação entre elas?

**31.** No interior do núcleo de um átomo, dois prótons encontram-se a uma distância de um ângstrom, isto é, $1 \cdot 10^{-10}$ m. Sabendo-se que a carga de um próton vale $1{,}6 \cdot 10^{-19}$ C e que a constante eletrostática é de $9 \cdot 10^9\ N \cdot m^2/C^2$, a ordem de grandeza da força, em newtons, que age entre esses prótons, é de:

a) $10^{-2}$.
b) $10^{-4}$.
c) $10^{-6}$.
d) $10^{-8}$.
e) $10^{-10}$.

**32.** A distância $d$ entre duas partículas eletrizadas é de 10 cm. Desejamos alterar essa distância de tal forma que a força de interação fique 4 vezes a força inicial. Qual deve ser o novo valor de $d$?

**33.** Duas pequenas esferas idênticas e condutoras são eletrizadas com cargas $+Q$ e $-3Q$ e dispostas a uma distância $d$ uma da outra. A força elétrica de atração entre elas apresenta módulo $F$. Se colocarmos essas esferas em contato, sem alteração da carga total, e, em seguida, elas forem levadas de volta para suas posições originais, o que podemos dizer da nova força de interação entre elas?

**34.** (UPM-SP) Com base no modelo do átomo de hidrogênio, no qual se considera um elétron descrevendo uma órbita circunferencial ao redor do núcleo, temos um exemplo de MCU. O raio dessa órbita é da ordem de $10^{-10}$ m. Sabe-se que a carga elementar é $e = 1,6 \cdot 10^{-19}$ C, a constante eletrostática do meio é $k = 9 \cdot 10^{9}$ N $\cdot$ m$^2$/C$^2$, a massa do elétron é $m_e = 9,1 \cdot 10^{-31}$ kg e a massa do próton é $m_p = 1,67 \cdot 10^{-27}$ kg. Nesse modelo atômico, a velocidade escalar do elétron é, aproximadamente:

a) $1,6 \cdot 10^{4}$ m/s.
b) $3,2 \cdot 10^{4}$ m/s.
c) $1,6 \cdot 10^{6}$ m/s.
d) $3,2 \cdot 10^{6}$ m/s.
e) $1,6 \cdot 10^{9}$ m/s.

## Exercícios Nível 2

**35.** (Unicamp-SP) Sabe-se atualmente que os prótons e nêutrons não são partículas elementares, mas sim partículas formadas por três *quarks*. Uma das propriedades importantes do *quark* é o sabor, que pode assumir seis tipos diferentes: *top*, *bottom*, *charm*, *strange*, *up* e *down*. Apenas os *quarks up* e *down* estão presentes nos prótons e nos nêutrons. Os *quarks* possuem carga elétrica fracionária. Por exemplo, o *quark up* tem carga elétrica igual a $q_{up} = +\frac{2}{3}e$ e o *quark down* $q_{down} = -\frac{1}{3}e$, onde *e* é o módulo da carga elementar do elétron.

a) Quais são os três *quarks* que formam os prótons e os nêutrons?
b) Calcule o módulo da força de atração eletrostática entre um *quark up* e um *quark down* separados por uma distância $d = 0,2 \cdot 10^{-15}$ m. Caso necessário, use $k = 9 \cdot 10^{9}$ Nm$^2$/C$^2$ e $e = 1,6 \cdot 10^{-19}$ C.

**36.** (Fuvest-SP) Duas pequenas esferas, $\mathbf{E_1}$ e $\mathbf{E_2}$, feitas de materiais isolantes diferentes, inicialmente neutras, são atritadas uma na outra durante 5 s e ficam eletrizadas. Em seguida, as esferas são afastadas e mantidas a uma distância de 30 cm, muito maior que seus raios. A esfera $\mathbf{E_1}$ ficou com carga elétrica positiva de 0,8 nC. Determine

a) a diferença *N* entre o número de prótons e o de elétrons da esfera $\mathbf{E_1}$, após o atrito;
b) o sinal e o valor da carga elétrica *Q* de $\mathbf{E_2}$, após o atrito;
c) a corrente elétrica média *I* entre as esferas durante o atrito;
d) o módulo da força elétrica *F* que atua entre as esferas depois de afastadas.

> **Note e adote:**
> 1 nC = $10^{-9}$ C
> Carga do elétron = $1,6 \cdot 10^{-19}$ C
> Constante eletrostática: $k_0 = 9 \cdot 10^{9}$ N $\cdot$ m$^2$/C$^2$
> Não há troca de cargas entre cada esfera e o ambiente.

**37.** (Vunesp) Ao retirar o copinho de um porta-copos, um jovem deixa-o escapar de suas mãos quando ele já se encontrava a 3 cm da borda do porta-copos. Misteriosamente, o copo permanece por alguns instantes pairando no ar. Analisando o fato, concluiu que o atrito entre o copo extraído e o que ficara exposto havia gerado uma força de atração de origem eletrostática.

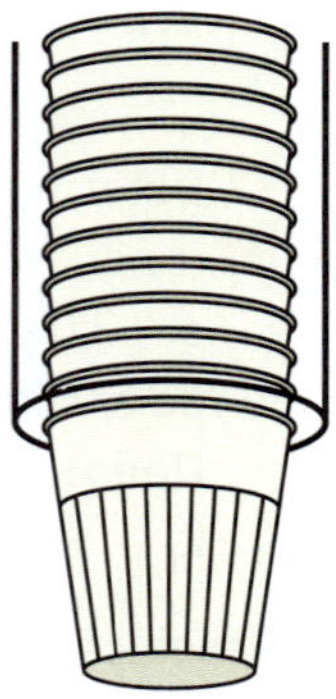

Reprodução/Arquivo da editora

Suponha que:

- a massa de um copo seja de 1 g;
- a interação eletrostática ocorra apenas entre o copo extraído e o que ficou exposto, sendo que os demais copos não participam da interação;
- os copos, o extraído e o que ficou exposto, possam ser associados a cargas pontuais, de mesma intensidade.

Nessas condições, dados g = 10 m/s$^2$ e $k = 9 \cdot 10^{9}$ N $\cdot$ m$^2$/C$^2$, o módulo da carga elétrica excedente no copinho, momentos após sua retirada do porta-copos, foi, em coulombs, aproximadamente:

a) $6 \cdot 10^{-5}$.
b) $5 \cdot 10^{-6}$.
c) $4 \cdot 10^{-7}$.
d) $3 \cdot 10^{-8}$.
e) $2 \cdot 10^{-9}$.

**38.** (UFTM-MG) Dois pequenos anéis de alumínio, idênticos e de massa 0,9 g, um deles carregado eletricamente e outro neutro, são postos em contato.

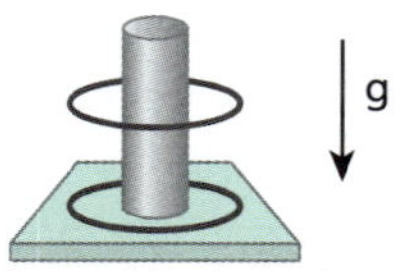


Reprodução/Arquivo da editora

Em seguida, os anéis são colocados em um pino vertical isolante, montado em uma base também isolante. Nessas condições, o anel superior flutua sobre o inferior, mantendo uma distância fixa de 1 cm.

Sendo a constante eletrostática do ar igual a $9 \cdot 10^9\ N \cdot m^2/C^2$, a carga inicialmente depositada sobre o anel eletrizado, em **C**, é:

a) $1 \cdot 10^{-8}$.
b) $2 \cdot 10^{-8}$.
c) $3 \cdot 10^{-8}$.
d) $4 \cdot 10^{-8}$.
e) $5 \cdot 10^{-8}$.

**39.** (UEA-AM) A figura mostra a regra entre duas placas planas eletrizadas com sinais opostos, havendo uma pequena abertura **A** por onde podem ser lançadas cargas elétricas na direção horizontal.

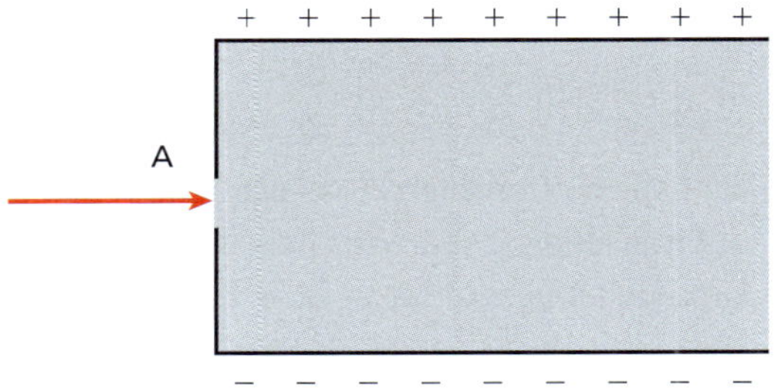


Reprodução/Arquivo da editora

Considere a tabela:

| Partícula | Carga elétrica | Massa |
|---|---|---|
| Próton (p) | +1 | 1 800 |
| Elétron (e) | −1 | 1 |
| Nêutron (n) | 0 | 1 800 |

Se as partículas (**p**, **e**, **n**) forem lançadas na região destacada na figura com a mesma velocidade, e desprezando os efeitos gravitacionais, a alternativa que melhor representa as trajetórias traçadas por elas é

a)
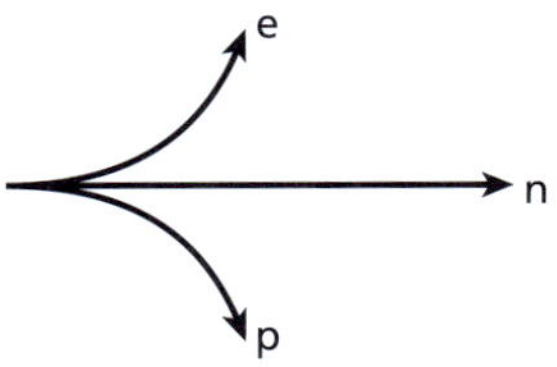


b)
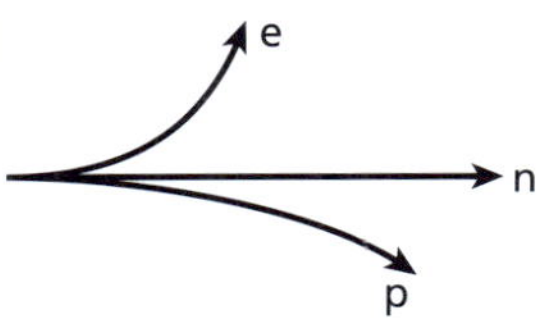


c)
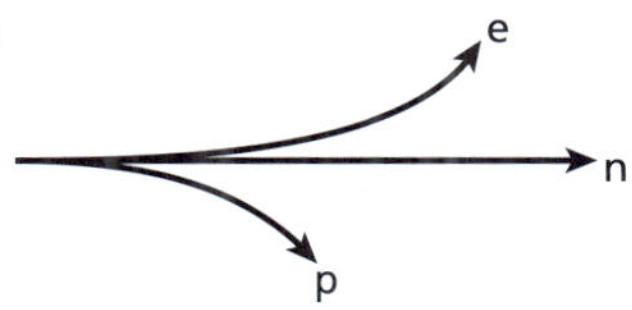


d)
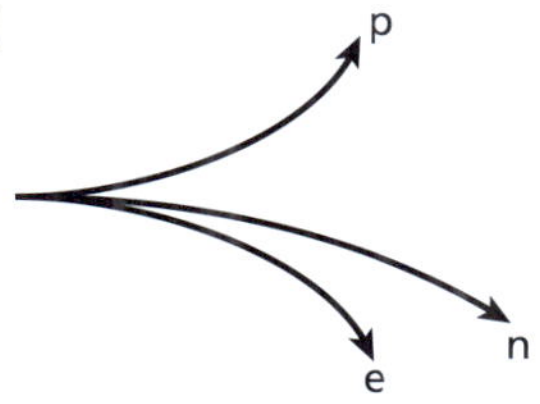


e)
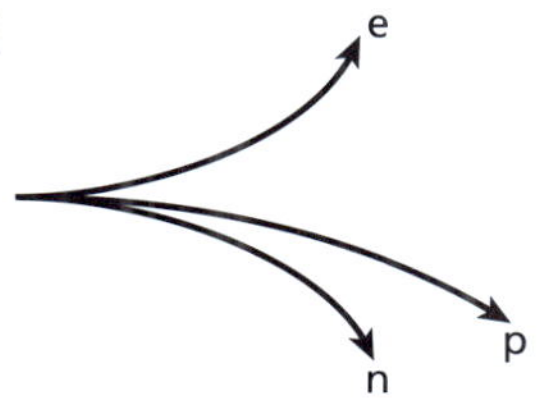


Ilustrações: Reprodução/Arquivo da editora

**40.** Duas partículas eletrizadas com cargas elétricas iguais a $Q$ estão fixas nos vértices opostos **A** e **C** de um quadrado de lado $\ell$. A força de repulsão entre elas tem intensidade $F_e$ (figura **a**). Quando colocadas nos vértices adjacentes **A** e **B**, a força de repulsão passa a ter intensidade $F'_e$ (figura **b**).

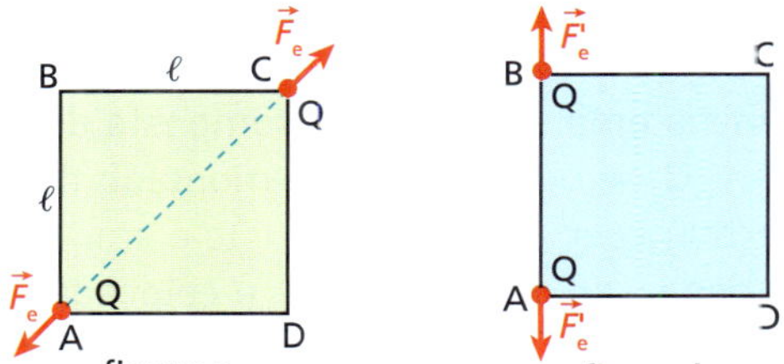


figura a figura b

Banco de imagens/Arquivo da editora

Qual a relação que existe entre $F'_e$ e $F_e$?

**41.** Duas partículas **A** e **B**, eletrizadas com cargas
E.R. de mesmo sinal e respectivamente iguais a $Q_A$ e $Q_B$, tal que $Q_A = 9Q_B$, são fixadas no vácuo a 1,0 m de distância uma da outra. Determine o local, no segmento que une as cargas **A** e **B**, onde deverá ser colocada uma terceira carga **C**, para que ela permaneça em repouso.

**Resolução:**

Inicialmente, façamos um esquema da situação:

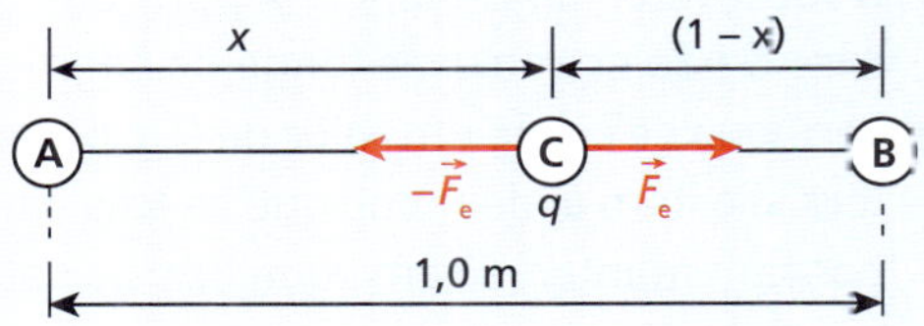


Banco de imagens/Arquivo da editora

Como as cargas **A** e **B** têm o mesmo sinal, as forças de interação que agirão sobre a terceira carga terão a mesma direção, mas sentidos opostos, não importando qual o seu sinal. Uma vez que essa terceira carga deve ficar em repouso, os módulos das forças que agem sobre ela devem ser iguais (resultante nula). Assim:

$$k\frac{|Q_A q|}{x^2} = k\frac{|Q_B q|}{(1-x)^2}$$

$$\frac{9|Q_B|}{x^2} = \frac{|Q_B|}{(1-x)^2} \Rightarrow x^2 = 9(1-x)^2$$

$$x = 3(1-x) \Rightarrow x = 3 - 3x$$

$$4x = 3 \therefore \boxed{x = 0{,}75 \text{ m}}$$

A carga **C** deve ser colocada a 0,75 m de **A** e a 0,25 m de **B**.

**Nota:**

- A equação $x^2 = 9(1-x)^2$ admite uma outra solução, que não satisfaz às condições do problema. Ela corresponde a um ponto fora do segmento que une **A** e **B**, em que as forças têm mesmo módulo e mesmo sentido e, portanto, **não se equilibram**.

**42.** Um sistema eletrostático composto de 3 cargas $Q_1 = Q_2 = +Q$ e $Q_3 = q$ é montado de forma a permanecer em equilíbrio, isto é, imóvel. Sabendo-se que a carga $Q_3$ é colocada no ponto médio entre $Q_1$ e $Q_2$, calcule $q$.

**43.** Duas partículas eletrizadas positivamente com cargas $q_1$ e $4q_1$ são fixadas a uma distância $d$ uma da outra. Uma terceira partícula, com carga negativa $Q$, é colocada sobre a linha que une as partículas fixas a uma distância $x$ da carga $q_1$, ficando livre para mover-se para a direita ou para a esquerda. Observe a figura fornecida.

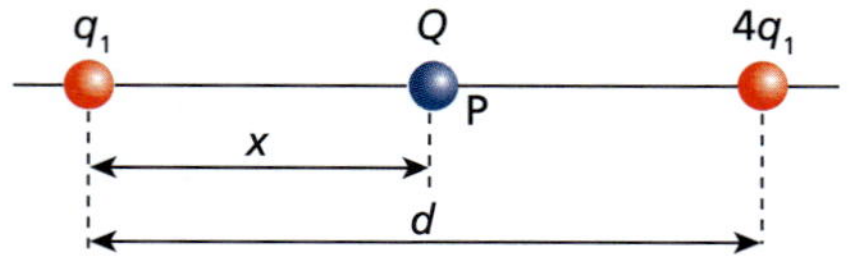

Banco de imagens/Arquivo da editora

Responda às questões propostas.

a) Qual o valor da distância $x$ para que a carga livre $Q$ não se mova ao longo do segmento?

b) Verifique se existe um valor de $Q$, colocado conforme o item **a**, de modo que as três partículas possam manter-se em equilíbrio ao soltarmos $q_1$ e $4q_1$.

**44.** (FGV-SP) Três pequenas esferas idênticas, **A**, **B** e **C**, carregadas com cargas respectivamente iguais a $Q_A$, $Q_B$ e $Q_C$ são abandonadas, alinhadas, sobre uma superfície plana e horizontal, com a esfera **B** mais próxima de **A** do que de **C**, como ilustra a figura a seguir.

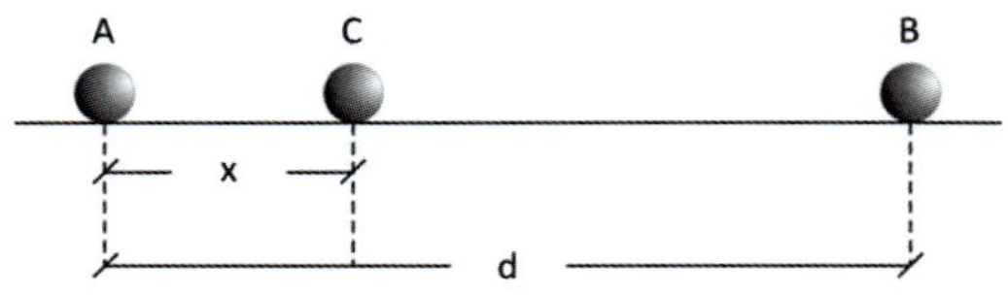

Reprodução/SSE-PE, 2016.

Verifica-se que, assim abandonadas, apesar de serem desprezíveis os atritos entre elas e a superfície de apoio, as três permanecem em repouso. Nesse caso, se $|Q_C| = 4|Q_A|$ e a distância entre as esferas A e C for $d$, a distância $x$ entre as esferas **A** e **B** será:

a) $\frac{d}{2}$ b) $\frac{2d}{5}$ c) $\frac{d}{3}$ d) $\frac{d}{4}$ e) $\frac{d}{5}$

**45.** (Unesp-SP) Considere duas pequenas esferas condutoras iguais, separadas pela distância d = 0,3 m. Uma delas possui carga $Q_1 = 1 \cdot 10^{-9}$ C e a outra $Q_2 = -5 \cdot 10^{-10}$ C.

Utilizando $\frac{1}{(4\pi\varepsilon_0)} = 9 \cdot 10^9 \text{ N} \cdot \text{m}^2/\text{C}^2$,

a) calcule a força elétrica $F$ de uma esfera sobre a outra, declarando se a força é atrativa ou repulsiva.

b) A seguir, as esferas são colocadas em contato uma com a outra e recolocadas em suas posições originais. Para esta nova situação, calcule a força elétrica $F$ de uma esfera sobre a outra, declarando se a força é atrativa ou repulsiva.

**46.** E.R. Duas esferas condutoras idênticas muito pequenas, de mesma massa m = 0,30 g, encontram-se no vácuo, suspensas por meio de dois fios leves, isolantes, de comprimentos iguais L = 1,0 m e presos a um mesmo ponto de suspensão **O**. Estando as esferas separadas, eletriza-se uma delas com carga $Q$, mantendo-se a outra neutra. Em seguida, elas são colocadas em contato e depois abandonadas, verificando-se que na posição de equilíbrio a distância que as separa é d = 1,2 m. Determine a carga $Q$.
**Dados:** $Q > 0$; $k_0 = 9{,}0 \cdot 10^9 \text{ N m}^2 \text{ C}^{-2}$; $g = 10 \text{ m s}^{-2}$.

**Resolução:**

Como as esferas são idênticas, pode-se afirmar que, após o contato, elas estarão igualmente eletrizadas. Assim:

$$Q_A = Q_B = \frac{Q}{2}$$

Fazendo um esquema das forças relevantes nas esferas **A** e **B**, temos:

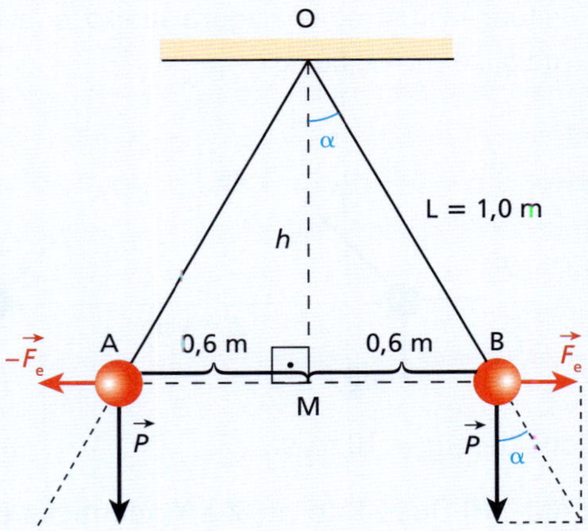


Banco de imagens/Arquivo da editora

Da figura, podemos afirmar que:

$$\frac{F_e}{P} = \text{tg}\,\alpha \quad \text{e} \quad \text{tg}\,\alpha = \frac{0,6}{h}$$

Da **relação de Pitágoras**, aplicada ao triângulo **OMB**, vem:

$$(1,0)^2 = (0,6)^2 + h^2 \therefore h = 0,8 \text{ m}$$

Assim, obtemos:

$$F_e = P \cdot \frac{0,6}{0,8} \Rightarrow F_e = P \cdot \frac{3}{4} \quad \text{(I)}$$

Mas:

$$F_e = k\frac{|Q_A Q_B|}{d^2} = \frac{k\frac{Q}{2}\frac{Q}{2}}{d^2} = \frac{kQ^2}{4d^2}$$

$$F_e = \frac{9,0 \cdot 10^9\, Q^2}{4(1,2)^2} \quad \text{(II)}$$

$$P = mg = 0,30 \cdot 10^{-3} \cdot 10 \quad \text{(III)}$$

Então, substituindo (II) e (III) em (I), temos:

$$9,0 \cdot 10^9 \cdot \frac{Q^2}{4(1,2)^2} = 0,30 \cdot 10^{-3} \cdot 10 \cdot \frac{3}{4}$$

$$Q^2 = 1,44 \cdot 10^{-12} \therefore Q = 1,2 \cdot 10^{-6} \text{ C}$$

$$\boxed{Q = 1,2\ \mu\text{C}}$$

**47.** (Unesp-SP) Em um experimento de eletrostática, um estudante dispunha de três esferas metálicas idênticas, **A**, **B** e **C**, eletrizadas, no ar, com cargas elétricas $5Q$, $3Q$ e $-2Q$, respectivamente.

Reprodução/Unesp, 2015.

Utilizando luvas de borracha, o estudante coloca as três esferas simultaneamente em contato e, depois de separá-las, suspende **A** e **C** por fios de seda, mantendo-as próximas. Verifica-se, então, que elas interagem eletricamente, permanecendo em equilíbrio estático a uma distância *d* uma da outra. Sendo *k* a constante eletrostática do ar, assinale a alternativa que contém a correta representação da configuração de equilíbrio envolvendo as esferas **A** e **C** e a intensidade da força de interação elétrica entre elas.

a) 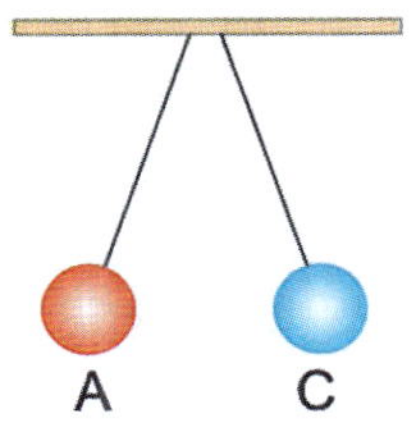

e $F = \frac{10kQ^2}{d^2}$

b) 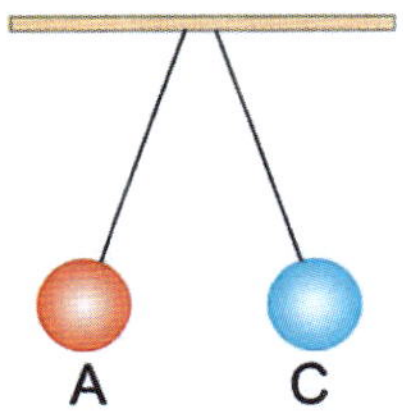

e $F = \frac{4kQ^2}{d^2}$

c) 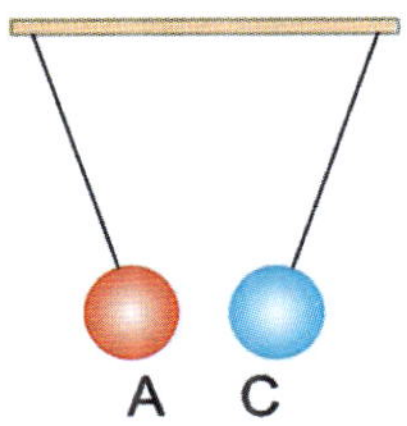

e $F = \frac{10kQ^2}{d^2}$

d) 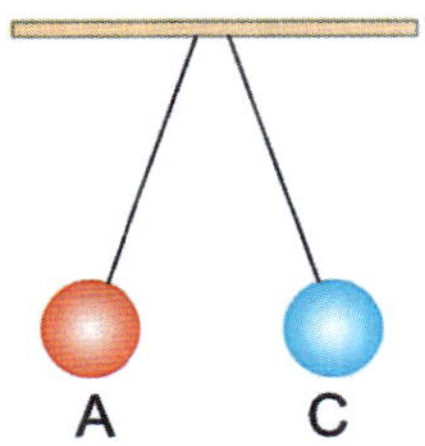

e $F = \frac{2kQ^2}{d^2}$

e) 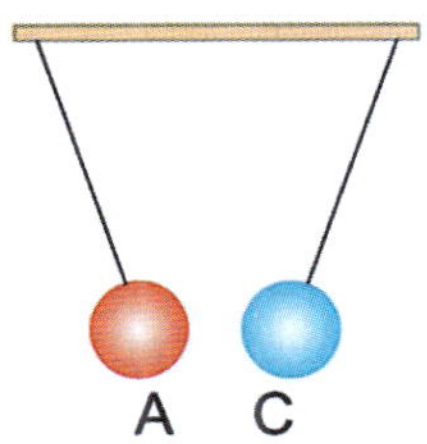

e $F = \frac{4kQ^2}{d^2}$

Ilustrações: Reprodução/Unesp, 2015.

**48.** (OBF) Os corpos **A** e **B**, de massas $m$ e $M$, respectivamente, estão atados por uma corda que passa por duas roldanas. O corpo **A** está carregado com carga $+Q$ e sofre a ação de uma outra carga $-Q$, que se encontra a uma distância $d$ (figura a seguir). Nessa situação todo o sistema encontra-se em equilíbrio.

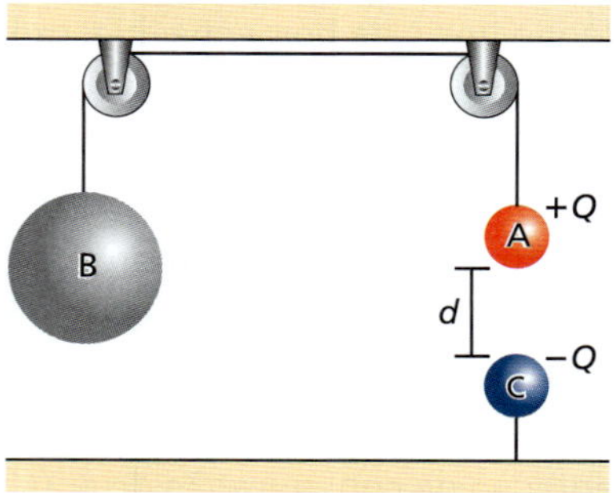


Reprodução/Arquivo da editora

Se as massas **A** e **B** quadruplicarem, qual deve ser a nova distância entre as cargas para que o sistema fique em equilíbrio? Considere desprezíveis a massa da corda e o atrito nas roldanas.

a) d.

b) $\frac{d}{2}$.

c) $\frac{d}{4}$.

d) 2d.

e) 4d.

**49.** As duas esferas idênticas da figura **A**, uma eletrizada e a outra neutra, foram colocadas em contato e, em seguida, recolocadas em suas posições iniciais, aparecendo entre elas uma força elétrica de repulsão de intensidade $F$. As esferas estão em equilíbrio na posição indicada na figura **B**. Se a massa de cada esfera vale 10 g, o meio é o vácuo ($k_0 = 9 \cdot 10^9$ N $m^2C^{-2}$) e $g = 10$ m/s$^2$, qual o módulo da carga de cada esfera, na figura **B**?

Banco de imagens/Arquivo da editora

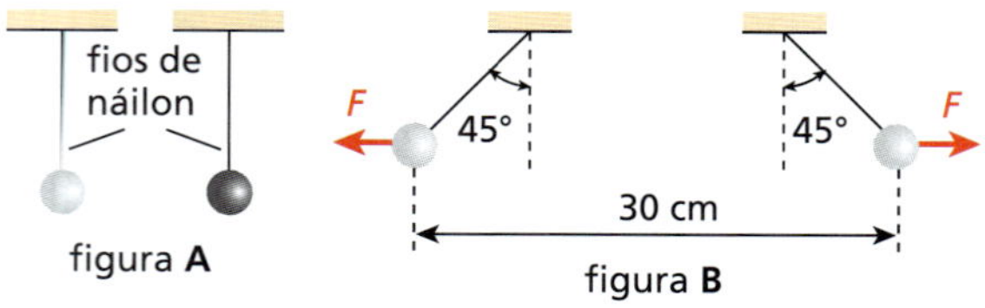


**50.** (Unicamp-SP) Em 2012 foi comemorado o centenário da descoberta dos raios cósmicos, que são partículas provenientes do espaço.

a) Os neutrinos são partículas que atingem a Terra, provenientes em sua maioria do Sol. Sabendo-se que a distância do Sol à Terra é igual a $1{,}5 \cdot 10^{11}$ m, e considerando a velocidade dos neutrinos igual a $3{,}0 \cdot 10^8$ m/s, calcule o tempo de viagem de um neutrino solar até a Terra.

b) As partículas ionizam o ar e um instrumento usado para medir esta ionização é o eletroscópio. Ele consiste em duas hastes metálicas que se repelem quando carregadas. De forma simplificada, as hastes podem ser tratadas como dois pêndulos simples de mesma massa $m$ e mesma carga $q$ localizadas nas suas extremidades. O módulo da força elétrica entre as cargas é dado por $F_e = k\frac{q^2}{d^2}$, sendo $k = 9 \cdot 10^9$ Nm$^2$/C$^2$. Para a situação ilustrada na figura abaixo, qual é a carga $q$, se m = 0,004 g?

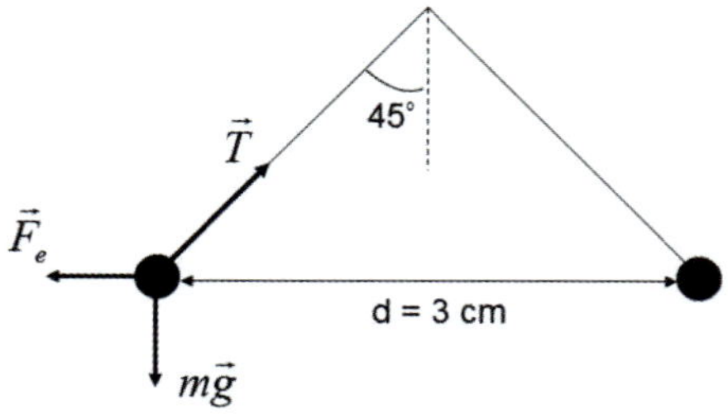


Reprodução/Unicamp, 2013.

Considere $g = 10$ m/s$^2$.

**51.** (FAM-SP) Duas esferas, **X** e **Y**, idênticas e eletricamente carregadas com carga $+q$, encontram-se em equilíbrio e dispostas conforme a figura.

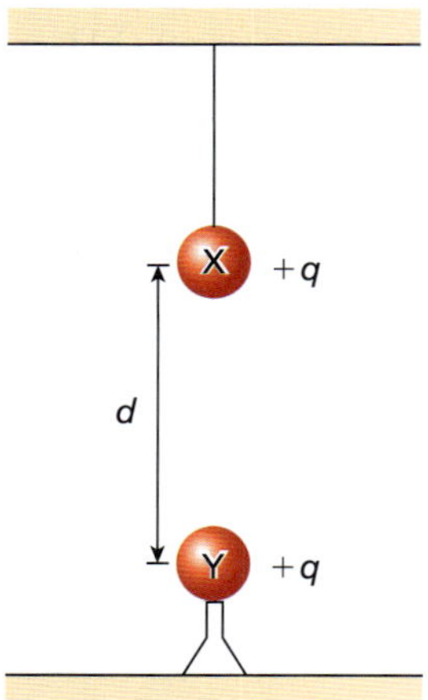


Reprodução/Arquivo da editora

A esfera **X** está suspensa por um fio de massa desprezível $m$, enquanto a esfera **Y** está fixada sobre uma base isolante. Sendo $d$ a distância entre as esferas, a intensidade da força de tração no fio que sustenta a esfera **X** é corretamente expressa por

a) $mg - \frac{kq^2}{d^2}$

b) $mg + \frac{kq}{d^2}$

c) $mg - \frac{kq}{d}$

d) $mg + \frac{kq}{d}$

e) $mg + \frac{kq^2}{d^2}$

## Intersaberes

# A composição "atual" da matéria

No início deste tópico, dissemos que a matéria é constituída de moléculas. As moléculas, por sua vez, são formadas de átomos, e os átomos, de prótons, nêutrons e elétrons. No entanto, para os padrões atuais, essa é uma visão bastante simplista! Hoje, sabemos muito mais do que isso a respeito da constituição da matéria.

Há cerca de 13,8 bilhões de anos (esta é a idade estimada do Universo), teria ocorrido o *big-bang*, momento primordial em que um certo "ovo cósmico", superaquecido, expandiu-se violentamente a partir de dimensões ínfimas. Teria havido nesse momento singular a liberação de uma quantidade gigantesca de energia que, com a redução da temperatura, transformou-se em parte na matéria hoje conhecida.

Muitos acreditam que antes do *big-bang* existia o "nada": um vazio absoluto. Não! Provavelmente, nunca tenha existido o vazio absoluto no Universo. Afinal, sempre se podem registrar partículas, mesmo que temporariamente, em todos os locais. Assim, os cientistas trabalham para desenvolver teorias para explicar esse "nada". Como teria sido antes da grande expansão, do *big-bang*?

A visão do que vem a ser matéria está em constante evolução. Em 1805, surgiu a ideia de átomo; em 1897, descobriu-se o elétron; em 1913, foi estabelecido o conceito de um núcleo com elétrons girando ao seu redor; em 1919, foi a vez do próton; e em 1932, do nêutron. Entre 1969 e 1995, surgiram as teorias dos *quarks* e dos léptons. Outras partículas elementares também foram detectadas, como os mésons, os neutrinos, os pósitrons, os hádrons, os glúons, os bósons, etc.

Com o aumento da tecnologia, a Física experimental passou a registrar com maior frequência situações inusitadas, e novas descobertas são sempre registradas. E essa é a razão da palavra "atual", presente em nosso título. Enfatizamos que daqui a alguns anos poderemos ter uma visão bastante diferente a respeito da composição da matéria. Só o tempo dirá.

Será, ainda, que com a descoberta do bóson de Higgs termina a construção da teoria sobre a composição da matéria? Será que o modelo padrão, teoria que descreve as partículas e interações que constituem a matéria, está mesmo finalizado?

A seguir, incluímos um artigo do professor de Física Marcelo Gleiser, publicado em abril de 2012 no jornal *Folha de S.Paulo*, a respeito desse assunto. Vale a pena ler.

FABRICE COFFRINI/AFP PHOTO

Fotografia, com efeito de ampliação, de colisões na experiência Compact Muon Solenoid (CMS). Os traços da imagem representam o resultado de colisões entre prótons no LHC. Maio de 2011.

### A composição atual da matéria

As partículas conhecidas hoje são combinações de doze partes; seriam elas o menor pedaço da matéria?

Os filósofos da Grécia Antiga foram os primeiros a refletir sobre a composição da matéria. Com incrível presciência, sugeriram que todas as formas de matéria são constituídas de pequenos tijolos indestrutíveis, que chamaram de átomos.

Em grego, a palavra "átomo" significa "o que não pode ser cortado". Como os átomos eram supostamente eternos, constituíam a essência do ser. Das suas miríades combinações todas as formas da natureza emergiam, incluindo as transformações que vemos ocorrer no mundo e em nós mesmos. Com isso, os atomistas conseguiram unificar o ser e o devir, ou seja, as coisas que são e as coisas que se transformam.

Mesmo que o conceito moderno de átomos seja bem diferente do dos gregos de 24 séculos atrás, até hoje consideramos que a matéria seja composta por partículas minúsculas. Essa é a física de altas energias ou das partículas elementares, que busca justamente pelos menores pedaços de matéria.

Tudo começou com o inglês J. J. Thomson, em 1897. Em um experimento genial, Thomson demonstrou pela primeira vez que o átomo era divisível e que um de seus componentes era uma partícula cerca de 2 000 vezes mais leve do que a mais leve da época, o íon de hidrogênio. (O hidrogênio é o elemento mais simples e leve que existe. Seu átomo tem apenas um próton no núcleo, circundado por um elétron. O íon é o átomo menos o elétron o que, nesse caso, significa um próton.)

No século 20, a maior sofisticação dos experimentos levou à descoberta de centenas de partículas. Numa expressão clara da famosa equação de Einstein, $E = mc^2$, quanto maior a energia das partículas nos experimentos de colisão entre elas, mais tipos de partículas podem ser criadas, com massas maiores.

Essas transmutações materiais são controladas por uma série de "leis de conservação" que expressam a constância de uma grandeza durante uma colisão entre partículas. Por exemplo, a energia total e a carga elétrica total antes e depois de uma colisão é a mesma. Essas leis são a expressão do ser na Física Moderna, enquanto que as transmutações são a expressão do devir.

Após muito esforço, nos anos 80 os físicos obtiveram um modelo capaz de descrever toda a matéria que vemos no Universo: o chamado Modelo Padrão. Nele, fica claro que as centenas de partículas descobertas até então são combinações de apenas doze. Esse grupo, com seis *quarks* (dois deles aparecem no próton e no nêutron) e seis *léptons* (o elétron e seu neutrino são dois deles), constitui as partículas elementares.

Será que essas doze partículas são os menores pedaços de matéria? Ou será que essas doze são compostas por partículas ainda mais simples? Não temos indicação experimental de que existe esse outro nível. Por outro lado, o Modelo Padrão deixa em aberto muitas questões e é praticamente certo que novas partículas serão descobertas no futuro. Por exemplo, não conhecemos a composição da matéria escura seis vezes mais abundante do que a matéria comum.

Talvez o mais prudente seja chamar as partículas elementares de hoje como nossa versão atual da composição da matéria, certos de que a receita mudará no futuro. Questões científicas que buscam respostas finais são irrespondíveis.

MARCELO GLEISER é professor de Física Teórica no Darthmouth College, em Hanover (EUA), e autor de *Criação imperfeita*.

Disponível em: <www1.folha.uol.com.br/fsp/ciencia/34527-a-composicao-atual-da-materia.shtml>. Acesso em: 17 jul. 2018.

## Compreensão, pesquisa e debate

1. Faça uma pesquisa sobre os *quarks* e tente explicar como eles se mantêm unidos para formar os prótons e os nêutrons.

2. Pesquise também os léptons. Seriam os *quarks* e os léptons os famosos "tijolinhos" que formam a matéria?

3. Se os prótons possuem cargas elétricas de sinais iguais e, portanto, se repelem, como essas partículas se mantêm estáveis no núcleo de um átomo?

4. Muito se falou de uma partícula que explicaria o porquê da massa dos corpos, o bóson de Higgs, especialmente após experimentos realizados no LHC que confirmaram sua existência. Pesquise e descubra mais a respeito dessa partícula.

# Exercícios Nível 3

**52.** (Uespi) Uma pequena esfera condutora **A**, no vácuo, possui inicialmente carga elétrica $Q$. Ela é posta em contato com outra esfera, idêntica a ela porém neutra, e ambas são separadas após o equilíbrio eletrostático ter sido atingido. Esse procedimento é repetido mais 10 vezes, envolvendo outras 10 esferas idênticas à esfera **A**, todas inicialmente neutras. Ao final, a carga da esfera **A** é igual a:

a) $\frac{Q}{2^9}$.   b) $\frac{Q}{2^{10}}$.   c) $\frac{Q}{2^{11}}$.   d) $\frac{Q}{10}$.   e) $\frac{Q}{11}$.

**53.** Um corpo condutor foi eletrizado com carga elétrica positiva igual a $Q$. Após a eletrização, ele é dividido em duas partes, sendo que uma delas com carga $q$. Nesse processo não há perda de carga. Quando colocamos essas duas partes a uma distância $d$, uma repulsão ocorrerá entre elas. Qual deve ser a relação entre as cargas $q$ e $Q$ para que a repulsão entre as partes seja máxima?

**54.** (UFJF-MG) Quatro cargas elétricas iguais de módulo $q$ estão situadas nos vértices de um quadrado, como mostra a figura. Qual deve ser o módulo da carga $Q$ de sinal contrário que é necessário colocar no centro do quadrado para que todo o sistema de cargas fique em equilíbrio?

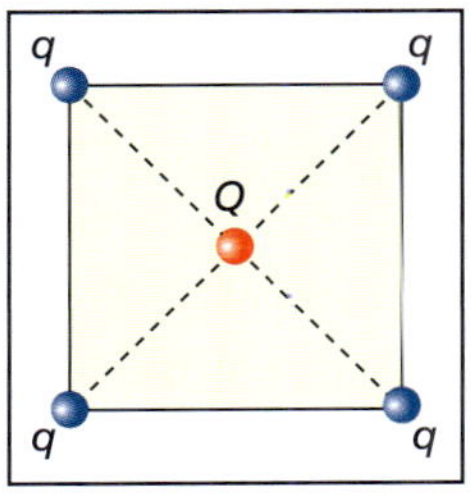


Reprodução/Arquivo da editora

**55.** (UFBA) Uma pequena esfera vazada **C**, com uma carga positiva, é perpassada por um aro semicircular situado num plano horizontal, com extremidades nos pontos **A** e **B**, como indica a figura abaixo. A esfera pode se deslocar sem atrito tendo o aro como guia. Nas extremidades **A** e **B** do aro são colocadas pequenas esferas com cargas $+125\ \mu C$ e $+8\ \mu C$, respectivamente. Determine a tangente do ângulo $\theta_c$, para o qual a esfera **C** permanece em equilíbrio.

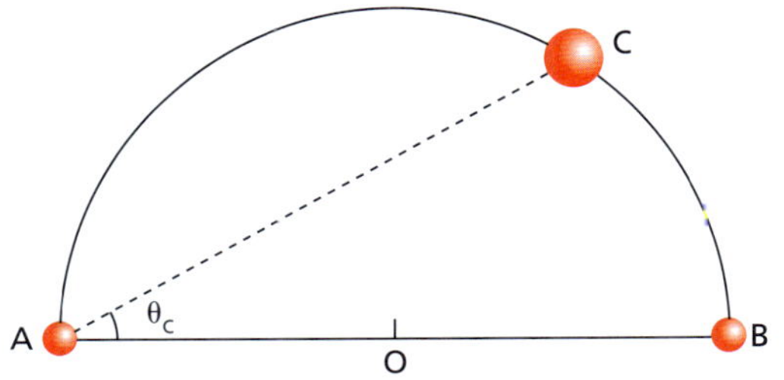


Reprodução/Arquivo da editora

**56.** (ITA-SP) Uma partícula de massa $M \cong 10{,}0$ g e carga $q = -2{,}0 \cdot 10^{-6}$ C é acoplada a uma mola de massa desprezível. Esse conjunto é posto em oscilação e seu período medido é $P = 0{,}40\pi$ s. É fixada, a seguir, uma outra partícula de carga $q' = 0{,}20 \cdot 10^{-6}$ C a uma distância $d$ da posição de equilíbrio **O** do sistema massa-mola (ver figura).

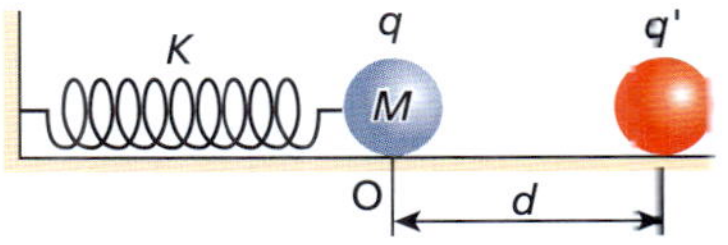


Reprodução/Arquivo da editora

O conjunto é levado lentamente até a nova posição de equilíbrio, distante $x \cong 40$ cm da posição de equilíbrio inicial **O**. Qual o valor de $d$?

**Dado:** $k_0 = 9 \cdot 10^9\ N\ m^2/C^2$.

**Obs.:** Considere as duas cargas puntiformes.

**57.** (FICSAE-SP) Observe a figura ao lado onde duas esferas de massas iguais a $m$ estão eletrizadas com cargas elétricas $Q$, iguais em módulo, porém de sinais contrários. Estando o sistema em equilíbrio estático, determine a distância $d$ entre os centros das esferas. Adote o módulo da aceleração da gravidade igual a $g$, a constante eletrostática do meio igual a $k$ e a tração na corda igual a $T$.

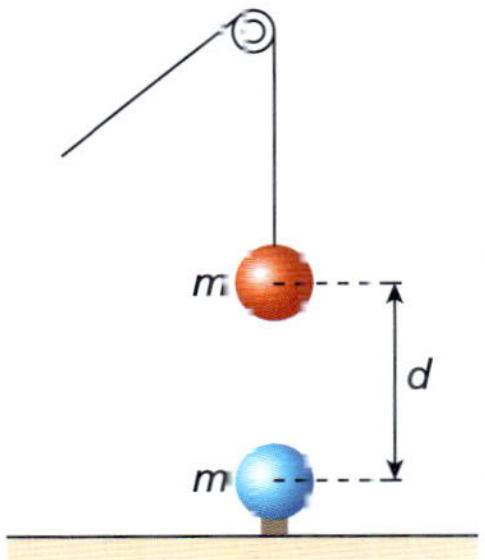


Reprodução/Arquivo da editora

a) $d = |Q|\sqrt{\frac{k}{T - (mg)}}$

b) $d = |Q|\sqrt{\frac{T - (mg)}{k}}$

c) $d = \sqrt{\frac{T - (mg)}{k|Q|}}$

d) $d = \frac{1}{|Q|}\sqrt{\frac{kT}{mg}}$

**58.** (UFU-MG) A figura mostra uma barra isolante, sem massa, de comprimento $\ell = 2$ m, presa por um pino no centro. Nas suas extremidades estão presas cargas positivas $q$ e $2q$, sendo $q = 1 \cdot 10^{-6}$ C. A uma distância $r = 0{,}3$ m, diretamente abaixo de cada uma dessas cargas, encontra-se afixada uma carga positiva $Q = 4 \cdot 10^{-6}$ C. Considere somente as interações entre as cargas situadas diretamente abaixo uma da outra e $k = 9 \cdot 10^9$ N $m^2/C^2$. Sabe-se que a reação no pino é nula.

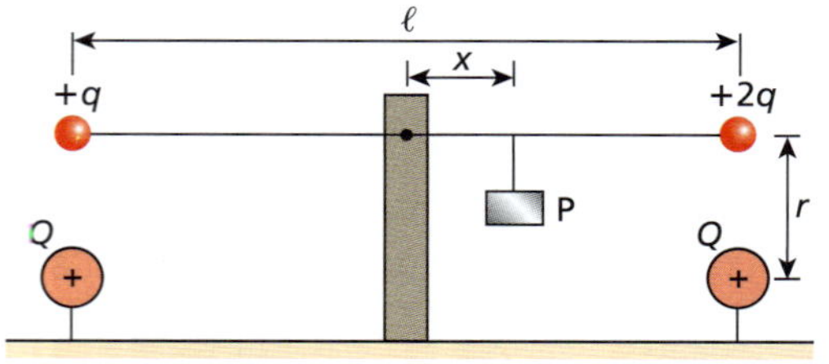



Determine:

a) o valor do peso $P$ necessário para manter a barra em equilíbrio na horizontal;

b) a distância $x$, a partir do pino, onde o peso $P$ deve ser suspenso quando a barra está balanceada e de que lado do suporte (esquerdo ou direito).

**59.** (UPM-SP) Duas pequenas esferas metálicas idênticas, de 10 gramas cada uma, estão suspensas por fios isolantes, presos a duas paredes verticais, como mostra a figura abaixo. As esferas eletrizadas com cargas $q_1 = +1{,}0\ \mu C$ e $q_2 = -1{,}0\ \mu C$, respectivamente, estão em equilíbrio na posição indicada.

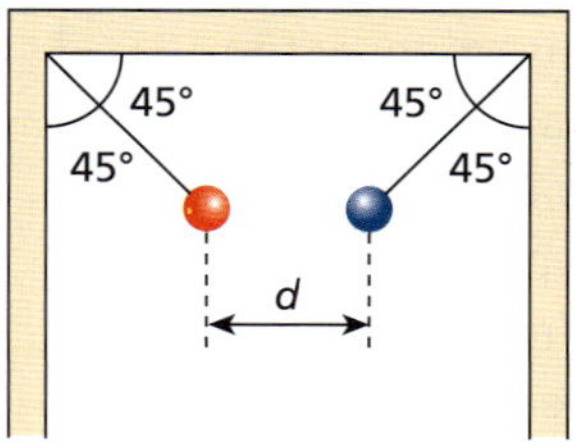



O meio é o vácuo ($k_0 = 9 \cdot 10^9\ N \cdot m^2/C^2$) e a aceleração gravitacional local é $g = 10\ m/s^2$. A distância $d$, entre as referidas esferas, é:

a) 1,0 cm.
b) 2,0 cm.
c) 3,0 cm.
d) 10 cm.
e) 30 cm.

**60.** (UFG-GO) Numa experiência rudimentar para se medir a carga eletrostática de pequenas bolinhas de plástico carregadas positivamente, pendura-se a bolinha, cuja carga se quer medir, em um fio de seda de 5 cm de comprimento e massa desprezível. Aproxima-se, ao longo da vertical, uma outra bolinha com carga de valor conhecido Q = 10 nC, até que as duas ocupem a mesma linha horizontal, como mostra a figura.

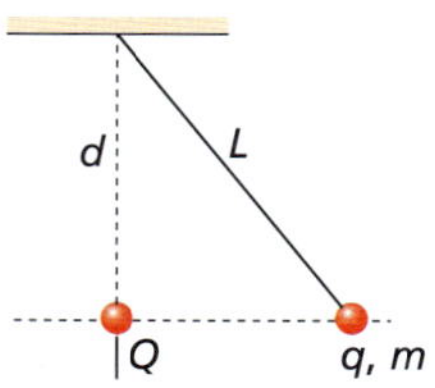



Sabendo-se que a distância medida da carga $Q$ até o ponto de fixação do fio de seda é de 4 cm e que a massa da bolinha é de 0,4 g, o valor da carga desconhecida é de:

a) 30 nC.
b) 25 nC.
c) 32 nC.
d) 53 nC.
e) 44 nC.

**Dados:** $k = 9 \cdot 10^9\ Nm^2/C^2$; $g = 10\ m/s^2$; L = 5 cm; d = 4 cm; m = 0,4 g; Q = 10 nC.

**61.** (Ufop-MG) A figura a seguir mostra a configuração de equilíbrio de uma pequena esfera **A** e um pêndulo **B** que possuem cargas de mesmo módulo.

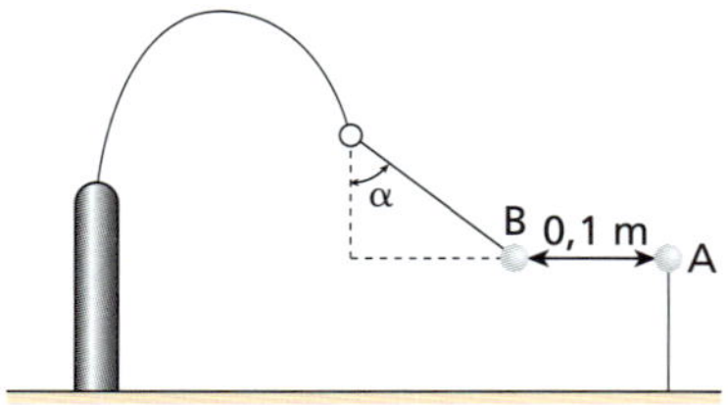



**Dados:** aceleração da gravidade $g = 10\ m/s^2$;

$$\frac{1}{4\pi\varepsilon_0} = 9 \cdot 10^9 \frac{Nm^2}{C^2}.$$

a) O que pode ser afirmado sobre os sinais das cargas **A** e **B**?

b) Se $\text{tg}\,\alpha = \frac{4}{3}$ e a massa de **B** é 0,1 kg, determine os módulos das cargas de **A** e **B**.

**62.** (UFG-GO) Considere a situação hipotética esquematizada na figura 1, onde duas esferas idênticas de massa m = 90 g, carregadas com cargas de 2 $\mu$C cada uma, estão separadas por 20 cm. Dobram-se as cargas nas esferas e, para que as esferas não saiam de suas posições, prende-se uma mola entre elas, como na figura 2.

A mola distende-se 1,0 cm. Qual a constante elástica da mola?

(Adote $g = 10\ m/s^2$ e $k_0 = 9{,}0 \cdot 10^9\ Nm^2/C^2$.)

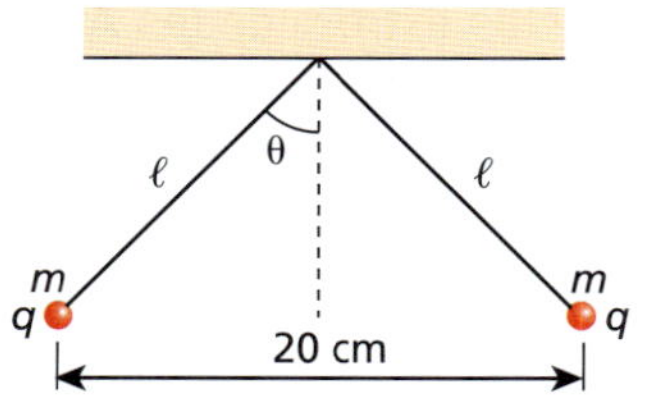



**Figura 1** – Esferas carregadas com cargas de 2 $\mu$C cada uma.

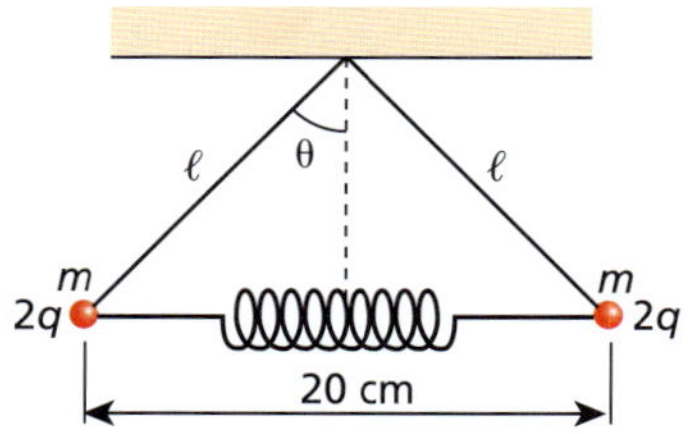


**Figura 2** – Esferas carregadas com cargas de 4 $\mu$C cada uma e ligadas por uma mola.

**63.** (ITA-SP) Utilizando o modelo de Bohr para o átomo, calcule o número aproximado de revoluções efetuadas por um elétron no primeiro estado excitado do átomo de hidrogênio, se o tempo de vida do elétron, nesse estado excitado, é de $10^{-8}$ s. São dados: o raio da órbita do estado fundamental é de $5{,}3 \cdot 10^{-11}$ m e a velocidade do elétron nessa órbita é de $2{,}2 \cdot 10^{6}$ m/s.

a) $1 \cdot 10^{6}$ revoluções.
b) $4 \cdot 10^{7}$ revoluções.
c) $5 \cdot 10^{7}$ revoluções.
d) $8 \cdot 10^{6}$ revoluções.
e) $9 \cdot 10^{6}$ revoluções.

**DESCUBRA MAIS**

1. Pesquise sobre **força nuclear forte**. Qual a diferença entre essa força e a **força nuclear fraca**?
2. Faça uma pesquisa sobre **força eletromagnética**. Podemos encontrá-la em um átomo ou em uma molécula?
3. É comum uma pessoa, ao fechar a porta de um automóvel, após tê-lo dirigido, receber um choque no contato com o puxador. Como você explica esse fato?

## Para raciocinar um pouco mais

**64.** (CPAEN-RJ) Analise a figura abaixo.

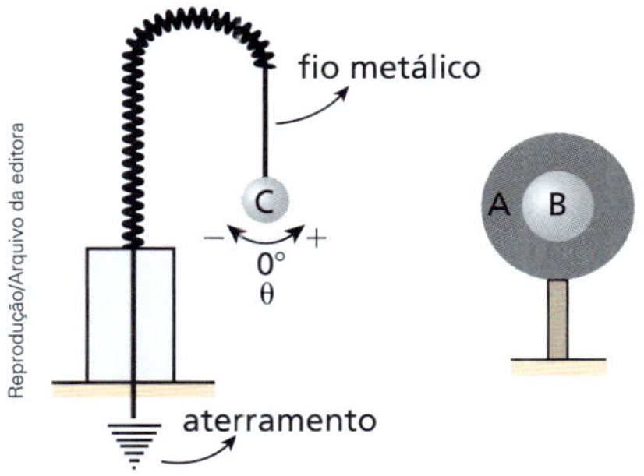


Na figura acima temos uma esfera **AB**, maciça, de material isolante elétrico, dividida em duas regiões concêntricas, **A** e **B**. Em **B** há um excesso de carga elétrica *Q*, de sinal desconhecido. A região **A** está eletricamente neutra. No pêndulo eletrostático temos a esfera metálica **C** aterrada por um fio metálico. Ao se aproximar a esfera isolante **AB** da esfera metálica **C** pela direita, conforme indica a figura, qual será a inclinação θ do fio metálico?

a) Negativa, se $Q < 0$.
b) Nula, se $Q < 0$.
c) Positiva, independente do sinal de *Q*.
d) Negativa, se $Q > 0$.
e) Nula, independente do sinal de *Q*.

**65.** (Unifesp) Na figura, estão representadas duas pequenas esferas de mesma massa, m = 0,0048 kg, eletrizadas com cargas de mesmo sinal, repelindo-se no ar. Elas estão penduradas por fios isolantes muito leves, inextensíveis, de mesmo comprimento, $\ell = 0{,}090$ m. Observa-se que, com o tempo, essas esferas se aproximam e os fios tendem a se tornar verticais.

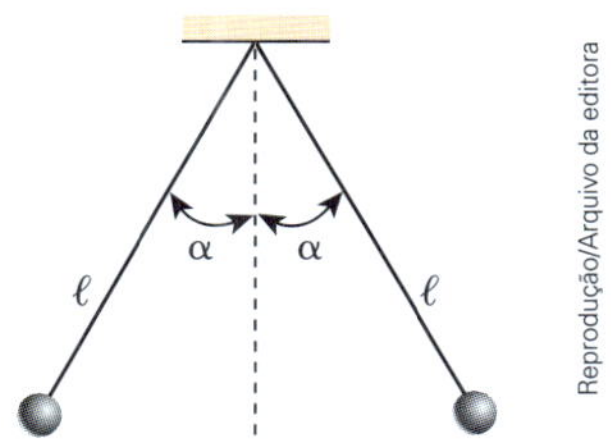


a) O que causa a aproximação dessas esferas? Durante essa aproximação, os ângulos que os fios formam com a vertical são sempre iguais ou podem tornar-se diferentes um do outro? Justifique.
b) Suponha que, na situação da figura, o ângulo α é tal que sen α = 0,60; cos α = 0,80; tg α = 0,75 e as esferas têm cargas iguais. Qual é, nesse caso, a carga elétrica de cada esfera? (Admitir $g = 10$ m/s$^2$ e $k = 9{,}0 \cdot 10^{9}$ N · m$^2$/C$^2$.)

**66.** (Fuvest-SP) Quatro pequenas esferas de massa *m* estão carregadas com cargas de mesmo valor absoluto *q*, sendo duas negativas e duas positivas, como mostra a figura. As esferas estão dispostas formando um quadrado de lado *a* e giram numa trajetória circular de centro **O**, no plano do quadrado, com velocidade de módulo constante *v*. Suponha que as **únicas** forças atuantes sobre as esferas são devidas à interação eletrostática. A constante de permissividade elétrica é $\varepsilon_0$. Todas as grandezas (dadas e solicitadas) estão em unidades SI.

a) Determine a expressão do módulo da força eletrostática resultante $\vec{F}$ que atua em cada esfera e indique sua direção.

b) Determine a expressão do módulo da velocidade tangencial $\vec{v}$ das esferas.

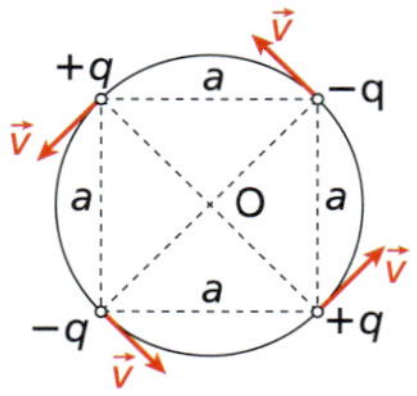


Reprodução/Arquivo da editora

**67.** Em um ponto do plano inclinado, que se encontra no vácuo, fixamos um corpo **B** eletrizado com carga $Q = 20\ \mu C$. A 30 cm de **B**, coloca-se um pequeno corpo **A** de 20 gramas de massa, eletrizado com carga $q$. Adote $g = 10\ m/s^2$ e $k = 9 \cdot 10^9\ Nm^2C^{-2}$.

a) Se não existe atrito, para que o corpo **A** fique em equilíbrio, qual deve ser sua carga elétrica?

b) Se existisse atrito e o coeficiente de atrito estático entre o corpo **A** e o plano inclinado fosse igual a 0,25, qual seria a menor distância entre **A** e **B** para não haver movimento do corpo **A**?

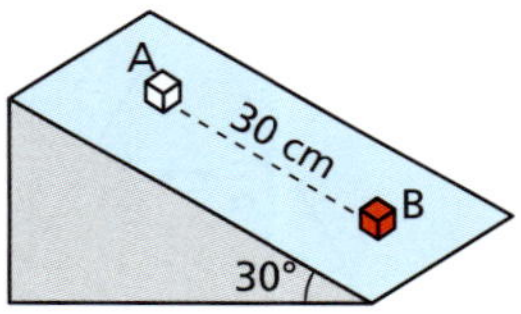


Banco de imagens/Arquivo da editora

**68.** No laboratório de Física da escola utilizou-se para o experimento pedido pelo professor um trilho em forma semicilíndrica. De material isolante elétrico, a sua superfície era extremamente lisa apresentando coeficiente de atrito praticamente nulo, podendo-se desprezar os atritos. Esse trilho foi fixado sobre uma bancada, na posição vertical.

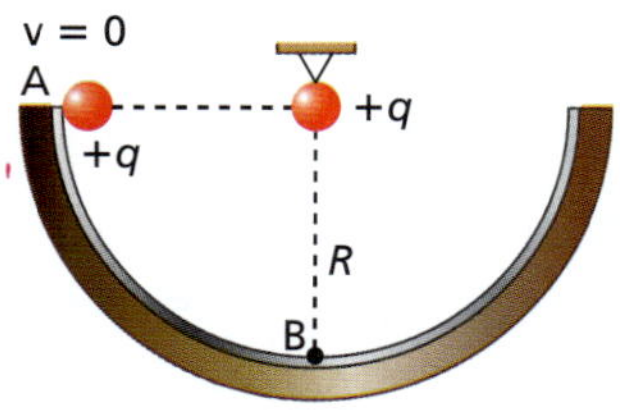


Banco de imagens/Arquivo da editora

Do ponto **A** foi abandonada uma pequena esfera condutora, de massa 10 gramas e eletrizada com carga elétrica igual a $+2\ \mu C$. No centro da curva, de raio 60 cm, é posicionada uma segunda esfera condutora também eletrizada com carga de $+2\ \mu C$. No local a aceleração da gravidade pode ser aproximada para $10\ m/s^2$. ($k = 9 \cdot 10^9\ N\ m^2C^{-2}$ )

Pede-se determinar a intensidade da reação normal exercida pelo trilho na esfera abandonada no ponto **A**, quando a mesma passa pelo ponto **B** indicado na figura.

**69.** Na figura dada a seguir, encontramos um bloco, confeccionado com um material isolante elétrico, de massa 200 gramas onde observamos uma cavidade. Uma esfera metálica, de massa 25 gramas, foi incrustrada na cavidade. Esse conjunto foi depositado sobre uma superfície horizontal. A esfera metálica foi eletrizada com carga positiva de $4{,}0\ \mu C$. O coeficiente de atrito estático entre a superfície e o bloco vale 0,25.

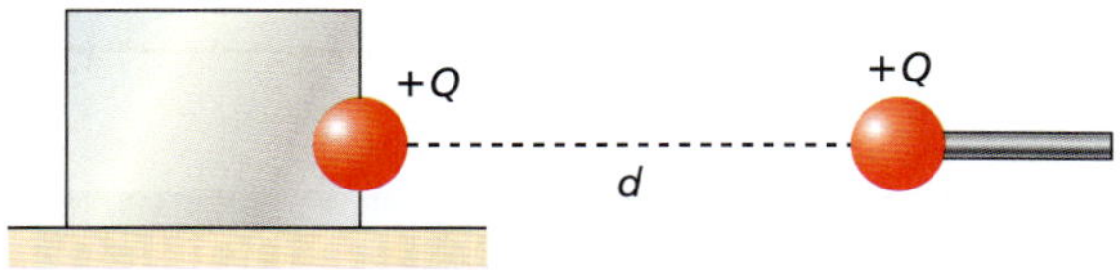


Banco de imagens/Arquivo da editora

Qual a mínima distância que um bastão eletrizado com carga igual à da esfera metálica poderá ser aproximado para que não ocorra movimento? ($g = 10\ m/s^2$)

**70.** Considere o modelo clássico do átomo de hidrogênio, no qual existe um próton no núcleo e um elétron girando em órbita circular em torno desse núcleo.

Suponha conhecidos:

- em módulo:
  carga do próton = carga do elétron = $1{,}6 \cdot 10^{-19}\ C$;
- raio da órbita do elétron = $1{,}0 \cdot 10^{-10}\ m$;
- massa do elétron = $9{,}0 \cdot 10^{-31}\ kg$;
- massa do próton = $1{,}7 \cdot 10^{-27}\ kg$;
- constante eletrostática do meio:
  $k = 9{,}0 \cdot 10^9\ Nm^2\ C^{-2}$;
- constante de gravitação universal:
  $G = 6{,}7 \cdot 10^{-11}\ Nm^2/kg^2$.

Admitindo apenas as interações devidas às cargas elétricas, determine:

a) o módulo da força de interação entre o próton e o elétron;

b) a velocidade escalar do elétron.

Se fossem consideradas também as interações gravitacionais, qual seria:

c) o módulo da força resultante de interação entre próton e elétron?

d) a velocidade escalar do elétron?

# Campo elétrico

Concepção artística de ventos elétricos em Vênus. A atmosfera de Vênus apresenta um curioso fenômeno: ela circula o planeta em 4 dias terrestres, gerando ventos com velocidades superiores a 100 m/s. Recentemente, pesquisas indicaram que esses ventos, chamados de ventos elétricos por serem constituídos por campos elétricos, podem ter sido responsáveis pela ausência de oceanos em Vênus e em Marte. A explicação é que o campo elétrico dos ventos seria capaz de acelerar o oxigênio da molécula de água para fora da atmosfera.

Vimos no tópico anterior que cargas elétricas se atraem ou se repelem. Podemos dizer, portanto, que a presença de uma carga elétrica influencia a região a sua volta. Neste tópico, estudaremos o comportamento dessa influência, explicado a partir do conceito de campo elétrico.

Estudaremos também como quantificar o campo elétrico de partículas carregadas, sistemas de partículas carregadas e condutores. Veremos ainda como o campo elétrico determina a distribuição de cargas elétricas em condutores e fenômenos atmosféricos nos quais o campo elétrico desempenha um importante papel.

## Bloco 1

# 1. Conceito e descrição de campo elétrico

Você já aprendeu que cargas elétricas de sinais opostos se atraem e cargas elétricas de sinais iguais se repelem. Essa interação a distância entre corpos eletrizados pode ser explicada usando-se o conceito de **campo elétrico**.

**Campo elétrico** é uma propriedade física estabelecida em todos os pontos do espaço que estão sob a influência de uma carga elétrica (carga fonte), tal que uma outra carga (carga de prova), ao ser colocada em um desses pontos, fica sujeita a uma força de atração ou de repulsão exercida pela carga fonte.

**Carga de prova** é uma carga elétrica de valor conhecido utilizada para detectar a existência de um campo elétrico. Ela é posicionada em um determinado local e, pelo efeito observado, pode-se saber se nele existe ou não um campo elétrico. Se confirmada a existência do campo elétrico, a carga de prova também auxilia a determinar sua intensidade.

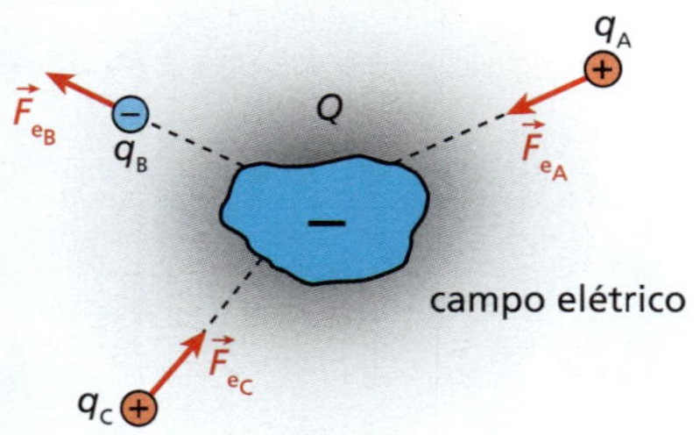


A carga elétrica $Q$ gera um campo elétrico no espaço que a envolve. Quando uma outra carga elétrica, $q$ (carga de prova), é colocada em um ponto dessa região, ela recebe uma força $\vec{F}_e$, que pode ser de atração ou de repulsão em relação à carga fonte $Q$.

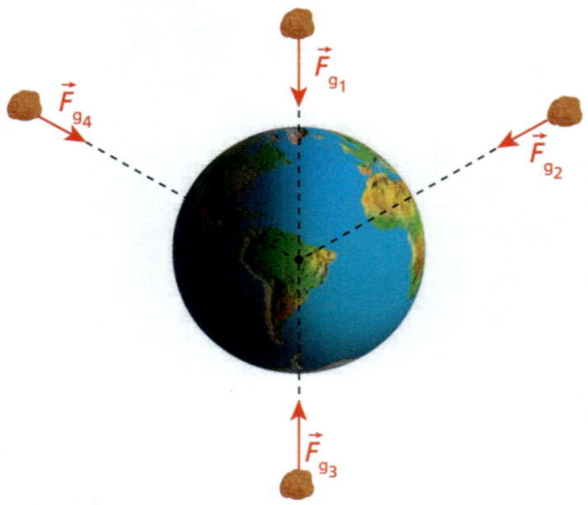


O campo gravitacional é exclusivamente atrativo, como indicam as forças gravitacionais ($\vec{F}_g$) representadas no esquema.

Como podemos observar nos esquemas anteriores, existe uma notável analogia entre os campos elétrico e gravitacional. Apesar disso, é importante notar que, no campo elétrico, as forças manifestadas podem ser de atração ou de repulsão, enquanto, no campo gravitacional, essas forças são exclusivamente de atração.

Como sabemos, o campo gravitacional é descrito pelo vetor aceleração da gravidade ($\vec{g}$). O campo elétrico, por sua vez, é descrito pelo vetor campo elétrico $\vec{E}$, que definiremos a seguir.

**NOTAS!**

- Foi Isaac Newton quem estabeleceu o conceito de interação a distância entre dois corpos. Michael Faraday utilizou e ampliou esse conceito estabelecendo a ideia de campo elétrico. Foi Faraday o primeiro a utilizar a ideia de campo para interações a distância.
- É importante lembrar que, ao colocarmos uma massa de prova ($m$) em um local onde existe um campo gravitacional ($\vec{g}$), na massa surge uma força, denominada **peso** ($\vec{P}$), valendo a relação:

$$\vec{g} = \frac{1}{m}\vec{P} \Rightarrow \vec{P} = m\vec{g}$$

## 2. Definição do vetor campo elétrico

Para melhor compreensão, considere uma região do espaço inicialmente livre da influência de qualquer carga elétrica. Coloquemos nessa região um corpo eletrizado com carga elétrica *Q*. A presença desse corpo produz nos pontos da região uma propriedade física a mais: o campo elétrico gerado por *Q*.

Se uma carga de prova *q* for colocada em um ponto *P* desse campo, uma força elétrica $\vec{F}_e$ atuará sobre ela. O vetor campo elétrico estabelecido no ponto *P* pela carga *Q* é então definido pelo quociente da força $\vec{F}_e$ pela carga de prova *q*:

$$\vec{E} = \frac{1}{q} \cdot \vec{F}$$

Da definição, obtêm-se as características do vetor $\vec{E}$:

- **intensidade:** $E = \frac{F_e}{|q|}$.
- **direção:** a mesma da força $\vec{F}_e$.
- **sentido:** o mesmo da força $\vec{F}_e$, se *q* for positiva; contrário ao da força $\vec{F}_e$, se *q* for negativa.

Observe, a partir da definição, que a unidade de campo elétrico é o quociente da unidade de força pela unidade de carga elétrica.

No SI, a intensidade de força é expressa em newton (N) e a carga elétrica, em coulomb (C). Por isso, tem-se como unidade de campo elétrico:

$$\text{unid. (E)} = \frac{\text{unid. (F)}}{\text{unid. (q)}} = \frac{\text{newton}}{\text{coulomb}} = \frac{N}{C}$$

A intensidade do vetor campo elétrico fornece o valor da força elétrica atuante **por unidade de carga** da carga de prova *q* colocada no ponto **P**, não dependendo dessa carga de prova.

Suponha, por exemplo, que a intensidade do campo elétrico em uma determinada região do espaço seja E = 100 N/C. Isso significa que atuará uma força elétrica de 100 N **em cada coulomb** de uma carga de prova colocada nessa região.

Portanto, se uma carga de prova q = 5 C for colocada nesse mesmo local, atuará nela uma força elétrica cuja intensidade é calculada do seguinte modo:

$$E = \frac{F_e}{|q|} \Rightarrow F_e = |q|E$$

$$F_e = 5\,C \cdot 100\,\frac{N}{C} \Rightarrow F_e = 500\,N$$

**NOTA!**

Por ser uma quantidade de carga extremamente grande, é improvável encontrarmos 1 C armazenado em corpos de pequenas dimensões. Apesar disso, por motivos didáticos, muitas vezes falamos até em partículas eletrizadas com carga de 1 C ou mais.

## Orientação do vetor campo elétrico

A seguir estão representadas, para vários casos, as orientações do vetor campo elétrico $\vec{E}$ devido a uma carga fonte de módulo $Q$.

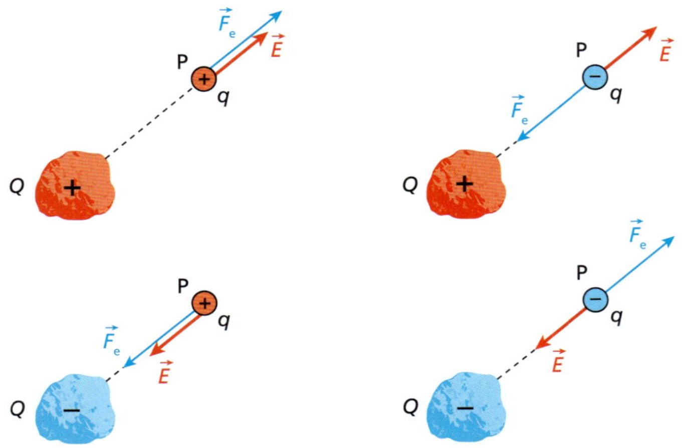


Observe, nas figuras, que:

> Quando a carga de prova $q$ é **positiva**, os vetores força elétrica ($\vec{F}_e$) e campo elétrico ($\vec{E}$) têm a mesma direção e o mesmo sentido. Quando a carga de prova $q$ é **negativa**, os vetores $\vec{F}_e$ e $\vec{E}$ têm mesma direção, mas sentidos opostos.

> O vetor campo elétrico em um ponto **P**, devido a uma carga $Q$ **positiva**, sempre tem sentido de **afastamento** em relação a ela, enquanto o vetor campo elétrico, devido a uma carga $Q$ **negativa**, sempre tem sentido de **aproximação** em relação a ela, independentemente do sinal da carga de prova $q$.

# 3. Campo elétrico de uma partícula eletrizada

Para melhor entendimento, imagine uma região do espaço onde não existam influências de massas ou de cargas elétricas. Colocando-se aí uma **partícula** eletrizada com carga $Q$, essa região ficará sob a influência dessa carga elétrica, existindo agora um campo elétrico $\vec{E}$ gerado por $Q$. Em cada ponto dessa região podemos indicar o campo elétrico por meio do vetor $\vec{E}$.

Para calcularmos a intensidade do vetor campo elétrico em um ponto **P** situado a uma distância $d$ da carga fonte $Q$, imagine uma carga de prova $q$ nesse ponto. Nessa carga de prova atua uma força, cuja intensidade é dada pela Lei de Coulomb:

$$F_e = k\frac{|Qq|}{d^2} \quad \text{(I)}$$

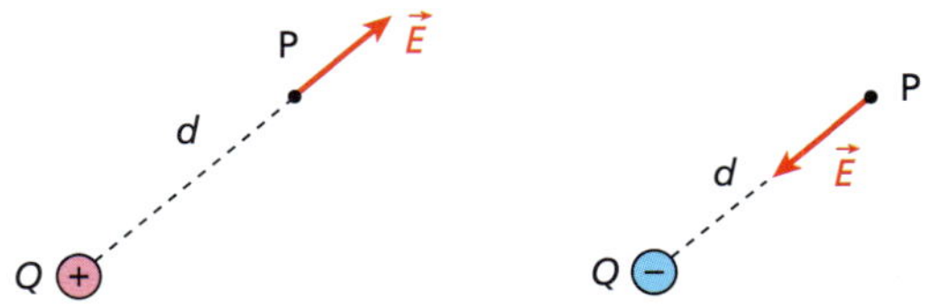

O módulo do vetor campo elétrico no ponto **P** é dado por:

$$E = \frac{F_e}{|q|} \Rightarrow F_e = |q|E \quad \text{(II)}$$

Substituindo (I) em (II), obtemos:

$$|q|E = k\frac{|Qq|}{d^2}$$

$$E = k\frac{|Q|}{d^2}$$

Observe, nessa expressão, que o módulo do vetor campo elétrico $\vec{E}$ depende de três fatores:

- da carga elétrica *Q*, fonte do campo;
- da distância *d* do ponto considerado à carga fonte *Q*;
- do meio (recorde-se de que *k* é a constante eletrostática, que depende do meio).

Observe mais uma vez que a intensidade do vetor $\vec{E}$ não depende da carga de prova *q*.

A representação gráfica da intensidade do vetor campo $\vec{E}$, em função da distância entre o ponto considerado e a carga fonte *Q*, é a curva observada no diagrama a seguir.

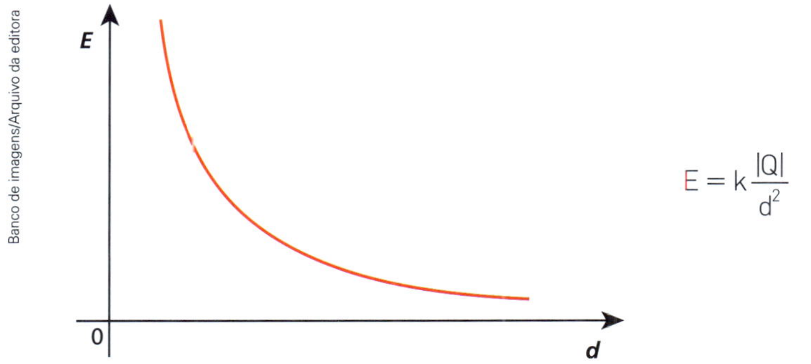


O gráfico representa a intensidade do vetor campo $\vec{E}$, criado por uma partícula eletrizada com carga *Q*, em função da distância *d*.

É importante saber que a carga *Q* gera campo no espaço que a envolve, mas não gera campo no ponto onde se encontra. Se isso não fosse verdade, *Q* poderia acelerar a si mesma sob a ação do seu próprio campo, o que seria absurdo: um corpo não pode, por si só, alterar sua velocidade vetorial (Princípio da Inércia).

Portanto, não esqueça:

Uma partícula eletrizada gera campo elétrico na região do espaço que a circunda. Porém, no ponto onde ela foi colocada, o vetor campo, devido à própria partícula, é nulo.

Essa afirmativa leva-nos a concluir que uma carga de prova, ao ser colocada num ponto qualquer de um campo elétrico, não altera o campo existente nesse ponto. Assim, o vetor campo elétrico, num ponto, independe da carga de prova que possa existir ali.

# 4. Campo elétrico devido a duas ou mais partículas eletrizadas

Para determinar o campo elétrico resultante em um ponto de uma região onde existem duas ou mais partículas eletrizadas, devemos analisar separadamente a influência produzida por uma das cargas, depois pela outra, e assim por diante. Para entender melhor, imaginemos um ponto **P** dessa região. Em outros dois pontos, **A** e **B**, são colocadas duas partículas eletrizadas com cargas $Q_A$ e $Q_B$, respectivamente.

O ponto **P** fica sob a influência simultânea de dois campos elétricos, um devido a $Q_A$ e outro devido a $Q_B$.

O vetor campo elétrico resultante no ponto **P** é dado pela **soma dos vetores** $\vec{E}_A$ e $\vec{E}_B$, devido a $Q_A$ e $Q_B$, respectivamente, como ilustram as figuras a seguir:

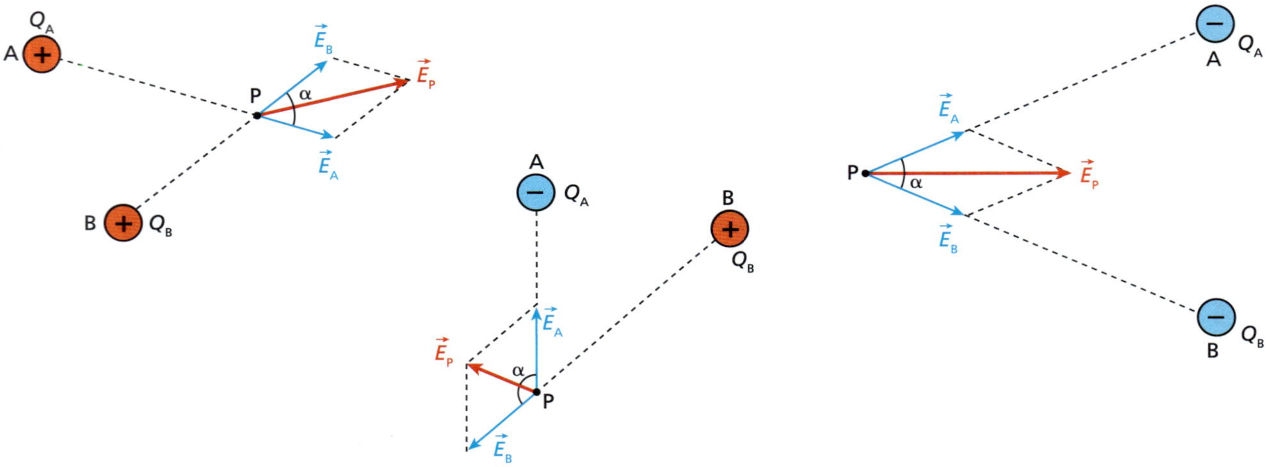


Banco de imagens/Arquivo da editora

$$\vec{E}_P = \vec{E}_A + \vec{E}_B$$

Observe que, se tivermos *n* partículas eletrizadas, em cada ponto do espaço que estiver sob a influência dessas cargas teremos *n* vetores, cada um representando o campo criado por uma carga. O vetor campo elétrico resultante será a soma desses *n* vetores:

$$\vec{E} = \vec{E}_1 + \vec{E}_2 + ... + \vec{E}_n$$

# 5. Linhas de força

Com a finalidade de indicar a presença de campo elétrico em certas regiões do espaço, criou-se uma forma geométrica de representação, denominada **linha de força**.

**Linha de força** de um campo elétrico é uma linha que tangencia, em cada ponto, o vetor campo elétrico resultante associado a esse ponto.

Por convenção, as linhas de força são orientadas no sentido do vetor campo. Assim, como o vetor campo elétrico tem sentido de **afastamento** em relação às cargas fontes positivas e de **aproximação** em relação às negativas, o mesmo acontece com as linhas de força.

Para partículas pontuais (de dimensões desprezíveis), solitárias e eletrizadas, as linhas de força são radiais, como representam as figuras seguintes:

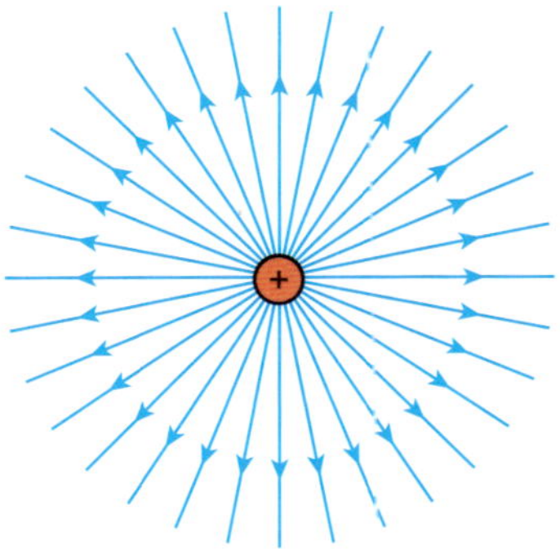

Banco de imagens/Arquivo da editora

// Linhas de força de **afastamento** representativas do campo elétrico criado por uma partícula eletrizada com carga **positiva**.

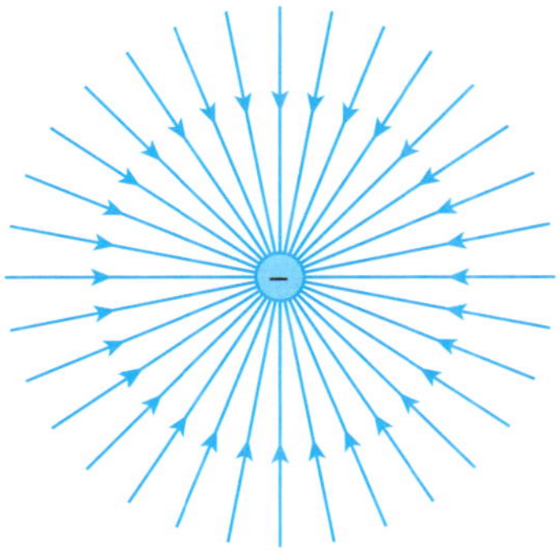

Banco de imagens/Arquivo da editora

// Linhas de força de **aproximação** representativas do campo elétrico criado por uma partícula eletrizada com carga **negativa**.

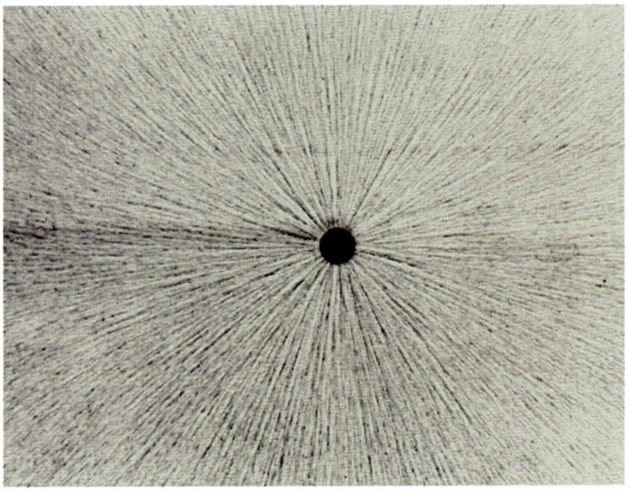

Reprodução/Arquivo da editora

// Pequenas fibras de tecido em suspensão, em óleo, e submetidas ao campo elétrico criado por uma partícula eletrizada mostram a forma das linhas de força representativas desse campo.

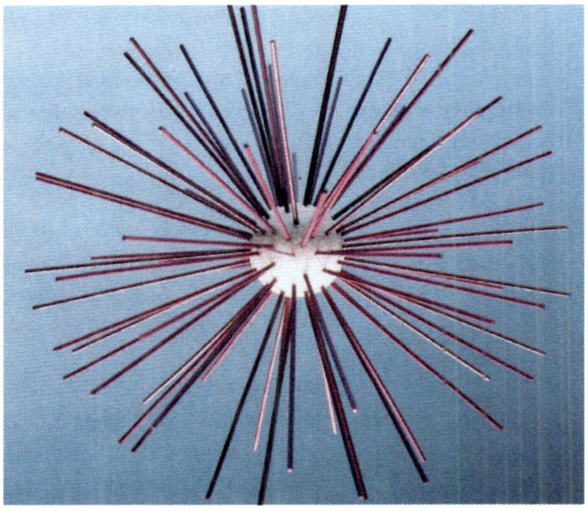

Reprodução/Arquivo da editora

// As varetas espetadas radialmente na esfera de isopor dão uma ideia concreta de como são as linhas de força em torno de um condutor esférico eletrizado.

Para duas partículas eletrizadas com cargas de módulos iguais, mas de sinais opostos, as linhas de força têm o seguinte aspecto:

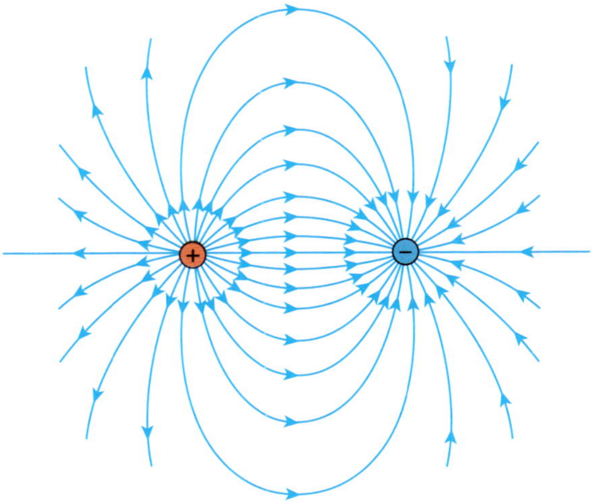

Banco de imagens/Arquivo da editora

// Observe a simetria das linhas de força representativas do campo elétrico resultante de dois campos criados por duas partículas eletrizadas com cargas de mesmo módulo, mas de sinais opostos.

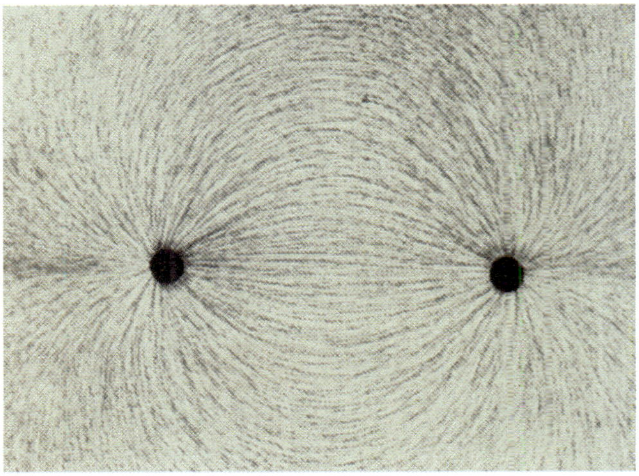

Reprodução/Arquivo da editora

// Pequenas fibras de tecido submetem-se ao campo elétrico resultante na região criado por duas partículas eletrizadas com cargas de mesmo módulo, porém de sinais opostos. Podemos observar, ainda, a forma das linhas de força correspondentes.

Para duas partículas eletrizadas com cargas iguais, as linhas de força tomam o seguinte aspecto:

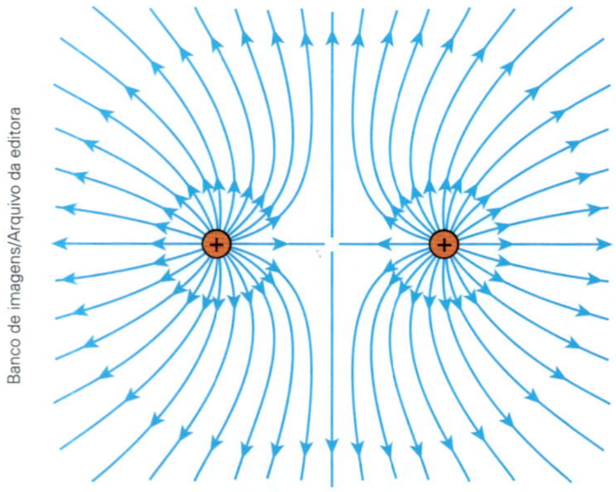


Observe a simetria das linhas de força representativas do campo elétrico resultante de dois campos criados por duas partículas eletrizadas com cargas iguais. No exemplo, ambas são positivas. Caso fossem negativas, mudaria apenas o sentido da orientação das linhas de força, sendo conservados os demais aspectos.

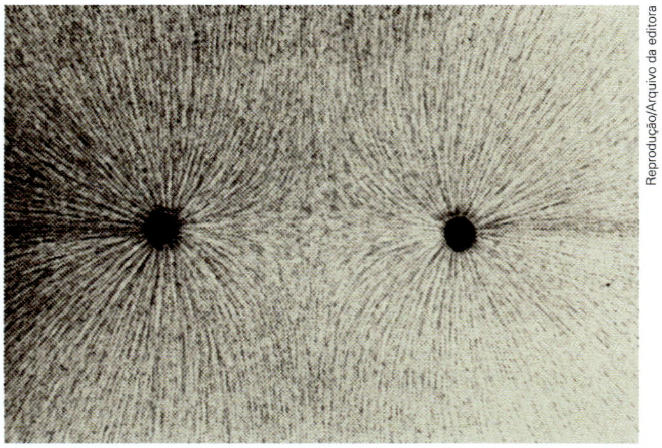


Pequenas fibras de tecido submetem-se ao campo elétrico resultante criado por duas partículas eletrizadas com cargas de mesmo módulo e de sinais iguais. É possível observar, também, a forma das linhas de força correspondentes.

Caso as cargas das partículas tenham módulos diferentes, não será mais observada a simetria das figuras anteriores. Como exemplo, podemos considerar duas partículas eletrizadas com cargas de sinais opostos, tendo a carga positiva o dobro do módulo da negativa. As linhas de força tomam o aspecto da figura seguinte.

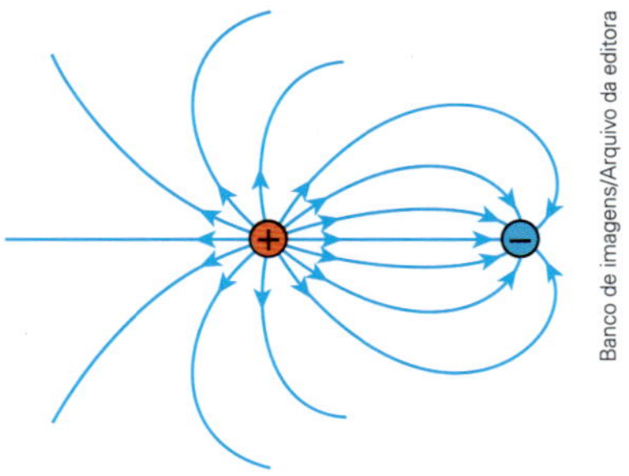


Observe que o número de linhas de força que saem da carga positiva é o dobro do número que chega à negativa. Isso ocorre porque o número de linhas de força em cada partícula deve ser proporcional à sua carga.

Para finalizar, note que duas linhas de força **nunca se cruzam**, pois se isso acontecesse teríamos dois vetores campo elétrico definidos em um mesmo ponto, cada um tangenciando uma das linhas de força.

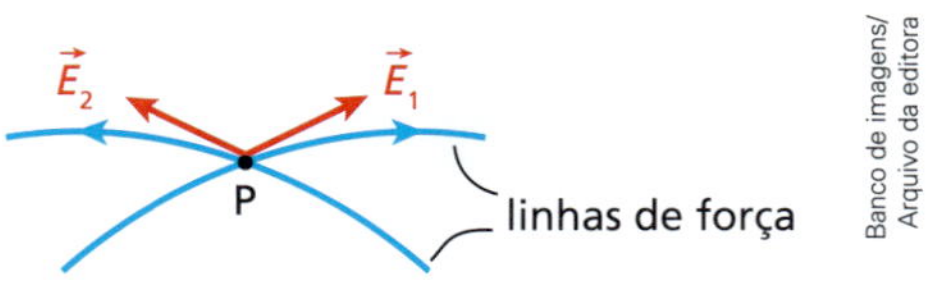


O cruzamento de duas ou mais linhas de força nunca pode ocorrer.

**NOTA!**

Em todas as configurações observadas anteriormente, a concentração das linhas de força (densidade de linhas de força) é maior nas vizinhanças das cargas, onde, evidentemente, a intensidade do campo elétrico é maior.

Observe, a seguir, como podemos comparar a intensidade do vetor campo elétrico a partir das densidades de linhas de força em diferentes regiões desse campo.

## Densidade de linhas de força

Observe a figura ao lado, que representa, por meio de linhas de força, uma região onde existe um campo elétrico.

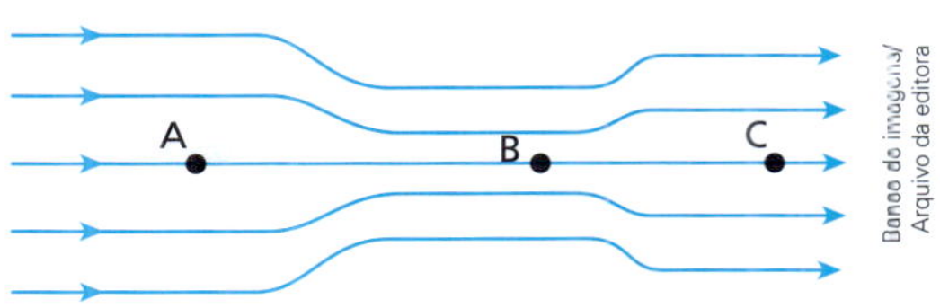


Partindo desse exemplo, podemos concluir que a intensidade do vetor campo elétrico é maior no ponto **B** e menor no ponto **A**:

$$E_B > E_C > E_A$$

A intensidade do campo elétrico é maior na região de maior densidade de linhas de força e menor na região de menor densidade de linhas de força.

Deve-se entender **densidade** de linhas de força como a quantidade dessas linhas que "perfuram" cada unidade de área de um plano perpendicular a elas, na região considerada.

Nas imagens ao lado, considerando que os pontos indicados pertencem a linhas de força que perfuram o plano do papel, podemos concluir que:

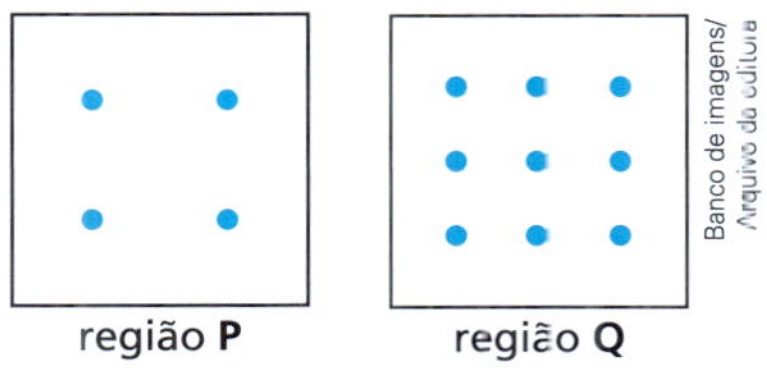


$$E_Q > E_P$$

## Exercícios Nível 1

**1.** Considere as afirmativas a seguir:

I. A direção do vetor campo elétrico, em determinado ponto do espaço, coincide sempre com a direção da força que atua sobre uma carga de prova colocada no mesmo ponto.

II. Cargas negativas, colocadas em um campo elétrico, tenderão a se mover em sentido contrário ao do campo.

III. A intensidade do campo elétrico criado por uma carga pontual é, em cada ponto, diretamente proporcional ao quadrado da carga que o criou e inversamente proporcional à distância do ponto à carga.

IV. A intensidade do campo elétrico pode ser expressa em newton/coulomb.

São verdadeiras:

a) somente I e II;
b) somente III e IV;
c) somente I, II e IV;
d) todas;
e) nenhuma.

**2.** (UFRN) Uma das aplicações tecnológicas modernas da Eletrostática foi a invenção da impressora a jato de tinta. Esse tipo de impressora utiliza pequenas gotas de tinta que podem ser eletricamente neutras ou eletrizadas positiva ou negativamente. Essas gotas são jogadas entre as placas defletoras da impressora, região onde existe um campo elétrico uniforme $\vec{E}$, atingindo, então, o papel para formar as letras. A figura a seguir mostra três gotas de tinta, que são lançadas para baixo, a partir do emissor. Após atravessar a região entre as placas, essas gotas vão impregnar o papel. (O campo elétrico uniforme está representado por apenas uma linha de força.)

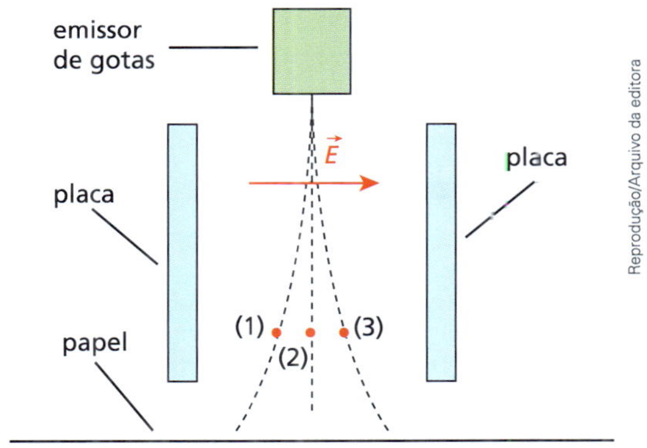


Pelos desvios sofridos, pode-se dizer que as gotas 1, 2 e 3 estão, respectivamente:

a) carregada negativamente, neutra e carregada positivamente.
b) neutra, carregada positivamente e carregada negativamente.
c) carregada positivamente, neutra e carregada negativamente.
d) carregada positivamente, carregada negativamente e neutra.

**3.** (UPM-SP) Considere as seguintes afirmações, admitindo que em uma região do espaço está presente uma carga geradora de campo elétrico ($Q$) e uma carga de prova ($q$) nas suas proximidades.

I. Quando a carga de prova tem sinal negativo ($q < 0$), os vetores força e campo elétrico têm a mesma direção, mas sentidos opostos.

II. Quando a carga de prova tem sinal positivo ($q > 0$), os vetores força e campo elétrico têm mesma direção e sentido.

III. Quando a carga geradora do campo tem sinal positivo ($Q > 0$), o vetor campo elétrico tem sentido de afastamento da carga geradora e quando tem sinal negativo ($Q < 0$), tem sentido de aproximação, independente do sinal que possua a carga de prova.

Assinale

a) se todas as afirmações são verdadeiras.
b) se apenas as afirmações I e II são verdadeiras.
c) se apenas a afirmação III é verdadeira.
d) se apenas as afirmações II e III são verdadeiras.
e) se todas as afirmações são falsas.

**4.** A figura abaixo representa os vetores campo elétrico $\vec{E}_A$ e $\vec{E}_B$, gerados nos pontos **A** e **B** por uma partícula eletrizada com carga $Q$, e as forças elétricas $\vec{F}$ e $\vec{F'}$ que $Q$ exerce nas cargas de prova $q$ e $q'$ colocadas nesses pontos.
Determine os sinais de $Q$, $q$ e $q'$.

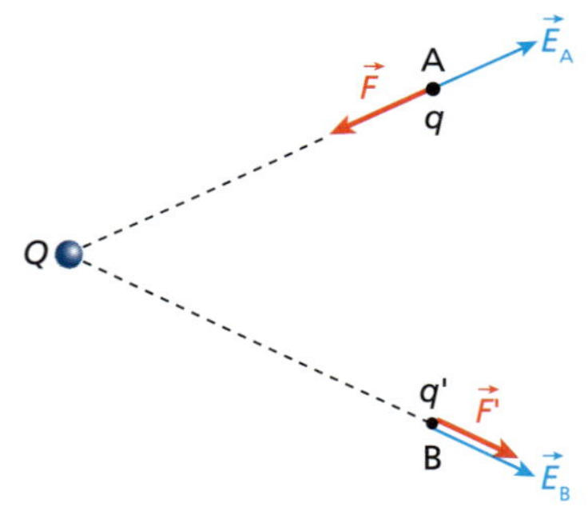

Banco de imagens/Arquivo da editora

**5.** Em determinado local do espaço, existe um campo elétrico de intensidade $E = 4 \cdot 10^3$ N/C. Colocando-se aí uma partícula eletrizada com carga elétrica $q = 2\ \mu C$, qual a intensidade da força que agirá sobre ela?

**6.** E.R. Determine a intensidade do campo elétrico criado por uma carga pontual $Q$ de $-8{,}0\ \mu C$, em um ponto **A** situado a 6,0 cm dessa carga. O meio é o vácuo, cuja constante eletrostática é igual a $9{,}0 \cdot 10^9$ N m$^2$ C$^{-2}$.

**Resolução:**

A intensidade do campo elétrico criado por uma partícula eletrizada é determinada pela relação:

$$E = k\frac{|Q|}{d^2}$$

Para o ponto **A**, a distância é $d = 6{,}0\text{ cm} = 6{,}0 \cdot 10^{-2}$ m.

Assim:

$$E_A = 9{,}0 \cdot 10^9 \cdot \frac{8{,}0 \cdot 10^{-6}}{(6{,}0 \cdot 10^{-2})^2}$$

$$\boxed{E_A = 2{,}0 \cdot 10^7\text{ N/C}}$$

**Nota:**

- Para o cálculo da intensidade do vetor campo elétrico, usamos o **módulo** da carga fonte do campo. Assim, se a carga $Q$ fosse igual a $+8{,}0\ \mu C$, o resultado seria igual ao encontrado.

**7.** Os pontos de uma determinada região do espaço estão sob a influência única de uma carga positiva pontual $Q$. Sabe-se que em um ponto **A**, distante 2 m da carga $Q$, a intensidade do campo elétrico é igual a $1{,}8 \cdot 10^4$ N/C. Determine:

a) o valor da carga elétrica $Q$;
b) a intensidade do campo elétrico num ponto **B**, situado a 30 cm da carga fonte $Q$.

**Dado:** constante eletrostática do meio = $= 9 \cdot 10^9$ N m$^2$C$^{-2}$

**8.** (Vunesp) Ao apagar uma lousa, pequenas partículas de pó caem eletrizadas do apagador. Se enquanto o apagador era esfregado contra a lousa, uma dessas partículas adquiriu carga de intensidade 0,16 C, qualquer ponto distante 2 cm dessa partícula se encontrará inserido em uma região onde atua um campo elétrico de intensidade, em N/C, de

**Dado:** constante eletrostática do vácuo = $= 9 \cdot 10^9$ N $\cdot$ m$^2$C$^{-2}$

a) $1{,}2 \cdot 10^{12}$.
b) $2{,}4 \cdot 10^{12}$.
c) $2{,}8 \cdot 10^{12}$.
d) $3{,}6 \cdot 10^{12}$.
e) $4{,}2 \cdot 10^{12}$.

**9.** Duas partículas eletrizadas com cargas iguais a $+25\ \mu C$ estão colocadas a 1,0 m uma da outra, no vácuo, onde a constante eletrostática vale $9 \cdot 10^9$ unidades do Sistema Internacional. Não havendo influência de outras cargas, determine:

E.R.

a) a intensidade do campo eletrostático que cada carga cria no ponto **P**, situado a meia distância entre elas;

b) a força resultante que age numa carga de prova de $+2,0\ \mu C$ colocada em **P**.

**Resolução:**

a) A intensidade do campo eletrostático criado por uma carga pontual é determinada por:

$$E = k\frac{|Q|}{d^2}$$

Como as cargas são iguais e a distância $d$ de cada carga ao ponto é a mesma, as intensidades $E_1$ e $E_2$ dos campos gerados por elas são iguais:

$$E_1 = E_2 = 9 \cdot 10^9 \cdot \frac{25 \cdot 10^{-6}}{(0,5)^2}$$

$$\boxed{E_1 = E_2 = 9 \cdot 10^5\ N/C}$$

b) Uma vez que as cargas são positivas, temos o seguinte esquema para representar a situação indicada:

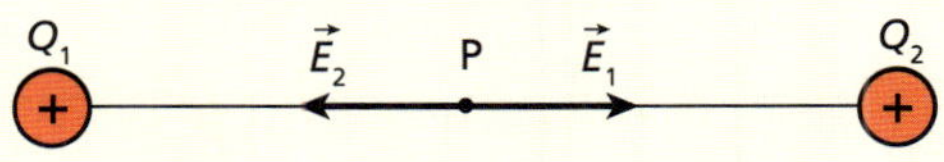


Banco de imagens/Arquivo da editora

Observemos que $\vec{E}_1 + \vec{E}_2 = \vec{0}$. Assim, lembrando que $\vec{F} = q\,\vec{E}$, temos:

$$\boxed{\vec{F} = \vec{0}}$$

**10.** Duas cargas elétricas de módulos iguais, $q$, porém de sinais contrários, geram no ponto **O** um campo elétrico resultante $\vec{E}$. Qual o vetor que melhor representa esse campo elétrico?

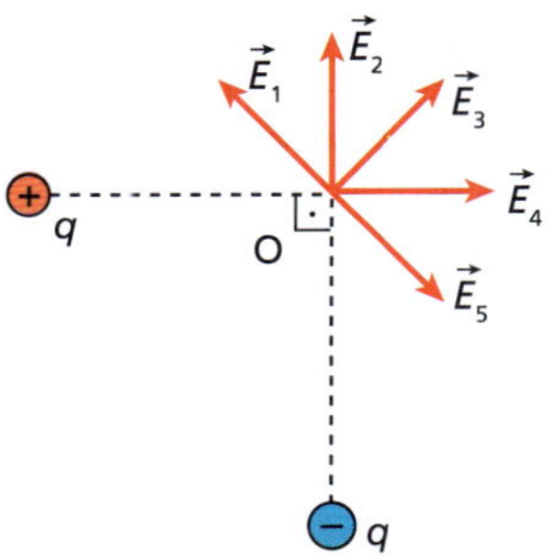


Banco de imagens/Arquivo da editora

**11.** Uma carga puntiforme positiva $Q_1 = 18 \cdot 10^{-6}$ C dista no vácuo 20 cm de outra $Q_2 = -8 \cdot 10^{-6}$ C conforme a figura abaixo.

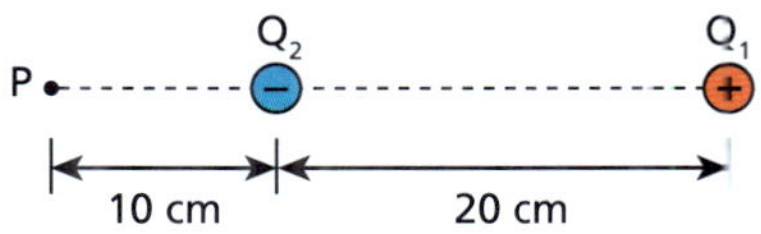


Banco de imagens/Arquivo da editora

**Dado:** $k_0 = 9 \cdot 10^9\ N\,m^2C^{-2}$

Determine a intensidade do campo elétrico $\vec{E}$ gerado por essas duas cargas no ponto **P**. Descreva também a direção e o sentido desse vetor $\vec{E}$.

**12.** (Sesp) Considere a figura abaixo, onde $\vec{E}$ é o vetor campo elétrico resultante em **A**, gerado pelas cargas fixas $Q_1$ e $Q_2$. $\vec{F}$ é a força elétrica na carga de prova $q$, colocada em **A**.

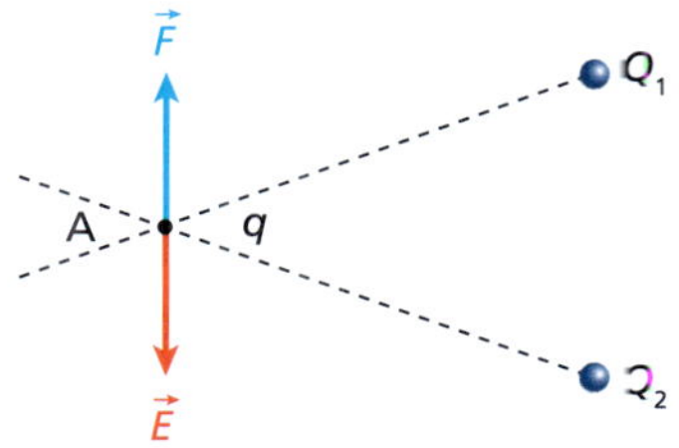


Reprodução/Arquivo da editora

Dadas as alternativas abaixo, indique a correta:

a) $Q_1 < 0, Q_2 > 0$ e $q < 0$.

b) $Q_1 > 0, Q_2 < 0$ e $q > 0$.

c) $Q_1 > 0, Q_2 > 0$ e $q < 0$.

d) $Q_1 > 0, Q_2 < 0$ e $q < 0$.

e) $Q_1 < 0, Q_2 < 0$ e $q > 0$.

**13.** (PUC-RS) Duas cargas elétricas de valores $+Q$ e $+4Q$ estão fixas nas posições 3 e 12 sobre um eixo, como indica a figura.

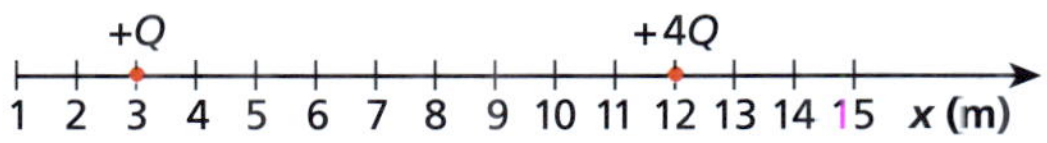


O campo elétrico resultante criado por essas cargas será nulo na posição:

a) 3. b) 4. c) 5. d) 6. e) 7.

**14.** (UFRRJ) A figura abaixo mostra duas cargas $q_1$ e $q_2$, afastadas a uma distância $d$, e as linhas de campo do campo eletrostático criado.

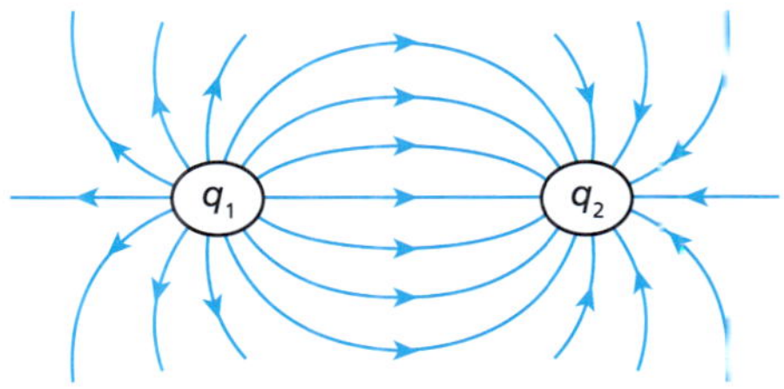


Reprodução/Arquivo da editora

Observando a figura acima, responda:

a) Quais os sinais das cargas $q_1$ e $q_2$?

b) A força eletrostática entre as cargas é de repulsão? Justifique.

# Exercícios Nível 2

**15.** (FMJ-SP) A região do espaço onde se manifesta uma propriedade física designa-se por campo. O chamado campo eletrostático, $\vec{E}$, gerado por cargas pontuais em repouso, apresenta as seguintes características:

I. é uma grandeza posicional, pois só depende da posição do ponto em relação à carga criadora;

II. o campo criado por uma só carga é um campo de forças atrativas ou repulsivas;

III. o campo elétrico, $\vec{E}$, criado por uma distribuição de $n$ cargas pontuais, é igual à soma algébrica dos campos criados por cada uma das cargas.

Está correto o contido apenas em:

a) I. c) III. e) II e III.
b) II. d) I e II.

**16.** Um próton e um elétron movem-se na mesma direção e sentido de um campo elétrico constante. Suponha que na região não exista outro campo elétrico ou gravitacional que possa alterar o movimento dessas partículas.

Responda às questões.

a) As forças encontradas nas duas partículas possuem mesmo módulo, mesma direção e mesmo sentido?

b) Tomando como referência a direção e o sentido do vetor campo elétrico, qual a direção e o sentido da aceleração do próton? E do elétron?

c) Comparando os módulos das acelerações do próton e do elétron, qual é maior? Justifique sua resposta.

**17.** (Centro Universitário São Camilo) Duas cargas puntiformes idênticas estão fixas nos vértices de um triângulo equilátero, representadas na figura como esferas de tamanho desprezível em comparação com o triângulo. Sabendo que o módulo do campo elétrico que a carga gera no vértice vazio é $E$, o módulo do campo elétrico resultante nesse vértice vazio é igual a:

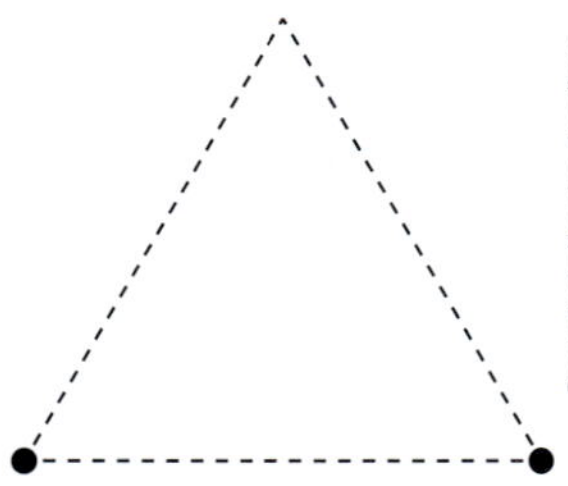

Reprodução/Arquivo da editora

a) $E\sqrt{3}$ c) 3E e) E
b) 2E d) $E\sqrt{2}$

**18.** (UFC-CE) Quatro cargas, todas de mesmo valor, $q$, sendo duas positivas e duas negativas, estão fixadas em um semicírculo, no plano **xy**, conforme a figura abaixo. Indique a opção que pode representar o campo elétrico resultante, produzido por essas cargas, no ponto **0**.

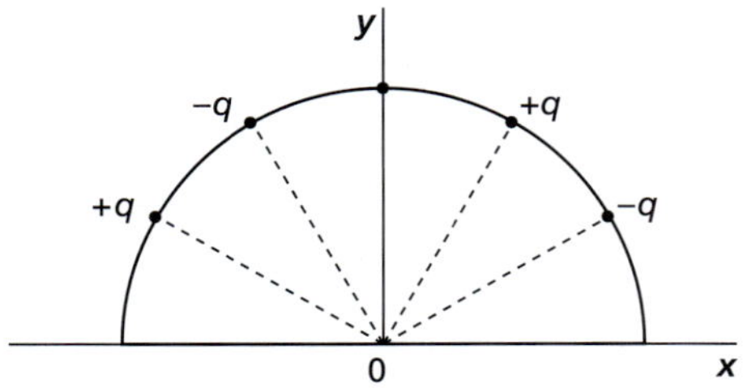


Reprodução/Arquivo da editora

a) → d) ↓

b) ← e) ↑

c) vetor nulo

**19.** (Famerp-SP) Uma carga puntiforme $Q_1$, positiva, encontra-se fixa no plano cartesiano indicado na figura. Ela gera um campo elétrico ao seu redor, representado pelos vetores $\vec{E}_F$ e $\vec{E}_G$, nos pontos **F** e **G**, respectivamente.

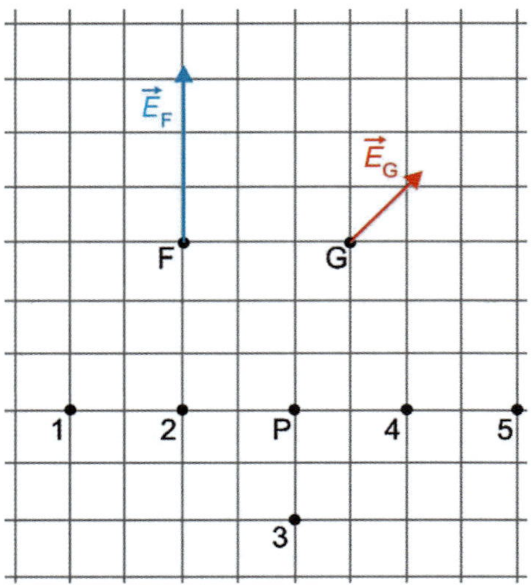


Reprodução/Famerp, 2016.

Uma segunda carga puntiforme $Q_2$, também positiva, com $Q_1 = Q_2$, deve ser fixa no mesmo plano, de maneira que o campo elétrico resultante no ponto **P**, devido às presenças de $Q_1$ e $Q_2$, seja nulo. Para que se consiga esse efeito, a carga $Q_2$ deve ser fixa no ponto

a) 3. c) 5. e) 1.
b) 4. d) 2.

**20.** No vácuo, longe da ação de outras cargas elétricas, são fixadas duas partículas eletrizadas, $Q_1$ e $Q_2$, a 20 cm uma da outra. Sabendo que as cargas das partículas são $Q_1 = -9{,}0$ nC e $Q_2 = -4{,}0$ nC, determine:

a) a intensidade do vetor campo resultante $\vec{E}$, num ponto colocado a meio caminho entre as cargas;

b) a força a que uma carga de $+2{,}0$ μC ficaria sujeita, se fosse colocada no ponto referido no item anterior;

c) o ponto, entre as cargas, onde uma partícula eletrizada com carga $q$ qualquer ficaria em repouso, se lá fosse colocada.

**Dado:** constante eletrostática do meio
$k_0 = 9{,}0 \cdot 10^9$ N m$^2$C$^{-2}$

**21.** Duas partículas com cargas $Q_1$ e $Q_2$ estão fixas nas posições indicadas na figura, distantes 2,0 m uma da outra. Uma terceira partícula, com carga igual a 1,0 nC e massa igual a $1{,}8 \cdot 10^{-6}$ kg, é abandonada a meia distância entre $Q_1$ e $Q_2$.

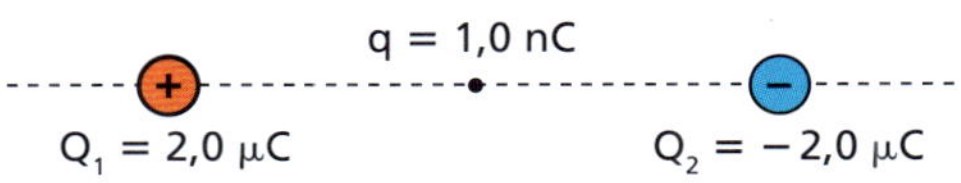

Banco de imagens/Arquivo da editora

Sendo $9 \cdot 10^9$ N m$^2$C$^{-2}$ a constante eletrostática do meio, calcule a aceleração inicial da terceira partícula.

**22.** E.R. Em um meio onde a constante eletrostática vale $9{,}0 \cdot 10^9$ N m$^2$ C$^{-2}$, são fixadas duas cargas puntiformes $Q_A = 3{,}2$ μC e $Q_B = 2{,}4$ μC. Observando a figura, determine a intensidade do campo elétrico resultante no ponto **P**, localizado na mediatriz $\overleftrightarrow{PM}$ do segmento que une as cargas $Q_A$ e $Q_B$.

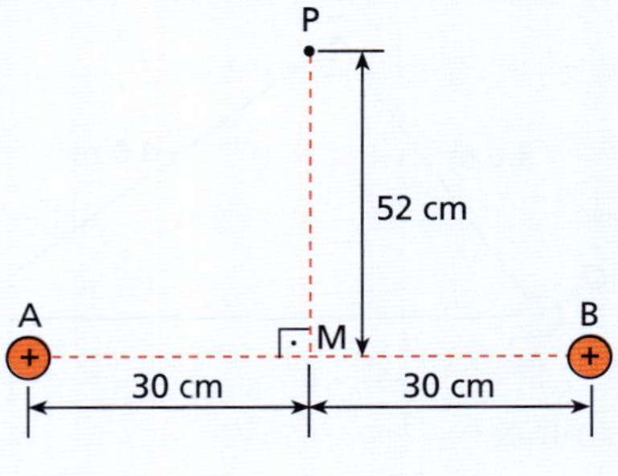

Banco de imagens/Arquivo da editora

**Resolução:**

Inicialmente, aplicamos o teorema de Pitágoras ao triângulo retângulo **AMP**:

$$(AM)^2 + (MP)^2 = (AP)^2$$

$$30^2 + 52^2 = (AP)^2 \Rightarrow AP \cong 60 \text{ cm}$$

Assim, o triângulo **ABP** pode ser considerado equilátero, onde cada lado mede 60 cm. Como as cargas $Q_A$ e $Q_B$ são positivas, o campo elétrico criado por elas no ponto **P** é representado da seguinte forma:

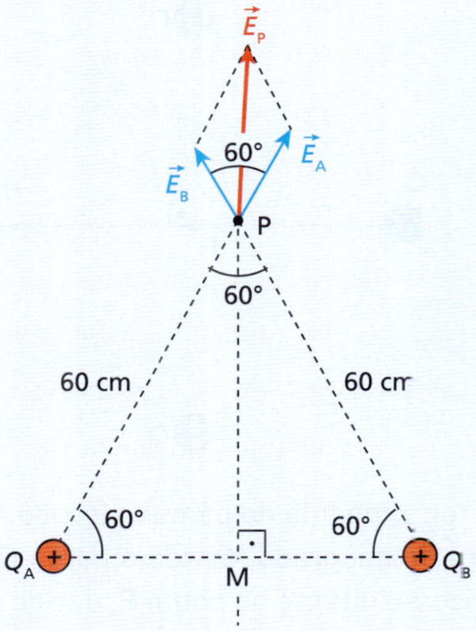

Banco de imagens/Arquivo da editora

Vamos calcular, agora, os módulos de $\vec{E}_A$ e $\vec{E}_B$, aplicando a expressão do campo elétrico:

$$E = k\frac{|Q|}{d^2}$$

$$E_A = 9{,}0 \cdot 10^9 \cdot \frac{3{,}2 \cdot 10^{-6}}{(0{,}60)^2} \therefore E_A = 8{,}0 \cdot 10^4 \text{ N/C}$$

$$E_B = 9{,}0 \cdot 10^9 \cdot \frac{2{,}4 \cdot 10^{-6}}{(0{,}60)^2} \therefore E_B = 6{,}0 \cdot 10^4 \text{ N/C}$$

Para obter o módulo de $\vec{E}_P$, devemos usar a Lei dos Cossenos:

$$E_P^2 = E_A^2 + E_B^2 + 2\, E_A\, E_B \cos \alpha$$

Uma vez que o triângulo **ABP** é equilátero, temos:

$$\alpha = 60° \quad \text{e} \quad \cos \alpha = \frac{1}{2}.$$

Assim:

$$E_P^2 = (8{,}0 \cdot 10^4)^2 + (6{,}0 \cdot 10^4)^2 + 2(8{,}0 \cdot 10^4) \cdot$$
$$\cdot (6{,}0 \cdot 10^4) \cdot \frac{1}{2}$$

$$E_P^2 = 64 \cdot 10^8 + 36 \cdot 10^8 + 48 \cdot 10^8$$

$$E_P^2 = 148 \cdot 10^8$$

$$\boxed{E_P \cong 1{,}2 \cdot 10^5 \text{ N/C}}$$

**23.** (Famerp-SP) Quatro cargas elétricas puntiformes, $Q_1$, $Q_2$, $Q_3$ e $Q_4$, estão fixas nos vértices de um quadrado, de modo que $|Q_1| = |Q_2| = |Q_3| = |Q_4|$. As posições das cargas e seus respectivos sinais estão indicados na figura.

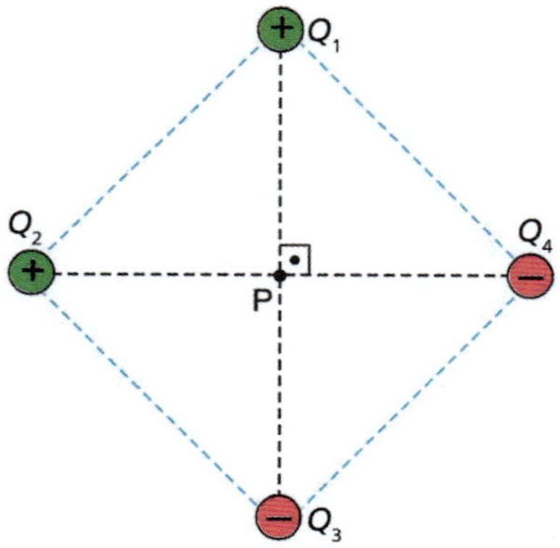



Se $E$ for o módulo do campo elétrico no ponto **P**, centro do quadrado, devido à carga $Q_1$, o campo elétrico resultante no ponto **P**, devido à presença das quatro cargas, terá módulo

a) zero
b) 4E
c) $\sqrt{2}E$
d) $2\sqrt{2}E$
e) $4\sqrt{2}E$

**24.** (PUC-SP) Seis cargas elétricas puntiformes encontram-se no vácuo fixas nos vértices de um hexágono de lado $\ell$. As cargas têm mesmo módulo, $|Q|$, e seus sinais estão indicados na figura.

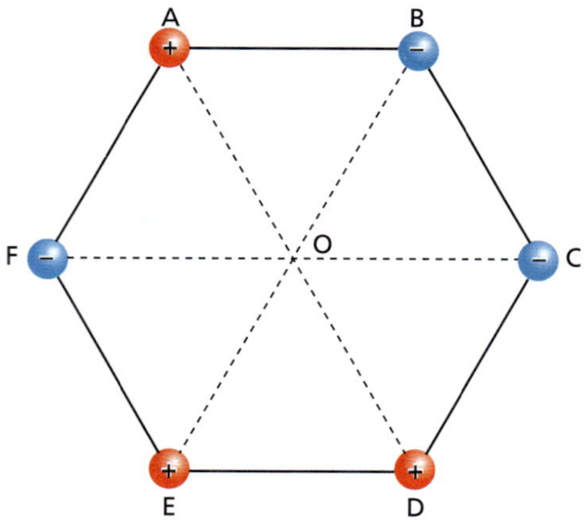



**Dados:**

constante eletrostática do vácuo =
$= k_0 = 9{,}0 \cdot 10^9 \text{ N} \cdot \text{m}^2/\text{C}^2$; $\ell = 3{,}0 \cdot 10^1$ cm;
$|Q| = 5{,}0 \cdot 10^{-5}$ C.

No centro do hexágono, o módulo e o sentido do vetor campo elétrico resultante são, respectivamente:

a) $5{,}0 \cdot 10^6$ N/C; de **E** para **B**.
b) $5{,}0 \cdot 10^6$ N/C; de **B** para **E**.
c) $5{,}0 \cdot 10^6$ N/C; de **A** para **D**.
d) $1{,}0 \cdot 10^7$ N/C; de **B** para **E**.
e) $1{,}0 \cdot 10^7$ N/C; de **E** para **B**.

**25.** (PUC-SP) Em cada um dos vértices de uma caixa cúbica de aresta $\ell$ foram fixadas cargas elétricas de módulo $q$ cujos sinais estão indicados na figura:

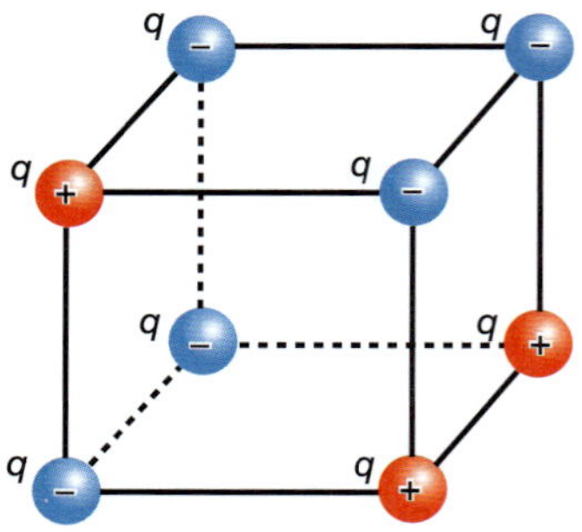



Sendo $k$ a constante eletrostática do meio, o módulo da força elétrica que atua sobre uma carga, pontual de módulo $2q$, colocada no ponto de encontro das diagonais da caixa cúbica é:

a) $\dfrac{4kq^2}{3\ell^2}$.
b) $\dfrac{8kq^2}{3\ell^2}$.
c) $\dfrac{16kq^2}{3\ell^2}$.
d) $\dfrac{8kq^2}{\ell^2}$.
e) $\dfrac{4kq^2}{\ell^2}$.

**26.** Nos vértices dos ângulos agudos de um triângulo retângulo são colocadas duas partículas eletrizadas, **A** e **B**, com cargas $Q_A = -7{,}2\ \mu\text{C}$ e $Q_B = -9{,}6 \cdot 10^{-6}$ C. A situação descrita é representada na figura a seguir, onde encontramos os dados complementares:

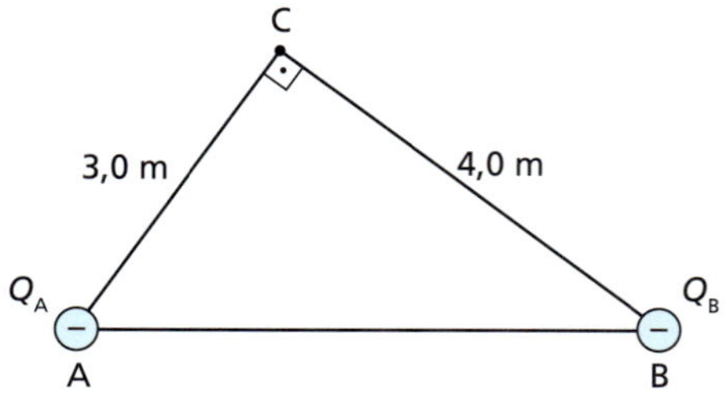



Determine:

a) a intensidade do campo elétrico resultante no ponto **C**;
b) o módulo da força resultante, devido a esse campo, numa carga de prova de $+2{,}0\ \mu\text{C}$, se esta fosse colocada no ponto **C**.

**Dado:** constante eletrostática do meio = $1{,}0 \cdot 10^{10}$ (SI)

**27.** (Vunesp) A tabela mostra as cargas e as massas de três partículas de dimensões desprezíveis **X**, **Y** e **Z**.

| Partícula | X | Y | Z |
|---|---|---|---|
| Carga | $+q$ | $+q$ | $-2q$ |
| Massa | $m$ | $2m$ | $2m$ |

Essas partículas são lançadas em uma região onde existe um campo elétrico, uniforme, no vácuo, todas com a mesma velocidade $v$, perpendicularmente às linhas do campo, como mostra a figura.

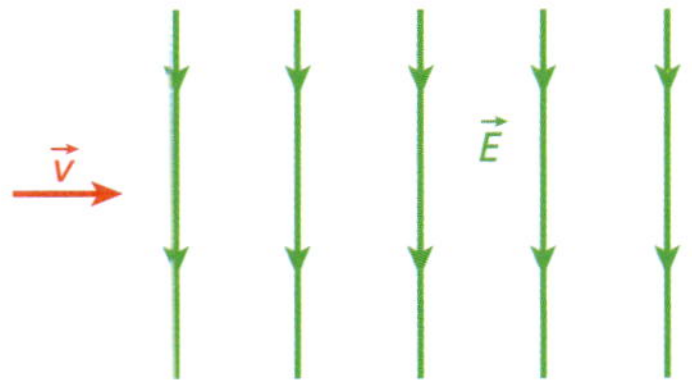


Reprodução/Arquivo da editora

Desprezando a ação do campo gravitacional, as trajetórias descritas pelas partículas, após penetrarem na região do campo elétrico, estão corretamente representadas em

a)

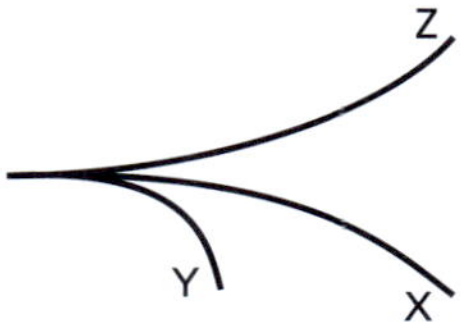


b)

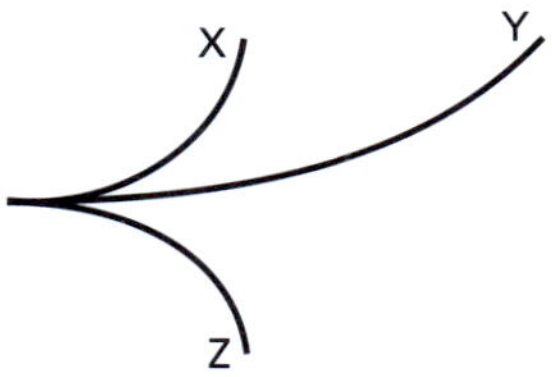


c)

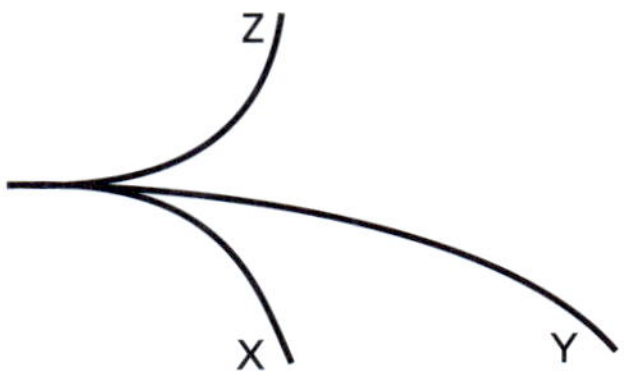


d)

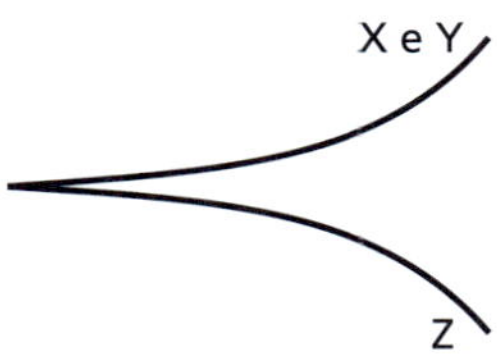


e)

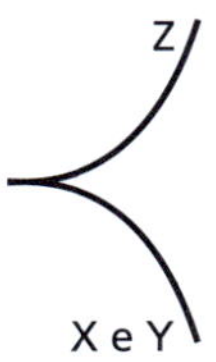


Ilustrações: Reprodução/Arquivo da editora

**28.** (UFPE) A figura mostra um triângulo isósceles, de lado L = 3 cm e ângulo de base 30°. Nos vértices da base temos cargas pontuais $q_1 = q_2 = 2\ \mu C$. Deseja-se colocar uma outra carga $Q = 8\ \mu C$, a uma distância $Y$ verticalmente acima do vértice **A**, de modo que o campo elétrico total em **A** seja igual a zero. Qual o valor de $Y$, em centímetros?

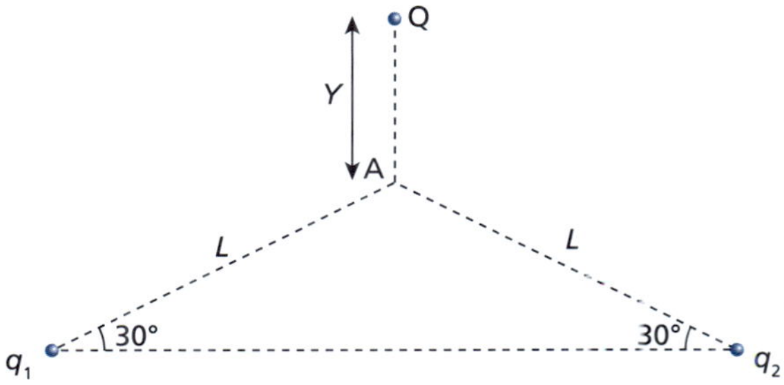


Reprodução/Arquivo da editora

**29.** (Fuvest-SP) Há duas pequenas esferas **A** e **B**, condutoras, descarregadas e isoladas uma da outra. Seus centros estão distantes entre si de 20 cm. Cerca de $5,0 \cdot 10^6$ elétrons são retirados da esfera **A** e transferidos para a esfera **B**. Considere a carga do elétron igual a $1,6 \cdot 10^{-19}$ C e a constante eletrostática do meio igual a $9,0 \cdot 10^9\ N\ m^2/C^2$.

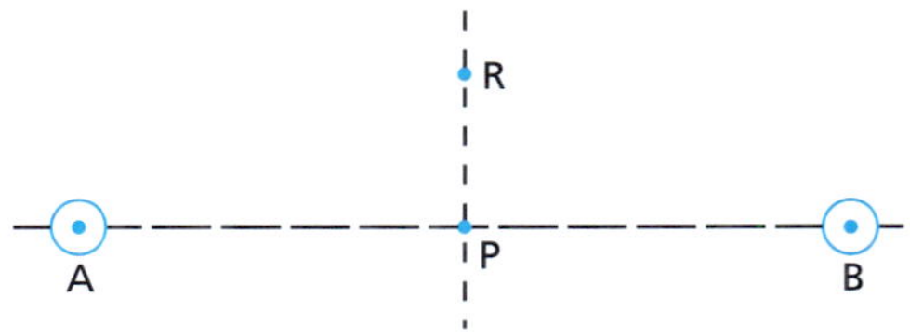


Reprodução/Arquivo da editora

a) Qual a direção do campo elétrico num ponto **R** sobre a mediatriz do segmento **AB**?

b) Qual o valor do campo elétrico em **P**?

**30.** (Ufal) Considere um retângulo de lados 3,0 cm e 4,0 cm. Uma carga elétrica $q$ colocada em um dos vértices do retângulo gera no vértice mais distante um campo elétrico de módulo $E$. Nos outros dois vértices, o módulo do campo elétrico é:

a) $\frac{E}{9}$ e $\frac{E}{16}$.

b) $\frac{4E}{25}$ e $\frac{3E}{16}$.

c) $\frac{4E}{3}$ e $\frac{5E}{3}$.

d) $\frac{5E}{4}$ e $\frac{5E}{3}$.

e) $\frac{25E}{9}$ e $\frac{25E}{16}$.

## Bloco 2

# 6. Densidade superficial de cargas

No processo de eletrização de um condutor, ocorre uma movimentação de portadores de carga elétrica até que o corpo atinja o chamado **equilíbrio eletrostático**, situação em que os portadores responsáveis pela eletrização acomodam-se na superfície externa do condutor.

Considere, então, um condutor de superfície externa de área total $A$, em equilíbrio eletrostático, eletrizado com carga $Q$.

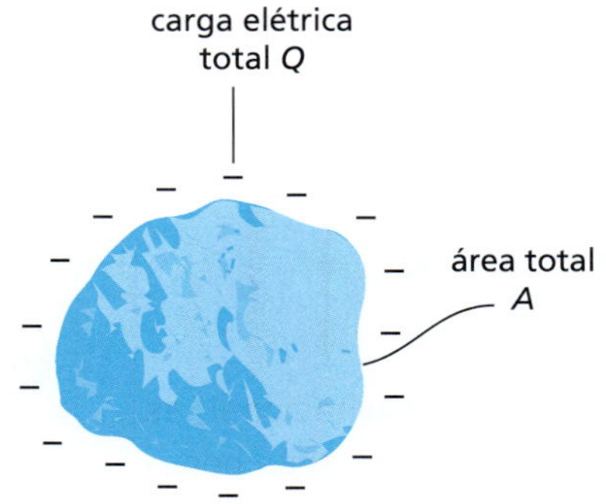


Banco de imagens/Arquivo da editora

Por definição, a **densidade superficial média de cargas** ($\sigma_m$) desse condutor é dada pelo quociente da carga elétrica $Q$ pela área $A$:

$$\sigma_m = \frac{Q}{A}$$

A densidade superficial de cargas é uma grandeza física escalar algébrica, dotada do mesmo sinal da carga $Q$, tendo por unidade, no SI, $C/m^2$.

Nesse exemplo, a densidade superficial média de cargas é **negativa**.

É usado o termo **média**, na densidade superficial de cargas, porque, em geral, as cargas elétricas não se distribuem de maneira uniforme sobre a superfície externa do condutor, já que isso depende da geometria do corpo.

# 7. O poder das pontas

Experimentalmente, constata-se que o módulo da densidade superficial de cargas em um condutor eletrizado é **maior** nas regiões em que ele possui **menor** raio de curvatura (regiões de maior curvatura), como ilustra a figura abaixo.

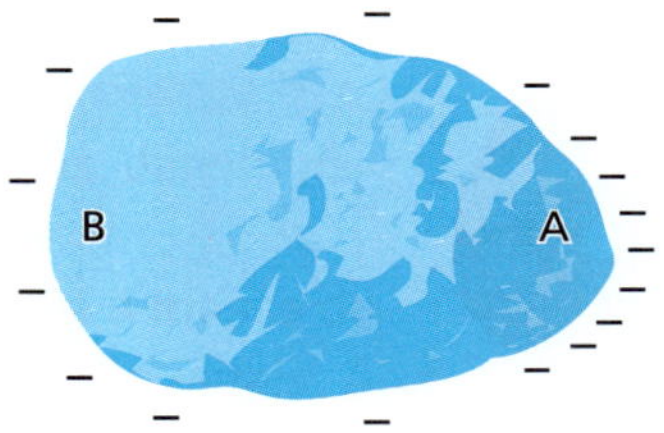


Banco de imagens/Arquivo da editora

Nesse condutor eletrizado negativamente, a concentração de elétrons é maior na região **A** do que na região **B**.

Essa densidade tem módulo ainda maior em regiões pontiagudas, o que lhes confere um comportamento conhecido por **poder das pontas**.

Assim, devido à maior concentração de cargas, o campo elétrico é mais intenso nas vizinhanças das regiões pontiagudas que nas vizinhanças das outras regiões do condutor. Esse campo mais intenso pode ionizar o meio (ar, por exemplo) no qual o condutor se encontra, tornando-o também condutor, como fazem os para-raios.

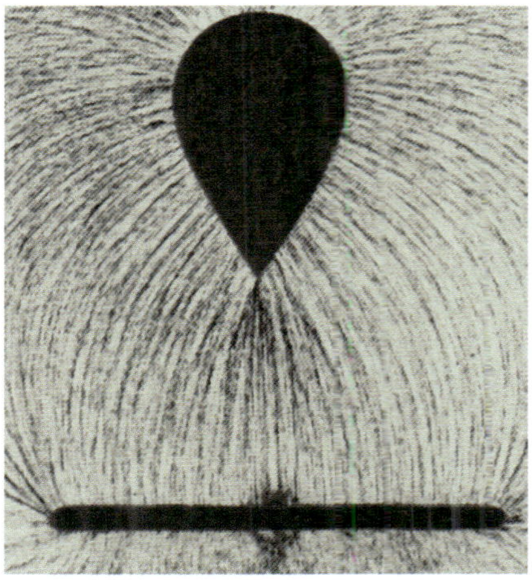

Reprodução/Arquivo da editora

Linhas de força do campo elétrico devido a dois condutores eletrizados com cargas de sinais contrários. A maior densidade de linhas de força na região pontiaguda do condutor superior e nas bordas da placa indica que o campo elétrico é mais intenso nessas regiões.

JÁ PENSOU NISTO?

**Devemos ter cuidado com as pontas?**

Em um condutor eletrizado, a maior concentração de cargas elétricas é encontrada nas regiões de maior curvatura, nas pontas. Assim, quando eletrizamos um condutor que exibe regiões pontiagudas, o campo elétrico é maior nessas pontas. Se a intensidade desse campo ultrapassar o ponto de ruptura do dielétrico (do meio, no caso o ar), cargas elétricas serão lançadas em forma de faíscas para o meio. Na fotografia, observamos descargas elétricas entre as pontas de dois pregos que estão altamente eletrizados.

Adam Hart Davis/SPL/Latinstock

## 8. Campo elétrico criado por um condutor eletrizado

Para um condutor eletrizado em **equilíbrio eletrostático**, são válidas as seguintes observações:

O vetor campo elétrico é nulo nos pontos internos do condutor.

Se o campo não fosse nulo, surgiriam forças nos portadores de cargas elétricas livres existentes nessa região, provocando seu deslocamento de um local para outro, fato este que contraria a hipótese inicial de termos o condutor em equilíbrio eletrostático.

$$\vec{E}_{int} = \vec{0}$$

O vetor campo elétrico, em cada ponto da superfície externa do condutor, é indeterminado.

O campo elétrico nas vizinhanças externas da superfície é perpendicular a ela, e sua intensidade depende da densidade superficial de cargas ($\sigma$).

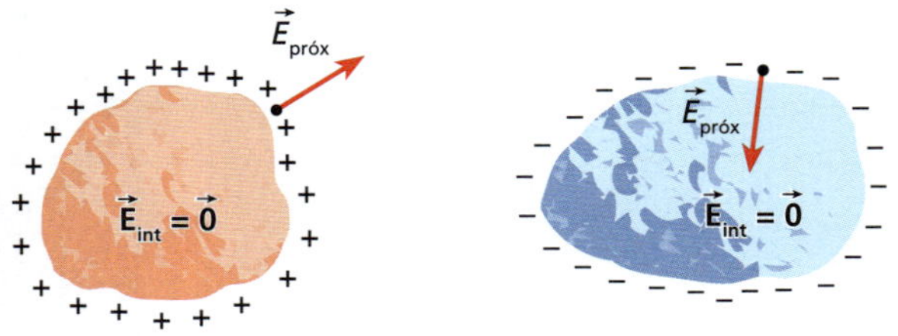


Banco de imagens/Arquivo da editora

Nas ilustrações podemos observar a orientação do vetor campo elétrico em um ponto próximo da superfície.

$$E_{próx} = \frac{\sigma}{\varepsilon_0}$$

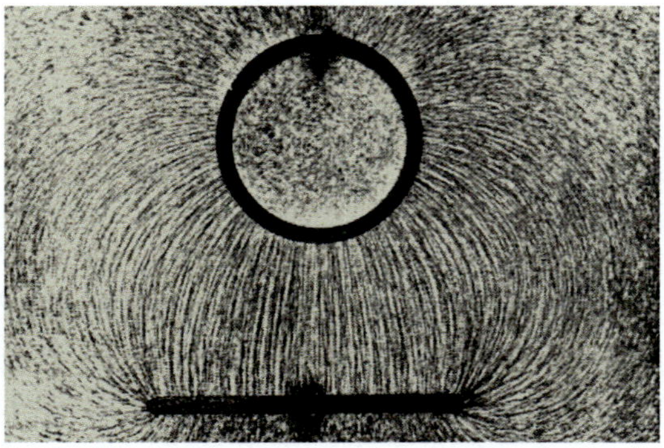

Reprodução/Arquivo da editora

Linhas de força do campo elétrico devido a um cilindro oco e a uma placa, condutores eletrizados com cargas de sinais opostos. É importante observar que não existem linhas de força no interior do cilindro, levando-nos a concluir que, nesse local, o campo elétrico é nulo. Então, em pontos internos de um condutor em equilíbrio eletrostático, o campo elétrico é nulo tanto nos pontos do material como nos da cavidade. Note, ainda, que as linhas de força são perpendiculares às superfícies do cilindro e da placa.

## 9. Campo elétrico criado por um condutor esférico eletrizado

Uma superfície esférica tem a mesma curvatura em todos os seus pontos. Por isso, em um condutor esférico solitário e eletrizado, a densidade superficial de cargas é a mesma em todas as regiões de sua superfície externa, que se apresenta, portanto, uniformemente eletrizada.

As observações a respeito de campo elétrico feitas no item anterior também são válidas para condutores esféricos em equilíbrio eletrostático.

Dentre elas, interessa-nos destacar o fato de o campo elétrico ser nulo nos pontos internos:

$$\vec{E}_{int} = \vec{0}$$

Devido à simetria da esfera e à distribuição uniforme de cargas em sua superfície, para se calcular a intensidade do vetor campo elétrico em pontos externos, tudo se passa como se toda a carga estivesse concentrada no centro da esfera. Portanto, para uma esfera condutora de raio *r* eletrizada com carga *Q*, a intensidade do campo elétrico em um ponto **P** situado a uma distância *d* ($d > r$) do seu centro fica determinada por:

Banco de imagens/Arquivo da editora

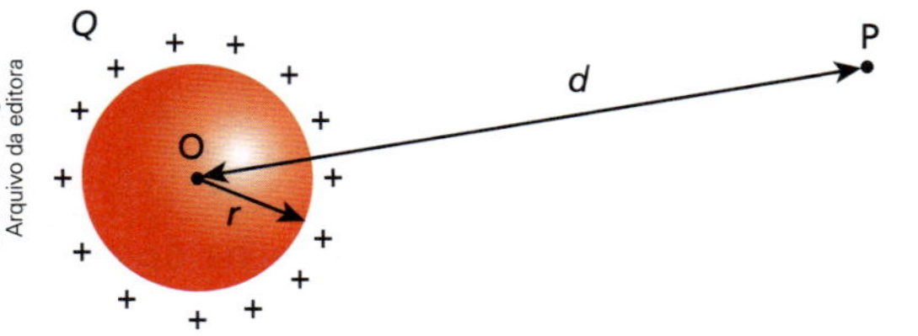


$$E_{ext} = k\frac{|Q|}{d^2}$$

Em um ponto muito próximo da superfície da esfera, a distância *d* torna-se praticamente igual ao raio *r* da esfera.

Assim, fazendo $d = (r + \Delta r)$, com $\Delta r$ tendendo a zero, a intensidade do vetor campo elétrico fica determinada por:

$$E_{próx} = k\frac{|Q|}{(r + \Delta r)^2} \cong k\frac{|Q|}{r^2}$$

Veja a seguir a representação gráfica da intensidade *E* do campo elétrico em função da distância *d*, medida a partir do centro da esfera. O aspecto desse gráfico independe do sinal da carga da esfera.

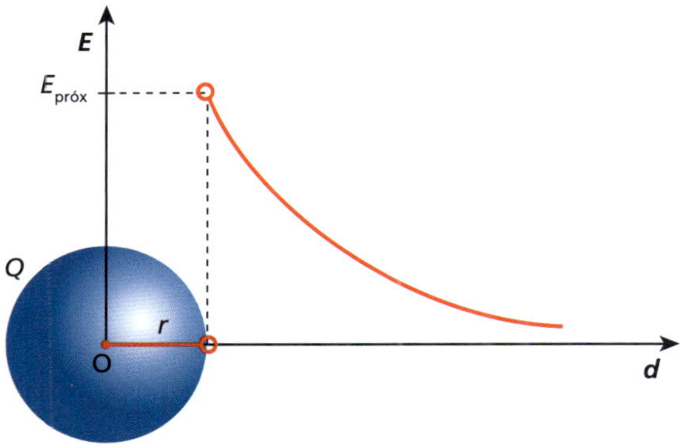


Banco de imagens/Arquivo da editora

Tudo o que foi descrito vale para um condutor esférico eletrizado maciço ou oco. Em ambos os casos, os portadores de cargas elétricas em excesso se distribuem apenas na superfície externa desse condutor, produzindo os mesmos efeitos nas duas situações.

## 10. Campo elétrico uniforme

Imagine uma superfície plana, ilimitada e uniformemente eletrizada. Sua densidade superficial de cargas é $\sigma$, e a permissividade absoluta do meio em que se encontra é $\varepsilon$.

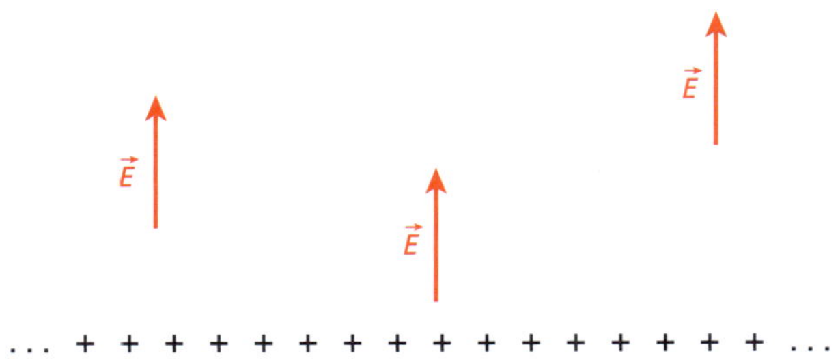


Banco de imagens/Arquivo da editora

Essa superfície gera, em **todos** os pontos de cada semiespaço determinado por ela, um campo elétrico com as seguintes características:

- **intensidade:** $E = \frac{|\sigma|}{2\varepsilon}$;
- **direção:** perpendicular à superfície;
- **sentido:** de afastamento ou de aproximação em relação à superfície, dependendo do sinal de sua carga elétrica.

Esse é um exemplo de campo elétrico uniforme, cuja definição é apresentada a seguir:

**Campo elétrico uniforme** é uma região do espaço onde o vetor representativo do campo ($\vec{E}$) tem, em todos os pontos, a mesma intensidade, a mesma direção e o mesmo sentido.

Em um campo elétrico uniforme, as linhas de força são representadas por segmentos de reta paralelos entre si, igualmente orientados e igualmente espaçados, como representa a figura ao lado.

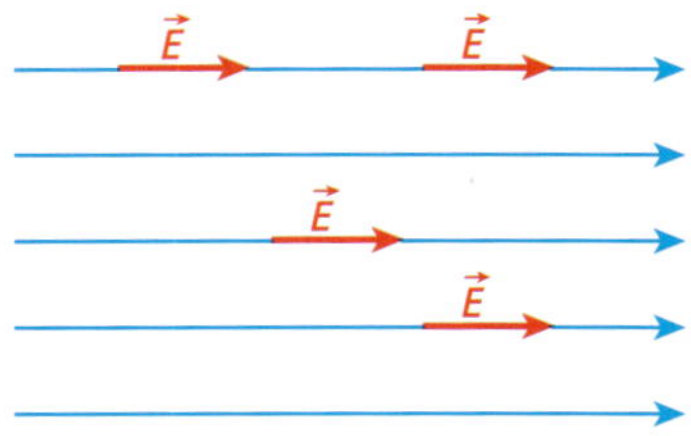


Banco de imagens/Arquivo da editora

Vamos agora retomar o exemplo apresentado na introdução deste assunto.

Embora não exista, na prática, uma superfície ilimitada, o campo elétrico gerado por uma superfície plana, **limitada** e uniformemente eletrizada é praticamente uniforme, com intensidade $E = \frac{|\sigma|}{2\varepsilon}$, nos pontos situados nas proximidades de sua região central. Junto às bordas e nas regiões mais distantes, o campo sofre variações que não podem ser desprezadas.

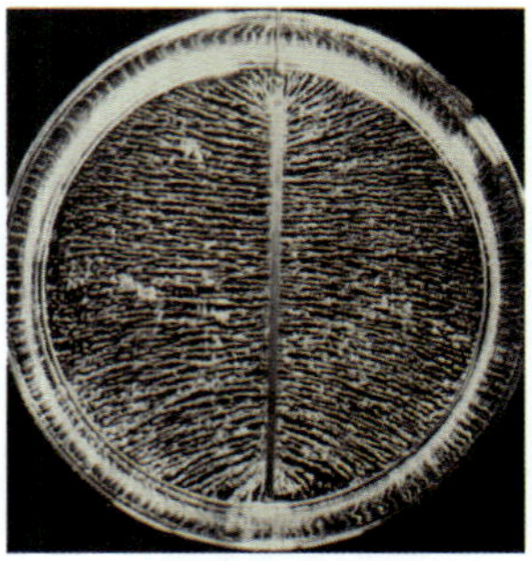

Reprodução/Arquivo da editora

Linhas de força do campo elétrico criado por uma placa plana, condutora e eletrizada. Observe que, na região central próxima à placa, o campo elétrico é praticamente uniforme.

Uma das maneiras mais comuns de se conseguir um campo elétrico uniforme é utilizar duas placas condutoras planas e iguais, paralelas entre si e eletrizadas com cargas de mesmo módulo e sinais opostos.

Colocando uma placa muito próxima da outra, como sugere a figura a seguir, ficam determinadas três regiões: uma entre as placas, onde o campo elétrico é praticamente uniforme, e duas externas a elas, onde o campo é praticamente nulo.

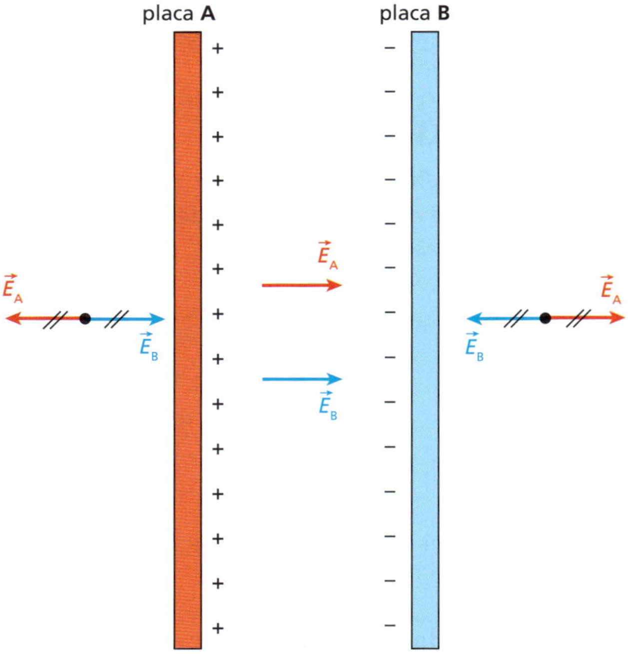


Banco de imagens/Arquivo da editora

Como a densidade superficial de cargas tem o mesmo valor absoluto $\sigma$ para as duas superfícies eletrizadas e, além disso, essas superfícies estão em um mesmo meio, os campos elétricos gerados por elas têm intensidades iguais, dadas pela seguinte expressão já vista:

$$E_A = E_B = \frac{|\sigma|}{2\varepsilon}$$

Então, observando a figura anterior, podemos perceber que o campo elétrico resultante é praticamente nulo nas regiões externas às placas e que, entre elas, tem intensidade dada por:

$$E = E_A + E_B = \frac{|\sigma|}{2\varepsilon} + \frac{|\sigma|}{2\varepsilon} \therefore \quad E = \frac{|\sigma|}{\varepsilon}$$

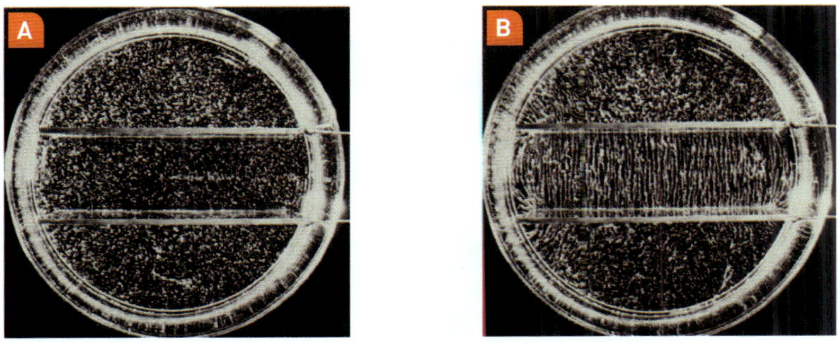


Reprodução/Arquivo da editora

Reprodução/Arquivo da editora

Em **A**, as placas ainda não foram eletrizadas. Em **B**, as placas estão eletrizadas com cargas de mesmo módulo, de sinais opostos. Podemos notar linhas de força de um campo elétrico praticamente uniforme na região entre elas. Nas regiões externas, entretanto, não há linhas de força porque o campo é praticamente nulo.

## Ampliando o olhar

### Impressão a "jato de tinta"

Thinkstock/Getty Images

Fotografia de impressora do tipo "jato de tinta".

Alguns trabalhos que fazemos no computador exigem a impressão de uma cópia. As impressoras mais comuns são as de "jato de tinta".

Mas como funciona o mecanismo dessa impressão?

O mais comum é o cabeçote de impressão vir no próprio cartucho. Isso faz com que a impressora tenha maior durabilidade, pois, cada vez que se troca o cartucho, renova-se o cabeçote de impressão.

Nesse cabeçote existe uma placa que comanda os jatos de tinta. Nela encontramos de 400 a 600 orifícios de diâmetros menores do que o de um fio de cabelo. Em cada um desses orifícios são lançadas até 36 000 gotas de tinta por segundo. Como os orifícios são extremamente pequenos, a tinta precisa passar por um processo de aquecimento para ficar mais fluida. Qualquer partícula de poeira pode entupir esses orifícios, impedindo que saia a tinta.

As pequenas gotas de tinta passam por um sistema de eletrização, no qual perdem elétrons, e, em seguida, por uma região onde existe um campo elétrico que desvia cada gota para que ela atinja o papel em um determinado local. O conjunto de pontos, cada ponto, uma gota, é que configura a imagem que vamos observar. A resolução da imagem pode atingir um número de 1 440 × 720 pontos por polegada quadrada.

No esquema representado a seguir podemos ter uma ideia do trajeto de cada gota de tinta.

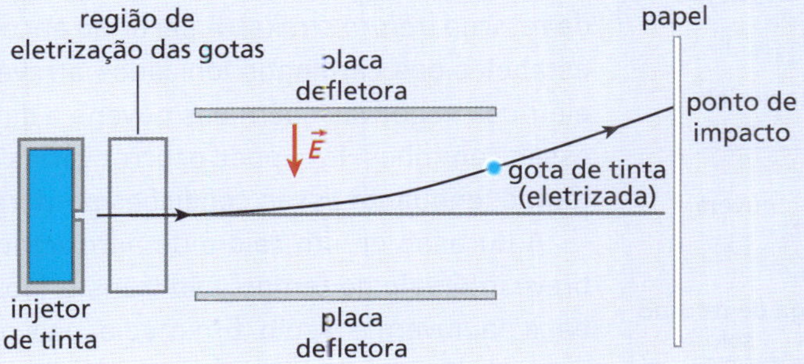


CJT/Zapt/Arquivo da editora

# 11. Fenômenos eletrostáticos na atmosfera

## O raio, o relâmpago e o trovão

É durante uma tempestade que geralmente observamos uma das mais fantásticas manifestações da eletricidade: o **raio**. Esse acontecimento sempre intrigou o ser humano, chegando a ser considerado, em algumas comunidades primitivas, uma manifestação divina.

Fabio Colombini/Acervo do fotógrafo

Relâmpagos em dia de tempestade na cidade de São Paulo.

Somente no século XVIII, o diplomata e cientista norte-americano Benjamin Franklin conseguiu provar que o raio era uma simples descarga elétrica ocorrida entre nuvens eletrizadas e a terra. Atualmente, sabe-se que essas descargas também podem ocorrer entre nuvens de potenciais diferentes, bem como entre partes diferentes de uma mesma nuvem, ou mesmo entre uma nuvem e o ar atmosférico.

Graças à forte ionização das partículas de ar que estão no trajeto das cargas elétricas em movimento, essas descargas são acompanhadas de emissões de luz, que constituem os **relâmpagos**. Além disso, o aquecimento brusco do ar provoca uma rápida expansão dessa massa gasosa, produzindo intensa onda de pressão, que se manifesta por meio de um forte estrondo: o **trovão**.

Os raios ocorrem quando o campo elétrico entre uma nuvem e a terra (ou entre duas nuvens) supera o limite da capacidade dielétrica do ar atmosférico, que normalmente varia entre 10 000 volts/cm e 30 000 volts/cm, dependendo das condições locais. É comum as descargas começarem com cargas elétricas negativas, liberadas pela nuvem em direção ao solo, que constituem a descarga inicial (*stepped leader*), a qual se ramifica a partir da base da nuvem, assemelhando-se a um galho de árvore. Quando as cargas negativas da descarga inicial se aproximam do solo, o intenso campo elétrico formado em seu trajeto produz outra descarga elétrica, bem mais intensa, do solo para a nuvem, denominada descarga de retorno (*return stroke*). A partir do encontro das duas descargas, ficam estabelecidos caminhos ionizados através do ar. Na sequência, cargas elétricas negativas saem das nuvens e dirigem-se para o solo, utilizando esses caminhos. Isso pode ocorrer várias vezes em um curto intervalo de tempo, enquanto essas condições perdurarem.

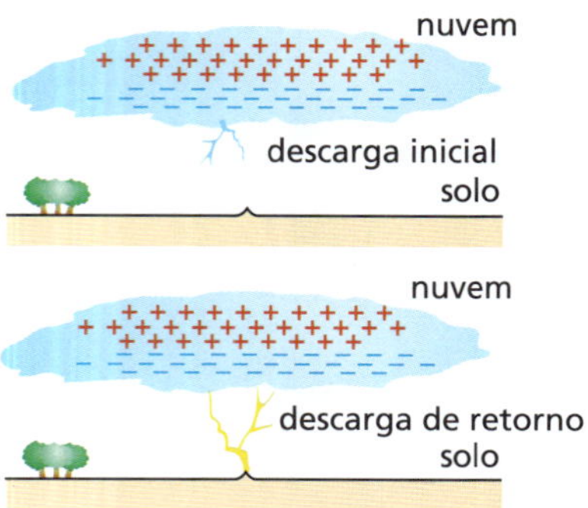


Banco de imagens/Arquivo da editora

A duração de um raio é de aproximadamente meio segundo. Nesse breve intervalo de tempo, são transferidos cerca de $10^{20}$ elétrons entre a base da nuvem e o solo. Em média, ocorrem 100 descargas elétricas por segundo entre as nuvens e a superfície da terra.

## O para-raios

Em razão do poder das pontas, as descargas elétricas entre uma nuvem e a terra ocorrem, geralmente, por meio de uma saliência condutora existente no solo, como, por exemplo, uma árvore.

Em regiões habitadas, costuma-se criar um caminho seguro para essas descargas a fim de se evitarem danos. Trata-se de um dispositivo criado originalmente por Benjamin Franklin, denominado **para-raios**. Esse dispositivo é formado por uma haste metálica de aproximadamente 1 metro de comprimento, com ápice em 4 pontas. A haste costuma ser fixada na parte superior das edificações ou de postes e ligada à terra por um cabo condutor isolado da construção.

Para alturas de até 30 metros, um para-raios, colocado no topo de um edifício, oferece uma área de proteção em forma de cone. A geratriz desse cone estabelece um ângulo de 45° com a vertical para uma proteção com segurança de 90% e outro de 25° para uma segurança de 98%.

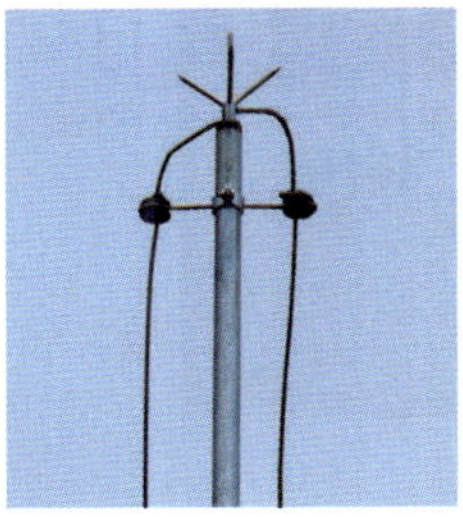
Sérgio Dotta Jr/The Next

Fotografia de um para-raios.

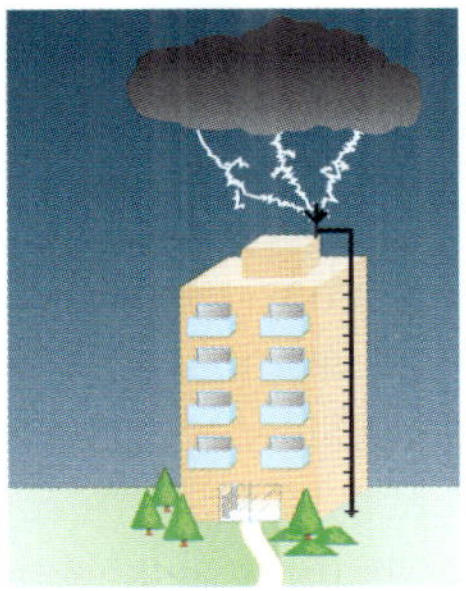
Sérgio Dotta Jr/The Next

Esquema de para-raios num edifício.

Banco de imagens/Arquivo da editora

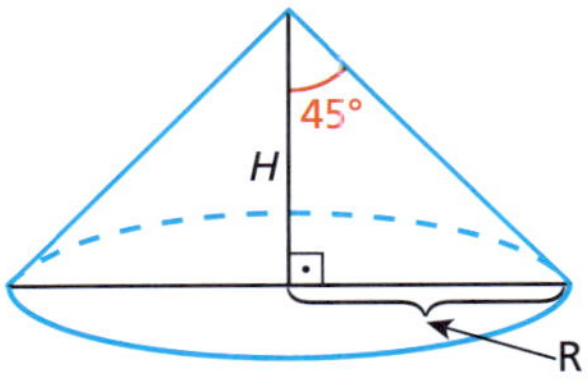

Para eficiência de 90% (H ≤ 30 m).

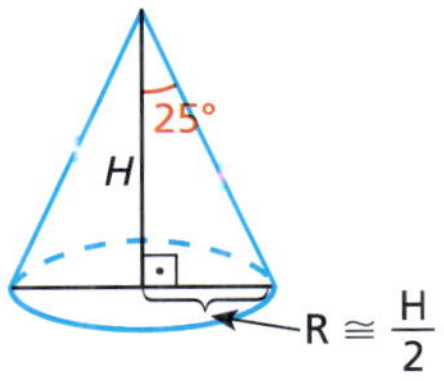

Para eficiência de 98% (H ≤ 30 m).

Observe que um para-raios não proporciona segurança total contra possíveis descargas elétricas. Seu grau de proteção depende de suas especificações, por exemplo, a condutividade do material utilizado em sua construção. Para alturas superiores a 30 metros, o para-raios de Franklin tem sua eficiência reduzida, sendo necessário usá-lo com outros sistemas para melhorar a proteção.

Em dias de tempestade, não se deve ficar sob árvores ou mesmo próximo de postes, da mesma forma que não se deve ficar em pé em locais descampados, porque as descargas elétricas ocorrem através das pontas e você pode se comportar como uma. Assim, durante uma tempestade, corra para um local seguro, que pode ser dentro de uma casa ou mesmo no interior de um automóvel. Não fique em terreno aberto, piscina ou na água do mar. Lembre-se de que o sal faz da água do mar uma solução eletrolítica, ou seja, boa condutora de eletricidade.

## O efeito corona

O **efeito corona** é um fenômeno relativamente comum em linhas de transmissão com sobrecarga em dias de grande umidade relativa do ar. Por causa do campo elétrico muito intenso nas vizinhanças dos condutores, as partículas de ar que os envolvem se tornam ionizadas e, como consequência, emitem luz quando íons e elétrons se recombinam.

O efeito corona é também conhecido como fogo de santelmo. Esse nome vem de Santo Elmo, padroeiro dos marinheiros, e surgiu quando antigos marinheiros observaram navios com os mastros envoltos por uma luz tênue. A superstição transformou esse fenômeno em aparição divina.

Mais tarde, porém, observou-se que tal aparição ocorria principalmente em regiões tropicais e em condições que precediam tempestades. Nuvens eletrizadas induziam cargas nas pontas dos mastros metálicos dos navios produzindo o efeito corona.

A fotografia mostra o efeito corona ocorrendo em linhas de transmissão com sobrecarga.

## Ampliando o olhar

### Ionização do ar

Não há dúvida de que o ar que respiramos, assim como os alimentos e a água que ingerimos, é essencial para a nossa qualidade de vida. Como respiramos, em média, 15 vezes por minuto, por dia serão 21 000 vezes, aproximadamente. Sendo a densidade do ar igual a 1,2 kg/m$^3$ e considerando a capacidade pulmonar média de uma pessoa igual a 2 litros, podemos respirar cerca de 50 kg de ar por dia. Os alimentos mais a água que ingerimos perfazem, em média, 3 kg/dia.

As moléculas de ar que respiramos podem estar "quebradas", formando íons positivos e íons negativos. Essa ionização do ar ocorre naturalmente pela radiação solar, na fotossíntese das plantas, por descargas elétricas nos terminais de um aparelho ou mesmo entre nuvens e o solo (raios), no atrito do ar com superfícies eletrizadas (roupas de tecido de fios sintéticos, por exemplo), na tela de um televisor ligado etc.

Em uma cidade como São Paulo, os gases poluentes emitidos pelos veículos motorizados e pela indústria, o excesso de aparelhos elétricos em funcionamento, a poeira e a fumaça produzem uma concentração maior de íons positivos no ar que respiramos. Por isso, devem ser criados parques arborizados para amenizar os efeitos desses íons nas pessoas.

Estudos indicam que o excesso de íons positivos no ar causa desconforto às pessoas, produzindo cansaço, irritabilidade, depressão, estresse e dores de cabeça. Os íons negativos, ao contrário, proporcionam bem-estar. Por exemplo, após uma chuva, ao respirarmos, sentimos uma sensação muito agradável, o ar parece "leve". Isso também acontece quando estamos às margens de um riacho, em meio a muita vegetação. Assim, de acordo com esses estudos, é importante viver em um meio que contenha uma certa concentração de íons negativos no ar que respiramos. Essa concentração pode ser feita por meios naturais, como muitas plantas no local, ou meios artificiais, utilizando aparelhos ionizadores. Esses aparelhos devem produzir uma concentração de 2 000 íons negativos/cm$^3$, o que é suficiente para neutralizar íons positivos e recuperar as condições para a sensação de bem-estar.

Seria bom se pudéssemos ter, próximo de casa e do local de trabalho, parques arborizados com pequenos riachos. Essas condições melhorariam a concentração de íons negativos no ar que respiramos, proporcionando-nos as condições de bem-estar de que necessitamos.

No comércio, podemos encontrar diferentes tipos de aparelho que produzem íons negativos, proporcionando-nos ar de melhor qualidade. A fotografia mostra um deles, um aparelho de inalação.

## Faça você mesmo

### Distribuição de cargas elétricas pela superfície externa de condutores eletrizados

Uma superfície metálica, condutora e plana é eletrizada. As cargas se distribuem pelas duas faces. Se curvarmos a superfície, o que ocorre com as cargas elétricas?

Apresentamos a seguir uma atividade experimental simples de ser realizada que comprovará a distribuição das cargas elétricas na face externa de uma superfície curva.

#### Material utilizado

- 1 pedaço de papel-alumínio, em forma de tira, de aproximadamente 30 cm por 9 cm;
- 2 pequenas tiras de 1 cm por 6 cm (também de papel-alumínio);
- 1 régua de plástico;
- 2 palitos de madeira de aproximadamente 30 cm;
- fita adesiva;
- 1 peça de roupa de lã.

#### Procedimento

**I.** Prenda com fita adesiva as laterais (lados de 9 cm) do pedaço de papel-alumínio nos palitos de madeira.

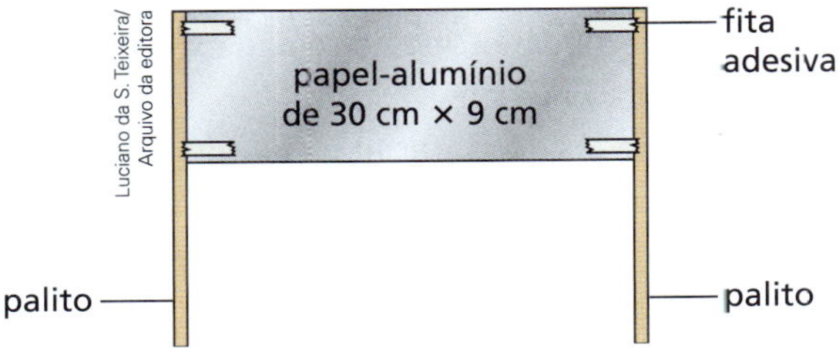


Luciano da S. Teixeira/Arquivo da editora

**II.** Fixe as tiras menores de papel-alumínio, usando as fitas adesivas, uma em cada face da tira maior.

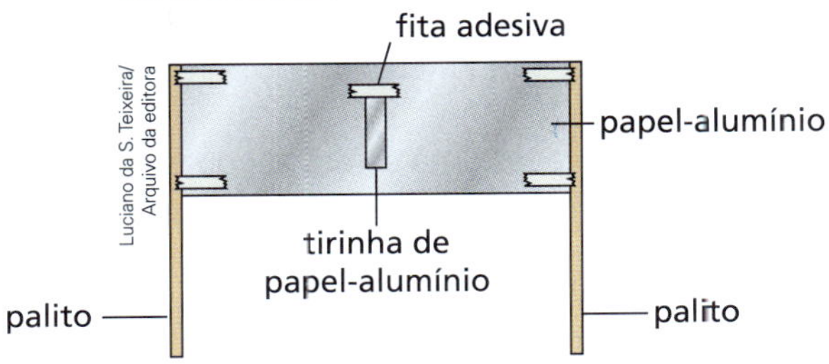


Luciano da S. Teixeira/Arquivo da editora

**III.** Atrite a régua na roupa de lã e encoste-a na grande tira de papel-alumínio. Repita várias vezes esse procedimento. Quanto mais cargas transferirmos para a tira de alumínio, mais afastadas ficarão as tirinhas.

**IV.** Sem tocar as partes de alumínio, provoque a curvatura da tira maior. Você observará que, na face convexa, a tirinha permanecerá afastada (por repulsão), enquanto a tirinha da face côncava vai se aproximar da tira maior. Isso ocorre porque, ao curvarmos o papel-alumínio, as cargas que estavam distribuídas pelas duas superfícies se concentram apenas na superfície externa da curvatura da tira maior (face convexa), não sobrando cargas na face interna (face côncava).

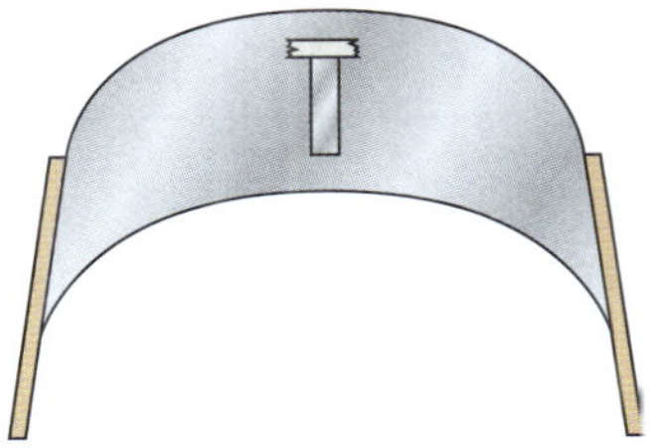

Luciano da S. Teixeira/Arquivo da editora

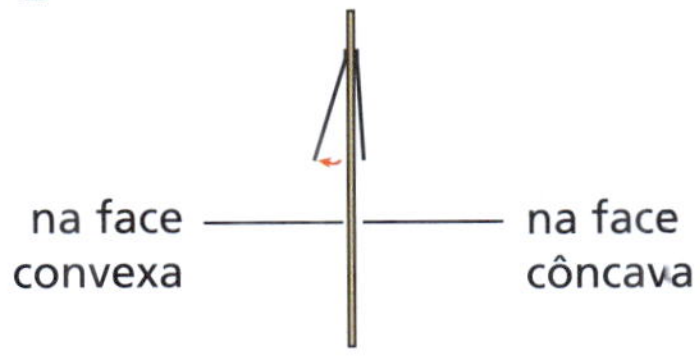


#### Desenvolvimento

**1.** Por que as cargas elétricas deslocam-se para as superfícies externas dos condutores?

**2.** Na região interna de um condutor, em equilíbrio eletrostático, o que ocorre com a intensidade do campo elétrico?

**3.** Forme um grupo com os colegas e pesquisem sobre a gaiola de Faraday. Após a pesquisa, cada um dos integrantes deve contar para os outros o que encontrou. Procurem fazer uma lista de situações em que são usadas essas blindagens elétricas.

**4.** Faça uma conexão entre os condutores eletrizados e o poder das pontas.

## Exercícios Nível 1

**31.** Uma esfera metálica, de raio igual a 20,0 cm, é eletrizada com uma carga de $+6,28\ \mu C$. Determine a densidade superficial média de cargas na superfície da esfera (adotar $\pi = 3,14$).
E.R.

**Resolução:**

A densidade superficial média de cargas é dada pela relação:

$$\sigma_m = \frac{Q}{A}$$

sendo que *A* é a área da superfície em que a carga elétrica *Q* está distribuída. Assim, sabendo-se que a superfície externa, para a esfera, tem área dada por $A = 4\pi r^2$, em que *r* é o raio, segue-se:

$$\sigma_m = \frac{+6,28\ \mu C}{4\pi(0,200)^2\ m^2} = \frac{+6,28\ \mu C}{4 \cdot 3,14 \cdot 0,04\ m^2}$$

$$\boxed{\sigma_m = +12,5\ \mu C/m^2}$$

**32.** Uma esfera condutora possui uma densidade superficial de cargas uniforme de $-5,00\ \mu C/m^2$. Determine a carga existente nessa esfera, sabendo que seu raio é igual a 50,0 cm (adote $\pi = 3,14$).

**33.** Determine o número de elétrons que deve ser retirado de um condutor, cuja área da superfície externa vale $0,80\ m^2$, para que sua densidade superficial média de cargas seja igual a $+6,0\ \mu C/m^2$.
Carga elementar: $e = 1,6 \cdot 10^{-19}$ C.

**34.** (UFU-MG) Uma pequena bolinha de metal, carregada com uma carga elétrica $-Q$, encontra-se presa por um fio no interior de uma fina casca esférica condutora neutra, conforme figura a seguir.

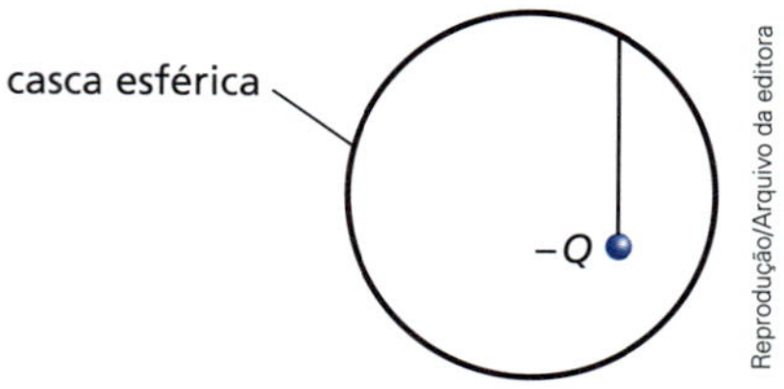


A bolinha encontra-se em uma posição não concêntrica com a casca esférica.

Com base nessas informações, indique a alternativa que corresponde a uma situação física verdadeira.

a) Se o fio for de material isolante, a bolinha não trocará cargas elétricas com a casca esférica condutora, porém induzirá uma carga total $+Q$ na casca, a qual ficará distribuída sobre a parte externa da casca, assumindo uma configuração conforme a representação a seguir.

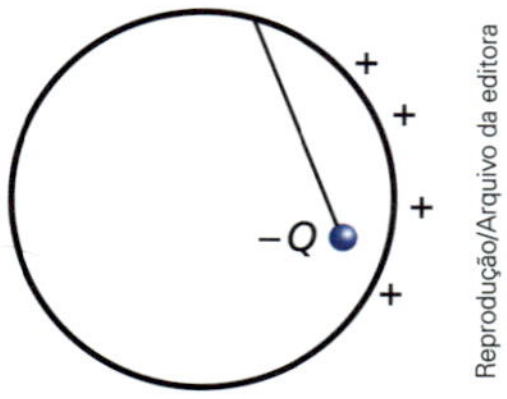


b) Se o fio for de material condutor, a bolinha trocará cargas elétricas com a casca esférica, tornando-se neutra e produzindo uma carga total $-Q$ na casca esférica, a qual ficará distribuída uniformemente sobre a parte externa da casca, conforme a representação a seguir.

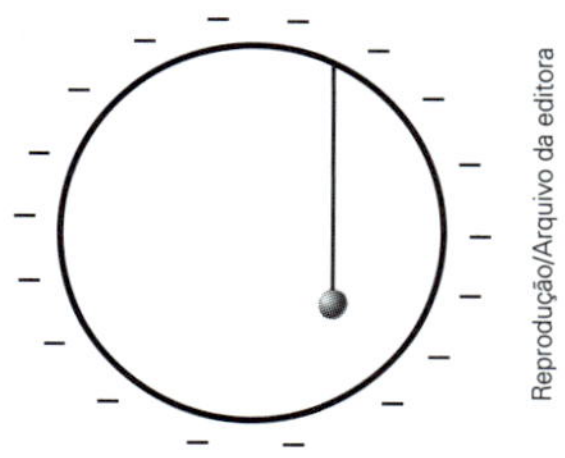


c) Se o fio for de material isolante, haverá campo elétrico na região interna da casca esférica devido à carga $-Q$ da bolinha, porém não haverá campo elétrico na região externa à casca esférica neutra.

d) Se o fio for de material condutor, haverá campo elétrico nas regiões interna e externa da casca esférica, devido às trocas de cargas entre a bolinha e a casca esférica.

**35.** Uma esfera metálica de raio *R* foi eletrizada com uma carga elétrica positiva *Q*. Para que uma outra esfera metálica de raio 2*R* tenha a mesma densidade superficial de cargas da primeira esfera, é necessário eletrizá-la com que carga?

**36.** Que raio deve ter uma esfera condutora, para produzir nas vizinhanças de sua superfície externa um campo elétrico de intensidade $1,0 \cdot 10^3$ N/C, quando recebe $4,0 \cdot 10^{11}$ elétrons? Sabe-se que a constante eletrostática do meio vale $1,0 \cdot 10^{10}$ unidades do SI.
**Dado:** $e = 1,6 \cdot 10^{-19}$ C.

**37.** A figura mostra, em corte longitudinal, um objeto metálico oco eletrizado.

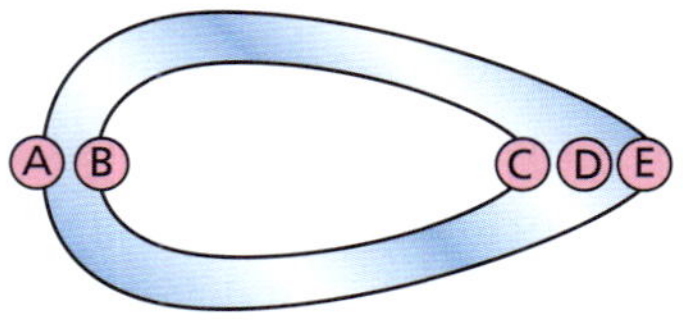


Banco de imagens/ Arquivo da editora

Em qual das regiões assinaladas há maior concentração de cargas?

**38.** O poder das pontas é uma consequência da forma como as partículas portadoras de carga elétrica se distribuem na superfície de um condutor. Em um dado condutor carregado, em equilíbrio eletrostático, pode-se afirmar que, em relação ao restante da superfície, nas pontas:

a) a quantidade e a densidade de cargas são sempre maiores.
b) a quantidade e a densidade de cargas são sempre menores.
c) a quantidade e a densidade de cargas são sempre iguais.
d) a quantidade de cargas é sempre menor, mas a densidade de cargas é sempre maior.
e) a quantidade de cargas é sempre maior, mas a densidade de cargas é sempre menor.

**39.** (UFV-MG) Durante uma tempestade, um raio atinge um ônibus que trafega por uma rodovia.

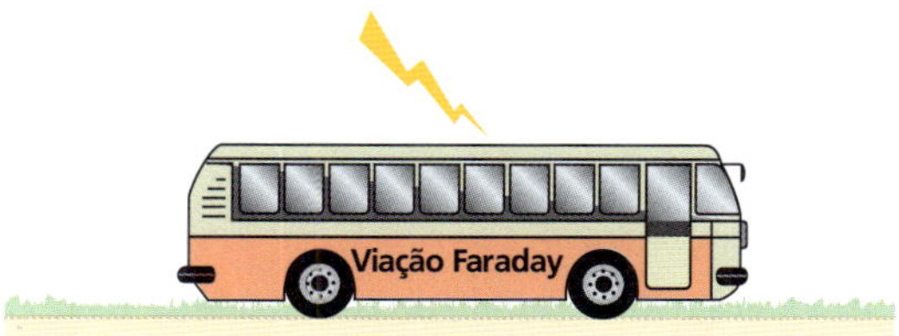


Reprodução/Arquivo da editora

Pode-se afirmar que os passageiros:

a) não sofrerão dano físico em decorrência desse fato, pois os pneus de borracha asseguram o isolamento elétrico do ônibus.
b) serão atingidos pela descarga elétrica, em virtude de a carroceria metálica ser boa condutora de eletricidade.
c) serão parcialmente atingidos, pois a carga será homogeneamente distribuída na superfície interna do ônibus.
d) não sofrerão dano físico em decorrência desse fato, pois a carroceria metálica do ônibus atua como blindagem.
e) não serão atingidos, pois os ônibus interurbanos são obrigados a portar um para-raios em sua carroceria.

**40.** A Zona de Convergência Intertropical (ZCIT) é uma linha contínua, paralela ao Equador, com aproximadamente mil quilômetros de extensão. No oceano Atlântico, as massas de ar mais quentes do Hemisfério Sul encontram as massas de ar mais frias vindas do Hemisfério Norte. Esse fato pode provocar grandes tempestades em alto-mar e muita chuva na região Nordeste do Brasil. Os aviões que partem do Brasil com destino à Europa, e vice-versa, em suas rotas, atravessam essa região, podendo ser atingidos por descargas elétricas (raios).

Banco de imagens/Arquivo da editora

Quando um avião de passageiros é atingido por um raio em pleno voo, a tripulação e os passageiros:

a) não serão atingidos, pois os aviões são obrigados a portar para-raios nas extremidades de sua fuselagem.
b) serão atingidos, pois a fuselagem metálica é boa condutora de eletricidade.
c) serão parcialmente atingidos, pois as cargas elétricas do raio ficarão distribuídas de maneira uniforme em todo o interior do avião, mesmo ele sendo oco.
d) não sofrerão danos físicos, pois a fuselagem metálica atua como blindagem para o interior do avião.
e) podem ser atingidos se o avião não for muito grande.

**41.** Quais das seguintes afirmações, referentes a um condutor eletrizado em equilíbrio eletrostático, estão corretas?

I. Em todos os pontos do interior do condutor, o campo elétrico é nulo, independentemente de ele ser maciço ou oco.
II. As cargas elétricas distribuem-se na superfície do condutor, e, nas suas vizinhanças, o vetor campo elétrico é perpendicular à superfície.
III. No caso de um condutor esférico, livre de influências de outros corpos, a intensidade do vetor campo elétrico em pontos externos é calculada considerando toda sua carga concentrada em seu centro.

**42.** Num campo elétrico uniforme, uma carga de prova fica sujeita a uma força cuja intensidade é:

a) nula;
b) a mesma em qualquer ponto do campo;
c) variável;
d) inversamente proporcional ao quadrado da distância da carga de prova às cargas que criam o campo;
e) diretamente proporcional à distância da carga de prova às cargas que criam o campo.

**43.** Em certa região do espaço existe um campo elétrico uniforme de intensidade $3{,}6 \cdot 10^3$ N/C. Uma carga elétrica puntiforme de $1{,}0 \cdot 10^{-5}$ C, colocada nessa região, sofrerá a ação de uma força de que intensidade?

## Exercícios Nível 2

**44.** (UPF-RS) Durante uma experiência didática sobre eletrostática, um professor de Física eletriza uma esfera metálica oca suspensa por um fio isolante. Na sequência, faz as seguintes afirmações:

I. A carga elétrica transferida para a esfera se distribui uniformemente na superfície externa desta.
II. O campo elétrico no interior da esfera é nulo.
III. O campo elétrico na parte exterior da esfera tem direção perpendicular à superfície desta.
IV. A superfície da esfera, na situação descrita, apresenta o mesmo potencial elétrico em todos os pontos.

Está correto o que se afirma em:

a) I e II apenas.
b) I e III apenas.
c) I, II e III apenas.
d) II, III e IV apenas.
e) todas.

**45.** E.R. Um condutor esférico, de raio igual a 20 cm, recebe $2{,}5 \cdot 10^{13}$ elétrons. Determine o módulo do vetor campo elétrico criado nos pontos **A** e **B**, distantes, respectivamente, 10 cm e 60 cm do centro do condutor.
**Dados:** $e = 1{,}6 \cdot 10^{-19}$ C; $k_0 = 9{,}0 \cdot 10^9$ N m²C⁻².

**Resolução:**

Ponto **A**:

O ponto **A** é interno ao condutor, pois o raio da esfera é de 20 cm. Assim:

$$\boxed{E_A = 0}$$

Ponto **B**:

O ponto **B** é externo à esfera eletrizada e o módulo do vetor campo, nesse ponto, é dado por:

$$E_B = k\frac{|Q|}{d^2} \Rightarrow E_B = k_0\frac{ne}{d^2}$$

Portanto, tem-se:

$$E_B = 9{,}0 \cdot 10^9 \cdot \frac{2{,}5 \cdot 10^{13} \cdot 1{,}6 \cdot 10^{-19}}{(0{,}60)^2}$$

$$\boxed{E_B = 1{,}0 \cdot 10^5 \text{ N/C}}$$

**46.** Quantos elétrons devemos retirar de uma esfera condutora de raio 40 cm para que, nas vizinhanças de sua superfície externa, o campo elétrico assuma a intensidade de $1{,}0 \cdot 10^4$ N/C?
Sabe-se que a constante eletrostática do meio vale aproximadamente $1{,}0 \cdot 10^{10}$ unidades do SI e a carga do elétron tem módulo $e = 1{,}6 \cdot 10^{-19}$ C.

**47.** (IMT-SP) Um balão de borracha de forma esférica, de raio *R*, é eletrizado de tal forma que a carga elétrica $Q > 0$ seja distribuída uniformemente em sua superfície. O balão é inflado até que o raio passe a ser $2R$.

a) Qual é a intensidade do campo elétrico em pontos do interior do balão?
b) Qual é a razão entre as intensidades do campo elétrico em um ponto à distância de 4R do centro do balão, antes e depois dele ter sido inflado?

**48.** (Vunesp) Na experiência em que determinou o valor da carga elétrica do elétron, Millikan utilizou um dispositivo que continha duas placas planas e paralelas com dimensões muito maiores do que a distância entre elas para criar um campo elétrico uniforme.

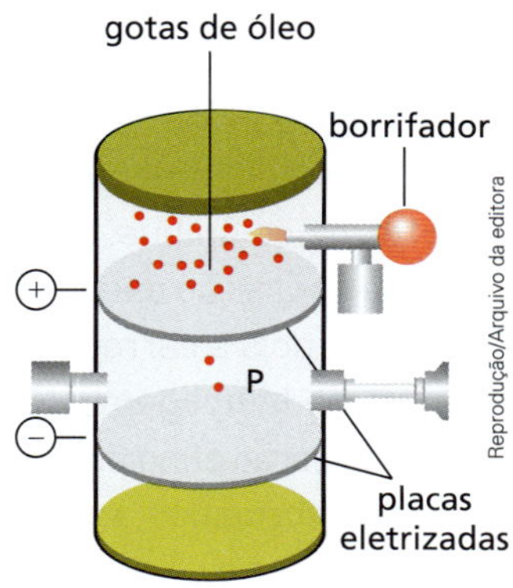

Considerando as placas dispostas e eletrizadas, como na figura, é correto afirmar que a direção e o sentido do campo elétrico no ponto **P** estão corretamente representados em

a) 
c) 
e) 
b) 
d) 

**49.** (UFMG) Em um experimento, o professor Ladeira observa o movimento de uma gota de óleo, eletricamente carregada, entre duas placas metálicas paralelas, posicionadas horizontalmente. A placa superior tem carga positiva e a inferior, negativa, como representado na figura a seguir.

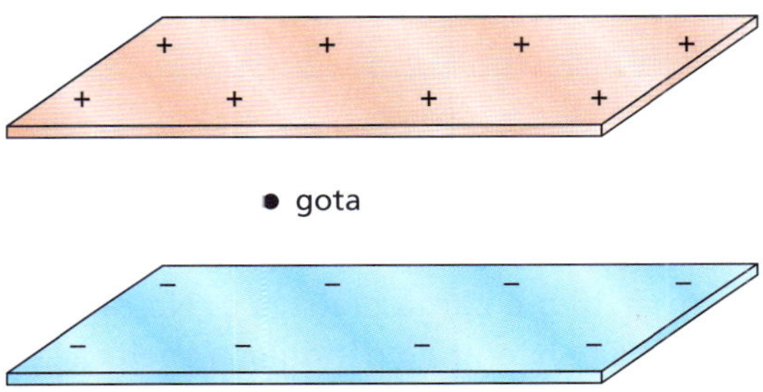



Considere que o campo elétrico entre as placas é uniforme e que a gota está apenas sob a ação desse campo e da gravidade.

Para um certo valor do campo elétrico, o professor Ladeira observa que a gota cai com velocidade constante.

Com base nessa situação, é **correto** afirmar que a carga da gota é:

a) negativa e a resultante das forças sobre a gota não é nula.
b) positiva e a resultante das forças sobre a gota é nula.
c) negativa e a resultante das forças sobre a gota é nula.
d) positiva e a resultante das forças sobre a gota não é nula.

**50.** (PUC-RS) A quantização da carga elétrica foi observada por Millikan em 1909. Nas suas experiências, Millikan mantinha pequenas gotas de óleo eletrizadas em equilíbrio vertical entre duas placas paralelas também eletrizadas, como mostra a figura a seguir. Para conseguir isso, regulava a diferença de potencial entre essas placas alterando, consequentemente, a intensidade do campo elétrico entre elas, de modo a equilibrar a força da gravidade.

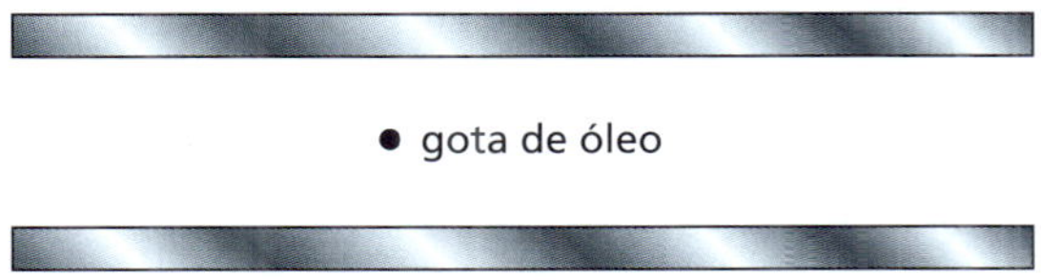



Suponha que, em uma das suas medidas, a gota tivesse um peso de $2,4 \cdot 10^{-13}$ N e uma carga elétrica positiva de $4,8 \cdot 10^{-19}$ C. Desconsiderando os efeitos do ar existente entre as placas, qual deveria ser a intensidade e o sentido do campo elétrico entre elas para que a gota ficasse em equilíbrio vertical?

a) $5,0 \cdot 10^{5}$ N/C, para cima.
b) $5,0 \cdot 10^{4}$ N/C, para cima.
c) $4,8 \cdot 10^{-5}$ N/C, para cima.
d) $2,0 \cdot 10^{-5}$ N/C, para baixo.
e) $2,0 \cdot 10^{-6}$ N/C, para baixo.

**51.** (PUC-MG) Em abril de 1997 comemoraram-se 100 anos da descoberta do elétron por J. J. Thomson. Anos mais tarde, foram descobertos o próton e o nêutron. De um ponto **A** situado entre duas placas paralelas, uma delas carregada positivamente e a outra, negativamente, um elétron, um próton e um nêutron são lançados com velocidades horizontais iguais. Escolha a opção que representa as trajetórias das partículas nesta ordem: elétron, próton e nêutron.

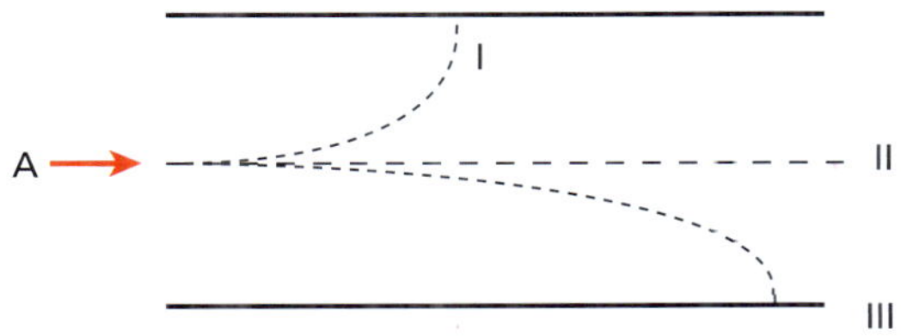



a) I, II e III.
b) II, III e I.
c) III, I e II.
d) I, III e II.
e) III, II e I.

**52.** Entre duas placas planas horizontais, eletrizadas com cargas de mesmo módulo e sinais opostos, existe um campo elétrico uniforme de intensidade $4,0 \cdot 10^{3}$ N/C. Uma partícula eletrizada com $+5,0\ \mu C$, ao ser colocada entre as placas, permanece em repouso. Determine a massa da partícula.
**Dado**: $g = 10\ m/s^2$.

**53.** (Unesp-SP) Uma carga elétrica q > 0 de massa *m* penetra em uma região entre duas grandes placas planas, paralelas e horizontais, eletrizadas com cargas de sinais opostos. Nessa região, a carga percorre a trajetória representada na figura, sujeita apenas ao campo elétrico uniforme $\vec{E}$, representado por suas linhas de campo, e ao campo gravitacional terrestre $\vec{g}$.

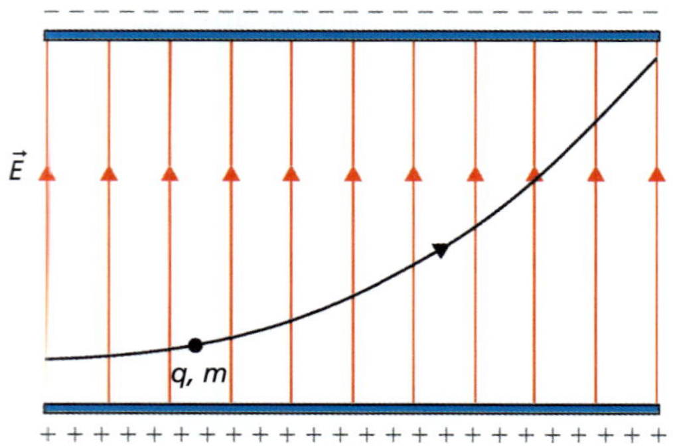


Reprodução/Unesp, 2013.

É correto afirmar que, enquanto se move na região indicada entre as placas, a carga fica sujeita a uma força resultante de módulo

a) qE + mg.

b) q(E − g).

c) qE − mg.

d) mq(E − g).

e) m(E − g).

**54.** (PUC-MG) Uma partícula de massa *m* e carga *q*, positiva, é abandonada em repouso em um campo elétrico uniforme $\vec{E}$, produzido por duas placas metálicas $\mathbf{P_1}$ e $\mathbf{P_2}$, movendo-se então unicamente sob a ação desse campo.

**Dado:** $g = 10\ m/s^2$.

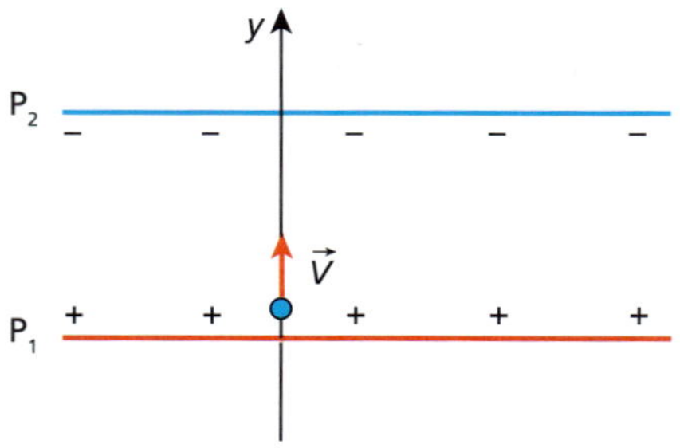


Reprodução/Arquivo da editora

Indique a opção correta:

a) A aceleração da partícula é a = qEm.

b) A partícula será desviada para a direita, descrevendo uma trajetória parabólica.

c) A energia cinética, após a partícula ter percorrido uma distância *d*, é $E_c = qEd$.

d) A partícula executará um movimento uniforme.

e) A força que atua sobre a partícula é perpendicular ao campo.

**55.** (FEI-SP) A figura a seguir mostra duas películas planas de cargas elétricas de sinais opostos, mas de mesma densidade superficial. Um elétron parte do repouso da película negativa e atinge a película oposta em $5 \cdot 10^{-8}$ s. Calcule a intensidade do campo elétrico $\vec{E}$.

**Dados:** $m = 9{,}1 \cdot 10^{-31}$ kg e $q = 1{,}6 \cdot 10^{-19}$ C.

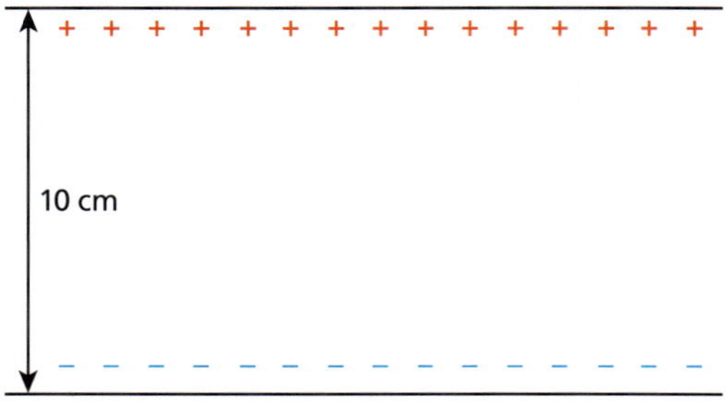


Reprodução/Arquivo da editora

**56.** E.R. Um pêndulo elétrico tem comprimento $\ell = 1{,}0$ m. A esfera suspensa possui massa m = 10 g e carga elétrica *q*. Na região em que se encontra o pêndulo, a aceleração da gravidade vale 10 m/s² e existe um campo elétrico cujo vetor $\vec{E}$ é horizontal e de módulo $7{,}5 \cdot 10^3$ N/C. O pêndulo estaciona com a esfera à distância d = 0,60 m da vertical baixada do ponto de suspensão. Determine a carga *q*.

**Resolução:**

A configuração descrita no exercício está representada no esquema a seguir:

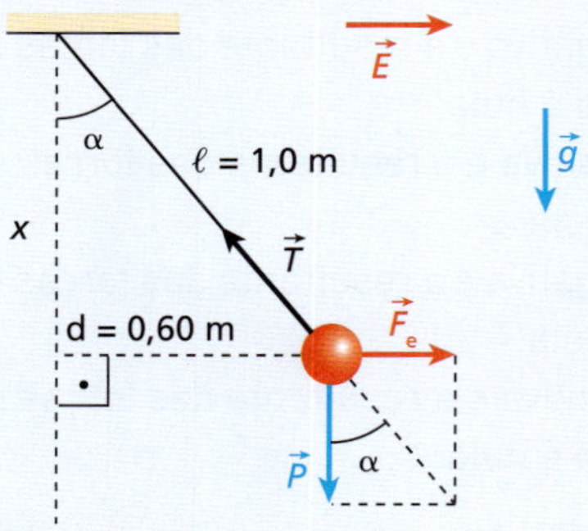


Banco de imagens/Arquivo da editora

Por Pitágoras:

$$L^2 = d^2 + x^2$$

$$(1{,}0)^2 = (0{,}60)^2 + x^2$$

$$x = 0{,}80\ m$$

Da figura, obtém-se:

$$\text{tg}\,\alpha = \frac{F_e}{P}$$

Em que:

$$F_e = |q|\,E$$
$$P = mg$$

Porém, temos também:

$$\text{tg}\,\alpha = \frac{d}{x}$$

Assim:

$$\frac{d}{x} = \frac{|q|E}{mg} \Rightarrow |q| = \frac{dmg}{xE}$$

$$|q| = \frac{0{,}60 \cdot 10 \cdot 10^{-3} \cdot 10}{0{,}80 \cdot 7{,}5 \cdot 10^{3}}$$

$$|q| = 10 \cdot 10^{-6}\,\text{C} \Rightarrow |q| = 10\,\mu\text{C}$$

$$\boxed{q = \pm 10\,\mu\text{C}}$$

**Nota:**

- A situação representada no esquema corresponde ao caso em que *q* é positiva. Se *q* fosse negativa, a posição de equilíbrio seria simétrica em relação à vertical baixada do ponto de suspensão.

**57.** Uma pequena esfera de peso $P = 5{,}0 \cdot 10^{-2}$ N, eletrizada com uma carga $q = +0{,}20\ \mu$C, está suspensa por um fio isolante bastante leve, que na posição de equilíbrio forma um ângulo de 45° com um plano vertical uniformemente eletrizado com densidade superficial $\sigma$.

Qual o módulo da densidade superficial de cargas $\sigma$?

**Dado:** permissividade absoluta do meio: $\varepsilon = 8{,}85 \cdot 10^{-12}$ (SI)

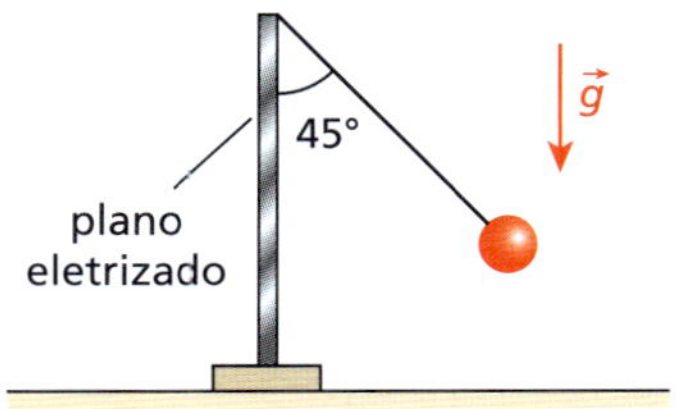


Banco de imagens/Arquivo da editora

**58.** (Unesp-SP) Uma pequena esfera de massa *m*, eletrizada com uma carga elétrica $q > 0$, está presa a um ponto fixo **P** por um fio isolante, numa região do espaço em que existe um campo elétrico uniforme e vertical de módulo *E*, paralelo à aceleração gravitacional $\vec{g}$, conforme mostra a figura. Dessa forma, inclinando o fio de um ângulo $\theta$ em relação à vertical, mantendo-o esticado e dando um impulso inicial (de intensidade adequada) na esfera com direção perpendicular ao plano vertical que contém a esfera e o ponto **P**, a pequena esfera passa a descrever um movimento circular e uniforme ao redor do ponto **C**.

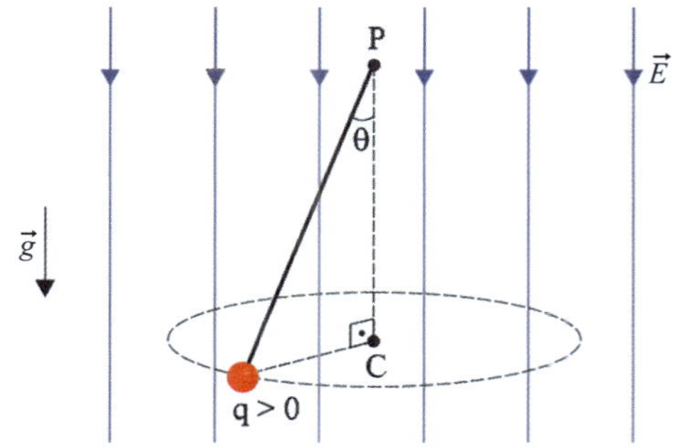


Reprodução/Arquivo da editora

Na situação descrita, a resultante das forças que atuam sobre a esfera tem intensidade dada por

a) $(mg + qE)\cos\theta$

b) $(mg - qE \cdot \sqrt{2})\,\text{sen}\,\theta$

c) $(mg + qE)\,\text{sen}\,\theta\cos\theta$

d) $(mg + qE)\,\text{tg}\,\theta$

e) $mg + qE\,\text{tg}\,\theta$

**59.** (UFG-GO) Uma bolinha **B**, carregada positivamente, está suspensa por um fio isolante que forma um ângulo de 30° com a vertical, quando imersa num campo elétrico uniforme e horizontal, conforme indicado na figura abaixo.

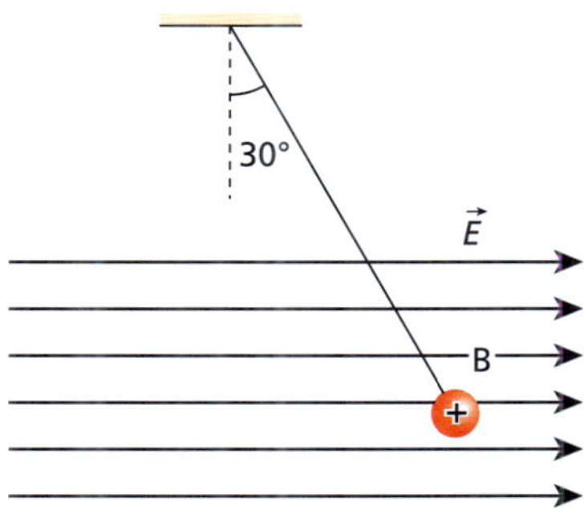


Reprodução/Arquivo da editora

Sejam $\vec{F}$ a força que o campo elétrico exerce sobre **B**, $\vec{P}$ o peso de **B** e $\vec{T}$ a força exercida pelo fio sobre **B**.

a) Reproduza a bolinha indicando as forças $\vec{F}$, $\vec{P}$ e $\vec{T}$.

b) Sendo $|\vec{P}| = 0{,}03$ N, qual o valor de $|\vec{F}|$?

c) Sendo de 5,0 $\mu$C a carga da bolinha, qual a intensidade de $\vec{E}$?

## Intersaberes

# A blindagem eletrostática e a gaiola de Faraday

Michael **Faraday** (1791-1867) nasceu na Inglaterra, nos arredores de Londres, em 22 de setembro. Filho de um ferreiro, teve uma infância pobre, precisando trabalhar logo cedo, aos 13 anos. Começou como entregador de jornais e, mais tarde, assistente de encadernação de livros. Nos momentos vagos lia os livros que passavam pelas suas mãos, descobrindo um mundo que o cativava cada vez mais. Em 1812, fascinado após assistir a uma palestra sobre Física, no Royal Institution, passou a se dedicar ao estudo da Ciência. Ele descobriu, inventou e desenvolveu aparatos que propiciaram um grande avanço na eletricidade. É dele a invenção da **bobina de indução**, que comprova a geração de corrente elétrica contínua a partir da variação de campo magnético.

Michael **Faraday**, cientista e físico inglês, em retrato pintado por Thomas Phillips em 1841-1842. National Portrait Gallery, Londres.

Em 1836, desejando demonstrar na prática que o campo elétrico é nulo no interior de um condutor eletrizado, Faraday construiu uma grande caixa usando telas metálicas condutoras e isolou-a da terra. Ele entrou na caixa, levando consigo vários dispositivos de detecção da presença de campos elétricos, e mandou que seus assistentes eletrizassem intensamente a caixa. Feito isso, observou que nenhum dos dispositivos acusava a existência de campo elétrico no interior da caixa. Faraday nada sentiu, apesar de a caixa estar altamente eletrizada, com grandes eflúvios elétricos saltando por vários pontos de sua superfície externa (**eflúvios** são descargas elétricas através de um gás).

A caixa recebeu o nome de **gaiola de Faraday** e é utilizada nos dias de hoje para isolar uma região de campos elétricos indesejáveis. Transformadores e geradores eletrostáticos são isolados assim. Sistemas eletrônicos muito sensíveis a campos elétricos, também. Em regiões de muitas tempestades com raios, as edificações são construídas de modo a isolar o seu interior da ação dessas descargas elétricas usando a concepção de Faraday.

Podemos concluir que uma região do espaço, quando totalmente envolta por um condutor, torna-se livre da ação de campos elétricos que possam ser criados por cargas estacionárias externas.

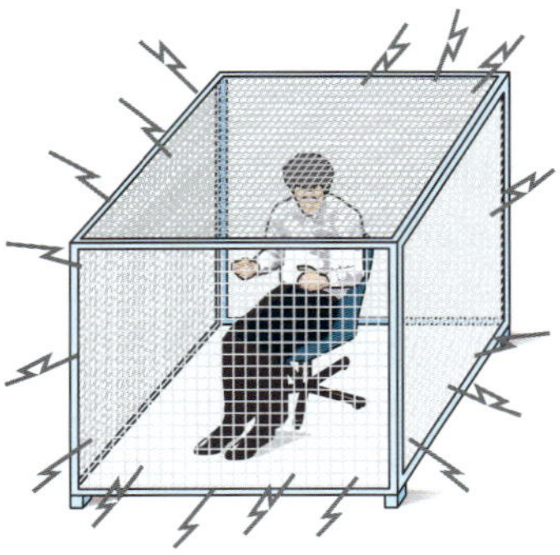


Apesar dos intensos eflúvios elétricos, Faraday não detectou a existência de campo elétrico no interior da caixa. Ele havia descoberto a **blindagem eletrostática**.

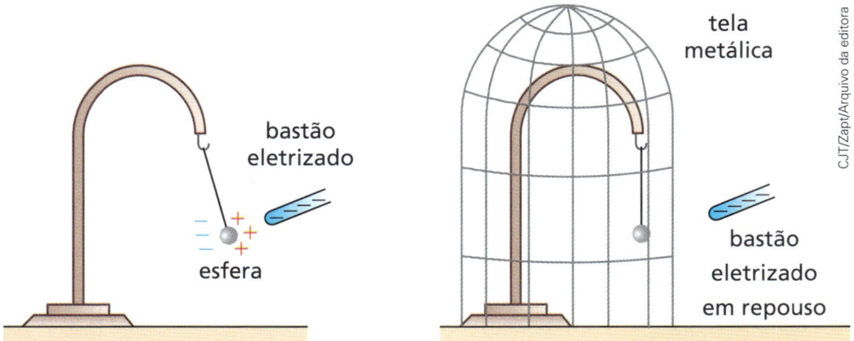


A gaiola metálica produz uma blindagem impedindo que a esfera sofra influências do campo elétrico criado pelas cargas existentes no bastão.

Nos dias atuais, com o avanço da tecnologia, estamos cada vez mais "mergulhados" em uma grande quantidade de campos elétricos e magnéticos gerada por máquinas que estão muito próximas. Os televisores, por exemplo, estão se sofisticando tanto e aumentando de tamanho que não podemos deixar de pensar: será que toda essa radiação emitida pode provocar danos à saúde de algumas pessoas?

Em 21 de novembro de 2012 foi veiculada uma notícia interessante que pode estar ligada à situação que estamos apresentando. Não deixe de ler, pensar a respeito e discutir com seus colegas e professores de Física e de Biologia.

**Alergia a tecnologia faz mulher viver em gaiola 18 horas por dia**

Velma Lyrae [...] passa até 18 horas por dia dentro de uma gaiola de Faraday por ser "alérgica à tecnologia moderna". Ela sofre com a síndrome de hipersensibilidade eletromagnética (EHS, do inglês *electromagnetic hypersensitivity syndrome*), e a gaiola a protege filtrando as ondas eletromagnéticas. Ela diz ter dores agonizantes, perda de memória, zumbido, palpitações cardíacas, vertigem e dores nas articulações ao chegar perto de aparelhos tecnológicos – não pode usar celular ou Wi-Fi, nem mesmo um secador de cabelos. Dentro de sua gaiola, ela passa o tempo lendo livros, fazendo trabalhos artísticos e escrevendo cartas. As informações são do *Daily Mail*.

The Grosby Group

Velma se alimenta, protegida pela gaiola de Faraday.

A britânica foge da influência dos campos eletromagnéticos permanecendo na gaiola feita com materiais de segunda mão (que lhe custaram 300 libras, equivalente a cerca de R$ 1 mil) em seu apartamento em Blackheath, Londres. Sua debilidade apareceu com a chegada dos celulares 3G, embora ela acredite que um choque sofrido na adolescência a tenha tornado mais suscetível. Os sintomas, de início brandos, foram piorando com o passar do tempo.

Velma foi secretária em diversas empresas nos anos 80, mas teve que deixar o emprego e hoje está impedida de trabalhar. "Naquela época eu sentia uma agitação ao usar o computador, mas achava que era por não ter muita prática, hoje sei que estava começando a sentir os efeitos da EHS". Para sair de casa, ela usa sempre uma echarpe blindada enrolada na cabeça para se proteger da radiação. "Isso tornou minha vida um inferno", afirmou ao jornal. "Não posso fazer nada que as pessoas normais fazem sem que meus sintomas apareçam. Tenho que fazer tudo dentro da minha gaiola – comer, dormir, ler, escrever".

A eletrossensitividade é uma condição controversa, reconhecida na Espanha e na Suécia mas não no Reino Unido, onde a Agência para Proteção da Saúde diz que não há evidências científicas que liguem problemas de saúde a equipamentos eletrônicos. A doutora Erica Mallery-Blithe, consultora da ONG Electrosensitivity UK, diz que os sintomas da síndrome EHS podem cobrir uma ampla gama de sistemas e que muitas vezes podem ser confundidos com outras condições médicas. "Adultos e crianças de hoje estão expostos a níveis muito elevados de campos eletromagnéticos (CEM) que nenhum ser vivo no planeta testemunhou antes. Então não é surpresa que o número de pessoas com EHS ou outras condições relacionadas à exposição a CEM esteja subindo".

Disponível em: <https://www.terra.com.br/noticias/tecnologia/eletronicos/alergia-a-tecnologia-faz-mulher-viver-em-gaiola-18-horas-por-dia,44381383b35b310VgnCLD200000bbcceb0aRCRD.html>. Acesso em: 18 jul. 2018.

## Compreensão, pesquisa e debate

1. Michael Faraday é considerado um dos grandes nomes da Física e da Química. Pesquise e descubra mais sobre suas descobertas.

2. Quando um carro, com o rádio ligado, passa pelo interior de um túnel longo a recepção é prejudicada. Por que isso ocorre? Existe alguma diferença se o rádio estiver sintonizado em uma estação em AM ou em FM?

3. Faça um experimento simples com o uso de dois telefones celulares. Ligue de um para o outro e deixe tocar. Depois, embrulhe um deles em papel-alumínio, dando três voltas. Pegue o outro celular e ligue para aquele que está embrulhado. O que ocorre, ele toca? Procure explicar o fenômeno observado. Se necessário, peça ajuda ao professor.

## Exercícios Nível 3

**60.** (UPM-SP) Nos vértices **A** e **C** do quadrado a seguir, colocam-se cargas elétricas de valor $+q$. Para que no vértice **D** do quadrado o campo elétrico tenha intensidade nula, a carga elétrica que deve ser colocada no vértice **B** deve ter o valor:

a) $\sqrt{2}q$.
b) $-\sqrt{2}q$.
c) $-\dfrac{3\sqrt{2}}{2}q$.
d) $2\sqrt{2}q$.
e) $-2\sqrt{2}q$.

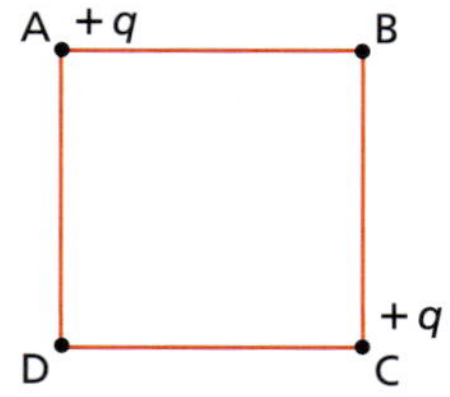

Reprodução/Arquivo da editora

**61.** (Unimontes-MG) Duas cargas puntiformes $Q$ e $q$ são separadas por uma distância $d$, no vácuo (veja figura). Se, no ponto **P**, o campo elétrico tem módulo nulo, a relação entre $Q$ e $q$ é igual a

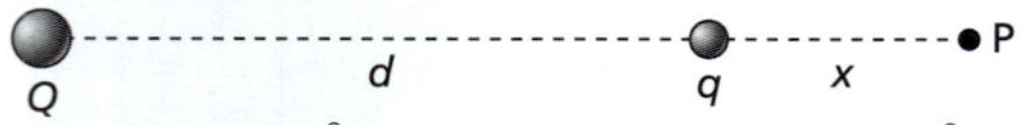


a) $Q = -q\dfrac{(x+d)^2}{d^2}$.
b) $q = -Q\dfrac{(x+d)^2}{x^2}$.
c) $Q = -q\dfrac{(x+d)^2}{x^2}$.
d) $Q = -2q\dfrac{(x+d)^2}{x^2}$.

**62.** (Unicamp-SP) O fato de os núcleos atômicos serem formados por prótons e nêutrons suscita a questão da coesão nuclear, uma vez que os prótons, que têm carga positiva $q = 1{,}6 \cdot 10^{-19}$ C, se repelem através da força eletrostática. Em 1935, H. Yukawa propôs uma teoria para a força nuclear forte, que age a curtas distâncias e mantém os núcleos coesos.

a) Considere que o módulo da força nuclear forte entre dois prótons $F_N$ é igual a vinte vezes o módulo da força eletrostática entre eles, $F_E$, ou seja, $F_N = 20F_E$. O módulo da força eletrostática entre dois prótons separados por uma distância $d$ é dado por $F_E = k\dfrac{q^2}{d^2}$, em que $k = 9{,}0 \cdot 10^9\ \text{N m}^2/\text{C}^2$. Obtenha o módulo da força nuclear forte $F_N$ entre os dois prótons quando separados por uma distância $d = 1{,}6 \cdot 10^{-15}$ m, que é uma distância típica entre prótons no núcleo.

b) As forças nucleares são muito maiores que as forças que aceleram as partículas em grandes aceleradores como o LHC. Num primeiro estágio do acelerador, partículas carregadas deslocam-se sob a ação de um campo elétrico aplicado na direção do movimento. Sabendo que um campo elétrico de módulo $E = 2{,}0 \cdot 10^6$ N/C age sobre um próton num acelerador, calcule a força eletrostática que atua no próton.

**63.** (UFG-GO) Nos vértices de um triângulo retângulo isósceles, inscrito numa circunferência de raio $R$, são colocadas três cargas pontuais, como mostra a figura ao lado.

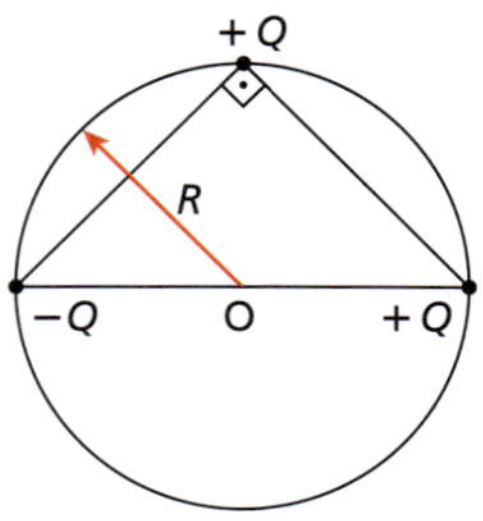

Reprodução/Arquivo da editora

Determine a posição e o valor de uma quarta carga positiva, em termos de $Q$, que deverá ser colocada sobre a linha da circunferência para que o campo elétrico no centro da mesma seja nulo. (Copie a figura indicando a posição da quarta carga positiva pedida.)

**64.** (UFSC) Uma bolinha, carregada negativamente, é pendurada em um dinamômetro e colocada entre duas placas paralelas, carregadas com cargas de mesmo módulo, de acordo com a figura a seguir. O orifício por onde passa o fio que sustenta a bolinha não altera o campo elétrico entre as placas, cujo módulo é $4 \cdot 10^6$ N/C. O peso da bolinha é 2 N, mas o dinamômetro registra 3 N, quando a bolinha alcança o equilíbrio.

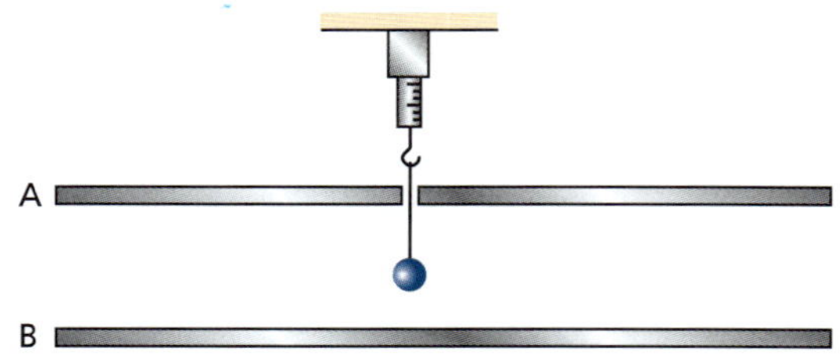

Reprodução/Arquivo da editora

Analise as seguintes afirmações:

(01) A placa **A** tem carga positiva e a **B**, negativa.
(02) A placa **A** tem carga negativa e a **B**, positiva.
(04) Ambas as placas têm carga positiva.
(08) O módulo da carga da bolinha é de $0{,}25 \cdot 10^{-6}$ C.
(16) O módulo da carga da bolinha é de $4{,}0 \cdot 10^{-6}$ C.
(32) A bolinha permaneceria em equilíbrio, na mesma posição do caso anterior, se sua carga fosse positiva e de mesmo módulo.

Dê como resposta a soma dos números associados às afirmações corretas.

**65.** (UFCG-PB) Durante o processo de produção de minúsculas esferas de metal desenvolvido num laboratório da Nasa, uma esfera de alumínio de 20 mg, com carga positiva de 0,24 nC, é mantida em repouso, por levitação, entre duas grandes placas paralelas carregadas (comparadas às dimensões da esfera) numa câmara de vácuo, a 3,0 mm da placa inferior (na figura, a esfera de Aℓ aparece brilhante entre as placas).

NASA Marshall Space Flight Center (NASA-MSFC)

Usar: $g = 10\ m/s^2$.

Nessas condições, pode-se afirmar que:

a) o campo elétrico entre as placas está dirigido de baixo para cima e tem módulo igual a $8{,}3 \cdot 10^5$ N/C.

b) se a esfera não estiver carregada, o fenômeno da indução elétrica garante a observação do mesmo fenômeno.

c) a diferença de potencial elétrico entre a placa inferior e a posição da esfera vale $5{,}0 \cdot 10^3$ V.

d) realizando-se o experimento num local muito afastado da Terra e de outros corpos celestes, o novo valor do campo elétrico deverá ser de $1{,}2 \cdot 10^5$ V/m.

e) o campo elétrico entre as placas está dirigido de cima para baixo e tem módulo igual a $8{,}3 \cdot 10^5$ N/C.

**66.** (UnB-DF) Na região entre duas placas planas e paralelas, carregadas com cargas iguais e de sinais opostos, há um campo elétrico uniforme, de módulo igual a 4 N/C. Um elétron, de carga igual a $1{,}6 \cdot 10^{-19}$ C, é abandonado, a partir do repouso, junto à superfície da placa carregada negativamente e atinge a superfície da placa oposta, em um intervalo de tempo de $2{,}0 \cdot 10^{-8}$ s. Considerando a massa do elétron igual a $9{,}1 \cdot 10^{-31}$ kg, determine, em **km/s**, a velocidade do elétron no momento em que ele atinge a segunda placa, tomando somente a parte inteira de seu resultado.

**67.** (ITA-SP) Uma pequena esfera metálica, de massa *m* e carga positiva *q*, é lançada verticalmente para cima com velocidade inicial $v_0$ em uma região onde há um campo elétrico de módulo *E*, apontado para baixo, e um gravitacional de módulo *g*, ambos uniformes. A máxima altura que a esfera alcança é

a) $\dfrac{v_0^2}{2g}$

b) $\dfrac{qe}{mv_0}$

c) $\dfrac{v_0}{qmE}$

d) $\dfrac{mv_0^2}{2(qE + mg)}$

e) $\sqrt{\dfrac{3mEqv_0}{8g}}$

**68.** A figura abaixo mostra um elétron (e) entrando com velocidade horizontal (*v*) em uma região limitada por duas placas paralelas condutoras com cargas opostas.

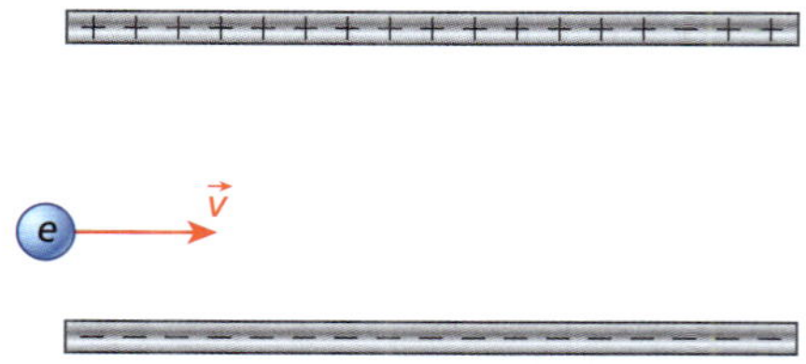

Banco de imagens/Arquivo da editora

Considerando que o peso do elétron é desprezível, e que o campo elétrico entre as placas é essencialmente uniforme e perpendicular a elas, é correto afirmar que:

a) quanto maior a velocidade *v*, mais rapidamente o elétron se aproximará da placa positiva.

b) quanto menor a velocidade *v*, mais rapidamente o elétron se aproximará da placa positiva.

c) a velocidade de aproximação do elétron à placa positiva independe do valor da velocidade horizontal *v*.

d) a direção da aceleração do elétron, na região limitada pelas placas, está mudando ao longo da sua trajetória.

e) o elétron não está acelerado.

**69.** (UFRJ) Entre duas placas planas, condutoras e paralelas, carregadas com cargas de módulos iguais, mas de sinais contrários, há um campo elétrico uniforme. Um próton e uma partícula α penetram na região entre as placas, equidistantes delas, com a mesma velocidade $\vec{v}_0$ paralela às placas, como mostram as figuras a seguir.

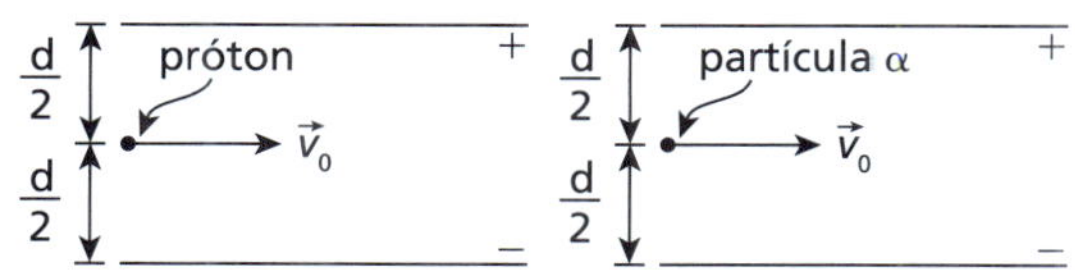

Reprodução/Arquivo da editora

Lembre-se de que a partícula $\alpha$ é o núcleo do átomo de hélio (He), constituída, portanto, por 2 prótons e 2 nêutrons. Despreze os efeitos de borda.

a) Calcule a razão $\frac{|\vec{a}_p|}{|\vec{a}_\alpha|}$ entre os módulos das acelerações adquiridas pelo próton ($\vec{a}_p$) e pela partícula $\alpha$ ($\vec{a}_\alpha$).

b) Calcule a razão $\frac{t_p}{t_\alpha}$ entre os intervalos de tempo gastos pelo próton ($t_p$) e pela partícula $\alpha$ ($t_\alpha$) até colidirem com a placa negativa.

**70.** (ITA-SP) Em uma impressora jato de tinta, gotas de certo tamanho são ejetadas de um pulverizador em movimento, passam por uma unidade eletrostática, onde perdem alguns elétrons, adquirindo uma carga $q$, e, a seguir, se deslocam no espaço entre placas planas paralelas eletricamente carregadas, pouco antes da impressão. Considere gotas de raio igual a 10 μm lançadas com velocidade de módulo v = 20 m/s entre placas de comprimento igual a 2,0 cm, no interior das quais existe um campo elétrico vertical uniforme, cujo módulo é $E = 8{,}0 \cdot 10^4$ N/C (veja a figura).

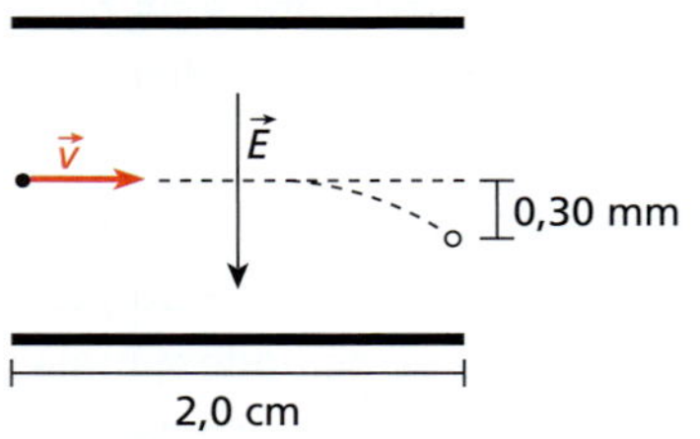



Considerando que a densidade da gota seja de 1 000 kg/m³ e sabendo-se que a mesma sofre um desvio de 0,30 mm ao atingir o final do percurso, o módulo da sua carga elétrica é de:

a) $2{,}0 \cdot 10^{-14}$ C.
b) $3{,}1 \cdot 10^{-14}$ C.
c) $6{,}3 \cdot 10^{-14}$ C.
d) $3{,}1 \cdot 10^{-11}$ C.
e) $1{,}1 \cdot 10^{-10}$ C.

**71.** (UFPE) Uma partícula carregada, cuja energia cinética no infinito era $3{,}2 \cdot 10^{-21}$ J, desloca-se, ao longo da trajetória tracejada, sujeita à repulsão coulombiana devido aos dois prótons fixados nas posições indicadas na figura. Essas forças de repulsão são as únicas forças relevantes que atuam sobre a partícula. Ao atingir o ponto **M**, a velocidade da partícula anula-se e ela retorna no sentido oposto ao incidente. Quando a partícula está no ponto **M**, qual o aumento, em relação à situação inicial, da energia potencial armazenada no sistema das três cargas, em meV ($10^{-3}$ eV)?

**Dado:** $e = 1{,}6 \cdot 10^{-19}$ C.

**72.** Um pêndulo cuja haste mede 1 metro e cuja massa pendular é igual a 100 gramas, oscila em uma região onde o campo gravitacional vale 9,0 m/s².

a) Qual o período de oscilação desse pêndulo?

Agora é gerado nesse local um campo elétrico uniforme, vertical para baixo, de intensidade 200 N/C. A massa pendular é condutora e eletrizada com carga +3,5 μC. A haste é constituída de material isolante.

b) Qual o novo período de oscilação do pêndulo?

**Dado:** $\pi = 3$.

**73.** (OPF) Um pêndulo simples é constituído com um fio ideal de material isolante de comprimento 1,0 m e uma esfera metálica de massa $m = 1{,}0 \cdot 10^4$ kg carregada com uma carga elétrica de $3{,}0 \cdot 10^{-5}$ C. Esse pêndulo, sofrendo a ação exclusiva da gravidade local ($g = 10{,}0$ m/s²), oscila com um período $P$. Depois que um campo elétrico uniforme é aplicado verticalmente em todo o espaço que envolve o pêndulo, o período passa a $2P$. Identifique o módulo, direção e sentido do campo elétrico aplicado.

**74.** (UFMG) A figura mostra uma balança na superfície da Terra ($g = 10$ m/s²) colocada em uma região onde existe um campo elétrico uniforme de intensidade $E = 2{,}0 \cdot 10^6$ N/C. Nas extremidades do braço isolante da balança existem duas esferas metálicas de massas iguais. A esfera do lado esquerdo tem uma carga positiva $q = 3{,}0 \cdot 10^{-10}$ C, e a esfera do lado direito é eletricamente neutra. Do lado direito do braço, a uma distância $x$ do ponto de apoio, está um corpo de massa m = 0,10 g. O comprimento de cada lado do braço da balança é L = 0,20 m.

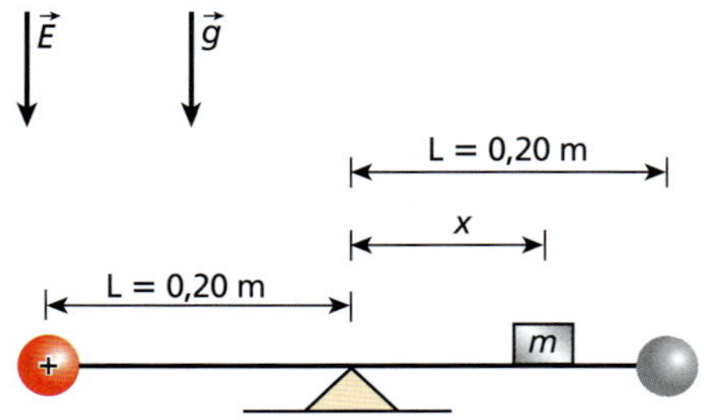



Calcule o valor do comprimento $x$ na situação de equilíbrio.

**75.** (UPM-SP) A intensidade do vetor campo elétrico, em pontos externos, próximos a uma placa condutora eletrizada, no vácuo, é dada por $E = \frac{\sigma}{\varepsilon_0}$.

Nessa equação, $\sigma$ é a densidade superficial de carga e $\varepsilon_0$, a constante de permissividade elétrica no vácuo. Uma pequena esfera, de massa 1,0 g, eletrizada com carga $q = +1{,}0\ \mu C$, suspensa por um fio isolante, inextensível e de massa desprezível, mantém-se em equilíbrio na posição indicada.

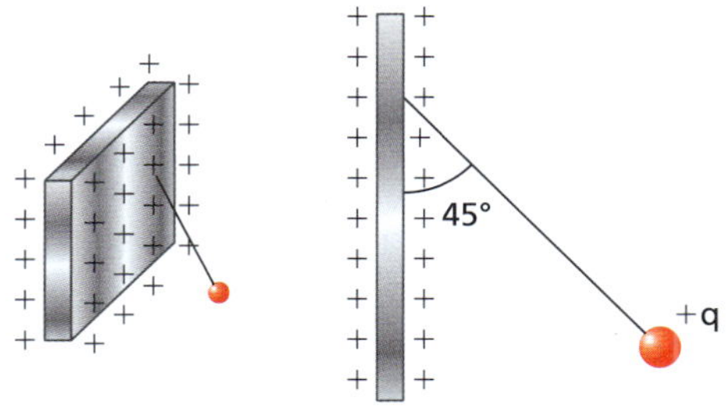


Considerando-se que o módulo do vetor campo gravitacional local é $g = 10\ m/s^2$, neste caso, a relação $\frac{\sigma}{\varepsilon_0}$, referente à placa, é:

a) $\frac{\sigma}{\varepsilon_0} = 1{,}0 \cdot 10^2\ V/m$

b) $\frac{\sigma}{\varepsilon_0} = 2{,}0 \cdot 10^2\ V/m$

c) $\frac{\sigma}{\varepsilon_0} = 1{,}0 \cdot 10^4\ V/m$

d) $\frac{\sigma}{\varepsilon_0} = 2{,}0 \cdot 10^4\ V/m$

e) $\frac{\sigma}{\varepsilon_0} = 1{,}0 \cdot 10^6\ V/m$

## DESCUBRA MAIS

**1.** Na fotografia a seguir, observamos um dispositivo, usado como enfeite, que chama muito a atenção das pessoas. Nele, encontramos uma esfera interna que é eletrizada de forma contínua e uma outra esfera externa de vidro transparente. Entre as superfícies esféricas, existe um gás sob baixa pressão. Os gases normalmente são isolantes elétricos. No entanto, quando ionizados deixam de ser isolantes e tornam-se condutores.

Pesquise e tente explicar a emissão de luz observada nesta fotografia.

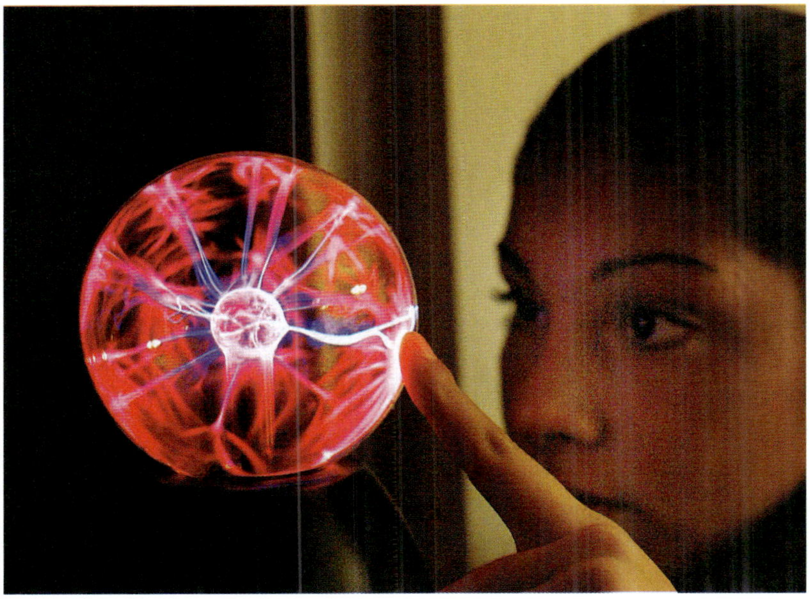

Ted Foxx/Alamy/Other Images-Brasil

**2.** Pegue um rádio portátil pequeno, ligado e sintonizado em uma estação. Embrulhe esse rádio em uma folha de papel-jornal. Agora desembrulhe e volte a embrulhá-lo em papel-alumínio, com várias voltas. O que ocorre de diferente? Como explicar os resultados desses dois experimentos?

## Para raciocinar um pouco mais

**76.** (PUC-SP) Uma caixa contém $n$ esferas metálicas idênticas, **neutras** e apoiadas em suportes isolantes. Um aluno separa essas esferas em três agrupamentos que contêm quantidades iguais de esferas; os agrupamentos estão distantes entre si e foram nomeados por **A**, **B** e **C**. Nos agrupamentos **A** e **B**, as esferas estão todas enfileiradas e encostadas umas com as outras. No agrupamento **C**, as esferas também estão enfileiradas, porém bem distantes umas das outras. Após esse procedimento, o mesmo aluno, segurando pelo suporte isolante uma **outra** esfera metálica, inicialmente eletrizada com carga $Q$ e idêntica às $n$ esferas metálicas contidas nos agrupamentos **A**, **B** e **C**, faz o contato sucessivo dessa esfera eletrizada com as esferas do agrupamento **A**, depois com as esferas do agrupamento **B** e, finalmente, com cada esfera individualmente do agrupamento **C**. Ao final desse procedimento, podemos afirmar que a carga final da esfera que estava inicialmente eletrizada com carga $Q$, será

a) $\dfrac{9Q}{(n+3)^2} \cdot 2^{\left(\frac{n}{3}\right)}$

b) $\dfrac{9Q}{(n+3)^2 \cdot 2^{\left(\frac{n}{3}\right)}}$

c) $\dfrac{3Q}{(n+3) \cdot 2^{\left(\frac{n}{3}\right)}}$

d) $\dfrac{3Q}{(n+3)^2 \cdot 2^{\left(\frac{n}{3}\right)}}$

e) $\dfrac{9Q}{(n+3) \cdot 2^{\left(\frac{n}{3}\right)}}$

**77.** (UFC-CE) Na figura a seguir, é mostrada uma distribuição de três partículas carregadas (duas com carga positiva e uma com carga negativa) localizadas ao longo dos eixos perpendiculares de um dado sistema de referência. Todas as distâncias estão em unidades arbitrárias (u.a.). As cargas positivas, ambas iguais a $q$, estão fixas nas coordenadas (x, y), iguais a (4, 0) e (− 4, 0). A carga negativa, igual a $-q$, está localizada, inicialmente em repouso, no ponto **A**, cujas coordenadas são (0, 3). A aceleração da gravidade local é constante (módulo $g$) e aponta no sentido negativo do eixo $y$ do sistema de referência, que está na vertical. Todas as partículas possuem a mesma massa $m$. A constante eletrostática no meio em que as partículas carregadas estão imersas é $k$.

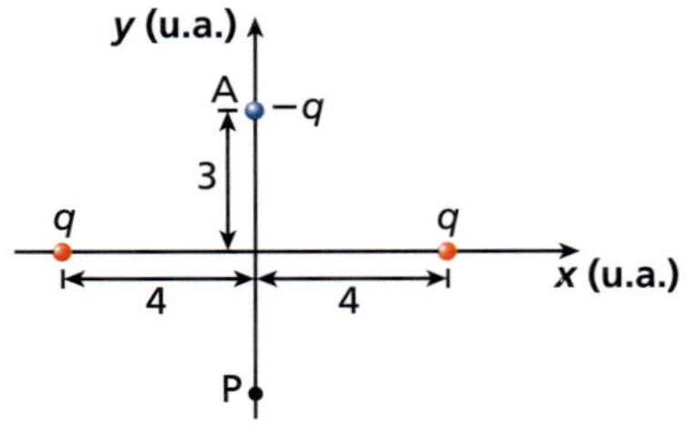


Reprodução/Arquivo da editora

Determine o módulo da velocidade com que a partícula com carga negativa chega ao ponto **P**, localizado pelas coordenadas (x, y) = (0, −3).

**78.** (OBF) A Terra tem uma certa carga elétrica líquida. Esta carga, na superfície da Terra, produz um campo elétrico de aproximadamente 180 N/C direcionado para seu centro.

Pergunta-se:

a) Qual a magnitude e sinal do excesso de carga, observando-se que o campo elétrico de uma esfera condutora é equivalente a uma carga puntiforme colocada no seu centro? Qual o módulo do campo a 500 m do centro?

b) Que aceleração produzirá este campo elétrico sobre um elétron livre perto da superfície da Terra?

Considere que o raio da Terra é igual a 6 400 km.

Adote $k = 9{,}0 \cdot 10^9$ (unid. SI).

Massa do elétron $9{,}0 \cdot 10^{-31}$ kg e carga do elétron $-1{,}6 \cdot 10^{-19}$ C.

**79.** Três pêndulos elétricos idênticos são pendurados em um mesmo ponto **O**. O comprimento de cada haste é igual a $\ell$ e o peso da massa pendular é igual a $P$. Cada um deles é eletrizado com carga $Q$ positiva. Na configuração de equilíbrio, a haste de cada pêndulo faz com a vertical, que passa por **O**, um ângulo $\theta$. Determine o valor de $Q$ em função dos dados do problema.

**Dado:** constante eletrostática do meio = k.

**80.** (IME-RJ) Um corpo de massa $m_1$ está preso a um fio e descreve uma trajetória circular de raio $\dfrac{1}{\pi}$ m. O corpo parte do repouso em $\theta = 0°$ (figura **a**) e se movimenta numa superfície horizontal sem atrito, sendo submetido a uma aceleração angular $\alpha = \dfrac{6\pi}{5}$ rad/s². Em $\theta = 300°$ (figura **b**) ocorre uma colisão com um outro corpo de massa $m_2$ inicialmente em repouso.

Durante a colisão o fio é rompido e os dois corpos saem juntos tangencialmente à trajetória circular inicial do primeiro. Quando o fio é rompido, um campo elétrico $E$ (figura **b**) é acionado e o conjunto, que possui carga total $+Q$, sofre a ação da força elétrica. Determine a distância $d$ em que deve ser colocado um anteparo para que o conjunto colida perpendicularmente com o mesmo.



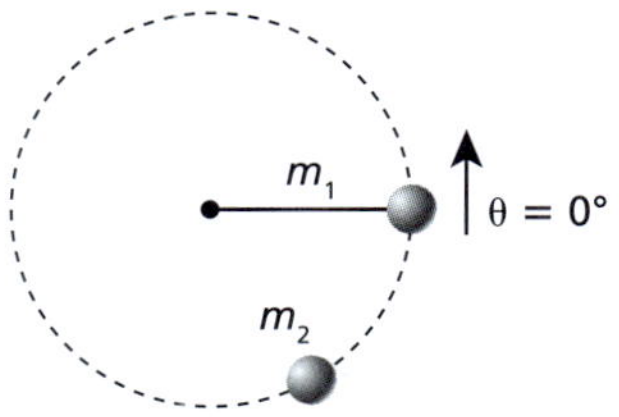


figura a

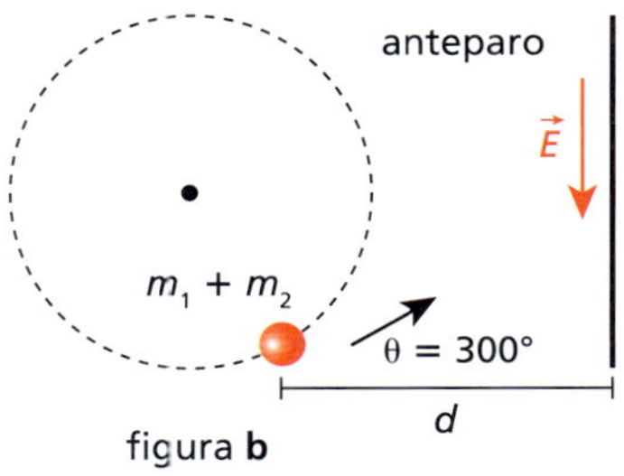


figura b

**81.** (UFC-CE) Uma partícula de massa $m$ e carga positiva $q$, com velocidade horizontal $\vec{v}$ (módulo $v$), penetra numa região de comprimento $L$ (paralelo à velocidade inicial da partícula), na qual existe um campo elétrico vertical $\vec{E}$ (constante), conforme a figura a seguir. A aceleração da gravidade local é $\vec{g}$ (de módulo $g$, direção vertical e sentido para baixo). Na região onde o campo elétrico é não nulo (entre as linhas verticais tracejadas na figura a seguir), a força elétrica tem módulo maior que a força peso. Determine o módulo do campo elétrico para o qual a partícula apresenta o máximo alcance ao longo da linha horizontal localizada na linha em que ela deixa a região do campo elétrico. Despreze quaisquer efeitos de dissipação de energia (resistência do ar, atrito etc.).



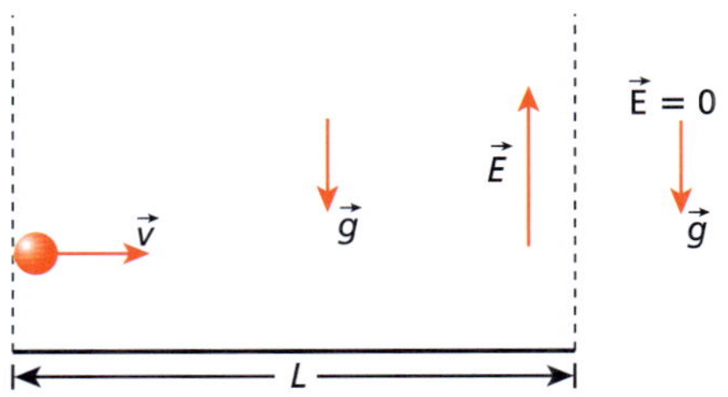


**82.** (Fuvest-SP) Um campo elétrico uniforme, de módulo $E$, criado entre duas grandes placas paralelas carregadas, $P_1$ e $P_2$, é utilizado para estimar a carga presente em pequenas esferas. As esferas são fixadas na extremidade de uma haste isolante, rígida e muito leve, que pode girar em torno do ponto **O**. Quando uma pequena esfera **A**, de massa M = 0,015 kg e carga $Q$, é fixada na haste e sendo $E$ igual a 500 kV/m, a esfera assume uma posição de equilíbrio, tal que a haste forma com a vertical um ângulo $\theta = 45°$.



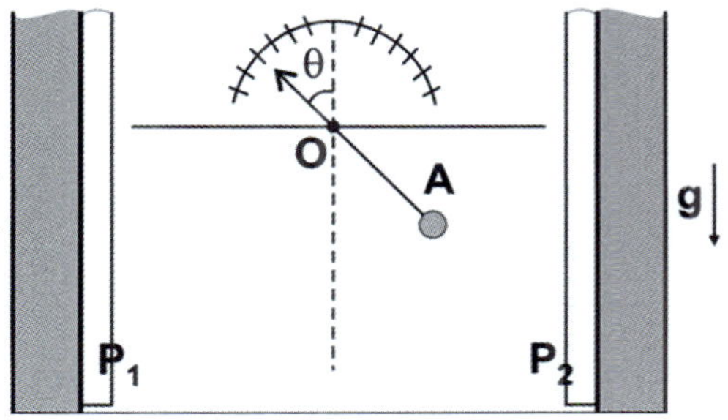


Para essa situação:

a) Represente, no esquema abaixo, a força gravitacional $P$ e a força elétrica $F_E$ que atuam na esfera **A**, quando ela está em equilíbrio sob ação do campo elétrico. Determine os módulos dessas forças, em newtons.

b) Estime a carga $Q$, em coulombs, presente na esfera.

c) Se a esfera se desprender da haste, represente, no esquema da folha de respostas, a trajetória que ela iria percorrer, indicando-a pela letra **T**.

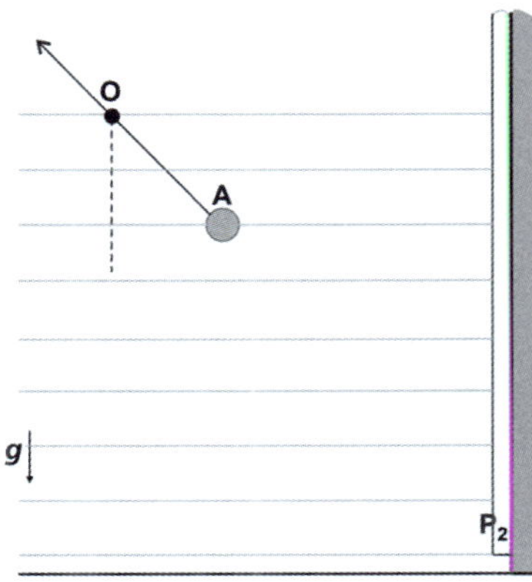




**Note e adote:**
Desconsidere efeitos de indução eletrostática.

**83.** (Fuvest-SP) Um equipamento, como o esquematizado na figura abaixo, foi utilizado por J.J. Thomson, no final do século XIX, para o estudo de raios catódicos em vácuo. Um feixe fino de elétrons (cada elétron tem massa *m* e carga *e*) com velocidade de módulo $v_0$, na direção horizontal *x*, atravessa a região entre um par de placas paralelas, horizontais, de comprimento *L*. Entre as placas, há um campo elétrico de módulo constante *E* na direção vertical *y*. Após saírem da região entre as placas, os elétrons descrevem uma trajetória retilínea até a tela fluorescente *T*.

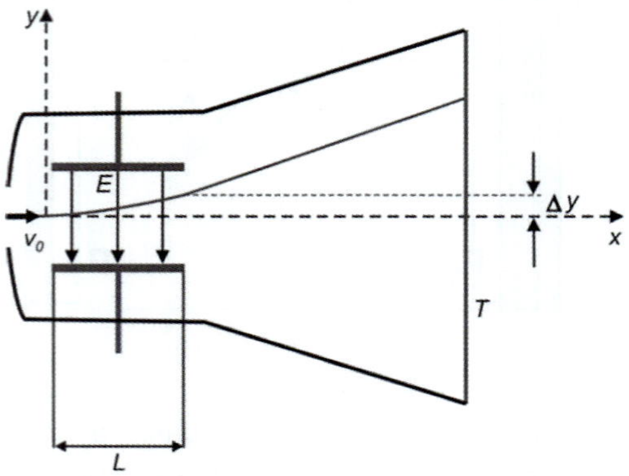


Reprodução/Fuvest, 2013.

Determine:

a) o módulo *a* da aceleração dos elétrons enquanto estão entre as placas;

b) o intervalo de tempo $\Delta t$ que os elétrons permanecem entre as placas;

c) o desvio $\Delta y$ na trajetória dos elétrons, na direção vertical, ao final de seu movimento entre as placas;

d) a componente vertical $v_y$ da velocidade dos elétrons ao saírem da região entre as placas.

> **Note e adote:**
> Ignore os efeitos de borda no campo elétrico.
> Ignore efeitos gravitacionais.

**84.** (Unicamp-SP) Nas impressoras a jato de tinta, os caracteres são feitos a partir de minúsculas gotas de tinta que são arremessadas contra a folha de papel. O ponto no qual as gotas atingem o papel é determinado eletrostaticamente. As gotas são inicialmente formadas, e depois carregadas eletricamente. Em seguida, elas são lançadas com velocidade constante *v* em uma região onde existe um campo elétrico uniforme entre duas pequenas placas metálicas. O campo deflete as gotas conforme a figura a seguir. O controle da trajetória é feito escolhendo-se convenientemente a carga de cada gota. Considere uma gota típica com massa $m = 1{,}0 \cdot 10^{-10}$ kg, carga elétrica $q = -2{,}0 \cdot 10^{-13}$ C, velocidade horizontal $v = 6{,}0$ m/s atravessando uma região de comprimento $L = 8{,}0 \cdot 10^{-3}$ m onde há um campo elétrico $E = 1{,}5 \cdot 10^6$ N/C.

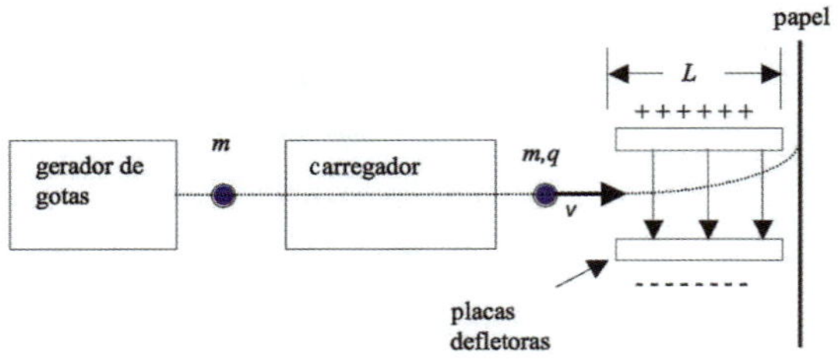


Reprodução/Unicamp, 2001.

a) Determine a razão $\frac{F_E}{F_P}$ entre os módulos da força elétrica e da força peso que atuam sobre a gota de tinta, ao atravessar as placas defletoras.

b) Calcule a componente vertical da velocidade da gota após atravessar a região com campo elétrico.

**85.** (ITA-SP) No instante t = 0 s, um elétron é projetado em um ângulo de 30° em relação ao eixo ***x***, com velocidade $v_0$ de $4 \cdot 10^5$ m/s, conforme o esquema abaixo.

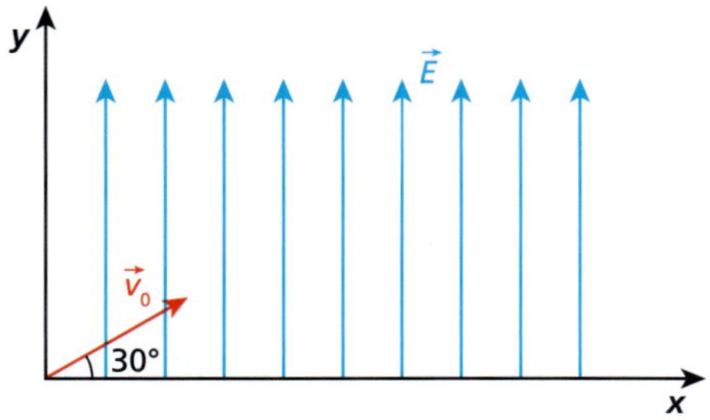


Reprodução/Arquivo da editora

Considerando que o elétron se move num campo elétrico constante E = 100 N/C, o tempo que o elétron levará para cruzar novamente o eixo ***x*** é de:

**Dados:** $e = 1{,}6 \cdot 10^{-19}$ C; $m_e = 9{,}1 \cdot 10^{-31}$ kg.

a) 10 ns.

b) 15 ns.

c) 23 ns.

d) 12 ns.

e) 18 ns.

TÓPICO

3

# Potencial elétrico

Stephane Vetter/Nasa/Acervo da fotógrafa

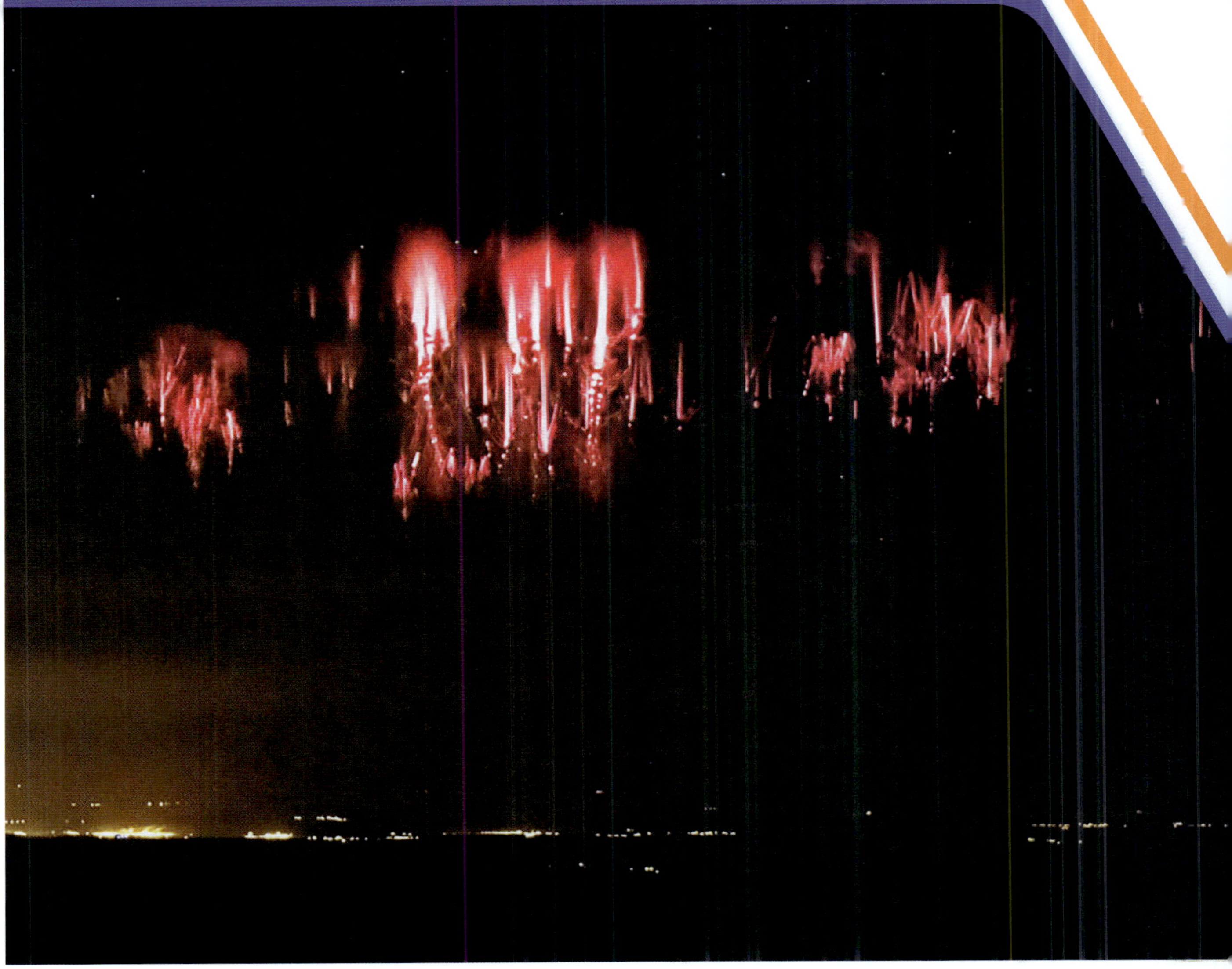

Assim como os relâmpagos, os *sprites* são fenômenos atmosféricos que duram milissegundos e são caracterizados por descargas de cor avermelhada que se originam no topo das nuvens durante tempestades, podendo alcançar distâncias de até 95 km acima do solo. Os *sprites* são formados quando ocorre nas nuvens a descarga de relâmpagos com carga positiva (a maioria dos relâmpagos possuem carga negativa), resultando em uma diferença de potencial elétrico entre o topo da nuvem e regiões da ionosfera com irregularidades.

Veremos neste tópico o conceito de potencial elétrico, grandeza física relacionada à energia potencial elétrica associada a um ponto na região de um campo elétrico. Estudaremos o potencial elétrico gerado por partículas eletrizadas, o conceito de superfícies equipotenciais e como o potencial elétrico está relacionado à capacidade de um corpo eletrizado gerar trabalho. Investigaremos o potencial elétrico gerado por alguns condutores e veremos o conceito de capacitância. Além disso, estudaremos a indução eletrostática e o potencial da Terra.

## Bloco 1

# 1. Energia potencial eletrostática e o conceito de potencial em um campo elétrico

Considere um condutor eletrizado positivamente, por exemplo, com carga *Q*, fixo em determinado local, livre da influência de outras cargas elétricas. Já sabemos que, na região do espaço que envolve esse corpo, existe um campo elétrico gerado pela carga *Q*. Agora vamos abandonar em um ponto **P** uma carga de prova *q*, também positiva, a uma distância *d* do condutor. Devido ao campo elétrico, a carga de prova será repelida e se afastará do condutor, ganhando velocidade e, consequentemente, adquirindo energia cinética (energia de movimento). Observe que a carga *q*, se fosse negativa, simplesmente seria atraída, e não repelida.

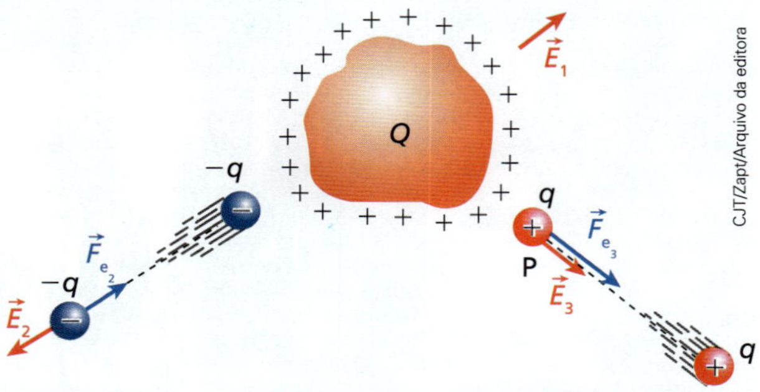

CJT/Zapt/Arquivo da editora

Por adquirir energia cinética, podemos concluir que, no ponto **P**, a carga de prova *q* armazena uma energia potencial denominada **energia potencial eletrostática** ou **elétrica**, que vamos simbolizar por $E_p$. Essa energia potencial se transforma, na sequência, em energia cinética. Assim, podemos dizer que a carga *Q* do condutor produz um campo elétrico que também pode ser descrito por uma grandeza escalar denominada **potencial eletrostático** (ou elétrico). Esse potencial eletrostático no ponto **P** traduz a energia potencial elétrica armazenada por unidade de carga posicionada nesse local.

O potencial, simbolizado por $\nu$, é definido pela expressão:

$$\nu = \frac{E_p}{q} \Rightarrow E_p = q\nu$$

**NOTA!**

A energia potencial eletrostática e o potencial elétrico são grandezas escalares algébricas, podendo ser positivos, negativos ou nulos.

**Unidade:**

No SI, a unidade de potencial elétrico é o **volt**, de símbolo **V**, assim denominado em homenagem a Alessandro Volta (1745-1827).

Como vimos:

$$\nu = \frac{E_p}{q}$$

Então:

$$\text{volt} = \frac{\text{joule}}{\text{coulomb}}$$

Um ponto de um campo elétrico tem potencial elétrico igual a 1 volt quando uma partícula hipoteticamente eletrizada com carga de 1 coulomb adquire uma energia potencial igual a 1 joule ao ser colocada nesse ponto. Se esse ponto tiver potencial igual a 100 volts, por exemplo, cada coulomb de carga ali colocada adquirirá uma energia potencial igual a 100 joules.

É importante destacar que:

- De fato, a energia potencial é adquirida pelo sistema $Q$ e $q$. Se essas duas cargas puderem se mover, elas irão adquirir energia cinética a partir dessa energia potencial. Quando, porém, a carga $Q$ é fixa (o que ocorre na maioria das vezes), associamos à carga de prova $q$ toda a energia potencial do sistema.
- O potencial elétrico (grandeza escalar) e o campo elétrico (grandeza vetorial) são propriedades de cada ponto, existindo independentemente de nele estar colocada uma carga ou não.
- O vetor campo elétrico $\vec{E}$ e o potencial elétrico $\nu$ são duas maneiras de se descrever o campo elétrico existente em uma região do espaço. Algumas vezes é mais conveniente usar o vetor $\vec{E}$ e, em outras, o potencial $\nu$.

## Ampliando o olhar

### Alessandro Giuseppe Antonio Volta

Science Museum, London/Diomedia

Em 1799, Alessandro **Volta** construiu a primeira pilha elétrica utilizando discos de prata e zinco. Essa invenção aproximou a Física da Química. Seus estudos abrangeram também a eletricidade em seres vivos.

Alessandro Giuseppe Antonio Anastásio **Volta** (1745-1827) nasceu na cidade de Como, Itália, em 18 de fevereiro de 1745, em uma família de nobres. Desde muito cedo se interessou pela Física e, apesar de sua família desejar que seguisse carreira jurídica, passou a estudar Ciências. Em 1774, começou a lecionar Física na Scuola Reale de Como, e em 1775 inventou o eletróforo, aparelho que podia produzir cargas elétricas. Em 1778, descobriu e isolou o gás metano, fato que o introduziu na comunidade científica da época, quando então pôde se relacionar com outros cientistas. Foi nomeado catedrático de Física Experimental da Universidade de Pavia em 1779, sendo eleito reitor em 1785.

Em 1786, por mero acaso, o professor de Anatomia da Universidade de Bolonha, Luigi Galvani, observou que, ao dissecar uma rã, os músculos das pernas apresentavam movimentos espasmódicos que associou a descargas elétricas. Após estudos, Galvani explicou esse fenômeno pela existência de uma eletricidade animal, que foi denominada **fluido galvânico**. A partir de 1792, Alessandro Volta passou a estudar e a repetir os experimentos de Galvani e, em 1797, descobriu que o tecido animal não produzia eletricidade, apenas funcionava como condutor. A descarga elétrica ocorria por causa da conexão de dois terminais metálicos que eram colocados em contato com o tecido animal. Os metais eram os eletromotores. Percebeu ainda que, usando prata e zinco interligados por um condutor úmido, podia obter melhores descargas.

Rodval Matias/ Arquivo da editora

Modelo de pilha elétrica de Volta.

Em 1799, multiplicou o efeito usando várias camadas de zinco e prata (depois substituída por cobre) intercaladas e separadas por panos embebidos em água e sal. Nascia a pilha elétrica. No mês de março de 1800, Volta enviou uma carta (em francês) para Sir Joseph Banks, presidente da Royal London Society (Inglaterra), relatando suas descobertas no campo da eletricidade, dizendo que havia inventado uma garrafa de Leyden que não precisava ser carregada.

Em 1801, recebeu a maior honraria do Instituto Nacional de Ciências da França, a Medalha de Ouro do Mérito Científico. Ao demonstrar seu invento ao imperador Napoleão Bonaparte, recebeu apoio para continuar com seus experimentos e foi agraciado com o título de Conde e Senador do Reino da Lombardia.

Depois de passar toda a vida dedicado ao estudo da Eletricidade, Volta morreu em 5 de maio de 1827, com 82 anos de idade, em sua cidade natal. Em 1881, por meio de um acordo internacional, seu nome passou a designar a unidade de medida de tensão elétrica – volt (V).

## 2. Potencial em um campo elétrico criado por uma partícula eletrizada

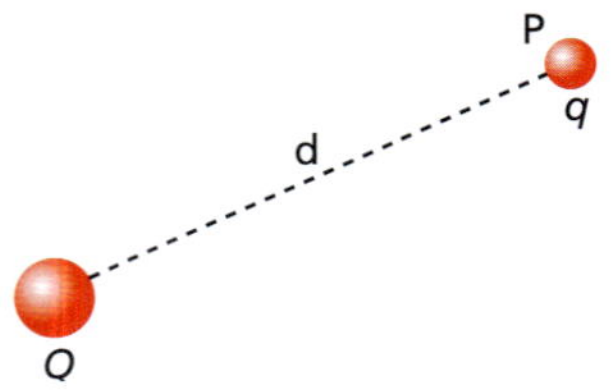


Banco de imagens/Arquivo da editora

Considere o campo elétrico gerado por uma partícula eletrizada com carga *Q*. Vamos colocar uma carga de prova *q* em um ponto **P** desse campo, a uma distância *d* de *Q*.

A energia potencial elétrica armazenada no sistema constituído pelas duas cargas é dada por:

$$E_p = k\frac{Qq}{d}$$

em que *k* é a constante eletrostática do meio.

Sendo $E_p = q\nu$, obtemos a expressão do potencial elétrico no ponto **P**:

$$q\nu = k\frac{Qq}{d} \Rightarrow \nu = k\frac{Q}{d}$$

O gráfico representativo do potencial em função da distância à carga puntiforme geradora do campo elétrico é uma curva denominada **hipérbole equilátera**.

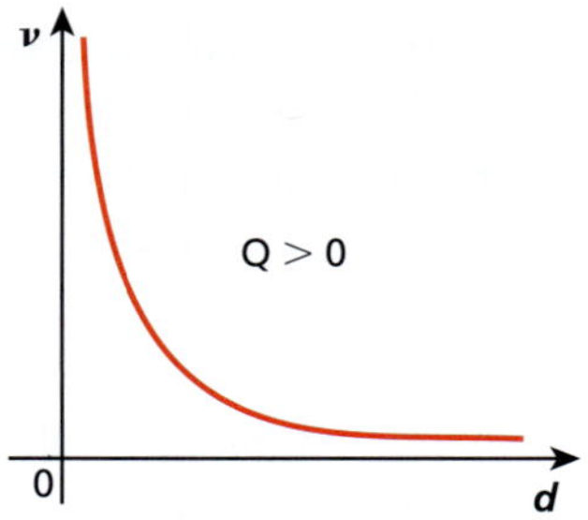


Para carga positiva.

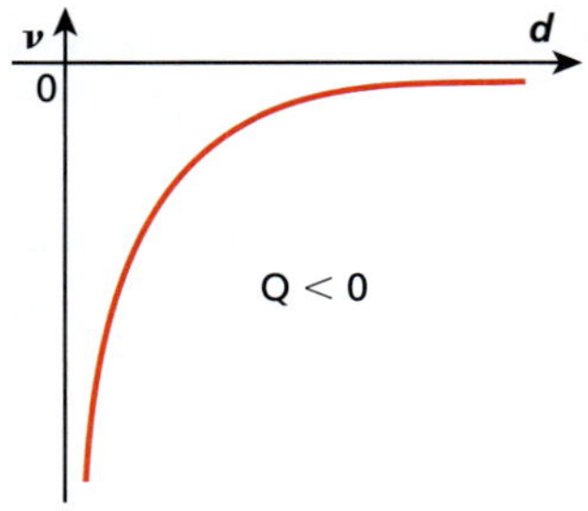


Para carga negativa.

Banco de imagens/Arquivo da editora

**NOTA!**

Devemos entender por "infinito" um local suficientemente afastado da carga *Q*, de modo que suas influências em outras cargas sejam desprezíveis.

Observando os gráficos, percebe-se que o potencial tende a zero quando a distância tende a infinito. Isso acontece tanto para a carga positiva como para a negativa. Assim:

O nível zero do potencial criado por uma carga puntiforme está, geralmente, no "infinito".

## 3. Potencial em um campo elétrico criado por duas ou mais partículas eletrizadas

Suponha um local do espaço onde se encontram *n* partículas eletrizadas. Considere, agora, um ponto **A**, sujeito aos *n* campos elétricos criados pelas cargas. Uma vez que o potencial elétrico é uma grandeza escalar, teremos, no ponto **A**, um potencial resultante de valor igual à **soma algébrica** dos *n* potenciais criados individualmente pelas cargas.

Assim, vale a relação:

$$\nu_A = \nu_1 + \nu_2 + ... + \nu_n$$

## 4. Equipotenciais

**Equipotenciais** são linhas (no plano) ou superfícies (no espaço) onde o potencial, em todos os pontos, assume o mesmo valor algébrico.

As equipotenciais, em um campo elétrico criado por uma partícula eletrizada e solitária, são circunferências (no plano) ou superfícies esféricas (no espaço). Tal afirmativa é constatável, bastando analisar a expressão do potencial. Note que, para os mesmos $Q$ e $k$, o potencial assumirá valores iguais nos pontos do espaço equidistantes da carga fonte:

$$\nu = k\frac{Q}{d}$$

Tendo $k$ e $Q$ valores fixos, para distâncias $d$ iguais temos o mesmo potencial $\nu$.

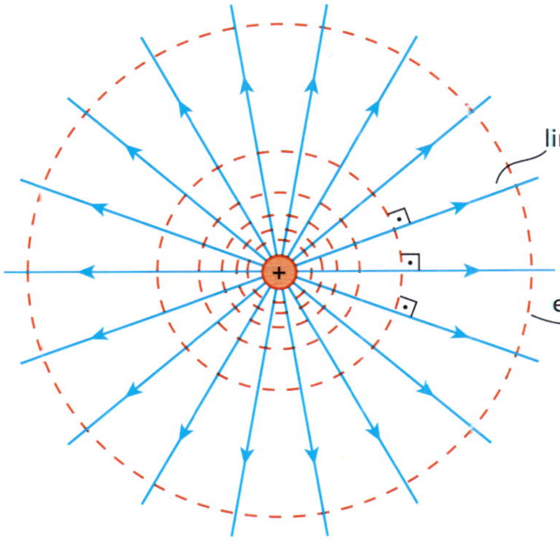


Banco de imagens/Arquivo da editora

Na ilustração, vemos a representação de equipotenciais em um campo elétrico criado por uma carga puntiforme positiva. Observe que, se a carga fosse negativa, mudaria apenas o sentido das linhas de força, que passariam a ser de aproximação. Com relação às equipotenciais, nada se alteraria. No espaço, em vez de circunferências concêntricas, teríamos superfícies esféricas concêntricas.

Em um dipolo elétrico, isto é, no caso de duas partículas eletrizadas com cargas de mesmo módulo, porém de sinais opostos, as equipotenciais assumem o aspecto da figura a seguir.

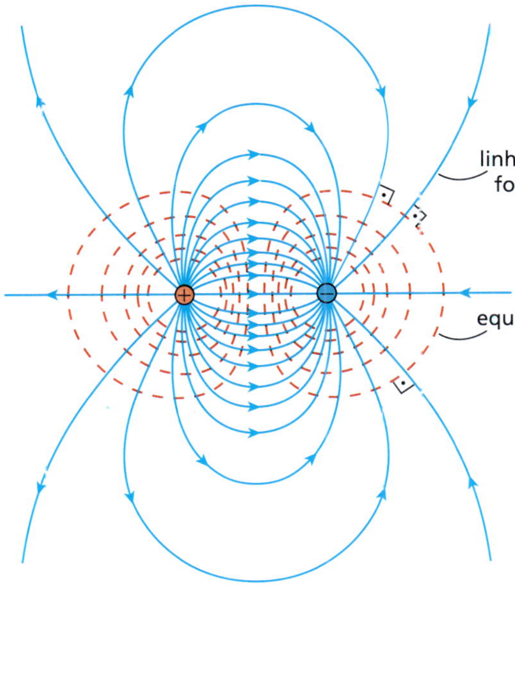


Banco de imagens/Arquivo da editora

Representação de equipotenciais do campo criado por um dipolo elétrico.

É importante observar o seguinte fato, que será justificado no item 5:

As equipotenciais (linhas ou superfícies) são **perpendiculares** às linhas de força.

Como já vimos, o vetor campo elétrico $\vec{E}$ é sempre tangente à linha de força, com sentido coincidindo com a orientação da linha. Assim, quando temos uma superfície equipotencial, tanto a linha de força como o vetor campo elétrico são perpendiculares a ela, em todos os seus pontos, como ilustra a figura abaixo.

Banco de imagens/Arquivo da editora

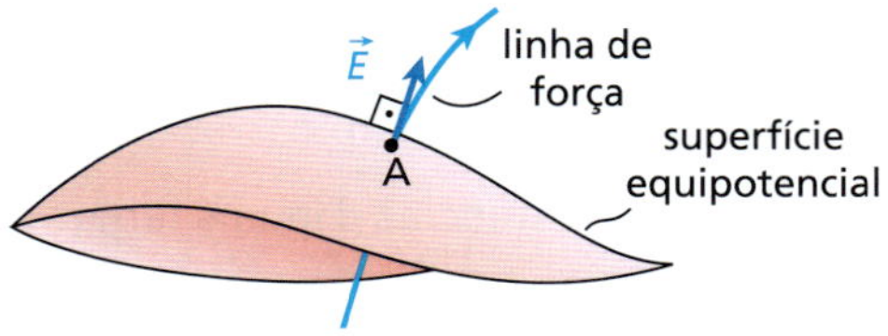


Em um campo elétrico uniforme, as equipotenciais são retas (no plano) ou superfícies planas (no espaço), também perpendiculares às linhas de força, como representa a figura:

Banco de imagens/Arquivo da editora

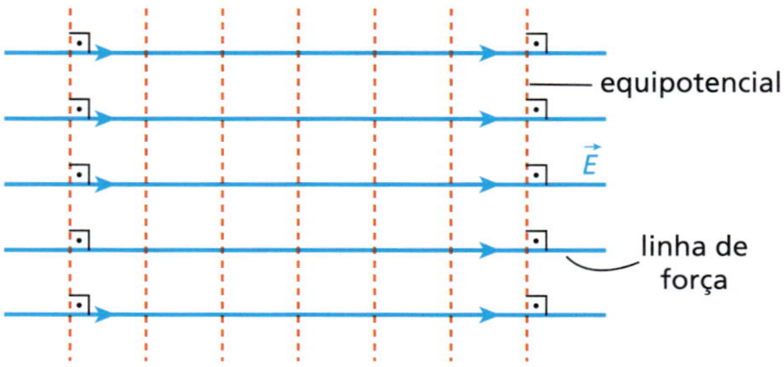


Banco de imagens/Arquivo da editora

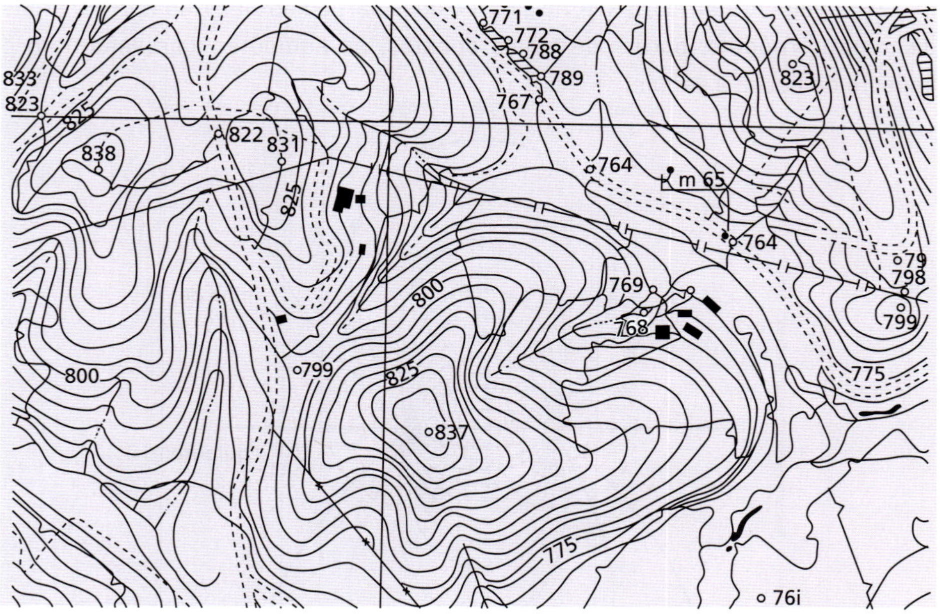


No mapa topográfico, as linhas indicam altitudes. Ao percorrer uma mesma linha, temos uma mesma altitude. No campo elétrico, as linhas e as superfícies equipotenciais representam os potenciais elétricos nessa região. Ao percorrer uma mesma equipotencial, encontramos um mesmo potencial.

# Exercícios Nível 1

**1.** Examine as afirmativas a seguir:

I. Se *F* é a intensidade da força eletrostática que atua sobre uma carga *q* colocada em certo ponto, o produto *Fq* representa a intensidade do campo elétrico nesse ponto.

II. O vetor campo elétrico em um ponto tem sempre a mesma direção e o mesmo sentido da força que atua sobre uma carga positiva colocada nesse ponto.

III. O potencial elétrico é uma grandeza vetorial, cuja intensidade obedece à lei do inverso do quadrado das distâncias.

IV. O potencial elétrico é uma grandeza escalar e corresponde à energia potencial elétrica adquirida por unidade de carga colocada em um ponto de um campo elétrico.

Para a resposta, use o código a seguir:

a) Se somente I e II estiverem corretas.
b) Se somente II e IV estiverem corretas.
c) Se somente I e III estiverem corretas.
d) Se todas estiverem corretas.
e) Se todas estiverem incorretas.

**2.** E.R. Uma região isolada da ação de cargas elétricas recebe uma partícula eletrizada com carga de −2,0 nC. Considere um ponto **A**, a 20 cm dessa partícula. Calcule:

a) o potencial elétrico em **A**;
b) a energia potencial adquirida por uma carga puntiforme de +3,0 μC, colocada em **A**.

**Dado:** constante eletrostática do meio: $k = 9{,}0 \cdot 10^9\ N\ m^2\ C^{-2}$.

**Resolução:**

a) No ponto **A**, o potencial é dado por:

$$\nu_A = k\frac{Q}{d_A}$$

Substituindo os valores fornecidos, temos:

$$\nu_A = 9 \cdot 10^9 \cdot \frac{(-2{,}0 \cdot 10^{-9})}{0{,}20}$$

$$\boxed{\nu_A = -90\ V}$$

b) A energia potencial adquirida pela carga colocada em **A** é dada por:

$$E_{P_A} = q\nu_A = 3{,}0 \cdot 10^{-6} \cdot (-90)$$

$$\boxed{E_{P_A} = -2{,}7 \cdot 10^{-4}\ J}$$

**3.** (SBF) Duas cargas de sinais opostos e mesmo módulo estão dispostas sobre o eixo ***y***, simetricamente em relação à origem **0** do sistema de coordenadas. $\mathbf{P_1}$ e $\mathbf{P_2}$ são dois pontos sobre o eixo dos ***x***.

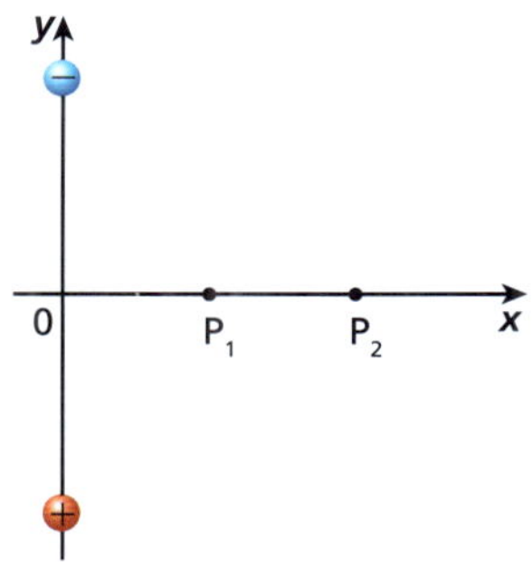


Reprodução/Arquivo da editora

O par de vetores que melhor representa o campo elétrico resultante nos pontos $\mathbf{P_1}$ e $\mathbf{P_2}$ é:

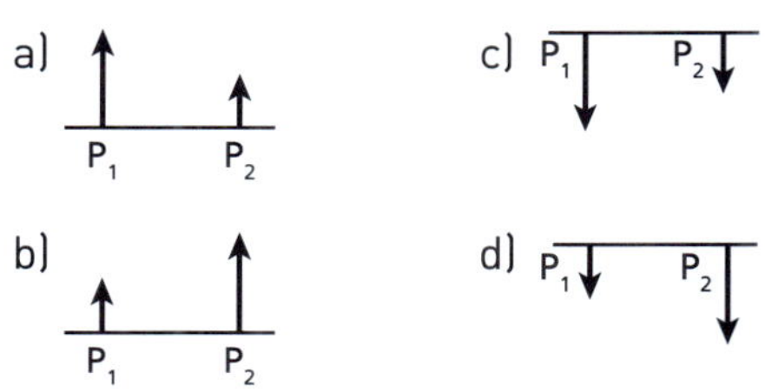


Reprodução/Arquivo da editora

**4.** Em um meio de constante eletrostática igual a $9{,}0 \cdot 10^9\ N\ m^2\ C^{-2}$, encontra-se uma partícula solitária eletrizada com carga de +5,0 μC. Qual o valor do potencial elétrico em um ponto **P** situado a 3,0 m dessa partícula?

**5.** Em um ponto **A** distante 45 cm de uma carga elétrica puntiforme *Q*, o potencial assume o valor $5{,}0 \cdot 10^4$ V. Sabendo que o meio que envolve a carga é o vácuo, determine o valor de *Q*.

**Dado:** constante eletrostática do vácuo: $k_0 = 9{,}0 \cdot 10^9\ N\ m^2\ C^{-2}$.

**6.** (Ufla-MG) O diagrama potencial elétrico *versus* distância de uma carga elétrica puntiforme *Q* no vácuo é mostrado a seguir. Considere a constante eletrostática do vácuo $k_0 = 9 \cdot 10^9 \cdot \frac{N \cdot m^2}{C^2}$.

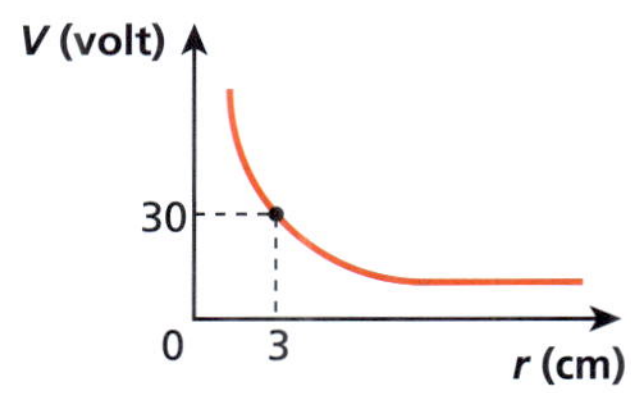


Reprodução/Arquivo da editora

Pode-se afirmar que o valor de $Q$ é:

a) $+3{,}0 \cdot 10^{-12}$ C.
b) $+0{,}1 \cdot 10^{-12}$ C.
c) $+3{,}0 \cdot 10^{-9}$ C.
d) $+0{,}1 \cdot 10^{-9}$ C.
e) $-3{,}0 \cdot 10^{-12}$ C.

**7.** Em todas as figuras a seguir, as cargas elétricas utilizadas possuem o mesmo módulo e são puntiformes. Quando a carga é negativa, o sinal está indicado.

Banco de imagens/Arquivo da editora

(1)

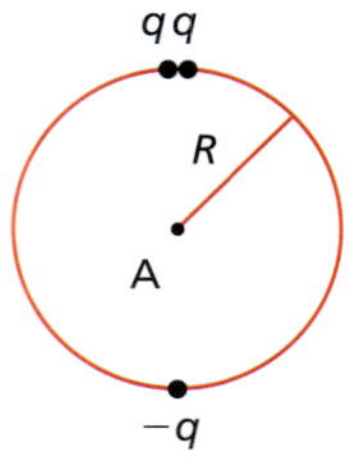


(2)

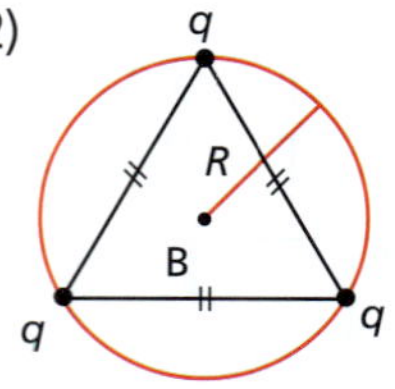


(3)

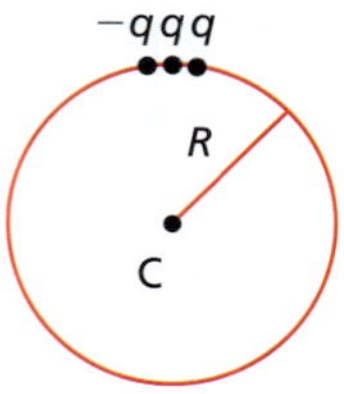


(4)

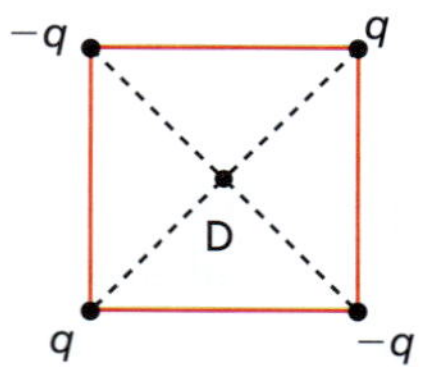


(5)

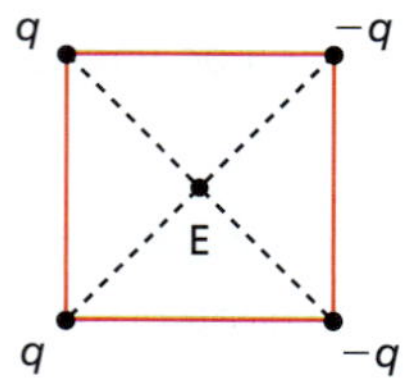


Levando em conta a posição das cargas em cada situação e considerando os pontos **A**, **B** e **C** centros das circunferências e **D** e **E** centros dos quadrados, determine:

a) em quais desses pontos o vetor campo elétrico é nulo;
b) em quais desses pontos o potencial elétrico é nulo.

**8.** (Unesp-SP) Três esferas puntiformes, eletrizadas com cargas elétricas $q_1 = q_2 = +Q$ e $q_3 = -2Q$, estão fixas e dispostas sobre uma circunferência de raio $r$ e centro **C**, em uma região onde a constante eletrostática é igual a $k_0$, conforme representado na figura.

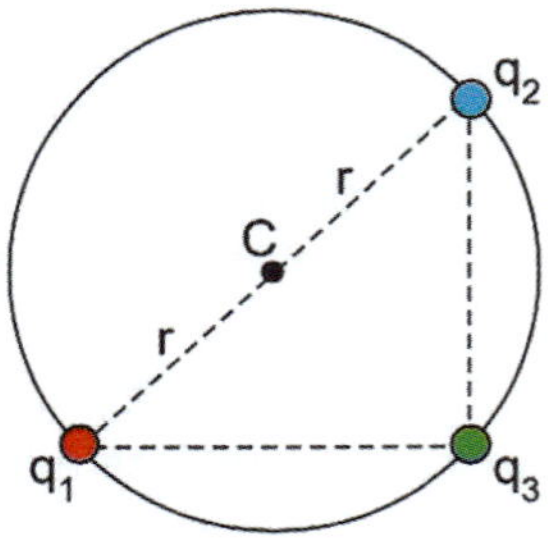


Reprodução / Unesp, 2017.

Considere $V_C$ o potencial eletrostático e $E_C$ o módulo do campo elétrico no ponto **C** devido às três cargas. Os valores de $V_C$ e $E_C$ são, respectivamente,

a) zero e $\frac{4k_0Q}{r^2}$
b) $\frac{4k_0Q}{r}$ e $\frac{k_0Q}{r^2}$
c) zero e zero
d) $\frac{2k_0Q}{r}$ e $\frac{2k_0Q}{r^2}$
e) zero e $\frac{2k_0Q}{r^2}$

**9.** Nos vértices **A** e **B** do triângulo equilátero representado a seguir, foram fixadas duas partículas eletrizadas com cargas $Q_A = +6{,}0\ \mu C$ e $Q_B = -4{,}0\ \mu C$:

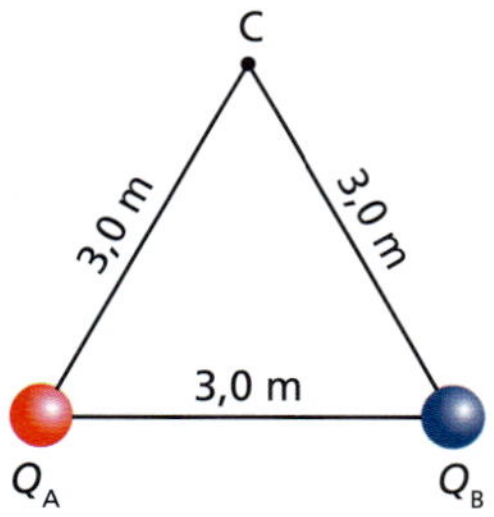


Banco de imagens/Arquivo da editora

Considerando a constante eletrostática do meio igual a $9{,}0 \cdot 10^9\ N\ m^2\ C^{-2}$, determine:

a) a energia potencial elétrica armazenada no sistema;
b) o potencial elétrico resultante no vértice **C**;
c) a energia potencial adquirida por uma carga de prova $q = +2{,}0$ mC, ao ser colocada no vértice **C**.

# Exercícios Nível 2

**10.** Uma partícula eletrizada com carga $Q$, no vácuo, cria a uma distância $d$ um potencial de 300 volts e um campo elétrico de intensidade 100 newtons/coulomb. Quais os valores de $d$ e $Q$? Adote, nos cálculos, a constante eletrostática do meio igual a $9,0 \cdot 10^9$ N m$^2$ C$^{-2}$.

**11.** (UFPE) Duas cargas elétricas $-Q$ e $+q$ são mantidas nos pontos **A** e **B**, que distam 82 cm um do outro (ver figura). Ao se medir o potencial elétrico no ponto **C**, à direita de **B** e situado sobre a reta que une as cargas, encontra-se um valor nulo. Se $|Q| = 3|q|$, qual o valor em centímetros da distância **BC**?

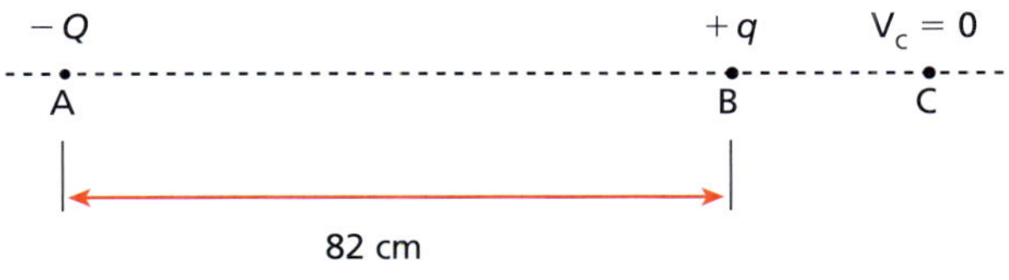



**12.** Em um meio de constante eletrostática igual a $9,0 \cdot 10^9$ N m$^2$ C$^{-2}$, são colocadas duas cargas puntiformes $Q_A$ e $Q_B$ distantes 40 cm uma da outra. A carga $Q_A$ é positiva, enquanto a carga $Q_B$ é negativa. Sabe-se que, no ponto médio de **AB**, o campo elétrico resultante tem intensidade igual a $1,8 \cdot 10^3$ N/C e que o potencial elétrico vale $-90$ V. Determine os valores de $Q_A$ e $Q_B$.

**13.** Em uma região onde a constante eletrostática vale $1,0 \cdot 10^{10}$ N m$^2$ C$^{-2}$, são fixadas duas partículas eletrizadas positivamente com cargas $Q_A$ e $Q_B$, distantes entre si 1,0 m. Uma carga de prova de 2,0 μC é colocada no segmento **AB**, a 60 cm de $Q_A$, permanecendo em repouso apesar de adquirir uma energia potencial elétrica igual a 1,0 J. Quais os valores de $Q_A$ e de $Q_B$?

**14.** (Udesc) A figura abaixo apresenta duas cargas puntiformes ao longo de um mesmo eixo.

Assinale a alternativa correta em relação ao potencial elétrico ao longo deste eixo.

a) Pode ser nulo em algum ponto entre as duas cargas, à esquerda da carga negativa ou à direita da carga positiva.

b) Pode ser nulo somente entre as duas cargas.

c) Pode ser nulo somente no ponto central equidistante das duas cargas.

d) Somente pode ser nulo à esquerda da carga positiva e, podendo estar à direita ou à esquerda da carga negativa.

e) Não pode ser nulo em nenhum ponto do eixo.

**15.** E.R. Na figura, tem-se um triângulo equilátero de lados iguais a 3,0 m. Nos vértices **A** e **B** foram fixadas as cargas elétricas de +5,0 μC e −5,0 μC, respectivamente:

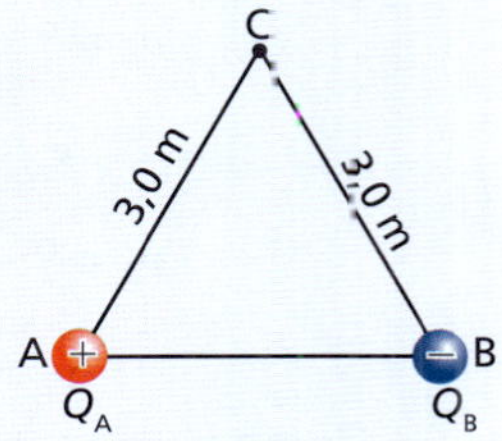



Determine:

a) a intensidade do campo elétrico resultante no vértice **C**;

b) o valor do potencial resultante em **C**.

**Dado:** constante eletrostática do meio = $= 9,0 \cdot 10^9$ N m$^2$ C$^{-2}$.

**Resolução:**

a) Vamos calcular, inicialmente, os módulos dos vetores campo elétrico $\vec{E}_A$ e $\vec{E}_B$ criados em **C**, por meio da relação:

$$E = k\frac{|Q|}{d^2}$$

Da observação dos dados, tem-se que $E_A = E_B$. Assim:

$$E_A = E_B = 9,0 \cdot 10^9 \cdot \frac{5,0 \cdot 10^{-6}}{(3,0)^2}$$

$$E_A = E_B = 5,0 \cdot 10^3 \text{ N/C}$$

Vamos, agora, representar os vetores $\vec{E}_A$ e $\vec{E}_B$:

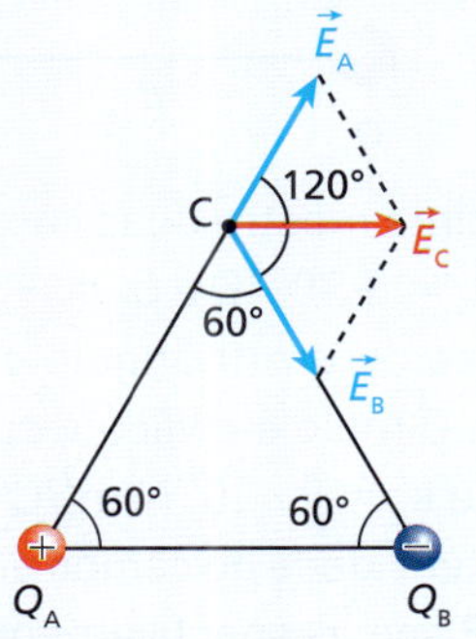



Para calcular o módulo de $\vec{E}_C$, deve-se aplicar a Lei dos Cossenos:

$$E_C^2 = E_A^2 + E_B^2 + 2E_AE_B \cos 120°$$

Já que $E_A = E_B = E$, tem-se:

$$E_C^2 = E^2 + E^2 + 2E^2\left(-\frac{1}{2}\right)$$

$$E_C^2 = E^2 \therefore \boxed{E_C = 5{,}0 \cdot 10^3 \text{ N/C}}$$

b) O cálculo do potencial em **C** é bem mais simples, pois o potencial é uma grandeza escalar. Assim, podem-se calcular os potenciais $\nu_A$ e $\nu_B$ criados em **C** usando a relação:

$$\nu = k\frac{Q}{d}$$

Desse modo, temos:

$$\nu_A = 9 \cdot 10^9 \cdot \frac{(+5{,}0 \cdot 10^{-6})}{3{,}0}$$

$$\nu_A = +1{,}5 \cdot 10^4 \text{ V}$$

$$\nu_B = 9 \cdot 10^9 \cdot \frac{(-5{,}0 \cdot 10^{-6})}{3{,}0}$$

$$\nu_B = -1{,}5 \cdot 10^4 \text{ V}$$

Como $\nu_C = \nu_A + \nu_B$, obtemos:

$$\boxed{\nu_C = 0}$$

**16.** No esquema ao lado, $Q_A = +3{,}0\,\mu C$ e $Q_B = -4{,}0\,\mu C$. O meio é o vácuo, de constante eletrostática igual a: $9{,}0 \cdot 10^9$ N $m^2$ $C^{-2}$.

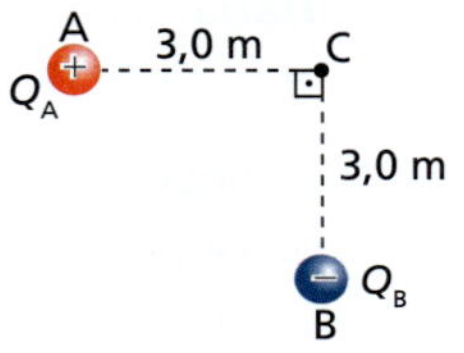


Banco de imagens/Arquivo da editora

Determine:

a) a intensidade do campo elétrico, em **C**;

b) o valor do potencial elétrico, em **C**.

**17.** (Cesgranrio)

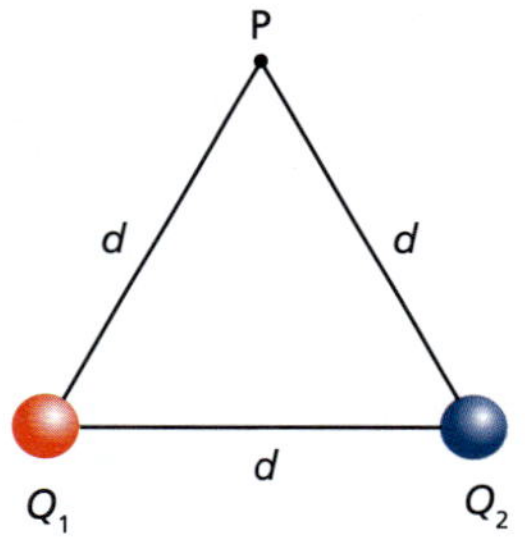


Reprodução/Arquivo da editora

A figura acima mostra duas cargas elétricas puntiformes $Q_1 = +10^{-6}$ C e $Q_2 = -10^{-6}$ C localizadas nos vértices de um triângulo equilátero de lado d = 0,3 m. O meio é o vácuo, cuja constante eletrostática é $k_0 = 9 \cdot 10^9$ N $m^2/C^2$. O potencial elétrico e a intensidade do campo elétrico resultantes no ponto **P** são, respectivamente:

a) 0 V; $10^5$ V/m.

b) $3 \cdot 10^4$ V; $\sqrt{3} \cdot 10^5$ V/m.

c) $6 \cdot 10^4$ V; $2 \cdot 10^5$ V/m.

d) 0 V; $\sqrt{3} \cdot 10^5$ V/m

e) $6 \cdot 10^4$ V; $10^5$ V/m.

**18.** Em uma região onde impera o vácuo, duas cargas elétricas puntiformes (*q* e *Q*) estão posicionadas conforme mostra a figura a seguir.

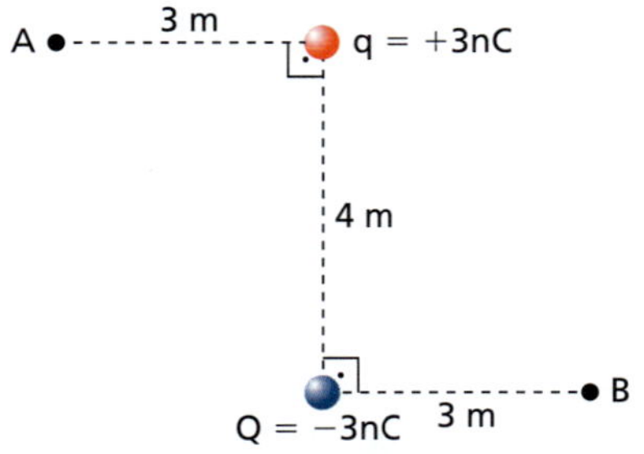


Banco de imagens/Arquivo da editora

Sabendo que a constante eletrostática do vácuo vale $9 \cdot 10^9$ N $m^2$ $C^{-2}$ e que o potencial gerado por uma carga elétrica *q*, a uma distância *r* dessa carga, vale $V = k\frac{q}{r}$, determine a diferença de potencial elétrico entre os pontos **A** e **B** observados na figura.

**19.** (FGV-SP) A produção de energia elétrica a partir de pequenos movimentos, como o passo dos pedestres sobre tapetes ou tecidos especiais já é uma realidade. O fenômeno físico é o chamado efeito piezoelétrico. Para que seus alunos compreendessem esse efeito, um professor criou o modelo esquematizado, onde duas cargas positivas, unidas por uma mola não condutora e inicialmente relaxada (figura 1), são aproximadas devido a uma deformação elástica (figura 2).

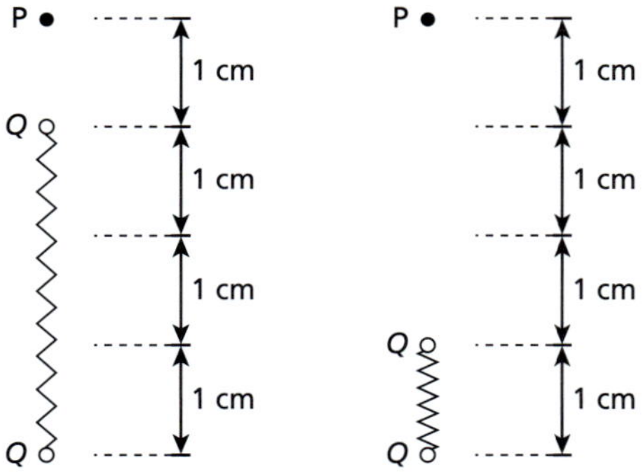


figura 1 figura 2

Reprodução/Arquivo da editora

Sendo *k*, em $\frac{V \cdot m}{C}$, a constante eletrostática do meio e $Q = \frac{1}{k}$, em coulomb, o valor de cada uma das cargas elétricas, o valor aproximado da variação absoluta do potencial eletrostático, em V, no ponto **P**, indicado nas figuras 1 e 2, quando a carga *Q* superior aproxima-se da carga *Q* inferior, resultando na configuração da figura 2, é:

a) 140.

b) 102.

c) 98.

d) 67.

e) 58.

## 5. Trabalho da força elétrica

Considere um corpo de massa *m*, abandonado em um campo gravitacional uniforme, conforme mostra a figura ao lado.

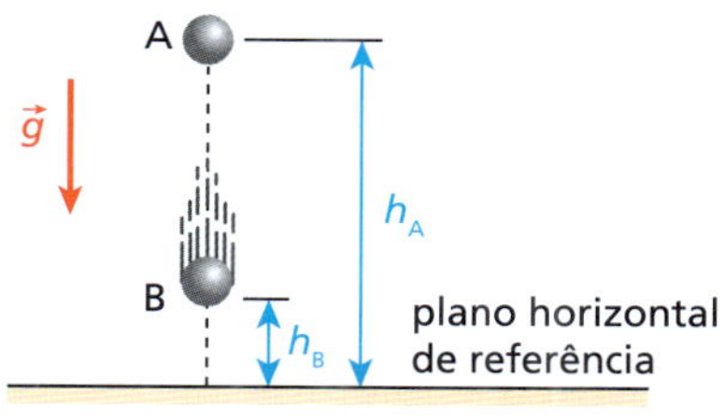


Quando o corpo se encontra no ponto **A** indicado na figura, ele possui, em relação ao plano horizontal de referência, uma energia potencial de gravidade, que é dada pela expressão:

$$E_{p_A} = mgh_A \qquad (I)$$

Quando atinge o ponto **B**, no entanto, sua energia potencial de gravidade passa a valer:

$$E_{p_B} = mgh_B \qquad (II)$$

O trabalho que a força gravitacional (conservativa) realizou sobre o corpo no deslocamento de **A** para **B**, é calculado pela expressão:

$$\tau_{AB} = Fd$$

em que $F = P = mg$ e $d = h_A - h_B$.

Assim, temos:

$$\tau_{AB} = mg(h_A - h_B)$$

$$\tau_{AB} = mgh_A - mgh_B \qquad (III)$$

Das expressões (I), (II) e (III), vem:

$$\tau_{AB} = E_{p_A} - E_{p_B}$$

Isso significa que o trabalho realizado pela força gravitacional sobre o corpo é igual à diferença entre a energia potencial inicial e a energia potencial final.

Analogamente, ao se deslocar uma carga puntiforme *q*, em um campo elétrico, de um ponto **A** até um ponto **B**, o trabalho que a força elétrica, também conservativa, realiza sobre a partícula é $\tau_{AB}$, dado por:

$$\tau_{AB} = E_{p_A} - E_{p_B}$$

A energia potencial eletrostática, porém, é calculada por $E_p = q\nu$. Assim, temos:

$$\tau_{AB} = q\nu_A - q\nu_B$$

$$\tau_{AB} = q(\nu_A - \nu_B)$$

em que $\nu_A$ é o potencial na **posição inicial** da carga *q* e $\nu_B$, o potencial na **posição final**.

A grandeza $\nu_A - \nu_B$ é a diferença de potencial (ddp) ou tensão elétrica entre os pontos **A** e **B**.

Representando essa diferença por *U*, o trabalho da força elétrica entre **A** e **B** também pode ser expresso por:

$$\tau_{AB} = qU$$

É importante destacar que o trabalho realizado pela força elétrica sobre uma partícula eletrizada com carga $q$, quando esta se desloca do ponto **A** para o ponto **B** desse campo, **não depende** da trajetória seguida por ela.

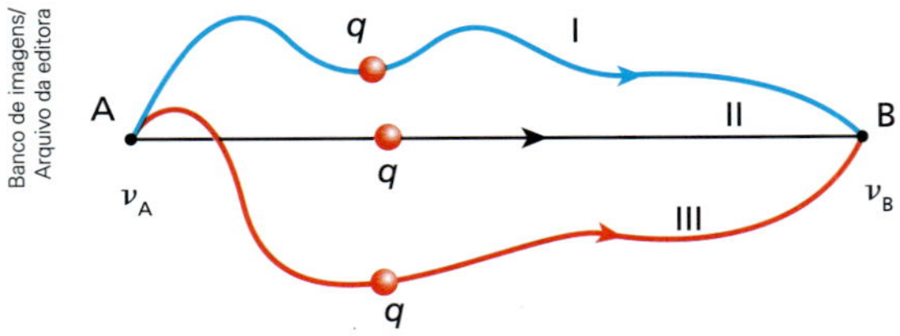


Para as trajetórias I, II e III descritas pela partícula de **A** até **B**, vale a mesma relação anterior:

$$\tau_{AB} = q(\nu_A - \nu_B)$$

Isso porque:

A força eletrostática é **conservativa**.

É importante observar, também, que entre dois pontos de uma mesma equipotencial a diferença de potencial é nula. Assim, o trabalho que a força elétrica realiza sobre uma partícula eletrizada $q$, quando esta se desloca de um ponto a outro da **mesma** equipotencial, também é nulo, independentemente da trajetória seguida por essa partícula.

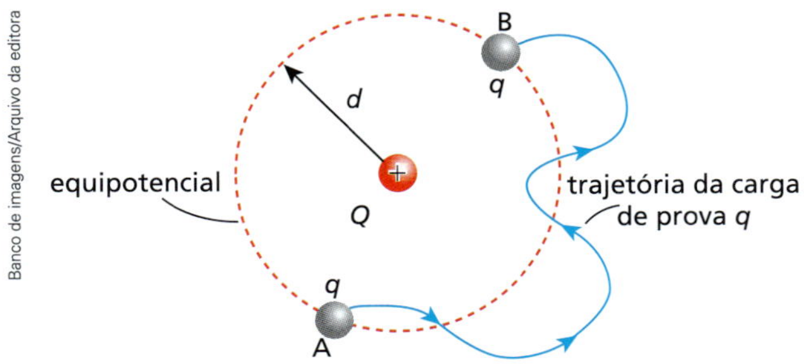


A partícula eletrizada $q$ é transportada de **A** para **B**, que são pontos de uma mesma equipotencial. O trabalho realizado pela força elétrica, nesse caso, é nulo, qualquer que seja a trajetória:

$$\tau_{AB} = 0$$

Agora, vamos entender por que as equipotenciais são sempre perpendiculares às linhas de força.

Para isso, considere dois pontos **A** e **B** quaisquer de uma mesma equipotencial:

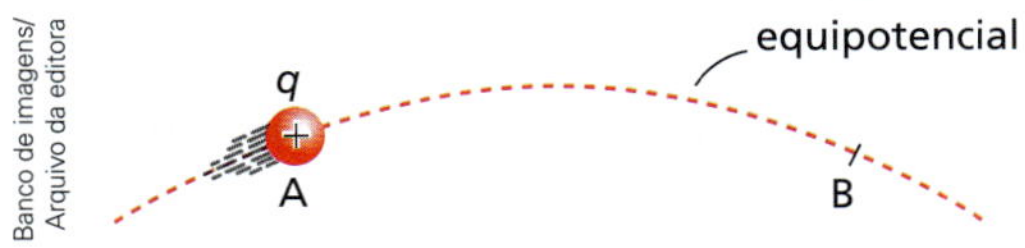


Imagine o deslocamento de uma partícula de carga $q$ de **A** para **B**, ao longo da equipotencial. O trabalho realizado pela força elétrica é nulo, pois $\nu_A = \nu_B$:

$$\tau_{AB} = q(\nu_A - \nu_B) \Rightarrow \tau_{AB} = 0$$

Isso será verdade, no entanto, somente se a força eletrostática se mantiver sempre perpendicular à trajetória seguida, como ilustra o esquema abaixo.

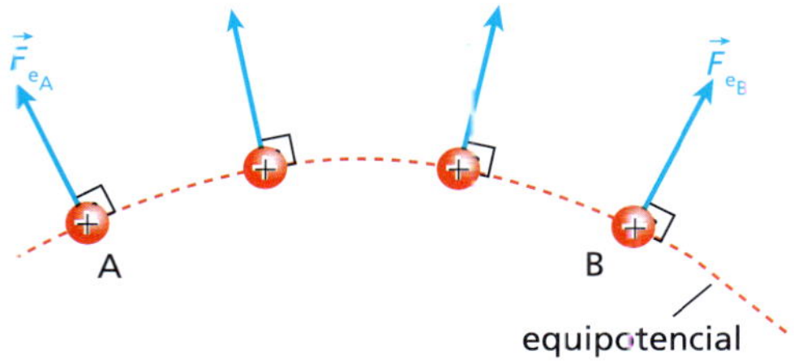


Banco de imagens/Arquivo da editora

Como a força tem a mesma direção do campo elétrico e este, por sua vez, tem a mesma direção das linhas de força, concluímos que essas linhas também são **perpendiculares** à superfície equipotencial.

# 6. Propriedades do campo elétrico

## Variação do potencial em um campo elétrico

### Carga fonte positiva

Observe, a seguir, uma partícula eletrizada com carga positiva $Q$ e uma das linhas de força do campo elétrico criado por ela:

Banco de imagens/Arquivo da editora

Usando a expressão do potencial elétrico:

$$v = k\frac{Q}{d}$$

vamos verificar, ao longo da linha de força, o que ocorre com o valor do potencial.

Note que, sendo a carga $Q$ positiva, quando a distância $d$ cresce, o potencial elétrico $\boldsymbol{v}$ decresce. Do mesmo modo, quando $d$ decresce, $\boldsymbol{v}$ cresce.

Portanto, no sentido da linha de força de um campo elétrico gerado por carga positiva, o potencial decresce.

### Carga fonte negativa

Considere, agora, uma partícula eletrizada com carga negativa $Q$ e uma das linhas de força do campo elétrico criado por ela:

Banco de imagens/Arquivo da editora

Utilizando a expressão do potencial elétrico:

$$v = k\frac{Q}{d}$$

vamos verificar o que ocorre com o valor do potencial ao longo da linha de força.

Note que, sendo a carga $Q$ negativa, quando a distância $d$ cresce, o potencial elétrico $\boldsymbol{v}$ também cresce, pois o termo negativo torna-se mais próximo de zero. Do mesmo modo, quando $d$ decresce, $\boldsymbol{v}$ também decresce.

Assim, tanto para o campo elétrico gerado por uma carga positiva como para o gerado por uma carga negativa, temos que:

> Ao longo de uma linha de força, e no sentido dela, o **potencial elétrico decresce**.

# Partícula eletrizada abandonada em um campo elétrico

## Carga de prova positiva

Quando uma partícula eletrizada com **carga positiva** é abandonada sob a ação exclusiva de um campo elétrico, ela movimenta-se **no sentido da linha de força**, dirigindo-se para pontos de **menor** potencial.

Note que a carga positiva busca pontos de menor potencial para ficar com a mínima energia potencial possível, que é a tendência natural de qualquer sistema. Lembrando que $E_p = q\nu$, e sendo $q$ positivo, se $\nu$ diminuir, $E_p$ também diminuirá.

Observe ainda que, se a carga positiva, abandonada sob a influência exclusiva do campo elétrico, movimentar-se de um ponto **A** para um ponto **B**, sempre teremos $\nu_A > \nu_B$. Desse modo, tanto a diferença de potencial $U = \nu_A - \nu_B$ quanto o trabalho realizado pela força elétrica serão positivos:

$$\tau_{AB} = \underset{(+)(+)}{qU} \quad \Rightarrow \quad \boxed{\tau_{AB} > 0}$$

## Carga de prova negativa

Quando uma partícula eletrizada com **carga negativa** é abandonada sob ação exclusiva de um campo elétrico, ela movimenta-se **no sentido oposto ao da linha de força**, dirigindo-se para pontos de **maior** potencial.

Note que a carga negativa busca pontos de maior potencial para também ficar com a mínima energia potencial possível.

Observe ainda, que, nesse caso, a diferença de potencial $U$ é negativa, resultando em um trabalho também positivo realizado pela força elétrica:

$$\tau_{AB} = \underset{(-)(-)}{qU} \quad \Rightarrow \quad \boxed{\tau_{AB} > 0}$$

Resumindo:

- Quando abandonadas sob a ação exclusiva de um campo elétrico, as cargas positivas dirigem-se para potenciais menores, enquanto as negativas dirigem-se para potenciais maiores.
- Tanto as cargas positivas como as negativas buscam uma situação de energia potencial mínima.
- Quando partículas eletrizadas são abandonadas sob a ação exclusiva de um campo elétrico, o trabalho realizado pela força elétrica é sempre positivo.

Essa última afirmativa pode ser comprovada de um modo diferente. Quando abandonamos uma partícula eletrizada em um campo elétrico, esta se movimenta no sentido da força eletrostática. Por isso, o trabalho realizado por essa força é positivo (motor), como mostra a figura ao lado.

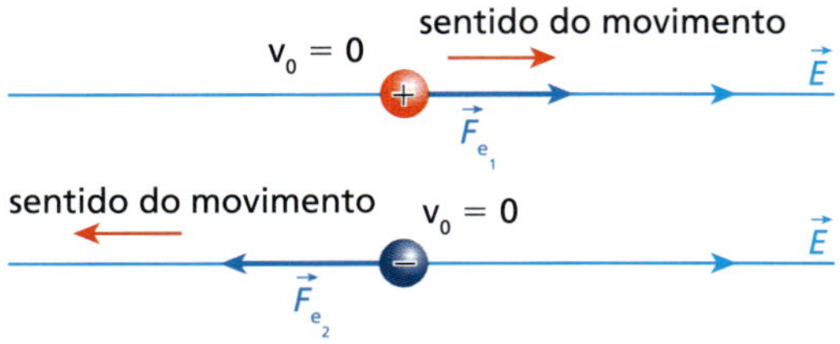


Banco de imagens/Arquivo da editora

Partículas eletrizadas são abandonadas sobre uma linha de força. O sentido do movimento coincide com o da força eletrostática e o trabalho realizado por essa força é motor ($\tau > 0$).

**NOTA!**

É possível que um agente externo obrigue a carga elétrica a se movimentar no sentido oposto àquele que seria provocado pelo campo elétrico. Nesse caso, o trabalho realizado pela força elétrica será negativo (resistente). Como exemplo, considere uma partícula de carga positiva $q$ e massa $m$ abandonada em uma região sob a influência de dois campos, sendo um elétrico e outro gravitacional, conforme representado na figura abaixo. Se a força peso $\vec{P}$ for mais intensa que a força eletrostática $\vec{F}_e$, a partícula se movimentará no sentido de $\vec{P}$, contrário ao de $\vec{F}_e$.

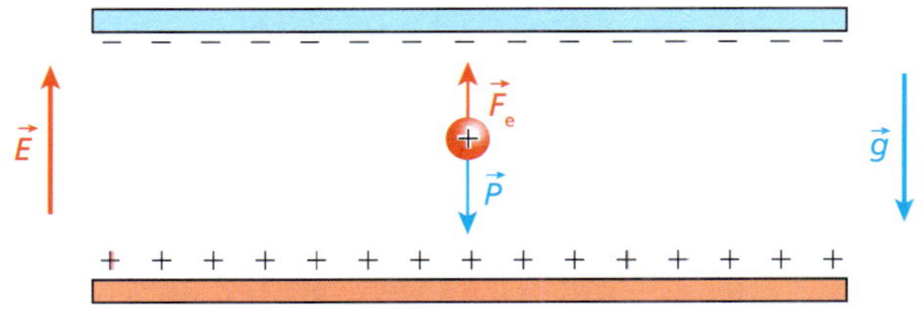


Banco de imagens/ Arquivo da editora

# 7. Diferença de potencial entre dois pontos de um campo elétrico uniforme

Considere um campo elétrico uniforme, representado por suas linhas de força – retilíneas, paralelas e espaçadas igualmente – e duas equipotenciais **A** e **B**, sendo que o potencial elétrico em **A** é maior que em **B** ($\nu_A > \nu_B$). Uma partícula eletrizada com carga positiva $q$ é abandonada em **A**.

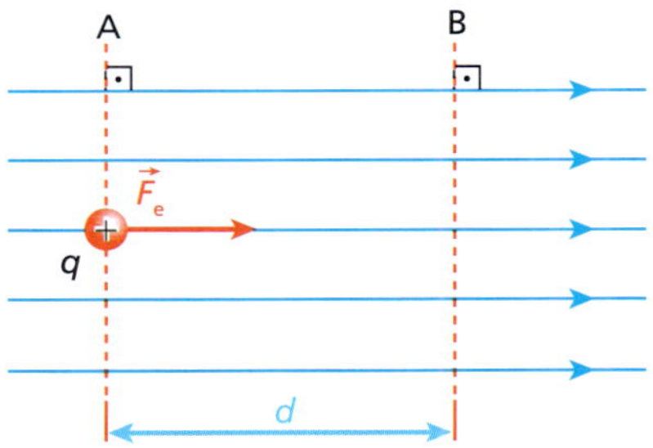


Banco de imagens/Arquivo da editora

Supondo que essa partícula submeta-se apenas ao campo elétrico existente na região, a força elétrica $\vec{F}_e$ fará com que ela se desloque ao longo de uma linha de força e no sentido desta.

Uma vez que o campo elétrico é uniforme, a força $\vec{F}_e$ é constante, pois $\vec{F}_e = q\vec{E}$. Assim, o trabalho realizado pela força elétrica, no deslocamento da carga $q$ entre as equipotenciais **A** e **B**, pode ser calculado por:

$$\tau_{AB} = F_e d \qquad \text{(I)}$$

Também pode ser usada, entretanto, a expressão:

$$\tau_{AB} = q(\nu_A - \nu_B) \qquad \text{(II)}$$

Sendo $\nu_A - \nu_B = U$ e comparando-se (I) e (II), tem-se:

$$F_e d = qU \qquad \text{(III)}$$

mas $F_e = qE$. Substituindo em (III), vem:

$$qEd = qU$$

$$Ed = U$$

Em um campo elétrico uniforme, a diferença de potencial (ddp) entre duas equipotenciais é igual ao produto da intensidade do campo $\vec{E}$ pela distância **entre as equipotenciais**. É importante destacar, nessa expressão, que o valor de $U$ deve sempre ser usado **em módulo**.

Da relação encontrada, pode-se perceber que, no SI, a unidade de campo elétrico é $\frac{\text{volt}}{\text{metro}}$ (V/m), que equivale a $\frac{\text{newton}}{\text{coulomb}}$ (N/C), já definida anteriormente.

De fato:

$$\frac{V}{m} = \frac{J/C}{m} = \frac{Nm/C}{m} = \frac{N}{C}$$

Então, podemos usar como unidade de campo elétrico N/C ou V/m.

Assim, um campo elétrico uniforme de 20 V/m, por exemplo, indica que, ao percorrermos uma linha de força, no sentido dela, o potencial elétrico diminui 20 V a cada metro percorrido.

Banco de imagens/Arquivo da editora

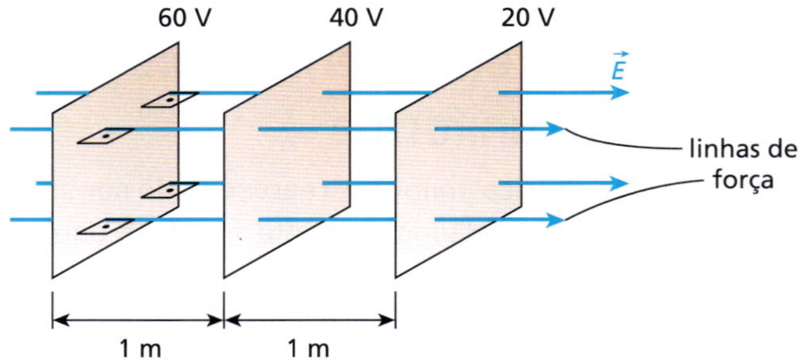


## Ampliando o olhar

### O experimento de Millikan

Bettmann/CORBIS/Latinstock

Robert Andrews **Millikan**, Prêmio Nobel de Física em 1923.

**Experimento de Millikan** é a denominação genérica de vários experimentos realizados pelo físico norte-americano Robert Andrews Millikan (1868-1953) e por seus colaboradores de 1909 até 1911.

Vamos descrever aqui um dos experimentos realizados, em que foi usado um dispositivo dotado de duas placas metálicas. Em uma delas havia um pequeno orifício por onde entravam algumas das minúsculas gotas de óleo borrifadas e eletrizadas por atrito. Com uma pequena luneta, podiam ser observados os movimentos dessas gotículas caindo entre as placas, no interior do dispositivo.

Escolhia-se uma gotícula caindo com velocidade constante (velocidade limite). Nessa situação, desprezando-se o empuxo do ar, o peso da gotícula ($\vec{P}$) e a força de resistência viscosa do ar ($\vec{R}$) tinham a mesma intensidade.

A intensidade dessa força de resistência é proporcional à velocidade de queda da gota.

O módulo $v_1$ da velocidade da gotícula era calculado por meio da observação de seu deslocamento ao longo de uma escala, durante um intervalo de tempo cronometrado.

Conhecendo a intensidade $g$ do campo gravitacional e calculando a massa $m$ da gotícula a partir da densidade do óleo e do volume da gota determinava-se $R$.

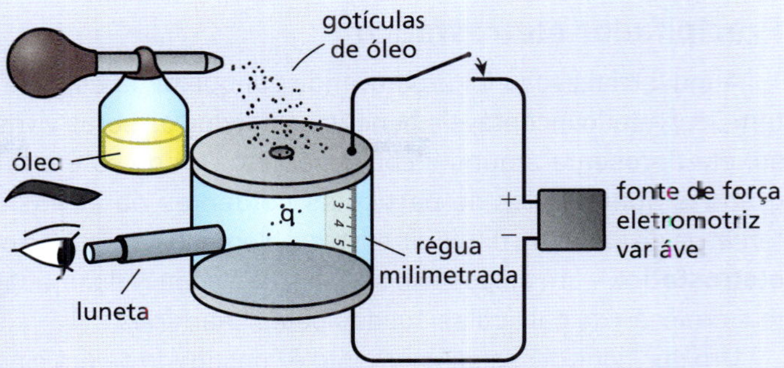


Banco de imagens/Arquivo da editora

Como $R = kv_1$, conhecendo $R$ e $v_1$, determinava-se a constante de proporcionalidade $k$.

Vamos supor a gota em observação eletrizada negativamente com carga elétrica $q$.

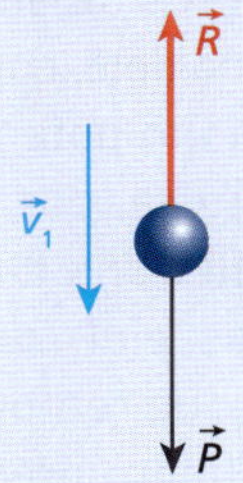


(sem campo elétrico)

$R = P \Rightarrow \boxed{R = mg}$

Banco de imagens/Arquivo da editora

Estabelecendo-se uma diferença de potencial adequada entre as placas, de modo que a superior ficasse eletrizada positivamente e a inferior, negativamente, surgia, na região entre elas, um campo elétrico uniforme orientado para baixo e de intensidade $E = \frac{U}{d}$, em que a diferença de potencial $U$ entre as placas era conhecida e a distância $d$ que as separava era medida.

Com isso, a **mesma** gotícula escolhida para a análise ficava submetida a uma força eletrostática $\vec{F}_e$ para cima, que a fazia parar de descer e, em seguida, subir em movimento acelerado até atingir novamente uma velocidade limite $\vec{v}_2$, cuja intensidade também era determinada. Quando isso ocorria, a força $\vec{F}_e$ estava equilibrando o peso $\vec{P}$ e a força de resistência viscosa do ar, $\vec{R}'$:

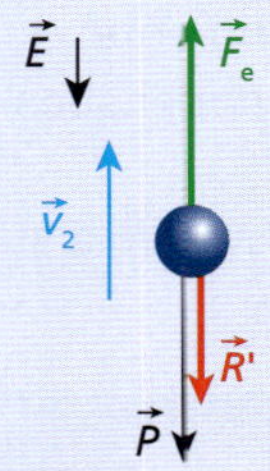


Banco de imagens/Arquivo da editora

(com campo elétrico)

$$F_e = R' + P \Rightarrow R' = F_e - P \Rightarrow kv_2 = |q|E - mg \Rightarrow \boxed{|q| = \frac{kv_2 + mg}{E}}$$

Essa expressão fornecia o módulo da carga elétrica da gotícula.

Tanto na queda como na subida, a velocidade da gotícula analisada era muito pequena, da ordem de $10^{-2}$ cm/s, o que facilitava as observações. Assim, era possível acompanhar várias vezes a mesma gotícula descendo (campo elétrico desativado) ou subindo (campo elétrico ativado).

Millikan e seus colaboradores realizaram o experimento milhares de vezes, em vários níveis de sofisticação. Para tornar as gotículas mais eletrizadas, por exemplo, o ar entre as placas era submetido a raios X, uma radiação fortemente ionizante.

Com margem de erro inferior a 1%, concluíram que a carga elétrica $q$ de cada gotícula analisada sempre era um múltiplo inteiro de $1{,}6 \cdot 10^{-19}$ C, que é a carga elementar $e$:

$$\boxed{q = \pm ne} \quad (n = 0, 1, 2, 3, ...)$$

Isso significa que a carga elétrica de um corpo é **quantizada**, ou seja, só pode ter determinados valores, no caso, múltiplos inteiros de $e$, e não um valor qualquer.

Hoje, o valor da carga elementar, dado na listagem CODATA (The Committee on Data for Science and Technology, ou, em uma tradução livre, Comitê de Dados para Ciência e Tecnologia) de 2014, é $1{,}6021766208 \cdot 10^{-19}$ C.

O experimento de Millikan é considerado um dos dez mais belos experimentos de Física de todos os tempos. Millikan recebeu o Prêmio Nobel de Física em 1923, por esse seu brilhante trabalho realizado na Universidade de Chicago.

## Precipitador eletrostático

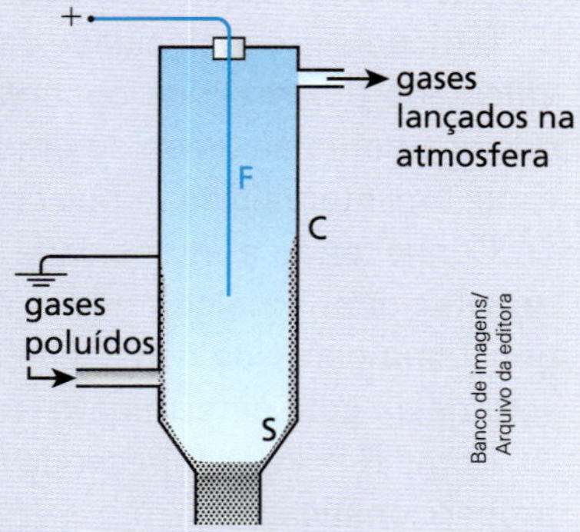


A industrialização foi uma grande conquista da espécie humana que tem acarretado incontáveis benefícios a todos os seres vivos. Apesar disso, ela apresenta alguns inconvenientes. Um deles é o lançamento de grandes quantidades de partículas poluentes na atmosfera. Em uma tentativa de sanar ou diminuir esse problema, foi inventado o **precipitador eletrostático** – um dispositivo simples que pode reduzir substancialmente a emissão de partículas sólidas pelas chaminés.

Um dos tipos desse equipamento é constituído de um cilindro condutor aterrado **C**, de vários metros de altura, e de um fio condutor **F** instalado dentro do cilindro e isolado dele, como representado no esquema ao lado.

O fio **F** é mantido em um potencial de dezenas de milhares de volts acima do potencial da Terra, por isso o campo elétrico existente na região entre **F** e **C**, muito intenso, provoca a extração de elétrons das partículas sólidas (**S**) que passam pelo campo elétrico, as quais se ionizam. Essas partículas, eletrizadas positivamente, são atraídas pelo cilindro e aderem a ele.

Esse processo consegue remover partículas extremamente pequenas, de até 10 μm ($10 \cdot 10^{-6}$ m).

Periodicamente, o cilindro precisa ser sacudido ou receber jatos de água para que o material sólido coletado seja retirado.

No comércio, podemos encontrar precipitadores eletrostáticos para a limpeza do ar de um ambiente.

Nesses aparelhos, destacam-se duas regiões: a ionizadora e a coletora.

Na região ionizadora, o ar poluído aspirado passa por um conjunto de tiras e fios metálicos que se alternam. Entre as tiras e fios, existe um intenso campo elétrico que provoca a eletrização das partículas poluentes.

Em seguida, essas partículas, já eletrizadas, arrastadas pelo ar, vão para a região coletora (filtro). Na região coletora, a filtragem do ar é feita por um conjunto de placas metálicas que, por serem eletrizadas, atraem as partículas poluentes e as fixam, de forma que o ar volte limpo para o ambiente.

A eficiência desses aparelhos é bastante elevada, retirando do ar partículas de dimensões que variam entre $10^{-6}$ e $10^{-4}$ cm.

Após algum tempo de funcionamento, é preciso fazer a limpeza do filtro, removendo a sujeira depositada em suas placas.

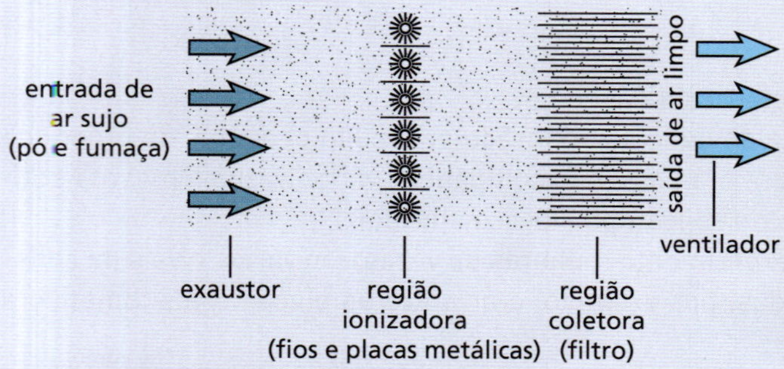

A não utilização de precipitadores eletrostáticos (filtros) faz um parque industrial agravar a poluição na superfície da Terra. Vendo a fotografia, podemos ter uma ideia da quantidade de partículas e gases lançados na atmosfera. Como é possível trabalhar e viver em um local assim?

A utilização de filtros adequados, entre eles precipitadores eletrostáticos, minimiza muito a emissão de gases que podem comprometer o ambiente e a vida dos seres vivos. Na fotografia, observamos a chaminé de uma fábrica de papel lançando vapor de água e gases inócuos. Uma outra fábrica como esta, sem os referidos filtros, poderia ser notada a quilômetros de distância pelo mau cheiro dos gases emitidos. Além disso, a vegetação ao seu redor estaria maltratada pelas partículas tóxicas, pesadas, que, emitidas pelas chaminés, se precipitam sobre as folhas de árvores e arbustos.

## Exercícios Nível 1

**20.** Considere as superfícies equipotenciais
E.R. abaixo, $\mathbf{S_1}$, $\mathbf{S_2}$ e $\mathbf{S_3}$, com seus respectivos potenciais elétricos indicados, e determine o trabalho realizado pela força elétrica que atua em uma carga de 2 C quando ela se desloca do ponto **A** ao ponto **E**, percorrendo a trajetória indicada:

Banco de imagens/ Arquivo da editora

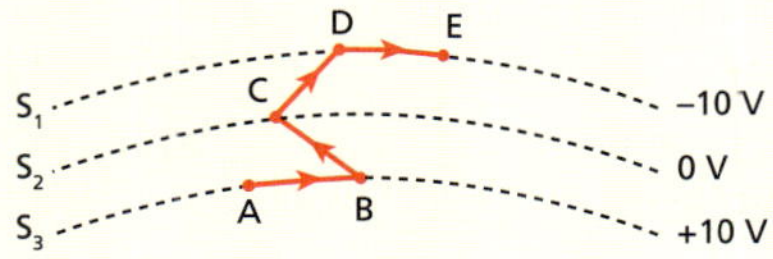


**Resolução:**

O trabalho realizado pela força elétrica não depende da trajetória percorrida pela carga elétrica, e sim do valor dessa carga e da diferença de potencial (ddp) entre os pontos de saída e chegada.

$$\tau_{AE} = q(\nu_A - \nu_E)$$

Substituindo os valores, temos:

$$\tau_{AE} = 2\,[10 - (-10)]$$

$$\boxed{\tau_{AE} = 40\ \text{J}}$$

**21.** (UEA-AM) Frequentemente observamos pássaros pousarem sobre os fios de alta tensão sem que sejam eletrocutados ou que sofram qualquer outro dano físico.

Reprodução/UEA, 2016.

Isso ocorre porque

a) os pássaros são aves perfeitamente isolantes.

b) os pássaros identificam fios de baixa potência elétrica para pousarem.

c) os pés dos pássaros não proporcionam resistência à corrente elétrica.

d) a diferença de potencial produzida entre os pés dos pássaros é baixa.

e) os pássaros, ao tocarem os pés no fio, tornam-se resistores ôhmicos.

**22.** Qual o trabalho realizado pela força elétrica que atua em uma partícula eletrizada com carga de $+3{,}0\ \mu C$ quando esta se desloca 5,0 m ao longo de uma equipotencial de 100 V? Justifique.

**23.** (Unirio-RJ)

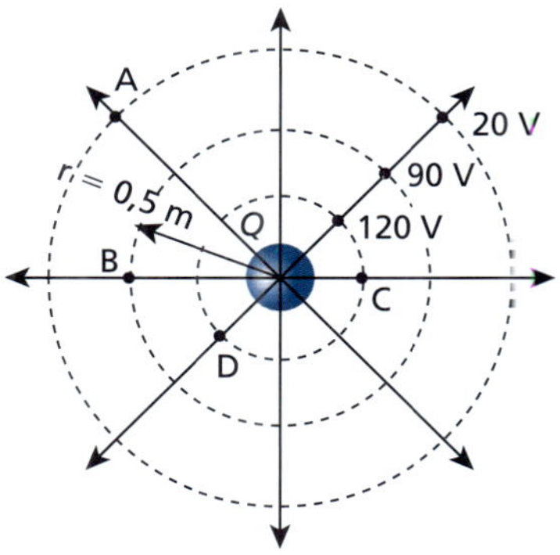


Reprodução/Arquivo da editora

No esquema, apresentam-se as superfícies equipotenciais e as linhas de força no campo de uma carga elétrica puntiforme *Q* fixa.

Considere que o meio é o vácuo ($k_0 = 9 \cdot 10^9\ Nm^2/C^2$) e determine:

a) o valor de *Q*;

b) o valor do campo elétrico em **B**;

c) o trabalho realizado pela força elétrica sobre a carga $q = -2{,}0 \cdot 10^{-10}$ C para levá-la de **A** a **C**.

Este enunciado refere-se às questões **24** e **25**.

Ao se mapear uma região do espaço onde existe um campo elétrico produzido por determinada distribuição de carga, encontrou-se o seguinte conjunto de linhas de força:

Banco de imagens/ Arquivo da editora

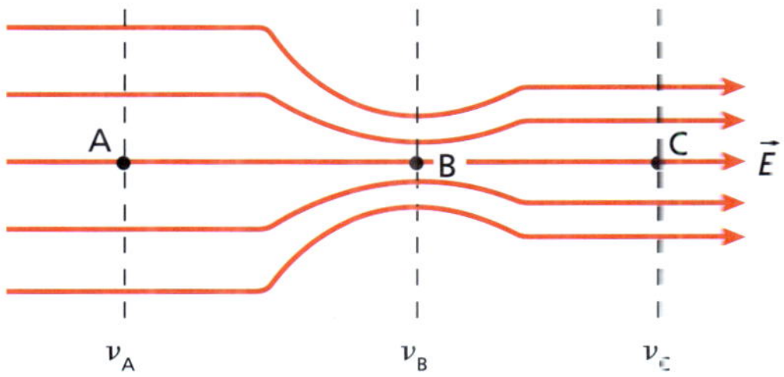


**24.** A respeito das intensidades do campo elétrico nos pontos **A**, **B** e **C**, podemos afirmar que:

a) $E_A = E_B$;

b) $E_C > E_B$;

c) $E_C > E_A$;

d) $E_B > E_C$;

e) $E_A = E_C$.

**25.** A respeito dos potenciais $\nu_A$, $\nu_B$ e $\nu_C$ das equipotenciais que passam pelos pontos **A**, **B** e **C**, podemos afirmar que:

a) $\nu_A = \nu_B$;

b) $\nu_A > \nu_C$;

c) $\nu_C > \nu_B$;

d) $\nu_B > \nu_A$;

e) $\nu_C > \nu_A$.

**26.** (Unisa-SP) Considere uma região de campo elétrico representada pela configuração das linhas de força e dois pontos **A** e **B** situados, respectivamente, a distâncias *d* e 2*d* da carga geradora de campo.

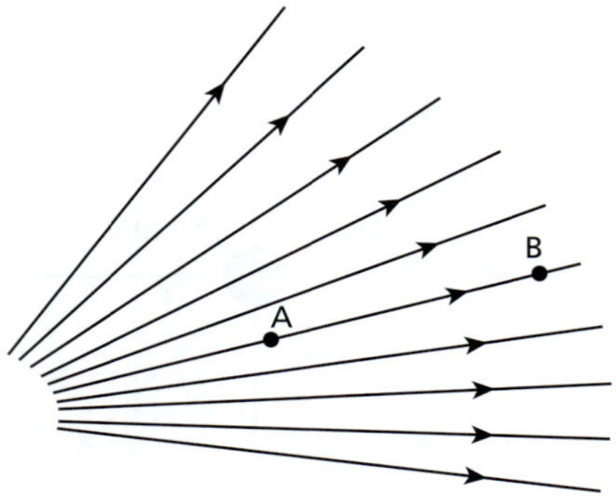

Reprodução/Arquivo da editora

Assinale a alternativa correta.

a) O campo elétrico é mais intenso no ponto **B** da figura.

b) Ao abandonar um elétron no ponto **A**, este irá se dirigir ao ponto **B**.

c) O valor do potencial elétrico no ponto **A** é metade daquele no ponto **B**.

d) A carga geradora desse campo tem sinal negativo.

e) O trabalho realizado sobre um próton para levá-lo de **B** para **A** é resistente.

**27.** Determine a intensidade de um campo elétrico uniforme sabendo que a diferença de potencial entre duas de suas equipotenciais, separadas por 20 cm, é de 300 V.

**28.** (CEPAEN-RJ) Na configuração a seguir estão representadas as linhas de força e as superfícies equipotenciais de um campo elétrico uniforme de intensidade igual a $2 \cdot 10^2$ V/m:

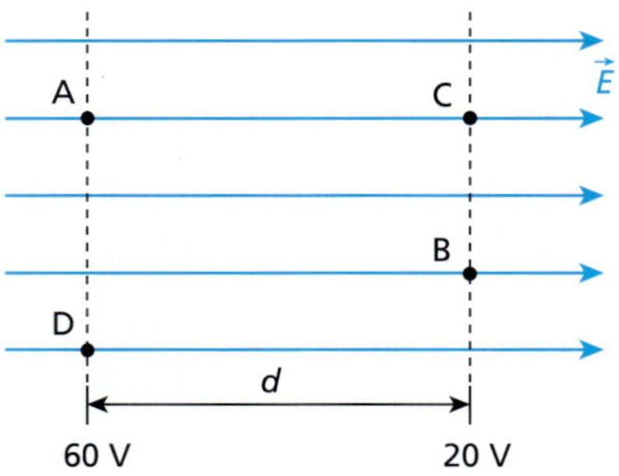

Reprodução/Arquivo da editora

Considere as afirmativas abaixo:

I. A separação *d* entre as superfícies equipotenciais vale 0,2 m.

II. O trabalho realizado pela força elétrica para deslocar uma carga q = 6 μC de **A** para **C** vale $24 \cdot 10^{-5}$ J.

III. O trabalho realizado pela força elétrica para deslocar uma carga q = 6 μC de **A** para **B** é maior que o realizado para deslocar a carga de **A** para **C**.

IV. O trabalho realizado pela força elétrica para deslocar qualquer carga elétrica de **D** para **A** é nulo.

V. A energia potencial elétrica de uma carga localizada no ponto **C** é maior que a da mesma carga localizada no ponto **B**.

São verdadeiras:

a) I, II, III e IV.

b) I, II e IV.

c) II, IV e V.

d) I, II, III e V.

e) III e V.

**29.** Entre duas placas condutoras, eletrizadas com cargas de mesmo módulo, mas de sinais opostos, existe um campo elétrico uniforme de intensidade 500 V/m.

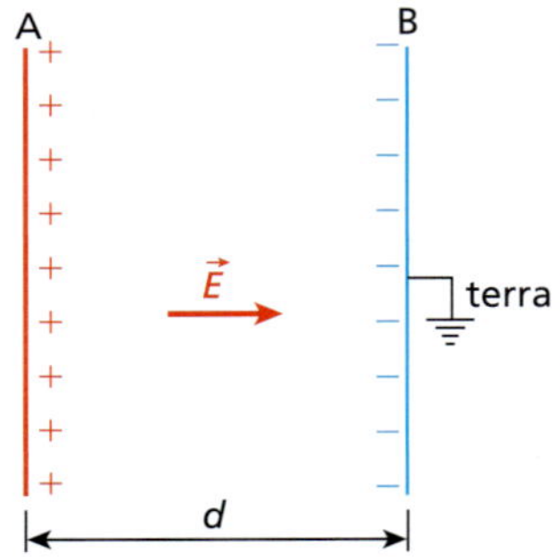

Banco de imagens/Arquivo da editora

Sabendo que a distância entre as placas **A** e **B** vale d = 5,0 cm e que **B** está ligada à Terra, calcule o potencial elétrico da placa **A**.

**30.** (PUC-SP) Indique a afirmação **falsa**:

a) Uma carga negativa, abandonada em repouso num campo eletrostático, fica sujeita a uma força que realiza sobre ela um trabalho negativo.

b) Uma carga positiva, abandonada em repouso num campo eletrostático, fica sujeita a uma força que realiza sobre ela um trabalho positivo.

c) Cargas negativas, abandonadas em repouso num campo eletrostático, dirigem-se para pontos de potencial mais elevado.

d) Cargas positivas, abandonadas em repouso num campo eletrostático, dirigem-se para pontos de menor potencial.

e) O trabalho realizado pelas forças eletrostáticas ao longo de uma curva fechada é nulo.

## Exercícios Nível 2

**31.** Uma partícula fixa, eletrizada com carga
**E.R.** $+5,0\ \mu C$, é responsável pelo campo elétrico existente em determinada região do espaço. Uma carga de prova de $+2,0\ \mu C$ e 0,25 g de massa é abandonada a 10 cm da carga-fonte, recebendo desta uma força de repulsão. Determine:

a) o trabalho que o campo elétrico realiza para levar a carga de prova a 50 cm da carga-fonte;

b) a velocidade escalar da carga de prova, submetida exclusivamente ao campo citado, quando ela estiver a 50 cm da carga-fonte.

**Dado:** constante eletrostática do meio: $k = 1,0 \cdot 10^{10}\ N\ m^2\ C^{-2}$.

**Resolução:**

a) O trabalho realizado pelo campo elétrico é calculado pela relação:

$$\tau_{AB} = q(\nu_A - \nu_B) \quad \text{(I)}$$

em que $\nu_A$ é o potencial na posição inicial e $\nu_B$, o potencial na posição final.

Assim, vamos calcular $\nu_A$ e $\nu_B$ usando a expressão:

$$\nu = k\frac{Q}{d}$$

$$\nu_A = 1,0 \cdot 10^{10} \cdot \frac{5,0 \cdot 10^{-6}}{0,10} \therefore \nu_A = 5,0 \cdot 10^5\ V$$

$$\nu_B = 1,0 \cdot 10^{10} \cdot \frac{5,0 \cdot 10^{-6}}{0,50} \therefore \nu_B = 1,0 \cdot 10^5\ V$$

Voltando à relação (I), temos:

$$\tau_{AB} = 2,0 \cdot 10^{-6} \cdot (5,0 \cdot 10^5 - 1,0 \cdot 10^5)$$

$$\boxed{\tau_{AB} = 0,80\ J}$$

b) Como a partícula está exclusivamente sob a ação do campo elétrico, a força elétrica é a força resultante. Vamos usar, então, o Teorema da Energia Cinética.

$$\tau_{AB} = \Delta E_C \Rightarrow \tau_{AB} = \frac{mv_B^2}{2} - \frac{mv_A^2}{2}$$

Sendo $m = 0,25 \cdot 10^{-3}$ kg, $v_A = 0$ e $\tau_{AB} = 0,80$ J, temos:

$$0,80 = \frac{0,25 \cdot 10^{-3} \cdot v_B^2}{2} \Rightarrow \boxed{v_B = 80\ m/s}$$

**32.** (FGV-SP) No interior de um campo elétrico uniforme, uma partícula, de massa *m* e eletrizada com carga *q* positiva, é abandonada do repouso no ponto **A** da superfície equipotencial $V_1$. Ela é acelerada pela força do campo até o ponto **B** da superfície equipotencial $V_2$, distante *d* de $V_1$.

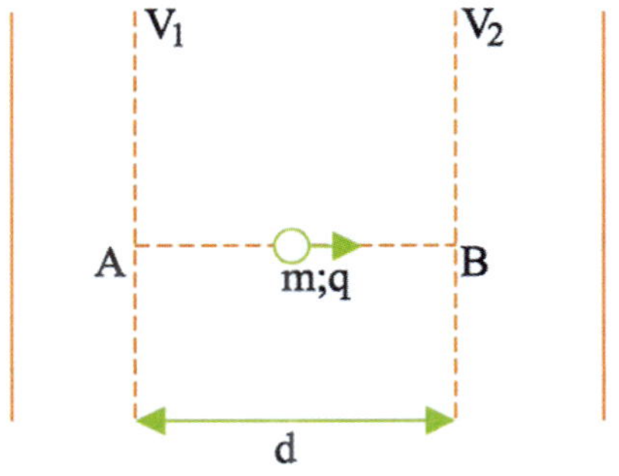




Desprezados os efeitos gravitacionais, a velocidade com que a partícula passará pelo ponto **B** depende

a) diretamente da diferença de potencial $V_1 - V_2$.

b) diretamente da raiz quadrada da diferença de potencial $V_1 - V_2$.

c) diretamente da razão $\frac{q}{m}$ entre a carga e a massa da partícula.

d) inversamente da raiz quadrada da razão $\frac{q}{m}$ entre a carga e a massa da partícula.

e) inversamente da distância *d* entre as superfícies equipotenciais $V_1$ e $V_2$.

**33.** (UPM-SP) Uma partícula de massa 1 g, eletrizada com carga elétrica positiva de $40\ \mu C$, é abandonada do repouso no ponto **A** de um campo elétrico uniforme, no qual o potencial elétrico é 300 V.

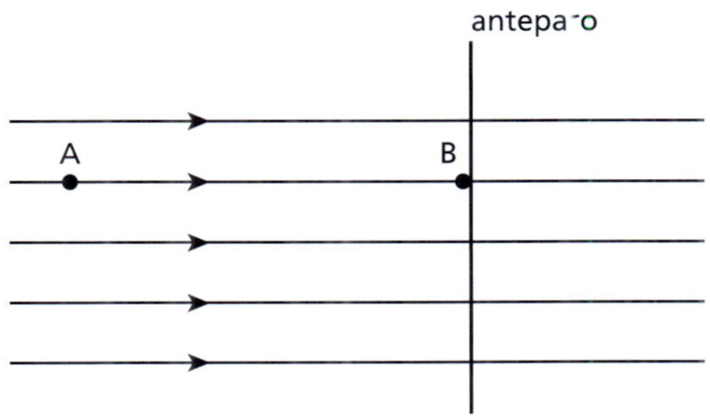




Essa partícula adquire movimento e se choca em **B**, com um anteparo rígido. Sabendo-se que o potencial elétrico do ponto **B** é de 100 V, a velocidade dessa partícula ao se chocar com o obstáculo é de:

a) 4 m/s.
b) 5 m/s.
c) 6 m/s.
d) 7 m/s.
e) 8 m/s.

**34.** Ao colocarmos duas cargas pontuais $q_1 = 5,0\ \mu C$ e $q_2 = 2,0\ \mu C$ a uma distância $d = 30,0$ cm, realizamos trabalho. Determine a energia potencial eletrostática, em joule, deste sistema de cargas pontuais.
**Dado:** $k = 9 \cdot 10^9\ N\ m^2C^{-2}$.

**35.** Um próton penetra com energia cinética de $2,4 \cdot 10^{-16}$ J em uma região extensa de campo elétrico uniforme de intensidade $3,0 \cdot 10^4$ N/C. A trajetória descrita é retilínea, com a partícula invertendo o sentido de movimento após percorrer uma distância *d*. Qual é o valor de *d*, sabendo-se que o próton se moveu no vácuo?
**Dado:** carga do próton = $1,6 \cdot 10^{-19}$ C.

**36.** Um próton é acelerado no vácuo por uma diferença de potencial de 1 MV. Qual é o aumento da sua energia cinética?
**Dado:** carga do próton = $1,6 \cdot 10^{-19}$ C.

**37.** Determinada região submete-se exclusivamente a um campo elétrico, estando algumas de suas linhas de força representadas por linhas cheias na figura a seguir.

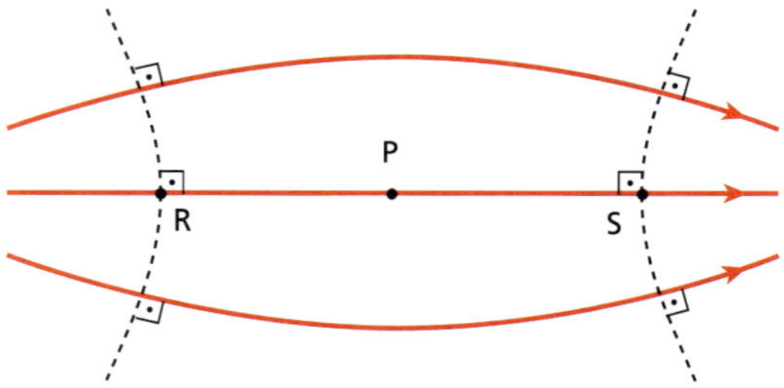

Banco de imagens/Arquivo da editora

a) O que as linhas tracejadas representam?
b) O potencial do ponto **R** é maior que o potencial do ponto **S**, menor que ele ou igual a ele?
c) Se uma carga de prova positiva for abandonada no ponto **P**, em que sentido ela se moverá? O que ocorrerá com sua energia potencial?
d) Repita o item **c**, empregando, agora, uma carga de prova negativa.

**38.** (UFBA) A figura apresenta as linhas de força de um campo elétrico uniforme, de intensidade igual a 100 N/C, gerado por duas placas paralelas com cargas de sinais contrários.

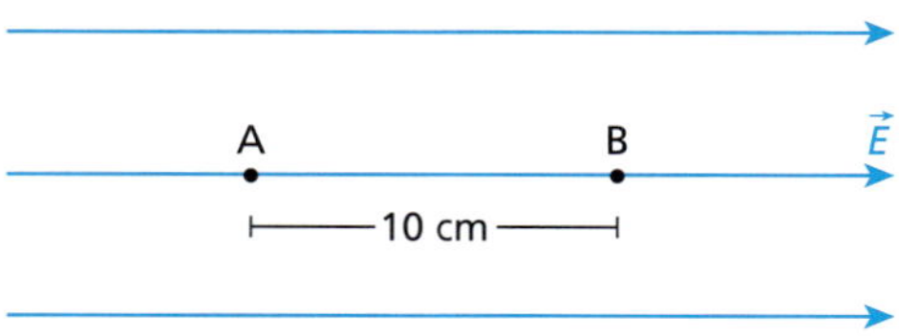

Reprodução/Arquivo da editora

Desprezando-se a interação gravitacional, se uma partícula de carga elétrica igual a $2,0 \cdot 10^{-3}$ C e massa *m* é abandonada em repouso no ponto **A** e passa pelo ponto **B** com energia potencial elétrica igual a $2,0 \cdot 10^{-1}$ J, é correto afirmar:

(01) A partícula desloca-se para a direita, em movimento retilíneo uniforme.
(02) As superfícies equipotenciais do campo elétrico que passam pelos pontos **A** e **B** são planos paralelos entre si e perpendiculares às linhas de força.
(04) A força elétrica realiza trabalho para deslocar a partícula ao longo de uma superfície equipotencial.
(08) A partícula, abandonada do repouso no campo elétrico, desloca-se espontaneamente, para pontos de potencial maior.
(16) O potencial elétrico do ponto **B** é igual a 100 V.
(32) A energia potencial elétrica da partícula, no ponto **A**, é igual a $2,2 \cdot 10^{-1}$ J.

Dê como resposta a soma dos números associados às afirmações corretas.

**39.** (UPM-SP) A ilustração abaixo refere-se a um esquema simplificado de parte de uma válvula termiônica, também conhecida por diodo retificador. O filamento **A** é aquecido por Efeito Joule e, devido ao potencial elétrico do filamento **B**, distante de **A**, 3,00 mm, elétrons se deslocam, a partir do repouso, de **A** para **B**, com aceleração praticamente constante.

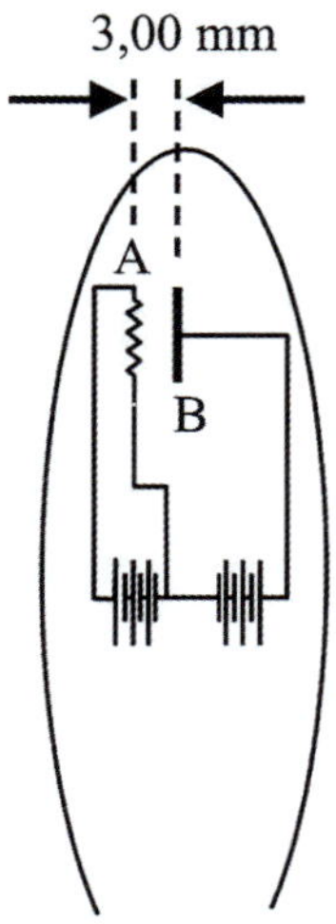

Reprodução/Mackenzie, 2014.

**Observação:**
Admita que entre **A** e **B** o campo elétrico seja uniforme.

Se a ddp $V_B - V_A$ mede 300 V, os referidos elétrons estarão sujeitos a uma força de intensidade.

**Dado:** carga do elétron $= -1,6 \cdot 10^{-19}$C

a) $1,6 \cdot 10^{-17}$ N
b) $1,6 \cdot 10^{-14}$ N
c) $3,0 \cdot 10^{-14}$ N
d) $3,0 \cdot 10^{-11}$ N
e) $4,8 \cdot 10^{-11}$ N

**40.** Quando duas partículas eletrizadas, que se repelem, são aproximadas, a energia potencial do sistema formado por elas:

a) aumenta;
b) diminui;
c) fica constante;
d) diminui e logo depois aumenta;
e) aumenta e logo depois permanece constante.

**41.** (Fameca-SP) Uma carga puntiforme $q = 4,0\ \mu C$ é abandonada do repouso no ponto **A**, dentro de um campo elétrico uniforme horizontal de intensidade 100 V/m. Devido à ação da força elétrica que a partícula recebe, ela é acelerada até atingir o ponto **B**, a 20 cm de **A**. Desprezam-se as ações gravitacionais.

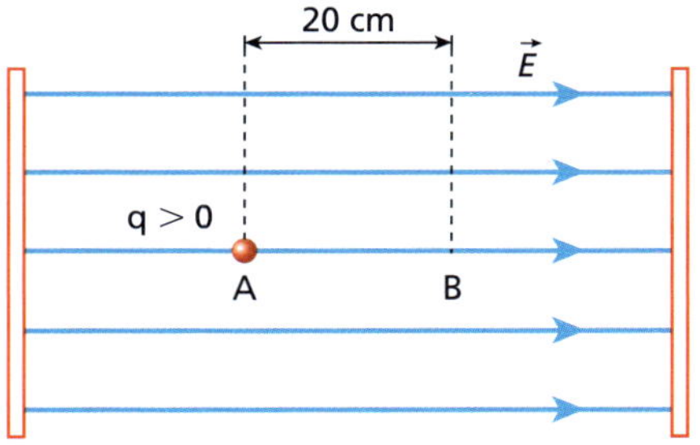

Reprodução/Arquivo da editora

No trajeto entre **A** e **B**, a partícula eletrizada sofreu uma redução de energia potencial elétrica, em joules, igual a

a) $2,0 \cdot 10^{-5}$
b) $4,0 \cdot 10^{-5}$
c) $8,0 \cdot 10^{-5}$
d) $5,0 \cdot 10^{-4}$
e) $6,0 \cdot 10^{-4}$

**42.** (Fuvest-SP) Um raio proveniente de uma nuvem transportou para o solo uma carga de 10 C sob uma diferença de potencial de 100 milhões de volts. A energia liberada por esse raio é

a) 30 MWh.
b) 3 MWh.
c) 300 kWh.
d) 30 kWh.
e) 3 kWh.

**Note e adote:**
$1\ J = 3 \cdot 10^{-7}$ kWh

**43.** E.R. Na figura a seguir, estão representadas as superfícies equipotenciais, planas, paralelas e separadas pela distância d = 2 cm, referentes a um campo elétrico uniforme:

Banco de imagens/Arquivo da editora

Determine a intensidade, a direção e o sentido do referido campo elétrico.

**Resolução:**

As linhas de força de um campo elétrico têm sempre direção perpendicular às equipotenciais e sentido que vai do maior para o menor potencial. Assim, a representação esquemática do referido campo elétrico pode ser:

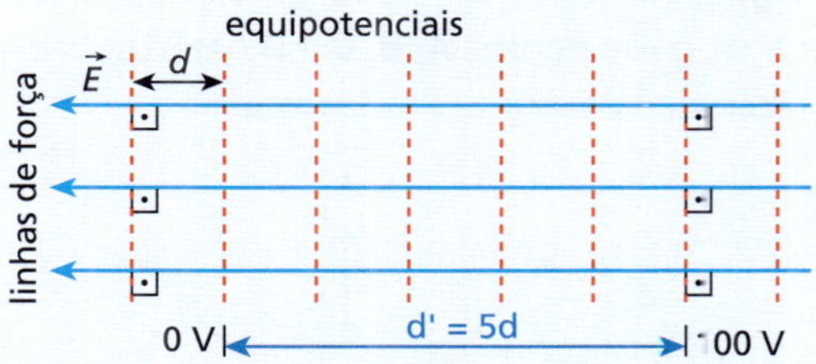

Banco de imagens/Arquivo da editora

A intensidade desse campo elétrico uniforme pode ser calculada por:

$$Ed' = U \Rightarrow E = \frac{U}{d'} = \frac{U}{5d}$$

Como $d = 2\ cm = 2 \cdot 10^{-2}$ m, temos:

$$E = \frac{100\ V}{5 \cdot 2 \cdot 10^{-2}\ m}$$

$$\boxed{E = 1,0 \cdot 10^{3}\ \frac{V}{m}}$$

**44.** (Unicamp-SP) Quando um rolo de fita adesiva é desenrolado, ocorre uma transferência de cargas negativas da fita para o rolo, conforme ilustrado na figura a seguir. Quando o campo elétrico criado pela distribuição de cargas é maior que o campo elétrico de ruptura do meio, ocorre uma descarga elétrica. Foi demonstrado recentemente que essa descarga pode ser utilizada como uma fonte econômica de raios X.

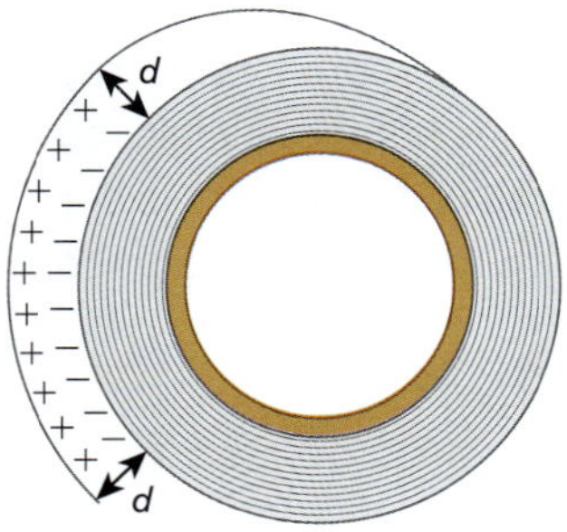


Reprodução/Arquivo da editora

No ar, a ruptura dielétrica ocorre para campos elétricos a partir de $E = 3{,}0 \cdot 10^6$ V/m. Suponha que ocorra uma descarga elétrica entre a fita e o rolo para uma diferença de potencial $V = 9$ kV. Nessa situação, pode-se afirmar que a distância máxima entre a fita e o rolo vale:

a) 3 mm.
b) 27 mm.
c) 2 mm.
d) 37 nm.

**45.** (UFV-MG) Na figura a seguir, estão representadas algumas linhas de força do campo criado pela carga $q$. Os pontos **A**, **B**, **C** e **D** estão sobre circunferências centradas na carga.

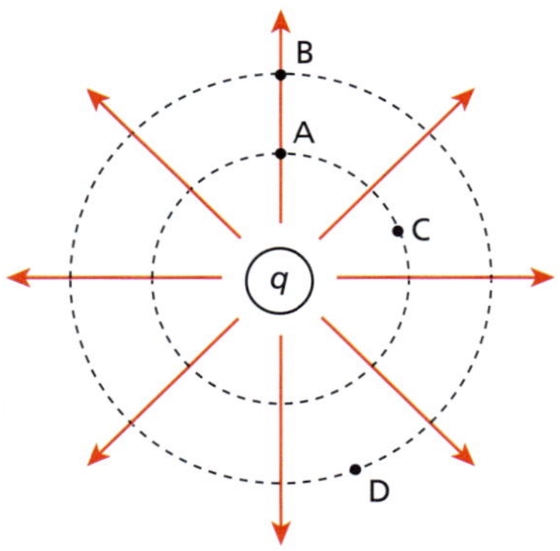


Banco de imagens/Arquivo da editora

Indique a alternativa falsa:

a) Os potenciais elétricos em **A** e **C** são iguais.
b) O potencial elétrico em **A** é maior que em **D**.
c) Uma carga elétrica positiva colocada em **A** tende a se afastar da carga $q$.
d) O trabalho realizado pelo campo elétrico para deslocar uma carga de **A** para **C** é nulo.
e) O campo elétrico em **B** é mais intenso que em **A**.

**46.** Na figura a seguir, estão representadas as linhas de força e as superfícies equipotenciais de um campo elétrico uniforme $\vec{E}$, de intensidade igual a $10^2$ V/m. Uma partícula de massa igual a $2 \cdot 10^{-9}$ kg e carga elétrica de $10^{-8}$ C é abandonada em repouso no ponto **A**.

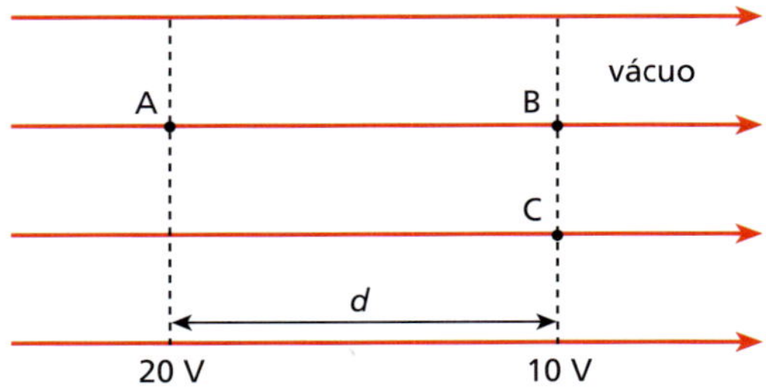


Banco de imagens/Arquivo da editora

Desprezando-se as ações gravitacionais, é correto afirmar:

(01) A distância $d$ entre as superfícies equipotenciais é 1 m.
(02) O trabalho realizado pela força elétrica, para deslocar a partícula de **A** até **B**, é $10^{-7}$ J.
(04) A velocidade da partícula, no ponto **B**, é 10 m/s.
(08) A soma da energia potencial com a energia cinética da partícula mantém-se constante durante seu deslocamento do ponto **A** ao ponto **B**.
(16) Colocada a partícula no ponto **C**, a sua energia potencial elétrica é maior que no ponto **B**.

Dê como resposta a soma dos números associados às afirmações corretas.

**47.** Entre duas placas eletrizadas dispostas horizontalmente existe um campo elétrico uniforme. Uma partícula com carga de $-3{,}0\ \mu$C e massa $m$ é colocada entre as placas, permanecendo em repouso.

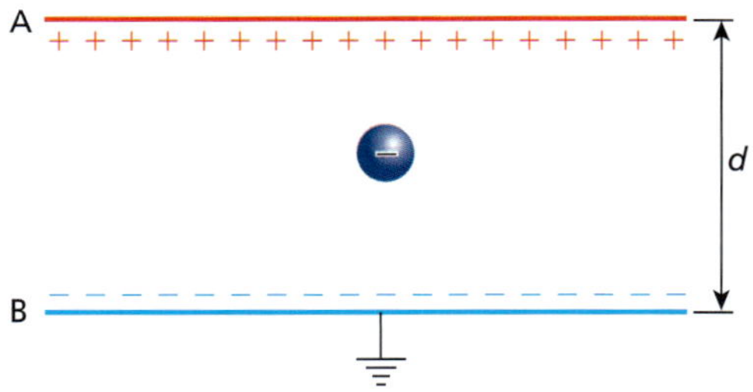


Reprodução/Arquivo da editora

Sabendo que o potencial da placa **A** é de 500 V, que a placa **B** está ligada à Terra, que a aceleração da gravidade no local vale 10 m/s$^2$ e que a distância $d$ entre as placas vale 2,0 cm, determine a massa $m$ da partícula.

**48.** (Unifesp) A presença de íons na atmosfera é responsável pela existência de um campo elétrico dirigido e apontado para a Terra. Próximo ao solo, longe de concentrações urbanas, num dia claro e limpo, o campo elétrico é uniforme e perpendicular ao solo horizontal e sua intensidade é de 120 V/m.

A figura mostra as linhas de campo e dois pontos dessa região, **M** e **N**.

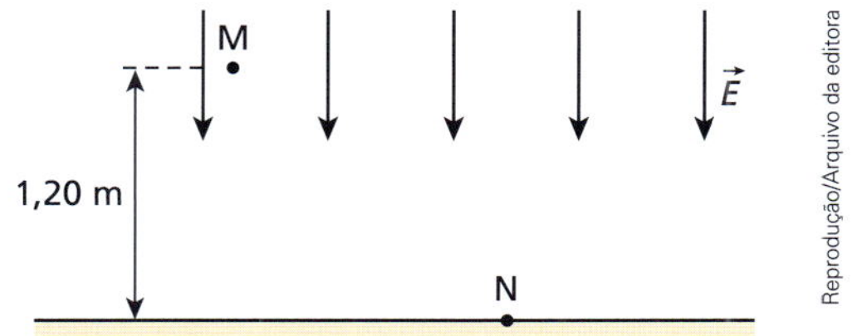


O ponto **M** está a 1,20 m do solo e **N** está no solo. A diferença de potencial entre os pontos **M** e **N** é:

a) 100 V.
b) 120 V.
c) 125 V.
d) 134 V.
e) 144 V.

**49.** (Unesp-SP) Os elétrons de um feixe de um tubo de TV são emitidos por um filamento de tungstênio dentro de um compartimento com baixíssima pressão. Esses elétrons, com carga $e = 1{,}6 \cdot 10^{-19}$ C, são acelerados por um campo elétrico existente entre uma grade plana e uma placa, separadas por uma distância $L = 12{,}0$ cm e polarizadas com uma diferença de potencial $U = 15$ kV. Passam então por um orifício da placa e atingem a tela do tubo. A figura ilustra esse dispositivo.

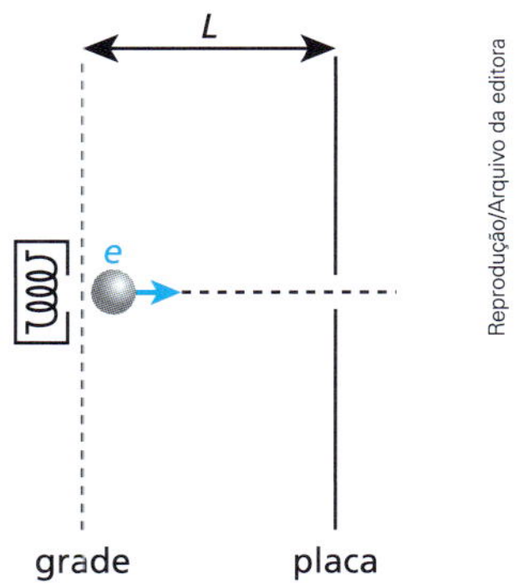


Considerando que a velocidade inicial dos elétrons é nula, calcule:

a) o campo elétrico entre a grade e a placa, considerando que ele seja uniforme;
b) a energia cinética de cada elétron, em joule, ao passar pelo orifício.

**50.** (PUC-SP) A figura esquematiza o experimento de Robert Millikan para a obtenção do valor da carga do elétron. O vaporizador borrifa gotas de óleo extremamente pequenas que, no seu processo de formação, são eletrizadas e, ao passar por um pequeno orifício, ficam sujeitas a um campo elétrico uniforme, estabelecido entre as duas placas **A** e **B**, mostradas na figura.

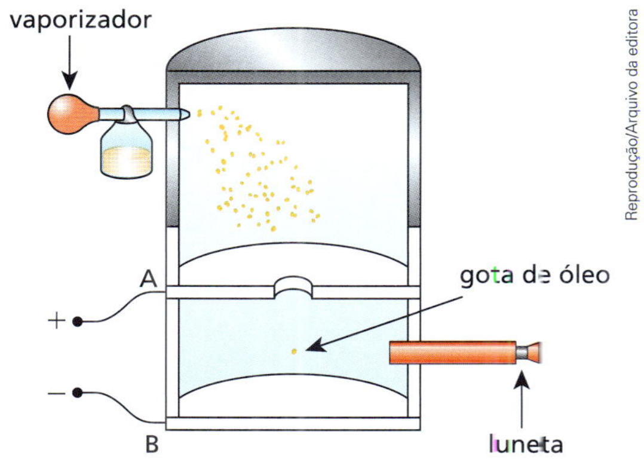


Variando adequadamente a tensão entre as placas, Millikan conseguiu estabelecer uma situação na qual a gotícula mantinha-se em equilíbrio. Conseguiu medir cargas de milhares de gotículas e concluiu que os valores eram sempre múltiplos inteiros de $1{,}6 \cdot 10^{-19}$ C (a carga do elétron).

Em uma aproximação da investigação descrita, pode-se considerar que uma gotícula de massa $1{,}2 \cdot 10^{-12}$ kg atingiu o equilíbrio entre placas separadas de 1,6 cm, estando sujeita apenas às ações dos campos elétrico e gravitacional.

Supondo que entre as placas estabeleça-se uma tensão de $6{,}0 \cdot 10^2$ V, o número de elétrons, em excesso na gotícula, será:

a) $2{,}0 \cdot 10^3$.
b) $4{,}0 \cdot 10^3$.
c) $6{,}0 \cdot 10^3$.
d) $8{,}0 \cdot 10^3$.
e) $1{,}0 \cdot 10^3$.

**51.** (Fuvest-SP) Em uma aula de laboratório de Física, para estudar propriedades de cargas elétricas, foi realizado um experimento em que pequenas esferas eletrizadas são injetadas na parte superior de uma câmara, em vácuo, onde há um campo elétrico uniforme na mesma direção e sentido da aceleração local da gravidade. Observou-se que, com campo elétrico de módulo igual a $2 \cdot 10^3$ V/m, uma das esferas, de massa $3{,}2 \cdot 10^{-15}$ kg, permanecia com velocidade constante no interior da câmara. Essa esfera tem

a) o mesmo número de elétrons e de prótons.
b) 100 elétrons a mais que prótons.
c) 100 elétrons a menos que prótons.
d) 2 000 elétrons a mais que prótons.
e) 2 000 elétrons a menos que prótons.

**Note e adote:**
Carga do elétron $= -1{,}6 \cdot 10^{-19}$ C
Carga do próton $= +1{,}6 \cdot 10^{-19}$ C
Aceleração local da gravidade = 10 m/s²

## Bloco 3

# 8. Potencial elétrico criado por um condutor eletrizado

É importante lembrar que:

> Partículas eletrizadas, abandonadas sob a influência exclusiva de um campo elétrico, movimentam-se espontaneamente entre dois pontos quaisquer somente se entre eles houver uma diferença de potencial (ddp) não nula.

Quando fornecemos elétrons a um condutor, eletrizamos inicialmente apenas uma região dele. Nessa região, as cargas negativas produzem uma diminuição no potencial, mais acentuada que a que ocorre no potencial de regiões mais distantes. A diferença de potencial estabelecida é responsável pela movimentação dos elétrons para regiões mais distantes, o que provoca um aumento no potencial do local onde se encontravam e uma diminuição no potencial do local para onde foram.

Na eletrização positiva, são tirados elétrons de uma região, provocando um aumento no potencial desse local. Como consequência, elétrons livres das regiões mais distantes movimentam-se para o local inicialmente eletrizado. Tal fato faz surgir cargas positivas nas regiões que estavam neutras, diminuindo a quantidade de cargas positivas na região eletrizada inicialmente. Tudo acontece como se as cargas positivas se movimentassem ao longo do condutor.

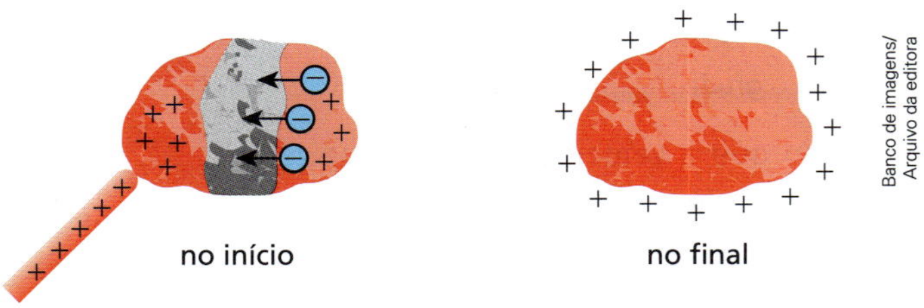


A movimentação das cargas no condutor ocorre durante um breve intervalo de tempo. Após isso, as partículas elementares atingem posições tais que a diferença de potencial entre dois pontos quaisquer do corpo torna-se nula. Dizemos, então, que o condutor atingiu o **equilíbrio eletrostático**.

Convém lembrar que a carga de um condutor eletrizado e em equilíbrio eletrostático acha-se distribuída em sua superfície externa.

> A diferença de potencial (ddp) entre dois pontos quaisquer de um condutor em equilíbrio eletrostático é sempre nula.

Do exposto, conclui-se que, tanto nos pontos internos como nos pontos da superfície de um condutor eletrizado em equilíbrio eletrostático, o potencial elétrico assume o mesmo valor. O potencial assume valores diferentes apenas nos pontos externos ao condutor.

$$\nu_{interno} = \nu_{superfície}$$

## 9. Potencial elétrico criado por um condutor esférico eletrizado

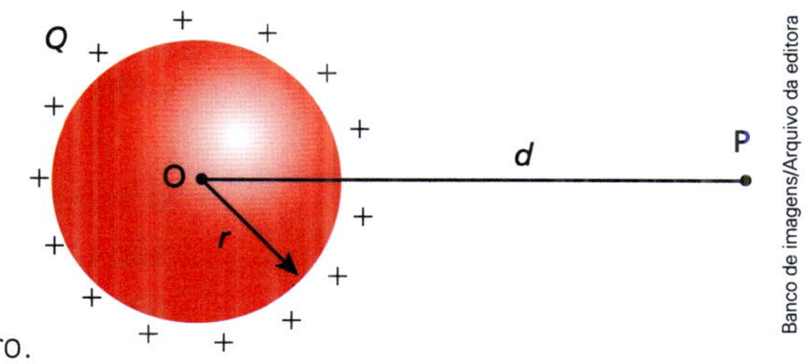


Suponha uma esfera condutora de raio *r* eletrizada com carga *Q*, isolada e em equilíbrio eletrostático.

Para pontos externos à esfera condutora, o potencial varia com a distância *d* do ponto considerado ao centro **O** da esfera.

Para efeito de cálculo desse potencial, considera-se como se toda a carga elétrica da esfera estivesse concentrada em seu centro. Isso, entretanto, só é possível devido à simetria que ela apresenta.

Assim, sendo *k* a constante eletrostática do meio, temos, para um ponto externo **P**:

$$\nu_{externo} = k\frac{Q}{d}$$

Fazendo d = r nessa expressão, obtemos o potencial na superfície da esfera que, como vimos, é igual ao potencial de seus pontos internos:

$$\nu_{externo} = \nu_{superfície} = k\frac{Q}{r}$$

Veja, a seguir, gráficos do potencial em função da distância ao centro da esfera eletrizada.

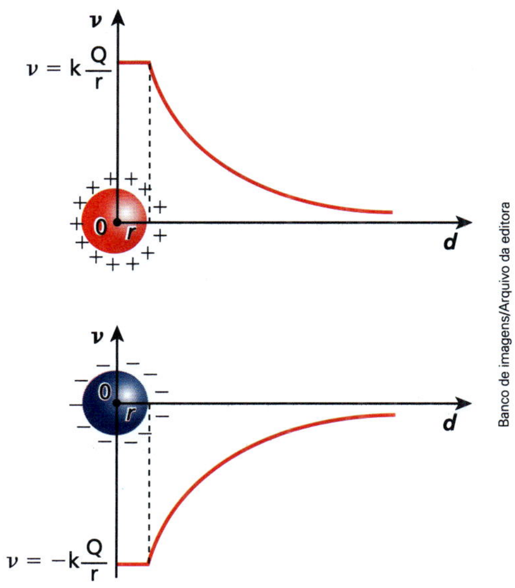

## Película esférica

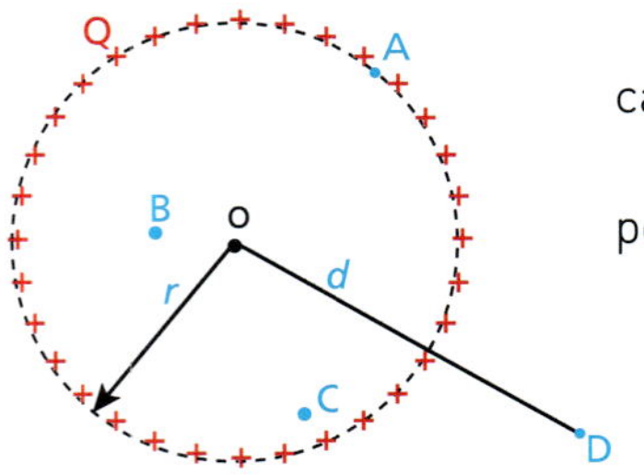


Banco de imagens/Arquivo da editora

Considere uma película esférica de raio *r* uniformemente eletrizada com carga *Q* (positiva ou negativa).

Com relação ao potencial elétrico e ao vetor campo elétrico devidos a essa película, é importante destacar que:

- o potencial é igual a $\frac{kQ}{r}$ tanto nos pontos da própria película como nos pontos envolvidos por ela. Assim:

$$\nu_A = \nu_B = \nu_C = \frac{kQ}{r}$$

- a intensidade do vetor campo elétrico é nula nos pontos envolvidos pela película. Assim:

$$E_B = E_C = 0$$

- o potencial e a intensidade do vetor campo elétrico em um ponto externo **D** são calculados considerando-se toda a carga *Q* concentrada no centro **O** da película. Portanto:

$$\nu_D = k\frac{Q}{d} \quad \text{e} \quad E_D = k\frac{|Q|}{d^2}$$

## Ampliando o olhar

### Gerador eletrostático de Van de Graaff

O gerador eletrostático foi imaginado originalmente em 1867 por Lorde Kelvin (William Thomson – 1824-1907). Entretanto, apenas em 1929 o físico estadunidense Robert Jemison **van de Graaff** (1901-1967) demonstrou o primeiro modelo desse aparelho. Era bastante simples e usava como correia de transporte de cargas uma fita de seda comprada em uma loja com poucos centavos de dólar. Em 1931, voltando a trabalhar no Instituto Tecnológico de Massachusetts (MIT), ele construiu um exemplar que podia produzir 1 milhão de volts. Nos aceleradores de partículas, usados em universidades e institutos de pesquisa nuclear, o potencial produzido é da ordem de 10 milhões de volts.

MIT Museum Collections/Reprodução

Robert J. van de Graaff.

Luscious Frames/Alamy/Fotoarena

Gerador eletrostático do tipo Van de Graaff em funcionamento durante apresentação no Museu de Ciências de Boston, EUA.

Bettmann/Corbis/Latinstock

Um dos primeiros modelos de gerador eletrostático construídos por Van de Graaff no MIT. Novembro de 1935. New Bedford, Massachusetts, EUA.

Geradores de Van de Graaff de grande porte podem produzir diferenças de potencial da ordem de milhões de volts. Em pesquisas na área da Física, eles são utilizados em especial para acelerar partículas eletrizadas, elevando consideravelmente sua energia. Após o processo de aceleração, essas partículas são aproveitadas em várias experiências de bombardeamento de átomos, e os resultados obtidos são usados pelos físicos para desvendar os mistérios da Física Nuclear.

Modelos simplificados do gerador de Van de Graaff são muito utilizados nos laboratórios das escolas de Ensino Médio.

Basicamente, eles possuem uma esfera metálica condutora oca com suportes isolantes. Uma correia de material isolante, borracha, por exemplo, é movimentada por um pequeno motor entre duas polias: uma colocada no interior da esfera condutora e outra, na base do aparelho. A correia é eletrizada por atrito na parte inferior do aparelho. Quando a correia eletrizada atinge a polia superior, um pente metálico de pontas bem finas retira as cargas elétricas obtidas na eletrização e faz a transferência para a superfície externa da esfera.

Quando em funcionamento, a aproximação do dedo de uma pessoa pode provocar descargas elétricas entre o condutor esférico e o dedo, já que existe uma diferença de potencial entre eles.

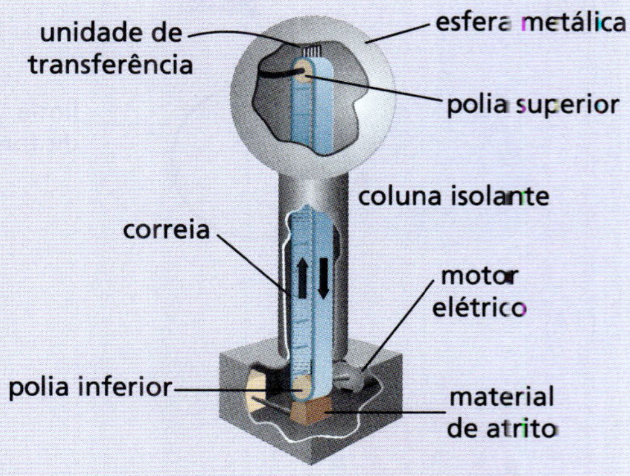


CJT/Zapt/Arquivo da editora

Representação esquemática de um gerador eletrostático de Van de Graaff. A correia, que é acionada em alta velocidade por um motor, fica eletrizada ao ser atritada no material existente na base do aparelho.

David R. Frazier/Photo Researchers/Latinstock

Estudante toca na cúpula de um gerador de Van de Graaff, usado em laboratórios escolares. Por causa do potencial da esfera metálica, a jovem é eletrizada e os fios de seus cabelos se repelem, procurando o máximo distanciamento.

## Exercícios Nível 1

**52.** E.R. Nesta questão, vamos analisar algumas particularidades a respeito do **potencial elétrico** produzido por cargas existentes em condutores em **equilíbrio eletrostático**.

Observe as figuras para saber se mostram situações verdadeiras ou falsas. Dê como resposta a soma dos números associados às situações verdadeiras.

(01)

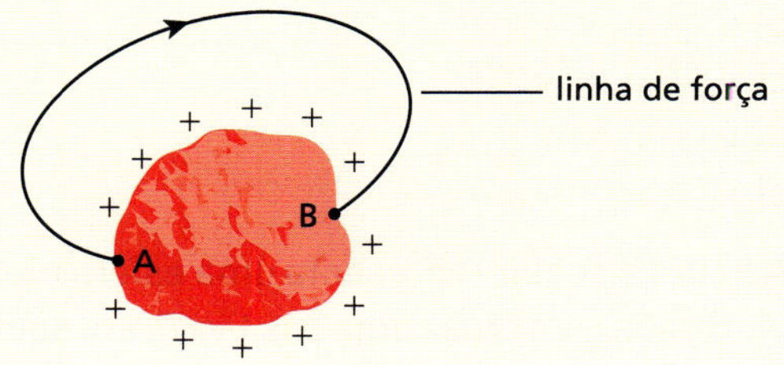


Banco de imagens/Arquivo da editora

(02)

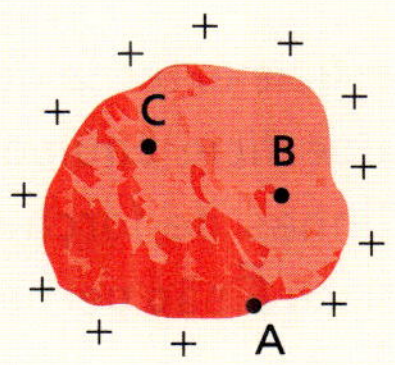


$\nu_B = \nu_C = 0$
$\nu_A > \nu_B = \nu_C$

(04)

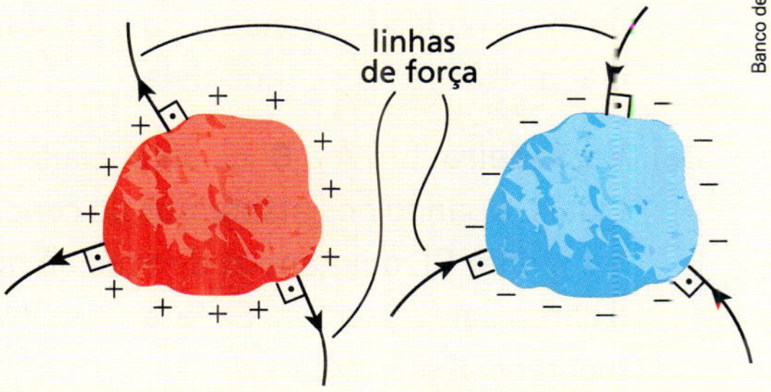


Banco de imagens/Arquivo da editora

(08)

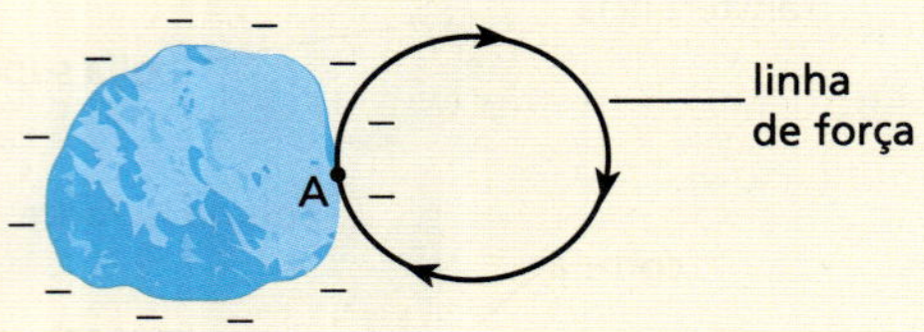


(16)

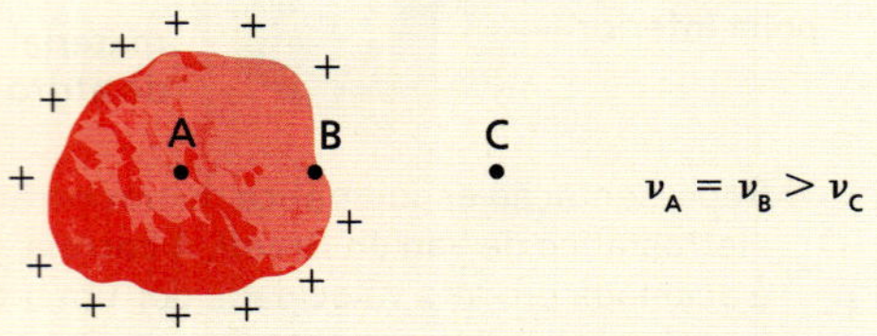


Banco de imagens/Arquivo da editora

(32)

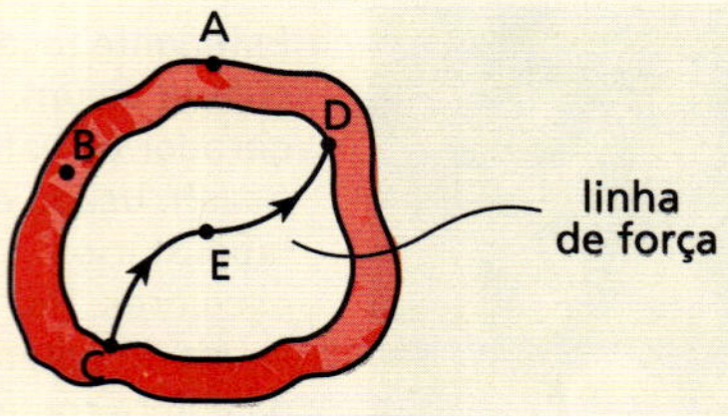


**Resolução:**

(01) **Falsa**. Uma linha de força não pode partir de um ponto do condutor e retornar ao mesmo condutor. De fato, como o potencial decresce no sentido da linha de força, teríamos $\nu_A > \nu_B$, o que não é verdade, pois os potenciais são iguais em todos os pontos do condutor.

(02) **Falsa**. O potencial é igual e positivo em todos os pontos do condutor: $\nu_A = \nu_B = \nu_C$.

(04) **Verdadeira**. A superfície externa de um condutor é uma superfície equipotencial. Por isso, as linhas de força e os vetores campo elétrico $\vec{E}$ são perpendiculares a ela.

(08) **Falsa**. Em nenhuma situação uma linha de força pode ser fechada, pois o potencial decresce no sentido dela.

(16) **Verdadeira**. Em **A** e **B**, os potenciais são iguais. Quando nos afastamos do condutor (ponto **C**), o potencial diminui, já que a carga dele é positiva. Se fosse negativa, o potencial aumentaria.

(32) **Falsa**. Em uma região onde o campo elétrico é nulo ($\vec{E} = \vec{0}$), o potencial elétrico é igual em todos os pontos. Por isso, na cavidade de um condutor oco eletrizado não pode haver linhas de força, pois o potencial elétrico é igual tanto onde existe o material condutor como na região oca: $\nu_C = \nu_E = \nu_D$.

Resposta: 20

**53.** A figura representa um objeto metálico, eletrizado e em equilíbrio eletrostático, em que se distinguem as regiões **A**, **B**, **C** e **D**, na superfície, e **E**, no interior.

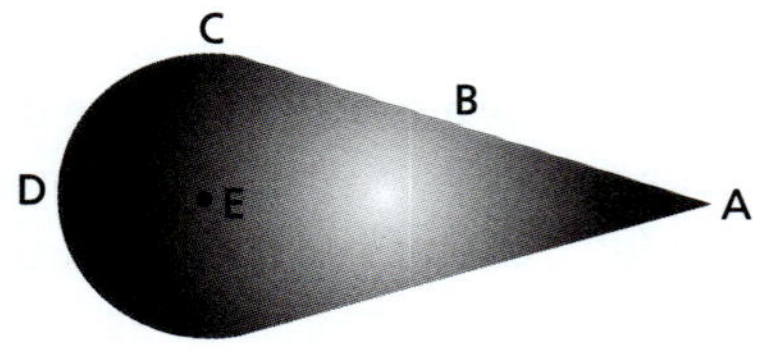


Banco de imagens/Arquivo da editora

Representando os potenciais elétricos das mencionadas regiões, respectivamente, por $\nu_A$, $\nu_B$, $\nu_C$, $\nu_D$ e $\nu_E$, é correto afirmar que:

a) $\nu_A > \nu_D > \nu_C > \nu_B > \nu_E$;
b) $\nu_E > \nu_B > \nu_C > \nu_D > \nu_A$;
c) $\nu_E = 0$ e $\nu_A = \nu_B = \nu_C = \nu_D \neq 0$;
d) $\nu_A = \nu_B = \nu_C = \nu_D = \nu_E \neq 0$;
e) $\nu_E > \nu_A > \nu_D$.

**54.** Considere um condutor esférico eletrizado negativamente e em equilíbrio eletrostático. Sejam $\nu_A$, $\nu_B$ e $\nu_C$ os potenciais elétricos nos pontos **A**, **B** e **C** indicados na figura a seguir.

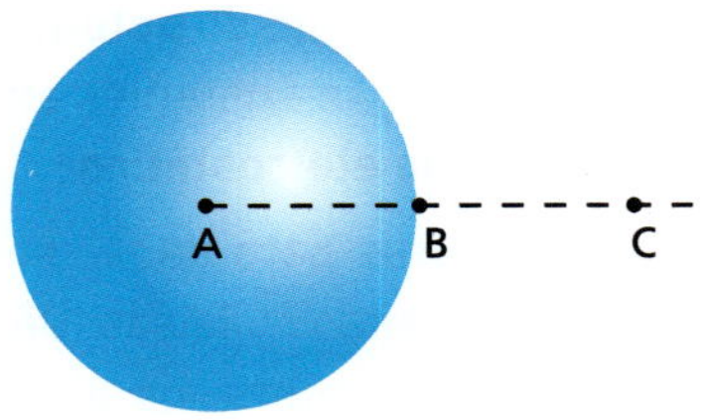


Banco de imagens/Arquivo da editora

Pode-se afirmar que:

a) $\nu_A > \nu_B > \nu_C$;
b) $\nu_A = \nu_B < \nu_C$;
c) $\nu_A = \nu_B = \nu_C$;
d) $\nu_A = \nu_B > \nu_C$;
e) $\nu_A > \nu_B = \nu_C$.

**55.** A figura a seguir representa uma esfera metálica eletrizada com uma carga positiva *Q*, em equilíbrio eletrostático.

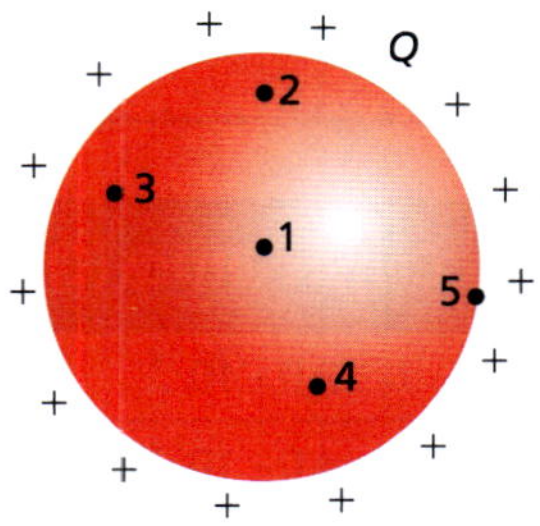


Banco de imagens/Arquivo da editora

A respeito da intensidade do campo elétrico $E$ e do potencial elétrico $\nu$ nos pontos indicados, podemos afirmar que:

(01) $E_1 = E_2 = E_3 = E_4 = E_5 = 0$.

(02) $\nu_1 = \nu_2 = \nu_3 = \nu_4 = \nu_5 > 0$.

(04) $E_1 < E_5$ e $\nu_1 < \nu_5$.

(08) $\nu_1 = \nu_2 = \nu_3 = \nu_4 = \nu_5 = 0$.

(16) $E_1 = E_2 = E_3 = E_4 = 0$.

Dê como resposta a soma dos números associados às afirmações corretas.

**56.** E.R. Uma esfera condutora de 30 cm de raio é eletrizada com uma carga de 8,0 μC. Supondo atingido o equilíbrio eletrostático, determine:

a) o potencial da esfera;

b) o potencial de um ponto externo localizado a 60 cm da superfície da esfera.

**Dado:** constante eletrostática do meio: $k_0 = 9{,}0 \cdot 10^9$ N m² C⁻².

**Resolução:**

a) O potencial da esfera condutora é calculado pela relação:

$$\nu_e = k\frac{Q}{r}$$

Assim:

$$\nu_e = 9{,}0 \cdot 10^9 \cdot \frac{8{,}0 \cdot 10^{-6}}{0{,}30} \therefore \boxed{\nu_e = 2{,}4 \cdot 10^5 \text{ V}}$$

b) Para pontos externos à esfera, a expressão do potencial passa a ser:

$$\nu_{ext} = k\frac{Q}{d}$$

em que $d$ é a distância do ponto considerado ao centro da esfera. Nesse caso, temos:

$d = 60 \text{ cm} + 30 \text{ cm} \Rightarrow d = 0{,}90 \text{ m}$

Assim:

$$\nu_{ext} = 9{,}0 \cdot 10^9 \cdot \frac{8{,}0 \cdot 10^{-6}}{0{,}90} \therefore \boxed{\nu_{ext} = 8{,}0 \cdot 10^4 \text{ V}}$$

**57.** Que carga elétrica deve possuir uma esfera condutora de 60 cm de raio para que, no vácuo, adquira um potencial igual a −120 kV?

**Dado:** constante eletrostática do vácuo = $= 9{,}0 \cdot 10^9$ N m² C⁻².

**58.** Uma esfera condutora em equilíbrio eletrostático possui raio de 20 cm e uma carga elétrica $Q = +4{,}0$ μC. Qual a intensidade do campo elétrico e qual o valor do potencial elétrico em um ponto situado a 10 cm do centro da esfera?

**Dado:** $k_0 = 9{,}0 \cdot 10^9$ N m² C⁻².

**59.** Uma esfera metálica oca possui diâmetro de 2,0 m e é eletrizada com carga elétrica positiva de $8{,}0 \cdot 10^{-8}$ C. O meio que a envolve é o vácuo ($k = 9 \cdot 10^9$ N m² C⁻²) e não existem outras cargas elétricas provocando influências nessa região. Atingido o equilíbrio eletrostático, determine o potencial elétrico:

a) da esfera;

b) em um ponto distante 12 m do centro da esfera;

c) em um ponto situado a 10 cm do centro da esfera.

**60.** (UFV-MG) Uma esfera condutora de raio $R$ está carregada com uma carga elétrica negativa. O gráfico que representa **corretamente** o potencial elétrico da esfera em equilíbrio eletrostático em função de uma coordenada $x$ definida ao longo de um eixo que passa pelo centro da esfera, com origem no centro desta, é:

a)
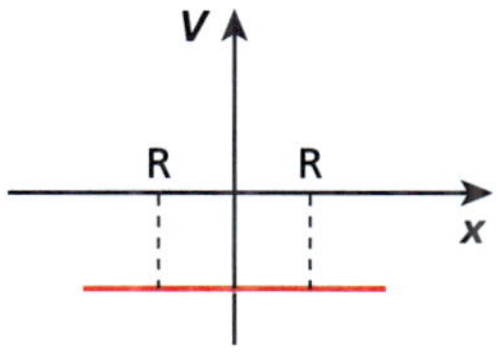


Reprodução/Arquivo da editora

b)
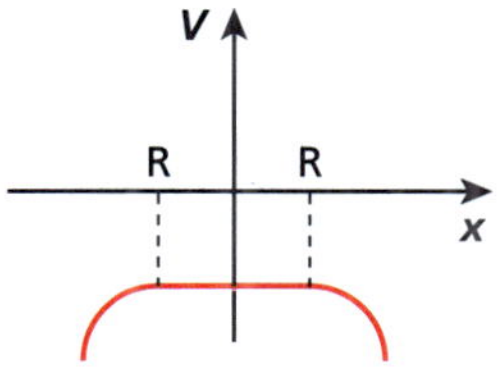


c)
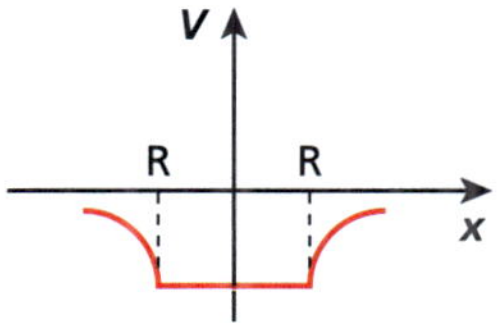


d)
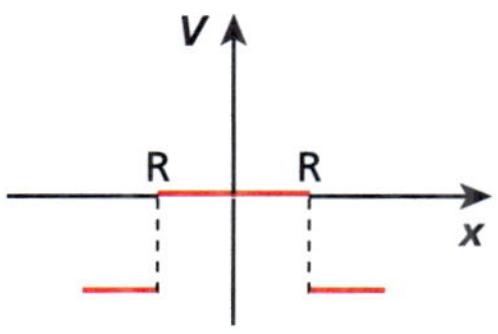

## Exercícios Nível 2

**61.** (Unip-SP) A respeito das linhas de força de um campo eletrostático, indique a opção **falsa**:

a) À medida que caminhamos ao longo da linha de força e no seu sentido, o potencial elétrico vai diminuindo.

b) As linhas de força não podem ser fechadas.

c) As linhas de força encontram perpendicularmente as superfícies equipotenciais.

d) No interior de um condutor em equilíbrio eletrostático, não existem linhas de força.

e) A linha de força pode "nascer" e "morrer" em um mesmo condutor em equilíbrio eletrostático.

**62.** (UFU-MG) Em relação a cargas elétricas, campo elétrico e potencial elétrico é correto afirmar:

a) Três corpos **A**, **B** e **C** estão eletrizados. Se **A** atrai **B** e **B** repele **C**, então **A** e **C** têm cargas de mesmos sinais.

b) Na figura ao lado, temos a configuração das linhas de força do campo elétrico criado por uma esfera **A**, eletricamente carregada em presença de um objeto **B** à sua direita (não mostrado na figura). Portanto, **A** e **B** são positivos ou negativos.

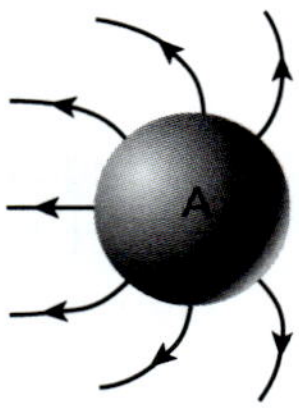


Reprodução/Arquivo da editora

c) Três cargas elétricas *Q*, *Q'* e *q* estão dispostas conforme a figura abaixo. Sendo *Q* e *Q'* iguais e positivas, *q* sofrerá ação de uma força na direção horizontal, independentemente de seu sinal.

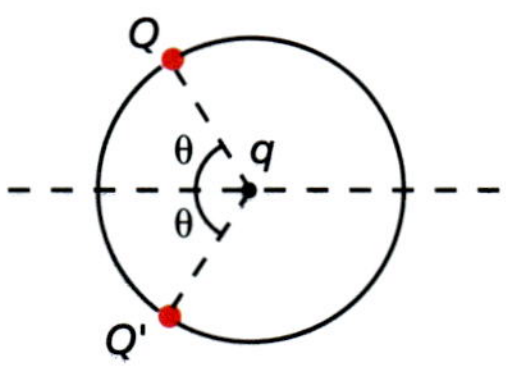


Reprodução/Arquivo da editora

d) Uma esfera metálica eletrizada, em equilíbrio eletrostático, produz linhas equipotenciais radiais.

e) O potencial elétrico no interior de uma esfera condutora carregada é nulo.

**63.** (Ufal) Eletrizamos os condutores esféricos 1, 2, 3, 4 e 5, bem distantes uns dos outros. Na tabela a seguir, estão anotados as cargas elétricas e os potenciais atingidos por eles.

| Condutor | Carga elétrica (C) | Potencial na superfície (V) |
|---|---|---|
| 1 | $2{,}0 \cdot 10^{-9}$ | 200 |
| 2 | $4{,}0 \cdot 10^{-9}$ | 400 |
| 3 | $6{,}0 \cdot 10^{-9}$ | 100 |
| 4 | $12 \cdot 10^{-9}$ | 800 |
| 5 | $16 \cdot 10^{-9}$ | 800 |

Dentre esses condutores, aquele que tem maior diâmetro é o:

a) 1. b) 2. c) 3. d) 4. e) 5.

**Dado:** $k = 9 \cdot 10^9 \dfrac{\text{N m}^2}{\text{C}^2}$.

**64.** E.R. O gráfico a seguir representa o potencial criado por uma esfera condutora eletrizada em função da distância ao seu centro:

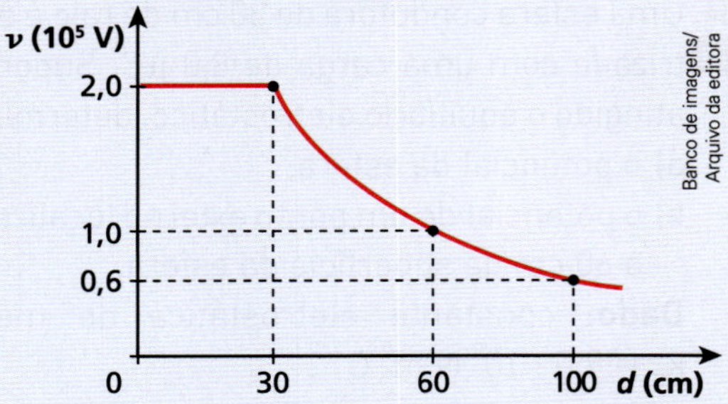


Banco de imagens/Arquivo da editora

Considerando a constante eletrostática do meio igual a $1{,}0 \cdot 10^{10}$ N m$^2$ C$^{-2}$, determine:

a) o raio da esfera;

b) a carga elétrica existente na esfera.

**Resolução:**

a) O raio da esfera é lido diretamente no gráfico:

$$\boxed{r = 30 \text{ cm}}$$

Observe que o potencial começa a variar apenas em pontos externos à esfera.

b) Da expressão do potencial da esfera:

$$\nu_e = k\frac{Q}{r}$$

tem-se:

$$Q = \frac{\nu_e\, r}{k}$$

Assim, do gráfico, vem:

$$Q = \frac{2{,}0 \cdot 10^5 \cdot 0{,}30}{1{,}0 \cdot 10^{10}} \therefore \boxed{Q = 6{,}0\ \mu\text{C}}$$

**65.** (UPE) Um condutor esférico em equilíbrio eletrostático, representado pela figura a seguir, tem raio igual a R e está eletrizado com carga $Q$.

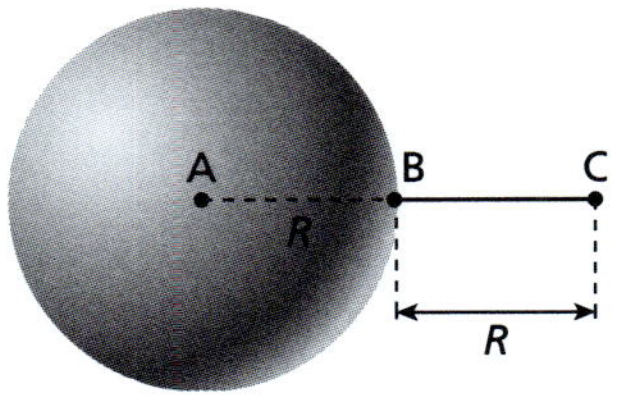

Reprodução/Arquivo da editora

Analise as afirmações que se seguem:

I. No ponto **A**, o campo elétrico e o potencial elétrico são nulos.

II. Na superfície da esfera $E_B = \dfrac{\nu_B}{R}$.

III. No ponto **C**, o potencial elétrico é dado por $\dfrac{kQ}{R}$.

IV. No ponto **C**, distante do ponto **A** de $2R$, tem-se $E_C = \nu_C/2R$.

É correto afirmar que apenas as(a) afirmações(ão)

a) I e III estão corretas.
b) IV está correta.
c) II e IV estão corretas.
d) III e IV estão corretas.
e) II e III estão corretas.

**66.** (UPM-SP)

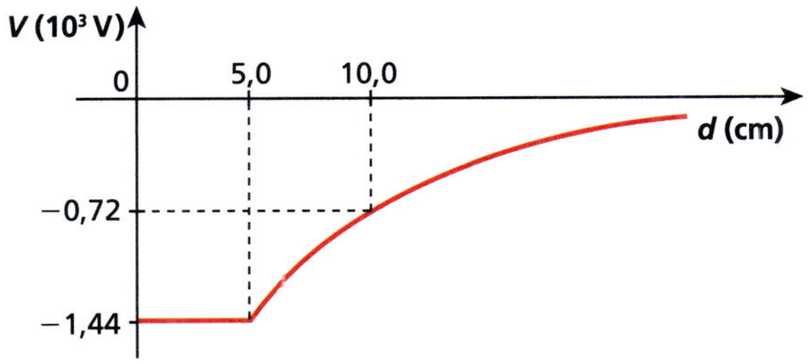

Reprodução/Arquivo da editora

**Dados:**

carga do elétron = $-1,6 \cdot 10^{-19}$ C

carga do próton = $+1,6 \cdot 10^{-19}$ C

Ao eletrizarmos uma esfera metálica no vácuo ($k_0 = 9 \cdot 10^9$ Nm²/C²), o potencial elétrico $V$ por ela adquirido, em relação ao infinito, varia em função da distância $d$ ao seu centro, conforme o gráfico acima. Dessa forma, podemos afirmar que nessa esfera existem:

a) $5 \cdot 10^{10}$ prótons a mais que o número de elétrons.
b) $1 \cdot 10^{11}$ prótons a mais que o número de elétrons.
c) $1 \cdot 10^{9}$ elétrons a mais que o número de prótons.
d) $5 \cdot 10^{10}$ elétrons a mais que o número de prótons.
e) $1 \cdot 10^{11}$ elétrons a mais que o número de prótons.

**67.** O potencial, criado por uma esfera eletrizada com carga $Q$, varia com a distância ao centro dessa esfera, conforme o gráfico a seguir. Sabendo que o meio que envolve a esfera tem constante eletrostática igual a $9,0 \cdot 10^9$ N m² C⁻², determine os valores de $a$ e de $b$, indicados no gráfico, bem como o da carga $Q$ da esfera.

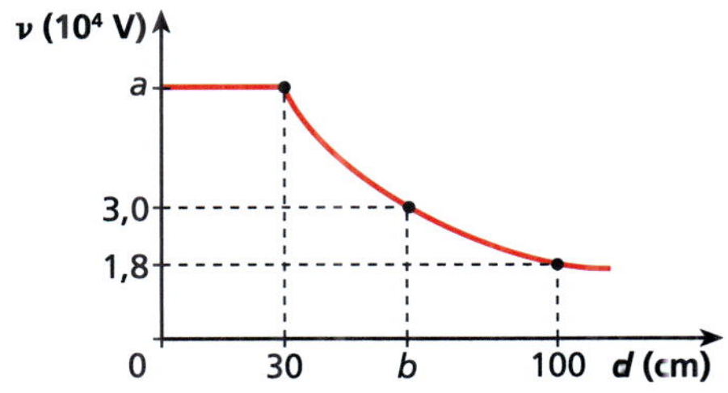

Banco de imagens/Arquivo da editora

**68.** (CPAEN-RJ) Analise a figura abaixo.

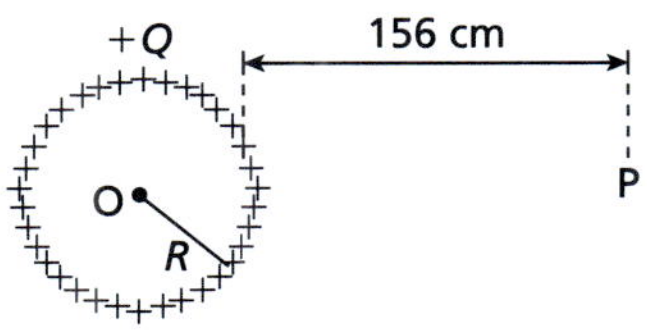

Reprodução/Arquivo da editora

Uma casca esférica metálica fina, isolada, de raio $R = 4,00$ cm e carga $Q$, produz um potencial elétrico igual a 10,0 V no ponto **P**, distante 156 cm da superfície da casca (ver figura). Suponha agora que o raio da casca esférica foi alterado para um valor quatro vezes menor. Nessa nova configuração, a ddp entre o centro da casca e o ponto **P**, em quilovolts, será

a) 0,01
b) 0,39
c) 0,51
d) 1,59
e) 2,00

**69.** Uma esfera condutora de raio $R$, eletrizada com carga igual a $2\pi R^2 \cdot 10^{-9}$ C, gera um campo elétrico à sua volta. O campo tem intensidade $E$ no ponto **P** representado na figura.

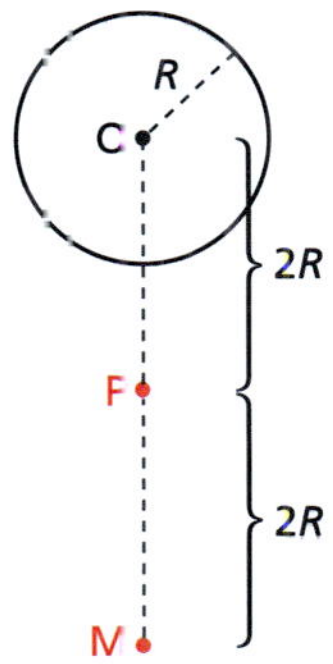

Banco de imagens/Arquivo da editora

Responda:

a) Sendo a constante eletrostática igual a $9,0 \cdot 10^9$ N m²C⁻², qual o potencial eletrostático no ponto **P**, em volts?

b) Aumentando-se a carga da esfera até que ela fique com densidade superficial de carga igual a $2,0 \cdot 10^{-9}$ C/m², o campo elétrico gerado no ponto **M**, também representado, terá qual intensidade?

## Bloco 4

# 10. Capacitância

É de verificação experimental que o potencial adquirido por um condutor eletrizado é diretamente proporcional à sua carga elétrica. Assim, se um condutor eletrizado com carga *Q* apresenta um potencial $\nu$, ao adquirir uma carga $2Q$, apresentará um potencial $2\nu$. Dessa forma, a razão entre a carga elétrica *Q* recebida por um condutor e o potencial $\nu$ atingido por ele é uma constante, denominada **capacitância** *C* do condutor.

$$C = \frac{Q}{\nu}$$

A capacitância fornece uma indicação da capacidade do condutor de armazenar cargas. Assim, quando dois condutores isolados e inicialmente neutros atingem o mesmo potencial, o de maior capacitância armazena uma carga elétrica maior.

A capacitância de um condutor depende de suas características geométricas (forma e dimensão) e do meio em que se encontra.

No SI, a unidade de capacitância é o **farad** (**F**), nome dado em homenagem ao cientista inglês Michael **Faraday** (1791-1867).

$$1 \text{ farad} = 1 \frac{\text{coulomb}}{\text{volt}}$$

Assim, para cada farad de capacitância, o condutor terá de receber ou perder 1 coulomb de carga para ter seu potencial alterado de 1 volt. Para uma capacitância de 10 F, por exemplo, o condutor terá de receber ou perder 10 C de carga elétrica para variar de 1 V o seu potencial.

Lembre-se de que a carga de 1 C é muito grande. Portanto, a capacitância de 1 F também é muito grande. Por isso, costumamos usar submúltiplos do farad, como, por exemplo, o microfarad ($\mu$F).

# 11. Capacitância de um condutor esférico

Para um condutor esférico de raio *r*, valem as relações:

$$\begin{cases} \nu = k\dfrac{Q}{r} & \text{(I)} \\ C = \dfrac{Q}{\nu} \Rightarrow Q = C\nu & \text{(II)} \end{cases}$$

Substituindo (II) em (I), temos:

$$C = \frac{r}{k}$$

Observe que, uma vez estabelecida a forma esférica, a capacitância do condutor depende de sua dimensão e do meio que o envolve, sendo diretamente proporcional ao raio *r*.

Fazendo o raio da Terra aproximadamente igual a $6,3 \cdot 10^6$ m, podemos calcular a sua capacitância:

$$C = \frac{r}{k} = \frac{6,3 \cdot 10^6}{9 \cdot 10^9} \text{ (SI)} \therefore \boxed{C = 7 \cdot 10^{-4} \text{ F}}$$

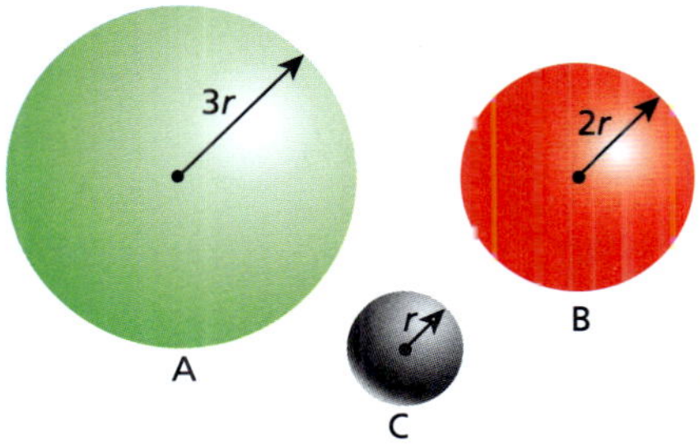

Banco de imagens/Arquivo da editora

Num mesmo meio, a capacitância da esfera **A** é a maior e a da esfera **C** é a menor:
$C_A = 3C_C$ $C_B = 2C_C$

Observe que a Terra tem uma capacitância de, aproximadamente, sete décimos de milésimo de farad. Esse fato mostra que 1 F é muito grande mesmo.

## 12. Energia potencial eletrostática de um condutor

Considere um condutor inicialmente neutro. Para eletrizá-lo negativamente, por exemplo, devemos adicionar-lhe elétrons. Para que um novo elétron seja colocado no condutor, entretanto, precisaremos vencer as forças repulsivas exercidas pelos elétrons já adicionados. Em outras palavras, será preciso realizar um trabalho contra as forças de repulsão, que ficará armazenado no condutor sob a forma latente de energia potencial eletrostática (ou elétrica).

Seja, então, um condutor neutro de capacitância *C*, ao qual fornecemos uma carga elétrica *Q*. Sendo $\nu$ o potencial atingido pelo condutor, a energia potencial elétrica adquirida por ele é dada por:

$$E_p = \frac{Q\nu}{2}$$

Utilizando a expressão da capacitância, temos:

$$C = \frac{Q}{\nu}$$

ou

$$|\nu| = \frac{1}{C}|Q|$$

Na figura ao lado, temos a representação gráfica dos valores absolutos da variação de potencial ($\nu$) e da carga (*Q*).

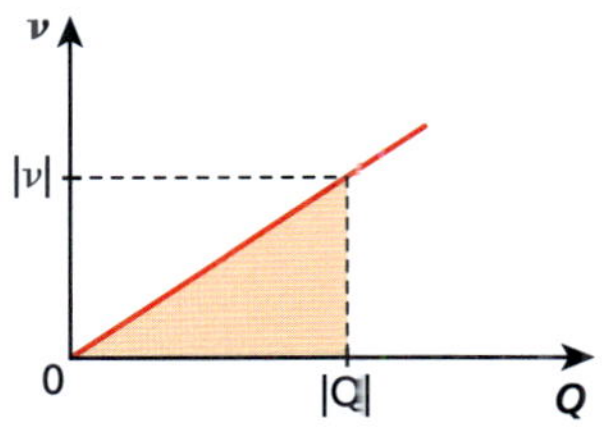

Banco de imagens/Arquivo da editora

Sendo a energia potencial armazenada numericamente igual à área sombreada (triângulo), temos:

$$E_p = \frac{|Q||\nu|}{2}$$

Como essa expressão é válida tanto para cargas positivas como negativas, vem:

$$E_p = \frac{Q\nu}{2}$$

Observe que para $Q > 0$ temos $\nu > 0$ e para $Q < 0$ temos $\nu < 0$. Assim, o produto $Q\nu$ é sempre positivo ($E_p > 0$).

Sendo $Q = C\nu$, também podemos escrever:

$$E_p = \frac{C\nu^2}{2} = \frac{Q^2}{2C}$$

# 13. Condutores em equilíbrio eletrostático

Considere *n* condutores eletrizados e isolados.

A capacitância (*C*), a carga (*Q*) e o potencial ($\nu$) de cada um dos condutores estão indicados na figura, valendo as relações:

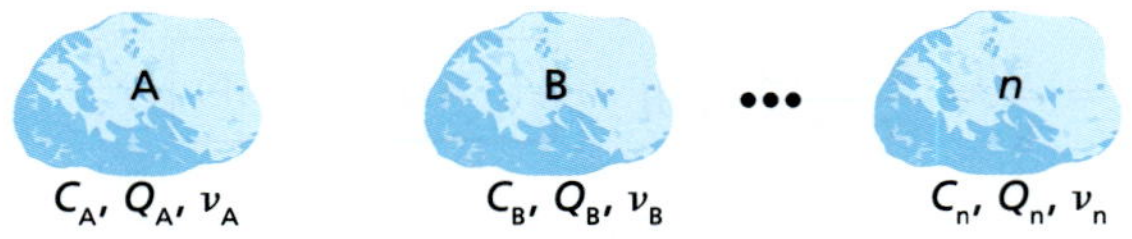


Banco de imagens/Arquivo da editora

$$Q_A = C_A \nu_A$$
$$Q_B = C_B \nu_B$$
$$\vdots$$
$$Q_n = C_n \nu_n$$

Por meio de fios de capacitâncias desprezíveis, podemos fazer a interligação desses condutores. Devido às diferenças de potencial existentes entre eles, há um deslocamento de cargas até que os potenciais tornem-se iguais. Quando isso ocorre, os condutores atingem o **equilíbrio eletrostático**.

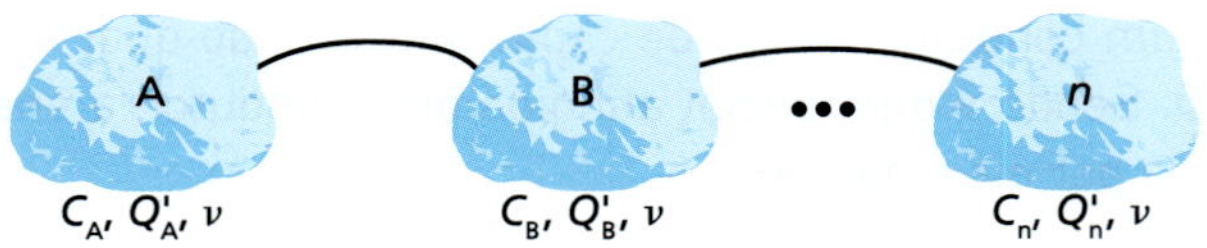


Banco de imagens/Arquivo da editora

A nova carga (*Q'*) e o potencial comum ($\nu$) dos condutores estão indicados na figura acima, valendo, agora, as relações:

$$Q'_A = C_A \nu$$
$$Q'_B = C_B \nu$$
$$\vdots$$
$$Q'_n = C_n \nu$$

Somando membro a membro as expressões, temos:

$$Q'_A + Q'_B + ... + Q'_n = C_A \nu + C_B \nu + ... + C_n \nu$$

Pelo Princípio da Conservação das Cargas Elétricas, entretanto, a soma das cargas antes e depois dos contatos é a mesma:

$$Q_A + Q_B + ... + Q_n = Q'_A + Q'_B + ... + Q'_n$$

Assim:

$$Q_A + Q_B + ... + Q_n = (C_A + C_B + ... + C_n)\, \nu$$

$$\nu = \frac{Q_A + Q_B + ... + Q_n}{C_A + C_B + ... C_n}$$

Portanto, o potencial de equilíbrio é o quociente do somatório das cargas elétricas existentes nos condutores pelo somatório das respectivas capacitâncias.

## Exercícios Nível 1

**70.** Analise as proposições seguintes:

I. A capacitância de um condutor depende do material de que ele é feito.

II. Num condutor esférico, a capacitância é tanto maior quanto maior é o seu raio.

III. Dois condutores esféricos, um de cobre e outro de alumínio, de mesmo raio e em um mesmo meio, possuem capacitâncias iguais.

Responda de acordo com o código.

a) Se todas estiverem corretas.
b) Se apenas I estiver correta.
c) Se apenas II e III estiverem corretas.
d) Se apenas III estiver correta.
e) Se todas estiverem incorretas.

**71.** (PUC-MG) Uma carga positiva $Q$ está distribuída sobre uma esfera de raio $R$ fabricada com um material condutor que pode ser inflado. A esfera é inflada até que o novo raio seja o dobro do anterior.

Nessa condição final, é correto dizer que:

a) o potencial e a capacitância dobram de valor.
b) o potencial fica reduzido à metade e a capacitância dobra de valor.
c) o potencial e a capacitância ficam reduzidos à metade do valor inicial.
d) o potencial e a capacitância não mudam.
e) o potencial não muda e a capacitância fica reduzida à metade.

**72.** (PUC-MG) Uma esfera condutora de raio $R$ possui carga negativa de valor $Q$. De repente, sua carga dobra de valor. Nessa condição final, é correto afirmar:

a) o potencial e a capacitância dobram de valor.
b) o potencial fica reduzido à metade e a capacitância dobra de valor.
c) o potencial e a capacitância ficam reduzidos à metade do valor inicial.
d) o potencial dobra e a capacitância não muda.
e) o potencial não muda e a capacitância fica reduzida à metade.

**73.** E.R. Uma esfera condutora neutra de 7,2 cm de raio encontra-se no vácuo, onde a constante eletrostática vale $9{,}0 \cdot 10^9\ N\ m^2\ C^{-2}$. Determine:

a) a capacitância da esfera;
b) o potencial atingido pela esfera, quando recebe uma carga igual a 1,6 μC.

**Resolução:**

a) A capacitância de um condutor esférico pode ser calculada pela relação:

$$C = \frac{r}{k}$$

Assim, sendo $r = 7{,}2\ cm = 7{,}2 \cdot 10^{-2}\ m$ e $k_0 = 9{,}0 \cdot 10^9\ N\ m^2\ C^{-2}$, temos:

$$C = \frac{7{,}2 \cdot 10^{-2}}{9{,}0 \cdot 10^9} \therefore C = 8{,}0 \cdot 10^{-12}\ F$$

$$\boxed{C = 8{,}0\ pF}$$

b) Para qualquer condutor, vale a expressão:

$$C = \frac{Q}{\nu} \Rightarrow \nu = \frac{Q}{C}$$

Assim, sendo $Q = 1{,}6\ \mu C = 1{,}6 \cdot 10^{-6}\ C$ e $C = 8{,}0\ pF = 8{,}0 \cdot 10^{-12}\ F$, obtemos:

$$\nu = \frac{1{,}6 \cdot 10^{-6}}{8{,}0 \cdot 10^{-12}} \therefore \boxed{\nu = 2{,}0 \cdot 10^5\ volts}$$

**74.** Um condutor esférico, ao ser eletrizado com uma carga de 3,0 μC, adquire um potencial de 5,0 kV. Determine:

a) a capacitância do condutor;
b) o seu raio.

**Dado:** constante eletrostática do meio = $= 9{,}0 \cdot 10^9\ N\ m^2\ C^{-2}$.

**75.** Se a Terra for considerada um condutor esférico (R = 6400 km), situado no vácuo, qual será sua capacitância?

**Dado:** $k_0 = 9{,}0 \cdot 10^9\ N\ m^2\ C^{-2}$.

**76.** (OBF) Duas esferas de raio $R_1 \neq R_2$ estão carregadas com cargas $Q_1$ e $Q_2$, respectivamente. Ao conectá-las, por um fio condutor fino, é correto afirmar que:

a) suas cargas serão iguais.
b) a esfera de menor raio terá maior carga.
c) as cargas nas esferas serão proporcionais ao inverso de seus raios.
d) a diferença de potencial entre as esferas será nula.
e) o potencial é maior na esfera de raio menor.

**77.** Três esferas condutoras de raios $3r$, $2r$ e $r$ encontram-se ligadas por fios condutores:

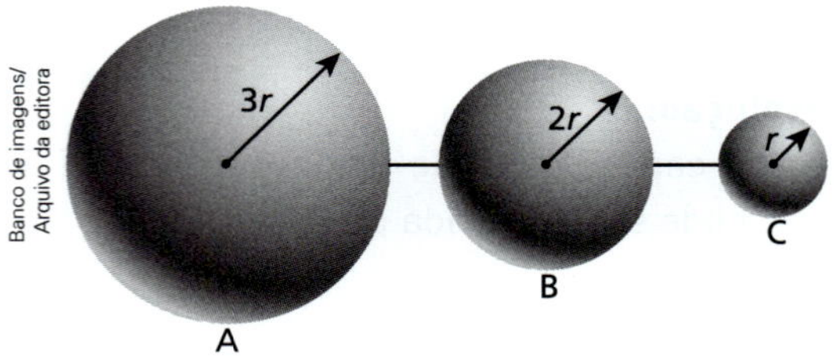


Antes das ligações, a esfera **A** tinha carga $Q$ e as esferas **B** e **C** tinham carga nula. No equilíbrio eletrostático do sistema, as superfícies esféricas:

I. estão em um mesmo potencial;

II. têm a mesma carga $\frac{Q}{3}$;

III. de maior carga têm maior potencial;

IV. têm o mesmo potencial; logo, suas cargas são diferentes.

Quais dessas quatro afirmações estão corretas?

**78.** Duas esferas condutoras de iguais dimensões, **A** e **B**, estão eletricamente carregadas, como indica a figura, sendo unidas por um fio condutor no qual há uma chave **C** inicialmente aberta.

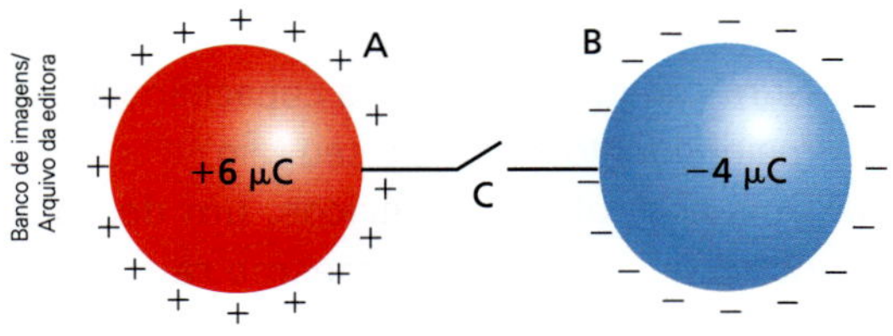


A chave **C** é fechada.

Responda às questões:

a) Elétrons passarão de **A** para **B** ou de **B** para **A**?

b) Qual a nova carga da esfera **A**?

c) Qual a nova carga da esfera **B**?

d) Após a chave fechada, o que se pode dizer a respeito do potencial das esferas **A** e **B**?

## Exercícios Nível 2

**79.** Qual será a energia potencial eletrostática **E.R.** armazenada em um condutor de capacitância igual a 5,0 nF, se ele for eletrizado com uma carga de 6,0 μC?

**Resolução:**

A energia potencial eletrostática armazenada em um condutor eletrizado pode ser calculada pelas expressões:

$$E_p = \frac{Q\nu}{2} = \frac{C\nu^2}{2} = \frac{Q^2}{2C}$$

Utilizando os dados fornecidos, temos:

$$E_p = \frac{Q^2}{2C} = \frac{(6{,}0 \cdot 10^{-6})^2}{2 \cdot 5{,}0 \cdot 10^{-9}}$$

$$\boxed{E_p = 3{,}6 \cdot 10^{-3}\ \text{J}}$$

**80.** Analise as proposições seguintes:

I. Um condutor somente possui energia potencial elétrica quando está eletrizado.

II. Dois condutores eletrizados com cargas elétricas iguais possuem iguais quantidades de energia potencial elétrica.

III. Dois condutores **A** e **B** de capacitâncias $C_A$ e $C_B$, tal que $C_A = 2C_B$, eletrizados com cargas $Q_A$ e $Q_B$, tal que $Q_A = 2Q_B$, armazenam energias potenciais elétricas $E_A$ e $E_B$, tal que $E_A = E_B$.

Responda de acordo com o código:

a) Se todas estiverem corretas.

b) Se somente I estiver correta.

c) Se somente II e III estiverem corretas.

d) Se somente II estiver correta.

e) Se todas estiverem incorretas.

**81.** Que carga elétrica deve ser fornecida a um condutor de capacitância igual a 4,0 pF para que ele adquira uma energia potencial eletrostática de $5{,}0 \cdot 10^5$ J?

**82.** Qual a capacitância de um condutor que, quando eletrizado com uma carga de 4,0 μC, adquire $1{,}0 \cdot 10^{-3}$ J de energia potencial eletrostática?

**83.** (Fuvest-SP) A energia potencial elétrica $U$ de duas partículas em função da distância $r$ que as separa está representada no gráfico da figura a seguir.

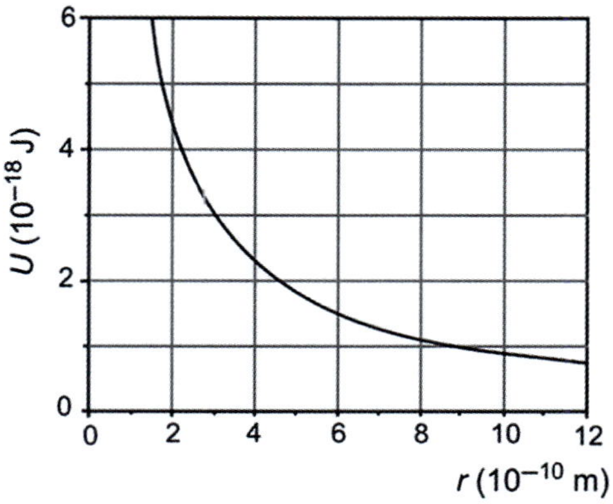


Reprodução/Fuvest, 2013

Uma das partículas está fixa em uma posição, enquanto a outra se move apenas devido à força elétrica de interação entre elas.

Quando a distância entre as partículas varia de $r_i = 3 \cdot 10^{-10}$ m a $r_f = 9 \cdot 10^{-10}$ m, a energia cinética da partícula em movimento

a) diminui $1 \cdot 10^{-18}$ J.
b) aumenta $1 \cdot 10^{-18}$ J.
c) diminui $2 \cdot 10^{-18}$ J.
d) aumenta $2 \cdot 10^{-18}$ J.
e) não se altera.

**84.** Dois condutores **A** e **B**, de capacitâncias
E.R. $C_A = 1{,}0$ nF e $C_B = 4{,}0$ nF, estão eletrizados com cargas $Q_A = 6{,}0\ \mu C$ e $Q_B = 4{,}0\ \mu C$. Colocam-se os dois condutores em contato, isolando-os após a separação. Determine:

a) o potencial de cada condutor antes do contato;
b) o potencial comum após o contato;
c) as cargas existentes em cada condutor após o contato.

**Resolução:**

a) Usando a definição de capacitância, temos:

$$C = \frac{Q}{\nu} \Rightarrow \nu = \frac{Q}{C}$$

Para o condutor **A**:

$$\nu_A = \frac{Q_A}{C_A} = \frac{6{,}0 \cdot 10^{-6}\ C}{1{,}0 \cdot 10^{-9}\ F}$$

$$\boxed{\nu_A = 6{,}0 \cdot 10^3\ V}$$

Para o condutor **B**:

$$\nu_B = \frac{Q_B}{C_B} = \frac{4{,}0 \cdot 10^{-6}}{4{,}0 \cdot 10^{-9}}$$

$$\boxed{\nu_B = 1{,}0 \cdot 10^3\ V}$$

b) O potencial comum de equilíbrio eletrostático é dado por:

$$\nu = \frac{Q_A + Q_B}{C_A + C_B}$$

Assim, temos:

$$\nu = \frac{6{,}0 \cdot 10^{-6} + 4{,}0 \cdot 10^{-6}}{1{,}0 \cdot 10^{-9} + 4{,}0 \cdot 10^{-9}} = \frac{10 \cdot 10^{-6}}{5{,}0 \cdot 10^{-9}}$$

$$\boxed{\nu = 2{,}0 \cdot 10^3\ V}$$

c) A carga existente nos condutores **A** e **B**, após o contato, é calculada por:

$$C = \frac{Q}{\nu} \Rightarrow Q = C\nu$$

Assim, para o condutor **A**:

$$Q'_A = C_A\,\nu$$

$$Q'_A = 1{,}0 \cdot 10^{-9} \cdot 2{,}0 \cdot 10^3$$

$$\boxed{Q'_A = 2{,}0\ \mu C}$$

Para o condutor **B**, pode-se aplicar o Princípio da Conservação das Cargas Elétricas:

$$Q_A + Q_B = Q'_A + Q'_B$$

$$6{,}0\ \mu C + 4{,}0\ \mu C = 2{,}0\ \mu C + Q'_B$$

$$\boxed{Q'_B = 8{,}0\ \mu C}$$

**85.** (Unaerp-SP) Seja um condutor esférico de raio *R*, no vácuo, isolado e com potencial *V*. Indique a opção que contenha o valor da energia eletrostática armazenada nesse condutor:

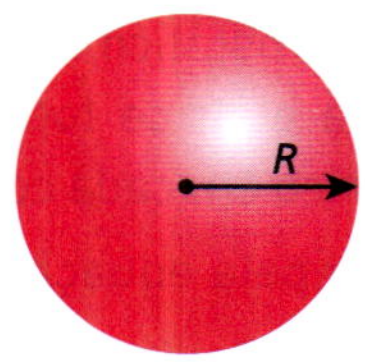


Reprodução/Arquivo da editora

a) $\frac{0{,}25V^2}{\pi\varepsilon_0}$

b) $\frac{4\pi\varepsilon_0}{RV}$

c) $4\pi\varepsilon_0 RV$

d) $\frac{0{,}25RV}{\pi\varepsilon_0}$

e) $2\pi\varepsilon_0 RV^2$

**86.** (Uece) Considere duas esferas metálicas, **X** e **Y**, sobre suportes isolantes e carregadas positivamente.

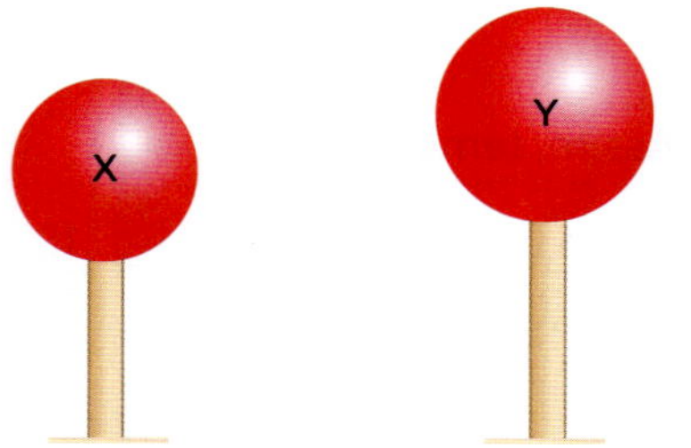


Reprodução/Arquivo da editora

A carga de **X** é $2Q$ e a de **Y** é $Q$. O raio da esfera **Y** é o dobro do raio da esfera **X**. As esferas são postas em contato por meio de um fio condutor, de capacidade elétrica irrelevante, até ser estabelecido o equilíbrio eletrostático. Nessa situação, as esferas **X** e **Y** terão cargas elétricas, respectivamente, iguais a:

a) $Q$ e $2Q$.

b) $2Q$ e $Q$.

c) $\frac{3Q}{2}$ e $\frac{3Q}{2}$.

d) $\frac{Q}{2}$ e $Q$.

**87.** (Unesp-SP) Uma esfera condutora descarregada (potencial elétrico nulo), de raio $R_1 = 5{,}0$ cm, isolada, encontra-se distante de outra esfera condutora, de raio $R_2 = 10{,}0$ cm, carregada com carga elétrica $Q = 3{,}0\ \mu C$ (potencial elétrico não nulo), também isolada.

Reprodução / Unesp, 2011.

Em seguida, liga-se uma esfera à outra, por meio de um fio condutor longo, até que se estabeleça o equilíbrio eletrostático entre elas. Nesse processo, a carga elétrica total é conservada e o potencial elétrico em cada condutor esférico isolado é descrito pela equação $V = k\frac{q}{r}$, em que $k$ é a constante de Coulomb, $q$ é a sua carga elétrica e $r$ o seu raio.

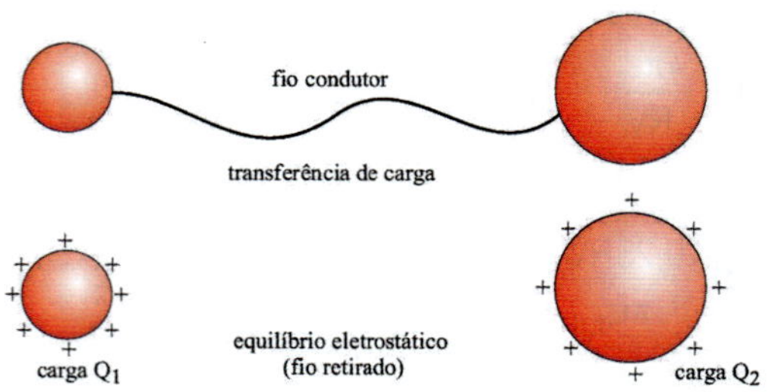


Reprodução / Unesp, 2011.

Supondo que nenhuma carga elétrica se acumule no fio condutor, determine a carga elétrica final em cada uma das esferas.

**88.** (ITA-SP) Carregada com um potencial de 100 V, flutua no ar uma bolha de sabão condutora de eletricidade, de 10 cm de raio e $3{,}3 \cdot 10^{-6}$ cm de espessura. Sendo a capacitância de uma esfera condutora no ar proporcional ao seu raio, assinale o potencial elétrico da gota esférica formada após a bolha estourar.

a) 6 kV
b) 7 kV
c) 8 kV
d) 9 kV
e) 10 kV

**89.** (Aman-RJ) Duas esferas metálicas de raios $R_A$ e $R_B$, com $R_A < R_B$, estão no vácuo e isoladas eletricamente uma da outra. Cada uma é eletrizada com uma mesma quantidade de carga positiva. Posteriormente as esferas são interligadas por meio de um fio condutor de capacitância desprezível e, após atingir o equilíbrio eletrostático, a esfera **A** possuirá uma carga $Q_A$ e um potencial $V_A$, e a esfera **B** uma carga $Q_B$ e um potencial $V_B$. Baseado nas informações anteriores, podemos, então, afirmar que:

a) $V_A < V_B$ e $Q_A = Q_B$
b) $V_A = V_B$ e $Q_A = Q_B$
c) $V_A < V_B$ e $Q_A < Q_B$
d) $V_A = V_B$ e $Q_A < Q_B$
e) $V_A > V_B$ e $Q_A = Q_B$

**90.** Dois condutores **A** e **B**, eletrizados com cargas $Q_A = 12\ \mu C$ e $Q_B = 9{,}0\ \mu C$, têm potenciais $\nu_A = 300$ V e $\nu_B = 450$ V, respectivamente. Faz-se contato entre os condutores, após o qual eles são colocados a uma grande distância um do outro. Determine:

a) as capacitâncias dos condutores;
b) o potencial comum de equilíbrio eletrostático;
c) a carga de cada condutor após o contato.

**91.** Uma esfera condutora de raio $r_1 = 5$ cm está eletrizada com uma carga $Q_1 = 2 \cdot 10^{-9}$ C. Uma segunda esfera, de raio $r_2 = 10$ cm, inicialmente neutra, é colocada em contato com a primeira, sendo afastada em seguida. Determine:

a) o potencial elétrico da primeira esfera antes do contato;
b) seu novo potencial elétrico após o contato com a segunda esfera.

**Dado:** constante eletrostática do meio $= 9 \cdot 10^9\ N\ m^2\ C^{-2}$.

## Bloco 5

# 14. Indução eletrostática

## Apresentação do fenômeno

Considere o condutor **A**, neutro, representado a seguir.

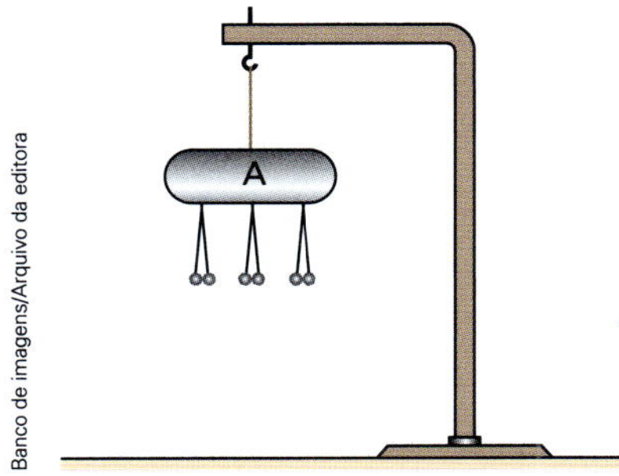


As bolinhas e os fios que as mantêm presas ao corpo **A** são condutores. O fio que prende o corpo **A** ao suporte é isolante.

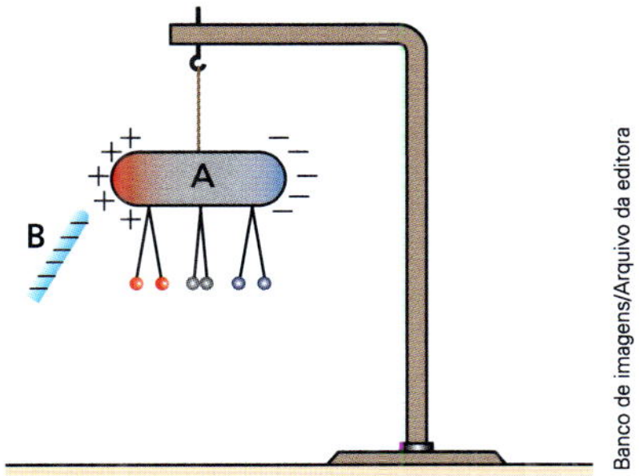


Agora, aproximamos de **A** um bastão **B**, eletrizado com carga negativa, sem que haja contato entre eles. Veja figura ao lado.

O condutor **A** passa, então, a apresentar características de eletrização em suas extremidades. É importante observar que, na região central, não existem indícios de eletrização.

O bastão **B**, cujas cargas criaram o campo elétrico que influenciou a separação de cargas no condutor **A**, recebe o nome de **indutor**. O condutor **A**, que foi influenciado, é denominado **induzido**.

Assim:

> Denomina-se **indução** ou **influência eletrostática** o fenômeno que consiste na separação ou redistribuição de cargas em um corpo provocada por um campo elétrico criado por cargas existentes em outro corpo.

A indução eletrostática em um condutor neutro, como o condutor **A**, provoca o surgimento de cargas de mesmo módulo e de sinais opostos nas extremidades desse condutor. Lembremos que, em um condutor neutro, o número de prótons é igual ao de elétrons. Assim, para cada elétron que surge em uma das extremidades eletrizadas, existe, na outra, um próton que "fazia par" com ele.

## Explicação do fenômeno da indução eletrostática

Para melhor entendimento, considere um condutor esférico maciço **B** eletrizado com carga positiva $-Q$ e o campo elétrico criado à sua volta. A partir do centro desse condutor, o potencial varia com a distância, conforme a ilustração a seguir:

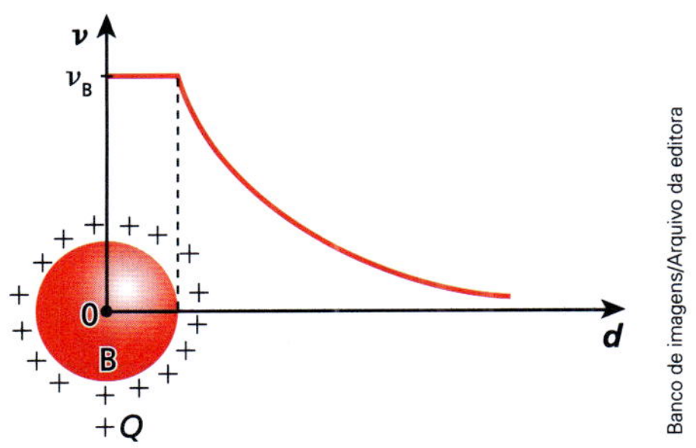

Imagine, agora, um condutor neutro e isolado **A** nas proximidades de **B**:

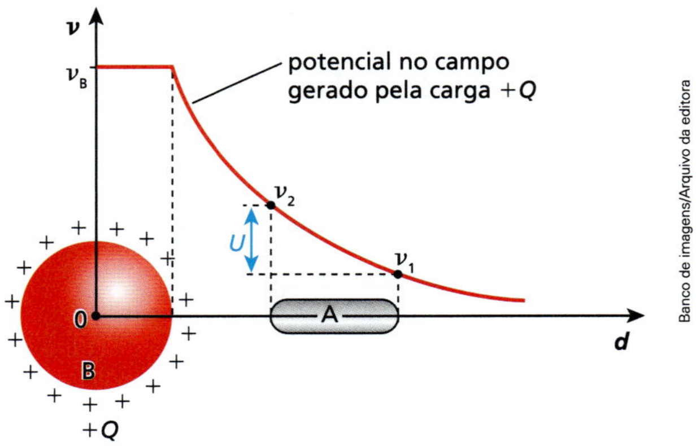


Note que existe uma diferença de potencial entre as extremidades do condutor **A**, determinada pela carga do condutor **B**. Assim, haverá um movimento de elétrons da direita para a esquerda no condutor **A**, pois os elétrons movimentam-se no sentido de potenciais crescentes.

Consequentemente, após um curto intervalo de tempo, a extremidade direita de **A** se apresentará eletrizada positivamente, enquanto a extremidade esquerda ficará eletrizada negativamente.

As cargas positivas da extremidade direita aumentam o potencial nesse local, enquanto os elétrons da esquerda diminuem o potencial nessa extremidade. O equilíbrio ocorre quando não há mais diferença de potencial (ddp) entre as extremidades do condutor **A**.

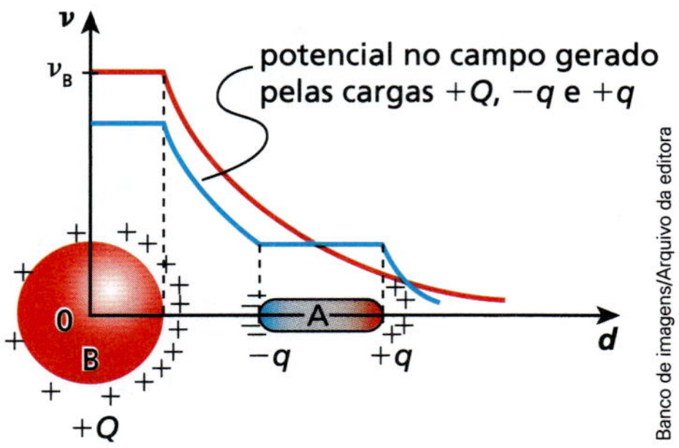


É importante observar a nova curva do potencial devido aos campos das cargas $+Q$, $-q$ e $+q$.

As cargas $-q$ e $+q$ que aparecem no induzido **A** são iguais em módulo, pois esse condutor continua neutro.

Ligando-se o induzido à Terra – cujo potencial é nulo, por convenção –, sobem elétrons para o condutor **A**, motivados pelo fato de o potencial desse condutor ser maior que o da Terra. À medida que esses elétrons da Terra vão subindo, o potencial do condutor **A** vai diminuindo, até anular-se. Temos, no final, uma carga total negativa $-q'$ em **A**.

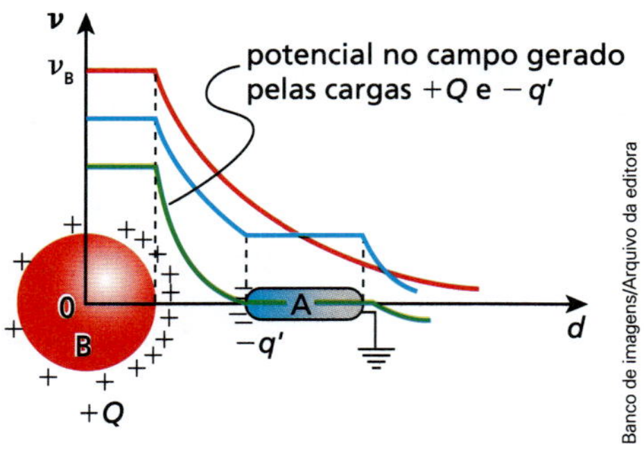


A ligação do induzido à Terra pode ser feita em **qualquer** um de seus pontos, pois o que determina a subida dos elétrons **não é o ponto de ligação**, e sim o fato de o potencial do condutor ser maior que o da Terra.

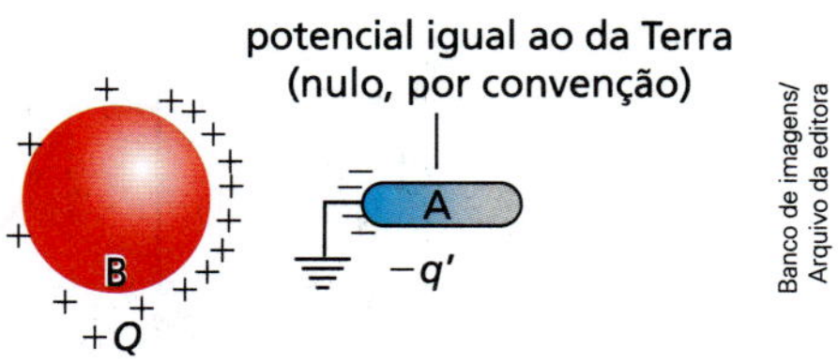


Se o indutor estivesse eletrizado com carga negativa, o procedimento seria análogo ao desenvolvido.

NOTAS!

- Observe que o processo de indução eletrostática é mútuo, sendo a carga existente em **B** redistribuída devido à influência das cargas induzidas no condutor **A**. Essa redistribuição visa manter o campo elétrico nulo em seu interior.

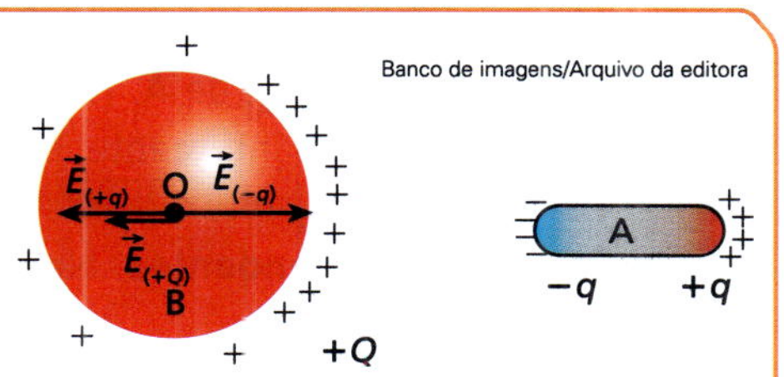


No centro da esfera **B**, por exemplo, temos os campos elétricos criados pelas cargas $+q$ e $-q$, induzidas no condutor **A**. Sendo $|+q| = |-q|$, porém com $-q$ mais próxima do ponto **O**, centro da esfera **B**, tem-se $E_{(-q)} > E_{(+q)}$. Isso justifica uma concentração maior de cargas na face direita de **B**, para que exista um campo $\vec{E}_{(+Q)}$, agora não nulo, tal que:

$$\boxed{\vec{E}_{(+Q)} + \vec{E}_{(-q)} + \vec{E}_{(+q)} = \vec{0}}$$

- Em virtude da indução eletrostática, induzido e indutor se atraem, mesmo antes da citada ligação à terra. Isso ocorre porque a intensidade da força $\vec{F}_1$ que a carga indutora $Q$ exerce sobre a carga $-q$ é maior do que a intensidade da força $\vec{F}_2$, de repulsão sobre $+q$, pois a carga induzida $-q$ encontra-se mais próxima de $Q$.

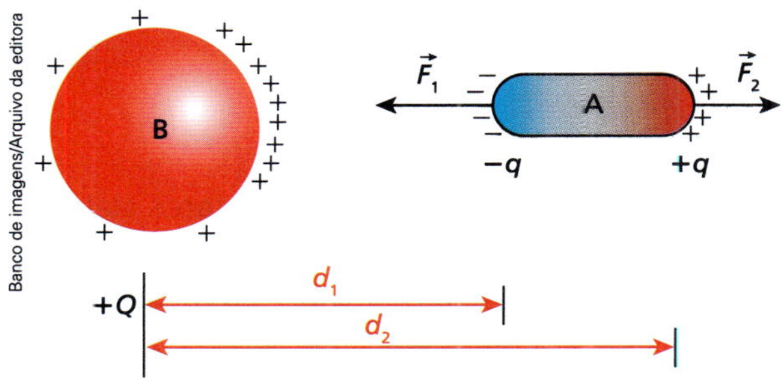


$$d_1 < d_2 \Rightarrow \boxed{F_1 > F_2}$$

Como já vimos, para haver atração eletrostática entre dois corpos, **não é necessário estarem ambos eletrizados** com cargas de sinais opostos. Basta que apenas um deles esteja eletrizado, podendo o outro estar neutro.

A imagem ao lado apresenta as possíveis atrações eletrostáticas entre dois corpos.

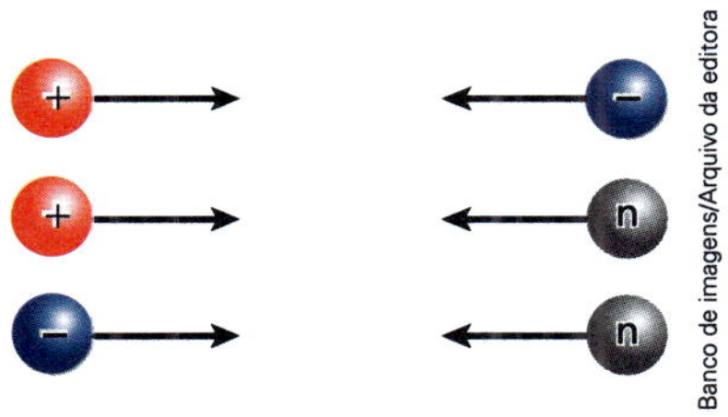


- Se o induzido é de material isolante, o processo de indução continua ocorrendo, mas de maneira um pouco diferente.

No isolante, o indutor não provoca a efetiva separação das cargas, mas apenas um deslocamento da eletrosfera de cada átomo em relação ao núcleo. Isso polariza o isolante, de modo que a atração continua ocorrendo.

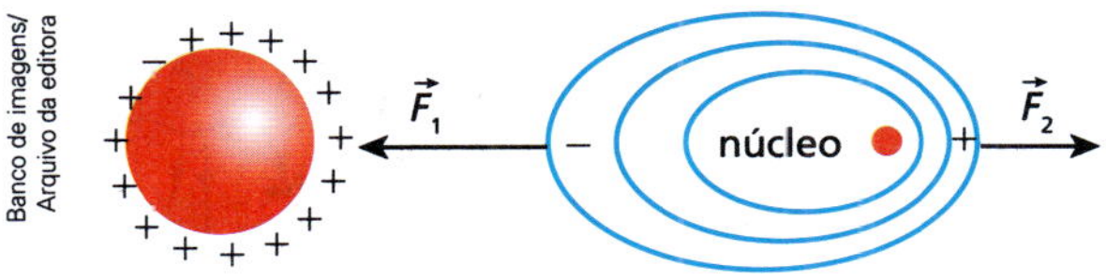


$$\boxed{F_1 > F_2}$$

## Elementos correspondentes

Considere dois condutores **A** e **B**, eletrizados com cargas de sinais opostos. Imagine uma superfície $\mathbf{S_A}$, de **A**, tal que o tubo de força determinado pelo contorno das linhas de força intercepte, sobre **B**, uma superfície $\mathbf{S_B}$.

As superfícies $\mathbf{S_A}$ e $\mathbf{S_B}$, interligadas pelo mesmo tubo de força, são denominadas **elementos correspondentes**. Nessas superfícies, as cargas existentes são iguais em módulo.

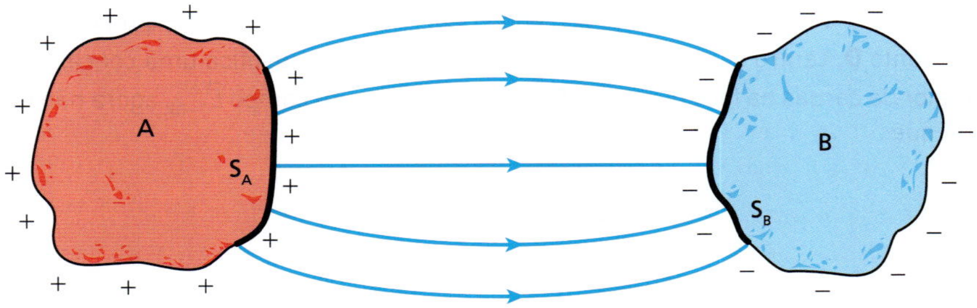


Banco de imagens/Arquivo da editora

As cargas elétricas encontradas em elementos correspondentes são iguais em módulo, mas de sinais opostos.

## Tipos de indução eletrostática

Apesar de ocorrer indução também entre condutores eletrizados, costuma-se dar mais ênfase ao caso em que um deles está neutro, ficando apenas o outro eletrizado. Quando isso ocorre, temos duas situações a considerar: **indução parcial** e **indução total**.

### Indução parcial

A indução eletrostática é dita **parcial** quando o módulo da carga indutora é maior que o módulo da carga induzida.

Banco de imagens/Arquivo da editora

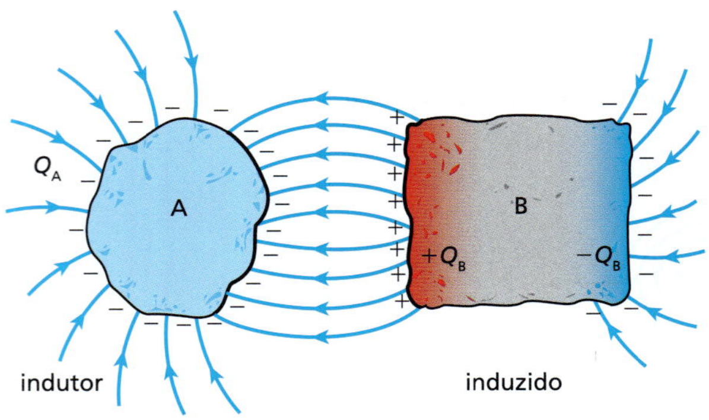


$|Q_A| > |Q_B|$

### Indução total

A indução **total** ocorre somente quando todas as linhas de força que "nascem" no indutor terminam no induzido ou vice-versa. Normalmente, isso ocorre quando o indutor é totalmente envolvido pelo induzido.

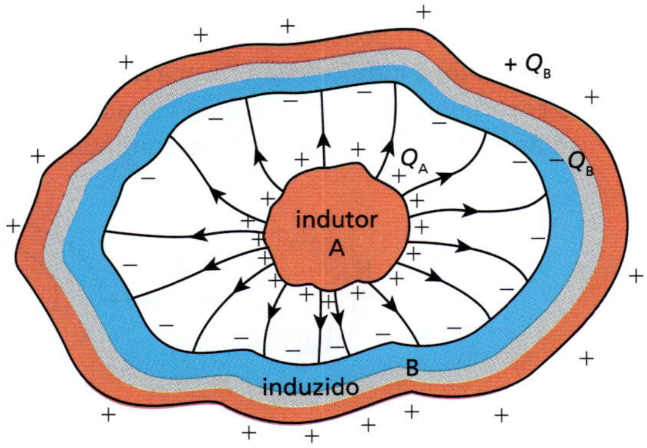


Banco de imagens/Arquivo da editora

$|Q_A| = |-Q_B| = |+Q_B|$

## Eletrização por indução

Como vimos no Tópico 1, o processo de eletrização por indução é realizado em três etapas:

**1ª etapa:**

Aproxima-se do condutor neutro que se quer eletrizar (induzido) um outro corpo eletrizado (indutor). O sinal da carga do indutor deve ser oposto ao da carga que se deseja obter no induzido.

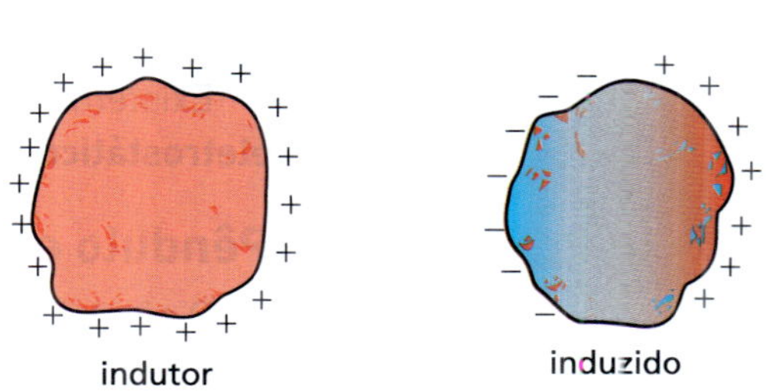


Banco de imagens/Arquivo da editora

**2ª etapa:**

Liga-se o induzido à Terra ou a outro condutor neutro. A ligação pode ser feita em qualquer ponto do induzido.

Com a ligação, aparecerão no induzido cargas de sinal contrário ao da carga do indutor.

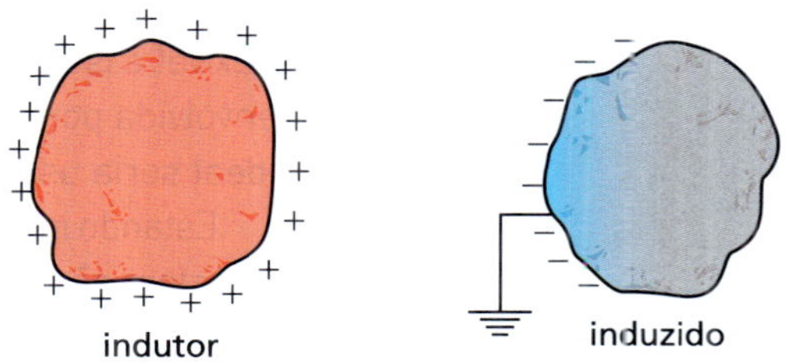


Banco de imagens/Arquivo da editora

**3ª etapa:**

Na presença do indutor, desliga-se o induzido da Terra.

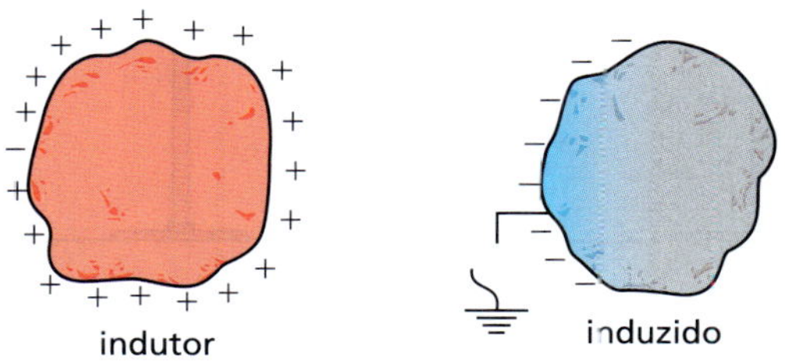


Banco de imagens/Arquivo da editora

Levando o indutor para longe do induzido, já eletrizado, as cargas deste se distribuem pela sua superfície externa.

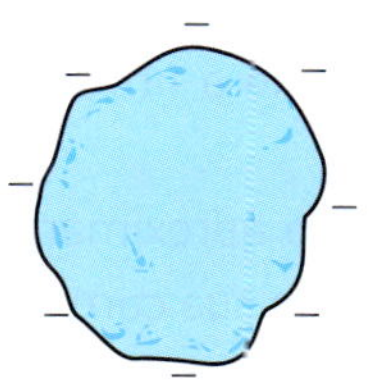

Banco de imagens/Arquivo da editora

**NOTA!**

Se na 2ª etapa o induzido fosse ligado a outro condutor neutro, e não à Terra, teríamos dois condutores eletrizados com cargas de igual módulo, porém de sinais opostos.

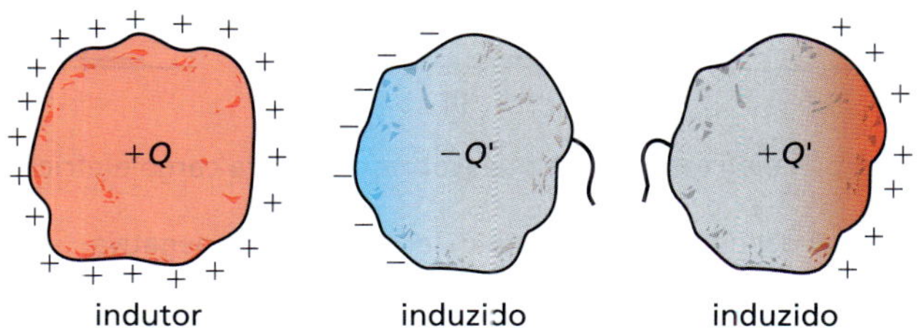


Banco de imagens/Arquivo da editora

$$|+Q| > |-Q'| = |+Q'|$$

# Eletroscópio

Para saber se determinado corpo está ou não eletrizado, sem alterar sua possível carga, podemos usar um aparelho denominado **eletroscópio**.

Existem vários tipos de eletroscópio, porém os mais usados são o **pêndulo eletrostático** e o **eletroscópio de folhas**.

## Pêndulo eletrostático

O pêndulo eletrostático é constituído de uma pequena esfera de material leve, como cortiça ou isopor, suspensa por um fio leve, flexível e isolante. Essa esfera costuma ser envolvida por uma folha fina de alumínio. O ideal seria usar uma folha fina de ouro.

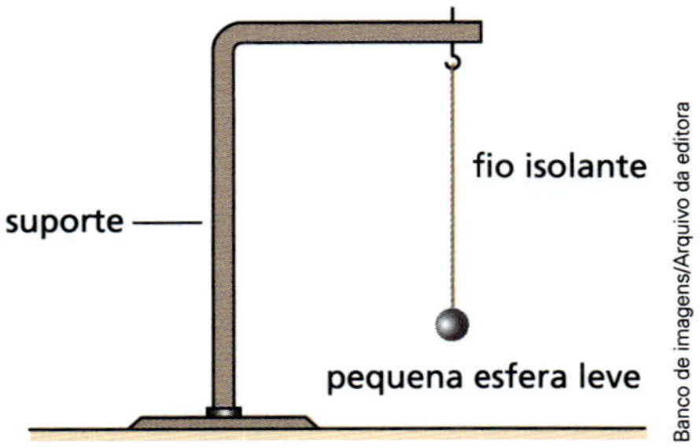


Estando inicialmente neutra, essa pequena esfera não interage eletricamente com um corpo neutro, mas será atraída por indução se aproximarmos dela um corpo eletrizado, como mostrado adiante.

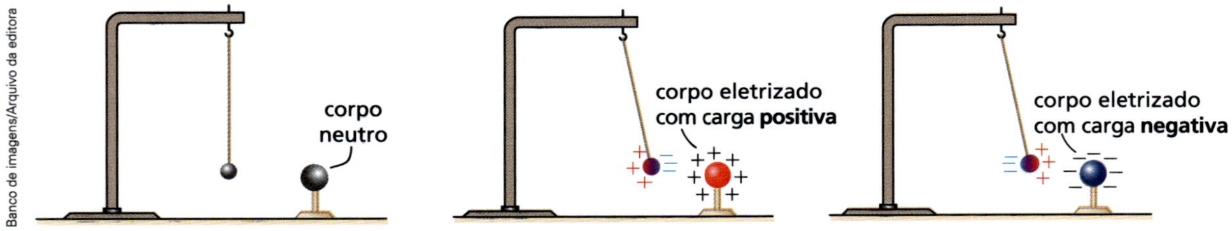


Esse simples procedimento é capaz de detectar a existência ou não de carga no corpo, mas ainda não é capaz de especificar o sinal dessa carga.

Suponhamos que tenha sido constatado, por meio do método descrito, que determinado corpo está eletrizado. Queremos, agora, identificar o sinal de sua carga. Para tanto, tomemos outro corpo, eletrizado com carga de sinal conhecido, e o encostemos na esfera do pêndulo a fim de eletrizá-la com carga de mesmo sinal desse corpo.

Assim, se houver atração quando aproximarmos da esfera pendular um corpo eletrizado qualquer, é porque o sinal de sua carga é oposto ao da esfera. Já a ocorrência de repulsão indicará que o sinal da carga do corpo é igual ao da carga da esfera.

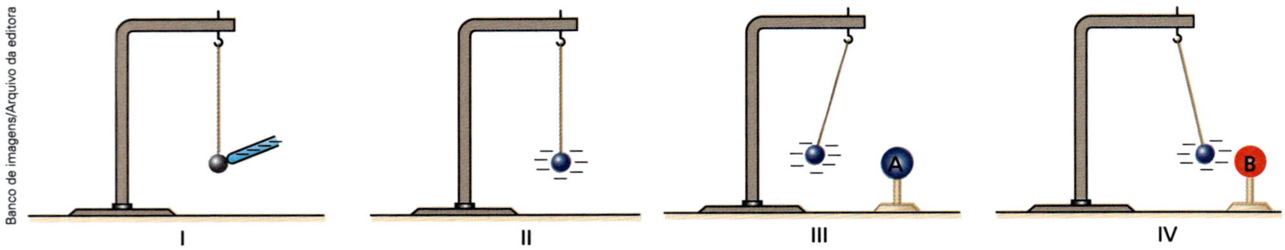


// A sequência mostra o procedimento do uso do pêndulo eletrostático para descobrir o sinal da carga elétrica de um corpo eletrizado.

I. Eletriza-se a esfera do pêndulo com carga de sinal conhecido. No exemplo, foi usada carga negativa.
II. A esfera do pêndulo já está eletrizada.
III. Se a esfera é repelida quando aproximamos dela um corpo eletrizado, podemos concluir que esse corpo está eletrizado com carga de sinal igual ao da esfera. Na figura III, o corpo **A** possui carga elétrica negativa.
IV. Se a esfera é atraída quando aproximamos dela um corpo eletrizado, podemos concluir que esse corpo está eletrizado com carga de sinal oposto ao da esfera. Na figura IV, o corpo **B** possui carga elétrica positiva.

## Eletroscópio de folhas

Esse dispositivo consiste em um recipiente transparente (vidro ou plástico), que nos permita ver seu interior (**a**), provido de uma abertura na qual é fixado um tampão de material isolante (**b**) (borracha ou cortiça). No centro do tampão, existe um orifício pelo qual passa uma haste metálica (**c**). Na extremidade externa dessa haste, é fixada uma esfera condutora (**d**) e, na interna, são suspensas, lado a lado, duas folhas metálicas (**e**) extremamente finas. Essas folhas devem ser, de preferência, de ouro, pois com esse material pode-se obter lâminas de até $10^{-3}$ mm de espessura. Na falta de ouro, entretanto, pode-se usar alumínio.

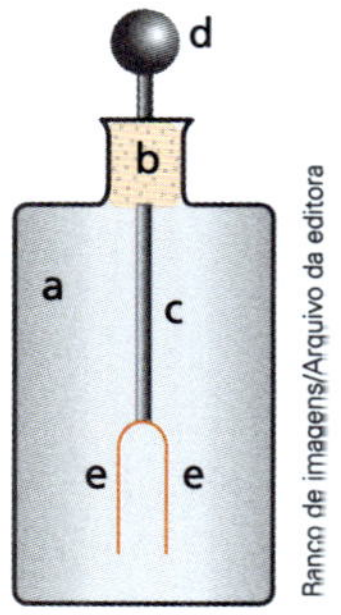


Para verificar se um corpo está ou não eletrizado, basta aproximá-lo da esfera do eletroscópio sem que haja contato entre eles. Se o corpo estiver neutro, nada ocorrerá no eletroscópio, mas, se estiver eletrizado, a esfera ficará, por indução, carregada com carga de sinal oposto ao da carga desse corpo. As lâminas localizadas na outra extremidade, por sua vez, se eletrizarão com cargas de mesmo sinal que a do corpo. Isso provocará repulsão entre elas, fazendo com que se afastem uma da outra.

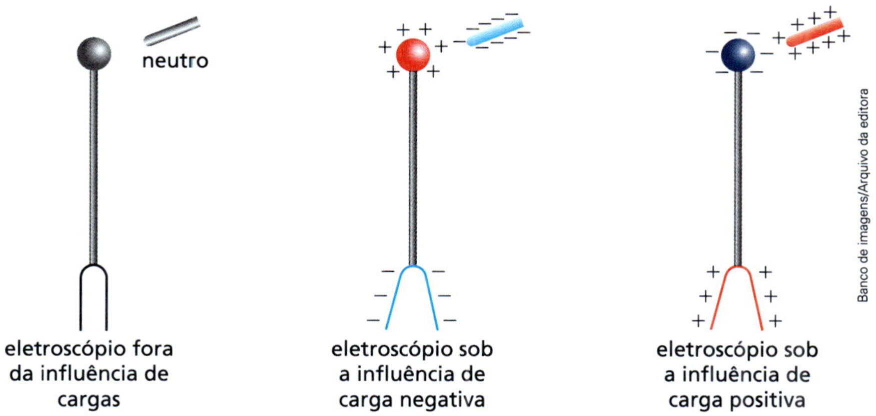


Note que, por meio do processo descrito, saberemos apenas se o corpo está ou não eletrizado, mas não identificaremos o sinal de sua carga. Para essa identificação, deveremos ligar a esfera do eletroscópio à Terra e aproximar, dessa esfera, um corpo com carga de sinal conhecido. Devido à ligação com a Terra, a esfera fica eletrizada com carga de sinal oposto ao da carga do corpo. Em seguida, desligamos a esfera da Terra e afastamos o corpo.

Sabemos, agora, que o eletroscópio está eletrizado com carga de sinal conhecido, que, no caso do exempo ilustrado a seguir, é **negativo**.

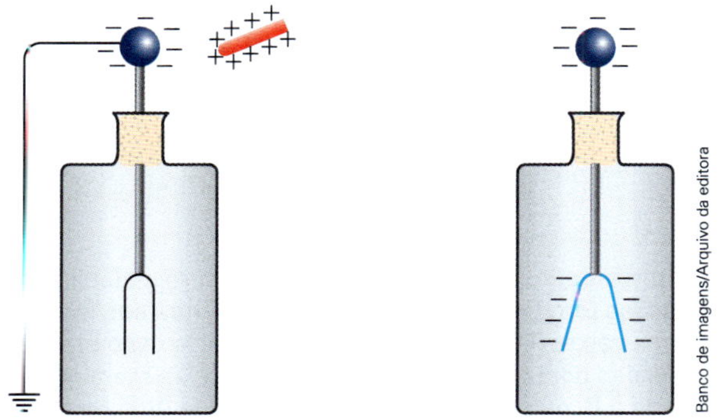

Quando aproximamos da esfera do eletroscópio um corpo eletrizado com carga de sinal desconhecido, temos duas situações possíveis:

1ª) Se o corpo estiver eletrizado com carga de mesmo sinal que o da existente no eletroscópio (negativo), as folhas se afastarão ainda mais, já que outros elétrons livres, que se encontravam na esfera, serão deslocados para as lâminas.

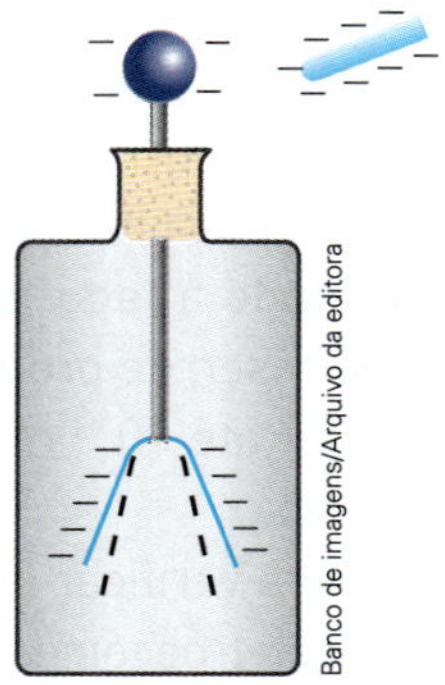


2ª) Se o corpo estiver eletrizado com carga de sinal oposto ao da existente no eletroscópio (positivo), as folhas se aproximarão, já que durante sua aproximação alguns de seus elétrons subirão para a esfera do eletroscópio.

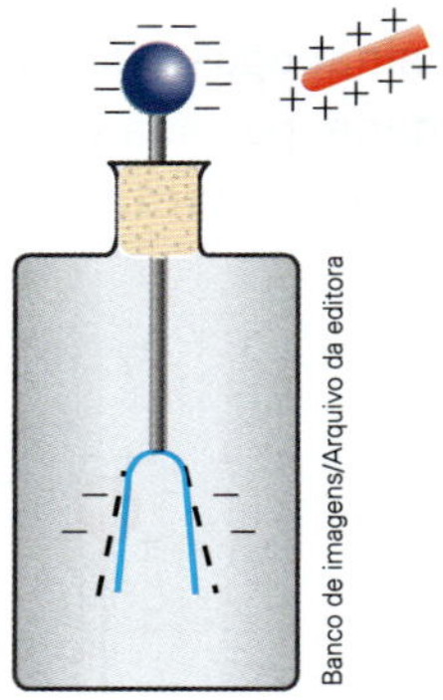

Eletroscópio utilizado em laboratórios de Física.

## 15. O potencial da Terra

A atmosfera terrestre é permanentemente ionizada por raios cósmicos, radiações ultravioleta, chamas de fogos e materiais radioativos existentes na crosta. Isso faz com que nela predominem as cargas positivas, num valor estimado em $+6 \cdot 10^5$ C, e que na superfície terrestre haja uma distribuição de cargas negativas de igual valor absoluto.

Essas duas distribuições de carga – a da crosta e a da atmosfera – determinam, num ponto da Terra, um potencial que, a rigor, é negativo. Como, no entanto, esse potencial é utilizado como referência, atribui-se a ele o valor zero. Portanto, o potencial de um corpo em relação à Terra é a diferença de potencial (ddp) entre ele e a Terra.

A seguir, temos a representação simbólica de um corpo ligado à Terra:

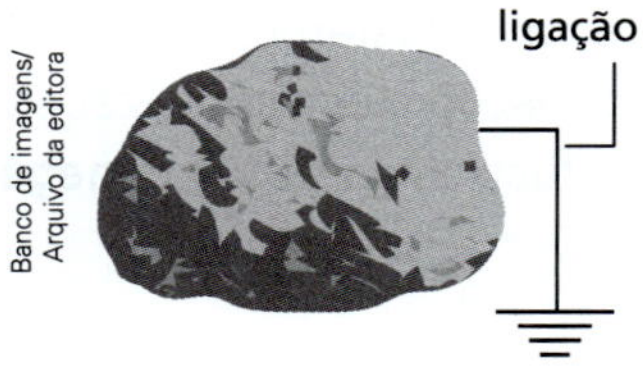


Por convenção:

$$\nu_{\text{Terra}} = 0$$

O aterramento da caixa de entrada de energia elétrica é feito para evitar que pessoas tomem choques elétricos, caso uma das fases entre em contato com a caixa. O fio terra passa por dentro do cano plástico **A** que o protege. Uma das pontas desse fio está ligada à caixa metálica **C** e a outra está ligada a **B**, que é uma das extremidades de uma haste metálica enterrada.

## Faça você mesmo

### Eletroscópio

Neste capítulo, em que estudamos **potencial elétrico**, você entrou em contato com um dispositivo interessante denominado **eletroscópio**. Esse aparelho é utilizado para detectarmos a presença de cargas elétricas em um corpo ou em determinado local. Você se lembra se com ele podemos descobrir o sinal dessas cargas?

Vamos agora aprender a construir um eletroscópio utilizando materiais simples que podem ser encontrados facilmente.

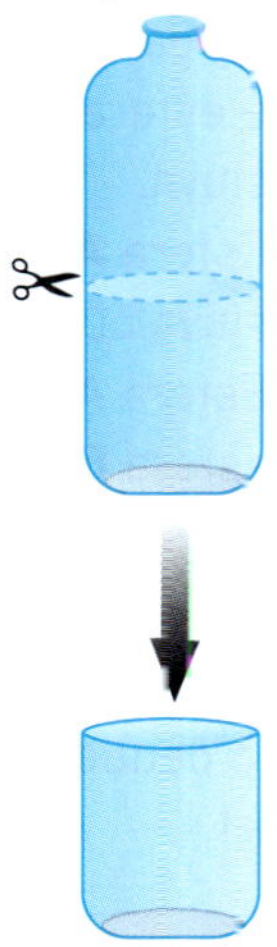


Ilustrações: CJT/Zapt/Arquivo da editora

### Material necessário

- 1 garrafa plástica vazia, de detergente, refrigerante ou água mineral;
- 1 parafuso metálico longo, de 15 cm a 20 cm;
- 2 tiras estreitas, de 5 cm cada uma, de papel-alumínio;
- 1 pedaço de arame fino de aproximadamente 20 cm.

### Procedimento

**I.** Corte a garrafa plástica como sugere a figura ao lado. Utilize a parte do fundo para montar o eletroscópio.

**II.** Faça um pequeno orifício na base do recipiente e introduza o parafuso, de modo que a cabeça fique na parte externa. Usando o arame, fixe as tiras de papel-alumínio na ponta do parafuso; as tiras devem ficar bem próximas uma da outra, porém sem se tocarem.

**III.** Vamos agora testar o dispositivo. Pegue uma caneta esferográfica e atrite-a em sua roupa. Em seguida, aproxime-a da cabeça do parafuso. Você verá que, na outra extremidade, as tiras de papel-alumínio se movem.

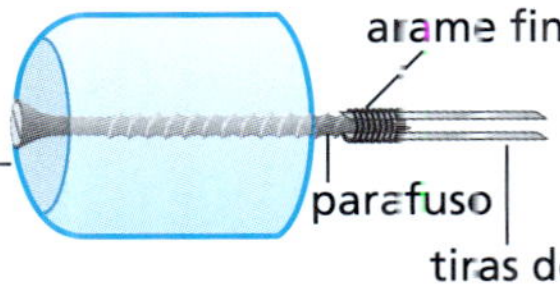


### Desenvolvimento

**1.** Qual foi o deslocamento observado para as tiras de papel-alumínio no teste realizado? Elas se aproximaram ou se afastaram? Por que isso ocorreu?

**2.** Um eletroscópio é normalmente utilizado para sabermos se determinado corpo está ou não eletrizado. É possível descobrir o sinal da carga do corpo utilizando esse aparelho?

**3.** O eletroscópio de folhas é o mais conhecido. Faça uma pesquisa e descubra outros tipos de eletroscópio.

## Exercícios Nível 1

**92.** E.R. Uma pequena esfera de isopor **B**, recoberta por uma fina lâmina de alumínio, é atraída por outra esfera condutora **A**. Tanto **A** como **B** estão eletricamente isoladas.

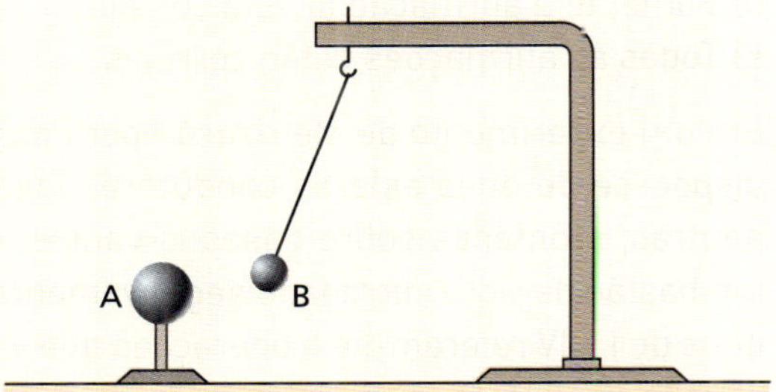


Banco de imagens/Arquivo da editora

Tal experimento permite afirmar que:

a) a esfera **A** possui carga positiva.

b) a esfera **B** possui carga negativa.

c) a esfera **A** não pode estar neutra.
d) as cargas elétricas existentes em **A** e **B** têm sinais opostos.
e) a esfera **B** pode estar neutra.

**Resolução:**

Para ocorrer o representado na figura devemos ter:

1) Ambas as esferas (**A** e **B**) eletrizadas com cargas de sinais opostos. Esfera **A** positiva e esfera **B** negativa ou **A** negativa e **B** positiva.
2) Esfera **A** neutra e esfera **B** eletrizada (positiva ou negativa).
3) Esfera **A** eletrizada (positiva ou negativa) e esfera **B** neutra.

Resposta: alternativa **e**.

**93.** Na figura a seguir, **A** é uma esfera condutora e **B** é uma pequena esfera de isopor, ligada a um fio flexível.

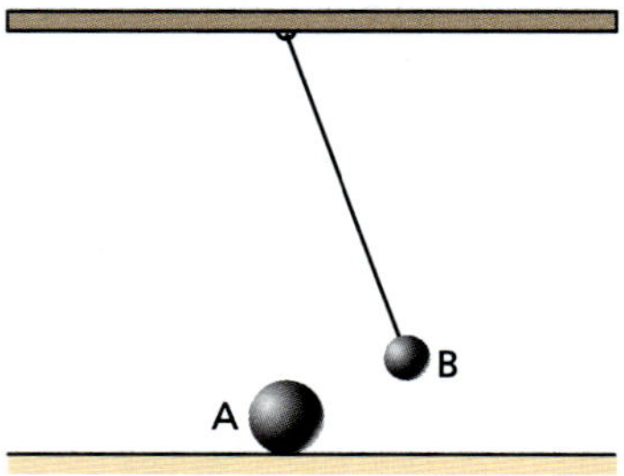

Banco de imagens/Arquivo da editora

Supondo que a situação indicada seja de equilíbrio, analise as afirmativas a seguir:

I. É possível que somente a esfera **B** esteja eletrizada.
II. As esferas **A** e **B** devem estar eletrizadas.
III. A esfera **B** pode estar neutra, mas a esfera **A** certamente está eletrizada.

Para a resposta, utilize o código:

a) A afirmação I está correta.
b) Somente a afirmação II está correta.
c) As afirmações II e III estão corretas.
d) Somente a afirmação III está correta.
e) Todas as afirmações estão corretas.

**94.** Em um experimento de eletrização por indução, dispõe-se de duas esferas condutoras iguais e neutras, montadas sobre bases isolantes, e de um bastão de vidro carregado negativamente. Os itens de I a IV referem-se a operações que visam eletrizar as esferas por indução.

I. Aproximar o bastão de uma das esferas.
II. Colocar as esferas em contato.
III. Separar as esferas.
IV. Afastar o bastão.

Qual é a opção que melhor ordena as operações?

a) I, II, IV, III.
b) III, I, IV, II.
c) IV, II, III, I.
d) II, I, IV, III.
e) II, I, III, IV.

**95.** (Unesp-SP) Indução eletrostática é o fenômeno no qual pode-se provocar a separação de cargas em um corpo neutro pela aproximação de um outro já eletrizado. O condutor que está eletrizado é chamado indutor e o condutor no qual a separação de cargas ocorreu é chamado induzido. A figura mostra uma esfera condutora indutora positivamente eletrizada induzindo a separação de cargas em um condutor inicialmente neutro.

Reprodução/Unesp, 2012.

Analisando a figura e sobre o processo de eletrização por indução, são feitas as seguintes afirmações:

I. Para eletrizar o corpo neutro por indução, deve-se aproximar o indutor, conectar o induzido à Terra, afastar o indutor e, finalmente, cortar o fio terra.
II. Para eletrizar o corpo neutro por indução, deve-se aproximar o indutor, conectar o induzido à Terra, cortar o fio terra e, finalmente, afastar o indutor.
III. Na situação da figura, a conexão do induzido à Terra, com o indutor nas suas proximidades, faz com que prótons do induzido escoem para a terra, por repulsão.
IV. No final do processo de eletrização por indução, o corpo inicialmente neutro e que sofreu indução, adquire carga de sinal negativo.

Está correto, apenas, o contido em

a) II.
b) I e III.
c) I e IV.
d) II e IV.
e) II, III e IV.

**96.** (Fuvest-SP) Duas esferas metálicas **A** e **B** estão próximas uma da outra. A esfera **A** está ligada à terra, cujo potencial é nulo, por um fio condutor. A esfera **B** está isolada e carregada com carga $+Q$. Considere as seguintes afirmações:

I. O potencial da esfera **A** é nulo.
II. A carga total da esfera **A** é nula.
III. A força elétrica total sobre a esfera **A** é nula.

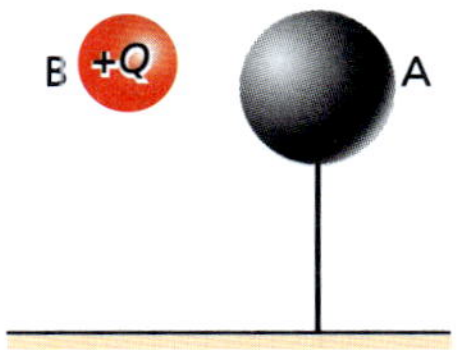


Reprodução/Arquivo da editora

Está correto apenas o que se afirma em:

a) I.
b) I e II.
c) I e III.
d) II e III.
e) I, II e III.

Instruções para as questões de números **97** e **98**.
A figura a seguir representa um eletroscópio de folhas, inicialmente descarregado. A esfera **E**, o suporte **S** e as folhas **F** são metálicos.

Reprodução/Arquivo da editora

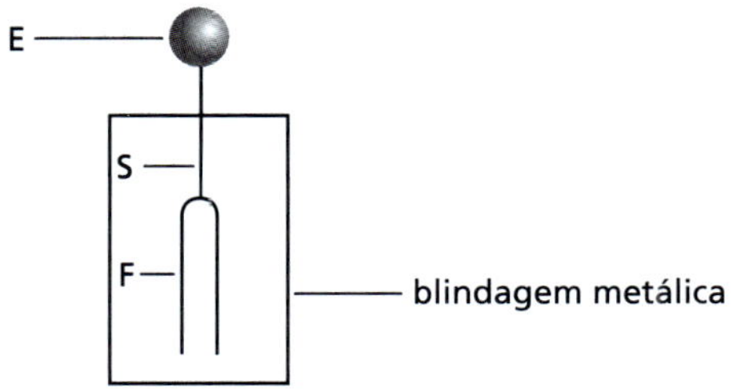


**97.** (FCMSC-SP) Uma esfera metálica positivamente carregada é aproximada, sem encostar, da esfera do eletroscópio. Em qual das seguintes alternativas melhor se representa a configuração das folhas do eletroscópio e suas cargas enquanto a esfera positiva estiver perto de sua esfera?

a) 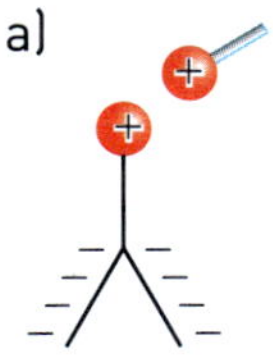

b) 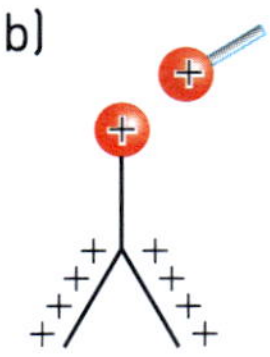

c) 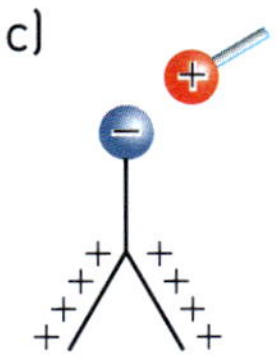

d) 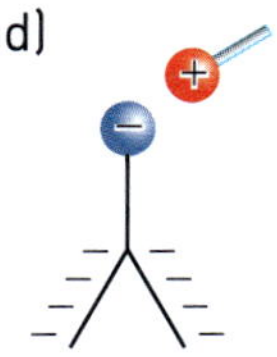

e) 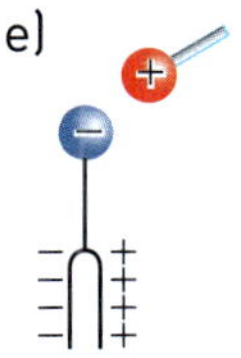

Reprodução/Arquivo da editora

**98.** (FCMSC-SP) Uma esfera metálica, positivamente carregada, encosta na esfera do eletroscópio e, em seguida, é afastada. Qual das seguintes alternativas melhor representa a configuração das folhas do eletroscópio e suas cargas depois que isso acontece?

a) 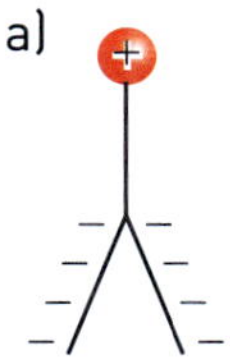

b) 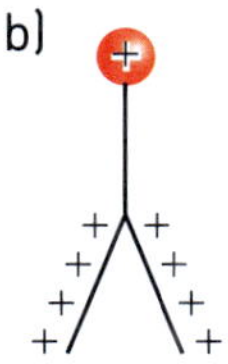

c) 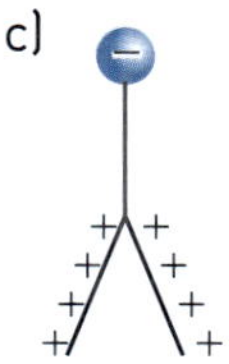

d) 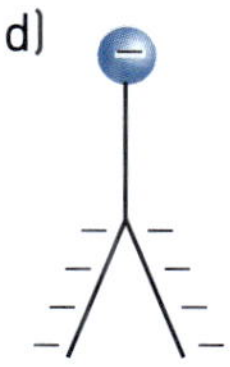

e) 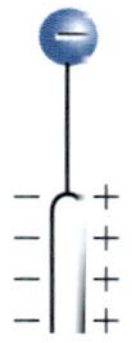

Reprodução/Arquivo da editora

**99.** (Vunesp) A figura mostra uma representação de um eletroscópio de folhas e o que ocorre com elas quando um corpo eletrizado negativamente é aproximado da esfera metálica.

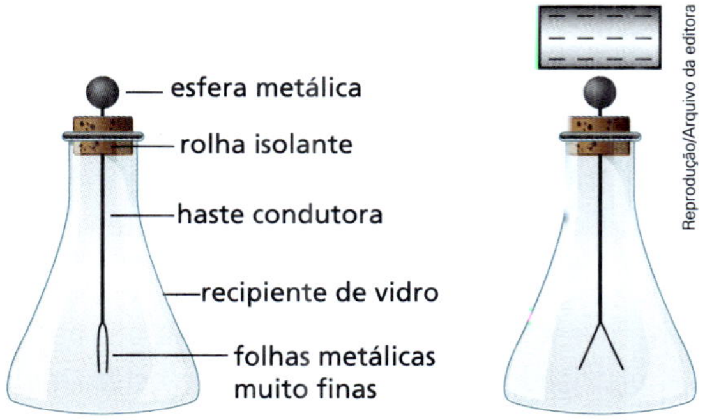


O afastamento das folhas ocorre porque

a) elétrons das folhas e da haste condutora foram atraídos para a esfera metálica, carregando as folhas positivamente.
b) íons positivos foram transferidos, por indução, do eletroscópio para o corpo eletrizado, carregando as folhas negativamente.
c) elétrons foram transferidos, por indução, do corpo eletrizado para a esfera, carregando as folhas positivamente.
d) elétrons foram transferidos, por indução, do corpo eletrizado para as folhas, carregando-as negativamente.
e) elétrons da esfera e da haste condutora foram repelidos para as folhas metálicas, carregando-as negativamente.

## Exercícios Nível 2

**100.** O professor de Física descreveu um interessante experimento para os alunos do último ano do Ensino Médio. Ele disse que, se atritarmos um bastão de vidro com lã, o bastão vai eletrizar-se com carga positiva. Ao aproximar o bastão eletrizado de uma esfera metálica, inicialmente neutra, vamos observar o fenômeno da indução eletrostática. Alguns "pares" elétron-próton se separam, ocorrendo um excesso de elétrons na face próxima do bastão e um excesso de prótons na face oposta da esfera. A situação final é mostrada na figura a seguir.

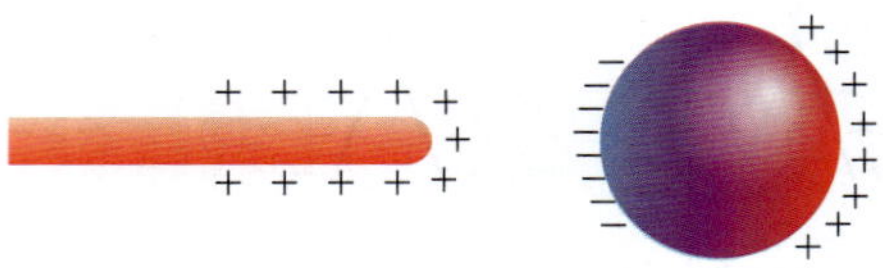

Banco de imagens/Arquivo da editora

A partir dessa explanação, o professor fez algumas perguntas aos alunos.

1) No atrito, o bastão de vidro fica mesmo eletrizado positivamente? Explique.
2) O que provoca a separação dos "pares" elétron-próton? Explique.
3) Como fica a intensidade do vetor campo elétrico no interior da esfera após a indução?
4) Como fica o valor do potencial elétrico no interior da esfera após a indução?

**101.** (Fuvest-SP) Quando se aproxima um bastão **B**, eletrizado positivamente, de uma esfera metálica isolada e inicialmente descarregada, observa-se a distribuição de cargas representada na figura.

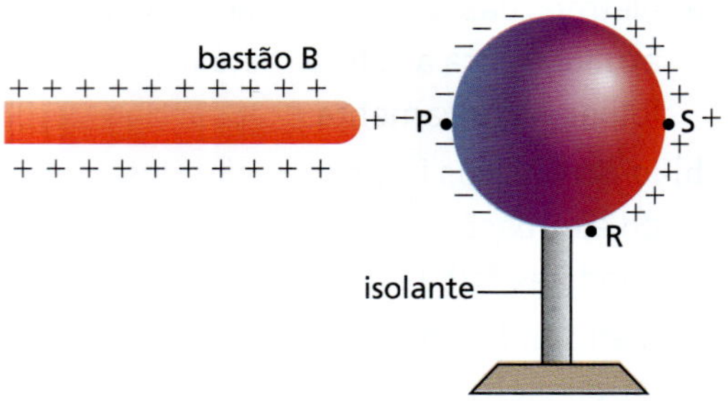


Reprodução/Arquivo da editora

Mantendo o bastão na mesma posição, a esfera é conectada à terra por um fio condutor que pode ser ligado a um dos pontos **P**, **R** ou **S** da superfície da esfera. Indicando por (→) o sentido do fluxo transitório (ϕ) de elétrons (se houver) e por (+), (−) ou (0) o sinal da carga final (*Q*) da esfera, o esquema que representa ϕ e *Q* é:

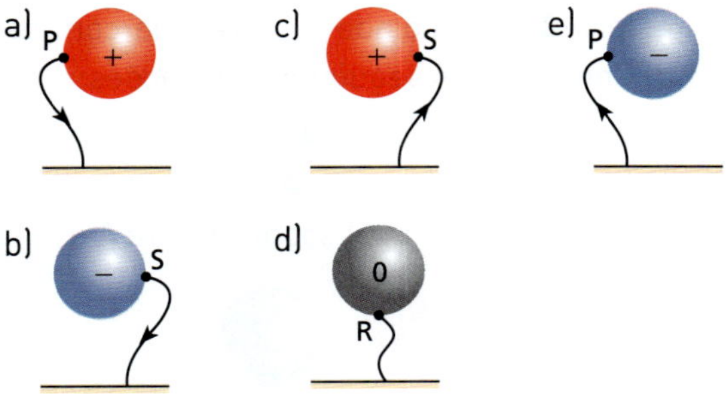


Reprodução/Arquivo da editora

**102.** A figura ao lado representa um eletroscópio carregado negativamente. Pode-se afirmar que, aproximando-se do eletroscópio um corpo **C** carregado:

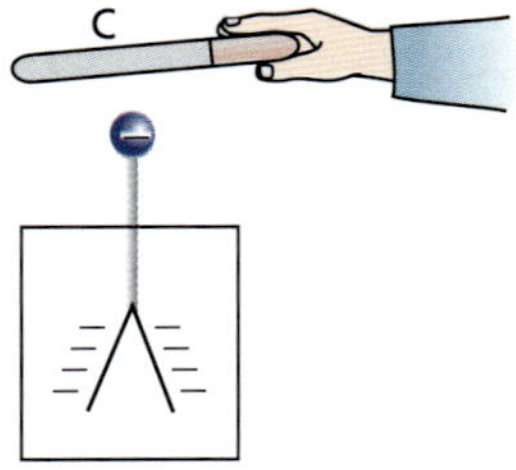


Banco de imagens/Arquivo da editora

a) positivamente, as lâminas se afastam.
b) positivamente, as lâminas não se alteram.
c) negativamente, as lâminas se aproximam.
d) negativamente, as lâminas se afastam.

**103.** Durante uma aula de Física, o professor apresentou aos alunos um bastão metálico e um eletroscópio de folhas. Após várias demonstrações, o educador propôs a discussão de um procedimento experimental.

Disse ele: "Vamos eletrizar o bastão com carga $+Q$ e o eletroscópio com carga $-Q$. Agora vou fazer quatro afirmativas que podem ocorrer, e cada grupo deve discutir e escrever em uma folha de papel se cada uma delas é verdadeira ou falsa, justificando cada resposta.".

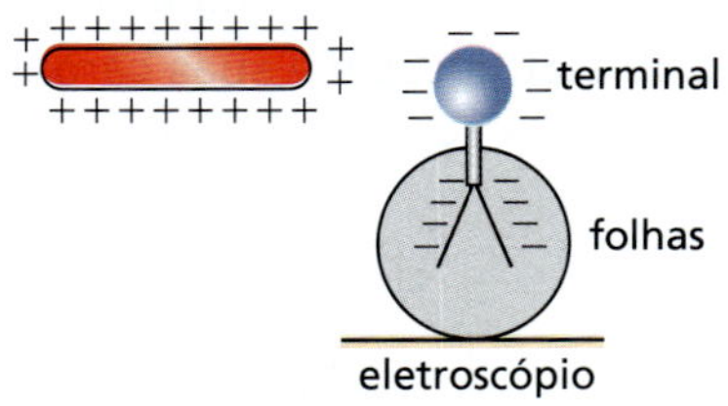


Banco de imagens/Arquivo da editora

I. Antes de aproximarmos o bastão da esfera do eletroscópio, já existe carga negativa nas folhas.
II. À medida que o objeto se aproxima do eletroscópio, as folhas vão se abrindo além do que já estavam.
III. À medida que o objeto se aproxima, as folhas permanecem como estavam.
IV. Se o objeto tocar o terminal externo (esfera) do eletroscópio, as folhas devem necessariamente se fechar.

**104.** No interior de uma esfera metálica oca, isolada, de raio interno de 60 cm e externo de 80 cm e eletrizada com carga $Q = +8,0\ \mu C$, é colocada, concentricamente a ela, outra esfera condutora, de 20 cm de raio, eletrizada com carga $q = -4,0\ \mu C$. Atingido o equilíbrio eletrostático, determine:
E.R.

a) as cargas elétricas nas superfícies interna e externa da esfera oca;

b) a intensidade do campo elétrico num ponto **A** distante 40 cm do centro das esferas;

c) a intensidade do campo elétrico num ponto **B** distante 70 cm do centro das esferas;

d) a intensidade do campo elétrico num ponto **C** distante 100 cm do centro das esferas.

**Dado:** constante eletrostática do meio: $k = 1,0 \cdot 10^{10}\ N\ m^2\ C^{-2}$.

**Resolução:**

a) A esfera menor, de carga $q = -4,0\ \mu C$, está totalmente envolvida pela esfera oca. Assim, **por indução total**, a carga induzida na superfície interna da esfera oca é:

$$\boxed{q_1 = -q = +4,0\ \mu C}$$

A soma da carga $q_2$, distribuída na superfície externa da esfera oca, com a carga $q_1$, distribuída na superfície interna da esfera oca, deve ser igual à carga total $Q = +8,0\ \mu C$ dessa esfera.

Então:

$$q_1 + q_2 = Q \Rightarrow +4,0\ \mu C + q_2 = +8,0\ \mu C$$

$$\boxed{q_2 = +4,0\ \mu C}$$

Esses resultados estão representados na figura a seguir, em que também estão indicados os pontos **A**, **B** e **C** referentes aos itens **b**, **c** e **d**.

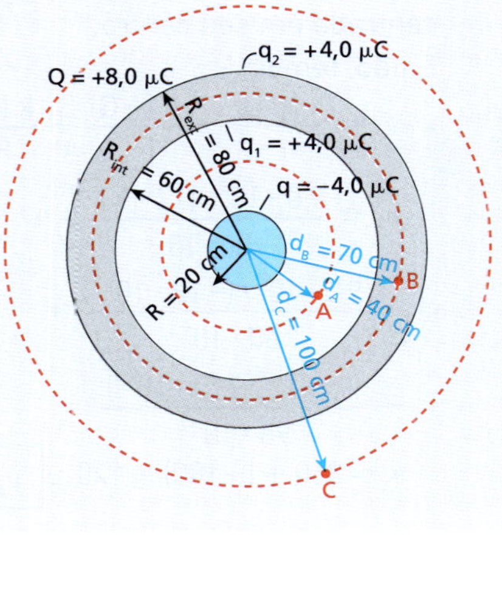

Banco de imagens/Arquivo da editora

b) O ponto **A** é externo à esfera menor, porém interno à esfera maior. Assim, o campo, nesse ponto, é devido apenas às cargas da esfera menor. Logo, sua intensidade é dada por:

$$E_A = k\frac{|q|}{d_A^2}$$

Sendo:

$q = -4,0\ \mu C$,

$d_A = 40\ cm = 0,40\ m$,

$k = 1,0 \cdot 10^{10}\ N\ m^2\ C^{-2}$,

temos:

$$E_A = 1,0 \cdot 10^{10} \cdot \frac{4,0 \cdot 10^{-6}}{(0,40)^2} \therefore \boxed{E_A = 2,5 \cdot 10^5\ N/C}$$

c) O ponto **B** está no interior do metal da esfera maior. Assim, o campo resultante nesse ponto é nulo, pois se trata de um ponto interno a um material condutor em equilíbrio eletrostático.

Então: $\boxed{E_B = 0}$

d) Para o cálculo do campo elétrico num ponto externo à esfera maior, tudo se passa como se a carga total, dada pela soma algébrica das cargas das esferas, estivesse no centro comum das esferas. Assim, temos:

$$E_C = k\frac{|q_1 + q_2 + q|}{d_C^2} = k\frac{|Q + q|}{d_C^2}$$

Substituindo os valores fornecidos, obtemos:

$$E_C = 1,0 \cdot 10^{10} \cdot \frac{|8,0 \cdot 10^{-6} - 4,0 \cdot 10^{-6}|}{1^2}$$

$$\boxed{E_C = 4,0 \cdot 10^4\ N/C}$$

**Nota:**
- Você pode determinar a intensidade do campo elétrico nos pontos **A**, **B** e **C** de um modo prático.
  Para isso:
  - pelos pontos considerados, trace superfícies esféricas concêntricas com os condutores (tracejadas em vermelho na figura do item **a**);
  - para cada ponto, determine a carga, $Q_{interna}$, no interior da superfície esférica que passa por ele;
  - use, para cada ponto:

  $$E_A = k\frac{|Q_{interna}|}{d^2}$$

  em que *d* é a distância do ponto ao centro das esferas. **Verifique!**

**105.** Na figura abaixo, estão representados dois condutores esféricos **A** e **B**, concêntricos:

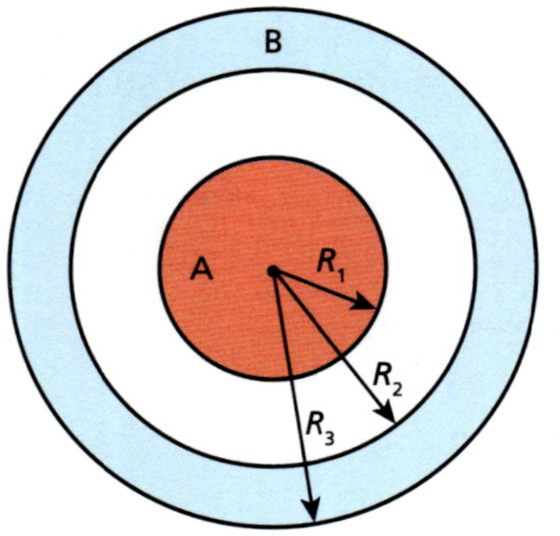


Banco de imagens/Arquivo da editora

Os raios indicados medem: $R_1 = 30$ cm; $R_2 = 60$ cm; $R_3 = 90$ cm.

Suas cargas valem:

$$Q_A = +1{,}6\ \mu C \quad e \quad Q_B = -6{,}0\ \mu C$$

Determine a intensidade do campo elétrico no ponto:

a) **M**, distante 40 cm do centro das esferas;

b) **N**, distante 80 cm do centro das esferas;

c) **S**, distante 120 cm do centro das esferas.

Use, como constante eletrostática do meio, o valor $9{,}0 \cdot 10^9$ N m$^2$ C$^{-2}$.

**106.** (ITA-SP) A figura representa um condutor oco e um outro condutor de forma esférica dentro da cavidade do primeiro, ambos em equilíbrio eletrostático. Sabe-se que o condutor interno tem carga total $+Q$.

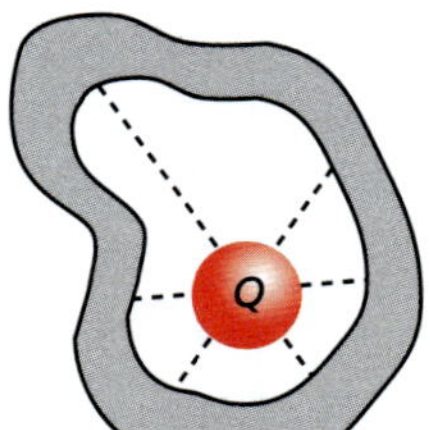


Reprodução/Arquivo da editora

Podemos afirmar que:

a) não há campo elétrico dentro da cavidade.

b) as linhas de força dentro da cavidade são retas radiais em relação à esfera, como na figura.

c) a carga na superfície interna do condutor oco é $-Q$ e as linhas de força são perpendiculares a essa superfície.

d) a carga na superfície interna do condutor oco é $-Q$ e as linhas de força tangenciam essa superfície.

e) não haverá diferença de potencial entre os dois condutores se a carga do condutor oco também for igual a $Q$.

**107.** E.R. Uma esfera condutora de raio r = 30 cm e eletrizada com carga Q = 12 nC encontra-se no interior de uma esfera oca, condutora e neutra, cujos raios interno e externo medem $R_{int} = 60$ cm e $R_{ext} = 90$ cm. Sendo $k = 9{,}0 \cdot 10^9$ N m$^2$ C$^{-2}$ e sabendo que as esferas são concêntricas, determine:

a) os potenciais elétricos nos pontos **A**, **B** e **C**, distantes, respectivamente, a = 20 cm, b = 80 cm e c = 100 cm do centro das esferas;

b) a carga elétrica adquirida pela esfera oca se for ligada à terra (potencial nulo).

**Resolução:**

a) A figura a seguir representa as esferas e os pontos **A**, **B** e **C**:

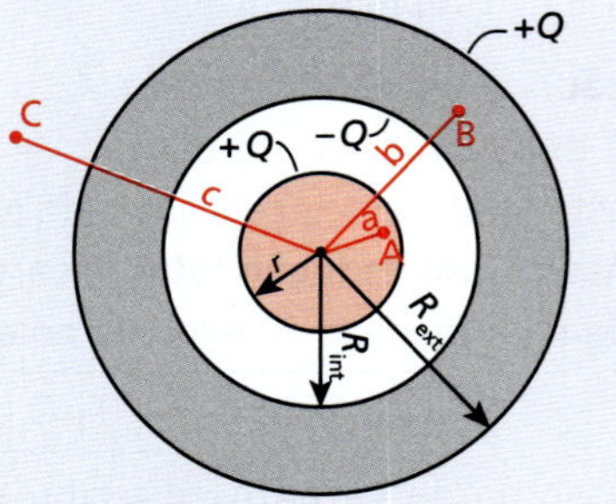


Banco de imagens/Arquivo da editora

Por indução total, a carga na superfície interna da esfera oca é $-Q$. Como essa esfera é neutra, a carga em sua superfície externa tem de ser $+Q$. Devemos lembrar que o potencial criado por uma superfície esférica de raio $R$, uniformemente eletrizada com carga $Q$, é o mesmo $\left(\frac{kQ}{R}\right)$ tanto nos pontos da superfície como nos pontos envolvidos por ela. Em pontos externos à superfície, porém, o potencial é calculado considerando toda a carga concentrada em seu centro.

Então, temos:

- $$\nu_A = \frac{k\,(+Q)}{r} + \frac{k\,(-Q)}{R_{int}} + \frac{k\,(+Q)}{R_{ext}}$$

$$\nu_A = \frac{9{,}0 \cdot 10^9 \cdot (12 \cdot 10^{-9})}{30 \cdot 10^{-2}} + \frac{9{,}0 \cdot 10^9 \cdot (-12 \cdot 10^{-9})}{60 \cdot 10^{-2}} + \frac{9{,}0 \cdot 10^9 \cdot (12 \cdot 10^{-9})}{90 \cdot 10^{-9}}$$

$$\nu_A = 360 + (-180) + 120 \therefore \boxed{\nu_A = 300\ V}$$

- $\nu_B = \dfrac{k(+Q)}{b} + \dfrac{k(-Q)}{b} + \dfrac{k(+Q)}{R_{ext}}$

$$\nu_B = \frac{9{,}0 \cdot 10^9 \cdot (12 \cdot 10^{-9})}{90 \cdot 10^{-2}}$$

$$\boxed{\nu_B = 120\ V}$$

- $\nu_C = \dfrac{k(+Q)}{c} + \dfrac{k(-Q)}{c} + \dfrac{k(+Q)}{c}$

$$\nu_C = \frac{9{,}0 \cdot 10^9 \cdot (12 \cdot 10^{-9})}{1}$$

$$\boxed{\nu_C = 108\ V}$$

b) Por estar ligada à Terra, o potencial é igual a zero em todos os pontos da esfera oca. Por isso, a carga elétrica deve ser nula em sua superfície externa.
De fato, tomando, por exemplo, um ponto **P** nessa superfície, temos:

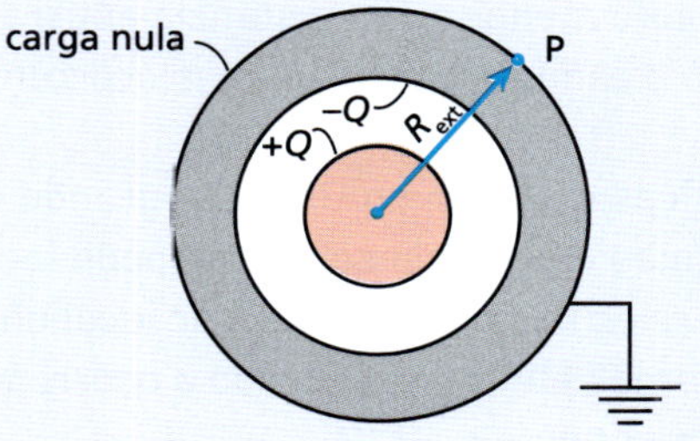


Banco de imagens/Arquivo da editora

$$\nu_P = \frac{k(+Q)}{R_{ext}} + \frac{k(-Q)}{R_{ext}} = 0$$

Note que, se houvesse carga na superfície externa, $\nu_P$ não seria igual a zero. Portanto, a carga adquirida pela esfera oca é:

$$\boxed{-Q = -12\ nC}$$

**108.** Na figura a seguir, há dois condutores esféricos, sendo um maciço, **A**, de 30 cm de raio, e outro oco **B**, de raio interno igual a 80 cm e externo igual a 100 cm. O condutor **A** está eletrizado com carga igual a $+4{,}0\ \mu C$, enquanto **B** está ligado à Terra.

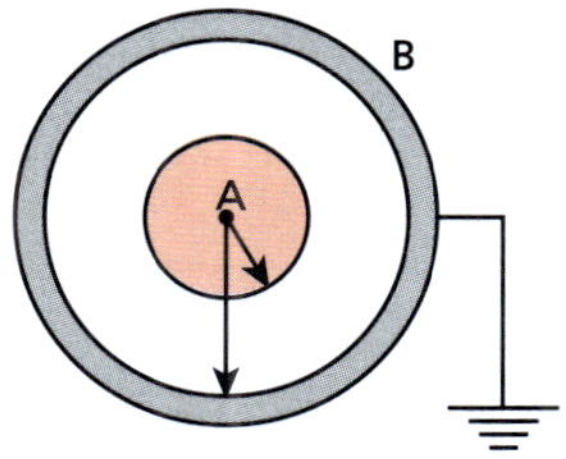


Banco de imagens/Arquivo da editora

Determine:

a) o potencial na esfera **A**;

b) o potencial na esfera **B**;

c) o potencial num ponto **P**, a 50 cm do centro das esferas;

d) o esboço do gráfico do potencial em função da distância do centro das esferas.

**Dado:** constante eletrostática do meio = $= 9{,}0 \cdot 10^9\ N\ m^2\ C^{-2}$.

**109.** No dispositivo observado a seguir, encontramos uma esfera condutora, oca, de raio interno $R_1$ e externo $R_2$, contendo em seu interior uma segunda esfera, também condutora, de raio $r$, sendo $r < R_1$. A esfera interna encontra-se eletrizada com carga positiva e a externa (oca) é neutra. No centro da esfera interna estabelecemos a origem de um eixo $x$. Quais dos gráficos fornecidos melhor representam a variação da intensidade do campo elétrico $E$ e do potencial eletrostático $\nu$ ao longo do eixo?

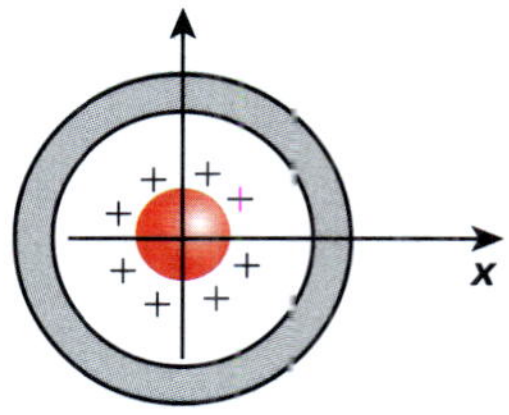


Banco de imagens/Arquivo da editora

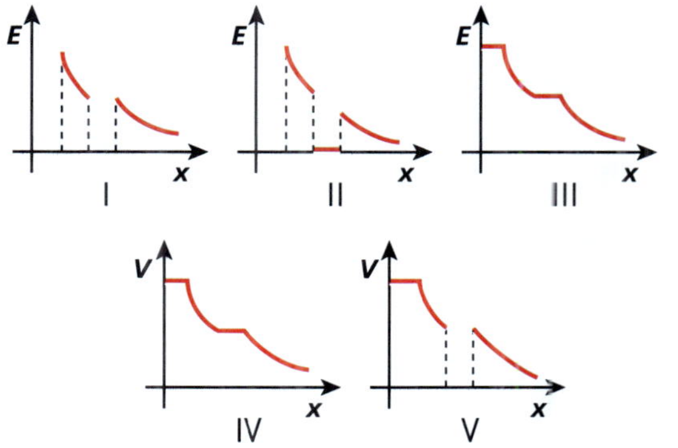


Banco de imagens/Arquivo da editora

## DESCUBRA MAIS

1. As lâmpadas **fluorescentes** são mais econômicas que as **de incandescência**. Por quê? Como as lâmpadas fluorescentes emitem luz? É possível acender uma lâmpada fluorescente sem ligá-la à rede elétrica? Quais os cuidados que devemos ter no descarte de lâmpadas **fluorescentes**?

2. Nas propagandas de jornais e revistas podemos encontrar televisores de **plasma**, de **LCD** e de **LED**. O que é **plasma**? Qual a diferença entre esses tipos de televisor?

# Cuidado, os raios podem "cair" mais de uma vez no mesmo local

O Cristo Redentor (no Rio de Janeiro, Brasil) é atingido, em média, por seis raios ao ano, o Empire State Building (em Nova York, EUA), por dez, e a Torre Eiffel (em Paris, França), por quarenta. O número médio de raios no planeta Terra é de 8 milhões/dia.

Os raios são descargas elétricas que ocorrem entre o solo e as nuvens. Essa movimentação de cargas elétricas é proporcionada pela diferença de potencial (ddp) existente, naquele momento, entre uma nuvem e um local no solo (de 100 milhões a 1 bilhão de volts).

Nas nuvens que se formam, precedendo uma tempestade, minúsculos cristais de gelo ficam à deriva, colidindo entre si, ocorrendo sua ionização. As partículas, então eletrizadas, são deslocadas por grandes movimentações de massas de ar ascendentes e descendentes. Essas cargas se espalham em três camadas. Na parte superior, encontramos muitas cargas positivas (quase 90% das positivas); na parte intermediária, muitas cargas negativas; e, na parte inferior, poucas cargas positivas (quase 10% das positivas). Geralmente o raio inicia-se entre a região intermediária e a inferior. Um conjunto de faíscas entre essas regiões realiza uma ionização do ar, tornando-o condutor. Como o solo torna-se eletrizado por indução, provocando a tensão citada acima, uma corrente de elétrons busca o solo. A descarga inicial ocorre entre a nuvem e o solo porque a distância entre essas regiões (aproximadamente 3000 m) é muito menor que a distância entre a parte inferior e a superior da nuvem (aproximadamente 20000 m). Aberto o caminho, as descargas ocorrem entre solo e nuvem, conforme descrito no Tópico 2.

Estima-se que, anualmente, 60 milhões de descargas elétricas ocorram no Brasil. A grande maioria, na Amazônia. Nas cidades, a poluição, que mantém muitas partículas em suspensão no ar, pode facilitar essas descargas. Por isso, é sempre conveniente que exista um para-raios nas proximidades do local onde se mora ou trabalha. Os para-raios são caminhos seguros para as descargas elétricas, evitando a ocorrência de fatos desagradáveis e de efeitos que possam colocar a nossa vida em perigo.

A luz emitida pela ionização das partículas do ar por onde as descargas elétricas (raios) passam é denominada **relâmpago**. Já o som emitido pela brusca expansão do ar ionizado é chamado de **trovão**.

Jorge Silva/Reuters/Fotoarena

Na região onde o rio Catatumbo desemboca no lago Maracaibo, na Venezuela, ocorrem tempestades em aproximadamente 260 noites por ano. Durantes essas tempestades, que duram 10 horas, registra-se uma média de 280 relâmpagos por minuto, sendo o lugar com maior concentração de relâmpagos do planeta. Esse fenômeno é conhecido como relâmpagos de Catatumbo.

## Cuidados em caso de tempestade com alto índice de descargas

Se você estiver fora de casa:

- evite ser o ponto mais alto da região onde você se encontra;
- evite campos abertos;
- não se aproxime dos pontos mais altos;
- afaste-se de bons condutores de eletricidade: canos de água, postes, antenas, etc.

Se você estiver em casa (a melhor opção):

- afaste-se de bons condutores de eletricidade: canalizações metálicas, telefones, etc.;
- não tome banho (lembre-se de que a água que sai do chuveiro é uma solução iônica – condutora de eletricidade);
- não use eletrodomésticos;
- desligue o telefone (se a trovoada for intensa, desligue a energia no quadro geral).

Se você vive em uma zona de tempestades frequentes, contrate um técnico especializado para instalar um para-raios em sua residência.

No dia 16 de janeiro de 2013, a revista *Veja* apresentou em sua seção Clima um artigo muito interessante sobre raios que atingem a superfície terrestre. Infelizmente, o mote desse artigo foi a morte de um casal que passeava pela praia de Bertioga (região litorânea no sul de São Paulo), atingidos por um raio. O artigo assinado pelo jornalista Alexandre Salvador pode ajudar a salvar muitas vidas. Leia-o com atenção.

### Fulminados a 30 000 graus

A morte de um casal atingido por um raio no litoral paulista mostra o risco que os brasileiros correm por viver no país campeão em tempestades elétricas

Na última década, 1574 pessoas morreram no Brasil vítimas de raios. Isso significa, em média, uma morte a cada três dias. No domingo (6 de janeiro), uma tragédia desse tipo repetiu-se no litoral de São Paulo. Um casal caminhava de mãos dadas pela areia da praia de Bertioga quando foi surpreendido por uma tempestade de raios. Uma das descargas atingiu os dois matando-os instantaneamente.

No mesmo domingo, numa usina de cana-de-açúcar na cidade de Ourinhos, no interior de São Paulo, um reservatório repleto de etanol foi atingido por um raio. A descarga foi tão violenta que o sistema de para-raios instalado não foi suficiente para evitar uma explosão no tanque de 12 metros de altura. A tampa do reservatório foi arremessada a uma distância de 70 metros e ergueram-se enormes labaredas. Segundo o Inpe [Instituto Nacional de Pesquisas Espaciais], é provável que o raio que atingiu o reservatório tenha alcançado a intensidade de 62 000 amperes — a intensidade média dos raios é de 25 000 amperes. Apenas como referência, a corrente de um chuveiro elétrico é de 20 amperes. Um dia antes, em Miradouro, na Zona da Mata mineira, um raio fulminou um homem que pescava e tentou se esconder da chuva sob uma árvore.

Desde 2000, o Grupo de Eletricidade Atmosférica do Inpe monitora as tempestades de raios no Brasil e no mundo. Há três anos, o órgão concluiu um estudo que aponta o Brasil como o país com a maior incidência de raios em todo o planeta (veja o infográfico na página seguinte).

A liderança brasileira no *ranking* dos raios se dá, em parte, pela grande extensão territorial do país. A República Democrática do Congo, na região central da África, tem um quarto do tamanho do Brasil, mas aparece em segundo lugar nessa classificação. A Rússia e o Canadá são os países de maior área territorial do mundo, mas não figuram entre os primeiros na lista de raios. A explicação para isso é que as descargas elétricas ocorrem com maior frequência na faixa central do globo, na região entre os trópicos. "O calor e as diferenças bruscas de temperatura das regiões intertropicais são os fatores que provocam as instabilidades que geram as tempestades", diz Pinto Junior, do Inpe.

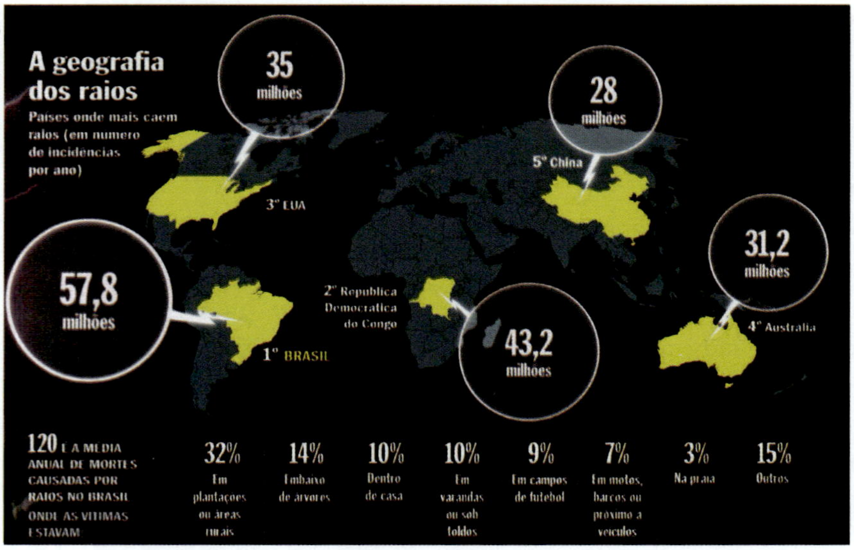


Editora Abril – Imagens

Países onde mais caem raios (em número de incidências por ano). Publicado pela revista *Veja*, edição 2 304, 16 de janeiro de 2013, página 85.

A proximidade com a Serra do Mar faz das praias do litoral paulista uma das regiões com mais registros de tempestade em toda a costa brasileira. Isso porque nas vizinhanças de montanhas ocorrem alterações bruscas de temperatura, gerando instabilidade meteorológica. Os locais de maior risco são as faixas de areia, por serem descampadas. As mortes ocorridas em praias, áreas rurais e campos de futebol, locais que não possuem para-raios ou abrigos cobertos, somam 44% daquelas provocadas por descargas elétricas atmosféricas. O estudo do Inpe apurou que 10% das vítimas fatais de raios no Brasil são atingidas dentro de casa. Parte delas vivia em residência simples, com chão de terra batida, que favorece a propagação da descarga elétrica mesmo que o raio caia fora da casa. No caso de moradias em que o chão é feito de material isolante, como o cimento, o raio penetra através de fiações de luz, telefone ou antenas de TV, e as vítimas, invariavelmente, se encontram perto de aparelhos elétricos.

Numa tempestade de raios, o melhor local para se abrigar é dentro de um veículo fechado, como carro ou ônibus. Mesmo que o raio atinja diretamente o veículo, ele não penetrará em seu interior — ficará circulando pela lataria até se dissipar. Chama-se esse fenômeno de "gaiola de Faraday", em referência ao físico inglês Michael Faraday, que no século XIX descobriu que os campos elétricos se anulam no interior de objetos eletrificados. Por esse mesmo motivo os aviões são imunes aos efeitos dos raios, embora sejam bombardeados por eles quando cruzam nuvens carregadas. Ficar ao lado de um veículo durante uma tempestade de raios, no entanto, é uma atitude de alto risco. O material metálico atrai as descargas elétricas, que acabam alcançando quem está por perto. Ser atingido por um raio, como ocorreu com o casal na praia de Bertioga, é receber um jato de calor de 30 000 graus durante um décimo de segundo.

SALVADOR, Alexandre. Revista *Veja*, ed. 2 304, ano 46, n. 3, p. 84-85.

## Compreensão, pesquisa e debate

1. Pesquise e descubra como surgem cargas elétricas nas nuvens.
2. Por que ocorre descarga elétrica entre nuvens e entre nuvem e terra?
3. Cite pelo menos dois sistemas que podem proteger as pessoas e os animais de descargas elétricas que ocorrem durante as tempestades.
4. Quais são as limitações dos para-raios? Discuta com seus colegas as maneiras de tornar os para-raios mais eficientes.
5. Pesquise e monte um grupo de colegas para discutir os cuidados que devemos ter para não ficarmos expostos a possíveis descargas elétricas, em dia de tempestade.
6. Por que um raio pode levar uma pessoa à morte? Pesquise e discuta com seus colegas.

## Exercícios Nível 3

**110.** Um próton vindo do infinito com velocidade inicial de $1,6 \cdot 10^7$ m/s dirige-se perpendicularmente contra um núcleo de ouro. O núcleo do átomo de ouro contém 79 prótons. Supondo que seja válida a Lei de Coulomb, calcule a distância mínima de aproximação entre o próton e o núcleo de ouro. Admita que o núcleo de ouro esteja em repouso.

**Dados:** massa do próton $\cong 2 \cdot 10^{-27}$ kg;
carga do próton $= 1,6 \cdot 10^{-19}$ C;
constante eletrostática do vácuo $=$
$= 9 \cdot 10^9$ N m$^2$ C$^{-2}$

**111.** (Ufal) Duas cargas elétricas puntiformes de $1,0 \cdot 10^{-7}$ C e $2,0 \cdot 10^{-8}$ C estão a uma distância de 10 cm uma da outra. Aumentando-se a distância entre elas de $\Delta d$, a energia potencial elétrica do sistema diminui $1,35 \cdot 10^{-4}$ J. Sendo a constante eletrostática igual a $9,0 \cdot 10^9$ N m$^2$/C$^2$, determine o valor de $\Delta d$, em centímetros.

**112.** (Fuvest-SP) Os primeiros astronautas a pousar na Lua observaram a existência de finas camadas de poeira pairando acima da superfície lunar. Como não há vento na Lua, foi entendido que esse fenômeno estava ligado ao efeito fotoelétrico causado pela luz solar: elétrons são extraídos dos grãos de poeira do solo lunar ao receberem energia da radiação eletromagnética proveniente do Sol e, assim, os grãos tornam-se positivamente carregados. O mesmo processo também arranca elétrons da superfície lunar, contribuindo para a carga positiva do lado iluminado da superfície da Lua. A altura de equilíbrio acima da superfície lunar dessas camadas depende da massa e da carga dos grãos. A partir dessas informações, determine

a) o módulo $F_e$ da força eletrostática que age sobre cada grão em equilíbrio da camada, sabendo que um grão de poeira tem massa $m = 1,2 \cdot 10^{-14}$ kg e que a aceleração da gravidade nas proximidades da superfície da Lua é $g_L = 1,6$ m/s²;

b) o módulo $E$ do campo elétrico na posição dessa camada de poeira, sabendo que a carga adquirida por um grão é $Q = 1,9 \cdot 10^{-15}$ C.

Uma característica do efeito fotoelétrico é a necessidade de os fótons da luz incidente terem uma energia mínima, abaixo da qual nenhum elétron é arrancado do material. Essa energia mínima está relacionada à estrutura do material e, no caso dos grãos de poeira da superfície lunar, é igual a $8 \cdot 10^{-19}$ J.

c) Determine a frequência mínima $f$ dos fótons da luz solar capazes de extrair elétrons dos grãos de poeira.

Na superfície da Lua, $5 \cdot 10^5$ é o número de fótons por segundo incidindo sobre cada grão de poeira e produzindo emissão de elétrons.

d) Determine a carga $q$ emitida em 2 s por um grão de poeira, devido ao efeito fotoelétrico, considerando que cada fóton arranque apenas um elétron do grão.

> **Note e adote:**
> Carga do elétron: $-1,6 \cdot 10^{-19}$ C
> Energia do fóton: $e = hf$; $f$ é a frequência e $h = 6 \cdot 10^{-34}$ J · s é a constante de Planck.
> Desconsidere as interações entre os grãos e a influência eletrostática dos elétrons liberados.

**113.** (Unip-SP) Uma partícula $\mathbf{P_1}$ eletrizada com carga positiva $Q$ está fixa em um ponto **C**. Outra partícula $\mathbf{P_2}$ de massa $m$ e eletrizada com carga negativa $q$ parte do repouso de um ponto **A**, a uma altura $H$ acima do solo, e desliza em um plano inclinado de 45°, em relação à horizontal, fixo no solo.

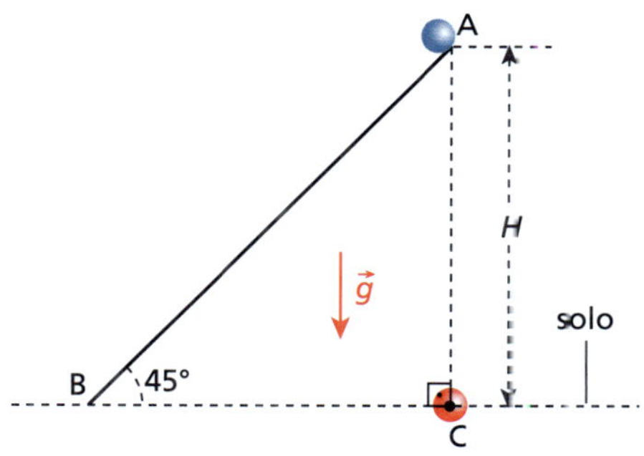


Reprodução/Arquivo da editora

A aceleração da gravidade local é constante e tem módulo igual a $g$.
Despreze as forças de atrito e a resistência do ar.

A partícula $\mathbf{P_2}$ atinge o solo, no ponto **B**, com uma energia cinética:

a) que depende dos valores de $Q$ e $q$.

b) igual a mgH.

c) que não depende do valor de $m$.

d) igual a $\text{mgH} + \text{k}\dfrac{\text{Qq}}{\text{H}}$, em que $k$ é a constante eletrostática do ar.

e) igual a $\text{mgH} - \text{k}\dfrac{\text{Qq}}{\text{H}}$, em que $k$ é a constante eletrostática do ar.

**114.** (UFV-MG) Três partículas com cargas elétricas $q_1$, $q_2$ e $q_3$ estão fixadas nos vértices de um retângulo de lados 3 m e 4 m, conforme a figura ao lado.

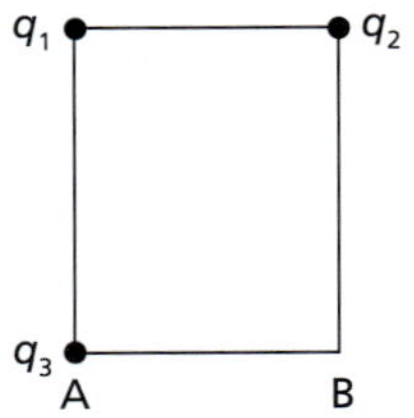

Reprodução/Arquivo da editora

O trabalho que deve ser realizado por um agente externo para tirar a carga $q_3$ do vértice **A** e colocar no vértice **B** é:

a) $\dfrac{1}{4\pi\varepsilon_0}(q_2q_1 + q_1q_3 + q_2q_3)$

b) $\dfrac{q_3}{80\pi\varepsilon_0}(q_2 - q_1)$

c) $\dfrac{q_3}{8\pi\varepsilon_0}(q_2 + q_1)$

d) $\dfrac{1}{2\pi\varepsilon_0}(q_2 - q_1)(q_3 - q_2)(q_3 - q_1)$

**115.** (Fuvest-SP) A região entre duas placas metálicas, planas e paralelas está esquematizada na figura abaixo. As linhas tracejadas representam o campo elétrico uniforme existente entre as placas. A distância entre as placas é 5 mm e a diferença de potencial entre elas é 300 V. As coordenadas dos pontos **A**, **B** e **C** são mostradas na figura.

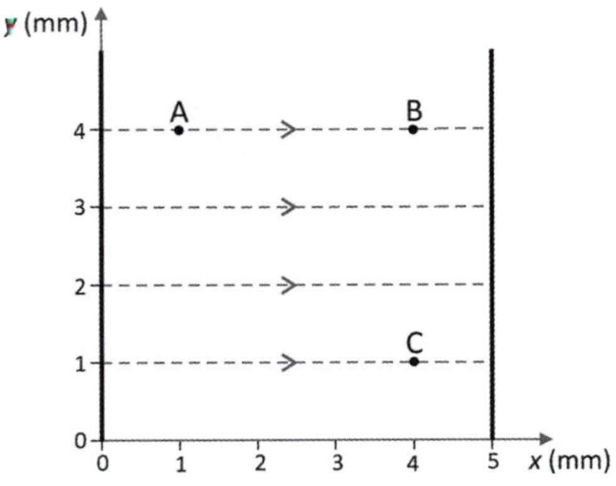

Reprodução/Fuvest, 2015.

Determine

a) os módulos $E_A$, $E_B$ e $E_C$ do campo elétrico nos pontos **A**, **B** e **C**, respectivamente;

b) as diferenças de potencial $V_{AB}$ e $V_{BC}$ entre os pontos **A** e **B** e entre os pontos **B** e **C**, respectivamente;

c) o trabalho $\tau$ realizado pela força elétrica sobre um elétron que se desloca do ponto **C** ao ponto **A**.

> **Note e adote:**
> O sistema está em vácuo.
> Carga do elétron $= -1{,}6 \cdot 10^{-19}$ C.

**116.** (Uerj) Para reduzir a emissão de poluentes na atmosfera, o supermercado instalou em sua cozinha um equipamento chamado precipitador eletrostático, pelo qual passam gases e partículas sólidas sugadas do ambiente por meio de um exaustor. Observe o esquema abaixo:

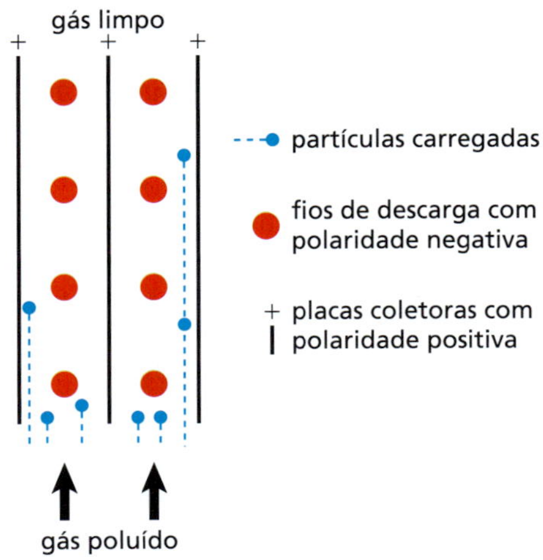

Reprodução/Arquivo da editora

Considere que os fios e as placas coletoras paralelas, quando carregados, geram um campo elétrico uniforme, das placas para os fios, de intensidade $E = 2{,}4 \cdot 10^4$ V/m, tornando as partículas ionizadas negativamente. Essas partículas são deslocadas em direção às placas coletoras, ficando aí retidas. Esse processo bastante simples é capaz de eliminar até 99% das partículas que seriam lançadas à atmosfera.

a) Considerando que a distância entre os fios e as placas é de 10 cm, calcule a diferença de potencial elétrico entre eles.

b) As partículas sólidas penetram no interior do precipitador com velocidade de 0,7 m/s e adquirem carga de módulo igual a $1{,}6 \cdot 10^{-18}$ C. Calcule o valor máximo da massa das partículas que podem ser retiradas das placas coletoras, que têm 3,5 m de comprimento. Desconsidere a ação do campo gravitacional.

**117.** (UPM-SP) Uma unidade de medida de energia muito utilizada em Física Nuclear é o eletronvolt (eV), e os múltiplos quiloeletronvolt (keV) e megaeletronvolt (MeV) são ainda mais usuais. Comparando o eletronvolt com a unidade de medida do Sistema Internacional, temos que 1 eV = $= 1{,}6 \cdot 10^{-19}$ J. Durante uma experiência no laboratório, tem-se uma carga elétrica puntiforme fixa (*Q*) de 3,0 nC ($3{,}0 \cdot 10^{-9}$ C), praticamente no vácuo ($k_0 = 9 \cdot 10^9$ N m$^2$/C$^2$), e, em determinado instante, um pósitron ($q = +1{,}6 \cdot 10^{-19}$ C) é abandonado do repouso em um ponto **A**, distante 3,0 mm dessa carga *Q*. Ao passar por um ponto **B**, situado a 6,0 mm de **A**, sobre a mesma reta **QA**, o pósitron terá energia cinética:

a) $E_C = 4{,}5$ keV.
b) $E_C = 6{,}0$ keV.
c) $E_C = 9{,}0$ keV.
d) $E_C = 4{,}5$ MeV.
e) $E_C = 6{,}0$ MeV.

**118.** (UEM-PR) Uma pequena esfera, negativamente carregada e com massa igual a 100 g, encontra-se em equilíbrio no ponto médio do interior de um capacitor formado por duas placas paralelas, horizontalmente dispostas, como mostra a figura. Considerando que a distância entre as placas é de 10 cm, que a diferença de potencial entre elas é de 10 V e que a aceleração da gravidade é g = 10 m/s$^2$, indique o que for correto.

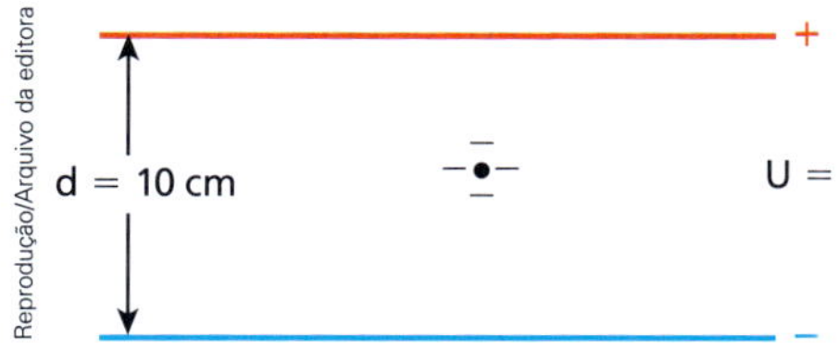


(01) A intensidade do campo elétrico entre as placas é igual a 1 V/m.

(02) A esfera eletrizada possui carga igual a $1 \cdot 10^{-2}$ C.

(04) Ao dobrar-se a diferença de potencial entre as placas, para que a esfera permaneça em equilíbrio, deve-se dobrar o valor da sua carga.

(08) Aumentando em 1% o valor da carga sobre a esfera, nas condições iniciais do enunciado, o tempo que esta levará para atingir a placa superior será de 1 s.

(16) Com o aumento em 1% do valor da carga, a velocidade da esfera, ao atingir a placa superior, será de 0,1 m/s.

(32) Ao inverter-se a polaridade das placas, a esfera eletrizada sofrerá uma aceleração constante.

Dê como resposta a soma dos números associados às afirmativas corretas.

**119.** (UFRJ) Um aluno montou um eletroscópio para a Feira de Ciências da escola, conforme ilustrado na figura abaixo. Na hora da demonstração, o aluno atritou um pedaço de cano plástico com uma flanela, deixando-o eletrizado positivamente, encostou-o na tampa metálica e, em seguida, o retirou.

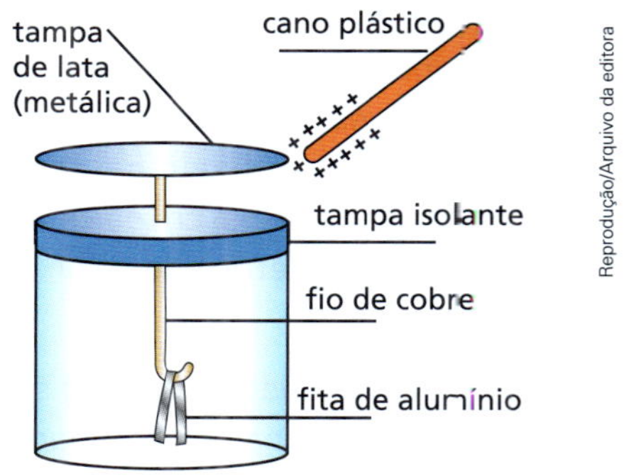


O aluno observou, então, um ângulo de abertura $\alpha_1$ na fita de alumínio.

a) Explique o fenômeno físico ocorrido com a fita metálica.

b) O aluno, em seguida, tornou a atritar o cano com a flanela e o reaproximou da tampa de lata sem encostar nela, observando um ângulo de abertura $\alpha_2$ na fita de alumínio. Compare $\alpha_1$ e $\alpha_2$, justificando sua resposta.

**120.** O sistema de condutores perfeitos da figura consta de duas esferas de raios $r_1 = a$ e $r_2 = 2a$, interligadas por um longo fio condutor de capacidade nula. Quando o sistema é eletrizado com carga positiva *Q*, após o equilíbrio eletrostático ser alcançado, o condutor de raio $r_1$ apresenta densidade superficial de cargas $\sigma_1$ e o de raio $r_2$ apresenta densidade superficial de carga $\sigma_2$. Nessa situação, qual a relação $\frac{\sigma_1}{\sigma_2}$?

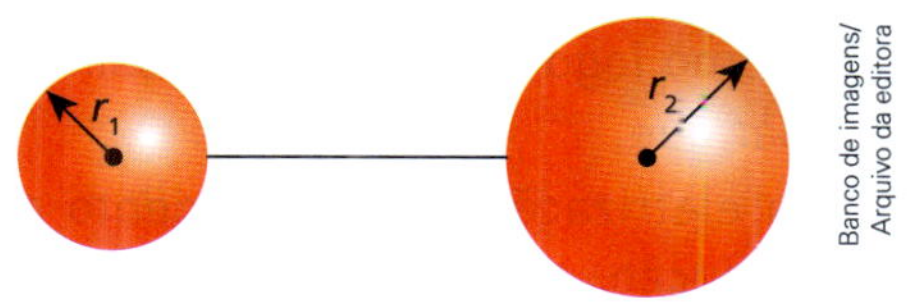

**121.** (Vunesp) Um gerador eletrostático despeja em uma pequena esfera condutora, de raio R = 10,8 cm, uma carga elétrica de $-8{,}0 \cdot 10^{-10}$ C a cada segundo de funcionamento. O processo tem início com a esfera inicialmente neutra.

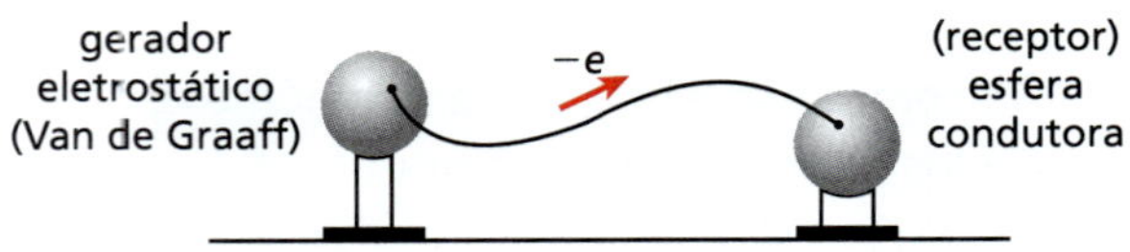




a) Qual partícula elementar o gerador deposita na esfera? Sabendo que o valor absoluto da carga elétrica elementar é $1{,}6 \cdot 10^{-19}$ C, determine o número de portadores de carga que são despejados na esfera no tempo de 1,0 s.

b) Considerando a esfera condutora como uma carga pontual e adotando a constante eletrostática igual a $9{,}0 \cdot 10^9$ N · m²/C², determine o tempo necessário (contando a partir do instante em que se liga o gerador) para que a uma distância de 3,6 cm da esfera se obtenha um potencial elétrico de valor absoluto igual a 1 000 V.

**122.** (PUC-SP) Dois condutores **A** e **B** são esféricos e concêntricos. O condutor **A** é maciço e tem raio de 2 cm e carga de 5 μC. O condutor **B**, ligado à terra, tem raio interno de 4 cm e raio externo de 5 cm. Um condutor **C**, inicialmente neutro, é aproximado do condutor **B**, sem tocá-lo. Nessas condições, podemos afirmar que, após a aproximação do condutor **C**:

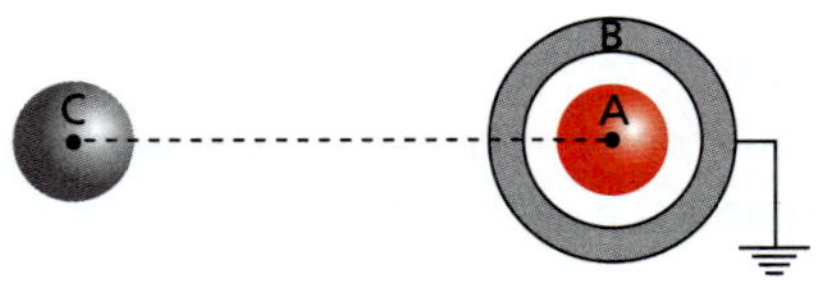




a) a carga do condutor **A** passa a ser nula.
b) a carga total do condutor **B** é nula.
c) a carga induzida no condutor **C** é de +5 μC.
d) a carga induzida no condutor **C** é nula.
e) a carga induzida no condutor **C** é de −5 μC.

**123.** (UFBA) Aviões com revestimento metálico, voando em atmosfera seca, podem atingir elevado grau de eletrização, muitas vezes evidenciado por um centelhamento para a atmosfera, conhecido como fogo-de-santelmo. Assim, é correto afirmar que:

(01) a eletrização do revestimento dá-se por indução.
(02) o campo elétrico no interior do avião, causado pela eletrização do revestimento, é nulo.
(04) a eletrização poderia ser evitada revestindo-se o avião com material isolante.
(08) o centelhamento ocorre preferencialmente nas partes pontiagudas do avião.
(16) o revestimento metálico não é uma superfície equipotencial, pois, se o fosse, não haveria centelhamento.
(32) dois pontos quaisquer no interior do avião estarão a um mesmo potencial, desde que não haja outras fontes de campo elétrico nessa região.

Dê como resposta a soma dos números associados às afirmativas corretas.

**124.** Um anel encontra-se uniformemente eletrizado com uma carga elétrica total de 9,0 pC ($9{,}0 \cdot 10^{-12}$ C) e tem raio *R* igual a 3,0 cm. Observe a figura a seguir.

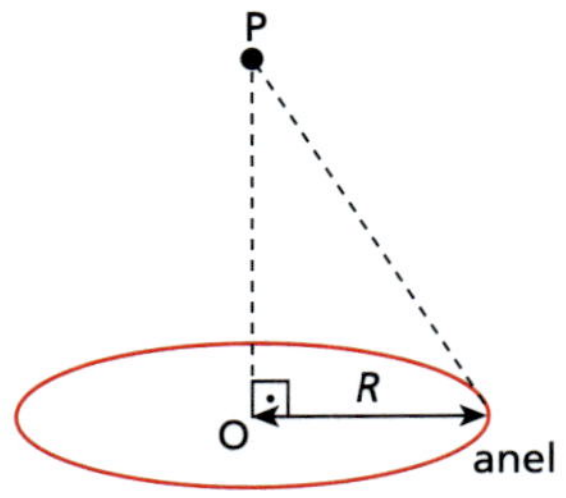




**Dado:** $k = 9 \cdot 10^9$ N m² C$^{-2}$

Determine:

a) a intensidade do vetor campo elétrico no centro **O**;
b) o potencial elétrico no ponto **O**;
c) o potencial elétrico no ponto **P**, sendo a distância OP = 4,0 cm.

**125.** (IME-RJ) Uma esfera de plástico, maciça, é eletrizada, ficando com uma densidade de carga superficial $\sigma = +0{,}05$ C/m². Em consequência, se uma carga puntiforme q = +1 μC fosse colocada exteriormente a 3 metros do centro da esfera, sofreria uma repulsão de $0{,}02\pi$ newtons. A esfera é descarregada e cai livremente de uma altura de 750 metros, adquirindo ao fim da queda uma energia de $0{,}009\pi$ joules.

Determine a massa específica do plástico da esfera.

**Dados:** aceleração da gravidade: g = 10 m/s²;

$k_0 = 9 \cdot 10^9 \dfrac{\text{N m}^2}{\text{C}^2}$.

## Para raciocinar um pouco mais

**126.** Duas partículas **A** (massa $2M$, carga positiva $Q$) e **B** (massa $M$, carga positiva $q$), separadas por uma distância $d$, são abandonadas no vácuo, a partir do repouso, como mostra a figura:

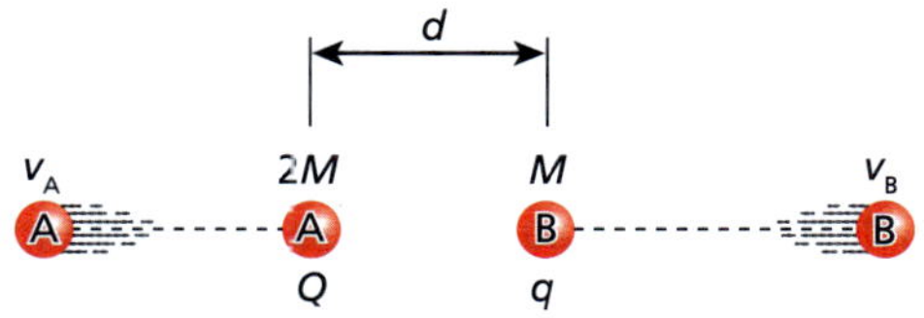




Suponha que as únicas forças atuantes nas partículas sejam as forças eletrostáticas devidas às suas cargas.

Sendo $k$ a constante eletrostática do vácuo, determine:

a) os módulos das velocidades $v_A$ e $v_B$ das partículas **A** e **B** quando a distância entre elas for "infinita", ou seja, quando estiverem afastadas o suficiente para que a interação entre elas se torne desprezível;

b) a velocidade com que **B** chegaria ao "infinito" se a partícula **A** fosse fixa.

**127.** Duas partículas **A** e **B** eletrizadas positivamente com cargas elétricas respectivamente iguais a $8{,}0 \cdot 10^{-6}$ C e $1{,}0 \cdot 10^{-6}$ C são fixadas nas extremidades de um aro semicircular de raio R = 2,5 m constituído de material isolante e apoiado sobre uma mesa horizontal, conforme ilustram os esquemas a seguir. Em seguida, é abandonada uma partícula **C**, também eletrizada positivamente com carga elétrica igual a $5{,}0 \cdot 10^{-4}$ C, em uma posição qualquer em contato com o aro. Depois de algumas oscilações, a partícula **C** estabiliza-se em uma posição de equilíbrio sob a ação das forças eletrostáticas trocadas com **A** e **B** e da força normal de contato recebida do aro, além da força peso e da força de reação da mesa.

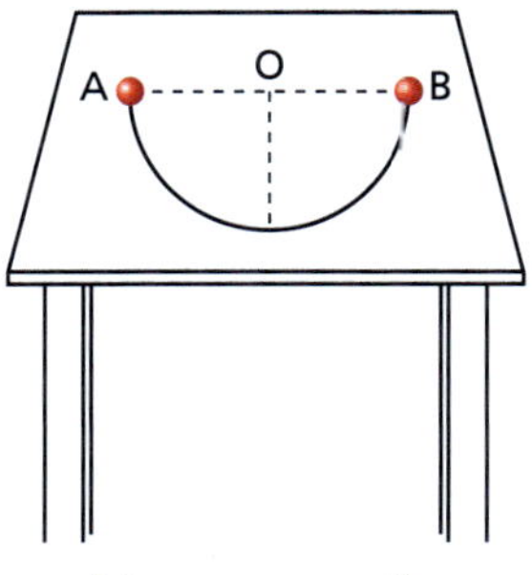


vista em perspectiva

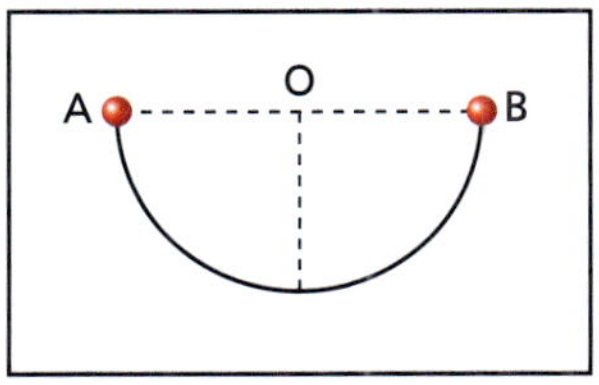


vista do topo



Adotando-se para a constante eletrostática local o valor $4{,}0\sqrt{5} \cdot 10^9$ Nm$^2$/C$^2$ e desprezando-se todos os atritos, determine a intensidade da força normal de contato que **C** recebe do aro na posição de equilíbrio.

**128.** (Unimontes-MG) Nos vértices de um quadrado de lado $L$, no vácuo, são posicionadas 3 cargas de módulos $q$, $3q$ e $5q$, respectivamente. No quarto vértice é posicionada uma carga $Q$ (veja a figura).

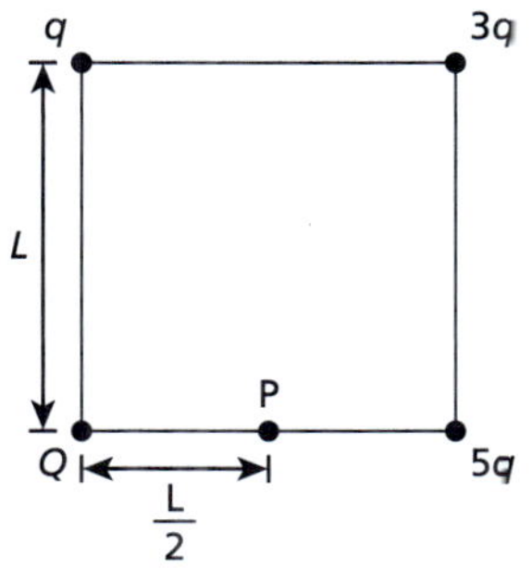




Nesse momento, verifica-se, então, que o potencial no ponto **P** do quadrado é nulo. A relação entre $Q$ e $q$ é:

**Dado:** $k = 9 \cdot 10^9$ (N · m$^2$/C$^2$) é a constante eletrostática.

a) $Q = \dfrac{q\left(4 + 5\sqrt{5}\right)}{\sqrt{5}}$.

b) $Q = \dfrac{-q\left(4 - 5\sqrt{5}\right)}{\sqrt{5}}$.

c) $Q = \dfrac{-q\left(4 + 5\sqrt{5}\right)}{\sqrt{5}}$.

d) $Q = \dfrac{q\left(4 - 5\sqrt{5}\right)}{\sqrt{5}}$.

**129.** (UFRJ) Um íon de massa $m$ e carga elétrica $q$ incide sobre um segundo íon, de mesma massa $m$ e mesma carga $q$. De início, enquanto a separação entre eles é grande o bastante para que as forças mútuas sejam desprezíveis, o primeiro mantém uma velocidade constante de módulo $v_0$ e o segundo se mantém em repouso, como indica a figura 1.

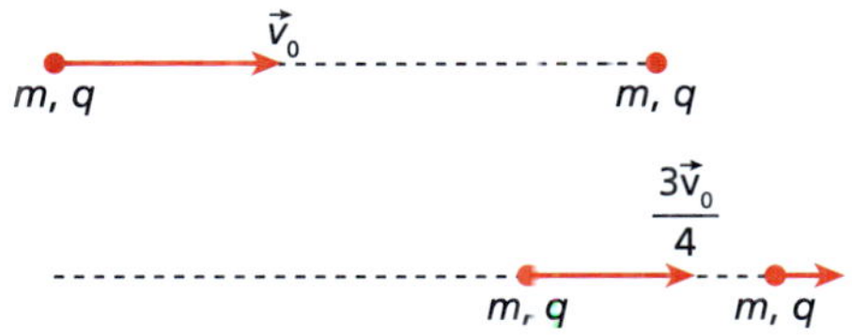

Ao se aproximarem, as forças elétricas coulombianas entre eles, não mais desprezíveis, passam a mudar continuamente suas velocidades. Despreze quaisquer outras forças, considere dados os valores de $m$, $q$, $v_0$ e $4\pi\varepsilon_0$ e suponha que todos os movimentos se deem em uma reta.

a) Calcule a velocidade do segundo íon quando a velocidade do íon incidente for igual a $\frac{3v_0}{4}$ (como indicado na figura 2).

b) Calcule a distância entre eles no instante da situação considerada no item anterior.

**130.** Considere duas partículas eletrizadas: $q_1 = 1$ nC, situada sobre um hipotético eixo **X** com abscissa $x_1 = -2$ cm e $q_2 = -2$ nC, situada no mesmo eixo **X** com abscissa $x_2 = -8$ cm. Nessa região não existe a influência de qualquer outra carga elétrica. O lugar geométrico dos pontos onde o potencial resultante é nulo está contemplado na alternativa:

a) Uma superfície esférica que corta o eixo **X** nos pontos de abscissas $x = -4$ cm e $x = 4$ cm.

b) Uma superfície esférica que corta o eixo **X** nos pontos de abscissas $x = -16$ cm e $x = 16$ cm.

c) Uma superfície na forma de uma elipsoide que corta o eixo **X** nos pontos de abscissas $x = -4$ cm e $x = 16$ cm.

d) Uma superfície em forma de hiperboloide que corta o eixo **X** no ponto de abscissa $x = -4$ cm.

e) Um plano perpendicular ao eixo **X** que o corta no ponto de abscissa $x = -4$ cm.

**131.** (Fuvest-SP) Um pêndulo, constituído de uma pequena esfera, com carga elétrica $q = +2{,}0 \cdot 10^{-9}$ C e massa $m = 3\sqrt{3} \cdot 10^{-4}$ kg, ligada a uma haste eletricamente isolante, de comprimento $d = 0{,}40$ m e massa desprezível, é colocado em um campo elétrico constante $\vec{E}$ ($|\vec{E}| = 1{,}5 \cdot 10^{+6}$ N/C).

Esse campo é criado por duas placas condutoras verticais, carregadas eletricamente.

O pêndulo é solto na posição em que a haste forma um ângulo $\alpha = 30°$ com a vertical (ver figura) e, assim, ele passa a oscilar em torno de uma posição de equilíbrio. São dados $\text{sen } 30° = \frac{1}{2}$, $\text{sen } 45° = \frac{\sqrt{2}}{2}$ e $\text{sen } 60° = \frac{\sqrt{3}}{2}$ e $g = 10$ m/s$^2$.

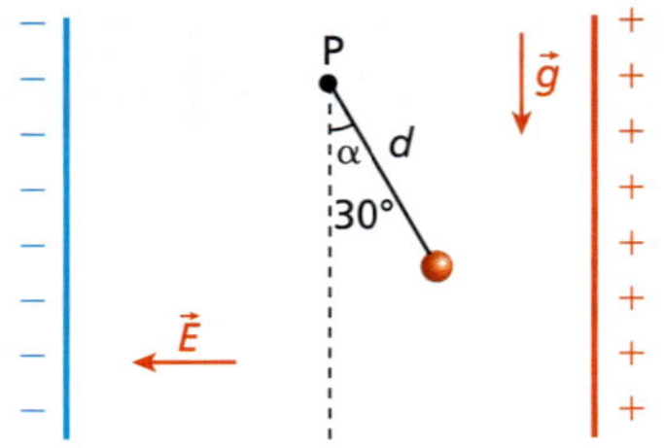




Na situação apresentada, considerando-se desprezíveis os atritos, determine:

a) os valores dos ângulos $\alpha_1$, que a haste forma com a vertical, na posição de equilíbrio, e $\alpha_2$, que a haste forma com a vertical na posição de máximo deslocamento angular, e represente graficamente esses ângulos;

b) a energia cinética $K$, da esfera, quando ela passa pela posição de equilíbrio.

**132.** (Unicamp-SP) A fumaça liberada no fogão durante a preparação de alimentos apresenta gotículas de óleo com diâmetros entre 0,05 $\mu$m e 1 $\mu$m. Uma das técnicas possíveis para reter essas gotículas de óleo é utilizar uma coifa eletrostática, cujo funcionamento é representado no esquema a seguir: a fumaça é aspirada por uma ventoinha, forçando sua passagem através de um estágio de ionização, no qual as gotículas de óleo adquirem carga elétrica. Essas gotículas carregadas são conduzidas para um conjunto de coletores formados por placas paralelas, com um campo elétrico entre elas, e neles se precipitam.



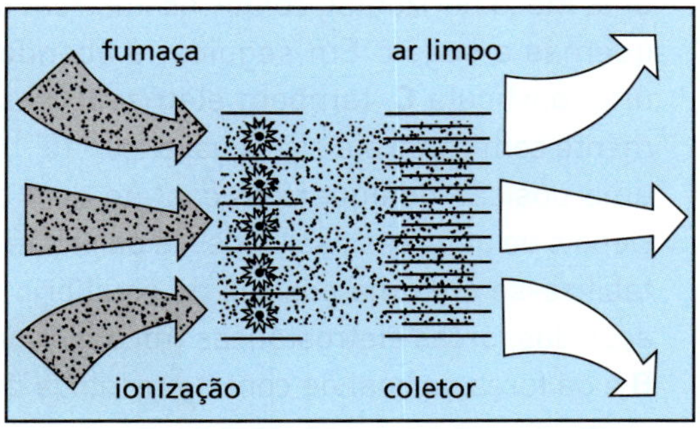


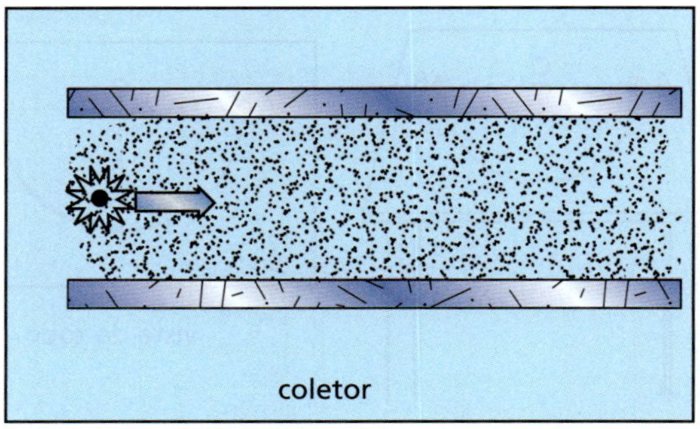

a) Qual a massa das maiores gotículas de óleo? Considere a gota esférica, a densidade do óleo é $\rho_{óleo} = 9,0 \cdot 10^2$ kg/m³ e $\pi = 3$.

b) Quanto tempo a gotícula leva para atravessar o coletor? Considere a velocidade do ar arrastado pela ventoinha como sendo 0,6 m/s e o comprimento do coletor igual a 0,30 m.

c) Uma das gotículas de maior diâmetro tem uma carga de $8 \cdot 10^{-19}$ C (equivalente à carga de apenas 5 elétrons!). Essa gotícula fica retida no coletor para o caso ilustrado na figura? A diferença de potencial entre as placas é de 50 V e a distância entre as placas do coletor é de 1 cm. Despreze os efeitos do atrito e da gravidade.

**133.** (Fuvest-SP) Um selecionador eletrostático de células biológicas produz, a partir da extremidade de um funil, um jato de gotas com velocidade $V_{oy}$ constante. As gotas, contendo as células que se quer separar, são eletrizadas. As células selecionadas, do tipo **K**, em gotas de massa *M* e eletrizadas com carga $-Q$ são desviadas por um campo elétrico uniforme *E* criado por duas placas paralelas carregadas, de comprimento $L_0$. Essas células são recolhidas no recipiente colocado em $\mathbf{P_K}$, como na figura.

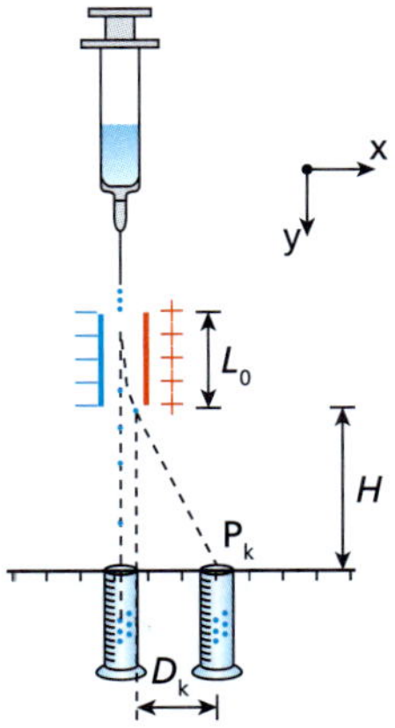

Reprodução/Arquivo da editora

Para as gotas contendo células do tipo **K**, utilizando em suas respostas apenas *Q*, *M*, *E*, $L_0$, *H* e $Y_{0y}$, determine:

a) a aceleração horizontal $A_x$ dessas gotas, quando elas estão entre as placas;

b) a componente horizontal $Y_x$, da velocidade com que essas gotas saem, no ponto **A**, da região entre as placas;

c) a distância $D_K$, indicada no esquema, que caracteriza a posição em que essas gotas devem ser recolhidas.
(Nas condições dadas, os efeitos gravitacionais podem ser desprezados.)

**134.** (UEL-PR) É conhecido e experimentalmente comprovado que cargas elétricas aceleradas emitem radiação eletromagnética. Este efeito é utilizado na geração de ondas de rádio, telefonia celular, nas transmissões via satélite e etc.

Quando o módulo da velocidade de uma partícula com carga elétrica *e* for pequeno comparado ao módulo da velocidade da luz *c* no vácuo, prova-se, utilizando a eletrodinâmica clássica, que a potência com a qual a carga elétrica com aceleração constante *a* irradia ondas eletromagnéticas é $P_{irr} = \dfrac{1}{4\pi\varepsilon_0}\dfrac{2e^2a^2}{2c^3}$, onde $\varepsilon_0$ é a constante de permissividade elétrica.

Desprezando-se efeitos relativísticos, considera-se um próton com massa $m_p = 2 \cdot 10^{-27}$ kg com carga elétrica $e = 2 \cdot 10^{-19}$ C abandonado em repouso em um campo elétrico uniforme de intensidade $E = 14 \cdot 10^{19}$ N/C produzido por um capacitor de placas paralelas uniformemente carregadas com cargas de sinais opostos como esquematizado na figura a seguir:

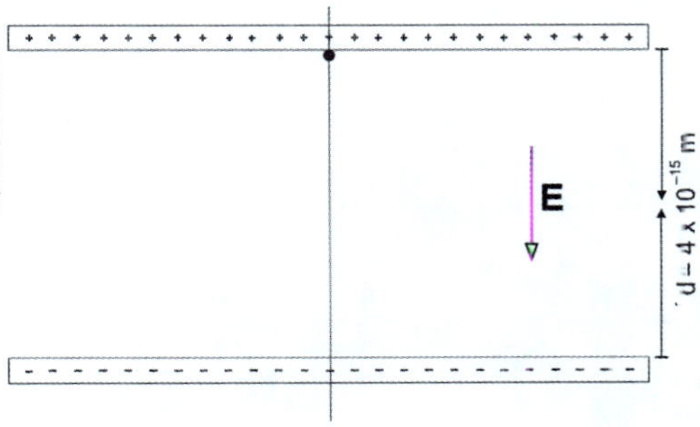

Reprodução/UEL, 2012.

A distância entre as placas é $d = 4 \cdot 10^{-15}$ m, o meio entre elas é o vácuo, o campo gravitacional é desprezado e o tempo necessário para o próton percorrer a distância entre duas placas é $T = 10^{-19}$ s.

a) Calcule a energia irradiada durante todo o percurso entre as placas, considerando que a potência de irradiação é $P_{irr} = \alpha a^2$, onde $\alpha = \dfrac{1}{4\pi\varepsilon_0}\dfrac{2e^2}{3c^2} = 6 \cdot 10^{-52}$ kg · s. Apresente os cálculos.

b) Calcule a velocidade final com que o próton atinge a placa negativa do capacitor. Apresente os cálculos.

UNIDADE

# 2 Eletrodinâmica

A **Eletrodinâmica** é a parte da Física que estuda a corrente elétrica – movimento ordenado de cargas elétricas – e suas manifestações ao percorrer circuitos e aparelhos elétricos em geral.

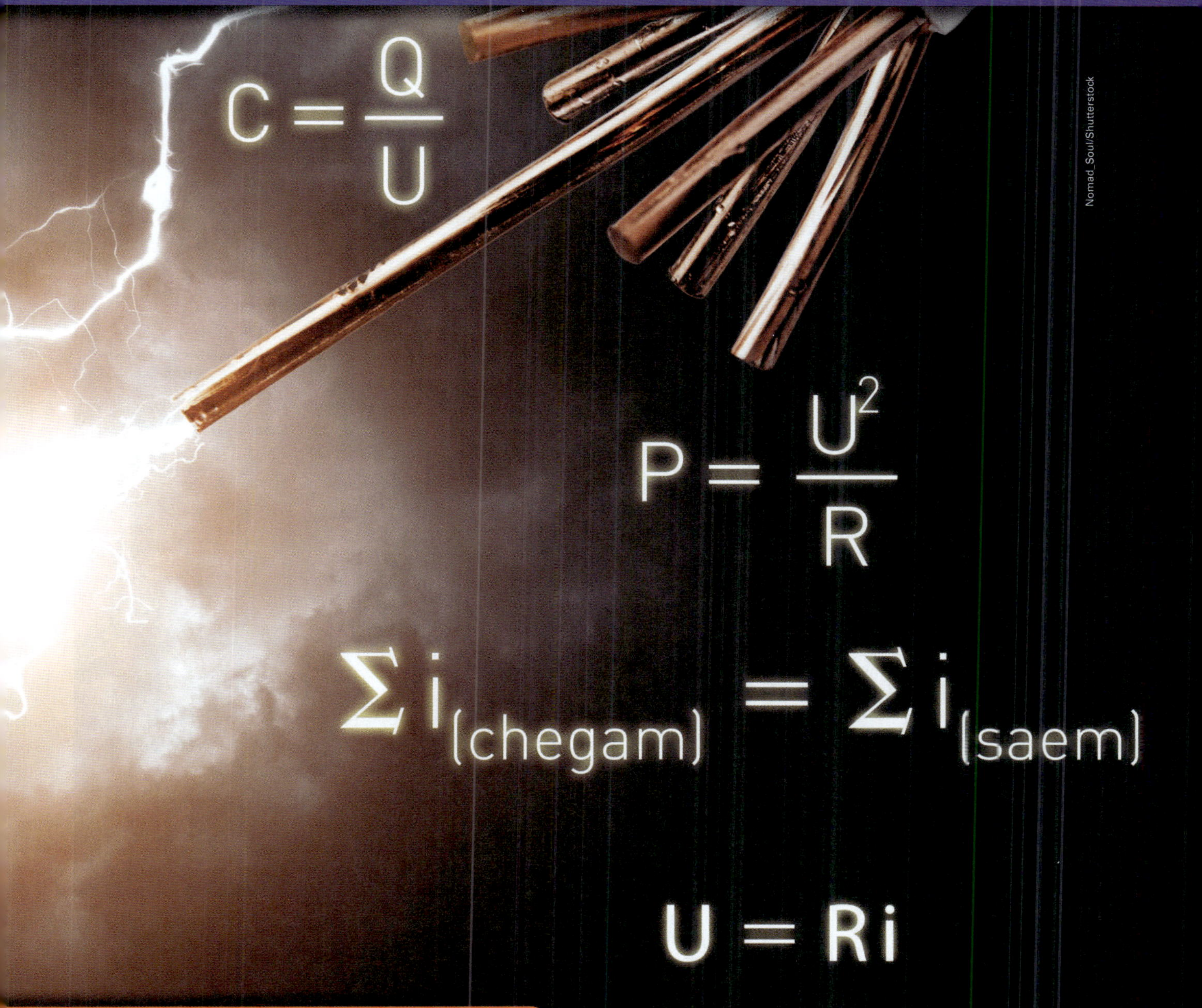


Nomad_Soul/Shutterstock

Os cabos elétricos, feitos de fios condutores, são responsáveis pela condução da corrente elétrica que alimenta os diversos equipamentos elétricos que fazem parte do nosso dia a dia.

## NESTA UNIDADE VAMOS ESTUDAR:

- **Tópico 1**. Corrente elétrica
- **Tópico 2**. Tensão elétrica e resistência elétrica
- **Tópico 3**. Geradores elétricos e circuitos simples
- **Tópico 4**. Energia e potência elétrica
- **Tópico 5**. As leis de Kirchhoff
- **Tópico 6**. Capacitores

TÓPICO

# 1 Corrente elétrica

RomanSlavik.com/Shutterstock

A imagem do panorama urbano das cidades, como a da cidade de Nova York da imagem acima, seria muito diferente sem a energia gerada pelas usinas elétricas, distribuída e transmitida por cabos que conduzem corrente elétrica.

Apesar de aproximadamente um sétimo da população mundial não possuir acesso à energia elétrica, para a maioria da população é difícil imaginar o cotidiano sem a existência de equipamentos elétricos e outros dispositivos que são alimentados por corrente elétrica.

Neste tópico, iniciaremos o nosso estudo da Eletrodinâmica pelo conceito de corrente elétrica. Veremos quais são os portadores de corrente elétrica, como essas cargas se comportam nos condutores, o sentido convencional da corrente elétrica, como esta é definida e os tipos de corrente elétrica.

Bloco 1

# 1. Introdução

Banco de imagens/Arquivo da editora

// Para a maioria da população mundial, a energia elétrica é fundamental na sua rotina.

A eletricidade está tão incorporada em nossa vida que nem percebemos quão mais fácil torna-se o mundo ao nosso redor com sua utilização. Acompanhe o começo de um dia de trabalho, em um centro urbano, nos dias atuais. O alarme do telefone celular nos desperta. O toque no interruptor de luz se faz tão automático e rotineiro que nem nos perguntamos de onde vem aquela energia. O banho no chuveiro quente em uma manhã mais fria é apreciado. Ligamos o secador de cabelo para alguns retoques estéticos. Fazemos uma torrada na torradeira e prazerosamente a comemos com um último gole de café requentado rapidamente no micro-ondas. Terminamos de nos trocar de olho nas notícias da televisão. Enfim, saímos apressados. Chegando ao trabalho, avistamos o elevador parado no térreo e em poucos segundos estamos no 20º andar. Usando um dedo da mão esquerda e outro da direita, computador e monitor já estão em funcionamento. O telefone da mesa toca e mais um dia de trabalho se inicia.

Sabemos, é claro, que milhões de pessoas têm uma rotina matinal muito diferente dessa, mas também sabemos que outros milhões passam por situações pelo menos parecidas.

Você já parou para pensar o quanto evoluímos até conseguirmos desfrutar da energia elétrica? Essa grande revolução começou no século XIX e foi consolidada no século XX. Antes disso, a humanidade não utilizava energia elétrica. Em algumas regiões do Brasil e do mundo ainda se usa muito pouco a eletricidade; em outras, ela é imprescindível. Agora reflita: o que conseguimos fazer – ou fazer melhor – graças a ela? Há algo que involuiu por causa dela?

# 2. Corrente elétrica

Em relação a um sistema de referência especificado, definimos **corrente elétrica** como um conjunto de portadores de carga elétrica em movimento ordenado.

Na Eletrodinâmica clássica, o sistema de referência escolhido é quase sempre o próprio condutor através do qual flui a corrente elétrica. Assim, quando não especificamos o referencial, subentende-se que este seja o próprio condutor.

## Portadores de carga elétrica

Para especificar quem são os portadores de carga elétrica, temos de estabelecer que tipo de condutor elétrico será analisado. Como já vimos na Unidade 1 (Eletrostática), há condutores **metálicos**, **eletrolíticos** e **gasosos**.

- Nos **condutores metálicos**, as partículas portadoras das cargas elétricas são os elétrons "livres". Esses elétrons são assim chamados por estarem fracamente ligados ao núcleo.

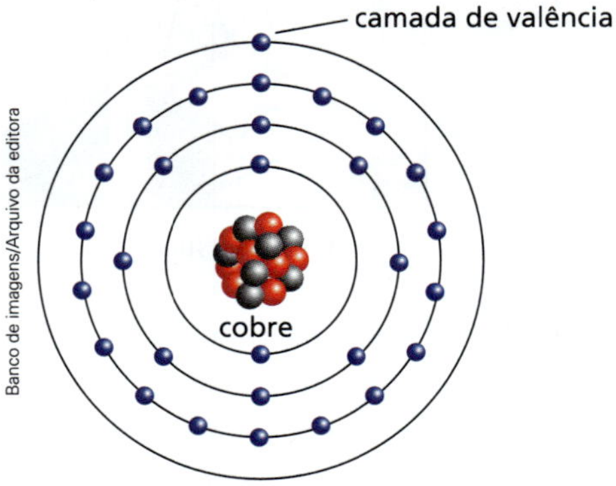


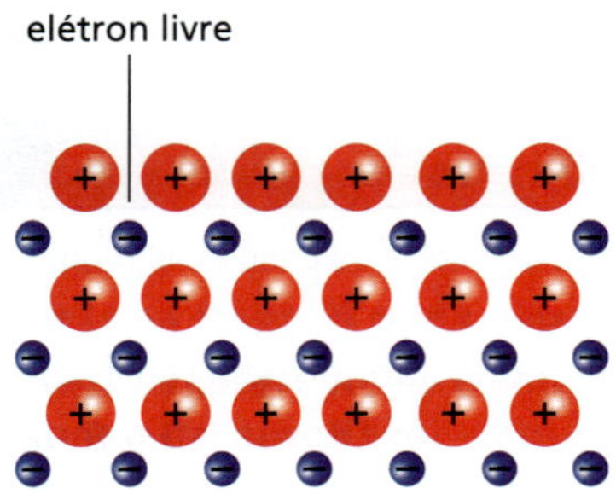


Representação da eletrosfera do cobre. O elétron da camada de valência é um elétron livre.

- Nos **condutores eletrolíticos**, a corrente elétrica é constituída de íons positivos e negativos que se deslocam em sentidos opostos.

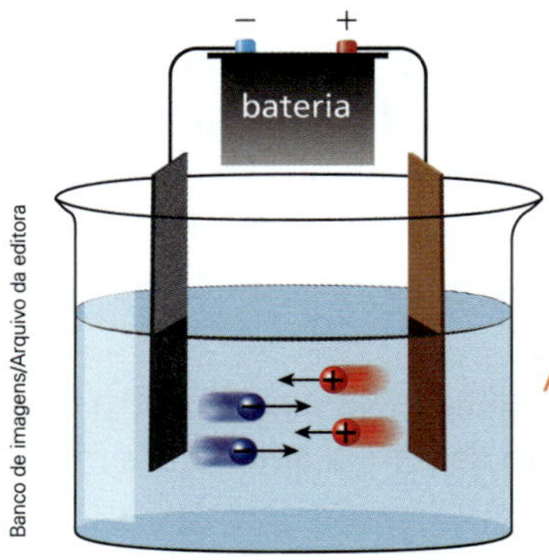


Na solução aquosa de cloreto de sódio ($NaC\ell$), os íons livres $Na^+$ e $C\ell^-$ formam a corrente elétrica.

Ao dissociar-se $NaC\ell$ (cloreto de sódio) na água, a solução torna-se condutora e a lâmpada acende.

- Nos **condutores gasosos**, a corrente elétrica é formada de íons positivos e negativos e de elétrons livres.

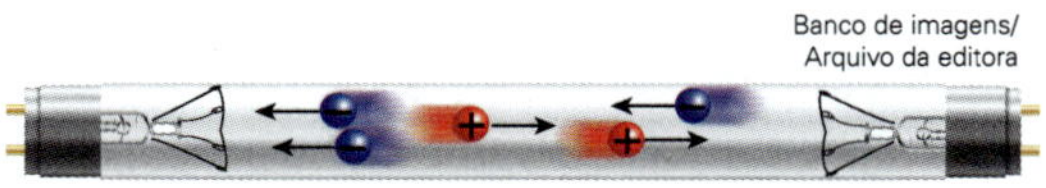


Há condutores gasosos em lâmpadas de néon, lâmpadas de sódio e lâmpadas de mercúrio, por exemplo.

**NOTAS!**

- De um modo geral os gases são isolantes; porém, quando submetidos a intenso campo elétrico, sofrem ionização e tornam-se condutores.
- Materiais como madeira, borracha e papel são comumente citados como **isolantes**. Porém, deve-se destacar que, para diferenças de potencial elevadas, até mesmo esses materiais podem tornar-se condutores. Portanto, de maneira mais precisa, podemos denominar esses materiais isolantes ou condutores quando se encontram submetidos a determinada faixa de diferenças de potencial elétrico. Um bom solado de borracha pode evitar choques elétricos dentro de uma residência, porém é ineficiente quando se está lidando com fios de alta-tensão da rede pública.

JÁ PENSOU NISTO?

### Qual o material utilizado em instalações elétricas?

Jose Luis Stephens/Shutterstock

Em linhas de transmissão com cabos aéreos, usualmente utiliza-se o alumínio.

Há vários tipos de materiais capazes de conduzir energia elétrica. Porém, para a utilização em sistemas elétricos, consideram-se as seguintes características do material: condutividade elétrica, custo e peso. Levando-se a condutividade elétrica em consideração destacam-se quatro metais: o ouro, a prata, o cobre e o alumínio. Devido ao custo elevado do ouro e da prata, o cobre e o alumínio são as principais escolhas para a utilização em sistemas elétricos.

Em termos de condutividade, o cobre é mais eficiente que o alumínio. No entanto, o alumínio é mais leve e mais barato que o cobre. Dessas duas características, decorre a usual utilização do cobre em instalações elétricas domésticas e do alumínio em instalações com cabos aéreos, nas quais o peso dos cabos é um fator determinante. Vale dizer ainda que o cobre é altamente maleável, favorecendo o uso em instalações em que fios flexíveis são necessários.

Peter Hermes Furian/Shutterstock

O cobre é um ótimo condutor elétrico, além de ser resistente à corrosão e muito maleável.

## A boa condutividade dos metais

Partimos do princípio de que os metais, assim como todas as coisas do Universo, são feitos de átomos. Sabemos que esses átomos, para se unirem dentro do metal, fazem um tipo de ligação denominada **ligação metálica**. Nessa ligação, cada átomo doa alguns dos seus elétrons mais externos para a estrutura, transformando-se em um íon positivo, como mostra a imagem abaixo.

Banco de imagens/Arquivo da editora

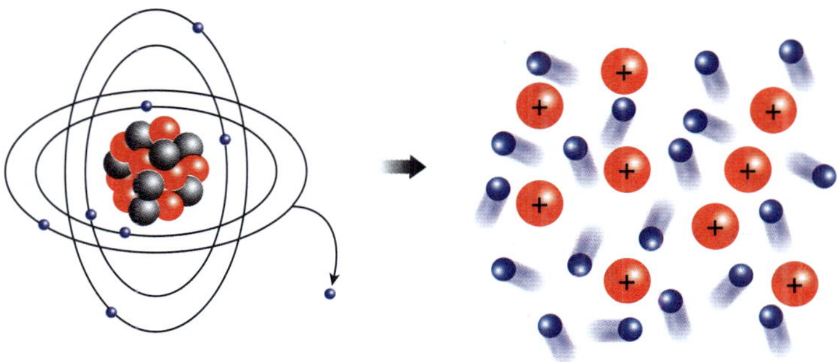

A imagem à esquerda representa um átomo doando um elétron para a estrutura em uma ligação metálica. Com isso, ele transforma-se em um íon positivo. A estrutura na ligação metálica é representada na imagem à direita, em que os íons positivos são as esferas vermelhas e os elétrons livres, as esferas azuis.

Após transformarem-se em íons positivos, repelem-se. Mas o material não se desfaz por causa dessa repulsão, porque os elétrons que cada átomo doou para a estrutura formam uma espécie de nuvem negativa em torno dos átomos positivamente ionizados. Essa nuvem de elétrons mantém os átomos unidos, formando a estrutura sólida e coesa, típica dos metais.

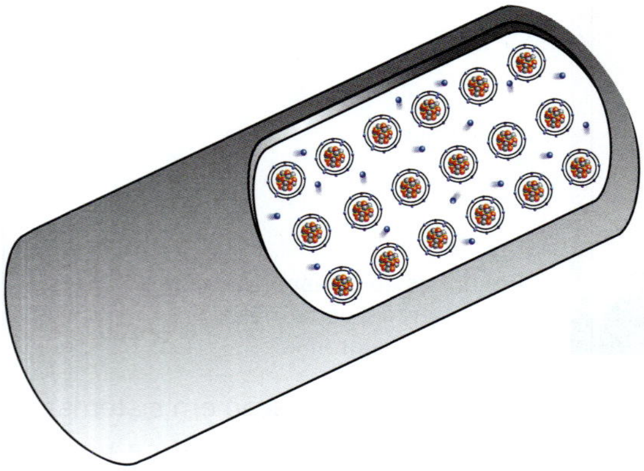

Banco de imagens/Arquivo da editora

Representação da estrutura cristalina de um fio condutor metálico: o fio é formado por átomos positivamente ionizados, organizados em uma estrutura geométrica, e elétrons livres movem-se, na ausência de campo elétrico, aleatoriamente por dentro dessa estrutura.

Os elétrons que são doados para a estrutura ficam livres da eletrosfera do átomo, podendo movimentar-se livremente por dentro do metal. É bastante razoável supor que esses elétrons sejam os responsáveis pela boa condutividade elétrica dessas substâncias. Vemos assim que a mesma estrutura que faz com que os metais sejam bons condutores térmicos também dá a eles a característica de boa condutividade elétrica. A imagem ao lado representa um fio condutor, em que os íons positivos são envoltos por uma nuvem eletrônica.

A madeira, o ar e o vidro não têm elétrons livres, pois os átomos nessas substâncias fazem ligações do tipo covalente. Os elétrons que participam dessa ligação química são compartilhados apenas entre dois átomos. Para arrancar um elétron desse tipo de substância, é preciso muita energia – isso faz com que, em condições cotidianas, esses materiais sejam maus condutores de eletricidade.

## Ampliando o olhar

### Semicondutores: de celulares a foguetes

O mundo não está dividido apenas entre condutores e isolantes. Vejamos outro comportamento possível quanto à condução de corrente elétrica.

Os semicondutores são materiais que não são bons nem maus condutores de eletricidade; na verdade, a sua capacidade de conduzir eletricidade depende da temperatura à qual estão submetidos. O que acontece neles é que seus elétrons precisam de determinada energia para ser libertados dos átomos e poder fluir livremente. Essa energia está relacionada à temperatura. A baixas temperaturas, portanto, tais materiais são muito bons isolantes elétricos. A altas temperaturas, tornam-se bons condutores.

Victor Moussa/Shutterstock

Semicondutores (dopados) empregados em circuitos eletrônicos, como *chips*.

Os semicondutores normalmente utilizados nos circuitos eletrônicos são dopados, ou seja, misturados com pequenas quantidades de algum outro elemento químico. Por exemplo, toma-se uma estrutura de silício e adicionam-se alguns átomos de arsênio ao longo dela. Os átomos de arsênio têm mais elétrons na camada de valência do que os de silício. O arsênio é pentavalente, ou seja, tem cinco elétrons na camada de valência. Esses elétrons extras ficam "soltos" no material, porque não participam de ligações químicas. Assim, os semicondutores dopados se tornam bons condutores à temperatura ambiente, tal como os metais.

Os semicondutores provocaram uma verdadeira revolução na indústria eletrônica e são utilizados em inúmeras aplicações, incluindo relógios digitais, modernos aparelhos de televisão, equipamentos médicos e até circuitos em foguetes. Isso porque em uma configuração adequada (fazendo-se um sanduíche com dois tipos de semicondutores), eles permitem a passagem de corrente elétrica apenas em um sentido. Essa é uma propriedade excelente para a fabricação de *chips*!

Um *chip* nada mais é do que um circuito eletrônico em miniatura. Esse circuito eletrônico é formado por milhões de dispositivos eletrônicos que organizam e controlam o fluxo de corrente elétrica. Todo esse circuito é montado sobre uma pequena pastilha de material semicondutor.

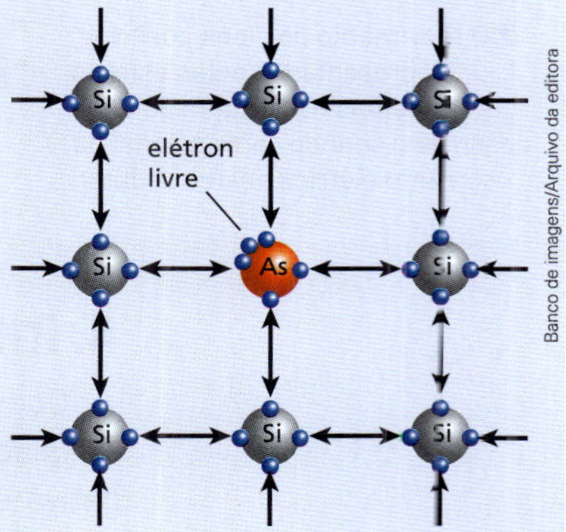


Esquema bidimensional de uma estrutura de silício (Si) dopada com arsênio (As). Perceba que o elétron extra fica livre, de forma que o material se torna um condutor.

## 3. O sentido da corrente elétrica

Na constituição da corrente elétrica, dependendo do tipo de condutor (metálico, eletrolítico ou gasoso), podem estar em movimento cargas positivas, negativas ou ambas.

Diante disso, como definir o sentido da corrente elétrica?

Cargas de sinais contrários e mesmo valor absoluto, movimentando-se em sentidos contrários, apresentam efeitos equivalentes. Portanto, é necessário escolher o sentido de movimento de uma dessas cargas para representar o da corrente elétrica. Convencionalmente adotamos como **sentido da corrente elétrica o sentido de movimento que teria, ou que tem, a carga elétrica positiva**.

Assim, no **condutor metálico** o sentido convencional da corrente elétrica é contrário ao sentido do movimento dos elétrons livres, como mostra a imagem abaixo.

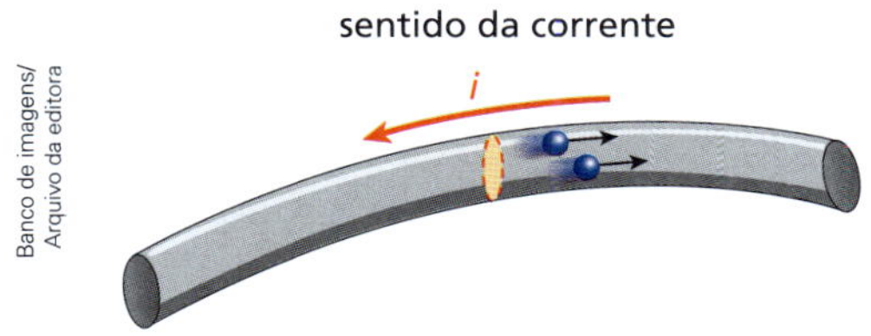


Como os portadores de carga elétrica em condutores metálicos são os elétrons livres, o sentido da corrente elétrica real é o contrário do sentido da corrente elétrica convencional.

Num **condutor eletrolítico**, as cargas de sinais contrários movimentam-se em sentidos opostos. O sentido convencional da corrente elétrica é o sentido de movimento das cargas positivas, isto é, no sentido do ponto de maior potencial elétrico para o ponto de menor potencial elétrico, representado na imagem a seguir.

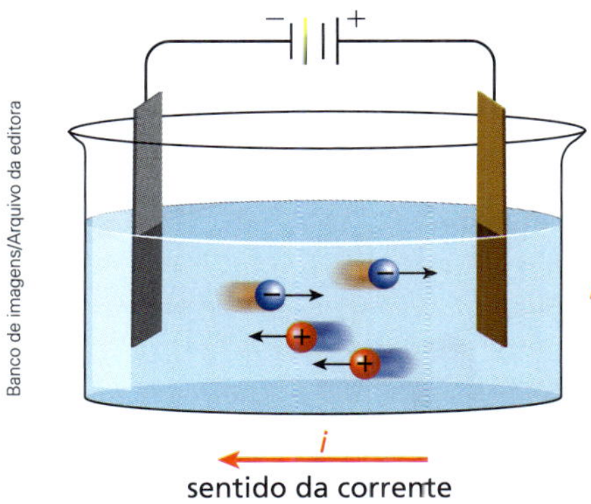


Na imagem ao lado, o sentido convencional da corrente elétrica é representado pelos íons positivos (esferas vermelhas).

Também no **condutor gasoso**, o sentido convencional da corrente elétrica é dado pelo sentido de movimento das cargas positivas.

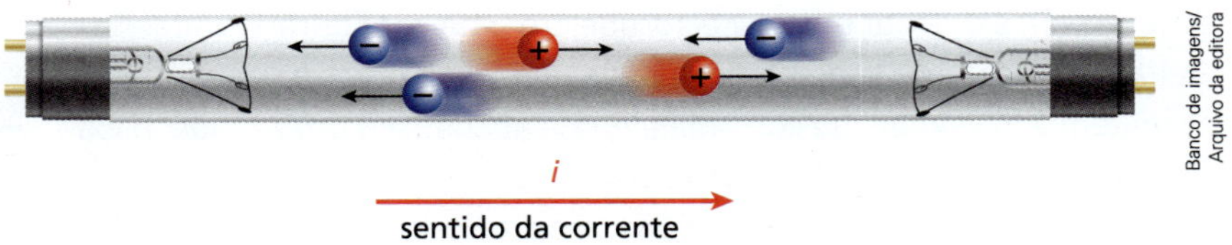


// O movimento dos íons positivos, representados pelas esferas vermelhas na imagem ao lado, descreve o sentido convencional da corrente elétrica neste condutor.

## 4. Intensidade da corrente elétrica

Consideremos um condutor elétrico de qualquer tipo (metálico, eletrolítico ou gasoso), como o representado na imagem abaixo. Sejam $q$ e $q'$ as cargas negativa e positiva, respectivamente, que atravessam a secção transversal **S** do condutor, entre os instantes $t$ e $(t + \Delta t)$.

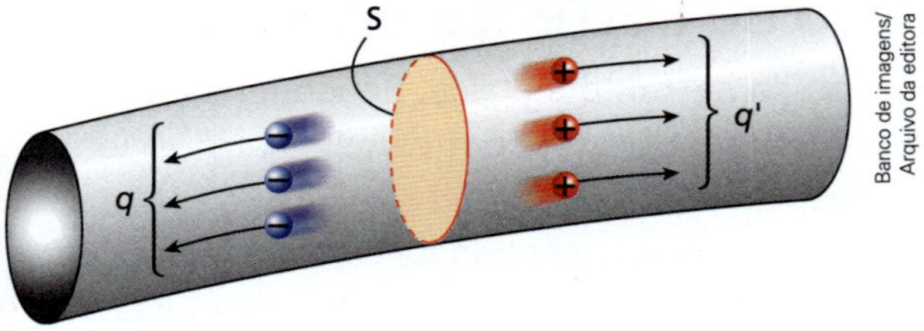


Definimos **intensidade média de corrente elétrica** entre esses instantes como sendo a grandeza escalar $i_m$, tal que:

$$i_m = \frac{|q| + |q'|}{\Delta t}$$

**NOTA!**

Na definição ao lado, devemos considerar a soma dos valores absolutos das cargas de sinais contrários que atravessam a secção em sentidos opostos e não a soma algébrica dessas cargas; ou seja, na definição consideramos $|q| + |q'|$ e não $(q + q')$.

Decorre da definição que $i_m$ será sempre um valor não negativo.

A intensidade de corrente elétrica em um instante $t$ será, então, a grandeza $i$, dada por:

$$i = \lim_{\Delta t \to 0} \frac{|q| + |q'|}{\Delta t}$$

Nos condutores metálicos, os elétrons são os portadores de carga elétrica formadores da corrente elétrica.

Nos esquemas a seguir, temos um fluxo formado por $n$ elétrons atravessando uma secção transversal de um fio metálico.

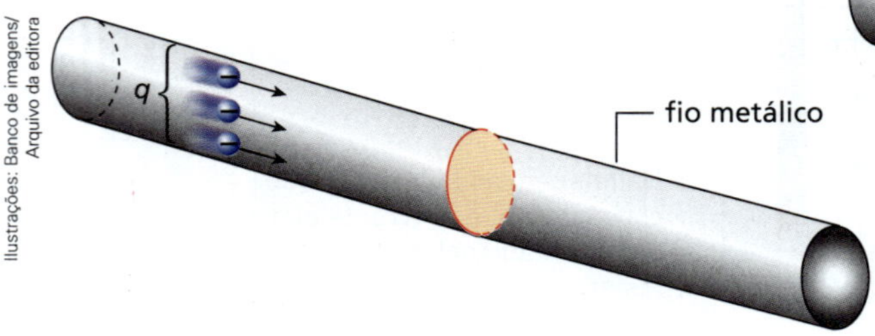


**instante *t***

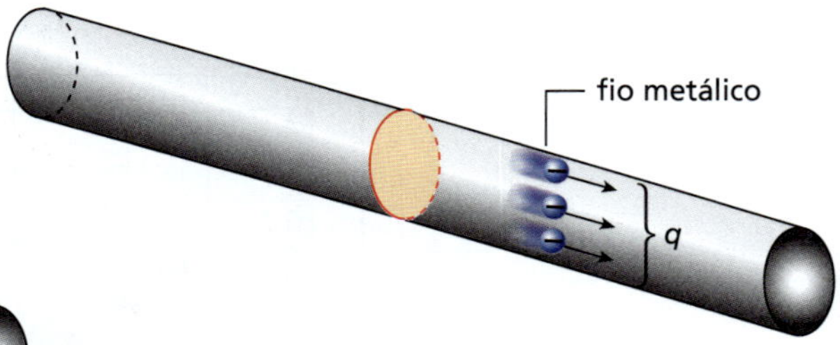


**instante t + Δt**

A quantidade total de carga elétrica $\Delta Q$ que atravessa essa secção transversal do condutor é:

$$\Delta Q = ne$$

Ou seja, em um intervalo de tempo $\Delta t$, $n$ elétrons, com carga elementar $e = 1{,}6 \cdot 10^{-19}$ C, atravessam a secção transversal indicada. Podemos definir novamente a intensidade média de corrente elétrica da seguinte maneira:

Define-se a **intensidade média de corrente elétrica ($i_m$)** como a razão entre o módulo da quantidade de carga $\Delta Q$ que atravessa a secção transversal considerada e o intervalo de tempo $\Delta t$:

$$i_m = \frac{\Delta Q}{\Delta t}$$

em que $\Delta Q$ é o produto entre o número de partículas (elétrons) $n$ e o valor da carga elétrica elementar $e$, $|\Delta Q| = ne$.

**NOTA!**

Se quisermos obter a intensidade de corrente elétrica $i$ em um instante específico $t$, teremos de considerar o limite do quociente $\frac{\Delta Q}{\Delta t}$ quando o intervalo de tempo $\Delta t$ tende a zero:

$$i = \lim_{\Delta t \to 0} \frac{\Delta Q}{\Delta t}$$

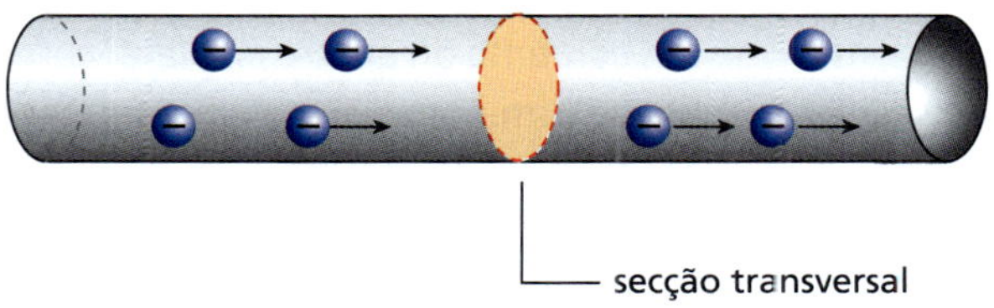


A intensidade média da corrente elétrica é a razão entre a quantidade de carga elétrica que atravessa a secção transversal do condutor e o intervalo de tempo considerado.

No Sistema Internacional de unidades, a intensidade de corrente elétrica é uma grandeza fundamental e sua unidade é o **ampere (A)**, em homenagem ao físico francês André-Marie Ampère (1775-1836).

Para uma corrente elétrica de intensidade constante, teremos:

$$i = i_m = \frac{\Delta Q}{\Delta t}$$

Por meio dessa expressão, é possível definir **1 coulomb (C)** como a carga que atravessa, em um segundo, a secção transversal de um condutor percorrido por uma corrente elétrica de intensidade constante e igual a 1 ampere (A). Dessa maneira, podemos escrever:

$$1\ C = 1\ A \cdot 1\ s \text{ ou } 1\ A = 1\ \frac{C}{s}$$

**NOTAS!**

- Em termos de notação, é absolutamente indiferente escrever:

$$i = \frac{\Delta Q}{\Delta t} \text{ ou } i = \frac{Q}{\Delta t}$$

Observando sempre que $\Delta Q = Q = |Q|$.

- Alguns submúltiplos importantes do ampere:

$$1\ mA = 1 \text{ miliampere} = 1 \cdot 10^{-3}\ A$$
$$1\ \mu A = 1 \text{ microampere} = 1 \cdot 10^{-6}\ A$$

## Exercícios Nível 1

**1.** E.R. Em relação às cargas em movimento, que diferença existe entre uma corrente elétrica que se estabelece num condutor de cobre e a que se estabelece numa solução de cloreto de sódio?

**Resolução:**

A corrente elétrica que se estabelece num condutor de cobre é formada de elétrons livres em movimento ordenado. Numa solução de cloreto de sódio, a corrente elétrica é constituída de íons sódio ($Na^+$) e cloro ($C\ell^-$) que se movem em sentidos opostos.

**2.** (FMJ-SP) O cobalto é um elemento químico muito utilizado na medicina, principalmente em radioterapia. Seu número atômico é 27 e cada elétron tem carga elétrica de $-1,6 \cdot 10^{-19}$ C. A carga elétrica total dos elétrons de um átomo de cobalto é, em valor absoluto e em C, igual a

a) $1,68 \cdot 10^{-18}$.
b) $4,32 \cdot 10^{-19}$.
c) $4,32 \cdot 10^{-20}$.
d) $4,32 \cdot 10^{-18}$.
e) $1,68 \cdot 10^{-19}$.

**3.** E.R. Os neurônios que constituem o sistema nervoso formam uma intrincada rede, comparável, em certos aspectos, a um circuito elétrico. A rede nervosa é formada pelos axônios e dendritos, que atuam como cabos de transmissão de impulsos nervosos.

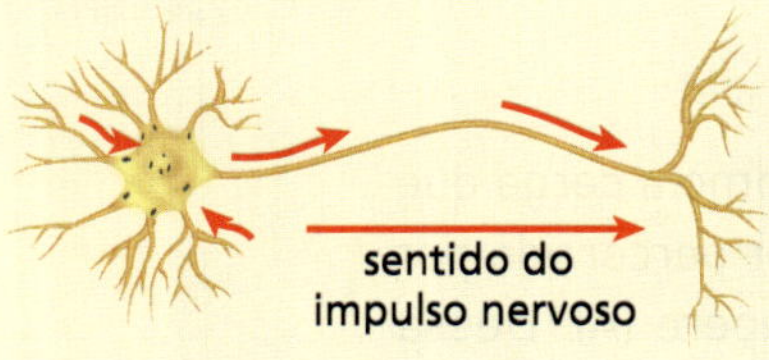


Cerca de $2 \cdot 10^6$ íons de $Na^+$ penetram em uma célula nervosa excitada em um intervalo de tempo de $10^{-3}$ s. Sabendo-se que a carga elementar é de $1,6 \cdot 10^{-19}$ C, a intensidade de corrente elétrica, em amperes, que passa pela célula é

a) $1,6 \cdot 10^{-10}$
b) $2,4 \cdot 10^{-10}$
c) $3,2 \cdot 10^{-10}$
d) $3,8 \cdot 10^{-10}$
e) $4,4 \cdot 10^{-10}$

**Resolução:**

Os íons $Na^+$ são átomos que perderam um elétron, ou seja, têm um próton em excesso. A carga elétrica de um próton é igual, em módulo, à carga do elétron, ou seja, de $1,6 \cdot 10^{-19}$ C.

Portanto, a quantidade de íons $Na^+$ que atravessa a célula é igual à quantidade de cargas elementares que a atravessa.

1. Cálculo da quantidade de carga elétrica, a partir do número de íons $Na^+$:

$$\Delta Q = ne \Rightarrow \Delta Q = 2 \cdot 10^6 \cdot 1,6 \cdot 10^{-19}$$
$$\Delta Q = 3,2 \cdot 10^{-13}\ C$$

2. Cálculo da intensidade média de corrente elétrica em um intervalo de tempo de $10^{-3}$ s:

$$i = \frac{\Delta Q}{\Delta t} \Rightarrow i = \frac{3,2 \cdot 10^{-13}}{10^{-3}} \therefore \boxed{i = 3,2 \cdot 10^{-10}\ A}$$

Resposta: alternativa **c**.

**4.** (Uerj) A maioria dos relógios digitais é formada por um conjunto de quatro *displays*, composto de sete filetes luminosos. Para acender cada filete, é necessária uma corrente elétrica de 10 miliamperes. O primeiro e o segundo *displays* do relógio ilustrado a seguir indicam as horas, e o terceiro e o quarto indicam os minutos.

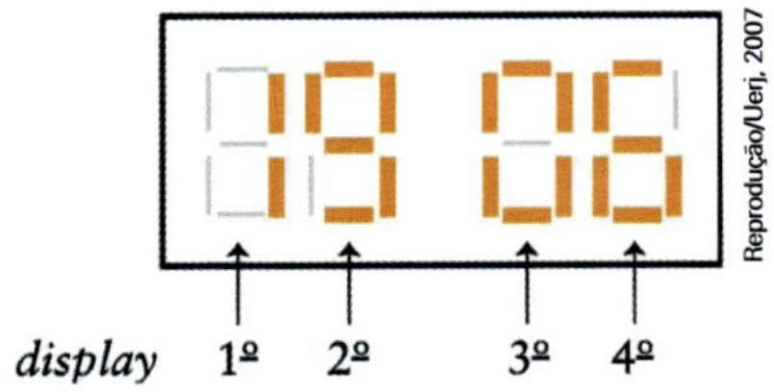


Admita que esse relógio apresente um defeito, passando a indicar, permanentemente, 19 horas e 06 minutos. A pilha que o alimenta está totalmente carregada e é capaz de fornecer uma carga elétrica total de 720 coulombs, consumida apenas pelos *displays*. O tempo, em horas, para a pilha descarregar totalmente é igual a:

a) 0,2
b) 0,5
c) 1,0
d) 2,0

**5.** (CPAEN-RJ) A maior parte da luz emitida por descargas atmosféricas é devida ao encontro de cargas negativas descendentes com cargas positivas ascendentes (raio de retorno). Supondo que, durante um raio desse tipo, uma corrente eletrônica constante de 30 kA transfere da nuvem para a terra uma carga negativa total de 15 C, a duração desse raio, em milissegundos, será:

a) 3,0
b) 2,0
c) 1,5
d) 1,0
e) 0,5

**6.** A Eletroneuromiografia (ENMG) é um procedimento que avalia a função do sistema nervoso periférico e muscular por meio do registro das respostas elétricas geradas por estes sistemas, as quais são detectadas graficamente por um eletroneuromiógrafo. Durante a primeira etapa, breves choques elétricos, toleráveis e inofensivos, são aplicados no braço ou na perna do paciente, para determinar como seus nervos estão conduzindo a corrente elétrica. Considerando um pulso de corrente elétrica de 200 mA aplicado durante 300 μs, qual a quantidade de carga que atravessa o músculo, em C? Se a carga que atravessa o músculo é composta de íons $Na^+$, quantos íons o atravessam?
E.R.

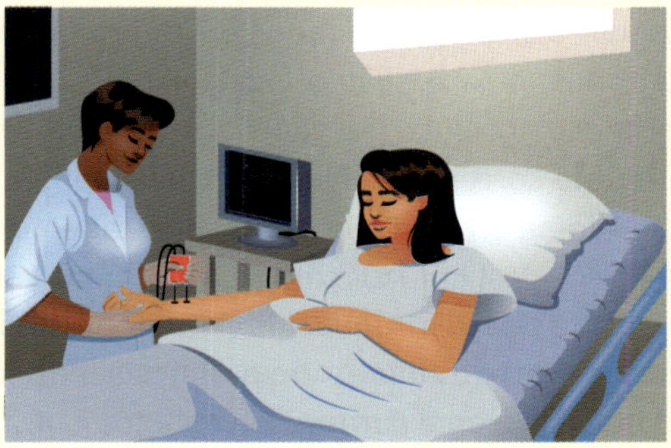

Banco de imagens/Arquivo da editora

**Resolução:**

Do enunciado, temos:

$i = 200\ mA = 200 \cdot 10^{-3}\ A$

$\Delta t = 300\ \mu s = 300 \cdot 10^{-6}\ s$

Assim, podemos determinar a quantidade de carga elétrica do pulso:

$$i = \frac{\Delta Q}{\Delta t} \Rightarrow 200 \cdot 10^{-3} = \frac{\Delta Q}{300 \cdot 10^{-6}}$$

$$\Delta Q = 60\,000 \cdot 10^{-3} \cdot 10^{-6} \therefore \boxed{\Delta Q = 60\ \mu C}$$

A quantidade de íons $Na^+$ pode ser obtida pela definição de quantidade de carga elétrica:

$$\Delta Q = ne \Rightarrow 60 \cdot 10^{-6} = n \cdot 1,6 \cdot 10^{-19}$$

$$\boxed{n = 3,75 \cdot 10^{14}\ \text{íons}}$$

**7.** As baterias de lítio-iodo são particularmente úteis em situações em que se deseja uma pequena intensidade de corrente elétrica por um longo período de tempo. Uma aplicação importante é o marcapasso cardíaco, pois a simples troca da bateria de um marcapasso cardíaco requer uma cirurgia, o que notadamente traz riscos intrínsecos.

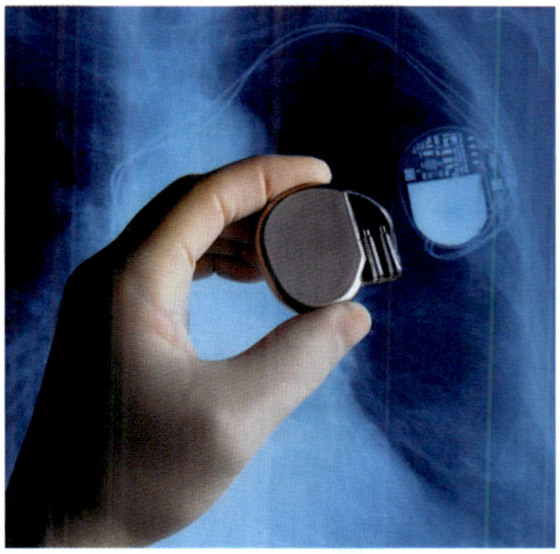

Don Farrall/DigitalVision/Getty Images

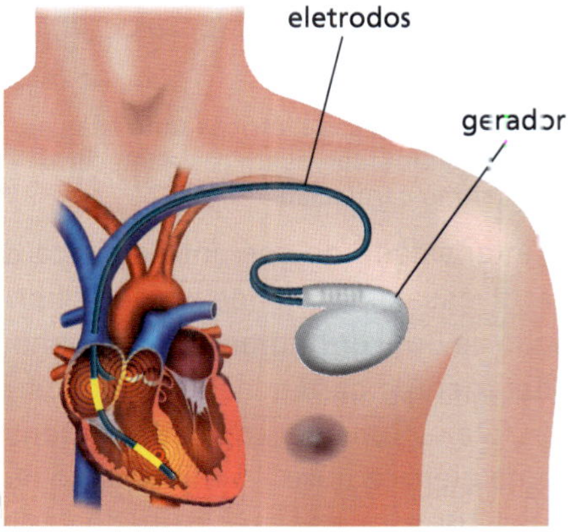


Banco de imagens/Arquivo da editora

Na radiografia acima, podemos ver o marcapasso implantado no peito do paciente. Já o esquema representa um marcapasso de câmara dupla, em que um eletrodo está ligado ao átrio e o outro a um ventrículo do coração.

Quanto maior for a vida útil dessas baterias, tanto melhor para os pacientes. As intensidades de corrente elétrica contínua típicas desse tipo de bateria são da ordem de 0,50 μA e a quantidade carga elétrica que é fornecida por esse tipo de bateria é de 0,50 ampere-hora (A · h). Com esses dados, determine a vida útil desse tipo de bateria, primeiro em horas, depois em dias e em anos. Então, avalie: quantas vezes na vida a pessoa precisaria sofrer a cirgurgia para trocar a bateria do seu marcapasso?

**8.** No ser humano, o músculo cardíaco contrai-se de 60 a 100 vezes por segundo em virtude dos impulsos elétricos gerados no nódulo sinoatrial do coração. Quando a estes somam-se impulsos elétricos externos devidos a choques, dependendo da intensidade da corrente elétrica e da duração do contato, a frequência do batimento poderá ser alterada, produzindo arritmia, e o coração não será mais capaz de exercer suas funções vitais.

Essa condição, denominada fibrilação ventricular, pode ser revertida com bons resultados utilizando-se desfibriladores disponíveis em ambulâncias, pronto-socorros, etc., pois, apesar dos bons resultados que podem ser conseguidos pelo pronto-socorro com desfibriladores cardíacos, em geral não há tempo para usá-los.

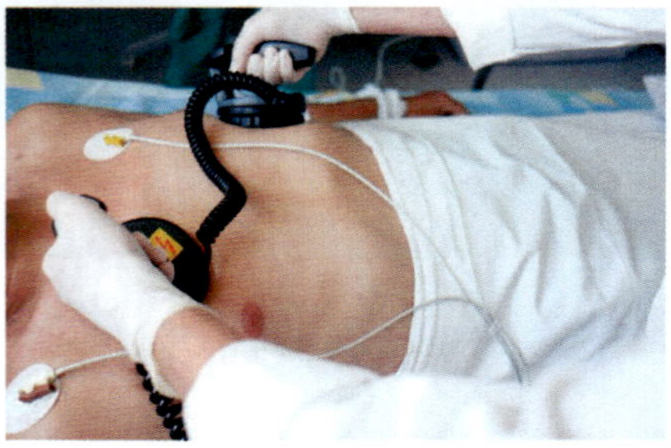

Kiryl Lis/Shutterstock

As descargas elétricas utilizadas no desfibrilador visam restabelecer o ritmo cardíaco.

Uma intensidade de corrente elétrica de 0,30 A que atravessa o peito pode produzir fibrilação no coração de um ser humano, perturbando o ritmo dos batimentos cardíacos com efeitos possivelmente fatais. Considerando que a intensidade de corrente elétrica dure 1,5 min, qual o número de elétrons que atravessam o peito do ser humano?

**Dado:** carga elementar $= 1,6 \cdot 10^{-19}$ C.

**9.** (UEL-PR) As baterias de íon-lítio equipam atualmente vários aparelhos eletrônicos portáteis como *laptops*, máquinas fotográficas, celulares, entre outros. As baterias desses aparelhos são capazes de fornecer 1 000 mAh (mil miliampere-hora) de carga. Sabendo-se que a carga de um elétron é de $1,60 \cdot 10^{-19}$ C, determine o número de elétrons que fluirão entre os eletrodos até que uma bateria com essa capacidade de carga se descarregue totalmente.

a) $0,62 \cdot 10^{-18}$
b) $1,60 \cdot 10^{-16}$
c) $5,76 \cdot 10^{13}$
d) $3,60 \cdot 10^{21}$
e) $2,25 \cdot 10^{22}$

**10.** (UEA-AM) Segundo o Instituto Nacional de Pesquisas Espaciais, milhões de raios ocorrem por ano no estado do Amazonas. Se cada um deles transporta, em média, 32 C de carga elétrica das nuvens para o solo e sendo a carga elétrica elementar igual a $1,6 \cdot 10^{-19}$ C, o número de elétrons que são deslocados das nuvens para o solo em cada raio, em média, é igual a

a) $5,0 \cdot 10^{18}$
b) $5,0 \cdot 10^{17}$
c) $2,0 \cdot 10^{18}$
d) $2,0 \cdot 10^{19}$
e) $2,0 \cdot 10^{20}$

**11.** (Enem) A figura mostra a bateria de um computador portátil, a qual necessita de uma corrente elétrica de 2 A para funcionar corretamente.

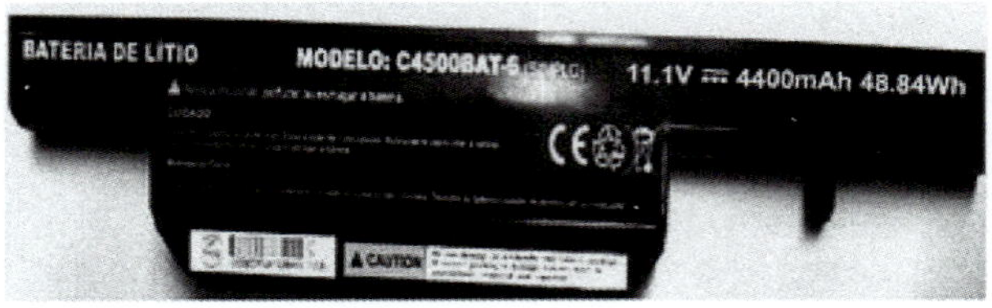


Reprodução/Enem, 2017

Quando a bateria está completamente carregada, o tempo máximo, em minutos, que esse *notebook* pode ser usado antes que ela "descarregue" completamente é

a) 24,4
b) 36,7
c) 132
d) 333
e) 528

**12.** (Unifor-CE) O desfibrilador é um equipamento eletrônico cuja função é reverter um quadro de fibrilação auricular ou ventricular, o qual transfere uma corrente elétrica para o paciente.
Levando-se em conta que o socorrista tenha calibrado seu desfibrilador para transferir uma corrente elétrica de 150 mA, quantos elétrons de condução atravessariam o peito de um paciente sendo socorrido, se a corrente durasse 2,0 minutos?

a) $2,20 \cdot 10^{10}$
b) $1,12 \cdot 10^{20}$
c) $1,00 \cdot 10^{25}$
d) $2,15 \cdot 10^{30}$
e) $3,32 \cdot 10^{30}$

**13.** (Efomm-RJ) Por uma seção transversal de um fio cilíndrico de cobre passam, a cada hora, $9,00 \cdot 10^{22}$ elétrons. O valor aproximado da corrente elétrica média no fio, em amperes, é

**Dado:** carga elementar $e = 1,60 \cdot 10^{-19}$ C.

a) 14,4
b) 12,0
c) 9,00
d) 4,00
e) 1,20

**14.** (Uerj) Pela seção de um condutor metálico submetido a uma tensão elétrica atravessam $4,0 \cdot 10^{18}$ elétrons em 20 segundos. A intensidade média da corrente elétrica, em ampere, que se estabelece no condutor corresponde a:

a) $1,0 \cdot 10^{-2}$
b) $3,2 \cdot 10^{-2}$
c) $2,4 \cdot 10^{-3}$
d) $4,1 \cdot 10^{-3}$

**15.** (Unifesp) Num livro de eletricidade você encontra três informações: a primeira afirma que isolantes são corpos que não permitem a passagem da corrente elétrica; a segunda afirma que o ar é isolante; e a terceira afirma que, em média, um raio se constitui de uma descarga elétrica correspondente a uma corrente de 10 000 amperes que atravessa o ar e desloca, da nuvem à Terra, cerca de 20 coulombs. Pode-se concluir que essas três informações são:

a) coerentes, e que o intervalo de tempo médio de uma descarga elétrica é de 0,002 s.
b) coerentes, e que o intervalo de tempo médio de uma descarga elétrica é de 2,0 s.
c) conflitantes, e que o intervalo de tempo médio de uma descarga elétrica é de 0,002 s.
d) conflitantes, e que o intervalo de tempo médio de uma descarga elétrica é de 2,0 s.
e) conflitantes, e que não é possível avaliar o intervalo de tempo médio de uma descarga elétrica.

**16.** (Unicamp-SP) Um carro elétrico é uma alternativa aos veículos com motor a combustão interna. Qual é a autonomia de um carro elétrico que se desloca a 60 km/h, se a corrente elétrica empregada nesta velocidade é igual a 50 A e a carga máxima armazenada em suas baterias é q = 75 Ah?

a) 40,0 km
b) 62,5 km
c) 90,0 km
d) 160,0 km

## Exercícios Nível 2

**17.** (UFPA) O acelerador de partículas LHC, o Grande Colisor de Hádrons (*Large Hadron Collider*), recebeu da imprensa vários adjetivos superlativos: "a maior máquina do mundo", "o maior experimento já feito", "o *big-bang* recriado em laboratório", para citar alguns. Quando o LHC estiver funcionando em plena capacidade, um feixe de prótons, percorrendo o perímetro do anel circular do acelerador, irá conter $10^{14}$ prótons, efetuando $10^4$ voltas por segundo, no anel. Considerando que os prótons preenchem o anel uniformemente, identifique a alternativa que indica corretamente a corrente elétrica que circula pelo anel.

**Dado:** carga elétrica do próton $1,6 \cdot 10^{-19}$ C.

a) 0,16 A
b) $1,6 \cdot 10^{-15}$ A
c) $1,6 \cdot 10^{-29}$ A
d) $1,6 \cdot 10^{-9}$ A
e) $1,6 \cdot 10^{-23}$ A

**18.** No sistema esquematizado, o eletrólito é uma solução de ácido sulfúrico. Uma quantidade de $1 \cdot 10^{16}$ ânions $HSO_4^-$ vão para o ânodo, e $1 \cdot 10^{16}$ cátions $H^+$ vão para o cátodo, num intervalo de tempo de 2,0 s

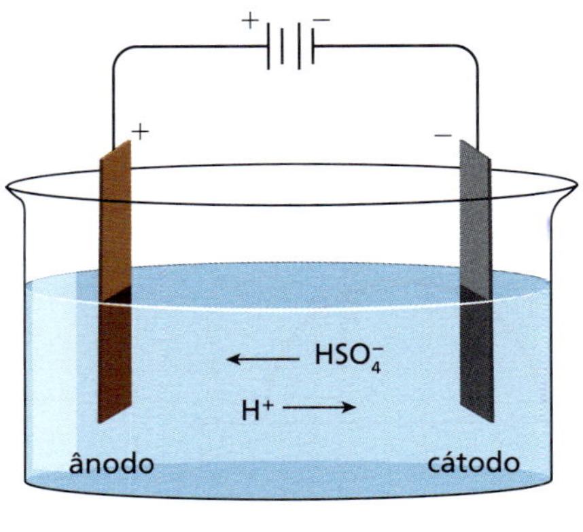


Banco de imagens/Arquivo da editora

A carga elétrica elementar é $e = 1,6 \cdot 10^{-19}$ C. Qual a intensidade média da corrente através da solução de ácido sulfúrico?

**19.** (Olimpíada Peruana de Física) Na figura, Benjamin Franklin realiza um experimento com para-raios.

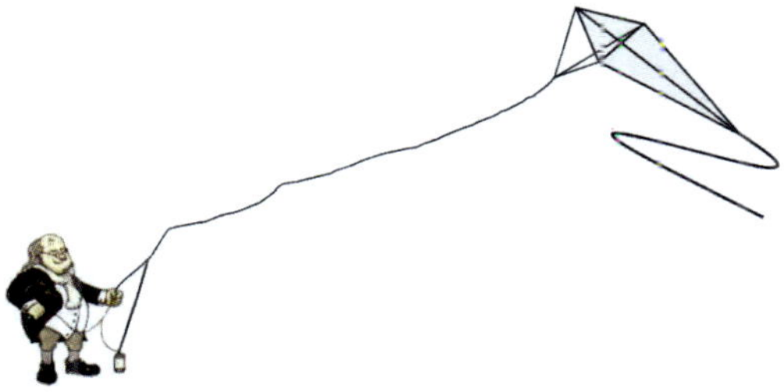

Reprodução/Olimpíada Peruana de Física, 2012

Uma descarga elétrica atinge o cabo conectado ao papagaio (pipa). Estabelece-se uma intensidade de corrente elétrica de 11 200 A que dura 10 µs. Determine o número de elétrons que percorre o cabo durante a descarga.

**Dado:** $e = 1,6 \cdot 10^{-19}$C.

a) $3 \cdot 10^{17}$
b) $7 \cdot 10^{17}$
c) $6 \cdot 10^{17}$
d) $3 \cdot 10^{18}$
e) $6 \cdot 10^{18}$

**20.** Uma carga $+q$ move-se em um anel metálico circular de raio $R$ com uma velocidade escalar $v$. A intensidade de corrente média em um ponto da circunferência é:

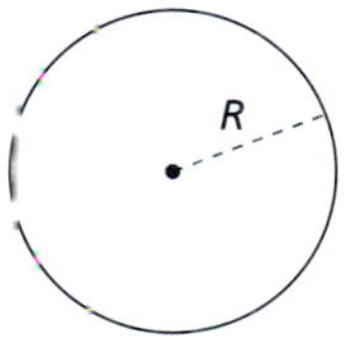


Banco de imagens/Arquivo da editora

a) $\frac{qR}{v}$
b) $\frac{qv}{R}$
c) $\frac{qv}{2\pi R}$
d) $\frac{2\pi qR}{v}$
e) $2\pi qRv$

# 5. Forma de onda da corrente elétrica

A intensidade da corrente é uma função do tempo. A curva que representa i = f(t) é a forma de onda da corrente elétrica. Na representação gráfica da intensidade da corrente elétrica em função do tempo, gráfico *i* × *t*, adota-se a convenção de considerar *i* positivo para um sentido e *i* negativo para o sentido contrário.

## Corrente contínua

**Corrente contínua** é aquela que possui um só sentido. A sua intensidade sempre terá o mesmo sinal (sempre positiva, ou sempre negativa).

Um caso particular de corrente contínua é a **corrente contínua constante**. O gráfico *i* × *t* desse tipo de corrente é um segmento de reta paralelo ao eixo dos tempos, como mostra a imagem abaixo.

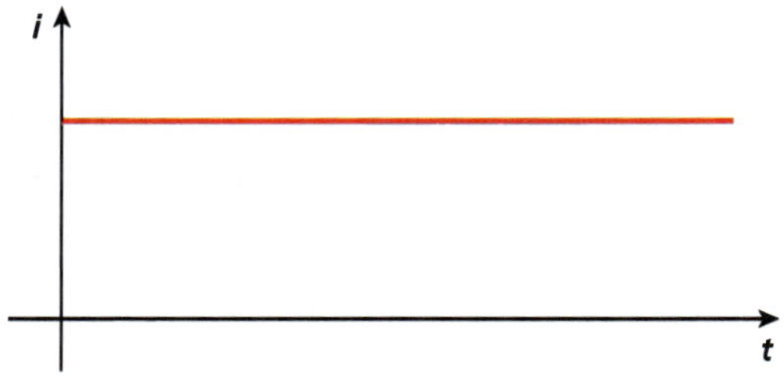


Banco de imagens/Arquivo da editora

**corrente contínua constante**

Esse tipo de corrente é fornecido por diversos dispositivos: baterias de automóveis e motos, pilhas, carregadores de celulares ou fontes de alimentação de computadores, etc.

Jr images/Shutterstock

Alguns sistemas elétricos, como o sistema elétrico de automóveis, requerem alimentação de corrente elétrica unidirecional e constante, ou seja, de corrente contínua constante. No caso dos carros, essa corrente é fornecida por baterias como a da imagem ao lado. Já no caso de *notebooks*, por exemplo, a fonte de alimentação transforma a corrente alternada da tomada em corrente contínua constante para o funcionamento do aparelho.

Outro tipo de corrente contínua é a **corrente contínua pulsante**. Nesse caso, a intensidade da corrente elétrica varia com o tempo, mas não muda de sinal, como mostra a imagem abaixo. Esse tipo de corrente é produzido nos circuitos chamados de retificadores, que transformam correntes alternadas em contínuas.

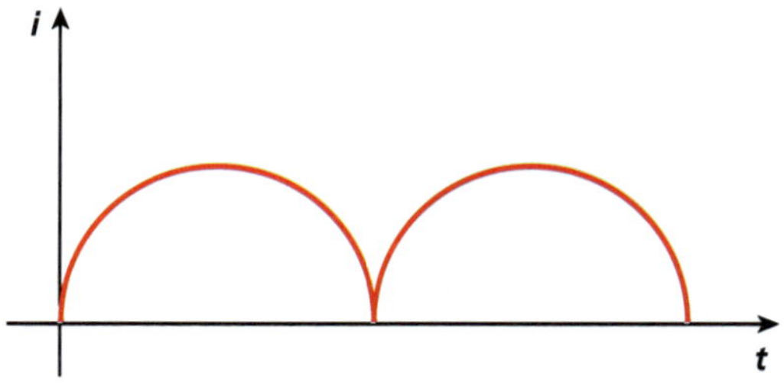


Banco de imagens/Arquivo da editora

**corrente contínua pulsante**

## Corrente alternada

A **corrente alternada** é aquela que muda de sentido periodicamente e, além disso, a sua forma de onda é simétrica em relação ao eixo dos tempos.

Abaixo, seguem alguns exemplos de corrente alternada.

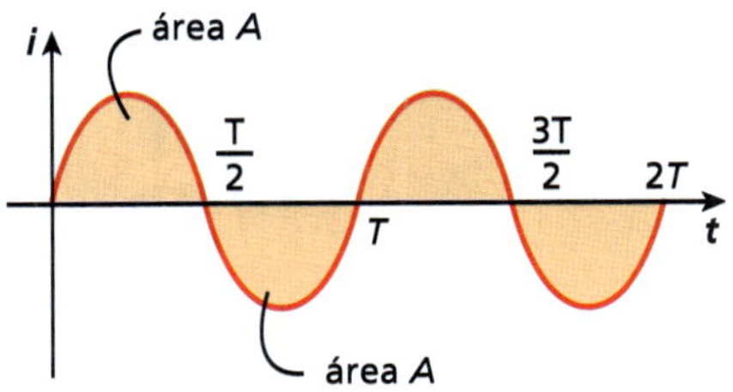

**onda senoidal**

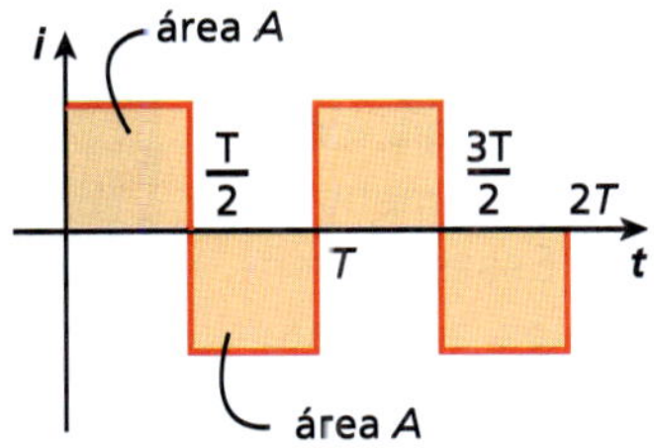

**onda retangular**

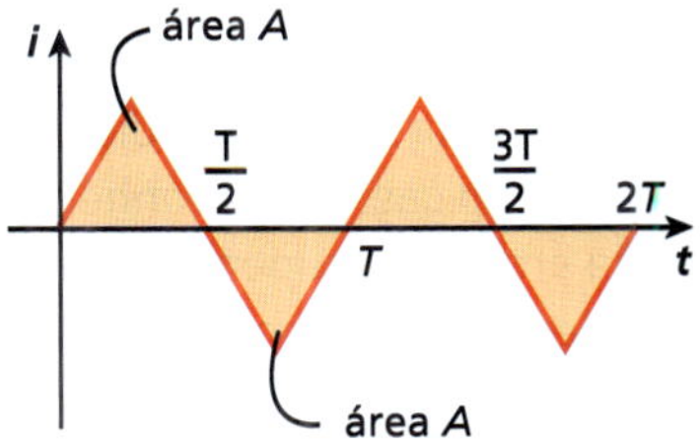

**onda triangular**

Banco de imagens/Arquivo da editora

Observe que, numa corrente alternada, as medidas da área compreendida entre a curva e o eixo dos tempos deverão ser iguais.

Por exemplo, a forma de onda ao lado, na qual A ≠ A', representa uma corrente periódica oscilatória, porém **não alternada**.

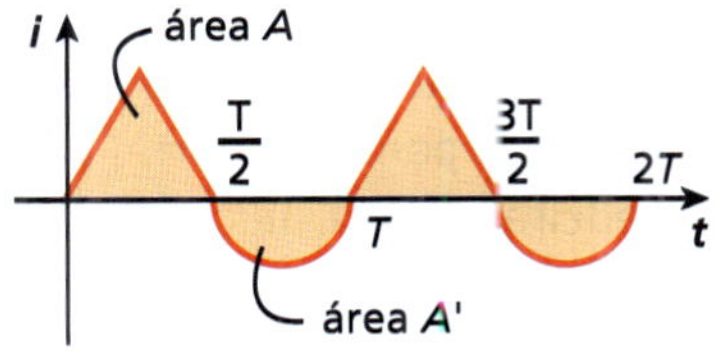

Banco de imagens/Arquivo da editora

## Ampliando o olhar

### Corrente contínua × corrente alternada: a guerra das correntes

No final do século XIX, o empresário e inventor Thomas Edison (1847–1931) trabalhava em maneiras de conseguir fornecer, pela primeira vez na história, energia elétrica comercialmente. Nessa época, o maior consumo de energia se destinava ao funcionamento de lâmpadas incandescentes (produtos então revolucionários, cuja patente era do próprio Thomas Edison) e alguns motores elétricos que começavam a surgir.

O sistema de transmissão de energia elétrica por correntes contínuas, também patenteado por Edison, foi adotado como padrão de distribuição nos Estados Unidos. Do ponto de vista empresarial, isso era uma mina de ouro para o empresário. A corrente contínua funcionava bem para as lâmpadas incandescentes, e também para armazenar energia em baterias, que eram uma ótima solução quando havia interrupção na transmissão de energia, causada por falhas em algum gerador. Edison ainda foi responsável pelo desenvolvimento de um dispositivo capaz de cobrar um valor para a energia elétrica gasta proporcional ao seu consumo, porém tal dispositivo funcionava apenas para o seu sistema de corrente contínua.

Mas havia um problema: correntes contínuas funcionam bem para transmissão de energia quando o gerador está próximo à fonte a ser utilizada. Portanto, para que a distribuição elétrica fosse eficaz, seria necessário um gerador de energia próximo a cada casa, comércio ou empresa que desejasse usá-la, inviabilizando seu uso, principalmente, em regiões rurais. Para longas distâncias, a perda de energia (dissipada na forma de calor) era grande, tornando o processo extremamente ineficiente.

A solução foi proposta pelo croata Nikola Tesla (1856-1943), inventor e cientista que atuava principalmente no campo da Engenharia Elétrica. Tesla foi o primeiro a desenvolver uma maneira de gerar, transmitir e utilizar a energia elétrica por meio de um padrão de correntes alternadas, o que acabava com o problema da dissipação de energia ao longo dos fios de transmissão.

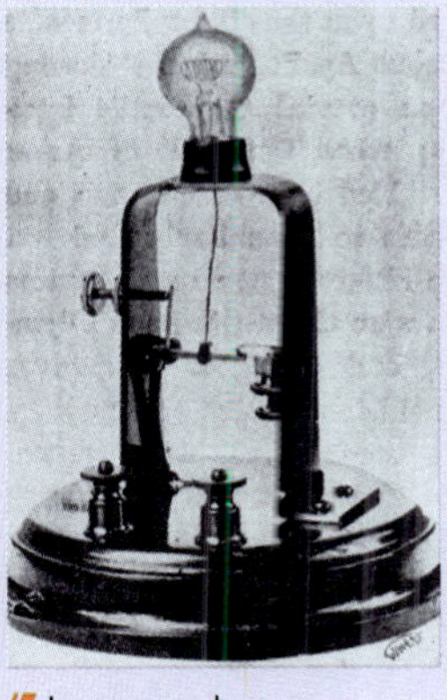
SPL/Latinstock

Imagem de um protótipo da lâmpada incandescente que seria mais tarde patenteada e comercializada por Thomas Edison. Durante quase um século, lâmpadas incandescentes foram as principais lâmpadas utilizadas em residências. Atualmente elas vêm sendo substituídas por lâmpadas de LED, que têm um consumo de energia muito mais baixo e produzem a mesma luminosidade.

Tesla uniu-se então ao empresário e engenheiro George Westinghouse (1846-1914), que patenteou a invenção de Tesla (e também de outros equipamentos, como transformadores de corrente alternada), e juntos conseguiram quebrar o monopólio que havia sido criado por Edison, sem interferir em nenhuma das patentes já estabelecidas.

Ironicamente, Tesla chegou a trabalhar previamente para Edison, porém suas ideias sobre o uso de corrente contínua para solucionar o problema de dissipação de energia foram consideradas utópicas. Mas o conhecimento físico e matemático de Tesla era muito superior ao de Edison. Essas diferenças foram se convertendo em ressentimentos enquanto ainda trabalhavam juntos, quando Edison se negou a recompensar Tesla por algumas das suas invenções.

Wellcome Library, London

Foto do inventor e cientista Nikola Tesla, em 1900, sentado em uma cadeira de seu laboratório localizado em Colorado Springs (EUA), enquanto conduzia um experimento sobre condutores de cobre. Nesse laboratório Tesla desenvolveu a maior parte de suas invenções, incluindo a chamada bobina de Tesla, que, por meio de uma grande quantidade de energia, gerava os raios luminosos que podem ser vistos na imagem.

Thomas Edison acionou uma grande campanha para manter seu monopólio de distribuição de energia, alegando que a corrente alternada propiciava acidentes fatais. Embora fosse contra a pena de morte, participou da criação da primeira cadeira elétrica, utilizando corrente alternada, na tentativa de demonstrar que esta seria mais mortal que a contínua.

No entanto, nessa época, correntes alternadas já estavam sendo amplamente utilizadas, e Edison oficialmente perdeu o que ficou conhecido como "guerra das correntes". Atualmente a distribuição de energia comercial é feita por correntes alternadas.

## 6. Propriedade do gráfico da intensidade da corrente elétrica em função do tempo

Representamos no par de eixos que se segue a intensidade da corrente elétrica *i* em função do tempo *t* para uma corrente elétrica contínua e constante. A área *A* indicada nos fornece, numericamente, a quantidade de carga elétrica ($\Delta Q$) que atravessa a secção do condutor em um intervalo de tempo $\Delta t$.

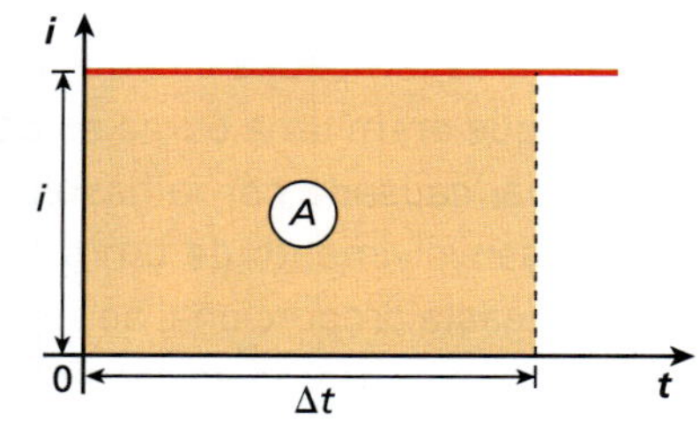


Banco de imagens/Arquivo da editora

$$A \overset{N}{=} \Delta Q$$

### Demonstração

A área da figura geométrica pode ser determinada por:

$$A = \text{base} \cdot \text{altura} \Rightarrow A = \Delta t \cdot i \quad \text{(I)}$$

Da definição de corrente elétrica, temos:

$$i = i_m = \frac{\Delta Q}{\Delta t} \Rightarrow \Delta Q = \Delta t \cdot i \quad \text{(II)}$$

Logo, igualando (I) e (II):

$$A \overset{N}{=} \Delta Q$$

Embora essa propriedade tenha sido demonstrada para o caso da corrente contínua constante, ela tem validade geral.

**NOTA!**

O símbolo "N" acima do sinal de igual indica que a área *A* é numericamente igual à quantidade de carga elétrica $\Delta Q$ que atravessa o fio condutor. Dizemos isso porque $\Delta Q$ é igual ao produto entre o que representa a base do retângulo ($\Delta t$) e o que representa a sua altura (*i*).

# 7. Elétrons livres e a velocidade de deriva

Na ausência de campo elétrico no interior do condutor, os elétrons livres possuem uma movimentação desordenada e caótica. São inúmeros e frequentes os choques com os íons da estrutura cristalina do condutor. Devido a esse movimento caótico, na média, a posição das partículas permanece inalterada.

Dizemos, para essa situação, que o deslocamento resultante é praticamente nulo.

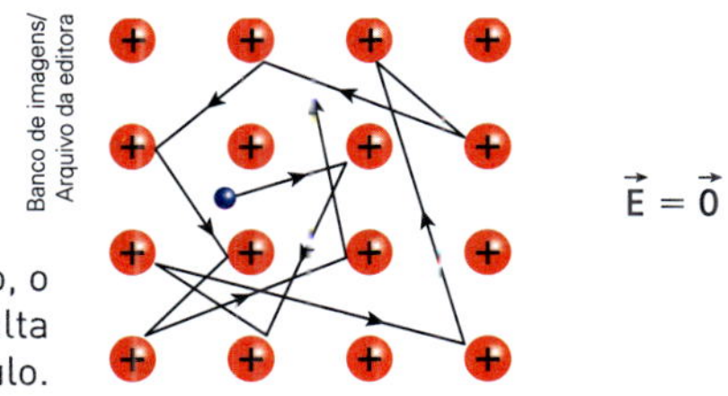


// Na ausência de campo elétrico, o movimento caótico dos elétrons resulta em deslocamento praticamente nulo.

Na presença de um campo elétrico, os elétrons livres continuam colidindo com os íons da estrutura, porém, devido à força elétrica, vão adquirir uma movimentação com um sentido preferencial. O deslocamento resultante não é mais nulo. A velocidade média com que o elétron é arrastado ao longo do condutor é denominada **velocidade de deriva** ou **velocidade de arraste**.

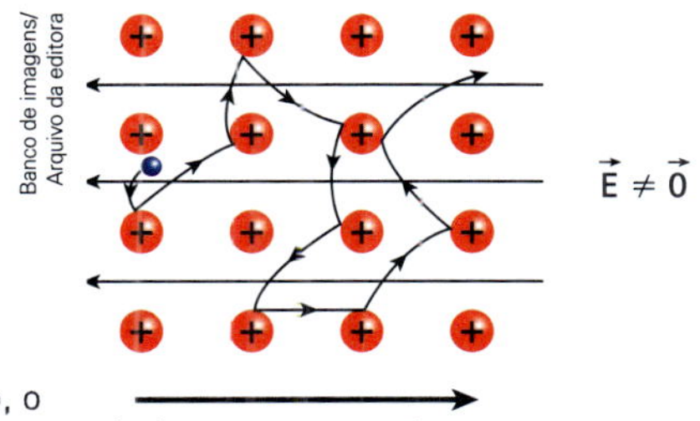


// Na presença do campo elétrico, o deslocamento é diferente de zero.

## Cálculo da velocidade de deriva

Seja um condutor com área de secção transversal *A*, como o da imagem abaixo, percorrido por uma corrente elétrica contínua e constante de intensidade *i*. Considerando que nesse metal existem *N* elétrons livres por volume unitário, a velocidade média de deslocamento desses elétrons livres ao longo do fio condutor pode ser assim determinada.

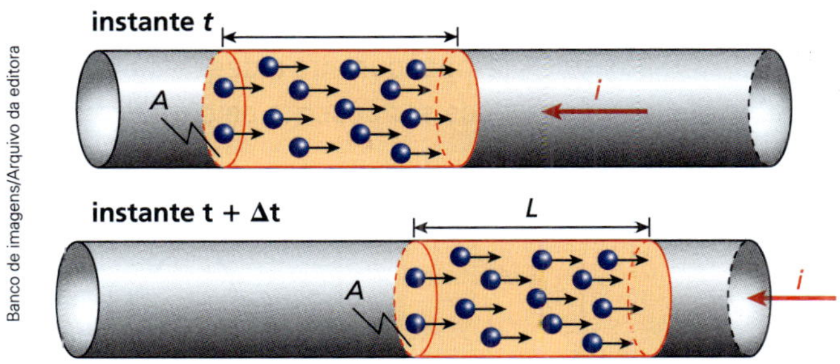


Se *N* é o número de elétrons livres por unidade de volume, temos:

$$N = \frac{n}{V}$$

O volume *V* considerado é dado por:

$$V = AL$$

**NOTA!**

A velocidade de deriva típica dos elétrons, no interior de um condutor metálico, é da ordem de alguns milímetros por segundo. Isso poderia acarretar questionamentos sobre o acendimento quase instantâneo de uma lâmpada em um circuito. No Tópico 2 discutiremos com mais detalhes essa situação.

Assim:

$$N = \frac{n}{AL} \Rightarrow n = NAL$$

Da definição da intensidade média de corrente elétrica, vem:

$$i = \frac{\Delta Q}{\Delta t} \Rightarrow i = \frac{ne}{\Delta t} \Rightarrow i = \frac{NALe}{\Delta t}$$

Observe que a razão $\frac{L}{\Delta t}$ fornece a velocidade média de deslocamento dessa nuvem eletrônica. Assim:

$$v_m = \frac{L}{\Delta t} \Rightarrow i = NAv_m e$$

Portanto, a velocidade de deriva dos elétrons é dada por:

$$v = v_m = \frac{i}{NAe}$$

## Exercícios Nível 1

**21.** (FMJ-SP) O gráfico representa, de forma simplificada, a intensidade da corrente elétrica, em função do tempo, resultante do fluxo de íons de sódio através da membrana de um axônio gigante de lula, obtido em um experimento.

E.R.

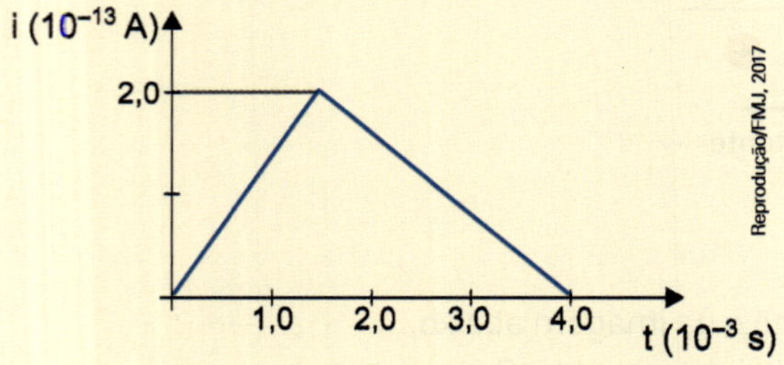


(www.sisne.org. Adaptado.)

Considerando o valor de carga elétrica de cada íon igual a $1,6 \cdot 10^{-19}$C, a quantidade de íons de sódio que atravessaram a membrana entre os instantes 0 s e $4,0 \cdot 10^{-3}$s foi de

a) $2,5 \cdot 10^3$.
b) $5,0 \cdot 10^3$.
c) $7,5 \cdot 10^4$.
d) $2,5 \cdot 10^5$.
e) $5,0 \cdot 10^5$.

**Resolução:**

No gráfico $i \times t$, a quantidade de carga é numericamente igual à área sob o gráfico, assim:

$$Q \overset{N}{=} \text{área} = \frac{b \cdot h}{2}$$

$$Q = \frac{4,0 \cdot 10^{-3} \cdot 2,0 \cdot 10^{-13}}{2}$$

$$Q = 4,0 \cdot 10^{-16}\,C$$

Mas,

$$Q = ne \Rightarrow 4,0 \cdot 10^{-16} = n \cdot 1,6 \cdot 10^{-19}$$

$$n = \frac{4,0 \cdot 10^{-16}}{1,6 \cdot 10^{-19}}$$

$$\boxed{n = 2,5 \cdot 10^3 \text{ íons de sódio}}$$

Resposta: alternativa **a**.

**22.** (Olimpíada de Física de Portugal) A acumulação de carga elétrica nas nuvens pode provocar um relâmpago. De um modo geral, a parte inferior da nuvem adquire carga positiva, enquanto a parte superior adquire carga negativa. Quando o campo elétrico criado por essas distribuições de carga é suficientemente elevado, ocorre uma descarga abrupta entre o solo e a parte de baixo da nuvem, que é o relâmpago.

Admita que a dependência no tempo da intensidade de corrente elétrica (carga elétrica por unidade de tempo) durante a descarga entre a nuvem e o solo pode ser descrita pelo gráfico da figura a seguir.

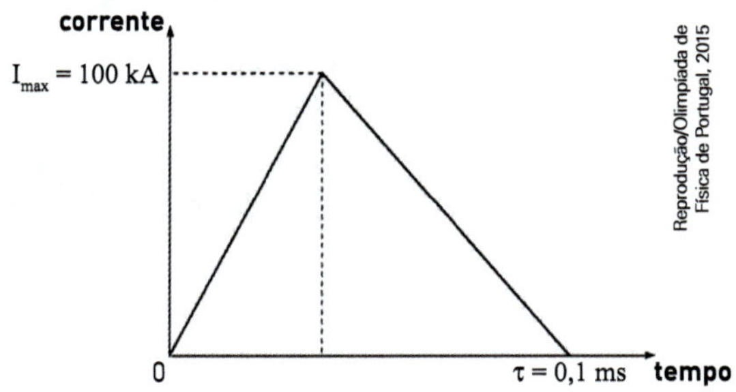


Mostre que a carga elétrica $Q$ liberada no relâmpago é igual a 5 C.

**23.** (UFTM-MG) O gráfico a seguir representa como varia a intensidade de corrente que percorre um fio condutor, em função do tempo, e que alimenta um determinado equipamento receptor.

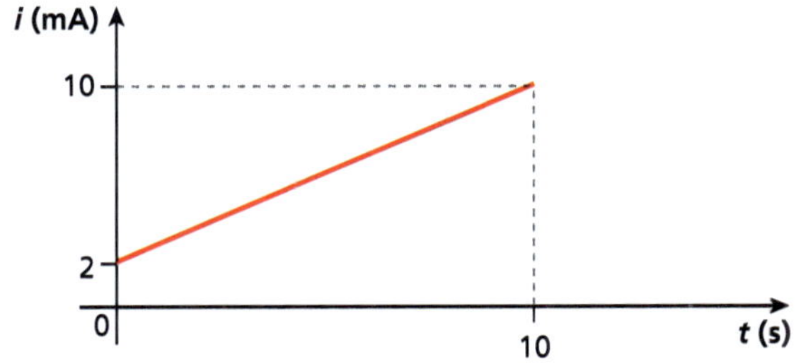


Reprodução/Arquivo da editora

É possível, por meio desse gráfico, em uma secção transversal do condutor, calcular a

a) corrente elétrica média, que é igual a 5 amperes.
b) potência dissipada, que é igual a 100 watts.
c) diferença de potencial, que é igual a 8 volts.
d) resistência interna, que vale 1 ohm.
e) quantidade de carga elétrica, que vale 60 mC.

**24.** (UFPE) O gráfico mostra a variação da corrente elétrica *I*, em amperes, num fio em função do tempo *t*, em segundos.

Reprodução/UFPE, 2010

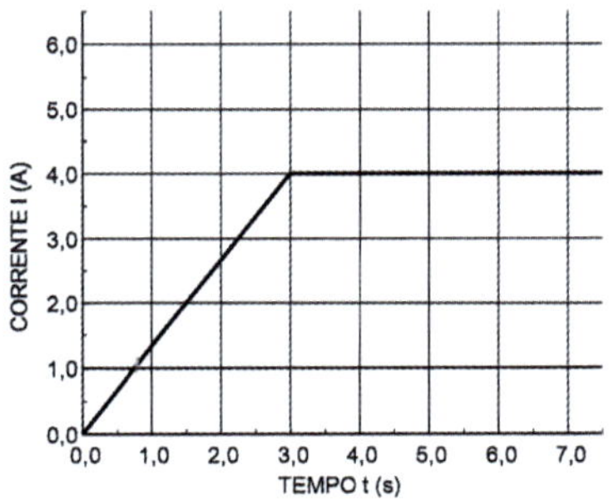


Qual a carga elétrica, em coulomb, que passa por uma seção transversal do condutor nos primeiros 4,0 segundos?

**25.** A intensidade da corrente elétrica que passa por um condutor metálico varia com o tempo, de acordo com o diagrama a seguir.

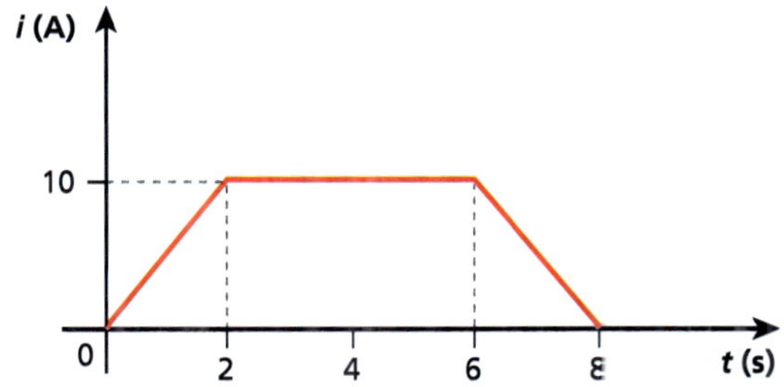


Banco de imagens/Arquivo da editora

**Dado:** carga elementar (e): $1,6 \cdot 10^{-19}$ C

Determine:

a) o módulo da carga elétrica total que passa por uma seção transversal desse condutor, nos 8 segundos;
b) o número de elétrons que atravessa a referida seção, nas condições do item anterior;
c) a intensidade média de corrente elétrica nesse intervalo de tempo.

**26.** Um fio de cobre de com secção transversal de área 2 $mm^2$ é percorrido por uma corrente de 6,8 mA. Sabendo que a densidade de cargas livres no fio de cobre é $8,5 \cdot 10^{28}$ elétrons/$m^3$, calcule a velocidade de deriva, em mm/h, dos elétrons neste fio.

**Dado:** carga elementar: $1,6 \cdot 10^{-19}$ C.

## DESCUBRA MAIS

**1.** Vimos que alguns dos portadores de carga que formam correntes elétricas são íons positivos e negativos. Prótons e elétrons são partículas que carregam essas cargas. Discuta um pouco sobre as propriedades básicas de cada um, como carga e massa. Esses valores são semelhantes nas duas partículas?

**2.** A transmissão de energia elétrica é feita através de correntes alternadas, porém muitos aparelhos necessitam de corrente contínua para funcionar. Como esses aparelhos são capazes de funcionar quando ligados numa tomada comum de corrente alternada?

**3.** Muitas vezes vemos escrito em plugues de tomada de aparelhos eletrônicos o valor "~50 – 60 Hz". O que isso significa? Qual é a frequência padrão utilizada no Brasil? Essa frequência é um padrão mundial?

**4.** Alguns aparelhos eletrônicos possuem relógios que dependem de certas características da rede elétrica para funcionar. Um exemplo desses aparelhos é o forno de micro-ondas. Qual é o mecanismo utilizado por eles que permite a marcação de tempo através da rede elétrica? Cite exemplos de outros aparelhos com o mesmo mecanismo.

## Exercícios Nível 2

**27.** Um dispositivo elétrico funciona sob ação de uma corrente elétrica que não é constante e tampouco varia linearmente com o tempo. A intensidade de corrente que passa por esse dispositivo elétrico varia como mostra o gráfico. Determine a quantidade de carga elétrica que passa pela secção transversal do condutor que alimenta esse dispositivo elétrico nos primeiros 20 s.

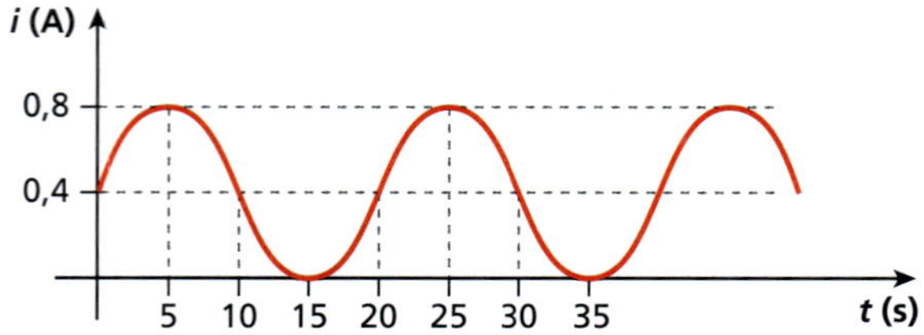


Banco de imagens/Arquivo da editora

**28.** Ao acionar um interruptor de uma lâmpada elétrica, esta é acesa quase instantaneamente, embora possa estar a centenas de metros de distância. Isso ocorre porque

a) a velocidade dos elétrons na corrente elétrica é igual à velocidade da luz.

b) os elétrons se põem em movimento quase imediatamente em todo o circuito, embora sua velocidade média seja relativamente baixa.

c) a velocidade dos elétrons na corrente elétrica é muito elevada.

d) não é necessário que os elétrons se movimentem para que a lâmpada acenda.

**29.** (UFCE) Um disco isolante contém 8 cargas iguais, conforme mostra a figura abaixo. Quando o disco gira em torno de **O**, com velocidade angular constante, a intensidade *i* de corrente elétrica em virtude do movimento das cargas é:

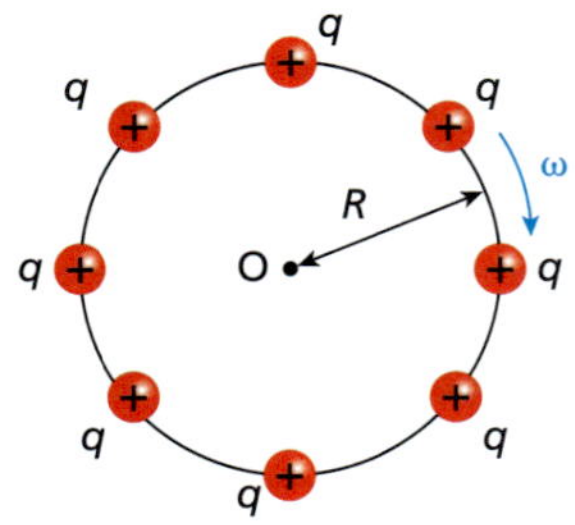


Reprodução/Arquivo da editora

a) $\frac{\omega q}{2\pi}$

b) $\frac{4\omega q}{\pi}$

c) $\frac{\omega q}{16\pi}$

d) $\frac{\omega q}{\pi}$

e) $\frac{2\omega q}{\pi^2}$

## Exercícios Nível 3

**30.** (UFC-CE) Um receptor de rádio, quando em funcionamento, requer de sua bateria uma corrente $i = 1,6 \cdot 10^{-2}$ A. Cada vez que dois elétrons saem do cátodo, reagem quimicamente com o eletrólito, dando origem a uma molécula de nova substância. A carga do elétron vale $1,6 \cdot 10^{-19}$ C. Quantas dessas moléculas serão formadas em uma hora de funcionamento do rádio?

**31.** (UFPE) Em uma solução iônica, $N_{(+)} = 5,0 \cdot 10^{15}$ íons positivos, com carga individual $Q_{(+)} = +2e$, se deslocam para a direita a cada segundo. Por outro lado, $N_{(-)} = 4,0 \cdot 10^{16}$ íons negativos, com carga individual igual a $Q_{(-)} = -e$, se movem em sentido contrário a cada segundo. Qual é a corrente elétrica, em mA, na solução?

**Dado:** $e = 1,6 \cdot 10^{-19}$ C.

**32.** (Unesp-SP) Um método de cobertura de superfícies metálicas, usado para reduzir efeitos de corrosão, e que é importante do ponto de vista industrial, é a chamada galvanização, que consiste em passar uma corrente elétrica através de uma solução líquida entre dois eletrodos de metais diferentes. Durante o processo, átomos são retirados de um dos eletrodos e depositados no outro, revestindo-o com uma camada protetora do outro metal. Considere um caso simples em que se usam eletrodos de ouro e alumínio e uma solução aquosa de nitrato de ouro III [$Au(NO_3)_3$], gerando íons $Au^{+++}$ que são atraídos para o eletrodo de alumínio (polo negativo), nele sendo depositados. Considerando que uma corrente de 2,0 A percorra a solução durante 800 s, qual é a quantidade de carga que atravessa a solução nesse tempo?

Lembrando que a carga de um elétron é igual a $1,6 \cdot 10^{-19}$ C, a massa de um átomo de ouro é aproximadamente $3,0 \cdot 10^{-25}$ kg e que para cada três elétrons um átomo de ouro é depositado no eletrodo de alumínio, calcule a massa total de ouro depositada durante esse tempo.

**33.** Um anel está eletrizado uniformemente e gira com rotação uniforme e frequência *f*. Sendo *R* o raio do anel e $\lambda > 0$ a densidade linear de cargas (quantidade de carga por unidade de comprimento), calcule a intensidade da corrente elétrica gerada pelo movimento do anel.

**34.** (Fuvest-SP) Com o objetivo de criar novas partículas, a partir de colisões entre prótons, foi desenvolvido, no CERN (Centro Europeu de Pesquisas Nucleares), um grande acelerador (LHC). Nele, através de um conjunto de ímãs, feixes de prótons são mantidos em órbita circular, com velocidades muito próximas à velocidade *c* da luz no vácuo. Os feixes percorrem longos tubos, que juntos formam uma circunferência de 27 km de comprimento, onde é feito vácuo. Um desses feixes contém $N = 3,0 \cdot 10^{14}$ prótons, distribuídos uniformemente ao longo dos tubos, e cada próton tem uma energia cinética *E* de $7,0 \cdot 10^{12}$ eV. Os prótons repassam inúmeras vezes por cada ponto de sua órbita, estabelecendo, dessa forma, uma corrente elétrica no interior dos tubos. Analisando a operação desse sistema, estime:

a) a energia cinética total $E_c$, em joules, do conjunto de prótons contidos no feixe;

b) a velocidade *V*, em km/h, de um trem de 400 toneladas que teria uma energia cinética equivalente à energia do conjunto de prótons contidos no feixe;

c) a corrente elétrica *I*, em amperes, que os prótons em movimento estabelecem no interior do tubo onde há vácuo.

**Note e adote:**
q = carga elétrica de um próton = $1,6 \cdot 10^{-19}$ C
$c = 3,0 \cdot 10^{8}$ m/s
1 elétron-volt = 1 eV = $1,6 \cdot 10^{-19}$ J
**Atenção!** Não utilize expressões envolvendo a massa do próton, pois, como os prótons estão a velocidades próximas à da luz, os resultados seriam incorretos.

## Para raciocinar um pouco mais

**35.** A respeito da corrente elétrica que se forma nos condutores metálicos quando submetidos a uma dada ddp, pergunta-se:

a) Um fio metálico, com área de seção transversal *A*, é percorrido por uma corrente contínua e constante de intensidade *i*. Considerando que nesse metal existem *N* elétrons livres/cm³, determine a velocidade média de deslocamento desses elétrons livres ao longo do fio condutor.

b) Um fio de cobre, cuja área de secção transversal é de $2,0 \cdot 10^{-2}$ cm², é percorrido por uma corrente elétrica de intensidade 10 A. O número de elétrons livres do cobre por unidade de volume é igual a $5,0 \cdot 10^{22}$ elétrons/cm³. Determine a distância que cada elétron livre percorre, em média, em 1,0 s.

**Dado:** carga elétrica elementar: $1,6 \cdot 10^{-19}$ C.

**36.** Uma corrente elétrica contínua de intensidade 3,15 A percorre um fio de cobre, de área de secção transversal $1,50 \cdot 10^{-6}$ m². Sabendo-se que a carga elementar é $e = 1,60 \cdot 10^{-19}$ C e que o fio possui $1,75 \cdot 10^{22}$ elétrons livres por cm³, pode-se afirmar que o módulo da velocidade escalar média dos elétrons é de

a) 0,610 mm/s
b) 0,750 mm/s
c) 0,900 mm/s
d) 1,00 mm/s
e) 1,50 mm/s

**37.** (Uece) Em um fio de cobre de 1 cm de diâmetro, há uma corrente de 66 amperes. Considere a existência de $8,6 \cdot 10^{28}$ elétrons livres por metro cúbico no cobre e a carga *q* de um elétron igual a $1,6 \cdot 10^{-19}$ coulombs. A distância percorrida por um desses elétrons livres, em uma hora, é aproximadamente igual a um

a) centímetro.
b) palmo.
c) metro.
d) quilômetro.

TÓPICO

2

# Tensão elétrica e resistência elétrica

Sergio Dotta Jr./Acervo da editora

Em instalações elétricas, fios condutores são os responsáveis pela passagem de corrente elétrica.

Cabos e fios têm a função de ligar aparelhos elétricos e fazer passar a eletricidade por eles. Na imagem acima, vemos vários fios (compostos de um único condutor) e cabos (associações de vários fios).

Dependendo do tipo de aparelho que vai ser ligado, é necessário um material mais grosso – ou, na linguagem técnica, de maior bitola. Se a escolha não for adequada, corre-se o risco de queimar a fiação: os condutores esquentam tanto que acabam fundindo-se. Mas por que isso ocorre?

No tópico anterior, vimos o conceito de corrente elétrica e de materiais condutores. Neste tópico, veremos outra grandeza relevante para a descrição de fenômenos eletrodinâmicos: a resistência elétrica. Estudaremos a relação entre essa grandeza e a corrente elétrica, assim como quais as características do material que influenciam o seu valor. Veremos também que as resistências podem ser associadas e como obter a resistência equivalente dessas associações.

# 1. Noções intuitivas da diferença de potencial (ddp)

Já sabemos que a corrente elétrica é, por definição, o movimento ordenado de portadores de carga elétrica. A questão que se coloca agora é: Como fazer com que essa movimentação seja ordenada? Como se estabelece uma corrente elétrica em um condutor?

Podemos começar a investigar essas questões realizando um experimento simples, usando uma mangueira transparente com água em seu interior.

Se as extremidades da mangueira estiverem em posições a uma mesma altura em relação ao chão, como observamos a seguir, na figura 1, não haverá fluxo de água.

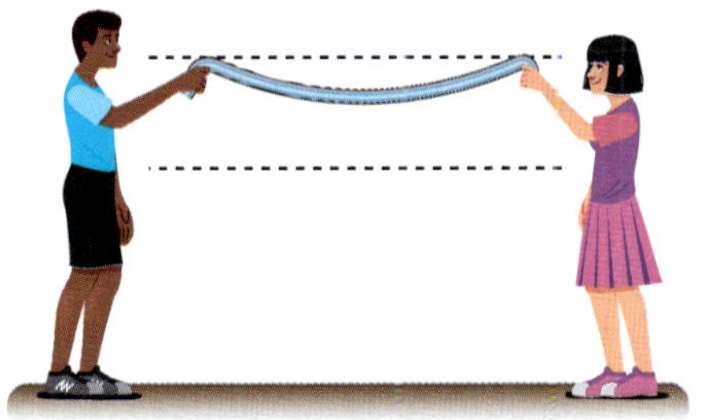

Banco de imagens/Arquivo da editora

**figura 1**

Para que tenhamos um fluxo de água, é necessário que, entre as extremidades da mangueira, exista uma diferença de nível, conforme ilustrado nas figuras 2 e 3 a seguir.

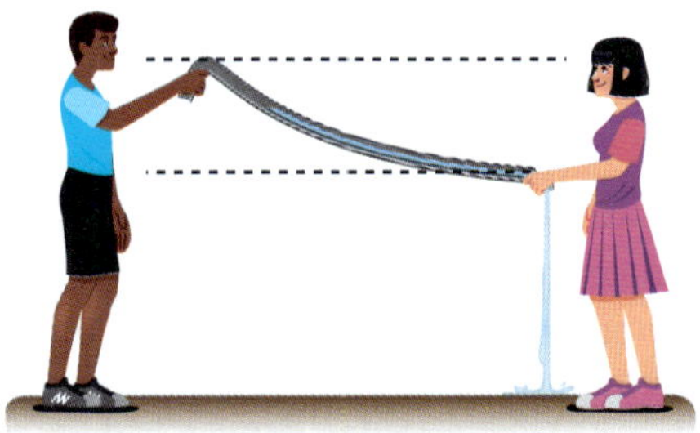

**figura 2**

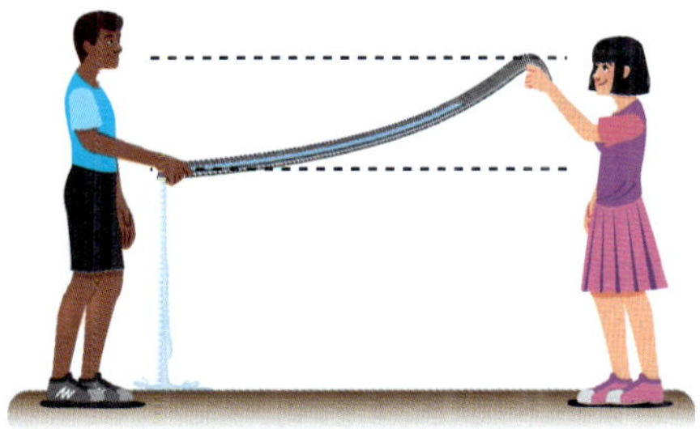

**figura 3**

Banco de imagens/Arquivo da editora

Assim, para que haja fluxo de água na mangueira, é fundamental que uma das extremidades esteja em um nível mais elevado que a outra.

Nos nossos estudos de Mecânica, associamos essa diferença de nível a uma **diferença de potencial gravitacional**. É essa diferença de potencial gravitacional que promove, por exemplo, o fluxo de água da correnteza de um rio.

Banco de imagens/Arquivo da editora

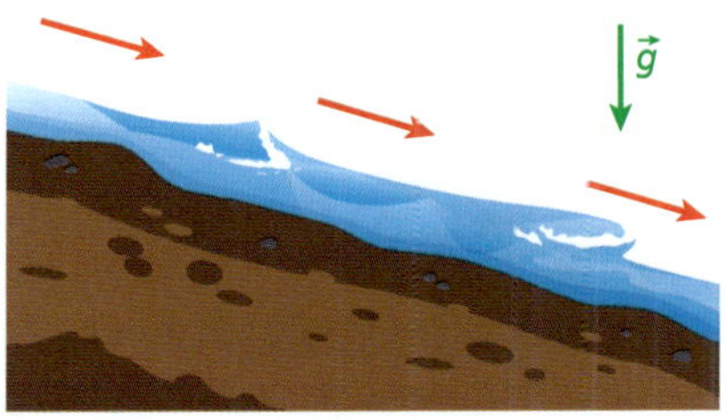


Fluxo de água sob ação da gravidade.

Um outro exemplo que segue raciocínio semelhante é o do fluxo de calor através de uma barra. Na barra da figura seguinte, temos um fluxo de calor entre as duas extremidades **A** e **B**, que estão a temperaturas diferentes ($T_A > T_B$). Uma das extremidades da barra está em um potencial térmico mais elevado do que a outra extremidade. Enquanto houver uma diferença de temperatura, ou seja, uma **diferença de potencial térmico** entre as extremidades, haverá fluxo de calor de **A** para **B**. O fluxo cessa quando $T_A = T_B$ (equilíbrio térmico).

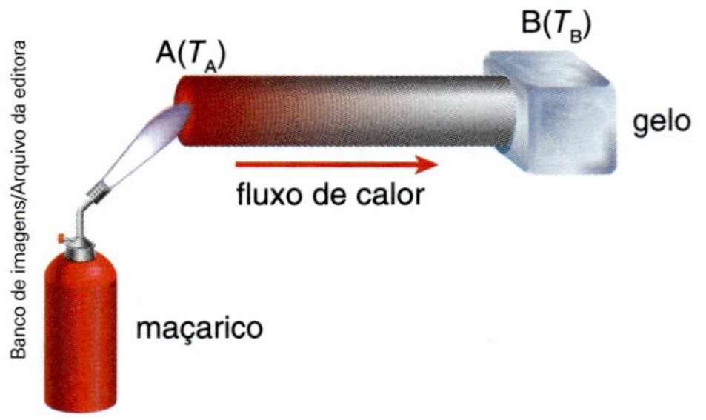


A diferença de potencial térmico entre as extremidades **A** e **B** estabelece um fluxo de calor.

Essas analogias são interessantes, porém, têm suas limitações. Como transportar essas ideias para o mundo da eletricidade?

Em um condutor elétrico, qual seria a grandeza responsável por proporcionar esse fluxo de elétrons? Qual o dispositivo necessário para que se estabeleça uma corrente elétrica no condutor?

A resposta a essas perguntas está em um elemento de circuito bastante comum: uma pilha ou bateria.

Reações químicas no interior da pilha promovem o acúmulo de cargas positivas em uma de suas extremidades (polo positivo), e de cargas negativas na sua outra extremidade (polo negativo), o que estabelece uma diferença de potencial elétrico (ddp), ou simplesmente tensão elétrica.

A **diferença de potencial elétrico** ou **tensão elétrica** ($U$) é a diferença de energia potencial elétrica ($E_{el}$) por unidade de carga ($q$), criada pela separação entre cargas elétricas e que pode promover corrente elétrica em um circuito.

$$U = \frac{E_{el}}{q}$$

A unidade de potencial elétrico no Sistema Internacional (SI) é o **volt**, de símbolo **V**. Portanto, a unidade de medida da diferença de potencial também é o volt.

A tensão nominal de pilhas, isto é, a tensão determinada pelo fabricante quando o dispositivo está em plenas condições de funcionamento, é usualmente de 1,2 V a 3,7 V, sendo as de 1,5 V as mais comuns.

Uma outra maneira de se analisar o conceito de potencial elétrico (ddp) ou tensão elétrica é entender que a separação de cargas no gerador provoca um campo elétrico no interior do condutor.

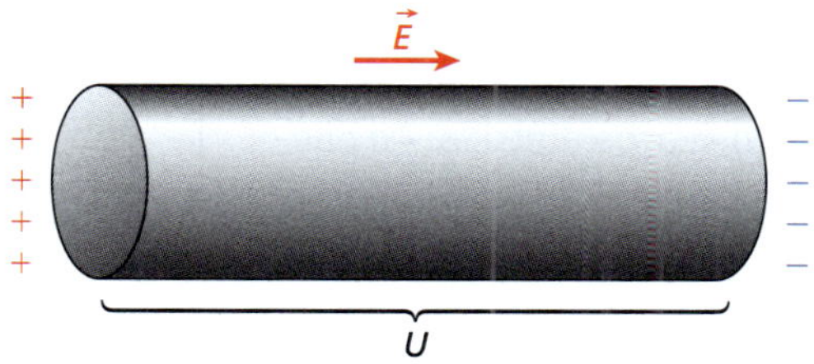


Banco de imagens/Arquivo da editora

O campo elétrico assim criado propaga-se no condutor com velocidades altíssimas (próximas à da luz). Os portadores de carga presentes no interior desse condutor ficarão submetidos a uma força de natureza elétrica ($\vec{F}_e = q\vec{E}$).

De modo particular, nos portadores de carga elétrica que possuem mobilidade, a presença do campo elétrico vai organizar e orientar essa movimentação. Estabelece-se então no interior desse condutor um fluxo de portadores de carga elétrica em um sentido preferencial, formando a corrente elétrica.

## JÁ PENSOU NISTO?

### Como explicar o acendimento instantâneo de uma lâmpada?

Ilustrações: Banco de imagens/Arquivo da editora

Quando acionamos um interruptor, aos nossos olhos, a lâmpada se acende de modo praticamente instantâneo, por mais distantes que lâmpada e interruptor estejam.

Ao analisar essa situação, muitos ficam propensos a responder que os elétrons se movimentam do interruptor até o filamento da lâmpada em uma fração de segundo, com velocidade próxima à da luz. Esse, então, seria o motivo de a lâmpada acender instantaneamente.

Porém, esse raciocínio não está correto. Vimos que a nuvem eletrônica se desloca no interior do condutor com velocidades típicas muito baixas: esta é a velocidade de deriva, da ordem de milímetros por segundo.

Então como explicar a rapidez do acendimento?

Devemos observar que os elétrons livres responsáveis pela condução elétrica já estão presentes ao longo de todo o fio, inclusive no filamento da lâmpada.

Quando o circuito é fechado, estabelece-se uma diferença de potencial e, consequentemente, um campo elétrico $\vec{E}$ se propaga dentro do condutor, este sim, com velocidade próxima à da luz.

Dessa maneira, as partículas portadoras de carga elétrica ficarão submetidas à ação de uma força elétrica de modo praticamente instantâneo e simultâneo ao longo de todo o fio.

Perceba que não será necessário que um elétron nas proximidades do interruptor viaje até o filamento da lâmpada, pois todos os elétrons livres se movimentarão ordenadamente e ao mesmo tempo.

## 2. Resistor

Consideremos um condutor ligado a uma bateria, conforme a figura ao lado.

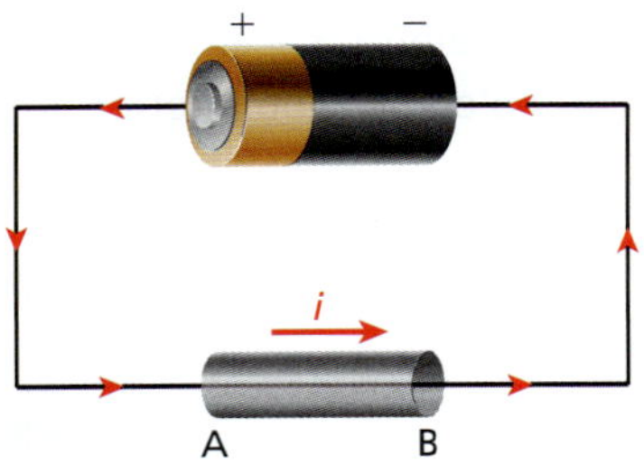

Banco de imagens/Arquivo da editora

Vimos que a diferença de potencial elétrico estabelecida pela bateria pode gerar um movimento dos portadores de carga elétrica. Ao passar pelo condutor posicionado entre os pontos **A** e **B**, essa corrente elétrica enfrentará certa oposição devido às propriedades do material que constitui o condutor.

A grandeza física que caracteriza a oposição que um condutor oferece à passagem de corrente elétrica através dele é chamada de **resistência elétrica**.

Denominamos **resistor** todo elemento de circuito que tenha como propriedade principal a sua resistência elétrica. Poderemos dizer ainda que o resistor é aquele elemento de circuito cuja principal função é **converter energia elétrica em energia térmica**.

Um dos efeitos da utilização de um resistor é a **alteração** da corrente elétrica no circuito, podendo ser utilizado quando se deseja limitar a corrente ou ajustar a tensão elétrica do circuito.

Patrick Osterloh/Shutterstock

// Nas torradeiras, a energia elétrica é convertida em energia térmica pelos resistores que integram o aparelho.

Um resistor é capaz de converter energia elétrica em energia térmica. A grande maioria deles é constituída de condutores metálicos (metais e ligas metálicas).

Um corpo metálico, sólido, é formado de átomos que ocupam posições médias bem definidas, constituindo uma rede cristalina. Os elétrons periféricos desses átomos praticamente não estão mais ligados aos seus respectivos núcleos. Eles constituem os chamados **elétrons livres**; são eles os responsáveis pela condução elétrica nos metais. Quando não há corrente elétrica, os elétrons livres apresentam movimentos ao acaso, colidindo entre si ou com os átomos "fixos" da rede cristalina. Não existe uma direção preferencial de movimento para esses elétrons. Assim, apesar de seu movimento aleatório, cada elétron livre apresenta uma posição média praticamente inalterável.

Submetendo um condutor metálico a uma tensão elétrica $U$, estabelece-se no seu interior um campo elétrico, segundo uma direção bem definida. Nessas condições, os elétrons livres, além do seu movimento caótico, serão acelerados entre colisões sucessivas com os átomos "fixos". Em cada colisão, admite-se que parte da energia ganha durante a aceleração seja transmitida ao átomo, que, como consequência, terá a sua energia de vibração aumentada. Isto significará aumento da energia térmica do corpo.

// Representação simplificada de como um elétron livre se desloca no interior de um condutor metálico submetido a uma tensão elétrica $U$. Embora apresente elevada velocidade no seu movimento caótico, a velocidade de deslocamento ao longo do condutor é muito pequena. Observe que o trajeto entre as colisões está levemente encurvado devido à ação da força exercida pelo campo elétrico. Em cada colisão, parte da energia que o elétron recebe do campo elétrico é transferida para o átomo; como consequência, a energia de vibração deste átomo aumenta.

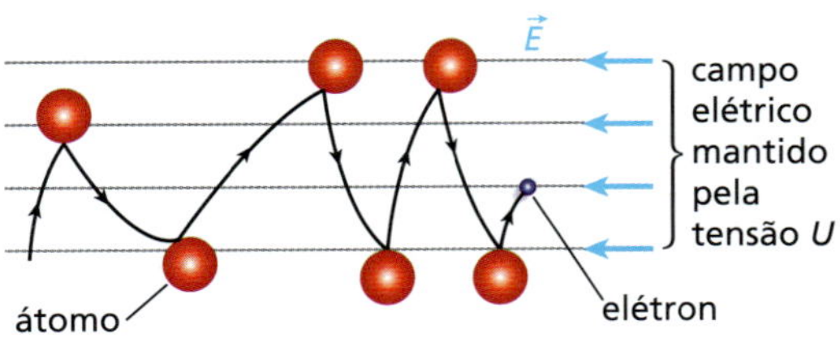

Banco de imagens/Arquivo da editora

No interior do metal há um número muito grande de elétrons livres, todos comportando-se, aproximadamente, como o elétron da figura anterior. Nestas condições, a passagem da corrente elétrica através de um condutor metálico faz com que os elétrons livres, nas suas colisões com os átomos "fixos", transfiram a estes átomos parte da energia elétrica que receberam do campo elétrico (estabelecido no interior do condutor pela tensão *U*). O aumento da energia de vibração dos átomos da rede cristalina do metal nada mais é que o aumento da energia térmica ocorrido nesse condutor.

Há várias maneiras de simbolizar um resistor. As usuais são as seguintes:

Banco de imagens/Arquivo da editora

## 3. Efeito Joule

Em um resistor percorrido por uma corrente elétrica, a conversão da energia elétrica em energia térmica é tradicionalmente conhecida por **Efeito Joule**. Em qualquer elemento de circuito no qual exista alguma resistência elétrica (desejável ou não), essa conversão fatalmente ocorrerá, sempre que houver corrente elétrica atravessando o referido elemento. Esse é o motivo do aquecimento dos fios, como vimos na abertura do tópico.

O Efeito Joule é o princípio de funcionamento de muitos dispositivos, como o chuveiro elétrico, o ferro elétrico e a lâmpada de incandescência; em outros casos, ele é inconveniente e procura-se atenuá-lo ao máximo, como acontece nas resistências dos enrolamentos internos dos motores elétricos e nos fios de transmissão de energia elétrica a grandes distâncias (como das usinas até os centros consumidores).

Jales Valquer/Fotoarena

Sebastian Studio/Shutterstock

Somchai Som/Shutterstock

// Em dispositivos como o chuveiro elétrico, ferro elétrico e lâmpada incandescente, o Efeito Joule é fator fundamental para o bom funcionamento do aparelho. Imagens fora de escala.

TebNad/Shutterstock

FedotovAnatoly/Shutterstock

// Em linhas de transmissão e em motores elétricos, por exemplo, o Efeito Joule é indesejável.

Como já sabemos, nos condutores sólidos o efeito é decorrente das colisões entre os elétrons livres (elétrons de condução) e as partículas "fixas" da rede cristalina. Nos condutores eletrolíticos, a degradação da energia elétrica em térmica decorre, em parte significativa, das resistências viscosas sofridas pelos íons que se deslocam no interior do líquido. Nos condutores gasosos, a degradação é devida, predominantemente, às colisões entre as suas partículas (colisões que não chegam a excitar eletronicamente essas partículas).

## 4. 1ª Lei de Ohm

No estudo do comportamento microscópico dos condutores elétricos, fomos apresentados aos conceitos de corrente elétrica e de diferença de potencial. Estudamos também o comportamento de um resistor em um circuito. Vamos, agora, estabelecer uma importante relação entre esses conceitos.

Seja um condutor metálico submetido, sucessivamente, a tensões elétricas diferentes e constantes (em relação ao tempo), $U_1$, $U_2$,..., $U_n$; sejam $i_1$, $i_2$,..., $i_n$, as intensidades de corrente elétrica correspondentes. Desde que todas essas medidas sejam obtidas sob uma mesma temperatura, verifica-se que:

$$\frac{U_1}{i_1} = \frac{U_2}{i_2} = \ldots = \frac{U_n}{i_n} = \text{constante}$$

**NOTA!**

É comum que, em situações reais, um resistor metálico seja aquecido enquanto conduz corrente elétrica e, devido a essa variação de temperatura, deixe de apresentar resistência elétrica constante. Veremos a seguir a causa desse aquecimento e qual a relação entre a resistência de um resistor metálico e sua temperatura.

Esta razão constante entre a tensão ($U$) e a intensidade de corrente elétrica ($i$) é a resistência elétrica ($R$) do condutor metálico.

$$\frac{U}{i} = R \Rightarrow U = Ri$$

Na verdade, esta razão constante acontece apenas com uma classe de resistores, os denominados **condutores lineares**, que são resistores formados a partir de metais, carvão e condutores eletrolíticos.

Para a classe dos condutores lineares, é, portanto, verdadeira a proposição seguinte, conhecida como a **1ª Lei de Ohm**.

> A razão entre a tensão elétrica e a intensidade de corrente elétrica num trecho de circuito de fio condutor, para uma mesma temperatura, é constante.

Os resistores que satisfazem a 1ª Lei de Ohm também são chamados de **resistores ôhmicos**.

**NOTA!**

A resistência de um resistor linear (aquele que obedece à 1ª Lei de Ohm) é independente dos valores da tensão $U$ e da intensidade de corrente $i$.

No Sistema Internacional de unidades, a unidade de resistência elétrica é o **ohm**, cujo símbolo é Ω, e é definida como sendo a resistência elétrica de um condutor que, suportando uma tensão de 1 V, é atravessado por uma corrente elétrica de intensidade 1 A.

$$1\ \Omega = 1\ \frac{V}{A}$$

**NOTA!**

Alguns múltiplos importantes:

$1\ k\Omega = 1 \cdot 10^3\ \Omega$

$1\ M\Omega = 1 \cdot 10^6\ \Omega$

# 5. Curva característica de um condutor linear

A curva característica de um condutor é a curva que representa graficamente a função U = f(i), que relaciona a tensão elétrica aplicada nos extremos do condutor com a intensidade da corrente elétrica que o atravessa.

Para um condutor linear, à temperatura constante, vimos que vale a 1ª Lei de Ohm, U = R i, em que *R* é constante. Nesse caso, obteremos uma reta, de coeficiente angular positivo, passando pela origem do sistema.

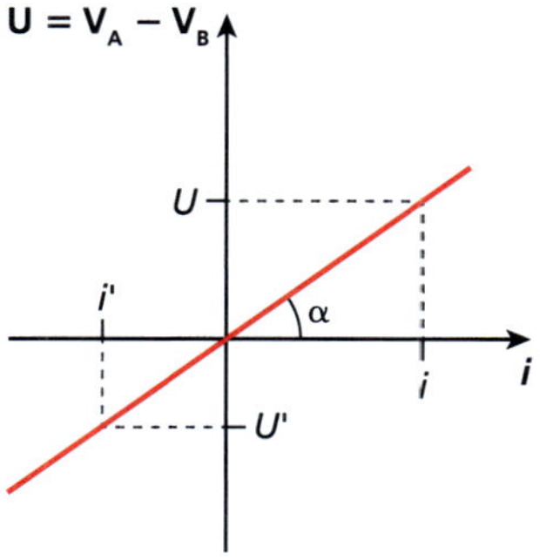


$$\text{tg}\,\alpha \overset{N}{=} \frac{U}{i} = R$$

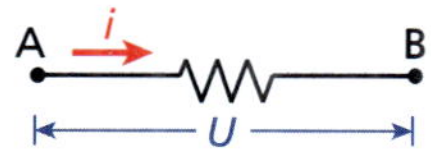


Banco de imagens/Arquivo da editora

// Curva característica de um condutor linear.

O coeficiente angular da reta U = R i representa a resistência elétrica *R* constante do condutor.

A parte negativa ilustra o seguinte fato: invertendo-se a tensão aplicada ($U' = V_A - V_B$, com $V_A < V_B$), inverte-se também o sentido da corrente ($i > 0 \Rightarrow i' < 0$).

## Ampliando o olhar

### Um modelo mecânico para a eletricidade

Consideremos um plano inclinado com pregos em sua superfície. Quando pequenas esferas são soltas na parte superior do plano inclinado, iniciam uma movimentação com um sentido preferencial.

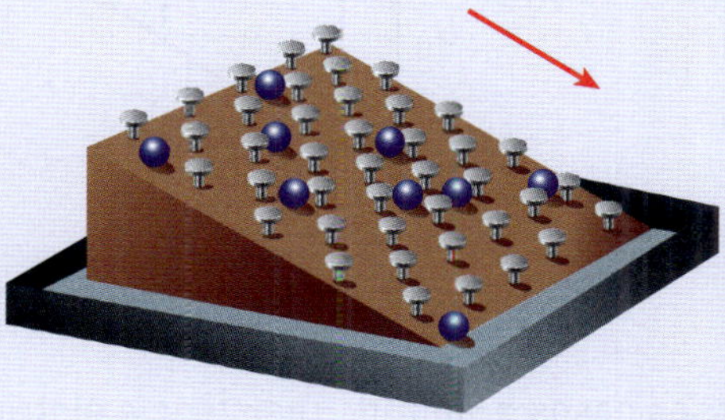

Banco de imagens/Arquivo da editora

Podemos nos referir a essa movimentação como uma **correnteza de esferas**.

Durante a movimentação, as pequenas esferas sofrem muitas e frequentes colisões com os pregos do plano inclinado e mesmo entre si. Tais choques representam uma certa **dificuldade** para a movimentação das esferas.

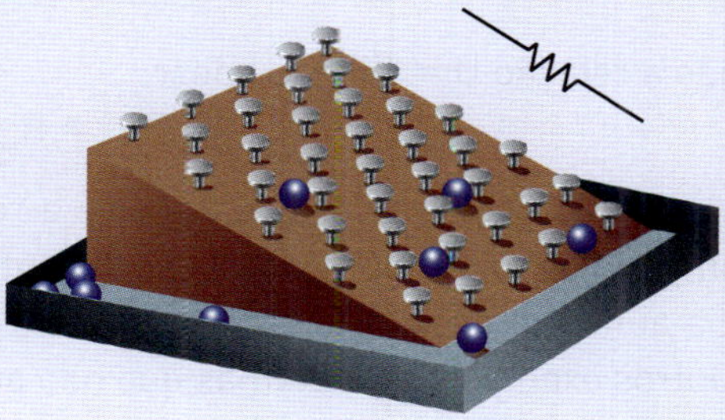

Banco de imagens/Arquivo da editora

Se quisermos que as pequenas esferas recomecem o ciclo, há necessidade de que determinada energia seja fornecida a cada esfera para que se reposicionem no início do plano retomando todo o processo.

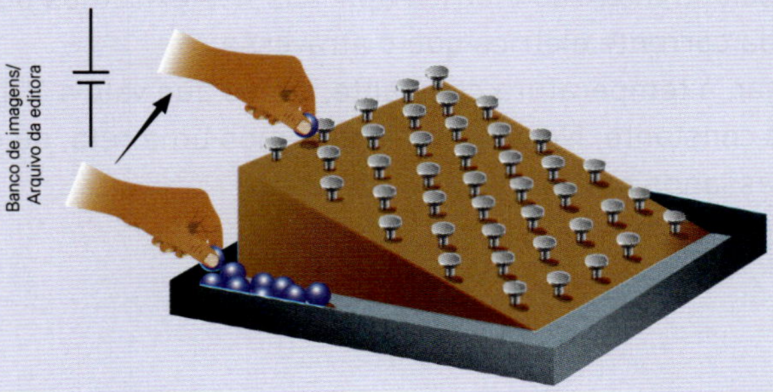


As situações analisadas estabelecem um modelo análogo a um circuito elétrico.

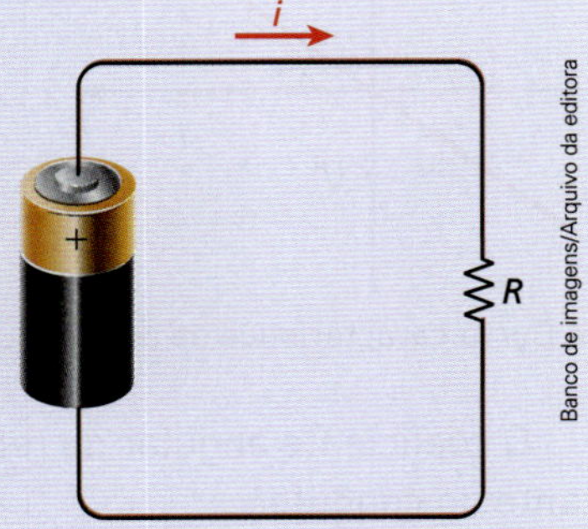


Nessa analogia entre o sistema mecânico formado pela rampa e esferas e um circuito elétrico constituído por um gerador e um resistor:

- a energia potencial gravitacional das esferas no topo do plano inclinado representa a energia potencial elétrica;
- o movimento das esferas representa a corrente elétrica;
- a dificuldade de as esferas se movimentarem devido aos pregos representa a resistência elétrica do resistor no circuito.

## 6. Resistência elétrica aparente

Existe uma classe de resistores denominados **não lineares**. Para esses resistores, a curva característica passa pela origem, mas não é uma reta, ou seja, são resistores cujos valores das resistências elétricas não são constantes.

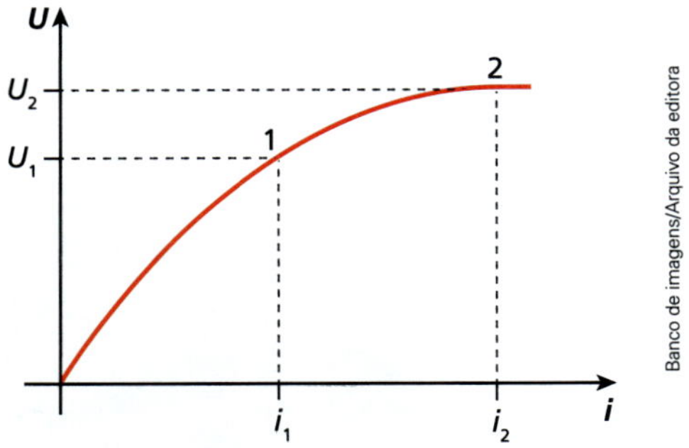


Nesses casos o valor da resistência elétrica será calculado para cada ponto específico da curva e será denominada **resistência elétrica aparente**. Para os pontos 1 e 2 a resistência aparente será dada por:

$$R_{ap_1} = \frac{U_1}{i_1} \quad \text{e} \quad R_{ap_2} = \frac{U_2}{i_2}$$

Sendo a relação U = f(i) não linear:

$$R_{ap_1} \neq R_{ap_2}$$

Um exemplo de condutor não linear é a resistência elétrica do filamento de uma lâmpada incandescente, feito usualmente de tungstênio. O valor da sua resistência aumenta de acordo com o aumento da tensão elétrica aplicada no circuito. Outros exemplos de sistemas que não podem ser descritos como condutores lineares são transístores, tubos de vácuo, etc.

# 7. 2ª Lei de Ohm

Passaremos agora a analisar quais são os fatores e as grandezas que podem determinar a resistência elétrica de um condutor.

Seja um fio condutor de comprimento $\ell$ e secção transversal constante de área $A$.

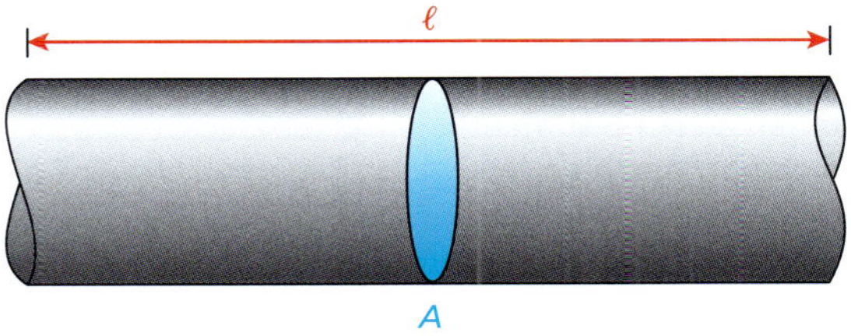


Banco de imagens/ Arquivo da editora

Demonstra-se experimentalmente que a **resistência elétrica** $R$ desse fio pode ser escrita pela expressão seguinte:

$$R = \rho \frac{\ell}{A}$$

em que $\rho$ é a resistividade elétrica do material, constante a uma mesma temperatura. Esta equação traduz a **2ª Lei de Ohm**.

A grandeza $\rho$, que depende do **material** e da **temperatura**, denomina-se **resistividade elétrica**.

A resistência elétrica $R$ de um condutor, a uma dada temperatura, depende não só do **material** como também do **comprimento** $\ell$ e da **área da secção transversal** $A$ do fio. Por outro lado, a resistividade elétrica é uma grandeza que não depende das dimensões do condutor.

A partir da expressão da 2ª Lei de Ohm, temos:

$$R = \rho \frac{\ell}{A} \Rightarrow \rho = \frac{RA}{\ell}$$

Utilizando as unidades do SI para as grandezas da expressão acima, temos:

$$\text{unid. } (\rho) = \frac{\text{unid. } (R) \text{ unid. } (A)}{\text{unid. } (\ell)} = \frac{\Omega\, m^2}{m} \Rightarrow \boxed{\text{unid. } (\rho) = \Omega\, m}$$

Portanto, a unidade de resistividade elétrica é $\Omega$ m. Na prática, contudo, a unidade mais usada é mista; toma-se a área em $mm^2$ e o comprimento em m:

$$\frac{\Omega\, (mm)^2}{m} \quad \text{(unidade usual de resistividade)}$$

**NOTAS!**

- O inverso da resistividade elétrica ($\rho$) é conhecido como **condutividade elétrica** ($\sigma$), assim:

$$\sigma = \frac{1}{\rho}$$

No Sistema Internacional de unidades, a unidade de condutividade elétrica é a recíproca do $\Omega$ m, ou seja, $(\Omega\, m)^{-1}$.

- O inverso da resistência elétrica ($R$) é conhecido como **condutância elétrica** ($G$):

$$G = \frac{1}{R}$$

No Sistema Internacional de unidades, a unidade de condutância elétrica é a recíproca do $\Omega$, ou seja, $\Omega^{-1}$, também chamado de **siemens** (S).

Na tabela a seguir procuramos resumir a dependência da resistência elétrica ($R$) com os fatores comprimento ($\ell$), área de secção transversal ($A$), material de que é feito o condutor ($\rho$) e temperatura ($T$).

<table>
<tr><th>Fator</th><th>Como a resistência elétrica varia</th><th>Exemplo</th></tr>
<tr><td>Comprimento ($\ell$)</td><td>A resistência elétrica aumenta com o aumento do comprimento do condutor. São grandezas diretamente proporcionais.</td><td>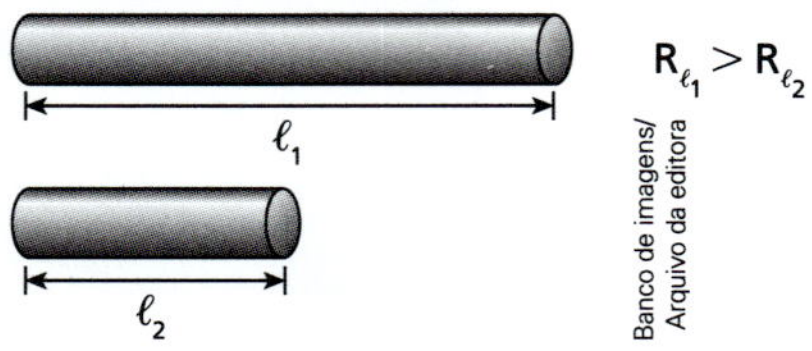<br>Banco de imagens/Arquivo da editora</td></tr>
<tr><td>Área de secção transversal ($A$)</td><td>A resistência elétrica aumenta quando a área de secção transversal diminui. São grandezas inversamente proporcionais.</td><td>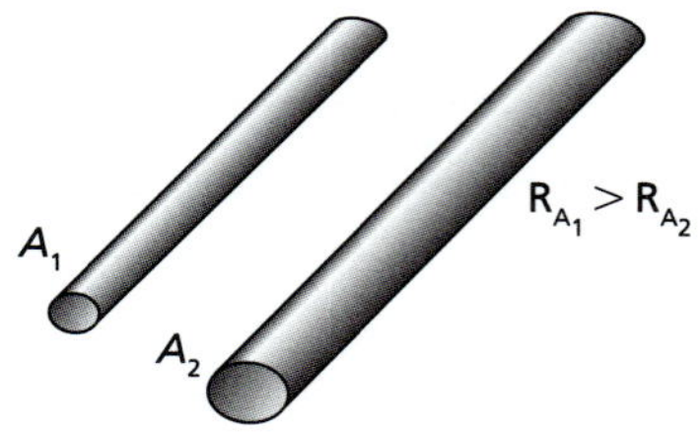<br>Banco de imagens/Arquivo da editora</td></tr>
<tr><td>Material ($\rho$)</td><td>A resistência elétrica depende diretamente da resistividade ($\rho$) do condutor.</td><td><br>Banco de imagens/Arquivo da editora</td></tr>
<tr><td>Temperatura ($T$)</td><td>Para os condutores metálicos puros a resistência elétrica aumenta com a temperatura.</td><td>Banco de imagens/Arquivo da editora<br>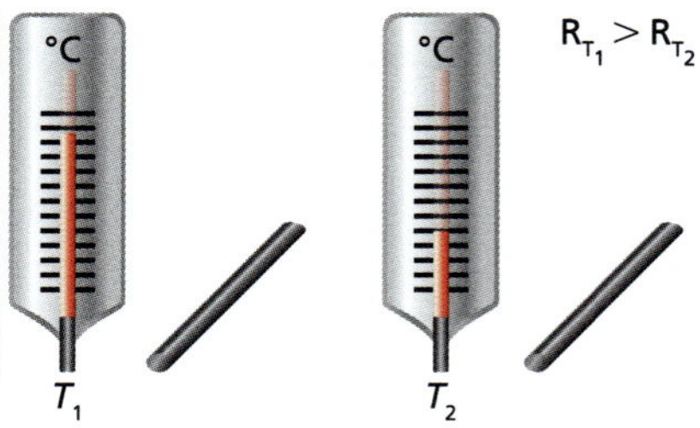</td></tr>
</table>

# 8. Variação da resistência elétrica com a temperatura

Quando aumentamos a temperatura de um **condutor de primeira espécie** (metais e a grafita), teremos, simultaneamente, dois fenômenos com efeitos opostos.

I. Com o aumento da temperatura, as partículas constituintes do meio condutor vibram mais intensamente, o que faz com que haja um aumento na frequência e na intensidade das colisões entre as partículas do meio e as partículas portadoras de carga elétrica componentes da corrente elétrica. Desse fato decorre um aumento da resistência que o meio oferece à passagem de corrente.

II. Com o aumento da temperatura, há uma tendência de aumentar a quantidade de elétrons livres que abandonam seus átomos e integram a chamada nuvem eletrônica de condução. Com o aumento da densidade da nuvem eletrônica, a corrente elétrica tende a ficar mais intensa, para a mesma tensão aplicada, o que é equivalente a uma redução de resistência do meio condutor.

Nos metais, o efeito (I) é predominante e a resistência elétrica é função crescente da temperatura.

Existem ligas metálicas, como o *constantan* (54% de Cu, 45% de Ni e 1% de Mn), a manganina (86% de Cu; 12% de Mn e 2% de Ni) e a niquelina (55% de Cu e 45% de Ni), em que os dois efeitos praticamente se compensam e a resistência elétrica não varia sensivelmente com a temperatura.

Na grafita, o efeito (II) é predominante e a resistência elétrica é função decrescente da temperatura.

Quando aumentamos a temperatura dos **condutores de segunda espécie**, como as soluções eletrolíticas, a resistência elétrica diminui em virtude de dois fenômenos que se reforçam.

III. Aumento do grau de dissociação iônica, aumentando o número de portadores de carga, isto é, tornando a corrente mais intensa para a mesma tensão aplicada, o que equivale a uma redução de resistência elétrica.

IV. Diminuição da viscosidade do solvente, facilitando a movimentação dos íons que compõem a corrente elétrica, o que significa, também, redução da resistência elétrica.

Em primeira aproximação, vamos admitir que a função que traduz a variação da resistência elétrica ($R$) com a temperatura ($\theta$) seja linear:

$$R = R_0 [1 + \alpha(\theta - \theta_0)]$$

em que:

$R$ = resistência elétrica na temperatura $\theta$;

$R_0$ = resistência elétrica na temperatura de referência $\theta_0$;

$\alpha$ = coeficiente de temperatura do material.

O valor de $\alpha$, a rigor, é função do material condutor e também da temperatura $\theta$. Contudo, como admitimos que $R = f(\theta)$ é uma função afim (de primeiro grau) consideramos $\alpha$ independente da temperatura $\theta$.

Para os metais, temos $\alpha > 0$; para as ligas metálicas especiais, $\alpha = 0$; e para a grafita e soluções eletrolíticas, temos $\alpha < 0$. Assim, os gráficos $R = f(\theta)$ assumem as formas que se seguem:

Banco de imagens/Arquivo da editora

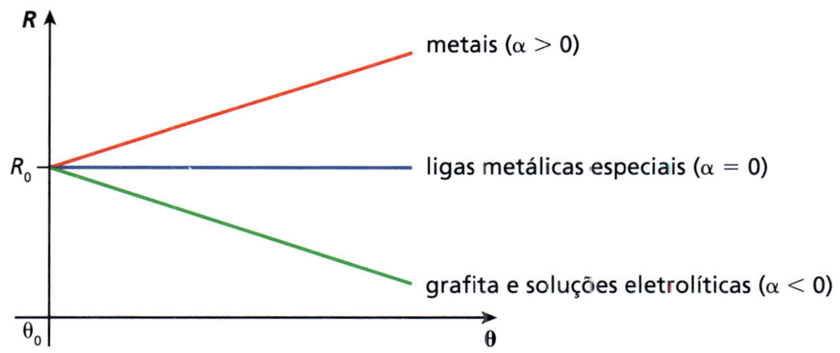


Considerando a 2ª Lei de Ohm para um condutor de comprimento e área de secção constantes, temos:

$$R = \rho \frac{\ell}{A} \quad \text{e} \quad R_0 = \rho_0 \frac{\ell}{A}$$

Assim:

$$R = R_0 (1 + \alpha \Delta\theta) \Rightarrow \rho \frac{\ell}{A} = \rho_0 \frac{\ell}{A} (1 + \alpha \Delta\theta)$$

Portanto, vale a relação:

$$\rho = \rho_0 (1 + \alpha \Delta\theta)$$

## Ampliando o olhar

### A 2ª Lei de Ohm aplicada à Medicina

A TVP (trombose venosa profunda) popularmente conhecida apenas como trombose, é a formação de coágulos sanguíneos nas veias, em geral, dos membros inferiores. Existe uma técnica de diagnóstico da trombose intimamente ligada à 2ª Lei de Ohm.

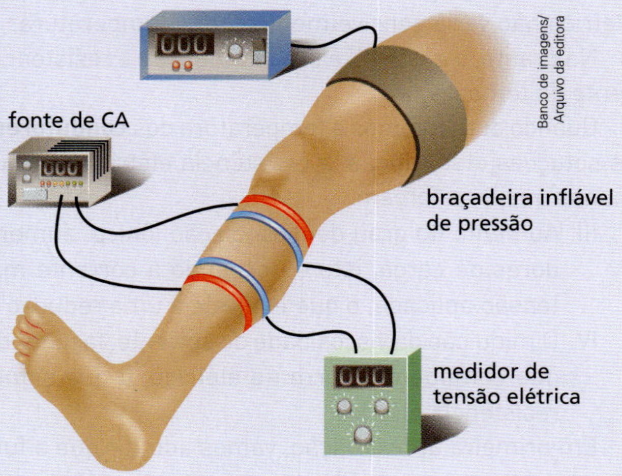


Na perna do paciente, na região da panturrilha, são instalados eletrodos. Os eletrodos mais externos são conectados a uma fonte de corrente elétrica alternada e os dois eletrodos mais internos são posicionados mantendo uma distância $\ell$ entre eles, e conectados a um medidor de tensão elétrica.

Com os valores de corrente elétrica e tensão elétrica podemos determinar a resistência elétrica *R*, desse trecho $\ell$ de panturrilha.

Dessa maneira:

$$U = Ri \Rightarrow R = \frac{U}{i}$$

Da 2ª Lei de Ohm, temos:

$$R = \rho\frac{\ell}{A}$$

em que *A* é a área de secção transversal da panturrilha.

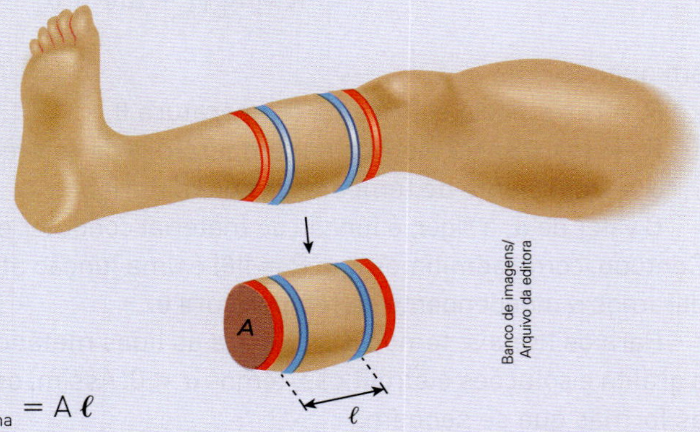


Modelando este trecho de panturrilha a um condutor de comprimento *L*, vem:

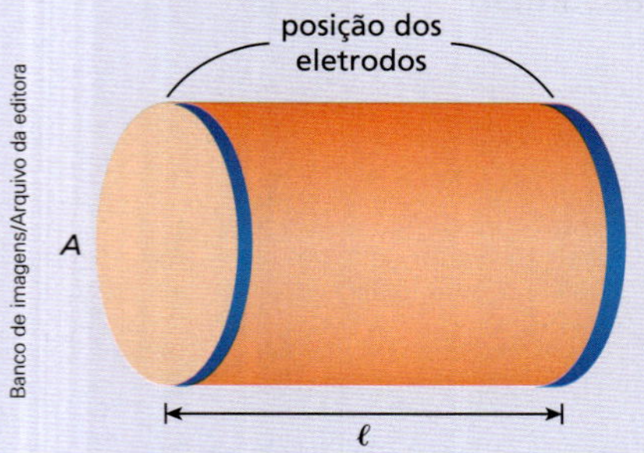


$$U_{panturrilha} = A\ell$$

$$A = \frac{U_{panturrilha}}{\ell}$$

$$R = \rho\frac{\ell}{\frac{U_{panturrilha}}{\ell}}$$

Observe, então, que a resistência elétrica desse trecho é inversamente proporcional ao volume da panturrilha.

Durante o exame, uma braçadeira de pressão é colocada um pouco acima da panturrilha.

Essa braçadeira de pressão é inflada até interromper o fluxo venoso do sangue que volta para o coração, mas permite a passagem do sangue arterial. Lembre-se que as veias se situam em regiões mais superficiais e por isso são afetadas diretamente pela pressão da braçadeira. Como resultado, mais sangue chega do que sai desse trecho. Como consequência, o volume da panturrilha aumenta e a resistência elétrica diminui. Quando reduzimos a pressão aplicada pela braçadeira, o volume da panturrilha e a resistência elétrica voltam aos valores iniciais.

Concluindo: Se na região analisada tivermos veias saudáveis e ausência de coágulos, mede-se um intervalo de tempo muito pequeno para se retornar aos valores inicias de resistência elétrica. Porém, um retorno lento revela a presença de coágulos e a necessidade de cuidados médicos.

Fonte das informações: CUTNELL, J.; JOHNSON, K. *Physics*, vol 2, 10th edition, p. 545. New York: John Wiley & Sons Inc – Tradução livre.

## Exercícios Nível 1

**1.** (OBF) Foram feitas algumas medidas experimentais no laboratório de Física, observando como a corrente elétrica e a diferença de potencial se comportavam nos terminais de um resistor fabricado com um fio de níquel cromo. A tabela mostra o registro destas medidas.

E.R.

| $I$ (A) | $V_{ab}$ (V) |
|---|---|
| 0,50 | 1,94 |
| 1,00 | 3,88 |
| 2,00 | 7,76 |
| 4 00 | 15,52 |

De acordo com os resultados experimentais, qual a resistência elétrica do resistor, em ohms?

a) 9,78 Ω
b) 7,75 Ω
c) 6,48 Ω
d) 4,85 Ω
e) 3,88 Ω

**Resolução:**

Da 1ª Lei de ohm, temos:

$$U = Ri$$

$$R = \frac{U}{i} = \frac{1,94}{0,50} = \frac{3,88}{1,00} = \frac{7,76}{2,00} = \frac{15,52}{4,00}$$

$$\boxed{R = 3,88\ \Omega}$$

A razão $\frac{U}{i}$ apresenta valor constante para todos os pontos da tabela.

Trata-se de um resistor ôhmico para a faixa de valores apresentados.

Resposta: alternativa **e**.

**2.** (Unifei-MG) Aplica-se uma diferença de potencial aos terminais de um resistor que obedece à Lei de Ohm (resistor ôhmico). Sendo $U$ a diferença de potencial, $R$ a resistência do resistor e $I$ a corrente elétrica, qual dos gráficos a seguir **não** representa o comportamento desse resistor?

a)
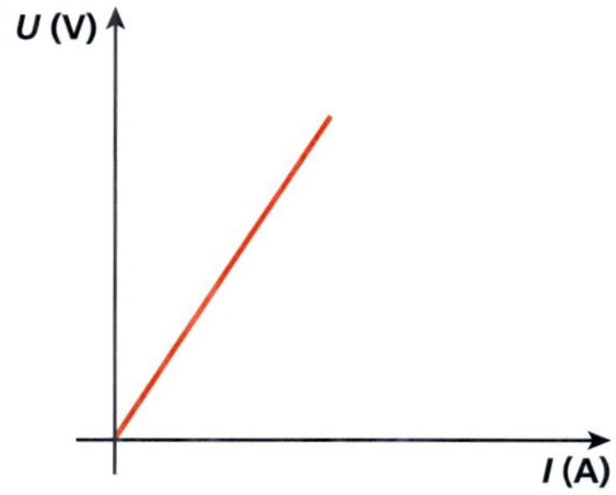




b)
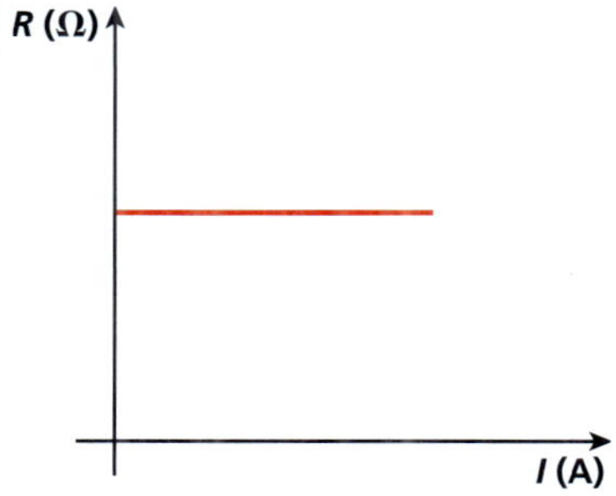


c)
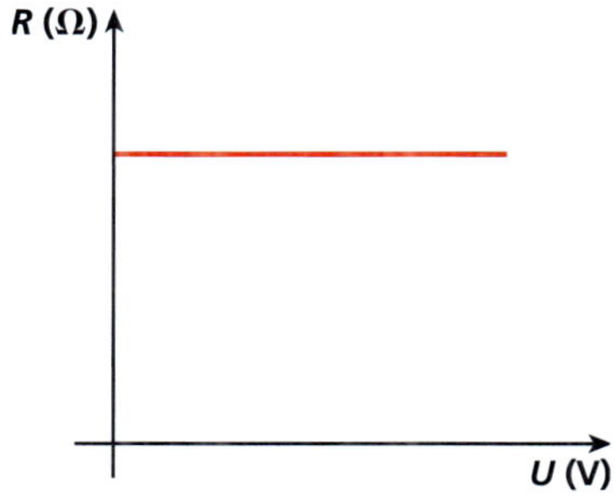


d)
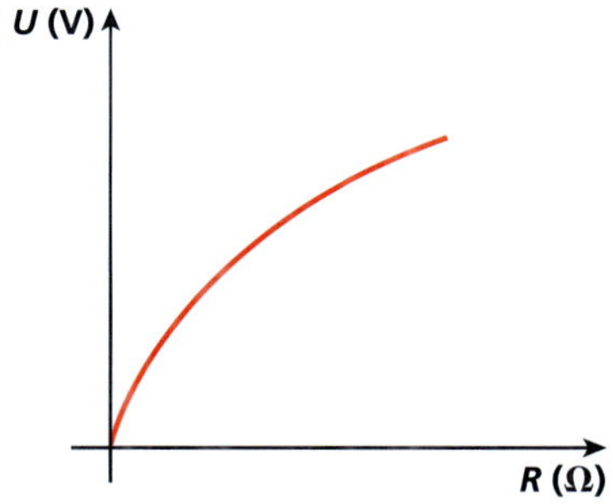


**3.** (Enem-libras) O manual de utilização de um computador portátil informa que a fonte de alimentação utilizada para carregar a bateria do aparelho apresenta as características:

**Fonte de alimentação**
**Entrada: 100-240 V ∿ 1,5 A 50-60 Hz**
**Saída: 19 V ⎓ 3,16 A**



Qual é a quantidade de energia fornecida por unidade de carga, em J/C, disponibilizada à bateria?

a) 6
b) 19
c) 60
d) 100
e) 240

**4.** (Unesp-SP) O poraquê é um peixe elétrico que vive nas águas amazônicas. Ele é capaz de produzir descargas elétricas elevadas pela ação de células musculares chamadas eletrócitos. Cada eletrócito pode gerar uma diferença de potencial de cerca de 0,14 V. Um poraquê adulto possui milhares dessas células dispostas em série que podem, por exemplo, ativar-se quando o peixe se encontra em perigo ou deseja atacar uma presa.

E.R.

Reprodução/Unesp, 2015.

(www.aquariodesaopaulo.com.br. Adaptado.)

A corrente elétrica que atravessa o corpo de um ser humano pode causar diferentes danos biológicos, dependendo de sua intensidade e da região que ela atinge. A tabela indica alguns desses danos em função da intensidade da corrente elétrica.

| Intensidade de corrente elétrica | Dano biológico |
|---|---|
| Até 10 mA | apenas formigamento |
| De 10 mA até 20 mA | contrações musculares |
| De 20 mA até 100 mA | convulsões e parada respiratória |
| De 100 mA até 3 A | fibrilação ventricular |
| Acima de 3 A | parada cardíaca e queimaduras graves |

(José Enrique R. Duran. *Biofísica: fundamentos e aplicações*, 2003. Adaptado.)

Considere um poraquê que, com cerca de 8 000 eletrócitos, produza uma descarga elétrica sobre o corpo de uma pessoa. Sabendo que a resistência elétrica da região atingida pela descarga é de 6 000 Ω, de acordo com a tabela, após o choque essa pessoa sofreria

a) parada respiratória.
b) apenas formigamento.
c) contrações musculares.
d) fibrilação ventricular.
e) parada cardíaca.

**Resolução:**

Com 8 mil eletrócitos, a tensão elétrica atingida será dada por:

$$U_{total} = 8000 \cdot 0{,}14 \therefore U_{total} = 1120 \text{ V}$$

Como a região atingida pela descarga tem 6 000 Ω de resistência elétrica, a intensidade de corrente elétrica pode ser determinada pela 1ª Lei de Ohm, assim:

$$U_{total} = R\,i \Rightarrow 1120 = 6000 \cdot i$$

$$i \cong 0{,}187 \text{ A} \Rightarrow \boxed{i \cong 187 \text{ mA}}$$

De acordo com a tabela fornecida, após o choque, a pessoa sofreria fibrilação ventricular.

Resposta: alternativa **d**.

**5.** De acordo com a Lei de Ohm para condutores elétricos, existe uma relação entre o tipo de material, o comprimento do condutor e a área de sua secção transversal. Para um mesmo material, de resistividade conhecida, ao dobrarmos a espessura do condutor cilíndrico, desejando manter a resistência elétrica, devemos:

a) reduzir seu comprimento à metade.
b) reduzir seu comprimento à quarta parte.
c) dobrar seu comprimento.
d) quadruplicar seu comprimento.
e) manter seu comprimento.

**6.** (UEG-GO) O poraquê (*Electrophorus electricus*) é um peixe da espécie actinopterígio, gimnotiforme, que pode chegar a três metros de comprimento, e atinge cerca de trinta quilogramas. É uma das conhecidas espécies de peixe-elétrico, com capacidade de geração elétrica que varia de 300 até 1 500 volts, aproximadamente. Sobre as interações elétricas no poraquê, é correto afirmar:

a) uma pessoa com uma resistência de 100 000 Ω poderá segurar, com as duas mãos, tranquilamente, um poraquê de 300 volts, já que através dela passará uma corrente menor que 0,070 amperes, valor que poderia causar distúrbios sérios e provavelmente fatais.
b) uma corrente de 0,1 amperes passará pelo corpo de uma pessoa com a pele totalmente molhada, com resistência de apenas 1 000 Ω, quanto ela tocar, com as duas mãos, um poraquê de 1 000 volts.
c) uma pessoa, com uma resistência elétrica de 100 000 Ω, ao tocar, com as duas mãos no poraquê, cuja voltagem é de 300 volts, terá produzida em seu corpo uma corrente de 30 mA.

d) qualquer pessoa pode tocar livremente o poraquê, pois choques elétricos não superaquecem tecidos nem lesam quaisquer funções normais do corpo humano

**7.** (Fatec-SP) Componente de um circuito elétri-
E.R. co, os resistores têm a função de dissipar energia, controlar a intensidade da corrente elétrica que atravessa um condutor e modificar a impedância de um circuito. Em um resistor ôhmico, mantido a uma temperatura constante, a diferença de potencial *V* aplicada é diretamente proporcional à intensidade de corrente *i* que o atravessa.

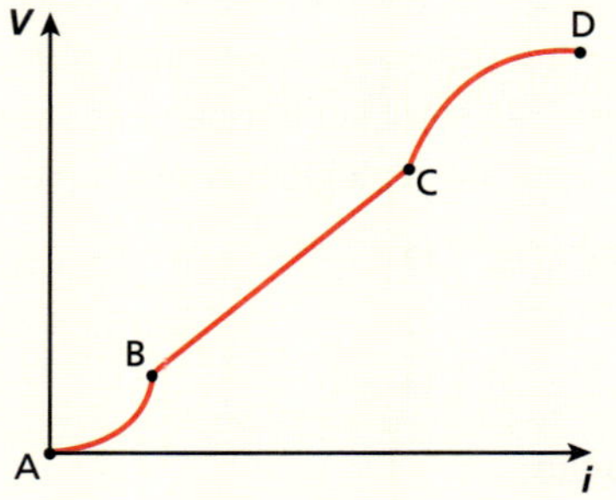




Analisando no gráfico os intervalos compreendidos entre os pontos **A**, **B**, **C** e **D**, aquele que garante que o resistor obedece às Leis de Ohm é

a) **AB**.
b) **BC**.
c) **CD**.
d) **BD**.
e) **AD**.

**Resolução:**

Resistor ôhmico é aquele que obedece à Leis de Ohm, ou seja: a resistência elétrica permanece constante e a tensão elétrica *V* é proporcional à intensidade da corrente elétrica que o atravessa:

$$V = Ri$$

Graficamente se tem:

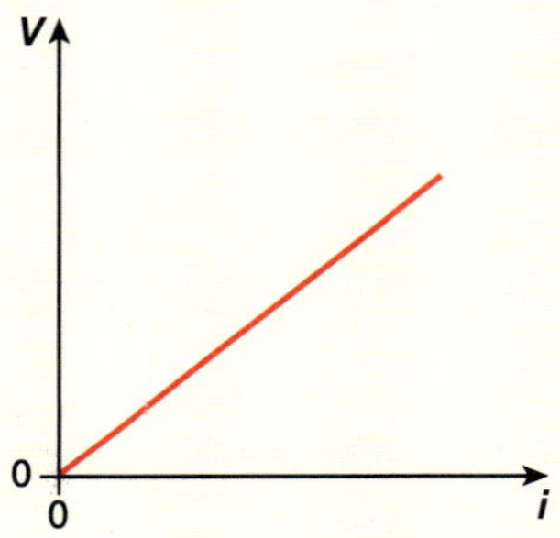




No caso, apenas no trecho **BC** o comportamento foi linear.

Resposta: alternativa **b**.

**8.** (PUC-MG) O gráfico representa a relação entre a corrente elétrica em um fio e a diferença de potencial a ele aplicada, com a temperatura constante.

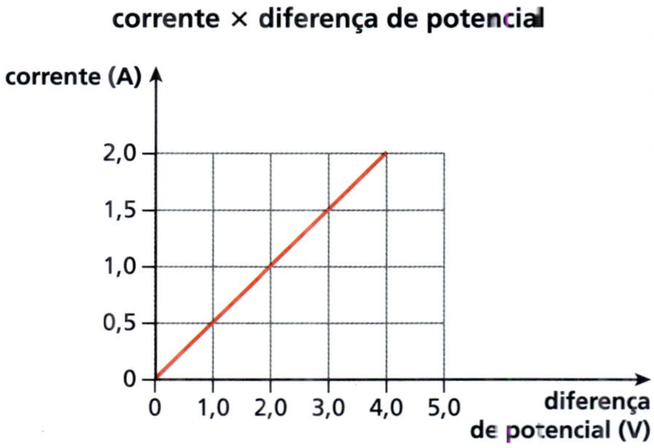




A resistência elétrica do fio, em ohm é igual a

a) 2,0
b) 1,0
c) 4,0
d) 0,50

**9.** (Ufal) O peixe elétrico possui células denominadas eletroplacas capazes de produzir uma diferença de potencial (ddp) elétrico. Tipicamente, o conjunto dessas células gera uma ddp de 600 V entre as extremidades do peixe. Uma pessoa com mãos molhadas resolve segurar com cada mão uma extremidade de um peixe elétrico retirado de um aquário. Considere que as resistências equivalentes do peixe e do corpo humano nessas condições sejam, respectivamente, 2 kΩ e 16 kΩ. As alternativas a seguir descrevem aproximadamente as consequências de um choque recebido por uma pessoa em cada intervalo de corrente *i*, onde $1\ mA = 10^{-3}\ A$.

Qual das alternativas corresponde à situação experimentada pela pessoa ao segurar o peixe elétrico?

a) $i < 1\ mA$: choque praticamente imperceptível.
b) $1\ mA < i < 10\ mA$: sensação desagradável, contrações musculares.
c) $10\ mA < i < 19\ mA$: sensação dolorosa, contrações violentas, risco de morte.
d) $19\ mA < i < 100\ mA$: contrações violentas, asfixia, morte aparente, com possibilidade de reanimação.
e) $i > 100\ mA$: asfixia imediata, fibrilação ventricular, morte.

**10.** (EEAR-SP) Em um determinado resistor ao se aplicar a diferença de potencial de 2,0 volts observa-se uma intensidade de corrente elétrica de 50 miliamperes.

Sabendo-se que este resistor obedece às leis de Ohm, qual deve ser a intensidade de corrente elétrica medida, se no mesmo resistor for aplicada a diferença de potencial de 10 volts?

Obs.: 1 mA = $10^{-3}$ A

a) 1,0 A b) 0,25 A c) 150 mA d) 500 mA

**11.** (Enem) Dispositivos eletrônicos que utilizam materiais de baixo custo, como polímeros semicondutores, têm sido desenvolvidos para monitorar a concentração de amônia (gás tóxico e incolor) em granjas avícolas. A polianilina é um polímero semicondutor que tem o valor de sua resistência elétrica nominal quadruplicado quando exposta a altas concentrações de amônia. Na ausência de amônia, a polianilina se comporta como um resistor ôhmico e sua resposta elétrica é mostrada no gráfico.

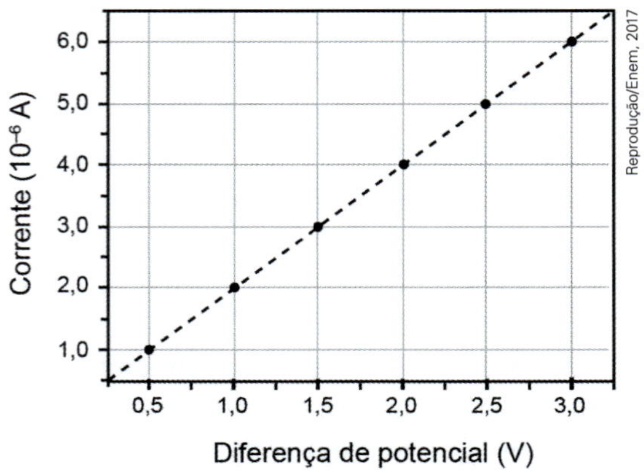

Reprodução/Enem, 2017

O valor da resistência elétrica da polianilina na presença de altas concentrações de amônia, em ohm, é igual a

a) $0,5 \cdot 10^0$. c) $2,5 \cdot 10^5$. e) $2,0 \cdot 10^6$.

b) $2,0 \cdot 10^0$. d) $5,0 \cdot 10^5$.

**12.** (Unesp-SP) A arraia elétrica (gênero Torpedo) possui células que acumulam energia elétrica como pilhas. Cada eletrócito pode gerar uma ddp de $10^{-4}$ V, e eles ficam arrumados em camadas, como aparece na figura.

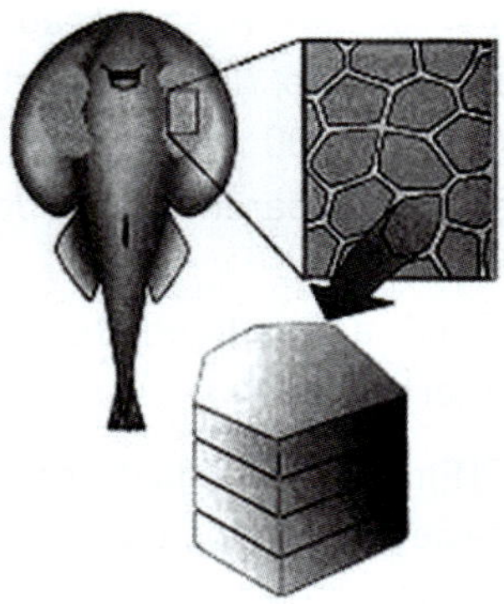
Reprodução/Unesp, 2008

Considere que um mergulhador tem uma resistência elétrica corporal baixa, de 2000 Ω, e que uma corrente elétrica fatal, nessas condições, seja da ordem de 20 mA. Nesse caso, o número de camadas de eletrócitos, associados em série, capaz de produzir essa corrente fatal será igual a:

a) 400 000 d) 800 000

b) 480 000 e) 1 000 000

c) 560 000

**13.** (OPF) Considere um paralelepípedo de platina **E.R.** de resistividade $10,6 \cdot 10^{-8}\ \Omega \cdot m$. Suas dimensões são 2,0 cm, 3,0 cm e 12 cm. Aplicaremos uma diferença de potencial entre duas faces paralelas, de tal maneira que cada face ligada à bateria é uma superfície equipotencial. Qual a menor resistência elétrica possível de se obter com esse paralelepípedo, aproximadamente?

a) $2,2 \cdot 10^{-5}\ \Omega$ d) $2,6 \cdot 10^{-8}\ \Omega$

b) $1,1 \cdot 10^{-7}\ \Omega$ e) $6,0 \cdot 10^{-7}\ \Omega$

c) $1,3 \cdot 10^{-6}\ \Omega$

**Resolução:**

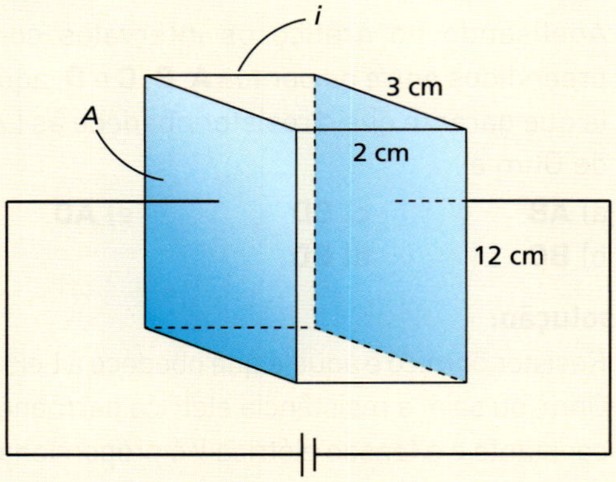

Reprodução/Arquivo da editora

A menor resistência elétrica possível é obtida fazendo-se com que a corrente elétrica entre e saia do paralelepípedo de platina pela face de maior área e percorra o menor comprimento de material (aresta) possível, assim:

$$R = \rho \frac{\ell}{A} \Rightarrow R = \frac{10,6 \cdot 10^{-8} \cdot 2,0 \cdot 10^{-2}}{(12 \cdot 10^{-2} \cdot 3,0 \cdot 10^{-2})}$$

$$R = \frac{21,2 \cdot 10^{-10}}{36 \cdot 10^{-4}}$$

$$\boxed{R \cong 6,0 \cdot 10^{-7}\ \Omega}$$

Resposta: alternativa **e**.

**14.** (Enem) Recentemente foram obtidos os fios de cobre mais finos possíveis, contendo apenas um átomo de espessura, que podem, futuramente, ser utilizados em microprocessadores. O chamado nanofio, representado na figura, pode ser aproximado por um pequeno cilindro de comprimento 0,5 nm (1 nm = $10^{-9}$ m). A seção reta de um átomo de cobre é de 0,05 $nm^2$ e a resistividade do cobre é 17 Ω nm. Um engenheiro precisa estimar se seria possível introduzir esses nanofios nos microprocessadores atuais.

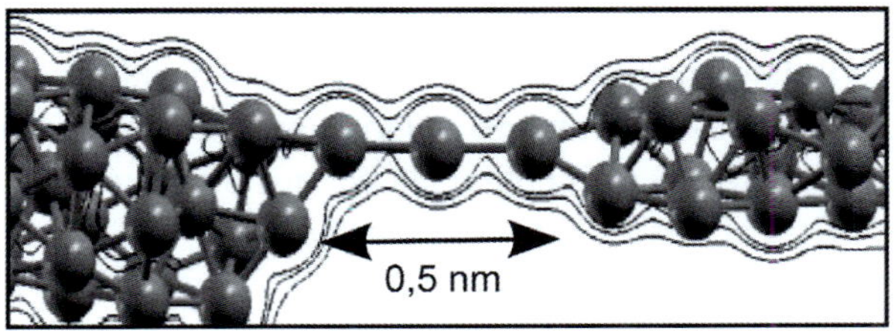




AMORIM, E. P. M.; SILVA, E. Z. Ab initio study of linear atomic chains in copper nanowires. **Physical Review B**, v. 81, 2010 (adaptado).

Um nanofio, utilizando as aproximações propostas, possui resistência elétrica de:

a) 170 nΩ
b) 0,17 Ω
c) 1,7 Ω
d) 17 Ω
e) 170 Ω

**15.** (Unitau-SP) O axônio (prolongamento de uma célula nervosa) tem a forma aproximada de um cilindro.

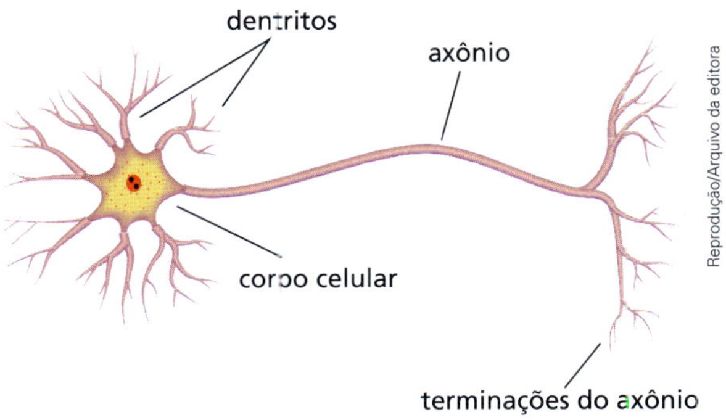




Sendo sua resistividade igual a 2,0 Ω m, determine:

a) a área média de sua seção transversal conhecendo seu diâmetro médio de 4,0 μm;
b) a resistência elétrica apresentada por 1,0 cm de comprimento de um axônio.

Adote π = 3.

**16.** (CPAEN-RJ) Analise a figura abaixo.

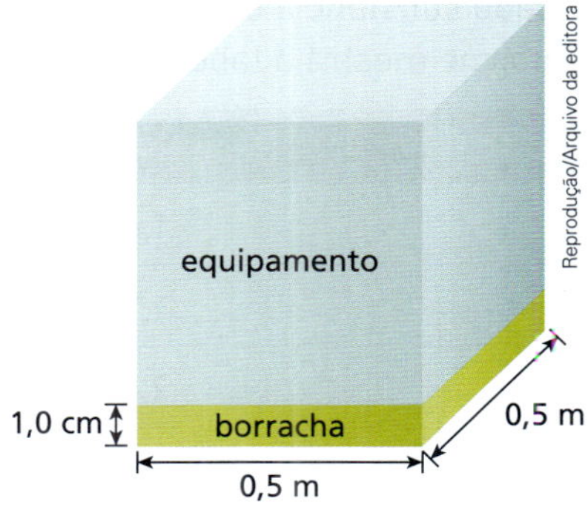




A figura acima mostra um equipamento metálico que está eletricamente isolado do solo por meio de uma base quadrada de borracha com 0,5 m de lado, 1,0 cm de espessura e resistividade $10^{-3}$ Ω · m. A máxima ddp entre o equipamento e o solo é obtida para uma corrente máxima de 0,5 μA, fluindo uniformemente através da área da base. O valor da ddp máxima, em quilovolts, é

a) 200
b) 150
c) 100
d) 50
e) 25

**17.** (UPM-SP) Para a transmissão de energia elétrica, constrói-se um cabo composto por 7 fios de uma liga de cobre de área de secção transversal 10 $mm^2$ cada um, como mostra a figura.

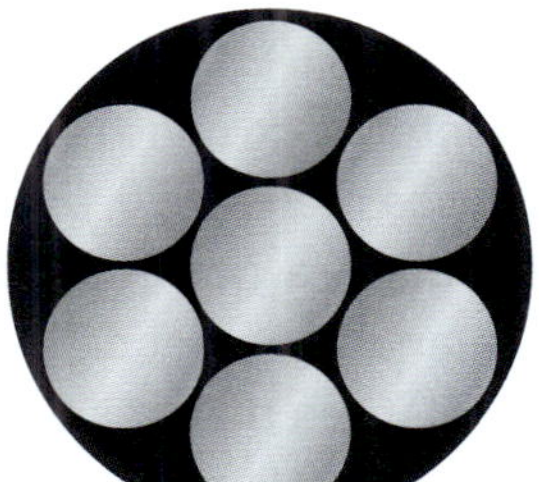



**Dado:**
resistividade da liga de cobre = $2,1 \cdot 10^{-2}\ \Omega \frac{mm^2}{m}$

A resistência elétrica desse cabo, a cada quilômetro, é:

a) 2,1 Ω
b) 1,8 Ω
c) 1,2 Ω
d) 0,6 Ω
e) 0,3 Ω

**18.** (OPF) Um pássaro pousa em um dos fios de uma linha de transmissão de energia elétrica. O fio conduz uma corrente elétrica i = 1000 A e sua resistência, por unidade de comprimento, é de $5,0 \cdot 10^{-5}$ Ω/m. A distância que separa os pés do pássaro, ao longo do fio, é de 6,0 cm. A diferença de potencial, em milivolts (mV), entre os seus pés, é:

a) 1,0
b) 2,0
c) 3,0
d) 4,0
e) 5,0

**19.** (Vunesp) A resistividade é uma característica própria de cada substância e assume valores variados, conforme mostra a tabela.

| Material | Resistividade ($\Omega \cdot m$) |
|---|---|
| Prata | $1,6 \cdot 10^{-8}$ |
| Cobre | $1,7 \cdot 10^{-8}$ |
| Ouro | $2,4 \cdot 10^{-8}$ |
| Alumínio | $2,8 \cdot 10^{-8}$ |
| Tungstênio | $5,6 \cdot 10^{-8}$ |
| Ferro | $1,0 \cdot 10^{-7}$ |
| Platina | $1,1 \cdot 10^{-7}$ |
| Chumbo | $2,2 \cdot 10^{-7}$ |
| Níquel-cromo | $1,5 \cdot 10^{-6}$ |
| Carbono | $3,5 \cdot 10^{-5}$ |
| Germânio | $4,6 \cdot 10^{-1}$ |
| Silício | $2,5 \cdot 10^{2}$ |
| Enxofre | $1,0 \cdot 10^{15}$ |
| Quartzo fundido | $7,5 \cdot 10^{17}$ |

Com base nos valores apresentados, analise:

I. É uma característica das substâncias chamadas más condutoras o fato de sua resistividade ser muito alta.

II. A resistência de um fio feito de prata é menor que a resistência de um fio feito de platina, independentemente de seu comprimento.

III. Mesmo possuindo uma resistividade altíssima, o quartzo fundido, quando submetido a uma diferença de potencial, conduz eletricidade.

Está correto o expresso em

a) I, apenas.
b) II, apenas.
c) I e III, apenas.
d) II e III, apenas.
e) I, II e III.

## Exercícios Nível 2

**20.** E.R. A estrutura interna do dedo médio tem resistividade elétrica média de 0,15 $\Omega$ m. Sabe-se que a musculatura na região dos dedos é contraída quando submetida a intensidades de corrente elétrica maiores que 15 mA.

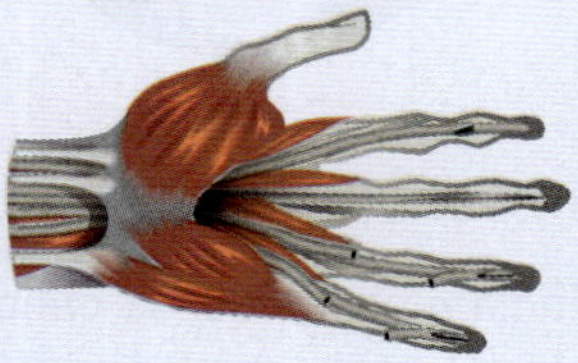

Banco de imagens/Arquivo da editora

a) Estime a resistência elétrica de seu dedo médio.

b) Qual a tensão elétrica mínima que pode produzir a contração do dedo médio?

Adote $\pi = 3$.

**Resolução:**

a) Estimativas:

- Comprimento aproximado do dedo médio: $\ell = 10$ cm $= 0,1$ m
- Diâmetro médio: d = 1,0 cm.
- Raio médio: r = 0,5 cm = $0,5 \cdot 10^{-2}$ m

Assim:

$$R = \frac{\rho \ell}{A} = \frac{\rho \ell}{\pi r^2} \Rightarrow R = \frac{0,15 \cdot 0,1}{3 \cdot (0,5 \cdot 10^{-2})^2}$$

$$R = \frac{0,015}{0,75 \cdot 10^{-4}} \therefore \boxed{R = 2,0 \cdot 10^2\ \Omega}$$

b) Da 1ª Lei de Ohm, temos:

$$U = Ri \Rightarrow U = 2,0 \cdot 10^2 \cdot 15 \cdot 10^{-3}$$

$$\boxed{U = 3,0\ V}$$

**21.** (Unicid-SP) Um condutor elétrico é formado por um túbulo em forma de paralelepípedo maciço, feito com material homogêneo de comprimento *L* e área de seção transversal *S*.

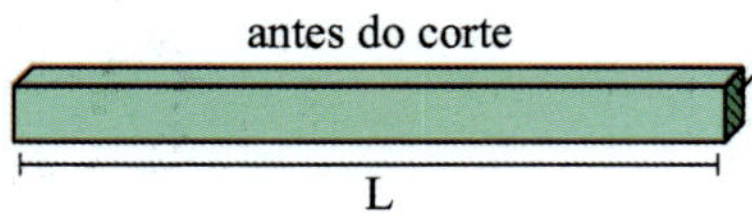


Reprodução/Unicid, 2014

Esse condutor é seccionado em quatro partes iguais, sendo todas unidas, uma à outra, pelas faces laterais, formando um único condutor, como representado na figura:

depois do corte

Reprodução/ Unicid, 2014

A resistência elétrica de cada condutor obedece à Primeira Lei de Ohm: $U = Ri$, em que *U* é a tensão elétrica estabelecida entre seus extremos e *i* é a corrente elétrica que o atravessa; e à Segunda Lei de Ohm: $R = \rho\frac{L}{S}$, em que ρ é a resistividade elétrica do condutor, relacionada apenas com o material que o constitui. Para uma mesma tensão elétrica aplicada aos dois condutores, qual relação entre a corrente *i* do condutor antes do corte e a corrente *i'* do condutor após o corte é:

a) $i' = 8i$
b) $i' = 16i$
c) $i' = 2i$
d) $i' = 4i$
e) $i' = i$

**22.** (OBF) Na esgrima, são utilizados floretes (espadas) de material metálico. Como as lutas podem ser muito rápidas, utiliza-se um equipamento elétrico para indicar que um atleta conseguiu atingir o outro com um toque.

**E.R.**

Suponha que a lâmina do florete tenha cerca de 90 cm e que o material tenha condutividade elétrica $\sigma = 1{,}0 \cdot 10^7$ S/m e área de seção transversal 3,0 mm². Sabendo que durante um toque de 10 ms, haja uma descarga de 15 mC, qual a ddp entre as extremidades da lâmina do florete?

a) 12 mV
b) 13,5 mV
c) 15 mV
d) 16,5 mV
e) 45 mV

**Notas:** $\sigma = \frac{1}{\rho}$

ρ = resistividade elétrica

σ = condutividade elétrica

**Resolução:**

Da 2ª Lei de Ohm:

$$R = \rho\frac{\ell}{A} \Rightarrow R = \frac{1}{\sigma} \cdot \frac{\ell}{A}$$

$$R = \frac{1}{1{,}0 \cdot 10^7} \cdot \frac{0{,}90}{3{,}0 \cdot 10^{-6}}$$

$$\boxed{R = 3{,}0 \cdot 10^{-2}\ \Omega}$$

A intensidade média de corrente elétrica na descarga pode ser calculada por:

$$i = \frac{Q}{\Delta t} = \frac{15 \cdot 10^{-3}}{10 \cdot 10^{-3}}$$

$$\boxed{i = 1{,}5\ A}$$

Nesse pequeno intervalo de tempo:

$$U = Ri = 3{,}0 \cdot 10^{-2} \cdot 1{,}5$$

$$\boxed{U = 45\ mV}$$

Resposta: alternativa **e**.

**23.** No circuito representado na figura, **F** é um fusível (resistência elétrica desprezível) que suporta no máximo 5,0 A, **R** é um resistor de resistência igual a 10 Ω e **L** é um cilindro feito de um material cuja resistividade vale $5{,}0 \cdot 10^{-5}$ Ωm, com 2,0 mm² de área de seção transversal, que funciona com um reostato (resistor de resistência variável).

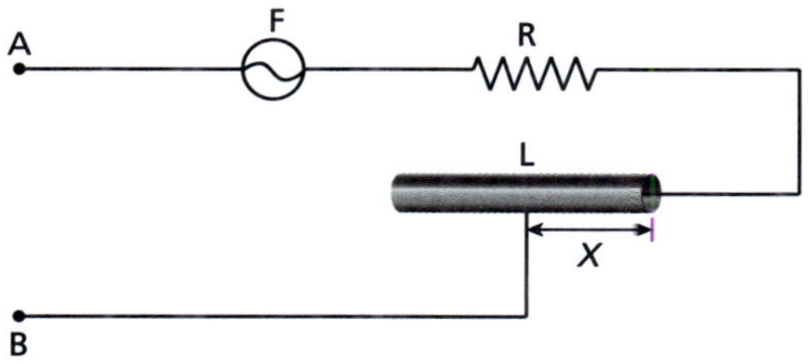


Banco de imagens/Arquivo da editora

O menor valor possível de *X*, para que o fusível não queime, quando se aplica aos terminais **A** e **B** uma tensão de 100 V, é de

a) 0,10 m
b) 0,20 m
c) 0,30 m
d) 0,40 m
e) 0,50 m

**24.** (Fuvest-SP) Dois fios metálicos, $\mathbf{F_1}$ e $\mathbf{F_2}$, cilíndricos, do mesmo material de resistividade ρ, de seções transversais de áreas, respectivamente, $A_1$ e $A_2 = 2A_1$, têm comprimento *L* e são emendados, como ilustra a figura abaixo. O sistema formado pelos fios é conectado a uma bateria de tensão *V*.

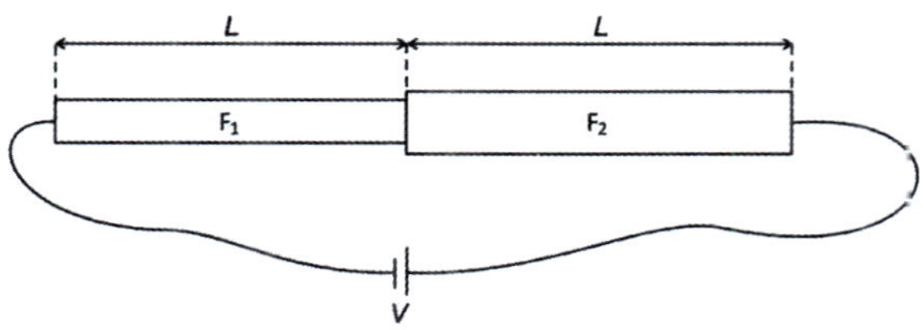


Reprodução/Fuvest, 2014

Nessas condições, a diferença de potencial $V_1$, entre as extremidades de $\mathbf{F_1}$, e $V_2$, entre as de $\mathbf{F_2}$ são tais que

a) $V_1 = \frac{V_2}{4}$
b) $V_1 = \frac{V_2}{2}$
c) $V_1 = V_2$
d) $V_1 = 2V_2$
e) $V_1 = 4V_2$

**25.** (OBF) A figura ilustra um circuito elétrico contendo uma bateria que fornece uma tensão $V$ para dois resistores $R_1$ e $R_2$, que suportam as tensões $V_1$ e $V_2$, respectivamente. Os resistores são formados por dois fios condutores de mesmo material e mesmo comprimento $L$ e o circuito tem uma chave **K**. O diâmetro do resistor $R_1$ é o dobro do diâmetro de $R_2$.

E.R.

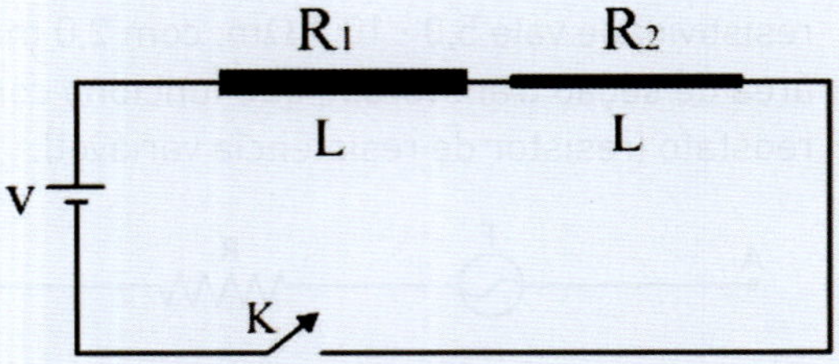

Reprodução/OBF, 2013

Com a chave fechada, podemos afirmar que:

a) $V_2 = 2V_1$
b) $R_1$ dissipa metade do calor que dissipa $R_2$.
c) A corrente que passa por $R_1$ é o dobro da que passa por $R_2$.
d) $V_2 = 4V_1$

**Resolução:**

Do enunciado, temos o fio 1 com o dobro do diâmetro do fio 2, assim:

$$r_1 = 2r$$
$$r_2 = r$$

Da 2ª Lei de Ohm, temos:

$$R_1 = \frac{\rho L}{\pi(2r)^2} = \frac{\rho L}{4\pi r^2}$$

$$R_2 = \frac{\rho L}{\pi r^2}$$

Assim,

$$\boxed{R_2 = 4R_1}$$

Os resistores $R_1$ e $R_2$ estão associados em série, assim $i_1 = i_2$

$$\left.\begin{matrix} V_1 = R_1 i_1 \\ V_2 = R_2 i_2 \end{matrix}\right\} \frac{V_1}{V_2} = \frac{R_1}{R_2} \Rightarrow \frac{V_1}{V_2} = \frac{R_1}{4R_1}$$

$$\boxed{V_2 = 4V_1}$$

Resposta: alternativa **d**.

**26.** (UFV-MG) O gráfico abaixo mostra a dependência da corrente elétrica $i$ com a voltagem $V_{AB}$ entre os terminais de um resistor que tem a forma de um cilindro maciço. A área de seção reta e o comprimento desse resistor são, respectivamente, $3{,}6 \times 10^{-6}\ m^2$ e 9,0 cm.

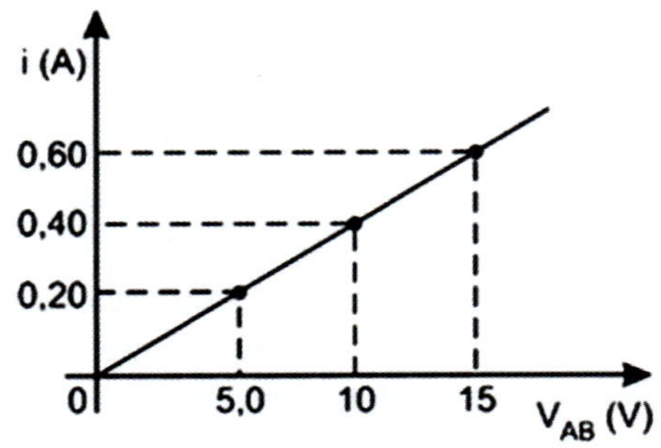

Reprodução/UFV, 2010

É correto afirmar que a resistividade do material que compõe esse resistor (em $\Omega \cdot m$) é:

a) $4{,}0 \times 10^{-5}$
b) $6{,}3 \times 10^{5}$
c) $2{,}5 \times 10^{1}$
d) $1{,}0 \times 10^{-3}$

**27.** Considere um resistor de resistência elétrica $R_0$ à temperatura $\theta_0$, sendo $R$ sua resistência à temperatura $\theta$. A variação da resistência elétrica do resistor com a temperatura deve-se à variação de sua resistividade, uma vez que a influência da dilatação térmica (variação do comprimento $\ell$ e da área da secção transversal $A$) é desprezível. Isso ocorre porque o coeficiente de dilatação térmica é bem menor que o coeficiente de temperatura.

De $\rho = \rho_0 [1 + \alpha(\theta - \theta_0)]$, multiplicando-se ambos os membros por $\frac{\ell}{A}$, vem:

$$\rho\frac{\ell}{A} = \rho_0\frac{\ell}{A}[1 + \alpha(\theta - \theta_0)]$$

Sendo, $R = \rho\frac{\ell}{A}$ e $R_0 = \rho_0\frac{\ell}{A}$, temos:

$$R = R_0 [1 + \alpha(\theta - \theta_0)]$$

a) Um fio de níquel-cromo tem 5,0 m de comprimento e $1{,}0 \cdot 10^{-6}\ m^2$ de seção transversal. Aplicando-se uma tensão elétrica de 22 V entre seus extremos, a corrente elétrica que o atravessa fica com a intensidade de 4,0 A. Determine a resistividade do níquel-cromo.

b) A resistividade do cobre a 20 °C é $1{,}7 \cdot 10^{-8}\ \Omega \cdot m$ e seu coeficiente de temperatura é $4{,}0 \cdot 10^{-3}\ °C^{-1}$. Qual é a resistividade do cobre a 70 °C?

**28.** (Unicamp-SP) O gráfico abaixo mostra a resistividade elétrica de um fio de nióbio (Nb) em função da temperatura. No gráfico, pode-se observar que a resistividade apresenta uma queda abrupta em T = 9,0 K, tornando-se nula abaixo dessa temperatura. Esse comportamento é característico de um material supercondutor.

Um fio de Nb de comprimento total L = 1,5 m e seção transversal de área A = 0,050 $mm^2$ é esticado verticalmente do topo até o fundo de um tanque de hélio líquido, a fim de ser usado como medidor de nível, conforme ilustrado na figura abaixo. Sabendo-se que o hélio líquido se encontra a 4,2 K e que a temperatura da parte não imersa do fio fica em torno de 10 K, pode-se determinar a altura *h* do nível de hélio líquido ao fazer-se a medida da resistência do fio.

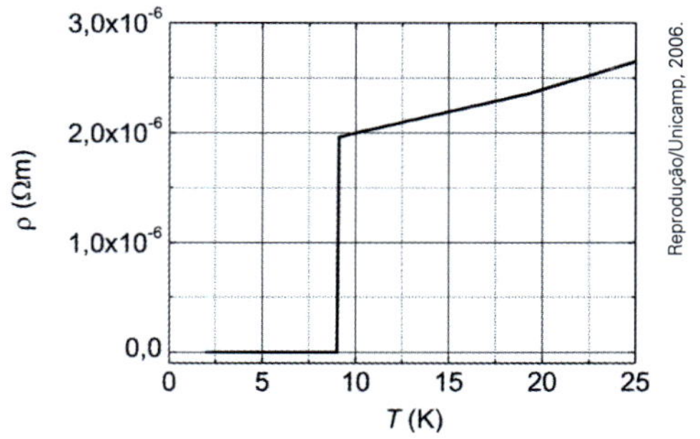


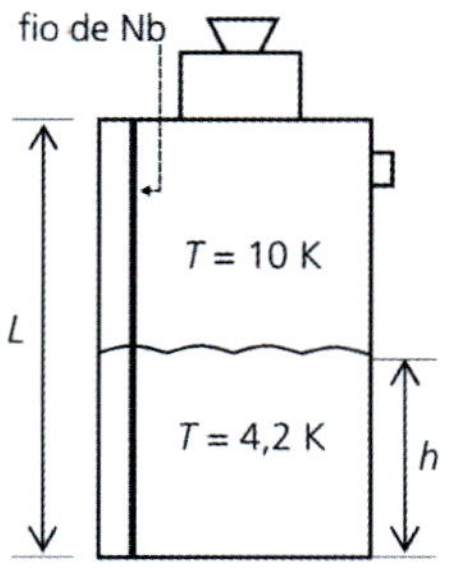


a) Calcule a resistência do fio quando toda a sua extensão está a 10 K, isto é, quando o tanque está vazio.

b) Qual é a altura *h* do nível de hélio líquido no interior do tanque em uma situação em que a resistência do fio de Nb vale 36 Ω?

**29.** (Ufscar-SP) As lâmpadas incandescentes foram inventadas há cerca de 140 anos, apresentando hoje em dia praticamente as mesmas características físicas dos protótipos iniciais. Esses importantes dispositivos elétricos da vida moderna constituem-se de um filamento metálico envolto por uma cápsula de vidro. Quando o filamento é atravessado por uma corrente elétrica, se aquece e passa a brilhar. Para evitar o desgaste do filamento condutor, o interior da cápsula de vidro é preenchido com um gás inerte, como argônio ou criptônio.

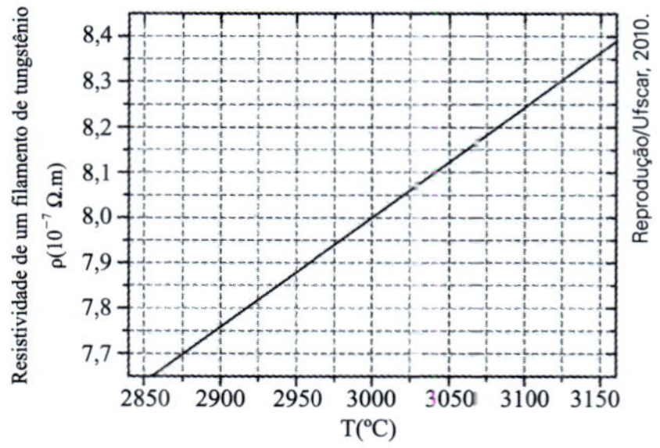


a) O gráfico apresenta o comportamento da resistividade do tungstênio em função da temperatura. Considere uma lâmpada incandescente cujo filamento de tungstênio, em funcionamento, possui uma seção transversal de $1,6 \times 10^{-2}$ $mm^2$ e comprimento de 2 m. Calcule qual a resistência elétrica *R* do filamento de tungstênio quando a lâmpada está operando a uma temperatura de 3 000 °C.

b) Faça uma estimativa da variação volumétrica do filamento de tungstênio quando a lâmpada é desligada e o filamento atinge a temperatura ambiente de 20 °C. Explicite se o material sofreu contração ou dilatação.

**Dado:** O coeficiente de dilatação volumétrica do tungstênio é $12 \cdot 10^{-6}$ $°C^{-1}$.

**30.** Para determinar a temperatura no interior de uma autoclave (equipamento empregado, por exemplo, na esterilização de instrumental odontológico), utiliza-se o sistema esquematizado a seguir. Nele, a temperatura da autoclave é obtida, indiretamente, da intensidade da corrente elétrica registrada no amperímetro. O resistor *R* é feito de cobre, cuja resistividade tem coeficiente de temperatura igual a $4,0 \cdot 10^{-3}$ $°C^{-1}$. Quando a autoclave está a 20 °C, o amperímetro registra 2,8 A.

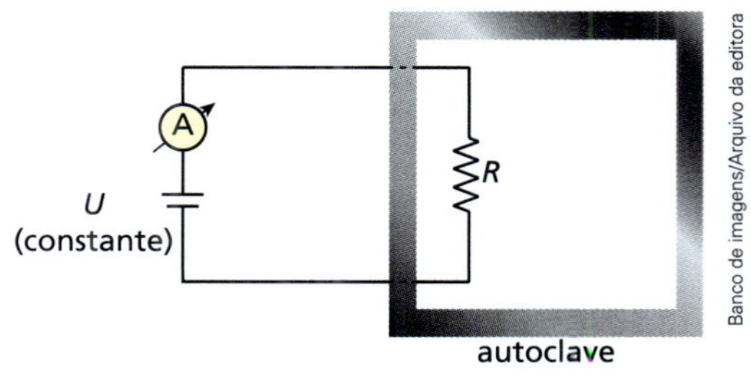


Quando o amperímetro registra 2,0 A, pode-se concluir que a temperatura na autoclave é de:

a) 68 °C
b) 120 °C
c) 145 °C
d) 180 °C

Bloco 2

# 9. Associação de resistores

NaMaKuKi/Shutterstock

Resistores associados em uma placa de circuito.

Dado um conjunto de resistores, com eles poderemos formar uma quantidade muito grande de associações diferentes; e essa quantidade será tanto maior quanto maior for o número $n$ de resistores disponíveis. Entre os inúmeros modos de associar esses elementos, há, contudo, dois tipos básicos que deverão ser aqui enfatizados. São eles as associações **em série** e **em paralelo**. Muitas vezes, esses dois tipos de associação comparecem simultaneamente em um circuito, constituindo uma associação **mista**.

Algumas das associações mais complexas podem ser progressivamente simplificadas, podendo, em certos casos, ser reduzidas até um desses tipos básicos.

Na associação de resistores, é de grande interesse determinar a chamada resistência equivalente da associação.

> A **resistência equivalente** é a resistência que um único resistor deveria ter, para que, suportando a mesma tensão (da associação), seja percorrido pela mesma intensidade de corrente elétrica.
> Em termos de consumo de energia, o circuito original e o equivalente são idênticos.

## Associação em série

Apresentamos uma sequência mostrando três lâmpadas incandescentes (que podem ser consideradas resistores) associadas em série, a representação esquemática do circuito e o circuito final equivalente.

Banco de imagens/Arquivo da editora

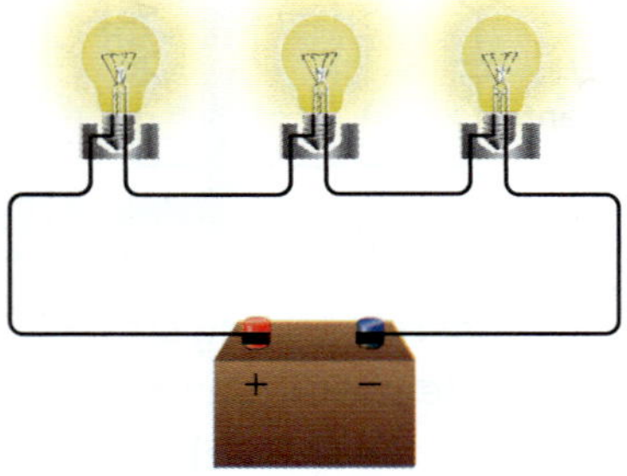


**lâmpadas associadas em série**

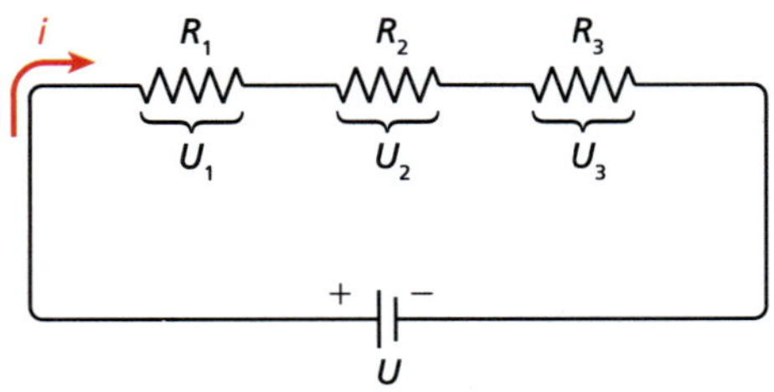


**representação esquemática do circuito**

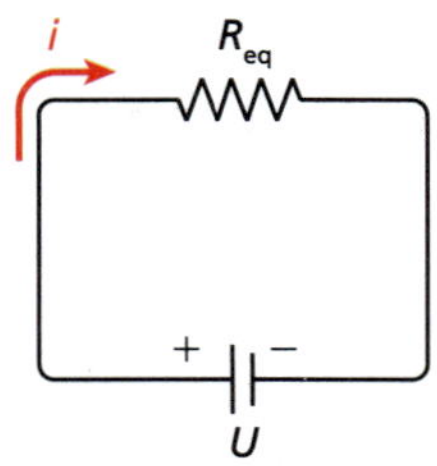


**circuito equivalente**

Nesse tipo de associação, devemos observar algumas características importantes:

- Todos os elementos do circuito são percorridos pela mesma corrente elétrica. Na associação em série, estabelece-se um único caminho para a corrente elétrica, ou seja, não existem ramificações.
- A tensão elétrica total fornecida pela bateria subdivide-se em tensões elétricas parciais de tal modo que:

$$U = U_1 + U_2 + U_3$$

Vamos, agora, demonstrar como calcular a resistência elétrica equivalente desse tipo de associação.

Dizemos que *n* resistores estão **associados em série** quando são ligados de modo que o fim de cada um coincida com o início do seguinte e são percorridos por uma corrente elétrica de mesma intensidade.

A resistência elétrica equivalente, $R_{eq}$, como sabemos, é a de um resistor único que, sob a mesma tensão elétrica, seria percorrido por uma corrente de mesma intensidade.

Consideremos a associação de resistores ao lado.

Façamos $R_{eq}$ em função das resistências componentes $R_1$, $R_2$,..., $R_n$.

Aplicando a 1ª Lei de Ohm para cada elemento da associação, vem:

$$U_1 = R_1 i$$
$$U_2 = R_2 i$$
$$\vdots$$
$$U_n = R_n i$$

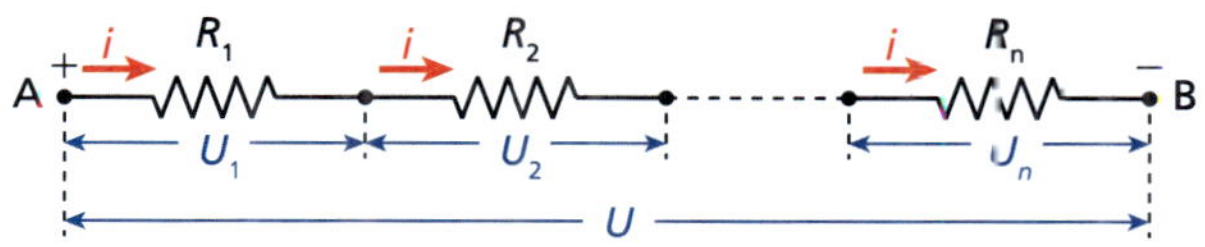

resistores associados em série

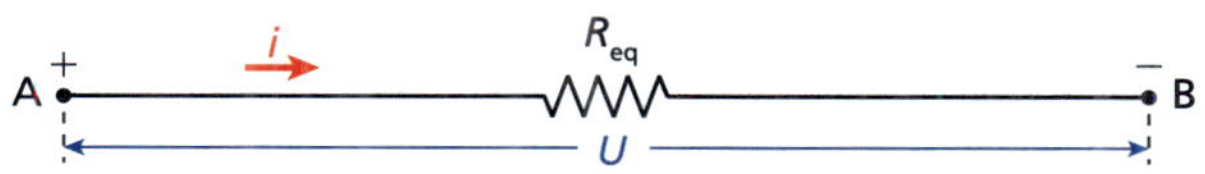

resistor equivalente

Banco de imagens/Arquivo da editora

Somando as equações acima, temos:

$$U_1 + U_2 + ... + U_n = (R_1 + R_2 + ... + R_n)\, i$$

Mas vimos que a tensão elétrica aplicada entre os extremos da associação é a soma da tensão elétrica aplicada em cada resistor:

$$U = U_1 + U_2 + ... + U_n$$

Logo:

$$U = (R_1 + R_2 + ... + R_n) \qquad \text{(I)}$$

Aplicando a 1ª Lei de Ohm ao resistor equivalente:

$$U = R_{eq}\, i \qquad \text{(II)}$$

De (I) e (II), resulta:

$$(R_1 + R_2 + ... + R_n)\, i = R_{eq}\, i$$

Assim:

$$R_{eq} = R_1 + R_2 + ... + R_n \quad \text{ou} \quad R_{eq} = \sum_{i=1}^{n} R_i$$

Portanto:

O **resistor equivalente** aos resistores **associados em série** possui resistência igual à soma das resistências elétricas desses resistores.

## Associação em paralelo

Na sequência, apresentamos três lâmpadas incandescentes associadas em paralelo, a representação esquemática e o circuito final equivalente.

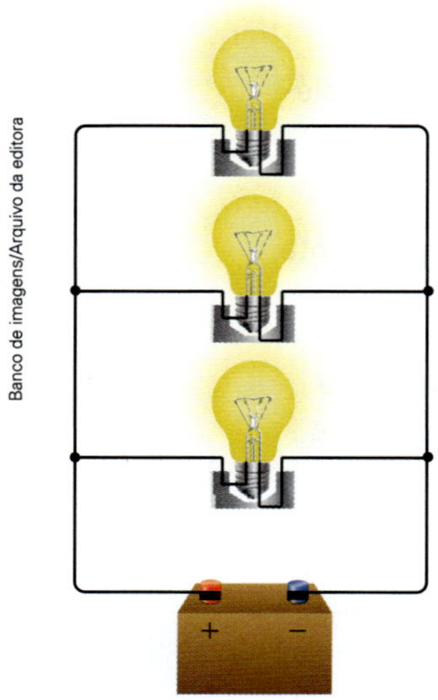


**lâmpadas associadas em paralelo**

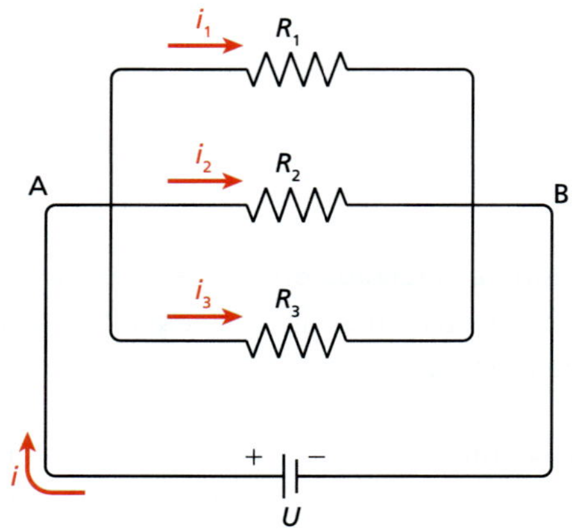


**representação esquemática do circuito**

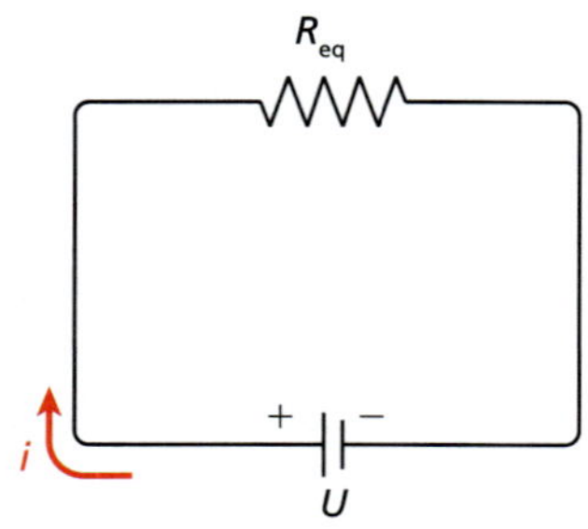


**circuito equivalente**

As características importantes desse tipo de associação são:

- Todos os elementos do circuito estão submetidos a uma mesma diferença de potencial elétrico.
- A intensidade total da corrente elétrica fornecida pela bateria subdivide-se em intensidades de corrente elétrica parciais de tal modo que:

$$i = i_1 + i_2 + i_3$$

Demonstraremos, agora, o cálculo da resistência elétrica equivalente para esse tipo de associação.

Dizemos que *n* resistores estão **associados em paralelo** quando são ligados entre dois pontos, de modo a suportarem a mesma tensão elétrica.

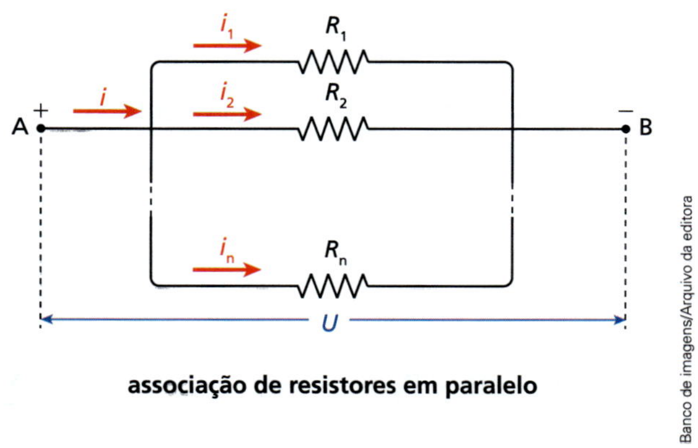


**associação de resistores em paralelo**

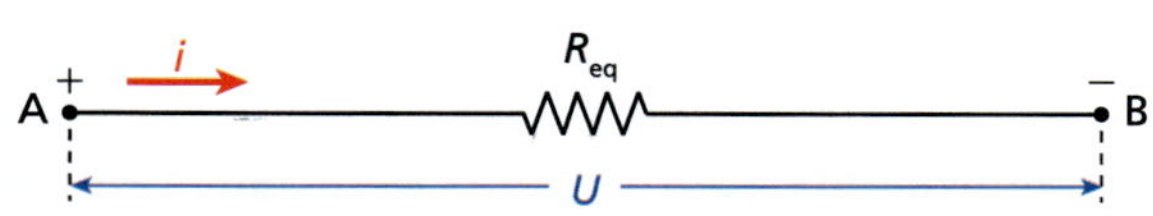


**resistor equivalente**

Aplicando a 1ª Lei de Ohm, para cada elemento da associação, vem:

$$U = R_1 i_1 \Rightarrow i_1 = \frac{U}{R_1}$$

$$U = R_2 i_2 \Rightarrow i_2 = \frac{U}{R_2}$$

$$\vdots$$

$$U = R_n i_n \Rightarrow i_n = \frac{U}{R_n}$$

Somando as equações, temos:

$$i_1 + i_2 + \ldots i_n = U\left(\frac{1}{R_1} + \frac{1}{R_2} + \ldots + \frac{1}{R_n}\right)$$

Mas:

$$i_1 + i_2 + \ldots + i_n = i$$

Então:

$$i = U\left(\frac{1}{R_1} + \frac{1}{R_2} + \ldots + \frac{1}{R_n}\right) \quad \text{(I)}$$

Aplicando a 1ª Lei de Ohm ao resistor equivalente:

$$U = R_{eq} i \Rightarrow i = \frac{U}{R_{eq}} \quad \text{(II)}$$

De (I) e (II), resulta:

$$U\left(\frac{1}{R_1} + \frac{1}{R_2} + \ldots + \frac{1}{R_n}\right) = \frac{U}{R_{eq}}$$

Assim,

$$\frac{1}{R_{eq}} = \frac{1}{R_1} + \frac{1}{R_2} + \ldots + \frac{1}{R_n} \quad \text{ou} \quad \frac{1}{R_{eq}} = \sum_{i=1}^{n} \frac{1}{R_i}$$

Portanto:

O inverso da **resistência elétrica equivalente** aos resistores **associados em paralelo** é igual à soma dos inversos das resistências desses resistores.

Veja como calculamos a resistência equivalente para a associação de três resistores.

**Em série**

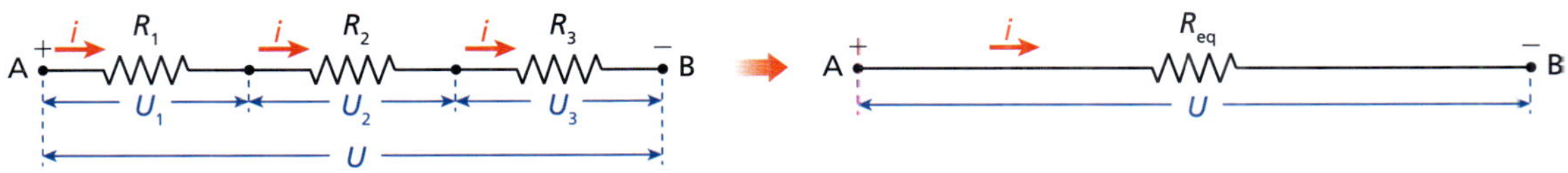


**resistores associados em série** **resistor equivalente**

Banco de imagens/Arquivo da editora

- Todos os resistores são percorridos pela mesma corrente elétrica.
- A tensão total é a soma das tensões parciais:

$$U = U_1 + U_2 + U_3$$

- A resistência equivalente da associação é a soma das resistências associadas:

$$R_{eq} = R_1 + R_2 + R_3$$

## Em paralelo

Banco de imagens/Arquivo da editora

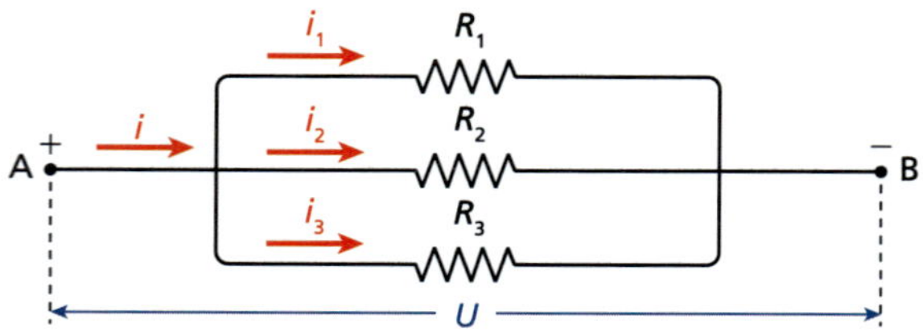


**associação de resistores em paralelo**

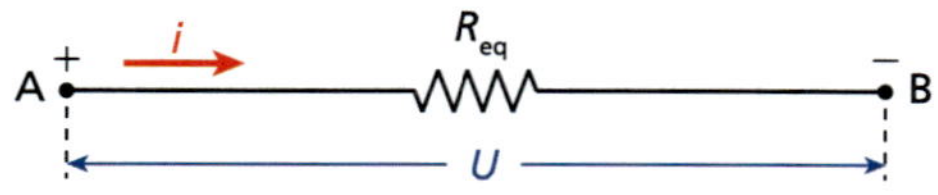


**resistor equivalente**

- Todos os resistores estão sob mesma tensão.
- A intensidade da corrente total é a soma das intensidades das correntes parciais:

$$i = i_1 + i_2 + i_3$$

- O inverso da resistência equivalente $R_{eq}$ é a soma dos inversos das resistências associadas:

$$\frac{1}{R_{eq}} = \frac{1}{R_1} + \frac{1}{R_2} + \frac{1}{R_3}$$

**NOTAS!**

- A resistência equivalente à associação de dois resistores em paralelo é:

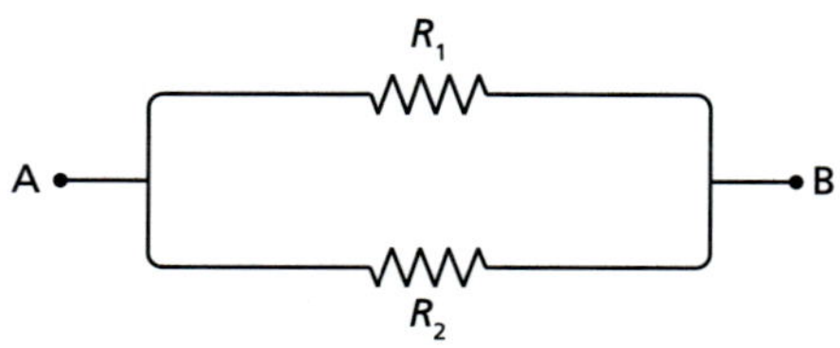


Banco de imagens/Arquivo da editora

$$\frac{1}{R_{eq}} = \frac{1}{R_1} + \frac{1}{R_2} \Rightarrow \frac{1}{R_{eq}} = \frac{R_1 + R_2}{R_1R_2} \Rightarrow R_{eq} = \frac{R_1R_2}{R_1 + R_2}$$

Para dois resistores quaisquer associados em paralelo, a resistência elétrica equivalente pode ser determinada por:

$$R_{eq} = \frac{\text{produto das resistências}}{\text{soma das resistência}}$$

- A associação em paralelo de três resistores **idênticos** é:

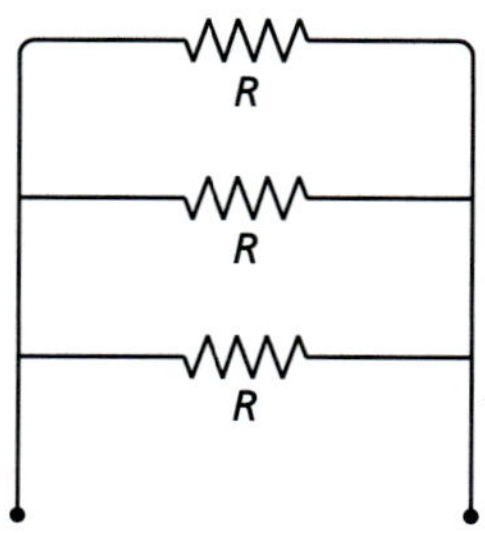


Banco de imagens/Arquivo da editora

$$\frac{1}{R_{eq}} = \frac{1}{R} + \frac{1}{R} + \frac{1}{R} \Rightarrow \frac{1}{R_{eq}} = \frac{1+1+1}{R} \Rightarrow \frac{1}{R_{eq}} = \frac{3}{R} \Rightarrow \frac{1}{R_{eq}} = \frac{R}{3}$$

Generalizando para *n* resistores idênticos associados em paralelo, temos:

$$R_{eq} = \frac{R}{n}$$

## 10. Curto-circuito

Vamos analisar o circuito seguinte, no qual temos três lâmpadas incandescentes associadas em série.

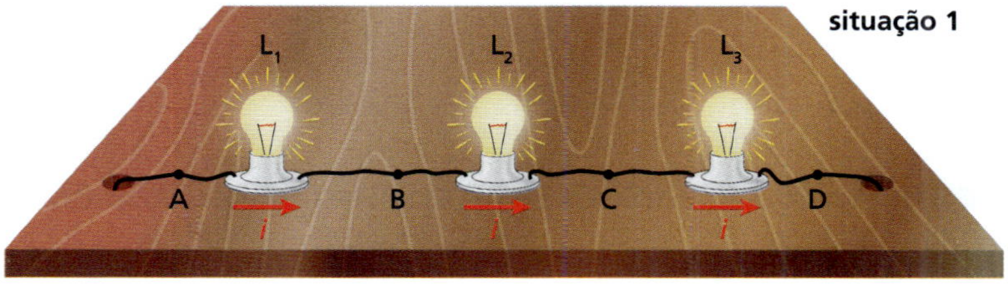


Banco de imagens/Arquivo da editora

Se, entre os pontos **B** e **C**, conectarmos um pedaço de condutor com resistência elétrica desprezível, a lâmpada entre esses pontos irá apagar. Por quê?

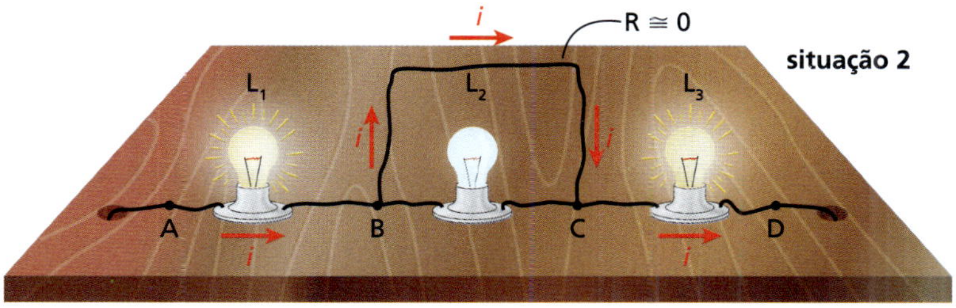


Banco de imagens/Arquivo da editora

Se aplicarmos a 1ª Lei de Ohm ao pedaço de condutor **BC**, teremos:

$$V_B - V_C = R\,i$$

Sendo $R \cong 0$, vem:

$$V_B - V_C = 0$$

ou seja:

$$V_B = V_C$$

Não há diferença de potencial entre os pontos **B** e **C** e, consequentemente, a lâmpada $\mathbf{L_2}$ apaga-se.

Nessa situação, dizemos que a lâmpada entre os pontos **B** e **C** está em curto-circuito.

Dizemos que dois pontos estão em **curto-circuito** quando não há diferença de potencial entre eles.

Na prática, o que acontece é que a resistência elétrica de um pedaço de fio condutor, feito de cobre, por exemplo, é muitas vezes menor que a resistência elétrica apresentada pelo filamento da lâmpada, normalmente feito de tungstênio. Mantidas outras características, podemos escrever:

$$R_{cobre} \ll R_{tungstênio}$$

Voltando a analisar o circuito, quando a lâmpada $\mathbf{L_2}$ apaga-se, as lâmpadas $\mathbf{L_1}$ e $\mathbf{L_3}$ apresentarão um brilho mais intenso. De fato, como a resistência elétrica total do circuito diminui, a intensidade da corrente elétrica aumenta, mantida a ddp constante.

Vamos, agora, conectar o pedaço de fio condutor com resistência elétrica desprezível, entre os pontos **B** e **D**.

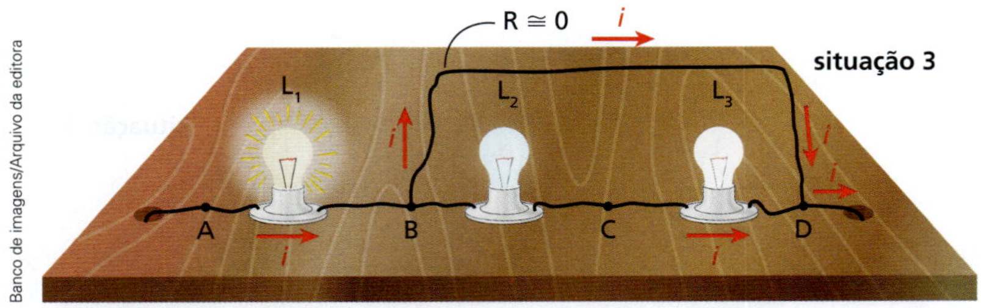


Nessa situação, as lâmpadas $L_2$ e $L_3$ estão em curto-circuito e, portanto, apagam-se.

A lâmpada $L_1$ apresentará um brilho muito intenso, pois a resistência elétrica total do circuito diminui ainda mais e a intensidade da corrente elétrica aumenta na mesma proporção.

Dependendo dos valores envolvidos, a lâmpada $L_1$ pode não suportar tal intensidade e "queimar" (romper seu filamento).

É importante observar que a resistência elétrica dos elementos em curto-circuito não fará parte do cálculo da resistência elétrica equivalente desse circuito. Assim:

Na situação 1: $R_{eq} = R_{L_1} + R_{L_2} + R_{L_3}$

Na situação 2: $R_{eq} = R_{L_1} + R_{L_3}$

Na situação 3: $R_{eq} = R_{L_1}$

# 11. Reostatos

São denominados **reostatos** os resistores cuja resistência elétrica pode ter valores variados.

Reostatos são de grande utilidade quando é necessário regular a corrente elétrica de um circuito ou para controlar o processo de carga de um capacitor. Os tipos mais comuns de reostatos são os reostatos de pontos e os de cursor.

- **Reostato de pontos:** É também conhecido como reostato de variação **descontínua**.

  Recebe este nome, pois para cada ponto do reostato a resistência elétrica assume um valor predeterminado. Exemplos de reostato de pontos são as resistências da maioria dos chuveiros elétricos, nos quais as posições do cursor definem a temperatura da água.

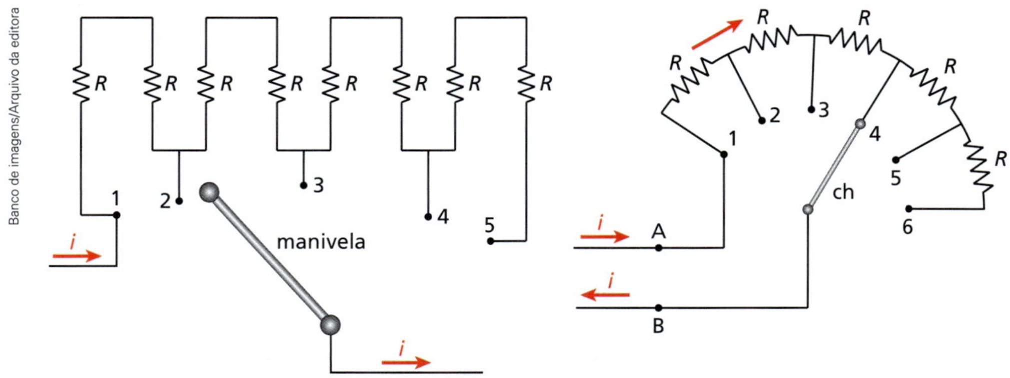


Representações esquemáticas dos reostatos de pontos.

- **Reostato de cursor:** Chamado também de reostato de variação **contínua**. Esse nome deve-se ao fato de que sua resistência elétrica pode variar continuamente.

  Quando o cursor desliza sobre o fio condutor enrolado em material isolante, sua resistência elétrica varia obedecendo à 2ª Lei de Ohm. Quanto maior o comprimento do fio por onde a corrente elétrica vai passar, maior será a resistência elétrica apresentada pelo dispositivo. Reostatos de cursor são largamente utilizados em laboratórios, para controlar a corrente elétrica de um circuito, em *dimmers* de luz, etc.

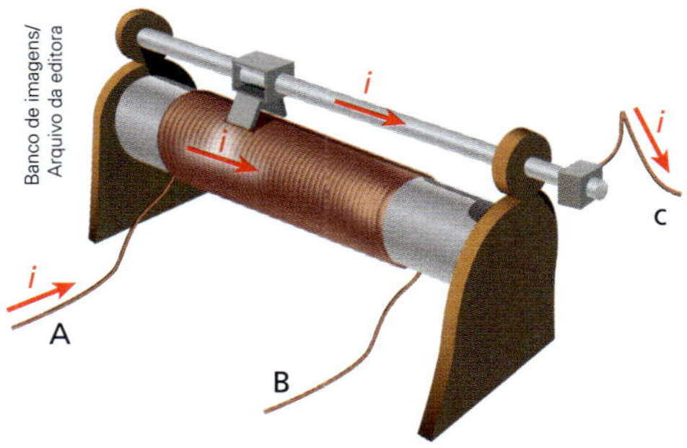


Banco de imagens/Arquivo da editora

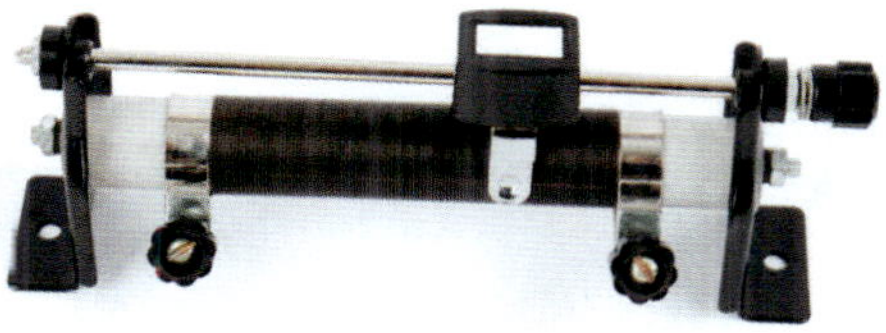

Andrei Nekrassov/Alamy/FotoArena

Ilustração e foto de um reostato de cursor.

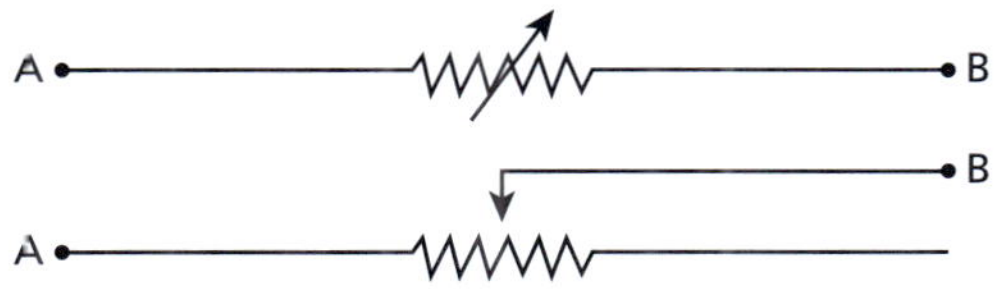


Banco de imagens/Arquivo da editora

Símbolos utilizados para reostatos.

# 12. Medidores elétricos

## Galvanômetro

> O **galvanômetro** é um dispositivo básico, utilizado em circuitos elétricos, para realizar a detecção de corrente elétrica ou tensão elétrica.

Seu funcionamento baseia-se nos efeitos magnéticos da corrente elétrica. Na verdade, são as forças magnéticas que irão promover o deslocamento de ponteiros, junto a escalas graduadas, possibilitando a aferição de medidas elétricas. Na Unidade 3, teremos oportunidade de explorar esses conceitos.

De modo geral, os galvanômetros são aparelhos bem sensíveis com resistência elétrica pequena e conseguem acusar passagem de corrente elétrica da ordem de microamperes.

A máxima corrente elétrica que pode ser detectada pelo galvanômetro é denominada **corrente de fundo de escala**. Quando ajustado para medições de tensão elétrica, esse valor máximo é denominado **tensão de fundo de escala**.

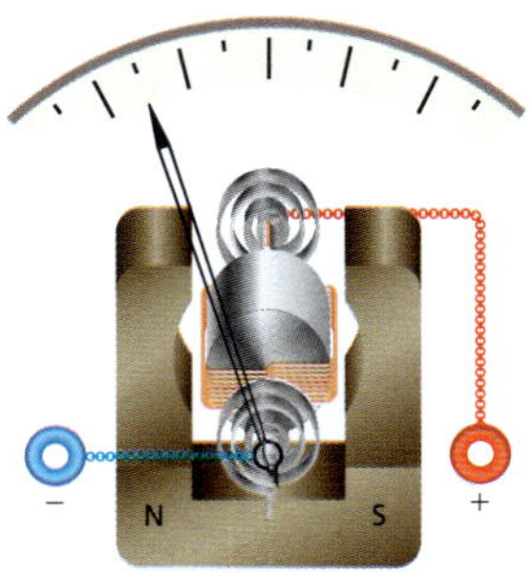


Banco de imagens/Arquivo da editora

Sergio Dotta Jr./Acervo da editora

À esquerda, temos as componentes do galvanômetro. Quando associado em série com outros elementos do circuito, o galvanômetro é percorrido por uma corrente elétrica que sofre efeitos magnéticos do ímã, resultando na deflexão do ponteiro indicador de corrente. À direita, uma foto de um galvanômetro utilizado para indicar a intensidade de correntes elétricas.

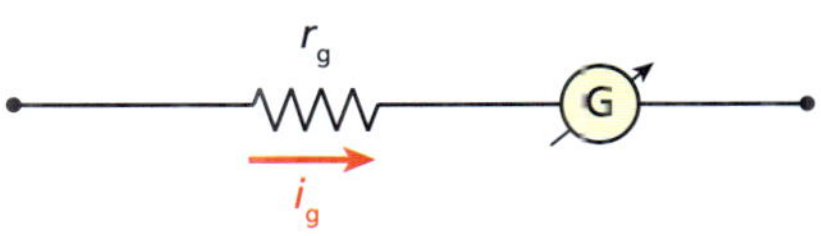


Banco de imagens/Arquivo da editora

Representação esquemática de um galvanômetro.

## Transformação de um galvanômetro em um amperímetro

A sensibilidade do galvanômetro, ou seja, o fato de esse dispositivo só medir intensidades de corrente elétrica muito pequenas, produz limitações para seu uso.

Se quisermos transformar um galvanômetro em um aparelho com a qualidade de medir correntes elétricas mais intensas, devemos promover alguns ajustes.

Devemos associar à resistência interna $r_g$ do galvanômetro uma outra resistência $r_s$, com valor muito menor do que $r_g$.

Essa resistência deve ser associada em paralelo, como mostra o esquema abaixo, e é denominada ***shunt***.

**NOTA!**

A palavra *shunt*, em inglês, significa desviar. Em circuitos elétricos, indica uma resistência que, devido ao seu baixo valor, desvia a corrente elétrica dos outros ramos do circuito.

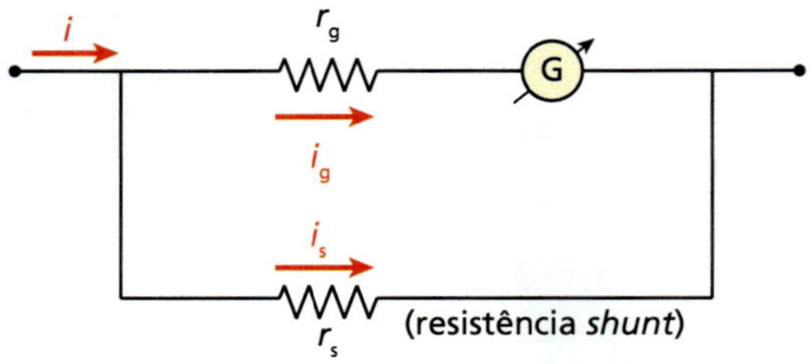


Banco de imagens/Arquivo da editora

Com essa nova configuração, temos agora um dispositivo com capacidade de medir correntes elétricas mais intensas.

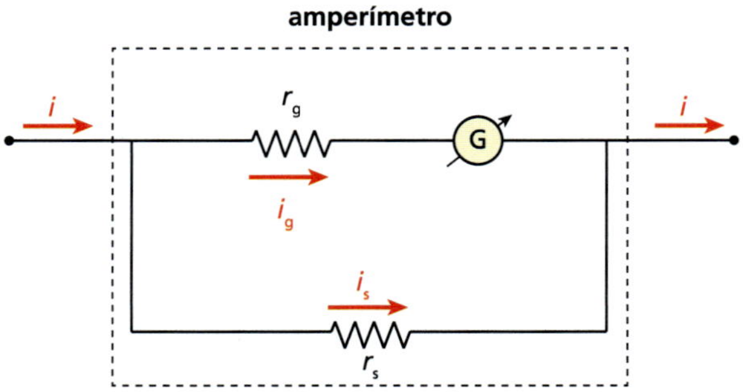


Banco de imagens/Arquivo da editora

A nova intensidade de corrente elétrica ($i$) que pode ser medida é dada por:

$$i = i_g + i_s$$

A resistência *shunt* ($r_s$) e a resistência do galvanômetro ($r_g$) estão em paralelo, assim:

$$U_s = U_g$$

$$r_s i_s = r_g i_g$$

$$r_s(i - i_g) = r_g i_g$$

$$r_s i = i_g(r_g + r_s)$$

Finalmente:

$$i = \left(1 + \frac{r_g}{r_s}\right) i_g$$

O fator $\left(1 + \frac{r_g}{r_s}\right)$ é uma constante que irá caracterizar cada amperímetro e é denominado **fator de multiplicação** do *shunt*. Os fatores de multiplicação usuais são normalmente potências de 10.

Na prática, quando da construção de um amperímetro, dispomos de um conjunto de várias resistências *shunt*, como ilustra a imagem ao lado. Por meio de uma chave seletora pode-se escolher a resistência *shunt* adequada. A escala de intensidades de corrente vai variar com cada escolha.

**amperímetro**

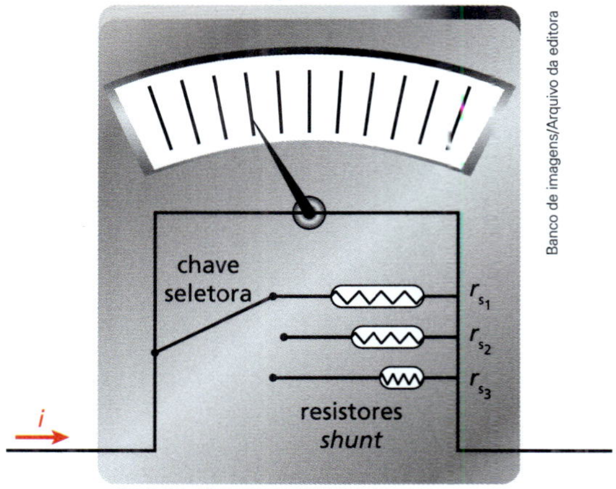


Banco de imagens/Arquivo da editora

// Para cada posição da chave seletora altera-se o valor da intensidade de corrente elétrica total ($i$) a ser medida.

De maneira simplificada, todo esse dispositivo pode ser representado por:

Banco de imagens/Arquivo da editora

Se desejarmos medir a intensidade de corrente elétrica em uma lâmpada, devemos conectar o amperímetro em **série** com essa lâmpada.

lâmpada

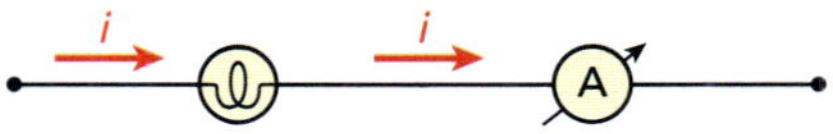


Banco de imagens/Arquivo da editora

Quando inserimos o amperímetro para detectar a intensidade de corrente elétrica que percorre a lâmpada, alteramos a resistência elétrica total desse trecho de circuito e, consequentemente, a corrente elétrica não será mais a mesma, anterior à introdução do amperímetro.

Aqui há um dilema: ao tentarmos medir, alteramos a intensidade da grandeza a ser medida. Como podemos contornar esse problema?

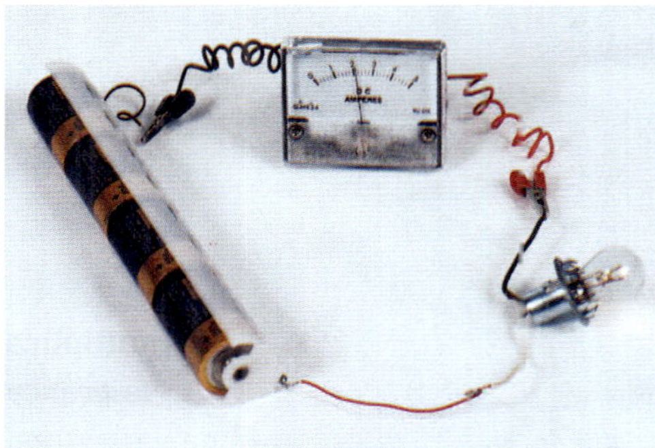

Woody Lawton Rick/Acervo do fotógrafo

// Galvanômetro associado em série a uma lâmpada para a medição da corrente elétrica do circuito.

Neste ponto, o importante é tentar interferir o mínimo possível na medida a ser efetuada.

Podemos atingir esse objetivo utilizando um amperímetro com uma resistência elétrica muito pequena, no caso ideal, nula. Assim, podemos definir:

**Amperímetro ideal** é o aparelho hipotético cuja resistência elétrica é nula, ou seja, suas características não interferem na medida da corrente elétrica.

Resumindo, um amperímetro possui as seguintes características:

- medidor de corrente elétrica ($i$);
- deve ser associado em série;
- amperímetro ideal: $R_A = 0$.

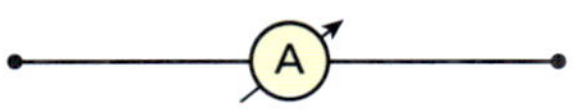


Banco de imagens/Arquivo da editora

## Transformação de um galvanômetro em um voltímetro

Se utilizarmos um galvanômetro que esteja ajustado para medir tensões elétricas, sabemos que os valores que podem ser medidos são muito baixos, pois a resistência elétrica do galvanômetro é muito pequena.

Se desejarmos um medidor de tensão elétrica com mais aplicações, que meça tensões mais elevadas, devemos promover alguns ajustes.

Devemos associar à resistência interna $r_g$ do galvanômetro uma outra resistência, $r_m$, com valor maior do que $r_g$.

Essa resistência deve ser associada em série e é denominada "multiplicadora".

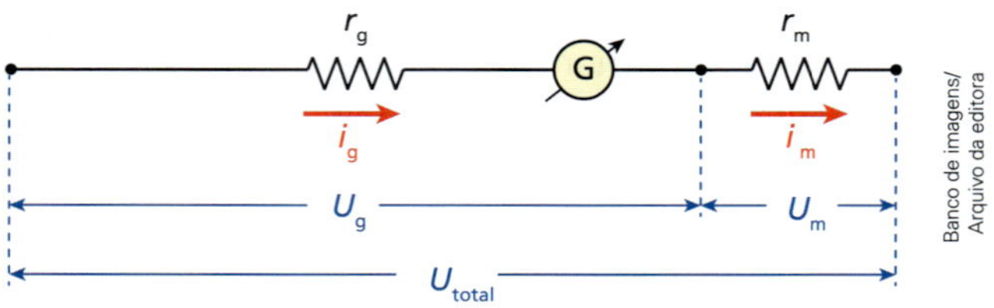


A resistência elétrica $r_g$ e a resistência elétrica $r_m$ estão em série, assim:

$$i_g = i_m$$

$$\frac{U_g}{r_g} = \frac{U_m}{r_m} \Rightarrow U_m = \frac{U_g r_m}{r_g}$$

Ainda:

$$U_{total} = U_g + U_m$$

$$U_{total} = U_g + \frac{U_g r_m}{r_g}$$

$$U_{total} = U_g\left(1 + \frac{r_m}{r_g}\right)$$

O fator $\left(1 + \frac{r_m}{r_g}\right)$ é uma constante para cada voltímetro e é denominado **fator de multiplicação**.

Na prática, quando da construção de um voltímetro, dispomos de um conjunto de várias resistências multiplicadoras. Por meio de uma chave seletora pode-se escolher a resistência multiplicadora adequada. A escala de tensões elétricas que podem ser medidas vai variar conforme a escolha.

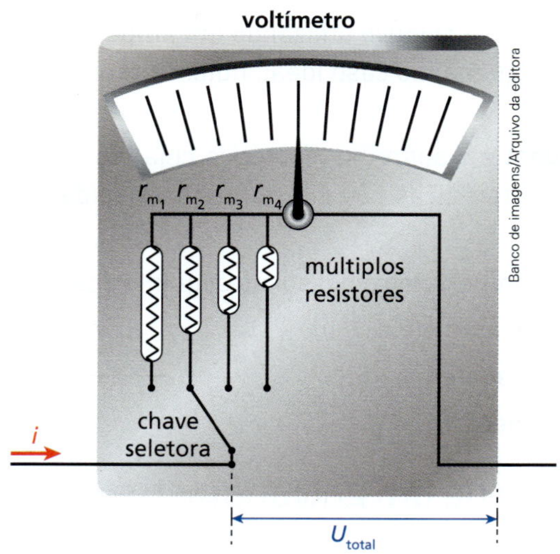


Para cada valor selecionado para a resistência multiplicadora, altera-se a tensão elétrica total ($U_{total}$) que pode ser medida.

De maneira simplificada, todo esse dispositivo pode ser representado por:

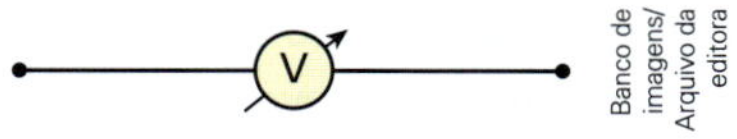

Se desejarmos medir a tensão elétrica em uma lâmpada, devemos conectar o voltímetro em **paralelo** com a lâmpada.

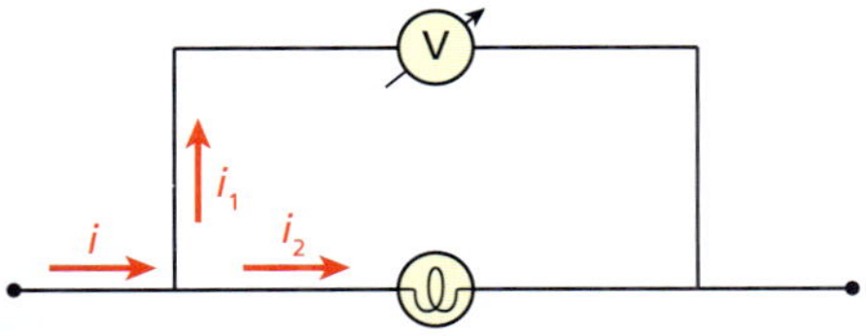


Banco de imagens/Arquivo da editora

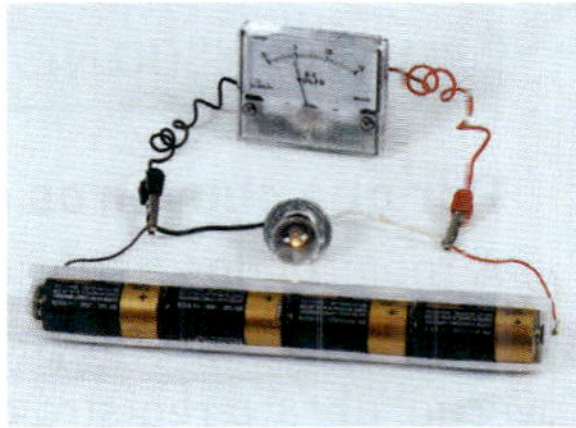

Woody Lawton Rick/Acervo do fotógrafo

Galvanômetro associado em paralelo a uma lâmpada para a medição da tensão elétrica do circuito.

Porém, nos deparamos novamente com o mesmo problema. Ao inserimos o voltímetro para a medida da ddp na lâmpada, alteramos o valor que desejávamos medir.

De fato, a corrente elétrica que anteriormente percorria exclusivamente a lâmpada, agora, ramifica-se em duas partes.

Como contornar esse problema de tal modo a minimizar o erro de leitura do voltímetro?

É desejável, nesse caso, que a intensidade de corrente elétrica que se desvia de seu caminho original ($i_1$) seja a menor possível. Para isso, a resistência elétrica do voltímetro deve ter um valor muito grande quando comparada à resistência elétrica da lâmpada, no caso ideal, infinita. Assim, podemos definir:

**Voltímetro ideal** é o aparelho hipotético cuja resistência elétrica tende a um valor infinito.

Resumindo, um voltímetro possui as seguintes características:

- medidor de tensão elétrica ($U$);
- deve ser associado em paralelo;
- voltímetro ideal: $R_V \rightarrow \infty$.

Banco de imagens/Arquivo da editora

## 13. Fusíveis e disjuntores

Os fusíveis são dispositivos fundamentais para garantir a proteção e a segurança no funcionamento de circuitos elétricos. O fusível é constituído normalmente de um filamento ou lâmina de um metal, ou liga metálica, que tenha baixo ponto de fusão. Durante um evento de sobrecarga do circuito, o fusível funde-se, abrindo o circuito e interrompendo a passagem de corrente elétrica. De modo geral, os fusíveis têm baixo custo financeiro e podem proteger componentes eletrônicos de altíssimo valor.

Os fusíveis devem ser insertos **em série** com o trecho ou dispositivo de circuito que se deseja proteger.

Banco de imagens/Arquivo da editora

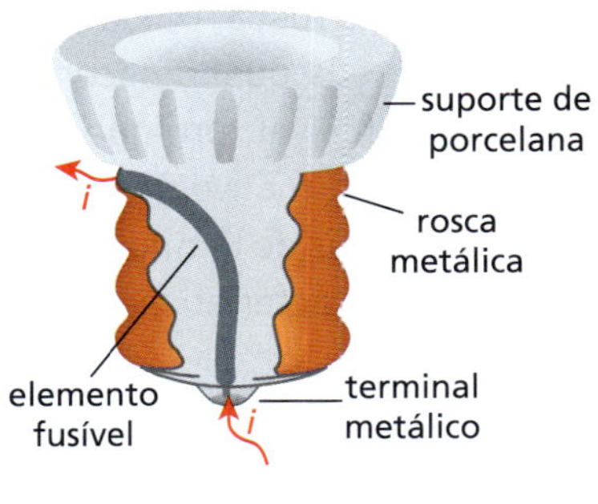


**fusível de rosca**

Em instalações elétricas domiciliares eram utilizados fusíveis de rosca. No entanto, esses fusíveis foram substituídos por disjuntores.

Jiradet Ponari/Shutterstock

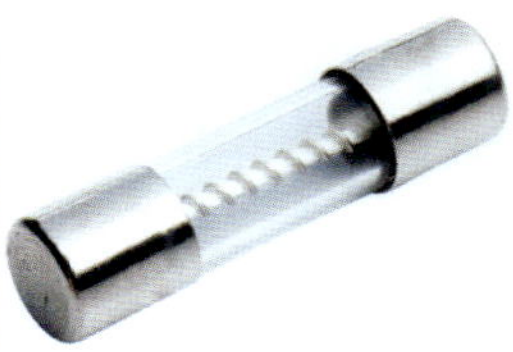

O fusível de cilindro de vidro é muito utilizado para a proteção de circuitos eletroeletrônicos, filtros de linha, estabilizadores de tensão e no quadro de fusíveis em automóveis antigos.

JÁ PENSOU NISTO?

### Por que chuveiros elétricos "queimam"?

A maioria dos usuários de chuveiros elétricos já deve ter se deparado com esta situação ao querer tomar um banho bem quente no inverno, abrir o registro da água e ir diminuindo a sua vazão até que a temperatura da água saindo do chuveiro pareça ideal. E então ouve um estouro e o chuveiro para de funcionar, passando a liberar apenas água gelada.

Sabemos que os chuveiros elétricos funcionam através de um resistor elétrico (popularmente chamado de resistência) e de um reostato que determina o modo do chuveiro (o modo verão, por exemplo, esquenta menos a água, deixando-a apenas morna; já o modo inverno esquenta-a mais, podendo até fazer com que a água alcance temperaturas danosas à nossa pele). Para que o modo inverno funcione, o reostato mantém ativo apenas um pedaço pequeno da resistência, de modo que toda a corrente elétrica fique concentrada ali, e assim dissipe uma quantidade maior de calor. Ao entrar em contato com o resistor quente, a água é aquecida e sai do chuveiro na temperatura desejada.

Luis Carlos Torres/Shutterstock

Resistor de chuveiro queimado. Provavelmente ele se quebrou devido ao excesso de calor, ao desgaste natural, a um pico de tensão ou mesmo à má qualidade do material.

Porém, do mesmo modo que precisamos que o resistor se aqueça o suficiente para amornar a água, essa temperatura não pode ultrapassar o limite que o material do resistor suporta antes de entrar em fusão. Quando o volume de água passando pelo resistor não é o suficiente para absorver todo o calor gerado por ele, o resistor pode superaquecer e fundir-se, num processo semelhante ao de um fusível, gerando o barulho do estouro e fazendo com que o chuveiro pare de funcionar.

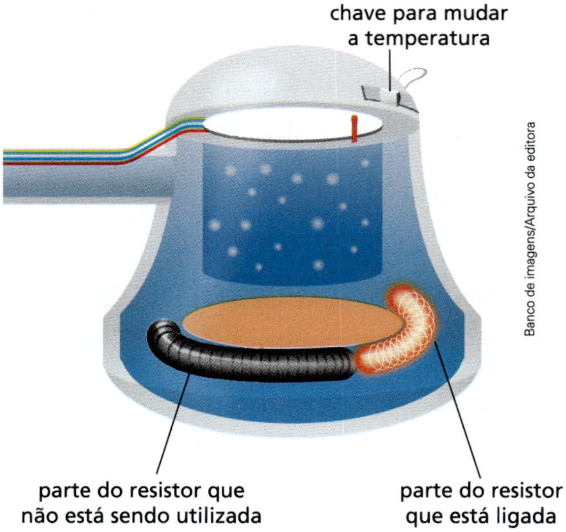


Banco de imagens/Arquivo da editora

Embora a pouca vazão de água seja um motivo comum para a queima dos resistores de chuveiros elétricos, outros fatores podem levar ao mesmo processo, como o desgaste natural do material do resistor devido ao pH (alcalino ou ácido) da água provinda do sistema de distribuição, um pico de tensão (instabilidade) na rede elétrica, má instalação ou mesmo má qualidade do material do resistor.

phanu suwannarat/Shutterstock

Fusíveis de lâmina.

Nas instalações elétricas mais antigas, as residências eram protegidas por fusíveis de rosca. O filamento, normalmente de chumbo, derretia quando ocorria uma sobrecorrente. Esse tipo de fusível tem que ser trocado por um novo após verificado o motivo da sobrecorrente. O mesmo ocorre com fusíveis de lâmina. Suas cores estão relacionadas às suas características.

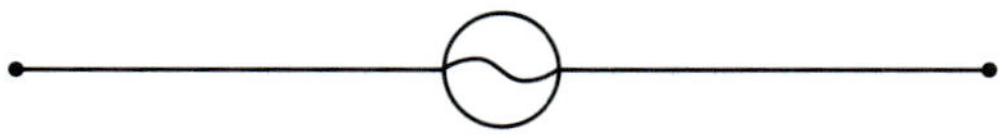

Banco de imagens/Arquivo da editora

Representação dos fusíveis nos circuitos elétricos.

Na maioria das residências, os fusíveis foram substituídos por disjuntores nos quadros de distribuição. A função é exatamente a mesma, a de proteger o circuito elétrico, porém, o princípio de funcionamento é outro.

osonmez2/Shutterstock

ekipaj/Shutterstock

O quadro de distribuição, ou quadro de luz, recebe os fios que vêm do medidor e os distribui para a alimentação da rede elétrica da residência. Na maioria das casas brasileiras, os dispositivos de proteção utilizados são os disjuntores.

Os disjuntores mais usados no mercado são os disjuntores térmicos, os disjuntores eletromagnéticos e os termomagnéticos.

Os **disjuntores térmicos** têm como princípio de funcionamento uma lâmina bimetálica. A deformação da lâmina desencadeia de modo mecânico a interrupção de um contato que abre o circuito elétrico protegido e interrompe a passagem da corrente elétrica. Dizemos, na prática, que o disjuntor foi "desarmado".

Os **disjuntores eletromagnéticos** têm como princípio de funcionamento o fato de uma corrente elétrica gerar o aparecimento de um campo magnético. O campo magnético gerado por uma intensa corrente elétrica que eventualmente percorra o circuito provoca a movimentação de um núcleo de ferro que, mecanicamente, abre o circuito de modo a protegê-lo.

Os **disjuntores termomagnéticos**, como o da imagem ao lado, possuem uma mescla das propriedades dos outros dois disjuntores, atuando de uma ou outra maneira, dependendo da faixa de correntes elétricas.

Os disjuntores têm a vantagem de não precisarem ser trocados. Uma vez sanado o problema na instalação, basta serem armados novamente.

plumdesign/Shutterstock

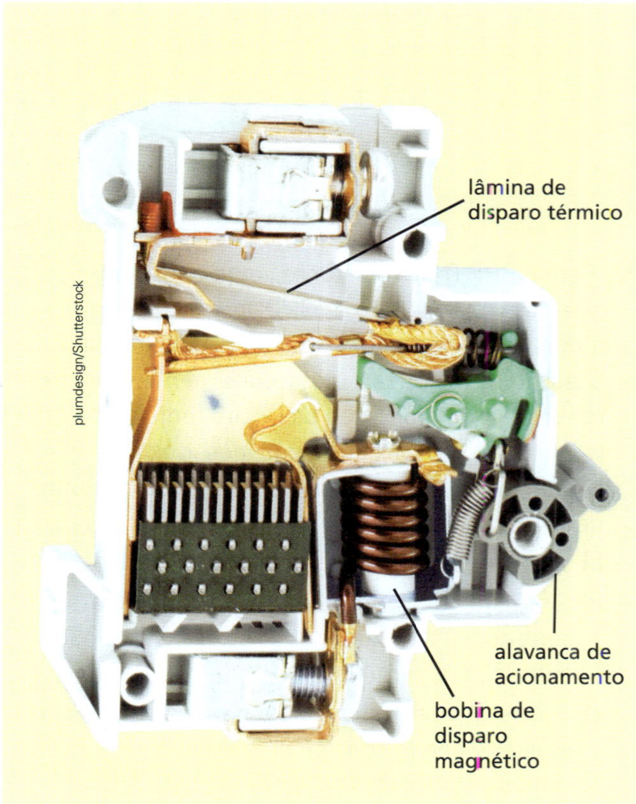


Parte interna de um disjuntor termomagnético. O dispositivo de proteção térmica (lâmina bimetálica) protege o circuito de sobrecargas de pequena intensidade e longa duração. Já o dispositivo de proteção magnética (bobina) interrompe sobrecargas de grande intensidade e longa duração.

**31.** Na associação de resistores ilustrada, determine:
E.R.

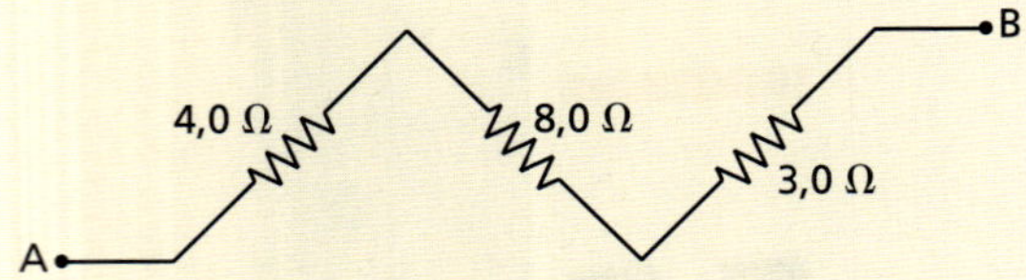


Banco de imagens/ Arquivo da editora

a) o tipo de associação;

b) uma característica fundamental desse tipo de associação;

c) o valor da resistência elétrica equivalente.

**Resolução:**

a) Entre os extremos **A** e **B** da associação existe uma única trajetória condutora de eletricidade. Isso caracteriza uma associação em série.

b) Todos os resistores pertencentes a essa associação são percorridos pela mesma corrente elétrica.

c) $R_{eq} = 4{,}0 + 8{,}0 + 3{,}0$

$$\boxed{R_{eq} = 15\ \Omega}$$

**32.** (Fema-SP) Três resistores, cujas resistências guardam a proporção 1 : 2 : 3, foram dados a um aluno para que ele construa um circuito resistivo. O aluno deverá usar, obrigatoriamente, os três resistores, de modo que o circuito tenha o maior valor de resistência equivalente possível. Para que sua tarefa seja corretamente executada, o aluno deverá associar

a) os três resistores em paralelo.

b) o resistor de menor resistência elétrica em série com os outros dois resistores, associados entre si, em paralelo.

c) o resistor de resistência elétrica intermediária em série com os outros dois resistores, associados entre si, em paralelo.

d) os três resistores em série.

e) o resistor de maior resistência elétrica em série com os outros dois resistores, associados entre si, em paralelo.

**33.** Na associação de resistores ilustrada, determine:
E.R.

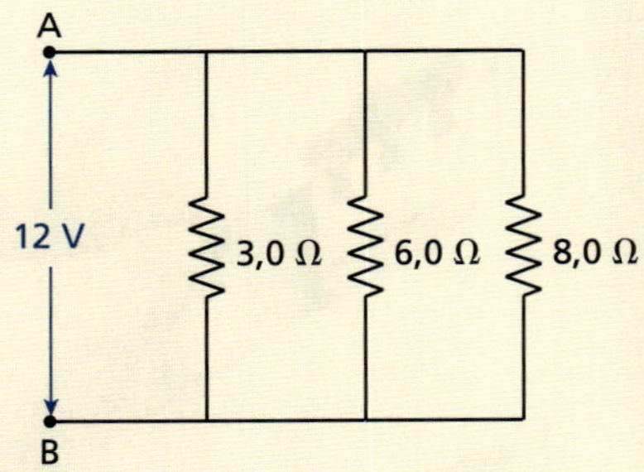


Banco de imagens/Arquivo da editora

a) o tipo de associação formada pelos três resistores;

b) uma característica fundamental desse tipo de associação;

c) o valor da resistência elétrica equivalente da associação.

**Resolução:**

a) Podemos utilizar as letras **A** e **B** para representar os potenciais elétricos de vários pontos do circuito, assim:

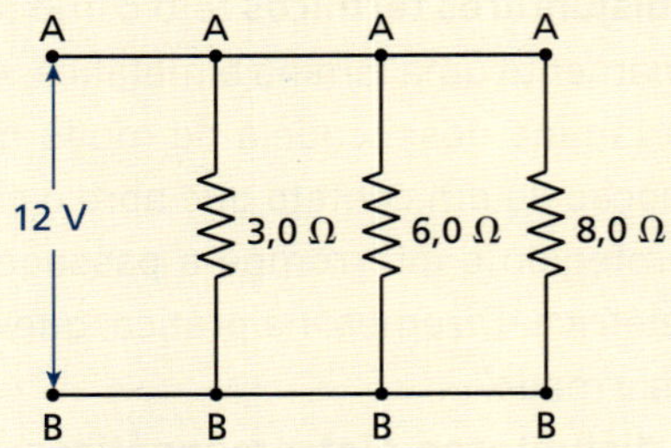


Banco de imagens/Arquivo da editora

Percebe-se, então, que todos os resistores estão submetidos a uma mesma diferença de potencial ($U_{AB} = 12$ V). Isso caracteriza que todos os resistores estão associados em paralelo.

b) Todos os resistores estão submetidos a uma tensão elétrica constante.

c) $\frac{1}{R_{eq}} = \frac{1}{3{,}0} + \frac{1}{6{,}0} + \frac{1}{8{,}0}$

$$\frac{1}{R_{eq}} = \frac{8{,}0 + 4{,}0 + 3{,}0}{24} = \frac{15}{24}$$

$$R_{eq} = \frac{24}{15} \therefore \boxed{R_{eq} = 1{,}6\ \Omega}$$

**34.** (Ufam) A associação dos eletrodomésticos e das lâmpadas da figura a seguir é do tipo:

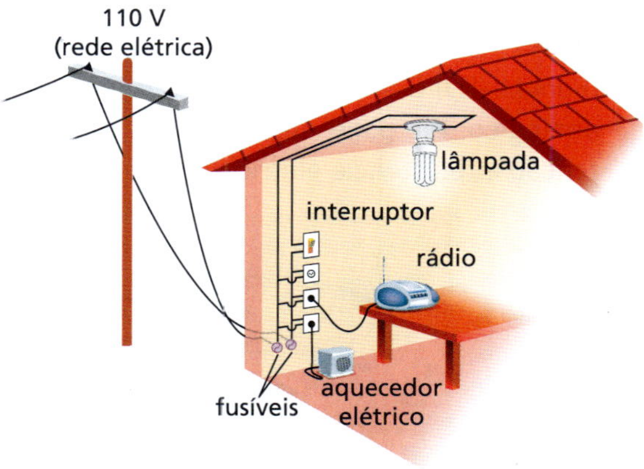



a) série
b) paralelo
c) série – paralelo
d) misto
e) paralelo – série

**35.** (Favip-PE) Na figura a seguir, cada dispositivo com listras verticais e fios conectados nas extremidades representa um resistor ôhmico de resistência de 12 kΩ, onde 1 kΩ = $10^3$ Ω.

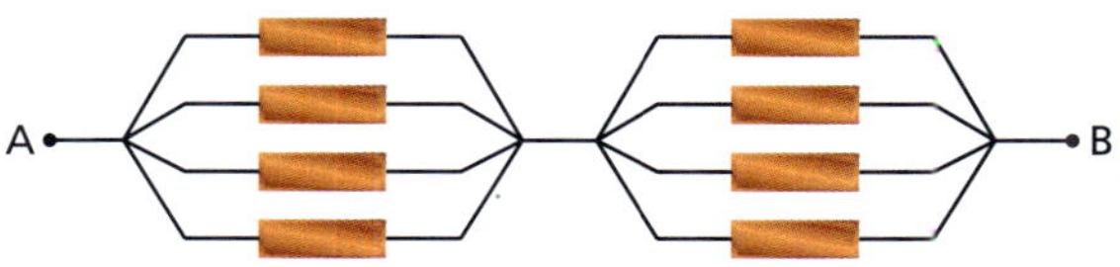



A resistência equivalente entre os pontos **A** e **B** é igual a:

a) 6 kΩ
b) 12 kΩ
c) 24 kΩ
d) 48 kΩ
e) 64 kΩ

**36.** (UFPE) Considere o circuito elétrico mostrado a seguir.

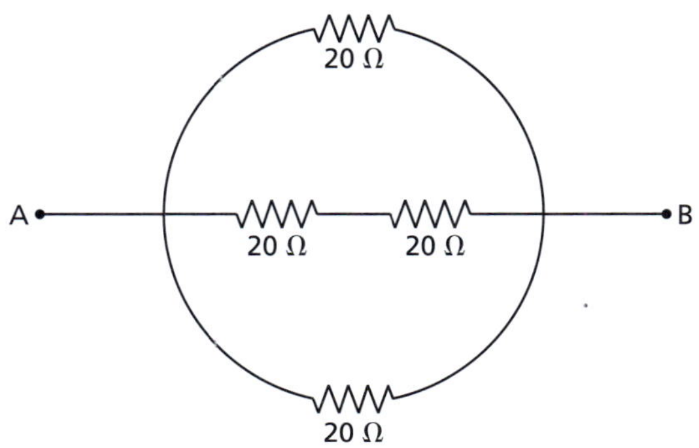



A resistência equivalente entre os pontos **A** e **B** é igual a:

a) 8 Ω
b) 10 Ω
c) 12 Ω
d) 20 Ω
e) 22 Ω

**37.** (FEI-SP) No circuito abaixo, quanto deve valer a resistência $x$ para que a resistência equivalente do circuito seja $2R$?

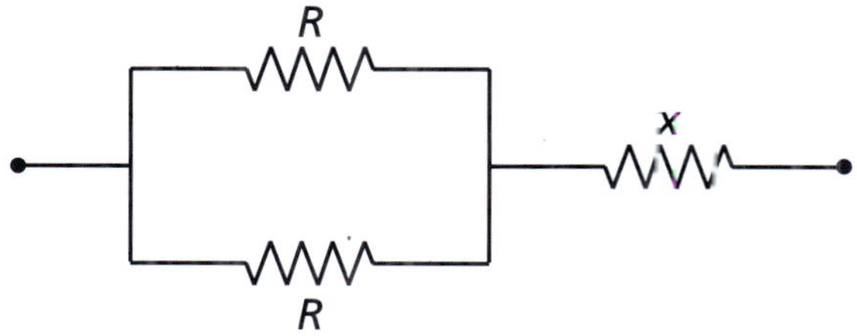



a) 0
b) $\frac{3R}{2}$
c) R
d) $\frac{R}{2}$
e) 2R

**38.** (Enem) Três lâmpadas idênticas foram ligadas no circuito esquematizado. A bateria apresenta resistência interna desprezível, e os fios possuem resistência nula. Um técnico fez uma análise do circuito para prever a corrente elétrica nos pontos: **A**, **B**, **C**, **D** e **E**; e rotulou essas correntes de $I_A$, $I_B$, $I_C$, $I_D$ e $I_E$, respectivamente.

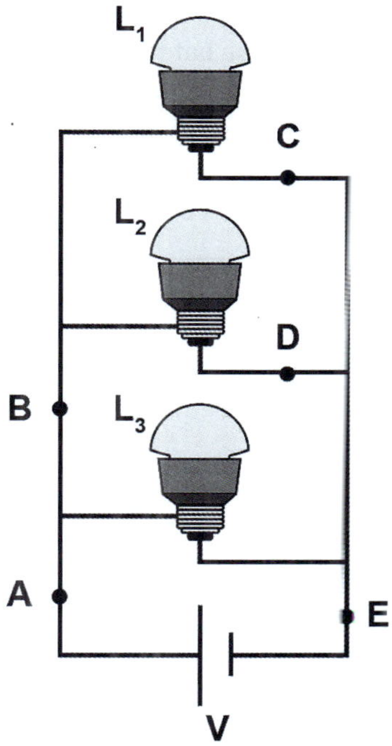



O técnico concluiu que as correntes que apresentam o mesmo valor são

a) $I_A = I_E$ e $I_C = I_D$.
b) $I_A = I_B = I_E$ e $I_C = I_D$.
c) $I_C = I_B$, apenas.
d) $I_A = I_B = I_E$, apenas.
e) $I_C = I_B$, apenas.

**39.** A diferença de potencial $U$ em função da intensidade da corrente $i$, para dois resistores ôhmicos, de resistências $R_1$ e $R_2$, está representada no gráfico a seguir.

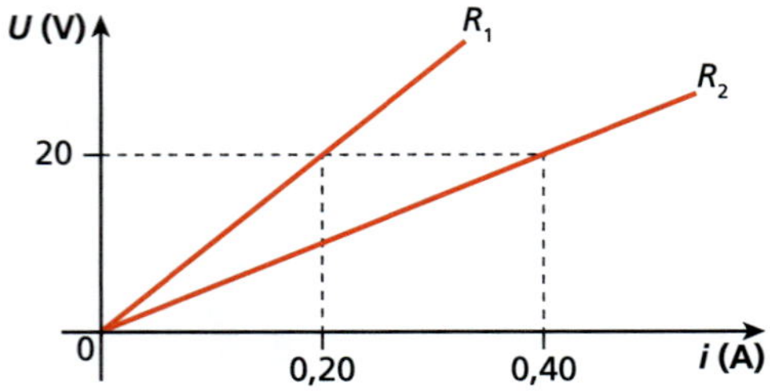


Banco de imagens/Arquivo da editora

Os resistores são associados em série e a associação é submetida a uma tensão de 120 V. A intensidade da corrente que percorre os resistores é igual a:

a) 0,20 A
b) 0,40 A
c) 0,60 A
d) 0,80 A
e) 1,0 A

**40.** (Uerj) Em uma experiência, três lâmpadas idênticas {$\mathbf{L_1}$, $\mathbf{L_2}$, $\mathbf{L_3}$} foram inicialmente associadas em série e conectadas a uma bateria **E** de resistência interna nula. Cada uma dessas lâmpadas pode ser individualmente ligada à bateria **E** sem se queimar. Observe o esquema desse circuito, quando as três lâmpadas se encontram acesas:

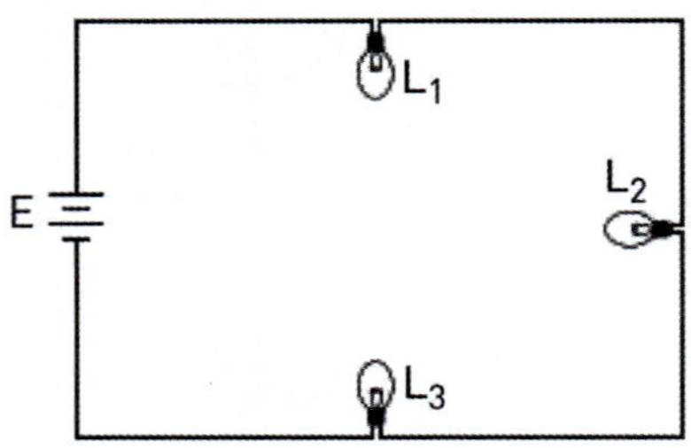


Reprodução/Uerj, 2013

Em seguida, os extremos não comuns de $\mathbf{L_1}$ e $\mathbf{L_2}$ foram conectados por um fio metálico, conforme ilustrado a seguir:

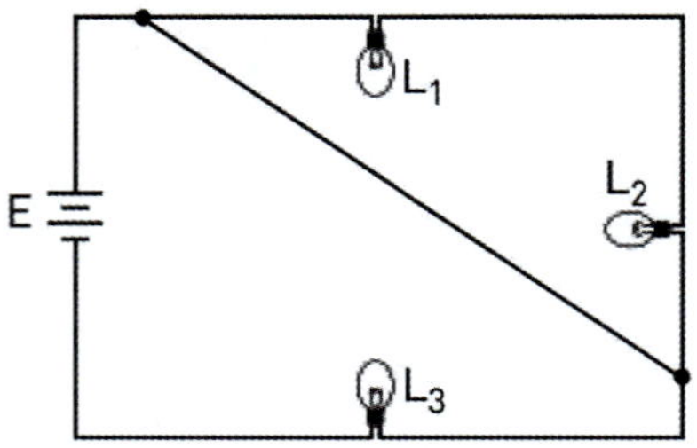


Reprodução/Uerj, 2013

A afirmativa que descreve o estado de funcionamento das lâmpadas nessa nova condição é:

a) As três lâmpadas se apagam.
b) As três lâmpadas permanecem acesas.
c) $\mathbf{L_1}$ e $\mathbf{L_2}$ se apagam e $\mathbf{L_3}$ permanece acesa.
d) $\mathbf{L_3}$ se apaga e $\mathbf{L_1}$ e $\mathbf{L_2}$ permanecem acesas.

**41.** (Funcab-RJ) O aparelho abaixo é um multímetro analógico. Ele pode medir valores de corrente, tensão e resistência elétrica.

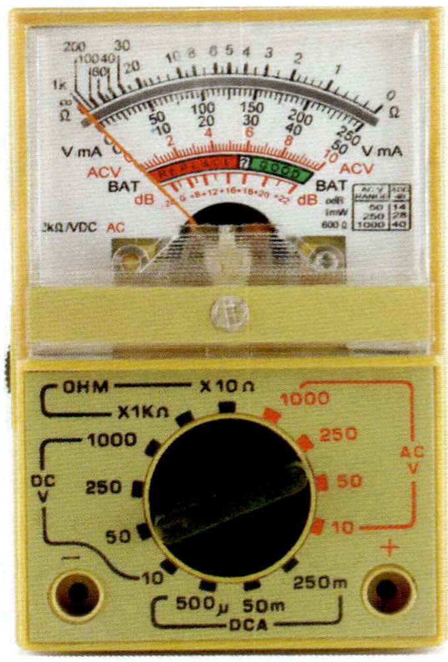


DeSerg/Shutterstock

Para as medições de corrente elétrica e tensão elétrica mais precisamente, deve-se posicionar as pontas de prova na região a qual se deseja medir em:

a) paralelo e série, respectivamente.
b) série e paralelo, respectivamente.
c) série e série, respectivamente.
d) paralelo e paralelo, respectivamente.
e) diagonal e continuamente.

**42.** (UFMA) Durante um experimento, deseja-se medir a corrente elétrica que passa pelo circuito mostrado na figura. Em qual posição deve-se colocar o multímetro, na função de amperímetro (**A**), para ter sucesso na medida?

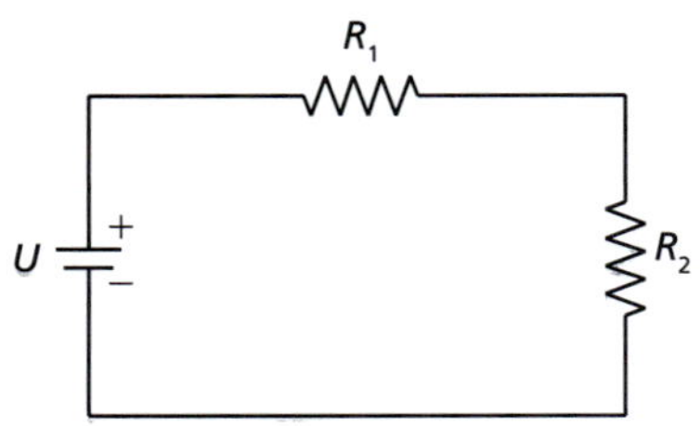


Reprodução/Arquivo da editora

a)

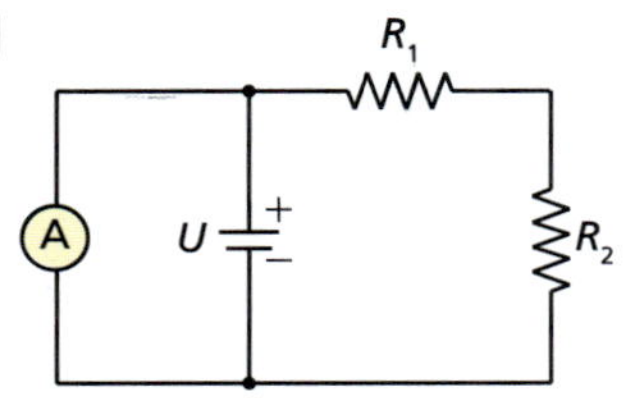


Reprodução/Arquivo da editora

b)

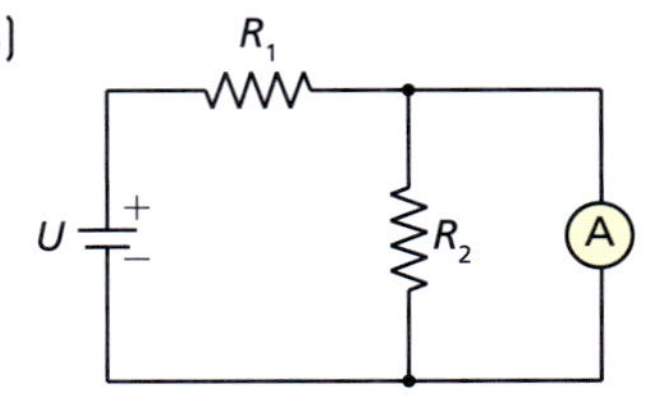


Reprodução/Arquivo da editora

c)

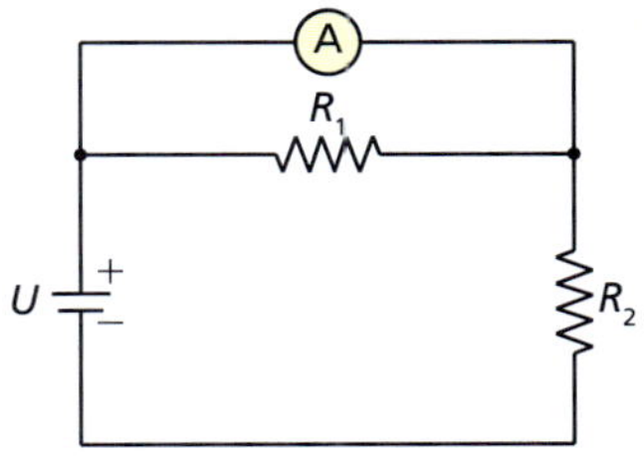


d)

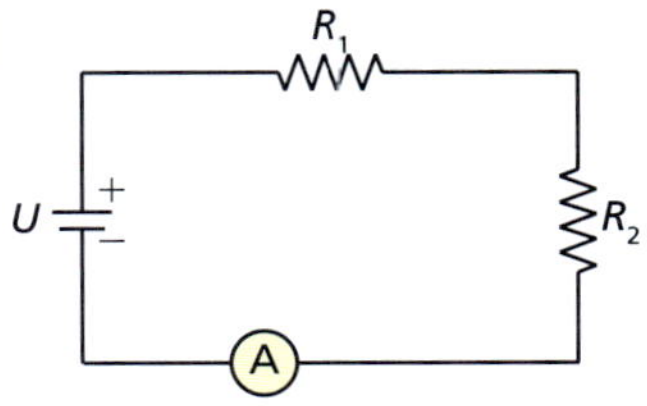


e)

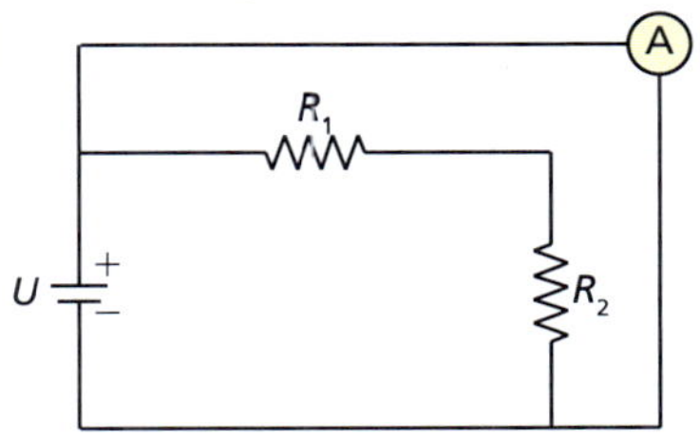


**43.** (Unicamp-SP) Quando as fontes de tensão contínua que alimentam os aparelhos elétricos são desligadas, elas levam normalmente certo tempo para atingir a tensão de U = 0 V. Um estudante interessado em estudar tal fenômeno usa um amperímetro e um relógio para acompanhar o decréscimo da corrente que circula pelo circuito a seguir em função do tempo, após a fonte ser desligada em t = 0 s.

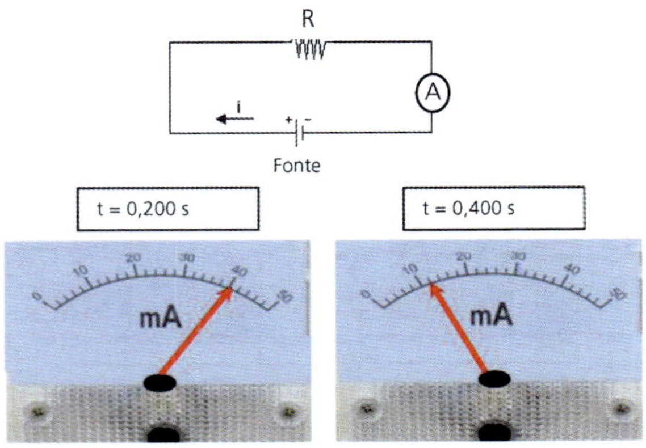


Reprodução/Unicamp, 2015

Usando os valores de corrente e tempo medidos pelos estudantes, pode-se dizer que a diferença de potencial sobre o resistor R = 0,5 kΩ para t = 400 ms é igual a

a) 6 V
b) 12 V
c) 20 V
d) 40 V

**44.** (UFMG) A resistência elétrica de um dispositivo é definida como razão entre a diferença de potencial e a corrente elétrica nele.

Para medir a resistência elétrica *R* de um resistor, Rafael conectou a esse dispositivo, de duas maneiras diferentes, um voltímetro, um amperímetro e uma bateria, como representado nestas figuras:

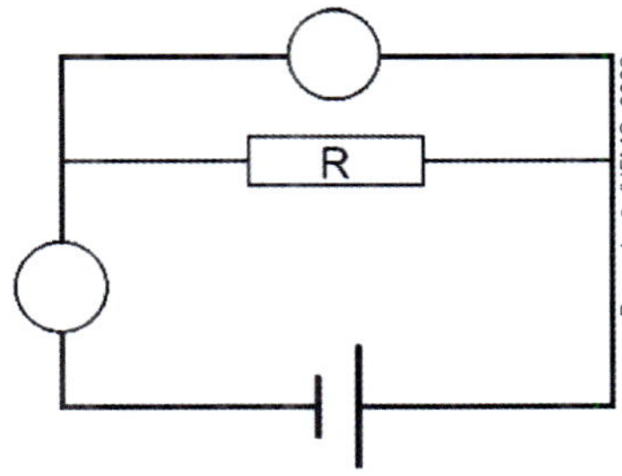


Reprodução/UFMG, 2008

I

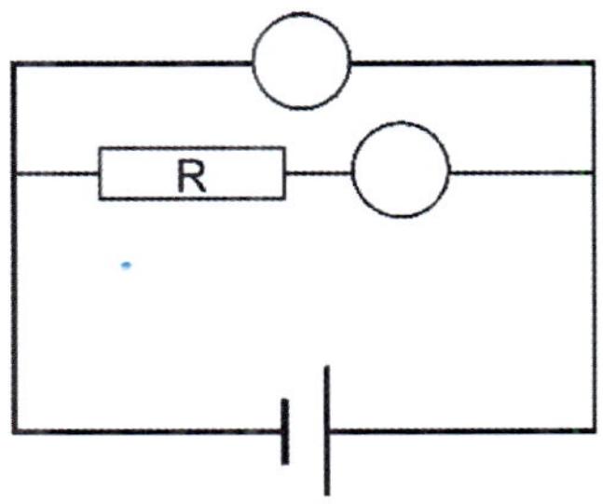


Reprodução/UFMG, 2008

II

Nessas figuras, os círculos representam os medidores e o retângulo, o resistor.

Considerando essas informações, **identifique**, diretamente nessas duas figuras, com a letra **V**, os círculos que representam os voltímetros e, com a letra **A**, os círculos que representam os amperímetros. **Justifique** sua resposta.

**45.** (UFU-MG) Uma pessoa planeja um circuito, conforme mostra a figura abaixo. A corrente *i*, que parte do ponto **A** e chega a **B**, é de 10 A.

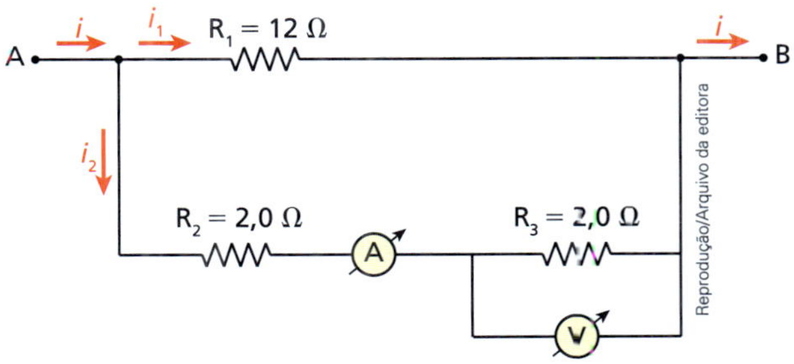


Reprodução/Arquivo da editora

Sob tais condições, o valor da corrente medida pelo amperímetro e a tensão registrada pelo voltímetro são, respectivamente, de

a) 5 A e 30 V
b) 40 A e 80 V
c) 2,5 A e 120 V
d) 7,5 A e 15 V

**46.** (Unicamp-SP) Nos últimos anos, materiais exóticos conhecidos como isolantes topológicos se tornaram objeto de intensa investigação científica em todo o mundo. De forma simplificada, esses materiais se caracterizam por serem isolantes elétricos no seu interior, mas condutores na sua superfície. Desta forma, se um isolante topológico for submetido a uma diferença de potencial $U$, teremos uma resistência efetiva na superfície diferente da resistência do seu volume, como mostra o circuito equivalente da figura abaixo.

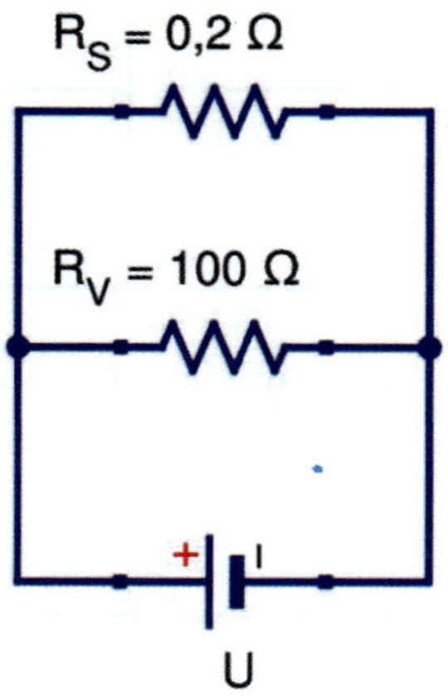



Nessa situação, a razão $F = \frac{i_S}{i_V}$ entre a corrente $i_S$ que atravessa a porção condutora na superfície e a corrente $i_V$ que atravessa a porção isolante no interior do material vale

a) 0,002
b) 0,2
c) 100,2
d) 500

**47.** (UPM-SP) No trecho de circuito elétrico ilustrado, a tensão elétrica entre os pontos **C** e **D** mede 240 V. Nessas condições, os instrumentos, voltímetro (**V**) e amperímetro (**A**), considerados ideais, acusam, respectivamente, as medidas

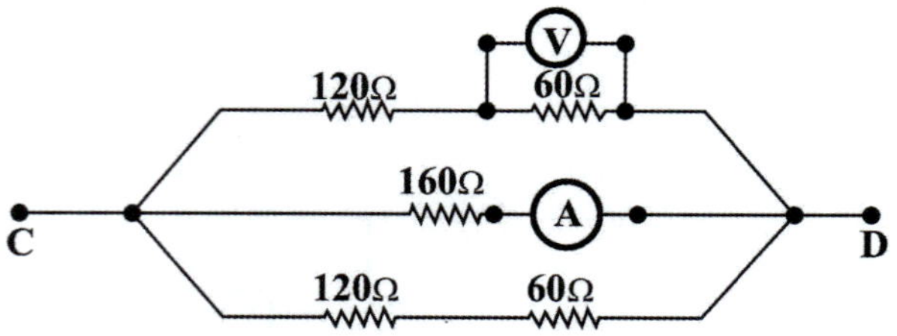



a) 160 V e 1,50 A
b) 80 V e 0,67 A
c) 160 V e 1,33 A
d) 80 V e 1,33 A
e) 80 V e 1,50 A

**48.** (Enem) Um eletricista analisa o diagrama de uma instalação elétrica residencial para planejar medições de tensão e corrente em uma cozinha. Nesse ambiente existem uma geladeira (**G**), uma tomada (**T**) e uma lâmpada (**L**), conforme a figura. O eletricista deseja medir a tensão elétrica aplicada à geladeira, a corrente total e a corrente na lâmpada. Para isso, ele dispõe de um voltímetro (**V**) e dois amperímetros (**A**).

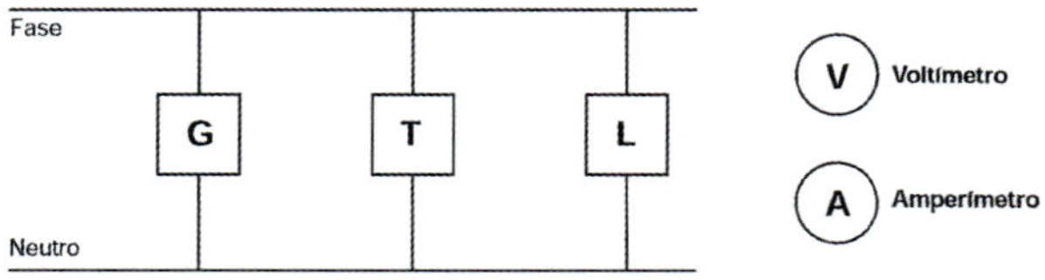



Para realizar essas medidas, o esquema da ligação desses instrumentos está representado em:

a)
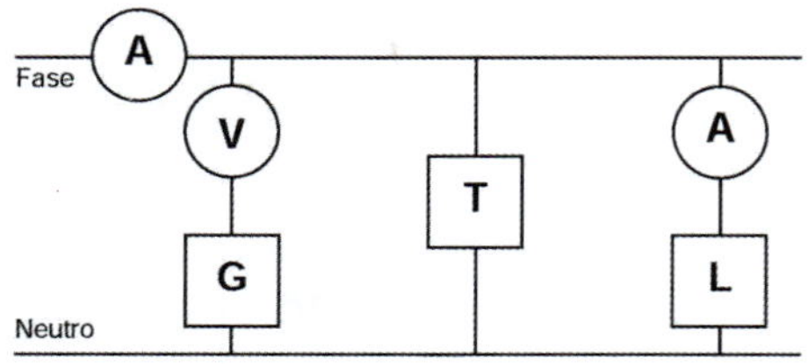



b)
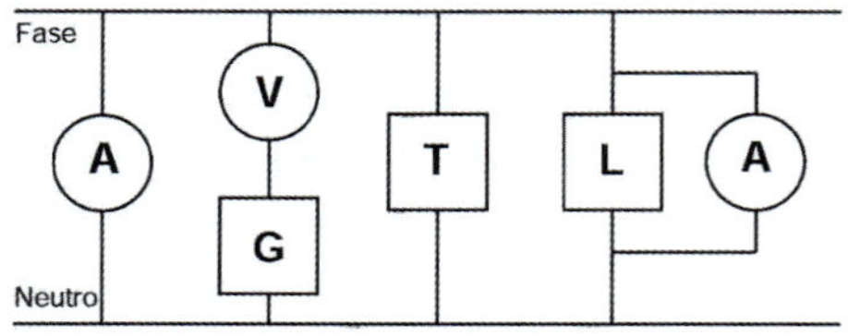


c)
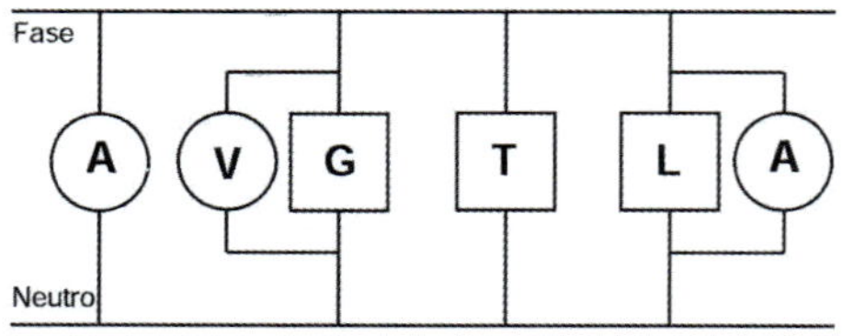


d)
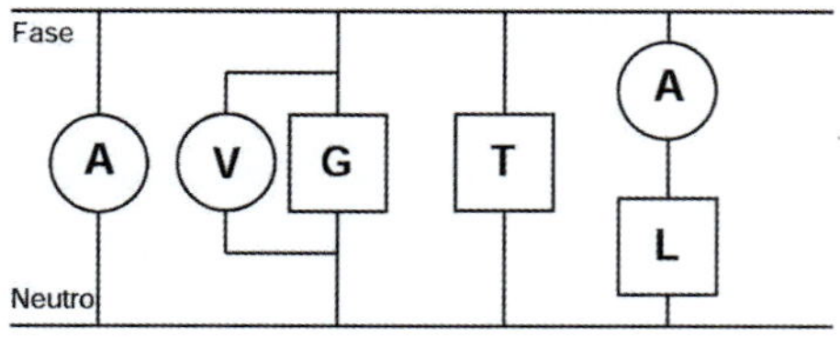


e)
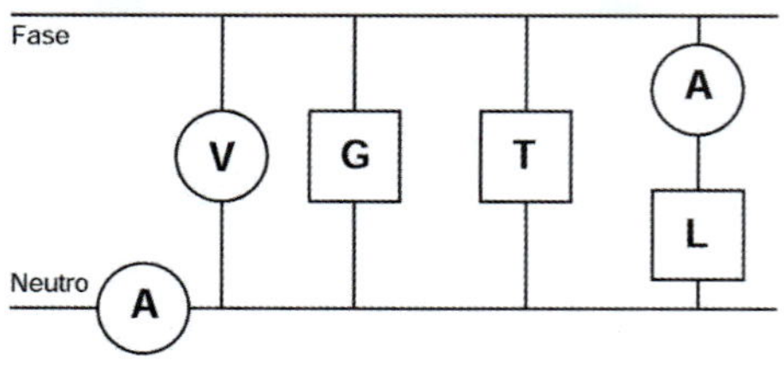

**49.** (FCMSCSP) Quando um resistor em forma de fio, de resistência elétrica 100 Ω, é submetido a uma diferença de potencial *U*, ele é percorrido por uma corrente elétrica de intensidade *i* (figura 1).

FIGURA 1

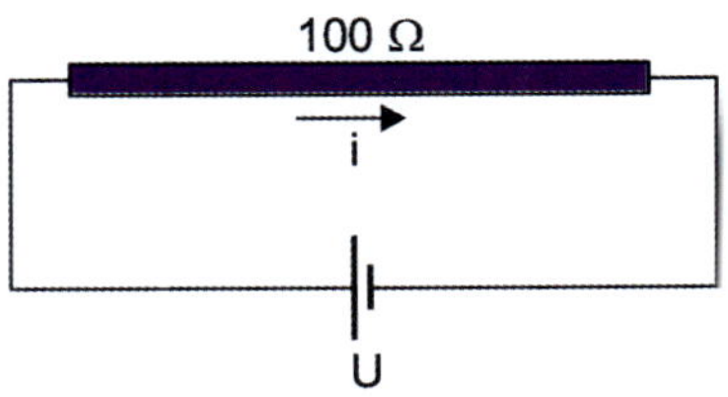


Reprodução/Santa Casa, 2018

Esse resistor é cortado em duas partes de resistências $R_X$ e $R_Y$ que são ligadas em paralelo à mesma diferença de potencial *U*. Nessa situação, o resistor de resistência $R_X$ é percorrido por uma corrente elétrica de intensidade 5*i* (figura 2).

FIGURA 2

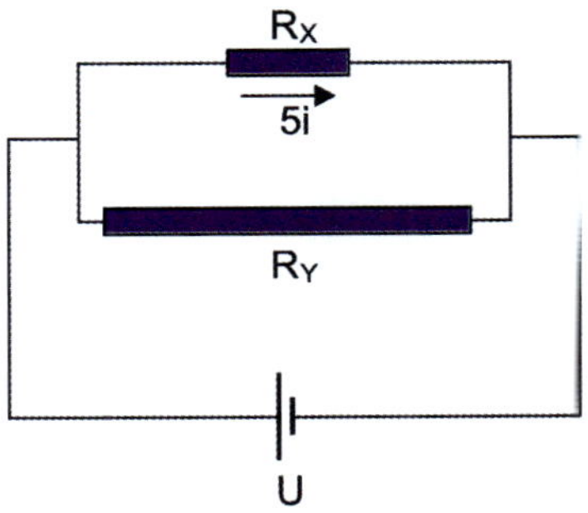


Reprodução/Santa Casa, 2018

Considerando que na situação da figura 2 os demais elementos do circuito apresentam resistência elétrica desprezível, a resistência elétrica equivalente desse circuito é igual a

a) 8 Ω
b) 16 Ω
c) 24 Ω
d) 32 Ω
e) 40 Ω

**50.** E.R. Quando um fio de resistência elétrica desprezível (fio ideal) é ligado aos dois terminais de um resistor, ele se constitui num curto-circuito. A corrente elétrica passa pelo "curto", desviando-se do resistor, conforme esquema abaixo.

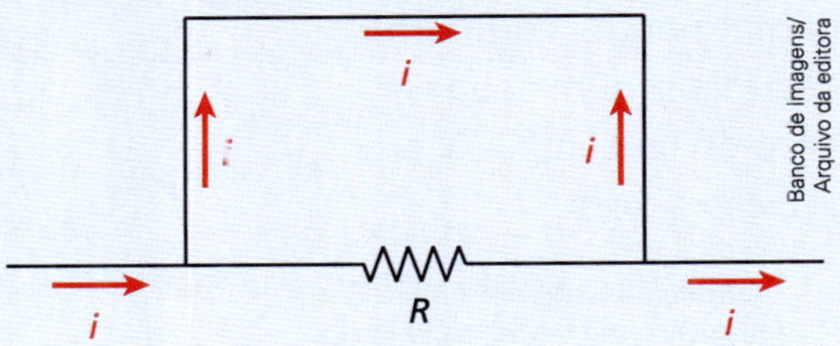


Banco de imagens/Arquivo da editora

No circuito abaixo temos quatro resistores conectados entre os terminais de uma fonte. Determine a resistência elétrica equivalente e esquematize o sentido da corrente elétrica pelos fios.

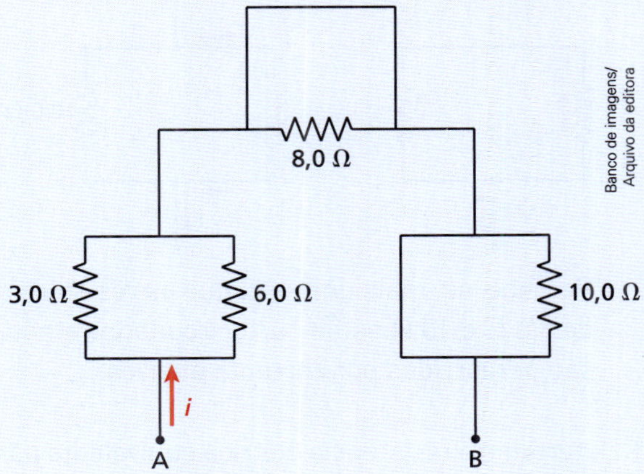


Banco de imagens/Arquivo da editora

**Resolução:**

Representando, por meio de letras, os potenciais elétricos de vários pontos do circuito, temos:

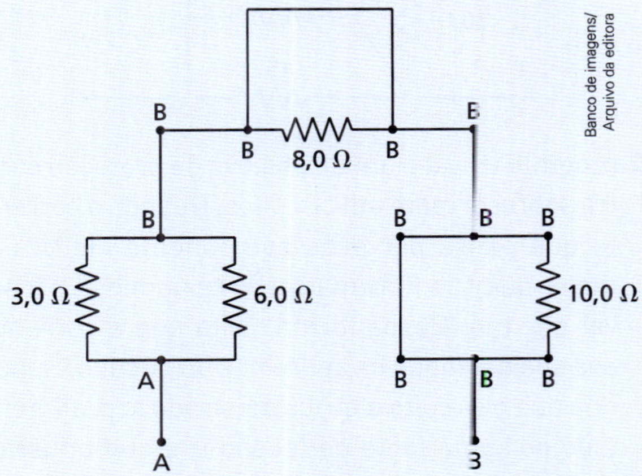


Banco de imagens/Arquivo da editora

Podemos perceber que não há diferença de potencial nos terminais dos resistores de 10 Ω e 8,0 Ω; esses resistores estão em curto-circuito.

Somente os resistores de 3,0 Ω e 6,0 Ω que estão entre **A** e **B** serão determinantes no cálculo da resistência equivalente, assim:

$$R_{eq} = \frac{R_1 R_2}{R_1 + R_2} \Rightarrow R_{eq} = \frac{3{,}0 \cdot 6{,}0}{3{,}0 + 6{,}0}$$

$$\boxed{R_{eq} = 2{,}0\ \Omega}$$

Indicando por meio de setas o percurso da corrente elétrica de **A** para **B**, temos:

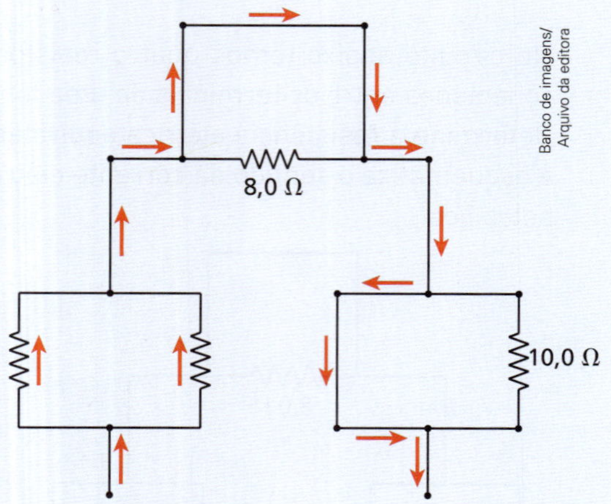


Banco de imagens/Arquivo da editora

Percebe-se, mais uma vez, que os resistores de 8,0 Ω e 10 Ω estão curtocircuitados e não são percorridos por corrente elétrica.

**51.** Determine a resistência elétrica equivalente para a seguinte associação de resistores.

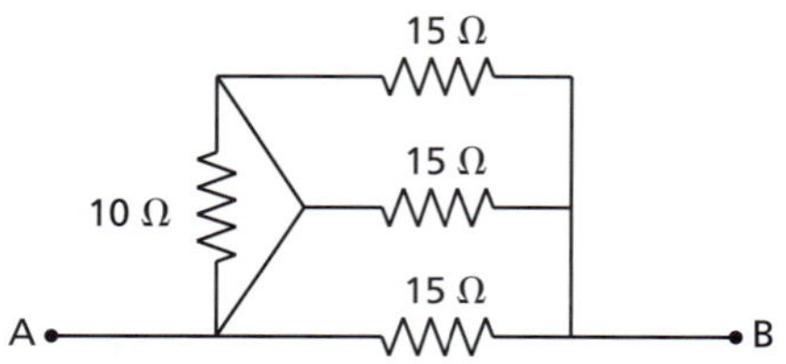


Banco de imagens/Arquivo da editora

**52.** (Enem) Fusível é um dispositivo de proteção contra sobrecorrente em circuitos. Quando a corrente que passa por esse componente elétrico é maior que sua máxima corrente nominal, o fusível queima. Dessa forma, evita que a corrente elevada danifique os aparelhos do circuito. Suponha que o circuito elétrico mostrado seja alimentado por uma fonte de tensão $U$ e que o fusível suporte uma corrente nominal de 500 mA.

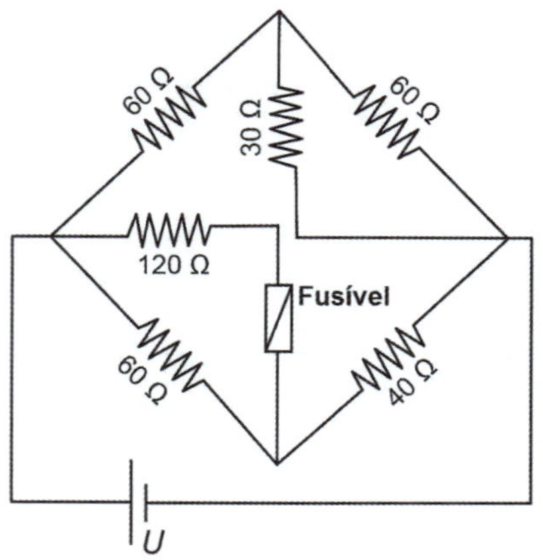


Reprodução/Enem, 2017

Qual é o máximo valor da tensão $U$ para que o fusível não queime?

a) 20 V
b) 40 V
c) 60 V
d) 120 V
e) 185 V

**53.** (IFNMG) A figura abaixo ilustra um acidente, denominado **descarga lateral**, que pode ser fatal. Nesse acidente, esquematizado na figura, uma corrente de intensidade igual a $I$, proveniente de uma descarga atmosférica, percorreu o tronco da árvore sob a qual uma pessoa fora buscar abrigo e, em dado ponto do seu percurso, parte dessa corrente atravessou uma distância $d$ no ar até que, por meio do corpo da vítima, chegou ao solo. O restante da corrente $I$ fluiu paralelamente ao tronco da árvore, porém, pelo ar, percorrendo uma distância $h$ até o solo. Sabe-se que $I = 2{,}8$ kA, $d = 0{,}40h$ e que a resistência elétrica do corpo da pessoa é desprezível quando comparada à do ar. Nessas condições, o valor da intensidade da corrente elétrica que atravessou o corpo do acidentado, dado em kA, está corretamente apresentado na alternativa:

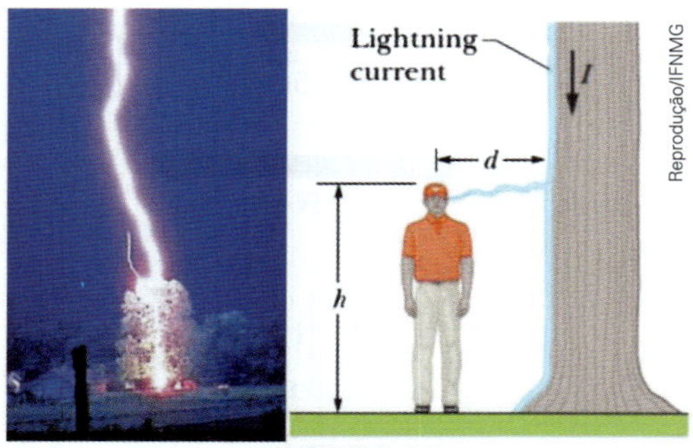


Reprodução/IFNMG

**FIGURA 06**

*Disponível em: < http://www.weatherwizkids.com>. Modificado. Acesso em: 02 maio 2016.*

a) 1,80
b) 1,00
c) 0,70
d) 2,00

**54.** (UFG-GO) Na figura, são apresentadas as resistências elétricas, em ohms, do tecido conjuntivo em cada região do corpo humano. Uma pessoa descalça apoiada sobre os dois pés na terra toca acidentalmente, com uma das mãos, num cabo elétrico de tensão 220 V em relação à terra.

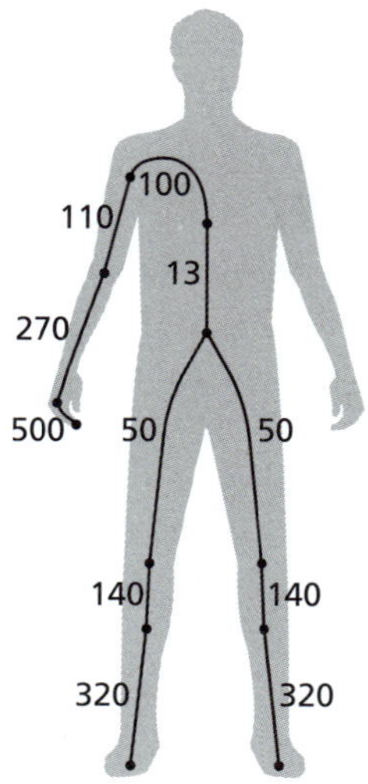


Reprodução/Arquivo da editora

GRIMNES S.; MARTINSEN O. G. *Bioimpedance and bioelectricity basics.* 2[nd] edition. Elsevier, 2008. p. 121.

Considerando o exposto e que a corrente flui apenas pelo tecido mencionado, calcule:

a) a resistência imposta pelo corpo à passagem da corrente elétrica;

b) a corrente elétrica total.

**55.** (Unicamp-SP) O transistor, inventado em 1947, é considerado por muitos como a maior invenção do século XX. Componente chave nos equipamentos eletrônicos modernos, ele tem a capacidade de amplificar a corrente em circuitos eletrônicos. A figura a seguir representa um circuito que contém um transistor com seus três terminais conectados: o coletor (**C**), a base (**B**) e emissor (**E**). A passagem de corrente entre a base e o emissor produz uma queda de tensão constante $V_{BE} = 0,7$ V entre esses terminais.

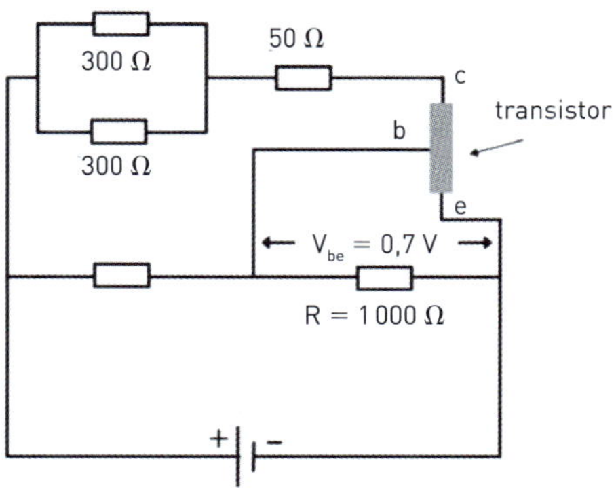

Reprodução/Unicamp, 2009

a) Qual é a corrente que atravessa o resistor R = 1 000 Ω?

b) O ganho de corrente do transistor é dado por $G = \frac{i_C}{i_B}$, em que $i_C$ é a corrente no coletor (**C**) e $i_B$ é a corrente na base (**B**).
Sabendo-se que $i_B = 0,3$ mA e que a diferença de potencial entre o polo positivo da bateria e o coletor é igual a 3,0 V, encontre o ganho de corrente do transistor.

**56.** (Uece) Assinale a alternativa correspondente à resistência equivalente entre os terminais **OB** do circuito da figura abaixo.

a) $\frac{R}{5}$

b) R

c) $\frac{R}{4} + R$

d) $\frac{R}{5} - R$

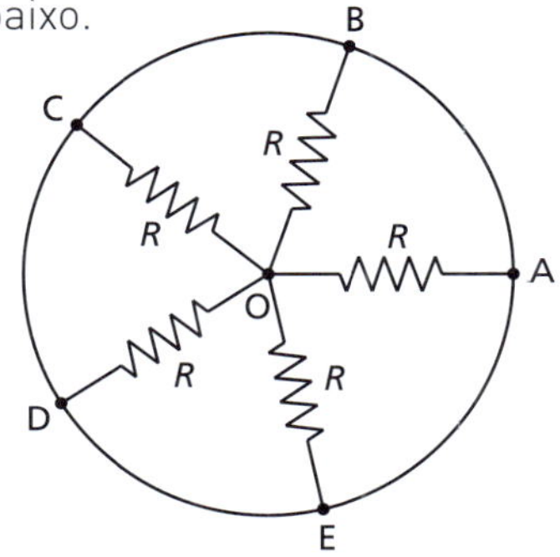

Reprodução/Arquivo da editora

**57.** (IFRN) Observe a figura a seguir, que ilustra parte de um circuito elétrico, composto de resistores cujos valores das resistências elétricas são múltiplos inteiros de *R*.

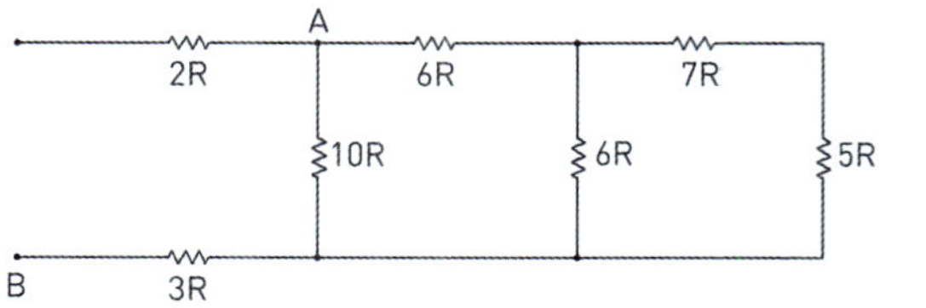

Reprodução/IFRN, 2014

A resistência elétrica equivalente entre os pontos **A** e **B** é de

a) 10R b) 15R c) 5R d) 8R

**58.** (Unesp-SP) A figura representa uma associação de três resistores, todos de mesma resistência *R*.

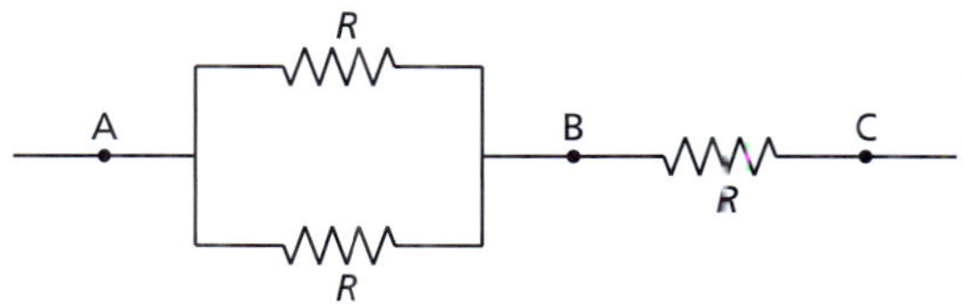

Reprodução/Arquivo da editora

Se aplicarmos uma tensão de 6 volts entre os pontos **A** e **C**, a tensão a que ficará submetido o resistor ligado entre **B** e **C** será igual a

a) 1 volt
b) 2 volts
c) 3 volts
d) 4 volts
e) 5 volts

**59.** (Fema-SP) No gráfico estão representadas as curvas características de dois resistores ôhmicos, **A** e **B**.

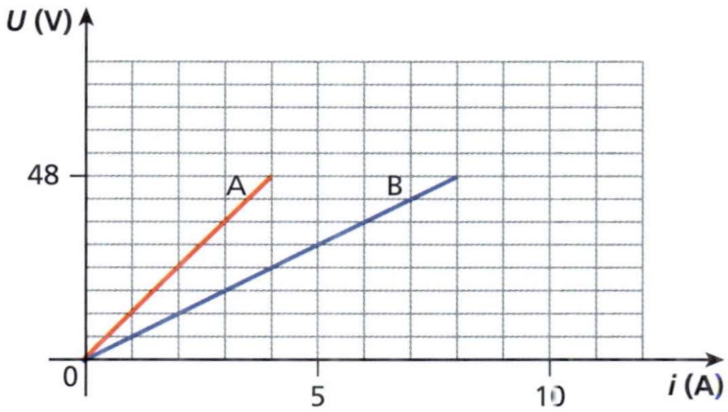

Reprodução/Arquivo da editora

Associando-se resistores iguais a esses entre dois pontos **X** e **Y**, foi construído o circuito indicado na figura.

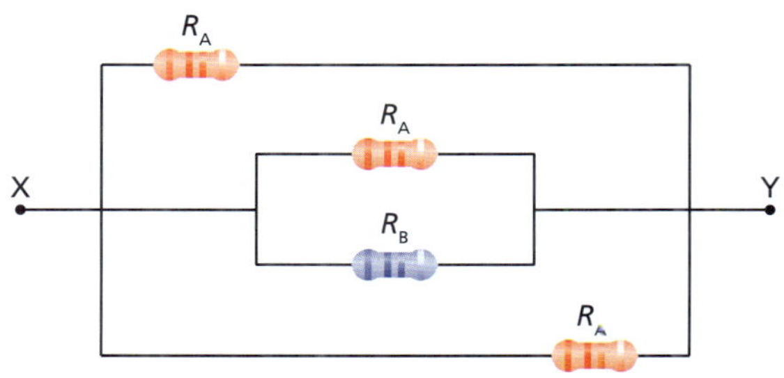

Reprodução/Arquivo da editora

Desconsiderando as resistências elétricas dos fios de ligação e das conexões utilizadas, a resistência equivalente entre os pontos **X** e **Y** é igual a

a) 7,2 Ω
b) 1,2 Ω
c) 4,8 Ω
d) 5,6 Ω
e) 2,4 Ω

**60.** (Cefet-SP) Em um circuito elétrico, existem três resistores. As intensidades das correntes elétricas que passam por eles correspondem aos valores: $i_1 = 7{,}5$ A; $i_2 = 2{,}5$ A e $i_3 = 10$ A. São dadas também as resistências: $R_1 = 20$ Ω e $R_3 = 45$ Ω.

A partir destes dados, os valores da resistência do resistor $R_2$ e da tensão total aplicada ao circuito são, respectivamente:

a) 6,7 ohms e 450 V
b) 30 ohms e 150 V
c) 60 ohms e 600 V
d) 40 ohms e 600 V
e) 80 ohms e 450 V

**61.** (UFCSPA-RS) O circuito abaixo é composto por fios ideais e por barras de carbono resistivas (linhas mais grossas). Cada barra tem resistência *R*.

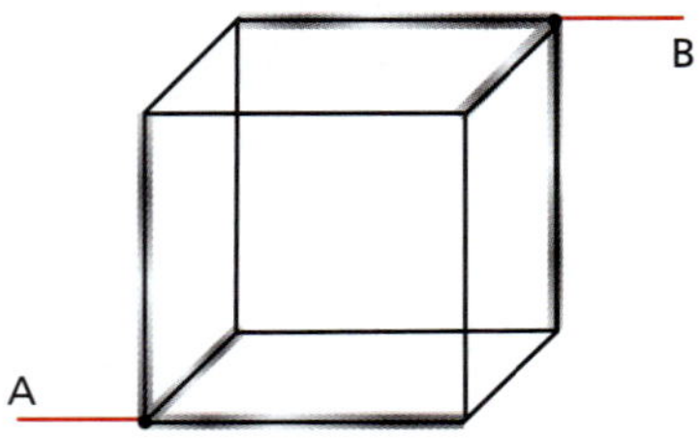


Reprodução/Arquivo da editora

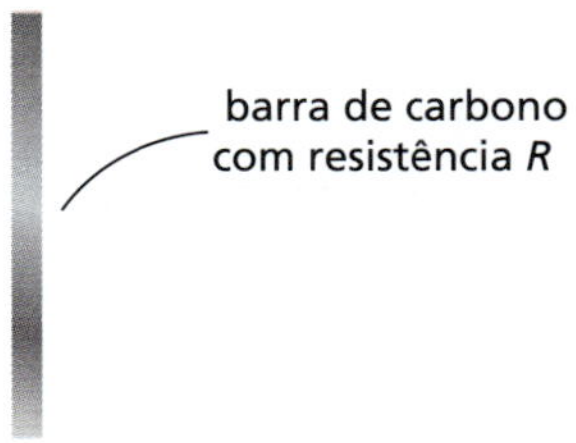


Qual é a resistência equivalente entre os pontos **A** e **B** do circuito?

a) $\frac{2R}{3}$ b) $\frac{R}{3}$ c) $\frac{3R}{2}$ d) 3R e) 6R

**62.** (FMTM-MG) É comum, em circuitos elétricos, que um fio passe sobre o outro sem que haja contato elétrico, sendo a indicação dessa situação, no esquema elétrico do circuito, dada por um pequeno arco no ponto em que haverá sobreposição. Utilizando resistores de 100 Ω, o professor desejava que seus alunos montassem o circuito indicado a seguir e posteriormente medissem, com seus ohmímetros, o valor da resistência equivalente entre os pontos **A** e **B**. Um aluno desatento, interpretando erradamente o salto de um fio sobre o outro, montou seu circuito unindo os dois fios em um ponto comum.

circuito proposto aos alunos

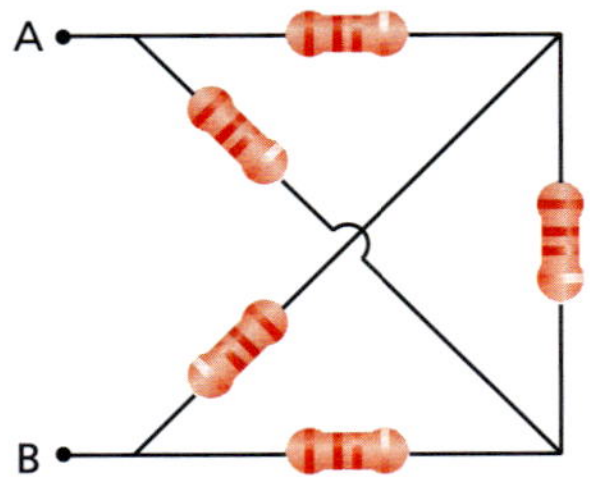


Reprodução/Arquivo da editora

Como consequência, a resistência equivalente de seu circuito, em Ω, resultou

a) 25
b) 50
c) 100
d) 200
e) 500

**63.** Na associação de resistores da figura, o valor da resistência equivalente entre os pontos **A** e **D** é

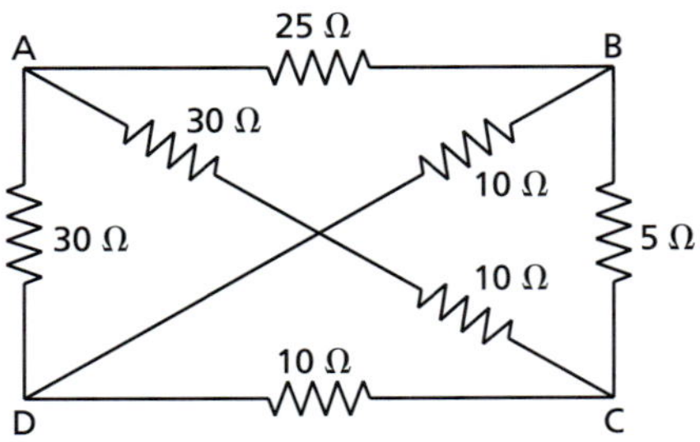


Banco de imagens/Arquivo da editora

a) 5 Ω
b) 10 Ω
c) 15 Ω
d) 20 Ω
e) 25 Ω

**64.** (PUC-SP) A ddp entre os terminais **A** e **B** da associação é igual a 17,0 V e a resistência elétrica de cada resistor vale 1,0 Ω.

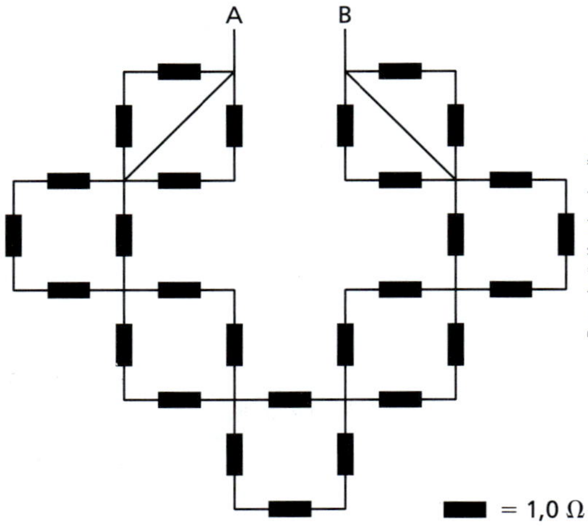


Reprodução/Arquivo da editora

A intensidade da corrente elétrica que percorre o circuito é

a) 0,85 A
b) 1,0 A
c) 2,43 A
d) 3,4 A
e) 4,0 A

**65.** (OBC) Três resistores, de mesma resistência elétrica $R$, são ligados aos terminais de um gerador ideal que mantém entre seus terminais uma tensão elétrica $U$. As chaves $\mathbf{C_1}$ e $\mathbf{C_2}$ estão inicialmente abertas e o gerador é percorrido por uma corrente elétrica de intensidade $i$.

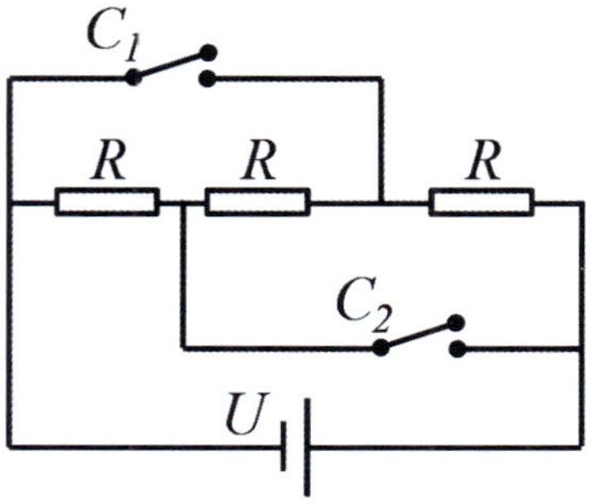


Reprodução/OBC, 2015

Fecham-se as chaves e o gerador passa a ser percorrido por corrente elétrica de intensidade $I$.

A razão $\frac{I}{i}$ é igual a:

a) 0
b) 2
c) 3
d) 6
e) 9

**66.** (PUC-SP) Determine, em ohm, o valor da resistência do resistor equivalente da associação abaixo:

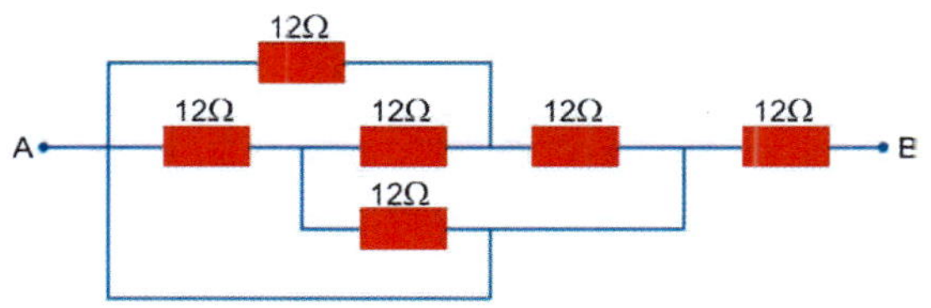


Reprodução/PUC-SP, 2018

a) 0
b) 12
c) 24
d) 36

**67.** (Uern) A resistência $R$ na associação de resistores a seguir é igual a

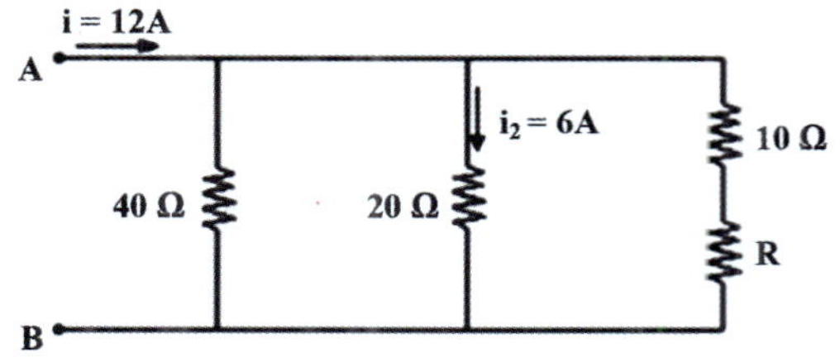


Reprodução/Uern, 2015

a) 10 Ω  b) 20 Ω  c) 30 Ω  d) 40 Ω

**68.** (FMJ-SP) A figura representa as resistências elétricas ôhmicas de partes do corpo de uma pessoa: 500 Ω para cada braço, 100 Ω para cabeça e pescoço, 500 Ω para o abdome e 1 000 Ω para cada perna. O coração, representado em vermelho, permite a passagem de corrente elétrica.

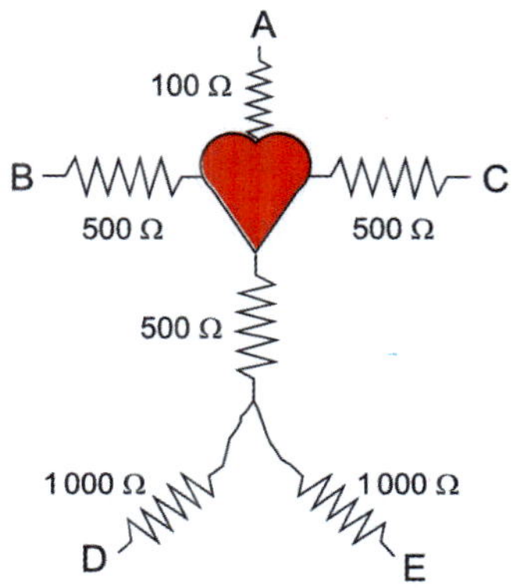


Reprodução/FMJ, 2015

a) Indique o par de pontos que, ao ser conectado a uma tensão elétrica, não provoque o risco de a corrente elétrica afetar o batimento cardíaco. Justifique sua resposta.

b) Suponha que a pessoa da figura esteja com os dois pés aterrados (sem isolantes elétricos entre os pés e a Terra) e segure com uma das mãos um fio elétrico de potencial 300 volts. Calcule, para essa situação, a corrente elétrica, em amperes, que atravessa o coração dessa pessoa.

## DESCUBRA MAIS

**1.** Cite aparelhos nos quais precisamos que a resistência à corrente seja próxima de zero.

**2.** Explique a razão pela qual computadores precisam de ventilação para não superaquecer. Por que quando o superaquecimento ocorre, a velocidade de processamento de informações fica mais lenta?

**3.** Por que lâmpadas incandescentes ficam quentes quando estão ligadas? O que pode fazer com que elas queimem?

**4.** O que são supercondutores? Dê exemplos práticos de aparelhos que utilizam materiais com essa propriedade.

**5.** Alguns aparelhos de ar condicionado, secadores de cabelo e *freezers* são conhecidos por gerar um consumo alto de energia. Por que não é indicado o uso de extensões para ligá-los em uma tomada?

## Exercícios Nível 3

**69.** (FGV-SP) O gráfico anexo representa o característico tensão-corrente de um resistor ôhmico *R* e de um resistor não ôhmico *S*.

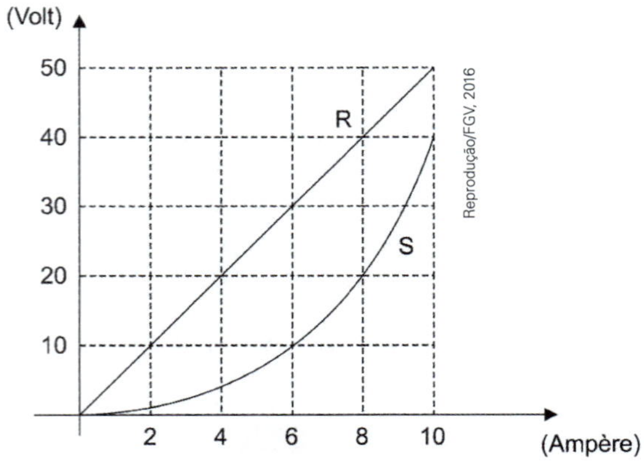


Reprodução/FGV, 2016

Para alimentá-los usa-se uma fonte de tensão que mantém em seus terminais uma diferença de potencial constante sob quaisquer condições. Os resistores podem ser ligados à fonte de tensão como ilustram os esquemas 1 e 2, nos quais o amperímetro é ideal.

**esquema 1**

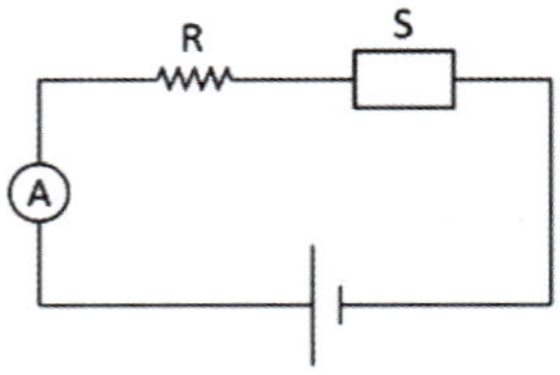


**esquema 2**

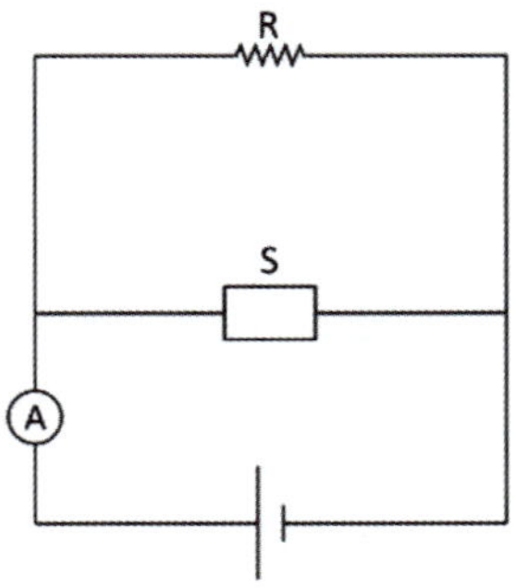


Reprodução/FGV, 2016

No circuito ilustrado no esquema 1, o amperímetro indica 6 A. Já no circuito ilustrado no esquema 2, o amperímetro indica

a) 18 A
b) 16 A
c) 12 A
d) 10 A
e) 8 A

**70.** Dois condutores cilíndricos confeccionados com o mesmo material são conectados em paralelo, conforme mostra o circuito. Seus comprimentos e áreas de seção transversal estão indicados na figura.

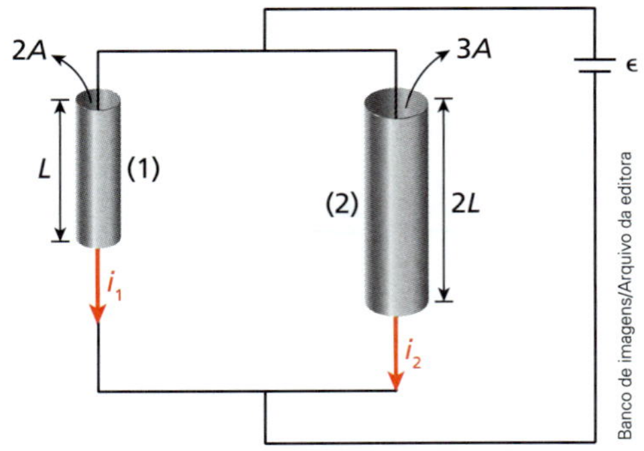


Banco de imagens/Arquivo da editora

A relação $\frac{i_1}{i_2}$ entre as intensidades de corrente $i_1$ e $i_2$ que atravessam esses condutores é:

a) $\frac{3}{4}$  b) $\frac{9}{4}$  c) $\frac{4}{3}$  d) $\frac{4}{9}$  e) $\frac{1}{2}$

**71.** (Ufscar-SP) Uma pequena escada de três degraus é feita a partir do mesmo tubo de alumínio com perfil retangular.

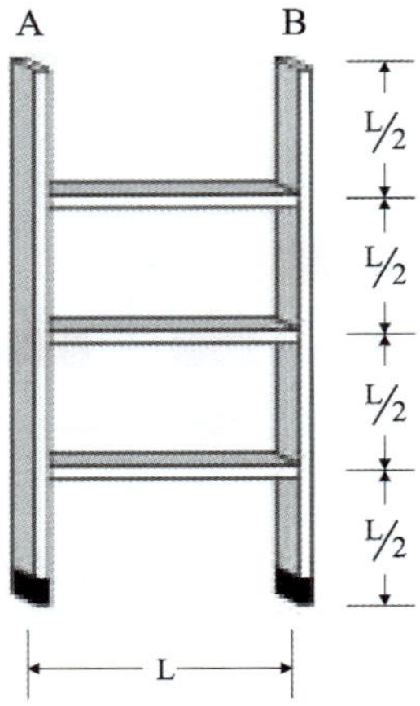


Reprodução/Ufscar, 2007

Os degraus de comprimento *L* são dispostos nas duas laterais de forma que a altura entre eles seja $\frac{L}{2}$. Para evitar escorregamentos, o apoio dos pés da escada é feito sobre duas sapatas de borracha. Se para um segmento *L* de tubo de alumínio, a resistência é *R*, considerando desprezível a resistência elétrica nas junções dos degraus com as laterais, a resistência elétrica que a escada oferece entre os pontos **A** e **B** é dada pela expressão:

a) $\frac{R}{3}$  c) $\frac{13R}{8}$  e) $\frac{15R}{8}$

b) $\frac{5R}{8}$  d) $\frac{8R}{3}$

**72.** (OPF) Considere o conjunto *N* resistores, cada um com resistência elétrica *R*. Os resistores estão conectados sobre um plano, formando um polígono de *N* lados. Mede-se a resistência elétrica entre dois pontos do polígono de forma que existam, por um lado, *k* resistências e pelo outro lado (N − k).

Prove que a resistência equivalente entre esses dois pontos vale $\frac{k(N-k)R}{N}$.

**73.** (Cesgranrio-RJ) Está associada em série certa quantidade de resistores cujas resistências elétricas formam uma progressão aritmética de razão 0,3 Ω. Essa associação é submetida a uma ddp. de 12,4 V. A menor das resistências vale 0,2 Ω, cujo resistor é atravessado por uma corrente de 0,8 A.

a) Qual o valor da resistência elétrica total dessa associação?

b) Qual o número total de resistores usados nessa associação?

**74.** (Unicamp-SP) Telas de visualização sensíveis ao toque são muito práticas e cada vez mais utilizadas em aparelhos celulares, computadores e caixas eletrônicos. Uma tecnologia frequentemente usada é a das telas resistivas, em que duas camadas condutoras transparentes são separadas por pontos isolantes que impedem o contato elétrico.

a) O contato elétrico entre as camadas é estabelecido quando o dedo exerce uma força $\vec{F}$ sobre a tela, conforme mostra a figura abaixo. A área de contato da ponta de um dedo é igual a A = 0,25 $cm^2$. Baseado na sua experiência cotidiana, estime o módulo da força exercida por um dedo em uma tela ou teclado convencional, e em seguida calcule a pressão exercida pelo dedo. Caso julgue necessário, use o peso de objetos conhecidos como guia para a sua estimativa.

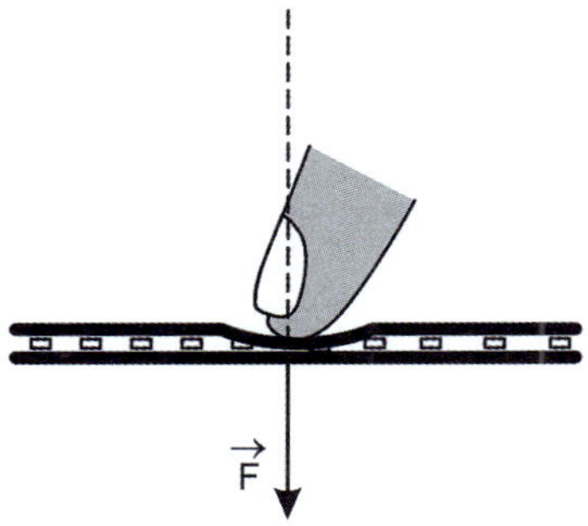


Reprodução/Unicamp, 2010

b) O circuito simplificado da figura abaixo ilustra como é feita a detecção da posição do toque em telas resistivas. Uma bateria fornece uma diferença de potencial U = 6 V ao circuito de resistores idênticos de R = 2 kΩ. Se o contato elétrico for estabelecido apenas na posição representada pela chave **A**, calcule a diferença de potencial entre **C** e **D** do circuito.

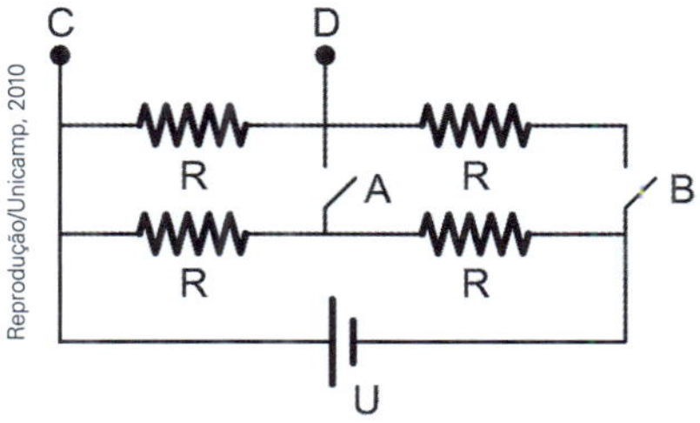


Reprodução/Unicamp, 2010

**75.** (Fuvest-SP) Em uma aula de Física, os estudantes receberam duas caixas lacradas, **C** e **C'**, cada uma delas contendo um circuito genérico, formado por dois resistores ($R_1$ e $R_2$), ligado a uma bateria de 3 V de tensão, conforme o esquema da figura abaixo.

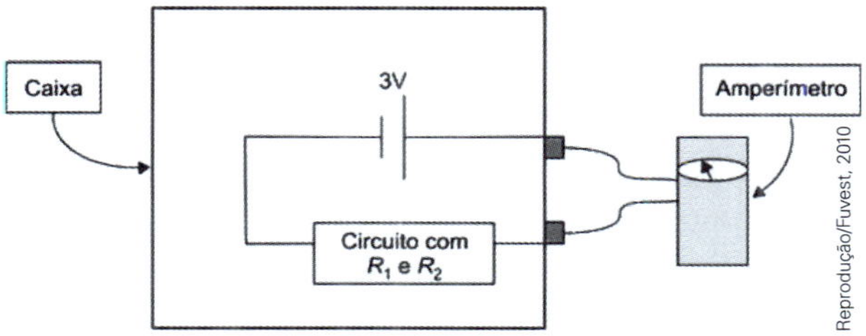


Reprodução/Fuvest, 2010

Das instruções recebidas, esses estudantes souberam que os dois resistores eram percorridos por correntes elétricas não nulas e que o valor de $R_1$ era o mesmo nas duas caixas, bem como o de $R_2$. O objetivo do experimento era descobrir como as resistências estavam associadas e determinar seus valores. Os alunos mediram as correntes elétricas que percorriam os circuitos das duas caixas, **C** e **C'**, e obtiveram os valores I = 0,06 A e I' = 0,25 A, respectivamente.

a) Desenhe, para cada caixa, um esquema com a associação dos resistores $R_1$ e $R_2$.

b) Determine os valores de $R_1$ e $R_2$.

> **Note e adote:**
> Desconsidere a resistência interna do amperímetro.
> Indique a resolução da questão. Não é suficiente apenas escrever as respostas.

## Para raciocinar um pouco mais

**76.** (UEL-PR) O físico alemão Georg Simon Ohm (1787-1854) constatou que a intensidade da corrente elétrica *i* que percorre um fio condutor é diretamente proporcional à diferença de potencial *V* que a ocasionou, ou seja, $V = R\,i$, em que esta constante de proporcionalidade *R* é chamada de resistência elétrica do condutor. Entretanto, para vários condutores, a resistência varia com a temperatura, como, por exemplo, em uma lâmpada de filamento. Esses condutores são ditos não lineares ou não ôhmicos. Embora a razão entre a diferença de potencial e a intensidade da corrente não seja constante para os condutores não ôhmicos, usa-se, da mesma maneira, o termo resistência para essa razão. Para estes materiais, a variação da resistência com a temperatura, dentro de uma larga faixa de temperaturas, é dada por $R = R_0[1 + \alpha(T - T_0)]$, em que *R* é a resistência à temperatura *T*, $R_0$ a resistência à temperatura $T_0$, e $\alpha$ o coeficiente de variação térmica da resistência.

Uma lâmpada de filamento é constituída de um bulbo de vidro, no interior do qual existe vácuo ou gás inerte, e de um fio fino, quase sempre de tungstênio, que se aquece ao ser percorrido por uma corrente elétrica. A lâmpada de uma lanterna alimentada por uma bateria de 3 V tem um filamento de tungstênio ($\alpha = 4{,}5 \cdot 10^{-3}\ °C^{-1}$), cuja resistência à temperatura ambiente (20 °C) é de 1,0 $\Omega$.

Se, quando acesa, a corrente for de 0,3 A, qual será a temperatura do filamento?

a) 1 500 °C
b) 2 020 °C
c) 2 293 °C
d) 5 400 °C
e) 6 465 °C

**77.** (Unesp-SP) A resistência elétrica de certos metais varia com a temperatura, e esse fenômeno muitas vezes é utilizado em termômetros. Considere um resistor de platina alimentado por uma tensão constante. Quando o resistor é colocado em um meio a 0 °C, a corrente que passa por ele é 0,8 mA. Quando o resistor é colocado em um outro meio cuja temperatura se deseja conhecer, a corrente registrada é 0,5 mA. A relação entre a resistência elétrica da platina e a temperatura é especificada por meio da relação $R = \beta\,(1 + \alpha T)$, em que $\alpha = 4 \cdot 10^{-3}\ °C^{-1}$. Calcule a temperatura desse meio.

**78.** (OPF) Extensômetros são pequenos dispositivos sensíveis a mudanças de dimensões nas estruturas em que são fixados. A figura abaixo exemplifica um desses dispositivos.

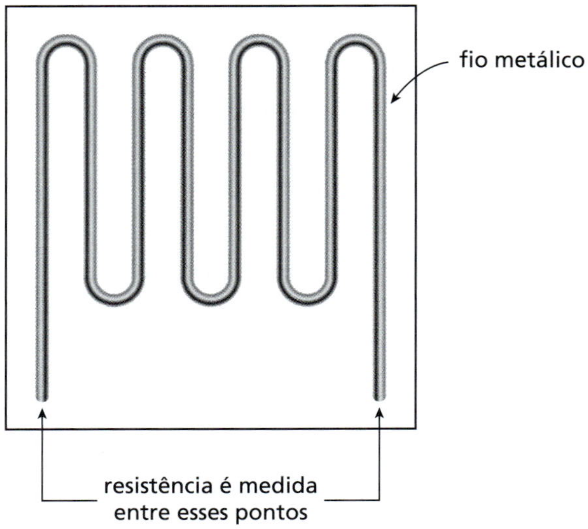




Quando fixado em uma estrutura, o extensômetro sofre a deformação conforme ela ocorre na mesma. Sabendo disso, o engenheiro civil responsável pela construção de um estádio de futebol decidiu medir as deformações presentes na estrutura da arquibancada com um extensômetro simples, que utiliza um fio de alumínio (resistividade $\rho = 2{,}82 \cdot 10^{-8}\ \Omega \cdot m$) de comprimento igual a 100 cm e área transversal igual $1{,}00 \cdot 10^{-5}\ cm^2$. Após a medição, ele verificou um aumento de 0,0564 $\Omega$ na resistência do fio. Considerando que a área transversal do fio não se altera, qual foi o comprimento do fio após as medições?

a) 10,1 cm.
b) 10,2 cm.
c) 10,3 cm.
d) 10,4 cm.
e) 10,5 cm.

**79.** (Urca-CE) Dado o circuito abaixo, encontre a resistência equivalente entre os pontos **A** e **B**, sendo $R_1 = 2\ \Omega$ e $R_2 = 4\ \Omega$.

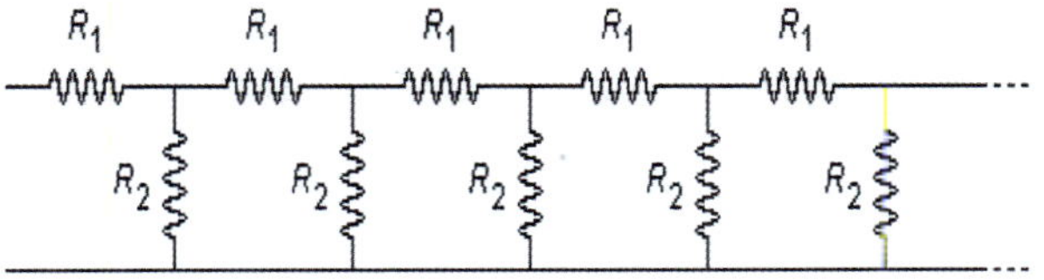


Reprodução/Urca, 2012

a) $1\ \Omega$
b) $2\ \Omega$
c) $3\ \Omega$
d) $4\ \Omega$
e) $5\ \Omega$

**80.** (ITA-SP) Por razões técnicas, um cabo condutor é constituído de 3 capas concêntricas de várias ligas, com resistividades diferentes. Sabendo-se que todas as capas têm a mesma espessura $\frac{r}{3}$, em que $r$ é o raio do cabo, e que o núcleo do cabo (considerado como uma das capas) é um fio de raio $\frac{r}{3}$; sabendo-se também que a resistividade do núcleo é $\rho$ e que as das capas são, respectivamente, de dentro para fora, 2 e 3 vezes o valor dessa resistividade, pode-se escrever a expressão da resistência, por metro de comprimento do cabo, da seguinte forma:

a) $\frac{\rho}{\pi r^2}$

b) $\frac{164}{123} \cdot \frac{\rho}{\pi r^2}$

c) $\frac{23}{18} \cdot \frac{\rho}{\pi r^2}$

d) $\frac{54}{25} \cdot \frac{\rho}{\pi r^2}$

e) nenhuma das expressões corresponde ao enunciado.

**81.** (IME-RJ) Sabendo que todos os resistores da malha infinita da figura têm resistência $R$, a resistência equivalente entre **A** e **B** é:

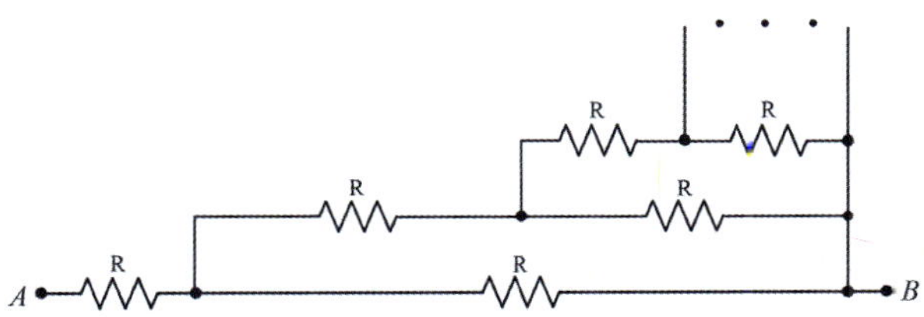


Reprodução/IME, 2010

a) $\frac{R(1+\sqrt{2})}{2}$

b) $\frac{R(1+\sqrt{3})}{2}$

c) $\frac{3R}{2}$

d) $\frac{R(1+\sqrt{5})}{2}$

e) $\frac{R(1+\sqrt{6})}{2}$

**82.** No cubo ilustrado na figura, cada uma de suas arestas é formada de um material condutor de resistência elétrica igual a $R$. Determine a resistência elétrica equivalente do circuito, em forma de cubo, sabendo que os terminais elétricos **A** e **B** são conectados a uma bateria elétrica.

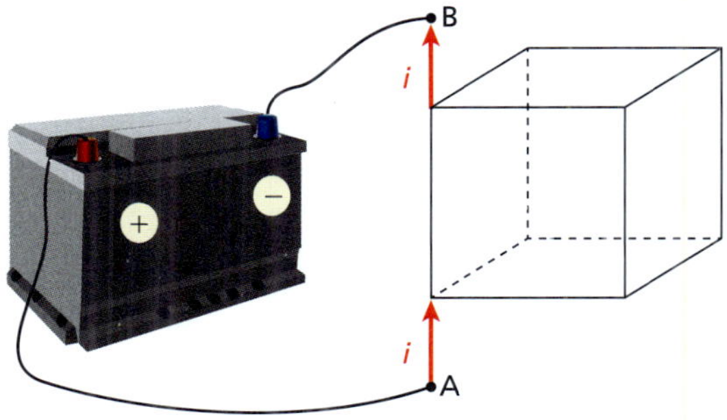


Banco de imagens/ Arquivo da editora

**83.** Um hexágono regular e suas diagonais são feitos de fios. A resistência elétrica de cada fio formador do hexágono e de suas diagonais é igual a $R$. O hexágono se conecta a um circuito entre os pontos 1 e 2, como mostra a figura. Calcule a resistência elétrica total do circuito formado.

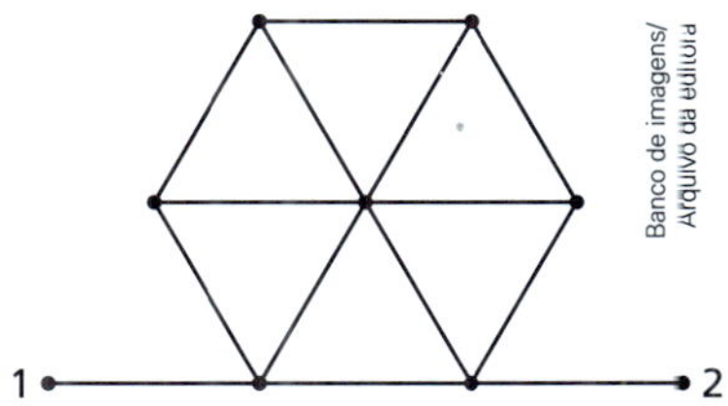


Banco de imagens/ Arquivo da editora

**84.** Determine a resistência equivalente, entre os terminais **A** e **B**, do circuito a seguir. Todos os resistores têm resistências iguais a $R$.

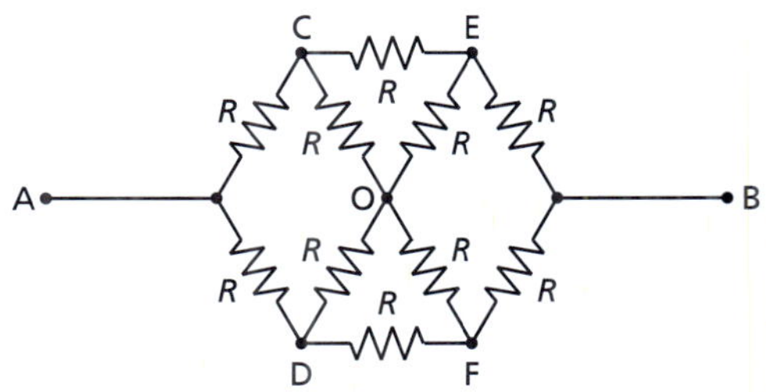


Banco de imagens/ Arquivo da editora

APÊNDICE

# Técnicas para circuitos assimétricos: transformação delta-estrela

## Introdução

Vamos analisar associações de resistores que aparentam não estar nem em série nem em paralelo; além disso, são associações de resistores que não apresentam simetria. Encaixam-se, nessa análise, os circuitos na forma $\Delta$ (delta) e na forma $\Upsilon$ (estrela).

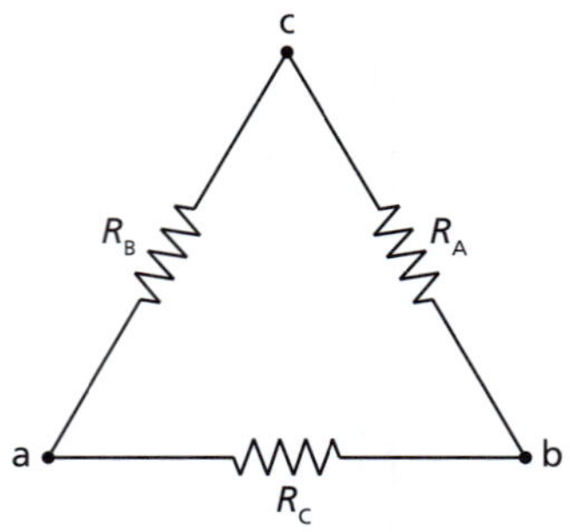


Ligação em $\Delta$ (delta).

Banco de imagens/Arquivo da editora

Para entender um pouco mais sobre elas, considere três nós de um circuito qualquer. Vamos chamar esses nós de **a**, **b**, e **c**. Há infinitas formas de ligar esses nós utilizando resistores. No caso de uma **ligação em delta** ($\Delta$), cada par de terminais é ligado com um resistor. Por exemplo, os terminais **a** e **b** são interligados com um resistor que chamaremos de $R_C$. Já os terminais **a** e **c** são ligados por um resistor $R_B$ e os terminais **b** e **c** são conectados por $R_A$. Esse tipo de ligação é ilustrado na figura ao lado.

No caso de uma **ligação em estrela** ($\Upsilon$), criamos um nó central entre **a**, **b** e **c**. Então, ligamos um resistor $R_1$ entre o nó **a** e o nó central. Outro resistor, $R_2$, é ligado entre o nó **b** e o nó central. Por fim, o resistor $R_3$ é ligado entre o nó **c** e o central. Assim, chegamos à ligação do tipo $\Upsilon$, ilustrada na figura a seguir.

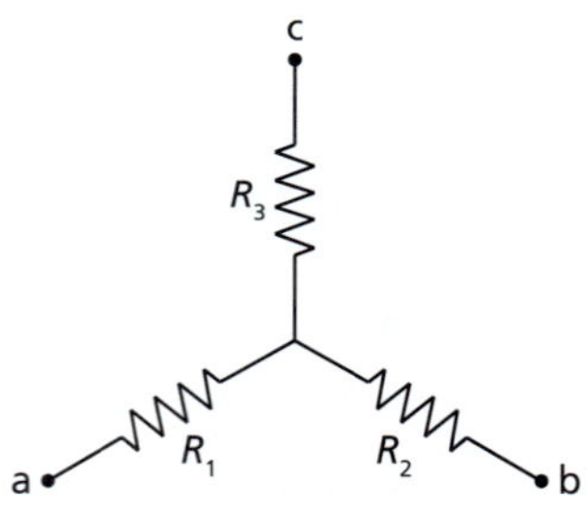


Ligação em $\Upsilon$ (estrela).

Banco de imagens/Arquivo da editora

Note que tanto em $\Delta$ quanto em $\Upsilon$, estamos ligando 3 nós do circuito utilizando 3 resistores. Entretanto, os resistores são ligados de forma diferente.

Há circuitos que são facilmente resolvidos caso os resistores estejam ligados em $\Delta$. Já outros ficam complicados e seria mais interessante se a ligação entre os três terminais fosse em $\Upsilon$. Dessa forma, vamos deduzir algumas relações que nos permitem trocar resistores $R_C$, $R_B$ e $R_A$ ligados em $\Delta$ para resistores $R_1$, $R_2$ e $R_3$ ligados em $\Upsilon$ de forma a manter o comportamento do circuito. Quando um trecho de circuito em delta é trocado por um trecho de circuito em estrela, ou vice-versa, o restante do circuito não se altera. Delta e estrela serão trechos equivalentes para o restante do circuito.

## Transformação delta $\rightarrow$ estrela

Buscamos, então, transformar parte de um circuito cujos resistores estejam ligados em $\Delta$ para uma ligação em $\Upsilon$. Na figura ao lado, observe a ligação $\Delta$ em verde. Esta é a forma original em que o circuito foi apresentado, mas nos interessa substituí-lo pelo circuito em azul, ligado em $\Upsilon$. Isto corresponde a encontrar os valores de $R_1$, $R_2$ e $R_3$, em função de $R_C$, $R_B$ e $R_A$, que nos permite substituir as ligações sem interferir no comportamento do circuito.

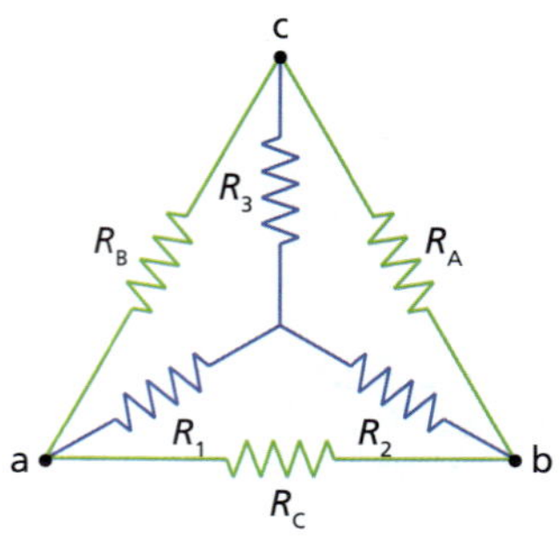


Banco de imagens/Arquivo da editora

A associação de resistores em verde, ligados em $\Delta$, será transformada em uma associação de resistores em azul, ligados em $\Upsilon$.

Para encontrar as relações que nos dão $R_1$, $R_2$ e $R_3$, em função de $R_C$, $R_B$ e $R_A$, vamos começar determinando a resistência equivalente $R_{ab}$ entre os terminais **a** e **b** para a ligação em $\Delta$ e para a ligação em $\Upsilon$.

Na ligação em $\Delta$, temos que $R_{ab}$ será composta por duas resistências em paralelo, $R_C$ e outra, resultante da associação em série de $R_A$ e $R_B$. Portanto, temos que:

$$\frac{1}{R_{ab}} = \frac{1}{R_C} + \frac{1}{(R_A + R_B)} = \frac{(R_A + R_B)}{R_C(R_A + R_B)} + \frac{R_C}{(R_A + R_B)R_C}$$

$$\frac{1}{R_{ab}} = \frac{R_A + R_B + R_C}{R_C(R_A + R_B)} \Rightarrow \boxed{R_{ab} = \frac{R_C(R_A + R_B)}{R_A + R_B + R_C}}$$

Já para o nosso circuito equivalente, a resistência $R_{ab}$ seria um resultado da ligação em série de $R_1$ e $R_2$, já que $R_3$ não vai interferir diretamente nessa resistência. Portanto, conclui-se que:

$$\boxed{R_{ab} = R_1 + R_2}$$

Como queremos que, após a troca da ligação em $\Delta$ para a ligação em $\Upsilon$, o circuito se comporte da mesma forma, devemos ter que as resistências $R_{ab}$ sejam iguais para ambos:

$$\boxed{R_{ab} = R_1 + R_2 = \frac{R_C(R_A + R_B)}{R_A + R_B + R_C}} \quad (1)$$

Vamos repetir este procedimento para a resistência $R_{ac}$, entre os terminais **a** e **c**, e para a resistência $R_{bc}$, entre os terminais **b** e **c**. Analogamente ao realizado acima, temos que:

$$R_{ac} = R_1 + R_2 = \frac{R_B(R_A + R_C)}{R_A + R_B + R_C} \quad (2) \quad \text{e} \quad R_{bc} = R_1 + R_2 = \frac{R_A(R_B + R_C)}{R_A + R_B + R_C} \quad (3)$$

As equações (1), (2) e (3) obtidas são as relações entre $R_1$, $R_2$ e $R_3$ e $R_C$, $R_B$ e $R_A$ que precisam ser satisfeitas para que as ligações $\Delta$ e $\Upsilon$ sejam equivalentes. Podemos encontrar $R_1$ por:

$$(1) + (2) - (3) \Rightarrow 2R_1 = \frac{R_C(R_A + R_B)}{R_A + R_B + R_C} + \frac{R_B(R_A + R_C)}{R_A + R_B + R_C} + \frac{R_A(R_B + R_C)}{R_A + R_B + R_C}$$

$$R_1 = \frac{1}{2} \cdot \frac{R_C R_A + R_C R_B + R_B R_A + R_C R_B - R_B R_A - R_C R_A}{R_A + R_B + R_C}$$

$$\boxed{R_1 = \frac{R_C R_B}{R_A + R_B + R_C}} \quad (4)$$

Analogamente, podemos encontrar $R_2$ por (1) + (3) − (2) e $R_3$ por (2) + (3) − (1). O resultado é:

$$\boxed{R_2 = \frac{R_A R_C}{R_A + R_B + R_C}} \quad (5) \quad \text{e} \quad \boxed{R_3 = \frac{R_A R_B}{R_A + R_B + R_C}} \quad (6)$$

Decorar cada uma dessas equações pode ser complicado. Então note uma regra prática para determinar $R_1$, $R_2$ e $R_3$: cada resistência que aparece na ligação $\Upsilon$ é igual ao produto das resistências que aparecem ligadas ao mesmo nó na ligação $\Delta$, dividido pela soma de todas as resistências de $\Delta$.

**Exemplo**

Vamos encontrar a resistência equivalente entre os nós **c** e **d** do circuito ilustrado na figura abaixo.

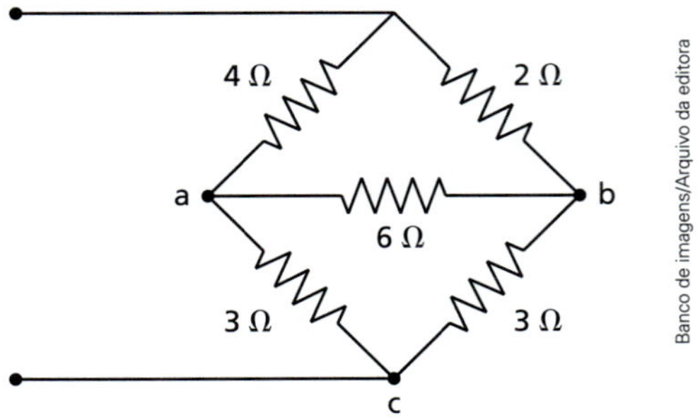


Podemos identificar duas ligações em $\Delta$ no circuito. Uma entre os nós **a**, **b** e **d** e outra entre os nós **a**, **b** e **c**. Caso uma dessas ligações fosse transformada em $\Upsilon$, seria possível simplificar o circuito para outro com apenas resistores em série e em paralelo. Assim, utilizando estas associações podemos encontrar a resistência equivalente. Escolhemos aqui transformar a ligação $\Delta$ entre **a**, **b** e **c** em uma ligação $\Upsilon$ equivalente, como representa a figura ao lado. Utilizando as relações (4), (5) e (6), calculamos $R_1$, $R_2$, e $R_3$:

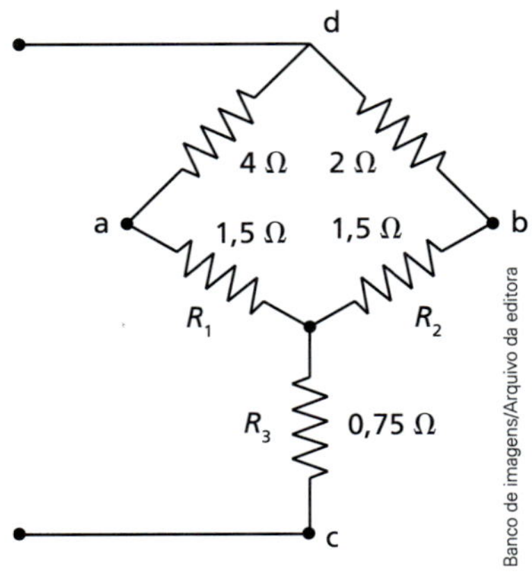


$$R_2 = \frac{R_A R_C}{R_A + R_B + R_C} = \frac{3 \cdot 6}{3 + 3 + 6} \therefore R_2 = \frac{3}{2}\ \Omega = 1{,}5\ \Omega$$

$$R_1 = \frac{R_C R_B}{R_A + R_B + R_C} = \frac{6 \cdot 3}{3 + 3 + 6} \therefore R_1 = \frac{3}{2}\ \Omega = 1{,}5\ \Omega$$

$$R_3 = \frac{R_A R_B}{R_A + R_B + R_C} = \frac{3 \cdot 3}{3 + 3 + 6} \therefore R_3 = \frac{3}{4}\ \Omega = 0{,}75\ \Omega$$

Agora, podemos calcular a resistência $R_{cd}$ equivalente utilizando associações em série e paralelo:

$$R_{cd} = 0{,}75 + \frac{(1{,}5 + 4)(1{,}5 + 2)}{(1{,}5 + 4) + (1{,}5 + 2)}$$

$$R_{cd} \cong 2{,}9\ \Omega$$

# Transformação estrela → delta

Em alguns circuitos, transformar uma associação de resistores de $\Delta$ para $\Upsilon$ pode ajudar muito a encontrar uma resistência equivalente entre duas partes do circuito. Há, porém, outros circuitos em que a ligação $\Delta$ pode simplificar mais a resolução que a ligação $\Upsilon$. Por isso, agora aprenderemos a transformar um circuito em $\Upsilon$ para um circuito em $\Delta$. Ou seja, na figura ao lado, queremos transformar a ligação em azul ($\Upsilon$) para a ligação em verde ($\Delta$). Queremos, então, determinar $R_A$, $R_B$ e $R_C$ em função de $R_1$, $R_2$, e $R_3$ que permita a substituição de uma ligação em $\Upsilon$ para uma em $\Delta$ equivalente.

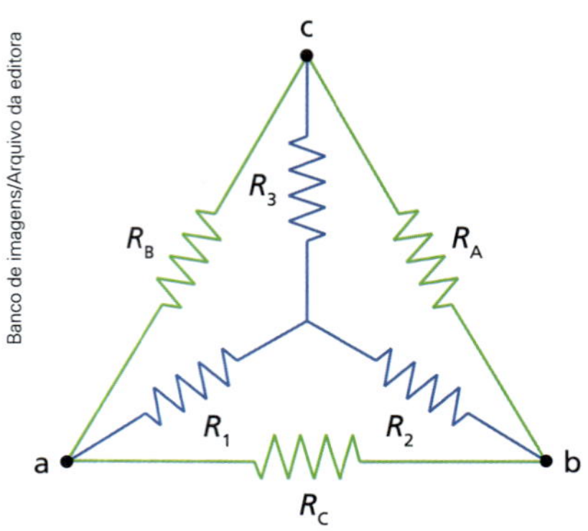


Transformando resistores em azul, ligados em $\Upsilon$, para resistores em verde, ligados em $\Delta$.

Observe que as relações (1), (2) e (3) obtidas anteriormente devem ser válidas aqui também. Portanto, basta isolar $R_A$, $R_B$ e $R_C$ nestas equações. Assim, encontramos o seguinte resultado:

$$R_A = \frac{R_1R_2 + R_1R_3 + R_2R_3}{R_1} \quad (7)$$

$$R_B = \frac{R_1R_2 + R_1R_3 + R_2R_3}{R_2} \quad (8)$$

$$R_C = \frac{R_1R_2 + R_1R_3 + R_2R_3}{R_3} \quad (9)$$

Novamente, decorar cada equação pode ser mais simples se observarmos o seguinte padrão: a resistência em $\Delta$ é igual à soma dos produtos dois a dois das resistências em $Y$ dividida pela resistência de $Y$ mais distante da resistência que se deseja determinar em $\Delta$.

Vamos aplicar essa nova transformação para ver como ela pode ser útil.

**Exemplo**

Vamos encontrar a resistência equivalente entre os terminais **a** e **c** do circuito representado na figura abaixo.

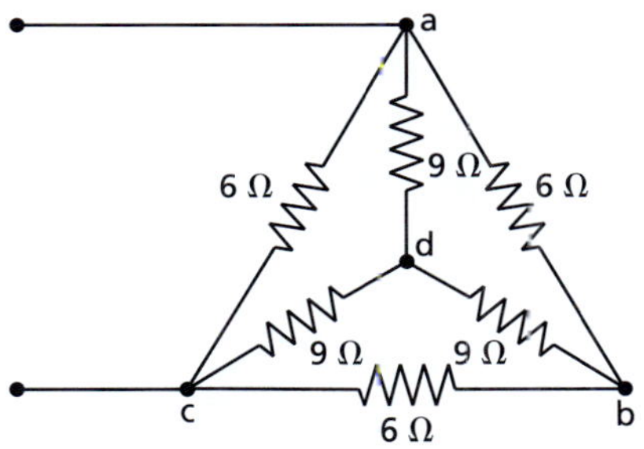


Banco de imagens/Arquivo da editora

Podemos observar nesse circuito duas ligações de resistores, uma em $\Delta$, correspondente aos resistores de 6 $\Omega$, e outra em $Y$, correspondente aos resistores de 9 $\Omega$.

Para encontrar a resistência equivalente $R_{ac}$, entre **a** e **c**, podemos transformar a ligação em $Y$ para $\Delta$. Assim, teremos 2 ligações $\Delta$ em paralelo, como mostra a figura ao lado, e então podemos associar os resistores em paralelo e em série para encontrar a resistência equivalente.

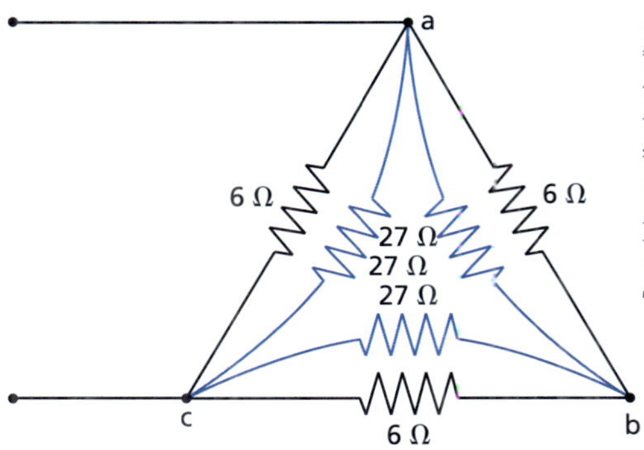


Banco de imagens/Arquivo da editora

Utilizando a equação (9) e considerando que todos os resistores da ligação $Y$ são iguais, a transformação da ligação $Y$ para $\Delta$ nos dá que:

$$R_A = R_B = R_C = R_\Delta = 3R_Y = 3 \cdot 9\ \Omega = 27\ \Omega$$

Portanto, $R_{ac}$ é dado por:

$$R_{ac} = \frac{\dfrac{(6 \cdot 27)}{(6+27)}\left[\dfrac{(6 \cdot 27)}{(6+27)} + \dfrac{(6 \cdot 27)}{(6+27)}\right]}{\dfrac{(6 \cdot 27)}{(6+27)} + \left[\dfrac{(6 \cdot 27)}{(6+27)} + \dfrac{(6 \cdot 27)}{(6+27)}\right]} \quad \therefore \ R_{ac} \cong 2{,}27\ \Omega$$

TÓPICO

# 3 Geradores elétricos e circuitos simples

Reprodução/Fundação M. C. Escher

Criada pelo artista holandês Maurits Cornelis Escher (1898-1972), a litografia ao lado (*Waterfall*, 38 cm × 30 cm) representa uma máquina de movimento perpétuo. Você seria capaz de olhar para esta obra e estabelecer uma relação com um circuito elétrico?

Quando olhamos atentamente a imagem acima, temos a percepção de que o fluxo de água está sempre "caindo". Existe um aparente movimento que se mantém indefinidamente. Sabemos que isso só é possível graças à genialidade de Escher ao utilizar elementos de proporcionalidade que desafiam a nossa percepção.

Uma analogia possível seria com um circuito elétrico simples, com uma corrente elétrica fluindo eternamente, sem a presença de um gerador, ou seja, sem uma fonte de energia.

No entanto, ao contrário do que sugere a litografia acima, a diferença de potencial elétrico necessária para que a corrente elétrica percorra um circuito simples exige a presença de um gerador. Estudaremos neste tópico alguns tipos de geradores elétricos e grandezas que os definem, tais como a força eletromotriz e sua resistência interna. Estudaremos também a equação de um circuito com gerador, associação de geradores e circuitos com os chamados receptores elétricos.

## Bloco 1

# 1. Geradores elétricos

**Gerador elétrico** é um elemento de circuito capaz de transformar em elétrica uma outra modalidade de energia.

Os geradores são classificados conforme a modalidade de energia que é transformada em elétrica.

- **Geradores mecânicos**: transformam energia mecânica em elétrica. Exemplos: dínamos, alternadores e turbinas de usinas hidrelétricas.
- **Geradores químicos**: transformam energia química em elétrica. Exemplos: pilhas e baterias.
- **Geradores luminosos**: transformam energia radiante (luminosa) em elétrica. Exemplo: fotocélulas.

Há ainda os geradores térmicos, os geradores eólicos, etc.

DisobeyArt/Shutterstock

Alguns modelos de bicicleta são equipados com um dínamo (em destaque ao lado), que converte a energia mecânica gerada pelas pedaladas em energia elétrica, usada para acender os faróis, por exemplo.

## JÁ PENSOU NISTO?

### Como funcionam os painéis solares fotovoltaicos?

Painéis solares têm se tornado cada vez mais comuns como fontes de energia por prover energia renovável. O princípio de funcionamento de um painel solar é a conversão da energia proveniente do Sol, que chega à Terra através de luz (fótons), em energia elétrica.

Uma das formas de se realizar essa conversão é por meio das chamadas células solares (também conhecidas como células fotovoltaicas), que são compostas de materiais semicondutores, como o silício cristalino ou o arsenieto de gálio. Ao serem atingidos por fótons de determinada energia, esses materiais geram elétrons livres que poderão ser deslocados devido à diferença de potencial elétrico do próprio material. Esse deslocamento gera corrente elétrica que pode ser utilizada para a geração de energia elétrica.

A energia solar ainda não é usada em grande escala devido ao alto custo das placas solares fotovoltaicas, porém muitas pesquisas estão sendo conduzidas em todo o mundo para encontrar formas de baratear sua produção.

Nicholas Kamm/Agência France-Presse

Placas solares fotovoltaicas podem ser utilizadas não apenas na geração de energia elétrica para domicílios, mas também em diversas situações. O dispositivo da imagem acima, por exemplo, é chamado de Mr. Trash Wheel (Sr. Roda de Lixo, em inglês). Instalado na região portuária de Baltimore, Estados Unidos, possui placas solares fotovoltaicas responsáveis pelo seu funcionamento. Ele foi desenvolvido para coletar lixo em ambientes aquáticos e, desde seu lançamento em 2004, foi responsável pelo recolhimento de 859 toneladas de lixo.

# 2. Força eletromotriz (f.e.m.) e resistência interna (r) do gerador

Os parâmetros característicos de um gerador elétrico são: a **força eletromotriz**, abreviada **f.e.m.**, e a resistência elétrica ôhmica que ele oferece à passagem da corrente elétrica, isto é, a sua **resistência interna**. A imagem abaixo representa um gerador.

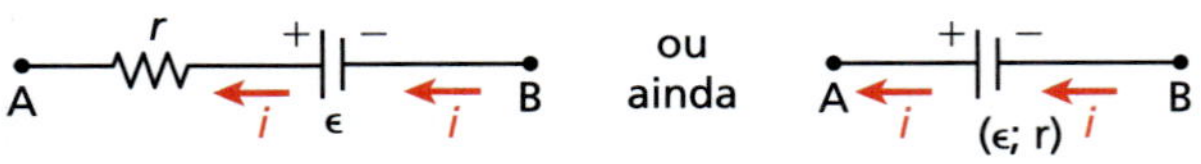


Banco de imagens/Arquivo da editora

// O elemento **AB** da figura simboliza um **gerador**, caracterizado pela f.e.m. $\epsilon$ e a resistência interna *r*.

Para que a situação representada na imagem de abertura deste tópico fosse possível, seria necessário que uma bomba de água realizasse trabalho sobre a massa de água na parte inferior do circuito hidráulico, causando o aumento da sua energia potencial gravitacional. Da mesma maneira, o gerador realiza trabalho sobre a carga elétrica que o atravessa, fazendo com que a energia potencial elétrica da carga aumente. Portanto, no interior do gerador, o sentido convencional da corrente elétrica é do polo negativo para o positivo. Dizemos que esta quantidade de carga dentro do gerador não se movimenta espontaneamente, mas é **forçada** para uma posição de maior potencial elétrico pelo gerador.

Seja $\tau$ o trabalho realizado pelo gerador para transportar uma quantidade de carga *q* de um ponto de menor potencial elétrico para outro de maior potencial elétrico. Define-se a força eletromotriz como:

$$\epsilon = \frac{\tau}{q}$$

Portanto:

A **força eletromotriz** ($\epsilon$) é numericamente igual ao trabalho realizado pelo gerador para transportar uma unidade de carga da corrente elétrica do seu polo negativo para o seu polo positivo.

**NOTA!**

Apesar de ter a mesma unidade de medida da diferença de potencial elétrico (ddp), a força eletromotriz (f.e.m.) é uma propriedade do gerador com origem não eletrostática. Já a ddp é uma propriedade dos pontos do circuito relacionada ao campo elétrico gerado pela presença de cargas elétricas no circuito.

Por exemplo, $\epsilon = 10$ V significa que o gerador realiza 10 J de trabalho sobre cada 1 C de carga que o atravessa.

A função do gerador, como se vê, é a de aumentar a energia potencial elétrica da carga que o atravessa e não a de "criar" carga elétrica. É claro, se a energia elétrica da carga aumenta, é porque uma outra modalidade de energia (mecânica, química, luminosa, etc.) está suprindo esse aumento. Importante observar também que o termo força eletromotriz é, no mínimo, inadequado, pois não se trata de uma força, e sim de uma tensão elétrica; no entanto, o termo já está consagrado pelo uso.

# 3. Equação do gerador

Na imagem abaixo temos o circuito interno de um gerador, de f.e.m. $\epsilon$ e resistência interna $r$, sendo atravessado por uma corrente elétrica de intensidade $i$ em que os pontos **A** e **B** são os seus terminais, polos ou bornes. Tudo que se ligue entre **A** e **B**, por fora do gerador, não representado na figura abaixo, constitui o **circuito externo** do referido gerador.

Banco de imagens/
Arquivo da editora

> **NOTA!**
> No nosso estudo de geradores, consideraremos os geradores que fornecem corrente contínua constante ao circuito como pilhas e baterias.

Sabemos que parte da energia das cargas que são deslocadas entre os terminais do gerador é dissipada no próprio circuito interno. Esse fato fica bem claro quando se determina a diferença de potencial entre os terminais **A** e **B**, em função da f.e.m. $\epsilon$, da resistência interna $r$ e da intensidade de corrente $i$.

Seja $V_B$ o potencial elétrico em **B**. Ao passar de **B** para **M**, o gerador impõe uma elevação de potencial $\epsilon$. Em outros termos, entre **M** e **B** o gerador mantém uma tensão dada por:

$$V_M - V_B = \epsilon$$

Essa é a máxima tensão que o gerador é capaz de aplicar; esta tensão elétrica máxima (ou total) é a sua f.e.m.

Ao passar, agora, do ponto **M** para o **A**, a resistência elétrica do próprio gerador, chamada de resistência interna $r$, impõe uma queda de potencial, que pode ser calculada pela 1ª Lei de Ohm:

$$V_A = V_M - r\,i$$

Logo:

$$V_A - V_B = \epsilon - r\,i$$

A ddp, $V_A - V_B$, é a tensão elétrica $U$ entre os terminais do gerador, assim:

$$U = V_A - V_B = \epsilon - r\,i$$

A sentença matemática que descreve a tensão elétrica entre os terminais do gerador em função da intensidade de corrente elétrica que o atravessa denomina-se **equação do gerador**. As grandezas $\epsilon$ e $r$ são consideradas constantes para um mesmo gerador.

A imagem abaixo esquematiza a relação entre os pontos do circuito e seus respectivos valores de potencial elétrico.

**Gerador ideal** é aquele cuja resistência interna $r$ é nula. Neste caso, teremos $U = \epsilon$, qualquer que seja $i$. Na prática, não existe gerador ideal; mas há situações em que se pode considerá-lo como tal, sem que isso chegue a prejudicar sensivelmente o resultado que se procura.

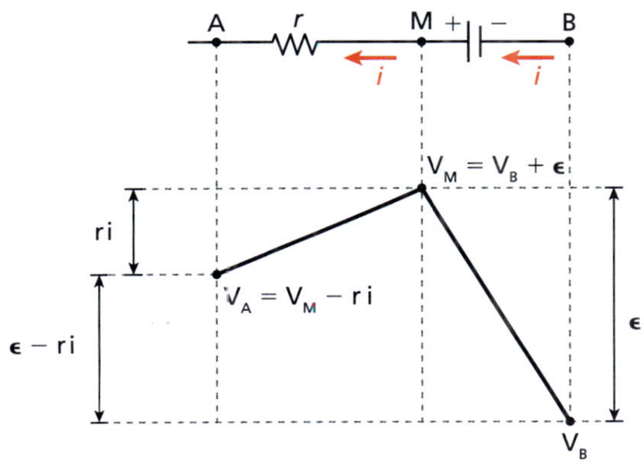


Banco de imagens/Arquivo da editora

A figura mostra uma "curva de potencial" ao se atravessar o gerador de **B** para **A**.

# 4. Gerador em curto-circuito ($i_{cc}$)

Como vimos no Tópico 2 desta unidade, dizemos que um elemento de circuito está em curto quando está ligado em paralelo a um condutor de resistência nula. Na imagem abaixo, o elemento **X** está em curto e, portanto, a diferença de potencial entre **A** e **B** é nula.

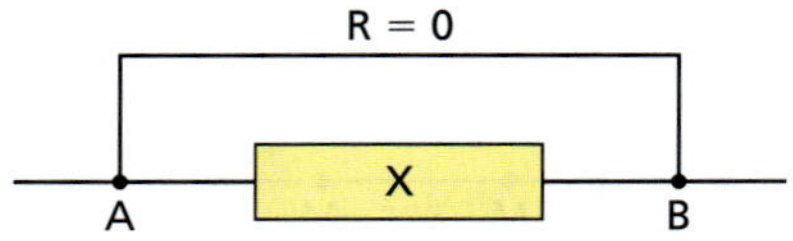


Banco de imagens/Arquivo da editora

Consideremos o caso de um gerador que está inicialmente com os seus terminais livres. Curto-circuitar este gerador consiste em ligar os seus terminais por um fio de resistência elétrica nula, ou seja, o seu circuito externo é um condutor de resistência nula.

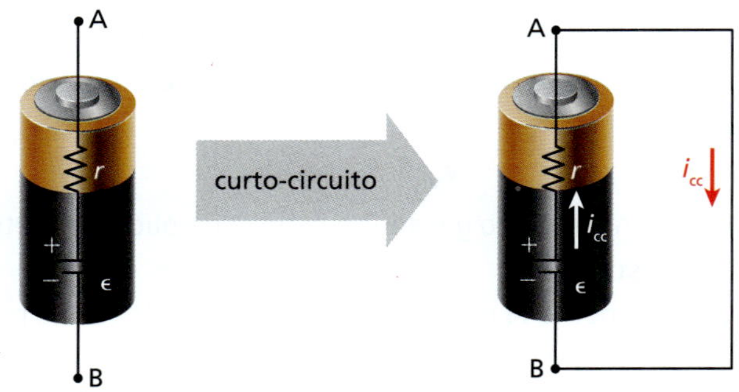


Banco de imagens/Arquivo da editora

Aplicando a 1ª Lei de Ohm no circuito externo, entre **A** e **B**, vem:

$$V_A - V_B = i_{cc} R_e$$

Em que $R_e$ é a resistência externa que, nesse caso, é nula:

$$V_A - V_B = i_{cc} \cdot 0 \Rightarrow V_A - V_B = 0 \Rightarrow V_A = V_B$$

Logo, a tensão $U$ entre os terminais do gerador será obrigatoriamente nula.

$$U = 0 \;\Rightarrow\; 0 = \epsilon - r\,i_{cc} \;\Rightarrow\; i_{cc} = \frac{\epsilon}{r}$$

Esta corrente elétrica denomina-se **corrente elétrica de curto-circuito**. Neste caso, toda a energia elétrica que a carga recebe do gerador é dissipada por Efeito Joule, no resistor interno.

# 5. Gerador em circuito aberto

Banco de imagens/Arquivo da editora

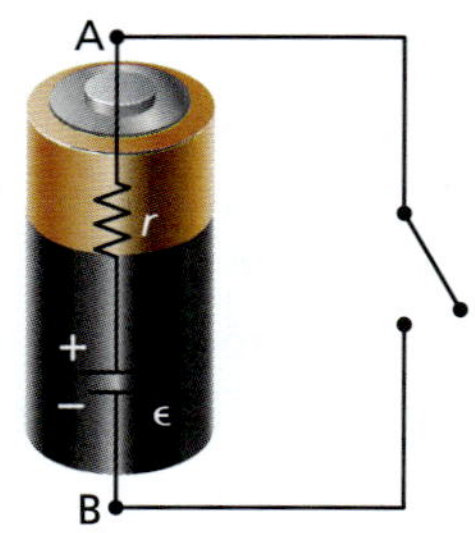


Dizemos que um gerador está em circuito aberto quando os seus terminais se encontram livres, ou se comportam como tal. Nessa situação o gerador não "alimenta" qualquer outro elemento de circuito.

Claro está que, neste caso, não haverá corrente elétrica e, portanto, $i = 0$. Como $U = \epsilon - r\,i$, em circuito aberto teremos:

$$U = \epsilon$$

Ou seja, a tensão elétrica entre os terminais livres **A** e **B** é a sua própria f.e.m.

**NOTA!**

Muitas vezes, em lugar da expressão "gerador em circuito aberto", encontramos gerador sem "carga". A palavra "carga", aqui, não significa carga elétrica; ela tem o significado de gerador sem circuito externo. Outra denominação para essa mesma situação é "gerador em vazio".

## 6. Curva característica do gerador

A seguir, vamos analisar o gráfico da equação do gerador, $U = \epsilon - ri$, em que $U$ é a tensão entre os terminais do gerador e a f.e.m. $\epsilon$ e a resistência interna $r$ são supostas constantes. Essa equação é de 1º grau em $i$, portanto, o gráfico de $U$ em função de $i$ é uma reta. Podemos considerar alguns valores de $U$ e $i$ já discutidos anteriormente.

- Para $i = 0$, temos $U = \epsilon$; o gerador está em circuito aberto.
- Para $U = 0$, temos $i = i_{cc}$; o gerador está curto-circuitado.

O gráfico da tensão $U$ entre os terminais do gerador em função da corrente elétrica $i$ que o atravessa, representado na imagem abaixo, é denominado **curva característica do gerador**.

Banco de imagens/Arquivo da editora

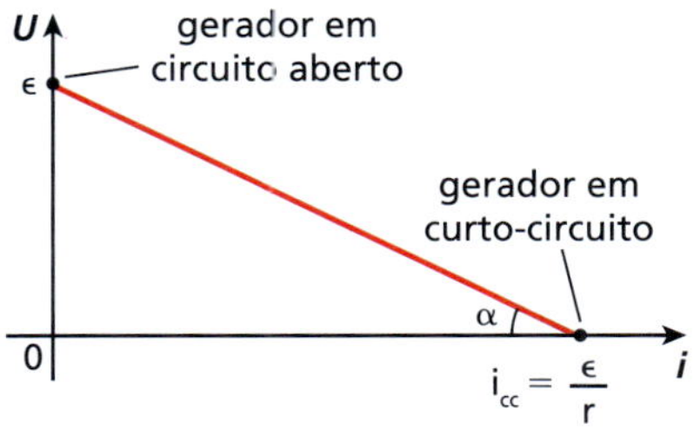


Curva característica de um gerador.

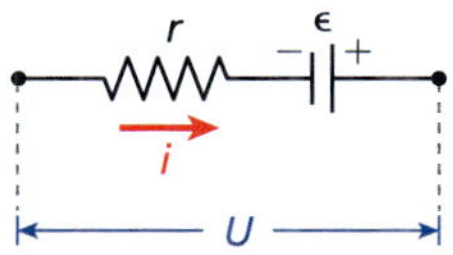


Representação de um gerador real.

Da curva característica do gerador, é possível concluir que:

$$\text{tg}\,\alpha = \frac{\epsilon}{i_{cc}} \Rightarrow \text{tg}\,\alpha = \frac{\epsilon}{\frac{\epsilon}{r}} \Rightarrow \text{tg}\,\alpha \overset{N}{=} r$$

No caso do **gerador ideal**, teremos $r = 0$, e portanto $U = \epsilon$. A sua curva característica, representada na imagem a seguir, será uma reta paralela ao eixo das abscissas.

Banco de imagens/Arquivo da editora

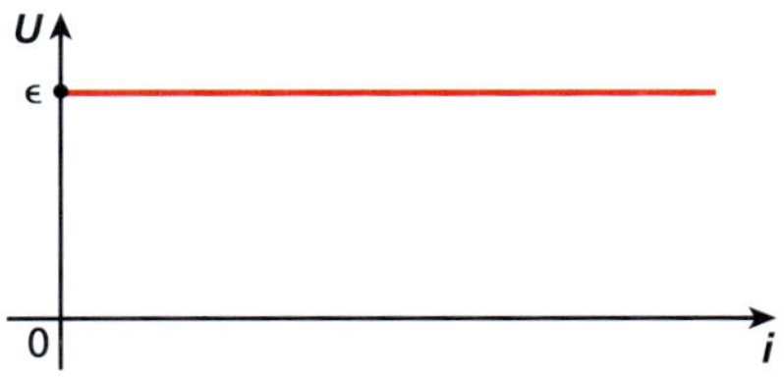


Curva característica de um gerador ideal.

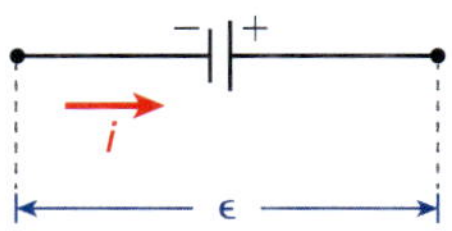


Representação de um gerador ideal.

**NOTA!**

Pilhas, por serem geradores químicos, estabelecem tensão entre seus terminais a partir de reações químicas de seus componentes. No entanto, essas reações são finitas. Por isso, evite segurar uma pilha como mostra a imagem, pois os dedos fecham o circuito e a pilha tem sua vida útil reduzida.

Cherepanov/Shutterstock

## 7. Associação de geradores

Do mesmo modo que os resistores, os geradores elétricos de um circuito podem ser associados em **série**, em **paralelo** ou de forma **mista**. **Gerador equivalente** é aquele que substitui os geradores da associação.

### Associação em série

Neste tipo de associação o polo positivo de um gerador deve ser ligado ao polo negativo do outro, e assim por diante de forma sequencial. Na associação em série todos os geradores são percorridos pela mesma corrente elétrica.

Associação de três pilhas em série.

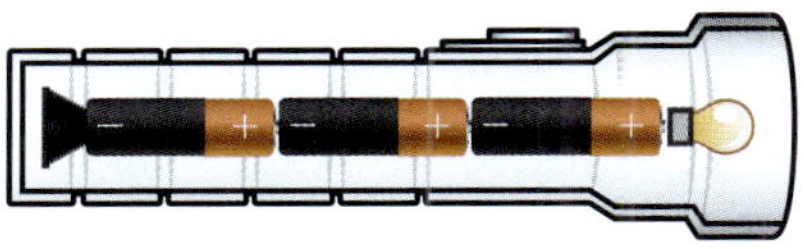

Banco de imagens/Arquivo da editora

Na ilustração a seguir, temos $n$ geradores associados em série de f.e.m. $\epsilon_1$, $\epsilon_2$,..., $\epsilon_n$ e resistência interna $r_1$, $r_2$,..., $r_n$, respectivamente. O circuito é percorrido por uma corrente elétrica de intensidade $i$.

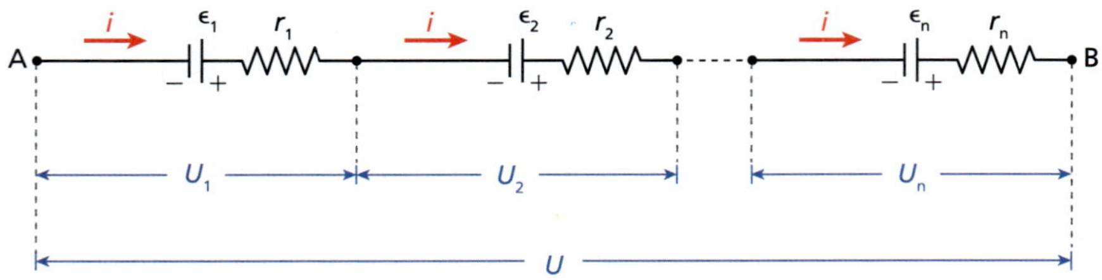


Banco de imagens/Arquivo da editora

Consideremos agora um **gerador equivalente** à associação acima. Esse gerador, conforme mostra a imagem abaixo, também é percorrido por uma corrente elétrica de intensidade $i$, a tensão entre seus terminais é $U$ e sua f.e.m. e resistência interna são, respectivamente, $\epsilon_{eq}$ e $r_{eq}$.

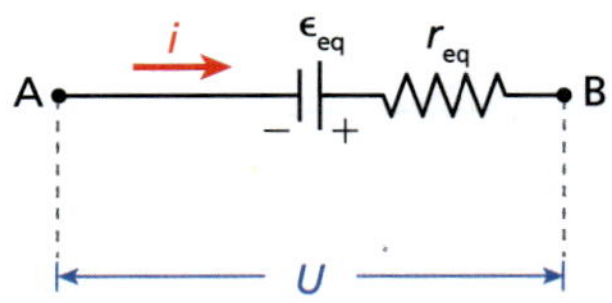


Banco de imagens/Arquivo da editora

Temos que a tensão elétrica total $U$ é a soma das tensões elétricas parciais de cada gerador associado:

$$U = U_1 + U_2 + ... + U_n \qquad \text{(I)}$$

Escrevendo-se a equação de cada gerador da associação, obtemos:

$$U_1 = \epsilon_1 - r_1 i$$
$$U_2 = \epsilon_2 - r_2 i$$
$$\vdots$$
$$U_n = \epsilon_n - r_n i$$

Somando as equações acima membro a membro, temos:

$$U_1 + U_2 + ... + U_n = (\epsilon_1 + \epsilon_2 + ... + \epsilon_n) - (r_1 + r_2 + ... + r_n) i \qquad \text{(II)}$$

Usando (I) em (II), vem:

$$U = (\epsilon_1 + \epsilon_2 + ... + \epsilon_n) - (r_1 + r_2 + ... + r_n) i \qquad \text{(III)}$$

A equação do gerador equivalente é:

$$U = \epsilon_{eq} - r_{eq} i$$

Comparando-se esta expressão com (III), obtemos:

$$\epsilon_{eq} = \epsilon_1 + \epsilon_2 + ... + \epsilon_n$$
$$r_{eq} = r_1 + r_2 + ... + r_n$$

No caso particular de $n$ **geradores iguais**, de f.e.m. $\epsilon$ e resistência interna $r$ cada, associados em série, tem-se:

$$\epsilon_{eq} = n\epsilon \quad \text{e} \quad r_{eq} = n\,r$$

## Associação em paralelo

Neste tipo de associação, **todos** os geradores estão sob a **mesma tensão elétrica**, ou seja, os polos de mesmo sinal devem ser ligados entre si (positivo com positivo e negativo com negativo). Consideraremos o caso particular de geradores idênticos associados em paralelo.

Na ilustração abaixo, $n$ geradores iguais, de f.e.m. $\epsilon$ e resistência interna $r$, estão associados em paralelo.

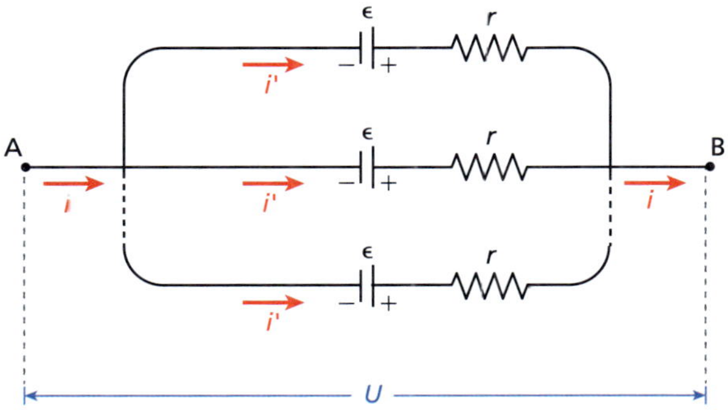


Banco de imagens/Arquivo da editora

Para $n$ geradores iguais em paralelo, a intensidade total $i$ da corrente elétrica ramifica-se em $n$ correntes elétricas de intensidade $i'$. Assim:

$$i' = \frac{i}{n}$$

Escrevendo a equação de cada gerador da associação, temos:

$$U = \epsilon - ri'$$
$$U = \epsilon - ri'$$
$$\vdots$$
$$U = \epsilon - ri'$$

Somando as expressões acima membro a membro, obtemos:

$$nU = n(\epsilon - ri') \Rightarrow U = \epsilon - ri'$$

Mas $i' = \frac{i}{n}$, assim:

$$U = \epsilon - \frac{r}{n} i \qquad \text{(I)}$$

Consideremos agora o gerador equivalente, representado na imagem abaixo, com f.e.m. $\epsilon_{eq}$ e resistência interna $r_{eq}$, com tensão $U$ entre seus terminais.

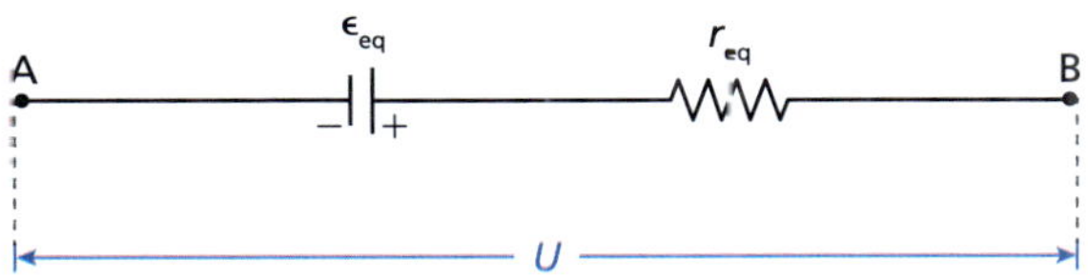


Banco de imagens/Arquivo da editora

A equação do gerador equivalente é:

$$U = \epsilon_{eq} - r_{eq}\, i \qquad \text{(II)}$$

Portanto, comparando (I) e (II), temos:

$$\epsilon_{eq} = \epsilon \quad \text{e} \quad r_{eq} = \frac{r}{n}$$

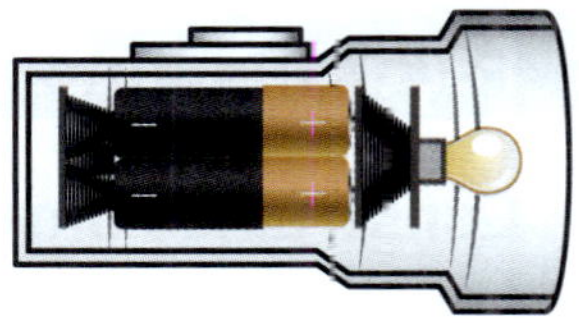

Banco de imagens/Arquivo da editora

Associação de duas pilhas em paralelo.

**NOTA!**

Na prática não se associam em paralelo geradores que tenham características diferentes, pois este elemento pode desviar energia do circuito, atuando como um receptor.

## Faça você mesmo

### Construindo uma pilha com limões

Você sabia que um limão, uma moeda e um clipe podem fazer uma lâmpada de LED funcionar?

Algumas pessoas sentem um "choque" ao encostar um talher de alumínio em um dente com obturação com amálgama de mercúrio. Qual será o motivo?

O que será que essas duas perguntas têm em comum?

Resposta: a formação de uma pilha.

Você já viu que quando dois metais diferentes são colocados em um meio condutor de cargas elétricas, podem formar uma pilha. Esse meio, por onde as cargas (íons) podem movimentar-se, é denominado pelos químicos como ponte salina. Os dois metais usados são chamados de eletrodos.

O suco do limão pode ser entendido como uma solução aquosa de ácido cítrico, que irá reagir com o metal dos eletrodos. Teremos nesses eletrodos reações químicas denominadas reações de oxirredução. Quanto maior for a medida do potencial de oxidação de um metal, maior é a tendência de o metal ceder elétrons. Quanto maior for a medida do potencial de redução, maior é a tendência do metal em ganhar elétrons. Percebemos, desse modo, que poderemos ter, devido a essas reações químicas, a formação de polos positivos e negativos. Ao fecharmos o circuito com um fio condutor, essa diferença de potencial promoverá o aparecimento de uma corrente elétrica, que pode, por exemplo, acender um LED ou ser detectada por um multiteste.

Que tal colocarmos a mão na massa e construirmos um gerador simples?

### Material necessário

- alguns limões (ponte salina);
- 1 faca;
- 1 clipe ou prego (eletrodo de ferro);
- 1 moeda (eletrodo de cobre);
- 1 lâmpada LED, lampadazinha de árvore de natal;
- multiteste (também conhecido como multímetro);
- fios condutores com garras jacaré.

### Procedimento

I. Com a ajuda da faca, faça dois pequenos cortes no limão, não muito próximos um do outro, e insira o clipe (eletrodo de ferro) em um corte e a moeda (eletrodo de cobre) no outro.

Banco de imagens/Arquivo da editora

Limão com os dois eletrodos inseridos.

II. Conecte os fios condutores em cada um dos eletrodos e a lâmpada no outro extremo dos fios. Observe se a lâmpada ficará acesa.

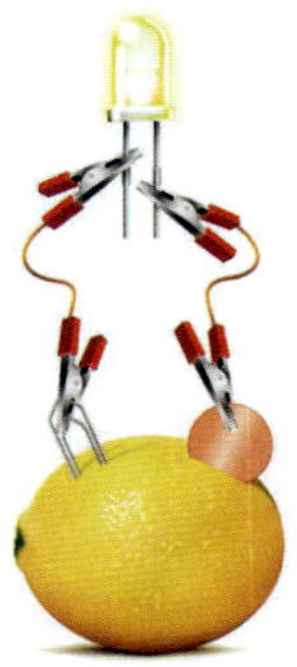

Banco de imagens/Arquivo da editora

III. Para que você tenha uma ideia da diferença de potencial que está obtendo com sua pilha de limão, faça a seguinte ligação.

Calibre o multiteste para leituras na faixa de 1 volt, em seguida conecte seus terminais nos eletrodos da pilha (clipe e moeda ) e veja que valores está obtendo.

Sergio Dotta Jr./Acervo da editora

É possível que os valores que esteja obtendo com uma única pilha não sejam suficientes para acender a lampadazinha ou o LED; você precisará então fazer uma associação de pilhas.

Que tipo de ligação você deve fazer para conseguir maiores valores de tensão elétrica?

## Desenvolvimento

**1.** As figuras 1 e 2 apresentam arranjos correspondentes a associações dos geradores de limão. Qual delas representa uma associação em série e qual representa uma associação em paralelo?

Banco de imagens/Arquivo da editora

**figura 1**

Banco de imagens/Arquivo da editora

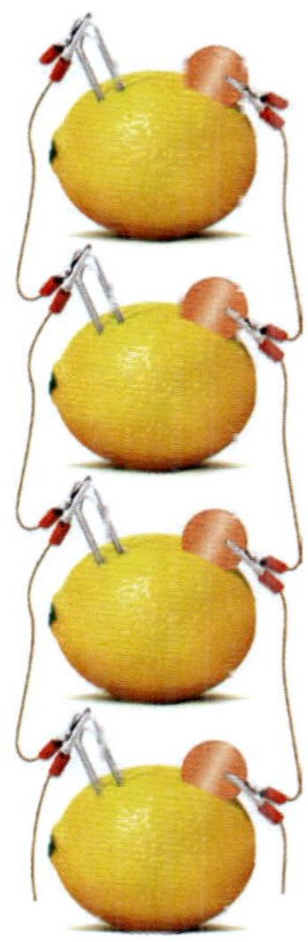

**figura 2**

**2.** Utilizando o multímetro, teste e veja qual associação resulta em um aumento de tensão. Qual a tensão elétrica medida no multiteste em cada caso? Esses valores estão de acordo com a teoria desenvolvida? Discuta com os seus colegas quais fatores podem influenciar as características do limão como gerador.

**3.** Quantos limões foram necessários para acender o LED?

# Associação mista de geradores iguais

Neste tipo de associação, combinam-se $p$ ramos em paralelo, cada um contendo $s$ geradores iguais associados em série.

Vejamos um exemplo em que temos 3 ramos em paralelo, cada um contendo 4 geradores iguais, de f.e.m. $\epsilon$ e resistência interna $r$, associados em série, como mostra a imagem abaixo.

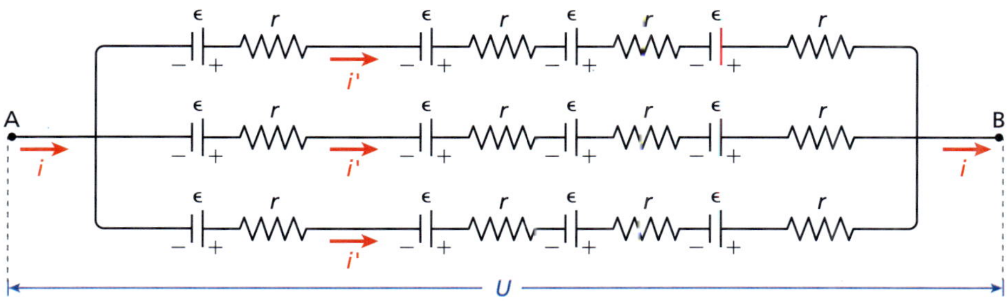


Banco de imagens/Arquivo da editora

O número total $n$ de geradores da associação é

$$n = s \cdot p \Rightarrow n = 4 \cdot 3 \Rightarrow \boxed{n = 12}$$

Primeiramente, encontramos o gerador equivalente à associação em série em cada ramo. Utilizando resultados anteriores para o cálculo da f.e.m. e da resistência equivalentes, obtemos a associação abaixo.

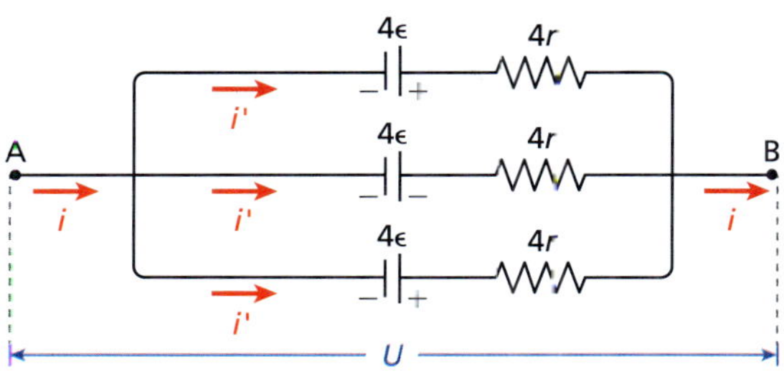


Banco de imagens/Arquivo da editora

Reduzimos, então, a associação de geradores em paralelo a um gerador equivalente, como mostra a imagem abaixo.

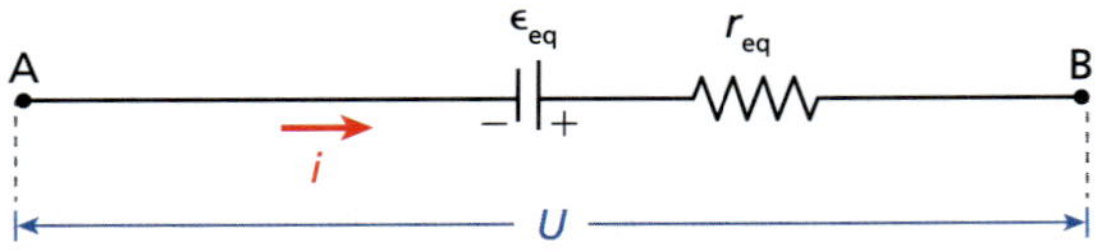


Novamente, utilizando resultados obtidos anteriormente para associação de geradores iguais em paralelo, temos:

$$\epsilon_{eq} = 4\epsilon \text{ e } r_{eq} = \frac{4r}{3}$$

Para associações mistas de geradores iguais, podemos generalizar os resultados acima:

$$\epsilon_{eq} = s\epsilon \quad \text{e} \quad r_{eq} = \frac{s}{p}r$$

# 8. Circuito simples ou circuito de malha única (Lei de Pouillet)

Denomina-se **circuito simples** aquele em que uma única corrente elétrica percorre todos os elementos deste circuito.

O circuito elétrico mais simples é constituído de um gerador e um resistor, como o representado no esquema abaixo.

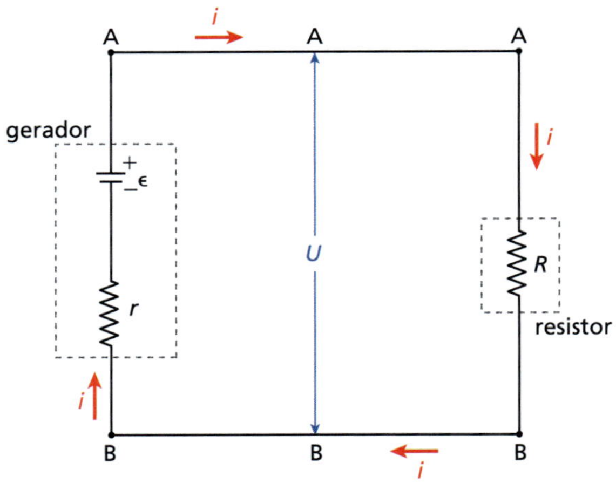


Banco de imagens/Arquivo da editora

**NOTA!**

Se tivermos mais resistores associados em série com o resistor $R$, o circuito ainda será denominado circuito simples. O que caracteriza o circuito simples é o fato de ser percorrido por uma única corrente elétrica.

A tensão $U$ é a mesma para o gerador e o resistor, além de ambos serem percorridos pela mesma corrente elétrica $i$. Assim:

$U = \epsilon - ri$ (equação do gerador)

$U = Ri$ (equação do resistor)

Igualando os membros das expressões acima, temos:

$$Ri = \epsilon - ri \Rightarrow (R + r)i = \epsilon \Rightarrow \quad i = \frac{\epsilon}{R + r}$$

A imagem a seguir representa, num mesmo par de eixos ordenados, o gráfico da tensão elétrica *U* em função da intensidade de corrente elétrica *i* para o gerador e para o resistor.

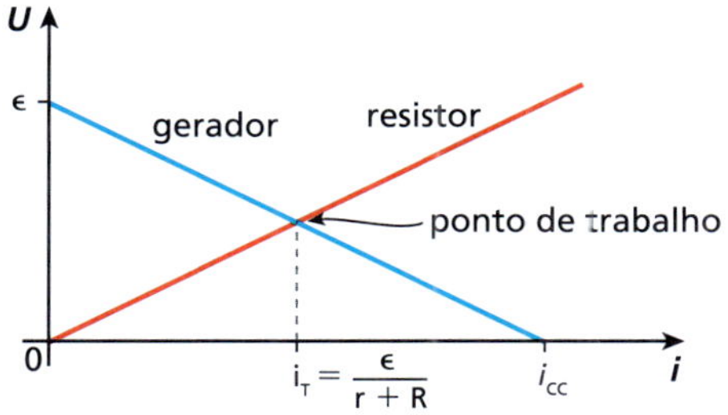


Banco de imagens/Arquivo da editora

A intersecção dos gráficos nos fornece um ponto denominado ponto de trabalho, em que a intensidade de corrente elétrica $i_T$ representa a intensidade de corrente elétrica que percorre o gerador e o resistor simultaneamente.

Considerando o circuito ao lado, temos:

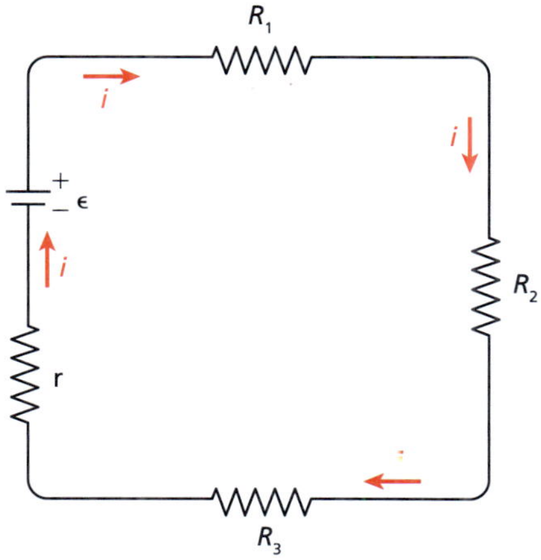


Banco de imagens/Arquivo da editora

$$i = \frac{\epsilon}{\sum R}$$

Em que $\Sigma R$ representa o somatório de todas as resistências elétricas presentes no circuito simples:

$$\Sigma R = R_1 + R_2 + R_3 + r$$

É possível mostrar que para um circuito simples com vários geradores e vários resistores em série, temos:

$$i = \frac{\sum \epsilon}{\sum R}$$

Esta expressão, que nos permite calcular a intensidade de corrente elétrica em um circuito simples, é conhecida como **Lei de Ohm-Pouillet** ou simplesmente **Lei de Pouillet**.

## JÁ PENSOU NISTO?

### Por que pilhas e baterias não podem ser descartadas no lixo comum?

As pilhas e baterias de uso comum no Brasil são compostas por uma série de elementos químicos que, dependendo da quantidade, podem ser extremamente nocivos ao ser humano e ao meio ambiente. Entre esses elementos, podemos destacar cádmio, chumbo, zinco e muitos outros. Na maioria das vezes, as pilhas e baterias são descartadas junto com o lixo comum, sem nenhum tratamento técnico específico.

Rogério Reis/Pulsar Imagens

Dessa maneira, tais elementos químicos irão diretamente ao solo, promovendo sua contaminação e, por consequência, a de lençóis aquíferos.

Um outro problema grave enfrentado no Brasil é que muitas pilhas e baterias entram em nosso mercado consumidor por meio de contrabando, sem que haja nenhum tipo de controle nos níveis de produtos tóxicos utilizados na sua fabricação.

Você teria alguma proposta que pudesse ser implementada na sua escola, no seu bairro ou na sua casa para ajudar no descarte ecologicamente consciente de pilhas e baterias?

# Exercícios Nível 1

**1.** Um gerador obedece à seguinte equação:

E.R.

$$U = 20 - 0{,}50i \quad \text{(SI)}$$

Sabe-se que esse gerador está sendo percorrido por uma corrente elétrica de intensidade 8,0 A. Determine:

a) a f.e.m. ($\epsilon$) do gerador, bem como sua resistência interna ($r$);

b) a tensão elétrica ($U$) nos seus terminais quando percorrido pela referida corrente elétrica.

c) Desenhe de forma esquemática esse gerador e indique, nesse esquema, o sentido convencional da corrente elétrica.

**Resolução:**

a) Comparando-se a equação fornecida com a equação do gerador real, temos:

$$U = \epsilon - ri \Rightarrow U = 20 - 0{,}50i$$

Assim:

$$\boxed{\epsilon = 20\text{ V}} \quad \text{e} \quad \boxed{r = 0{,}50\ \Omega}$$

b) Para i = 8,0 A, vem:

$$U = \epsilon - ri \Rightarrow U = 20 - 0{,}50\,(8{,}0)$$

$$\boxed{U = 16\text{ V}}$$

c) A representação esquemática do gerador é:

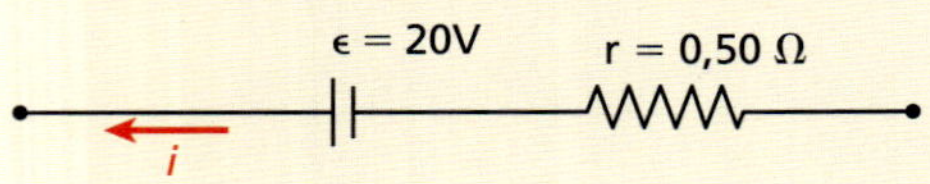


**2.** (Urca-CE) Um estudante de Física mediu os valores da diferença de potencial nos terminais de um gerador e os correspondentes valores da corrente elétrica que o atravessava, obtendo, assim, a tabela a seguir:

| $U$ (V) | 48 | 44 | 30 |
|---|---|---|---|
| $i$ (A) | 1,0 | 3,0 | 10 |

A força eletromotriz desse gerador, em volts, é igual a:

a) 50
b) 100
c) 150
d) 200
e) 300

**3.** (IJSO) Um estudante fez algumas medidas acerca de um circuito elétrico com a ajuda dos seguintes dispositivos: uma bateria (1), caixa de resistores (2), interruptor (3), amperímetro (4) e voltímetro (5). De acordo com as indicações mostradas na figura abaixo, determine a força eletromotriz da bateria. As leituras do amperímetro são em amperes e do voltímetro em volts. Considere o amperímetro e o voltímetro ideais.

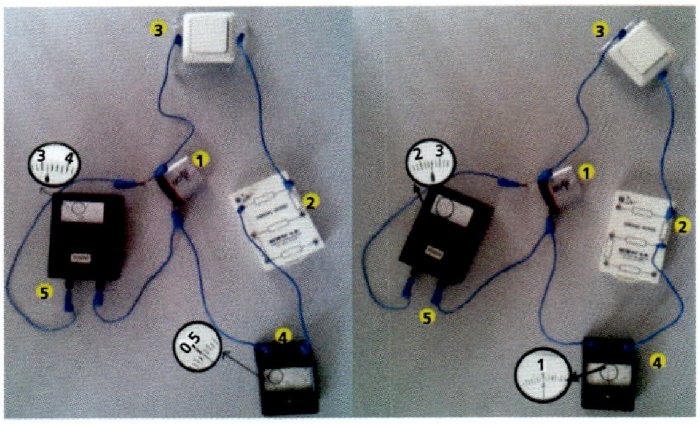

Reprodução/IJSO

a) $\epsilon = 2{,}9$ V
b) $\epsilon = 3{,}4$ V
c) $\epsilon = 3{,}8$ V
d) $\epsilon = 5{,}8$ V

**4.** O gráfico a seguir representa a curva característica de um gerador.

E.R.

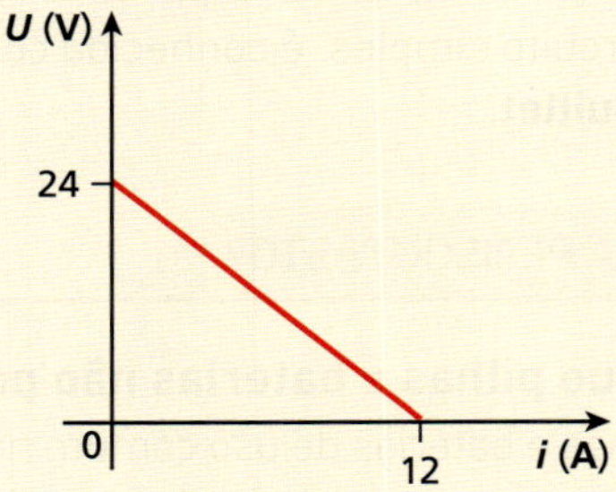


Banco de imagens/Arquivo da editora

a) Determine os valores da f.e.m. e da resistência interna desse gerador.

b) Se os terminais desse gerador forem conectados por um fio de resistência elétrica desprezível, qual o valor da intensidade de corrente elétrica para essa situação?

c) Determine a equação que relaciona a tensão elétrica e a corrente elétrica nesse gerador.

d) Se esse gerador for percorrido por uma corrente elétrica de intensidade 2,0 A, qual será a ddp em seus terminais?

**Resolução:**

a) Do gráfico, temos que para $i = 0$, $U = \epsilon$:

$$\boxed{\epsilon = 24\text{ V}}$$

A resistência interna $r$ pode ser obtida pela declividade da reta:

$$r = \text{tg}\alpha = \frac{24}{12} \therefore \boxed{r = 2\ \Omega}$$

b) A situação proposta está esquematizada a seguir:

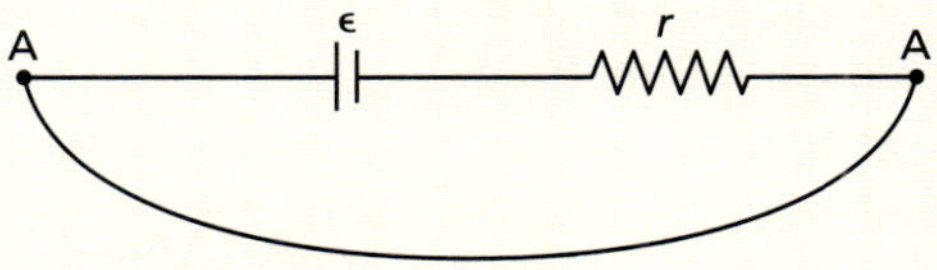


Banco de imagens/Arquivo da editora

Nessa situação o gerador encontra-se em curto-circuito e a intensidade de corrente é dada por:

$$i = i_{cc} = \frac{\epsilon}{r} \Rightarrow i_{cc} = \frac{24}{2{,}0} \therefore \boxed{i_{cc} = 12\text{ A}}$$

c) Da equação do gerador temos:

$$U = \epsilon - ri \Rightarrow \boxed{U = 24 - 2{,}0i} \quad \text{(SI)}$$

d) Para $i = 2{,}0$ A, vem:

$$U = 24 - 2{,}0 \cdot (2{,}0) \therefore \boxed{U = 20\text{ V}}$$

**5.** (UCMG) Uma bateria de automóvel apresenta a curva característica abaixo. A f.e.m. e a resistência interna da bateria valem, respectivamente,

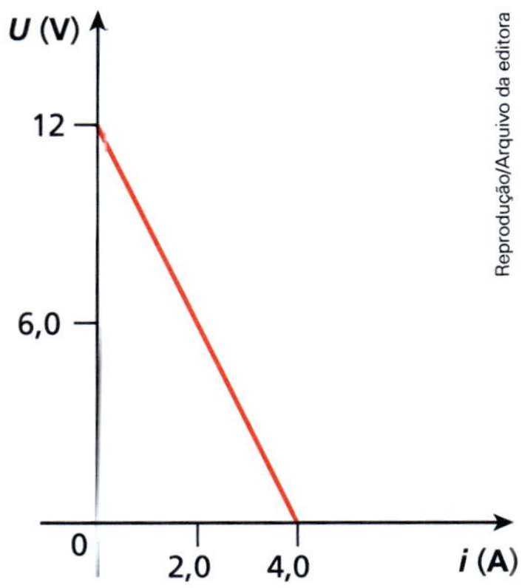


Reprodução/Arquivo da editora

a) 12 V; 8,0 Ω
b) 3,0 V; 4,0 Ω
c) 3,0 V; 3,0 Ω
d) 12 V; 3,0 Ω
e) 24 V; 6,0 Ω

**6.** (UFRJ) Uma bateria comercial de 1,5 V é utilizada no circuito esquematizado abaixo, no qual o amperímetro e o voltímetro são considerados ideais.

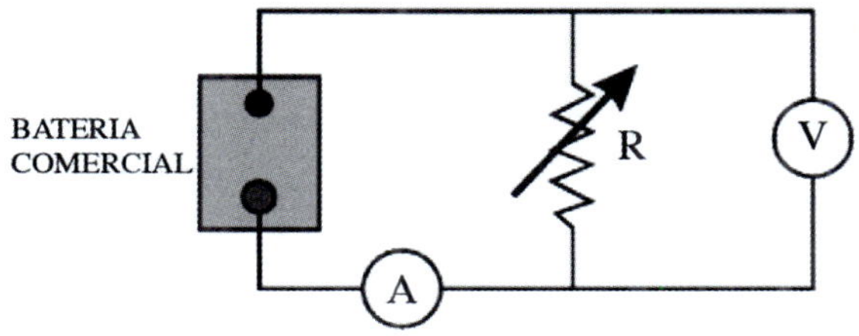


Reprodução/UFRJ

Varia-se a resistência $R$, e as correspondentes indicações do amperímetro e do voltímetro são usadas para construir o seguinte gráfico de voltagem ($V$) *versus* intensidade de corrente ($I$).

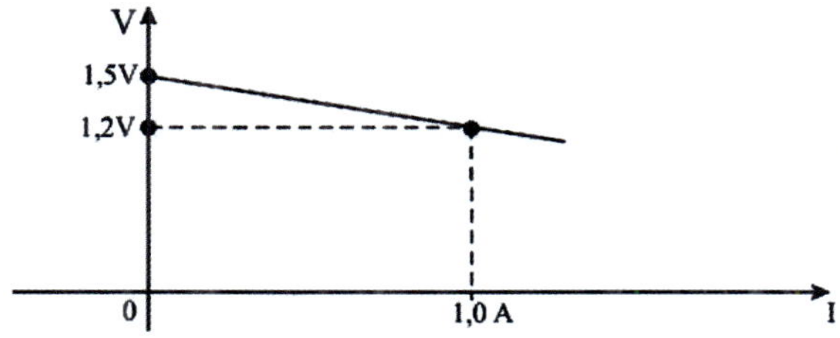


Reprodução/UFRJ

Usando as informações do gráfico, calcule:

a) o valor da resistência interna da bateria;

b) a indicação do amperímetro quando a resistência $R$ tem o valor 1,7 Ω.

**7.** (UFV-MG) Um resistor variável $R$ é ligado em uma fonte de corrente contínua, de força eletromotriz $\epsilon$ e resistência interna $r$, constantes, configurando um circuito fechado de corrente total $i$. Para diferentes valores de $R$, são medidas a corrente total do circuito $i$ e a diferença de potencial de saída $V$ da fonte. O gráfico abaixo apresenta algumas dessas medidas efetuadas.

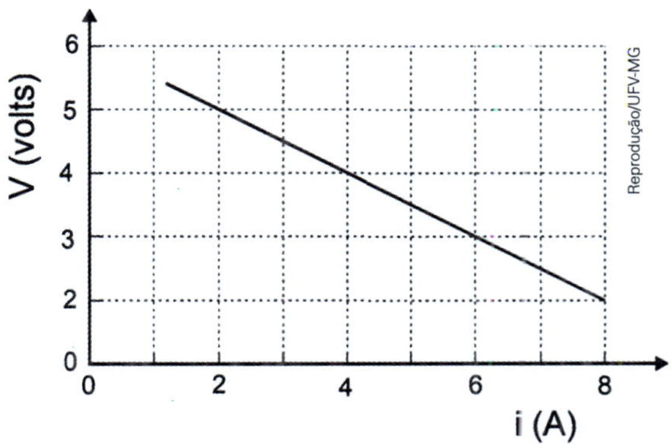


Reprodução/UFV-MG

Determine a força eletromotriz $\epsilon$ e a resistência interna $r$ da fonte.

**8.** (Vunesp) Um fusível **f** associado em série a um gerador real, de força eletromotriz $\epsilon$ e resistência interna $r$, deverá interromper a corrente elétrica no momento em que esta se igualar e em seguida superar 75% do valor da corrente de curto-circuito.

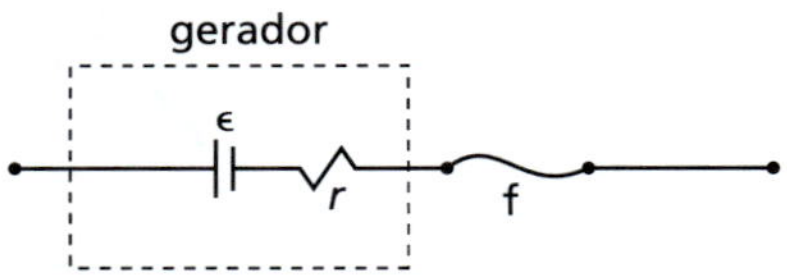


Reprodução/Arquivo da editora

Sabe-se que o gerador obedece à equação característica $U = 80 - 5i$, com $U$ medido em volts em $i$ em amperes. Devido à queima do fusível de segurança, a corrente elétrica mínima, em amperes, que abrirá o circuito conectado ao gerador será

a) 5
b) 16
c) 12
d) 6
e) 8

**9.** (Funcab-RJ) Uma bateria elétrica real é constituída basicamente de uma fonte ideal com força eletromotriz $\epsilon$ e resistência interna $r$ como ilustra a figura abaixo. Ao realizar uma experiência simples, de curto-circuitar-se os terminais **A** e **B**, observa-se que uma corrente de 10 A se estabelece. Porém, quando se coloca entre **A** e **B** um resistor de 2,0 $\Omega$, a corrente cai para 5,0 A.

Sob tais circunstâncias é correto afirmar que a f.e.m. em volts vale

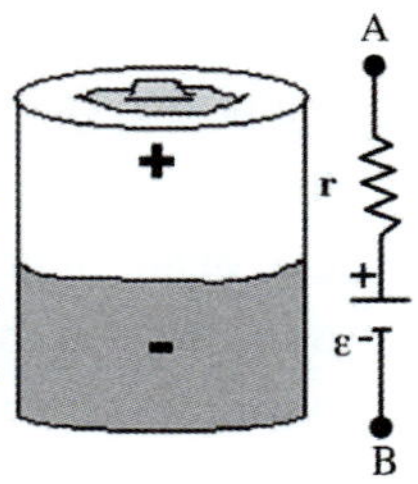


Reprodução/Funcab

a) 20
b) 18
c) 22
d) 15
e) 39

**10.** (UFJF-MG) A curva característica de um dispositivo elétrico é o gráfico que descreve o comportamento da diferença de potencial do dispositivo em função da corrente elétrica que o atravessa. A figura (I) mostra as curvas características de uma bateria ($V = \epsilon - ri$) e de um resistor ôhmico $R$ em função da corrente $i$. Esses dois dispositivos são utilizados no circuito da figura (II). Com base nesses gráficos, calcule:

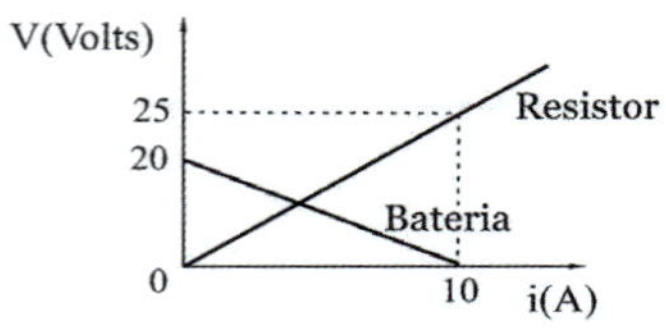


(I)

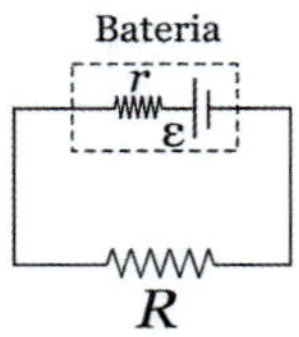


(II)

Reprodução/UFJF-MG

a) a força eletromotriz da bateria;
b) o valor da resistência interna $r$ da bateria e o valor da resistência $R$ do resistor;
c) a intensidade da corrente elétrica mantida no circuito.

**11.** (UFPB) E.R. Uma bateria de força eletromotriz 14 V e resistência interna 2 $\Omega$ é conectada a um resistor com resistência igual a 5 $\Omega$, formando um circuito elétrico de uma única malha, conforme representação abaixo.

Nesse contexto, quando o voltímetro é ligado aos pontos **a** e **b** do circuito, a leitura correta desse voltímetro é:

a) 10 V
b) 15 V
c) 20 V
d) 25 V
e) 30 V

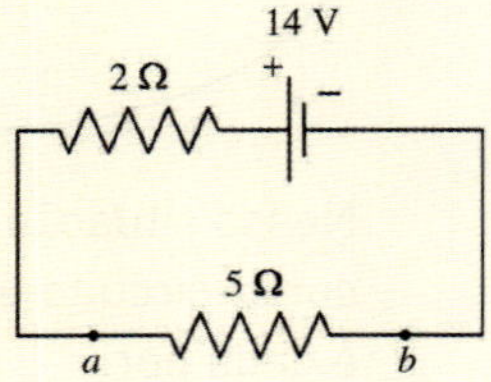


Reprodução/UFPB

**Resolução:**

Utilizando a Lei de Pouillet, vem:

$$i = \frac{e}{\sum R} \Rightarrow i = \frac{14}{2+5} \therefore \boxed{i = 2{,}0\text{ A}}$$

A leitura do voltímetro será dada por:

$$U_{ab} = R_{ab}\, i \Rightarrow U_{ab} = 5 \cdot 2 \therefore \boxed{U_{ab} = 10\text{ V}}$$

Resposta: alternativa **a**.

**12.** (UFT-TO) No circuito elétrico abaixo a resistência interna da bateria é $R_{in} = 1{,}0\ \Omega$.

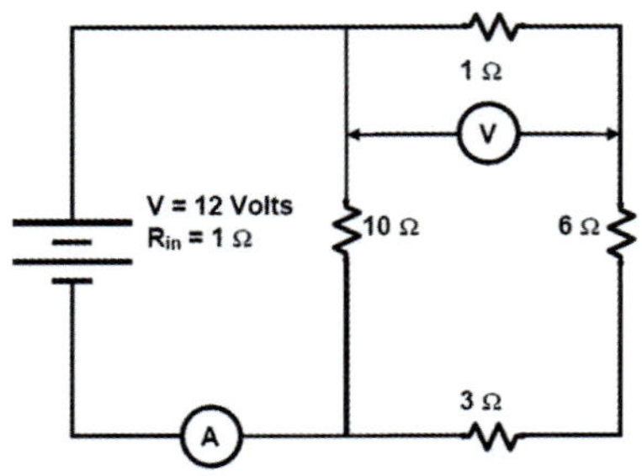


Reprodução/UFT-TO

Qual é a leitura correta do amperímetro ideal **A** e do voltímetro ideal **V**, respectivamente?

a) 1,0 mA e 1,0 mV
b) 1,0 A e 0,50 V
c) 2,0 A e 1,0 V
d) 10 A e 5,0 V
e) 12 A e 6,0 V

**13.** (Unesp-SP) Para obter experimentalmente a curva da diferença de potencial $U$ em função da intensidade da corrente elétrica $i$ para uma lâmpada, um aluno montou o circuito a seguir. Colocando entre os pontos **A** e **B** resistores com diversos valores de resistência, ele obteve diferentes valores de *U* e de *i* para a lâmpada.

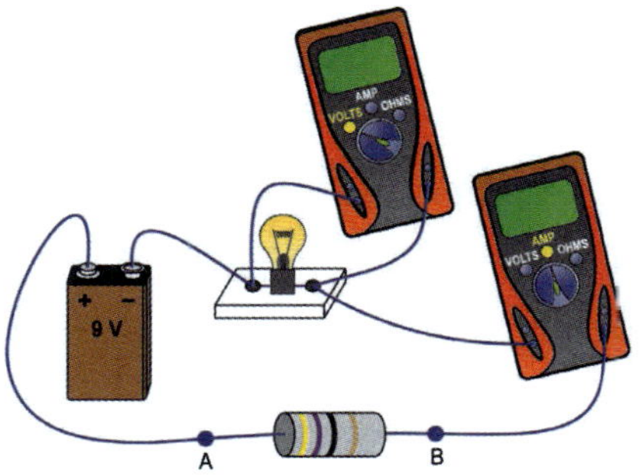


Reprodução/Unesp

Considerando que a bateria de 9,0 V, os aparelhos de medida e os fios de ligação sejam ideais quando o aluno obteve as medidas U = 5,70 V e i = 0,15 A, a resistência do resistor colocado entre os pontos **A** e **B** era de:

a) 100 Ω
b) 33 Ω
c) 56 Ω
d) 68 Ω
e) 22 Ω

**14.** (Ufra-PA) Um circuito é montado com um fio ideal. Em funcionamento, o amperímetro, também ideal, indica o valor 4 A.

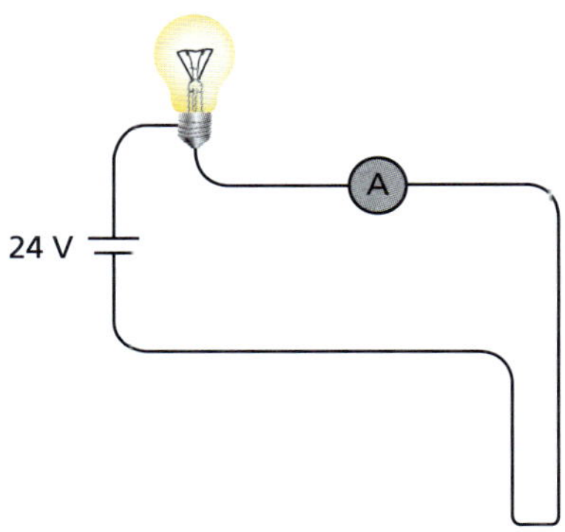


Reprodução/Arquivo da editora

O fio é então cortado e seus extremos são imersos em uma solução salina. Nessa condição, o amperímetro passa a registrar 2 A.

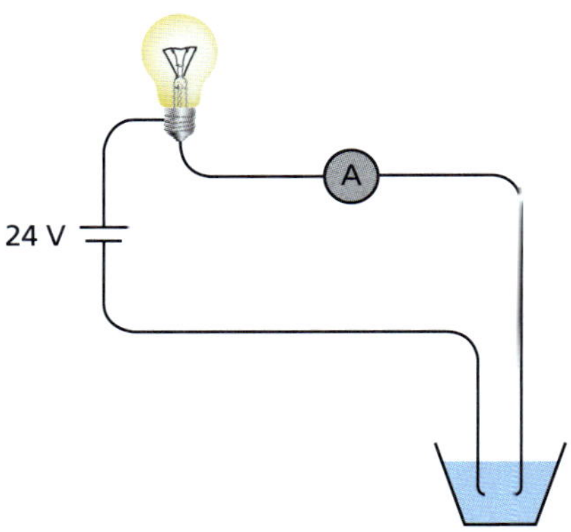


Reprodução/Arquivo da editora

A interferência da solução sobre o valor da corrente elétrica circulante é equivalente à introdução de um resistor em série de valor ôhmico igual a

a) 12. b) 16. c) 6. d) 8. e) 4.

**15.** (OBFEP) A figura indica um circuito elétrico.

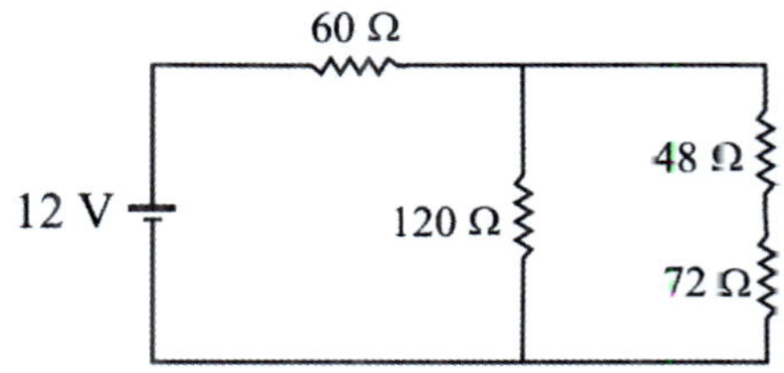


Reprodução/OBFEP, 2013.

Pode-se afirmar que a corrente elétrica que passa pelo resistor de 72 Ω, vale:

a) 0,05 A b) 0,2 A c) 0,1 A d) 1,0 A

**16.** (FMABC-SP) Observe o circuito abaixo. Quando **E.R.** a chave seletora (**ch**) está posicionada em **X**, o amperímetro ideal (**A**) registra 1,5 A. Quando mudamos a chave seletora para a posição **Y**, o amperímetro passa a registrar 1,2 A.

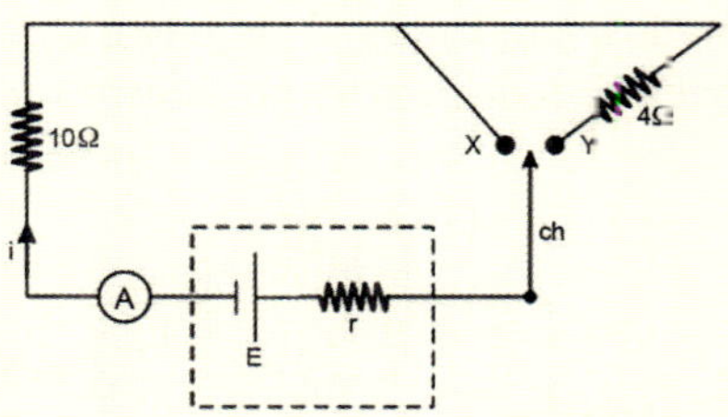


Reprodução/FMABC-SP

Determine a f.e.m. (força eletromotriz) da bateria.

a) 3 V
b) 6 V
c) 12 V
d) 18 V
e) 24 V

**Resolução:**

Quando a chave está na posição **X**, temos:

$$i = \frac{\epsilon}{\sum R} \Rightarrow 1{,}5 = \frac{\epsilon}{10 + r} \Rightarrow 15 + 1{,}5r = \epsilon \quad \text{(I)}$$

Na posição **Y**:

$$i' = \frac{\epsilon}{\sum R'} \Rightarrow 1{,}2 = \frac{\epsilon}{14 + r} \Rightarrow 16{,}8 + 1{,}2r = \epsilon \quad \text{(II)}$$

Substituindo (II) em (I), obtemos

$$15 + 1{,}5r = 16{,}8 + 1{,}2r \Rightarrow 0{,}3r = 1{,}8$$

$$\boxed{r = 6{,}0\ \Omega}$$

Substituindo esse valor em (I):

$$15 + 1{,}5 \cdot (6{,}0) = \epsilon \therefore \boxed{\epsilon = 24\ V}$$

Resposta: alternativa **e**.

17. (UFU-MG) É dado um circuito elétrico contendo cinco resistores de dois tipos diferentes $R_A$ e $R_B$. O circuito é alimentado por uma fonte ideal com uma f.e.m. ($\epsilon$) igual a 24 V. Um amperímetro **A** e um voltímetro **V** encontram-se ligados ao circuito, conforme esquema abaixo.



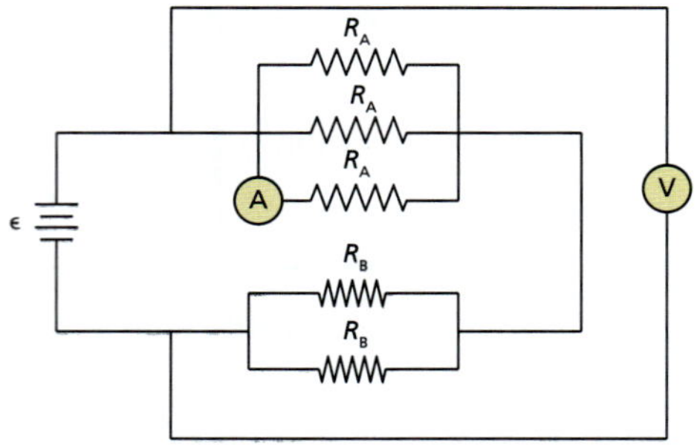


Se $R_A = 12\ \Omega$ e $R_B = 8{,}0\ \Omega$, determine:

a) a leitura do voltímetro;

b) a leitura no amperímetro.

18. (Ufla-MG) O circuito elétrico abaixo apresenta uma associação mista de lâmpadas incandescentes, com os valores de suas resistências elétricas considerados constantes. O circuito é alimentado por uma fonte ideal (resistência interna nula) de 148 V.

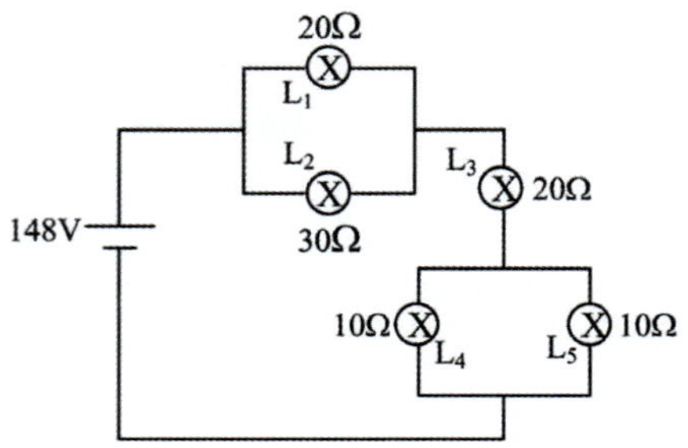




Calcule:

a) a corrente total cedida pela fonte ao circuito;

b) a corrente elétrica que alimenta a lâmpada de 30 $\Omega$ (**$L_2$**).

19. (PUC-RJ) No circuito abaixo, a corrente que passa pelo trecho **AB** vale 1,0 A.

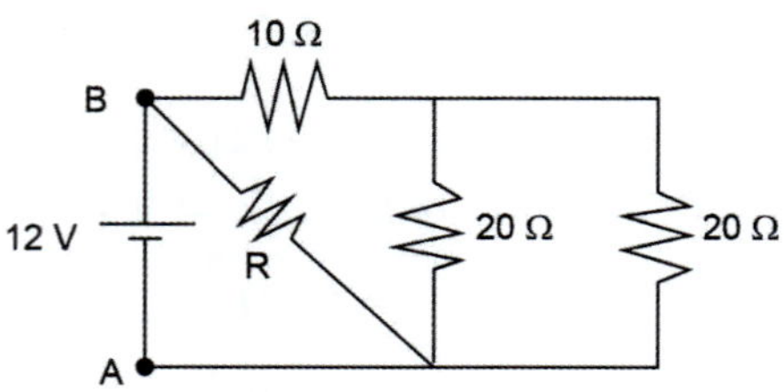




O valor da resistência *R* é, em ohms:

a) 30 c) 20 e) 50

b) 10 d) 12

20. (Ufal) Uma bateria fornece uma diferença de potencial de 18 V aos terminais da malha de resistores da figura a seguir.



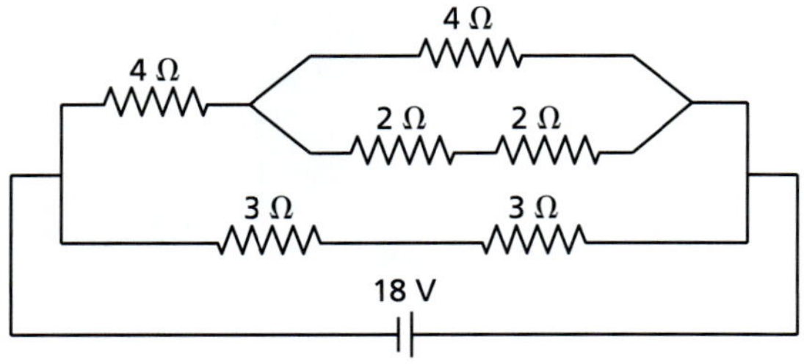


A resistência equivalente e a corrente total desse circuito valem, respectivamente,

a) 6 $\Omega$ e 3 A.

b) 4 $\Omega$ e 3 A.

c) 4 $\Omega$ e 6 A.

d) 3 $\Omega$ e 6 A.

e) 3 $\Omega$ e 3 A.

21. (Unifesp) A montagem experimental representada na figura se destina ao estudo de um circuito elétrico simples.

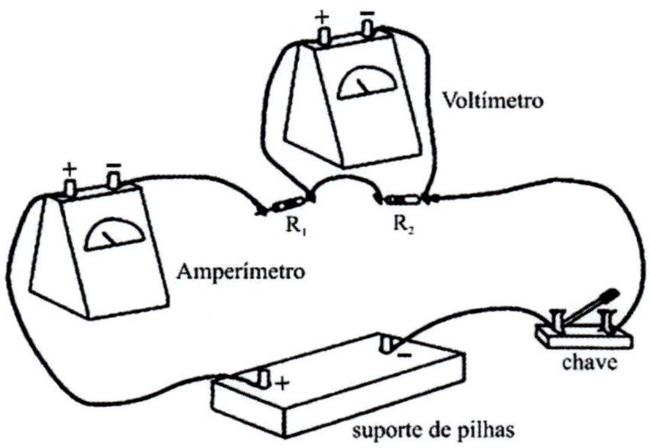




a) Usando símbolos convencionais para cada componente, represente esquematicamente esse circuito no caderno de respostas.

b) Sabendo que $R_1 = 100\ \Omega$ e $R_2 = 200\ \Omega$ e que no suporte de pilhas são colocadas duas pilhas em série, de força eletromotriz 1,5 V cada uma, determine as leituras no amperímetro e no voltímetro quando a chave é fechada. (Admita que as resistências internas das pilhas, dos fios de ligação e dos medidores não interferem nessas leituras.)

22. (Enem) Uma lâmpada é conectada a duas pilhas de tensão nominal de 1,5 V, ligadas em série. Um voltímetro, utilizado para medir a diferença de potencial na lâmpada, fornece uma leitura de 2,78 V e um amperímetro indica que a corrente no circuito é de 94,2 mA.

O valor da resistência interna das pilhas é mais próximo de:

a) 0,021 Ω
b) 0,22 Ω
c) 0,26 Ω
d) 2,3 Ω
e) 29 Ω

**23.** (UFU-MG) Dispondo de algumas pilhas idênticas, de resistência interna desprezível, fios e pequenas lâmpadas de mesma potência, um estudante monta alguns tipos diferentes de circuitos elétricos, conforme a figura a seguir.

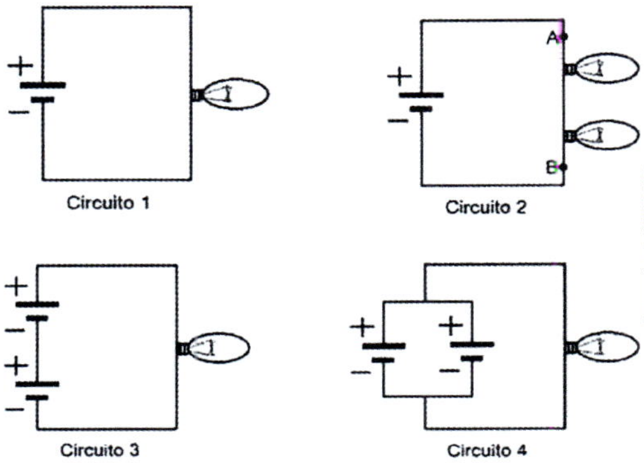

Reprodução/UFU-MG

Em relação aos fios ideais, considere as afirmativas sobre a corrente que circula pelos circuitos.

I. A corrente que circula pelo circuito 2 é menor que a do circuito 4.
II. A corrente que circula pelo circuito 1 é menor que a do circuito 3.
III. A corrente que circula pelo circuito 1 é menor que a do circuito 4.
IV. No circuito 2, quando a corrente passa pelo ponto **A**, ela é maior do que quando passa pelo ponto **B**.

Assinale a alternativa que apresenta apenas afirmativas corretas.

a) I e II
b) II e III
c) I e IV
d) III e IV

**24.** (FMJ-SP) Uma bateria tem força eletromotriz de 12 V. Quando seus terminais são curto-circuitados, uma corrente elétrica de intensidade 3,0 A atravessa-a.

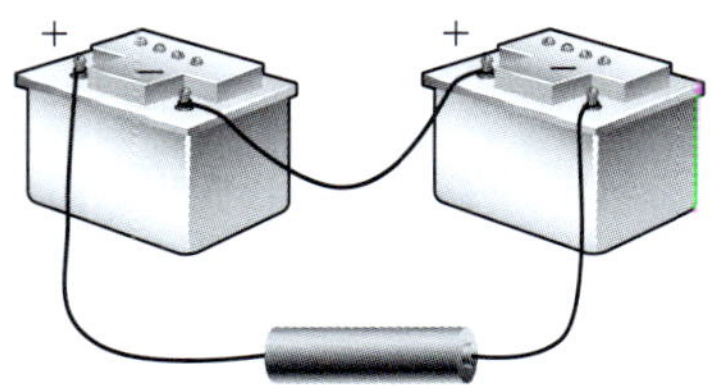
Reprodução/Arquivo da editora

Se duas baterias idênticas a essa são associadas em série e essa associação for conectada a um resistor de 40 Ω, a corrente elétrica que fluirá por esse resistor será, em amperes,

a) 0,50
b) 1,0
c) 1,5
d) 2,0
e) 3,0

**25.** (UnB-DF) Um perigo para os mergulhadores em rios e oceanos é o contato com peixes elétricos. Sabe-se que essa espécie produz eletricidade a partir de células biológicas (eletroplacas) que funcionam como baterias elétricas. Certos peixes elétricos encontrados na América do Sul contêm um conjunto de eletroplacas organizadas de forma análoga ao circuito elétrico representado na figura abaixo. Existem, ao longo do corpo deles, 150 linhas horizontais, com 5 000 eletroplacas por linha. Cada eletroplaca tem uma força eletromotriz – $\epsilon$ – de 0,15 V e uma resistência elétrica – $R$ – interna de 0,30 Ω. A resistência da água – $R_{água}$ – em torno do peixe deve ser considerada igual a 740 Ω.

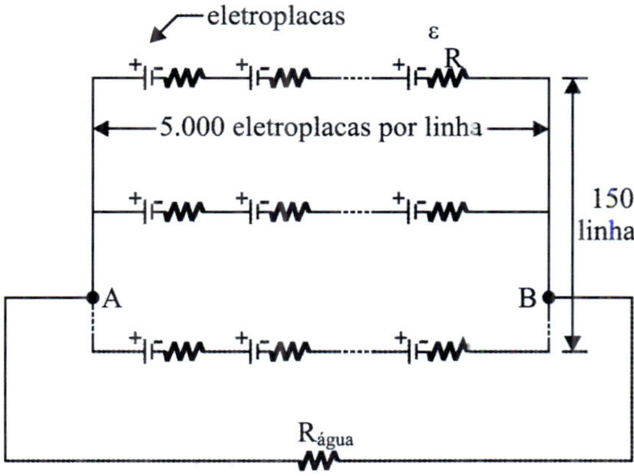

Reprodução/UnB-DF

Com base nessas informações, calcule:

a) o número total de eletroplacas do peixe elétrico, expressando a quantidade calculada em milhares de eletroplacas;
b) a resistência equivalente em cada linha de eletroplacas, em ohms, dividindo a quantidade calculada por 10;
c) a resistência equivalente do peixe elétrico, observada entre os pontos **A** e **B**, em ohms;
d) a intensidade de corrente eletrica total no circuito.

**26.** (IJSO) Com um fio homogêneo de seção reta constante e de resistência elétrica $R$, constrói-se uma circunferência de raio $r$. Entre os pontos **A** e **B**, indicados na figura, aplica-se uma tensão elétrica $U$.

E.R.

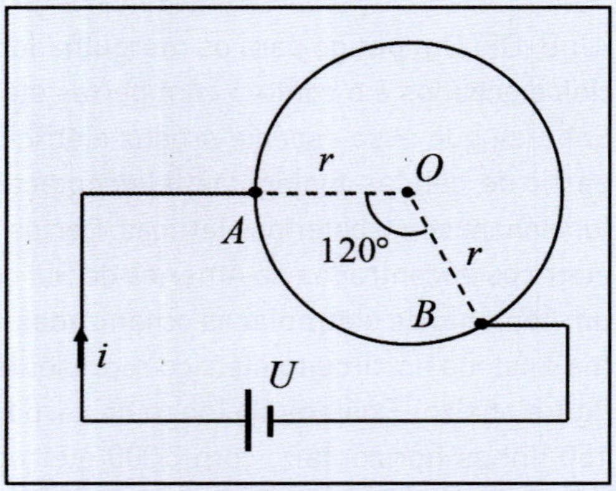


Reprodução/IJSO

A intensidade total $i$ da corrente elétrica que percorre o circuito é igual a:

a) $\frac{U}{R}$

b) $\frac{1,5U}{R}$

c) $\frac{3,0U}{R}$

d) $\frac{4,5U}{R}$

e) $\frac{6,0U}{R}$

**Resolução:**

Entre os pontos **A** e **B**, temos uma associação em paralelo de dois trechos de fio.

Trecho menor (proporcional ao ângulo de 120°): $\frac{R}{3}$

Trecho maior (proporcional ao ângulo de 240°): $\frac{2R}{3}$

Assim:

$$R_{eq} = \frac{\frac{R}{3} \cdot \frac{2R}{3}}{\frac{R}{3} + \frac{2R}{3}} = \frac{\frac{2R^2}{9}}{R} \Rightarrow \boxed{R_{eq} = \frac{2R}{9}}$$

A intensidade de corrente elétrica será dada por:

$$i = \frac{U}{R_{eq}} \Rightarrow i = \frac{U}{\frac{2R}{9}} \Rightarrow \boxed{i = 4,5\frac{U}{R}}$$

Resposta: alternativa **d**.

**27.** (Vunesp) No circuito, a bateria ideal tem força eletromotriz $\epsilon$ = 12 V e os resistores têm resistência elétrica $R_1$ = 2,0 Ω, $R_2$ = 6,0 Ω, $R_3$ = 1,5 Ω e $R_4$ = 3,0 Ω. O amperímetro, os fios de ligação e a chave **Ch**, inicialmente aberta, são todos ideais.

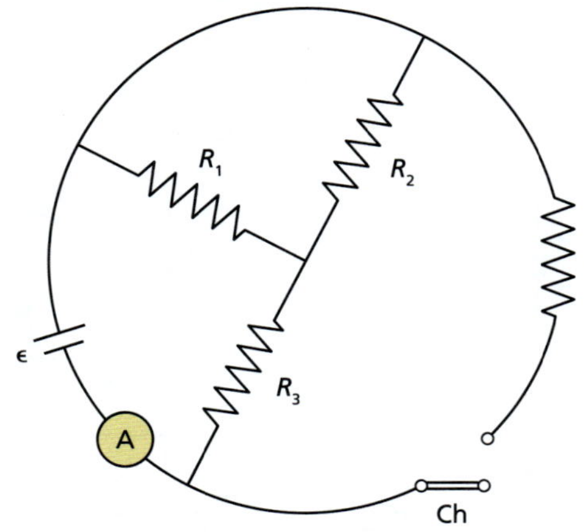


Reprodução/Arquivo da editora

Depois que a chave **Ch** for fechada, a indicação do amperímetro, em ampere, será:

a) 1,0

b) 2,0

c) 4,0

d) 6,0

e) 8,0

**28.** (Concurso Público-PE) No circuito da figura abaixo, os fusíveis $F_1$ e $F_2$ têm resistência elétrica desprezível e suportam correntes de intensidade máxima igual a 5,0 A.

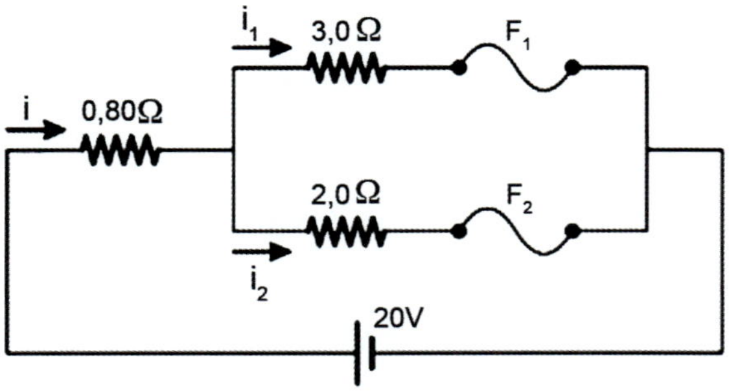


Reprodução/Polícia Civil de Pernambuco, Concurso Público, 2006.

Assinale a alternativa correta:

a) Apenas o fusível $F_1$ se danifica.

b) Apenas o fusível $F_2$ se danifica.

c) Os dois fusíveis se danificam.

d) Nenhum dos fusíveis se danifica.

e) Não se dispõem de dados suficientes para verificar o funcionamento dos fusíveis.

**29.** (UFPB) A figura a seguir representa um circuito elétrico constituído de um voltímetro (**V**) e um amperímetro (**A**) ideais, cinco resistores e uma bateria. A bateria fornece tensão de 12,0 V e o voltímetro registra 6,0 V.

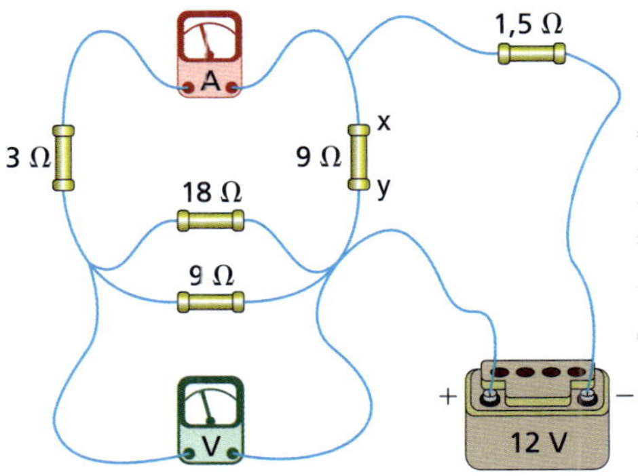


Reprodução/Arquivo da editora

a) Qual é a leitura feita no amperímetro?

b) Qual é a diferença de potencial no resistor de 1,5 **Ω**?

**30.** (Unifeso-RJ) No circuito esquematizado na figura, o gerador tem uma resistência interna desprezível, os quatro resistores têm a mesma resistência *R* e o amperímetro (ideal) indica 5,0 A.

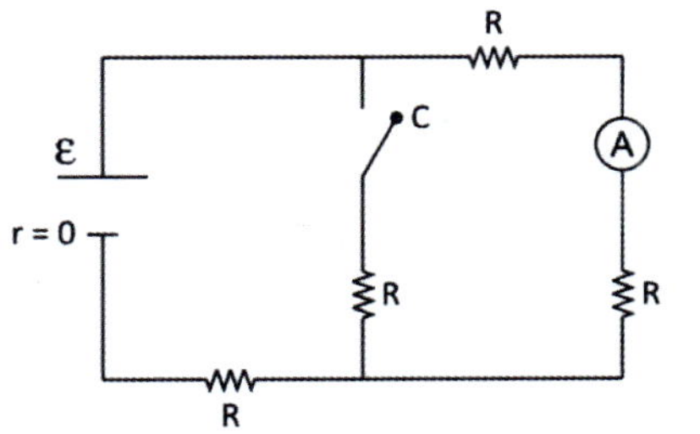


Reprodução/Unifeso

Se a chave **C** estivesse fechada, o amperímetro estaria indicando

a) 1,0 A
b) 1,5 A
c) 2,0 A
d) 2,5 A
e) 3,0 A

**31.** (Uece) No circuito da figura abaixo, as resistências são todas iguais a 3 **Ω** e a força eletromotriz da bateria é igual a 12 V. A corrente elétrica que percorre o resistor $R_2$ em ampere é

Obs.: Despreze a resistência dos fios.

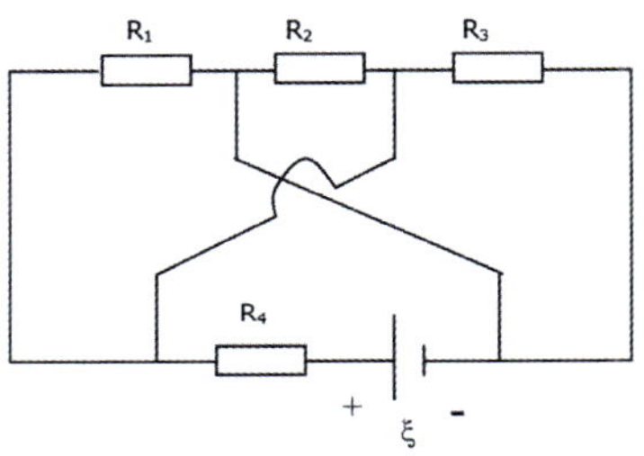


Reprodução/Uece

a) 0,5
b) 2
c) 1
d) 3

**32.** (IJSO) No circuito esquematizado todos os resistores têm resistência elétrica *R*. O gerador é ideal e sua força eletromotriz é **ϵ**.

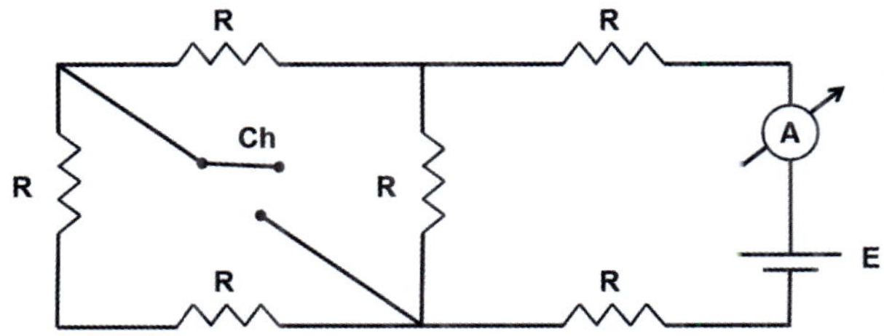


Reprodução/IJSO

As leituras do amperímetro ideal **A**, com a chave **Ch** aberta e depois fechada, são respectivamente iguais a:

a) $\frac{\epsilon}{R}$ e $\frac{\epsilon}{R}$

b) $\frac{\epsilon}{6R}$ e $\frac{\epsilon}{4R}$

c) $\frac{4\epsilon}{11R}$ e $\frac{2\epsilon}{5R}$

d) $\frac{4\epsilon}{11R}$ e $\frac{2\epsilon}{11R}$

e) $\frac{2\epsilon}{11R}$ e $\frac{4\epsilon}{5R}$

**33.** (CPAEN-RJ) Analise a figura abaixo.

E.R.

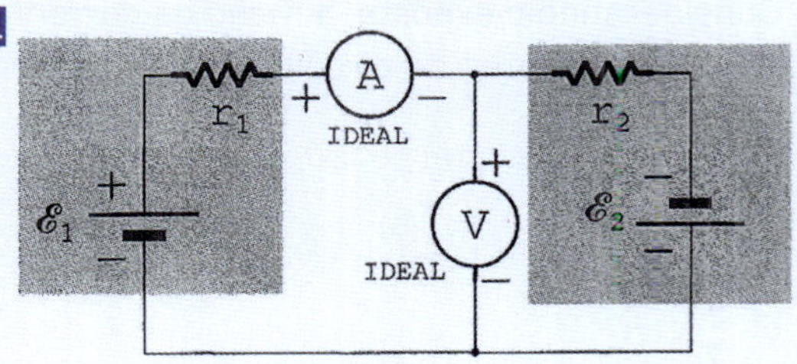


Reprodução/CPAEN-RJ

A figura acima mostra um circuito contendo dois geradores idênticos, sendo que cada um deles possui força eletromotriz de 10 V e resistência interna de 2,0 **Ω**. A corrente *I*, em amperes, medida pelo amperímetro ideal e a ddp, em volts, medida pelo voltímetro ideal, valem respectivamente:

a) zero e 2,5

b) zero e 0,5

c) 2,0 e zero

d) 5,0 e zero

e) zero e zero

**Resolução:**

No esquema fornecido os 2 geradores estão associados em série, assim:

$$i = \frac{\epsilon_1 + \epsilon_2}{\sum R} \Rightarrow i = \frac{10 + 10}{2{,}0 + 2{,}0} \therefore \boxed{i = 5{,}0\text{ A}}$$

Podemos determinar a leitura do voltímetro tanto pelo gerador 1 como pelo gerador 2:

$$U = \epsilon_1 - r_1 i \Rightarrow U = 10 - 2{,}0\,(5{,}0)$$

$$\boxed{U = 0}$$

Resposta: alternativa **d**.

**34.** (UFG-GO) Dois geradores ideais, de tensões iguais a *V*, foram ligados a dois resistores iguais, de resistência *R*, conforme ilustram os circuitos a seguir.

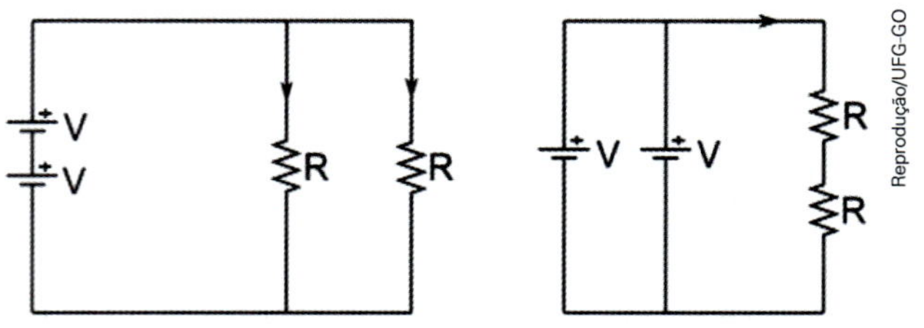


Figura (a) Figura (b)

Considerando o exposto, a razão da corrente em um dos resistores do circuito (**a**) pela de um resistor de (**b**) é:

a) $\frac{1}{4}$

b) $\frac{1}{2}$

c) 1

d) 2

e) 4

**35.** (Efomm-RJ) Observe a figura a seguir.

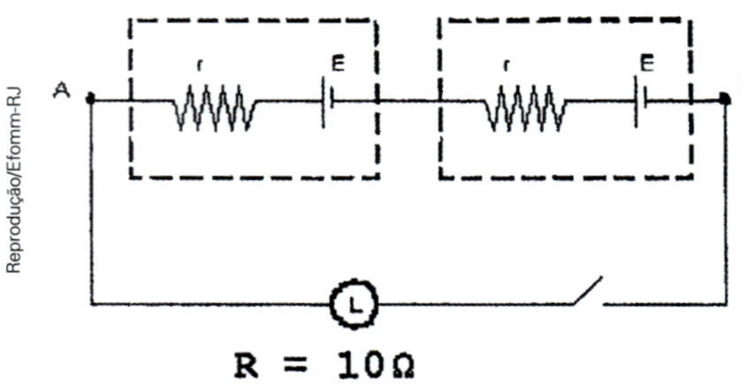


O esquema representa o circuito elétrico de uma lanterna com duas pilhas idênticas ligadas em série e uma lâmpada **L** com resistência $R = 10\ \Omega$. Com o circuito aberto, a ddp entre os pontos **A** e **B** é de 3,0 V. Quando o circuito é fechado, a ddp entre os pontos **A** e **B** cai para 2,5 V. A resistência interna de cada pilha e a corrente elétrica do circuito fechado são, respectivamente, iguais a

a) 0,5 Ω e 0,50 A

b) 1,0 Ω e 0,25 A

c) 1,0 Ω e 1,00 A

d) 1,5 Ω e 0,25 A

e) 1,5 Ω e 1,00 A

**36.** (Unesp-SP) Uma espécie de peixe-elétrico da Amazônia, o poraquê, de nome científico *Electrophorous electricus*, pode gerar diferenças de potencial elétrico (ddp) entre suas extremidades, de tal forma que seus choques elétricos matam ou paralisam suas presas. Aproximadamente metade do corpo desse peixe consiste de células que funcionam como eletrocélulas. Um circuito elétrico de corrente contínua, como o esquematizado na figura, simularia o circuito gerador de ddp dessa espécie. Cada eletrocélula consiste em um resistor de resistência $R = 7{,}5\ \Omega$ e de uma bateria de f.e.m. $\epsilon$.

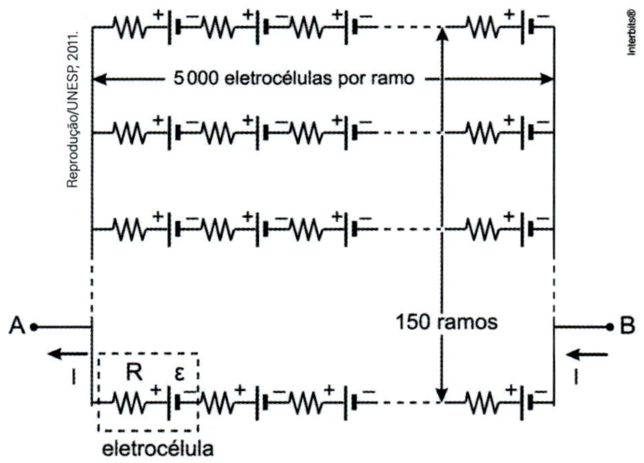


Sabendo-se que, com uma ddp de 750 V entre as extremidades **A** e **B**, o peixe gera uma corrente $I = 1{,}0$ A, a f.e.m. $\epsilon$ em cada eletrocélula, em volts, é:

a) 0,35

b) 0,25

c) 0,20

d) 0,15

e) 0,05

## Bloco 2

# 9. Receptores elétricos

**Receptores elétricos** são dispositivos que recebem energia elétrica de uma fonte e promovem a conversão dessa energia para outras modalidades que não sejam exclusivamente energia térmica.

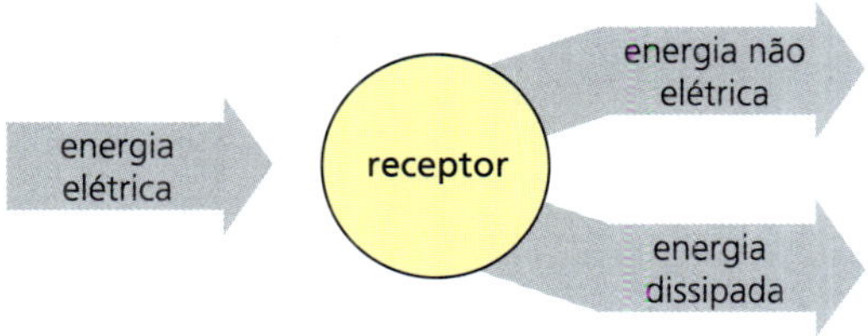


Recordemos que, se a conversão fosse exclusivamente para a forma de energia térmica, estaríamos falando de um resistor.

Um receptor em funcionamento recebe da fonte de alimentação uma determinada tensão elétrica ($U$). A essa ddp está associada a energia utilizada pelos portadores de carga elétrica, que formam a corrente elétrica, para percorrer o receptor.

Essa energia recebida será em parte convertida em energia mecânica, para girar o eixo do motor. A parte da ddp que relaciona a transformação de energia elétrica em mecânica é denominada **força contraeletromotriz** ($\epsilon'$) ou **f.c.e.m**.

Nos esquemas ilustrados de circuito elétrico, o receptor elétrico é representado como na imagem abaixo.

Banco de imagens/Arquivo da editora

Gerenme/iStockphoto/Getty Images

O motor de um liquidificador transforma energia elétrica em energia mecânica e é um exemplo clássico de um receptor elétrico.

A força contraeletromotriz é representada pelo símbolo $\epsilon'$ e a resistência interna do receptor por $r'$. No receptor elétrico, a corrente elétrica convencional circula do maior para o menor potencial.

## Equação do receptor elétrico

Sabemos que uma parcela da energia recebida pelas cargas elementares será dissipada na resistência elétrica dos próprios condutores que constituem o receptor. É por isso que todo motor em funcionamento esquenta, em maior ou menor grau, dependendo de sua resistência interna e da corrente elétrica que o percorre.

Sendo a energia elétrica por unidade de carga uma medida da diferença de potencial envolvida em cada parte desse processo, podemos fazer um balanceamento energético que vale para todo receptor elétrico.

Simbolicamente, temos:

$$U = \epsilon' + r' i$$

em que:

- $U$: é a ddp nos terminais do receptor, ou seja, é a tensão elétrica com que a fonte alimenta o receptor;
- $\epsilon'$: força contraeletromotriz. Ressaltemos novamente a inadequação do nome, pois não se trata de uma força, mas, sim, de uma tensão elétrica;
- $r' i$: tensão elétrica dissipada, representa a queda de potencial nos elementos resistivos situados internamente no motor.

O **receptor ideal** apresenta resistência interna nula, $r' = 0$.

Consideremos o trecho de circuito esquematizado abaixo. Para a corrente elétrica indo de **C** para **A**, o gráfico representa o comportamento do potencial elétrico no receptor.

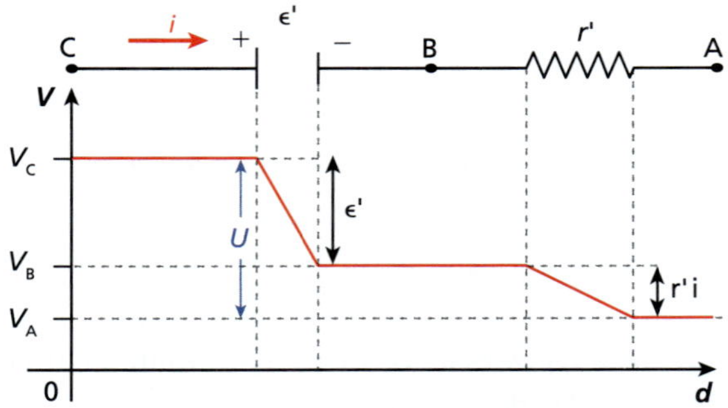

Banco de imagens/Arquivo da editora

## Curva característica de receptores

Em situações nas quais a f.c.e.m. do receptor é constante, podemos utilizar a equação do receptor para obter o gráfico da ddp aplicada entre seus terminais em função da intensidade da corrente elétrica que o atravessa.

A equação do gerador, $U = \epsilon' + r'i$, é uma função linear de *i*. Portanto, o gráfico de $U \times i$, denominado **curva característica do receptor**, é um segmento de reta, como mostra a imagem abaixo. Assim como vimos no caso da curva característica do gerador, a resistência interna *r*' do receptor pode ser obtida pela declividade da reta.

Banco de imagens/Arquivo da editora

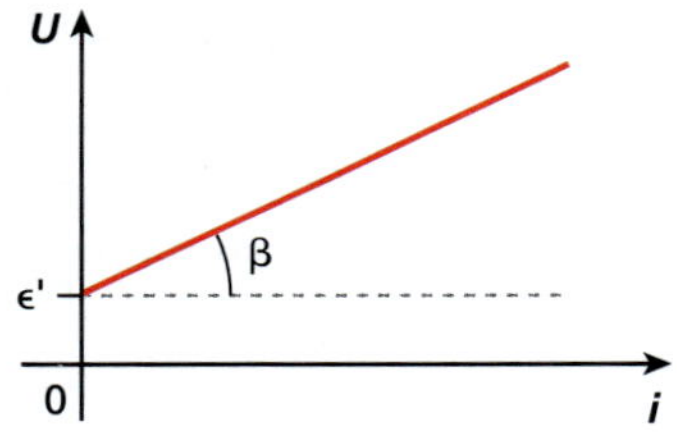


$$\text{tg}\,\beta \overset{N}{=} r'$$

# 10. O circuito gerador-receptor

O circuito gerador-receptor, como o da imagem a seguir, também constitui um exemplo de circuito simples, pois uma única corrente elétrica percorre todos os elementos do circuito.

Banco de imagens/Arquivo da editora

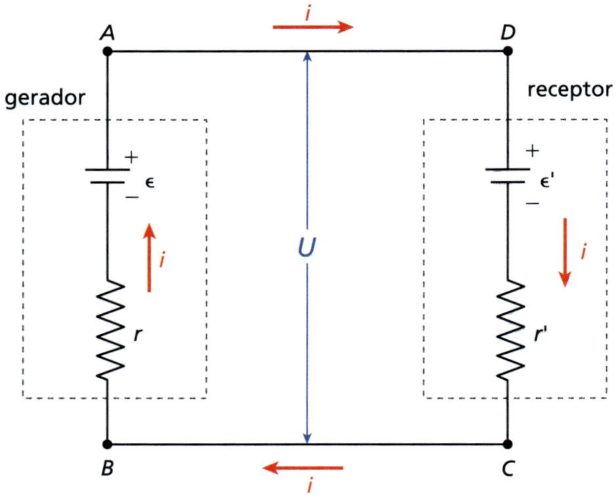

Na situação proposta, temos $\epsilon > \epsilon'$. O gerador sempre impõe o sentido para a corrente elétrica convencional.

A intensidade da corrente elétrica pode ser determinada igualando-se as tensões elétricas nos terminais do gerador ($U_{AB}$) e do receptor ($U_{CD}$):

$$U_{AB} = U_{CD}$$
$$\epsilon - r\,i = \epsilon' + r'\,i$$
$$\epsilon - \epsilon' = r\,i + r'\,i$$
$$\epsilon - \epsilon' = i\,(r + r')$$

$$i = \frac{\epsilon - \epsilon'}{r + r}$$

A expressão acima pode ser generalizada para um circuito simples constituído de vários geradores, receptores e resistores.

$$i = \frac{\sum \text{f.e.m.} - \sum \text{f.c.e.m.}}{\sum R} \quad \text{ou} \quad i = \frac{\sum \epsilon - \sum \epsilon'}{\sum R}$$

em que:

- $\sum$f.e.m., ou $\sum \epsilon$, representa o somatório de todas as f.e.m.;
- $\sum$f.c.e.m., ou $\sum \epsilon'$, representa o somatório de todas as f.c.e.m.;
- $\sum R$ representa o somatório de todas as resistências elétricas.

## Gerador em processo de carga

Vimos no início deste tópico que baterias são exemplos de geradores elétricos, pois convertem energia química em energia elétrica. No entanto, quando uma bateria está em processo de carga, ao invés de dar energia, ela está recebendo energia. Deixa, portanto, de atuar como gerador e passa a atuar como receptor. A ligação das baterias deve ser do tipo positivo com positivo e negativo com negativo. Dizemos, para este tipo de ligação, que os geradores estão em oposição. Formam, portanto, um circuito gerador--receptor.

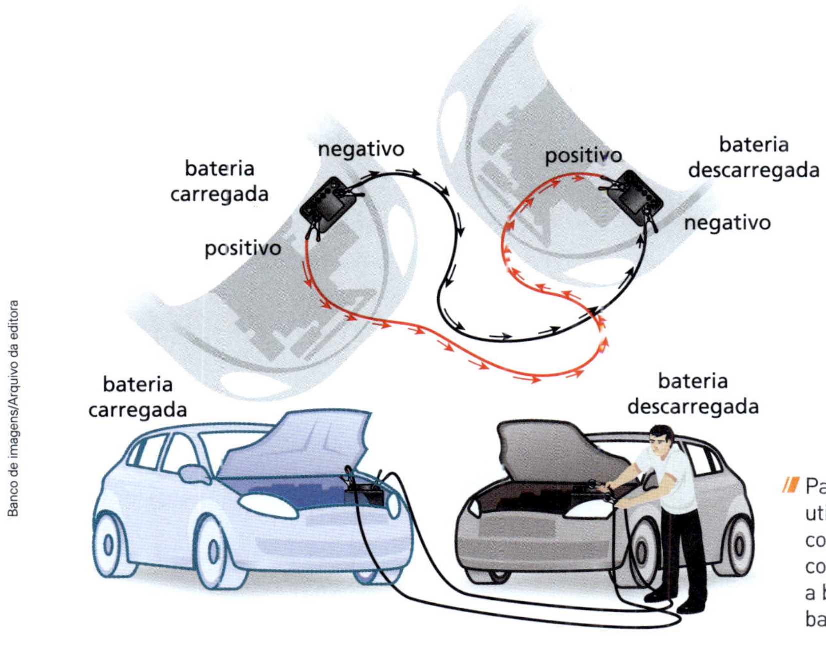


Para carregar a bateria de um automóvel utilizando outra bateria automotiva, é necessário conectar ambas as baterias em oposição, conforme indica o esquema ao lado. Nesse caso, a bateria carregada atua como gerador e a bateria descarregada, como receptor.

Remitski Ivan/Shutterstock

// A bateria de um celular, em processo de carga, também atua como receptor.

Vimos que a corrente elétrica em um gerador flui do polo negativo para o polo positivo. No entanto, quando está em processo de carga, a corrente elétrica no gerador passa do polo positivo para o negativo.

## Exercícios Nível 1

**37.** E.R. Um motor elétrico está conectado a uma rede elétrica de 220 V. Esse motor possui uma resistência total interna, devido aos fios que formam seus enrolamentos, de 10 $\Omega$. Ao ligarmos o motor, a corrente elétrica que nele circula tem intensidade de 4,0 A.

Determine:

a) o valor de sua força contraeletromotriz ($\epsilon'$);

b) desenhe o motor elétrico de forma esquemática indicando o sentido convencional da corrente elétrica.

**Resolução:**

a) Da equação do receptor elétrico, temos:

$$U = \epsilon' + r'i$$

Do enunciado $U = 220$ V, $r' = 10\ \Omega$ e $i = 4{,}0$ A.

Assim:

$$220 = \epsilon' + 10\ (4{,}0)$$

$$\boxed{\epsilon' = 180\ \text{V}}$$

b) Símbolo do receptor elétrico:

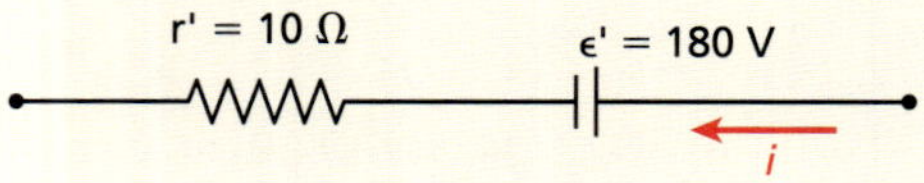


Banco de imagens/Arquivo da editora

**38.** (Cefet) Quando colocamos a bateria do telefone celular para ser carregada, ela e o recarregador funcionam, respectivamente, como

a) gerador e gerador.

b) gerador e receptor.

c) receptor e gerador.

d) receptor e receptor.

**39.** E.R. No circuito seguinte, formado por um gerador, um receptor e dois resistores, a intensidade da corrente elétrica e seu sentido são, respectivamente:

a) 6,0 A; anti-horário

b) 4,0 A; horário

c) 4,0 A; anti-horário

d) 3,0 A; horário

e) 2,0 A; anti-horário

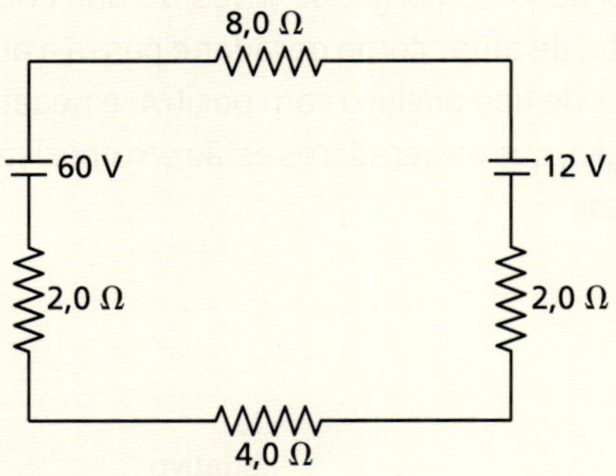


Banco de imagens/Arquivo da editora

**Resolução:**

O dispositivo de maior $\epsilon$ atuará como gerador e determinará o sentido da corrente elétrica.

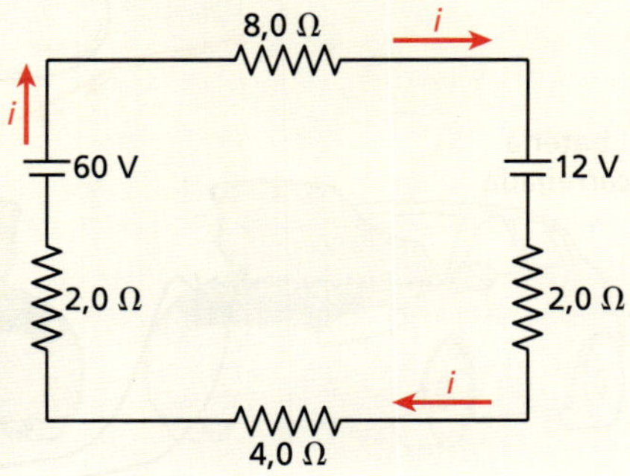


Banco de imagens/Arquivo da editora

O elemento de $\epsilon = 60$ V é o gerador e o sentido da corrente elétrica é, portanto, horário. No gerador a corrente convencional circula do negativo para o positivo.

No outro elemento de $\epsilon = 12$ V, a corrente elétrica circula do positivo para o negativo e, portanto, este elemento atua como receptor.

Para o cálculo da intensidade de corrente elétrica, temos:

$$i = \frac{\epsilon - \epsilon'}{\sum R} \Rightarrow i = \frac{60 - 12}{16}$$

$$\boxed{i = 3{,}0 \text{ A; sentido horário}}$$

Resposta: alternativa **d**.

**40.** (UFPA) Na figura abaixo estão representados três objetos que utilizam eletricidade.

Chuveiro Elétrico de resistência ôhmica — Ventilador — Bateria

Reprodução/UFPA, 2008.

Os gráficos abaixo mostram o comportamento desses objetos através de suas curvas características de tensão ($U$) *versus* intensidade de corrente ($i$).

**gráfico 1**

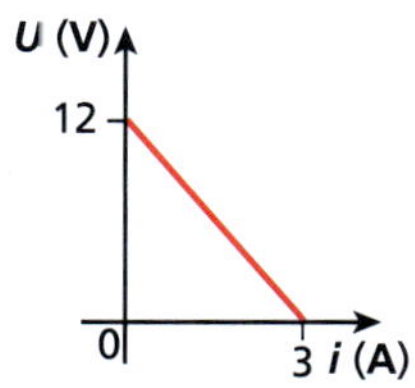


**gráfico 2**

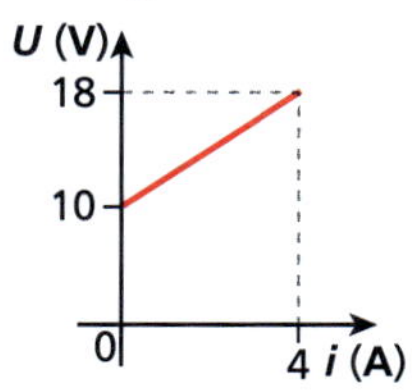


**gráfico 3**

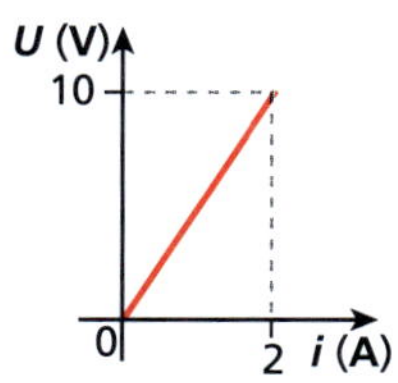


Reprodução/Arquivo da editora

a) Levando-se em conta o comportamento elétrico desses objetos, associe cada um deles com o gráfico correspondente que o caracteriza.

b) Para uma corrente elétrica de 2 A, calcule a tensão elétrica nos terminais do receptor.

**41.** (UEA-AM) Considere o circuito elétrico esquematizado na figura.

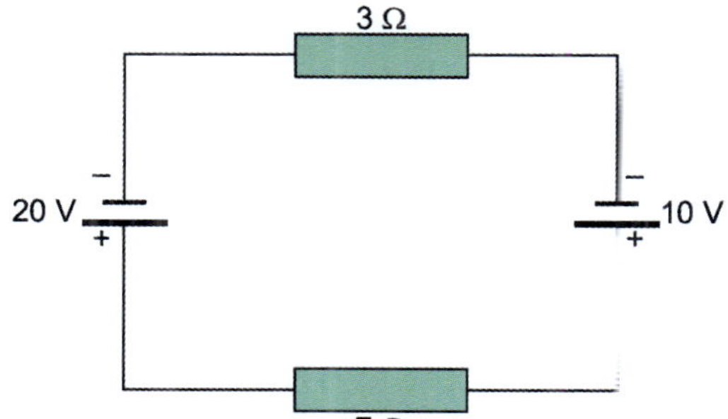


Reprodução/UEA-AM

A intensidade de corrente elétrica, em amperes, que circula nesse circuito é

a) 0,25
b) 0,75
c) 0,50
d) 1,00
e) 1,25

**42.** (UPM-SP) Um gerador elétrico, um receptor elétrico e um resistor são associados, convenientemente, para constituir o circuito a seguir.

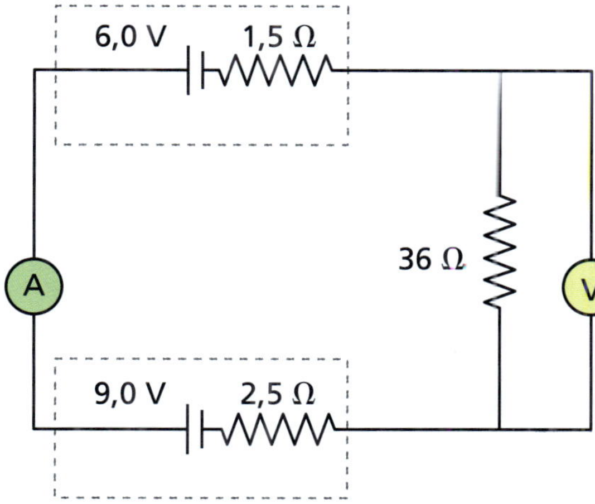


Reprodução/Arquivo da editora

O amperímetro **A** e o voltímetro **V** são ideais e, nas condições em que foram insertos no circuito, indicam, respectivamente:

a) 83,3 mA e 3,0 V
b) 372 mA e 0,96 V
c) 375 mA e 13,5 V
d) 75 mA e 0,48 V
e) 75 mA e 2,7 V

# Exercícios Nível 2

**43.** (USF-SP) O circuito a seguir apresenta um gerador de 60 V e resistência interna 1 ohm ligado a outros componentes conforme representado na figura.

E.R.

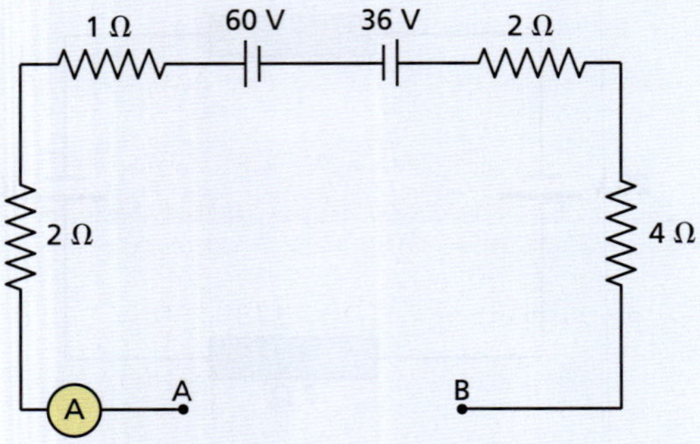


Reprodução/Arquivo da editora

Sabendo que a corrente elétrica registrada pelo amperímetro é de 1,2 A e que entre **A** e **B** foi colocado um receptor cuja resistência interna é de 1 ohm a força contraeletromotriz desse receptor é de:

a) 64 V
b) 24 V
c) 36 V
d) 84 V
e) 12 V

**Resolução:**

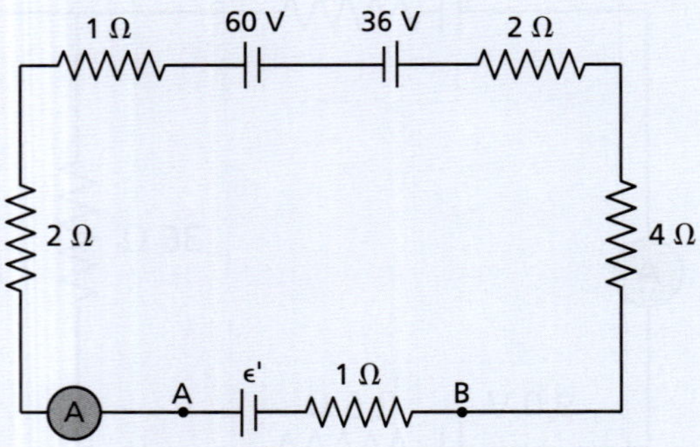


Reprodução/Arquivo da editora

Pela Lei de Pouillet generalizada, temos:

$$i = \frac{\sum \epsilon - \sum \epsilon'}{\sum R}$$

$$1{,}2 = \frac{60 - 36 - \epsilon'}{2 + 1 + 2 + 4 + 1}$$

$$1{,}2 = \frac{24 - \epsilon'}{10} \therefore \boxed{\epsilon' = 12\text{ V}}$$

Resposta: alternativa **e**.

**44.** (UFC-CE) Considere o circuito mostrado na figura abaixo.

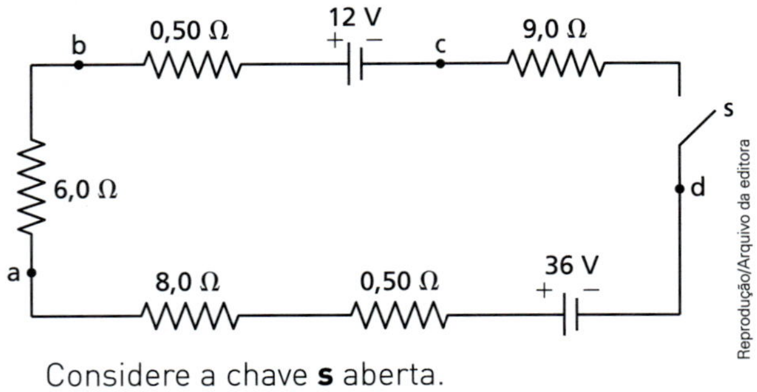


Reprodução/Arquivo da editora

Considere a chave **s** aberta.

a) Determine a diferença de potencial entre os pontos **b** e **c**.

Considere agora a chave **s** fechada. Determine:

b) a corrente no circuito;

c) a diferença de potencial entre os pontos **a** e **b**.

**45.** (FCMSCSP) A figura representa um trecho de uma instalação residencial onde estão ligados um ferro de passar e uma lavadora de roupas. A resistência elétrica do ferro é $R_F = 12\ \Omega$ e a lavadora tem força contraeletromotriz $\epsilon' = 100$ V e resistência interna $r' = 4\ \Omega$.

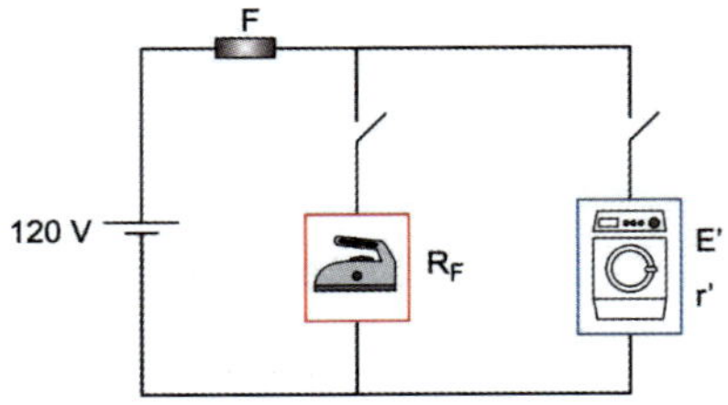


Reprodução/FCMSCSP

Para proteger esse trecho do circuito será instalado, na posição indicada na figura, um fusível **F** escolhido dentre cinco opções diferentes, $\mathbf{F_1}$, $\mathbf{F_2}$, $\mathbf{F_3}$, $\mathbf{F_4}$ e $\mathbf{F_5}$, que suportam, respectivamente, correntes elétricas máximas de 5, 10, 20, 30 e 40 amperes. Para que esses dois aparelhos elétricos possam funcionar simultaneamente, pode-se instalar

a) apenas os fusíveis $\mathbf{F_3}$, $\mathbf{F_4}$ e $\mathbf{F_5}$.
b) apenas o fusível $\mathbf{F_5}$.
c) qualquer um dos cinco fusíveis disponíveis.
d) apenas os fusíveis $\mathbf{F_2}$, $\mathbf{F_3}$, $\mathbf{F_4}$ e $\mathbf{F_5}$.
e) apenas os fusíveis $\mathbf{F_4}$ e $\mathbf{F_5}$.

**46.** (Ufpel-RS) No circuito mostrado na figura a seguir, temos uma associação de resistores ligados a duas baterias cujas f.e.m. são $\epsilon_1 = 6{,}0$ V e $\epsilon_2 = 24{,}0$ V, e cujas resistências internas são respectivamente $r_1 = 1{,}0\ \Omega$ e $r_2 = 2{,}0\ \Omega$.

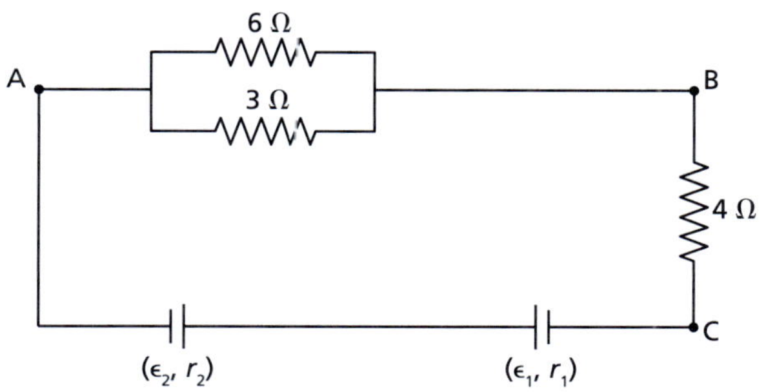


Reprodução/Arquivo da editora

De acordo com seus conhecimentos sobre Eletrodinâmica e com o texto, analise cada uma das seguintes afirmativas.

I. O sentido da corrente elétrica é determinado pela f.e.m. de maior valor; portanto, no circuito, a corrente tem sentido horário.

II. No circuito da bateria com $\epsilon_1$ a corrente está passando do polo positivo para o negativo; desta forma, essa bateria está funcionando como um receptor (gerador de f.c.e.m.).

III. A intensidade da corrente elétrica no circuito é de 2,0 A.

IV. O valor da diferença de potencial entre os pontos **A** e **B** é de 12 V.

Dessas afirmativas, estão corretas apenas

a) III e IV.
b) I e II.
c) I, III e IV.
d) II e IV.
e) II e III.

**47.** (UFRJ) Um estudante dispunha de duas baterias comerciais de mesma resistência interna de 0,10 **Ω**, mas verificou, por meio de um voltímetro ideal, que uma delas tinha força eletromotriz de 12 volts e a outra, de 11 volts. A fim de avaliar se deveria conectar em paralelo as baterias para montar uma fonte de tensão, ele desenhou o circuito indicado na figura a seguir e calculou a corrente *i* que passaria pelas baterias desse circuito.

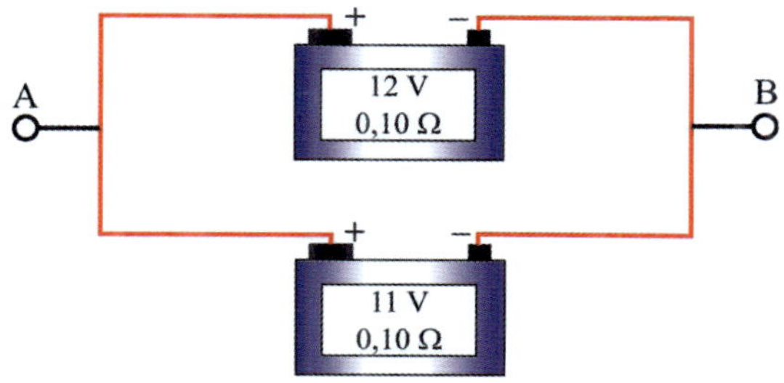


Reprodução/UFRJ

a) Calcule o valor encontrado pelo estudante para a corrente *i*.

b) Calcule a diferença de potencial $V_A - V_B$ entre os pontos **A** e **B** indicados no circuito.

**48.** Duas baterias são conectadas conforme ilustra o circuito adiante. As curvas características de ambas estão representadas nos gráficos 1 e 2.

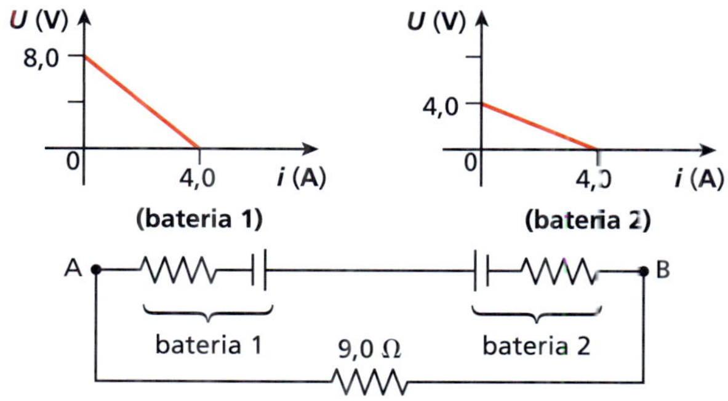


Banco de imagens/Arquivo da editora

A intensidade de corrente elétrica que percorre o circuito e a ddp entre os pontos **A** e **B** são:

a) $\frac{1}{3}$ A e 3,0 V
b) $\frac{1}{6}$ A e 4,0 V
c) $\frac{1}{9}$ A e 9,0 V
d) $\frac{1}{2}$ A e 12 V
e) $\frac{1}{4}$ A e 16 V

## DESCUBRA MAIS

**1.** Toda casa tem várias tomadas distribuídas pelos cômodos; qual o princípio de funcionamento de uma tomada elétrica? O padrão na Região Metropolitana da cidade de São Paulo é as tomadas serem de 110 V, embora seja comum haver pelo menos uma tomada de 220 V dentro das residências. Outros lugares, como cidades do litoral do estado de São Paulo e na maior parte dos estados do Nordeste, o padrão das tomadas é 220 V. O que isso quer dizer?

**2.** Se são necessários apenas dois pontos para gerar uma diferença de potencial, por que o padrão nacional de tomadas possui três orifícios? Qual a diferença entre os aparelhos cujos plugues possuem três pinos em relação aos plugues de dois pinos?

**3.** Curto-circuitar um circuito nada mais é do que criar um caminho sem resistência para a corrente passar. Por que, então, o termo "curto-circuito" está associado à queima do circuito ou mesmo de aparelhos eletrônicos?

**4.** Qual a vantagem em usarmos geradores ligados em série? E qual a vantagem de usarmos geradores ligados em paralelo? Sabendo disso, cite exemplos de aparelhos que utilizam pilhas e que se beneficiam de cada um dos casos.

## Exercícios Nível 3

**49.** (ITA-SP) No circuito abaixo, as tensões nos terminais das baterias de 60 V e 6,0 V são, respectivamente,

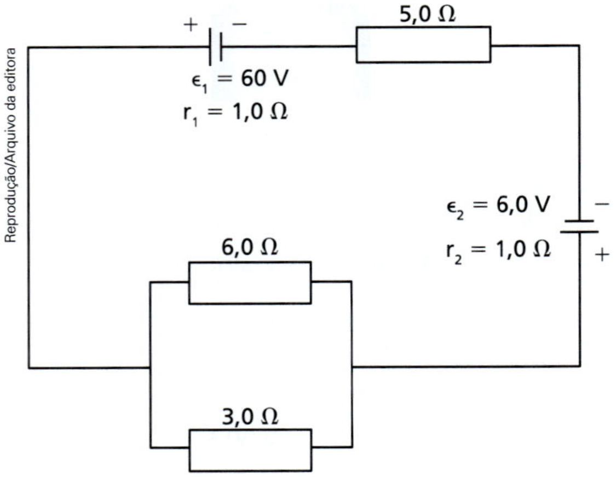



a) 54 V e 12 V
b) 53 V e 13 V
c) 54 V e 5,4 V
d) 50 V e 16 V
e) 48 V e 18 V

**50.** Um resistor de resistência elétrica *R* é associado a um conjunto de geradores idênticos.

*n* fontes em série

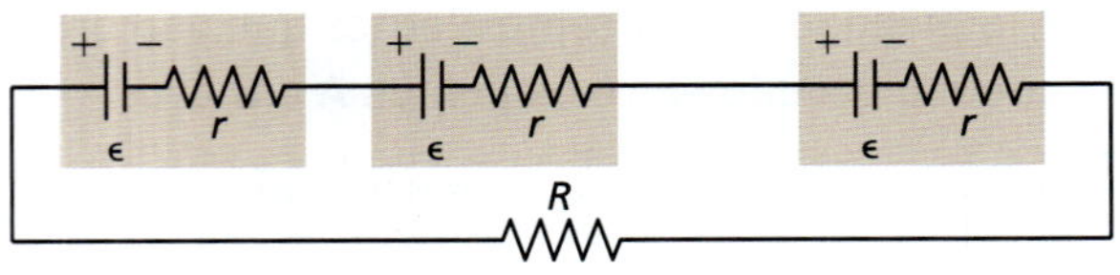


(a)

*n* fontes em paralelo

(b)



a) Determine a intensidade total de corrente elétrica ($i_a$) que percorre o resistor *R* no circuito (a).
b) Determine a intensidade de corrente elétrica ($i_b$) que percorre o resistor *R* no circuito (b).
c) Determine a relação $i_a/i_b$ se R = r.

**51.** (AFA-SP) No circuito a seguir, alimentado por três pilhas ideais de 1,5 V cada, o amperímetro **A** e os voltímetros $\mathbf{V_1}$ e $\mathbf{V_2}$ são considerados ideais.

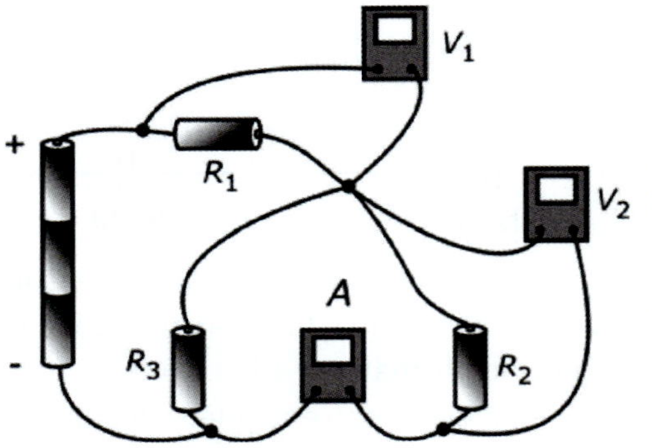



Sabe-se que o voltímetro $\mathbf{V_2}$ indica 2,0 V e que as resistências elétricas dos resistores $R_1$ e $R_3$ são, respectivamente, 2,5 Ω e 3,0 Ω. Nestas condições, as indicações de $\mathbf{V_1}$, em volts, de **A**, em amperes, e o valor da resistência elétrica do resistor $R_2$, em ohms, são respectivamente

a) $\frac{1}{2}, \frac{2}{3}, 6$
b) $\frac{1}{2}, \frac{1}{3}, 3$
c) $\frac{5}{2}, \frac{1}{3}, 6$
d) $\frac{5}{2}, \frac{2}{3}, 3$

**52.** (ITA-SP) Com respeito ao circuito elétrico que se segue, podemos afirmar:

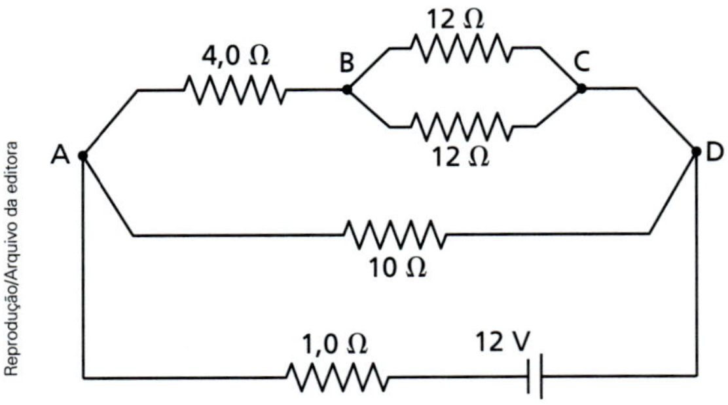



a) A resistência equivalente entre **A** e **D** é 38 Ω e a potência dissipada é 76 W.
b) A resistência equivalente no trecho **BC** é 24 Ω e a corrente no trecho **AB** é 2,0 A.
c) A corrente que circula pelo resistor de 10 Ω é de 2,0 A e a potência nele dissipada é 40 W.
d) A ddp no resistor de 4,0 Ω é 4,0 V e a resistência equivalente entre **A** e **D** é 5,0 Ω.
e) nenhuma das anteriores está correta.

**53.** (UPM-SP) Em uma experiência no laboratório de eletricidade, um aluno verificou, no circuito abaixo, que a intensidade de corrente no resistor de 3 Ω é 0,4 A.



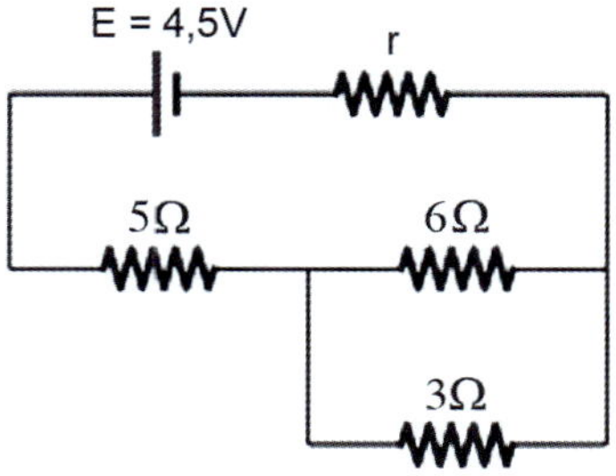


Sabendo que a f.e.m. do gerador é 4,5 V, esse aluno pode, corretamente, afirmar que a resistência interna desse gerador é

a) 0,5 Ω
b) 0,4 Ω
c) 0,3 Ω
d) 0,2 Ω
e) 0,1 Ω

**54.** (ITA-SP) Quando se acendem os faróis de um carro cuja bateria possui resistência interna $r_i = 0{,}050\ \Omega$, um amperímetro indica uma corrente de 10 A e um voltímetro uma voltagem de 12 V. Considere desprezível a resistência interna do amperímetro. Ao ligar o motor de arranque, observa-se que a leitura do amperímetro é de 8,0 A e que as luzes diminuem um pouco de intensidade. Calcular a corrente que passa pelo motor de arranque quando os faróis estão acesos.

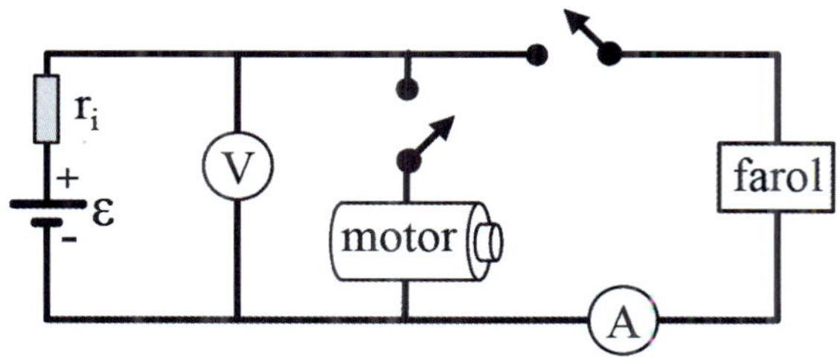




## Para raciocinar um pouco mais

**55.** (ITA-SP) A diferença de potencial entre os terminais de uma bateria é 8,5 V, quando há uma corrente elétrica que a percorre internamente, do terminal negativo para o positivo, de 3,0 A. Por outro lado, quando a corrente que a percorre internamente for de 2,0 A, indo do terminal positivo para o negativo, a diferença de potencial entre seus terminais é de 11,0 V. Nessas condições, a resistência interna da bateria, expressa em ohms, e a sua f.e.m., expressa em volts, são, respectivamente;

a) 2,0 e $1{,}0 \cdot 10^2$
b) 0,50 e 10,0
c) 0,50 e 12,0
d) 1,5 e 10,0
e) 5,0 e 10,0

**56.** (OBC) Um gerador de força eletromotriz $\epsilon = 12{,}0$ V e resistência interna $r = 1{,}0\ \Omega$ é ligado a uma associação de resistores, cada um de resistência elétrica $R = 9{,}0\ \Omega$, conforme indica o esquema abaixo.



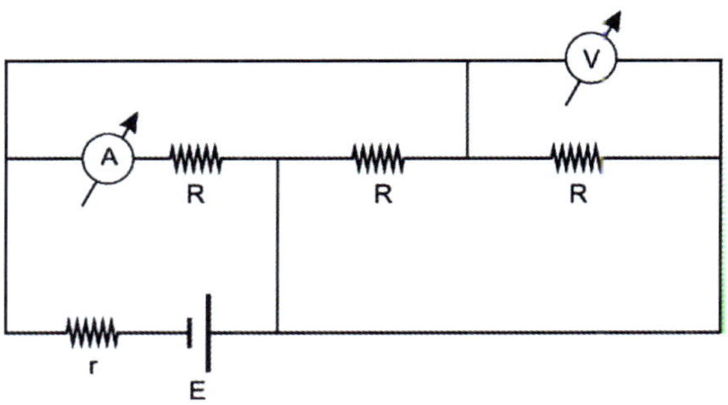


As leituras do amperímetro **A** e do voltímetro **V**, considerados ideais, são respectivamente:

a) 1,2 A e 12,0 V
b) 3,6 A e 10,8 V
c) 4,8 A e 10,2 V
d) 1,0 A e 9,0 V
e) 1,2 A e 9,0 V

**57.** (OBC) No circuito esquematizado abaixo, o amperímetro **A** é ideal. Sendo $R = 12\ \Omega$, $\epsilon = 12$ V e $r = 1{,}0\ \Omega$, responda os itens a seguir.

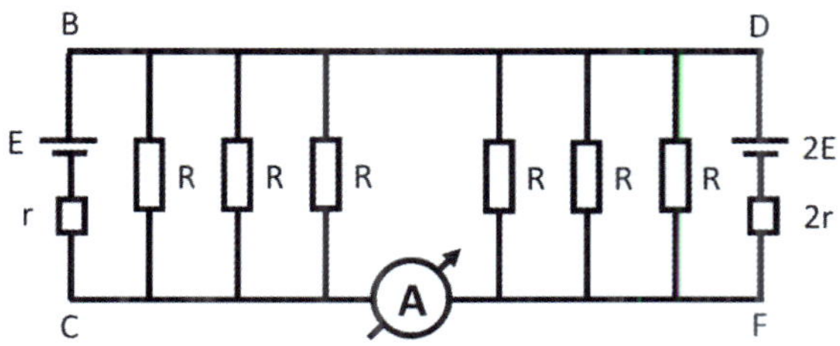




a) Desenhe um circuito equivalente (sem o amperímetro) com uma única resistência no lugar dos 6 resistores em paralelo, indicando seu valor numérico.
b) Determine as intensidades das correntes que percorrem os elementos (2E, 2r) e (E, r).
c) Determine a leitura registrada no amperímetro.
d) Determine a diferença de potencial entre os pontos **D** e **F**.

**58.** (ITA-SP) Você dispõe de um dispositivo de resistência R = 5r e de 32 baterias idênticas, cada qual com resistência *r* e força eletromotriz *V*. Como seriam associadas as baterias, de modo a obter a máxima corrente que atravesse *R*? Justifique-o.

**59.** (IME-RJ) A figura abaixo mostra dois geradores de corrente contínua, denominados $\mathbf{G_1}$ e $\mathbf{G_2}$, que possuem resistências internas $R_1$ e $R_2$ e a mesma tensão induzida *E*. Os geradores estão conectados a uma resistência *R* por meio de uma chave **S**. A resistência $R_1$ é um cilindro não condutor que possui um êmbolo condutor em sua parte superior e que se encontra, inicialmente, totalmente preenchido por um líquido condutor. O êmbolo desce junto com o nível do líquido condutor no interior do cilindro, mantendo a continuidade do circuito. No instante em que a chave **S** é fechada, o líquido começa a escoar pelo registro cuja vazão volumétrica é *Q*.

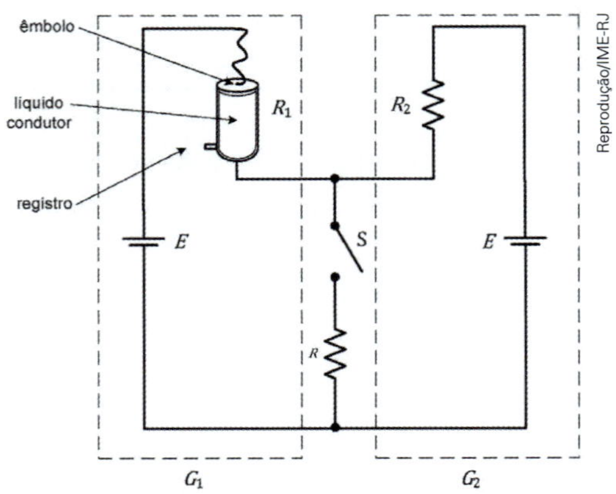


Diante do exposto, o instante de tempo *t*, no qual o gerador $\mathbf{G_1}$ fornece 40% da corrente demandada pela carga é:

Dados:

- antes do fechamento da chave **S**: $R_1 = 4R_2$;
- resistividade do líquido condutor: ρ; e
- área da base do cilindro: *A*.

a) $0,5\dfrac{A^2R_2}{\rho Q}$

b) $1,0\dfrac{A^2R_2}{\rho Q}$

c) $1,5\dfrac{A^2R_2}{\rho Q}$

d) $2,0\dfrac{A^2R_2}{\rho Q}$

e) $2,5\dfrac{A^2R_2}{\rho Q}$

**60.** (AFA-SP)

**Seca vira tema de excursão e aula de ciências em escolas**

(...) Como no Vera Cruz, a crise da água tem motivado atividades em diversos colégios da cidade. Na rede municipal, 34 escolas ficaram sem água na semana passada.

A Secretaria de Educação diz que incentiva debates sobre o tema e sua inclusão em projetos interdisciplinares.

Nas escolas particulares, problemas de abastecimento não são comuns. A falta de água é abordada para efeito pedagógico – como no colégio Rio Branco, que tem promovido bate-papos e estudos. (...)

Thais Bilenky, São Paulo, 26 out. 2014. (Disponível em: www1.folha.uol.com.br/cotidiano. Acesso em: 14 fev. 2017)

Motivado pelo trecho do artigo exposto, um professor de Física lançou um desafio para os alunos do 3º ano em uma escola na qual, frequentemente, falta água. Tal desafio consistia em determinar o volume de água em um reservatório de difícil acesso.

Para a determinação deste volume de água, os alunos deveriam utilizar somente um circuito elétrico constituído de um voltímetro ideal **V**, uma bateria de f.e.m. igual a 12 V e resistência interna igual a 1,0 Ω, além de um resistor ôhmico *R* igual a 2,0 Ω e um reostato **AB**, feito de material de resistividade elétrica constante, cuja resistência elétrica pode variar de 0 a 4,0 Ω, de acordo com a posição da boia que é ajustada pela altura do nível de água do reservatório. Depois de algum tempo, os alunos apresentaram o projeto ao professor, conforme esquematizado na figura a seguir.

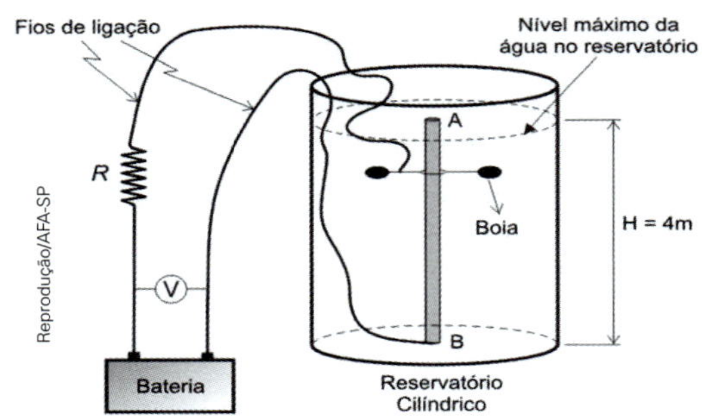


De acordo com o projeto, o volume de água no reservatório pode ser calculado por meio da ddp nos terminais da bateria, registrada pelo voltímetro. Sendo a capacidade máxima deste reservatório igual a 20 $m^3$, desconsiderando as resistências elétricas dos fios de ligação que estão isolados e o atrito do suporte da boia com o reostato, quando o voltímetro indicar 9,0 V, o volume de água neste reservatório será, em $m^3$, igual a:

a) 15

b) 12

c) 6,0

d) 5,0

TÓPICO

4

# Energia e potência elétrica

Tirza Pijnenburg/500px/Getty Images

Ciclovia iluminada através de energia solar na cidade de Eindhoven, na Holanda, com padrões de luz em formato espiral, homenageando o pintor holandês Vincent van Gogh.

Já sabemos o que é energia elétrica, como ela se comporta e de que maneira ela pode ser gerada. Atualmente, quase tudo em nossa vida depende dela, e suas aplicações são incontáveis, sendo que novas formas de uso da eletricidade aparecem constantemente, como na ciclovia da imagem acima. Também na Holanda, na cidade de Krommenie, painéis instalados em apenas 70 m de uma ciclovia conseguem gerar energia suficiente para abastecer três casas ao longo de um ano inteiro. Desse modo, quanto melhor soubermos aproveitar a energia que geramos, mais eficientes poderemos tornar os motores elétricos, de modo que consigamos equilibrar a sempre crescente demanda por energia elétrica com os meios atuais de gerá-la.

Este tópico aborda, entre outras questões, a potência elétrica em motores, a eficiência da energia consumida em relação à potência gerada e como interpretar essas informações a partir de circuitos elétricos.

## Bloco 1

# 1. Introdução

Vamos analisar um trecho de circuito no qual inserimos um dispositivo elétrico qualquer (gerador, resistor ou receptor).

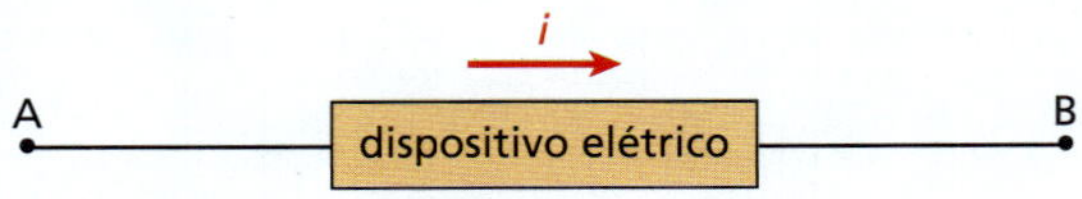

Banco de imagens/ Arquivo da editora

Uma carga $q > 0$ posicionada em **A** é dotada de uma energia potencial elétrica dada por: $E_{pot_A} = qV_A$.

Essa carga vai se deslocar do ponto **A** para o ponto **B**, onde estará dotada de uma energia potencial elétrica dada por $E_{pot_B} = qV_B$.

A diferença de energia potencial, da carga *q*, entre as posições **A** e **B**, representa a energia colocada em jogo para a transferência da carga *q* do ponto **A** para o ponto **B**.

Essa energia nada mais é do que o trabalho ($\tau_{F_{el}}$) das forças de natureza elétrica no deslocamento de **A** para **B**, assim:

$$\tau_{F_{el}} = E_{pot_A} - E_{pot_B}$$

$$\tau_{F_{el}} = qV_A - qV_B$$

$$\tau_{F_{el}} = q(V_A - V_B)$$

Dividindo ambos os membros pelo intervalo de tempo ($\Delta t$) para o transporte da carga *q* de **A** para **B**, temos:

$$\frac{\tau_{F_{el}}}{\Delta t} = \frac{q}{\Delta t}(V_A - V_B)$$

No primeiro membro:

- $\frac{\tau_{F_{el}}}{\Delta t}$ equivale à potência elétrica (*P*) consumida no trecho **AB**.

Como $\tau_{F_{el}}$ equivale à energia elétrica ($E_{el}$) consumida nesse trecho, vem:

$$P = \frac{E_{el}}{\Delta t}$$

No SI a energia é medida em joule (J), a potência em watt (W) e o tempo em segundo (s), portanto:

$$1\ W = 1\ \frac{J}{s}$$

Já no segundo membro:

- $\frac{q}{\Delta t}$ representa a intensidade de corrente elétrica (*i*) nesse trecho.

- $(V_A - V_B)$ representa a ddp ($U$) mantida entre **A** e **B** com $V_A > V_B$.

Desse modo, obtemos:

$$P = iU$$

Esta relação é de uso geral e pode ser utilizada para qualquer carga colocada entre **A** e **B**. Se $V_A > V_B$, o dispositivo consome potência e, se $V_A < V_B$, o dispositivo fornece potência.

## 2. Potência elétrica em resistores

Vimos que a potência elétrica ($P$) envolvida em um trecho qualquer **AB** de um circuito é dada por:

$$P = iU \qquad \text{(I)}$$

Destacamos que esta expressão é válida independentemente do tipo de elemento presente nesse referido trecho.

Consideremos o caso particular esquematizado na imagem ao lado, em que o trecho **AB** é constituído apenas por resistores lineares, e que, portanto, obedecem à 1ª Lei de Ohm. Temos:

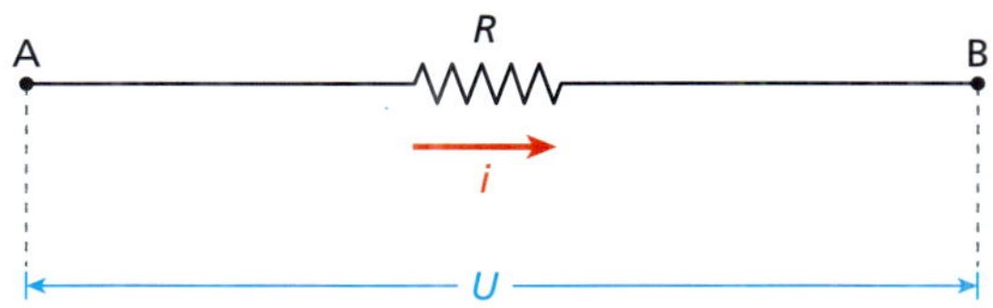

Banco de imagens/Arquivo da editora

$$U = Ri \qquad \text{(II)}$$

$$i = \frac{U}{R} \qquad \text{(III)}$$

Substituindo a expressão (II) em (I), vem:

$$P = i(Ri) \Rightarrow P = Ri^2$$

Substituindo a expressão (III) em (I), temos:

$$P = \frac{U}{R}U \Rightarrow P = \frac{U^2}{R}$$

Qualquer uma dessas três expressões pode ser utilizada para o cálculo da potência elétrica dissipada em um resistor. A escolha vai depender da situação analisada.

Existem algumas situações particulares nas quais uma análise gráfica é bastante útil para o completo entendimento do fenômeno físico. Vamos estudar em seguida a relação entre a potência elétrica dissipada em um resistor, a corrente elétrica que o atravessa e a diferença de potencial entre os seus terminais.

Se mantivermos o valor da resistência elétrica ($R$) constante e ($U$) e ($i$) variáveis, temos:

$$P = Ri^2$$

Como $R$ é uma constante positiva, o gráfico da potência ($P$) envolvida no circuito em função da corrente elétrica ($i$) que o atravessa é um arco de parábola com concavidade voltada para cima, como mostra a imagem ao lado.

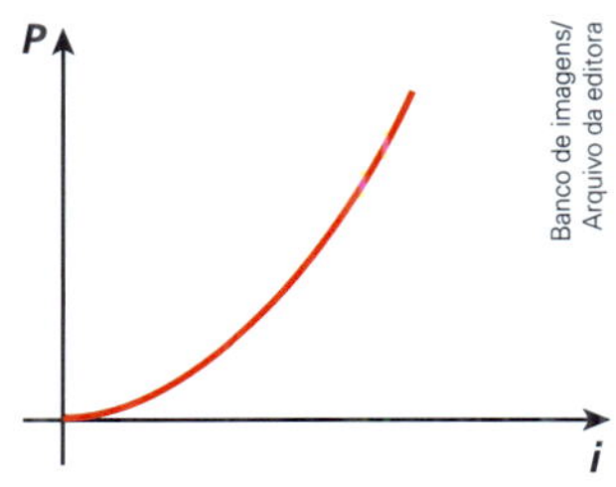

Banco de imagens/Arquivo da editora

Da mesma maneira, podemos estudar a relação entre a potência envolvida no circuito e a diferença de potencial (*U*):

$$P = \frac{U^2}{R}$$

Novamente, a constante que multiplica o termo quadrático é positiva e, portanto, o gráfico da potência (*P*) em função da diferença de potencial (*U*) também é uma parábola com concavidade para cima, como representado na figura 1, abaixo.

Se, no entanto, mantivermos *U* constante e *R* e *i* variáveis, *P* e *R* tornam-se grandezas inversamente proporcionais e o gráfico tem a forma de uma hipérbole equilátera, como mostra a figura 2, abaixo.

Ilustrações: Banco de imagens/Arquivo da editora

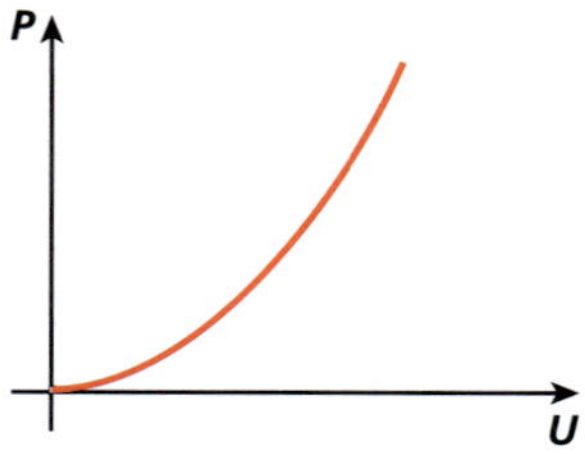


**figura 1**

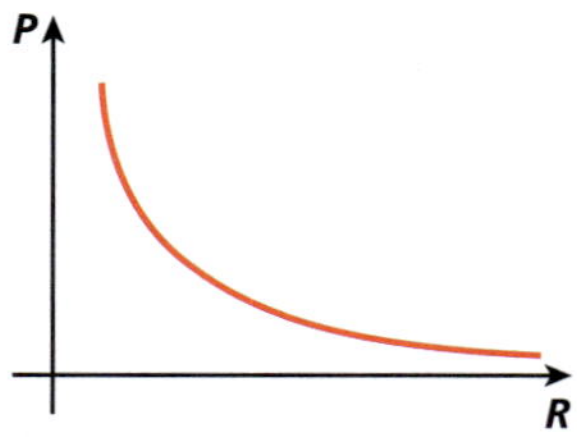


**figura 2**

## 3. Conta de luz

Se você buscar na sua conta de luz qual o consumo de energia em sua residência, vai se deparar com a seguinte unidade de medida: kWh (quilowatt-hora).

JHDT Productions/Shutterstock

Na conta e nos relógios de luz, a unidade de medida usada é o kWh.

As companhias de geração e distribuição de energia elétrica não medem o consumo de energia elétrica em unidades do Sistema Internacional (joule).

Da expressão da energia ($E_{el}$) em função da potência (*P*) e do intervalo de tempo ($\Delta t$):

$$E_{el} = P\Delta t$$

Podemos estabelecer uma conversão entre essas duas unidades de medida de energia:

Sistema Internacional:

$$J = W \cdot s$$

Companhias de distribuição de energia elétrica:

$$kWh = kW \cdot h$$

Assim:

$$1{,}0\ kWh = 1\,000\ W \cdot 3\,600\ s \Rightarrow 1{,}0\ kWh = 3{,}6 \cdot 10^6\ J$$

## Ampliando o olhar

### Quanto custa o seu banho num chuveiro elétrico?

Jacek/Kino.com.br

É relativamente comum haver campanhas pedindo, entre outras medidas de economia, que o tempo levado durante um banho, com o chuveiro elétrico ligado, seja da ordem de poucos minutos. Essa medida tem dois propósitos: a redução do consumo de água (especialmente importante nas épocas de seca) e a redução do consumo de energia. Vamos analisar o consumo de eletricidade nos chuveiros elétricos, apesar de ser relativamente comum, principalmente em apartamentos, o aquecimento a gás da água do chuveiro.

Digamos então que você queira saber a diferença de preço entre tomar um banho razoavelmente rápido, de 5 minutos (0,083 hora), e um banho longo, que dure 30 minutos (0,5 hora). Se fosse uma ligação telefônica, por exemplo, seria necessário apenas olhar na conta de telefone o quanto tal ligação custou, ou saber o custo cobrado por minuto da sua operadora. Numa conta de energia elétrica, contudo, não vem discriminado o uso da energia elétrica, mas ainda assim existe uma maneira simples de você mesmo fazer esse cálculo. Para isso, você apenas precisa saber a potência do seu chuveiro (ela vem escrita em alguns chuveiros, ou você pode encontrar essa informação no *site* do fabricante), e ter em mãos uma conta de luz recente.

A potência de um chuveiro elétrico varia, em média, de 5 000 a 8 000 W. Digamos que você descobriu que o chuveiro da sua casa tem uma potência de 6 500 W, e que você o utilize na sua potência máxima (na opção mais quente) num dia de inverno.

A energia necessária para cada banho é equivalente ao produto entre a potência do aparelho (em kW) e o intervalo de tempo do banho (em horas). Portanto:

$$\text{Banho de 5 minutos: } 6{,}5 \text{ kW} \cdot 0{,}083 \text{ h} = 0{,}54 \text{ kWh}$$

$$\text{Banho de 30 minutos: } 6{,}5 \text{ kW} \cdot 0{,}5 \text{ h} = 3{,}25 \text{ kWh}$$

Para um cálculo simplificado, vamos considerar as taxas de distribuição e transmissão. Em abril de 2018 no estado de São Paulo, o valor cobrado pela companhia de distribuição de energia elétrica para essas taxas foi R$ 0,32356 e R$ 0,24481, respectivamente. O custo de cada banho é obtido pelo produto entre a energia necessária e a taxa total (soma das taxas de distribuição e transmissão no valor de R$ 0,56837):

$$\text{Banho de 5 minutos: } 0{,}56837 \cdot 0{,}54 \cong \text{R\$ } 0{,}31$$

$$\text{Banho de 30 minutos: } 0{,}56837 \cdot 3{,}25 \cong \text{R\$ } 1{,}85$$

Levando em consideração um mês de trinta dias, que inclua apenas um banho diário, alguém que demore 5 minutos no chuveiro gastará R$ 9,30. Já aquelas pessoas que gostam de banhos demorados causarão um impacto na conta de R$ 55,50.

Essa conta pode ser repetida para saber, por exemplo, o impacto na conta de energia caso você deixe sua televisão ligada o dia todo, use secador de cabelo todos os dias, deixe seu ventilador ligado constantemente no verão, etc. Alguns aparelhos, contudo, precisam de um cálculo um pouco mais cuidadoso. O seu computador, por exemplo, terá um consumo de energia bastante variável, dependendo se ele está ligado apenas para você ler um arquivo de texto, com a tela num brilho baixo, ou caso você esteja jogando jogos utilizando o brilho máximo da tela. O consumo elétrico de uma geladeira (ou *freezer*) também precisa de cuidados na hora de repetir esse cálculo, pois dependerá da quantidade de produtos armazenados ali dentro, do calor ambiente, de quantas vezes por dia a porta é aberta, absorvendo assim calor, o que faz com que o motor trabalhe mais, entre outros fatores.

## Exercícios Nível 1

**1.** (Vunesp) Para orientar técnicos em exames de radiografia, o fabricante do aparelho fornece uma tabela na qual se indica a diferença de potencial, a intensidade da corrente elétrica e o intervalo de tempo de atuação do aparelho, acompanhados das respectivas unidades, que devem ser utilizadas em cada exame.
E.R.

A tabela a seguir é parte de uma dessas orientações:

| Técnicas radiológicas para dosagem com valor aproximado para biotipo mediolíneo | | | |
|---|---|---|---|
| Exame | Diferença potencial (kV) | Corrente elétrica (mA) | Tempo (s) |
| Crânio (perfil) | 60 | 200 | 0,25 |
| Nariz (perfil) | 40 | 100 | 0,05 |
| Coluna lombar (anteroposterior) | 70 | 200 | 0,40 |
| Ombro (axilar) | 50 | 100 | 0,25 |
| Úmero (lateral) | 60 | 200 | 0,06 |

(http://dicasradiologia.blog.spot.com.br. Adaptado.)

Supondo que toda energia elétrica seja transformada em radiação, em um exame radiográfico de nariz (perfil), determine:

a) a potência elétrica do aparelho;

b) a energia elétrica utilizada pelo aparelho.

**Resolução:**

a) Para os exames de nariz, os dados são:

$$U = 40\ \text{kV} = 40 \cdot 10^3\ \text{V}$$

$$i = 100\ \text{mA} = 100 \cdot 10^{-3}\ \text{A}$$

Portanto:

$$P = i\,U = 100 \cdot 10^{-3} \cdot 40 \cdot 10^3$$

$$\boxed{P = 4\,000\ \text{W}}$$

b) $E_{el} = P\Delta t = 4\,000 \cdot 0{,}05$

$$\boxed{E_{el} = 200\ \text{J}}$$

**2.** (Enem) A capacidade de uma bateria com acumuladores, tal como a usada no sistema elétrico de um automóvel, é especificada em ampere-hora (Ah). Uma bateria de 12 V e 100 Ah fornece 12 J para cada coulomb de carga que flui através dela.

Se um gerador, de resistência interna desprezível, que fornece uma potência elétrica média igual a 600 W, fosse conectado aos terminais da bateria descrita, quando tempo ele levaria para recarregá-la completamente?

a) 0,5 h
b) 2 h
c) 12 h
d) 50 h
e) 100 h

**3.** (Fuvest-SP) Atualmente são usados LEDs (*Light Emitting Diode*) na iluminação doméstica. LEDs são dispositivos semicondutores que conduzem a corrente elétrica apenas em um sentido. Na figura, há um circuito de alimentação de um LED (**L**) de 8,0 W, que opera com 4,0 V, sendo alimentado por uma fonte (**F**) de 6,0 V.

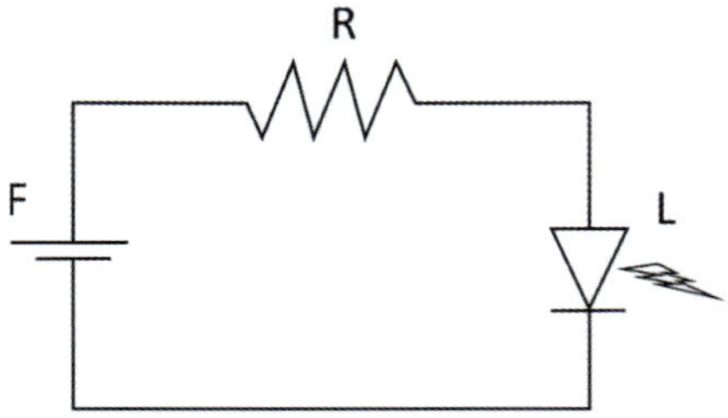


Reprodução/Fuvest-SP

O valor da resistência do resistor ($R$), em $\Omega$, necessário para que o LED opere com seus valores nominais é, aproximadamente,

a) 1,0
b) 2,0
c) 3,0
d) 4,0
e) 5,0

**4.** (Vunesp) Agenor acabou de instalar uma torneira elétrica na pia de sua cozinha. A instalação foi feita em um circuito em que estavam instalados somente seu *freezer* e sua geladeira, conforme representado na figura:

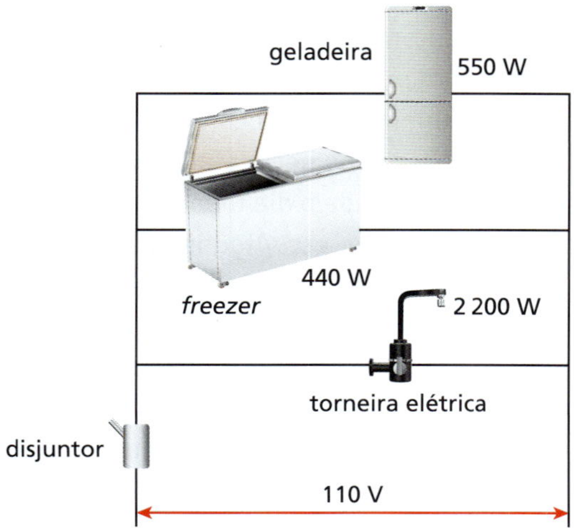


Reprodução/Arquivo da editora

Quando Agenor ligou a torneira, o *freezer* e a geladeira estavam em funcionamento e, instantaneamente, o disjuntor que protege o circuito se desarmou, desligando os aparelhos.

Para que os três aparelhos possam ser ligados simultaneamente Agenor deverá trocar o disjuntor de proteção do circuito. Das opções disponíveis, a que indica a menor amperagem possível para o novo disjuntor a ser instalado para proteger esse circuito é:

a) 15 A
b) 20 A
c) 26 A
d) 30 A
e) 32 A

**5.** (Enem) Uma lâmpada LED (diodo emissor de luz), que funciona com 12 V e corrente contínua de 0,45 A, produz a mesma quantidade de luz que uma lâmpada incandescente de 60 W de potência. Qual o valor da redução da potência consumida ao se substituir a lâmpada incandescente pela de LED?

a) 54,6 W
b) 27,0 W
c) 26,6 W
d) 5,4 W
e) 5,0 W

**6.** (Unicesumar-PR) Um técnico de eletricidade dispõe de diversas lâmpadas ôhmicas idênticas nas quais podemos ler as seguintes inscrições: 12 V — 6 W. Ele pretende associar o menor número possível dessas lâmpadas em paralelo e ligá-las a uma fonte de 12 V.

Como precaução insere, em série, com a fonte de tensão, um fusível que suporta uma corrente máxima de 4 A a fim de proteger as lâmpadas.

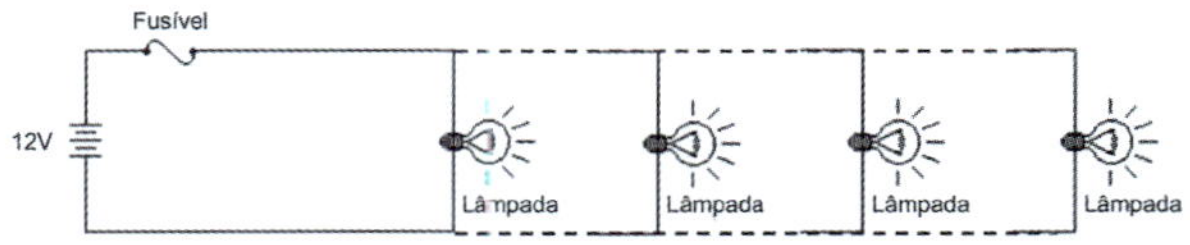


Reprodução/Unicesumar-PR

Após efetuar alguns cálculos, o técnico determina o número de lâmpadas que ele pode associar em paralelo nesse circuito, sem queimar o fusível. O número máximo de lâmpadas que ele encontrou foi igual a:

a) 4
b) 6
c) 8
d) 10
e) 12

**7.** (Uespi) A figura a seguir indica um estudo sobre uma instalação elétrica, onde uma extensão, com capacidade de suportar até 20 A, está conectada a uma rede elétrica de 120 V. Nesta extensão estão conectados um aparelho com potência nominal de 60 W, um equipamento de resistência elétrica 120 Ω e um benjamim (também conhecido por "T").

O benjamim possui capacidade de suportar intensidade de corrente elétrica até 15 A. No benjamim estão ligados um equipamento com resistência elétrica 30 Ω e um outro aparelho com potência elétrica de 1 200 W.

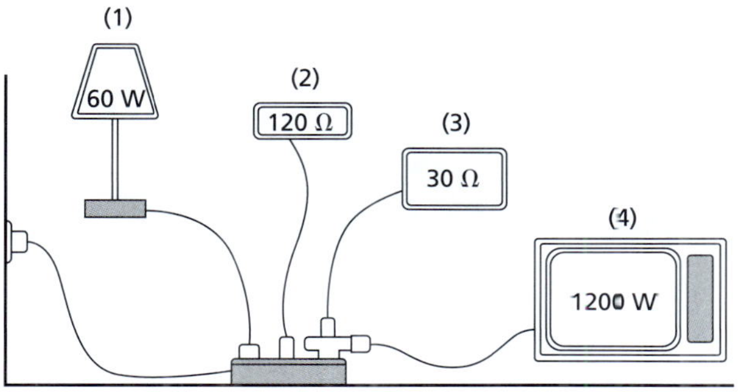


Reprodução/Arquivo da editora

É correto afirmar que:

a) A extensão não poderá suportar adequadamente todos os equipamentos ligados simultaneamente.
b) A extensão está dimensionada para suportar adequadamente todos os equipamentos de instalação.
c) A extensão tem condições de suportar a instalação de todos os equipamentos, mas o benjamim não suporta a intensidade de corrente elétrica dos aparelhos nele instalados.
d) A extensão somente poderá ser utilizada se o equipamento com 60 W de potência for desligado.
e) As alternativas **a** e **d** estão corretas.

**8.** (Vunesp) Uma sala é iluminada por quatro lâmpadas idênticas de características nominais 60 W – 120 V, que são acionadas por duas chaves, **A** e **B**, conforme representado na figura.

Reprodução/Arquivo da editora

Determine:

a) a intensidade total da corrente, em amperes, no circuito, se apenas a chave **B** está fechada;
b) o consumo de energia, em kWh, durante 4,0 h, se as duas chaves, **A** e **B**, estiverem fechadas.

9. (OBFEP) Uma fonte de energia temida pelo homem é o raio. Por sorte, Benjamin Franklin criou o para-raios que nos protege deste poderoso fenômeno da natureza.

Reprodução/OBFEP

Um raio é uma descarga elétrica que transforma energia elétrica em energia luminosa, energia térmica e energia sonora. A energia elétrica liberada por um raio equivale à energia elétrica consumida por uma lâmpada de 100 W acesa por 4 meses (120 dias). Uma lâmpada de 100 W consome 1 kWh (quilowatt-hora) de energia elétrica quando acesa por 10 horas. Quantos quilowatt-hora são liberados por um raio?

a) 196 kWh
b) 242 kWh
c) 264 kWh
d) 288 kWh

10. (Unifor-CE)

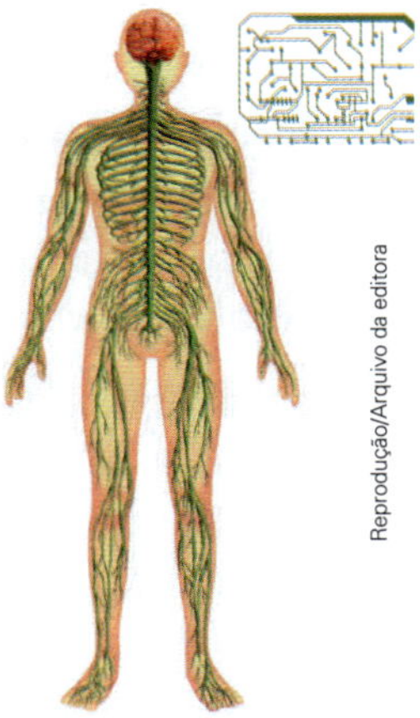

Reprodução/Arquivo da editora

Não é de hoje que se sabe que o funcionamento do corpo humano se assemelha muito ao de um computador, em que todas as funções são desencadeadas por impulsos elétricos gerados a partir do sistema nervoso central, formado por mais de 15 bilhões de células especializadas, chamadas neurônios. Estas células cerebrais são como usinas de energia elétrica que funcionam de forma semelhante a um microdínamo gerador de bioeletricidade, cujo combustível é composto por glicose e oxigênio (...)

(Disponível em: http://osetoreletrico.com.br/web/a-empresa/696-eletricidade-que-da-vida.html)

Se a corrente em um determinado nervo do corpo humano for de 5 mA e a resistência elétrica do mesmo r = 1 Ω, a tensão elétrica e a potência dissipada nesse nervo são, respectivamente:

a) 5 mV, 25 μW
b) 3 mV, 15 μW
c) 3 mV, 13 μW
d) 5 mV, 5 μW
e) 3 mV, 1 μW

11. (UFJF-MG) Um estudante de Física observou que o ferro de passar roupa que ele havia comprado num camelô tinha somente a tensão nominal V = 220 volts, impressa em seu cabo. Para saber se o ferro de passar roupa atendia suas necessidades, o estudante precisava conhecer o valor da sua potência elétrica nominal. De posse de uma fonte de tensão e um medidor de potência elétrica, disponível no laboratório de Física da sua universidade, o estudante mediu as potências elétricas produzidas quando diferentes tensões são aplicadas no ferro de passar roupa. O resultado da experiência do estudante é mostrado no gráfico a seguir por meio uma curva que melhor se ajusta aos dados experimentais.

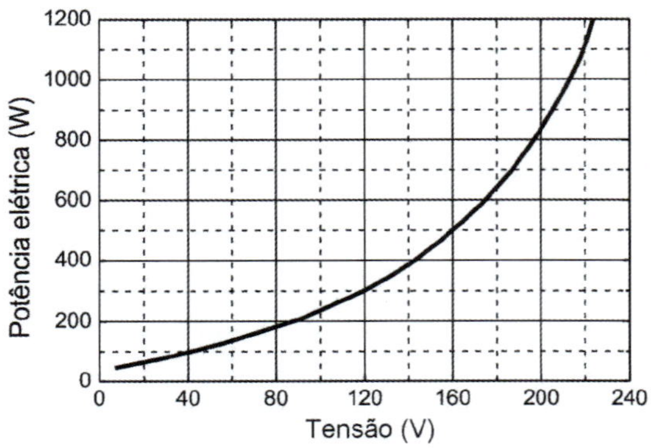


Reprodução/UFJF-MG

a) A partir do gráfico, determine a potência elétrica nominal do ferro de passar roupa quando ligado à tensão nominal.
b) Calcule a corrente elétrica no ferro de passar roupa para os valores nominais de potência elétrica e tensão.
c) Calcule a resistência elétrica do ferro de passar roupa quando ligado à tensão nominal.

12. (Etec-SP) Uma granja, que fornece aves para o abate, tem um setor para manter os pintinhos recém-nascidos permanentemente aquecidos pelo calor de lâmpadas incandescentes. Essas lâmpadas ficam escondidas no interior de recipientes opacos, como um vaso.

Reprodução/Etec

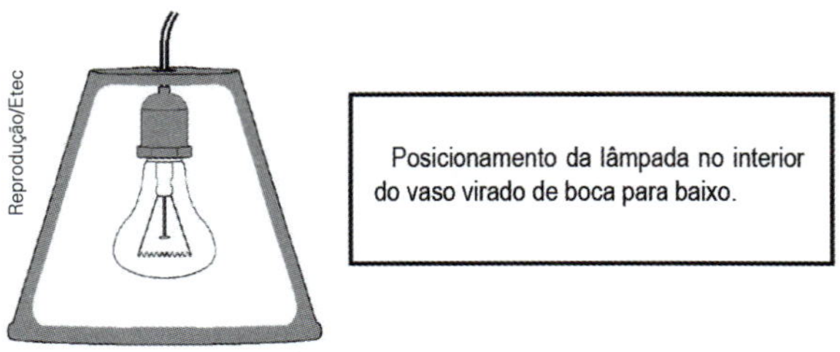

Nessa granja, há cinco desses "aquecedores" funcionando ininterruptamente, cada um deles com uma lâmpada de 40 W em seu interior. No decorrer de um mês de 30 dias, o consumo de energia elétrica dos cinco aquecedores do viveiro, será, em kWh:

a) 144
b) 288
c) 360
d) 720
e) 780

**13.** (FICSAE-SP) O Forno de Bier, um dos dispositivos mais antigos da Termoterapia utilizados pela Fisioterapia, é assim denominado em homenagem ao seu inventor Dr. August Bier. É um compartimento que se coloca por sobre a região a ser tratada, dentro do qual é gerado calor a partir de resistências elétricas. Consiste em uma peça confeccionada com flandre e madeira, em forma de semicilindro, aberto nas duas extremidades. Quando o paciente é introduzido no seu interior, cobre-se o equipamento com um cobertor de flanela, para que haja um mínimo de perda de calor do forno para meio externo, através das aberturas existentes em suas extremidades. Uma faixa de aplicação confiável fica em torno de 45 °C a 60 °C. Para que o efeito terapêutico seja atingido nos tecidos, é importante que o tempo de aplicação fique em torno de 20 a 30 minutos. Se em uma clínica de fisioterapia são realizadas 10 aplicações diárias, de 30 minutos cada uma, com o forno Bier especificado a seguir em sua potência máxima, qual o custo mensal, em reais, para essa clínica, devido ao uso desse aparelho, considerando-se 21 dias úteis e o custo do kWh de R$ 0,20?

E.R.

<http://ucbweb.castelobranco.br/webcaf/arquivos/12851/4899/apostila_fisioterapia_geral.pdf>. Acessado em: 27/03/2016 [Adaptado]



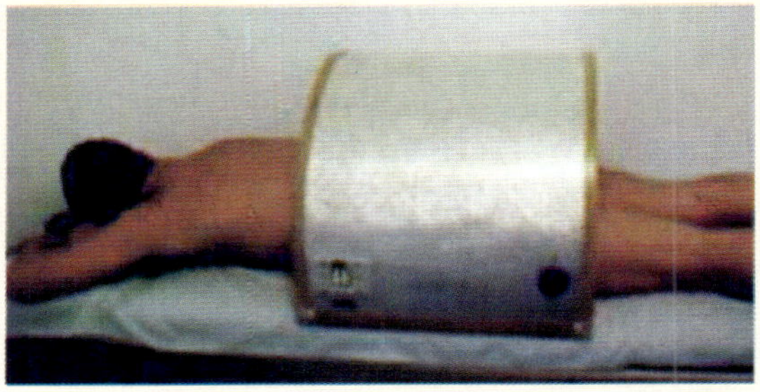

**Detalhes do produto**

Forno de Bier Santa Luzia

- calor superficial que pode ser aplicado para tronco e membros, para lombalgias, relaxamento muscular e preparação para cinesioterapia;
- estrutura confeccionada em madeira revestida em material cerâmico composto por fibras de aramida e lã de rocha e borracha NBR isolante;
- externamente é revestido com chapa de alumínio;
- resistências internas de níquel cromo de alta durabilidade, protegidas com isolante térmico cerâmico;
- termostato para regulagem de temperatura;
- desligamento automático;
- potência máxima: 1 500 W;
- dimensões: 57 × 65 × 41;
- 3 meses de garantia.

http://www.cirurgicazonasul.com.br/forno-de-bier-com-termostato/ Acessado em: 27/03/2016

a) 31,50
b) 63,00
c) 157,50
d) 1 500,00

**Resolução:**

A energia elétrica consumida pelo aparelho, em potência máxima, nas 10 aplicações diárias, é dada por

$$E_{el} = P\Delta t$$

Onde:

$$P = 1\,500 \text{ W} = 1{,}5 \text{ kW}$$

$$\Delta t = 0{,}5 \text{ h} \cdot 10 = 5{,}0 \text{ h}$$

Assim:

$$E_{el} = 1{,}5 \text{ kW} \cdot 5{,}0 \text{ h} \Rightarrow E_{ef} = 7{,}5 \text{ kWh}$$

Para 21 dias úteis, temos:

$$E_{el\ total} = 21 \cdot 7{,}5 \text{ kWh} = 157{,}5 \text{ kWh}$$

Cálculo do custo (*c*):

$$1{,}0 \text{ kWh} \rightarrow \text{R\$ } 0{,}20$$

$$157{,}5 \text{ kWh} \rightarrow c$$

$$\boxed{c = \text{R\$ } 31{,}50}$$

Resposta: alternativa **a**.

**14.** (Uepa) As descargas elétricas atmosféricas são fenômenos naturais que acontecem com muita frequência na Região Norte e liberam uma grande potência elétrica num curto intervalo de tempo. Na tabela abaixo, estão listados alguns valores típicos, observados nesse tipo de descarga.

| Intensidade de corrente: 2 000 a 2 000 000 A |
|---|
| Tensão elétrica: 100 a 1 000 000 kV |
| Duração: 70 a 200 μs |
| Carga elétrica da nuvem: 20 a 50 C |

Fonte: KINDERMANN,G. *Descargas atmosféricas*. Florianópolis: Ed. Sagra Luzzatto.

Uma residência de classe média consome aproximadamente 200 kWh por mês de energia elétrica. Se fosse possível aproveitar a máxima energia elétrica produzida por uma dessas descargas, ela conseguiria alimentar, por mês, um número de residências aproximadamente igual a:

a) 25
b) 55
c) 85
d) 550
e) 1 100

**15.** (UFJF-MG) O gráfico mostra a potência elétrica, em kW, consumida na residência de um morador da cidade de Juiz de Fora, ao longo do dia. A residência é alimentada com uma voltagem de 120 V. Essa residência tem um disjuntor que desarma, se a corrente elétrica ultrapassar um certo valor, para evitar danos na instalação elétrica. Por outro lado, esse disjuntor é dimensionado para suportar uma corrente utilizada na operação de todos os aparelhos de residência, que somam uma potência total de 7,20 kW.

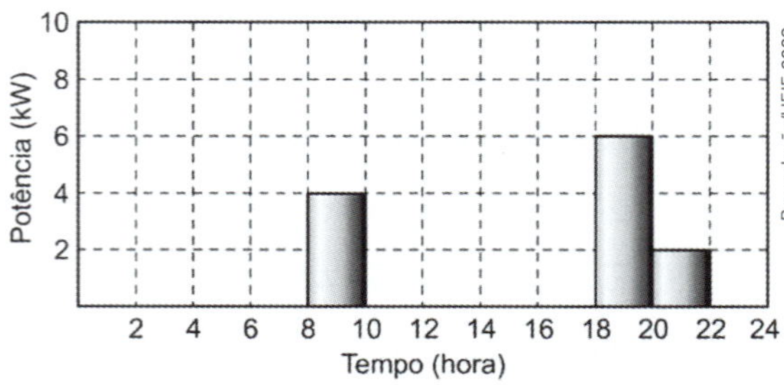


Reprodução/UFJF, 2009.

a) Qual é o valor máximo de corrente que o disjuntor pode suportar?
b) Qual é a energia em kWh consumida ao longo de um dia nessa residência?
c) Qual é o preço a pagar por um mês de consumo, se o 1 kWh custa R$ 0,50?

**16.** Quando foi trocar o televisor de sua casa, o Sr. Modesto fez um estudo comparativo levando em conta o consumo de energia elétrica e a tecnologia empregada por diferentes tipos de televisores. No final, decidiu trocar seu televisor de tubo de 80 W por um de LCD de 60 W, pelo qual pagou R$ 900,00.

Banco de imagens/Arquivo da editora

televisor de tubo com 80 W de potência — televisor de LCD com 60 W de potência

Considerando que o Sr. Modesto assiste à TV durante cinco horas por dia, em média, e que 1 kWh de energia custa R$ 0,40, o valor investido pelo Sr. Modesto na compra de seu novo televisor seria recuperado, em virtude da economia (em reais) trazida pela utilização do novo aparelho, após utilizá-lo por (adote 1 mês = 30 dias)

a) 550 meses
b) 600 meses
c) 650 meses
d) 700 meses
e) 750 meses

**17.** (PUC-SP) Na figura abaixo temos uma lâmpada e um chuveiro com suas respectivas especificações:

Reprodução/PUC-SP

Para que a lâmpada consuma a mesma energia que o chuveiro consome num banho de 20 minutos, ela deveria ficar acesa ininterruptamente, por aproximadamente:

a) 53 h
b) 113 h
c) 107 h
d) 38 h
e) 34 h

**18.** (Uerj) Em um laboratório, podemos usar o circuito abaixo para estudar a condutividade elétrica de soluções aquosas:

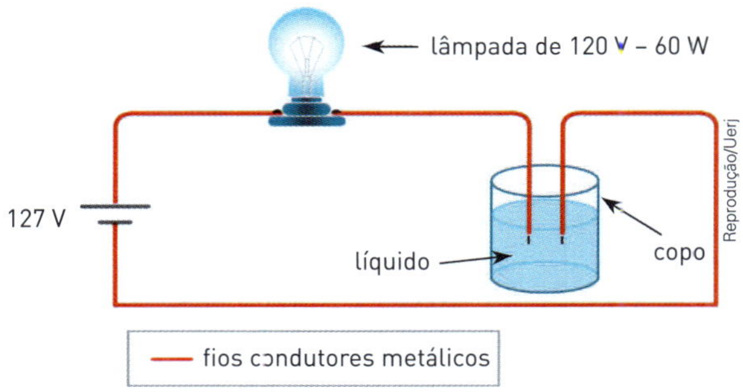


Reprodução/Uerj

Ao se acrescentar determinado soluto ao líquido contido no copo, a lâmpada acende, consumindo a potência elétrica de 60 W. Nessas circunstâncias, a resistência da solução corresponde a cerca de:

a) 14 Ω
b) 28 Ω
c) 42 Ω
d) 56 Ω
e) 70 Ω

**19.** (Unimontes-MG) Na conta de energia elétrica de uma determinada residência, vieram as seguintes informações:

| DATAS DE LEITURA | | |
|---|---|---|
| **Anterior** | **Atual** | **Próxima** |
| 06/09 | 06/10 | 06/11 |

| INFORMAÇÕES TÉCNICAS | | |
|---|---|---|
| **Tipo de medição** | **Leitura anterior** | **Leitura atual** |
| **Energia elétrica kWh** | 1 406 | 1 601 |

| VALORES FATURADOS | | |
|---|---|---|
| **Energia elétrica kWh** | – | R$ 117,00 |

Reprodução/Unimontes MG

Uma geladeira dessa residência possui potência média de 110 W e fica ligada 24 h por dia. O valor pago para manter essa geladeira ligada durante todo o mês é:

a) R$ 58,91
b) R$ 47,52
c) R$ 36,53
d) R$ 40,14

**20.** (Ufpel-RS) O consumo mensal de energia elétrica é medido por um aparelho chamado usualmente de "relógio de luz". Um dos modelos de medidores de consumo possui um disco horizontal de alumínio que gira sob a ação de uma força magnética devido ao campo magnético gerado pela corrente elétrica que circula pela residência. Periodicamente a companhia fornecedora de energia elétrica realiza a medição de consumo, gerando a conta mensal.

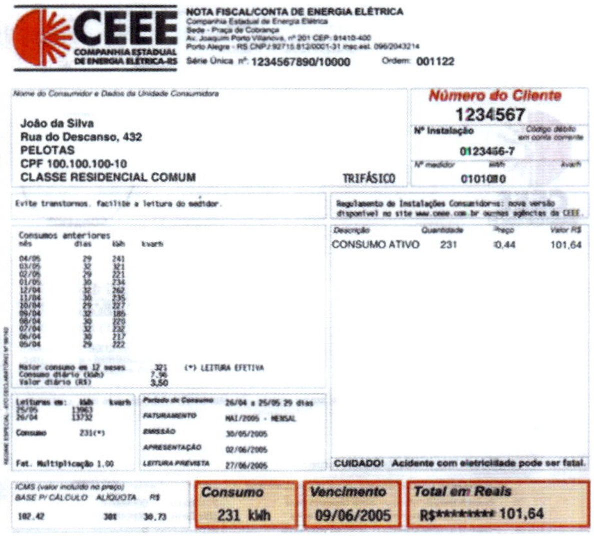


Reprodução/Ufpel-RS

Observe, na conta de luz acima, que o preço do kWh é de R$ 0,44 e que o total pago foi de R$ 101,64 para o período de 29 dias, compreendido entre 26/04 e 25/05. Considere que o consumo de energia elétrica diário de um secador de cabelo tenha sido de 400 Wh e, que esse secador tenha funcionado 30 minutos por dia.

Com base no texto e em seus conhecimentos, é correto afirmar que a potência do secador de cabelos e seu custo de energia elétrica para o referido período foram respectivamente:

a) 800 W e R$ 5,10
b) 400 W e R$ 26,36
c) 200 W e R$ 2,55
d) 800 W e R$ 23,20
e) 400 W e R$ 5,10

**21.** (Enem) Um eletricista deve instalar um chuveiro que tem as especificações 220 V — 4 400 W a 6 800 W. Para a instalação de chuveiros, recomenda-se uma rede própria, com fios de diâmetro adequado e um disjuntor dimensionado a potência e à corrente elétrica previstas, com uma margem de tolerância próxima de 10%. Os disjuntores são dispositivos de segurança utilizados para proteger as instalações elétricas de curto-circuitos e sobrecargas elétricas e devem desarmar sempre que houver passagem de corrente elétrica superior à permitida no dispositivo.

Para fazer a instalação segura desse chuveiro, o valor da corrente máxima do disjuntor deve ser:

a) 20 A
b) 25 A
c) 30 A
d) 35 A
e) 40 A

**22.** (Fuvest-SP) Na bateria de um telefone celular e em seu carregador, estão registradas as seguintes especificações:

| **BATERIA** |
|---|
| 1 650 mAh |
| 3,7 V |
| 6,1 Wh |

| **CARREGADOR** |
|---|
| Entrada AC: 100 – 240 V |
| 50 – 60 Hz |
| 0,2 A |
| Saída DC: 5 V; 1,3 A |

Com a bateria sendo carregada em uma rede de 127 V a potência máxima que o carregador pode fornecer e a carga máxima que pode ser armazenada na bateria são, respectivamente, próximas de:

a) 25,4 W e 5 940 C
b) 25,4 W e 4,8 C
c) 6,5 W e 21 960 C
d) 6,5 W e 5 940 C
e) 6,1 W e 4,8 C

**Note e anote:**
AC: corrente alternada.

**23.** (UEA-AM) No circuito, a lâmpada tem valores nominais 80 V – 40 W e deve ser ligada a um gerador ideal de 100 V.

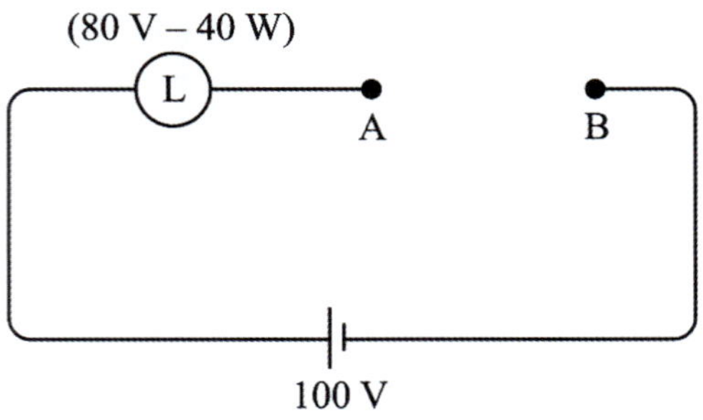


Reprodução/UEA-AM

Para que ela não queime, será necessário conectar, entre os pontos **A** e **B** do circuito, um resistor de resistência equivalente à da associação indicada na alternativa:

a) 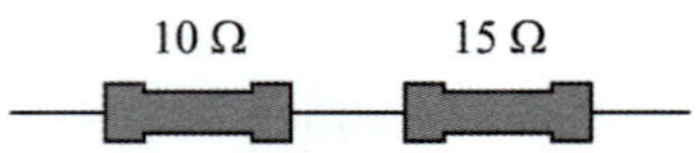


b) 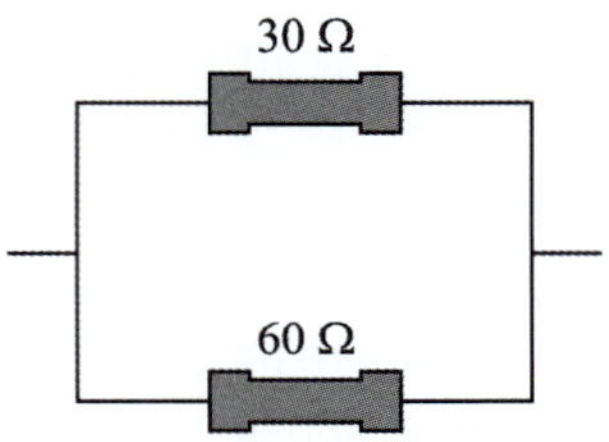


c) 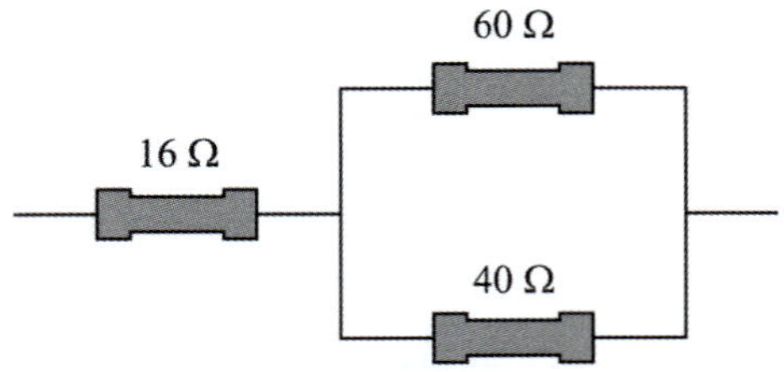


d) 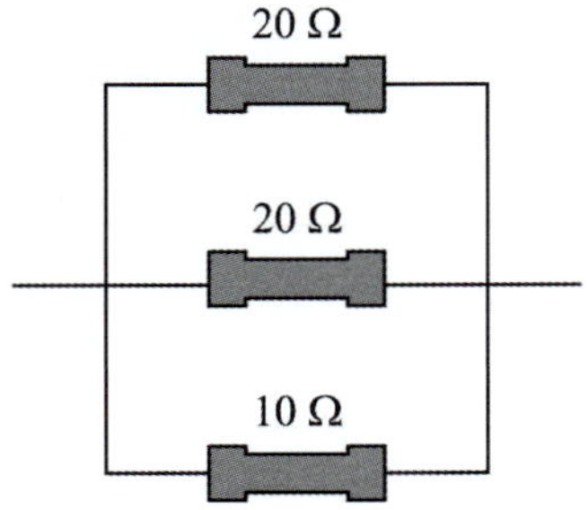


e) 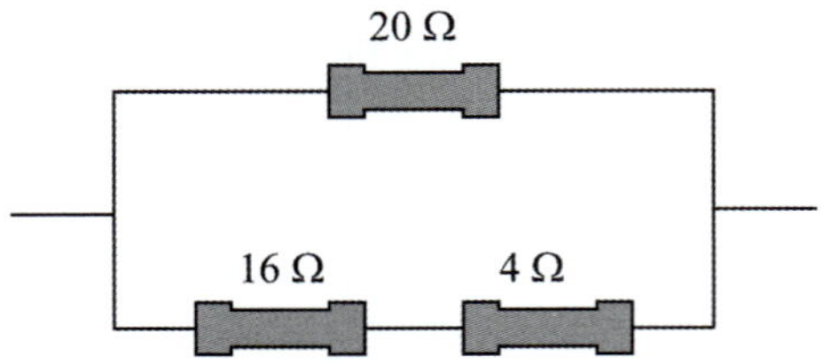


Ilustrações: Reprodução/UEA-AM

**24.** (IMT-SP) Um engenheiro elaborou um sistema de monitoramento para realizar a leitura do consumo de energia em alguns aparelhos elétricos de sua residência. A tabela mostra a leitura realizada no início e no fim de um mês (30 dias) de cada aparelho.

| | Leitura (kWh) | |
|---|---|---|
| **Aparelho** | **Início do mês** | **Fim do mês** |
| TV | 32 | 92 |
| Geladeira | 98 | 190 |
| Ferro elétrico | 60 | 150 |
| Chuveiro | 165 | 326 |
| Lâmpada | 85 | 182 |

a) Sabendo-se que o valor da conta de energia no período foi de R$ 100,00 qual foi o valor médio cobrado por kWh para o total de energia consumida?

b) No mês seguinte, a companhia fornecedora estabeleceu que 1 kWh de energia passaria a custar R$ 0,10. Essa promoção incentivou o engenheiro a comprar um condicionador de ar de potência líquida de 1 400 W. Considerando que este aparelho ficou ligado durante 7 horas por dia, qual foi o custo mensal (30 dias) de energia desse equipamento?

## Exercícios Nível 2

**25.** (Unesp-SP) Determinada massa de água deve ser aquecida com o calor dissipado por uma associação de resistores ligada nos pontos **A** e **B** do esquema mostrado na figura.

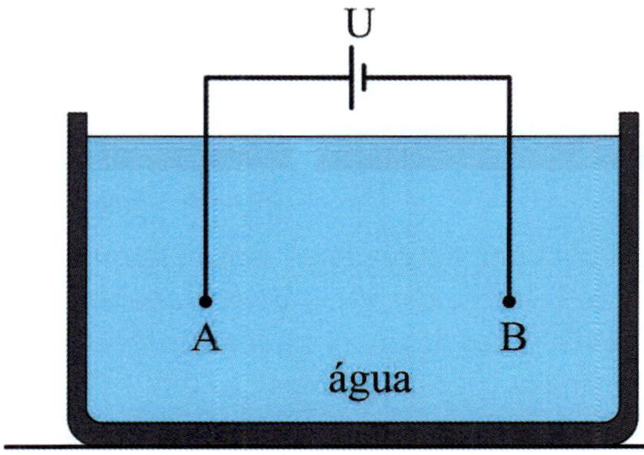


Reprodução/Unesp

Para isso, dois resistores químicos de mesma resistência $R$ podem ser associados e ligados aos pontos **A** e **B**. Uma ddp constante $U$, criada por um gerador ideal entre os pontos **A** e **B**, é a mesma para ambas as associações dos resistores, em série ou paralelo.

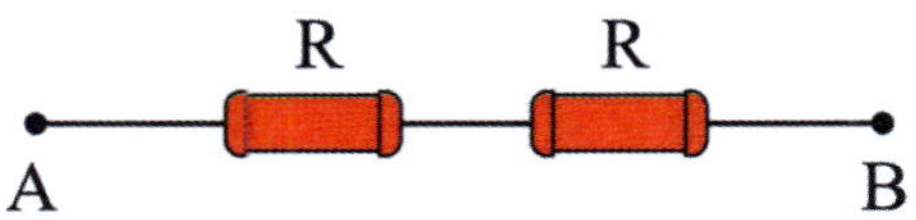


Reprodução/Unesp

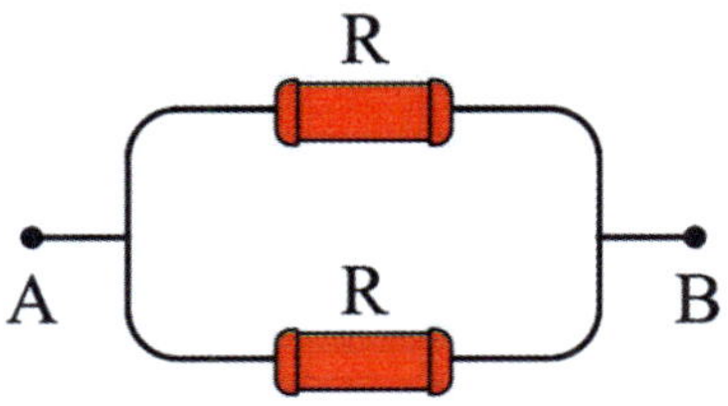


Considere que todo calor dissipado pelos resistores seja absorvido pela água e que, se os resistores forem associados em série, o aquecimento pretendido será conseguido em 1 minuto. Dessa forma, se for utilizada a associação em paralelo, o mesmo aquecimento será conseguido num intervalo de tempo, em segundos, igual a:

a) 30
b) 20
c) 10
d) 45
e) 15

**26.** (Fameca-SP) Numa instalação elétrica, os **E.R.** fusíveis têm o importante papel de proteger os equipamentos de possíveis sobrecargas de energia, capazes de danificá-los. A figura mostra o esquema simplificado de uma instalação, cujos equipamentos são descritos a seguir com suas respectivas características nominais e protegidos por um fusível de 25 A.

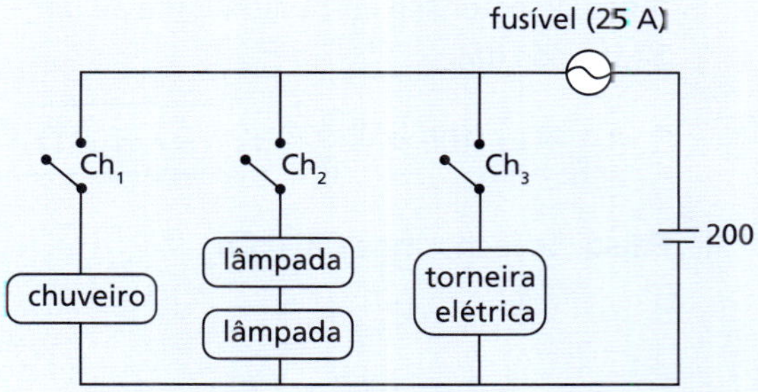


Reprodução/Arquivo da editora

Chuveiro: 200 V – 4 000 W

Lâmpada: 100 V – 100 W

Torneira elétrica: 200 V – 1 200 W

As chaves, os fios de ligação, o gerador e o fusível são ideais. A respeito desse circuito são feitas as seguintes afirmações:

I. Se fecharmos simultaneamente as chaves $\mathbf{Ch_1}$ e $\mathbf{Ch_2}$, o fusível queimará.

II. A resistência elétrica de cada lâmpada vale 100 $\Omega$.

III. O chuveiro pode ser ligado simultaneamente com a torneira elétrica sem danificar o fusível.

IV. Se substituirmos o fusível do circuito por outro de 30 A, poderemos ligar simultaneamente as chaves $\mathbf{Ch_1}$, $\mathbf{Ch_2}$ e $\mathbf{Ch_3}$, sem danificar o fusível.

Analise as alternativas como verdadeiras ou falsas.

**Resolução:**

O mesmo aquecimento, nas duas situações, implica:

I. **Falsa**. Se fecharmos $\mathbf{Ch_1}$ e $\mathbf{Ch_2}$, temos:

$$P_{total} = P_{chuv} + 2P_{lâmp}$$

$$P_{total} = 4000 + 200$$

$$P_{total} = 4200 \text{ W}$$

$$P_{total} = i_{total} U_{total}$$

$$4200 = i_{total} \cdot 200$$

$$i_{total} = 21 \text{ A}$$

$$\boxed{21 \text{ A} < 25 \text{ A (fusível não queima)}}$$

II. **Verdadeira**. A relação entre potência e diferença de potencial correspondente às lâmpadas nos dá:

$$P = \frac{U^2}{R} \Rightarrow 100 = \frac{(100)^2}{R} \therefore \boxed{R = 100 \, \Omega}$$

III. **Falsa**. Se fecharmos $\mathbf{Ch_2}$ e $\mathbf{Ch_3}$:

$$P_{total} = P_{chuv} + P_{torneira}$$

$$P_{total} = 4000 + 1200$$

$$P_{total} = 5200 \text{ W}$$

Assim:

$$P_{total} = i_{total} + U_{total}$$

$$5200 = i_{total} \cdot 200$$

$$\boxed{i_{total} = 26 \text{ A}}$$

Como a intensidade da corrente elétrica que atravessa o trecho do circuito é maior que 25 A, o fusível queimará.

IV. **Verdadeira**. Se ligarmos $\mathbf{Ch_1}$, $\mathbf{Ch_2}$ e $\mathbf{Ch_3}$, temos:

$$P_{total} = P_{chuv} + 2P_{lâmp} + P_{torneira}$$

$$P_{total} = 4000 + 200 + 1200$$

$$P_{total} = 5400 \text{ W}$$

Utilizando o valor acima, podemos obter a intensidade total da corrente que atravessa o circuito:

$$P_{total} = i_{total} U_{total}$$

$$5400 = i_{total} 200$$

$$i_{total} = 27 \text{ A}$$

$$\boxed{27 \text{ A} < 30 \text{ A (fusível não queima)}}$$

**27.** (Unifesp) Observe a charge.

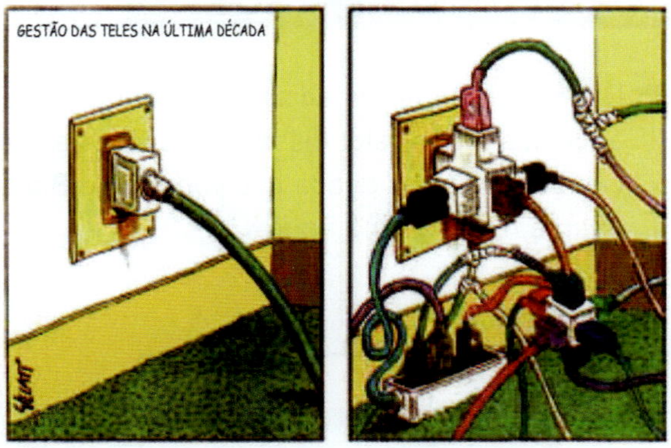


Reprodução/Unifesp

(*Folha de S.Paulo*, 03.07.2012.)

Em uma única tomada de tensão nominal 110 V, estão ligados, por meio de um adaptador, dois quebra-luzes (com lâmpadas incandescentes com indicações comerciais de 40 W – 110 V), um rádio-relógio (com potência nominal de 20 W em 110 V) e um computador com consumo de 120 W e 110 V. Todos os aparelhos elétricos ou eletrônicos estão em pleno funcionamento.

a) Utilizando a representação das resistências ôhmicas equivalentes de cada aparelho como $R_L$, para cada quebra-luz , $R_R$ para o rádio-relógio e $R_C$ para o computador, esboce o circuito elétrico que esquematiza a ligação desses 4 aparelhos na tomada (adaptador) e, a partir dos dados da potência consumida por cada aparelho, calcule a corrente total no circuito, supondo que todos os cabos de ligação e adaptador são ideais.

b) Considerando que o valor aproximado a ser pago pelo consumo de 1,0 kWh é R$ 0,30 e que os aparelhos permaneçam ligados em média 4 horas por dia durante 30 dias do mês, calcule o valor a ser pago, no final de um mês de consumo, devido a esses aparelhos.

**28.** (Vunesp) No circuito elétrico, submetido em seus terminais a uma diferença de potencial constante de 100 V, estão associados os resistores $R_1$, $R_2$, $R_3$ e $R_4$, idênticos e iguais a 10 Ω.

E.R.

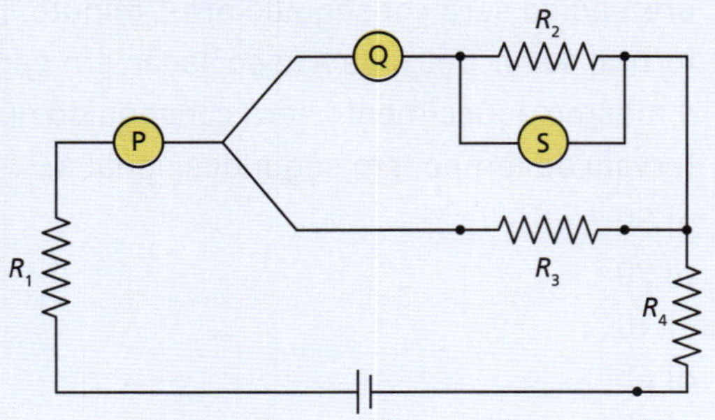


Reprodução/Arquivo da editora

a) Para quais funções de leitura estão corretas e respectivamente posicionados no circuito os multímetros **P**, **Q** e **S**?

b) Determine a potência no resistor $R_3$, considerando os multímetros **P**, **Q** e **S** ideais.

**Resolução**

a) O multímetro **P** está corretamente posicionado para atuar como **amperímetro** efetuando a leitura da intensidade total de corrente elétrica que percorre o circuito.
O multímetro **Q** está corretamente posicionado para atuar como um **amperímetro** que fará a leitura da intensidade de corrente elétrica que percorre o resistor $R_2$.
O multímetro **S** está corretamente posicionado para atuar como um **voltímetro** que fará a leitura da ddp no resistor $R_2$.

b) $i_{total} = \dfrac{\epsilon}{R_{eq}} \Rightarrow i_{total} = \dfrac{100}{10 + \dfrac{10}{2} + 10}$

$$i_{total} = 4{,}0 \text{ A}$$

$$P_3 = R_3\, i_3^2 = 10 \cdot (2{,}0)^2$$

$$\boxed{P_3 = 40 \text{ W}}$$

**29.** (Unifesp) Uma espira metálica circular homogênea e de espessura constante e ligada com fios ideais, pelos pontos **A** e **B**, a um gerador ideal que mantém uma ddp constante de 12 V entre esses pontos. Nessas condições, o trecho **AB** da espira é percorrido por uma corrente elétrica de intensidade $i_{AB} = 6$ A e o trecho **ACB** percorrido por uma corrente elétrica de intensidade $i_{ACB}$, conforme a figura.

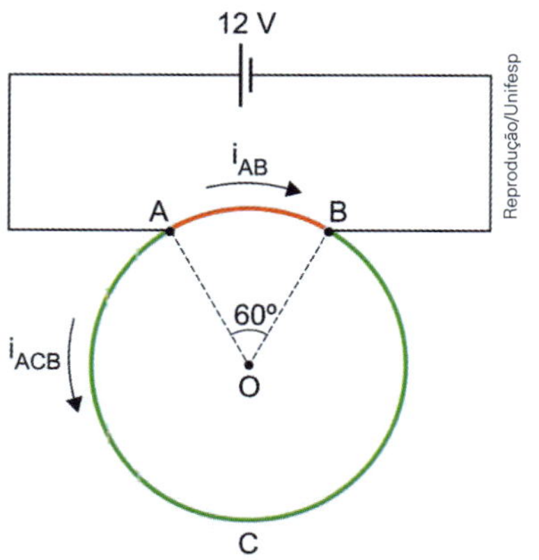


Calcule:

a) as resistências elétricas $R_{AB}$ e $R_{ACB}$, em ohms, dos trechos **AB** e **ACB** da espira;

b) a potência elétrica, em W, dissipada pela espira.

**30.** (UFABC-SP) Brincando com resistores, um estudante monta o bonequinho esquematizado. Enquanto uma das mãos do boneco toca o polo positivo de uma pilha de 1,5 V, os pés mantêm contato com uma placa metálica condutora onde o outro polo da pilha está encostado.
Como consequência, a lâmpada se acende.

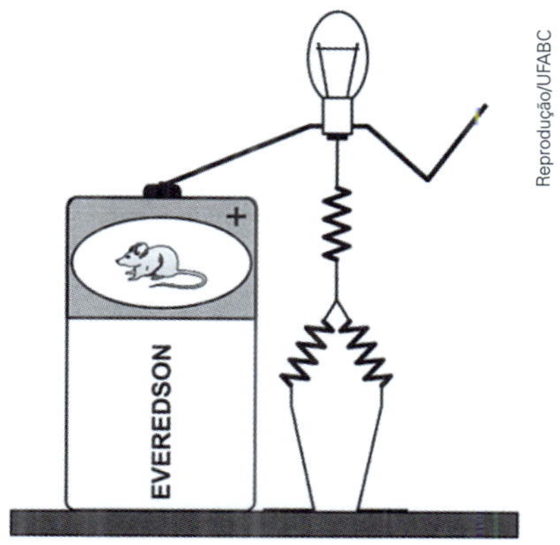


Se a lâmpada e os três resistores utilizados têm resistências iguais e de valor 20 $\Omega$, a potência elétrica dissipada em funcionamento é, em W:

a) 0,03
b) 0,09
c) 0,18
d) 0,30
e) 0,90

**31.** (UFSC) Abaixo é apresentada a etiqueta (adaptada) de um aquecedor elétrico. A etiqueta indica que o produto tem desempenho aprovado pelo Inmetro e está em conformidade com o Programa Brasileiro de Etiquetagem, que visa prover os consumidores de informações que lhes permitam avaliar e otimizar o consumo de energia dos equipamentos eletrodomésticos.
Considere o custo de 1,0 kWh igual a R$ 0,50 e a densidade da água igual a $10^3$ kg/m$^3$.

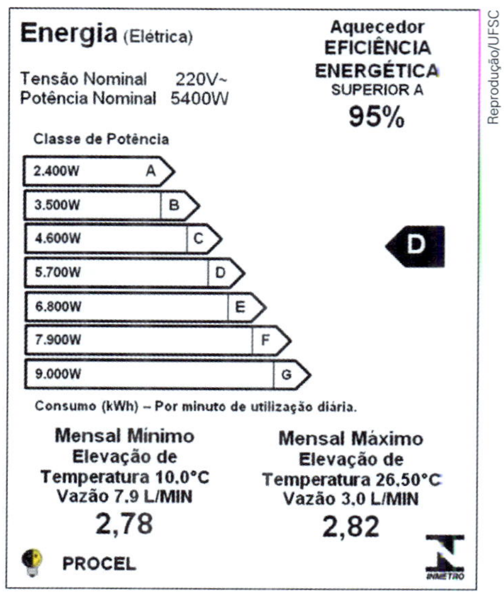

De acordo com as informações fornecidas na etiqueta, assinale a(s) proposição(ões) correta(s).

(01) O aquecedor é capaz de transformar toda a energia elétrica que recebe em energia térmica.

(02) A resistência elétrica do aquecedor, atuando nas condições nominais, é de aproximadamente 8,96 Ω.

(04) A corrente elétrica do aquecedor, atuando nas condições nominais, é de aproximadamente 24,54 A.

(08) O custo, na condição mensal mínima de 100 minutos mensais de uso do aquecedor, é de R$ 50,00.

**32.** (UFTM-MG) A figura 1 representa um circuito formado por um gerador de força eletromotriz 20 V e resistência interna 2 Ω; um amperímetro ideal; um reostato, cuja resistência pode variar entre 0 e 38 Ω; e fios de ligação de resistência desprezível. A figura 2 representa a curva característica do gerador.

FIGURA 1

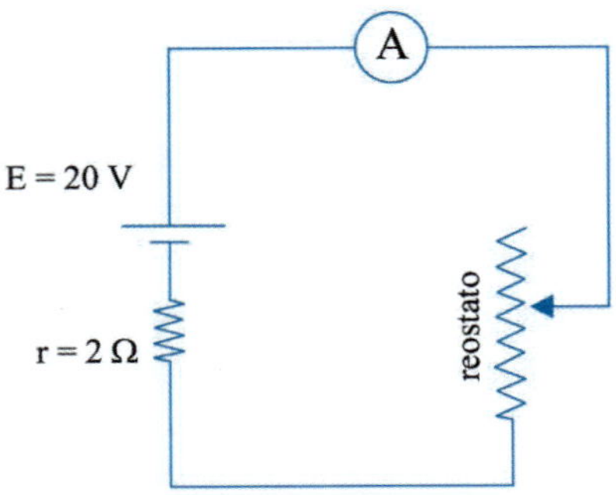


Reprodução/UFTM

FIGURA 2

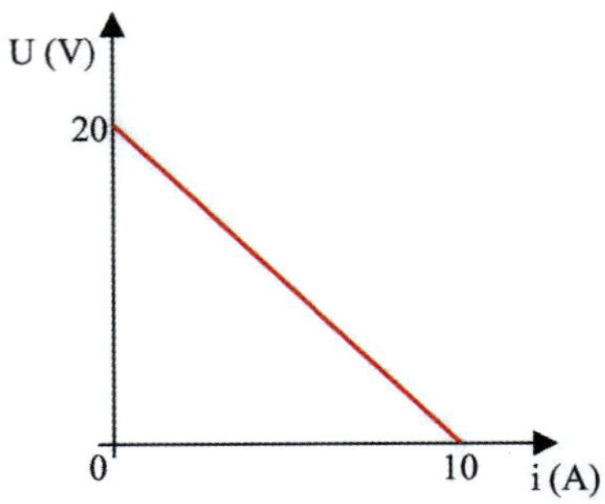


Calcule:

a) a menor intensidade de corrente elétrica, em amperes, que pode ser lida pelo amperímetro, nesse circuito;

b) a potência dissipada, em watts, pelo reostato quando ele for percorrido por uma corrente elétrica de intensidade 5 A.

**33.** (UFU-MG) Um chuveiro pode ser regulado para funcionar liberando água em três temperaturas distintas: "fria", "morna" e "quente". Quando o chuveiro é ligado na opção "fria", a água passa pelo aparelho e não sofre nenhum aquecimento; na opção "morna", sofre aquecimento leve; e na opção "quente", um aquecimento maior. Este chuveiro possui uma resistência elétrica constituída por um fio fino enrolado e quatro pontos de contato (**A**, **B**, **C** e **D**). Uma fonte de tensão constante é ligada com uma de seus polos no ponto **D**, enquanto o outro polo é ligado a uma chave que pode assumir as posições **A**, **B** ou **C**, conforme mostrado no esquema:

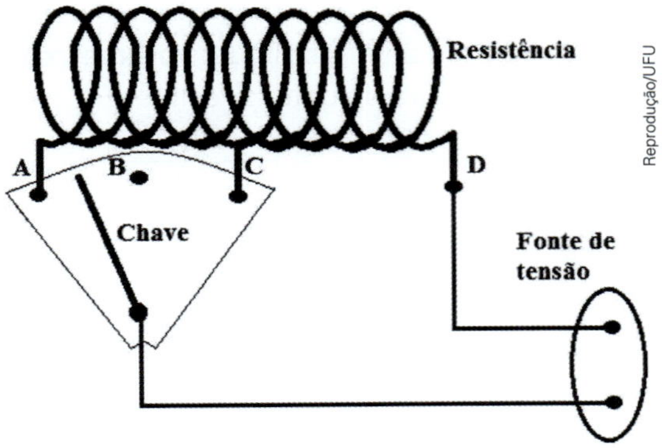


Reprodução/UFU

a) Identifique em qual posição (**A**, **B** ou **C**) a chave estará ligada para cada temperatura de funcionamento do chuveiro. Justifique sua resposta.

b) A fonte de tensão é de 220 V e a potência do chuveiro é de 4 400 W quando ligado na opção "quente". Qual o valor da resistência elétrica nesta situação de funcionamento?

**34.** (Unesp-SP) Um resistor ôhmico foi ligado a uma fonte de tensão variável, como mostra a figura:

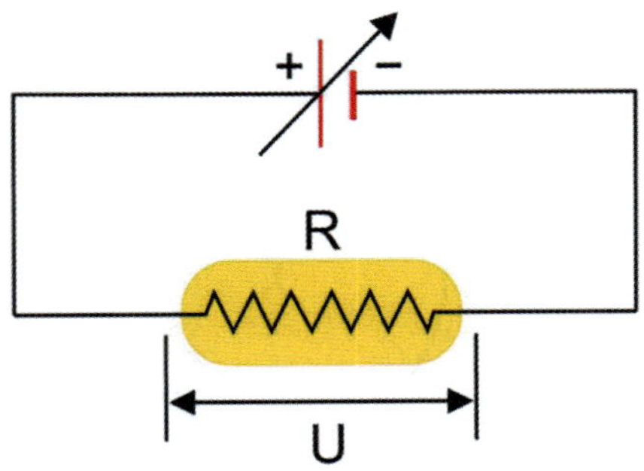


Reprodução/Unesp

Suponha que a temperatura do resistor não se altere significativamente com a potência dissipada, de modo que sua resistência não varie. Ao se construir o gráfico de potência dissipada pelo resistor em função da diferença de potencial *U* aplicada a seus terminais, obteve-se a curva representada em:

a) 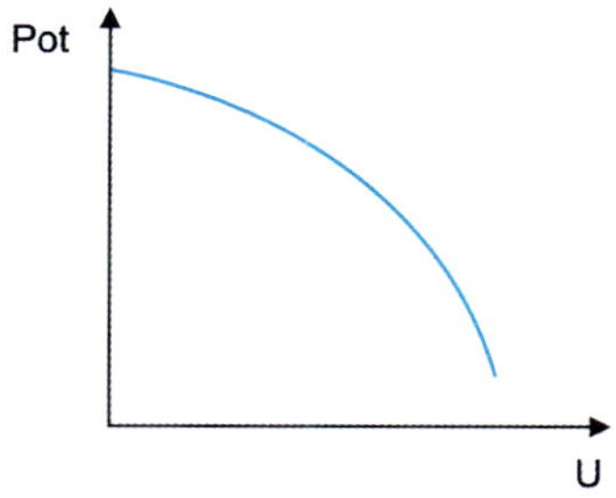


Ilustrações: Reprodução/Unesp

b) 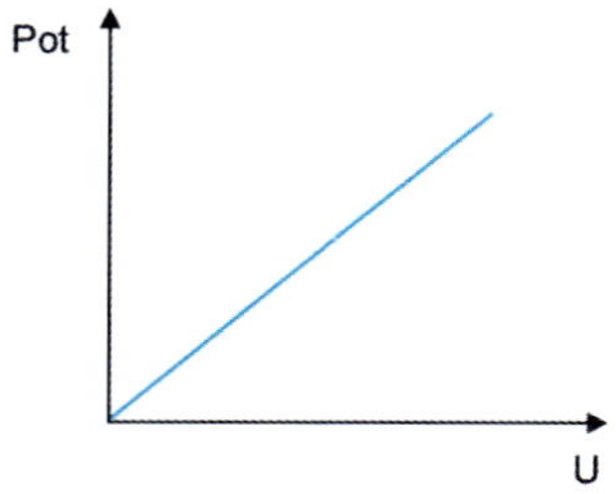


c) 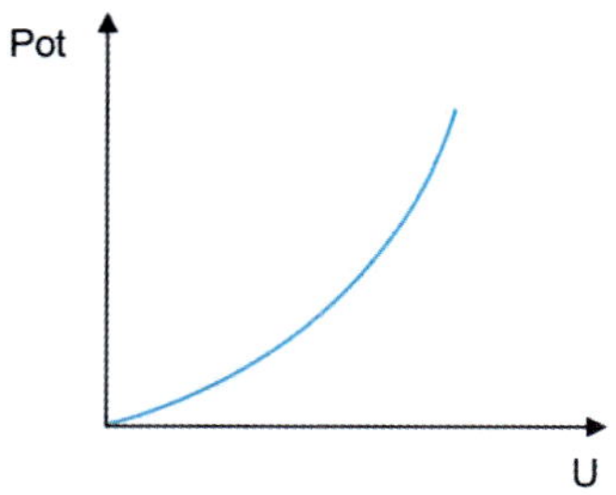


d) 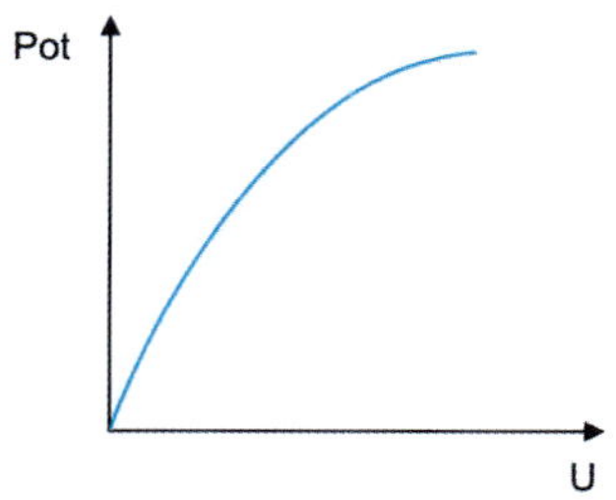


e) 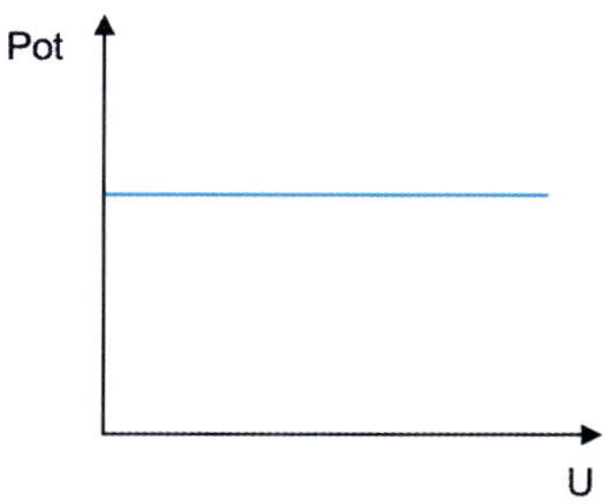


**35.** (Vunesp) Um lustre contém seis lâmpadas iguais, de valores nominais (40 V — 80 W) cada uma. Esse lustre é ligado a uma diferença potencial de 120 V, conforme representado de forma simplificada, na figura1.

**figura 1**

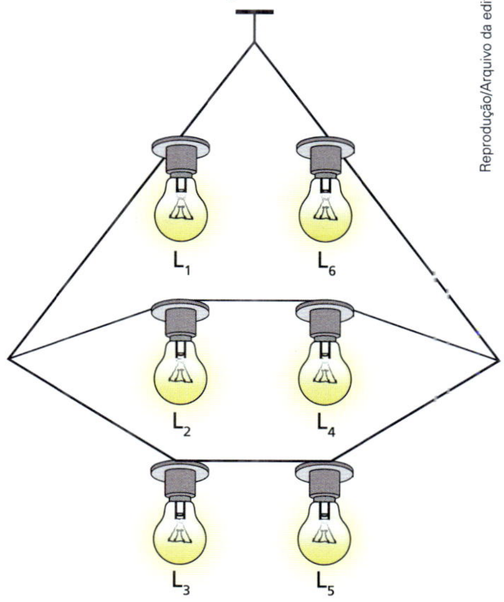


Reprodução/Arquivo da editora

Na figura 2, vê-se o esquema do circuito correspondente a esse lustre:

**figura 2**

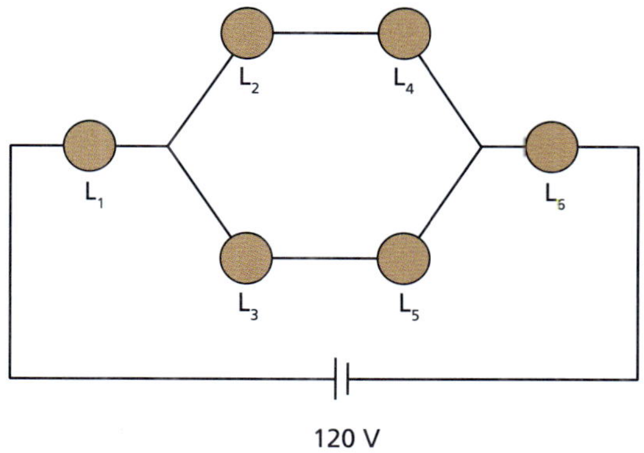


Reprodução/Arquivo da editora

Considerando desprezíveis as resistências elétricas dos fios de ligação, é correto afirmar que a potência dissipada por $\mathbf{L_1}$ e a intensidade da corrente elétrica que passa por $\mathbf{L_5}$ são iguais, respectivamente, a

a) 80 W e 1 A
b) 80 W e 2 A
c) 20 W e 1 A
d) 20 W e 2 A
e) 40 W e 2 A

**36.** (Famerp-SP) A figura representa o esquema de ligação dos faróis de um automóvel à bateria do veículo. O circuito é constituído por: duas lâmpadas de 12 V — 60 W cada uma; uma chave de acionamento e um fusível de proteção, ambos de resistências desprezíveis; e fios de ligação e conectores, também ideais.

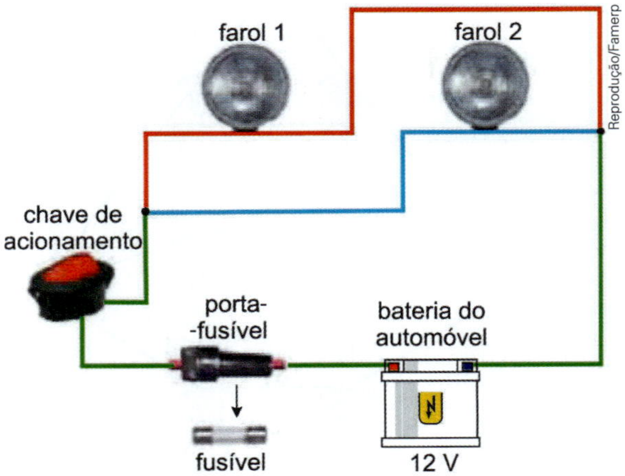


Se os dois faróis estiverem acesos, das opções indicadas nas alternativas, aquela que corresponde à menor amperagem do fusível capaz de proteger esse circuito é:

a) 15 A
b) 12 A
c) 6 A
d) 4 A
e) 9 A

**37.** (UEA-AM) Considere o esquema que representa um gerador ligado a uma lâmpada e o gráfico da curva característica desse gerador.

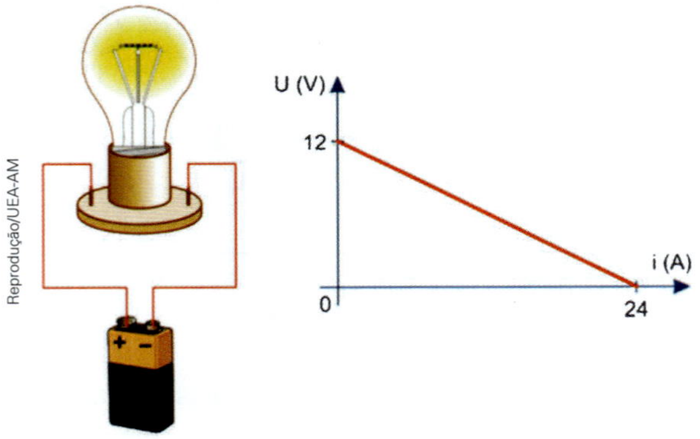


(www.etelg.com.br. Adaptado.)

Se a intensidade da corrente que circula no circuito é 2,0 A, a potência dissipada na lâmpada, em watts, é igual a:

a) 6
b) 22
c) 24
d) 48
e) 12

**38.** (Unesp-SP) O circuito representado na figura é utilizado para obter diferentes intensidades luminosas com a mesma lâmpada **L**. A chave **Ch** pode ser ligada ao ponto **A** ou ao ponto **B** do círculo. Quando ligada em **B**, a lâmpada **L** dissipa uma potência de 60 W e o amperímetro ideal **A** indica uma corrente elétrica de intensidade 2 A.

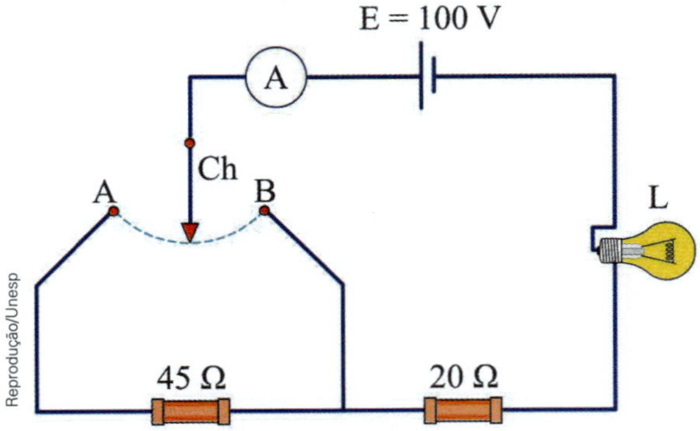


Considerando que o gerador tenha força eletromotriz constante E = 100 V e resistência interna desprezível, que os resistores e a lâmpada tenham resistências constantes e que os fios de ligação e as conexões sejam ideais, calcule o valor da resistência $R_L$ da lâmpada, em ohms, e a energia dissipada pelo circuito em joules, se ele permanecer ligado durante dois minutos com a chave na posição **A**.

**39.** (IJSO) Um esquema de uma instalação elétrica residencial é apresentado abaixo. Considere os fios de ligação ideais.

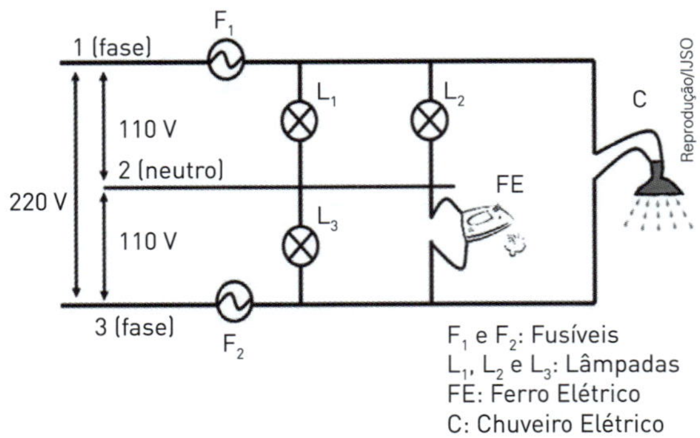


Podemos afirmar que:

a) Se a lâmpada $\mathbf{L_1}$ queimar, a lâmpada $\mathbf{L_2}$ apaga.
b) Se a lâmpada $\mathbf{L_3}$ queimar, o ferro elétrico passa a ser percorrido por corrente elétrica de maior intensidade.
c) Com a chave na posição "inverno" a resistência elétrica do chuveiro é menor do que com a chave na posição "verão".
d) O chuveiro elétrico está sob tensão de 220 V quando está funcionando com a chave na posição "inverno". Ao passar a chave para a posição "verão", a tensão elétrica no chuveiro passa a ser de 110 V.
e) As lâmpadas, o ferro elétrico e o chuveiro estão sob tensão de 110 V.

**40.** (UFTM-MG) A figura mostra um circuito formado por um gerador **G**, uma chave interruptora **Ch** e fios de ligação, todos considerados ideais, e por três lâmpadas iguais. Na situação inicial, a chave **Ch** está fechada.

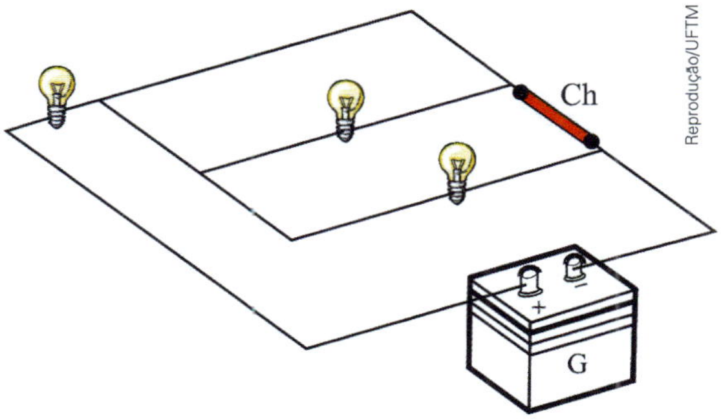


Reprodução/UFTM

Quando a chave for aberta, o circuito dissipará uma potência elétrica:

a) 50% menor que na situação inicial.
b) 50% maior do que na situação inicial.
c) igual à dissipada na situação inicial.
d) 25% maior que na situação inicial.
e) 25% menor que na situação inicial.

**41.** (FIMCA-RO) No circuito elétrico representado a seguir, quando a chave $\mathbf{Ch_1}$ está fechada e a chave $\mathbf{Ch_2}$ está aberta, o voltímetro ideal $\mathbf{V_1}$ indica 60 V. Quando $\mathbf{Ch_1}$ está aberta e a $\mathbf{Ch_2}$ está fechada, o amperímetro ideal **A** marca 1,2 A. O gerador, o voltímetro $\mathbf{V_2}$ e os fios de ligação também são ideais, e todos os resistores são ôhmicos.

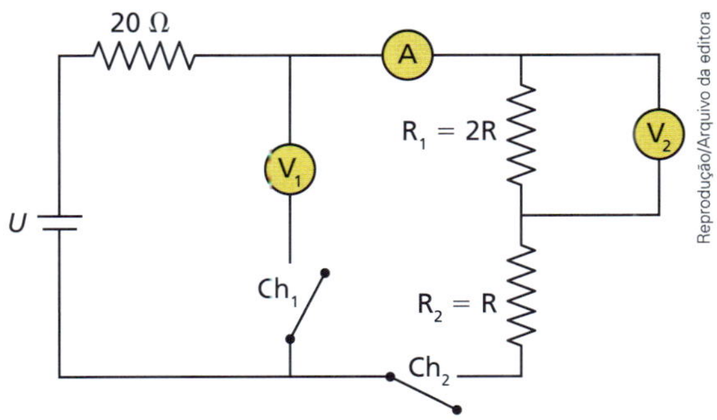


Reprodução/Arquivo da editora

Quando $\mathbf{Ch_1}$ estiver aberta e $\mathbf{Ch_2}$ fechada, determine:

a) a indicação de $\mathbf{V_2}$, em volts;
b) a energia, em J, dissipada no resistor $R_2$; em 20 s de funcionamento do circuito.

**42.** (Olimpíada Argentina de Ciências Júnior) João aprendeu no laboratório de Física as conexões série e paralelo de resistências elétricas. Sua curiosidade foi aguçada a respeito do tempo de duração de uma pilha dependendo das conexões das resistências elétricas. João fez a montagem de três circuitos com pilhas e lâmpadas idênticas e comprovou como as pilhas se foram esgotando e as lâmpadas se apagando.

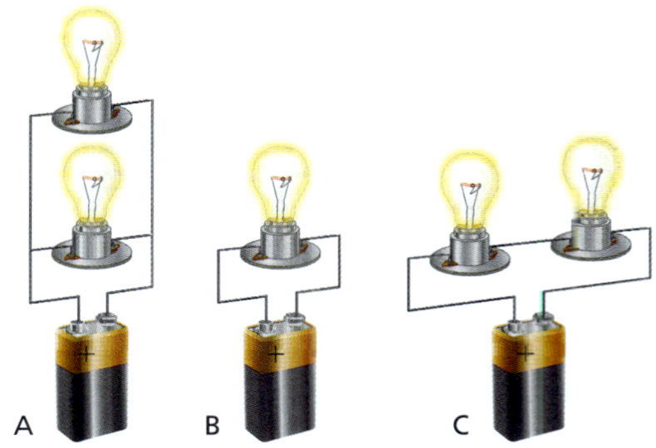


Reprodução/Arquivo da editora

As lâmpadas, nos circuitos, foram se apagando segundo a sequência:

a) **A**, **C**, **B**
b) **B**, **C**, **A**
c) **C**, **B**, **A**
d) **A**, **B**, **C**

**43.** (Fatec-SP) Considere as especificações técnicas de um chuveiro elétrico.

| Chuveiro elétrico – Especificações técnicas<br>Tensão: 220 V – Vazão: 3 L/min | |
|---|---|
| **Potência (W)** | **Setor de temperatura** |
| 2 700 | Verão |
| 5 400 | Inverno |

Se toda energia elétrica no chuveiro for transformada integralmente em energia térmica, quando o chuveiro for usado na posição inverno, o aumento da temperatura da água na vazão especificada, em graus Celsius, será de:

a) 25,7
b) 19,4
c) 12,9
d) 7,7
e) 6,5

**Lembre-se de que:**

Calor específico da água: 4 200 J/kg °C

Densidade da água: 1 kg/L

1 W = 1 J/s

**44.** (Enem) No manual fornecido pelo fabricante de uma ducha elétrica de 220 V é apresentado um gráfico com a variação da temperatura da água em função da vazão para três condições (morno, quente e superquente). Na condição superquente, a potência dissipada é de 6 500 W. Considere o calor específico da água igual a 4 200 J/(kg °C) e densidade da água igual a 1 kg/L.

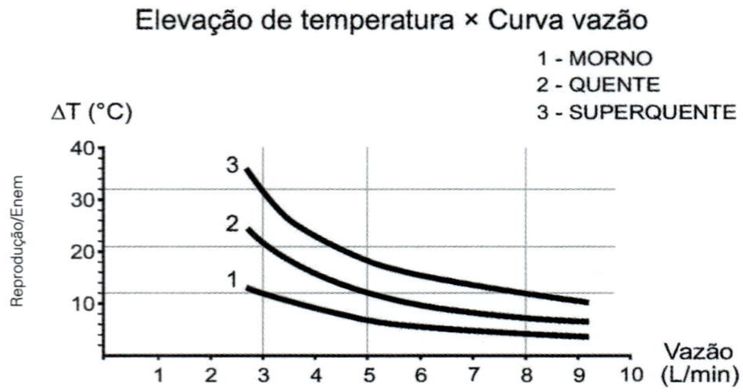

Reprodução/Enem

Com base nas informações dadas, a potência na condição morno corresponde a que fração da potência na condição superquente?

a) $\frac{1}{3}$ b) $\frac{1}{5}$ c) $\frac{3}{5}$ d) $\frac{3}{8}$ e) $\frac{5}{8}$

**45.** (Unifeso-RJ) Usa-se um aquecedor elétrico para aquecer 60 kg de água inicialmente a 20 °C.

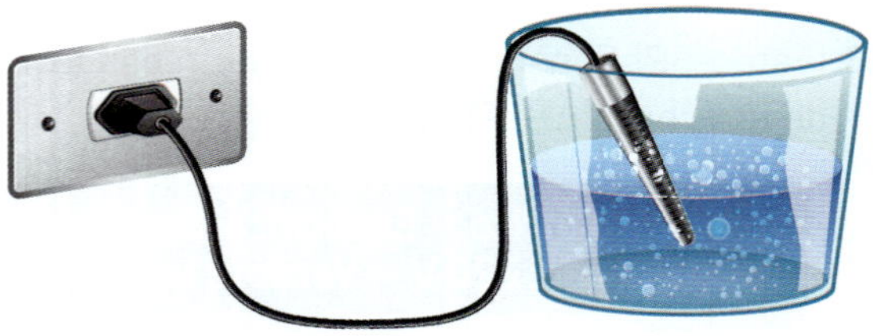
Reprodução/Arquivo da editora

O aquecedor é constituído por uma resistência de imersão de 0,6 Ω ligada sob 120 V. Considere o calor específico da água como sendo 4 000 J/kg °C. O aquecedor desligou automaticamente quando a temperatura da água atingiu 80 °C. Portanto, o aquecedor ficou ligado durante:

a) 6 minutos
b) 8 minutos
c) 10 minutos
d) 12 minutos
e) 16 minutos

**46.** (FMABC-SP) Considere um calorímetro ideal (capacidade térmica desprezível e de paredes adiabáticas) dotado de um resistor interno $R$ e preenchido com 1 litro de água a 18 °C. O resistor é ligado a uma tensão elétrica de 120 V por 30 segundos, o que provoca uma variação de temperatura na água de 3,6 °C. Considerando que toda energia térmica dissipada pelo resistor foi absorvida pela água, determine o valor de $R$, em ohms.

Reprodução/FMABC

**Dado:** calor específico da água: $4{,}0 \cdot 10^3\ J \cdot kg^{-1} \cdot °C^{-1}$.

**47.** (Unemat-MT) O café é uma bebida muito apreciada no Brasil e, no seu preparo, costuma-se utilizar um resistor de imersão para aquecer a água que é utilizada para fazer o café (ver figura).

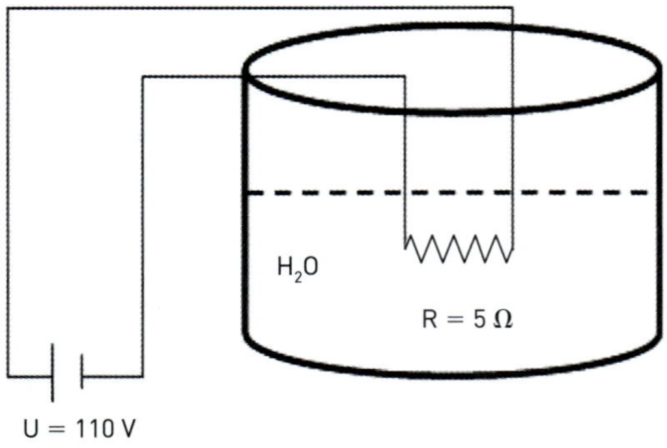

Reprodução/Unemat

*Ligação do resistor de imersão.*

Considerando que esse resistor apresenta uma resistência de 5,0 Ω e que é alimentado por uma fonte de tensão de 110 V, então, o tempo necessário para se aquecer 300 g de água de 20 °C para 70 °C é aproximadamente:

**Dados:** calor específico da água = 1 cal/g °C e 1 cal = 4,2 J.

a) 10 s
b) 15 s
c) 35 s
d) 32 s
e) 26 s

**48.** (IJSO) Na aula de Eletrodinâmica, o professor mostra como é um chuveiro elétrico por dentro e ao passar a chave seletora da posição "verão" para a posição "inverno", destaca aos alunos que parte do resistor do chuveiro é colocada em curto-circuito. O professor apresenta quatro afirmativas para que os alunos indiquem quais são as corretas, quando se realiza essa mudança de posição da chave seletora:

I. A resistência elétrica do chuveiro aumenta;
II. Corretamente ligado à rede elétrica, a potência elétrica dissipada pelo chuveiro diminui;
III. Corretamente ligado à rede elétrica, a intensidade da corrente elétrica que percorre o chuveiro diminui;
IV. Corretamente ligado à rede elétrica, mantida a vazão constante, a temperatura da água diminui.

O que você responderia se fosse um aluno dessa classe?

a) Somente II e IV estão corretas.
b) Somente II está correta.
c) Somente I e IV estão corretas.
d) Todas as afirmações estão corretas.
e) Nenhuma das afirmações está correta.

Bloco 2

# 4. Potência elétrica do gerador

Podemos, agora, analisar um gerador elétrico do ponto de vista das potências elétricas envolvidas durante seu funcionamento.

A relação entre as potências esquematizadas abaixo é resultado do Princípio de Conservação de Energia.

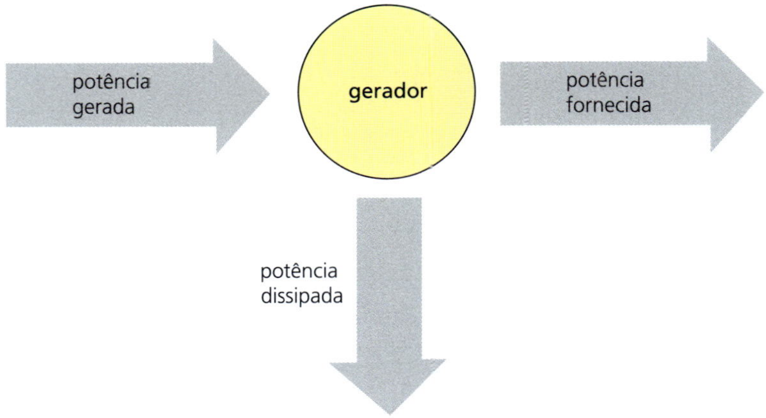


A imagem acima esquematiza as potências envolvidas no funcionamento de um gerador. São elas:

- **Potência gerada** ($P_g$): potência com origem em outras formas de energia que não a elétrica (química, mecânica, etc.).
- **Potência fornecida** ($P_f$): potência elétrica útil disponível entregue ao circuito externo ao gerador.
- **Potência dissipada** ($P_d$): potência ligada às perdas por Efeito Joule na própria resistência interna do gerador.

Da equação do gerador, podemos deduzir cada uma das potências elétricas citadas.

$$U = \epsilon - r\,i$$

Multiplicando-se ambos os membros pela intensidade da corrente elétrica, obtém-se:

$$\underbrace{Ui}_{P_f} = \underbrace{\epsilon i}_{P_g} - \underbrace{ri^2}_{P_d}$$

Portanto, temos:

- $P_f = U\,i$ (potência útil)
- $P_g = \epsilon\,i$ (potência total)
- $P_d = r\,i^2$

Relacionando essas três potências elétricas, temos:

$$P_f = P_g - P_d$$

## 5. Rendimento elétrico do gerador

Para se estabelecer a eficiência de um dispositivo quando em funcionamento, define-se uma grandeza adimensional chamada **rendimento**. O rendimento de um gerador será determinado pela razão entre a potência fornecida útil ($P_f$) e a potência total gerada ($P_t$). A letra grega $\eta$ (eta) irá representar essa grandeza. Assim:

$$\eta = \frac{P_f}{P_t}$$

ou

$$\eta = \frac{Ui}{\epsilon i}$$

Portanto,

$$\eta = \frac{U}{\epsilon}$$

De maneira geral, o rendimento é expresso em porcentagens.
Para geradores reais, teremos sempre $\eta < 1$ ou $\eta < 100\%$.

### Ampliando o olhar

#### Qual a eficiência de plantas de geração de energia elétrica que utilizam fontes renováveis?

A matriz energética mundial ainda utiliza predominantemente fontes de energia não renováveis. O carvão, por exemplo, é a principal parcela dessa matriz e apresenta eficiência de 32% a 42%. Na busca de modos de produção de energia elétrica que reduzam o impacto no meio ambiente, diversos tipos de planta de geração elétrica foram construídos e estão constantemente sendo propostos. No entanto, qual é a eficiência dessas instalações? Esse cálculo é bastante complexo, pois há diversos fatores que devem ser considerados, como a disponibilidade da fonte de energia ao longo do ano, as perdas devido ao Efeito Joule, etc. A seguir apresentamos uma breve descrição de algumas fontes de energia que utilizam recursos renováveis e suas respectivas eficiências.

#### Bioenergia

É a energia que pode ser gerada a partir da matéria orgânica, vegetal ou animal, como plantas, madeira, resíduos agrícolas e urbanos ou até mesmo excremento. A biomassa é queimada e a energia térmica resultante do processo é transformada em energia elétrica nas usinas de bioenergia. A biomassa pode ainda ser utilizada como substituta de combustíveis fósseis, como o petróleo. A renovação da biomassa se dá pelo ciclo do carbono, sendo renovável em um curto período de tempo. A eficiência estimada das plantas que utilizam bioenergia é de aproximadamente 60%.

Célio Messias/Folhapress

Usinas como a de Guaraci, em São Paulo, produzem etanol, um dos combustíveis derivados da biomassa, no caso a cana-de-açúcar. O Brasil é o maior produtor mundial desse insumo, sendo que 17,5% da sua matriz energética total (não só elétrica) é proveniente dos derivados da cana.

## Energia hidrelétrica

Essa forma de energia é obtida através do aproveitamento da energia oriunda do fluxo de massas de água. O movimento da água promove a rotação das pás das turbinas que compõem o sistema da usina hidrelétrica. Posteriormente, um gerador transforma essa energia em energia elétrica. É a principal fonte de energia do Brasil, compondo 68,1% da matriz elétrica nacional. A energia hidrelétrica corresponde a uma parcela de 16,4% da matriz elétrica mundial. A eficiência de usinas hidrelétricas é uma das mais altas, aproximadamente 85%.

Gerard Sioen/Only World/Agência France-Presse

A Itaipu Binacional, na foto acima, é a usina hidrelétrica com maior capacidade de geração de energia do mundo. Em segundo lugar fica a Usina de Três Gargantas, na China, que tem a capacidade de gerar instantaneamente mais energia que Itaipu, porém, em alguns meses do ano, o rio Yang-tsé, onde fica instalada a usina, tem seu fluxo reduzido, resultando na diminuição da capacidade de geração de energia anual da Usina de Três Gargantas.

## Energia eólica

Uma das fontes de energia que mais crescem no mundo, a geração de energia eólica mundial passou de 7,5 GW em 1997 para 487 GW em 2016. A energia eólica é a transformação da energia cinética dos ventos em energia útil, por exemplo, energia elétrica. É considerada pela ONU uma das fontes de energia mais limpas, pois não emite gases nem gera resíduos. No entanto, as turbinas podem gerar muita poluição sonora e podem alterar a rota migratória de aves. A eficiência de turbinas eólicas varia entre 30% e 45%.

Zé Paiva/Pulsar Imagens

O Parque Eólico de Osório, no Rio Grande do Sul, é o maior parque eólico da América Latina, contribuindo para que o Brasil seja o 8º maior gerador de energia eólica do mundo, com 12,7 MW de capacidade em 2017. O primeiro lugar é ocupado pela China, com 188 MW de energia eólica produzidos em 2017.

## Energia solar

A energia solar, proveniente da luz emitida pelo Sol, pode ser transformada em energia térmica ou energia elétrica a partir de vários métodos. O aquecimento solar, por exemplo, é um método que utiliza a energia solar para aquecer quantidades de água. As placas solares utilizam células fotovoltaicas para captar a luz solar e transformá-la em energia elétrica. Há ainda as usinas heliotérmicas, que concentram os raios solares em um receptor que, por sua vez, converte a energia térmica em energia mecânica e, por fim, em energia elétrica. Apesar de ser um dos maiores países com taxa de irradiação solar do mundo, apenas 1% da matriz energética elétrica do Brasil provém da energia solar. A eficiência de plantas de geração de energia solar varia muito, devido às variações de incidência de luz solar. Avalia-se que a eficiência dessas instalações varie entre 12% e 20%.

Wang An Qi/Shutterstock

A China é a maior geradora de energia solar do mundo, com a produção de 78 GW em 2016, quase o dobro da do Japão, o segundo país, com aproximadamente 43 GW produzidos no mesmo ano.

### Energia geotérmica

É a energia proveniente do calor do interior da Terra. A emissão de gases poluentes na geração de energia geotérmica é praticamente nula, porém o processo gera ácido sulfídrico, que pode causar de pequenos desconfortos a sérios problemas de saúde. A eficiência das instalações que utilizam energia geotérmica é avaliada em torno de 35%.

A localização geográfica e o grande número de vulcões na Islândia proporcionam grandes vantagens para a implementação de usinas geotérmicas no país, como a usina de Nesjavellir, na foto ao lado.

## 6. Potência máxima fornecida

Voltemos a analisar o circuito gerador-resistor, agora, sob o aspecto da potência elétrica que o gerador pode fornecer ao resistor externo.

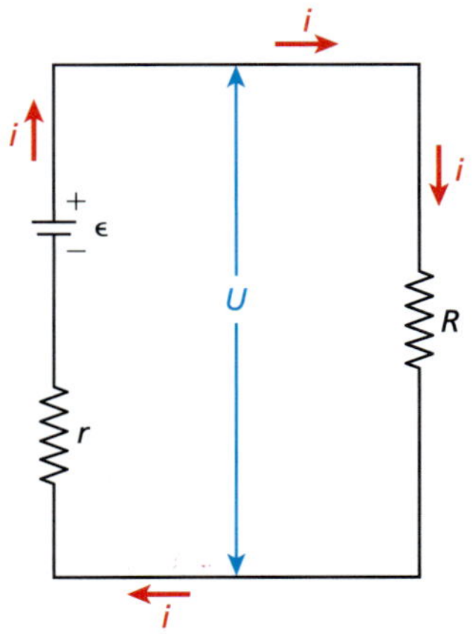


A potência elétrica fornecida ($P_f$) pelo gerador ao resistor é dada por:

$$P_f = U\,i$$

Mas, da 1ª Lei de Ohm, temos:

$$U = \epsilon - r\,i$$

Assim, utilizando a equação acima na expressão de potência elétrica fornecida pelo gerador ao resistor, temos:

$$P_f = (\epsilon - r\,i)\,i \Rightarrow \boxed{P_f = \epsilon\,i - r\,i^2}$$

Determinamos, dessa maneira, que a potência elétrica fornecida ($P_f$) pelo gerador varia com o quadrado da intensidade de corrente elétrica ($i$).

Deste modo, $P_f = f(i)$ resulta em uma parábola com concavidade voltada para baixo, pois o coeficiente do termo quadrático é negativo.

Para determinarmos as raízes dessa equação de segundo grau, ou seja, os pontos onde essa parábola encontra o eixo das abscissas, fazemos:

$$P_f = 0 \Rightarrow \epsilon i - ri^2 = 0 \Rightarrow i(E - ri) = 0$$

Assim, a 1ª raiz é:

$$i = 0$$

Já a 2ª raiz é dada por:

$$\epsilon - ri = 0 \Rightarrow ri = \epsilon$$

$$i = i_{cc} = \frac{\epsilon}{r}$$

A 1ª raiz (i = 0) é, fisicamente, a situação em que o gerador está em circuito aberto; não fornece potência elétrica a qualquer elemento externo.

A 2ª raiz $\left(i = i_{cc} = \frac{\epsilon}{r}\right)$ corresponde à situação na qual o gerador está em curto-circuito.

Uma vez determinadas as raízes da equação, podemos construir o gráfico da potência fornecida ($P_f$) em função da intensidade de corrente elétrica ($i$).

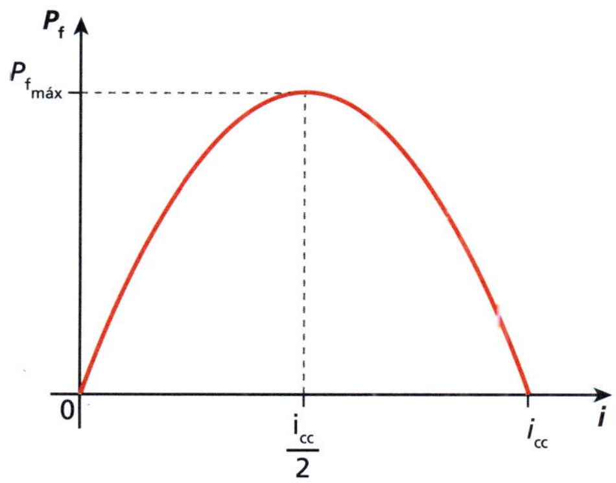


Banco de imagens/Arquivo da editora

Quando i = 0 ou quando $i = i_{cc}$, a tensão elétrica nos terminais do gerador é nula e consequentemente a potência fornecida também. Da simetria do gráfico, pode-se concluir que a potência elétrica transferida atinge seu valor máximo quando a intensidade de corrente elétrica é a metade da corrente de curto-circuito:

$$P_{f_{máx}} \Rightarrow i_{máx} = \frac{i_{cc}}{2} = \frac{\frac{\epsilon}{r}}{2} = \frac{\epsilon}{2r}$$

$$P_{f_{máx}} \Rightarrow \quad i_{máx} = \frac{\epsilon}{2r}$$

Portanto, verificamos a seguinte relação entre a potência máxima fornecida ao circuito e a corrente elétrica de curto-circuito:

Um gerador elétrico transfere máxima potência ao circuito externo quando percorrido por metade da corrente elétrica de curto-circuito.

Determinaremos, agora, a ddp nos terminais do gerador quando se encontra na situação de máxima transferência de potência elétrica.

$$U_{máx} = \epsilon - r\,i_{máx}$$

Mas:

$$i_{máx} = \frac{\epsilon}{2r}$$

Assim:

$$U_{máx} = \epsilon - r\left(\frac{\epsilon}{2r}\right) \Rightarrow U_{máx} = \epsilon - \frac{\epsilon}{2} \Rightarrow \boxed{U_{máx} = \frac{\epsilon}{2}}$$

Um gerador elétrico transfere máxima potência ao circuito externo quando a ddp nos seus terminais é igual à metade da f.e.m.

Podemos, agora, determinar a potência fornecida máxima:

$$P_{f_{máx}} = i_{máx}U_{máx} \Rightarrow P_{f_{máx}} = \frac{\epsilon}{2r}\,\frac{\epsilon}{2} \Rightarrow \boxed{P_{f_{máx}} = \frac{\epsilon^2}{4r}}$$

Nas condições de máxima transferência de potência elétrica, podemos ainda determinar o rendimento ($\eta$) do gerador, assim:

$$\eta = \frac{U}{\epsilon} \Rightarrow \eta = \frac{\frac{\epsilon}{2}}{\epsilon}$$

$$\boxed{\eta = \frac{1}{2}} \quad \text{ou} \quad \boxed{\eta = 50\%}$$

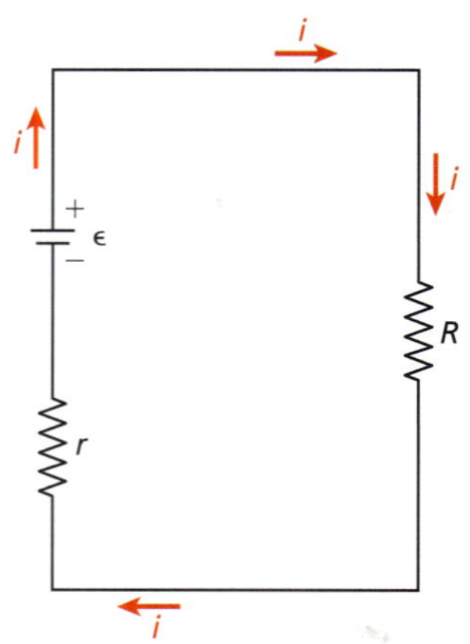


Banco de imagens/Arquivo da editora

Por fim, vamos analisar a relação entre a resistência elétrica ($r$) do gerador e a resistência externa ($R$) ligada a esse gerador, como mostra a imagem ao lado, nas condições de máxima transferência de potência elétrica.

Aplicando a Lei de Pouillet ao circuito gerador-resistor, temos:

$$i = \frac{\epsilon}{R + r} \quad \text{(I)}$$

Nas condições de máxima transferência de potência elétrica, temos:

$$i = \frac{i_{cc}}{2} = \frac{\epsilon}{2r} \quad \text{(II)}$$

Assim, igualando-se (I) e (II):

$$\frac{\epsilon}{R + r} = \frac{\epsilon}{2r} \Rightarrow R + r = 2r \Rightarrow \boxed{r = R}$$

Nas condições de máxima transferência de potência elétrica, a resistência elétrica externa ($R$) deve ser igual à resistência interna ($r$) do gerador.

JÁ PENSOU NISTO?

## O que é a tabela de eficiência energética do Inmetro?

Durante o final do século XIX e início do século XX, desaprendemos como é viver sem energia elétrica disponível em nossas casas, embora, de acordo com a ONU (Organização das Nações Unidas), ainda exista quase 1 bilhão de pessoas que não têm acesso à eletricidade no mundo. Para a maioria da população mundial, basta acionar um interruptor para acender uma lâmpada à noite, um botão para ligar a televisão e assistir a um filme, abrir a porta de um refrigerador para pegar um sorvete num dia quente.

Mas, conforme a população mundial cresce, cada vez mais cresce também o número de aparelhos elétricos disponíveis para facilitar o dia a dia (como cafeteiras elétricas, panelas elétricas que desligam automaticamente depois de determinado tempo de cozimento, aparelhos de ar-condicionado mais baratos e mais acessíveis), e a demanda por energia cresce ainda mais rápido. Sabemos ainda que, atualmente, a produção dessa energia toda é bastante custosa para o meio ambiente.

Para ajudar consumidores a fazer uma escolha consciente na hora de comprar eletrodomésticos, em 1984, o Instituto Nacional de Metrologia, Qualidade e Tecnologia (Inmetro) começou as primeiras discussões sobre economia de energia, criando maneiras de informar ao consumidor o quão eficientes eram os aparelhos disponíveis no mercado. Em 17 de outubro de 2001, foi estabelecida a **Lei de Eficiência Energética**, que tornou compulsória a avaliação energética de qualquer equipamento vendido, forçando os produtores a adotar medidas para que seus produtos atingissem valores melhores de eficiência em seu funcionamento.

Quando entramos numa loja para comprar uma geladeira, um televisor, um micro-ondas, etc., costumamos ver um adesivo conforme o da figura abaixo:

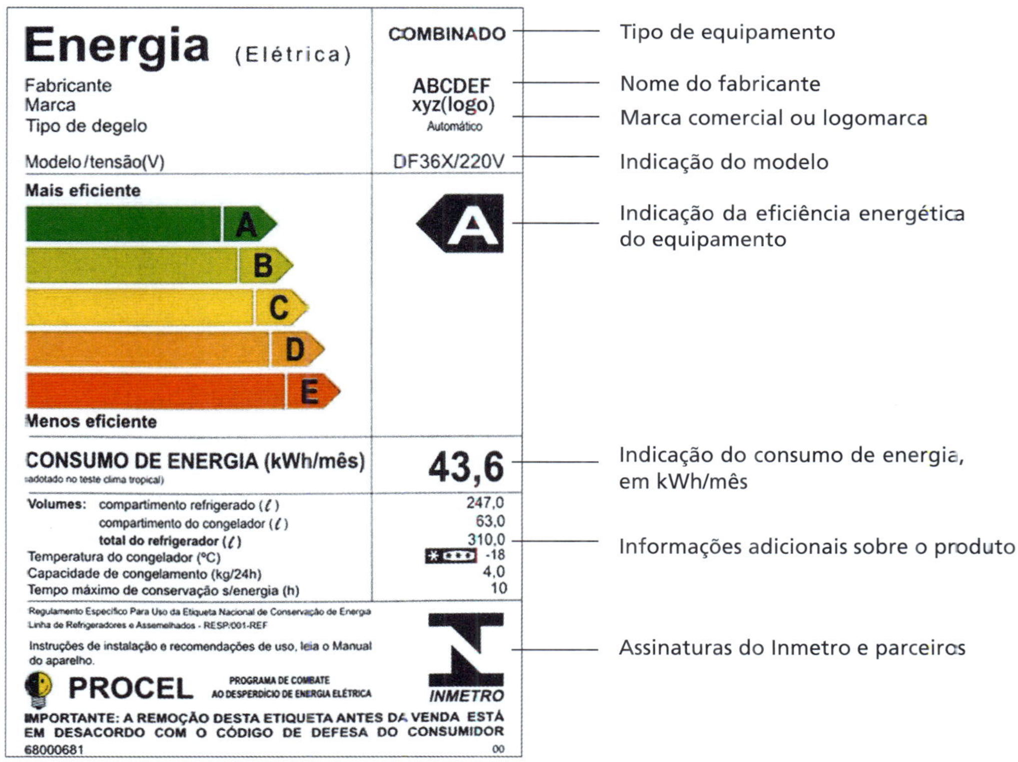


Sergio Dotta Jr./Acervo da editora

Cada tipo de aparelho possui o próprio padrão de selo, mas uma nota **A** sempre representa que, dentro daquela categoria, esse aparelho faz parte dos mais eficientes em consumo de energia. Isso faz com que o consumidor pense duas vezes antes de comprar um modelo cuja nota dada pelo Inmetro seja **D** ou **E**, já que, além das questões ambientais, isso vai impactar mais o valor da sua conta de energia elétrica no final do mês.

# 7. Potência de receptor

Analisemos, novamente, um exemplo de receptor: o motor elétrico.

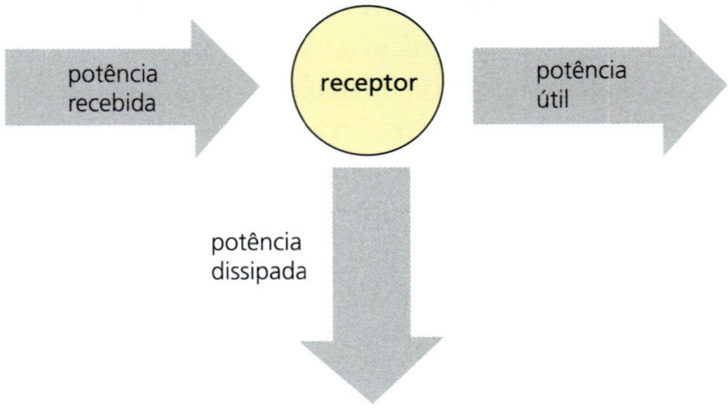


- **Potência recebida** ($P_r$): potência que o receptor recebe da fonte de energia que o abastece.
- **Potência útil** ($P_u$): parcela da potência total recebida. No caso específico do receptor ser um motor elétrico, é a parcela que efetivamente será usada para propiciar o giro do eixo do motor. É muitas vezes chamada de potência mecânica.
- **Potência dissipada** ($P_d$): potência ligada às perdas por Efeito Joule nas resistências internas do próprio dispositivo.

Utilizando a equação do receptor, podemos deduzir cada uma das potências elétricas citadas, de modo análogo ao que fizemos para os geradores elétricos.

$$U = \epsilon' + r'i$$

Multiplicando-se ambos os membros por $i$, temos:

$$\underbrace{Ui}_{P_r} = \underbrace{\epsilon' i}_{P_u} + \underbrace{r' i^2}_{P_d}$$

Denotando por $P_r$ a potência recebida, $P_u$ a potência útil e $P_d$ a potência dissipada, vem:

- $P_r = Ui$
- $P_u = \epsilon' i$
- $P_d = r' i^2$

Relacionando as três potências elétricas, vem:

$$P_r = P_u + P_d$$

O rendimento elétrico ($\eta$) será dado por:

$$\eta = \frac{P_u}{P_r}$$

Utilizando as expressões anteriores, temos:

$$\eta = \frac{\epsilon' i}{Ui}$$

Portanto:

$$\eta = \frac{\epsilon'}{U}$$

## Ampliando o olhar

### Carros: motores a combustão *versus* motores elétricos

Carros elétricos começaram a ser vendidos comercialmente nos últimos anos. Embora o primeiro modelo de motor elétrico para automóveis tenha sido desenvolvido em 1884, fatores como a baixa autonomia de uma carga completa, a demora para recarregar a bateria e a facilidade do acesso ao petróleo já no início do século XX fizeram com que motores a combustão dominassem o mercado durante praticamente um século inteiro.

Nos anos 1990, já havia uma grande preocupação sobre o que aconteceria quando a reserva de petróleo da Terra acabasse, e ainda mais alarmantes foram as discussões no início deste século sobre poluentes emitidos pela crescente população de carros e sua relação com o aquecimento global.

Carros elétricos apresentam a vantagem de não emitir poluentes, como monóxido de carbono, ozônio, chumbo, entre outros, já que não há queima de combustível. Porém, um aspecto que frequentemente passa despercebido por todos é a eficiência energética desses carros.

Um motor a combustão tem várias perdas de energia. A própria explosão, embora seja o princípio de funcionamento para mover os pistões, causa uma geração de calor imensa que, além de não ser aproveitada, precisa ser dissipada para que o motor não superaqueça. A energia utilizada para resfriar o motor, portanto, também vem do combustível. Quando se calcula a quantidade de energia gerada por um tanque de combustível *versus* a quantidade de energia para mover o carro, a eficiência energética fica em torno dos 15%. Já um carro elétrico, que não consegue carregar em sua bateria a mesma quantidade de energia que pode ser gerada por um tanque cheio de combustível, necessariamente requer que seu motor seja mais eficiente. O fato de o motor elétrico não depender de combustão para trabalhar, por si só, já causa uma diferença imensa em sua eficiência. Levando em consideração toda a parte tecnológica aplicada, a eficiência de um motor elétrico de carro é superior a 90%.

Muitos países já criaram estratégias para banir a venda de carros com motor a combustão nas próximas décadas. Noruega, China, Índia, França e Inglaterra são alguns exemplos, sendo que a Noruega tem planos para implementar essas medidas já em 2025.

RossHelen/Shutterstock

Estação de carregamento de baterias de carros elétricos na Coreia do Sul.

## DESCUBRA MAIS

1. Faça um levantamento das últimas doze contas de energia elétrica de sua casa (essas informações normalmente podem ser acessadas no *site* da empresa fornecedora de energia da sua região). Houve alguma variação significativa nos kWh consumidos ao longo das diferentes estações do ano? Discuta possíveis razões para isso ter ou não acontecido.

2. As lâmpadas incandescentes, que foram utilizadas por mais de um século, vêm sendo substituídas pelas lâmpadas de LED nos últimos anos. Pesquise os motivos que impulsionam essa substituição. Qual a vantagem das lâmpadas de LED em relação às lâmpadas incandescentes?

3. O rendimento de um gerador, denominado $\eta$, não pode ser maior do que 1 (ou 100%). O que $\eta > 1$ implicaria?

**49.** (FCC-SP) As curvas características de três elementos de um circuito elétrico estão representadas abaixo:

E.R.

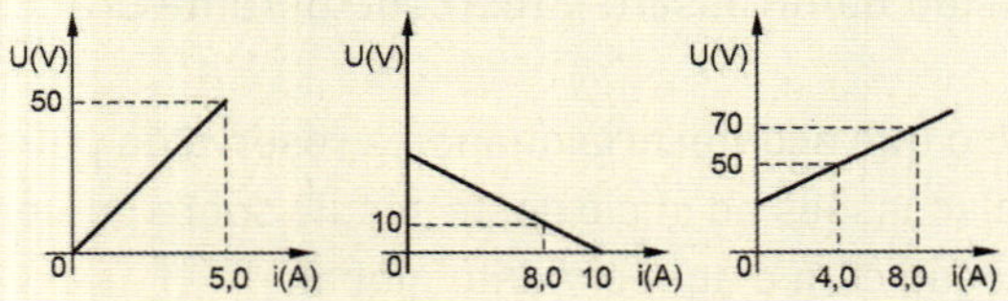


Reprodução/FCC-SP

Associando esses três elementos de forma a fechar um circuito simples, o rendimento do gerador, em porcentagem, será de:

a) 96 b) 92 c) 90 d) 84 e) 80

**Resolução:**

O gráfico 1 corresponde a um resistor. Portanto, podemos usar a 1ª Lei de Ohm para determinar sua resistência *R*:

$$U = Ri \Rightarrow 50 = R(5{,}0)$$

$$\boxed{R = 10\,\Omega}$$

O gráfico 2 corresponde a um gerador, cuja resistência interna *r* pode ser obtida pela declividade da reta:

$$r \overset{N}{=} \text{tg}\,\alpha = \frac{10}{2{,}0} \therefore \boxed{r = 5{,}0\,\Omega}$$

Utilizamos a equação característica para obter a f.e.m. desse gerador:

$$U = \epsilon - ri \Rightarrow 10 = \epsilon - 5{,}0\,(8{,}0)$$

$$\boxed{\epsilon = 50\text{ V}}$$

O gráfico 3 corresponde a um receptor. Portanto, a sua resistência interna *r'* pode ser obtida pela declividade da reta:

$$r' \overset{N}{=} \text{tg}\,\beta = \frac{70-50}{8{,}0-4{,}0} \therefore \boxed{r' = 5{,}0\,\Omega}$$

Utilizamos a equação característica para obter a f.c.e.m. desse receptor:

$$U = \epsilon' - r'i \Rightarrow 50 = \epsilon' + 5{,}0\,(4{,}0)$$

$$\boxed{\epsilon' = 30\text{ V}}$$

Com os 3 elementos, podemos formar o seguinte circuito simples:

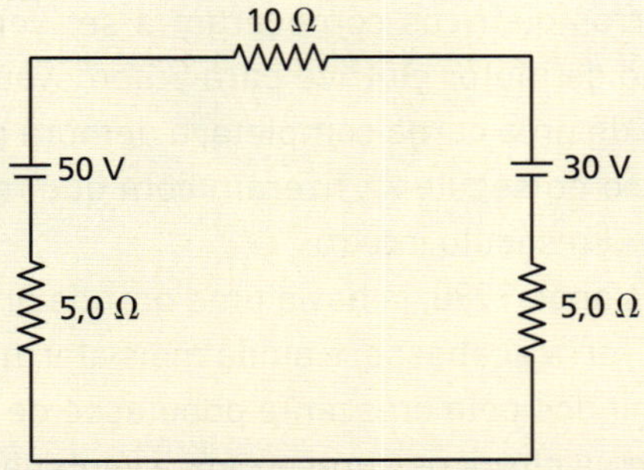


Reprodução/Arquivo da editora

$$i = \frac{\epsilon - \epsilon'}{\sum R} = \frac{50-30}{20} \therefore \boxed{i = 1{,}0\text{ A}}$$

$$U = \epsilon - ri = 50 - 5{,}0 \cdot 1{,}0 \therefore \boxed{U = 45\text{ V}}$$

$$\eta = \frac{U}{\epsilon} = \frac{45}{50} = 0{,}9 \therefore \boxed{\eta = 90\%}$$

Resposta: alternativa **c**.

**50.** (Unifor-CE) Um gerador de f.e.m. $\epsilon = 20$ V e resistência interna *r* alimenta um circuito constituído por resistores de resistências elétricas $R_1 = 2{,}0\ \Omega$, $R_2 = 6{,}0\ \Omega$, $R_3 = 3{,}0\ \Omega$, conforme representa o esquema abaixo:

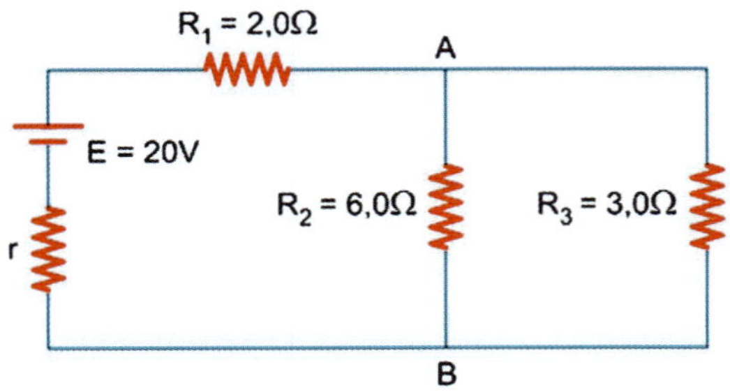


Reprodução/Unifor

Sabe-se que o gerador está fornecendo a potência máxima. Nessa condição, o valor da resistência interna, em ohms, e a tensão entre os pontos **A** e **B**, em volts, valem, respectivamente:

a) 1,0 e 5,0
b) 1,0 e 10
c) 2,0 e 5,0
d) 2,0 e 10
e) 4,0 e 5,0

**51.** (UEPB) Um motor elétrico **M**, figura a seguir, é ligado a uma bateria que lhe aplica uma diferença de potencial (tensão) $V_{AB} = 15$ V, fornecendo-lhe uma corrente de 6,0 A. O motor possui uma resistência interna de 0,30 Ω. Em virtude desta resistência, parte da energia fornecida ao motor pela bateria é transformada em calor (o motor se aquece), sendo a energia restante transformada em energia mecânica de rotação do motor.

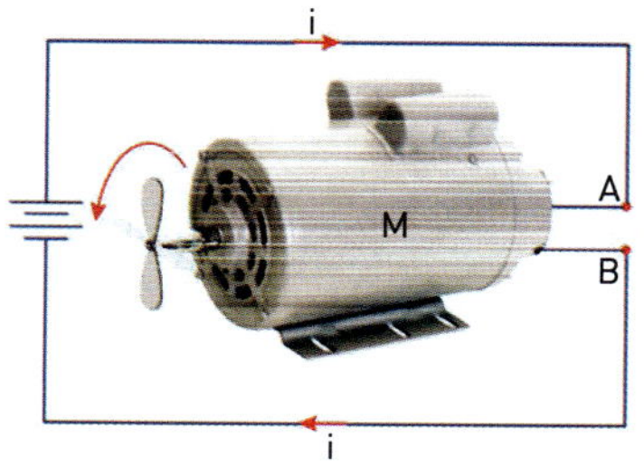


Baseando-se nestas informações, pode-se afirmar:

a) A potência dissipada por Efeito Joule no interior do motor é 10,4 W.
b) A potência total desenvolvida no motor é 80 W.
c) A potência total desenvolvida no motor e a potência mecânica de rotação do motor são, respectivamente, 90 W e 79,2 W.
d) A potência mecânica de rotação do motor é 78 W.
e) A potência total desenvolvida no motor e a potência dissipada por Efeito Joule no interior do motor são, respectivamente, 80 W e 10,6 W.

**52.** Dona Thereza foi preparar um suco de frutas para seu netinho. Colocou uma quantidade exagerada de frutas no liquidificador e ainda acrescentou alguns cubos de gelo:

Ao ligar o liquidificador, as pás giratórias ficaram bloqueadas.

Nessa situação, pode-se afirmar:

a) Com as pás bloqueadas, não há energia dissipada e, consequentemente, não há riscos.
b) Com as pás bloqueadas, o receptor (liquidificador) converte-se em gerador.
c) Com as pás bloqueadas, temos conversão de energia elétrica em mecânica.
d) Com as pás bloqueadas, temos uma violação do princípio de conservação de energia.
e) Com as pás bloqueadas, o receptor atua como um resistor, dissipando energia elétrica, que pode provocar um superaquecimento e a queima do motor.

**53.** Da potência recebida pelo receptor, $P_r$, uma parcela corresponde à potência útil, $P_u$, e a restante é dissipada na resistência interna, $P_d$, na forma de calor:

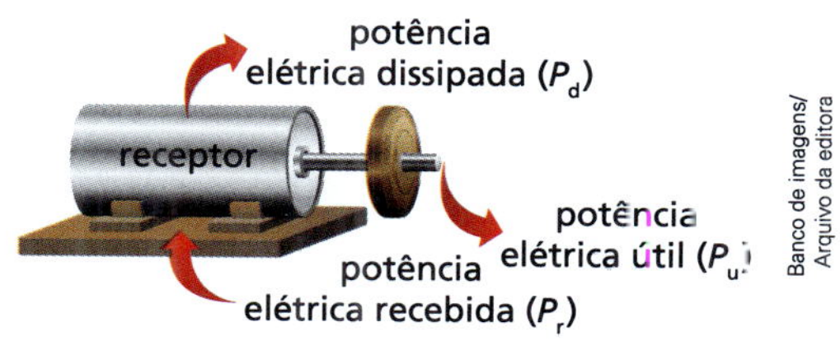


a) Qual o símbolo utilizado para se representar um receptor elétrico dentro de um circuito elétrico?
b) Determine uma relação para as potências elétricas (útil, recebida e dissipada) em um receptor elétrico.

## Exercícios Nível 2

**54.** (UFJF-MG) Uma bateria de automóvel tem uma força eletromotriz $\epsilon = 12$ V e resistência interna *r* desconhecida. Essa bateria é necessária para permitir o funcionamento de vários componentes elétricos embarcados no automóvel. Na figura abaixo, é mostrado o gráfico da potência útil *P* em função da corrente *i* para essa bateria, quando ligada a um circuito elétrico externo:

E.R.

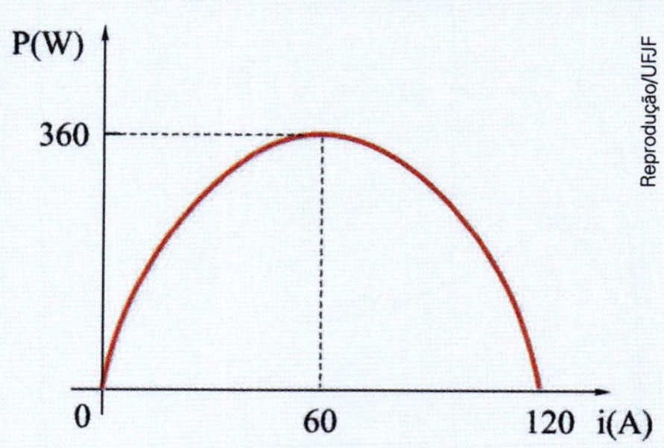


a) Determine a corrente de curto-circuito da bateria e a corrente na condição de potência útil máxima. Justifique sua resposta.
b) Calcule a resistência interna *r* da bateria.
c) Calcule a resistência *R* do circuito externo nas condições de potência máxima.
d) Sabendo que a eficiência $\eta$ de uma bateria é a razão entre a diferença de potencial *V* fornecida pela bateria ao circuito e a sua força eletromotriz $\epsilon$, calcule a eficiência da bateria nas condições de potência máxima.
e) Faça um gráfico que representa a curva característica da bateria. Justifique sua resposta.

**Resolução:**

a) Do gráfico: $i_{cc} = 120$ A

Na condição de $P_{máx}$, temos:

$$i = \frac{i_{cc}}{2} = \frac{120}{2} \therefore \boxed{i = 60 \text{ A}}$$

b) $$i_{cc} = \frac{\epsilon}{r} \Rightarrow 120 = \frac{12}{r} \therefore \boxed{r = 0{,}10\ \Omega}$$

c) Da equação do gerador:

$$U = \epsilon - ri$$
$$U = 12 - 0{,}10 \cdot 60$$
$$U = 6{,}0 \text{ V}$$

Utilizando esse resultado na 1ª Lei de Ohm:

$$U = Ri \Rightarrow 6{,}0 = R \cdot 60$$

$$\boxed{R = 0{,}10\ \Omega}$$

d) O rendimento do gerador é dado por:

$$\eta = \frac{U}{\epsilon} \Rightarrow \eta = \frac{6}{12} \therefore \boxed{\eta = 0{,}50 \text{ ou } 50\%}$$

e) A curva característica de uma bateria é um gráfico $V \times i$ obtido da equação da bateria:

$$V = \epsilon - ri \Rightarrow V = 12 - 0{,}1i$$

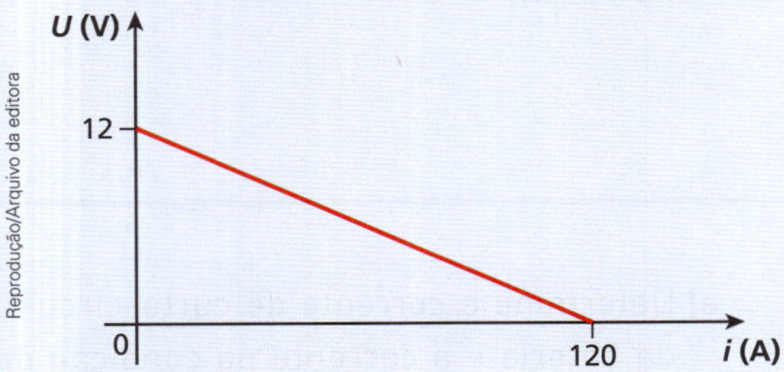


**55.** (AFA-SP) Aqueceu-se certa quantidade de um líquido utilizando um gerador de f.e.m. $\epsilon = 50$ V e resistência interna $r = 3{,}0\ \Omega$ e um resistor de resistência $3{,}0\ \Omega$, proporcionando-se uma quantidade de calor de $2{,}0 \cdot 10^5$ J. Pode-se afirmar que o tempo de aquecimento foi:

a) superior a 15 minutos.
b) entre 6,0 e 10 minutos.
c) entre 12 e 15 minutos.
d) inferior a 5,0 minutos.

**56.** (ITA-SP) Um gerador elétrico alimenta um circuito cuja resistência equivalente varia de 50 a 150 $\Omega$, dependendo das condições de uso desse circuito. Lembrando que, com resistência mínima, a potência útil do gerador é máxima, então, o rendimento do gerador na situação de resistência máxima, é igual a:

a) 0,25
b) 0,50
c) 0,67
d) 0,75
e) 0,90

**57.** (AFA-SP) Dispõe-se de duas pilhas idênticas de f.e.m. $\epsilon$ e resistência interna $r$ constante e de um reostato, cuja resistência elétrica $R$ varia de zero até $6r$. Essas pilhas podem ser associadas em série ou em paralelo, conforme ilustram as figuras I e II, respectivamente:

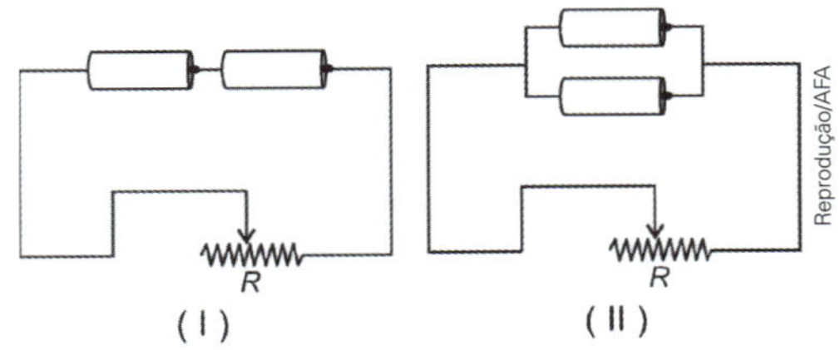


O gráfico que melhor representa a potência $P$ dissipada pelo reostato, para cada uma das associações, em função da resistência $R$ é:

a)
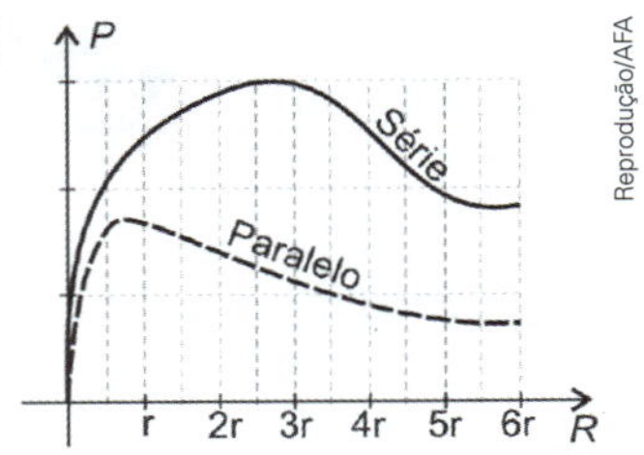


b)
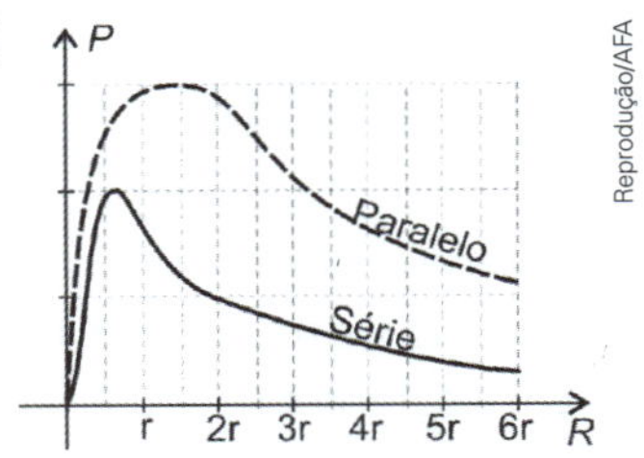


c)
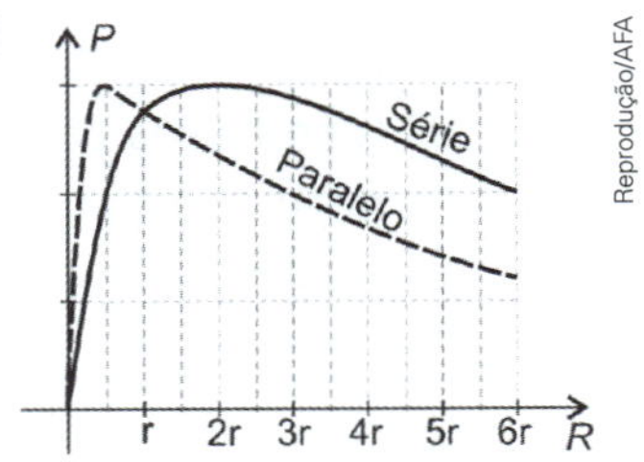


d)
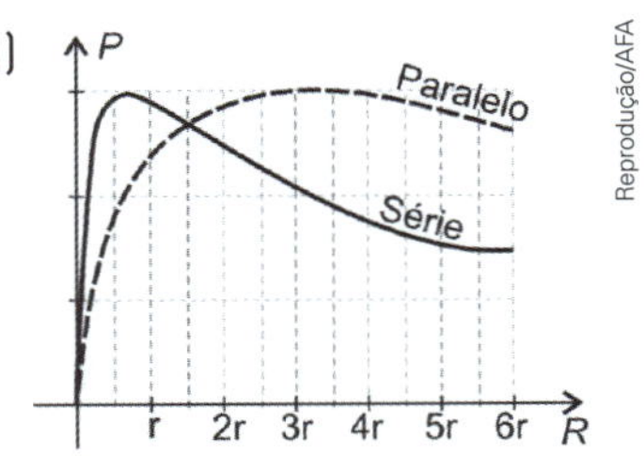

# O sistema elétrico brasileiro

Acender um interruptor ou ligar um aparelho na tomada é uma ação corriqueira para a maior parte da população mundial. No entanto, um levantamento realizado pela Agência Internacional de Energia em conjunto com outras agências revelou que esse simples ato não é uma realidade possível para 1,1 bilhão de pessoas ao redor do mundo, sendo que essa parcela da população vive majoritariamente em áreas rurais.

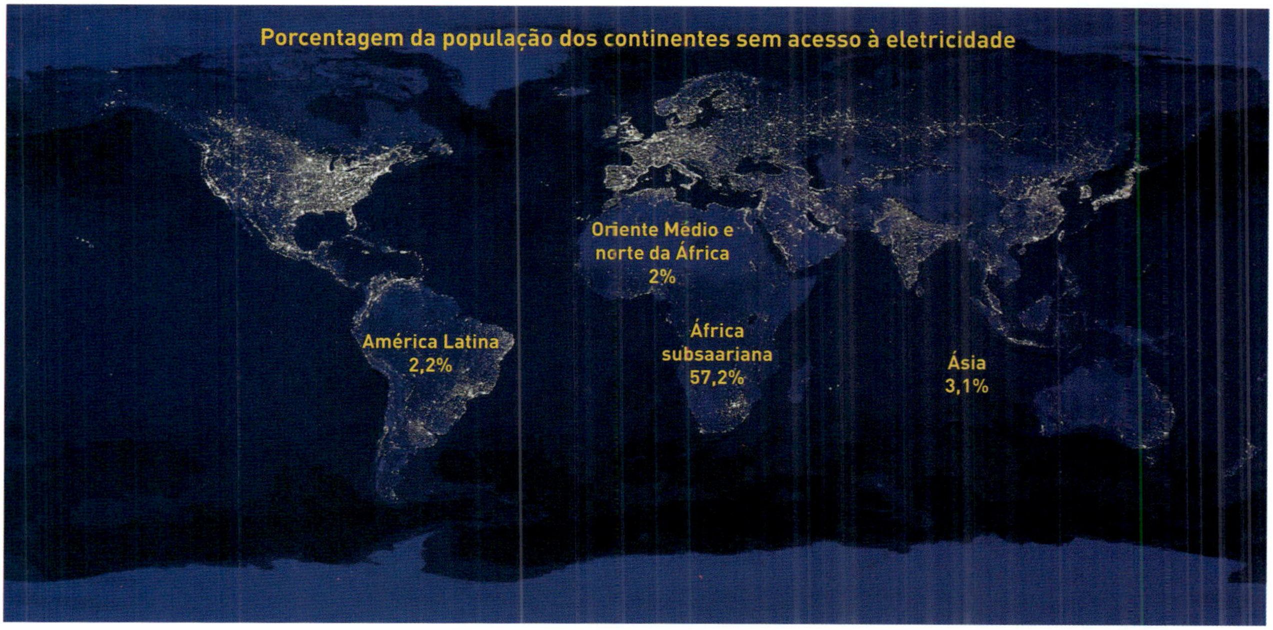




No mapa acima, podemos verificar que os países da América do Norte e da Europa possuem completo acesso à eletricidade. Em contrapartida, os países do hemisfério sul ainda não alcançaram acesso universal à energia elétrica. Preocupante é a situação da África Subsaariana, onde a expansão da rede elétrica fica aquém do crescimento populacional, resultando em uma diminuição no percentual de acesso à eletricidade.

No Brasil, 97,8% da população possui acesso à energia elétrica, ou seja, ainda há um milhão de brasileiros sem acesso a esse serviço. A maioria dessa parcela da população é constituída por habitantes de zonas rurais e de comunidades indígenas e quilombolas, regiões nas quais a perspectiva de consumo é menor que em zonas urbanas, fazendo com que as concessionárias privadas de energia elétrica tenham pouco interesse em oferecer serviços. Em razão disso, em 2003, o governo federal lançou o programa Luz para Todos, com o objetivo de promover o acesso à energia elétrica a habitantes de áreas rurais, comunidades indígenas e quilombolas, regiões ribeirinhas, etc. Lançado com a expectativa de atender 2 milhões de domicílios, em 2016 o programa já havia atendido 3,2 milhões de residências.

O acesso da população brasileira à energia elétrica é realizado pelo SIN (Sistema Interligado Nacional) e por sistemas independentes, em sua maioria na região Norte. O SIN é um sistema hidrotérmico de geração e transmissão de energia elétrica constituído por empresas de todas as regiões do Brasil. O SIN responde por 98,3% da capacidade total de produção de energia elétrica do país, dos quais 68,1% são oriundos de usinas hidrelétricas. O infográfico a seguir ilustra como o sistema elétrico de geração, transmissão e distribuição permite que a energia elétrica chegue às casas brasileiras.

Em seguida, separamos um texto de Kamyla Borges Cunha, coordenadora do Instituto de Energia e Meio Ambiente (Iema), sobre as perspectivas e os desafios da implementação de fontes renováveis na geração de energia elétrica do país.

**Matriz elétrica brasileira (2016)**

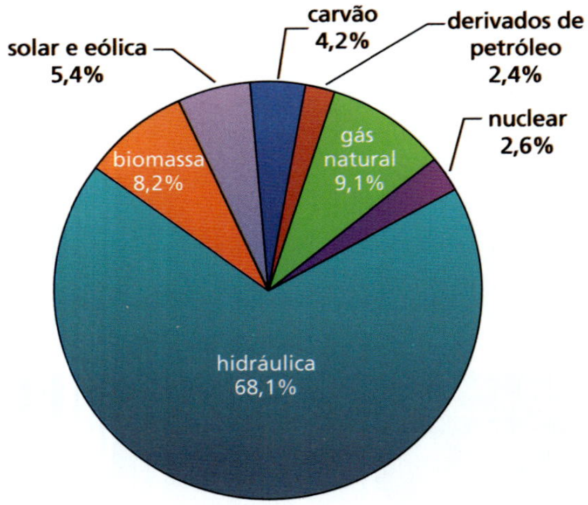


**Transmissão**
Na **subestação de transmissão**, a energia gerada pela usina passa por um **transformador**, que eleva a tensão elétrica de 6,6 kV para tensões que variam entre 88 kV e 750 kV.

**Geração**
A energia elétrica é produzida em **usinas**, em geral longe dos centros de consumo. Essas usinas possuem gigantescos sistemas de hélices que transformam a energia mecânica (movimento) em energia elétrica. A maneira como essas hélices são movimentadas caracteriza o tipo de usina (usinas hidrelétricas utilizam água, usinas termelétricas utilizam o calor gerado pela queima de combustíveis, usinas eólicas utilizam vento, etc.).

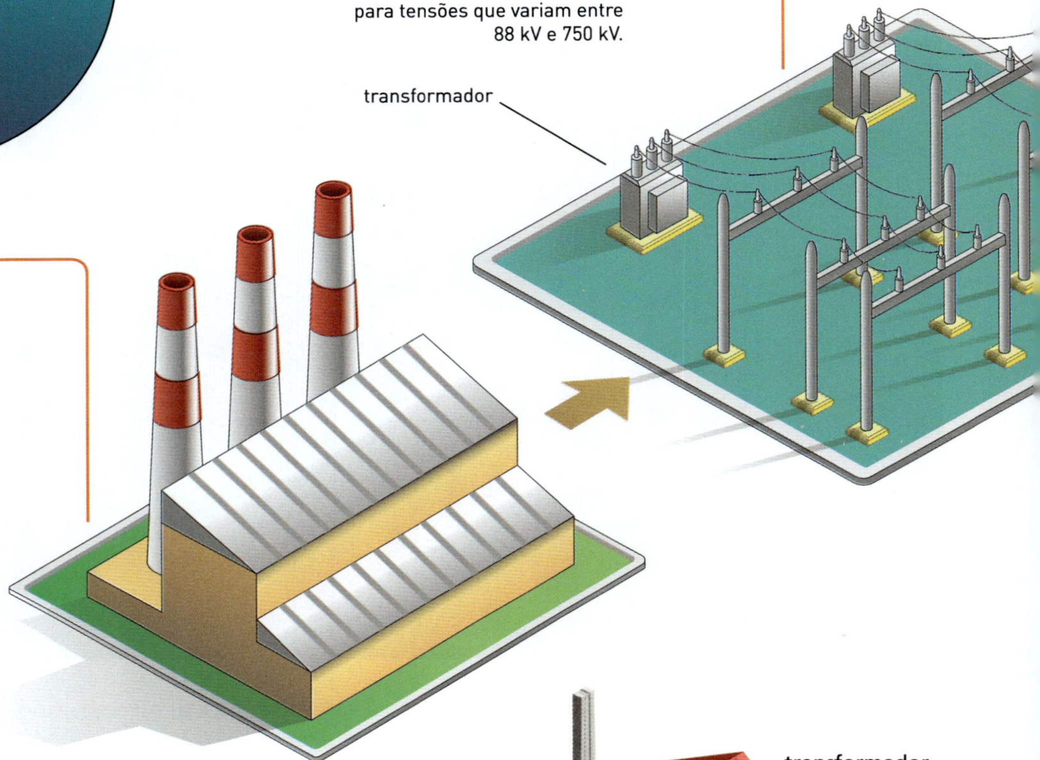

Ilustrações: Banco de imagens/Arquivo da editora

Finalmente, nas tomadas ou nos interruptores do domicílio, o consumidor pode fazer uso da energia elétrica.

Ligado entre a rede elétrica e o domicílio, o medidor de energia elétrica, ou **relógio de luz**, mensura o consumo de energia elétrica da unidade.

As linhas de transmissão transportam a energia elétrica por milhares de quilômetros. Para minimizar a dissipação de energia e para que seja possível utilizar fios condutores menores (portanto, de menor custo), a energia é transportada em **alta tensão** e **baixa corrente**.

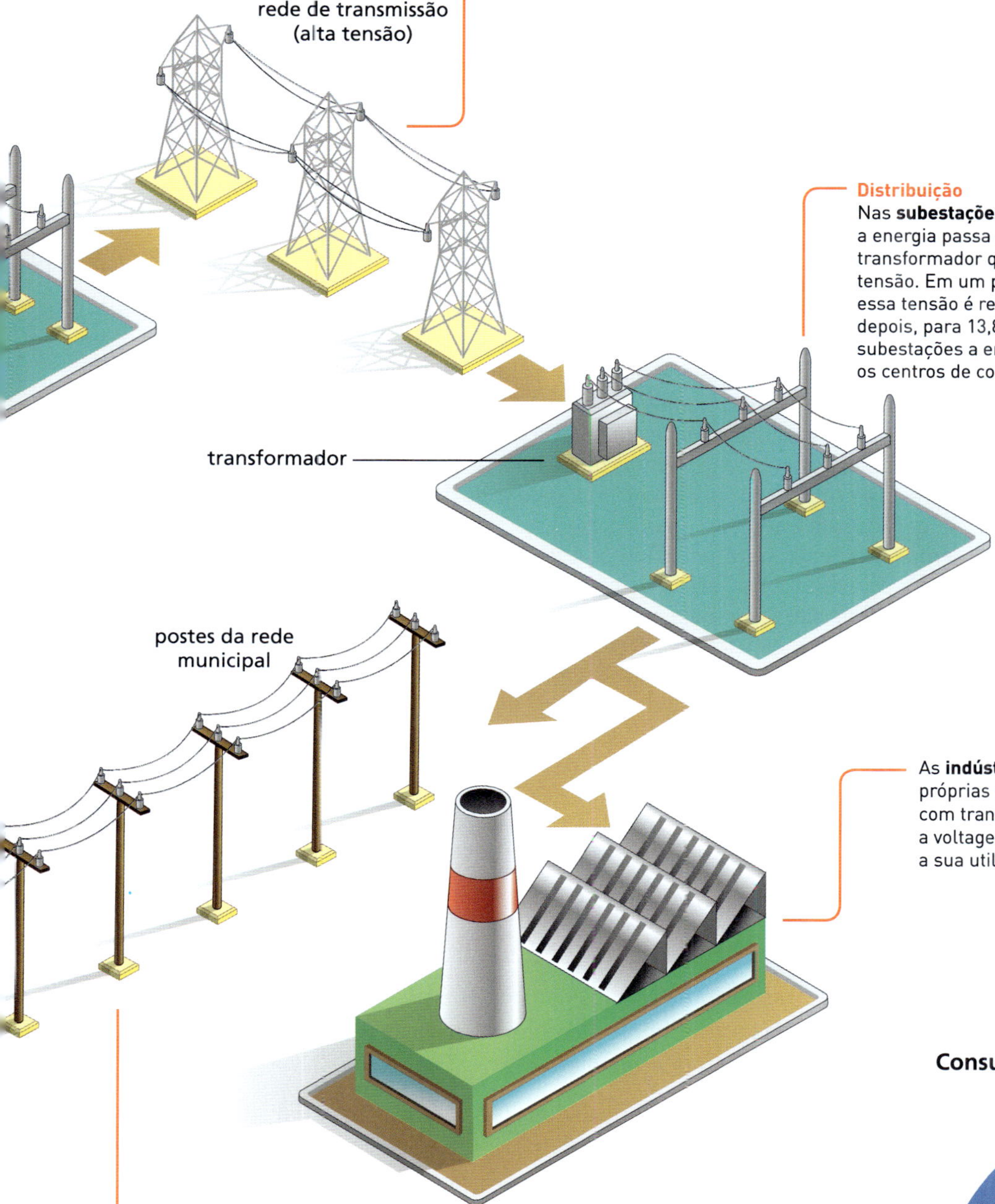


**Distribuição**

Nas **subestações de distribuição**, a energia passa novamente por um transformador que diminui a sua tensão. Em um primeiro momento, essa tensão é rebaixada para 138 kV; depois, para 13,8 kV. A partir dessas subestações a energia é distribuída para os centros de consumo e indústrias.

As **indústrias** possuem suas próprias subestações de distribuição com transformadores que reduzem a voltagem recebida de acordo com a sua utilização.

A **rede municipal de postes**, ou **rede de distribuição secundária**, é a rede que distribui energia elétrica para as residências, ou unidades consumidoras. Novamente, ao passar pelo transformador do poste, a voltagem da energia é reduzida para os conhecidos valores 110 V ou 220 V.

**Consumo energético por setores no Brasil (2016)**

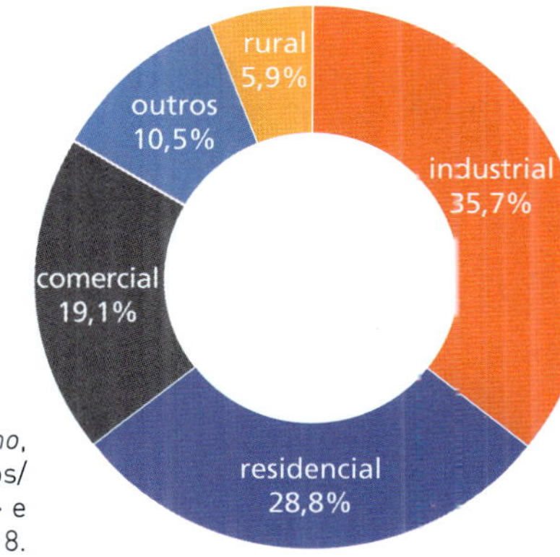


Ilustrações: Banco de imagens/Arquivo da editora

Fontes de informações: Como se distribui a energia elétrica numa cidade?. *Mundo estranho*, São Paulo, Abril, ed. 68, out. 2007, p. 60-61. <www.epe.gov.br/sites-pt/publicacoes-dados-abertos/publicacoes/PublicacoesArquivos/publicacao-160/topico-168/Anuario2017vf.pdf> e <www.epe.gov.br/pt/abcdenergia/matriz-energetica-e-eletrica>. Acesso em: 4 maio 2018.

### Brasil precisa triplicar geração elétrica por fontes renováveis até 2024

Quando se pensa em geração de energia elétrica no país, a imagem de uma usina hidrelétrica é uma das primeiras coisas que vêm à cabeça da maioria dos brasileiros. Nossos rios caudalosos sempre nos garantiram fama internacional como fonte renovável de eletricidade. O que pouca gente sabe é que a natureza foi generosa conosco também em ventos, irradiação solar e disponibilidade de biomassa. Isso torna o Brasil um dos países mais propícios, em todo o mundo, para a instalação de usinas de outras fontes renováveis de energia elétrica como a solar e a eólica, que ganham cada vez mais espaço na nossa matriz elétrica. Por aqui, a disponibilidade de vento e o regime de chuvas são complementares, o que contribui para a manutenção dos níveis de geração de energia renovável do país durante todas as estações do ano. Mesmo com as condições favoráveis acima e um crescimento considerável da energia eólica, precisaremos de mais incentivos no futuro. Isso porque, assim como outros 132 países, o Brasil ratificou o Acordo de Paris, que prevê compromissos legais para redução dos gases do efeito estufa, principais responsáveis pelas mudanças no clima. Para que o país cumpra o compromisso relacionado à expansão de renováveis, precisaremos triplicar a participação de energia eólica e solar – dos atuais 3,5%, em 2015, para 12% até 2030, de acordo com dados da EPE (Empresa de Pesquisa Energética). Apostar no potencial das fontes renováveis não é apenas condição para cumprir acordos e compromissos internacionais. Trata-se também de uma necessidade doméstica, se quisermos garantir o fornecimento de eletricidade a todo país. Com os períodos de seca e os impactos ambientais da instalação de grandes usinas, principalmente na região norte, as hidrelétricas vêm perdendo cada vez mais representatividade na geração de energia elétrica. Com menos reservatórios, nossa capacidade de armazenamento para períodos de escassez diminui. Embora continuem sendo nossa principal fonte, essas usinas precisam cada vez mais de um reforço para garantir fornecimento de eletricidade. Atualmente, a solução tem sido o acionamento das termelétricas, majoritariamente de origem fóssil, que responderam por 23% da geração de eletricidade total do Brasil em 2015. Além de poluir e de consumir grandes quantidades de água, a geração termelétrica fóssil também é mais cara para o sistema elétrico e, consequentemente, para o bolso do consumidor. Isso significa que se quisermos continuar crescendo e atendendo a demanda interna, precisamos apostar nas fontes eólica, solar e biomassa. [...]

CUNHA, Kamyla Borges. Disponível em: <www.nexojornal.com.br/ensaio/2017/Brasil-precisa-triplicar-gera%C3%A7%C3%A3o-el%C3%A9trica-por-fontes-renov%C3%A1veis-at%C3%A9-2024>. Acesso em: 13 jul. 2018.

## Compreensão, pesquisa e debate

1. Faça uma pesquisa sobre diversos tipos de energia renovável e discuta com os seus colegas quais as melhores alternativas para as regiões que ainda sofrem com a falta de acesso à energia elétrica.

2. Pesquise também sobre a energia solar: funcionamento, atual situação e perspectivas de uso no Brasil. Nos últimos anos, houve crescimento dessa matriz energética? Compare a capacidade de geração de energia solar do Brasil com a de outros países e discuta com os seus colegas propostas para a implementação dessas matrizes de acordo com a realidade brasileira.

3. Um dos grandes desafios relacionados à utilização de energia renovável é que a demanda de produção varia entre gerar muita energia e não gerar energia suficiente. No primeiro caso, é necessário desenvolver tecnologias para armazenar esse excesso. Entre as possibilidades de armazenamento, podemos citar as baterias, ar congelado, água comprimida, produção de hidrogênio, hidrelétricas reversíveis, etc. Pesquise e procure saber mais sobre um desses métodos.

# Exercícios Nível 3

**58.** (Vunesp) Para indicar obras em uma pista de rodagem, na viatura da concessionária da estrada, um painel formado por 10 lâmpadas de 12 V — 30 W forma a imagem de uma grande seta. O conjunto é ligado à bateria de 12 V da viatura.

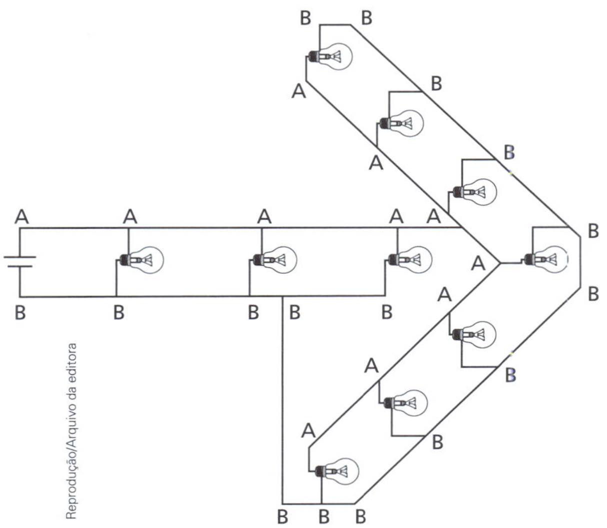


No momento em que está funcionando, o painel luminoso requisita da bateria uma corrente elétrica, em A, de intensidade:

a) 5
b) 12
c) 20
d) 25

**59.** (Ufes) Um estudante construiu um equipamento rudimentar, composto de um resistor de resistência $R$ conectado a uma bateria ideal de f.e.m. $U$. A função do equipamento é aquecer certa quantidade de água. O resistor é isolado eletricamente, mas não termicamente, e então imerso em um recipiente com a massa de água desejada. As paredes do recipiente são isoladas termicamente (ver figura a seguir). Quando a chave **S** é ligada, a temperatura $T$ da água cresce uniformemente com o tempo $t$, de acordo com o gráfico representado a seguir. O calor específico da água à pressão atmosférica é $c = 4{,}20 \cdot 10^3\ J \cdot kg^{-1} \cdot °C^{-1}$. Considere que o estudante encheu o recipiente com a massa $m = 4{,}00$ kg de água, à temperatura inicial $T_0 = 20{,}0$ °C, e que a resistência tenha o valor $R = 3{,}50\ \Omega$.

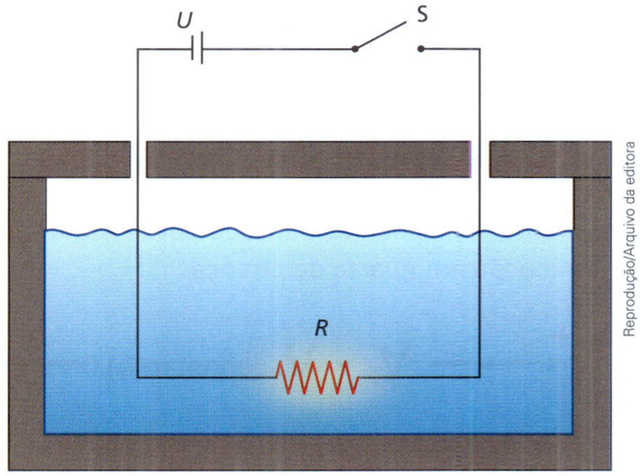


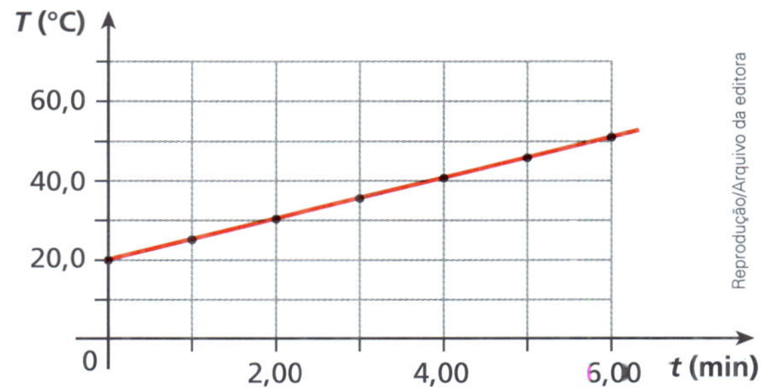


Considerando, ainda, que todo o calor dissipado no resistor foi absorvido pela água, determine:

a) a potência dissipada no resistor;
b) o valor da f.e.m. $U$;
c) o tempo que levará para a temperatura da água ir do valor inicial $T_0 = 20{,}0$ °C ao valor final $T = 100{,}0$ °C.

**60.** (Fuvest-SP) Em 2016, as lâmpadas incandescentes tiveram sua venda definitivamente proibida no país, por razões energéticas. Uma lâmpada fluorescente, considerada energeticamente eficiente, consome 28 W de potência e pode produzir a mesma intensidade luminosa que uma lâmpada incandescente consumindo a potência de 100 W. A vida útil média da lâmpada fluorescente é de 10 000 h e seu preço médio é de R$ 20,00, enquanto que a lâmpada incandescente tem vida útil de 1000 h e cada unidade custaria, hoje, R$ 4,00. O custo da energia é de R$ 0,25 por quilowatt-hora. O valor total, em reais, que pode ser poupado usando uma lâmpada fluorescente, ao longo de sua vida útil, ao invés de usar lâmpadas incandescentes para obter a mesma intensidade luminosa, durante o mesmo período de tempo, é:

a) 90,00
b) 140,00
c) 200,00
d) 250,00
e) 290,00

**61.** (FGV-SP) A figura a seguir ilustra, esquematicamente, o dispositivo utilizado para regular a iluminação em quarto de criança.

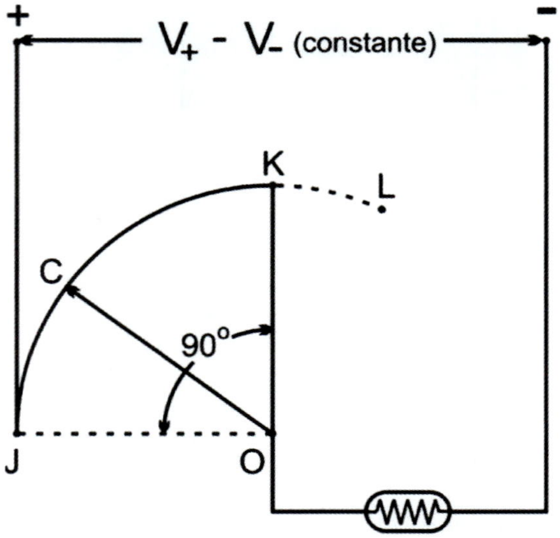




Uma lâmpada de incandescência de 60 W é ligada a uma tomada, em cujos terminais há uma diferença de potencial constante $V_+ - V_-$, por intermédio de um condutor metálico **JK** com a forma de um arco de circunferência de 90° de centro em **O**. O circuito se fecha por meio do cursor **OC**. Quando a extremidade **C** do cursor é conectada em **J**, a lâmpada acende com seu brilho normal; quando é levada até o ponto **L**, a lâmpada apaga. O brilho da lâmpada pode ser regulado conectando a extremidade **C** do cursor a qualquer ponto do condutor circular entre **J** e **K**.

A resistência do condutor **JK** é três vezes maior que a resistência da lâmpada. Já as resistências do cursor e dos demais fios de ligação são desprezíveis.

Considerando constante a resistência da lâmpada, quando o cursor **OC** for colocado na posição em que forma 30° com a direção **OJ**, podemos estimar que o brilho da lâmpada de 60 W será equivalente ao de uma lâmpada de:

a) 40 W
b) 30 W
c) 20 W
d) 15 W
e) 10 W

**62.** (Famerp-SP) Uma lâmpada incandescente de especificações técnicas 40 V — 25 W estabelecida pelo fabricante, queima se for submetida a tensões acima da especificada. Conforme a figura, essa lâmpada será instalada a um soquete ligado em série com o resistor *R* e com outros resistores que serão conectados entre os pontos **A** e **B** formando um circuito que será submetido a uma diferença de potencial de 100 V.

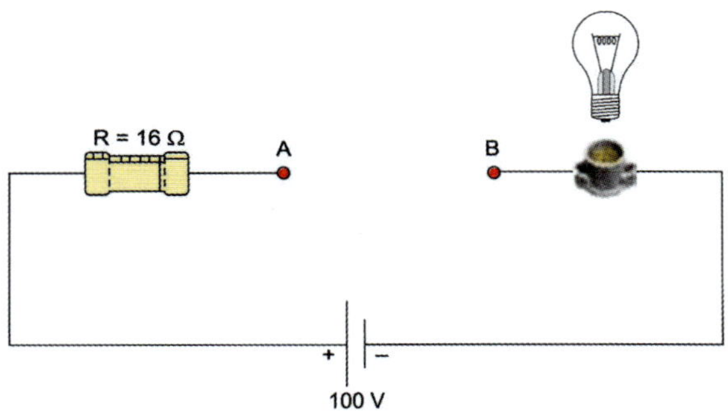




Considerando que os fios e as conexões utilizados nesse circuito tenham resistências desprezíveis:

a) determine a quantidade de carga elétrica, em coulombs, que atravessará a lâmpada se ela permanecer acesa, de acordo com suas especificações, durante 20 minutos;
b) indique o número máximo de resistores iguais, de 320 Ω cada um que podem ser ligados em paralelo entre **A** e **B**, sem que a lâmpada queime.

**63.** (Fuvest-SP) As características de uma pilha, do tipo **PX**, estão apresentadas no quadro abaixo, tal como fornecidas pelo fabricante. Três dessas pilhas foram colocadas para operar, em série, em uma lanterna que possui uma lâmpada **L**, com resistência constante $R_L = 3{,}0\ \Omega$. Por engano, uma das pilhas foi colocada invertida, como representado a seguir:

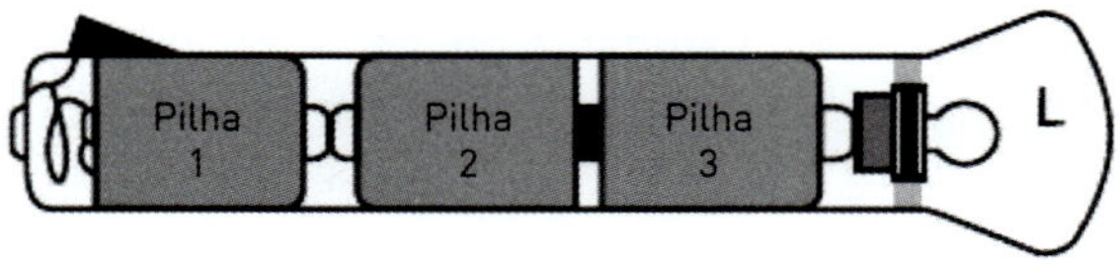

Uma pilha do tipo **PX** pode ser representada, em qualquer situação, por um circuito equivalente, formado por um gerador ideal de força eletromotriz $\epsilon = 1{,}5$ V e uma resistência interna $r = \frac{2}{3}\ \Omega$, como representa no esquema a seguir.

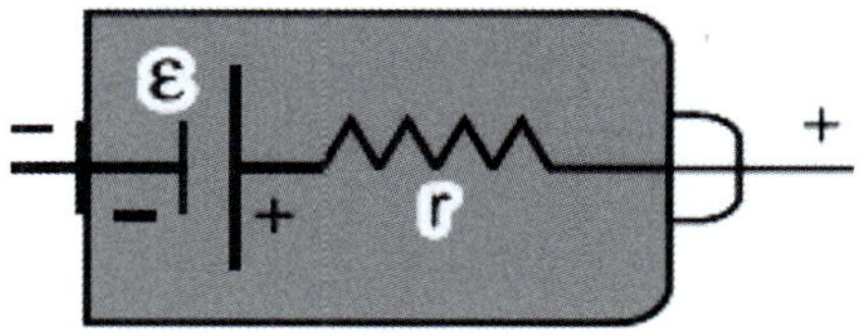

Reprodução/Fuvest

Determine:

a) a corrente $I$ em amperes, que passa pela lâmpada, com a pilha 2 "invertida", como na figura;

b) a potência $P$, em watts, dissipada pela lâmpada com a pilha 2 "invertida", como na figura;

c) a razão $F = \frac{P}{P_0}$, entre a potência $P$ dissipada pela lâmpada, com a pilha 2 "invertida", e a potência $P_0$, que seria dissipada, se todas as pilhas estivessem posicionadas corretamente.

**64.** (Cesumar-PR) Um resistor é imerso em 0,8 L de água. Liga-se então o resistor a uma diferença de potencial de 120 V e verifica-se que, após 8 minutos, a água sofreu uma variação de temperatura de 108 °F. Considerando que toda a potência elétrica dissipada pelo resistor é totalmente utilizada no aquecimento da água determine o valor da resistência elétrica, em ohm, desse resistor. Por conveniência, nos cálculos adote 1 cal = 4,0 J.

**Dados:**

densidade da água = 1 g/cm$^3$;

calor específico da água = 1 cal/g °C.

Reprodução/Cesumar

**65.** (Unifesp) A figura representa o esquema de uma panela elétrica, na qual existe uma chave seletora **C** que pode ser ligada em dois pontos, **A** e **B**, que definem qual circuito será utilizado para dissipar, por Efeito Joule, a energia térmica necessária para o funcionamento da panela.

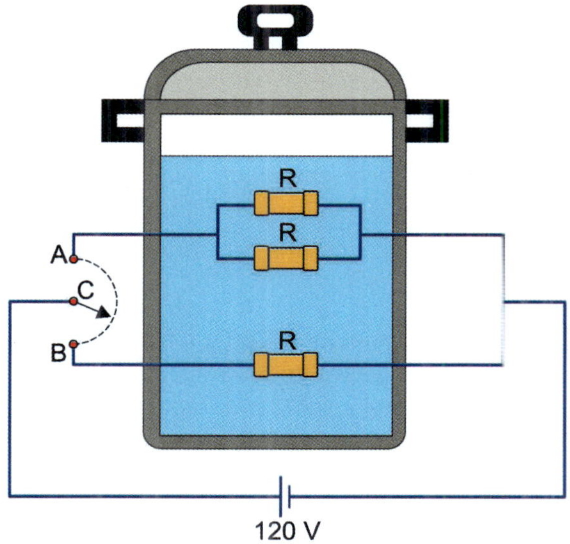

Reprodução/Unifesp

Uma pessoa deseja utilizar essa panela para elevar a temperatura de quatro litros de água de 20 °C para 80 °C. Considerando que o calor específico da água seja $4 \cdot 10^3$ J/(kg · °C), que a densidade da água seja 1 kg/L, que toda a energia térmica dissipada pelos resistores seja absorvida pela água e, ainda, que a água não perca calor durante o processo, calcule:

a) o valor da razão $\frac{P_A}{P_B}$, em que $P_A$ e $P_B$ são, respectivamente, as potências dissipadas pelos resistores quando a chave **C** está ligada no ponto **A** e no ponto **B**;

b) o valor da resistência elétrica $R$, em ohms, para que se consiga produzir o aquecimento desejado dessa massa de água, no intervalo de tempo de 10 minutos, com a chave **C** ligada no ponto **A**.

**66.** Um circuito é construído com o objetivo de aquecer um recipiente adiabático que contém 4,0 litros de água a 20 °C. Considerando-se total a transferência de calor entre o resistor e a água, determine o intervalo de tempo de operação do circuito da figura a seguir para que a água comece a ferver.

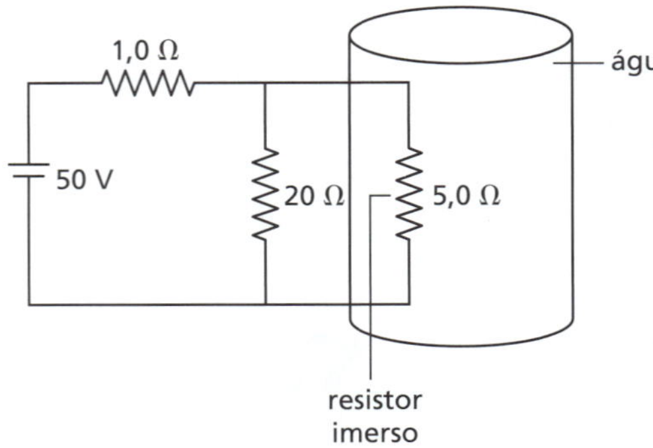


Banco de imagens/Arquivo da editora

**Dados:**

calor específico sensível da água: 1,0 cal/g °C;
massa específica da água: 1,0 kg/L;
temperatura necessária para ferver a água: 100 °C;
1,0 cal = 4,0 J.

**67.** Um bloco de gelo de 1 000 g e 5,0 litros de água estão em equilíbrio térmico.
Um circuito elétrico é montado de tal maneira para agir sobre esta mistura de gelo e água, praticamente sem perdas de energia.

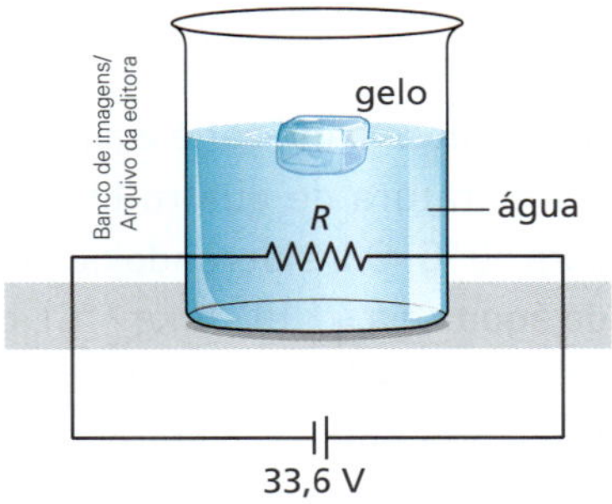


Banco de imagens/Arquivo da editora

O número de elétrons que deve atravessar o resistor *R* para que todo o gelo se derreta é:

a) $1{,}00 \cdot 10^3$
b) $6{,}00 \cdot 10^3$
c) $1{,}60 \cdot 10^{19}$
d) $6{,}25 \cdot 10^{22}$
e) $9{,}00 \cdot 10^{23}$

**Dados:**

calor específico de fusão da água = 80 cal/g;
1 cal = 4,2 J;
$e = 1{,}6 \cdot 10^{-19}$ C.

**68.** (FICSAE-SP) Por decisão da Assembleia Geral da Unesco, realizada em dezembro de 2013, a luz e as tecnologias nelas baseadas serão celebradas ao longo de 2015, que passará a ser referido simplesmente como Ano Internacional da Luz. O trabalho de Albert Einstein sobre o efeito fotoelétrico (1905) foi fundamental para a ciência e a tecnologia do século 21. Com o intuito de homenagear o célebre cientista, um eletricista elabora um inusitado aquecedor conforme mostra a figura abaixo:

Reprodução/FICSAE

Esse aquecedor será submetido a uma tensão elétrica de 120 V, entre seus terminais **A** e **B**, e será utilizado, totalmente imerso, para aquecer a água que enche completamente um aquário de dimensões 30 cm × 50 cm × 80 cm. Desprezando qualquer tipo de perda, supondo constante a presença do aquecedor e considerando que a distribuição de calor para a água se dê de maneira uniforme, determine após quantas horas de funcionamento, aproximadamente, ele será capaz de provocar uma variação de temperatura de 36 °F na água desse aquário.

**Adote:**

Pressão atmosférica = 1 atm
Densidade da água = 1 g/cm$^3$
Calor específico da água = 1 cal $\cdot$ g$^{-1}$ $\cdot$ °C$^{-1}$
1 cal = 4,2 J
 = resistor de 1 Ω

a) 1,88
b) 2,00
c) 2,33
d) 4,00

**69.** (UFPA) A figura a seguir representa o esquema das resistências elétricas de um certo aparelho, no qual o valor de cada resistência está indicado.

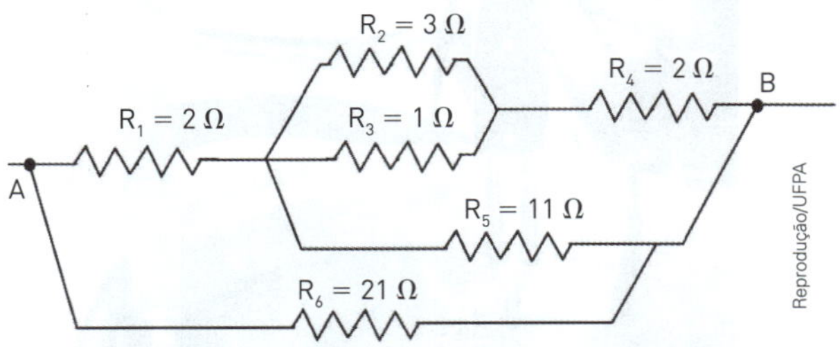


Reprodução/UFPA

Sabendo-se que a corrente elétrica na resistência $R_2 = 3\ \Omega$ é de $i_2 = 1$ A, pode-se afirmar que a potência elétrica dissipada no resistor $R_1$, em watts, é de

a) 20 b) 30 c) 40 d) 50 e) 60

## Para raciocinar um pouco mais

**70.** (IME-RJ)

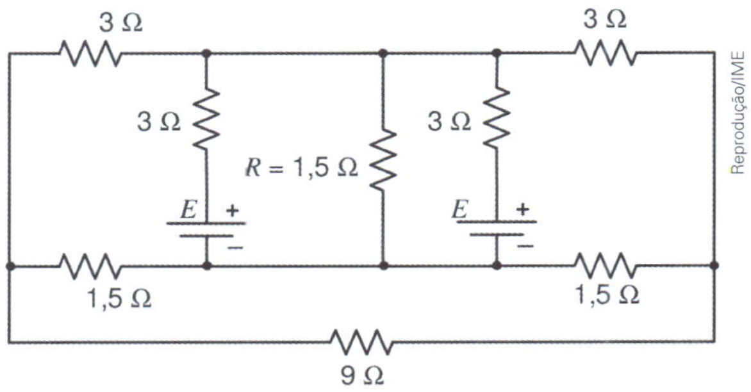



A figura anterior apresenta um circuito elétrico composto por duas baterias iguais e oito resistores. Determine o valor das baterias para que a potência elétrica no resistor $R$ seja igual a 6 W.

**71.** (ITA-SP) A figura representa o esquema simplificado de um circuito elétrico em uma instalação residencial. Um gerador bifásico produz uma diferença de potencial (ddp) de 220 V entre as fases (+110 V e −110 V) e uma ddp de 110 V entre o neutro e cada uma das fases. No circuito, estão ligados dois fusíveis e três aparelhos elétricos, com as respectivas potências nominais indicadas na figura.


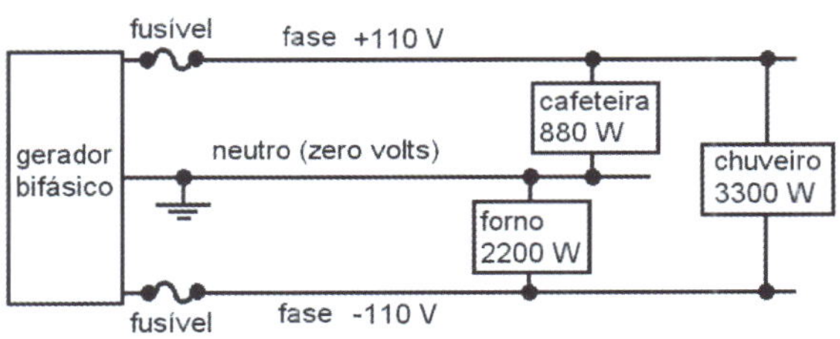


Admitindo que os aparelhos funcionem simultaneamente durante duas horas, calcule a quantidade de energia elétrica consumida em quilowatt-hora (kWh) e, também a capacidade mínima dos fusíveis, em ampere.

**72.** (AFA-SP) Um estudante dispõe de 40 pilhas, sendo que cada uma delas possui fem igual a 1,5 V e resistência interna de 0,25 Ω. Elas serão associadas e, posteriormente, ligadas num resistor de imersão de resistência elétrica igual a 2,5 Ω. Desejando-se elevar a temperatura em 10 °C de 1 000 g de um líquido cujo calor específico é igual a 4,5 J/g °C, no menor tempo possível, este estudante montou uma associação utilizando todas as pilhas. Sendo assim, qual é o tempo de aquecimento do líquido, em minutos?

**73.** (OPF) O esquema abaixo representa um equipamento usado para aquecer água. Considere que ele funciona ligado a uma fonte de tensão constante de 120 V. Sabe-se que ele foi usado para ferver 2,4 litros de água partindo da temperatura de 68 °F em condições normais de pressão. Despreze perdas e determine o tempo que este aquecedor demorou a elevar a temperatura de toda água até o ponto de ebulição (100 °C).

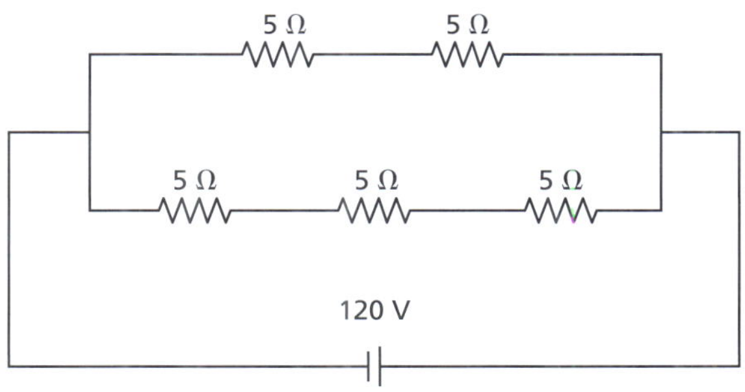



**74.** (ITA-SP) O experimento mostrado na figura foi montado para elevar a temperatura de certo líquido no menor tempo possível, dispendendo uma quantidade de calor $Q$. Na figura, **G** é um gerador de força eletromotriz $\epsilon$, com resistência elétrica interna $r$, e $R$ é a resistência externa submersa no líquido. Desconsiderando trocas de calor entre o líquido e o meio externo,

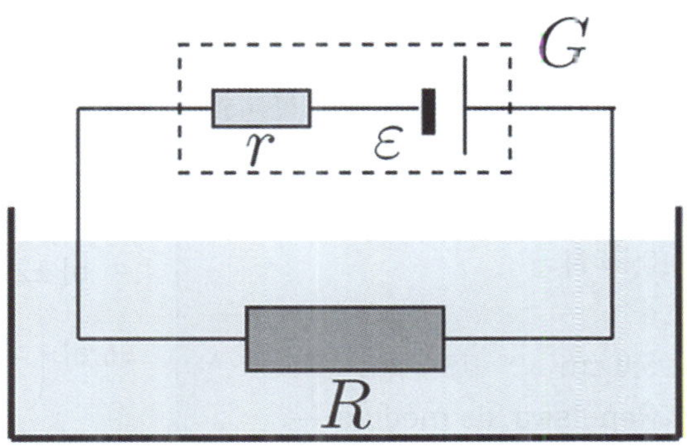



a) Determine o valor de $R$ e da corrente $i$ em função de $\epsilon$ e da potência elétrica $P$ fornecida pelo gerador nas condições impostas.

b) Represente graficamente a equação característica do gerador, ou seja, a diferença potencial $U$ em função da intensidade da corrente elétrica $i$.

c) Determine o intervalo de tempo transcorrido durante o aquecimento em função de $Q$, $i$ e $\epsilon$.

# Respostas

## Unidade 1 – Eletrostática

### Tópico 1 – Cargas elétricas

**2.** $+8 \cdot 10^{-6}$ C

**3.** a) Sinais opostos
b) Negativa

**4.** d, e, g

**5.** Aluna **D**.

**6.** e

**7.** $+2q$

**8.** c

**9.** c

**10.** e

**11.** e

**12.** c

**13.** a) $+3{,}2 \cdot 10^{-19}$ C
b) $-1{,}6 \cdot 10^{-19}$ C

**14.** d

**15.** e

**17.** d

**18.** b

**19.** c

**20.** b

**21.** 54 mC

**22.** a

**23.** d

**24.** c

**25.** e

**26.** a

**28.** a

**29.** e

**30.** 0,54 N

**31.** d

**32.** 5,0 cm

**33.** Repulsiva, de módulo $\frac{F}{3}$.

**34.** c

**35.** a) próton = up + up + down
nêutron = up + down + + down
b) $F = 1{,}28 \cdot 10^3$ N

**36.** a) $5 \cdot 10^9$
b) $-0{,}8$ nC
c) $1{,}6 \cdot 10^{-10}$ A
d) $6{,}4 \cdot 10^{-8}$ N

**37.** d

**38.** b

**39.** b

**40.** $F'_e = 2F_e$

**42.** $-\frac{Q}{4}$

**43.** a) $\frac{d}{3}$ b) $\frac{4|q_1|}{9}$

**44.** c

**45.** a) $5 \cdot 10^{-8}$ N; atrativa.
b) $6{,}25 \cdot 10^{-9}$ N; repulsiva.

**47.** b

**48.** b

**49.** 1 $\mu$C

**50.** a) $5{,}0 \cdot 10^2$ s b) $q = 2{,}0 \cdot 10^{-9}$ C

**51.** e

**52.** c

**53.** $\frac{1}{2}$

**54.** $\left(\frac{2\sqrt{2}+1}{4}\right)|q|$

**55.** 0,40

**56.** 59 cm

**57.** a

**58.** a) 1,2 N
b) $\frac{1}{3}$ m; do lado direito.

**59.** e

**60.** a

**61.** a) Sinais opostos. b) $\sqrt{\frac{40}{27}}$ $\mu$C

**62.** $2{,}7 \cdot 10^2$ N/m

**63.** d

**64.** c

**65.** a) Perda de cargas elétricas para o ar. Os ângulos permanecem iguais.
b) $\pm 2{,}16 \cdot 10^{-7}$ C

**66.** a) $\left(\frac{2\sqrt{2}-1}{2}\right)\left(\frac{1}{4\pi\varepsilon_0}\,\frac{q^2}{a^2}\right)$; direção radial.
b) $\frac{q}{4}\sqrt{\frac{(4-\sqrt{2})}{ma\pi\varepsilon_0}}$

**67.** a) $5{,}0 \cdot 10^{-8}$ C
b) Aproximadamente 25 cm

**68.** 0,40 N

**69.** 16 mm

**70.** a) $2{,}3 \cdot 10^{-8}$ N
b) Aproximadamente $1{,}6 \cdot 10^6$ m/s
c) $2{,}3 \cdot 10^{-8}$ N
d) Aproximadamente $1{,}6 \cdot 10^6$ m/s

### Tópico 2 – Campo elétrico

**1.** c

**2.** a

**3.** a

**4.** $Q > 0$, $q < 0$ e $q' > 0$

**5.** $8 \cdot 10^{-3}$ N

**7.** a) $+8$ $\mu$C b) $8 \cdot 10^5$ N/C

**8.** d

**10.** $\vec{E}_5$

**11.** Intensidade: $5{,}4 \cdot 10^6$ N/C
Direção: $Q_2Q_1$
Sentido: de $Q_2$ para $Q_1$

**12.** d

**13.** d

**14.** a) $q_1$ (positiva); $q_2$ (negativa).
b) Não; devido ao fato de as cargas apresentarem sinais diferentes, a força eletrostática entre elas será de atração.

**15.** b

**16.** a) Mesmo módulo, mesma direção e sentidos opostos.
b) Próton – mesma direção e mesmo sentido.
Elétron – mesma direção e sentido oposto.
c) A aceleração no elétron (1 836 vezes maior do que no próton).

**17.** a

**18.** a

**19.** b

**20.** a) $4{,}5 \cdot 10^3$ N/C
b) $9{,}0 \cdot 10^{-3}$ N
c) 12 cm de $Q_1$ e 8,0 cm de $Q_2$

**21.** 20 m/s$^2$

**23.** d

**24.** e

**25.** c

**26.** a) $1{,}0 \cdot 10^4$ N/C
b) $2{,}0 \cdot 10^{-2}$ N

**27.** c

**28.** 6 cm

**29.** a) Mesma direção da reta **AB**.
b) 1,4 N/C

**30.** e

**32.** $-15{,}7 \cdot 10^{-6}$ C

**33.** $3{,}0 \cdot 10^{13}$ elétrons

**34.** b

**35.** 4Q

**36.** 0,80 m

**37.** Na região **E**.

**38.** a

**39.** d

**40.** d
**41.** Todas.
**42.** b
**43.** $3,6 \cdot 10^{-2}$ N
**44.** e
**46.** $1,0 \cdot 10^{12}$ elétrons
**47.** a) zero b) 1
**48.** c
**49.** c
**50.** a
**51.** d
**52.** 2,0 g
**53.** c
**54.** c
**55.** $4,5 \cdot 10^{2}$ N/C
**57.** $4,4\ \mu C/m^2$
**58.** d
**59.** a)

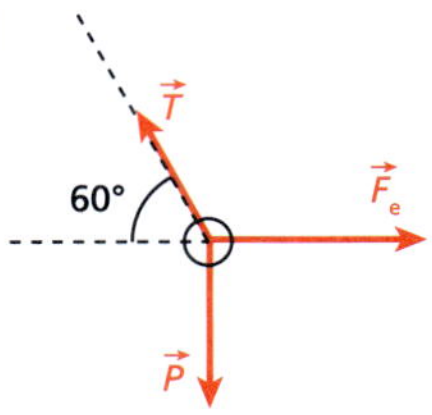


Banco de imagens/Arquivo da editora

b) $\sqrt{3} \cdot 10^{-2}$ N
c) $2\sqrt{3} \cdot 10^{3}$ N/C
**60.** e
**61.** c
**62.** a) $1,8 \cdot 10^{3}$ N b) $3,2 \cdot 10^{-13}$ N
**63.** $\sqrt{5}\,Q$

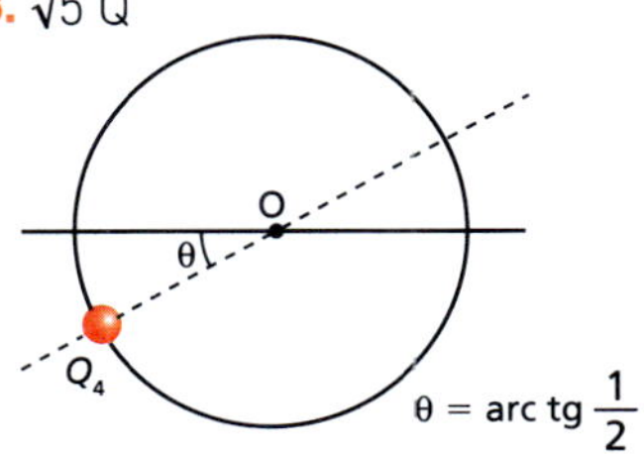


Banco de imagens/Arquivo da editora

**64.** 10
**65.** a
**66.** Aproximadamente 14 km/s
**67.** d
**68.** c
**69.** a) 2 b) $\frac{\sqrt{2}}{2}$
**70.** b
**71.** 20 meV
**72.** a) 2,0 s b) 1,5 s
**73.** $2,5 \cdot 10^{9}$ N/C/ vertical; de baixo para cima.
**74.** 0,12 m
**75.** c
**76.** b
**77.** $2\sqrt{3g}$
**78.** a) Aproximadamente −820 kC e zero
b) $3,2 \cdot 10^{13}$ m/s²
**79.** $\ell \text{ sen } \theta \sqrt{\frac{\sqrt{3}\,P \text{ tg } \theta}{k}}$
**80.** $\frac{m_1^2\sqrt{3}}{(m_1 + m_2)EQ}$
**81.** $\frac{m}{q}\left(\frac{v^2}{L} + g\right)$
**82.** a) 0,15 N
b) $3,0 \cdot 10^{-7}$ C
c) Trajetória retilínea.
**83.** a) $\frac{eE}{m}$ c) $\frac{eEL^2}{2mv_0^2}$
b) $\frac{L}{v_0}$ d) $\frac{eEL}{mv_0}$
**84.** a) $3,0 \cdot 10^{2}$ b) 4,0 m/s
**85.** c

## Tópico 3 – Potencial elétrico

**1.** b
**3.** a
**4.** $1,5 \cdot 10^{4}$ V
**5.** 2,5 μC
**6.** d
**7.** a) (2) e (4) b) (4) e (5)
**8.** e
**9.** a) $-7,2 \cdot 10^{-2}$ J c) 12 J
b) $6,0 \cdot 10^{3}$ V
**10.** 3,0 m e 100 nC
**11.** 41 cm
**12.** +3,0 nC e −5,0 nC
**13.** 18 μC e 8,0 μC
**14.** d
**16.** a) $5,0 \cdot 10^{3}$ N/C b) $-3,0 \cdot 10^{3}$ V
**17.** a
**18.** 7,2 V
**19.** d
**21.** d
**22.** Zero, porque a força elétrica é perpendicular à equipotencial.
**23.** a) +5,0 nC c) $2,0 \cdot 10^{-8}$ J
b) 180 $\frac{V}{m}$
**24.** d
**25.** b
**26.** e
**27.** $1,5 \cdot 10^{3}$ V/m
**28.** b
**29.** 25 V
**30.** a
**32.** b
**33.** a
**34.** $3,0 \cdot 10^{-1}$ J
**35.** 5 cm
**36.** $1,6 \cdot 10^{-13}$ J
**37.** a) Linhas equipotenciais.
b) Maior.
c) **P** para **S**. Diminuirá.
d) **P** para **R**. Diminuirá.
**38.** 50
**39.** b
**40.** a
**41.** c
**42.** c
**44.** a
**45.** e
**46.** 14
**47.** 7,5 g
**48.** e
**49.** a) $1,25 \cdot 10^{5}$ V/m b) $2,4 \cdot 10^{-15}$ J
**50.** a
**51.** b
**53.** d
**54.** b
**55.** 18
**57.** −8,0 μC
**58.** Zero; $1,8 \cdot 10^{5}$ V
**59.** a) 720 V b) 60 V c) 720 V
**60.** c
**61.** e
**62.** c
**63.** c
**65.** b
**66.** d
**67.** $6,0 \cdot 10^{4}$ V; 60 cm e 2,0 μC.
**68.** d
**69.** a) $9\pi R$ b) $E_m = E$

**70.** c **71.** b **72.** d

**74.** a) 0,6 nF b) 5,4 m

**75.** Aproximadamente 711 μF

**76.** d

**77.** I e IV

**78.** a) De **B** para **A**. c) 1 μC
b) 1 μC d) $v'_A = v'_B$

**80.** e

**81.** 2,0 mC

**82.** 8,0 nF

**83.** d

**85.** e **86.** a

**87.** 1,0 μC e 2,0 μC

**88.** e **89.** d

**90.** a) 40 nF e 20 nF
b) 350 V
c) 14 μC e 7,0 μC

**91.** a) 360 V b) 120 V

**93.** b

**94.** e

**95.** d

**96.** a **98.** b

**97.** c **99.** e

**100.**

1. Consultando a série triboelétrica, observamos que o vidro perde elétrons para a lã, isto é, a lã é mais "ávida" por elétrons do que o vidro. Assim, no atrito, a lã retira elétrons do vidro e o bastão torna-se eletrizado positivamente.
2. As cargas positivas do bastão atraem os elétrons da esfera condutora para a região próxima ao bastão; a repulsão sobre as cargas positivas da esfera provocará um acúmulo delas na região oposta.
3. No interior da esfera em equilíbrio eletrostático, a intensidade do campo elétrico resultante é sempre nula.
4. O potencial da esfera, após a indução, quando o equilíbrio já está restabelecido, é positivo.

**101.** e

**102.** d

**103.** I) V; II) F; III) F; IV) V

**105.** a) $9{,}0 \cdot 10^4$ N/C
b) zero
c) Aproximadamente $2{,}8 \cdot 10^4$ N/C

**106.** c

**108.** a) $7{,}5 \cdot 10^4$ V
b) zero
c) $2{,}7 \cdot 10^4$ V
d)

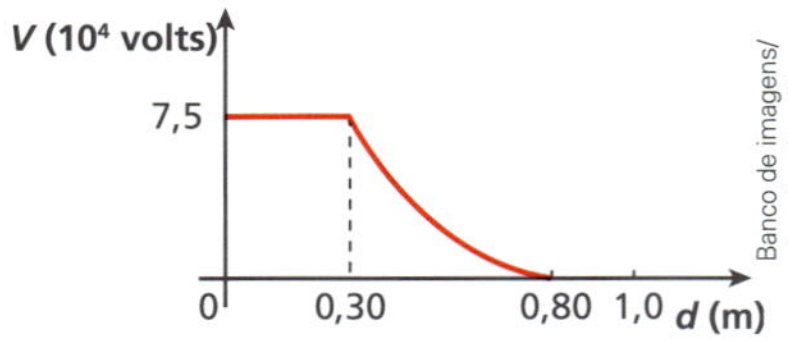


**109.** Gráficos II e IV.

**110.** $7{,}1 \cdot 10^{-14}$ m

**111.** 30 cm

**112.** a) $1{,}92 \cdot 10^{-14}$ N
b) Aproximadamente 10 N/C
c) $\frac{4}{3} \cdot 10^{15}$ Hz
d) $-1{,}6 \cdot 10^{-13}$ C

**113.** b

**114.** b

**115.** a) $6{,}0 \cdot 10^4$ V/m
b) 180 V/m e zero
c) $2{,}88 \cdot 10^{-17}$ J

**116.** a) $2{,}4 \cdot 10^3$ V
b) $4{,}8 \cdot 10^{-12}$ kg

**117.** b

**118.** 58

**119.** a) Eletrização; repulsão.
b) $\alpha_2 > \alpha_1$

**120.** 2

**121.** a) $5{,}0 \cdot 10^9$ elétrons
b) 20 s

**122.** d **123.** 42

**124.** a) zero b) 2,7 V c) 1,62 V

**125.** 0,9 kg/m³

**126.** a) $\sqrt{\frac{KQq}{3Md}}$ e $2\sqrt{\frac{KQq}{3Md}}$
b) $\sqrt{\frac{2KQq}{3Md}}$

**127.** 2,0 N

**128.** c

**129.** a) $\frac{v_0}{4}$ b) $\frac{4q^2}{3\pi\varepsilon_0 m v_0^2}$

**130.** a

**131.** a) 30° e 90°
b) $1{,}2 \cdot 10^{-3}$ J

**132.** a) $4{,}5 \cdot 10^{-16}$ kg
b) 0,5 s
c) Sim, a gotícula é retida no coletor.

**133.** a) $\frac{QE}{M}$ c) $\frac{QEL_0H}{Mv_{0_y}^2}$
b) $\frac{QEL_0}{Mv_{0_y}}$

**134.** a) $1{,}2 \cdot 10^{-14}$ J
b) $1 \cdot 10^7$ m/s

## Unidade 2 – Eletrodinâmica

### Tópico 1 – Corrente elétrica

**2.** d

**4.** c

**5.** e

**7.** Essa é uma enorme vantagem no desenvolvimento tecnológico desse tipo de bateria: ela não vai precisar ser trocada no tempo de vida do paciente.

**8.** $1{,}7 \cdot 10^{20}$ elétrons

**9.** e **10.** e

**11.** c

**12.** b **13.** d

**14.** b

**15.** c

**16.** c

**17.** a

**18.** 3,2 mA

**19.** b **20.** c

**22.** Demonstração.

**23.** e

**24.** 10 C

**25.** a) 60 C
b) $3{,}75 \cdot 10^{20}$ elétrons
c) 7,5 A

**26.** 9 mm/h

**27.** 8,0 C

**28.** b

**29.** b

**30.** $1,8 \cdot 10^{20}$

**31.** 8 mA

**32.** $1,6 \cdot 10^{3}$ C e 1,0 g

**33.** $2\pi\lambda Rf$

**34.** a) $3,4 \cdot 10^{8}$ J
b) 148 km/h
c) Aproximadamente 0,53 A

**35.** a) $V = \dfrac{i}{NAe}$
b) 0,625 mm

**36.** b

**37.** b

## Tópico 2 – Tensão elétrica e resistência elétrica

**2.** d

**3.** b

**5.** d

**6.** a

**8.** a

**9.** d

**10.** b

**11.** e

**12.** a

**14.** e

**15.** a) $1,2 \cdot 10^{-11}$ m²
b) Aproximadamente $1,7 \cdot 10^{9}\ \Omega$

**16.** a

**17.** e

**18.** c

**19.** c

**21.** b

**23.** d

**24.** d

**26.** d

**27.** a) $1,1 \cdot 10^{-6}\ \Omega \cdot m$
b) $2,04 \cdot 10^{-8}\ \Omega \cdot m$

**28.** a) 60 Ω
b) 0,6 m

**29.** a) 100 Ω
b) Aproximadamente $1,1 \cdot 10^{-9}$ m³

**30.** b

**32.** d

**34.** b

**35.** a

**36.** a

**37.** b

**38.** a

**39.** d

**40.** c

**41.** b

**42.** d

**43.** a

**44.**

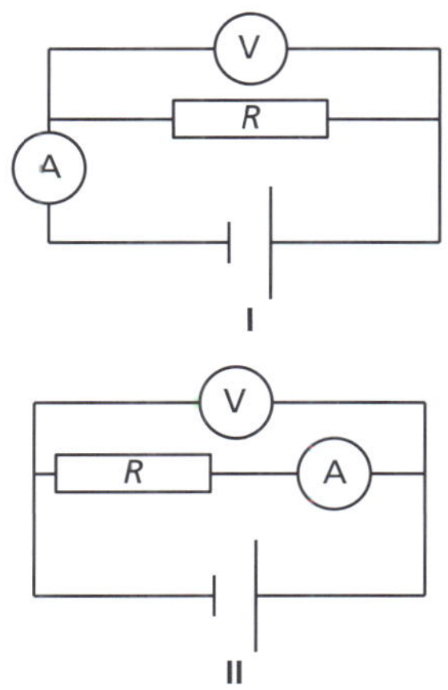


Banco de imagens/Arquivo da editora

**45.** d

**46.** d

**47.** e

**48.** e

**49.** b

**51.** 5,0 Ω

**52.** d

**53.** d

**54.** a) 1 248 Ω
b) Aproximadamente 0,176 A

**55.** a) 0,7 mA b) 50

**56.** a

**57.** d

**58.** d

**59.** e

**60.** c

**61.** a

**62.** c

**63.** b

**64.** e

**65.** e

**66.** b

**67.** c

**68.** a) **D** e **E**. A corrente elétrica percorrerá os membros inferiores.
b) 0,20 A

**69.** a

**70.** c

**71.** c

**72.** Demonstração.

**73.** a) 15,5 Ω b) 10

**74.** a) $4,0 \cdot 10^{4}$ N/m² b) 2,0 V

**75.** a) Caixa **C** (resistores em série)
Caixa **C'** (resistores em paralelo)
b) $R_1 = 20\ \Omega$ e $R_2 = 30\ \Omega$ ou $R_1 = 30\ \Omega$ e $R_2 = 20\ \Omega$

**76.** b

**77.** 150 °C

**78.** b

**79.** d

**80.** d

**81.** d

**82.** $\dfrac{7}{12}R$

**83.** (11/20) R

**84.** $\dfrac{4}{3}R$

## Tópico 3 – Geradores elétricos e circuitos simples

**2.** a **3.** c **5.** d

**6.** a) 0,30 Ω b) 0,75 A

**7.** 0,5 Ω e 6 V

**8.** c

**9.** a

**10.** a) 20 V b) 2,5 Ω c) 4,4 A

**12.** c

**13.** e

**14.** c

**15.** a

**17.** a) 24 V b) 1,0 A

**18.** a) 4,0 A b) 1,6 A

**19.** a **20.** c

**21.** a)

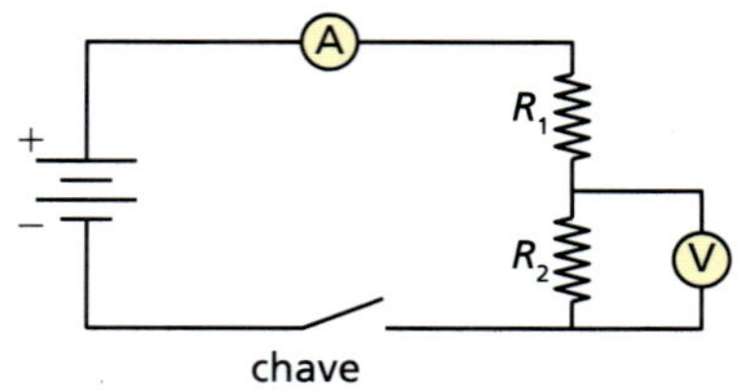


Banco de imagens/Arquivo da editora

b) No amperímetro: $1{,}0 \cdot 10^{-2}$ A ou 10 mA; no voltímetro: 2,0 V.

**22.** d **23.** a **24.** a

**25.** a) 750 c) 10 Ω
b) 150 Ω d) 1 A

**27.** e

**28.** c

**29.** a) 1,0 A b) 3,0 V

**30.** e

**31.** c

**32.** c

**34.** e

**35.** b

**36.** c **38.** c

**40.** a) Gerador elétrico, receptor elétrico, resistor ôhmico.
b) 14 V

**41.** d **42.** e

**44.** a) 12 V b) 1,0 A c) 6,0 V

**45.** a

**46.** e

**47.** a) 5,0 A b) 11,5 V e 11,5 V

**48.** a

**49.** a

**50.** a) $\dfrac{n\epsilon}{nr + R}$ b) $\dfrac{n\epsilon}{r + nR}$ c) 1

**51.** c

**52.** e

**53.** a

**54.** 50 A

**55.** b

**56.** d

**57.** a) 2,0 Ω c) 3 A
b) 6,0 A d) 12 V

**58.** 16 baterias em série em cada ramo e 2 ramos associados em paralelo.

**59.** e **60.** d

## Tópico 4 – Energia e potência elétrica

**2.** b **3.** a **4.** d

**5.** a

**6.** c

**7.** b

**8.** a) 1,0 A b) 0,96 kWh

**9.** d

**10.** a

**11.** a) 1 100 W c) 44 Ω
b) 5 A

**12.** a **14.** b

**15.** a) 60 A c) R$ 360,00
b) 24 kWh

**16.** e **17.** d

**18.** a

**19.** b **20.** a

**21.** d

**22.** d **23.** c

**24.** a) R$ 0,20 b) R$ 29,40

**25.** e

**27.** a) 2,0 A e

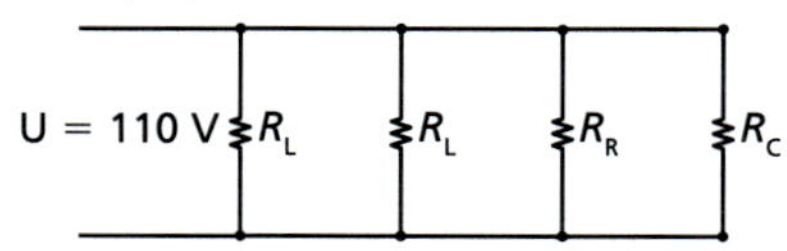


Banco de imagens/Arquivo da editora

b) R$ 7,92

**29.** a) 2 Ω e 10 Ω b) 86,4 W

**30.** c

**31.** 02 e 04

**32.** a) 0,50 A b) 50 W

**33.** a) Posição **A** tem água morna e posição **C**, água quente.
b) 11 Ω

**34.** c **36.** b

**35.** a **37.** b

**38.** 15 Ω e $1{,}5 \cdot 10^4$ J

**39.** c

**40.** a

**41.** a) 24 V b) 288 J

**42.** d

**43.** a **44.** d

**45.** c

**46.** 30 Ω **47.** e

**48.** e

**50.** e

**51.** c

**52.** e

**53.** a)

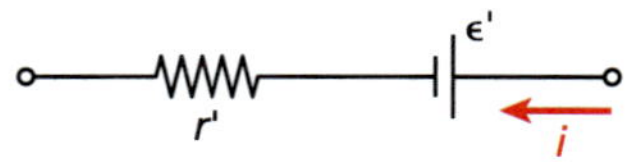


Banco de imagens/Arquivo da editora

b) $P_r = P_u + P_d$

c) $\eta = \dfrac{P_u}{P_r} = \dfrac{\text{potência útil}}{\text{potência recebida}}$

**55.** a **56.** d

**57.** c

**58.** d

**59.** a) $1{,}4 \cdot 10^3$ W c) 16 min
b) 70 V

**60.** c

**61.** d

**62.** a) $7{,}5 \cdot 10^2$ C b) 4

**63.** a) 0,3 A b) 0,27 W c) $\dfrac{1}{9}$

**64.** 36 Ω

**65.** a) 2 b) 18 Ω

**66.** $4{,}0 \cdot 10^3$ s

**67.** d **69.** d

**68.** c **70.** 8,0 V

**71.** 12,76 kWh; 23 A e 35 A

**72.** 8,3 min

**73.** 320 s ou 5 min e 20 s

**74.** a) $\dfrac{\epsilon^2}{4P}$ e $\dfrac{2P}{\epsilon}$

b)

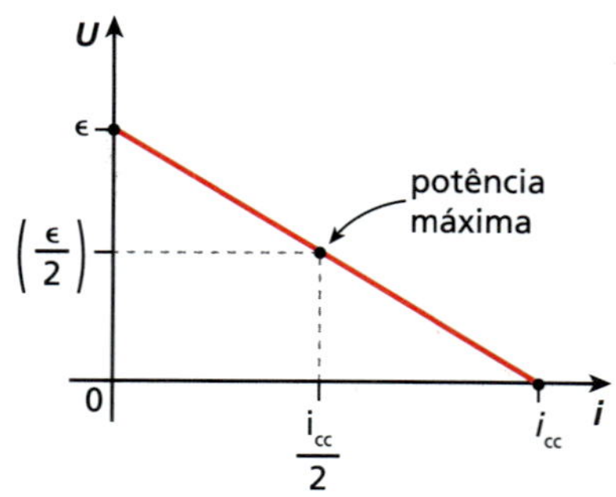


Banco de imagens/Arquivo da editora

c) $\dfrac{2Q}{i\epsilon}$

# Sumário

## Parte II

TÓPICO

5

# Leis de Kirchhoff

Ralph Krubner/Science Faction/Getty Images

Circuitos impressos, utilizados em quase todo dispositivo eletrônico, são placas cujos componentes (resistores, capacitores, etc.) formam circuitos elétricos complexos.

Os circuitos elétricos estão presentes em praticamente todos os equipamentos eletrônicos e são compostos por diversos elementos, como resistores, capacitores, processadores, entre outros. Na imagem observamos um exemplo de circuito elétrico mais complexo, sendo que não é possível transformá-lo em um circuito simples.

Estudaremos neste tópico as Leis de Kirchhoff, que nos permitem obter e analisar as grandezas características de circuitos não redutíveis a circuitos de malha única.

# 1. Nós, ramos e malhas

Até este momento, estudamos circuitos elétricos de uma única malha ou que podem ser redutíveis a um circuito simples de malha única. Circuitos mais complexos com muitas malhas interligadas exigem outras ferramentas conceituais.

Quando nos deparamos com circuitos não redutíveis a um circuito simples, com uma distribuição de correntes elétricas muito variada, necessitamos de outras importantes ferramentas: as Leis de Kirchhoff.

Iniciaremos nossa análise com o circuito ilustrado ao lado, que não é redutível a uma única malha.

Banco de imagens/Arquivo da editora

Um circuito de múltiplas malhas formado por geradores, lâmpadas e um receptor elétrico.

Vamos redesenhar, de forma esquemática, o circuito anteriormente ilustrado e definir alguns elementos do circuito.

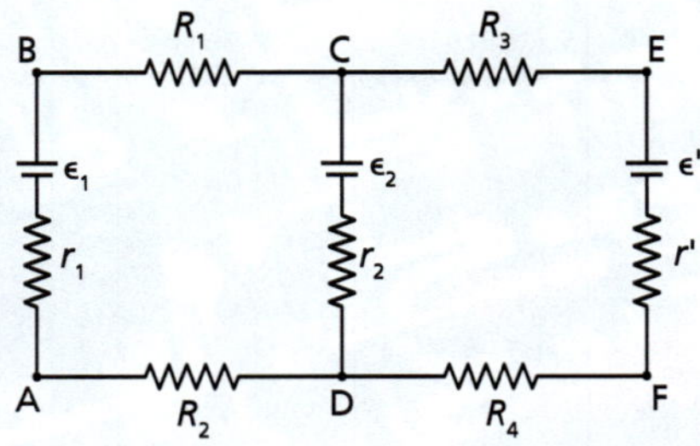

Banco de imagens/Arquivo da editora

Define-se **nó** de um circuito elétrico como o ponto de encontro de três ou mais fios.

Na imagem abaixo, o ponto **A** é um nó no qual os fios 1, 2 e 3 se encontram.

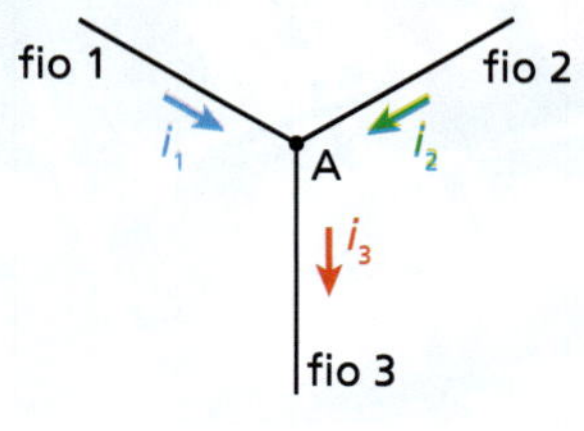

Banco de imagens/Arquivo da editora

Pode-se também definir um nó como o ponto do circuito onde a corrente elétrica se ramifica. O ponto **B**, na imagem a seguir, é um nó no qual a corrente $i_1$ se divide nas correntes $i_2$, $i_3$ e $i_4$.

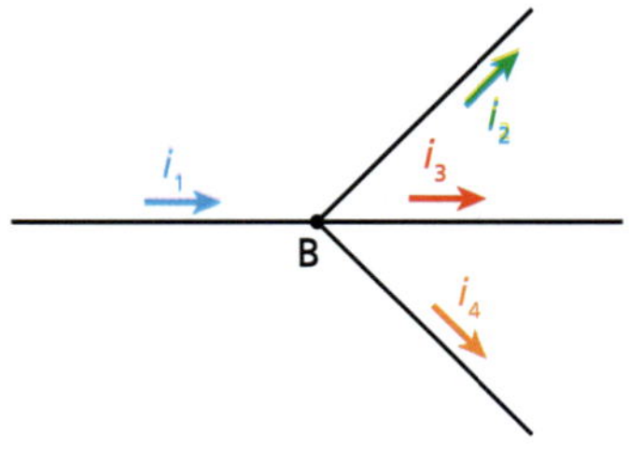

Banco de imagens/Arquivo da editora

No circuito esquematizado abaixo, temos dois nós que estão representados pelos pontos **C** e **D**.

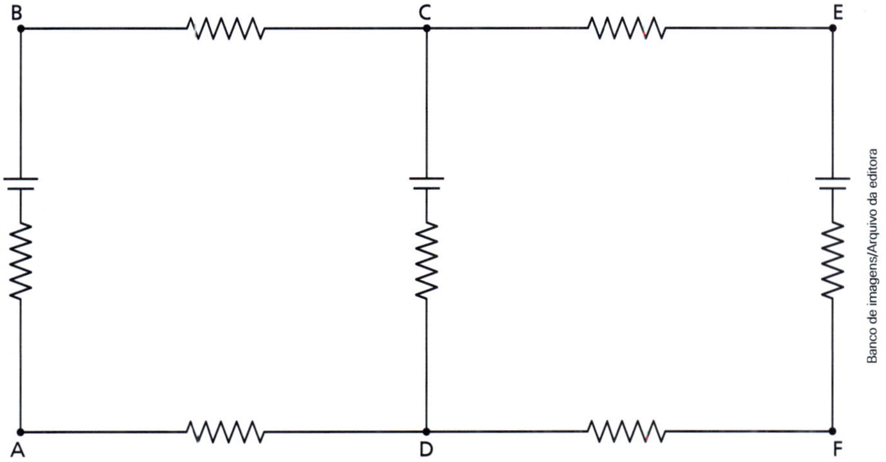


Outros dois elementos do circuito que vamos definir são o **ramo** e a **malha**.

Define-se **ramo** de um circuito como o trecho que estiver compreendido entre dois nós consecutivos.

Define-se **malha** de um circuito elétrico como o encadeamento de vários ramos formando um percurso fechado.

No circuito esquematizado acima, temos três ramos: o ramo **CBAD**, o ramo **DFEC** e o ramo **DC**; e três malhas: a malha **ABCDA**, a malha **CEFDC** e a malha **ABCEFDA**.

Os conceitos de nós, ramos e malhas são essenciais para a compreensão de circuitos não redutíveis a um circuito de caminho único. Em 1845, o físico alemão Gustav **Kirchhoff** (1824-1887) elaborou as chamadas Leis de Kirchhoff. Essas leis são baseadas nos princípios fundamentais de conservação de carga elétrica e de energia e constituem importantes instrumentos para o estudo de circuitos complexos. Em seguida, estudaremos em detalhes essas leis.

## 2. A 1ª Lei de Kirchhoff (Lei dos Nós)

O nó de um circuito elétrico deve ter capacitância nula, ou seja, não pode acumular carga elétrica. Dessa maneira, estabelece-se um princípio de conservação da quantidade de carga elétrica e pode-se enunciar:

Em um **nó**, o somatório das intensidades de corrente elétrica que chegam nele deve ser igual ao somatório das intensidades de corrente elétrica que saem dele.

Matematicamente, temos:

$$\Sigma\, i_{(chegam)} = \Sigma\, i_{(saem)}$$

No trecho de circuito abaixo, temos o nó **A**, no qual "chegam" as correntes $i_1$ e $i_2$ e do qual "sai" a corrente $i_3$.

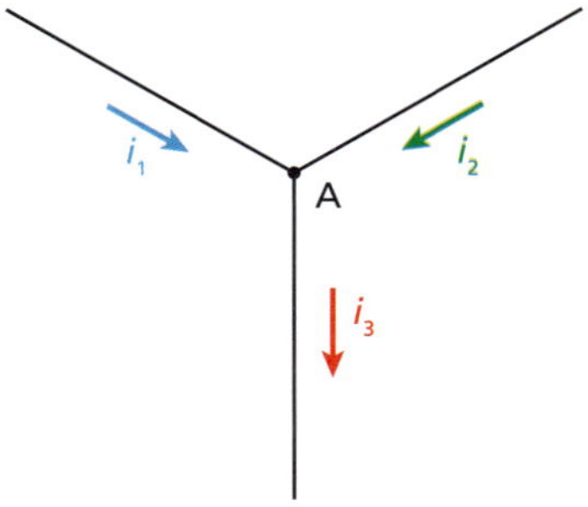


Banco de imagens/Arquivo da editora

Portanto, de acordo com a 1ª Lei de Kirchhoff, temos:

$$i_1 + i_2 = i_3$$

## 3. A 2ª Lei de Kirchhoff (Lei das Malhas)

Assim como a 1ª Lei de Kirchhoff é baseada no Princípio de Conservação da Carga Elétrica, a 2ª Lei é baseada no Princípio de Conservação de Energia. A 2ª Lei de Kirchhoff estabelece que:

Partindo-se de um ponto qualquer da **malha** e retornando-se ao mesmo ponto, é nula a soma algébrica das ddps encontradas no percurso.

Matematicamente:

$\Sigma U = 0$ (ao percorrer por completo uma malha)

Consideremos o circuito esquematizado abaixo. Sejam $V_A$, $V_B$, $V_C$ e $V_D$ os potenciais elétricos dos pontos **A**, **B**, **C** e **D**, respectivamente.

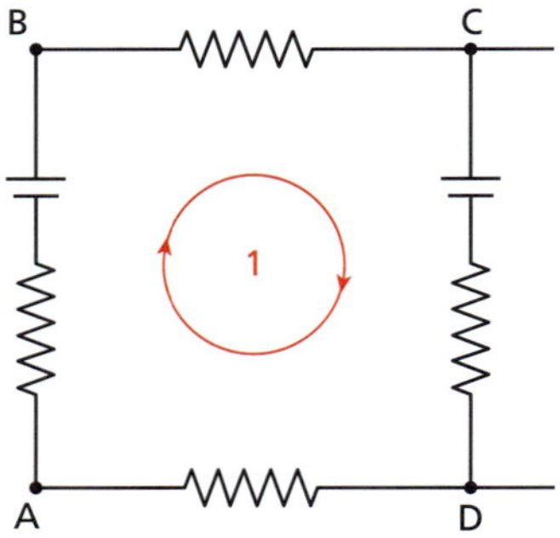


Banco de imagens/Arquivo da editora

Se percorrermos a malha 1 (malha **ABCDA**) no sentido horário, partindo e retornando ao ponto **A**, teremos:

$$(V_A - V_B) + (V_B - V_C) + (V_C - V_D) + (V_D - V_A) = \Sigma U$$

Observe que há um cancelamento generalizado de todos os potenciais elétricos, de tal maneira que podemos escrever:

$$(V_A - V_B) + (V_B - V_C) + (V_C - V_D) + (V_D - V_A) = 0$$

$$U_{AB} + U_{BC} + U_{CD} + U_{DA} = 0$$

$\boxed{\Sigma U = 0}$ (na malha)

# 4. Convenção de sinais

Ao percorrermos uma malha, iremos encontrar vários elementos de circuito (resistores, geradores, receptores, etc.).

Ao aplicarmos a 2ª Lei de Kirchhoff, devemos estabelecer uma convenção de sinais para efetuarmos o somatório das ddps encontradas.

## Resistores

Nos resistores a tensão elétrica será dada por $(\pm Ri)$.

Utilizaremos o sinal positivo $(+Ri)$ quando o sentido do percurso adotado for coincidente com o sentido da corrente elétrica. Quando a corrente elétrica tiver sentido oposto ao do sentido do percurso adotado, usaremos $(-Ri)$.

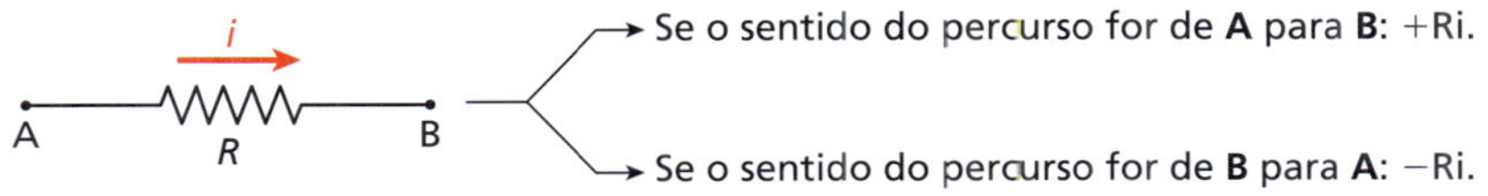


Banco de imagens/Arquivo da editora

## Forças eletromotrizes e forças contraeletromotrizes

Em uma f.e.m. ou f.c.e.m., vamos adotar para a tensão elétrica desse elemento o sinal do primeiro polo atingido no percurso.

**Exemplo 1**

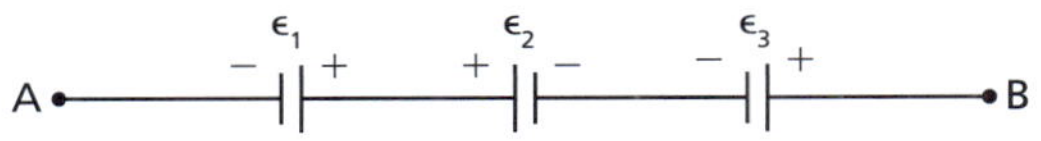


Banco de imagens/Arquivo da editora

Percurso de **A** para **B**: $-\epsilon_1 + \epsilon_2 - \epsilon_3$

Percurso de **B** para **A**: $+\epsilon_3 - \epsilon_2 + \epsilon_1$

**Exemplo 2**

Podemos aplicar em nosso circuito-modelo as duas Leis de Kirchhoff.

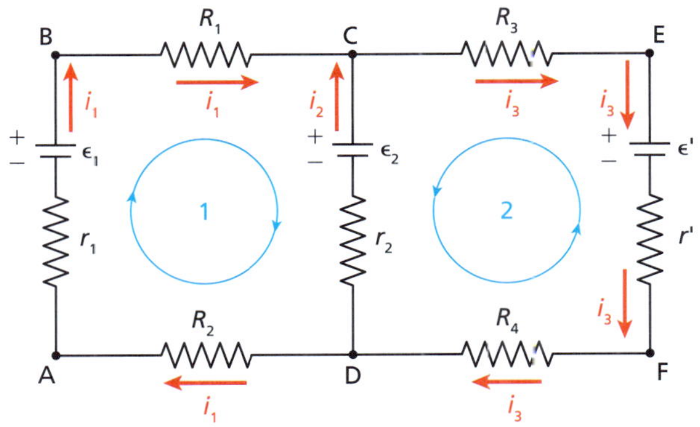


Banco de imagens/Arquivo da editora

Para o nó **C**, temos:

$$i_1 + i_2 = i_3$$

Para a **malha 1**, percorrida arbitrariamente a partir do ponto **A**, no sentido horário, temos:

$$+r_1i_1 - \epsilon_1 + R_1i_1 + \epsilon_2 - r_2i_2 + R_2i_1 = 0$$

Para a **malha 2**, percorrida arbitrariamente a partir do ponto **C**, no sentido anti-horário, temos:

$$+\epsilon_2 - r_2i_2 - R_4i_3 - r'i_3 - \epsilon' - R_3i_3 = 0$$

## Qual o lado certo de uma tomada?

Já sabemos que conhecer o sentido percorrido pela corrente é importante na hora de analisar e compreender um circuito elétrico. Por outro lado, também podemos pensar nas tomadas das nossas casas como geradores que conectamos a nossos equipamentos elétricos, uma vez que elas criam uma diferença de potencial para que a corrente flua. Mas, se esse é o caso, por que nunca prestamos atenção ao lado com que encaixamos o plugue na tomada?

Diferentemente de um cabo USB, por exemplo, que possui um lado certo para ser conectado, alguns padrões de tomada permitem diversos encaixes de plugues.

Afinal, existe lado certo e errado de encaixar o plugue de um aparelho na parede? Bem, a resposta é sim e não. Vamos primeiro analisar o caminho que os fios percorrem vindos do poste da rua até a tomada da sua casa.

Em geral, pelo menos dois fios saem do poste e são ligados ao disjuntor da sua casa: um fio neutro (no qual, teoricamente, a tensão é nula) e o fio chamado "fase", que possui uma tensão de 110 V ou 220 V. O fio neutro, já que possui potencial zero, não passa pelo disjuntor e é conectado diretamente na sua tomada. O fio que possui fase (potencial) é ligado no disjuntor e apenas depois é conectado à tomada da parede, lembrando que o disjuntor funciona como proteção para os aparelhos elétricos, cortando a corrente no caso de sobrecarga ou picos de energia.

Mas é importante também seguir o padrão correto na hora de ligar o fio neutro e o fio que sai do disjuntor na tomada a ser instalada. Independentemente de haver uma ligação terra na sua casa, o padrão novo brasileiro de tomadas pede que o fio neutro esteja sempre à esquerda do conector terra (o orifício do meio), quando o conector terra estiver instalado para o lado de cima. Para facilitar essa instalação, no verso das tomadas, vem a indicação de onde esse fio neutro deve ser instalado. Muitos aparelhos não requerem uma ligação terra; então, de fato, podem ser ligados de qualquer lado na tomada, e o sentido da corrente não será fator determinante, pois precisamos lembrar que a energia elétrica chega a nossas casas na forma de corrente alternada, ou seja, seu sentido oscila naturalmente.

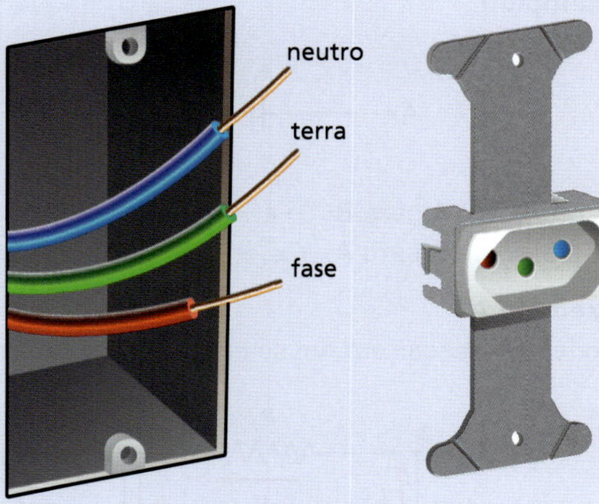

A imagem acima mostra como os fios devem ser encaixados na tomada do novo padrão brasileiro.

Contudo, aparelhos mais delicados, como fontes de computador, aparelhos de televisão, aparelhos de ar condicionado, etc., vêm munidos do pino terra no seu plugue, de modo que não há como inverter a posição de encaixe na tomada. Mas e se sua tomada for do padrão antigo e você precisar usar um adaptador? Nesse caso é preciso tomar cuidado. Caso você ligue, através de um adaptador simples, que não contenha a conexão terra, no sentido contrário ao que deveria, acontecerá um processo semelhante ao do disjuntor. Esses aparelhos citados anteriormente costumam ter um fusível interno para proteção. Uma vez que a ligação é feita ao contrário, acontecerá o mesmo problema da ligação errada no disjuntor, ou seja, passará pelo fusível a ligação neutra e, em vez de queimar apenas o fusível durante uma sobrecarga ou superaquecimento, você queimará todo o circuito interno do aparelho. Caso o seu computador necessite de um adaptador para ser ligado na rede elétrica e esteja lhe dando pequenos choques ao encostar nele, ou você perceba uma faísca ao conectá-lo na tomada, há uma grande chance de que ele esteja conectado de maneira incorreta e correndo um risco bem maior de sofrer danos elétricos.

# Exercícios Nível 1

**1.** A diferença de potencial elétrico $U_{AB} = V_A - V_B$ entre os pontos **A** e **B** do circuito fornecido a seguir é:

E.R.

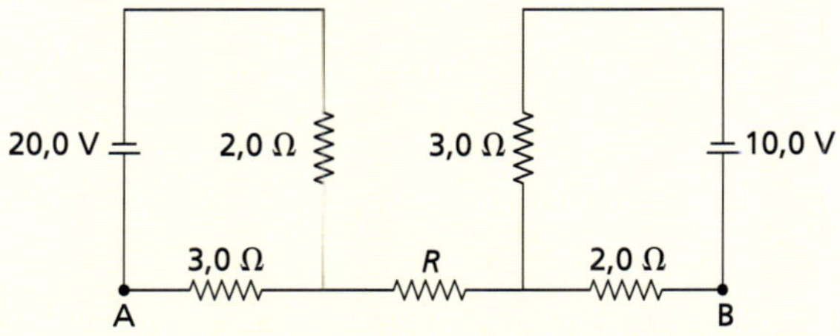


Banco de imagens/Arquivo da editora

a) impossível de ser determinada sem o valor da resistência elétrica $R$.
b) 6,0 V
c) 8,0 V
d) 10,0 V
e) 20,0 V

**Resolução:**

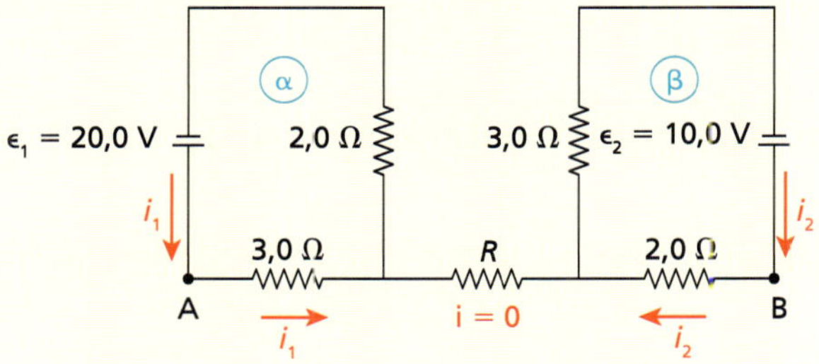


Banco de imagens/Arquivo da editora

As correntes elétricas vão estabelecer-se apenas **nos percursos fechados** α e β.

No resistor $R$ que interliga as malhas α e β, a intensidade de corrente elétrica é nula (i = 0).

Cálculo de $i_1$:

$$i_1 = \frac{\epsilon_1}{\sum R_1} \Rightarrow i_1 = \frac{20,0}{2,0 + 3,0} \therefore i_1 = 4,0 \text{ A}$$

Cálculo de $i_2$:

$$i_2 = \frac{\epsilon_2}{\sum R_2} \Rightarrow i_2 = \frac{10,0}{2,0 + 3,0} \therefore i_2 = 2,0 \text{ A}$$

Cálculo de $V_A - V_B = U_{AB}$

$$U_{AB} = +3,0\, i_1 - 2,0\, i_2 = +3,0\,(4,0) - 2,0\,(2,0)$$

$$\boxed{U_{AB} = 8,0 \text{ V}}$$

Resposta: alternativa **c**.

**2.** (OBF) Numa parte de um circuito elétrico (como indicado na figura abaixo), um amperímetro é conectado para determinar a corrente que atravessa um determinado fio. Qual o valor da corrente indicado no amperímetro? (Valor e unidade.)

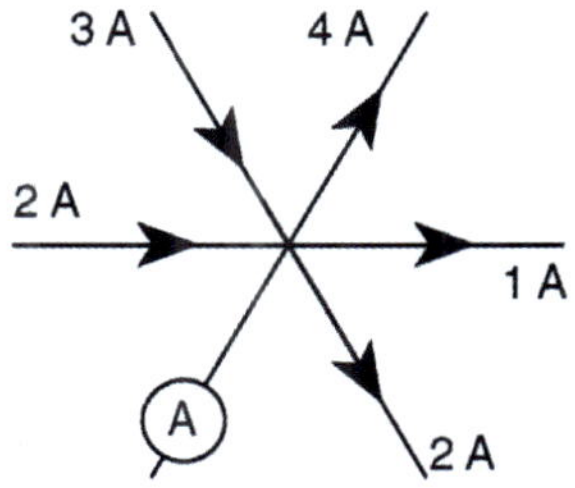


Reprodução/OBF, 2010.

**3.** (UFPE) A figura a seguir mostra um trecho de um circuito. Calcule a corrente elétrica $i$ no ramo indicado na figura, em amperes.

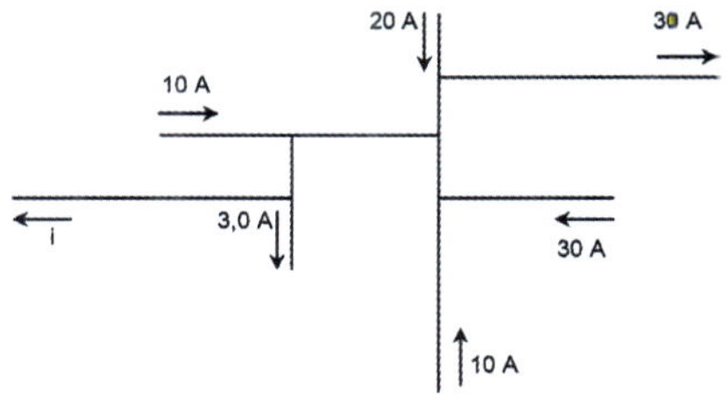


Reprodução/UFPE, 2012.

**4.** No circuito da figura, os potenciais elétricos nos pontos **A** e **C** valem, respectivamente:

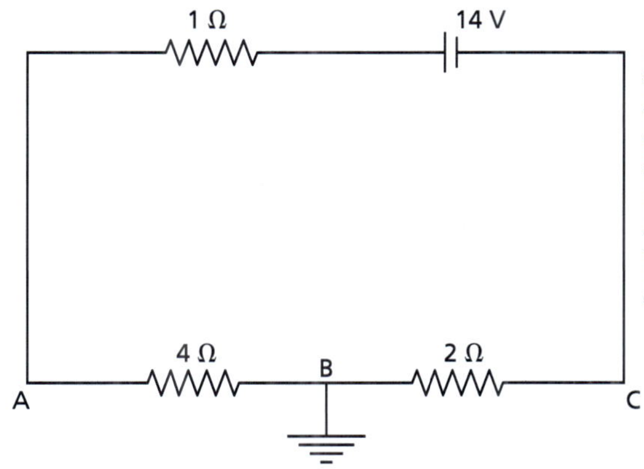


Banco de imagens/Arquivo da editora

Considere que o potencial elétrico do ponto **B**, ligado à terra, tem por definição potencial elétrico igual a zero.

a) 2 V e −1 V
b) 4 V e 6 V
c) 12 V e −8 V
d) 8 V e −4 V
e) 4 V e 14 V

**5.** (PUC-RJ) Um circuito é formado por fios condutores perfeitos: duas baterias de $V = 1{,}20$ V; e duas resistências de $R = 2{,}00$ kΩ, como na figura:

E.R.

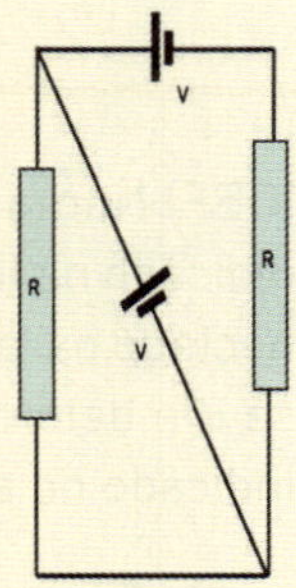


Reprodução/PUC-RJ, 2015.

Calcule a potência total dissipada pelas resistências, em mW.

a) 3,60
b) 2,00
c) 1,44
d) 1,20
e) 0,72

**Resolução:**

1ª solução:

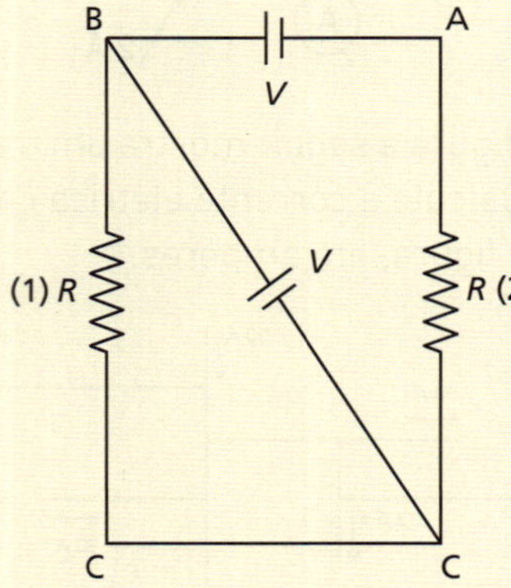


Reprodução/Arquivo da editora

$$U_{AC} = U_{AB} + U_{BC}$$

$$U_{AC} = -V + V \Rightarrow U_{AC} = 0$$

Assim, a potência elétrica dissipada no resistor 2 é nula.

$$U_{BC} = +V$$

Assim:

$$P_1 = \frac{U_{BC}^2}{R_1} \Rightarrow P_1 = \frac{(1{,}20)^2}{2{,}0 \cdot 10^3}$$

$$P_1 = 0{,}72 \cdot 10^{-3}\ \text{W}$$

$$\boxed{P_1 = 0{,}72\ \text{mW}}$$

2ª solução:

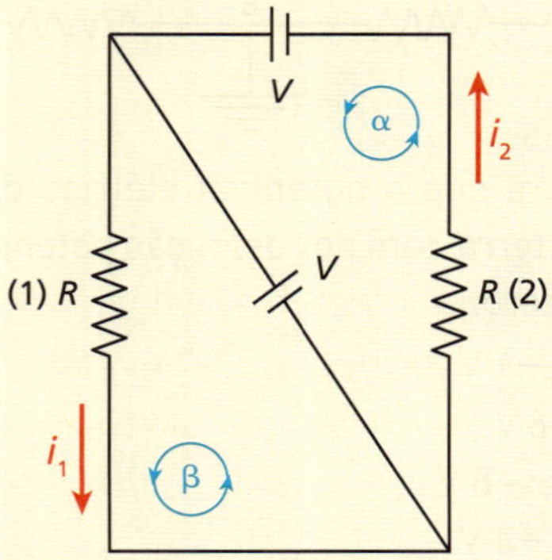


Reprodução/Arquivo da editora

Malha α:

$$+Ri_2 - V + V = 0$$

$$Ri_2 = 0$$

$$i_2 = 0$$

A potência elétrica dissipada no resistor 2 será nula.

Malha β:

$$+Ri_1 - V = 0$$

$$V = Ri_1$$

$$1{,}20 = 2000\ i_1$$

$$i_1 = 0{,}60\ \text{mA}$$

Assim:

$$P_1 = Ri_1^2 = 2000 \cdot (0{,}60 \cdot 10^{-3})^2$$

$$\boxed{P_1 = 0{,}72\ \text{mW}}$$

3ª solução:

O resistor 2 está ligado nos terminais de dois geradores idênticos ligados em oposição, logo a ddp em seus terminais é nula, assim:

$$P_2 = 0$$

O resistor 1 está ligado aos terminais de um gerador de 1,2 V, assim:

$$P_1 = \frac{U^2}{R_1} \Rightarrow P_1 = \frac{(1{,}2)^2}{2000}$$

$$\boxed{P_1 = 0{,}72\ \text{mW}}$$

Resposta: alternativa **e**.

**6.** (Unioeste-PR) No circuito mostrado na figura a seguir, é correto afirmar que a corrente $i_R$ no resistor $R$, o valor da resistência $R$ e a força eletromotriz desconhecida $\epsilon_1$ são, respectivamente:

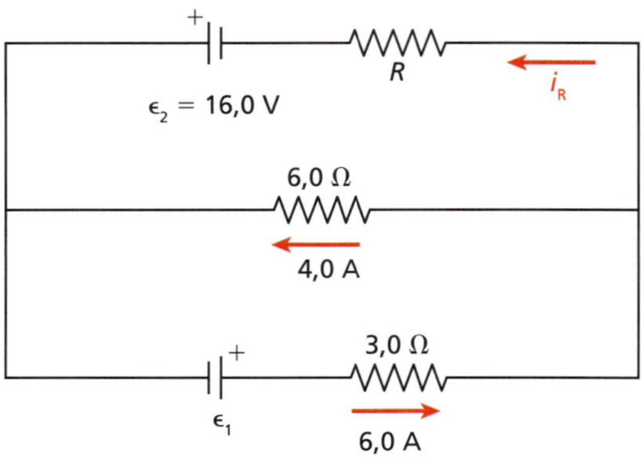


Reprodução/Arquivo da editora

a) $i_R = 2{,}0$ A; $R = 20{,}0\ \Omega$; $\epsilon_1 = 42{,}0$ V.
b) $i_R = 10{,}0$ A; $R = 20{,}0\ \Omega$; $\epsilon_1 = 4{,}2$ V.
c) $i_R = 10{,}0$ A; $R = 20{,}0\ \Omega$; $\epsilon_1 = 42{,}0$ V.
d) $i_R = 2{,}0$ A; $R = 2{,}0\ \Omega$; $\epsilon_1 = 4{,}2$ V.
e) $i_R = 10{,}0$ A; $R = 2{,}0\ \Omega$; $\epsilon_1 = 42{,}0$ V.

**7.** (UFRGS-RS) Observe o segmento do circuito.

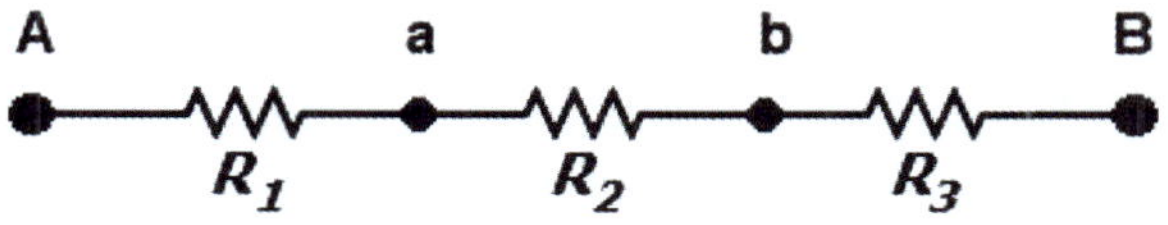




No circuito $V_A = -20$ V e $V_B = 10$ V são os potenciais nas extremidades **A** e **B**: $R_1 = 2$ kΩ, $R_2 = 8$ kΩ e $R_3 = 5$ kΩ são os valores das resistências elétricas presentes.

Determine:

a) o potencial elétrico do ponto **a**;

b) o potencial elétrico do ponto **b**.

**8.** (UFPI) Pessoas que trabalham com eletrônica têm especial atenção quando se fala de "aterramento". O aterramento de um circuito tem duas funções: primeiro, ele prevê um referencial comum ao potencial, de modo que diferentes circuitos ou instrumentos possam ser corretamente interconectados; segundo, ele é importante na proteção dos circuitos. Por esta razão, se um circuito de alta voltagem, ou mesmo um de voltagem ordinária de 120 V, for tocado por alguém sem sua proteção, este pode ser morto por eletrocussão.

Considere o circuito da figura abaixo, no qual o aterramento foi feito na junção entre os resistores 8,0 Ω e 12 Ω e considerando-se como ideais os fios que conectam os elementos do circuito, em que os potenciais nos pontos **a**, **b**, **c** e **e** são designados por $V_a$, $V_b$, $V_c$ e $V_e$. Em seguida, assinale a alternativa correta:

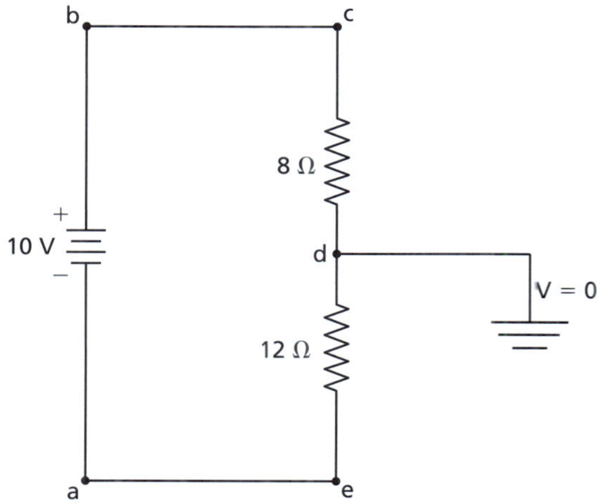




a) $V_a = -4{,}0$ V

b) $V_b = -6{,}0$ V

c) $V_c = +4{,}0$ V

d) $V_e = -6{,}0$ V

## Exercícios Nível 2

**9.** (ITA-SP)

E.R.

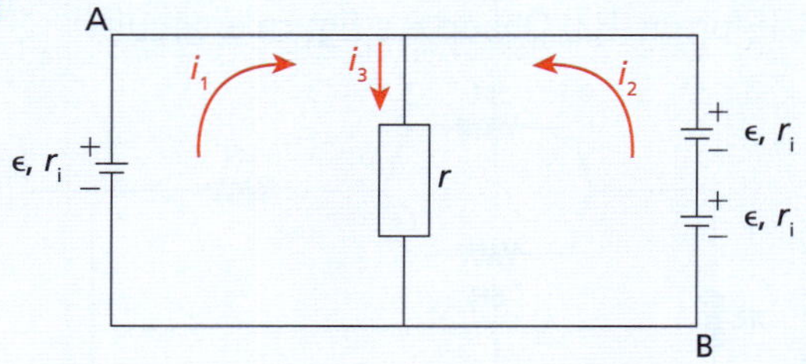




Baseado no esquema acima, no qual ϵ = 2 V, $r_i = 1{,}0$ Ω e r = 10 Ω e as correntes estão indicadas, podemos concluir que os valores de $i_1$, $i_2$, $i_3$ e $V_B - V_A$ são:

| | $i_1$ | $i_2$ | $i_3$ | $V_B - V_A$ |
|---|---|---|---|---|
| a) | 0,20 A | −0,40 A | 0,20 A | 2,0 V |
| b) | −0,18 A | 0,33 A | 0,15 A | −1,5 V |
| c) | 0,20 A | 0,40 A | 0,60 A | 6,0 V |
| d) | −0,50 A | 0,75 A | 0,25 A | −2,5 V |
| e) | 0,18 A | 0,33 A | 0,51 A | 5,1 V |

**Resolução:**

Façamos, inicialmente, um diagrama do circuito com os valores fornecidos assim:

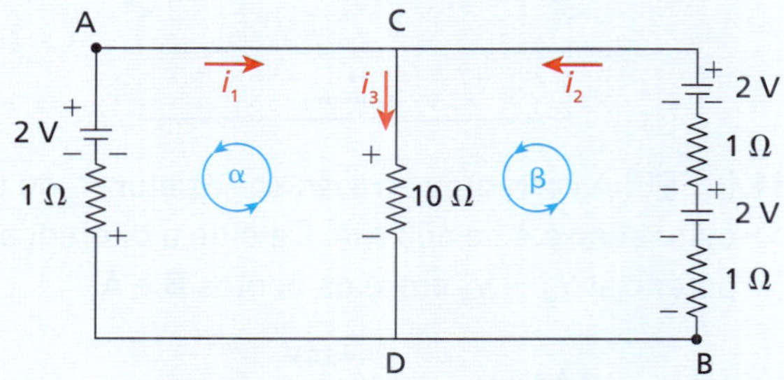




Aplicando a 1ª Lei de Kirchhoff ao nó (**C**), temos:

$$i_1 + i_2 = i_3 \qquad \text{(I)}$$

Aplicando a 2ª Lei de Kirchhoff às malhas α e β, nos sentidos indicados, temos:

$$\alpha: +10i_3 + 1i_1 - 2 = 0$$

Substituindo-se o valor de $i_3$, vem:

$$11i_1 + 10i_2 = 2 \qquad \text{(II)}$$

$$\beta: +10i_3 + 1i_2 - 2 + 1i_2 - 2 = 0$$

Substituindo-se o valor de $i_3$, vem:

$$10i_1 + 12i_2 = 4 \quad \text{(III)}$$

Resolvendo o sistema:

$$\begin{cases} 11i_1 + 10i_2 = 2 \\ 10i_1 + 12i_2 = 4 \end{cases}$$

temos:

$$\boxed{i_1 = -0{,}50\ \text{A}}$$

e

$$\boxed{i_2 = 0{,}75\ \text{A}}$$

Substituindo na equação (I), dá:

$$\boxed{i_3 = 0{,}25\ \text{A}}$$

Fazendo o percurso **BDA**, temos:

$$V_B - V_A = +1 \cdot i_1 - 2$$

$$V_B - V_A = +1(-0{,}50) - 2 \quad \text{(SI)}$$

$$\boxed{V_B - V_A = -2{,}5\ \text{V}}$$

Resposta: alternativa **d**.

**10.** Utilizando a 2ª Lei de Kirchhoff para o circuito gerador-receptor-resistor esquematizado, prove que:

$$i = \frac{\epsilon - \epsilon'}{R + r + r'} \quad \text{(Lei de Pouillet)}$$

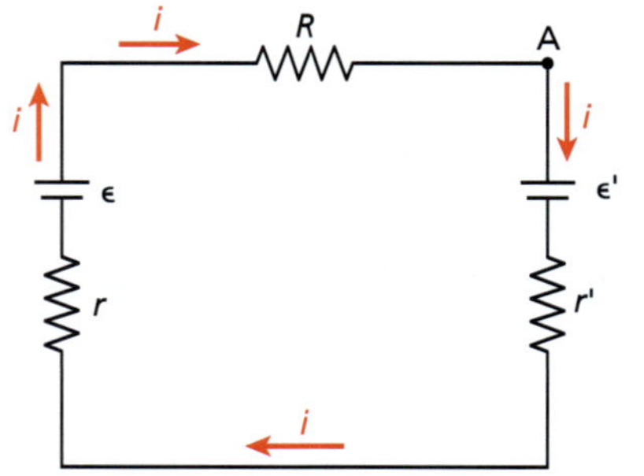


Banco de imagens/Arquivo da editora

**11.** (UFPE) A corrente $i$ através do resistor $R_1$ no circuito abaixo é de 400 mA. Calcule a diferença de potencial $V_B - V_A$ entre os pontos **B** e **A**.

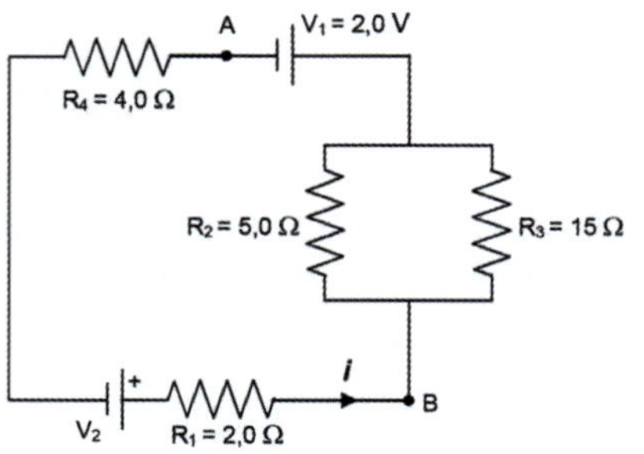


Reprodução/Covest, 2009.

a) 1,5 volt
b) 2,5 volts
c) 3,5 volts
d) 4,5 volts
e) 5,5 volts

**12.** (Uece) No circuito, as resistências elétricas são dadas em ohms.

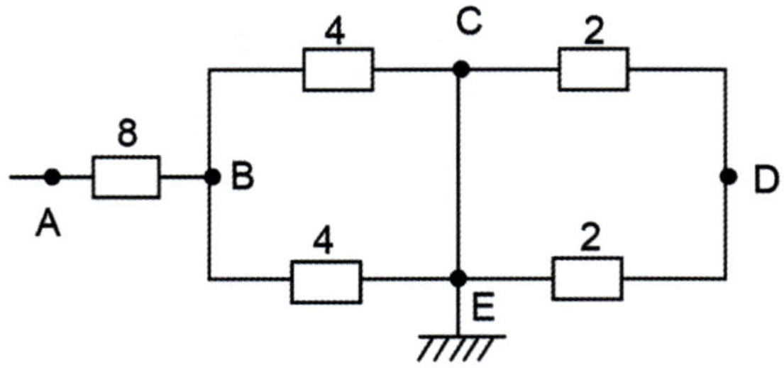


Reprodução/Uece, 2007.

Se o potencial elétrico no ponto **A** é 24 V, a razão entre a corrente $i_1$ no trecho **CD** e a corrente $i_2$ no trecho **AB**, isto é, $\frac{i_1}{i_2}$, é:

a) 1
b) 0
c) $\frac{1}{2}$
d) 2

**13.** (FMTM-MG) No circuito elétrico representado na figura, o módulo da diferença de potencial entre os pontos **A** e **B** é:

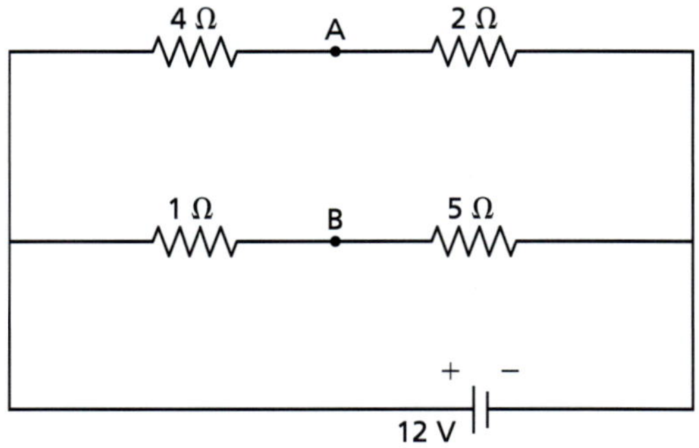


Reprodução/Arquivo da editora

a) 2 V
b) 4 V
c) 6 V
d) 8 V
e) 10 V

**14.** (Efomm-RJ) Observe a figura a seguir:

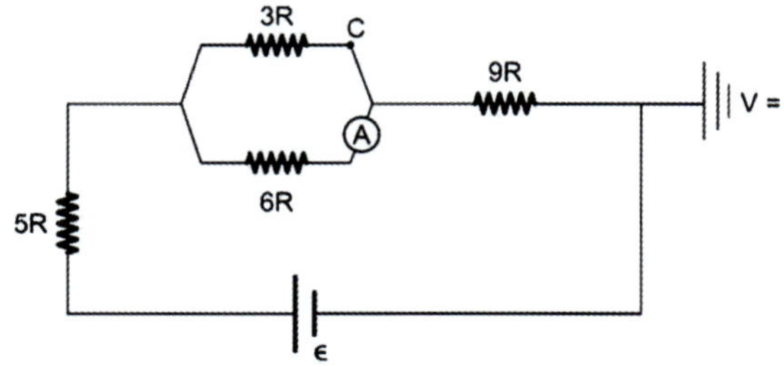


Reprodução/Efomm, 2011.

Considere o circuito acima, no qual $\epsilon = 48$ V e $R = 1{,}0\ \Omega$. Suponha que o amperímetro **A** seja um aparelho ideal. Nestas condições, quais serão, respectivamente, o potencial elétrico, em volts, no ponto **C** e a leitura do amperímetro, em amperes?

a) 18 e 1,0
b) 18 e 3,0
c) 20 e 2,0
d) 22 e 3,0
e) 27 e 1,0

# 5. Ponte de Wheatstone

Ponte de Wheatstone é um dispositivo usado para medir resistências elétricas desconhecidas. A configuração clássica de uma Ponte de Wheatstone está esquematizada na figura a seguir.

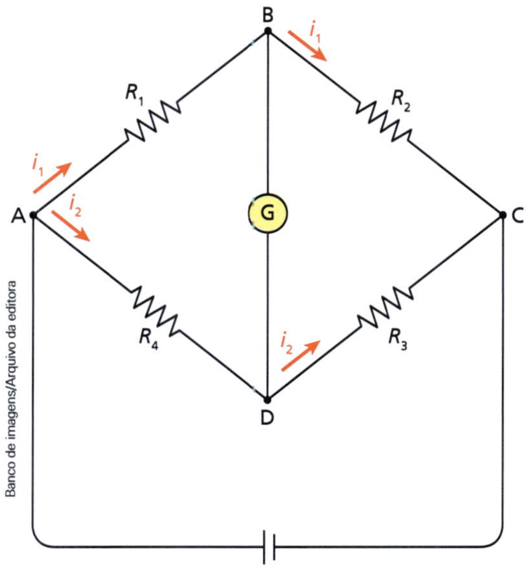


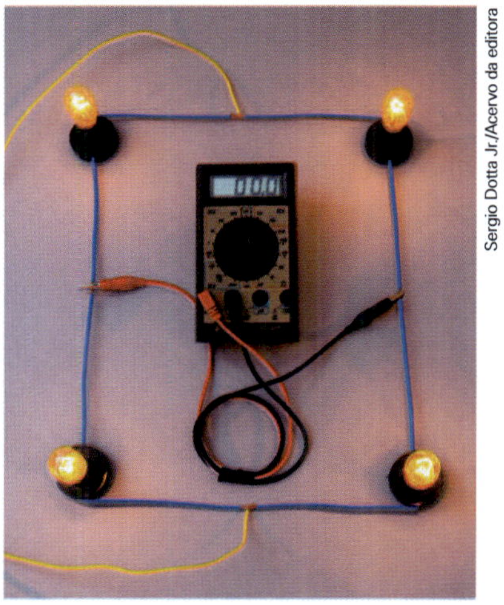


Arranjo experimental de uma Ponte de Wheatstone. O elemento central é um galvanômetro.

O galvanômetro serve para indicar se o ramo **BD** está sendo atravessado por corrente elétrica. Quando o galvanômetro **não acusa** a passagem de corrente elétrica, dizemos que a Ponte de Wheatstone está em **equilíbrio**. Nessa situação, a corrente elétrica que passa pelo ramo **AB** é a mesma que passa pelo ramo **BC**. Do mesmo modo, a corrente elétrica que atravessa o ramo **AD** é a mesma que percorre o ramo **DC**.

Como não há corrente elétrica no ramo **BD** (Ponte de Wheatstone em equilíbrio), concluímos que $V_B - V_D = 0$, ou seja, $V_B = V_D$.

Podemos então escrever:

$$\begin{cases} V_A - V_B = V_A - V_D \text{ ou } U_1 = U_4 \\ V_B - V_C = V_D - V_C \text{ ou } U_2 = U_3 \end{cases}$$

Usando a 1ª Lei de Ohm para cada trecho, temos:

$$i_1 R_1 = i_2 R_4$$
$$i_1 R_2 = i_2 R_3$$

Dividindo membro a membro:

$$\frac{R_1}{R_2} = \frac{R_4}{R_3}$$

$$R_1 R_3 = R_2 R_4$$

(produto cruzado constante)

Esta equação mostra que a Ponte de Wheatstone só ficará em equilíbrio se os produtos das resistências elétricas opostas forem iguais.

Assim, podemos concluir que:

A **condição de equilíbrio** para uma Ponte de Wheatstone implica:

$$i_{galvanômetro} = 0 \quad \text{ou} \quad U_{BD} = 0$$

Assim, conhecendo-se três resistências do circuito, a resistência desconhecida pode ser obtida pela relação:

$$R_1 R_3 = R_2 R_4$$

Outro uso importante da Ponte de Wheatstone é como circuito-sensor, circuito-alarme ou circuito temporizador. Nessa situação tem-se um dos resistores com o valor de sua resistência elétrica variando, por exemplo, com a temperatura. Atingida essa temperatura, a Ponte de Wheatstone fica em equilíbrio, desencadeando outros fenômenos no circuito.

## 6. Ponte de fio

A ponte de fio é muito semelhante à ponte de Wheatstone, e a diferença entre as duas é que o elemento central que mede a intensidade da corrente elétrica que atravessa o circuito (um galvanômetro ou amperímetro, por exemplo) está associado a uma resistência variável, representada por um fio de resistividade homogênea.

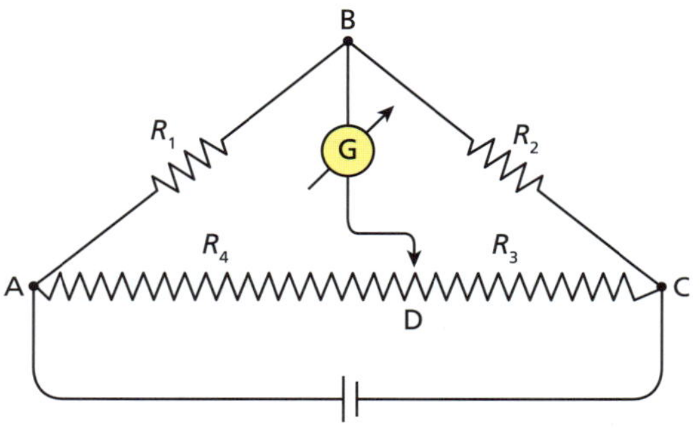


Banco de imagens/Arquivo da editora

Nessa situação, as resistências elétricas $R_3$ e $R_4$ foram substituídas pelos trechos **CD** e **DA** de um mesmo fio **AC**, homogêneo, retilíneo e de área de seção reta constante. O ponto **D** é determinado por um contato deslizante ao longo do fio. Dessa maneira, pode-se determinar, rapidamente, a posição do ponto **D** para a qual a ponte fica em equilíbrio. Então:

$$R_1 R_3 = R_2 R_4$$

Da 2ª Lei de Ohm, temos:

$$R = \rho \frac{\ell}{A}$$

Podemos, então, substituir $R_3$ por $\rho \frac{DC}{A}$ e $R_4$ por $\rho \frac{AD}{A}$, sendo ρ a resistividade do material do fio **AC** e *A* a área de seção reta desse fio. Assim:

$$R_1 \rho \frac{DC}{A} = R_2 \rho \frac{AD}{A}$$

$$R_1 DC = R_2 AD$$

Em geral, o fio **AC** é montado sobre uma régua graduada que permite ler, diretamente, os comprimentos dos segmentos $\overline{DC}$ e $\overline{AD}$.

## Ampliando o olhar

### Da medição da condutividade do solo às técnicas avançadas de Biofísica na Medicina

Como vimos, a Ponte de Wheatstone tem como propósito a determinação de resistências elétricas desconhecidas. Ela foi inicialmente desenvolvida pelo matemático, físico e astrônomo Samuel Hunter Christie (1784-1865), mas foi popularizada apenas dez anos depois, em 1843, pelo cientista Sir Charles **Wheatstone** (1802-1875), que desenvolveu aplicações para a ponte.

Um dos primeiros aparatos montados utilizando a Ponte de Wheatstone tinha como propósito a análise e a comparação de diferentes tipos de solo. Embora esse método já esteja ultrapassado atualmente, na época, Wheatstone desenvolveu um aparelho que era capaz de medir a salinidade das águas de irrigação e drenagem utilizando soluções contendo amostras do solo a ser analisado. O instrumento foi estudado e aperfeiçoado pelo Departamento de Agricultura dos Estados Unidos, com o objetivo de determinar a porcentagem de sais em uma massa seca do solo, e também a variação da condutância (inverso da resistência elétrica) com a temperatura. Esse método mais simples desenvolvido por Wheatstone, porém, deixou de ser utilizado por não provir valores precisos o bastante, devido ao tipo de montagem do aparato.

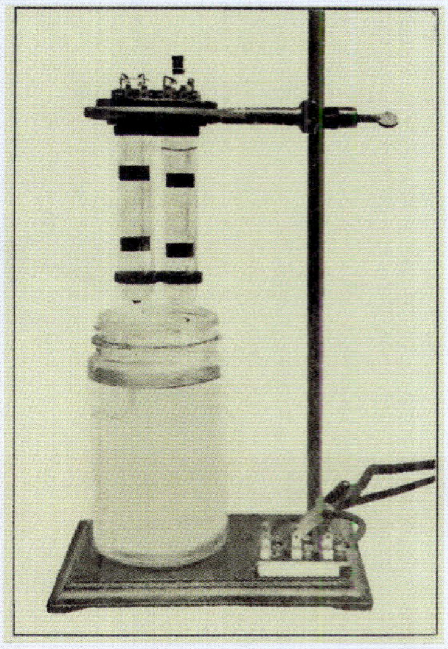


Aparato desenvolvido por Wheatstone para calcular a condutância através da resistência de uma amostra de solo. A solução contendo a amostra de solo era colocada na jarra, conectada a um circuito contendo uma Ponte de Wheatstone, com a tensão regulada até que o galvanômetro no centro da ponte mostrasse uma corrente nula, permitindo o cálculo da resistência e, por consequência, da condutância da amostra.

Essas medidas, embora trouxessem pouca precisão e precisassem ser realizadas em laboratório (amostras do solo tinham de ser recolhidas para ser testadas, em vez de haver um instrumento móvel que pudesse fazer isso no sítio de testes), popularizaram o conceito da Ponte de Wheatstone, que atualmente é essencial para o funcionamento de aparelhos muito mais sofisticados. Outros tipos de ponte derivaram dela, como a de Carey-Foster, capaz de medir resistências extremamente baixas.

A grande vantagem da Ponte de Wheatstone é que ela é capaz de determinar o valor de resistências com grande precisão, e um dos seus maiores usos nos dias de hoje é em aparatos médicos. Aparelhos de ressonância magnética e tomografia computadorizada utilizam esse circuito para conseguir uma distribuição uniforme do peso do paciente dentro do aparelho, grande precisão no movimento do aparelho de tomografia no momento da obtenção das imagens, etc. Esses dois aparelhos são essenciais na Medicina para o diagnóstico de sangramentos internos, fraturas, má-formações, entre outras várias utilidades. A aplicação da Física na área da Medicina ganhou seu próprio nome nos últimos anos, sendo chamada de Biofísica e Física Médica.

Pacientes diabéticos, atualmente, podem utilizar bombas de insulina pequenas e discretas, acopladas em seu corpo, sendo desnecessários o cálculo de insulina e sua injeção manualmente diversas vezes ao dia. Como pequenas variações na glicemia (quantidade de açúcar no sangue) podem ser extremamente graves em pacientes diabéticos, a bomba deve ter enorme precisão na quantidade de insulina que está fornecendo ao organismo, e esse sistema de precisão é obtido com o uso de um circuito interno provido de uma Ponte de Wheatstone.

Outros exemplos médicos da aplicação da Ponte de Wheatstone incluem:

- força aplicada durante um exame de mamografia, para que seja obtida uma imagem de qualidade sem causar ferimentos na paciente;
- cálculo da dose de raios X utilizada para a obtenção de radiografias;

- cirurgias robóticas, que é uma área em grande desenvolvimento, permitindo aos cirurgiões uma precisão muito maior no uso da instrumentação no paciente;
- medidores de pressão arterial;
- aparelhos de diálise, assegurando uma taxa adequada e constante de circulação, adaptada a cada paciente individualmente.

KaliAntye/Shutterstock

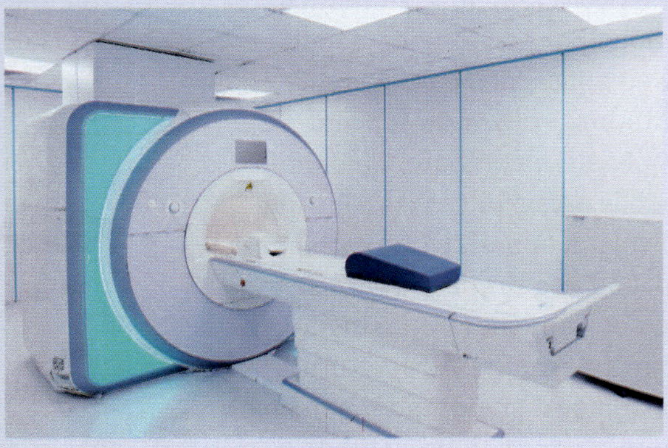

A Ponte de Wheatstone é um dos princípios de funcionamento dos aparelhos de ressonância magnética.

## Exercícios Nível 1

**15.** (UTFPR) A Ponte de Wheatstone, mostrada no circuito da figura, está em equilíbrio. Assinale a alternativa que apresenta os valores de $R$, $i_g$, $i_1$, $i_2$ e $i$?

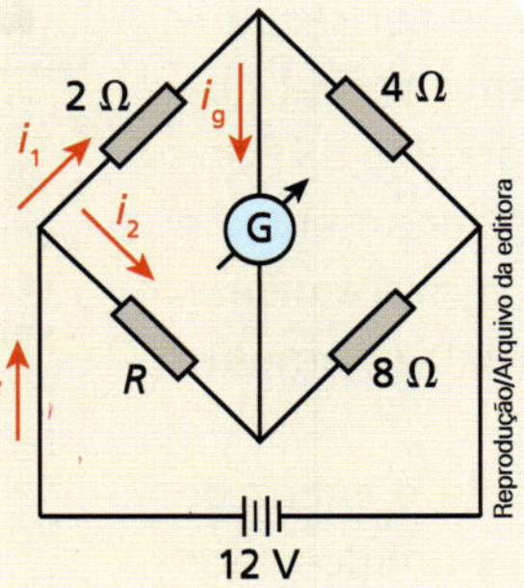


a) 4 Ω, 3 A, 2 A, 1 A, 3 A
b) 16 Ω, 0 A, 4 A, 2 A, 6 A
c) 4 Ω, 0 A, 2 A, 1 A, 3 A
d) 16 Ω, 3 A, 2 A, 1 A, 3 A
e) 16 Ω, 3 A, 4 A, 2 A, 6 A

**Resolução:**

Se a Ponte de Wheatstone está em equilíbrio, temos:

$$R \cdot 4 = 8 \cdot 2$$

$$\boxed{R = 4\,\Omega \quad \text{e} \quad i_g = 0}$$

Cálculo de $i_1$:

$$U_1 = R_1 i_1$$
$$12 = (2 + 4) i_1$$
$$\boxed{i_1 = 2\text{ A}}$$

Cálculo de $i_2$:

$$U_2 = R_2 i_2$$
$$12 = (4 + 8)\, i_2$$
$$\boxed{i_2 = 1\text{ A}}$$

Finalmente:

$$i = i_1 + i_2$$
$$i = 2 + 1$$
$$\boxed{i = 3\text{ A}}$$

Resposta: alternativa **c**.

**16.** (UFV-MG) A figura a seguir ilustra um circuito composto de 6 resistores alimentados por uma fonte ideal de 12 V. A intensidade de corrente elétrica que passa pelo resistor $R_2$ é igual a:

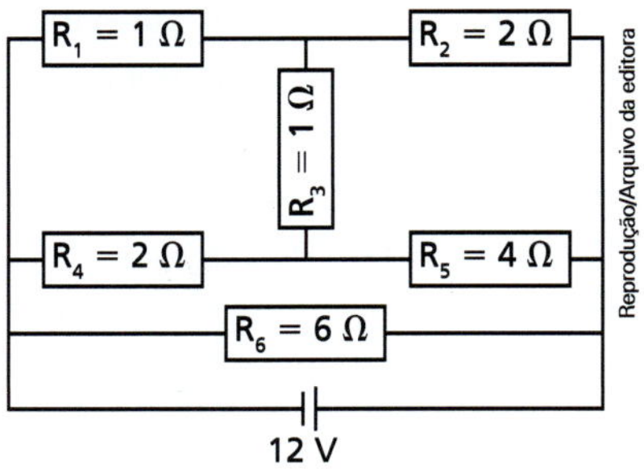


a) 1 A  b) 3 A  c) 4 A  d) 2 A

**17.** (OPF) Para medir a resistência de um resistor ($R$) podemos utilizar um método conhecido como Ponte de Wheatstone. O seu aparato experimental (veja figura a seguir) consiste de um galvanômetro (**G**), uma fonte de tensão ($V$), dois resistores de residências conhecidas ($R_1$ e $R_2$) e um resistor de resistência variável ($R_{variável}$). O procedimento é bem simples: o estudante deve variar a resistência até o galvanômetro não detectar corrente passando por ele. A partir da leitura da resistência variável é possível saber qual a resistência desconhecida. Suponha que $V = 10$ V, $R_1 = R_2 = 2$ ohms e $R_{variável} = 6$ ohms.

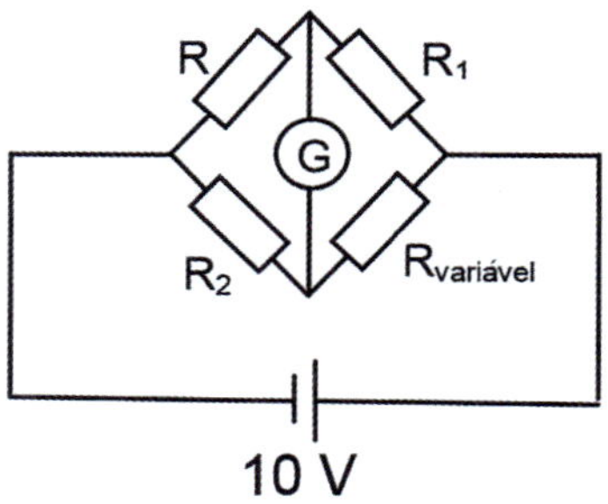



Quanto vale a resistência $R$?

a) $2\ \Omega$
b) $\frac{1}{2}\ \Omega$
c) $\frac{1}{3}\ \Omega$
d) $\frac{2}{3}\ \Omega$
e) $\frac{1}{6}\ \Omega$

**18.** (OBF) A Ponte de Wheatstone é um circuito feito para medir o valor de uma resistência desconhecida em termos de valores conhecidos de outras três. A montagem do circuito é feita conforme o diagrama abaixo, no qual $R_X$ é a resistência desconhecida, $R_1$, $R_2$ são conhecidas, $R_V$ é uma resistência variável também conhecida. A fonte tem uma tensão $V$ fixa e entre os pontos **C** e **D** há um galvanômetro. Para medir o valor da resistência variável, ajusta-se o valor de $R_V$ até o momento em que a corrente medida no galvanômetro se anule. Quando isso ocorre, diz-se que a ponte está balanceada e é possível escrever uma expressão para $R_X$ em termos dos valores das demais resistências. Deduza essa expressão.

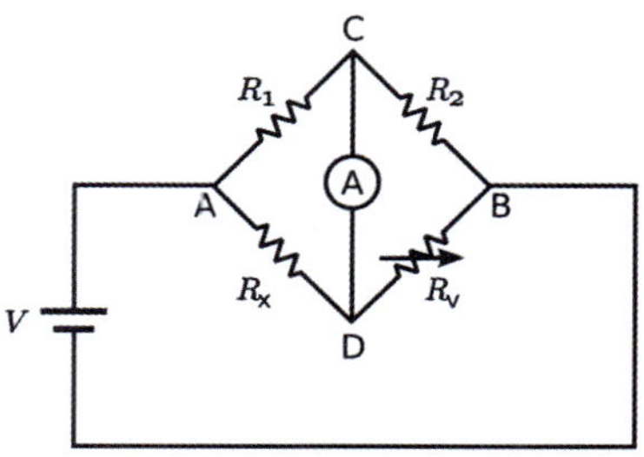



**19.** (PUC-SP) A figura a seguir mostra o escuema de uma ponte de Wheatstone. Sabe-se que $\epsilon = 3{,}0$ V; $R_2 = R_3 = 5{,}0\ \Omega$ e o galvanômetro é de zero central. A ponte entra em equilíbrio quando $R_1 = 2{,}0\ \Omega$.

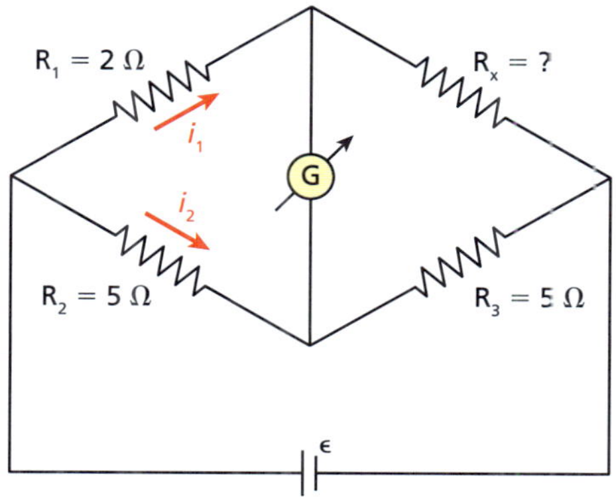



As correntes $i_1$ e $i_2$, em amperes, valem, respectivamente:

a) zero e zero.
b) 2 e 2.
c) 0,75 e 0,30.
d) 0,30 e 0,75.
e) 0,43 e 0,43.

**20.** (PUC-RJ) O arranjo de resistores da figura se chama Ponte de Wheatstone. Escolhendo o resistor $R$ adequadamente, podemos fazer com que não passe nenhuma corrente no resistor de resistência $5{,}0\ \Omega$.

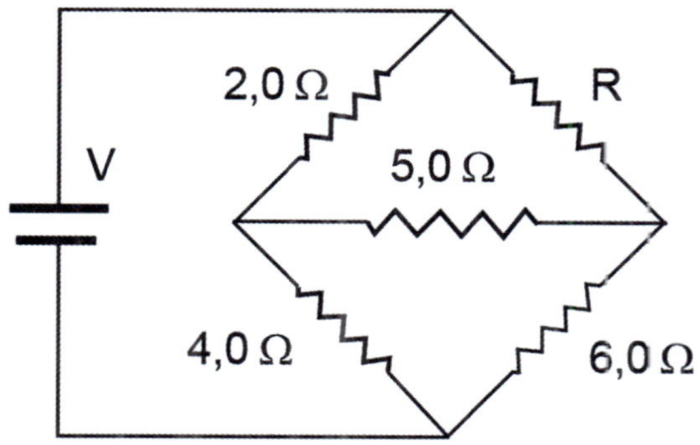



Determine, em $\Omega$, qual é o valor da resistência de $R$ para que a corrente no resistor de $5{,}0\ \Omega$ seja nula:

a) 2,0
b) 3,0
c) 4,0
d) 5,0
e) 6,0

**21.** (ITA-SP) Na figura, está representada uma Ponte de Wheatstone. $R_1$, $R_2$ e $R_3$ são resistores e $\epsilon$ um acumulador carregado. Com $R_1 = R_2 = 1{,}00 \cdot 10\ \Omega$ e $\epsilon = 6{,}00$ V, a ponte fica em equilíbrio quando $R_3 = 3{,}00\ \Omega$. Mudando-se $\epsilon$ de 6,00 V para 12,0 V e conservando-se os valores acima de $R_1$ e $R_2$, pode-se afirmar que:

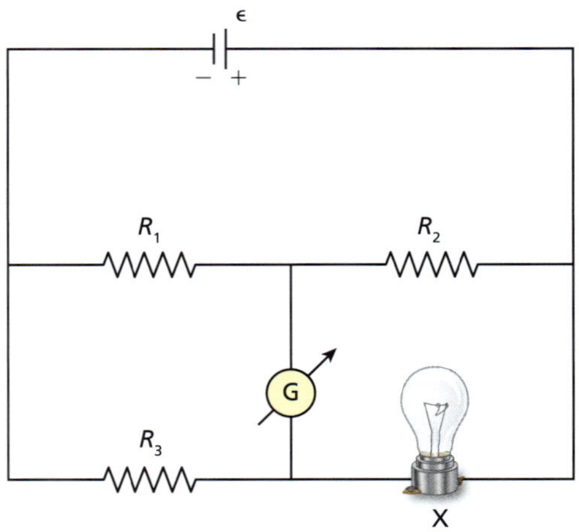

Reprodução/Arquivo da editora

a) a ponte permanecerá em equilíbrio com $R_3 = 3{,}00\ \Omega$.

b) para equilibrar a ponte, será necessário $R_3 > 3{,}00\ \Omega$.

c) para equilibrar a ponte, será necessário $R_3 < 3{,}00\ \Omega$.

d) para equilibrar a ponte, será necessário $R_3 = 6{,}00\ \Omega$.

e) para equilibrar a ponte, será necessário $R_3 = 1{,}50\ \Omega$.

**22.** (UFV-MG) A figura a seguir ilustra uma malha de um circuito alimentado por duas baterias ideais de força eletromotriz $\epsilon$. Nessa figura, $R_1$, $R_2$, $R_3$ e $R_4$ são resistores e $i_1$ é a corrente elétrica no ramo **AB**.

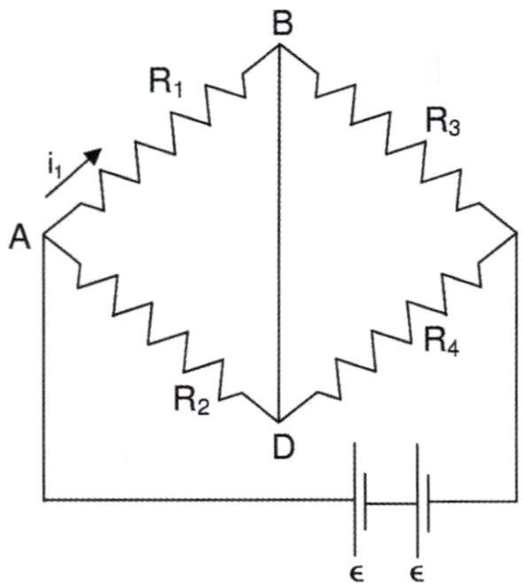

Reprodução/UFV, 2005.

- $R_1 = 5{,}0\ \Omega$
- $R_2 = 20\ \Omega$
- $R_3 = 15\ \Omega$
- $R_4 = 60\ \Omega$
- $\epsilon = 8{,}0$ V
- $i_1 = 0{,}80$ A

Sabendo-se que é nula a corrente elétrica no ramo **BD** e tendo como base as demais informações e dados apresentados anteriormente, determine:

a) a resistência elétrica equivalente entre os pontos **A** e **C** do circuito;

b) a corrente elétrica no ramo **DC**;

c) a potência dissipada pelo resistor $R_3$.

**23.** (OPF) Cinco resistores são montados segundo a configuração abaixo:

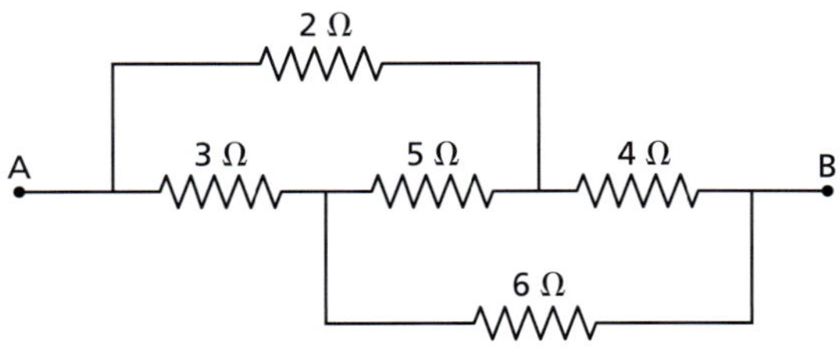

Reprodução/Arquivo da editora

A resistência equivalente em Ω vale:

a) 2,6 Ω

b) 3,6 Ω

c) 4,6 Ω

d) 5,6 Ω

e) 6,6 Ω

**24.** (EEAR-SP) Assinale a alternativa que representa o valor, em quilo-ohms (kΩ), que o resistor variável $R_3$ deve ser ajustado para que a corrente em $R_5$, indicada no amperímetro, seja zero ampere.

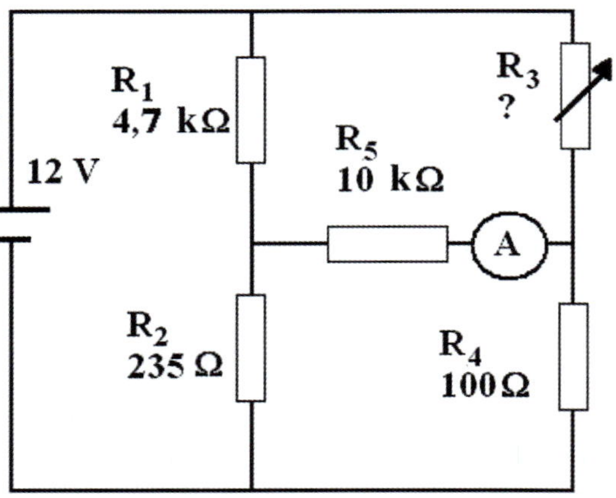

Reprodução/EEAR, 2011

a) 1,0

b) 2,0

c) 3,0

d) 4,0

# Exercícios Nível 2

**25.** (Unicamp-SP) A variação de uma resistência **E.R.** elétrica com a temperatura pode ser utilizada para medir a temperatura de um corpo. Considere uma resistência $R$ que varia com a temperatura $T$ de acordo com a expressão

$$R = R_0(1 + \alpha T)$$

em que $R_0 = 100\ \Omega$, $\alpha = 4 \cdot 10^{-3}\ °C^{-1}$ e $T$ é dada em graus Celsius. Esta resistência está em equilíbrio térmico com o corpo, cuja temperatura $T$ se deseja conhecer. Para medir o valor de $R$, ajusta-se a resistência $R_2$, indicada no circuito a seguir, até que a corrente medida pelo amperímetro no trecho **AB** seja nula.

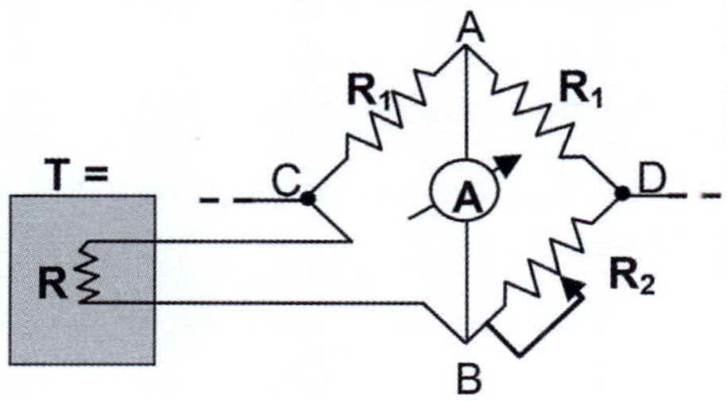

Reprodução/Unicamp, 2003.

a) Qual a temperatura $T$ do corpo quando a resistência $R_2$ for igual a 108 Ω?

b) A corrente através da resistência $R$ é igual a $5{,}0 \cdot 10^{-3}$ A. Qual a diferença de potencial entre os pontos **C** e **D** indicados na figura?

**Resolução:**

a) Trata-se de uma Ponte de Wheatstone em equilíbrio. Nessas condições, os produtos das resistências opostas são iguais:

$$R_1R_2 = R_1R$$

$$R = R_2$$

$$R = 108\ \Omega$$

De $R = R_0(1 + \alpha \cdot T)$, sendo $R = 108\ \Omega$, $R_0 = 100\ \Omega$ e $\alpha = 4 \cdot 10^{-3}\ °C^{-1}$, vem:

$$108 = 100(1 + 4 \cdot 10^{-3} \cdot T)$$

$$1{,}08 = 1 + 4 \cdot 10^{-3} \cdot T$$

$$T = \frac{0{,}08}{4 \cdot 10^{-3}}\ °C$$

$$\boxed{T = 20\ °C}$$

b) Adotando-se o sentido da corrente indicado na figura, tem-se:

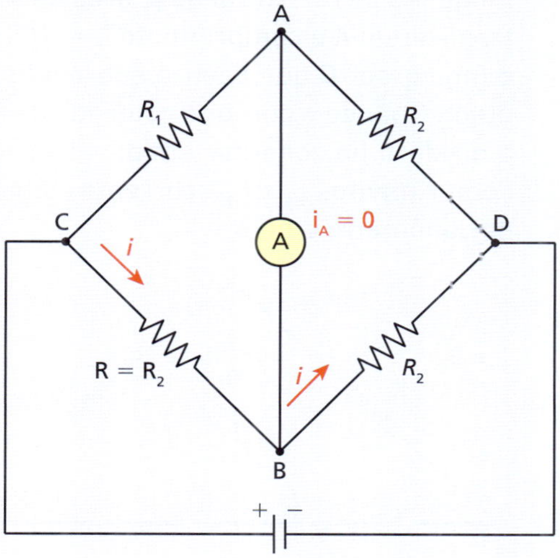

Reprodução/Arquivo da editora

$$U_{CD} = (R + R_2)\, i$$

$$U_{CD} = (108 + 108) \cdot 5{,}0 \cdot 10^{-3}$$

$$\boxed{U_{CD} = 1{,}08\ V}$$

**26.** (Ufla-MG) O circuito elétrico abaixo representa uma associação de resistores alimentados por uma fonte de tensão contínua ideal $(r = 0)$, mantendo-se entre os terminais **AB** uma tensão de 108 V.

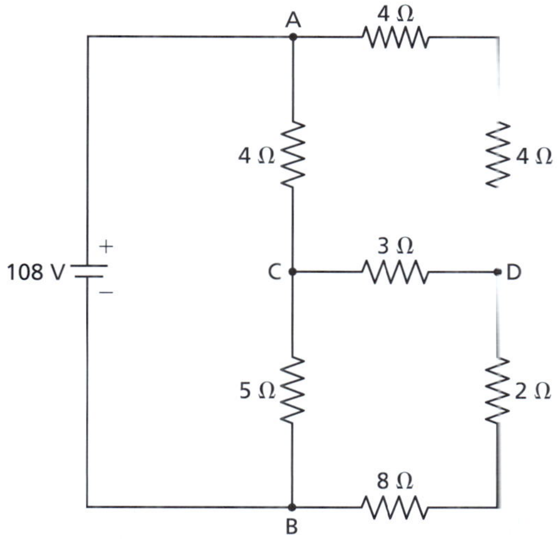

Reprodução/Arquivo da editora

Calcule:

a) a corrente elétrica que passa no ramo **CD**;

b) a resistência equivalente entre pontos **A** e **B**;

c) a diferença de potencial entre os pontos **B** e **D**.

**27.** (UPM-SP) A ponte de fio mostrada abaixo é constituída por uma bateria, um galvanômetro **G**, dois resistores, um de resistência elétrica $R_1 = 10,0\ \Omega$ e outro de resistência elétrica $R_2 = 40,0\ \Omega$, um fio condutor homogêneo de resistividade $\rho$, área de secção transversal $A$ e comprimento $L = 100,0$ cm e um cursor **C** que desliza sobre o fio condutor. Quando o cursor é colocado de modo a dividir o fio condutor em dois trechos de comprimentos $L_1$ e $L_2$ a corrente elétrica no galvanômetro é nula.

E.R.

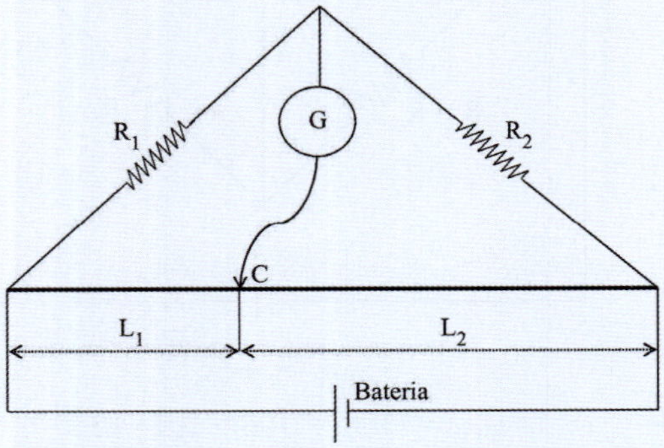


Reprodução/Mackenzie, 2015.

Os comprimentos $L_1$ e $L_2$ valem, respectivamente,

a) 50,0 cm e 50,0 cm
b) 60,0 cm e 40,0 cm
c) 40,0 cm e 60,0 cm
d) 80,0 cm e 20,0 cm
e) 20,0 cm e 80,0 cm

**Resolução:**

Como a corrente elétrica no galvanômetro é nula, a Ponte Wheatstone (ponte de fio) está em equilíbrio. Logo:

$$R_1 L_2 = R_2 L_1$$
$$10,0 \cdot L_2 = 40,0 \cdot L_1$$
$$L_2 = 4L_1 \quad (1)$$

Porém:

$$L_1 + L_2 = L = 100 \quad (2)$$

Das equações (1) e (2), vem:

$$5L_1 = 100$$
$$\boxed{L_1 = 20,0 \text{ cm}}$$
$$L_2 = 4 \cdot 20,0 \text{ cm}$$
$$\boxed{L_2 = 80,0 \text{ cm}}$$

Resposta: alternativa **e**.

**28.** No circuito elétrico representado a seguir, o galvanômetro não acusa passagem de corrente elétrica. A posição do cursor **C** é indicada por uma régua graduada em centímetros.

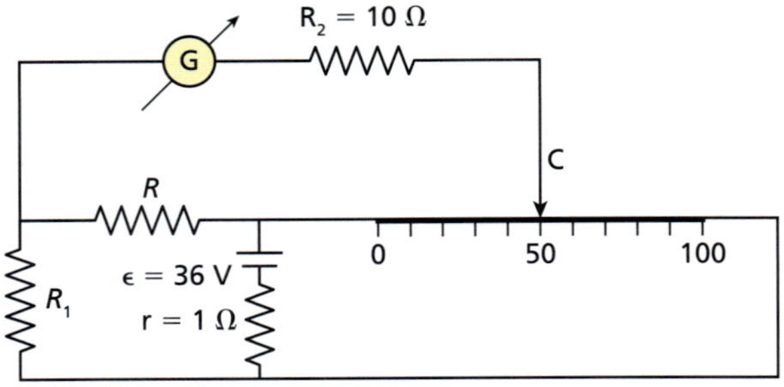


Banco de imagens/Arquivo da editora

O resistor $R_1$ sofre um aquecimento e sua resistência aumenta 50%. Para que o galvanômetro volte a acusar corrente elétrica nula, o cursor **C** deve se deslocar:

a) 10 cm para a direita.
b) 10 cm para a esquerda.
c) 25 cm para a direita.
d) 25 cm para a esquerda.
e) 50 cm para qualquer lado.

**29.** (Ueba) A figura representa uma associação de resistores ôhmicos.

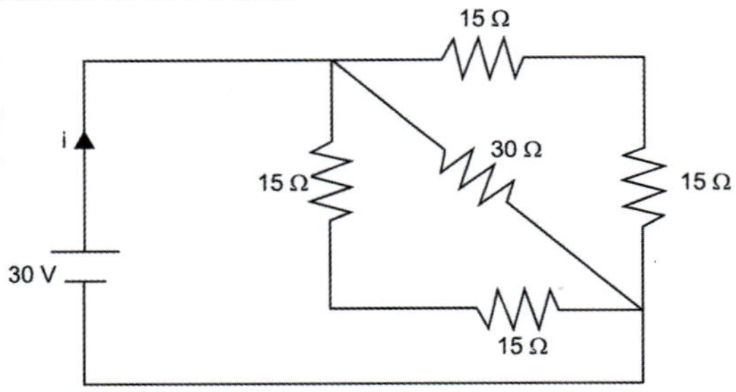


Reprodução/Ueba

Desprezando-se a resistência elétrica dos fios de ligação, a intensidade da corrente elétrica que percorre o circuito é igual, em A, é:

a) 5,0
b) 3,0
c) 2,0
d) 1,0
e) 0,5

**30.** (Cefet-MG) Considere o circuito abaixo representado.

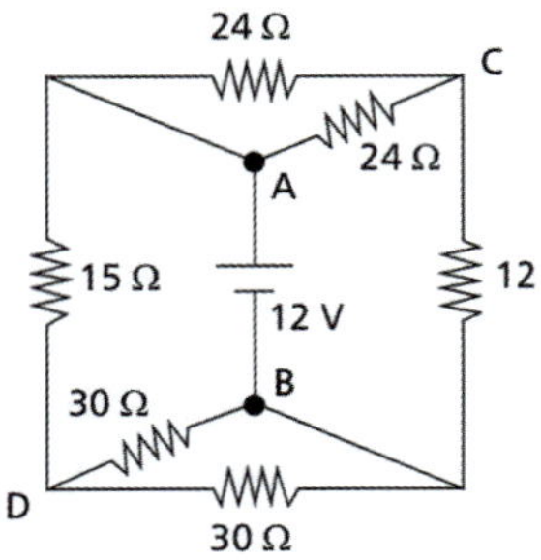


Reprodução/Cefet-MG, 2012.

Determine:

a) a ddp entre os pontos **A** e **B**;
b) a ddp entre os pontos **C** e **D**.

**31.** (IME-RJ) A resistência equivalente entre os terminais **A** e **B** da figura abaixo é:

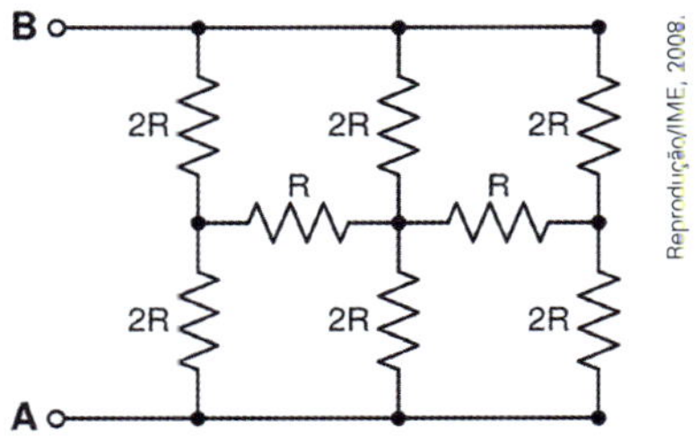


a) $\frac{1}{3}R$

b) $\frac{1}{2}R$

c) $\frac{2}{3}R$

d) $\frac{4}{3}R$

e) 2R

## DESCUBRA MAIS

1. É possível realizar uma ligação de 220 V numa casa que recebe da rua apenas um fio neutro e um fio de 110 V? Se sim, explique como.
2. Exemplifique pelo menos um uso prático para as Leis de Kirchhoff.
3. As Pontes de Wheatstone possuem várias aplicações na área médica. Cite ao menos um uso atual não relacionado à Biofísica.

## Exercícios Nível 3

**32.** (Fuvest-SP) No circuito da figura, o componente **D**, ligado entre os pontos **A** e **B**, é um diodo. Esse dispositivo se comporta, idealmente, como uma chave controlada pela diferença de potencial entre seus terminais. Sejam $V_A$ e $V_B$ os potenciais elétricos dos pontos **A** e **B**, respectivamente.

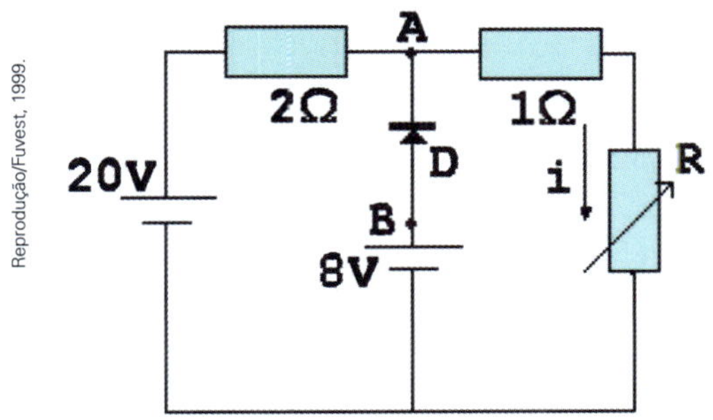


Se $V_B < V_A$, o diodo se comporta como uma chave aberta, não deixando fluir nenhuma corrente através dele, e se $V_B \geq V_A$, o diodo se comporta como uma chave fechada, de resistência tão pequena que pode ser desprezada, ligando o ponto **B** ao ponto **A**. O resistor *R* tem uma resistência variável de 0 a 2 Ω.

Sabe-se que $V_B \geq V_A$ quando $0 \leq R < \frac{1}{3}\ \Omega$ e $V_B < V_A$ quando $\frac{1}{3}\ \Omega < R \leq 2\ \Omega$.

Neste circuito determine o valor da:

a) corrente *i* através do resistor *R*, quando a sua resistência é 2 Ω;

b) corrente $i_0$, através do resistor *R*, quando a sua resistência é zero e o valor da corrente nos outros elementos do circuito.

**33.** (Fuvest-SP) Utilizando-se um gerador, que produz uma tensão $V_0$, deseja-se carregar duas baterias, **B-1** e **B-2**, que geram respectivamente 15 V e 10 V, de tal forma que as correntes que alimentam as duas baterias durante o processo de carga mantenham-se iguais ($i_1 = i_2 = i$). Para isso, é utilizada a montagem do circuito elétrico representada a seguir, que inclui três resistores $R_1$, $R_2$ e $R_3$, com respectivamente 25 Ω, 30 Ω e 6 Ω, nas posições indicadas. Um voltímetro é inserto no circuito para medir a tensão do ponto **A**.

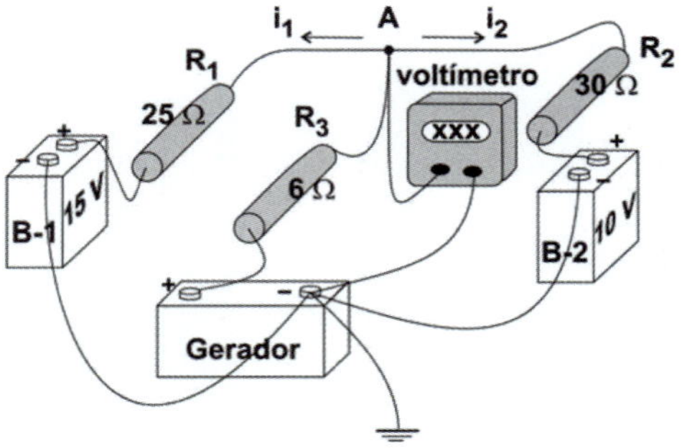

Reprodução/Fuvest, 2008.

a) Determine a intensidade da corrente $i$, em amperes, com que cada bateria é alimentada.
b) Determine a tensão $V_A$, em volts, indicada pelo voltímetro, quando o sistema opera da forma desejada.
c) Determinar a tensão $V_0$, em volts, do gerador, para que o sistema opere da forma desejada.

**34.** (AFA-SP) Parte de um circuito elétrico é constituída por seis resistores ôhmicos cujas resistências elétricas estão indicadas ao lado de cada resistor, na figura abaixo.

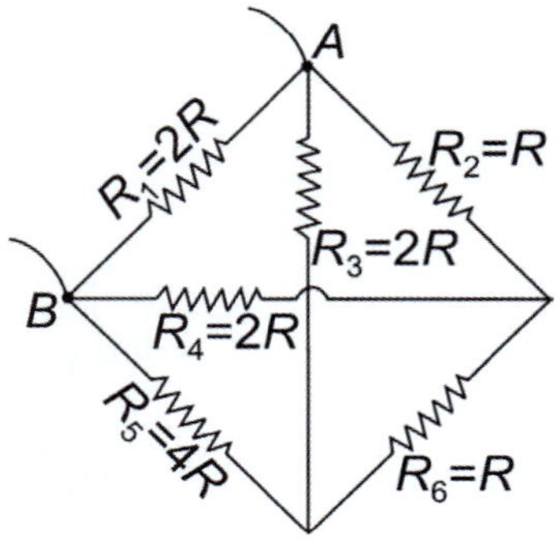

Reprodução/AFA, 2009.

Se a ddp entre os pontos **A** e **B** é igual a $U$, pode-se afirmar que a potência dissipada pelo resistor $R_3$ é igual a

a) $\frac{2}{R}\left(\frac{U}{3}\right)^2$

b) $\frac{1}{2R}\left(\frac{U}{3}\right)^2$

c) $\frac{2}{3}\left(\frac{U}{R}\right)^2$

d) $\frac{1}{2R}\left(\frac{U}{6}\right)^2$

**35.** (ITA-SP) O circuito da figura a seguir, conhecido como Ponte de Wheatstone, está sendo utilizado para determinar a temperatura do óleo em um reservatório, no qual está inserido um resistor de fio de tungstênio $R_T$. O resistor variável $R$ é ajustado automaticamente de modo a manter a ponte sempre em equilíbrio passando de 4,00 Ω para 2,00 Ω.

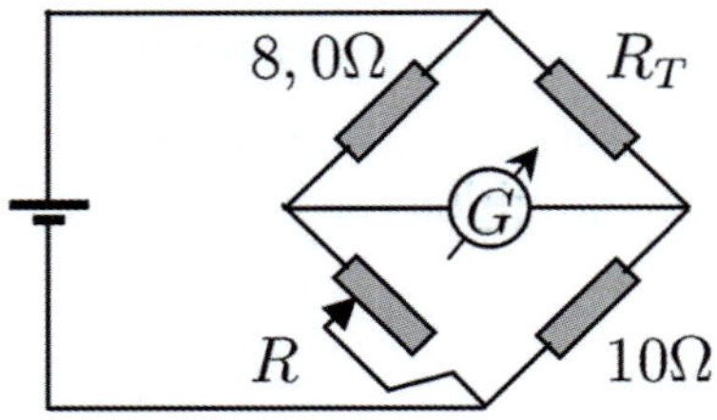

Reprodução/ITA, 2005.

Sabendo que a resistência varia linearmente com a temperatura e que o coeficiente linear de temperatura para o tungstênio vale $\alpha = 4{,}00 \cdot 10^{-3}\ °C^{-1}$, a variação da temperatura do óleo deve ser de:

a) −125 °C
b) −35,7 °C
c) 25,0 °C
d) 41,7 °C
e) 250 °C

## Para raciocinar um pouco mais

**36.** (IME-RJ) A figura ilustra um circuito resistivo conectado a duas fontes de tensão constante. Considere as resistências em ohms. O módulo da corrente $I$ que atravessa o resistor de 2,0 Ω é, aproximadamente:

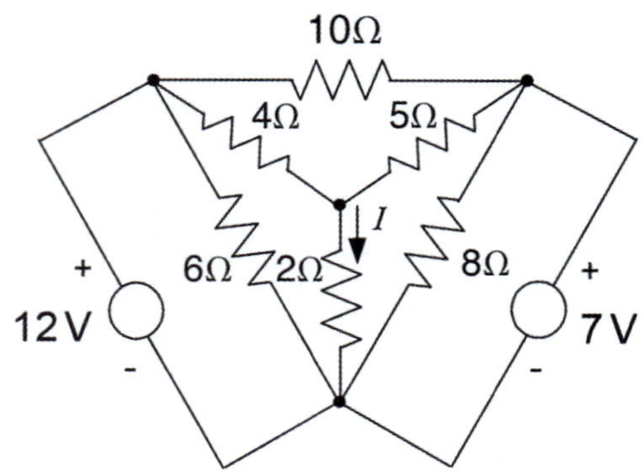

Reprodução/IME, 2007.

a) 0,86 A
b) 1,57 A
c) 2,32 A
d) 2,97 A
e) 3,65 A

**37.** Determine a intensidade e o sentido da corrente elétrica em cada ramo do circuito abaixo.

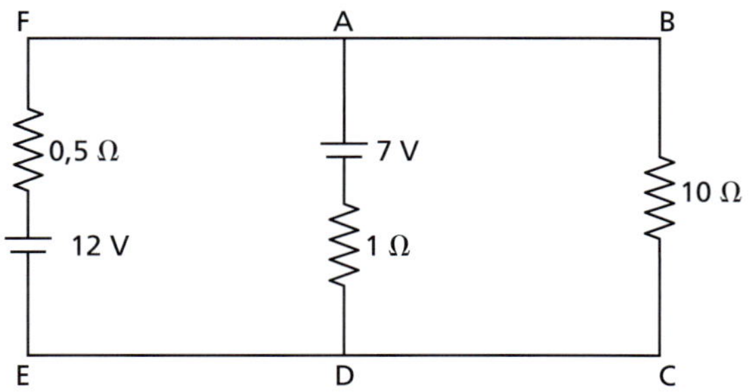

Banco de imagens/Arquivo da editora

**38.** (ITA-SP) Considere o circuito elétrico mostrado na figura formado por quatro resistores da mesma resistência, R = 10 Ω, e dois geradores ideais cujas respectivas forças eletromotrizes são $\epsilon_1 = 30$ V e $\epsilon_2 = 10$ V.

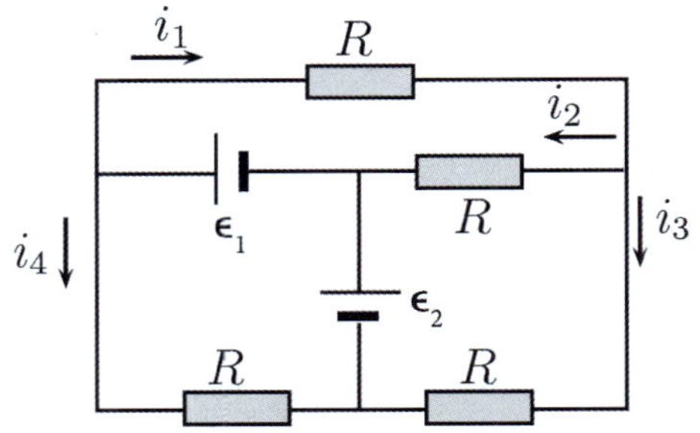



Pode-se afirmar que as correntes $i_1$, $i_2$, $i_3$ e $i_4$ nos trechos indicados na figura, em amperes, são respectivamente de:

a) 2, $\frac{2}{3}$, $\frac{5}{3}$ e 4

b) $\frac{7}{3}$, $\frac{2}{3}$, $\frac{5}{3}$ e 4

c) 4, $\frac{4}{3}$, $\frac{2}{3}$ e 2

d) 2, $\frac{4}{3}$, $\frac{7}{3}$ e $\frac{5}{3}$

e) 2, $\frac{2}{3}$, $\frac{4}{3}$ e 4

**39.** (AFA-SP) A figura a seguir representa um circuito elétrico constituído por duas baterias de resistências internas desprezíveis e sete resistores ôhmicos.


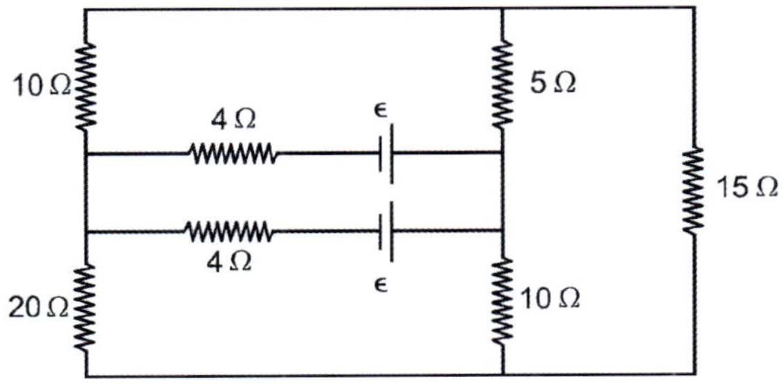


Sendo que a máxima potência dissipada em cada resistor não poderá ultrapassar 10 W, a f.e.m. ε máxima que as baterias poderão apresentar é, em V,

a) 9  b) 12  c) 18  d) 36

**40.** (Fuvest-SP) Uma fonte de tensão ideal de 600 volts alimenta dois trilhos, **AB** e **CD**, ligados entre si por um condutor **BD** de resistência desprezível. Um voltímetro ideal, inicialmente conectado aos pontos **A** e **C**, movimenta-se a 2,0 m/s ao longo dos trilhos. Cada trilho tem 100 m de comprimento e 1,5 ohm de resistência por metro.

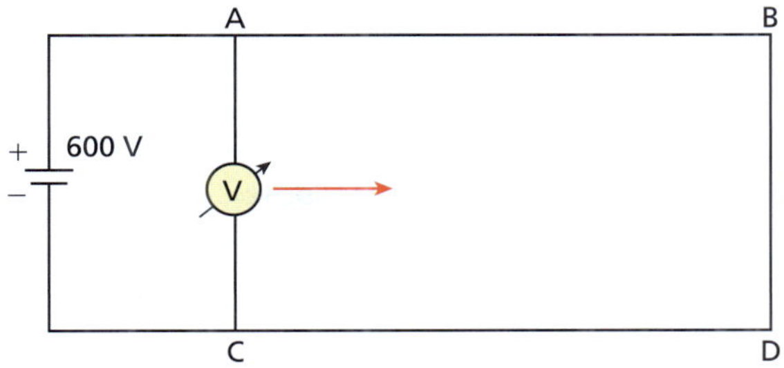



a) Qual a corrente que circula através do circuito?

b) Construa o gráfico da voltagem acusada pelo voltímetro durante o movimento em função do tempo.

**41.** (ITA-SP) Um resistor $R_X$ é mergulhado num reservatório de óleo isolante. A fim de estudar a variação da temperatura do reservatório, o circuito de uma Ponte de Wheatstone foi montado, conforme mostra a figura 1. Sabe-se que $R_X$ é um resistor de fio metálico de 10 m de comprimento, área de seção transversal de 0,1 mm², e resistividade elétrica $\rho_0$ de $2{,}0 \cdot 10^{-8}$ Ω · m, a 20 °C. O comportamento da resistividade ρ versus temperatura $t$ é mostrado na figura 2. Sabendo-se que o resistor $R_X$ foi variado entre os valores de 10 Ω e 12 Ω para que o circuito permanecesse em equilíbrio, determine a variação da temperatura nesse reservatório.

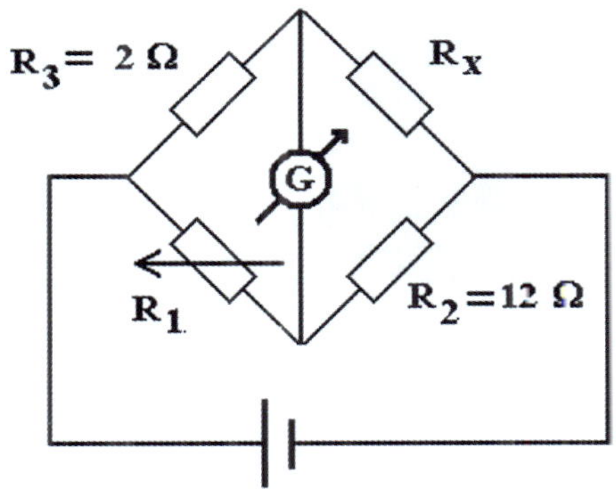



**Figura 1**

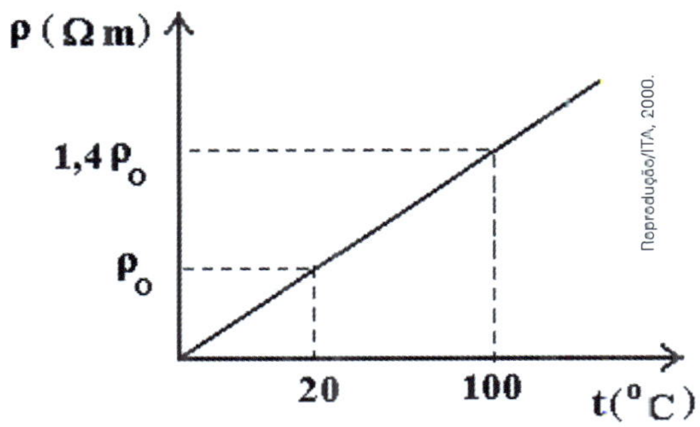



**Figura 2**

TÓPICO

# 6 Capacitores

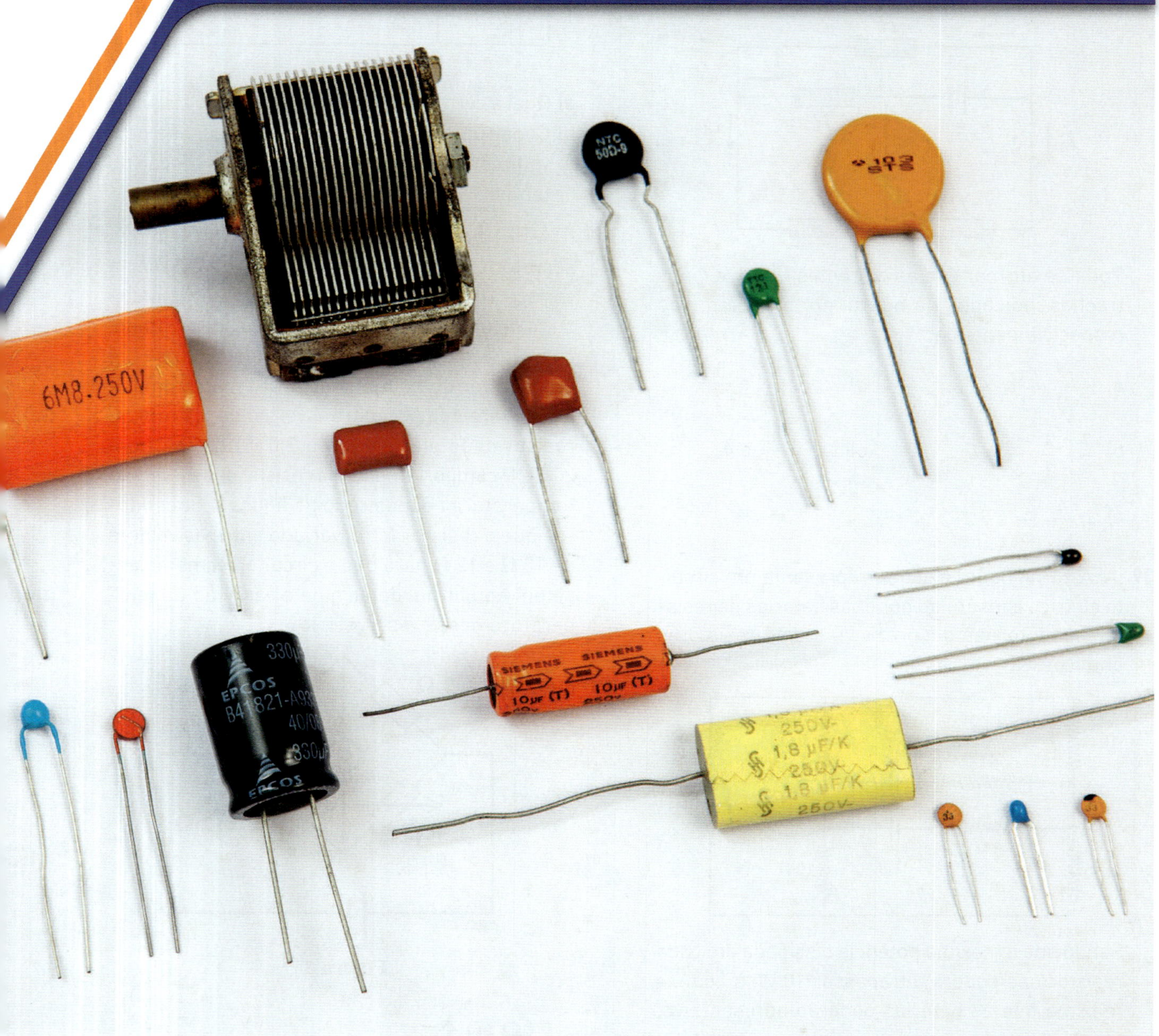


Sergio Dotta Jr./Acervo da editora

Diversos modelos de capacitores: capacitores eletrolíticos, de cerâmica, de poliéster, etc.

Capacitores são dispositivos que estão muito presentes na vida moderna, desde o *flash* em câmeras fotográficas aos processadores de computadores e aparelhos celulares.

Neste tópico estudaremos o que são capacitores, as grandezas que os caracterizam, as diferenças fundamentais entre capacitores e baterias e o processo de carga de um capacitor. Veremos também como caracterizar associações de capacitores (em série, em paralelo e mistas).

## Bloco 1

# 1. Introdução

Em 1745 o professor Pieter van Musschenbroek (1692-1761) e seu assistente, Andreas Cuneus (1712-1778), conduziam experimentos com o objetivo de introduzir cargas elétricas em um recipiente cheio de água por meio de um fio condutor que ficava parte submerso e parte em contato com um gerador eletrostático. Durante os testes, o assistente do professor acabou tocando o fio que saía da garrafa, levando um forte choque, evento este que culminou na popularização do dispositivo que armazenava cargas elétricas. Tal dispositivo ficou conhecido, em homenagem à cidade de origem, na Holanda, como **garrafa de Leiden**.

O mesmo aparelho foi inventado de maneira independente pelo alemão Ewald Georg von Kleist (1700-1748), porém não ganhou tanta repercussão como o caso de Pieter. Podemos dizer que este modo primitivo de **armazenar cargas elétricas** é precursor dos modernos capacitores elétricos.

A invenção da garrafa de Leiden impulsionou experimentos de Eletrostática, pois eram objetos mais compactos que geradores eletrostáticos.

Banco de imagens/Arquivo da editora

A garrafa de Leiden consiste em uma garrafa feita de um isolante elétrico, como vidro, plástico ou ar, com as paredes internas e externas cobertas com uma folha de material condutor. Na tampa do recipiente há um terminal em contato com a parede interna da garrafa. Já a folha externa é aterrada. Com esse aparato, é possível eletrizar a esfera da tampa por contato. Com isso, a folha externa apresenta a mesma quantidade de carga que a folha interna, mas de sinais opostos. A quantidade de carga que uma garrafa de Leiden pode armazenar depende de suas dimensões.

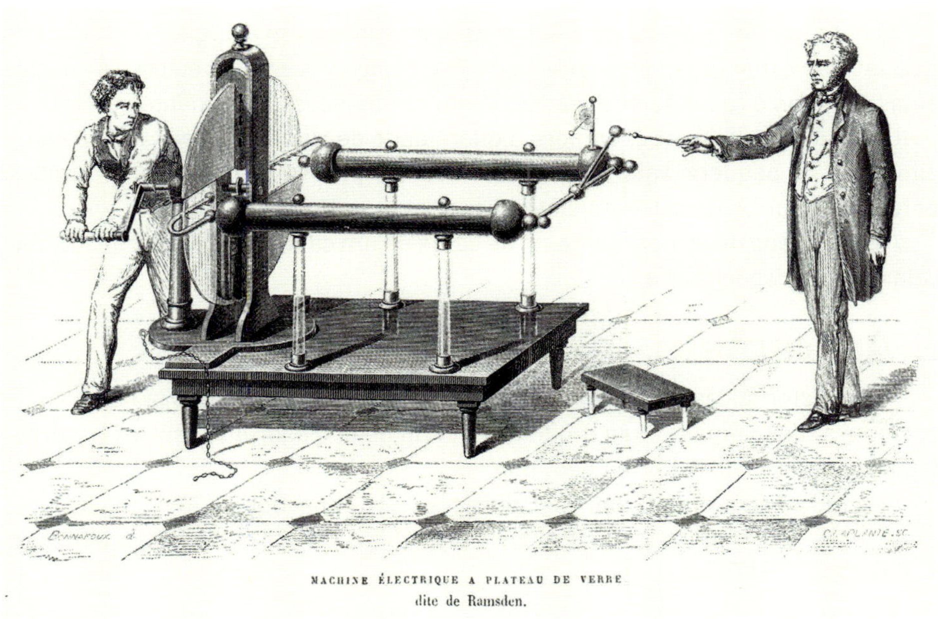


Bridgeman/Fotoarena/Coleção particular

Na ilustração acima, uma pessoa gira a manivela de uma máquina eletrostática que, por atrito, produz corrente elétrica. Ao encostar a garrafa de Leiden no terminal da máquina, a corrente elétrica flui para a garrafa, que armazena essa energia na forma de energia potencial eletrostática.

Os capacitores são, desde sua invenção, um dos componentes mais utilizados na eletrônica, exercendo um papel fundamental nos mais variados tipos de circuitos elétricos.

# 2. Diferenças entre baterias e capacitores

Da descrição fornecida no início deste texto, em que se afirma que capacitores são dispositivos capazes de armazenar carga elétrica e consequentemente, energia elétrica, é natural que surja uma pergunta: em quais aspectos eles são diferentes de uma bateria comum?

Baterias e pilhas são dispositivos projetados para suprir circuitos elétricos por períodos de tempo relativamente longos. A energia proveniente de pilhas e baterias é advinda de reações químicas que podem ou não ser reversíveis. Tomemos como exemplo as baterias recarregáveis, que, assim como os capacitores, podem passar por ciclos de carga e descarga.

A principal diferença entre estes dispositivos está no número e na velocidade dos ciclos de carga e descarga. Baterias são dispositivos que podem levar horas para recarregar e, da mesma forma, não podem ser descarregadas muito rapidamente (condição que pode até danificar a bateria). Uma vantagem importante das baterias é que são capazes de reter uma quantidade de carga muito superior à dos capacitores.

Capacitores, por sua vez, podem ser submetidos a **ciclos rápidos** de carga e descarga (centenas de vezes por segundo) por longos períodos de tempo.

Podemos, então, estabelecer que:

**Capacitores** são dispositivos armazenadores de carga elétrica e de energia elétrica, mais adequados para uso em ciclos curtos. A energia elétrica fornecida pelos capacitores é oriunda da energia potencial elétrica armazenada entre suas placas.

Já baterias são dispositivos que armazenam e fornecem energia elétrica, sendo que seu uso é mais adequado para ciclos mais longos. A energia elétrica fornecida pelas baterias é resultado de reações químicas de seus componentes.

Concluímos assim que, embora a quantidade de carga armazenada no capacitor seja de pequeno valor, seu uso em curtos intervalos de tempo permite a obtenção de picos de corrente elétrica.

A capacidade de armazenamento de carga de um capacitor é determinada pelo valor de sua capacitância.

**NOTA!**

Um capacitor é desenvolvido para que a sua capacitância seja constante, mesmo que a quantidade de carga elétrica e a diferença de potencial entre seus terminais variem. Já uma bateria é desenvolvida para que a diferença de potencial entre seus terminais seja constante. Para isso, a quantidade de carga elétrica e a sua capacitância devem variar. Não à toa, quando vamos comprar um capacitor, é necessário informar o valor da capacitância desejada; e quando vamos comprar uma bateria, é necessário informar o valor da tensão desejada.

## 3. Aplicações

As características físicas dos capacitores são bem conhecidas já há bastante tempo e a tecnologia evoluiu muito no sentido de entregar dispositivos duráveis, confiáveis e com parâmetros bem precisos.

Veremos a seguir algumas das aplicações dos capacitores.

### Base de tempo

O intervalo de tempo para a carga ou a descarga de um capacitor pode ser determinado com bastante precisão. Isso permite que circuitos osciladores presentes em relógios, geradores de pulsos, contadores, etc. utilizem os ciclos de carga e descarga de capacitores como parâmetro de tempo.

Alzay/Shutterstock

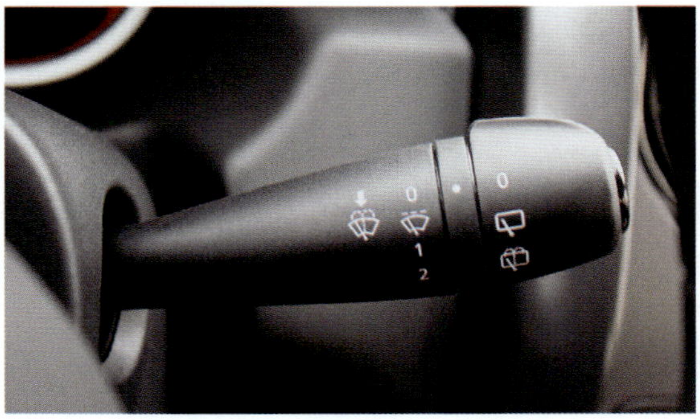


O circuito eletrônico que temporiza o funcionamento de um motor de para-brisa está ligado ao processo de carga e descarga de um capacitor.

## Estabilização de tensão

Esta talvez seja a aplicação mais frequente dos capacitores. Eles atuam como filtros na saída de fontes de tensão DC (corrente contínua).

A tensão elétrica das tomadas residenciais é alternada (AC), porém a maioria dos circuitos opera em tensão contínua (DC) e em geral mais baixa que a das tomadas. Para realizar esta conversão, existem as chamadas fontes de alimentação, que basicamente modulam e estabilizam a tensão da tomada.

O processo de conversão não é perfeito e deixa um ruído característico na saída, chamado de *ripple*, que é uma pequena oscilação na tensão que teoricamente deveria ser contínua. Este efeito é indesejado e a forma mais simples de amenizá-lo é adicionando capacitores na saída das fontes. Os capacitores desempenham função análoga aos amortecedores em um automóvel: seu objetivo é amortecer a tensão fornecida ao aparelho. O funcionamento é simples: quando a oscilação da tensão está em seu máximo, a fonte abastece tanto o aparelho quanto o capacitor. Já quando a fonte está em um mínimo, o capacitor assume o papel de fonte e supre a demanda do aparelho. Se o valor da capacitância do capacitor for suficientemente grande, ele praticamente não se descarrega nesse processo, de modo que a tensão elétrica sentida pelo aparelho é praticamente constante.

Damrong Rattanapo/Shutterstock

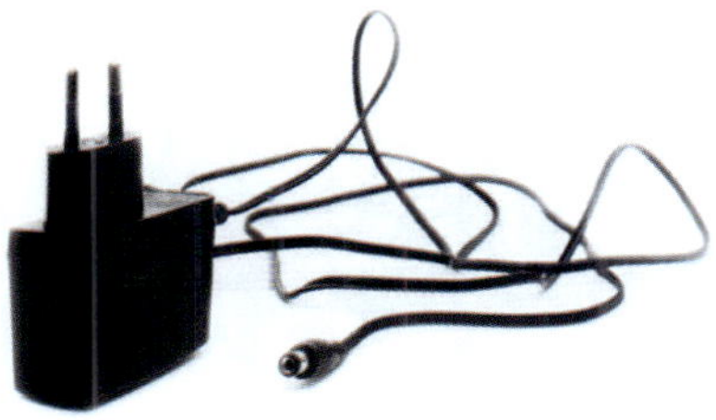

Andrii Atanov/Shutterstock

Alguns modelos de fontes de alimentação utilizados no dia a dia em *notebooks*, impressoras e monitores utilizam capacitores para estabilizar a tensão fornecida aos aparelhos, conferindo a eles maior vida útil.

## Circuitos de descarga rápida

Às vezes é necessário fornecer uma grande corrente elétrica por um curto período de tempo para o acionamento de certos dispositivos. Utilizar uma fonte capaz de suprir esta demanda pode ser muito caro, e muitas vezes não eficiente, por isso a estratégia utilizada é manter capacitores carregados para quando estes picos forem necessários, uma vez que eles são capazes de se descarregar rapidamente.

Algumas dessas aplicações são os *flashes* de câmeras fotográficas (inclusive as mais modernas) e sistemas de *airbag* automotivo.

Alf Ribeiro/Shutterstock

Nas câmeras de celulares modernos, a energia para a ativação do *flash* vem de capacitores no circuito interno do aparelho.

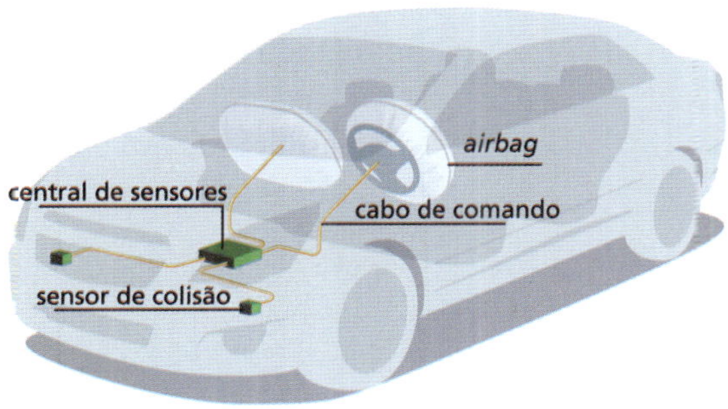


Banco de imagens/Arquivo da editora

No instante em que o sensor de colisão é acionado, há a necessidade de um pico de corrente elétrica para colocar todo o sistema eletrônico em ação. Essa quantidade de carga necessária está armazenada em um conjunto de capacitores.

# 4. Tipos de capacitores

Os capacitores podem apresentar-se de muitas formas. Vamos analisar os tipos mais comuns, suas características e composição.

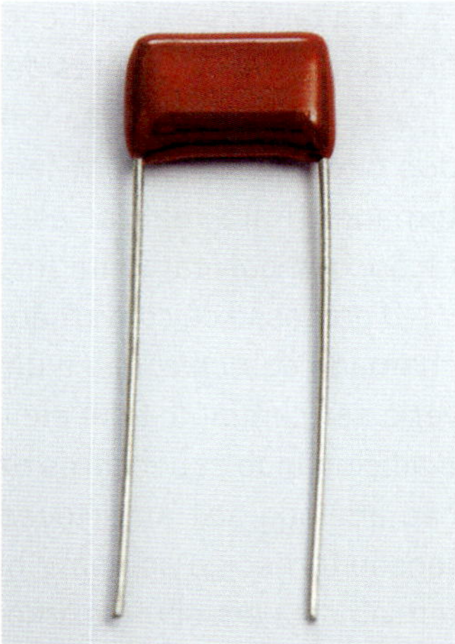

Sergio Dotta Jr./Arquivo da editora

Capacitores de poliéster, como o da imagem, são indicados para circuitos com tensões ou temperaturas elevadas.

## Capacitor de poliéster

A figura ao lado mostra o aspecto típico de um capacitor de poliéster (também chamado de capacitor de filme metálico). Sua estrutura é simples e consiste em uma longa fita metálica coberta por uma camada de isolante de ambos os lados. A fita é enrolada de maneira compacta e seus parâmetros físicos (como área, material isolante, espessura, etc.) determinam a capacitância do componente, como veremos adiante.

As figuras abaixo mostram o interior deste capacitor detalhando a estrutura descrita acima.

Sergio Dotta Jr./Arquivo da editora

Vista lateral da estrutura de um capacitor de poliéster.

Sergio Dotta Jr./Arquivo da editora

Fita metálica interna do capacitor de poliéster.

Sergio Dotta Jr./Arquivo da editora

Fita metálica interna esticada do capacitor de poliéster.

## Capacitor eletrolítico

É um dos tipos mais comuns de capacitor. Sua característica é ter uma grande capacitância e ser polarizado, o que significa que seus terminais não podem ser invertidos. A figura ao lado mostra o formato mais comum deste capacitor. As informações estão escritas de maneira explícita em seu invólucro e uma faixa branca indica o terminal negativo.

Sua composição interna consiste em duas folhas metalizadas (uma delas coberta com óxido de alumínio) separadas por duas camadas de papel. O papel, por sua vez, é embebido em óleo, mudando suas características de isolante elétrico.

Sergio Dotta Jr./Arquivo da editora

Capacitores eletrolíticos, como o da imagem, são muito utilizados para filtragem de ruído em fontes de tensão.

## Capacitores cerâmicos e didáticos

Existem outros tipos de capacitores, como os cerâmicos mostrados na figura abaixo. Sua estrutura é extremamente simples e consiste apenas de duas plaquinhas metálicas separadas por uma camada de cerâmica.

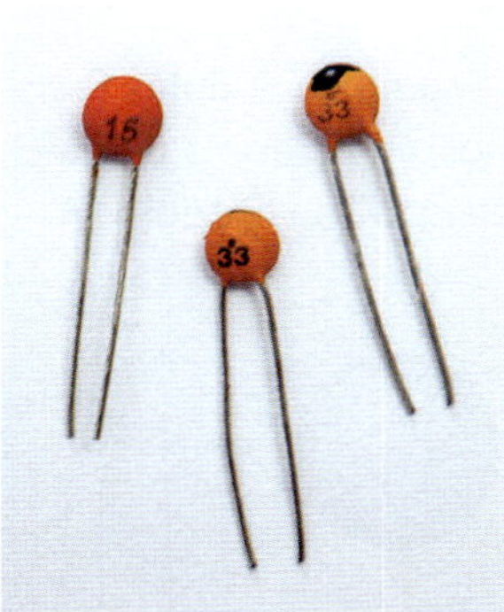


Sergio Dotta Jr./Arquivo da editora

Capacitores de cerâmica podem ser encontrados em diversos equipamentos eletrônicos: em aparelhos de televisão, rádios, roteadores, etc. Possuem capacitância da ordem de picofarads, sendo utilizados geralmente em circuitos que operam em alta frequência, nos quais o baixo fator de perdas e a alta estabilidade do valor da capacitância são relevantes.

Sergio Dotta Jr./Arquivo da editora

Capacitores didáticos são montados de modo que a distância entre as suas placas é variável, possibilitando o estudo da influência dessa grandeza no valor da capacitância e seus efeitos no circuito.

Outro tipo de capacitor é o da imagem acima, à direita. Esse aparato, denominado capacitor didático, é utilizado em demonstrações de laboratório.

**NOTA!**

Todos os capacitores apresentados anteriormente são diferentes, porém seu funcionamento baseia-se no mesmo princípio, o que é demonstrado por sua similaridade física. Todos eles possuem a mesma estrutura básica: placas condutoras separadas por um material isolante.

## 5. Símbolo do capacitor

Em circuitos elétricos os componentes são substituídos por seus símbolos universais, de modo que a leitura não seja ambígua.

Os capacitores possuem uma variedade de símbolos diferentes, porém a mais usual consiste em duas placas paralelas com terminais conectados a elas.

Símbolo usual de capacitor em esquemas representativos de circuitos elétricos.

Banco de imagens/Arquivo da editora

## 6. Capacitores ou condensadores: o fenômeno da condensação de cargas

Tomemos um condutor esférico **A** que foi carregado por meio de um gerador elétrico com uma carga $Q_1$, adquirindo um potencial elétrico $V_1$ em relação à terra, como mostra a imagem abaixo.

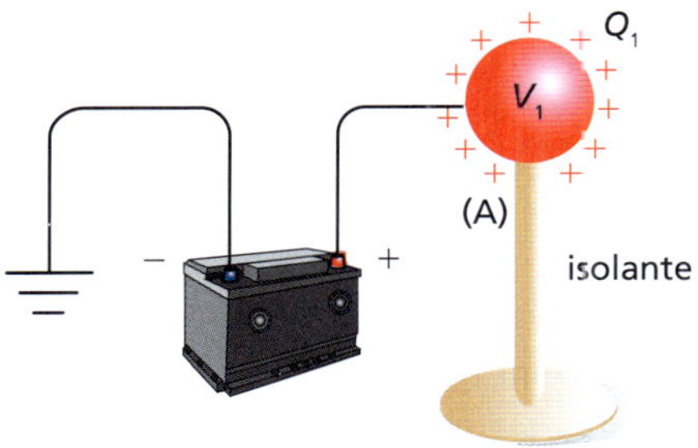


Banco de imagens/Arquivo da editora

Vimos no Tópico 3, Potencial elétrico, da Unidade 1, que a relação entre a quantidade de carga elétrica $Q_1$ e o potencial elétrico $V_1$ nos fornece a capacitância do condutor nestas condições:

$$C_1 = \frac{Q_1}{V_1}$$

Se, agora, aproximarmos deste primeiro condutor um segundo condutor **B** conectado à terra, como apresenta a imagem a seguir, verificaremos que a carga $Q'$ (negativa) induzida promove uma redução no potencial elétrico $V_1$ do condutor **A**.

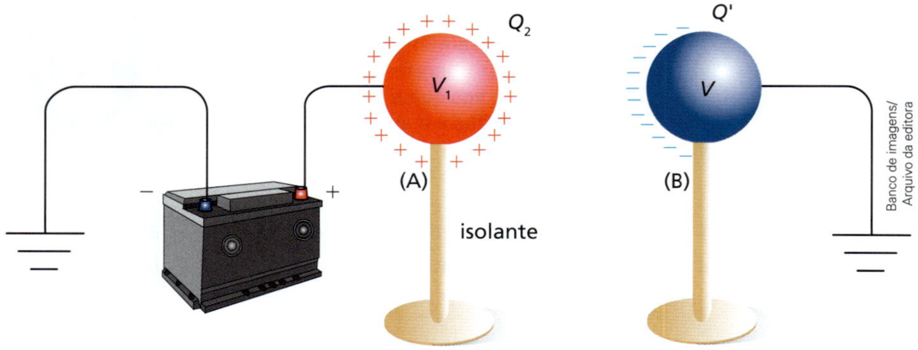


Para que o potencial elétrico seja restabelecido, uma quantidade de carga $Q$ extra deve ser fornecida pelo gerador ao condutor **A**, assim:

$$Q_2 = Q_1 + Q'$$

Observamos que o efeito final resultante da aproximação desse segundo condutor é um aumento da capacitância:

$$C_2 > C_1$$

Ao fenômeno do aumento da capacitância, observado acima, atribui-se o nome de **condensação de cargas**. Se conseguíssemos promover uma **indução elétrica praticamente total** entre indutor **A** e induzido **B**, a capacitância aumentaria ainda mais.

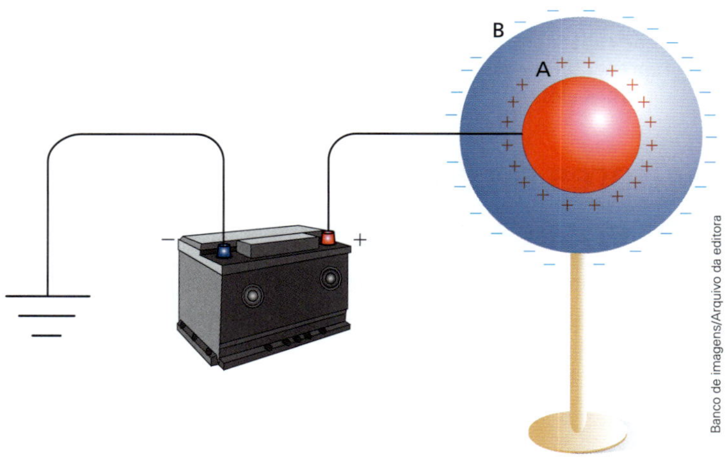


Se o induzido **B** envolve completamente o indutor **A**, temos o fenômeno da indução total.

Desse modo, os fenômenos da indução total e da condensação de cargas estabelecem as bases de funcionamento dos capacitores. Devido ao fenômeno da condensação de cargas, os capacitores são também denominados condensadores.

# 7. O processo de carga de um capacitor plano

Denomina-se capacitor plano aquele formado por duas placas condutoras, planas e paralelas entre si, como o da imagem abaixo. Estas placas são também chamadas de armaduras do capacitor.

As placas, de mesma área $A$, estão separadas por uma distância $d$ e estão isoladas, como mostra a figura:

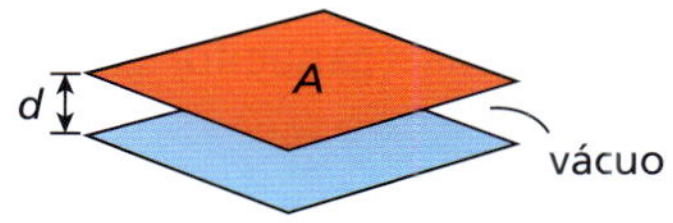


Banco de imagens/ Arquivo da editora

Vamos analisar o que ocorre com esta montagem se conectarmos as placas a uma fonte de tensão elétrica (uma bateria, por exemplo). As etapas desse processo estão esquematizadas abaixo.

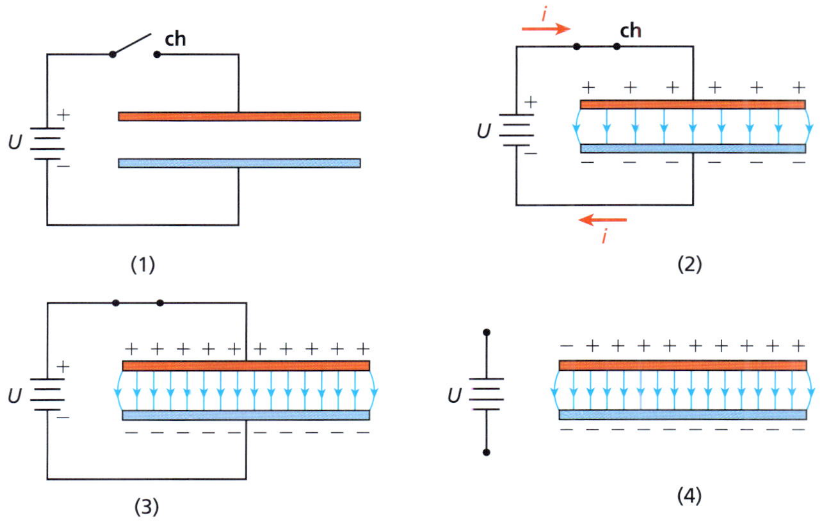


Banco de imagens/Arquivo da editora

Etapas do processo de carga de um capacitor.

Os fenômenos que ocorrerão na montagem ilustrada estão listados na sequência:

1. Inicialmente o circuito encontra-se com a chave **ch** aberta, isto é, as placas estão desconectadas da bateria. O capacitor está descarregado.
2. Em seguida, o circuito é ligado e flui uma corrente elétrica por ele. É fundamental observar que o espaço entre as placas é preenchido por um isolante, de modo que não há corrente elétrica nesta região. A corrente elétrica que se estabelece age no sentido de criar um acúmulo de cargas elétricas positivas em uma das placas e negativas na outra. Surge então entre as placas um campo elétrico proporcional à quantidade de carga acumulada.
3. Enquanto a diferença de potencial entre as placas for menor que a da bateria, haverá movimentação de portadores de carga pelos fios. Uma vez que a densidade de cargas nas placas atinja um valor tal que a diferença de potencial seja igual à da bateria, o fluxo de cargas cessa ($i = 0$).
4. Se as placas forem desconectadas da bateria, não haverá nenhum caminho condutor para onde as cargas que foram acumuladas possam fluir, de modo que elas permanecerão lá até que um caminho condutor seja criado. O capacitor está carregado.

É importante observar que a corrente que sai de um terminal da bateria é igual àquela que entra pelo outro terminal. Isso implica que em módulo as cargas acumuladas em cada uma das placas serão iguais. Chamaremos este valor de *Q*:

$$|Q_+| = |Q_-| = Q$$

Vimos, no Tópico 3 da Unidade 1, que sendo *Q* a carga elétrica armazenada no capacitor e *U* a ddp entre as duas placas, a capacitância *C*, ou seja, a capacidade de armazenamento de cargas desse capacitor é definida por:

$$C = \frac{Q}{U} \quad \text{ou} \quad Q = CU$$

**NOTA!**

É importante notar que o farad é uma unidade muito grande, de modo que é muito mais comum trabalhar com seus submúltiplos.

Recordando:

milifarad = mF = $10^{-3}$ F

microfarad = $\mu$F = $10^{-6}$ F

nanofarad = nF = $10^{-9}$ F

picofarad = pF = $10^{-12}$ F

A unidade de capacitância no sistema internacional é o **farad**, em homenagem a Michael Faraday, e é representada pela letra **F**, de modo que:

$$1 \text{ farad} = \frac{1 \text{ coulomb}}{1 \text{ volt}}$$

## 8. Capacitância de um capacitor plano

Para determinarmos quais são os fatores que influenciam na capacidade de armazenamento de cargas de um capacitor plano, ou seja, a sua capacitância, temos que fazer algumas considerações geométricas.

Vamos assumir que a separação entre as placas (*d*) é muito menor que o comprimento de seus lados. Isso permite tratar as placas, em uma primeira aproximação, como planos infinitos, o que facilitará o tratamento matemático do sistema, pois poderemos desprezar os efeitos de borda, ou seja, a não uniformidade das linhas de campo no perímetro das placas. Se as placas estiverem muito próximas, será ainda possível considerar que o campo elétrico na região externa é praticamente nulo. Essas duas situações estão esquematizadas abaixo.

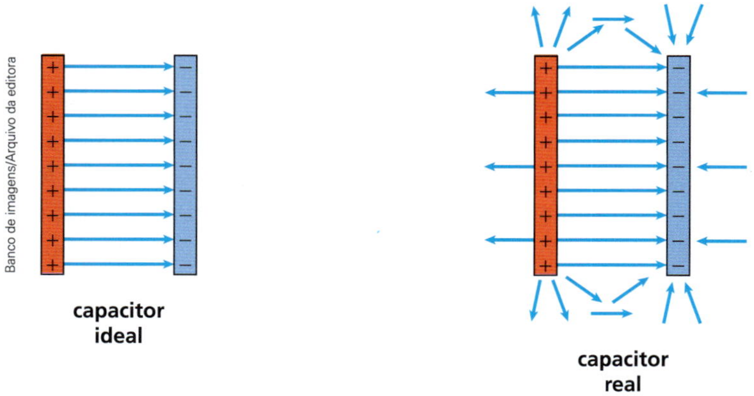


Acima, vista lateral de um capacitor ideal carregado e de um capacitor real com os efeitos de borda do campo elétrico.

A densidade superficial de cargas ($\sigma$) nas placas é dada por

$$\sigma = \frac{Q}{A} \qquad \text{(I)}$$

O campo elétrico ($\vec{E}$) entre as duas placas, levando-se em conta as considerações geométricas feitas, pode ser considerado uniforme. Já vimos nos tópicos de Eletrostática que nestas condições o valor absoluto do campo elétrico é dado por:

$$E = \frac{\sigma}{\varepsilon} \qquad \text{(II)}$$

em que $\varepsilon$ é a permissividade elétrica do material isolante entre as placas. Se tivermos vácuo entre as placas utilizamos a notação $\varepsilon_0$.

A diferença de potencial elétrico *U* será dada por:

$$U = Ed \qquad \text{(III)}$$

Usando (I) em (II) e, depois, (II) em (III), podemos escrever:

$$U = \frac{Qd}{\varepsilon_0 A}$$

Mas

$$C = \frac{Q}{U} = \frac{Q}{\frac{Qd}{\varepsilon_0 A}}$$

Portanto:

$$C = \frac{\varepsilon_0 A}{d}$$

## 9. Energia armazenada no capacitor

Vamos relembrar alguns conceitos e relações que já foram abordados no Tópico 3, Potencial elétrico, da Unidade 1, mas que são fundamentais para o estudo de capacitores.

No processo de carga de um capacitor, inicialmente descarregado, é necessário realizar um trabalho na movimentação de cargas que irá determinar a carga elétrica de cada uma de suas placas. O trabalho das forças de natureza elétrica para que se efetue o deslocamento dos portadores de carga será exatamente igual à energia potencial eletrostática armazenada no capacitor. Nesse processo a tensão elétrica *U* varia de acordo com a quantidade de carga *Q* que está sendo deslocada. A relação é linear, pois a quantidade de carga e a tensão elétrica são diretamente proporcionais. Assim, o gráfico assume o aspecto ao lado, em que a área destacada corresponde numericamente à energia potencial eletrostática ($E_p$) armazenada no capacitor.

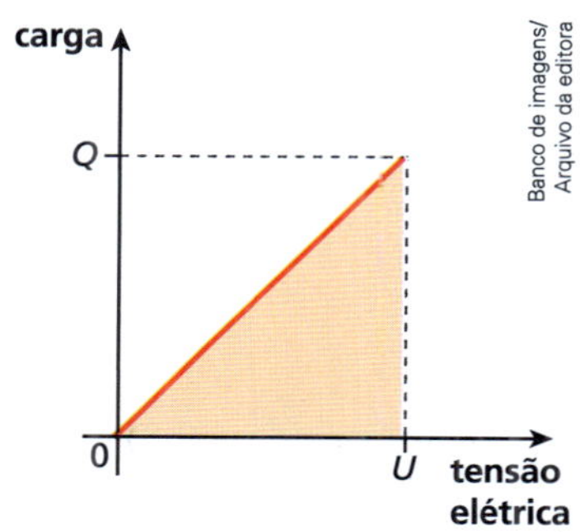


$$E_p \overset{N}{=} \text{área} \Rightarrow E_p = \frac{1}{2}QU \qquad \text{(I)}$$

Substituindo-se Q = CU em (I), vem:

$$E_p = \frac{1}{2}CU^2 \qquad \text{(II)}$$

Substituindo-se em (II) $U = \frac{Q}{C}$, temos:

$$E_p = \frac{Q^2}{2C}$$

## Ampliando o olhar

### Os bilhões de capacitores que carregamos diariamente

O funcionamento de processadores (seja de um computador, de um *videogame* ou de um celular) baseia-se na linguagem binária, ou seja, a base de sequências formadas pelos números 0 e 1. Essa unidade de informação binária é denominada ***bit*** (não confundir com *byte*, que equivale a 8 *bits*).

Um telefone celular, por exemplo, é capaz de processar todos os seus aplicativos, enviar mensagens, rodar jogos, tirar fotos, etc., pois o seu processador interpreta bilhões de *bits* e os transforma em ações.

Mas o que *bits* têm a ver com capacitores? Na memória RAM, que é a tecnologia que permite acesso rápido aos dados do seu dispositivo (computador, celular, etc.), para cada *bit* de dado temos um capacitor e um dispositivo chamado transistor. O capacitor é responsável por gravar o valor do *bit* (0 ou 1) e o transistor é responsável por ler e gravar o *bit*. Quando o capacitor está carregado, o valor do *bit* é 1, e quando está descarregado é 0. Vimos que capacitores são utilizados para ciclos rápidos, e é justamente por isso que eles são utilizados pela memória RAM, que não armazena conteúdos permanentemente.

jultud/Shutterstock

Na imagem podemos ver parte da placa-mãe de um computador, onde estão conectados quatro pentes de memória RAM.

Façamos uma estimativa da quantidade de capacitores em um pente de memória RAM com 8 *gigabytes*. A quantidade de *bits* nesse pente é $8 \cdot 8 \cdot 10^9$ *bits* (a multiplicação por 8 é necessária porque a contagem é feita em *bytes* e não em *bits*), ou seja, temos $6{,}4 \cdot 10^{10}$ "espaços" disponíveis para que sejam armazenados os dígitos 0 ou 1, que permitem que todos os programas instalados rodem.

Isso quer dizer que existem 64 bilhões de capacitores dentro de um único pente de memória RAM de 8 GB. E a memória RAM não é o único componente do seu computador a conter capacitores, já que eles também estão presentes dentro do processador, no circuito da placa-mãe, nas teclas do teclado, entre outros componentes internos. Outros tipos de memória, como o disco rígido ou as memórias de estado sólido, também usam a linguagem binária, mas com uma tecnologia diferente, que não depende de capacitores.

A desvantagem do *bit* formado pela combinação capacitor e transistor é que uma vez que o fluxo de energia cessa, toda a informação é perdida, por isso esse sistema é utilizado pela memória RAM, e não para a memória de armazenamento. Já a vantagem é que o tempo de leitura é extremamente mais rápido que a leitura de um disco rígido, ou mesmo que a leitura de um disco de estado sólido, por isso o uso dos dois tipos de memória é essencial para o funcionamento do computador. Novas tecnologias de memórias RAM vêm sendo desenvolvidas, incluindo tipos que são capazes de guardar informação mesmo quando a energia é desligada, porém essa tecnologia ainda é bastante cara, de modo que os computadores, em geral, continuam a possuir dentro deles uma quantidade de capacitores que pode ser comparável ao número de estrelas da nossa galáxia.

## Exercícios Nível 1

**1.** Um capacitor de capacitância *C*, inicialmente descarregado, foi conectado a um gerador que lhe forneceu uma carga elétrica *Q*.

E.R.

Banco de imagens/Arquivo da editora

Sendo C = 4,0 μF e a ddp do gerador U = 60 V, determine a carga elétrica *Q* e a energia potencial $E_p$, armazenada no capacitor.

**Resolução:**

Após o capacitor estar plenamente carregado, a quantidade de carga elétrica armazenada será dada por:

$$Q = CU \Rightarrow Q = 4{,}0 \cdot 10^{-6} \cdot 60$$

$$Q = 240 \cdot 10^{-6}\ C \therefore \boxed{Q = 240\ \mu C}$$

A energia potencial eletrostática ($E_p$) armazenada no capacitor pode ser determinada por meio de três fórmulas:

$$E_p = \frac{QU}{2} = \frac{CU^2}{2} = \frac{Q^2}{2C}$$

Com os dados fornecidos inicialmente, podemos utilizar:

$$E_p = \frac{CU^2}{2} \Rightarrow E_p = \frac{4{,}0 \cdot 10^{-6} \cdot (60)^2}{2}$$

$$E_p = 7\,200 \cdot 10^{-6}\ J \therefore \boxed{E_p = 7\,200\ \mu J}$$

**2.** (Uema) Uma das aplicações dos capacitores é no circuito eletrônico de um *flash* de máquina fotográfica. O capacitor acumula carga elétrica por um determinado tempo (alguns segundos) e, quando o botão para tirar foto é acionado, toda a carga acumulada é "despejada" sobre a lâmpada do *flash*, daí o seu brilho intenso, porém de curta duração.
Se nesse circuito houver um capacitor de dados nominais 315 V e 100 μF, corresponderá a uma carga, em coulomb, máxima, acumulada de

a) 3,1500
b) 0,3175
c) 0,3150
d) 0,0315
e) 3,1750

**3.** (UPM-SP) Duas pequenas esferas metálicas idênticas **A** e **B**, de capacitâncias iguais a $5{,}0 \cdot 10^{-1}$ pF cada uma, estão eletrizadas com cargas de mesmo sinal. Quando a diferença de potencial elétrico entre elas é $V_A - V_B = 10$ V, a diferença $Q_A - Q_B$ entre suas cargas elétricas é

a) 5,0 μC
b) 10 nC
c) 5,0 nC
d) 10 pC
e) 5,0 pC

**4.** (PUC-MG) Se dobrarmos a carga acumulada nas placas de um capacitor, a diferença de potencial entre suas placas ficará:

a) inalterada.
b) multiplicada por quatro.
c) multiplicada por dois.
d) dividida por quatro.
e) dividida por dois.

**5.** (UFG-GO) Em dias secos, algumas pessoas podem receber descargas elétricas quando se aproximam de superfícies metálicas. Numa condição específica, o corpo humano pode ficar eletrizado estaticamente com uma diferença de potencial de 30 kV. Neste caso, a pele humana funciona como as placas de um capacitor de 300 pF, e o estrato córneo (a camada mais externa da pele) funciona como o dielétrico, podendo armazenar energia elétrica. Considerando-se o exposto, calcule:

E.R.

a) a energia eletrostática armazenada pelo corpo;
b) a respectiva carga elétrica.

**Resolução:**

a) A energia eletrostática $E_p$ será dada por

$$E_p = \frac{1}{2}CU^2 = \frac{1}{2} \cdot (300 \cdot 10^{-12}) \cdot (30 \cdot 10^3)^2$$

$$\boxed{E_p = 1{,}35 \cdot 10^{-1}\ J}$$

b) A quantidade de carga armazenada é:

$$Q = CU = (300 \cdot 10^{-12}) \cdot (30 \cdot 10^3)$$

$$Q = 9{,}0 \cdot 10^{-6}\ C \therefore \boxed{Q = 9{,}0\ \mu C}$$

**6.** Um capacitor de placas paralelas de capacitância igual a 100 nF está carregado de modo que a ddp entre suas placas é de 10 V. Calcule a energia armazenada no capacitor.

**7.** (Acafe-SC) É comum vermos em filmes ou séries de TV a utilização de um equipamento elétrico capaz de estimular os batimentos do coração após uma parada cardíaca. Tal equipamento é o desfibrilador, aparelho provido de dois eletrodos que aplica um choque no paciente, a fim de provocar a passagem de uma grande corrente variável pelo coração em um curto intervalo de tempo, estabelecendo assim o ritmo normal das contrações. A descarga acontece porque o desfibrilador libera energia elétrica acumulada em um capacitor.

Reprodução/Acafe

Imagine que um desses aparelhos possua uma tensão de 3 kV entre os eletrodos e que o capacitor esteja carregado com 300 J de energia. Despreze as resistências elétricas dos componentes do desfibrilador e também do paciente.

A alternativa correta que apresenta o módulo da corrente média, em amperes, que atravessa o tórax do paciente se a descarga ocorre no tempo de 10 ms é:

a) 20 b) 30 c) 10 d) 40

**8.** (Uespi) Um capacitor de capacitância $1\ \mu F = 10^{-6}$ F é mantido sob uma tensão de 2 V. A energia potencial eletrostática armazenada no capacitor, vale, em joules:

a) $1 \cdot 10^{-6}$
b) $2 \cdot 10^{-6}$
c) $4 \cdot 10^{-6}$
d) $6 \cdot 10^{-6}$
e) $8 \cdot 10^{-6}$

**9.** (PUC-PR) Fibrilação ventricular é um processo de contração desordenada do coração que leva à falta de circulação sanguínea no corpo, chamada de parada cardiorrespiratória. O desfibrilador cardíaco é um equipamento que aplica um pulso de corrente elétrica através do coração para restabelecer o ritmo cardíaco. O equipamento é basicamente um circuito de carga e descarga de um capacitor (ou banco de capacitores). Dependendo das características da emergência, o médico controla a energia elétrica armazenada no capacitor dentro de uma faixa de 5 a 360 J. Suponha que o gráfico dado mostra a curva de carga de um capacitor de um desfibrilador. O equipamento é ajustado para carregar o capacitor através de uma diferença de potencial de 4 kV. Qual o nível de energia acumulada no capacitor que o médico ajustou?

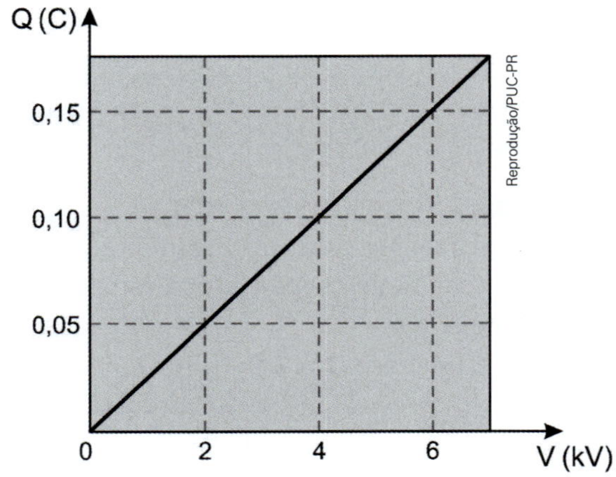

Reprodução/PUC-PR

**10.** Duas placas paralelas circulares de raio r = 10 cm estão separadas por uma distância de 1 mm. O material entre as placas é o ar, que pode ter suas características elétricas aproximadas às do vácuo. Sendo $\varepsilon_0 = 8{,}8 \cdot 10^{-12}$ F/m, calcule a capacitância do conjunto.

**11.** (UPM-SP) Considerando o esquema abaixo, quando se liga a chave **K** no ponto **X**, o amperímetro ideal **A** acusa uma intensidade de corrente elétrica igual a 250 mA. Ao se ligar a chave **K** no ponto **Y**, o capacitor adquire uma carga elétrica de:

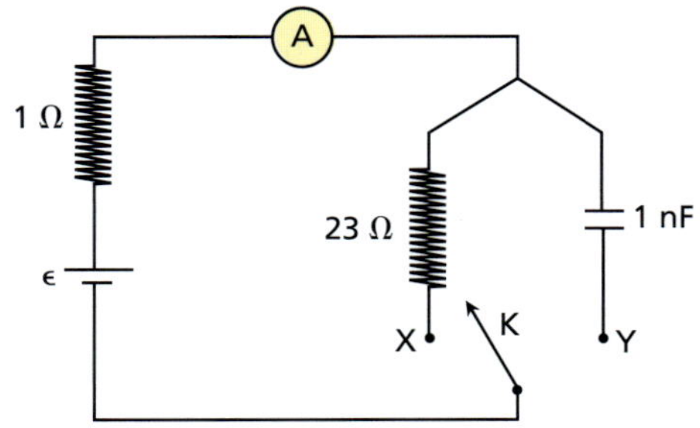

Reprodução/Arquivo da editora

a) 1 nC
b) 6 nC
c) 9 nC
d) 23 nC
e) 24 nC

# Exercícios Nível 2

**12.** (UFC-CE) As figuras I, II, III e IV são partes de um circuito **RC** cuja corrente *i* tem o sentido convencional.

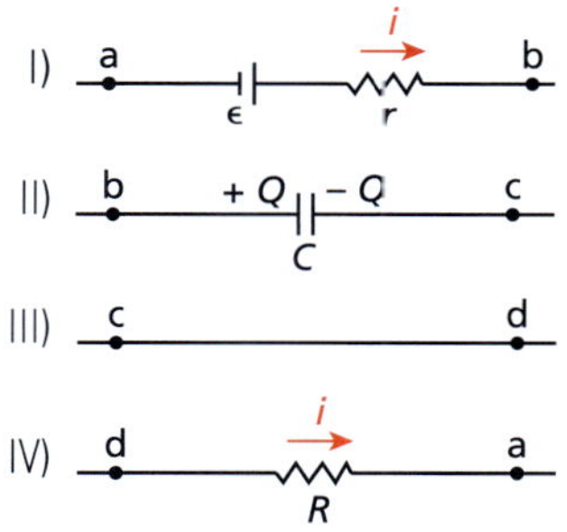


Reprodução/Arquivo da editora

Analise as figuras e assinale dentre as alternativas abaixo a que apresenta corretamente as diferenças de potenciais entre os diversos pontos do circuito.

a) $V_b - V_a = \epsilon + ri$; $V_c - V_b = \dfrac{Q}{C}$; $V_d - V_a = -Ri$; $V_d - V_c = 0$

b) $V_b - V_a = -(\epsilon - ri)$; $V_c - V_b = \dfrac{Q}{C}$; $V_d - V_a = -Ri$; $V_d - V_c = 0$

c) $V_b - V_a = \epsilon - ri$; $V_c - V_b = -\dfrac{Q}{C}$; $V_d - V_a = Ri$; $V_d - V_c = 0$

d) $V_b - V_a = -(\epsilon + ri)$; $V_c - V_b = -\dfrac{Q}{C}$; $V_d - V_a = -Ri$; $V_d - V_c = 0$

e) $V_b - V_a = -(\epsilon - ri)$; $V_c - V_b = -\dfrac{Q}{C}$; $V_d - V_a = -Ri$; $V_d - V_c = 0$

**13.** E.R. A capacitância de um capacitor de placas planas de área *A*, separadas por uma distância *d*, tendo o vácuo como dielétrico (permissividade ε), é dada pela equação:

$$C = \frac{\varepsilon A}{d}$$

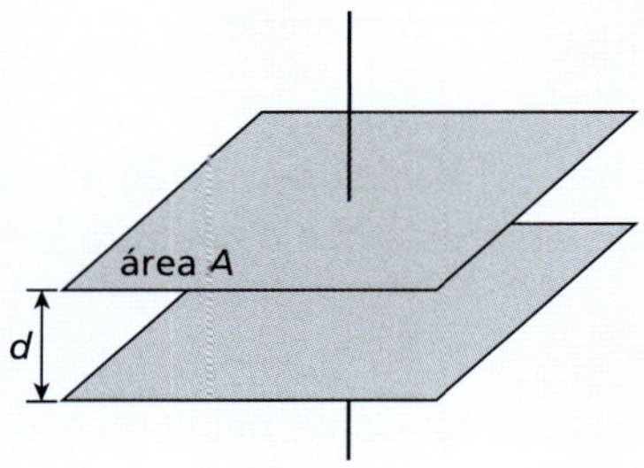


Banco de imagens/Arquivo da editora

Determine:

a) o novo valor da capacitância se a área das placas for duplicada;

b) a nova capacitância se a distância entre as placas for reduzida para $\dfrac{d}{4}$;

c) o que acontece se um isolante de mesma área for introduzido entre as placas.

**Dado**: permissividade (ε') do isolante: ε' = 3ε.

**Resolução:**

a) A capacitância é **diretamente proporcional** à área das placas; assim, dobrando-se a área, dobra-se também a capacitância.

$$\left.\begin{aligned} C &= \frac{\varepsilon A}{d} \\ C' &= \frac{\varepsilon 2A}{d} \end{aligned}\right\} \Rightarrow \boxed{C' = 2C}$$

b) A capacitância é **inversamente** proporcional à distância entre as placas; assim, quando a distância se reduz a um quarto do valor inicial, a capacitância quadruplica.

$$\left.\begin{aligned} C &= \frac{\varepsilon A}{d} \\ C' &= \frac{\varepsilon A}{\frac{d}{4}} \end{aligned}\right\} \Rightarrow \boxed{C' = 4C}$$

c) Ao inserirmos um material isolante entre as placas do capacitor, inicialmente com vácuo entre elas, a capacitância irá aumentar.

$$\left.\begin{aligned} C &= \frac{\varepsilon A}{d} \\ C' &= \frac{3\varepsilon \cdot A}{d} \end{aligned}\right\} \Rightarrow \boxed{C' = 3C}$$

A capacitância é diretamente proporcional ao valor da permissividade (ε') do isolante utilizado entre as placas.

**14.** (UPM-SP) O capacitor do circuito indicado na figura está eletrizado sob tensão de 100 V. Fecha-se a chave **k** e aguarda-se o capacitor descarregar totalmente. Qual a energia dissipada no resistor de resistência igual a 1 ohm?

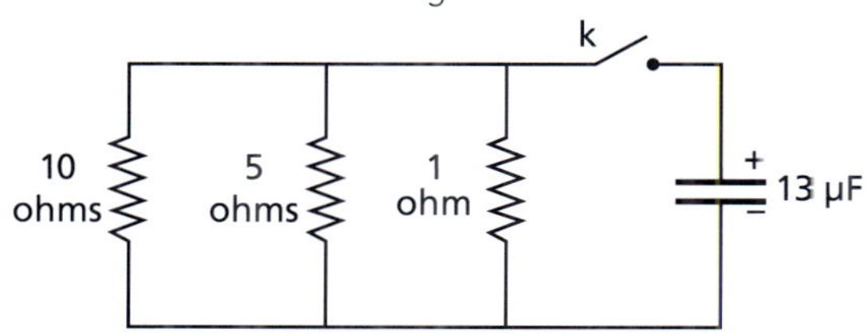


Reprodução/Arquivo da editora

## Bloco 2

# 10. Associação de capacitores

Danny Iacob/Shutterstock

Na placa-mãe de computadores, responsáveis por conectar os componentes do computador, há diversas associações de capacitores.

Quando estudamos as aplicações práticas dos capacitores, enfatizamos o fato de esses dispositivos poderem ser usados nos mais variados tipos de circuitos elétricos.

Para desempenharem as diversas funções necessárias nesses circuitos, os capacitores são associados em série, em paralelo ou de forma mista.

## Associação de capacitores em série

Para que os capacitores estejam ligados em série, é importante que suas armaduras (placas) estejam conectadas de acordo com o esquema seguinte.

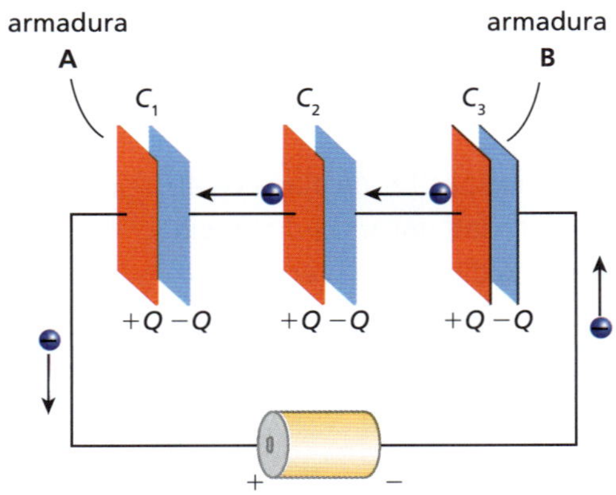


Banco de imagens/Arquivo da editora

As armaduras **A** e **B**, posicionadas nas extremidades, estão efetivamente conectadas à bateria e desse modo estão eletrizadas positivamente (armadura **A**) e negativamente (armadura **B**).

Como ocorre o processo de carga?

A carga $+Q$ da armadura positiva do capacitor $C_1$ irá, pelo processo de indução eletrostática, induzir $-Q$ na sua outra armadura.

Observemos, no entanto, que a armadura negativa do primeiro capacitor está ligada à armadura do segundo, que irá se eletrizar positivamente, e o processo de indução se repete sucessivamente para todos os capacitores em série.

Decorre do fenômeno da indução eletrostática uma característica fundamental da associação em série de capacitores:

Todos os capacitores em série armazenam a mesma quantidade de carga $Q$.

Observe que o fato de existir um isolante entre as placas de um capacitor não impede a movimentação de portadores de carga elétrica pelos fios. Graças ao fenômeno da indução eletrostática, existe uma "comunicação" entre as armaduras.

## Cálculo da capacitância equivalente na associação em série

Consideremos $n$ capacitores associados em série submetidos a tensões elétricas $U_1$, $U_2$, $U_3$, ..., $U_n$, respectivamente. Nesse caso, as tensões elétricas obedecem à relação:

$$U_{total} = U_1 + U_2 + U_3 + ... + U_n$$

Assim:

A tensão elétrica total é a soma das tensões elétricas parciais dos capacitores associados.

De $Q = CU$, podemos escrever $U = \frac{Q}{C}$ e, portanto:

$$\frac{Q}{C_{eq}} = \frac{Q}{C_1} + \frac{Q}{C_2} + \frac{Q}{C_3} + ... + \frac{Q}{C_n}$$

Observando que na associação em série a carga $Q$ é constante, temos:

$$\frac{1}{C_{eq}} = \frac{1}{C_1} + \frac{1}{C_2} + \frac{1}{C_3} + ... + \frac{1}{C_n}$$

Esta expressão nos permite calcular a capacitância do capacitor equivalente.

**Exemplo 1**

Consideremos uma associação em série de $n$ **capacitores idênticos** de capacitância $C$, como no esquema abaixo.

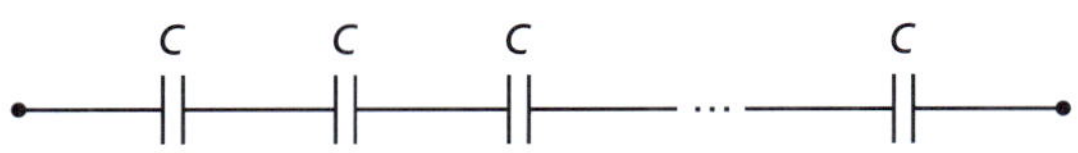

Banco de imagens/Arquivo da editora

A capacitância equivalente é dada por:

$$\frac{1}{C_{eq}} = \underbrace{\frac{1}{C} + \frac{1}{C} + \frac{1}{C} + ... + \frac{1}{C}}_{n}$$

$$\frac{1}{C_{eq}} = n\frac{1}{C} \Rightarrow C_{eq} = \frac{C}{n}$$

**Exemplo 2**

Consideremos dois capacitores quaisquer associados em série, com capacitâncias $C_1$ e $C_2$, como mostra o esquema a seguir.

Banco de imagens/Arquivo da editora

A capacitância equivalente da associação é:

$$\frac{1}{C_{eq}} = \frac{1}{C_1} + \frac{1}{C_2} \Rightarrow \frac{1}{C_{eq}} = \frac{C_1 + C_2}{C_1C_2}$$

$$C_{eq} = \frac{C_1C_2}{C_1 + C_2}$$

## Associação de capacitores em paralelo

Para que os capacitores estejam ligados em paralelo, é importante que suas armaduras (placas) estejam conectadas de acordo com o esquema que segue.

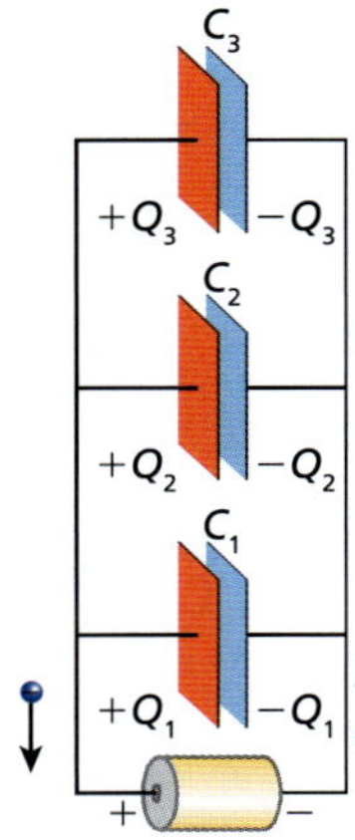

Banco de imagens/Arquivo da editora

Nesse tipo de associação, as armaduras de cada capacitor estão ligadas diretamente aos terminais da fonte de tensão.

Portanto:

Todos os capacitores associados em paralelo são submetidos à mesma tensão elétrica ($U$).

Cada um dos capacitores participantes poderá ser carregado individualmente pela fonte e a quantidade de carga que cada elemento armazenar vai depender do valor de sua capacitância.

Podemos então estabelecer que a quantidade total de carga elétrica da associação será igual à soma das quantidades de carga individuais armazenadas em cada capacitor, assim:

$$Q_{total} = Q_1 + Q_2 + Q_3 + ... + Q_n$$

Sendo Q = CU, temos:

$$C_{eq}U = C_1U + C_2U + C_3U + ... + C_nU$$

Recordando que na associação em paralelo a ddp é a mesma para cada capacitor, vem:

$$C_{eq} = C_1 + C_2 + C_3 + ... + C_n$$

Esta expressão nos permite calcular a capacitância do capacitor equivalente.

Para o caso de *n* **capacitores idênticos** de capacitância *C* associados em paralelo, temos:

$$C_{eq} = nC$$

# 11. Dielétricos

Até agora estudamos os casos onde o meio entre as placas do capacitor é o vácuo. Esse meio material entre as placas do capacitor é denominado **dielétrico**.

**Dielétricos** são substâncias não condutoras de eletricidade pelo fato de não existirem portadores de cargas livres em seu interior.

O físico franco-britânico Henry Cavendish (1731-1810) verificou em 1773 experimentalmente pela primeira vez que a capacitância de um capacitor aumentava quando era colocado um material isolante entre as placas do capacitor (Faraday também chegou à mesma conclusão independentemente em 1837).

Consideremos a situação esquematizada abaixo em que um dielétrico constituído de **moléculas polares** (moléculas que apresentam polo negativo e positivo) é inserido em um capacitor carregado:

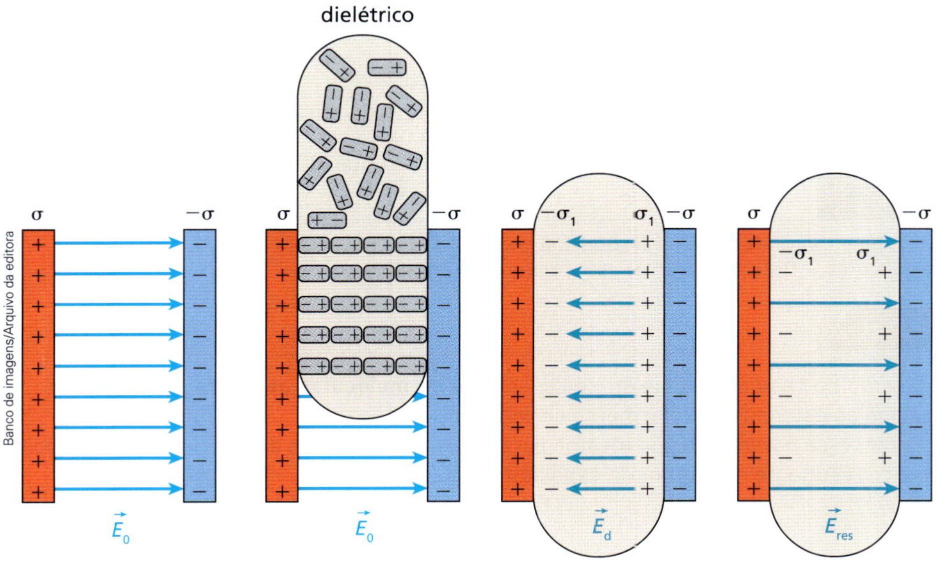


A sequência mostra a inserção de um dielétrico formado por moléculas polares dentro de um capacitor.

Temos, inicialmente, um capacitor plano, carregado, com vácuo entre suas placas e não conectado a um gerador. A intensidade do campo elétrico é $E_0$.

Com a introdução do dielétrico teremos um campo elétrico ($\vec{E}_d$) de sentido oposto a ($\vec{E}_0$). Esse campo surge devido ao alinhamento das moléculas polares que constituem o dielétrico, criando duas películas planas de densidade superficial de cargas $-\sigma_1$ e $\sigma_1$ mostradas na figura.

Assim, a intensidade do campo elétrico resultante no capacitor ($\vec{E}_{res}$) será determinada pela superposição desses dois campos elétricos:

$$E_{res} = E_0 - E_d$$

A introdução do dielétrico promove uma diminuição da intensidade do campo elétrico no capacitor. Como consequência direta, a ddp $U$ também irá diminuir sem, contudo, alterar a carga $Q$ do capacitor, que permanece constante, assim:

$$Q = C\,U$$

Para $Q$ constante, se a ddp $U$ diminui, a capacitância $C$ aumenta. Concluímos, assim:

A introdução do dielétrico entre as placas do capacitor promove um aumento no valor de sua capacitância.

O valor deste aumento está atrelado às características do material isolante que será utilizado como dielétrico e sua respectiva **constante dielétrica**, representada pela letra *k*. O valor da constante dielétrica *k* de um isolante é definido pela razão $\frac{C}{C_0}$, em que *C* é a capacitância quando se utiliza um isolante qualquer e $C_0$ a capacitância do mesmo capacitor quando o dielétrico é o vácuo, de modo que:

$$C = kC_0$$

A constante dielétrica pode também ser chamada de **permissividade relativa**, quando em geral é representada por $\varepsilon_r$. Neste caso, ela associa-se com a permissividade absoluta da seguinte maneira:

$$\varepsilon_r = k = \frac{\varepsilon}{\varepsilon_0}$$

em que $\varepsilon$ é a permissividade do isolante utilizado.

A tabela abaixo apresenta a constante dielétrica para alguns materiais.

| Material | Vácuo | Ar | *Teflon* | Papel | Água (20 °C) |
|---|---|---|---|---|---|
| *k* | 1,0 | 1,00059 | 2,1 | 3,7 | 80,1 |

Valores aproximados à temperatura ambiente.

Fonte: <http://leg.ufpi.br/subsiteFiles/zurita/arquivos/files/Mat_Eletricos_-_Dieletricos-Apostila.pdf>. Acesso em: 17 jul. 2018.

**NOTA!**

Mesmo no caso de um dielétrico constituído de **moléculas apolares**, um fenômeno análogo ao estudado anteriormente se verifica.

Percebe-se novamente que mesmo para moléculas apolares a intensidade do campo elétrico resultante no interior do capacitor será dada por:

$$E_{res} = E_0 - E_d$$

Banco de imagens/Arquivo da editora

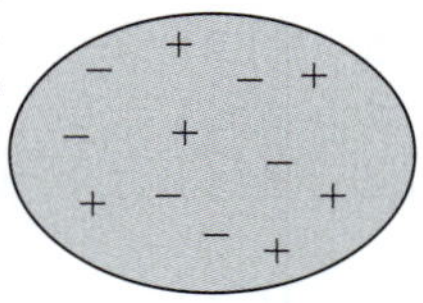

Molécula apolar na ausência de campo elétrico externo.

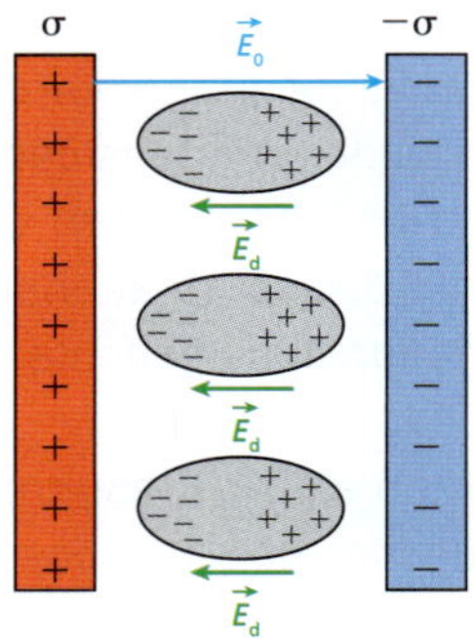


Ao inserirmos o dielétrico formado por moléculas apolares, há uma separação efetiva de cargas e o campo elétrico $\vec{E}_d$ é oposto a $\vec{E}_0$.

## Rigidez dielétrica

O dielétrico utilizado entre as placas de um capacitor não é garantia de que podemos carregá-lo e submetê-lo a qualquer ddp. Mesmo os melhores isolantes, quando submetidos a campos elétricos muito intensos, podem ter elétrons arrancados de seus átomos e ionizarem-se, tornando-se condutores.

O campo elétrico máximo que pode ser aplicado a um isolante sem que ele se torne um condutor é denominado **rigidez dielétrica** do isolante.

| Material | Rigidez dielétrica (V/m) |
|---|---|
| Ar | $3{,}0 \cdot 10^6$ |
| *Teflon* | $60{,}0 \cdot 10^6$ |
| Papel | $16{,}0 \cdot 10^6$ |
| Vidro *pirex* | $14{,}0 \cdot 10^6$ |
| Água (20 °C) | $8{,}0 \cdot 10^6$ |

// Valores aproximados à temperatura ambiente.

Fonte: <http://leg.ufpi.br/subsiteFiles/zurita/arquivos/files/Mat_Eletricos_-_Dieletricos-Apostila.pdf>. Acesso em: 17 jul. 2018.

# Casos com mais de um dielétrico

## Dielétricos concatenados

Analisemos a situação em que o meio entre as placas de um capacitor é preenchido por dois materiais dielétricos um ao lado do outro, como mostra a figura abaixo.

A abordagem deste problema pode ser complexa para um caso genérico, devido a efeitos de borda que surgem nas interfaces criadas quando se tem mais de um dielétrico. No entanto, como já exposto, em geral, nos capacitores o espaçamento entre as placas é pequeno, muito menor que as dimensões da placa, de modo que os efeitos de borda podem ser desprezados. O mesmo vale para mais de um dielétrico: se as dimensões de cada dielétrico forem muito maiores que sua espessura, eventuais efeitos de borda serão também desconsiderados.

Sendo satisfeitas as condições acima, o caso se reduz a uma associação de dois **capacitores em paralelo**, como ilustra a imagem a seguir:

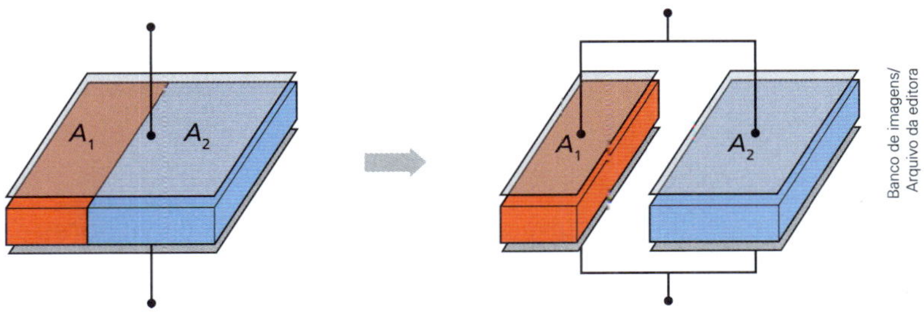


Desse modo, a capacitância total será:

$$C_{eq} = C_1 + C_2 \Rightarrow \quad C_{eq} = \frac{\varepsilon_1 A_1}{d} + \frac{\varepsilon_2 A_2}{d}$$

É possível ainda estender o conceito para mais de dois dielétricos.

Repare ainda que a expressão não depende do formato das regiões preenchidas pelos isolantes e sim de suas áreas superficiais, de modo que eles podem ter formatos diferentes e a expressão obtida continua válida desde que atendidas as restrições geométricas expostas no início deste tópico.

## Dielétricos empilhados

Iremos assumir as mesmas considerações geométricas sobre as dimensões do capacitor que foram propostas no caso anterior. No item anterior tínhamos dois dielétricos que compartilhavam a mesma espessura, mas podiam eventualmente ter áreas diferentes. Agora os dielétricos possuem a mesma área, porém, estão empilhados e podem ter **espessuras diferentes**. A imagem abaixo ilustra essa situação.

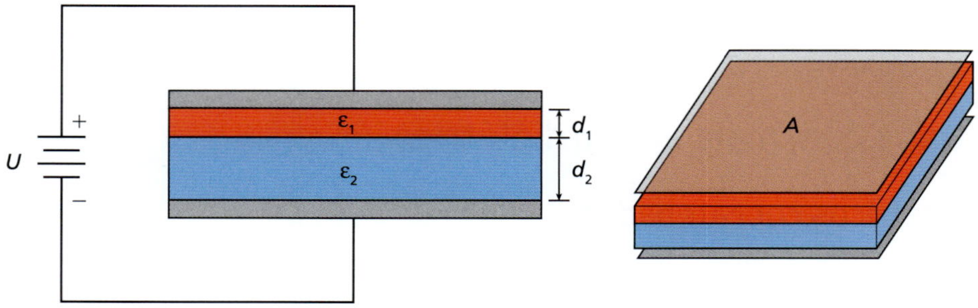

Banco de imagens/Arquivo da editora

A situação é equivalente, agora, a termos **capacitores em série**. Este resultado pode não ser intuitivo em um primeiro momento porque não existe uma placa condutora entre os dois dielétricos, porém existe uma distribuição de cargas na superfície das placas e isso justifica a analogia.

A situação equivalente é representada pela imagem abaixo.

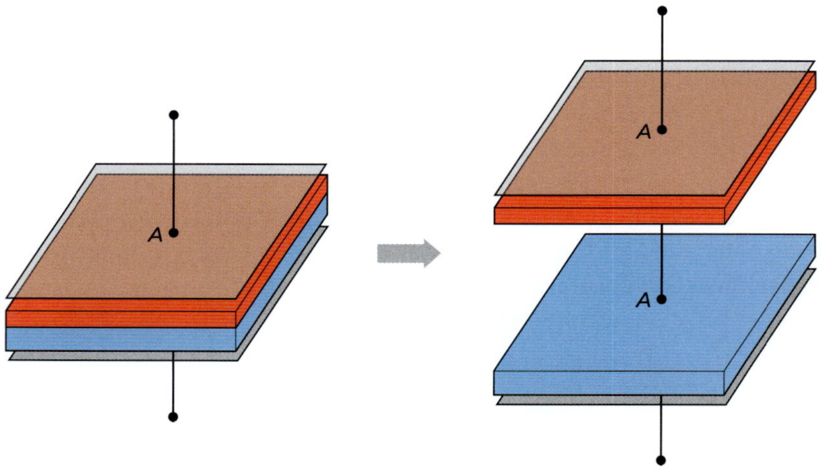

Banco de imagens/Arquivo da editora

Portanto, a capacitância equivalente da associação dos capacitores é dada por:

$$\frac{1}{C_{eq}} = \frac{1}{C_1} + \frac{1}{C_2}$$

$$\frac{1}{C_{eq}} = \frac{1}{\left(\frac{\varepsilon_1 A}{d_1}\right)} + \frac{1}{\left(\frac{\varepsilon_2 A}{d_2}\right)} \Rightarrow \frac{1}{C_{eq}} = \frac{d_1}{(\varepsilon_1 A)} + \frac{d_2}{(\varepsilon_2 A)}$$

Novamente, o resultado pode ser estendido para qualquer número de camadas.

$$\frac{1}{C_{eq}} = \frac{1}{A}\left(\frac{d_1}{\varepsilon_1} + \frac{d_2}{\varepsilon_2}\right)$$

## Ampliando o olhar

### De olho no futuro: os supercapacitores

Durante muito tempo a eletrônica convive com valores de capacitância da ordem de microfarads, nanofarads e até picofarads, porém, algumas inovações tecnológicas apontam que este cenário está mudando de maneira muito rápida.

Primeiro, vieram os capacitores eletrolíticos. Um salto de valores bastante razoável foi obtido com os capacitores eletrolíticos de alumínio. Na sequência, vieram os capacitores eletrolíticos de tântalo. O óxido de tântalo tem uma constante dielétrica muitas vezes maior que a do óxido de alumínio, o que permitiu ganhos tanto no que diz respeito aos valores de capacitância obtidos como ao tamanho dos capacitores utilizados.

Eis que surge o grafeno!

welcomia/Shutterstock

Representação da rede hexagonal da estrutura molecular do grafeno.

O grafeno, alardeado como o material do futuro, tem realmente propriedades interessantes:

- é o material mais fino e leve já encontrado, é tão fino que pode ser considerado bidimensional;
- é constituído de uma rede de átomos de carbono arranjados entre si em forma hexagonal. É duzentas vezes mais forte que o aço, excelente condutor de eletricidade, maleável, transparente e de custo muito baixo, facilitando sua produção.

Vários institutos de pesquisa em todo o mundo têm concentrado sua atenção na construção de **supercapacitores de grafeno**. De maneira simplificada, o supercapacitor de grafeno consiste na combinação de duas camadas de grafeno com uma de eletrólito entre elas.

Reprodução/Arquivo da editora

Algo inimaginável em um passado recente, os supercapacitores ou ultracapacitores têm capacitâncias de milhares de farads.

Os resultados obtidos até agora são tão animadores que pesquisadores já falam na substituição das baterias mais modernas pelos supercapacitores. Carros movidos a bateria usariam supercapacitores, menores e fáceis de instalar em qualquer parte do carro. Estima-se que, com o uso dos supercapacitores, a autonomia de carros elétricos poderá ser de 500 km, praticamente a mesma autonomia dos que usam derivados de petróleo. Imagine, quando seu celular descarregar, poder carregá-lo em 5 segundos, ou ter seu *notebook* pronto para uso novamente em 30 segundos!

Se tudo que se tem projetado efetivamente se concretizar, os supercapacitores poderão substituir as baterias com a enorme vantagem de poderem ser recarregados de modo muito rápido.

Enquanto as pesquisas continuam a todo vapor, os primeiros supercapacitores comerciais já começam a aparecer nos *sites* da internet. E as baterias de automóveis feitas com ultracapacitores também já estão sendo testadas.

## Exercícios Nível 1

**15.** (Unitau-SP) Dois capacitores idênticos, de capacitância igual a 2 $\mu$F, estão ligados em série, conforme a figura abaixo.
E.R.

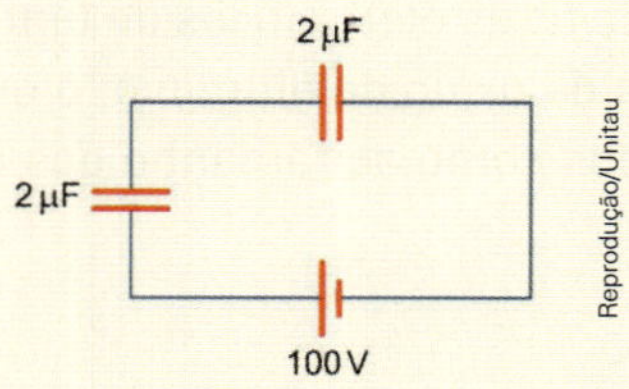


Sobre esses capacitores, é correto afirmar:

a) As cargas, em cada um dos dois capacitores, são iguais a $10^{-4}$ C.

b) As cargas são diferentes nos dois capacitores.

c) As diferenças de potencial entre as placas dos capacitores são iguais a 100 V em cada um.

d) As diferenças de potencial entre as placas dos dois capacitores são diferentes.

e) As tensões nas placas dos dois capacitores são iguais, apesar de as cargas serem diferentes.

**Resolução:**

É possível utilizar dois métodos para obter a mesma solução deste problema.

1º método:

Os dois capacitores estão ligados em série, logo, adquirem a mesma quantidade de carga elétrica ($Q_1 = Q_2$).

Pelo fato de ambos serem idênticos, cada um estará submetido a uma ddp de 50 V. Assim:

$$U_1 = U_2 = \frac{U}{2} = 50 \text{ V}$$

A carga elétrica acumulada vale:

$$Q_1 = C_1U_1 \Rightarrow Q_1 = (2 \cdot 10^{-6}) \cdot (50)$$

$$Q_1 = 100 \cdot 10^{-6} \text{ C} \Rightarrow Q_1 = 1 \cdot 10^{-4} \text{ C}$$

$$\boxed{Q_1 = Q_2 = 1 \cdot 10^{-4} \text{ C}}$$

2º método:

Para uma associação em série de dois capacitores idênticos, temos:

$$C_{eq} = \frac{C}{2} = \frac{2 \cdot 10^{-6}}{2} \therefore C = 1 \cdot 10^{-6} \text{ F}$$

A quantidade de carga $Q$ do capacitor equivalente pode ser determinada por:

$$Q = C_{eq}U \Rightarrow Q = (2 \cdot 10^{-6}) \cdot (50)$$

$$Q = 100 \cdot 10^{-6} \text{ C} \therefore \boxed{Q = 1 \cdot 10^{-4} \text{ C}}$$

Enfatiza-se, novamente, que em uma associação em série de capacitores a quantidade de carga é constante:

$$\boxed{Q = Q_1 = Q_2}$$

Resposta: alternativa **a**.

**16.** (Enem) Um cosmonauta russo estava a bordo da estação espacial Mir quando um de seus rádios de comunicação quebrou. Ele constatou que dois capacitores do rádio, de 3 $\mu$F e 7 $\mu$F, ligados em série, estavam queimados. Em função da disponibilidade, foi preciso substituir os capacitores defeituosos por um único capacitor que cumpria a mesma função.

Qual foi a capacitância, medida em $\mu$F, do capacitor utilizado pelo cosmonauta?

a) 0,10
b) 0,50
c) 2,1
d) 10
e) 21

**17.** Determine a capacitância equivalente para as seguintes associações:
E.R.

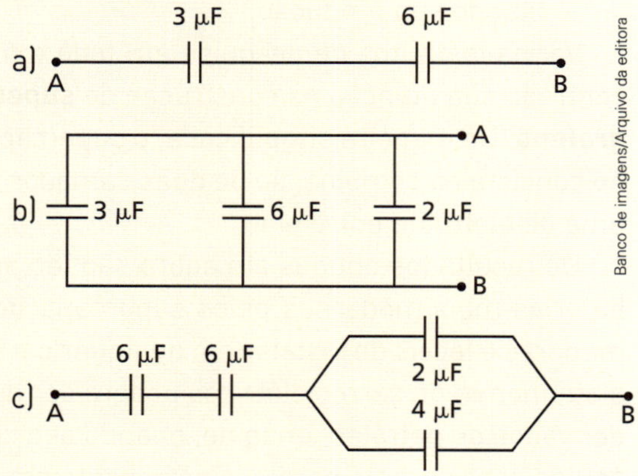


**Resolução:**

a) Os dois capacitores estão associados em série. Assim:

$$\frac{1}{C_{eq}} = \frac{1}{3} + \frac{1}{6} = \frac{2+1}{6} = \frac{3}{6} \therefore \boxed{C_{eq} = 2\ \mu\text{F}}$$

**Observação:**

Podemos, para dois capacitores em série, utilizar a regra prática:

$$C_{eq} = \frac{C_1C_2}{C_1 + C_2} = \frac{3 \cdot 6}{3+6} = \frac{18}{9} \therefore \boxed{C_{eq} = 2\ \mu F}$$

b) Os três capacitores estão associados em paralelo. Assim:

$$C_{eq} = 3 + 6 + 2 \therefore \boxed{C_{eq} = 11\ \mu F}$$

c) Temos uma associação mista de capacitores, assim, podemos redesenhar o circuito:

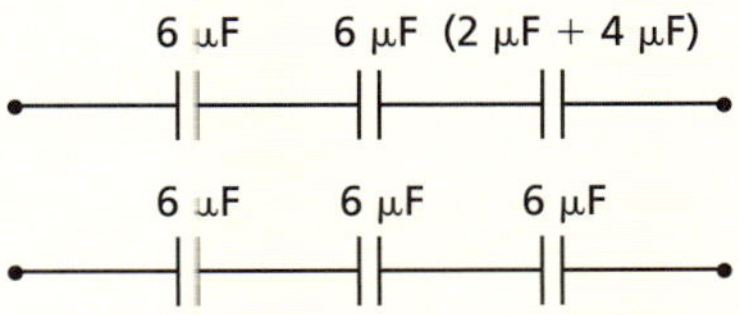


No circuito equivalente, os três capacitores têm o mesmo valor. Assim:

$$C_{eq} = \frac{C}{n} = \frac{6\ \mu F}{3} \Rightarrow \boxed{C_{eq} = 2\ \mu F}$$

**18.** (UEM-PR) O capacitor equivalente de uma associação em série, constituída por 3 capacitores iguais, tem capacitância 2 μF. Utilizando-se 2 destes capacitores para montar uma associação em paralelo, a mesma apresenta uma capacitância de

a) 3 μF
b) 6 μF
c) 12 μF
d) 18 μF

**19.** (UFPI) O capacitor equivalente ao da associação da figura, entre os pontos **A** e **B**, tem capacitância:

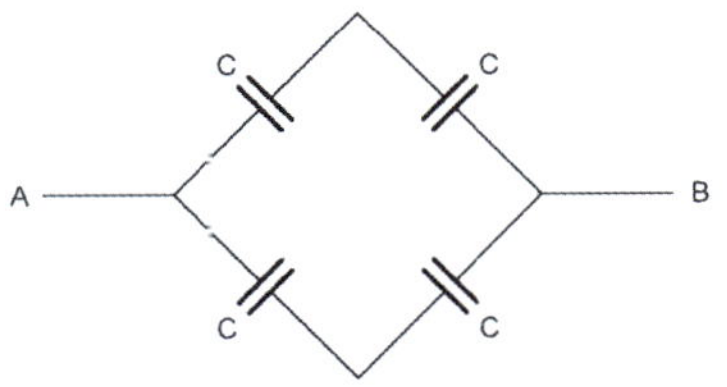


Reprodução/UFPI

a) C
b) $\frac{C}{2}$
c) 2C
d) $\frac{C}{4}$
e) 4C

**20.** Para o circuito ilustrado, todos os capacitores são idênticos. Determine o valor da capacitância equivalente.

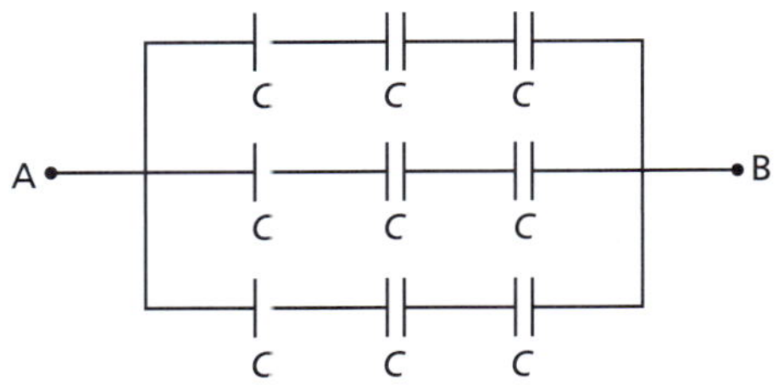


Banco de imagens/Arquivo da editora

**21.** (Unesp-SP) Modelos elétricos são frequentemente utilizados para explicar a transmissão de informações em diversos sistemas do corpo humano. O sistema nervoso, por exemplo, é composto por neurônios (figura 1), células delimitadas por uma fina membrana lipoproteica que separa o meio intracelular do meio extracelular. A parte interna da membrana é negativamente carregada e a parte externa possui carga positiva (figura 2), de maneira análoga ao que ocorre nas placas de um capacitor.

FIGURA 1

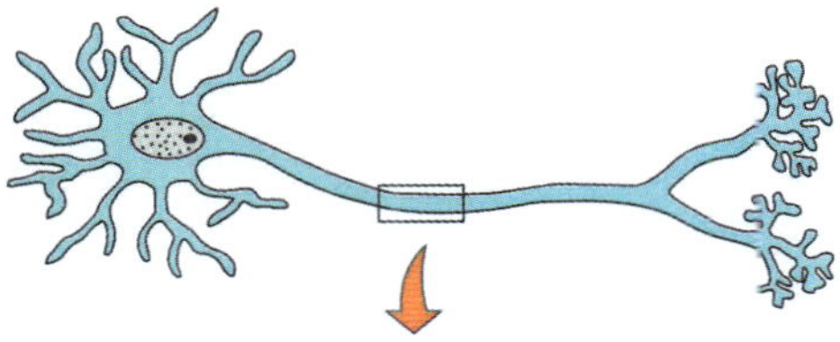

FIGURA 2

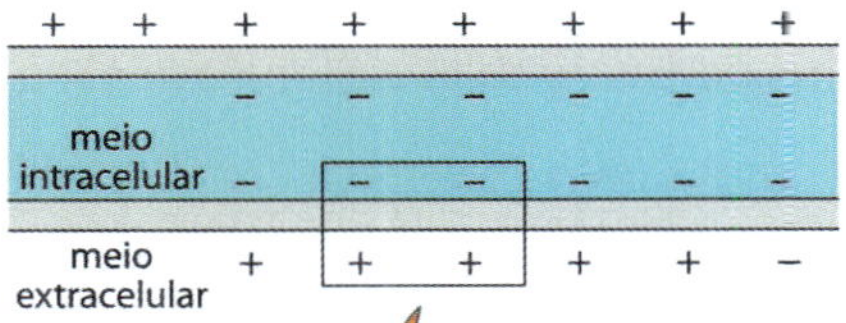


FIGURA 3

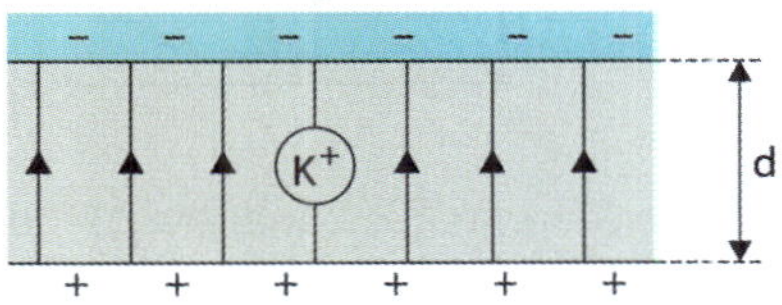


Reprodução/Unesp, 2014.

(http://biotravel.com.br. Adaptado.)

A figura 3 representa um fragmento ampliado dessa membrana, de espessura *d*, que está sob ação de um campo elétrico uniforme, representado na figura por suas linhas de força paralelas entre si e orientadas para cima. A diferença de potencial entre o meio intracelular e o extracelular é *V*. Considerando a carga elétrica elementar como e, o íon de potássio $K^+$, indicado na figura 3, sob ação desse campo elétrico ficaria sujeito a uma força elétrica cujo módulo pode ser escrito por

a) eVd

b) $\frac{ed}{V}$

c) $\frac{Vd}{e}$

d) $\frac{e}{Vd}$

e) $\frac{eV}{d}$

## Exercícios Nível 2

**22.** (UPM-SP) Dois capacitores planos idênticos, cujas placas possuem 1 $cm^2$ de área cada uma, estão associados em série, sob uma ddp de 12 V. Deseja-se substituir os dois capacitores por um único equivalente à da associação. Se o novo capacitor também for plano e mantiver a mesma distância entre as placas, a área de cada uma delas deverá ter:

a) 0,25 $cm^2$

b) 0,50 $cm^2$

c) 1,5 $cm^2$

d) 2,0 $cm^2$

e) 4,0 $cm^2$

**23.** Considere o circuito da figura abaixo:

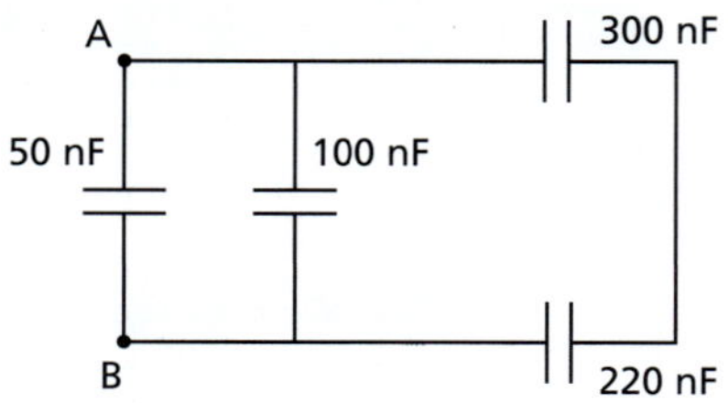


Banco de imagens/Arquivo da editora

Calcule a capacitância entre os pontos **A** e **B**.

**24.** (Ifsul-RS) O circuito abaixo apresenta uma fonte de tensão ideal, de 100 V, três resistores $R_1$, $R_2$ e $R_3$, com resistências respectivamente iguais a 100 Ω, 200 Ω e 400 Ω, um capacitor de capacitância C = 200 μF, já completamente carregado, e fios ideais.

E.R.

Reprodução/Ifsul

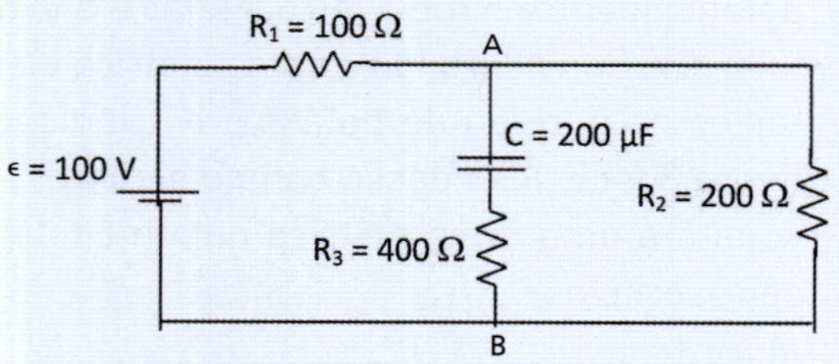


É correto afirmar que a quantidade de carga elétrica armazenada no capacitor é igual a

a) $2{,}0 \cdot 10^{-2}$ C

b) $4{,}0 \cdot 10^{-2}$ C

c) $8{,}0 \cdot 10^{-2}$ C

d) $1{,}33 \cdot 10^{-2}$ C

**Resolução:**

O capacitor está plenamente carregado (regime estacionário). Isso significa que o ramo em que ele está inserto não é percorrido por corrente elétrica.

Aplicando-se a Lei de Pouillet na malha externa, temos:

$$i = \frac{\epsilon}{R_1 + R_2} = \frac{100}{100 + 200} \therefore i = \frac{1}{3}\ A$$

Em $R_2$, a ddp é dada por:

$$U = R_2 i \Rightarrow U = 200 \cdot \frac{1}{3}$$

$$U = 66{,}67\ V$$

O ramo **AB** está em paralelo com o resistor $R_2$: $U_{AB} = 66{,}67$ V.

No resistor $R_3$ não há ddp, logo, a ddp no capacitor é também de 66,67 V; assim:

$$Q = CU \Rightarrow Q = (200 \cdot 10^{-6}) \cdot (66{,}67)$$

$$\boxed{Q = 1{,}33 \cdot 10^{-2}\ C}$$

Resposta: alternativa **d**.

**25.** (UFPR) No circuito esquematizado abaixo, deseja-se que o capacitor armazene uma energia elétrica de 125 μJ. As fontes de força eletromotriz são consideradas ideais e de valores $\epsilon_1 = 10$ V e $\epsilon_2 = 5$ V.

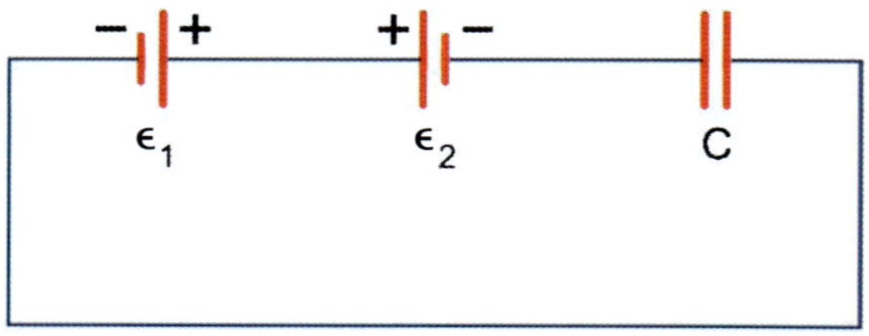


Reprodução/UFPR, 2014.

Assinale a alternativa correta para a capacitância *C* do capacitor utilizado.

a) 10 μF

b) 1 μF

c) 25 μF

d) 12,5 μF

e) 50 μF

**26.** (UPM-SP) Em uma experiência no laboratório de Física, observa-se, no circuito abaixo, que, estando a chave **ch** na posição 1, a carga elétrica do capacitor é de 20 μC.

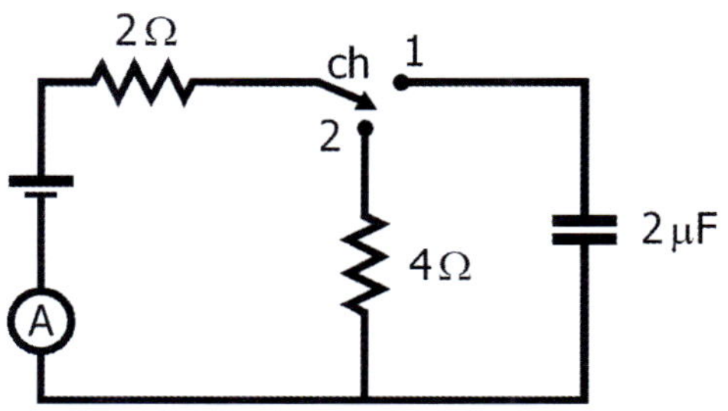



Considere que o gerador de tensão é ideal, ao se colocar a chave na posição 2, o amperímetro ideal medirá uma intensidade de corrente elétrica de:

a) 0,5 A

b) 1,0 A

c) 1,5 A

d) 2,0 A

e) 2,5 A

**27.** (ITA-SP) No circuito ideal da figura, inicialmente aberto, o capacitor de capacitância $C_X$ encontra-se carregado e armazena uma energia potencial elétrica *E*. O capacitor de capacitância $C_Y = 2C_X$ está inicialmente descarregado. Após fechar o circuito e este alcançar um novo equilíbrio, pode-se afirmar que a soma das energias armazenadas nos capacitores é igual a:

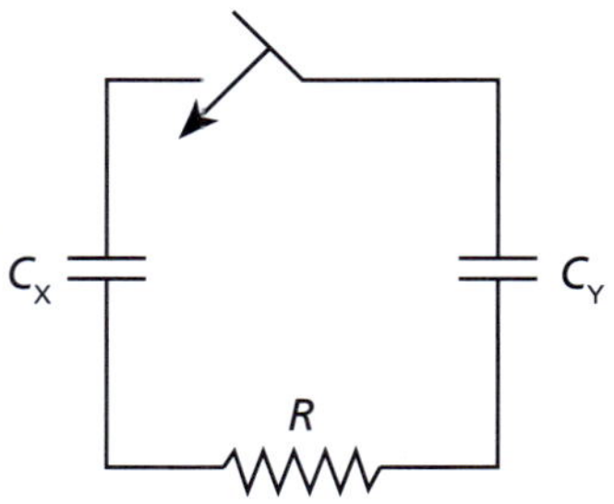



a) 0

b) $\frac{E}{9}$

c) $\frac{E}{3}$

d) $\frac{4E}{9}$

e) E

**28.** Um capacitor de capacitância igual a 50 nF possui vidro como dielétrico e foi completamente carregado de modo que a ddp entre suas placas é de 10 V. Em seguida o capacitor é desconectado da fonte de alimentação e o dielétrico é substituído por um material com o dobro da permissividade do vidro. Nestas condições (após a substituição do dielétrico), pede-se:

a) a carga acumulada no capacitor;

b) a capacitância do capacitor;

c) a ddp entre as placas.

**29.** (Fuvest-SP) Um capacitor é feito de duas placas condutoras, planas e paralelas, separadas pela distância de 0,50 mm e com ar entre elas. A diferença de potencial entre as placas é de 200 V.

a) Substituindo-se o ar contido entre as placas por uma placa de vidro, de constante dielétrica 5 vezes maior do que a do ar, permanecendo constante a carga das placas, qual será a diferença de potencial nessa nova situação?

b) Sabendo-se que o máximo campo elétrico que pode existir no ar seco sem produzir descarga é de $0{,}80 \cdot 10^6$ volt/metro, determine a diferença de potencial máxima que o capacitor pode suportar quando há ar seco entre as placas.

## DESCUBRA MAIS

**1.** O valor da constante dielétrica *k* pode ser menor do que 1? Justifique.

**2.** Um material com grande rigidez dielétrica é considerado um mau condutor elétrico. A água é um exemplo de um desses materiais, possuindo $k = 65 \cdot 10^6$ V/m. Se a água é um mau condutor elétrico, por que o uso de aparelhos elétricos dentro de uma banheira ou piscina pode ser perigoso? Por que existe a recomendação de sair imediatamente do mar quando uma tempestade se aproxima?

## Exercícios Nível 3

**30.** (IFPE) Um circuito elétrico é constituído por três capacitores, quatro resistores e um gerador ideal, conforme a figura abaixo.

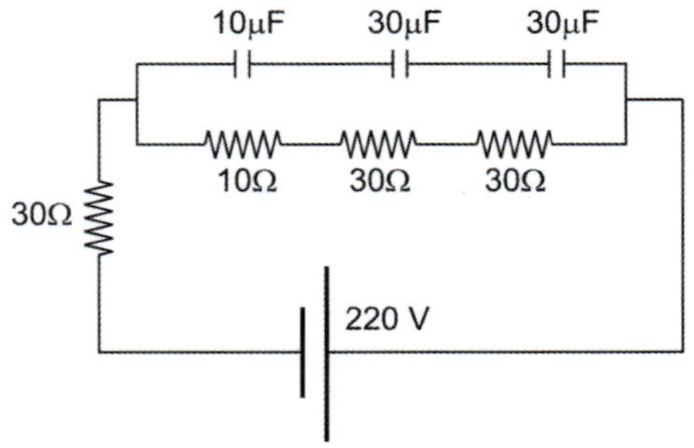


Reprodução/IFPE, 2014.

O circuito é submetido a uma tensão elétrica de 220 V. A carga elétrica armazenada pelo capacitor equivalente vale:

a) 154 μC
b) 308 μC
c) 462 μC
d) 716 μC
e) 924 μC

**31.** (Unitau-SP) A figura a seguir representa um circuito elétrico em que o regime estacionário já foi alcançado.

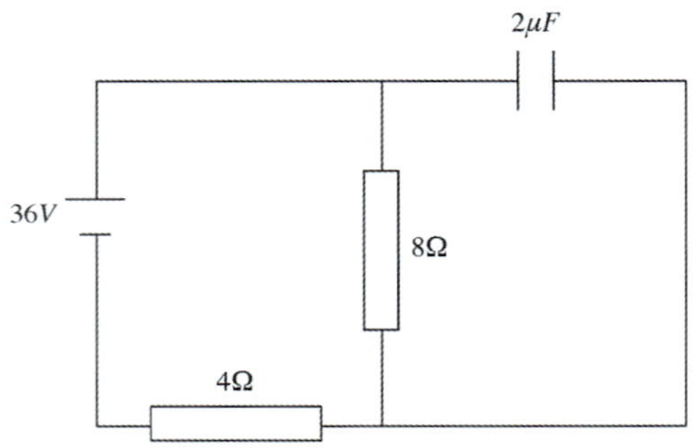


Reprodução/Unitau

Sobre esse tipo de circuito, é correto afirmar:

a) A tensão entre os terminais do capacitor é de 36 V.
b) A tensão entre os terminais do resistor de 8 Ω é de 36 V.
c) A corrente que atravessa os resistores de 8 Ω e 4 Ω é igual e vale 2 A.
d) A corrente que está circulando no capacitor é de 2 A.
e) A energia armazenada no capacitor é de $5{,}76 \cdot 10^{-4}$ J.

**32.** (Unitau-SP) O circuito abaixo foi usado para a carga do capacitor de capacitância *C*. O circuito é alimentado por uma fonte de tensão $V_0$. O resistor *R* é usado para o controle no tempo da recarga. Para esse circuito, é **correto** afirmar que

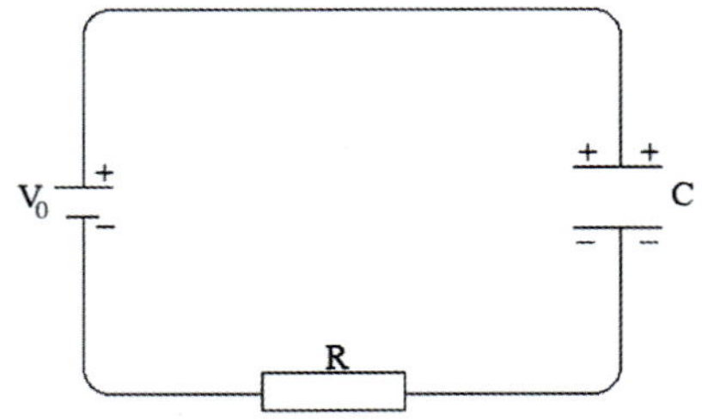


Reprodução/Unitau

a) após todo o processo de carga ter sido estabelecido, a tensão *V* entre as placas do capacitor é menor que $V_0$.
b) após todo o processo de carga ter sido estabelecido, a tensão *V* entre as placas do capacitor é maior que $V_0$.
c) após todo o processo de carga ter sido estabelecido, a carga *Q* armazenada no capacitor é $Q = CV_0$, onde a tensão *V* entre as placas do capacitor é igual a $V_0$.
d) após todo o processo de carga ter sido estabelecido, a carga *Q* armazenada no capacitor é $Q = CV$, lembrando que *V* é a tensão entre as placas e, além disso, $V > V_0$.
e) após todo o processo de carga ter sido estabelecido, a carga *Q* armazenada no capacitor é $Q = 0{,}5CV_0$.

**33.** Considere o circuito abaixo com todos os capacitores inicialmente descarregados:

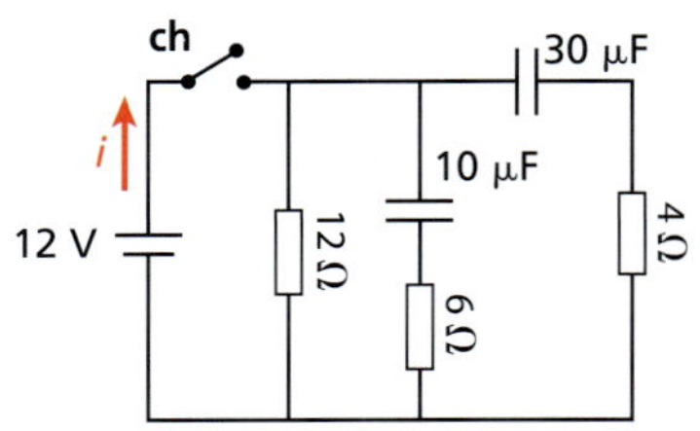


Banco de imagens/Arquivo da editora

Calcule:

a) a corrente *i* imediatamente após o fechamento da chave **ch**;
b) a corrente *i* decorrido um tempo grande o suficiente para considerar ambos os capacitores totalmente carregados.

**34.** Um capacitor de placas paralelas de área igual a 1 $m^2$ cada uma e separadas por uma distância de 2 mm é composto por duas camadas de dielétrico de 1 mm cada que cobrem toda a superfície das placas. Os dielétricos possuem permissividades iguais a 10 pF/m e 20 pF/m. Calcule a capacitância entre as placas.

**35.** Um capacitor é formado por duas placas quadradas e paralelas e possui ar como dielétrico. Sua capacitância é de 10 μF. Suponha que metade da área entre as placas é preenchida com um material isolante cuja permissividade é igual a dez vezes a do ar. Qual será o novo valor da capacitância do capacitor?

**36.** (Unesp-SP) O mecanismo de formação das nuvens de tempestade provoca a separação de cargas elétricas no interior da nuvem, criando uma diferença de potencial elétrico *U* entre a base da nuvem e o solo. Ao se atingir certo valor de potencial elétrico, ocorre uma descarga elétrica, o raio.

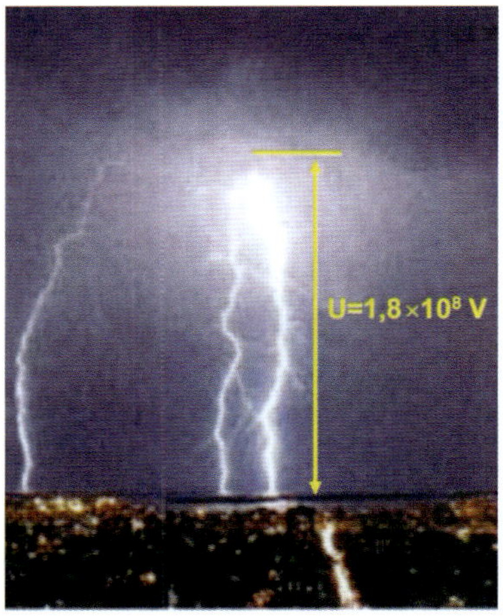


(http://pt.wikipedia.org. Adaptado.)

Suponha que, quando a diferença de potencial entre a nuvem e o solo atingiu o valor de $1,8 \times 10^8$ V, ocorreu um raio que transferiu uma carga elétrica de 30 C, em módulo, da nuvem para o solo, no intervalo de 200 ms. Calcule a intensidade média da corrente elétrica, em ampères, estabelecida pelo raio. Considerando que uma bateria de capacidade 50 Ah acumula energia para fornecer uma corrente de 50 A durante uma hora, calcule quantas baterias de 10 V e capacidade 50 Ah poderiam ser totalmente carregadas supondo que toda a quantidade de energia desse raio pudesse ser transferida a elas. Apresente os cálculos.

**37.** (UFJF/Pism-MG) Uma garrafa de Leyden é um capacitor de alta tensão, inventado por volta do ano de 1745. Consiste num pote cilíndrico de material altamente isolante com folhas metálicas fixadas nas superfícies interna e externa do frasco, como mostra a figura. Um terminal elétrico, atravessando a tampa do pote, faz contato com a folha interior; e um terminal externo faz contato com a folha exterior. Ligando os terminais a uma bateria, pode-se acumular carga nas superfícies metálicas. A ideia de usar pote tampado veio da teoria antiga de que a eletricidade era um fluido, e que poderia ser armazenado na garrafa. Num experimento de eletrostática, Ana quer construir garrafas de Leyden com frascos de vidro. Ela usa dois frascos de maionese, **A** e **B**, de tamanhos iguais, mas a espessura das paredes de vidro do frasco **A** é 4,0 mm e a espessura das paredes do frasco **B** é de 2,0 mm. Os terminais dos dois frascos são submetidos a uma tensão de 12,0 V, com o uso de baterias, durante bastante tempo. Considere que área total das folhas metálicas em cada uma das garrafas é de 0,02 $m^2$.

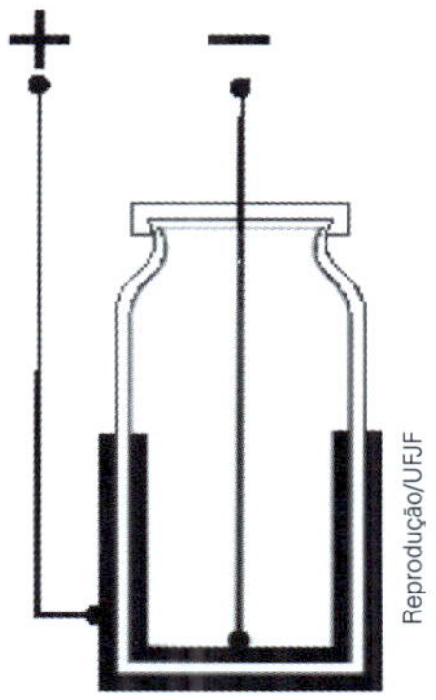


a) Considerando a garrafa de Leyden como capacitores de placas paralelas, calcule o campo elétrico entre as paredes dos condutores para as garrafas **A** e **B**.

b) Sabe-se que o campo elétrico entre as placas do capacitor é calculado aproximadamente por $E = \sigma/\varepsilon$. Nesta equação, $\sigma$ é a densidade superficial de carga acumulada no capacitor e tem unidades de Coulomb por metro quadrado, e $\varepsilon = 4,5 \cdot 10^{-11}$ $C^2/Nm^2$ é a permeabilidade elétrica do meio. Com base nestas informações, calcule a capacitância de cada garrafa.

c) Depois disso, Ana montou um circuito em série com os dois capacitores de Leyden **A** e **B**. Calcule a capacitância equivalente do circuito.

**38.** (Efomm-RJ) Os capacitores planos $C_1$ e $C_2$ mostrados na figura têm a mesma distância $d$ e o mesmo dielétrico (ar) entre suas placas. Suas cargas iniciais eram $Q_1$ e $Q_2$, respectivamente, quando a chave **CH1** foi fechada. Atingido o equilíbrio eletrostático, observou-se que a tensão $V_1$ mostrada na figura não sofreu nenhuma variação com o fechamento da chave. Podemos afirmar que os dois capacitores possuem

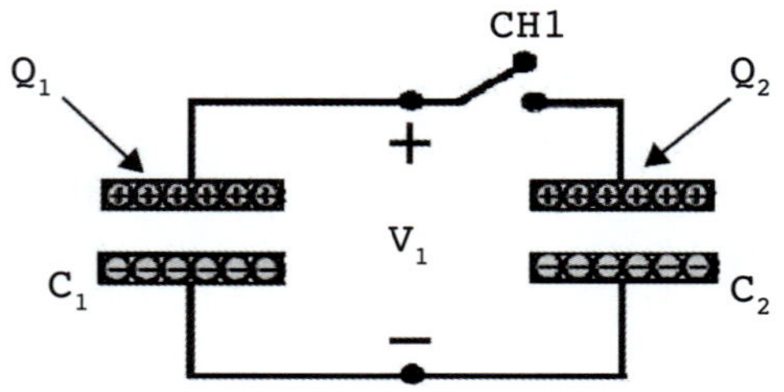

Reprodução/Efomm

a) a mesma energia potencial elétrica armazenada.

b) a mesma carga elétrica positiva na placa superior.

c) a mesma carga elétrica, em módulo, na placa superior.

d) a mesma capacitância.

e) o mesmo valor do campo elétrico uniforme presente entre as placas.

**39.** (CPAEN-RJ) Observe a figura a seguir.

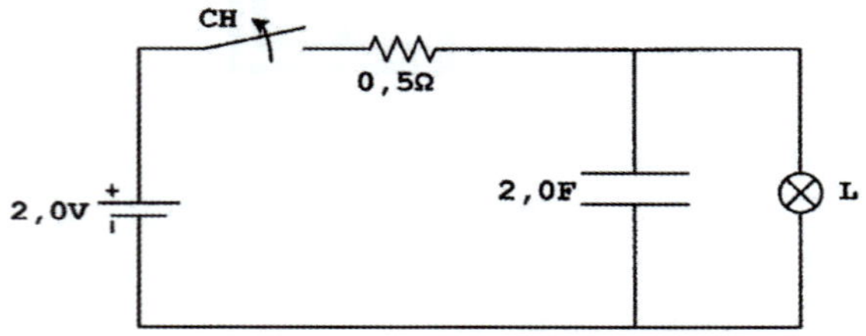

Reprodução/CPAEN

Até o instante da abertura da chave **CH**, o circuito representado na figura acima se encontrava em regime permanente. Desde o instante da abertura da chave até a lâmpada se apagar completamente, observa-se que a energia armazenada no capacitor de capacitância 2,0 F, sofre uma variação de 0,25 J. Considerando a lâmpada como uma resistência $R$, qual é o valor de $R$, em ohms?

a) $\frac{1}{2}$

b) $\frac{1}{3}$

c) $\frac{1}{4}$

d) $\frac{1}{5}$

e) $\frac{1}{6}$

**40.** (ITA-SP) Considere o vão existente entre cada tecla de um computador e a base do seu teclado. Em cada vão existem duas placas metálicas, uma delas presa na base do teclado e a outra, na tecla. Em conjunto, elas funcionam como um capacitor de placas planas paralelas imersas no ar. Quando se aciona a tecla, diminui a distância entre as placas e a capacitância aumenta. Um circuito elétrico detecta a variação da capacitância, indicativa do movimento da tecla. Considere então um dado teclado, cujas placas metálicas têm 40 mm$^2$ de área e 0,7 mm de distância inicial entre si. Considere ainda que a permissividade do ar seja $\varepsilon = 9 \cdot 10^{-12}$ F/m. Se o circuito eletrônico é capaz de detectar uma variação da capacitância a partir de 0,2 pF, então, qualquer tecla deve ser deslocada de pelo menos:

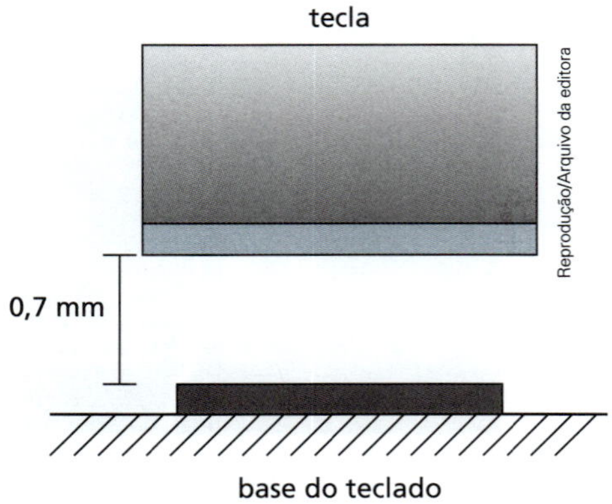

Reprodução/Arquivo da editora

a) 0,1 mm

b) 0,2 mm

c) 0,3 mm

d) 0,4 mm

e) 0,5 mm

**41.** (ITA-SP) Certo produto industrial constitui-se de uma embalagem rígida cheia de óleo, de dimensões L × L × d, sendo transportado numa esteira que passa por um sensor capacitivo de duas placas paralelas e quadradas de lado $L$, afastadas entre si de uma distância ligeiramente maior que $d$, conforme a figura. Quando o produto estiver inteiramente inserido entre as placas, o sensor deve acusar um valor de capacitância $C_0$. Considere, contudo, que tenha havido antes um indesejado vazamento de óleo, tal que a efetiva medida da capacitância seja $C = \frac{3}{4}C_0$. Sendo dadas as respectivas constantes dielétricas do óleo, $k = 2$; e do ar, $k_{ar} = 1$, e desprezando o efeito da constante dielétrica da embalagem, assinale a percentagem do volume de óleo vazado em relação ao seu volume original.

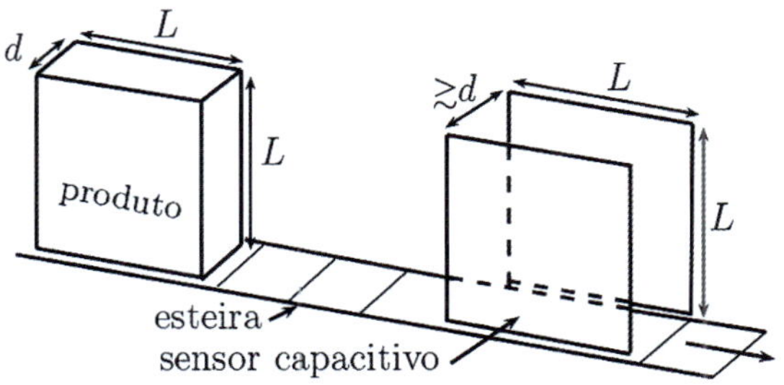


Reprodução/ITA

a) 5%
b) 50%
c) 100%
d) 10%
e) 75%

**42.** (Unicamp-SP) O sistema de imagens *street view* disponível na internet permite a visualização de vários lugares do mundo através de fotografias de alta definição, tomadas em 360 graus, no nível da rua.

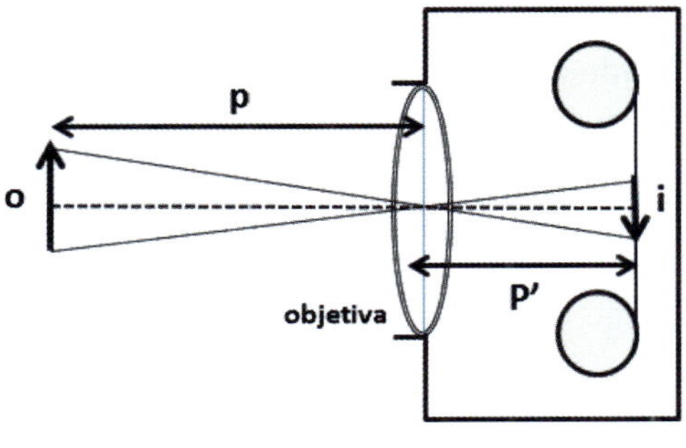


Reprodução/Unicamp

a) Em uma câmera fotográfica tradicional, como a representada na figura anterior, a imagem é gravada em um filme fotográfico para posterior revelação. A posição da lente é ajustada de modo a produzir a imagem no filme colocado na parte posterior da câmera. Considere uma câmera para a qual um objeto muito distante fornece uma imagem pontual no filme em uma posição p' = 5 cm. O objeto é então colocado mais perto da câmera, em uma posição p = 100 cm, e a distância entre a lente e o filme é ajustada até que uma imagem nítida real invertida se forme no filme, conforme mostra a figura. Obtenha a variação da posição da imagem *p'* decorrente da troca de posição do objeto.

b) Nas câmeras fotográficas modernas, a captação da imagem é feita normalmente por um sensor tipo CCD (*Charge Couple Devide*). Esse tipo de dispositivo possui trilhas de capacitores que acumulam cargas elétricas proporcionalmente à intensidade da luz incidente em cada parte da trilha. Considere um conjunto de 3 capacitores de mesma capacitância C = 0,6 pF, ligados em série conforme a figura abaixo. Se o conjunto de capacitores é submetido a uma diferença de potencial V = 5,0 V, qual é a carga elétrica total acumulada no conjunto?

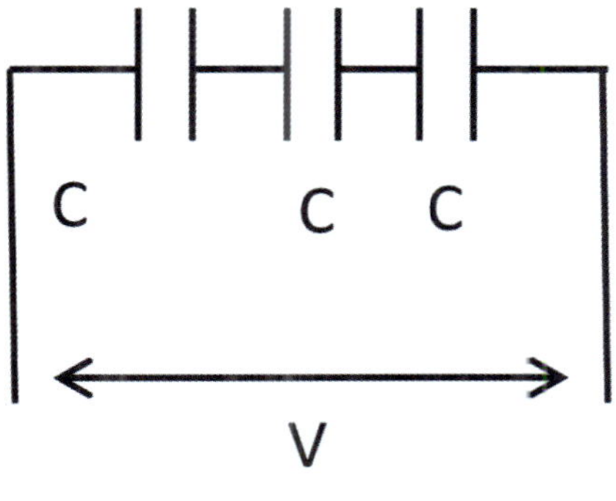


Reprodução/Unicamp

## Para raciocinar um pouco mais

**43.** (ITA-SP) Carregada com um potencial de 100 V, flutua no ar uma bolha de sabão condutora de eletricidade, de 10 cm de raio e $3{,}3 \cdot 10^{-6}$ cm de espessura. Sendo a capacitância de uma esfera condutora no ar proporcional ao seu raio, assinale o potencial elétrico da gota esférica formada após a bolha estourar.

a) 6 kV
b) 7 kV
c) 8 kV
d) 9 kV
e) 10 kV

**44.** (AFA-SP) Duas grandes placas metálicas idênticas, $\mathbf{P_1}$ e $\mathbf{P_2}$, são fixadas na face dianteira de dois carrinhos, de mesma massa, **A** e **B**.

Essas duas placas são carregadas eletricamente, constituindo, assim, um capacitor plano de placas paralelas.

Lançam-se, simultaneamente, em sentidos opostos, os carrinhos **A** e **B**, conforme indicado na figura abaixo.

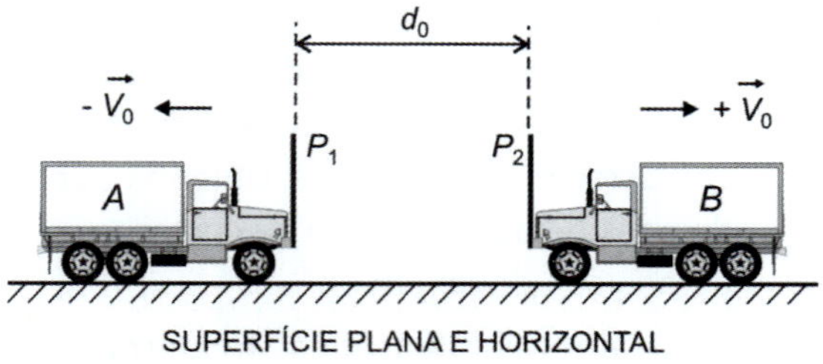


Reprodução/AFA

Desprezadas quaisquer resistências ao movimento do sistema e considerando que as placas estão eletricamente isoladas, o gráfico que melhor representa a ddp, $U$, no capacitor, em função do tempo $t$, contando a partir do lançamento é

a) 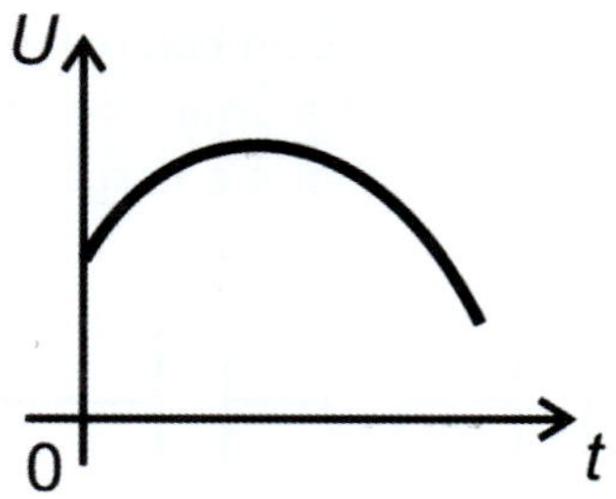

Ilustrações: Reprodução/AFA

b) 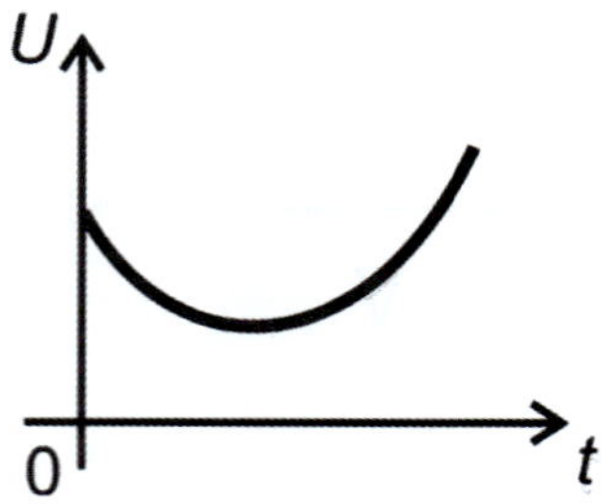

c) 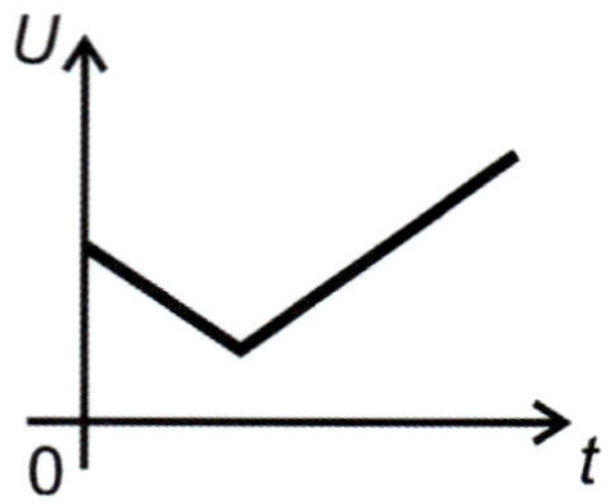

d) 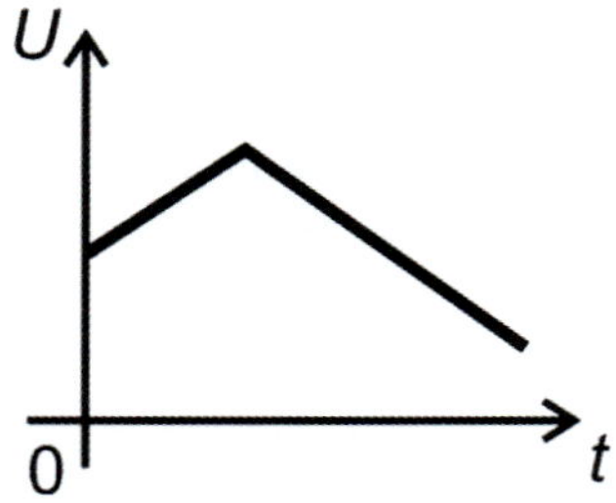

Reprodução/AFA

**45.** (OBF) Um circuito **RC** é um caso particular de um circuito elétrico contendo apenas uma resistência e um capacitor. Considere um desses circuitos em que os dois componentes são ligados a uma fonte e a duas chaves que podem permitir ou não a passagem de corrente nos ramos do circuito.

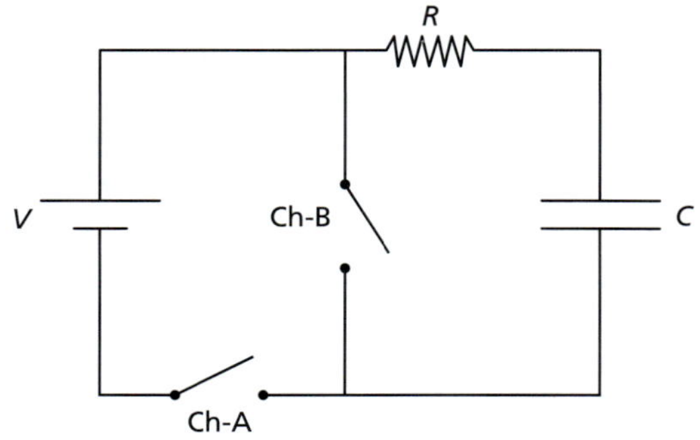


Reprodução/Arquivo da editora

No caso do capacitor totalmente descarregado, ao fecharmos somente a chave **A**, este começará a se carregar. A função que rege o carregamento do capacitor, nessa circunstância, é

$$Q(t) = CU\left(1 - e^{-\frac{t}{RC}}\right)$$

Quando o capacitor estiver completamente carregado com uma determinada carga $Q_0$, abre-se a chave **A** e fecha-se a chave **B**, iniciando-se a descarga do capacitor. Nesse caso, a relação entre a carga $Q$ no capacitor e o tempo é dada pela função $Q(t) = Q_0\left(e^{-\frac{t}{RC}}\right)$. Sendo assim:

a) Qual a relação entre os tempos para se carregar o capacitor até a metade de sua carga máxima e o tempo para descarregar o mesmo capacitor a partir de sua carga máxima até a metade da mesma?

b) Em que instante ocorre o maior valor de corrente no circuito quando o capacitor está sendo carregado? Considerando $U = 20$ V, $R = 50\ \Omega$ e $C = 5\ \mu$F, qual a carga armazenada no capacitor quando a corrente no circuito for $i = 0{,}1$ A?

c) Para os valores do item **b**, qual a energia máxima liberada na descarga desse capacitor?

**46.** (IME-SP)



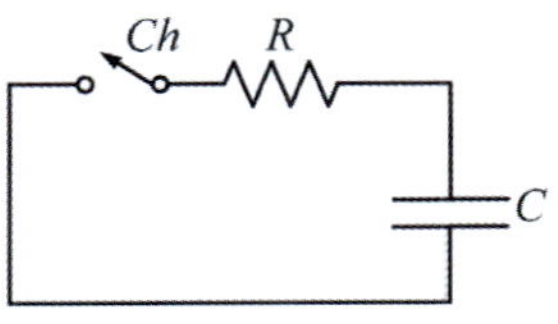


Figura 1

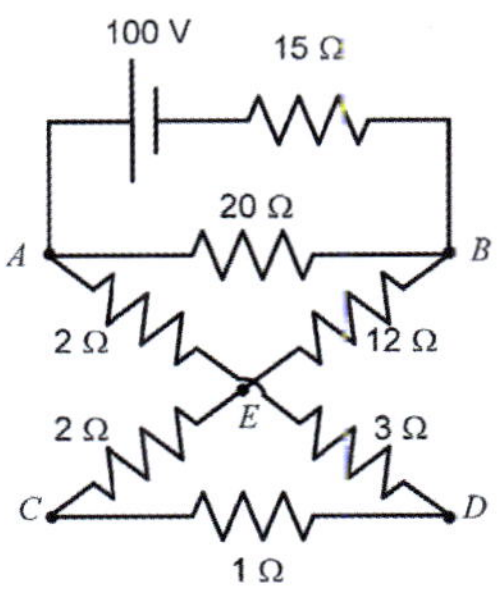


Figura 2

No circuito da figura 1, após o fechamento da chave **Ch**, o resistor *R* dissipa uma energia de $8 \cdot 10^{-6}$ Wh (watts-hora). Para que essa energia seja dissipada, o capacitor *C* de 100 μF deve ser carregado completamente pelo circuito da figura 2, ao ser ligado entre os pontos

a) **A** e **B**.

b) **B** e **C**.

c) **C** e **E**.

d) **C** e **D**.

e) **B** e **E**.

**47.** (UFG-GO) Um capacitor de placas paralelas é semipreenchido por um líquido dielétrico de constante dielétrica k = 2. Para otimizar o armazenamento de energia, um técnico resolve medir a capacitância do capacitor deitado e em pé, conforme ilustrado na figura a seguir.



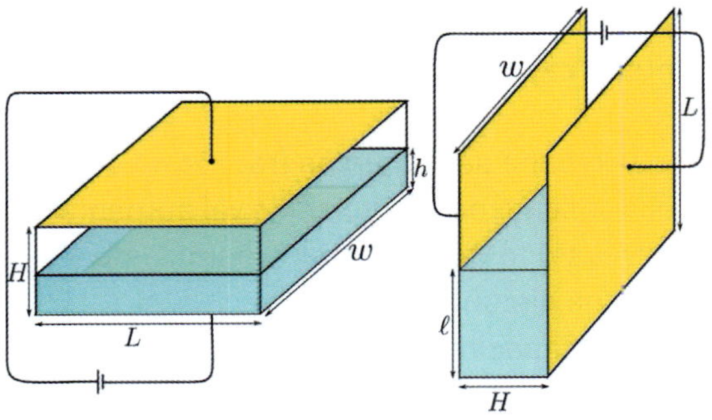


(a) (b)

Considerando o exposto, determine:

a) uma expressão para a capacitância de cada um dos capacitores nas situações ilustradas nas figuras (a) e (b);

b) o valor numérico da razão entre as capacitâncias das situações ilustradas nas figuras (a) e (b) respectivamente, considerando a razão $\frac{H}{h} = 3$.

**48.** (ITA-SP) A figura mostra um capacitor de placas paralelas de área *A* separadas pela distância *d*. Inicialmente o dielétrico entre as placas é o ar e a carga máxima suportada é $Q_i$. Para que esse capacitor suporte uma carga máxima $Q_f$, foi introduzida uma placa de vidro de constante dielétrica *k* e espessura $\frac{d}{2}$. Sendo mantida a diferença de potencial entre as placas, calcule a razão entre as cargas $Q_f$ e $Q_i$.

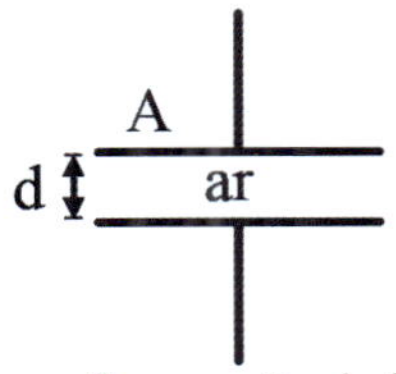


configuração inicial



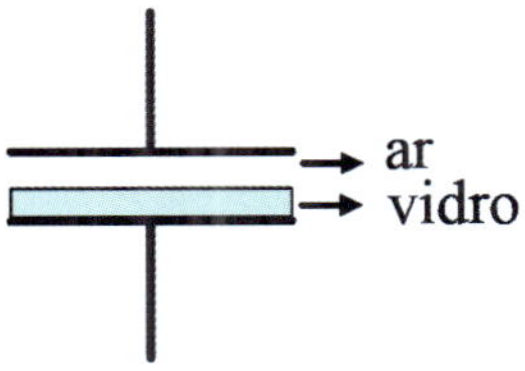


configuração final

**49.** (IME-RJ) A figura abaixo mostra duas placas metálicas retangulares e paralelas, com 4 m de altura e afastadas de 4 cm, constituindo um capacitor de 5 μF. No ponto **S**, equidistante das bordas superiores das placas, encontra-se um corpo puntiforme com 2 g de massa e carregado com 14 μC. O corpo cai livremente e, após 0,6 s de queda livre, a chave **K** é fechada, ficando as placas ligadas ao circuito capacitivo em que a fonte **E** tem 60 V de tensão. Determine:

a) com qual das placas o corpo irá se chocar (justifique sua resposta);

b) a que distância da borda inferior da placa se dará o choque.

**Dado**: aceleração da gravidade: $g = 10\ m/s^2$.

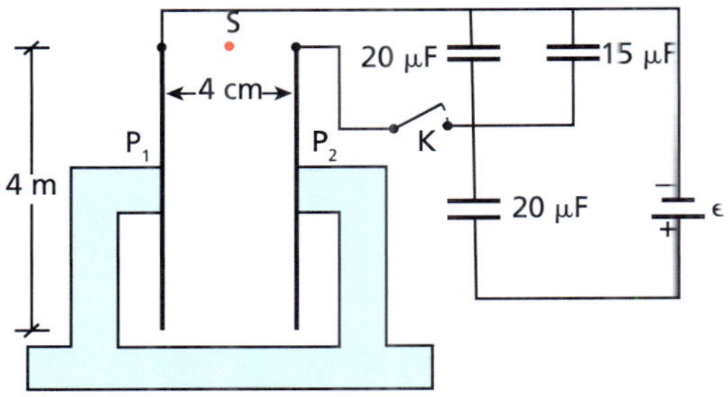

APÊNDICE

# Carga e descarga de capacitor

Dizemos que um circuito de corrente elétrica contínua se encontra em **regime estacionário** quando o ramo em que um capacitor está inserto não é percorrido por corrente elétrica.

Porém, existem situações em que mesmo em um circuito de corrente elétrica contínua, esta pode circular, pelos fios de ligação, no ramo em que o capacitor estiver inserido.

Assim, até que se atinja o estado de equilíbrio (regime estacionário) os capacitores passam por um estado **transitório** no qual existe uma corrente elétrica circulando nos fios a ele conectados. Vamos estudar o processo de carga e descarga do capacitor nessa situação transitória em um circuito formado por uma bateria, um resistor e um capacitor, como mostrado no circuito abaixo.

Banco de imagens/ Arquivo da editora

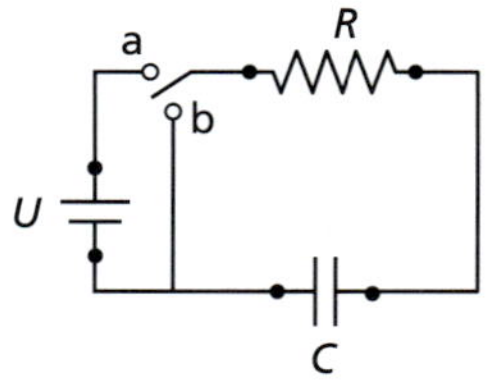


*U* (tensão elétrica da bateria)
*R* (resistência elétrica)
*C* (capacitância)

## Processo de carga: chave em a

Ao fecharmos a chave, ou seja, no instante t = 0, a intensidade da corrente elétrica instantânea vale:

$$i = \frac{U}{R}$$

Este valor é máximo para o circuito. Nesse instante, a carga no capacitor é nula, bem como a ddp. Portanto, **o capacitor atua como uma fonte em curto-circuito**.

Com o passar do tempo, que na verdade são algumas frações de segundos, o capacitor vai carregando-se e, por consequência, a ddp nele vai aumentando. No resistor, acontece o processo inverso, a ddp vai diminuindo, bem como a intensidade de corrente elétrica transitória no circuito.

Ao final do processo de carga do capacitor, ou seja, capacitor plenamente carregado, cessa a movimentação dos portadores de carga (i = 0). Nessa situação, a ddp no resistor *R* é nula e no capacitor *C* é máxima e vale *U*. Assim:

$$Q = CU$$

Portanto, **o capacitor, quando plenamente carregado, comporta-se como um circuito aberto**.

Pode-se demonstrar com ferramentas do cálculo que durante o processo de carga do capacitor a expressão que relaciona a carga *q* com o tempo *t* é dada por:

$$q(t) = Q\left(1 - e^{-\frac{t}{RC}}\right)$$

**NOTA!**

O número de Neper (*e*), que aparece na equação, é a base dos logaritmos neperianos (e ≅ 2,718).

O termo **RC** é chamado de **constante de tempo** do circuito e é normalmente representado pela letra grega $\tau$:

$$\tau = RC$$

Quanto maior o valor de $\tau$ mais lentamente o processo de carga vai ocorrer. A figura abaixo contém a simulação da carga de um capacitor em um circuito com diferentes constantes de tempo.

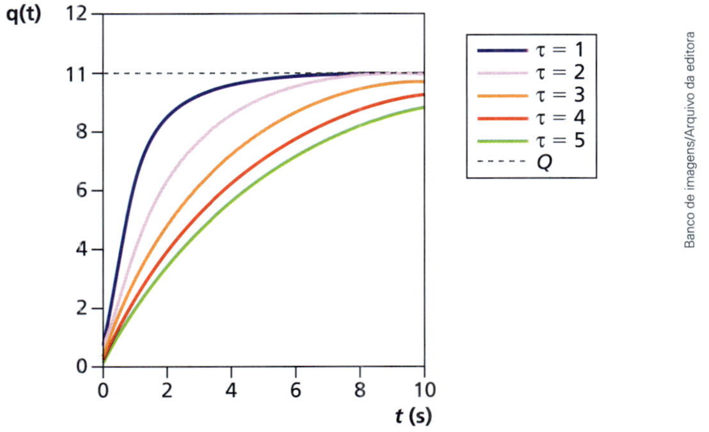


Efeito de $\tau$ sobre a curva de carga de um circuito RC.

## Processo de descarga: chave em b

O raciocínio desenvolvido no processo de carga do capacitor fornece toda a base necessária para entender o processo de descarga, que nada mais é que uma mudança nas condições iniciais do caso anterior. Agora, o capacitor está carregado e irá descarregar-se. Como isto poderá ocorrer se resistor e capacitor estão em série e temos um dielétrico (isolante) entre as placas do capacitor?

O que acontece é que elétrons presentes na placa negativa vão se movimentar pelos fios de ligação para a placa positiva. Nessa movimentação, passam pelo resistor *R*, assim teremos uma corrente elétrica inicial ($t = 0$) de valor:

$$i = \frac{U}{R}$$

Durante o processo de descarga, a quantidade de carga armazenada no capacitor diminui com o tempo, bem como a ddp e a corrente elétrica. Ao final do processo de descarga, temos: $q = 0$, $U = 0$ e $i = 0$.

A relação que fornece a variação da carga *q* com o tempo *t* no processo de descarga do capacitor é dada por:

$$q(t) = Qe^{-\frac{t}{RC}}$$

A constante de tempo neste caso exerce o mesmo papel do caso anterior, ou seja, determina a velocidade com a qual o processo varia.

Ao lado, temos alguns exemplos de curvas de descarga com os mesmos valores de $\tau$ do caso anterior.

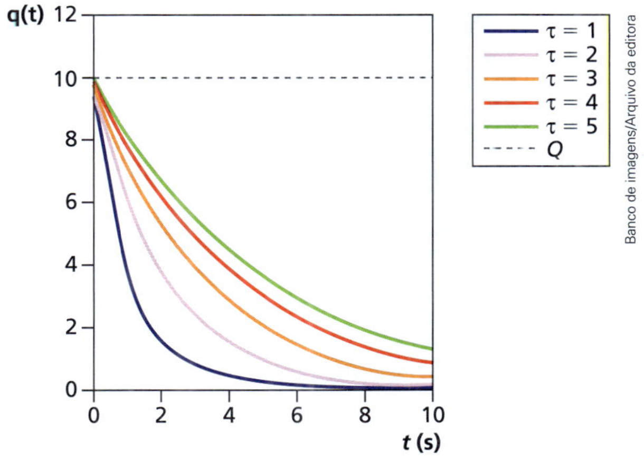


Efeito de $\tau$ sobre a curva de descarga de um circuito RC.

UNIDADE

# 3 Eletromagnetismo

Eletroímãs industriais podem mover grandes chapas metálicas.

O **Eletromagnetismo** é a parte da Física que estuda as interações entre os campos elétricos e magnéticos. Tais interações permitiram o desenvolvimento de objetos e tecnologias desde os mais singelos, como a orientação pelo campo magnético terrestre, até os eletroímãs industriais, os motores e as usinas geradoras de energia.

Javier Larrea/AGE Fotostock/AGB Photo Library/Keystone

## NESTA UNIDADE VAMOS ESTUDAR:

- **Tópico 1:** Introdução ao Eletromagnetismo
- **Tópico 2:** Corrente elétrica e campo magnético
- **Tópico 3:** Força magnética sobre condutores retilíneos e propriedades magnéticas
- **Tópico 4:** Indução eletromagnética

TÓPICO 1

# Introdução ao Eletromagnetismo

Sergio Dotta Jr./Acervo da editora

// Interação magnética entre ímãs em forma de anel.

Provavelmente você já viu ou manuseou algum ímã. Um ímã possui a propriedade de atrair alguns tipos de objetos e de atrair ou repelir outro ímã, dependendo da orientação com que estão posicionados. O motivo pelo qual ímãs apresentam esse comportamento tem origem em uma propriedade do espaço em torno deles, chamado campo magnético. Assim como os ímãs, a Terra também apresenta campo magnético.

Vamos, agora, entender como o campo magnético se manifesta e como podemos observar seus efeitos.

## Bloco 1

# 1. Ímãs

Existem algumas versões sobre a localização dos primeiros relatos a respeito de propriedades magnéticas. Alguns historiadores sustentam a versão em que as primeiras observações de interações magnéticas teriam ocorrido na antiga região da Magnésia, na Ásia Menor, e sido realizadas no século VI a.C. pelo pensador grego Tales de Mileto, ao perceber que um certo tipo de minério tinha a capacidade de atrair pequenos objetos de ferro.

Outra versão sustenta a hipótese de que teriam sido os chineses os primeiros a conhecerem esse minério e a estudarem os fenômenos magnéticos.

Esse minério veio a ser chamado de magnetita (devido à versão que ocorre na região da Magnésia) e é constituído de uma associação de óxidos de ferro ($FeO \cdot Fe_2O_3$ ou $Fe_3O_4$). A magnetita é o que chamamos hoje de ímã natural.

Para obter um ímã há basicamente dois meios: encontrar magnetita na natureza, que é o ímã natural, ou fazer com que um corpo originalmente neutro se torne um ímã, que são os chamados ímãs artificiais.

Independentemente de serem naturais ou artificiais, os ímãs compartilham algumas propriedades.

Vitaly Raduntsev/Shutterstock

O ímã natural – magnetita.

# 2. Propriedades fundamentais dos ímãs

## Polos magnéticos de um ímã

É possível verificar experimentalmente que certas regiões de um ímã atraem pedaços de ferro com maior intensidade do que outras. Por exemplo, para ímãs em forma de U ou de barra, a atração é mais intensa nas extremidades. Essas regiões são denominadas polos magnéticos do ímã e todo ímã é sempre dotado de um polo magnético norte e um sul.

ShutterStockStudio/Shutterstock

Sergio Dotta Jr./Acervo da editora

revers/Shutterstock

As limalhas de ferro e os clipes para papel concentram-se em quantidade maior nos polos magnéticos dos ímãs.

## Ampliando o olhar

### A bússola

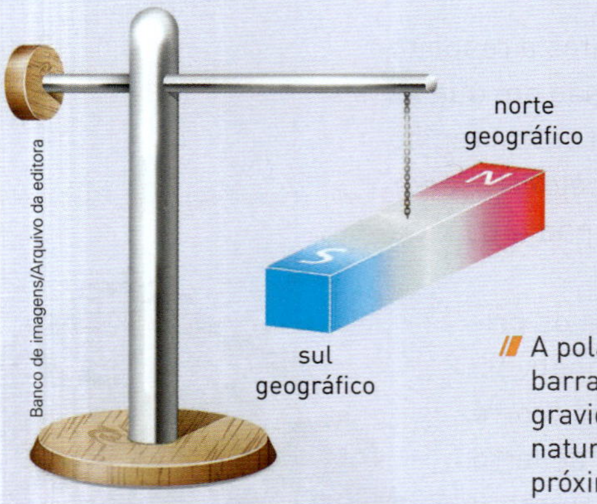


Banco de imagens/Arquivo da editora

A polaridade norte de um ímã em barra, suspenso pelo seu centro de gravidade e com liberdade para girar, naturalmente aponta para uma região próxima do norte geográfico.

Olga Popova/Shutterstock

As bússolas nos fornecem, de modo aproximado, a direção norte-sul geográfica das regiões em que se encontram.

Ao suspender um ímã pelo seu centro de gravidade, de tal modo que possa girar livremente, este, depois de ficar em equilíbrio, estará numa posição em que seus polos estarão aproximadamente alinhados à direção norte-sul geográfica do local em que se encontra. Por convenção, a extremidade que aponta para o norte geográfico da Terra foi chamada de polo norte (N) do ímã, e a extremidade que aponta para o sul geográfico da Terra, de polo sul (S) do ímã.

Esta propriedade dos ímãs permitiu aos chineses a invenção da bússola, que trouxe, para os povos antigos, maior precisão nos deslocamentos por terra, mares e oceanos, sendo fundamental no período das grandes navegações.

## Atração e repulsão

As forças magnéticas de atração e repulsão mútua que os ímãs exercem entre si são tais que:

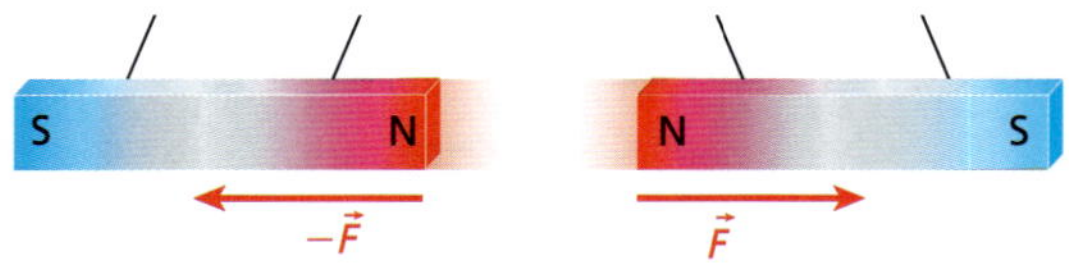


Banco de imagens/Arquivo da editora

Entre dois polos magnéticos norte, há uma força de repulsão.

Banco de imagens/Arquivo da editora

Entre dois polos magnéticos sul, há uma força de repulsão.

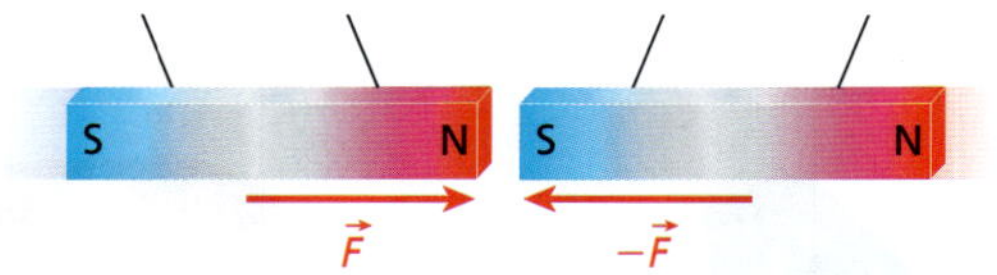


Banco de imagens/Arquivo da editora

Entre um polo magnético norte e um polo magnético sul, há uma força de atração.

Portanto:

Polos magnéticos de mesmo nome repelem-se e polos magnéticos de nomes diferentes atraem-se.

JÁ PENSOU NISSO?

### Maglev: os trens capazes de levitar!

O nome Maglev é derivado do termo "***Mag**netic **Lev**itation*". Maglev são trens que utilizam propriedades magnéticas para se mover. O sistema de trilhos é formado por dois conjuntos de fortes ímãs, um deles responsável por fazer o trem literalmente levitar, por meio da repulsão magnética, o que elimina o atrito que ocorre entre trens comuns e o solo, responsáveis por uma grande dissipação de energia por Efeito Joule (ou seja, gerando calor). O atrito dos trens convencionais com os trilhos, além de desperdiçar mais energia, é um grande limitador da velocidade que tais trens conseguem alcançar.

cyo bo/Shutterstock

Imagem mostra um trem Maglev percorrendo a linha de Shangai, na China. A imagem borrada da cidade ao fundo dá uma perspectiva da velocidade alcançada pelo trem magnético.

O segundo sistema de ímãs dos Maglevs é responsável pela movimentação dos trens. Como o trem movimenta-se enquanto é levitado, ele é "empurrado" para frente por forças magnéticas, sem que haja necessidade de nenhum tipo de roda. Desse modo, além de conseguir alcançar velocidades bem maiores, em geral entre 300-600 km/h, esses trens são extremamente silenciosos e muito mais estáveis. Em geral, o que limita suas velocidades é o atrito com o próprio ar, mas, ainda assim, recordes de velocidade vêm sendo quebrados conforme a tecnologia evolui. O recorde atual de velocidade é do sistema japonês, que em 2015 conseguiu alcançar 603 km/h.

Ao redor do mundo, os Maglevs ainda são minoria, quando comparados com trens convencionais. Isso ocorre em função do alto custo de implementação das linhas, já que tanto os trens quanto os trilhos utilizam uma tecnologia diferente e mais custosa do que os trens convencionais. Embora testes já tenham sido realizados em diversos países, Maglevs são utilizados comercialmente, até 2018, apenas no Japão, na Coreia do Sul e na China. Projetos de expansão das linhas existem nesses países, e lugares como Austrália, Estados Unidos, Índia, Alemanha, entre outros, possuem projetos em andamento para implementação de linhas novas.

## Princípio da inseparabilidade dos polos

Como já sabemos, todo ímã é sempre dotado de um polo magnético norte e um sul. Isso significa que, mesmo atualmente, não foi identificado nenhum ímã com apenas um polo magnético (também chamado de monopolo magnético). Se cortarmos um ímã ao meio, verifica-se que cada parte do ímã cortado se comporta como um novo ímã completo, com polos magnéticos norte e sul.

Banco de imagens/Arquivo da editora

Cada ímã cortado ao meio produz dois novos ímãs, cada qual dotado de um polo magnético norte e um sul.

Se o corte de um ímã ocorresse indefinidamente, obteríamos, em nível microscópico, os ímãs elementares, mas mesmo nesse nível, os ímãs têm sempre seus dois polos magnéticos, norte e sul.

## Ampliando o olhar

### Terra, um gigantesco ímã

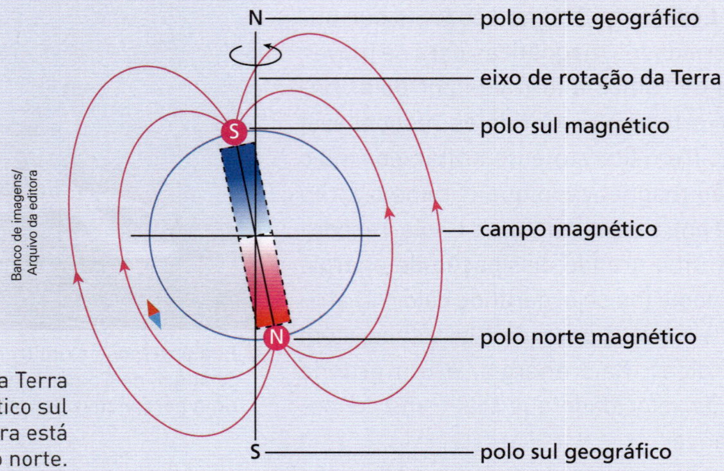


// O polo geográfico norte da Terra está próximo a um polo magnético sul e o polo geográfico sul da Terra está próximo a um polo magnético norte.

Por muito tempo, pensadores e cientistas buscaram explicações para o funcionamento das bússolas, que se orientam aproximadamente na direção norte-sul geográfica da Terra. Somente por volta do ano de 1600, na obra intitulada *De Magnete*, publicada pelo médico inglês Willian Gilbert, foi formulada uma teoria consistente para explicar esse fenômeno.

As ideias de Gilbert apontavam para o fato de a Terra comportar-se como um ímã gigante. De acordo com Gilbert, os polos geográficos da Terra seriam também grandes polos magnéticos.

A agulha magnética de uma bússola se alinha com o campo magnético resultante que interage com ela e, na ausência de outros geradores de campo magnético (como ímãs, por exemplo), o campo magnético resultante que irá interagir com uma bússola será o campo magnético da Terra. Em outras palavras, as bússolas, de fato, mostram a direção dos polos magnéticos da Terra, pois suas agulhas magnéticas se alinham com o campo magnético terrestre.

> Observação 1: A explicação a respeito da origem do campo magnético terrestre é, ainda hoje, objeto de muita discussão entre os cientistas. Sabemos que não existe um grande ímã no interior da Terra, é apenas uma analogia, um modelo. De fato, acredita-se que a movimentação de portadores de carga elétrica no interior da crosta terrestre em regiões de altíssima temperatura seja o fator fundamental para a existência desse campo, bem como o simultâneo movimento de rotação da Terra.
> Observação 2: Os polos geográficos e magnéticos não são coincidentes, mas bem próximos.
> Observação 3: Os polos magnéticos da Terra não são fixos, mudam de posição muito lentamente com o tempo, podendo inclusive ocorrer reversões, ou seja, trocarem de posição.

Hoje sabemos que o polo magnético norte da Terra fica na região do polo geográfico sul, e o polo magnético sul fica na região do polo geográfico norte. Contudo, por muito tempo acreditou-se que o polo norte magnético fosse coincidente com o polo norte geográfico.

Ainda é comum se ver confusões com a nomenclatura dos polos, principalmente quando se trata da agulha magnética de uma bússola. Embora saibamos que o polo magnético norte do ímã da bússola aponta aproximadamente para o norte, é importante deixar claro que este norte é o norte geográfico, pois, tratando-se de polaridades magnéticas, o correto é dizer que o polo magnético norte da agulha da bússola aponta (por ser atraído magneticamente) para o polo magnético sul da Terra.

## DESCUBRA MAIS

1. Bússolas foram instrumentos essenciais, especialmente, na época das grandes navegações. Atualmente, em função da popularidade dos aparelhos de GPS, são mais comuns como item de colecionadores. É possível, inclusive, baixar aplicativos para celular que simulam o uso de uma bússola real. Supondo que temos uma bússola real e um aplicativo que a simule, é correto afirmar que, considerando que o aplicativo funcione corretamente, ambas irão sempre apontar na mesma direção? Justifique.

2. Vimos anteriormente que o campo elétrico de um próton isolado, ou de um elétron isolado, é radial, mudando apenas o sentido. Uma linha de campo magnético também pode ser radial? É possível haver uma linha de campo magnético que seja absolutamente reta?

3. O que acontece com a agulha de um ímã se a pessoa tentar utilizá-lo exatamente em cima de um dos polos magnéticos da Terra?

# 3. O campo magnético

Já sabemos que ímãs podem atrair pedaços de ferro ou mesmo atrair e repelir-se mutuamente. Todas essas ações podem ser verificadas sem que esses objetos estejam em contato direto, ou seja, são ações que se manifestam mesmo à distância. Podemos, dessa maneira, estudar esses fenômenos estabelecendo que um ímã origina, na região que o envolve, um campo magnético. Além dos ímãs, uma corrente elétrica em um fio também pode criar um campo magnético, mas esse fenômeno será estudado a partir do próximo tópico.

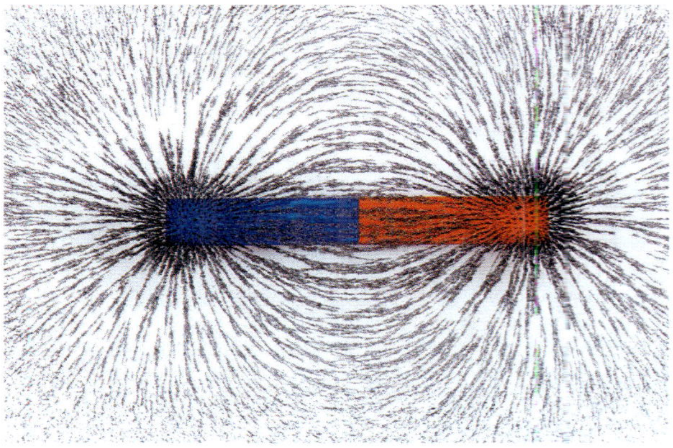

Phil Degginger/Alamy/Fotoarena

A limalha de ferro nos fornece uma representação visual do campo magnético criado pelo ímã em forma de barra.

Do mesmo modo que existe um campo gravitacional ao redor da Terra e em torno de uma partícula eletricamente carregada há um campo elétrico, ao redor de um ímã existe um campo magnético. Para cada ponto do espaço que circunda um ímã, iremos definir um único vetor $\vec{B}$ representativo desse campo magnético. O vetor $\vec{B}$ será denominado vetor indução magnética (também pode ser chamado de vetor campo magnético).

## Direção e sentido de $\vec{B}$

Já sabemos que na região do espaço ao redor do ímã existe um campo magnético. Se quisermos constatar a presença desse campo, podemos colocar uma pequena bússola, que vamos chamar de **bússola de prova**, em um ponto qualquer dessa região e aguardarmos o equilíbrio. A direção do vetor campo magnético $\vec{B}$, nesse ponto, é a direção assumida pelo eixo longitudinal da agulha magnética da bússola. O sentido de $\vec{B}$ é o sentido para onde aponta o polo norte magnético da agulha magnética.

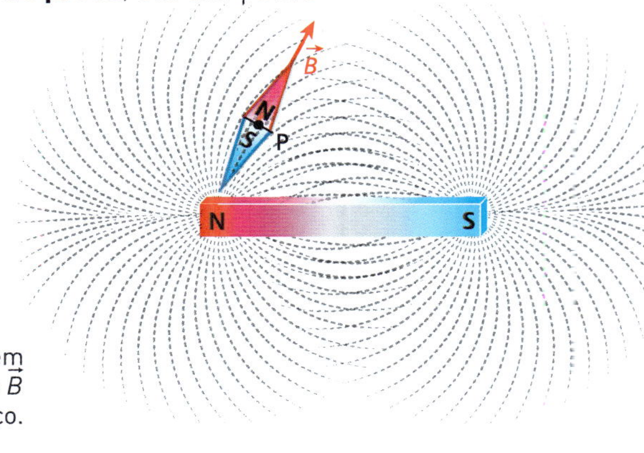


Banco de imagens/Arquivo da editora

Quando a agulha magnética da bússola fica em equilíbrio em um ponto **P**, estabelece a orientação do campo magnético $\vec{B}$ para aquele ponto específico do espaço.

Destacando a região onde a bússola se encontra, tem-se:

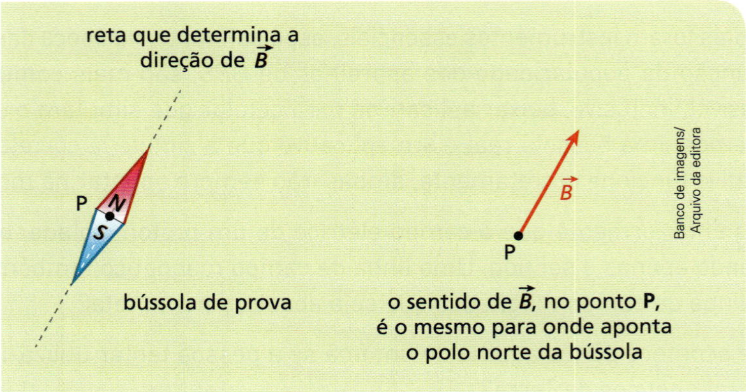


## 4. Linhas de indução magnética

De maneira similar às linhas de força de um campo elétrico, podemos utilizar linhas orientadas, chamadas aqui de linhas de indução ou linhas de campo magnético, para representarmos graficamente a variação de $\vec{B}$ nas proximidades de um ímã.

Por convenção, tem-se que:

As linhas de indução de um campo magnético são linhas fechadas que, na parte externa do ímã, saem do polo magnético norte e chegam ao polo magnético sul. Internamente ao ímã, fazem o oposto.

Em cada ponto do espaço, haverá um vetor campo magnético tangente às linhas de indução e que tem o mesmo sentido dessas linhas.

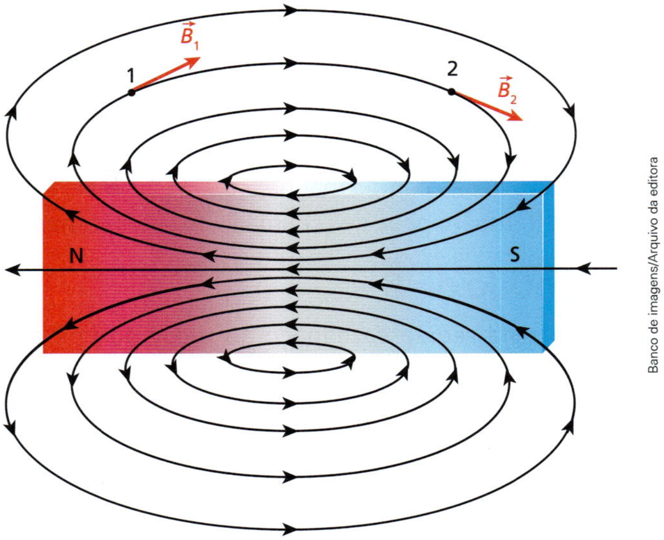


Linhas de indução magnética de um ímã em forma de barra e a representação dos vetores campo magnético $\vec{B}_1$ e $\vec{B}_2$, que são tangentes a uma dessas linhas nos pontos 1 e 2, respectivamente.

O sentido do campo magnético gerado por um ímã em um ponto pode ser identificado por uma bússola. Se tivermos um conjunto de bússolas que nos permitam identificar os sentidos de vários vetores campos magnéticos, gerados por um ímã, em vários pontos do espaço, podemos, com a ajuda dessas bússolas, esboçar as linhas de indução magnética desse ímã.

Observação 1: Assim como as linhas de força de um campo elétrico, as linhas de indução de um campo magnético obedecem à seguinte propriedade:

Quanto maior a densidade de linhas de indução, maior será a intensidade do campo magnético nessa região.

Uma linha de indução é, em qualquer um de seus pontos, tangente a um vetor campo magnético.

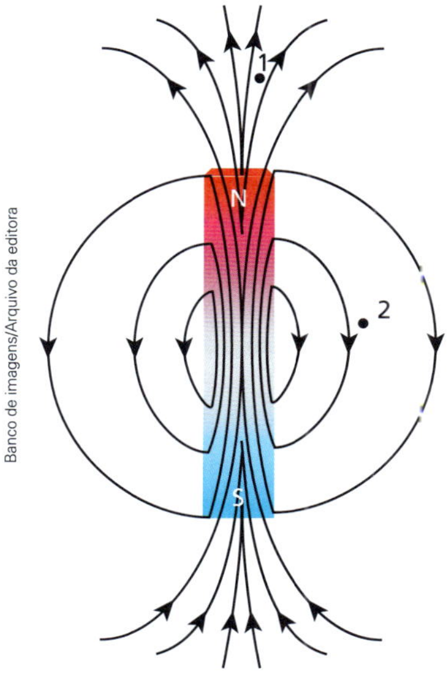


A intensidade do campo magnético no ponto 1 é maior que a intensidade do campo magnético no ponto 2, pois a densidade das linhas de campo na região 1 é maior do que na região 2.

Observação 2: Duas linhas de indução magnética não podem cruzar-se. Isso acarretaria que em um único ponto do espaço existissem dois campos magnéticos diferentes.

# 5. Campo magnético uniforme

Se tivermos ímãs com formatos especiais, podemos, com boa aproximação, obter campos magnéticos praticamente uniformes. Vejamos alguns exemplos:

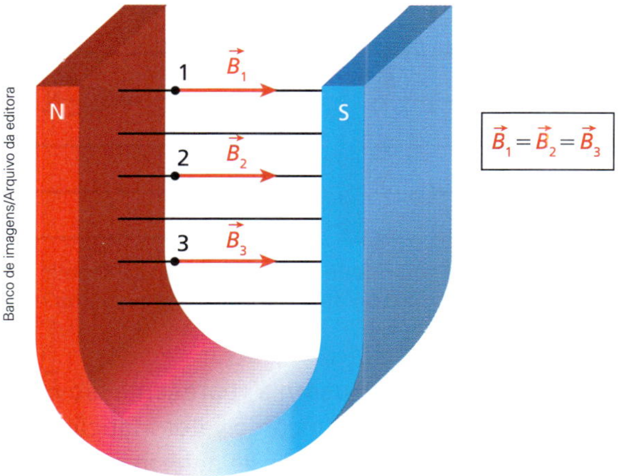


Ímã em formato de ferradura. Nas regiões destacadas entre os polos, os campos magnéticos são, no caso ideal, uniformes.

Quando o campo magnético é uniforme, em todos os pontos desse campo o vetor $\vec{B}$ tem a mesma intensidade, mesma direção e mesmo sentido. As linhas de indução magnética são segmentos de retas paralelos igualmente espaçados entre si.

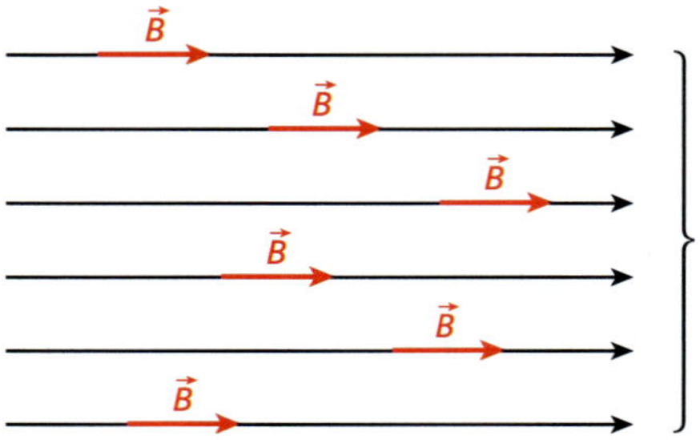


Na figura, vemos a representação de um campo magnético uniforme. As linhas de indução são todas paralelas e equidistantes entre si. Os vetores campo magnético ($\vec{B}$) são tangentes às linhas de indução e todos têm mesma intensidade, mesma direção e mesmo sentido.

Usa-se a seguinte notação quando o campo magnético ($\vec{B}$) tiver direção perpendicular ao plano da página com sentido entrando ou saindo dela.

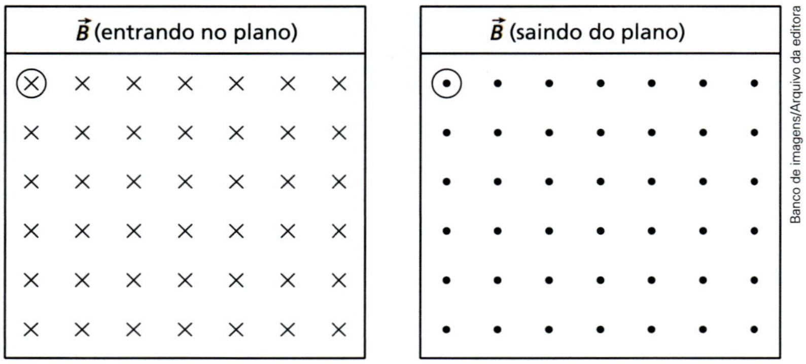


As notações ⊗ (entrando no plano) e ⊙ (saindo do plano) podem ser usadas para outras grandezas físicas.

Se uma agulha magnética, que possa girar livremente, for introduzida em um campo magnético uniforme na direção mostrada na figura, ficará sujeita a um binário de forças que promoverá seu alinhamento com esse campo. O polo norte magnético da bússola irá apontar no mesmo sentido das linhas de indução.

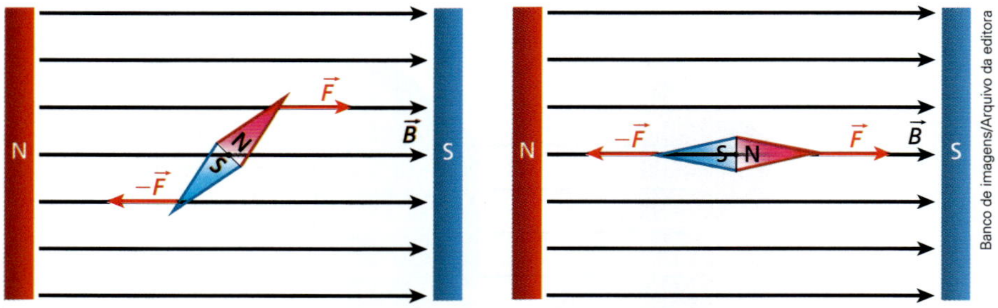


Os polos da mesma cor (mesma polaridade magnética) irão se repelir e os de cores diferentes se atrair, provocando o binário de forças que fará a agulha magnética se alinhar com o vetor campo magnético.

Observação: Existem autores que usam a representação $\vec{H}$ para campo magnético e $\vec{B}$ é denominado exclusivamente como vetor indução magnética. De fato, quando se estudam propriedades magnéticas de determinados materiais, devemos fazer uso dessas duas grandezas. Em nossos estudos, $\vec{B}$ poderá ser denominado de ambas as formas: vetor indução magnética ou vetor campo magnético.

## Intersaberes

# Modelo padrão da Física e a importância do LHC

É chamado de modelo padrão a teoria física que estuda as forças elementais (forte, fraca, eletromagnética e gravitacional) e também descreve o comportamento da matéria por meio do estudo das partículas subatômicas, ou seja, as partículas que formam os nêutrons e os prótons. Os elétrons, pelo modelo padrão, são considerados partículas fundamentais, ou seja, eles são indivisíveis.

O modelo padrão divide todas as partículas em duas categorias: os férmions e os bósons. De maneira bastante simplificada, podemos dizer que bósons são as partículas responsáveis por exercer as forças de interação, enquanto os férmions compõem toda a matéria. Os férmions são um conjunto de uma grande variedade de partículas, que incluem elétrons, neutrinos, pósitrons, *quarks*, entre várias outras. Já os bósons são divididos em quatro categorias, sendo que cada uma representa uma das forças elementais:

- Fótons: responsáveis pela interação eletromagnética. Os fótons podem se comportar tanto como partículas quanto como ondas, dependendo do contexto.
- Bósons W e Z: responsáveis pela força de interação fraca.
- Glúons: um conjunto de oito tipos diferentes deles é responsável pela força de interação forte.
- Bósons de Higgs: responsáveis por atribuir a propriedade de massa inercial à matéria. Um diferente tipo de bóson, chamado gráviton, ainda não foi detectado, mas em teoria seria responsável pelas interações gravitacionais.

Uma das melhores maneiras para testar o modelo padrão e detectar diferentes tipos de partículas, é por meio do choque entre partículas não elementares (como prótons e nêutrons), com uma velocidade próxima à da luz, gerando energia o suficiente para "quebrar" essas partículas em partículas fundamentais, e estudar características e comportamento de cada uma individualmente.

Esse tipo de experimento é realizado nos chamados aceleradores de partículas, que utilizam forças eletromagnéticas para acelerar os feixes de partículas. Atualmente, o maior e principal acelerador de partículas em funcionamento é o chamado "*Large Hadron Collider*", que em português significa Grande Colisor de Hádrons, mas é mais conhecido pela sigla LHC.

O LHC foi o responsável pela primeira detecção do bóson de Higgs, que explica a propriedade de massa atribuída à matéria. Essa detecção foi essencial para fundamentar ainda mais o modelo padrão, e outros experimentos continuam sendo realizados nele para a detecção e o estudo de diferentes partículas elementares.

A figura abaixo é uma representação da colisão entre dois prótons, que, suficientemente acelerados, "quebram-se" em diversas outras partículas elementares. A imagem é uma simulação do tipo de colisão que ocorre dentro do LHC.

general-fmv/Shutterstock

# O grande instrumento de estudo do Universo

Embora a teoria do *big-bang* explique a criação do Universo, a Física ainda não desenvolveu teorias acerca dos primeiros picossegundos ($10^{-12}$ s) do Universo. Para entender cada vez mais os instantes iniciais do *big-bang*, cientistas de vários países se uniram para criar o chamado "*Large Hadron Collider*" (LHC), que podemos traduzir como "Grande Colisor de Hádrons".

Ano de inauguração: 2008
Sede: Genebra, atravessando a fronteira franco-suíça
Perímetro: 27 km
Profundidade abaixo da altitude média local: 100 m
Temperatura em seu interior: −271 °C, ou seja, apenas 2 °C acima do zero absoluto
Investimento inicial: 4 bilhões de euros
Número de ímãs supercondutores: 9 593
Valor do campo magnético gerado: 100 000 vezes o valor do campo magnético da Terra

Atualmente, o LHC é o maior acelerador de partículas em atividade no mundo.

## Objetivos

Por meio do LHC, os cientistas tentam recriar o ambiente das primeiras frações de segundo posteriores ao *big-bang*, para responder a algumas perguntas que continuam em aberto, por exemplo, o que é a matéria escura. Após ter cumprido um de seus grandes objetivos iniciais, que era provar a existência do bóson de Higgs, o LHC ainda tem como objetivos predominantes:

- descobrir novas partículas subatômicas;
- recriar as condições físicas dos primeiros instantes do Universo.

100 m

## Matéria e energia escura

Tudo o que conhecemos, conseguimos observar e explicar equivale a apenas 5% do Universo. Estima-se que 25% de toda a massa do Universo é composta por matéria escura, que recebe esse nome por exercer força gravitacional, mas não interagir com a luz, de modo que não conseguimos enxergá-la.

## Funcionamento

- O LHC consiste num anel com perímetro de 27 km, no qual o objetivo é colidir feixes de prótons para estudar as partículas subatômicas (que compõem os prótons), recriando um ambiente de temperatura e energia próximos às do *big-bang*, embora numa escala absolutamente menor.
- Os feixes são guiados por ímãs supercondutores em temperaturas próximas do zero absoluto. Porém, a colisão em si gera temperaturas da ordem de 100 000 vezes a temperatura do interior solar.
- Dentro deste anel, os feixes de prótons conseguem atingir 99,9% da velocidade da luz.
- Nesse anel, distribuem-se 4 detectores diferentes, que medem e analisam o resultado das colisões, sendo também capazes de detectar as partículas subatômicas que emergem da colisão (você pode entender isso melhor como a "quebra" do próton em várias subpartículas).

A Organização Europeia de Investigação Nuclear, conhecida como CERN (a sigla deriva do antigo nome, em francês, "*Conseil **E**uropéen pour la **R**echerche **N**ucléaire*") foi fundada em 1954 com o intuito de unificar as pesquisas nucleares de países europeus. A organização possui 22 países-membros e mais de 40 países colaboradores pelo mundo. O CERN é responsável pela administração do LHC.

**Países-membros fundadores**

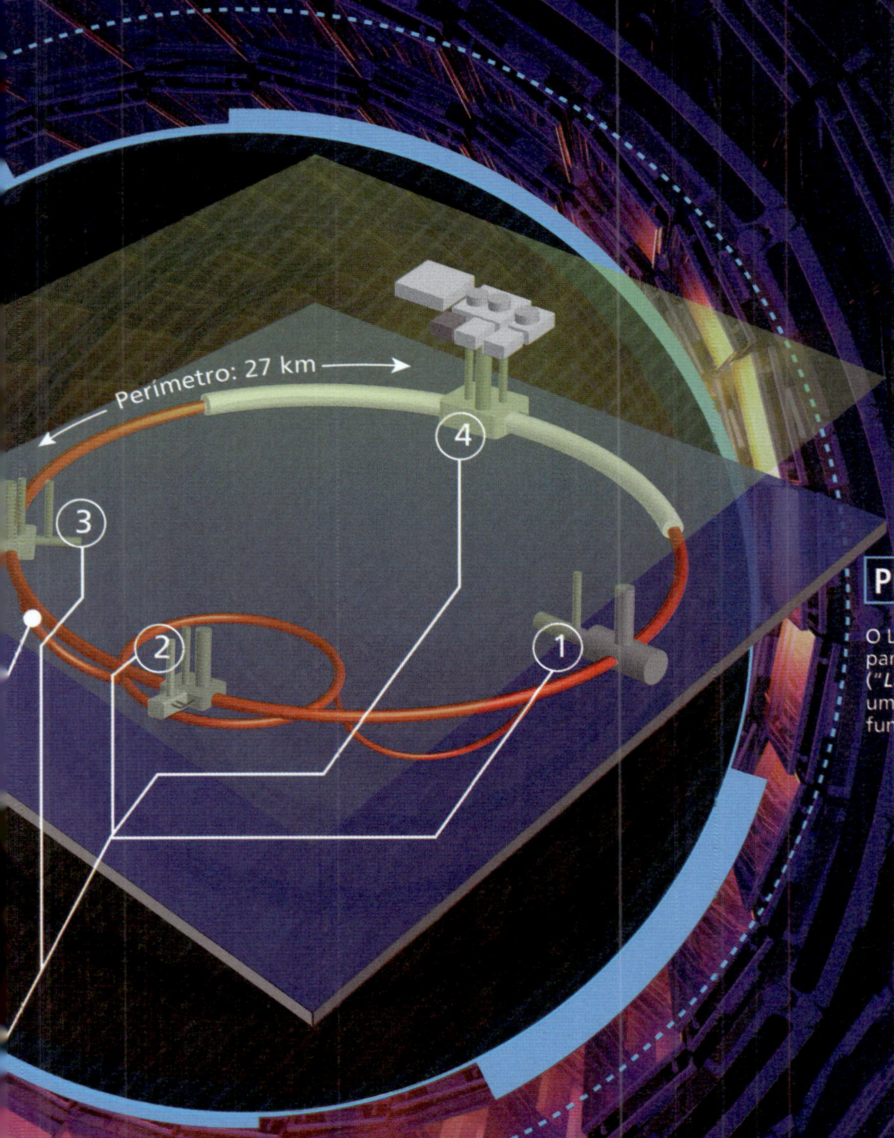


## Precursores do LHC

O LHC não foi o primeiro acelerador de partículas construído. De fato, o **LEP** ("*Large Electron-Positron colider*") possuía um perímetro semelhante ao do LHC e funcionou no período de 1989 a 2000.

## O bóson de Higgs

A prova da existência do bóson de Higgs foi fundamental para concretizar ainda mais o modelo padrão da Física de partículas, que é a base do estudo de partículas subatômicas. A importância da existência do bóson de Higgs é o fato de ele ser o responsável por proporcionar massa a toda a matéria observável do Universo.

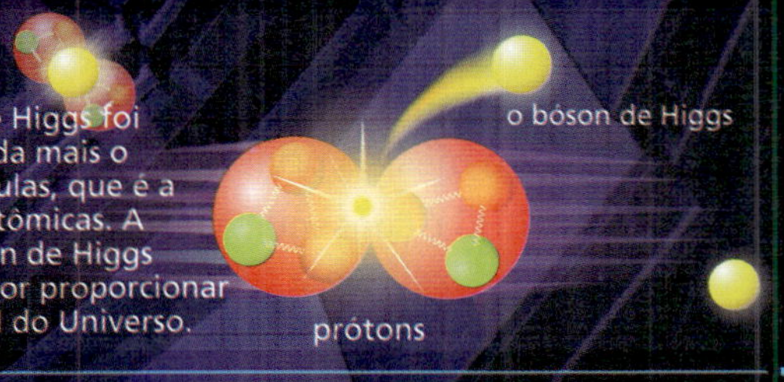

### LHC detectou o bóson de Higgs novamente, mas com uma enorme diferença

Físicos que trabalham no Grande Colisor de Hádrons (em inglês, *Large Hadron Collider* ou simplesmente LHC) realizaram uma nova detecção do famoso bóson de Higgs. Mas desta vez capturando detalhes sobre uma rara interação com uma das mais pesadas partículas fundamentais conhecidas pela Física: o *quark top*.

A breve mistura desse encontro incrivelmente precioso nos fornece informações importantes sobre a natureza da massa. A pesquisa foi publicada na revista científica *Physical Review Letters*.

**Bóson de Higgs e massa**

Apesar de lidarmos com a massa diariamente – seja na forma da força da gravidade ou na superação da inércia para movermos o nosso corpo –, entender sua causa básica é muito complicado.

A famosa equação $E = mc^2$, de Albert Einstein, é uma descrição da massa como energia. Juntar partículas básicas em nêutrons e prótons requer energia, e esse esforço contribui para a sensação de peso de um átomo, por exemplo.

O problema é que certas partículas fundamentais ainda têm massa mesmo quando não estão exercendo nenhum esforço. Mas de onde ela vem?

Cinquenta anos atrás, um cientista chamado Peter Higgs propôs que tinha que haver um bóson – uma partícula da mesma categoria que os fótons – que interage com outras partículas dentro de um campo especial, preenchendo aquele minúsculo pedaço de energia que completa a massa de um objeto.

Durante décadas, essa pequena partícula estranha foi a peça que faltava no quebra-cabeça do modelo padrão da Física. Finalmente, em 2012, sua existência foi confirmada pelo LHC.

**Interações**

Esse era apenas o começo da exploração do bóson de Higgs, no entanto. Suas relações com diversas partículas podem nos dizer muito mais sobre a propriedade da massa – como os *quarks*.

Existem vários tipos de *quark*. Os *up* e *down* são os que compõem prótons e nêutrons, por exemplo. Já os *quarks top* não existem por tempo suficiente para podermos reconhecer bem suas funções: eles decaem em fração de segundo.

Eles são incrivelmente pesados, no entanto. Um elétron tem cerca de um milionésimo da massa de um *quark top*, o que indica uma interação relativamente forte com o campo de Higgs.

Capturar a interação entre um bóson de Higgs e um *quark top*, no entanto, é muito difícil. Nenhuma das duas partículas existe por tempo suficiente para ser vista diretamente, e apenas 1% dos bósons de Higgs produzidos pelas energias do LHC aparecem ao lado de um *quark*.

Ramos, Ademilson. Disponível em: <http://engenhariae.com.br/editorial/ciencia/lhc-detectou-o-boson-de-higgs-novamente-mas-com-uma-enorme-diferenca/>. Acesso em: 17 jul. 2018.

## Compreensão, pesquisa e debate

1. Vimos a importância dos aceleradores de partículas para a área da Física responsável por entender o funcionamento das forças elementares e da matéria. O maior e mais importante acelerador de partículas existente no momento é o LHC. Pesquise outros aceleradores de partículas que foram importantes historicamente. O Brasil possui algum?

2. Aceleradores de partículas existem em várias escalas de tamanho, e possuem funções diferentes, não sendo utilizados unicamente em experimentos físicos. Pesquise e explique como funciona algum aparelho comercial que utilize o mesmo princípio em seu funcionamento.

3. Um dos objetivos do LHC é conseguir recriar, em laboratório, condições semelhantes àquelas dos primeiros instantes do Universo. Explique a teoria do *big-bang*, montando um cronograma indicando quanto tempo durou cada um dos principais estágios iniciais do Universo, até ele alcançar sua configuração atual.

# Exercícios Nível 1

**1.** (UFSC) A ideia de linhas de campo magnético foi introduzida pelo físico e químico inglês Michael Faraday (1791-1867) para explicar os efeitos e a natureza do campo magnético. Na figura abaixo, extraída do artigo "Pesquisas Experimentais em Eletricidade", publicado em 1852, Faraday mostra a forma assumida pelas linhas de campo com o uso de limalha de ferro espalhada ao redor de uma barra magnética.

E.R.

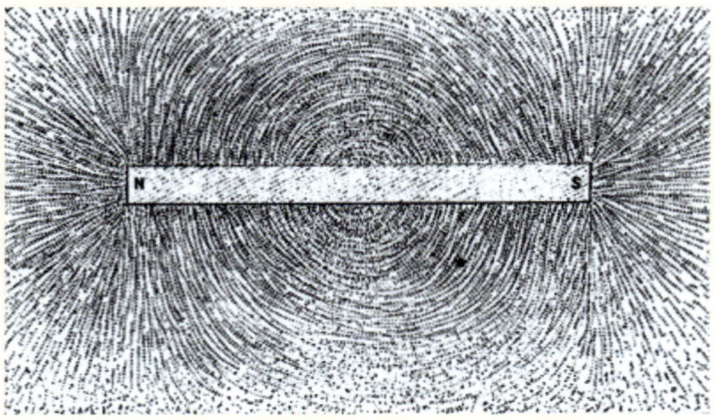




Sobre campo magnético, é CORRETO afirmar que:

01) o vetor campo magnético em cada ponto é perpendicular à linha de campo magnético que passa por este ponto.

02) as linhas de campo magnético são contínuas, atravessando a barra magnética.

04) as linhas de campo magnético nunca se cruzam.

08) por convenção, as linhas de campo magnético "saem" do polo sul e "entram" no polo norte.

16) as regiões com menor densidade de linhas de campo magnético próximas indicam um campo magnético mais intenso.

32) quebrar um ímã em forma de barra é uma maneira simples de obter dois polos magnéticos isolados.

**Resolução:**

01) Falsa. O vetor campo magnético é sempre tangente à linha de campo.

02) Verdadeira. As linhas de campo magnético são linhas fechadas, isto é, vão do polo norte ao polo sul externamente à barra, e voltam do polo sul ao norte internamente à barra.

04) Verdadeira. Não existem duas linhas de campo magnético em um mesmo ponto do espaço e, portanto, elas não podem se cruzar.

08) Falsa. A convenção é justamente o contrário.

16) Falsa. Quanto maior a densidade de linhas de campo, ou seja, quanto mais próximas estão as linhas umas das outras, maior a intensidade do campo magnético.

32) Falsa. Os polos norte e sul são indissociáveis e não ocorrem na natureza de forma isolada. Ao quebrar um ímã em duas partes, cada uma delas constituirá em um novo ímã com os dois polos.

Soma das proposições corretas: 02 + 04 = 06

**2.** (Fuvest-SP) Um ímã, em forma de barra, de polaridade **N** (norte) e **S** (sul), é fixado em uma mesa horizontal. Um outro ímã semelhante, de polaridade desconhecida, indicada por **A** e **T**, quando colocado na posição mostrada na figura 1, é repelido para a direita.

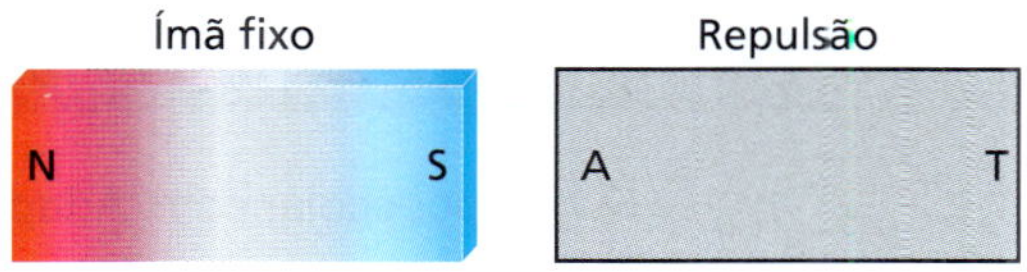




Figura 1

Quebra-se esse ímã ao meio e, utilizando as duas metades, fazem-se quatro experiências, representadas nas figuras I, II, III e IV, em que as metades são colocadas, uma de cada vez, nas proximidades do ímã fixo.

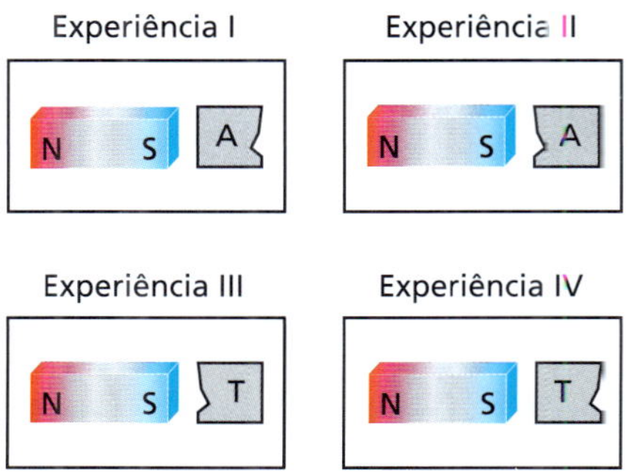

Indicado por "nada" a ausência de atração ou repulsão da parte testada, os resultados das quatro experiências são, respectivamente:

| | I | II | III | IV |
|---|---|---|---|---|
| a) | repulsão | atração | repulsão | atração |
| b) | repulsão | repulsão | repulsão | repulsão |
| c) | repulsão | repulsão | atração | atração |
| d) | repulsão | nada | nada | atração |
| e) | atração | nada | nada | repulsão |

**3.** (Unesp-SP) Um ímã em forma de barra, com seus polos norte e sul, é colocado sob uma superfície coberta com partículas de limalha de ferro, fazendo com que elas se alinhem segundo seu campo magnético. Se quatro pequenas bússolas, 1, 2, 3 e 4, forem colocadas em repouso nas posições indicadas na figura, no mesmo plano que contém a limalha, suas agulhas magnéticas orientam-se segundo as linhas do campo magnético criado pelo ímã.

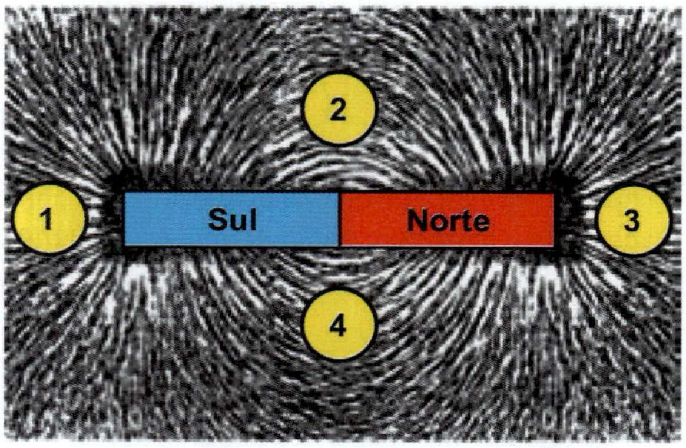


Reprodução/Unesp, 2016

(www.grupoescolar.com. Adaptado.)

Desconsiderando o campo magnético terrestre e considerando que a agulha magnética de cada bússola seja representada por uma seta que se orienta na mesma direção e no mesmo sentido do vetor campo magnético associado ao ponto em que ela foi colocada, assinale a alternativa que indica, correta e respectivamente, as configurações das agulhas das bússolas 1, 2, 3 e 4 na situação descrita.

a) 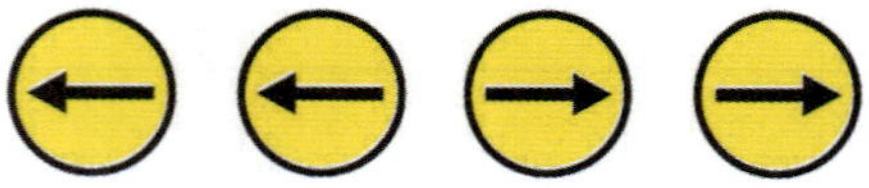

b) 

Reprodução/Unesp, 2016

c) 

d) 

e) 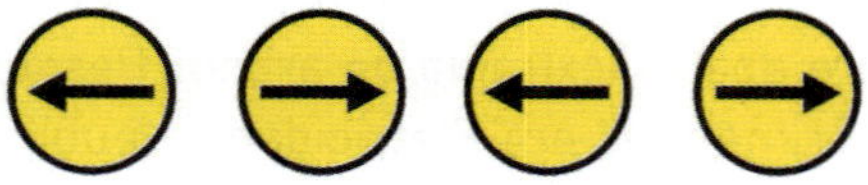

Reprodução/Unesp, 2016

**4.** (UFF-RJ) O disco rígido de um computador é um meio magnético utilizado para armazenar informação em forma digital. Sua superfície é dividida em trechos retangulares, muito pequenos, que funcionam como ímãs microscópicos e podem ser orientados em dois sentidos opostos, como mostrado na figura 1.

Um modelo simplificado do processo de leitura da informação gravada no disco rígido envolve um conjunto de bússolas I, II e III representado na figura 4. Se o polo norte da bússola aponta para cima (figura 2), sua orientação é representada pelo dígito 1, se aponta para baixo (figura 3), representada pelo dígito 0.

Assinale a opção que representa a orientação das bússolas na situação da figura 4.

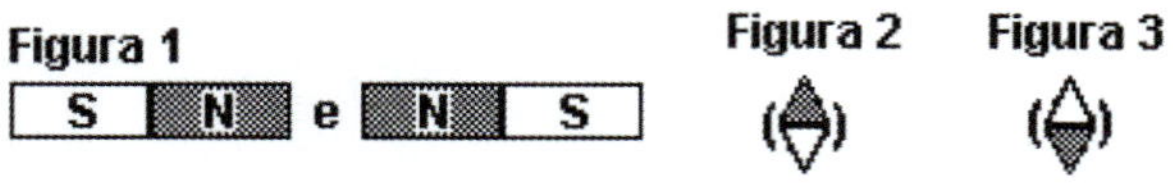


Figura 4

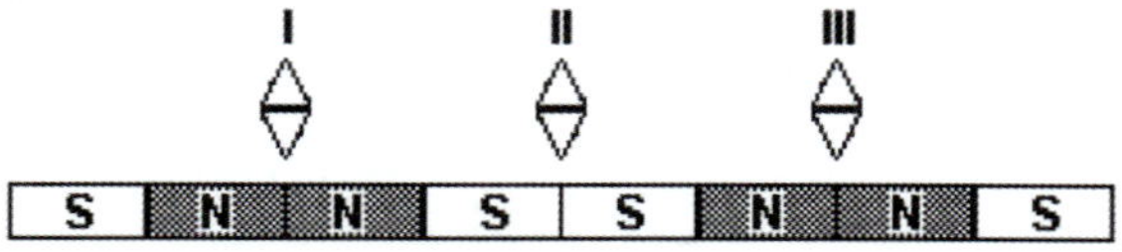


| | I | II | III |
|---|---|---|---|
| a) | 1 | 0 | 1 |
| b) | 0 | 1 | 0 |
| c) | 1 | 0 | 0 |
| d) | 0 | 1 | 1 |
| e) | 0 | 0 | 1 |

Reprodução/UFF, 2007

**5.** (UFU-MG) Três carrinhos idênticos são colocados em um trilho, porém não se encostam, porque, na extremidade de cada um deles, conforme mostra o esquema a seguir, é acoplado um ímã, de tal forma que um de seus polos fica exposto para fora do carrinho (polaridade externa).

Considerando que as polaridades externas dos ímãs (**N** – norte e **S** – sul) nos carrinhos são representadas por números, conforme o esquema a seguir, assinale a alternativa que representa a ordem correta em que os carrinhos foram organizados no trilho, de tal forma que nenhum deles encoste no outro:

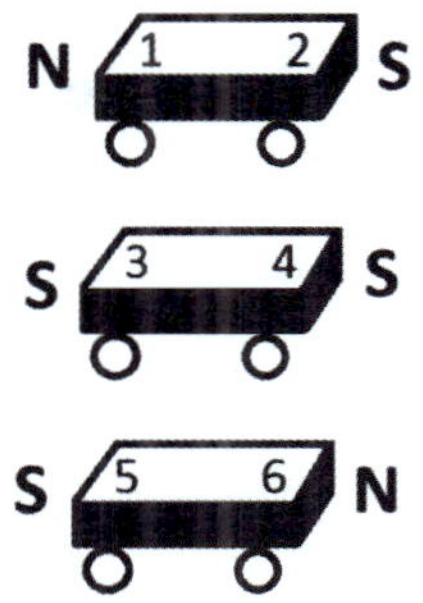



a) 1 – 2 – 4 – 3 – 6 – 5.
b) 6 – 5 – 4 – 3 – 1 – 2.
c) 3 – 4 – 6 – 5 – 2 – 1.
d) 2 – 1 – 6 – 5 – 3 – 4.

## Exercícios Nível 2

**6.** (Udesc) Analise as proposições relacionadas às linhas de campo elétrico e às de campo magnético.

I. As linhas de força do campo elétrico se estendem apontando para fora de uma carga pontual positiva e para dentro de uma carga pontual negativa.
II. As linhas de campo magnético não nascem nem morrem nos ímãs, apenas atravessam-nos, ao contrário do que ocorre com os corpos condutores eletrizados que originam os dos campos elétricos.
III. A concentração das linhas de força do campo elétrico ou das linhas de campo magnético indica, qualitativamente, onde a intensidade do respectivo campo é maior.

Assinale a alternativa **correta**.

a) Somente as afirmativas I e III são verdadeiras.
b) Somente a afirmativa II é verdadeira.
c) Somente as afirmativas II e III são verdadeiras.
d) Somente as afirmativas I e II são verdadeiras.
e) Todas as afirmativas são verdadeiras.

**7.** (UEM-PR) Sobre os campos magnéticos e os materiais magnéticos, assinale a(s) alternativa(s) **corretas(s)**.

01) Ímãs são corpos dotados de propriedades magnéticas. Quando construídos no formato de hastes retilíneas, possuem regiões em que o campo magnético se torna mais intenso. Essas regiões são denominadas polos do ímã.
02) Um campo magnético pode ser criado tanto por uma corrente elétrica em um fio quanto por um ímã.
04) Um ímã no formato de uma haste, quando pendurado pelo centro do eixo da haste, de modo que possa girar livremente em torno deste centro, orienta-se segundo o campo magnético terrestre. O polo do ímã que se orienta em direção ao norte geográfico é denominado de polo norte do ímã e o polo do ímã que se orienta em direção ao polo sul geográfico é denominado polo sul do ímã.
08) Ao aproximarem dois ímãs, verificamos que os polos magnéticos de mesmo nome se atraem e de nomes diferentes se repelem.
16) A Terra, como os ímãs, possui um campo magnético. É por meio deste campo magnético que dispositivos de orientação como a bússola funcionam. Portanto, a Terra também possui dois polos magnéticos. O polo norte magnético da Terra coincide com o polo sul geográfico e o polo sul magnético da Terra coincide com o polo norte geográfico.

**8.** (Fuvest-SP) Quatro ímãs iguais em forma de barra, com as polaridades indicadas, estão apoiados sobre uma mesa horizontal, como na figura, vistos de cima. Uma pequena bússola é também colocada na mesa, no ponto central **P**, equidistante dos ímãs, indicando a direção e o sentido do campo magnético dos ímãs em **P**. Não levando em conta o efeito do campo magnético terrestre, a figura que melhor representa a orientação da agulha da bússola é

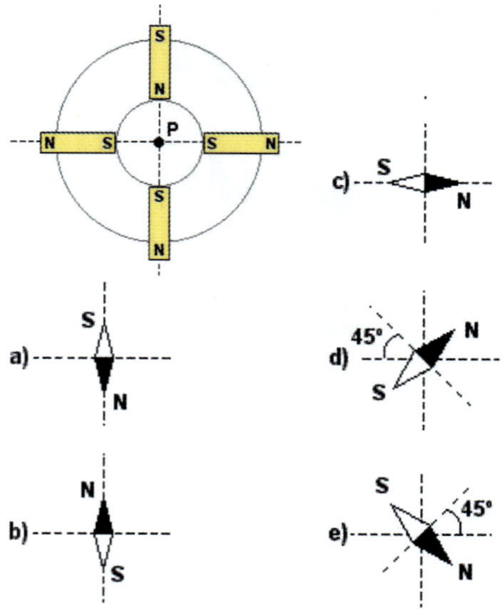


Reprodução/Fuvest, 2002

**9.** (Unirio-RJ)

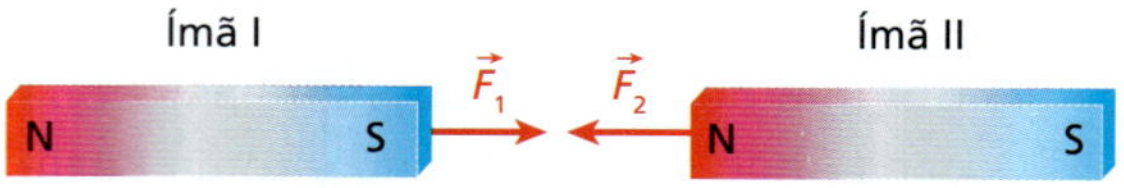


Banco de imagens/Arquivo da editora

Dois ímãs estão dispostos em cima de uma mesa de madeira, conforme a figura anterior.

$\vec{F}_1$ é a força que o ímã II exerce sobre o ímã I, enquanto que este exerce uma força $\vec{F}_2$ sobre o ímã II. Considerando que $F_1$ e $F_2$ representam os módulos dessas duas forças, podemos afirmar que:

a) $F_1 = F_2 \neq 0$.
b) $F_1 = F_2 = 0$.
c) $F_2 < F_1$, pois o polo Norte atrai o polo Sul.
d) $F_2 > F_1$, pois o polo Sul atrai o polo Norte.
e) as forças são diferentes, embora não se possa afirmar qual é a maior.

**10.** (Fuvest-SP) Sobre uma mesa plana e horizontal, é colocado um ímã em forma de barra, representado na figura, visto de cima, juntamente com algumas linhas de seu campo magnético. Uma pequena bússola é deslocada, lentamente, sobre a mesa, a partir do ponto **P**, realizando uma volta circular completa em torno do ímã.

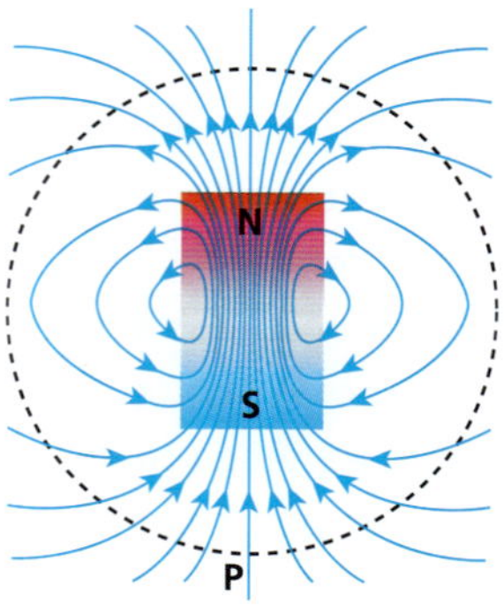


Reprodução/Arquivo da editora

Nessas condições, desconsidere o campo magnético da Terra.

Ao final desse movimento, a agulha da bússola terá completado, em torno de seu próprio eixo, um número de voltas igual a:

a) $\frac{1}{4}$ de volta.
b) $\frac{1}{2}$ de volta.
c) 1 volta completa.
d) 2 voltas completas.
e) 4 voltas completas.

**11.** (CPS-SP) Uma das hipóteses, ainda não comprovada, sobre os modos como se orientam os animais migratórios durante suas longas viagens é a de que esses animais se guiam pelo campo magnético terrestre. Segundo essa hipótese, para que ocorra essa orientação, esses animais devem possuir, no corpo, uma espécie de ímã que, como na bússola, indica os polos magnéticos da Terra. De acordo com a Física, se houvesse esse ímã que pudesse se movimentar como a agulha de uma bússola, orientando uma ave que migrasse para o hemisfério sul do planeta, local em que se encontra o polo norte magnético da Terra, esse ímã deveria

a) possuir apenas um polo, o sul.
b) possuir apenas um polo, o norte.
c) apontar seu polo sul para o destino.
d) apontar seu polo norte para o destino.
e) orientar-se segundo a linha do Equador.

**12.** (Fuvest-SP) Uma agulha imantada, suspensa por um fio em São Paulo, tem uma de suas extremidades (**A**) apontando, aproximadamente, para a cidade de Belém do Pará. Coloca-se nas proximidades da agulha um pedaço de ferro doce. Aproximando-se, em seguida, um ímã de uma das extremidades do pedaço de ferro doce, observa-se a configuração indicada na figura. Qual é o polo do ímã que está mais próximo do pedaço de ferro doce?

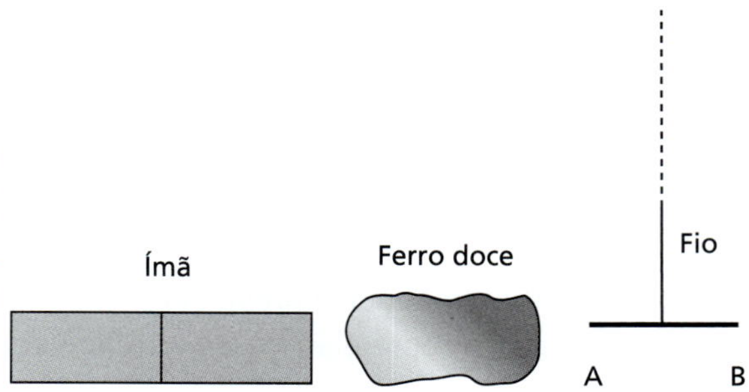


Reprodução/Arquivo da editora

## Bloco 2

A seguir, vamos investigar a interação entre cargas elétricas e um campo magnético.

# 6. Partícula eletrizada em repouso em um campo magnético

Quando uma partícula eletrizada é colocada em repouso dentro de um campo magnético, não se verifica qualquer interação. Em outras palavras, a **força magnética** sobre essa partícula é nula, ou seja:

$$\text{Se } \vec{v} = \vec{0}\text{, então } \vec{F}_m = \vec{0}.$$

em que:

$\vec{v}$ é a velocidade da partícula eletrizada imersa numa região com campo magnético;

$\vec{F}_m$ é a força magnética que age sobre essa partícula devido a sua interação com esse campo.

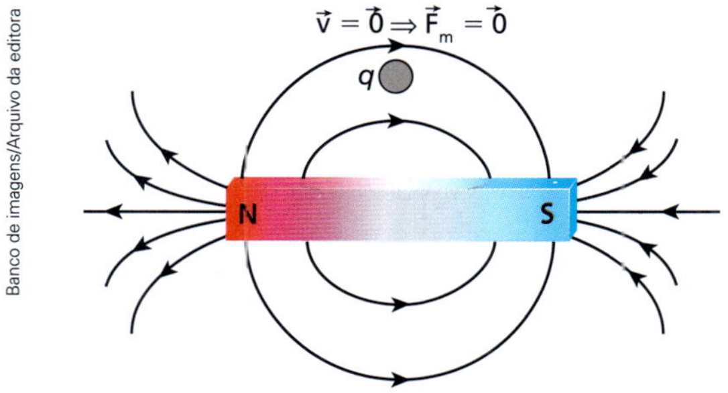


Uma partícula eletrizada com carga elétrica de módulo *q*, quando colocada em repouso em um campo magnético, não interage com esse campo.

A seguir estão ilustradas duas situações: a situação (a) nos mostra que uma partícula eletrizada positivamente, em repouso no interior de um campo elétrico, fica sujeita à ação de uma força elétrica; a situação (b) mostra que essa mesma partícula, quando está em repouso no interior de um campo magnético, não recebe a ação de uma força magnética causada por esse campo.

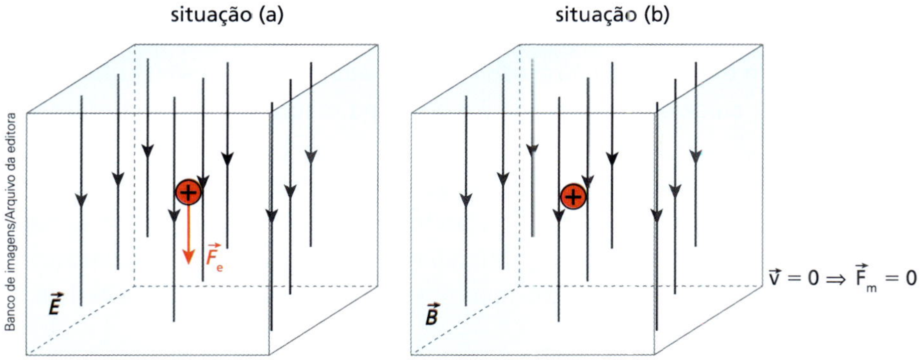


Situação (a): $\vec{F}_e = q\vec{E}$. Situação (b): $\vec{F}_m = \vec{0}$.

Em resumo, os efeitos sobre uma partícula eletrizada inicialmente em repouso posicionada no interior de um campo elétrico são bem diferentes dos efeitos que essa mesma partícula receberia se fosse colocada, também em repouso, no interior de um campo magnético.

## 7. Partícula eletrizada em movimento em um campo magnético uniforme

Vamos analisar outro tipo de situação.

Lancemos uma partícula eletrizada com velocidade paralela às linhas de indução do campo magnético. Em um primeiro lançamento, a velocidade da carga tem a mesma direção e o mesmo sentido das linhas de indução (figura a). Em um segundo lançamento, a velocidade da carga tem a mesma direção, mas sentido oposto às linhas de indução (figura b).

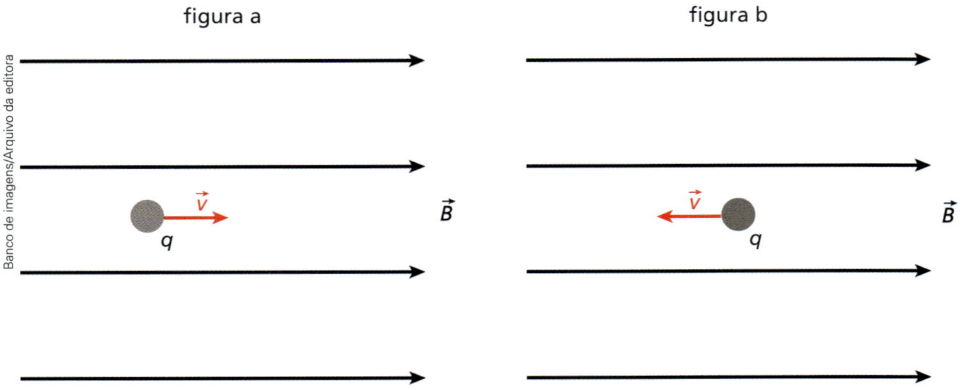


Em nenhuma das duas situações ocorre interação entre a partícula eletrizada e o campo magnético.

A força magnética que atua em partículas eletrizadas lançadas paralelamente às linhas de indução de um campo magnético é nula, ou seja:

Se $\vec{v}$ e $\vec{B}$ são paralelos, então $\vec{F}_m = \vec{0}$.

em que:

$\vec{v}$ é a velocidade da partícula eletrizada imersa numa região com campo magnético $\vec{B}$;

$\vec{F}_m$ é a força magnética que age sobre essa partícula devido a sua interação com esse campo.

Para que uma força magnética atue sobre uma partícula eletrizada no interior de um campo magnético, a velocidade da partícula deve ser necessariamente diferente de zero e o ângulo $\theta$ formado entre os vetores $\vec{v}$ e $\vec{B}$ deve ser diferente de 0° e de 180°, ou seja, a velocidade $\vec{v}$ e o campo magnético $\vec{B}$ não podem ser paralelos entre si.

Assim, podemos determinar a relação geral que estabelece a interação entre uma partícula eletrizada e o campo magnético. A intensidade $F_m$ da força magnética que pode atuar sobre uma partícula eletrizada de carga $q$, lançada com uma velocidade de módulo $v$ dentro de um campo magnético de intensidade $B$, é dada por:

$$F_m = |q|\, v\, B \operatorname{sen} \theta$$

Sendo a força magnética uma grandeza vetorial, para defini-la por completo, devemos ainda identificar, além de sua intensidade estabelecida acima, duas outras características importantes: sua direção e seu sentido.

- Direção da força magnética ($\vec{F}_m$): perpendicular ao plano formado pelos vetores $\vec{B}$ e $\vec{v}$.

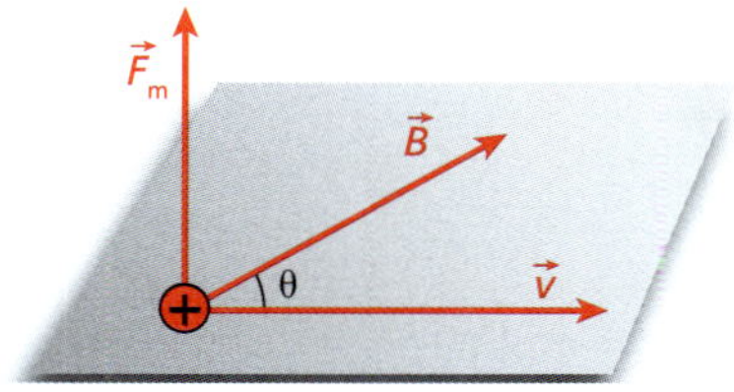


Banco de imagens/ Arquivo da editora

// A força magnética que atua sobre a partícula eletrizada de carga elétrica positiva é perpendicular tanto ao vetor $\vec{B}$ quanto ao vetor $\vec{v}$, ou seja, é perpendicular ao plano formado por $\vec{B}$ e $\vec{v}$.

- Sentido da força magnética ($\vec{F}_m$): pode ser determinado pela regra da mão esquerda. Alinhando o indicador com o vetor indução magnética e o dedo médio com o vetor velocidade, o polegar esticado indicará o sentido da força magnética.

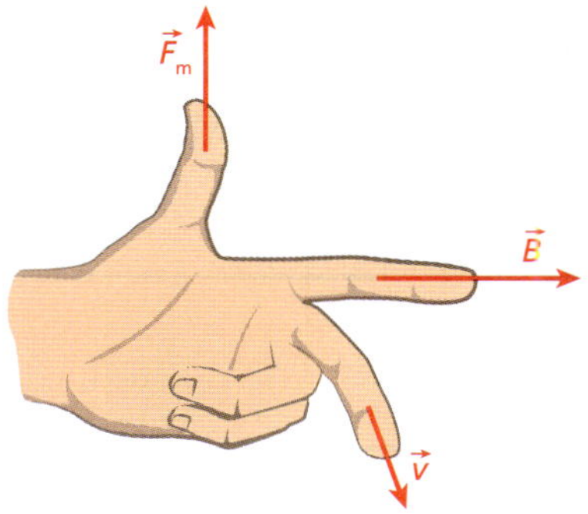


Banco de imagens/Arquivo da editora

// A regra da mão esquerda é válida quando a carga elétrica da partícula for positiva. Se a carga elétrica for negativa, o sentido da força magnética será o oposto do encontrado pela regra da mão esquerda.

Veja três exemplos de determinação da força magnética: na figura 1, para uma partícula eletrizada positivamente e, nas figuras 2 e 3, para uma partícula eletrizada negativamente.

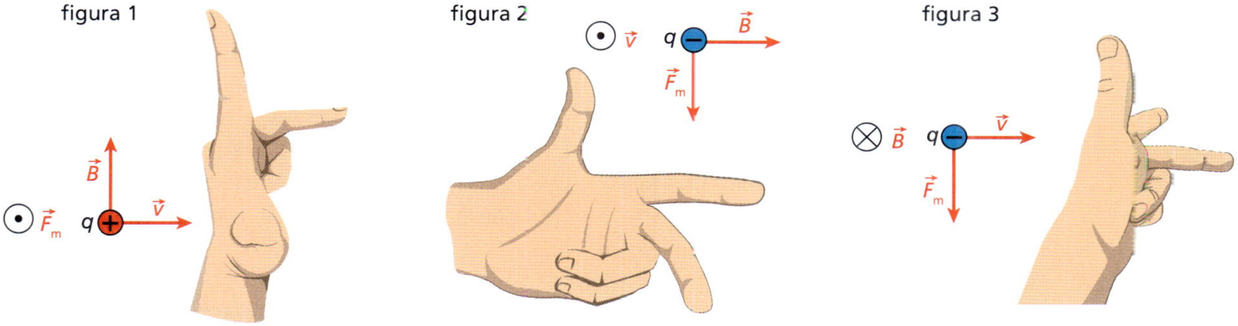


Banco de imagens/Arquivo da editora

// Regra da mão esquerda aplicada para uma carga positiva (figura 1) e para cargas negativas (figuras 2 e 3).

Observe que, para cargas negativas (figuras 2 e 3), a força magnética encontrada pela regra da mão esquerda sofre inversão de sentido.

**NOTA!**

Não se esqueça:
- ⊗ é a representação de um vetor entrando no plano da página;
- ⊙ é a representação de um vetor saindo do plano da página.

## 8. A unidade de $\vec{B}$ no Sistema Internacional

Da expressão para o cálculo da intensidade $F_m$ da força magnética, tem-se:

$$F_m = |q|\, v\, B \operatorname{sen} \theta$$

Assim,

$$B = \frac{F_m}{|q|\, v \operatorname{sen} \theta}$$

Como sen θ é adimensional, vem:

$$[B] = \frac{N}{C \cdot \frac{m}{s}} = \frac{N}{\frac{C}{s} \cdot m} = \frac{N}{A \cdot m}$$

A razão $\dfrac{\text{newton}}{\text{ampere} \cdot \text{metro}}$ foi chamada de tesla (T) em homenagem ao cientista croata Nikola Tesla.

$$1\ T = 1\frac{N}{A \cdot m}$$

# 9. Situações especiais de movimento de partícula eletrizada em campo magnético uniforme $\vec{B}$

Consideremos um campo magnético uniforme $\vec{B}$. Uma partícula de carga elétrica $q$ é lançada nesse campo com velocidade $\vec{v}$. Sabemos que a força magnética atuante nessa partícula tem intensidade dada por:

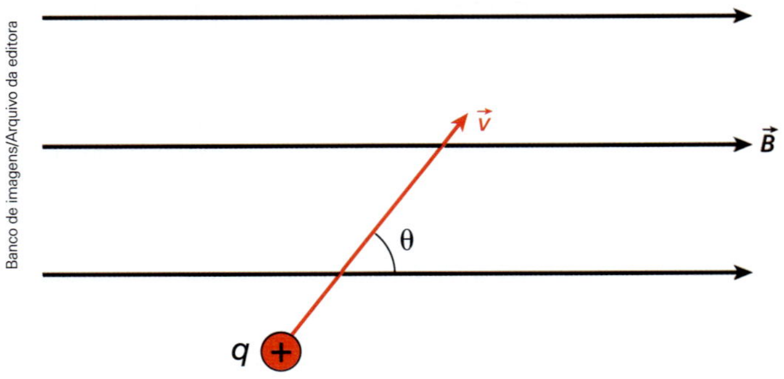


$$F_m = |q|\ v\ B\ \text{sen}\ \theta$$

Essa expressão nos mostra que podemos ter situações especiais dependendo do ângulo θ formado entre o vetor campo magnético $\vec{B}$ e o vetor velocidade $\vec{v}$. Vamos analisar três situações:

## Primeiro caso: partícula eletrizada lançada paralelamente às linhas de indução do campo magnético

Suponha uma partícula eletrizada com carga elétrica de módulo $q$ lançada em uma região onde atua um campo magnético $\vec{B}$ tal que a velocidade $\vec{v}$ da partícula é paralela às linhas de indução desse campo, conforme representado a seguir:

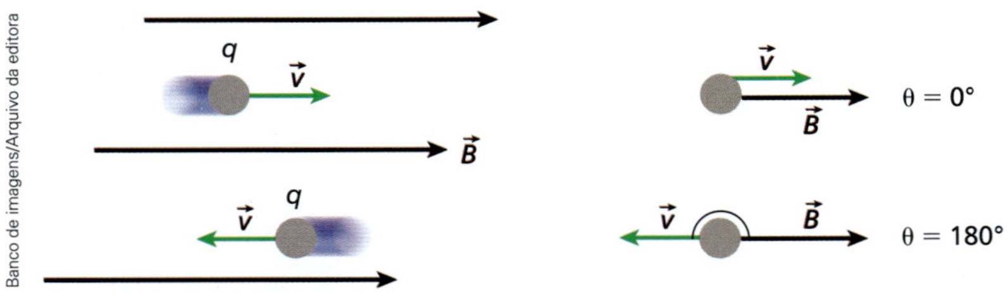


Se $\vec{v}$ é paralelo a $\vec{B}$, então o ângulo θ entre $\vec{v}$ e $\vec{B}$ pode ser igual a 0° ou 180°.

Da trigonometria, sabemos: sen 0° = sen 180° = 0.

Como já vimos anteriormente, em qualquer uma das possibilidades, teremos, para a intensidade $F_m$ da força magnética que age sobre a partícula eletrizada:

$$F_m = 0$$

Portanto, não há força magnética atuando sobre a partícula eletrizada para esse caso. Assumindo que a força magnética de intensidade $F_m$ é a única força que poderia agir sobre a partícula, então a força resultante que age sobre ela é nula, assim como sua aceleração resultante, ou seja, não existe força para provocar alterações nem na direção nem no módulo do vetor velocidade dessa partícula, o que significa que ela descreverá um movimento retilíneo e uniforme (MRU).

## Segundo caso: partícula eletrizada lançada perpendicularmente às linhas de indução do campo magnético

Nesse caso, para um ângulo $\theta = 90°$, tem-se sen 90° = 1. Logo, a intensidade $F_m$ da força magnética tem valor máximo e será dada por:

$$F_m = |q|\, v\, B$$

Assim, a partícula eletrizada lançada fica sujeita a uma força magnética de intensidade constante cuja direção é perpendicular ao vetor velocidade $\vec{v}$. Se uma força age sobre uma partícula em uma direção perpendicular ao seu vetor velocidade, essa força atua como resultante centrípeta, alterando a direção do vetor velocidade, mas não o seu módulo.

Podemos ver pela figura seguinte, na qual assumimos que a carga elétrica da partícula é positiva, que a força magnética $\vec{F}_m$ e o vetor velocidade $\vec{v}$ definem um plano perpendicular ao vetor campo magnético $\vec{B}$.

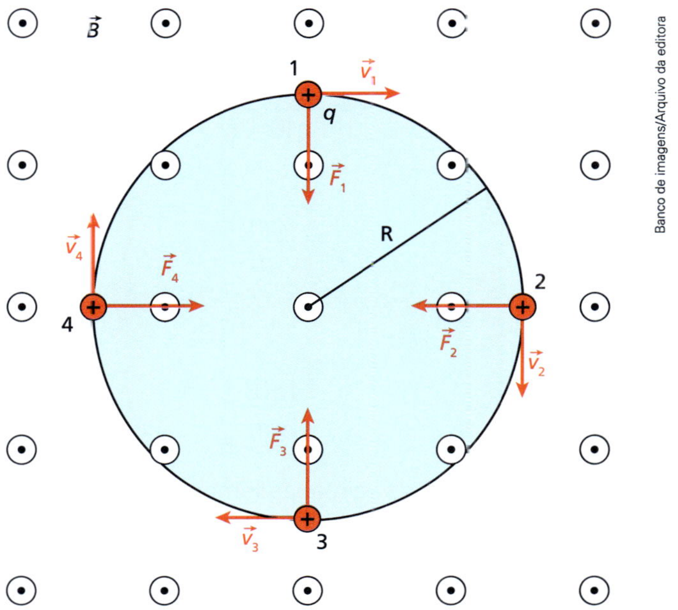


Nesse plano, a partícula executa um movimento circular uniforme (MCU).

## Cálculo do raio *R* descrito pela partícula eletrizada de massa *m* e carga elétrica *q*

Assumindo que a partícula eletrizada esteja sujeita exclusivamente à força magnética $\vec{F}_m$, então, na situação proposta, $\vec{F}_m$ irá atuar como resultante centrípeta. Logo, a intensidade $F_m$ da força magnética será a intensidade da força resultante centrípeta que age sobre a partícula eletrizada:

$$F_m = F_{cp}$$

$$|q|\,v\,B = m\,\frac{v^2}{R}$$

$$R = \frac{mv}{|q|B}$$

Desse modo, o raio *R* da trajetória circular descrita pela partícula eletrizada será diretamente proporcional à sua massa *m* e à intensidade *v* da velocidade de lançamento. Por outro lado, *o* raio *R* é inversamente proporcional ao módulo $|q|$ da carga e da intensidade *B* do campo magnético.

## Determinação do período *T* e da frequência *f* do movimento circular da partícula eletrizada

A intensidade da velocidade $\vec{v}$ da partícula eletrizada em MCU pode ser calculada como:

$$v = \frac{\Delta s}{\Delta t}$$

Também podemos expressar *v* em função do período *T* (tempo necessário para a partícula em movimento circular realizar uma volta completa). Sendo $\Delta s = 2\pi R$ e $\Delta t = T$, tem-se que:

$$v = \frac{2\pi R}{T}$$

Mas sabemos também que:

$$R = \frac{mv}{|q|B}$$

Substituindo-se *v* na fórmula obtida para o raio *R*:

$$R = \frac{m}{|q|B}\,\frac{2\pi R}{T}$$

Isolando o período *T*:

$$T = \frac{2\pi m}{|q|B}$$

Como $f = \frac{1}{T}$, tem-se:

$$f = \frac{|q|B}{2\pi m}$$

Observando as duas equações acima, podemos concluir que tanto o período *T* quanto a frequência *f* do MCU da partícula eletrizada em um campo magnético não dependem da velocidade com que a partícula é lançada. Então, para uma partícula de massa *m* e carga *q*, o período e a frequência são constantes, não importando o módulo da velocidade de lançamento $\vec{v}$ da partícula no interior do campo magnético $\vec{B}$.

## Terceiro caso: partícula eletrizada lançada obliquamente em relação às linhas de indução do campo magnético

Nesse último caso, iremos decompor a velocidade $\vec{v}$ da partícula em duas componentes: uma paralela ao campo magnético $\vec{B}$, e outra perpendicular ao campo $\vec{B}$, assim:

$\vec{v}_{pa}$: componente da velocidade $\vec{v}$ paralela ao campo magnético.

$\vec{v}_{pe}$: componente da velocidade $\vec{v}$ perpendicular ao campo magnético.

Vetorialmente:

$$\vec{v} = \vec{v}_{pa} + \vec{v}_{pe}$$

Em intensidade:

$$v^2 = v_{pa}^2 + v_{pe}^2$$

A componente $\vec{v}_{pa}$ paralela determina um movimento retilíneo uniforme (MRU) e a componente perpendicular $\vec{v}_{pe}$ um movimento circular uniforme (MCU).

A composição desses dois movimentos estabelece um *movimento resultante do tipo helicoidal e uniforme*. Veja o exemplo, na figura a seguir, de uma partícula eletrizada positivamente que penetra com uma velocidade $\vec{v}$ em uma região onde atua um campo magnético $\vec{B}$ de tal forma que a direção de $\vec{v}$ é oblíqua em relação às linhas de indução desse campo.

Banco de imagens/Arquivo da editora

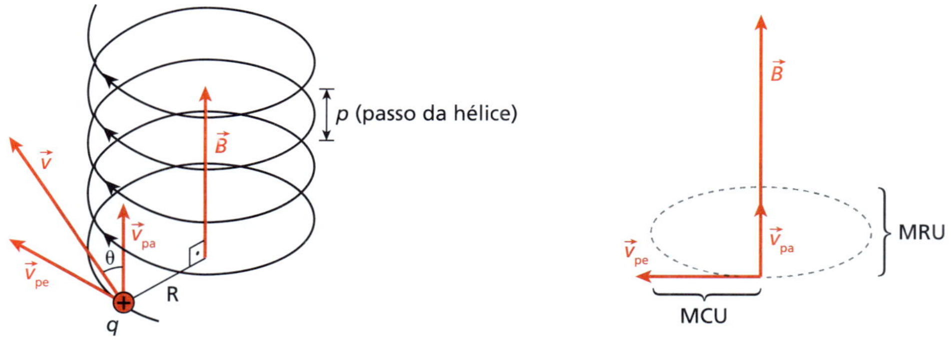


Para essa situação, a partícula realiza trajetória descrita por uma helicoide ou hélice cilíndrica.

As componentes da velocidade $\vec{v}$ têm intensidades dadas por:

Componente paralela: $v_{pa} = v\cos\theta$

Componente perpendicular: $v_{pe} = v\,\text{sen}\,\theta$

Uma característica específica de uma trajetória helicoidal é o que chamamos de passo *p* da hélice. Quando, em sua trajetória helicoidal, a partícula completa uma volta, e, ao mesmo tempo, avança de uma distância (*p*) paralela ao campo, essa distância é denominada **passo da hélice** e pode ser determinada por:

$$p = v_{pa}T$$

$$p = v\cos\theta\frac{2\pi m}{|q|B}$$

$$p = \frac{2\pi m v\cos\theta}{|q|B}$$

## Ampliando o olhar

### Auroras boreal e austral

Aurora vista em Talkeetna, Alasca, Estados Unidos. Foto de 3 de novembro de 2015.

Um dos mais fascinantes fenômenos físicos, cujo efeito visual de luzes e cores encanta o homem desde a Antiguidade, é o da aurora. Seja a aurora boreal, que ocorre em regiões próximas ao polo norte, ou a aurora austral, que ocorre em regiões próximas ao polo sul, o fenômeno provoca impactos singulares.

A origem das auroras está nos ventos solares. Esse fluxo rarefeito de partículas que está em altíssimas temperaturas é formado por elétrons e íons ejetados pelo Sol, em todas as direções, durante as tempestades solares. Esse fluxo de elétrons e íons atinge a magnetosfera terrestre e passa então a interagir com o campo magnético terrestre.

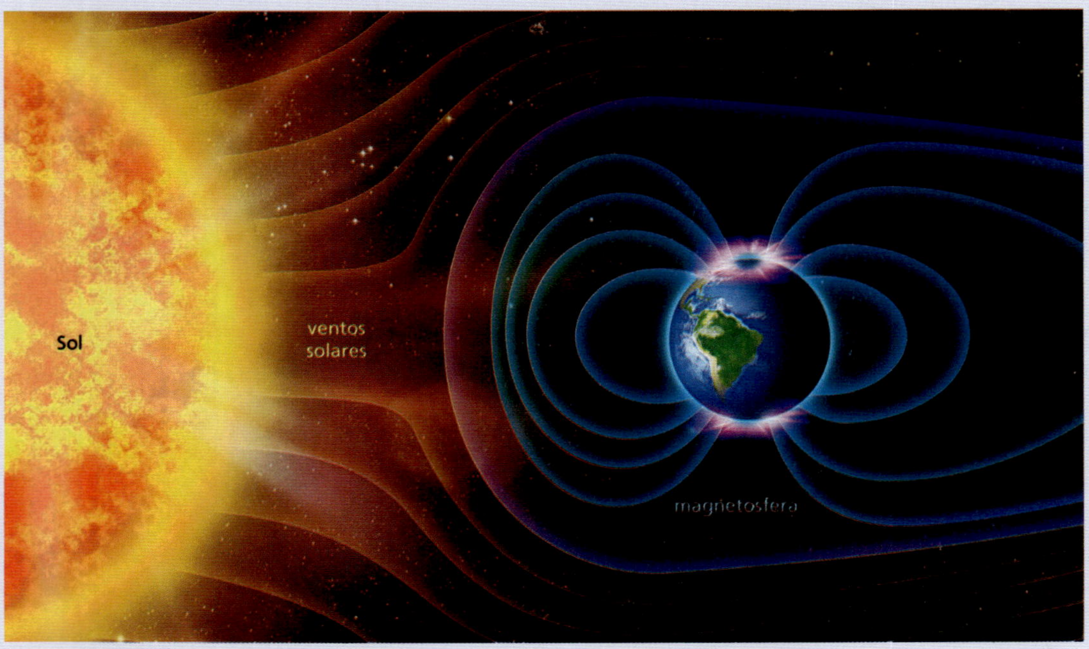


Os ventos solares, provocados pelo Sol, lançam partículas eletrizadas contra a Terra, que se protege da maioria deles com a magnetosfera, região ao redor da Terra em que atua o campo magnético terrestre. Ilustração fora de escala e em cores fantasia.

O campo magnético terrestre funciona como um grande escudo natural e é um obstáculo aos ventos solares. Porém, algumas dessas partículas dotadas de alta energia conseguem atingir determinados pontos da magnetosfera e são capturadas pela força magnética.

Nesse momento, passam a efetuar trajetórias espiraladas e muitas são defletidas para os polos.

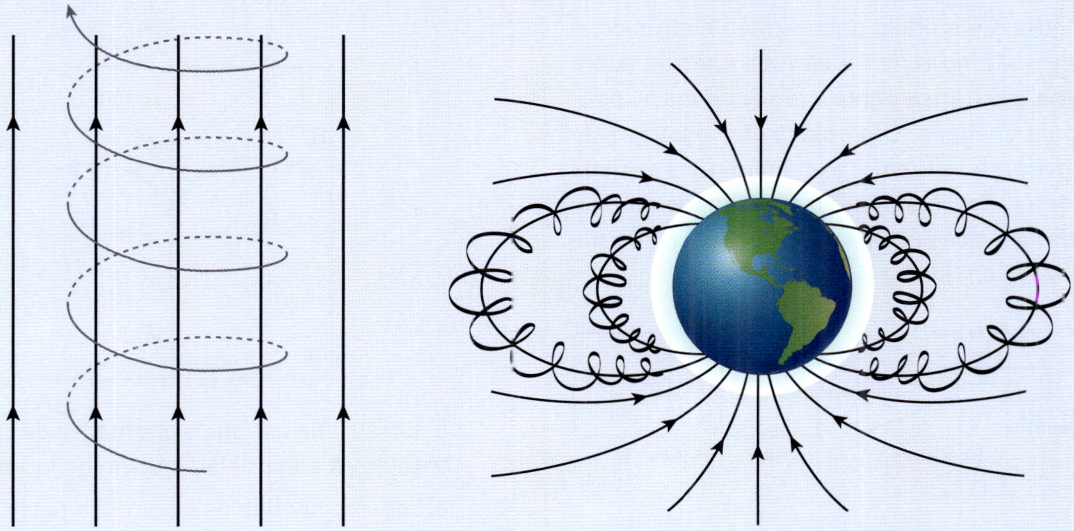

Ilustrações: Banco de imagens/Arquivo da editora

Dependendo do ângulo formado entre a velocidade da partícula e o campo magnético, as partículas são "capturadas" e descrevem trajetórias helicoidais.

Nesse processo de deflexão para os polos, ocorrem colisões com átomos e moléculas pertencentes à própria atmosfera terrestre, notadamente átomos de oxigênio e nitrogênio.

Essas colisões produzem efeitos de ionização em cascata. Os átomos se desestabilizam e começam, então, um processo contínuo de emissão e absorção em busca da estabilidade.

Essas emissões de frequências bem específicas produzem o jogo de luzes e cores característico das auroras.

As auroras não ocorrem apenas no planeta Terra. Basta, por exemplo, que o planeta seja dotado de campo magnético e seja bombardeado pelo fluxo de plasma. Já foram detectadas auroras em Saturno, Júpiter e até mesmo em Marte, cujo campo magnético é mais fraco que o da Terra.

## DESCUBRA MAIS

1. O que acontece se lançarmos um elétron numa direção diagonal à do campo magnético local? E se, em vez de um elétron, for lançado um nêutron? Descreva o movimento dessas cargas, qualitativamente.

2. A medida no S.I. para o módulo do campo magnético é o Tesla, representado por *T*. Qual a medida do campo magnético terrestre no S.I.?

3. Além de possuir um campo magnético interno, qual outra propriedade é essencial para que o fenômeno das auroras boreal e austral seja observado em um planeta? Esse fenômeno pode ser observado na Lua?

4. Se na região próxima ao equador as partículas do vento solar atingem a Terra perpendicularmente às linhas de campo magnético terrestre, por que as auroras só são observadas nos polos? Essa observação é mais intensa nos polos magnéticos ou polos geográficos? Justifique.

# Exercícios Nível 1

**13.** (UFRGS-RS) A figura abaixo (i) esquematiza um tubo de raios catódicos. Nele, um feixe de elétrons é emitido pelo canhão eletrônico, é colimado no sistema de foco e incide sobre uma tela transparente que se ilumina no ponto de chegada. Um observador posicionado em frente ao tubo vê a imagem representada em (ii). Um ímã é então aproximado da tela, com velocidade constante e vertical, conforme mostra em (iii).

E.R.

Reprodução/UFRGS

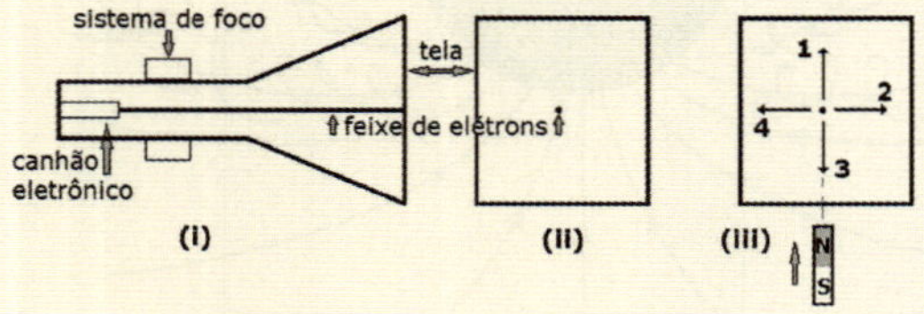


Assinale a alternativa que descreve o comportamento do feixe após sofrer a influência do ímã.

a) O feixe será desviado seguindo a seta 1.
b) O feixe será desviado seguindo a seta 2.
c) O feixe será desviado seguindo a seta 3.
d) O feixe será desviado seguindo a seta 4.
e) O feixe não será desviado.

**Resolução:**

Supondo o observador de frente, como na Figura (ii), temos que a velocidade da partícula se dá no sentido para fora do papel, enquanto o campo magnético gerado pelo ímã aponta para cima. Lembrando que a partícula é um elétron, tendo portanto uma carga negativa, a força magnética resultante, responsável pelo desvio do feixe, apontará para a direita, seguindo a flecha número 2, quando aplicamos a regra da mão esquerda.

Resposta: alternativa b.

**14.** (FGV-SP) Uma partícula dotada de massa e eletrizada negativamente é lançada com velocidade inicial $v_0$, para o interior de uma região **A** onde impera um campo elétrico uniforme. A partícula segue a trajetória retilínea paralela ao plano da folha, mostrado na figura. Logo após atravessar a região **A**, a partícula ingressa na região **B**, com velocidade $v > v_0$, onde há um campo magnético uniforme, orientado perpendicularmente ao plano da folha, apontando para fora dela.

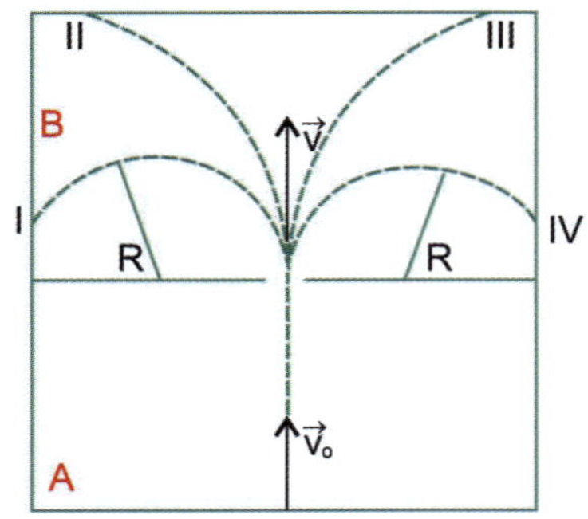


Reprodução/FGV

É correto afirmar que a orientação do campo elétrico em **A** é paralela ao plano da folha no:

a) mesmo sentido de $v_0$; em *B*, a partícula segue a trajetória circular I de raio **R**;
b) sentido oposto ao de $v_0$; em **B**, a partícula segue a trajetória circular I de raio **R**;
c) sentido oposto ao de $v_0$; em **B**, a partícula segue a trajetória circular IV de raio **R**;
d) sentido oposto ao de $v_0$; em **B**, a partícula segue a trajetória parabólica II;
e) mesmo sentido de $v_0$; em **B**, a partícula segue a trajetória parabólica III.

**15.** (UFRGS-RS) Partículas $\alpha$, $\beta$ e $\gamma$ são emitidas por uma fonte radioativa e penetram em uma região do espaço onde existe um campo magnético uniforme. As trajetórias são coplanares com o plano desta página e estão representadas na figura.

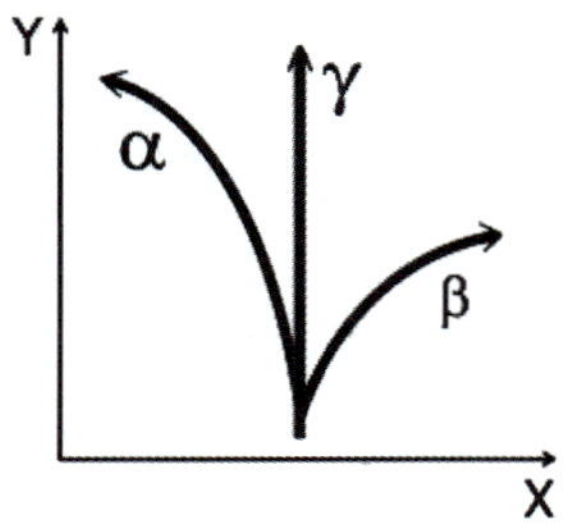


Reprodução/UFRGS

Assinale a alternativa que preenche corretamente a lacuna do enunciado abaixo.

A julgar pelas trajetórias representadas na figura acima, o campo magnético ______________ plano da figura.

a) aponta no sentido positivo do eixo **X**, nc
b) aponta no sentido negativo do eixo **X**, no
c) aponta no sentido positivo do eixo **Y**, nc
d) entra perpendicularmente no
e) sai perpendicularmente do

**16.** (UPM-SP)

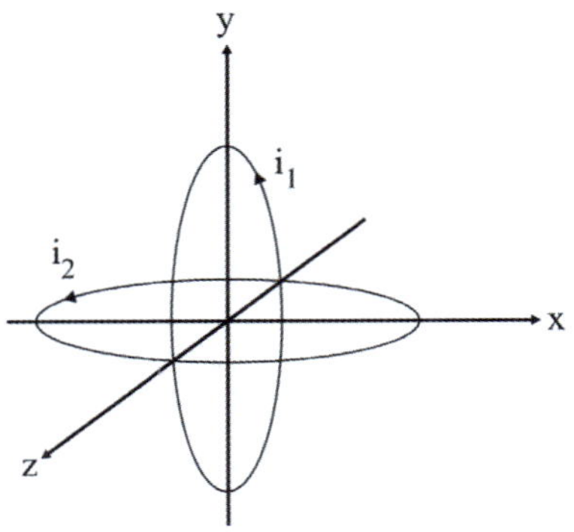




Duas espiras circulares de mesmo raio e percorridas por corrente elétrica $i_1$ e $i_2$ são dispostas em planos perpendiculares, como mostra a figura acima. Uma carga elétrica puntiforme $Q$ é colocada em repouso no centro das duas espiras, ficando sujeita a um campo de indução magnética resultante $\vec{B}_R$ gerado pelas correntes elétricas.

A força magnética resultante que age na carga elétrica $Q$

a) tem a mesma direção e sentido de $\vec{B}_R$.
b) tem a mesma direção de $\vec{B}_R$, mas o sentido depende do sinal da carga $Q$.
c) tem direção perpendicular ao $\vec{B}_R$ e sentido saindo de seu plano.
d) tem direção perpendicular ao $\vec{B}_R$ e sentido entrando no seu plano.
e) é nula.

**17.** (UPF-RS) Considere uma região do espaço onde existe um campo magnético uniforme cujas linhas de indução são verticais, com sentido para cima. Suponha que uma partícula carregada negativamente se movimente horizontalmente da direita para a esquerda, com velocidade constante, e penetre na região do campo. Sobre o comportamento da partícula, analise as afirmações que seguem.

I. O campo magnético interage com a partícula, diminuindo o módulo da velocidade.
II. O campo magnético interage com a partícula, mas não influencia no módulo da sua velocidade.
III. O campo magnético interage com a partícula e modifica a direção original de deslocamento dessa partícula.
IV. O módulo da força magnética sobre a partícula é zero.

Está correto apenas o que se afirma em

a) I e II.
b) II e III.
c) III e IV.
d) I e III.
e) II e IV.

**18.** (Uerj) A força magnética que atua em uma partícula elétrica é expressa pela seguinte fórmula:

$F = q \times v \times B \text{ sen } \theta$

q – carga elétrica da partícula

v – velocidade da partícula

B – campo magnético

$\theta$ – ângulo entre a velocidade da partícula e o campo magnético

Admita quatro partículas elétricas idênticas, $\mathbf{P_1}$, $\mathbf{P_2}$, $\mathbf{P_3}$ e $\mathbf{P_4}$, penetrando com velocidades de mesmo módulo em um campo magnético uniforme $\vec{B}$, conforme ilustra o esquema.

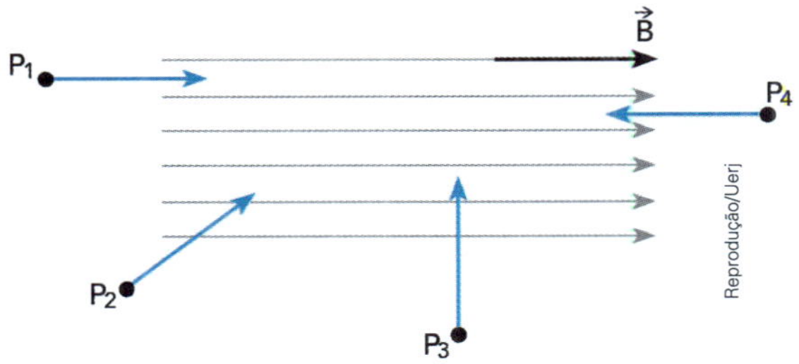




Nesse caso, a partícula em que a força magnética atua com maior intensidade é:

a) $P_1$
b) $P_2$
c) $P_3$
d) $P_4$

**19.** E.R. Uma partícula carregada penetra uma região onde atua um campo magnético uniforme $\vec{B}$, com velocidade $\vec{v}$ perpendicular a ele. A figura ilustra a situação.

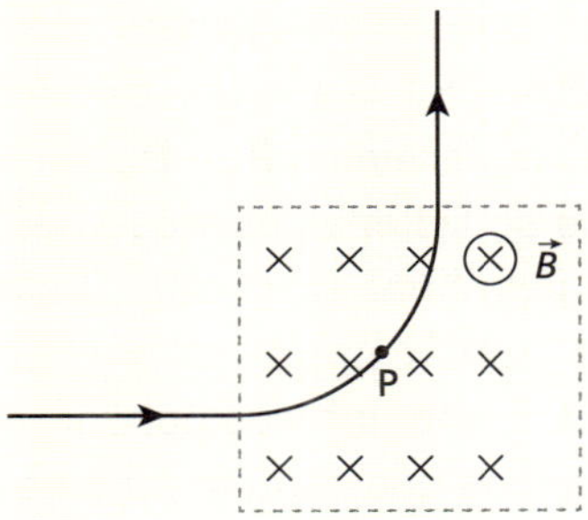

Determine:

a) o sinal da carga desta partícula.

b) o vetor força magnética ($\vec{F}_m$) atuante na partícula quando essa passa pelo ponto **P**, destacado na figura.

**Resolução:**

a) Aplicando-se a regra da mão esquerda no instante em que a partícula penetra na região onde atua o campo magnético $\vec{B}$, conclui-se que ela está carregada positivamente. Observe que a partícula é desviada para o sentido indicado pelo polegar.

b) O vetor velocidade é tangente à trajetória no ponto **P** e no sentido do movimento descrito. O campo magnético é perpendicular ao plano da figura e com sentido entrando nele. Assim, aplicando a regra da mão esquerda exatamente no ponto **P**, temos:

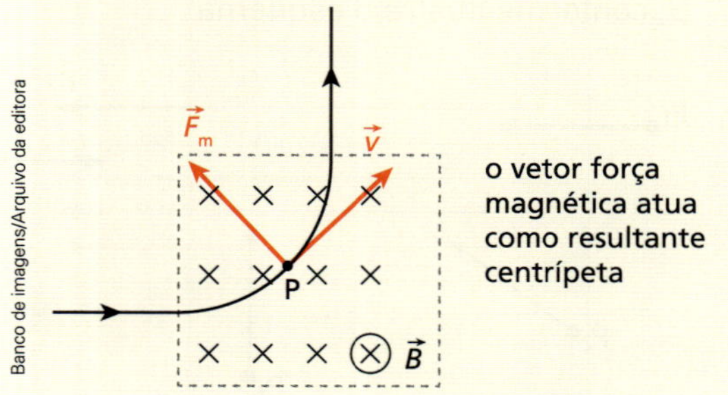


**20.** (Unesp-SP) Em muitos experimentos envolvendo cargas elétricas, é conveniente que elas mantenham sua velocidade vetorial constante. Isso pode ser conseguido fazendo a carga movimentar-se em uma região onde atuam um campo elétrico $\vec{E}$ e um campo magnético $\vec{B}$, ambos uniformes e perpendiculares entre si. Quando as magnitudes desses campos são ajustadas convenientemente, a carga atravessa a região em movimento retilíneo e uniforme.

A figura representa um dispositivo cuja finalidade é fazer com que uma partícula eletrizada com carga elétrica $q > 0$ atravesse uma região entre duas placas paralelas $\mathbf{P_1}$ e $\mathbf{P_2}$, eletrizadas com cargas de sinais opostos, seguindo a trajetória indicada pela linha tracejada. O símbolo × representa um campo magnético uniforme B = 0,004 T, com direção horizontal, perpendicular ao plano que contém a figura e com sentido para dentro dele. As linhas verticais, ainda não orientadas e paralelas entre si, representam as linhas de força de um campo elétrico uniforme de módulo E = 20 N/C.

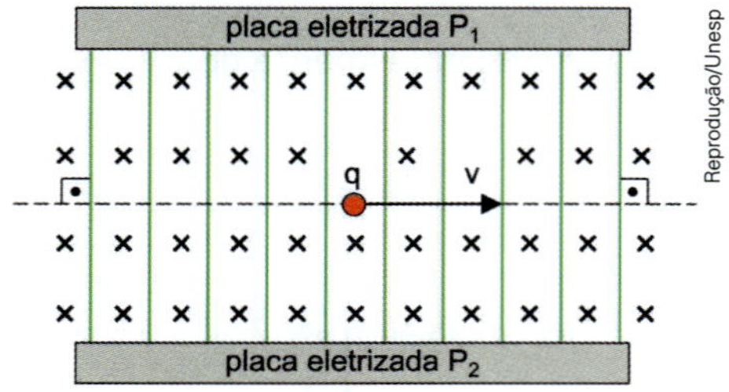


Desconsiderando a ação do campo gravitacional sobre a partícula e considerando que os módulos de $\vec{B}$ e $\vec{E}$ sejam ajustados para que a carga não desvie quando atravessar o dispositivo, determine, justificando, se as linhas de força do campo elétrico devem ser orientadas no sentido da placa $\mathbf{P_1}$ ou da placa $\mathbf{P_2}$ e calcule o módulo da velocidade *v* da carga em m/s.

**21.** (ITA-SP) Um líquido condutor (metal fundido) flui no interior de duas chapas metálicas paralelas, interdistantes de 2,0 cm, formando um capacitor plano, conforme a figura. Toda essa região interna está submetida a um campo homogêneo de indução magnética de 0,01 T, paralelo aos planos das chapas, atuando perpendicularmente à direção da velocidade do escoamento.

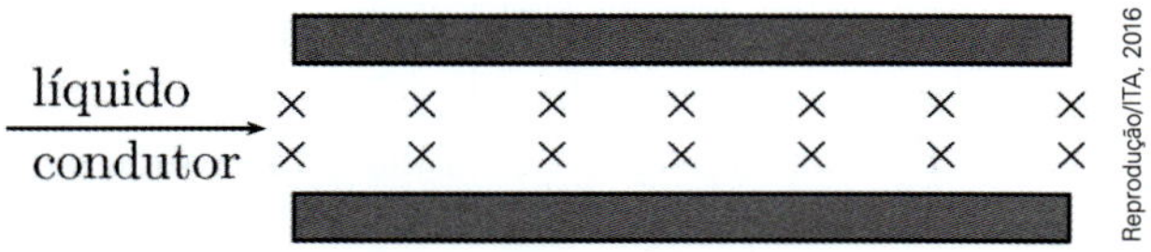


Assinale a opção com o módulo dessa velocidade quando a diferença de potencial medida entre as placas for de 0,40 mV.

a) 2 cm/s
b) 3 cm/s
c) 1cm/s
d) 2 m/s
e) 5 m/s

**22.** (UFPA) Uma carga elétrica *q* (negativa) entra, com velocidade $\vec{v}$, numa região onde existe um campo magnético *B*, que está indicado com os símbolos **X** (que representam um vetor entrando no plano desta folha).

A alternativa que indica o vetor (direção e sentido) da força magnética $\vec{F}_m$, no exato instante no qual a carga entra na região do campo magnético, com o vetor velocidade na posição horizontal, conforme está indicado na figura acima é:

a) 

b) 

c) 

d) 

e) 

**23.** (Uneb-BA)

Tão complexas quanto a química da vida, as condições para o bom crescimento das plantas se resumem em três números que representam as porcentagens de nitrogênio, fósforo e potássio, impressas em destaque em todas as embalagens de fertilizantes. No século XX, esses três nutrientes permitiram que a agricultura aumentasse a produtividade e que a população mundial crescesse seis vezes mais. O nitrogênio vem do ar, mas o fósforo e o potássio vêm do solo. As reservas de potássio são suficientes para séculos, mas com o fósforo a situação é diferente.

É provável que os suprimentos disponíveis de imediato comecem a esgotar-se no final do século. Muitos dizem que quando isso acontecer, a população terá alcançado um pico além do que o planeta pode suportar em termos de sustentabilidade.

O fósforo, junto com o nitrogênio e o potássio, é um elemento crucial para os fertilizantes. É extraído de rochas ricas em fósforo, na forma de fosfato. O fósforo não ocorre livre na natureza, aparecendo principalmente na forma de fosforita, $Ca_3(PO_4)_2$, fluorapatita, $Ca_5(PO_4)_3F$ e hidroxiapatita, $Ca_5(PO_4)_3OH$.

A natureza obtém fósforo por meio de ciclos de intemperismo, uso biológico, sedimentação e, depois de 10 milhões de anos, elevação geológica. A necessidade exacerbada da agricultura moderna por fertilizantes triplicou a taxa de consumo de fósforo no solo, mas uma combinação de medidas pode suavizar o problema.

(VACCARI. 2012. p. 40-45).

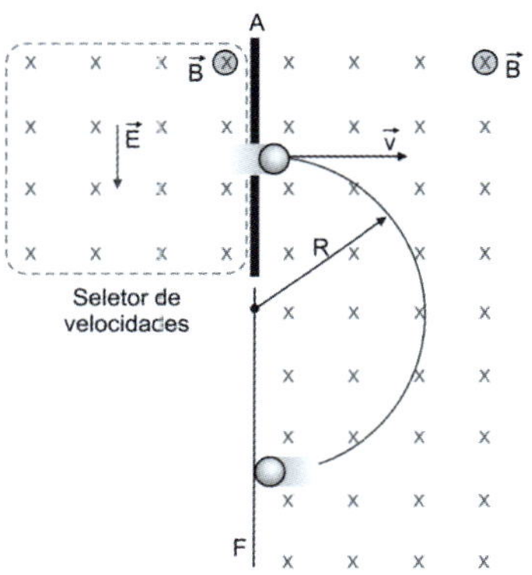


Reprodução/Uneb

A figura representa o esquema simplificado de um espectrômetro de massa que permite determinar massas atômicas com grande precisão. Assim, a massa dos íons fosfato, nitrato, nitrogênio e do cátion potássio, que, juntos, constituem nutrientes essenciais para os fertilizantes, pode ser determinada, detectando a posição de incidência de íons no filme fotográfico F.

Da análise desse experimento, sob a óptica dos conhecimentos de Física, marque com V as afirmativas verdadeiras e com F, as falsas.

( ) Os íons que atravessam a região do seletor de velocidade obedecem à primeira Lei de Newton.

( ) Os íons atravessam a fenda do anteparo **A** com velocidade de módulo igual a $E/B$.

( ) Os íons positivos descrevem movimento semicircular e atingem o filme fotográfico no ponto situado acima da fenda do anteparo **A**, visto por um candidato que está respondendo esta questão.

( ) O raio da trajetória semicircular descrito pelos íons varia em proporção direta com a massa atômica desses íons.

A alternativa que indica a sequência correta, de cima para baixo, é a

a) F – V – F – V.
b) F – V – F – F.
c) V – F – V – V.
d) V – V – F – F.
e) V – V – V – V.

**24.** E.R. Uma partícula carregada positivamente penetra perpendicularmente em uma região onde atua um campo magnético uniforme $\vec{B}$ e realiza um movimento curvilíneo, conforme indica a figura.

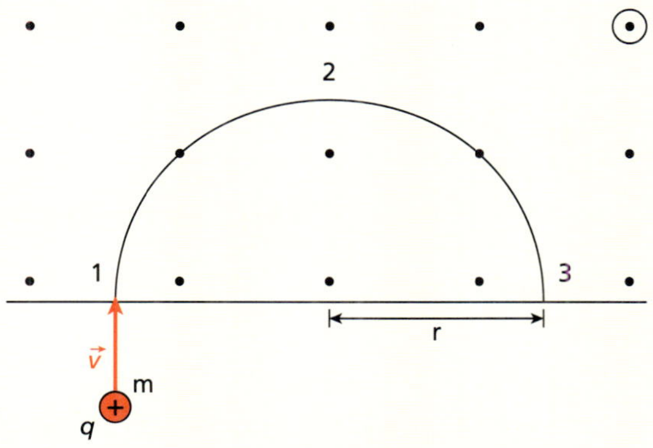


Banco de imagens/Arquivo da editora

Considerando que a única força que age sobre a partícula é de natureza magnética e é causada pelo campo $\vec{B}$, determine, em função dos dados fornecidos pela figura:

a) o módulo, a direção e o sentido da força magnética que atua sobre a partícula nos instantes em que ela passa pelos pontos 1, 2 e 3.

b) o raio *r* da trajetória descrita pela partícula.

c) o intervalo de tempo necessário para a partícula completar a trajetória em forma de semicircunferência, apresentada na figura.

**Resolução:**

a) Na situação proposta, a partícula descreve um movimento circular e uniforme.

A força magnética terá módulo dado por:

$F_m = |q| v B \text{ sen } \theta$

A partícula apresenta carga elétrica positiva e o ângulo $\theta$ vale 90°, ou seja, sen $\theta = 1$.

Portanto: $F_m = q v B$

A força magnética atua como resultante centrípeta em todos os pontos da trajetória, assim, nos pontos 1, 2 e 3 temos:

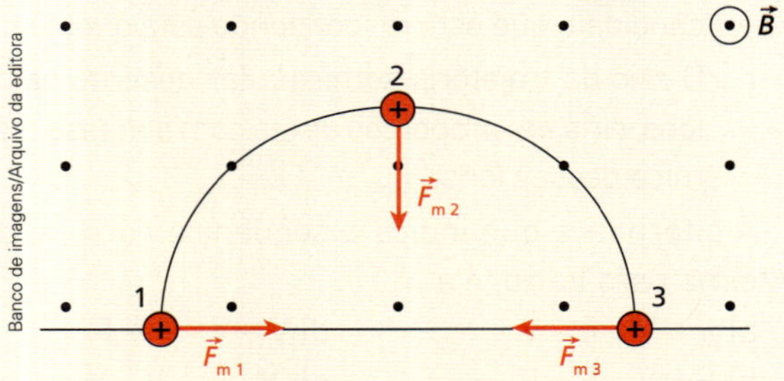


$$|\vec{F}_{m1}| = |\vec{F}_{m2}| = |\vec{F}_{m3}| = qvB$$

b) A força magnética atua como resultante centrípeta, assim:

$$F_m = F_{cp}$$

$$qvB = \frac{mv^2}{r} \Rightarrow qB = \frac{mv}{r} \Rightarrow \boxed{r = \frac{mv}{qB}}$$

c) A trajetória descrita é uma semicircunferência, portanto, o intervalo de tempo $\Delta t$ corresponde à metade de um período.

$$\begin{cases} v = \frac{2\pi r}{T} \Rightarrow T = \frac{2\pi r}{v} \\ \Delta t = \frac{T}{2} \end{cases}$$

Assim:

$$\Delta t = \frac{\frac{2\pi r}{v}}{2}$$

Sabe-se que $r = \frac{mv}{qB}$, então:

$$\Delta t = \frac{2\pi mv}{2vqB} \Rightarrow \boxed{\Delta t = \frac{\pi m}{qB}}$$

**25.** (Unesp-SP)

Espectrometria de massas é uma técnica instrumental que envolve o estudo, na fase gasosa, de moléculas ionizadas, com diversos objetivos, dentre os quais a determinação da massa dessas moléculas. O espectrômetro de massas é o instrumento utilizado na aplicação dessa técnica.

(www.em.iqm.unicamp.br. Adaptado.)

A figura representa a trajetória semicircular de uma molécula de massa *m* ionizada com carga $+q$ e velocidade escalar *V*, quando penetra numa região *R* de um espectrômetro de massa. Nessa região atua um campo magnético uniforme perpendicular ao plano da figura, com sentido para fora dela, representado pelo símbolo ⊙. A molécula atinge uma placa fotográfica, onde deixa uma marca situada a uma distância *x* do ponto de entrada.

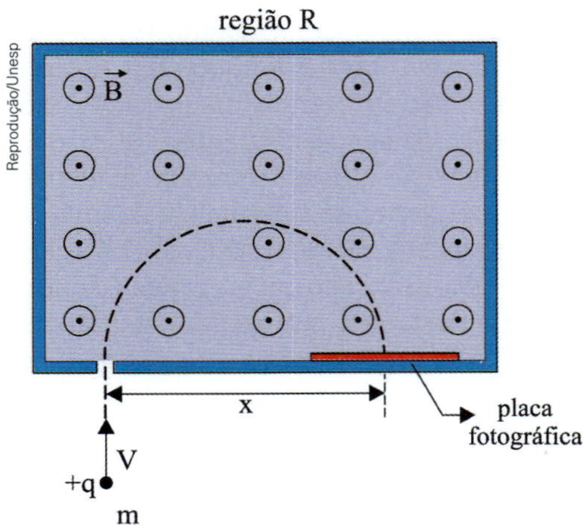


Considerando as informações do enunciado e da figura, é correto afirmar que a massa da molécula é igual a

a) $\frac{qVBx}{2}$

b) $\frac{2qB}{Vx}$

c) $\frac{qB}{2Vx}$

d) $\frac{qx}{2BV}$

e) $\frac{qBx}{2V}$

**26.** (Cefet-MG) Considere os seguintes dados abaixo para resolver a(s) questão(ões) quando for necessário.

Constantes físicas

Aceleração da gravidade: $g = 10 \text{ m/s}^2$

Velocidade da luz no vácuo: $c = 3{,}00 \times 10^8 \text{ m/s}$

Constante da Lei de Coulomb:

$k_0 = 9{,}0 \times 10^9 \text{ N m}^2/\text{C}^2$

A figura abaixo mostra a trajetória de uma partícula que passa pela região cinza, onde há um campo magnético uniforme conforme indicado. A energia cinética da partícula é $K_1$ no ponto $\mathbf{P}_1$, e $K_2$ no ponto $\mathbf{P}_2$.

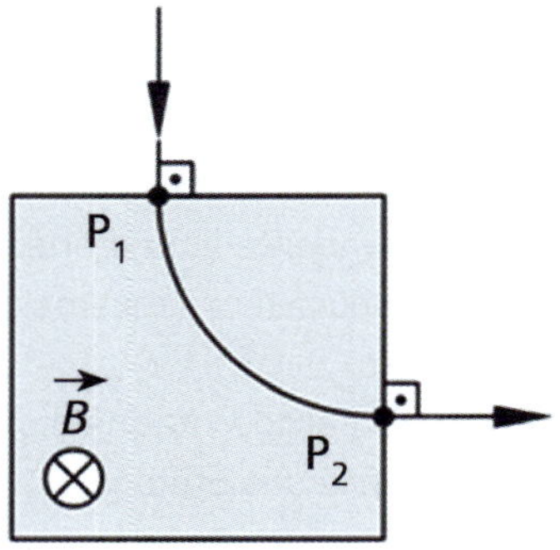

Reprodução/Cefet

Tendo em vista a situação apresentada, pode-se afirmar que a partícula pode ser um

a) próton e $K_1 > K_2$.
b) próton e $K_1 = K_2$.
c) nêutron e $K_1 = K_2$.
d) elétron e $K_1 = K_2$.
e) elétron e $K_1 > K_2$.

**27.** (FGV-SP) Uma partícula eletrizada de massa $m$ gira no interior de um campo magnético uniforme descrevendo um movimento circular uniforme de raio $R$ e frequência $f$. Então um sistema de $n$ partículas iguais a essa, girando nas mesmas condições, estará dotado de uma energia cinética dada por

a) $2\pi^2 f^2 n m R^2$

b) $\dfrac{2\pi^2 nm}{R^2}$

c) $\dfrac{2\pi^2 n}{mR^2}$

d) $\dfrac{nm}{2\pi^2 f^2 R^2}$

e) $\dfrac{nmR^2}{2\pi^2 f^2}$

**28.** (UFPR) A investigação científica na área de física de partículas elementares ganhou recentemente um poderoso aliado, o Grande Colisor de Hádrons. Nesse laboratório serão realizadas diversas experiências com o objetivo de verificar a existência de novas partículas elementares, além de determinar com maior precisão propriedades físicas importantes de partículas já conhecidas. Uma experiência relativamente simples feita nesse laboratório consiste em utilizar um equipamento chamado de câmara de neblina. Nessa câmara há um vapor supersaturado, e quando partículas passam por ele ocorre a condensação do vapor de água na forma de bolhas, que mostram então as trajetórias descritas pelas partículas. Aplicando-se um campo magnético $\vec{B}$ no local, é possível determinar grandezas relevantes, como carga ou massa das partículas. Uma dessas experiências é ilustrada na figura abaixo. Uma partícula de carga elétrica $Q$ desconhecida entra numa câmara de neblina com uma velocidade inicial $\vec{v}$ horizontal e no plano da página. O campo magnético $\vec{B}$ é uniforme, perpendicular ao plano da página e está entrando nesta. Essa partícula fica sujeita ao campo $\vec{B}$ e move-se em MRU até um certo instante em que ela sofre um decaimento radioativo, transformando-se em duas partículas, de massas $m_a$ e $m_b$, cargas $Q_a$ e $Q_b$, que descrevem as trajetórias circulares de raios $R_a$ e $R_b$ mostradas na figura. As duas partículas iniciam o movimento circular com a mesma velocidade $\vec{v}$ da partícula original e esse decaimento segue a lei de conservação das cargas.

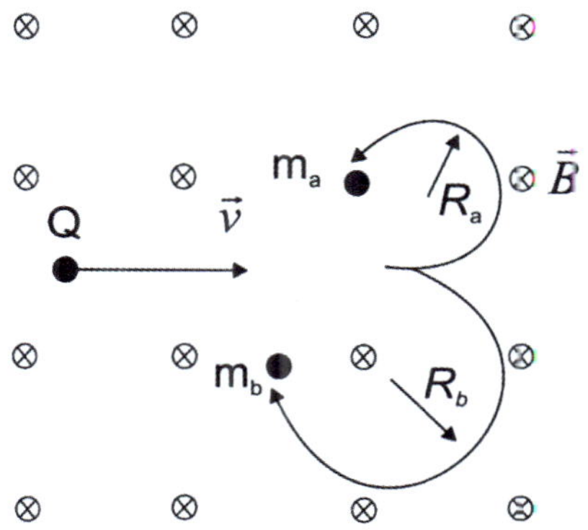

Reprodução/UFPR

a) Determine o sinal da carga $Q$ da partícula que entrou no campo magnético, justificando a resposta.
b) Determine os sinais das cargas das partículas que descrevem as trajetórias circulares de raios $R_a$ e $R_b$, e a relação entre as cargas $Q_a$ e $Q_b$, justificando as respostas.

**29.** (PUC-RJ) Cientistas creem ter encontrado o tão esperado "bóson de Higgs" em experimentos de colisão próton-próton com energia inédita de 4 TeV (tera elétron-volts) no grande colisor de hádrons, LHC. Os prótons, de massa $1{,}7 \times 10^{-27}$ kg e carga elétrica $1{,}6 \times 10^{-19}$ C, estão praticamente à velocidade da luz ($3 \times 10^8$ m/s) e se mantêm em uma trajetória circular graças ao campo magnético de 8 teslas, perpendicular à trajetória dos prótons. Com estes dados, a força de deflexão magnética sofrida pelos prótons no LHC é em Newton:

a) $3{,}8 \times 10^{-10}$
b) $1{,}3 \times 10^{-18}$
c) $4{,}1 \times 10^{-18}$
d) $5{,}1 \times 10^{-19}$
e) $1{,}9 \times 10^{-10}$

**30.** (Uern) Numa região em que atua um campo magnético uniforme de intensidade 4 T é lançada uma carga elétrica positiva conforme indicado a seguir:

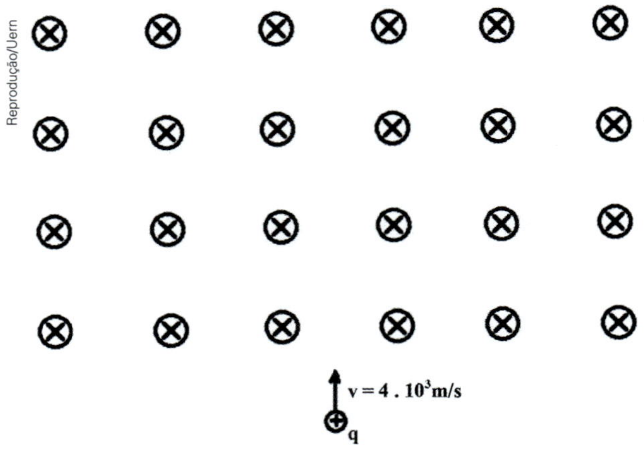


Ao entrar na região do campo, a carga fica sujeita a uma força magnética cuja intensidade é de $3{,}2 \cdot 10^{-2}$ N.

O valor dessa carga e o sentido do movimento por ela adquirido no interior do campo são, respectivamente:

a) $1{,}6 \cdot 10^{-6}$ C e horário.

b) $2{,}0 \cdot 10^{-6}$ C e horário.

c) $2{,}0 \cdot 10^{-6}$ C e anti-horário.

d) $1{,}6 \cdot 10^{-6}$ C e anti-horário.

**31.** (Acafe-SC) O LHC fica na periferia da cidade de Genebra, na Suíça, sendo formado por um enorme tubo circular com circunferência de 26,7 km e diâmetro de 7 m; é subterrâneo, ficando a cerca de 100 m abaixo do solo. Ele é um dos experimentos do CERN (Organização Europeia para Pesquisa Nuclear), onde a internet foi inventada.

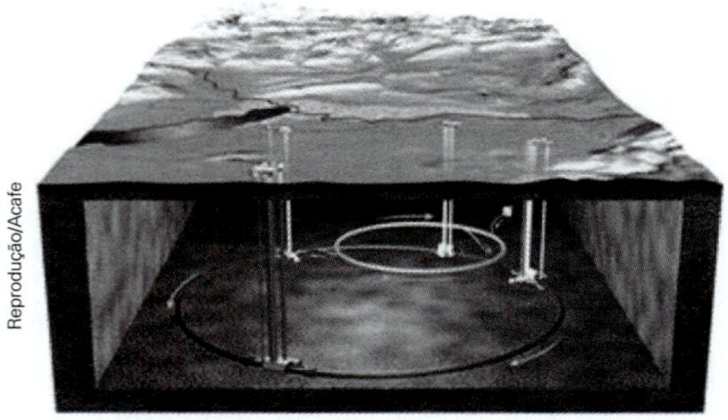


O diagrama acima mostra o tubo em forma de anel, onde um feixe de partículas elétricas (prótons ou íons) é acelerado por um campo elétrico e passa a rodar sob poderosos campos magnéticos (perpendiculares aos planos das órbitas dos feixes) em um sentido do anel, enquanto outro feixe acelerado roda no sentido oposto do mesmo anel. Até que, no momento certo, eles entram em rota de colisão, onde as forças elétricas e nucleares serão tão intensas que partículas poderão ser criadas.

Com base no exposto, analise as afirmações a seguir.

( ) A função do campo magnético é apenas mudar a direção da velocidade do feixe de prótons.

( ) A força magnética aplicada em cada próton possui direção tangente à trajetória.

( ) A força magnética tem a mesma direção do campo magnético.

( ) A função do campo magnético é aumentar a energia cinética dos prótons.

( ) A força magnética aplicada em cada próton não realiza trabalho.

A sequência correta, de cima para baixo, é:

a) V – F – F – F – V.

b) V – V – V – F – F.

c) F – V – F – F – V.

d) F – F – F – V – F.

**32.** (UFMG) Observe a figura.

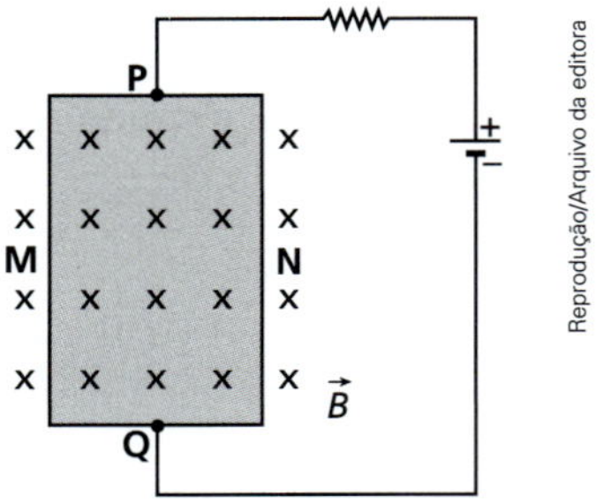


Uma placa metálica é ligada, nos pontos **P** e **Q**, aos polos de uma bateria. Aplicando-se à placa um campo magnético uniforme $\vec{B}$, verifica-se que uma diferença de potencial $U_{MN}$ aparece entre as laterais **M** e **N** da placa.

O aparecimento dessa diferença de potencial deve-se ao fato de que elétrons livres da placa, ao estabelecer-se nela a corrente elétrica, movem-se:

a) de **Q** para **P** e são deslocados pelo campo magnético para a lateral **N**;

b) de **Q** para **P** e são deslocados pelo campo magnético para a lateral **M**;

c) de **P** para **Q** e são deslocados pelo campo magnético para a lateral **N**;

d) de **P** para **Q** e são deslocados pelo campo magnético para a lateral **M**;

e) de **Q** para **P** e são deslocados pelo campo magnético no sentido contrário ao vetor $\vec{B}$.

**33.** Uma partícula em movimento passa por diferentes regiões incidindo perpendicularmente em cada uma delas, conforme indica a figura.

E.R.

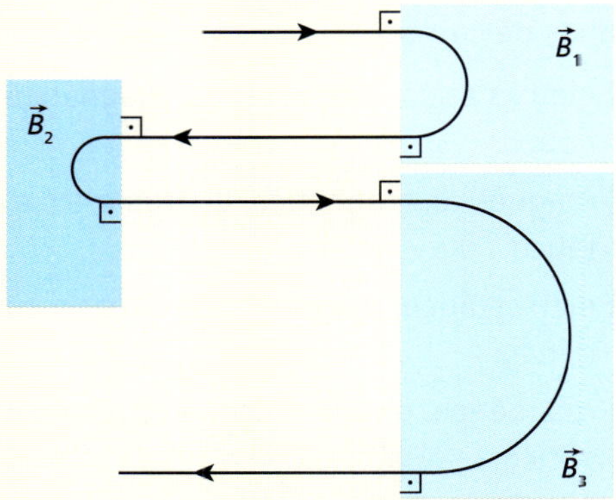


Banco de imagens/Arquivo da editora

Em todas as regiões sombreadas existe a atuação de campos magnéticos uniformes perpendiculares ao plano da folha. Nas regiões não sombreadas não há a atuação de campos de forças.

Determine o sentido dos campo magnéticos $\vec{B}_1$, $\vec{B}_2$ e $\vec{B}_3$.

**Resolução:**

Representemos, para as três situações em que a partícula está em uma região onde há atuação de campo magnético, os vetores velocidade e força magnética.

Para desenhar os vetores velocidade, devemos lembrar que estes são tangentes à trajetória descrita pela partícula. A força magnética, quando $\vec{B}$ e $\vec{v}$ são perpendiculares entre si, atua como resultante centrípeta.

Em seguida, por meio da regra da mão esquerda, podemos determinar os sentidos de $\vec{B}_1$, $\vec{B}_2$ e $\vec{B}_3$.

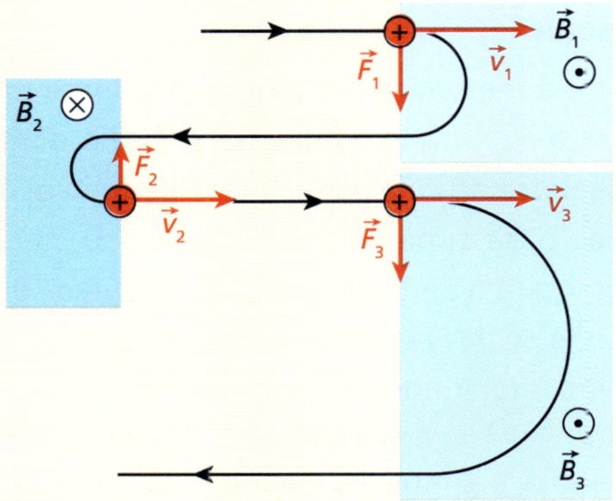


Banco de imagens/Arquivo da editora

Concluímos, assim, que nas regiões 1 e 3 o campo é saindo do plano da folha e, na região 2, entrando nele.

**34.** (UPE) Uma partícula de carga positiva se move com velocidade de módulo $v$, em uma região do espaço que possui um campo magnético de módulo $B$. Nessa situação, uma força magnética de módulo $F$ surge. Um conjunto de diagramas foi construído representando todas essas grandezas vetoriais. Observe os diagramas a seguir:

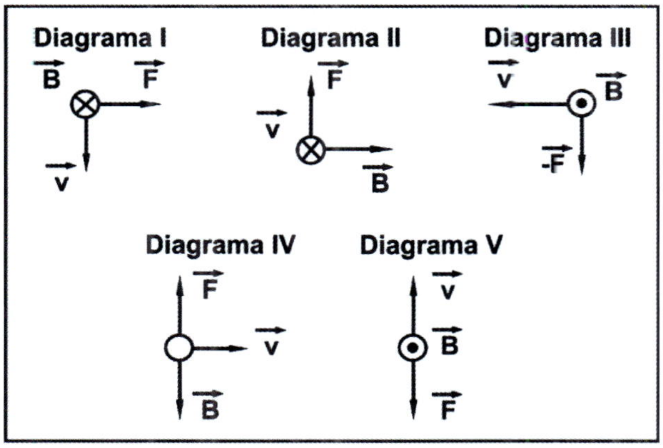


Reprodução/UPE

Está(ão) CORRETO(S), apenas,

a) I.
b) V.
c) I e III.
d) II e V.
e) III e IV.

**35.** (Fuvest-SP) Em uma aula de laboratório, os estudantes foram divididos em dois grupos. O grupo **A** fez experimentos com o objetivo de desenhar linhas de campo elétrico e magnético. Os desenhos feitos estão apresentados nas figuras I, II, III e IV a seguir.

I

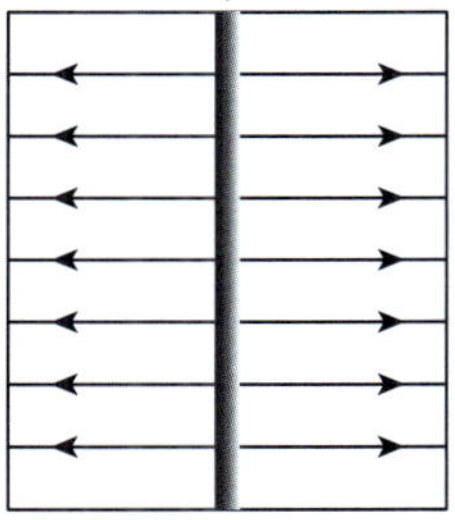

Reprodução/Arquivo da editora

II

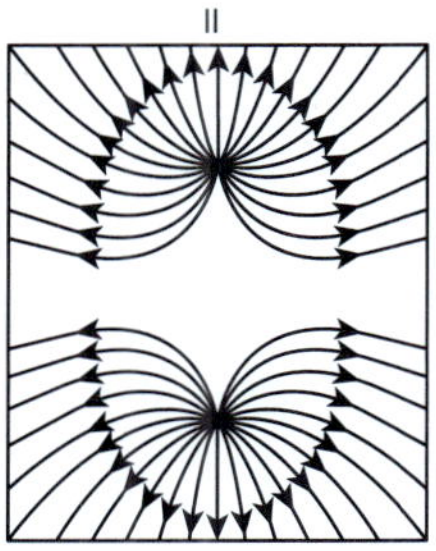

Reprodução/Arquivo da editora

III

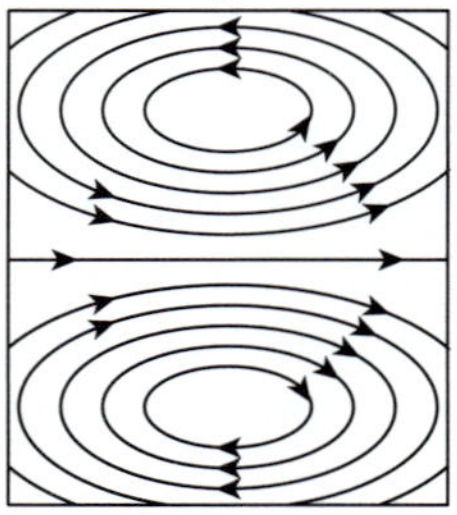

Reprodução/Arquivo da editora

IV

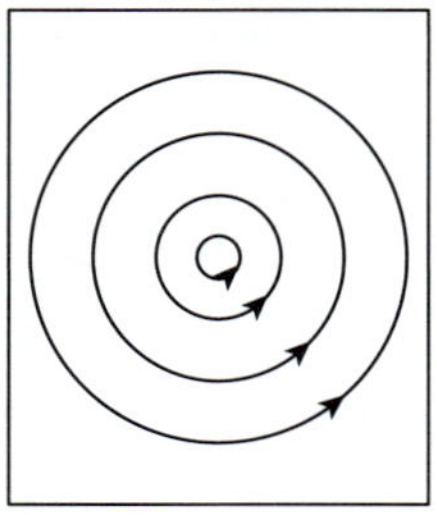

Reprodução/Arquivo da editora

Aos alunos do grupo **B**, coube analisar os desenhos produzidos pelo grupo **A** e formular hipóteses. Dentre elas, a única correta é que as figuras I, II, III e IV podem representar, respectivamente, linhas de campo:

a) eletrostático, eletrostático, magnético e magnético.

b) magnético, magnético, eletrostático e eletrostático.

c) eletrostático, magnético, eletrostático e magnético.

d) magnético, eletrostático, eletrostático e magnético.

e) eletrostático, magnético, magnético e magnético.

## Exercícios Nível 2

**36.** (PUC-RS) Um seletor de velocidades é utilizado para separar partículas de uma determinada velocidade. Para partículas com carga elétrica, um dispositivo deste tipo pode ser construído utilizando um campo magnético e um campo elétrico perpendiculares entre si. Os valores desses campos podem ser ajustados de modo que as partículas que têm a velocidade desejada atravessam a região de atuação dos campos sem serem desviadas.

E.R.

Deseja-se utilizar um dispositivo desse tipo para selecionar prótons que tenham a velocidade de $3{,}0 \times 10^4$ m/s. Para tal, um feixe de prótons é lançado na região demarcada pelo retângulo em que existe um campo magnético de $2{,}0 \times 10^{-3}$ T, perpendicular à página e nela entrando, como mostra a figura a seguir.

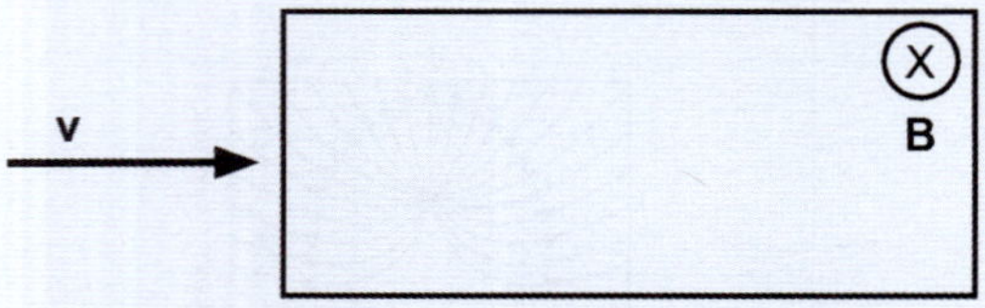


Reprodução/PUC-RS

Nessas condições, o módulo e a orientação do campo elétrico aplicado na região demarcada, que permitirá selecionar os prótons com a velocidade desejada, é

a) 60 V/m – perpendicular ao plano da página – apontando para fora da página.

b) 60 V/m – perpendicular ao plano da página – apontando para dentro da página.

c) 60 V/m – no plano da página – apontando para baixo.

d) 0,15 V/m – no plano da página – apontando para cima.

e) 0,15 V/m – no plano da página – apontando para baixo.

**Resolução:**

Pela regra da mão esquerda, a força magnética $\vec{F}_m$ sobre o feixe de prótons dentro do seletor de velocidades terá sentido apontando para cima no plano da página, conforme mostra a figura a seguir. Para que os prótons não se desviem da trajetória, conforme é pedido no enunciado, a força resultante dentro do seletor deve ser nula. Ou seja, o campo elétrico dentro do seletor deve ser responsável por uma força elétrica $\vec{F}_E$ sobre os prótons no sentido contrário à força magnética, e com mesma intensidade.

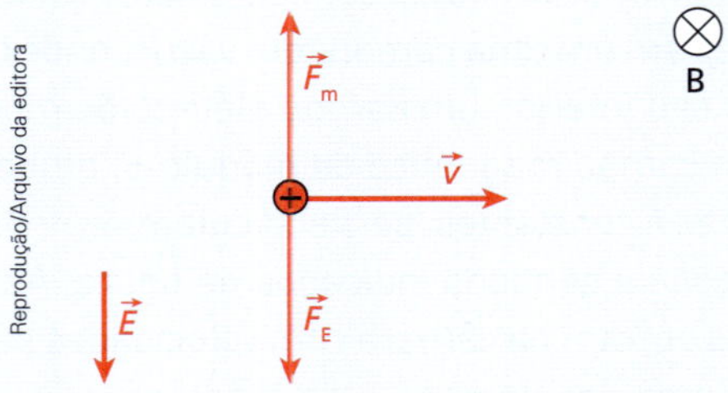


Como os módulos de ambas as forças são dados por $F_E = q \cdot E$ e $F_m = qvB$, em que $q$ é a carga do próton, $v = 3{,}0 \cdot 10^4$ m/s e $B = 2{,}0 \cdot 10^{-3}$ T, então

$$F_E = F_m \Rightarrow q \cdot E = qvB \Rightarrow E = vB \Rightarrow$$

$$\Rightarrow E = (3 \cdot 10^4) \cdot (2 \cdot 10^{-3})$$

$$\boxed{E = 60 \text{ V/m}}$$

Como se trata de prótons (cargas positivas), o sentido do campo elétrico deve ser o mesmo da força, apontando para baixo, no plano da página.

Resposta: alternativa c.

**37.** (UPF-RS) Considere uma partícula com carga positiva $q$, a qual se move em linha reta com velocidade constante $\vec{v}$. Em um determinado instante, esta partícula penetra numa região do espaço onde existe um campo magnético uniforme $\vec{B}$ cuja orientação é perpendicular à trajetória da partícula. Como resultado da interação da carga com o campo magnético, a partícula sofre a ação de uma força magnética $\vec{F}_m$, cuja direção é sempre perpendicular à direção do campo e ao vetor velocidade instantânea da carga. Assim, a partícula passa a descrever um movimento circular uniforme num plano perpendicular ao $\vec{B}$.

Supondo que o módulo da velocidade da partícula seja $v = 9 \times 10^3$ m/s; que o módulo do campo magnético seja $B = 2 \times 10^{-3}$ T; e que o raio da circunferência descrita pela partícula seja $R = 3$ cm, é correto afirmar que, nessas condições, a relação carga/massa (q/m) da partícula é de:

a) $3{,}0 \times 10^8$ C · kg$^{-1}$
b) $3{,}0 \times 10^7$ C · kg$^{-1}$
c) $1{,}5 \times 10^8$ C · kg$^{-1}$
d) $1{,}5 \times 10^7$ C · kg$^{-1}$
e) $4{,}5 \times 10^6$ C · kg$^{-1}$

**38.** (UEA-AM) Considere uma câmara em cujo interior atua um campo magnético constante, indicado por **X**, perpendicular ao plano da folha e entrando nela. Um próton, um elétron e um feixe de radiação gama penetram no interior desta câmara por uma abertura comum, como mostra a figura.

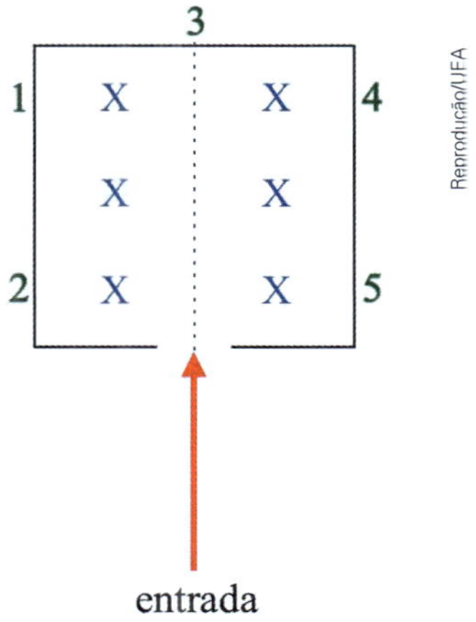


O próton e o elétron passam pela entrada com a mesma velocidade, e os números indicam os possíveis pontos de colisão dos três componentes citados com a parede interior da câmara. Considerando o próton, o elétron e a radiação gama, os números correspondentes aos pontos com que eles colidem são, respectivamente,

a) 2, 4 e 3.
b) 3, 5 e 1.
c) 1, 4 e 3.
d) 2, 3 e 4.
e) 1, 5 e 3.

**39.** (UFPR) O espectrômetro de massa é um equipamento utilizado para se estudar a composição de um material. A figura abaixo ilustra diferentes partículas de uma mesma amostra sendo injetadas por uma abertura no ponto O de uma câmara a vácuo. Essas partículas possuem mesma velocidade inicial $\vec{v}$, paralela ao plano da página e com o sentido indicado no desenho. No interior desta câmara há um campo magnético uniforme $\vec{B}$ perpendicular à velocidade $\vec{v}$, cujas linhas de campo são perpendiculares ao plano da página e saindo desta, conforme representado no desenho com o símbolo ⊙. As partículas descrevem então trajetórias circulares identificadas por I, II, III e IV.

E.R.

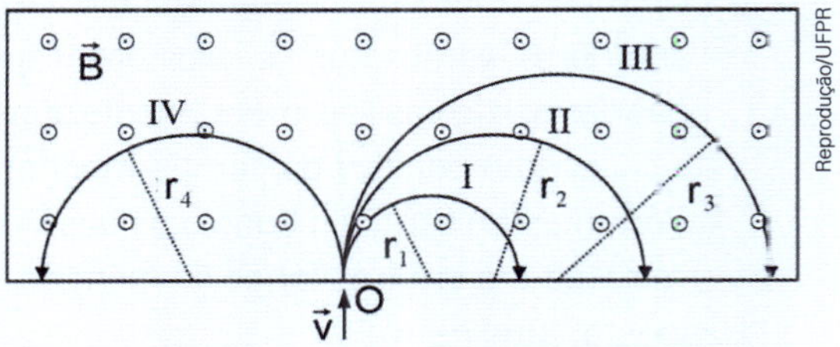

Considerando as informações acima e os conceitos de eletricidade e magnetismo, identifique como verdadeiras (V) ou falsas (F) as seguintes afirmativas:

( ) A partícula da trajetória II possui carga positiva e a da trajetória IV possui carga negativa.

( ) Supondo que todas as partículas tenham mesma carga, a da trajetória II tem maior massa que a da trajetória I.

( ) Supondo que todas as partículas tenham mesma massa, a da trajetória III tem maior carga que a da trajetória II.

( ) Se o módulo do campo magnético *B* fosse aumentado, todas as trajetórias teriam um raio maior.

Assinale a alternativa que apresenta a sequência correta, de cima para baixo.

a) V – V – V – F.
b) F – V – F – V.
c) V – F – V – V.
d) V – V – F – F.
e) F – F – V – V.

**Resolução:**

Analisemos as afirmativas:

(V) Pela regra da mão esquerda, as partículas de carga positiva deslocam-se para a direita e as de carga negativa, para a esquerda.

(V) O raio *R* da trajetória de uma partícula de massa *m* e carga *q* é diretamente proporcional à sua massa, já que $R = \frac{mv}{|q|B}$. Portanto, partículas que realizam uma trajetória com um raio maior são mais massivas. Ou seja, como o raio da trajetória II é maior que o da I, $r_2 > r_1 \Rightarrow m_2 > m_1$.

(F) Da mesma fórmula usada na afirmação anterior, vemos que o raio *R* da trajetória de uma partícula é inversamente proporcional à sua carga *q*. Portanto, partículas que realizam uma trajetória com um raio maior possuem uma carga menor. Ou seja, como o raio da trajetória III é maior que o da II, $r_3 > r_2 \Rightarrow q_3 < q_2$, justamente o contrário do que é afirmado.

(F) Da mesma fórmula usada nas afirmações anteriores, vemos que os raios das trajetórias das partículas são inversamente proporcionais ao módulo *B* do campo magnético. Portanto, um campo magnético mais intenso resultaria em trajetórias de menor raio.

Resposta: alternativa d.

**40.** (Fuvest-SP) Partículas com carga elétrica positiva penetram em uma câmara em vácuo, onde há, em todo seu interior, um campo elétrico de módulo *E* e um campo magnético de módulo *B*, ambos uniformes e constantes, perpendiculares entre si, nas direções e sentidos indicados na figura. As partículas entram na câmara com velocidades perpendiculares aos campos e de módulos $v_1$ (grupo 1), $v_2$ (grupo 2) e $v_3$ (grupo 3). As partículas do grupo 1 têm sua trajetória encurvada em um sentido, as do grupo 2, em sentido oposto, e as do grupo 3 não têm sua trajetória desviada. A situação está ilustrada na figura abaixo.

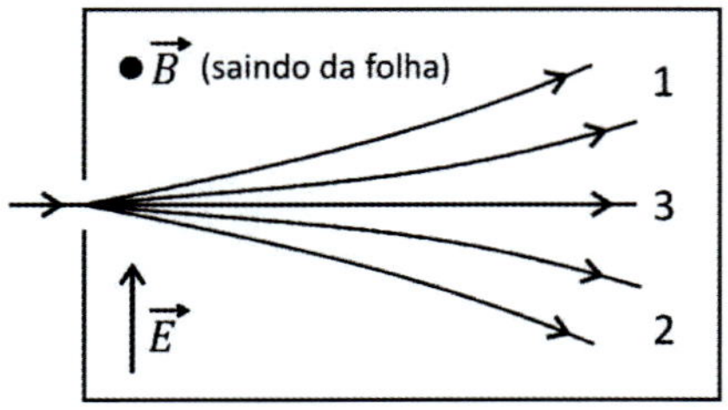




Considere as seguintes afirmações sobre as velocidades das partículas de cada grupo:

I. $v_1 > v_2$ e $v_1 > E/B$
II. $v_1 < v_2$ e $v_1 < E/B$
III. $v_3 = E/B$

Está correto apenas o que se afirma em

a) I.
b) II.
c) III.
d) I e III.
e) II e III.

**Note e adote:**
Os módulos das forças elétrica ($F_E$) e magnética ($F_M$) são:
$F_E = qE$
$F_M = qvB$

**41.** (EFOMM) E.R. Uma partícula com carga elétrica de $5{,}0 \times 10^{-6}$ C é acelerada entre duas placas planas e paralelas, entre as quais existe uma diferença de potencial de 100 V. Por um orifício na placa, a partícula escapa e penetra em um campo magnético de indução magnética uniforme de valor igual a $2{,}0 \times 10^{-2}$ T, descrevendo uma trajetória circular de raio igual a 20 cm. Admitindo que a partícula parte do repouso de uma das placas e que a força gravitacional seja desprezível, qual é a massa da partícula?

a) $1,4 \times 10^{-14}$ kg
b) $2,0 \times 10^{-14}$ kg
c) $4,0 \times 10^{-14}$ kg
d) $2,0 \times 10^{-13}$ kg
e) $4,0 \times 10^{-13}$ kg

**Resolução:**

Ao passar pelo capacitor (placas planas e paralelas), a partícula transforma energia potencial elétrica $U = qV$ em energia cinética, em que $V = 100$ V é a diferença de potencial entre as placas e $q = 5 \cdot 10^{-6}$ C é a carga da partícula. Portanto, $U = E_c \Rightarrow qV = \frac{mv^2}{2}$, em que *m* e *v* são, respectivamente, a massa e o módulo da velocidade da partícula após atravessar o capacitor.

O raio $R = 0,2$ m do movimento circular feito pela partícula ao penetrar no campo magnético de módulo $B = 2 \cdot 10^{-2}$ T com uma velocidade de módulo *v* é dado por

$$R = \frac{mv}{qB} \Rightarrow v = \frac{qRB}{m}$$

Substituindo essa expressão da velocidade na fórmula anterior, encontramos uma expressão para a massa da partícula:

$$qV = \frac{m}{2}\left(\frac{qRB}{m}\right)^2 \Rightarrow m = \frac{qR^2B^2}{2V} =$$

$$= \frac{(5 \cdot 10^{-6}) \cdot 0,2^2 \cdot (2 \cdot 10^{-2})^2}{2 \cdot 100} \Rightarrow$$

$$\boxed{m = 4 \cdot 10^{-13}\ \text{kg}}$$

Resposta: alternativa e.

**42.** (AFA-SP) Na região próxima a uma bobina percorrida por corrente elétrica contínua, existe um campo de indução magnética $\vec{B}$, simétrico ao seu eixo (eixo **x**), cuja magnitude diminui com o aumento do módulo da abscissa **x**, como mostrado na figura abaixo.

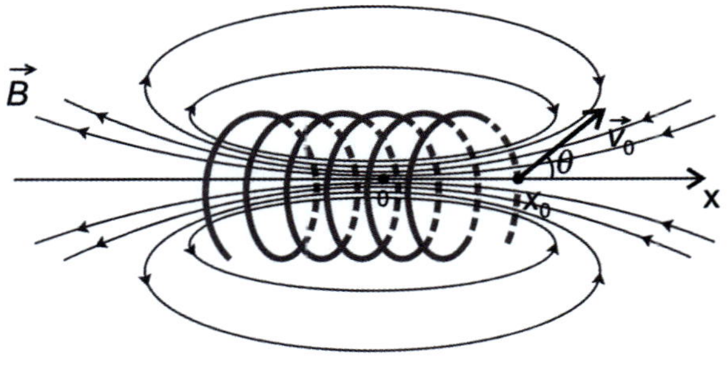


Reprodução/AFA

Uma partícula de carga negativa é lançada em $x = x_0$ com uma velocidade $\vec{v}_0$, formando um ângulo θ com o sentido positivo do eixo **x**.

O módulo da velocidade $\vec{v}_0$ descrita por essa partícula, devido somente à ação desse campo magnético, em função da posição *x*, é melhor representado pelo gráfico

a)
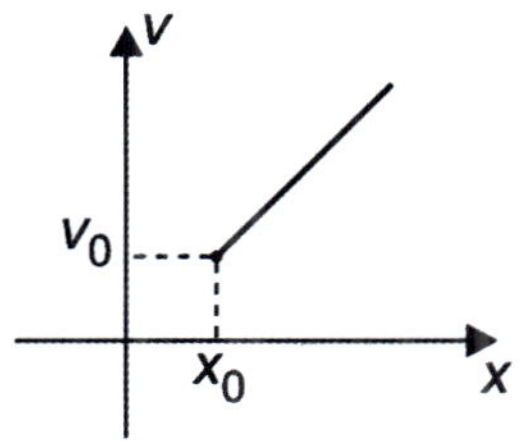


Ilustrações: Reprodução/AFA

b)
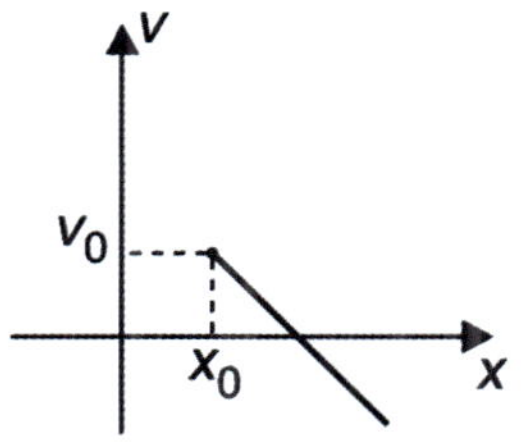


c)
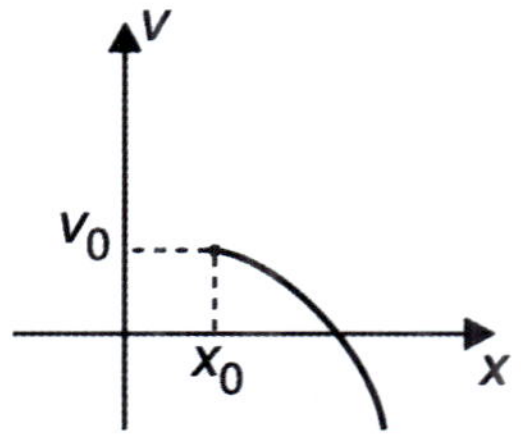


d)
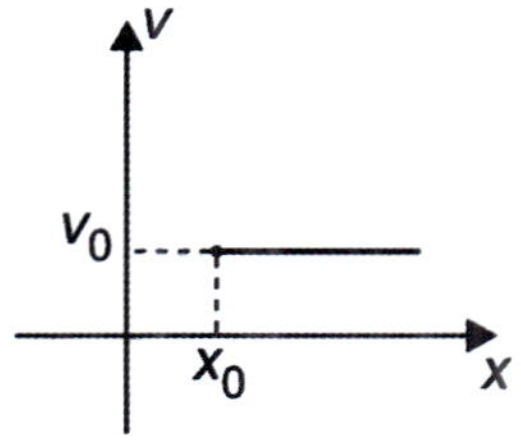


**43.** (UFRJ) As figuras a seguir representam as linhas de força de dois campos uniformes, **A** e **B**, um elétrico e outro magnético (não necessariamente nessa ordem). Duas partículas idênticas, carregadas com a mesma carga *q*, encontram-se num dado instante $t_0$, na região dos campos, ambas com velocidade $\vec{v}_0$, de mesma direção e de mesmo sentido que as linhas de força.

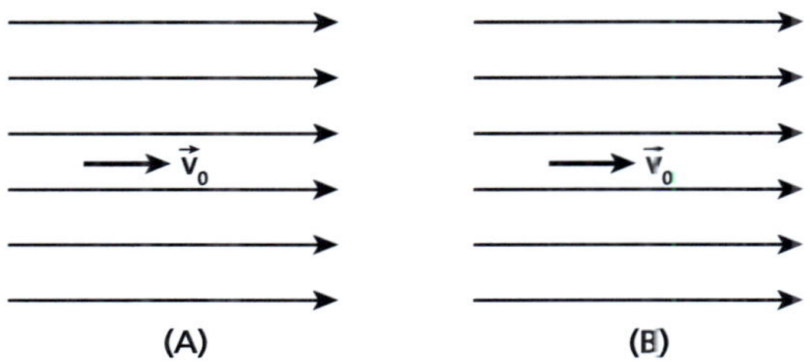


(A) (B)

Reprodução/Arquivo da editora

Os gráficos a seguir representam como as velocidades dessas partículas variam em função do tempo.

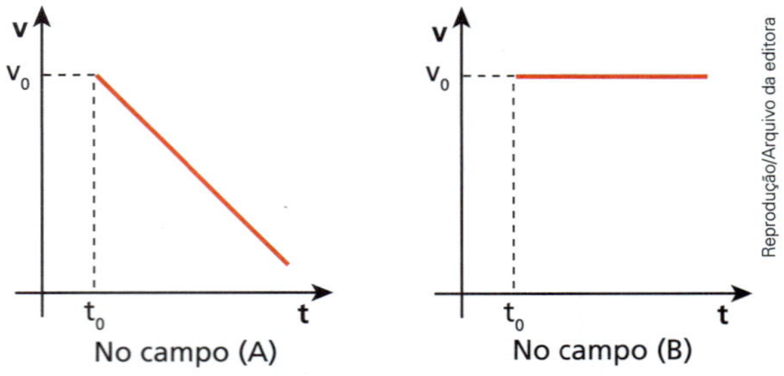


Identifique o campo elétrico e o campo magnético, justificando sua resposta, e determine o sinal da carga.

**44.** (UEPG-PR) Uma partícula de carga *q* e massa *m* está se movendo, em linha reta, com uma velocidade constante *v*, numa região onde existem campos elétrico e magnético uniformes. O campo elétrico $\vec{E}$ e o vetor indução magnética $\vec{B}$ são perpendiculares entre si e cada um deles é perpendicular ao vetor velocidade da partícula. Analise a situação e assinale o que for correto.

01) Na presente situação, o módulo da velocidade da partícula é E/B.

02) Se o campo elétrico for desligado, a trajetória da partícula será uma espiral com raio $r = \frac{qv_0}{mB}$.

04) Na situação descrita no enunciado, a força elétrica não realiza trabalho sobre a partícula.

08) A trajetória da partícula não depende da direção do vetor velocidade, mas apenas de seu módulo.

16) Se a partícula estivesse em repouso, a força resultante sobre ela seria nula.

**45.** (UEM-PR) Em uma extensa região do espaço existe um campo magnético constante $\vec{B}$ perpendicular e entrando no plano da página como mostra a figura:

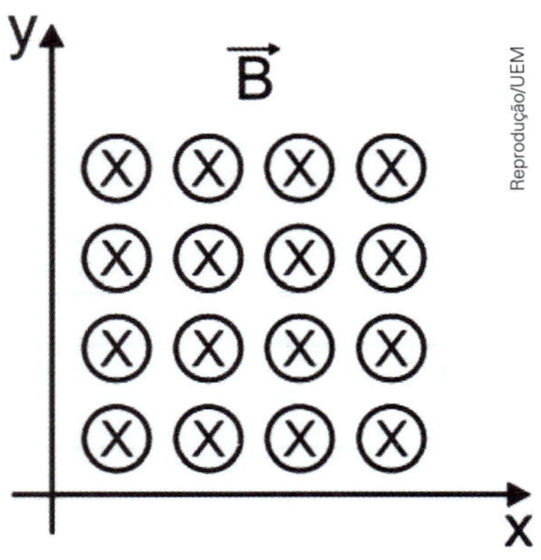


Assinale o que for correto.

01) Se uma carga q é positiva com velocidade $\vec{v}$ perpendicular a $\vec{B}$, na região em que o campo atua, o movimento dessa carga será circular e uniforme no sentido horário.

02) Tanto para cargas positivas como para negativas, se $\vec{v}$ for perpendicular a $\vec{B}$, a trajetória circular de uma partícula de massa m terá raio dado por $\frac{mv}{|q|B}$.

04) Quando $\vec{v}$ for oblíqua a $\vec{B}$, a trajetória será uma hélice cilíndrica.

08) No caso da trajetória ser circular, o período de revolução depende do valor de $\vec{v}$.

16) Se a carga penetrar paralelamente a $\vec{B}$, ela não sofrerá deflexão.

**46.** (UFJF-MG) Em um laboratório de física experimental, um pesquisador realiza o bombardeio de uma amostra desconhecida com um *laser* de alta potência de forma a quebrar as ligações entre os átomos deste material. Os fragmentos do espalhamento são partículas que podem ser carregadas eletricamente. Com a intenção de saber algumas propriedades deste material, três fragmentos passam por um filtro de velocidades de forma que todos os três fragmentos, ao deixar o filtro, tenham exatamente a mesma velocidade $v = 2{,}0 \times 10^3$ m/s. Três fragmentos, identificados como 1, 2 e 3, ao deixarem o filtro de velocidades, entram em uma região de campo magnético constante, de módulo B = 0,5 T que está entrando no plano da folha, assim como mostra a figura abaixo. As linhas com setas representam a trajetória de cada fragmento. Considerando $\Delta x = \Delta y = 2{,}0$ mm, DETERMINE:

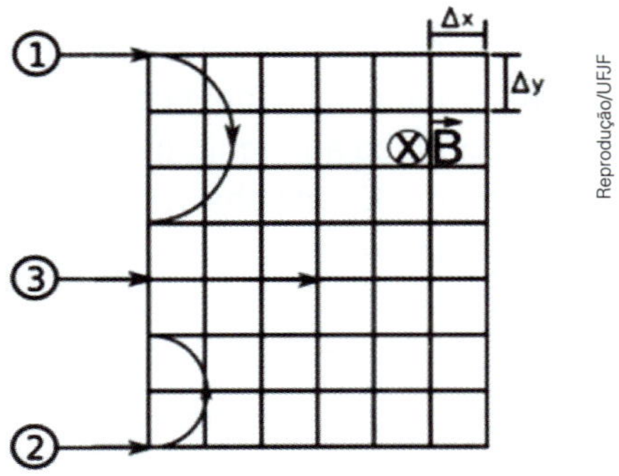


a) O sinal de cada carga. Justifique sua resposta.

b) A aceleração que cada fragmento sente devido à ação do campo magnético.

c) A frequência angular de cíclotron do movimento circular de cada fragmento.

**47.** (Unesp-SP) Na figura, uma placa quadrada de lado $L = 2{,}0$ cm, de material condutor, é percorrida por uma corrente elétrica no sentido **y** crescente. Ao aplicarmos um campo magnético constante de módulo $B = 0{,}80$ T, os portadores de carga em movimento, que originam a corrente de intensidade $i$, são deslocados provocando um acúmulo de cargas positivas na borda de trás e negativas na da frente, até que a diferença de potencial entre essas bordas se estabilize com valor $\Delta V = 4{,}0 \cdot 10^{-7}$ V, o que resulta em um campo elétrico uniforme na direção **x**, decorrente dessa separação de cargas, que compensa o efeito defletor do campo magnético. Esse fenômeno é conhecido como efeito Hall.

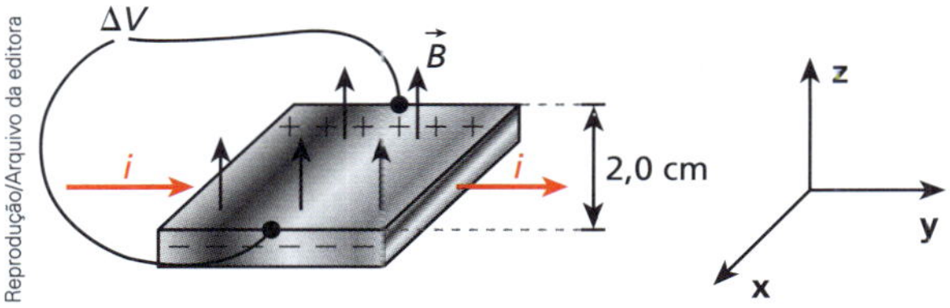


Determine o módulo do vetor campo elétrico $\vec{E}$, gerado na direção **x**, e o módulo da média das velocidades dos portadores de carga na direção **y**.

**48.** (Unesp-SP) Um feixe é formado por íons de massa $m_1$ e íons de massa $m_2$, com cargas elétricas $q_1$ e $q_2$, respectivamente, de mesmo módulo e de sinais opostos. O feixe penetra com velocidade $V$, por uma fenda $F$, em uma região onde atua um campo magnético uniforme $B$, cujas linhas de campo emergem na vertical perpendicularmente ao plano que contém a figura e com sentido para fora. Depois de atravessarem a região por trajetórias tracejadas circulares de raios $R_1$ e $R_2 = 2 \cdot R_1$, desviados pelas forças magnéticas que atuam sobre eles, os íons de massa $m_1$ atingem a chapa fotográfica $C_1$ e os de massa $m_2$ a chapa $C_2$.

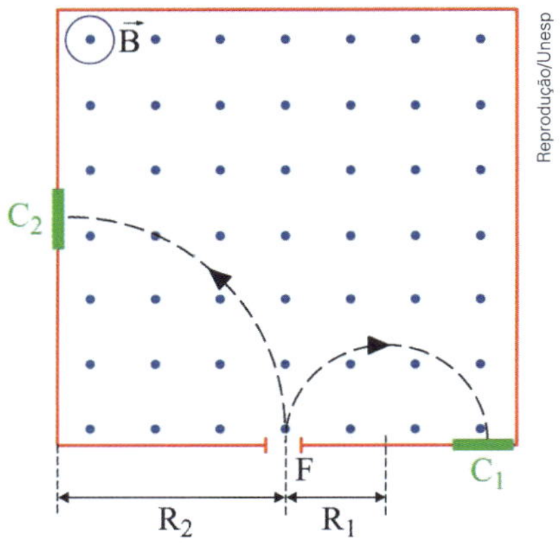


Considere que a intensidade da força magnética que atua sobre uma partícula de carga $q$, movendo-se com velocidade $v$, perpendicularmente a um campo magnético uniforme de módulo $B$, é dada por $F_{MAG} = |q| \cdot v \cdot B$.

Indique e justifique sobre qual chapa, $C_1$ ou $C_2$, incidiram os íons de carga positiva e os de carga negativa.

Calcule a relação $\frac{m_1}{m_2}$ entre as massas desses íons.

**49.** (UFMG) O tubo de imagem de um televisor está representado, esquematicamente, na figura **I**.

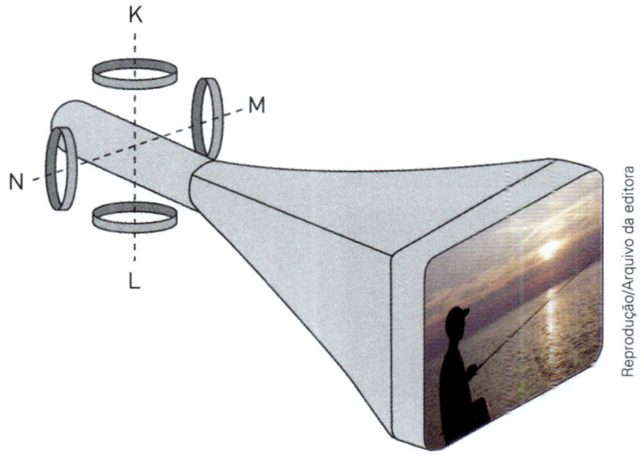


**Figura I**

**Figura II**

Elétrons são acelerados da parte de trás desse tubo em direção ao centro da tela. Quatro bobinas – **K**, **L**, **M** e **N** – produzem campos magnéticos variáveis, que modificam a direção dos elétrons, fazendo com que estes atinjam a tela em diferentes posições, formando uma imagem, como ilustrado na figura **II**.

As bobinas K e L produzem um campo magnético na direção vertical e as bobinas M e N, na horizontal.

Em um certo instante, um defeito no televisor interrompe a corrente elétrica nas bobinas K e L e apenas as bobinas M e N continuam funcionando.

Determine a alternativa em que melhor se representa a imagem que esse televisor passa a produzir nessa situação.

a) 

Ilustrações: Reprodução/Arquivo da editora

b) 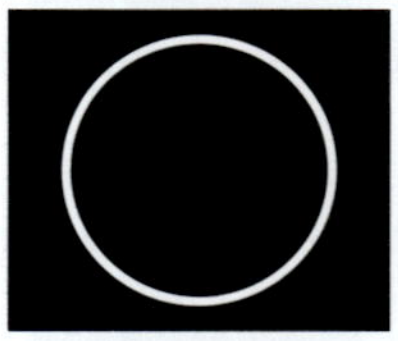

c) 

d) 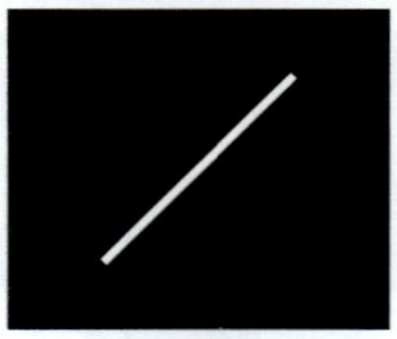

**50.** (Esc. Naval) Uma partícula localizada em um ponto **P** do vácuo, em uma região onde há um campo eletromagnético não uniforme, sofre a ação da força resultante $F_e = F_m$ em que $F_e$ é a força elétrica e $F_m$ é a força magnética.
Desprezando a força gravitacional, pode-se afirmar que a força resultante sobre a partícula será nula se:

a) a carga elétrica da partícula for nula;
b) a velocidade da partícula for nula;
c) as forças ($F_e$, $F_m$) tiverem o mesmo módulo, e a carga da partícula for negativa;
d) as forças ($F_e$, $F_m$) tiverem a mesma direção, e a carga da partícula for positiva;
e) no ponto $P$ campos elétricos e magnéticos tiverem sentidos opostos.

**51.** (UPM-SP)

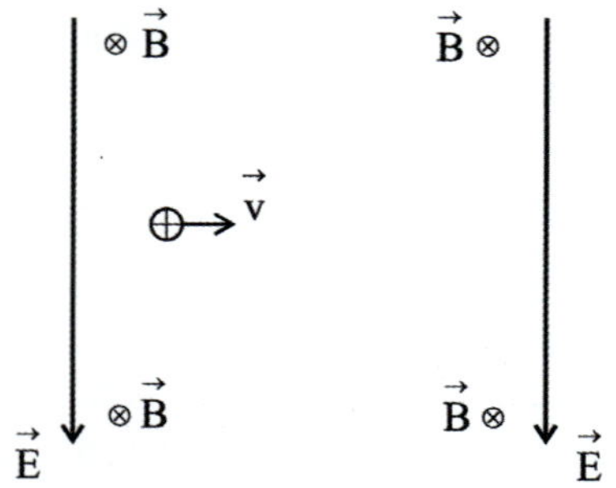


Reprodução/UPM

Uma partícula eletrizada positivamente, de massa desprezível, penetra na região do espaço onde existe um campo elétrico uniforme de intensidade de $1,0 \cdot 10^5\ \frac{N}{C}$, orientado verticalmente para baixo, conforme a figura. A partícula descreve uma trajetória retilínea, pela presença de um campo magnético uniforme $\vec{B}$, de intensidade $4,0 \cdot 10^3$ T, perpendicular ao campo elétrico e de sentido entrando no plano do papel. A intensidade da velocidade da partícula é, em $\frac{m}{s}$,

a) 40
b) 35
c) 30
d) 25
e) 20

**52.** (Fuvest-SP) Em cada uma das regiões I, II e III da figura a seguir existe ou um campo elétrico constante $\pm E_X$ na direção **x**, ou um campo elétrico constante $\pm E_Y$ na direção **y**, ou um campo magnético constante $\pm B_Z$ na direção **z** (perpendicular ao plano do papel). Quando uma carga positiva $q$ é abandonada no ponto **P** da região I, ela é acelerada uniformemente, mantendo uma trajetória retilínea, até atingir a região II. Ao penetrar na região II, a carga passa a descrever uma trajetória circular de raio R, e o módulo da sua velocidade permanece constante. Finalmente, ao penetrar na região III, percorre uma trajetória parabólica até sair dessa região. A tabela abaixo indica algumas configurações possíveis dos campos nas três regiões.

Reprodução/Arquivo da editora

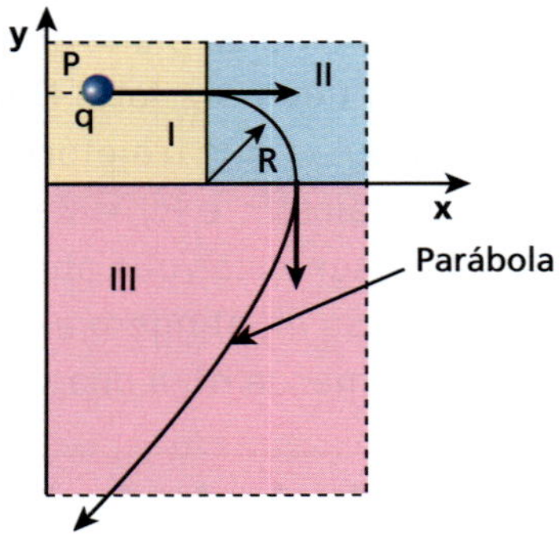


| Configuração de campo | A | B | C | D | E |
|---|---|---|---|---|---|
| Região I | $E_x$ | $E_x$ | $B_z$ | $E_x$ | $E_x$ |
| Região II | $B_z$ | $E_y$ | $E_y$ | $E_y$ | $B_z$ |
| Região III | $E_y$ | $B_z$ | $E_x$ | $-E_x$ | $-E_x$ |

A única configuração dos campos compatível com a trajetória da carga, é aquela descrita em:

a) A
b) B
c) C
d) D
e) E

# Exercícios Nível 3

**53.** (Unicamp-SP) Espectrômetros de massa são aparelhos utilizados para determinar a quantidade relativa de isótopos dos elementos químicos. A figura (**a**) a seguir mostra o esquema de um desses espectrômetros. Inicialmente os íons são acelerados na região 1 pela tensão *U*. Na região 2, existe um campo magnético *B* constante, que obriga os íons a seguirem uma trajetória circular. Se a órbita descrita pelo íon tiver raio *R*, eles atingem a fenda *F* e são detectados. Responda aos itens (**a**) e (**b**) literalmente e ao item (**c**) numericamente.

a) Qual a expressão para a velocidade do íon ao entrar na região 2 em função de sua massa *m*, de sua carga *q* e da tensão *U*?

b) Qual a expressão da massa do íon detectado em função da tensão *U*, da carga *q*, do campo magnético *B* e do raio *R*?

c) Em um dado espectrômetro de massa com $U = 10000$ V e $R = 10$ cm, uma amostra de um elemento com carga iônica +e produziu o espectro da figura (**b**) a seguir. Determine as massas correspondentes de cada um dos picos em unidades de massa atômica (**u**) e identifique qual é o elemento químico e quais são os isótopos que aparecem no gráfico. Adote $e = 1{,}6 \cdot 10^{-19}$ C e $1\ u = 1{,}6 \cdot 10^{-27}$ kg.

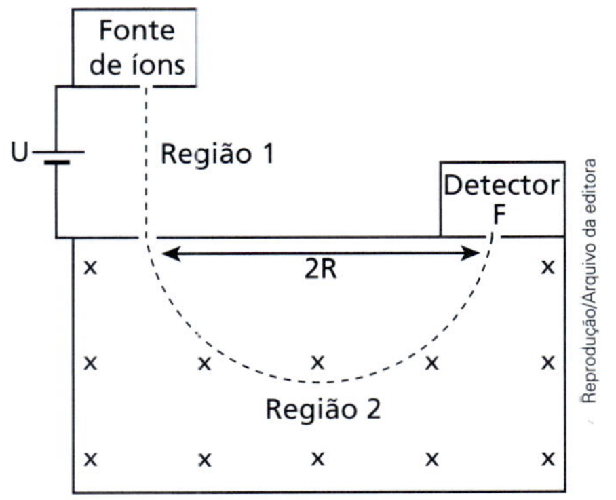

(a)

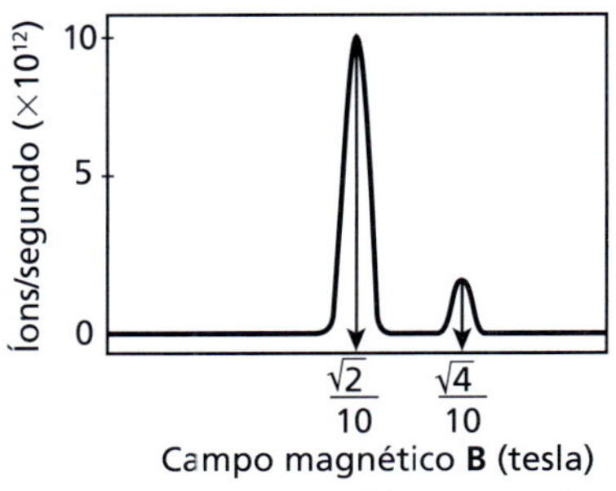

(b)

**54.** (UFRJ) Uma partícula de massa *m* e carga *q* positiva, em movimento retilíneo uniforme, penetra em uma região na qual há um campo magnético uniforme, vertical e de módulo *B*. Ao sair da região, ela retoma um movimento retilíneo uniforme. Todo o movimento se processa em um plano horizontal e a direção do movimento retilíneo final faz um ângulo θ com a direção do movimento retilíneo inicial. A velocidade da partícula é grande o bastante para desprezarmos a força gravitacional, de modo a considerarmos apenas a força magnética sobre ela.

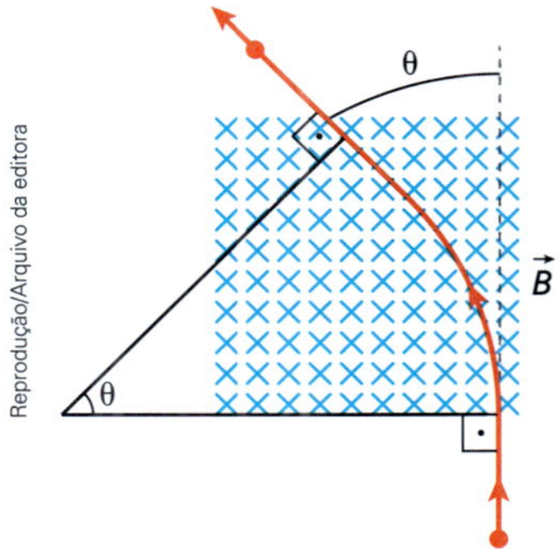


a) Determine a razão $\frac{v'}{v}$ entre o módulo v' da velocidade do movimento retilíneo final e o módulo *v* da velocidade do movimento retilíneo inicial.

b) Calcule quanto tempo a partícula demora para atravessar a região em que há campo magnético em função de *q*, *m*, *B* e θ.

**55.** (Fuvest-SP) Um próton de massa $M \cong 1{,}6 \cdot 10^{-27}$ kg, com carga elétrica $Q = 1{,}6 \cdot 10^{-19}$ C, é lançado em **A** com velocidade $V_0$, em uma região onde atua um campo magnético uniforme *B*, na direção **x**. A velocidade $V_0$, que forma um ângulo θ com o eixo **x**, tem correspondentes $V_{0X} = 4{,}0 \cdot 10^6$ m/s e $V_{0Y} = 3{,}0 \cdot 10^6$ m/s. O próton descreve um movimento em forma de hélice, voltando a cruzar o eixo **x**, em **P**, com a mesma velocidade inicial, a uma distância $L_0 = 12$ m do ponto **A**. Desconsiderando a ação do campo gravitacional e utilizando $\pi \cong 3$, determine:

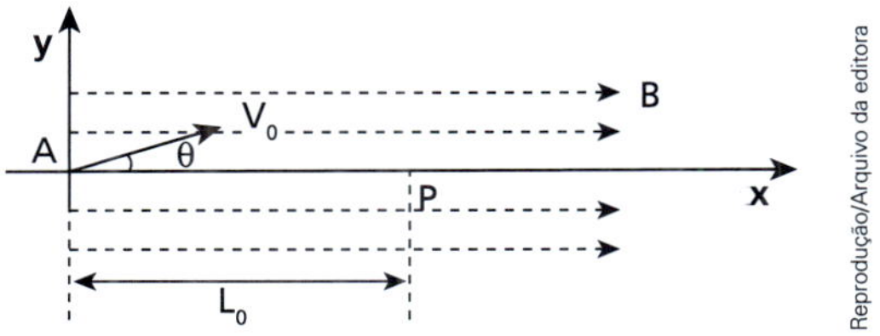

a) o intervalo de tempo $\Delta t$, em **s**, que o próton leva para ir de **A** a **P**;

b) o raio $R$, em m, do cilindro que contém a trajetória em hélice do próton;

c) a intensidade do campo magnético $B$, em tesla, que provoca esse movimento.

> Uma partícula com carga $Q$, que se move em um campo $B$, com velocidade $V$, fica sujeita a uma força de intensidade $F = Q \cdot V_n \cdot B$, normal ao plano formado por $B$ e $V_n$, sendo $V_n$ a componente da velocidade $V$ normal a $B$.

**56.** (ITA-SP) Na região do espaço entre os planos **a** e **b**, perpendiculares ao plano do papel, existe um campo de indução magnética, simétrico ao eixo **x**, cuja magnitude diminui com o aumento de **x**, como mostrado na figura a seguir. Uma partícula de carga $q$ é lançada a partir do ponto **p** no eixo **x**, com uma velocidade formando um ângulo $\theta$ com o sentido positivo desse eixo. Desprezando o efeito da gravidade, pode-se afirmar que, inicialmente:

a) a partícula seguirá uma trajetória retilínea, pois o eixo **x** coincide com uma linha de indução magnética.

b) a partícula seguirá uma trajetória helicoidal com raio constante.

c) se $\theta < 90°$, a partícula seguirá uma trajetória helicoidal com raio crescente.

d) a energia cinética da partícula aumentará ao longo da trajetória.

e) nenhuma das alternativas acima é correta.

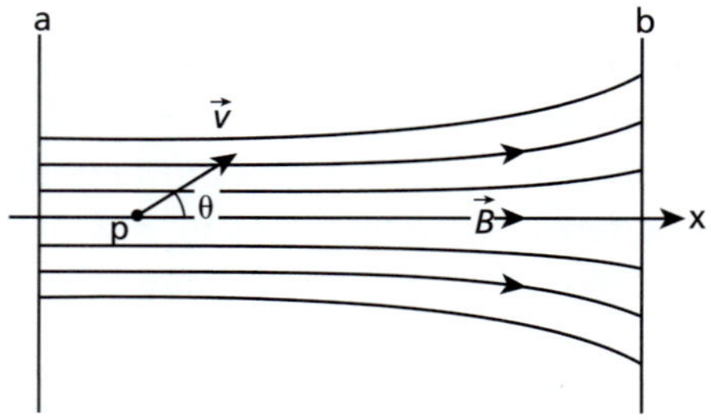




**57.** (Fuvest-SP) Uma partícula, de massa $m$ e com carga elétrica $Q$, cai verticalmente com velocidade constante $v_0$. Nessas condições, a força de resistência do ar pode ser considerada como $R_{ar} = k\,v$, sendo $k$ uma constante e $v$ a velocidade. A partícula penetra, então, em uma região onde atua um campo magnético uniforme e constante $\vec{B}$, perpendicular ao plano do papel e, nele entrando, conforme a figura abaixo. A velocidade da partícula é, então, alterada, adquirindo, após certo intervalo de tempo, um novo valor $v_L$, constante. (Lembre-se de que a intensidade da força magnética é $|F_M| = |q|\,|v|\,|B|$, em unidades SI, para $\vec{v}$ perpendicular a $\vec{B}$)

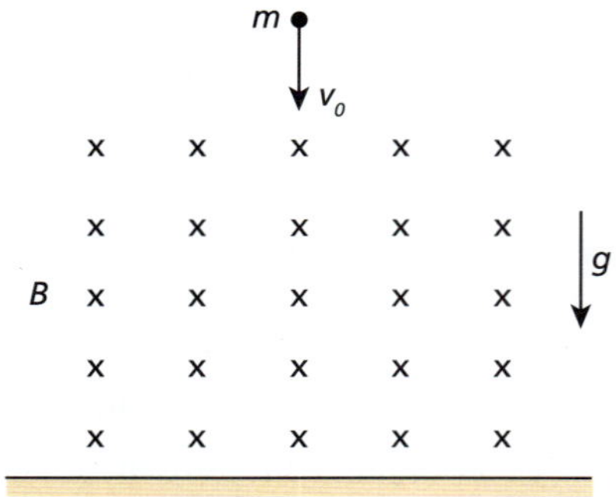




a) Expresse o valor da constante $k$ em função de $m$, $g$ e $v_0$.

b) Esquematize os vetores das forças (Peso, $R_{ar}$ e $F_M$) que agem sobre a partícula, em presença do campo B, na situação em que a velocidade passa a ser a velocidade $v_L$. Represente, por uma linha tracejada, a direção e o sentido de $v_L$.

c) Expresse o valor da velocidade $v_L$ da partícula, na região onde atua o campo $B$, em função de $m$, $g$, $k$, $B$ e $Q$.

**58.** (ITA-SP) Uma partícula de massa $m$ carregada com carga $q > 0$ encontra-se inicialmente em repouso imersa num campo gravitacional $\vec{g}$ e num campo magnético $\vec{B}_0$ com sentido negativo em relação ao eixo $\mathbf{O_z}$, conforme indicado na figura. Sabemos que a velocidade e a aceleração da partícula na direção $\mathbf{O_y}$ são funções harmônicas simples. Disso resulta uma trajetória cicloidal num plano perpendicular a $\vec{B}_0$. Determine o deslocamento máximo ($L$) da partícula.

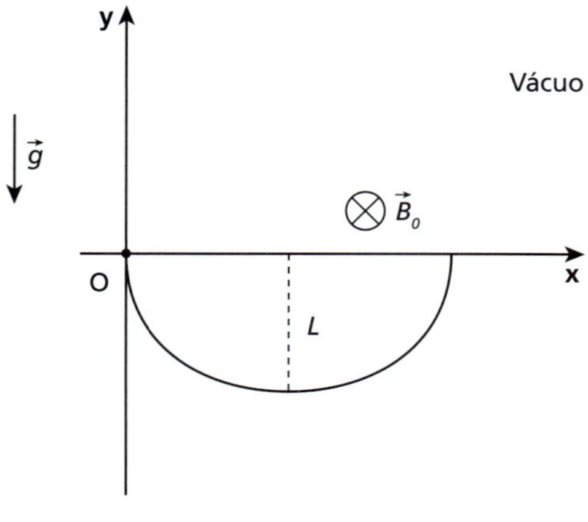

## Para raciocinar um pouco mais

**59.** Após penetrar uma região onde atua um campo magnético uniforme de intensidade $B = 2{,}0 \cdot 10^{-5}$ T, uma partícula de carga $q = 5{,}0$ μC passa a realizar um movimento helicoidal e uniforme, conforme ilustra a figura.

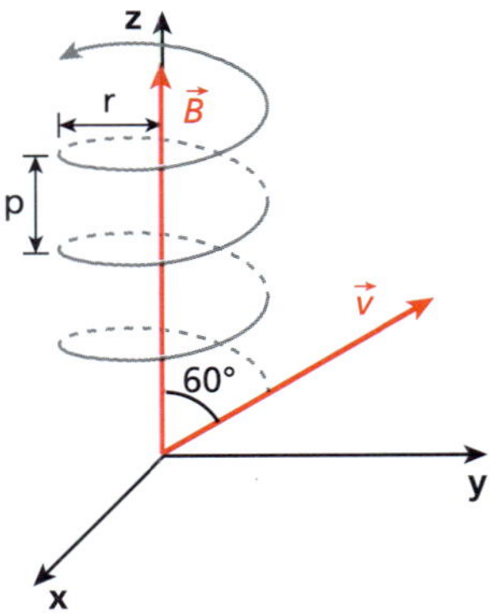


Banco de imagens/Arquivo da editora

A partícula tem massa de $2{,}0 \cdot 10^{-31}$ kg e a velocidade $\vec{v}$, indicada na figura, tem módulo $v = 1{,}0 \cdot 10^{6}$ m/s. Determine o raio *r* e o passo *p* da hélice cilíndrica descrita pela partícula.

Adote:

$\pi = 3{,}0$ e $\sqrt{3} = 1{,}7$

**60.** (ITA-SP) Um próton em repouso é abandonado do eletrodo positivo de um capacitor de placas paralelas submetidas a uma diferença de potencial $\epsilon = 1000$ V e espaçadas entre si de $d = 1$ mm, conforme a figura. A seguir, ele passa através de um pequeno orifício no segundo eletrodo para uma região de campo magnético uniforme de módulo $B = 1{,}0$ T. Faça um gráfico da energia cinética do próton em função do comprimento de sua trajetória até o instante em que a sua velocidade torna-se paralela às placas do capacitor. Apresente detalhadamente seus cálculos.

Reprodução/ITA

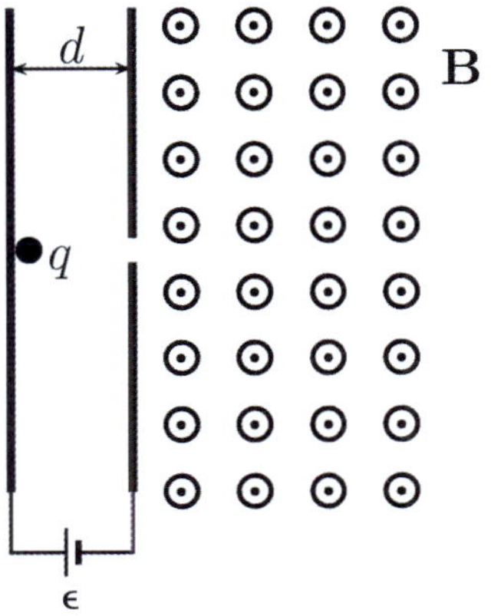


**61.** (IME-SP)

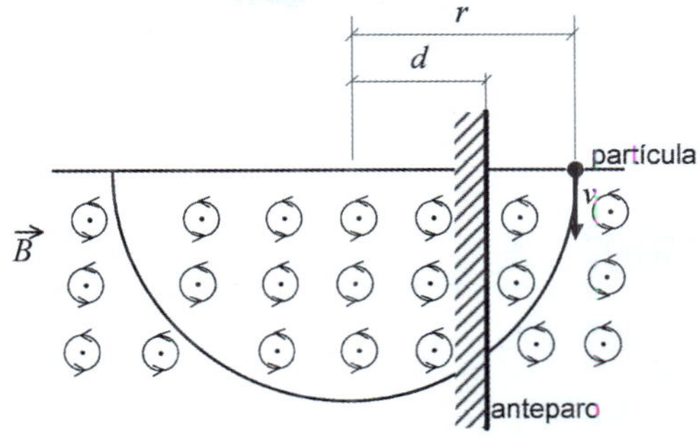


Reprodução/IME

A figura acima apresenta uma partícula com velocidade *v*, carga *q* e massa *m* penetrando perpendicularmente em um ambiente submetido a um campo magnético *B*. Um anteparo está a uma distância *d* do centro do arco de raio *r* correspondente à trajetória da partícula. O tempo, em segundos, necessário para que a partícula venha a se chocar com o anteparo é:

Dados: $v = 10$ m/s; $B = 0{,}5$ T; $q = 10$ μC; $m = 10 \times 10^{-20}$ kg; $d = \dfrac{\sqrt{2}}{2} r$.

a) $40\pi \times 10^{-15}$
b) $20\pi \times 10^{-15}$
c) $10\pi \times 10^{-15}$
d) $5\pi \times 10^{-15}$
e) $2{,}5\pi \times 10^{-15}$

**62.** Um corpúsculo de massa *m* e carga $+Q$ ($Q > 0$) está preso ao fio de comprimento *L*, que pode oscilar livremente em seu plano vertical. Na figura, destaca-se que todo sistema está imerso em uma região onde coexistem três campos de forças: um campo magnético $\vec{B}$, um campo elétrico $\vec{E}$ e um campo gravitacional $\vec{g}$ (todos uniformes e invariantes no tempo).

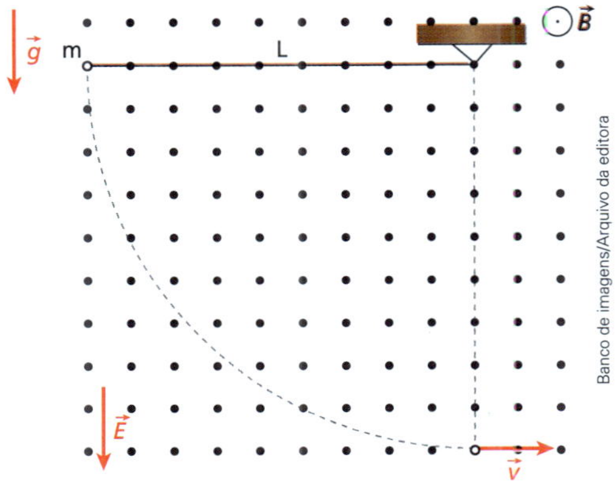


Banco de imagens/Arquivo da editora

Sabendo que no ponto mais baixo da trajetória do corpúsculo a sua velocidade tem módulo *v*, determine a tração *T* no fio.

TÓPICO 2

# Corrente elétrica e campo magnético

Bridgeman Art Library/Fotoarena/Coleção particular

Gravura antiga representando a experiência de Oersted.

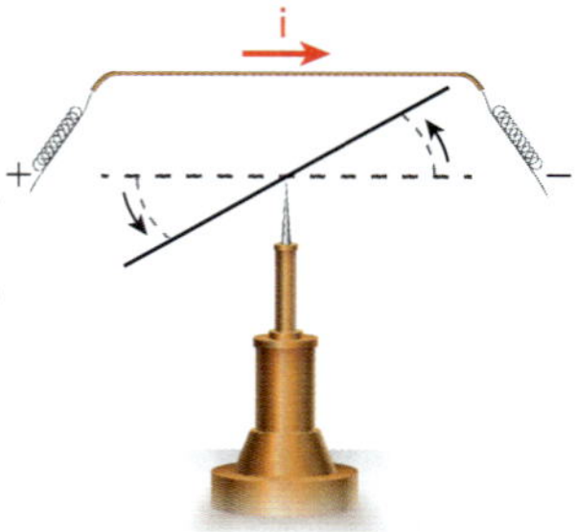


Banco de imagens/Arquivo da editora

No detalhe, a disposição do fio por onde passa corrente e da bússola.

O Magnetismo foi durante muito tempo uma ciência estudada de maneira praticamente independente da Eletricidade. Os ímãs naturais e suas propriedades eram estudados sem que se imaginasse existir alguma ligação íntima entre fenômenos magnéticos e elétricos. Com o passar dos anos, essa situação vai-se alterando e muitos cientistas, notadamente nos séculos XVIII e XIX, começam a buscar relações entre essas duas ciências. A busca por essa ligação sofre importante impacto no ano de 1820, quando o físico dinamarquês Hans Christian Oersted faz uma das maiores descobertas de toda a ciência: a passagem de corrente elétrica por um condutor pode afetar a agulha magnética de uma bússola.

Como se sabe hoje que as bússolas interagem com campos magnéticos, na verdade Oersted estava descobrindo, naquele momento, que correntes elétricas, ou cargas elétricas em movimento, geram campos magnéticos em suas proximidades.

# 1. A experiência de Oersted e a primeira unificação

A experiência de Oersted, a qual confirma a ligação da Eletricidade com o Magnetismo, está reproduzida de maneira simplificada na ilustração ao lado.

Quando o interruptor está aberto, a agulha magnética da bússola está alinhada com o campo magnético terrestre, paralela ao fio condutor. Com o interruptor fechado, o campo magnético originado pela corrente elétrica que percorre o fio provoca o desvio da agulha. Desse modo, a agulha busca sua nova posição de equilíbrio na direção da resultante dos campos magnéticos atuantes.

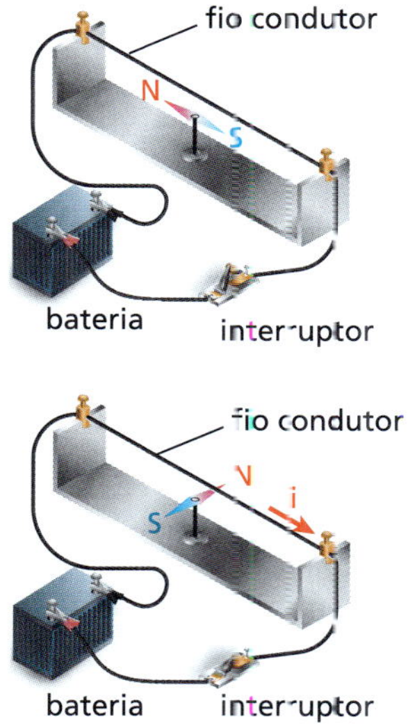


A corrente elétrica no fio condutor gera um campo magnético ao seu redor que altera a posição da agulha magnética.

As descobertas de Oersted logo se espalharam entre os cientistas da época, contribuindo para o surgimento de um novo ramo de estudo da Física, com a unificação de fenômenos elétricos e magnéticos, o **Eletromagnetismo**. Animados com as novas descobertas, parte desses cientistas, como André-Marie Ampère e Michael Faraday, iniciaram e aprofundaram trabalhos nessa área que culminaram na teoria unificada do Eletromagnetismo, proposta pelo escocês James Clerk Maxwell.

Após essa primeira grande unificação de ramos aparentemente distintos da Física, muitos foram os cientistas que começaram a buscar novas teorias que pretendem explicar as interações entre partículas elementares por meio de um único campo, contudo, a busca continua até hoje e ainda não existe uma teoria do campo unificado finalizada e aceita pela comunidade científica.

## JÁ PENSOU NISTO?

### Como funciona um detector de metais?

Uma aplicação importante dos campos magnéticos gerados por correntes elétricas é na detecção de metais. Vimos que, ao criar campos magnéticos utilizando correntes elétricas, produzimos uma configuração semelhante à de um ímã. Porém, mudando a geometria dos fios elétricos, e também o sentido da corrente, é possível obter várias configurações e intensidades diferentes para esse campo, tornando a técnica muito mais versátil do que a simples utilização de um ímã natural.

Imagem de um soldado utilizando um detector de metais manual, procurando armamento escondido no meio da areia em território iraquiano.

Embora os detectores de metais tenham diversas aplicações, sendo utilizados por arqueólogos, mineradoras, na separação de lixo eletrônico, ou mesmo como *hobby* para pessoas que gostam de procurar objetos perdidos em ambientes como praias ou trilhas florestais, ao longo da história, o principal uso para esse aparelho foi pela indústria bélica, para detecção de minas terrestres (e até mesmo projéteis em soldados baleados em hospitais improvisados em áreas de guerra).

Atualmente, detectores de metais são utilizados principalmente por questões de segurança. O princípio de funcionamento de um detector de metais, utilizado para procurar minas terrestres, evoluiu para criar os detectores de metais presentes nas portas giratórias dos bancos (e frequentemente causam frustração nas pessoas, já que, devido à sua sensibilidade, podem causar transtorno em função de, por exemplo, uma moeda esquecida no bolso). Outro ambiente comum para encontrarmos detectores de metais é no sistema de segurança de aeroportos, impedindo a entrada de armas convencionais ou armas brancas (como facas e estiletes) dentro de aviões, iniciativa essa que foi bastante intensificada depois dos famosos ataques de 11 de setembro de 2001 nos Estados Unidos, quando terroristas conseguiram embarcar armados e sequestrar quatro aviões comerciais de passageiros.

Porém, ao dizer que detectores de metais atualmente são utilizados principalmente para segurança, não devemos pensar apenas na segurança contra armas. Detectores de metais industriais são bastante utilizados na indústria de alimentos, têxtil, farmacêutica, etc. para garantir a segurança dos produtos comercializados. Em geral, o artifício utilizado nesse caso é acoplar um detector de metais em uma das esteiras que transportam os produtos para garantir que não exista nenhum objeto metálico que possa causar danos à nossa saúde, em alimentos, roupas, remédios, entre outros.

## 2. Campo magnético de um fio condutor retilíneo

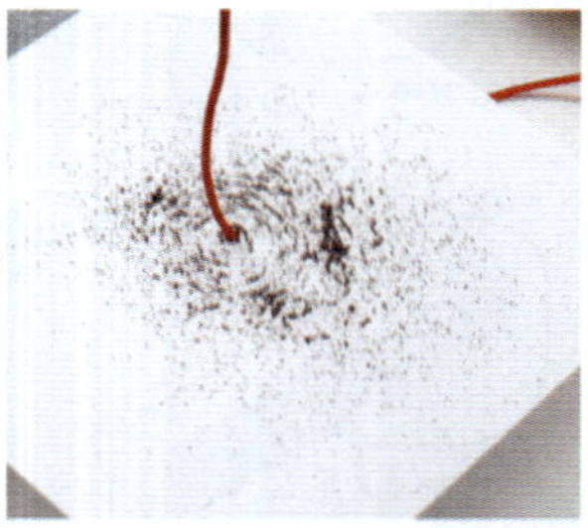
Trevor Clifford Photography/SPL/Latinstock

A limalha de ferro sobre o plano, disposta em linhas concêntricas ao fio condutor, evidencia o padrão das linhas do campo magnético.

Experimentalmente, para observar as linhas de campo magnético ao redor de um fio condutor retilíneo, percorrido por corrente elétrica, podemos utilizar limalha de ferro e uma placa não ferromagnética.

O fio deve atravessar um orifício no centro da placa, de maneira que o fio e a placa fiquem perpendiculares entre si. Espalhando limalha de ferro sobre a placa e permitindo a passagem de corrente elétrica pelo fio, observamos o alinhamento da limalha de ferro em circunferências concêntricas, tendo o fio no centro, como mostra a imagem ao lado.

Se em vez de limalha de ferro utilizarmos um conjunto de bússolas, elas irão orientar-se de tal modo a formarem praticamente uma circunferência de agulhas magnéticas.

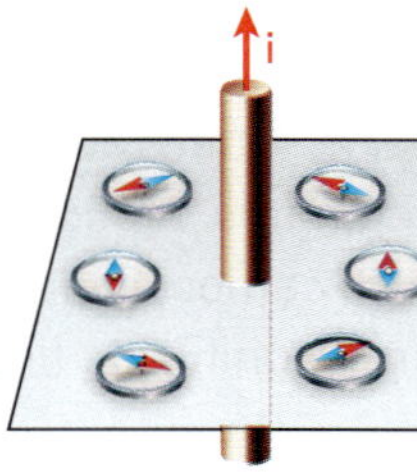

Banco de imagens/Arquivo da editora

Com uma forte corrente elétrica percorrendo o fio, as agulhas magnéticas das bússolas posicionam-se tangencialmente à circunferência imaginária formada.

Analisemos experiências semelhantes às anteriores, agora com uma vista superior do plano onde as bússolas se encontram e com corrente elétrica penetrando no plano. Novamente, a circunferência imaginária destaca-se aos nossos olhos.

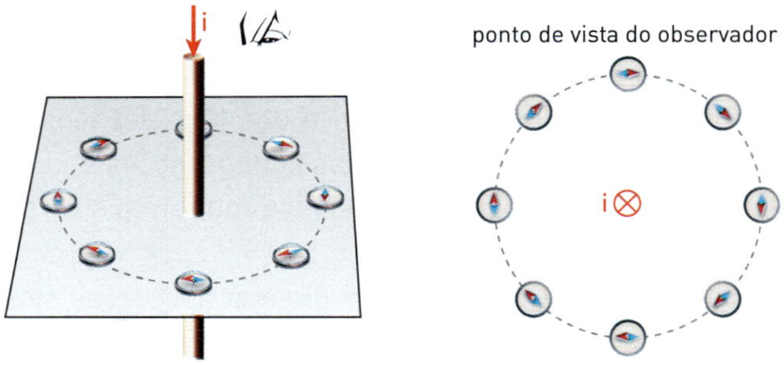

Banco de imagens/Arquivo da editora

Corrente elétrica entrando no plano.

Essas linhas imaginárias são as linhas de campo magnético, também chamadas de linha de indução magnética.

Assim, as linhas de campo magnético formadas a partir de um fio por onde passa corrente elétrica podem ser representadas por uma circunferência concêntrica a esse fio e, em um ponto **P** sobre essa circunferência, podemos representar o vetor campo magnético, também chamado de vetor indução magnética, $\vec{B}$.

Um vetor campo magnético em um ponto é tangente à linha de campo magnético que passa por esse ponto, e sua direção é a mesma daquela que é apontada pelo polo norte da agulha magnética ali posicionada.

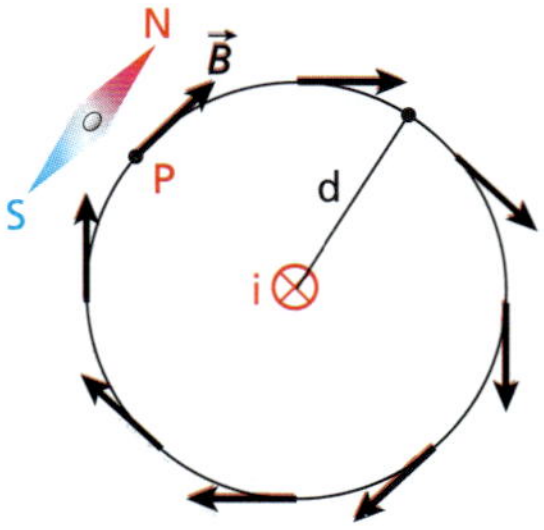

Banco de imagens/Arquivo da editora

O vetor campo magnético $\vec{B}$, no ponto **P**, tem o mesmo sentido para onde o polo norte da agulha magnética, também localizada nesse ponto, aponta.

## Exercícios Nível 1

**1.** E.R. Um ímã em forma de barra tem suas linhas de indução magnética representadas, externamente, na figura seguinte.

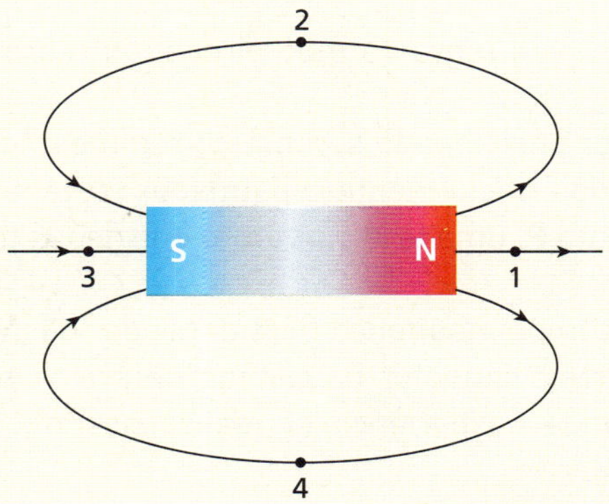

Banco de imagens/Arquivo da editora

Represente:

a) os vetores indução magnética nos quatro pontos destacados na figura.

b) como ficariam dispostas quatro pequenas bússolas idênticas após serem colocadas nesses pontos e atingirem o equilíbrio. As bússolas fornecidas podem ser representadas por pequenas agulhas magnéticas como a da figura a seguir.

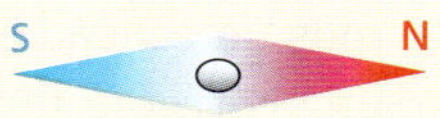

Banco de imagens/Arquivo da editora

**Resolução:**

a) O vetor indução magnética $\vec{B}$ em um ponto deve ser tangente à linha de indução magnética que passa por esse ponto e no mesmo sentido desta linha, assim, nos quatro pontos destacados teremos:

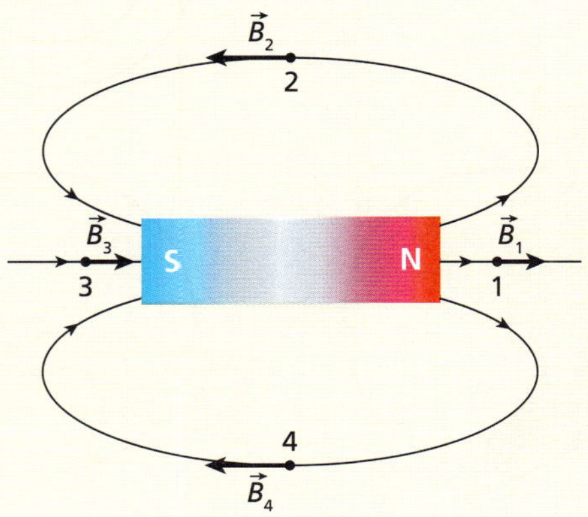

Banco de imagens/Arquivo da editora

b) As agulhas magnéticas devem ter a mesma direção de $\vec{B}$, assim como seu polo norte deve apontar no mesmo sentido do de $\vec{B}$.

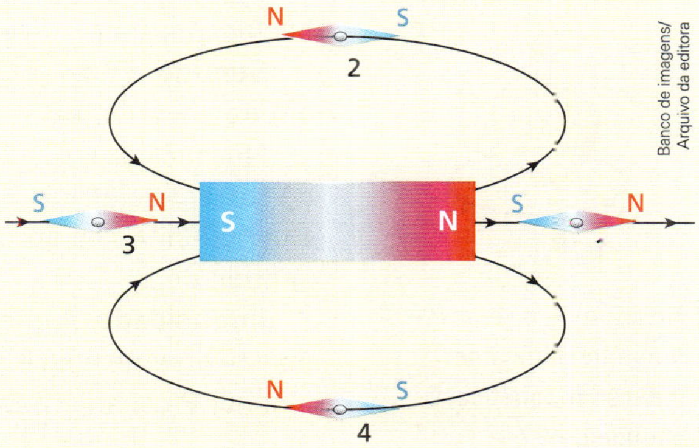

Banco de imagens/Arquivo da editora

**2.** (UFSM-RS)

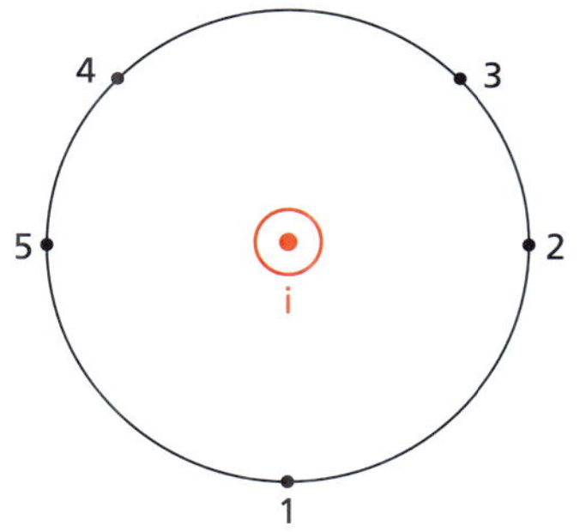

Banco de imagens/Arquivo da editora

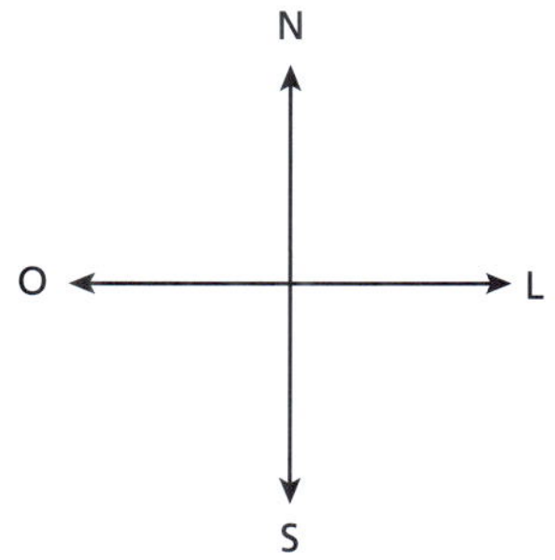


A figura representa um fio condutor perpendicular ao plano da página, no centro de um círculo que contém os pontos 1, 2, 3, 4 e 5. O fio é percorrido por uma corrente $i$ que sai desse plano.

A agulha de uma bússola sofre deflexão máxima, quando colocada no ponto:

a) 1
b) 2
c) 3
d) 4
e) 5

## Bloco 2

# 3. O vetor indução magnética $\vec{B}$

Após essa visão geral, podemos descrever as características fundamentais do vetor indução magnética $\vec{B}$ devido à corrente que atravessa um condutor.

**Direção**: Tangente à linha de indução magnética que passa pelo ponto **P** especificado.

**Sentido**: Pode ser determinado pela regra da mão direita, ou regra da mão direita envolvente.

Nessa regra, o polegar deve ser posicionado sempre com o mesmo sentido da corrente elétrica. Os demais dedos, inicialmente espalmados, devem envolver o condutor. Ao se aproximar do ponto **P**, uma leve curvatura dos dedos fornece o sentido de $\vec{B}$.

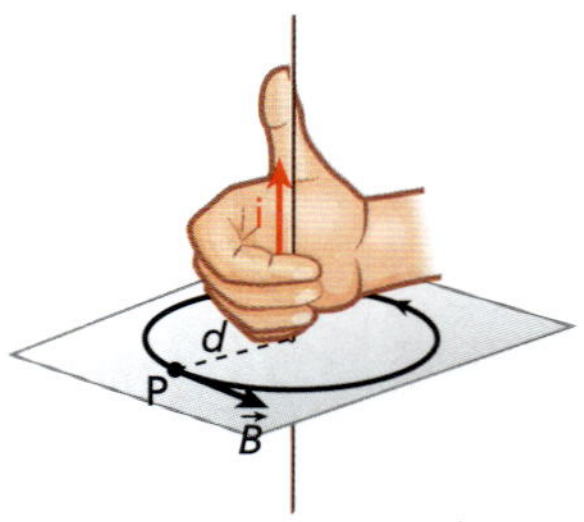


Banco de imagens/Arquivo da editora

No ponto **P**, o vetor $\vec{B}$ é tangente à linha de indução magnética. O sentido de $\vec{B}$ é determinado pela regra da mão direita.

**Intensidade**: A intensidade do campo magnético $B$ irá depender da intensidade da corrente elétrica $i$ que percorre o condutor, da distância entre o condutor e o ponto **P** considerado e do meio onde a experiência se realiza, assim:

$$B = \frac{\mu\, i}{2\pi d}$$

Por essa expressão, percebemos que $B$ e $i$ são grandezas diretamente proporcionais. Quanto mais intensa a corrente elétrica, mais intenso será o campo magnético por ela criado.

Em relação à distância, $B$ e $d$ são inversamente proporcionais, ou seja, quanto mais distante do fio condutor, menor a intensidade do campo magnético gerado no ponto considerado.

A constante $\mu$ é a permeabilidade magnética do meio.

Para o vácuo: $\mu_0 = 4\pi \cdot 10^{-7}$ T m/A

Vamos analisar mais alguns casos para termos uma visão espacial das linhas de indução magnética, do campo magnético e da correta utilização da regra da mão direita.

## Caso 1

Vista frontal com o condutor perpendicular ao plano da folha de papel e corrente elétrica saindo dele.

Utilizando a regra da mão direita, podemos determinar a orientação do campo magnético $\vec{B}$ para as quatro posições indicadas.

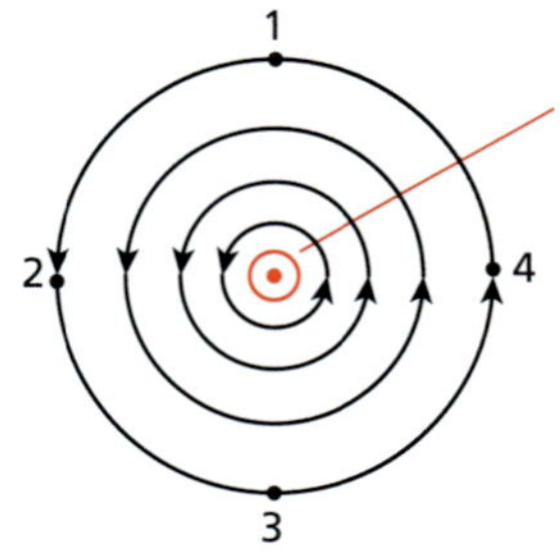


Banco de imagens/Arquivo da editora

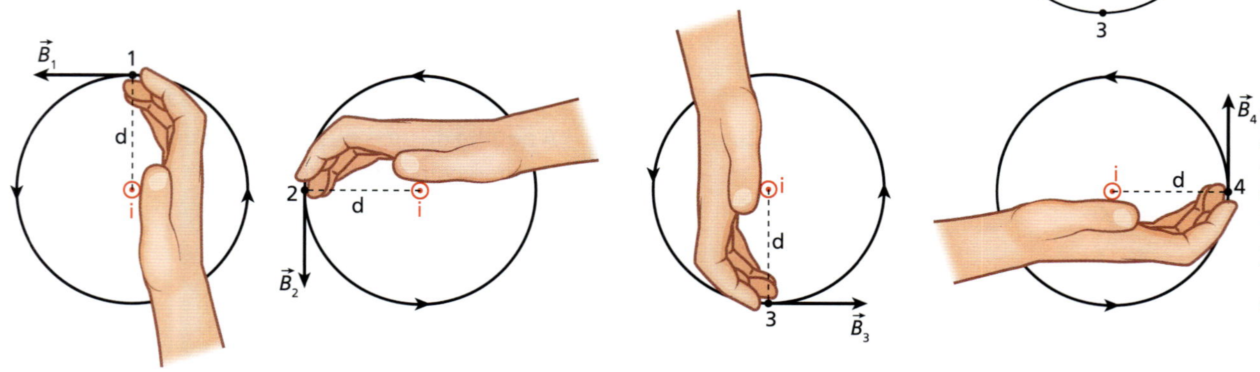


Banco de imagens/Arquivo da editora

## Caso 2

Vista em perspectiva das linhas de indução e do campo magnético.

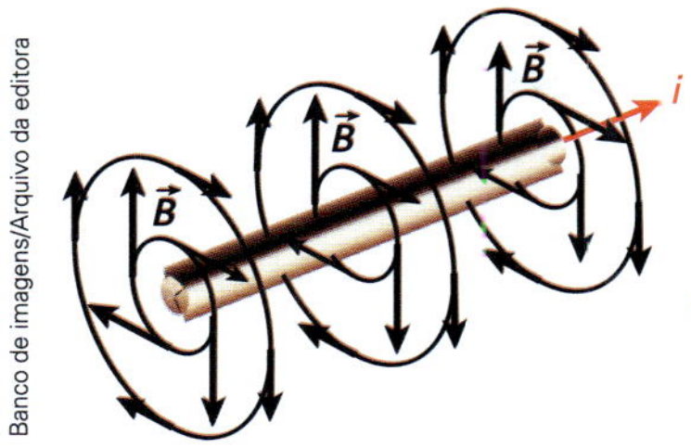


O condutor retilíneo, percorrido por corrente *i*, gera linhas de campo que formam circunferências com o fio no centro.

## Caso 3

Vista frontal com o condutor posicionado no próprio plano da folha de papel.

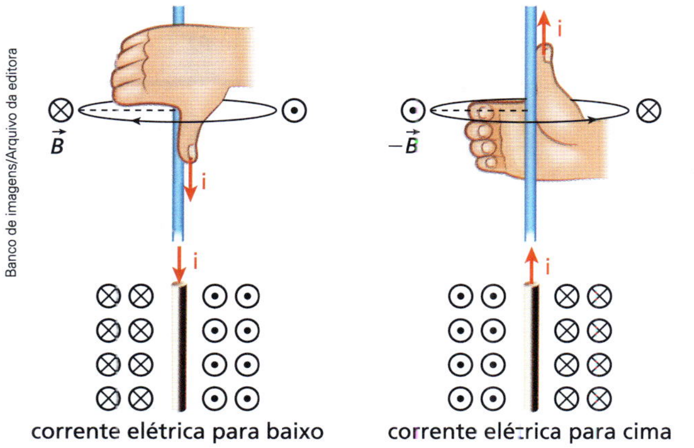


Com a regra da mão direita, determina-se a orientação do campo magnético em cada semiplano.

# 4. O campo magnético da Terra

Ao posicionarmos um conjunto de bússolas nas proximidades de um fio retilíneo percorrido por uma forte corrente elétrica de intensidade *i*, suas agulhas magnéticas se alinham segundo o sentido do campo magnético gerado pelo fio.

Se, por algum motivo, cessar a corrente elétrica no fio (i = 0), todas as bússolas se orientarão de acordo com a direção geográfica norte-sul do local onde se encontram. Em outras palavras, as bússolas passam a se orientar de acordo com o campo magnético terrestre.

Na verdade, as bússolas buscam a resultante das influências magnéticas que agem sobre elas, no caso, influências causadas pelo fio e pela Terra, porém, de maneira geral, o campo magnético criado pela Terra tem valor muito pequeno quando comparado com o do fio e, normalmente, é desprezado em situações como essa.

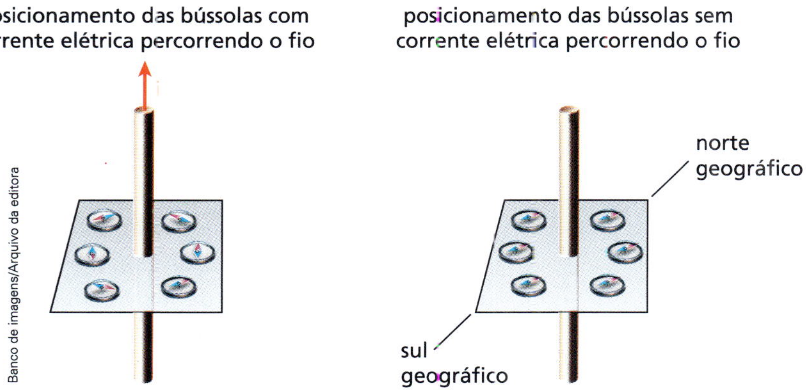

# Exercícios Nível 1

**3.** (ITA-SP) Coloca-se uma bússola nas proximidades de um fio retilíneo, vertical, muito longo, percorrido por uma corrente elétrica contínua *i*. A bússola é disposta horizontalmente e assim a agulha imantada pode girar livremente em torno de seu eixo. Nas figuras abaixo, o fio é perpendicular ao plano do papel, com a corrente no sentido indicado (saindo). Indique a posição de equilíbrio estável da agulha imantada, desprezando o campo magnético terrestre:

a) 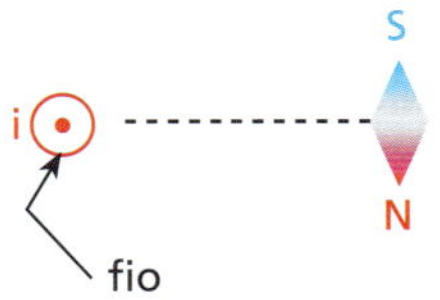


b) 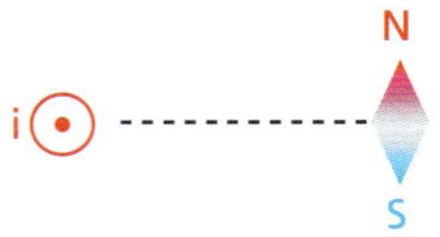


c) 

d) 

Reprodução/Arquivo da editora

e) Nenhuma das situações anteriores.

**4.** A passagem de corrente elétrica provoca a formação de campo magnético em torno do fio por onde ela passa, como ilustra a figura.

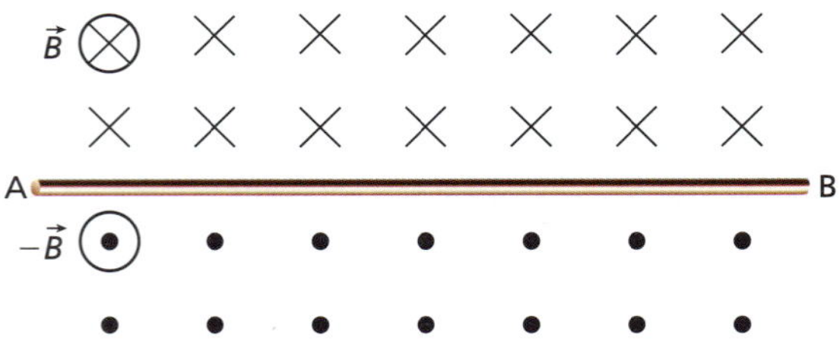


Banco de imagens/Arquivo da editora

Qual deve ser o sentido da corrente elétrica que percorre o fio para que tenhamos a configuração de campo magnético proposta na figura?

**5.** Um solenoide e um ímã em forma de barra estão muito próximos, como ilustra a figura.

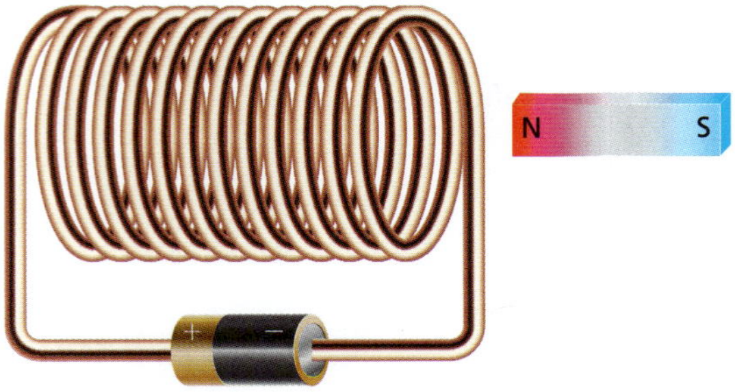


Banco de imagens/Arquivo da editora

Supondo que o circuito seja fechado, determine:

a) o sentido convencional da corrente elétrica no solenoide.

b) o sentido (atração ou repulsão) da força magnética entre o solenoide e o ímã.

**6.** Um ímã está suspenso com liberdade para movimentar-se. A fim de **repelir** esse ímã, duas montagens de circuito são consideradas: montagem A e montagem B. As montagens estão representadas na figura.

montagem A

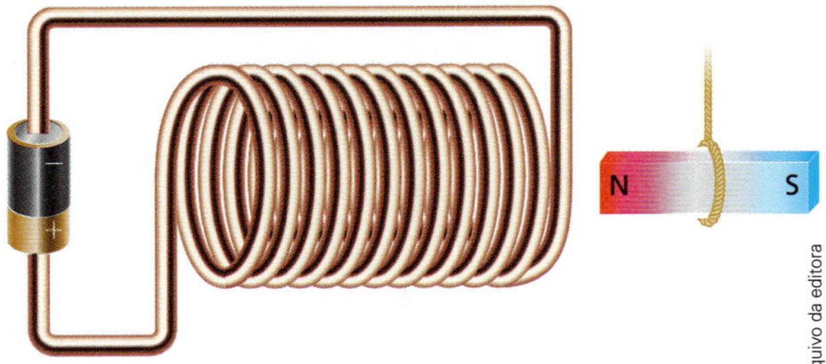


montagem B

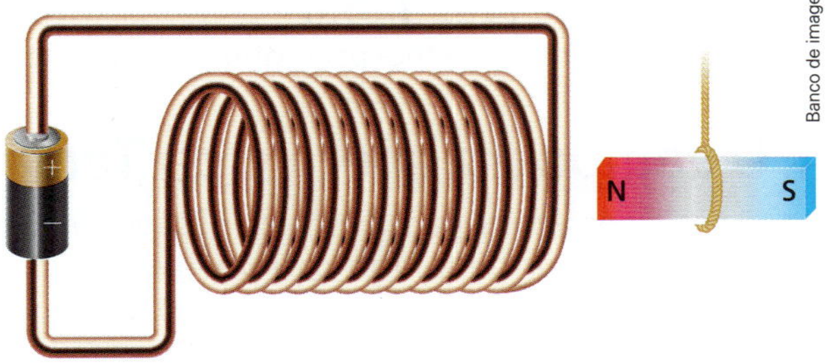


Banco de imagens/Arquivo da editora

Sabendo que as montagens diferem entre si apenas no posicionamento da pilha, indique qual promoverá repulsão entre o solenoide e o ímã.

**7.** (UFV-MG) A figura ao lado mostra um elétron e um fio retilíneo muito longo, ambos dispostos no plano desta página. No instante considerado, a velocidade $\vec{v}$ do elétron é paralela ao fio, que transporta uma corrente elétrica *i*.

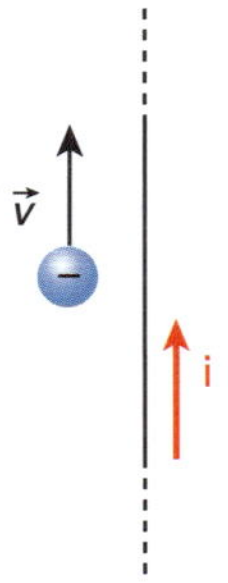


Reprodução/Arquivo da editora

Considerando somente a interação do elétron com a corrente, é **correto** afirmar que o elétron:

a) será desviado para a esquerda desta página.

b) será desviado para a direita desta página.

c) será desviado para dentro desta página.

d) será desviado para fora desta página.

e) não será desviado.

**8.** Um fio condutor percorrido por uma corrente
**E.R.** elétrica de intensidade *i* gera no seu entorno um campo magnético. A figura ilustra a situação.

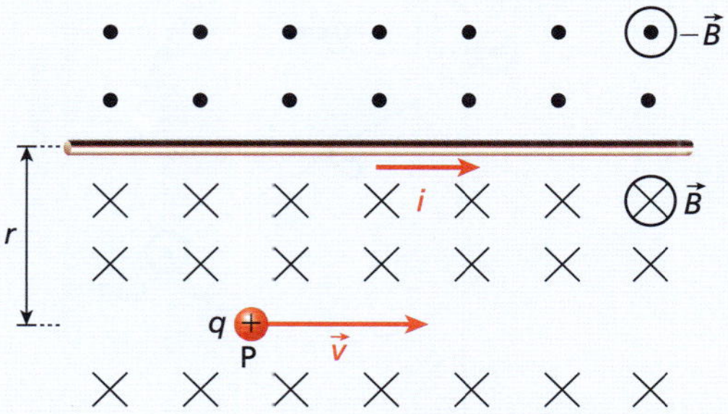


Banco de imagens/Arquivo da editora

Sabendo que em um dado instante uma carga elétrica $q$ ($q > 0$) passa exatamente pela posição **P**, mostrada na figura, determine:

a) a direção e o sentido do vetor força magnética que atua nessa carga $q$ nesse instante.

b) o módulo dessa força magnética em função das grandezas físicas fornecidas no texto e na figura.

Dado:

$\mu$ = permeabilidade magnética do meio

**Resolução:**

a) Utilizando a regra da mão esquerda, temos:

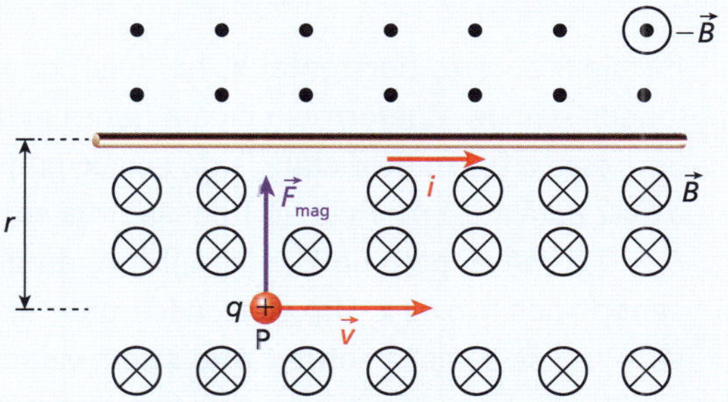


Banco de imagens/Arquivo da editora

A direção e o sentido de $\vec{F}_{mag}$ são, respectivamente, vertical e para cima.

b) Módulo $F_{mag}$ da força magnética:

$$F_{mag} = |q|\, v\, B \text{ sen } 90°$$

Mas,

$$B = \frac{\mu i}{2\pi r}$$

Assim,

$$F_{mag} = qv\frac{\mu i}{2\pi r} \cdot 1$$

$$\boxed{F_{mag} = \frac{qv\mu i}{2\pi r}}$$

**9.** (Unesp-SP) A bússola interior.

A comunidade científica, hoje, admite que certos animais detectam e respondem a campos magnéticos. No caso das trutas-arco-íris, por exemplo, as células sensoriais que cobrem a abertura nasal desses peixes apresentam feixes de magnetita que, por sua vez, respondem a mudanças na direção do campo magnético da Terra em relação à cabeça do peixe, abrindo canais nas membranas celulares e permitindo, assim, a passagem de íons; esses íons, a seu turno, induzem os neurônios a enviarem mensagens ao cérebro para qual lado o peixe deve nadar. As figuras demonstram esse processo nas trutas-arco-íris:

FIGURA 1 FIGURA 2

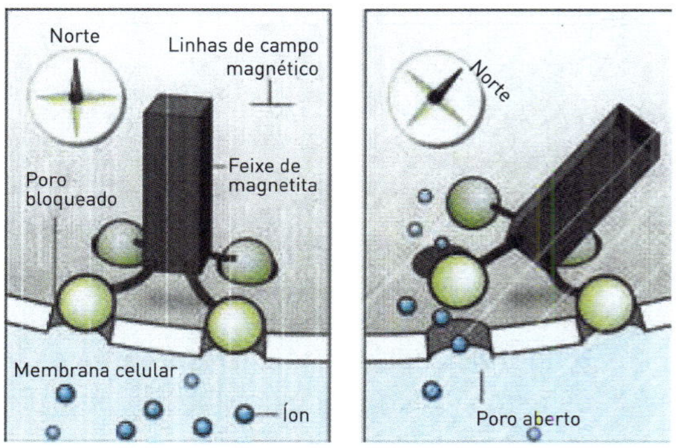


Reprodução/Unesp, 2013

(*Scientific American Brasil – Aula Aberta*, n. 13. Adaptado.)

Na situação da figura 2, para que os feixes de magnetita voltem a se orientar como representado na figura 1, seria necessário submeter as trutas-arco-íris a um outro campo magnético, simultâneo ao da Terra, melhor representado pelo vetor

a) 

b) 

c) 

d) 

e) 

**10.** (UFSC) Um estudante de Física realizou um experimento no laboratório para medir a variação da intensidade da corrente elétrica em um fio condutor retilíneo extenso em função do tempo, além de outras propriedades físicas. No gráfico abaixo, é mostrado um dos resultados do experimento.

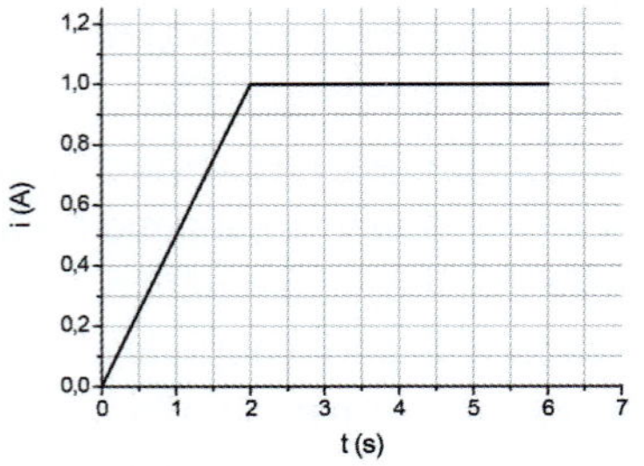


Reprodução/UFSC, 2014

Com base no enunciado e nas duas figuras abaixo, assinale a(s) proposição(ões) CORRETA(S).

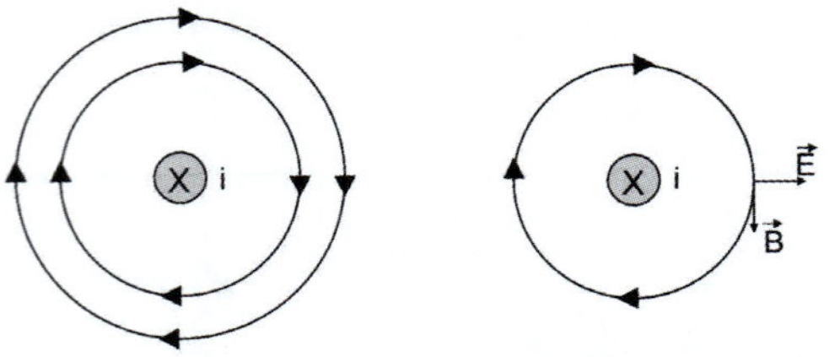


Figura 1 Figura 2

Reprodução/UFSC, 2014

01) A carga elétrica que atravessa uma seção transversal do fio condutor entre os instantes 2 s e 4 s é de 4 C.

02) A figura 1 representa corretamente as linhas de campo magnético produzidas pela corrente elétrica *i*, no instante 4 s.

04) Os elétrons se deslocam no fio condutor com velocidade próxima à da luz.

08) O número de elétrons que atravessam uma seção transversal do fio condutor entre os instantes 2 s e 6 s é de $2,5 \times 10^{19}$ elétrons.

16) A figura 2 representa corretamente os vetores campo elétrico e campo magnético produzidos pela corrente elétrica *i*, em um ponto próximo ao fio condutor, no instante 4 s.

32) A intensidade média da corrente elétrica no fio condutor entre os instantes 0,0 s e 6,0 s é de 0,5 A.

64) A intensidade do vetor campo magnético a 1,0 m do fio condutor, no instante 5 s, é de $2 \times 10^{-7}$ T.

**11.** (Unesp-SP) Dois fios longos e retilíneos, 1 e 2, são dispostos no vácuo, fixos e paralelos um ao outro, em uma direção perpendicular ao plano da folha. Os fios são percorridos por correntes elétricas constantes, de mesmo sentido, saindo do plano da folha e apontando para o leitor, representadas, na figura, pelo símbolo ⊙. Pelo fio 1 circula uma corrente elétrica de intensidade $i_1 = 9$ A e, pelo fio 2, uma corrente de intensidade $i_2 = 16$ A. A circunferência tracejada, de centro **C**, passa pelos pontos de intersecção entre os fios e o plano que contém a figura.

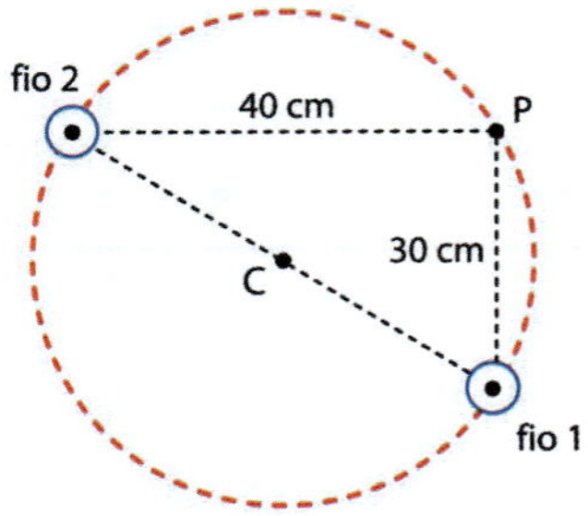


Reprodução/UNESP, 2015

Considerando $\mu_0 = 4\pi 10^{-7} \dfrac{\text{Tm}}{\text{A}}$, calcule o módulo do vetor indução magnética resultante, em tesla, no centro **C** da circunferência e no ponto **P** sobre ela, definido pelas medidas expressas na figura, devido aos efeitos simultâneos das correntes $i_1$ e $i_2$.

**12.** (Escola Naval) Observe a figura a seguir:

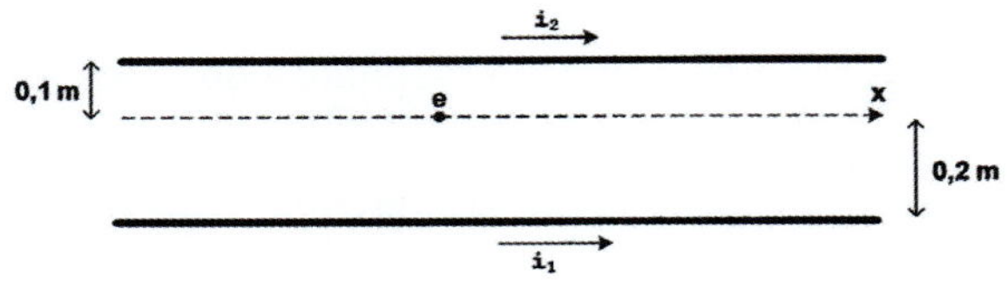


Reprodução/Escola Naval da Marinha, 2014

Paralelo ao eixo horizontal **x**, há dois fios muito longos e finos. Conforme indica a figura acima, o fio 1 está a 0,2 m de distância do eixo **x**, enquanto o fio 2 está a 0,1 m. Pelo fio 1 passa uma corrente $i_1 = 7,0$ mA e, pelo fio 2, $i_2 = 6,0$ mA, ambas no sentido positivo de **x**. Um elétron (carga = *e*, massa = $m_e$) se desloca sobre o eixo **x** com velocidade constante. Sabendo que os dois fios e a trajetória do elétron estão no mesmo plano, qual o módulo, em mm/s, e o sentido do vetor velocidade do elétron em relação ao sentido das correntes $i_1$ e $i_2$?

Dados: $g = 10 \text{ m/s}^2$

$$\mu_0 = 4\pi\, 10^{-7} \frac{\text{Tm}}{\text{A}}$$

$$\frac{e}{m_e} = 2 \cdot 10^{11} \frac{\text{C}}{\text{kg}}$$

a) 10 e contrário.
b) 20 e igual.
c) 30 e contrário.
d) 40 e igual.
e) 50 e contrário.

Bloco 3

## 5. A espira circular

A descoberta de Oersted de que uma corrente elétrica gera campo magnético produziu um enorme impulso ao estudo do Eletromagnetismo. A partir desse conceito, o homem poderia criar campos magnéticos artificialmente, ou seja, produzir e utilizar campos magnéticos sem a necessidade do uso de ímãs naturais.

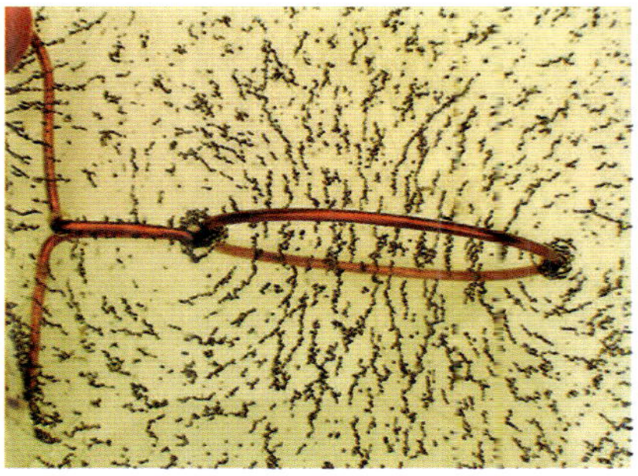

Reprodução/Albert Agraz Sánchez, Santiago Clúa/Ángel Franco García

Como vimos, um fio condutor retilíneo percorrido por corrente elétrica gera nos seus arredores um campo magnético.

Note, porém, que este campo magnético está "espalhado" ao longo do fio retilíneo.

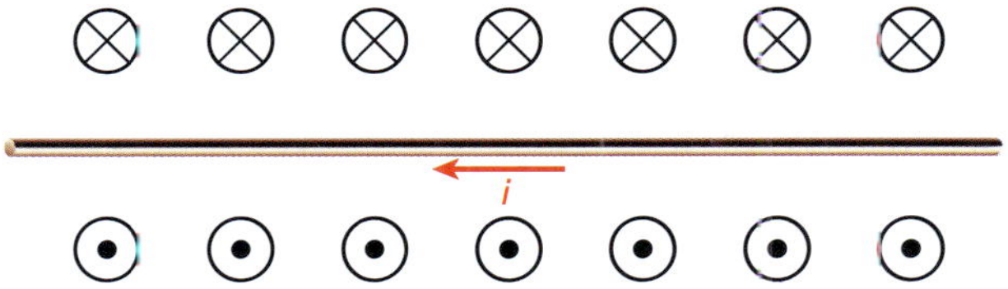


Banco de imagens/Arquivo da editora

O campo magnético criado por um fio retilíneo se dispersa ao longo do fio.

Podemos, se moldarmos o fio de forma conveniente, concentrar esse campo magnético. Se o fio for dobrado na forma de uma circunferência, criamos um dispositivo que leva o nome de **espira circular**.

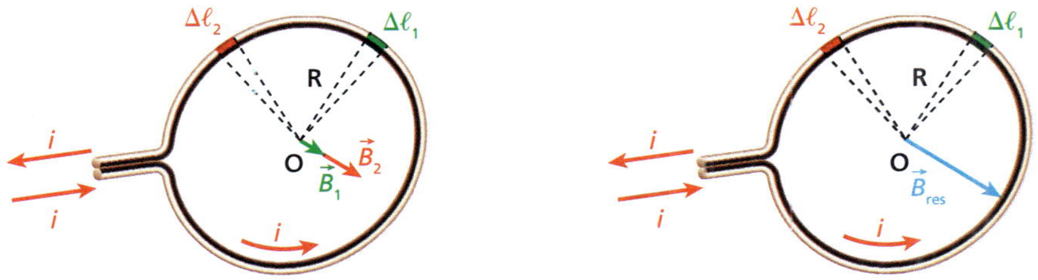


Banco de imagens/Arquivo da editora

Visão em perspectiva do vetor campo magnético gerado no centro da espira percorrida por corrente.

Observe que este formato do fio permite obter no centro da espira um campo magnético intenso e concentrado. Cada pequeno elemento $\Delta\ell$ de fio, percorrido por corrente elétrica $i$, colabora com um campo magnético infinitesimal no centro da espira; a soma infinita dessas parcelas infinitesimais gera, por sobreposição, um campo magnético resultante de grande intensidade. De fato, essa configuração do fio em forma de circunferência permite, sob as mesmas condições de corrente elétrica, distância e meio material, um campo magnético mais intenso no ponto **O** do que aquele que seria obtido por um fio retilíneo.

Na verdade, o campo magnético preenche todo o espaço circundante do fio; no entanto, interessa-nos, por ora, o campo magnético resultante no centro da espira circular.

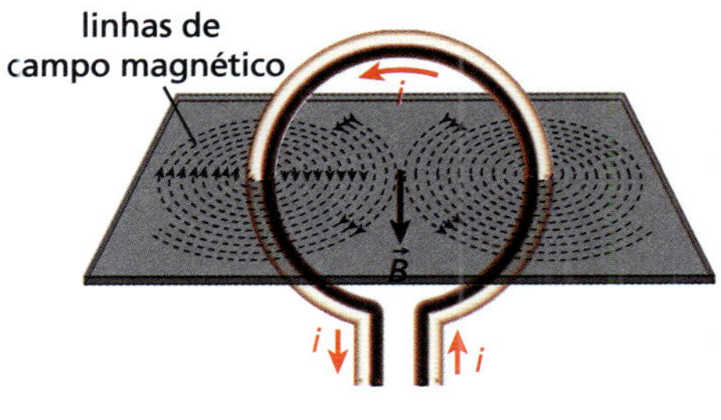


Banco de imagens/Arquivo da editora

## Características do campo magnético no centro da espira circular

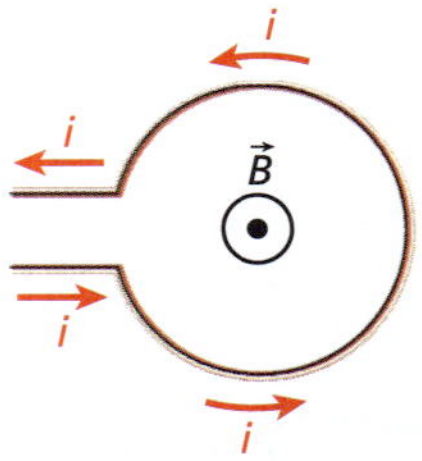


Banco de imagens/Arquivo da editora

Visão frontal do vetor campo magnético gerado no centro da espira percorrida por corrente.

**Intensidade**: A intensidade do campo magnético no centro da espira será dada por:

$$B = \frac{\mu i}{2R}$$

Assim, a intensidade do campo magnético no centro da espira circular será diretamente proporcional à intensidade de corrente elétrica e inversamente proporcional ao raio da espira. A permeabilidade magnética do meio está representada por $\mu$.

Orientação do campo magnético no centro da espira:

**Direção**: perpendicular ao plano da espira.

**Sentido**: determinado pela regra da mão direita.

## As faces de uma espira

O campo magnético gerado por uma espira circular, como pode ser visualizado com a ajuda da regra da mão direita, sai por uma das faces da espira e entra pela outra face. Desse modo, as faces da espira comportam-se como polos de um ímã em forma de barra.

Veja a analogia na figura seguinte:

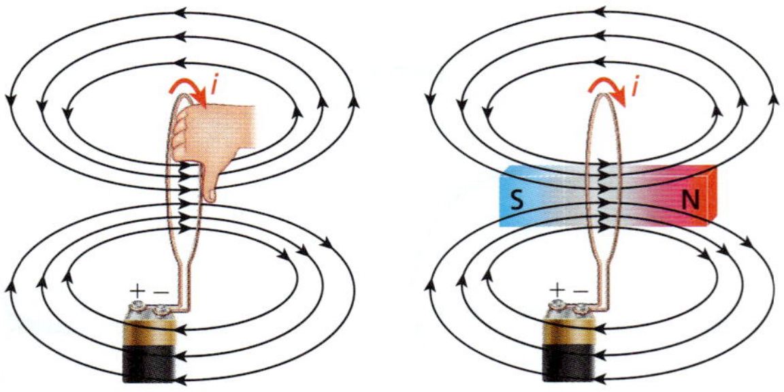


Banco de imagens/Arquivo da editora

O campo magnético gerado pela espira é análogo ao criado por um ímã em forma de barra. As linhas de campo magnético saem por uma face (polo norte) e entram pela outra face (polo sul).

Observando-se a espira frontalmente e disposta no plano do papel, percebe-se que quando a corrente elétrica a percorre no sentido horário, gera em seu centro um campo magnético perpendicular ao plano e entrando neste. Ao invertermos o sentido de percurso da corrente elétrica, inverte-se também o sentido do campo magnético, que passa a sair do plano do papel. Tudo isso é confirmado com a regra da mão direita.

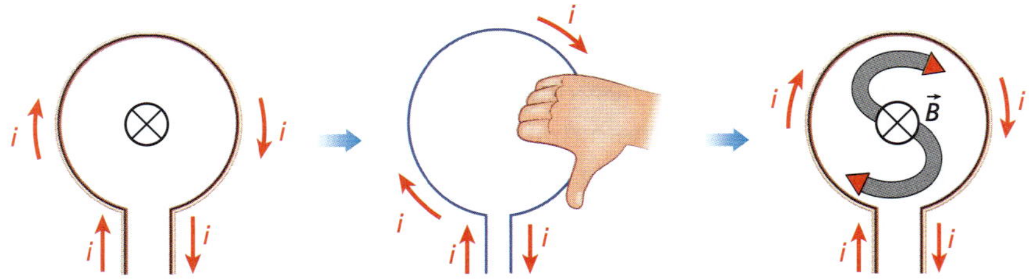


Banco de imagens/Arquivo da editora

Na face observada onde o campo magnético está entrando no plano, forma-se um polo sul.

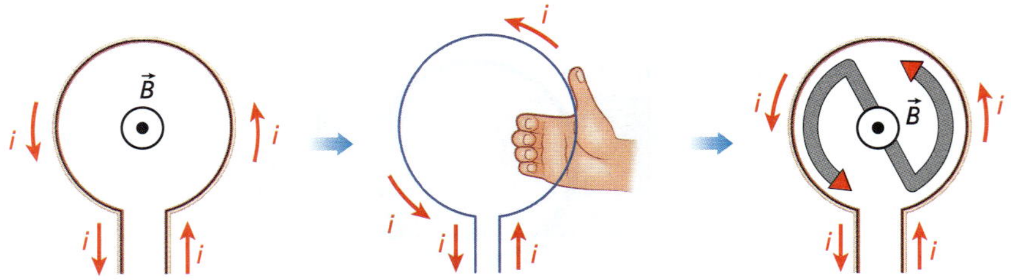


Banco de imagens/Arquivo da editora

Na face observada onde o campo magnético está saindo do plano, forma-se um polo norte.

## 6. Bobina chata

Se, em vez de uma única espira circular, fizermos a justaposição de $N$ espiras circulares, teremos um novo dispositivo que gera campos magnéticos ainda mais intensos.

Esse novo dispositivo é denominado bobina chata e a intensidade do campo magnético no centro de uma bobina chata será dada por:

Banco de imagens/Arquivo da editora

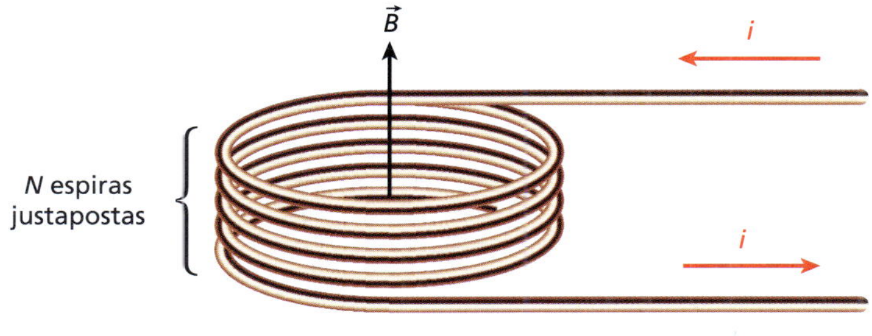


A bobina chata é formada por $N$ espiras justapostas de tal forma que sua espessura seja bem menor que seu diâmetro.

$$B = N\frac{\mu i}{2R}$$

## 7. Solenoide

Ao enrolarmos o fio de tal modo que tenhamos várias espiras iguais, coaxialmente dispostas uma ao lado da outra, e com espaçamento igual entre elas, constituindo uma hélice cilíndrica, construímos o dispositivo denominado solenoide ou bobina.

Sergio Dotta Jr./Acervo da editora

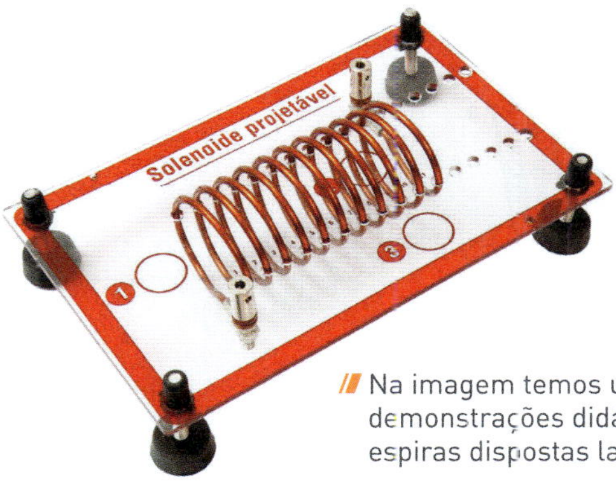


Na imagem temos um solenoide para demonstrações didáticas formado por onze espiras dispostas lado a lado.

Após dobrarmos o fio retilíneo e transformá-lo em uma espira circular, podemos tentar outras configurações geométricas com os fios. Essas outras configurações devem fornecer novos padrões de campo magnético. Esses novos padrões visuais podem ser percebidos com o tradicional uso da limalha de ferro.

Reprodução/Albert Agraz Sánchez, Santiago Clúa/Angel Franco Garcia

As limalhas de ferro mostram a configuração do campo magnético estabelecido quando o solenoide é percorrido por corrente elétrica.

Nas ilustrações que vemos adiante, temos as linhas de campo magnético de um solenoide real e de um solenoide próximo do caso ideal.

Em um solenoide real, o campo magnético na região interna do solenoide não é perfeitamente uniforme e na parte externa temos um campo magnético de baixa intensidade quando comparado ao campo interno, porém, não nulo.

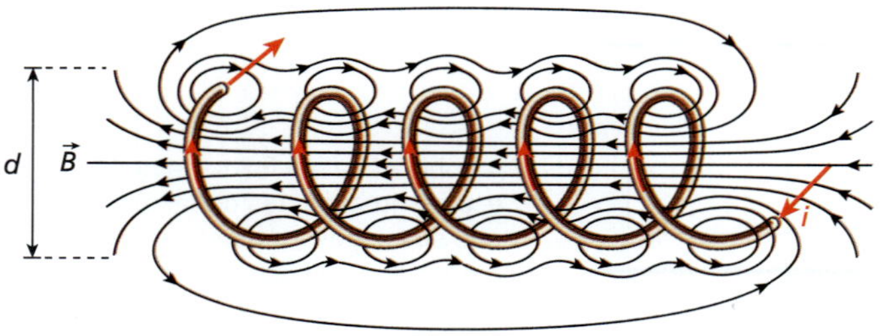


Banco de imagens/Arquivo da editora

Linhas de campo magnético de solenoide real.

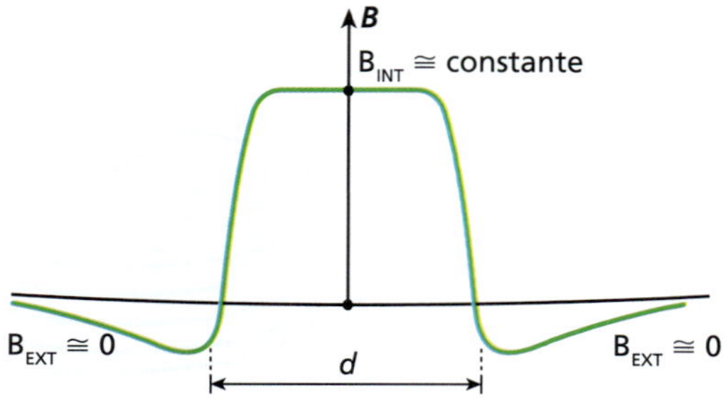


Banco de imagens/Arquivo da editora

Gráfico da intensidade do campo $B$ ao longo de um eixo transversal que corta o solenoide real.

No caso ideal, ou seja, aquele em que o solenoide tem um longo comprimento $L$ quando comparado com seu diâmetro $d$, o campo magnético na região interna pode ser considerado uniforme e, externamente, podemos considerar o campo magnético nulo. Quanto maior a relação entre o comprimento $L$ do solenoide e seu diâmetro $d$, mais próximo estaremos do caso ideal.

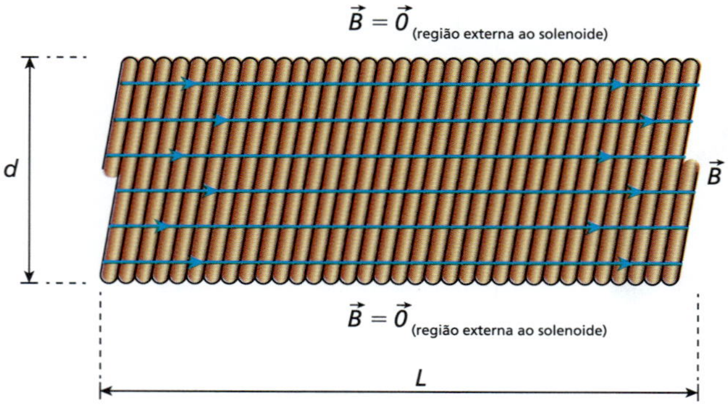


Banco de imagens/Arquivo da editora

Linhas de campo magnético de um solenoide ideal.

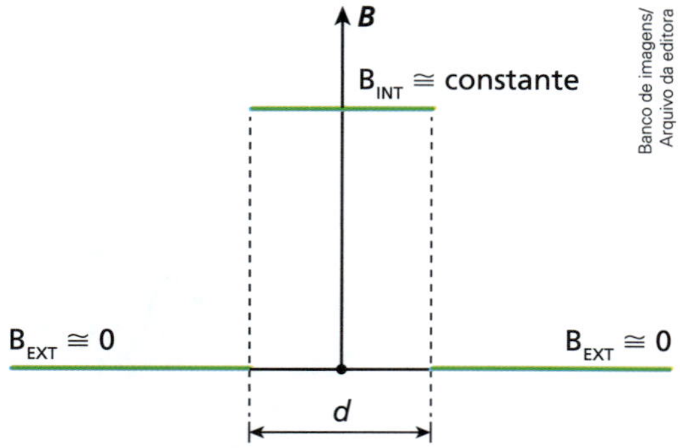


Banco de imagens/Arquivo da editora

Gráfico da intensidade do campo $B$ ao longo de um eixo transversal que corta o solenoide ideal.

## Polos magnéticos nas extremidades do solenoide (faces do solenoide)

As linhas de campo geradas por um solenoide têm a configuração extremamente próxima à de um ímã em forma de barra.

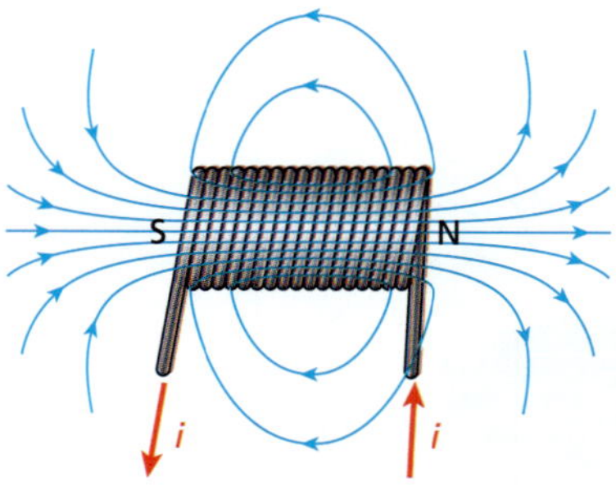


Banco de imagens/Arquivo da editora

Linhas de campo magnético geradas por um solenoide percorrido por corrente elétrica.

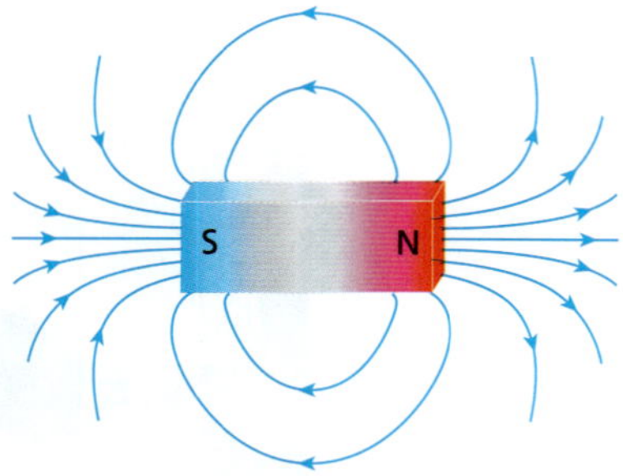


Banco de imagens/Arquivo da editora

Linhas de campo magnético geradas por um ímã em forma de barra.

Quando se faz passar corrente elétrica por um solenoide, cria-se um ímã artificial que apresenta linhas de campo magnético semelhantes às apresentadas por um ímã em forma de barra. O mais interessante e útil, em termos práticos, é que esse ímã artificial só se manifesta quando você desejar, ou seja, quando se fecha o circuito que permite a passagem de corrente elétrica pelo solenoide. Tal dispositivo é denominado eletroímã. Na ilustração que segue, temos um modelo de um eletroímã caseiro.

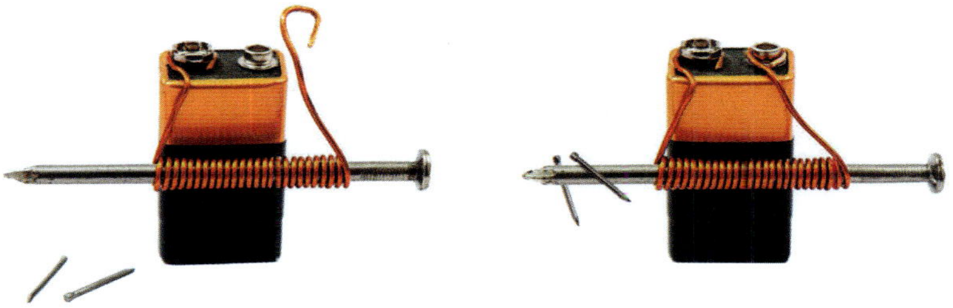

Sergio Dotta Jr./Acervo da editora

// Ao fecharmos o circuito, o pequeno prego é atraído pelo eletroímã. O prego maior atua como suporte ou núcleo do solenoide, intensificando o campo magnético estabelecido.

Petar An/Shutterstock

// Modelo de eletroímã industrial usado na separação de metais.

## Ampliando o olhar

### Os monopolos magnéticos

Quando estudamos Eletrostática, entramos em contato com o conceito de campo elétrico, linhas de força, dipolos elétricos e monopolos elétricos. Provavelmente o termo monopolo elétrico nem seja assim tão familiar, porém, nada mais é do que uma carga elétrica isolada.

Você aprendeu que cargas elétricas de sinais opostos se atraem e cargas elétricas de mesmo sinal se repelem.

Pois bem, quando nos aprofundamos no estudo do magnetismo, é impossível não perceber as semelhanças que guardam os campos elétrico e magnético.

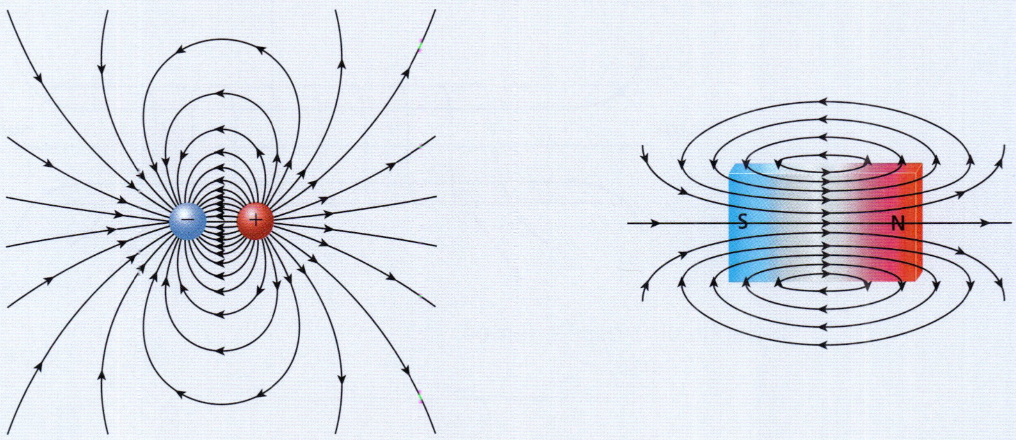


Banco de imagens/Arquivo da editora

// No estudo dos dipolos, os espectros do campo elétrico e do campo magnético são muito semelhantes, embora as linhas de campo elétrico sejam abertas e as linhas de campo magnético, fechadas.

A Física guarda em si mesma uma predileção pela simetria e é exatamente por isso que se manifesta em muitos atores da comunidade científica uma certa incompreensão quanto à inexistência ou à não detecção até hoje dos monopolos magnéticos.

A eletricidade apresenta o positivo e o negativo, o próton e o elétron de forma isolada, porém, os ímãs só existem na forma de dipolos. Mesmo quando se avança para o extremo do microuniverso vamos encontrar o elétron orbitando seu núcleo e criando também um dipolo magnético.

De fato, há uma quebra acentuada na analogia entre Eletricidade e Magnetismo quando se busca, no mundo do magnetismo, a contrapartida magnética para a carga elétrica.

Se lembrarmos que o misterioso Bóson de Higgs ficou oculto durante tanto tempo, não poderá estar acontecendo o mesmo com o monopolo magnético?

As Leis de Maxwell da unificação entre eletricidade e magnetismo convivem muito bem até hoje sem a presença dos monopolos.

Essa convivência pacífica não significa que não existam mundo afora muitos pesquisadores trabalhando para essa detecção.

Nos grandes aceleradores de partículas de vários centros de pesquisa, muita energia tem sido gasta para tentar descobrir algo, principalmente energia intelectual.

Algumas teorias apontam para o fato de que um monopolo magnético teria massa tão gigantesca que nossos aceleradores mais modernos não teriam condições de produzi-lo.

Somente energias que remontam ao *big-bang* poderiam ser responsáveis pela produção de um monopolo.

Mesmo com todas as dificuldades teóricas e práticas que possam surgir, o mais admirável, falando aqui do nosso ponto de vista, é a obstinação dos cientistas e pesquisadores que dedicam vidas inteiras nessas buscas. Sem querer poetizar, são verdadeiros cavaleiros da ciência em busca de seu Graal.

## Determinação dos polos de um solenoide: regra da mão direita

Os polos que serão estabelecidos nas faces extremas de um solenoide podem ser obtidos com a utilização da regra da mão direita. O polegar atua no sentido da corrente elétrica e os demais dedos nos fornecem o campo magnético. A face do solenoide de onde as linhas de campo magnético emergem será o polo norte. A face onde as linhas de campo magnético entram no solenoide será o polo sul.

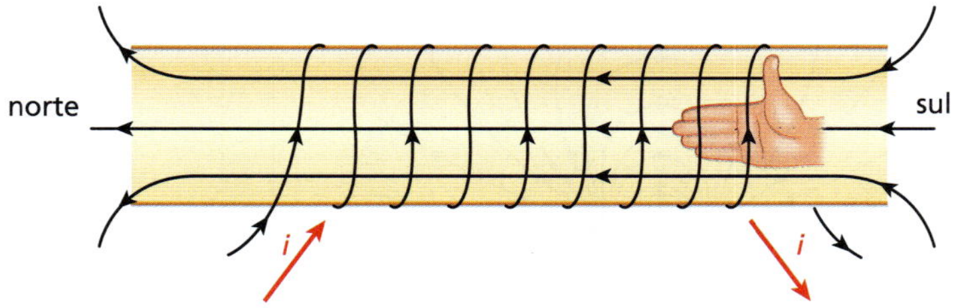


Banco de imagens/Arquivo da editora

Isolando uma espira, temos:

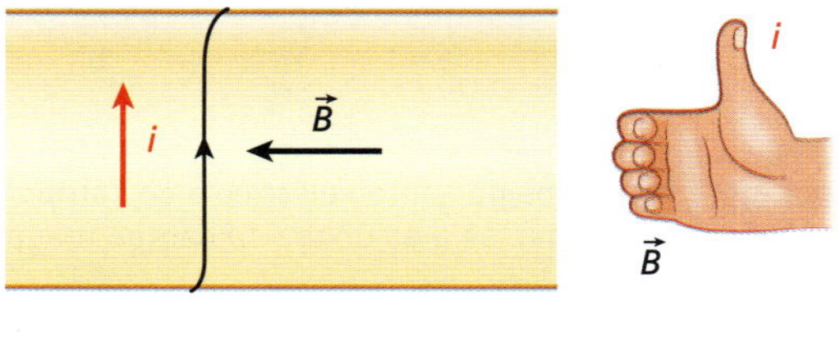


Banco de imagens/Arquivo da editora

Se o sentido da corrente elétrica for invertido, a direção do campo magnético gerada na solenoide também será invertida:

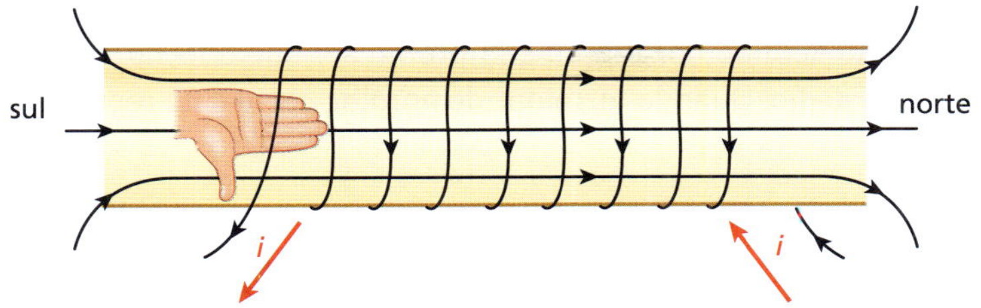


Banco de imagens/ Arquivo da editora

Isolando uma espira, temos:

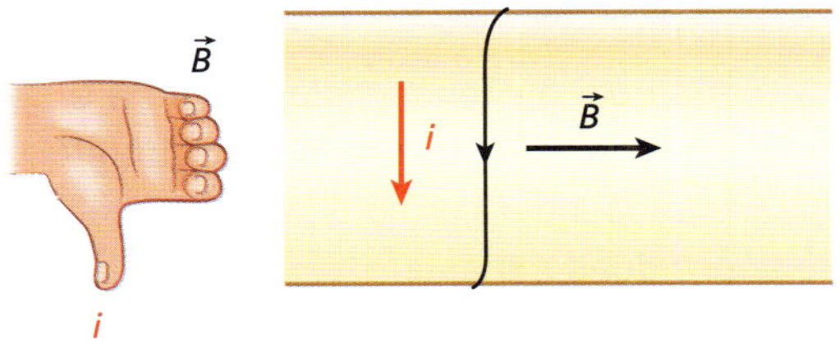


Banco de imagens/ Arquivo da editora

O campo magnético gerado no interior de um solenoide ideal é uniforme e apresenta as seguintes características:

**Direção**: axial, ou seja, a mesma do eixo geométrico do solenoide.

**Sentido**: determinado pela regra da mão direita.

**Intensidade**:

$$B = \frac{\mu N i}{L}$$

A relação $\frac{N}{L}$ é conhecida como densidade linear de espiras, ou seja, o número de espiras existentes em um determinado comprimento $L$ de solenoide. Há, na literatura, quem denomine essa densidade linear de espiras pela letra $n$ (minúscula). Assim, a expressão fica:

$$B = \mu n i$$

## Faça você mesmo

### Eletroímã

Vamos verificar nesta atividade que, com a passagem de corrente elétrica por um condutor, é possível obter campo magnético. O tipo de dispositivo que funciona por meio desse fenômeno é chamado de eletroímã; vamos aprender a fazer uma versão caseira dele.

#### Material necessário

- Um prego ou parafuso;
- Cerca de 2 metros de fio condutor isolado (encapado ou esmaltado);
- Três pilhas comuns;
- Alguns clipes de papel;
- Um lápis;
- Uma régua.

## Procedimento

Enrole o fio em torno do prego ou do parafuso. Quando as voltas chegarem perto da extremidade, comece a enrolar sobre a primeira camada. É importante que o sentido das voltas não seja invertido em momento algum, ou seja, enrole sempre no sentido horário ou sempre no sentido anti-horário. Repita o processo até atingir cerca de seis camadas de fio. Quando terminar de enrolar, corte o fio restante deixando cerca de 15 cm de fio sobrando.

Sergio Dotta Jr./Acervo da editora

Utilizando a montagem feita, meça com a régua qual a menor distância para a qual os clipes são atraídos pelo eletroímã quando ele está conectado a uma pilha, formando um circuito. Observe também a quantidade máxima de clipes que você consegue suspender com o eletroímã.

Repita o experimento anterior conectando agora duas pilhas em série com o eletroímã. A imagem abaixo mostra como a ligação deve ser feita:

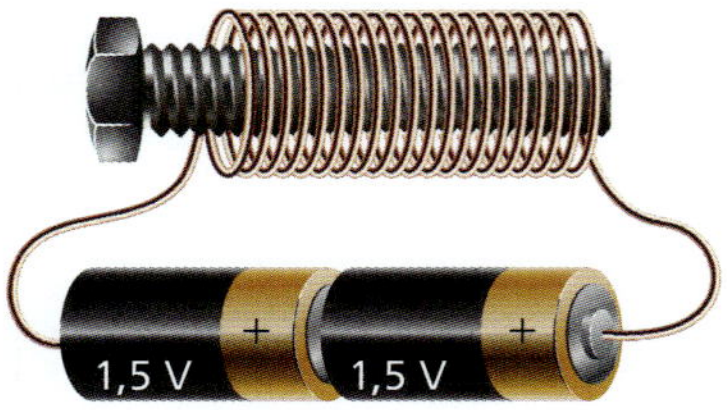


Banco de imagens/ Arquivo da editora

## Analisando o experimento

1. Utilizando a segunda montagem (com duas pilhas em série), a menor distância para a qual os clipes são atraídos pelo eletroímã foi maior ou menor do que aquela medida na primeira montagem (com apenas uma bateria)? E se fosse utilizada uma montagem com três pilhas associadas em série com o eletroímã?
2. Para cada situação, qual o número de clipes que o dispositivo conseguiu suspender?
   Faça o experimento com três pilhas associadas em série, seguindo a lógica de ligação acima, e discorra sobre os efeitos observados respondendo à pergunta anterior.
3. Quais regiões do eletroímã têm a maior capacidade de atrair objetos metálicos? Por quê?
4. Desenrole o fio do prego ou do parafuso e o enrole exatamente da mesma maneira no lápis, mantendo aproximadamente o tamanho do eletroímã anterior e fazendo o enrolamento próximo da extremidade não apontada do lápis. Você conseguiu atrair algum clipe com esta montagem?
5. Este arranjo produz ou não campo magnético quando conectado às pilhas?

## DESCUBRA MAIS

1. Campos magnéticos criados artificialmente têm inúmeras funções no nosso dia a dia. Pesquise aplicações desses campos na área médica.
2. É possível, no centro de uma espira percorrida por corrente elétrica, criar uma linha de campo magnético retilínea e infinita? Por quê?
3. O que impede um solenoide real de funcionar como solenoide ideal?
4. Quais poderiam ser algumas consequências da descoberta de um monopolo magnético? Como isso impactaria nosso conhecimento atual sobre o Eletromagnetismo?

## Exercícios Nível 1

**13.** (UEG-GO) Duas espiras circulares, concêntricas e coplanares, de raio $R_1$ $R_2$, onde $R_2 = 5R_1$, são percorridas pelas correntes de intensidades $i_1$ e $i_2$, respectivamente. O campo magnético resultante no centro das espiras é nulo. Qual é a razão entre as intensidades de correntes $i_1$ e $i_2$?

a) 0,2
b) 0,8
c) 1,0
d) 5,0
e) 10

**14.** (Escola Naval) Na figura abaixo, $\mathbf{e_1}$ e $\mathbf{e_2}$ são duas espiras circulares, concêntricas e coplanares de raios $r_1 = 8{,}0$ m e $r_2 = 2{,}0$ m, respectivamente. A espira $\mathbf{e_2}$ é percorrida por uma corrente $i_2 = 4{,}0$ A, no sentido anti-horário. Para que o vetor campo magnético resultante no centro das espiras seja nulo, a espira $\mathbf{e_1}$ deve ser percorrida, no sentido horário, por uma corrente $i_1$, cujo valor, em amperes, é de

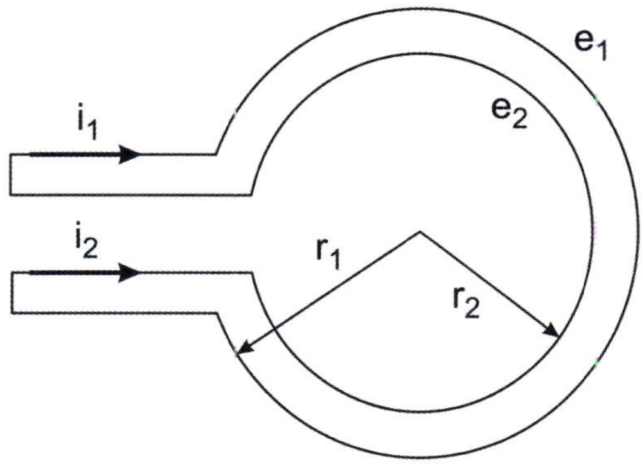


Reprodução/CPAEN, 2014

a) 4,0
b) 8,0
c) 12
d) 16
e) 20

**15.** (Uece) Em um experimento A, sobre eletromagnetismo, um fio condutor muito fino é disposto em linha reta sobre uma mesa isolante horizontal. Pelo fio passa uma corrente elétrica constante. Em um segundo experimento B, o mesmo fio é disposto na forma de uma circunferência sobre a mesa. Em ambas as situações o fio está contido no plano da mesa.

É correto afirmar que, no plano da mesa, os campos magnéticos produzidos pela corrente elétrica nos dois experimentos são

a) verticais.
b) horizontais.
c) vertical e horizontal, respectivamente.
d) horizontal e vertical, respectivamente.

**16.** (FGV-SP) As figuras representam dois exemplos de solenoides, dispositivos que consistem em um fio condutor enrolado. Tal enrolamento pode se dar em torno de um núcleo feito de algum material ou, simplesmente, no ar. Cada volta de fio é denominada espira.

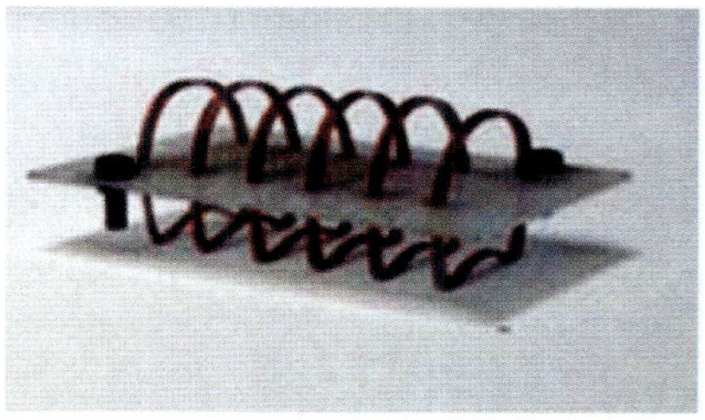

Reprodução/FGV

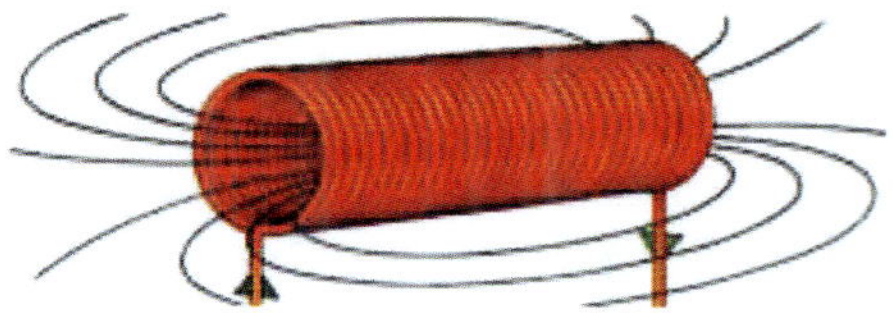

Reprodução/FGV

(labdemo.if.usp.br)

A passagem de uma corrente elétrica através desse fio cria, no interior do solenoide, um campo magnético cuja intensidade

a) é diretamente proporcional ao quadrado da intensidade da corrente elétrica e ao comprimento do solenoide.
b) é diretamente proporcional à densidade das espiras, ou seja, ao número de espiras por unidade de comprimento.
c) é diretamente proporcional ao número total de espiras do solenoide e ao seu comprimento.
d) independe da distância entre as espiras, mas depende do material de que é feito o núcleo.
e) é a maior possível quando o material componente do núcleo é diamagnético ou paramagnético.

**17.** (Udesc) Considere um longo solenoide ideal composto por 10 000 espiras por metro, percorrido por uma corrente contínua de 0,2 A. O módulo e as linhas de campo magnético no interior do solenoide ideal são, respectivamente:

a) Nulo, inexistentes.
b) $8\pi \times 10^{-4}$ T, circunferências concêntricas.
c) $4\pi \times 10^{-4}$ T, hélices cilíndricas.
d) $8\pi \times 10^{-3}$ T, radiais com origem no eixo do solenoide.
e) $8\pi \times 10^{-4}$ T, retas paralelas ao eixo do solenoide.

## Exercícios Nível 2

**18.** (EsPCEx-SP) Dois fios "**A**" e "**B**" retos, paralelos e extensos, estão separados por uma distância de 2 m. Uma espira circular de raio igual a $\pi/4$ m encontra-se com seu centro "**O**" a uma distância de 2 m do fio "**B**" conforme desenho abaixo. A espira e os fios são coplanares e se encontram no vácuo. Os fios "**A**" e "**B**" e a espira são percorridos por correntes elétricas de mesma intensidade $i = 1$ A com os sentidos representados no desenho. A intensidade do vetor indução magnética resultante originado pelas três correntes no centro "**O**" da espira é:
Dado: Permeabilidade magnética do vácuo: $\mu_0 = 4\pi \cdot 10^{-7}$ T · m/A

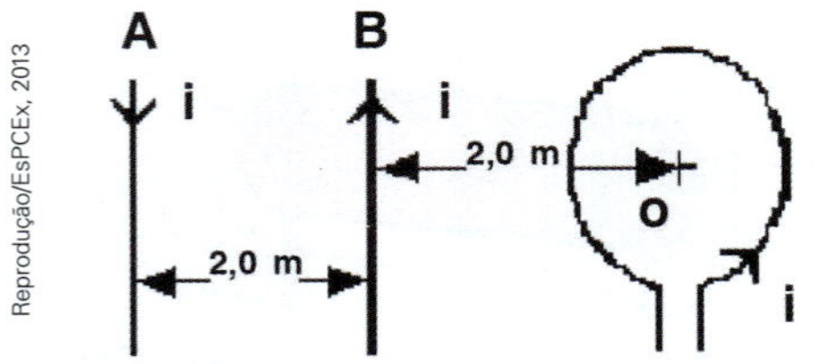


**desenho ilustrativo - fora de escala**

a) $3{,}0 \cdot 10^{-7}$ T
b) $4{,}5 \cdot 10^{-7}$ T
c) $6{,}5 \cdot 10^{-7}$ T
d) $7{,}5 \cdot 10^{-7}$ T
e) $8{,}0 \cdot 10^{-7}$ T

**19.** (PUC-SP) A figura representa dois fios condutores retilíneos e muito compridos, paralelos e percorridos por correntes elétricas de mesma intensidade ($i_F$), porém, de sentidos contrários. Entre os fios há uma espira circular de raio $R$ percorrida por uma corrente elétrica de intensidade ($i_E$). Determine a razão $i_F/i_E$ e o sentido da corrente elétrica na espira circular para que o campo de indução magnética resultante no centro da espira seja nulo. Os fios condutores e a espira circular estão situados no mesmo plano.

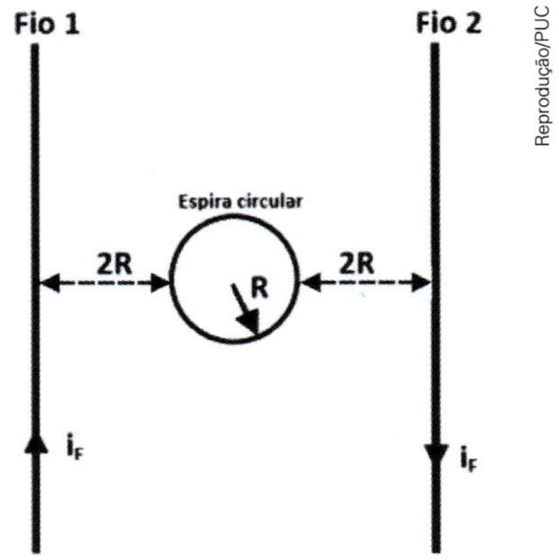


a) $\pi$ e o resultado da corrente na espira deve ser anti-horário.
b) $\pi$ e o resultado da corrente na espira deve ser horário.
c) $1{,}5\pi$ e o sentido da corrente na espira deve ser horário.
d) $1{,}5\pi$ e o sentido da corrente na espira deve ser anti-horário.

**20.** (UEL-PR) Com o objetivo de estudar a estrutura da matéria, foi projetado e construído no CERN (Centro Europeu de Pesquisas Nucleares) um grande acelerador (LHC) para fazer colidir dois feixes de prótons, ou íons pesados. Nele, através de um conjunto de ímãs, os feixes de prótons são mantidos em órbita circular, com velocidades muito próximas à velocidade da luz $c$ no vácuo. Os feixes percorrem longos tubos, que juntos formam um anel de 27 km de perímetro, onde é feito vácuo. Um desses feixes contém $N = 2{,}0 \times 10^{14}$ prótons distribuídos uniformemente ao longo dos tubos. Os prótons são mantidos nas órbitas circulares por horas, estabelecendo, dessa forma, uma corrente elétrica no anel.

a) Calcule a corrente elétrica $i$, considerando o tubo uma espira circular de corrente.
b) Calcule a intensidade do campo magnético gerado por essa corrente no centro do eixo de simetria do anel do acelerador LHC (adote $\pi = 3$).

**21.** (UFSC) A figura a seguir mostra dois aros condutores circulares, cujos centros coincidem num ponto **O**. Os aros encontram-se no vácuo em planos perpendiculares entre si e com raios de $0{,}4\pi$ m. Nos aros circulam correntes em sentidos horários de valores $i_1 = 8$ A e $i_2 = 6$ A. Calcule o módulo do campo magnético, em $\mu$T, produzido no ponto **O**.

$$\left(\mu_0 = 4\pi \times 10^{-7} \frac{N}{A^2}\right)$$

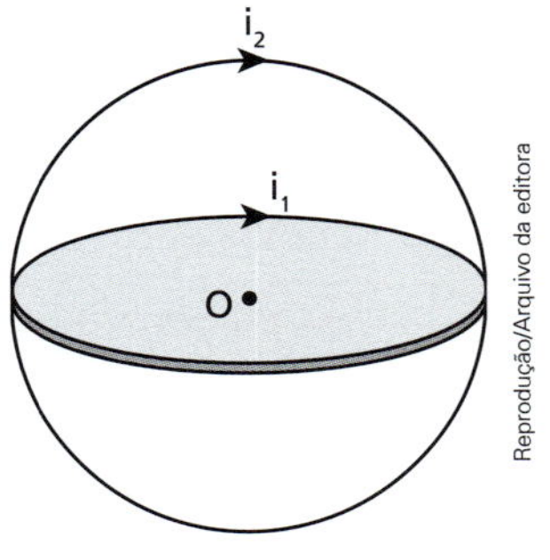

**22.** (UFBA) Um estudante deseja medir o campo magnético da Terra no local onde ele mora. Ele sabe que está em uma região do planeta por onde passa a linha do equador e que, nesse caso, as linhas do campo magnético terrestre são paralelas à superfície da Terra. Assim, ele constrói um solenoide com 300 espiras por unidade de comprimento, dentro do qual coloca uma pequena bússola. O solenoide e a bússola são posicionados em um plano paralelo à superfície da Terra de modo que, quando o interruptor está aberto, a direção da agulha da bússola forma um ângulo de 90° com o eixo do solenoide. Ao fechar o circuito, o amperímetro registra uma corrente de 100,0 mA e observa-se que a deflexão resultante na bússola é igual a 62°.

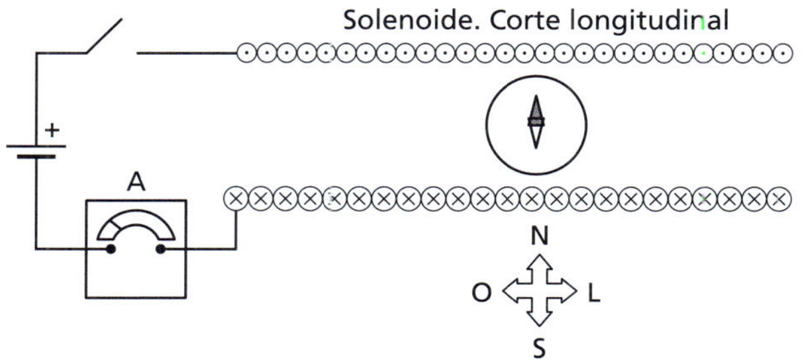


A partir desse resultado, determine o valor do campo magnético da Terra, considerando $\mu_0 = 1{,}26 \cdot 10^{-6}$ T m/A, sen 62° = 0,88, cos 62° = 0,47 e tg 62° = 1,87.

**23.** (UFPR) Em uma câmara com vácuo, um acelerador de elétrons emite elétrons, os quais saem do acelerador em movimento retilíneo uniforme com trajetória horizontal. Um dispositivo composto por um núcleo de ferro, um solenoide e uma bateria, conforme mostrado na figura, produz um campo magnético uniforme de 0,03 T no entreferro do núcleo de ferro. O sistema tem dimensionamento tal que o campo magnético é significativo apenas no entreferro.

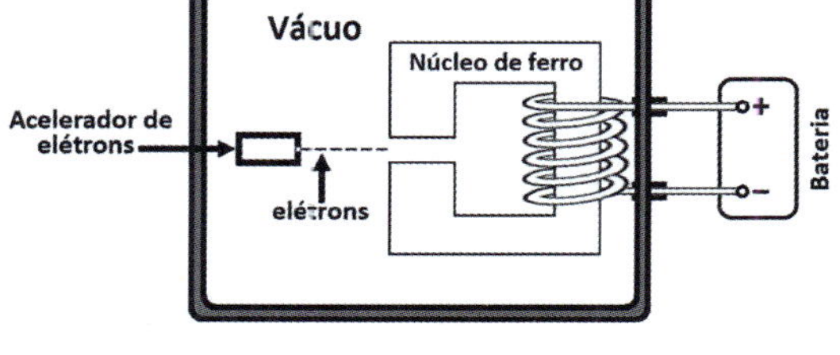


a) Represente, no entreferro do núcleo de ferro da figura, as linhas de campo magnético. Justifique sua resposta.

b) Qual o comportamento da trajetória a ser descrita pelos elétrons ao penetrarem no entreferro do núcleo de ferro, inclusive com a indicação do sentido do movimento a ser executado, no início do movimento no entreferro, por ação do campo magnético? Justifique sua resposta.

c) Considerando os valores aproximados, por conveniência de cálculo, para algumas das grandezas físicas mostradas abaixo, determine a aceleração de cada elétron que penetra no entreferro do núcleo de ferro se a velocidade deles, ao iniciarem o movimento no entreferro, for de 400 m/s.

$m_{elétron} = 9 \cdot 10^{-31}$ kg

$q_{elétron} = 1{,}5 \cdot 10^{-19}$ C

$F = q \cdot v \cdot B \cdot \text{sen}\,\theta$

**24.** (Uema) Um professor de física, para construir um eletroímã, montou um circuito com as seguintes características: valor da resistência $R = 15\ \Omega$, solenoide com $8\pi \times 10^{-2}$ m de comprimento, 5 000 espiras e resistência $r = 85\ \Omega$, conforme ilustrado:

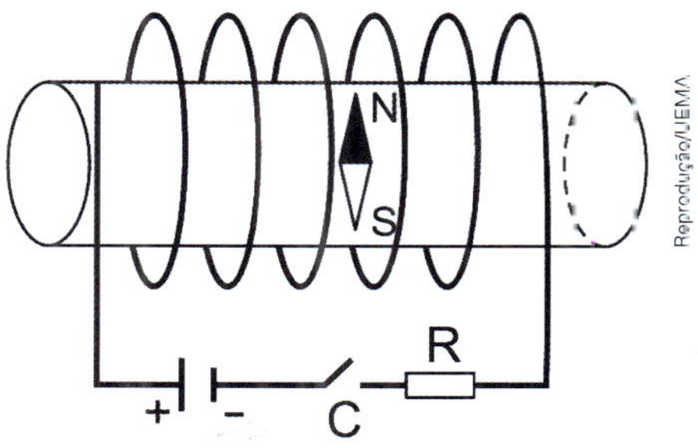


Determine o módulo do vetor indução magnética no interior do solenoide quando a d.d.p. for de 60 V, considerando $\mu_0 = 4\pi \times 10^{-7}$ T · m/A.

**25.** (UEG-GO) Duas espiras circulares, concêntricas e coplanares, de raios $R_1$ e $R_2$, onde $R_2 = 5R_1$, são percorridas pelas correntes de intensidades $i_1$ e $i_2$, respectivamente. O campo magnético resultante no centro das espiras é nulo. Qual é a razão entre as intensidades de correntes $i_2$ e $i_1$?

a) 0,2

b) 0,8

c) 1,0

d) 5,0

e) 10

## Exercícios Nível 3

**26.** (ITA-SP) As figuras mostram três espiras circulares concêntricas e coplanares percorridas por correntes de mesma intensidade $I$ em diferentes sentidos.



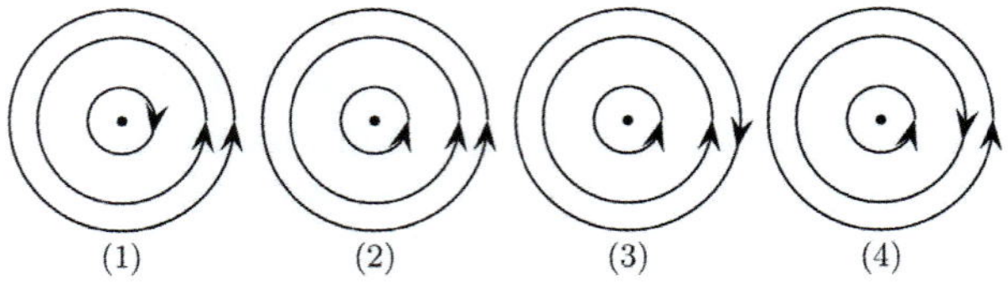


Assinale a alternativa que ordena corretamente as magnitudes dos respectivos campos magnéticos nos centros $B_1$, $B_2$, $B_3$ e $B_4$.

a) $B_2$. $B_4$. $B_3$. $B_1$.

b) $B_1$. $B_4$. $B_3$. $B_2$.

c) $B_2$. $B_3$. $B_4$. $B_1$.

d) $B_3$. $B_2$. $B_4$. $B_1$.

e) $B_4$. $B_3$. $B_2$. $B_1$.

**27.** (ITA-SP) Uma espira circular de raio $R$ é percorrida por uma corrente elétrica $i$ criando um campo magnético. Em seguida, no mesmo plano da espira, mas em lados opostos, a uma distância 2R do seu centro colocam-se dois fios condutores retilíneos, muito longos e paralelos entre si, percorridos por correntes $i_1$ e $i_2$ não nulas, de sentidos opostos, como indicado na figura. O valor de $i$ e o seu sentido para que o módulo do campo de indução resultante no centro da espira não se altere são respectivamente



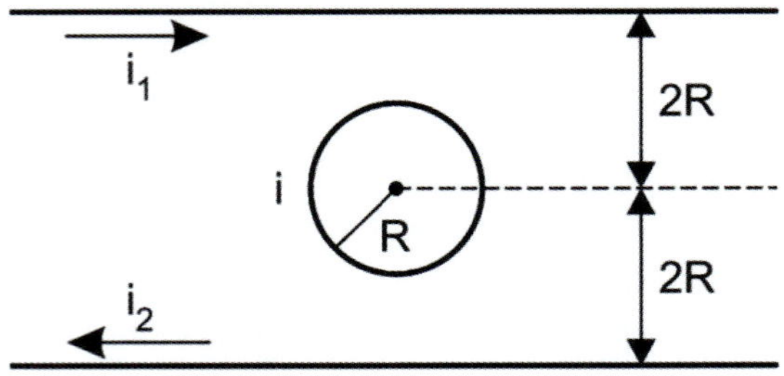


a) $i = (1/2\pi)\ (i_1 + i_2)$ e horário.

b) $i = (1/2\pi)\ (i_1 + i_2)$ e anti-horário.

c) $i = (1/4\pi)\ (i_1 + i_2)$ e horário.

d) $i = (1/4\pi)\ (i_1 + i_2)$ e anti-horário.

e) $i = (1/\pi)\ (i_1 + i_2)$ e horário.

**28.** (EsPCEx-SP) Dois fios condutores retilíneos, muito longos e paralelos entre si, são percorridos por correntes elétricas de intensidades distintas, $i_1$ e $i_2$, de sentidos opostos.

Uma espira circular condutora de raio $R$ é colocada entre os dois fios e é percorrida por uma corrente elétrica $i$.

A espira e os fios estão no mesmo plano. O centro da espira dista de 3R de cada fio, conforme o desenho a seguir.

Para que o vetor campo magnético resultante, no centro da espira, seja nulo, a intensidade da corrente elétrica $i$ e seu sentido, tomando como referência o desenho, são respectivamente:



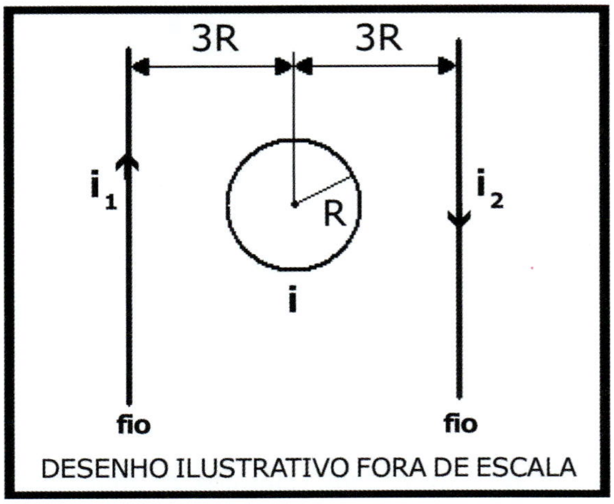


a) $\dfrac{i_1 + i_2}{3}$ e horário

b) $\dfrac{i_1 - i_2}{3\pi}$ e anti-horário

c) $\dfrac{i_1 - i_2}{3\pi}$ e horário

d) $\dfrac{i_1 + i_2}{3\pi}$ e horário

e) $\dfrac{i_1 + i_2}{3\pi}$ e anti-horário

**29.** (FICSAE-SP)

É inegável que a evolução da medicina diagnóstica permitiu avanços sem precedentes na prevenção e tratamento de vários tipos de doenças. Se por um lado a tecnologia propiciou fidelidade cada vez maior nas imagens obtidas do interior do corpo humano, por outro ela também cobra o seu preço. Um exame de ressonância magnética, por exemplo, pode chegar a R$ 1 200,00 em média, se for feito sem material para contraste, e R$ 1 800,00 se essa substância para contraste for utilizada.

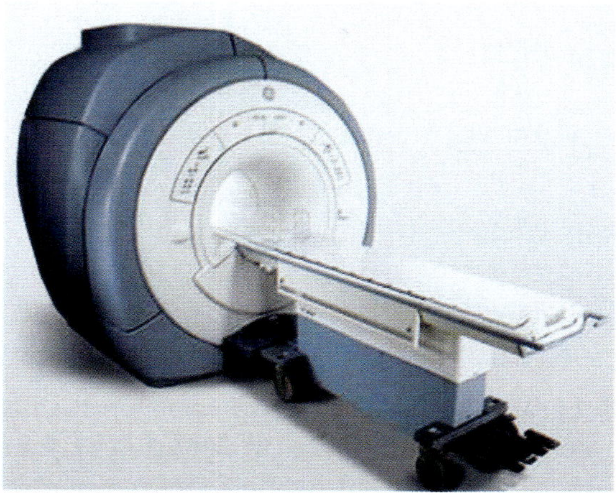
Reprodução/FICSAE
http://ressonanciamagnetica.cepem.med.br/

A ressonância nuclear magnética, ou simplesmente ressonância magnética, é um método de diagnóstico por imagem que usa ondas de radiofrequência e um forte campo magnético para obter informações detalhadas dos órgãos e tecidos internos do corpo, sem a utilização de radiação ionizante. Esta técnica provou ser muito valiosa para o diagnóstico de uma ampla gama de condições clínicas em todas as partes do corpo. O aparelho em que o exame é feito consta de um tubo circundado por um grande eletroímã, no interior do qual é produzido um potente campo magnético.

Na técnica de ressonância magnética aplicada à medicina trabalha-se principalmente com as propriedades magnéticas do núcleo de hidrogênio, que é o menor núcleo que existe e consta de apenas um próton.

O paciente a ser examinado é colocado dentro de um campo magnético intenso, o qual pode variar de 0,2 a 3,0 teslas, dependendo do aparelho. Esse campo magnético externo é gerado pela elevada intensidade de corrente elétrica circulando por uma bobina supercondutora que precisa ser continuamente refrigerada a uma temperatura de 4K (Kelvin), por meio de hélio líquido, a fim de manter as características supercondutoras do magneto.

(Disponível em: http://www.famerp.br/projis/grp25/ressonancia.html. Adaptado.)

Um dos motivos para os altos valores cobrados por exames de imagem sofisticados é o alto custo desses aparelhos, dos custos de instalação e manutenção do equipamento, além da exigência de mão de obra extremamente qualificada para operá-los.

Um equipamento de ressonância magnética, por exemplo, pode custar de US$ 2 milhões a US$ 3,5 milhões, dependendo da sua capacidade. Além disso, há um adicional anual de cerca de R$ 2 milhões em manutenção, incluindo o custeio de procedimentos para arrefecer as bobinas magnéticas da máquina.

(Disponível em: http://glo.bo/19JB2sB. Adaptado.)

Nas proximidades da superfície da Terra, a intensidade média do campo magnético é de $5 \cdot 10^{-5}$ T e, conforme o texto informa, a intensidade do campo magnético produzido por alguns aparelhos de ressonância magnética pode chegar a 3 T. Considere, por hipótese, esses campos magnéticos uniformes e produzidos por duas bobinas chatas distintas, de raios iguais a 1 m para o aparelho e $R_T$ (raio da Terra) para a bobina da Terra; cada uma delas composta por espiras justapostas, percorridas pela mesma intensidade de corrente elétrica e mesma permeabilidade magnética do meio.

Determine a razão $\left(\frac{N_{Terra}}{N_{aparelho}}\right)$ entre o número de espiras das bobinas chatas da Terra e do aparelho, respectivamente. Para simplificar os cálculos, adote o raio da Terra igual a 6 000 km.

**30.** (Enem) Um guindaste eletromagnético de um ferro-velho é capaz de levantar toneladas de sucata, dependendo da intensidade da indução magnética em seu eletroímã. O eletroímã é um dispositivo que utiliza corrente elétrica para gerar um campo magnético, sendo geralmente construído enrolando-se um fio condutor ao redor de um núcleo de material ferromagnético (ferro, aço, níquel, cobalto).

Para aumentar a capacidade de carga do guindaste, qual característica do eletroímã pode ser reduzida?

a) Diâmetro do fio condutor.
b) Distância entre as espiras.
c) Densidade linear das espiras.
d) Corrente que circula pelo fio.
e) Permeabilidade relativa do núcleo.

## Para raciocinar um pouco mais

**31.** (UFG-GO) Os campos magnéticos produzidos pelo corpo humano são extremamente tênues, variando tipicamente entre $10^{-15}$ T e $10^{-9}$ T. O neuromagnetismo estuda as atividades cerebrais, registrando basicamente os sinais espontâneos do cérebro e as respostas aos estímulos externos. Para obter a localização da fonte dos sinais, esses registros são feitos em diversos pontos. Na região ativa do cérebro, um pequeno pulso de corrente circula por um grande número de neurônios, o que gera o campo magnético na região ativa. As dificuldades em medir e localizar esse campo são inúmeras.

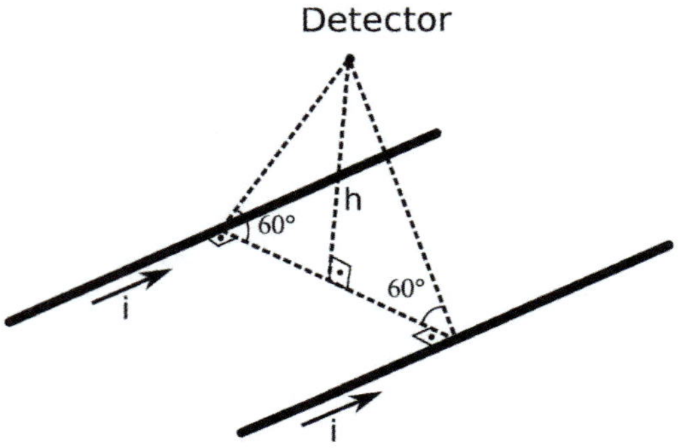


Reprodução/UFG

Para se compreender essas dificuldades, considere dois fios muito longos e paralelos, os quais são percorridos por correntes de mesma intensidade *i*, conforme ilustrado no arranjo da figura acima. Desconsidere o campo magnético terrestre. Com base no exposto,

a) calcule o módulo do campo magnético gerado pela corrente de cada fio no ponto em que se encontra o detector, em função de *h*, *i* e $\mu_0$;

b) determine a intensidade da corrente *i*, em função de *h*, de $\mu_0$ e do módulo do campo magnético *B* medido pelo detector.

**32.** (ITA-SP) O valor da indução magnética no interior de uma bobina em forma de tubo cilíndrico é dado, aproximadamente, por $B = \mu\ n\ i$, em que $\mu$ é a permeabilidade do meio, *n* é o número de espiras por unidade de comprimento e *i* é a corrente elétrica. Uma bobina desse tipo é construída com um fio fino metálico de raio *r*, resistividade $\rho$ e comprimento *L*. O fio é enrolado em torno de uma forma de raio *R* obtendo-se assim uma bobina cilíndrica de uma única camada, com as espiras uma ao lado da outra. A bobina é ligada aos terminais de uma bateria ideal de força eletromotriz igual a *V*. Nesse caso pode-se afirmar que o valor de *B* dentro da bobina é:

a) $\dfrac{\mu\pi rV}{2\rho L}$

b) $\dfrac{\mu\pi RV}{2\rho L}$

c) $\dfrac{\mu\pi r^2VL}{2\rho}$

d) $\dfrac{\mu\pi rV}{2R^2L}$

e) $\dfrac{\mu r^2V}{2R^2L}$

**33.** (Epcar-MG) Na figura abaixo, estão representados dois longos fios paralelos, dispostos a uma distância $\ell$ um do outro, que conduzem a mesma corrente elétrica *i* em sentidos opostos.

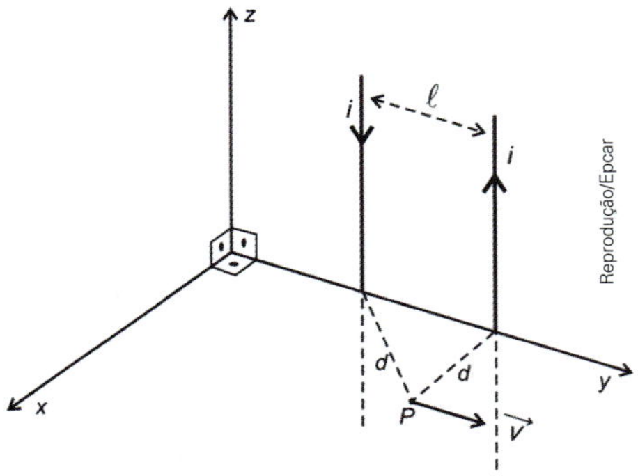


Reprodução/Epcar

Num ponto **P** do plano **xy**, situado a uma distância *d* de cada um dos fios, lança-se uma partícula, com carga elétrica positiva *q* na direção do eixo **y**, cuja velocidade tem módulo igual a *v*.

Sendo $\mu$ a permeabilidade absoluta do meio e considerando desprezível a força de interação entre as correntes elétricas nos fios, a força magnética que atua sobre essa partícula, imediatamente após o lançamento, tem módulo igual a

a) zero

b) $\dfrac{\mu iqv}{2\pi d^2}$

c) $\dfrac{\mu i\ell qv}{2\pi d^2}$

d) $\dfrac{\mu i\ell qv}{2\pi d}$

**34.** (Unifesp) Numa feira de ciências, um estudante montou um experimento para determinar a intensidade do campo magnético da Terra. Para tanto, fixou um pedaço de fio de cobre na borda de uma mesa, na direção vertical. Em uma folha de papel, desenhou dois segmentos de retas perpendiculares entre si e colocou uma bússola de maneira que a direção norte-sul coincidisse com uma das retas, e o centro da bússola coincidisse com o ponto de cruzamento das retas. O papel com a bússola foi colocado sobre a mesa de forma que a linha orientada na direção norte-sul encostasse no fio de cobre. O fio foi ligado a uma bateria e, em função disso, a agulha da bússola sofreu uma deflexão.

A figura mostra parte do esquema da construção e a orientação das linhas no papel.

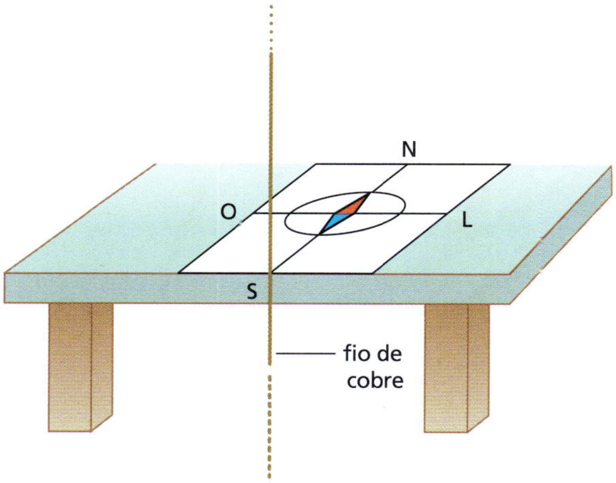


Reprodução/Arquivo da editora

a) Considerando que a resistência elétrica do fio é de 0,2 Ω, a tensão elétrica da bateria é de 6,0 V, a distância do fio ao centro da bússola é de $1{,}0 \cdot 10^{-1}$ m e desprezando o atrito da agulha da bússola com o seu suporte, determine a intensidade do campo magnético gerado pela corrente elétrica que atravessa o fio no local onde está o centro da agulha da bússola.

**Dado:** $\mu = 4\pi \cdot 10^{-7}$ T · m/A

b) Considerando que, numa posição diferente da anterior mas ao longo da mesma direção norte-sul, a agulha tenha sofrido uma deflexão de 60° para a direção oeste, a partir da direção norte, e que nesta posição a intensidade do campo magnético devido à corrente elétrica no fio é de $2\sqrt{3} \cdot 10^{-5}$ T, determine a intensidade do campo magnético da Terra no local do experimento.

**Dado:** sen 60° = $\sqrt{3}$, cos 60° = $\frac{1}{2}$ e tg 60° = $\sqrt{3}$.

**35.** (ITA-SP) Duas espiras verticais estacionárias com aproximadamente o mesmo diâmetro $d$, perpendiculares e isoladas eletricamente entre si, têm como seu centro comum na origem de um sistema de coordenadas **xyz**, na qual também está centrado um ímã cilíndrico de comprimento $l \ll d$ e raio $r \ll l$. O ímã tem seu polo norte no semieixo **x** positivo e pode girar livremente em torno do eixo vertical **z**, sendo mantido no plano **xy**. Numa das espiras, situada no plano **yz**, circula uma corrente $I_1 = i\cos(\omega t)$, cujo sentido positivo é o anti-horário visto do semieixo **x** positivo, e na outra circula uma corrente $I_2 = i\,\text{sen}(\omega t)$, cujo sentido positivo é o anti-horário visto do semieixo **y** positivo.

a) Desprezando a diferença de diâmetro entre as espiras, obtenha o campo magnético $\vec{B}$ na origem devido às correntes $I_1$ e $I_2$, na forma $B_x\hat{x} + B_y\hat{y}$.

b) Explique por que, partindo do repouso em t = 0, o ímã adquire um movimento de rotação em torno de **z**. Em que sentido (horário ou anti-horário, visto a partir do semieixo **z** positivo) ocorre este giro?

c) Ao se aumentar gradativamente a frequência angular ω das correntes, nota-se que o ímã passa a girar cada vez mais rápido. Contudo, com o ímã inicialmente em repouso e se são repentinamente aplicadas correntes $I_1$ e $I_2$ de alta frequência angular, nota-se que o ímã praticamente não se move. Explique a(s) razão(ões).

**36.** (ITA-SP) A figura mostra um fio por onde passa uma corrente $I$ conectado a uma espira circular de raio $a$. A semicircunferência superior tem resistência igual a $2R$ e a inferior igual a $R$. Encontre a expressão para o campo magnético no centro da espira em termos da corrente $I$.

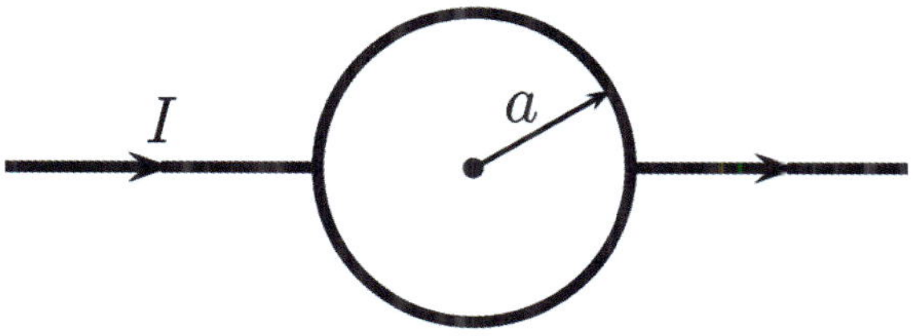


Reprodução/ITA, 2018.

TÓPICO

3

# Força magnética sobre condutores retilíneos e propriedades magnéticas

Artjarun'Photo/Shutterstock

Vimos que uma partícula eletrizada, quando imersa num campo magnético e com velocidade perpendicular ou oblíqua às linhas de indução desse campo, experimenta uma força magnética. Também vimos que a passagem de corrente elétrica por um condutor gera campo magnético em suas proximidades. Pela lógica, podemos inferir, então, que um fio condutor, por onde passa um fluxo de partículas eletrizadas, também pode experimentar uma força magnética quando estiver dentro de um campo magnético, sendo que esse campo pode ter sido gerado pela passagem de corrente elétrica em outro fio condutor.

## Bloco 1

# 1. Força magnética em um condutor retilíneo

Suponha um fio condutor e retilíneo imerso em um campo magnético uniforme $\vec{B}$. Se uma corrente elétrica de intensidade *i* passar por esse condutor, haverá muitas partículas eletrizadas movimentando-se no interior de um campo magnético. Como cada uma dessas partículas eletrizadas fica sujeita à ação de uma força de natureza magnética, o fio retilíneo que as conduz também ficará, de forma indireta, sujeito à ação de uma força magnética.

Analisemos uma situação na qual um fio condutor, imerso em um campo magnético, seja percorrido por uma corrente elétrica contínua e constante de intensidade *i* que forma, com as linhas de indução desse campo, um ângulo $\theta$. Em um segmento retilíneo e de comprimento $\ell$ do fio, há *n* partículas, cada uma eletrizada com uma carga elétrica positiva *q*, percorrendo toda a extensão desse segmento do condutor em um intervalo de tempo $\Delta t$.

**NOTA!**

Sabemos que nos condutores metálicos a corrente elétrica é formada por elétrons livres. Podemos, no entanto, para fins de demonstração, estabelecer uma situação análoga e imaginar uma corrente elétrica fictícia formada por cargas positivas fluindo no sentido convencional da corrente elétrica *i* com velocidade $\vec{v}$.

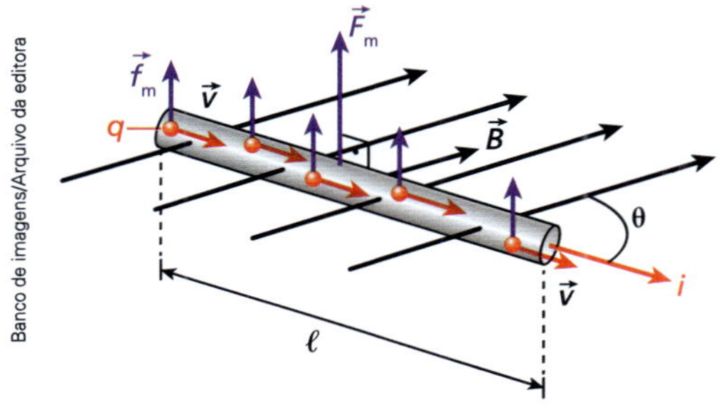


Segmento de um fio condutor de corrente elétrica recebendo a ação de uma força magnética $\vec{F}_m$.

Uma força, de natureza magnética, atua sobre cada partícula eletrizada em movimento no segmento do fio. A intensidade $f_m$ dessa força é dada por:

$$f_m = |q|\,v\,B\,\text{sen}\,\theta$$

Essas forças magnéticas $\vec{f}_m$ agem sobre cada partícula eletrizada, de forma individual, mas, sobre o segmento do fio, provocarão uma força magnética resultante $\vec{F}_m$, cuja intensidade é dada por:

$$F_m = n\,f_m$$

$$F_m = n\,|q|\,v\,B\,\text{sen}\,\theta$$

Sendo:

$$v = \frac{\ell}{\Delta t} \quad \text{e} \quad i\,\Delta t = n\,|q|\text{, temos que:}$$

$$F_m = i\,\Delta t\,\frac{\ell}{\Delta t}\,B\,\text{sen}\,\theta$$

Portanto:

$$F_m = B\,i\,\ell\,\text{sen}\,\theta$$

Além da intensidade da força magnética $\vec{F}_m$, é necessário conhecer a direção e o sentido desse vetor para que ele esteja completamente definido:

**Direção:** Perpendicular ao plano formado por $\vec{B}$ e o próprio fio.

**Sentido:** Dado pela regra da mão esquerda.

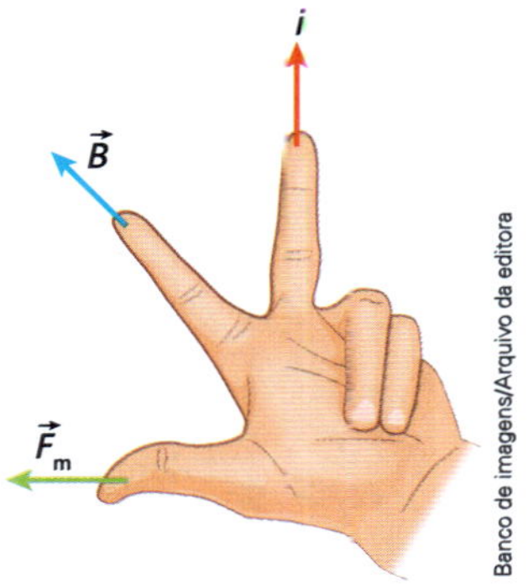


O polegar, o indicador e o dedo médio apontam, respectivamente, para a direção e o sentido da força magnética, campo magnético e corrente elétrica.

Vejamos outro exemplo de um fio condutor, imerso em um campo magnético, conduzindo corrente elétrica:

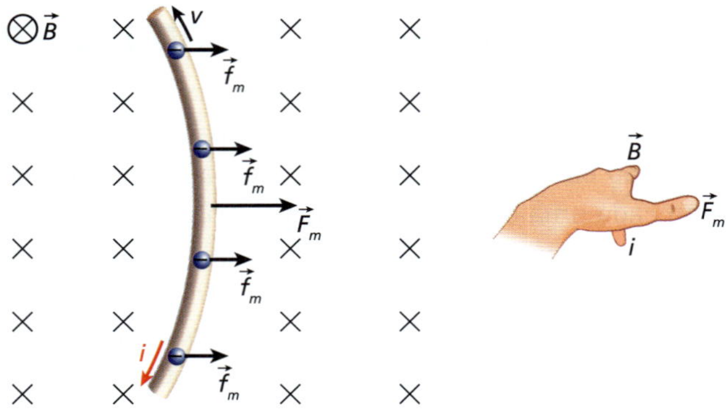


Banco de imagens/Arquivo da editora

Partículas eletrizadas negativamente, sob a ação de uma força $\vec{f}_m$, que compõem uma corrente elétrica $i$ que é conduzida ao longo de um segmento de um fio condutor imerso em um campo magnético uniforme $\vec{B}$, cujas linhas entram no plano do papel, e que recebe a ação de uma força $\vec{F}_m$.

Embora as forças magnéticas $\vec{f}_m$ estejam atuando diretamente sobre os portadores de carga elétrica, esses portadores fazem parte da estrutura que constitui o fio condutor. Assim, podemos considerar que há uma força magnética $\vec{F}_m$ que acaba atuando sobre o próprio fio.

O que aconteceria com o sentido de $\vec{F}_m$ se a corrente elétrica fluísse no sentido oposto?

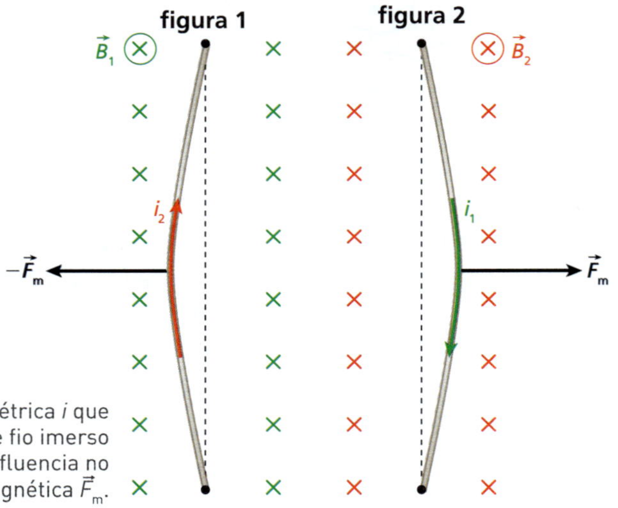


Banco de imagens/Arquivo da editora

O sentido da corrente elétrica $i$ que percorre o segmento de fio imerso no campo magnético influencia no sentido da força magnética $\vec{F}_m$.

Aplicando-se a regra da mão esquerda, percebe-se que, na figura 1, a força magnética atua com o sentido para a esquerda e, na figura 2, para a direita, provocando uma leve deformação no fio em ambos os casos.

Conhecendo o sentido da corrente elétrica $i$ e do campo magnético $\vec{B}$, poderemos determinar, utilizando a regra da mão esquerda, qual será o sentido da força magnética $\vec{F}_m$:

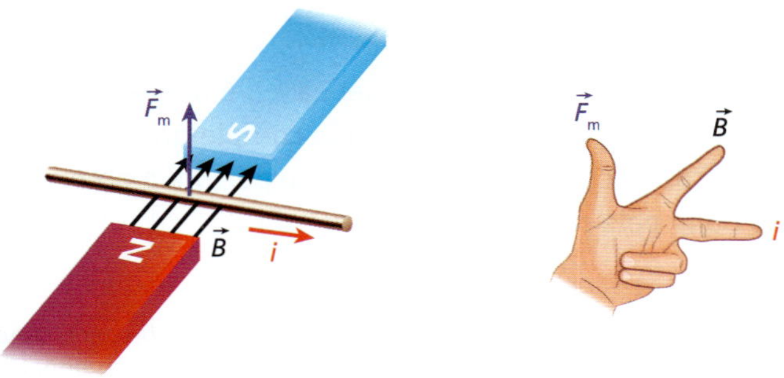


Banco de imagens/Arquivo da editora

Com a regra da mão esquerda, podemos identificar os sentidos de $\vec{F}_m$, $\vec{B}$ e $i$.

Vamos para mais um exemplo de força magnética agindo sobre um fio por onde há passagem de corrente elétrica.

Suponha que, em um circuito elétrico, um segmento de um fio esteja imerso em um campo magnético:

Dependendo do sentido da corrente elétrica que passar pela parte do fio que está imersa no campo magnético, o fio poderá se aproximar ou se afastar do ímã.

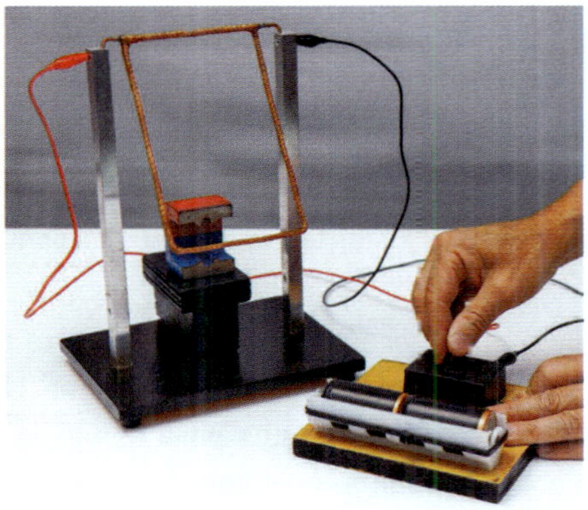

Sergio Dotta Jr./Acervo da editora

Circuito elétrico formado por uma bateria, uma chave interruptora e um fio com um segmento imerso em um campo magnético gerado por um ímã.

## Faça você mesmo

### Construindo um motor elétrico

Vamos verificar nesta atividade que, por meio de um dispositivo que utiliza corrente elétrica e campo magnético, é possível converter energia elétrica em energia mecânica. Dispositivos dessa natureza são chamados de **motores elétricos** e o primeiro a construir um foi Michael Faraday, ao fazer, com o auxílio de um ímã, uma bobina de fio de cobre girar ao ser percorrida por corrente elétrica.

Dragon Images/Shutterstock

Um liquidificador é um exemplo de eletrodoméstico cujo funcionamento se dá por meio de um motor elétrico, que transforma energia elétrica em mecânica.

### Material necessário

- 90 cm de fio de cobre esmaltado (fio 24);
- 2 pedaços de arame com comprimento de 20 cm cada um;
- 1 pilha grande de 1,5 V;
- 1 ímã de aproximadamente 2,5 cm × 2,5 cm;
- lixa ou palha de aço;
- fita adesiva;
- suporte, feito de material isolante, para o motor (pode ser uma tábua de madeira retangular de 15 cm × 10 cm).

### Procedimento

**I.** O primeiro passo é montar uma bobina usando o fio de cobre. Para isso, enrole-o efetuando aproximadamente 20 voltas formando um círculo de diâmetro de 4 cm e deixando cerca de 3 cm de fio em cada extremidade. Se o diâmetro da pilha grande for próximo de 4 cm, você pode usá-la para ajudá-lo a enrolar o fio. As pontas que formarão as extremidades devem ser passadas em torno do enrolamento pela bobina, como mostra a figura a seguir.

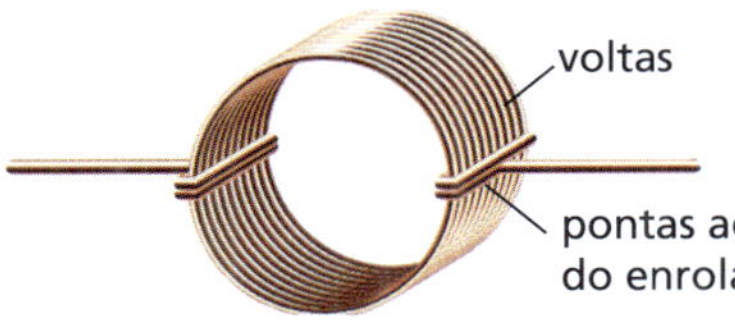


Banco de imagens/Arquivo da editora

Bobina formada a partir do fio de cobre.

**II.** Utilize a lixa para tirar o esmalte das pontas da bobina: em uma extremidade será retirado todo o esmalte ao redor da ponta do fio, enquanto na outra deve ser retirado apenas o esmalte de um dos lados. O esmalte é uma substância que funciona como isolante elétrico e é inserido na parte externa dos fios de cobre como medida de segurança. Nosso objetivo ao retirar essa camada de esmalte é que uma ponta conduza eletricidade em toda a superfície lateral, e a outra ponta conduza eletricidade apenas em metade da superfície lateral.

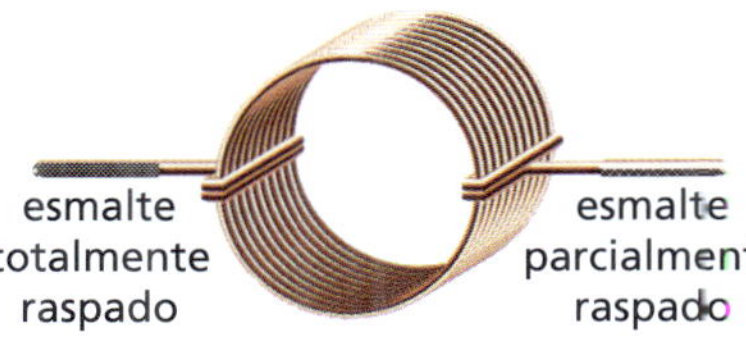


Banco de imagens/Arquivo da editora

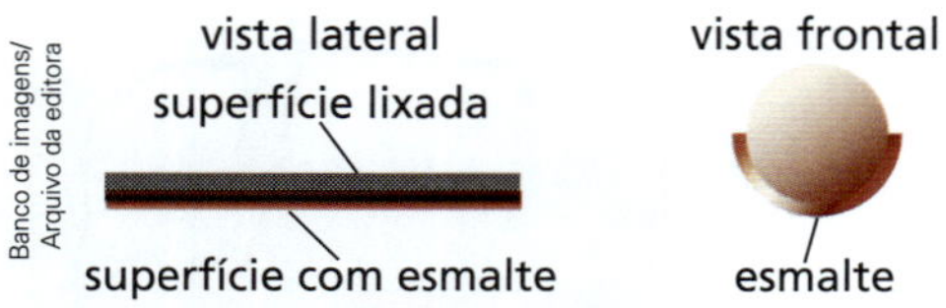


Vistas lateral e frontal da ponta que será parcialmente lixada.

**III.** O arame servirá de suporte para a bobina e para conectá-la com a pilha. Usando o arame, monte hastes para servir de suporte para a bobina. Ao colocar a bobina sobre o suporte, certifique-se de que este esteja suficientemente rígido para suportar o peso da bobina sem ceder.

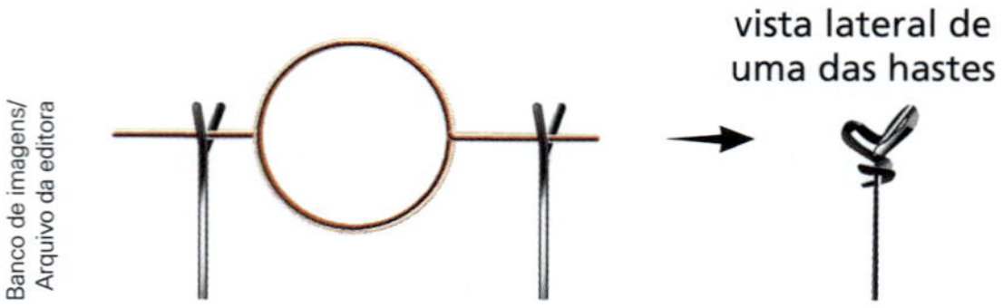


Suporte para a bobina com detalhe mostrando a vista lateral de uma das hastes de arame que formam o suporte.

**IV.** Agora você irá terminar de montar o circuito com o motor caseiro já sobre seu suporte (que pode ser uma tábua). Usando a fita adesiva, conecte o arame à pilha e coloque o ímã próximo da bobina.

Motor elétrico caseiro.

**V.** Com o motor caseiro finalizado, dê um pequeno impulso na bobina para "ligar" seu motor.

### Desenvolvimento

1. Qual é a origem da força que age sobre a bobina, causando seu movimento?
2. Se a pilha fosse conectada ao circuito em uma posição tal que suas polaridades fossem invertidas em relação ao seu experimento inicial, haveria alguma alteração no funcionamento do motor elétrico?
3. Se aproximarmos uma bússola da bobina, sua agulha magnética pode ser defletida? Por quê?

Atividade baseada em: CiênciaMão – Universidade de São Paulo (USP). Você Sabe Montar um Motor Elétrico? e Montagem de um Motor Elétrico Simples. Disponível em: <www.cienciamao.usp.br/tudo/exibir.php?midia=pmd&cod=_pmd2005_0804> e <www.cienciamao.usp.br/tudo/exibir.php?midia=lcn&cod=_montagemdeummotoreletric>. Acesso em: 17 ago. 2018.

## 2. Força magnética entre fios condutores retilíneos paralelos

Vamos analisar a interação magnética entre dois fios condutores retilíneos, muito longos, que estão dispostos paralelamente e são respectivamente percorridos pelas correntes elétricas $i_1$ e $i_2$. Para esta análise, consideramos apenas um trecho de comprimento $\ell$ de cada um desses condutores, separados de uma distância $d$.

### Correntes elétricas em sentidos opostos

Utilizando a regra da mão direita, identificamos a direção e o sentido dos campos magnéticos $\vec{B}_1$ e $\vec{B}_2$ que cada condutor cria sobre o outro.

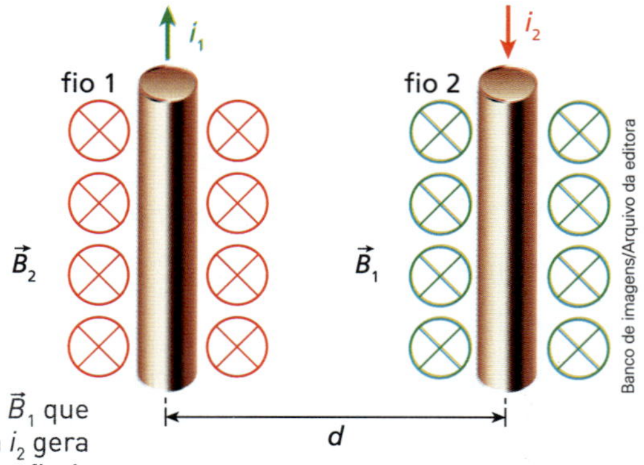


A corrente elétrica $i_1$ gera um campo magnético $\vec{B}_1$ que age sobre o fio 2, enquanto a corrente elétrica $i_2$ gera um campo magnético $\vec{B}_2$ que age sobre o fio 1.

Na sequência, usando a regra da mão esquerda, determinamos as forças magnéticas atuantes em cada fio.

Banco de imagens/Arquivo da editora

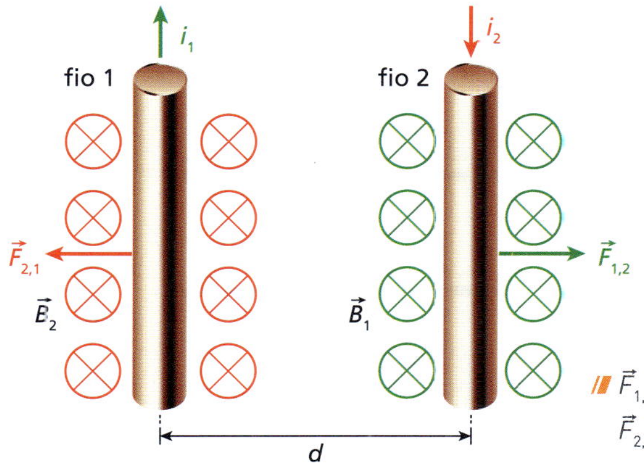


$\vec{F}_{1,2}$ é a força magnética que o fio 1 aplica no fio 2 e $\vec{F}_{2,1}$ é a força magnética que o fio 2 aplica no fio 1.

Cálculo da intensidade de $\vec{F}_{1,2}$:

$$F_{1,2} = B_1 i_2 \ell = \frac{\mu i_1}{2\pi d} i_2 \ell$$

Cálculo da intensidade de $\vec{F}_{2,1}$:

$$F_{2,1} = B_2 i_1 \ell = \frac{\mu i_2}{2\pi d} i_1 \ell$$

Observando os resultados obtidos, concluímos que as forças magnéticas têm a mesma intensidade.

$$|\vec{F}_{1,2}| = |\vec{F}_{2,1}| = |\vec{F}_m|$$

Assim, a força magnética $\vec{F}_m$ de interação entre dois condutores paralelos é uma força de repulsão, dada por:

$$F_m = \frac{\mu i_1 i_2 \ell}{2\pi d}$$

Se as correntes elétricas tiverem intensidades iguais, teremos:

$$F_m = \frac{\mu i^2 \ell}{2\pi d}$$

**NOTA!**

O ampere (em sua definição oficial) corresponde a uma corrente elétrica de intensidade constante que passa por dois fios retos paralelos, de comprimento infinito e seção transversal reta desprezível situados no vácuo e afastados 1 metro um do outro, produzindo uma força magnética entre eles de $2 \cdot 10^{-7}$ N/m.

## Correntes elétricas de mesmo sentido

Se repetirmos todo o processo para dois fios condutores retilíneos e paralelos, porém percorridos por correntes elétricas de mesmo sentido, teremos, entre os condutores, uma força magnética de atração.

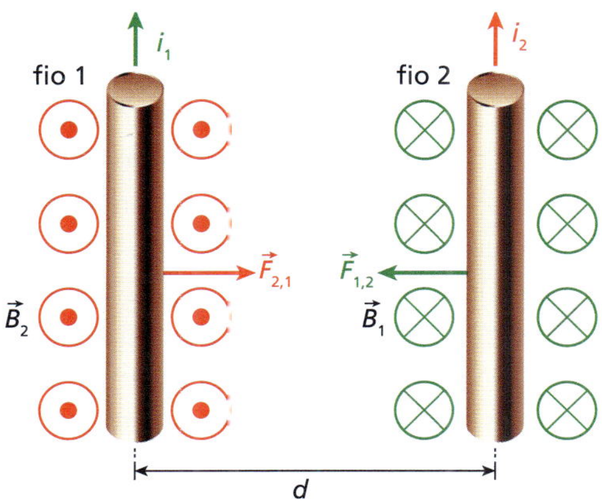


Banco de imagens/Arquivo da editora

$\vec{F}_{1,2}$ e $\vec{F}_{2,1}$ são forças que agem, respectivamente, sobre os fios 2 e 1 e promovem atração entre eles.

## Conclusão

Entre dois fios condutores retilíneos e paralelos, percorridos por correntes elétricas, a força magnética será de:

a) **Repulsão**, se as correntes elétricas tiverem sentidos opostos.

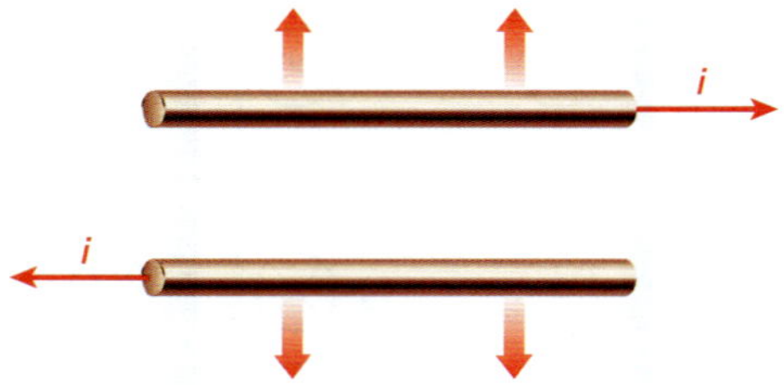


Banco de imagens/ Arquivo da editora

b) **Atração**, se as correntes elétricas tiverem o mesmo sentido.

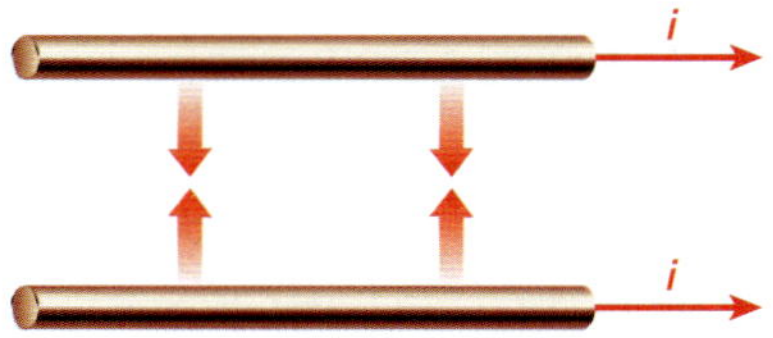


Banco de imagens/ Arquivo da editora

## Ampliando o olhar

### Radiotelescópios, as antenas que observam o Universo

Antenas são instrumentos comuns em praticamente todos os aparelhos que possuem alguma forma de comunicação sem fio: televisão, computador, celular, rádio, controle remoto e até mesmo alguns tipos particulares de telescópio, chamados de radiotelescópios. Nesse sentido, a palavra *comunicação* não implica a comunicação em tempo real entre pessoas. A antena interna do seu computador, por exemplo, comunica-se com o roteador da sua casa; já a antena do seu celular, enquanto acessa a internet fora de uma rede *wi-fi*, comunica-se com a rede de transmissão da operadora. As primeiras antenas datam do final do século XIX, desenvolvidas pelo físico alemão Heinrich Hertz (1857-1894).

Antenas funcionam tanto como receptores quanto como transmissores de sinais. Focaremos aqui a função de receptores, embora o princípio de funcionamento seja análogo para ambos os casos. Antenas são formadas por hastes metálicas, suscetíveis à ação de ondas eletromagnéticas. Conforme essas ondas (que possuem formato senoidal) atravessam a antena, a variação do campo de cada uma delas faz os elétrons da haste da antena se moverem, criando uma corrente alternada que carrega as informações trazidas pelas ondas eletromagnéticas, que são então interpretadas por um receptor.

Um tipo bastante comum de antena é a chamada antena parabólica, que possui uma superfície côncava. Nesse caso, essa superfície côncava é utilizada para amplificar a intensidade do sinal. Quando uma onda eletromagnética atinge essa superfície, ela é refletida, e, pela geometria da antena, todos os raios que atingem uma antena parabólica são refletidos para um mesmo ponto, o foco do paraboloide, e a partir daí a atuação da antena parabólica é a mesma de uma antena convencional.

Antenas parabólicas eram bastante usadas para a sintonia de televisores, principalmente antes da popularização dos canais por assinatura. Agora, com a transmissão digital dos sinais de tv aberta, são utilizadas apenas para planos de canais por assinatura que funcionam via satélite.

Porém, outro uso importante das antenas na ciência é na observação do céu. Praticamente toda informação que temos sobre o Universo foi adquirida, ao longo dos anos, por ondas eletromagnéticas que chegam à Terra. Essas ondas podem ser pequenas o bastante para serem visíveis a olho nu (e popularmente são chamadas de luz), mas também podem ser grandes o bastante para que só possam ser observadas por meio de grandes antenas, chamadas de radiotelescópios.

Os radiotelescópios são essenciais para o estudo de objetos como galáxias, planetas em formação, nuvens de poeira estelar, entre outros. As informações que chegam para nós do espaço na forma de ondas de rádio são diferentes daquelas que recebemos na forma de luz, mas ambas são essenciais por serem complementares.

O maior radiotelescópio do mundo fica no Observatório de Arecibo, em Porto Rico. A região parabólica da antena é fixa no chão, com um diâmetro de 305 m. Várias descobertas importantes foram realizadas ali, como a determinação do período de rotação de Mercúrio, a primeira observação de um tipo particular de estrela, chamada de estrela de nêutrons (que se forma quando o combustível interno de uma estrela de tamanho médio acaba e ela é considerada morta), a primeira observação direta de um asteroide, entre muitas outras. Atualmente, radiotelescópios mais modernos estão em funcionamento. O projeto ALMA, localizado no Chile, consiste em 66 radiotelescópios menores (diâmetros variando entre 7 m e 12 m), mas configurados de modo que, apontados todos para um mesmo lugar ao mesmo tempo, consigam informações com mais detalhes do que o gigantesco Observatório de Arecibo.

Dennis van de Water/Shutterstock

Radiotelescópio do Observatório de Arecibo, em Porto Rico. Ele é o maior do mundo; o diâmetro do seu prato (região parabólica) é de 305 m.

## Exercícios Nível 1

**1.** E.R. No circuito da figura, a bateria, de 12 V (U = 12 V), e os fios condutores são ideais; o resistor $R$ tem resistência elétrica igual a 2,0 $\Omega$; e o cilindro é feito de material condutor e apresenta resistência elétrica r = 1,0 $\Omega$. O cilindro está completamente imerso em um campo magnético uniforme $\vec{B}$ de $1{,}0 \cdot 10^{-5}$ T de intensidade e perpendicular ao plano do circuito. O comprimento do cilindro condutor é de 20 cm e ele está em equilíbrio na horizontal entre dois suportes que são condutores ideais.

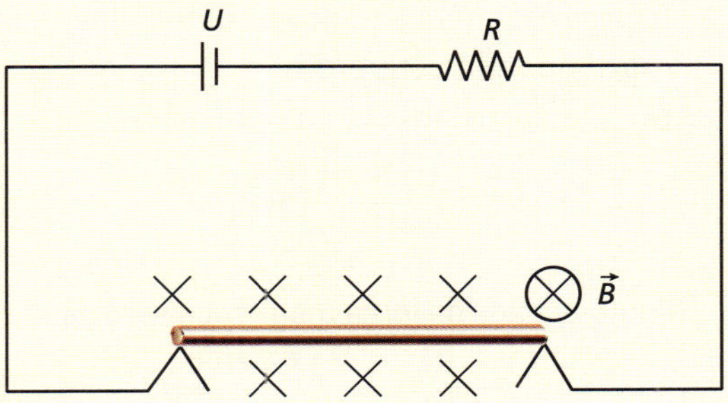

Banco de imagens/Arquivo da editora

Determine:

a) o sentido convencional da corrente elétrica que percorre o pedaço de fio condutor;

b) a direção e o sentido da força magnética que atua sobre o cilindro condutor;

c) a intensidade da força magnética que atua sobre o cilindro condutor.

**Resolução:**

a) A corrente elétrica, em seu sentido convencional, parte do polo positivo da bateria, percorre todo o circuito externo à bateria e retorna ao polo negativo, como esquematizado a seguir.

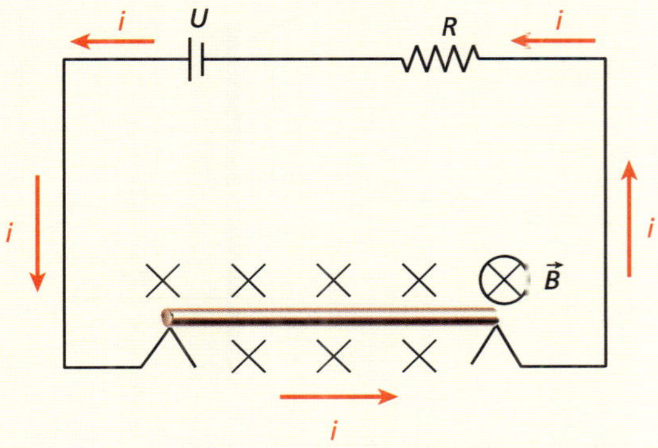

Banco de imagens/Arquivo da editora

Assim, conclui-se que o sentido convencional da corrente elétrica é anti-horário.

b) O sentido da força magnética pode ser determinado pela regra da mão esquerda:

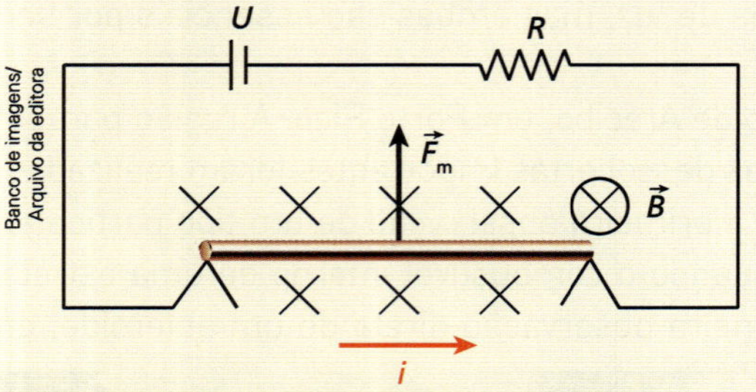


Assim, conclui-se que a direção do vetor $\vec{F}_m$ é vertical e tem sentido para cima.

c) Calculemos, inicialmente, a intensidade da corrente elétrica que percorre o circuito simples.

$$i = \frac{U}{\Sigma R}$$

$$i = \frac{12}{(2{,}0 + 1{,}0)}$$

$$i = 4{,}0 \text{ A}$$

Assim, a intensidade da força magnética no cilindro condutor será dada por:

$$F_m = B\, i\, \ell \text{ sen } \theta$$

$$F_m = B\, i\, \ell \text{ sen } 90°$$

$$F_m = 1{,}0 \cdot 10^{-5} \cdot 4{,}0 \cdot 2{,}0 \cdot 10^{-1} \cdot 1$$

$$\boxed{F_m = 8{,}0 \cdot 10^{-6} \text{ N}}$$

**2.** (Uerj) Em um campo magnético uniforme $\vec{B}$ de intensidade igual a $2{,}0 \times 10^{-3}$ T, um fio condutor com 50 cm de comprimento é posicionado perpendicularmente à direção do campo, conforme mostra o esquema.

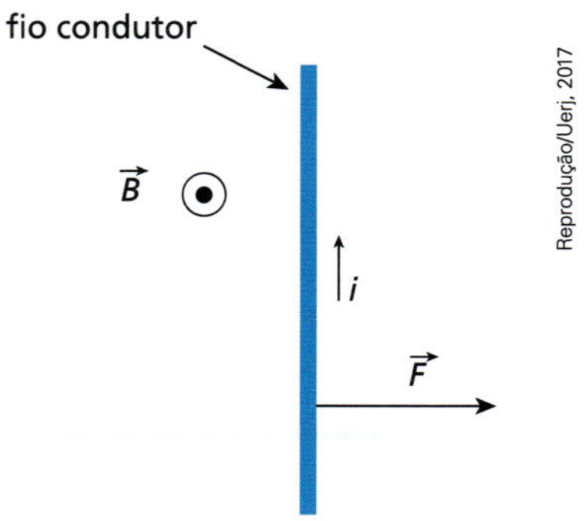


Sabendo que a corrente elétrica *i* estabelecida no condutor é contínua e igual a 300 mA, determine, em newtons, a intensidade da força $\vec{F}$ que age no condutor.

**3.** Na figura abaixo temos uma bateria ideal de 12 V, fios condutores de ligação, uma chave inicialmente aberta e um ímã em formato de ferradura.

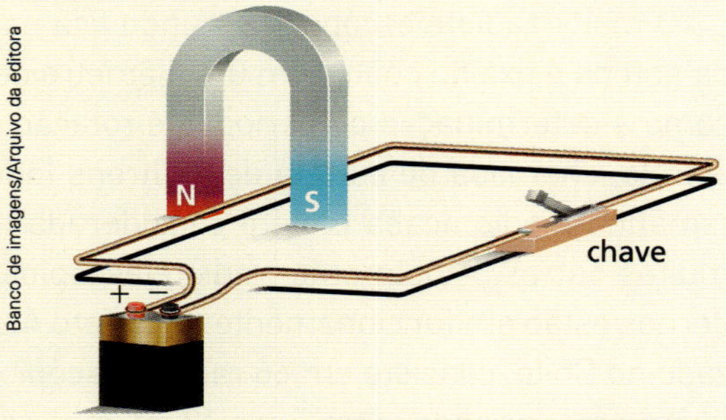


Sabe-se que os condutores não são ideais e apresentam uma resistência elétrica total de 4,0 Ω. A parte do fio que está imersa no campo magnético, perpendicular a ele, apresenta comprimento L = 5,0 cm. A intensidade do campo magnético criado pelo ímã é de $1{,}0 \cdot 10^{-3}$ T.

Supondo que a chave seja fechada:

a) faça um esquema, usando a mesma perspectiva da ilustração e mostrando a orientação do campo magnético, o sentido da corrente elétrica e a força magnética atuante no pedaço de fio que está imerso no campo;

b) calcule a intensidade da força magnética que atua nesse trecho do fio condutor.

**Resolução:**

a) Usando a mesma perspectiva da ilustração, temos:

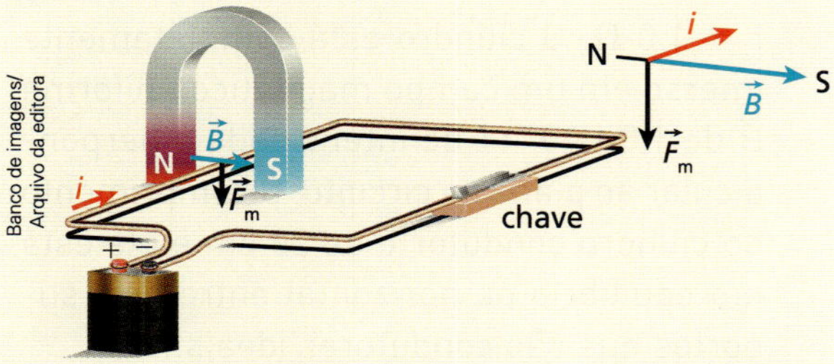


A força magnética pode ser determinada pela regra da mão esquerda.

b) Cálculo da intensidade de corrente elétrica.

$$U = R \cdot i$$

$$12 = 4{,}0 \cdot i$$

$$i = 3{,}0 \text{ A}$$

A intensidade da força magnética será dada por:

$$F_m = B\, i\, \ell \text{ sen } \theta$$

$$F_m = 1{,}0 \cdot 10^{-3} \cdot 3{,}0 \cdot 5{,}0 \cdot 10^{-2} \cdot \text{sen } 90°$$

$$F_m = 15 \cdot 10^{-5} \text{ N}$$

$$\boxed{F_m = 1{,}5 \cdot 10^{-4} \text{ N}}$$

**4.** (UFSM-RS) A figura apresenta uma porção de um fio condutor percorrido por uma corrente *i*, porção essa que, no campo gravitacional, fica sujeita à força peso *P*. Essa força pode ser equilibrada por uma força magnética originada pela corrente *i* em presença do campo magnético uniforme representado por:

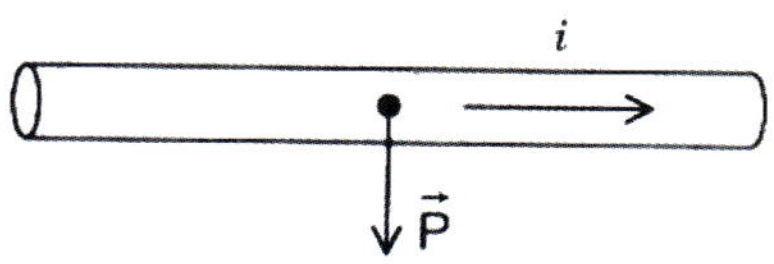


Reprodução/UFSM, 2000.

a) 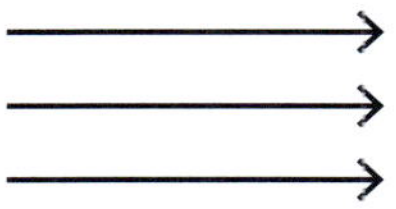

b) 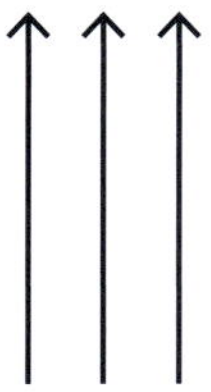

c) 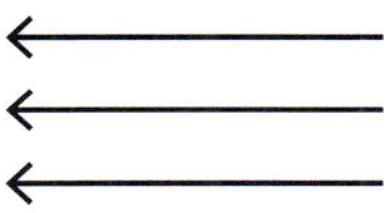

d) 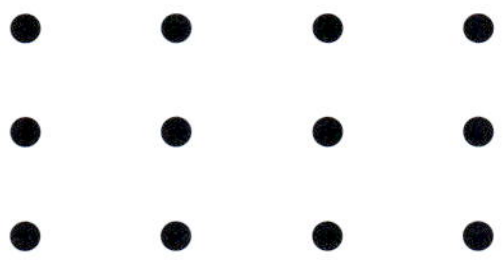

e) 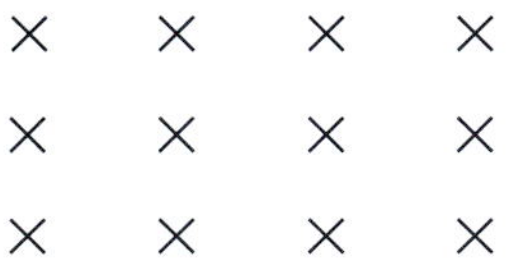

Ilustrações: Reprodução/UFSM, 2000

**5.** (UFRGS-RS) No esquema da figura abaixo, o fio **F**, horizontalmente suspenso e fixo nos pontos de suporte **P**, passa entre os polos de um ímã, em que o campo magnético é suposto horizontal e uniforme. O ímã, por sua vez, repousa sobre uma balança **B**, que registra seu peso.

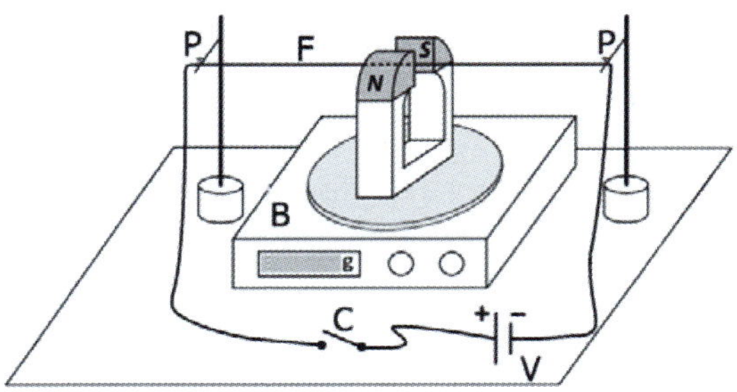


Reprodução/UFRGS, 2016.

Assinale a alternativa que preenche corretamente as lacunas do enunciado abaixo, na ordem em que aparecem.

Em dado instante, a chave **C** é fechada e uma corrente elétrica circula pelo fio. O fio sofre uma força vertical, ________, e o registro na balança ________.

a) para baixo – não se altera.
b) para baixo – aumenta.
c) para baixo – diminui.
d) para cima – aumenta.
e) para cima – diminui.

**6.** (PUC-SP) Dois longos fios metálicos, retilíneos e flexíveis estão inicialmente dispostos conforme indica a Figura 1 e localizados numa região do espaço onde há presença de um intenso campo magnético constante e perpendicular ao plano da folha. Quando os fios são percorridos por corrente elétrica de mesma intensidade constante, verificam-se as deformações indicadas na Figura 2.

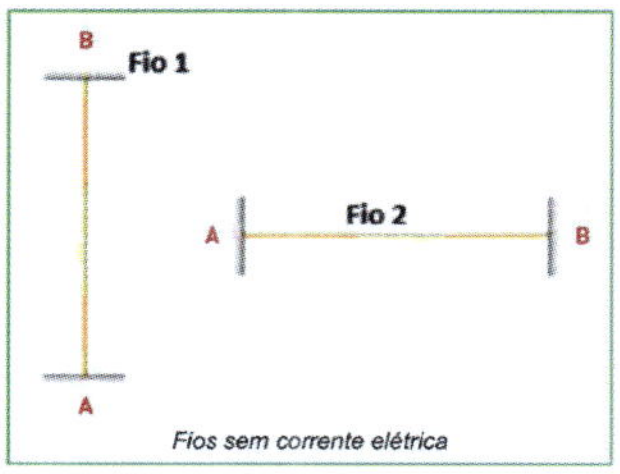


Figura 1

Reprodução/PUC, 2017

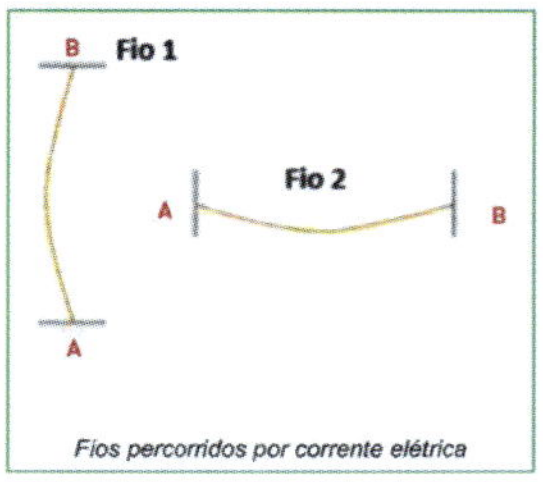


Figura 2

Para que isso seja possível, o sentido do campo magnético e da corrente elétrica em cada fio deve ser:

a) Campo magnético entrando na folha (×) e sentido da corrente elétrica de **A** para **B** no fio 1 e sentido de **B** para **A** no fio 2.
b) Campo magnético saindo da folha (·) e sentido da corrente elétrica de **A** para **B** no fio 1 e sentido de **B** para **A** no fio 2.
c) Campo magnético entrando na folha (×) e sentido da corrente elétrica de **B** para **A** no fio 1 e sentido de **B** para **A** no fio 2.
d) Campo magnético saindo da folha (·) e sentido da corrente elétrica de **B** para **A** nos fios 1 e 2.

**7.** (Udesc) Dois fios retilíneos, longos e paralelos, estão dispostos, conforme mostra a figura, em duas configurações diferentes: na primeira, correntes elétricas de intensidades $i_A = 3,0$ A e $i_B = 2,0$ A são paralelas; e na segunda, correntes elétricas também de intensidades $i_A = 3,0$ A e $i_B = 2,0$ A são antiparalelas.

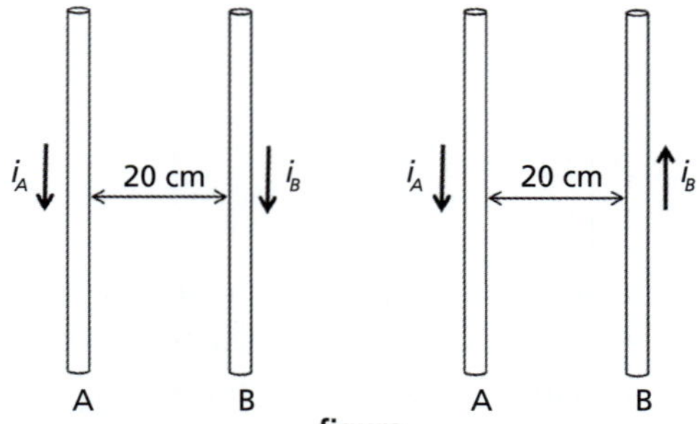


**figura**



A intensidade da força magnética sobre 1,0 m de comprimento do fio B, e o comportamento dos fios, nas duas configurações acima, são, respectivamente, iguais a:

a) $6,0 \times 10^{-6}$ N, repelem-se; $6,0 \times 10^{-6}$ N, atraem-se.

b) $3,0 \times 10^{-6}$ N, atraem-se; $3,0 \times 10^{-6}$ N, repelem-se.

c) $3,0 \times 10^{-6}$ N, repelem-se; $3,0 \times 10^{-6}$ N, atraem-se.

d) $9,0 \times 10^{-6}$ N, atraem-se; $9,0 \times 10^{-6}$ N, repelem-se.

e) $6,0 \times 10^{-6}$ N, atraem-se; $6,0 \times 10^{-6}$ N, repelem-se.

## Exercícios Nível 2

**8.** (Famema-SP) Uma mesma espira retangular, de massa desprezível, foi parcialmente imersa em um mesmo campo magnético constante e uniforme de duas maneiras distintas. Na primeira, a espira é mantida em equilíbrio sob ação apenas da força vertical $\vec{F}_1$ e da força magnética gerada pela circulação de uma corrente elétrica contínua pela espira, conforme figura 1.

E.R.

**figura 1**

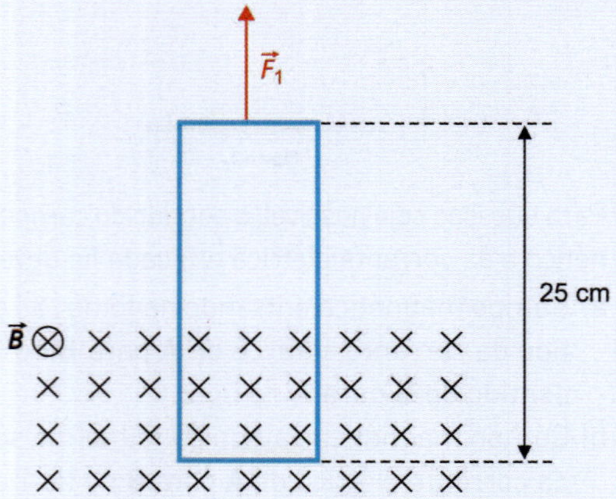




Na segunda, a espira é mantida em equilíbrio sob ação apenas da força vertical $\vec{F}_2$ e da força magnética gerada pela circulação de uma corrente elétrica contínua pela espira, conforme figura 2.

**figura 2**

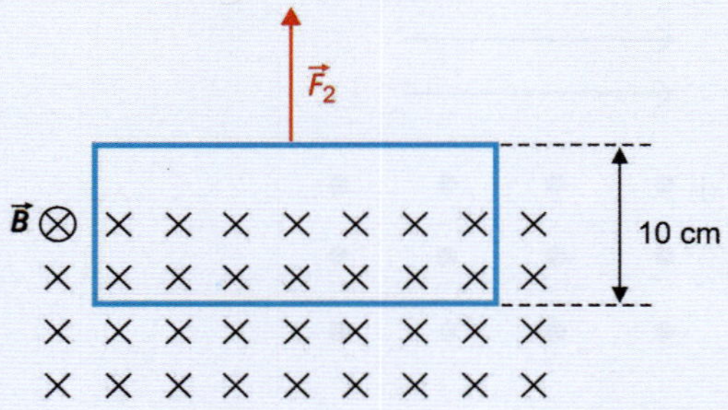




Sabendo que nas duas situações a intensidade da corrente elétrica que circula pela espira é a mesma, que a intensidade de $\vec{F}_1$ é 10 N e considerando as informações contidas nas figuras, é correto afirmar que a intensidade de $\vec{F}_2$ é igual a

a) 50 N.

b) 10 N.

c) 75 N.

d) 20 N.

e) 25 N.

**Resolução:**

Utilizando a regra da mão esquerda, identificamos a força magnética sobre cada um dos três segmentos da espira nos dois casos. Como o módulo da força magnética depende do módulo do campo magnético $B$, da corrente $i$ no circuito e do comprimento do segmento do fio, as forças horizontais se anulam mutuamente.

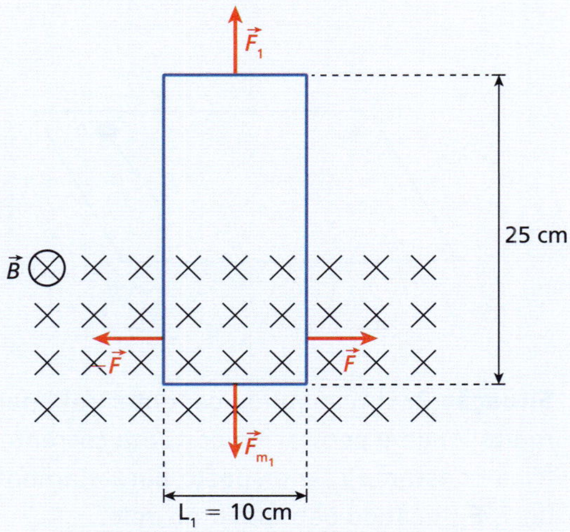


Reprodução/Arquivo da editora

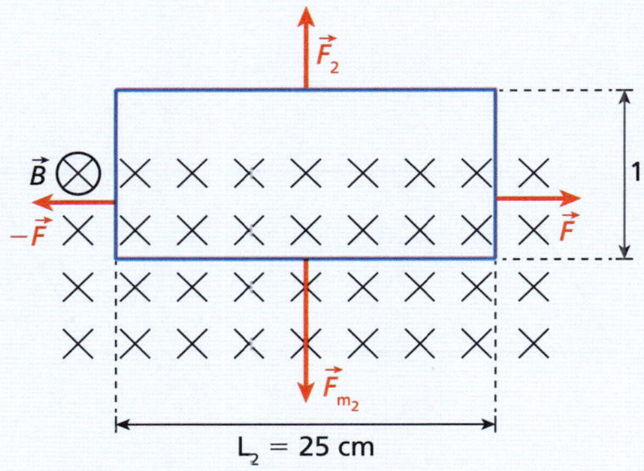


Reprodução/Arquivo da editora

Chamemos de $L_1 = 0{,}1$ cm e $L_2 = 0{,}25$ cm os comprimentos dos fios que geram as forças magnéticas $\vec{F}_{m_1}$ e $\vec{F}_{m_2}$ verticais que balanceiam as forças externas $\vec{F}_1$ e $\vec{F}_2$ de cada caso, respectivamente. O enunciado apresenta os comprimentos de maneira invertida para propositalmente confundir o estudante. Logo:

$$\left.\begin{array}{l} F_{m_1} = F_1 \Rightarrow BiL_1 = F_1 \Rightarrow \dfrac{F_1}{L_1} = Bi \\ F_{m_2} = F_2 \Rightarrow BiL_2 = F_2 \Rightarrow \dfrac{F_2}{L_2} = Bi \end{array}\right\}$$

$$\frac{F_1}{L_1} = \frac{F_2}{L_2} \Rightarrow F_2 = \frac{L_2}{L_1}F_1 \Rightarrow F_2 = \frac{0{,}25}{0{,}1} \cdot 10 \Rightarrow$$

$$\Rightarrow \boxed{F_2 = 25\text{ N}}$$

Portanto, a resposta correta é a alternativa e.

**9.** (USF-SP) A força magnética $\vec{F}$ que mantém a haste metálica **H**, de peso $P$ e comprimento $L$, em equilíbrio na posição indicada na figura abaixo manifesta-se pela presença do campo magnético de módulo $B$, produzido pelo ímã, e da corrente elétrica que percorre a haste que é mantida pelo gerador **G**.

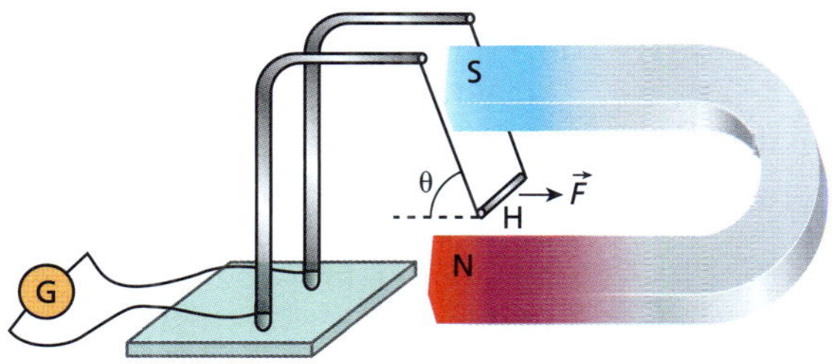


Reprodução/Arquivo da editora

Sendo θ o ângulo que os fios flexíveis formam com a horizontal, a intensidade de corrente no circuito é igual a:

a) $BLP(\text{tg } \theta)^{-1}$
b) $B(PL \text{ tg } \theta)^{-1}$
c) $BL(P \text{ tg } \theta)^{-1}$
d) $P(BL \text{ tg } \theta)^{-1}$
e) $L(BP \text{ tg } \theta)^{-1}$

**10.** (ITA-SP) Considere as seguintes proposições sobre campos magnéticos:

I. Em um ponto **P** no espaço, a intensidade do campo magnético produzido por uma carga puntiforme $q$ que se movimenta com velocidade constante ao longo de uma reta só depende da distância entre **P** e a reta.

II. Ao se aproximar um ímã de uma porção de limalha de ferro, esta se movimenta porque o campo magnético do ímã realiza trabalho sobre ela.

III. Dois fios paralelos por onde passam correntes uniformes num mesmo sentido se atraem

Então,

a) apenas I é correta.
b) apenas II é correta.
c) apenas III é correta.
d) todas são corretas.
e) todas são erradas.

**11.** (PUCC-SP) Dois condutores retos, extensos e paralelos estão separados por uma distância $d = 2{,}0$ cm e são percorridos por correntes elétricas de intensidades $i_1 = 1{,}0$ A e $i_2 = 2{,}0$ A, com os sentidos indicados na figura abaixo.

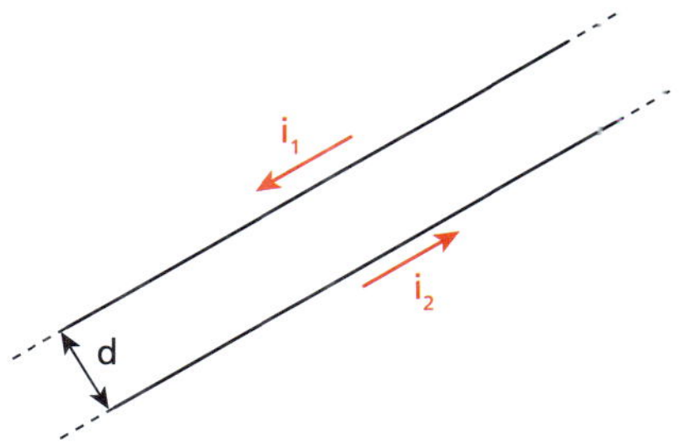


Reprodução/Arquivo da editora

Dado: permeabilidade magnética no vácuo $= 4\pi \cdot 10^{-7} \frac{\text{Tm}}{\text{A}}$

Se os condutores estão situados no vácuo, a força magnética entre eles, por unidade de comprimento, no Sistema Internacional, tem intensidade de:

a) $2 \cdot 10^{-5}$ (N), sendo de repulsão.
b) $2 \cdot 10^{-5}$ (N), sendo de atração.
c) $2\pi \cdot 10^{-5}$ (N), sendo de atração.
d) $2\pi \cdot 10^{-5}$ (N), sendo de repulsão.
e) $4\pi \cdot 10^{-5}$ (N), sendo de atração.

**12.** (UFPE) Três longos fios paralelos, de tamanhos iguais e espessuras desprezíveis, estão dispostos como mostra a figura e transportam correntes iguais e de mesmo sentido. Se as forças exercidas pelo fio **1** sobre o fio **2** e o fio **3** forem representadas por $F_{12}$ e $F_{13}$, respectivamente, qual o valor da razão $\frac{F_{12}}{F_{13}}$?

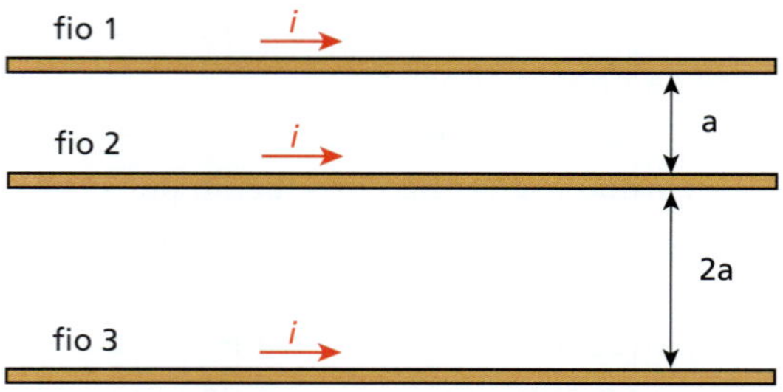


Reprodução/Arquivo da editora

**13.** (Faap-SP) Sobre dois trilhos horizontais, distantes 60 cm um do outro, repousa uma haste de cobre de 300 g, colocada perpendicularmente a ambos. Calcule a indução magnética capaz de tornar iminente o movimento da haste, quando por ela passar uma corrente de 10 A. Os coeficientes de atrito estático e cinético entre a haste e os trilhos são, respectivamente, 0,5 e 0,4. Considere $g = 10$ m/s$^2$ e o campo magnético perpendicular ao plano horizontal dos trilhos.

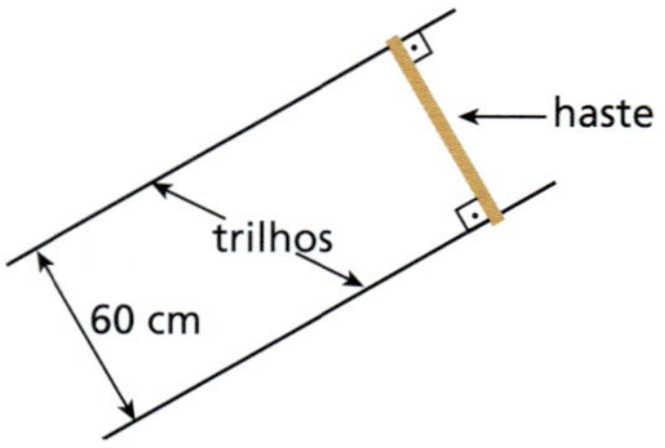


Reprodução/Arquivo da editora

**14.** (PUC-RS) INSTRUÇÃO: Responder à questão com base na informação e nas três situações a seguir apresentadas.

Um fio retilíneo $\mathbf{F}_1$ muito longo é percorrido por uma corrente elétrica de intensidade constante $i_1$.

O condutor está disposto perpendicularmente ao plano $\pi$ em três situações distintas:

**Situação 1:** Um nêutron se aproxima do fio 1, $\mathbf{F}_1$, com velocidade crescente em relação ao fio.

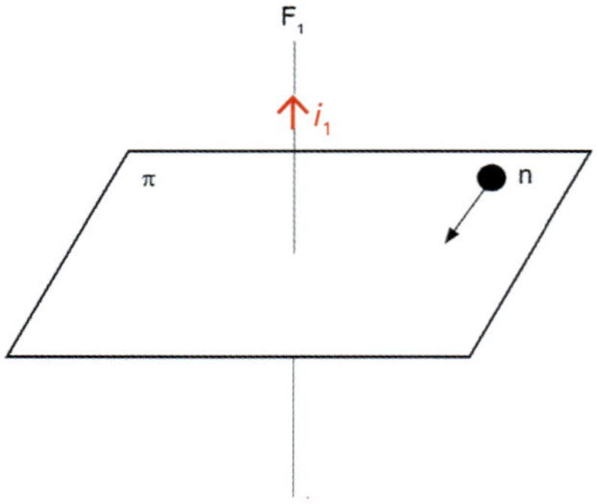


Reprodução/PUC-RS

**Situação 2:** Um segundo condutor retilíneo, $\mathbf{F}_2$, muito longo e percorrido por uma corrente elétrica constante $i_2$, é disposto paralelamente ao fio 1, $\mathbf{F}_1$, ficando bem próximo dele.

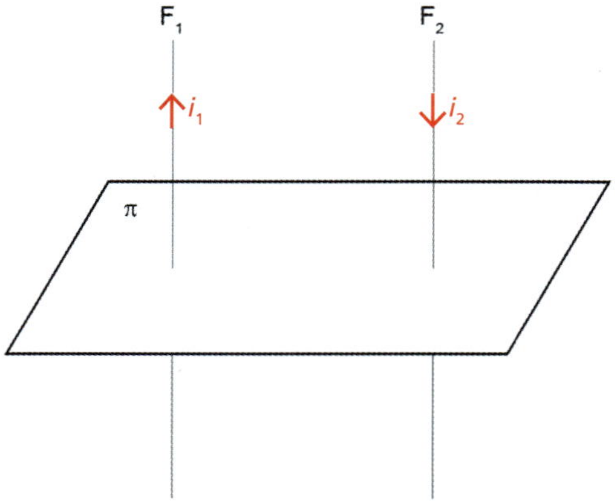


Reprodução/PUC-RS

**Situação 3:** Um ímã em formato de U é disposto no plano $\pi$, envolvendo o fio 1, $\mathbf{F}_1$.

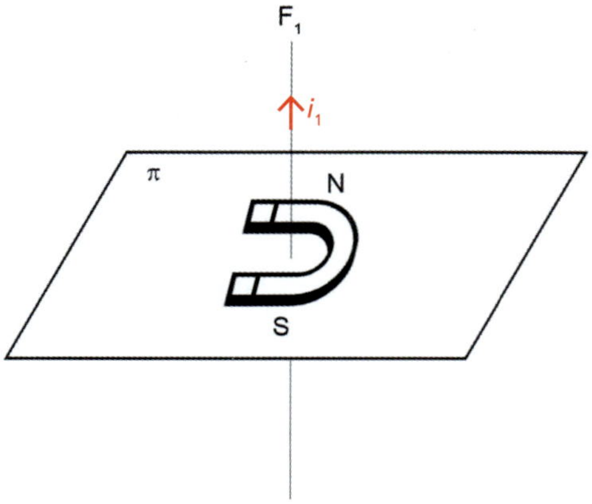


Reprodução/PUC-RS

Em qual(ais) situação(ões) atua uma força de origem magnética no fio 1, $\mathbf{F}_1$?

a) Na 1, apenas.
b) Na 2, apenas.
c) Na 3, apenas.
d) Na 2 e na 3, apenas.
e) Na 1, na 2 e na 3.

**15.** (UFG-GO) O texto e a imagem a seguir deverão ser utilizados para responder à seguinte questão. Na busca de fontes alternativas de energia, uma das opções promissoras que surgiram nos últimos anos foi o uso de certos organismos procariontes que, ao se alimentarem de matéria orgânica, geram, como resultado das quebras de ligações químicas no processo digestivo, energia elétrica. Recentemente, um grupo de pesquisadores publicou resultados de um estudo em que, ao formar uma colônia destes seres em uma determinada superfície, formando o chamado biofilme, conseguiram gerar uma potência elétrica de cerca de 200 mW por $m^2$ de biofilme.

Considere a situação em que este biofilme é utilizado para gerar uma tensão de 4 V entre os pontos **A** e **B** do circuito elétrico a seguir, em que os fios 1 e 2 apresentam resistências elétricas de 3 Ω e 6 Ω, respectivamente, e a resistência do restante do circuito é desprezível.

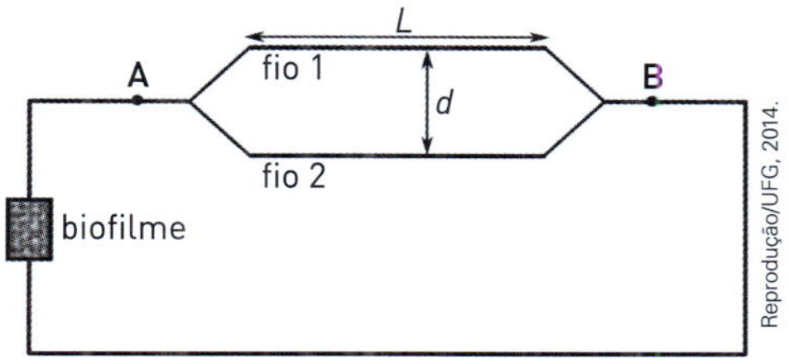


Os fios 1 e 2 têm comprimento L = 9 m, e a distância de separação entre eles é de d = 2 mm. De acordo com o exposto, o tipo de ligação química que é rompida e a intensidade da força magnética que o fio 1 exerce sobre o fio 2, desprezando os efeitos de comprimento finito dos fios, são, respectivamente,

a) carbono-carbono e $12 \times 10^{-7}$ N
b) carbono-carbono e $4{,}4 \times 10^{-3}$ N
c) carbono-carbono e $8 \times 10^{-4}$ N
d) carbono-cobre e $12 \times 10^{-7}$ N
e) carbono-cobre e $8 \times 10^{-4}$ N

**Dado:**

$$\mu_0 = 4\pi \times 10^{-7}\ \text{T} \cdot \text{m/A}$$

## Exercícios Nível 3

**16.** (EsPCEx-SP) A figura abaixo representa um fio condutor homogêneo rígido, de comprimento *L* e massa *M*, que está em um local onde a aceleração da gravidade tem intensidade *g*. O fio é sustentado por duas molas ideais, iguais, isolantes e, cada uma, de constante elástica *k*. O fio condutor está imerso em um campo magnético uniforme de intensidade *B*, perpendicular ao plano da página e saindo dela, que age sobre o condutor, mas não sobre as molas.

Uma corrente elétrica *i* passa pelo condutor e, após o equilíbrio do sistema, cada mola apresentará uma deformação de:

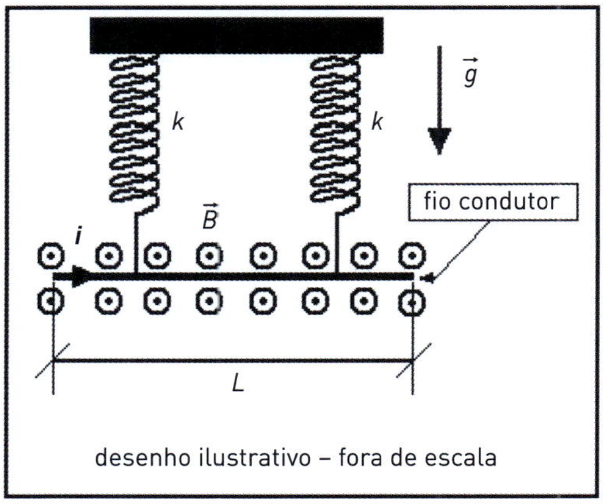


a) $\dfrac{Mg + 2k}{BiL}$

b) $\dfrac{BiL}{Mg + 2k}$

c) $\dfrac{k}{2(Mg + BiL)}$

d) $\dfrac{Mg + BiL}{2k}$

e) $\dfrac{2k + BiL}{Mg}$

**17.** (UFJF/Pism-MG) João, em suas experiências de laboratório, resolve construir uma balança de indução magnética. Essa balança é composta de uma barra que equilibra de um lado um prato com uma massa *m* e de outro um circuito por onde circula uma corrente i = 0,5 A. Parte do circuito contendo dois segmentos de mesmo tamanho L = 20 cm está imersa numa região de campo magnético uniforme e de módulo igual 10 mT. O campo magnético uniforme está confinado na região tracejada e aponta perpendicularmente para fora do plano da folha de papel, de acordo com a figura mostrada a seguir.

a) Usando o sistema de coordenadas abaixo, especifique a direção e o sentido das forças induzidas em cada segmento do circuito, indicando o ângulo segundo os eixos desse sistema. Considere que o centro deste sistema é o vértice do circuito. Desenhe também diretamente no triângulo da figura da balança o sentido da corrente elétrica.

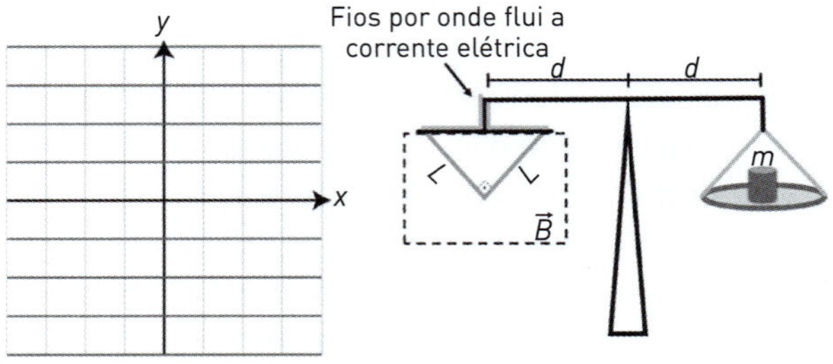


Reprodução/UFJF, 2016.

b) Qual o valor da massa que essa balança equilibra?

**18.** (UFG-GO) Uma haste metálica fixa está conectada a uma bateria que estabelece uma corrente *i*. Conectada a ela, encontra-se uma haste condutora móvel de comprimento *L*, que está conectada à haste fixa por dois fios condutores, conforme a figura a seguir.

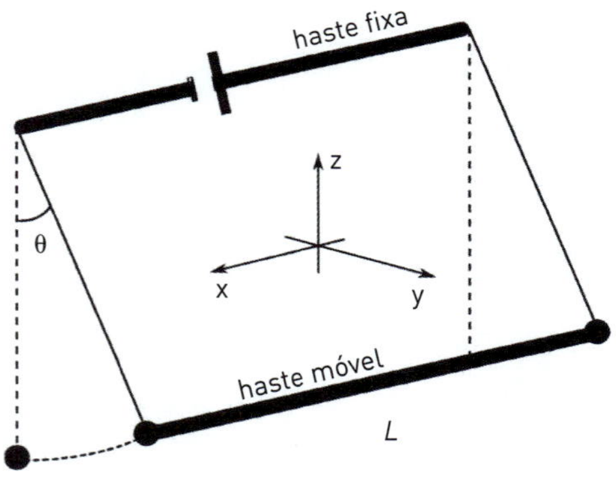


Reprodução/UFG, 2013.

Aplica-se um campo magnético uniforme ao longo de um dos eixos do sistema e, como resultado, observa-se um deslocamento da haste, de um ângulo $\theta$ com a vertical, permanecendo em equilíbrio conforme a figura. Considerando-se o exposto, determine:

a) o diagrama de forças sobre a haste e a direção e o sentido do campo magnético aplicado, conforme o sistema de eixos da figura apresentada;

b) a intensidade do campo magnético aplicado.

**19.** (Enem) Desenvolve-se um dispositivo para abrir automaticamente uma porta no qual um botão, quando acionado, faz com que uma corrente elétrica i = 6 A percorra uma barra condutora de comprimento L = 5 cm, cujo ponto médio está preso a uma mola de constante elástica $k = 5 \times 10^{-2}$ N/cm. O sistema mola-condutor está imerso em um campo magnético uniforme perpendicular ao plano. Quando acionado o botão, a barra sairá da posição de equilíbrio a uma velocidade média de 5 m/s e atingirá a catraca em 6 milissegundos, abrindo a porta.

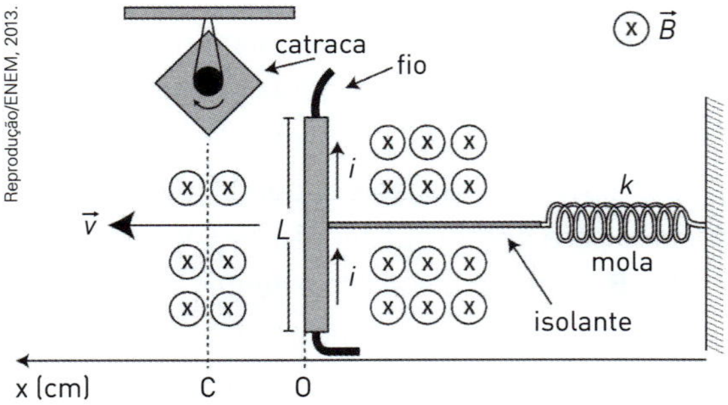


Reprodução/ENEM, 2013.

A intensidade do campo magnético, para que o dispositivo funcione corretamente, é de

a) $5 \times 10^{-1}$ T.
b) $5 \times 10^{-2}$ T.
c) $5 \times 10^{1}$ T.
d) $2 \times 10^{-2}$ T.
e) $2 \times 10^{0}$ T.

**20.** (Aman-RJ) A figura mostra um fio comprido conduzindo uma corrente elétrica de 30 A. Próximo a ele, disposta paralelamente no mesmo plano, há uma espira retangular pela qual circula uma corrente elétrica de 20 A, conforme o indicado na figura.

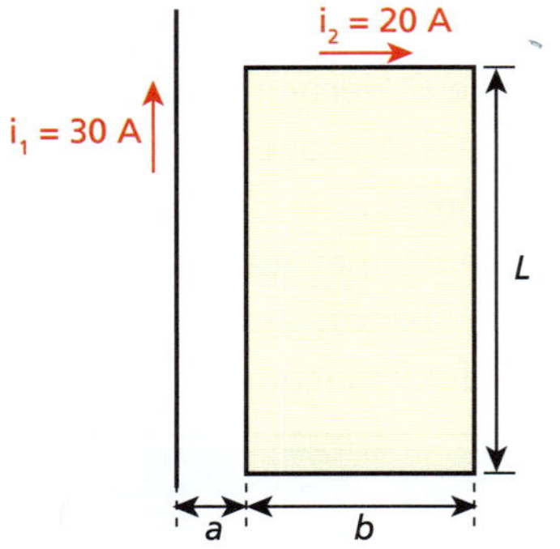


Reprodução/Arquivo da editora

Dadas as medidas: a = 1,0 cm; b = 8,0 cm; L = 30 cm e $\mu_0 = 4\pi \cdot 10^{-7}$ Tm/A.

A força magnética resultante, aplicada na espira, vale:

a) $1{,}60 \cdot 10^{-3}$ N
b) $1{,}80 \cdot 10^{-4}$ N
c) $3{,}20 \cdot 10^{-3}$ N
d) $2{,}40 \cdot 10^{-4}$ N
e) $2{,}20 \cdot 10^{-3}$ N

## Bloco 2

# 3. Propriedades magnéticas dos materiais

Estudos avançados sobre propriedades magnéticas consideram conceitos físicos que fogem do escopo do ensino médio. Por finalidade didática, iremos realizar algumas simplificações em nossos estudos: vamos considerar que os elétrons estão em movimento de rotação em torno de seu próprio eixo e que *spin* é uma grandeza física associada a esse movimento.

Na verdade, o *spin* não tem uma interpretação clássica e, na moderna Física Quântica, é quase um elemento puramente matemático; entretanto, para nossos fins, essa interpretação que envolve uma rotação do elétron é satisfatória.

Para iniciarmos o estudo das propriedades magnéticas dos materiais, cabe uma pergunta fundamental: qual é a origem do comportamento magnético dos materiais?

A origem do magnetismo está no movimento de partículas com cargas elétricas.

Se analisarmos o que acontece com os elétrons em escala subatômica, poderemos encontrar algumas respostas.

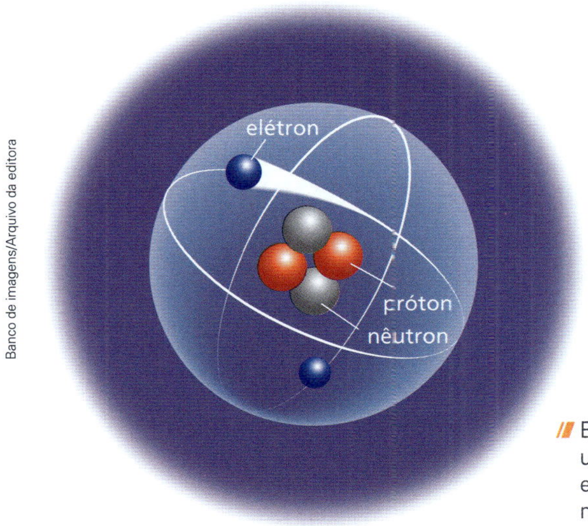


Elétrons girando ao redor do núcleo de um átomo. Representação fora de escala de um átomo de hélio segundo o modelo atômico de Rutherford.

O elétron em seu movimento orbital ao redor do núcleo assemelha-se a uma corrente elétrica percorrendo uma espira e, desse modo, cria um campo magnético análogo ao de um pequeno ímã em formato de barra.

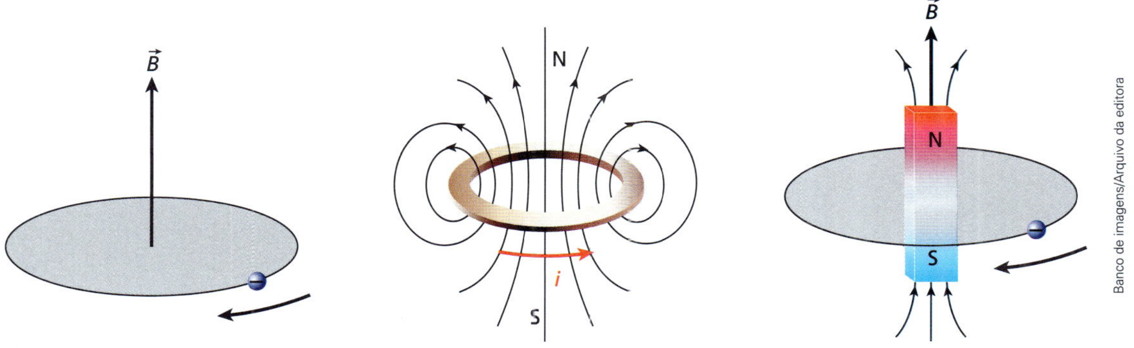


O movimento orbital do elétron produz um campo magnético análogo ao de um mini-ímã.

Além de seu movimento orbital, o elétron fornece outra importante contribuição para o magnetismo dos materiais: o *spin* (do inglês: girar).

Vamos adotar para o elétron o modelo de uma nuvem esférica de carga negativa que gira em torno do seu próprio eixo.

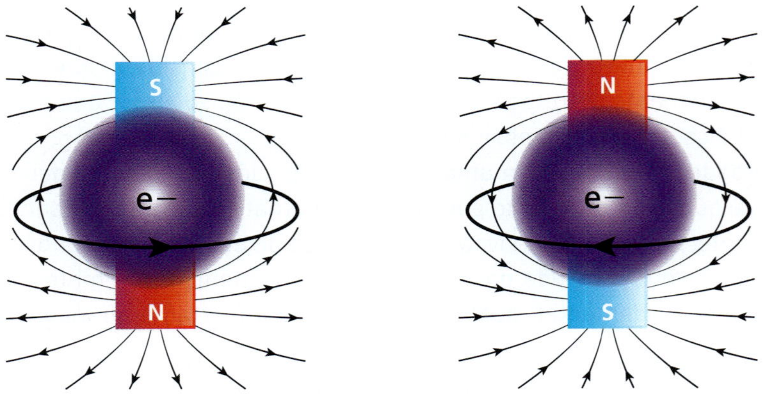


O *spin* do elétron gera um campo magnético cuja configuração das linhas de campo é semelhante à produzida por uma espira.

Podemos perceber novamente que essa movimentação tem como efeito final configuração semelhante à do campo magnético produzido por uma espira circular percorrida por corrente elétrica. Assim, tanto no que compete ao *spin* como ao movimento orbital do elétron, tem-se como resultado final a geração desses minúsculos ímãs, denominados **ímãs elementares**.

## 4. Classificação de materiais magnéticos

Vamos agora submeter amostras de vários materiais a um campo magnético externo e, conforme o comportamento magnético deles, os materiais serão classificados.

O campo magnético externo será o produzido por um solenoide percorrido por corrente elétrica de intensidade *i*. O meio é o vácuo, cuja permeabilidade magnética é $\mu_0$, e seja a intensidade do campo magnético no interior do solenoide dada por:

$$B_0 = \mu_0 \frac{N}{\ell} i$$

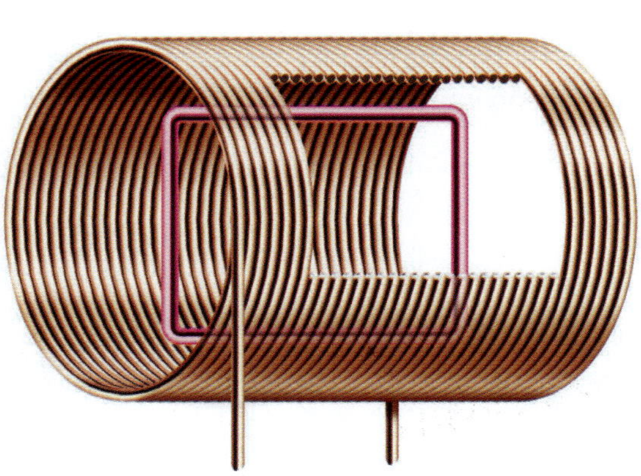


Quanto ao comportamento magnético, um material pode ser classificado de três formas: **diamagnético**, **paramagnético** e **ferromagnético**.

## Materiais diamagnéticos

Quando um material é posicionado no interior de um solenoide e o campo magnético resultante $\vec{B}$ em seu interior torna-se ligeiramente menos intenso, esse material é chamado **diamagnético**.

$$|\vec{B}| < |\vec{B}_0|$$

Esse enfraquecimento do campo magnético externo ocorre porque:

Os materiais diamagnéticos, quando submetidos a um campo externo $\vec{B}_0$, imantam-se em sentido contrário a esse campo.

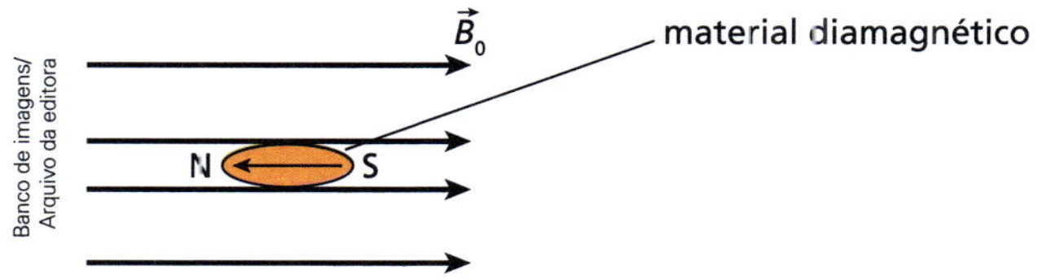


Uma amostra de substância diamagnética é submetida a um campo magnético externo $\vec{B}_0$. Ela se imanta em sentido oposto ao de $\vec{B}_0$.

Ao aproximarmos um ímã de um material diamagnético, este tende a ser repelido, conforme a figura a seguir.

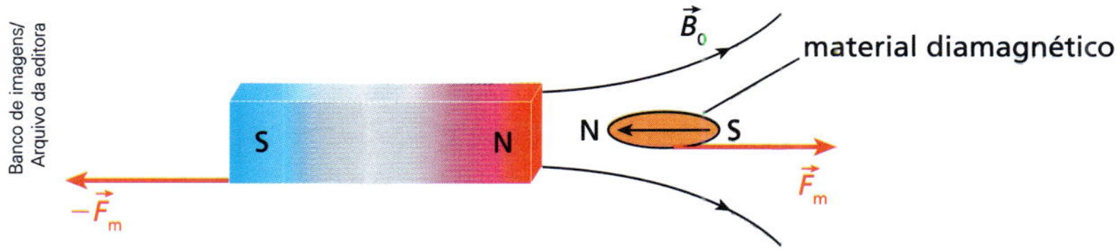


A interação magnética entre o ímã e o objeto composto de material diamagnético provoca a ação de um par de forças magnéticas de repulsão, com intensidade $F_m$.

A intensidade $F_m$ das forças de repulsão é muito baixa, dificultando sua constatação na grande maioria dos casos.

Para verificar o comportamento diamagnético de um material ou de uma substância, podemos utilizar o seguinte experimento, em que aproximamos um forte ímã de um halter de vidro contendo a substância, e suspenso por um fio. Vejamos o teste com a água:

Devido ao fato de a água ser uma substância diamagnética e o halter apresentar boa mobilidade, é possível perceber a repulsão entre o ímã e a água por meio do movimento do halter.

Sergio Dotta Jr./Arquivo da editora

Ao aproximarmos o ímã do halter suspenso com água no seu interior, ele gira, evidenciando a repulsão entre o ímã e a água.

## Em nível microscópico

Todos os materiais, ao ser submetidos a um campo magnético, apresentam uma reação diamagnética. No entanto, além do diamagnetismo, os materiais podem apresentar outros efeitos mais fortes, como o paramagnetismo e o ferromagnetismo. Materiais ditos diamagnéticos são aqueles que apresentam o diamagnetismo como efeito dominante e, em geral, são os materiais cujos átomos apresentam camadas eletrônicas completas.

Nos materiais e nas substâncias diamagnéticas, os efeitos magnéticos ocorrem devido à mudança do movimento orbital dos elétrons. Os efeitos magnéticos associados aos *spins* se anulam, porque os átomos constituintes dessas substâncias possuem orbitais completos, apresentando sempre dois elétrons emparelhados, isto é, com *spins* opostos, que cancelam mutuamente seus efeitos.

A maioria dos materiais e substâncias apresentam-se como diamagnéticos. Alguns exemplos de substâncias diamagnéticas: água, antimônio, bismuto, cobre, chumbo, mercúrio, gás carbônico, ouro, prata e zinco.

# Materiais paramagnéticos

Quando um material é colocado dentro de um solenoide e o campo magnético resultante $\vec{B}$ no interior desse dispositivo se torna ligeiramente mais intenso, o material é chamado **paramagnético** porque promove o reforço do campo do solenoide.

$$|\vec{B}| > |\vec{B}_0|$$

Os materiais paramagnéticos, quando submetidos a um campo magnético externo, imantam-se no mesmo sentido do campo, tornando-o mais intenso.

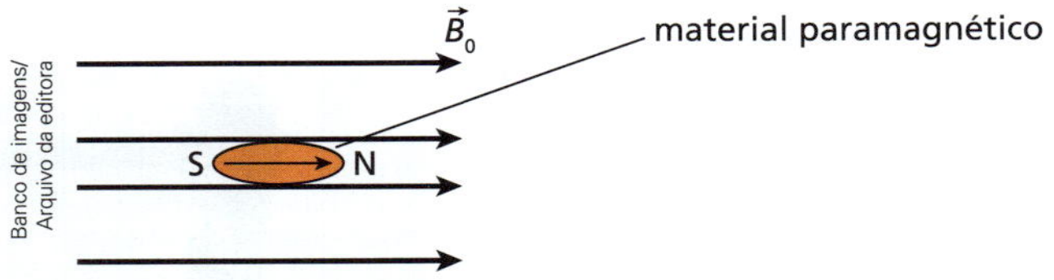


Uma amostra de substância paramagnética é submetida a um campo magnético externo $\vec{B}_0$. Ela se imanta no mesmo sentido de $\vec{B}_0$, tornando-o mais intenso.

Por isso, ao aproximarmos um ímã em formato de barra de uma amostra de substância paramagnética, ocorre atração, conforme mostra a figura abaixo.

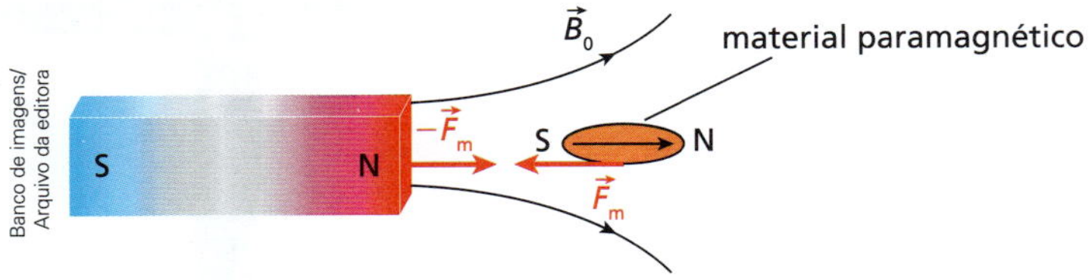


A interação magnética entre o ímã e o objeto composto de material paramagnético provoca a ação de um par de forças magnéticas de atração, com intensidade $F_m$.

A intensidade $F_m$ das forças de atração é baixa, dificultando sua verificação.

## Em nível microscópico

Neste tipo de material, existem elétrons não emparelhados, e os ímãs elementares se dispõem aleatoriamente em todos os sentidos, de modo que o efeito magnético resultante é nulo. Quando uma amostra de material paramagnético é submetida a um campo magnético externo, ocorre o ordenamento de seus ímãs elementares na mesma direção e mesmo sentido de $\vec{B}_0$, tornando esse campo mais intenso.

Banco de imagens/Arquivo da editora

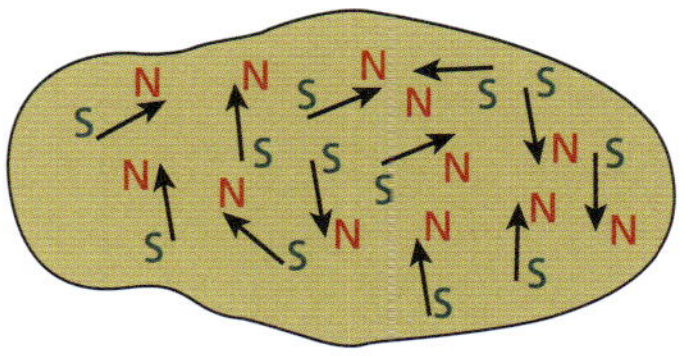

figura a

Ímãs elementares de um objeto paramagnético na ausência de campo magnético externo.

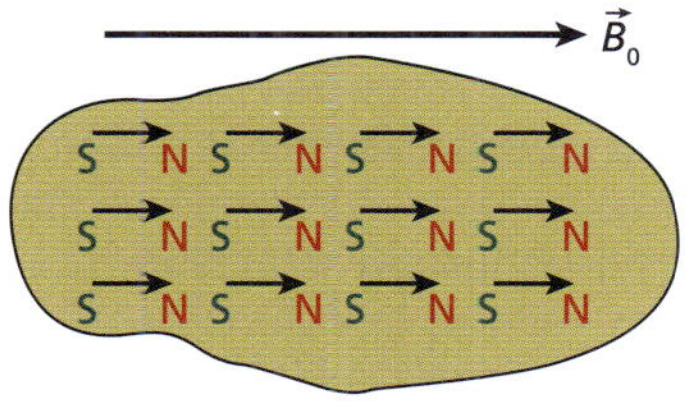

figura b

*Spins* eletrônicos de um objeto paramagnético ordenados na presença de campo magnético externo.

Nesse tipo de material, o efeito diamagnético provocado pelo movimento orbital do elétron é praticamente desprezível. Dessa maneira, o paramagnetismo é um comportamento originado devido aos *spins*. São exemplos de substâncias paramagnéticas: alumínio, magnésio, sulfato de cobre.

# Materiais ferromagnéticos

Quando um material é colocado dentro de um solenoide e o campo magnético resultante $\vec{B}$ no interior desse dispositivo se torna muito mais intenso, o material é chamado **ferromagnético** porque promove grande reforço no campo do solenoide.

$$|\vec{B}| \gg |\vec{B}_0|$$

Os materiais ferromagnéticos apresentam o mesmo comportamento dos paramagnéticos, mas de um modo bem mais intenso. Isso significa que eles se imantam acentuadamente no mesmo sentido do campo magnético externo e são fortemente atraídos por um ímã.

## Em nível microscópico

O ferromagnetismo é um paramagnetismo acentuado. Nos materiais e nas substâncias ferromagnéticas, existem regiões nas quais, mesmo na ausência de campo magnético externo, os *spins* estão espontaneamente orientados. Essas regiões são chamadas domínios de Weiss e são separadas por fronteiras denominadas paredes de Bloch.

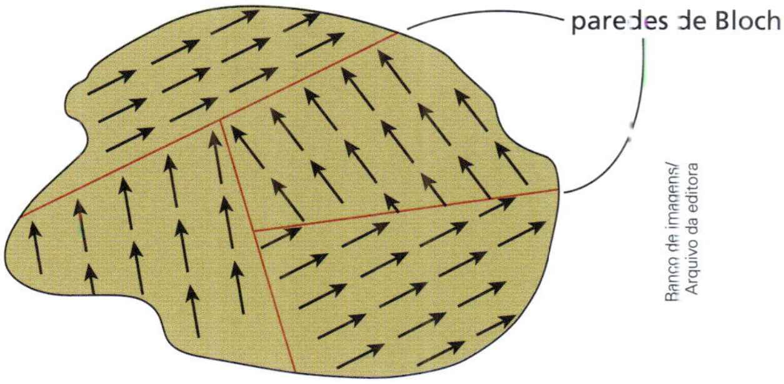


Banco de imagens/Arquivo da editora

Domínios de Weiss.

Sob ação de um campo magnético externo $\vec{B}_0$, os domínios giram e tendem a se dispor na direção e no sentido de $\vec{B}_0$.

Ao retirar o campo externo, o material ferromagnético pode ou não perder a imantação. Os materiais que permanecem imantados são usados como ímãs permanentes. É o caso do aço e das ligas permalloy 73 (22% Fe e 78% Ni) e alnico (8% Aℓ, 4% Ni, 24% Co, 3% Cu, 61% Fe).

São exemplos de outras substâncias ferromagnéticas: ferro, cobalto, níquel, gadolíneo, disprósio.

## Permeabilidade relativa

Sendo $\mu$ a permeabilidade magnética da substância colocada no interior do solenoide, temos:

$$B = \mu \cdot \frac{N}{\ell} \cdot i$$

Sendo $B_0 = \mu_0 \cdot \frac{N}{\ell} \cdot i$, podemos relacionar:

$$\frac{B}{B_0} = \frac{\mu}{\mu_0}$$

$\frac{B}{B_0} = \frac{\mu}{\mu_0} = \mu_r$: permeabilidade magnética relativa.

Portanto, podemos concluir que:

Substância diamagnética: $\mu_r < 1$
Substância paramagnética: $\mu_r > 1$
Substância ferromagnética: $\mu_r >> 1$

## 5. Ponto de Curie

Os materiais que perdem a imantação, como o ferro doce, são ímãs temporários. Eles são usados na construção de eletroímãs. Aquecendo-se um corpo constituído de material ferromagnético, ele perde gradativamente suas propriedades magnéticas devido ao aumento da agitação térmica. O aumento da temperatura destrói as paredes de Bloch que delimitam os domínios magnéticos. A temperatura a partir da qual o material perde suas propriedades ferromagnéticas e praticamente perde sua imantação recebe o nome de **ponto de Curie**. Para o ferro, o ponto de Curie é de 770 °C.

Suponha que um ímã de ferro, preso em uma posição fixa, está atraindo magneticamente uma esfera constituída de um material ferromagnético qualquer. A esfera está presa por um fio e apresenta liberdade de movimento, conforme a figura.

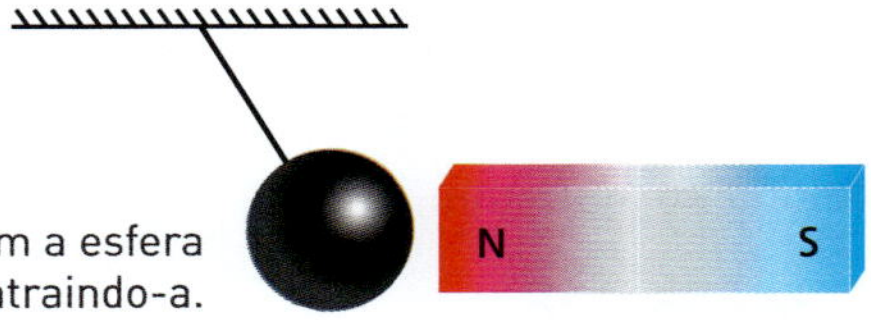


Banco de imagens/Arquivo da editora

O ímã vai interagir com a esfera ferromagnética, atraindo-a.

Suponha agora que uma fonte térmica é colocada próxima ao ímã, fornecendo-lhe calor.

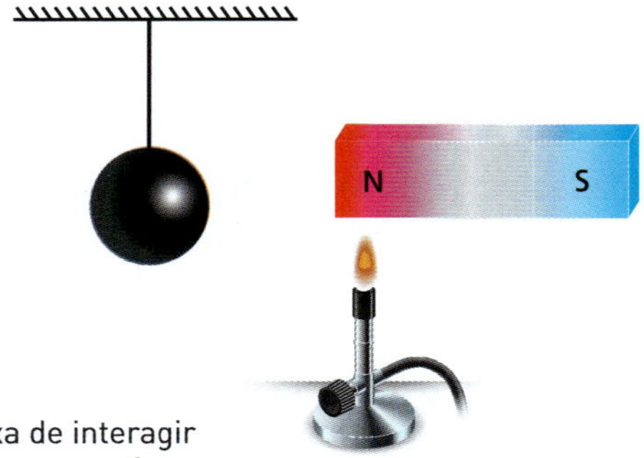


Banco de imagens/Arquivo da editora

O ímã deixa de interagir com a esfera.

Quando a temperatura do ímã, que é constituído de ferro, atinge o valor de 770 °C, que é o ponto de Curie do ferro, o ímã praticamente perde sua imantação e, consequentemente, deixa de atrair magneticamente a esfera.

# 6. Histerese magnética

Consideremos um material ferromagnético que apresente a seguinte propriedade: após a retirada do campo magnético externo indutor, o material ainda apresenta uma imantação residual.

O fenômeno é denominado **histerese magnética** e é usado na confecção de **ímãs permanentes**.

Segundo o dicionário *Aurélio Online de Português*, a definição de histerese, segundo a atualização de 29 de julho de 2018, é:

> 1. Fenômeno apresentado por alguns sistemas ou materiais que conservam as suas propriedades mesmo na ausência de estímulo que as gerou.

É importante no estudo da histerese magnética fazermos o gráfico da imantação $\vec{I}$ (poder de magnetização) da substância em função da intensidade do campo indutor $\vec{B}$.

A imantação $\vec{I}$ de um material é proporcional ao campo magnético $\vec{B}$ indutor, assim:

$$\vec{I} = k \cdot \vec{B}$$

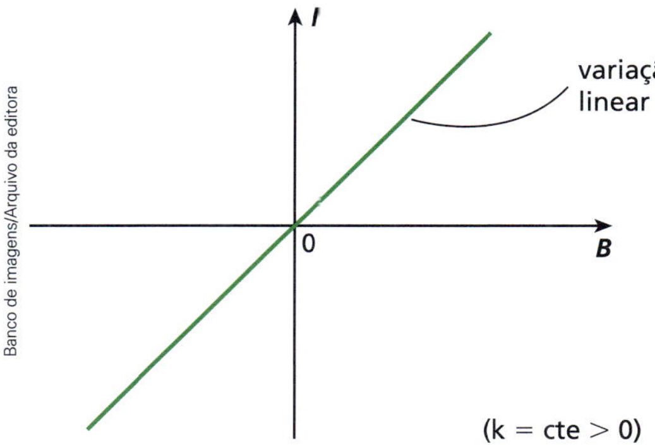


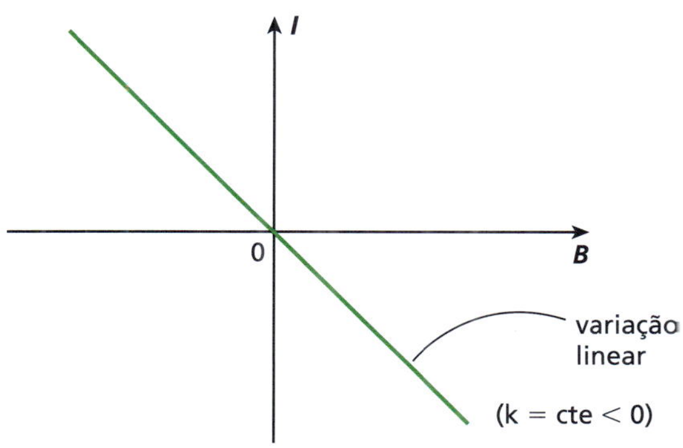


A variação de $I$ em funcão de $B$ é diretamente proporcional para substâncias paramagnéticas e inversamente proporcional para substâncias diamagnéticas.

Quando o material é ferromagnético, $k$ é positivo, porém não é constante e o gráfico assume um aspecto distinto dos anteriores, evidenciando novas características.

Consideremos, por exemplo, o campo magnético criado por um solenoide que em seu interior tem um objeto constituído de material ferromagnético que vai ser imantado ou magnetizado.

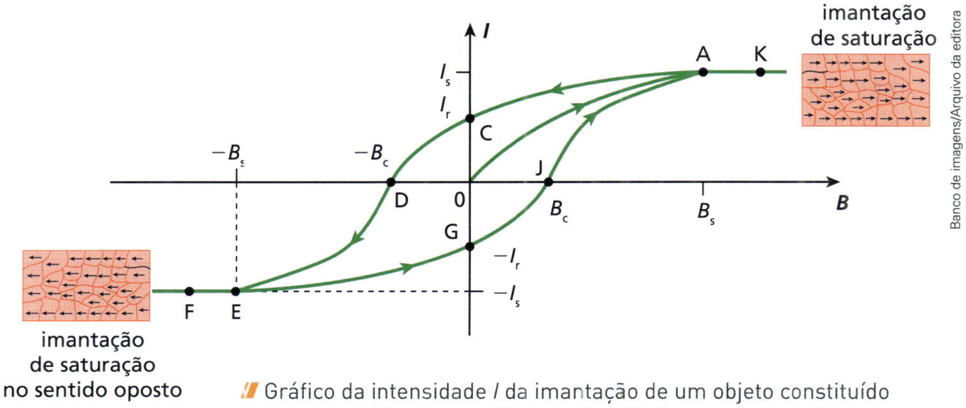


Gráfico da intensidade $I$ da imantação de um objeto constituído de material ferromagnético em função do campo magnético de intensidade $B$ criado por um solenoide.

Inicialmente, sem corrente elétrica no solenoide, temos $\vec{B} = \vec{0}$ e $\vec{I} = \vec{0}$; este é o ponto 0 de origem do gráfico.

Em seguida, aumentando-se gradativamente a corrente elétrica, vamos tornando o campo magnético indutor $\vec{B}$ cada vez mais intenso.

Com isso, a imantação do material vai aumentando segundo uma função não linear: trecho **OA** do gráfico.

Qual o motivo para a relação $\vec{I} \times \vec{B}$ não ser linear?

Inicialmente, os ímãs elementares estão completamente desordenados e, sob a ação de um campo indutor crescente, vão rapidamente se organizando, acarretando um aumento significativo de $\vec{I}$. Porém, à medida que a ordenação dos átomos vai crescendo, vai tornando-se cada vez mais difícil melhorar esta ordenação, o que significa que a imantação já não aumenta tanto como de início. Está atingindo uma situação-limite.

A ordenação dos ímãs elementares vai atingir, desse modo, um ponto de saturação, isto é, chegamos a uma situação de máxima ordenação e, daí por diante, aumentar a intensidade de $\vec{B}$ não será mais tão eficiente, pois a imantação $\vec{I}$ permanece constante (trecho **AK** do gráfico).

O campo que produziu o máximo valor da imantação denomina-se **campo de saturação** ($\vec{B}_s$) e o valor da imantação correspondente denomina-se **imantação de saturação** ($\vec{I}_s$).

Em seguida, começamos o processo inverso, ou seja, começamos a desmagnetizar o material diminuindo a intensidade do campo magnético indutor $\vec{B}$; notamos, porém, que o gráfico não volta pelo caminho **AO**, mas sim pelo caminho **AC**.

Isso significa que, ao desmagnetizarmos o material, o vetor imantação adquire um valor maior do que o valor de $\vec{B}$ adquirido durante a fase de imantação.

Ao desligarmos a corrente elétrica do solenoide, o que significa campo magnético indutor nulo ($\vec{B} = \vec{0}$), constatamos que o material apresenta uma imantação residual $\vec{I}_r$.

A imantação residual é que permite a confecção industrial dos **ímãs permanentes**.

Se quisermos desmagnetizar o material, devemos inverter a corrente elétrica no solenoide, o que equivale a inverter o sentido do campo magnético $\vec{B}$: é o trecho **CD** do gráfico.

No ponto **D**, o campo magnético vale $-\vec{B}_c$ e a imantação vale zero, isto é, o material está desmagnetizado.

O valor $\vec{B}_c$ capaz de anular a imantação inicialmente imposta denomina-se **campo coercitivo**.

Se continuarmos a partir do ponto **D** aumentando a intensidade de $\vec{B}$ com o seu novo sentido (sinal negativo), notaremos que o material se imanta em sentido contrário ao da primeira fase da experiência ($\vec{I}$ negativo): é o trecho **DE** do gráfico.

Quando o campo atinge o valor $-\vec{B}_s$, a imantação atinge o valor $-\vec{I}_s$ e novamente foi atingida a saturação magnética. Se aumentarmos ainda mais a intensidade de $\vec{B}$, a imantação permanecerá constante em $-\vec{I}_s$: é o trecho **EF** do gráfico. Observe a ilustração mostrando a ordenação máxima no sentido oposto.

Se, em seguida, diminuirmos novamente a intensidade de $\vec{B}$, a imantação vai enfraquecendo até que, para $\vec{B} = \vec{0}$, temos a imantação residual $-\vec{I}_r$: é o trecho **EG** do gráfico.

Se quisermos novamente desmagnetizar o material, voltamos a dar à corrente elétrica o sentido original ($\vec{B}$ positivo) e a imantação vai enfraquecendo até se anular para o campo $\vec{B}_c$ (campo coercitivo): é o trecho **GJ** do gráfico.

Se, em seguida, continuarmos aumentando o campo $\vec{B}$, a imantação voltará a crescer agora, no mesmo sentido da primeira fase da experiência ($\vec{I}$ positivo), até ocorrer nova saturação no ponto **A**: é o trecho **JA** do diagrama. Fechamos, assim, o ciclo completo de histerese.

## DESCUBRA MAIS

1. Como funciona uma antena de rádio? Explique por que antenas maiores são mais potentes, dado que as ondas eletromagnéticas são do mesmo tamanho quando sintonizamos numa frequência específica.
2. Sabemos que elementos da tabela periódica podem ser diamagnéticos, paramagnéticos ou ferromagnéticos, bem como algumas moléculas. Dê exemplos de substâncias do seu dia a dia que se encaixam em cada uma dessas três categorias.
3. Descreva, sucintamente, o funcionamento de um aparelho de ressonância magnética. Qual a principal diferença entre um aparelho de ressonância magnética e um aparelho que realiza tomografias?
4. Os chamados telescópios ópticos (nos quais conseguimos ver as imagens observando com nossos olhos) e os radiotelescópios são ambos capazes de observar certos tipos de estrela. Porém, um telescópio óptico utiliza detectores microscópicos, enquanto um radiotelescópio utiliza antenas da ordem de vários metros. Se ambos observam radiação eletromagnética provinda do espaço, por que essa diferença?

# Para raciocinar um pouco mais

**21.** (Fuvest-SP) Para estimar a intensidade de um campo magnético $B_0$, uniforme e horizontal, é utilizado um fio condutor rígido, dobrado com o formato e as dimensões indicadas na figura, apoiado sobre suportes fixos, podendo girar livremente em torno do eixo **OO'**. Esse arranjo funciona como uma "balança para forças eletromagnéticas". O fio é ligado a um gerador, ajustado para que a corrente contínua fornecida seja sempre i = 2,0 A, sendo que duas pequenas chaves, **A** e **C**, quando acionadas, estabelecem diferentes percursos para a corrente. Inicialmente, com o gerador desligado, o fio permanece em equilíbrio na posição horizontal. Quando o gerador é ligado, com a chave **A** aberta e a **C** fechada, é necessário pendurar uma pequena massa $M_1$ = 0,008 kg, no meio do segmento **$P_3$-$P_4$**, para restabelecer o equilíbrio e manter o fio na posição horizontal.

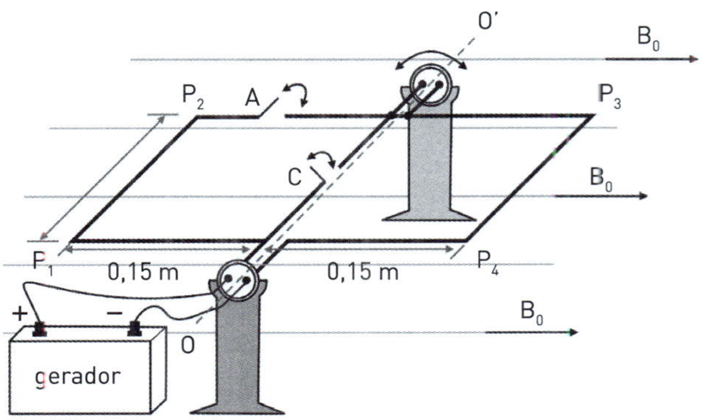




a) Determine a intensidade da força eletromagnética $F_1$, em newtons, que age sobre o segmento **$P_3P_4$** do fio, quando o gerador é ligado com a chave **A** aberta e a **C** fechada.

b) Estime a intensidade do campo magnético $B_0$, em teslas.

c) Estime a massa $M_2$, em kg, necessária para equilibrar novamente o fio na horizontal, quando a chave **A** está fechada e **C**, aberta. Indique onde deve ser colocada essa massa, levando em conta que a massa $M_1$ foi retirada.

> **Note e adote:**
> $F = iBL$
> Desconsidere o campo magnético da Terra.
> As extremidades $\mathbf{P_1}$, $\mathbf{P_2}$, $\mathbf{P_3}$ e $\mathbf{P_4}$ estão sempre no mesmo plano.

**22.** (Epcar-MG) Desejando-se determinar a intensidade do campo magnético no interior de um solenoide longo percorrido por uma corrente elétrica constante, um professor de Física construiu um aparato experimental que consistia, além do solenoide, de uma balança de braços isolantes e iguais a $\mathbf{d_1}$ e $\mathbf{d_2}$, sendo que o prato em uma das extremidades foi substituído por uma espira quadrada de lado $\ell$, conforme indicado na figura abaixo.

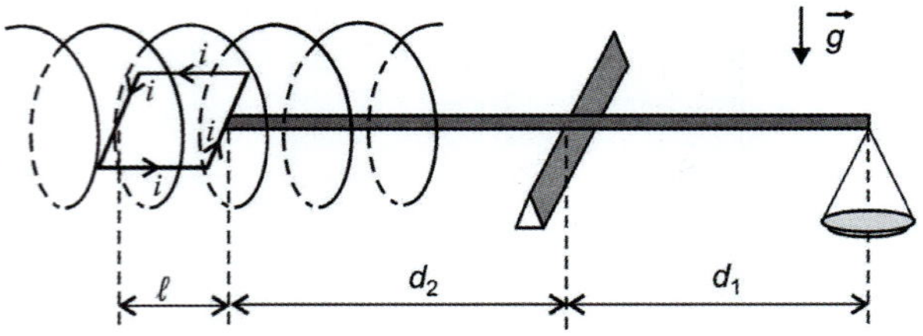

Reprodução/Epcar, 2015.

Quando não circula corrente na espira, a balança se encontra em equilíbrio e o plano da espira está na horizontal. Ao fazer passar pela espira uma corrente elétrica constante *i*, o equilíbrio da balança é restabelecido ao colocar no prato uma massa *m*. Sendo *g*, o módulo do campo gravitacional local, o campo magnético no interior do solenoide é dado pela expressão

a) $\dfrac{mgd_1 + i(\ell + d_2)}{\ell + d_2}$

b) $\dfrac{mgd_1 i}{\ell(d_2 + \ell)}$

c) $\dfrac{mg(d_1 + d_2)}{i\ell^2 d_2}$

d) $\dfrac{mgd_1}{i\ell^2}$

**23.** (EsPCEx-SP) Em uma espira condutora triangular equilátera, rígida e homogênea, com lado medindo 18 cm e massa igual a 4,0 g, circula uma corrente elétrica *i* de 6,0 A, no sentido anti-horário. A espira está presa ao teto por duas cordas isolantes, ideais e de comprimentos iguais, de modo que todo conjunto fique em equilíbrio, num plano vertical. Na mesma região, existe um campo magnético uniforme de intensidade $B = 0{,}05$ T que atravessa perpendicularmente o plano da espira, conforme indicado no desenho abaixo.

Considerando a intensidade da aceleração da gravidade $g = 10$ m/s², a intensidade da força de tração em cada corda é de

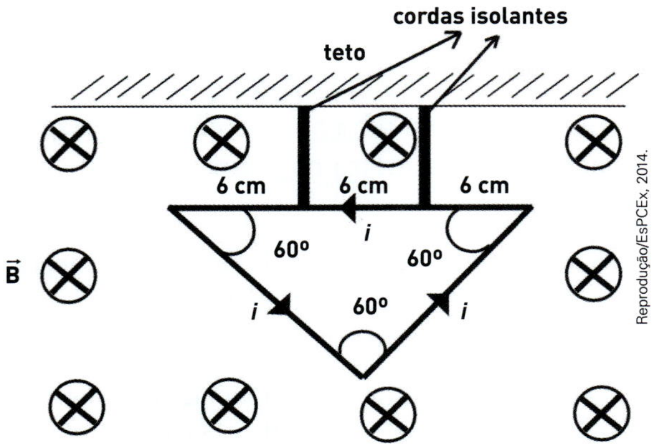

Reprodução/EsPCEx, 2014.

**desenho ilustrativo – fora de escala**

Dados: cos 60° = 0,50
sen 60° = 0,87

a) 0,01 N
b) 0,02 N
c) 0,03 N
d) 0,04 N
e) 0,05 N

**24.** (FICSAE-SP)
Quando necessário, adote:

- permeabilidade magnética do meio: $\mu = 4 \cdot \pi \cdot 10^{-7}$ T · m/A
- valor de pi: $\pi = 3$

Determine o valor da força magnética, em newtons, entre dois fios metálicos cilíndricos, de mesma resistividade elétrica, retilíneos, paralelos, de comprimentos iguais a 100 cm, distanciados 10 cm e com raios de 1 mm e 2 mm, quando cada um deles for ligado a uma fonte de corrente contínua de diferença de potencial igual a 2,0 V.

Adote: $\rho = 24$ nΩ · m (resistividade elétrica do metal dos fios)

a) 0,2
b) 0,3
c) 0,4
d) 0,5

TÓPICO

4

# Indução eletromagnética

Photos.com/Getty Images

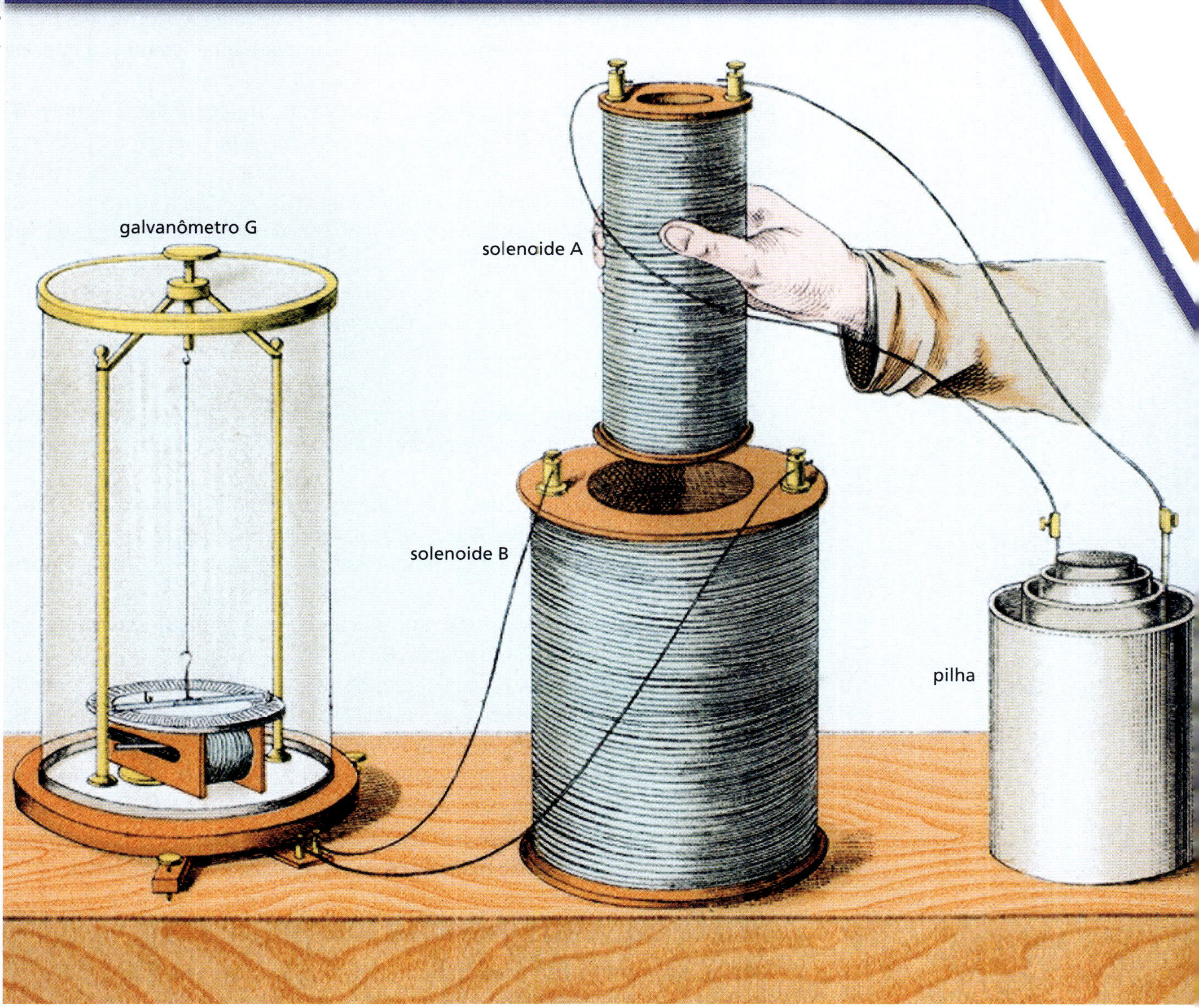


Representação de uma montagem experimental do século XIX construída para investigar a possibilidade de geração de corrente elétrica a partir de um campo magnético.

Pelo que vimos até aqui, uma corrente elétrica passando por um fio condutor gera um campo magnético. Mas na Física, devido a uma simetria apresentada em muitas de suas leis, vale um questionamento sobre se é possível o contrário, isto é, gerar corrente elétrica a partir de um campo magnético.

No início do século XIX, dois grandes cientistas fizeram essa mesma pergunta e foram buscar uma resposta. Michael Faraday e Joseph Henry conduziram uma série de experimentos para verificar se realmente seria possível gerar uma corrente elétrica por meio de campos magnéticos. Para isso, utilizaram aparatos muito semelhantes ao representado na figura acima.

## Bloco 1

# 1. Primeiros experimentos

Na montagem da figura da página anterior, à direita, observa-se uma pilha eletrolítica, utilizada para fornecer corrente para o solenoide **A**. Como já estudamos, a corrente que flui no solenoide gera um campo magnético no seu interior e nas vizinhanças.

Além do solenoide **A**, o experimento dependia de um segundo solenoide, **B**, ligado a um galvanômetro **G**, utilizado para detectar a passagem de corrente elétrica.

O experimento era conduzido da seguinte forma:

Posicionava-se o solenoide **A**, percorrido por corrente elétrica, dentro do solenoide **B**, mas evitando o contato entre ambos. Observava-se o resultado.

Mantinha-se o solenoide **A**, ainda com corrente, dentro do solenoide **B** por um período de tempo, sem movimentação. Observava-se o resultado.

O solenoide **A** era removido do solenoide **B** e, mais uma vez, observava-se o resultado.

Para finalizar, o solenoide **A** era novamente inserido no interior do solenoide **B**. Após algum tempo sem movimentação, a pilha era desconectada do solenoide **A** e observava-se o resultado.

Para a surpresa dos cientistas, os resultados observados foram os seguintes:

Ao movimentar o solenoide **A** em relação ao solenoide **B**, seja inserindo **A** dentro de **B**, seja afastando, uma corrente elétrica surgia, ou melhor, era **induzida** no solenoide **B**.

Ao manter o solenoide **A** parado em relação ao solenoide **B**, dentro ou fora dele, nenhuma corrente era induzida em **B**.

Mesmo com o solenoide **A** parado dentro do solenoide **B**, ao desligar a pilha do solenoide **A**, uma corrente elétrica era induzida momentaneamente no solenoide **B**.

Movidos por esses resultados experimentais, os cientistas concluíram que a alteração do campo magnético que passava dentro do solenoide **B**, ou melhor dizendo, a alteração do fluxo magnético no solenoide **B** era responsável pela corrente elétrica induzida que aparecia nele. Vamos, então, aprofundar-nos no estudo desses dois novos conceitos, o de **fluxo magnético** e o de **indução eletromagnética**.

# 2. Fluxo do vetor indução magnética

Para que possamos compreender o fenômeno da indução eletromagnética, é necessário um pré-requisito importante: entender o conceito de fluxo magnético.

Consideremos um campo magnético uniforme $\vec{B}$ e uma superfície plana de área $A$. Associemos à superfície plana um vetor normal $\vec{n}$. Seja $\theta$ o ângulo entre $\vec{B}$ e $\vec{n}$.

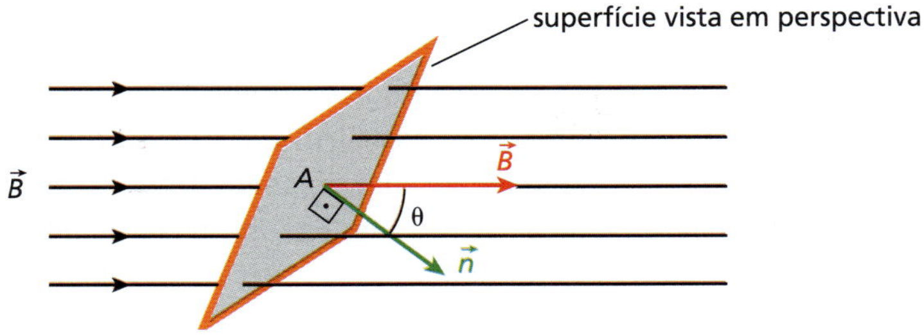


Banco de imagens/Arquivo da editora

Banco de imagens/Arquivo da editora

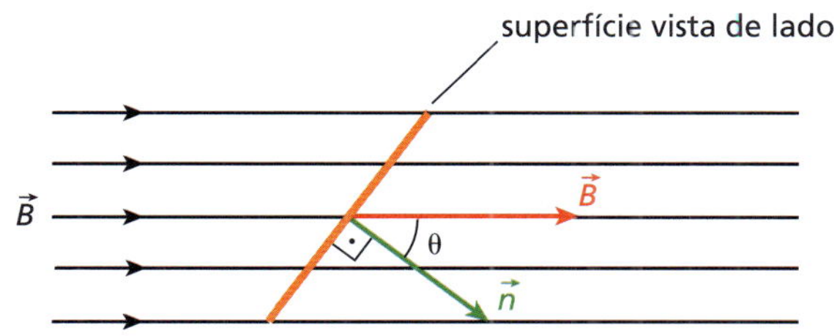


Define-se **fluxo do vetor indução magnética $\vec{B}$**, ou **fluxo magnético** através da superfície considerada, como uma grandeza Φ dada por:

$$\Phi = B \cdot A \cdot \cos\theta$$

A unidade de fluxo magnético no Sistema Internacional é denominada **weber** (símbolo: Wb).

$$1\ Wb = 1\ T \cdot m^2$$

Conceitualmente, o valor do fluxo magnético corresponde a uma medida do número de linhas de indução que atravessam uma superfície.

Banco de imagens/Arquivo da editora

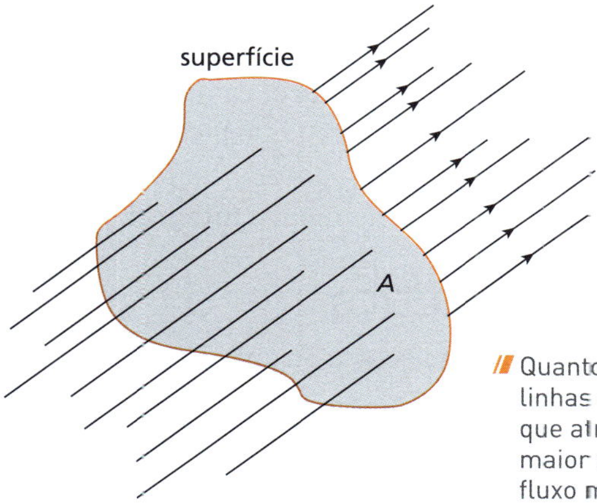


Quanto maior for o número de linhas de campo magnético que atravessam a superfície, maior será a intensidade do fluxo magnético.

**Observações:**

- O fluxo magnético é máximo quando $\cos\theta = 1$, ou $\theta = 0°$. Em outras palavras:

O fluxo magnético é máximo quando a superfície é disposta **perpendicularmente** à direção do campo magnético.

Banco de imagens/Arquivo da editora

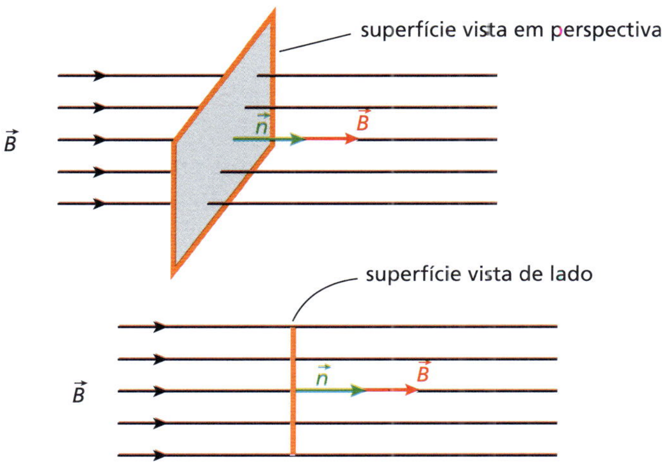


PHAS/UIG/Fotoarena

Wilhelm Eduard Weber (1804-1891). Físico alemão que se notabilizou pelas suas investigações na área do magnetismo. Entre suas contribuições relacionadas a essa área, está o desenvolvimento do telégrafo. Weber colaborou com Carl Friedrich Gauss (1777-1855) na determinação das medidas magnéticas em função das grandezas fundamentais (comprimento, massa, tempo). Por esse motivo, **gauss** é a unidade de fluxo magnético no sistema CGS (centímetro, grama, segundo), enquanto **weber** é a unidade de fluxo magnético no SI.
Em 1856, Weber mediu a razão entre as unidades eletromagnéticas e eletrostáticas de carga, $c = \frac{1}{\sqrt{\mu_0 \cdot \epsilon_0}}$, algo que nunca havia sido feito antes. O valor obtido, $3{,}1 \cdot 10^8$ m/s, aproximadamente o mesmo valor da velocidade da luz, foi a primeira indicação quantitativa precisa sobre a ligação profunda que devia haver entre o Eletromagnetismo e a Óptica. Esse valor foi usado por Maxwell em favor de sua própria teoria eletromagnética.

- O fluxo magnético é nulo quando cos $\theta = 0$, ou $\theta = 90°$. Em outras palavras:

O fluxo magnético é nulo quando a superfície é disposta **paralelamente** à direção do campo magnético.

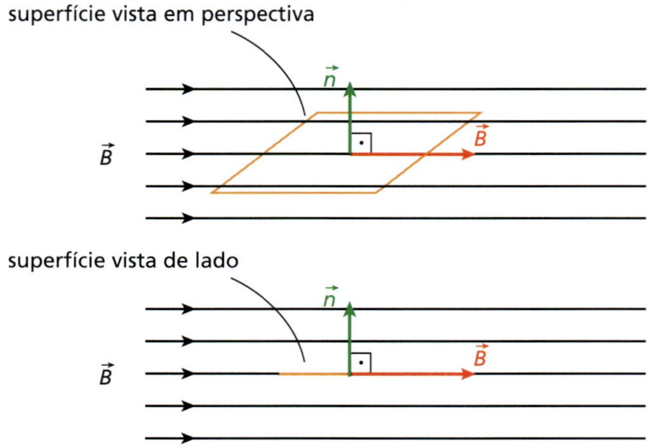


Banco de imagens/Arquivo da editora

- Definimos o fluxo em condições ideais, isto é, campo magnético uniforme e superfície plana; o fluxo é definido mesmo que o campo não seja uniforme e que a superfície não seja plana, porém, nesse caso, a definição é feita por meio de uma função matemática denominada **integral**.

# 3. Indução eletromagnética

Consideremos um trecho de circuito dentro de um campo magnético. O circuito é, então, atravessado por um certo fluxo magnético. Dizemos que o fluxo magnético está concatenado com o circuito. O fenômeno de indução eletromagnética consiste no seguinte:

Quando o fluxo magnético concatenado com um circuito varia, aparece no circuito uma força eletromotriz induzida que, por sua vez, permitirá o surgimento de uma **corrente elétrica induzida**, se o circuito for fechado.

Observemos, por meio de alguns exemplos, como promover a variação do fluxo magnético, bem como os efeitos produzidos nos circuitos.

## Variação do fluxo magnético por meio da variação da intensidade *B* do campo magnético

Podemos variar o fluxo magnético alterando a intensidade *B* do campo magnético. Para isso, devemos variar a fonte que produz $\vec{B}$, isto no caso de as linhas de campo serem uniformes. No caso de $\vec{B}$ não ser uniforme, podemos variar a posição relativa entre a fonte do campo e o circuito. Vejamos essas duas possibilidades.

a) Consideremos o campo magnético uniforme criado por um solenoide percorrido por uma corrente elétrica de intensidade *i* variável. A intensidade *B* do campo magnético depende do valor da corrente elétrica *i*. Assim, variando *i*, variamos *B* e, com isso, variamos o fluxo concatenado com o circuito que está dentro do campo.

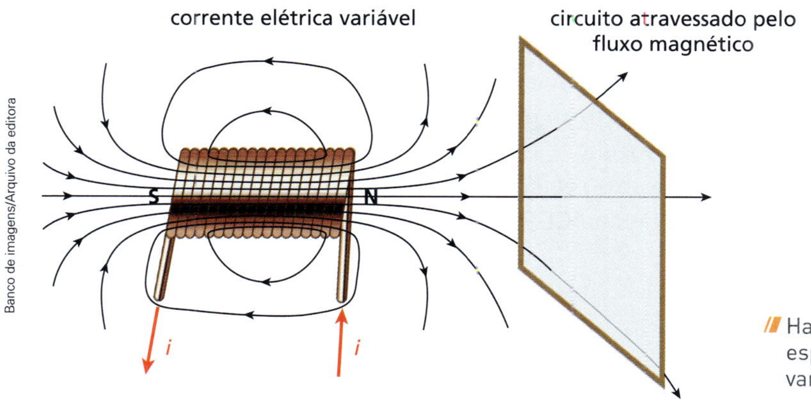


Haverá corrente elétrica na espira retangular devido à variação do fluxo magnético.

b) Consideremos o campo magnético, não uniforme, criado por um ímã. Ao deslocarmos o circuito para diferentes posições do campo, estaremos promovendo uma variação do fluxo magnético através da espira. Essa variação do fluxo magnético no decorrer do tempo faz surgir na espira uma corrente elétrica induzida responsável pelo acendimento da lâmpada.

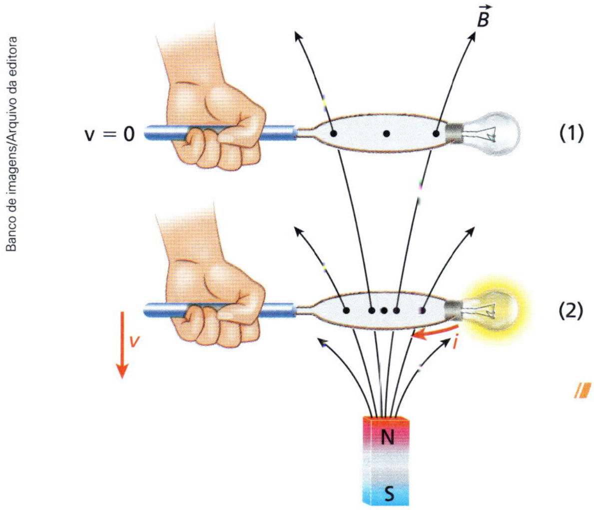


Da posição (1) para a posição (2), o fluxo magnético aumenta, ou seja, $\Phi_2 > \Phi_1$. A variação do fluxo magnético gera uma corrente elétrica induzida e a lâmpada acende.

## Variação do fluxo magnético por meio da variação da área *A* do circuito

Podemos alterar o fluxo magnético variando a área *A* do circuito que é atravessado pelo fluxo magnético.

a) Consideremos um circuito elétrico feito de um material condutor e uma haste deslizante também de material condutor, que pode fechar o circuito em pontos variados.

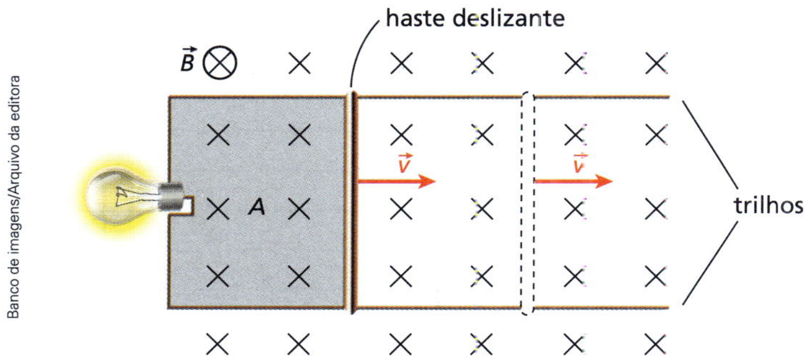


Circuito elétrico com uma lâmpada e uma haste móvel sobre trilhos de material condutor. Essa montagem é posicionada sobre um campo magnético $\vec{B}$ uniforme, perpendicular ao plano do papel e orientado para "dentro" dele.

O circuito é mantido imóvel, com exceção da haste, que desliza apoiada nos trilhos.

Considere um campo magnético uniforme perpendicular ao plano do papel atravessando o circuito fechado. Como a área desse circuito está variando, teremos uma variação do fluxo magnético concatenado e o aparecimento de uma corrente elétrica induzida.

b) Consideremos uma região onde existe um campo magnético uniforme limitado pelo retângulo ACDE. Essa região é atravessada por uma espira.

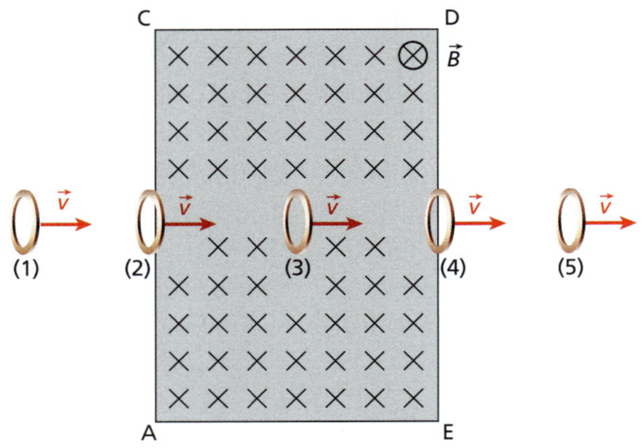


Banco de imagens/Arquivo da editora

Uma espira está em movimento uniforme em uma direção paralela ao lado $\overline{CD}$ e de modo a cortar perpendicularmente as linhas de indução.

Quando a espira está nas posições (1) ou (5), ela não é atravessada pelas linhas de indução de $\vec{B}$, isto é, o fluxo magnético é nulo e não há corrente elétrica induzida.

Na posição (2), a espira está entrando no campo, de modo que apenas a área destacada está sendo atravessada pelas linhas de indução, e como essa área está variando, o fluxo magnético concatenado varia e surge uma corrente elétrica induzida na espira.

Na posição (3), a espira está inteiramente imersa no campo, a área não varia mais, o fluxo magnético é constante e não há corrente induzida.

Na posição (4), a espira está saindo do campo magnético, de modo que a área atravessada pelas linhas de indução volta a sofrer uma variação, o fluxo magnético varia e a corrente elétrica induzida aparece novamente.

Essas observações ilustram o seguinte fato:

Não basta que exista um fluxo magnético atravessando a espira: o fenômeno fundamental é a **variação desse fluxo no decorrer do tempo**.

## Variação do fluxo magnético por variação de cos θ

Podemos variar o fluxo magnético alterando o ângulo $\theta$ entre a normal $\vec{n}$ à superfície e o campo magnético $\vec{B}$.

Consideremos como exemplo uma espira submetida a um campo magnético $\vec{B}$ uniforme horizontal. A espira encontra-se na posição vertical e pode girar perpendicularmente às linhas do campo magnético.

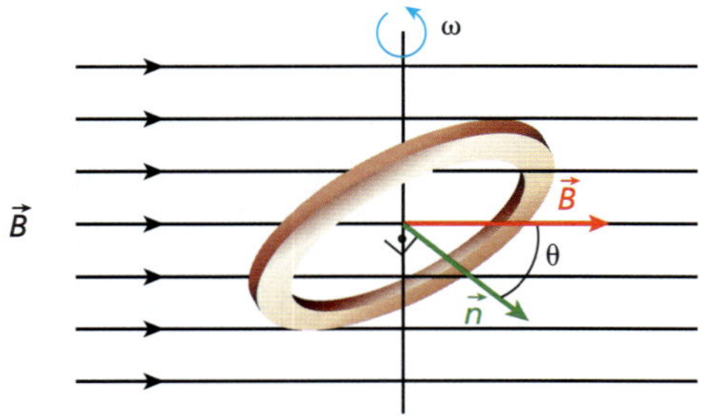


Banco de imagens/Arquivo da editora

A variação de θ implica a variação do fluxo magnético concatenado, surgindo na espira uma corrente elétrica induzida.

**Observação:**

Na construção de geradores elétricos, usa-se fundamentalmente o último exemplo mencionado: com a energia mecânica obtida a partir de quedas de água, as espiras são colocadas a girar dentro de poderosos campos magnéticos; devido à indução eletromagnética, temos, na espira, correntes elétricas induzidas que vão alimentar os circuitos elétricos consumidores. Note que no gerador elétrico temos dispêndio de energia mecânica e produção de energia elétrica.

O fenômeno da indução eletromagnética deve obedecer ao princípio da conservação da energia.

## 4. Lei de Lenz

Já sabemos que uma variação do fluxo magnético através de um circuito elétrico promove neste circuito o aparecimento de uma força eletromotriz (fem) induzida que, por sua vez, dará origem a uma corrente elétrica induzida. Todos esses fenômenos acontecem de modo concatenado e simultâneo. A pergunta com a qual certamente nos deparamos agora é: qual o sentido da corrente elétrica induzida nesse circuito?

A resposta para essa questão está no enunciado da **Lei de Lenz**:

O sentido da corrente elétrica induzida será sempre aquele que produza um fluxo magnético induzido que se oponha à variação do fluxo magnético indutor.

Por meio de alguns exemplos, vamos detalhar mais a Lei de Lenz.

**Figura 1**

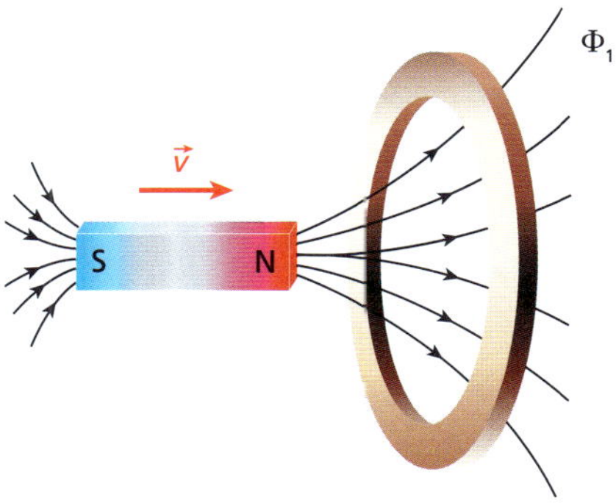


**Figura 2**

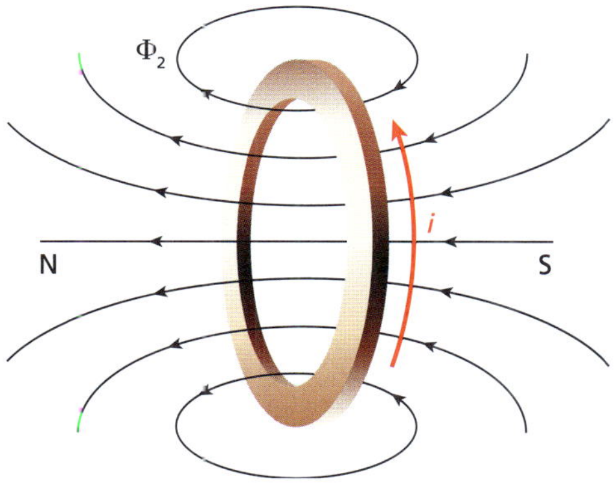


Banco de imagens/Arquivo da editora

Se aproximarmos o ímã da espira produzindo, como mostrado na figura 1, um **aumento** do fluxo magnético indutor $\Phi_1$ através da espira, de acordo com a Lei de Lenz, surge na espira uma corrente elétrica induzida que terá como efeito criar um fluxo magnético induzido $\Phi_2$ que se oponha a esse aumento, conforme mostra a figura 2.

Banco de imagens/Arquivo da editora

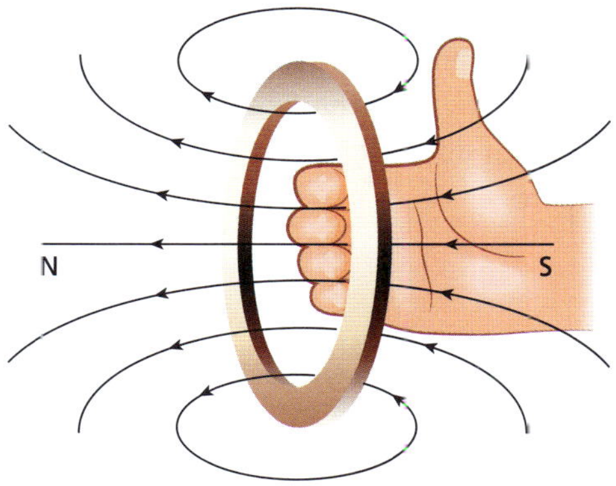


Aplicando a regra da mão direita podemos identificar o sentido da corrente elétrica induzida.

Quer dizer, então, que o fluxo magnético induzido deve produzir um efeito de oposição ao fluxo indutor?

Não necessariamente! A resposta correta é: deve produzir um efeito que se oponha à **variação** do fluxo magnético indutor.

Observe mais um exemplo:

**Figura 3**

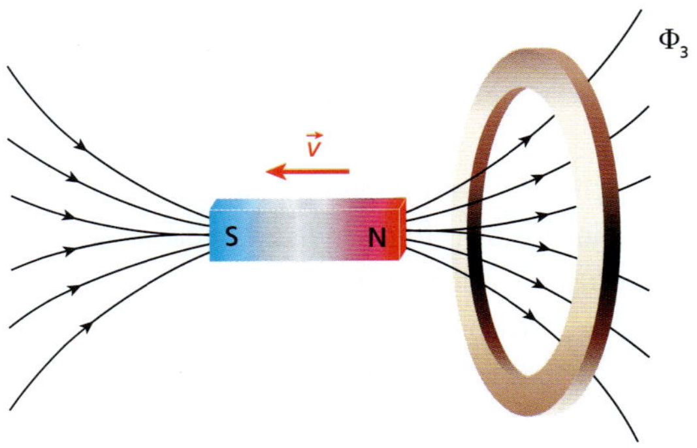


Banco de imagens/Arquivo da editora

**Figura 4**

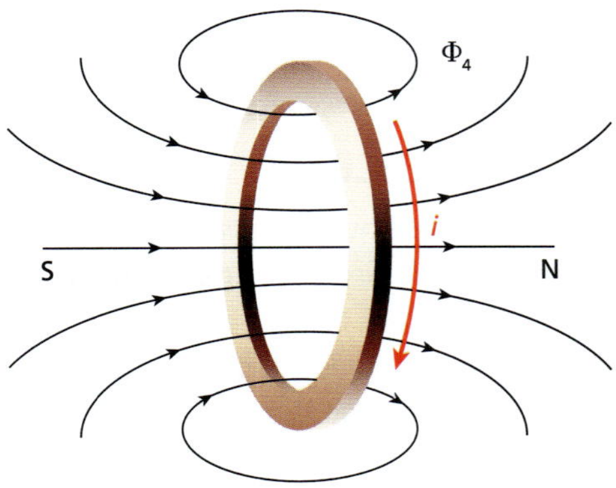


Se afastarmos o ímã da face da espira produzindo, como mostrado na figura 3, uma **diminuição** do fluxo magnético indutor $\Phi_3$, de acordo com a Lei de Lenz, deve surgir na espira uma corrente elétrica induzida que terá como efeito a criação de um fluxo magnético induzido $\Phi_4$ que se oponha a essa diminuição, como mostrado na figura 4.

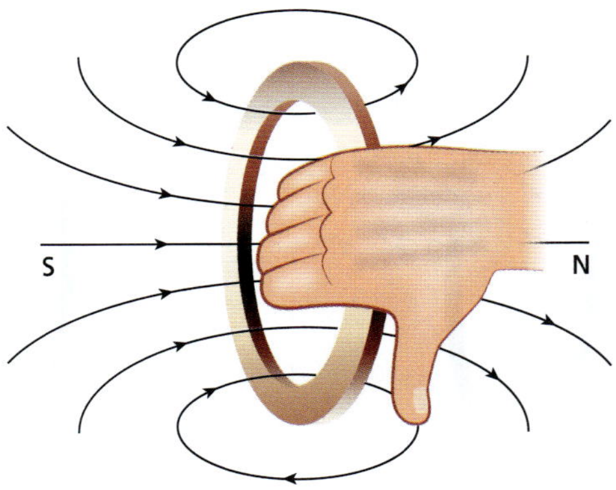


Banco de imagens/Arquivo da editora

Aplicando a regra da mão direita, podemos identificar o sentido da corrente elétrica induzida.

Podemos analisar a Lei de Lenz observando exclusivamente as polaridades magnéticas nas faces das espiras.

Se o polo sul do ímã se afasta da face de uma espira, de acordo com a Lei de Lenz, deve surgir na espira uma corrente elétrica induzida que tenha como efeito a produção de um polo norte nessa face. Perceba que surge entre o ímã e a espira uma força de atração que se opõe a esse afastamento.

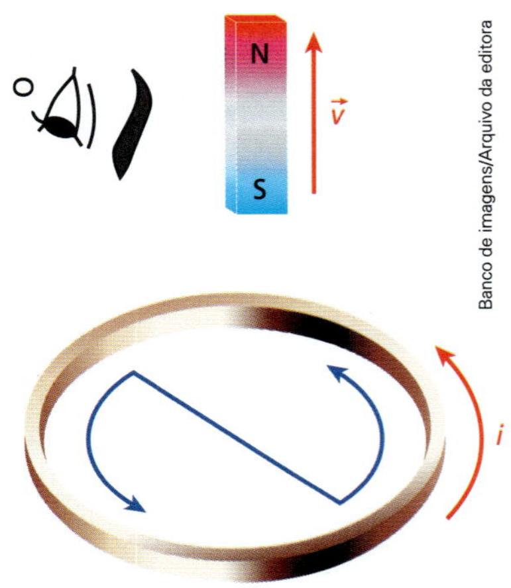


Banco de imagens/Arquivo da editora

Quando temos o polo sul afastando-se da face da espira, nessa face aparece um polo norte. A força entre ímã e espira é de atração.

Se, por outro lado, tivermos uma situação em que o polo sul se aproxima da face da espira, de acordo com a Lei de Lenz, deve surgir na espira uma corrente elétrica induzida que tenha como efeito a produção de um polo sul nessa face observada. Note, agora, que a força que surge é de repulsão e vai opor-se a essa aproximação.

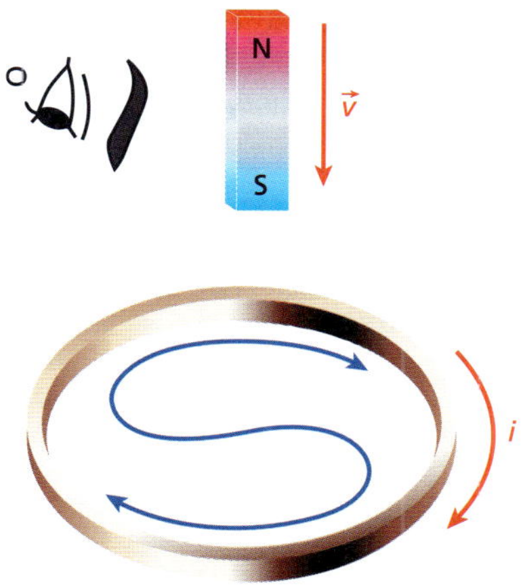


Banco de imagens/Arquivo da editora

Quando temos o polo sul aproximando-se da espira, nessa face aparece um polo sul. A força entre ímã e espira é de repulsão.

Em um primeiro momento, pode parecer curioso esse comportamento. Quando o ímã se aproxima, a espira o repele; quando o ímã se afasta, a espira o atrai, porém, esse comportamento está associado ao **Princípio de Conservação da Energia**.

Observe um resumo do comportamento da força magnética e da velocidade atuantes no ímã nas experiências realizadas. A força magnética que surge tem sempre sentido contrário ao da velocidade.

Banco de imagens/Arquivo da editora

E esse fato efetivamente deve ocorrer, pois caso contrário, se a força magnética tivesse o mesmo sentido da velocidade, o ímã teria um movimento acelerado, ganhando velocidade indefinidamente. O ganho de energia cinética sem uma fonte que possa prover esse ganho contraria o princípio de conservação da energia.

## JÁ PENSOU NISSO?

### Microfones, a indução magnética no seu dia a dia

Microfones funcionam convertendo a energia mecânica do som em energia eletromagnética, permitindo o transporte de informações de um ponto a outro. Desde os microfones utilizados em *shows* de bandas musicais, passando pelos microfones usados por locutores de rádio, pelos produtores de conteúdo de *sites* como YouTube, e até mesmo o microfone do seu celular (que permite a comunicação durante uma ligação ou o envio de uma mensagem de áudio) utilizam uma mesma tecnologia que se baseia na variação de fluxo magnético.

A estrutura interna de um microfone é formada por uma membrana externa responsável por detectar as variações de pressão do ar causadas pelas ondas de som. Essa membrana é sensível o bastante para vibrar de acordo com as variações de pressão recebidas.

**NOTA!**

Esta é a descrição de funcionamento de um microfone de indução, também chamado de microfone magnético, ou ainda, microfone "dinâmico".

Há outros tipos de microfone, como o de cristal e o capacitivo.

O nome técnico adequado do microfone, qualquer que seja o tipo, é transdutor eletroacústico.

Acoplada à membrana existe uma bobina, que vibra com a mesma frequência capturada pela membrana. Se estiver envolta em um ímã, o movimento da bobina causará uma variação no fluxo magnético, que é o princípio de funcionamento dos microfones. Uma vez que a variação do fluxo magnético é responsável por criar forças eletromotrizes, uma corrente elétrica é gerada, fazendo com que a informação inicial de variação de pressão do ar seja convertida em sinais elétricos, que podem ser amplificados ou carregados por longas distâncias.

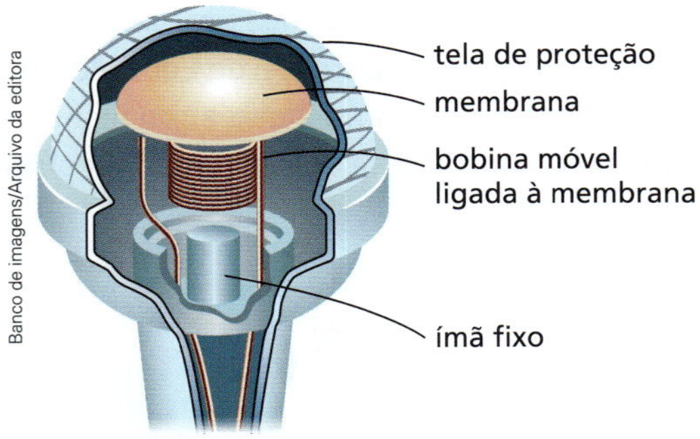


Imagem da estrutura interna de um microfone mostrando a membrana sensível às vibrações do som, ligada a uma bobina móvel que, devido ao ímã fixo, cria uma variação de fluxo magnético, gerando uma força eletromotriz. Essa força eletromotriz, ao dar origem a uma corrente elétrica, é responsável por transformar a energia mecânica do som em uma corrente elétrica, que pode ser amplificada e transmitida por longas distâncias.

Quando os primeiros telefones surgiram, eram necessários cabos que ligassem o aparelho até uma central que, por sua vez, possuía cabos conectando todas as pessoas que tinham um telefone em casa. Deste modo, essa corrente elétrica atravessava todo o caminho entre os interlocutores e era interpretada por um receptor no aparelho telefônico de quem recebia a ligação, capaz de converter o sinal elétrico em ondas sonoras novamente.

Atualmente, embora o princípio de funcionamento dos microfones seja o mesmo, é possível armazenar a informação gerada pelas correntes elétricas para que a transmissão da voz seja feita sem a necessidade de fios. Em vez disso, a transmissão é feita por ondas eletromagnéticas em frequências semelhantes às de rádio, permitindo que o sistema de comunicação seja muito mais simplificado.

## 5. Lei de Faraday

A Lei de Faraday possibilita calcular o valor da força eletromotriz induzida em um circuito.

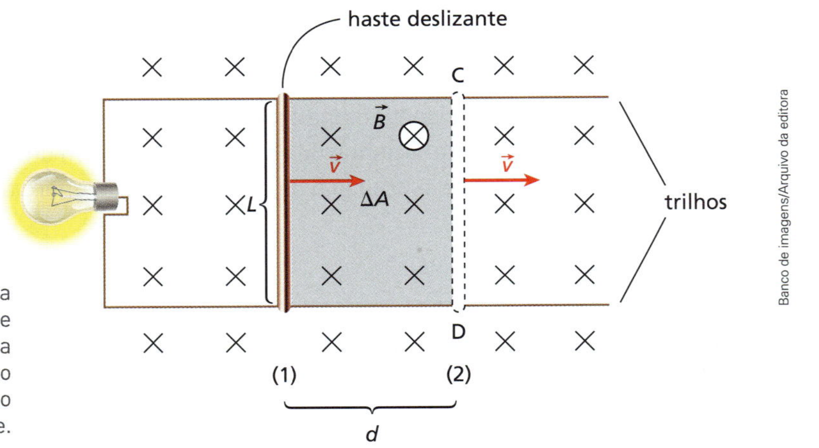


Circuito com uma lâmpada conectada a dois trilhos condutores por onde uma haste deslizante será movimentada. Essa montagem é posicionada sobre um campo magnético $\vec{B}$ uniforme, perpendicular ao plano do papel e orientado para "dentro" dele.

Quando a haste se movimenta para a direita, com velocidade $\vec{v}$ constante, ocorre o seguinte: os elétrons que existem na haste se movem com velocidade $\vec{v}$ para a direita no interior de um campo magnético $\vec{B}$. Nessa situação, os elétrons ficarão sujeitos a uma força magnética cuja direção é a mesma da haste e o sentido está indicado na ilustração ao lado.

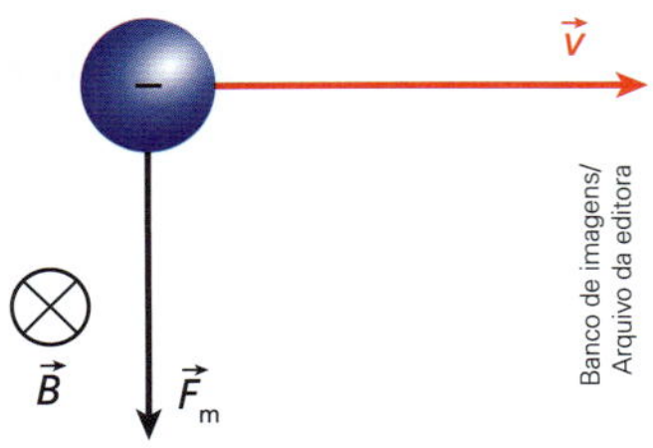


Aplicação da regra da mão esquerda para um elétron que se situa no interior do condutor.

Sob a ação da força magnética $\vec{F}_m$, os elétrons da haste dirigem-se no sentido de **C** para **D**. Com isso, há um acúmulo de elétrons em **D** e uma escassez de elétrons em **C**, isto é, há uma diferença de potencial elétrico (cdp) entre **C** e **D**. Essa ddp, denominada aqui de **força eletromotriz induzida** ($\epsilon$), cria por sua vez um campo elétrico $\vec{E}$ no interior da haste, o qual gera sobre o elétron uma força elétrica $\vec{F}_e$, com o sentido indicado na figura.

haste deslizante ampliada

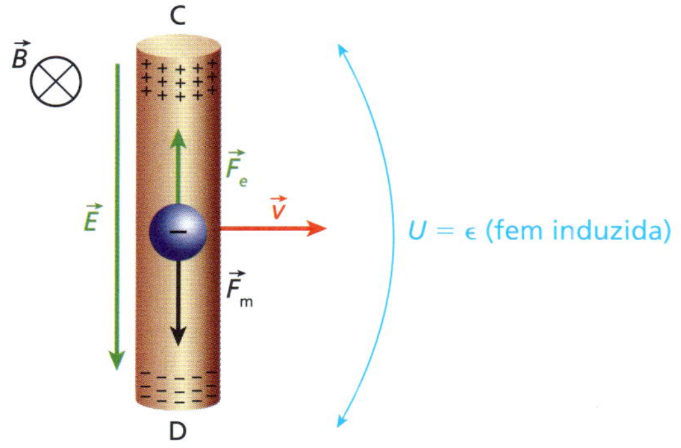


Banco de imagens/Arquivo da editora

De início, a força magnética prevalece sobre a força elétrica e os elétrons vão caminhando de **C** para **D**, porém, gradativamente, a ddp vai aumentando e o campo elétrico vai ficando cada vez mais intenso até que a força elétrica equilibra a força magnética.

Em tais condições, calculemos a força eletromotriz induzida ($\epsilon$) (ddp entre **C** e **D**).

$$F_m = F_e$$

$$q \cdot v \cdot B = q \cdot E \Rightarrow v \cdot B = E$$

Como: $E = \frac{U}{d} = \frac{U}{L}$, temos:

$$v \cdot B = \frac{U}{L}$$

Portanto:

$$U = \epsilon = B \cdot L \cdot v \quad (1)$$

Por outro lado, o fluxo concatenado com o circuito, quando a haste se desloca da posição (1) para a posição (2), varia com o aumento da área do circuito.

A variação do fluxo $\Delta\Phi$ será dada por:

$$\Delta\Phi = B \cdot \Delta A \quad (2)$$

Na qual, $\Delta A$ é a variação da área destacada na figura inicial.

Porém:

$$\Delta A = L \cdot d$$

Sendo $d$ a distância percorrida pela haste em um tempo $\Delta t$, temos:

$$d = v \cdot \Delta t$$

$$\Delta A = L \cdot v \cdot \Delta t \quad (3)$$

Substituindo (3) em (2), temos:

$$\Delta\Phi = B \cdot L \cdot v \cdot \Delta t \; \frac{\Delta\Phi}{\Delta t} = B \cdot L \cdot v \quad (4)$$

Comparando (1) e (4), concluímos que:

$$U = \epsilon = \frac{\Delta\Phi}{\Delta t}$$

Esta expressão traduz a Lei de Faraday e pode ser enunciada assim:

A força eletromotriz induzida num circuito com fluxo magnético variável é igual à velocidade de variação do fluxo.

ART Collection/Alamy/Fotoarena

Franz Ernst Neumann (1798-1895). Mineralogista, físico e matemático alemão. Foi Neumann que, a partir dos estudos de Faraday e Lenz, definiu a forma matemática da lei da indução eletromagnética. Entendendo que a lei da indução resultou do esforço desses três cientistas, essa lei pode ser chamada de Lei de Faraday, Lei de Faraday-Lenz, Lei de Faraday-Neumann ou Lei de Faraday-Neumann-Lenz.

**Importante:**

Em muitas situações práticas, o que realmente nos interessa é o módulo da fem induzida obtida. Notemos, entretanto, que a formulação mais rigorosa da Lei de Faraday traz um sinal de menos (−) a ela associada.

$$\epsilon_M = -\frac{\Delta\Phi}{\Delta t} \quad \text{(fem induzida média)}$$

Se quisermos a fem induzida instantânea:

$$\epsilon = \lim_{\Delta t \to 0}\left(-\frac{\Delta\Phi}{\Delta t}\right) = -\frac{d\Phi}{dt}$$

A fem induzida instantânea é igual à derivada em relação ao tempo do fluxo magnético concatenado com o circuito.

O sinal negativo é um artifício matemático cuja intenção é resgatar a Lei de Lenz. Na verdade, mostra-nos que a fem induzida é criada sempre propondo um fluxo induzido que se opõe à variação do fluxo indutor.

## Ampliando o olhar

### Uma analogia interessante

Vamos analisar a relação entre a inércia de um corpo de massa *m* e a indutância *L* de uma bobina. A relação entre fluxo, indutância e corrente elétrica é dada por:

$$\Phi = L \cdot i$$

Assim, $\Delta\Phi = L \cdot \Delta i$.

Da Lei de Faraday, temos que o módulo da fem induzida é dado por:

$$\epsilon = \frac{\Delta\Phi}{\Delta t}$$

$$\epsilon = L \cdot \frac{\Delta i}{\Delta t}$$

Percebe-se assim que a fem autoinduzida em um circuito é proporcional à rapidez da variação da intensidade da corrente elétrica.

A indutância *L* da bobina faz o papel de uma constante de proporcionalidade.

Uma bobina que forma um circuito em série com uma fonte variável tem uma autoindutância que se opõe à variação da corrente elétrica, ou seja, a corrente elétrica enfrenta uma espécie de **inércia** para se estabelecer.

Banco de imagens/Arquivo da editora

Vejamos agora uma analogia mecânica.

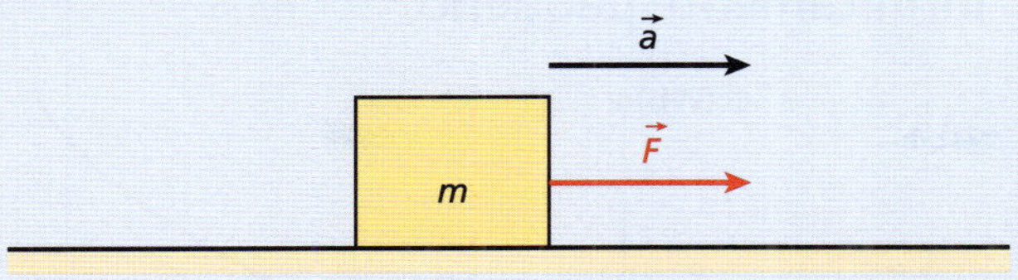


Banco de imagens/Arquivo da editora

Para que esse corpo de massa *m*, inicialmente em repouso, adquira determinada velocidade, devemos vencer sua inércia.

Assim, para a situação mecânica e para a situação elétrica, podemos escrever:

$$F = m \cdot \frac{\Delta v}{\Delta t}; \epsilon = L \cdot \frac{\Delta i}{\Delta t}$$

Podemos estabelecer uma correspondência entre:

- Força $(\vec{F})$ e tensão $(\epsilon)$;
- Velocidade $(\vec{v})$ e corrente elétrica (i);
- Massa inercial (m) e indutância (L);
- Energia cinética $\left(\frac{1}{2}mv^2\right)$ e energia magnética $\left(\frac{1}{2}Li^2\right)$.

# Análise gráfica da variação do fluxo magnético

## Variação linear do fluxo magnético com o tempo

Nessa situação, o fluxo magnético varia uniformemente com o tempo, ou seja, a taxa de variação do fluxo magnético com o tempo é constante. Porém, essa taxa nada mais é do que a **fem induzida**, assim:

$$\epsilon = \frac{\Delta\Phi}{\Delta t} = \text{tg}\ \theta = \text{constante}$$

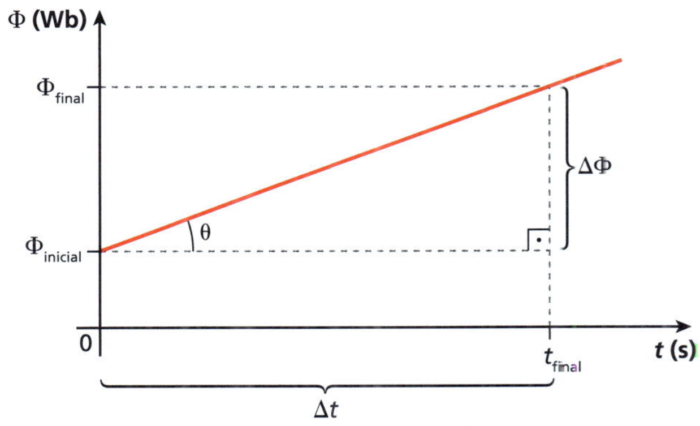


Banco de imagens/Arquivo da editora

## Variação não linear do fluxo magnético no intervalo de tempo $\Delta t$

Nessa situação, o fluxo magnético não varia uniformemente com o tempo, ou seja, a taxa de variação do fluxo magnético com o tempo não é constante.

Para esse caso, podemos determinar uma **fem induzida média** no intervalo de tempo considerado, assim:

$$\epsilon_M = \frac{\Delta\Phi}{\Delta t} = \text{tg}\ \theta$$

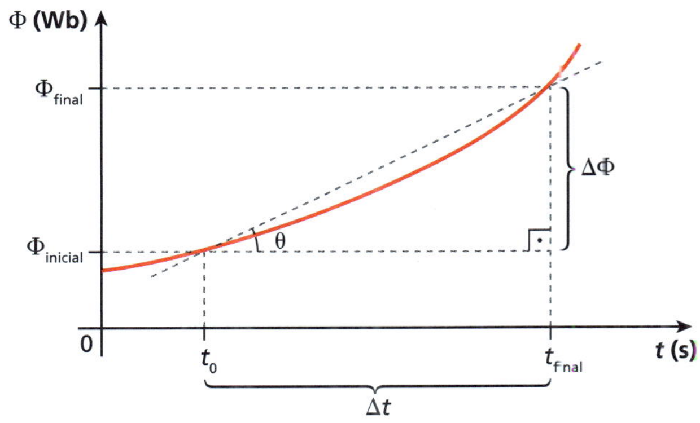


Banco de imagens/Arquivo da editora

## Variação não linear do fluxo magnético no intervalo de tempo infinitamente pequeno

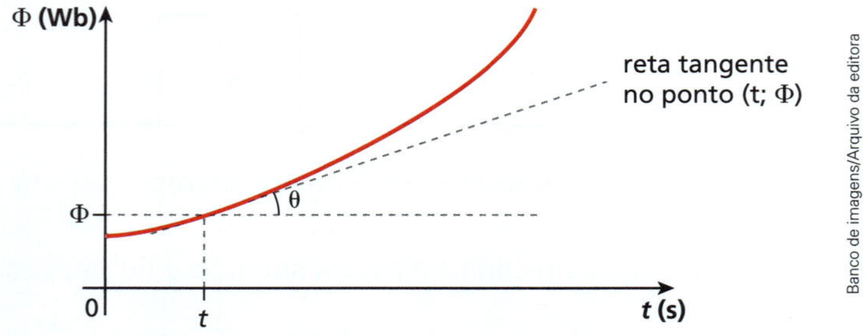


Nessa situação, consideramos um intervalo de tempo $\Delta t$ infinitamente pequeno de tal modo que podemos considerá-lo um instante.

Para esse caso, determinamos a **fem induzida instantânea**. Matematicamente, temos:

$$\epsilon = \lim_{\Delta t \to 0} \frac{\Delta \Phi}{\Delta t}$$

$$\epsilon = \left| \frac{d\Phi}{dt} \right| = \text{tg}\ \theta$$

## Fluxo magnético constante no decorrer do tempo

Nessa situação, não há variação do fluxo magnético com o tempo, assim:

$$\Phi = \text{constante}$$

$$\Delta\Phi = 0 \Rightarrow \epsilon = 0$$

### DESCUBRA MAIS

1. Já vimos que, por meio de um motor elétrico, podemos converter energia elétrica em mecânica, mas será que é possível converter energia mecânica em elétrica? Pesquise e apresente um modo de realizar essa conversão, justificando os processos com base nos conceitos físicos estudados.
2. Por que o movimento de um ímã em relação a uma espira está relacionado ao princípio de conservação de energia? O que poderia acontecer se esse princípio fosse quebrado?
3. O campo magnético terrestre é capaz de produzir correntes elétricas? Por quê?

## 6. O transformador

Os centros geradores de energia e os centros consumidores de energia nem sempre estão próximos uns dos outros. Isso acarreta um problema sério para os técnicos na área.

Como fazer essa transmissão de energia com a mínima perda?

A potência dissipada em uma linha de transmissão de resistência elétrica $R$ pode ser determinada por:

$$P = R \cdot i^2$$

Observamos que, fixado um tipo de condutor, quanto menor for a corrente elétrica, menor será a potência dissipada.

A potência elétrica gerada na usina é dada por:

$$P = U \cdot i$$

E a potência $P_f$ que será fornecida aos centros consumidores será dada pela diferença entre a potência gerada e a potência dissipada na linha de transmissão:

$$P_f = U \cdot i - R \cdot i^2$$

Se quisermos, então, manter um grande valor de potência fornecida, devemos elevar o valor da tensão elétrica $U$.

Assim, combinando os dois efeitos, para uma distribuição de energia de modo eficiente, esta deve ser feita em **altas tensões** e **baixa corrente**.

Contornado esse primeiro obstáculo, existe outro problema a ser enfrentado. Nos centros consumidores, a tensão elétrica entregue em prédios, residências e indústrias é de apenas algumas centenas de volts, enquanto nas linhas de transmissão é de milhares de volts.

É nesse ponto que entra em cena o **transformador**. Esse é o dispositivo de circuito elétrico responsável por elevar ou abaixar as tensões elétricas conforme a necessidade.

O transformador é constituído, basicamente, de duas bobinas distintas (bobina primária ou primário do transformador e bobina secundária ou secundário do transformador) enroladas em um mesmo núcleo de ferro.

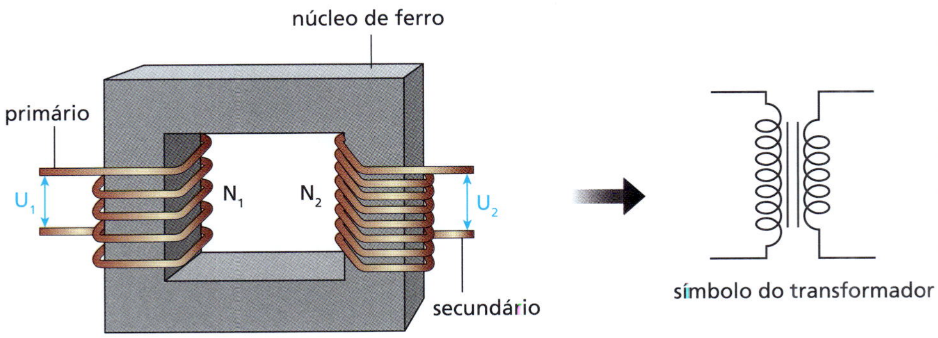


Em uma das bobinas, aplica-se uma tensão alternada de valor eficaz $U_1$ e, consequentemente, será percorrida por um valor eficaz de corrente elétrica $i_1$. Essa bobina recebe o nome de **bobina primária** ou, simplesmente, **primário do transformador**.

Então, cria-se um fluxo magnético variável, que em sua maior parte fica confinado no núcleo de ferro. Por meio do fenômeno da indução eletromagnética, teremos, na outra bobina (secundária), o aparecimento de uma tensão elétrica alternada de valor eficaz $U_2$.

> **NOTA!**
>
> A dissipação de energia no próprio núcleo metálico do transformador é tradicionalmente conhecida como "**perda no ferro**".
>
> Há também a dissipação de energia nos próprios fios que constituem a bobina, conhecida como "**perda no cobre**".

Sabemos que o fluxo magnético gerado por uma bobina é proporcional ao seu número $N$ de espiras, assim $U_1$ e $U_2$ serão proporcionais aos respectivos números de espiras $N_1$ e $N_2$ no primário e no secundário do transformador:

$$\frac{U_1}{N_1} = \frac{U_2}{N_2}$$

Se $N_2 > N_1$, o transformador **eleva** a tensão elétrica de saída.

Se $N_2 < N_1$, o transformador **abaixa** a tensão elétrica de saída.

Considerando um transformador em que as perdas de energia são desprezíveis, as potências elétricas de entrada e saída, respectivamente no primário e no secundário, são iguais, portanto:

$$P_1 = P_2$$

$$i_1 \cdot U_1 = i_2 \cdot U_2$$

A consideração de que as perdas são desprezíveis é uma situação idealizada; na prática, sempre há perda de energia no transformador.

A perda se dá basicamente devido às correntes de Foucault. Essas correntes surgem por causa do fenômeno da indução eletromagnética no próprio núcleo metálico do transformador. Em geral, as correntes de Foucault formam percursos fechados de corrente elétrica induzida que circulam em planos perpendiculares ao fluxo magnético. Essas correntes elétricas são indesejáveis em muitos casos, devido à perda de energia por efeito Joule. Em outros casos, são essenciais, como no fogão por indução.

## Ampliando o olhar

### As correntes de Foucault

As **correntes elétricas de Foucault**, também chamadas de **correntes parasitas**, surgem em um corpo metálico maciço, quando este é submetido a um campo magnético variável.

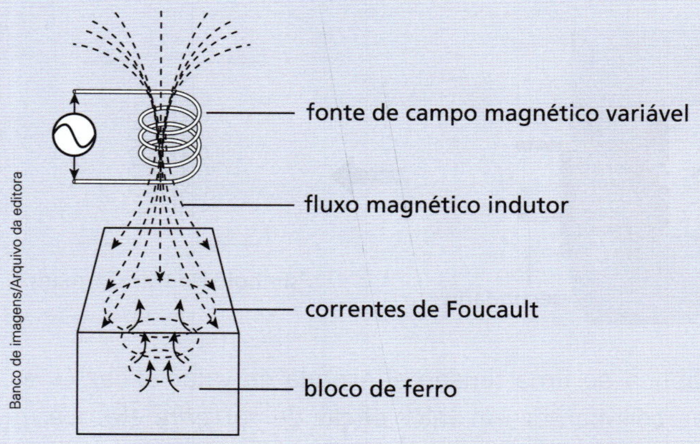


Toda corrente elétrica que percorre um material condutor tem como subproduto o Efeito Joule. Em um circuito eletrônico, por exemplo, essas correntes são indesejáveis, pois o superaquecimento pode danificar componentes mais sensíveis à temperatura. Porém, em muitas situações, esse Efeito Joule pode ser útil e até mesmo essencial.

Os modernos fogões por indução utilizam esse conceito físico.

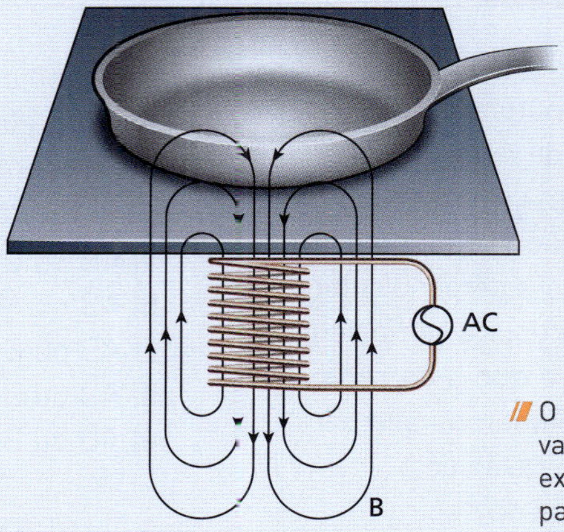


Banco de imagens/Arquivo da editora

O campo magnético variável vai atuar exclusivamente na panela.

No lugar onde teríamos a chama do fogão a gás, temos, por baixo de um tampo de vidro, uma bobina que produz um campo magnético variável. Esse campo variável vai atuar diretamente na panela, que não pode ser feita de um material qualquer, deve ser feita de um material ferromagnético.

Banco de imagens/Arquivo da editora

A panela deve ser feita de um material ferromagnético que possibilite a ocorrência das correntes de Foucault.

Surgem, no material que constitui a panela, as correntes de Foucault. São essas correntes parasitas que, por Efeito Joule, promoverão a cocção dos alimentos.

Observe que o campo magnético variável vai atuar exclusivamente no material que constitui a panela. O tampo de vidro que serve de suporte para a panela não se aquecerá. Esse fato é destacado pelos fabricantes desse tipo de fogão como uma grande vantagem em termos de segurança.

Sergio Dotta Jr./Acervo da editora

Na região do tampo de vidro, não há o fenômeno das correntes de Foucault e o chocolate não derrete.

Provavelmente, o físico e astrônomo francês Jean Bernard Léon Foucault não pensou nessa utilização específica quando descobriu as correntes parasitas. Porém, isso mostra que, no universo da ciência, algo que em um primeiro momento parece simples e despretensioso pode, com o passar do tempo, tornar-se fundamental.

## Exercícios Nível 1

**1.** (Efomm-RJ) Uma espira condutora retangular rígida move-se, com velocidade vetorial $\vec{v}$ constante, totalmente imersa numa região na qual existe um campo de indução magnética $\vec{B}$, uniforme, constante no tempo, e perpendicular ao plano que contém tanto a espira como seu vetor velocidade. Observa-se que a corrente induzida na espira é nula. Podemos afirmar que tal fenômeno ocorre em razão de o

E.R.

a) fluxo de $\vec{B}$ ser nulo através da espira.
b) vetor $\vec{B}$ ser uniforme e constante no tempo.
c) vetor $\vec{B}$ ser perpendicular ao plano da espira.
d) vetor $\vec{B}$ ser perpendicular a $\vec{v}$.
e) vetor $\vec{v}$ ser constante.

**Resolução:**

Como o campo magnético $\vec{B}$ é perpendicular ao plano que contém a espira, as linhas de campo atravessam-na, implicando um fluxo magnético não nulo através da área delimitada por ela. Logo, as alternativas **a** e **c** já estão incorretas. A explicação para que nenhuma corrente induzida apareça na espira é o campo magnético ser uniforme e não variável no tempo. Isso faz com que o fluxo magnético através da área da espira seja sempre o mesmo ao longo de seu movimento. Pela natureza do Eletromagnetismo, apenas um fluxo variável produziria uma corrente elétrica induzida. Isso aconteceria, por exemplo, se o campo magnético fosse variável espacial ou temporalmente, ou mesmo durante a passagem da espira de uma região com campo uniforme a uma região sem campo.

Resposta: alternativa **b**.

**2.** (Unifesp) A figura representa uma espira condutora quadrada, apoiada sobre o plano **xz**, inteiramente imersa num campo magnético uniforme, cujas linhas são paralelas ao eixo **x**.

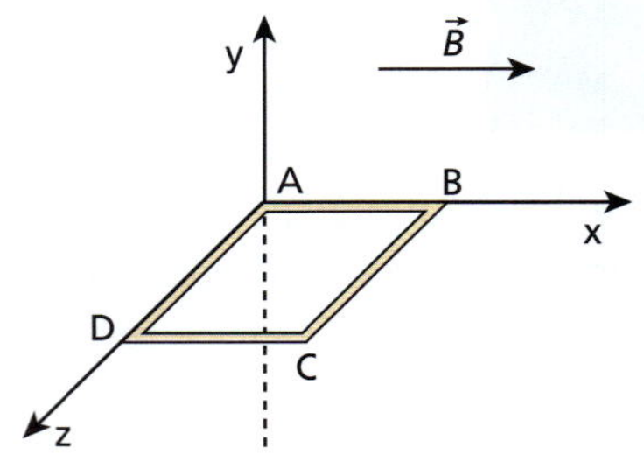


Reprodução/Arquivo da editora

Nessas condições, há dois lados da espira em que, se ela for girada tomando-os alternativamente como eixo, aparecerá uma corrente elétrica induzida. Esses lados são:

a) AB ou DC.
b) AB ou AD.
c) AB ou BC.
d) AD ou DC.
e) AD ou BC.

**3.** (Imed-RS) Para a indução de corrente elétrica em um solenoide, é utilizado um ímã em barra. Para tanto, são testadas as seguintes possibilidades:

E.R.

I. Movimenta-se o ímã com velocidade constante, mantendo o solenoide próximo e parado.
II. Gira-se o ímã com velocidade angular constante, mantendo o solenoide próximo e parado.
III. Movimenta-se o solenoide com velocidade constante, mantendo o ímã próximo e parado.
IV. Movimentam-se ambos com velocidades iguais em módulo, direção e sentido.

Dessas possibilidades, quais podem gerar corrente elétrica no solenoide?

a) Apenas I e II.
b) Apenas II e IV.
c) Apenas III e IV.
d) Apenas I, II e III.
e) Apenas I, III e IV.

**Resolução:**

Uma corrente elétrica será gerada no solenoide nas situações em que o fluxo magnético na superfície circular delimitada por suas espiras for variável no tempo. Como o campo magnético do ímã é espacialmente variável, o fluxo desse campo dentro do solenoide também será variável nas situações em que houver velocidade relativa entre ambos, o que acontece nos casos I e II, mas não no caso IV. No caso III, além da presença da velocidade de rotação, a área atravessada pelas linhas de campo varia, fazendo com que o fluxo aumente e diminua conforme a rotação. Portanto a corrente também será gerada no caso III.

Resposta: alternativa **d**.

**4.** (UFG-GO) Uma nova tecnologia vem sendo desenvolvida para cozinhar alimentos com maior eficiência no aproveitamento da energia fornecida. Estima-se que esse novo fogão aproveite 90% da energia, em comparação com 55% do fogão a gás e 65% do fogão elétrico. Entretanto, para seu funcionamento, deve-se usar apenas panelas de metais ferromagnéticos, tais como ferro fundido ou aço. Essas panelas são aquecidas por meio de correntes induzidas quando colocadas sobre uma plataforma de vitrocerâmica. De acordo com o exposto, conclui-se que o princípio físico que fundamenta o funcionamento deste novo fogão é

a) o efeito fotoelétrico da interação da radiação com a matéria.

b) a lei de Stefan-Boltmann da emissão de radiação de um corpo negro.

c) a lei de Ohm.

d) a lei de Faraday.

e) a lei de Ampère.

**5.** (Enem) O funcionamento dos geradores de usinas elétricas baseia-se no fenômeno da indução eletromagnética, descoberto por Michael Faraday no século XIX. Pode-se observar esse fenômeno ao se movimentar um ímã e uma espira em sentidos opostos com módulo da velocidade igual a *v*, induzindo uma corrente elétrica de intensidade *i*, como ilustrado na figura.

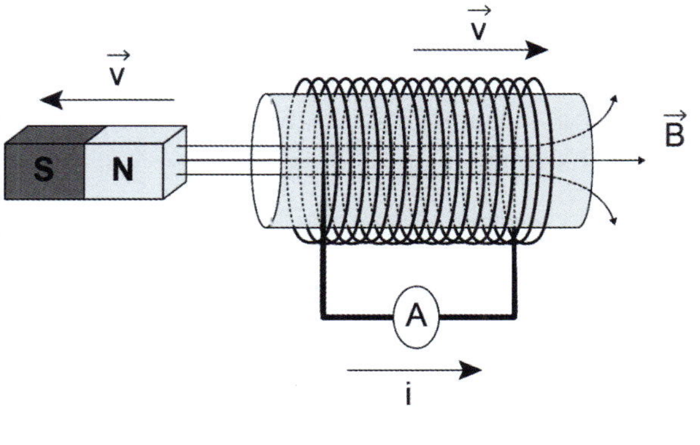

Reprodução/ENEM, 2014

A fim de se obter uma corrente com o mesmo sentido da apresentada na figura, utilizando os mesmos materiais, outra possibilidade é mover a espira para a

a) esquerda e o ímã para a direita com polaridade invertida.

b) direita e o ímã para a esquerda com polaridade invertida.

c) esquerda e o ímã para a esquerda com a mesma polaridade.

d) direita e manter o ímã em repouso com polaridade invertida.

e) esquerda e manter o ímã em repouso com a mesma polaridade.

**6.** (Uern) A corrente elétrica induzida em uma espira, ao se aproximar e afastar com velocidade constante um ímã na direção do seu eixo, conforme indicado na figura a seguir, é

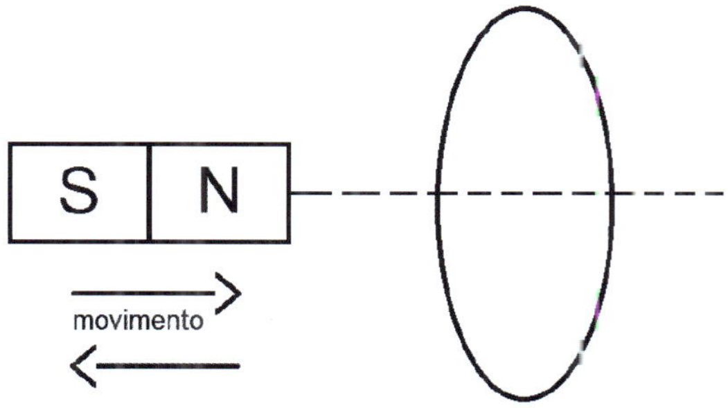

Reprodução/UERN, 2013

a) contínua e se opõe à variação do fluxo magnético que a originou.

b) alternada e se opõe à variação do fluxo magnético que a originou.

c) contínua e ocorre a favor da variação do fluxo magnético que a originou.

d) alternada e ocorre a favor da variação do fluxo magnético que a originou.

**7.** (Acafe-SC) Um estudante elaborou um projeto para sua aula de Física. Projetou um agasalho para esquentar e, com isso, aquecer as pessoas. Para tanto, colocou um pêndulo nas mangas do agasalho, para oscilar com o movimento dos braços, ligado a um gerador elétrico que, por sua vez, estava ligado a um circuito de condutores para converter energia elétrica em térmica.

A figura a seguir mostra o agasalho com o detalhamento do gerador, ou seja, um ímã que oscila próximo a uma bobina.

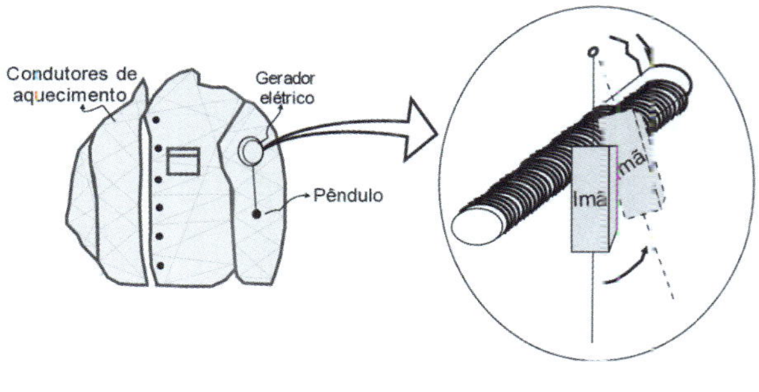

Reprodução/ACAFE, 2016

Assim, analise as seguintes afirmações:

( ) A corrente elétrica produzida pelo gerador é contínua.

( ) O fenômeno que explica a geração de energia elétrica nesse tipo de gerador é a indução eletromagnética.

( ) A bobina provoca uma força magnética no ímã que tenta impedir o movimento de oscilação do mesmo.

( ) A corrente induzida aparece porque um fluxo magnético constante atravessa a bobina.

( ) Toda energia mecânica do movimento dos braços é convertida em energia térmica para aquecimento da pessoa.

A sequência **correta**, de cima pra baixo, é:

a) F – V – V – F – F
b) V – V – V – F – F
c) F – V – F – F – V
d) V – F – F – V – F

**8.** (UFRGS-RS) O observador, representado na figura, observa um ímã que se movimenta em sua direção com velocidade constante. No instante representado, o ímã encontra-se entre duas espiras condutoras, 1 e 2, também mostradas na figura.

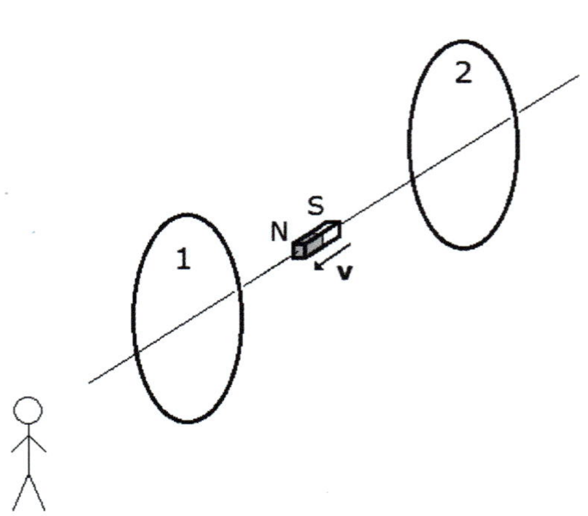




Examinando as espiras, o observador percebe que

a) existem correntes elétricas induzidas no sentido horário em ambas espiras.
b) existem correntes elétricas induzidas no sentido anti-horário em ambas espiras.
c) existem correntes elétricas induzidas no sentido horário na espira 1 e anti-horário na espira 2.
d) existem correntes elétricas induzidas no sentido anti-horário na espira 1 e horário na espira 2.
e) existe apenas corrente elétrica induzida na espira 1, no sentido horário.

## Exercícios Nível 2

**9.** (PUC-RS) Sobre o fenômeno de indução eletromagnética, apresentam-se três situações:
E.R.

Situação 1:

Uma espira condutora gira em torno do eixo indicado, enquanto um ímã encontra-se em repouso em relação ao mesmo eixo.

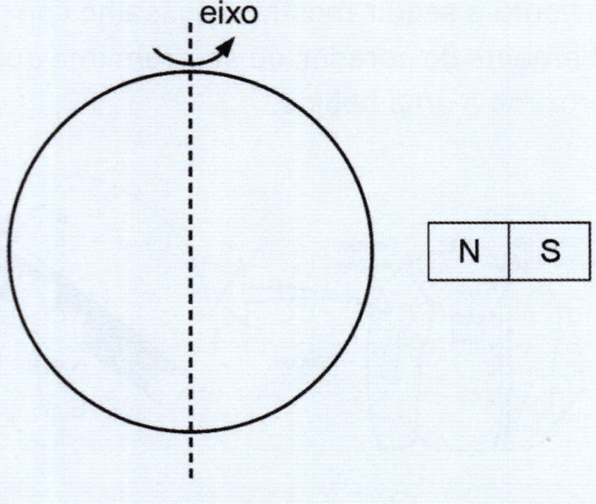




Situação 2:

Uma espira condutora encontra-se em repouso em relação a um circuito elétrico no qual uma lâmpada pisca com uma frequência constante.

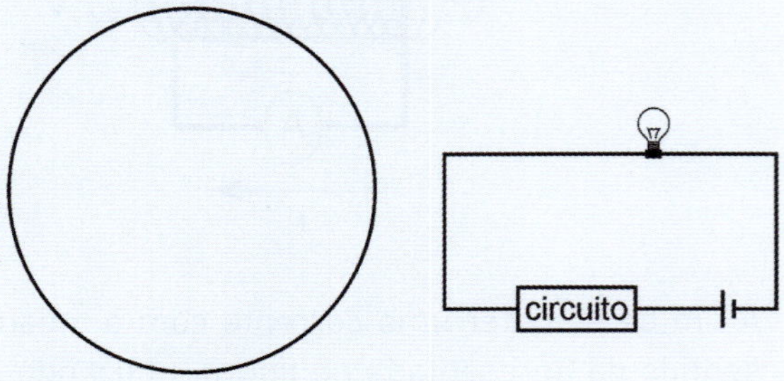




Situação 3:

Uma espira condutora encontra-se em repouso em relação a um fio condutor retilíneo, ligado a um circuito elétrico, no qual circula uma corrente elétrica *i* contínua e constante.

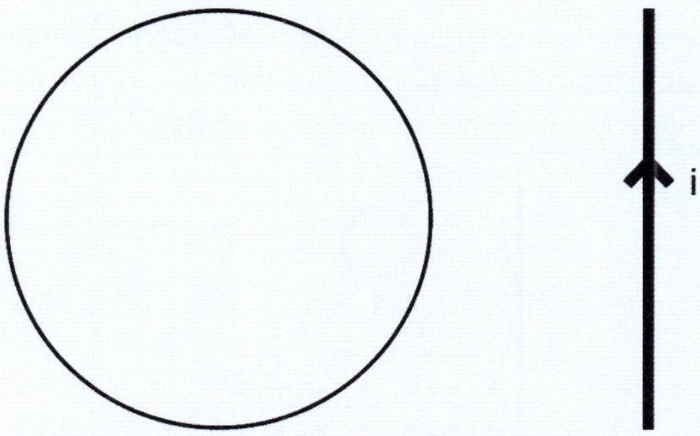



Verifica-se uma corrente elétrica induzida na espira condutora na(s) situação(ões)

a) 1, apenas.
b) 3, apenas.
c) 1 e 2, apenas.
d) 2 e 3, apenas.
e) 1, 2 e 3.

**Resolução:**

Uma corrente elétrica será induzida na espira nas situações em que o fluxo magnético através dela for variável no tempo. Isso ocorre na situação 1, pois a espira girando faz com que a área que as linhas de campo têm de atravessar aumente e diminua ao longo de seu período de rotação; e na situação 2, pois a lâmpada piscando indica uma corrente elétrica no circuito, variável no tempo, a qual induzirá um campo magnético também variável no tempo ao atravessar a área delimitada pela espira. Na situação 3 a corrente elétrica, ao contrário, é constante, gerando um campo magnético invariante no tempo, que atravessa uma área também constante, sem variação no fluxo magnético e sem corrente induzida na espira.

Resposta: alternativa **c**.

**10.** (ITA-SP) A figura a seguir representa um fio retilíneo pelo qual circula uma corrente de *i* ampères no sentido indicado. Próximo do fio existem duas espiras retangulares **A** e **B** planas e coplanares com o fio. Se a corrente no fio retilíneo está crescendo com o tempo, pode-se afirmar que:

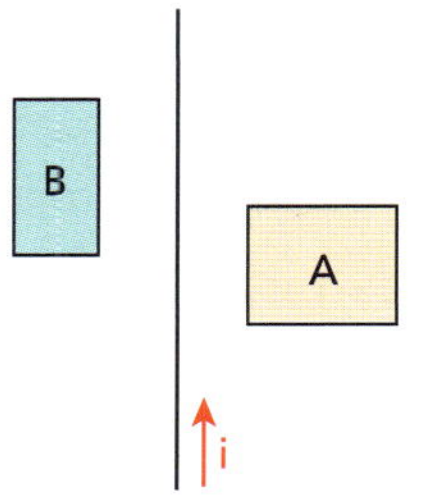



a) aparecem correntes induzidas em **A** e **B**, ambas no sentido horário.
b) aparecem correntes induzidas em **A** e **B**, ambas no sentido anti-horário.
c) aparecem correntes induzidas no sentido anti-horário em **A** e horário em **B**.
d) neste caso só se pode dizer o sentido da corrente induzida se conhecermos as áreas das espiras **A** e **B**.
e) o fio atrai as espiras **A** e **B**.

**11.** (UFPR) E.R. Michael Faraday foi um cientista inglês que viveu no século XIX. Através de suas descobertas foram estabelecidas as bases do eletromagnetismo, relacionando fenômenos da eletricidade, eletroquímica e magnetismo. Suas invenções permitiram o desenvolvimento do gerador elétrico, e foi graças a seus esforços que a eletricidade tornou-se uma tecnologia de uso prático. Em sua homenagem, uma das quatro leis do eletromagnetismo leva seu nome e pode ser expressa como: $\epsilon = \frac{\Delta\Phi}{\Delta t}$, onde $\epsilon$ é a força eletromotriz induzida em um circuito, $\Phi$ o fluxo magnético através desse circuito e *t* é o tempo.

Considere a figura abaixo, que representa um ímã próximo a um anel condutor e um observador na posição **O**. O ímã pode deslocar-se ao longo do eixo do anel e a distância entre o polo norte e o centro do anel é *d*. Tendo em vista essas informações, identifique as seguintes afirmativas como verdadeiras (V) ou falsas (F):

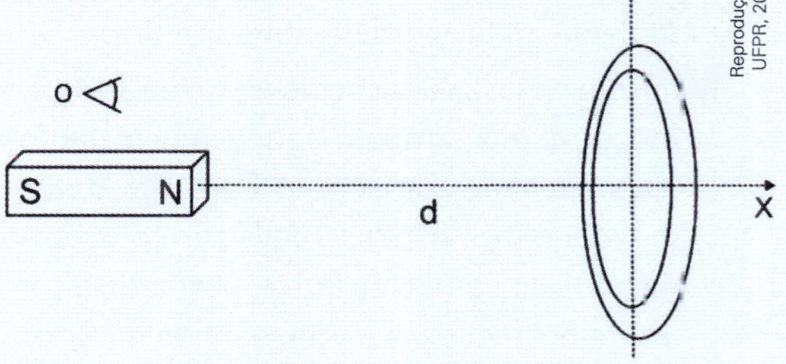



( ) Mantendo-se a distância *d* constante se observará o surgimento de uma corrente induzida no anel no sentido contrário.

( ) Durante a aproximação do ímã à espira, observa-se o surgimento de uma corrente induzida no anel no sentido horário.

( ) Durante o afastamento do ímã em relação à espira, observa-se o surgimento de uma corrente induzida no anel no sentido horário.

( ) Girando-se o anel em torno do eixo *z*, observa-se o surgimento de uma corrente induzida.

Assinale a alternativa que apresenta a sequência correta, de cima para baixo.

a) F – F – V – V.
b) F – V – F – V.
c) V – V – F – F.
d) V – F – V – V.
e) F – F – V – F.

**Resolução:**

(F) Se a distância *d* for mantida constante, o ímã não estará em movimento e, como consequência, não haverá variação de fluxo magnético no anel, tampouco corrente induzida.

(F) A intensidade do campo magnético que corta a superfície do anel aumenta com a aproximação do ímã, ocasionando uma variação positiva do fluxo magnético. Essa variação induzirá uma corrente elétrica no anel tal que gere um campo magnético induzido que diminua esse fluxo. Essa diminuição ocorrerá porque o campo induzido aplicará uma força sobre o ímã no sentido contrário a seu movimento, repelindo-o. Portanto, o campo magnético induzido tem de ser no sentido do eixo *x* negativo, gerado por uma corrente no sentido anti-horário do anel, pela regra da mão direita.

(V) Neste caso, a variação do fluxo magnético é negativa e o campo magnético induzido na espira tende a aumentá-lo. Para isso, o campo magnético induzido deve ser no mesmo sentido do campo do ímã e, portanto, a corrente no anel deve ser no sentido horário.

(V) As linhas do campo magnético do ímã atravessam uma área do anel que está ciclicamente variando o valor por conta de sua rotação. Portanto, haverá variação no fluxo magnético no anel e, consequentemente, corrente elétrica induzida.

Resposta: alternativa **a**.

**12.** Um anel metálico cai verticalmente devido ao seu peso em uma região de campo magnético constante saindo perpendicularmente ao plano da folha, de acordo com a figura abaixo.

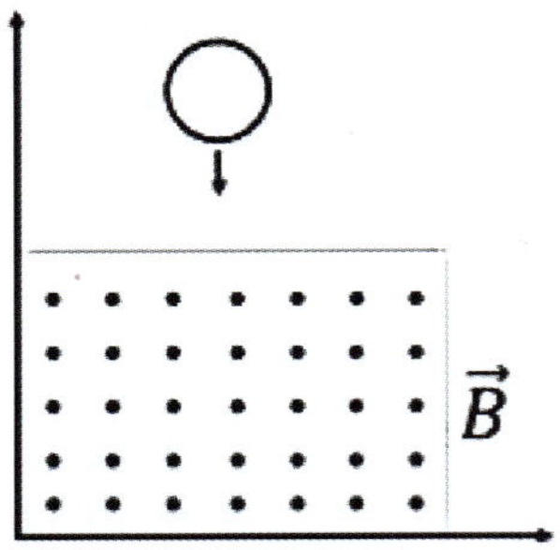


Reprodução/UFJF, 2016

Assinale a alternativa CORRETA sobre a corrente induzida no anel.

a) Não existe corrente induzida no anel durante o percurso da queda, pois o campo é constante.
b) A corrente induzida no anel é no sentido horário quando o anel entra na região do campo.
c) A corrente induzida no anel é no sentido anti-horário quando o anel entra na região do campo.
d) Existe uma corrente induzida durante todo o instante de queda devido à variação da posição do anel em relação ao campo.
e) Existe uma corrente induzida somente quando o anel se encontra totalmente imerso no campo.

**13.** (UPE) Uma bobina formada por 5 espiras que possui um raio igual a 3,0 cm é atravessada por um campo magnético perpendicular ao plano da bobina.

E.R.

Se o campo magnético tem seu módulo variado de 1,0 T até 3,5 T em 9,0 ms, é **CORRETO** afirmar que a força eletromotriz induzida foi, em média, igual a

a) 25 mV
b) 75 mV
c) 0,25 V
d) 1,25 V
e) 3,75 V

**Resolução:**

A força eletromotriz induzida $\epsilon$ nas espiras de raio $r = 3 \cdot 10^{-2}$ m ocorre, pela Lei de Faraday, por conta da variação do fluxo magnético através delas. O fluxo magnético varia por conta da variação $\frac{\Delta B}{\Delta t}$ do campo magnético sobre a superfície total $A = n\pi r^2$ das n = 5 espiras. Aplicando na fórmula da Lei de Faraday, ao também utilizar as informações do enunciado de que $\Delta B = 3{,}5 - 1 = 2{,}5$ T e $\Delta t = 9 \cdot 10^{-3}$ s, e considerar $\pi \cong 3$:

$$\epsilon = \left|\frac{\Delta\Phi}{\Delta t}\right| = A\left|\frac{\Delta B}{\Delta t}\right|$$

$$\epsilon = n\pi r^2\left|\frac{\Delta B}{\Delta t}\right| \Rightarrow \epsilon = 5\pi \cdot (3 \cdot 10^{-2})^2 \cdot \left|\frac{2{,}5}{9 \cdot 10^{-3}}\right|$$

$$\boxed{\epsilon = 3{,}75 \text{ V}}$$

Resposta: alternativa **e**.

**14.** (UEL-PR) Analise a figura a seguir, que representa o esquema de um circuito com a forma da letra **U**, disposto perpendicularmente à superfície da Terra.

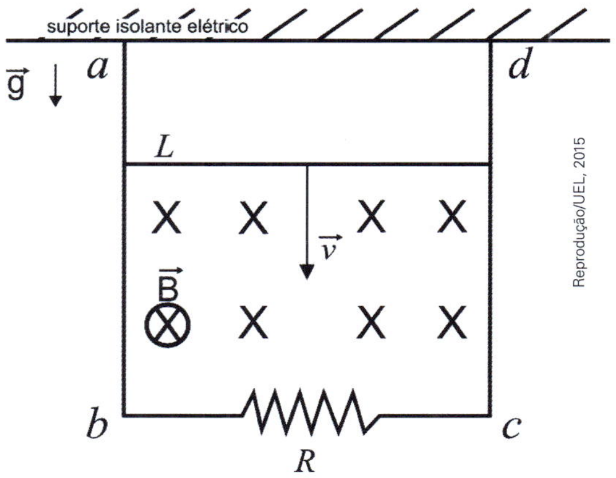


Esse circuito é composto por condutores ideais (sem resistência) ligados por um resistor de resistência 5 Ω. Uma barra **L**, também condutora ideal, com massa m = 1 kg e comprimento $\ell$ = 1 m, encaixada por guias condutoras ideais em suas extremidades, desliza sem atrito e sempre perpendicularmente aos trilhos **ab** e **cd**. Todo o conjunto está imerso em um campo magnético constante, no espaço e no tempo, de módulo B = 1 T, com direção perpendicular ao plano do circuito e cujo sentido é entrando na folha. A barra é abandonada iniciando o seu movimento a partir do repouso.

Desprezando a resistência do ar e considerando que $g = 10\frac{\text{m}}{\text{s}^2}$, calcule

a) a corrente elétrica induzida no circuito após o equilíbrio;

b) a força eletromotriz após o equilíbrio.

Justifique sua resposta apresentando todos os cálculos realizados.

**15.** (UPE)

Em 1859 aconteceu uma erupção solar, e, na Terra, os fios soltaram faíscas, que deram choques nos operadores de telégrafo, botando fogo no papel. Foi a maior tempestade geomagnética de que há registros históricos. O Sol arremessou bilhões de toneladas de elétrons e prótons para a Terra, e, quando essas partículas bateram no campo magnético do planeta, criaram auroras espetaculares nas cores vermelho, verde e roxo no céu noturno – além de correntes poderosas de eletricidade, que saltaram do chão para os fios, sobrecarregando os circuitos. Se uma tempestade dessas acontecesse no século XXI, muito mais que fios e papel estaria em risco. Alguns satélites de telecomunicação muito acima da Terra seriam desligados. Os sinais do GPS ficariam misturados. E o surto de eletricidade, vindo do chão, ameaçaria as redes elétricas, quem sabe deixando um continente ou dois nas trevas. (...) O exemplo mais estudado e inequívoco de a capacidade solar prejudicar redes elétricas aconteceu em 13 de março de 1989, na província canadense do Quebec. Nas primeiras horas da manhã, uma tempestade solar gerou correntes nos fios de transmissão, desligando disjuntores. Em questão de minutos, um apagão tomou conta da província, fechando empresas, escolas, aeroportos e metrôs até a energia ser religada no fim daquele dia. (...)

Fonte: http://ultimosegundo.ig.com.br/ciencia/2013-03-30/cientistas-avaliam-consequencias-das-tempestades-solares.html, acessado em: 14 de julho de 2016. (Adaptado)

Considerando-se o trecho acima e os conhecimentos básicos acerca do eletromagnetismo, é CORRETO afirmar que

a) o campo elétrico terrestre é o principal responsável por repelir os elétrons arremessados pelo Sol, criando os efeitos de luz denominados de auroras boreais.

b) a baixa função trabalho, característica do material utilizado nos fios metálicos de transmissão, ocasionou o desligamento dos disjuntores em Quebec.

c) o tempo entre a observação de uma atividade anormal na superfície do Sol e a chegada da tempestade solar à Terra é nulo, uma vez que as partículas arremessadas pelo astro viajam na velocidade da luz.

d) uma possível explicação é que as correntes nos fios de transmissão, que desligaram os disjuntores em Quebec, foram criadas por indução magnética, por causa dos efeitos da tempestade solar sobre o campo magnético terrestre.

e) as auroras espetaculares relatadas podem ser explicadas pelo efeito fotoelétrico.

16. (ITA-SP) Pendura-se por meio de um fio um pequeno ímã permanente cilíndrico, formando assim um pêndulo simples. Uma espira circular é colocada abaixo do pêndulo, com seu eixo de simetria coincidente com o fio do pêndulo na sua posição de equilíbrio, como mostra a figura. Faz-se passar uma pequena corrente *I* através da espira mediante uma fonte externa.

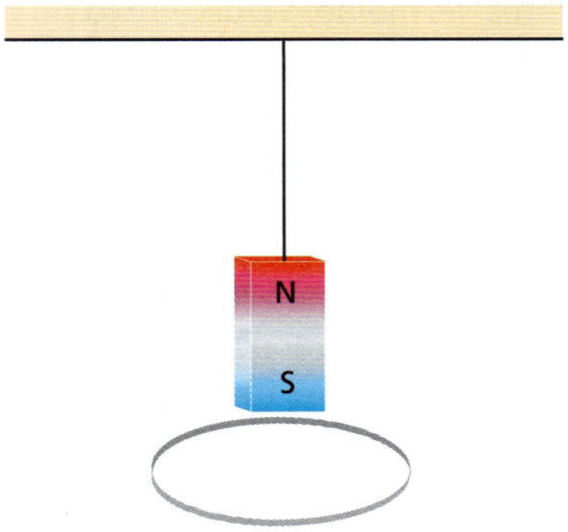

Reprodução/Arquivo da editora

Sobre o efeito dessa corrente nas oscilações de pequena amplitude do pêndulo, afirma-se que a corrente:

a) não produz efeito algum nas oscilações do pêndulo.
b) produz um aumento no período das oscilações.
c) aumenta a tensão no fio, mas não afeta a frequência das oscilações.
d) perturba o movimento do pêndulo que, por sua vez, perturba a corrente na espira.
e) impede o pêndulo de oscilar.

17. (PUC-RS) Considere as afirmativas a seguir.

I. O campo magnético terrestre induz correntes elétricas na fuselagem de alumínio de um avião que esteja voando.
II. Um ímã colocado dentro de um solenoide induz uma diferença de potencial elétrico entre as extremidades deste solenoide, quer esteja parado, quer em movimento em relação ao mesmo.
III. O fluxo magnético através de uma superfície é diretamente proporcional ao número de linhas de indução que a atravessam.
IV. Um dínamo e um transformador são equipamentos projetados para empregar a indução eletromagnética e por isso geram energia elétrica.

Analisando as afirmativas, conclui-se que somente estão corretas

a) I, II e III
b) I, II e IV
c) II, III e IV
d) I e III
e) II e IV

18. (Unicamp-SP) Uma espira quadrada de lado
E.R. $a = 0{,}20$ cm e resistência $R = 2{,}0\ \Omega$ atravessa com velocidade constante $v = 10$ m/s uma região quadrada de lado $b = 0{,}5$ m, onde existe um campo magnético constante de intensidade $B = 0{,}3$ tesla. O campo penetra perpendicularmente no plano do papel e a espira se move no sentido de **x** positivo, conforme indicado na figura abaixo. Considerando o sentido horário da corrente elétrica como positivo, faça um gráfico da corrente na espira em função da posição de seu centro. Inclua valores numéricos e escala no seu gráfico.

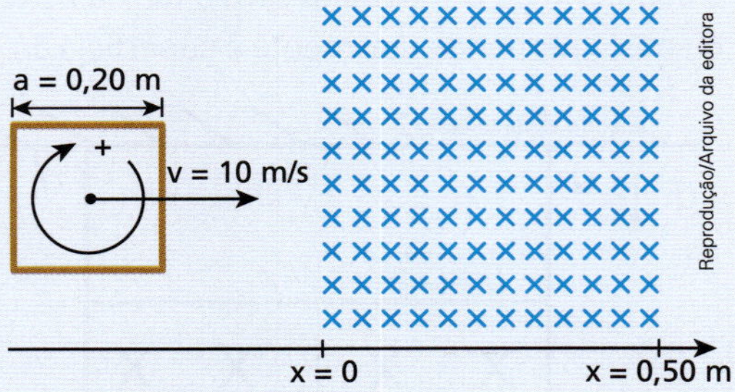

Reprodução/Arquivo da editora

**Resolução:**

Consideremos *x* como a coordenada do centro da espira.

**Antes da entrada da espira na região do campo ($x \leq -0{,}1$ m)**

Como não há campo magnético cortando a espira antes de iniciar a passagem pela região do campo, o fluxo é nulo e sem variação. Portanto não haverá corrente elétrica induzida na espira.

**Durante a entrada da espira ($-0{,}1$ m $< x \leq 0{,}1$ m)**

Quando o centro da espira atinge a posição $x = -0{,}1$ m, ela passa a entrar na região do campo magnético. O fluxo magnético aumenta sucessivamente: em um intervalo de tempo $\Delta t$ a espira terá adentrado uma extensão $\Delta x$ na região do campo, provocando uma variação $\Delta A = a\Delta x$ no valor da área imersa nessa região. A força eletromotriz induzida (fem) na espira será, em módulo,

$$|\epsilon| = \frac{\Delta\Phi}{\Delta t} = \frac{B\Delta A}{\Delta t} = \frac{Ba\Delta x}{\Delta t} = Ba\frac{\Delta x}{\Delta t} = Bav$$

Como a fem é constante, a corrente elétrica ocasionada por ela também o será, seguindo a lei de Ohm:

$$|\epsilon| = R|i| \Rightarrow |i| = \frac{|\epsilon|}{R} \Rightarrow |i| = \frac{Bav}{R}$$

Resta saber se essa corrente é positiva (sentido horário) ou negativa (sentido anti-horário). Como o campo magnético induzido e associado a essa corrente tende a diminuir o fluxo do campo indutor, seu sentido é oposto ao desse campo indutor – e, portanto, saindo da página. Pela regra da mão direita, a corrente induzida é, então, no sentido anti-horário (valor negativo). Numericamente, utilizando os dados do enunciado:

$$i = -\frac{Bav}{R} = -\frac{0{,}3 \cdot 0{,}2 \cdot 10}{2} = -0{,}3\ \text{A}$$

**Dentro da região do campo (0,1 m < x ≤ 0,4 m)**

Quando a espira entra completamente na região até iniciar a saída, o fluxo magnético se mantém constante através dela. Por isso, a corrente induzida volta a ser zero.

**Saída da espira da região do campo (0,4 m < x ≤ 0,6 m)**

Quando o centro da espira atinge a posição x = 0,4 m, ela inicia a saída da região do campo, durante a qual o fluxo magnético volta a variar de maneira semelhante à entrada, produzindo uma corrente elétrica de mesmo módulo, com uma diferença: agora a variação é negativa e o sentido da corrente elétrica é contrário. Portanto, a corrente elétrica durante a saída é constante e vale i = 0,3 A.

**Depois da saída (x > 0,6 m)**

Após a saída completa da espira da região do campo, não há campo magnético cortando-a, tampouco variação no fluxo magnético, e a corrente elétrica volta a ser zero.

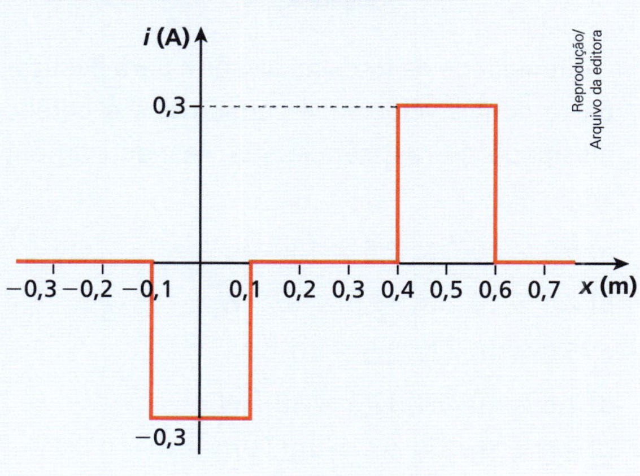


Reprodução/Arquivo da editora

**19.** Uma espira quadrada de lados 0,10 m e resistência total de 20 Ω está imersa em um campo magnético orientado perpendicularmente ao plano da espira, conforme a figura abaixo.

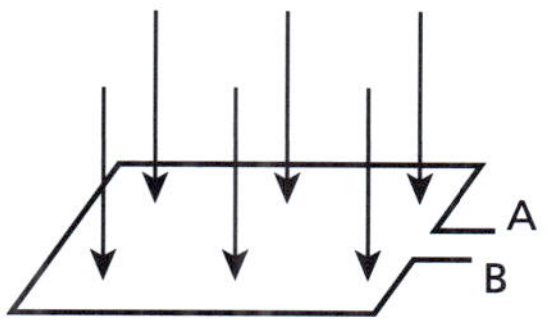


Banco de imagens/Arquivo da editora

O fluxo magnético através da espira varia de acordo com o seguinte gráfico:

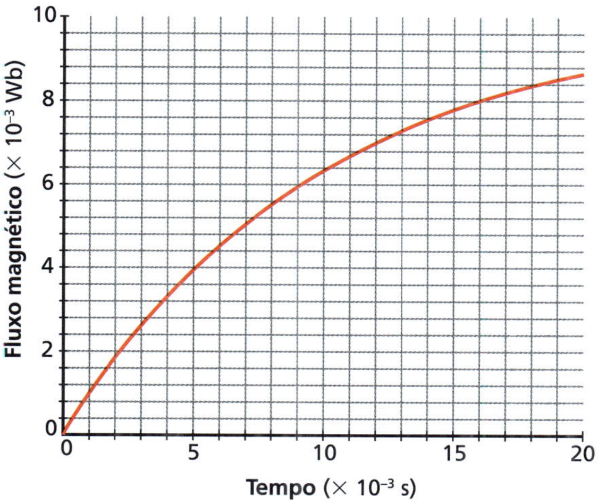


Banco de imagens/Arquivo da editora

A partir dessas informações é correto afirmar que:

a) se o campo magnético variar apenas com o tempo, o seu módulo no instante $t = 1{,}6 \cdot 10^{-2}$ s será igual a 8 T.

b) a força eletromotriz induzida entre os pontos **A** e **B**, entre os instantes t = 0 s e $t = 1{,}6 \cdot 10^{-2}$ s, será de 2 V.

c) de acordo com a Lei de Lenz, a corrente elétrica induzida na espira circulará de **B** para **A**.

d) a corrente elétrica induzida na espira entre os instantes t = 0 s e $t = 1{,}6 \cdot 10^{-2}$ s será de 0,025 A.

**20.** (UFRGS-RS) Um campo magnético uniforme *B* atravessa perpendicularmente o plano do circuito representado abaixo, direcionado para fora desta página. O fluxo desse campo através do circuito aumenta à taxa de 1 Wb/s.

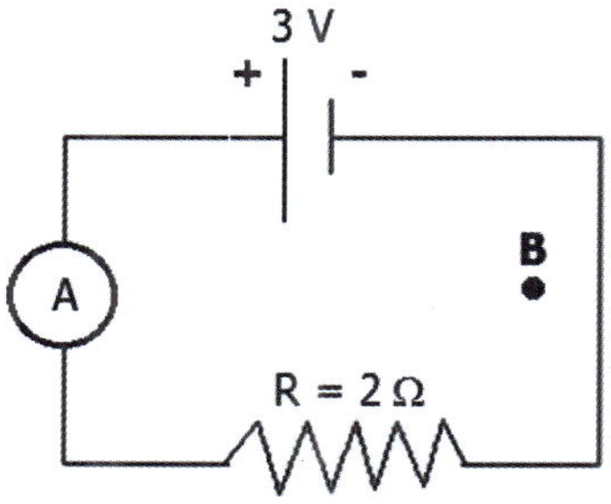


Reprodução/UFRGS, 2015

Nessa situação, a leitura do amperímetro **A** apresenta, em amperes,

a) 0,0.

b) 0,5.

c) 1,0.

d) 1,5.

e) 2,0.

**21.** (Acafe-SC) A principal aplicação da Indução Magnética, ou Eletromagnética, é a sua utilização na obtenção de energia. Podem-se produzir pequenas f.e.m. com um experimento bem simples. Considere uma espira quadrada com 0,4 m de lado que está totalmente imersa num campo magnético uniforme (intensidade de $B = 5{,}0\ Wb/m^2$) e perpendicular às linhas de indução. Girando a espira até que ela fique paralela às linhas de campo.

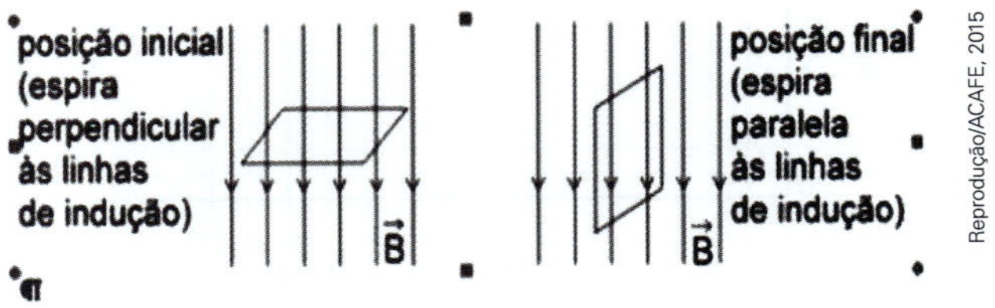


Sabendo-se que a espira acima levou 0,2 segundo para ir da posição inicial para a final, a alternativa **correta** que apresenta o valor em módulo da f.e.m. induzida na espira, em **volts**, é:

a) 1,6

b) 8

c) 4

d) 0,16

**22.** (UFRGS-RS) Um trabalhador carregando uma esquadria metálica de resistência elétrica *R* sobe, com velocidade de módulo constante, uma escada colocada abaixo de um fio conduzindo uma corrente elétrica intensa, *i*. A situação está esquematizada na figura abaixo.

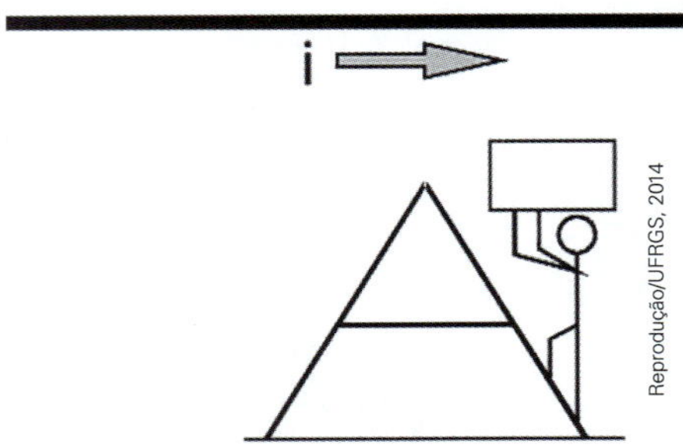


Assinale a alternativa correta sobre essa situação.

a) Como a esquadria tem, aos pares, lados paralelos, a força resultante exercida pelo fio acima é nula.

b) Visto que o fio não atravessa a esquadria, a lei de Ampère afirma que não existem correntes elétricas na esquadria.

c) À medida que sobe a escada, o trabalhador sente a esquadria "ficar mais leve", resultado da força atrativa exercida pelo fio, como previsto pela Lei de Biot-Savart.

d) À medida que sobe a escada, o trabalhador sente a espira "ficar mais pesada", resultado da força de repulsão estabelecida entre a corrente elétrica no fio e a corrente elétrica induzida, conforme explicado pela Lei de Faraday-Lenz.

e) Como o trabalhador sobe com velocidade de módulo constante, não há o aparecimento de corrente elétrica na esquadria.

**23.** (Udesc) A Figura 1 mostra um circuito elétrico, no qual uma barra metálica desliza com velocidade uniforme de intensidade $v = 0{,}5\ m/s$, imerso em um campo magnético de intensidade $B = 0{,}10\ T$ (entrando no plano do papel). A resistência elétrica *R* é $2{,}0\ \Omega$.

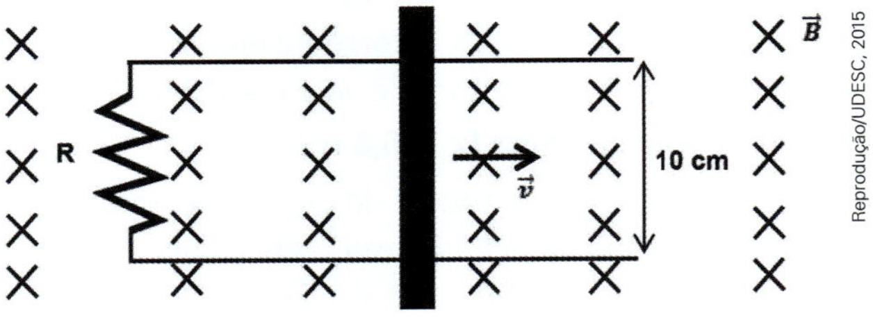


**Figura 1**

A intensidade da força necessária para deslizar a barra com a velocidade constante e a potência dissipada na resistência são, respectivamente, iguais a:

a) $5{,}0 \times 10^{-4}$ N, $2{,}5 \times 10^{-4}$ W

b) $2{,}5 \times 10^{-6}$ N, $12{,}5 \times 10^{-7}$ W

c) $5{,}0 \times 10^{-5}$ N, $2{,}5 \times 10^{-6}$ W

d) $2{,}5 \times 10^{-5}$ N, $12{,}5 \times 10^{-6}$ W

e) $5{,}0 \times 10^{-6}$ N, $2{,}5 \times 10^{-7}$ W

## Exercícios Nível 3

**24.** (UPE)

A eletricidade facilita a vida de muitas pessoas. A única desvantagem é a quantidade de fios com que se tem de lidar, se houver problemas: se você precisa desligar determinada tomada, pode ter que percorrer uma grande quantidade de fios até encontrar o fio certo.

Por isso, os cientistas tentaram desenvolver métodos de transmissão de energia sem fio, o que facilitaria o processo e lidaria com fontes limpas de energia. A ideia pode soar futurista, mas não é nova. Nicola Tesla propôs teorias de transmissão sem fio de energia, no fim dos anos 1800 e começo de 1900. Uma de suas demonstrações energizava remotamente lâmpadas no chão de sua estação de experimentos em Colorado Springs.

O trabalho de Tesla era impressionante, mas não gerou imediatamente métodos práticos de transmissão de energia sem fio. Desde então, os pesquisadores desenvolveram diversas técnicas para transferir eletricidade através de longas distâncias, sem utilizar fios. Algumas técnicas só existem em teoria ou protótipos, mas outras já estão em uso.

Fonte: http://ciencia.hsw.uol.com.br/eletricidade-sem-fio.htm (Adaptado)

Atualmente, muitos dispositivos eletrônicos têm suas baterias carregadas pelo processo de indução eletromagnética, baseado nos estudos realizados por Tesla há vários anos. Diversos celulares utilizam uma base que produz um campo magnético, capaz de atravessar uma espira resistiva instalada no celular. Um modelo simples é mostrado na figura a seguir. Sabendo que o campo da figura aponta para dentro do plano da página, que a área da espira é igual a 4,0 cm$^2$ e que sua resistência é igual a 0,5 m$\Omega$, determine a variação de campo magnético produzida pela base, para que uma corrente induzida de 140 mA atravesse a espira.

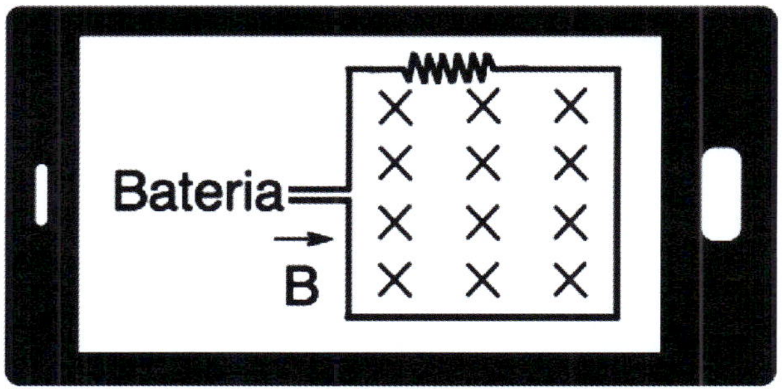


Reprodução/UPE, 2016

a) 175 mT/s
b) 350 mT/s
c) 450 mT/s
d) 525 mT/s
e) 700 mT/s

**25.** (CPAEN-RJ) Analise a figura a seguir.

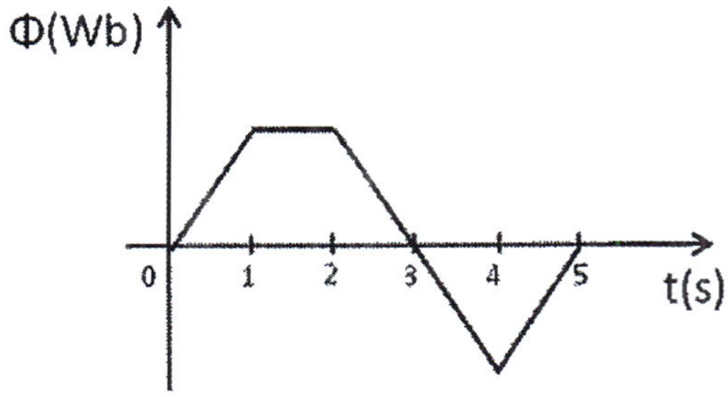


Reprodução/Escola Naval, 2013

O gráfico da figura acima registra a variação do fluxo magnético, $\Phi$, através de uma bobina ao longo de 5 segundos. Das opções a seguir, qual oferece o gráfico da f.e.m. induzida, $\epsilon$, em função do tempo?

a)

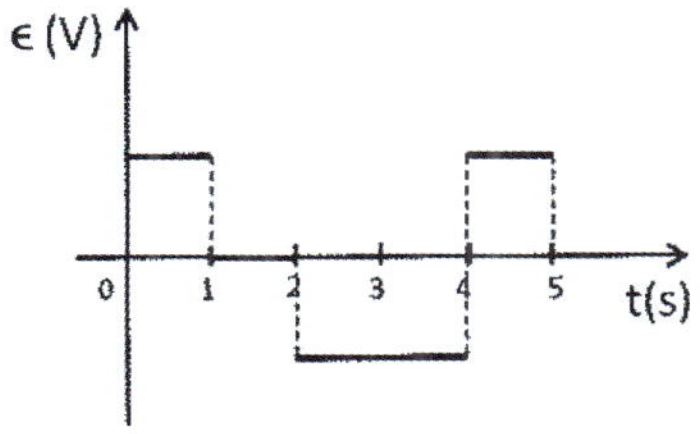


Reprodução/Escola Naval, 2013

b)

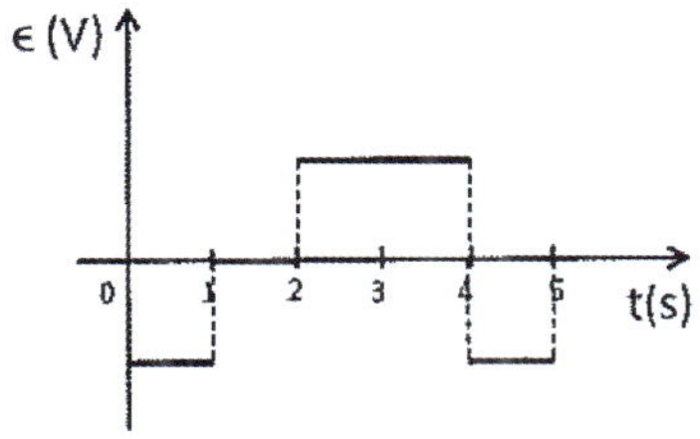


c)

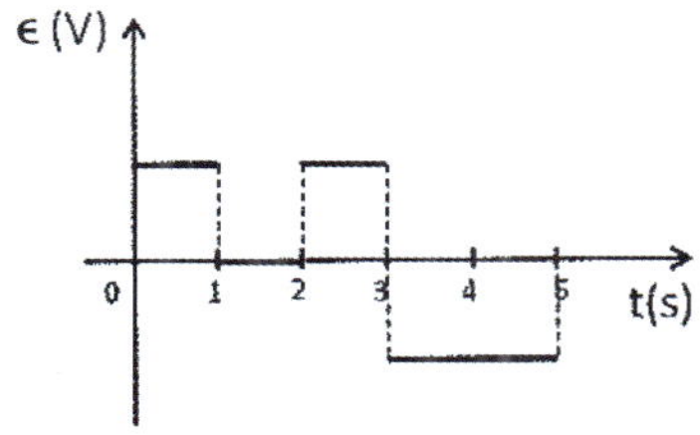


d)

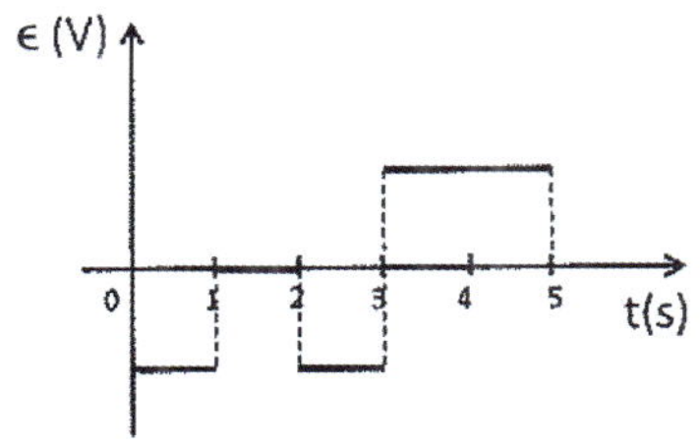

e) 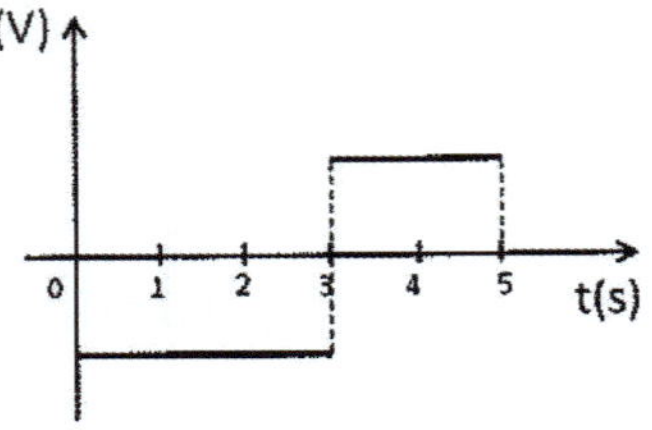


Reprodução/Escola Naval, 2013

**26.** (UFPA) Relâmpagos são uma ameaça frequente a equipamentos eletrônicos. Correntes da ordem de 10 000 A ocorrem através da atmosfera por intervalos de tempo da ordem de 50 μs. Para estimar algumas consequências de corrente dessa magnitude, considere o modelo indicado na figura abaixo. Nesse modelo, a corrente elétrica percorre o condutor vertical; as linhas de indução associadas ao campo magnético produzido pela corrente estão indicadas pelas circunferências horizontais. Dois circuitos elétricos retangulares de 1 $m^2$ de área estão dispostos no plano horizontal (circuito **A**) e no plano vertical (circuito **B**). Considerando esse modelo e que:

- a intensidade de corrente no condutor varia de 0 A a 10 000 A durante 50 μs;
- as áreas dos circuitos são pequenas, portanto o campo magnético não varia espacialmente no interior dos circuitos;
- a permeabilidade magnética do ar é igual a $4\pi \cdot 10^{-7} \frac{Tm}{A}$;
- a intensidade da indução magnética, *B*, a uma distância *d* do condutor percorrido por uma corrente *I* vale $B = \frac{\mu_0 I}{2\pi d}$, **calcule** a intensidade média da força eletromotriz induzida em cada um dos circuitos **A** e **B**.

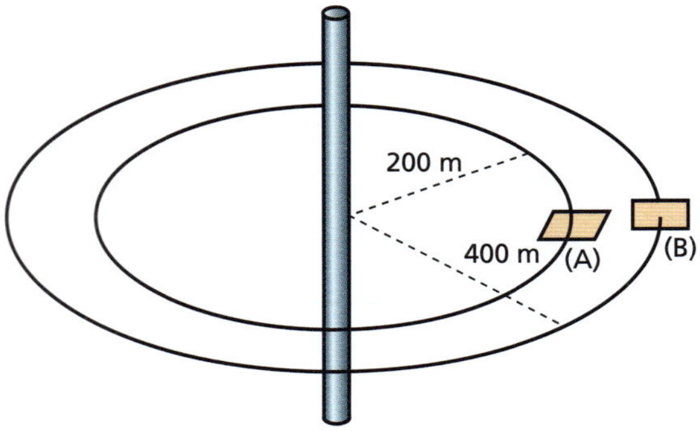


Reprodução/Arquivo da editora

**27.** (Efomm-RJ) Um fio de resistência 5 Ω e 2,4 m de comprimento forma um quadrado de 60 cm de lado. Esse quadrado é inserido por completo, com velocidade constante, durante 0,90 segundos em um campo magnético constante de 10,0 T (de forma que a área do quadrado seja perpendicular às linhas do campo magnético). A intensidade de corrente que se forma no fio é $i_1$.

Outro fio reto de 2,0 m de comprimento possui uma intensidade de corrente $i_2$, quando imerso em um campo magnético constante de módulo 10,0 T. A força magnética que atua no fio possui módulo 8,0 N. A direção da força é perpendicular à do fio e à direção do campo magnético.

A razão entre os módulos de $i_1$ e $i_2$ é:

a) 0,2
b) 0,4
c) 0,5
d) 2,0
e) 4,0

**28.** (ITA-SP) Uma bobina de 100 espiras, com secção transversal de área de 400 $cm^2$ e resistência de 20 Ω, está alinhada com seu plano perpendicular ao campo magnético da Terra, de $7,0 \cdot 10^{-4}$ T na linha do Equador. Quanta carga flui pela bobina enquanto ela é virada de 180° em relação ao campo magnético?

a) $1,4 \cdot 10^{-4}$ C
b) $2,8 \cdot 10^{-4}$ C
c) $1,4 \cdot 10^{-2}$ C
d) $2,8 \cdot 10^{-2}$ C
e) 1,4 C

**29.** (ITA-SP) O circuito da figura a seguir é constituído de um ponteiro metálico **MN**, com uma das extremidades pivotada em **M** e a outra extremidade, **N**, deslizando sobre uma espira circular condutora de raio MN = 0,4 m. **R** é um resistor ligando os pontos **M** e **A**. A espira é aberta em um ponto, ao lado da extremidade **A**, e o circuito **AMN** é fechado. Há uma indução magnética uniforme B = 0,5 T, perpendicular ao plano do circuito e cujo sentido aponta para fora desta folha. No instante inicial, o ponteiro tem sua extremidade **N** sobre o ponto **A** e se, a partir de então, descrever um movimento uniforme, com frequência de 0,2 Hz e no sentido horário:

a) qual será o módulo da força eletromotriz induzida no circuito fechado?
b) qual será o sentido da corrente induzida no resistor **R**?

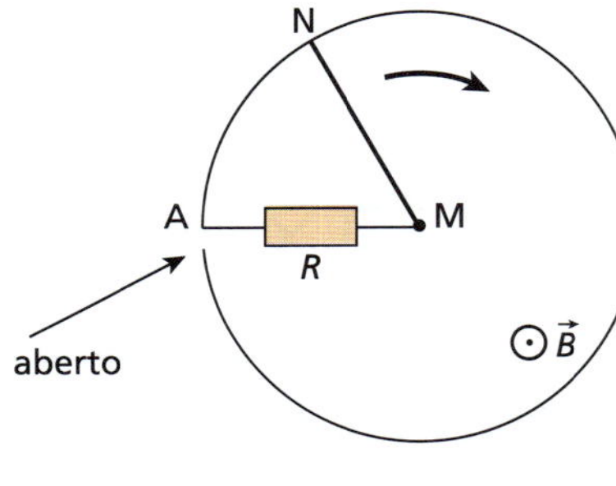


Reprodução/Arquivo da editora

**30.** (ITA-SP) Um fio delgado e rígido, de comprimento $L$, desliza, sem atrito, com velocidade $\vec{v}$ sobre um anel de raio $R$, numa região de campo magnético constante $\vec{B}$.

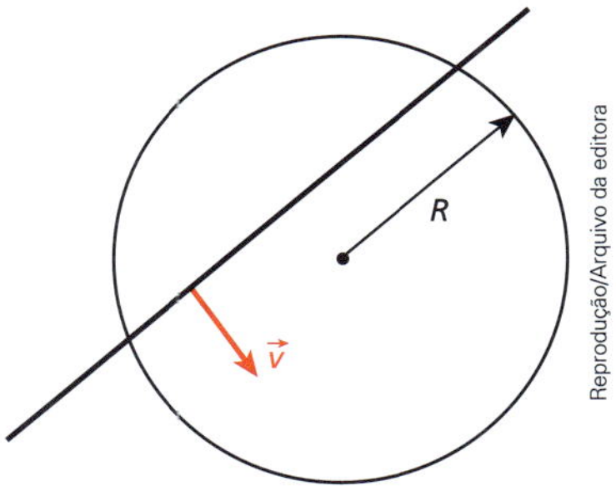


Pode-se, então, afirmar que:

a) o fio irá se mover indefinidamente, pois a lei de inércia assim o garante.

b) o fio poderá parar, se $\vec{B}$ for perpendicular ao plano do anel, caso fio e anel sejam isolantes.

c) o fio poderá parar, se $\vec{B}$ for paralelo ao plano do anel, caso fio e anel sejam condutores.

d) o fio poderá parar, se $\vec{B}$ for perpendicular ao plano do anel, caso fio e anel sejam condutores.

e) o fio poderá parar, se $\vec{B}$ for perpendicular ao plano do anel, caso o fio seja feito de material isolante.

**Nota:**

Suponha que o anel esteja situado num plano horizontal.

**31.** (Unicamp-SP) O princípio de funcionamento dos detectores de metais utilizados em verificações de segurança é baseado na Lei de Indução de Faraday. A força eletromotriz induzida por um fluxo de campo magnético variável através de uma espira gera uma corrente. Se um pedaço de metal for colocado nas proximidades da espira, o valor do campo magnético será alterado, modificando a corrente na espira. Essa variação pode ser detectada e usada para reconhecer a presença de um corpo metálico nas suas vizinhanças. Adote $\pi = 3$.

a) Considere que o campo magnético $\vec{B}$ atravessa perpendicularmente a espira e varia no tempo segundo a figura. Se a espira tem raio de 2 cm, qual é o módulo da força eletromotriz induzida?

b) A espira é feita por um fio de cobre de 1 mm de raio e a resistividade do cobre é $\rho = 2 \cdot 10^{-8}$ ohm · metro. A resistência de um fio é dada por $R = \rho\frac{L}{A}$, em que $L$ é o seu comprimento e $A$ é a área da sua seção reta. Qual é a corrente na espira?

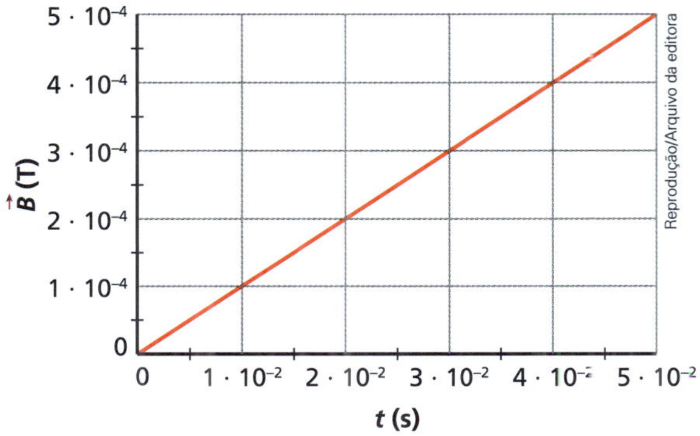


**32.** (UFV-MG) Uma bateria de força eletromotriz $\epsilon$ está ligada a uma espira retangular de largura $L$ e resistência $R$. A espira está penetrando, com uma velocidade de módulo $V$, em uma região onde há um campo magnético uniforme de módulo $B$, orientado perpendicularmente ao plano da espira e entrando nesta página conforme representado na figura abaixo.

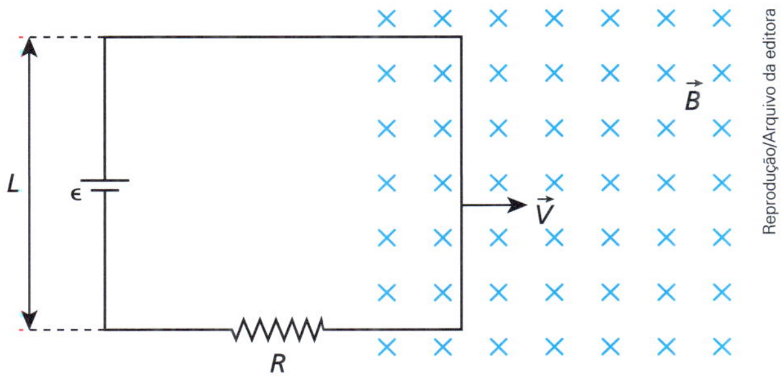


É **correto** afirmar que a corrente elétrica na espira é:

a) igual a $\dfrac{\epsilon + BLV}{R}$.

b) igual a $\dfrac{\epsilon - BLV}{R}$.

c) igual a $\dfrac{BLV}{R}$.

d) sempre nula.

e) igual a $\dfrac{\epsilon}{R}$.

**33.** (UFV-MG) Uma espira retangular está imersa em um campo magnético perpendicular ao seu plano. O lado direito da espira pode mover-se sem perder o contato elétrico com a espira, conforme a figura seguinte.

Dados: B = 0,50 T (apontando para fora); v = 2,0 m/s

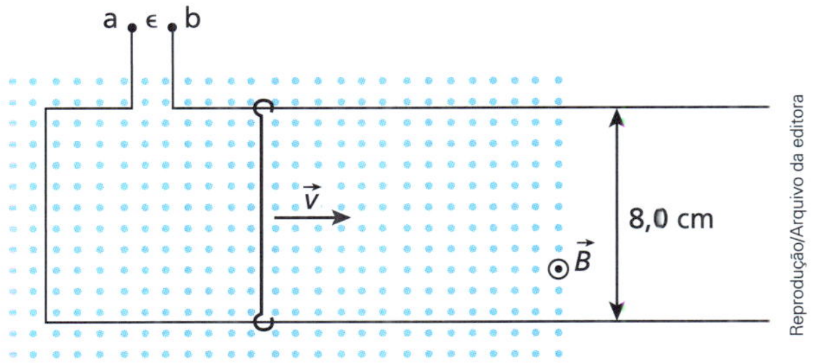

Arrastando para a direita o lado móvel da espira, com velocidade constante $\vec{v}$, pode-se afirmar corretamente que a fem induzida nos terminais **ab** será igual a:

a) $8,0 \cdot 10^{-2}$ V, sendo o terminal **a** negativo e o terminal **b** positivo.

b) $6,0 \cdot 10^{-2}$ V, sendo a corrente elétrica dirigida de **b** para **a**.

c) $16 \cdot 10^{-2}$ V, sendo a corrente elétrica dirigida de **b** para **a**.

d) $16 \cdot 10^{-2}$ V, sendo a corrente elétrica dirigida de **a** para **b**.

e) $8,0 \cdot 10^{-2}$ V, sendo o terminal **a** positivo e o terminal **b** negativo.

**34.** (UEM-PR) Uma haste metálica pode deslizar livremente (sem atrito) sobre duas outras hastes metálicas, paralelas entre si, conforme ilustra a figura.

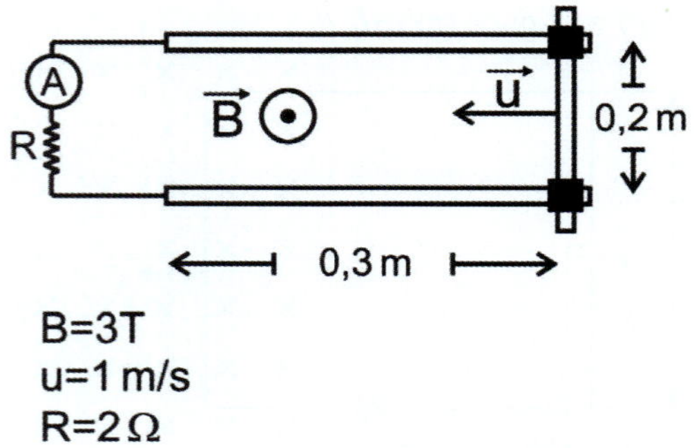


Reprodução/UEM, 2015

Considere as hastes metálicas, os fios condutores e o amperímetro com resistências desprezíveis. O resistor **R** tem resistência 2 Ω, a intensidade do campo magnético $\vec{B}$ é de 3 T, perpendicular e saindo do plano da página, e a velocidade da haste livre tem módulo u = 1 m/s. Sobre o exposto, assinale o que for **correto**.

01) O sentido convencional da corrente que percorre o circuito é horário.

02) A força magnética que atua sobre a haste móvel é contrária a seu movimento.

04) A força eletromotriz induzida vale 0,6 V.

08) A potência dissipada no resistor **R** é 0,18 W.

16) Para a haste se deslocar com velocidade constante, é necessário que um agente externo aplique uma força variável sobre ela.

**35.** (PUC-PR) O dispositivo tecnológico mostrado na figura a seguir é um gerador elétrico simples e sua criação é devido à aplicação da Lei de Faraday e da Lei de Lenz. Nesse dispositivo, a espira, imersa num campo magnético $\vec{B}$, gira com velocidade angular ω em torno do eixo de rotação e está acoplada aos anéis coletores. Sobre esses anéis estão as escovas de carvão, que fornecem uma força eletromotriz ao circuito externo. O campo magnético entre os polos é uniforme e a área da espira é igual a *A*.

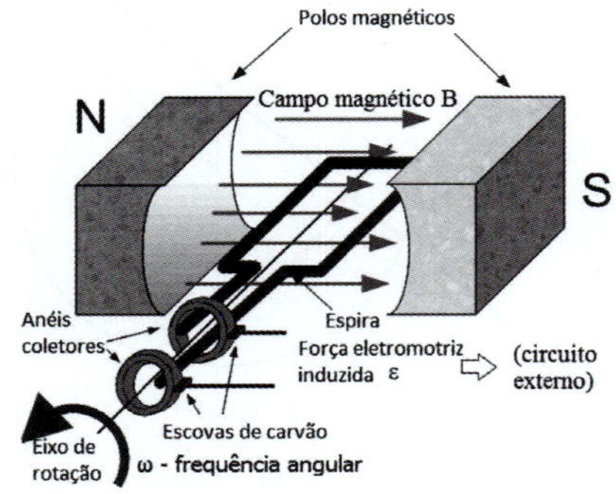


Reprodução/PUC-PR, 2016

Fonte: <http://www.globalspec.com/ImageRepository/LearnMore/20133/acp14276ce19e05294cab91329f388c2cbada.gif>. [adaptado]

Considerando o dispositivo da figura acima, é **CORRETO** afirmar que:

a) o fluxo do campo magnético através da espira é constante.

b) o sentido da corrente induzida na espira é horário e independe do tempo.

c) a força eletromotriz induzida e produzida pelo gerador é alternada.

d) a frequência de oscilação produzida pelo gerador e fornecida ao circuito externo é ω.

e) o valor da força eletromotriz gerada é *B*ω.

**36.** (Cefet-PR) Um transformador é constituído de duas bobinas independentes (primário e secundário), enroladas sobre uma mesma peça de ferro (núcleo do transformador).

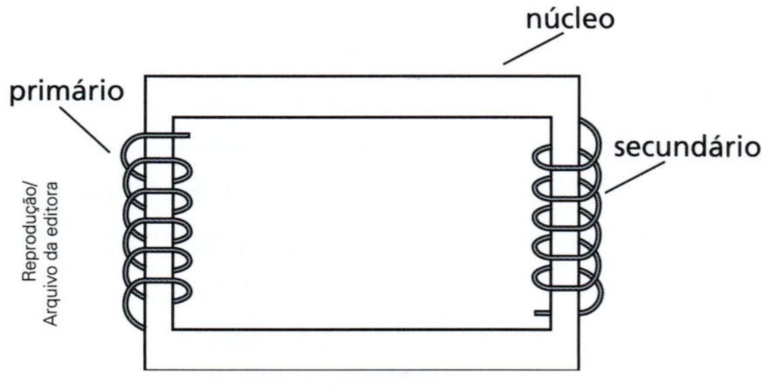


Reprodução/Arquivo da editora

Com relação a esse dispositivo, analise as afirmativas a seguir:

I. O funcionamento do transformador é baseado no fenômeno da indução eletromagnética.

II. O transformador só funciona com corrente contínua e constante na bobina primária.

III. Se o número de espiras do primário é maior que o número de espiras do secundário, o transformador funciona como um elevador de potência.

Podemos afirmar que:

a) apenas as afirmativas II e III estão corretas.
b) todas as afirmativas estão corretas.
c) apenas a afirmativa I é correta.
d) apenas as afirmativas I e II estão corretas.
e) apenas as afirmativas I e III estão corretas.

**37.** (UFPR) O fenômeno da indução eletromagnética permite explicar o funcionamento de diversos aparelhos, entre eles o transformador, o qual é um equipamento elétrico que surgiu no início do século 19, como resultado da união entre o trabalho de cientistas e engenheiros, sendo hoje um componente essencial na tecnologia elétrica e eletrônica. Utilizado quando se tem a necessidade de aumentar ou diminuir a tensão elétrica, o transformador é constituído por um núcleo de ferro e duas bobinas, conforme ilustra a figura abaixo. Uma das bobinas (chamada de primário) tem $N_1$ espiras e sobre ela é aplicada a tensão $U_1$, enquanto que a outra (chamada de secundário) tem $N_2$ espiras e fornece a tensão $U_2$.

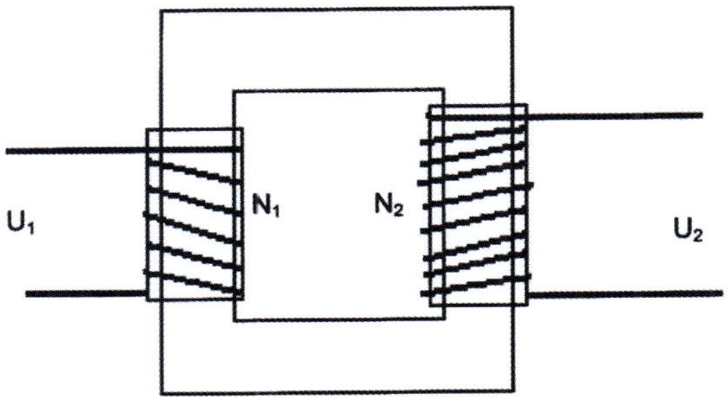




Sobre o transformador, é correto afirmar:

a) Quando o número de espiras $N_1$ é menor que $N_2$, a tensão $U_2$ será maior que a tensão aplicada $U_1$.
b) É utilizado para modificar a tensão tanto em sistemas de corrente contínua quanto nos de corrente alternada.
c) Só aparece a tensão $U_2$ quando o fluxo do campo magnético produzido pelo primário for constante.
d) Num transformador ideal, a potência fornecida ao primário é diferente da potência fornecida pelo secundário.
e) Quando o número de espiras $N_1$ é menor que $N_2$, a corrente no secundário é maior que a corrente no primário.

**38.** (UFSC) Na transmissão de energia elétrica das usinas até os pontos de utilização, não bastam fios e postes. Toda a rede de distribuição depende fundamentalmente dos **transformadores**, que ora elevam a tensão, ora a rebaixam. Nesse sobe e desce, os **transformadores** não só resolvem um problema econômico, como melhoram a eficiência do processo. O esquema abaixo representa esquematicamente um **transformador** ideal, composto por dois enrolamentos (primário e secundário) de fios envoltos nos braços de um quadro metálico (núcleo), e a relação entre as voltagens no primário e no secundário é dada por $\frac{V_p}{V_s} = \frac{N_p}{N_s}$.

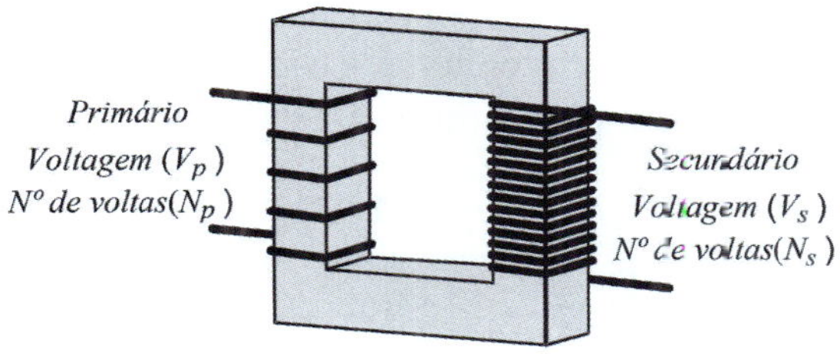




Em relação ao exposto, assinale a(s) proposição(ões) **CORRETA(S)**.

01) O princípio básico de funcionamento de um transformador é o fenômeno conhecido como indução eletromagnética: quando um circuito fechado é submetido a um campo magnético variável, aparece no circuito uma corrente elétrica cuja intensidade é proporcional às variações do fluxo magnético.
02) No transformador, pequenas intensidades de corrente no primário podem criar grandes intensidades de fluxo magnético, o que ocasionará uma indução eletromagnética e o aparecimento de uma voltagem no secundário.
04) O transformador acima pode ser um transformador de elevação de tensão. Se ligarmos uma bateria de automóvel de 12 V em seu primário (com 48 voltas), iremos obter uma tensão de 220 V em seu secundário (com 880 voltas).
08) Podemos usar o transformador invertido, ou seja, se o ligarmos a uma tomada em nossa residência (de corrente alternada) e aplicarmos uma tensão de 220 V em seu secundário (com 1 000 voltas), obteremos uma tensão de 110 V no seu primário (com 500 voltas).
16) Ao acoplarmos um transformador a uma tomada e a um aparelho elétrico, como não há contato elétrico entre os fios dos enrolamentos primário e secundário, o que impossibilita a passagem da corrente elétrica entre eles, não haverá transformação dos valores da corrente elétrica, somente da tensão.

32) O fluxo magnético criado pelo campo magnético que aparece quando o transformador é ligado depende da área da secção reta do núcleo metálico.

**39.** (Acafe-SC) O carregador de celular é um dispositivo que consegue transferir energia elétrica da rede elétrica residencial para as baterias do aparelho. No entanto, para realizar essa transferência utiliza um equipamento bastante conhecido, o transformador. Na figura abaixo, recortamos o esquema do transformador de um carregador de celular que é igual ao de qualquer transformador comum.

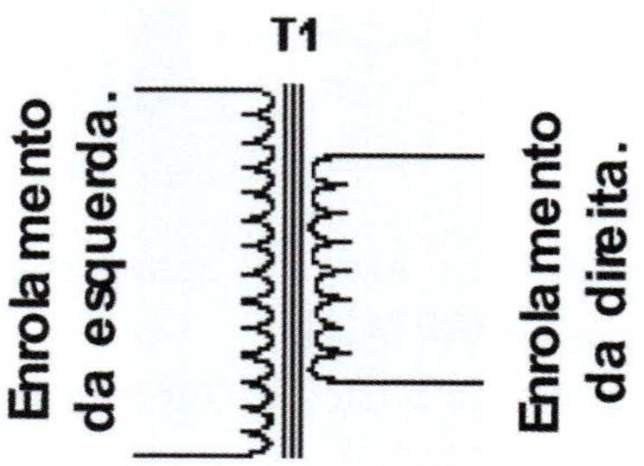


Reprodução/ACAFE, 2016

Considere a figura e assinale a alternativa **correta** que completa as lacunas da frase a seguir.

O princípio de funcionamento do transformador é __________________. Com base na figura, deduzimos que a tensão do enrolamento da __________________ é __________________ que a tensão do enrolamento da __________________.

a) a indução eletromagnética – direita – igual – esquerda

b) a indução eletrostática – esquerda – menor – direita

c) a indução eletromagnética – esquerda – maior – direita

d) a indução eletrostática – direita – maior – esquerda

**40.** (Ufop-MG) Para escoar a energia elétrica produzida em suas turbinas, a hidrelétrica de Itaipu eleva a tensão de saída para aproximadamente 700 000 V. Em sua residência, as tomadas apresentam uma tensão de 127 V e/ou 220 V. O equipamento que realiza essa tarefa de elevar e abaixar a tensão é o transformador. É correto afirmar que:

a) o princípio de funcionamento de um transformador exige que a tensão/corrente seja contínua.

b) o princípio de funcionamento de um transformador exige que a tensão/corrente seja alternada.

c) o transformador irá funcionar tanto em uma rede com tensão/corrente alternada quanto em uma com tensão/corrente contínua.

d) o transformador irá funcionar quando, no enrolamento primário, houver uma tensão/corrente contínua e, no secundário, uma alternada.

**41.** (Ufop-MG) Um transformador tem os seguintes valores nominais: 110 V, 220 V e 2 200 W. Sabendo que o enrolamento cujos terminais indicam 110 V tem 250 espiras, determine:

a) o número de espiras do enrolamento correspondente à força eletromotriz de 220 V;

b) a intensidade da corrente em cada terminal quando se utiliza esse transformador para ligar uma televisão, com valores nominais de 220 V e 880 W, a uma tomada que fornece 110 V;

c) a intensidade máxima da corrente em cada terminal.

## Para raciocinar um pouco mais

**42.** (ITA-SP) Em queda livre a partir do repouso, um ímã atravessa longitudinalmente o interior de um tubo de plástico, sem tocar-lhe as paredes, durante um intervalo de tempo $\Delta t$. Caso este tubo fosse de metal, o tempo para essa travessia seria maior, igual ou menor que $\Delta t$? Justifique sua resposta.

**43.** (ITA-SP) Uma bobina circular de raio R = 1,0 cm e 100 espiras de fio de cobre, colocada em um campo de indução magnética constante e uniforme, tal que B = 1,2 T está inicialmente numa posição tal que o fluxo de $\vec{B}$ através dela é máximo. Em seguida, num intervalo de tempo $\Delta t = 1{,}5 \cdot 10^{-2}$ s, ela é girada para uma posição em que o fluxo de $\vec{B}$ através dela é nulo. Qual é a força eletromotriz média induzida entre os terminais da bobina?

**44.** (ITA-SP) Uma bobina metálica circular de raio $r$, com $N$ espiras e resistência elétrica $R$, é atravessada por um campo de indução magnética de intensidade $B$. Se o raio da bobina é aumentado de uma fração $\Delta r \ll r$, num intervalo de tempo $\Delta t$, e desconsiderando as perdas, a máxima corrente induzida será de

a) $2\pi N\ Br\Delta r/(R\Delta t)$
b) $2\pi N\ Br\Delta r^2/(R\Delta t)$
c) $2\pi N\ Br^2\Delta r/(R\Delta t)$
d) $2\pi N\ Br\Delta r/(R^2\Delta t)$
e) $2\pi N\ Br\Delta r/(R\Delta t^2)$

**45.** (CPAEN-RJ) Analise a figura abaixo.

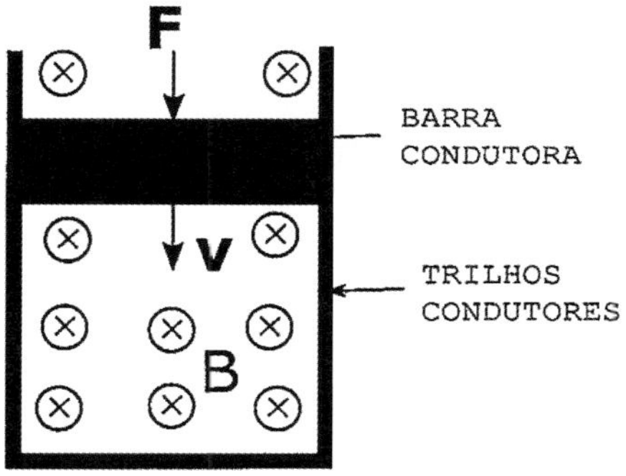

Reprodução/Escola Naval, 2017

Imersa numa região onde o campo magnético tem direção vertical e módulo B = 6,0 T, uma barra condutora de um metro de comprimento, resistência elétrica R = 1,0 Ω e massa m = 0,2 kg desliza sem atrito apoiada sobre trilhos condutores em forma de "U" dispostos horizontalmente, conforme indica a figura acima. Se uma força externa $F$ mantém a velocidade da barra constante e de módulo v = 2,0 m/s, qual o módulo da força $F$, em newtons?

a) 6,0
b) 18
c) 36
d) 48
e) 72

**46.** (ITA-SP) Considere um ímã cilíndrico vertical com o polo norte para cima, tendo um anel condutor posicionado acima do mesmo. Um agente externo imprime um movimento ao anel que, partindo do repouso, desce verticalmente em torno do ímã e atinge uma posição simétrica à original, iniciando, logo em seguida, um movimento ascendente e retornando à posição inicial em repouso. Considerando o eixo de simetria do anel sempre coincidente com o do ímã e sendo positiva a corrente no sentido anti-horário (visto por um observador de cima), o gráfico que melhor representa o comportamento da corrente induzida $i$ no anel é

a)
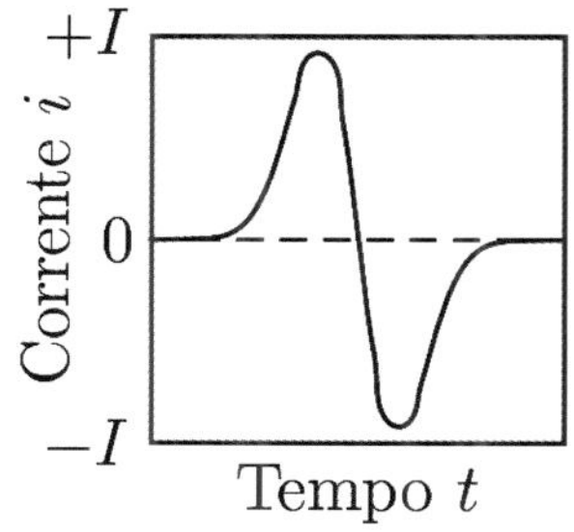

Ilustrações: Reprodução/ITA, 2014

b)
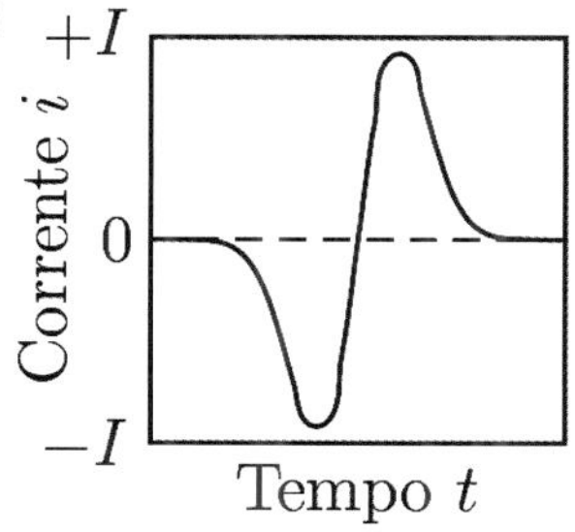


c)
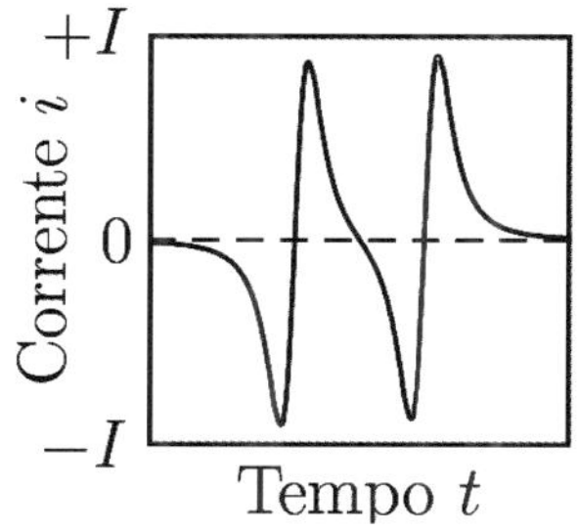


d)
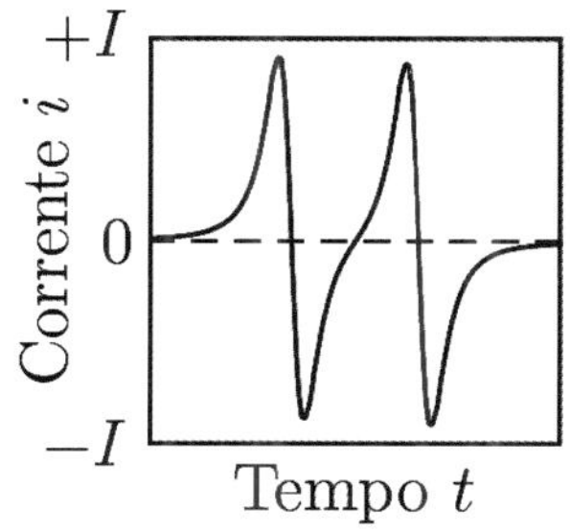


e)
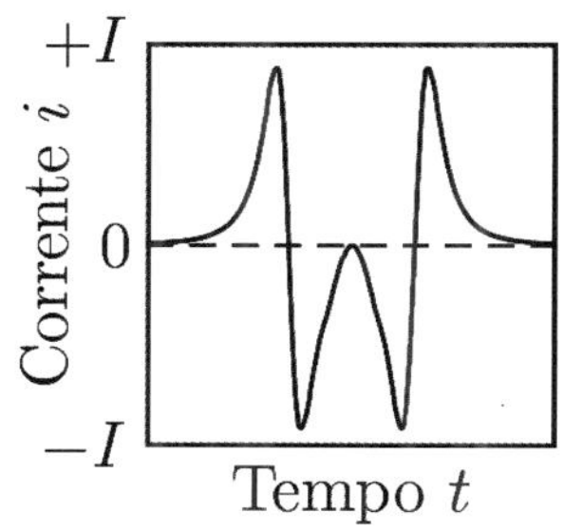

# Noções de corrente alternada

## 1. Geração de corrente alternada

Por meio da rede pública de transmissão de energia elétrica, nossas residências são alimentadas por uma corrente elétrica do tipo alternada.

Neste exato momento, alguma das centenas de usinas espalhadas pelo país está usando o conceito físico da indução eletromagnética para gerar esse tipo de corrente elétrica.

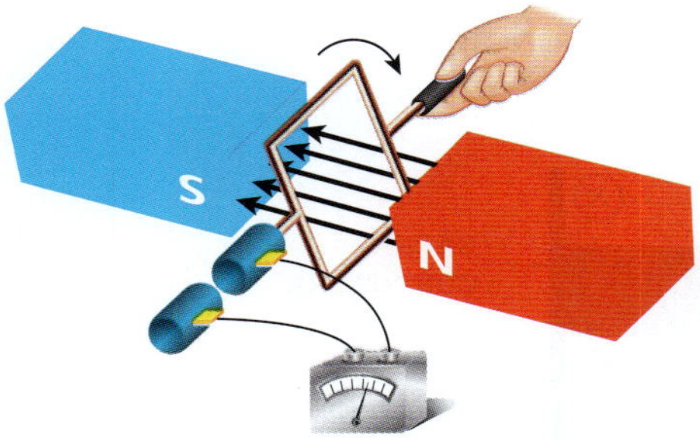


Banco de imagens/Arquivo da editora

Vamos analisar a espira da figura acima girando no interior de um campo magnético uniforme $\vec{B}$. Sabemos que o fluxo magnético através da espira é dado por:

$$\Phi = B \cdot A \cdot \cos\theta$$

Considerando que no instante inicial $t = 0$ a espira esteja disposta perpendicularmente ao campo magnético, o fluxo magnético é máximo e será dado por:

$$\Phi_{máx} = B \cdot A$$

Com o início do movimento de rotação da espira com velocidade angular $\omega$ constante, o ângulo $\theta$ irá variar com o tempo *t* seguindo a função horária angular:

$$\theta = \theta_0 + \omega \cdot t$$

Para uma posição angular inicial em que $\theta_0 = 0$, temos:

$$\theta = \omega \cdot t$$

Assim, a expressão genérica para o fluxo magnético pode ser escrita na forma:

$$\Phi = B \cdot A \cdot \cos\omega \cdot t \quad \text{ou} \quad \Phi = \Phi_{máx} \cdot \cos\omega \cdot t$$

Essa fórmula nos mostra que o fluxo magnético varia cossenoidalmente com o tempo, porém, para determinarmos a força eletromotriz induzida instantânea $\epsilon$, devemos tomar a derivada do fluxo magnético relativamente ao tempo, assim:

$$\epsilon = -\frac{d\Phi}{dt}$$

Desenvolvendo-a, temos:

$$\epsilon = -\frac{d(B \cdot A \cdot \cos\omega t)}{dt}$$

Como *B* e *A* são constantes, vem:

$$\epsilon = -B \cdot A \cdot \frac{d(\cos\omega t)}{dt}$$

A derivada de $\cos\omega t$ relativa ao tempo é igual a $-\omega \cdot \text{sen}\,\omega t$ (para os iniciados em cálculo, é o resultado do uso direto da "regra da cadeia").

Assim:

$$\epsilon = -B \cdot A \cdot (-\omega \cdot \text{sen } \omega t)$$

$$\epsilon = B \cdot A \cdot \omega \cdot \text{sen } \omega t$$

Essa função terá valor máximo para sen $\omega t = 1$, assim:

$$\epsilon_{máx} = B \cdot A \cdot \omega$$

Finalmente:

$$\epsilon = \epsilon_{máx} \cdot \text{sen } \omega t$$

Graficamente:

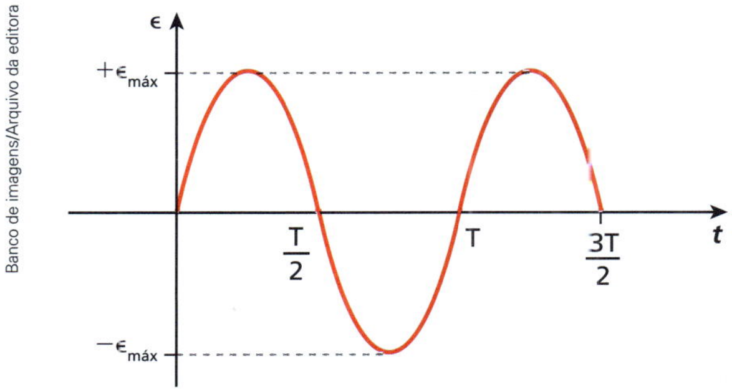


Gráfico da fem induzida nos terminais da espira em função do tempo.

É esse tipo de tensão elétrica alternada que chega às tomadas de nossas residências.

Se um resistor de resistência elétrica *R* for ligado a esse tipo de fonte, teremos o valor da corrente elétrica *i*:

$$i = \frac{\epsilon}{R} \Rightarrow i = \frac{\epsilon_{máx} \cdot \text{sen } \omega t}{R}$$

O termo $\frac{\epsilon_{máx}}{R}$ representa a máxima intensidade de corrente elétrica, assim:

$$i = i_{máx} \cdot \text{sen } \omega t$$

Em que $\omega$ representa a pulsação ou velocidade angular da corrente elétrica.

$$\omega = 2\pi \cdot f \quad \text{ou} \quad f = \frac{\omega}{2\pi}$$

A grandeza *f* é denominada frequência da corrente alternada ou **frequência da rede elétrica**. No Brasil, a frequência da corrente alternada em nossas residências é de 60 Hz.

Graficamente:

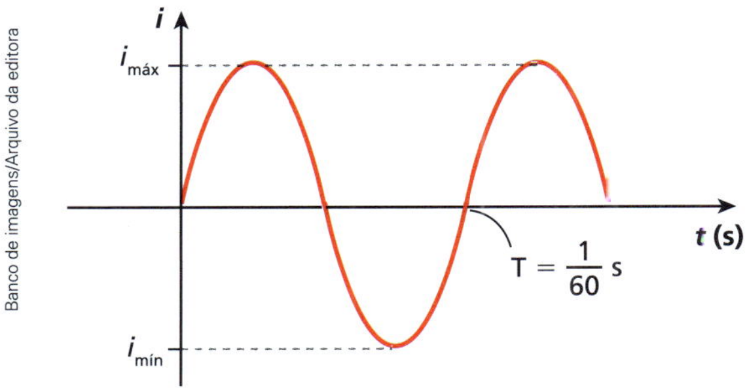


Os elétrons livres oscilam no interior dos condutores de nossas residências com frequência de 60 Hz.

Começamos nossa análise com uma espira girando dentro do campo magnético. De fato, este é um modelo bem simples de gerador. Hoje, a sociedade moderna tem a seu dispor e necessita cada vez mais de gigantescas usinas com tecnologia de ponta para a produção de energia elétrica. Em vez de uma espira, existem enormes e sofisticadas bobinas.

Ricardo Teles/Pulsar Imagens

Aerogeradores em usina eólica em Igaporã, BA, em fevereiro de 2018.

A humanidade faz hoje uso dos mais variados tipos de usina geradora de energia elétrica.

Seja o vento, nas usinas eólicas, a colocar as espiras a girar, sejam as quedas-d'água nas grandes hidrelétricas ou mesmo o vapor nas termoelétricas, em todas essas situações é fundamental o uso dos conceitos básicos da Lei de Faraday da indução eletromagnética.

## O valor eficaz

Já sabemos que a tensão elétrica *U* que chega às tomadas de nossas residências é alternada e dada por uma expressão do tipo:

$$U = U_{máx} \cdot \text{sen } \omega t$$

Como consequência, a corrente elétrica *i* que se estabelece em um resistor *R* ligado a essa fonte será:

$$i = i_{máx} \cdot \text{sen } \omega t$$

Portanto, podemos determinar a potência elétrica *P* fornecida pela fonte:

$$P = i \cdot U$$

$$P = i_{máx} \cdot \text{sen } \omega t \cdot U_{máx} \cdot \text{sen } \omega t$$

$$P = i_{máx} \cdot U_{máx} \cdot \text{sen}^2 \omega t$$

Finalmente:

$$P = P_{máx} \cdot \text{sen}^2 \omega t$$

Na expressão demonstrada, o valor de $P_{máx}$ é constante; assim, a potência vai variar com a função $\text{sen}^2 \omega t$.

Essa função varia no intervalo:

$$0 \leq \text{sen}^2 \omega t \leq 1$$

Desse modo, tem como valor médio: $\frac{1}{2}$.

Determinamos, assim, a potência média para a situação estudada.

$$P_{média} = \frac{P_{máx}}{2}$$

## Corrente elétrica eficaz ($i_{ef}$)

É a intensidade de uma corrente elétrica contínua e constante que, percorrendo um resistor, em um intervalo de tempo igual a um período, dissipa a mesma quantidade de energia que a corrente elétrica alternada dissiparia.

Em outras palavras, ao utilizarmos os valores eficazes de corrente elétrica e tensão elétrica que se estabelecem em um resistor, devemos ter a potência média em corrente alternaca igual à potência em corrente contínua, assim:

$$P_{média} = P$$

Então:

$$\frac{P_{máx}}{2} = P \Rightarrow \frac{R \cdot i^2_{máx}}{2} = R \cdot i^2_{ef}$$

$$i_{ef} = \frac{i_{máx}}{\sqrt{2}}$$

## Tensão elétrica eficaz ($U_{ef}$)

Do mesmo modo:

$$\frac{P_{máx}}{2} = P \Rightarrow \frac{U^2_{máx}}{2R} = \frac{U^2_{ef}}{R}$$

$$U_{ef} = \frac{U_{máx}}{\sqrt{2}}$$

Assim, quando afirmamos que uma tomada residencial é de 220 V, isso significa que o seu valor eficaz é $U_{ef} = 220$ V.

O valor máximo $U_{máx}$ é dado por:

$$U_{máx} = \sqrt{2} \cdot U_{ef}$$
$$U_{máx} \cong 1{,}4 \cdot 220$$

$$U_{máx} \cong 308 \text{ V}$$

Graficamente:

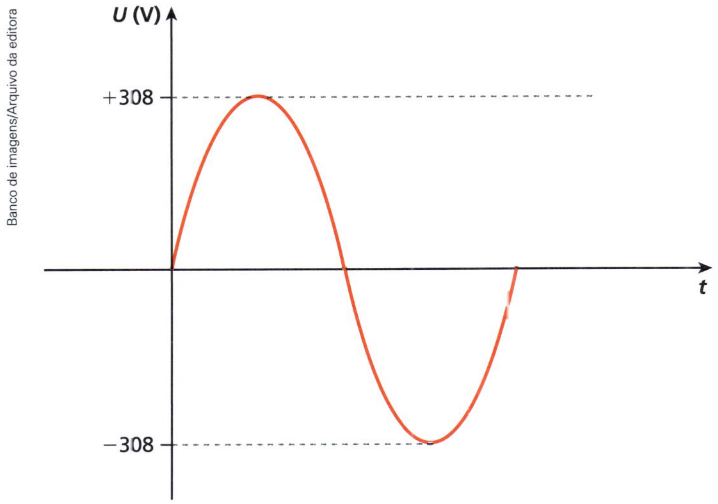

Percebe-se que, ao trabalharmos com grandezas físicas que variam alternadamente com o tempo, em muitos casos, o que realmente interessa são os valores médios, assim:

$$P_{média} = i_{ef} \cdot U_{ef}$$

$$P_{média} = \frac{i_{máx}}{\sqrt{2}} \cdot \frac{U_{máx}}{\sqrt{2}}$$

$$P_{média} = \frac{P_{máx}}{2}$$

## 2. Autoindução

Nos fenômenos de indução eletromagnética, consideramos sempre, por um lado, um **indutor** – produtor do campo de indução variável – e, por outro lado, o **induzido** – o qual, ao ser atravessado pelo fluxo, variável, procedente do campo indutor, gera uma fem induzida, de acordo com a Lei de Lenz.

Pode ocorrer, entretanto, que um só condutor ou circuito atue ao mesmo tempo como indutor e como induzido.

De fato, se considerarmos uma bobina separadamente, porém formando parte de um circuito percorrido por corrente elétrica variável, esta corrente originará no seu interior um fluxo também variável, e como as espiras da bobina se encontram na região do fluxo por elas criado, induz-se nelas uma fem, que, nesse caso, se denomina **autoindução**. Tal fluxo é dito autoconcatenado com o circuito.

**Autoindução** é o fenômeno pelo qual um condutor produz indução eletromagnética sobre si mesmo em decorrência de ser percorrido por corrente elétrica variável.

O fenômeno pode ser estudado, qualitativamente, analisando os circuitos a seguir.

### Circuito 1

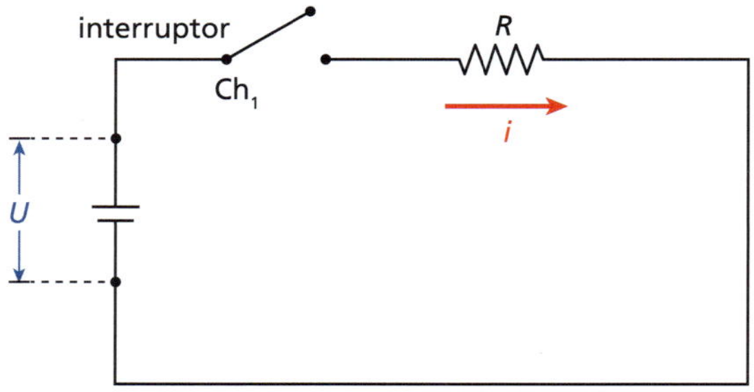


Banco de imagens/Arquivo da editora

Nesse circuito, quando a chave 1 é fechada, a corrente elétrica se estabelece de modo praticamente instantâneo.

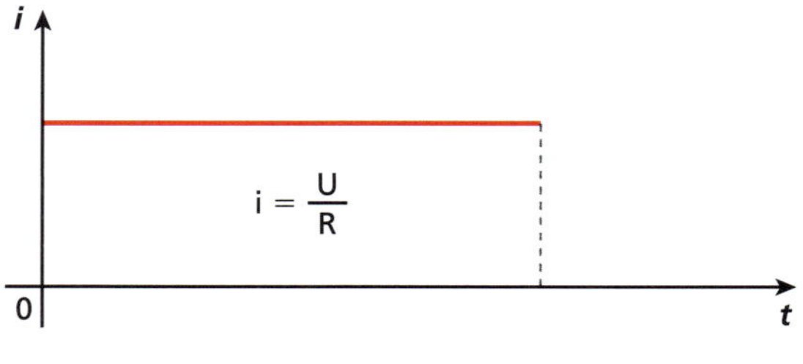


Banco de imagens/Arquivo da editora

## Circuito 2

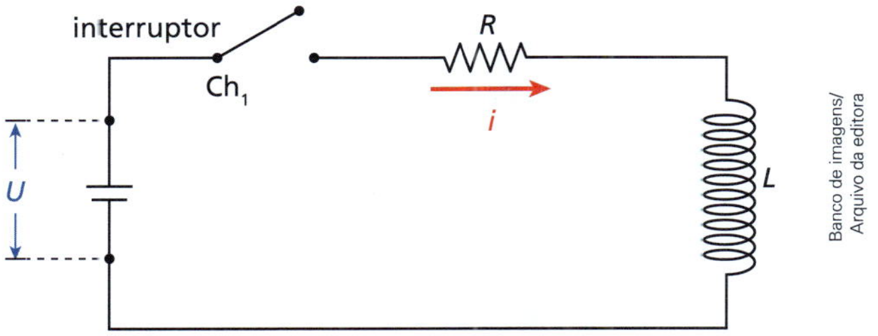


Nesse circuito, agora com a presença da bobina (indutor), vamos fechar e abrir a chave 1.

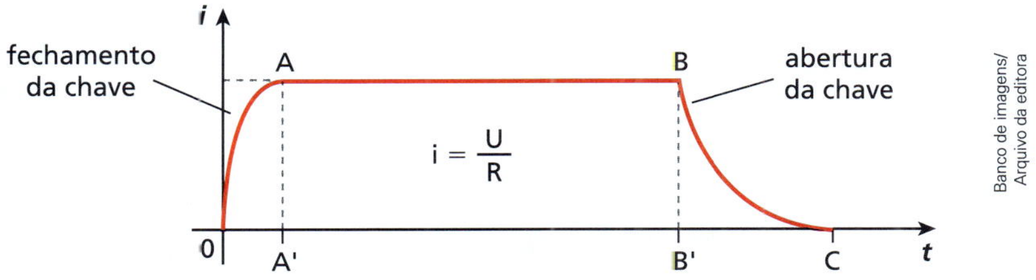


Devido à autoindução, surge uma corrente elétrica induzida no circuito, a qual, de acordo com a Lei de Lenz, obedece à seguinte regra:

**Fechamento da chave**

Quando a corrente do circuito aumenta, surge uma corrente elétrica induzida em sentido contrário à corrente do circuito.

Por esse motivo, a corrente elétrica não passa instantaneamente de zero para o valor $i = \frac{U}{R}$. Há certa "inércia", uma demora para a corrente elétrica *i* se estabelecer.

**Abertura da chave**

Quando a corrente do circuito diminui, surge uma corrente elétrica induzida no mesmo sentido da corrente do circuito.

Nessa situação, a corrente elétrica não cai instantaneamente para zero. Do mesmo modo, levará um intervalo de tempo $\Delta t$ para termos $i = 0$, como mostrado no gráfico.

Se trabalharmos com geradores de tensão constante, a corrente elétrica induzida por autoindução só aparece no momento de abertura ou de fechamento do circuito, desaparecendo assim que a corrente assumir um valor constante.

Define-se um parâmetro característico do circuito que sofre a autoindução (no caso, a bobina), denominado indutância *L*, que será calculado por:

$$L = \frac{\Phi}{i}$$

em que *i* é a corrente no circuito e $\Phi$ o fluxo autoconcatenado.

No Sistema Internacional, no qual $\Phi$ é medido em weber (Wb) e *i* em ampere (A), a unidade de indutância Wb/A é denominada henry (H).

UNIDADE

# 4 Física Moderna

Representação gráfica da colisão de dois prótons registrada pelo detector Atlas, que faz parte do LHC (*Large Hadron Collider* – Grande Colisor de Hádrons). Nesse evento foi possível provar a existência do bóson de Higgs. A colisão de dois prótons gerou diversas partículas (linhas brancas), incluindo um par de múons (longas linhas azuis) e um par de elétrons (curtas linhas azuis com terminação verde). E onde está o bóson de Higgs? Na verdade, não o vemos, pois ele tem um decaimento muito rápido. O bóson de Higgs é uma partícula elementar responsável pela massa das outras partículas – ele cria um campo, chamado de campo de Higgs, que interage com outras partículas, as quais, por meio dessa interação, ganham massa. A descoberta foi feita em 2012 pelo Cern e os físicos Higgs e Englert ganharam o prêmio Nobel de Física pela previsão teórica da partícula (agora comprovada) no ano seguinte.

**Física Moderna** é a parte da Física que estuda ideias que surgiram e se desenvolveram no final do século XIX e início do século XX. Essas ideias representam uma superação das teorias da Física até então estabelecidas e podem ser resumidas em duas grandes linhas: a Física Quântica e a Teoria da Relatividade.

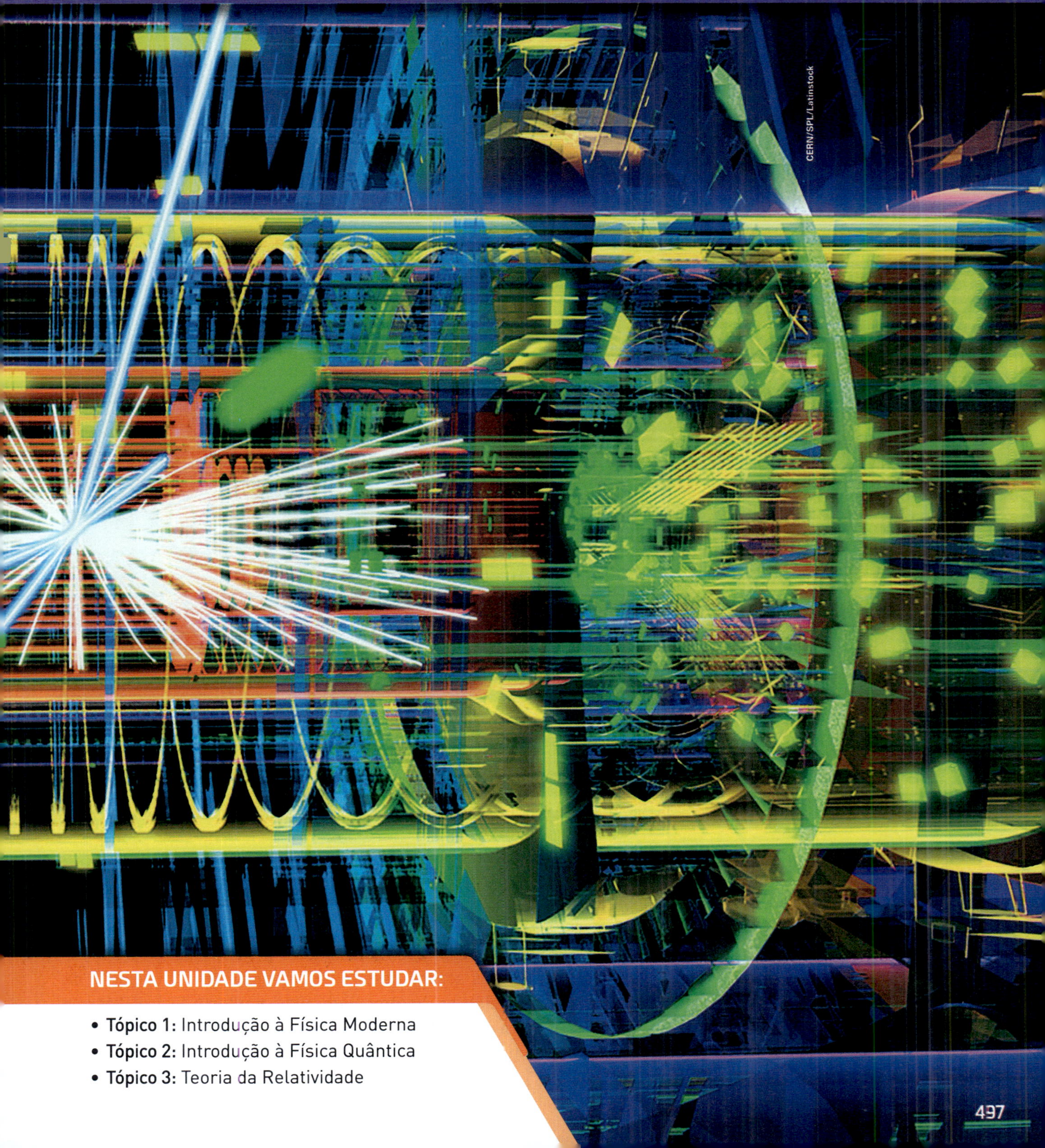

CERN/SPL/Latinstock

## NESTA UNIDADE VAMOS ESTUDAR:

- **Tópico 1:** Introdução à Física Moderna
- **Tópico 2:** Introdução à Física Quântica
- **Tópico 3:** Teoria da Relatividade

TÓPICO 1

# Introdução à Física Moderna

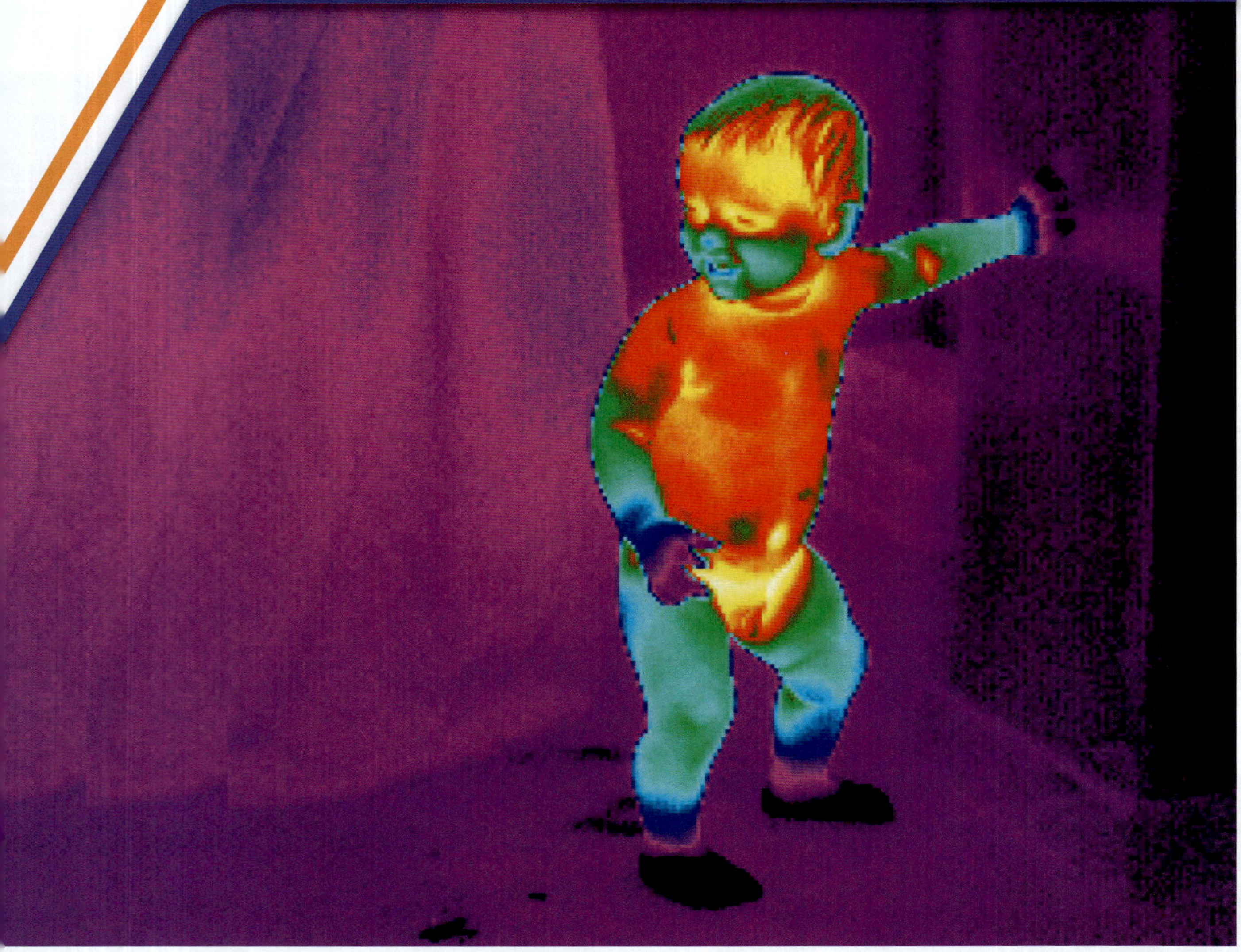

Dr. Arthur Tucker/SPL/Latinstock

Termograma do corpo de um bebê. O termograma é composto por um código de cores que está associado à temperatura do corpo, de modo que, quanto mais vermelha for a cor de uma região da imagem, maior será a sua temperatura. Para produzir um termograma, utiliza-se uma técnica chamada termografia, que detecta a radiação térmica, na faixa de frequência do infravermelho do espectro eletromagnético, emitida por corpos e objetos de acordo com suas respectivas temperaturas.

Estudamos até agora as áreas da Física que compõem a considerada Física Clássica. No entanto, no início do século XX, a comunidade científica foi confrontada com fenômenos que a Física Clássica não era capaz de descrever. Um exemplo é a relação entre a radiação térmica emitida por um corpo, vista no termograma acima, e a energia associada a essa radiação.

Neste tópico estudaremos alguns desses fenômenos, como a radiação de corpo negro e o efeito fotoelétrico. Veremos em quais pontos a Física Clássica falhou na descrição deles e como os novos conceitos e paradigmas que surgiram conseguiram fornecer um modelo teórico satisfatório para tais fenômenos.

## Bloco 1

# 1. Introdução

No final do século XIX, muito progresso havia sido feito na área da Física, tanto que alguns físicos temiam que tudo já tivesse sido descoberto. Newton havia estabelecido os fundamentos da Mecânica na sua obra *Philosophiae Naturalis Principia Mathematica*, as leis da Termodinâmica estavam bem resolvidas, e Maxwell havia elaborado uma teoria completa para o Eletromagnetismo. No entanto, como os cientistas desenvolveram novas técnicas experimentais e novos tipos de equipamentos, surgiram dúvidas que não podiam ser explicadas pelo conjunto de leis físicas que pareciam, até então, sob o ponto de vista de alguns, quase completas. O conjunto de leis físicas e conhecimentos científicos que eram até então vigentes é conhecido como Física Clássica, enquanto as novas leis, que foram desenvolvidas nas primeiras décadas do século XX, se tornaram a base do que hoje chamamos Física Moderna.

Na Física Clássica, a maioria das quantidades físicas são contínuas, isto é, podem assumir quaisquer valores dentro de um conjunto. Como uma analogia, a figura **a** mostra uma caixa apoiada em uma rampa. A energia potencial gravitacional associada à caixa da figura **a** é contínua – pode ter qualquer valor entre um mínimo e um máximo. Em contraste, uma caixa que repousa sobre uma escada, como na figura **b**, só pode ter determinados valores permitidos, estritamente relacionados aos degraus onde a caixa pode posicionar-se. Ou seja, a energia potencial gravitacional associada à caixa da figura **b** é discreta.

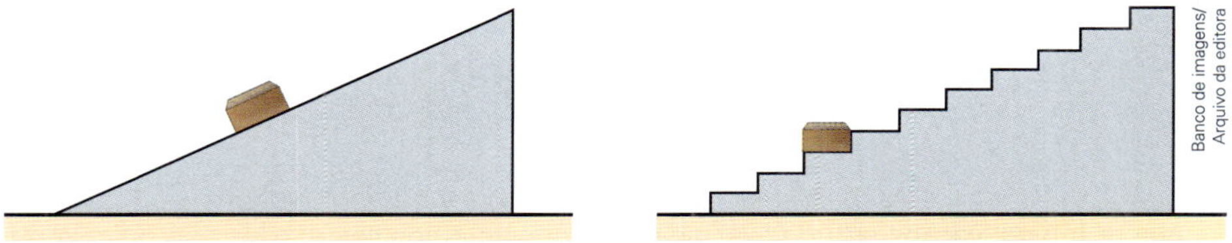


figura a    figura b

Dentro de um intervalo associado ao início e ao final da rampa, a caixa da figura **a** pode ocupar qualquer posição na rampa e, consequentemente, sua energia potencial gravitacional poderá apresentar qualquer valor correspondente a esse intervalo. Já a energia potencial gravitacional associada à caixa da figura **b** poderá assumir determinados valores relacionados aos degraus da escada.

Os termos contínuo e discreto, no contexto usado ao longo deste tópico, fazem referência a duas ações básicas da Matemática: medir e contar. Grandezas expressas por meio de valores que podem ser contados, como a quantidade de convidados em uma festa, são do tipo discreta; enquanto grandezas expressas por meio de medidas, como o comprimento de um fio são do tipo contínua.

Perceba que o valor do comprimento do fio depende da precisão do instrumento utilizado em sua medição. Alguém, por hipótese, poderia supor que existem infinitos valores possíveis para a medida de um mesmo fio, pois seria possível, num contexto idealizado, sempre obter um novo instrumento de medida de maior precisão e, portanto, obter um novo valor para o comprimento do fio, cada vez com um maior número de algarismos significativos em sua medida. Assim como a quantidade de números racionais que existe entre duas unidades subsequentes pode ser infinita, quantidades contínuas podem assumir infinitos valores dentro de determinado intervalo.

**NOTA!**

No exemplo da página anterior, se a escada possuísse infinitos degraus, a energia potencial gravitacional da caixa também poderia assumir infinitos valores, mas estes valores estão relacionados à altura dos degraus, sendo ainda valores discretos. Portanto, é importante notar que o que caracteriza uma grandeza contínua não é ter infinitos valores, mas sim ter infinitos valores dentro de um conjunto ou intervalo.

Uma grandeza é discreta ou quantizada quando, dentro de um conjunto ou intervalo, seus valores possíveis são limitados a um conjunto discreto, isto é, um conjunto que apresenta um número finito de elementos. Em outras palavras, uma grandeza **discreta** pode assumir apenas valores bem específicos e não qualquer valor. Uma grandeza é **contínua** quando, dentro de um conjunto ou intervalo, seus valores possíveis são infinitos.

Uma característica marcante da Física Quântica é a quantização de grandezas que se pensava serem contínuas na Física Clássica.

É bem verdade que a escada é uma analogia imperfeita da quantização, pois enquanto a caixa está sendo movida de um degrau para outro, a energia potencial gravitacional assume todos os valores intermediários. Em contraste, algo que é verdadeiramente quantizado não passa por valores intermediários; muda de repente de um valor para outro.

Nesse sentido, as ondas estacionárias que se formam em uma corda elástica exemplificam melhor a quantização na Física Clássica. A frequência de uma onda estacionária em uma corda fixa em ambas as extremidades é quantizada, ou seja, as frequências permitidas $f_n$ são múltiplos da frequência fundamental $f_1$:

$$f_n = n f_1$$

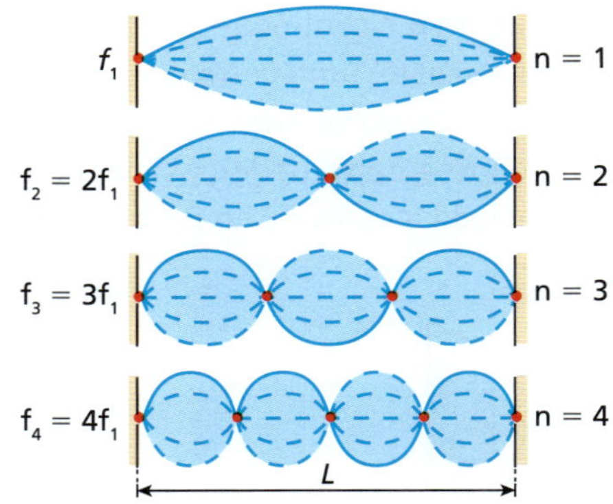


Neste tópico, vamos estudar várias experiências cujos resultados são difíceis ou impossíveis de explicar com as leis da Física Clássica, mas se mostram mais claros e coerentes uma vez que assumamos a quantização de determinadas grandezas.

## 2. A radiação térmica

Quando aquecemos uma barra de ferro a temperaturas progressivamente mais altas, o aspecto externo apresentado pela barra vai sofrendo alterações. Primeiramente adquire uma coloração brilhante, passando para o vermelho, alaranjado, amarelo e por fim quase branco, se a temperatura for suficientemente alta.

A cor que observamos nada mais é do que a radiação eletromagnética emitida como consequência da temperatura na qual o corpo se encontra. A imagem de abertura deste tópico, por exemplo, apresenta a radiação térmica emitida por uma criança.

A cor de um corpo está relacionada à frequência da radiação que ele emite. Nessa imagem, a cor avermelhada das peças indica que esses objetos possuem temperatura mais elevada que os outros.

Podemos constatar a existência da radiação térmica ao aproximarmos a mão de uma brasa incandescente. Mesmo se o ar ao nosso redor estiver frio, percebemos um aquecimento da pele. Nessa situação, a maior parte do calor que nos atinge não se propaga por convecção ou condução no ar, e sim na forma de radiação eletromagnética que, nesse caso, é denominada radiação térmica.

A radiação eletromagnética emitida por um corpo como consequência de seu estado térmico é denominada **radiação térmica**.

## O conceito de corpo negro

Com a intenção de estudar as características essenciais da radiação térmica, evitando-se as complicações relacionadas com a natureza específica do material que constitui cada corpo, é conveniente adotar-se um corpo ideal, denominado corpo negro. Pode-se definir o **corpo negro**, nesse contexto, como um absorvedor ideal, que absorve toda a radiação que recebe, sem refletir qualquer parcela dela. Porém, todo bom absorvedor é também um bom emissor.

É fato que na prática não se conhece nenhum corpo que se comporte rigorosamente como um corpo negro. Dessa maneira, podemos considerar como tal qualquer corpo feito de material resistente ao calor que possua uma cavidade com paredes rugosas e absorventes que se comunica com o exterior por meio de um pequeno orifício, como representado na imagem ao lado. Observe que uma radiação que penetre pelo orifício será absorvida pela cavidade.

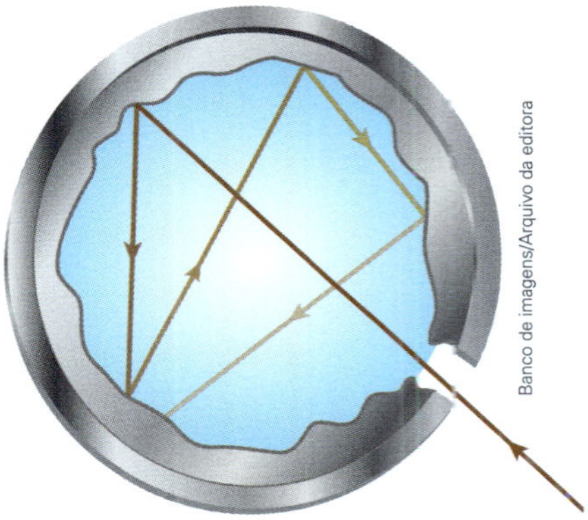


Ao entrar na cavidade, a radiação é parcialmente absorvida pela parede interna do corpo e parcialmente refletida. Esta última parcela, após sofrer várias reflexões, é completamente absorvida pelo objeto, caracterizando um corpo negro.

Não se deve confundir o conceito de corpo negro com sua cor. Um corpo negro, como todo corpo, varia sua cor para vermelho, alaranjado, amarelo, dependendo de sua temperatura. Os astrônomos, por exemplo, costumam considerar uma estrela como um corpo negro.

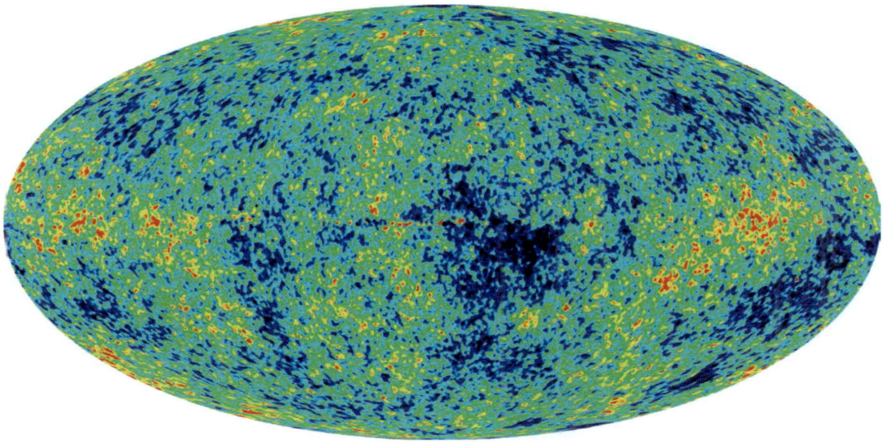


Um exemplo de radiação de corpo negro é a radiação cósmica de fundo em micro-ondas. Essa radiação eletromagnética tem origem no Universo primordial, antes da formação de estrelas e planetas, e permeia o Universo inteiro, podendo ser detectada até por antenas de televisão domiciliares. Ela é caracterizada por um espectro de corpo negro a uma temperatura de 2,7 K. Essa imagem foi obtida a partir das medições do céu realizadas pela sonda WMAP durante 9 anos.

## 3. A Lei de Stefan-Boltzmann

Em 1879 o físico austro-esloveno Josef **Stefan** (1835-1893) estabeleceu, de modo empírico, a lei que relaciona a potência total irradiada pela superfície de um corpo negro com a temperatura na qual se encontra.

A **potência total** ($P$) emitida é diretamente proporcional à quarta potência da temperatura absoluta ($T$):

$$P \propto T^4$$

Observe que, se dobramos a temperatura absoluta $T$, a potência irradiada fica multiplicada por 16. De uma maneira mais completa, essa relação pode ser assim explicitada:

$$P = e\sigma A T^4$$

em que:

- $P$ é a potência total irradiada;
- $e$ é a emissividade do corpo, uma grandeza adimensional relacionada ao tipo de superfície ($0 \leq e \leq 1$);
- $\sigma$ é a Constante de Stefan-Boltzmann $\left(\text{no SI, } \sigma = 5{,}67 \cdot 10^{-8} \frac{W}{m^2K^4}\right)$;
- $A$ é área da superfície emissora.

Lembrando que a intensidade $I$ de uma radiação é P/A, temos:

$$I = e\sigma T^4$$

Este resultado, obtido empiricamente, foi derivado teoricamente cinco anos depois pelo físico austríaco Ludwig **Boltzmann** (1844-1906) a partir das leis da Termodinâmica e da Física estatística clássica. Portanto, a Física Clássica ainda era capaz de explicar a intensidade total emitida por um corpo a uma certa temperatura. Porém, todas as tentativas de explicar a dependência espectral dessa radiação emitida – isto é, como a intensidade da radiação variava com o comprimento de onda – falharam absurdamente.

## 4. A Lei do Deslocamento de Wien

O físico alemão Wilhelm **Wien** (1864-1928) estudou o espectro da radiação térmica emitida por um corpo negro em diversas temperaturas e encontrou resultados semelhantes aos apresentados no gráfico que se segue.

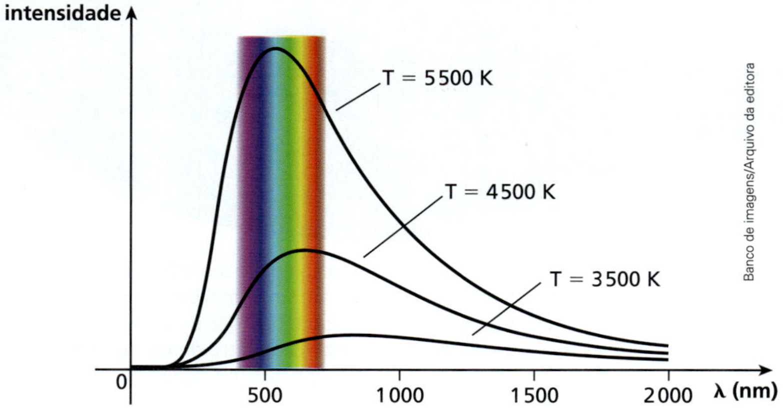

Com base nos dados experimentais obtidos, pode-se deduzir que:

- a radiação mostra um espectro contínuo, ou seja, o corpo negro emite em todos os comprimentos de onda (ou em todas as frequências);
- ao se aumentar a temperatura, aumenta-se a intensidade da radiação emitida em todos os comprimentos de onda; ou seja, as curvas não se cruzam;
- à medida que a temperatura do corpo emissor aumenta, o comprimento de onda para que a intensidade irradiada seja máxima ($\lambda_{máx}$) diminui, o que é uma das características mais notáveis da radiação térmica de um corpo negro. Essa relação pode ser verificada no gráfico de $I \times \lambda$ abaixo.

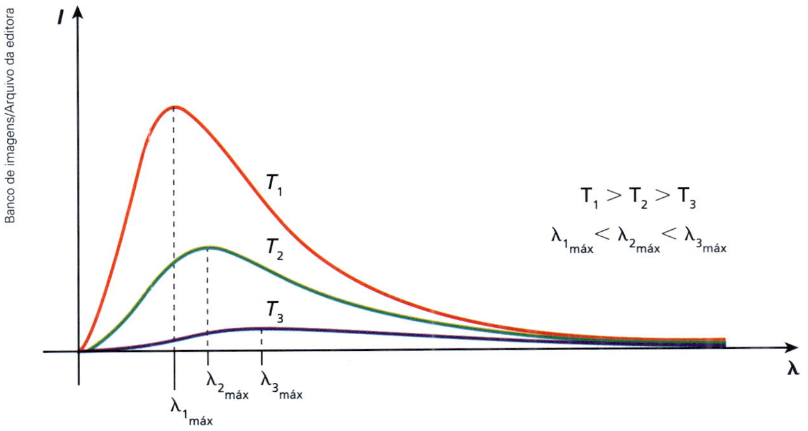


A temperatura $T$ e o comprimento de onda $\lambda_{máx}$ são grandezas inversamente proporcionais.

Sobre este último ponto, em 1893, Wien demonstrou que:

> Na situação de **emissão máxima** de radiação do corpo negro, a temperatura ($T$) e o comprimento de onda máximo ($\lambda_{máx}$) são inversamente proporcionais, ou seja, o produto entre ambas as grandezas é constante.
> Essa constante foi determinada empiricamente, e é dada por:
>
> $\lambda_{máx}T = 2{,}898 \cdot 10^{-3}\ m \cdot K$ (Lei do Deslocamento de Wien)

Nesse momento da História, os estudos sobre a radiação térmica de um corpo negro se intensificaram. Sabia-se, por exemplo, que:

- a temperatura está ligada diretamente à agitação aleatória das partículas;
- cargas elétricas em movimento acelerado emitem radiação eletromagnética.

Haveria então de se esperar que o fenômeno da radiação do corpo negro pudesse ser descrito de modo adequado e satisfatório utilizando somente argumentos oriundos da Mecânica Estatística, que descreve o comportamento termodinâmico de um sistema de partículas, e do Eletromagnetismo Clássico. Acreditava-se, em um primeiro momento, que essas ferramentas seriam mais que suficientes. Isso foi tentado pelos cientistas **Rayleigh** (John William Strutt ou Barão Rayleigh, 1842-1919) e James **Jeans** (1877-1946), com resultado desastroso.

Apesar de a teoria eletromagnética de Maxwell mostrar-se coerente quando trata exclusivamente da propagação das ondas eletromagnéticas em um determinado meio, falhava na explicação de alguns fenômenos relacionados à interação da radiação com a matéria.

Quando os dados experimentais foram confrontados com a previsão da teoria clássica, os resultados foram por demais conflitantes, como mostrado no gráfico seguinte.

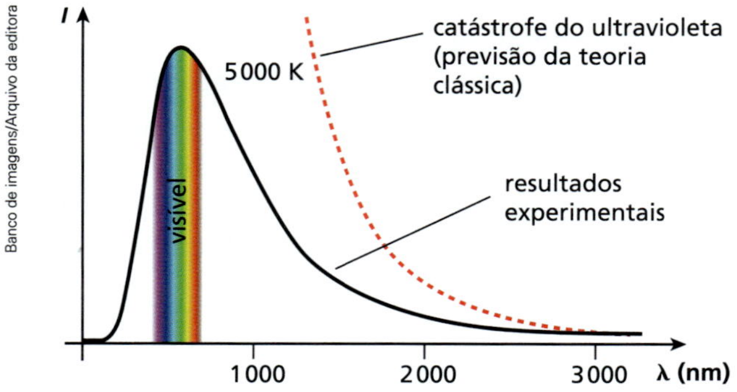


Rayleigh e Jeans tinham como ideia base que a energia irradiada vinha da oscilação do campo eletromagnético e estabeleceram a curva teórica mostrada no gráfico.

De fato, essa curva teórica ajusta-se à curva experimental para grandes comprimentos de onda, mas é totalmente incompatível para pequenos comprimentos de onda. Essa visível discrepância entre os resultados experimentais e a previsão teórica ficou conhecida como **catástrofe do ultravioleta**, pois a energia associada à emissão do corpo na região do ultravioleta, de acordo com a previsão teórica, seria infinita.

## 5. A interpretação de Planck

Para enfrentar esse conflito entre a previsão teórica e os resultados experimentais, Planck propôs uma nova teoria, que ele próprio considerou uma cartada desesperadora, mas que por fim mostrou-se revolucionária.

Utilizando modelos da Mecânica Estatística, na qual se entende a matéria como pequenos osciladores harmônicos que vibram com determinadas frequências, absorvendo e emitindo energia na forma de ondas eletromagnéticas, Planck propôs o seguinte:

Cada oscilador harmônico só pode absorver ou emitir energia que seja um múltiplo de sua energia fundamental, a qual é diretamente proporcional à sua frequência natural de oscilação.

Na visão de Planck, a Lei de Rayleigh-Jeans não se ajustava à curva espectral em toda a faixa de comprimentos de onda porque admitia, de forma incorreta, que os osciladores harmônicos irradiavam energia de modo contínuo.

A energia fundamental de um oscilador seria então:

$$E = hf \quad \text{ou} \quad E = h\frac{c}{\lambda}$$

De um modo geral, a energia que um oscilador pode absorver ou emitir é:

$$E = nhf$$

em que:

- $n$ é um número inteiro, denominado número quântico;
- $h$ é uma constante universal denominada **Constante de Planck** ($h = 6{,}626 \cdot 10^{-34}$ J · s);
- $f$ é a frequência natural do oscilador.

Cada oscilador pode encontrar-se em diferentes estados quânticos, correspondentes aos valores que *n* pode assumir. Por exemplo: no primeiro estado quântico, n = 1 e $E_1$ = 1 hf; no quarto estado quântico, n = 4 e $E_4$ = 4 hf.

Quando um oscilador passa de um estado quântico para outro, deve emitir ou absorver energia que é dada pela diferença entre essas energias. Estabelece-se assim que a energia é **quantizada** e será sempre um múltiplo da energia fundamental *hf*.

Essa unidade básica de energia, ou pacote de energia, recebeu o nome de *quantum* (no plural, *quanta*). Esse modelo de Planck conseguiu obter as expressões corretas que ajustavam perfeitamente as previsões teóricas e as experimentais para a curva espectral da radiação do corpo negro. Essa nova teoria ficou conhecida como **Teoria dos Quanta**.

## JÁ PENSOU NISSO?

### Por que não enxergamos estrelas verdes?

Se você olhar para o céu noturno, verá que existem estrelas mais azuladas, outras mais avermelhadas, além do maior exemplo: nosso Sol amarelado. Mas por que não observamos estrelas verdes?

Como a radiação emitida pela superfície de uma estrela segue aproximadamente uma curva de emissão de corpo negro, a temperatura de sua superfície – entre 2000 K e 50000 K – determinará sua cor. Pela Lei de Wien, por exemplo, estrelas com temperatura de 4000 K na superfície terão seu pico de radiação no comprimento de onda 725 nm, correspondente à região vermelha do espectro, explicando por que essas estrelas são avermelhadas. De maneira análoga, as estrelas com temperatura da superfície de 6500 K são estrelas azuladas.

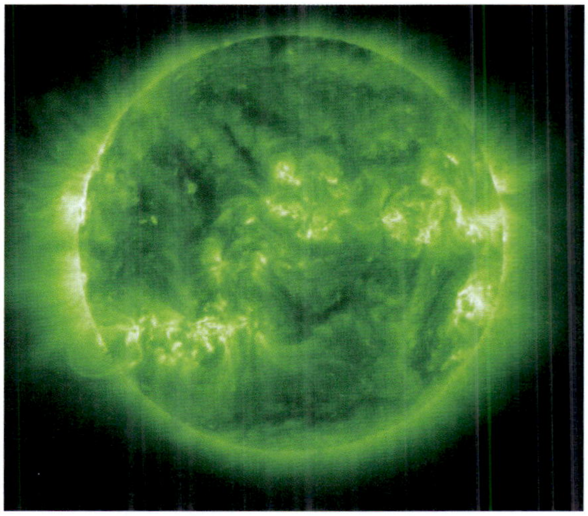

SOHO/EIT Consortium/ESA/NASA

Essa imagem, obtida por uma câmera com filtro ultravioleta a bordo da sonda espacial Soho, mostra o Sol em tons verdes, correspondentes ao seu pico de emissão.

Uma estrela de temperatura 5700 K tem seu pico de emissão no comprimento de onda de 510 nm, região verde do espectro. Mas já que não observamos estrelas verdes, será que simplesmente não existem estrelas com essa temperatura na superfície?

Definitivamente, elas existem – e mais, essa é a temperatura na superfície do Sol! O fato de a luz do Sol não ser verde está na natureza da curva de corpo negro e na percepção dos cones, um tipo de célula de nossos olhos. Um corpo negro emite radiação em todos os comprimentos de onda. Significa que mesmo uma estrela vermelha emite fótons correspondentes às outras cores e em outras regiões do espectro eletromagnético, embora a intensidade na região vermelha se sobressaia. No caso do Sol, o pico da emissão ocorre na cor verde, mas essa cor não sobressai tanto porque também há uma quantidade significativa de fótons associados às cores vermelha, amarela, azul e violeta sendo emitidos. Nossos olhos detectam a composição dessas cores, dando-nos a sensação de uma cor esbranquiçada. Portanto, a cor verde dá lugar à cor branca! Na verdade, no caso do Sol, há uma maior quantidade de fótons dentro do intervalo de comprimento de onda equivalente às cores amarela e laranja, e por isso sua cor é levemente amarelada.

Em suma, toda estrela possui uma cor dentro de um gradiente que vai da cor vermelha, laranja, amarela, branca à azul.

## Exercícios Nível 1

**1.** Sabe-se que comprimento de onda do espectro da luz visível está compreendido entre 390 nm (violeta) e 740 nm (vermelho) aproximadamente.

E.R.

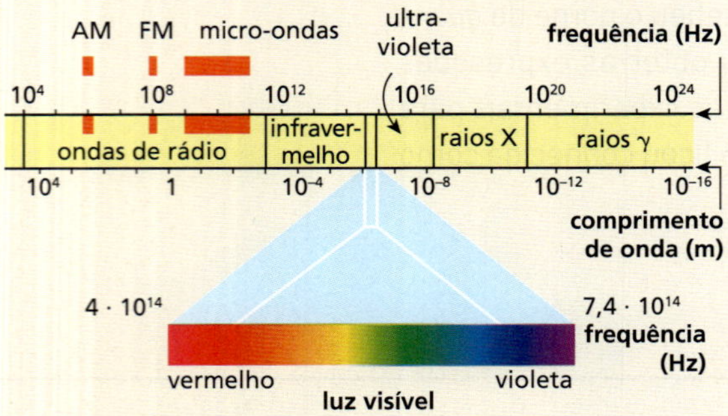


Banco de imagens/Arquivo da editora

Qual o intervalo aproximado das energias que correspondem aos fótons do espectro visível? Dê a resposta em eV.

**Dados:** $h = 6,63 \cdot 10^{-34}$ Js; $c = 3 \cdot 10^8$ m/s.

**Resolução:**

I. Cálculo da energia para os fótons na região violeta do espectro:

$$E_1 = hf_1 = h\frac{c}{\lambda_1}$$

Assim:

$$E_1 = h\frac{c}{\lambda_1} = 6,63 \cdot 10^{-34} \cdot \frac{3 \cdot 10^8}{3,9 \cdot 10^{-7}}$$

$$E_1 = 5,1 \cdot 10^{-19}\ \text{J}$$

Sendo 1 eV $= 1,6 \cdot 10^{-19}$ J, temos:

$$E_1 = \frac{5,1 \cdot 10^{-19}}{1,6 \cdot 10^{-19}} \therefore \boxed{E_1 \cong 3,2\ \text{eV}}$$

II. Cálculo da energia para os fótons na região vermelha do espectro:

$$E_2 = hf_2 = h\frac{c}{\lambda_2}$$

$$E_2 = h\frac{c}{\lambda_2} = 6,63 \cdot 10^{-34} \cdot \frac{3 \cdot 10^8}{7,4 \cdot 10^{-7}}$$

$$E_2 \cong 2,7 \cdot 10^{-19}\ \text{J}$$

Convertendo-se para eV, temos:

$$E_2 = \frac{2,7 \cdot 10^{-19}}{1,6 \cdot 10^{-19}} \therefore \boxed{E_2 \cong 1,7\ \text{eV}}$$

**2.** (Fuvest-SP) Na estratosfera, há um ciclo constante de criação e destruição do ozônio. A equação que representa a destruição do ozônio pela ação da luz ultravioleta solar (UV) é

$$O_3 \xrightarrow{UV} O_2 + O$$

O gráfico representa a energia potencial de ligação entre um dos átomos de oxigênio que constitui a molécula de $O_3$ e os outros dois, como função da distância de separação $r$.

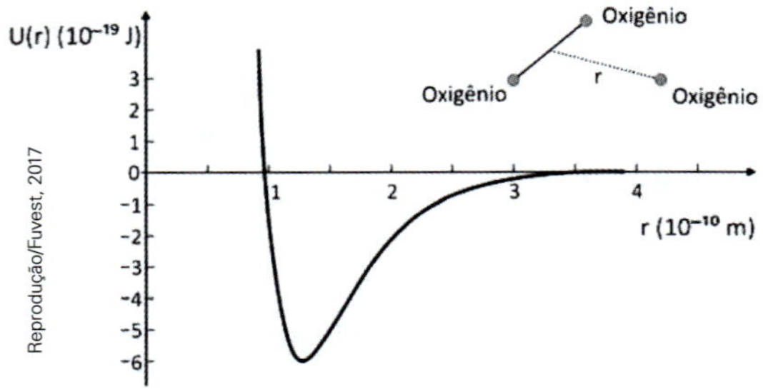


Reprodução/Fuvest, 2017

A frequência dos fótons da luz ultravioleta que corresponde à energia de quebra de uma ligação da molécula de ozônio para formar uma molécula de $O_2$ e um átomo de oxigênio é, aproximadamente,

a) $1 \times 10^{15}$ Hz
b) $2 \times 10^{15}$ Hz
c) $3 \times 10^{15}$ Hz
d) $4 \times 10^{15}$ Hz
e) $5 \times 10^{15}$ Hz

> **Note e adote:**
> $E = hf$
> $E$ é a energia do fóton.
> $f$ é a frequência da luz.
> Constante de Planck: $h = 6 \times 10^{-34}$ J s.

**3.** Uma lâmpada especial utiliza um filamento que emite radiação cujo comprimento de onda é de aproximadamente 680 nm. A potência dessa lâmpada é de 0,030 W.

Nessas condições, qual o número de fótons emitidos pelo filamento em 1,0 s?

**4.** (Udesc) A figura 1 mostra o gráfico da intensidade de radiação por comprimento de onda emitida por um corpo negro para diferentes temperaturas.

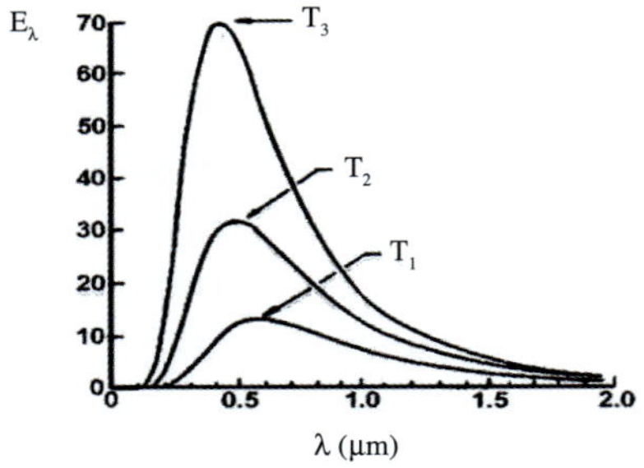


Figura 1

Reprodução/Udesc, 2009

Com base nas informações do gráfico, analise as afirmativas a seguir.

I. A temperatura $T_1$ é maior que a temperatura $T_3$.

II. A intensidade total de radiação emitida é maior para temperatura $T_3$.

III. O comprimento de onda para o qual a radiação é máxima é maior para temperatura $T_3$.

IV. As temperaturas $T_1$, $T_2$ e $T_3$ são iguais.

V. As intensidades totais de radiação emitida são iguais para $T_1$, $T_2$ e $T_3$.

Assinale a alternativa **correta**.

a) Somente as afirmativas I, II e V são verdadeiras.
b) Somente as afirmativas II e IV são verdadeiras.
c) Somente a afirmativa I é verdadeira.
d) Somente as afirmativas III e IV são verdadeiras.
e) Somente a afirmativa II é verdadeira

## Exercícios Nível 2

**5.** E.R. No interior do Sol, o plasma que o compõe atinge uma temperatura de milhões de kelvins. Porém, na superfície esse valor cai bastante, para apenas alguns milhares de graus.

Solar Dynamics Laboratory/ NASA/SPL/Latinstock

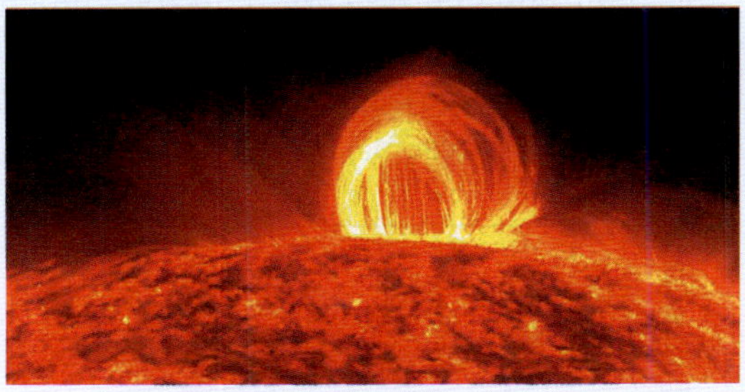

Imagem obtida por satélite de ejeção de plasma na superfície do Sol. Essas estruturas apresentam comprimentos correspondentes a diversos diâmetros da Terra.

a) Qual é, aproximadamente, a temperatura da superfície solar sabendo que a intensidade máxima no espectro de emissão da luz solar ocorre no comprimento de onda $\lambda = 510$ nm?

b) Se uma outra estrela tem a intensidade máxima no espectro de emissão de sua luz no comprimento de onda $\lambda = 420$ nm, a temperatura da superfície dessa estrela é maior ou menor que a do Sol?

**Resolução:**

a) Podemos determinar a temperatura solicitada utilizando a Lei do Deslocamento de Wien:

$$\lambda_{máx} T = 2{,}9 \cdot 10^{-3}$$

$$5{,}1 \cdot 10^{-7} \cdot T = 2{,}9 \cdot 10^{-3}$$

$$T = \frac{2{,}9 \cdot 10^{-3}}{5{,}1 \cdot 10^{-7}} \therefore \boxed{T \cong 5\,700 \text{ K}}$$

b) De acordo com a Lei de Wien, se sabemos que $\lambda_{máx}$ é menor, por certo a temperatura da superfície da estrela será **maior**, assim:

$$\lambda_{máx} T = 2{,}9 \cdot 10^{-3}$$

$$4{,}2 \cdot 10^{-7} \cdot T = 2{,}9 \cdot 10^{-3}$$

$$T = \frac{2{,}9 \cdot 10^{-3}}{4{,}2 \cdot 10^{-7}} \therefore \boxed{T \cong 6\,900 \text{ K}}$$

**6.** (Fuvest-SP) *Lasers* pulsados de altíssima potência estão sendo construídos na Europa. Esses *lasers* emitirão pulsos de luz verde, e cada pulso terá $10^{15}$ W de potência e duração de cerca de $30 \times 10^{15}$ s. Com base nessas informações, determine:

a) o comprimento de onda $\lambda$ da luz desse *laser*;
b) a energia $E$ contida em um pulso;
c) o intervalo de tempo $\Delta t$ durante o qual uma lâmpada LED de 3 W deveria ser mantida acesa, de forma a consumir uma energia igual à contida em cada pulso;
d) o número $N$ de fótons em cada pulso.

**Note e adote:**
Frequência da luz verde: $f = 0{,}6 \times 10^{15}$ Hz
Velocidade da luz $= 3 \times 10^8$ m/s
Energia do fóton $= h f$
$h = 6 \times 10^{-34}$ J s

**7.** E.R. Um corpo negro emite radiação a uma temperatura de 100 °C. Nessa temperatura a potência irradiada tem valor $P_1$. Quando a temperatura desse corpo negro dobra, a potência irradiada assume um valor $P_2$. Determine a relação $\frac{P_2}{P_1}$.

**Resolução:**

A relação da potência irradiada com a temperatura do corpo é dada por:

$$P = A\sigma T^4$$

Do enunciado, vem:

$$\begin{cases} T_1 = 100 + 273 \therefore T_1 = 373 \text{ K} \\ T_2 = 200 + 273 \therefore T_2 = 473 \text{ K} \end{cases}$$

E, portanto:

$$\frac{P_2}{P_1} = \frac{A\sigma(473)^4}{A\sigma(373)^4}$$

$$\boxed{\frac{P_2}{P_1} \cong 2{,}6}$$

**8.** (Unicamp-SP) Todos os corpos trocam energia com seu ambiente através da emissão e da absorção de ondas eletromagnéticas em todas as frequências. Um corpo negro é um corpo que absorve toda onda eletromagnética nele incidente, e também apresenta a máxima eficiência de emissão. A intensidade das ondas emitidas por um corpo negro só depende da temperatura desse corpo. O corpo humano à temperatura normal de 37 °C pode ser considerado como um corpo negro. Considere que a velocidade das ondas eletromagnéticas é igual a $3{,}0 \cdot 10^8$ m/s.

a) A figura a seguir mostra a intensidade das ondas eletromagnéticas emitidas por um corpo negro a 37 °C em função da frequência. Qual é o comprimento de onda correspondente à frequência para a qual a intensidade é máxima?

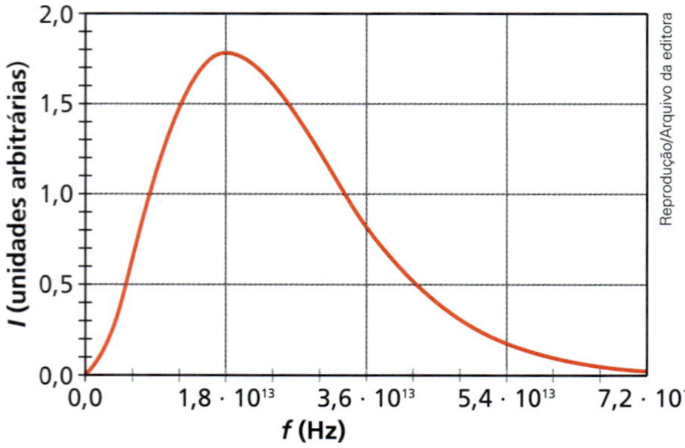


b) Se um corpo negro cuja temperatura absoluta é $T$ se encontra em um ambiente cuja temperatura absoluta é $T_a$, a potência líquida que ele perde por emissão e absorção de ondas eletromagnéticas é dada por $P = \sigma A(T^4 - T_a^4)$, em que $A$ é a área da superfície do corpo e $\sigma = 6 \cdot 10^{-8}$ W/(m$^2$K$^4$). Usando como referência uma pessoa com 1,70 m de altura e 70 kg de massa, faça uma estimativa da área da superfície do corpo humano. A partir da área estimada, calcule a perda total diária de energia por emissão e absorção de ondas eletromagnéticas por essa pessoa se ela se encontra num ambiente a 27 °C. Aproxime a duração de 1 dia por $9{,}0 \cdot 10^4$ s.

**9.** (UFRGS-RS) Objetos a diferentes temperaturas emitem espectros de radiação eletromagnética que possuem picos em diferentes comprimentos de onda. A figura abaixo apresenta as curvas de intensidade de emissão por comprimento de onda (normalizadas para ficarem na mesma escala) para três estrelas conhecidas: Spica, da constelação de Virgem, nosso Sol, e Antares, da constelação do Escorpião.

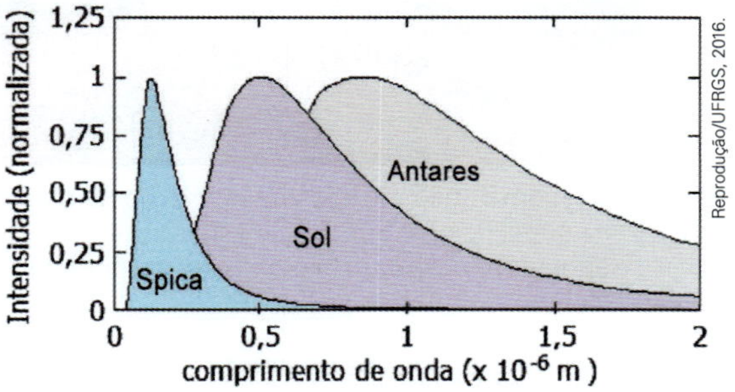


Tendo em vista que a constante da Lei dos Deslocamentos de Wien é aproximadamente $2{,}90 \times 10^{-3}$ m K, e levando em conta a Lei de Stefan-Boltzmann, que relaciona a intensidade total da emissão com a temperatura, considere as seguintes afirmações sobre as estrelas mencionadas.

I. Spica é a mais brilhante das três.

II. A temperatura do Sol é de aproximadamente 5800 K.

III. Antares é a mais fria das três.

Quais estão corretas?

a) Apenas I.

b) Apenas II.

c) Apenas I e III.

d) Apenas II e III.

e) I, II e III.

## Bloco 2

# 6. O efeito fotoelétrico

No final do século XIX, havia um campo da Física que ainda apresentava grandes desafios: a interação das ondas eletromagnéticas com a matéria. Como dissemos anteriormente, a teoria de Maxwell, que explicava de maneira convincente a propagação das ondas eletromagnéticas, mostrava-se incapaz de explicar alguns fenômenos ligados à interação da luz com a matéria.

No ano de 1887, o físico alemão Heinrich Hertz (1857-1894) observou que, estabelecendo uma tensão elétrica entre dois eletrodos metálicos, produzia-se uma centelha elétrica, ou seja, produzia-se uma corrente elétrica, quando estes eram iluminados com luz ultravioleta. Hertz não tinha uma explicação conclusiva para o fenômeno, mas sabia que partículas carregadas estavam sendo extraídas do metal e gerando uma corrente elétrica.

O físico alemão Wilhelm Hallwachs (1859-1922), praticamente na mesma época, constatou que uma placa metálica de zinco, carregada negativamente, descarregava-se quando iluminada com luz ultravioleta; o mesmo não ocorria se a placa fosse iluminada com luz visível. Do mesmo modo, Hallwachs sabia que de alguma forma a carga elétrica estava sendo arrancada do metal e a responsável por isso era a luz.

A luz incidente em uma placa metálica pode, sob determinadas condições, extrair cargas elétricas pertencentes a esta: esse fenômeno é conhecido como **efeito fotoelétrico**.

# 7. A experiência de Lenard

A partir do ano de 1888, o físico alemão Philipp **Lenard** (1862-1947) realizou uma série de experiências na tentativa de elucidar o fenômeno do efeito fotoelétrico.

O aparato experimental usado por Lenard está esquematizado a seguir e consiste em um circuito formado por uma bateria, um resistor de resistência variável, duas placas que atuam como eletrodos e um amperímetro. Ao incidir na placa da esquerda, a luz provoca o efeito fotoelétrico, os elétrons emitidos são acelerados na região das placas, atingindo a placa da direita, e uma corrente elétrica é registrada no amperímetro (figura 1). Já na figura 2 a polaridade da bateria está invertida, portanto os elétrons são repelidos na região entre as placas. Devido a isso, existe um valor mínimo de ddp para o qual os elétrons emitidos não alcançam a placa da direita e nenhuma corrente elétrica é registrada.

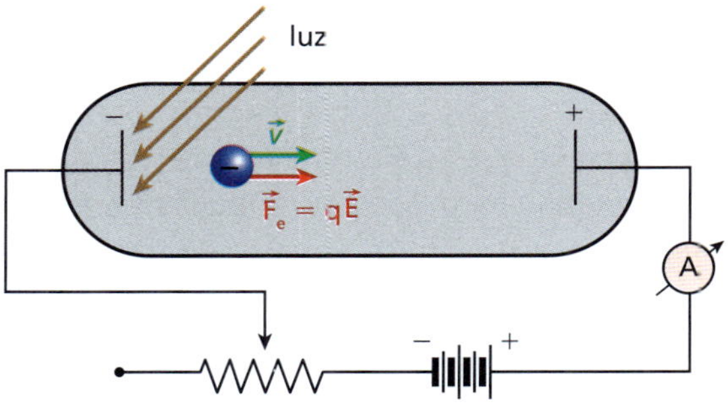

figura 1

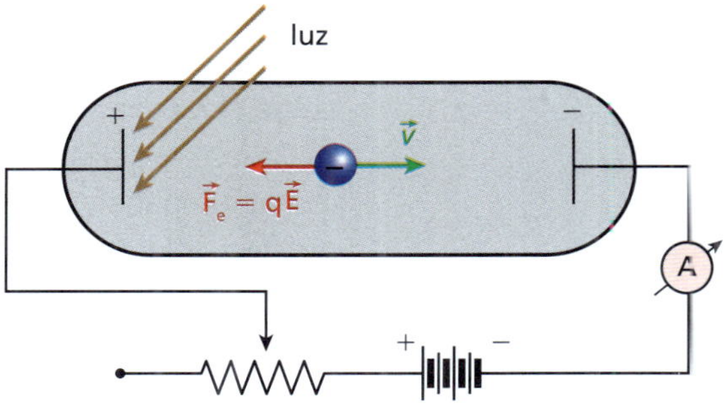

figura 2

Banco de imagens/Arquivo da editora

## Quais resultados eram esperados para as experiências de Lenard?

Com base nas leis da Física Clássica, os físicos podiam fazer algumas previsões do que poderia ser obtido com as experiências de Lenard:

- O efeito fotoelétrico deveria ocorrer para qualquer frequência de radiação.
- A extração da carga elétrica **não** deveria ocorrer instantaneamente, pois, para que a partícula fosse ejetada, deveria primeiramente acumular a energia necessária para isso. No caso de luz de baixa intensidade, deveria ser observado um atraso na emissão da partícula, o qual, mesmo não sendo muito grande, poderia ser detectado.
- A energia cinética adquirida pelas partículas ejetadas deveria aumentar com o aumento da intensidade da radiação, pois uma maior intensidade implicaria uma maior energia incidente e, dessa forma, uma energia cinética maior adquirida pelos elétrons emitidos.

## Quais foram os resultados experimentais obtidos?

Na experiência proposta por Lenard (figura 1), quando o eletrodo negativo era iluminado por luz ultravioleta, observava-se que o amperímetro acusava a passagem de corrente elétrica.

Essa experiência indica que a luz incidente consegue arrancar elétrons da placa, os quais são acelerados pela tensão elétrica estabelecida entre os eletrodos, formando a corrente elétrica. Pelo fato de os elétrons terem sido arrancados do metal pela luz, recebem o nome de **fotoelétrons**.

Porém, alguns fatos extremamente importantes, descritos a seguir, foram detectados por Lenard quando da realização de várias experiências utilizando fontes de luz de frequências e intensidades diferentes.

Em primeiro lugar, o fenômeno do efeito fotoelétrico só era verificado – ou seja, os elétrons somente eram arrancados do metal – quando se incidia luz de uma determinada frequência, superior a uma frequência mínima ($f_{mín}$), também chamada de frequência de corte. Essa frequência mínima é denotada por muitos autores por $f_0$.

Assim:

O efeito fotoelétrico não dependia da intensidade da radiação incidente, mas de uma frequência específica, denominada **frequência de corte**.

Quando a frequência da luz incidente era maior que a frequência mínima, aumentando-se a intensidade da radiação, aumentava-se o número de fotoelétrons ejetados e consequentemente aumentava-se a corrente elétrica medida.

Já quando a frequência da luz incidente era menor que a frequência mínima exigida para um determinado metal, de nada adiantava o aumento na intensidade da radiação, o fenômeno simplesmente não acontecia. Não eram ejetadas partículas carregadas daquele específico metal.

Nessa experiência, Lenard constatou ainda que os elétrons eram ejetados do metal de maneira quase instantânea, bastando para isso que se utilizasse a frequência adequada. Portanto, não se observava nenhum atraso significativo na emissão.

Uma última conclusão a respeito do efeito fotoelétrico, que também conflitava com teorias já estabelecidas, era o fato de que a energia cinética com que os elétrons eram ejetados do metal não dependia da intensidade da radiação incidente.

Analisemos, agora, a experiência proposta por Lenard na figura 2, com a polaridade invertida. Inicialmente, com a frequência adequada, também se constata a passagem de corrente elétrica pelo amperímetro. No entanto, se aumentamos o valor da ddp até um determinado valor $(-U_0)$, a corrente elétrica detectada cai para zero. Esse valor de $U_0$ é denominado **potencial de corte**.

Essa experiência indica que o campo elétrico estabelecido entre os eletrodos gera uma força elétrica que freia os elétrons. Podemos, dessa maneira, determinar a energia cinética máxima $E_{c_{máx}}$ dos elétrons que são ejetados do metal, a qual será igual ao trabalho da força elétrica $\tau_{F_{el}}$ para freá-los. Assim, como:

$$\tau_{F_{el}} = e\,U_0 \quad \text{e} \quad E_{c_{máx}} = \frac{1}{2} m_e v_{máx}^2$$

Temos:

$$E_{c_{máx}} = \tau_{F_{el}} \Rightarrow \quad \frac{1}{2} m_e v_{máx}^2 = e\,U_0$$

em que $m_e$ e $e$ são respectivamente a massa do elétron e a carga elementar, e $v_{máx}$ é a velocidade máxima dos elétrons.

## 8. Resumindo os conflitos e a visão de Einstein

De fato, algumas das experiências envolvendo o fenômeno do efeito fotoelétrico realmente deixavam a comunidade científica intrigada.

Com base nas teorias até então estabelecidas e conhecidas, podia-se pensar que os elétrons eram ejetados do material devido ao campo elétrico de uma onda eletromagnética que excitasse os elétrons do metal, colocando-os a oscilar. Uma vez que as amplitudes de oscilação ultrapassassem um valor crítico, o elétron seria arrancado do material.

Tal pensamento, entretanto, nos levaria à conclusão de que radiações de maior intensidade provocariam oscilações de maior amplitude e o elétron seria ejetado com maior energia cinética máxima. Porém, isso contrariava os resultados experimentais obtidos por Lenard.

Imaginando a luz sob a perspectiva de uma onda eletromagnética, quanto tempo levaria para que uma luz de baixa intensidade pudesse colocar o elétron em uma amplitude de oscilação crítica, pronto para ser ejetado? A Física até então estabelecida indicava que deveria haver um atraso nessa emissão. Entretanto, os resultados experimentais mostravam que isso ocorria de modo praticamente instantâneo.

Por que o efeito fotoelétrico não ocorre para determinadas frequências, mesmo quando se aumenta a intensidade da radiação incidente, como mostrado por Lenard? Afinal de contas, o que acontece na interação da luz com a matéria?

É nesse cenário que o físico alemão Albert **Einstein** (1879-1955) publica em 1905 seu trabalho sobre o efeito fotoelétrico, que lhe renderia o Prêmio Nobel de Física em 1921.

Einstein conseguiu explicar o efeito fotoelétrico aplicando à luz a teoria quântica de Planck. Supôs, então, que a radiação luminosa é formada por **fótons**. A energia de um fóton (*quantum* de luz) é a mesma da Equação de Planck:

$$E = h\,f$$

Assim, quando a radiação luminosa chega ao metal, cada fóton interage com **um único elétron** e, se tiver energia suficiente, consegue arrancá-lo do material.

# 9. Mecanismo do efeito fotoelétrico em metais

Entre o núcleo positivo do átomo e o elétron, existe uma força de atração elétrica, que depende do número atômico do elemento e do tamanho do átomo. Como o número atômico equivale ao número de prótons do átomo – e, portanto, à carga elétrica presente no núcleo –, quanto maior o número atômico, maior a carga elétrica e mais intensa é essa força.

Se o átomo é pequeno, os elétrons ficam mais perto do núcleo e a força é mais intensa. Em consequência dessa força, existe entre o elétron e o núcleo uma energia de ligação que impede o elétron de escapar do átomo. Essa energia de ligação $\Phi$, denominada função trabalho, é diferente para os diversos elétrons e é mínima para os elétrons da periferia do átomo.

A **função trabalho** ($\Phi$) do elétron corresponde à energia necessária para a sua extração do material.

Quando um pulso de luz monocromática de frequência *f* incide em determinado metal, o fóton interage com um único elétron, que recebe sua energia ($hf$). Essa energia será usada para vencer a função trabalho $\Phi$, e o excedente será conservado na forma de energia cinética ($E_c$) do elétron.

De um modo geral, temos:

$$E_c = hf - \Phi$$

A imagem abaixo esquematiza as energias envolvidas no efeito fotoelétrico.

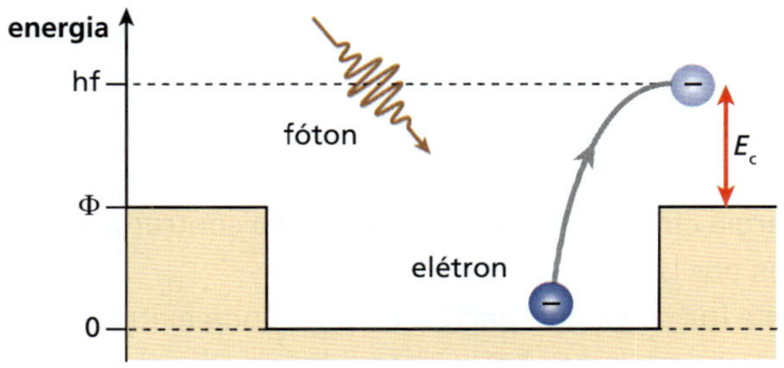


Banco de imagens/Arquivo da editora

## O elétron mais veloz

Vamos, agora, particularizar o efeito fotoelétrico analisando exclusivamente o elétron mais veloz, ou seja, o elétron que pode mais facilmente ser extraído do material.

Note que quando falamos em elétron mais veloz, referimo-nos ao elétron da periferia que, de fato, precisa de menos energia para ser extraído do átomo. Por esse motivo, sua função trabalho tem **valor mínimo** ($\Phi_0$).

Chama-se de **função trabalho** ($\Phi_0$) do metal a energia mínima que devem ter os fótons incidentes para produzir o efeito fotoelétrico, ou seja, para arrancar os elétrons periféricos do metal.

Quando a função trabalho tem valor mínimo ($\Phi_0$), a energia cinética do elétron emitido tem valor máximo ($E_{c_{máx}}$), assim:

$$E_{c_{máx}} = hf - \Phi_0$$

## Condição para ocorrência do efeito fotoelétrico

Para cada metal, existe uma frequência mínima abaixo da qual não há efeito fotoelétrico, qualquer que seja a intensidade da luz.

Para haver efeito fotoelétrico, devemos ter uma radiação incidente cuja energia seja maior do que a função trabalho, ou seja:

$$hf \geqslant \Phi_0 \Rightarrow f \geqslant \frac{\Phi_0}{h}$$

Assim, a frequência mínima ou frequência de corte será dada por:

$$f_{mín} = \frac{\Phi_0}{h}$$

A imagem abaixo representa a energia cinética dos elétrons emitidos em função da frequência da luz incidente para um dado metal **M**. Observamos ainda que a Constante de Planck pode ser obtida pela declividade da reta no gráfico $E_c \times f$.

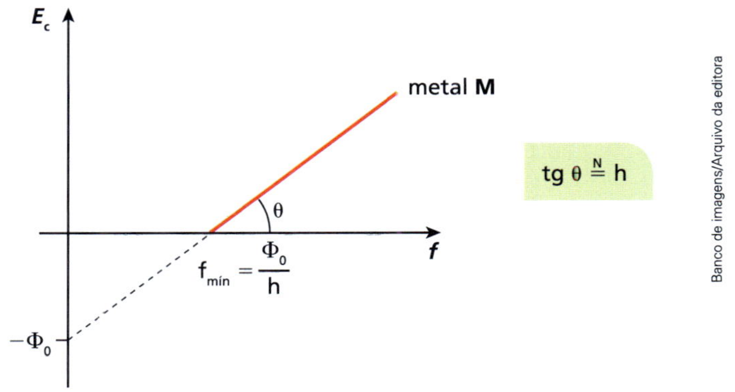


Se existe então uma frequência mínima para a ocorrência do efeito fotoelétrico, uma superfície metálica iluminada por uma luz ultravioleta fraca poderá emitir elétrons, enquanto a mesma superfície iluminada com luz vermelha forte poderá não apresentar emissão de elétrons.

Em outros termos, na emissão fotoelétrica o que influi é a frequência da radiação e a natureza do metal, e **não a intensidade** da radiação incidente.

Em alguns casos, podem ser emitidos elétrons de camadas mais internas, porém com menor energia cinética, como ilustrado a seguir.

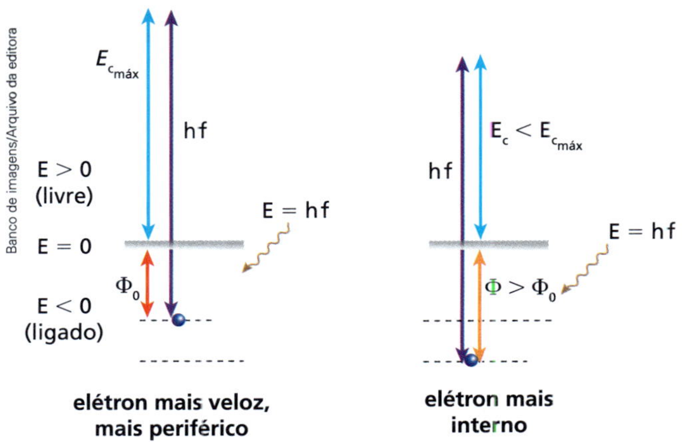


Tanto o elétron mais periférico quanto o mais interno recebem a mesma energia ($hf$) de um fóton incidente (seta roxa), porém o mais periférico utiliza menor quantidade dessa energia para superar a ligação com o metal (indicado pela seta vermelha, que é menor que a seta laranja), sendo extraído com maior energia cinética que o elétron mais interno (compare os comprimentos das setas azuis).

Na tabela seguinte temos os valores da função trabalho ($\Phi_0$) para alguns metais.

| Metal | $\Phi_0$ (eV) |
|---|---|
| Alumínio | 4,08 |
| Chumbo | 4,14 |
| Cobre | 4,7 |
| Ferro | 4,5 |
| Platina | 6,35 |
| Prata | 4,73 |
| Sódio | 2,28 |
| Zinco | 4,3 |

Fonte: RUMBLE, John R. *CRC Handbook of Chemistry and Physics*. 98. ed. Florida: CRC Press, 2017.

De todo o exposto, concluímos que a energia cinética de saída do elétron mais veloz não depende da intensidade da luz porque cada elétron só pode absorver um único fóton. A intensidade da luz apenas vai influir no número de elétrons que são emitidos.

Quanto mais intensa for a luz, maior será a quantidade de elétrons emitidos, isto é, maior a corrente fotoelétrica. A energia cinética do elétron mais veloz irá depender da frequência da radiação incidente, como mostrado no gráfico ao lado.

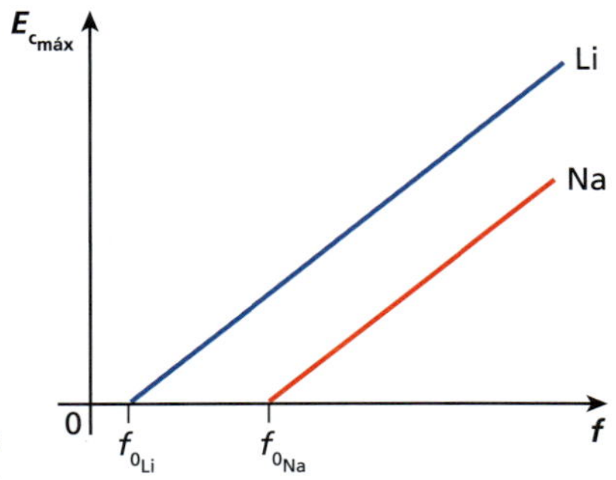


A energia cinética de saída do elétron mais veloz é função crescente da frequência da luz.

A explicação resulta da análise da expressão $E_{c_{máx}} = hf - \Phi_0$, que mostra que a energia cinética máxima é uma função linear da frequência *f* da radiação incidente – e, como tal, seu gráfico segue uma reta, como apresentado na figura acima para o lítio (Li) e o sódio (Na). O deslocamento entre as retas desses dois elementos é devido aos diferentes valores de suas funções trabalho.

## DESCUBRA MAIS

**1.** Antes da existência das modernas máquinas fotográficas digitais, as máquinas fotográficas eram completamente analógicas. Nessas, quando o filme fotográfico era exposto à projeção da imagem através do obturador, sofria um processo fotoquímico, registrando-a, para posteriormente ser revelada. Já nas máquinas digitais, o registro da imagem é feito por um detector CCD (*charge-coupled device*, ou dispositivo de carga acoplada), que funciona baseado no efeito fotoelétrico.
Pesquise como ocorre o registro da imagem no filme fotográfico e no CCD. A partir desse registro, como a fotografia é obtida? Hoje em dia, onde os CCDs são usados além das câmeras fotográficas? Qual sua importância na Ciência?

À esquerda, uma câmera digital. À direita, uma câmera analógica com a tampa aberta, exibindo o filme fotográfico.

**2.** No Tópico 4, Energia e potência elétrica, da Unidade 2, vimos que o princípio de funcionamento de painéis solares é o efeito fotovoltaico. Pesquise a relação entre o efeito fotovoltaico e o efeito fotoelétrico. Pesquise e discuta com colegas ou profissionais da área o porquê de essa tecnologia não ser amplamente utilizada nas casas e prédios do Brasil.

## Ampliando o olhar

### O modelo padrão e as quatro forças fundamentais da natureza

O modelo padrão de partículas é uma teoria que descreve as interações entre as partes fundamentais da natureza. É uma das teorias mais bem testadas da Física. Abaixo apresentaremos um texto do Centro Brasileiro de Pesquisas Físicas sobre esse modelo.

> Uma das características do homem é sua constante curiosidade sobre tudo o que nos cerca. Desde as cavernas, tentamos entender a natureza e a razão de nossa própria existência a partir de perguntas aparentemente simples – por quê, como, para quê, etc. –, mas extremamente penetrantes. Um dos primeiros questionamentos foi "De que as coisas são feitas?". A resposta tem evoluído ao longo do tempo, segundo nossos conhecimentos acumulados e passados de geração em geração. Aqui, apresentamos nosso entendimento atual sobre os blocos constituintes da matéria e as forças que regem os fenômenos da natureza. Será uma visão definitiva? Certamente, não. A cada dia, temos algo novo a acrescentar a esse quadro. [...]
>
> Em meados da década de 1970, os físicos já tinham uma listagem completa das partículas elementares da natureza, mesmo que muitas ainda estivessem por ser detectadas, pois precisavam ser criadas em colisões que reproduzissem os níveis de energia dos momentos iniciais do universo. Esse esquema teórico ganhou o nome de "modelo padrão de partículas e interações (ou forças) fundamentais". A tabela a seguir mostra o atual quadro de partículas elementares.



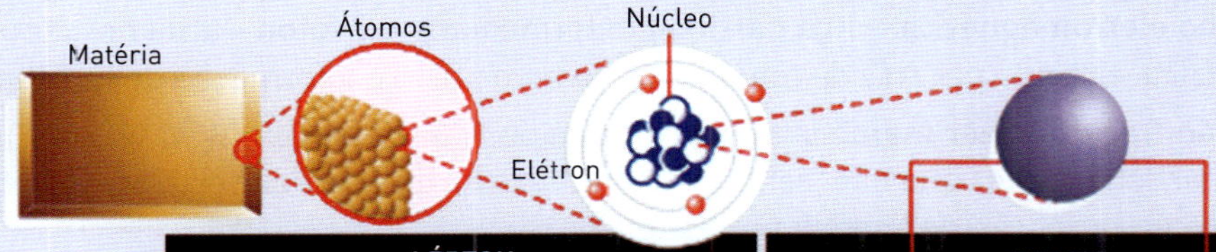


| | LÉPTON | | *QUARKS* | |
|---|---|---|---|---|
| **Partículas de massa** Toda a matéria comum está neste grupo. | **Elétron** Responsável pela eletricidade e reações químicas. Carga −1 (o pósitron tem carga +1). | **Neutrino do elétron** Não tem carga elétrica. Massa possivelmente muito pequena. | ***Up*** Carga $+\frac{2}{3}$. Prótons têm 2 e nêutrons têm 1. | ***Down*** Carga $-\frac{1}{3}$. Prótons têm 1 e nêutrons têm 2. |
| **Partículas produzidas logo após o *big-bang*** Hoje, são encontradas em raios cósmicos ou fabricadas em aceleradores. | **Múon** Mais pesado que o elétron. Vive cerca de 2 milionésimos de segundo. Carga ±1. | **Neutrino do múon** Não tem carga elétrica. Criado juntamente com múons quando certas partículas decaem. | ***Charm*** Carga $+\frac{2}{3}$. Descoberto em 1974. Mais pesado que o *up*. | ***Strange*** Carga $-\frac{1}{3}$. Descoberto em 1963. Mais pesado que o *down* |
| | **Tau** Ainda mais pesado. Extremamente instável. Descoberto em 1975. Carga ±1. | **Neutrino do tau** Não tem carga elétrica. Descoberto em 2000. | ***Top*** Carga $+\frac{2}{3}$. Descoberto em 1995. Ainda mais pesado. | ***Bottom*** Carga $-\frac{1}{3}$. Descoberto em 1977. Ainda mais pesado. |
| **Partículas de forças** Estas partículas transmitem as quatro interações fundamentais (grávitons ainda não foram descobertos). | **Glúons** Portadores da força entre os *quarks*. Sentidos por *quarks* e glúons. A liberação explosiva de energia nuclear é resultado da força forte. | **Fótons** Partículas de luz portadoras da força eletromagnética. Sentidos por partículas carregadas. Eletricidade, magnetismo e química são resultados da força eletromagnética. | **Bósons vetoriais intermediários** $W^+$ $W^-$ $Z^0$ Portadores da força fraca. Sentidos por *quarks* e léptons. Algumas formas de radioatividade resultam da força fraca. | **Grávitons** ? Portadores da força gravitacional. Sentidos por todas as partículas. O peso que experimentamos é resultado da força gravitacional. |

**Antimatéria**: cada partícula tem sua antipartícula, com a mesma massa e carga elétrica oposta.

À medida que os aceleradores foram aumentando seu poder de acelerar partículas – bem como a precisão e a sensibilidade de detectores gigantes foram aprimoradas –, começaram a surgir os integrantes previstos pelo modelo padrão ou indicações indiretas da existência deles. Por exemplo: o *quark charm* (1974); o tau (1975), um primo mais pesado do elétron e do múon; o *bottom* (1977); os glúons (1979); as partículas $W^+$, $W^-$ e $Z^0$ (1983), "carregadoras" da força fraca nuclear. E, finalmente, em 1995, o "último dos moicanos": o *quark top*. [...]

A história da Física pode ser contada pelo viés da unificação dos fenômenos. No século 17, Newton mostrou que a gravidade terrestre e a cósmica eram uma só. No século seguinte, o inglês Michael Faraday (1791-1867) uniu a eletricidade ao magnetismo. O eletromagnetismo, por sua vez, foi unificado com a óptica nas equações do escocês James Maxwell (1831-1879). Na área de partículas elementares, os norte-americanos Steven Weinberg, Sheldon Glashow e o paquistanês Abdus Salam (1926-1996) propuseram, na década de 1960, de forma independente, a teoria eletrofraca, que unificava as forças (ou interações) eletromagnética e fraca.

## As quatro forças

A seguir, está uma breve descrição das quatro interações (ou forças) fundamentais da natureza, bem como exemplos de fenômenos regidos por cada uma delas:

- a **interação gravitacional**, a qual se espera que ocorra pela troca de **grávitons** – partícula ainda não detectada –, age em todos os corpos com massa (ou energia), sendo responsável por atrair de volta à superfície um objeto lançado ao ar ou manter a Terra girando em torno do Sol;
- a **interação eletromagnética** – cuja partícula intermediária é o **fóton** – atua nos corpos dotados de carga elétrica, estando por trás de fenômenos como o atrito e a formação de moléculas;
- a **interação fraca nuclear** manifesta-se pela troca de três partículas ($W^+$, $W^-$ e $Z^0$), agindo sobre léptons (partículas leves que não "sentem" a interação forte) e *quarks* e estando envolvida na radioatividade e na produção de energia nas estrelas;
- a **interação forte**, cuja partícula intermediária é o **glúon**, atua sobre uma propriedade que *quarks* e os próprios glúons têm – a chamada carga de cor, uma analogia com a carga elétrica nas interações eletromagnéticas –, sendo responsável por manter o núcleo atômico coeso e, em última instância, pela existência dos diferentes elementos da tabela periódica.

Até hoje, o modelo padrão – teoria na qual estão reunidas as forças eletromagnética, fraca e forte – passou com louvor nos testes a que foi submetido. Porém, ele tem limitações. Não indica, por exemplo, por que há três famílias (ou gerações) de léptons e *quarks*. Nem é capaz de explicar por que alguns léptons e *quarks* são tão mais pesados que seus companheiros. Experimentos recentes mostraram que os neutrinos têm massa, e isso cria para o modelo dificuldades que os físicos tentam agora driblar.

*Partículas elementares*: a (des)construção da matéria pelo homem.
Disponível em: <file:///C:/Users/A97085/Downloads/Particulas_elementares.pdf>. Acesso em: 30 ago. 2018.

O quadro a seguir resume características relevantes das quatro forças fundamentais da natureza.

| Força (ou interação) | Intensidade relativa | Partícula mediadora | Raio de ação (m) |
|---|---|---|---|
| Nuclear forte | $10^{38}$ | Glúon | $10^{-15}$ |
| Eletromagnética | $10^{36}$ | Fóton | "infinito" |
| Nuclear fraca | $10^{25}$ | Bóson | $10^{-18}$ |
| Gravitacional | 1 | Gráviton | "infinito" |

## Exercícios Nível 1

**10.** (UEG-GO) Em que situação os elétrons são E.R. ejetados da superfície de um metal?

a) Com o ajuste de uma frequência moderada e alta intensidade da radiação.
b) Através de controle de baixas frequências para altas intensidades de radiação.
c) A partir de uma frequência mínima da radiação eletromagnética incidente.
d) Com o aumento crescente da intensidade da radiação eletromagnética no metal.

**Resolução:**

O efeito fotoelétrico consiste na ejeção de elétrons de um metal devido à incidência de *quanta* de luz com energia maior que a energia de ligação dos elétrons aos núcleos de seus átomos. Como a energia dos *quanta* é diretamente proporcional à frequência da radiação ($E = hf$, da Equação de Planck), existe uma frequência abaixo da qual os *quanta* não possuem energia suficiente para romper as ligações dos elétrons e, por conseguinte, extraí-los do metal. Portanto, os elétrons são ejetados a partir de uma frequência mínima de radiação incidente.

Resposta: alternativa **c**.

**11.** (UPE) Considere as afirmações a seguir com relação ao efeito fotoelétrico.

I. A energia cinética do elétron emitido pelo material depende da intensidade da radiação incidente.
II. Somente ocorre quando há incidência de elétrons sobre uma superfície metálica.
III. A quantidade de elétrons emitidos pelo material depende da intensidade da luz incidente.
IV. A menor energia cinética do elétron emitido pelo material é igual a zero.

Estão corretas apenas:

a) I, II e IV.
b) II e III.
c) III e IV.
d) I e III.
e) II e IV.

**12.** É estabelecido como marco da descoberta do E.R. efeito fotoelétrico o ano de 1887. Nesse ano Heinrich Hertz conseguiu realizar experiências que comprovavam a emissão de partículas carregadas por metais expostos à radiação luminosa.

Um aparato experimental que possibilita a experimentação do efeito fotoelétrico está representado a seguir.

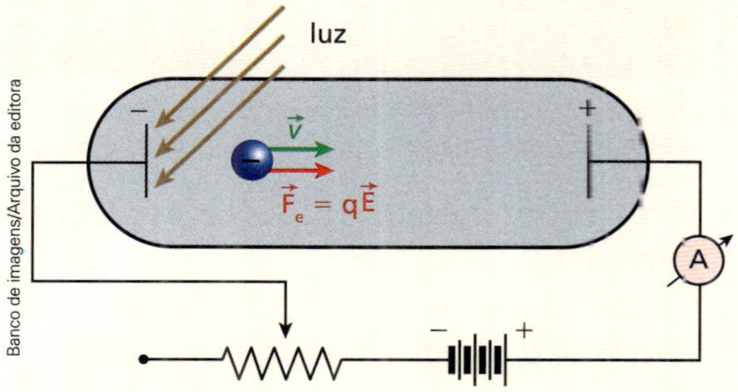


Em 1905, Albert Einstein publicou um trabalho explicando o fenômeno do efeito fotoelétrico, utilizando as ideias de Planck sobre o *quantum* de luz. Por esse trabalho, anos mais tarde, Einstein seria laureado com o Frêmio Nobel de Física.

a) Explique qual grandeza física é fundamental para o efeito fotoelétrico, a intensidade da radiação incidente ou a frequência da radiação incidente.
b) Defina o que é a função trabalho de um metal.

**Resolução:**

a) A grandeza física que estabelece a ocorrência do efeito fotoelétrico é a **frequência**. Apenas a partir de uma frequência específica o fenômeno pode ocorrer, denominada frequência mínima. A intensidade da radiação irá interferir no número de elétrons que serão emitidos.

b) Função trabalho é a energia utilizada no trabalho de extração do elétron do metal, ou seja, a energia necessária para ejetar o elétron.

**13.** Ao contrário do que muitos imaginam, Albert Einstein não ganhou seu prêmio Nobel pela Teoria da Relatividade. Na verdade, foi sua explicação sobre o efeito fotoelétrico que possibilitou que em 1921 ele fosse agraciado com o prêmio.

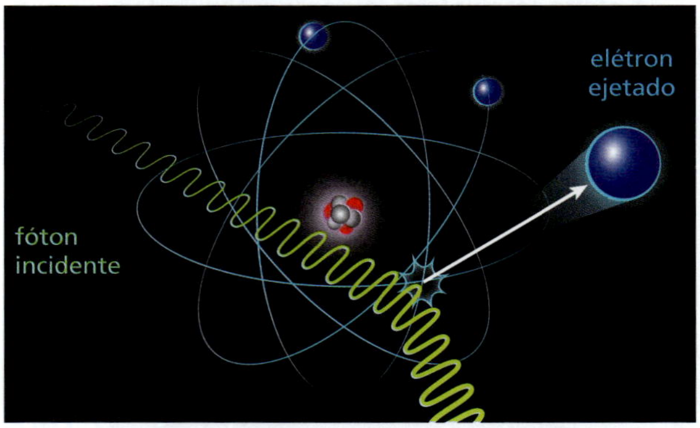


Representação, fora de escala, de um átomo com um de seus elétrons sendo ejetado após a incidência de um fóton.

Sobre o efeito fotoelétrico são feitas as seguintes afirmações.

I. O efeito fotoelétrico é explicado de maneira conveniente ao se utilizar o modelo corpuscular para a luz.

II. A ocorrência do efeito fotoelétrico exige que a radiação incidente no metal tenha uma frequência mínima.

III. A intensidade da radiação incidente não determina a ocorrência do efeito fotoelétrico. A intensidade da luz incidente está relacionada ao número de elétrons emitidos.

Assinale a alternativa **correta**:

a) Somente I é verdadeira.
b) Somente II é verdadeira.
c) Somente III é verdadeira.
d) Somente I e II são verdadeiras.
e) Todas são verdadeiras.

**14.** E.R. Para a prata (Ag), sua função trabalho é de 4,73 eV. Qual deve ser a menor frequência da radiação luminosa incidente para arrancar elétrons de uma placa de prata.

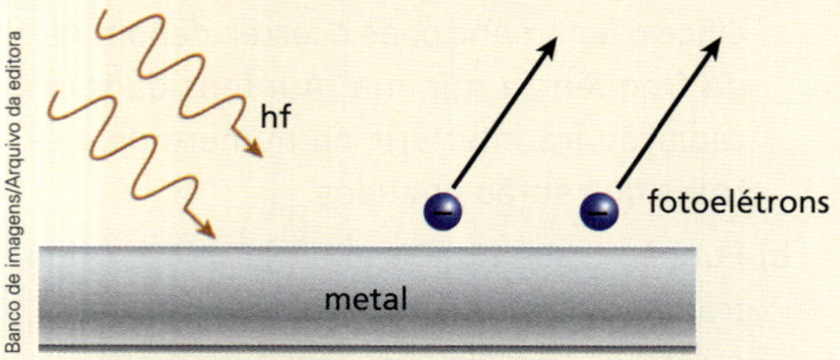


**Dado:** $h = 6{,}63 \cdot 10^{-34}$ Js (Constante de Planck).

**Resolução:**

A menor frequência ($f_{mín}$) é a frequência na qual a energia dos fótons incidentes é igual à função trabalho ($\Phi_0$) da prata.

Convertendo-se a função trabalho de eV para joules, temos:

$$\Phi_0 = 4{,}73 \text{ eV} = 4{,}73 \cdot 1{,}6 \cdot 10^{-19} \text{ J}$$

$$\Phi_0 = 7{,}57 \cdot 10^{-19} \text{ J}$$

Assim, a frequência mínima será dada por:

$$f_{mín} = \frac{\Phi_0}{h} \Rightarrow f_{mín} = \frac{7{,}57 \cdot 10^{-1}}{6{,}63 \cdot 10^{-34}}$$

$$\boxed{f_{mín} = 1{,}14 \cdot 10^{15} \text{ Hz}}$$

**15.** Um professor levou para a sala de aula um dispositivo formado por bolas coloridas e rampas para tentar explicar melhor os conceitos fundamentais ligados ao fenômeno do efeito fotoelétrico. Após toda a explicação teórica do fenômeno, ele propôs para seus alunos que elaborassem uma analogia mecânica para o efeito fotoelétrico. Surgiram então várias proposições feitas pelos alunos.

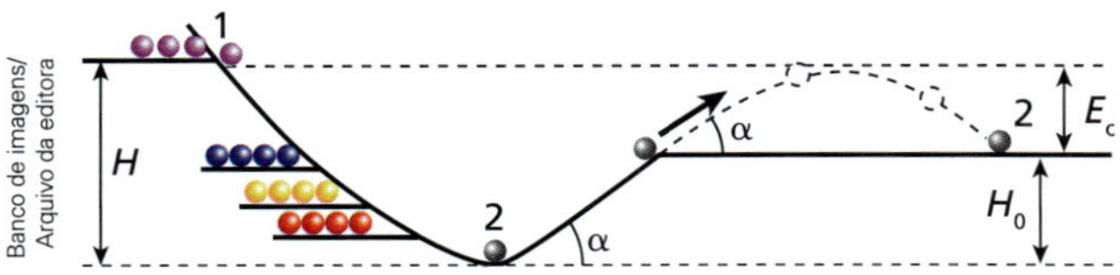


I. As cores das bolas representam as frequências das radiações incidentes.

II. A altura $H$ está relacionada com a energia do fóton incidente.

III. A altura $H_0$ está relacionada com a energia mínima necessária para a extração do elétron da superfície metálica, ou seja, é como se fizesse o papel da função trabalho $\Phi_0$.

IV. Adotando-se o sistema mecânico conservativo e comparando-o com a equação do efeito fotoelétrico, temos:

$$E_{c_{máx}} = hf - \Phi_0$$

$$\frac{m v_{máx}^2}{2} = mgH - mgH_0$$

Avalie, como verdadeira ou falsa, cada uma das proposições feitas pelos alunos.

**16.** (UEL-PR) Leia a charge a seguir e responda à(s) questão(ões).

(Disponível em: <http://tirinhasdefisica.blogspot.com.br/>. Acesso em: 27 abr. 2013.)

Considere que as lâmpadas descritas na charge emitem luz amarela que incide na superfície de uma placa metálica colocada próximo a elas.

Com base nos conhecimentos sobre o efeito fotoelétrico, assinale a alternativa **correta**.

a) A quantidade de energia absorvida por um elétron que escapa da superfície metálica é denominada de fótons e tem o mesmo valor para qualquer metal.

b) Se a intensidade luminosa for alta e a frequência da luz incidente for menor que a frequência-limite, ou de corte, o efeito fotoelétrico deve ocorrer na placa metálica.

c) Se a frequência da luz incidente for menor do que a frequência-limite, ou de corte, nenhum elétron da superfície metálica será emitido.

d) Quando a luz incide sobre a superfície metálica, os núcleos atômicos próximos da superfície absorvem energia suficiente e escapam para o espaço.

e) Quanto maior for a função trabalho da superfície metálica, menor deverá ser a frequência-limite, ou de corte, necessária para a emissão de elétrons.

**17.** (UFSC) Indique as afirmativas corretas e some os valores respectivos para dar a resposta.

Com relação ao efeito fotoelétrico é correto afirmar que:

(01) em uma célula fotoelétrica, a velocidade dos fotoelétrons emitidos aumenta, quando diminuímos o comprimento de onda da radiação luminosa utilizada para provocar o fenômeno.

(02) em uma célula fotoelétrica, a velocidade dos fotoelétrons emitidos aumenta, quando aumentamos o comprimento de onda da radiação luminosa utilizada para provocar o fenômeno.

(04) em uma célula fotoelétrica, a velocidade dos fotoelétrons emitidos será maior, se utilizarmos, para provocar o fenômeno, luz vermelha forte, em vez de luz violeta fraca.

(08) em uma célula fotoelétrica, a energia cinética dos elétrons arrancados da superfície do metal depende da frequência da luz incidente.

(16) em uma célula fotoelétrica, a energia cinética dos elétrons arrancados da superfície do metal depende da intensidade da luz incidente.

(32) emissão de fotoelétrons por uma placa fotossensível só pode ocorrer quando a luz incidente tem comprimento de onda igual ou menor que certo comprimento de onda crítico e característico para cada metal.

**18.** (FGV-SP) A função trabalho de certo metal é $9,94 \cdot 10^{-19}$ J. Considere a constante de Planck com o valor $6,63 \cdot 10^{-34}$ Js. A frequência mínima a partir da qual haverá efeito fotoelétrico sobre esse metal é, em $10^{15}$ Hz, de

a) 1,1 b) 1,2 c) 1,5 d) 1,7 e) 1,9

**19.** (UFG-GO) Para explicar o efeito fotoelétrico, Einstein, em 1905, apoiou-se na hipótese de que:

a) a energia das ondas eletromagnéticas é quantizada.

b) o tempo não é absoluto, mas depende do referencial em relação ao qual é medido.

c) os corpos contraem-se na direção de seu movimento.

d) os elétrons em um átomo somente podem ocupar determinados níveis discretos de energia.

e) a velocidade da luz no vácuo corresponde à máxima velocidade com que se pode transmitir informações.

**20.** (UFRGS-RS) Assinale a alternativa que preenche corretamente as lacunas do enunciado abaixo, na ordem em que aparecem.

A incidência de radiação eletromagnética sobre uma superfície metálica pode arrancar elétrons dessa superfície.

O fenômeno é conhecido como ...... ......... e só pode ser explicado satisfatoriamente invocando a natureza ...................... da luz.

a) efeito fotoelétrico – ondulatória

b) Efeito Coulomb – corpuscular

c) Efeito Joule – corpuscular

d) efeito fotoelétrico – corpuscular

e) Efeito Coulomb – ondulatória

**21.** (Fuvest-SP) Os primeiros astronautas a pousar na Lua observaram a existência de finas camadas de poeira pairando acima da superfície lunar. Como não há vento na Lua, foi entendido que esse fenômeno estava ligado ao efeito fotoelétrico causado pela luz solar: elétrons são extraídos dos grãos de poeira do solo lunar ao receberem energia da radiação eletromagnética proveniente do Sol e, assim, os grãos tornam-se positivamente carregados. O mesmo processo também arranca elétrons da superfície lunar, contribuindo para a carga positiva do lado iluminado da superfície da Lua. A altura de equilíbrio acima da superfície lunar dessas camadas depende da massa e da carga dos grãos. A partir dessas informações, determine:

a) o módulo $F_e$ da força eletrostática que age sobre cada grão em equilíbrio da camada, sabendo que um grão de poeira tem massa $m = 1,2 \times 10^{-14}$ kg e que a aceleração da gravidade nas proximidades da superfície da Lua é $g_L = 1,6$ m/s$^2$;

b) o módulo $E$ do campo elétrico na posição dessa camada de poeira, sabendo que a carga adquirida por um grão é $Q = 1,9 \times 10^{-15}$ C. Uma característica do efeito fotoelétrico é a necessidade de os fótons da luz incidente terem uma energia mínima, abaixo da qual nenhum elétron é arrancado do material. Essa energia mínima está relacionada à estrutura do material e, no caso dos grãos de poeira da superfície lunar, é igual a $8 \times 10^{-19}$ J;

c) a frequência mínima $f$ dos fótons da luz solar capazes de extrair elétrons dos grãos de poeira. Na superfície da Lua, $5 \times 10^5$ é o número de fótons por segundo incidindo sobre cada grão de poeira e produzindo emissão de elétrons;

d) a carga $q$ emitida em 2 s por um grão de poeira, devido ao efeito fotoelétrico, considerando que cada fóton arranque apenas um elétron do grão.

> **Note e adote:**
> Carga do elétron: $-1,6 \times 10^{-19}$ C
> Energia do fóton: $\epsilon = hf$; $f$ é a frequência e $h = 6 \times 10^{-34}$ Js é a Constante de Planck.
> Desconsidere as interações entre os grãos e a influência eletrostática dos elétrons liberados.

**22.** **E.R.** Um pesquisador precisa descobrir, entre os vários metais que ele pode utilizar, qual será o mais adequado na construção de uma célula fotoelétrica que será utilizada para a construção de uma porta automática.

Andresr/E+/Getty Images

Porta automática ativada por células fotoelétricas.

A tabela abaixo apresenta alguns metais e suas respectivas funções trabalho.

| Metal | $\Phi_0$ (eV) |
|---|---|
| Ag | 4,73 |
| Aℓ | 4,08 |
| Cu | 4,70 |
| Fe | 4,50 |
| Na | 2,46 |
| Pb | 4,14 |
| Pt | 6,35 |
| Zn | 4,31 |

Sabe-se que a célula deve ser utilizada para operar sob luz visível, cujo espectro está representado a seguir.

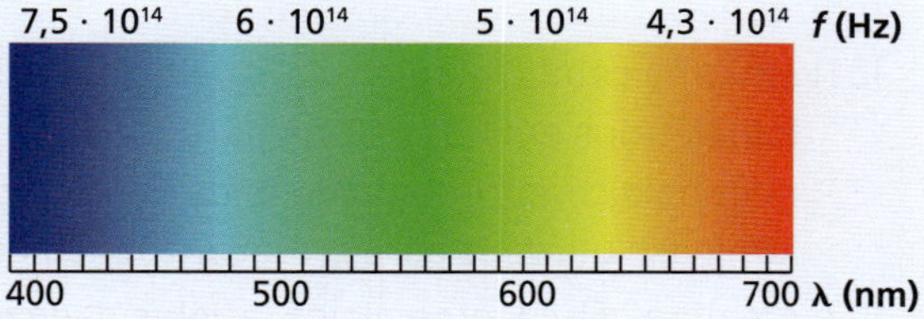


Banco de imagens/Arquivo da editora

**Dado:** Constante de Planck: $h = 4,1 \cdot 10^{-15}$ eVs.

Quais metais da tabela acima podem ser utilizados para o projeto?

**Resolução:**

A célula fotoelétrica deve operar sob luz visível, assim, a frequência máxima será a frequência da luz violeta. Do espectro fornecido, temos:

$$f = 7,5 \cdot 10^{14}\ \text{Hz}$$

Para essa situação, a energia do fóton incidente será dada por:

$$E = hf$$
$$h = 4,1 \cdot 10^{-15}\ \text{eVs}$$
$$f = 7,5 \cdot 10^{14}\ \text{Hz}$$
$$\boxed{E = 3,075\ \text{eV}}$$

Percebe-se, assim, que a energia do fóton incidente só é maior que a função trabalho do **sódio** (Na). Desse modo, esse será o único metal da tabela que poderá ser utilizado no projeto.

**23.** (Ulbra-RS) Uma lâmpada de potência 200 W emite um feixe de luz de comprimento de onda de 600 nm. Esse feixe de luz incide sobre uma superfície metálica, excitando e arrancando da mesma um número *n* de elétrons.
Sendo $h = 6,6 \cdot 10^{-34}$ Js e 1 eV $= 1,6 \cdot 10^{-19}$ J e a função trabalho do metal 1,2 eV, é correto afirmar que

a) a energia cinética dos elétrons excitados é de aproximadamente 0,9 eV.
b) a energia dos fótons é de 1,6 eV.
c) a função trabalho do metal aumenta com o aumento da potência da lâmpada.
d) se aumentarmos a frequência da luz diminui a velocidade dos elétrons excitados.
e) a energia cinética dos elétrons excitados é de aproximadamente 2 eV.

## Exercícios Nível 3

**24.** O efeito fotoelétrico consiste na emissão de elétrons da superfície de um metal quando este é iluminado por luz de uma dada frequência, ou seja, é uma emissão induzida pela luz.

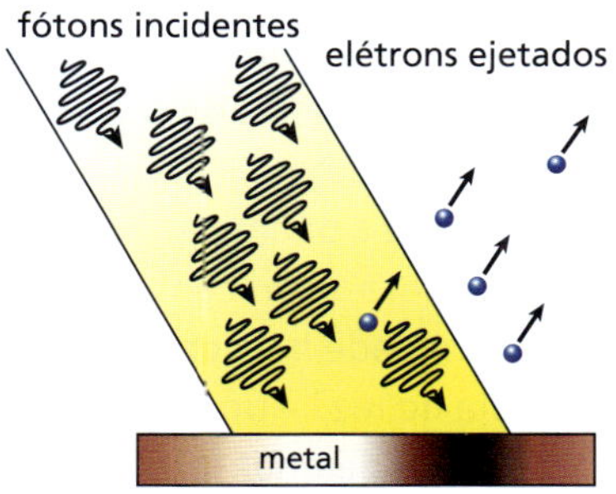

Banco de imagens/Arquivo da editora

A energia cinética máxima ($E_c$) dos elétrons emitidos de uma determinada placa metálica depende da frequência da radiação incidente segundo o gráfico apresentado a seguir.

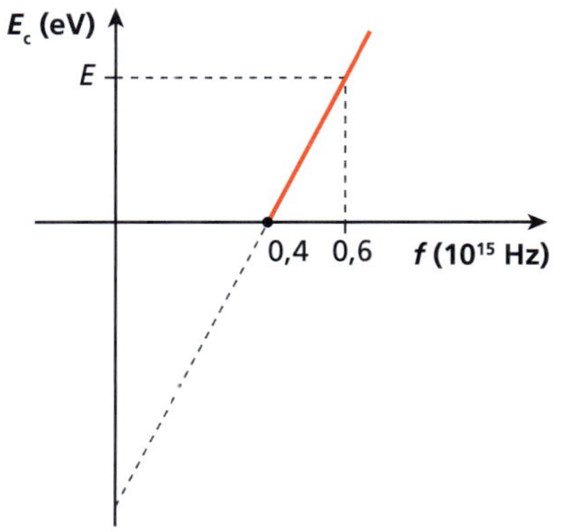

Banco de imagens/Arquivo da editora

**Dado:** Constante de Planck: $h = 4,14 \cdot 10^{-15}$ eVs.
Determine:

a) a frequência mínima para a ocorrência do efeito fotoelétrico;
b) o valor de *E* apresentado no gráfico.

**25.** (Ufes) Dois metais foram submetidos a experimentos característicos do efeito fotoelétrico. As energias cinéticas máximas dos fotoelétrons emitidos foram medidas em função da frequência da radiação incidente sobre os metais, conforme a figura abaixo. Determine:

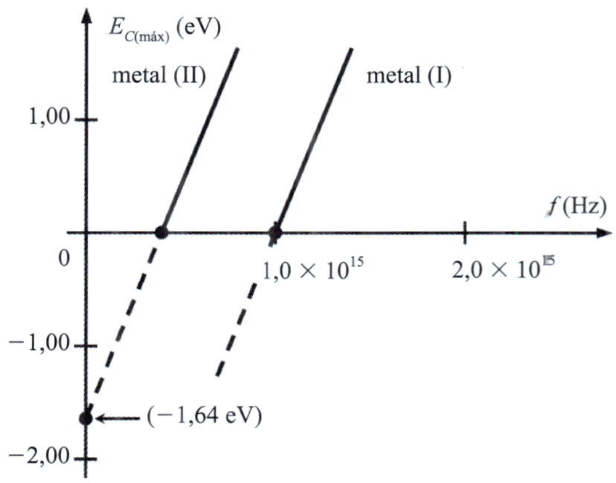

Reprodução/Ufes, 2015

a) o valor da função trabalho, em eV (elétrons-volt), do metal I;
b) o valor da frequência mínima, em Hz, para que ocorra emissão fotoelétrica a partir do metal II;

c) a energia cinética máxima dos fotoelétrons emitidos quando da incidência, sobre o metal II, de uma radiação de comprimento de onda $\lambda = 1{,}5 \times 10^{-7}$ m.

[Considere $h = 4{,}1 \times 10^{-15}$ eV · s.]

**26.** (UFPA) A função trabalho de um certo material é 4,2 eV. O comprimento de onda, em Å, da luz capaz de produzir efeito fotoelétrico, tendo os fotoelétrons emitidos energia cinética máxima de 2,0 eV, é aproximadamente (constante de Planck igual a $6{,}6 \cdot 10^{-34}$ Js):

a) 2 000
b) 1 000
c) 200
d) 100
e) 0,2

**27.** (UFPI) Uma radiação monocromática com comprimento de onda de 600 nm e uma potência de 0,54 W incide em uma célula fotoelétrica de sódio, cuja função trabalho é 2,8 eV. Assinale a alternativa que apresenta, respectivamente, o número de fótons por segundo, que se propaga na radiação, e a frequência de corte para o sódio.

**Dados:** $1 \text{ eV} = 1{,}6 \cdot 10^{-19}$ J; $h = 6{,}63 \cdot 10^{-34}$ Js; $c = 3{,}0 \cdot 10^{8}$ m/s.

a) $1{,}63 \cdot 10^{17}$ fótons; $4{,}4 \cdot 10^{14}$ Hz.
b) $1{,}63 \cdot 10^{18}$ fótons; $4{,}4 \cdot 10^{14}$ Hz.
c) $2{,}18 \cdot 10^{18}$ fótons; $4{,}4 \cdot 10^{14}$ Hz.
d) $2{,}18 \cdot 10^{18}$ fótons; $6{,}7 \cdot 10^{14}$ Hz.
e) $1{,}63 \cdot 10^{18}$ fótons; $6{,}7 \cdot 10^{14}$ Hz.

## Para raciocinar um pouco mais

**28.** (UFC-CE) O gráfico mostrado abaixo resultou de uma experiência na qual a superfície metálica de uma célula fotoelétrica foi iluminada, separadamente, por duas fontes de luz monocromática distintas, de frequências $f_1 = 6{,}0 \cdot 10^{14}$ Hz e $f_2 = 7{,}5 \cdot 10^{14}$ Hz, respectivamente.

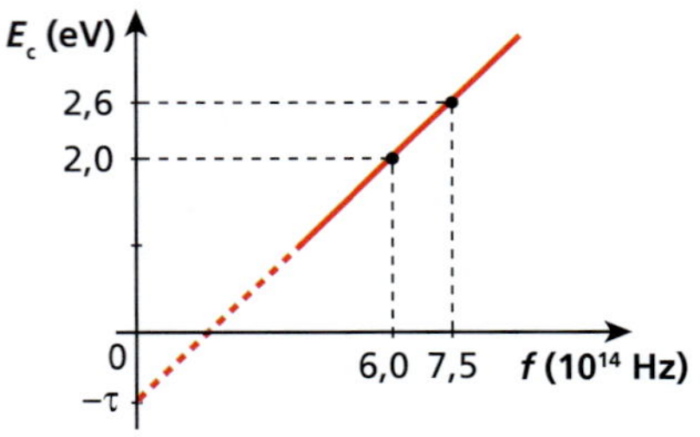

Reprodução/Arquivo da editora

As energias cinéticas máximas, $E_{c_1} = 2{,}0$ eV e $E_{c_2} = 2{,}6$ eV, dos elétrons arrancados do metal, pelos dois tipos de luz, estão indicadas no gráfico. A reta que passa pelos dois pontos experimentais do gráfico obedece à relação estabelecida por Einstein para o efeito fotoelétrico, ou seja, $E_c = hf - \tau$, em que *h* é a constante de Planck e $\tau$ é a chamada função trabalho, característica de cada material. Baseando-se na relação de Einstein, o valor calculado de $\tau$, em eV, é

a) 0,4
b) 1,6
c) 1,8
d) 2,0
e) 2,3

**29.** (UFBA) Em 1905, Albert Einstein explicou teoricamente o efeito fotoelétrico e, em carta a um amigo, reconheceu ser esse "um trabalho revolucionário". Atualmente, esse efeito é muito utilizado em alarmes de raios *laser* e no acendimento automático da iluminação pública, dentre outras aplicações.

A equação que, segundo Einstein, explica esse efeito é escrita como $E_{cinética} = hf - \tau$, na qual:

- $E_{cinética}$ é a energia cinética máxima dos elétrons arrancados da superfície;
- *f* é a frequência da onda eletromagnética incidente;
- *h* é uma constante universal proposta, pela primeira vez, pelo físico alemão Max Planck;
- $\tau$ é a função trabalho.

A função trabalho é a quantidade mínima de energia necessária para arrancar um elétron da superfície. A quantidade *hf* representa a energia de uma "partícula de luz" – um fóton. Estava, então, colocada a dualidade onda-partícula.

Um experimento, para determinar a Constante de Planck, pode ser realizado usando-se a equação de Einstein. Em um capacitor de placas paralelas, no vácuo, os elétrons são arrancados da placa positiva, fazendo-se incidir nela uma onda eletromagnética, luz ou radiação ultravioleta.

O aparecimento de uma corrente elétrica indica o fluxo desses elétrons entre as placas do capacitor. Uma diferença de potencial $V_0$ aplicada entre as placas do capacitor é ajustada o suficiente para fazer com que a corrente desapareça e, nesse caso, tem-se que $eV_0 = E_{cinética}$, em que *e* é a carga do elétron.

O resultado desse experimento realizado em uma superfície de cobre é expresso na tabela.

Com base nessas informações e nos dados da tabela, determine a Constante de Planck, $h$, e a função trabalho $\tau$, do cobre, considerando-se $e = 1{,}6 \cdot 10^{-19}$ C.

| $f$ ($10^{14}$ Hz) | $V_0$ (V) |
|---|---|
| 5,5 | 0,4 |
| 7,0 | 1,0 |
| 9,5 | 2,0 |

**30.** (UFRN) Uma das aplicações do efeito fotoelétrico é o visor noturno, aparelho de visão sensível à radiação infravermelha, ilustrado na figura abaixo. Um aparelho desse tipo foi utilizado por membros das forças especiais norte-americanas para observar supostos integrantes da rede Al-Qaeda. Nesse tipo de equipamento, a radiação infravermelha atinge suas lentes e é direcionada para uma placa de vidro revestida de material de baixa função de trabalho ($W$). Os elétrons arrancados desse material são "transformados", eletronicamente, em imagens. A teoria de Einstein para o efeito fotoelétrico estabelece que:

$$E_c = hf - W$$

sendo:

$E_c$ a energia cinética máxima de um fotoelétron;
$h = 6{,}6 \cdot 10^{-34}$ Js a Constante de Planck;
$f$ a frequência da radiação incidente.

Sérgio Dotta Jr./The Next

Considere que um visor noturno recebe radiação de frequência $f = 2{,}4 \cdot 10^{14}$ Hz e que os elétrons mais rápidos ejetados do material têm energia cinética $E_c = 0{,}90$ eV.

Sabe-se que a carga do elétron é $q = 1{,}6 \cdot 10^{-19}$ C e $1 \text{ eV} = 1{,}6 \cdot 10^{-19}$ J.

Baseando-se nessas informações, calcule:

a) a função de trabalho ($W$) do material utilizado para revestir a placa de vidro desse visor noturno, em eV;

b) o potencial de corte ($V_0$) desse material para a frequência ($f$) da radiação incidente.

**31.** (ITA-SP) O aparato para estudar o efeito fotoelétrico mostrado na figura consiste de um invólucro de vidro que encerra o aparelho em um ambiente no qual se faz vácuo. Através de uma janela de quartzo, luz monocromática incide sobre a placa de metal **P** e libera elétrons. Os elétrons são então detectados sob a forma de uma corrente, devido à diferença de potencial $V$ estabelecida entre **P** e **Q**. Considerando duas situações distintas **a** e **b**, nas quais a intensidade da luz incidente em **a** é o dobro do caso **b**, assinale qual dos gráficos abaixo representa corretamente a corrente fotoelétrica em função da diferença de potencial.

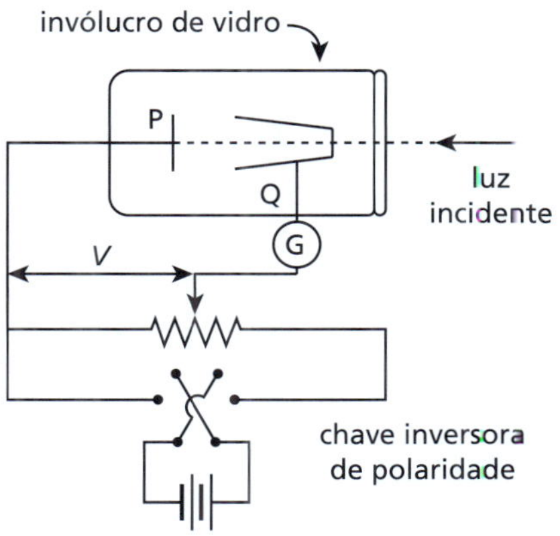


Reprodução/Arquivo da editora

a)
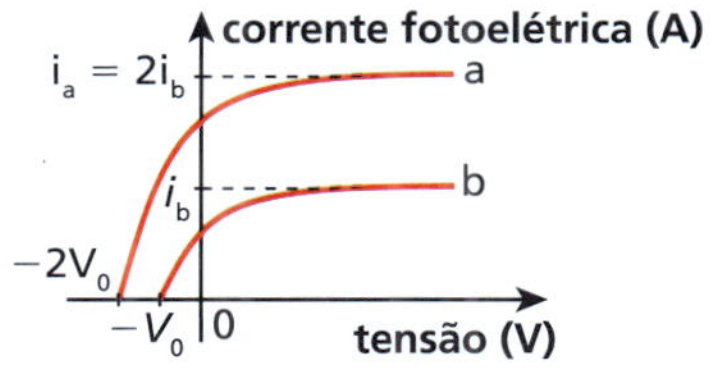


b)
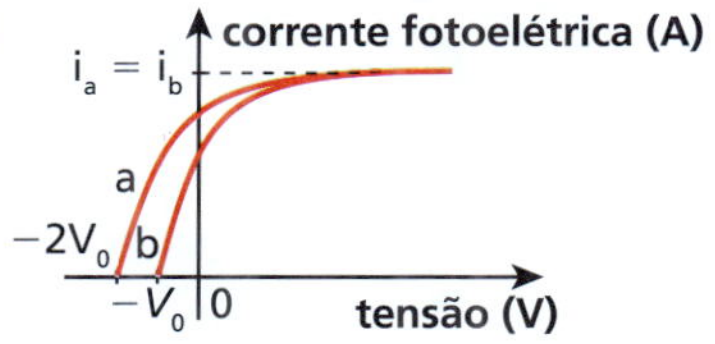


c)
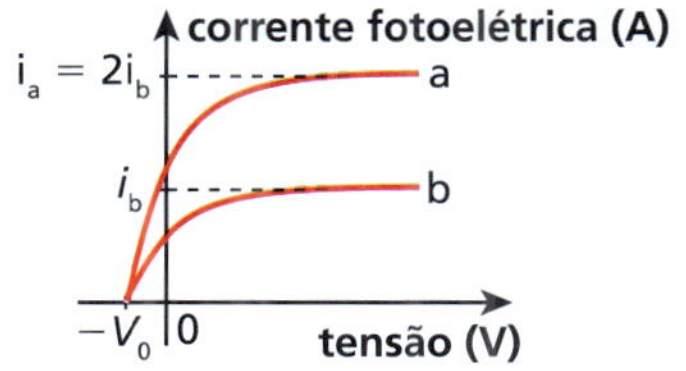


d)
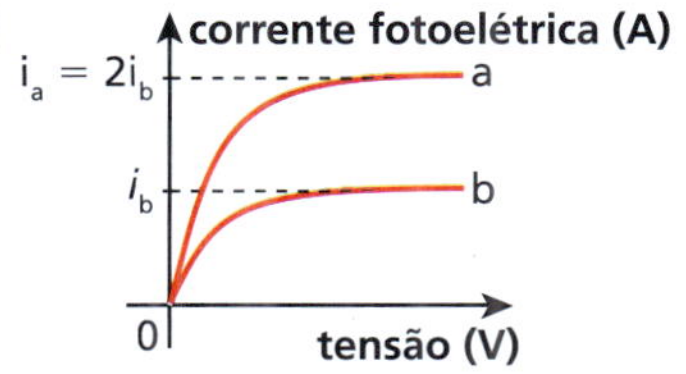


e)
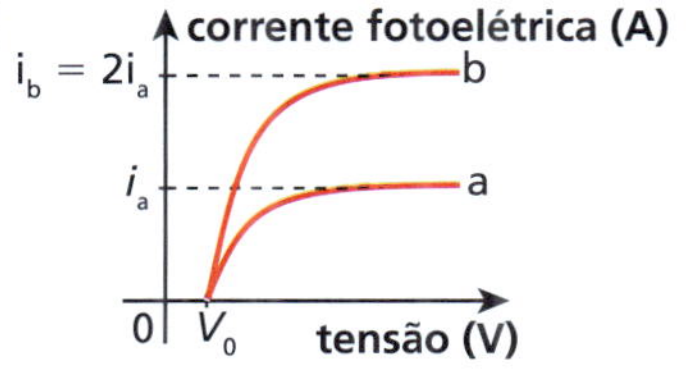


Ilustrações: Reprodução/Arquivo da editora

TÓPICO 2

# Introdução à Física Quântica

Pasieka/SPL/Latinstock

Imagem de uma bolacha semicondutora (ou *wafer*) de silício, usada para construir *microchips* e processadores eletrônicos. As propriedades semicondutoras são conhecidas desde o século XIX, mas só foi possível compreendê-las com o advento da Física Quântica, assim como a utilização dos semicondutores na área da eletrônica. Hoje, um processador de computador moderno chega a possuir até bilhões de transístores de dimensão de 32 nm, alguns chegando a até 10 nm! Para comparação, o próprio átomo de silício tem diâmetro de 0,22 nm.

Apesar de serem fundamentais no funcionamento de diversas tecnologias que utilizamos no cotidiano, como *chips* de computadores, as ideias e princípios da Física Quântica ainda nos surpreendem.

Neste tópico estudaremos a evolução de modelos atômicos, especialmente o papel desempenhado pela Física Quântica no modelo de Bohr. Estudaremos também a natureza dual da matéria e a Equação de Schrödinger, que é utilizada para descrever sistemas quânticos.

## Bloco 1

# 1. Os modelos atômicos

O estudo da estrutura e da constituição da matéria não é novo e remonta à Índia e à Grécia antiga. A ideia de que a matéria é formada por partes indivisíveis remete às escolas hindus na Índia, no século VI a.C. Nessa época, os filósofos indianos propunham que a matéria era formada por quatro tipos de partícula que, a partir de complexas combinações, formavam a natureza.

Já na Grécia, por volta de 450 a.C., Leucipo (c. VI a.C.) e Demócrito (c. 460 a.C.-370 a.C.) propõem a noção da matéria constituída por átomos e espaços vazios. A palavra *átomo* tem origem grega e significa "indivisível". Para eles, o átomo era a menor partícula constituinte da matéria. Tal ideia permaneceu latente por séculos.

A concepção de matéria que prevaleceu durante muito tempo (quase 2 000 anos) foi a concepção aristotélica de que a matéria era contínua. Na verdade, mesmo a concepção do filósofo grego Aristóteles (384 a.C.-328 a.C.) admitia que a matéria era formada por unidades básicas, chamadas **mínimos naturais**, que seriam a menor divisão do todo, porém, ainda contendo a sua essência (por exemplo, a menor divisão do osso deveria apresentar as características de osso).

Por volta do século XVI, a ideia do átomo e dos espaços vazios é retomada e, em 1803, de um modo mais explícito, John **Dalton** (1788-1844) usa a concepção atomística para explicar as leis ponderais da Química. Para Dalton, o átomo era maciço, esférico e indivisível, semelhante a uma bola de bilhar. Com Dalton, surge a ideia de que átomos de um mesmo elemento químico têm a mesma massa atômica.

Banco de imagens/Arquivo da editora

O átomo de Dalton: maciço, esférico e indivisível.

Chemical Heritage Foundation/SPL/Latinstock

John Dalton, químico, físico e meteorologista inglês. Propôs que cada molécula era composta de partes menores, átomos, que não poderiam ser alterados ou destruídos em reações químicas, poderiam somente ser combinados para formar compostos mais complexos. Dalton era portador de daltonismo, condição caracterizada pela incapacidade de diferenciar algumas cores. Ele estudou esse distúrbio sistematicamente, sendo o nome do distúrbio dado em sua homenagem.

Em 1897, o físico inglês Joseph John **Thomson** (1856-1940), ao estudar raios catódicos em tubos de Crookes, descobriu o elétron, uma partícula subatômica. Thomson sugeriu que o feixe de raios catódicos que se originavam no interior dos tubos não era luz, mas sim partículas com massa 1 800 vezes menor que a massa do hidrogênio

Um tubo de Crookes é constituído por uma ampola preenchida com gás rarefeito ou vácuo e duas placas metálicas submetidas a uma diferença de potencial elétrico. Ao aplicar alta tensão nos terminais do tubo, um feixe luminoso atravessa o aparato. Esse feixe é denominado raio catódico. O tubo de Crookes é o princípio de funcionamento dos antigos aparelhos de televisão de tubo

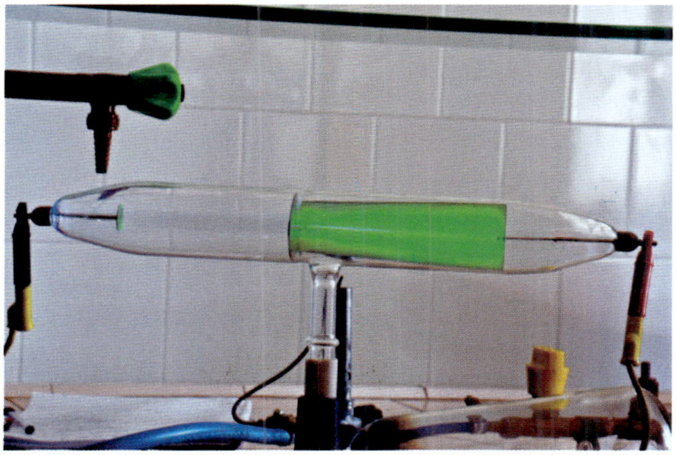

Davide Palermo/Alamy/Fotoarena

Todo modelo só consegue sustentar-se se, com o desenvolvimento de novos aparatos experimentais e novas teorias, mostra-se compatível e coerente com as novas descobertas. A descoberta do elétron sepultou por vez o modelo de Dalton.

Surge então um novo modelo para o átomo, agora incorporando o elétron como partícula fundamental constituinte da matéria. Esse novo modelo foi proposto em 1897 por J. J. Thomson. Para ele, o átomo era constituído por uma grande nuvem esférica positivamente carregada na qual se incrustavam os elétrons, partículas negativas. A imagem que se tornou icônica para o modelo de Thomson foi a de um **pudim de passas**.

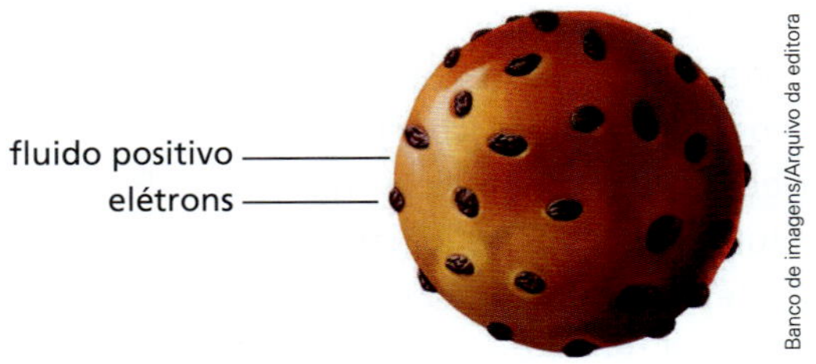


Segundo Thomson, na analogia com o pudim de passas, os elétrons seriam as passas, e a massa, a esfera positivamente carregada.

Esse modelo, no entanto, não conseguia explicar a estabilidade dessa nuvem esférica. Além disso, entre 1908 e 1912, sob a orientação de Ernest **Rutherford** (1871-1937), os físicos Hans **Geiger** (1882-1945) e Ernest **Marsden** (1889-1970) conduziram experimentos que mostraram que a carga positiva do átomo era concentrada em uma pequena região.

Assim, em 1911 um novo modelo atômico se impõe, baseado em novas evidências experimentais. Segundo Rutherford, o átomo seria composto de um pequeno núcleo no qual se concentram praticamente toda sua massa e toda sua carga positiva, e os elétrons giram ao redor do núcleo a uma determinada distância dele. Essa teoria surgiu como consequência dos resultados obtidos por Rutherford e seus colaboradores ao bombardear lâminas metálicas muito finas com partículas $\alpha$ (núcleos de hélio) procedentes de elementos radioativos.

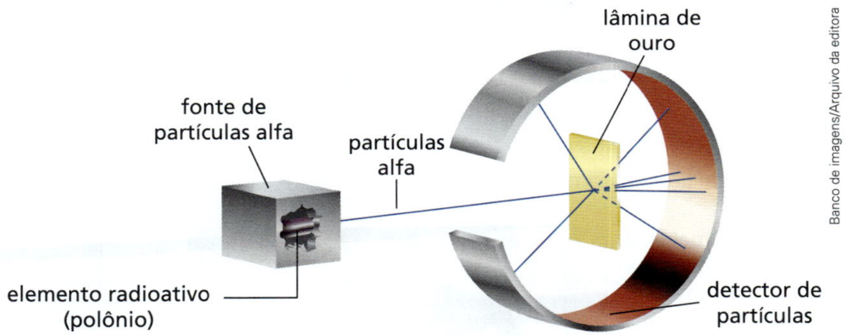


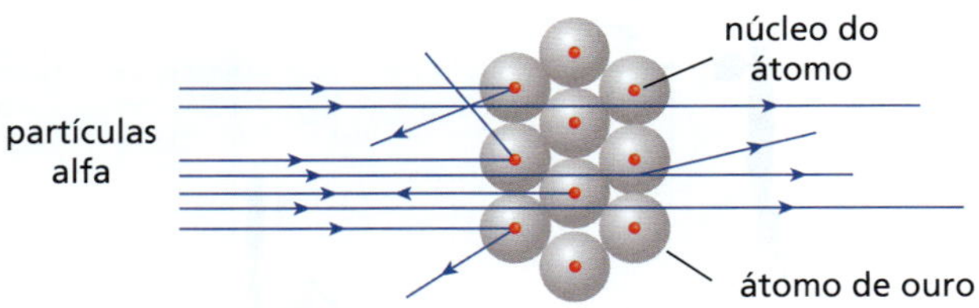


A primeira imagem acima esquematiza o aparato experimental utilizado por Rutherford e seus colaboradores. A segunda imagem representa o modelo teórico proposto para explicar os resultados obtidos experimentalmente.

Nessa experiência, quase todas as partículas $\alpha$ atravessavam a lâmina de ouro sem sofrer nenhum desvio. Um número muito pequeno de partículas sofria um pequeno desvio e aproximadamente 1 a cada 100 000 era refletida pela lâmina. Como consequência, é de se supor que o átomo seja formado por um grande espaço vazio e dotado de um núcleo no qual se concentra sua carga e praticamente toda sua massa. Somente quando a partícula $\alpha$ atingia o núcleo, era repelida pela carga positiva deste.

Esses resultados experimentais possibilitaram a Rutherford intuir a existência dos nêutrons. Imaginava ele que o núcleo deveria conter uma outra partícula, desprovida de carga elétrica e com massa muito próxima à do próton. Tal possibilidade foi levantada quando se percebeu que a massa total do núcleo era muito maior que a massa dos prótons. Isso indicava a existência de uma outra partícula (o nêutron) que comporia o núcleo juntamente com os prótons. Além disso, a presença dos nêutrons traria uma estabilidade ao núcleo, que passaria a contar com mais uma partícula que tentaria interpor-se à repulsão eletrostática entre os prótons, não permitindo o desmoronamento do núcleo.

Em 1932, as conjecturas de Rutherford foram confirmadas com a descoberta do nêutron pelo cientista James **Chadwick** (1891-1974). Dessa forma, o modelo de Rutherford ficou assim estabelecido:

- o átomo é constituído de um núcleo;
- o núcleo concentra praticamente toda a massa do átomo e tem carga positiva;
- os elétrons giram ao redor do núcleo de modo similar a um sistema planetário.

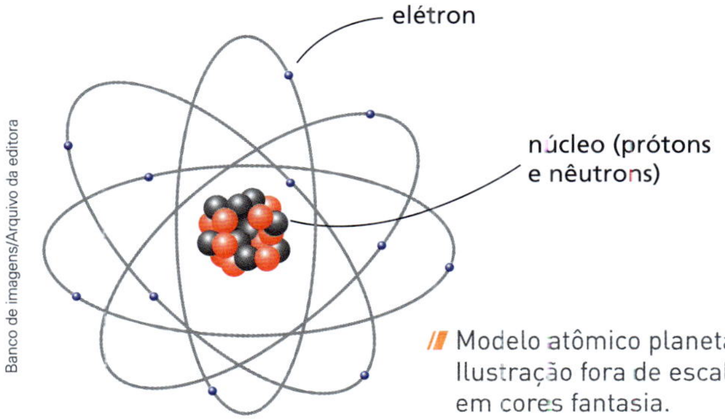


Modelo atômico planetário. Ilustração fora de escala e em cores fantasia.

## Notação e nomenclatura atuais

O núcleo atômico é formado por nêutrons e prótons, que são chamados de núcleons. O nêutron não possui carga elétrica e tem a massa ligeiramente maior que a do próton.

O número de prótons do núcleo varia para cada elemento químico e é expresso pelo **número atômico** (***Z***). Em um átomo eletricamente neutro, o número de prótons do núcleo é exatamente igual ao número de elétrons que orbitam em torno deste núcleo. Representamos pela letra *N* o **número de nêutrons** do núcleo.

A soma do número de prótons com o número de nêutrons é denominada **número de massa atômica** (***A***) do elemento. Podemos expressar tal relação pela equação abaixo:

$$A = Z + N$$

A notação usada frequentemente para especificar *Z* e *A*, juntamente com o símbolo químico de um elemento **X** qualquer, é:

$$\text{número de massa} \rightarrow {}^{A}_{Z}X_{\rightarrow \text{ elemento químico}} \quad \text{número atômico} \rightarrow Z$$

São denominados isótopos os átomos de um mesmo elemento químico que, tendo o mesmo número de prótons e de elétrons, têm diferente número de nêutrons.

Os isótopos têm igual número atômico (*Z*) e diferente número de massa (*A*). Por exemplo, existem três isótopos do hidrogênio:

$$^{1}_{1}H \qquad ^{2}_{1}H \qquad ^{3}_{1}H$$

hidrogênio ou prótio — deutério — trítio

## Características das partículas subatômicas

| Massa e carga de partículas fundamentais | | | |
|---|---|---|---|
| **Partícula** | **Carga elétrica (C)** | **Massa** | |
| | | **Em quilograma (kg)** | **Em unidade de massa atômica (u)** |
| Elétrons | $-1,60 \cdot 10^{-19}$ | $9,109382 \cdot 10^{-31}$ | $5,485799 \cdot 10^{-4}$ |
| Prótons | $+1,60 \cdot 10^{-19}$ | $1,672622 \cdot 10^{-27}$ | 1,007276 |
| Nêutrons | 0 | $1,674927 \cdot 10^{-27}$ | 1,008665 |

A **unidade de massa atômica** (u) que aparece na tabela acima é definida como uma massa igual a um doze avos da massa de um átomo de $^{12}_{6}C$. Podemos, a partir da tabela, estabelecer uma relação entre a unidade de massa atômica (u) e o quilograma (kg).

Na tabela, vemos que a massa de um próton é igual a $1,6726 \cdot 10^{-27}$ kg e equivale a aproximadamente 1,0073 u, assim:

$$1\ u = (1\ u)\left(\frac{1,6726 \cdot 10^{-27}\ kg}{1,0073\ u}\right) \cong 1,6605 \cdot 10^{-27}\ kg$$

Por meio de experiências envolvendo a dispersão de partículas alfa e difração de elétrons, comprovou-se que a maioria dos núcleos atômicos são aproximadamente esféricos. O raio (*R*) dessa esfera depende do número de massa (*A*) do elemento químico:

$$R \cong 1,2 \cdot 10^{-15} A^{\frac{1}{3}}$$

Portanto, o volume do núcleo $\left(\frac{4}{3}\pi R^3\right)$ é diretamente proporcional ao número de massa, isto é, depende do número de núcleons (prótons + nêutrons) que contém. O volume do núcleo é extraordinariamente pequeno e representa só uma fração ínfima do volume total do átomo, mas nele se encontra quase toda a massa do átomo, porque sua densidade é muito elevada. Um resultado interessante, comprovado experimentalmente, é que o núcleo de todos os átomos têm praticamente a mesma densidade, $2,4 \cdot 10^{14}\ g/cm^3$. Portanto, um centímetro cúbico de matéria nuclear teria uma massa de 240 milhões de toneladas.

Como a massa dos átomos é muito pequena, a unidade de massa atômica (u) é utilizada para medir massas em nível atômico.

## *Deficit* de massa e energia de ligação nuclear

Nos estudos dos processos químicos, utiliza-se o Princípio de Conservação da Massa (Lei de Lavoisier), ou seja, em um sistema isolado, a massa permanece constante independentemente dos processos químicos que possam ocorrer. Segundo esse princípio, matéria não pode ser criada nem destruída, mas simplesmente conservada.

Da mesma maneira, o Princípio de Conservação da Energia estabelece que a energia pode ser transformada de uma forma para outra, porém, em um sistema isolado, a quantidade total de energia deve permanecer constante.

Existem, no entanto, determinados processos nucleares, como fusão e fissão nucleares, para os quais iremos expandir esses conceitos de conservação da massa e de conservação da energia para algo mais amplo: conservação de massa-energia.

Veremos no Tópico 3 desta unidade uma das mais importantes equações proposta por Einstein que estabelece uma equivalência entre essas duas grandezas físicas:

$$E = m c^2$$

em que *E* representa energia, *m* é a massa e *c* é a velocidade da luz no vácuo.

De acordo com essa expressão, uma variação de massa ($\Delta m$) está sempre relacionada a uma absorção ou a um desprendimento de uma quantidade de energia equivalente ($\Delta E$):

$$\Delta E = \Delta m c^2$$

Assim, em um sistema isolado, o que realmente se conserva não é a massa nem a energia individualmente, mas sim o conjunto massa-energia, que se tornam então equivalentes.

Para compreendermos o conceito de *deficit* de massa, vamos analisar o exemplo abaixo.

A massa de um núcleo de hélio corresponde a 4,00151 u, em que **u** é a unidade de massa atômica: 1 u = 1,66054 $10^{-27}$ kg. Entretanto, se analisarmos a soma das massas dos núcleons que o compõem, notaremos uma diferença interessante.

O hélio é formado por dois prótons e dois nêutrons, que têm massa aproximadamente igual:

$$m_p = 1{,}00728 \text{ u} \quad \text{(massa do próton)}$$
$$m_n = 1{,}00867 \text{ u} \quad \text{(massa do nêutron)}$$

Assim:

$$\text{massa total} = 2m_p + 2m_n$$
$$\text{massa total} = 2\,(1{,}00728 \text{ u}) + 2\,(1{,}00867 \text{ u})$$
$$\text{massa total} = 4{,}03190 \text{ u}$$

De acordo com esses cálculos, a massa do núcleo de hélio é menor que a soma das massas das partículas componentes do núcleo quando estão separadas, sendo que a diferença entre essas massas é $\Delta m = 0{,}03039$ u.

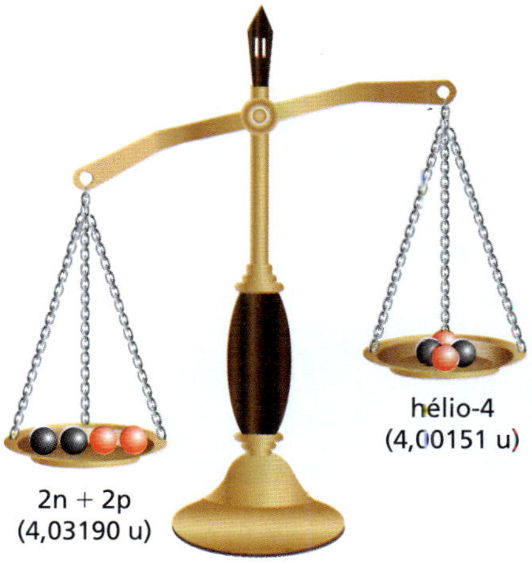


Representação esquemática da relação entre as massas das partículas componentes do núcleo de hélio.

Essa diferença de massas é denominada ***deficit* de massa** do núcleo e pode ser calculada por:

$$\Delta m = [Zm_p + (A - Z)m_n] - m$$

Em que *m* é a massa do núcleo, *Z* é o número atômico (número de prótons existente no núcleo) e *A* é o número de massa (a soma do número de prótons e do número de nêutrons existentes no núcleo).

Assim, se tivéssemos o processo 2n + 2p → hélio-4, iríamos observar uma diminuição de massa e o processo seria exotérmico. De acordo com a Equação de Einstein, haveria uma liberação de energia dada por:

$$\Delta E = \Delta m c^2 \Rightarrow \Delta E = (0{,}03039 \text{ u})c^2$$

Mas $1 \text{ u} = 1{,}66054 \cdot 10^{-27}$ kg e $c = 3 \cdot 10^8$ m/s. Assim:

$$\Delta E \cong [0{,}03039 \cdot (1{,}66 \cdot 10^{-27})] \cdot (3 \cdot 10^8)^2 \text{ J}$$

$$\Delta E = 4{,}54 \cdot 10^{-12} \text{ J} \cong 28{,}4 \text{ MeV}$$

Se, ao se formar um núcleo de hélio a partir de seus núcleons, há uma liberação de energia de 28,4 MeV, esta é exatamente a energia necessária para romper essas ligações quando o núcleo está composto.

Essa energia recebe o nome de **energia de ligação nuclear**.

## 2. O átomo de Bohr

Apenas dois anos após Rutherford propor seu modelo de átomo, novas ideias já despontavam e mudavam novamente a visão do átomo. Na verdade, o modelo de Rutherford já nasceu com sérios problemas para explicar determinados fenômenos. Em um átomo neutro, o número de elétrons ao redor do núcleo deve ser exatamente igual ao número de prótons. Sabemos, no entanto, que se os elétrons estiverem estacionários, serão atraídos pela força coulombiana e irão colidir com o núcleo, e, portanto, o átomo não será estável. Em um primeiro momento, para salvar o modelo, supõe-se que os elétrons estão girando ao redor do núcleo e são mantidos nessa órbita pela força de Coulomb. Aparentemente, estabelecendo essa analogia com um sistema planetário, onde os corpos são mantidos em órbita pela força gravitacional, contornar-se-ia o problema e teríamos um átomo estável.

Banco de imagens/Arquivo da editora

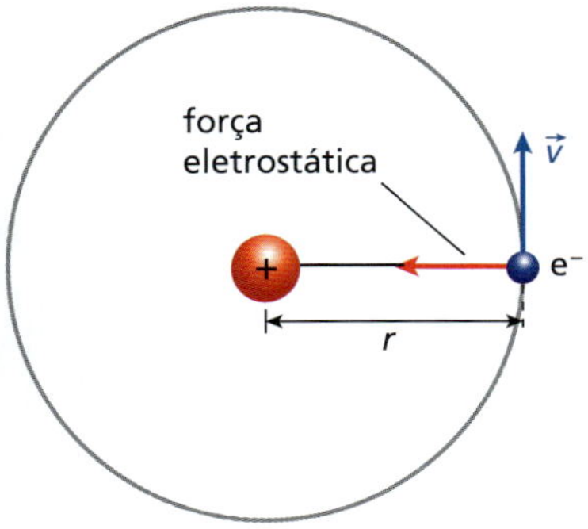


Banco de imagens/Arquivo da editora

O conjunto formado pelo elétron orbitando o núcleo atômico seria análogo ao movimento de planetas em um sistema solar planetário. Ilustrações sem escala e em cores fantasia.

Porém, quando transportamos esse modelo planetário para cargas negativas (elétrons) girando ao redor de um núcleo positivo, temos um novo problema: os elétrons girando ao redor do núcleo estão constantemente sendo acelerados, e a teoria clássica do Eletromagnetismo estabelece que partículas carregadas, que são aceleradas, irradiam energia na forma de ondas eletromagnéticas. Dessa maneira, pelo Princípio de Conservação da Energia, a partícula iria perdendo velocidade a cada volta, culminando em uma trajetória espiralada e colapsando no núcleo.

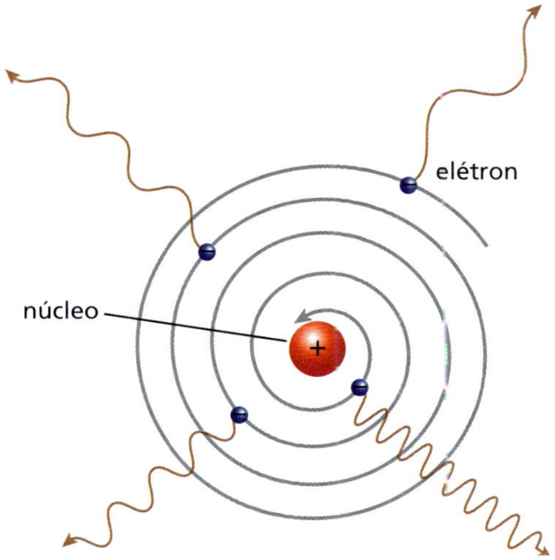


Banco de imagens/Arquivo da editora

Assim, mesmo com o sucesso da experiência de Rutherford e seus colaboradores e a explicação de alguns aspectos importantes do átomo, sua teoria tinha um pecado original, que era o de não conseguir explicar a estabilidade do átomo.

Além disso, esperava-se que a frequência da radiação emitida pelos elétrons fosse contínua e igual à frequência de revolução do elétron em sua órbita ao redor do núcleo, ou seja, a radiação emitida deveria apresentar uma frequência contínua. Porém, a radiação medida não era contínua, mas sim em linhas discretas.

É nesse cenário que surge então o físico dinamarquês Niels **Bohr** (1885-1962). Essa falha na teoria de Rutherford já era conhecida pela comunidade científica e Bohr já trabalhava incessantemente para contornar esse problema da estabilidade do átomo. Não tendo uma resposta categórica e definitiva para explicar a estabilidade do átomo, Bohr lança mão de alguns postulados que seriam os pilares de seu modelo, baseando-se também no trabalho sobre energias quantizadas de Max Planck. O modelo de Bohr apresentava, entre outros, os seguintes postulados:

- Elétrons orbitam o núcleo e apenas algumas órbitas são permitidas. Essas órbitas são denominadas **estados estacionários** ou quânticos. Enquanto o elétron permanecer nessas órbitas estacionárias, não há irradiação de energia.
- Elétrons só podem mudar de níveis de energia, ao absorver ou emitir radiação com energia igual à diferença de energia ($\Delta E$) entre as órbitas:

$$\Delta E = E_1 - E_2 = hf$$

em que $E_1$ e $E_2$ são a energia das órbitas consideradas, $h$ é a Constante de Planck e $f$ é a frequência da radiação absorvida ou emitida.

- Inspirado pelo efeito fotoelétrico, Bohr propôs que essa radiação emitida ou absorvida era justamente o fóton. Portanto, ao realizar a transição entre órbitas, o elétron emitia ou absorvia um fóton com a energia correspondente à diferença de energia entre as órbitas. Os esquemas abaixo ilustram as transições do elétron entre os níveis de energia.

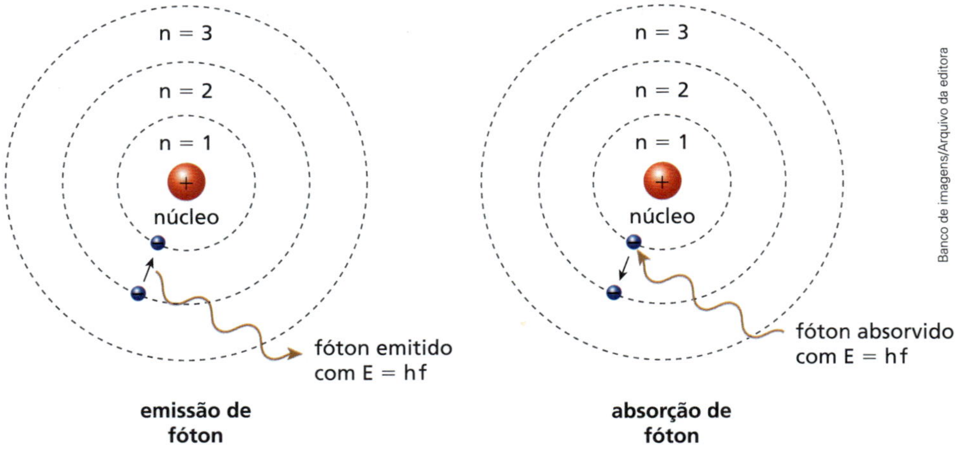


Banco de imagens/Arquivo da editora

**NOTA!**

Como as órbitas estáveis para o elétron são discretas, dizemos que o elétron realiza um **salto quântico** ao transitar entre essas órbitas.

Com isso, o modelo de Bohr conseguia explicar o espectro discreto de emissão dos átomos, que era uma das dificuldades do modelo atômico planetário. Estudaremos em mais detalhes tanto o espectro de emissão quanto o de absorção e a sua relação com o modelo atômico de Bohr.

F. Kamphues/European Southern Observatory/SPL/Latinstock

Na imagem acima, o Telescópio Europeu Extremamente Grande (E-ELT, sigla em inglês, telescópio de consórcio europeu que fica no Chile) utiliza um conjunto de quatro *lasers* para cancelar efeitos indesejados da atmosfera terrestre em suas observações do cosmos. O princípio de funcionamento do *laser* (*light amplification by stimulated emission of radiation*, em português, amplificação da luz por emissão estimulada de radiação) é a emissão de fótons do elétron quando este transita entre diferentes órbitas. Atualmente, *lasers* são largamente utilizados na Medicina, em pesquisas científicas, em dispositivos rotineiros, etc.

- O elétron em um átomo somente pode ocupar órbitas com valores específicos de energia.

  Essa energia é dada pela expressão abaixo:

$$E = -\frac{K}{n^2} \qquad n = 1, 2, 3, \ldots$$

  em que *K* é uma constante que depende do tipo de átomo analisado e o número *n* é chamado de **número quântico principal**, cujo valor é 1 para a primeira órbita, 2 para a segunda, 3 para a terceira e assim por diante.

  Para o átomo de hidrogênio, essa relação é:

$$E = -\frac{13{,}6}{n^2} \text{ (eV)}$$

  Este resultado expressa a quantização da energia dos elétrons nos átomos, que é a grande diferença do modelo do átomo de Bohr para o modelo de Rutherford. Se o elétron está na primeira órbita e, portanto, seu número quântico principal é n = 1, dizemos que está no **estado fundamental**. Se sua órbita corresponde a qualquer outro número quântico (2, 3, 4...), dizemos que está em um **estado excitado**.

## Modelo de Bohr e espectros atômicos

O elétron pode mudar de órbita de um estado mais energético para um menos energético, e vice-versa, desde que a energia seja conservada. Portanto, quando um elétron passa de uma órbita ($n_1$) para outra ($n_2$), absorve ou emite um fóton cuja energia coincide com a diferença de energia entre as órbitas:

$$E_{fóton} = E_2 - E_1$$

$$E_{fóton} = \left(-\frac{K}{n_2^2}\right) - \left(-\frac{K}{n_1^2}\right)$$

$$E_{fóton} = K\left(\frac{1}{n_1^2} - \frac{1}{n_2^2}\right)$$

Lembrando que o fóton de frequência associada *f* (ou comprimento de onda λ) tem energia:

$$E_{fóton} = h\,f = \frac{h\,c}{\lambda}$$

em que *h* e *c* são, respectivamente, a Constante de Planck e a velocidade da luz no vácuo. Assim:

$$\frac{h\,c}{\lambda} = K\left(\frac{1}{n_1^2} - \frac{1}{n_2^2}\right)$$

$$\frac{1}{\lambda} = \frac{K}{h\,c}\left(\frac{1}{n_1^2} - \frac{1}{n_2^2}\right)$$

Portanto, o modelo de Bohr para o átomo nos permite obter uma expressão que relaciona o comprimento de onda das radiações absorvidas ou emitidas por uma substância com os trânsitos do elétron entre as órbitas diferentes que lhe são permitidas:

$$\frac{1}{\lambda} = R\left(\frac{1}{n_1^2} - \frac{1}{n_2^2}\right)$$

em que $R$ é chamada de Constante de Rydberg. Para o átomo de hidrogênio, temos:

$$R = \frac{K}{hc} = 1{,}097 \cdot 10^7 \ m^{-1}$$

O valor calculado corresponde à Constante de Rydberg obtida experimentalmente por espectroscopistas. Este resultado impressionou a comunidade científica da época, pois era a primeira vez que essa constante era determinada com base nos parâmetros de um modelo atômico.

A figura abaixo relaciona as diferentes séries espectrais do hidrogênio, correspondentes a diversos trânsitos entre órbitas do elétron:

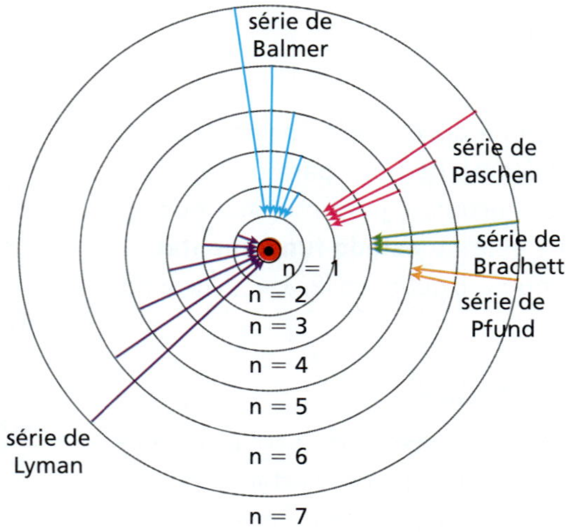


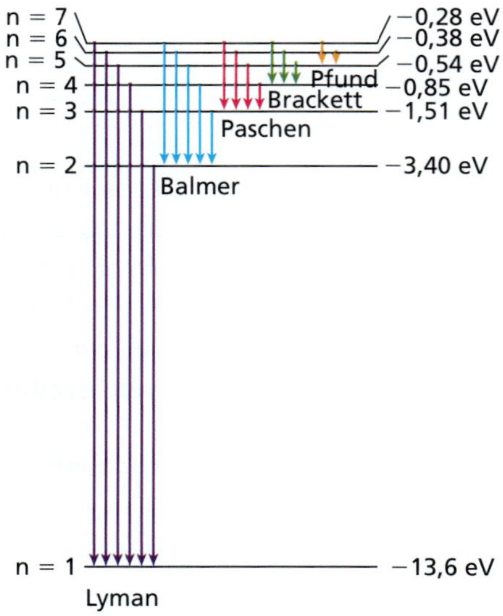


Banco de imagens/Arquivo da editora

Em especial, os fótons emitidos ou absorvidos que correspondem às transições da série de Balmer têm comprimento de onda que cai dentro da região visível do espectro eletromagnético. O espectro do átomo de hidrogênio na região visível, portanto, apresenta as "digitais" dessas transições, ou **linhas**, conforme podem ser vistas na figura abaixo. Uma **linha de emissão** está associada a fótons emitidos quando elétrons decaem para um estado menos energético. Já uma **linha de absorção** está associada à absorção de fótons por elétrons em determinado orbital para que suba para uma órbita mais energética.

**Espectro visível do hidrogênio**

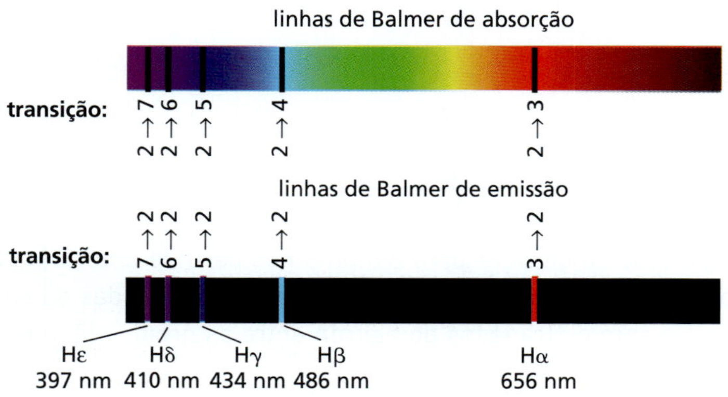


Banco de imagens/Arquivo da editora

As imagens apresentam cinco linhas espectrais do átomo de hidrogênio na região do visível, nomeadas como Hα, Hβ, Hγ, Hδ, Hε, cada uma correspondendo a um comprimento de onda e a uma transição entre órbitas do elétron.

Já as linhas da série de Lyman do hidrogênio fazem parte da região ultravioleta do espectro, enquanto as de Paschen, Brachett e Pfund caem todas na região do infravermelho.

Desde o final do século XIX os astrônomos estudam a composição química de estrelas e outros astros por meio das "digitais" que cada elemento químico presente deixa no espectro da luz observada, comparando-o com espectros de diversos elementos químicos obtidos em laboratório.

Até 1913 não havia uma explicação teórica satisfatória para os padrões desses espectros. No entanto, o modelo de Bohr foi capaz de dar essa explicação para o átomo de hidrogênio, mas limitava-se ao hidrogênio e no máximo a íons de outros elementos que fossem constituídos por apenas um elétron. Apenas em 1926 a Equação de Schrödinger viria a ser a ferramenta teórica para a explicação de qualquer espectro, tanto de átomos quanto de íons e moléculas.

## Ampliando o olhar

### Os computadores de Harvard

Na Astronomia, o espectro de emissão de corpos celestes pode ser utilizado para estudar a sua composição. A partir desses espectros, as estrelas podem ser classificadas a fim de agrupar estrelas com mesma composição e compreender melhor a sua evolução.

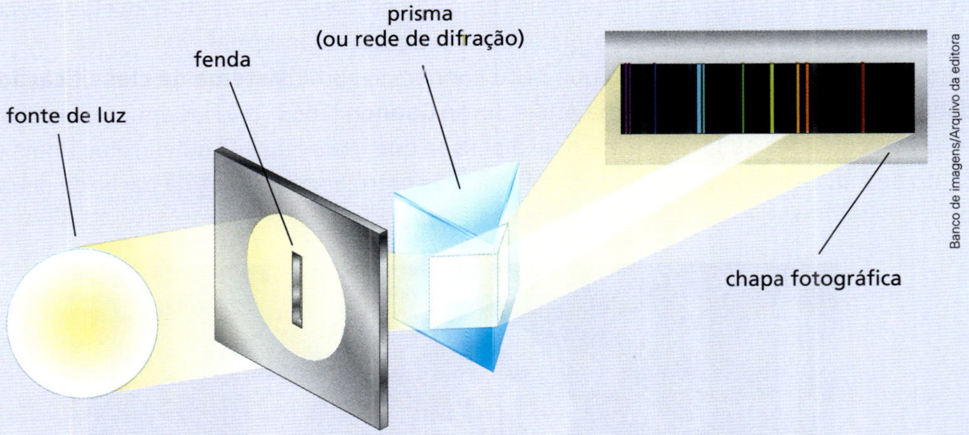


O esquema acima apresenta um dos aparatos utilizados para a obtenção de espectros de emissão. A luz emitida pela fonte passa por uma fenda, em seguida é difratada por um prisma e incide em um anteparo com filme fotográfico. A cor das linhas no filme corresponde à frequência emitida pelos componentes da fonte de luz.

Uma das contribuições mais relevantes na classificação espectral de estrelas foi feita pelas cientistas que trabalhavam como "computadores" na Universidade de Harvard, nos Estados Unidos.

Na época, o trabalho de manipular os telescópios e obter os espectros era delegado aos homens. Já o trabalho de analisar esses espectros era desenvolvido por mulheres. Essas cientistas, mais de 80, foram contratadas pelo então diretor do observatório de Harvard, Edward C. Pickering (1846-1919). Alguns dos motivos para essa inédita contratação de mulheres no observatório foi que, na época, acreditava-se que o trabalho de análise não era tão relevante quanto o de obter os espectros. Além disso, o salário pago às mulheres era menor que o pago aos homens; assim, Pickering podia contratar uma equipe maior.

Esse grupo de mulheres não só classificou milhares de estrelas como também propôs diversos sistemas de classificações utilizados até hoje.

Grupo de cientistas empregadas como "computadores" para analisar espectros de emissão de estrelas e o diretor Pickering, no Observatório da Universidade de Harvard.

Williamina **Fleming** (1857-1911), por exemplo, catalogou milhares de estrelas, descobriu algumas e propôs um sistema de classificação espectral. Em seguida, Antonia **Maury** (1866-1952), do mesmo grupo, propôs outro sistema de classificação, largamente utilizado para estrelas-anãs (estrelas pouco massivas e com pouca luminosidade; o Sol, por exemplo, é uma estrela-anã amarela).

No entanto, o sistema de classificação que ficou conhecido como **sistema de classificação espectral de Harvard** foi desenvolvido pela astrônoma Annie Jump **Cannon** (1863-1941). Cannon, que desde a infância apresentava dificuldades auditivas, é até hoje a pessoa que mais classificou estrelas (mais de 350 000) e, em um ponto de sua carreira, conseguia classificar três estrelas por minuto a partir de seus espectros de emissão.

Annie Jump Cannon trabalhando no Observatório da Universidade de Harvard.

## O raio de Bohr

Vimos que há órbitas estáveis, estados estacionários, para os quais o elétron não emite radiação. A partir dos postulados do modelo atômico de Bohr, é possível mostrar que, para o átomo de hidrogênio ou íons com apenas um elétron, o raio dessas órbitas é dado por:

$$r_n = n^2 r_0 \qquad n = 1, 2, 3, ...$$

em que $n$ é o número quântico principal e $r_0$ é o raio correspondente ao estado fundamental (n = 1). O Apêndice deste tópico apresenta um cálculo detalhado para a obtenção dessa expressão. A constante $r_0$, também chamada de **raio de Bohr**, é utilizada para indicar distâncias em escalas atômicas.

**NOTA!**

Ao estudar o átomo de hidrogênio utilizando os resultados da Física Quântica, chegou-se à conclusão de que o raio de Bohr não corresponde ao raio da órbita do elétron, mas à posição em que a probabilidade de encontrá-lo é maior.

## Exercícios Nível 1

**1.** Muitos conceitos em Física estão em constante evolução e aprimoramento. O surgimento de novas técnicas experimentais e inovações tecnológicas permitem ao homem testar, confrontar, confirmar e refutar modelos.

A ilustração a seguir nos mostra, por meio de imagens, uma breve história dos modelos atômicos e o nome de seus respectivos mentores.

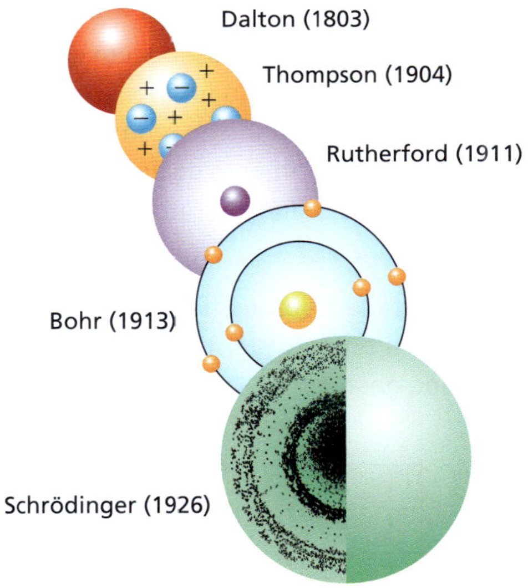

Banco de imagens/Arquivo da editora

De modo sucinto, faça um comentário sobre cada modelo atômico e sua ideia central.

**2.** E.R. Em um átomo de hidrogênio, calcule a frequência do fóton emitido quando um elétron faz a transição desde uma órbita correspondente a n = 4 até seu estado fundamental.

**Dado:** $R = 1{,}098 \cdot 10^7\ m^{-1}$ (Constante de Rydberg).

**Resolução:**

O modelo de Bohr nos permite obter uma expressão que relaciona o comprimento de onda $\lambda$ das radiações absorvidas ou emitidas por uma substância com os trânsitos do elétron entre as órbitas diferentes que lhe são permitidas. Assim:

$$\frac{1}{\lambda} = R\left(\frac{1}{n_1^2} - \frac{1}{n_2^2}\right)$$

$$\frac{1}{\lambda} = 1{,}098 \cdot 10^7 \left(\frac{1}{1^2} - \frac{1}{4^2}\right)$$

$$\lambda = 9{,}7 \cdot 10^{-8}\ m$$

Da equação fundamental $v = \lambda f$, vem:

$$3 \cdot 10^8 = 9{,}7 \cdot 10^{-8} \cdot f$$

$$\boxed{f \cong 3{,}2 \cdot 10^{15}\ Hz}$$

**3.** Qual a energia necessária para ionizarmos um átomo de hidrogênio? Observe que nessa situação o elétron do átomo de hidrogênio é removido do átomo, ou seja, é equivalente a passar do estado fundamental n = 1 para um nível em que $n$ tende ao infinito. Dê a resposta em eV.

**4.** (ITA-SP) Um átomo de hidrogênio emite um fóton de energia 2,55 eV na transição entre dois estados estacionários. A razão entre as velocidades dos elétrons nesses dois estados é 1/2. Determine a energia potencial do elétron no estado final desse átomo, sabendo que a energia total no estado $n$ é $E_n = -13{,}6/n^2$ eV e o raio é $r = n^2 r_B$, em que $r_B$ é o raio de Bohr e n = 1, 2, 3, ... .

## Exercícios Nível 2

**5.** (OPF) Um elétron de um átomo de hidrogênio, ao passar de um estado quântico para outro, emite ou absorve fóton. Na figura abaixo, representamos os três primeiros níveis de energia do átomo de hidrogênio.

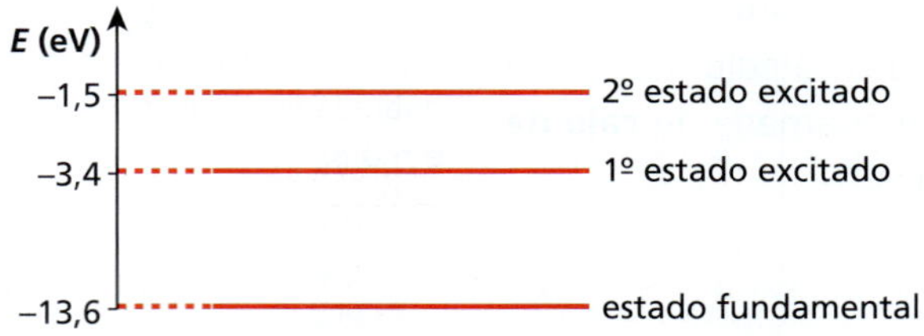


Reprodução/Arquivo da editora

Considere três fótons, $\mathbf{f_1}$, $\mathbf{f_2}$ e $\mathbf{f_3}$, com energias 12,1 eV, 10,2 eV e 8,5 eV, respectivamente. O átomo de hidrogênio está no estado fundamental. Quais fótons ($\mathbf{f_1}$, $\mathbf{f_2}$ ou $\mathbf{f_3}$) poderá o átomo de hidrogênio absorver?

**6.** (ITA-SP) O diagrama abaixo mostra os níveis de energia (*n*) de um elétron em um certo átomo.

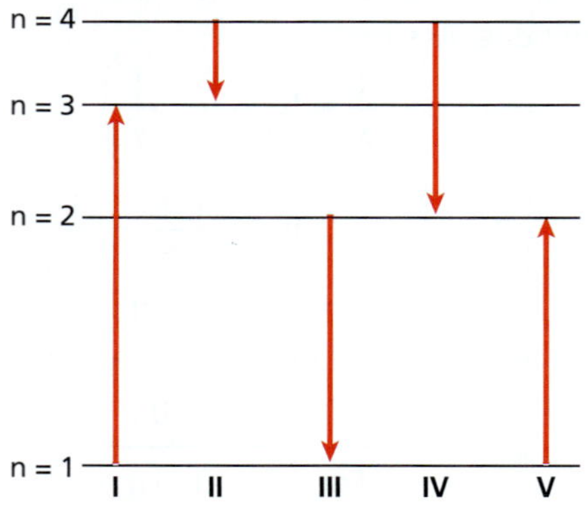


Reprodução/Arquivo da editora

Qual das transições mostradas na figura representa a emissão de um fóton com o menor comprimento de onda?

a) I
b) II
c) III
d) IV
e) V

**7.** (UFPI) Um átomo de hidrogênio está em um estado excitado com n = 2, com uma energia $E_2 = -3{,}4$ eV. Ocorre uma transição para o estado n = 1, com energia $E_1 = -13{,}6$ eV, e um fóton é emitido. A frequência da radiação emitida, em Hz, vale aproximadamente:

**Dados:** $1 \text{ eV} = 1{,}6 \cdot 10^{-19}$ J; $h = 6{,}63 \cdot 10^{-34}$ Js.

a) $2{,}5 \cdot 10^{15}$
b) $2{,}0 \cdot 10^{15}$
c) $1{,}5 \cdot 10^{15}$
d) $1{,}0 \cdot 10^{15}$
e) $5{,}0 \cdot 10^{14}$

**8.** (UFJF-MG) Segundo o modelo de Bohr, as energias dos estados que o elétron pode ocupar no átomo de hidrogênio são dadas aproximadamente por $E_n = -\frac{K}{n^2}$, em que K = 13,6 eV e *n* é um número inteiro positivo (n = 1, 2, 3...). O eV (elétron-volt) é uma unidade de energia utilizada em Física atômica que corresponde à energia adquirida por um elétron quando acelerado por uma diferença de potencial de 1 volt.

**Dados:** $h = 4{,}13 \cdot 10^{-15}$ eV · s e $c = 3{,}0 \cdot 10^8$ m/s.

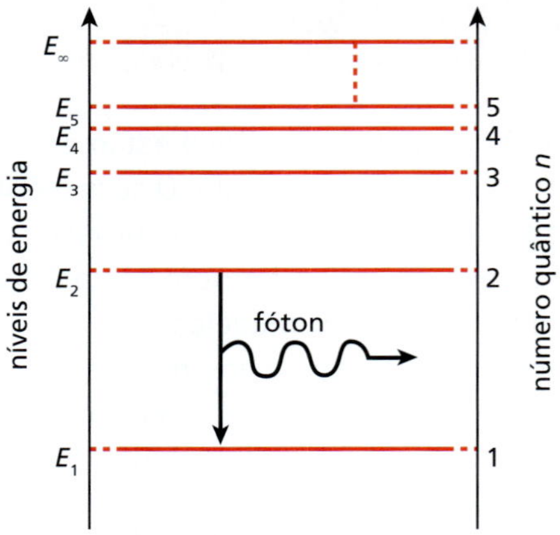


Reprodução/Arquivo da editora

a) Calcule a energia necessária (em eV) para o elétron passar do estado fundamental para o primeiro estado excitado no átomo de hidrogênio.

b) Calcule o comprimento de onda λ do fóton emitido, quando o elétron retorna ao estado fundamental.

**9.** (ITA-SP) A tabela abaixo mostra os níveis de energia de um átomo do elemento **X** que se encontra no estado gasoso.

| | |
|---|---|
| $E_0$ | 0 |
| $E_1$ | 7,0 eV |
| $E_2$ | 13,0 eV |
| $E_3$ | 17,4 eV |
| Ionização | 21,4 eV |

Dentro das possibilidades a seguir, a energia que poderia restar a um elétron com energia de 15,0 eV, após colidir com um átomo de **X**, seria de:

a) 0 eV.
b) 4,4 eV.
c) 16,0 eV.
d) 2,0 eV.
e) 14,0 eV.

## Bloco 2

# 3. A dualidade onda-partícula – A Hipótese de De Broglie

Louis de Broglie (1892-1987) se formou em História, mas a presença constante nas palestras de Poincaré, bem como as discussões sobre assuntos científicos com seu irmão Maurice, físico, levaram-no ao caminho da Física, carreira que abraçaria com brilhantismo. Sua tese de doutorado ficaria marcada na história por uma surpreendente proposição que reconciliou os conceitos de onda e partícula.

Sabemos que existe na Física, ou, de maneira mais geral, no pensamento científico, a busca por simetrias. Lembremo-nos do questionamento de Faraday: se correntes elétricas geram campos magnéticos, poderiam correntes elétricas serem geradas pela ação de campos magnéticos?

Foi seguindo esta linha de pensamento que Louis de Broglie formula sua hipótese: assim como a luz tem um caráter dual, ou seja, a luz se comporta como partícula (fótons) ou como onda (radiação eletromagnética), não seria possível também que partículas (como os elétrons) tivessem esse comportamento duplo, ora como partículas, ora como ondas?

Para substanciar matematicamente essa suposição, De Broglie foi buscar a solução nos trabalhos de Planck e de Einstein, relacionando a energia de um fóton, obtida pela Equação de Planck, com a energia relativística para a massa, segundo Einstein, assim:

$$E = hf \qquad \text{(Planck)}$$

$$E = mc^2 \qquad \text{(Einstein)}$$

Igualando as expressões, vem:

$$hf = mc^2$$

Desenvolvendo-a, obtemos o seguinte resultado:

$$h\frac{c}{\lambda} = mc^2 \Rightarrow \frac{h}{\lambda} = mc$$

Assim, a quantidade de movimento ou momento linear (Q = mc), pode ser escrita na forma:

$$Q = \frac{h}{\lambda}$$

O Princípio de De Broglie propõe a generalização dessa relação para qualquer partícula:

> Toda partícula material em movimento, com quantidade de movimento (*Q*), tem associada a ela uma onda cujo comprimento de onda (λ) pode ser determinado por:
>
> $$\lambda = \frac{h}{Q}$$

Em 1927, nos laboratórios Bell, nos Estados Unidos, os físicos Davisson e Germer realizaram um experimento no qual constataram que elétrons poderiam sofrer difração. O fenômeno da difração era considerado, até então, como exclusivo das ondas. Essa experiência dava suporte e validava a Hipótese de De Broglie. Veremos em seguida esse experimento com mais detalhes.

**NOTA!**

Nas equações ao lado, *h* é a Constante de Planck, *f* é a frequência do fóton, *m* a massa do corpo, *c* a velocidade da luz no vácuo e *E* a energia.

No dia a dia, não é possível verificar o comportamento ondulatório, por exemplo, de uma bola de futebol em movimento. Utilizando a expressão de De Broglie, podemos verificar que o comprimento de onda associado à bola seria extremamente pequeno. O valor da Constante de Planck ($h = 6{,}63 \cdot 10^{-34}$ Js) impede que possamos apreciar o comportamento ondulatório associado a partículas macroscópicas. Somente para partículas de tamanho muito pequeno (nível atômico), como elétrons e nêutrons, esse comportamento ondulatório é significativo.

## O Princípio da Complementaridade de Bohr

Ser onda ou ser partícula, eis a questão!

Na concepção de Bohr, expressa no seu **Princípio da Complementaridade**, a resposta para essa indagação seria: por que não as duas coisas?

Em sua concepção, seria intrínseco da natureza essa dualidade, isto é, determinados fenômenos físicos evidenciam o aspecto corpuscular, enquanto outros, o aspecto ondulatório. De fato, esses comportamentos não se excluem, mas complementam-se mutuamente.

Nas próprias palavras de Bohr:

> "Uma característica notável da Física atômica é a relação inédita entre fenômenos observados em condições experimentais que exijam conceitos elementares diferentes para sua descrição. De fato, por mais contrastantes que pareçam essas experiências, na tentativa de conceber um desenrolar dos processos atômicos em moldes clássicos, elas têm que ser consideradas complementares, no sentido de que representam conhecimentos igualmente essenciais sobre os sistemas atômicos e, juntas, esgotam esses conhecimentos. A noção de complementaridade não implica, de modo algum, um desvio de nossa postura de observadores imparciais da natureza, mas deve ser encarada como expressão lógica da situação no que tange à descrição objetiva nesse campo da experiência" (BOHR, 1954).

A questão da complementaridade, como pode ser percebido nas palavras de Bohr, abrange aspectos filosóficos de uma ambiguidade própria da natureza. Quanto mais se busca em um experimento físico realçar um comportamento (ondulatório) mais se ofusca o outro (corpuscular). No entanto, as duas imagens, as duas visões, são necessárias e se complementam para a compreensão do que acontece na natureza.

## O experimento da dupla fenda

Em 1801, Thomas **Young** (1773-1829) realizou o experimento da dupla fenda para comprovar a natureza ondulatória da luz.

Em sua versão simplificada, o experimento consiste em uma fonte de luz que ilumina uma placa com duas fendas e que incide em um anteparo. Nesse anteparo, é possível ver um padrão de interferência, típico do comportamento ondulatório da luz. O esquema ao lado ilustra esse experimento.

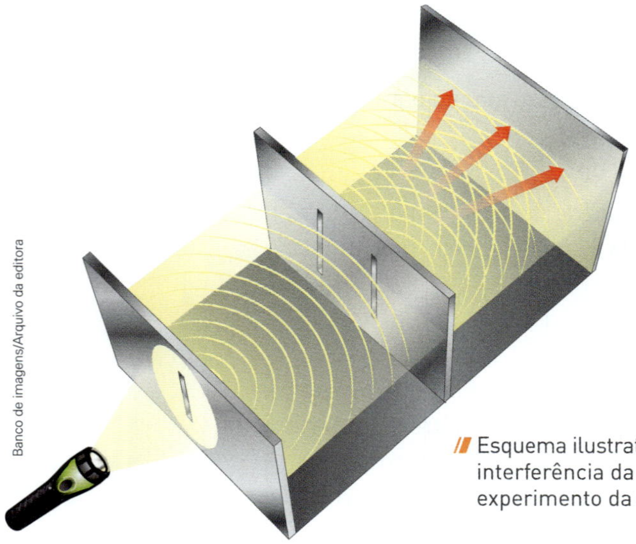

Banco de imagens/Arquivo da editora

Esquema ilustrativo dos padrões de interferência da luz revelados no experimento da dupla fenda de Young.

Em 1927, os físicos Clinton **Davisson** (1881-1958) e Lester **Germer** (1896-1971) realizaram um experimento semelhante ao de Young, porém com elétrons, e verificaram um padrão de interferência para essas partículas, comprovando a Hipótese de De Broglie sobre a natureza ondulatória da matéria.

A intenção original de Davisson e Germer era investigar a superfície de um pedaço de níquel. Para tanto, eles disparavam um feixe de elétrons no pedaço de níquel e mediam os elétrons que colidiam elasticamente com a amostra. Porém, devido a alguns contratempos experimentais, a superfície da amostra passou a apresentar o equivalente a fendas para os elétrons. Com isso, eles verificaram que algumas posições apresentavam um pico de detecção de elétrons, semelhante ao padrão de interferência de ondas.

Desde então, o aparato experimental foi modificado para investigar em detalhes o comportamento ondulatório do elétron. Há diversos resultados que mostram que mesmo quando a fonte emite um elétron por vez, o padrão de interferência é verificado. As imagens abaixo mostram o resultado de um experimento de dupla fenda com elétrons realizado em 1987, em que o padrão de interferência fica mais claro com o aumento da quantidade de elétrons emitidos.



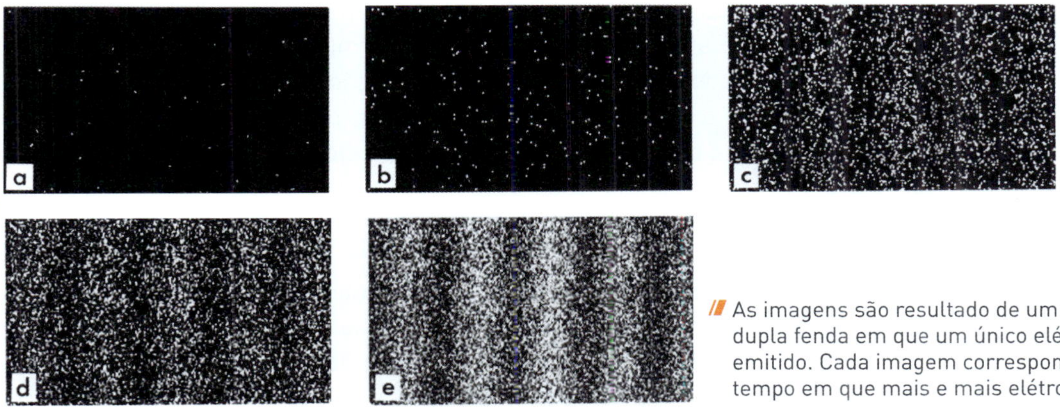


As imagens são resultado de um experimento de dupla fenda em que um único elétron por vez era emitido. Cada imagem corresponde a um instante de tempo em que mais e mais elétrons foram emitidos.

Para assegurar que apenas um elétron seja emitido, é utilizado um detector entre a fonte e a fenda. Porém, caso um detector seja utilizado para verificar qual fenda o elétron atravessa, o padrão de interferência não é mais observado. Esse experimento ilustra o Princípio de Complementaridade de Bohr, pois não é possível observar o comportamento corpuscular (verificar qual fenda o elétron atravessou) e o comportamento ondulatório (padrão de interferência) ao mesmo tempo.

## 4. O Princípio da Incerteza de Heisenberg

Uma das características da natureza dual da matéria é a limitação fundamental na precisão simultânea das medidas de posição e momento linear de uma partícula. Em 1927, Werner Karl **Heisenberg** (1901-1976) enunciou o chamado **Princípio da Incerteza**, que estabelece a seguinte relação:

O produto da indeterminação na medida de posição de uma partícula $\Delta x$, pela indeterminação na medida de momento linear, $\Delta Q$, é, no mínimo, igual à Constante de Planck dividida por $4\pi$.

$$\Delta x \cdot \Delta Q \geqslant \frac{h}{4\pi}$$

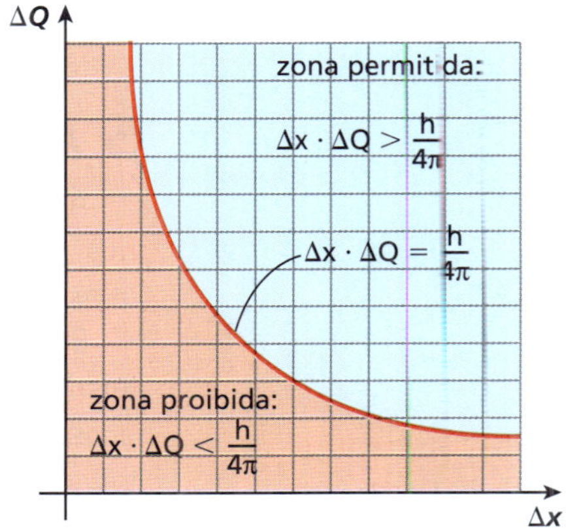

Assim, quanto maior for a precisão na medida da posição de uma partícula, menor será a precisão na medida de seu momento linear.

Para ilustrar essa relação, imaginemos a seguinte situação: queremos determinar a posição de um elétron; para tanto, devemos incidir luz sobre esse objeto para que possamos situá-lo no espaço. Se imaginarmos uma experiência idealizada em que um único fóton de luz incida sobre esse elétron, a incerteza na posição $\Delta x$ será, no mínimo, igual ao comprimento de onda $\lambda$ do fóton incidente.

$$\Delta x \geqslant \lambda$$

Porém, nessa interação entre o fóton e o elétron, haverá transferência total ou parcial de quantidade de movimento, dada por:

$$\Delta Q = \frac{h}{\lambda}$$

Portanto, se quisermos diminuir a incerteza na posição $\Delta x$, devemos diminuir o comprimento de onda $\lambda$ do fóton incidente. Porém, como este é inversamente proporcional à incerteza da quantidade de movimento, estaremos inevitavelmente aumentando-a.

Não existe maneira, nem aparato experimental, que permita precisão simultânea na medida da posição e da quantidade de movimento de uma partícula. Nesse sentido, a Física Quântica traz um indeterminismo até então inexistente na Física Clássica. Nesta, conhecendo-se a posição e a velocidade de uma partícula, bem como o sistema de forças atuantes, pode-se determinar em um instante futuro sua nova posição e sua nova velocidade. Já na Física Quântica, como o próprio conhecimento do presente já vem limitado pelo Princípio da Incerteza, não há como prever de forma inequívoca o que se sucederá em um instante futuro.

As conclusões que aqui verificamos trazem implicações importantíssimas. De fato, a impossibilidade de determinarmos a posição e a velocidade, com precisão e de modo simultâneo, impede-nos também de estabelecer o conceito de trajetória. Desse modo, perde-se por completo o sentido em imaginar elétrons em órbita circundando o núcleo atômico. A Física Quântica derruba os modelos clássicos de órbitas pré-estabelecidas e nos traz o conceito de **regiões de maior probabilidade** de se encontrar os elétrons.

**NOTA!**

Estudamos aqui o Princípio da Incerteza entre as grandezas posição e quantidade de movimento. No entanto, a relação apresentada é válida para diversas grandezas físicas ditas complementares, por exemplo, energia e intervalo de tempo. Isso pode ser entendido como a impossibilidade de determinar por quanto tempo o sistema terá determinada energia.

## 5. A Equação de Schrödinger

A Física Clássica nos proporciona leis físicas e um modelo matemático que nos permitem descrever o movimento de uma partícula, calcular sua energia, quantidade de movimento, entre outras grandezas físicas fundamentais.

Em 1926, Erwin **Schrödinger** (1887-1961) propôs um modelo semelhante, com leis físicas e equações que pudessem caracterizar e explicar os sistemas quânticos. Do mesmo modo que para a Mecânica Clássica temos um pilar fundamental, que é o Princípio Fundamental da Dinâmica (2ª Lei de Newton), para a Mecânica Quântica, Schrödinger estabeleceu sua equação.

É impossível deduzir a Equação de Schrödinger a partir da Física Clássica. Na verdade, nem é possível deduzi-la a partir de outros princípios, ela própria já é um princípio em si mesma.

Ela considera que toda partícula (ou sistema quântico de partículas) pode ser representada por uma função ψ(x, t), chamada de **função de onda**, da qual podemos obter **qualquer** informação sobre o estado quântico dessa partícula, tais como a probabilidade de ela estar localizada em determinada posição, em determinado instante de tempo, ou de possuir certa velocidade ou energia. Falamos em probabilidade porque o Princípio da Incerteza de Heisenberg já enuncia que no mundo quântico não é mais possível falar de valores de grandezas com exatidão.

A natureza probabilística da Física Quântica gera alguns comportamentos que não são possíveis na Física Clássica. Consideremos, por exemplo, uma partícula que encontra uma barreira. Na Mecânica Clássica, a partícula que vem da esquerda para a direita, ao encontrar uma barreira, choca-se com ela e inverte seu movimento. Já uma partícula descrita pela Mecânica Quântica é representada por um função de onda para a qual a probabilidade de encontrar a partícula depois da barreira é não nula, ou seja, há uma probabilidade de que a partícula atravesse a barreira. A figura abaixo apresenta um esquema dos dois comportamentos. Esse é o chamado **efeito túnel** ou **tunelamento**.

**NOTAS!**

- Assim como comumente utilizamos a letra **x** para nos referirmos à posição, usamos a letra grega *psi* (ψ) para nos referirmos à função de onda.
- Há um componente eletrônico que se vale justamente do efeito túnel para apresentar um comportamento de resistência negativa. Nessa situação, a corrente elétrica diminui quando a tensão elétrica aumenta. Tal componente é chamado **diodo túnel**.

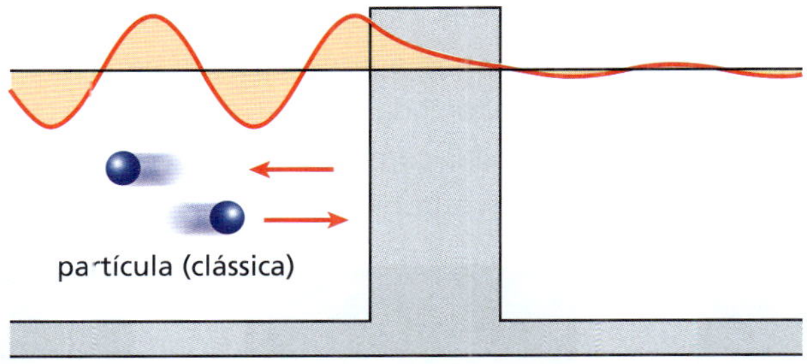


Ao encontrar uma barreira, a partícula clássica "bate e volta". Já ao descrever o mesmo fenômeno a partir da Equação de Schrödinger, existe uma possibilidade de que a partícula "atravesse" a barreira, representada pela função de onda não nula após a barreira.

Os efeitos quânticos da matéria são largamente utilizados no nosso cotidiano. O tunelamento, por exemplo, é o princípio de funcionamento do microscópio de corrente de tunelamento (STM, sigla em inglês) e das memórias *flash*. Para alguns circuitos, o tunelamento representa desafios. Na fabricação de semicondutores, por exemplo, o tamanho dos componentes é restrito pelo efeito túnel, isto é, ao reduzir muito a dimensão dos componentes, o tunelamento começa a se manifestar no comportamento das partículas, causando efeitos indesejados.

IBM Research/SPL/Latinstock

Eye of Science/SPL/Fotoarena

Microscópios de corrente de tunelamento (STM) são fundamentais no estudo de semicondutores e na microeletrônica. A imagem à esquerda apresenta um STM e a imagem à direita é o resultado da varredura de um *wafer* de semicondutores, como o representado na imagem de abertura deste tópico.

## Orbitais atômicos

NOTA!

Assim como a massa e a carga elétrica, o *spin* é uma propriedade fundamental das partículas. Essa grandeza está relacionada ao movimento de rotação intrínseco das partículas e, assim como a carga, apresenta valores discretos.

A Equação de Schrödinger na sua forma mais completa é uma ferramenta poderosa da Física. A resolução desta equação completa para o átomo de hidrogênio permite obter não uma única função de onda, mas um conjunto delas, que correspondem aos estados, ou orbitais, que os elétrons podem ocupar no átomo. Cada uma dessas funções de onda é caracterizada, além do número quântico principal $n$ (o mesmo número quântico do modelo de Bohr), por dois outros números quânticos: o azimutal $l$ e o magnético $m$. Também há um quarto número, o *spin* ($s$), que caracteriza o estado completo do elétron.

É deste resultado que vem a nomenclatura padrão de orbitais 1s, 2s, 2p, 3s, 3p, 3d, etc., estudados em Química. O primeiro número corresponde ao número quântico principal $n$, enquanto a letra está associada ao número quântico azimutal: *s*, *p*, *d*, *f*, que correspondem, respectivamente, a $l = 0, 1, 2$ e 3.

O orbital 3p, por exemplo, corresponde ao orbital de números quânticos $n = 3$ e $l = 1$. Neste orbital pode haver até 6 elétrons porque há seis combinações possíveis do número magnético $m$ e *spin* $s$.

Para um orbital atômico cuja função de onda é $\psi$, o quadrado do módulo dessa função, $|\psi|^2$, está associado à **probabilidade** de se encontrar um elétron em uma dada posição e em um certo instante.

Em outras palavras, se pudéssemos registrar infinitas fotografias de um elétron orbitando o núcleo e depois fizéssemos a superposição de todas essas imagens, obteríamos as regiões de maior probabilidade de se encontrar o elétron. As figuras geométricas resultantes são conhecidas como representativas dos **orbitais atômicos**.

As imagens abaixo representam alguns orbitais do átomo de hidrogênio.

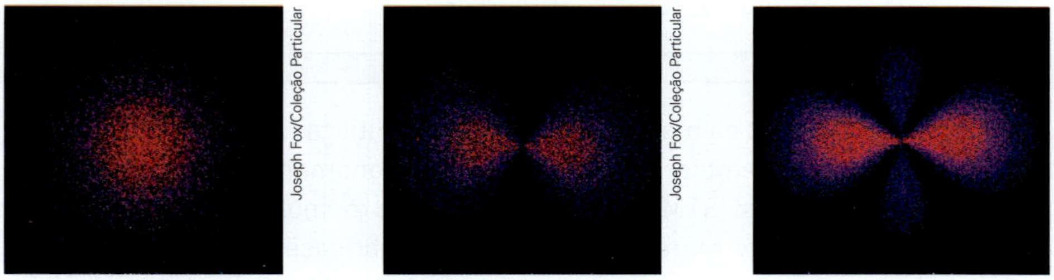


Simulações dos orbitais 1s, 2p e 3d do átomo de hidrogênio. A densidade de pontos em uma dada região representa a probabilidade de localização do elétron nesse ponto.

Apesar da função de onda do átomo de hidrogênio ser conhecida desde o século passado, a primeira fotografia de um orbital atômico só foi possível em 2013, com a invenção de um microscópio que utiliza as propriedades quânticas da matéria.

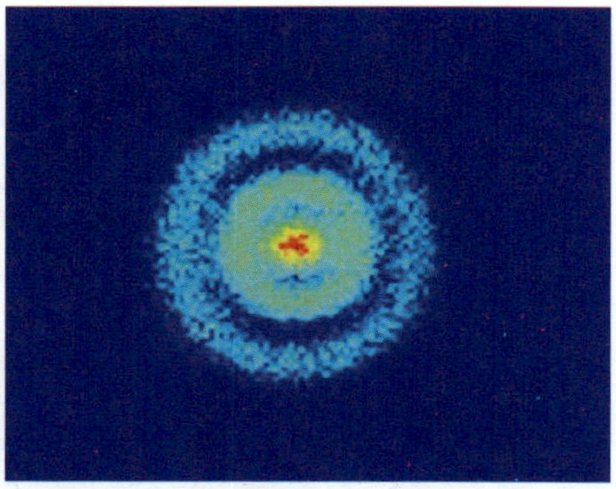


A imagem ao lado, obtida em 2013, é a primeira fotografia de um orbital atômico. Ela representa a distribuição de probabilidade de um elétron do átomo de hidrogênio. Obter essa imagem só foi possível com o desenvolvimento de novas tecnologias.

Algumas soluções complexas e determinadas singularidades obtidas na resolução da Equação de Schrödinger levam a comunidade científica a abrir campos de pesquisa na área de buracos negros, dobra espacial, supercordas, etc.

## Ampliando o olhar

### A radioatividade e o tunelamento quântico

A radioatividade foi descoberta em 1896 no urânio, por Henri **Becquerel** (1852-1908). Nos anos que se seguiram, Marie **Curie** (1867-1934) e seu marido, Pierre **Curie** (1859-1906), descobriram que o mesmo fenômeno ocorria com o tório e em dois novos elementos químicos descobertos por eles: o polônio e o rádio. Os três receberam o Prêmio Nobel de Física em 1903.

Em 1898, Rutherford classificou as radiações emitidas por esses elementos em dois tipos: alfa ($\alpha$) e beta ($\beta$). A distinção dizia respeito ao poder de penetração. Em seguida, o cientista francês Paul **Villard** (1860-1934) descobriu um terceiro tipo de radiação com poder de penetração muito maior: a radiação gama ($\gamma$).

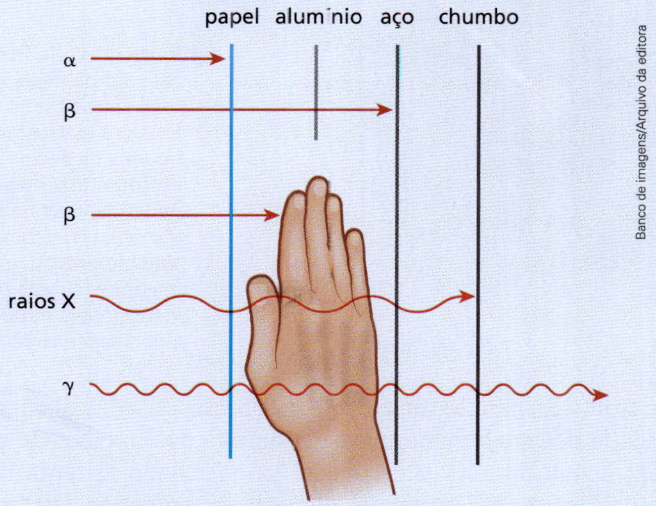


Diferentes níveis de penetração das radiações $\alpha$, $\beta$ e $\gamma$, comparados aos dos raios X.

Em 1900, Ernest Rutherford e Frederick Soddy associaram o fenômeno da radiação à transmutação (decaimento radioativo) de um elemento químico em outro, e, em 1903, enunciaram as leis da radioatividade associando a transmutação com a emissão das radiações $\alpha$ e $\beta$. Ainda em 1899, Becquerel já havia identificado os raios $\beta$ como elétrons de alta energia, e, em 1907, Rutherford e Thomas Royds concluíram que os raios $\alpha$ eram simplesmente íons de hélio. Apenas em 1914 houve a prova de que a radiação $\gamma$ era um tipo de radiação eletromagnética mais energética que os raios X.

Até o início dos anos 1920, muito embora a natureza das radiações $\alpha$, $\beta$ e $\gamma$ e o fenômeno da transmutação de um elemento químico em outro fossem conhecidos, não havia explicação para o processo físico associado, nem mesmo partindo do modelo do átomo de Bohr: como poderia um átomo de urânio perder dois prótons ao emitir uma partícula $\alpha$ e se transformar em um átomo de tório? Os prótons não estão ligados ao núcleo? E porque a radioatividade só se manifesta em alguns elementos? Um trecho de um artigo na revista *Ciência e Sociedade*, do CBPF (Centro Brasileiro de Pesquisas Físicas), explora essa questão sobre a radiação $\alpha$:

"Foi somente em meados da década de 1920, com o advento da Mecânica Quântica, ou Mecânica de Ondas, teoria física não determinista, e a famosa e fundamental equação de onda introduzida em 1926 pelo físico austríaco Erwin Schrödinger (1887-1961), que a radioatividade alfa pôde ser satisfatoriamente explicada. O feito deveu-se ao físico ucraniano-norte-americano George Gamow (1904-1968) e, independentemente, ao físico inglês Ronald Gurney (1898-1953) juntamente com o físico norte-americano Edward Condon (1902-1974), que, em 1928, propuseram o mecanismo quântico conhecido por 'efeito túnel' (figura). Em essência, embora a emissão alfa seja possível energeticamente para núcleos grandes (e portanto pesados), como o urânio, o tório, o rádio e outros, ocorre que a partícula alfa permanece confinada no interior do núcleo, a menos que ela vença por tunelamento quântico a barreira eletrostática criada ao redor do núcleo pelas cargas elétricas positivas do núcleo residual e da partícula alfa a ser expulsa. Fazendo uma analogia com os prisioneiros de um presídio, podemos pensar numa prisão na qual os condenados, confinados em suas celas, se veem impossibilitados de escapar. Embora ainda tenham energia para se movimentar e agir, eles não possuem energia suficiente para romper as paredes da cela ou arrombar as portas da prisão. Entretanto, alguns tentam cavar um túnel em busca da liberdade e, efetivamente, alguns poucos conseguem escapar pelo túnel perfurado.



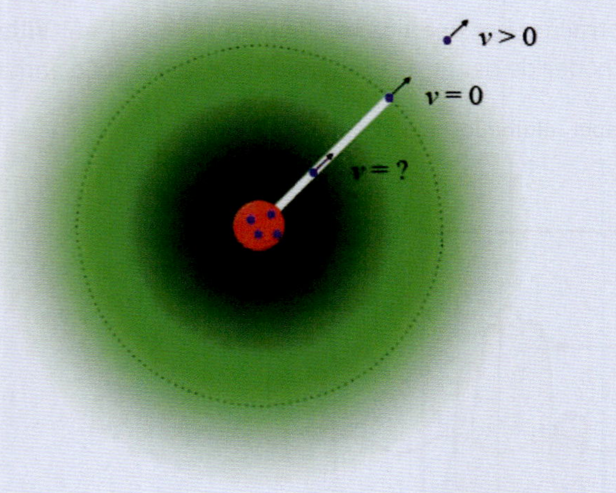


Partículas alfa (em azul) tentam escapar do núcleo atômico (vermelho), mas encontram à sua frente uma barreira eletrostática (verde) que as impede de deixar o núcleo. Há, entretanto, uma probabilidade (muito pequena, mas não nula) de uma partícula transpor a barreira por tunelamento, livrando-se do núcleo a partir do "fim do túnel" (onde a velocidade é nula), afastando-se com velocidades cada vez maiores.

No caso dos núcleos atômicos, para se ter uma ideia, a teoria quântica da desintegração alfa estima em $4 \cdot 10^{-39}$ a probabilidade de tunelamento na emissão alfa dos núcleos de urânio da espécie mais abundante deste elemento, os de massa 238 unidades. Por outro lado, as tentativas de atravessar a barreira eletrostática por tunelamento são estimadas em $\sim 10^{21}$ por segundo e por núcleo. Por conseguinte, a chance de uma partícula alfa escapar do núcleo por segundo é de $4 \cdot 10^{-39} \cdot 10^{21}$ que é igual a $4 \cdot 10^{-18}$. Como, por exemplo, em 20 miligramas de urânio metálico (quantidade equivalente a um cubo de um milímetro de lado) estão contidos cerca de $5 \cdot 10^{19}$ núcleos de urânio, segue-se que o número de desintegrações alfa nesta amostra se calcula como $4 \cdot 10^{-18} \cdot 5 \cdot 10^{19}$, ou seja, 200 por segundo. A teoria de Gamow, Condon e Gurney foi um dos primeiros triunfos da Mecânica Quântica, conseguindo explicar quantitativamente a emissão de partículas alfa pelos núcleos atômicos, ditos, por isso mesmo, alfarradioativos."

TAVARES, O. A. P. Decaimentos radioativos exóticos – Origens e Estado Atual. *Ciência e Sociedade*. CBPF, v. 6, p. 5-7, 2012. Disponível em: <http://cbpfindex.cbpf.br/publication_pdfs/CS00612.2012_09_26_10_19_34.pdf>. Acesso em: 31 jul. 2018.

## DESCUBRA MAIS

1. O que é o fenômeno de fosforescência e fluorescência?
2. O hélio é o segundo elemento mais abundante do Universo, porém só foi descoberto há cerca de 150 anos, de maneira peculiar. Pesquise como se deu a descoberta desse elemento.
3. No modelo padrão de Física de partículas, cada partícula elementar possui uma chamada antipartícula, prevista pela Mecânica Quântica. Portanto, além da matéria, existe a chamada **antimatéria**. Por exemplo, o elétron tem como antipartícula o pósitron, que é quase idêntico a ele: possui a mesma massa, mas carga positiva. Porém, é a matéria que domina o Universo. Pesquise sobre a interação entre a matéria e a antimatéria e por que o Universo é constituído apenas por uma delas. Algum "antiátomo" já foi detectado ou produzido em laboratório?
4. Por que não observamos efeitos quânticos em nosso mundo cotidiano?

## Exercícios Nível 1

**10.** (UFU-MG) A natureza da luz é um assunto que tem estado presente nas discussões de cientistas e filósofos há séculos, principalmente a partir da possibilidade de aplicação de fenômenos luminosos por comportamentos tanto ondulatórios quanto corpusculares. Segundo o princípio da complementaridade, proposto por Niels Bohr em 1928, a descrição ondulatória da luz é complementar à descrição corpuscular, mas não se usam as duas descrições simultaneamente para descrever um determinado fenômeno luminoso. Desse modo, fenômenos luminosos envolvendo a propagação, a emissão e a absorção da luz são explicados ora considerando a natureza ondulatória, ora considerando a natureza corpuscular.
Assinale a alternativa que apresenta um fenômeno luminoso mais bem explicado, considerando-se a natureza corpuscular da luz.

a) Espalhamento da luz ao atravessar uma fenda estreita.
b) Interferência luminosa quando feixes luminosos de fontes diferentes se encontram.
c) Mudança de direção de propagação da luz ao passar de um meio transparente para outro.
d) Absorção de luz com emissão de elétrons por uma placa metálica.

**11.** (Uepa) A quantidade de movimento linear do fóton, no vácuo, é tanto maior, quanto menor:

a) a sua massa.
b) a sua aceleração.
c) a sua frequência.
d) o seu comprimento de onda.
e) a sua energia.

**12.** E.R. No ano de 1927, nos laboratórios Bell nos Estados Unidos, os físicos Davisson e Germer realizaram um experimento no qual constataram que elétrons poderiam sofrer difração. O fenômeno da difração era considerado, até então, como exclusivo das ondas.
Essa experiência dava suporte à Hipótese de De Broglie e a validava: toda partícula material em movimento tem associada uma onda cujo comprimento pode ser determinado por:

$$\lambda = \frac{h}{Q}$$

Qual velocidade um elétron deve ter para que o comprimento de onda associado a ele seja muito próximo ao dos raios X ($\lambda_x = 0,01$ nm) e dessa maneira possa sofrer o fenômeno da difração?
**Dados:** massa do elétron: $9,1 \cdot 10^{-31}$ kg; Constante de Planck: $6,63 \cdot 10^{-34}$ J s.

**Resolução:**

Da Hipótese de De Broglie, vem:

$$\lambda = \frac{h}{Q} \Rightarrow \lambda = \frac{h}{mv}$$

$$v = \frac{h}{m\lambda} \Rightarrow v = \frac{6,63 \cdot 10^{-34}}{9,1 \cdot 10^{-31} \cdot 0,01 \cdot 10^{-9}}$$

$$\boxed{v \cong 7,3 \cdot 10^{7} \text{ m/s}}$$

**13.** (UFPI) O comprimento de onda de De Broglie para uma partícula $\alpha$ com velocidade $v_\alpha = 6,0 \cdot 10^5$ m/s é dado aproximadamente por:
(massa do próton $= 1,6 \cdot 10^{-27}$ kg; $h = 6,63 \cdot 10^{-34}$ Js)

a) $6,8 \cdot 10^{-14}$ m
b) $3,4 \cdot 10^{-14}$ m
c) $1,7 \cdot 10^{-14}$ m
d) $8,0 \cdot 10^{-15}$ m
e) $4,0 \cdot 10^{-15}$ m

**14.** No dia a dia, não é possível verificar o comportamento ondulatório, por exemplo, de uma bola de bilhar em movimento.

Kucher Serhii/Shutterstock

Sabemos que existe um comprimento de onda associado à bola, porém, de tão minúsculo, não é possível realizar um experimento de difração que o detecte.

Imagine uma bola de bilhar de massa 300 gramas que desliza sobre uma mesa com velocidade de 1,0 m/s. Qual o comprimento de onda ($\lambda$) associado a esta bola de bilhar?

**Dado:** Constante de Planck: $6,63 \cdot 10^{-34}$ J s.

**15.** E.R. Uma das características da natureza dual da matéria é a limitação fundamental na precisão simultânea das medidas de posição e momento linear de uma partícula.

O produto da indeterminação na medida de posição de uma partícula $\Delta x$, pela indeterminação na medida de momento linear $\Delta Q$, é, no mínimo, igual à Constante de Planck dividida por $4\pi$:

$$\Delta x \cdot \Delta Q \geqslant \frac{h}{4\pi}$$

Sabendo-se que a incerteza na medida da quantidade de movimento de um elétron dentro de um determinado átomo vale $1,82 \cdot 10^{-26}$ kg m/s, qual é a incerteza mínima na medida de sua posição $\Delta x$?

**Dado:** $h = 6,63 \cdot 10^{-34}$ J s e $\pi = 3,14$.

**Resolução:**

Aplicando de forma direta a relação estabelecida pelo Princípio de Heisenberg, temos:

$$\Delta x \cdot \Delta Q \geqslant \frac{h}{4\pi}$$

$$\Delta x \cdot 1,82 \cdot 10^{-26} \geqslant \frac{6,63 \cdot 10^{-34}}{4 \cdot 3,14}$$

$$\boxed{\Delta x_{mín} \cong 2,9 \cdot 10^{-9}\ \text{m}}$$

**16.** (UPE) O Princípio da Incerteza de Heisenberg trata da

a) incerteza do conhecimento da Física de que tudo é sempre relativo e nunca definitivo.

b) imprecisão de definir as coordenadas de posição e o momento linear de uma partícula quântica simultaneamente, ao longo de uma direção.

c) dificuldade de encontrar um elétron nas camadas de valência do átomo.

d) dilatação do tempo e contração dos objetos ao atingirem velocidade próxima à da luz.

e) variação de entropia e o sentido da seta do tempo.

## Exercícios Nível 2

**17.** (UFPE) Um microscópio eletrônico pode ser usado para determinar o tamanho de um vírus que pode variar entre 0,01 mm a 0,3 mm. Isto é possível porque o comprimento de onda de De Broglie, $\lambda$, associado aos elétrons é controlado variando-se a diferença de potencial que permite acelerar o feixe eletrônico.

Considerando que os elétrons são acelerados a partir do repouso sujeitos à diferença de potencial $V = 12,5 \cdot 10^3$ volts, determine o valor de $\lambda$ quando os elétrons atingem a placa coletora onde é colocado o vírus. Expresse a resposta em unidades de $10^{-12}$ m.

**Dados:**

carga do elétron $= 1,6 \cdot 10^{-19}$ C;

massa do elétron $= 9 \cdot 10^{-31}$ kg;

Constante de Planck $= 6,6 \cdot 10^{-34}$ J s.

**18.** Comportamento que na verdade pode ser atrelado a todas as partículas, os fótons também exibem uma natureza dual (onda e partícula). Os fótons em alguns fenômenos exibem mais claramente sua natureza ondulatória (como nos fenômenos de interferência e difração) e em outros se torna mais evidente sua natureza corpuscular (como no efeito fotoelétrico). Hoje, com o dualismo onda-matéria, podemos conciliar as ideias mais primitivas de Newton sobre a luz com os resultados dos experimentos de Young e de Fresnel.

Se um fóton possui comprimento de onda $\lambda = 500$ nm, determine:

a) a quantidade de movimento desse fóton;

b) o valor da energia associada ao seu movimento.

**Dados:** $h = 6,63 \cdot 10^{-34}$ J s e $c = 3 \cdot 10^8$ m/s.

**19.** (ITA-SP) Um elétron é acelerado a partir do repouso por meio de uma diferença de potencial $U$, adquirindo uma quantidade de movimento $p$. Sabe-se que, quando o elétron está em movimento, sua energia relativística é dada por $E = [(m_0c^2)^2 + p^2c^2]^{\frac{1}{2}}$ em que $m_0$ é a massa de repouso do elétron e $c$ é a velocidade da luz no vácuo. Obtenha o comprimento de onda de De Broglie do elétron em função de $U$ e das constantes fundamentais pertinentes.

# Intersaberes

## O futuro da computação: o computador quântico

A natureza probabilística da Física Quântica gera alguns efeitos que podem nos parecer estranhos, por exemplo, o efeito túnel. Vimos que sistemas físicos são descritos quanticamente por uma função de onda. Uma das características fundamentais dessa função de onda é a **superposição**.

Classicamente, uma partícula apresenta um estado caracterizado por certas grandezas (posição, velocidade, etc.), ou seja, conhecendo essas grandezas, podemos saber exatamente o estado do sistema. Já quanticamente, o estado de um sistema pode ser representado por várias funções de onda, em que cada função de onda representa um estado do sistema.

A superposição pode ser compreendida a partir do conceito de *qubit*. Os computadores clássicos computadores que utilizamos todos os dias, trabalham com *bits*. O *bit* clássico é representado por 0 ou 1, e o computador interpreta essas sequências de zeros e uns e as transforma em processos. Já no computador quântico, o *qubit* (*bit* quântico) pode ser 0, 1 ou algo entre os dois.

A propriedade de superposição de sistemas quânticos possibilita uma capacidade de processamento que estabelece um novo paradigma para o universo computacional. O infográfico a seguir ilustra a diferença de processamento entre um computador clássico e um computador quântico.

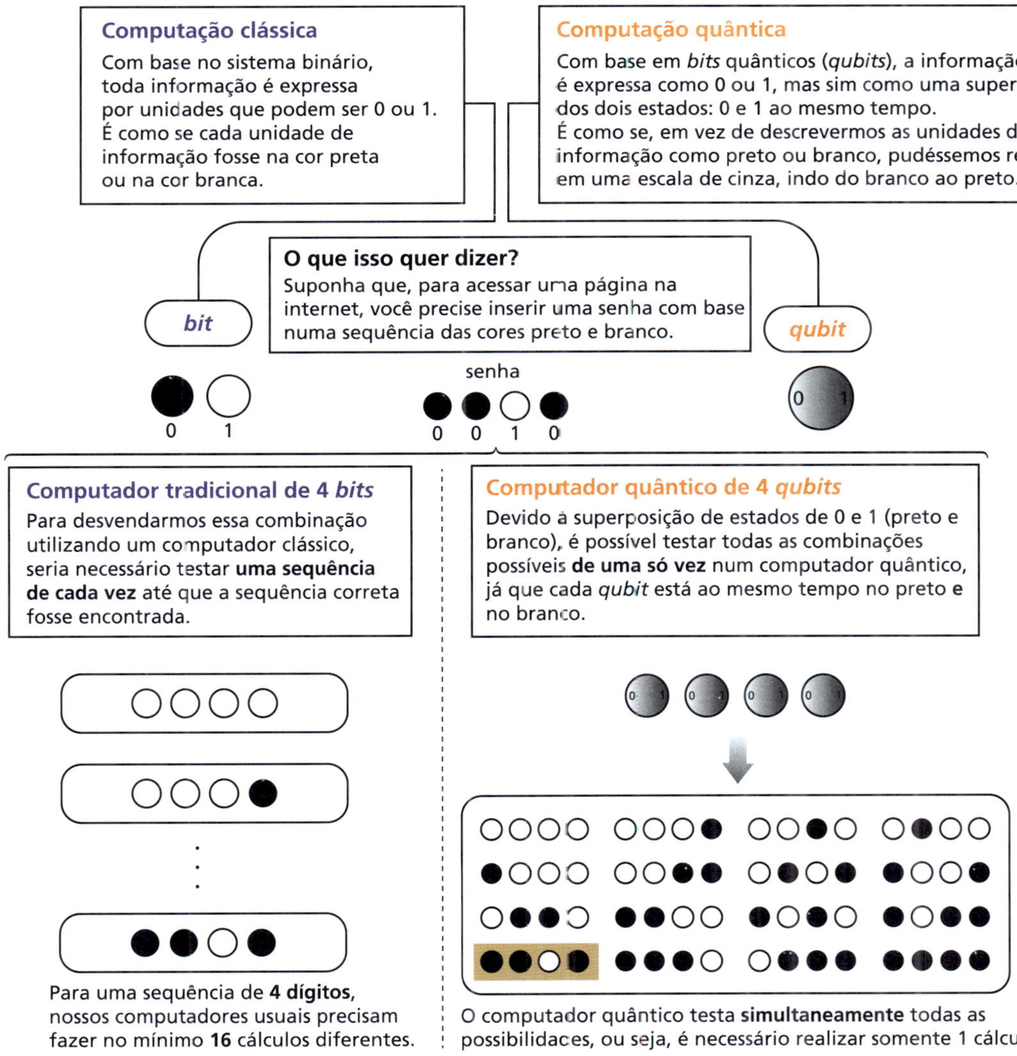

Banco de imagens/Arquivo da editora

*Neste caso, é necessário apenas 1 cálculo, pois o número de dígitos da senha é igual ao número de *bits* do computador. Porém, mesmo para outros casos, o computador quântico sempre testará mais possibilidades que o clássico.

O texto a seguir discute um pouco sobre o futuro da computação quântica.

**Computação quântica: a Física abre espaço para nova era**

[...] O desenvolvimento dos computadores quânticos se acelerou desde 2016, quando a IBM anunciou uma máquina com processador de 5 *qubits* e passou a permitir que pesquisadores de todo o mundo a testassem por meio de seu *site*. Em novembro do ano passado, a companhia liberou o acesso a uma segunda máquina, com processador de 20 *qubits* – e já há um terceiro computador, de 50 *bits*, em testes internos.

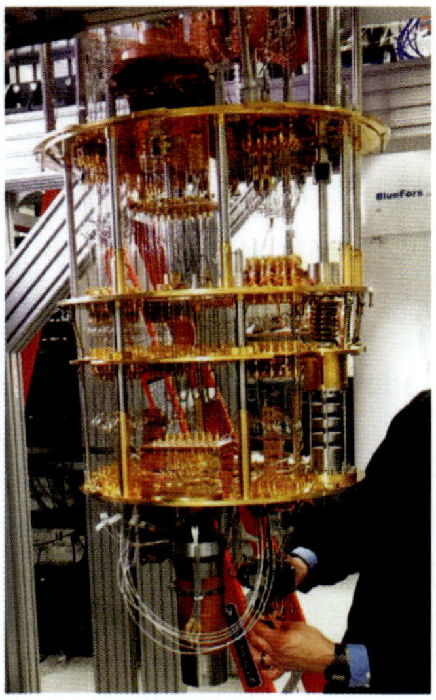

Ibm Research/SPL/Fotoarena

Computador da IBM de 5 *qubits*.

"Mais de 3 milhões de experimentos já foram feitos e 75 artigos científicos publicados desde 2016", diz o diretor do laboratório de pesquisas da IBM Brasil, Ulisses Mello. "As universidades estão usando nossos computadores quânticos por meio da nuvem e agora passamos a permitir o uso também por *startups*."

O Google, que começou fazendo experimentos com máquinas de terceiros, anunciou em março deste ano a criação de um processador de 72 *qubits*. Como o computador ainda não está disponível para testes, o anúncio é visto com ceticismo pela comunidade acadêmica. "Uma coisa é falar e outra é entregar", afirma [o pesquisador do Laboratório Nacional de Computação Científica (LNCC), Renato] Portugal. Procurado pelo Estado [jornal], o Google não concedeu entrevista sobre o projeto.

Mesmo as máquinas que já estão operando têm uma série de limitações. Por ora, elas só permitem o processamento de simulações e algoritmos simples e que sejam rápidos de processar, já que é difícil manter o computador quântico estável – segundo o professor da Universidade Federal do Rio Grande do Sul (UFRGS), Luís da Cunha Lamb, membro da Sociedade Brasileira de Computação (SBC), o sistema permanece funcionando por cerca de 90 milissegundos. "Piscar os olhos leva mais tempo", diz. "É como se você tivesse o carro mais rápido do mundo nas mãos, mas ele só andasse cinco metros de cada vez."

Além disso, para o sistema funcionar, a temperatura tem de ser mantida muito baixa: −272,99 °C (ou 0,01 milikelvin), temperatura mais baixa que no espaço. "Esses computadores têm de ficar num ambiente onde não haja nenhuma interferência, nenhuma troca de energia", explica Portugal. "Somente a essa temperatura é que as propriedades quânticas dos materiais se manifestam."

Por isso, os computadores quânticos, por enquanto, ficam apenas em laboratórios especializados e não há plano de criar uma versão de mesa ou portátil, como um *notebook* ou *smartphone*. O plano das companhias que investem na tecnologia é comercializar a capacidade das máquinas como serviço, como é comum atualmente em serviços de computação em nuvem.

CAPELAS, Bruno; TOZETTO, Cláudia. *Computação quântica: a Física abre espaço para nova era*. Disponível em: <https://link.estadao.com.br/noticias/inovacao,computacao-quantica-fisica-abre-espaco-para-nova-era,70002278589>. Acesso em: 31 julho 2018.

## Compreensão, pesquisa e debate

1. No infográfico, foi discutido o trabalho que os computadores clássico e quântico têm para desvendar uma combinação de 4 *bits*. Pensando nisso, responda: quantos cálculos diferentes um computador clássico de 10 *bits* teria que fazer para descobrir uma senha de 10 dígitos? E um computador quântico de 10 *qubits*?

2. Procure saber quais instituições já têm um computador quântico. Por que o computador quântico ainda não é vendido comercialmente? Pesquise as dificuldades de construir um computador quântico.

3. A capacidade de processamento dos *qubits* em relação aos *bits* clássicos tem sido motivo de preocupação pela possibilidade de quebrar em segundos senhas e criptografias antes tidas como seguras. Por outro lado, uma das grandes promessas da computação quântica é a criptografia quântica, que, por conta da mesma coerência quântica apresentada pelos *qubits*, pode ser uma criptografia inviolável. Pesquise e procure saber um pouco mais sobre esses assuntos e discuta: a segurança das informações virtuais está ameaçada em um futuro próximo?

## Exercícios Nível 3

**20.** (UFC-CE) Na figura abaixo, as flechas numeradas de 1 até 9 representam transições possíveis de ocorrer entre alguns níveis de energia do átomo de hidrogênio, de acordo com o modelo de Bohr. Para ocorrer uma transição, o átomo emite (ou absorve) um fóton cuja energia $\frac{hc}{\lambda}$ é igual a $|\Delta E|$ ($h$ é a Constante de Planck, $c$ é a velocidade da luz no vácuo, $\lambda$ é o comprimento de onda do fóton e $\Delta E$ é a diferença de energia entre os dois níveis envolvidos na transição).

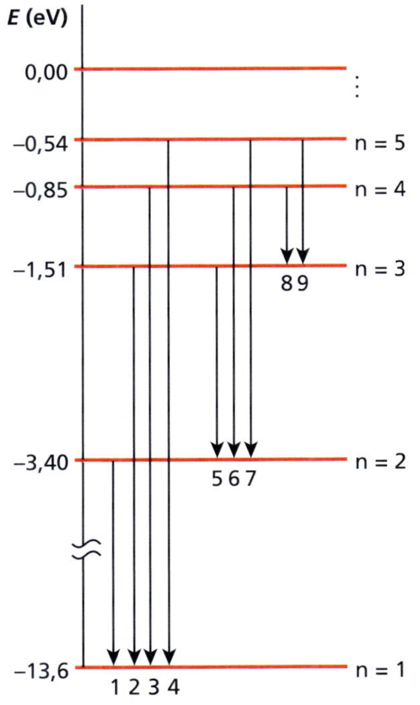




Suponha que o átomo emite os fótons **X** e **Y**, cujos comprimentos de onda são, respectivamente, $\lambda_x = 1{,}03 \cdot 10^{-7}$ m e $\lambda_y = 4{,}85 \cdot 10^{-7}$ m. As transições corretamente associadas às emissões desses dois fótons são (use $h = 4{,}13 \cdot 10^{-15}$ eV · s e $c = 3{,}0 \cdot 10^8$ m/s):

a) 4 e 8

b) 2 e 6

c) 3 e 9

d) 5 e 7

e) 1 e 7

**21.** (ITA-SP) Utilizando o modelo de Bohr para o átomo, calcule o número aproximado de revoluções efetuadas por um elétron no primeiro estado excitado do átomo de hidrogênio, se o tempo de vida do elétron, nesse estado excitado, é de $10^{28}$ s. São dados: o raio da órbita do estado fundamental é de $5{,}3 \cdot 10^{-11}$ m e a velocidade do elétron nesta órbita é de $2{,}2 \cdot 10^6$ m/s.

a) $1 \cdot 10^6$ revoluções.

b) $4 \cdot 10^7$ revoluções.

c) $5 \cdot 10^7$ revoluções.

d) $8 \cdot 10^6$ revoluções.

e) $9 \cdot 10^6$ revoluções.

**22.** (UFG-GO) A cor amarela característica das lâmpadas de vapor de sódio tem comprimento de onda de 590 nm e é o resultado de transições eletrônicas do subnível 3p para o subnível 3s do átomo de sódio. Calcule, em elétron-volts, a diferença de energia entre esses subníveis.

**Dados:** velocidade da luz = 300 000 km/s; Constante de Planck = $4{,}1 \cdot 10^{-15}$ eV · s.

**23.** (UFJF/Pism-MG) No modelo de Bohr para o átomo de hidrogênio, um elétron somente pode estar se movendo em órbitas bem definidas indexadas por um número inteiro – n = 1,2,3,... – que indica em qual camada – K, L, M, .... – o elétron está. O raio da órbita de cada camada é dado por $r_0 = n^2 a_0$, onde $a_0$ é o raio de Bohr e vale $0{,}5 \cdot 10^{-10}$ m, e a velocidade de cada órbita é $v_n = \frac{v_0}{n}$, onde $v_0 = \frac{3}{130} \cdot 10^8$ m/s. Com base nestas informações, determine:

a) a energia potencial, em elétron-volts, de interação entre o elétron e o próton do núcleo do átomo de hidrogênio quando o elétron estiver no nível n = 3;

b) a energia cinética, em elétron-volts, quando o elétron estiver no nível n = 3;

c) a energia total, em elétron-volts, quando o elétron estiver no nível n = 3.

**24.** (ITA-SP) Obtenha uma expressão para as energias das órbitas do modelo de Bohr do átomo de hidrogênio usando a condição de que o comprimento da circunferência de uma órbita do elétron ao redor do próton seja igual a um número inteiro de comprimentos de onda de De Broglie do elétron.

APÊNDICE

# Níveis de energia no modelo de Bohr

Classicamente, uma das grandezas que caracteriza um sistema é o momento angular, relacionado ao momento de rotação de um corpo. Um dos postulados do modelo de Bohr é o seguinte:

> O momento angular do elétron em órbita é quantizado e seu módulo é sempre um número inteiro de $\frac{h}{2\pi}$. Assim:
>
> $$L = m\,v\,r = n\frac{h}{2\pi}$$

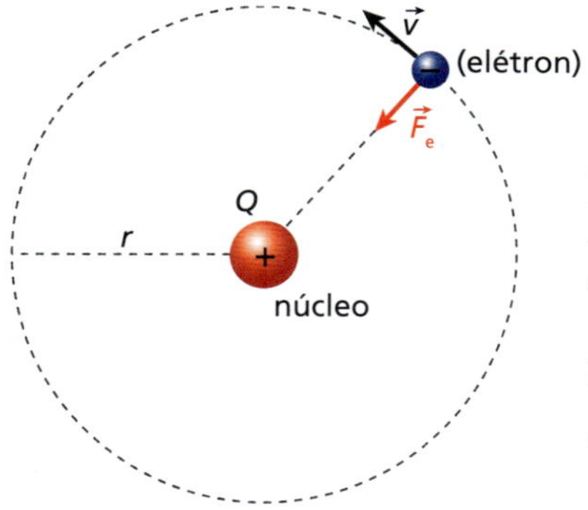


Se promovermos a união dos Postulados de Bohr com os princípios da Física Clássica, podemos atingir um conhecimento bastante detalhado do átomo. Podemos conhecer o raio das várias órbitas que o elétron descreve, a velocidade que ele alcança e a energia em cada uma dessas possíveis órbitas.

Passemos então a analisar a energia do elétron em suas órbitas e procuremos determinar, teoricamente, a energia do fóton emitido quando o elétron transita de uma órbita mais distante do núcleo à outra, mais próxima do núcleo.

Usaremos como modelo de cálculo um átomo de hidrogênio, ou seja, um átomo que tenha um único elétron.

- A energia total do elétron em uma órbita é a soma de suas energias cinética e potencial.
- A energia cinética está relacionada com sua velocidade:

$$E_c = \frac{m_e v_e^2}{2} \quad \left\} \begin{array}{l} m_e\text{: massa do elétron} \\ v_e\text{: velocidade do elétron} \end{array} \right.$$

- A energia potencial é o que resulta da interação entre a carga do núcleo (*Q*, de sinal positivo) e a carga do elétron (−*e*, de sinal negativo), que estão separadas por uma distância (*r*), que é o raio da órbita que descreve o elétron:

$$E_p = -\frac{k\,Q\,e}{r}$$

Assim, a energia total desse elétron em órbita ao redor do núcleo será dada por:

$$E = E_c + E_p$$

$$E = \frac{m_e v_e^2}{2} - \frac{k\,Q\,e}{r} \qquad \text{(I)}$$

A força eletrostática que o núcleo (carga positiva *Q*) exerce no elétron (carga negativa −*e*) atua como a resultante centrípeta responsável pelo movimento de rotação do elétron ao redor do núcleo atômico:

$$|\vec{F}_{cp}| = |\vec{F}_e|$$

$$\frac{m_e v_e^2}{r} = \frac{k\,Q\,|-e|}{r^2}$$

$$\frac{m_e v_e^2}{r} = \frac{k\,Q\,e}{r^2} \Rightarrow \quad m_e v_e^2 = \frac{k\,Q\,e}{r} \qquad \text{(II)}$$

Das equações (I) e (II), podemos obter a energia total $E$ do sistema:

$$E = \frac{\left(\frac{k\,Q\,e}{r}\right)}{2} - \frac{k\,Q\,e}{r} \Rightarrow E = -\frac{1}{2}\frac{k\,Q\,e}{r} \qquad \text{(III)}$$

Usemos agora o segundo Postulado de Bohr para determinar a velocidade do elétron na órbita:

$$m_e v_e r = \frac{n\,h}{2\pi} \Rightarrow v_e = \frac{n\,h}{2\pi m_e r}$$

Substituindo-se $v_e$ na expressão (II), podemos isolar o valor de $r$:

$$m_e \frac{n^2 h^2}{(2\pi)^2 m_e^2 r^2} = \frac{k\,Q\,e}{r}$$

$$r = \frac{n^2 h^2}{4\pi^2 m_e k\,Q\,e} \qquad \text{(IV)}$$

Substituindo o valor de $r$ na expressão (III) da energia total $E$, temos:

$$E = -\frac{1}{2}\frac{k\,Q\,e}{\left(\frac{n^2 h^2}{4\pi^2 m_e k\,Q\,e}\right)} \Rightarrow E = -\frac{1}{n^2}\frac{4\pi^2 m_e k^2 Q^2 e^2}{2\,h^2}$$

$$E = -\frac{K}{n^2} \quad \text{e} \quad K = \frac{4\pi^2 m_e k^2 Q^2 e^2}{2\,h^2}$$

em que $K$ é uma constante cujo valor depende do tipo de átomo analisado, já que é função do valor da carga $Q$ do núcleo, isto é, do número de prótons.

Para o átomo de hidrogênio, o valor de $K$ é $2{,}174 \cdot 10^{-18}$ J = 13,6 eV. Portanto:

$$E = -\frac{13{,}6}{n^2} \quad \text{(eV)}$$

# O raio de Bohr

Na dedução anterior, a expressão (IV) nos fornece o raio permitido da órbita ($r_n$) em função do número quântico $n$.

$$r_n = \frac{n^2 h^2}{4\pi^2 m_e k\,Q\,e}$$

Se substituirmos o número quântico n = 1, vamos obter o raio da órbita que corresponde ao estado fundamental. Esse é o menor raio de órbita possível, e é denominado **raio de Bohr** ($r_0$):

$$r_0 = \frac{h^2}{4\pi^2 m_e k\,Q\,e}$$

Dessa forma, podemos relacionar $r_n$ e $r_0$:

$$r_n = n^2 r_0 \qquad n = 1, 2, 3, \ldots$$

TÓPICO

# 3 Teoria da Relatividade

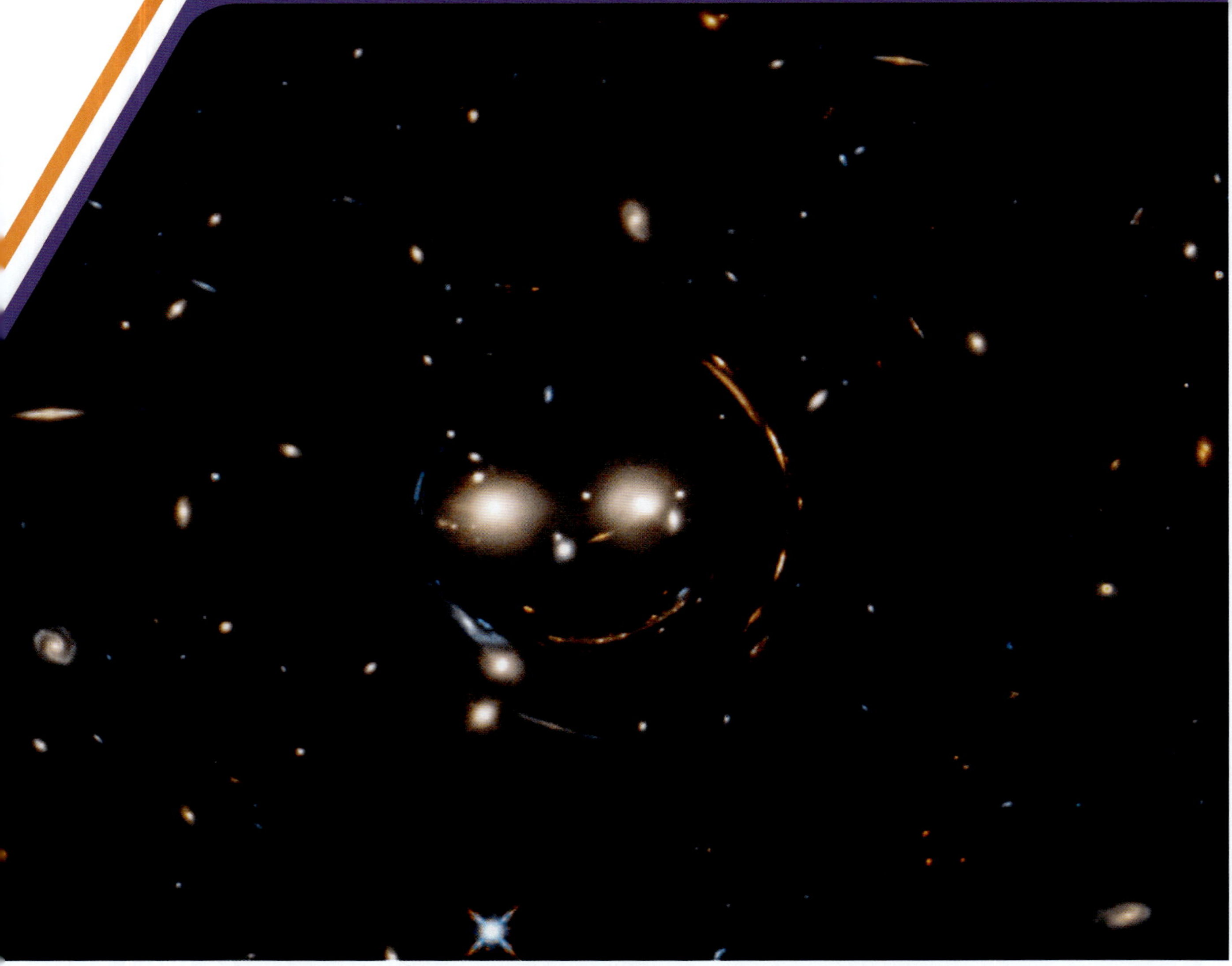

NASA/SPL/Latinstock

Aglomerado de galáxias *Cheshire Cat*, imagem obtida pelo telescópio Hubble.

Podemos ver na imagem um dos efeitos previstos por Einstein em sua Teoria da Relatividade Geral: a luz curva-se ao passar próximo a corpos muito massivos. Tal efeito acontece porque a passagem de luz ocorre próximo a galáxias, que, por serem aglomerados supermassivos, provocam uma curvatura no próprio espaço-tempo. Assim, quando a luz viaja por esse espaço-tempo curvado, sua trajetória também é curvada.

Efeitos como o descrito acima ilustram como a Teoria da Relatividade mudou os paradigmas da Física. Veremos neste tópico o desenvolvimento histórico dessa teoria: experimentos cujos resultados não podiam ser explicados pela Física Clássica de então. Estudaremos também os conceitos fundamentais da Teoria da Relatividade Especial, seus postulados e suas consequências na descrição de grandezas até então tidas como absolutas.

## Bloco 1

# 1. Antecedentes históricos

No final do século XIX, os trabalhos de Maxwell e Hertz haviam levado à conclusão de que a luz se comportava como uma onda eletromagnética. Esta conclusão trazia consigo um problema que necessitava ser enfrentado, posto que, naquela época, os movimentos ondulatórios eram entendidos como perturbações dos meios materiais onde se propagam. Além disso, as Equações de Maxwell revelavam que a velocidade da luz era uma só para todos os referenciais inerciais, isto é, um referencial em repouso ou em movimento retilíneo uniforme em relação a outro referencial.

Desde Galileu, considera-se bem estabelecido que as leis da Mecânica são as mesmas para quaisquer movimentos que ocorram em relação a um referencial inercial. Assim, na Física Clássica, as Leis de Newton seriam válidas e idênticas para todos os referenciais inerciais, não havendo, portanto, um sistema de referência privilegiado.

Consideremos dois referenciais inerciais em que um deles está em movimento retilíneo uniforme em relação ao outro. De acordo com a relatividade clássica de Galileu, a velocidade da luz no referencial em movimento seria o resultado da adição da velocidade da luz no referencial "parado" e da velocidade relativa entre os dois referenciais. No entanto, esse resultado se mostrou inconsistente com as equações do Eletromagnetismo.

Para resolver o problema da propagação da luz e a inconsistência da relatividade clássica de Galileu com as leis do Eletromagnetismo, alguns físicos propuseram, à época, que haveria um meio privilegiado para o qual as Equações de Maxwell fossem válidas. Esse meio preencheria todo o espaço, teria densidade despercebida e elasticidade típica de materiais sólidos e não interagiria com a matéria. E, por meio dele, a luz se propagaria como onda e com velocidade *c* constante. Este meio material hipotético foi chamado de **éter**.

A tabela abaixo mostra algumas medidas historicamente relevantes da velocidade da luz. Algumas delas, como a medida por Michelson, foram obtidas supondo-se que a luz se propaga no éter.

| Medidas notáveis da velocidade da luz (*c*) | |
|---|---|
| Römer (1676) | $2{,}143 \cdot 10^8$ m/s |
| Bradley (1726) | $3{,}01 \cdot 10^8$ m/s |
| Fizeau (1849) | $3{,}15 \cdot 10^8$ m/s |
| Foucault (1862) | $2{,}98 \cdot 10^8$ m/s |
| Michelson (1926) | $2{,}99796 \cdot 10^8$ m/s |
| Valor adotado (1983) | $2{,}997925 \cdot 10^8$ m/s |

Fonte: <http:math.ucr.edu/home/baez/physics/Relativity/SpeedOfLight/measure_c.html>. Acesso em: 17 ago. 2018.

A hipótese que assumia a existência do éter pressupunha que a velocidade da luz, sobre a qual haviam sido feitas medições muito precisas, só era válida em um sistema de referência em repouso em relação ao éter. Em qualquer outro sistema de referência, a velocidade medida seria outra, uma vez que o éter arrastaria a luz em seu movimento.

A partir daí, o desafio da comunidade científica era testar a hipótese do éter e, assim, o que se sucedeu foram várias ideias e diversos experimentos para atingir este fim.

Veremos a seguir alguns conceitos, experimentos e hipóteses que contribuíram para a elaboração da Teoria da Relatividade por Einstein.

## 2. A aberração da luz na observação das estrelas

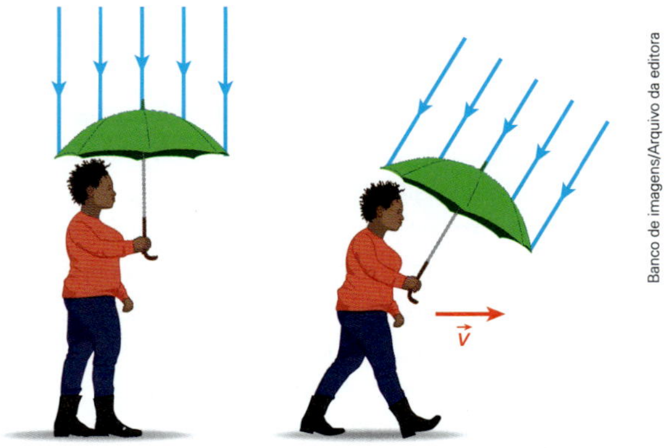


figura a figura b

Imagine estar no meio de uma tempestade com a chuva caindo verticalmente sobre você. Para se manter seco, você posiciona seu guarda-chuva com a haste apontada diretamente para cima, como mostra a figura **a**.

Mas, se correr, será mais fácil manter-se seco se inclinar o guarda-chuva levemente para a frente. Por quê? Porque a direção da chuva em relação a você não é diretamente para baixo, mas sim oblíqua, como mostra a figura **b**.

Esse pensamento pressupõe que você não arrasta consigo a massa de ar que está em sua volta. Se isso ocorresse, as gotas de água entrando no volume de ar "arrastado" seriam rapidamente aceleradas, voltando a cair verticalmente em relação a você, como mostra a figura **c** a seguir.

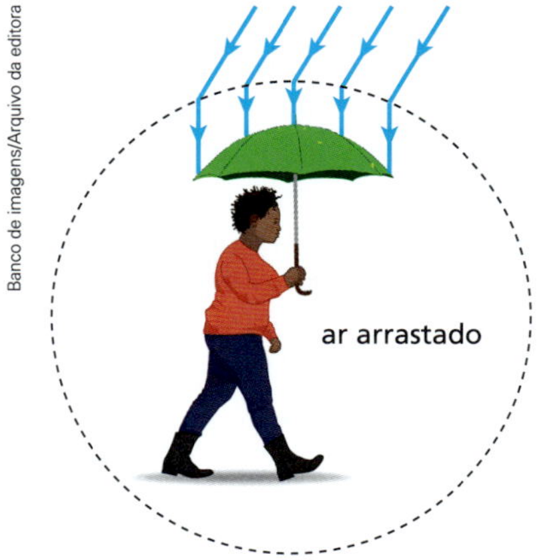


figura c

Não importa para que lado corresse, se você arrastasse grande quantidade de ar ao seu redor, seria necessário posicionar o seu guarda-chuva sempre verticalmente para se manter seco.

Esse exemplo do guarda-chuva é análogo à observação de estrelas a partir da Terra. Imagine que as gotas de água sejam agora a luz das estrelas e que o guarda-chuva seja um telescópio. Você, correndo, representa a Terra em movimento.

Considere uma estrela posicionada exatamente na direção vertical. Se a Terra arrastasse o éter, bastaria sempre apontar o telescópio diretamente para cima e sempre se observariam os raios de luz provenientes da estrela, análogo ao que ocorre na figura **c**. Mas, caso a Terra não arrastasse o éter, a direção dos raios de luz em relação ao movimento da Terra dependeria da direção do movimento da Terra em relação ao éter. Portanto, para observar a estrela, deve-se considerar que o telescópio está a uma velocidade $\vec{v}_t$, devido ao movimento da Terra, e será necessário incliná-lo levemente, assim como o guarda-chuva na figura **b**.

Banco de imagens/Arquivo da editora

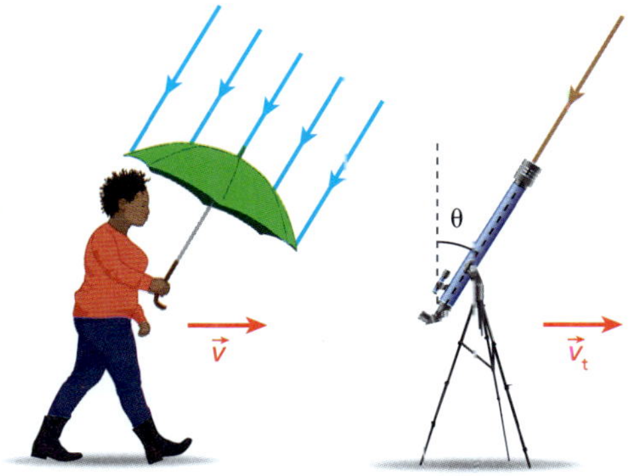


Devido à velocidade $\vec{v}$ da jovem em relacão ao chão, ela vê as gotas de chuva realizarem movimentos de trajetória oblíqua e, de modo similar, no referencial do telescópio, devido a sua velocidade $\vec{v}_t$ em relação à estrela, os feixes de luz por ela emitidos chegam ao telescópio por meio de um movimento também de trajetória oblíqua.

Em 1725, o astrônomo britânico James **Bradley** (1693-1762) percebeu que ele necessitava inclinar seu telescópio levemente para a observação das estrelas. Além disso, dependendo do movimento da Terra em relação à estrela ou ao suposto éter, que varia conforme a Terra orbita o Sol, a inclinação mudava. Isto é, ao longo do ano, era necessário posicionar o telescópio com um ângulo de elevação que variava para que a estrela permanecesse visível pelo telescópio de Bradley.

Este ângulo de inclinação necessário poderia ser calculado. Como a estrela está emitindo luz constantemente, se inclinarmos o telescópio num ângulo θ adequado, a luz que alcança a extremidade superior do telescópio poderá ser vista pelo observador quando essa extremidade estiver diretamente abaixo da estrela. Assim, o ângulo θ de inclinação do telescópio pode ser determinado por meio do cálculo de sua tangente:

$$\theta \rightarrow \text{tg}\ \theta = \frac{v_t}{c}$$

em que $c$ é a velocidade da luz e $v_t$ é a intensidade da velocidade da Terra em relação à estrela, que varia conforme seu movimento de translação ao redor do Sol.

Banco de imagens/Arquivo da editora

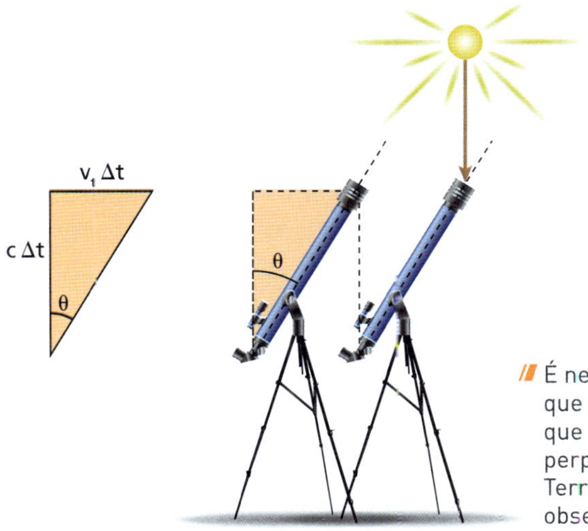


É necessário inclinar o telescópio para que a luz procedente de uma estrela que envia seus raios perpendicularmente à superfície da Terra, sobre a posição de um observador, alcance o telescópio.

Como o resultado acima não apresenta qualquer relação com as características do éter, conclui-se da aberração das estrelas que o éter, se existe, não é arrastado pelo movimento de translação do planeta Terra.

## 3. O arrasto da luz pelos meios em movimento

Um experimento de grande interesse foi levado a cabo por A. H. L. **Fizeau** (1819-1896) em 1851. Fizeau desenvolveu um dispositivo experimental no qual um feixe de luz incide sobre um espelho semirreflexivo que o divide em dois. Cada um dos feixes, que são representados na figura pelas cores azul e marrom, atravessam um percurso por onde flui água, como mostrado a seguir.

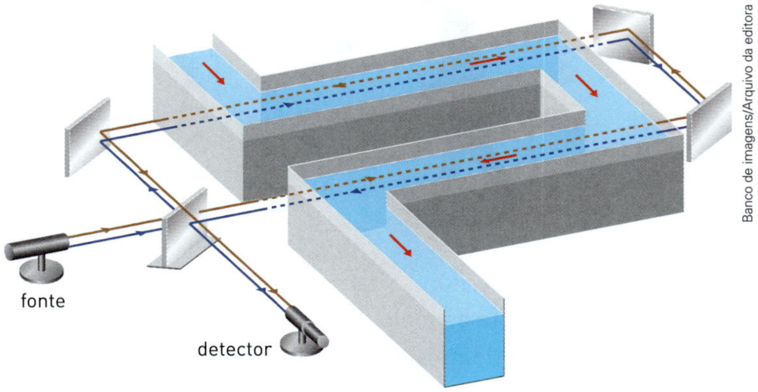


No experimento de Fizeau, o feixe de luz é dividido de modo que o feixe em azul realiza o percurso no mesmo sentido que a água, e o feixe em marrom, no sentido contrário ao movimento da água. O sentido do movimento da água é indicado pelas setas em vermelho.

Perceba, pela figura, que o feixe de luz representado pela cor azul realiza seu percurso no mesmo sentido da corrente de água, enquanto o feixe de luz marrom realiza o seu movimento no sentido oposto.

Se o éter fosse arrastado pela água, um dos feixes de luz deveria demorar mais que o outro para chegar ao detector. Os resultados obtidos indicavam uma diferença nas velocidades medidas para os dois feixes. Porém, essa diferença era muito menor que a esperada, considerando-se a existência do éter. Uma explicação satisfatória para esses resultados só foi possível com o advento da Teoria da Relatividade, especificamente a fórmula de adição de velocidades relativísticas.

### O experimento de Michelson-Morley

Albert **Michelson** (1852-1931) realizou, em 1881, um experimento para medir a velocidade da Terra em relação ao éter. Para isso, foi utilizado um interferômetro desenvolvido pelo próprio Michelson: a luz procedente de uma fonte luminosa monocromática (que emite uma radiação de um único comprimento de onda) incide sobre uma lâmina semirreflexiva (**L**) que divide o feixe em dois feixes perpendiculares entre si, os quais são, por sua vez, refletidos em dois espelhos, $\mathbf{E_1}$ e $\mathbf{E_2}$. Após serem refletidos, um dos feixes volta a atravessar a lâmina semirreflexiva, enquanto o outro reflete nela, e ambos seguem para o detector, onde sofrem interferência. Os comprimentos dos caminhos percorridos por ambos os feixes são iguais e esperava-se observar um conjunto de franjas de interferência.

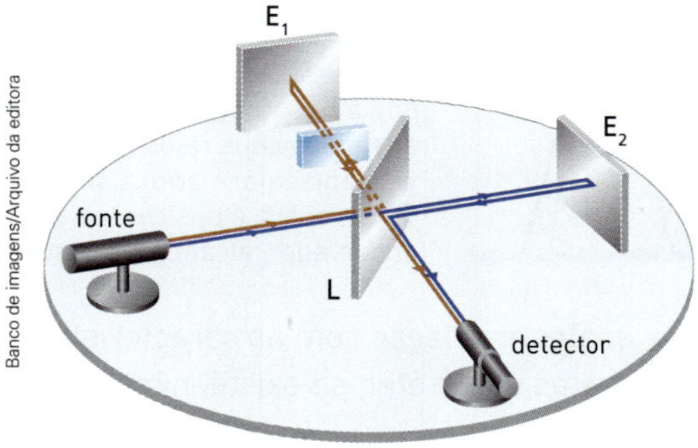


Desenho esquemático do interferômetro de Michelson. Nesta experiência é muito importante que os feixes percorram o mesmo caminho óptico. Como o feixe que reflete em $\mathbf{E_2}$ atravessa **L** três vezes, enquanto o outro feixe só o atravessa uma única vez, utiliza-se uma lâmina compensadora de faces planas paralelas para compensar a diferença de caminho óptico.

Colocado um dos eixos do interferômetro na direção do movimento da Terra, o outro estaria na direção perpendicular e seriam obtidas franjas de interferência no detector. A diferença na velocidade da luz entre ambos os eixos do interferômetro devido ao movimento do éter seria a responsável por tal interferência.

Realizado o experimento, não se observou o fenômeno.

Em 1887, Michelson repetiu o experimento em colaboração com Edward **Morley** (1838-1923), utilizando um interferômetro muito mais sensível, e o resultado foi análogo.

Este resultado esperado seria natural se o éter fosse arrastado pela Terra. No entanto, a aberração da luz na observação das estrelas já indicava complicações sobre o movimento de arrasto do éter.

# 4. O conceito de Relatividade

## Transformação de Galileu

**Galileu** Galilei (1564-1642) já dizia que não era possível afirmar que a Terra estaria em repouso simplesmente pelo fato de um objeto solto cair verticalmente sobre o planeta. Pense em dois trens, um em repouso e outro que se move com movimento retilíneo e uniforme. Se, em cada um deles, um observador deixa cair uma bola no solo, ambos a veem cair verticalmente. Portanto, da observação do movimento das bolas seria impossível inferir se o trem estaria em repouso ou em movimento retilíneo e uniforme. A generalização dessa ideia constitui o **Princípio da Relatividade de Galileu**, cujo enunciado é:

> As leis da Mecânica são invariáveis em todos os sistemas de referência que estão em repouso ou que se movem uns em relação aos outros com movimento retilíneo e uniforme (referenciais inerciais).

As medições realizadas em dois sistemas de referência inerciais se relacionam por intermédio da chamada transformação de Galileu, que é mostrada a seguir.

Suponha dois sistemas de referência **S** e **S'**, como na figura a seguir, cujos eixos são paralelos. O sistema **S'** se move na direção do eixo ***x***, com uma velocidade relativa de intensidade *v*, em relação ao primeiro. As coordenadas de um ponto **P** são (x, y, z) no referencial **S** e (x', y', z') no referencial **S'**.

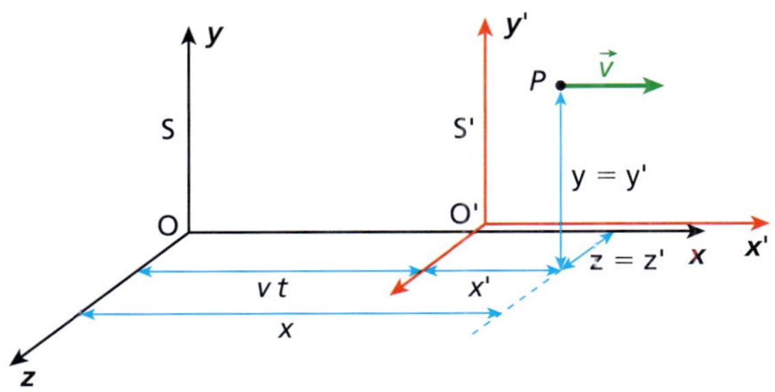


Banco de imagens/Arquivo da editora

As transformações de coordenadas entre os sistemas **S** e **S'** são:

$$x = x' + vt$$
$$y = y'$$
$$z = z'$$
$$t = t'$$

A última equação manifesta, explicitamente, que na Física pré-relativística o tempo é absoluto, isto é, o mesmo em qualquer referencial.

## Os postulados da Relatividade Especial

O resultado dos experimentos de Michelson-Morley criava um dilema: ou o éter não existe, e por isso não se pode detectar o movimento de nenhum corpo em relação a ele, ou o éter existe e os corpos se movem em relação a ele, mas há certos mecanismos de compensação que anulam os efeitos deste movimento.

Ulli Steltzer/Emilio Segre Visual Archives/ American Institute of Physics/SPL/Latinstock

// Albert Einstein, físico teórico alemão, responsável pela elaboração das Teorias da Relatividade Restrita e Geral. Além disso, suas contribuições foram fundamentais para a explicação do efeito fotoelétrico e do movimento browniano.

Albert **Einstein** (1879-1955) foi o primeiro que se deu conta de que não se poderia encontrar uma solução partindo da Física Clássica e que seria necessária uma revisão profunda dos conceitos de espaço e tempo. Para Einstein, o resultado do experimento de Michelson-Morley mostrava que a velocidade da luz no vácuo, em relação a qualquer sistema inercial, independe do movimento desse sistema.

Daqui se deduz imediatamente o seguinte: não existe nenhum fenômeno físico que possa dar informação sobre o tipo de movimento de um sistema de referência. Portanto, é impossível conhecer a velocidade absoluta de um móvel. Somente é possível observar na natureza os movimentos relativos de um sistema em relação a outros.

A conclusão de que não existe nenhum fenômeno físico que permita distinguir um sistema inercial de outro levou Einstein a enunciar seu primeiro postulado da **Teoria da Relatividade Especial** (também conhecida como Teoria da Relatividade Restrita, por ter validade restrita a observadores inerciais).

### 1º postulado da Teoria da Relatividade Especial – Princípio da Equivalência

Todas as leis da Física, e não somente as da Mecânica, são invariáveis em relação às transformações entre sistemas de referência inerciais.

Isso significa que as leis da Física têm a mesma expressão qualquer que seja o sistema de referência inercial em que se observa o fenômeno.

### 2º postulado da Teoria da Relatividade Especial – Princípio da constância da velocidade da luz

O segundo postulado está implícito nas razões que levaram ao primeiro:

A velocidade da luz no vácuo tem o mesmo valor em todos os sistemas de referência inerciais.

Isso implica que o valor *c* da velocidade da luz no vácuo independe do movimento do observador ou da fonte.

É importante notar que o segundo postulado derruba quaisquer hipóteses de existência do éter, pois a luz não poderia ter a mesma velocidade em relação a um sistema de referência no qual o éter estivesse em repouso e em relação a outro no qual o éter estivesse em movimento.

## Ampliando o olhar

### Teoria da Relatividade Geral

Além da Teoria da Relatividade Especial, Einstein desenvolveu a Teoria da Relatividade Geral que é sobre gravitação. Apresentamos um texto da revista *Ciência Hoje* sobre essa teoria.

Em 1907 – dois anos depois de publicar cinco artigos que mudariam a face da física –, o jovem físico de origem alemã Albert Einstein (1879-1955) tomou para si a tarefa de encontrar uma nova teoria para a gravidade. A descrição da gravidade proposta cerca de 2,5 séculos antes pelo físico britânico Isaac Newton (1642-1727) se tornara inconsistente com o novo paradigma da relatividade introduzido por Einstein em 1905. Nessa busca de Einstein, podemos citar três principais marcos: i) a formulação do princípio de equivalência; ii) o surgimento da ideia de espaço-tempo; iii) a percepção de que esse espaço-tempo deveria ter uma geometria curva.

O princípio de equivalência de Einstein é uma reinterpretação de um fato bem conhecido na teoria de Newton: todos os objetos caem com a mesma aceleração sob a ação da gravidade, independentemente do quão pesados sejam. Einstein percebeu que esse fato, sozinho, possibilitava interpretar a força da gravidade como uma força de inércia, um tipo de força cujo exemplo mais comum é a força centrífuga, aquela que tenta nos jogar para fora de um carro fazendo uma curva. Mesmo com efeitos bem reais sobre quem está no carro, essa força simplesmente deixa de existir quando se adota o ponto de vista de alguém parado em terra firme. Para esse observador, é a inércia – a tendência de os corpos manterem seu estado de movimento retilíneo com velocidade constante – a responsável por "jogar" o ocupante para fora do carro.

Para entender o caso da gravidade, vamos recorrer – como gostava Einstein – a um experimento mental. Você acorda e se vê dentro do que parece ser um elevador. De repente, você é tomado por uma sensação de total ausência de peso. Seus pés mal tocam o chão, e seu celular, tendo escapado de sua mão, flutua a seu lado. A conclusão, embora terrível, parece inevitável: o elevador e tudo mais dentro dele estão em queda livre, sob a ação da gravidade. Por mais alto que se encontre o elevador, logo essa agonia terá fim, pensa você. Mas o tempo passa sem que nada de trágico aconteça. Com isso, uma esperança surge em sua mente: "Estaria mesmo o elevador em queda livre? Eu não poderia estar... Flutuando no espaço sideral, longe de qualquer planeta ou corpo capaz de provocar gravidade?"

Esse é exatamente o teor do princípio de equivalência de Einstein: é impossível distinguir a situação de queda livre em um campo gravitacional daquela de estar livre de qualquer força (ou seja inercial) no espaço sem gravidade. Com essa ideia – que Einstein qualificaria como "a mais feliz" de sua vida –, foi dado o primeiro passo em sua busca.

#### Espaço-tempo

O segundo marco ficou por conta de um ex-professor de Einstein, o matemático alemão Hermann Minkowski (1864-1909), que percebeu, já em 1907, que os efeitos da relatividade poderiam ser mais bem compreendidos se tempo e espaço fossem considerados como meras facetas de um ente mais fundamental, um "espaço" físico com quatro dimensões (ou direções independentes) no qual cada observador perceberia de maneira diferente, dependendo de seu movimento, como essas quatro dimensões se separam nas três espaciais (comprimento, altura e largura) e uma temporal que experimentamos com nossos sentidos.

Nascia, assim, o conceito de espaço-tempo. Curiosamente, Einstein não percebeu de imediato a profundidade da contribuição de Minkowski. Para ele, a reformulação de sua teoria em termos de espaço-tempo não passava de uma curiosidade matemática, uma "erudição supérflua". Ele só daria importância a essa ideia por volta de 1912, ao vislumbrar a possibilidade de descrever a gravidade por meio de um espaço-tempo que tivesse sua geometria distorcida, curvada pela presença de matéria e energia. O cerne da nova teoria da gravidade estava estabelecido, mas três anos ainda se passariam até que a nova teoria tomasse sua forma final. Em 25 de novembro de 1915, Einstein chegaria às equações da gravidade que hoje levam seu nome

#### Geometria distorcida

Na tentativa de encontrar uma teoria da gravidade que fosse consistente com a relatividade de 1905, Einstein acabou por generalizar esta última, que ficou conhecida como Teoria da Relatividade Restrita (ou Especial) e é marcada por dois aspectos gerais: i) a velocidade da luz (300 mil km/s) é uma constante da natureza; ii) espaço e tempo deixaram de ser conceitos absolutos – eles, agora, dependiam do estado de movimento de cada observador.

Unindo todas as peças do quebra-cabeça, a Teoria da Relatividade Geral, como foi chamada, aboliu o conceito de força gravitacional: agora, uma maçã solta no ar cai em direção ao chão não porque há uma força puxando-a para baixo, mas porque a trajetória de queda é a 'mais retilínea possível' na geometria do espaço-tempo distorcida pela massa da Terra.

Do mesmo modo, o Sol não mais exerce uma força sobre a Terra e os outros planetas; apenas deforma a geometria à sua volta, de modo que os planetas, livres da ação de qualquer força, ao percorrerem as trajetórias 'mais retilíneas possíveis' nessa geometria distorcida, acabam descrevendo as órbitas que observamos (figura 1).

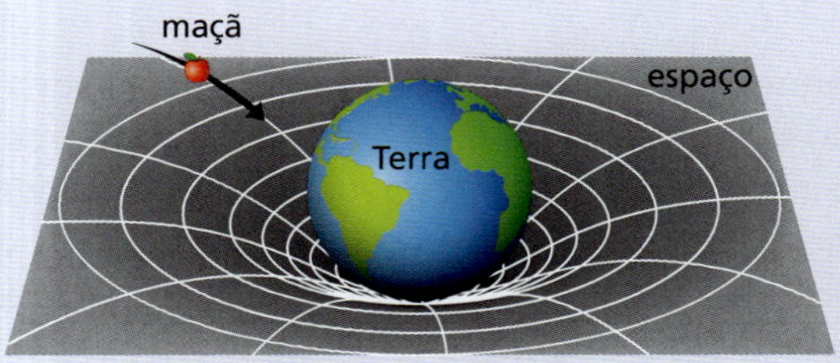


figura 1

figura 2

Banco de imagens/Arquivo da editora

À esquerda, trajetória de queda de uma maçã na geometria do espaço distorcida pela massa da Terra. À direita, órbita dos planetas no espaço distorcido pela massa do Sol. (Gráficos: Luiz Baltar. Imagem com elementos fora de escala e cores fantasia.)

Em consonância com o princípio de equivalência de Einstein, os referenciais em queda livre são os verdadeiros referenciais inerciais. Portanto, você, leitor(a), sentado(a) em sua cadeira ou em pé lendo estas linhas, está, mesmo parado(a), sendo acelerado(a) para cima – ou seja, sendo tirado(a) a todo instante da trajetória que seria inercial, como ocorre com o ocupante de um carro fazendo uma curva – pela única força que atua sobre você no momento: a de contato com a cadeira ou o chão (figura 2).

VANZELLA, Daniel. *Relatividade geral*. Disponível em: <http://cienciahoje.org.br/artigo/relatividade-geral/>. Acesso em: 17 ago. 2018.

## 5. Simultaneidade de eventos

Sejam dois sistemas de referência inerciais, **S** (O; x, y, z) e **S**' (O'; x', y', z'), com seus eixos paralelos. Suponha que **S**' se mova no sentido positivo do eixo ***x*** com velocidade constante $\vec{v}$ relativa a **S**, como mostra a imagem abaixo.

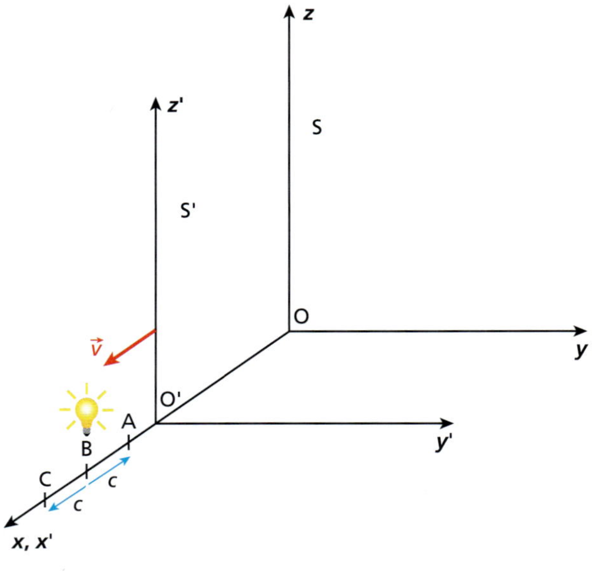


Banco de imagens/Arquivo da editora

Considere agora três observadores, **A**, **B** e **C**, que estão em repouso em relação ao sistema **S'** e suponha que **B** emita um sinal luminoso que se propague em todas as direções e, em relação a todos os sistemas de referência, com a mesma velocidade *c*. Suponha também que **A** e **C** estão à mesma distância de **B**.

No sistema de referência **S'**, o sinal luminoso chega a **A** e a **C** ao mesmo tempo, isto é, os eventos "chegada da luz a **A**" e "chegada da luz a **C**" são simultâneos em **S'**.

No entanto, em **S**, as coisas ocorreriam de maneira diferente.

De acordo com o segundo postulado da relatividade, a luz se propaga em **S** com velocidade *c* em todas as direções, isto é, a velocidade da luz é a mesma em ambos os sentidos do eixo **X**; portanto, no sistema de referência **S**:

- **A** avança para encontrar-se com o feixe de luz
- **C** se afasta, posto que se move no mesmo sentido que o feixe de luz.

Como consequência, o sinal luminoso alcançará o observador **A** antes que o observador **C**. Portanto, os eventos "chegada da luz a **A**" e "chegada da luz a **C**" não são simultâneos relativamente ao referencial **S**.

Essa aplicação do segundo postulado da Relatividade Especial ilustra outra consequência fundamental:

O tempo não transcorre da mesma maneira em todos os sistemas de referência inerciais, isto é, **o tempo não é absoluto**, mas depende do sistema de referência.

Em particular, se dois eventos são simultâneos em um sistema de referência, não o serão em qualquer outro sistema que se mova em relação ao primeiro com movimento retilíneo e uniforme.

## 6. Dilatação do tempo

Se o intervalo de tempo transcorrido durante um mesmo fenômeno for medido por dois observadores diferentes, cada um utilizando um sistema de referência inercial diferente, poderá haver uma diferença entre as medidas apuradas. Essa diferença depende das velocidades dos sistemas de referência utilizados e é possível deduzir uma relação quantitativa entre essas medidas.

**NOTA!**

Se os sistemas de referência utilizados pelos observadores apresentarem velocidades muito menores do que a da luz no vácuo (*c*), ou seja, se apresentarem velocidades comuns em nosso cotidiano, a diferença entre as medidas que cada um realiza pode ser considerada desprezível; mas, se as velocidades forem próximas a *c*, a diferença passa a ser significativa.

Para mostrar como deduzir essa relação, vamos imaginar um experimento mental.

Suponha um dispositivo, constituído de uma fonte de luz e um espelho separados por uma distância *d*, que funcione como um relógio. Esse peculiar relógio é capaz de medir o tempo em unidades que equivalem ao intervalo entre a emissão de um feixe de luz e seu retorno até a fonte, depois de refletir no espelho.

Vamos imaginar que o nosso relógio seja colocado no interior de um trem, de modo que a sua fonte de luz e seu espelho sejam instalados, respectivamente, no piso e no teto do vagão. Neste vagão, além do nosso relógio, há uma passageira, chamada Marina. Fora do trem e em repouso em relação ao solo, está um observador, Felipe.

Vamos estabelecer dois referenciais para poder imaginar nosso experimento mental: um referencial **S** no solo, junto a Felipe; e um referencial **S'** no interior do vagão, junto a Marina. Devido ao movimento do trem, o referencial **S'** se move com velocidade de módulo *v* em relação a **S**.

Ambos, Marina e Felipe, observam o relógio em funcionamento.

Felipe, a partir do referencial **S**, observa o movimento do feixe como representado na imagem abaixo.

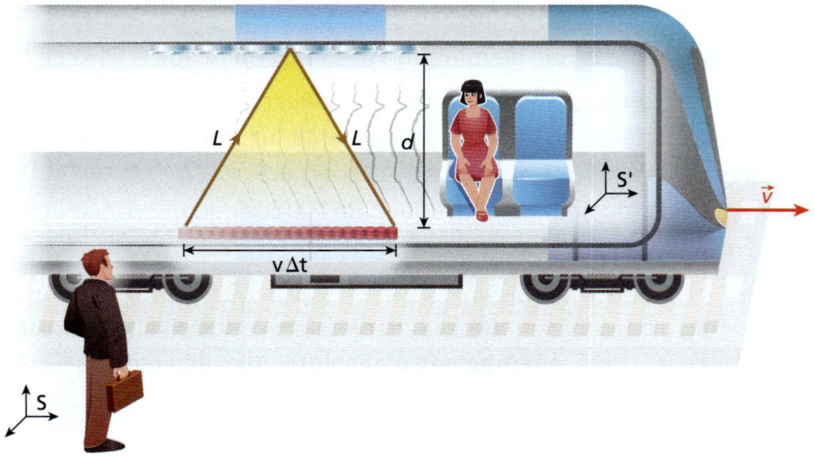

Banco de imagens/Arquivo da editora

Marina observa, a partir do referencial **S'**, o feixe de luz se movimentar diretamente na direção vertical, para cima e então para baixo, como ilustra a imagem a seguir.

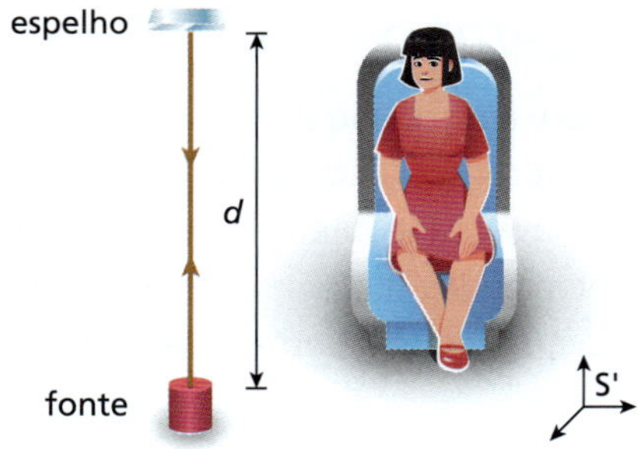

Banco de imagens/Arquivo da editora

Quando Marina termina de ver o feixe de luz ser disparado e voltar à fonte, percorrendo uma distância 2*d* (equivalente à ida até o espelho e à volta até a fonte), o relógio marca uma unidade de tempo. Para Marina é fácil converter essa unidade de tempo, marcada pelo relógio, em uma unidade usual, pois ela conhece o valor da velocidade da luz (que assumiremos como *c*) e o valor da distância percorrida 2*d*. Portanto, no referencial de Marina, que é o **S'**, o intervalo de tempo $\Delta t_0$ que o feixe de luz leva para ir até o espelho e voltar à fonte é dado por:

$$\Delta t_0 = \frac{2d}{c}$$

em que:

- *d* é a distância percorrida pelo feixe de luz para o referencial **S'**;
- *c* é o módulo da velocidade da luz.

Denotamos este intervalo $\Delta t_0$, com o subscrito zero, para indicar que este é o tempo medido a partir do referencial **S'**, que é o que está em repouso em relação ao relógio.

Já Felipe, que está no referencial **S**, realiza uma observação diferente daquela feita por Marina. Para ele, a luz não viaja simplesmente na direção vertical, mas em uma direção oblíqua, devido ao deslocamento do trem.

Para o referencial **S**, enquanto o feixe de luz realiza sua viagem de ida e volta, o trem se locomove uma distância $v\Delta t$. Assim, ao converter a unidade de tempo, marcada pelo relógio, Felipe observa que o caminho percorrido pela luz não vale $2d$, mas sim $2L$, em que $L$ é a hipotenusa do triângulo formado pelo feixe de luz que parte da fonte até refletir no espelho e metade da distância percorrida pelo trem no tempo $\Delta t$ representado abaixo.

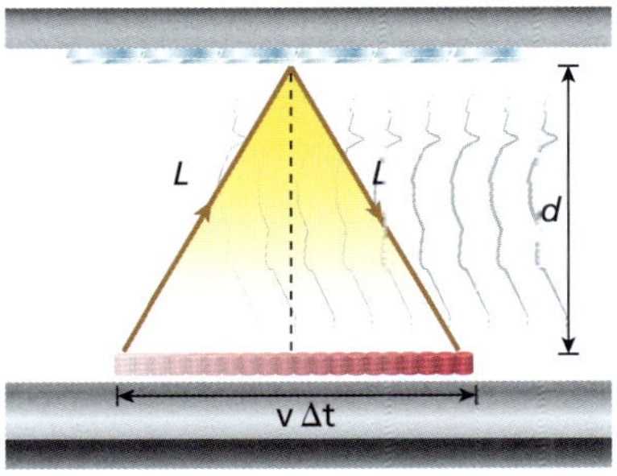

Banco de imagens/Arquivo da editora

Portanto, temos:

$$L = \sqrt{d^2 + \left(\frac{v\Delta t}{2}\right)^2}$$

em que:

- $L$ é a distância percorrida pelo feixe de luz, para o referencial **S**, durante sua ida, que é igual à distância que percorre em sua volta;
- $d$ é a distância entre o piso e o teto do vagão;
- $v$ é a velocidade do trem para o referencial **S**;
- $\Delta t$ é o intervalo de tempo que equivale a uma unidade do relógio no trem para o referencial **S**.

Porém, de acordo com o postulado da Relatividade Especial, Felipe deve observar o feixe de luz viajando com a mesma velocidade $c$ que Marina observa. Portanto, o tempo $\Delta t$ medido por Felipe é dado por:

$$\Delta t = \frac{2L}{c} = \frac{2}{c}\sqrt{d^2 + \left(\frac{v\Delta t}{2}\right)^2}$$

Como queremos relacionar o intervalo de tempo $\Delta t$, medido para o referencial **S** por Felipe, e $\Delta t_0$, medido para o referencial **S'** por Marina, realizamos a substituição $d = \frac{c\Delta t_0}{2}$ na equação de $\Delta t$:

$$\Delta t = \frac{2}{c}\sqrt{\left(\frac{c\Delta t_0}{2}\right)^2 + \left(\frac{v\Delta t}{2}\right)^2}$$

Elevando os dois lados ao quadrado, obtemos a seguinte relação:

$$\left(\frac{c\Delta t}{2}\right)^2 = \left(\frac{c\Delta t_0}{2}\right)^2 + \left(\frac{v\Delta t}{2}\right)^2$$

Agora, isolamos o $\Delta t$ por manipulação algébrica:

$$(c\Delta t)^2 - (v\Delta t)^2 = (c\Delta t_0)^2$$

$$\Delta t^2 (c^2 - v^2) = \Delta t_0^2 c^2$$

$$\Delta t^2 = \Delta t_0^2 \frac{c^2}{c^2 - v^2}$$

Finalmente, dividindo o numerador e o denominador do lado direito da equação acima por $c^2$, temos que a relação entre os intervalos de tempo medidos por Marina ($\Delta t_0$) e por Felipe ($\Delta t$) é dada por:

$$\Delta t = \frac{\Delta t_0}{\sqrt{1 - \frac{v^2}{c^2}}}$$

Observe que, como o módulo $v$ da velocidade do trem é sempre menor que a velocidade da luz $c$, a quantidade $\sqrt{1 - \frac{v^2}{c^2}}$ é sempre menor que 1. Portanto, concluímos que, para qualquer valor de $v$:

$$\Delta t \geqslant \Delta t_0$$

Este resultado mostra que o tempo decorrido desde a emissão do feixe de luz até seu retorno à fonte é maior para Felipe do que para Marina, simplesmente por eles estarem em referenciais com velocidades diferentes. Este fenômeno é conhecido como **dilatação do tempo**.

## O paradoxo dos gêmeos

O fenômeno de dilatação temporal nos leva a um paradoxo. Para entender o problema, que ficou famoso como paradoxo dos gêmeos, considere que Felipe e Marina são irmãos gêmeos e, enquanto Felipe fica no planeta Terra, Marina embarca em uma viagem pela galáxia em alta velocidade.

Vimos que Felipe observa o tempo de Marina passar mais lentamente, isto é, os intervalos de tempo medidos por Felipe são maiores, uma vez que Marina se movimenta com uma velocidade $v$ em relação a ele. Portanto, para Felipe, Marina envelhecerá mais devagar. Quando Marina voltar ao planeta Terra, será mais nova que Felipe.

O problema surge quando percebemos que o contrário também deve ser verdadeiro. Para Marina, é Felipe que se move com velocidade $-v$. Como as leis da Física são as mesmas em qualquer referencial inercial, Marina observa Felipe envelhecer mais lentamente. Isso nos leva a concluir que, quando Marina retornar à Terra, encontrará um Felipe mais novo do que ela!

Quem seria o irmão mais jovem na volta da viagem? O paradoxo é resolvido com base em uma análise mais delicada do problema. Considerando, para esse caso, a Terra um referencial inercial, podemos afirmar que, enquanto Felipe permaneceu em um referencial inercial, Marina sofreu acelerações, pois, ao ir e voltar, seu movimento foi acelerado em algumas partes da viagem. Assim, a comparação das observações não é válida, pois elas não foram feitas a partir de referenciais inerciais. Cálculos mais apurados mostram que realmente é Marina que terá envelhecido menos e retornará à Terra mais jovem do que seu irmão gêmeo Felipe.

## 7. Contração do espaço

Não é apenas o intervalo de tempo entre dois eventos que é relativo, dependendo do referencial. Comprimentos medidos a partir de referenciais se movendo com velocidades distintas também apresentam uma diferença. Para analisar este fenômeno, vamos utilizar uma régua adaptada com uma fonte de luz em uma extremidade e um espelho na outra. Posicionamos a régua dentro do trem em que Marina viaja com velocidade de módulo *v* (referencial **S'**), como mostra a figura a seguir.

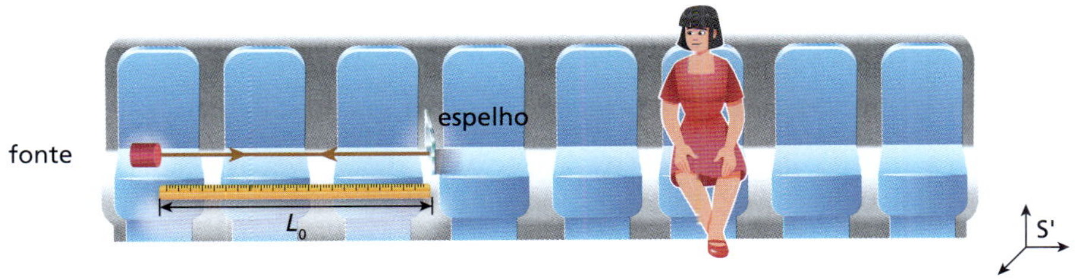


Banco de imagens/Arquivo da editora

A partir de um referencial em repouso em relação a Marina, a régua mede um comprimento $L_0$. O intervalo de tempo $\Delta t_0$ para um feixe de luz emitido refletir e retornar para a fonte é dado por:

$$\Delta t_0 = \frac{2L_0}{c}$$

Já Felipe observa o cenário de forma diferente, como mostra a figura.

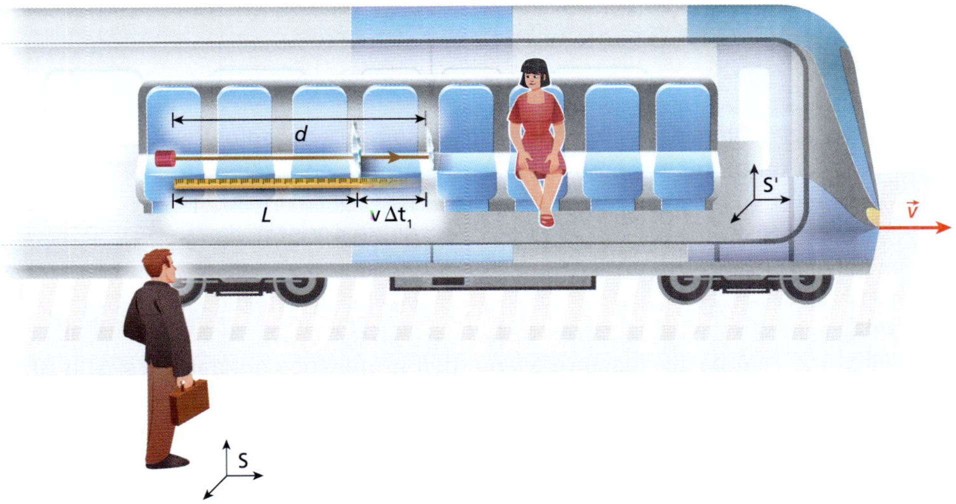


Banco de imagens/Arquivo da editora

Para ele, que se encontra no referencial **S**, a régua também se move com velocidade de módulo *v* durante o tempo de trânsito do pulso de luz. Supondo que Felipe observe a régua com comprimento *L*, o tempo $\Delta t_1$ que ele observa desde a luz sair da fonte até chegar ao espelho é dado por:

$$\Delta t_1 = \frac{L + v\Delta t_1}{c}$$

O termo $v\Delta t_1$ surge devido ao movimento do espelho com velocidade *v* durante a movimentação do feixe de luz. Isolando $\Delta t_1$:

$$\Delta t_1 = \frac{L}{c - v}$$

De forma análoga, é possível mostrar que o tempo $\Delta t_2$ percorrido pela luz, desde que esta se reflete no espelho até voltar para a fonte, é dado por:

$$\Delta t_2 = \frac{L - v\Delta t_2}{c}$$

Agora, o termo $v\Delta t_2$ aparece subtraído, uma vez que o movimento da fonte de luz com velocidade $v$ diminui o percurso total que o feixe deve percorrer. Isolando $\Delta t_2$:

$$\Delta t_2 = \frac{L}{c + v}$$

Por fim, podemos calcular o tempo total observado por Felipe:

$$\Delta t = \Delta t_1 + \Delta t_2$$

$$\Delta t = \frac{L}{c - v} + \frac{L}{c + v}$$

$$\Delta t = L\,\frac{(c + v) + (c - v)}{c^2 - v^2}$$

$$\Delta t = 2L\,\frac{c}{c^2 - v^2}$$

$$\Delta t = \frac{2L}{c}\,\frac{c^2}{c^2 - v^2}$$

$$\Delta t = \frac{2L}{c}\,\frac{1}{\left(1 - \frac{v^2}{c^2}\right)}$$

Além disso, relembrando nosso conhecimento já estabelecido sobre a dilatação temporal, sabemos a relação entre $\Delta t$ e $\Delta t_0$:

$$\Delta t = \Delta t_0\,\frac{1}{\sqrt{1 - \frac{v^2}{c^2}}}$$

A partir dessa relação e das expressões obtidas para $\Delta t$ e $\Delta t_0$ em função do comprimento da régua observado por Marina e por Felipe, temos que:

$$\frac{2L}{c}\,\frac{1}{\left(1 - \frac{v^2}{c^2}\right)} = \frac{2L_0}{c}\,\frac{1}{\sqrt{1 - \frac{v^2}{c^2}}}$$

Simplificando a expressão acima, concluímos que:

$$L = L_0\sqrt{1 - \frac{v^2}{c^2}}$$

Isto é, o comprimento $L$ da régua observado por Felipe quando o trem está em movimento com velocidade $v$ é menor que o comprimento $L_0$ observado por Marina. Por essa razão, chamamos esse fenômeno de **contração do espaço**.

**NOTA!**

O fator $\sqrt{1 - \frac{v^2}{c^2}}$, que aparece tanto na dilatação do tempo quanto na contração do espaço, é o inverso do chamado **fator de Lorentz**. Antes mesmo de Albert Einstein publicar seus artigos, outros cientistas já estavam engajados em resolver o problema da velocidade da luz. Lorentz e Poincaré trabalharam no que hoje conhecemos como **transformadas de Lorentz**, que são largamente utilizadas na Relatividade e que "corrigem" as transformadas de Galileu para velocidades muito altas. Para simplificar as equações, Lorentz resumiu seu fator por $\gamma$, sendo:

$$\gamma = \frac{1}{\sqrt{1 - \frac{v^2}{c^2}}}$$

Uma vez que $\gamma$ (fator de Lorentz) é sempre maior do que 1, seu inverso $\left(\sqrt{1 - \frac{v^2}{c^2}}\right)$ é sempre menor que 1.

JÁ PENSOU NISSO?

**Como sincronizar relógios em movimento?**

Para que o GPS (*Global Positioning System*) possa calcular sua posição, ele precisa de uma informação importante: o tempo em que o sinal foi emitido do relógio interno de seu dispositivo. Portanto, os relógios precisam estar sincronizados.

Esse sistema bilionário consiste em 24 satélites espalhados em torno do planeta, e cada um deles carrega um relógio atômico extremamente preciso. Nessa disposição, qualquer *smartphone* ou outro dispositivo com acesso à rede consegue determinar latitude, longitude e altitude com precisão de até 15 metros – até o presente momento.

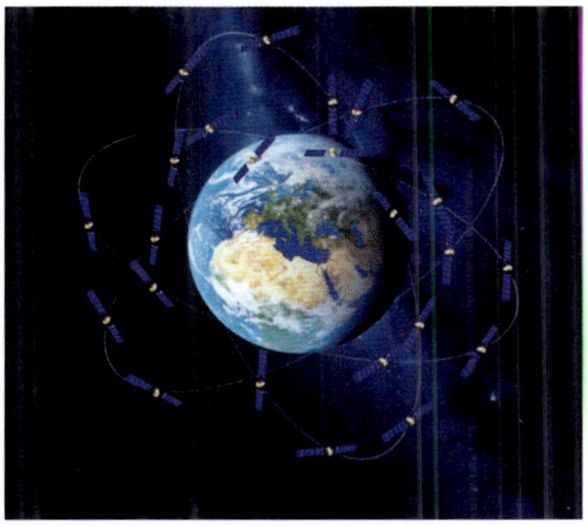


Representação artística dos 24 satélites do sistema de GPS que orbitam o planeta.

Logicamente, este sistema não foi construído para que pudéssemos compartilhar nossos locais preferidos nas redes sociais, mas para fins militares, navegação de embarcações aéreas e marítimas, exploração de petróleo, construção, entre outros.

No mundo relativístico, porém, nada é assim tão simples. Estes satélites estão em constante movimento a aproximados 14 mil km/h, o que é da ordem de 10 milésimos da velocidade da luz. Como relógios em movimento andam mais devagar, é esperado que estes se atrasem em relação aos nossos na Terra (aproximadamente 7 microssegundos de atraso por dia).

Além do mais, esses satélites estão 20 mil km acima de nossas cabeças e são afetados quatro vezes menos pela gravidade, o que nos leva à Teoria da Relatividade Geral, que trata de como objetos massivos (como nosso planeta) curvam o espaço-tempo, o que faz tais relógios avançarem com maior rapidez (mais ou menos 45 microssegundos por dia). Dessa forma, o tempo de diferença entre os satélites e um observador na Terra é de 38 microssegundos (adiantado).

Tal adiantamento é tão gigantesco para o mundo relativístico que, se não o ajustarmos, causaremos erros de navegação imensos, chegando a uma diferença de posição de mais de 8 km por dia! Quer dizer, sem o constante ajuste, o sistema de GPS fracassaria em pouquíssimo tempo.

# 8. Adição de velocidades na Relatividade Especial

Quando deixamos de considerar a relatividade galileana para usar a Relatividade Especial, que apresenta novos conceitos de medidas de tempo e espaço, precisamos alterar, como consequência, a forma de adicionar velocidades. Para compreender a necessidade dessa alteração, considere o seguinte experimento mental.

Um trem se desloca, em relação ao referencial **S** (onde está um observador em repouso e fixo no solo), com velocidade de módulo *u* constante. Dentro desse trem, uma atleta se desloca, em relação ao referencial **S'** (dentro do trem), com velocidade de módulo *v'* e no mesmo sentido do movimento do trem. Ambos os referenciais, **S** e **S'**, são inerciais.

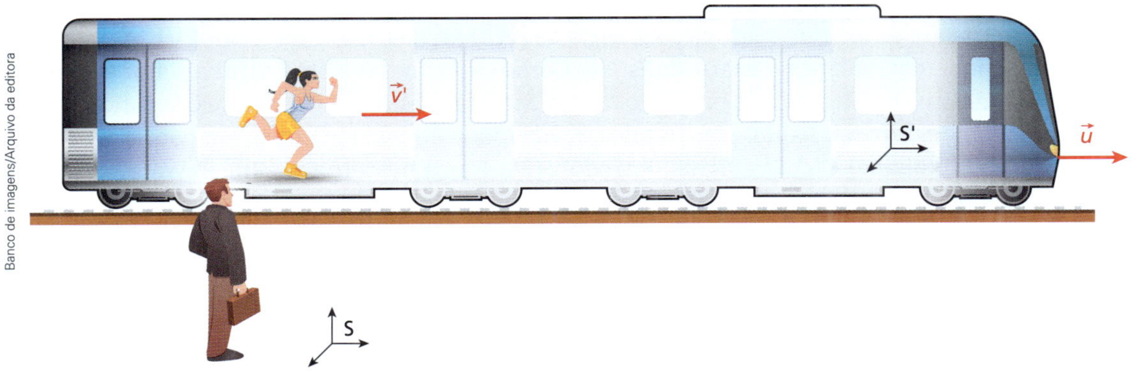

Utilizando as transformações de Galileu, para calcular o módulo *v* da velocidade da atleta em relação ao referencial **S** devemos efetuar a seguinte adição de velocidades:

$$v = v' + u$$

em que:

- *v'* é o módulo da velocidade da atleta em relação ao referencial **S'**;
- *u* é o módulo da velocidade do trem em relação ao referencial **S**.

Utilizando a Relatividade Especial e considerando que a atleta e o trem estejam a velocidades próximas à da luz, essa adição simples de velocidades pode se tornar inconsistente, pois:

$$\text{se } (v' + u) > c \Rightarrow v > c$$

De acordo com a Teoria da Relatividade Especial, o módulo *v* não pode ser maior que *c*, pois violaria o postulado que estabelece a velocidade da luz no vácuo como a velocidade limite para uma partícula. Assim, o cálculo utilizado quando consideramos a relatividade de Galileu não pode ser o mesmo que é usado ao se considerar a Teoria da Relatividade Especial.

A expressão que promove a correção relativística nessa adição de velocidades, e é coerente com os estudos da Física Moderna, é dada por:

$$v = \frac{v' + u}{1 + \frac{uv'}{c^2}}$$

Agora, com o uso desta expressão, podemos fazer a composição de velocidades para partículas com velocidades próximas à da luz, sem corrermos o risco de chegar a uma velocidade resultante que ultrapasse o valor da velocidade *c* da luz no vácuo.

Deve-se observar ainda que, para velocidades ordinárias de *v'* e *u*, ou seja, bem inferiores à velocidade da luz no vácuo, o denominador da fração vale aproximadamente 1. Desse modo, volta-se ao caso clássico que estabelece:

$$v = v' + u$$

## Ampliando o olhar

### O brasileiro que o Nobel esqueceu
### A aventura de Cesar Lattes, que revolucionou nossa visão do mundo subatômico.

Por José Tadeu Arantes

A Real Academia Sueca já incorreu em mais de um deslize na outorga do Prêmio Nobel. Mas poucos tão infelizes quanto o cometido em relação ao físico brasileiro Cesar Lattes. A omissão de seu nome na premiação que celebrou a descoberta do méson pi até hoje espanta os historiadores da ciência. Lattes foi um dos grandes responsáveis pelo desbravamento do mundo subatômico, demonstrando experimentalmente que a matéria não se resume a simples arranjos de prótons, elétrons e nêutrons.

Neto e filho de banqueiros italianos, Cesare Mansueto Giulio Lattes nasceu em Curitiba, Paraná, em 11 de julho de 1924. Iniciou o curso primário em Porto Alegre, Rio Grande do Sul, e concluiu o secundário no Colégio Dante Alighieri, em São Paulo. Aos 16 anos, pelas mãos do pai, encontrou-se com o físico ucraniano (naturalizado italiano) Gleb Wataghin, introdutor da Física moderna no Brasil. Wataghin o aconselhou a aproveitar uma portaria governamental, pular os anos que faltavam e ingressar imediatamente na então Faculdade de Filosofia, Ciências e Letras da Universidade de São Paulo (USP). Com 19 anos, idade na qual muitos estudantes ainda estão se preparando para entrar na Universidade, Lattes ganhava seu primeiro salário como professor-assistente da USP. “Nunca mais fiz curso algum. Daí para frente, o que eu aprendi, aprendi fazendo”, disse-me, com indisfarçável orgulho.

Marcello Damy de Souza Santos, que foi seu professor de Física geral e experimental, registrou a notável intuição de Lattes para os fenômenos físicos e sua habilidade como experimentador. Tanta que, ainda aluno, Wataghin e o italiano Giuseppe Occhialini o convidaram a participar de pesquisas teóricas e experimentais. "Meu primeiro trabalho foi com Wataghin", recorda-se. "Construímos o modelo teórico de um gás com temperatura da ordem de trilhões de graus e pressão 10 milhões de vezes maior que a da água. Nesse meio hipotético, semelhante ao que deve ter existido numa fase inicial da vida do Universo, verificamos que a abundância na formação de núcleos atômicos correspondia à sequência real dos elementos situados entre o carbono e o argônio na tabela periódica. Supõe-se que os elementos mais leves tenham sido formados antes, em pressões e temperaturas ainda maiores, e os elementos mais pesados, depois."

O trabalho seguinte, Lattes realizou sob a orientação do grande físico brasileiro Mário Schenberg. "Era um modelo teórico do elétron, supondo uma partícula puntiforme dotada de momento angular", relata. "Uma 'calculeira' infernal! A equação do movimento tinha várias dezenas de termos. Depois que consegui acabar, nunca mais me dediquei à Física teórica. Decidi virar experimentador." [...] Em 1946, apenas três anos depois de formado, o jovem partia para a Inglaterra, unindo-se ao grupo de pesquisadores liderados por Cecil Powell, na Universidade de Bristol. [...]

O inglês vinha estudando os traços produzidos por partículas subatômicas em certas chapas especiais, espessas e sensíveis, chamadas "emulsões fotográficas". Pela análise dos rastros deixados por essas partículas era possível determinar sua massa, energia e outras propriedades físicas. O trabalho se arrastava há 10 anos, sem resultados importantes. A entrada de Occhialini e Lattes reoxigenou o grupo. [...]

Disponível em: <https://josetadeuarantes.wordpress.com/2013/01/04/cesar-lattes-o-brasileiro-que-o-nobel-esqueceu/>. Acesso em: 3 set. 2018.

Ari Vicentini/Agência Estado

Cesar Lattes: descobridor do méson pi.
- Nascido em Curitiba, Paraná, em 1924; casado com Martha Siqueira Neto Lattes, pai de quatro filhas, avô de nove netos.
- Sua descoberta, realizada aos 22 anos, abriu caminho para a nova Física de partículas, mostrando que há muito mais coisas nas entranhas do átomo do que prótons, elétrons e nêutrons.
- Morreu em março de 2005.

## Exercícios Nível 1

**1.** E.R. Considere a situação hipotética em que uma espaçonave navega passando pela Terra com uma velocidade de 0,990*c*. Um tripulante a bordo mede o comprimento da espaçonave, obtendo o valor de 400 m. Qual é o comprimento que observadores na Terra mediriam ao observar a espaçonave?

Dotted Yeti/Shutterstock

**Resolução:**

O tripulante a bordo da espaçonave se movimenta com a mesma velocidade desta, igual a 0,990*c*. Portanto, o comprimento $L_0$ da espaçonave medido por ele é dado por:

$$L_0 = 400 \text{ m}$$

Entretanto, um observador na Terra vê a espaçonave se movimentando com velocidade $v = 0{,}990c$ em relação à Terra, em que *c* é a velocidade da luz e vale $c \cong 3 \cdot 10^8$ m/s. Devido a essa velocidade, os efeitos relativísticos fazem com que um observador na Terra obtenha outro valor para o comprimento da espaçonave, *L*, decorrente da contração do espaço. Para determinarmos *L*, temos:

$$L = L_0\sqrt{1 - \frac{v^2}{c^2}}$$

Substituindo os valores:

$$L = 400\sqrt{1 - \frac{0,99^2 c^2}{c^2}}$$

$$L = 400\sqrt{1 - 0,99^2}$$

$$\boxed{L \cong 56,4\ \text{m}}$$

Portanto, o comprimento da espaçonave obtido por pessoas na Terra é de apenas 56,4 m. Lembre-se de que, para um observador dentro da nave, ela terá 400 m de comprimento. Essa contração da espaçonave, percebida na observação feita a partir da Terra, decorre apenas da diferença do referencial a partir do qual o comprimento é medido. Portanto, quanto maior for a velocidade do objeto observado em relação ao referencial adotado (no caso, 99% de *c*), maior será o efeito da contração do espaço percebida.

**2.** Dois irmãos gêmeos, um astronauta e outro engenheiro aeroespacial, se separaram devido à viagem espacial que o irmão astronauta fez em um foguete relativístico. O foguete relativístico partiu da Terra com velocidade v = 0,8c, em relação à Terra, transportando o astronauta. Em relação ao foguete, a viagem de ida e volta durou 3 anos.

Donald Iain Smith/Photodisc/Getty Images

Astronauta, antes de realizar sua missão espacial, e seu irmão gêmeo.

Para o irmão engenheiro que ficou na Terra, quanto tempo durou a viagem?

**3.** (UFRGS-RS) Dilatação temporal e contração espacial são conceitos que decorrem da

a) Teoria Especial da Relatividade.
b) Termodinâmica.
c) Mecânica Newtoniana.
d) Teoria Atômica de Bohr.
e) Mecânica Quântica.

**4.** (UEM-PR) Em 1905, Albert Einstein propôs mudanças no estudo do movimento relativo entre corpos. A proposta de Einstein ficou conhecida como a Teoria da Relatividade Especial. Sobre a Teoria da Relatividade Especial de Einstein, é correto afirmar que:

E.R.

(01) As leis da Física mudam quando se muda o referencial inercial.
(02) A velocidade da luz no vácuo tem o mesmo valor em todos os referenciais inerciais. Não depende do movimento da fonte de luz e tem igual valor em todas as direções.
(04) A massa de um corpo é constante, independentemente da velocidade desse corpo.
(08) A energia total (*E*, em joules) de um corpo de massa (*m*, em quilogramas) é o produto de sua massa pelo quadrado da velocidade da luz no vácuo (*c*, em metros por segundo), ou seja, $E = mc^2$.
(16) Na natureza não podem ocorrer interações com velocidade menor do que a velocidade da luz.

**Resolução:**

(01) **Incorreta**. As leis da Física são invariáveis em todos os sistemas inerciais (princípio da relatividade de Galileu).
(02) **Correta**. Postulado da Teoria da Relatividade Especial.
(04) **Incorreta**. A massa, tal qual o tempo e o espaço, é variável de acordo com a Teoria da Relatividade Especial.
(08) **Correta**. Consequência da Teoria da Relatividade Especial.
(16) **Incorreta**. A velocidade da luz é o limite máximo, não mínimo.

Resposta: 02 e 08.

**5.** (UPF-RS) Analise as afirmações sobre tópicos de Física Moderna.

I. Um dos postulados da Teoria da Relatividade Especial é o de que as leis da Física são idênticas em relação a qualquer referencial inercial.

II. Um segundo postulado da Teoria da Relatividade Especial é o de que a velocidade da luz no vácuo é uma constante universal que não depende do movimento da fonte de luz.
III. Denomina-se efeito fotoelétrico a emissão de fótons por um material metálico quando exposto a radiação eletromagnética.
IV. A Física Moderna destaca que em algumas situações a luz se comporta como onda e, em outras situações, como partícula.

Está **correto** apenas o que se afirma em:

a) I e II.
b) II e III.
c) I, II e III.
d) II e IV.
e) I, II e IV.

**6.** (FGV-SP) Não está longe a época em que aviões poderão voar a velocidades da ordem de grandeza da velocidade da luz (*c*) no vácuo. Se um desses aviões, voando a uma velocidade de 0,6*c*, passar rente à pista de um aeroporto de 2,5 km, percorrendo-a em sua extensão, para o piloto desse avião a pista terá uma extensão, em km, de

a) 1,6
b) 2,0
c) 2,3
d) 2,8
e) 3,2

## Exercícios Nível 2

**7.** (Unesp-SP) Instituído pela Organização das Nações Unidas, 2005 foi o Ano Mundial da Física, em que se comemorou o centenário dos trabalhos revolucionários publicados por Albert Einstein, o mais importante cientista do século XX (segundo a revista norte-americana *Time*). Na Teoria da Relatividade Especial, de Einstein, objetos que se movem com velocidade *v* em relação a um referencial inercial têm o tempo dilatado por um fator $\gamma$, para um observador em repouso nesse referencial. A tabela mostra valores de $\gamma$ para diversos módulos da velocidade *v*, representados em múltiplos da velocidade da luz, *c* (ou $3,0 \cdot 10^8$ m/s).

| *v* | $\gamma$ |
|---|---|
| 0,000c | 1,000 |
| 0,100c | 1,005 |
| 0,200c | 1,021 |
| 0,400c | 1,091 |
| 0,600c | 1,250 |
| 0,800c | 1,667 |
| 0,900c | 2,294 |
| 0,998c | 15,82 |
| 0,999c | 22,37 |
| c | $\infty$ |

Segundo este modelo, pede-se:

a) qual a velocidade, em m/s, que deve ser atingida pelo objeto para que a dilatação do tempo seja de apenas 0,5%? Comente como esse resultado explica por que as pessoas não percebem os efeitos da dilatação do tempo no seu dia a dia.

b) se para o objeto passaram-se 10 minutos, quantos minutos se passaram para um observador no referencial inercial que vê o objeto se movimentando à velocidade de 0,600*c*?

**8.** (UFC-CE) A figura abaixo mostra uma nave espacial em forma de cubo que se move no referencial **S**, ao longo do eixo ***x***, com velocidade v = 0,8c (*c* é a velocidade da luz no vácuo). O volume da nave, medido por um astronauta em repouso dentro dela, é $V_0$. Calcule o volume da nave medido por um observador em repouso no referencial **S**.

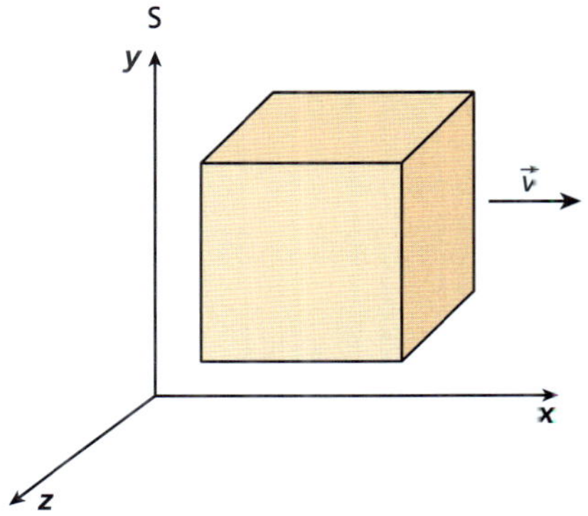




**9.** (UFPE) Um astronauta é colocado a bordo de uma espaçonave e enviado para uma estação espacial a uma velocidade constante v = 0,8c, em que *c* é a velocidade da luz no vácuo. No referencial da espaçonave, o tempo transcorrido entre o lançamento e a chegada na estação espacial foi de 12 meses. Qual o tempo transcorrido no referencial da Terra, em meses?

Bloco 2

## 9. Massa relativística

No bloco anterior, no qual discutimos a Cinemática relativística, conseguimos estabelecer um conceito importante.

A velocidade da luz no vácuo é um limite da natureza.

O que aconteceria com um corpo de massa $m_0$ se tentássemos aumentar sua velocidade indefinidamente?

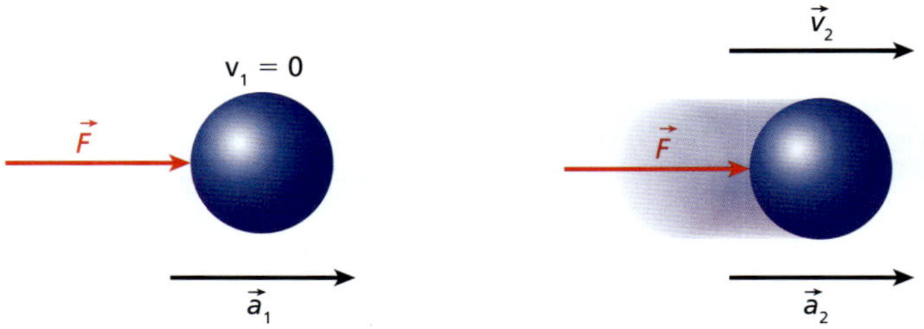


De acordo com a Física Clássica, sua velocidade deveria aumentar continuamente, sem que houvesse um limite para esse aumento.

Sabemos, no entanto, que isso de fato não acontece. A Relatividade impõe restrições e estabelece condições para essa experiência de pensamento.

Denominemos $m_0$ a **massa de repouso** do corpo em questão. Massa de repouso é definida, como bem sugere o nome, como a massa de um corpo que está em repouso em relação a um determinado referencial. Essa é a massa inercial, ou gravitacional, da Física newtoniana.

A Relatividade estabelece que, à medida que esse corpo aumenta sua velocidade relativamente a esse referencial, sua massa também aumenta. Essa relação é dada por:

$$m = \frac{m_0}{\sqrt{1 - \frac{v^2}{c^2}}}$$

em que $m$ é denominada **massa relativística**, $m_0$ é a massa de repouso, $c$ é velocidade da luz no vácuo e $v$ é a intensidade da velocidade do corpo em determinado instante.

Observe que, no denominador da razão, a raiz quadrada da expressão é menor do que 1 e, consequentemente, a massa $m$ será maior que $m_0$.

Nesse momento, devemos tomar um certo cuidado com as palavras. O que é exatamente o significado desse aumento de massa? Não há de fato um aumento do número de átomos e partículas que constituem o corpo. Temos, na verdade, um aumento de sua **inércia**. À medida que a velocidade do corpo aumenta, vai aumentando a dificuldade para se produzir variações nessa velocidade. A aceleração do corpo não será constante e a velocidade terá um limite superior: a velocidade da luz no vácuo.

Na Física Clássica não haveria esse limite imposto pela Teoria da Relatividade Especial. O gráfico seguinte mostra como a velocidade de um objeto acelerado aumenta na perspectiva da Física Clássica e quando consideramos os efeitos da Relatividade:

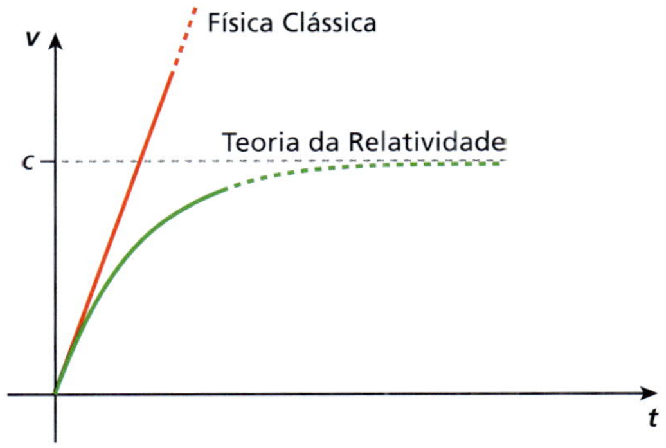


Banco de imagens/Arquivo da editora

Nessa outra representação gráfica, podemos compreender melhor algumas situações-limite:

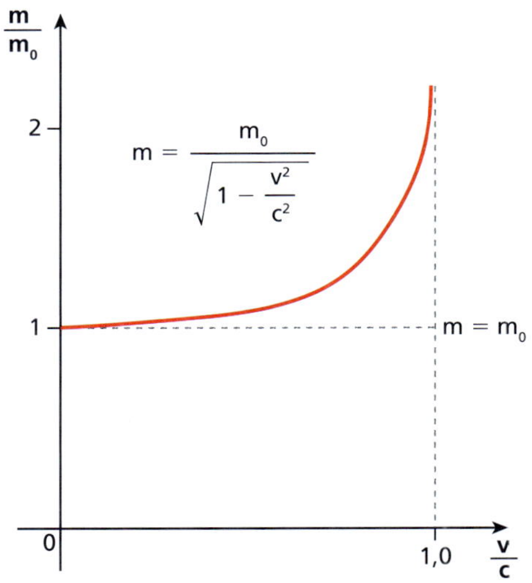


Banco de imagens/Arquivo da editora

Quando a velocidade *v* tende à velocidade da luz no vácuo, a inércia da partícula tende ao infinito.

Observe no eixo das abcissas que, quando a velocidade *v* do corpo tem valores muito menores que a velocidade da luz, temos:

$$\frac{v}{c} \rightarrow 0 \text{ ; consequentemente, } m \rightarrow m_0 \text{ , ou seja, } \frac{m}{m_0} \rightarrow 1$$

Assim, para velocidades muito menores que a velocidade da luz, estamos no contexto da Física Clássica.

Ainda no gráfico, percebemos que, quando a velocidade *v* do corpo assume valores próximos à velocidade da luz *c*, a razão $\frac{m}{m_0}$ assume valores muito grandes. Esse fato pode ser confirmado pela análise da expressão da massa relativística:

$$m = \frac{m_0}{\sqrt{1 - \frac{v^2}{c^2}}}$$

Quando $v \rightarrow c$, a razão $\frac{v^2}{c^2} \rightarrow 1$.

**NOTA!**

O símbolo → significa "tende a", isto é, significa que a variável assume valores infinitesimalmente próximos do indicado. Portanto, a expressão ao lado pode ser lida assim: "$\frac{v}{c}$ tende a zero; consequentemente, *m* tende a $m_0$, ou seja, $\frac{m}{m_0}$ tende a 1".

Nessas condições, $\sqrt{1 - \frac{v^2}{c^2}} \rightarrow 0$ e, consequentemente, $m \rightarrow \infty$.

Concluímos que, como nenhum corpo pode ter inércia infinita, é simplesmente impossível que um corpo dotado de massa atinja a velocidade da luz no vácuo.

## 10. Quantidade de movimento relativística

Sabemos que, em um sistema isolado, qualquer interação entre dois corpos obedece ao Princípio de Conservação da Quantidade de Movimento. Esse princípio deve ser verificado em qualquer referencial inercial.

Se um observador **A** parado na calçada assistir à colisão entre dois veículos, enquanto outro observador, **B**, assistir à mesma colisão passando pelo local com velocidade constante, o primeiro postulado da Relatividade Especial ou Restrita assegura que esses dois observadores medirão uma quantidade de movimento total constante para o sistema formado pelos dois veículos, isto é, igual antes, durante e após a colisão entre eles.

Para velocidades muito menores que a velocidade da luz, a intensidade da quantidade de movimento clássica $Q$ para um corpo de massa $m_0$ dotado de velocidade $v$ é:

$$Q = m_0 v$$

Porém, para preservarmos a conservação da quantidade de movimento quando temos velocidades comparáveis à velocidade da luz, o módulo da quantidade de movimento relativística deve ser dado pela relação:

$$Q = \frac{m_0 v}{\sqrt{1 - \frac{v^2}{c^2}}}$$

Novamente nos deparamos com o fator $\frac{1}{\gamma}$:

$$\sqrt{1 - \frac{v^2}{c^2}}$$

Sabemos que este fator é sempre menor que 1 e, como está no denominador da fração, concluímos que o módulo da quantidade de movimento relativística será sempre maior que o módulo da quantidade de movimento não relativística.

**NOTA!**

O fator de Lorentz foi obtido pela primeira vez em 1906 por Max Planck (1858-1947), enquanto estudava a ação de um campo eletromagnético sobre partículas carregadas; mais tarde, esse mesmo coeficiente foi obtido para reescrever a quantidade de movimento clássica, $Q = mv$, para que o Princípio de Conservação da Quantidade de Movimento fosse válido em quaisquer referenciais inerciais. Desse modo, convencionou-se chamar **massa relativística** ao produto $m = \gamma m_0$.

Na verdade, a massa não é um atributo físico relativo, dependente do observador, mas uma propriedade intrínseca dos corpos. Os efeitos relativísticos não são devidos a algo que acontece com o corpo: são uma consequência das propriedades do espaço e do tempo.

Para velocidades cotidianas de carros, aviões e animais, é absolutamente indiferente usarmos o conceito clássico ou relativístico da quantidade de movimento para descrevermos uma colisão; porém, quando estudamos uma partícula ou uma colisão de partículas com velocidades próximas à velocidade da luz, é imprescindível que analisemos o sistema do ponto de vista relativístico. O gráfico a seguir mostra o aumento muito rápido da razão entre o módulo da quantidade de movimento relativístico e não relativístico quando se aproxima da velocidade da luz.

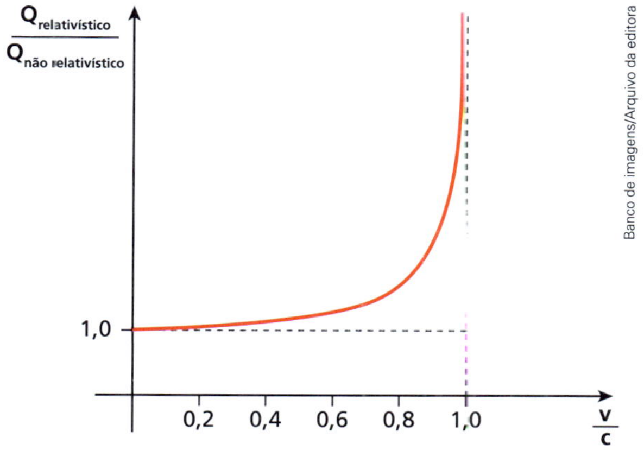


## 11. Equivalência entre massa e energia

Praticamente um mês após a publicação de sua Teoria da Relatividade, Einstein publicou um artigo em que analisava as consequências do aumento relativístico da massa de uma partícula livre de massa de repouso $m_0$. Vamos analisar a expressão seguinte:

$$\frac{1}{\sqrt{1-\frac{v^2}{c^2}}}$$

Com um pouco de manipulação algébrica, ela pode ser escrita na forma de uma expansão binomial do tipo:

$$(1-x)^n = 1 - nx + n(n-1)\frac{x^2}{2} - \ldots$$

em que

$$n = -\frac{1}{2} \quad \text{e} \quad x = \frac{v^2}{c^2}$$

Assim,

$$\frac{1}{\sqrt{1-\frac{v^2}{c^2}}} = 1 + \frac{1}{2}\left(\frac{v^2}{c^2}\right) + \frac{3}{8}\left(\frac{v^2}{c^2}\right)^2 + \ldots$$

Para velocidades $v$ pequenas, podemos desconsiderar os valores obtidos a partir do terceiro termo, pois são termos desprezíveis em relação aos dois primeiros. Assim, obtemos:

$$\frac{1}{\sqrt{1-\frac{v^2}{c^2}}} \cong 1 + \frac{1}{2}\left(\frac{v^2}{c^2}\right) \Rightarrow m = \frac{m_0}{\sqrt{1-\frac{v^2}{c^2}}} \cong m_0\left(1 + \frac{1}{2}\frac{v^2}{c^2}\right)$$

**NOTA!**

Na expansão binomial, os termos que desprezamos nos revelam algo importante. Quando trabalhamos com velocidades bem inferiores à velocidade da luz, a Mecânica newtoniana serve bem aos propósitos da Física. Se é verdade que a Relatividade corrige rigorosamente a Mecânica newtoniana, não nos esqueçamos de que foi basicamente Newton e a Física Clássica que levaram o homem à Lua.

Desse modo, a massa relativística de uma partícula será dada por:

$$m = m_0 + \frac{1}{2}\frac{m_0 v^2}{c^2}$$

Multiplicando todos os termos dessa igualdade pelo termo $c^2$:

$$mc^2 = m_0 c^2 + \frac{1}{2} m_0 v^2$$

Vamos às definições: nessa expressão, $E_0 = m_0 c^2$ corresponde à **energia de repouso da partícula** e $E_c = \frac{1}{2} m_0 v^2$ corresponde à **energia cinética da partícula**.

Para uma partícula livre de campos externos, a soma $E_0 + E_c$ representa a sua **energia total *E***, assim:

$$E = E_0 + E_c \Rightarrow E = m_0 c^2 + \frac{1}{2} m_0 v^2 = mc^2$$

$$E = mc^2$$

Podemos estabelecer as seguintes relações:

$$E_c = E - E_0$$

$$E_c = mc^2 - m_0 c^2$$

Mas também sabemos que:

$$m = \gamma m_0$$

Lembrando que $\gamma$ é:

$$\gamma = \frac{1}{\sqrt{1 - \frac{v^2}{c^2}}}$$

Portanto, podemos concluir que:

$$E_c = \gamma m_0 c^2 - m_0 c^2$$

$$E_c = m_0 c^2 (\gamma - 1)$$

Por fim, podemos ainda escrever:

$$E - E_0 = mc^2 - m_0 c^2$$

$$E - E_0 = (m - m_0) c^2$$

$$\Delta E = \Delta m c^2$$

Essa relação, já vista no Tópico 1 desta unidade, mostra que a massa inercial de um corpo varia caso este corpo receba ou perca energia, ou seja, existe uma equivalência entre massa e energia.

## 12. Relação entre energia e quantidade de movimento relativística

Em Física de altas energias ou Física de partículas, é muito importante relacionar a quantidade de movimento $Q$ de uma partícula com sua energia total $E$. Nos microcosmos estudados e pesquisados nos aceleradores de partículas nucleares, colisões e trocas de energia são analisadas sob a luz da Relatividade.

Vamos articular as expressões que já conhecemos para encontrar a relação entre $Q$ e $E$ a seguir. Podemos elevar os dois membros da equação da energia ao quadrado e fazer o mesmo com a expressão da quantidade de movimento. Se, além disso, multiplicarmos a última por $c^2$, obteremos as relações (I) e (II) a seguir:

$$E = mc^2 \Rightarrow E^2 = m^2c^4 \quad \text{(I)}$$

$$Q = mv \Rightarrow Q^2 = m^2v^2 \Rightarrow Q^2c^2 = m^2v^2c^2 \quad \text{(II)}$$

Efetuando-se (I − II), temos:

$$E^2 - Q^2c^2 = m^2c^4\left(1 - \frac{v^2}{c^2}\right)$$

Podemos simplificar a expressão acima substituindo a massa inercial que aparece por sua expressão em termos da massa de repouso:

$$m = \frac{m_0}{\sqrt{1 - \frac{v^2}{c^2}}} \Rightarrow m^2 = \frac{m_0^2}{\left(1 - \frac{v^2}{c^2}\right)}$$

Portanto,

$$E^2 - Q^2c^2 = \frac{m_0^2c^4}{\left(1 - \frac{v^2}{c^2}\right)}\left(1 - \frac{v^2}{c^2}\right)$$

$$E^2 = Q^2c^2 + (m_0c^2)^2$$

A expressão obtida acima revela um grande resultado da Teoria da Relatividade. Enquanto a Física Clássica previa que a quantidade de movimento deveria ser nula para partículas de massa nula, podemos depreender de $E^2 = Q^2c^2 + (m_0c^2)^2$ que, mesmo que uma partícula tenha massa de repouso nula ($m_0 = 0$), poderá ser dotada de energia total $E$ e quantidade de movimento $Q$ relacionados por:

$$E = Qc$$

Este é o caso dos fótons, que se movem à velocidade da luz e têm massa de repouso nula. Tal resultado nos leva a indagar como a luz se comporta em colisões com a matéria, uma vez que apresenta quantidade de movimento.

**NOTA!**

A seguir, temos a formulação original da equivalência entre massa e energia no artigo de Albert Einstein:

"A massa de um corpo é uma medida de seu conteúdo de energia; se a energia muda de $E$, a massa varia no mesmo sentido de $\frac{E}{c^2}$. Não é impossível que, com corpos cujo conteúdo de energia é variável em um alto grau (por exemplo, com sais de rádio), a teoria possa ser colocada à prova com sucesso. Se a teoria corresponder aos fatos, a radiação carrega inércia entre os corpos emissores e os corpos absorvedores."

EINSTEIN, A. A inércia de um corpo depende de seu conteúdo energético?. In: STACHEL, John. *O ano miraculoso de Einstein: cinco artigos que mudaram a face da Física*. Rio de Janeiro: Editora UFRJ, 2001.

## Ampliando o olhar

### Radiação de Cherenkov (mais rápida que a luz?)

Um fenômeno muito interessante acontece quando raios cósmicos de alta energia atingem a atmosfera terrestre. Os constituintes desses raios cósmicos sofrem fragmentações e as partículas oriundas dessa fragmentação, quando imergem em água, se propagam com velocidade maior que a da luz. Cuidado, não estamos afirmando que tais partículas violam o 2º Postulado de Einstein, que estabelece a velocidade da luz no vácuo como um limite máximo. Essas partículas se propagam com velocidade maior que a da luz nesse meio (a água).

As velocidades atingidas por esses fragmentos na água estão na faixa de 225 000 km/s. Essa velocidade é maior do que a velocidade que a luz teria nesse mesmo meio. Portanto, não há violação ao limite estabelecido pela Teoria da Relatividade, de 300 000 km/s como a maior velocidade real possível, que seria a velocidade de propagação da luz no vácuo.

Uma primeira observação do que hoje é conhecido como radiação Cherenkov foi feita por Marie Curie (1867-1934) ainda no ano de 1910, ao notar o brilho azulado que era emitido por garrafas que continham sais de rádio dissolvidos em água destilada. Porém, foi Pavel **Cherenkov** (1904-1990), físico russo, quem estudou detalhadamente o fenômeno e o explicou. A explicação do fenômeno rendeu a ele e a dois compatriotas seus o Prêmio Nobel de Física no ano de 1958. Cherenkov estudava os fenômenos produzidos por substâncias radioativas quando imersas em determinados líquidos.

O **Efeito Cherenkov** ocorre quando uma partícula carregada atravessa um meio com velocidade superior à que a luz teria nesse determinado meio $\left(v > \frac{c}{n}\right)$. Nessa situação, há a emissão de uma radiação na faixa do visível (luz azulada característica do efeito). A propagação da partícula nesse meio acontece de maneira análoga à das partículas supersônicas no ar, formando um "cone de Cherenkov".

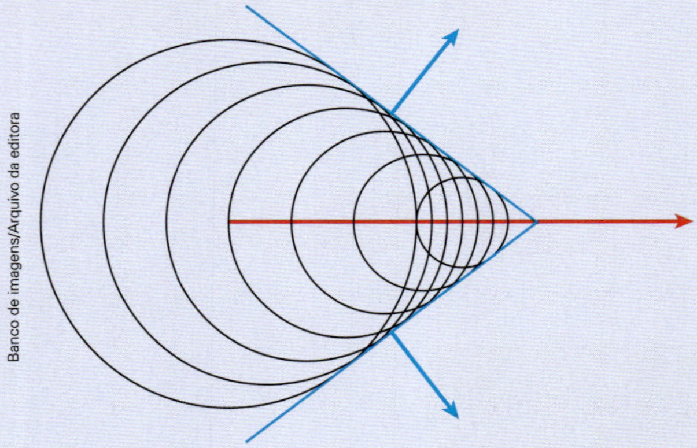


Representação esquemática do cone de Cherenkov. A seta vermelha representa a velocidade da partícula e as setas azuis representam a propagação da radiação.

Voltando aos raios cósmicos, devido ao altíssimo conteúdo energético desses raios, o campo magnético terrestre não consegue desviá-los, ou seja, é possível detectar a direção quase exata de onde esses raios foram emitidos. Os cientistas perceberam que esses raios cósmicos vêm de outras galáxias, vizinhas à nossa. Isso fornece novas ferramentas para estudar o Universo que nos cerca.

No reator do Centro de Energia Atômica, em Saclay, França, é possível observar a radiação azulada característica do Efeito Cherenkov.

## DESCUBRA MAIS

Desde a Antiguidade a humanidade especula em torno da origem e da natureza do Universo. Existirá um fim? O Universo sempre existiu ou teve um começo definido? Edwin **Hubble** (1889-1959), em 1929, deu uma contribuição crítica: o Universo está se expandindo.

Na Grécia antiga, a maioria dos filósofos tendia a defender a ideia de universos cíclicos ou lineares (finitos), apesar de encontrarem paradoxos em ambos os casos. Depois de propostas as Leis de Newton, foi encontrado um problema: se tudo na natureza se atrai, o Universo deveria colapsar em si mesmo, mas claramente isso não aconteceu. Com a publicação da Teoria da Relatividade Geral (1915), Einstein caiu na mesma armadilha. Para resolver essa situação, criou uma constante, a constante cosmológica, que leva a um Universo estático, e isso parece resolver bem o caso.

Setlev Van Ravenswaay/SPL/Latinstock

Representação da evolução do Universo de acordo com os dados mais recentes.

Nesse mesmo período, astrônomos tomavam medições do espectro de objetos que mostravam um aumento sistemático de comprimento de onda, que foi chamado de *redshift* (ou desvio para o vermelho, uma anomalia causada pelo Efeito Doppler). Mais tarde, foi descoberto que essas medições estavam associadas a galáxias muito distantes.

A grande contribuição de Hubble foi medir a distância relativa de várias galáxias analisando o brilho aparente de algumas estrelas. Ao analisar os dados de *redshift* e a distância relativa, viu que o *redshift* aumentava de maneira linear, o que necessariamente levava à conclusão de um **Universo em expansão**. Uma vez que os cientistas perceberam que o Universo estava em expansão, concluíram que ele era menor antes – o estado inicial foi denominado *big-bang*.

A partir daquele momento, físicos, astrônomos e astrofísicos começaram a tentar prever o comportamento do Universo, que, dependendo da sua curvatura, apresenta diferentes destinos. São três hipóteses: esférico, hiperbólico ou plano. Os dados atuais convergem para um resultado mostrando que nosso Universo é plano e, portanto, de volume infinito, o que leva à provável conclusão de que ele vai se expandir e, junto com a energia escura, desmantelará toda e qualquer estrutura já existente.

1. Pesquise quais eram os modelos gregos de Universo e seus principais problemas.
2. O texto fala que o *redshift* é uma anomalia causada pelo Efeito Doppler, mas o que é este efeito? Discuta com os seus colegas outras anomalias causadas por esse efeito.
3. O texto termina falando sobre o fim do Universo como o conhecemos, um momento em que toda a matéria se separará; até os átomos serão desfeitos. Essa teoria é chamada *The Big Rip*. Pesquise e discuta com seus colegas o papel que a energia escura e a curvatura do Universo desempenham neste fenômeno.

## Exercícios Nível 1

**10.** (UFJF-MG) A velocidade é uma grandeza relativa, ou seja, a sua determinação depende do referencial a partir do qual está sendo medida. A Teoria da Relatividade Especial, elaborada em 1905 pelo físico alemão Albert Einstein, afirma que o comprimento e a massa de um objeto são grandezas que também dependem da velocidade e, consequentemente, são relativas.

Sobre a Teoria da Relatividade Especial, julgue os itens abaixo e marque a alternativa **correta**.

I. A massa de um objeto é independente da velocidade do mesmo, medida por qualquer referencial inercial.

II. A velocidade da luz é um limite superior para a velocidade de qualquer objeto.

III. Intervalos de tempo e de espaço são grandezas absolutas e independentes dos referenciais.

IV. As leis da Física são as mesmas em todos os sistemas de referência inercial.

V. Massa e energia são quantidades que não possuem nenhuma relação.

a) Somente II e III estão corretas.
b) Somente I e II estão corretas.
c) Somente I e V estão corretas.
d) Somente I e III estão corretas.
e) Somente II e IV estão corretas.

**11.** (Udesc) A proposição e a consolidação da Teoria da Relatividade e da Mecânica Quântica, componentes teóricos do que se caracteriza atualmente como Física Moderna, romperam com vários paradigmas da Física Clássica. Baseando-se especificamente em uma das teorias da Física Moderna, a Relatividade Restrita, analise as proposições.

I. A massa de um corpo varia com a velocidade e tenderá ao infinito quando a sua velocidade se aproximar da velocidade da luz no vácuo.

II. A Teoria da Relatividade Restrita é complexa e abrangente, pois descreve tanto movimentos retilíneos e uniformes quanto movimentos acelerados.

III. A Teoria da Relatividade Restrita superou a visão clássica da ocupação espacial dos corpos, ao provar que dois corpos, com massa pequena e velocidade igual à velocidade da luz no vácuo, podem ocupar o mesmo espaço ao mesmo tempo.

Assinale a alternativa **correta**.

a) Somente a afirmativa I é verdadeira.
b) Somente as afirmativas I e II são verdadeiras.
c) Somente a afirmativa II é verdadeira.
d) Somente as afirmativas I e III são verdadeiras.
e) Todas as afirmativas são verdadeiras.

## Exercícios Nível 2

**12.** E.R. Muitas pesquisas e muitos cientistas contribuíram para a descoberta do elétron, porém, de modo oficial, essa descoberta é atribuída a J. J. Thomson, físico britânico, no ano de 1897.

a) Qual é a energia de repouso de um elétron, em J e em eV?

b) Determine a energia total de um elétron com energia cinética de 2,53 MeV.

c) Qual a magnitude da quantidade de movimento $Q$ do elétron, com energia cinética de 2,53 MeV, expresso em unidades de MeV/c (note que $c$ não é uma unidade do SI, mas sim a velocidade da luz).

**Dados:**

- velocidade da luz: $c = 2{,}998 \cdot 10^8$ m/s;
- massa de repouso de um elétron: $m_e = 9{,}109 \cdot 10^{-31}$ kg;
- unidade de energia: $1\ \text{eV} = 1{,}602 \cdot 10^{-19}$ J.

**Resolução:**

a) A energia de repouso de uma partícula é dada pela equação:

$$E_0 = m_0c^2$$

Substituindo a massa de repouso de elétron, $m_e$, e a velocidade da luz, $c$:

$$E_0 = 9{,}109 \cdot 10^{-31} \cdot (2{,}998 \cdot 10^8)^2$$

$$\boxed{E_0 = 8{,}187 \cdot 10^{-14}\ \text{J}}$$

Esta é a energia de repouso de um elétron, isto é, a energia que o elétron possui simplesmente por ter uma massa de repouso. Para transformar a energia de repouso do elétron de J para eV, basta aplicar o fator de conversão:

$$1 \text{ eV} = 1{,}602 \cdot 10^{-19} \text{ J}$$

$$\frac{1}{1{,}602 \cdot 10^{-19}} \text{ eV} = 1 \text{ J}$$

Substituindo o J na expressão da energia:

$$E_0 = 8{,}137 \cdot 10^{-14}\left(\frac{1}{1{,}602 \cdot 10^{-19}} \text{ eV}\right)$$

$$E_0 = 0{,}511 \cdot 10^6 \text{ eV}$$

$$\boxed{E_0 = 0{,}511 \text{ MeV}}$$

A unidade de energia eV, ou seu múltiplo MeV, é muito utilizada em Física de partículas, pois muitas vezes é mais conveniente que a unidade J para representar os valores usuais nesse campo da Física.

b) A energia total ($E_t$) de um elétron é igual a sua energia de repouso mais sua energia cinética, quando a partícula não se encontra em nenhum potencial. Portanto:

$$E_t = E_c + E_0$$

$$E_t = 2{,}53 \text{ MeV} + 0{,}511 \text{ MeV}$$

$$\boxed{E_t = 3{,}041 \text{ MeV}}$$

c) A energia total $E_t$ de uma partícula e sua quantidade de movimento $Q$ podem ser relacionadas pela expressão:

$$E_t^2 = Q^2c^2 + (m_0c^2)^2$$

Mas sabemos que o termo $m_0c^2$ é igual à energia de repouso $E_0$:

$$E_t^2 = Q^2c^2 + E_0^2$$

Nessa expressão, podemos isolar a quantidade de movimento $Q$ do elétron:

$$Q^2c^2 = E_t^2 - E_0^2$$

$$Q = \frac{\sqrt{E_t^2 - E_0^2}}{c}$$

Substituindo os valores da energia de repouso do elétron, $E_0$, e da energia total, $E_t$, encontradas nos itens anteriores, calculamos o valor da quantidade de movimento $Q$:

$$Q = \frac{\sqrt{(3{,}041 \text{ MeV})^2 - (0{,}511 \text{ MeV})^2}}{c}$$

$$\boxed{Q \cong 3{,}00 \frac{\text{MeV}}{c}}$$

Portanto, a quantidade de movimento deste elétron é dada por aproximadamente 3 unidades de MeV/c.

**13.** (Fuvest-SP) O elétron e sua antipartícula, o pósitron, possuem massas iguais e cargas opostas. Em uma reação em que o elétron e o pósitron, em repouso, se aniquilam, dois fótons de mesma energia são emitidos em sentidos opostos.
A energia de cada fóton produzido é, em MeV, aproximadamente,

> **Note e adote:**
> Relação de Einstein entre energia ($E$) e massa ($m$): $E = mc^2$
> Massa do elétron $= 9 \times 10^{-31}$ kg
> Velocidade da luz $c = 3{,}0 \times 10^8$ m/s
> $1 \text{ eV} = 1{,}6 \times 10^{-19}$ J
> $1 \text{ MeV} = 10^6$ eV
> No processo de aniquilação, toda a massa das partículas é transformada em energia dos fótons.

a) 0,3
b) 0,5
c) 0,8
d) 1,6
e) 3,2

**14.** E.R. Segundo a Teoria da Relatividade de Einstein, um elétron relativístico tem uma massa de repouso $m_0$ e uma massa inercial $m$ representada pela seguinte equação:

$$m = \frac{m_0}{\sqrt{1 - \frac{v^2}{c^2}}}$$

em que $v$ é a velocidade do elétron relativa a um referencial inercial e $c$, a velocidade da luz no vácuo. Esta equação implica que o elétron em movimento tem uma massa que depende da sua velocidade.

a) Qual é a massa inercial do elétron quando $v = 0{,}5c$?

b) Por que um elétron não pode viajar à velocidade da luz segundo a teoria de Einstein?

**Resolução:**

a) Para determinar a massa inercial, ou relativística, que o elétron possui ao viajar com uma velocidade v = 0,5c, basta substituir tal valor de velocidade na expressão da massa relativística. Então, devemos isolar a massa relativística *m* em função da massa de repouso $m_0$:

$$m = \frac{m_0}{\sqrt{1 - \frac{(0,5c)^2}{c^2}}}$$

$$m = \frac{m_0}{\sqrt{1 - 0,25}}$$

$$m = \frac{m_0}{\sqrt{0,75}}$$

$$m = \frac{m_0}{\sqrt{\frac{3}{4}}}$$

$$m = \frac{2}{\sqrt{3}} m_0$$

$$\boxed{m \cong 1,1547 m_0}$$

Isto é, a massa relativística de um elétron, viajando a 50% da velocidade da luz, é 1,1547 vez sua massa de repouso $m_0$.

b) A massa de uma partícula, no caso o elétron, tenderia ao infinito quando sua velocidade tendesse à velocidade da luz, como mostra o gráfico a seguir:

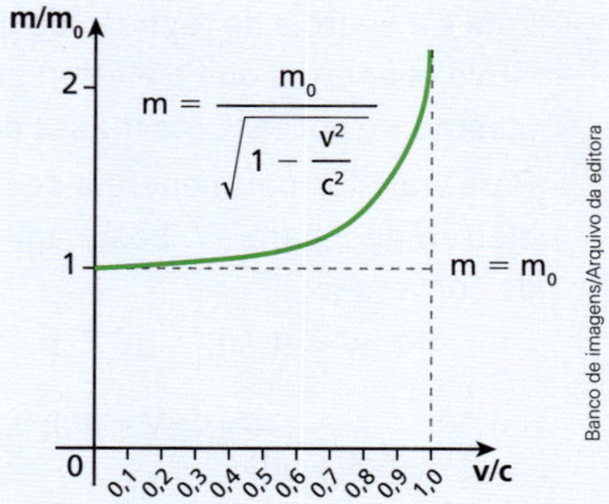


Isso ocorre, pois:

$$\frac{v}{c} \to 1 \Rightarrow \sqrt{1 - \frac{v^2}{c^2}} \to 0 \Rightarrow m \to \infty$$

Entretanto, sabemos que nenhum corpo pode ter massa infinita. Portanto, a velocidade do elétron não pode ser igual à velocidade da luz.

Outra forma de observar isso é a partir da energia de uma partícula que viaja com velocidades relativísticas:

$$E = mc^2$$

$$E = \frac{m_0}{\sqrt{1 - \frac{v^2}{c^2}}} c^2$$

Quando a velocidade *v* tende à velocidade da luz, a massa do elétron tende ao infinito e sua energia tenderia ao infinito! Mas não há energia infinita no Universo, e ela deve ser conservada, portanto, não temos como fornecer energia suficiente para um elétron ou qualquer outra partícula atingir a velocidade da luz.

## Exercício Nível 3

**15.** (ITA-SP) Um elétron e um pósitron, de massa $m = 9,11 \cdot 10^{-31}$ kg, cada qual com energia cinética de 1,20 MeV e mesma quantidade de movimento, colidem entre si em sentidos opostos. Neste processo colisional, as partículas aniquilam-se, produzindo dois fótons, $\gamma_1$, e $\gamma_2$. Sendo dados: Constante de Planck $h = 6,63 \cdot 10^{-34}$ J · s; velocidade da luz $c = 3,00 \cdot 10^8$ m/s; 1 eV $= 1,6 \cdot 10^{-19}$ J; 1 femtometro = = 1 fm $= 1 \cdot 10^{-15}$ m, indique os respectivos valores de energia *E* e do comprimento de onda (λ) dos fótons.

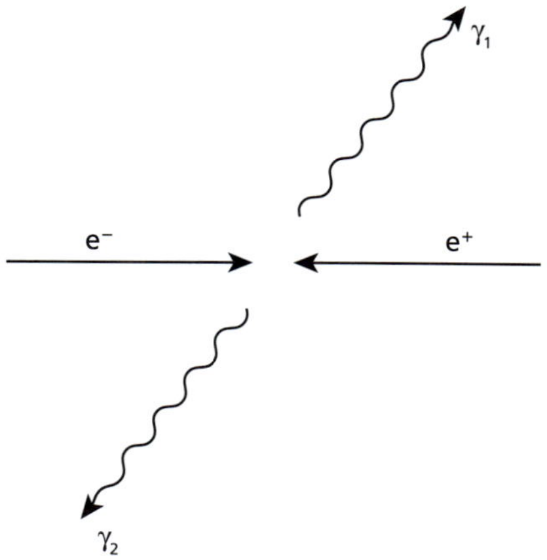


a) E = 1,20 MeV; λ = 2 435 fm.
b) E = 1,20 MeV; λ = 1 035 fm.
c) E = 1,71 MeV; λ = 726 fm.
d) E = 1,46 MeV; $\lambda = 0,28 \cdot 10^{-2}$ fm.
e) E = 1,71 MeV; λ = 559 fm.

## Para raciocinar um pouco mais

**16.** Na figura a seguir, Sílvia, localizada no ponto **A**, e a espaçonave de Souza, cujo comprimento próprio vale $L_0 = 230$ m, passam um pelo outro com velocidade relativa *v*. Sílvia mede um intervalo de tempo de 3,57 μs para a espaçonave passar por ela, ou seja, desde a passagem do ponto **B** até a passagem do ponto **C** pelo ponto **A**. Determine, em termos da velocidade da luz *c*:

a) a velocidade relativa entre Sílvia e a espaçonave, considerando como referência as medidas de espaço e tempo realizadas por Sílvia;

b) a velocidade relativa entre Sílvia e a espaçonave, considerando como referência as medidas de espaço e tempo realizadas por Souza.

**Medidas efetuadas no referencial de Sílvia**

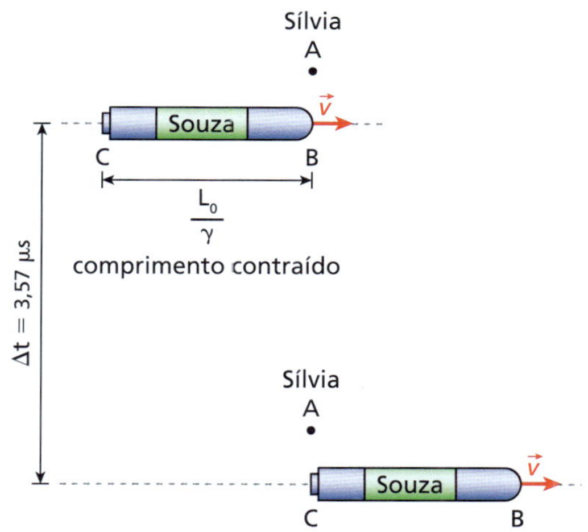


Banco de imagens/Arquivo da editora

**Medidas efetuadas no referencial de Souza**

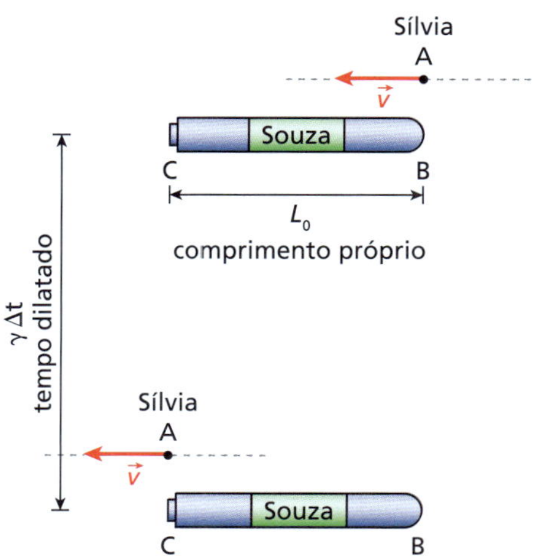


**17.** Dois prótons, cada um com massa de repouso $m_p = 1,67 \cdot 10^{-27}$ kg, estão inicialmente se aproximando, cada um com velocidade *v* próxima da velocidade da luz. Em um determinado instante, eles colidem e formam uma outra partícula, um píon com massa de repouso $m_\pi = 2,40 \cdot 10^{-28}$ kg, partícula essa que foi descoberta pelo brasileiro César Lattes e outros cientistas. Após a colisão, que conserva energia, as três partículas permanecem em repouso. Determine a velocidade inicial dos prótons antes da colisão em função das massas $m_p$, $m_\pi$ e da velocidade da luz *c*.

**18.** (Unicamp-SP) A Física de Partículas nasceu com a descoberta do elétron, em 1897. Em seguida foram descobertos o próton, o nêutron e várias outras partículas, dentre elas o píon, em 1947, com a participação do brasileiro César Lattes.

a) Num experimento similar ao que levou à descoberta do nêutron, em 1932, um nêutron de massa *m* desconhecida e velocidade $v_0 = 4 \cdot 10^7$ m/s colide frontalmente com um átomo de nitrogênio de massa M = 14 u (unidade de massa atômica) que se encontra em repouso. Após a colisão, o nêutron retorna com velocidade *v'* e o átomo de nitrogênio adquire uma velocidade $v = 5 \cdot 10^6$ m/s. Em consequência da conservação da energia cinética, a velocidade de afastamento das partículas é igual à velocidade de aproximação. Qual é a massa *m*, em unidades de massa atômica, encontrada para o nêutron no experimento?

b) O Grande Colisor de Hádrons (*Large Hadron Collider*-LHC) é um acelerador de partículas que tem, entre outros propósitos, o de detectar uma partícula, prevista teoricamente, chamada bóson de Higgs. Para esse fim, um próton com energia de $E = 7 \cdot 10^{12}$ eV colide frontalmente com outro próton de mesma energia, produzindo muitas partículas. O comprimento de onda (λ) de uma partícula fornece o tamanho típico que pode ser observado quando a partícula interage com outra. No caso dos prótons do LHC, $E = hc/\lambda$, em que $h = 4 \cdot 10^{-15}$ eV s, e $c = 3 \cdot 10^8$ m/s. Qual é o comprimento de onda dos prótons do LHC?

UNIDADE

# 5 Análise dimensional

Margrethe Bohr Collection/American Institute of Physics/SPL/Fotoarena

Niels Bohr (1885-1962), à esquerda, e Max Planck (1858-1947), durante o final do século XIX e início do século XX, entre outros físicos, discutiram detalhes de teorias que viriam a constituir a base da atual Física Quântica. Fotografia de 1930.

A **análise dimensional** é uma ferramenta de grande valia no estudo da Física, prestando-se a identificar grandezas, obter suas respectivas unidades de medida, verificar a homogeneidade de equações e prever expressões matemáticas a partir de conclusões empíricas, embasadas meramente na experimentação.

## NESTA UNIDADE VAMOS ESTUDAR:

- **Tópico 1**: Expressões dimensionais

TÓPICO

1

# Expressões dimensionais

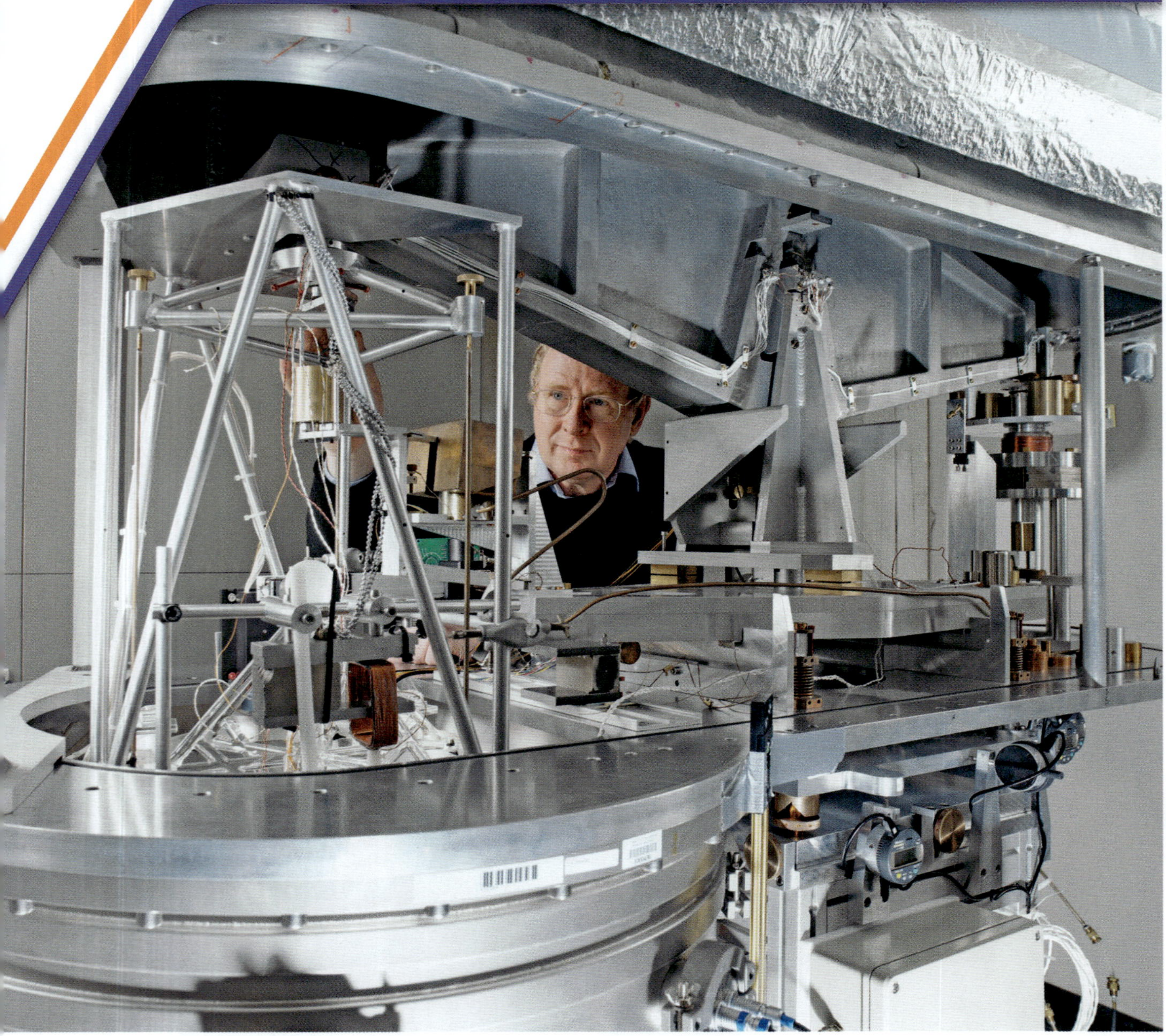

Andrew Brookes, National Physical Laboratory/SPL/Fotoarena

Cientista do National Physical Laboratory, de Teddington, na Inglaterra, calibrando uma balança de Watt para a medição de uma corrente elétrica de intensidade igual a um ampere (1,0 A). Trata-se de um aparato eletromecânico moderno, de grande precisão, que mede a passagem de uma carga elétrica de um coulomb (1,0 C) pela seção de um condutor durante um segundo (1,0 s).

Em análise dimensional, podem ser obtidas as equações dimensionais das diversas grandezas físicas e, por meio delas, ficam determinadas suas respectivas unidades de medida. O ampere (A) é uma das unidades de base do SI, junto com o metro (m), o quilograma (kg), o segundo (s), o kelvin (K), a candela (cd) e o mol (mol).

## Bloco 1

# 1. Grandezas físicas fundamentais e derivadas

São denominadas **fundamentais** (ou de base) as grandezas físicas cuja conceituação independe de outras grandezas. É o caso das três grandezas mecânicas **comprimento**, **massa** e **tempo**.

Quando dizemos, por exemplo, que a distância de São Paulo ao Rio de Janeiro é de 420 quilômetros aproximadamente, não é necessário recorrer a outras grandezas físicas para que ocorra a compreensão do comprimento da estrada que liga as duas cidades. A massa de 1 quilograma de um pacote de açúcar também independe da citação de outras grandezas físicas para ser perfeitamente entendida. Se a duração de determinado fenômeno for de 1 hora, não haverá o que acrescentar a essa informação, já que a noção clássica de tempo é desvinculada de outros conceitos.

Atribuiremos à massa, ao comprimento e ao tempo, respectivamente, os símbolos dimensionais **M**, **L** e **T**.

A grandeza térmica fundamental é a **temperatura** – símbolo dimensional $\theta$ –, e a grandeza elétrica fundamental é a **intensidade de corrente elétrica** – símbolo dimensional **I**. Seria mais natural considerar a carga elétrica como grandeza fundamental da Eletricidade, mas, por conveniência, adotou-se a intensidade de corrente elétrica.

São denominadas **derivadas** as grandezas físicas cuja conceituação depende de outras grandezas. É o caso da velocidade e da aceleração, por exemplo, que decorrem dos conceitos de comprimento e tempo.

# 2. Expressões dimensionais

Qualquer grandeza física pode ser escrita na forma de um produto de potências de bases **M**, **L**, **T**, $\theta$ e **I**; o que varia de um caso para outro são os expoentes dessas potências.

Ao citado produto, que serve para identificar cada grandeza física, dá-se o nome de **expressão** (ou equação) **dimensional**.

Sendo *A* uma grandeza mecânica, *B* uma grandeza térmica e *C* uma grandeza elétrica, suas expressões dimensionais apresentam as seguintes formas gerais:

$$[A] = M^a\, L^b\, T^c$$

$$[B] = M^d\, L^e\, T^f\, \theta^g$$

$$[C] = M^h\, L^i\, T^j\, I^k$$

em que os expoentes **a**, **b**, **c**, ... e **k** são números reais.

É interessante observar que, sendo *A* uma grandeza mecânica, em sua expressão dimensional não comparece a potência de base $\theta$ nem a potência de base **I**. Da mesma forma, sendo *B* uma grandeza térmica, em sua expressão dimensional não comparece a potência de base **I**.

Se uma grandeza qualquer for independente da massa, por exemplo, teremos em sua expressão dimensional a potência $\mathbf{M^0}$, que não precisa ser incluída, já que $M^0 = 1$ e 1 é o elemento neutro na multiplicação.

Para obtermos a expressão dimensional de uma grandeza, partimos da relação física que a define e colocamos todos os fatores que dela participam em função das grandezas fundamentais.

**NOTA!**

Sendo *X* uma grandeza, [X] é a notação para a expressão dimensional de *X*.

Nos exemplos a seguir, podemos observar esse procedimento:

**1. Velocidade** $\left(v = \dfrac{\Delta s}{\Delta t}\right)$

Como $[\Delta s] = L$ e $[\Delta t] = T$, temos:

$$[v] = \frac{L}{T} \Rightarrow \boxed{[v] = L\,T^{-1}}$$

**2. Aceleração** $\left(a = \dfrac{\Delta v}{\Delta t}\right)$

Como $[\Delta v] = L\,T^{-1}$ e $[\Delta t] = T$, temos:

$$[a] = \frac{LT^{-1}}{T} \Rightarrow \boxed{[a] = L\,T^{-2}}$$

**3. Força** $(F = m\,a)$

Como $[m] = M$ e $[a] = L\,T^{-2}$, temos:

$$\boxed{[F] = M\,L\,T^{-2}}$$

**4. Trabalho** $(\tau = F\,d\,\cos\theta)$

Como $[F] = M\,L\,T^{-2}$, $[d] = L$ e $\cos\theta$ é adimensional (não tem dimensão física), temos:

$$[\tau] = M\,L\,T^{-2}\,L \Rightarrow \boxed{[\tau] = M\,L^2\,T^{-2}}$$

**5. Energia cinética** $\left(E_c = \dfrac{mv^2}{2}\right)$

Como $[m] = M$, $[v] = L\,T^{-1}$ e 2 é adimensional, temos:

$$[E_c] = M\,(L\,T^{-1})^2 \Rightarrow \boxed{[E_c] = M\,L^2\,T^{-2}}$$

Obtivemos a expressão dimensional da energia cinética, porém o resultado encontrado aplica-se a qualquer outra modalidade de energia; por exemplo, energia térmica ou quantidade de calor (*Q*):

$$\boxed{[Q] = M\,L^2\,T^{-2}}$$

Energia e trabalho são grandezas físicas de mesma natureza (a segunda traduz uma variação da primeira). Por isso têm a mesma expressão dimensional, sendo-lhes atribuídas as mesmas unidades de medida.

**6. Potência** $\left(Pot = \dfrac{\tau}{\Delta t}\right)$

Como $[\tau] = M\,L^2\,T^{-2}$ e $[\Delta t] = T$, temos:

$$[Pot] = \frac{ML^2T^{-2}}{T} \Rightarrow \boxed{[Pot] = M\,L^2\,T^{-3}}$$

**7. Impulso** $(I = F\,\Delta t)$

Como $[F] = M\,L\,T^{-2}$ e $[\Delta t] = T$, temos:

$$[I] = M\,L\,T^{-2}\,T \Rightarrow \boxed{[I] = M\,L\,T^{-1}}$$

**8. Quantidade de movimento** $(Q = m v)$

Como $[m] = M$ e $[v] = L\,T^{-1}$, temos:

$$[Q] = M\,L\,T^{-1}$$

Quantidade de movimento e impulso também são grandezas físicas de mesma natureza (a segunda traduz uma variação da primeira). Por isso também têm a mesma expressão dimensional, sendo-lhes atribuídas as mesmas unidades de medida.

**9. Densidade** $\left(\mu = \dfrac{m}{V}\right)$

Como $[m] = M$ e $[V] = L^3$, temos:

$$[\mu] = \frac{M}{L^3} \Rightarrow [\mu] = M\,L^{-3}$$

**10. Pressão** $\left(p = \dfrac{F}{A}\right)$

Como $[F] = M\,L\,T^{-2}$ e $[A] = L^2$, temos:

$$[p] = \frac{MLT^{-2}}{L^2} \Rightarrow [p] = M\,L^{-1}\,T^{-2}$$

**11. Calor específico sensível** $\left(c = \dfrac{Q}{m\Delta\theta}\right)$

Como $[Q] = M\,L^2\,T^{-2}$, $[m] = M$ e $[\Delta\theta] = \theta$, temos:

$$[c] = \frac{ML^2T^{-2}}{M\theta} \Rightarrow [c] = L^2\,T^{-2}\,\theta^{-1}$$

**12. Capacidade térmica** $\left(C = \dfrac{Q}{\Delta\theta}\right)$

Como $[Q] = M\,L^2\,T^{-2}$ e $[\Delta\theta] = \theta$, temos:

$$[C] = \frac{ML^2T^{-2}}{\theta} \Rightarrow [C] = M\,L^2\,T^{-2}\,\theta^{-1}$$

**13. Carga elétrica** $\left(i = \dfrac{Q}{\Delta t} \Rightarrow Q = i\Delta t\right)$

Como $[i] = I$ e $[\Delta t] = T$, temos:

$$[Q] = I\,T$$

**14. Potencial elétrico** $\left(\upsilon = \dfrac{E_p}{Q}\right)$

Como $[E_p] = M\,L^2\,T^{-2}$ e $[Q] = IT$, temos:

$$[\upsilon] = \frac{ML^2T^{-2}}{IT} \Rightarrow [\upsilon] = ML^2T^{-3}I^{-1}$$

**15. Resistência elétrica** $\left(U = Ri \Rightarrow R = \dfrac{U}{i}\right)$

Como $[U] = [\upsilon] = M\,L^2\,T^{-3}\,I^{-1}$ e $[i] = I$, temos:

$$[R] = \frac{ML^2T^{-3}I^{-1}}{I} \Rightarrow [R] = M\,L^2\,T^{-3}\,I^{-2}$$

Do mesmo modo, podemos obter a expressão dimensional de qualquer outra grandeza física.

Conhecida a expressão dimensional de uma dada grandeza física, podemos determinar facilmente sua unidade de medida em termos das unidades de medida das grandezas fundamentais.

Lembrando que no SI a unidade de comprimento é o **metro** (**m**), a de massa é o **quilograma** (**kg**), a de tempo é o **segundo** (**s**), a de temperatura termodinâmica é o **kelvin** (**K**) e a de intensidade de corrente elétrica é o **ampere** (**A**), temos, por exemplo:

- **Para a força**: $[F] = M\,L\,T^{-2}$, unidade do SI (F): $kg\,m\,s^{-2}$ = newton (N)
- **Para a pressão**: $[p] = M\,L^{-1}\,T^{-2}$, unidade do SI (p): $kg\,m^{-1}\,s^{-2}$ = pascal (Pa)
- **Para a energia**: $[E] = M\,L^{2}\,T^{-2}$, unidade do SI (E): $kg\,m^{2}\,s^{-2}$ = joule (J)
- **Para a capacidade térmica**: $[C] = M\,L^{2}\,T^{-2}\,\theta^{-1}$, unidade do SI (C): $kg\,m^{2}\,s^{-2}\,K^{-1} = J\,K^{-1}$
- **Para a resistência elétrica**: $[R] = M\,L^{2}\,T^{-3}\,I^{-2}$, unidade do SI (R): $kg\,m^{2}\,s^{-3}\,A^{-2}$ = ohm ($\Omega$)

## 3. Homogeneidade dimensional

Seria correta uma igualdade do tipo $500\ m^3 = 500\ \Omega$?

É claro que não! Afinal, $m^3$ é unidade de volume e $\Omega$ é unidade de resistência elétrica.

Uma equação física verdadeira deve ser **dimensionalmente homogênea**, isto é, deve ter em ambos os membros a mesma expressão dimensional e, portanto, a mesma unidade de medida.

Considere, por exemplo, as equações I e II abaixo, em que *A*, *B*, *C*, *D*, *E* e *F* são grandezas físicas e [A], [B], [C], [D], [E] e [F] são suas respectivas expressões dimensionais:

I. $A = B + C$

II. $D = E \cdot F$

Para que haja homogeneidade dimensional, deve ocorrer:

Em I: $[A] = [B] = [C]$

Em II: $[D] = [E] \cdot [F]$

Vamos admitir, por exemplo, uma equação física do tipo $p = \mu\,A\,h$, em que *p* representa a pressão, $\mu$ a densidade e *h* a altura. Qual deve ser a expressão dimensional da grandeza *A* para que a equação seja dimensionalmente homogênea?

Recordemos, inicialmente, que:

$$[p] = M\,L^{-1}\,T^{-2},\ [\mu] = M\,L^{-3}\ \text{e}\ [h] = L$$

Temos, então:

$$[p] = [\mu] \cdot [A] \cdot [h] \Rightarrow M\,L^{-1}\,T^{-2} = M\,L^{-3}\,[A]\,L$$

Da qual:

$$[A] = L\,T^{-2}$$

Note que a expressão dimensional obtida para *A* nos permite concluir que essa grandeza tem a mesma dimensão da **aceleração**.

## 4. Previsão de expressões físicas

Admita que um pesquisador, fazendo experimentos com pêndulos simples, como ilustra a figura abaixo, conclua empiricamente que o período (*P*) de oscilação de um desses dispositivos depende da massa da esfera pendular (*m*), do comprimento do fio (*C*) e da intensidade da aceleração da gravidade (*g*).

Como poderia esse pesquisador, utilizando a análise dimensional, obter uma expressão física para o período de oscilação de um pêndulo simples?

Primeiro, ele reúne suas conclusões experimentais em uma proporcionalidade do tipo:

$$P = k\, m^x\, C^y\, g^z$$

em que *k* é uma constante de proporcionalidade adimensional.

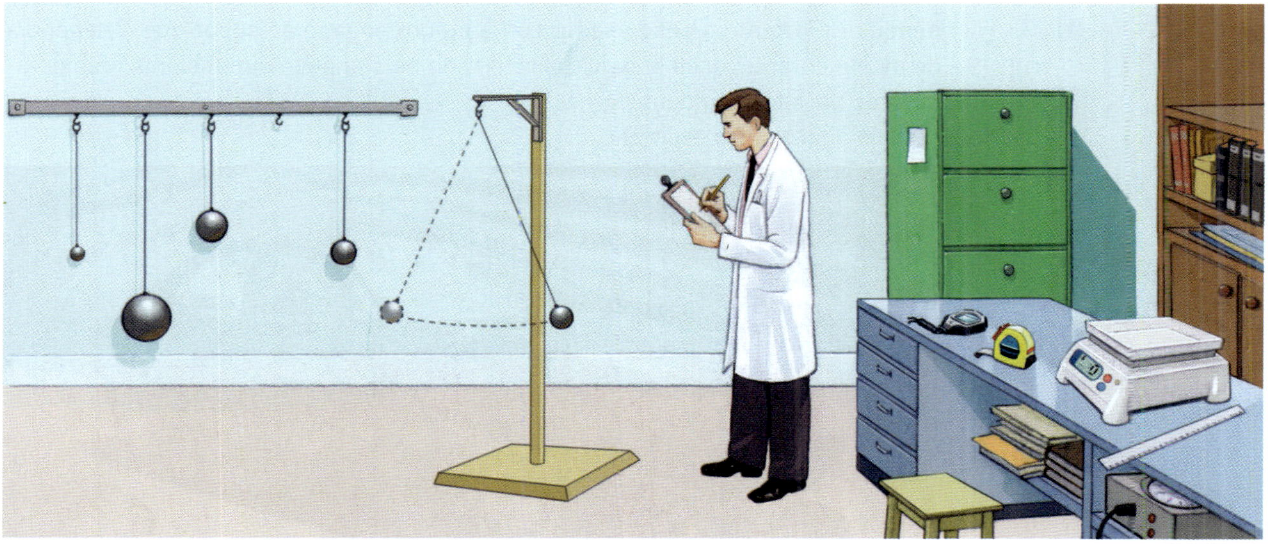

Rodval Matias/Arquivo da editora

Em seguida, implementa a expressão anterior em termos das respectivas expressões dimensionais das grandezas envolvidas, *P*, *m*, *C* e *g*.

Lembrando que:

$$[P] = T,\ [m] = M,\ [C] = L \text{ e } [g] = L\,T^{-2},$$

ele escreve:

$$T = M^x\, L^y\, (L\,T^{-2})^z \Rightarrow T = M^x\, L^y\, L^z\, T^{-2z}$$

Daí:

$$M^{0}\, L^{0}\, T^{1} = M^{x}\, L^{y+z}\, T^{-2z}$$

Observando que a equação deve ser dimensionalmente homogênea, ele estabelece a identidade entre os expoentes das potências de mesma base do primeiro e do segundo membro, isto é, impõe:

$$x = 0 \quad \text{(I)}$$
$$y + z = 0 \quad \text{(II)}$$
$$-2z = 1 \quad \text{(III)}$$

Resolvendo o sistema constituído pelas equações (I), (II) e (III), ele obtém $x = 0$, $y = \frac{1}{2}$ e $z = -\frac{1}{2}$ e escreve:

$$P = k\, m^0\, C^{\frac{1}{2}}\, g^{-\frac{1}{2}}$$

Da qual:

$$P = k\sqrt{\frac{C}{g}}$$

O valor da constante adimensional $k$, que sabemos ser igual a $2\pi$ ($\cong 6{,}28$), não ficou determinado pelo método praticado pelo pesquisador. Entretanto ele pode voltar ao laboratório, fazer medições de $P$, $C$ e $g$, substituir os valores obtidos na expressão de $P$ e encontrar um bom valor para a constante $k$. É importante salientar que há casos em que essa é a única maneira de se conseguir uma expressão física completa.

O período de oscilação do pêndulo simples independe da massa da esfera pendular. Portanto o pesquisador cometeu um engano ao supor que $P$ dependia de $m$. No entanto, esse engano foi retificado pela análise dimensional, que estabeleceu para **M** o expoente $x = 0$.

Veja agora outro exemplo.

Any Sacks/Stone/Getty Images

Teste de um carro em túnel de vento.

Quando um corpo se move através de um fluido, ele sofre a ação de uma força de arrasto no sentido oposto ao de seu movimento. É o que acontece com um carro que, ao se deslocar no ar, se submete à força de resistência $\vec{F}_r$ exercida por esse meio. Essa força, indicada na imagem acima, resulta das colisões das moléculas que compõem o ar contra a carroceria do veículo.

Admita que um projetista de automóveis verifique, mediante uma série de experimentos, que a intensidade da força de resistência do ar ($F_r$) exercida sobre um carro depende da densidade do ar ($\mu$), da área da maior seção do veículo perpendicular à direção do movimento ($A$) e da intensidade de sua velocidade ($v$). Sendo $k$ uma constante de proporcionalidade adimensional, que expressão matemática o projetista poderá obter, por análise dimensional, para $F_r$?

Primeiro, ele reúne suas conclusões experimentais em uma proporcionalidade do tipo:

$$F_r = k\, \mu^x A^y v^z$$

Em seguida, ele implementa a expressão anterior em termos das respectivas expressões dimensionais das grandezas envolvidas: $F_r$, $\mu$, $A$ e $v$.

Sabendo que $[F_r] = M\,L\,T^{-2}$, $[\mu] = M\,L^{-3}$, $[A] = L^2$ e $[v] = L\,T^{-1}$, escreve:

$$M\,L\,T^{-2} = (M\,L^{-3})^x\,(L^2)^y\,(L\,T^{-1})^z$$

Daí chega a:

$$M^{1}\,L^{1}\,T^{-2} = M^{x}\,L^{-3x+2y+z}\,T^{-z}$$

Lembrando que a equação deve ser dimensionalmente homogênea, ele estabelece a identidade entre os expoentes das potências de mesma base do primeiro e do segundo membro, isto é, impõe:

$$x = 1 \quad \text{(I)}$$
$$-3x + 2y + z = 1 \quad \text{(II)}$$
$$-z = -2 \quad \text{(III)}$$

Resolvendo o sistema constituído pelas equações (I), (II) e (III), o projetista obtém $x = 1$, $y = 1$ e $z = 2$ e escreve:

$$F_r = k\,\mu\,A\,v^2$$

O valor numérico da constante *k* depende do formato aerodinâmico ("desenho") do carro.

## JÁ PENSOU NISSO?

### O coeficiente aerodinâmico $C_x$

As forças de resistência do ar afetam sobremaneira o desempenho, o consumo e a estabilidade de veículos automotores, como automóveis e aviões. Por esse motivo, um bom projeto deve almejar um coeficiente aerodinâmico (ou coeficiente de arrasto) $C_x$ adequado, com valor próximo ao de uma gota de água em queda vertical ($C_x \cong 0{,}05$), cuja aerodinâmica é considerada perfeita. A maioria dos automóveis comerciais tem coeficiente aerodinâmico entre 0,3 e 0,5. No caso de ônibus e caminhões, esse valor pode chegar a 0,9. O coeficiente aerodinâmico é um número adimensional obtido dividindo-se o dobro da intensidade da força de resistência do ar exercida no veículo ($F_r$) pela densidade do ar ($\mu$) pela área da maior seção transversal do veículo perpendicular à direção do movimento (*A*) e pelo quadrado da intensidade da velocidade (*v*), conforme a expressão:

$$C_x = \frac{2F_r}{\mu A v^2}$$

Thinkstock/Getty Images

Representação gráfica do efeito dos ventos produzidos por um túnel de vento em um carro.

Comportamentos aerodinâmicos são otimizados mediante ensaios em túneis de vento, como o que aparece na representação gráfica acima. Esses túneis são câmaras especiais dotadas de ventiladores muito potentes, que provocam deslocamentos de ar capazes de mostrar como o fluido se desloca pela carroceria de um veículo.

## Ampliando o olhar

### Aceleradores de partículas

Há pouco mais de um século, o elétron era um total desconhecido. A tecnologia disponível era precária e nem de longe colocava a serviço das pessoas os recursos de hoje.

A descoberta do elétron e de outras partículas elementares impulsionou sobremaneira a eletrônica, setor da eletricidade que elabora equipamentos de baixa tensão, que vão de telefones celulares a televisores, de computadores a tomógrafos PET (*positron emission tomography*).

A construção dos principais utensílios da moderna tecnologia passa, porém, pelos sofisticados aceleradores de partículas. Esses aparelhos são capazes de produzir feixes de moléculas, íons, átomos e elétrons, ou mesmo partículas mais exóticas, como antiprótons, pósitrons ou mésons, com altíssimas velocidades, geralmente superiores a um milésimo da velocidade da luz no vácuo: $c = 3{,}0 \cdot 10^8$ m/s. Para que sejam atingidas essas velocidades, que em alguns casos podem chegar a mais de 95% de $c$, as partículas sofrem a ação de forças eletromagnéticas exercidas por meio de arranjos que diferem bastante entre os diversos tipos de equipamentos.

A microeletrônica não existiria sem os aceleradores de partículas chamados "implantadores", que colocam átomos, geralmente de boro ou fósforo, dentro de cristais de silício. A partir desses materiais "dopados", são confeccionados microcircuitos, como os existentes em *chips* que fazem operar computadores de todo tipo, aparelhos de GPS (*Global Positioning System*), transmissores, *videogames*, equipamentos fotográficos, etc.

Um caso simples de acelerador de partículas é o do tubo de raios catódicos, usado até pouco tempo atrás na maioria dos aparelhos de TV. Elétrons se desprendem de seus átomos por aquecimento (efeito Édison) e, a partir de um cátodo, pela ação de campos elétricos, tornam-se livres para ganhar velocidade e altas energias. Depois de sofrer deflexões controladas produzidas por campos magnéticos gerados em bobinas existentes dentro do tubo, eles bombardeiam a face interna da tela do televisor, provocando o brilho que origina a imagem. Essa tecnologia, porém, foi gradualmente substituída pela do plasma, LCD (*liquid crystal display*) e LED (*light emitting diode*), proposições de muito melhor qualidade e eficiência, além de mais econômicas.

Gustavo Tilio/LNLS

Panorâmica do Laboratório Nacional de Luz Síncroton (LNLS), mantido pelo Ministério da Ciência, Tecnologia, Inovações e Comunicações, em Campinas, estado de São Paulo.

Os aceleradores de partículas começaram a ser construídos em 1927, quando os físicos ingleses J. D. Cockcroft e E. T. S. Walton, da Universidade de Cambridge, conseguiram realizar a primeira reação nuclear induzida, o que lhes valeu o Prêmio Nobel de Física em 1951. Hoje, esses dispositivos estão espalhados mundo afora, presentes em universidades, indústrias e hospitais. Observe que um aparelho de raios X é um acelerador de partículas em que elétrons são disparados contra um alvo e, ao serem desacelerados no ato da colisão, emitem radiação. No Brasil, há aceleradores de médio e grande porte que podem ser encontrados, por exemplo, na Universidade de São Paulo (USP) e nas universidades federais do Rio de Janeiro (UFRJ), do Rio Grande do Sul (UFRGS) e de São Carlos (Ufscar). Na Universidade de Campinas (Unicamp) há um grande acelerador, do tipo síncroton, em que elétrons são acelerados, percorrendo trajetórias curvas com energias da ordem de 1,4 GeV (gigaelétron-volt). Há emissões de luz síncroton, caracterizada por seu alto brilho, alta intensidade, alto grau de polarização e colimação, em uma faixa de frequências que se estende do infravermelho aos raios X duros.

Aceleradores de partículas capazes de produzir níveis de energia ainda mais altos, da ordem de TeV (teraelétron-volt), podem ser encontrados no Fermilab, nos Estados Unidos, e no Cern, Centro Europeu de Pesquisas Nucleares. Nesses equipamentos são provocadas colisões espetaculares entre feixes de partículas minúsculas com a finalidade de pesquisar a estrutura íntima da matéria e a origem do Universo.

Mas nada se compara ao LHC (*Large Hadron Collider*), inaugurado em 2008 e instalado em uma região da fronteira entre a França e a Suíça.

O LHC tem forma circular e comprimento próximo de 27 km e encontra-se no subsolo, a uma profundidade aproximada de 100 m. Em suas tubulações, feixes de hádrons (prótons), movimentando-se em sentidos opostos, são acelerados por intensos campos elétricos e magnéticos até atingir 99,9% da velocidade da luz, sofrendo então espetaculares colisões. Surgem daí partículas ainda mais elementares, que remeterão os cientistas e pesquisadores a épocas muito remotas, em que essas partículas existiam naturalmente em um Universo quente, em plena formação. Um dos objetivos da construção do LHC, cujo custo estimado foi US$ 4,75 bilhões, era a detecção do bóson de Higgs, partícula exótica, prevista nas teorias do físico inglês Peter Higgs. A detecção experimental dessa partícula dá grande sustentação ao modelo padrão e às teorias do *big-bang* e do Universo em expansão.

Após as primeiras colisões, em setembro de 2008, houve um vazamento que provocou a interrupção do funcionamento até novembro de 2009. O aparato então funcionou normalmente por 3 anos. O resultado mais importante desse período ocorreu em 4 de julho de 2012, com a descoberta de partículas com comportamento consistente com o esperado para o bóson de Higgs.

Interior do acelerador de partículas LHC – nesse tubo de aproximadamente 27 km de extensão, partículas subatômicas são aceleradas a 99,9% da velocidade da luz.

# Exercícios Nível 1

**1.** Uma das principais equações da Mecânica Quântica permite calcular a energia *E* associada a um fóton de luz em função da frequência *f* da respectiva radiação eletromagnética:

$$E = h f$$

Nessa equação, *h* é a Constante de Planck. Adotando como fundamentais as grandezas *M* (massa), *L* (comprimento) e *T* (tempo), determine a expressão dimensional de *h*.

**2.** Conforme as teorias de Newton, dois astros de massas respectivamente iguais a *M* e *m*, com centros de massa separados por uma distância *d*, atraem-se gravitacionalmente trocando forças de intensidade *F*, dada por:

$$F = G\frac{Mm}{d^2}$$

em que *G* é a constante da gravitação. Em relação às dimensões mecânicas fundamentais – comprimento (*L*), massa (*M*) e tempo (*T*) –, determine a equação dimensional, bem como a unidade no SI de *G*.

**3.** A pressão *p* de um número de mols *n* de gás perfeito que ocupa um volume *V* a uma temperatura absoluta $\tau$ pode ser calculada pela Equação de Clapeyron:

$$p V = n R \tau$$

em que *R* é uma constante, denominada constante universal dos gases perfeitos. Adotando como fundamentais as grandezas *F* (força), *L* (comprimento), *T* (tempo) e $\theta$ (temperatura), determine a expressão dimensional de *R*.

**4.** (ITA-SP) Sabe-se que o momento angular de uma massa pontual é dado pelo produto vetorial do vetor posição dessa massa pelo seu momento linear. Então, em termos das dimensões de comprimento (*L*), de massa (*M*) e de tempo (*T*), um momento angular qualquer tem sua dimensão dada por

a) $L^0 M T^{-1}$

b) $L M^0 T^{-1}$

c) $L M T^{-1}$

d) $L^2 M T^{-1}$

e) $L^2 M T^{-2}$

**5.** "Na Física, a tensão superficial é um efeito que ocorre na camada superficial de um líquido que leva a sua superfície a se comportar como uma membrana elástica. As moléculas situadas no interior de um líquido são atraídas em todas as direções pelas moléculas vizinhas e, por isso, a resultante das forças que atuam sobre cada molécula é praticamente nula. As moléculas da superfície do líquido, entretanto, sofrem apenas atração lateral e inferior. Essas forças para o lado e para baixo criam a tensão na superfície, que faz com que ela se comporte como uma película elástica. A tensão superficial está presente em situações interessantes:

(I) Colocando-se cuidadosamente uma pequena agulha sobre a superfície da água, observa-se que ela pode permanecer sobre a película superficial sem afundar no líquido, apesar de ser muito mais densa que a água.

(II) A gota de água que se forma em uma torneira mantém sua forma devido à elasticidade na superfície da gota. (...)"

Disponível em: <www.wikipedia.org>. Acesso em: 16 ago. 2018.

Photo Researchers/DIOMEDIA

Embora mais denso que a água, o clipe para papéis observado na imagem não afunda, já que as forças de contato que ele exerce na superfície líquida não são suficientes para romper a película superficial de moléculas de $H_2O$. Fenômeno semelhante ocorre quando pequenos animais, como alguns insetos, caminham sobre a água sem submergir.
A explicação é que forças com intensidade comparável à do seu peso não conseguem vencer as forças decorrentes da tensão superficial.

Considere uma cuba de ondas cilíndrica, de diâmetro *d*, contendo um líquido de densidade absoluta $\rho$. Observa-se que vibrações mecânicas provocadas na borda da cuba produzem ondas harmônicas de determinada frequência que se propagam na superfície líquida com velocidade de intensidade *v* e comprimento de onda $\lambda$. Para o caso de $\lambda$ pequeno em comparação com *d*, verifica-se que a velocidade de propagação *v* pode ser obtida pela expressão abaixo, em que $\sigma$ é a tensão superficial estabelecida na superfície do líquido.

$$v = \sqrt{\frac{2\pi\sigma}{\rho\lambda}}$$

Considerando essas informações, determine:

a) a equação dimensional da tensão superficial em relação à massa *M*, ao comprimento *L* e ao tempo *T*;

b) as unidades da tensão superficial no Sistema Internacional (SI).

**6.** (Ufla-MG) No estudo de Fluidodinâmica, a intensidade da força viscosa pode ser dada pela equação $F = \eta dv$, sendo $\eta$ o coeficiente de viscosidade, *d* a distância percorrida pelo fluido e *v* o módulo da sua velocidade de deslocamento. Considerando-se o Sistema Internacional, SI, o coeficiente de viscosidade $\eta$ é dado pelas unidades:

a) $kg \cdot m \cdot s^{-1}$

b) $kg \cdot m^{-1} \cdot s^{-1}$

c) $kg \cdot m^{-1} \cdot s$

d) $kg \cdot m \cdot s$

e) $(kg)^{-1} \cdot m \cdot s^{-1}$

**7.** No Sistema Internacional (SI), as sete unidades de base são o metro (m), o quilograma (kg), o segundo (s), o kelvin (K), o ampere (A), a candela (cd) e o mol (mol). A Lei de Coulomb da Eletrostática permite calcular a intensidade (*F*) da força de interação (atração ou repulsão) trocada entre duas cargas puntiformes, $Q_1$ e $Q_2$, separadas por uma distância *d*, por meio de uma expressão do tipo:

$$F = \frac{1}{4\pi\varepsilon_0} \cdot \frac{|Q_1||Q_2|}{r^2}$$

em que $\varepsilon_0$ é uma constante fundamental da Física.

Banco de imagens/Arquivo da editora

Em relação a $\varepsilon_0$, é correto afirmar que:

a) é uma grandeza adimensional.

b) no SI, é medida em $m^{-2}\ s^2\ A^2$.

c) no SI, é medida em $m^{-3}\ kg^{-1}\ A^2$.

d) no SI, é medida em $m^{-3}\ kg^{-1}\ s^4\ A^2$.

e) no SI, é medida em $m^{-3}\ s^4\ A^2$.

**8.** Adotando como fundamentais as grandezas *M* (massa), *L* (comprimento), *T* (tempo) e *I* (intensidade de corrente elétrica), determine as expressões dimensionais e as respectivas unidades SI das seguintes grandezas físicas:

a) carga elétrica;

b) capacitância eletrostática.

**9.** (UPM-SP) Na equação dimensionalmente homogênea $x = at^2 - bt^3$, em que *x* tem dimensão de comprimento (*L*) e *t* tem dimensão de tempo (*T*), as dimensões de *a* e *b* são, respectivamente:

a) $L\ T$ e $L\ T^{-1}$

b) $L^2\ T^3$ e $L^{-2}\ T^{-3}$

c) $L\ T^{-2}$ e $L\ T^{-3}$

d) $L^{-2}\ T$ e $T^{-3}$

e) $L^2\ T^3$ e $L\ T^{-3}$

**10.** (UPM-SP) Os valores de **x**, **y** e **z** para que a equação: $(\text{força})^x\ (\text{massa})^y = (\text{volume})\ (\text{energia})^z$ seja dimensionalmente correta são, respectivamente:

a) (−3, 0, 3)

b) (−3, 0, −3)

c) (3, −1, −3)

d) (1, 2, −1)

e) (1, 0, 1)

11. (UPM-SP) Considerando as grandezas físicas $A$ e $B$ de dimensões respectivamente iguais a $M\,L\,T^{-2}$ e $L^2$, onde $M$ é dimensão de massa, $L$ é dimensão de comprimento e $T$ é dimensão de tempo, a grandeza definida por $A \cdot B^{-1}$ tem dimensão de:

a) potência.
b) energia.
c) força.
d) quantidade de movimento.
e) pressão.

12. (Fuvest-SP) Um estudante está prestando vestibular e não se lembra da fórmula correta que relaciona o módulo $v$ da velocidade de propagação do som com a pressão $P$ e a massa específica $\rho$ (kg/m³), em um gás. No entanto, ele se recorda de que a fórmula é do tipo $v^{\alpha} = C\dfrac{P^{\beta}}{\rho}$, em que $C$ é uma constante adimensional. Analisando as dimensões (unidades) das diferentes grandezas físicas, ele conclui que os valores corretos dos expoentes $\alpha$ e $\beta$ são:

a) $\alpha = 1$, $\beta = 2$
b) $\alpha = 1$, $\beta = 1$
c) $\alpha = 2$, $\beta = 1$
d) $\alpha = 2$, $\beta = 2$
e) $\alpha = 3$, $\beta = 2$

13. (ITA-SP) Durante a apresentação do projeto de um sistema acústico, um jovem aluno do ITA esqueceu-se da expressão da intensidade de uma onda sonora. Porém, usando da intuição, ele concluiu que a intensidade média ($I$) é uma função da amplitude do movimento do ar ($A$), da frequência ($f$), da densidade do ar ($\rho$) e da velocidade do som ($c$), chegando à expressão $I = A^x f^y \rho^z c$. Considerando-se as grandezas fundamentais massa, comprimento e tempo, indique a opção correta que representa os respectivos valores dos expoentes **x**, **y** e **z**.

a) −1, 2, 2
b) 2, −1, 2
c) 2, 2, −1
d) 2, 2, 1
e) 2, 2, 2

14. (IME-RJ) Suponha que o módulo da velocidade de propagação $V$ de uma onda sonora dependa somente da pressão $p$ e da massa específica do meio $\mu$, de acordo com a expressão:

$$V = p^x \mu^y$$

Use a análise dimensional para determinar a expressão do módulo da velocidade do som, sabendo-se que a constante adimensional vale 1.

15. (ITA-SP) O módulo da velocidade de uma onda transversal, em uma corda tensa, depende da intensidade da força tensora $F$ a que está sujeita a corda, de sua massa $m$ e de seu comprimento $d$. Fazendo uma análise dimensional, concluímos que o módulo da velocidade é proporcional a:

a) $\dfrac{F}{md}$

b) $\left(\dfrac{Fm}{d}\right)^2$

c) $\left(\dfrac{Fm}{d}\right)^{\frac{1}{2}}$

d) $\left(\dfrac{Fd}{m}\right)^{\frac{1}{2}}$

e) $\left(\dfrac{md}{F}\right)^2$

16. No meio rural, todas as fontes energéticas são importantes. Uma das fontes é o vento, do qual se pode obter potência por meio de um cata-vento.

Gerson Gerloff/Pulsar Imagens

Detalhe do conjunto de aerogeradores do Parque Eólico de Água Doce (SC). Fevereiro de 2014.

A potência do cata-vento depende, por meio de uma relação monomial, da densidade do ar $\mu$, da área projetada do rotor *A* e do módulo da velocidade do ar *v*. Sendo *k* uma constante adimensional, determine a expressão da potência do vento *P*.

**17.** Verifica-se experimentalmente que o fluxo de calor ($\Phi$) – energia por unidade de tempo – através de uma parede que separa dois ambientes mantidos em temperaturas constantes e diferentes depende da área (*A*) da parede, da diferença entre as temperaturas ($\Delta\theta$) nos dois ambientes e do coeficiente de condutibilidade térmica (*C*) do material pelo qual o calor é conduzido, sendo, ainda, inversamente proporcional à espessura (*e*) da parede. Adotando uma constante adimensional (*k*), determine, por análise dimensional, a expressão de $\Phi$ em função de *C*, *A*, $\Delta\theta$ e *e*.
É dada a expressão dimensional do coeficiente de condutibilidade térmica: $[C] = M\,L\,T^{-3}\,\theta^{-1}$, em que *M* é massa, *L* é comprimento, *T* é tempo e $\theta$ é temperatura.

**18.** (ITA-SP) A figura a seguir representa um sistema experimental utilizado para determinar o volume de um líquido por unidade de tempo que escoa através de um tubo capilar de comprimento *L* e seção transversal de área *A*. Os resultados mostram que a quantidade desse fluxo depende da variação da pressão ao longo do comprimento *L* do tubo por unidade de comprimento ($\Delta P/L$), do raio do tubo (*a*) e da viscosidade do fluido ($\eta$) na temperatura do experimento. Sabe-se que o coeficiente de viscosidade ($\eta$) de um fluido tem a mesma dimensão do produto de uma tensão (força por unidade de área) por um comprimento dividido por uma velocidade.

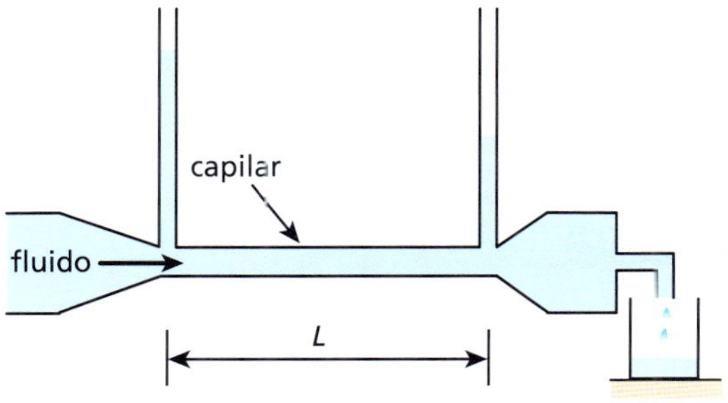

Reprodução/Arquivo da editora

Recorrendo à análise dimensional, podemos concluir que o volume de fluido coletado por unidade de tempo é proporcional a:

a) $\dfrac{A}{\eta}\dfrac{\Delta P}{L}$

b) $\dfrac{\Delta P}{L}\dfrac{a^4}{\eta}$

c) $\dfrac{L}{\Delta P}\dfrac{\eta}{a^4}$

d) $\dfrac{\Delta P}{L}\dfrac{\eta}{A}$

e) $\dfrac{L}{\Delta P}a^4\eta$

**19.** (Unicamp-SP) Além de suas contribuições fundamentais à Física, Galileu é considerado também o pai da Resistência dos Materiais, ciência muito usada em Engenharia, que estuda o comportamento de materiais sob esforço. Galileu propôs empiricamente que uma viga cilíndrica de diâmetro *d* e comprimento (vão livre) *L*, apoiada nas extremidades, como na figura a seguir, rompe-se ao ser submetida a uma força vertical *F*, aplicada em seu centro, dada por $F = \sigma\dfrac{d^3}{L}$, em que $\sigma$ é a tensão de ruptura característica do material do qual a viga é feita. Seja $\gamma$ o peso específico (peso por unidade de volume) do material da viga.

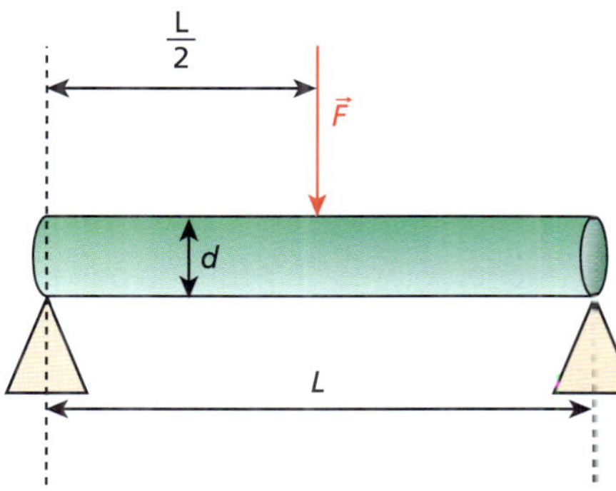

Reprodução/Arquivo da editora

a) Quais são as unidades de $\sigma$ no Sistema Internacional de Unidades?

b) Encontre a expressão para o peso total da viga em termos de $\gamma$, *d* e *L*.

c) Suponha que uma viga de diâmetro $d_1$ se rompa sob a ação do próprio peso para um comprimento maior que $L_1$. Qual deve ser o diâmetro mínimo de uma viga feita do mesmo material com comprimento $2L_1$ para que ela não se rompa pela ação de seu próprio peso?

## Para raciocinar um pouco mais

**20.** Quando um corpo se move através de um fluido, a intensidade de sua velocidade, *v*, varia de acordo com a expressão:

$$v = \frac{F}{A}\left(1 - e^{\frac{A}{B}t}\right)$$

em que *F* é a intensidade de uma força, *t* é o tempo, *e* é a base dos logaritmos neperianos e *A* e *B* são constantes desconhecidas. Adotando como fundamentais massa (*M*), comprimento (*L*) e tempo (*T*), determine a equação dimensional do produto *AB*.

**21.** A força de interação eletrostática (atração ou repulsão) entre duas partículas eletrizadas com cargas $q_1$ e $q_2$, separadas, no vácuo, por uma distância *d*, tem intensidade *F* dada por:

$$F = \frac{1}{4\pi\varepsilon_0}\frac{|q_1||q_2|}{d^2}$$

em que $\varepsilon_0$ é a constante dielétrica do vácuo.

Por outro lado, considere dois condutores retilíneos muito longos, paralelos e percorridos por correntes elétricas contínuas, de intensidades constantes $i_1$ e $i_2$, separados por uma distância *d*, no vácuo. A força de interação eletromagnética (atração ou repulsão) que um dos condutores exerce em um trecho de comprimento $\ell$ do outro tem intensidade *F* dada por:

$$F = \frac{\mu_0}{2\pi}\frac{i_1 i_2}{d}\ell$$

em que $\mu_0$ é a permeabilidade magnética do vácuo.

O físico teórico escocês James Clerk Maxwell (1831-1879) apresentou em seus estudos a equação abaixo, em que estão relacionadas as grandezas $\varepsilon_0$ e $\mu_0$.

$$G = \sqrt{\frac{1}{\varepsilon_0 \mu_0}}$$

Determine, em função de *M* (massa), *L* (comprimento) e *T* (tempo), a fórmula dimensional da grandeza *G* que aparece na equação de Maxwell, bem como sua unidade no SI.

**22.** Aviões monomotores de pequeno porte são bastante utilizados na agricultura para pulverização de defensivos químicos em lavouras e plantações e também em transporte de passageiros entre pequenas localidades, cidades e propriedades rurais.

Thinkstock/Getty Images

Verificou-se que a potência *P* da hélice de determinado modelo de avião monomotor depende exclusivamente do seu raio, *R*, de sua velocidade angular, $\omega$, e da densidade do ar, $\rho$. A constante adimensional na expressão de *P* em função de *R*, $\omega$ e $\rho$ é representada por *k*. Obtenha, por análise dimensional, a expressão da potência da hélice do avião em função das grandezas citadas.

# Respostas

## Unidade 2 – Eletrodinâmica

### Tópico 5 – Leis de Kirchhoff

**2.** 2 A

**3.** 37 A

**4.** d

**6.** a

**7.** a) −16 V
b) zero

**8.** d

**9.** Demonstração

**11.** c

**12.** b

**13.** c

**14.** e

**16.** c

**17.** d

**18.** Na situação de equilíbrio, temos:

$U_{AC} = U_{AD}$, pois $V_C = V_D$

$R_1 i = R_X i'$ (I)

$U_{CB} = U_{DB}$

$R_2 i = R_V i'$ (II)

Fazendo $\frac{I}{II}$, vem:

$$\frac{R_1 i}{R_2 i} = \frac{R_X i'}{R_V i'} = \frac{R_1}{R_2} = \frac{R_X}{R_V}$$

$$\boxed{R_1 R_V = R_2 R_X}$$

Produto cruzado de mesmo valor.

**19.** c

**20.** b

**21.** a

**22.** a) 16 Ω b) 0,20 A c) 9,6 W

**23.** b

**24.** b

**26.** a) zero
b) 6 Ω
c) 60 V

**28.** b

**29.** c

**30.** a) 12 V
b) zero

**31.** d

**32.** a) 4 A b) 8 A, 6 A e 2 A

**33.** a) 1,0 A b) 40 V c) 52 V

**34.** b

**35.** e

**36.** c

**37.**

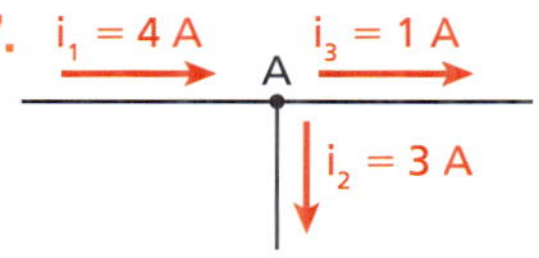


**38.** b

**39.** c

**40.** a) 2,0 A
b)

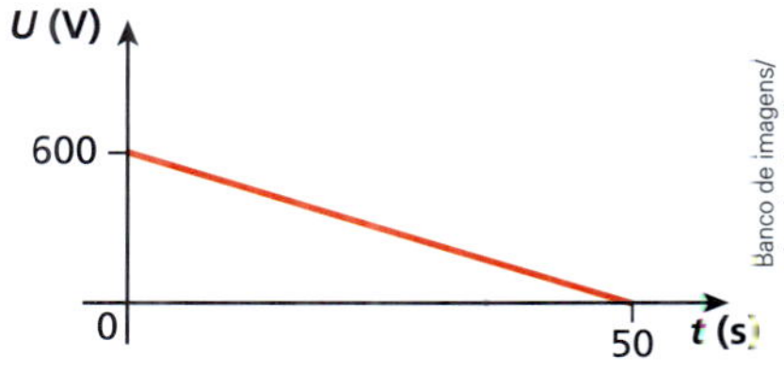


Banco de imagens/Arquivo da editora

**41.** 200 °C

### Tópico 6 – Capacitores

**2.** d

**3.** e

**4.** c

**6.** $5 \cdot 10^{-6}$ J

**7.** a

**8.** b

**9.** 200 J

**10.** $276 \cdot 10^{-12}$ F ou 276 pF

**11.** b

**12.** c

**14.** $5 \cdot 10^{-2}$ J

**16.** c

**18.** c

**19.** a

**20.** C

**21.** e

**22.** b

**23.** 276,92 nF

**25.** a

26. d

27. c

28. a) 500 nC  b) 100 nF  c) 5 V

29. a) 40 V  b) $0,40 \cdot 10^3$ V ou 400 V

30. e

31. e

32. c

33. a) 6 A  b) 1 A

34. $\frac{20}{3}$ nF

35. 55 μF

36. 150 A e 1 500 baterias

37. a) $3 \cdot 10^3$ V/m e $6 \cdot 10^3$ V/m
  b) 225 pF e 450 pF
  c) 150 pF

38. e

39. e

40. b

41. b

42. a) $\frac{5}{19}$ cm  b) 2 pC

43. e

44. a

45. a) O tempo é o mesmo.
  b) Quando a chave **A** é fechada; 75 μC.
  c) 1 mJ

46. e

47. a) $C_a = \frac{2\varepsilon_0 wL}{2H - h}$ e $C_b = \frac{\varepsilon_0 w(L + \ell)}{H}$
  b) 0,9

48. $\frac{2k}{k+1}$

49. a) $\mathbf{P_1}$  b) 0,8 m

## Unidade 3 – Eletromagnetismo

### Tópico 1 – Introdução ao Eletromagnetismo

2. a

3. c

4. a

5. d

6. e

7. 23

8. a

9. a

10. d

11. c

12. Sul (S)

14. b

15. d

16. e

17. b

18. c

20. Linhas de campo de $\mathbf{P_1}$ para $\mathbf{P_2}$ e $v = 5 \cdot 10^3$ m/s.

21. d

22. b

23. e

25. e

26. b

27. a

28. a) $Q = 0$  b) $Q_a > 0$ e $Q_b < 0$

29. a

30. c

31. a

32. a

34. c

35. a

37. c

38. e

40. e

42. d

43. A: campo elétrico; B: campo magnético. Sinal da carga *q*: negativo.

44. 05

45. 22

46. a) $q_1 < 0$; $q_2 > 0$ e $q_3 = 0$.
  b) $1,33 \cdot 10^9$ m/s²; $2,00 \cdot 10^9$ m/s² e 0 m/s².
  c) $6,67 \cdot 10^5$ rad/s; $1,00 \cdot 10^6$ rad/s e 0 rad/s.

47. $2 \cdot 10^{-5}$ V/m e $2,5 \cdot 10^{-5}$ m/s.

48. carga positiva: $C_1$; carga negativa: $C_2$; $\frac{m_1}{m_2} = \frac{1}{2}$.

49. a

50. a

**51.** d

**52.** e

**53.** a) $\sqrt{\frac{2qU}{m}}$ b) $\frac{qR^2B^2}{2U}$

c) 1º pico: hidrogênio (u = 1)
2º pico: deutério (u = 2)

**54.** a) 1 b) $\frac{m\theta}{QB}$

**55.** a) $3 \cdot 10^{-6}$ s b) 1,5 m c) $2 \cdot 10^{-2}$ T

**56.** c

**57.** a) $\frac{mE}{v_0}$

b) 

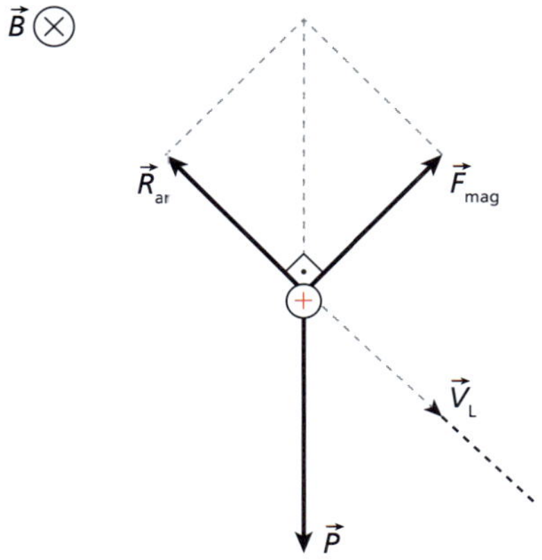


Banco de imagens/Arquivo da editora

c) $v_L = \frac{mg}{\sqrt{k^2 + Q^2B^2}}$

**58.** $\frac{2gm^2}{q^2B_0^2}$

**59.** $1{,}7 \cdot 10^{-15}$ m e $6{,}0 \cdot 10^{-15}$ m.

**60.**

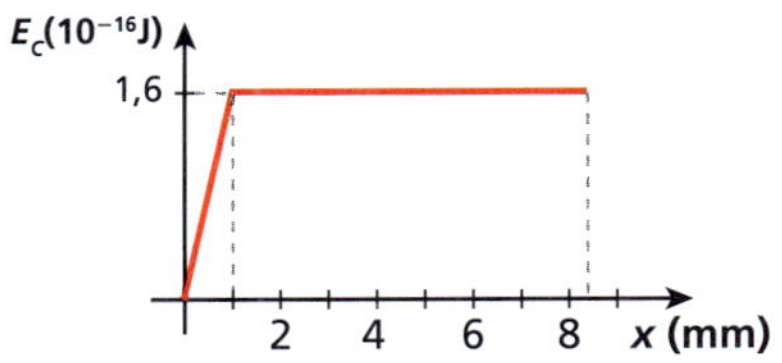


Banco de imagens/Arquivo da editora

**61.** d

**62.** 3QE + 3mg + QvB

## Tópico 2 – Corrente elétrica e campo magnético

**2.** e

**3.** b

**4.** De **B** para **A**.

**5.** a) A corrente elétrica convencional percorre o circuito externo ao gerador do polo positivo para o polo negativo.

b) Atração.

**6.** Montagem **A**.

**7.** a

**9.** b

**10.** 02 + 08 + 32 = 42

**11.** $5{,}6 \cdot 10^{-6}$ T e $1{,}0 \cdot 10^{-5}$ T

**12.** a

**13.** d

**14.** d

**15.** a

**16.** b

**17.** e

**18.** d

**19.** d

**20.** a) 0,36 A b) $4{,}8 \cdot 10^{-11}$ T

**21.** 5 μT

**22.** $2{,}02 \cdot 10^{-5}$ T

**23.** a)

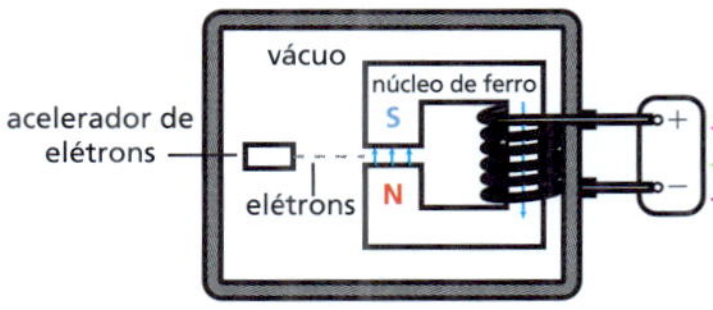


Banco de imagens/Arquivo da editora

b) Um arco de circunferência no sentido de entrar na página.

c) $2 \cdot 10^{12}$ m/s$^2$

**24.** $1{,}5 \cdot 10^{-2}$ T

**25.** d

**26.** c

**27.** d

**28.** e

**29.** 100

**30.** b

**31.** a) $\frac{\sqrt{3}\mu_0 i}{4\pi h}$ b) $\frac{4\pi hB}{3\mu_0}$

**32.** a

**33.** c

**34.** a) $6 \cdot 10^{-5}$ T b) $2 \cdot 10^{-5}$ T

**35.** a) $\vec{B} = \frac{\mu_0 i}{d}\left[\cos(\omega t)\hat{x} + \text{sen}(\omega t)\hat{y}\right]$

b) O tipo de função do item **a** representa uma rotação ao redor do eixo z, no sentido horário.

c) O ímã não tem tempo de vencer a inércia e iniciar um movimento que acompanhe a variação do campo.

**36.** $\frac{\mu I}{12a}$

## Tópico 3 – Força magnética sobre condutores retilíneos e propriedades magnéticas

**2.** $3 \cdot 10^{-4}$ N

**4.** e

**5.** d

**6.** a

**7.** e

**9.** d

**10.** c

**11.** a

**12.** 3

**13.** 0,25 T

**14.** d

**15.** c

**16.** d

**17.** a)

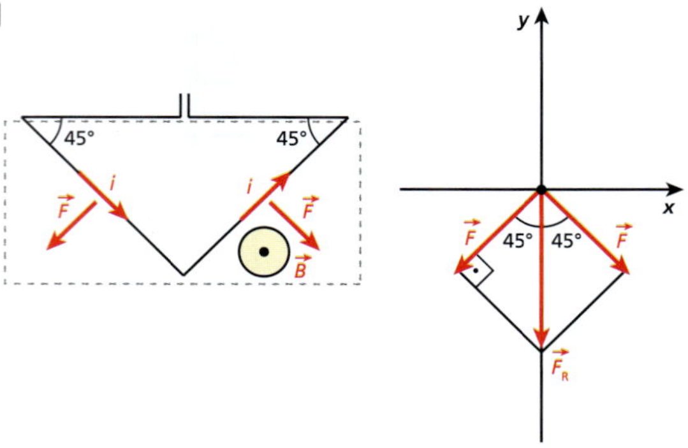


Banco de imagens/Arquivo da editora

b) $1,4 \cdot 10^{-4}$ kg

**18.** a)

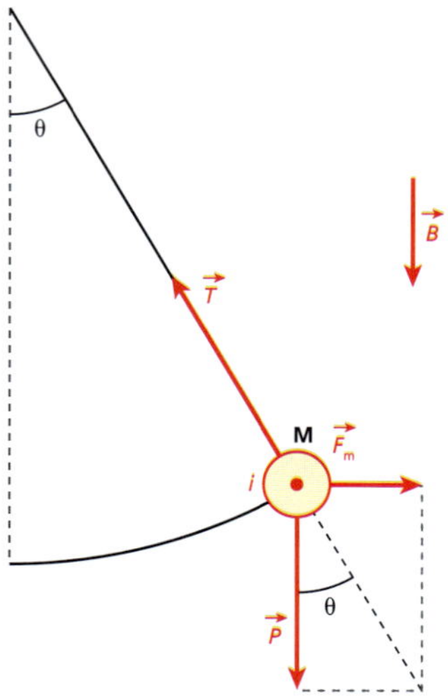


Banco de imagens/Arquivo da editora

b) $\dfrac{mgtg\theta}{iL}$

**19.** a

**20.** c

**21.** a) 0,08 N

b) 0,2 T

c) 0,016 kg, a ser colocada na mesma posição da massa $M_1$.

**22.** d

**23.** b

**24.** d

## Tópico 4 – Indução eletromagnética

**2.** e

**4.** d

**5.** a

**6.** b

**7.** a

**8.** c

**10.** c

**12.** b

**14.** a) 10 A

b) 50 V

**15.** d

**16.** d

**17.** d

**19.** d

**20.** c

**21.** c

**22.** d

**23.** d

**24.** a

**25.** b

**26.** Circuito A: 0 V; Circuito B: 0,1 V.

**27.** d

**28.** b

**29.** a) $5 \cdot 10^{-2}$ V

b) De **M** para **A**

**30.** d

**31.** a) $1,2 \cdot 10^{-5}$ V

b) $1,5 \cdot 10^{-2}$ A

**32.** b

33. e

34. 14

35. c

36. c

37. a

38. 41

39. c

40. b

41. a) 500
b) 4A e 8A
c) 10A e 20A

42. Maior, porque o ímã sofreria uma força em oposição ao movimento na tentativa de parar a variação do fluxo magnético dentro do tubo.

43. 2,5 V

44. a

45. e

46. c

## Unidade 4 – Física Moderna

### Tópico 1 – Introdução à Física Moderna

2. a

3. Aproximadamente $1{,}0 \cdot 10^{17}$ fótons

4. e

6. a) $5 \cdot 10^{-7}$ m
b) 30 J
c) 10 s
d) $8{,}33 \cdot 10^{19}$

8. a) $1{,}7 \cdot 10^{-5}$ m
b) Aproximadamente $10^{7}$ J

9. e

11. c

13. e

15. I — V; II — V; III — V; IV — V.

16. c

17. 41

18. c

19. a

20. d

21. a) $1{,}92 \cdot 10^{-14}$ N
b) 10 N/C
c) $1{,}33 \cdot 10^{15}$ Hz
d) $-1{,}6 \cdot 10^{-13}$ C

23. a

24. a) $0{,}4 \cdot 10^{15}$ Hz
b) 0,83 eV

25. a) 4,1 eV
b) $4 \cdot 10^{14}$ Hz
c) 6,56 eV

26. a

27. e

28. a

29. $6{,}4 \cdot 10^{-34}$ J · s e $1{,}9 \cdot 10^{-19}$ J

30. a) Aproximadamente 0,1 eV
b) 0,9 V

31. c

### Tópico 2 – Introdução à Física Quântica

1. A primeira ilustração nos remete ao modelo de **Dalton** de um átomo esférico, maciço e indivisível, como uma bola de bilhar.
Em seguida, temos o modelo de **Thomson**, em que o átomo foi comparado a um pudim de passas, ou seja, uma pasta positiva incrustada de elétrons. O modelo de Thomson surge da necessidade de se explicar a neutralidade elétrica da matéria.
O modelo de **Rutherford**, baseado nas experiências de bombardeamento de lâminas de ouro por partículas alfa, propõe o modelo de um átomo formado por um núcleo bem pequeno com carga positiva e uma região negativa envolvendo o núcleo, denominada eletrosfera, onde elétrons giram ao redor desse núcleo.
O modelo de **Bohr** surge na tentativa de aperfeiçoar o modelo de Rutherford e estabelece como ideia central o fato de os elétrons circularem ao redor do núcleo somente em órbitas, ou camadas eletrônicas, permitidas. Cada órbita permitida possui um diferente nível de energia.
Finalmente, a última ilustração representa as ideias de **Schrödinger** e outros cientistas contemporâneos. Para eles, morre a ideia de uma órbita definida e toma corpo o conceito de região do espaço de maior probabilidade de se encontrar o elétron. As nuvens eletrônicas, os orbitais e toda uma física probabilística entram em cena.

3. 13,6 eV

4. −6,8 eV

5. $\mathbf{f_1}$ e $\mathbf{f_2}$

6. c

7. a

8. a) 10,2 eV
   b) $1{,}21 \cdot 10^{-7}$ m

9. d

10. d

11. d

13. c

14. $2{,}2 \cdot 10^{-33}$ m

16. b

17. 11

18. a) Aproximadamente $1{,}33 \cdot 10^{-2}$ kg m/s
    b) Aproximadamente $4 \cdot 10^{-19}$ J

19. $h\left[\left(\frac{eU}{c^2}\right)^2 + 2eUm_0\right]^{-\frac{1}{2}}$

20. b

21. d

22. 2,1 eV

23. a) −3,2 eV
    b) 1,5 eV
    c) −1,7 eV

24. $-\frac{e^2}{4\varepsilon_0 n \lambda_n}$

## Tópico 3 – Teoria da Relatividade

2. 5 anos

3. a

5. e

6. b

7. a) 0,1c
   b) 12,5 min

8. A contração espacial é de $0{,}6V_0$.

9. 20 meses

10. e

11. a

13. b

15. c

16. a) 0,21c
    b) 0,21c

17. $c\sqrt{1-\left(\frac{2m_p}{2m_p + m_\pi}\right)^2}$

18. a) 0,93 u
    b) $1{,}7 \cdot 10^{-19}$ m

# Unidade 5 – Análise dimensional

## Tópico 1 – Expressões dimensionais

1. $M\,L^2\,T^{-1}$

2. $M^{-1}\,L^3\,T^{-2}$; $kg^{-1}\,m^3\,s^{-2}$.

3. $F\,L\,\theta^{-1}$

4. d

5. a) $M\,L^0\,T^{-2}$  b) $kg/s^2$

6. b

7. d

8. a) IT; A s = coulomb (C).
   b) $M^{-1}\,L^{-2}\,T^4\,I^2$;
   $kg^{-1}\,m^{-2}\,s^4\,A^2$ = farad (F).

9. c

10. b

11. e

12. c

13. d

14. $\sqrt{\frac{p}{\mu}}$

15. d

16. $k\,\mu\,A\,v^3$

17. $kC\frac{A\Delta\theta}{e}$

18. b

19. a) $kg\,m^{-1}\,s^{-2}$
    b) $\frac{\gamma\pi d^2 L}{4}$
    c) $4d_1$

20. $M^2\,T^{-1}$

21. $L\,T^{-1}$; m/s.

22. $k\,R^5\,\omega^3\,\rho$

REVISÃO

conecte LIVE

# TÓPICOS DE Física


RONALDO FOGO

Licenciado em Física pelo Instituto de Física da Universidade de São Paulo.
Engenheiro metalurgista pela Escola Politécnica da Universidade de São Paulo.
Coordenador das Turmas Olímpicas de Física do Colégio Objetivo.
Vice-Presidente da IJSO *(International Junior Science Olympiad)*.

NEWTON VILLAS BÔAS

Licenciado em Física pela Universidade de São Paulo (USP).
Professor de Física na rede particular de ensino.

RICARDO HELOU DOCA

Engenheiro eletricista formado pela Faculdade de Engenharia Industrial (FEI-SP).
Professor de Física na rede particular de ensino.


3

Editora Saraiva

# Conheça este material de Revisão

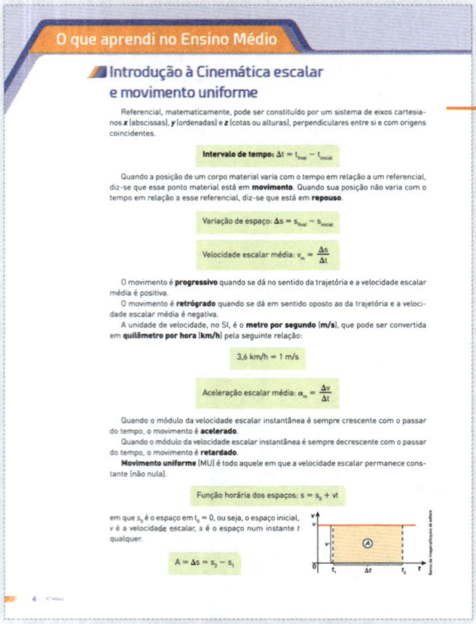

O que aprendi no Ensino Médio

Introdução à Cinemática escalar e movimento uniforme

## O que aprendi no Ensino Médio

Esta é uma oportunidade de recaptular os conceitos estudados em todos os anos do Ensino Médio. Resumos com definições-chave lhe ajudarão a encontrar informações importantes que você poderá utilizar para realizar os Simulados que propomos em seguida, aos moldes de vestibulares e do Enem

## Simulados

Uma sequência de 12 simulados é proposta neste material, composta de uma seleção de questões de vestibulares ou do Enem.

Esses simulados serão uma preparação para você, que irá prestar provas de ingresso às universidades.

Você deverá realizar cada simulado em um tempo máximo de 1 hora. Seguem algumas dicas de como administrar o seu tempo para a resolução dos simulados:

- Faça uma análise geral da prova para planejar o tempo que terá disponível para responder cada questão;
- Tente gastar cerca de 5 minutos em cada questão. Em primeiro momento, pule as questões cujas respostas você não sabe;
- Após a leitura e resolução de todas as questões que você sabia responder, retorne para o início da prova e verifique aquelas que ficaram sem resposta. Avalie o tempo que ainda lhe resta e tente distribuí-lo para solucionar as questões pendentes.

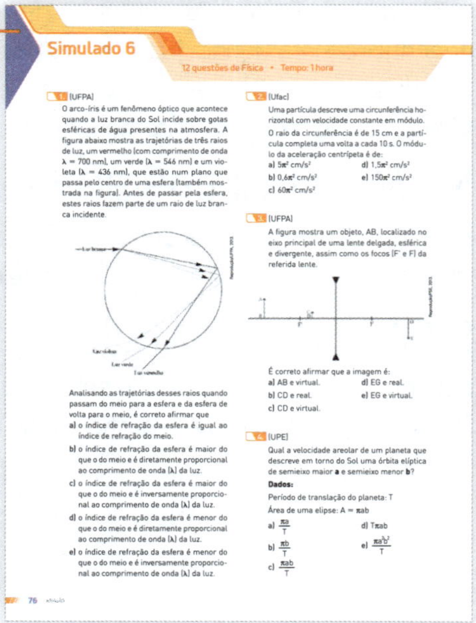

Simulado 6

# Sumário

# Introdução à Cinemática escalar e movimento uniforme

Referencial, matematicamente, pode ser constituído por um sistema de eixos cartesianos ***x*** (abscissas), ***y*** (ordenadas) e ***z*** (cotas ou alturas), perpendiculares entre si e com origens coincidentes.

**Intervalo de tempo:** $\Delta t = t_{final} - t_{inicial}$

Quando a posição de um corpo material varia com o tempo em relação a um referencial, diz-se que esse ponto material está em **movimento**. Quando sua posição não varia com o tempo em relação a esse referencial, diz-se que está em **repouso**.

Variação de espaço: $\Delta s = s_{final} - s_{inicial}$

Velocidade escalar média: $v_m = \dfrac{\Delta s}{\Delta t}$

O movimento é **progressivo** quando se dá no sentido da trajetória e a velocidade escalar média é positiva.

O movimento é **retrógrado** quando se dá em sentido oposto ao da trajetória e a velocidade escalar média é negativa.

A unidade de velocidade, no SI, é o **metro por segundo** (**m/s**), que pode ser convertida em **quilômetro por hora** (**km/h**) pela seguinte relação:

3,6 km/h = 1 m/s

Aceleração escalar média: $\alpha_m = \dfrac{\Delta v}{\Delta t}$

Quando o módulo da velocidade escalar instantânea é sempre crescente com o passar do tempo, o movimento é **acelerado**.

Quando o módulo da velocidade escalar instantânea é sempre decrescente com o passar do tempo, o movimento é **retardado**.

**Movimento uniforme** (MU) é todo aquele em que a velocidade escalar permanece constante (não nula).

Função horária dos espaços: $s = s_0 + vt$

em que $s_0$ é o espaço em $t_0 = 0$, ou seja, o espaço inicial, $v$ é a velocidade escalar, $s$ é o espaço num instante $t$ qualquer.

$A = \Delta s = s_2 - s_1$

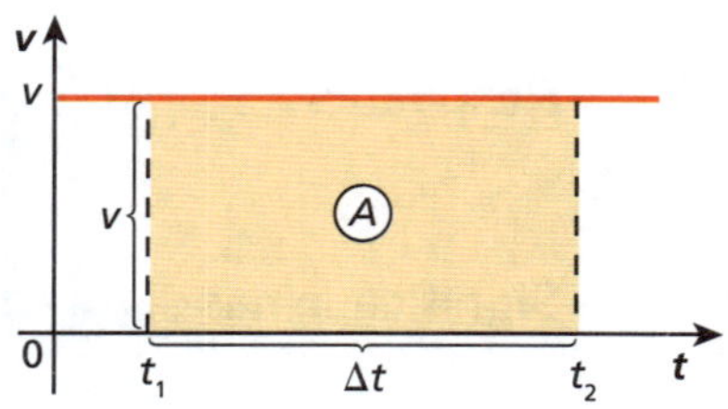


Banco de imagens/Arquivo da editora

# Movimento uniformemente variado

**Movimento uniformemente variado** é todo aquele em que a velocidade escalar varia uniformemente com o passar do tempo, isto é, sofre variações iguais em intervalos de tempo iguais.

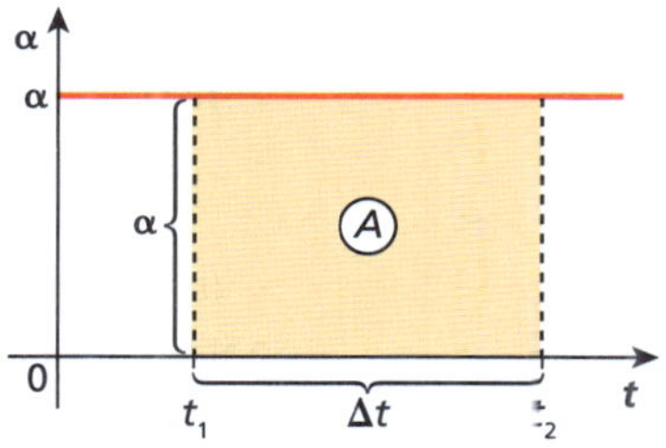

Banco de imagens/Arquivo da editora

$$A \overset{N}{=} \Delta v = v_2 - v_1$$

Função horária da velocidade escalar instantânea: $v = v_0 + \alpha t$

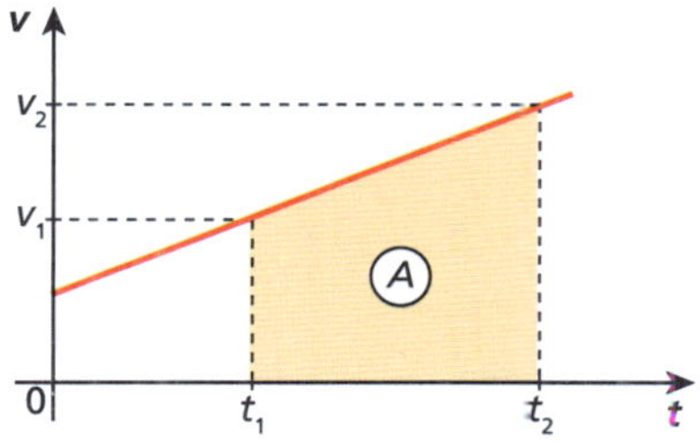

Banco de imagens/Arquivo da editora

em que $v_0$ é o espaço em $t_0 = 0$, ou seja, o espaço inicial, $v$ é a velocidade escalar, $\alpha$ é o espaço num instante $t$ qualquer.

$$A \overset{N}{=} \Delta s = s_2 - s_1$$

**Gráficos $v \times t$ quando a aceleração escalar é positiva**

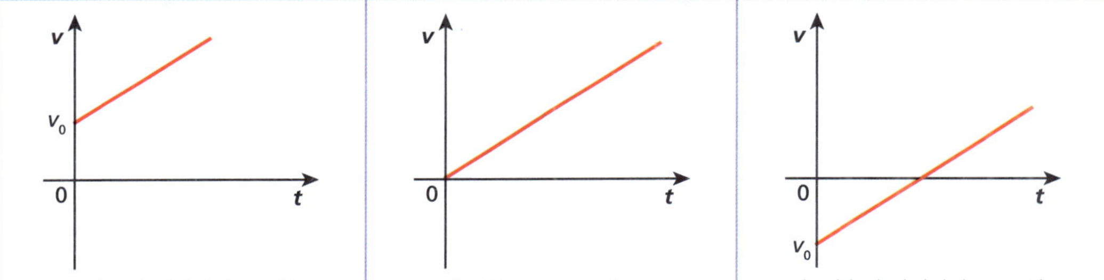


| velocidade inicial positiva | velocidade inicial nula | velocidade inicial negativa |
|---|---|---|

Ilustrações: Banco de imagens/Arquivo da editora

**Gráficos $v \times t$ quando a aceleração escalar é negativa**

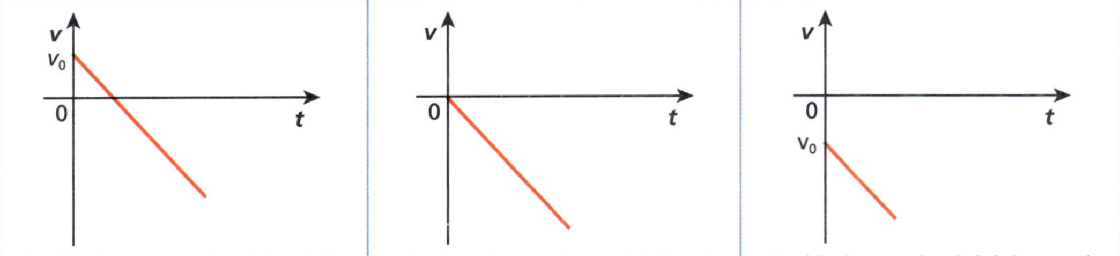


| velocidade escalar inicial positiva | velocidade escalar inicial nula | velocidade escalar inicial negativa |
|---|---|---|

Ilustrações: Banco de imagens/Arquivo da editora

Velocidade escalar média: $v_m = \dfrac{v_2 + v_1}{2}$

Função horária do espaço: $s = s_0 + v_0 t + \dfrac{\alpha}{2} t^2$ ou $\Delta s = v_0 t + \dfrac{\alpha}{2} t^2$

Equação de Torricelli: $v_2 = v_0^2 + 2\,\alpha\,\Delta s$

# Vetores e Cinemática vetorial

**Vetor** é um símbolo matemático constituído de um módulo, uma direção e um sentido. É utilizado na Física para representar grandezas vetoriais.

Na adição de vetores pela regra do polígono, o segmento orientado que representa $\vec{s}$ **sempre fecha o polígono** formado pelos vetores em adição.

Na figura ao lado é representada a adição $\vec{a} + \vec{b}$ pela regra do paralelogramo.

O módulo do vetor-soma (resultante) $\vec{s}$ pode ser obtido pela **Lei dos cossenos**:

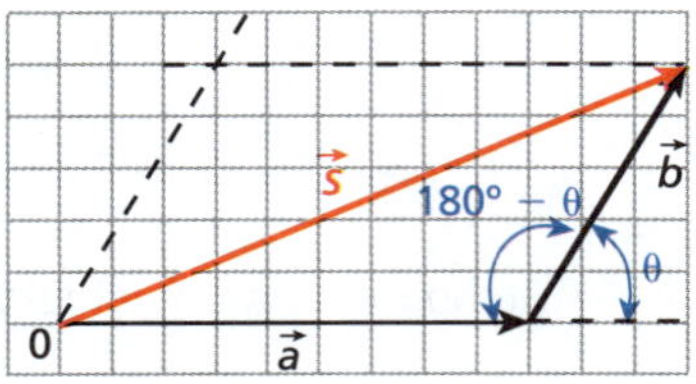

Banco de imagens/Arquivo da editora

$$s^2 = a^2 + b^2 + 2\,a\,b\cos\theta$$

O vetor diferença entre $\vec{a}$ e $\vec{b}$ ($\vec{d} = \vec{a} - \vec{b}$) pode ser obtido graficamente conforme a figura ao lado.

O módulo de $\vec{d}$ também fica determinado pela **Lei dos cossenos**.

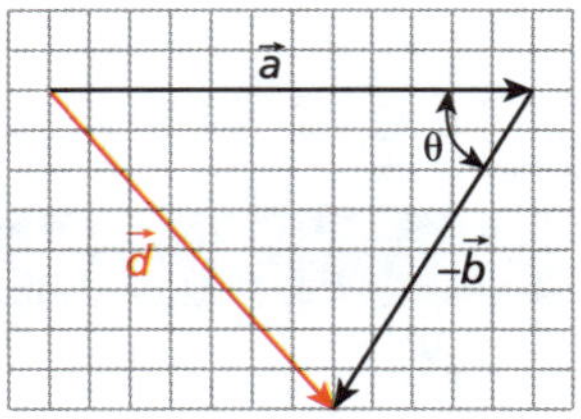

Banco de imagens/Arquivo da editora

$$d^2 = a^2 + b^2 - 2\,a\,b\cos\theta$$

Conforme a regra do paralelogramo, pode-se imaginar que o vetor $\vec{a}$ é o resultante da soma de dois vetores $\vec{a}_x$ e $\vec{a}_y$, contidos, respectivamente, nas retas *x* e *y*, como se vê na figura ao lado.

As componentes $\vec{a}_x$ e $\vec{a}_y$ do vetor $\vec{a}$ contidas em duas retas **x** e **y perpendiculares entre si** são calculadas por:

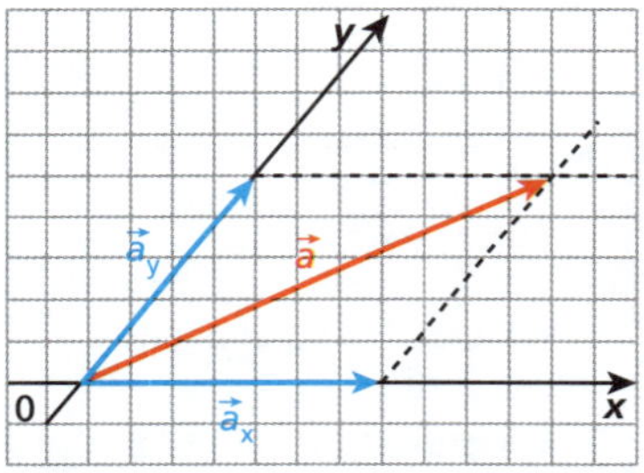

Banco de imagens/Arquivo da editora

$$a_x = a\cos\theta$$
$$a_y = a\,\text{sen}\,\theta$$

O produto de um número real *n*, não nulo, por um vetor $\vec{A}$ é um vetor $\vec{B}$, ou seja, $|\vec{B}| = |n||\vec{A}|$. Sua direção é a mesma de $\vec{A}$; seu sentido, no entanto, é o mesmo de $\vec{A}$ se *n* for positivo, mas oposto ao de $\vec{A}$ se *n* for negativo.

$$\text{Velocidade vetorial média: } \vec{v}_m = \frac{\vec{d}}{\Delta t} = \frac{\vec{r}_2 - \vec{r}_1}{t_2 - t_1}$$

$$\text{Aceleração vetorial média: } \vec{a}_m = \frac{\Delta\vec{v}}{\Delta t} = \frac{\vec{v}_2 - \vec{v}_1}{t_2 - t_1}$$

Decompondo $\vec{a}$ segundo as retas *t* e *n*, obtemos, respectivamente, as componentes $a_t$ (**tangencial**) e $a_n$ (**normal**), a qual é chamada **componente centrípeta** ($a_{cp}$) por estar dirigida para o centro da curvatura da trajetória.

A relação vetorial entre $\vec{a}$, $\vec{a}_t$ e $\vec{a}_{cp}$ é expressa por:

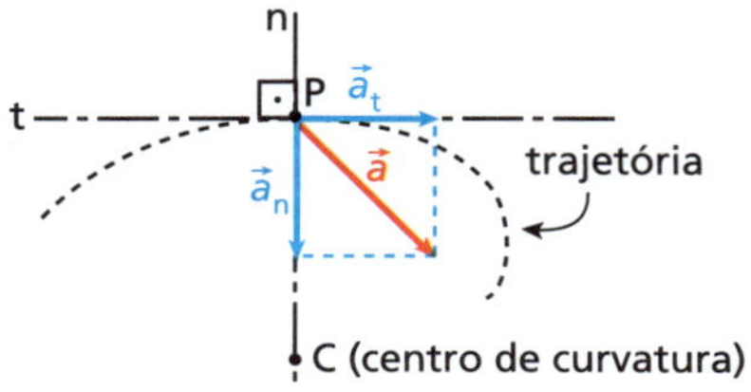

Banco de imagens/Arquivo da editora

$$\vec{a} = \vec{a}_t + \vec{a}_{cp}$$

## Movimentos circulares

Um **grau** (°) corresponde a $\frac{1}{360}$ do ângulo de uma volta completa de uma circunferência. Um **radiano** (**rad**) é a medida do ângulo central que determina na circunferência um arco cujo comprimento ($\ell$) é igual ao raio ($R$).

Espaço angular ($\varphi$): $\varphi = \frac{s}{R}$ ($\varphi$ em radianos)

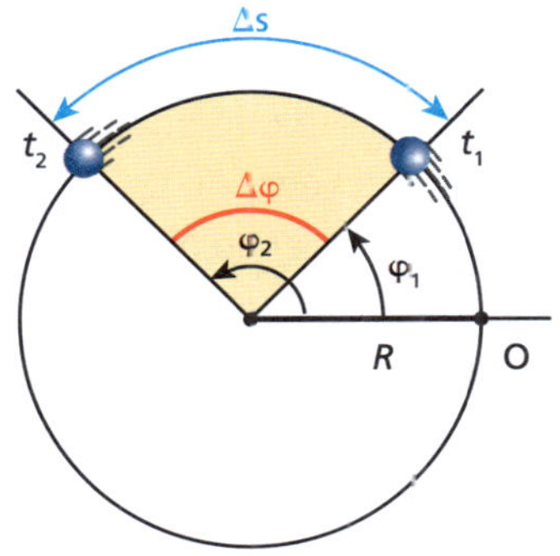


Velocidade escalar média angular: $\omega_m = \frac{\Delta\varphi}{\Delta t} = \frac{\varphi_2 - \varphi_1}{t_2 - t_1}$ ou $\omega_m = \frac{v_m}{R}$

Velocidade escalar instantânea angular: $\omega = \frac{v}{R}$

Trata-se de **movimento circular e uniforme** (**MCU**) todo movimento de trajetória circular em que as velocidades escalar, linear ou angular correspondem às seguintes condições:

$$v = \text{constante} \neq 0 \text{ e } \omega = \text{constante} \neq 0$$

Chamamos de **período** ($T$) em um movimento periódico o intervalo de tempo correspondente à realização de um ciclo completo: oscilação, revolução, rotação, etc.

Chamamos de **frequência** ($f$) o número de ciclos ($N$) que ocorrem em um movimento – ou fenômeno – periódico durante certo intervalo de tempo ($\Delta t$).

$f = \frac{N}{\Delta t}$ (em **hertz**, **Hz**, no SI)

Frequência e período são grandezas inversamente proporcionais. Assim, tem-se:

$$f = \frac{1}{T}$$

Função horária do espaço angular: $\varphi = \varphi_0 + \omega t$

Velocidade angular: $\omega = \frac{2\pi}{T} = 2\pi f$

# Os princípios da Dinâmica

**Força** é o agente físico cujo efeito dinâmico é a aceleração.

A resultante ($\vec{F}$) de um sistema de *n* forças é a soma vetorial das forças que o compõem.

- Quando a resultante das forças que agem sobre uma partícula é **nula**, diz-se que ela está em **equilíbrio** em relação a um dado referencial.
- Quando uma partícula se apresenta em repouso em relação a um dado referencial, diz-se que ela está em **equilíbrio estático**.
- Quando uma partícula se apresenta em movimento retilíneo e uniforme (MRU) em relação a um dado referencial, diz-se que que ela está em **equilíbrio dinâmico**.

Chama-se **inércia** a tendência dos corpos em conservar sua velocidade vetorial.

Veja a seguir o princípio da Inércia (1ª Lei de Newton) formalizado em dois enunciados:

1º enunciado: Se a força resultante sobre uma partícula é nula, ela permanece em repouso ou em movimento retilíneo e uniforme, por inércia.

2º enunciado: Um corpo livre de uma força externa resultante é incapaz de variar sua própria velocidade vetorial.

A expressão matemática da 2ª Lei de Newton é:

$$\vec{F} = m\vec{a}$$

**Newton** é a intensidade da força que produz na sua direção e no seu sentido uma aceleração de módulo 1 metro por segundo por segundo, quando aplicada em uma partícula de massa igual a 1 quilograma.

O **peso** de um corpo é a força de atração gravitacional exercida sobre ele.

$$\vec{P} = m\vec{g}$$

**Um quilograma-força** é definido pela intensidade do peso de um corpo de 1 quilograma de massa, situado em um local onde a gravidade é normal (aceleração da gravidade com módulo $g_n \cong 9{,}8\ m/s^2$).

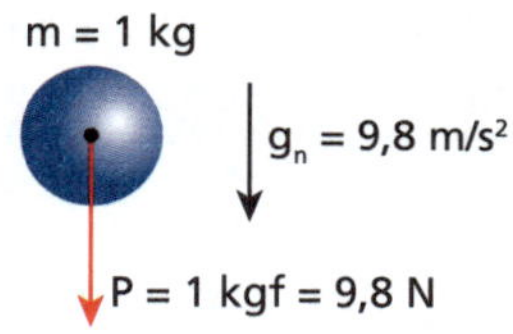


Banco de imagens/ Arquivo da editora

**Lei de Hooke**:

$$F = K\,\Delta x$$

em que *F* é a intensidade da força deformadora, *K* é a constante de proporcionalidade e $\Delta x$ é a deformação (alongamento ou encurtamento sofrido pela mola).

O Princípio da Ação e da Reação (3ª Lei de Newton) enuncia que:

A toda força de ação corresponde uma de reação, de modo que essas forças têm sempre mesma intensidade, mesma direção e sentidos opostos, estando aplicadas em corpos diferentes.

# Atrito entre sólidos

Quando a superfície de um corpo escorrega ou tende a escorregar em relação à superfície de outro, há troca de forças, denominadas **forças de atrito** ($F_{at}$).

Trata-se de **atrito estático** quando não há escorregamento entre as superfícies atritantes. Diz-se **atrito cinético** no caso de o escorregamento já haver se iniciado.

Denomina-se **força de atrito de destaque** ($\vec{F}_{at_d}$) a máxima força de atrito estático que se manifesta quando o escorregamento é iminente, ou seja:

$$0 \leq F_{at} \leq F_{at_d}$$

Matematicamente:

$$F_{at_d} = \mu_e F_n$$

em que $\mu_e$ é o **coeficiente de atrito estático**.

Sendo $F > F_{at_d}$, o bloco entra em movimento, e, nessa situação, o atrito recebido do plano de apoio é **cinético**. Matematicamente, temos:

$$F_{at_c} = \mu_c F_n$$

em que $\mu_c$ é o **coeficiente de atrito cinético** (ou dinâmico).

Graficamente, a intensidade da força de atrito é dada conforme os diagramas seguintes:

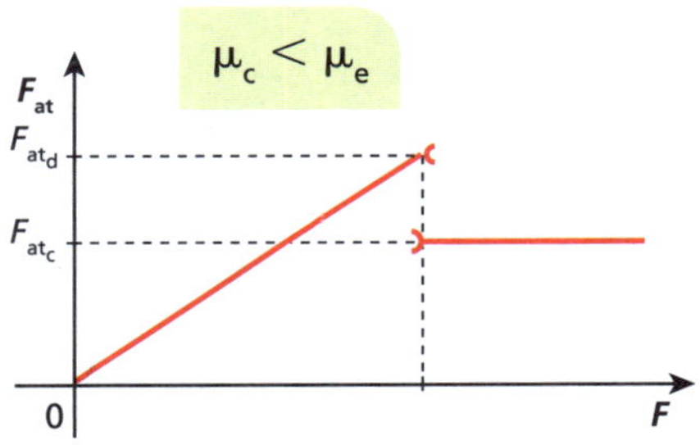


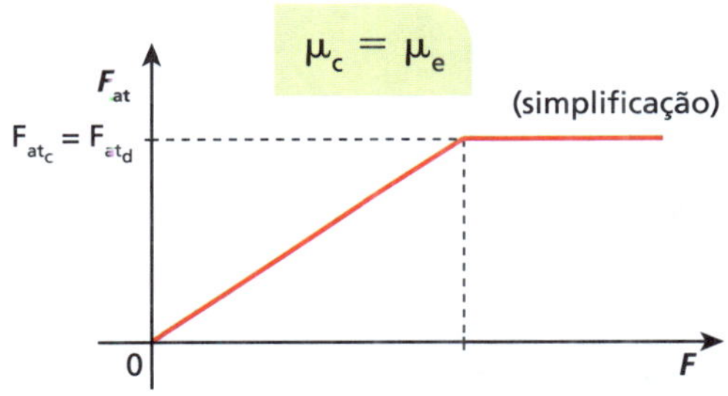


Banco de imagens/Arquivo da editora

# Resultantes tangencial e centrípeta

Atribui-se as denominações tangencial e componente centrípeta às componentes $\vec{F}_t$ e $\vec{F}_{cp}$ da força resultante. A intensidade da componente tangencial é:

$$|\vec{F}_t| = m\,|\alpha|$$

A direção de $\vec{F}_t$ é sempre a da tangente à trajetória em cada instante, e $\vec{F}_t$ tem por função variar a intensidade da velocidade vetorial ($\vec{v}$) da partícula móvel.

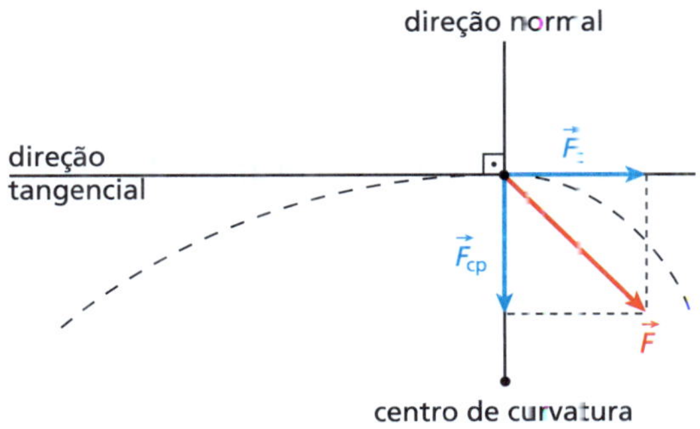


Banco de imagens/Arquivo da editora

Intensidade da componente centrípeta da força resultante: $|\vec{F}_{cp}| = \dfrac{mv^2}{R}$ ou $|\vec{F}_{cp}| = m\omega^2 R$

A componente $\vec{F}_{cp}$ tem, a cada instante, direção normal à trajetória e sentido para o centro de curvatura, e tem por função variar a direção da velocidade vetorial $(\vec{v})$ da partícula móvel.

Corpo nenhum pode manter-se em trajetória curvilínea sem força centrípeta.

Movimento circular e uniforme:

- $|\vec{v}|$ = constante $\neq 0 \Rightarrow \vec{F}_t \neq \vec{0}$
- $\vec{v}$ tem direção variável $\Rightarrow \vec{F}_{cp} \neq \vec{0}$

} a resultante total é centrípeta.

No movimento curvilíneo e variado:

- $|\vec{v}|$ é variável $\Rightarrow \vec{F}_t \neq \vec{0}$
- $\vec{v}$ tem direção variável $\Rightarrow \vec{F}_{cp} \neq \vec{0}$

} a resultante total admite duas componentes: a tangencial e a centrípeta.

## Gravitação

**1ª Lei de Kepler** – Lei das órbitas:

Em relação a um referencial no Sol, os planetas movimentam-se descrevendo **órbitas elípticas**, ocupando o Sol um dos focos da elipse.

A **excentricidade da elipse** é dada por:

$$e = \frac{f}{E} \quad (0 \leq e < 1)$$

O **raio médio da órbita** ($R$) do planeta é a média aritmética entre $d_{mín}$ e $d_{máx}$:

$$R = \frac{d_{mín} + d_{máx}}{2}$$

**2ª Lei de Kepler** – Lei das áreas:

O vetor-posição de um planeta em relação ao centro do Sol varre **áreas iguais em intervalos de tempo iguais**.

Matematicamente, tem-se:

$$A = v_a \, \Delta t$$

em que $A$ é a área, $\Delta t$ é o correspondente intervalo de tempo, e $v_a$ é a **velocidade areolar**.

**3ª Lei de Kepler** – Lei dos períodos:

Para qualquer planeta do Sistema Solar, é **constante** o quociente do cubo do raio médio da órbita, $R^3$, pelo quadrado do período de revolução, $T^2$, em torno do Sol.

Assim:

$$\frac{R^3}{T^2} = K_p = \frac{GM}{4\pi^2}$$

em que $K_p$ depende apenas da massa do Sol ($M$) e das unidades de medida.

Representando por $\vec{F}$ a intensidade de $\vec{F}_{AB}$ ou de $\vec{F}_{BA}$, escreve-se a Lei de Newton da atração das massas:

$$F = G\frac{m_A m_B}{d^2}$$

em que *d* é a distância entre os corpos e *G* é **Constante da Gravitação** e seu valor numérico aceito é $6{,}67 \cdot 10^{-11}\ Nm^2/kg^2$.

Velocidade orbital: $v = \sqrt{\frac{GM}{r}}$

sendo *r* o raio da órbita e *M* a massa do astro.

Período de revolução: $T = 2\pi\sqrt{\frac{r^3}{GM}}$

Velocidade areolar: $v_a = \frac{1}{2}\sqrt{GMr}$

A intensidade da aceleração da gravidade num ponto externo ao astro é expressa por:

$$g = G\frac{M}{(R+h)^2}$$

sendo *h* a altura do ponto com relação à superfície do astro.

A intensidade da aceleração da gravidade num ponto interno ao astro é determinada por:

$$g = K\,r$$

em que $K = \frac{4}{3}\pi\,\mu\,G$ é uma constante e $\mu = \frac{m}{V}$ é a massa específica do astro.

A intensidade da aceleração da gravidade em função da distância *x* ao centro do astro é representada no gráfico ao lado.

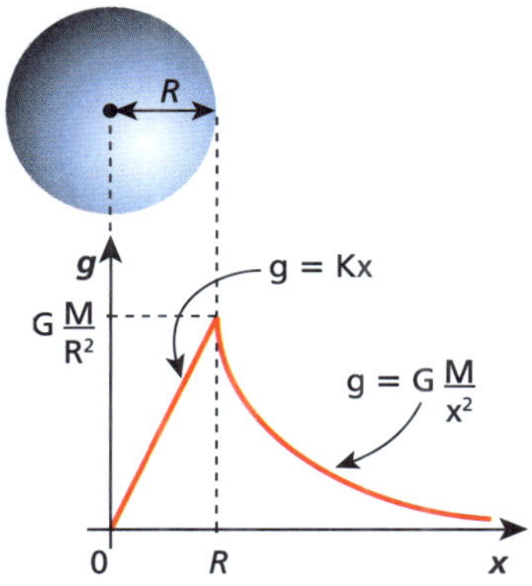

Banco de imagens/Arquivo da editora

A variação aparente da intensidade da força da gravidade devido à rotação do astro sob ação de uma força centrípeta $\vec{F}_{CP}$ é calculada por:

$$\vec{F} = \vec{F}_{CP} + \vec{P}$$

em que a componente $\vec{P}$ traduz o **peso aparente** do corpo.

# Movimentos em campo gravitacional uniforme

O campo gravitacional uniforme é uma região em que $\vec{g}$ tem o mesmo módulo, a mesma direção e o mesmo sentido em todos os pontos.

A aceleração vetorial de uma partícula sob a ação exclusiva de seu peso é igual ao vetor campo gravitacional $\vec{g}$:

$$\vec{a} = \vec{g}$$

Em campo gravitacional uniforme, o movimento vertical de um corpo sob a ação exclusiva de seu peso é uniformemente variado, pois sua aceleração escalar é constante e diferente de zero. O módulo dessa aceleração é dado por:

$$|\alpha| = g$$

Se a trajetória estiver orientada para cima, $\alpha = -g$, se a trajetória estiver orientada para baixo, $\alpha = +g$.

O movimento do projétil de acordo com o eixo vertical Oy é **retilíneo** e **uniformemente variado** e pode ser descrito pelas equações:

$$v_{0_y} = v_0 \operatorname{sen} \theta \qquad y = y_0 + v_{0_y} t - \frac{g}{2} t^2 \qquad v_y = v_{0_y} - gt \qquad v_y^2 = v_{0_y}^2 - 2g\Delta y$$

O movimento do projétil de acordo com o eixo horizontal Ox é **retilíneo** e **uniforme** e pode ser descrito pelas equações:

$$v_{0_x} = v_0 \cos \theta \qquad x = x_0 + v_x t$$

O intervalo de **tempo de subida** do projétil é igual ao **tempo de descida**:

$$t_s = t_d = \frac{v_0 \operatorname{sen} \theta}{g}$$

A **altura máxima** e o **alcance horizontal** são determinados por:

$$h_{máx} = \frac{v_{0_y}^2}{2g} = \frac{v_0^2 \operatorname{sen}^2\theta}{2g}$$

$$A = \frac{v_0^2}{g} \operatorname{sen} 2\theta$$

A expressão da trajetória descrita pelo projétil lançado obliquamente em campo gravitacional uniforme, sem influência do ar, é:

$$y = \operatorname{tg} \theta \, x - \frac{g}{2v_0^2 \cos^2\theta} x^2$$

# Trabalho e potência

Trabalho $(\tau)$ da força $\vec{F}$: $\tau = |\vec{F}||\vec{d}| \cos \theta$

Quando $\vec{F}$ e $\vec{d}$ têm a mesma direção e o mesmo sentido, tem-se:

$$\tau = F\,d$$

No caso de $\vec{F}$ e $\vec{d}$ terem a mesma direção e sentidos opostos, tem-se:

$$\tau = -F\,d$$

Sempre que a força e o deslocamento forem perpendiculares entre si, a força não realizará trabalho.

No gráfico da força em função do deslocamento, a "área" compreendida entre o gráfico e o eixo do deslocamento expressa o valor algébrico do trabalho realizado.

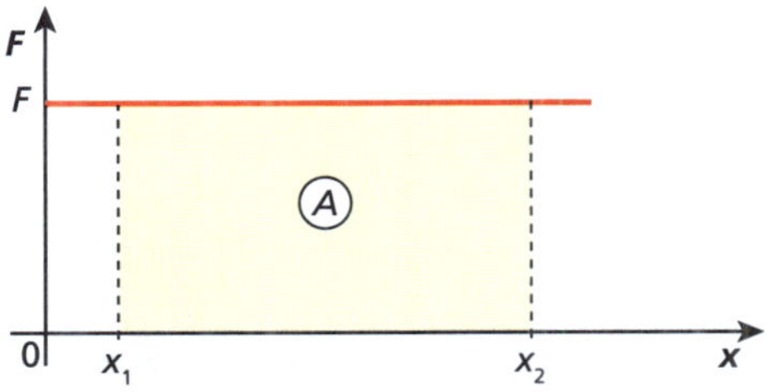


Banco de imagens/Arquivo da editora

$$A = \tau$$

Os trabalhos da força peso e da força elástica não dependem da trajetória descrita pela partícula. Assim:

$$\tau_{\vec{P}} = \pm P h = \pm m g h$$

$$\tau_{\vec{F}_e} = \pm \frac{K(\Delta x)^2}{2}$$

Energia cinética: $E_c = \frac{mv^2}{2}$

Trabalho total: $\tau_{total} = \Delta Ec = E_{c_{final}} - E_{c_{inicial}}$

Potência média: $Pot_m = \frac{\Delta E}{\Delta t}$ ou $Pot_m = \frac{\tau}{\Delta t}$

Potência instantânea: $Pot = \lim_{\Delta t \to 0} Pot_m = \lim_{\Delta t \to 0} \frac{\tau}{\Delta t}$ ou $Pot = |\vec{F}||\vec{v}| \cos \theta$

No gráfico da potência em função do tempo, a "área" compreendida entre o gráfico e o eixo dos tempos expressa o valor algébrico do trabalho ou da energia transferida.

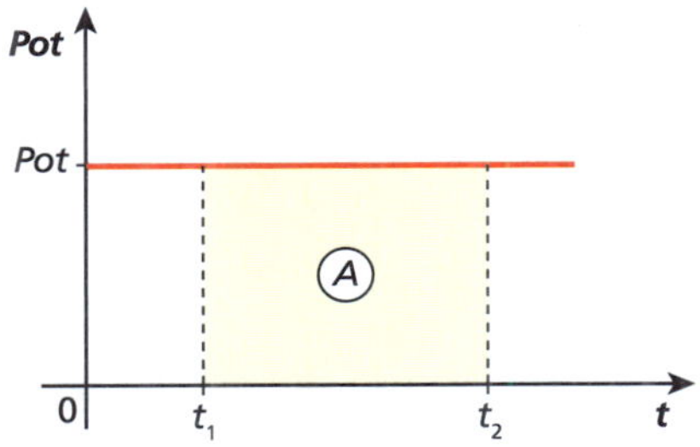


Banco de imagens/Arquivo da editora

$$A = \tau$$

**Rendimento** $(\eta)$ de um sistema físico: $\eta = \frac{Pot_u}{Pot_t}$

## Energia mecânica e sua conservação

De acordo com o princípio de conservação, a energia total do Universo é **constante**, podendo haver apenas transformações de uma modalidade em outras.

A equivalência entre as unidades de energia se dá por:

$$1\ \text{cal} \cong 4{,}19\ \text{J}$$
$$1\ \text{kWh} = 3{,}6 \cdot 10^6\ \text{J}$$
$$1\ \text{eV} = 1{,}602 \cdot 10^{-19}\ \text{J}$$

Energia potencial da gravidade: $E_p = Ph$ ou $E_p = mgh$

Energia potencial elástica: $E_e = \dfrac{K(\Delta x)^2}{2}$

Energia mecânica: $E_m = E_{cinética} + E_{potencial}$

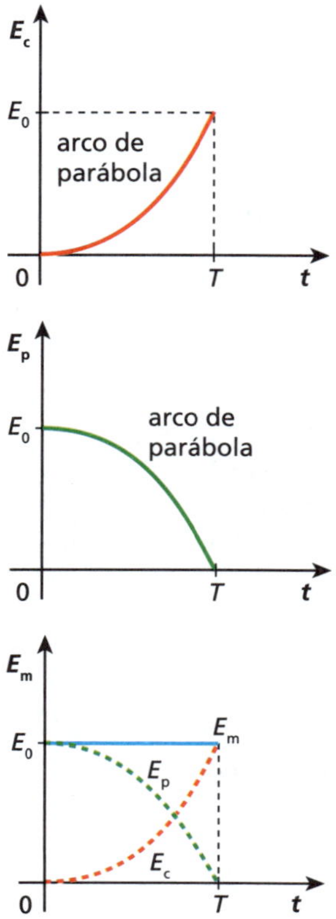

Banco de imagens/Arquivo da editora

**Sistema mecânico conservativo** é todo aquele em que as forças que realizam trabalho são **forças conservativas**, ou seja, que transformam **exclusivamente** energia potencial em energia cinética e vice-versa. As forças de atrito, de resistência viscosa e de resistência do ar são denominadas **forças dissipativas**.

Em um sistema mecânico conservativo:

$$E_m = E_{cinética} + E_{potencial} \Rightarrow \textbf{constante}$$

## Quantidade de movimento e sua conservação

Impulso: $\vec{I} = \vec{F}\Delta t$ (em N · s, no SI)

sendo $\Delta t$ o intervalo de tempo de interação.

A "área" compreendida entre o gráfico e o eixo dos tempos expressa o valor algébrico do impulso da força.

$$A = I$$

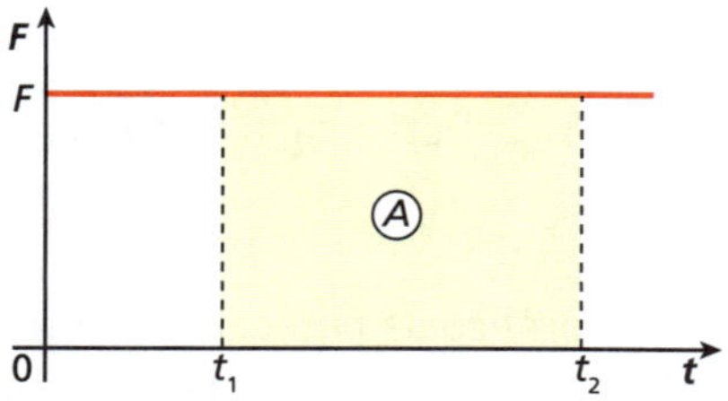

Banco de imagens/ Arquivo da editora

Quantidade de movimento: $\vec{Q} = m\vec{v}$ $\left(\text{em kg} \cdot \dfrac{\text{m}}{\text{s}}, \text{no SI}\right)$

em que $m$ é a massa da partícula e $\vec{v}$ é seu vetor velocidade.

Impulso total: $\vec{I}_{total} = \Delta Q \Rightarrow \vec{I}_{total} = \vec{Q}_{final} - \vec{Q}_{inicial}$

Em um sistema mecânico isolado de forças externas:

$$\Delta\vec{Q} = 0 \text{ ou } \vec{Q}_{final} = \vec{Q}_{inicial}$$

$$\text{Coeficiente de restituição ou de elasticidade: } e = \frac{v_{r_{af}}}{v_{r_{ap}}}$$

- Quando e = 1, a colisão é **elástica** ⇒ Sistema conservativo: $E_{c_{final}} = E_{c_{inicial}}$
- Quando e = 0, a colisão é **totalmente inelástica** ⇒ Sistema dissipativo: $E_{c_{final}} < E_{c_{inicial}}$
- Quando $0 < e < 1$, a colisão é **parcialmente elástica** ⇒ Sistema dissipativo: $E_{c_{final}} < E_{c_{inicial}}$

## Estática dos sólidos

O **momento escalar da força** $\vec{F}$ em relação ao polo **O** é o produto do módulo da força pelo braço de alavanca *d*, sendo esse produto precedido do sinal + ou −, conforme o sentido da rotação produzida pela força seja anti-horário ou horário.

$$M = \pm F d$$

A condição de equilíbrio de translação de um corpo extenso (centro de massa em repouso ou em movimento retilíneo e uniforme) é:

$$\vec{F}_{ext} = 0$$

A condição de equilíbrio de rotação de um corpo extenso sob a ação de um sistema de forças coplanares é:

$$\Sigma M = 0$$

Em um campo gravitacional uniforme, a abscissa e a ordenada do **centro de gravidade** (**CG**) são dadas por:

$$x_{CG} = \frac{P_1x_1 + P_2x_2 + ... + P_nx_n}{P_1 + P_2 + ... + P_n} \quad \text{e} \quad y_{CG} = \frac{P_1y_1 + P_2y_2 + ... + P_ny_n}{P_1 + P_2 + ... + P_n}$$

Em campo gravitacional uniforme, o centro de massa coincide com o centro de gravidade.

- O corpo está em posição de equilíbrio **estável** quando, após ser ligeiramente afastado da posição de equilíbrio, ele volta à posição inicial.
- O corpo está em posição de equilíbrio **instável** quando, após ser afastado da posição de equilíbrio, ele não volta à posição inicial.
- O corpo está em posição de equilíbrio **indiferente** quando, após ser afastado da posição de equilíbrio, ele permanece em equilíbrio.

**Alavancas** são barras utilizadas para ampliar a intensidade de forças, apoiadas em um **fulcro**. São tipos de alavanca:

<table>
<tr><td>• Interfixa</td><td>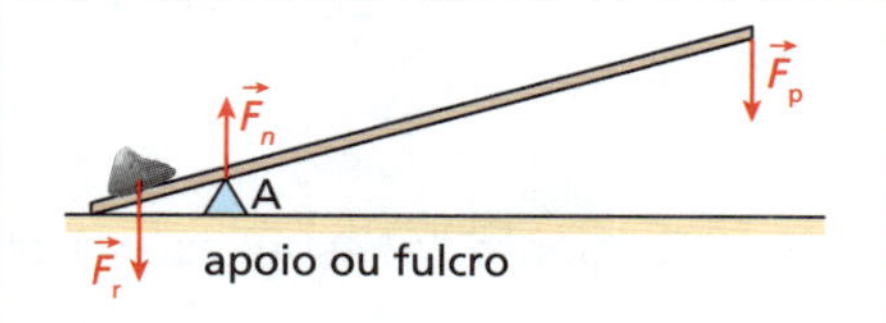
</td></tr>
<tr><td>• Inter-resistente</td><td>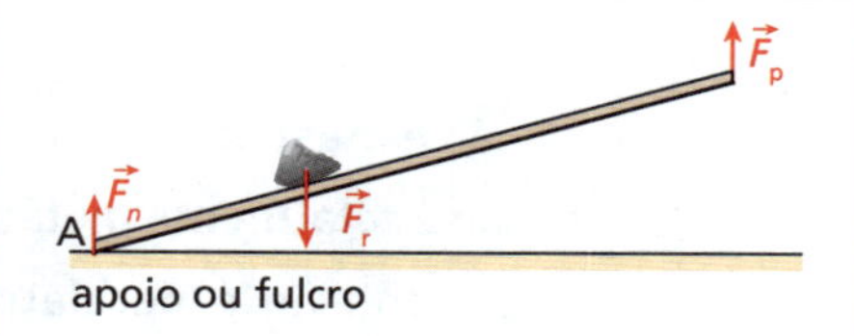
</td></tr>
<tr><td>• Interpotente</td><td>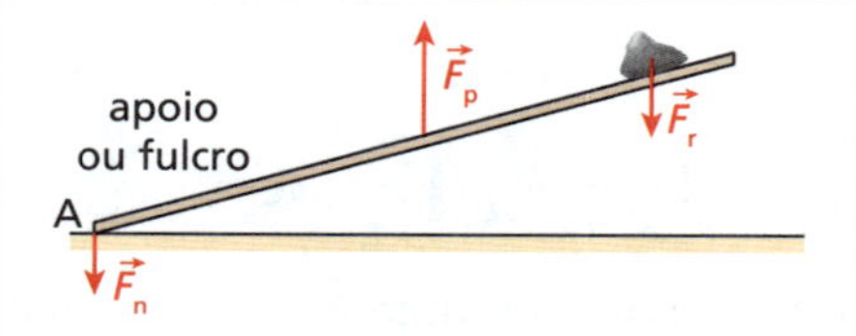
</td></tr>
</table>

Banco de imagens/Arquivo da editora

**Binário** é um sistema constituído por duas forças, atuantes em um mesmo corpo, de mesma intensidade, mesma direção, sentidos opostos e linhas de ação **não coincidentes**. O momento escalar de um binário:

$$M_{binário} = \pm F\,d$$

## Estática dos fluidos

Uma substância pura, em pressão e temperatura constantes, tem massa específica ($\mu$) constante e calculada por:

$$\mu = \frac{m}{V}$$

sendo $m$ a massa e $V$ o volume do corpo.

Uma substância pura, sob pressão $p$ e temperatura constantes e em um mesmo local, tem peso específico ($\rho$) constante, calculado por:

$$\rho = \frac{p}{V} = m\,g$$

$$\text{Densidade de um corpo: } d = \frac{m}{V_{ext}}$$

sendo $V_{ext}$ o volume delimitado por sua superfície externa.

Densidade de uma substância **A** relativa a outra **B** é matematicamente expressa por:

$$d_{AB} = \frac{\mu_A}{\mu_B}$$

Pressão exercida por uma coluna líquida homogênea é:

$$p = \mu g h$$

sendo $\mu$ a massa específica, $g$ a gravidade, e $h$ a altura do nível do líquido no reservatório.

A intensidade $(F)$ da força exercida por um líquido em equilíbrio contra uma parede plana do recipiente que o contém é igual a:

$$F = p_C A$$

sendo $p_C$ a pressão no centro geométrico $(C)$ da parede banhada pelo líquido.

$$\text{Teorema de Stevin: } p_2 - p_1 = \mu g h$$

São consequências do Teorema de Stevin:

- Todos os pontos de um líquido em equilíbrio sob a ação da gravidade, situados em um mesmo nível horizontal, suportam a **mesma pressão**.
- A superfície livre de um líquido em equilíbrio sob a ação da gravidade é plana e horizontal, desprezando fenômenos relativos à tensão superficial.

De acordo com o Teorema de Pascal, o aumento de pressão transmitido a um ponto qualquer de um líquido incompressível em equilíbrio **é incrementado integralmente** a todos os demais pontos do líquido e às paredes do recipiente. Como consequência, todos os pontos de um líquido em equilíbrio exposto à atmosfera ficam submetidos à pressão atmosférica.

Pressão absoluta é a pressão total verificada no ponto **A**:

$$p_{abs} = \mu g h + p_0$$

Pressão efetiva (ou hidrostática) é a pressão exercida exclusivamente pela camada líquida que se sobrepõe ao referido ponto.

$$p_{ef} = \mu g h$$

Dado um recipiente contendo vários líquidos imiscíveis em equilíbrio, as diferentes camadas líquidas apresentam massa específica crescente da superfície para o fundo. Como consequência:

$$\frac{h_B}{h_A} = \frac{\mu_A}{\mu_B}$$

A relação entre as forças aplicadas sobre as áreas dos pistões é:

$$\frac{F_2}{F_1} = \frac{A_2}{A_1}$$

$$\text{Teorema de Arquimedes: } E = \mu_f V_{fd}\, g \Rightarrow E = m_{fd}\, g \Rightarrow E = P_{fd}$$

sendo $\mu_f$ a massa específica do líquido e $V_{fd}$ o volume de fluido deslocado em razão da imersão do cilindro.

# Temperatura e o calor e sua propagação

A temperatura é um valor numérico associado a um determinado estado de agitação ou de movimentação das partículas de um corpo, umas em relação às outras.

São pontos fixos fundamentais:

- 1º ponto fixo: ponto do gelo – temperatura na qual o gelo e a água permanecem em equilíbrio térmico quando sob pressão normal.
- 2º ponto fixo: ponto do vapor – temperatura na qual a água entra em ebulição sob pressão normal.

A equação de conversão entre temperaturas nas escalas Celsius ($\theta_C$) e Fahrenheit ($\theta_F$) é:

$$\frac{\theta_C}{5} = \frac{\theta_F - 32}{9}$$

A equação de conversão entre as escalas Celsius e Kelvin é dada por:

$$T\,(K) = \theta(°C) + 273$$

A **energia térmica** de um corpo é resultado da soma das energias de agitação das suas partículas e depende da temperatura do corpo e do número de partículas nele existentes.

**Calor** é energia térmica em trânsito de um corpo para outro ou, em um mesmo corpo, de uma parte para outra. As unidades de medida de calor são, no SI, o joule (J) e a caloria (cal).

Define-se **caloria** como a quantidade de calor que 1 grama de água pura deve receber, sob pressão normal, para que sua temperatura seja elevada de 14,5 °C a 15,5 °C. A equivalência entre joule e caloria é dada por 1 cal = 4,186 J.

São processos de propagação de calor:

- **Convecção**: processo no qual a energia térmica muda de local, acompanhando o deslocamento do próprio fluido (gás, vapor ou líquido) aquecido.
- **Radiação**: processo de propagação de energia na forma de ondas eletromagnéticas.
- **Condução**: o processo no qual a energia térmica passa de partícula para partícula de um meio.

A intensidade do fluxo térmico $\phi$ (normalmente dado em cal/s) é expressa por:

$$\phi = \frac{Q}{\Delta t}$$

sendo $Q$ o calor que atravessa uma seção do corpo em um intervalo de tempo $\Delta t$.

Lei de Fourier: $$\phi = k\frac{A|\Delta\theta|}{\ell}$$

em que $A$ é a área da secção transversal da barra, $\ell$ seu comprimento, $\Delta t$ a diferença de temperaturas dos meios **a** e **b** e do material de que é feita a barra. A grandeza $k$ é o coeficiente de condutibilidade térmica.

# Calor sensível e calor latente

$$\text{Capacidade térmica: } C = \frac{Q}{\Delta\theta}$$

sendo $Q$ a quantidade de calor para se ter uma variação de temperatura $\Delta\theta$.

$$\text{Calor específico: } c = \frac{C}{m} = \frac{Q}{m\Delta\theta}$$

$$\text{Equação Fundamental da Calorimetria (ou calor sensível): } Q = mc\Delta\theta$$

O somatório das quantidades de calor cedidas por corpos de um sistema tem módulo igual a:

$$\Sigma Q_{cedido} + \Sigma Q_{recebido} = 0$$

São características das substâncias em cada um dos estados físicos:

- **Sólido**: suas partículas não têm grande liberdade de movimentação e não vão além de vibrações em torno de posições definidas.
- **Líquido**: há maior liberdade de agitação de suas partículas do que no estado sólido, mas elas ainda apresentam uma coesão considerável.
- **Gasoso**: suas partículas estão afastadas umas das outras o suficiente para que as forças de coesão entre elas sejam muito fracas,.

São mudanças de estado físico as descritas nos diagramas a seguir.

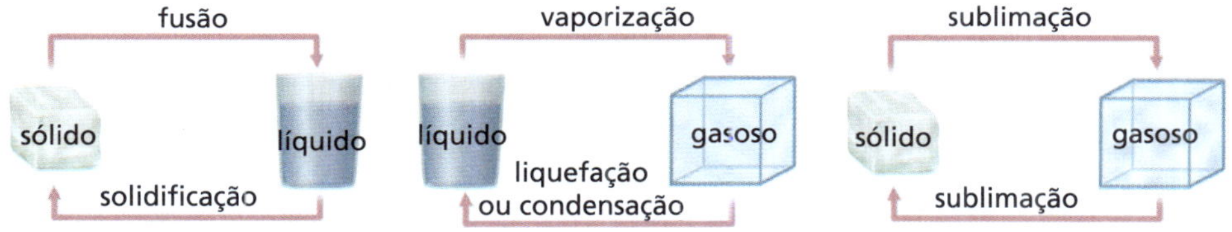


Paulo Manzi/Arquivo da editora

São mudanças de estado endotérmicas a fusão, a vaporização e a sublimação (de sólido para gasoso). São exotérmicas a solidificação, a liquefação e a sublimação (de gasoso para sólido).

$$\text{Calor latente: } Q = mL$$

em que $L$ é a grandeza denominada calor latente.

Diagrama de estado de uma substância é o nome dado ao gráfico em que se tem representadas suas curvas de fusão, vaporização e sublimação. Para a maioria das substâncias, o diagrama de estado é como o da imagem ao lado.

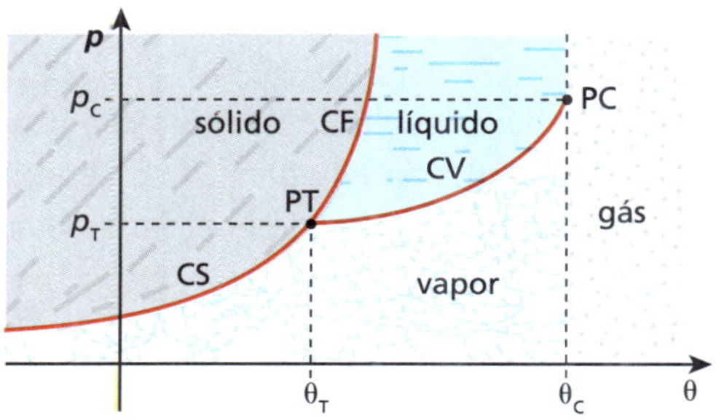


CF: curva de fusão
CV: curva de vaporização
CS: curva de sublimação
PT: ponto triplo
PC: ponto crítico

Banco de imagens/Arquivo da editora

# Gases perfeitos e termodinâmica

Temperatura (*T*), volume (*V*) e pressão (*p*) são as **variáveis de estado**, para determinada massa de gás perfeito.

Equação de Clapeyron: $p = K\frac{mT}{V}$ ou $pV = nRT$

Nas denominadas condições normais de temperatura e pressão, a constante universal dos gases perfeitos tem valor igual a:

$$R = 0{,}082\,\frac{\text{atm L}}{\text{mol K}} = 8{,}31\,\frac{\text{joules}}{\text{mol K}} \cong 2\,\frac{\text{cal}}{\text{mol K}}$$

Lei Geral dos Gases: $\frac{p_1V_1}{T_1} = \frac{p_2V_2}{T_2}$

No caso da mistura física de gases perfeitos, vale a relação:

$$\frac{p_mV_m}{T_m} = \frac{p_1V_1}{T_1} + \frac{p_2V_2}{T_2} + ... + \frac{p_eV_e}{T_e}$$

Velocidade média quadrática das *N* partículas em um gás:

$$\bar{v} = \sqrt{\frac{v_1^2 + v_2^2 + ... + v_n^2}{N}}$$

A pressão nas paredes de um recipiente, pela equação geral da teoria cinética, é calculada por:

$$p = \frac{1}{3}\mu(\bar{v})^2$$

em que $\mu$ é a massa específica das partículas.

Na teoria cinética, a temperatura é determinada por:

$$T = \frac{M}{3R}(\bar{v})^2$$

sendo *M* a massa molar do gás.

Energia interna de um gás perfeito: $U = \frac{3}{2}nRT = \frac{3}{2}pV$

que é também resultado da relação entre a Lei de Joule e Equação de Clapeyron.

Pelo teorema da equipartição da energia, a energia interna deve ser dividida de maneira igual para cada grau de liberdade. Assim:

$$U_x = U_y = U_z = \frac{1}{2}nRT$$

Energia cinética média molecular: $E_{c_m} = \frac{3}{2} k T$

sendo *k* a constante de Boltzmann, $k = \frac{R}{A} = 1{,}38 \cdot 10^{-23} \frac{J}{K}$

No estudo da **Termodinâmica dos Gases Perfeitos**, são parâmetros elementares a energia interna ($U$), o trabalho ($\tau$) e a quantidade de calor ($Q$), associados às transformações sofridas pelo gás perfeito.

- Na expansão, $\tau_{gás} > 0$, e o gás realiza trabalho.
- Na compressão, $\tau_{gás} < 0$, e o gás recebe trabalho.

A **Lei Zero da Termodinâmica** enuncia que, ao serem colocados em contato térmico, dois sistemas físicos estão em equilíbrio se não há fluxo de calor entre eles.

A **1ª Lei da Termodinâmica** diz que a variação da energia interna ($\Delta U$) entre dois estados quaisquer de um sistema termodinâmico pode ser determinada por:

$$\Delta U = Q - \tau_{gás}$$

Nas transformações **isotérmicas** (a temperatura constante), a variação de energia interna de um sistema gasoso é nula ($\Delta U = 0$). Assim, $Q = \tau_{gás}$.

Nas transformações **isométricas** (a volume constante), o sistema não troca trabalho com o meio externo ($\tau_{gás} = 0$). Assim, $\Delta U = Q$.

Nas transformações **isobáricas** (a pressão constante), a análise do que ocorre é feita pela Equação de Clapeyron, $p\,V = n\,R\,T$.

A equação do trabalho do gás em uma transformação isobárica é obtida por:

$$\tau_p = p\,\Delta V = n\,R\,\Delta T$$

em que $\Delta V$ é a variação de volume sofrida pelo gás perfeito.

Nas transformações adiabáticas, não há troca de calor entre o sistema e o meio externo. Dessa forma:

$$\Delta U = -\,\tau_{gás}$$

Na expansão livre, o gás não realiza trabalho ($\tau_{gás} = 0$) e não há troca de calor ($Q = 0$). Desse modo, a variação de energia interna é nula ($\Delta U = 0$), e a temperatura mantém-se constante durante todo o processo.

Um mesmo gás tem um calor específico para transformações a pressão constante ($c_p$) e outro para transformações a volume constante ($c_v$), de maneira que $c_p > c_V$.

Esses calores específicos se relacionam pela Relação de Mayer:

$$\frac{R}{M} = c_p - c_V$$

ou, em termos de calor específico molar:

$$R = C_p - C_V$$

A transformação adiabática ($Q = 0$) tem por expressão analítica a Equação de Poisson:

$$pV^{\gamma} = \text{constante}$$

em que $\gamma = \frac{c_p}{c_V}$ (expoente de Poisson).

O gráfico da transformação adiabática é normalmente representado como na figura ao lado.

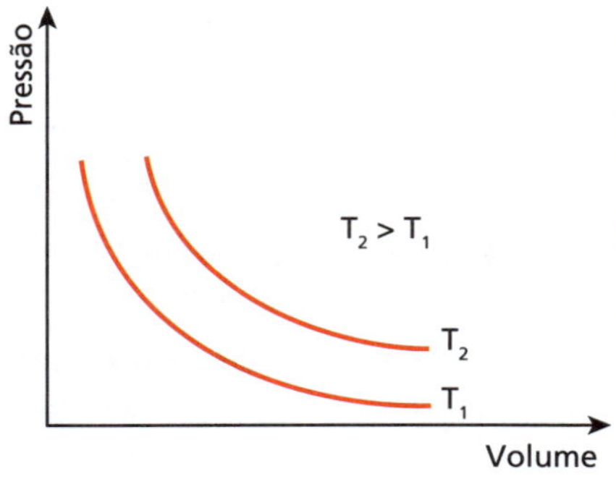

Banco de imagens/Arquivo da editora

A relação entre energia mecânica, normalmente medida em joules, e calor, usualmente medido em calorias, é expressa por:

$$1 \text{ caloria} = 4{,}186 \text{ joules}$$

Trabalho realizado por uma máquina térmica: $\tau = |Q_A| - |Q_B|$

sendo $Q_A$ o calor recebido da fonte quente e $Q_B$ o calor rejeitado para a fonte fria.

O rendimento de uma máquina térmica é definido por:

$$\eta = 1 - \frac{|Q_B|}{|Q_A|}$$

A **2ª Lei da Termodinâmica** nos diz que é impossível construir uma máquina que, operando em transformações cíclicas, tenha como único efeito transformar completamente em trabalho a energia térmica recebida de uma fonte quente (enunciado de Kelvin-Planck) ou então que é impossível uma máquina, sem ajuda de um agente externo, conduzir calor de um sistema para outro que esteja a uma temperatura maior (enunciado de Rudolf Clausius).

São postulados de Carnot:

- Nenhuma máquina operando entre duas temperaturas fixadas pode ter rendimento maior que a máquina ideal de Carnot, operando entre essas mesmas temperaturas.
- Qualquer que seja o fluido operante, a máquina ideal de Carnot tem o mesmo rendimento ao operar entre duas temperaturas.

Rendimento para a máquina de Carnot: $\eta = 1 - \frac{T_B}{T_A}$

Transformação **reversível** é aquela em que, após seu término, o sistema pode retornar às suas condições iniciais pelo mesmo caminho. A transformação é **irreversível** quando o processo não satisfaz às condições citadas anteriormente.

A variação de entropia ($\Delta S$) de um sistema, definida por Rudolf Clausius, é obtida por:

$$\Delta S = \frac{Q}{T}$$

# Dilatação térmica dos sólidos e dos líquidos

De modo geral, a variação na temperatura de um corpo provoca aumento ou diminuição nas suas dimensões, fenômenos chamados dilatação e contração térmica.

Nos sólidos, a dilatação pode ser do tipo:

- linear: $\Delta L = L_0 \alpha \Delta\theta$ ou $L = L_0 (1 + \alpha \Delta\theta)$
- superficial: $\Delta A = A_0 \beta \Delta\theta$ ou $A = A_0 (1 + \beta \Delta\theta)$
- volumétrica: $\Delta V = V_0 \gamma \Delta\theta$ ou $V = V_0 (1 + \gamma \Delta\theta)$

sendo $\alpha$ o coeficiente de dilatação linear, $\beta = 2\alpha$ o coeficiente de dilatação superficial, e $\gamma = 3\alpha$ o coeficiente de dilatação volumétrica ou cúbica.

Em líquidos, a dilatação volumétrica é também igual a:

$$V = V_0 (1 + \gamma \Delta\theta)$$

O coeficiente de dilatação real do líquido é igual a:

$$\gamma_r = \gamma_f + \gamma_a$$

em que $\gamma_a$ é o coeficiente de dilatação aparente e $\gamma_f$ é o coeficiente de dilatação do frasco.

Massa específica: $\mu = \dfrac{m}{V}$

Com a variação de temperatura, o volume da substância varia, e a massa específica passa a ser calculada por:

$$\mu = \frac{\mu_0}{(1 + \gamma\Delta\theta)}$$

A variação de volume de 1 g de água pura em função da sua temperatura é graficamente representada por:

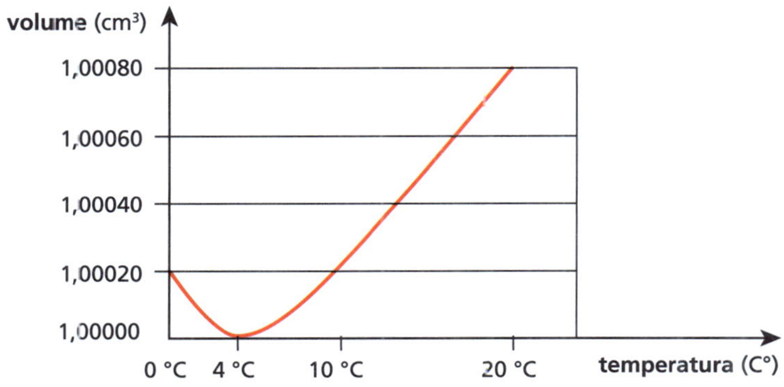


Banco de imagens/Arquivo da editora

## Movimento harmônico simples (MHS)

Um movimento é **periódico** quando o estado cinemático do móvel repete-se em intervalos de tempo iguais. Um movimento é **oscilatório** (ou vibratório) quando ocorre com alternâncias de sentido, porém na mesma trajetória para os dois sentidos.

Diz-se que o corpo completa um **ciclo**, uma **vibração** ou uma **oscilação** quando ele sai de um ponto **A**, vai até **B** e volta para **A**. O intervalo de tempo decorrido num ciclo é o **período** do movimento, e o número de ciclos completados na unidade de tempo é a **frequência**.

São denominados **movimentos harmônicos simples** (**MHS**) os movimentos oscilatórios e periódicos, descritos por funções horárias harmônicas (funções seno ou cosseno). São grandezas do MHS:

- **Elongação**: é o espaço **x** medido a partir do ponto médio da trajetória.
- **Amplitude**: corresponde ao raio da circunferência e é também a elongação máxima do MHS.

Função horária da elongação no MHS: $x = A\cos(\omega t + \varphi_0)$

sendo $\omega$ a **frequência angular** e a constante $\varphi_0$, a **fase inicial**.

Função horária da velocidade escalar instantânea: $v = -\omega A \operatorname{sen}(\omega t + \varphi_0)$

Função horária da aceleração escalar instantânea: $\alpha = -\omega^2 A\cos(\omega t + \varphi_0)$

Velocidade escalar em função da elongação: $v^2 = \omega^2 (A^2 - x^2)$

Aceleração escalar em função da elongação: $\alpha = -\omega^2 x$

Força no MHS: $F = -K x$

Período: $T = 2\pi\sqrt{\frac{m}{K}}$

As principais informações sobre o oscilador massa-mola em plano horizontal e em condições ideais são resumidas da seguinte forma:

- O corpo preso à mola enquadra-se em um MHS.
- A elongação no MHS é, em módulo, a deformação da mola.
- A força resultante no corpo é a força elástica aplicada pela mola.
- No ponto de equilíbrio, a força elástica (força resultante) é nula e a mola não possui deformação.

Energia mecânica: $E_m = \frac{KA^2}{2}$

Período do pêndulo simples: $T = 2\pi\sqrt{\frac{\ell}{g}}$

## Ondas

**Onda mecânica** é a propagação de energia através de partículas de um meio material, sem que essas partículas sejam transportadas.

**Onda eletromagnética** constitui um conjunto de dois campos, um elétrico e outro magnético, que se propaga no vácuo e em meios materiais.

São tipos de ondas mecânicas:

- Ondas longitudinais: produzem perturbações nas partículas do meio material na mesma direção em que se propagam.
- Ondas transversais: suas vibrações ocorrem perpendicularmente à direção de propagação.
- Ondas mistas: são constituídas de vibrações transversais e longitudinais simultâneas.

As principais grandezas associadas às ondas são: **amplitude** ($A$), **período** ($T$), **comprimento de onda** ($\lambda$) e **frequência** ($f$).

Velocidade de propagação de uma onda: $v = \lambda f$

Densidade linear de uma corda: $\delta = \frac{m}{L}$

sendo $m$ a massa e $L$ o comprimento.

Fórmula de Taylor para o cálculo da velocidade $v$ de propagação da onda:

$$v = \sqrt{\frac{F}{\delta}} \quad \text{ou} \quad v = \frac{1}{r}\sqrt{\frac{F}{\mu\pi}}$$

A equação de uma onda periódica transversal propagando-se em uma corda tensa é:

$$y = A\cos\left[2\pi\left(ft - \frac{x}{\lambda}\right) + \varphi_0\right]$$

Há duas situações importantes sobre superposição de pulsos em cordas:

- 1ª situação: pulsos em fase (**interferência construtiva**)

$$A = A_1 + A_2 \qquad x = x_1 + x_2$$

- 2ª situação: pulsos em oposição de fase (**interferência destrutiva**)

$$A = A_1 - A_2 \qquad x = x_1 - x_2$$

Em ondas periódicas, há alguns casos de superposição que valem ser citados:

- **Batimento**: obtido pela superposição de ondas periódicas de frequências ligeiramente diferentes e de mesma amplitude (ou amplitudes próximas).
- **Ondas estacionárias**: configuração resultante da superposição de duas ondas idênticas que se propagam na mesma direção e em sentidos opostos.
- **Ressonância**: ocorre quando um sistema físico recebe excitações periódicas numa frequência igual a uma de suas frequências naturais de vibração.

O **Princípio de Huygens** enuncia que cada ponto de uma frente de onda atua como uma nova fonte de ondas elementares, que se propagam com a mesma frequência que a onda original e para além da região já atingida por ela.

A **difração** de uma onda é o encurvamento sofrido por seus raios quando a onda encontra obstáculos à sua propagação.

A imagem abaixo é uma representação da propagação de ondas na **experiência de Young**.

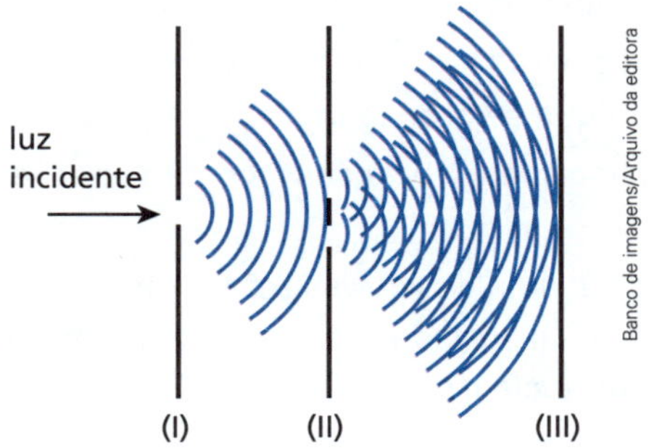


Calcula-se assim o comprimento de onda da luz monocromática incidente no anteparo II:

$$\lambda = \frac{2yd}{kD}$$

em que *y* é a distância entre a franja considerada e o máximo central, *d* é o espaçamento entre as duas fendas do anteparo II, *D* é a distância entre os anteparos II e III, e *k* é um número inteiro relacionado com a ordem da franja: para k = 0, 2, 4, ... tem-se franjas claras; para k = 1, 3, 5, ... tem-se franjas escuras.

## Acústica

O **som** é uma propagação mecânica de vibrações longitudinais através de meios materiais, compreendendo compressões e rarefações que se propagam. De modo geral, são audíveis as ondas mecânicas com frequências compreendidas entre 20 Hz e 20 000 Hz.

Quando as ondas sonoras atingem um obstáculo fixo, como uma parede, elas sofrem **reflexão** com inversão de fase, mantendo-se a mesma velocidade de propagação (em módulo), a mesma frequência e o mesmo comprimento de onda que o som incidente. A reflexão do som relaciona-se aos fenômenos do **eco** e da **reverberação**.

Intensidade sonora (em $J/m^2s$ ou $W/m^2$, no SI) é fornecida pela expressão:

$$I = \frac{Pot}{S} = \frac{Pot}{4\pi x^2}$$

sendo *Pot* a potência da fonte e *S* a área da superfície esférica ($S = 4\pi x^2$) da frente da onda.

Em um gás perfeito, a velocidade do som é obtida por:

$$v = \sqrt{\frac{\gamma RT}{M}}$$

em que *R* é a constante universal dos gases perfeitos, *T* é a temperatura absoluta do gás, *M* é a massa molar do gás, e $\gamma = \frac{c_p}{c_V}$.

Sendo *N* a ordem do harmônico, generaliza-se as frequências de vibração por:

$$f = \frac{Nv}{2L} \quad (N = 1, 2, 3, ...)$$

Fórmula de Lagrange: $$f = \frac{N}{2Lr}\sqrt{\frac{F}{\mu\pi}}$$

A **altura** (sensação que um som nos causa em virtude de sua frequência), o **timbre** (sensação que um som nos causa em virtude dos harmônicos presentes nele) e a **sonoridade** (sensação da intensidade de um som) são denominados **qualidades fisiológicas** do som.

Os **batimentos** sonoros entre dois sons de frequências $f_1$ e $f_2$ próximas poderão ser percebidos apenas se a frequência for menor do que 10 Hz.

Colunas gasosas, normalmente de ar, confinadas em tubos sólidos e ocos chamam-se **tubos sonoros**, que têm como características:

- Em extremidade aberta, sempre existe um ventre de deslocamento (ou nó de pressão), e a frequência da coluna gasosa é calculada por:

$$f = \frac{Nv}{2L} \quad (N = 1, 2, 3, ...)$$

- Em extremidade fechada, sempre existe um nó de deslocamento (ou ventre de pressão), e a frequência da coluna gasosa é calculada por:

$$f = \frac{Nv}{4L} \quad (N = 1, 3, 5, 7, ...)$$

**Efeito Doppler** é a mudança da frequência percebida pelo observador devido ao movimento relativo de aproximação ou de afastamento entre observador e fonte. A equação geral do Efeito Doppler é:

$$f_0 = f\left(\frac{v \pm v_0}{v \pm v_F}\right)$$

em que $f_0$ é a frequência aparente percebida pelo observador e os sinais ± podem ser obtidos pela seguinte convenção: o segmento de reta ligando o observador **O** até a fonte **F** é orientado sempre de **O** para **F**, quaisquer que sejam as posições de **O** e de **F**.

Nível relativo de intensidade sonora: $$N = k \log \frac{I}{I_{ref}}$$

em que *k* é uma constante de proporcionalidade, *I* é a intensidade sonora de um som, e *N* é seu nível relativo de intensidade em relação a um som de referência de intensidade $I_{ref}$. Fazendo k = 10,

$$N = \log \frac{I}{I_{ref}} \text{ em decibel (dB)}$$

# Fundamentos da Óptica Geométrica e reflexão da luz

**Energia radiante** é aquela que se propaga por meio de ondas eletromagnéticas. Sua velocidade de propagação, no vácuo, vale aproximadamente:

$$c \cong 3{,}00 \cdot 10^5 \text{ km/s} = 3{,}00 \cdot 10^8 \text{ m/s}$$

**Luz** é o agente físico que, atuando nos órgãos visuais, produz a sensação da visão. São **fontes de luz** todos os corpos dos quais se pode receber luz, sendo que chamamos de **fontes primárias** os que emitem luz própria e de **fontes secundárias** os que refletem a luz que recebem de outras fontes.

Os meios de propagação podem ser:

- **Meios transparentes**: permitem que a luz os atravesse descrevendo trajetórias regulares e bem definidas.
- **Meios translúcidos**: a luz descreve trajetórias irregulares com intensa difusão (espelhamento aleatório), provocada pelas partículas desses meios.
- **Meios opacos**: nos quais a luz não se propaga.

São princípios fundamentais da Óptica Geométrica:

- Princípio da Independência dos Raios de Luz: a propagação de um pincel de luz não é perturbada pela propagação de outros na mesma região.
- Princípio da Propagação Retilínea da Luz: nos meios transparentes e homogêneos, a luz propaga-se em linha reta.

**Sombra** é a região de um tronco de cone desprovido de iluminação de uma fonte. Se desprovida de iluminação direta de uma fonte, essa região recebe o nome de **sombra projetada**. Quando a fonte de luz é extensa, tem-se ainda regiões de **penumbra** e de **penumbra projetada**.

Na **câmara escura de orifício**, a imagem formada é invertida com relação ao corpo iluminado, e:

$$\frac{A'B'}{AB} = \frac{b}{a}$$

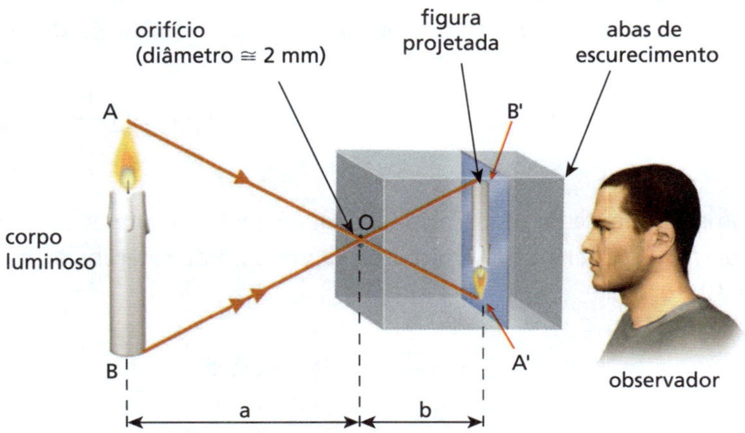


Paulo Manzi/Arquivo da editora

**Reflexão** é o fenômeno que consiste no fato de a luz, após incidir na superfície de separação desse meio com outro, voltar a se propagar no meio de origem.

**1ª Lei da Reflexão**: o raio refletido pertence ao plano de incidência, ou seja, o raio refletido, a reta normal no ponto de incidência e o raio incidente são coplanares.

**2ª Lei da Reflexão**: o ângulo de reflexão é sempre igual ao ângulo de incidência.

Nos espelhos planos, o objeto e a respectiva imagem têm sempre naturezas opostas, isto é, se o primeiro for real, o outro será virtual e vice-versa. Além disso, a imagem é sempre **simétrica** do objeto em relação ao espelho.

O número *n* de imagens fornecidas pela **associação de espelhos** é determinado por:

$$n = \frac{360°}{\alpha} - 1$$

Chama-se **espelho esférico** qualquer calota esférica polida e com alto poder refletor. São **espelhos esféricos gaussianos** aqueles em que os raios luminosos envolvidos são pouco inclinados e pouco afastados em relação ao eixo principal.

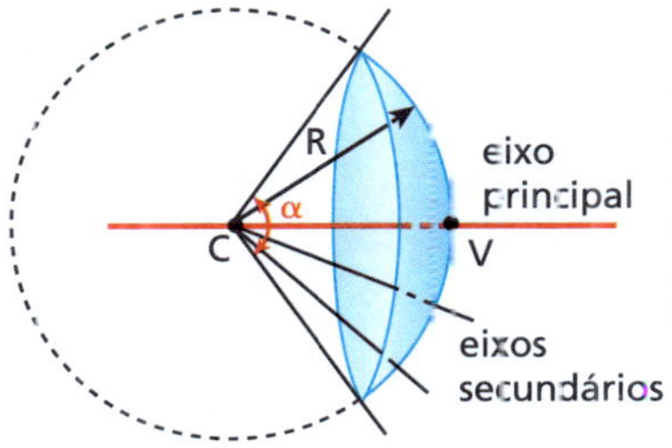


- O centro **C** da esfera que deu origem à calota chama-se **centro de curvatura** do espelho.
- O polo **V** da calota é denominado **vértice** do espelho.
- A reta que passa por **C** e **V** chama-se **eixo principal** do espelho.
- Todas as demais retas que contêm o centro **C** são chamadas de **eixos secundários**.
- O ângulo $\alpha$ é chamado de **abertura** do espelho.
- O raio *R* da esfera que originou a calota é denominado **raio de curvatura** do espelho.
- Qualquer plano perpendicular ao eixo principal é denominado **plano frontal**.

O **foco** de um sistema óptico qualquer é um ponto que tem por conjugado um ponto impróprio ("situado no infinito"). Nos espelhos esféricos gaussianos, o foco principal é dado por:

$$f \cong \frac{R}{2}$$

Resumem-se as características da imagem formada:

1º) Quando o objeto posiciona-se além do centro de curvatura: real, invertida e menor.

2º) Quando o objeto está no plano frontal, que contém o centro de curvatura: real, invertida e do mesmo tamanho que o objeto.

3º) Quando o objeto está entre o centro de curvatura e o foco: real, invertida e maior.

4º) Quando o objeto é posicionado no plano focal: imprópria.

5º) Quando o objeto posiciona-se entre o foco e o vértice: virtual, direita e maior.

Equação de Gauss: $$\frac{1}{f} = \frac{1}{p} + \frac{1}{p'}$$

Aumento linear transversal: $$A = \frac{i}{o}$$

sendo *i* a ordenada da imagem e *o* ordenada do objeto.

# Refração da luz

A luz monocromática é constituída de ondas eletromagnéticas de uma única frequência, ou seja, de uma única cor.

Quando a luz se propaga no vácuo, a velocidade de propagação é exatamente a mesma, qualquer que seja sua frequência.

Índice de refração absoluto: $n = \frac{c}{v}$

No vácuo, $n = 1$. Nos meios materiais, $n > 1$.

Índice de refração relativo: $n = \frac{n_2}{n_1} = \frac{v_1}{v_2}$

Dioptro é um sistema constituído por dois meios transparentes de diferentes refringências, que fazem entre si fronteira regular.

Refração da luz é o fenômeno que consiste no fato de a luz ser transmitida de um meio para outro opticamente diferente.

1ª Lei da Refração:

O raio incidente, o raio refratado e a reta normal traçada pelo ponto de incidência estão contidos no mesmo plano.

2ª Lei da Refração (Lei de Snell):

$$\frac{\text{sen}\,\theta_1}{\text{sen}\,\theta_2} = \frac{v_1}{v_2} = \frac{\lambda_1}{\lambda_2} = \frac{n_2}{n_1}$$

Da expressão completa da Lei de Snell, tem-se:

$$n_1 \text{sen}\,\theta_1 = n_2 \text{sen}\,\theta_2$$

Ângulo limite: $\text{sen}\,L = \frac{n_2}{n_1} = \frac{n_{menor}}{n_{maior}}$

A reflexão total só pode ocorrer se forem satisfeitas as seguintes condições:

- A luz deve dirigir-se do meio mais refringente para o meio menos refringente.
- O ângulo de incidência deve ser igual ou superior ao ângulo limite do dioptro.

Dispersão de uma luz policromática é a sua decomposição nas diversas luzes monocromáticas que a constituem. Na dispersão da luz, a luz monocromática de maior frequência sempre sofre o maior desvio.

O deslocamento lateral *d* do raio incidente em uma lâmina de faces paralelas envolvida por um único meio é calculado por:

$$d = \frac{e\,\text{sen}\,(\theta_1 - \theta_2)}{\cos\theta_2}$$

## Lentes esféricas

Elementos das lentes esféricas:

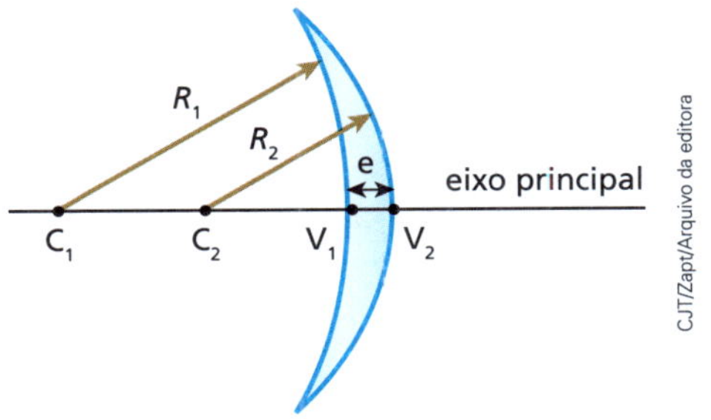


- $\mathbf{C_1}$ e $\mathbf{C_2}$ são os centros de curvatura das faces da lente.
- $\mathbf{R_1}$ e $\mathbf{R_2}$ são os raios de curvatura das faces da lente.
- A reta $\overleftrightarrow{C_1C_2}$ é o eixo principal (ou eixo óptico) da lente. Esse eixo é normal às faces da lente.
- O segmento $\overline{V_1V_2}$ determina a espessura (e) da lente.

O **centro óptico** de uma lente esférica é o ponto do eixo principal por onde passa um raio luminoso que não sofre desvio angular.

Cada lente tem dois focos principais: o foco objeto (**F**) e o foco imagem (**F'**). Os comprimentos de **FO** ou de **F'O** são denominados **distância focal** (*f*), que é uma característica fundamental das lentes.

Assim como nos espelhos esféricos, a equação de Gauss para lentes esféricas é:

$$\frac{1}{f} = \frac{1}{p} + \frac{1}{p'}$$

O aumento linear transversal para lentes esféricas é dado por:

$$A = \frac{i}{o} = -\frac{p'}{p}$$

Se $A > 0$, devemos ter:

a) *i* e *o* com o mesmo sinal: a imagem é direita;

b) *p* e *p'* com sinais opostos: o objeto e a imagem têm naturezas opostas (se um é real, o outro é virtual).

Se $A < 0$, devemos ter:

a) *i* e *o* com sinais opostos: a imagem é invertida;

b) *p* e *p'* com o mesmo sinal: o objeto e a imagem têm a mesma natureza (ambos são reais ou ambos são virtuais).

A **vergência** (*V*), que é definida como o inverso da abscissa focal (*f*), é dada por:

$$V = \frac{1}{f}$$

Nas lentes convergentes (focos reais): $\mathbf{f > 0}$ e $\mathbf{V > 0}$.

Nas lentes divergentes (focos virtuais): **f < 0** e **V > 0**.

Representando por $n_{L,m}$ o índice de refração da lente em relação ao meio externo e por $R_1$ e $R_2$ os raios de curvatura de suas faces, tem-se a **Equação dos Fabricantes de Lentes**:

$$V = (n_{L,m} - 1)\left(\frac{1}{R_1} - \frac{1}{R_2}\right)$$

A **Equação do Dioptro Esférico** é:

$$\frac{n_1}{p} + \frac{n_2}{p'} = \frac{n_2 - n_1}{R}$$

Para $n$ lentes que constituem uma **associação delgada** (espessura desprezível) por justaposição, podemos escrever que:

$$\frac{1}{f} = \frac{1}{f_1} + \frac{1}{f_2} + \ldots + \frac{1}{f_n} \text{ ou } V = V_1 + V_2 + \ldots + V_n$$

## Instrumentos ópticos e Óptica da visão

Os instrumentos ópticos são usualmente classificados em dois grupos:

**Instrumentos de projeção:**

- Projetor: dispositivo que fornece, de um objeto real (arquivo eletrônico, diapositivo ou filme), uma imagem real projetada em uma tela.
- Câmera fotográfica: dispositivo destinado à fixação de imagens.

**Instrumentos de observação:**

- Lupa ou microscópio simples: sistema convergente, de distância focal da ordem de centímetros.
- Microscópio composto: instrumento de aumento constituído basicamente de dois sistemas convergentes de lentes associados coaxialmente: a objetiva e a ocular. A ampliação total fornecida por um microscópio composto é dada por: $A = A_{obs} \cdot A_{oc}$.
- Lunetas: instrumentos formados basicamente por dois sistemas convergentes de lentes, associados coaxialmente: a objetiva e a ocular. O aumento visual ou aumento angular para essa luneta é a grandeza adimensional G, dada por: $G = \dfrac{\text{tg}\,\theta}{\text{tg}\,\theta_0}$

No bulbo do olho humano, a pupila gradua o fluxo luminoso que o adentra protegendo a retina contra eventuais ofuscamentos, provocando a adaptação visual. A acomodação visual é o processo de ajuste da distância focal do sistema óptico do bulbo do olho à visão nítida de objetos diferentemente afastados.

Os principais defeitos da visão são:

- Miopia: alongamento do bulbo do olho na direção anteroposterior.
- Hipermetropia: encurtamento do bulbo do olho na direção anteroposterior.
- Presbiopia: enrijecimento dos músculos ciliares ou da própria lente natural do olho, o que ocorre com o evoluir da idade.
- Astigmatismo: imperfeições na simetria de revolução do sistema óptico ocular em torno de seu eixo óptico.
- Estrabismo: incapacidade de dirigir simultaneamente as retas visuais dos dois olhos para o ponto visado.

## Cargas elétricas

Prótons e elétrons têm **carga elétrica**. Considera-se **positiva** a carga elétrica do próton e **negativa** a carga elétrica do elétron.

Carga elétrica elementar: $e = 1{,}6 \cdot 10^{-19}$ C

Um corpo está eletricamente **neutro** quando a soma algébrica de todas as cargas é igual a zero, ou seja, a quantidade de prótons e elétrons é igual. Logo, **eletrizar** um corpo é provocar a diferença de suas quantidades de prótons e elétrons.

Partículas eletrizadas com cargas de sinais iguais se repelem, enquanto as eletrizadas com cargas de sinais opostos se atraem.

O **Princípio da Conservação das Cargas Elétricas** enuncia que a soma algébrica das cargas elétricas existentes em um sistema eletricamente isolado é constante.

**Condutor elétrico** é o material em que há grande quantidade de portadores de carga elétrica que podem se movimentar com grande facilidade. Caso contrário, o material recebe o nome de **isolante elétrico**.

Recebe o nome de **eletrização** o fenômeno em que um corpo neutro se torna eletrizado devido à mudança no número de seus elétrons. Há três tipos de eletrização:

- Quando há **atrito** entre dois corpos neutros de diferentes materiais, um deles recebe elétrons do outro e fica eletrizado com carga negativa, enquanto o outro – o que perdeu elétrons – adquire carga positiva. A série triboelétrica ordena materiais de acordo com sua capacidade de eletrização.
- Quando dois ou mais corpos condutores são colocados em **contato**, estando pelo menos um deles eletrizado, observa-se uma redistribuição de carga elétrica pelas suas superfícies externas.
- Recebe o nome de **indução eletrostática** o fenômeno em que, ao aproximarmos (sem colocar em contato) um condutor eletrizado de um neutro, é provocada, no condutor neutro, uma redistribuição de seus elétrons livres.

Lei de Coulomb: $F_e = k\dfrac{|Qq|}{d^2}$

sendo $k = \dfrac{1}{4\pi\varepsilon}$.

No vácuo, $\varepsilon_0 = 8{,}85 \cdot 10^{-12}\ N^{-1}m^{-2}C^2$ e $k_0 \cong 9{,}0 \cdot 10^9\ N\,m^2C^{-2}$.

# Campo elétrico

**Campo elétrico** é uma propriedade física estabelecida em todos os pontos do espaço que estão sob a influência de uma carga elétrica (carga fonte). Quando outra carga, chamada carga de prova, é colocada em um desses pontos, fica submetida a uma força de atração ou de repulsão exercida pela carga fonte.

$$\vec{E} = \frac{\vec{F}_e}{q}$$

São características do vetor $\vec{E}$:

- **intensidade**: $E = \frac{F_e}{|q|}$;
- **direção**: a mesma da força $\vec{F}_e$;
- **sentido**: o mesmo da força $\vec{F}_e$, se $q$ for positiva; contrário ao da força $\vec{F}_e$, se $q$ for negativa.

Quando a carga de prova $q$ é **positiva**, os vetores campo elétrico ($\vec{E}$) e força elétrica ($\vec{F}_e$) têm a mesma direção e o mesmo sentido. Quando a carga de prova $q$ é **negativa**, os vetores $\vec{E}$ e $\vec{F}_e$ têm mesma direção, mas sentidos opostos.

O módulo do vetor campo elétrico no ponto **P** é dado por:

$$E = k\frac{|Q|}{d^2}$$

**Linha de força** de um campo elétrico é uma linha associada a cada ponto do campo elétrico e que tangencia o vetor campo elétrico nesse ponto.

Densidade superficial média de cargas: $\sigma_m = \frac{Q}{A}$

No interior de um condutor eletrizado em equilíbrio eletrostático: $\vec{E}_{int} = \vec{0}$

Na superfície de um condutor eletrizado em equilíbrio eletrostático: $\vec{E}_{sup}$ é indefinido

Nos pontos internos de um condutor esférico eletrizado: $\vec{E}_{int} = \vec{0}$

Na região externa ao condutor esférico eletrizado: $E_{ext} = k\frac{|Q|}{d^2}$

Nas proximidades da superfície desse condutor, $d \approx r$. Então: $E_{próx} = \frac{\sigma}{\varepsilon_0}$

O campo elétrico uniforme tem as seguintes características:

- **intensidade**: $E = \frac{|\sigma|}{2\varepsilon}$;
- **direção**: perpendicular à superfície;
- **sentido**: de afastamento ou de aproximação em relação à superfície, dependendo do sinal de sua carga elétrica.

## Potencial elétrico

A carga de prova $q$ localizada no ponto **P** armazena uma energia potencial que recebe o nome de **energia potencial eletrostática** ou **elétrica**, simbolizada por $E_p$. O campo elétrico criado pela carga é representado por uma grandeza escalar chamada potencial eletrostático $\nu$, definido por:

$$\nu = \frac{E_p}{q} \Rightarrow E_p = q\nu$$

**Equipotencial** é o nome dado às linhas (no plano) ou superfícies (no espaço) onde se atribui o mesmo valor algébrico a todos os pontos do potencial.

A grandeza $\nu_A - \nu_B$ é a representação da diferença de potencial (ddp) ou tensão elétrica entre os pontos **A** e **B**. Ao representar essa diferença por $U$, o trabalho da força elétrica entre **A** e **B** também pode ser determinado por:

$$\tau_{AB} = q\,(\nu_A - \nu_B) = q\,U$$

O potencial **elétrico decresce** ao longo e no sentido de uma linha de força.

Em um **condutor eletrizado**, há diferença nos valores de potencial apenas nos pontos externos ao condutor. Assim:

$$\nu_{\text{interno}} = \nu_{\text{superfície}}$$

Para pontos externos a uma esfera condutora de raio $r$ eletrizada com carga $Q$, isolada e em equilíbrio eletrostático, sendo $k$ a constante eletrostática do meio, temos, para um ponto externo **P**:

$$\nu_{\text{externo}} = k\frac{Q}{d}$$

Se d = r, obtemos:

$$\nu_{\text{externo}} = k\frac{Q}{r}$$

$$\text{Capacitância: } C = \frac{Q}{\nu}$$

sendo $Q$ a carga elétrica recebida por um condutor e $\nu$ o potencial atingido por ele.

Capacitância do condutor no formato esférico, de raio r: $C = \frac{r}{k}$

Energia potencial elétrica: $E_p = \frac{Q\nu}{2}$ ou $E_p = \frac{C\nu^2}{2} = \frac{Q^2}{2C}$

O potencial de equilíbrio de condutores em equilíbrio eletrostático é determinado por:

$$\nu = \frac{Q_A + Q_B + ... + Q_n}{C_A + C_B + ... + C_n}$$

Denomina-se **indução** ou **influência eletrostática** o fenômeno de separação ou redistribuição de cargas em um corpo causada por um campo elétrico criado por cargas presentes em outro corpo.

# Corrente elétrica, tensão elétrica e resistência elétrica

Corrente elétrica é o conjunto de portadores de carga elétrica em movimento ordenado em relação a um sistema de referência especificado. Por convenção, é adotado **como sentido da corrente elétrica o sentido de movimento que teria, ou que tem, a carga elétrica positiva**.

Intensidade média de corrente elétrica: $i_m = \frac{|q| + |q'|}{\Delta t}$ ou $i_m = \frac{\Delta Q}{\Delta t}$

Quantidade total de carga elétrica: $\Delta Q = n\,e$

**Corrente contínua** é aquela que possui um só sentido. A **corrente alternada** é aquela que muda de sentido periodicamente; além disso, a sua forma de onda é simétrica em relação ao eixo dos tempos.

No gráfico ao lado, a área *A* indicada fornece a quantidade de carga elétrica ($\Delta Q$) que atravessa a secção do condutor em um intervalo de tempo $\Delta t$.

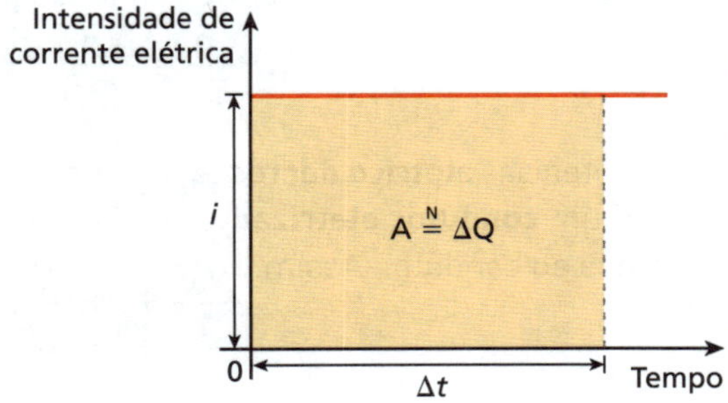


Banco de imagens/Arquivo da editora

Velocidade média de deslocamento do *N* elétrons livres ao longo do fio condutor com área de seção transversal *A*:

$$v = \frac{i}{NAe}$$

Tensão elétrica (*U*): $U = \frac{E_{el}}{Q}$

De acordo com a 1ª Lei de Ohm, na classe de resistores ôhmicos, deve ser constante a razão entre a **tensão** (*U*) e a **intensidade de corrente** (*i*). Essa constante é a **resistência elétrica** (*R*) do condutor metálico. Assim:

$$U = R\,i$$

Para a classe dos condutores lineares, é, portanto, verdadeira a proposição seguinte, conhecida como a **1ª Lei de Ohm**.

É constante a razão entre a tensão elétrica e a intensidade de corrente elétrica num trecho de circuito de fio condutor, para uma mesma temperatura.

Resistência elétrica: $R = \rho\frac{\ell}{A}$

sendo $\ell$ o comprimento do fio e *A* a área da secção transversal constante.

Em primeira aproximação, a função que traduz a variação da resistência elétrica ($R$) com a temperatura ($\theta$) de modo linear é:

$$R = R_0 [1 + \alpha (\theta - \theta_0)]$$

sendo $R_0$ a resistência elétrica na temperatura de referência $\theta_0$ e $\alpha$ o coeficiente de temperatura do material.

Para resistores associados em **série**, tem-se:

$$R_{eq} = R_1 + R_2 + \ldots + R_n$$

Para resistores associados em **paralelo**, tem-se:

$$\frac{1}{R_{eq}} = \frac{1}{R_1} + \frac{1}{R_2} + \ldots + \frac{1}{R_n}$$

Reostatos são os resistores que podem ter variação do valor de sua resistência elétrica. Os mais comuns são:

- **Reostato de pontos**: também é denominado como reostato de variação descontínua.
- **Reostato de cursor**: também é chamado de reostato de variação contínua.

Um galvanômetro é um dispositivo utilizado em circuitos elétricos para detectar corrente elétrica ou tensão elétrica.

Fusíveis são dispositivos básicos utilizados na proteção e na segurança do funcionamento de circuitos elétricos.

## Geradores elétricos e circuitos simples

Gerador elétrico é o nome dado ao elemento de circuito responsável por transformar em elétrica outra modalidade de energia.

A força eletromotriz do gerador (f.e.m. = $\epsilon$) é numericamente igual à energia potencial elétrica que o gerador fornece para a unidade de carga da corrente elétrica que o atravessa.

Uma vez que a tensão elétrica $U$ entre os terminais do gerador é a ddp $\nu_A - \nu_B$, tem-se:

$$U = \epsilon - r\,i$$

conhecida como **equação do gerador**.

Quando o gerador entra em curto-circuito, tem-se:

$$i_{cc} = \frac{\epsilon}{r}$$

No caso de *n* geradores associados em série, tem-se:

$$U = \epsilon_{eq} - r_{eq} i$$
$$\epsilon_{eq} = \epsilon_1 + \epsilon_2 + ... + \epsilon_n$$
$$r_{eq} = r_1 + r_2 + ... + r_n$$

No caso de *n* geradores associados em paralelo, tem-se:

$$U = \epsilon_{eq} - r_{eq} i$$
$$\epsilon_{eq} = \epsilon$$
$$r_{eq} = \frac{r}{n}$$

No caso de *n* geradores combinados em *p* ramos em paralelo, cada um contendo *s* geradores iguais associados em série, tem-se:

$$\epsilon_{eq} = s\epsilon$$
$$r_{eq} = \frac{s}{p} r$$

O circuito elétrico mais simples, constituído de um gerador e um resistor, tem:

$$i = \frac{\epsilon}{R + r}$$

conhecida como Lei de Ohm-Pouillet, ou simplesmente **Lei de Pouillet**.

Receptores elétricos são dispositivos que recebem energia elétrica de um gerador e convertem essa energia em outras modalidades que não sejam exclusivamente energia térmica.

Sendo a energia elétrica por unidade de carga uma medida da ddp envolvida em cada parte desse processo, podemos fazer um balanceamento energético que vale para todo receptor elétrico. Assim:

$$U = \epsilon' + r'i$$

A intensidade da corrente elétrica pode ser determinada igualando-se as tensões elétricas nos terminais do gerador e do receptor:

$$i = \frac{\epsilon - \epsilon'}{r + r'}$$

## Energia e potência elétrica

Como $\tau_{F_{elétrica}}$ é equivalente à energia elétrica ($E_{el}$) consumida nesse trecho, tem-se:

$$P = \frac{E_{el}}{\Delta t}$$

Uma relação de uso geral e que pode ser utilizada para qualquer bipolo colocado entre **A** e **B** é:

$$P = i\,U$$

O cálculo da potência elétrica dissipada em um resistor é dado por:

$$P = R\,i^2 \quad \text{ou} \quad P = \frac{U^2}{R}$$

É possível estabelecer uma conversão entre as unidades de medida de energia, como quilowatt-hora e joule, seguindo a relação 1,0 kWh = $3{,}6 \cdot 10^6$ J.

A potência elétrica do gerador pode ser escrita em termos da potência gerada $P_g$, da potência fornecida $P_f$ e da potência dissipada $P_d$:

$$P_f = P_g - P_d$$

O rendimento de um gerador é dado por:

$$\eta = \frac{P_f}{P_g} \text{ ou } \eta = \frac{U}{\epsilon}$$

Em geradores reais teremos sempre $\eta < 1$ ou $\eta < 100\%$.

A potência elétrica fornecida ($P_f$) pelo gerador ao resistor pode ser calculada por:

$$P_f = \epsilon i - r\,i^2$$

A potência elétrica do receptor é resultado da relação entre a potência recebida, a potência útil e a potência dissipada:

$$P_r = P_u + P_d$$

Rendimento elétrico: $\eta = \frac{P_u}{P_r}$ ou $\eta = \frac{\epsilon'}{U}$

## As leis de Kirchhoff

$$1^{\underline{a}} \text{ Lei de Kirchhoff (Lei dos Nós): } \Sigma i_{(chegam)} = \Sigma i_{(saem)}$$

$$2^{\underline{a}} \text{ Lei de Kirchhoff (Lei das Malhas): } \Sigma U = 0 \text{ (na malha)}$$

Em uma "f.e.m." (força eletromotriz) ou "f.c.e.m." (força contraeletromotriz), adota-se para a tensão elétrica desse elemento o sinal do primeiro polo atingido no percurso.

Ponte de Wheatstone é um dispositivo usado para medir o valor de resistências elétricas desconhecidas em qualquer circuito.

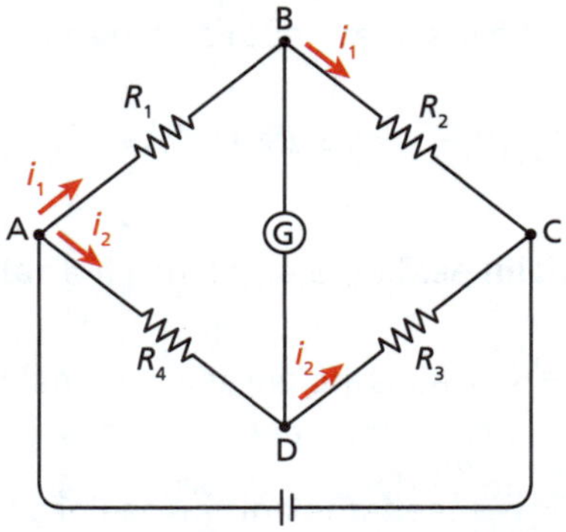


Banco de imagens/Arquivo da editora

Se três das resistências elétricas forem conhecidas, a quarta resistência pode facilmente ser calculada por:

$$R_1R_3 = R_2R_4$$

## Capacitores

A capacidade de um capacitor armazenar carga elétrica é medida por uma grandeza denominada **capacitância**, simbolizada por *C*.

Seja *Q* a carga do capacitor e *U* o módulo da ddp entre suas armaduras. Sua capacitância é então definida pela expressão:

$$C = \frac{Q}{U}$$

A capacitância de um capacitor plano será tanto maior quanto maiores forem a permissividade $\varepsilon$ e a área *A* e quanto menor for a distância *d*:

$$C = \frac{\varepsilon A}{d}$$

A soma das energias potenciais calculadas nas armaduras de um capacitor é chamada **energia potencial eletrostática** do capacitor ($E_p$) e é dada por:

$$E_p = \frac{QU}{2} \quad \text{ou} \quad E_p = \frac{CU^2}{2} \quad \text{ou} \quad E_p = \frac{Q^2}{2C}$$

Quando associados em série, capacitores armazenam **cargas iguais**. A diferença de potencial entre os terminais da associação é igual a:

$$U_{total} = U_1 + U_2 + ... + U_n$$

Logo:

$$C_{eq} = \frac{C_1C_2}{C_1 + C_2}$$

Quando capacitores estão associados **em paralelo**, a carga total Q estabelecida na associação por acesso direto do gerador é igual a:

$$Q_{total} = Q_1 + Q_2 + ... + Q_n$$

Portanto:

$$C_{eq} = C_1 + C_2 + ... + C_n$$

Chama-se rigidez dielétrica de um dielétrico o campo elétrico mais intenso a que pode-se submeter tal dielétrico sem que ocorra sua ionização.

A máxima diferença de potencial que se pode aplicar entre os terminais de um capacitor, sem que sua rigidez dielétrica seja ultrapassada, chama-se tensão de ruptura.

O circuito RC é um tipo de circuito constituído por um resistor, um capacitor e uma fonte de tensão.

# Introdução ao Eletromagnetismo

Todo ímã é sempre dotado de **dois polos**.

Polos de nomes diferentes atraem-se, e polos de mesmo nome repelem-se.

A intensidade das forças magnéticas trocadas entre dois polos magnéticos é inversamente proporcional ao quadrado da distância que os separa.

É comum dizermos que a Terra comporta-se como um ímã gigante. O polo sul geográfico da Terra é o polo norte magnético, e o polo norte geográfico da Terra é o polo sul magnético.

Para cada ponto do espaço nas proximidades de um ímã, define-se um único vetor ($\vec{B}$) representativo do campo magnético criado pelo ímã nesse ponto. O vetor $\vec{B}$ será chamado de **vetor indução magnética** ou vetor campo magnético.

O sentido de $\vec{B}$ é o sentido para onde aponta o polo norte da agulha magnética da bússola de prova.

**Linhas de indução** de um campo magnético são linhas fechadas. Na parte externa do ímã, obedecem à seguinte convenção: saem do polo norte e chegam ao polo sul.

Quando o campo magnético é uniforme, em todos os pontos desse campo o vetor $\vec{B}$ possui a mesma intensidade, mesma direção e mesmo sentido.

Campos magnéticos não atuam em carga elétrica em repouso. Assim como no caso da carga elétrica em repouso, a força magnética também é nula em partículas lançadas paralelamente ao campo magnético.

A intensidade da força magnética que pode atuar em uma carga elétrica $q$, lançada com velocidade $\vec{v}$, dentro de um campo magnético $\vec{B}$, é dada por:

$$F_m = |q| v B \operatorname{sen} \theta$$

sendo sua direção perpendicular ao plano formado pelos vetores $\vec{B}$ e $\vec{v}$ e seu sentido determinado pela regra da mão esquerda.

A unidade de $\vec{B}$ no Sistema Internacional é $1\ T = 1 \frac{N}{A \cdot m}$.

São casos especiais do movimento de carga elétrica em campo magnético uniforme:

- 1º caso – carga lançada **paralelamente** às linhas de indução, ou seja $\theta = 0°$ ou $\theta = 180°$: a partícula descreverá um movimento retilíneo e uniforme (MRU) e:

$$F_m = 0$$

- 2º caso – carga lançada perpendicularmente às linhas de indução, ou seja, $\theta = 90°$:

$$F_m = |q| v B$$

Uma vez que, na situação onde $\theta = 90°$, a força magnética atuará como resultante centrípeta, tem-se:

$$R = \frac{m v}{|q| B}$$

Período T do MCU descrito pela partícula é obtido por: $T = \frac{2\pi m}{|q| B}$

Sendo $f = \frac{1}{T}$, vem:

$$f = \frac{|q| B}{2\pi m}$$

- 3º caso – carga lançada obliquamente em relação às linhas de indução ($0° < \theta < 90°$).

Nesse último caso, a velocidade $\vec{v}$ das partículas é decomposta em duas componentes. Assim:

Vetorialmente: $\vec{v} = \vec{v}_{pa} + \vec{v}_{pe}$
Em intensidade: $v^2 = v_{pa}^2 + v_{pe}^2$

As componentes da velocidade $\vec{v}$ têm intensidades dadas por:

Componente paralela: $v_{pa} = v \cos \theta$
Componente perpendicular: $v_{pe} = v \operatorname{sen} \theta$

Quando a partícula completa uma volta em sua trajetória helicoidal, avança de uma distância ($p$) paralela ao campo. Essa distância é denominada passo da hélice e pode ser determinada por:

$$p = \frac{2\pi m v \cos\theta}{|q|B}$$

## Corrente elétrica e campo magnético, Força magnética sobre condutores retilíneos e propriedades magnéticas

Correntes elétricas ou qualquer carga elétrica em movimento geram campos magnéticos em suas vizinhanças.

No campo magnético gerado por um fio condutor retilíneo, o vetor campo magnético $\vec{B}$ é sempre tangente às linhas de indução circulares e centradas no fio condutor, e tem mesma direção e mesmo sentido do polo norte da agulha magnética ali posicionada.

As propriedades do vetor indução magnética são:

- A direção é tangente à linha de indução magnética que passa pelo ponto **P** especificado.
- O sentido pode ser determinado pela regra da mão direita, ou regra da mão direita envolvente.
- A intensidade do campo magnético $\vec{B}$ dependerá da intensidade de corrente elétrica $i$ que percorre o condutor, da distância do ponto **P** em relação ao condutor e do meio em que a experiência se realiza. Assim:

$$B = \frac{\mu i}{2\pi d}$$

sendo a constante $\mu$ a permeabilidade magnética do meio.

Intensidade do campo magnético no centro de uma espira circular: $B = \frac{\mu i}{2R}$

A orientação do campo magnético no centro da espira tem como características:

- Direção: perpendicular ao plano da espira.
- Sentido: determinado pela regra da mão direita

Intensidade do campo magnético central em uma bobina chata formada por $N$ espiras justapostas: $B = N\frac{\mu i}{2R}$

As principais características do campo magnético gerado no interior de um solenoide ideal são:

- Direção axial, ou seja, a mesma do eixo geométrico do solenoide.
- Sentido determinado pela regra da mão direita.

- Intensidade calculada por:

$$B = \frac{\mu N i}{L}$$

Em um condutor de comprimento $\ell$ percorrido por uma corrente elétrica contínua e constante de intensidade $i$ que forma com as linhas de indução um ângulo $\theta$, a intensidade da força magnética tem valor:

$$F_m = B\, i\, \ell\, \text{sen}\, \theta$$

A direção de $\vec{F}_m$ é perpendicular ao plano formado por $\vec{B}$ e o próprio fio e o sentido de $\vec{F}_m$ é dado pela segunda regra da mão esquerda.

A força magnética $\vec{F}_m$ de interação entre dois fios condutores paralelos trecho de comprimento $\ell$, dispostos paralelamente e percorridos por intensidades de corrente elétrica $i_1$ e $i_2$ é dada por:

$$F_m = \frac{\mu i_1 i_2 \ell}{2\pi d}$$

No caso particular de as correntes elétricas apresentarem intensidades iguais, teremos:

$$F_m = \frac{\mu i^2 \ell}{2\pi d}$$

Entre dois condutores retilíneos e paralelos, percorridos por correntes elétricas, a força magnética será de:

- **Atração** quando as correntes elétricas tiverem o mesmo sentido.
- **Repulsão** quando as correntes elétricas tiverem sentidos opostos.

A definição de ampere é a intensidade de corrente elétrica constante que, circulante em dois condutores retilíneos, paralelos, infinitos, de área de secção transversal desprezível e a 1 m de distância entre si, produz uma força magnética de intensidade $2 \cdot 10^{-7}$ N por metro de comprimento, no vácuo.

A origem dos fenômenos magnéticos se deve ao movimento das cargas elétricas.

Na natureza, em termos de comportamento magnético da matéria, as substâncias podem ser divididas em três grupos:

- Quando submetidas a um campo externo, as substâncias **diamagnéticas** imantam-se em sentido contrário ao do campo: $|\vec{B}| < |\vec{B}_0|$.
- Quando submetidas a um campo externo, as substâncias **paramagnéticas** imantam-se no mesmo sentido do campo: $|\vec{B}| > |\vec{B}_0|$.
- As substâncias **ferromagnéticas** se imantam intensamente no mesmo sentido do campo magnético externo e sofrem forte atração magnética quando próximas a um ímã: $|\vec{B}| \gg |\vec{B}_0|$.

**Ponto de Curie** é o nome dado à temperatura a partir da qual o material perde suas propriedades ferromagnéticas e praticamente perde sua imantação.

Suponha uma substância ferromagnética que, após a retirada do campo externo indutor, ainda apresente uma imantação residual. O fenômeno, denominado **histerese magnética**, é usado na confecção de **ímãs permanentes**.

## Indução eletromagnética

Conceitualmente, o valor do fluxo magnético está relacionado a uma medida do número de linhas de indução que atravessam a superfície. O fluxo do vetor $\vec{B}$ através de uma superfície plana de área *A* é definido como sendo a grandeza $\Phi$ (em weber, Wb, no SI) dada por:

$$\Phi = B \cdot A \cdot \cos \theta$$

- Tem-se um fluxo magnético máximo quando a superfície é **perpendicular** à direção do campo.
- É nulo o fluxo magnético quando a superfície é **paralela** ao campo.

Não basta que exista um fluxo magnético atravessando a espira, o fenômeno fundamental é a **variação** desse fluxo no decorrer do tempo.

De acordo com a Lei de Lenz, o sentido da corrente elétrica induzida será sempre aquele que produza um fluxo magnético induzido que se oponha à variação do fluxo magnético indutor.

Lei de Faraday: $$U = \epsilon = \frac{\Delta\Phi}{\Delta t}$$

Vale notar que a formulação mais rigorosa da Lei de Faraday traz um sinal de menos (−) a ela associada.

$$\epsilon_M = -\frac{\Delta\Phi}{\Delta t}$$

## Introdução à Física Moderna

Corpo negro é definido como um **absorvedor ideal**, que absorve toda a radiação que incide sobre ele, sem refletir qualquer parcela dela.

Radiação térmica emitida por um corpo:

$$P = e\,\sigma\,A\,T^4$$

sendo *P* a potência total irradiada, *e* a emissividade do corpo (um adimensional ligado ao tipo de superfície $(0 \leq e \leq 1)$), $\sigma$ a constante de Stefan-Boltzmann (no SI, $\sigma = 5{,}67 \cdot 10^{-8} \frac{W}{m^2\,K^4}$), e *A* a área da superfície emissora.

Lembrando que a intensidade (*I*) de uma radiação é $\frac{P}{A}$, tem-se:

$$I = e\,\sigma\,T^4$$

O físico alemão Wilhelm Wien demonstrou que o comprimento de onda máximo ($\lambda_{máx}$) e a temperatura (*T*) são inversamente proporcionais:

$$\lambda_{máx}\,T = 2{,}898 \cdot 10^{-3}\ m \cdot K$$

Energia que um oscilador pode absorver ou emitir: $E = n\,h\,f$

em que $n$ é um número inteiro denominado número quântico, $h$ é uma constante universal denominada Constante de Planck ($h = 6{,}626 \cdot 10^{-34}$ J · s) e $f$ é a frequência natural do oscilador.

Estabelece-se que a energia é **quantizada** e será sempre um múltiplo da energia básica "hf".

O fenômeno conhecido como **efeito fotoelétrico** diz respeito à luz incidente em uma placa metálica que pode, sob determinadas condições, extrair cargas elétricas pertencentes a esta.

O campo elétrico estabelecido entre os eletrodos, que gera uma força elétrica que freia os elétrons, é dado por:

$$\frac{1}{2} m_e v_{máx}^2 = eU_0$$

em que $U_0$ é o potencial de corte, $e$ é a carga elementar, e $m_e$ é a massa do elétron.

Energia de um fóton: $E = hf$

Assim, quando a radiação luminosa atinge o metal, cada fóton interage, entra em colisão com **um único elétron** e, quando há energia suficiente, consegue provocar a emissão elétron do material.

Recebe o nome de função trabalho $\Phi_0$ a energia mínima que os fótons incidentes devem ter para produzir o efeito fotoelétrico, ou seja, para extrair elétrons do metal.

Função trabalho $\Phi$: $E_c = hf - \Phi$

Energia cinética máxima ($E_{c_{máx}}$): $E_{c_{máx}} = hf - \Phi_0$

A frequência mínima é dada por: $f_{mín} = \frac{\Phi_0}{h}$

## Introdução à Física Quântica

Na Antiguidade, com a busca pelo entendimento da constituição da matéria, surge a noção da matéria formada por átomos e espaços vazios. Essa ideia é resgatada por John Dalton, com a proposição de que átomos de um mesmo elemento químico têm o mesmo peso atômico.

De acordo com J. J. Thomson, o átomo seria constituído por uma grande esfera positiva na qual se incrustariam partículas negativas que ele chamou de elétrons. A imagem que se tornou representativa do modelo de Thomson foi a de um pudim de passas.

De acordo com Ernest Rutherford, o átomo deveria ser constituído de um núcleo minúsculo em que se concentraria praticamente toda a massa atômica e toda sua carga positiva. Os elétrons girariam ao redor e a certa distância do núcleo.

O núcleo atômico é constituído por núcleons chamados prótons e nêutrons.

O número atômico **Z** representa o número de prótons do núcleo e varia para cada elemento químico. A carga elétrica do nêutron é nula, e sua massa é ligeiramente maior que a do próton. A soma do número de prótons com o número de nêutrons é denominada número de massa atômica A do elemento. O **número de nêutrons** do núcleo é representado pela letra **N**.

Isótopo é o nome dado a átomos de um mesmo elemento químico que têm diferente número de nêutrons (e mesmo número de prótons e de elétrons).

Raio (*R*) da esfera atômica: $R \approx 1{,}2 \cdot 10^{-15} A^{\frac{1}{3}}$

Relação entre massa (*m*) e energia (*E*): $E = m c^2$

onde *c* é a velocidade da luz no vácuo.

$$\Delta E = \Delta m\, c^2$$

Essa expressão nos informa que uma variação de massa ($\Delta m$) sempre é acompanhada de uma absorção ou uma emissão de uma quantidade de energia equivalente ($\Delta E$).

O modelo de Bohr apresentava, entre outros, os seguintes postulados:

- O raio da trajetória não pode ter infinitos valores, apenas algumas órbitas são permitidas. Essas órbitas são denominadas estados estacionários ou quânticos. Enquanto o elétron permanecer nessas órbitas estacionárias, não haverá irradiação de energia.
- Elétrons só podem mudar de níveis de energia ao absorver ou emitir radiação igual à diferença de energia ($\Delta E$) entre as órbitas.

Energia do elétron em uma órbita em torno de um núcleo atômico:

$$E = -\frac{cte}{n^2} \quad n = 1, 2, 3, \ldots$$

No caso do átomo de hidrogênio:

$$E = -\frac{13{,}6}{n^2}$$

O modelo atômico de Bohr nos permite obter uma expressão que estabelece uma relação entre o comprimento de onda das radiações absorvidas ou emitidas por uma substância com os trânsitos do elétron entre as órbitas diferentes que lhe são permitidas:

$$\frac{1}{\lambda} = R\left(\frac{1}{n_1^2} - \frac{1}{n_2^2}\right)$$

Raio de Bohr: $r_n = n^2 r_0 \quad n = 1, 2, 3, \ldots$

Quantidade de movimento ou momento linear de um quantum de luz: $Q = \frac{h}{\lambda}$

O Princípio de De Broglie propõe que toda partícula material em movimento tem associada a ela uma onda cujo comprimento de onda pode ser determinado por:

$$\lambda = \frac{h}{Q}$$

Princípio da Incerteza de Heisenberg: $\Delta x \cdot \Delta Q \geqslant \frac{h}{4\pi}$

Desse modo, quanto maior for a precisão na medida da posição, menor será a precisão na medida do momento linear.

## Teoria da Relatividade

O princípio da **relatividade** é um enunciado que estabelece em quais sistemas de referência as leis da Física são invariáveis, ou seja, têm exatamente a mesma forma.

O **princípio da relatividade especial** enunciado por Einstein diz que todas as leis da Física, e não somente as de Mecânica, são invariáveis em relação às transformações entre sistemas de referência inerciais.

Uma consequência desse princípio é que a velocidade da luz no vácuo tem o mesmo valor em todos os sistemas de referência inerciais. Dessa forma, o tempo não transcorre da mesma maneira em todos os sistemas inerciais de referência, ou seja, o tempo não é absoluto e depende do sistema de referência.

A relação entre os intervalos de tempo $\Delta t_0$, medido por um observador que está em um referencial **S'**, em movimento com relação a **S**, e ($\Delta t$), medido por um observador que está em um referencial **S**, é dada por:

$$\Delta t = \frac{\Delta t_0}{\sqrt{1 - \frac{v^2}{c^2}}}$$

e essa relação implica o fenômeno chamado **dilatação do tempo**.

A partir das expressões obtidas para $\Delta t$ e $\Delta t_0$ em função do comprimento $L$ da régua observado pelos observadores em referenciais diferentes, tem-se:

$$L = L_0 \sqrt{1 - \frac{v^2}{c^2}}$$

e essa relação implica o fenômeno conhecido como **contração do espaço**.

Quando se trata de partículas com velocidades próximas à da luz, não é possível a simples adição da velocidade $v'$ de uma partícula em **S'** com relação a um referencial **S**, que, por sua vez, tem velocidade $u$. Essa adição violaria o postulado que estabelece a velocidade da luz no vácuo como a velocidade limite para uma partícula de massa *m*. A expressão que promove a correção relativística nessa adição de velocidades é dada por:

$$v = \frac{v' + u}{1 + \frac{uv'}{c^2}}$$

Como consequência, obtém-se a expressão:

$$m = \frac{m_0}{\sqrt{1 - \frac{v^2}{c^2}}}$$

em que *m* é denominada massa relativística, $m_0$ a massa de repouso, *c* a velocidade da luz no vácuo e *v* a velocidade do corpo em um instante *t*.

Quando se fala em aumento de massa, não há de fato um aumento do número de átomos e partículas que constituem o corpo, mas sim um aumento de sua inércia, da dificuldade para se produzir variações na velocidade do corpo em questão.

A conservação da quantidade de movimento quando se tem velocidades comparáveis à velocidade da luz impõe que o módulo da quantidade de movimento relativística deve ser dado pela relação:

$$Q = \frac{m_0 v}{\sqrt{1 - \frac{v^2}{c^2}}}$$

Seja $E_0 = m_0c^2$ a energia de repouso de uma partícula e $E_c = \frac{1}{2} m_0v^2$ a energia cinética dessa partícula. Sabendo-se que $E = mc^2$ e $m = \gamma m_0$, é possível concluir que:

$$E_c = m_0c^2 (\gamma - 1)$$

Ao se relacionar a quantidade de movimento *Q* de uma partícula e sua energia total *E*, é possível determinar que:

$$E^2 = Q^2 c^2 + (m_0c^2)^2$$

Mesmo que uma partícula tenha massa de repouso nula ($m_0 = 0$), poderá ter energia total *E* e quantidade de movimento *Q* relacionadas por:

$$E = Q c$$

É o caso dos fótons, que se movem com a velocidade da luz e têm massa de repouso nula.

# Simulado 1

12 questões de Física • Tempo: 1 hora

**1.** (Unicentro-PR)

O fenômeno responsável pela quebra de um copo, através da emissão de uma onda sonora, é denominado:

a) difração.
b) reflexão.
c) interferência.
d) ressonância.
e) refração.

**2.** (Unicentro-PR)

Assinale a alternativa correta.

a) Se a Terra não girasse, o peso dos corpos seria maior.
b) Um satélite descreve uma trajetória elíptica em torno da Terra. Nesta consideração o movimento do satélite é uniforme.
c) No centro da Terra a ação da gravidade se faz sentir com maior intensidade que em outras regiões do planeta.
d) Plutão e Terra têm massas aproximadamente iguais. Plutão está a uma distância cerca de 40 vezes maior que a da Terra ao Sol. Assim, a força atrativa exercida pelo Sol é 1 600 vezes mais intensa em Plutão que na Terra.
e) Na equação de Newton para a força de atração gravitacional entre dois pontos de massas diferentes e separados por uma determinada distância aparece a constante Universal $G$. No Sistema Internacional a fórmula dimensional dessa constante é: $L^2 \cdot M^{-1} \cdot T^3$.

**3.** (Unicentro-PR)

Para que um elétron seja arrancado de uma placa de prata, é necessária uma frequência mínima, frequência de corte, com valor $f_c$ igual a $1{,}14 \cdot 10^{15}$ Hz.

Considerando-se a constante de Plank igual a $6{,}63 \cdot 10^{-34}$ J · s, a função trabalho, energia mínima, em joule, para arrancar um elétron da placa de prata é igual a

a) $1{,}46 \cdot 10^{-22}$
b) $2{,}56 \cdot 10^{-20}$
c) $7{,}56 \cdot 10^{-19}$
d) $8{,}44 \cdot 10^{-19}$
e) $9{,}11 \cdot 10^{-22}$

**4.** (Unicentro-PR)

Das ondas do mar que atingem a costa, os maremotos — "tsunamis" — são certamente os mais perigosos e devastadores. Existem relatos de vagalhões que, ao atingirem a costa, tinham 30 m de altura. No entanto, em alto-mar, suas ondas podem passar desapercebidas por alguém que esteja desatento num barco. Aí, suas ondas não se destacam pela altura, que atingem apenas 30 cm, mas pela velocidade e profundidade. Maremotos são provocados por terremotos nas regiões profundas dos oceanos, viajam a cerca de 1 000 km/h e, ao contrário das ondas usuais, que estão restritas à superfície do mar, formam uma parede que vai da superfície até as profundezas do oceano. Assinale a alternativa que explica, corretamente, por que um tsunami se agiganta ao atingir a costa.

a) A velocidade da onda é tão grande que o perfil da costa não é capaz de detê-la.
b) Em alto-mar a energia está espalhada por toda a onda e, com a aproximação da costa e a diminuição da profundidade do mar, ela se concentra.
c) A onda, pelo fato de ter alta velocidade e ser, ao mesmo tempo, muito profunda, provoca um efeito cooperativo de varredura, o qual aglutina todas as ondas numa única frente.
d) A onda, pelo fato de ter alta velocidade e ser, ao mesmo tempo, muito profunda, provoca um efeito cooperativo de dissipação, o qual é ampliado pela presença da costa.
e) O efeito devastador do maremoto resulta da combinação da alta velocidade de suas ondas com o tremor da terra provocado pelo terremoto.

**5.** (Unicentro-PR)

Considerando um corpo em movimento harmônico simples – MHS, descrevendo uma trajetória retilínea onde *X* representa o centro do movimento, analise as alternativas a seguir e assinale a incorreta.

a) O movimento progressivo é acelerado em parte e retardado em parte.

b) O movimento retrógrado é acelerado em parte e retardado em parte.

c) Em um ponto escolhido arbitrariamente, o móvel passa com velocidades sempre iguais em valor absoluto.

d) A força que age no corpo é sempre contrária à velocidade.

e) A força que age no corpo é sempre contrária à elongação.

**6.** (Unicentro-PR)

Considere dois recipientes cilíndricos, um de diâmetro $d_1$ igual a 0,80 m e outro de diâmetro $d_2$ igual a 0,60 m, ambos com altura suficiente para conter 200,0 litros de água.

Sendo o módulo da aceleração gravitacional local igual a 10 m/s$^2$ e sabendo-se que o fundo do recipiente é frágil, é correto afirmar que o recipiente apropriado para armazenar a água é

a) indiferente, pois o diâmetro do fundo não interfere na pressão hidrostática.

b) o de menor diâmetro, pois sua altura é menor e a pressão no fundo também é menor.

c) o de menor diâmetro, pois o módulo da força exercida no fundo do tanque de menor diâmetro é menor.

d) o de maior diâmetro, pois quanto maior a área da base do cilindro, a pressão hidrostática no fundo do cilindro é menor.

**7.** (Unicentro-PR)

Considere um solenoide que apresenta 1 000 espiras por metro, imerso no meio de permeabilidade magnética igual a $4\pi \cdot 10^{-7}$ Tm/A e percorrido por uma corrente elétrica de intensidade $\frac{2}{\pi}$ A.

Nessas condições, a intensidade do campo magnético no eixo do solenoide é igual, em $10^{-4}$ T, a

a) 1,0

b) 3,0

c) 4,0

d) 6,0

e) 8,0

**8.** (Unicentro-PR)

Um corpo que cai a partir do repouso em queda livre no vácuo, depois de percorrer uma altura *h*, chega ao solo com velocidade *v*.

Abandonado do repouso, de uma altura 4*h*, o corpo atinge o solo com velocidade

a) nula

b) 2v

c) 3v

d) 4v

e) 5v

**9.** (Unicentro-PR)

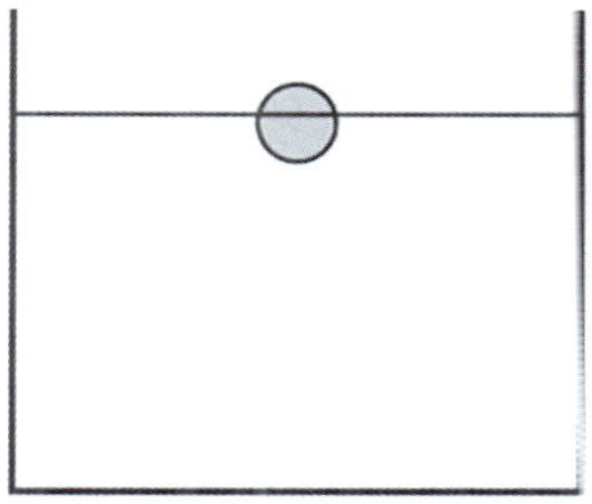

Reprodução/Unicentro, 2012.

A figura representa uma esfera maciça e homogênea de madeira que flutua em equilíbrio com a metade do volume submerso em um fluido de densidade igual a 2,0 g/cm$^3$.

Nessas condições, é correto afirmar que a densidade da madeira é igual, em g/cm$^3$, a

a) 1

b) 2

c) 3

d) 4

**10.** (Unicentro-PR)

Sabe-se que o período da Lua é de mais ou menos 28 dias e que, de acordo com esse fato, um satélite que gira em torno da Terra em uma órbita cujo raio é o quádruplo do raio da órbita da Lua tem um período, aproximadamente, em dias, de

a) 90
b) 160
c) 224
d) 268
e) 360

**11.** (Unicentro-PR)

Um fóton é emitido por um elétron do átomo do hidrogênio e passa do primeiro estado estacionário excitado para o estado fundamental. Sabendo-se que níveis de energia de um elétron, em um átomo de hidrogênio, é $E_n = -13{,}6/n^2$ eV, a constante de Planck, $h = 4{,}14 \cdot 10^{-15}$ eV · s, e o módulo da velocidade de propagação da luz, $c = 3{,}0 \cdot 10^5$ km/s, é correto afirmar que o comprimento da onda do fóton emitido nessa situação, em $10^{-7}$ m, é

a) 3,1
b) 2,2
c) 1,2
d) 1,0
e) 0,1

**12.** (Unicentro-PR)

Considere um bloco que desce um plano inclinado (de inclinação constante) com velocidade constante.

É correto afirmar que, enquanto o bloco desce o plano,

a) sua energia mecânica diminui.
b) uma vez que sua velocidade é constante, sua energia mecânica não se altera.
c) o trabalho total realizado sobre o bloco não é nulo.
d) a energia cinética do bloco se transforma integralmente em energia potencial gravitacional.
e) a energia potencial gravitacional do bloco se transforma integralmente em energia cinética.

**TOTAL DE ACERTOS** ____/12

# Simulado 2

12 questões de Física • Tempo: 1 hora

**1.** (ITA-SP)

Considere uma bola de basquete de 600 g a 5 m de altura e, logo acima dela, uma de tênis de 60 g. A seguir, num dado instante, ambas as bolas são deixadas cair. Supondo choques perfeitamente elásticos e ausência de eventuais resistências, e considerando $g = 10\ m/s^2$, assinale o valor que mais se aproxima da altura máxima alcançada pela bola de tênis em sua ascensão após o choque.

a) 5 m
b) 10 m
c) 15 m
d) 25 m
e) 35 m

**2.** (ITA-SP)

Um bloco de gelo com 725 g de massa é colocado num calorímetro contendo 2,50 kg de água a uma temperatura de 5,0 °C, verificando-se um aumento de 64 g na massa desse bloco, uma vez alcançado o equilíbrio térmico. Considere o calor específico da água ($c = 1{,}0\ cal/g \cdot °C$) o dobro do calor específico do gelo, e o calor latente de fusão do gelo de 80 cal/g. Desconsiderando a capacidade térmica do calorímetro e a troca de calor com o exterior, assinale a temperatura inicial do gelo.

a) −191,4 °C
b) −48,6 °C
c) −34,5 °C
d) −24,3 °C
e) −14,1 °C

**3.** (ITA-SP)

Um sistema é composto por duas massas idênticas ligadas por uma mola de constante *K*, e repousa sobre uma superfície plana, lisa e horizontal. Uma das massas é então aproximada da outra, comprimindo 2,0 cm da mola. Uma vez liberado, o sistema inicia um movimento com o seu centro de massa deslocando com velocidade de 18,0 cm/s numa determinada direção. O período de oscilação de cada massa é

a) 0,70 s
b) 0,35 s
c) 1,05 s
d) 0,50 s
e) indeterminado, pois a constante da mola não é conhecida.

**4.** (ITA-SP)

O Método do Desvio Mínimo, para a medida do índice refração, *n*, de um material transparente, em relação ao ar, consiste em se medir o desvio mínimo de um feixe estreito de luz que atravessa um prisma feito desse material. Para que esse método possa ser aplicado (isto é, para que se tenha um feixe emergente), o ângulo *A* do prisma deve ser menor que:

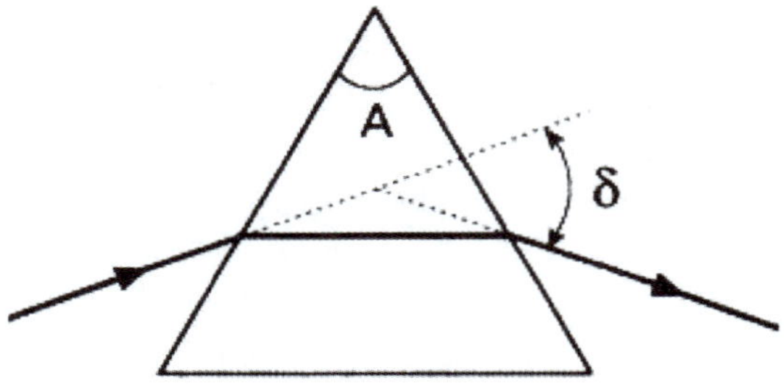




a) arcsen (n)
b) 2 arcsen (1/n)
c) 0,5 arcsen (1/n)
d) arcsen (1/n)
e) Outra expressão.

**5.** (ITA-SP)

Considere duas estrelas de um sistema binário em que cada qual descreve uma órbita circular em torno do centro de massa comum. Sobre tal sistema são feitas as seguintes afirmações:

I. O período de revolução é o mesmo para as duas estrelas.
II. Esse período é função apenas da constante gravitacional, da massa total do sistema e da distância entre ambas as estrelas.
III. Sendo $R_1$ e $R_2$ os vetores posição que unem o centro de massa do sistema aos respectivos centros de massa das estrelas, tanto $R_1$ como $R_2$ varrem áreas de mesma magnitude num mesmo intervalo de tempo.

Assinale a alternativa correta.

a) Apenas a afirmação I é verdadeira.
b) Apenas a afirmação II é verdadeira.
c) Apenas a afirmação III é verdadeira.
d) Apenas as afirmações I e II são verdadeiras.
e) Apenas as afirmações I e III são verdadeiras.

**6.** (ITA-SP)

Um excitador pulsado que gera faíscas a uma frequência de $10^6$ Hz está localizado no centro de curvatura **C** de um espelho côncavo de 1 m de raio de curvatura. Considere que o tempo de duração de cada faísca seja desprezível em relação ao intervalo de tempo entre duas faíscas consecutivas. A 2 m do centro de curvatura do espelho está situado um anteparo normal aos raios refletidos. O espelho gira em torno de **C** com uma frequência de 500 rotações por segundo, formando faixas luminosas equidistantes no anteparo. O comprimento do intervalo entre duas faixas luminosas formadas pelos raios refletidos no anteparo é de, aproximadamente:

a) 3,1 mm.
b) 6,3 mm.
c) 12,6 mm.
d) 1,0 mm.
e) 9,4 mm.

**7.** (ITA-SP)

Ao olhar-se num espelho plano, retangular, fixado no plano de uma parede vertical, um homem observa a imagem de sua face tangenciando as quatro bordas do espelho, isto é, a imagem de sua face encontra-se ajustada ao tamanho do espelho. A seguir, o homem afasta-se, perpendicularmente à parede, numa certa velocidade em relação ao espelho, continuando a observar sua imagem. Nessas condições, pode-se afirmar que essa imagem

a) torna-se menor que o tamanho do espelho tal como visto pelo homem.
b) torna-se maior que o tamanho do espelho tal como visto pelo homem.
c) continua ajustada ao tamanho do espelho tal como visto pelo homem.
d) desloca-se com o dobro da velocidade do homem.
e) desloca-se com metade da velocidade do homem.

**8.** (ITA-SP)

Num oftalmologista, constata-se que um certo paciente tem uma distância máxima e uma distância mínima de visão distinta de 5,0 m e 8,0 cm, respectivamente. Sua visão deve ser corrigida pelo uso de uma lente que lhe permita ver com clareza objetos no "infinito". Qual das afirmações é verdadeira?

a) O paciente é míope e deve usar lentes divergentes cuja vergência é 0,2 dioptrias.
b) O paciente é míope e deve usar lentes convergentes cuja vergência é 0,2 dioptrias.
c) O paciente é hipermétrope e deve usar lentes convergentes cuja vergência é 0,2 dioptrias.
d) O paciente é hipermétrope e deve usar lentes divergentes cuja vergência é −0,2 dioptrias.
e) A lente corretora de defeito visual desloca a distância mínima de visão distinta para 8,1 cm.

**9.** (ITA-SP)

Um tubo sonoro de comprimento $\ell$, fechado numa das extremidades, entra em ressonância, no seu modo fundamental, com o som emitido por um fio, fixado nos extremos, que também vibra no modo fundamental. Sendo $L$ o comprimento do fio, $m$ sua massa e $c$, a velocidade do som no ar, pode-se afirmar que a tensão submetida ao fio é dada por

a) $\left(\frac{c}{2L}\right)^2 m\ell$
b) $\left(\frac{c}{2\ell}\right)^2 mL$
c) $\left(\frac{c}{\ell}\right)^2 mL$
d) $\left(\frac{c}{\ell}\right)^2 m\ell$
e) n.d.a.

**10.** (ITA-SP)

Uma partícula $P_1$ de dimensões desprezíveis oscila em movimento harmônico simples ao longo de uma reta com período de 8/3 s e amplitude $a$. Uma segunda partícula, $P_2$, semelhante a $P_1$, oscila de modo idêntico numa reta muito próxima e paralela à primeira, porém com atraso de $\pi/12$ rad em relação a $P_1$. Qual a distância que separa $P_1$ de $P_2$, 8/9 s depois de $P_2$ passar por um ponto de máximo deslocamento?

a) 1,00a
b) 0,29a
c) 1,21a
d) 0,21a
e) 1,71a

**11.** (ITA-SP)

A partir do repouso, um carrinho de montanha russa desliza de uma altura $H = 20\sqrt{3}$ m sobre uma rampa de 60° de inclinação e corre 20 m num trecho horizontal antes de chegar em um *loop* circular, de pista sem atrito. Sabendo que o coeficiente de atrito da rampa e do plano horizontal é 1/2, assinale o valor do raio máximo que pode ter esse *loop* para que o carrinho faça todo o percurso sem perder o contato com a sua pista.

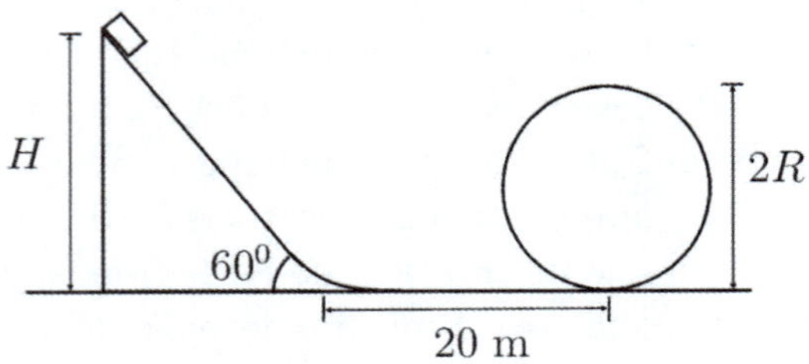


Reprodução/ITA, 2009.

a) $R = 8\sqrt{3}$ m

b) $R = 4(\sqrt{3} - 1)$ m

c) $R = 8(\sqrt{3} - 1)$ m

d) $R = 4(2\sqrt{3} - 1)$ m

e) $R = 40(\sqrt{3} - 1)/3$ m

**12.** (ITA-SP)

Um múon de meia-vida de 1,5 μs é criado a uma altura de 1 km da superfície da Terra devido à colisão de um raio cósmico com um núcleo e se desloca diretamente para o chão. Qual deve ser a magnitude mínima da velocidade do múon para que ele tenha 50% de probabilidade de chegar ao chão?

a) $6,7 \cdot 10^7$ m/s

b) $1,2 \cdot 10^8$ m/s

c) $1,8 \cdot 10^8$ m/s

d) $2,0 \cdot 10^8$ m/s

e) $2,7 \cdot 10^8$ m/s

TOTAL DE ACERTOS ____/12

# Simulado 3

12 questões de Física • Tempo: 1 hora

**1.** (Unisc-RS)

Considerados dois espelhos esféricos de raios iguais a $2R$, o primeiro é um espelho côncavo, o segundo convexo. Afirma-se que a distância focal de cada um é igual, respectivamente, a

a) −2R e +2R

b) +R/2 e −R/2

c) −1R e +1R

d) +1R e −1R

e) +2R e −1R

**2.** (UFSM-RS)

A bússola é uma invenção chinesa muito antiga. Introduzida na Europa pelos árabes, foi essencial às grandes navegações. Ao utilizar uma bússola, é importante observar a presença de campos magnéticos locais, que podem desviar a agulha da sua direção Norte-Sul.

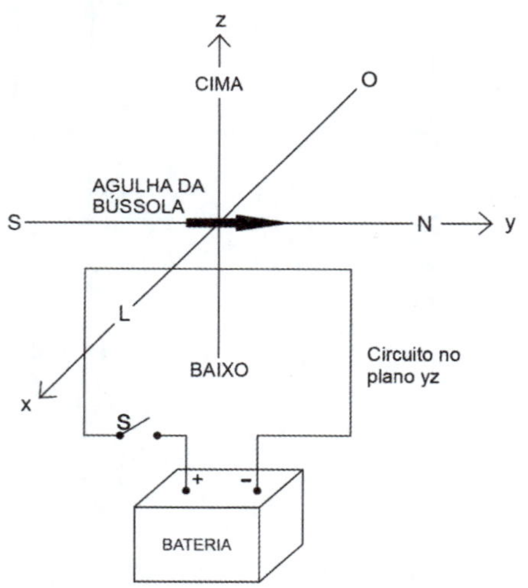




Na figura, são representados um circuito no plano ***yz*** e a agulha de uma bússola que pode girar livremente. Quando a chave **S** é ligada, a agulha da bússola

a) gira para leste.

b) gira para oeste.

c) gira para cima.

d) gira para baixo.

e) não se move.

**3.** (Unisc-RS)

Uma carga $q$ positiva é lançada com uma velocidade de $2 \cdot 10^6$ m/s no plano da página, numa região entre placas carregadas, como indica a figura. Nesta região, há um campo elétrico uniforme e um campo magnético uniforme, de módulo $B$, perpendicular à página.

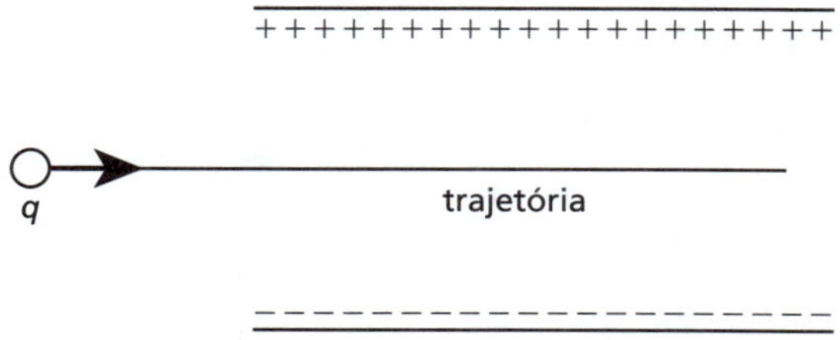




Sabendo que a intensidade do campo elétrico é igual a $2 \cdot 10^2$ N/C e que a trajetória da partícula é aquela indicada na figura, o campo magnético é igual a:

a) $4 \cdot 10^{-4}$ T para dentro da página.

b) $3 \cdot 10^{-4}$ T para fora da página.

c) $2 \cdot 10^{-4}$ T para fora da página.

d) $3 \cdot 10^{-4}$ T para dentro da página.

e) $1 \cdot 10^{-4}$ T para dentro da página.

**4.** (Unisc-RS)

Um esqueitista desce uma rampa de uma altura h = 5 m, do ponto **A** até o ponto **B**.

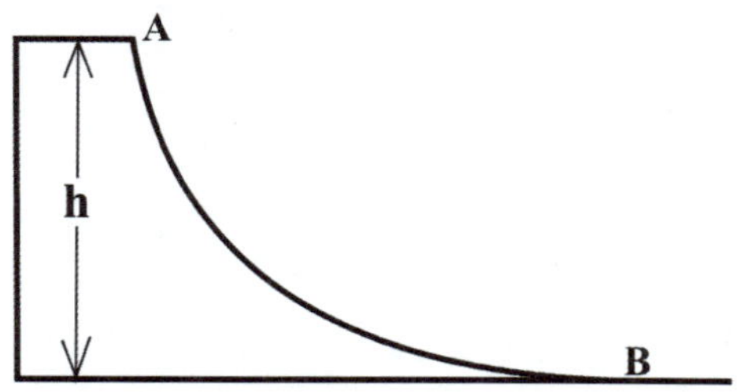




Considerando que $g = 10$ m/s$^2$ e sabendo que a velocidade do esqueitista no ponto **A** é igual a zero e desprezando toda forma de atrito, ele alcança o ponto **B** com uma velocidade de

a) 10 m/s.

b) 12 m/s.

c) 14 m/s.

d) 16 m/s.

e) 18 m/s.

**5.** (UFSM-RS)

As fibras óticas foram inventadas na década de 1950 e estão sendo usadas para transmitir informação. Um tipo de fibra ótica é formado por um cilindro de vidro com índice de refração $n_1$ e recoberto por uma camada de vidro com índice de refração $n_2$. A luz se propaga no cilindro central e não passa à camada externa, porque realiza reflexões totais na superfície de separação. Para que ocorram essas reflexões totais,

a) $n_1 > n_2$

b) $n_1 = 0$

c) $n_1 = n_2$

d) $n_2 > n_1$

e) $n_2 = 0$

**6.** (PUC-RS)

O módulo da indução magnética num ponto exterior a um longo condutor retilíneo é diretamente proporcional à intensidade de corrente elétrica que o percorre e inversamente proporcional à distância do centro do condutor até o ponto considerado.

Na figura, são representados dois longos condutores retilíneos e paralelos, com indicação das distâncias entre eles e das correntes elétricas que os percorrem. O condutor 1 é percorrido por uma corrente elétrica de 2,0 A e encontra-se a uma distância de 90 cm do condutor 2.

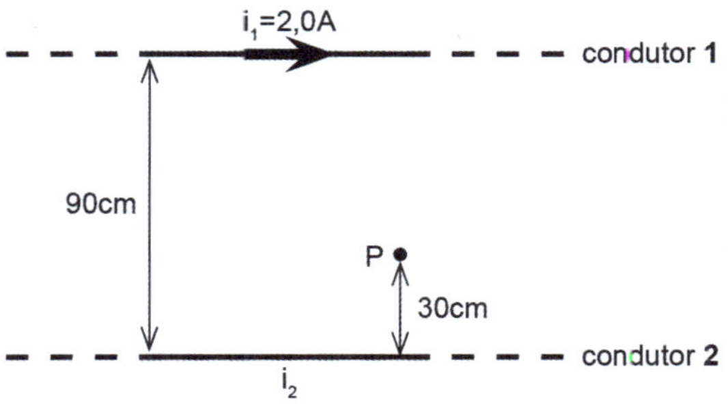


Reprodução/PUC-RS, 2013.

A intensidade de corrente elétrica no condutor 2, para que a indução magnética no ponto P, que se encontra a 30 cm desse condutor, seja nula, deve ser

a) 1,0 A no mesmo sentido de $i_1$.

b) 1,0 A e sentido oposto ao de $i_1$.

c) 2,0 A no mesmo sentido de $i_1$.

d) 2,0 A e sentido oposto ao de $i_1$.

e) 3,0 A no mesmo sentido de $i_1$.

**7.** (Unisc-RS)

Um corpo de massa *m* foi lançado uma primeira vez com uma velocidade $v_1$ sobre o plano horizontal e atingiu a altura máxima $h_1$. Este mesmo objeto foi novamente lançado com uma velocidade $v_2$ sobre o plano horizontal e, quando passa pelo ponto **A**, sua velocidade é reduzida de 20% em relação a $v_2$ e, quando passa pelo ponto **B**, sua velocidade é reduzida de 40% em relação a $v_2$.

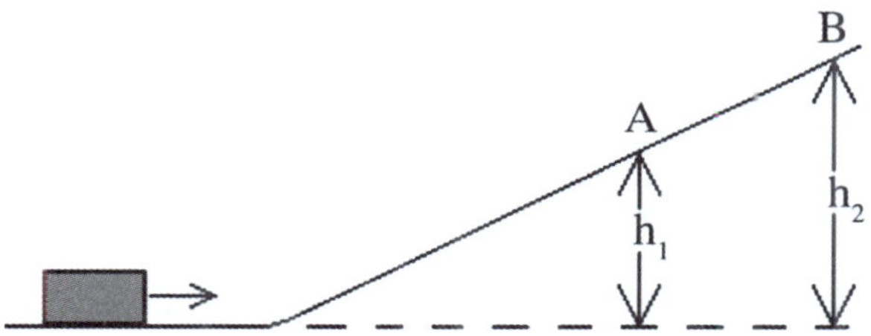


Reprodução/UNISC, 2008.

Sabendo que não existe atrito entre o corpo e a plataforma de lançamento e que a altura $h_2$ é igual a 12,8 m, afirma-se que a altura $h_1$ e a velocidade $v_1$ valem, respectivamente,

Observação: aceleração da gravidade $g = 10\ m/s^2$.

a) 6,2 m; 10 m/s.

b) 7,2 m; 12 m/s.

c) 8,2 m; 14 m/s.

d) 9,2 m; 16 m/s.

e) 10,2 m; 18 m/s.

**8.** (UFSM-RS)

Com os avanços tecnológicos ocorridos durante o século XX, principalmente com a evolução dos computadores, tornou-se possível viajar pelo espaço cósmico. Muitos esforços estão sendo empreendidos atualmente para manter estações espaciais em órbita terrestre.

Numa dessas estações, um astronauta experimenta o fenômeno da imponderabilidade. Esse fenômeno ocorre porque

a) as forças centrípeta e centrífuga que atuam sobre o astronauta se cancelam mutuamente.
b) o módulo da força gravitacional da Terra sobre o astronauta é praticamente zero.
c) a força de atração gravitacional da Terra e a da Lua sobre o astronauta se cancelam mutuamente.
d) a estação espacial e o astronauta têm praticamente a mesma órbita ao redor da Terra.
e) a força de atração da Terra e a força centrífuga sobre o astronauta se cancelam mutuamente.

**9.** (PUC-RS)

Os primeiros estudos detalhados sobre o efeito fotoelétrico foram realizados por Philipp Lenard. A explicação para o fenômeno, no entanto, só foi possível quando Einstein, baseado na teoria da quantização de Planck, propôs que toda radiação eletromagnética é constituída por *quanta* (plural de *quantum*) de energia, os fótons. De acordo com essa teoria, a energia de cada fóton é dada por $E = h\,f$, onde *h* representa a constante de Planck e *f* representa a frequência da radiação.

O gráfico a seguir mostra a energia cinética máxima dos elétrons ejetados em função da frequência da radiação (luz) incidente para dois materiais diferentes, **A** e **B**.

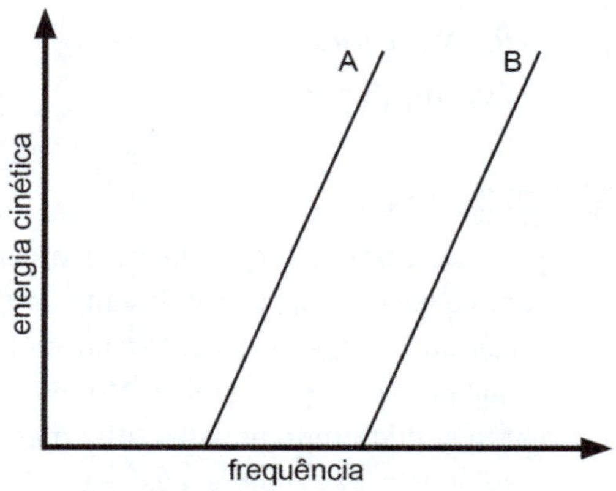




De acordo com as informações apresentadas no texto e no gráfico, é correto afirmar que

a) o número de fótons necessário para produzir efeito fotoelétrico no material **A** é maior do que no material **B**.
b) a velocidade dos fótons necessária para produzir efeito fotoelétrico no material **A** é maior do que no material **B**.
c) a energia mínima dos fótons necessária para produzir efeito fotoelétrico no material **A** é menor do que no material **B**.
d) a energia cinética máxima dos elétrons ejetados do material **A** é igual à do material **B**, desde que a frequência da luz incidente seja a mesma.
e) a energia cinética máxima dos elétrons ejetados de ambos os materiais independe da energia dos fótons incidentes.

**10.** (PUC-RS)

No Instituto do Cérebro da PUCRS, isótopos radioativos que emitem pósitrons são utilizados para mapear as funções cerebrais.

O pósitron é a antipartícula do elétron. Elétrons e pósitrons são partículas que têm massas iguais e cargas elétricas de módulo também igual, mas com sinais contrários: o elétron é negativo e o pósitron é positivo. Essas partículas constituem o que é conhecido como um par matéria e antimatéria, as quais se aniquilam quando se encontram, gerando dois fótons gama. Se, no instante da aniquilação, o par estiver com velocidade desprezível em relação à da luz, os fótons terão energias iguais e, por conservação de momento linear, serão emitidos na mesma direção, porém em sentidos contrários. Neste caso, a energia desses fótons é dada pela relação $E = m\,c^2$, onde *m* é a massa da partícula e $c = 3{,}0 \cdot 10^8$ m/s é a velocidade da luz no vácuo.

Num exame médico denominado Tomografia por Emissão de Pósitrons (PET – *Positron Emission Tomography*), esses fótons, os quais têm a mesma direção mas sentidos contrários, são rastreados e permitem a formação da imagem do cérebro. Num exame típico, a aniquilação de pósitrons e elétrons resulta numa perda de massa total de $2,0 \cdot 10^{-26}$ kg a cada segundo.

Em relação ao processo de aniquilação descrito acima, afirma-se:

I. A energia emitida na forma de fótons a cada segundo, devida à aniquilação dos pósitrons e elétrons, é $1,8 \cdot 10^{-9}$ J.

II. Ocorre conservação da energia, já que a energia associada à massa do par elétron-pósitron se transforma inteiramente na energia dos fótons.

III. Não ocorre conservação da carga, já que a carga elétrica do par elétron-pósitron não é nula, enquanto a carga elétrica dos fótons o é.

Está/Estão correta(s) a(s) afirmativa(s)

a) I, apenas.

b) II, apenas.

c) III, apenas.

d) I e II, apenas.

e) I, II e III.

**11.** (PUC-RS)

A partir de 1º de janeiro, todo veículo novo abaixo de 3 500 kg, fabricado no Brasil ou importado, deve vir equipado com *airbag* na parte frontal. O *airbag* é uma bolsa que, instalada no volante, no painel ou em outras partes do carro, infla no momento de uma colisão, ajudando a proteger motorista e passageiros. Se o automóvel estiver sem *airbag*, a cabeça dos ocupantes dos bancos da frente pode colidir com o para-brisa. Comparando o efeito da colisão da cabeça de uma pessoa com o *airbag* inflado e, caso não haja *airbag*, com o efeito da colisão direta no para-brisa do automóvel, constata-se que o para-brisa detém o movimento da cabeça num intervalo de tempo menor.

Portanto, o *airbag* inflado reduz ______________ da pessoa.

a) a variação de velocidade da cabeça

b) a variação de momento linear da cabeça

c) a variação na energia cinética da cabeça

d) o impulso sobre a cabeça

e) a força sobre a cabeça

**12.** (PUC-RS)

Uma partícula eletrizada positivamente de massa 4 mg é lançada horizontalmente para a direita no plano xy, conforme a figura a seguir, com velocidade $\vec{v}$ de 100 m/s. Deseja-se aplicar à partícula um campo magnético $\vec{B}$, de tal forma que a força magnética equilibre a força peso $\vec{P}$.

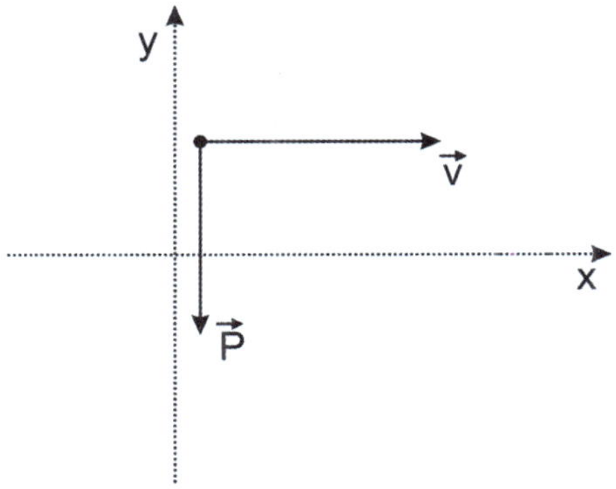




Considerando $q = 2 \cdot 10^{-7}$ C e $g = 10$ m/s², o módulo, a direção e o sentido do vetor campo magnético são, respectivamente,

a) $2 \cdot 10^6$ T, perpendicular à $\vec{v}$ saindo do plano xy.

b) $2 \cdot 10^6$ T, paralelo à $\vec{v}$ e entrando no plano xy.

c) 2T, perpendicular à $\vec{v}$ e saindo do plano xy.

d) 2T, perpendicular à $\vec{v}$ e entrando no plano xy.

e) 2T, paralelo à $\vec{v}$ e saindo do plano xy.

TOTAL DE ACERTOS ____ /12

# Simulado 4

12 questões de Física • Tempo: 1 hora

**1.** (Unioeste-PR)

Segundo dados da Anatel (Agência Nacional de Telecomunicações) sobre a densidade de aparelhos no Brasil, divulgados em agosto de 2006, conclui-se que metade dos brasileiros possui telefone celular. Todo aparelho de telefonia celular se comunica com as antenas que estão nos topos das torres através de radiações (ou ondas) eletromagnéticas que se propagam a uma velocidade *c* e pode operar na frequência de $F_1 = 800$ MHz empregando tecnologias chamadas TDMA e CDMA, ou na frequência de $F_2 = 1,80$ GHz, empregando a tecnologia GSM.

Sendo *c* a velocidade da luz no vácuo, é incorreto afirmar que:

a) Em uma hora as ondas eletromagnéticas com frequências $F_1$ e $F_2$, propagando-se no vácuo, percorrem uma distância de $1,0^8 \cdot 10^9$ km.

b) O comprimento de onda da radiação de frequência $F_1$ é maior do que o comprimento de onda da radiação de frequência $F_2$.

c) O comprimento de onda da radiação de frequência $F_1$ é 0,375 metros.

d) A energia da onda de frequência $F_2$ é 2,25 vezes menor do que a energia da onda de frequência $F_1$.

e) Se uma destas ondas eletromagnéticas parte da Terra e chega a Plutão depois de 320 minutos, conclui-se que a distância entre a Terra e Plutão é de $5\,760 \cdot 10^6$ km.

**2.** (UTFPR)

Em uma sala escura, faz-se a luz proveniente de um *laser* de He-Ne, cujo comprimento de onda é $\lambda = 6,32 \cdot 10^{-7}$ m, passar por um obstáculo formado por duas fendas verticais paralelas muito estreitas, separadas por uma distância d = 0,6 mm. A direção de propagação do *laser* é normal ao plano formado pelas fendas. Após passar pelas fendas, a luz atinge um anteparo distante, paralelo ao plano que contém as fendas.

A respeito deste experimento, pode-se afirmar que:

a) devido ao caráter ondulatório da luz, será observado no anteparo um padrão de interferência constituído por círculos concêntricos, sendo o círculo central um máximo de interferência.

b) se o anteparo estiver colocado a uma distância de alguns metros das fendas, será observado um padrão de interferência luminosa formado por uma sequência de franjas claras e escuras intercaladas.

c) para os valores dados de $\lambda$ e *d*, de acordo com cálculos baseados na teoria ondulatória da luz, nenhum padrão de interferência poderá ser observado.

d) a partir do plano das fendas, o ângulo de localização do primeiro máximo, em relação ao máximo central, é de aproximadamente 10 graus.

e) de acordo com o princípio da propagação retilínea da luz, no anteparo será formada uma imagem com uma parte central escura, ladeada por duas regiões iluminadas uniformemente.

**3.** (UTFPR)

Dentre as alternativas a seguir, assinale aquela que apresenta um conceito errôneo sobre o estudo do Campo Gravitacional.

a) Um corpo de massa *m* gera a sua volta um campo gravitacional.

b) O campo gravitacional terrestre varia com a altitude, porém não observamos a mesma variação com a latitude.

c) A força gravitacional é uma força de campo, ou seja, existe sem a necessidade de contato entre os corpos.

d) Embora não possamos ver ou tocar o campo gravitacional, podemos sentir seus efeitos.

e) A Terra não é perfeitamente esférica, sendo $R_{equador} > R_{polos}$, consequentemente, $g_{equador} < g_{polos}$.

**4.** (Unioeste-PR)

A figura mostra o gráfico da temperatura $T$ de uma substância como função da quantidade de calor $Q$ recebida, mantendo-se a pressão constante. A massa desta substância, inicialmente líquida, é de 100 g e sua temperatura inicial é 0 °C.

Sabendo-se que o calor específico da fase líquida é 0,20 cal/(g°C) e o da fase gasosa é 0,040 cal/(g°C), é correto afirmar que:

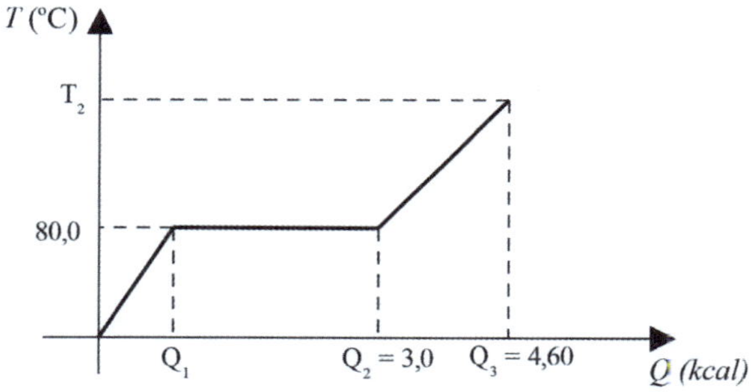


Reprodução/Unioeste, 2007.

a) Quando a substância na fase líquida atingir a temperatura de 80,0 °C, terá recebido uma quantidade de calor igual a 1 600 joules.

b) Mantendo-se a pressão constante, a temperatura de fusão dessa substância é de 80,0 °C.

c) A temperatura aumenta linearmente enquanto a substância passa da fase líquida para a fase gasosa.

d) Quando a quantidade de calor fornecida totalizar Q = 4 600 cal, a temperatura da substância será de 320 °C.

e) O calor latente de vaporização é de 14 cal/g.

**5.** (Unioeste-PR)

Uma bola realiza um movimento acelerado vertical de queda de uma posição $h_1 = 7$ m acima do solo para uma posição $h_2 = 1$ m acima do solo. Durante esse movimento de queda, a bola sofre a atuação da força gravitacional e da força de resistência do ar. Para o movimento da bola entre as posições $h_1$ e $h_2$, é correto afirmar que a variação da energia cinética $(\Delta E_c)$, a variação da energia potencial gravitacional $(\Delta E_p)$ e a variação da energia mecânica $(\Delta E_m)$ são

a) $(\Delta E_c) > 0$; $(\Delta E_p) < 0$ e $(\Delta E_m) < 0$.

b) $(\Delta E_c) < 0$; $(\Delta E_p) > 0$ e $(\Delta E_m) = 0$.

c) $(\Delta E_c) > 0$; $(\Delta E_p) < 0$ e $(\Delta E_m) = 0$.

d) $(\Delta E_c) > 0$; $(\Delta E_p) > 0$ e $(\Delta E_m) > 0$.

e) $(\Delta E_c) = 0$; $(\Delta E_p) = 0$ e $(\Delta E_m) > 0$.

**6.** (Unioeste-PR)

Duas esferas **A** e **B**, de massas respectivamente iguais a $m_A = 2$ kg e $m_B = 4$ kg estão unidas por meio de um fio que passa dentro de uma mola de constante elástica $k = 300\ N \cdot m^{-1}$ e que está comprimida de 20 cm. O conjunto repousa sobre uma superfície plana e horizontal; a vista de cima está representada na figura.

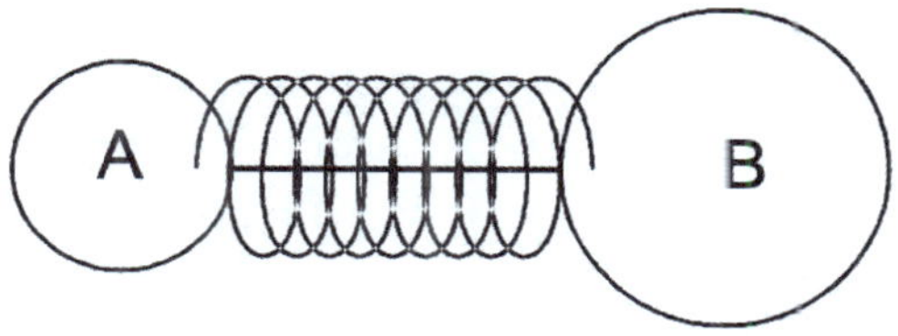


Reprodução/Unioeste, 2013.

Em dado instante o fio é seccionado e as esferas são liberadas. Desprezando o atrito e a massa da mola, assinale a alternativa correta.

a) Antes de o fio ser seccionado, a mola exerce uma força de 60 N em cada esfera e ele suporta uma tração de 120 N.

b) No exato instante em que o fio é seccionado a esfera **B** possui uma aceleração instantânea igual a $30\ m \cdot s^{-2}$.

c) Após a distensão total da mola, a esfera **A** possui uma velocidade igual a $4\ m \cdot s^{-1}$ e a esfera **B** uma velocidade igual a $2\ m \cdot s^{-1}$.

d) Após a distensão total da mola, cada esfera possui energia cinética igual a 3 J.

e) Após a distensão total da mola, cada esfera recebeu um impulso de intensidade $4\ N \cdot s$.

**7.** (Unioeste-PR)

Em fevereiro de 2009 foi anunciada a descoberta de um pequeno planeta extra-solar, o CoRoT-7b, que orbita a estrela TYC da Constelação de Unicórnio, a 500 anos-luz da Terra.

Com base em observações indiretas e em cálculos astrofísicos, soube-se que o CoRoT-7b tem uma massa cinco vezes superior à terrestre e seu raio é 80% maior. Se denominarmos por $g_T$ e $g_C$ as respectivas acelerações gravitacionais nas superfícies da Terra e de CoRoT-7b, é correto afirmar que

a) $g_C = g_T$.
b) $g_T$ é aproximadamente 2,8 vezes maior que $g_C$.
c) $g_T$ é aproximadamente 1,5 vez maior que $g_C$.
d) $g_C$ é aproximadamente 2,8 vezes maior que $g_T$.
e) $g_C$ é aproximadamente 1,5 vez maior que $g_T$.

**8.** (UTFPR)

Um dos pontos turísticos mais visitados de Curitiba é o Jardim Botânico. O Portal de entrada, formado por arcos metálicos, emoldura a vista dos jardins geométricos. Ao fundo fica a estufa, uma estrutura feita de vidro e metal que guarda os traços arquitetônicos do antigo Palácio de Cristal de Londres. Nesta estufa, a ________________ atravessa as paredes de vidro e é ________________ por diversos corpos. Posteriormente, essa energia é emitida na forma de ________________ que não atravessa(m) o vidro. Dessa maneira, o ambiente interno mantém-se aquecido, simulando as condições da mata atlântica.

Reprodução/Arquivo da editora

Indique a alternativa que, ordenadamente, preenche de forma correta as lacunas do texto acima.

a) luz solar, refletida, radiação ultravioleta
b) radiação ultravioleta, transmitida, energia térmica
c) luz solar, transmitida, radiação ultravioleta
d) radiação infravermelha, refletida, radiação eletromagnética
e) energia radiante, absorvida, raios infravermelhos

**9.** (UTFPR)

Um jogador de *ping-pong* recebe a bola, que se desloca com módulo 6 m/s. Aplicando com sua raquete uma força de contato de 1,5 N na bola, faz com que sua velocidade inverta de sentido e que seu módulo se altere para 9 m/s. Sabendo que a massa da bola vale 3 g, pode-se estimar o tempo de contato entre a raquete e a bola, em segundos, como sendo:

a) 0,006.
b) 0,018.
c) 0,030.
d) 0,180.
e) 0,360.

**10.** (UTFPR)

Na imagem representamos um transformador ideal que permite derivação (possibilidade de variar seu número de espiras no secundário).

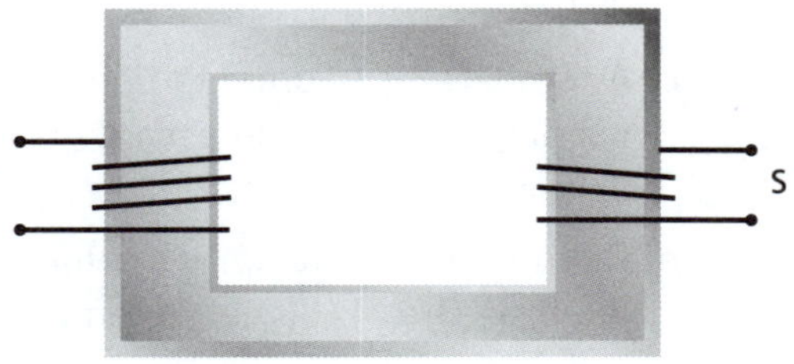


Reprodução/Arquivo da editora

Considere que o primário possui 500 espiras e é alimentado por uma fonte de tensão de 200 V e corrente elétrica de 4 A. Se o secundário apresenta uma derivação, na qual a corrente elétrica possui o valor de 8 A, podemos afirmar que:

I) este transformador funciona como um elevador de tensão.
II) se a corrente de 8 A é obtida, então o número de espiras no secundário é de 250.
III) a corrente elétrica no primário é alternada.

É correto o que se afirma em:

a) I apenas.
b) II apenas.
c) II e III apenas.
d) I e II apenas.
e) I, II e III.

**11.** (UTFPR)

Um objeto de 10 cm de altura é colocado a 40 cm de uma lente convergente de distância focal 20 cm. Nessa situação, é correto afirmar que:

a) a imagem do objeto fornecida pela lente é direita.

b) a ampliação do sistema é igual a −1.

c) a imagem fornecida pela lente é imprópria.

d) a ampliação do sistema é igual a −2.

e) a altura da imagem fornecida pela lente é igual a 5 cm.

**12.** (Unioeste-PR)

Um próton (p), um elétron (e) e um nêutron (n) entram com a mesma velocidade numa região de campo magnético uniforme, perpendicular e para dentro do plano da folha.

Assinale a alternativa que mostra a trajetória correta das três partículas.

a)

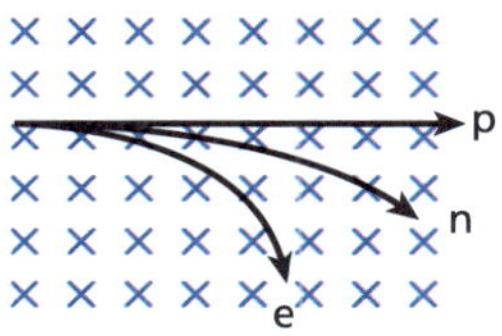




b)

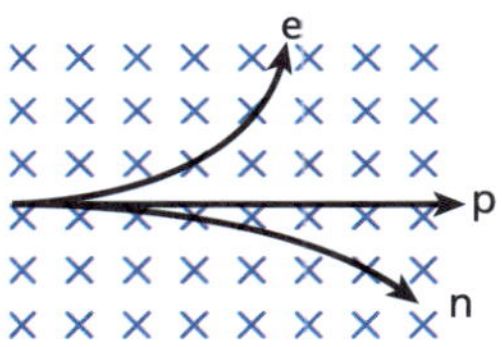


c)

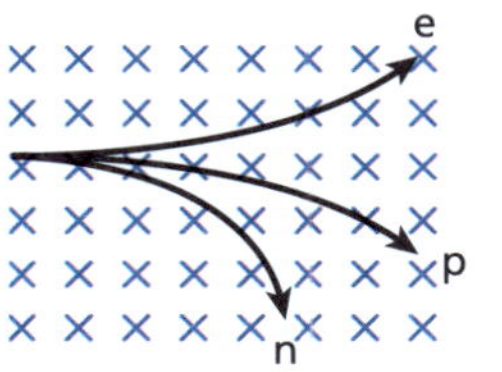


d)

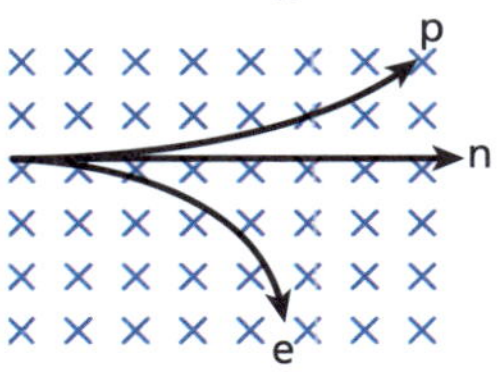


e)

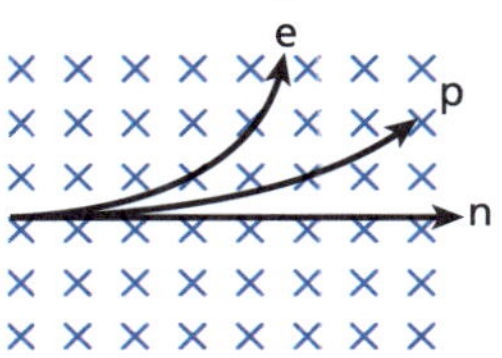


**TOTAL DE ACERTOS** _____ /12

## Simulado 5

12 questões de Física • Tempo: 1 hora

**1.** (Famerp-SP)

Um objeto luminoso encontra-se a 40 cm de uma parede e a 20 cm de um espelho côncavo, que projeta na parede uma imagem nítida do objeto, como mostra a figura.

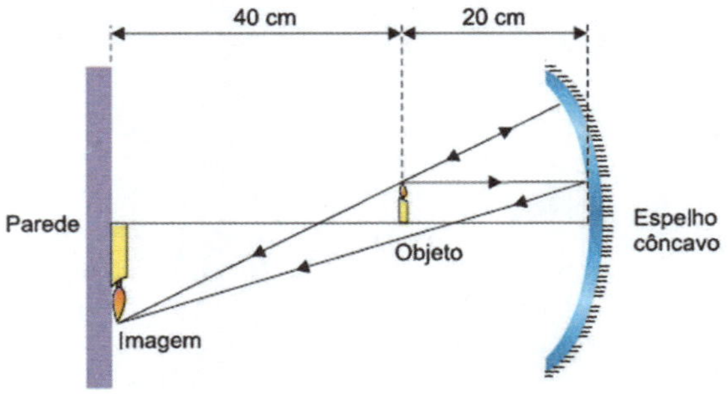


(www.geocities.ws. Adaptado.)



Considerando que o espelho obedece às condições de nitidez de Gauss, a sua distância focal é

a) 15 cm.

b) 20 cm.

c) 30 cm.

d) 25 cm.

e) 35 cm.

**2.** (UPM-SP)

Os rebites são elementos de fixação que podem unir rigidamente peças ou placas metálicas. Tem-se uma placa metálica com um orifício de diâmetro 25,00 mm a 20 °C. Um rebite de diâmetro 25,01 mm à temperatura de 20 °C é fabricado com a mesma liga da placa metálica, cujo coeficiente de dilatação linear médio é $20 \cdot 10^{-6}$ °C$^{-1}$. Deseja-se encaixar perfeitamente esse rebite no orifício da placa. Para tanto, devemos resfriar o rebite à temperatura de, aproximadamente,

a) 20 °C

b) 15 °C

c) 10 °C

d) 5 °C

e) 0 °C

**3.** (Famerp-SP)

Durante uma partida de sinuca, um jogador, impossibilitado de atingir diretamente a bola vermelha com a bola branca, decide utilizar a tabela da mesa. Ele dá uma tacada na bola branca, que, seguindo a trajetória tracejada indicada na figura, com velocidade escalar constante de módulo *v*, acerta a bola vermelha.

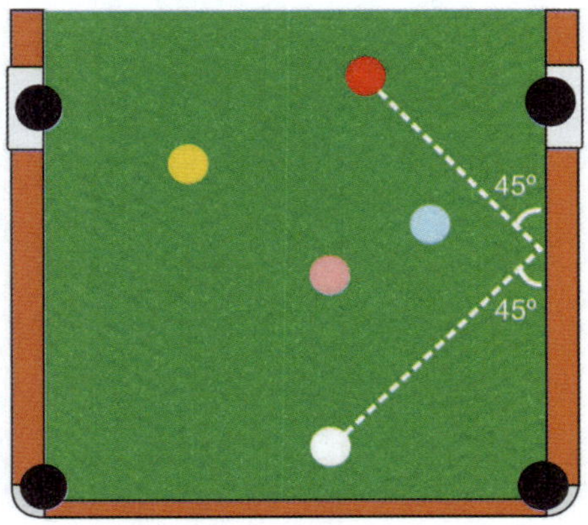




Sendo *m* a massa da bola branca, o módulo da variação da quantidade de movimento sofrida por essa bola na colisão contra a tabela da mesa foi igual a

a) $mv\sqrt{2}$ c) mv e) $mv\sqrt{3}$

b) zero d) 2mv

**4.** (UPM-SP)

A tensão elétrica aplicada entre os pontos **A** e **B** da associação de resistores da figura é $U_{AB} = 20$ V.

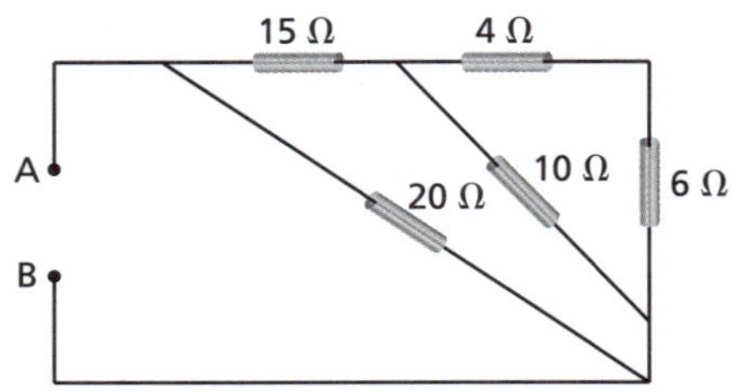




A potência dissipada pela associação em watts é de

a) 10 c) 30 e) 50

b) 20 d) 40

**5.** (Fuvest-SP)

Helena, cuja massa é 50 kg, pratica o esporte radical *bungee jumping*. Em um treino, ela se solta da beirada de um viaduto, com velocidade inicial nula, presa a uma faixa elástica de comprimento natural $L_0 = 15$ m e constante elástica $k = 250$ N/m. Quando a faixa está esticada 10 m além de seu comprimento natural, o módulo da velocidade de Helena é

**Note e adote:**

Aceleração da gravidade: 10 m/s². A faixa é perfeitamente elástica; sua massa e efeitos dissipativos devem ser ignorados.

a) 0 m/s

b) 5 m/s

c) 10 m/s

d) 15 m/s

e) 20 m/s

**6.** (Fuvest-SP)

O Sr. Rubinato, um músico aposentado, gosta de ouvir seus velhos discos sentado em uma poltrona. Está ouvindo um conhecido solo de violino quando sua esposa Matilde afasta a caixa acústica da direita ($C_d$) de uma distância $l$, como visto na figura abaixo.

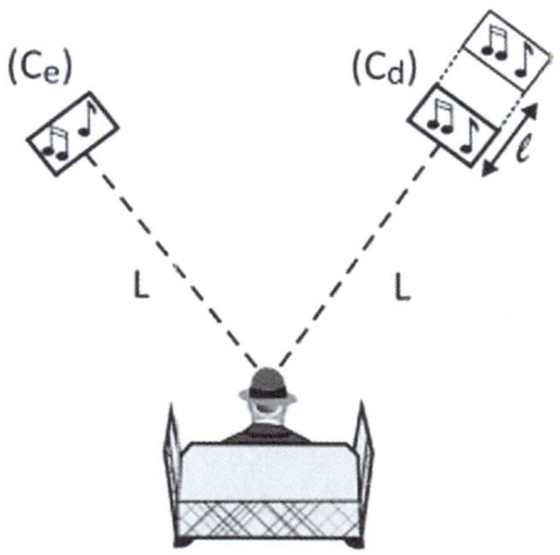


Reprodução/Fuvest, 2014

Em seguida, Sr. Rubinato reclama: – Não consigo mais ouvir o Lá do violino, que antes soava bastante forte! Dentre as alternativas abaixo para a distância $l$, a única compatível com a reclamação do Sr. Rubinato é

**Note e adote:**

O mesmo sinal elétrico do amplificador é ligado aos dois alto-falantes, cujos cones se movimentam em fase.

A frequência da nota Lá é 440 Hz.

A velocidade do som no ar é 330 m/s.

A distância entre as orelhas do Sr. Rubinato deve ser ignorada

a) 38 cm

b) 44 cm

c) 60 cm

d) 75 cm

e) 150 cm

**7.** (Famerp-SP)

Uma espira metálica retangular **ABCD** de área constante, está totalmente imersa em um campo magnético uniforme horizontal criado na região entre dois polos magnéticos norte e sul, como representado na figura. Inicialmente, a espira está em repouso em um plano vertical perpendicular às linhas de indução do campo magnético.

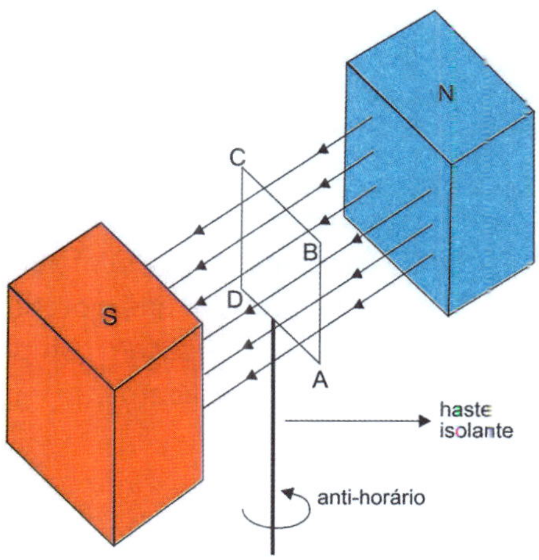


Reprodução/Famerp, 2017.

Suponha que a espira gire 90° no sentido anti-horário, em torno de um eixo vertical, nesse campo magnético. Enquanto isso acontece,

a) circulará por ela uma corrente elétrica induzida sempre no sentido **DCBA**.

b) circulará por ela uma corrente elétrica induzida, primeiro no sentido **DCBA** e depois no sentido **ABCD**.

c) circulará por ela uma corrente elétrica induzida sempre no sentido **ABCD**.

d) circulará por ela uma corrente elétrica induzida, primeiro no sentido **ABCD** e depois no sentido **DCBA**.

e) não circulará por ela corrente elétrica induzida.

**8.** (Fuvest-SP)

Ondas na superfície de líquidos têm velocidades que dependem da profundidade do líquido e da aceleração da gravidade, desde que se propaguem em águas rasas. O gráfico representa o módulo *v* da velocidade da onda em função da profundidade *h* da água.

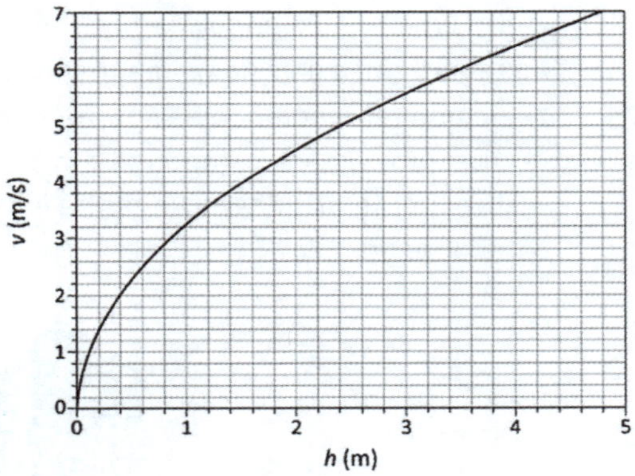




Uma onda no mar, onde a profundidade da água é 4,0 m, tem comprimento de onda igual a 50 m. Na posição em que a profundidade da água é 1,0 m, essa onda tem comprimento de onda, em m, aproximadamente igual a

a) 8.

b) 12.

c) 25.

d) 35.

e) 50.

**9.** (Fuvest -SP)

A Estação Espacial Internacional orbita a Terra em uma altitude h. A aceleração da gravidade terrestre dentro dessa espaçonave é

Note e adote:

- $g_T$ é a aceleração da gravidade na superfície da Terra.

- $R_T$ é o raio da Terra.

a) nula.

b) $g_T\left(\dfrac{h}{R_T}\right)^2$

c) $g_T\left(\dfrac{R_T - h}{R_T}\right)^2$

d) $g_T\left(\dfrac{R_T}{R_T + h}\right)^2$

e) $g_T\left(\dfrac{R_T - h}{R_T + h}\right)^2$

**10.** (UPM-SP)

Uma partícula eletrizada positivamente, de massa desprezível, penetra na região do espaço onde existe um campo elétrico uniforme de intensidade $1{,}0 \cdot 10^5$ N/C, orientado verticalmente para baixo, conforme a figura.

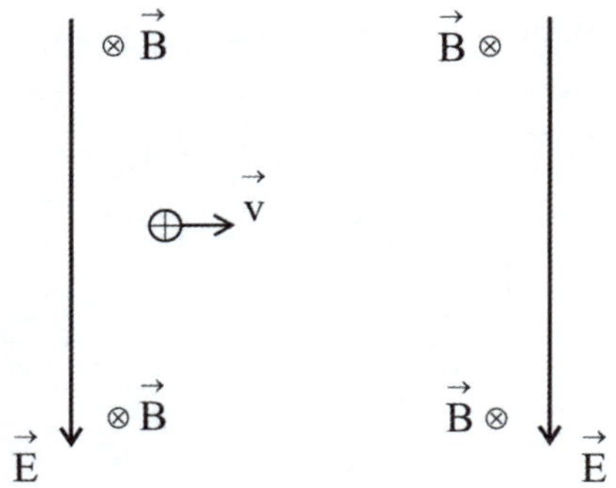




A partícula descreve uma trajetória retilínea, pela intensidade $4{,}0 \cdot 10^3$ T, perpendicular ao campo elétrico e de sentido entrando no plano do papel. A presença de um campo magnético uniforme *B*, de intensidade da velocidade da partícula é, em m/s

a) 40

b) 35

c) 30

d) 25

e) 20

**11.** (Famerp-SP)

Em um recipiente de capacidade térmica desprezível, 300 g de água, inicialmente a 20 °C, foram aquecidos. Após 2,0 minutos, quando a temperatura da água era 40 °C, mais 300 g de água a 20 °C foram adicionados ao recipiente. Considerando que não ocorreu perda de calor da água para o meio e que a fonte fornece calor a uma potência constante durante o processo, o tempo decorrido, após a adição da água, para que a temperatura da água atingisse 80 °C foi de

a) 5,0 min.

b) 14,0 min.

c) 10,0 min.

d) 15,0 min.

e) 8,0 min.

**12.** (UPM-SP)

O gráfico mostra a variação da quantidade de calor ($Q$) com a temperatura ($\theta$) de um cubo de gelo de massa $m$, inicialmente a 0,00 °C.

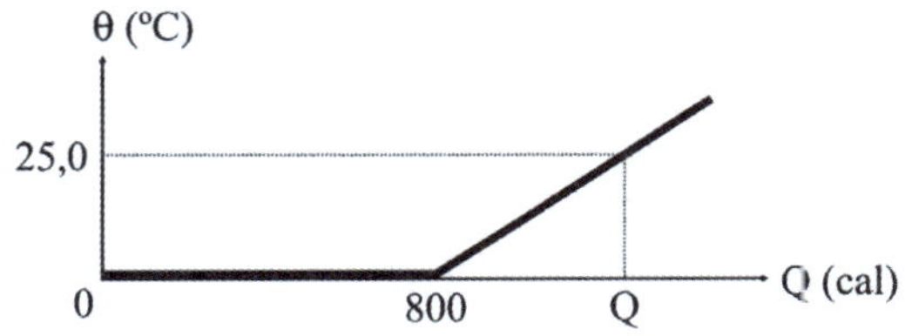


Reprodução/Mackenzie, 2014.

Considere: calor latente de fusão do gelo L = 80,0 cal/g e calor específico da água c = 1,00 cal/g °C. A quantidade de calor ($Q$), em kcal, necessária para que toda massa m se transforme em água a 25,0 °C é:

a) 1,05

b) 1,15

c) 1,25

d) 1,35

e) 1,45

TOTAL DE ACERTOS ____ /12

# Simulado 6

**12 questões de Física • Tempo: 1 hora**

**1.** (UFPA)

O arco-íris é um fenômeno óptico que acontece quando a luz branca do Sol incide sobre gotas esféricas de água presentes na atmosfera. A figura abaixo mostra as trajetórias de três raios de luz, um vermelho (com comprimento de onda $\lambda = 700$ nm), um verde ($\lambda = 546$ nm) e um violeta ($\lambda = 436$ nm), que estão num plano que passa pelo centro de uma esfera (também mostrada na figura). Antes de passar pela esfera, estes raios fazem parte de um raio de luz branca incidente.

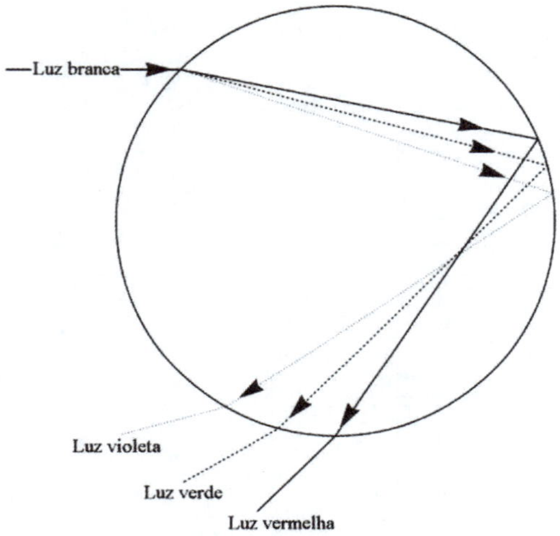


Reprodução/UFPA, 2013.

Analisando as trajetórias desses raios quando passam do meio para a esfera e da esfera de volta para o meio, é correto afirmar que

a) o índice de refração da esfera é igual ao índice de refração do meio.

b) o índice de refração da esfera é maior do que o do meio e é diretamente proporcional ao comprimento de onda ($\lambda$) da luz.

c) o índice de refração da esfera é maior do que o do meio e é inversamente proporcional ao comprimento de onda ($\lambda$) da luz.

d) o índice de refração da esfera é menor do que o do meio e é diretamente proporcional ao comprimento de onda ($\lambda$) da luz.

e) o índice de refração da esfera é menor do que o do meio e é inversamente proporcional ao comprimento de onda ($\lambda$) da luz.

**2.** (Ufac)

Uma partícula descreve uma circunferência horizontal com velocidade constante em módulo.

O raio da circunferência é de 15 cm e a partícula completa uma volta a cada 10 s. O módulo da aceleração centrípeta é de:

a) $5\pi^2$ cm/s²

b) $0,6\pi^2$ cm/s²

c) $60\pi^2$ cm/s²

d) $1,5\pi^2$ cm/s²

e) $150\pi^2$ cm/s²

**3.** (UFPA)

A figura mostra um objeto, AB, localizado no eixo principal de uma lente delgada, esférica e divergente, assim como os focos (F' e F) da referida lente.

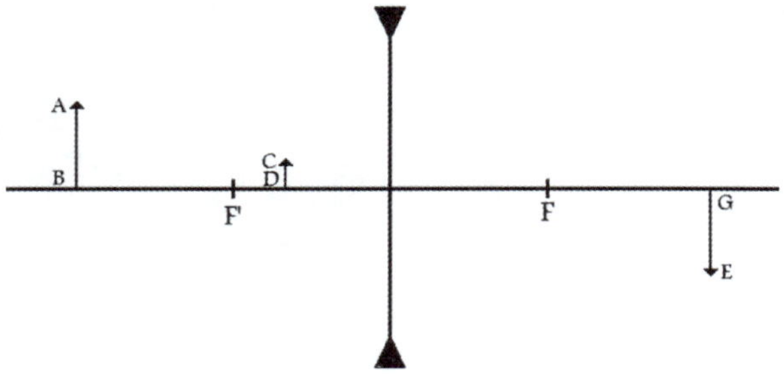


Reprodução/PSE, 2013.

É correto afirmar que a imagem é:

a) AB e virtual.

b) CD e real.

c) CD e virtual.

d) EG e real.

e) EG e virtual.

**4.** (UPE)

Qual a velocidade areolar de um planeta que descreve em torno do Sol uma órbita elíptica de semieixo maior **a** e semieixo menor **b**?

**Dados:**

Período de translação do planeta: T

Área de uma elipse: $A = \pi ab$

a) $\frac{\pi a}{T}$

b) $\frac{\pi b}{T}$

c) $\frac{\pi ab}{T}$

d) $T\pi ab$

e) $\frac{\pi a^2 b^2}{T}$

**5.** (UFPA)

O escalpelamento é um grave acidente que ocorre nas pequenas embarcações que fazem transporte de ribeirinhos nos rios da Amazônia. O acidente ocorre quando fios de cabelos longos são presos ao eixo desprotegido do motor. As vítimas são mulheres e crianças que acabam tendo o couro cabeludo arrancado. Um barco típico que trafega nos rios da Amazônia, conhecido como "rabeta", possui um motor com um eixo de 80 mm de diâmetro, e este motor, quando em operação, executa 3 000 rpm.

Considerando que, nessa situação de escalpelamento, há um fio ideal que não estica e não desliza preso ao eixo do motor e que o tempo médio da reação humana seja de 0,8 s (necessário para um condutor desligar o motor), é correto afirmar que o comprimento desse fio que se enrola sobre o eixo do motor, nesse intervalo de tempo, é de:

a) 602,8 m
b) 96,0 m
c) 30,0 m
d) 20,0 m
e) 10,0 m

**6.** (UPE)

Um ponto material percorre uma circunferência de 30 cm de diâmetro efetuando uma volta completa a cada 10 s. Qual o valor da frequência, da velocidade angular e da velocidade linear desse ponto material respectivamente? Considere $\pi = 3$.

a) 0,1 Hz; 0,6 rad/s; 9 cm/s
b) 0,1 Hz; 0,8 rad/s; 9 cm/s
c) 10 Hz; 0,8 rad/s; 3 cm/s
d) 10 Hz; 0,4 rad/s; 3 cm/s
e) 0,1 Hz; 0,6 rad/s; 18 cm/s

**7.** (Ufac)

Uma montanha-russa tem uma altura de 60 m. Considere um carrinho de massa 200 kg colocado inicialmente em repouso no topo da montanha. Desprezando-se os atritos e considerando-se $g = 10\ m/s^2$, a energia cinética do carrinho no instante em que a altura, em relação ao solo, for 30 m será

a) 60 000 J.
b) 60 J.
c) 12 000 J.
d) 120 J.
e) 600 J.

**8.** (Ufam)

Um estudante em férias decide fazer um passeio de canoa num lago tranquilo. Durante o passeio decide parar num bar que fica numa plataforma flutuante para tomar um refrigerante. Ao encostar a proa da canoa na plataforma flutuante para sair percebe um problema. Quando caminha da popa para a proa, a canoa se move em sentido contrário afastando-se do flutuante, dificultando sua saída. Desprezando o atrito entre a canoa e a água e supondo que o estudante, com 70 kg de massa, tenha caminhado 3,0 m da popa para a proa da canoa (com 100 kg de massa), o afastamento (em metros) da canoa em relação ao flutuante será de:

a) 1,0
b) 1,5
c) 2,0
d) 2,1
e) 3,0

**9.** (UPE)

Uma partícula é arremessada com velocidade $\vec{v}_A$, horizontal, de módulo 10,0 m/s, a partir do ponto A da figura.

Despreze qualquer atrito e considere que a partícula está em contato com a pista durante todo o percurso. Se h = 0,5 m, determine a razão entre os módulos das velocidades da partícula no ponto B e no ponto C, ou seja, $v_B/v_C$.

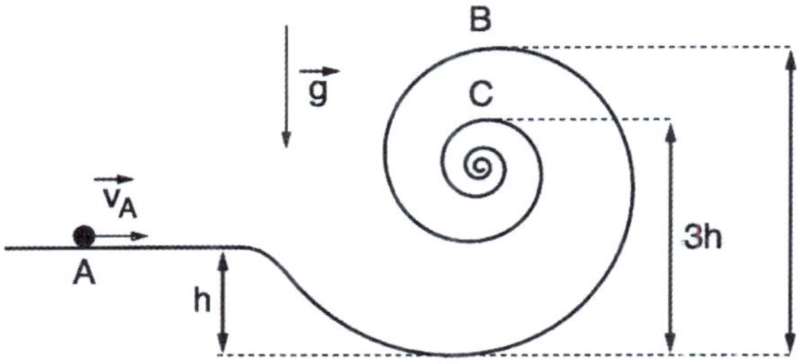


Reprodução/UPE, 2014.

Se necessário, considere o módulo da aceleração da gravidade como g = 10,0 m/s².

a) 7/8

b) 8/7

c) $(7/8)^{1/2}$

d) $(75/90)^{1/2}$

e) $(6/7)^{1/2}$

**10.** (UFPA)

A fotografia mostrada a seguir expõe o resultado de uma imprudência. Um carro de massa igual a uma tonelada, ao tentar ultrapassar um caminhão, acabou colidindo de frente com outro carro de massa 800 kg, que estava parado no acostamento. Em virtude de a estrada estar muito lisa, após colisão, os carros se moveram juntos em linha reta, com uma velocidade de 54 km/h.

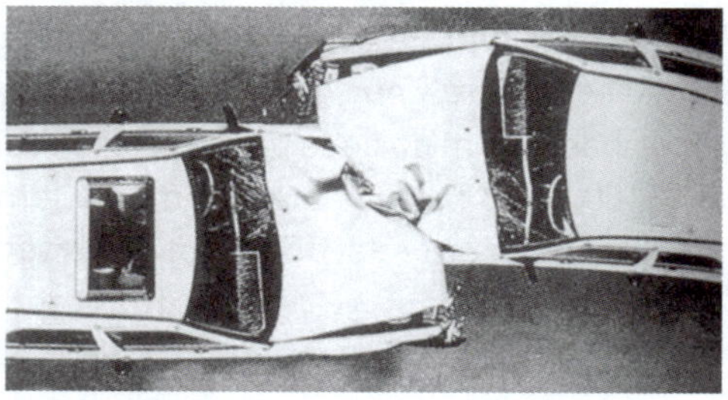
Reprodução/UFPA, 2008.

Admitindo-se que a força que deformou os veículos atuou durante um tempo de 0,1 s, são feitas as seguintes afirmações para a situação descrita:

I. O choque é completamente inelástico e, por isso, não há conservação da quantidade de movimento.

II. A velocidade do carro de uma tonelada antes da colisão era de 97,2 km/h.

III. A intensidade do impulso atuante na colisão foi de $1,2 \cdot 10^4$ N·s.

IV. A intensidade da força média que deformou os veículos foi de $1,2 \cdot 10^3$ N.

Estão corretas somente

a) I e II

b) II e III

c) III e IV

d) I, II e III

e) II, III e IV

**11.** (UFAM)

Por acidente, um prato de cerâmica cai verticalmente sobre o solo e se quebra em três pedaços. Usando os dados mostrados na figura, as massas aproximadas dos pedaços **1** e **2**, respectivamente, são: (Dado: sen 30° = 1/2; cos 30° = 0,866)

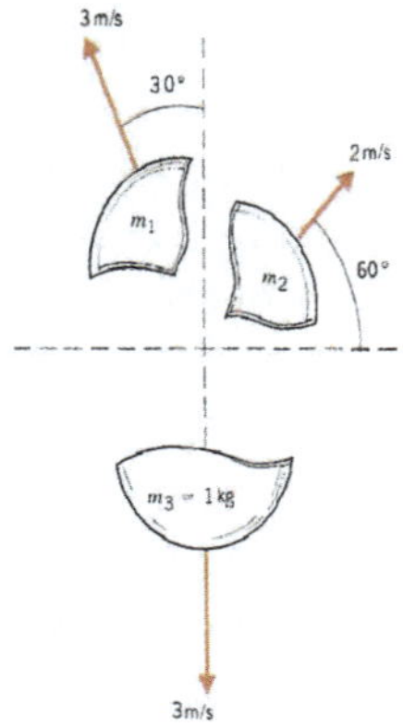

Reprodução/UFAM, 2011.

a) 1,0 kg e 2,0 kg

b) 3,2 kg e 5,3 kg

c) 2,0 kg e 3,0 kg

d) 3,0 kg e 2,0 kg

e) 0,6 kg e 0,9 kg

**12.** (UFPA)

A presença de vapor-d'água num ambiente tem um papel preponderante na definição do clima local. Uma vez que uma quantidade de água vira vapor, absorvendo uma grande quantidade de energia, quando essa água se condensa libera essa energia para o meio ambiente. Para se ter uma ideia dessa quantidade de energia, considere que o calor liberado por 100 g de água no processo de condensação seja usado para aquecer uma cervta massa *m* de água líquida de 0 °C até 100 °C.

Com base nas informações apresentadas, calcula-se que a massa m, de água aquecida, é:

**Dados:** Calor latente de fusão do gelo $L_F$ = 80 cal/g; Calor latente de vaporização $L_V$ = 540 cal/g e Calor específico da água, c = 1 cal/g°C.

a) 540 g

b) 300 g

c) 100 g

d) 80 g

e) 6,7 g

TOTAL DE ACERTOS ____ /12

# Simulado 7

12 questões de Física • Tempo: 1 hora

**1.** (Cefet-MG)

Um bloco de massa **m**, preso à extremidade de uma mola, oscila entre os pontos **A** e **B**, simétricos em relação à posição de equilíbrio **O**, como mostra a ilustração abaixo.

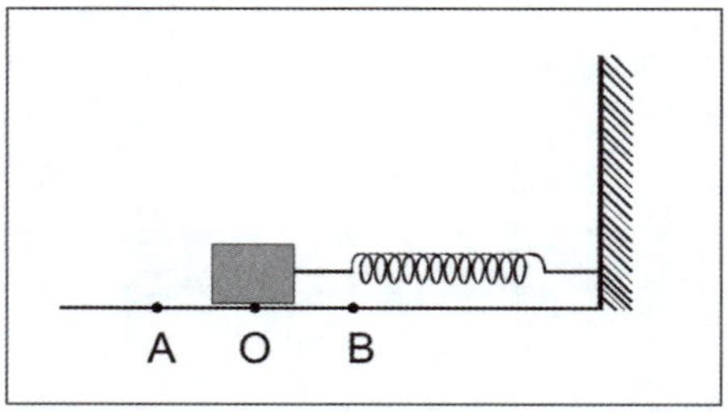



Considerando que a distância entre os pontos **A** e **B** é 10 cm e que a cada intervalo de 1,0 s, o bloco passa pela posição **O** quatro vezes, é **incorreto** afirmar que

a) a amplitude do movimento vale 5,0 cm.

b) a frequência do movimento é 4,0 hertz.

c) a aceleração do bloco é nula no ponto **O**.

d) a força resultante sobre o bloco é nula no ponto **O**.

e) o movimento do bloco é retardado ao ir de **O** para **A**.

**2.** (Unifenas-MG)

Sendo M a massa da Terra, G a constante universal da gravitação, r a distância do raio da Terra e h a distância entre o corpo e a superfície da Terra, pode-se afirmar que o módulo da aceleração da gravidade é dado por qual intensidade? Suponha o planeta esférico e que o corpo seja considerado um ponto material.

a) $g = GMh/r^2$

b) $g = GM/r^2$

c) $g = GM/(r + h)^2$

d) $g = Gh/(Mr)$

e) $g = (r + h)^2/(GM)$

**3.** (Cefet-MG)

Dois sistemas massa-mola oscilam com as frequências $f_A$ e $f_B$, tal que $f_A = 2f_B$. Sabendo-se que as constantes elásticas das molas são iguais, a razão entre as massas, $M_A/M_B$, é

a) 2

b) 4

c) $\sqrt{2}$

d) $\dfrac{1}{\sqrt{2}}$

e) $\dfrac{1}{4}$

**4.** (Unifenas-MG)

Um forno elétrico opera na voltagem de 200 volts, sendo percorrido por corrente elétrica de 5,0 A. Colocou-se neste forno 200 g de água à temperatura de 20 °C. Admita que toda energia d forno seja utilizada para aquecer a água. Desta forma, não haverá perda de calor para o meio. Adote 1,0 cal = 4,0 J e que o calor específico sensível da água seja 1 cal $\cdot$ g$^{-1}$ $\cdot$ °C$^{-1}$. Qual a energia necessária para elevar a temperatura da água a 100 °C?

a) 1 600 cal.

b) 16 000 J.

c) 640 cal.

d) 6 400 J.

e) $6{,}4 \cdot 10^4$ J.

**5.** (Cefet-MG)

O pêndulo simples pode ser considerado como uma fonte de oscilações harmônicas. Ele constitui-se de um corpo de massa **M**, preso na extremidade de um fio de comprimento **L** e massa desprezível. O corpo oscila, no plano vertical, entre os extremos **A** e **A'** e passa pela posição de equilíbrio **O**. Nesse contexto, o corpo **M** possui

a) energia cinética nula na posição **O**.

b) energia cinética e potencial mínimas em **O**.

c) energia cinética máxima nas posições **A** e **A'**.

d) energia cinética máxima e potencial mínima em **O**.

e) energia potencial e cinética máximas nas posições **A** e **A'**.

**6.** (Cefet-MG)

A figura mostra a trajetória descrita por uma partícula de massa **m** lançada do ponto **A**, nas proximidades da Terra, com velocidade $\mathbf{v_0}$. Considere os atritos desprezíveis e a energia potencial gravitacional nula no ponto **A**.

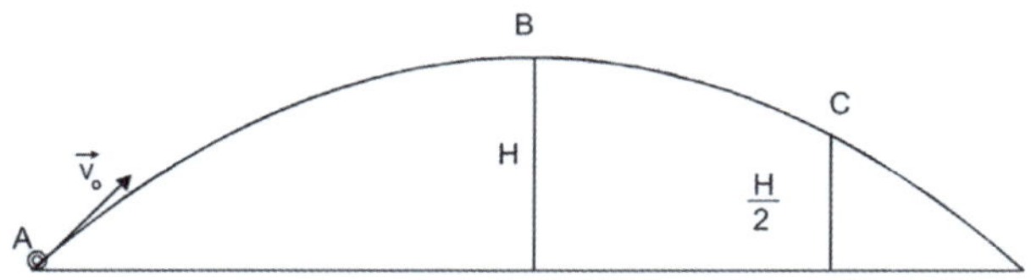


Reprodução/CEFET, 2006.

No ponto **C** da trajetória, a energia mecânica total da partícula é expressa por

a) $\frac{mv_0^2}{2}$.

b) $\frac{mgH}{2}$.

c) $\frac{mgH}{2} + \frac{mv_0^2}{2}$.

d) $\frac{mgH}{2} - \frac{mv_0^2}{2}$.

e) $mgH + \frac{mv_0^2}{2}$.

**7.** (Unifenas-MG)

Um vagão A, de massa 10 000 kg, move-se com velocidade igual a 0,4 m/s sobre trilhos horizontais sem atrito até colidir com outro vagão B, de massa 20 000 kg, inicialmente em repouso. Após a colisão, os vagões permaneceram juntos. Obtenha o coeficiente de restituição devido à colisão.

a) 1.
b) 0,8.
c) 0,6.
d) 0,2.
e) zero.

**8.** (Cefet-MG)

Um mesmo objeto **O** é colocado diante de duas lentes como mostra a figura.

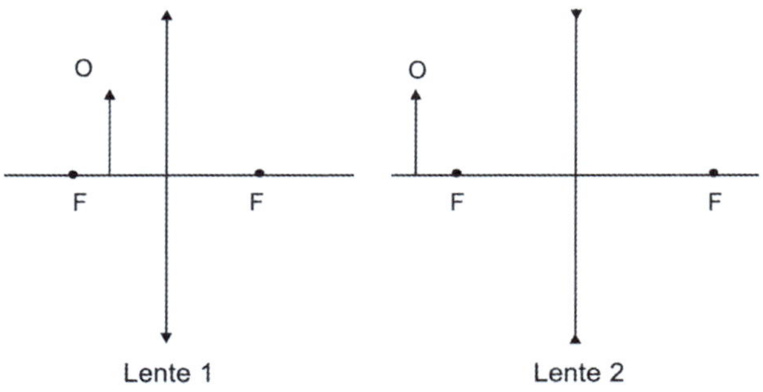


Reprodução/CEFET, 2005.

Sobre essa situação são feitas quatro afirmativas:

I. As imagens do objeto **O** fornecidas pelas duas lentes são virtuais.

II. A imagem do objeto **O** fornecida pela lente 1 pode ser projetada em um anteparo.

III. A imagem do objeto **O** fornecida pela lente 1 é invertida.

IV. A imagem do objeto **O** fornecida pela lente 1 é maior do que a imagem fornecida pela lente 2.

São verdadeiras apenas as afirmativas

a) I e II.

b) I e III.

c) I e IV.

d) II e III.

e) II e IV.

**9.** (CEFET-MG)

O modelo de átomo proposto pelo físico dinamarquês Niels Bohr, em 1913, foi o primeiro a explicar satisfatoriamente o espectro descontínuo do átomo de hidrogênio.

Dentre as suposições para esse modelo, é correto afirmar que o elétron

a) move-se apenas em trajetórias bem definidas.

b) descreve uma trajetória elíptica em torno do núcleo.

c) emite radiação quando se encontra em uma órbita permitida.

d) gira em torno do núcleo devido a uma força atrativa de natureza magnética.

e) emite um fóton ao saltar de uma trajetória de menor energia para outra de maior energia.

**10.** (UFTM-MG)

Um portão automático tem sua abertura completa em 20 s. O mecanismo que o movimenta consta de um motor de rotação uniforme que tem, diretamente associado a seu eixo, uma engrenagem de diâmetro 0,05 m.

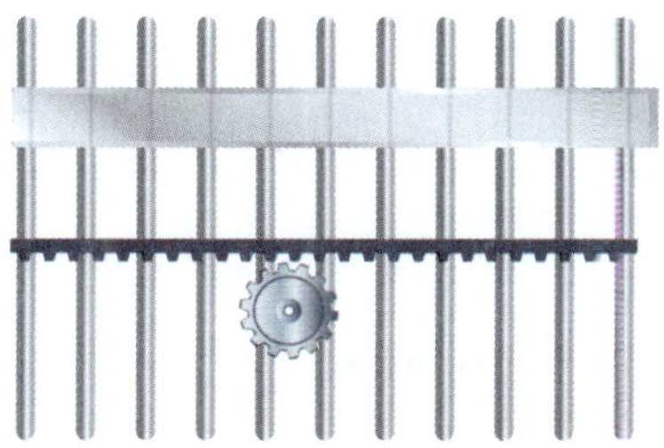

Banco de imagens/Arquivo da editora

A engrenagem engata-se a uma cremalheira de 10,00 m, fixa horizontalmente na parte móvel do portão. Nessas condições, a velocidade angular do eixo do motor, em rad/s, é

a) 20,0.
b) 25,0.
c) 50,0.
d) 60,0.
e) 80,0.

**11.** (Cefet-MG)

Um pêndulo simples oscila com uma energia mecânica **E**, período **T**, frequência **f** e amplitude **A**. Aumentando-se sua amplitude de oscilação, verifica-se que **E** e **T**, respectivamente,

a) diminui, diminui.
b) aumenta, diminui.
c) diminui, aumenta.
d) aumenta, não altera.
e) não altera, não altera.

**12.** (Unifal-MG)

A figura abaixo mostra três trajetórias de uma bola de futebol que é chutada de um mesmo ponto.

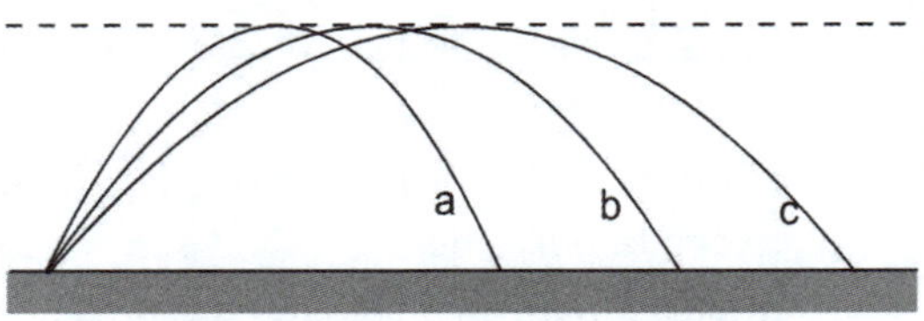



Sejam "t" representando o tempo de permanência da bola no ar, "$V_v$" a componente vertical da velocidade inicial da bola e "$V_h$" a componente horizontal da velocidade inicial. Em relação a estas três grandezas físicas e considerando as três trajetórias **a**, **b** e **c** acima, livres da resistência do ar, pode-se concluir que:

a) $t_a < t_b < t_c$, $V_{va} = V_{vb} = V_{vc}$, $V_{ha} = V_{hb} = V_{hc}$.
b) $t_a = t_b = t_c$, $V_{va} = V_{vb} = V_{vc}$, $V_{ha} < V_{hb} < V_{hc}$.
c) $t_a = t_b = t_c$, $V_{va} = V_{vb} = V_{vc}$, $V_{ha} > V_{hb} > V_{hc}$.
d) $t_a = t_b = t_c$, $V_{va} < V_{vb} < V_{vc}$, $V_{ha} < V_{hb} = V_{hc}$.
e) $t_a < t_b < t_c$, $V_{va} < V_{vb} < V_{vc}$, $V_{ha} = V_{hb} > V_{hc}$.

**TOTAL DE ACERTOS** ____/12

# Simulado 8

12 questões de Física • Tempo: 1 hora

**1.** (UFMS)

A autoclave é um equipamento geralmente utilizado para descontaminação de fungos e micro-organismos não desejáveis em soluções que serão utilizadas em conservas de alimentos. Seu princípio de funcionamento é semelhante ao de uma grande panela de pressão, mas, além da válvula para controle de pressão interna, a autoclave possui dois instrumentos de medidas, o termômetro e o manômetro para controle da temperatura T e da pressão P do seu interior. Para aquecimento, existe uma resistência elétrica R imersa em água contida em seu interior. Acima do nível dessa água, existe uma tela plana que serve de apoio para recipientes com as soluções para a descontaminação. Considere que foi colocada água, no interior do recipiente, para ser descontaminada, e que, em seguida, o recipiente e a autoclave, foram vedados na temperatura $T_0$ e na pressão $P_0$ do ambiente, veja a figura. Depois a resistência elétrica da autoclave é ligada e todo o sistema começa a ser aquecido lentamente até que todo o interior da autoclave e o interior do recipiente atingem o equilíbrio térmico numa temperatura T maior que $T_0$, mas menor que a temperatura de ebulição da água. Considere o ar contido no interior da autoclave e no interior do recipiente como sistemas termodinâmicos $S_1$ e $S_2$, respectivamente, e que, durante o aquecimento, o ar desses dois sistemas tem um número invariável de moléculas e se comporta como gás ideal.

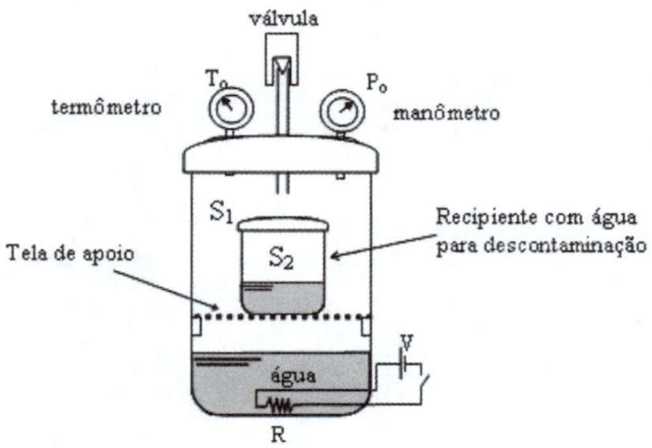




Com fundamentos na termodinâmica, assinale a alternativa correta.

a) Se ambos os sistemas, $S_1$ e $S_2$, estão sendo aquecidos lentamente, estão sofrendo um processo termodinâmico isotérmico.

b) Se ambos os sistemas, $S_1$ e $S_2$, estão sendo aquecidos lentamente, não está havendo transferência de calor entre o recipiente e o sistema $S_1$.

c) Enquanto os sistemas $S_1$ e $S_2$ estão sendo aquecidos, suas energias internas aumentam devido à realização de trabalhos sobre eles.

d) Como o recipiente é mantido sempre fechado, a pressão do sistema $S_2$ não varia durante o aquecimento.

e) Enquanto os sistemas $S_1$ e $S_2$ estão sendo aquecidos, suas energias internas aumentam e a pressão aumenta linearmente com a temperatura

**2.** (UFMS)

A válvula da tampa da panela de pressão é um dispositivo regulador da pressão interna $P_i$ de cozimento dos alimentos, evitando que a pressão ultrapasse limites que comprometam a segurança do usuário. Para isso, a válvula possui uma massa M pré-determinada e com uma haste cônica no seu centro que se encaixa no orifício de um tubo cilíndrico por onde sai o vapor. No início do aquecimento da água, a pressão interna $P_i$ não é suficiente para equilibrar a força peso na válvula, e assim, a haste cônica obstrui a saída de vapor pelo tubo, fazendo aumentar a pressão interna $P_i$. Quando a pressão interna $P_i$ atinge um valor que é suficiente para levantar a válvula, o vapor começa a escapar do interior da panela pelo tubo, regulando assim a pressão interna para cozimento, que chamaremos de $P_{iC}$. Como a temperatura para a água entrar em ebulição depende da pressão, e a pressão interna $P_{iC}$ de cozimento é superior à da pressão ambiente $P_0$, assim, os alimentos são cozidos em pressão e temperatura maiores que em panelas comuns com tampas abertas. Considere a secção transversal do tubo por onde sai o vapor igual a A, veja a figura e, com base nessas informações, assinale a alternativa correta:

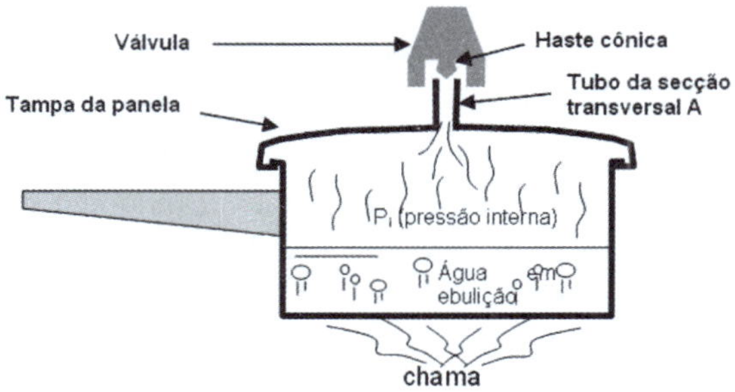

Roprodução/UFMS, 2008.

a) Durante o cozimento, quando a água já entrou em ebulição, se aumentar a chama na base da panela, a temperatura da água em ebulição também aumenta.

b) A pressão interna $P_{iC}$ pode ser determinada multiplicando o valor da força peso (Mg) na válvula pelo valor da seção transversal (A) do tubo.

c) Se trocarmos apenas o tubo de saída por um outro de maior seção transversal, a pressão interna $P_{iC}$ de cozimento atingirá valores maiores.

d) Se trocarmos apenas a válvula por outra de menor peso, a pressão interna $P_{iC}$ e a temperatura de cozimento diminuirão.

e) Durante o cozimento quando o vapor já está saindo pela extremidade do tubo, a força aplicada na válvula pela pressão interna $P_{iC}$ é igual à força aplicada na válvula pela pressão atmosférica $P_o$.

**3.** (UEG-GO)

Em relação à Física moderna, marque a alternativa incorreta:

a) A relatividade trata de eventos com dimensões atômicas, enquanto a mecânica quântica trata de eventos com velocidades próximas à da luz.

b) A velocidade da luz no vácuo tem sempre o mesmo valor ($c = 3{,}0 \cdot 10^8$ m/s), para qualquer observador em um referencial inercial.

c) Fótons são partículas que não têm massa, têm apenas energia e quantidade de movimento. Não existem fótons em repouso.

d) A luz pode ser interpretada como uma onda ou como um feixe de partículas dependendo da experiência realizada, daí a dualidade onda–matéria.

e) Para corpos com massa, a velocidade da luz no vácuo é a velocidade limite permitida.

**4.** (Unemat-MT)

A figura mostra o esquema de um tobogã. No ponto A da figura é abandonado um corpo com massa de 15 kg, que se movimenta e chega ao ponto B do plano horizontal com velocidade de 10 m/s. Adote $g = 10$ m/s².

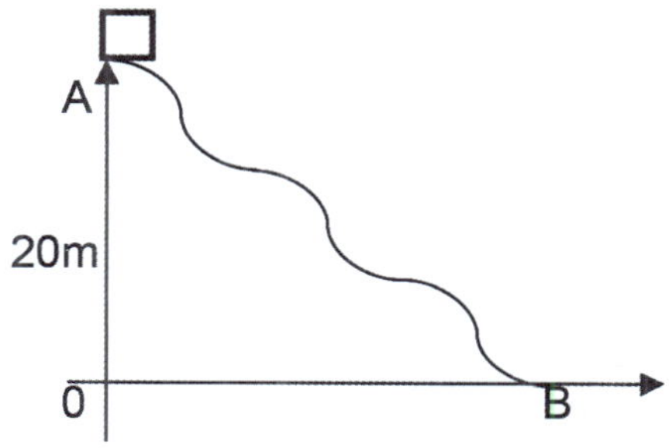

Reprodução/UNEMAT, 2009.

Com base nos dados e na figura, pode-se dizer que a quantidade de energia dissipada pelo atrito durante a descida do tobogã foi de:

a) 2 250 J
b) 1 500 J
c) 3 250 J
d) 2 500 J
e) 1 250 J

**5.** (UEG-GO)

Uma empresa multinacional tem um projeto de extrair minério a uma profundidade de 1% do raio da Terra. Nessa profundidade, segundo sua justificativa, o minério estará no estado líquido, pois a temperatura é muito elevada e, dessa forma, os custos para transformar o minério sólido em líquido seriam reduzidos
De acordo com o texto e com a mecânica, considerando a aceleração da gravidade na superfície terrestre igual a 10,00 m/s² e a Terra sendo uma esfera com densidade constante, marque a alternativa correta:

a) A gravidade em qualquer ponto dentro da Terra é nula.

b) A essa profundidade, a aceleração da gravidade é de aproximadamente 10,20 m/s².

c) A essa profundidade, a aceleração da gravidade é de aproximadamente 9,99 m/s$^2$.

d) A aceleração da gravidade não depende da densidade.

e) A essa profundidade, a aceleração da gravidade é de aproximadamente 9,90 m/s$^2$.

**6.** (UEG-GO)

Considere as proposições abaixo:

I. O impulso da força resultante que atua sobre um corpo durante determinado intervalo de tempo é igual à variação da energia cinética desse corpo nesse intervalo de tempo.

II. Se a resultante das forças externas a um sistema for nula, a quantidade de movimento total desse sistema permanecerá constante.

III. Podem-se classificar as colisões pela variação de energia cinética. Elas podem ser: parcialmente elásticas, inelásticas e elásticas. No mundo subatômico, acontecem as colisões superelásticas, pois nelas a energia cinética do sistema aumenta.

Marque a alternativa correta:

a) Apenas a proposição I é verdadeira.

b) Apenas a proposição II é verdadeira.

c) Apenas a proposição III é verdadeira.

d) Apenas as proposições II e III são verdadeiras.

e) Apenas as proposições I e II são verdadeiras.

**7.** (UFMS)

Uma das aplicações de tubos de raios catódicos está nos osciloscópios, onde um feixe retilíneo de elétrons com velocidade constante incide perpendicularmente sobre uma tela plana revestida internamente com material fosforescente. Quando o feixe de elétrons colide com esse material, os elétrons depositam sua energia nos átomos de fósforo, excitando-os e, ao decair para um nível mais baixo de energia, emitem luz no espectro visível aparecendo na região de colisão um ponto luminoso na tela. Um observador que está de frente para a tela, observa o ponto luminoso em repouso no centro geométrico da tela, veja a figura A. Em seguida, o observador aproxima um dos polos de um ímã no lado direito da tela, mantendo o eixo longitudinal do ímã perpendicular e na mesma altura do feixe de elétrons. Ao fazer isso, o feixe de elétrons sofre uma interação exclusivamente com o campo magnético gerado pela extremidade do ímã, e o observador verifica que o ponto luminoso que estava no centro da tela é deslocado para cima, veja a figura B.

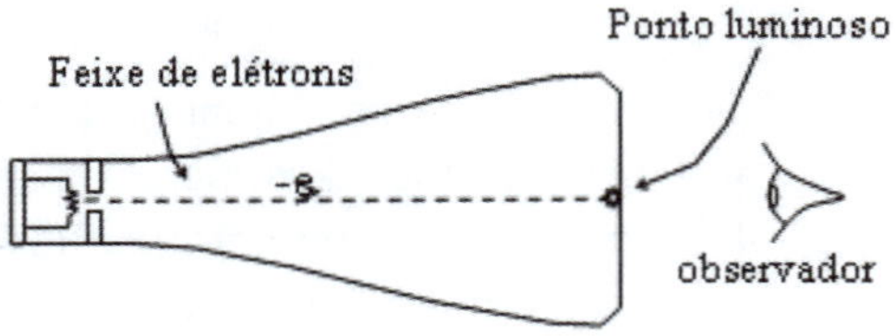


Figura A

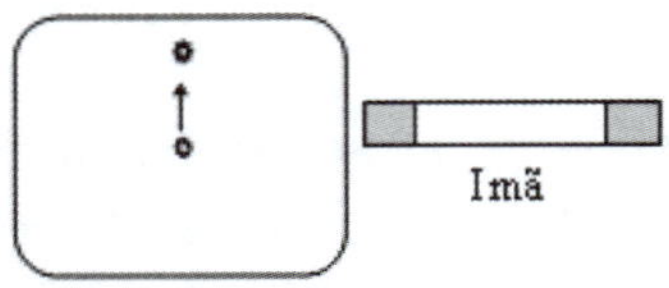


Figura B



Com fundamentos no eletromagnetismo, assinale a alternativa correta.

a) Se a mesma polaridade do ímã tivesse sido aproximada de forma semelhante, mas do lado esquerdo da tela, o ponto luminoso seria deslocado também para cima.

b) Se, à medida que ímã for se aproximando, o ponto luminoso for subindo mais, pode-se concluir que o campo magnético nas imediações do ímã é uniforme.

c) Se construirmos uma bússola com esse ímã, a polaridade do ímã que faz o feixe de elétrons desviar para cima, indicará o Sul geográfico da Terra.

d) A polaridade do ímã que faz o feixe de elétrons desviar para cima corresponde ao Norte magnético do ímã.

e) Cargas elétricas que estão em repouso com relação ao ímã também sofrerão forças magnéticas.

**8.** (UEG-GO)

No dia a dia, ocorrem diversos fenômenos físicos, que seriam geralmente imperceptíveis aos olhos se não houvesse a interferência humana. Com o desenvolvimento de alguns recursos tecnológicos, muitos desses fenômenos passam a ser percebidos e aproveitados. Um bom exemplo disso é o efeito fotoelétrico, utilizado na abertura e no fechamento automático de portas, em sistemas de alarmes, nos dispositivos que ligam e desligam sistemas de iluminação automaticamente, na medição de concentração de fumaça nas chaminés de indústrias etc. A explicação do efeito fotoelétrico deu a Albert Einstein o prêmio Nobel em 1921.

Em relação à Física moderna, é correto afirmar:

a) A dualidade onda-matéria da luz foi descoberta através dos fenômenos de interferência e difração.

b) A luz ultravioleta e o *laser* são os únicos tipos de luz que estão submetidos ao fenômeno da dualidade onda-matéria.

c) A energia de um fóton é igual à constante de Planck multiplicada pela frequência da luz.

d) A matéria não pode emitir ou absorver energia em quantidades contínuas, mas apenas em número finito de pequenas quantidades, cada qual denominada pacote de Boltzmann.

e) Quanto maior o comprimento de onda da luz, maior será a energia do fóton.

**9.** (Unemat-MT)

Numa noite em que a temperatura ambiente está a 0 °C, uma pessoa dorme sob um cobertor de 3,0 cm de espessura e de condutibilidade térmica igual a $3{,}5 \cdot 10^{-2}$ J/m · s · °C. A pele da pessoa está a 35 °C. Logo, a quantidade de calor transmitida pelo cobertor durante 2 horas, por m² de superfície, será aproximadamente igual a:

a) $2{,}94 \cdot 10^{5}$ J

b) $3{,}60 \cdot 10^{5}$ J

c) $6{,}60 \cdot 10^{5}$ J

d) $3{,}93 \cdot 10^{5}$ J

e) N.d.a.

**10.** (Unemat-MT)

Sobre o assunto de Gravitação Universal, assinale a alternativa correta.

a) No vácuo o peso de um corpo é sempre nulo.

b) Qualquer corpo abandonado próximo à superfície da Terra descreve trajetória paralela à linha do Equador.

c) Os planetas descrevem órbitas elípticas ao redor do Sol, que ocupa um dos focos da elipse.

d) Os satélites geoestacionários descrevem trajetória circular em relação à superfície terrestre, sob ação de força centrípeta gerada pelo campo gravitacional da Terra, com período de translação de 12 horas.

e) A força de atração gravitacional entre dois corpos não depende de suas massas.

**11.** (Unemat-MT)

Os comprimentos de onda de maior interesse ecológico abrangem as faixas do ultravioleta, do visível e do infravermelho. Destas, a faixa visível (400 a 700 nm) assume maior importância dada a sua participação no processo fotossintético, classificadas como RFA (Radiação Fotossinteticamente Ativa). Na fotossíntese, a energia radiante é absorvida e transformada em energia de ligação química. Os receptores de radiação da fotossíntese são as clorofilas e os pigmentos acessórios (caroteno e xantofila). Considerando E a energia de um único fóton de frequência f incidente na clorofila e n, o número de fótons envolvidos no processo, para uma energia de 500 kCal, com luz de comprimento de onda de 700 nm, o número de fótons correspondentes será de aproximadamente, considerando:

$E = h \cdot f$

Constante de Planck: $h = 6{,}62 \cdot 10^{-34}$ m²kg/s

$1 \text{ kcal} = 4 \cdot 10^{3}$ J

Velocidade da luz: c = 3,108 m/s

$1 \text{ nm} = 10^{-9}$ m

a) $7 \cdot 10^{24}$

b) $7 \cdot 10^{-24}$

c) $7 \cdot 10^{-14}$

d) $5 \cdot 10^{-10}$

e) $5 \cdot 10^{-14}$

**12.** (UFMS)

Um alto-falante emite ondas sonoras com uma frequência constante, próximo à superfície plana de um lago sereno, onde os raios das frentes de ondas incidem obliquamente à superfície do lago com um ângulo de incidência $\theta_i = 10°$. Sabe-se que a velocidade de propagação do som no ar é de 355 m/s, enquanto que, na água, é de 1 500 m/s. A figura mostra o raio incidente, e as linhas 1 e 2 representam possíveis raios da onda sonora refratados na água.

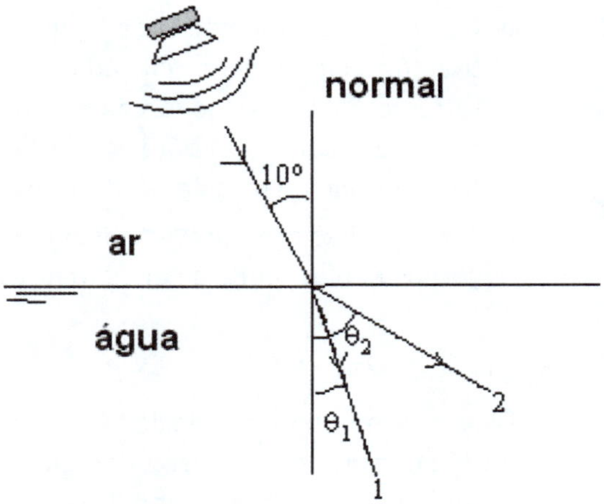


Reprodução/UFMS, 2008.

Considere que as leis de refração para ondas sonoras sejam as mesmas para a luz. Com fundamento nessas afirmações, assinale a alternativa CORRETA.

a) A linha que representa corretamente o raio refratado na água é a linha 1, e o ângulo de refração é com a normal é menor que 10°.

b) A linha que representa corretamente o raio refratado é a linha 2, e o ângulo de refração é com a normal é maior que 46°.

c) A frequência da onda sonora que se propaga na água é maior que a frequência da onda sonora que se propaga no ar.

d) O comprimento de onda do som que se propaga no ar é maior que o comprimento de onda do som que se propaga na água.

e) Se o meio ar não é dispersivo para a onda sonora, então a velocidade do som depende da frequência nesse meio.

TOTAL DE ACERTOS ____/12

# Simulado 9

12 questões de Física • Tempo: 1 hora

**1.** (Enem)

Os raios X utilizados para diagnósticos médicos são uma radiação ionizante. O efeito das radiações ionizantes em um indivíduo depende basicamente da dose absorvida, do tempo de exposição e da forma da exposição, conforme relacionados no quadro.

| Efeitos de uma radioexposição aguda em adulto | | |
|---|---|---|
| **Forma** | **Dose absorvida** | **Sintomatologia** |
| Infraclínica | Menor que 1 J/kg | Ausência de sintomas |
| Reações gerais leves | de 1 a 2 J/kg | Astenia, náuseas e vômito, de 3 h a 6 h após a exposição |
| $DL_{50}$ | de 4 a 4,5 J/kg | Morte de 50% dos indivíduos irradiados |
| Pulmonar | de 8 a 9 J/kg | Insuficiência respiratória aguda, coma e morte, de 14 h a 36 h |
| Cerebral | Maior que 10 J/kg | Morte em poucas horas |

Disponível em: www.cncn.gov.br. Acesso em: 3 set. 2012 (adaptado).

Para um técnico radiologista de 90 kg que ficou exposto, por descuido, durante 5 horas a uma fonte de raios X, cuja potência é de 10 mJ/s, a forma do sintoma apresentado, considerando que toda radiação incidente foi absorvida, é

a) $DL_{50}$.
b) cerebral.
c) pulmonar.
d) infraclínica.
e) reações gerais leves.

**2.** (Enem)

Christiaan Huygens, em 1956, criou o relógio pêndulo. Nesse dispositivo, a pontualidade baseia-se na regularidade das pequenas oscilações do pêndulo. Para manter a precisão desse relógio, diversos problemas foram contornados. Por exemplo, a haste passou por ajustes até que, no início do século XX, houve uma inovação, que foi sua fabricação usando uma liga metálica que se comporta regularmente em um largo intervalo de temperaturas.

YODER, J. G. Unrolling Time. **Christian Huygens and the matermatization of nature**. Cambridge: Cambridge University Press, 2004 (adaptado)

Desprezando a presença de forças dissipativas e considerando a aceleração da gravidade constante, para que esse tipo de relógio realize corretamente a contagem do tempo, é necessário que o (a):

a) comprimento da haste seja mantido constante.
b) massa do corpo suspenso pela haste seja pequena.
c) material de haste possua alta condutividade térmica.
d) amplitude da oscilação seja constante a qualquer temperatura.
e) energia potencial gravitacional do corpo suspenso se mantenha constante.

**3.** (Enem)

Será que uma miragem ajudou a afundar o *Titanic*? O fenômeno ótico conhecido como Fata Morgana pode fazer com que uma falsa parede de água apareça sobre o horizonte molhado. Quando as condições são favoráveis, a luz refletida pela água fria pode ser desviada por uma camada incomum de ar quente acima, chegando até o observador, vinda de muitos ângulos diferentes. De acordo com estudos de pesquisadores da Universidade de San Diego, uma Fata Morgana pode ter obscurecido os *icebergs* da visão da tripulação que estava a bordo do *Titanic*. Dessa forma, a certa distância, o horizonte verdadeiro fica encoberto por uma névoa escurecida, que se parece muito com águas calmas no escuro.

Disponível em: http://apod.nasa.gov. Acesso em: 6 set. 2012 (adaptado).

O fenômeno ótico que, segundo os pesquisadores, provoca a Fata Morgana é a

a) ressonância.
b) refração.
c) difração.
d) reflexão.
e) difusão.

**4.** (Enem)

Um motor só poderá realizar trabalho se receber uma quantidade de energia de outro sistema. No caso, a energia armazenada no combustível é, em parte, liberada durante a combustão para que o aparelho possa funcionar. Quando o motor funciona, parte da energia convertida ou transformada na combustão não pode ser utilizada para a realização de trabalho. Isso significa dizer que há vazamento da energia em outra forma.

CARVALHO, A. X. Z. **Física Térmica**. Belo Horizonte: Pax, 2009 (adaptado).

De acordo com o texto, as transformações de energia que ocorrem durante o funcionamento do motor são decorrentes de a

a) liberação de calor dentro do motor ser impossível.
b) realização de trabalho pelo motor ser incontrolável.
c) conversão integral de calor em trabalho ser impossível.
d) transformação de energia térmica em cinética ser impossível.
e) utilização de energia potencial do combustível ser incontrolável.

**5.** (Enem)

Num experimento, um professor deixa duas bandejas de mesma massa, uma de plástico e outra de alumínio, sobre a mesa do laboratório. Após algumas horas, ele pede aos alunos que avaliem a temperatura das duas bandejas, usando para isso o tato. Seus alunos afirmam, categoricamente, que a bandeja de alumínio encontra-se numa temperatura mais baixa. Intrigado, ele propõe uma segunda atividade, em que coloca um cubo de gelo sobre cada uma das bandejas, que estão em equilíbrio térmico com o ambiente, e os questiona em qual delas a taxa de derretimento do gelo será maior.
O aluno que responder corretamente ao questionamento do professor dirá que o derretimento ocorrerá

a) mais rapidamente na bandeja de alumínio, pois ela tem uma maior condutividade térmica que a de plástico.
b) mais rapidamente na bandeja de plástico, pois ela tem inicialmente uma temperatura mais alta que a de alumínio.
c) mais rapidamente na bandeja de plástico, pois ela tem uma maior capacidade térmica que a de alumínio.
d) mais rapidamente na bandeja de alumínio, pois ela tem um calor específico menor que a de plástico.
e) com a mesma rapidez nas duas bandejas, pois apresentarão a mesma variação de temperatura.

**6.** (Enem)

Uma proposta de dispositivo capaz de indicar a qualidade da gasolina vendida em postos e, consequentemente, evitar fraudes, poderia utilizar o conceito de refração luminosa. Nesse sentido, a gasolina não adulterada, na temperatura ambiente, apresenta razão entre os senos dos raios incidente e refratado igual a 1,4. Desse modo, fazendo-se incidir o feixe de luz proveniente do ar com um ângulo fixo e maior que zero, qualquer modificação no ângulo do feixe refratado indicará a adulteração no combustível.
Em uma fiscalização rotineira, o teste apresentou o valor de 1,9. Qual foi o comportamento do raio refratado?

a) Mudou de sentido.
b) Sofreu reflexão total.
c) Atingiu o valor do ângulo limite.
d) Direcionou-se para a superfície de separação.
e) Aproximou-se da normal à superfície de separação.

**7.** (Enem)

Para reciclar um motor de potência elétrica igual a 200 W, um estudante construiu um elevador e verificou que ele foi capaz de erguer uma massa de 80 kg a uma altura de 3 metros durante 1 minuto. Considere a aceleração da gravidade 10,0 m/s².
Qual a eficiência aproximada do sistema para realizar tal tarefa?

a) 10%
b) 20%
c) 40%
d) 50%
e) 100%

**8.** (Enem)

A corrida dos 100 m rasos é uma das principais provas do atletismo e qualifica o homem mais rápido do mundo. Um corredor de elite foi capaz de percorrer essa distância em 10 s, com 41 passadas. Ele iniciou a corrida com o pé direito.

O período de oscilação do pé direito desse corredor foi mais próximo de

a) 1/10 s.
b) 1/4 s.
c) 1/2 s.
d) 2 s.
e) 4 s.

**9.** (Enem)

Uma pessoa abre sua geladeira, verifica o que há dentro e depois fecha a porta dessa geladeira. Em seguida, ela tenta abrir a geladeira novamente, mas só consegue fazer isso depois de exercer uma força mais intensa do que a habitual.

A dificuldade extra para reabrir a geladeira ocorre porque o(a)

a) volume de ar dentro da geladeira diminuiu.
b) motor da geladeira está funcionando com potência máxima.
c) força exercida pelo ímã fixado na porta da geladeira aumenta.
d) pressão no interior da geladeira está abaixo da pressão externa.
e) temperatura no interior da geladeira é inferior ao valor existente antes de ela ser aberta.

**10.** (Enem)

Um enfeite para berço é constituído de um aro metálico com um ursinho pendurado, que gira com velocidade angular constante. O aro permanece orientado na horizontal, de forma que o movimento do ursinho seja projetado na parede pela sua sombra.

Enquanto o ursinho gira, sua sombra descreve um movimento

a) circular uniforme.
b) retilíneo uniforme.
c) retilíneo harmônico simples.
d) circular uniformemente variado.
e) retilíneo uniformemente variado.

**11.** (Enem)

Um consumidor desconfia que a balança do supermercado não está aferindo corretamente a massa dos produtos. Ao chegar a casa resolve conferir se a balança estava descalibrada. Para isso, utiliza um recipiente provido de escala volumétrica, contendo 1,0 litro d'água. Ele coloca uma porção dos legumes que comprou dentro do recipiente e observa que a água atinge a marca de 1,5 litro e também que a porção não ficara totalmente submersa, com 1/3 de seu volume fora d'água. Para concluir o teste, o consumidor, com ajuda da internet, verifica que a densidade dos legumes, em questão, é a metade da densidade da água, onde, $\rho_{\text{água}} = 1\ g/cm^3$. No supermercado a balança registrou a massa da porção de legumes igual a 0,500 kg (meio quilograma). Considerando que o método adotado tenha boa precisão, o consumidor concluiu que a balança estava descalibrada e deveria ter registrado a massa da porção de legumes igual a

a) 0,073 kg.
b) 0,167 kg.
c) 0,250 kg.
d) 0,375 kg.
e) 0,750 kg.

**12.** (Enem)

Durante a formação de uma tempestade, são observadas várias descargas elétricas, os raios, que podem ocorrer: das nuvens para o solo (descarga descendente), do solo para as nuvens (descarga ascendente) ou entre uma nuvem e outra. As descargas ascendentes e descendentes podem ocorrer por causa do acúmulo de cargas elétricas positivas ou negativas, que induz uma polarização oposta no solo.

Essas descargas elétricas ocorrem devido ao aumento da intensidade do(a)

a) campo magnético da Terra.
b) corrente elétrica gerada dentro das nuvens.
c) resistividade elétrica do ar entre as nuvens e o solo.
d) campo elétrico entre as nuvens e a superfície da Terra.
e) força eletromotriz induzida nas cargas acumuladas no solo.

**TOTAL DE ACERTOS** ____ /12

# Simulado 10

12 questões de Física • Tempo: 1 hora

**1.** (UEL-PR)

Observe as figuras a seguir.

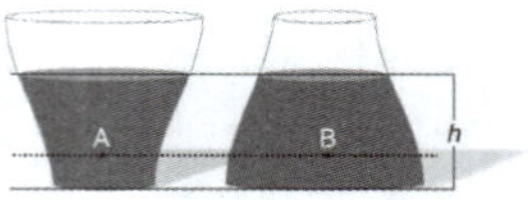


Figura I

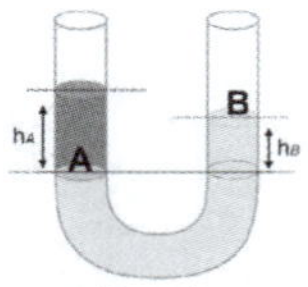


Figura II

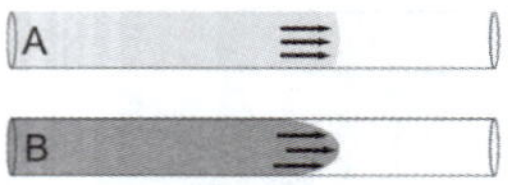


Figura III

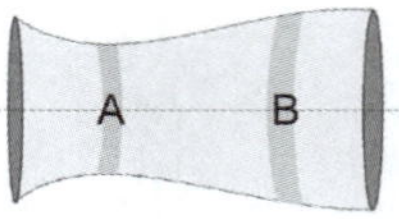


Figura IV



Com base nos esquemas físicos apresentados nas figuras, considere as afirmativas a seguir.

I. A figura I mostra dois copos contendo suco de laranja à mesma altura. Independentemente do formato dos copos, a pressão no ponto A é igual à pressão no ponto B.

II. A figura II mostra um tubo em forma de "U" contendo dois líquidos que não se misturam. No ramo da esquerda, tem-se óleo de soja e, no da direita, água. A pressão no ponto A é igual à pressão no ponto B.

III. A figura III mostra dois líquidos de viscosidades diferentes escorrendo através de um capilar: o suco de laranja, menos viscoso, escorre em A, ao passo que o xarope de milho, mais viscoso, escorre em B.

IV. A figura IV mostra um líquido em escoamento no sentido do ponto A para o ponto B. Apesar de a velocidade de escoamento no ponto A ser maior do que a velocidade de escoamento no ponto B, a pressão no ponto A é menor que a pressão no ponto B.

Assinale a alternativa correta.

a) Somente as afirmativas I e II são corretas.

b) Somente as afirmativas I e III são corretas.

c) Somente as afirmativas II e IV são corretas.

d) Somente as afirmativas I, III e IV são corretas.

e) Somente as afirmativas II, III e IV são corretas.

**2.** (UEL-PR)

Com uma escumadeira de cozinha foi produzida esta curiosa imagem em uma camiseta, retratando um dos interessantes fenômenos cotidianos interpretados pela Física: a sombra.

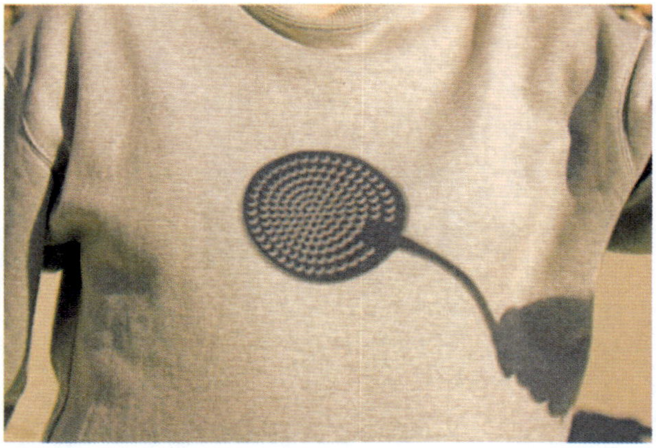



(Disponível em: <http://antwrp.gsfc.nasa.gov/apod/image/0808/eclipseshirt_haake.jpg>. Acesso em: 25 ago. 2008.)

Assinale a alternativa que indica o fenômeno que tem a mesma explicação científica da figura.

a) Refração da luz.

b) Reflexão especular.

c) Absorção.

d) Miragem.

e) Eclipse.

**3.** (UEL-PR)

Isaac Newton acreditava que a luz era composta por partículas, enquanto seu contemporâneo Christiaan Huygens acreditava que a luz era uma onda. Essa controvérsia ressurgiu no início do século XX, quando concluiu-se que a luz não se tratava exclusivamente de um corpúsculo, tampouco de uma onda, mas ambas as características poderiam ser a ela atribuídas.

Com base nos conhecimentos sobre a natureza da luz e seu comportamento, considere as afirmativas:

I. As lâmpadas fluorescentes emitem fótons de luz branca de mesma frequência.
II. A luz, ao impressionar uma chapa fotográfica, transfere-lhe energia, revelando seu aspecto corpuscular.
III. As várias cores do espectro visível são resultantes de fótons de diferentes energias.
IV. A luz difrata ao atravessar uma fenda, revelando seu aspecto ondulatório.

Assinale a alternativa correta.

a) Somente as afirmativas I e II são corretas.

b) Somente as afirmativas I e III são corretas.

c) Somente as afirmativas III e IV são corretas.

d) Somente as afirmativas I, II e IV são corretas.

e) Somente as afirmativas II, III e IV são corretas.

**4.** (UEL-PR)

A base do funcionamento de muitos eletrodomésticos está na rotação inerente aos motores elétricos. Tal movimento é facilmente constatado em ventiladores ou liquidificadores, mas também está presente em outros mecanismos, não percebidos cotidianamente, tal como, por exemplo, aquele que movimenta os vidros elétricos. De fato, o rotor do motor precisa de um torque para iniciar o seu giro. Este torque (momento) geralmente é produzido por forças magnéticas desenvolvidas entre os polos magnéticos do rotor e aqueles do estator (parte fixa). Forças de atração ou de repulsão, desenvolvidas entre estator e rotor, "puxam" ou "empurram" os polos móveis do rotor, produzindo torques, que fazem o rotor girar, até que os atritos ou cargas ligadas ao eixo reduzam o torque resultante ao valor zero, quando o rotor passa a girar com velocidade angular constante. Considere uma bobina circular de raio igual a $5 \cdot 10^{-2}$ m, com 200 voltas de fio de cobre, conduzindo uma corrente elétrica de 2 A, no sentido anti-horário.

Ao ser colocada perpendicularmente ao campo magnético uniforme de intensidade igual a 3 T, os valores do módulo do momento magnético e do torque sobre a bobina, serão, respectivamente,

a) $0{,}6\ A \cdot m^2$ e $4{,}5\ N \cdot m$

b) $0{,}6\ A \cdot m^2$ e $5{,}4\ N \cdot m$

c) $3{,}0\ A \cdot m^2$ e $9{,}0\ N \cdot m$

d) $3{,}0\ A \cdot m^2$ e $4{,}5\ N \cdot m$

e) $30{,}0\ A \cdot m^2$ e $4{,}5\ N \cdot m^2$

**5.** (UEL-PR)

Com relação a um corpo em movimento circular uniforme e sem atrito, considere as afirmativas seguintes:

I. O vetor velocidade linear é constante.
II. A aceleração centrípeta é nula.
III. O módulo do vetor velocidade é constante.
IV. A força atua sempre perpendicularmente ao deslocamento.

Assinale a alternativa que contém todas as afirmativas corretas.

a) I e IV.

b) II e III.

c) III e IV.

d) I, II e III.

e) I, II e IV.

**6.** (UEL-PR)

Orgulho da engenharia brasileira, a usina hidrelétrica de Itaipu tem capacidade instalada de 14 000 megawatts (MW), com 20 unidades geradoras de eletricidade. Dezoito unidades geradoras permanecem funcionando o tempo todo, enquanto duas permanecem em manutenção. Cada unidade geradora fornece uma potência elétrica nominal de 700 MW, a partir de um desnível de água aproximado de 200 m. No complexo, construído no Rio Paraná, as águas da represa passam em cada turbina com vazão de 350 $m^3/s$.

Disponível em: <www.itaipu.gov.br>. Acesso em: 16 set. 2008. Adaptado.

Supondo que não haja nenhum tipo de perda no processo de transmissão de energia elétrica, que o consumo domiciliar máximo seja de 4 kWh e, ainda, que toda a energia seja usada exclusivamente para o consumo domiciliar, quantos domicílios podem ser atendidos por uma única turbina em operação durante uma hora de consumo domiciliar máximo?

**Dados:** Densidade da água = $10^3$ kg/m$^3$

1 kW h = 1 000 W · 3 600 s = 3,6 · $10^6$ J

1 MW = 1 megawatt = $10^6$ W

1 Watt = 1 J/s

a) 1,40 · $10^5$ domicílios.

b) 1,40 · $10^6$ domicílios.

c) 1,75 · $10^6$ domicílios.

d) 1,75 · $10^5$ domicílios.

e) 3,50 · $10^6$ domicílios.

**7.** (UEL-PR)

O sifão é usado normalmente nas pias e vasos sanitários para evitar a passagem de gases e pequenos animais para dentro da casa. Além do sifão, usa-se um "respiro", isto é, uma abertura, conectada à atmosfera externa através de um cano, que

a) mantém iguais as pressões nos dois lados dos sifões, ajudando a manter os níveis de água equilibrados.

b) serve para manter a ventilação no sistema de descarga.

c) serve para escoar o excesso de água quando de uma descarga no vaso sanitário.

d) serve para retirar o som muito alto de descargas.

e) aumenta a fluidez da água, ajudando em seu escoamento.

**8.** (UEL-PR)

Os morcegos, mesmo no escuro, podem voar sem colidir com os objetos a sua frente. Isso porque esses animais têm a capacidade de emitir ondas sonoras com frequências elevadas, da ordem de 120 000 Hz, usando o eco para se guiar e caçar. Por exemplo, a onda sonora emitida por um morcego, após ser refletida por um inseto, volta para ele, possibilitando-lhe a localização do mesmo.

Sobre a propagação de ondas sonoras, pode-se afirmar que

a) o som é uma onda mecânica do tipo transversal que necessita de um meio material para se propagar.

b) o som também pode se propagar no vácuo, da mesma forma que as ondas eletromagnéticas.

c) a velocidade de propagação do som nos materiais sólidos em geral é menor do que a velocidade de propagação do som nos gases.

d) a velocidade de propagação do som nos gases independe da temperatura destes.

e) o som é uma onda mecânica do tipo longitudinal que necessita de um meio material para se propagar.

**9.** (UEL-PR)

Os raios gama oriundos do Cobalto 60 ou do Césio 137 podem ser usados na radiação em alimentos. Sobre a radiação gama, considere as afirmativas.

I. O átomo de Cobalto ou de Césio, ao emitir radiação gama, resulta em um novo elemento químico não radioativo.

II. A radiação gama é uma radiação eletromagnética.

III. A radiação gama não apresenta massa nem carga elétrica.

IV. O poder de penetração da radiação gama é muito pequeno.

Assinale a alternativa correta.

a) Somente as afirmativas I e IV são corretas.

b) Somente as afirmativas II e III são corretas.

c) Somente as afirmativas III e IV são corretas.

d) Somente as afirmativas I, II e III são corretas.

e) Somente as afirmativas I, II e IV são corretas.

**10.** (UEL-PR)

Um dos pilares da revolução científica ocorrida no século XVII foi a elaboração da lei da inércia. "Todo corpo persiste em seu estado de repouso, ou de movimento retilíneo uniforme, a menos que seja compelido a modificar esse estado pela ação de forças impressas a ele."

(Newton, apud NUSSENZVEIG, Moisés H. **Curso de Física Básica 1 - Mecânica**. 3. ed. São Paulo: Edgard Blücher, 1996. p. 69.)

Considere os movimentos de rotação e de translação da Terra, os quais têm permanecido praticamente constantes nos últimos quatro bilhões de anos, e analise as seguintes afirmativas a partir da lei da inércia.

I. A interação gravitacional entre a Terra e o Sol é a responsável pela força centrípeta que desvia a Terra de sua trajetória retilínea prevista pela lei da inércia, fazendo com que ela persista no movimento de rotação em torno do Sol, levando à conservação do momento angular orbital.

II. A interação gravitacional entre as partículas constituintes da Terra é a responsável pela força centrífuga que desvia essas partículas de sua trajetória retilínea prevista pela lei da inércia, fazendo com que o planeta comporte-se como uma esfera rija e, assim, persista no movimento de rotação, levando à conservação do momento angular rotacional.

III. Uma das forças que desvia as partículas da Terra de sua trajetória retilínea natural, permitindo sua rotação diária e a consequente conservação do momento angular rotacional, é a força de coesão de suas partículas que origina sua rigidez.

IV. Tanto no caso do movimento de translação da Terra em torno do Sol, como no caso de rotação diária da Terra em torno do seu eixo, os efeitos da rigidez da Terra e a força gravitacional devem ser desprezados.

Estão corretas apenas as afirmativas:

a) I e II.

b) I e III.

c) III e IV.

d) I, II e IV.

e) II, III e IV.

**11.** (UEL-PR)

A faixa de radiação eletromagnética perceptível dos seres humanos está compreendida entre o intervalo de 400 nm a 700 nm. Considere as afirmativas a seguir.

I. A cor é uma característica somente da luz absorvida pelos objetos.

II. Um corpo negro ideal absorve toda a luz incidente, não refletindo nenhuma onda eletromagnética.

III. A frequência de uma determinada cor (radiação eletromagnética) é sempre a mesma.

IV. A luz ultravioleta tem energia maior do que a luz infravermelha.

Assinale a alternativa correta.

a) Somente as afirmativas I e II são corretas.

b) Somente as afirmativas I e III são corretas.

c) Somente as afirmativas II e IV são corretas.

d) Somente as afirmativas I, III e IV são corretas.

e) Somente as afirmativas II, III e IV são corretas.

**12.** (UEL-PR)

Segundo as unidades convencionais usadas na Física Nuclear, a energia liberada na bomba lançada sobre a cidade de Hiroshima foi de 15 kton.

Sabendo que 1 kton corresponde a $10^{12}$ calorias e considerando que toda a energia liberada pela bomba seja usada para aquecer a água do Lago Igapó I de Londrina, cujo volume é, aproximadamente, $5 \cdot 10^8$ litros, e que a temperatura inicial é de 25 °C, a temperatura final da água do lago será de

Dado: Calor específico da água: 1 cal/g°C

a) 30 °C

b) 45 °C

c) 55 °C

d) 65 °C

e) 95 °C

TOTAL DE ACERTOS ____/12

# Simulado 11

12 questões de Física • Tempo: 1 hora

**1.** (Unesp-SP)

Uma pequena esfera de massa m, eletrizada com uma carga elétrica $q > 0$, está presa a um ponto fixo P por um fio isolante, numa região do espaço em que existe um campo elétrico uniforme e vertical de módulo E, paralelo à aceleração gravitacional g, conforme mostra a figura. Dessa forma, inclinando o fio de um ângulo $\theta$ em relação à vertical, mantendo-o esticado e dando um impulso inicial (de intensidade adequada) na esfera com direção perpendicular ao plano vertical que contém a esfera e o ponto P, a pequena esfera passa a descrever um movimento circular e uniforme ao redor do ponto C.

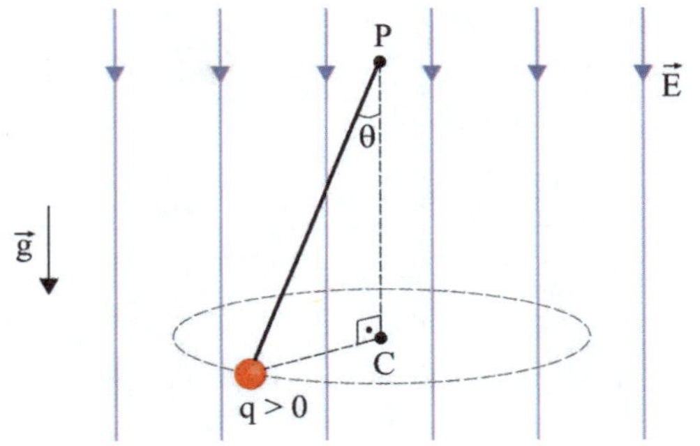



Na situação descrita, a resultante das forças que atuam sobre a esfera tem intensidade dada por

a) $(m \cdot g + q \cdot E) \cdot \cos \theta$.

b) $(m \cdot g - q \cdot E \cdot \sqrt{2}) \cdot \text{sen } \theta$.

c) $(m \cdot g - q \cdot E) \cdot \text{sen } \theta \cdot \cos \theta$.

d) $(m \cdot g + q \cdot E) \cdot \text{tg } \theta$.

e) $m \cdot g + q \cdot E \cdot \text{tg } \theta$.

**2.** (Unesp-SP)

Nos últimos anos temos sido alertados sobre o aquecimento global. Estima-se que, mantendo-se as atuais taxas de aquecimento do planeta, haverá uma elevação do nível do mar causada, inclusive, pela expansão térmica, causando inundação em algumas regiões costeiras. Supondo, hipoteticamente, os oceanos como sistemas fechados e considerando que o coeficiente de dilatação volumétrica da água é aproximadamente $2 \cdot 10^{-4}\ °C^{-1}$ e que a profundidade média dos oceanos é de 4 km, um aquecimento global de 1 °C elevaria o nível do mar, devido à expansão térmica, em, aproximadamente,

a) 0,3 m.

b) 0,5 m.

c) 0,8 m.

d) 1,1 m.

e) 1,7 m.

**3.** (Unesp-SP)

Os gatos 1 e 2 encontram-se parados em um ambiente iluminado apenas por duas lâmpadas puntiformes penduradas no teto. O único obstáculo existente nesse ambiente é uma mesa opaca de tampo horizontal, apoiada no solo, também horizontal e opaco. Os gatos estão em um mesmo plano vertical (o plano da figura), que contém as lâmpadas e que passa pelo centro da mesa.

Desconsiderando a reflexão da luz em qualquer superfície e efeitos de difração nas bordas da mesa, pode-se afirmar que os gatos 1 e 2 encontram-se, respectivamente, em regiões de

a) sombra e de penumbra.

b) sombra e de sombra.

c) sombra e iluminada pelas duas lâmpadas.

d) penumbra e iluminada pelas duas lâmpadas.

e) penumbra e de penumbra.

**4.** (Unesp-SP)

Nos últimos meses assistimos aos danos causados por terremotos. O epicentro de um terremoto é fonte de ondas mecânicas tridimensionais que se propagam sob a superfície terrestre. Essas ondas são de dois tipos: longitudinais e transversais. As ondas longitudinais viajam mais rápido que as transversais e, por atingirem as estações sismográficas primeiro, são também chamadas de ondas primárias (ondas P); as transversais são chamadas de ondas secundárias (ondas S). A distância entre a estação sismográfica e o epicentro do terremoto pode ser determinada pelo registro, no sismógrafo, do intervalo de tempo decorrido entre a chegada da onda P e a chegada da onda S.

Considere uma situação hipotética, extremamente simplificada, na qual, do epicentro de um terremoto na Terra são enviadas duas ondas, uma transversal que viaja com uma velocidade de, aproximadamente 4,0 km/s, e outra longitudinal, que viaja a uma velocidade de, aproximadamente 6,0 km/s. Supondo que a estação sismográfica mais próxima do epicentro esteja situada a 1 200 km deste, qual a diferença de tempo transcorrido entre a chegada das duas ondas no sismógrafo?

a) 600 s.
b) 400 s.
c) 300 s.
d) 100 s.
e) 50 s.

**5.** (Unesp-SP)

O fluxo ($\phi$) representa o volume de sangue que atravessa uma sessão transversal de um vaso sanguíneo em um determinado intervalo de tempo. Esse fluxo pode ser calculado pela razão entre a diferença de pressão do sangue nas duas extremidades do vaso ($P_1$ e $P_2$), também chamada de gradiente de pressão, e a resistência vascular (R), que é a medida da dificuldade de escoamento do fluxo sanguíneo, decorrente, principalmente, da viscosidade do sangue ao longo do vaso. A figura ilustra o fenômeno descrito.

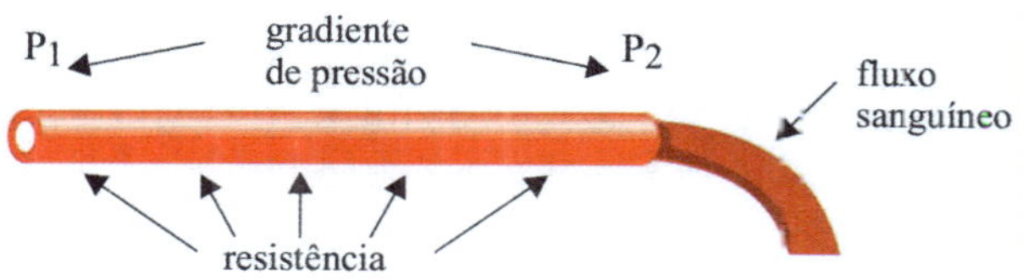



(John E. Hall e Arthur C. Guyton. **Tratado de fisiologia médica**, 2011. Adaptado.)

Assim, o fluxo sanguíneo $\phi$ pode ser calculado pela seguinte fórmula, chamada de lei de Ohm:

$$\phi = \frac{(P_1 - P_2)}{R}$$

Considerando a expressão dada, a unidade de medida da resistência vascular (R), no Sistema Internacional de Unidades, está corretamente indicada na alternativa

a) $\frac{kg \cdot s}{m^5}$
b) $\frac{kg \cdot m^4}{s}$
c) $\frac{kg \cdot s^4}{m}$
d) $\frac{kg}{m^4 \cdot s}$
e) $\frac{kg^2 \cdot m^5}{s^2}$

**6.** (Unesp-SP)

Dois raios luminosos monocromáticos, um azul e um vermelho, propagam-se no ar, paralelos entre si, e incidem sobre uma esfera maciça de vidro transparente de centro C e de índice de refração $\sqrt{3}$, nos pontos A e V. Após atravessarem a esfera, os raios emergem pelo ponto P, de modo que o ângulo entre eles é igual a 60°.

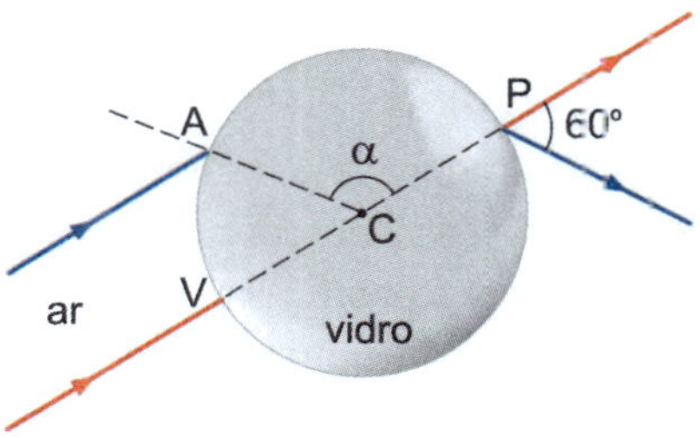



Considerando que o índice de refração absoluto do ar seja igual a 1, que sen 60° $= \frac{\sqrt{3}}{2}$ e que sen 30° $= \frac{1}{2}$, o ângulo $\alpha$ indicado na figura é igual a

a) 90°.
b) 165°.
c) 120°.
d) 135°.
e) 150°.

**7.** (Unesp-SP)

Um frasco para medicamento com capacidade de 50 mL, contém 35 mL de remédio, sendo o volume restante ocupado por ar. Uma enfermeira encaixa uma seringa nesse frasco e retira 10 mL do medicamento, sem que tenha entrado ou saído ar do frasco. Considere que durante o processo a temperatura do sistema tenha permanecido constante e que o ar dentro do frasco possa ser considerado um gás ideal.

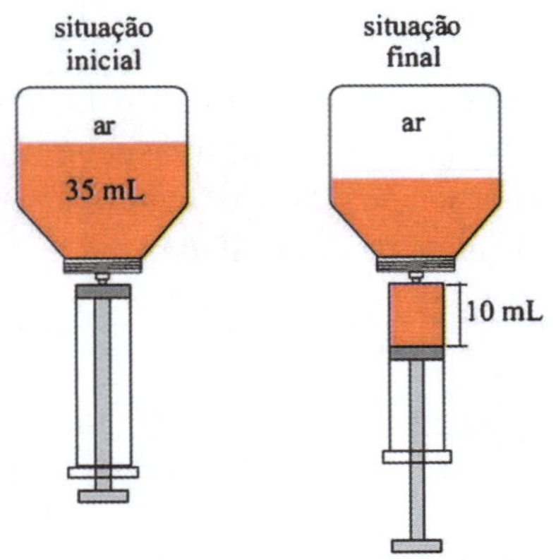


Reprodução/UNESP

Na situação final em que a seringa com o medicamento ainda estava encaixada no frasco, a retirada dessa dose fez com que a pressão do ar dentro do frasco passasse a ser, em relação à pressão inicial,

a) 60% maior.
b) 40% maior.
c) 60% menor.
d) 40% menor.
e) 25% menor.

**8.** (Unesp-SP)

Em desintegrações radioativas, várias grandezas físicas são conservadas. Na situação representada na figura, temos um núcleo de Tório ($^{228}$Th), inicialmente em repouso, decaindo em núcleo de Rádio ($^{224}$Ra) e emitindo uma partícula $\alpha$. Na desintegração, a partícula $\alpha$ é emitida com uma energia cinética de aproximadamente $8{,}4 \cdot 10^{-13}$ J. Qual é a energia cinética aproximada do núcleo do Rádio?

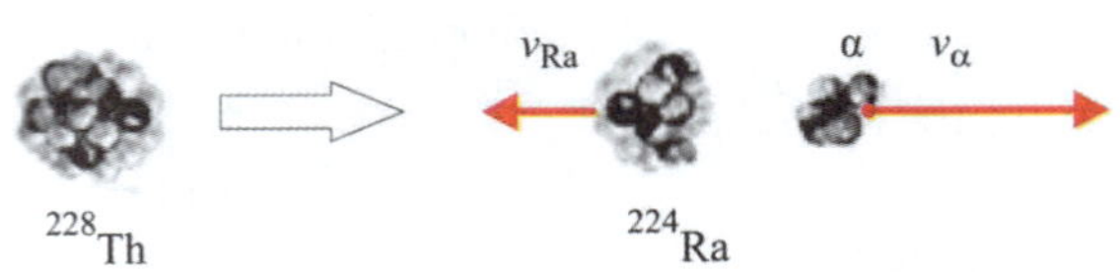


Reprodução/UNESP, 2010.

a) $15{,}0 \cdot 10^{-15}$ J.
b) $8{,}4 \cdot 10^{-15}$ J.
c) $9{,}0 \cdot 10^{-15}$ J.
d) $9{,}0 \cdot 10^{-13}$ J.
e) $15{,}0 \cdot 10^{-13}$ J.

**9.** (Unesp-SP)

A luz visível é uma onda eletromagnética, que na natureza pode ser produzida de diversas maneiras. Uma delas é a bioluminescência, um fenômeno químico que ocorre no organismo de alguns seres vivos, como algumas espécies de peixes e alguns insetos, onde um pigmento chamado luciferina, em contato com o oxigênio e com uma enzima chamada luciferase, produz luzes de várias cores, como verde, amarela e vermelha. Isso é o que permite ao vaga-lume macho avisar, para a fêmea, que está chegando, e à fêmea indicar onde está, além de servir de instrumento de defesa ou de atração para presas.

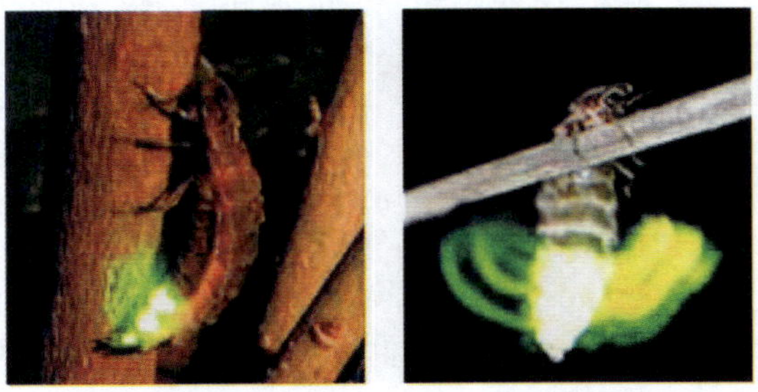

Reprodução/UNESP, 2012.

Vaga-lumes emitindo ondas eletromagnéticas visíveis.

As luzes verde, amarela e vermelha são consideradas ondas eletromagnéticas que, no vácuo, têm

a) os mesmos comprimentos de onda, diferentes frequências e diferentes velocidades de propagação.
b) diferentes comprimentos de onda, diferentes frequências e diferentes velocidades de propagação.
c) diferentes comprimentos de onda, diferentes frequências e iguais velocidades de propagação.
d) os mesmos comprimentos de onda, as mesmas frequências e iguais velocidades de propagação.
e) diferentes comprimentos de onda, as mesmas frequências e diferentes velocidades de propagação.

**10.** (Unesp-SP)

Para iluminar determinado ambiente, o circuito a seguir foi montado com duas lâmpadas $L_1$ e $L_2$, de valores nominais (120 V – 100 W) e (120 V – 60 W), respectivamente, com duas chaves interruptoras $C_1$ e $C_2$, ambas de resistência desprezível, e com fios de ligação ideais. O circuito é alimentado por uma diferença de potencial constante de 120 V.

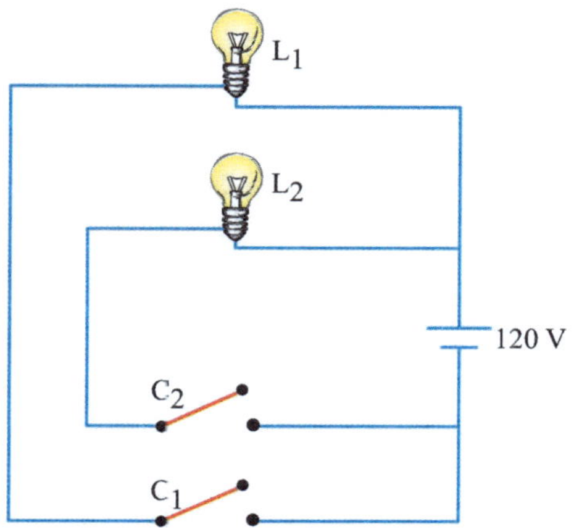




Com a chave $C_1$ fechada e $C_2$ aberta, o circuito dissipa 100 W. Com a chave $C_1$ aberta e $C_2$ fechada, dissipa 60 W. Se as duas chaves forem fechadas simultaneamente, o circuito dissipará, em W, uma potência igual a

a) 320.
b) 160.
c) 120.
d) 80.
e) 40.

**11.** (Unesp-SP)

Duas esferas, A e B, maciças e de mesmo volume, são totalmente imersas num líquido e mantidas em repouso pelos fios mostrados na figura. Quando os fios são cortados, a esfera A desce até o fundo do recipiente e a esfera B sobe até a superfície, onde passa a flutuar, parcialmente imersa no líquido.

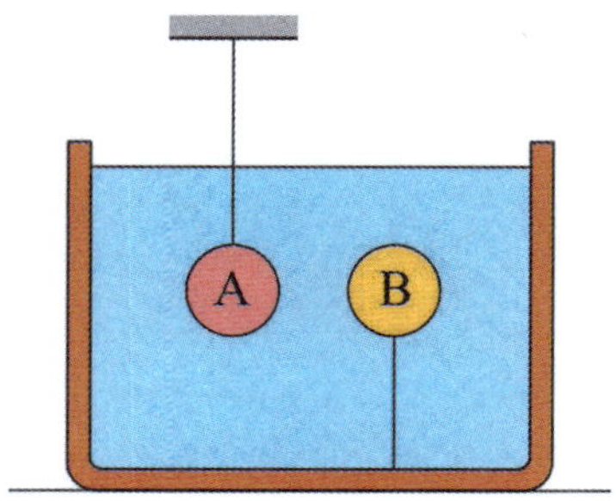




Sendo $P_A$ e $P_B$ os módulos das forças Peso de A e B, e $E_A$ e $E_B$ os módulos das forças Empuxo que o líquido exerce sobre as esferas quando elas estão totalmente imersas, é correto afirmar que

a) $P_A < P_B$ e $E_A = E_B$.
b) $P_A < P_B$ e $E_A < E_B$.
c) $P_A > P_B$ e $E_A > E_B$.
d) $P_A > P_B$ e $E_A < E_B$.
e) $P_A > P_B$ e $E_A = E_B$.

**12.** (Vunesp-SP)

Algumas embalagens trazem, impressas em sua superfície externa, informações sobre a quantidade máxima de caixas iguais a ela que podem ser empilhadas, sem que haja risco de danificar a embalagem ou os produtos contidos na primeira caixa da pilha, de baixo para cima. Considere a situação em que três caixas iguais estejam empilhadas dentro de um elevador e que, em cada uma delas, esteja impressa uma imagem que indica que, no máximo, seis caixas iguais a ela podem ser empilhadas.

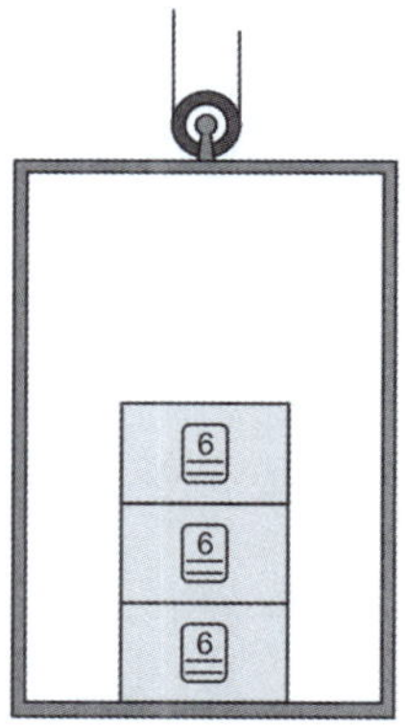




Suponha que esse elevador esteja parado no andar térreo de um edifício e que passe a descrever um movimento uniformemente acelerado para cima. Adotando $g = 10\ m/s^2$ é correto afirmar que a maior aceleração vertical que esse elevador pode experimentar, de modo que a caixa em contato com o piso receba desse, no máximo, a mesma força que receberia se o elevador estivesse parado e, na pilha, houvesse seis caixas, é igual a

a) $4\ m/s^2$.
b) $8\ m/s^2$.
c) $10\ m/s^2$.
d) $6\ m/s^2$.
e) $2\ m/s^2$.

**TOTAL DE ACERTOS** _____ /12

# Simulado 12

12 questões de Física • Tempo: 1 hora

**1.** (Unicentro-PR)

Observe a figura.

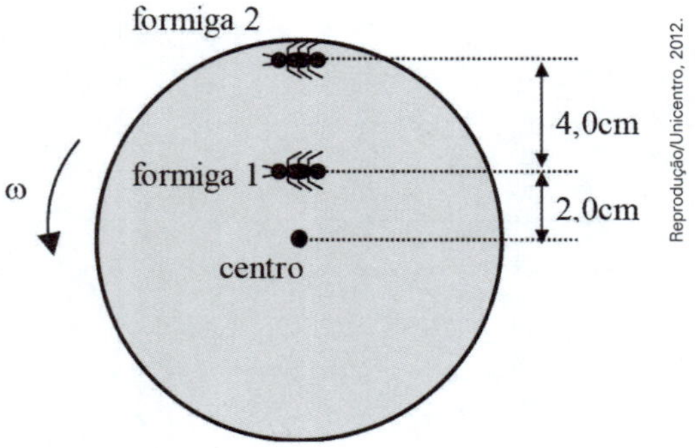


A figura mostra duas formigas idênticas em cima de um disco que gira, num plano horizontal, com velocidade angular constante em torno de seu centro. As formigas não deslizam sobre o disco, e o coeficiente de atrito entre o disco e cada formiga vale $\mu$. É CORRETO afirmar que

a) a aceleração da formiga 1 é maior que a aceleração da formiga 2.

b) a velocidade angular da formiga 1 é menor que a velocidade angular da formiga 2.

c) a força resultante sobre a formiga 1 é menor que a força resultante sobre a formiga 2.

d) a velocidade tangencial da formiga 1 vale a metade da velocidade tangencial da formiga 2.

e) a aceleração da formiga 1 vale a metade da aceleração da formiga 2.

**2.** (Unicentro-PR)

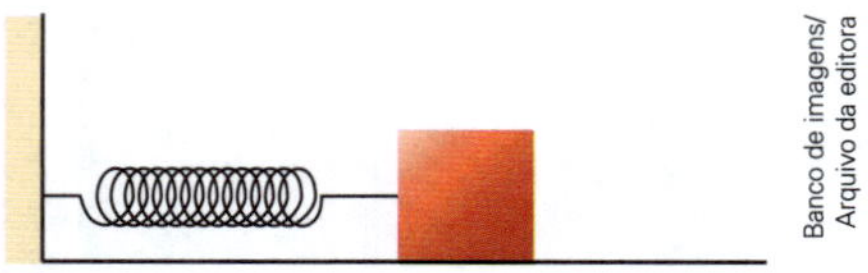


Um corpo em repouso, apoiado sobre uma mesa horizontal lisa, se encontra preso à extremidade de uma mola de constante elástica igual a 0,9 N/m, conforme figura. O corpo é, então, deslocado de 2,0 m de sua posição de equilíbrio e solto, começando a oscilar.

Sabendo-se que o tempo gasto pelo corpo para atingir, pela primeira vez, a posição de equilíbrio é de 1,0 s e que $\pi = 3$, a massa do corpo, em kg, é igual a

a) 0,4.

b) 0,8.

c) 1,0.

d) 2,0.

e) 3,0.

**3.** (Unicentro-PR)

Analise as assertivas e assinale a alternativa que aponta a(s) correta(s).

I. Se a distância da Terra ao Sol fosse reduzida à metade, a força de atração entre ambos se reduziria à quarta parte.

II. As forças gravitacionais variam proporcionalmente às massas, por isso a atração gravitacional que a Terra exerce sobre a Lua é muito menos intensa que a atração que a Lua exerce na Terra.

III. A relação entre as massas da Terra e da Lua não é, necessariamente, igual à relação entre os pesos de um corpo na superfície da Terra e da Lua, respectivamente.

IV. A velocidade de translação da Terra aumenta à medida que ela se aproxima do Sol e diminui ao afastar-se dele.

a) Apenas I e II.

b) Apenas I e III.

c) Apenas II e IV.

d) Apenas III e IV.

e) Apenas I.

**4.** (UFSM-RS)

Diz a lenda que o imperador Shen Nang descansava sob uma árvore, quando algumas folhas caíram no recipiente em que seus servos ferviam água para beber. Atraído pelo aroma, o imperador provou o líquido e gostou. Nascia, assim, a tecnologia do preparo do chá. Num dia de inverno, a temperatura ambiente está em 9 °C. Faz-se, então, um chá, colocando-se 150 g de água a 100 °C numa xícara de porcelana, à temperatura ambiente. Sabe-se que a porcelana tem calor específico cinco vezes menor do que o da água. Se não houver perdas de energia para a vizinhança e a xícara tiver massa de 125 g, a temperatura da água, quando o equilíbrio térmico com a xícara se estabelece, é de, em °C,

a) 54,5.
b) 72.
c) 87.
d) 89,4.
e) 118,2.

**5.** (PUC-RS)

Um corpo **A**, homogêneo, de massa 200 g, varia sua temperatura de 20 °C para 50 °C ao receber 1 200 calorias de uma fonte térmica. Durante todo o aquecimento, o corpo **A** se mantém na fase sólida. Um outro corpo **B**, homogêneo, constituído da mesma substância do corpo **A**, tem o dobro da sua massa.

Qual é, em cal/g°C, o calor específico da substância de **B**?

a) 0,1
b) 0,2
c) 0,6
d) 0,8
e) 1,6

**6.** (UENP-PR)

Em 1921, Albert Einstein ganhou o prêmio Nobel de Física por ter explicado devidamente o Efeito Fotoelétrico. O fenômeno ocorre quando uma placa metálica é exposta a uma radiação eletromagnética de frequência alta, como por exemplo um feixe de luz, e esta arranca elétrons da placa metálica. Analise as afirmativas abaixo, relativas à explicação do efeito fotoelétrico.

I. A intensidade de luz é proporcional ao número de fótons e que, como consequência, determina o número de elétrons a serem arrancados da superfície da placa metálica.

II. A energia cinética máxima dos elétrons emitidos de uma superfície metálica não depende da frequência da luz incidente.

III. Quanto maior a frequência, maior é a energia adquirida pelos elétrons, assim eles saem da placa.

Assinale a alternativa que apresenta a(s) afirmativa(s) correta(s).

a) Apenas a I.
b) Apenas a II.
c) Apenas I e III.
d) Apenas II e III.
e) Todas.

**7.** (Unioeste-PR)

As ondas eletromagnéticas são oscilações dos campos elétrico e magnético e transportam energia. Considere as afirmativas a seguir:

I. As telecomunicações nos dias atuais transferem informações através de ondas originadas em efeitos de indução eletromagnética. Tais ondas podem ser transversais ou longitudinais.

II. Um forno de micro-ondas emprega ondas eletromagnéticas longitudinais para o cozimento de alimentos.

III. A velocidade de qualquer onda eletromagnética no vácuo tem o valor aproximado de $3{,}0 \cdot 10^8$ m/s.

IV. A luz solar incidente sobre a parte superior da atmosfera terrestre vale 1 340 W/m$^2$. Um coletor solar, com área de 0,5 km$^2$ e que fosse colocado nessa região, receberia um máximo de $6{,}7 \cdot 10^5$ J durante um intervalo de tempo de 1,0 s.

Estão incorretas as proposições:

a) I e II.
b) I e III.
c) I, II e III.
d) IV.
e) I, II e IV

**8.** (UTFPR)

Numa manhã de verão, uma cozinheira inexperiente retira do congelador doméstico dois pacotes de um mesmo produto, a fim de preparar um deles para o almoço e o outro para o jantar. Com a intenção de apressar o processo de degelo do primeiro pacote, envolve-o completamente com um grosso cobertor de lã retirado do armário. Duas horas depois, a cozinheira se surpreende ao perceber que o estado de degelo do segundo pacote, que ficou simplesmente exposto ao ar ambiente, está mais adiantado que o do primeiro.

Analise os argumentos listados e selecione aquele que justifica o resultado verificado pela cozinheira.

a) O coeficiente de calor específico da lã é menor que o coeficiente de condutividade térmica do gelo.

b) O coeficiente de calor específico da lã é menor que o do gelo.

c) O coeficiente de condutividade térmica da lã é menor que o do ar.

d) O coeficiente de condutividade térmica da lã é menor que o calor específico do gelo.

e) O coeficiente de calor específico da lã é menor que o calor de fusão do gelo.

**9.** (UFMS)

No interior de um forno de micro-ondas encontra-se um prato que contém 1 kg de purê de batatas para ser aquecido. Considere que o purê de batatas possui calor específico $c = 1{,}8$ cal/g°C, e que a capacidade térmica C do prato é de 20 cal/°C. A potência elétrica de consumo do forno é igual a 1 200 W, dos quais 80% dessa potência são transferidos como energia térmica para o purê de batatas, o qual por condução aquece o prato. Considere que somente essa energia é transferida para o prato. Antes de ligar o forno de micro-ondas, todo esse sistema está em equilíbrio térmico na temperatura de 20 °C. Assinale a alternativa que corresponde ao tempo em que o forno de micro-ondas deve ficar ligado para que o prato e o purê de batatas atinjam a temperatura de 50 °C. Use a relação que 1 cal = 4,18 J.

a) Igual a 3,6 minutos.

b) Igual a 3,2 minutos.

c) Mais que 3,7 minutos.

d) Igual a 3,0 minutos.

e) Menos que 2,0 minutos.

**10.** (UEL-PR)

"Ouro branco! Ouro preto! Ouro podre! De cada Ribeirão trepidante e de cada recosto

De montanha o metal rolou na cascalhada /Para o fausto del-Rei, para a glória do imposto.

Que resta do esplendor de outrora? /Quase nada: /pedras.... /templos que são /fantasmas ao sol-posto. /Esta agência postal era a Casa de Entrada ... Este escombro foi um solar ... Cinza e desgosto!"

(BANDEIRA, Manuel. **Estrela da manhã**. Rio de Janeiro: José Olympio, 1966. p. 155.)

"[...] de cada recosto de montanha o metal rolou na cascalhada". Sobre esse movimento, é correto afirmar:

a) O metal rolou de cada recosto de montanha com velocidade linear constante e velocidade angular nula.

b) O rolamento do metal encosta abaixo foi um movimento de queda livre, uma vez que durante todo o percurso atuou unicamente a força peso.

c) O metal rolou de cada recosto de montanha em movimento circular acelerado, pois o torque das forças atuantes durante o movimento foi diferente de zero.

d) O metal rolou encosta abaixo, com velocidade linear constante, pois a força de atrito com a montanha teve a mesma intensidade e direção da força gravitacional atuante no metal.

e) O metal rolou na cascalhada, nos diferentes recostos, com aceleração constante independente da inclinação da montanha.

**11.** (UEL-PR)

Considerando a Terra uma esfera homogênea (densidade constante) de raio **R**, determine a profundidade **h'** em que deve ser colocado um corpo de massa **m** para que o seu peso seja o mesmo quando estiver situado a uma altura **h** da superfície da Terra.

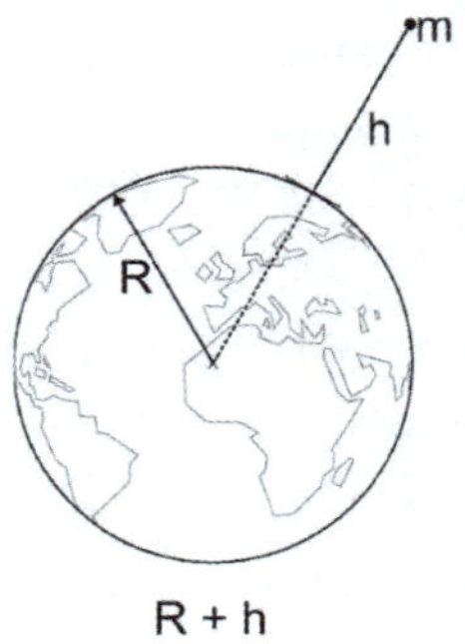


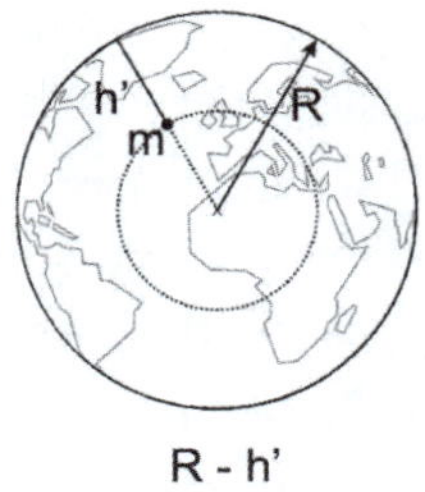


Reprodução/UEL, 2009.

a) $h' = R - \dfrac{R^3}{(R+h)^2}$

b) $h' = R - \dfrac{R^2}{(R+h)^3}$

c) $h' = R - \dfrac{R^3}{(R-h)^2}$

d) $h' = R - \dfrac{R^2}{(R-h)^3}$

e) $h' = R - \dfrac{R^3}{(R-h)^3}$

**12.** (UEL-PR)

O Sivam (Sistema de Vigilância da Amazônia) é uma rede que produz informações para orientar ações de combate ao narcotráfico e ao desmatamento. Esse sistema utiliza radares de solo para detectar aviões que se movimentam sobre a região. Se os aviões estão se afastando do radar, a frequência da onda refletida por eles é menor que a frequência da onda emitida pelo radar. E no caso de aproximação, a frequência da onda refletida é maior que a da onda emitida. Sobre a relação entre frequência, comprimento de onda e velocidade das ondas eletromagnéticas utilizadas pelos radares, é correto afirmar:

**Dado:** Para ondas harmônicas $v = \lambda \cdot f$, onde v é velocidade, $\lambda$ é comprimento de onda e f é frequência.

a) As ondas refletidas por aviões que se afastam têm velocidade de propagação menor que a da onda emitida pelo radar.

b) O comprimento de onda das ondas refletidas por aviões que se aproximam do radar é menor que o comprimento de onda das ondas emitidas.

c) As ondas refletidas detectadas pelo radar têm frequência nula quando o avião, que refletiu as ondas, estiver em repouso.

d) A frequência das ondas refletidas pelos aviões em movimento depende da distância em que estão da torre de radar.

e) O comprimento de onda das ondas emitidas pelo radar depende da velocidade dos aviões detectados e é tanto maior quanto maior for a velocidade de afastamento dos aviões.

**TOTAL DE ACERTOS** _____/12

# Respostas

## Simulado 1

1. D
2. A
3. C
4. B
5. D
6. D
7. E
8. B
9. A
10. C
11. D
12. C

## Simulado 2

1. E
2. B
3. B
4. B
5. D
6. B
7. C
8. E
9. B
10. D
11. C
12. E

## Simulado 3

1. D
2. A
3. E
4. A
5. A
6. A
7. B
8. D
9. C
10. D
11. E
12. D

## Simulado 4

1. D
2. B
3. B
4. E
5. A
6. E
7. E
8. E
9. C
10. C
11. B
12. D

## Simulado 5

1. A
2. E
3. A
4. D
5. A
6. A
7. C
8. C
9. D
10. D
11. C
12. B

## Simulado 6

1. C
2. B
3. C
4. C
5. E
6. A
7. A
8. D
9. C
10. B
11. E
12. A

## Simulado 7

1. B
2. C
3. E
4. A
5. D
6. A
7. E
8. C
9. A
10. A
11. D
12. B

## Simulado 8

1. E
2. D
3. A
4. A
5. E
6. B
7. D
8. C
9. A
10. C
11. A
12. B

## Simulado 9

1. E
2. A
3. B
4. C
5. A
6. E
7. B
8. C
9. D
10. C
11. D
12. D

## Simulado 10

1. D
2. E
3. E
4. C
5. C
6. D
7. A
8. E
9. B
10. B
11. E
12. C

## Simulado 11

1. D
2. C
3. A
4. D
5. D
6. C
7. C
8. A
9. C
10. B
11. E
12. C

## Simulado 12

1. C
2. A
3. D
4. C
5. B
6. C
7. E
8. C
9. C
10. C
11. A
12. B

# Significado das siglas dos vestibulares

**Acafe-SC**: Associação Catarinense das Fundações Educacionais (Santa Catarina)
**AFA-SP**: Academia da Força Aérea (São Paulo)
**Aman-RJ**: Academia Militar das Agulhas Negras (Rio de Janeiro)
**Cefet-MG**: Centro Federal de Educação Tecnológica de Minas Gerais
**Cesgranrio-RJ**: Centro de Seleção de Candidatos ao Ensino Superior do Grande Rio (Rio de Janeiro)
**CFTMG**: Centro Federal de Educação Tecnológica de Minas Gerais
**CPAEN-RJ**: Concurso Público de Admissão à Escola Naval
**CPS-SP**: Centro Paula Souza (O Centro Paula Souza é o órgão do governo do estado de São Paulo que administra as Escolas Técnicas (Etecs) e Faculdades de Tecnologia (Fatecs). São Paulo)
**CUSC-ES**: Centro Universitário São Camilo do Espírito Santo
**EBMSP**: Escola Bahiana de Medicina e Saúde Pública
**EEAR-SP**: Escola de Especialistas de Aeronáutica (São Paulo)
**Efomm**: Escola de Formação de Oficiais da Marinha Mercante
**Enem**: Exame Nacional do Ensino Médio
**Fatec-SP**: Faculdade de Tecnologia (São Paulo)
**Famerp-SP**: Faculdade de Medicina de São José do Rio Preto (São Paulo)
**Feevale-RS**: Universidade Feevale (Novo Hamburgo, Rio Grande do Sul)
**FGV-SP**: Fundação Getúlio Vargas (São Paulo)
**FICSAE-SP:** Faculdade Israelita de Ciências da Saúde Albert Einstein (São Paulo)
**FMP-RJ**: Faculdade de Medicina de Petrópolis (Rio de Janeiro)
**Fuvest-SP**: Fundação Universitária para o Vestibular (São Paulo)
**IFCE**: Instituto Federal de Educação, Ciência e Tecnologia do Ceará
**IFSP**: Instituto Federal de Educação, Ciência e Tecnologia de São Paulo
**Ifsul-RS**: Instituto Federal de Educação, Ciência e Tecnologia Sul-Rio-Grandense (Rio Grande do Sul)
**Imed**: Faculdade Meridional
**IME-RJ**: Instituto Militar de Engenharia (Rio de Janeiro)
**ITA-SP**: Instituto Tecnológico de Aeronáutica (São Paulo)
**OBF**: Olímpiada Brasileira de Física
**PUC-MG**: Pontifícia Universidade Católica de Minas Gerais
**PUC-PR**: Pontifícia Universidade Católica do Paraná
**PUC-RJ**: Pontifícia Universidade Católica do Rio de Janeiro
**PUC-RS**: Pontifícia Universidade Católica do Rio Grande do Sul
**PUC-SP**: Pontifícia Universidade Católica de São Paulo
**PUCC-SP**: Pontifícia Universidade Católica de Campinas (São Paulo)
**Ucsal-BA**: Universidade Católica de Salvador (Bahia)
**Udesc**: Universidade do Estado de Santa Catarina
**Uece**: Universidade Estadual do Ceará
**UEFS-BA**: Universidade Estadual de Feira de Santana (Bahia)
**UEG-GO**: Universidade Estadual de Goiás
**UEL-PR**: Universidade Estadual de Londrina (Paraná)
**UEM-PR**: Universidade Estadual de Maringá (Paraná)
**Uema**: Universidade Estadual do Maranhão
**UEMG**: Universidade Estadual de Minas Gerais
**UENP-PR**: Universidade Estadual do Norte do Paraná
**UEPG-PR**: Universidade Estadual de Ponta Grossa (Paraná)
**Uerj**: Universidade do Estado do Rio de Janeiro
**Uern**: Universidade do Estado do Rio Grande do Norte
**Uesc-BA**: Universidade Estadual de Santa Cruz (Bahia)
**Uespi**: Universidade Estadual do Piauí
**Ufac**: Universidade Federal do Acre
**Ufal**: Universidade Federal de Alagoas
**Ufam**: Universidade Federal do Amazonas
**UFBA**: Universidade Federal da Bahia
**UFC-CE**: Universidade Federal do Ceará
**Ufes**: Universidade Federal do Espírito Santo
**UFG-GO**: Universidade Federal de Goiás
**UFJF-MG**: Universidade Federal de Juiz de Fora (Minas Gerais)
**UFJF/Pism-MG**: Universidade Federal de Juiz de Fora/Programa de Ingresso Seletivo Misto (Minas Gerais)
**Ufla-MG**: Universidade Federal de Lavras (Minas Gerais)
**UFMG**: Universidade Federal de Minas Gerais
**UFMS**: Universidade Federal de Mato Grosso do Sul
**UFMT**: Universidade Federal de Mato Grosso
**Ufop-MG**: Universidade Federal de Ouro Preto (Minas Gerais)
**UFPA**: Universidade Federal do Pará
**UFPB**: Universidade Federal da Paraíba
**UFPE**: Universidade Federal de Pernambuco
**Ufpel-RS**: Universidade Federal de Pelotas (Rio Grande do Sul)
**UFPR**: Universidade Federal do Paraná
**UFRGS-RS**: Universidade Federal do Rio Grande do Sul
**UFRJ**: Universidade Federal do Rio de Janeiro
**UFRN**: Universidade Federal do Rio Grande do Norte
**UFRRJ**: Universidade Federal Rural do Rio de Janeiro
**UFSC**: Universidade Federal de Santa Catarina
**Ufscar-SP**: Universidade Federal de São Carlos (São Paulo)
**UFSM-RS**: Universidade Federal de Santa Maria (Rio Grande do Sul)
**UFT-TO**: Universidade Federal do Tocantins
**UFTM-MG**: Universidade Federal do Triângulo Mineiro (Minas Gerais) (antiga FMTM-MG)
**UFU-MG**: Universidade Federal de Uberlândia (Minas Gerais)
**UFV-MG**: Universidade Federal de Viçosa (Minas Gerais)
**Unemat-MT**: Universidade do Estado de Mato Grosso
**Unesp-SP**: Universidade Estadual Paulista "Júlio de Mesquita Filho" (São Paulo)
**Unicamp-SP**: Universidade Estadual de Campinas (São Paulo)
**Unicentro-PR**: Universidade Estadual do Centro-Oeste (Paraná)
**Unifenas-MG**: Universidade José do Rosário Vellano (Minas Gerais)
**Unifesp**: Universidade Federal de São Paulo
**Unifor-CE**: Fundação Edson Queiroz Universidade de Fortaleza (Ceará)
**Unimontes-MG**: Universidade de Montes Claros (Minas Gerais)
**Unioeste-PR**: Universidade Estadual do Oeste do Paraná
**Unirio-RJ**: Universidade Federal do Rio de Janeiro
**Unisc-RS**: Universidade de Santa Cruz do Sul (Rio Grande do Sul)
**Unisinos-RS**: Universidade do Vale do Rio dos Sinos (Rio Grande do Sul)
**UPE**: Universidade de Pernambuco
**UPF-RS**: Universidade de Passo Fundo (Rio Grande do Sul)
**UPM-SP**: Universidade Presbiteriana Mackenzie (São Paulo) (antiga Mack-SP)
**USF-SP**: Universidade São Francisco (São Paulo)
**UTFPR**: Universidade Tecnológica Federal do Paraná
**UVA-CE**: Universidade Estadual Vale do Aracaú (Ceará)
**Vunesp**: Fundação para o Vestibular da Unesp (São Paulo)

conecte
LIVE

CADERNO DE ESTUDOS

TÓPICOS DE

# Física


RONALDO FOGO

Licenciado em Física pelo Instituto de Física da Universidade de São Paulo.
Engenheiro metalurgista pela Escola Politécnica da Universidade de São Paulo.
Coordenador das Turmas Olímpicas de Física do Colégio Objetivo.
Vice-Presidente da IJSO *(International Junior Science Olympiad)*.

NEWTON VILLAS BÔAS

Licenciado em Física pela Universidade de São Paulo (USP).
Professor de Física na rede particular de ensino.

RICARDO HELOU DOCA

Engenheiro eletricista formado pela Faculdade de Engenharia Industrial (FEI-SP).
Professor de Física na rede particular de ensino.


3

Editora Saraiva

Editora Saraiva

**Direção geral:** Guilherme Luz
**Direção editorial:** Luiz Tonolli e Renata Mascarenhas
**Gestão de projeto editorial:** Viviane Carpegiani
**Gestão e coordenação de área:** Julio Cesar Augustus de Paula Santos e Juliana Grassmann dos Santos
**Edição:** Mateus Carneiro Ribeiro Alves e Thais Bueno de Moura
**Gerência de produção editorial:** Ricardo de Gan Braga
**Planejamento e controle de produção:** Paula Godo, Roseli Said e Marcos Toledo
**Revisão:** Hélia de Jesus Gonsaga (ger.), Kátia Scaff Marques (coord.), Rosângela Muricy (coord.), Ana Paula C. Malfa, Brenda T. M. Morais, Carlos Eduardo Sigrist, Célia Carvalho, Cesar G. Sacramento, Lilian M. Kumai, Luciana B. Azevedo, Luís M. Boa Nova, Maura Loria, Patricia Cordeiro, Patrícia Travanca; Amanda T. Silva e Bárbara de M. Genereze (estagiárias)
**Arte:** Daniela Amaral (ger.), André Gomes Vitale (coord.) e Lisandro Paim Cardoso (edição de arte)
**Diagramação:** Setup
**Iconografia:** Sílvio Kligin (ger.), Roberto Silva (coord.) e Carlos Luvizari (pesquisa iconográfica)
**Licenciamento de conteúdos de terceiros:** Thiago Fontana (coord.), Flavia Zambon (licenciamento de textos), Erika Ramires, Luciana Pedrosa Bierbauer e Claudia Rodrigues (analistas adm.)
**Tratamento de imagem:** Cesar Wolf e Fernanda Crevin
**Ilustrações:** CJT/Zapt e Paulo Manzi
**Design:** Gláucia Correa Koller (ger.), Erika Yamauchi Asato, Filipe Dias (proj. gráfico) e Adilson Casarotti (capa)
**Composição de capa:** Segue Pro
**Foto de capa:** Igartist 79/Shutterstock, solarseven/Shutterstock, George Rudy/Shutterstock


Avenida das Nações Unidas, 7221, 1º andar, Setor A – Espaço 2 – Pinheiros – SP – CEP 05425-902
SAC 0800 011 7875
www.editorasaraiva.com.br

**2023**
Código da obra CL 800856
CAE 628184 (AL) / 628185 (PR)
3ª edição
7ª impressão



Impressão e acabamento: EGB Editora Gráfica Bernardi Ltda.

Uma publicação SOMOS EDUCAÇÃO

# Apresentação

Caro estudante,

Este material foi elaborado especialmente para você, estudante do Ensino Médio que está se preparando para ingressar no Ensino Superior.

Além de todos os recursos do Conecte LIVE, como material digital integrado ao livro didático, banco de questões, acervo de simulados e trilhas de aprendizagem, você tem à sua disposição este Caderno de Estudos, que o ajudará a se qualificar para as provas do Enem e de diversos vestibulares do Brasil.

O material foi estruturado para que você consiga utilizá-lo autonomamente, em seus estudos individuais além do horário escolar, ou sob orientação de seu professor, que poderá lhe sugerir atividades complementares às dos livros.

Para cada ano do Ensino Médio, há um Caderno de Estudos com uma revisão completa dos conteúdos correspondentes, atividades de aplicação imediata dos conceitos trabalhados e grande seleção de questões de provas oficiais que abordam esses temas.

No Caderno de Estudos do 3º ano, há ainda um material complementar com o qual, ao terminar de se dedicar aos conteúdos destinados a esse ano escolar, você poderá se planejar para uma retomada final do Ensino Médio! Revisões estruturadas de todos os conteúdos desse ciclo são acompanhadas de simulados, propostos para que você os resolva como se realmente estivesse participando de uma prova oficial de vestibular ou do Enem, de maneira que consiga fazer um bom uso do seu tempo.

Desejamos que seus estudos corram bem e que você tenha sucesso **Rumo ao Ensino Superior**!

Equipe Conecte LIVE!

# Conheça este Caderno de Estudos

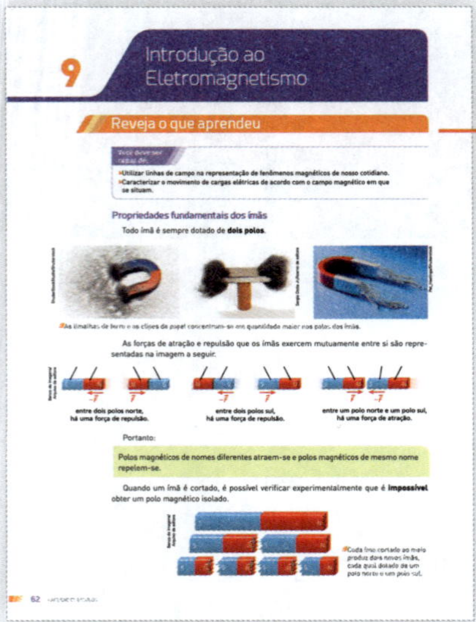
9 Introdução ao Eletromagnetismo

Reveja o que aprendeu

Propriedades fundamentais dos ímãs

## Reveja o que aprendeu

Nesta seção, os principais conceitos de cada tópico de conteúdo do livro são apresentados de maneira resumida, para que você tenha a oportunidade de, sempre que desejar, retomar aprendizagens que vem construindo ao longo do terceiro ano do Ensino Médio.

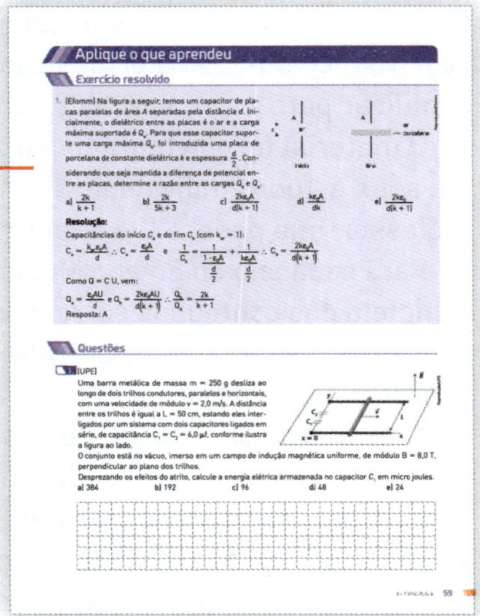
Aplique o que aprendeu

Exercício resolvido

Questões

## Aplique o que aprendeu

Depois de retomar os conceitos no **Reveja o que aprendeu**, é o momento de aplicar esses conceitos resolvendo atividades. A seção se inicia com **Exercícios resolvidos**, que trarão uma solução detalhada de uma atividade. Em seguida, haverá uma seleção de atividades para você resolver. Ao final da seção, registre a quantidade de acertos que você teve em relação ao total de atividades. Se o seu desempenho estiver aquém de suas expectativas, verifique em quais páginas do seu livro-texto os conceitos são trabalhados e procure retomá-los, individualmente ou em grupos de estudo, dedicando mais tempo para se aprofundar neles.

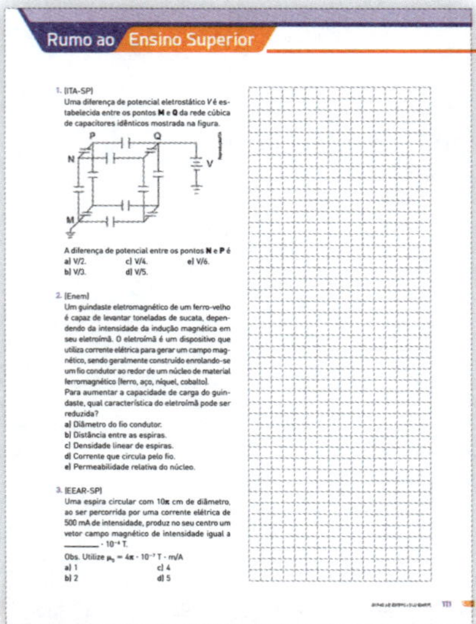
Rumo ao Ensino Superior

## Rumo ao Ensino Superior

Esta seção apresenta uma seleção de atividades que envolvem conteúdos estudados ao longo de todo o terceiro ano do Ensino Médio. Você encontrará questões elaboradas por nós, do Enem e de diferentes vestibulares do Brasil.

# Sumário

Já revi este conteúdo | Já apliquei este conteúdo

# 1 Cargas elétricas

## Reveja o que aprendeu

**Você deve ser capaz de:**

▸ Caracterizar diferentes fenômenos da natureza pela presença de cargas elétricas.

### Noção de carga elétrica

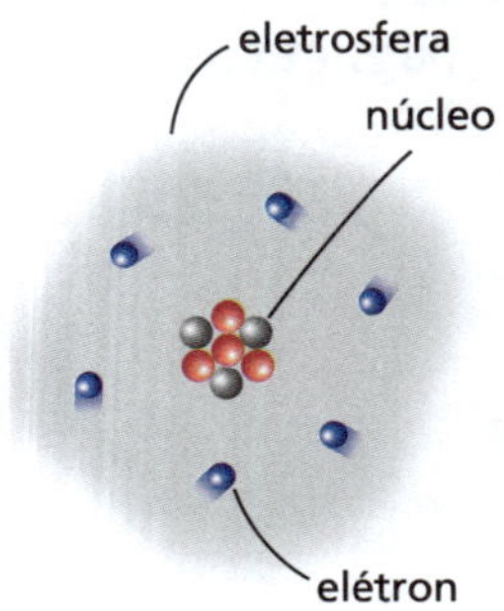

Representação esquemática de um átomo.

Banco de imagens/Arquivo da editora

No núcleo de um átomo existem partículas denominadas **prótons** e **nêutrons**. Na **eletrosfera**, região ao redor do núcleo, movem-se outras partículas, que recebem o nome de **elétrons**.

Os prótons e os elétrons têm propriedade diferente dos nêutrons. A essa propriedade denominou-se **carga elétrica**, e, por convenção, considera-se **positiva** a carga elétrica do próton e **negativa** a carga elétrica do elétron. Em intensidade, as cargas elétricas do próton e do elétron são iguais. Essa intensidade ou valor absoluto recebe o nome de **carga elétrica elementar** e o símbolo *e*. Diz-se **elementar** porque é a menor quantidade de carga encontrada de maneira isolada na natureza.

O **valor da carga elétrica** elementar é:

$$e = 1{,}6 \cdot 10^{-19}\ C$$

O sinal da carga é diferente para cada partícula:

Carga elétrica do próton $= +e = +1{,}6 \cdot 10^{-19}\ C$
Carga elétrica do elétron $= -e = -1{,}6 \cdot 10^{-19}\ C$
Carga elétrica do nêutron $= 0$

Diz-se que um **coulomb** (*C*) é a quantidade de carga elétrica que atravessa a secção transversal de um condutor elétrico percorrido por uma corrente contínua de intensidade igual a um ampere (*A*) em um segundo (*s*).

Um corpo está eletricamente **neutro** quando a soma algébrica de todas as cargas é igual a zero, ou seja, a quantidade de prótons e elétrons é igual.

Assim, **eletrizar** um corpo é provocar a diferença de suas quantidades de prótons e elétrons.

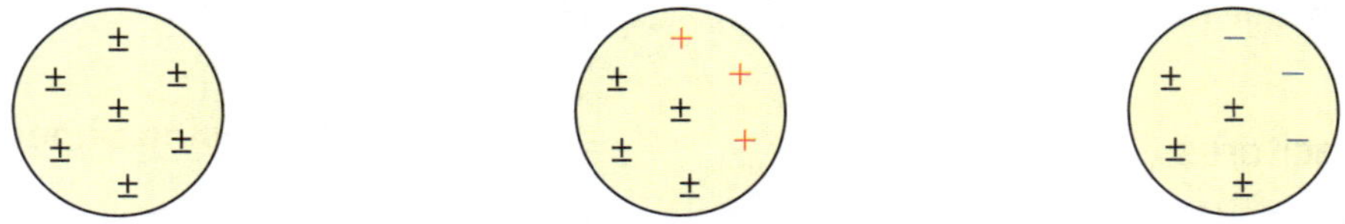

corpo eletricamente neutro: para cada próton existe um elétron. | corpo eletrizado positivamente: há mais prótons que elétrons. | corpo eletrizado negativamente: há mais elétrons que prótons.

Banco de imagens/Arquivo da editora

Seja **Q** a carga elétrica de um corpo eletrizado qualquer. Desse modo, temos:

$$Q = ne \qquad (n = 1, 2, 3, ...)$$

### Princípios da Eletrostática

Partículas eletrizadas com cargas de sinais iguais se repelem, enquanto as eletrizadas com cargas de sinais opostos se atraem.

Banco de imagens/Arquivo da editora

Sabendo-se que um "sistema eletricamente isolado é aquele que não troca cargas elétricas com o meio exterior" é possível enunciar o **Princípio da Conservação das Cargas Elétricas**:

A soma algébrica das cargas elétricas existentes em um sistema eletricamente isolado é constante.

## Condutores e isolantes elétricos

Denomina-se **condutor elétrico** o material elétrico em que há grande quantidade de portadores de carga elétrica que podem se movimentar com grande facilidade. Caso contrário, o material recebe o nome de **isolante elétrico**.

## Processos de eletrização

Recebe o nome de **eletrização** o fenômeno em que um corpo neutro se torna eletrizado devido à mudança no número de seus elétrons.

### Eletrização por atrito de materiais diferentes

Comprova-se experimentalmente que, quando há atrito entre dois corpos neutros de diferentes materiais, um deles recebe elétrons do outro e fica eletrizado com carga negativa, enquanto o outro – o que perdeu elétrons – adquire carga positiva.

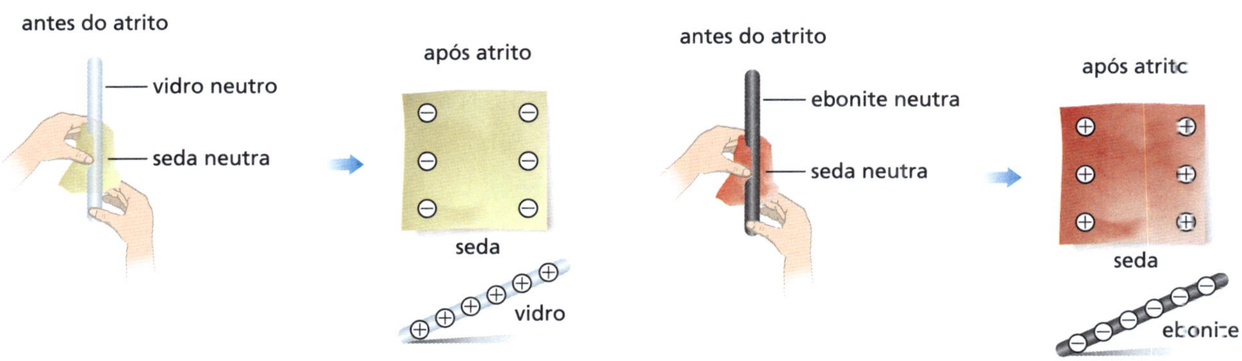


Banco de imagens/Arquivo da editora

## Eletrização por contato

Quando dois ou mais corpos condutores são colocados em contato, estando pelo menos um deles eletrizado, observa-se uma redistribuição de carga elétrica pelas suas superfícies externas.

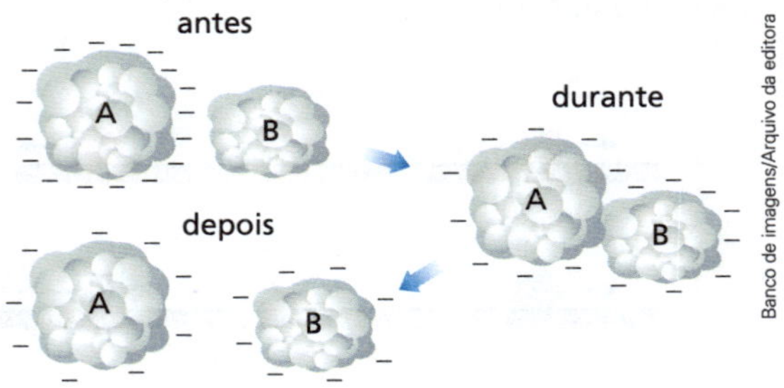


## Eletrização por indução eletrostática

Ao aproximarmos (sem colocar em contato) um condutor eletrizado de um neutro, é provocada, no condutor neutro, uma redistribuição de seus elétrons livres. Esse fenômeno recebe o nome de **indução eletrostática,** e se deve ao fato de as cargas existentes no condutor eletrizado poderem repelir ou atrair os elétrons livres do condutor neutro. O condutor eletrizado é denominado **indutor** e o condutor neutro, **induzido**.

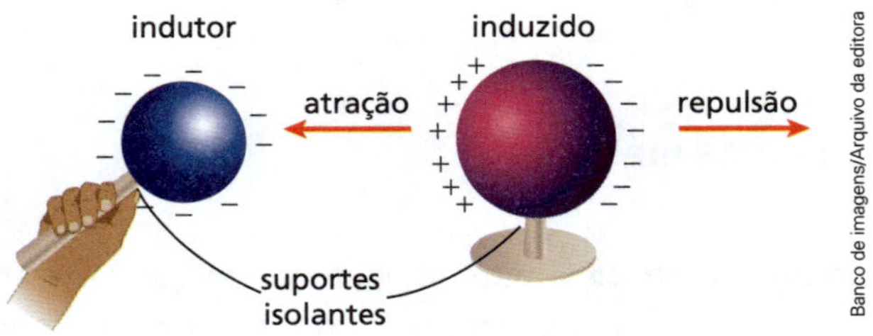


## Lei de Coulomb

As forças de interação entre duas partículas eletrizadas são sempre dirigidas segundo o segmento de reta que as une e têm intensidades iguais. Tais intensidades são diretamente proporcionais ao módulo do produto das cargas e inversamente proporcionais ao quadrado da distância entre as partículas.

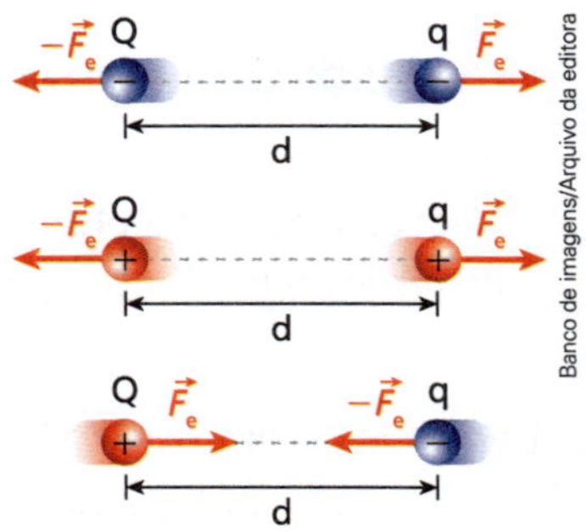


Matematicamente,

$$F_e = k\frac{|Qq|}{d^2}$$

sendo

$$k = \frac{1}{4\pi\varepsilon}$$

No vácuo,

$$\varepsilon_0 = 8{,}85 \cdot 10^{-12}\ N^{-1}\ m^{-2}\ C^2$$
$$k_0 \cong 9{,}0 \cdot 10^9\ N\ m^2\ C^{-2}$$

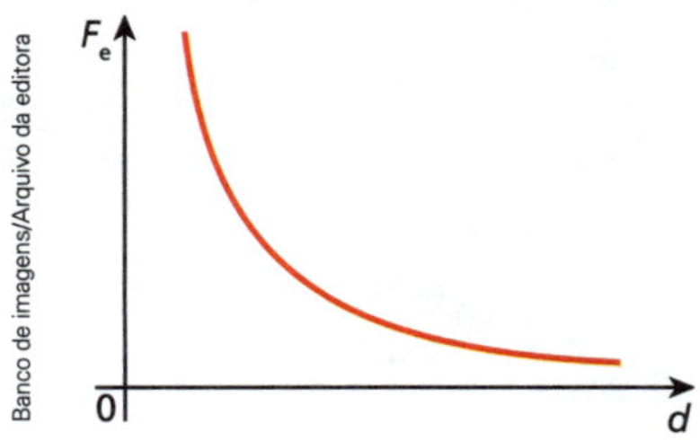


Representação gráfica de $F_e$ em função de $d$.

# Aplique o que aprendeu

## Exercício resolvido

1. (FGV-SP) Deseja-se eletrizar um objeto metálico, inicialmente neutro, pelos processos de eletrização conhecidos, e obter uma quantidade de carga negativa de 3,2 μC. Sabendo-se que a carga elementar vale $1,6 \cdot 10^{-19}$ C, para se conseguir a eletrização desejada, será preciso:

a) retirar do objeto 20 trilhões de prótons.

b) retirar do objeto 20 trilhões de elétrons.

c) acrescentar ao objeto 20 trilhões de elétrons.

d) acrescentar ao objeto cerca de 51 trilhões de elétrons.

e) retirar do objeto cerca de 51 trilhões de prótons.

**Resolução:**

$Q = n\,e$

$3,2 \cdot 10^{-6} = n \cdot 1,6 \cdot 10^{-19}$

$n = 2 \cdot 10^{13}$ elétrons

$n = 20\,000\,000\,000\,000$ elétrons

$n = 20$ trilhões de elétrons

Esses elétrons devem ser acrescentados ao objeto metálico, inicialmente neutro.

Resposta: C

## Questões

1. (UPM-SP)

Uma esfera metálica A eletrizada com carga elétrica igual a −20,0 μC é colocada em contato com outra esfera idêntica B eletricamente neutra. Em seguida, encosta-se a esfera B em outra C, também idêntica eletrizada com carga elétrica igual a 50,0 μC. Após esse procedimento, as esferas B e C são separadas. A carga elétrica armazenada na esfera B, no final desse processo, é igual a

a) 20,0 μC  b) 30,0 μC  c) 40,0 μC  d) 50,0 μC  e) 60,0 μC

**2.** (UFJF/Pism-MG)

Duas pequenas esferas condutoras idênticas estão eletrizadas. A primeira esfera tem uma carga de 2Q e a segunda uma carga de 6Q. As duas esferas estão separadas por uma distância *d* e a força eletrostática entre elas é $F_1$. Em seguida, as esferas são colocadas em contato e depois separadas por uma distância 2*d*. Nessa nova configuração, a força eletrostática entre as esferas é $F_2$.

Pode-se afirmar sobre a relação entre as forças $F_1$ e $F_2$ que:

a) $F_1 = 3F_2$

b) $F_1 = \frac{F_2}{12}$

c) $F_1 = \frac{F_2}{3}$

d) $F_1 = 4F_2$

e) $F_1 = F_2$

**3.** (Udesc)

Duas pequenas esferas estão separadas por uma distância de 30 cm. As duas esferas repelem-se com uma força de $7{,}5 \times 10^{-6}$ N. Considerando que a carga elétrica das duas esferas é 20 nC, a carga elétrica de cada esfera é, respectivamente:

Dado: $k = 9 \cdot 10^9\ Nm^2/C^2$

a) 10 nC e 10 nC

b) 13 nC e 7 nC

c) 7,5 nC e 10 nC

d) 12 nC e 8 nC

e) 15 nC e 5 nC

**4.** (UFJF-MG)

Em 1785, Charles Augustin de Coulomb, com um auxílio de uma balança de torção, investigou a interação entre cargas elétricas. A balança é composta por uma haste isolante, com duas esferas em suas extremidades, sendo uma isolante (contrapeso) e outra condutora, como mostram as figuras ao lado. Todo o conjunto é suspenso por um fio de torção. Quando o sistema entra em equilíbrio, a esfera condutora é carregada com uma carga $q_1$ e outra esfera, com carga $q_2$, é aproximada da esfera metálica. O sistema sofre uma torção, que depende do sinal e intensidade das cargas. Com isso, é possível determinar a força de interação entre as esferas carregadas em função do ângulo de rotação. Assim, assinale a alternativa que descreve a Lei de Coulomb.

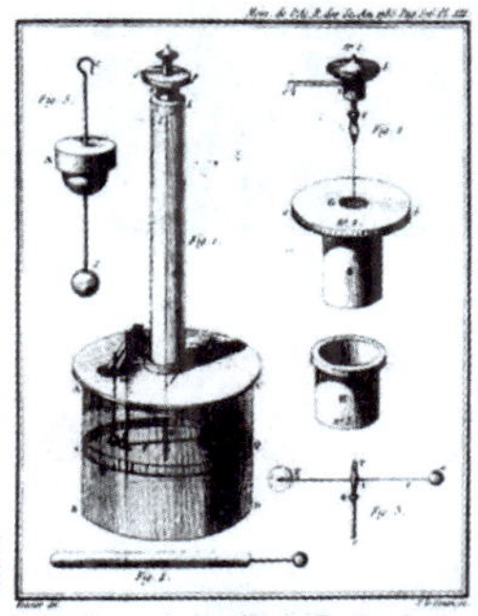

A balança de torção de Coulomb, *Mémoires de l'Académiedes Sciences*, 1784.

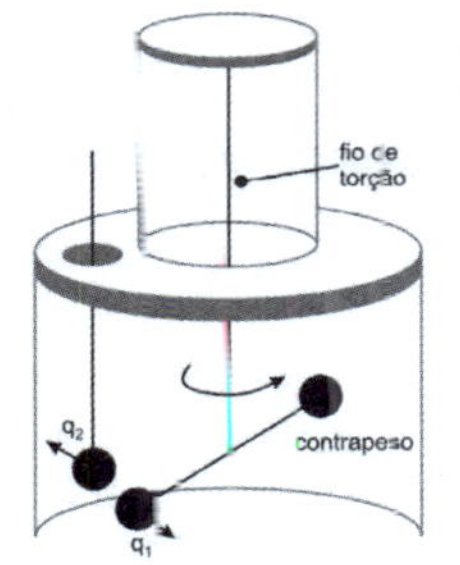


Esquema simplificado da balança de torção de Coulomb.



a) A força elétrica é proporcional ao produto das cargas e inversamente proporcional ao quadrado da distância entre elas.

b) A força elétrica é proporcional ao produto das massas e inversamente proporcional ao quadrado da distância entre elas.

c) A força elétrica é proporcional ao somatório das cargas e inversamente proporcional à distância entre elas.

d) Independentemente dos sinais das cargas, a torsão no fio não irá mudar de direção.

e) Quanto maior a massa das esferas, maior a aceleração causada pela força Coulombiana.

**5.** (UFRJ)

O esquema ao lado representa as esferas metálicas **A** e **B**, ambas com massa de $10^{-3}$ kg e carga elétrica de módulo igual a $10^{-6}$ C. As esferas estão presas por fios isolantes a suportes, e a distância entre elas é de 1 m.

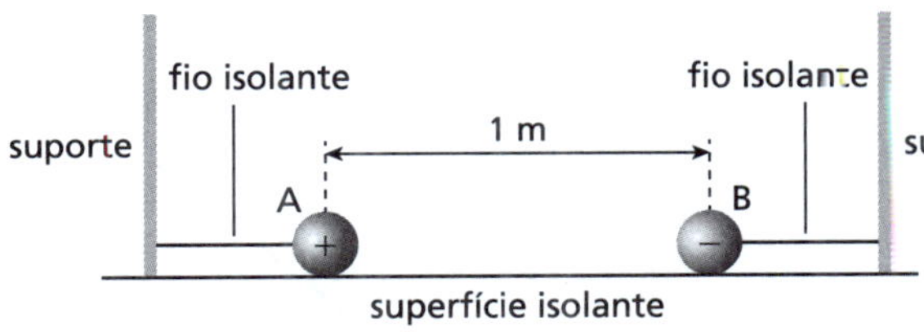




Dado: $k = 9 \cdot 10^9 \ \frac{Nm^2}{C^2}$

Admita que o fio que prende a esfera **A** foi cortado e que a força resultante sobre essa esfera corresponde apenas à força de interação elétrica.

Calcule a aceleração, em $m/s^2$, adquirida pela esfera **A** imediatamente após o corte do fio.

TOTAL DE ACERTOS ____/5

# 2 Campo elétrico

## Reveja o que aprendeu

**Você deve ser capaz de:**

- Utilizar o conceito de campo elétrico na explicação de fenômenos elétricos.

### Conceito e descrição de campo elétrico

**Campo elétrico** é uma propriedade física estabelecida em todos os pontos do espaço que estão sob a influência de uma carga elétrica (carga fonte). Quando outra carga, chamada carga de prova, é colocada em um desses pontos, fica submetida a uma força de atração ou de repulsão exercida pela carga fonte.

**Carga de prova** é uma carga elétrica de quantidade conhecida utilizada para verificar a existência de um campo elétrico. Pelo efeito observado sobre essa carga elétrica posicionada em um determinado local, é possível detectar se nele existe ou não um campo elétrico assim como sua intensidade.

### Definição do vetor campo elétrico

A definição de campo elétrico é:

$$\vec{E} = \frac{\vec{F}_e}{q}$$

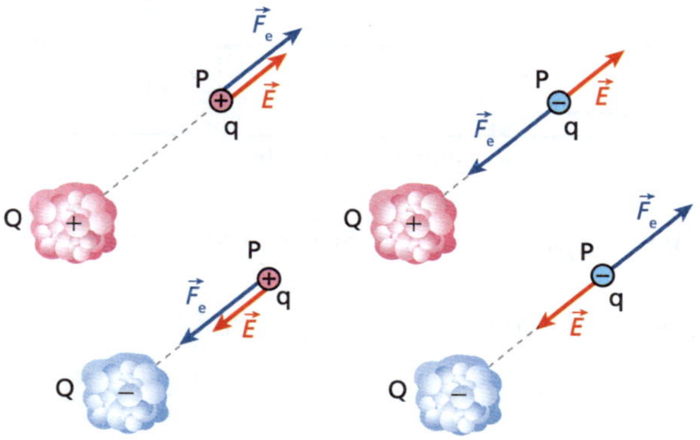


São características do vetor $\vec{E}$:

- intensidade: $E = \frac{F_e}{q}$
- direção: a mesma da força $\vec{F}_e$.
- sentido: o mesmo da força $\vec{F}_e$, se $q$ for positiva; contrário ao da força $\vec{F}_e$, se $q$ for negativa.

As orientações do vetor campo elétrico $\vec{E}$ devido a uma carga fonte $Q$ podem ser representadas como ao lado.

As figuras mostram que:

Quando a carga de prova $q$ é **positiva**, os vetores campo elétrico ($\vec{E}$) e força elétrica ($\vec{F}_e$) têm a mesma direção e o mesmo sentido. Quando a carga de prova $q$ é **negativa**, os vetores $\vec{E}$ e $\vec{F}_e$ têm mesma direção, mas sentidos opostos.

Em um ponto **P**, o vetor campo elétrico sempre tem sentido de **afastamento** em relação a uma carga $Q$ **positiva**, enquanto o vetor campo elétrico sempre tem sentido de **aproximação** em relação a uma carga $Q$ **negativa**, independentemente do sinal da carga de prova $q$.

## Campo elétrico de uma partícula eletrizada

O módulo do vetor campo elétrico no ponto **P** é dado por:

$$E = k\frac{|Q|}{d^2}$$

Uma partícula eletrizada cria um campo elétrico na região do espaço ao redor de si. No entanto, no ponto em que essa partícula está situada, o vetor campo, devido à própria partícula, é nulo.

## Campo elétrico devido a duas ou mais partículas eletrizadas

O vetor campo elétrico no ponto **P** é resultante da **soma dos vetores** $\vec{E}_A$ e $\vec{E}_B$, provocado por $Q_A$ e $Q_B$, respectivamente, conforme representado nas figuras a seguir:

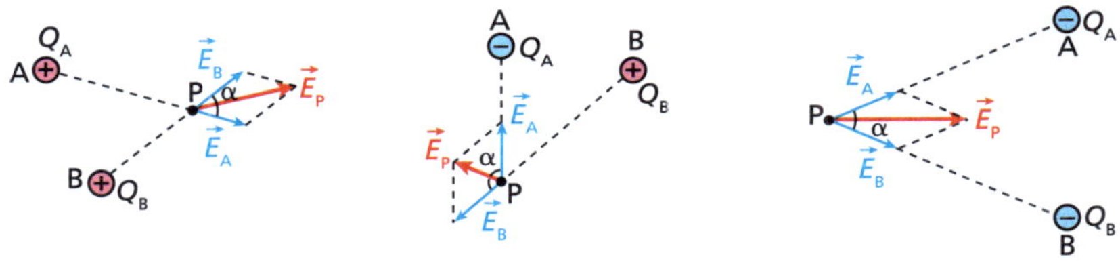


Banco de imagens/Arquivo da editora

$$\vec{E}_P = \vec{E}_A + \vec{E}_B$$

De maneira geral, no caso de *n* partículas eletrizadas, temos:

$$\vec{E} = \vec{E}_1 + \vec{E}_2 + ... + \vec{E}_n$$

## Linhas de força

**Linha de força** de um campo elétrico é uma linha associada a cada ponto do campo elétrico e que tangencia o vetor campo elétrico nesse ponto.

Banco de imagens/Arquivo da editora

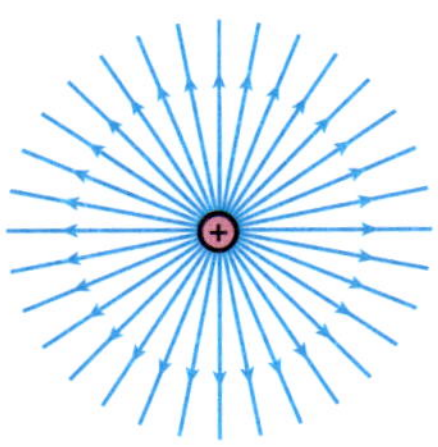

Linhas de força de **afastamento** representativas do campo elétrico criado por uma partícula eletrizada com carga **positiva**.

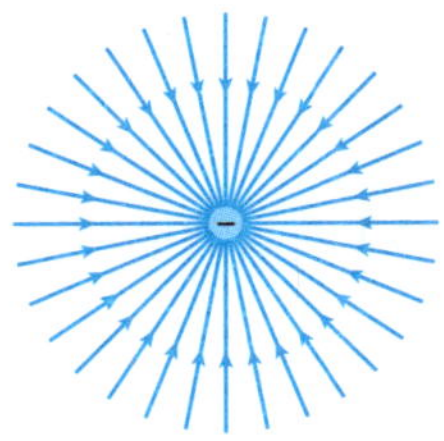

Linhas de força de **aproximação** representativas do campo elétrico criado por uma partícula eletrizada com carga **negativa**.

As linhas de um campo elétrico formado por duas cargas têm o seguinte aspecto:

Banco de imagens/Arquivo da editora

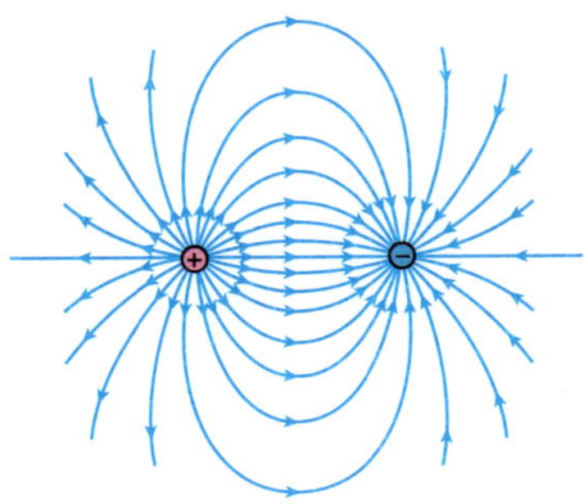

Observe a simetria das linhas de força representativas do campo elétrico resultante de dois campos criados por duas partículas eletrizadas com cargas de mesmo módulo, mas de sinais opostos.

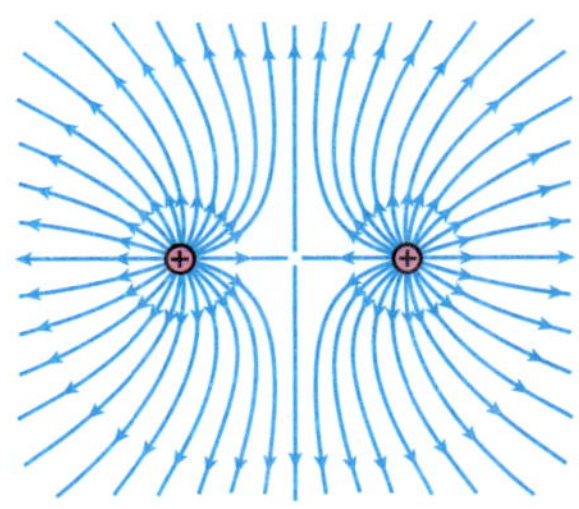

Observe a simetria das linhas de força representativas do campo elétrico resultante de dois campos criados por duas partículas eletrizadas com cargas iguais. No exemplo, ambas são positivas. Caso fossem negativas mudaria apenas o sentido da orientação das linhas de força, sendo conservados os demais aspectos.

## Densidade superficial de cargas

A **densidade superficial média de cargas** ($\sigma_m$) em um condutor de superfície externa de área total *A*, eletrizado por uma carga *Q* e em equilíbrio eletrostático é:

$$\sigma_m = \frac{Q}{A}$$

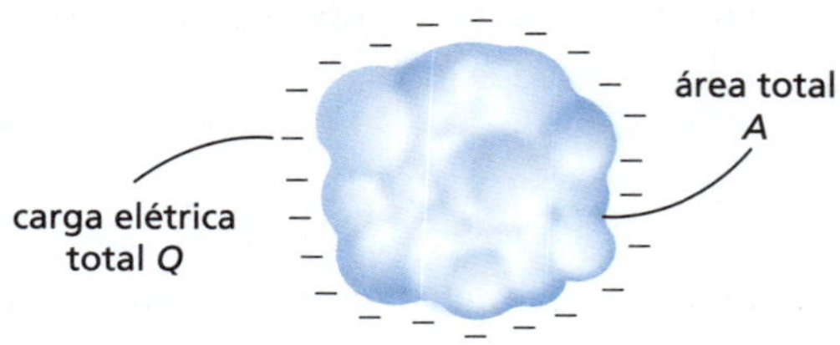

Banco de imagens/Arquivo da editora

## O poder das pontas

Verifica-se experimentalmente que o módulo da densidade superficial de cargas em um condutor eletrizado é maior em regiões de maior curvatura. O módulo da densidade é ainda maior em regiões pontiagudas, e esse comportamento é conhecido por **poder das pontas**. Como consequência, devido à maior concentração de cargas, a intensidade do campo elétrico é maior em torno das regiões pontiagudas que em torno das outras regiões do condutor.

## Campo elétrico criado por um condutor eletrizado

No interior de um condutor eletrizado em equilíbrio eletrostático, o vetor campo elétrico é nulo.

Na superfície externa de um condutor eletrizado em equilíbrio eletrostático, o vetor campo elétrico é indeterminado.

## Campo elétrico criado por um condutor esférico eletrizado

Nos pontos internos de um condutor esférico eletrizado, o campo elétrico é nulo.

Na região externa ao condutor esférico eletrizado:

$$E_{ext} = k\frac{|Q|}{d^2}$$

Nas proximidades da superfície desse condutor, $d \cong r$. Então:

$$E_{próx} = k\frac{|Q|}{r^2}$$

## Campo elétrico uniforme

O campo elétrico é **uniforme** em uma região do espaço em que o vetor do campo elétrico ($\vec{E}$) tem, em todos os pontos, a mesma intensidade, a mesma direção e o mesmo sentido.

O campo elétrico uniforme tem as seguintes características:

- intensidade: $E = \frac{|\sigma|}{2\varepsilon}$;
- direção: perpendicular à superfície;
- sentido: de afastamento ou de aproximação em relação à superfície, dependendo do sinal de sua carga elétrica.

# Aplique o que aprendeu

## Exercício resolvido

1. (UFPB)

Impressoras de jato de tinta funcionam pelo envio sobre o papel de gotas de tinta eletricamente carregadas, que são aceleradas através de um campo elétrico. A gota é inserida em uma região onde há um campo elétrico uniforme criado por duas placas paralelas carregadas, conforme mostrado na figura abaixo, e é acelerada para a esquerda.

Uma gota de massa $m = 10^{-6}$ kg adquire uma aceleração $a = 2,0 \text{ m/s}^2$, em um campo elétrico de intensidade $E = 5 \cdot 10^6$ N/C.

Considerando essas informações e desprezando a ação da gravidade, conclui-se que a carga elétrica da gota corresponde a:

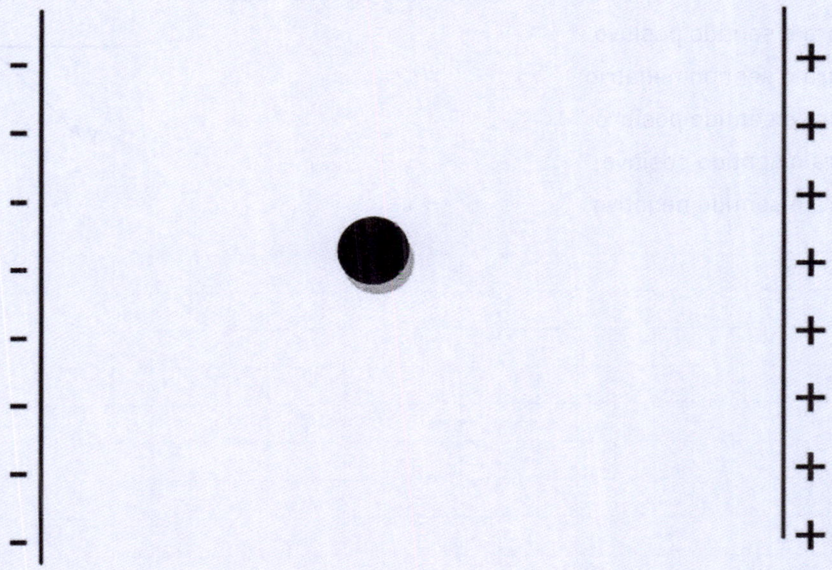




a) $2 \cdot 10^{-13}$ C

b) $4 \cdot 10^{-13}$ C

c) $6 \cdot 10^{-13}$ C

d) $8 \cdot 10^{-13}$ C

e) $10 \cdot 10^{-13}$ C

**Resolução:**

A força aplicada na partícula eletrizada é dada por:

$F = q\,E$

Assim:

$F = m\,a$ (2ª Lei de Newton)

Então:

$q\,E = m\,a$

$q \cdot 5 \cdot 10^6 = 10^{-6} \cdot 2,0$

$q = 4 \cdot 10^{-13}$ C

Resposta: B

## Questões

**1.** (Vunesp-SP)

Há pouco mais de 60 anos não existiam *microchips*, transistores ou mesmo diodos, peças fundamentais para o funcionamento dos atuais eletroeletrônicos. Naquela época, para controlar o sentido da corrente elétrica em um trecho de circuito existiam as válvulas diodo.

Nesse tipo de válvula, duas peças distintas eram seladas a vácuo: o emissor, de onde eram extraídos elétrons e a grade, que os recebia. O formato do emissor e da grade permitia que entre eles se estabelecesse um campo elétrico uniforme.

O terno de eixos desenhado está de acordo com a posição da válvula mostrada na figura anterior.

Para que um elétron seja acelerado do emissor em direção à grade, deve ser criado entre estes um campo elétrico orientado na direção do eixo:

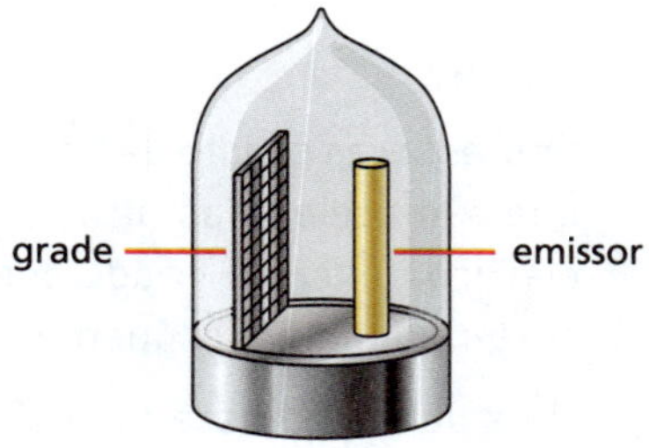


Banco de imagens/Arquivo da editora

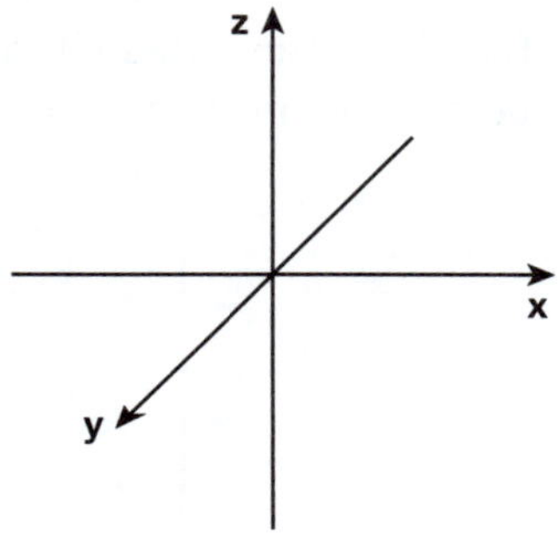


Banco de imagens/Arquivo da editora

a) **x**, voltado para o sentido positivo.

b) **x**, voltado para o sentido negativo.

c) **y**, voltado para o sentido positivo.

d) **z**,voltado para o sentido positivo.

e) **z**,voltado para o sentido negativo.

**2.** (Uece)

Precipitador eletrostático é um equipamento que pode ser utilizado para remoção de pequenas partículas presentes nos gases de exaustão em chaminés industriais. O princípio básico de funcionamento do equipamento é a ionização dessas partículas, seguida de remoção pelo uso de um campo elétrico na região de passagem delas. Suponha que uma delas tenha massa *m*, adquira uma carga de valor *q* e fique submetida a um campo elétrico de módulo *E*. A força elétrica sobre essa partícula é dada por:

a) mqE b) mE/q c) q/E d) qE

**3.** (Uece)

Imediatamente antes de um relâmpago, uma nuvem tem em seu topo predominância de moléculas com cargas elétricas positivas, enquanto sua base é carregada negativamente. Considere um modelo simplificado que trata cada uma dessas distribuições como planos de carga paralelos e com distribuição uniforme. Sobre o vetor campo elétrico gerado por essas cargas em um ponto entre o topo e a base, é correto afirmar que

a) é vertical e tem sentido de baixo para cima.
b) é vertical e tem sentido de cima para baixo.
c) é horizontal e tem mesmo sentido da corrente de ar predominante no interior da nuvem.
d) é horizontal e tem mesmo sentido no norte magnético da Terra.

**4.** (Aman-RJ)

Uma partícula de carga $q$ e massa $10^{-6}$ kg foi colocada num ponto próximo à superfície da Terra onde existe um campo elétrico uniforme, vertical e ascendente de intensidade $E = 10^5$ N/C.

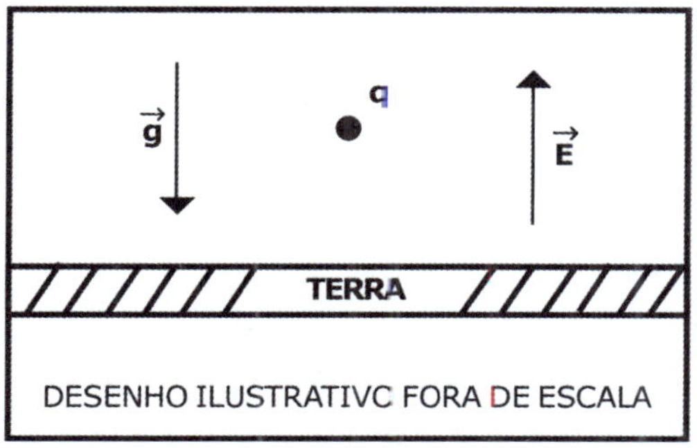


Reprodução/ESPCEX, 2016.

Sabendo que a partícula está em equilíbrio, considerando a intensidade da aceleração da gravidade $g = 10$ m/s², o valor da carga $q$ e o seu sinal são respectivamente:

a) $10^{-3}$ μC, negativa
b) $10^{-5}$ μC, positiva
c) $10^{-5}$ μC, negativa
d) $10^{-4}$ μC, positiva
e) $10^{-4}$ μC, negativa

TOTAL DE ACERTOS ____/4

3

# Potencial elétrico

## Reveja o que aprendeu

**Você deve ser capaz de:**

- Reconhecer o potencial elétrico como propriedade do espaço e relacionada ao movimento de cargas elétricas.

### Energia potencial eletrostática e o conceito de potencial em um campo elétrico

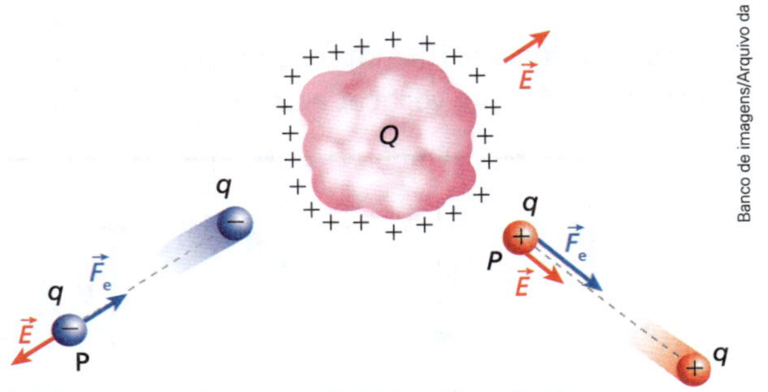


A carga de prova *q* localizada no ponto **P** armazena uma energia potencial que recebe o nome de **energia potencial eletrostática** ou **elétrica**, simbolizada por $E_p$. Essa energia potencial é transformada, em seguida, em energia cinética. Assim, é possível afirmar que a carga *Q* do condutor produz um campo elétrico, por sua vez representado por uma grandeza escalar chamada **potencial eletrostático** (ou elétrico).

Define-se o potencial $\nu$ pela expressão:

$$\nu = \frac{E_p}{q} \therefore E_p = q\,\nu$$

### Potencial em um campo elétrico criado por uma partícula eletrizada

Dado um campo elétrico criado por uma partícula eletrizada com carga *Q*, vamos colocar uma carga de prova *q* em um ponto **P** desse campo, a uma distância *d* de *Q*.

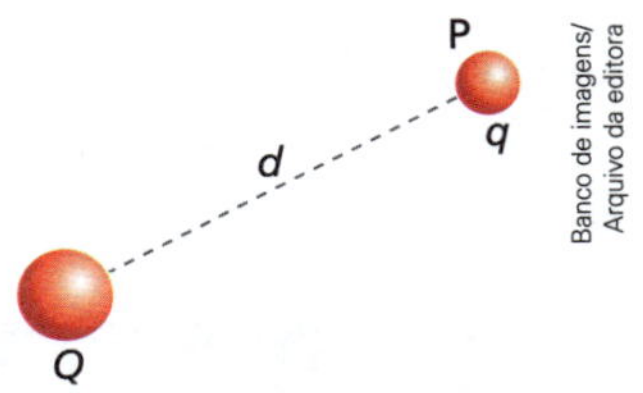

## Potencial em um campo elétrico criado por duas ou mais partículas eletrizadas

Sabe-se que o potencial elétrico é uma grandeza escalar. Desse modo, tem-se, no ponto **A**, um potencial resultante de valor igual à **soma algébrica** dos *n* potenciais criados por cada uma das cargas. Assim, vale a soma dos potenciais conforme a equação:

$$\nu_A = \nu_1 + \nu_2 + ... + \nu_n$$

## Equipotenciais

**Equipotenciais** é o nome dado às linhas (no plano) ou superfícies (no espaço) onde atribui-se o mesmo valor algébrico a todos os pontos do potencial.

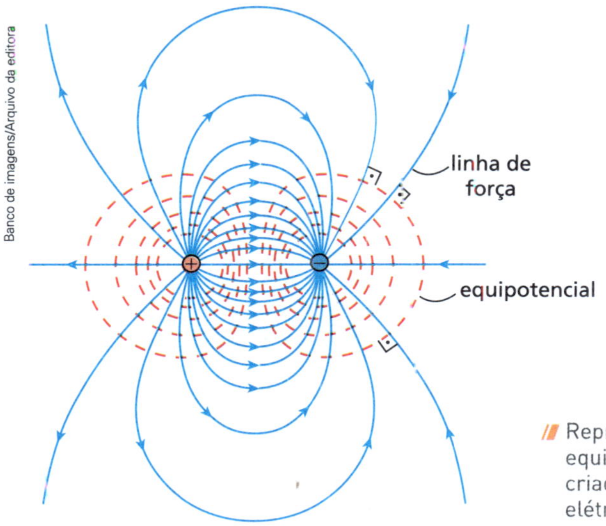


Representação de equipotenciais do campo criado por um dipolo elétrico.

## Trabalho da força elétrica

Considere um corpo de massa *m*, em queda livre partindo do repouso em um campo gravitacional uniforme, conforme a figura.

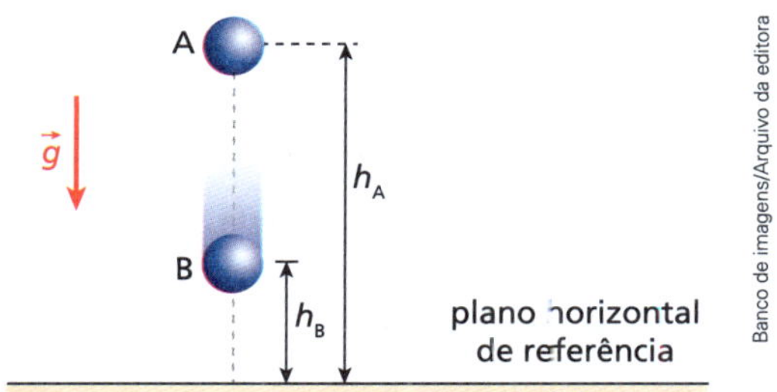


A grandeza $\nu_A - \nu_B$ é a representação da diferença de potencial (ddp) ou tensão elétrica entre os pontos **A** e **B**.

Ao representar essa diferença por *U*, o trabalho da força elétrica entre **A** e **B** também pode ser determinado por:

$$\tau_{AB} = q\,(\nu_A - \nu_B) = q\,U$$

Vale apontar que o trabalho realizado pela força elétrica que atua sobre uma partícula eletrizada com carga *q* se deslocando, nesse campo, do ponto **A** para o ponto **B**, **não depende** da trajetória descrita por ela. Isso porque a força eletrostática é **conservativa**.

## Propriedades do campo elétrico

O **potencial elétrico decresce** ao longo e no sentido de uma linha de força.

Quando se abandona, sob a ação exclusiva de um campo elétrico, uma partícula eletrizada com **carga positiva**, ela move-se **no sentido da linha de força**, deslocando-se para pontos de **menor** potencial.

Quando se abandona, sob a ação exclusiva de um campo elétrico, uma partícula eletrizada com **carga negativa**, ela move-se **no sentido oposto ao da linha de força**, deslocando-se para pontos de **maior** potencial.

## Diferença de potencial entre dois pontos de um campo elétrico uniforme

A diferença de potencial (ddp) entre duas equipotenciais em um campo elétrico uniforme é igual ao produto da intensidade do campo *E* pela distância **entre as equipotenciais**. Vale apontar, nesse caso, que o valor de *U* deve sempre ser usado em módulo.

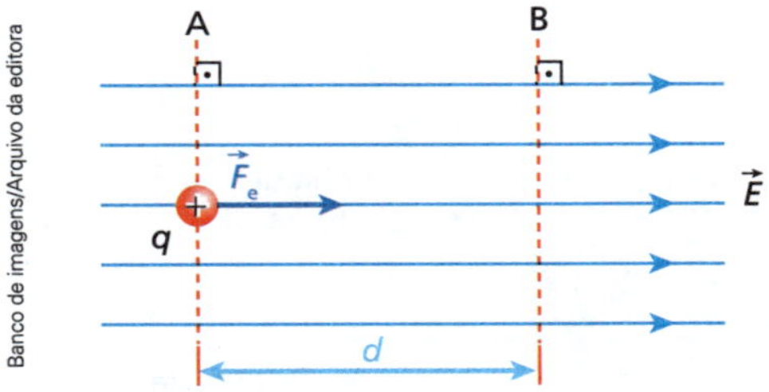


$$E\,d = U$$

## Potencial elétrico criado por um condutor eletrizado

Sob a influência exclusiva de um campo elétrico, partículas eletrizadas deslocam-se espontaneamente entre dois pontos quaisquer somente se, entre eles, houver uma diferença de potencial (ddp) diferente de zero.

Tem-se também que, em um condutor em equilíbrio eletrostático, a diferença de potencial (ddp) entre dois pontos quaisquer é sempre nula.

Conclui-se que, tanto nos pontos da superfície quanto nos pontos internos de um condutor em equilíbrio eletrostático, o potencial elétrico apresenta o mesmo valor. Há diferença nos valores de potencial apenas nos pontos externos ao condutor.

$$\nu_{\text{interno}} = \nu_{\text{superfície}}$$

## Potencial elétrico criado por um condutor esférico eletrizado

Considere uma esfera condutora de raio *r* eletrizada com carga *Q*, isolada e em equilíbrio eletrostático. Para pontos externos à esfera condutora, o valor do potencial varia em função da distância *d* do ponto central **O** da esfera.

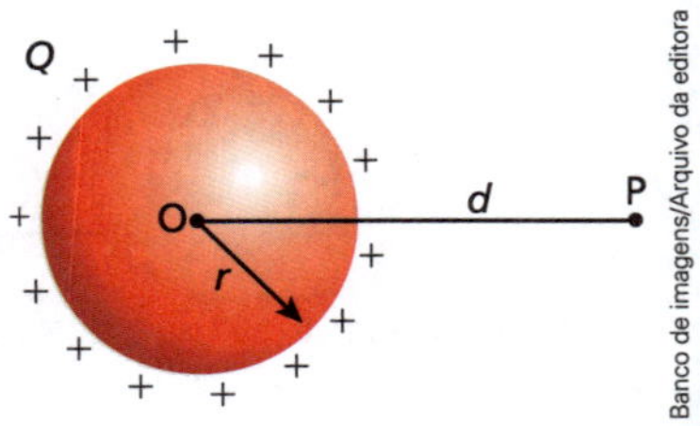


Dessa forma, sendo *k* a constante eletrostática do meio, temos, para um ponto externo **P**:

$$\nu_{\text{externo}} = k\frac{Q}{d}$$

Se d = r, obtemos

$$\nu_{\text{externo}} = k\frac{Q}{r}$$

Apresentamos a seguir gráficos do potencial em função da distância ao centro da esfera eletrizada.

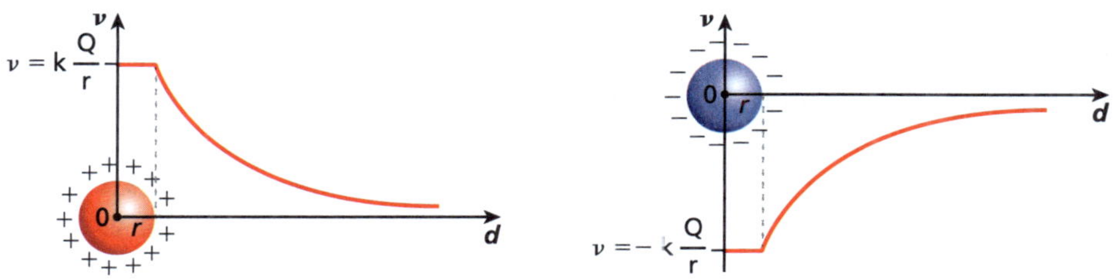

Banco de imagens/Arquivo da editora

## Capacitância

Recebe o nome de capacitância $C$ do condutor a constante igual à razão entre a carga elétrica $Q$ recebida por um condutor e o potencial $\nu$ atingido por ele.

$$C = \frac{Q}{\nu}$$

A capacitância indica a capacidade de armazenamento de cargas pelo condutor. Assim, no caso de dois condutores isolados e inicialmente neutros atingirem o mesmo potencial, o de maior capacitância armazenará uma carga elétrica maior.

## Capacitância de um condutor esférico

A capacitância do condutor no formato esférico depende de sua dimensão e do meio em que está imerso, sendo diretamente proporcional ao raio **r**. Assim:

$$C = \frac{r}{k}$$

## Energia potencial eletrostática de um condutor

Seja um condutor neutro de capacitância $C$, que recebe uma carga elétrica $Q$. Sendo $\nu$ o potencial atingido pelo condutor, a energia potencial elétrica adquirida por ele é calculada por:

$$E_p = \frac{Q\nu}{2}$$

Sendo $Q = C\nu$, é possível também escrever:

$$E_p = \frac{C\nu^2}{2} = \frac{Q^2}{2C}$$

## Condutores em equilíbrio eletrostático

O potencial de equilíbrio é a razão entre o somatório das cargas elétricas existentes nos condutores e o somatório das respectivas capacitâncias.

$$\nu = \frac{Q_A + Q_B + ... + Q_n}{C_A + C_B + ... + C_n}$$

## Indução eletrostática

Denomina-se **indução** ou **influência eletrostática** o fenômeno de separação ou redistribuição de cargas em um corpo causada por um campo elétrico criado por cargas presentes em outro corpo.

As cargas elétricas encontradas em elementos correspondentes têm o mesmo valor em módulo, mas têm sinais opostos.

Apesar de haver indução também entre condutores eletrizados, costuma-se ressaltar o caso em que um deles está neutro, ficando apenas o outro eletrizado. Nesse caso, temos duas situações a considerar: **indução parcial** e **indução total**.

Na indução parcial:

$$|Q_A| > |Q_B|$$

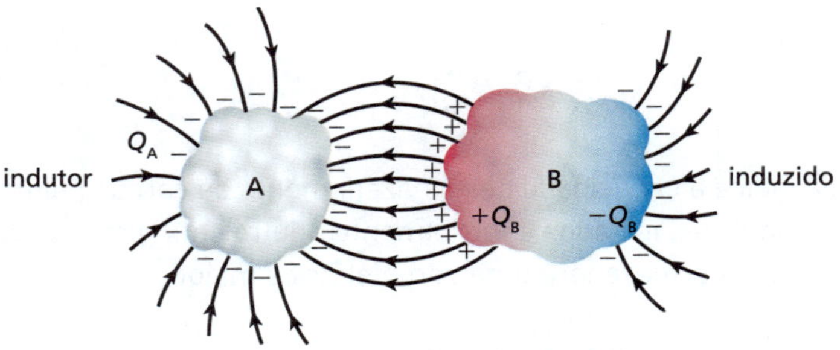


Banco de imagens/Arquivo da editora

Na indução total:

$$|Q_A| = |-Q_B| = |+Q_B|$$

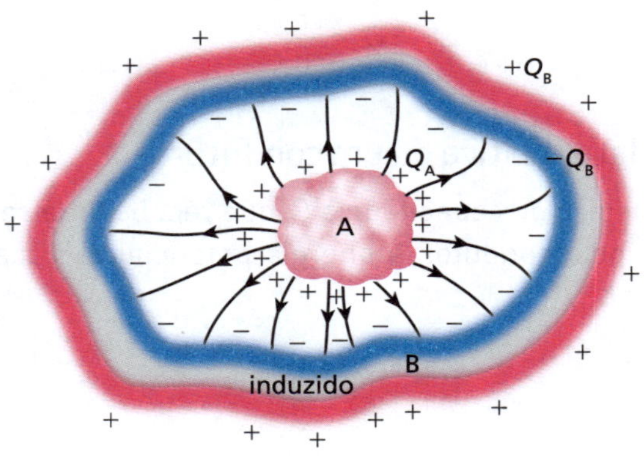


Banco de imagens/Arquivo da editora

## O potencial da Terra

As distribuições de carga da crosta terrestre e da atmosfera determinam, num ponto da Terra, um potencial que, a rigor, é negativo, uma vez que a crosta acumula maior quantidade de cargas negativas que a atmosfera. Como, no entanto, esse potencial – da crosta terrestre – é utilizado como referência, atribui-se a ele o valor zero. Portanto, o potencial de um corpo em relação à Terra é igual à diferença de potencial (ddp) entre ele e a Terra.

Ao lado, temos a representação simbólica de um corpo ligado à Terra.

Banco de imagens/Arquivo da editora

Por convenção:

$$\nu_{Terra} = 0$$

# Aplique o que aprendeu

## Exercício resolvido

**1.** (FGV-SP) Muitos experimentos importantes para o desenvolvimento científico ocorreram durante o século XIX. Entre eles, destaca-se a experiência de Millikan, que determinou a relação entre a carga *q* e a massa *m* de uma partícula eletrizada e que, posteriormente, levaria à determinação da carga e da massa das partículas elementares. No interior de um recipiente cilíndrico, em que será produzido alto vácuo, duas placas planas e paralelas, ocupando a maior área possível, são mantidas a uma curta distância *d*, e entre elas é estabelecida uma diferença de potencial elétrico constante *U*. Variando-se *d* e *U*, é possível fazer com que uma partícula de massa m eletrizada com carga *q* fique equilibrada, mantida em repouso entre as placas. No local da experiência, a aceleração da gravidade é constante de intensidade *g*.

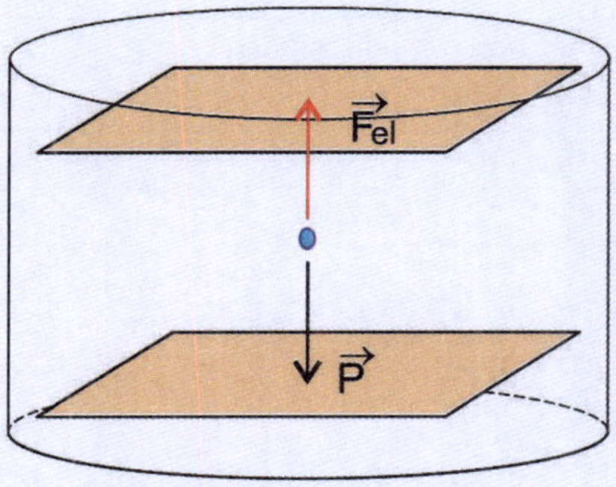

Reprodução/FGV, 2016.

Nessas condições, a relação $\frac{q}{m}$ será dada por

a) $\frac{d \cdot U^2}{g}$.

b) $\frac{g \cdot U^2}{d}$.

c) $\frac{d \cdot g}{U^2}$.

d) $\frac{d \cdot U}{g}$.

e) $\frac{d \cdot g}{U}$.

**Resolução:**

Entre as placas existe um campo elétrico uniforme de intensidade igual a:

$$E\,d = U \Rightarrow E = \frac{U}{d}$$

A força que esse campo aplica na retícula eletrizada é dada por:

$$F = q\,E$$

Assim:

$$F = \frac{qU}{d}$$

Como a partícula fica em equilíbrio, temos $F = P = m\,g$.

$$m\,g = \frac{qU}{d} \Rightarrow \frac{g\,d}{V} = \frac{q}{m}$$

$$\frac{q}{m} = \frac{g\,d}{U}$$

Resposta: E

## Questões

**1.** (Ucsal-BA)

Considere uma carga puntiforme positiva $Q$, fixa na origem **O** de um sistema de eixos cartesianos, e dois pontos **A** e **B** desse plano, como mostra a figura ao lado.

No ponto **B**, o vetor campo elétrico tem intensidade $E$ e o potencial elétrico é $V$. No ponto **A**, os valores dessas grandezas serão, respectivamente:

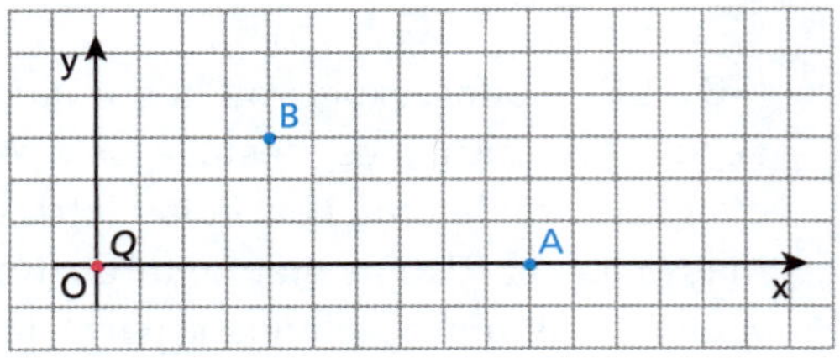


Banco de imagens/Arquivo da editora

a) $\frac{E}{4}$ e $\frac{V}{2}$.
b) $\frac{E}{2}$ e $\frac{V}{2}$.
c) E e V.
d) 2E e 2V.
e) 4E e 2V.

**2.** (UPE)

Considere a Terra como uma esfera condutora, carregada uniformemente, cuja carga total é 6,0 μC e a distância entre o centro da Terra e um ponto P na superfície da Lua é de aproximadamente $4 \cdot 10^8$ m. A constante eletrostática no vácuo é de aproximadamente $9 \cdot 10^9$ $Nm^2/C^2$. É CORRETO afirmar que a ordem de grandeza do potencial elétrico nesse ponto P, na superfície da Lua vale, em volts:

a) $10^{-2}$
b) $10^{-3}$
c) $10^{-4}$
d) $10^{-5}$
e) $10^{-12}$

**3.** (Uece)

Os aparelhos de televisão que antecederam a tecnologia atual, de LED e LCD, utilizavam um tubo de raios catódicos para produção da imagem. De modo simplificado, esse dispositivo produz uma diferença de potencial da ordem de 25 kV entre pontos distantes de 50 cm um do outro. Essa diferença de potencial gera um campo elétrico que acelera elétrons até que se choquem com a frente do monitor, produzindo os pontos luminosos que compõem a imagem.

Com a simplificação acima, pode-se estimar corretamente que o campo elétrico por onde passa esse feixe de elétrons é

a) 0,5 kV/m.
b) 25 kV.
c) 50 000 V/m.
d) 1, 250 kV · cm.

**4.** (EEAR-SP)

São dadas duas cargas, conforme a figura:

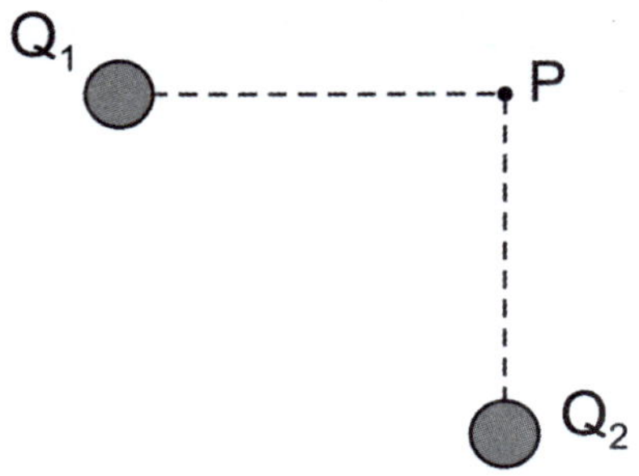




Considerando $E_1$ o módulo do campo elétrico devido à carga $Q_1$, $E_2$ o módulo do campo elétrico devido à carga $Q_2$, $V_1$ o potencial elétrico devido à carga $Q_1$ e $V_2$ o potencial elétrico devido à carga $Q_2$. Considere $E_p$ o campo elétrico e $V_p$ o potencial resultantes no ponto **P**. Julgue as expressões abaixo como verdadeiras (V) ou falsas (F).

( ) $E_P = E_1 + E_2$ ( ) $V_P = V_1 + V_2$ ( ) $\vec{E}_P = \vec{E}_1 + \vec{E}_2$ ( ) $\vec{V}_P = \vec{V}_1 + \vec{V}_2$

Assinale a alternativa que apresenta a sequência correta.

a) V – V – F – F b) V – F – F – V c) F – F – V – V d) F – V – V – F

**5.** (CUSC-ES)

Uma partícula portadora de carga elétrica $q$ igual a $+2\mu C$ é deixada com velocidade inicial nula em um ponto onde existe um campo elétrico uniforme, estabelecido por duas placas planas, paralelas e eletrizadas com m potenciais $-20$ V e $+40$ V distanciadas 5 mm uma da outra, como mostra a figura.

O vetor campo elétrico entre as placas e a força elétrica atuante em $q$ possuem módulos iguais, respectivamente, a:

a) 8 kV/m e 14 mN.
b) 18 kV/m e 32 mN.
c) 12 kV/m e 24 mN.
d) 6 kV/m e 10 mN.
e) 10 kV/m e 18 mN.

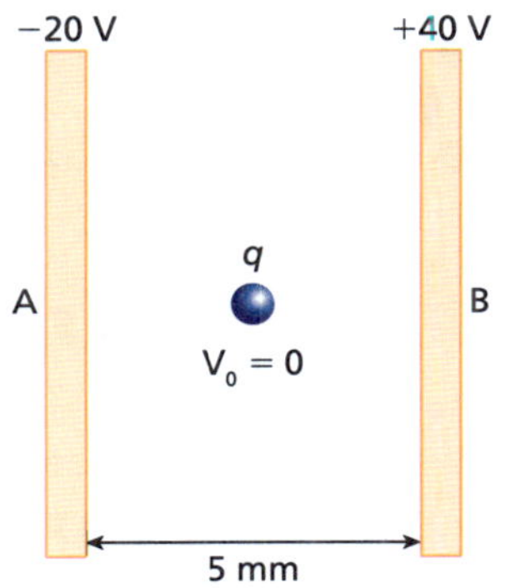




TOTAL DE ACERTOS ____/5

# 4 Corrente elétrica, Tensão elétrica e resistência elétrica

## Reveja o que aprendeu

**Você deve ser capaz de:**

- Relacionar as grandezas da Eletrodinâmica às propriedades de componentes de circuitos em diferentes associações.

### Corrente elétrica

Definimos **corrente elétrica** como um conjunto de portadores de carga elétrica em movimento ordenado em relação a um sistema de referência especificado. Na Eletrodinâmica clássica, o sistema de referência escolhido é normalmente o próprio condutor através do qual flui a corrente elétrica. Dessa forma, quando o referencial não é especificado, subentende-se que este seja o próprio condutor.

### Portadores de carga elétrica

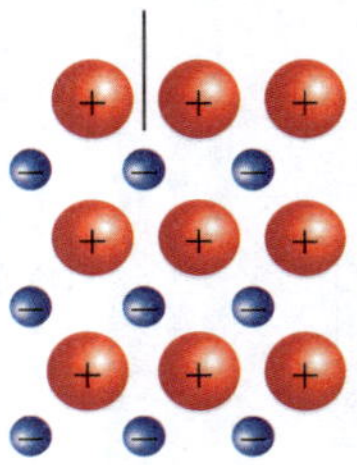

Banco de imagens/Arquivo da editora

Para que os portadores de carga elétrica sejam especificados, deve-se estabelecer qual o tipo de condutor elétrico será analisado. Normalmente, os condutores de corrente elétrica são classificados em três tipos: **metálicos**, **eletrolíticos** e **gasosos**.

a) Nos condutores metálicos, os elétrons "livres" são as partículas portadoras das cargas elétricas.

b) Nos condutores eletrolíticos, íons positivos e negativos que se deslocam em sentidos opostos constituem a corrente elétrica.

c) Nos condutores gasosos, íons positivos e negativos e elétrons livres formam a corrente elétrica.

### O sentido da corrente elétrica

Por convenção, é adotado **como sentido da corrente elétrica o sentido de movimento que teria, ou que tem, a carga elétrica positiva**.

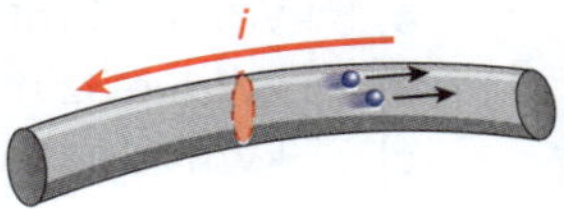

Banco de imagens/Arquivo da editora

### Intensidade da corrente elétrica

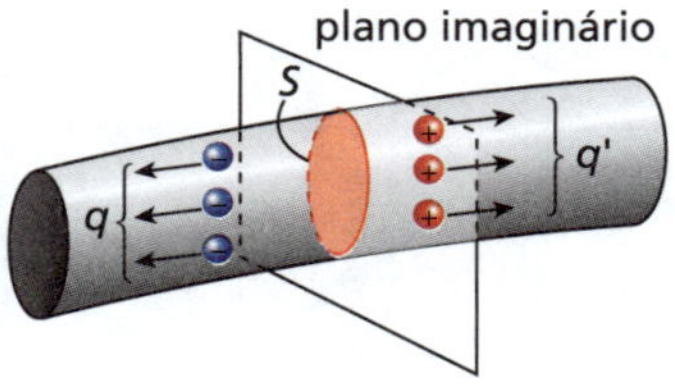

Banco de imagens/Arquivo da editora

Define-se **intensidade média de corrente elétrica** entre instantes de tempo como sendo a grandeza escalar $i_m$, tal que:

$$i_m = \frac{|q| + |q'|}{\Delta t}$$

Chamando $\Delta Q = |q|$, é possível determinar a quantidade total de carga elétrica que atravessa a secção transversal do condutor pela equação:

$$\Delta Q = n\,e$$

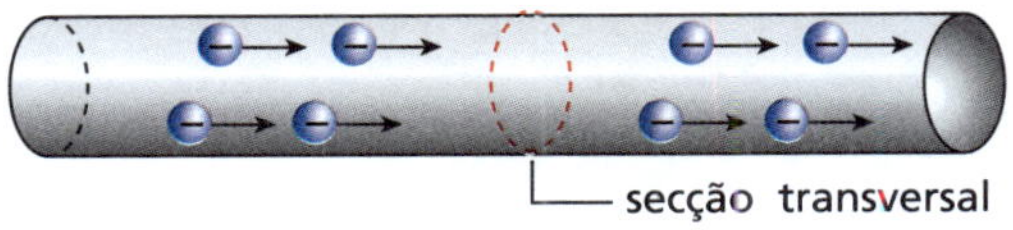


Banco de imagens/Arquivo da editora

Sendo:

- $n$ o número de partículas (elétrons);
- $e$ a carga elementar;
- $e = |q_{elétron}| = q_{próton} = 1{,}6 \cdot 10^{-19}$ C.

Dessa forma, **a intensidade média de corrente elétrica** ($i_m$) em um condutor metálico pode ser determinada por:

$$i_m = \frac{\Delta Q}{\Delta t}$$

## Propriedade gráfica

Representamos no par de eixos que se segue a intensidade da corrente elétrica $i$ em função do tempo $t$ para uma corrente elétrica contínua e constante. A área $A$ indicada nos fornece a quantidade de carga elétrica ($\Delta Q$) que atravessa a secção do condutor em um intervalo de tempo $\Delta t$.

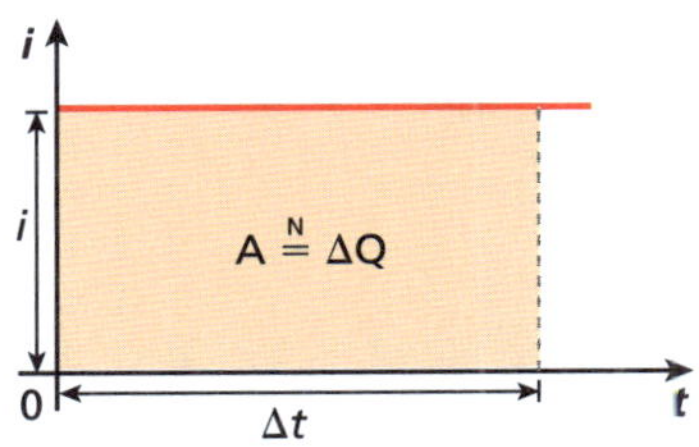


Banco de imagens/Arquivo da editora

## Cálculo da velocidade de deriva

Seja um condutor com área de seção transversal $A$, percorrido por uma corrente elétrica contínua e constante de intensidade $i$. Considere que nesse metal existam $N$ elétrons livres por unidade de volume. A velocidade média de deslocamento desses elétrons livres ao longo do fio condutor pode ser calculada por:

$$v = \frac{i}{NAe}$$

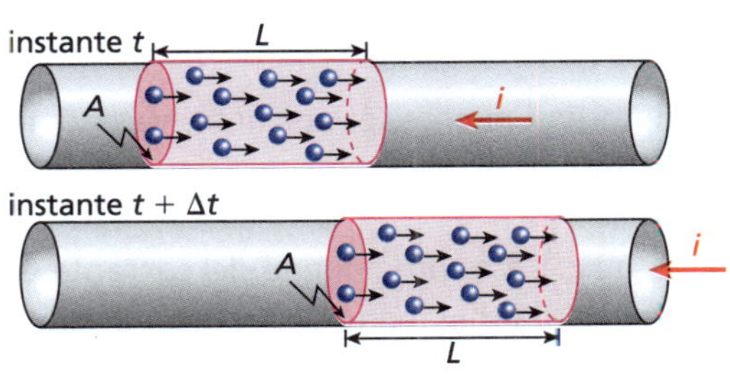


Banco de imagens/Arquivo da editora

## Tensão elétrica

A **tensão elétrica** ($U$) ou **diferença de potencial elétrico** relaciona a energia potencial elétrica ($E_{el}$) que será recebida por uma determinada unidade de carga ($q$), nessa movimentação de um polo para outro.

$$U = \frac{E_{el}}{q}$$

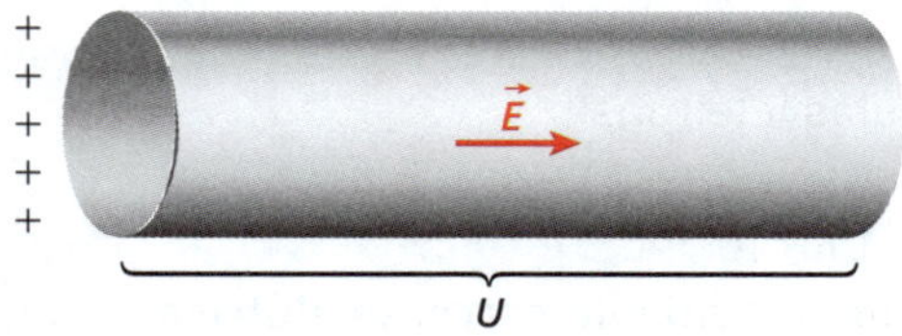


Banco de imagens/Arquivo da editora

## Resistor

Chama-se **resistor** todo elemento de circuito que tenha como principal propriedade sua resistência elétrica.

A seguir é representado, de forma simplificada, como um elétron livre se desloca no interior de um condutor metálico submetido a uma tensão elétrica $U$.

Banco de imagens/Arquivo da editora

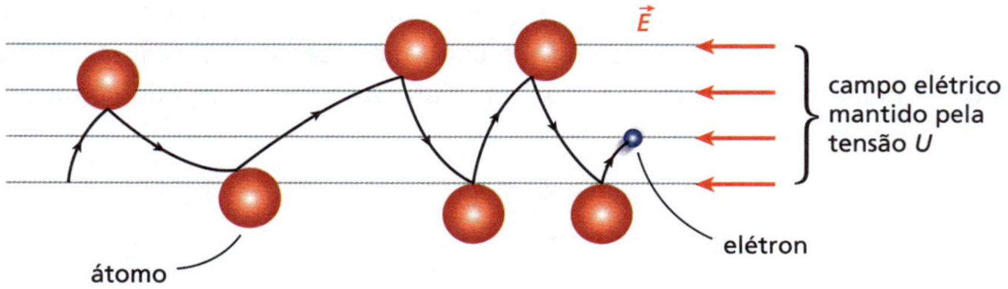


## Efeito Joule – Lei de Joule

Efeito Joule é tradicionalmente conhecido como a conversão, num resistor percorrido por uma corrente elétrica, de energia elétrica em energia térmica. Sempre que houver uma corrente elétrica atravessando qualquer elemento de circuito no qual exista alguma resistência elétrica (desejável ou não), fatalmente ocorrerá algum Efeito Joule.

## 1ª Lei de Ohm

De acordo com essa lei, na classe de resistores ôhmicos, deve ser constante a razão entre a **tensão** ($U$) e a **intensidade de corrente** ($i$). Essa constante é a **resistência elétrica** ($R$) do condutor metálico. Nesse caso, essas três grandezas se relacionam pela equação:

$$U = Ri$$

Para a classe dos condutores lineares, é, portanto, verdadeira a proposição seguinte, conhecida como a **1ª Lei de Ohm**.

A razão entre a tensão elétrica e a intensidade de corrente elétrica num trecho de circuito de fio condutor, para uma mesma temperatura, é constante.

## 2ª Lei de Ohm

Considere um fio condutor de comprimento $\ell$ e secção transversal constante de área $A$, conforme imagem a seguir.

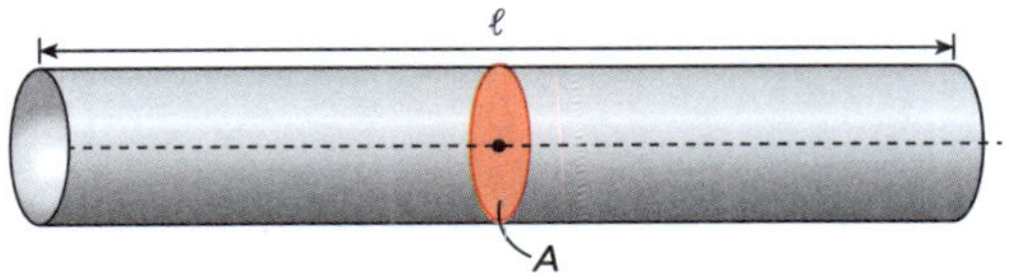


Banco de imagens/ Arquivo da editora

Constata-se experimentalmente que a resistência elétrica $R$ desse fio pode ser escrita por:

$$R = \rho \frac{\ell}{A}$$

## Associação em série

A seguir é apresentada uma sequência de imagens com três lâmpadas incandescentes (consideradas resistores) associadas em série, o esquema que representa o circuito e o circuito final equivalente.

Banco de imagens/ Arquivo da editora

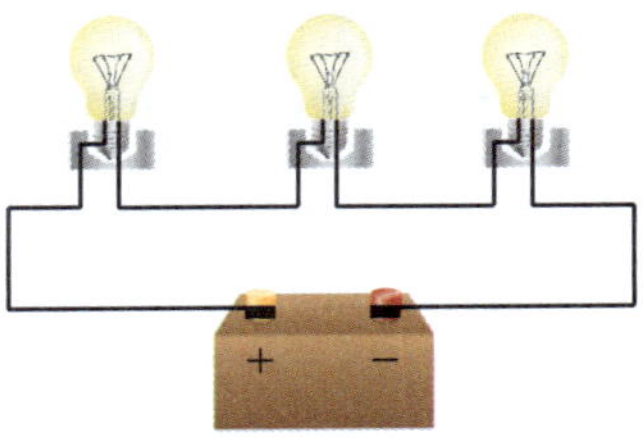


lâmpadas associadas em série

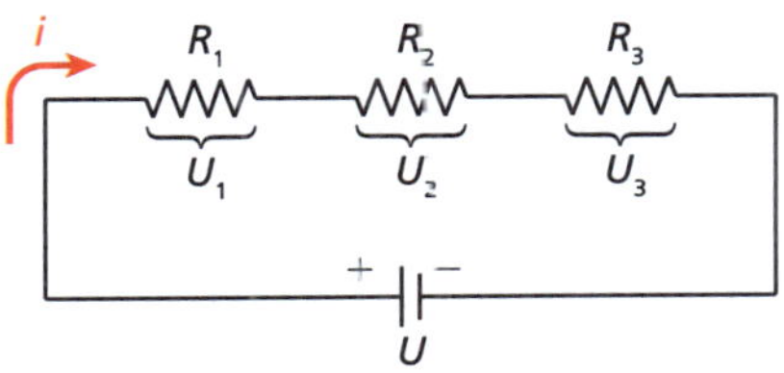


representação esquemática do circuito

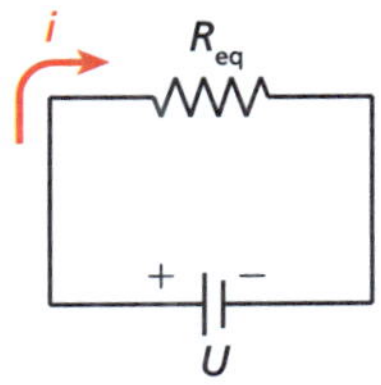


circuito equivalente

É possível aplicar a 1ª Lei de Ohm para cada elemento da associação. A soma membro a membro das tensões elétricas nos fornece:

$$R_{eq} = R_1 + R_2 + \dots + R_n$$

Portanto:

O **resistor equivalente** possui resistência igual à soma das resistências elétricas dos resistores associados em série.

## Associação em paralelo

A seguir é apresentada uma sequência de imagens com três lâmpadas incandescentes associadas em paralelo, a representação esquemática e o circuito final equivalente.

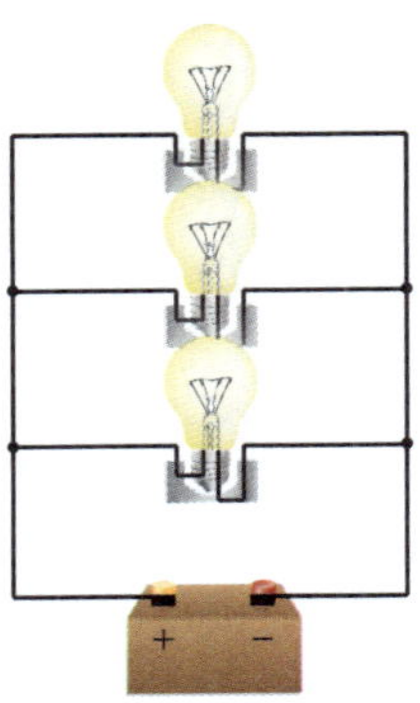


lâmpadas associadas em paralelo

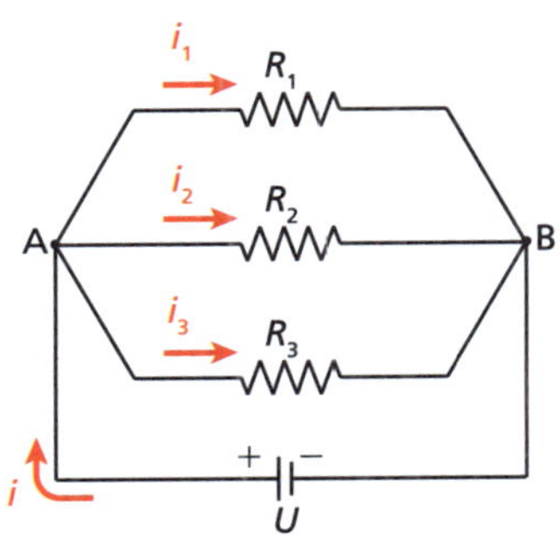


representação esquemática do circuito

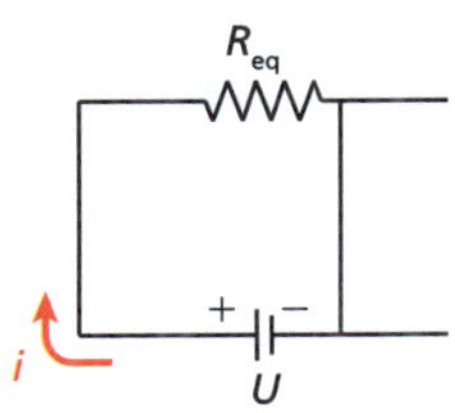


circuito equivalente

Banco de imagens/Arquivo da editora

É possível aplicar a 1ª Lei de Ohm para cada elemento da associação. A soma membro a membro das intensidades de corrente elétrica nos fornece:

$$\frac{1}{R_{eq}} = \frac{1}{R_1} + \frac{1}{R_2} + \ldots + \frac{1}{R_n}$$

Portanto:

A soma dos inversos das resistências dos resistores associados em paralelo é igual ao inverso da **resistência elétrica equivalente**.

## Curto-circuito

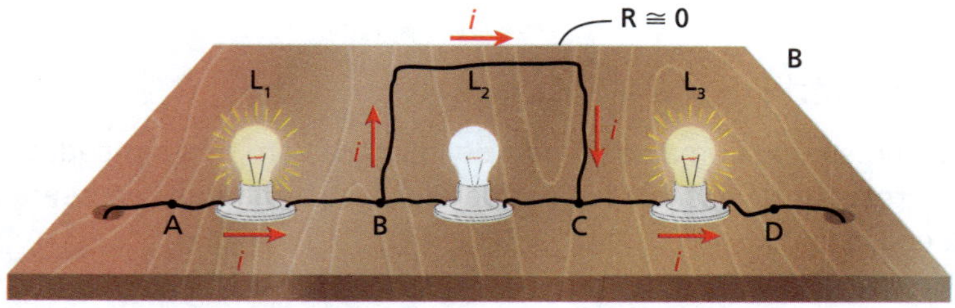


Banco de imagens/Arquivo da editora

Como não há diferença de potencial entre os pontos **B** e **C**, consequentemente a lâmpada $\mathbf{L_2}$ se apaga.

Nessa situação, a lâmpada entre os pontos **B** e **C** está em curto-circuito.

## Medidores elétricos

### Galvanômetro

O galvanômetro é um dispositivo utilizado em circuitos elétricos para detectar corrente elétrica ou tensão elétrica.

### Transformação de um galvanômetro em um amperímetro

Amperímetro ideal é o aparelho hipotético cuja resistência elétrica é nula, ou seja, suas características não interferem na medida da corrente elétrica.

amperímetro

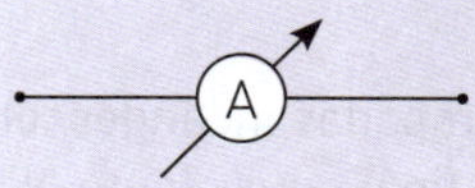


- Medidor de corrente elétrica (*i*)
- Ligação correta: série
- Caso ideal: $R_A = 0$

### Transformação de um galvanômetro em um voltímetro

Voltímetro ideal é o aparelho hipotético cuja resistência elétrica apresenta valor que tende ao infinito.

voltímetro

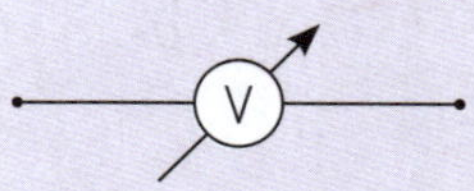


- Medidor de tensão elétrica (*U*)
- Ligação correta: paralelo
- Caso ideal: $R_V \rightarrow \infty$

# Aplique o que aprendeu

## Exercício resolvido

1. (Unicamp-SP) Tecnologias móveis como celulares e tablets têm tempo de autonomia limitado pela carga armazenada em suas baterias. O gráfico abaixo apresenta, de forma simplificada, a corrente de recarga de uma célula de bateria de íon de lítio, em função do tempo.

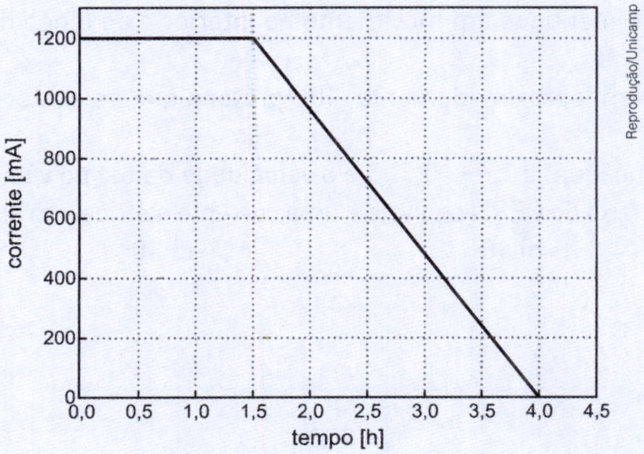


Considere uma célula de bateria inicialmente descarregada e que é carregada seguindo essa curva de corrente. A sua carga no final da recarga é de

a) 3,3 C

b) 11 880 C

c) 1 200 C

d) 3 000 C

**Resolução:**

A carga final é numericamente igual à área do trapézio, destacado na figura abaixo:

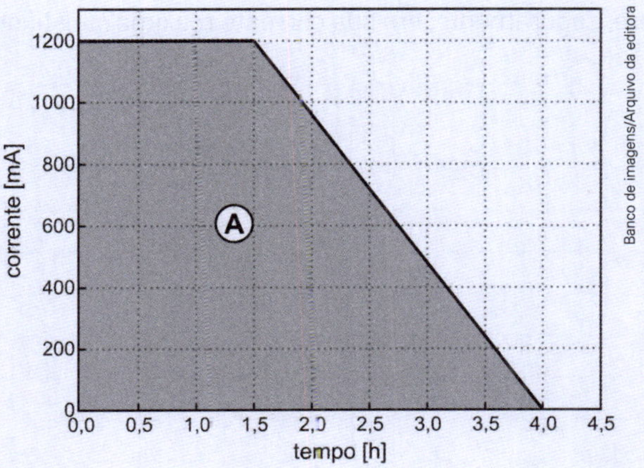


Logo,

$$Q \overset{N}{=} A = \frac{4 + 1{,}5}{2} \cdot 1\,200 \Rightarrow Q = 3\,300 \text{ mAh} = (3\,300 \cdot 10^{-3} \text{ A}) \cdot (3{,}6 \cdot 10^{3} \text{ s}) = 11\,880 \text{ As}$$

$Q = 11\,880$ C

Resposta: B

## Questões

**1.** (Uerj)

Aceleradores de partículas são ambientes onde partículas eletricamente carregadas são mantidas em movimento, como as cargas elétricas em um condutor. No Laboratório Europeu de Física de Partículas – CERN, está localizado o mais potente acelerador em operação no mundo. Considere as seguintes informações para compreender seu funcionamento:

- os prótons são acelerados em grupos de cerca de 3 000 pacotes, que constituem o feixe do acelerador;
- esses pacotes são mantidos em movimento no interior e ao longo de um anel de cerca de 30 km de comprimento;
- cada pacote contém, aproximadamente, $10^{11}$ prótons que se deslocam com velocidades próximas à da luz no vácuo;
- a carga do próton é igual a $1{,}6 \cdot 10^{-19}$ C e a velocidade da luz no vácuo é igual a $3 \cdot 10^{8}$ m $\cdot$ $s^{-1}$.

Nessas condições, o feixe do CERN equivale a uma corrente elétrica, em ampères, da ordem de grandeza de:

a) $10^{0}$ b) $10^{2}$ c) $10^{4}$ d) $10^{6}$

**2.** (PUC-RJ)

Uma estudante tem uma pequena lâmpada LED vermelha em cujas especificações lê-se o seguinte: "Queda de tensão 1,8 V corrente máxima 0,02 A". Ela quer ligar essa lâmpada a duas pilhas AA em série, cada uma delas com voltagem de 1,5 V, mas percebe que, para isso, deve acrescentar algum resistor ao circuito.

a) Qual deve ser a resistência mínima do resistor para que a lâmpada LED não queime?

b) A estudante tem à sua disposição até quatro resistores de 120 $\Omega$. Quantos resistores ela deve usar para que a lâmpada opere, seguramente, em sua corrente máxima? Justifique e faça um esquema do circuito.

**3.** (PUC-RS)

Na figura abaixo, estão representadas quatro lâmpadas idênticas associadas por fios condutores ideais a uma bateria ideal B. Uma chave interruptora C e três amperímetros ideais também fazem parte do circuito. Na figura, a chave interruptora está inicialmente fechada, e os amperímetros $A_1$, $A_2$ e $A_3$ medem intensidades de correntes elétricas, respectivamente, iguais a $i_1$, $i_2$ e $i_3$.

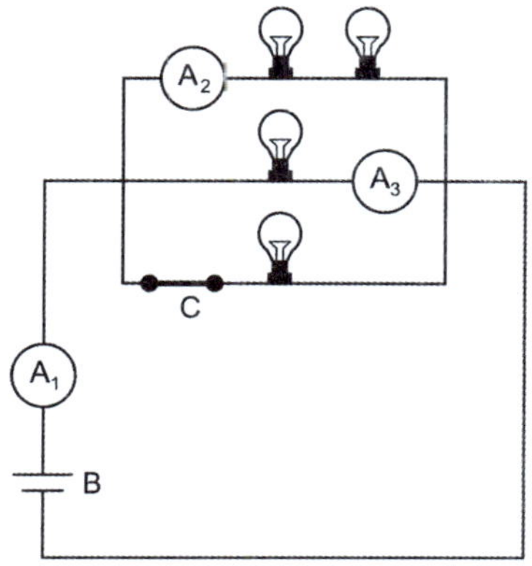


Banco de imagens/Arquivo da editora

Quando a chave interruptora C é aberta, as leituras indicadas por $A_1$, $A_2$ e $A_3$ passam a ser, respectivamente,

a) menor que $i_1$, menor que $i_2$ e igual a $i_3$.
b) menor que $i_1$, igual a $i_2$ e igual a $i_3$.
c) igual a $i_1$, maior que $i_2$ e maior que $i_3$.
d) igual a $i_1$, igual a $i_2$ e menor que $i_3$.
e) maior que $i_1$, maior que $i_2$ e maior que $i_3$.

**4.** (UFPR)

Um engenheiro eletricista, ao projetar a instalação elétrica de uma edificação, deve levar em conta vários fatores, de modo a garantir principalmente a segurança dos futuros usuários. Considerando um trecho da fiação, com determinado comprimento, que irá alimentar um conjunto de lâmpadas, avalie as seguintes afirmativas:

1. Quanto mais fino for o fio condutor, menor será a sua resistência elétrica.
2. Quanto mais fino for o fio condutor, maior será a perda de energia em forma de calor.
3. Quanto mais fino for o fio condutor, maior será a sua resistividade.

Assinale a alternativa correta.

a) Somente a afirmativa 1 é verdadeira.
b) Somente a afirmativa 2 é verdadeira.
c) Somente a afirmativa 3 é verdadeira.
d) Somente as afirmativas 1 e 2 são verdadeiras.
e) Somente as afirmativas 2 e 3 são verdadeiras.

**5.** (UFG-GO)

Quanto à condução de eletricidade, os materiais são classificados como isolantes, semicondutores e condutores. Tecnologicamente, os semicondutores são muito usados, em parte devido ao alto controle de dopagem que se tem nestes materiais, o que pode torná-los excelentes condutores. Dopar um material semicondutor significa substituir um dos átomos da rede cristalina por um átomo com um elétron em excesso (impureza doadora) ou por um átomo com um elétron faltando (impureza aceitadora), conforme ilustrado ao lado.

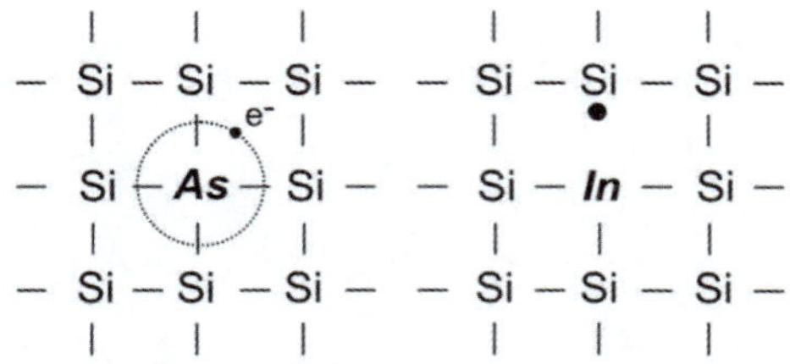

(a) Impureza doadora
(b) Impureza aceitadora

Banco de imagens/Arquivo da editora

Na rede cristalina do Si, o tipo de ligação química entre a impureza e o átomo de Si e a propriedade física do material que a adição de impurezas altera, são, respectivamente,

a) iônica e resistividade.
b) metálica e condutividade.
c) covalente e condutividade.
d) covalente e resistência.
e) metálica e resistência.

**6.** (PUC-RJ)

Em um laboratório de eletrônica, um aluno tem à sua disposição um painel de conexões, uma fonte de 12 V e quatro resistores, com resistências $R_1 = 10\ \Omega$, $R_2 = 20\ \Omega$, $R_3 = 30\ \Omega$ e $R_4 = 40\ \Omega$. Para armar os circuitos dos itens abaixo, **ele pode usar combinações em série e/ou paralelo de alguns ou todos os resistores disponíveis**.

a) Sua primeira tarefa é armar um circuito tal que a intensidade de corrente fornecida pela fonte seja de 0,8 A. Faça um esquema deste circuito. Justifique.

b) Agora o circuito deve ter a máxima intensidade de corrente possível fornecida pela fonte. Faça um esquema do circuito. Justifique.

c) Qual é o valor da intensidade de corrente do item **b**?

TOTAL DE ACERTOS ____/6

# 5 Geradores elétricos e circuitos simples

## Reveja o que aprendeu

**Você deve ser capaz de:**

- Compreender como as diferentes associações de geradores e receptores se manifestam em circuitos elétricos.

### Geradores elétricos

Gerador elétrico é o nome dado ao elemento de circuito responsável por transformar em elétrica uma outra modalidade de energia.

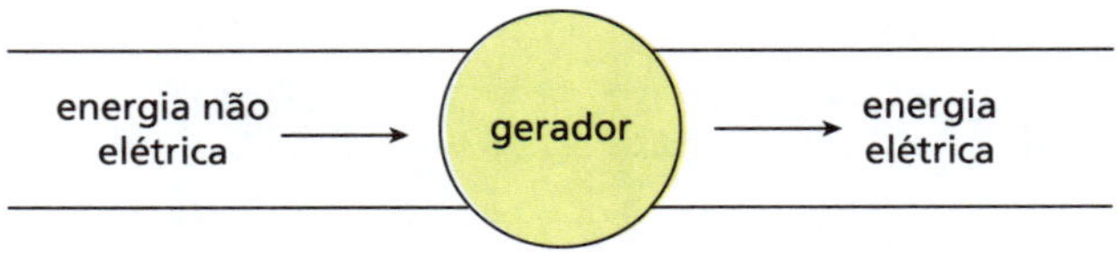


Banco de imagens/Arquivo da editora

### Força eletromotriz (f.e.m.) e resistência interna (r) do gerador

A força eletromotriz do gerador (f.e.m. = $\epsilon$) é numericamente igual à energia potencial elétrica que o gerador fornece para a unidade de carga da corrente elétrica que o atravessa.

A resistência elétrica ôhmica que o gerador oferece à passagem da corrente elétrica é a sua resistência interna.

### Equação do gerador

Banco de imagens/Arquivo da editora

Uma vez que a tensão elétrica $U$ entre os terminais do gerador é a ddp $\nu_A - \nu_B$, tem-se:

$$U = \epsilon - r\,i$$

Denomina-se **equação do gerador** a relação que fornece a tensão elétrica, entre os terminais do gerador, em função da intensidade de corrente elétrica que o atravessa. Para um mesmo gerador, as grandezas $\epsilon$ e $r$ são consideradas constantes.

### Gerador em curto-circuito ($i_{cc}$)

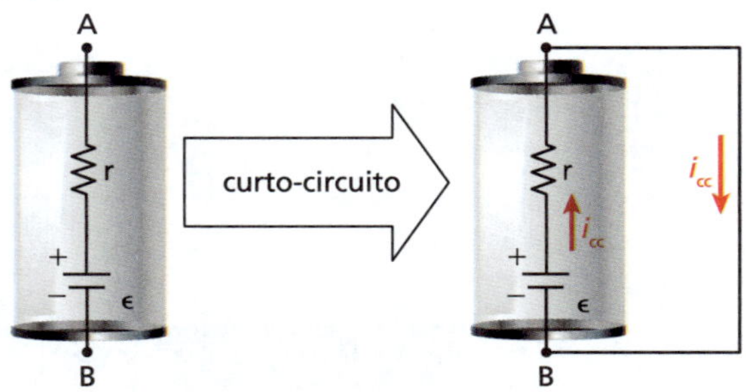


Banco de imagens/Arquivo da editora

Quando o gerador entra em curto-circuito, tem-se:

$$i_{cc} = \frac{\epsilon}{r}$$

Essa corrente elétrica recebe o nome de corrente elétrica de curto-circuito. Neste caso, toda a energia elétrica que a carga recebe do gerador é dissipada no resistor interno por efeito Joule.

## Curva característica do gerador

O gráfico de tensão elétrica em função da corrente elétrica nos fornece a curva característica do gerador.

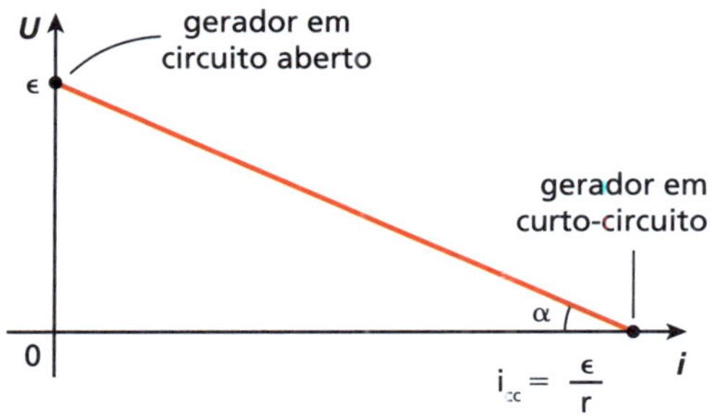


Banco de imagens/Arquivo da editora

Quando i = 0, tem-se U = E; nesse caso, o gerador está em circuito aberto.
Quando U = 0, tem-se $i = i_{CC}$; nesse caso, o gerador está curto circuitado.

$$tg\,\alpha \overset{N}{=} r$$

## Associação em série

A ilustração apresenta *n* geradores associados em série e o seu equivalente.

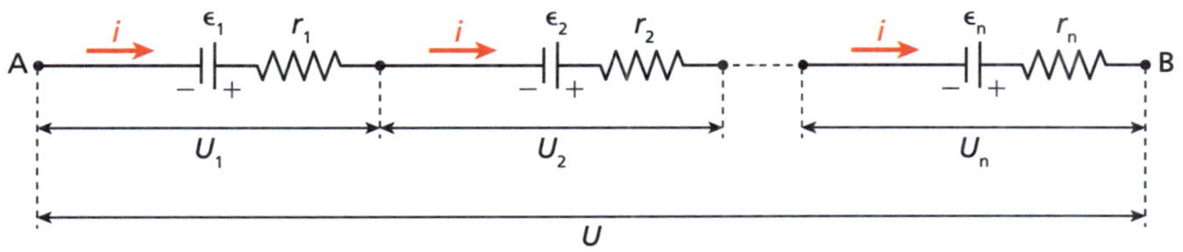


associação em série

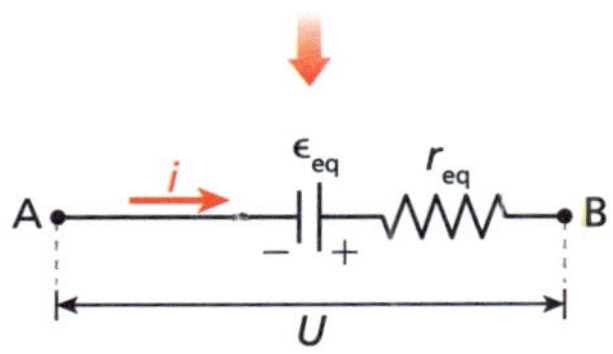


gerador equivalente

Banco de imagens/Arquivo da editora

Temos:

$$U = \epsilon_{eq} - r_{eq}\,i$$
$$\epsilon_{eq} = \epsilon_1 + \epsilon_2 + ... + \epsilon_n$$
$$r_{eq} = r_1 + r_2 + ... + r_n$$

## Associação em paralelo

A ilustração apresenta *n* geradores iguais associados em paralelo e o seu equivalente.

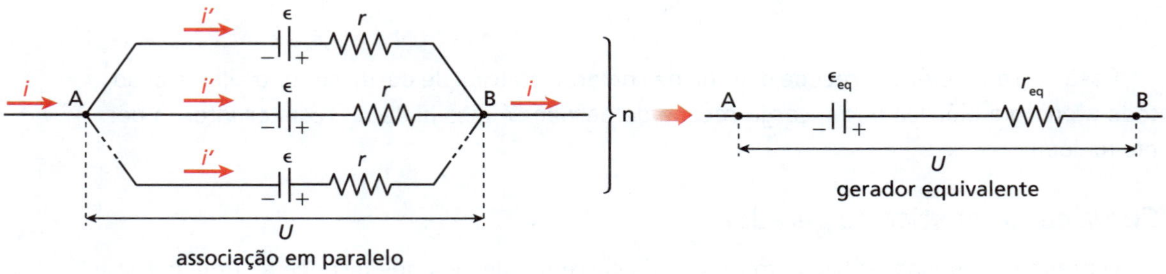


Banco de imagens/Arquivo da editora

Temos:

$$U = \epsilon_{eq} - r_{eq}\,i \qquad \epsilon_{eq} = \epsilon \qquad r_{eq} = \frac{r}{n}$$

## Associação mista de geradores iguais

Neste tipo de associação, são combinados *p* ramos em paralelo, cada um contendo *s* geradores iguais associados em série.

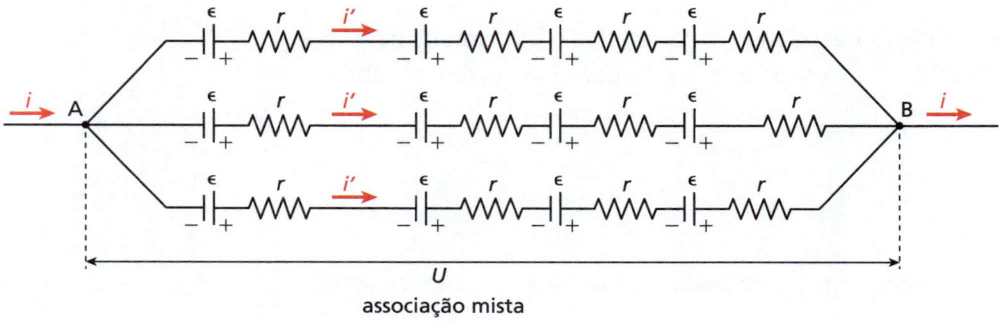


Banco de imagens/Arquivo da editora

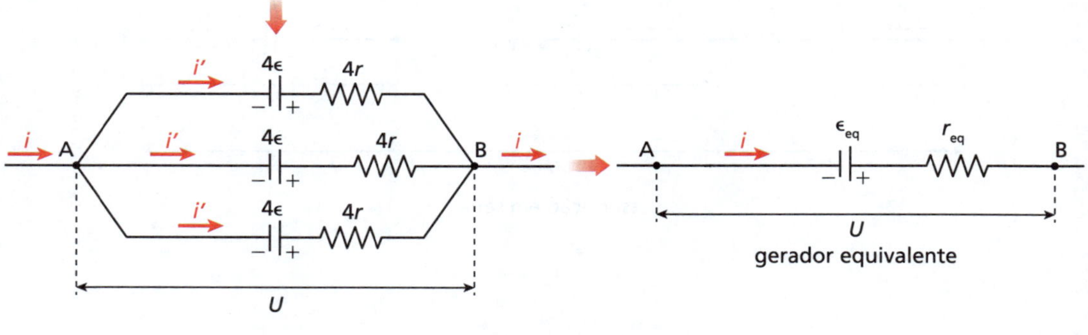


De modo geral:

$$\epsilon_{eq} = s\epsilon \qquad r_{eq} = \frac{s}{p}\,r$$

## Circuitos simples ou circuito de malha única (Lei de Pouillet)

Chama-se circuito simples o circuito em que uma única corrente elétrica atravessa todos os elementos deste circuito. O circuito elétrico mais simples é constituído de um gerador e um resistor.

Temos:

$$i = \frac{\epsilon}{R + r}$$

Essa expressão, conhecida como Lei de Ohm-Pouillet ou simplesmente Lei de Pouillet, nos permite calcular a intensidade de corrente elétrica em um circuito simples.

## Receptores elétricos

Receptores elétricos são dispositivos que recebem energia elétrica de uma fonte e convertem essa energia em outras modalidades que não sejam exclusivamente energia térmica.

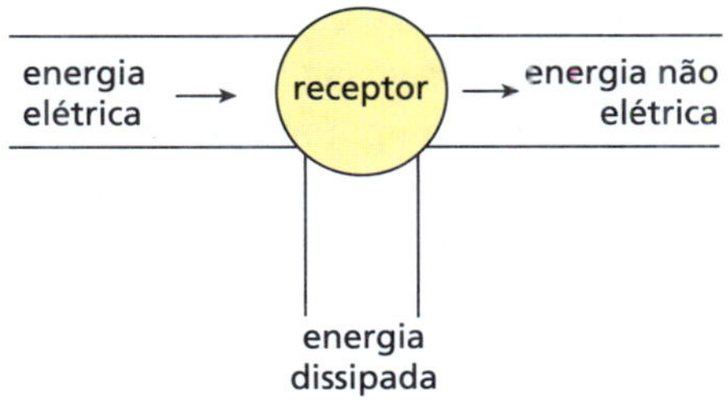

Banco de imagens/Arquivo da editora

Sendo a energia elétrica por unidade de carga uma medida da ddp envolvida em cada parte desse processo, podemos fazer um balanceamento energético que vale para todo receptor elétrico.

E pode ser representada por:

$$U = \epsilon' + r' i$$

## Curva característica de receptores

É possível representar o perfil de potencial elétrico do receptor graficamente:

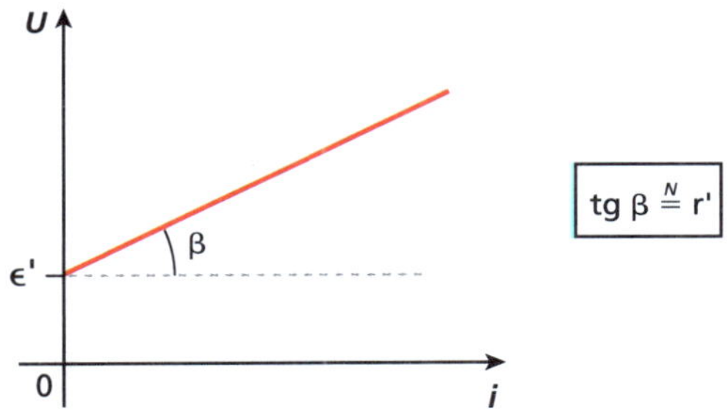

Banco de imagens/Arquivo da editora

## O circuito gerador-receptor

A intensidade da corrente elétrica pode ser determinada igualando-se as tensões elétricas nos terminais do gerador e do receptor.

$$i = \frac{\epsilon - \epsilon'}{r + r'}$$

A generalização da expressão acima para um circuito simples constituído de vários geradores, receptores e resistores é:

$$i = \frac{\Sigma f.e.m. - \Sigma f.c.e.m.}{\Sigma R} = \frac{\Sigma\epsilon - \Sigma\epsilon'}{\Sigma R}$$

Em que

- $\Sigma$f.e.m. representa o somatório de todas as fem dos geradores;
- $\Sigma$f.c.e.m. representa o somatório de todas as forças contraeletromotrizes dos receptores;
- $\Sigma$R representa o somatório de todas as resistências elétricas.

# Aplique o que aprendeu

## Exercício resolvido

**1.** (UFRGS-RS) Uma fonte de tensão cuja força eletromotriz é de 15 V tem resistência interna de 5 Ω. A fonte está ligada em série com uma lâmpada incandescente e com um resistor. Medidas são realizadas e constata-se que a corrente elétrica que atravessa o resistor é de 0,20 A, e que a diferença de potencial na lâmpada é de 4 V. Nessa circunstância, as resistências elétricas da lâmpada e do resistor valem, respectivamente,

a) 0,8 Ω e 50 Ω
b) 20 Ω e 50 Ω
c) 0,8 Ω e 55 Ω
d) 20 Ω e 55 Ω
e) 20 Ω e 70 Ω

**Resolução:**

Como o circuito está associado em série, a intensidade da corrente elétrica é a mesma para cada elemento do circuito, então a resistência na lâmpada $R_1$ será:

$$R_1 = \frac{U_1}{i} \Rightarrow R_1 = \frac{4}{0{,}2} \therefore R_1 = 20\ \Omega$$

Para calcular a resistência do resistor, primeiramente achamos a tensão gasta com a resistência interna $U_i$ obtida pela 1ª Lei de Ohm:

$$U_i = r\,i \Rightarrow U_i = 5 \cdot 0{,}2 \therefore U_i = 1\ \text{V}$$

Logo, a tensão sobre o resistor $U_2$ será:

$$U_2 = 15 - 1 - 4 \therefore U_2 = 10\ \text{V}$$

Assim, a resistência do resistor $R_2R_2$ é:

$$R_2 = \frac{U_2}{i} \Rightarrow R_2 = \frac{10}{0{,}2} \therefore R_2 = 50\ \Omega$$

Resposta: B

## Questões

**1.** (Uerj)

Observe o gráfico, que representa a curva característica de operação de um gerador:

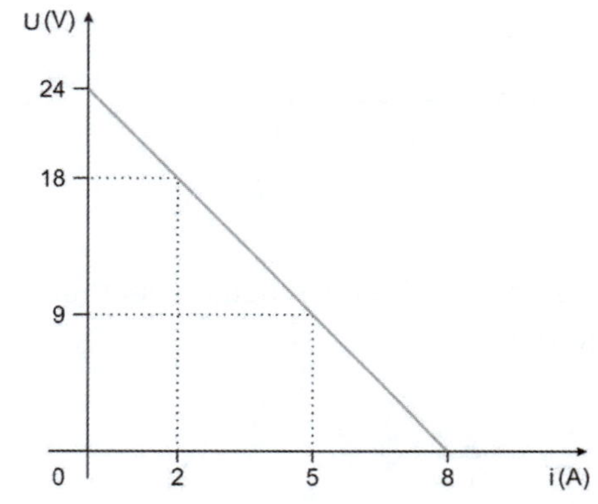


Reprodução/Uerj

Com base nos dados, a resistência interna do gerador, em ohm, é igual a:

a) 1,0
b) 3,0
c) 4,0
d) 6,0

**2.** (Enem)

Durante a reforma de sua residência, um casal decidiu que seria prático poder acender a luz do quarto acionando um interruptor ao lado da porta e apagá-la com outro interruptor próximo à cama. Um eletrotécnico explicou que esse sistema usado para controlar uma lâmpada a partir de dois pontos é conhecido como circuito de interruptores paralelos. Como deve ser feita a montagem do circuito da lâmpada no quarto desse casal?

a)

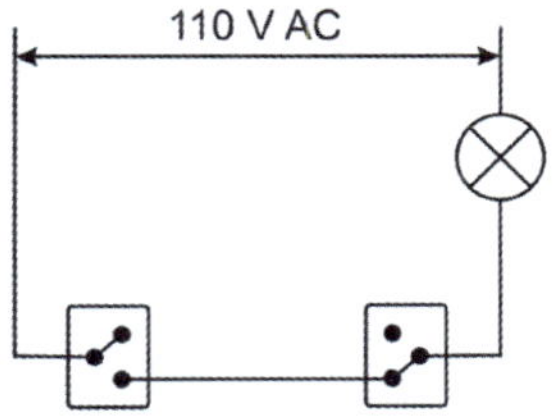


b)

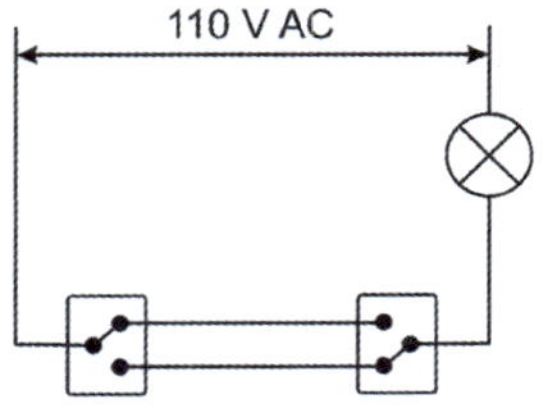


c)

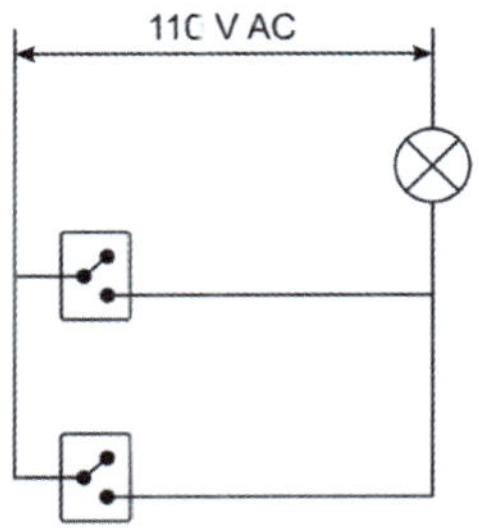


d)

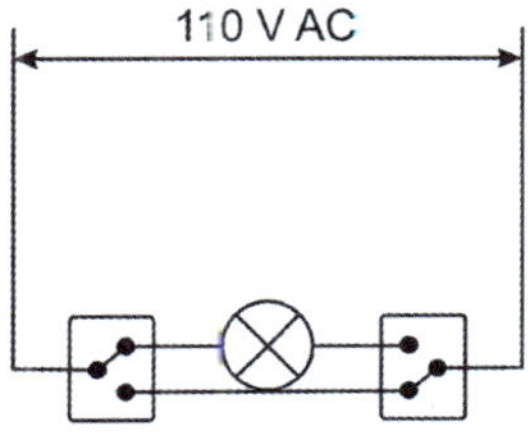


e)

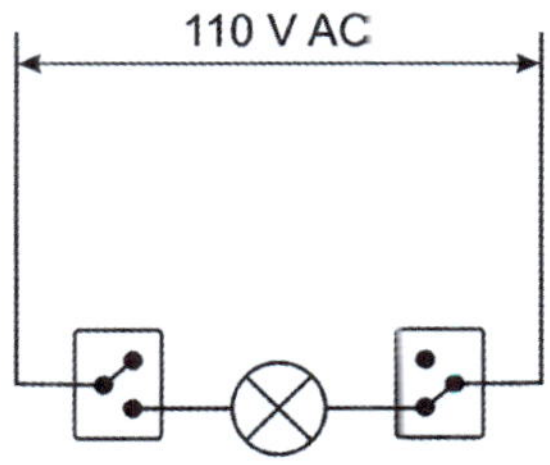




**3.** (CPAEN-RJ)

Analise a figura ao lado.

Duas pilhas, de resistência interna $r_1 = r_2 = \dfrac{1}{3}\ \Omega$ e uma lâmpada, de resistência $R_L = \dfrac{2}{3}\ \Omega$, estão conectadas em paralelo como mostra o circuito da figura ao lado. A f.e.m. da pilha 1 é $\epsilon_1 = 1{,}5$ V, mas a pilha 2, de f.e.m. $\epsilon_2$, encontra-se parcialmente descarregada de modo que o amperímetro ideal mede uma corrente nula nessa pilha. Sendo assim, o valor da f.e.m. $\epsilon_2$, em volts, vale

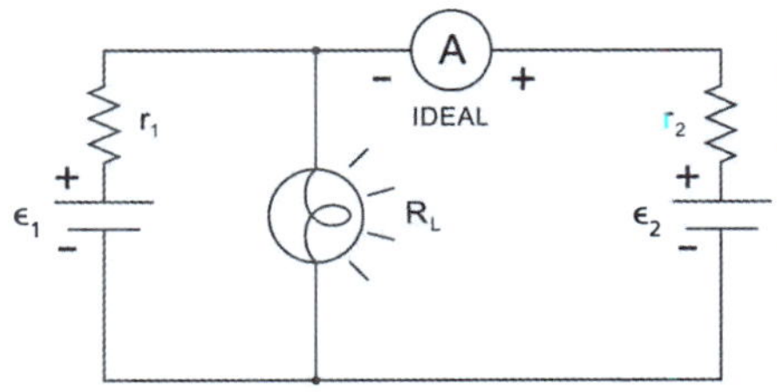




a) zero
b) 0,50
c) 0,75
d) 1,00
e) 1,25

**4.** (UFJF/Pism-MG)

Durante uma aula de projetos elétricos, o professor pediu que os alunos construíssem um circuito elétrico como mostrado ao lado. Os resistores $R_1$, $R_2$, $R_3$ e $R_4$ têm resistências iguais a 2,0 $\Omega$, 4,0 $\Omega$, 5,0 $\Omega$ e 7,0 $\Omega$, respectivamente. O circuito é alimentado por uma bateria de 6,0 V com resistência interna desprezível.

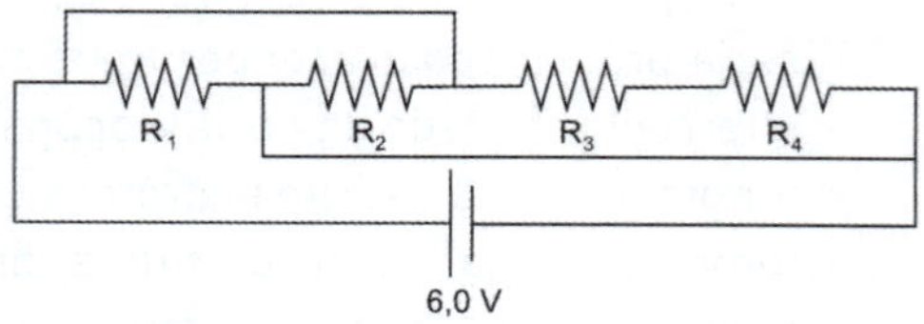




a) Qual a corrente total que atravessa esse circuito? Justifique sua resposta.

b) Qual a diferença de potencial entre as extremidades do resistor $R_3$? Justifique sua resposta.

**5.** (Enem)

Em um laboratório, são apresentados aos alunos uma lâmpada, com especificações técnicas de 6 V e 12 W e um conjunto de 4 pilhas de 1,5 V cada.

Qual associação de geradores faz com que a lâmpada produza maior brilho?

a) 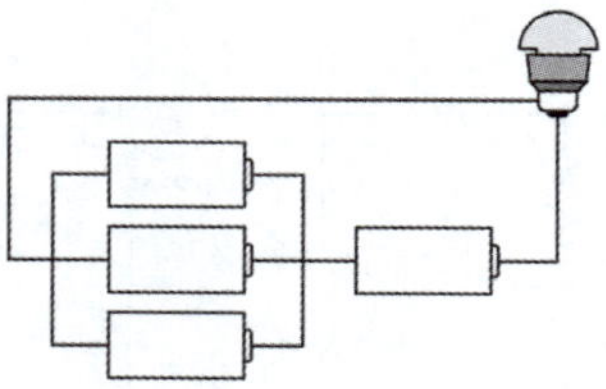

c) 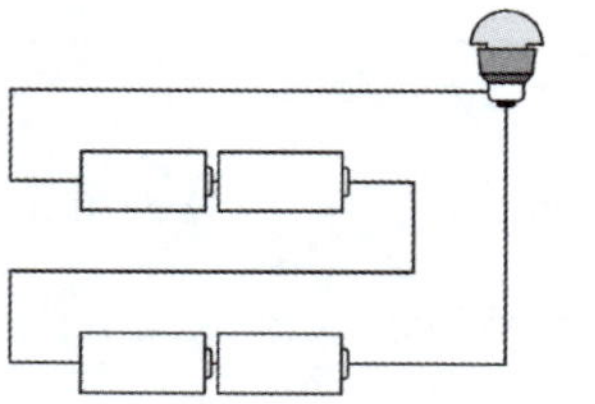

e) 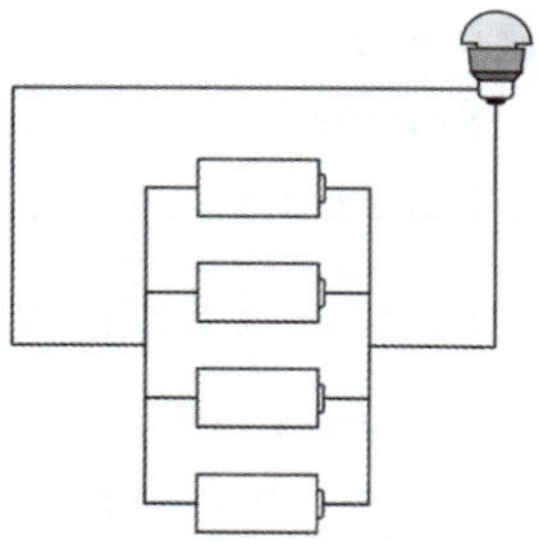

b) 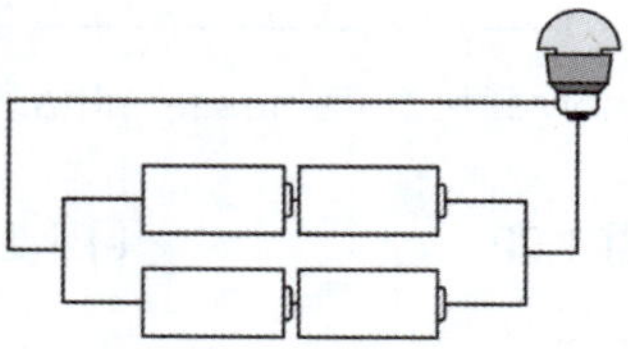

d) 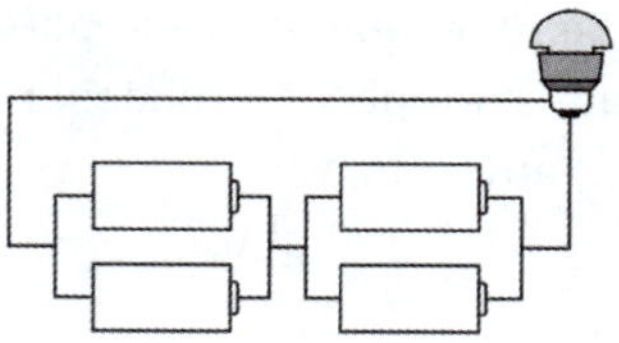

**6.** (Unesp-SP)

Um estudante pretendia construir o tetraedro regular BCDE, representado na figura 1, com seis fios idênticos, cada um com resistência elétrica constante de 80 Ω, no intuito de verificar experimentalmente as leis de Ohm em circuitos de corrente contínua.

figura 1

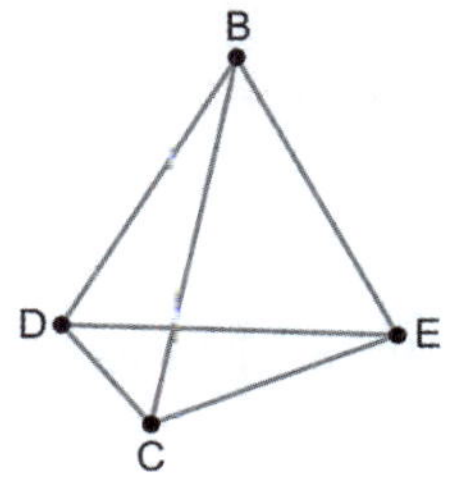




Acidentalmente, o fio DE rompeu-se; com os cinco fios restantes e um gerador de 12 V, um amperímetro e um voltímetro, todos ideais, o estudante montou o circuito representado na figura 2, de modo que o fio BC permaneceu com o mesmo comprimento que tinha na figura 1.

Desprezando a resistência dos fios de ligação dos instrumentos ao circuito e das conexões utilizadas, calcule as indicações do amperímetro, em **A**, e do voltímetro, em **V**, na situação representada na figura 2.

figura 2

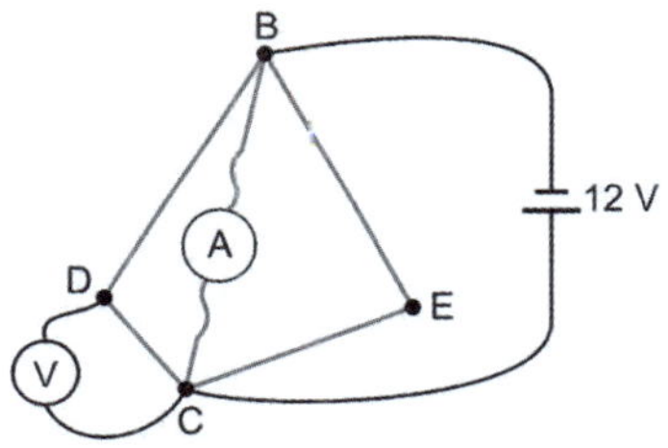




TOTAL DE ACERTOS ____/6

# 6 Energia e potência elétrica

## Reveja o que aprendeu

**Você deve ser capaz de:**

- Perceber como a energia elétrica é utilizada por geradores e receptores em circuitos diversos.

### Introdução

A diferença de energia potencial da carga *q* entre as posições **A** e **B** representa a energia utilizada para deslocar a carga *q* do ponto **A** ao ponto **B**. Essa energia é usada no trabalho das forças de natureza elétrica no deslocamento de **A** para **B**. Como $\tau_{F_{elétrica}}$ é equivalente à energia elétrica ($E_{el}$) consumida nesse trecho, tem-se:

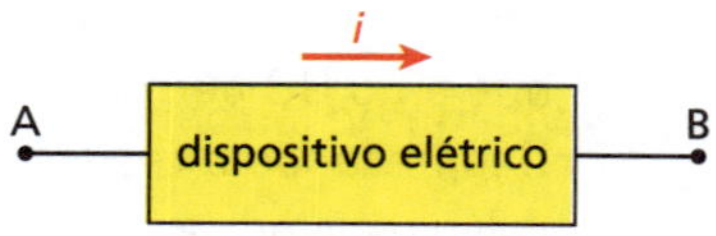


Banco de imagens/Arquivo da editora

$$P = \frac{E_{el}}{\Delta t}$$

Uma relação de uso geral e que pode ser utilizada para qualquer bipolo colocado entre **A** e **B** é:

$$P = i\,U$$

### Potência elétrica em resistores

O cálculo da potência elétrica dissipada em um resistor é dado por:

$$P = R\,i^2 \quad \text{ou} \quad P = \frac{U^2}{R}$$

### Potência elétrica do gerador

No diagrama ao lado, tem-se:

- Potência gerada ($P_g$), que tem origem em outras formas de energia que não a elétrica (química, mecânica, etc.).
- Potência fornecida ($P_f$) é a potência elétrica útil disponível cedida ao circuito externo pelo gerador.
- Potência dissipada ($P_d$) está ligada às perdas por efeito Joule na própria resistência interna do gerador.

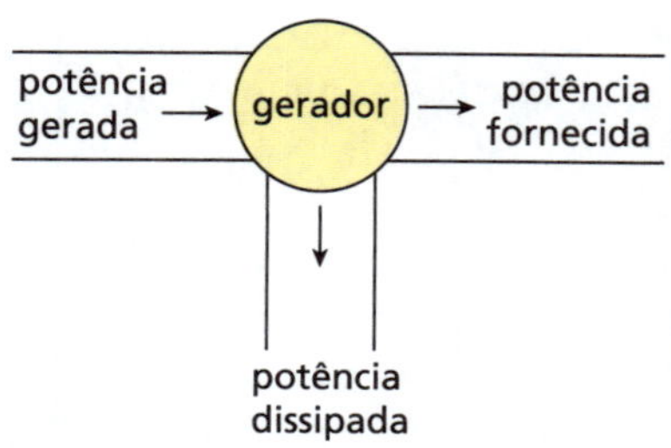


Banco de imagens/Arquivo da editora

Relacionando as três potências elétricas, temos:

$$P_f = P_g - P_d$$

## Rendimento elétrico do gerador

O rendimento de um gerador é dado pela razão entre a potência fornecida útil ($P_f$) e a potência total gerada ($P_t$):

$$\eta = \frac{P_f}{P_t} \quad \text{ou} \quad \eta = \frac{U}{\epsilon}$$

Em geradores reais teremos sempre $\eta < 1$ ou $\eta < 100\%$.

## Potência máxima fornecida

A potência elétrica fornecida ($P_f$) pelo geradcr ao resistor pode ser calculada por:

$$P_f = \epsilon\, i - r\, i^2$$

A potência fornecida máxima pode ser calculada por:

$$P_{f_{máx}} = \frac{\epsilon^2}{4r}$$

Podemos ainda determinar o rendimento ($\eta$) do gerador nas condições de máxima transferência de potência elétrica. Assim:

$$\eta = \frac{1}{2} = 50\%$$

## Potência de receptor

No diagrama ao lado:

- Potência recebida ($P_r$) é a que o receptor recebe da fonte de energia que o abastece.
- Potência útil ($P_u$) é uma parcela da potência total recebida. No caso de o receptor ser um motor elétrico, é a parcela que efetivamente será usada para propiciar a rotação do eixo do motor. Muitas vezes é chamada de potência mecânica.
- Potência dissipada ($P_d$) é ligada às perdas por efeito Joule nas resistências internas do próprio dispositivo.

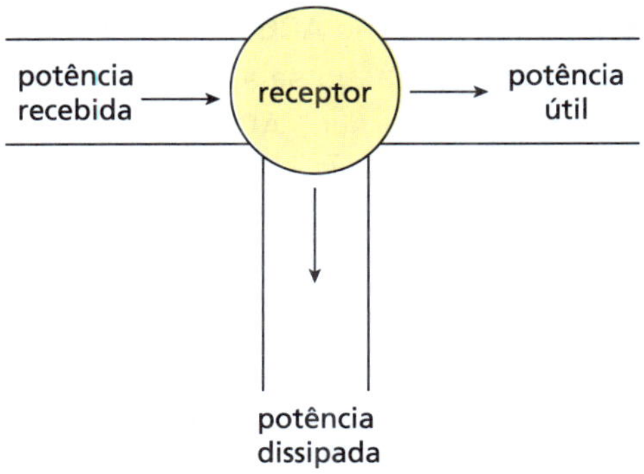


Banco de imagens/Arquivo da editora

Estabelecendo relação entre as três potências elétricas, vem:

$$P_r = P_u + P_d$$

O rendimento elétrico ($\eta$) é dado por:

$$\eta = \frac{P_u}{P_r} \quad \text{ou} \quad \eta = \frac{\epsilon'}{U}$$

# Aplique o que aprendeu

## Exercício resolvido

1. (Unifesp) Uma espira metálica circular homogênea e de espessura constante é ligada com fios ideais, pelos pontos **A** e **B**, a um gerador ideal que mantém uma ddp constante de 12 V entre esses pontos. Nessas condições, o trecho AB da espira é percorrido por uma corrente elétrica de intensidade $i_{AB} = 6$ A e o trecho ACB é percorrido por uma corrente elétrica de intensidade $i_{ACB}$, conforme a figura.

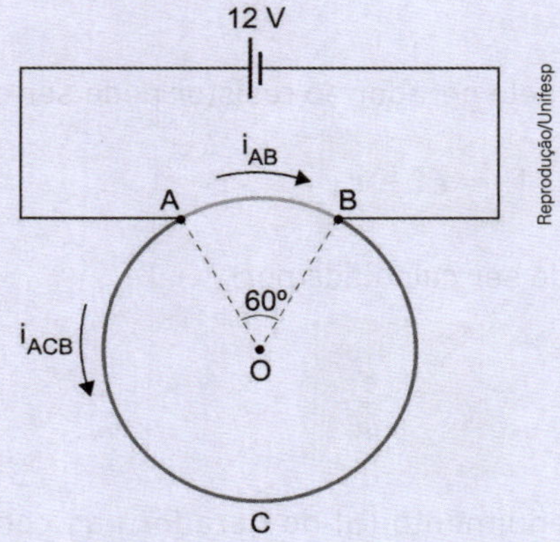


Calcule:

a) as resistências elétricas $R_{AB}$ e $R_{ACB}$, em ohms, dos trechos AB e ACB da espira.

b) a potência elétrica, em *W*, dissipada pela espira.

**Resolução:**

a) Usando a 1ª Lei de Ohm para o trecho **AB**, temos:

$$R_{AB} = \frac{U_{AB}}{i_{AB}} \Rightarrow R_{AB} = \frac{12}{6} \therefore R_{AB} = 2\ \Omega$$

Como o comprimento do trecho **ACB** é 5 vezes maior que o trecho **AB** e dado que a espira tem espessura constante e homogênea, ou seja, é feita do mesmo material, podemos aplicar a 2ª Lei de Ohm e determinar a resistência do trecho **ACB**.

$$R_{ACB} = \frac{\rho \cdot 5L}{A} \qquad \text{(I)}$$

$$R_{AB} = \frac{\rho L}{A} \qquad \text{(II)}$$

Substituindo (II) em (I):

$$R_{ACB} = \frac{\rho \cdot 5L}{A} = 5 \cdot R_{AB} \therefore R_{ACB} = 10\ \Omega$$

b) A potência dissipada por cada trecho é dada pela relação: $P = \frac{U^2}{R}$

$$P_{AB} = \frac{U_{AB}^2}{R_{AB}} = \frac{12^2}{2} \therefore P_{AB} = 72\text{ W}$$

$$P_{ACB} = \frac{U_{ACB}^2}{R_{ACB}} = \frac{12^2}{10} \therefore P_{ACB} = 14{,}4\text{ W}$$

Logo, a potência dissipada por toda a espira é:

$$P = 72 + 14{,}4 \therefore P = 86{,}4\text{ W}$$

Respostas: a) 2 Ω e 10 Ω; b) 86,4 W.

## Questões

**1.** (Unicamp-SP)

O controle da temperatura da água e de ambientes tem oferecido à sociedade uma grande gama de confortos muito bem-vindos. Como exemplo podemos citar o controle da temperatura de ambientes fechados e o aquecimento da água usada para o banho.

a) O sistema de refrigeração usado em grandes instalações, como centros comerciais, retira o calor do ambiente por meio da evaporação da água. Os instrumentos que executam esse processo são usualmente grandes torres de refrigeração vazadas, por onde circula água, e que têm um grande ventilador no topo. A água é pulverizada na frente do fluxo de ar gerado pelo ventilador. Nesse processo, parte da água é evaporada, sem alterar a sua temperatura, absorvendo calor da parcela da água que permaneceu líquida. Considere que 110 litros de água a 30 °C circulem por uma torre de refrigeração e que, desse volume, 2 litros sejam evaporados. Sabendo que o calor latente de vaporização da água é $L = 540$ cal/g e que seu calor específico é $c = 1{,}0$ cal/g · °C qual é a temperatura final da parcela da água que não evaporou?

b) A maioria dos chuveiros no Brasil aquece a água do banho por meio de uma resistência elétrica. Usualmente a resistência é constituída de um fio feito de uma liga de níquel e cromo de resistividade $\rho = 1{,}1 \cdot 10^{-6}\ \Omega$ m. Considere um chuveiro que funciona com tensão de $U = 220$ V e potência $P = 5\,500$ W. Se a área da seção transversal do fio da liga for $A = 2{,}5 \cdot 10^{-7}$ m², qual é o comprimento do fio da resistência?

**2.** (Unisinos-RS)

A intensidade da luz solar sobre a superfície da Terra é de 340 W/m². Supondo-se:

1. uma residência com consumo mensal (30 dias) de 280 kWh, sendo 153 kWh relativos ao aquecimento de água ($k = 10^3$);
2. uma insolação diária de 6 h; e
3. uma eficiência do coletor solar de 50%, a área mínima, em m², de um coletor para atender ao consumo de água quente dessa residência, que tenha as características descritas, é de

Reprodução/Unisinos, 2016

(Disponível em http://www.vidasolar.com.br/aplicacoes-do-aquecedor-solar-de-agua/. Acesso em 16 set. 2015.)

a) 5 b) 10 c) 30 d) 50 e) 150

**3.** (Unioeste-PR)

Uma pessoa deixou um aquecedor elétrico portátil (ebulidor) dentro de um recipiente com dois litros de água que estavam inicialmente à temperatura de 20 °C. O aquecedor é composto por um único resistor que opera em uma tensão de 110 V. A pessoa voltou após um intervalo de tempo de 20 minutos e verificou que 40% da água já havia evaporado do recipiente. Considere que toda a energia fornecida pelo aquecedor é absorvida pela água e que toda a evaporação é somente devido à ação do ebulidor, ou seja, não houve nenhuma evaporação espontânea da água para o meio ambiente. Despreze também a capacidade térmica do recipiente e do aquecedor.

Dados:

calor específico da água = 1,0 cal/g °C;

calor latente de vaporização da água = 540 cal/g;

densidade absoluta da água = 1,0 kg/L;

1 cal = 4,2 J;

temperatura de ebulição da água = 100 °C.

A partir de tais informações, assinale a alternativa CORRETA.

a) O calor latente consumido no processo de evaporação é igual a $1,08 \cdot 10^6$ cal.

b) A quantidade de calor total absorvida pela água foi inferior a $2,0 \cdot 10^6$ J.

c) A potência fornecida pelo aquecedor é de 1 000 W.

d) A resistência do aquecedor é superior a 5,00 $\Omega$.

e) A corrente elétrica consumida pelo aquecedor é igual a 10 A.

**4.** (Efomm)

O sistema ao lado se constitui em um gerador fotovoltaico alimentando um circuito elétrico com 18 V. Determine o rendimento do gerador na situação em que a razão dos valores numéricos da tensão e da corrente medidos, respectivamente, pelo voltímetro V (em volts) e pelo amperímetro A (em ampères) seja igual a 2. Sabe-se que a potência luminosa solicitada na entrada do gerador é de 80 W.

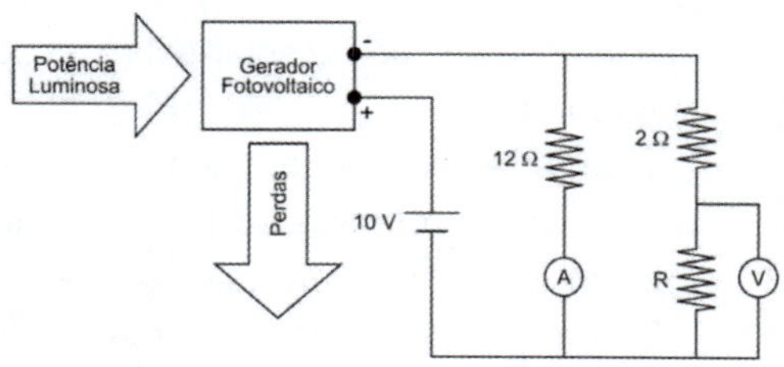




a) 60%  b) 70%  c) 80%  d) 90%  e) 100%

**5.** (UEM-PR)

Em um circuito elétrico, inicialmente os resistores $R_1 = 10\ \Omega$, $R_2 = 20\ \Omega$ e $R_3 = 40\ \Omega$ são ligados em paralelo a uma bateria de 12 V cuja resistência interna é desprezível. Em um certo instante, um dispositivo S é acionado de tal modo que o resistor $R_1$ é desconectado do sistema, mantendo-se $R_2$ e $R_3$ ligados em paralelo à bateria. Sobre as características do circuito após o dispositivo S ser acionado, assinale o que for **correto**.

01) A corrente elétrica que passa por $R_2$ diminui.

02) A corrente elétrica que passa por $R_3$ passa a ser $\frac{3}{2}$ da corrente elétrica que passa por $R_2$.

04) A corrente elétrica total no circuito aumenta.

08) A resistência equivalente do circuito passa a ser igual a $\frac{7}{3}$ da resistência equivalente na configuração inicial.

16) A potência dissipada no circuito passa a ser igual a $\frac{3}{7}$ da potência dissipada pela configuração inicial.

**6.** (UEMG)

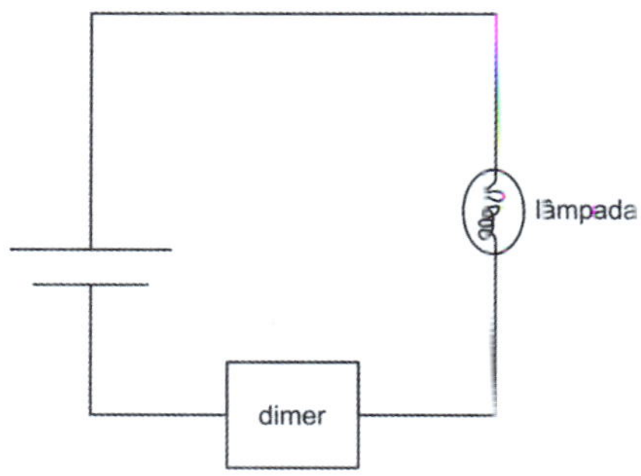

Reprodução/UEMG

O dimer é um aparelho usado para controlar o brilho de uma lâmpada ou a potência de um outro aparelho, como um ventilador. Um dimer foi usado para controlar o brilho de uma lâmpada cujas especificações são 24,0 W e 12,0 V. A lâmpada foi associada em série ao dimer e ligada a uma bateria de 12,0 V, conforme representado no diagrama.

Sabendo-se que o dimer foi regulado para que a lâmpada dissipasse 81% de sua potência, a potência que ele dissipa, em W, é

a) 2,16.
b) 4,56.
c) 19,4.
d) 21,6.

TOTAL DE ACERTOS ____/6

# 7 Leis de Kirchhoff

## Reveja o que aprendeu

**Você deve ser capaz de:**

- Aplicar propriedades de associações de resistores na determinação de intensidade de corrente elétrica em diferentes circuitos.

### Nós, ramos e malhas

Quando os circuitos de múltiplas malhas apresentam uma distribuição muito variada de correntes elétricas, será necessária a análise com apoio em duas leis importantes: as Leis de Kirchhoff.

Banco de imagens/Arquivo da editora

O circuito anteriormente ilustrado pode ser esquematicamente redesenhado de maneira que se possa definir alguns elementos do circuito.

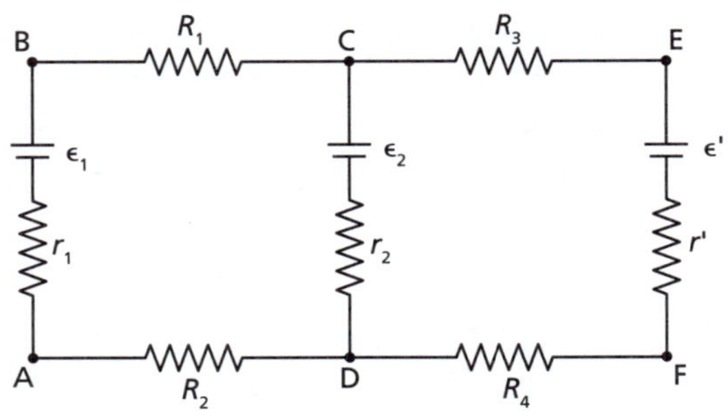


Banco de imagens/Arquivo da editora

**Nó** de um circuito elétrico é um ponto de encontro de três ou mais fios. No circuito esquematizado, são dois os nós que estão representados pelos pontos **C** e **D**.

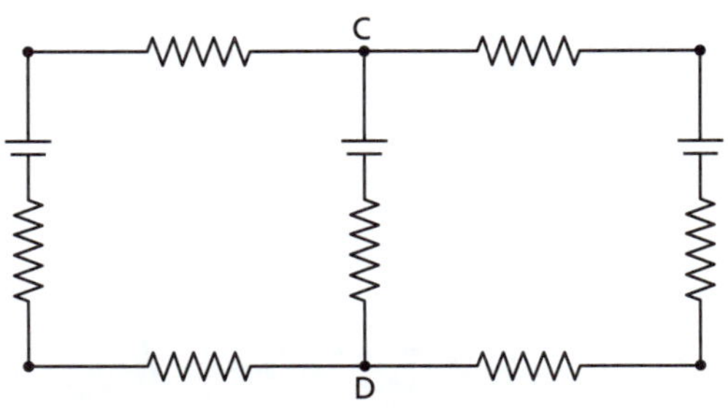


Banco de imagens/Arquivo da editora

**Ramo** de um circuito é um trecho compreendido entre dois nós consecutivos. No circuito esquematizado há três ramos: ramo **CBAD**, ramo **DFEC** e ramo **DC**.

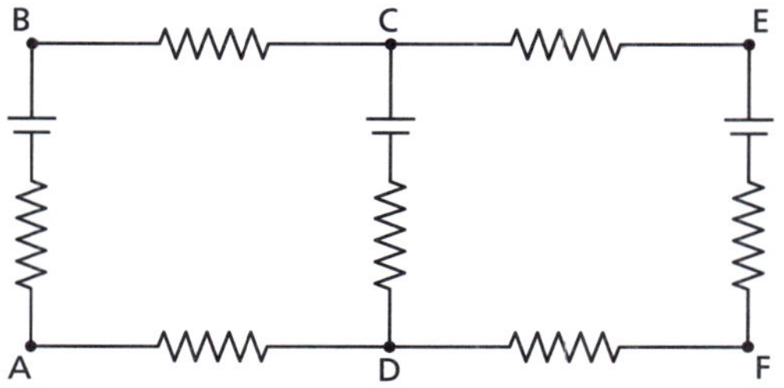


Banco de imagens/Arquivo da editora

**Malha** de um circuito elétrico é o encadeamento de vários ramos formando um percurso fechado. No circuito esquematizado temos 3 malhas: malha **ABCDA**, malha **CEFDC** e malha **ABCEFDA**.

## 1ª Lei de Kirchhoff (Lei dos Nós)

Em um **nó**, o somatório das intensidades de corrente elétrica que chegam deve ser igual ao somatório das intensidades de corrente elétrica que dele saem.

Matematicamente, temos:

$$\Sigma i_{(chegam)} = \Sigma i_{(saem)}$$

## 2ª Lei de Kirchhoff (Lei das Malhas)

Partindo-se de um ponto qualquer da **malha** e retornando-se ao mesmo ponto, é nula a soma algébrica das ddps encontradas no percurso.

Matematicamente:

$$\Sigma U = 0 \quad \text{(na malha)}$$

Vale apontar que a 2ª Lei de Kirchhoff tem como suporte o princípio de conservação de energia.

## Convenção de sinais

A tensão elétrica nos resistores é dada por (±Ri) de acordo com o sentido da corrente elétrica.

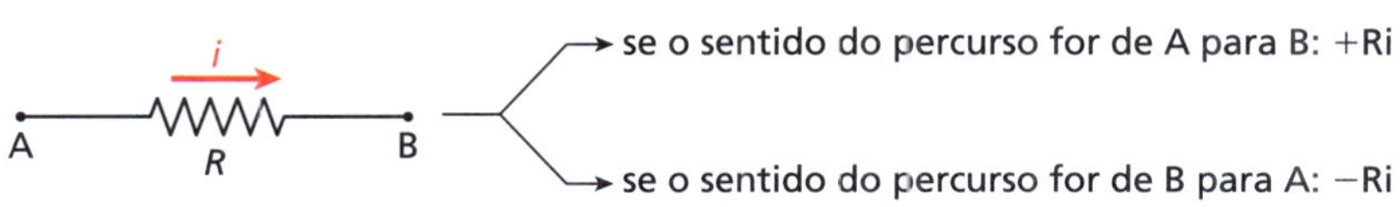


Banco de imagens/Arquivo da editora

## Forças eletromotrizes e forças contraeletromotrizes

Em uma f.e.m. ou f.c.e.m., adota-se para a tensão elétrica desse elemento o sinal do primeiro polo atingido no percurso.

Exemplos:

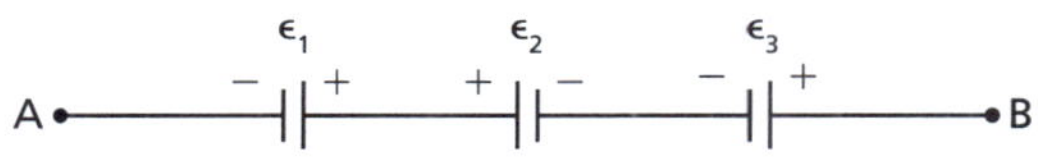


Banco de imagens/Arquivo da editora

No caso do percurso de **A** para **B**: $-\epsilon_1 + \epsilon_2 - \epsilon_3$;

No caso do percurso de **B** para **A**: $+\epsilon_3 - \epsilon_2 + \epsilon_1$.

## Ponte de Wheatstone

Ponte de Wheatstone é um dispositivo usado para medir o valor de resistências elétricas desconhecidas em qualquer circuito. A seguir está esquematizada a configuração clássica de uma Ponte de Wheatstone.

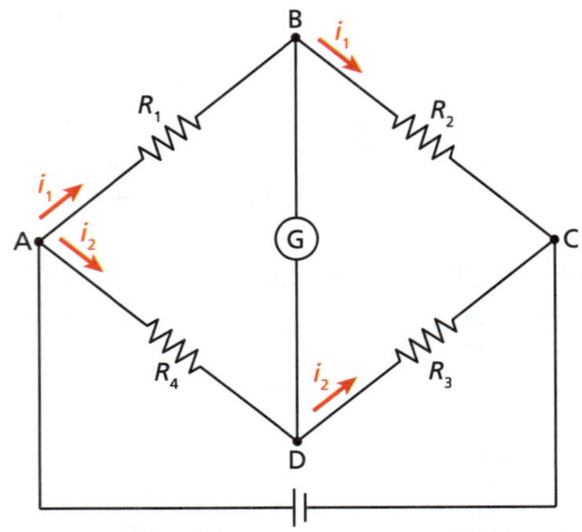


Banco de imagens/Arquivo da editora

Se três das resistências elétricas forem conhecidas, a quarta resistência pode facilmente ser calculada por:

$$R_1 \cdot R_3 = R_2 \cdot R_4$$

Condição para equilíbrio de uma Ponte de Wheatstone:

$$i_{galvanômetro} = 0 \text{ ou } U_{BD} = 0$$
$$\text{Assim: } R_1 \cdot R_3 = R_2 \cdot R_4$$

A Ponte de Wheatstone pode ser usada também como circuito sensor, circuito alarme ou circuito temporizador. Nessa situação, varia-se o valor da resistência elétrica de um dos resistores, por exemplo, conforme se varia a temperatura. Atingida uma determinada temperatura, a ponte de Wheatstone entra em equilíbrio, provocando outros fenômenos no circuito.

## Ponte de fio

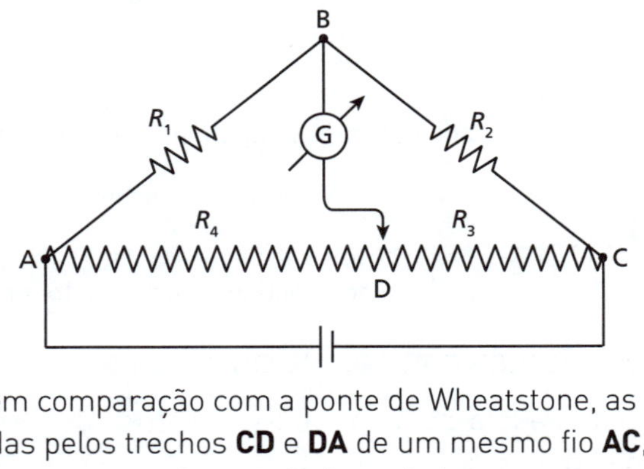


Banco de imagens/Arquivo da editora

Na ponte de fio, em comparação com a ponte de Wheatstone, as resistências elétricas $R_3$ e $R_4$ foram substituídas pelos trechos **CD** e **DA** de um mesmo fio **AC**, homogêneo, retilíneo e de área de seção reta constante. O ponto **D** é regulado por um contato que desliza ao longo do fio. Dessa forma, é possível determinar, rapidamente, a posição do ponto **D** para a qual a ponte fica em equilíbrio.

$$R_1 \cdot \overline{DC} = R_2 \cdot \overline{AD}$$

# Aplique o que aprendeu

## Exercício resolvido

**1.** (UFRJ) Uma bateria ideal de força eletromotriz $\epsilon$ está ligada a um circuito como ilustra a figura a seguir.

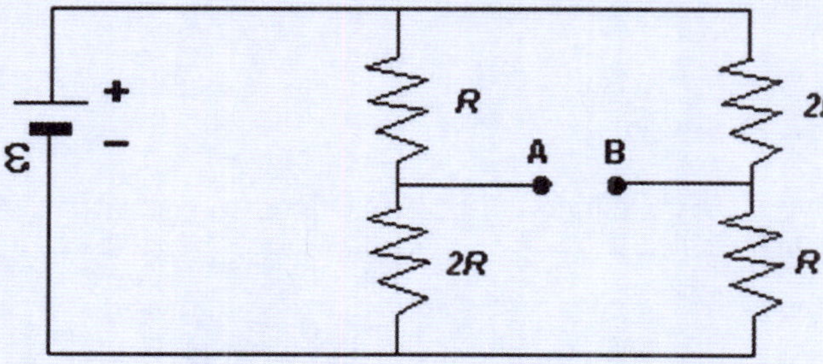


Reprodução/UFRJ

Calcule a diferença de potencial $V_A - V_B$ entre os pontos terminais A e B em função de $\epsilon$.

**Resolução:**

Em cada fio de resistência 3R existe uma corrente igual a $i = \frac{U}{R} \Rightarrow i = \frac{\epsilon}{3R}$.

Adotando-se que o potencial elétrico na placa positiva da bateria é $\epsilon$ e na placa negativa é zero, temos:

$$U = R\,i \Rightarrow \epsilon - V_A = R\,\frac{\epsilon}{3R} \Rightarrow \epsilon - V_A = \frac{\epsilon}{3} \Rightarrow V_A = \frac{2\epsilon}{3}$$

No outro fio:

$$U = R\,i \Rightarrow \epsilon - V_B = 2R \cdot \frac{\epsilon}{3R} \Rightarrow \epsilon - V_B = \frac{2\epsilon}{3} \Rightarrow V_B = \frac{\epsilon}{3}$$

Então:

$$V_A - V_B = \frac{2\epsilon}{3} - \frac{\epsilon}{3} = \frac{\epsilon}{3}$$

Resposta: $\frac{\epsilon}{3}$

## Questões

**1.** (Ufpel-RS)

Num circuito de corrente contínua, ao percorrermos uma malha fechada, partindo de um determinado ponto, observamos que as variações de potencial elétrico sofridas pelos portadores de carga é tal que, ao retornarmos ao ponto de partida, obtemos o mesmo valor para o potencial elétrico.

Baseado no texto e em seus conhecimentos, o fato descrito acima é uma consequência do princípio da conservação

a) da carga.
b) da energia.
c) da massa.
d) da quantidade de movimento.
e) da potência elétrica.

**2.** (Aman-RJ)

O desenho ao lado representa um circuito elétrico composto por resistores ôhmicos, um gerador ideal e um receptor ideal.

A potência elétrica dissipada no resistor de 4 Ω do circuito é:

a) 0,16 W
b) 0,20 W
c) 0,40 W
d) 0,72 W
e) 0,80 W

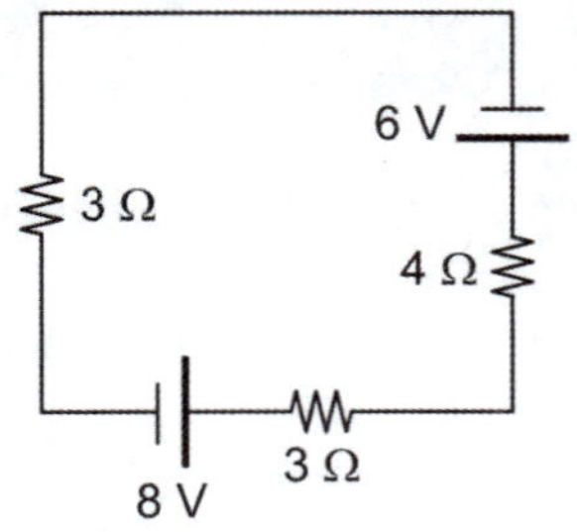

DESENHO ILUSTRATIVO FORA DE ESCALA



**3.** (Udesc)

O circuito, apresentado na figura ao lado, mostra uma pequena lâmpada (**L**) que deve operar sob tensão de 3,0 V e com uma corrente elétrica de 0,50 A. Para isto, devem-se ligar dois resistores, $R_1$ e $R_2$, com o mesmo valor de resistência, conforme a figura.

Assinale a alternativa que corresponde ao valor desta resistência.

a) 4,0 Ω
b) 6,0 Ω
c) 12 Ω
d) 10 Ω
e) 8,0 Ω

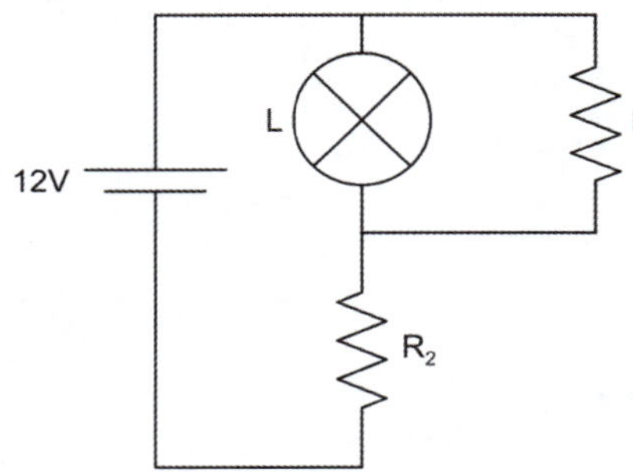

4. (IME-RJ)

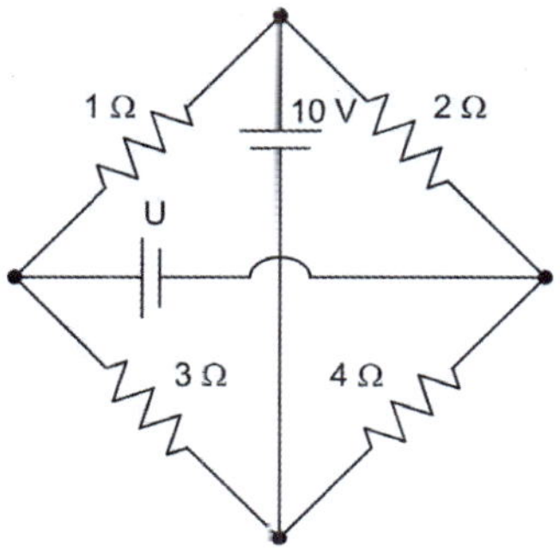



A figura acima mostra um circuito formado por quatro resistores e duas baterias. Sabendo que a diferença de potencial entre os terminais do resistcr de 1 Ω é zero, o valor da tensão *U*, em volts, é:

a) $\frac{154}{15}$

b) $\frac{30}{4}$

c) $\frac{70}{9}$

d) 10

e) $\frac{154}{30}$

TOTAL DE ACERTOS ____/4

# 8 Capacitores

## Reveja o que aprendeu

**Você deve ser capaz de:**

- Verificar como as propriedades de capacitores se manifestam em circuitos elétricos.

### Introdução

**Capacitor** é um componente eletrônico formado por duas peças condutoras denominadas **armaduras**. Entre elas normalmente há um material **dielétrico**, ou seja, um material isolante, que pode ser de diferentes naturezas, como papel, óleo ou o próprio ar. Sua função básica é armazenar cargas elétricas e, como consequência, energia potencial eletrostática (ou elétrica).

capacitor plano: as armaduras são duas placas planas condutoras e paralelas.

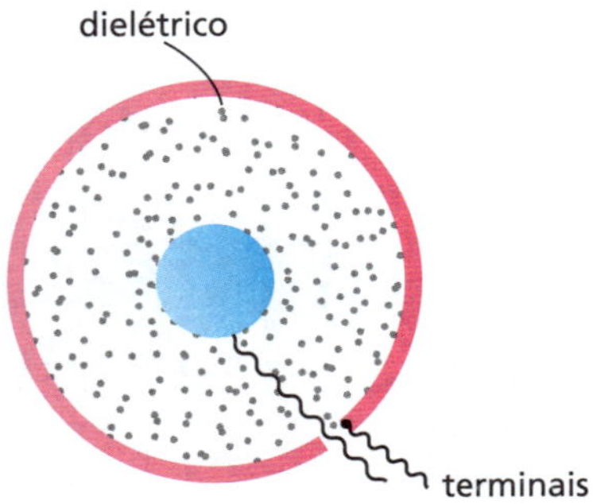


capacitor esférico (visto em corte): as armaduras são dois condutores esféricos concêntricos.

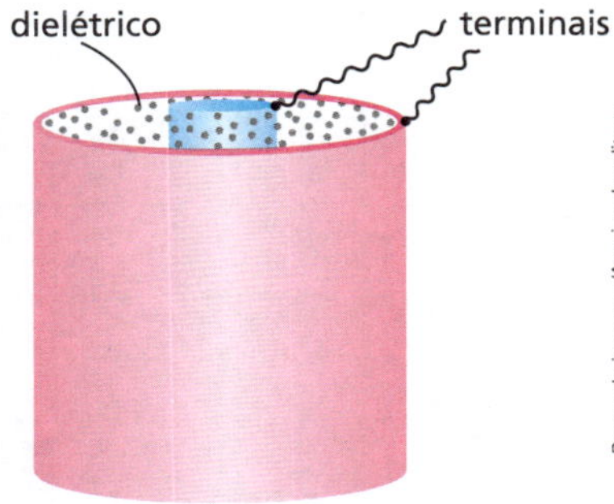


capacitor cilíndrico: as armaduras são dois condutores cilíndricos coaxiais.

Banco de imagens/Arquivo da editora

### Capacitância

A capacidade de um capacitor armazenar carga elétrica é medida por uma grandeza denominada **capacitância**, simbolizada por *C*.

Seja *Q* a carga do capacitor e *U* o módulo da ddp entre suas armaduras. Sua capacitância é então definida pela expressão:

$$C = \frac{Q}{U}$$

A soma das energias potenciais calculadas nas armaduras de um capacitor é chamada **energia potencial eletrostática** do capacitor (*E*p).

$$E_p = \frac{1}{2}QU \quad \text{ou} \quad E_p = \frac{1}{2}CU^2 \quad \text{ou} \quad E_p = \frac{Q^2}{2C}$$

Perceba que a capacitância de um capacitor plano será tanto maior quanto maiores forem a permissividade **ε** e a área *A*, e quanto menor for a distância *d*:

$$C = \frac{\varepsilon_0 A}{c}$$

## Associação de capacitores

Capacitores também podem compor associações dos tipos **em série**, **em paralelo** e **mista**.

Considere *n* capacitores de capacitâncias $C_1$, $C_2$, ..., $C_n$, inicialmente **descarregados**.

Tais capacitores estão associados **em série** quando são interligados como representa a figura seguinte:

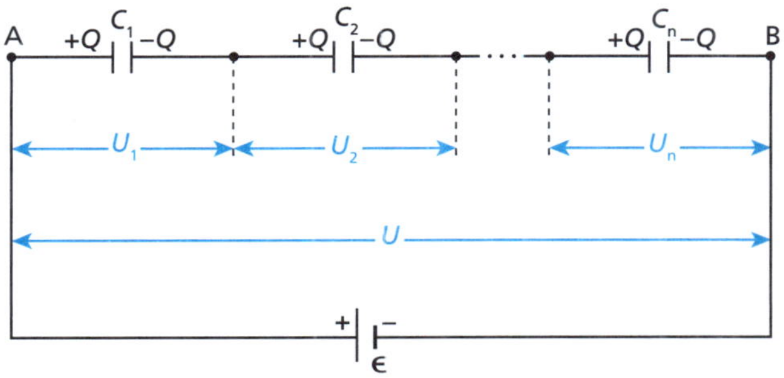


Todos os capacitores associados em série armazenam a mesma quantidade de carga *Q*.

A tensão elétrica total entre os terminais da associação é a soma das tensões elétricas parciais nos diversos capacitores:

$$U = U_1 + U_2 + ... + U_n$$

Então:

$$C_{eq} = \frac{C_1C_2}{C_1 + C_2} = \frac{\text{produto das capacitâncias}}{\text{soma das capacitâncias}}$$

Quando capacitores estão associados **em paralelo**, são interligados conforme a figura a seguir:

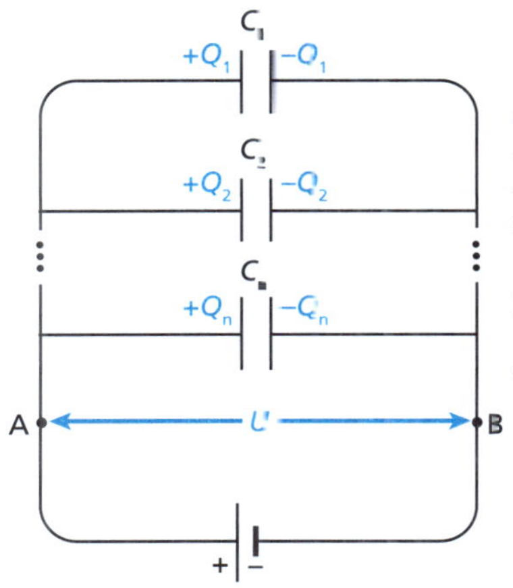


Todos os capacitores associados em paralelo são submetidos à mesma tensão elétrica (*U*).

A carga total *Q* estabelecida na associação por acesso direto do gerador é a soma das cargas de todos os capacitores:

$$C_{eq} = C_1 + C_2 + ... + C_n$$

Portanto:

$$C_{eq} = nC$$

## Dielétricos

O meio material entre as placas do capacitor é denominado dielétrico.

**Dielétricos** são substâncias não condutoras de eletricidade porque não existem portadores de cargas livres em seu interior.

Quando é inserido um dielétrico entre as placas do capacitor, ocorre o aumento no valor de sua capacitância.

## Rigidez dielétrica

Chama-se **rigidez dielétrica** o campo elétrico máximo que se pode aplicar a um material isolante sem que ele se torne um material condutor.

A máxima diferença de potencial que se pode aplicar entre os terminais de um capacitor, sem que sua rigidez dielétrica seja ultrapassada, chama-se tensão de ruptura.

## Circuito RC

O circuito **RC** é um tipo de circuito constituído por um resistor, um capacitor e uma fonte de tensão. Observe o circuito RC representado na figura a seguir:

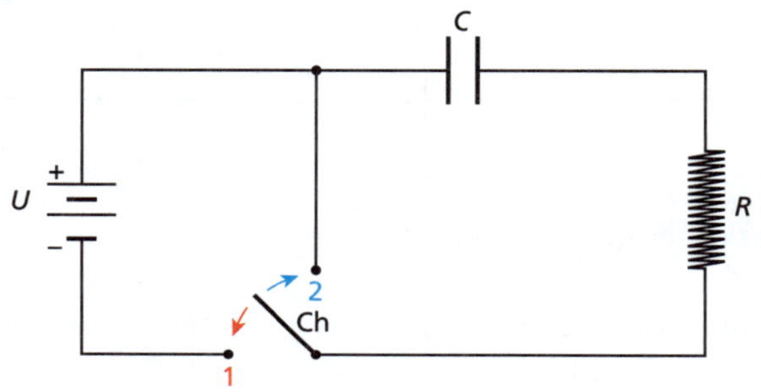


Banco de imagens/Arquivo da editora

O processo de carga do capacitor é representado pelo seguinte gráfico:

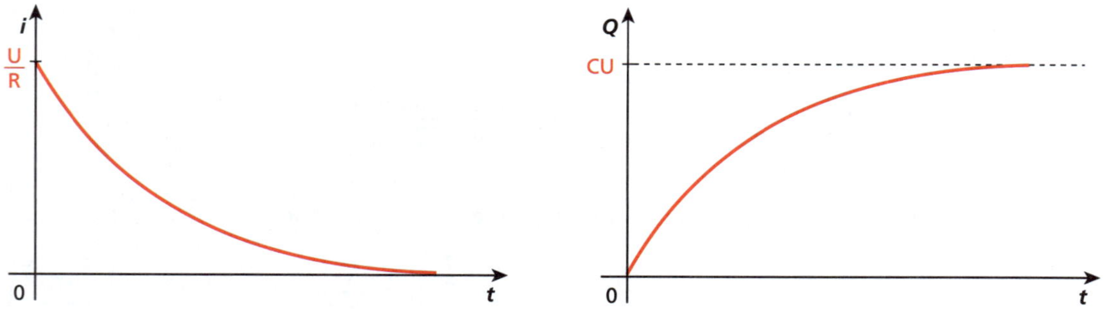


Banco de imagens/Arquivo da editora

O processo de descarga do capacitor é representado pelo seguinte gráfico:

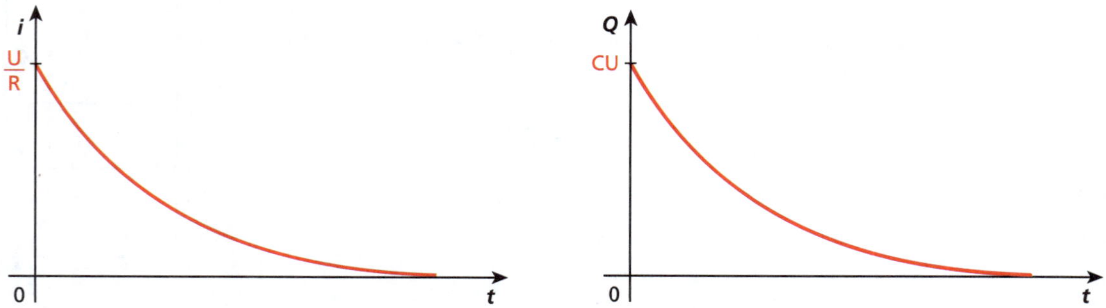


Banco de imagens/Arquivo da editora

# Aplique o que aprendeu

## Exercício resolvido

1. (Efomm) Na figura a seguir, temos um capacitor de placas paralelas de área *A* separadas pela distância *d*. Inicialmente, o dielétrico entre as placas é o ar e a carga máxima suportada é $Q_a$. Para que esse capacitor suporte uma carga máxima $Q_b$, foi introduzida uma placa de porcelana de constante dielétrica *k* e espessura $\frac{d}{2}$. Considerando que seja mantida a diferença de potencial entre as placas, determine a razão entre as cargas $Q_b$ e $Q_a$.

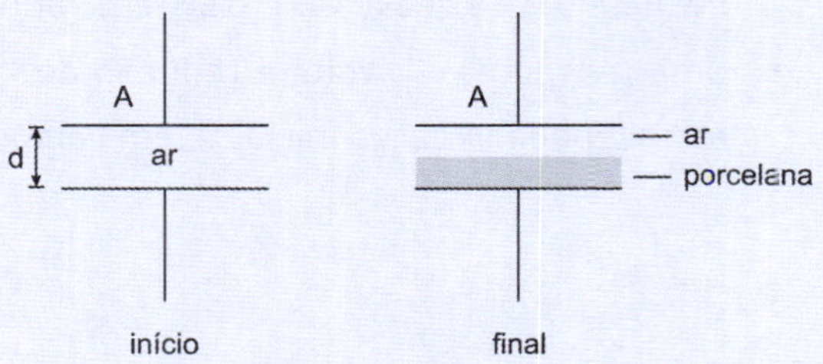



a) $\frac{2k}{k+1}$ b) $\frac{2k}{5k+3}$ c) $\frac{2k\varepsilon_0 A}{d(k+1)}$ d) $\frac{k\varepsilon_0 A}{dk}$ e) $\frac{2k\varepsilon_0}{d(k+1)}$

**Resolução:**

Capacitâncias do início $C_a$ e do fim $C_b$ (com $k_{ar} = 1$):

$$C_a = \frac{k_{ar}\varepsilon_0 A}{d} \therefore C_a = \frac{\varepsilon_0 A}{d} \quad \text{e} \quad \frac{1}{C_b} = \frac{1}{\frac{1 \cdot \varepsilon_0 A}{\frac{d}{2}}} + \frac{1}{\frac{k\varepsilon_0 A}{\frac{d}{2}}} \therefore C_b = \frac{2k\varepsilon_0 A}{d(k+1)}$$

Como Q = C U, vem:

$$Q_a = \frac{\varepsilon_0 AU}{d} \text{ e } Q_b = \frac{2k\varepsilon_0 AU}{d(k+1)} \therefore \frac{Q_b}{Q_a} = \frac{2k}{k+1}$$

Resposta: A

## Questões

1. (UPE)

Uma barra metálica de massa m = 250 g desliza ao longo de dois trilhos condutores, paralelos e horizontais, com uma velocidade de módulo v = 2,0 m/s. A distância entre os trilhos é igual a L = 50 cm, estando eles interligados por um sistema com dois capacitores ligados em série, de capacitância $C_1 = C_2 = 6{,}0\ \mu f$, conforme ilustra a figura ao lado.

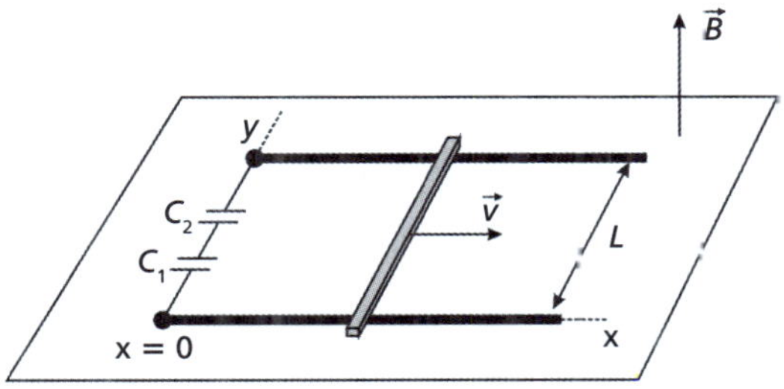



O conjunto está no vácuo, imerso em um campo de indução magnética uniforme, de módulo B = 3,0 T, perpendicular ao plano dos trilhos.

Desprezando os efeitos do atrito, calcule a energia elétrica armazenada no capacitor $C_1$ em micro joules

a) 384 b) 192 c) 96 d) 48 e) 24

**2.** (CPAEN-RJ)

Analise a figura ao lado.

O capacitor $C_1$ encontra-se inicialmente com uma tensão constante V = 4 volts. Já o capacitor $C_2$ estava descarregado. Fechando-se a chave CH1, o sistema atinge o equilíbrio com uma tensão de $\frac{4}{3}$ volts e redução de $\frac{8}{3}$ joule da energia armazenada. A carga inicial $Q$, em coulombs, é igual a

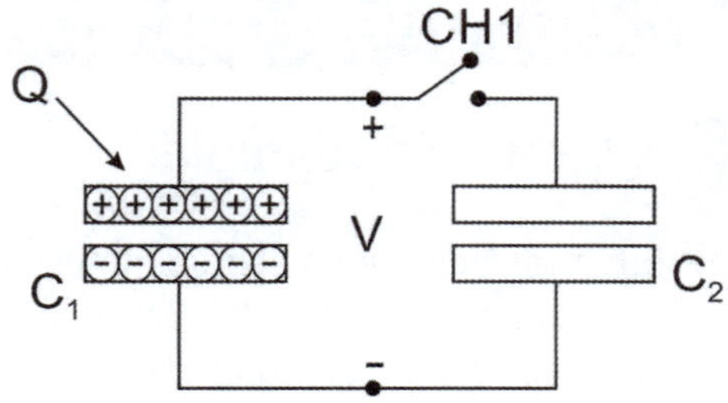


Reprodução/CPAEN-RJ

a) $\frac{4}{3}$ b) $\frac{3}{2}$ c) $\frac{5}{3}$ d) 2 e) $\frac{7}{3}$

**3.** (UFG-GO)

O sistema composto de duas placas metálicas circulares, móveis e de diâmetro 20 cm, formam um capacitor, conforme ilustrado na figura ao lado.

Quando a distância $d$ entre as placas é da ordem de um milésimo do diâmetro das placas, este é, com boa aproximação, um capacitor plano de placas paralelas. Nessas condições, esse sistema é usado para medir o campo elétrico atmosférico. Considerando-se que $\pi = 3$, $\varepsilon_0 = 8{,}85 \cdot 10^{-12}\ Nm^2/C^2$ e que a ddp medida é de 20 mV, calcule:

a) O campo elétrico atmosférico estabelecido entre as placas.

b) O módulo da carga elétrica em cada placa.

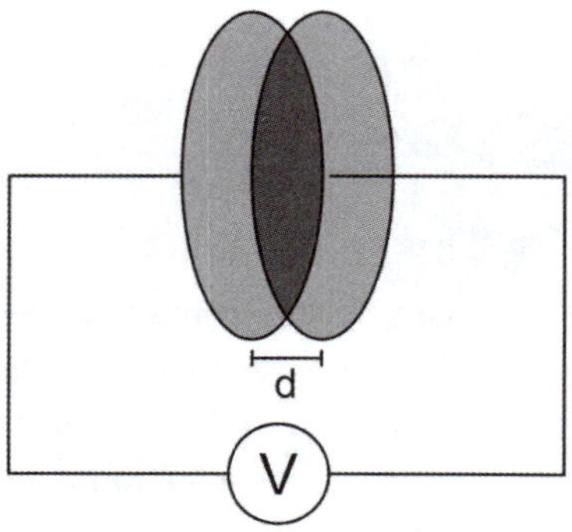


Reprodução/UFG-GO

**4.** (Unicamp-SP)

Numa tela de televisor de plasma, pequenas células contendo uma mistura de gases emitem luz quando submetidas a descargas elétricas. A figura ao lado mostra uma célula com dois eletrodos, nos quais uma diferença de potencial é aplicada para produzir a descarga. Considere que os eletrodos formam um capacitor de placas paralelas, cuja capacitância é dada por $C = \frac{\varepsilon_0 A}{d}$, onde $\varepsilon_0 = 8{,}9 \cdot 10^{-12}$ F/m, A é a área de cada eletrodo e *d* é a distância entre os eletrodos.

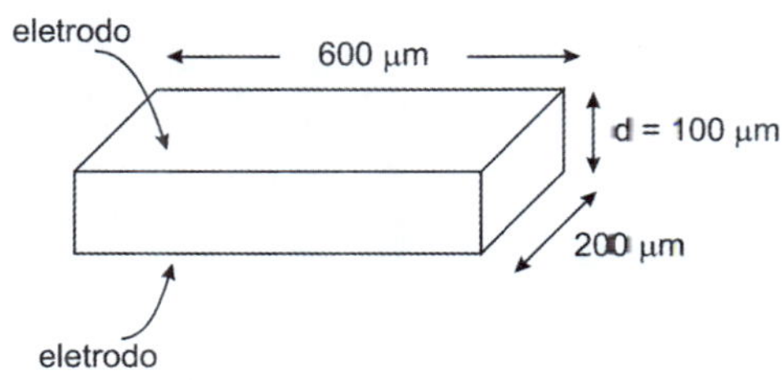



a) Calcule a capacitância da célula.

b) A carga armazenada em um capacitor é proporcional à diferença de potencial aplicada, sendo que a constante de proporcionalidade é a capacitância. Se uma diferença de potencial igual a 100 V for aplicada nos eletrodos da célula, qual é a carga que será armazenada?

c) Se a carga encontrada no item b) atravessar o gás em 1 μs (tempo de descarga), qual será a corrente média?

**5.** (UPM-SP)

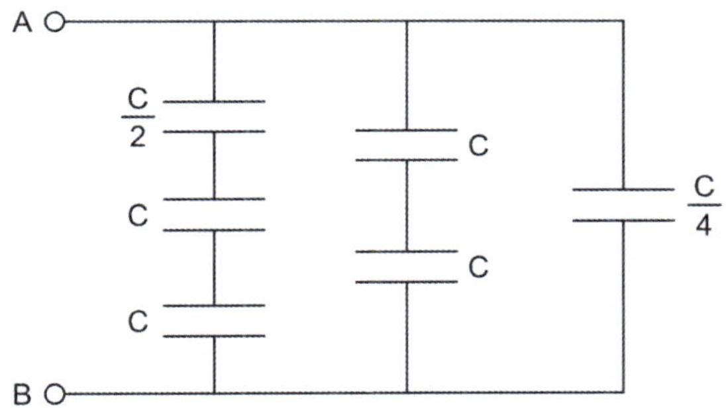



Na associação de capacitores, esquematizada acima, a capacitância está indicada na figura para cada um dos capacitores. Assim, a capacitância equivalente, entre os pontos A e B no circuito, é

a) C b) 2C c) 3C d) 4C e) 8C

TOTAL DE ACERTOS ____/5

# 9 Introdução ao Eletromagnetismo

## Reveja o que aprendeu

**Você deve ser capaz de:**

- Utilizar linhas de campo na representação de fenômenos magnéticos de nosso cotidiano.
- Caracterizar o movimento de cargas elétricas de acordo com o campo magnético em que se situam.

### Propriedades fundamentais dos ímãs

Todo ímã é sempre dotado de **dois polos**.

ShutterStockStudio/Shutterstock

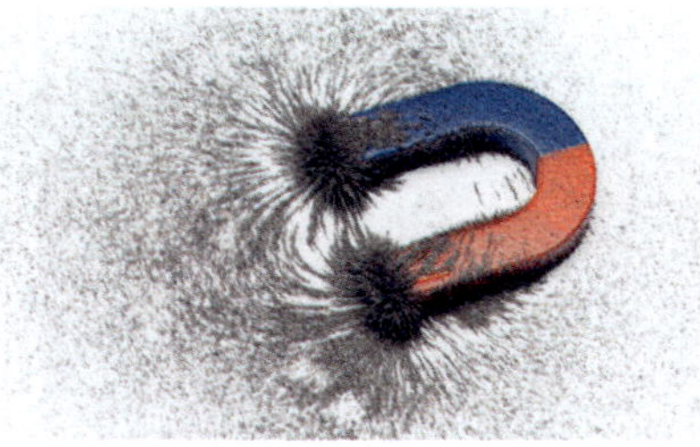

Sergio Dotta Jr./Acervo da editora

Pat_Hastings/Shutterstock

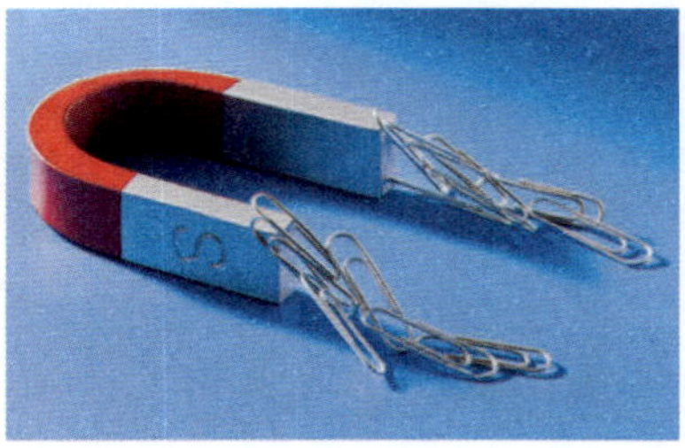

As limalhas de ferro e os clipes de papel concentram-se em quantidade maior nos polos dos ímãs.

As forças de atração e repulsão que os ímãs exercem mutuamente entre si são representadas na imagem a seguir.

Banco de imagens/ Arquivo da editora

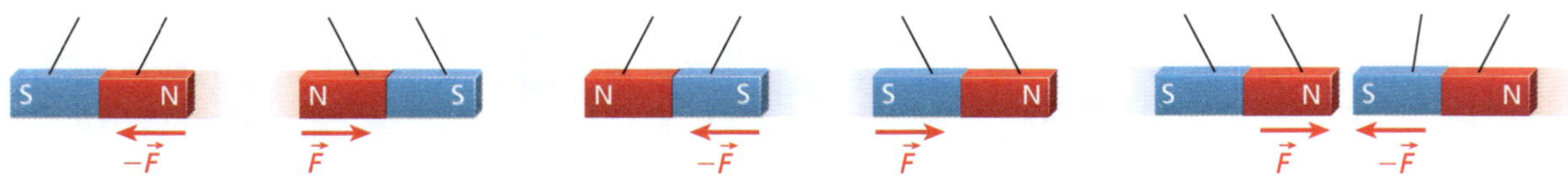


entre dois polos norte, há uma força de repulsão.

entre dois polos sul, há uma força de repulsão.

entre um polo norte e um polo sul, há uma força de atração.

Portanto:

> Polos magnéticos de nomes diferentes atraem-se e polos magnéticos de mesmo nome repelem-se.

Quando um ímã é cortado, é possível verificar experimentalmente que é **impossível** obter um polo magnético isolado.

Banco de imagens/ Arquivo da editora

Cada ímã cortado ao meio produz dois novos ímãs, cada qual dotado de um polo norte e um polo sul.

Ao efetuar indefinidamente esse processo de corte dos ímãs, obter-se-á em nível microscópico os ímãs elementares, porém, mesmo nesse nível os ímãs terão sempre seus dois polos, norte e sul.

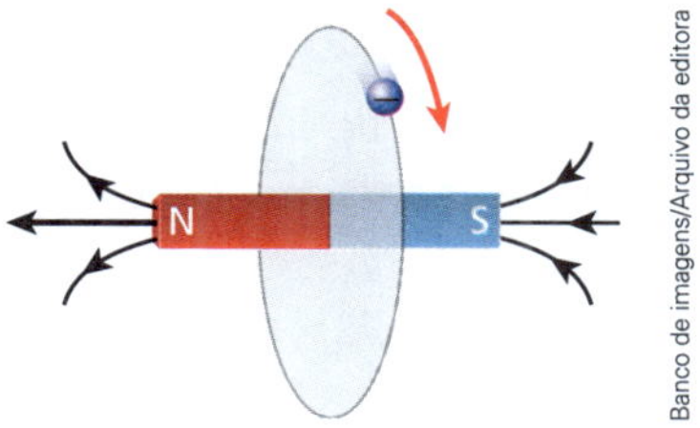


Mesmo em nível atômico, os ímãs elementares são formados por polo norte e polo sul.

É comum dizermos que a Terra **comporta-se** como um ímã gigante. O polo sul geográfico da Terra é um gigantesco polo norte magnético e o polo norte geográfico da Terra é um polo sul magnético.

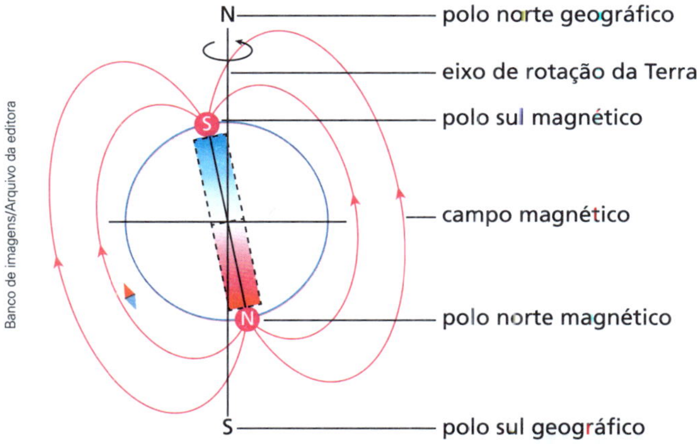


O polo geográfico norte da Terra é um polo magnético sul e o polo geográfico sul da Terra é um polo magnético norte.

## O campo magnético

Os fenômenos magnéticos são estudados a partir da ideia de um ímã originar um campo magnético na região em que está imerso. Para cada ponto do espaço nas proximidades de um ímã, define-se um único vetor ($\vec{B}$) representativo desse campo magnético nesse ponto. O vetor $\vec{B}$ será chamado de vetor indução magnética ou vetor campo magnético.

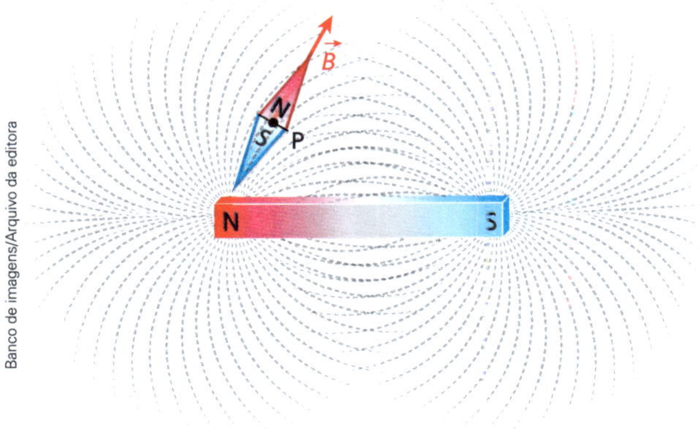


Quando a agulha magnética da bússola fica em equilíbrio em um ponto **P**, estabelece a orientação do campo magnético para aquele específico ponto do espaço.

O sentido de $\vec{B}$ é o sentido para onde aponta o polo **norte** da agulha magnética da bússola de prova.

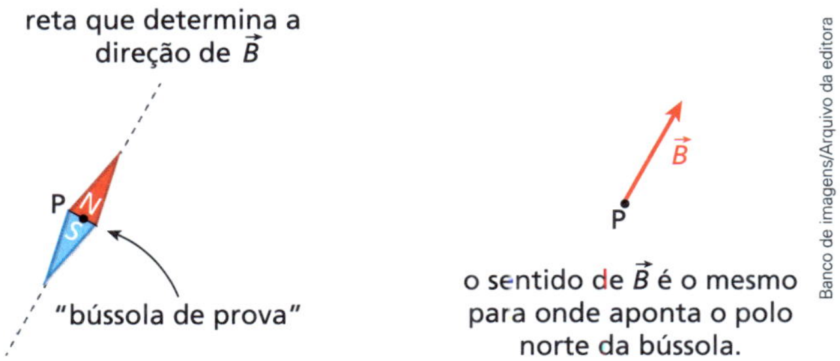

## Linhas de indução magnética

Linhas de indução de um campo magnético são linhas fechadas. Na parte externa do ímã, obedecem à seguinte convenção: saem do polo norte e chegam ao polo sul.

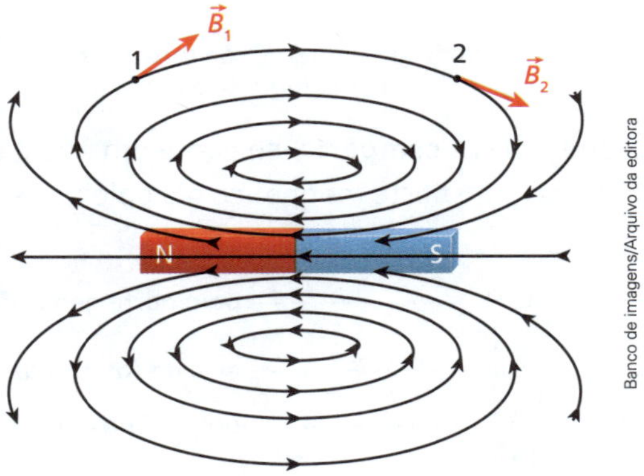


A intensidade do campo magnético será proporcional à densidade de linhas de indução nessa região.

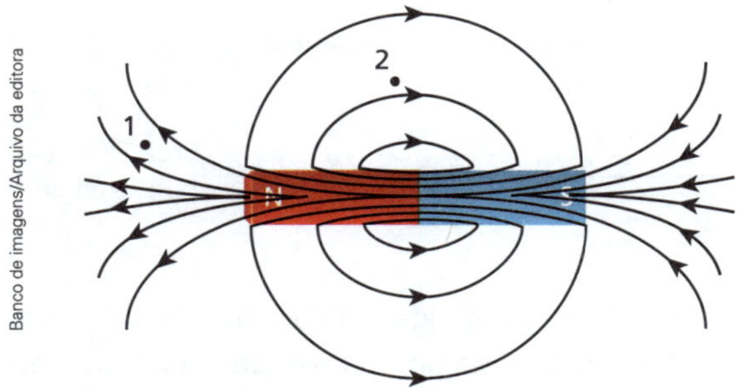


A intensidade do campo magnético no ponto 1 é maior que a intensidade do campo magnético no ponto 2, pois a densidade das linhas de campo na região 1 é maior do que na região 2.

## Campo magnético uniforme

Quando o campo magnético é uniforme, em todos os pontos desse campo o vetor $\vec{B}$ possui a mesma intensidade, mesma direção e mesmo sentido. As linhas de indução magnética que representam esse campo são segmentos de retas paralelos igualmente espaçados entre si.

Na figura, vemos a representação de um campo magnético uniforme. As linhas de indução são todas paralelas e equidistantes entre si. Os vetores campo magnético ($\vec{B}$) são tangentes às linhas de indução e todos têm a mesma intensidade, direção e sentido.

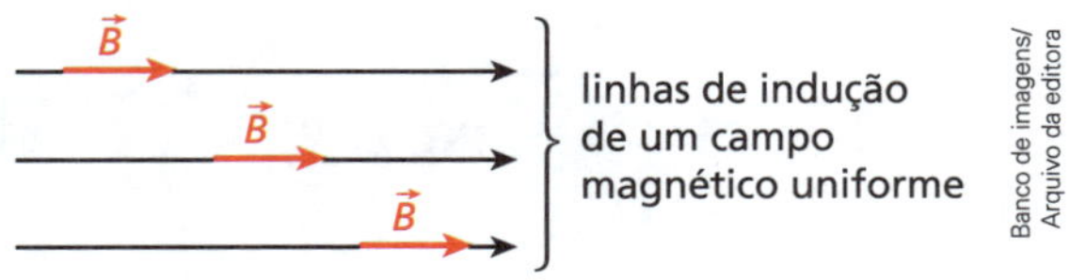


Na figura, vemos a representação de um campo magnético uniforme. As linhas de indução são todas paralelas e equidistantes entre si. Os vetores campo magnético ($\vec{B}$) são tangentes às linhas de indução e todos têm a mesma intensidade, direção e sentido.

Usa-se a notação a seguir quando o campo magnético ($\vec{B}$) tiver direção perpendicular ao plano da página com sentido entrando ou saindo dela.

A notação ⊗ (entrando no plano) e ⊙ (saindo do plano) pode ser usada para outras grandezas físicas.

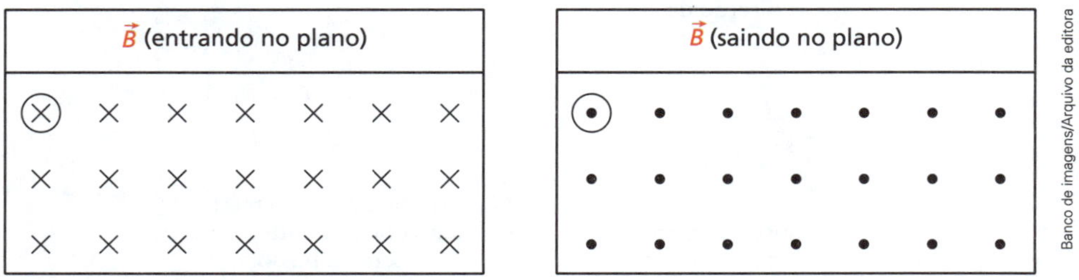

## Partícula eletrizada em repouso em um campo magnético

Como campos magnéticos não atuam em carga elétrica em repouso, temos:

$$\text{Para } \vec{v} = \vec{0} \Rightarrow \vec{F}_m = \vec{0}$$

Banco de imagens/Arquivo da editora

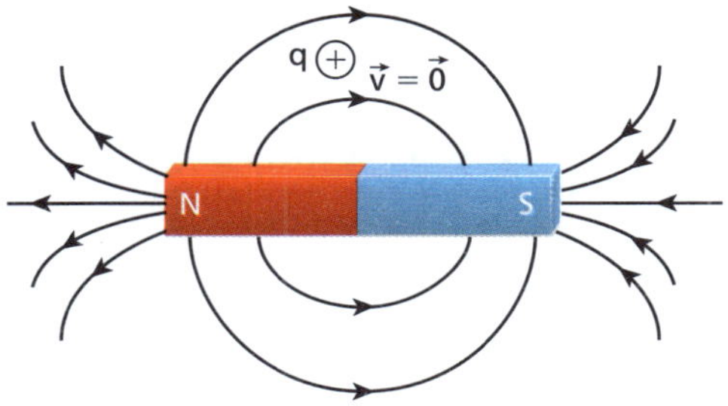


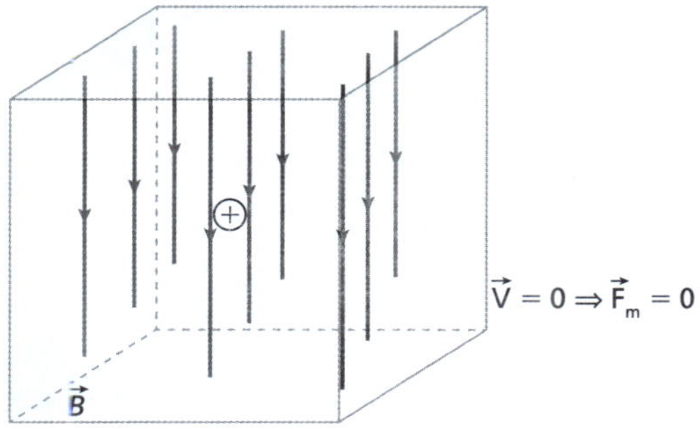


Banco de imagens/Arquivo da editora

## Partícula eletrizada em movimento em um campo magnético uniforme

Assim como no caso da carga elétrica em repouso, a força magnética também é nula em partículas lançadas paralelamente ao campo magnético. Assim:

$$\text{Para } \vec{v} \text{ e } \vec{B} \text{ paralelos} \Rightarrow \vec{F}_m = \vec{0}$$

Banco de imagens/Arquivo da editora

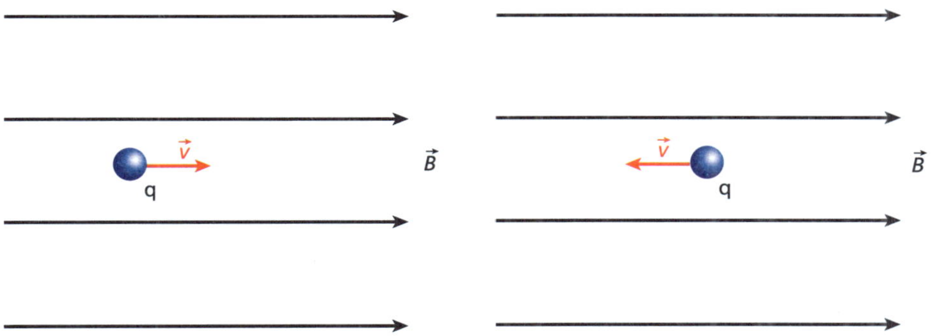


A intensidade da força magnética que pode atuar em uma carga elétrica $q$, lançada com velocidade $\vec{v}$, dentro de um campo magnético $\vec{B}$, é dada por

$$F_m = |q|\ v\ B\ \text{sen}\ \theta$$

Como a força magnética é uma grandeza vetorial, para defini-la por completo deve-se identificar, além de sua intensidade, sua direção e sentido.

- A direção da força magnética ($\vec{F}_m$) é perpendicular ao plano formado pelos vetores $\vec{B}$ e $\vec{v}$.

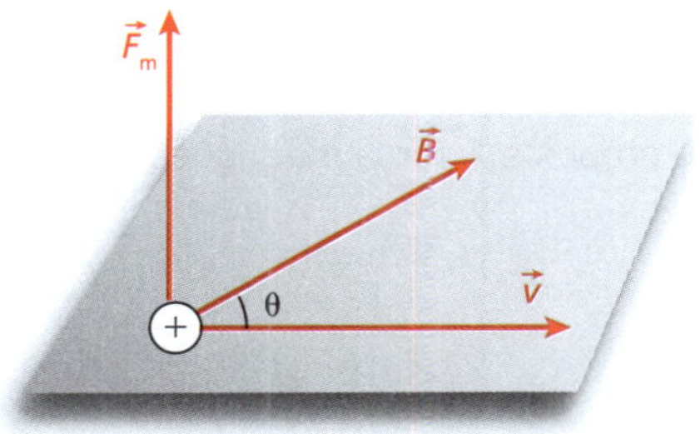


Banco de imagens/Arquivo da editora

- O sentido da força magnética ($\vec{F}_m$) pode ser determinado pela regra da mão esquerda. O polegar faz a representação do vetor força magnética, o indicador atua como campo magnético e o dedo médio como vetor velocidade.

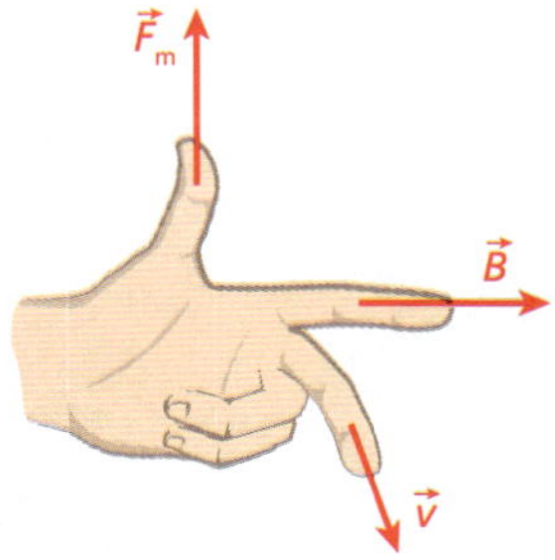


Banco de imagens/Arquivo da editora

A unidade de $\vec{B}$ no Sistema Internacional é

$$1\,T = 1\,\frac{N}{A \cdot m}$$

## Situações especiais de movimento de partícula eletrizada em campo magnético uniforme $\vec{B}$

### Primeiro caso: uma partícula eletrizada é lançada paralelamente às linhas de indução do campo magnético.

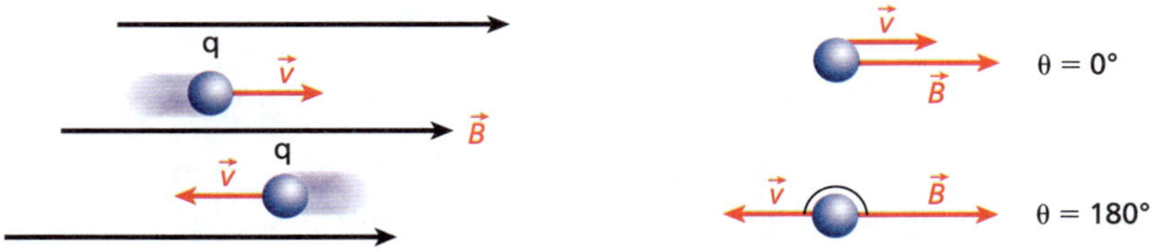


Banco de imagens/Arquivo da editora

$$F_m = 0$$

Nesse caso, a partícula descreverá um movimento retilíneo e uniforme (MRU).

### Segundo caso: uma partícula eletrizada é lançada perpendicularmente às linhas de indução do campo magnético.

$$F_m = |q|\,vB$$

A figura abaixo mostra que a força magnética $\vec{F}_m$ e o vetor velocidade $\vec{v}$ definem um plano perpendicular ao vetor campo magnético $\vec{B}$. Nesse plano, a partícula executa um movimento circular uniforme (MCU).

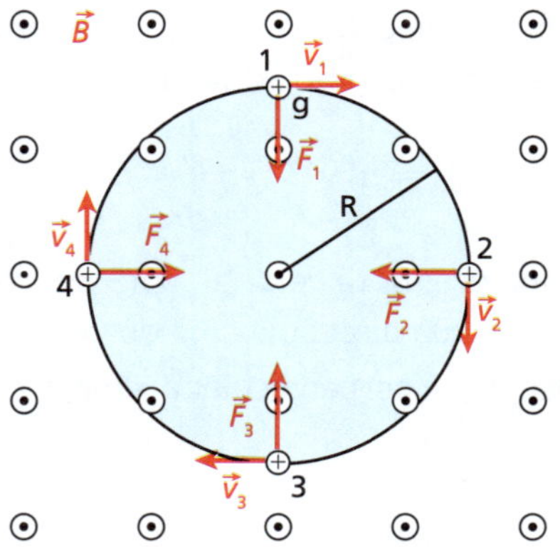


Banco de imagens/Arquivo da editora

Uma vez que, na situação proposta, a força magnética vai atuar como resultante centrípeta, tem-se:

$$R = \frac{m\,v}{|q|\,B}$$

Substituindo-se $v$ na equação obtida para o raio $R$, obtém-se o período $T$ do MCU descrito pela partícula:

$$T = \frac{2\pi m}{|q|B}$$

Sendo $f = \frac{1}{T}$, vem:

$$f = \frac{|q|B}{2\pi m}$$

### Terceiro caso: uma partícula eletrizada é lançada obliquamente em relação às linhas de indução do campo magnético

Nesse último caso, a velocidade $\vec{v}$ das partículas é decomposta em duas componentes. Uma delas terá direção paralela ao campo magnético $\vec{B}$, enquanto a outra componente terá direção perpendicular ao campo $\vec{B}$. Assim:

$$\text{Vetorialmente: } \vec{v} = \vec{v}_{pa} + \vec{v}_{pe}$$

$$\text{Em intensidade: } v^2 = v_{pa}^2 + v_{pe}^2$$

A componente paralela $\vec{v}_{pa}$ determina um movimento retilíneo uniforme (MRU) enquanto a componente perpendicular $\vec{v}_{pe}$, um movimento circular uniforme (MCU). A trajetória descrita, conforme mostra a figura, é uma **helicoide** ou **hélice cilíndrica**.

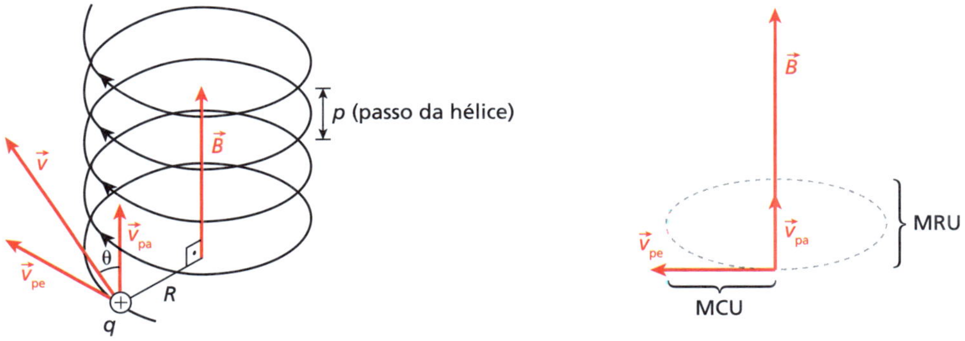


Banco de imagens/Arquivo da editora

As componentes da velocidade $\vec{v}$ têm intensidades dadas por:

$$\text{Componente paralela: } v_{pa} = v \cos\theta$$

$$\text{Componente perpendicular: } v_{pe} = v \operatorname{sen}\theta$$

Quando a partícula completa uma volta em sua trajetória helicoidal, avança de uma distância ($p$) paralela ao campo. Essa distância é denominada passo da hélice e pode ser determinada por:

$$p = \frac{2\pi m v \cos\theta}{|q|\ B}$$

# Aplique o que aprendeu

## Exercícios resolvidos

**1.** (UPM-SP) Considere as seguintes afirmações.

I. Quando se coloca um ímã em contato com limalha (fragmentos) de ferro, estes não aderem a ele em toda a sua extensão, mas predominantemente nas regiões próximas das extremidades.

II. Cortando-se um ímã em duas partes iguais, que por sua vez podem ser redivididas em outras tantas, observa-se que cada uma dessas partes constitui um novo ímã, que embora menor tem sempre dois polos.

III. Polos de mesmo nome se atraem e de nomes diferentes se repelem.

Com relação às afirmações, podemos dizer que

a) apenas I é correta.

b) apenas I e II são corretas.

c) apenas I e III são corretas.

d) apenas II e III são corretas.

e) todas são corretas.

**Resolução:**

I. Correta. O campo magnético é mais forte nas extremidades do ímã, assim a tendência é a limalha de ferro ir ocupando lugares próximos às extremidades dos polos.

II. Correta. Cada divisão de um imã gera novos imãs contendo os dois polos sul e norte.

III. Incorreta. É o oposto disso. Os de mesmo nome se repelem e os de nomes diferentes se atraem.

Resposta: B

**2.** (ITA-SP) Uma massa *m* de carga *q* gira em órbita circular de raio *R* e período *T* no plano equatorial de um ímã. Nesse plano, a uma distância *r* do ímã, a intensidade do campo magnético é $B(r) = \frac{\mu}{r^3}$ em que $\mu$ é uma constante. Se fosse de 4R o raio dessa órbita, o período seria de

a) $\frac{T}{2}$.

b) 2 T.

c) 8 T.

d) 32 T.

e) 64 T.

**Resolução:**

A força magnética é a resultante centrípeta. Então:

$$F_m = F_{cp}$$

$$Bqv = \frac{mv^2}{R}$$

$$\frac{\mu}{R^3}q = \frac{m}{R}\left(\frac{2\pi R}{T}\right) \Rightarrow T = \frac{2\pi m}{\mu q}R^3$$

Se o raio for quadruplicado, teremos:

$$T' = \frac{2\pi m}{\mu q}(4R)^3 = 64 \cdot \frac{2\pi m}{\mu q}R^3 = 64T$$

Resposta: E

## Questões

**1.** (UPF-RS)

Sobre conceitos de eletricidade e magnetismo, são feitas as seguintes afirmações:

I. Se uma partícula com carga não nula se move num campo magnético uniforme perpendicularmente à direção do campo, então a força magnética sobre ela é nula.

II. Somente imãs permanentes podem produzir, num dado ponto do espaço, campos magnéticos de módulo e direção constantes.

III. Quando dois fios condutores retilíneos longos são colocados em paralelo e percorridos por correntes elétricas contínuas de mesmo módulo e sentido, observa-se que os fios se atraem.

IV. Uma carga elétrica em movimento pode gerar campo magnético, mas não campo elétrico.

Está **correto** apenas o que se afirma em:

a) III.
b) I e II.
c) II.
d) II e IV.
e) II, III e IV.

**2.** (Cefet-MG)

Em relação às propriedades e aos comportamentos magnéticos dos ímãs, das bússolas e do nosso planeta, é correto afirmar que

a) a agulha de uma bússola inverte seu sentido ao cruzar a linha do Equador.
b) um pedaço de ferro é atraído pelo polo norte de um ímã e repelido pelo polo sul.
c) as propriedades magnéticas de um ímã perdem-se quando ele é cortado ao meio.
d) o polo norte geográfico da Terra corresponde, aproximadamente, ao seu polo sul magnético.

**3.** (Cefet-MG) A bússola é um dispositivo composto por uma agulha imantada que pode girar livremente em torno de um eixo perpendicular a ela. Sobre seu funcionamento, afirma-se:

I. O polo sul magnético aponta para o norte geográfico terrestre.

II. O polo norte magnético aponta para o sul de um ímã colocado próximo à bússola.

III. A agulha sofre uma deflexão quando está próxima e paralela a um fio que conduz corrente elétrica.

IV. A agulha, na ausência de campos magnéticos externos, orienta-se na direção leste-oeste terrestre.

São corretas apenas as afirmativas

a) I e II.
b) II e III.
c) II e IV.
d) III e IV.

**4.** (UEPG-PR) O eletromagnetismo estuda tanto as interações elétricas como as magnéticas. Sobre o eletromagnetismo, assinale o que for correto.

01) Se um imã for partido em duas partes, o polo sul se conserva enquanto o polo norte desaparece.

02) A Terra pode ser considerada como um grande imã, cujos polos norte e sul magnéticos se localizam aproximadamente nos polos sul e norte geográficos, respectivamente.

04) A atração que ocorre quando aproximamos certos minérios de um pedaço de ferro é uma manifestação de natureza elétrica.

08) Um fio condutor percorrido por uma corrente elétrica produz deflexões em uma agulha imantada.

**5.** (IFSP)

No mundo, existe uma grande variedade de elementos químicos metálicos, cujas propriedades físicas e químicas são similares ou bastante distintas. Comumente, os metais são separados em dois grandes grupos: os ferrosos (compostos por ferro) e os não ferrosos (ausência de ferro). O primeiro grupo é considerado magnético, enquanto que o segundo não. Desta forma, uma maneira eficiente e rápida para fazer a separação destes elementos é pela utilização de eletroímãs, que são dispositivos que atraem apenas os metais ferromagnéticos. Considere as quatro barras QR, ST, UV e WX aparentemente idênticas. Verifica-se, experimentalmente, que Q atrai T, repele U e atrai W, R repele V, atrai T e atrai W.

Reprodução/IFSP

Diante do exposto, assinale a alternativa correta.

a) QR e ST são ímãs.
b) QR e UV são ímãs.
c) RS e TU são ímãs.
d) QR, ST e UV são ímãs.
e) As quatro barras são ímãs.

**6.** (Aman-RJ)

Uma carga elétrica puntiforme, no interior de um campo magnético uniforme e constante, dependendo de suas condições cinemáticas, pode ficar sujeita à ação de uma força magnética. Sobre essa força pode-se afirmar que

a) tem a mesma direção do campo magnético, se a carga elétrica tiver velocidade perpendicular a ele.
b) é nula se a carga elétrica estiver em repouso.
c) tem máxima intensidade se o campo magnético e a velocidade da carga elétrica forem paralelos.
d) é nula se o campo magnético e a velocidade da carga elétrica forem perpendiculares.
e) tem a mesma direção da velocidade da carga elétrica.

**7.** (UFRGS-RS)

Na figura ao lado, está representada a trajetória de uma partícula de carga negativa que atravessa três regiões onde existem campos magnéticos uniformes e perpendiculares à trajetória da partícula.

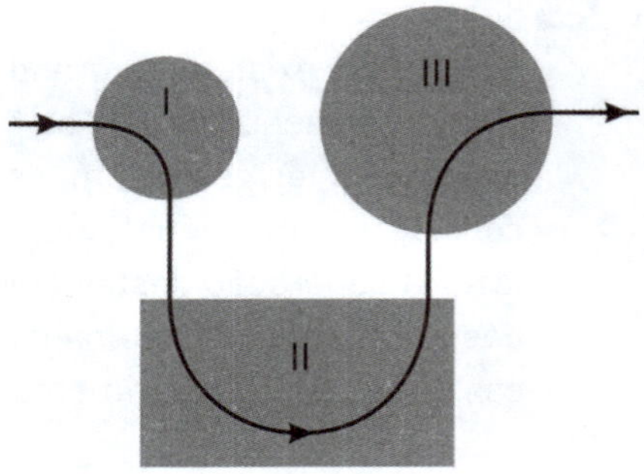


Nas regiões I e III, as trajetórias são quartos de circunferências e, na região II, a trajetória é uma semicircunferência. A partir da trajetória representada, pode-se afirmar corretamente que os campos magnéticos nas regiões I, II e III, em relação à página, estão, respectivamente,

a) entrando, saindo e entrando.
b) entrando, saindo e saindo.
c) saindo, saindo e entrando.
d) entrando, entrando e entrando.
e) saindo, entrando e saindo.

**8.** (Unisc-RS)

Uma partícula com carga *q* e massa *M* move-se ao longo de uma reta com velocidade *v* constante em uma região onde estão presentes um campo elétrico de $1{,}0 \cdot 10^6$ mV/m e um campo de indução magnética de 0,10 T. Sabe-se que ambos os campos e a direção de movimento da partícula são perpendiculares entre si. Determine a velocidade da partícula.

a) $1{,}0 \cdot 10^3$ m/s
b) $1{,}0 \cdot 10^7$ m/s
c) $1{,}0 \cdot 10^4$ m/s
d) $1{,}0 \cdot 10^{-7}$ m/s
e) $1{,}0 \cdot 10^{-3}$ m/s

**9.** (Ufop-MG)

O cíclotron é um acelerador em que partículas carregadas executam movimento circular em um plano perpendicular a um campo magnético uniforme de módulo *B*. Se o campo magnético for o único campo aplicado, a velocidade angular do movimento circular resultante depende somente da razão carga/massa e de *B*. Em um acelerador típico, o valor de *B* é de 1 tesla e as partículas percorrem uma trajetória de raio de 50 cm.

Qual a ordem de grandeza da velocidade da partícula (dados: carga igual a $1,6 \cdot 10^{-19}$C e massa igual $1,67 \cdot 10^{-27}$ kg)?

a) $10^3$ m/s

b) $10^5$ m/s

c) $10^7$ m/s

d) $10^9$ m/s

**10.** (ITA-SP)

Um elétron é acelerado do repouso através de uma diferença de potencial *V* e entra numa região na qual atua um campo magnético, onde ele inicia um movimento ciclotrônico, movendo-se num círculo de raio $R_E$ com período $T_E$. Se um próton fosse acelerado do repouso através de uma diferença de potencial de mesma magnitude e entrasse na mesma região em que atua o campo magnético, poderíamos afirmar sobre seu raio $R_P$ e período $T_P$ que

a) $R_P = R_E$ e $T_P = T_E$.

b) $R_P > R_E$ e $T_P > T_E$.

c) $R_P > R_E$ e $T_P = T_E$.

d) $R_P < R_E$ e $T_P = T_E$.

e) $R_P = R_E$ e $T_P < T_E$.

TOTAL DE ACERTOS ____/10

# 10 Corrente elétrica e campo magnético

## Reveja o que aprendeu

**Você deve ser capaz de:**

- Identificar representações de linhas de campo a partir da corrente elétrica em diferentes condutores.

### A experiência de Oersted e a primeira unificação

Experimentalmente é possível constatar que correntes elétricas ou qualquer carga elétrica em movimento geram campos magnéticos em suas vizinhanças.

O experimento de Oersted, o qual confirma a ligação da Eletricidade com o Magnetismo, está reproduzido de maneira simplificada na ilustração seguinte. Observe o deslocamento da direção da bússola quando o interruptor é acionado e a corrente elétrica é iniciada pela bateria.

Banco de imagens/Arquivo da editora

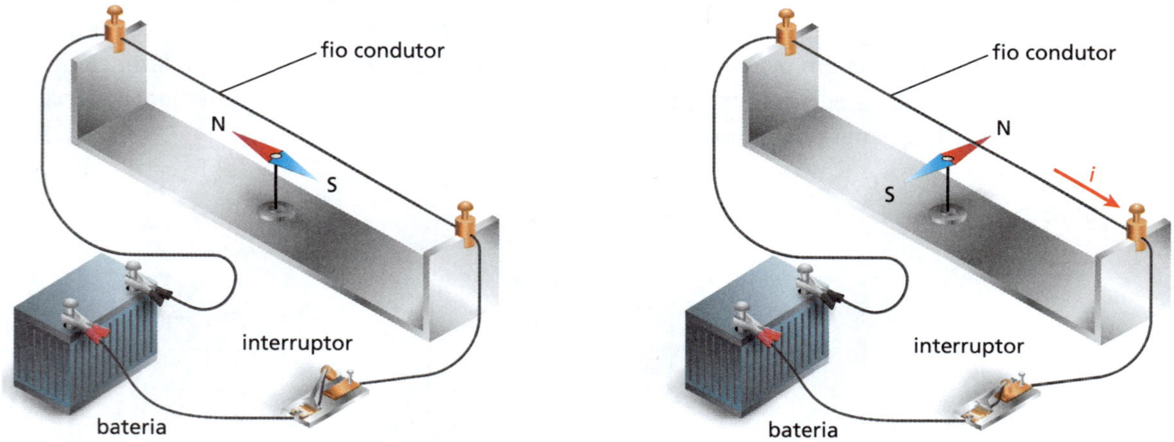


A corrente elétrica no fio condutor gera um campo magnético ao seu redor que, por sua vez, altera a posição da bússola.

### Campo magnético de um fio condutor retilíneo

Uma linha de indução do campo magnético pode ser representada por uma circunferência concêntrica ao fio. No ponto **P** é representado o vetor campo magnético $\vec{B}$.

O vetor campo magnético $\vec{B}$, ou vetor indução magnética, é sempre tangente à linha de indução e tem mesma direção e sentido do polo norte da agulha magnética ali posicionada.

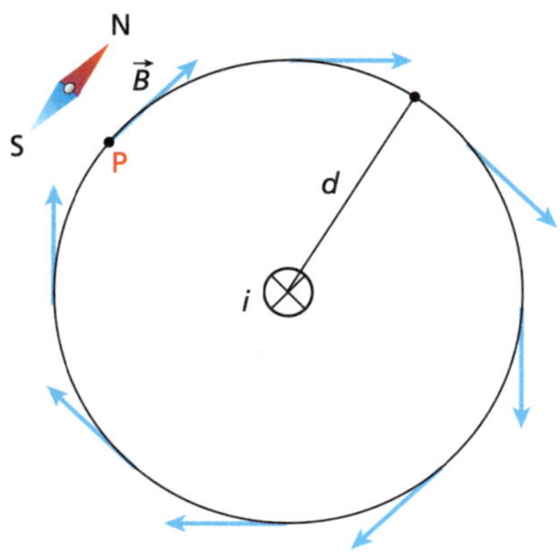


Banco de imagens/Arquivo da editora

## O vetor indução magnética $\vec{B}$

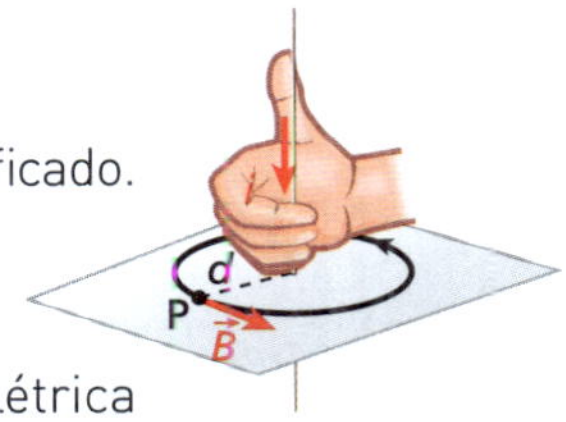


As propriedades do vetor indução magnética são:

- A **direção** é tangente à linha de indução magnética que passa pelo ponto **P** especificado.
- O **sentido** pode ser determinado pela regra da mão direita, ou regra da mão direita envolvente.
- A **intensidade** do campo magnético *B* dependerá da intensidade de corrente elétrica *i* que percorre o condutor, da distância do ponto **P** em relação ao condutor e do meio em que a experiência se realiza. Assim:

$$B = \frac{\mu i}{2\pi d}$$

A constante $\mu$ é a permeabilidade magnética do meio.

## O campo magnético da Terra

Ao posicionarmos um conjunto de bússolas na vizinhança de um fio retilíneo percorrido por uma intensa corrente elétrica *i*, estas obedecem e se posicionam de acordo com o sentido do campo magnético gerado pelo fio.

Se, por algum motivo, a corrente elétrica no fio se anula (i = 0), todas as bússolas deverão posicionar-se seguindo a direção norte-sul do local onde se encontram. De fato, as bússolas obedecem a orientação do campo magnético terrestre. Na realidade, as bússolas buscam a resultante dessas duas influências, do fio e da Terra. No entanto, por via de regra, o campo magnético criado pela Terra tem intensidade muito pequena quando comparada à do fio a ponto de ser considerada desprezível em situações como essa.

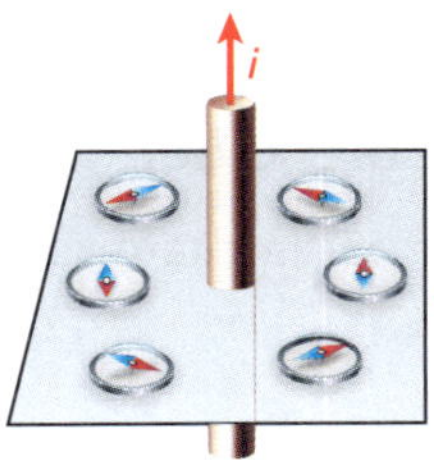


Banco de imagens/Arquivo da editora

Posicionamento das bússolas com corrente elétrica percorrendo o fio.

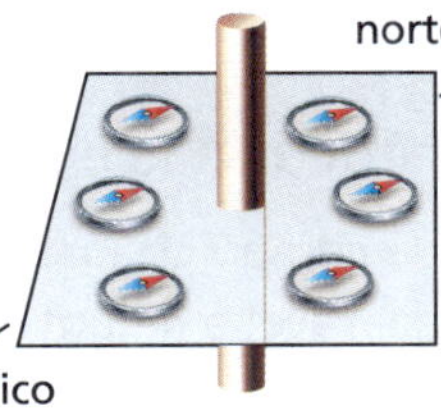


Posicionamento das bússolas sem corrente elétrica percorrendo o fio.

## A espira circular

Se o fio for dobrado na forma de uma circunferência, criamos um dispositivo que leva o nome de espira circular, de modo que no centro da circunferência há concentração de linhas de campo magnético.

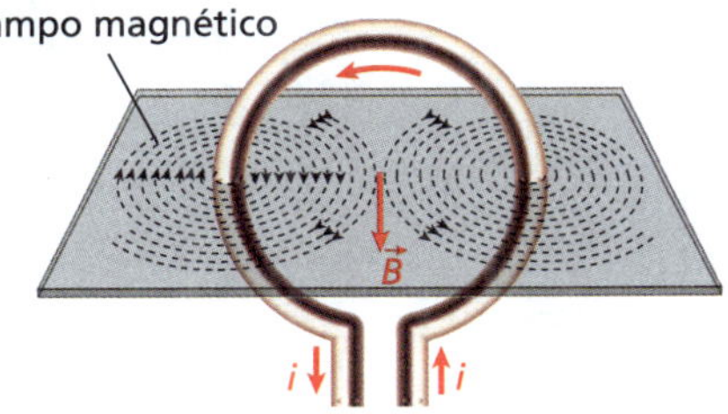


Banco de imagens/Arquivo da editora

A intensidade do campo magnético no centro da espira será dada por:

$$B = \frac{\mu i}{2R}$$

A orientação do campo magnético no centro da espira tem como características:

- Direção: perpendicular ao plano da espira.
- Sentido: determinado pela regra da mão direita.

Banco de imagens/Arquivo da editora

Ao se observar a espira frontalmente e disposta no plano do papel, percebe-se que, quando a corrente elétrica a percorre no sentido horário, um campo magnético perpendicular ao plano e entrando neste é gerado em seu centro. Ao se inverter o sentido de percurso da corrente elétrica, inverte-se também o sentido do campo magnético, que passa a sair do plano do papel. Tudo isso é regido pela regra da mão direita.

## Bobina chata

A intensidade do campo magnético central em uma bobina chata formada por **n** espiras justapostas será dada por:

$$B = n\frac{\mu\, i}{2R}$$

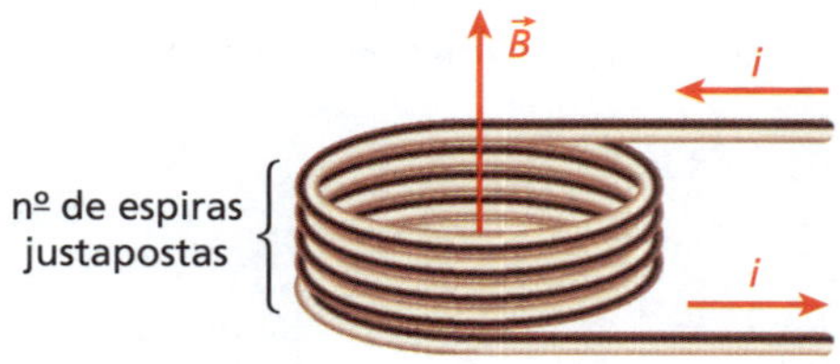


Banco de imagens/Arquivo da editora

## O solenoide

Solenoide é o nome dado a um fio formado por várias espiras iguais, coaxialmente dispostas lateralmente e igualmente espaçadas.

Considera-se como caso ideal o solenoide hipotético com um longo comprimento *L* quando comparado com seu diâmetro *d*. Nessa situação, o campo magnético na região interna pode ser considerado uniforme e, externamente, é possível considerar o campo magnético nulo. Quanto maior a relação entre o comprimento do solenoide *L* e seu diâmetro *d*, mais próximo do caso ideal estará o solenoide.

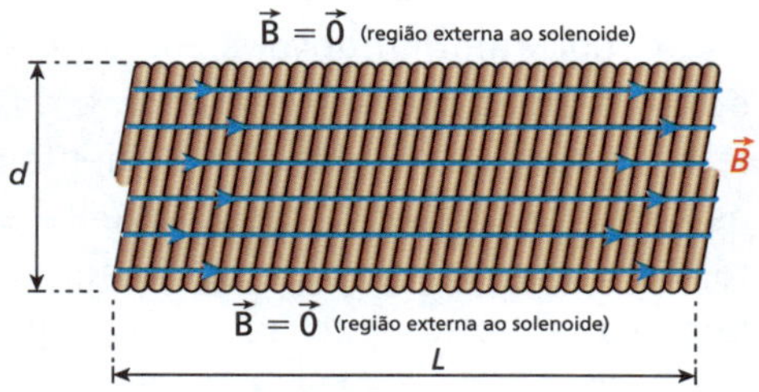


Linhas de campo magnético de um solenoide ideal.

Banco de imagens/Arquivo da editora

## Polos magnéticos nas extremidades do solenoide (faces do solenoide)

As linhas de campo criadas por um solenoide em sua região externa apresentam configuração comparável à de um ímã em forma de barra.

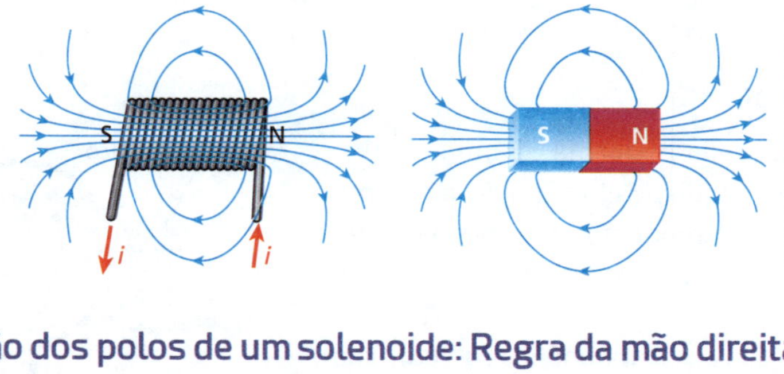


Banco de imagens/Arquivo da editora

## Determinação dos polos de um solenoide: Regra da mão direita

As principais características do campo magnético gerado no interior de um solenoide ideal são:

- Direção axial, ou seja, a mesma do eixo geométrico do solenoide.
- Sentido determinado pela regra da mão direita.
- Intensidade calculada por:

$$B = \frac{\mu\, N\, i}{L}$$

## Aplique o que aprendeu

### Exercício resolvido

1. (ITA-SP) Uma haste metálica com 5,0 kg de massa e resistência de 2,0 Ω desliza sem atrito sobre duas barras paralelas separadas de 1,0 m, interligadas por um condutor de resistência nula e apoiadas em um plano de 30° com a horizontal, conforme a figura. Tudo encontra-se imerso num campo magnético *B*, perpendicular ao plano do movimento, e as barras de apoio têm resistência e atrito desprezíveis.

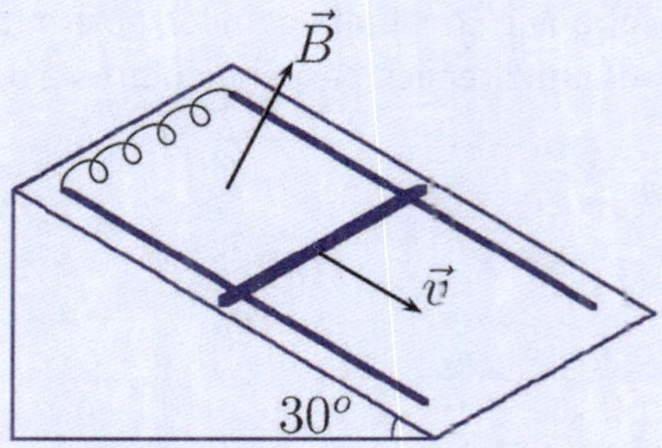



Considerando que após deslizar durante um certo tempo a velocidade da haste permanece constante em 2,0 m/s, assinale o valor do campo magnético.

a) 25,0 T  b) 20,0 T  c) 15,0 T  d) 10,0 T  e) 5,0 T

**Resolução:**

A componente do peso paralela ao plano inclinado é equilibrada pela força magnética. Assim, temos:

$$m\,g\,\text{sen}\,30° = B\,i\,L \Rightarrow m\,\frac{g}{2} = B\,i\,L = B\left(\frac{BLv}{R}\right)L = B^2L^2\,\frac{v}{R} \Rightarrow B^2 = m\,\frac{g}{2}\,\frac{R}{L^2v}$$

$$B^2 = 5\,\frac{10}{2}\cdot\frac{2}{1^2\cdot 2} = 25 \therefore B = 5\text{ T}$$

Resposta: E

### Questões

**1.** (PUC-RS)

Para uma espira circular condutora, percorrida por uma corrente elétrica de intensidade *i*, é registrado um campo magnético de intensidade *B* no seu centro. Alterando-se a intensidade da corrente elétrica na espira para um novo valor $i_{final}$, observa-se que o módulo do campo magnético, no mesmo ponto, assumirá o valor 5*B*. Qual é a razão entre as intensidades das correntes elétricas final e inicial $\frac{i_{final}}{i}$?

a) $\frac{1}{5}$  b) $\frac{1}{25}$  c) 5  d) 10  e) 25

**2.** (Uece)

No caso hipotético de uma corrente elétrica por um condutor retilíneo, há geração de um campo magnético

a) na mesma direção do condutor.

b) que aumenta proporcionalmente à distância do condutor.

c) que é constante e uniforme em torno da direção do condutor.

d) em direções perpendiculares à do condutor.

**3.** (CPAEN-RJ)

Analise a figura ao lado.

Um instrumento denominado amperímetro de alicate é capaz de medir a corrente elétrica em um ou mais condutores apenas os envolvendo com suas garras (ver figura). Quando essas são fechadas, o campo magnético produzido pelas correntes envolvidas pode ser medido por um sensor. Considere que dois condutores retilíneos, muito próximos um do outro atravessam o centro da área circular, de raio *R*, entre as garras do medidor. Sendo assim, o campo magnético medido pelo sensor será

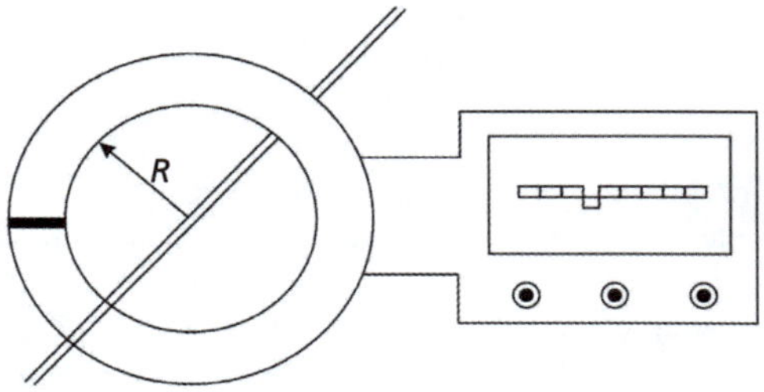


Reprodução/CPAEN-RJ

a) zero, se as correntes nos fios forem de mesmo módulo *I* e tiverem sentidos contrários.

b) $\frac{\mu_0 I}{\pi R^2}$, se as correntes forem de mesmo módulo *I* e tiverem o mesmo sentido.

c) $\frac{\mu_0 I}{2\pi R}$, se as correntes forem de mesmo módulo *I* e tiverem o mesmo sentido.

d) $\frac{m_0 I}{4\pi R}$, se as correntes forem de mesmo módulo *I* e tiverem sentidos contrários.

e) sempre zero.

**4.** (ITA-SP)

A figura representa o campo magnético de dois fios paralelos que conduzem correntes elétricas. A respeito da força magnética resultante no fio da esquerda, podemos afirmar que ela:

Reprodução/ITA, 2009.

a) atua para a direita e tem magnitude maior que a da força no fio da direita.

b) atua para a direita e tem magnitude igual à da força no fio da direita.

c) atua para a esquerda e tem magnitude maior que a da força no fio da direita.

d) atua para a esquerda e tem magnitude igual à da força no fio da direita.

e) atua para a esquerda e tem magnitude menor que a da força no fio da direita.

**5.** (Unifesp)

Na região quadriculada da figura existe um campo magnético uniforme, perpendicular ao plano do reticulado e penetrando no plano da figura. Parte de um circuito rígido também passa por ela, como ilustrado na figura.

A aresta de cada célula quadrada do quadrilátero tem comprimento u, e pelo fio passa uma corrente elétrica de intensidade i. Analisando a força magnética que age sobre cada elemento de comprimento u do fio do circuito, coincidente com a aresta das células quadradas, a intensidade da força magnética resultante sobre a parte do circuito exposta ao campo B é:

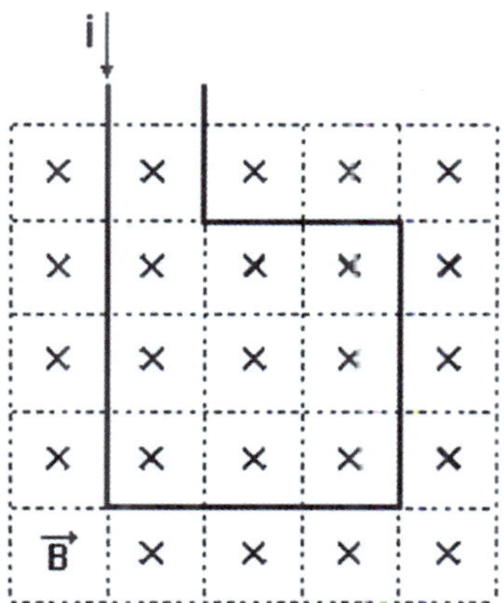


Reprodução/Unifesp

a) nula.

b) $\frac{iBu}{2}$

c) i B u.

d) 3 i B u.

e) 13 i B u.

TOTAL DE ACERTOS ____/5

# 11 Força magnética sobre condutores retilíneos e propriedades magnéticas

## Reveja o que aprendeu

**Você deve ser capaz de:**

- Diferenciar os efeitos da força magnética a partir de diferentes condutores elétricos.

### Força magnética em um condutor retilíneo

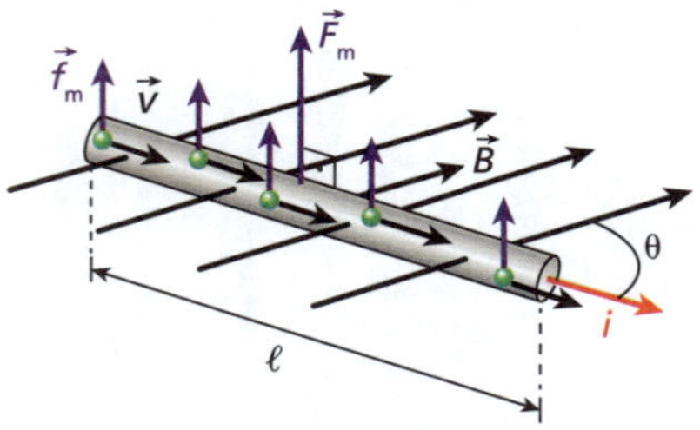


Banco de imagens/Arquivo da editora

Considere um condutor de comprimento ℓ percorrido por uma corrente elétrica contínua e constante de intensidade $i$ que forma com as linhas de indução um ângulo θ. Ao longo do comprimento ℓ do fio, deve haver $n$ partículas, cada uma com quantidade de carga $q$ atravessando toda a extensão do condutor em um intervalo de tempo $\Delta t$.

Dessa forma:

- A intensidade tem valor:

$$F_m = B\,i\,\ell\,\text{sen}\,\theta$$

- A direção de $\vec{F}_m$ é perpendicular ao plano formado por $\vec{B}$ e o próprio fio.
- O sentido de $\vec{F}_m$ é dado pela segunda regra da mão esquerda.

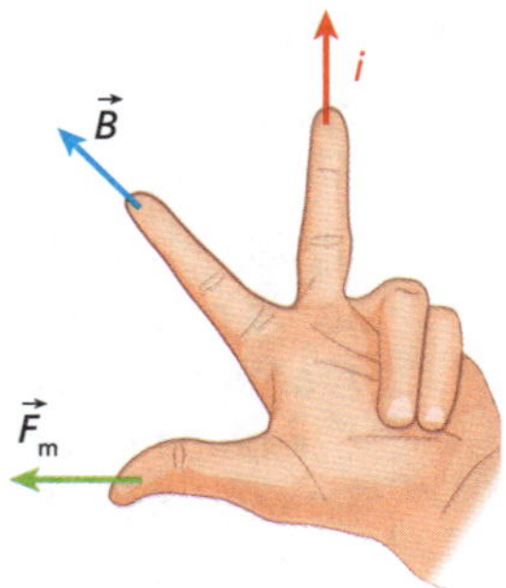


Banco de imagens/Arquivo da editora

O polegar atua como força magnética, o indicador como campo magnético e o dedo médio representa a corrente elétrica.

### Força magnética entre fios condutores retilíneos paralelos

Considere um trecho de comprimento ℓ de dois condutores retilíneos muito longos, dispostos paralelamente e percorridos por intensidades de corrente elétrica $i_1$ e $i_2$. A força magnética $\vec{F}_m$ de interação entre os dois fios condutores paralelos é dada por:

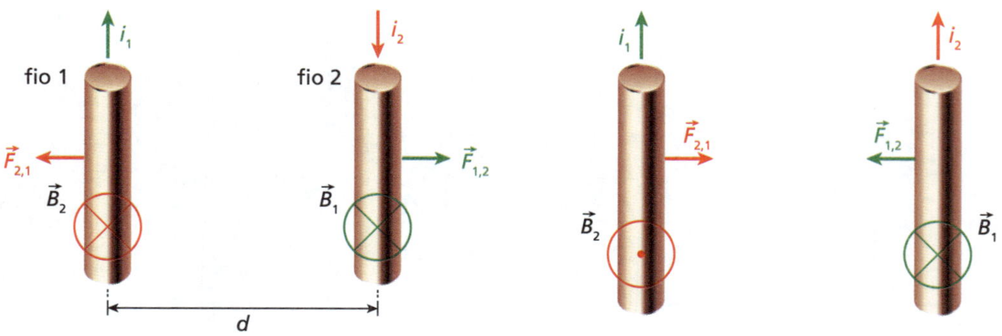


Banco de imagens/Arquivo da editora

$$F_m = \frac{\mu i_1 i_2 \ell}{2\pi d} \quad \text{ou} \quad F_m = \frac{\mu i^2 \ell}{2\pi d}$$

Conclui-se que entre dois condutores retilíneos e paralelos, percorridos por correntes elétricas, a força magnética será de:

- **Atração** quando as correntes elétricas tiverem o mesmo sentido.
- **Repulsão** quando as correntes elétricas tiverem sentidos opostos.

O ampere é a intensidade de corrente elétrica constante que, circulante em dois condutores retilíneos, paralelos, infinitos, de área de secção transversal desprezível e a 1 m de distância entre si, produz uma força magnética de intensidade $2 \cdot 10^{-7}$ N por metro de comprimento, no vácuo.

## Propriedades magnéticas dos materiais

Na natureza, em termos de comportamento magnético, um material pode ser classificado em três grupos: **diamagnéticos**, **paramagnéticos** e **ferromagnéticos**.

Quando submetidas a um campo externo, os materiais **diamagnéticos** imantam-se em sentido contrário ao do campo.

Por isso, um ímã, quando é aproximado de uma amostra de material diamagnético, o repele.

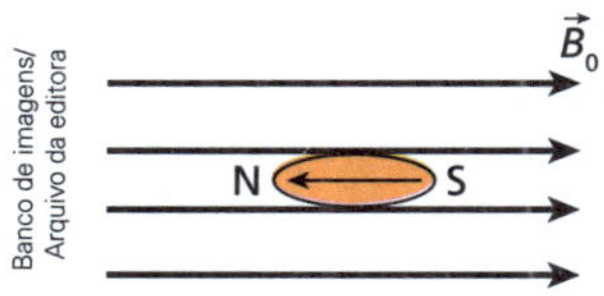


Uma amostra de material diamagnético é submetido a um campo magnético externo $\vec{B}_0$. Ele se imanta em sentido oposto ao de $\vec{B}_0$.

Quando submetidos a um campo externo, os materiais **paramagnéticos** imantam-se no mesmo sentido do campo.

Por isso mesmo, um ímã, quando aproximado de uma amostra de material paramagnético, o atrai.

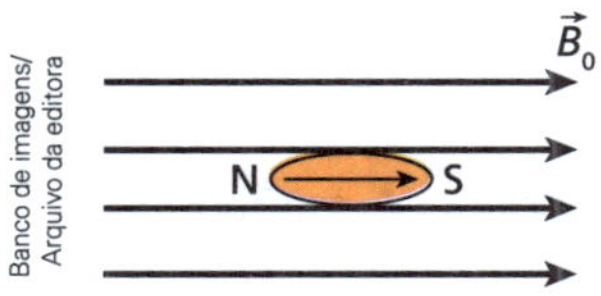


Uma amostra de material paramagnético é submetido a um campo magnético externo $\vec{B}_0$. Ele se imanta no mesmo sentido de $\vec{B}_0$.

Os materiais **ferromagnéticos** comportam-se como os paramagnéticos, mas de modo bem mais acentuado. Isso significa que eles se imantam intensamente no mesmo sentido do campo magnético externo e sofrem forte atração magnética quando próximos a um ímã.

Considerando a permeabilidade relativa, tem-se:

Material diamagnético: $\mu_r < 1$
Material paramagnético: $\mu_r > 1$
Material ferromagnético: $\mu_r >> 1$

## Ponto de Curie

**Ponto de Curie** é o nome dado à temperatura a partir da qual o material perde suas propriedades ferromagnéticas e praticamente perde sua imantação.

## Histerese magnética

Suponha um material ferromagnético que, após a retirada do campo externo indutor, ainda apresente uma imantação residual. O fenômeno, denominado **histerese magnética**, é usado na confecção de ímãs **permanentes**.

# Aplique o que aprendeu

## Exercício resolvido

**1.** (IME-RJ)

A figura 1 apresenta um sistema composto por um trilho fixo em U e uma barra móvel que se desloca na vertical com velocidade *v* suspensa por um balão de massa desprezível. O trilho e a barra são condutores elétricos e permanecem sempre em contato sem atrito. Este conjunto está em uma região sujeita a uma densidade de fluxo magnético $\vec{B}$ que forma com a horizontal um ângulo $\theta$, como ilustrado na figura 2.

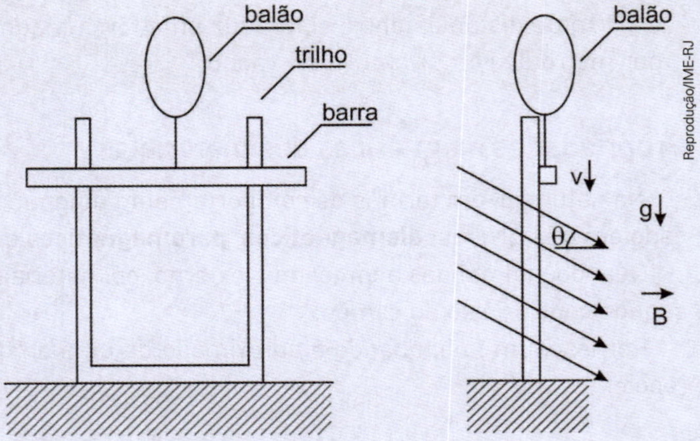

Figura 1 Figura 2

Diante do exposto, o valor da corrente induzida no sistema, em amperes, no estado estacionário é:

Dados:

- massa da barra: 1 kg;
- aceleração da gravidade g: 10 m/s$^2$;
- ângulo $\theta$ entre a horizontal e o vetor B: 60°;
- massa específica do ar: 1,2 kg/m$^3$;
- volume constante do balão: 0,5 m$^3$;
- comprimento da barra entre os trilhos: 0,2 m;
- densidade de fluxo magnético B: 4T.

Observação:

- despreze a massa do balão com o hélio e o atrito entre a barra e os trilhos.

a) 5,7
b) 10,0
c) 23,0
d) 30,0
e) 40,0

**Resolução:**

Se a barra desce com velocidade constante, as forças sobre ela estão em equilíbrio.

Cálculo do peso da barra: $P_b = m\,g = 1 \cdot 10 = 10$ N

Cálculo do empuxo: $E = d_{ar}\,V\,g = 1{,}2 \cdot 0{,}5 \cdot 10 = 6$ N

Cálculo da força magnética: $F_m + E = P_b \Rightarrow F_m = P_b - E = 10 - 6 \therefore F_m = 4$ N

A componente do campo magnético que provoca a força magnética é perpendicular à "espira" formada pela barra e pelos trilhos. O campo magnético é:

$B_X = B \cos\theta = 4 \cdot \cos 60° = 4 \cdot 0{,}5 = 2$ T

A intensidade da corrente será, então:

$$F = B_X\, i\, L \Rightarrow i = \frac{F}{B_x L} = \frac{4}{2 \cdot 0{,}2} \therefore i = 10 \text{ A}$$

Pela regra da mão direita, deduzimos que o sentido da corrente na barra é para a esquerda.

Resposta: B

## Questões

**1.** (AFA-SP)

O lado **EF** de uma espira condutora quadrada indeformável, de massa $m$, é preso a uma mola ideal e não condutora, de constante elástica $K$. Na posição de equilíbrio, o plano da espira fica paralelo ao campo magnético $\vec{B}$ gerado por um ímã em forma de **U**, conforme ilustra a figura ao lado. O lado **CD** é pivotado e pode girar livremente em torno do suporte **S**, que é posicionado paralelamente às linhas de indução do campo magnético. Considere que a espira é percorrida por uma corrente elétrica $i$, cuja intensidade varia senoidalmente, em função do tempo $t$, conforme indicado no gráfico ao lado.

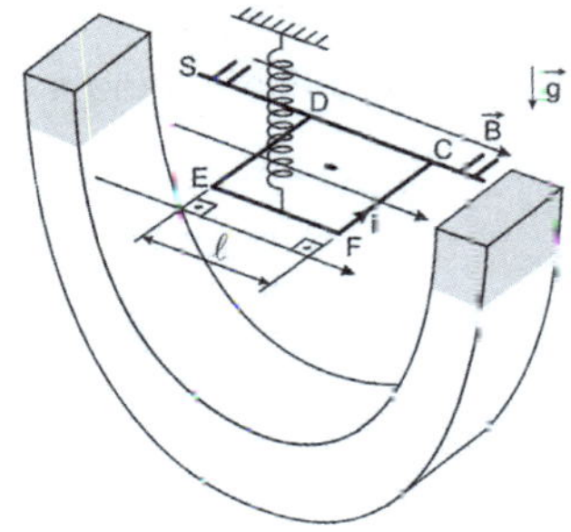

Reprodução/AFA-SP

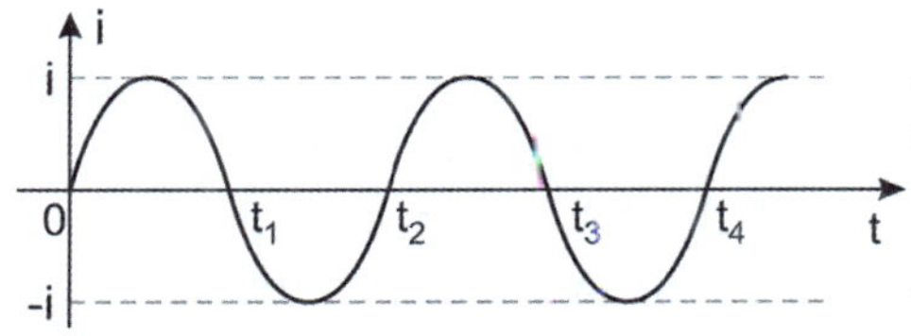

Reprodução/AFA-SP

Nessas condições, pode-se afirmar que a

a) espira oscilará em MHS com frequência igual a $\frac{1}{t_2}$

b) espira permanecerá na sua posição original de equilíbrio

c) mola apresentará uma deformação máxima dada por $\frac{Bi\ell}{mgK}$

d) mola apresentará uma deformação máxima dada por $\frac{Bi\ell + mg}{K}$

**2.** (UPE)

Uma barra uniforme, condutora, de massa m = 100 g e comprimento L = 0,50 m, foi posicionada entre duas superfícies rugosas. A barra permanece em repouso quando uma corrente elétrica i = 2,0 A a atravessa na presença de um campo magnético de módulo B = 1,0 T, constante, que aponta para dentro do plano da figura.

Com base nessas informações, determine o módulo e o sentido da força de atrito resultante que atua na barra.

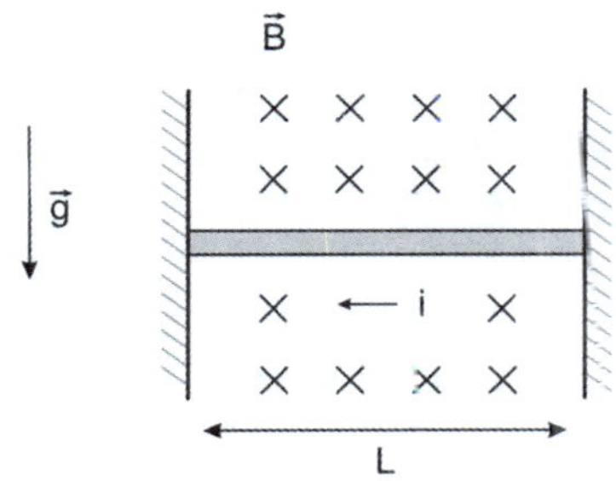

Reprodução/UPE

a) 1 001,0 N para cima

b) 1 001,0 N para baixo

c) 2,0 N para cima

d) 2,0 N para baixo

e) 1,0 N para cima

**3.** (UFSC)

A figura abaixo mostra quatro fios, 1, 2, 3 e 4, percorridos por correntes de mesmo módulo, colocados nos vértices de um quadrado, perpendicularmente ao plano da página. Os fios 1, 2 e 3 têm correntes saindo da página e o fio 4 tem uma corrente entrando na página.

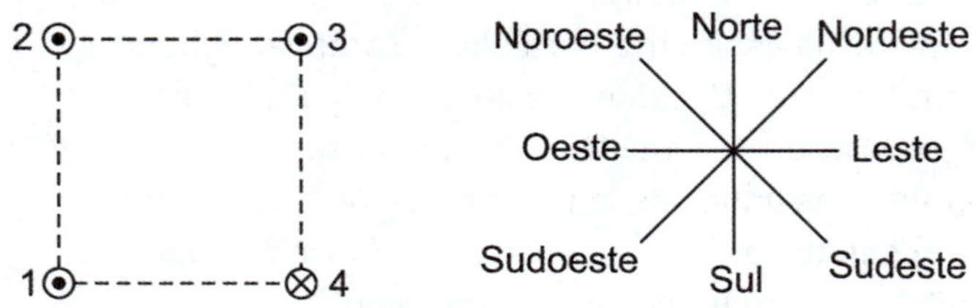




Com base na figura, assinale a(s) proposição(ões) correta(s).

01) O campo magnético resultante que atua no fio 4 aponta para o leste.

02) A força magnética resultante sobre o fio 4 aponta para o sudeste.

04) Os fios 1 e 3 repelem-se mutuamente.

08) A força magnética que o fio 2 exerce no fio 3 é maior do que a força magnética que o fio 1 exerce no fio 3.

16) O campo magnético resultante que atua no fio 2 aponta para o sudoeste.

32) O campo magnético resultante no centro do quadrado aponta para o leste.

**4.** (UFRGS-RS)

A figura abaixo representa três posições, $\mathbf{P}_1$, $\mathbf{P}_2$ e $\mathbf{P}_3$, de um anel condutor que se desloca com velocidade de $v$ constante numa região em que há um campo magnético $B$, perpendicular ao plano da página.

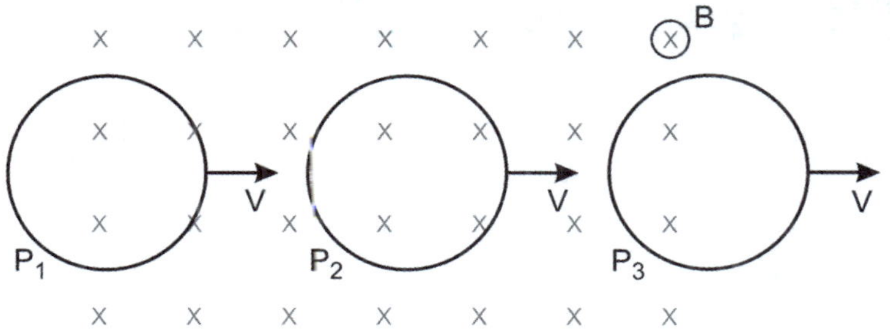


Reprodução/UFRGS-RS

Com base nestes dados, é correto afirmar que uma corrente elétrica induzida no anel surge

a) apenas em $\mathbf{P}_1$.

b) apenas em $\mathbf{P}_3$.

c) apenas em $\mathbf{P}_1$ e $\mathbf{P}_3$.

d) apenas em $\mathbf{P}_2$ e $\mathbf{P}_3$.

e) em $\mathbf{P}_1$, $\mathbf{P}_2$ e $\mathbf{P}_3$.

**5.** (ITA-SP)

Considere dois fios paralelos, muito longos e finos, dispostos horizontalmente conforme mostra a figura. O fio de cima pesa 0,080 N/m, é percorrido por uma corrente $I_1 = 20$ A e se encontra dependurado por dois cabos. O fio de baixo encontra-se preso e é percorrido por uma corrente $I_2 = 40$ A, em sentido oposto. Para qual distância $r$ indicada na figura, a tensão $T$ nos cabos será nula?

Reprodução/ITA-SP

TOTAL DE ACERTOS ____/5

# 12 Indução eletromagnética

## Reveja o que aprendeu

**Você deve ser capaz de:**

- Reconhecer o efeito do fluxo de campo magnético sobre materiais condutores.

### Fluxo do vetor indução magnética

O fluxo do vetor $\vec{B}$ através de uma superfície plana de área $A$ é definido como sendo a grandeza $\Phi$ dada por:

$$\Phi = B \cdot A \cdot \cos\theta$$

Conceitualmente, o valor do fluxo magnético está relacionado a uma medida do número de linhas de indução que atravessam a superfície.

A unidade de fluxo magnético no sistema internacional é o weber (símbolo: Wb) e 1 Wb = 1 T · m².

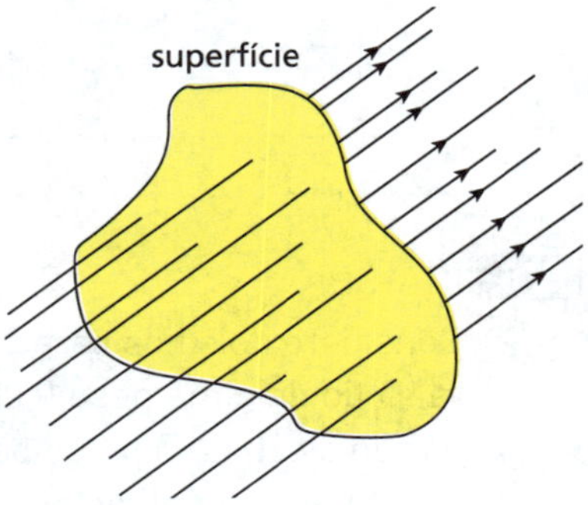


Banco de imagens/Arquivo da editora

Quanto maior o número de linhas de campo magnético que atravessam a superfície, maior será a intensidade do fluxo magnético.

O fluxo magnético é máximo quando a superfície é **perpendicular** à direção do campo.

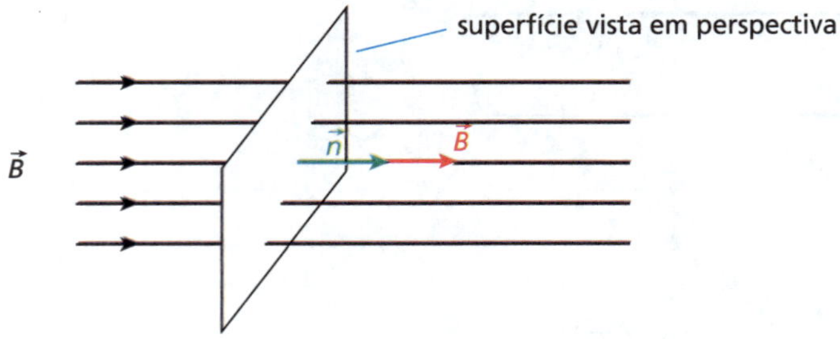


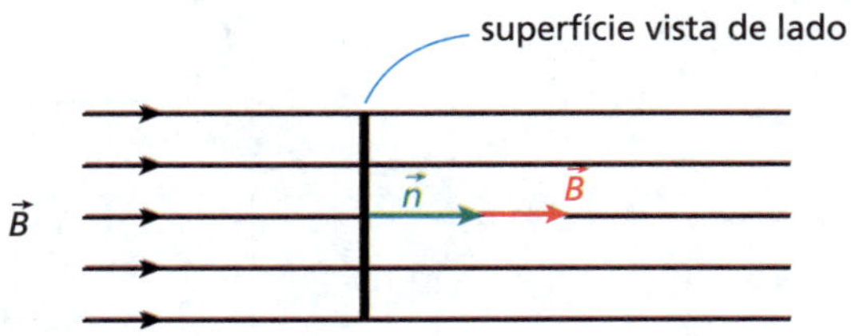


Banco de imagens/Arquivo da editora

O fluxo magnético é nulo quando a superfície é **paralela** ao campo.

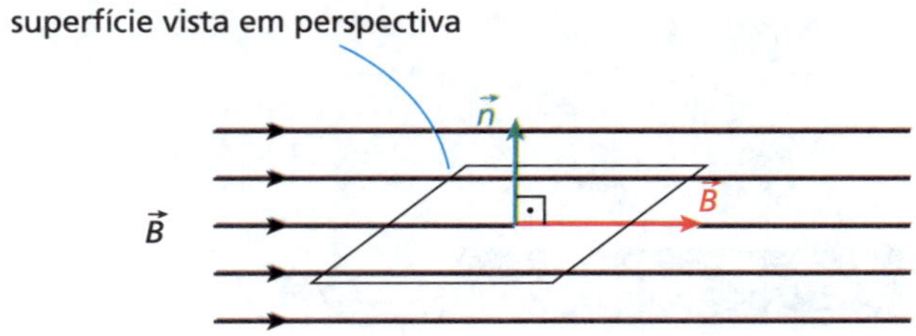


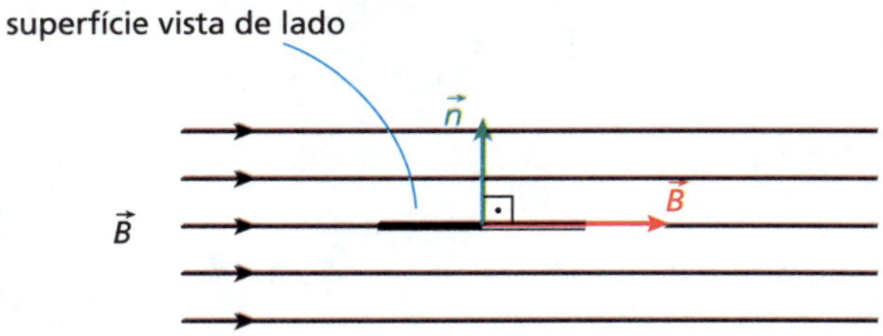


Banco de imagens/Arquivo da editora

## Indução eletromagnética

Quando o fluxo magnético sobre um circuito sofre variação, uma corrente elétrica induzida surge no circuito quando este for fechado. No caso de o circuito estar aberto, estabelece-se uma diferença de potencial induzida.

Não basta que exista um fluxo magnético atravessando a espira, o fenômeno fundamental é a variação desse fluxo no decorrer do tempo.

## Lei de Lenz

De acordo com a Lei de Lenz:

O sentido da corrente elétrica induzida será sempre aquele que produza um fluxo magnético induzido que se oponha à variação do fluxo magnético indutor.

Banco de imagens/Arquivo da editora

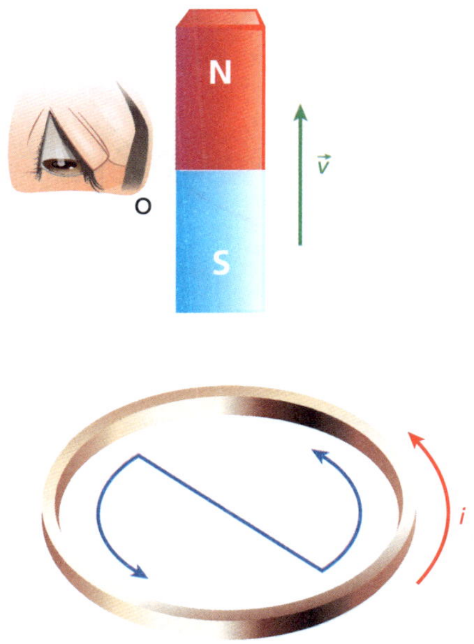


// Quando temos o polo sul afastando-se da espira, nessa face aparece um polo norte. A força entre ímã e espira é de atração.

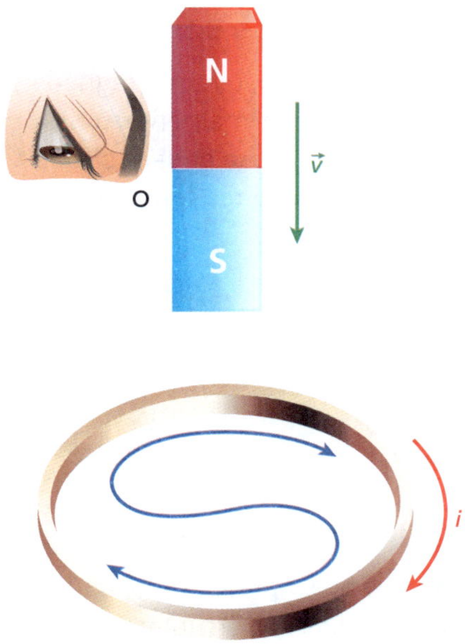


// Quando temos o polo sul aproximando-se da espira, nessa face aparece uma polo sul. A força entre ímã e espira é de repulsão.

Banco de imagens/Arquivo da editora

Logo, a força magnética que se estabelece no condutor tem sempre sentido contrário ao da velocidade do ímã em movimento.

## Lei de Faraday

De acordo com a Lei de Faraday, a força eletromotriz induzida num circuito com fluxo magnético variável é igual à velocidade de variação do fluxo.

$$U = \epsilon = \frac{\Delta\Phi}{\Delta t}$$

Vale notar que a formulação mais rigorosa da Lei de Faraday traz um sinal de menos (−) a ela associada.

$$\epsilon_M = -\frac{\Delta\Phi}{\Delta t}$$ (f.e.m. induzida média)

## Análise gráfica da variação do fluxo magnético

### Variação linear do fluxo magnético com o tempo

Na situação apresentada no gráfico, a taxa de variação do fluxo magnético com o tempo é constante, ou seja, o fluxo magnético varia uniformemente com o tempo.

$$\epsilon = \frac{\Delta\Phi}{\Delta t} = \text{tg } \theta = \text{cte}$$

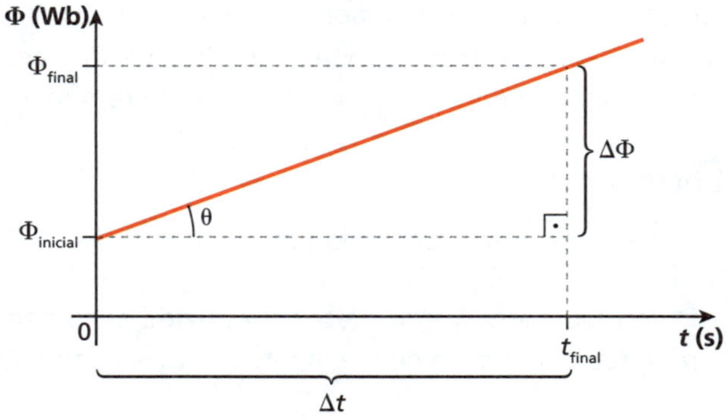


Banco de imagens/Arquivo da editora

### Variação não linear do fluxo magnético no intervalo de tempo $\Delta t$

Nessa situação, o fluxo magnético não varia uniformemente com o tempo, ou seja, a taxa de variação do fluxo magnético com o tempo não é constante. Assim:

$$\epsilon_M = \frac{\Delta\Phi}{\Delta t} = \text{tg } \theta$$

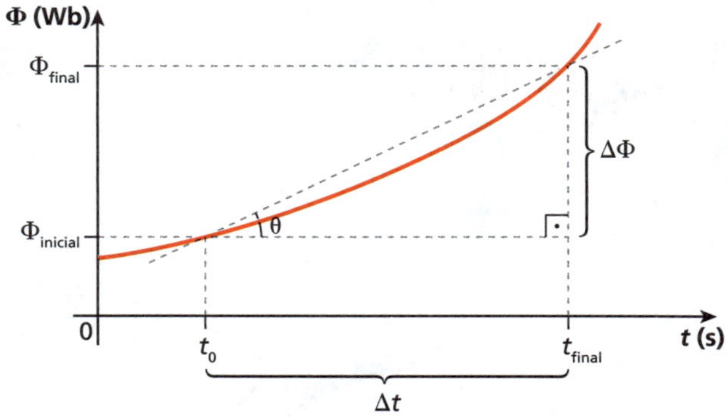


Banco de imagens/Arquivo da editora

### Variação não linear do fluxo magnético no intervalo de tempo infinitamente pequeno

No gráfico apresentado ao lado, é considerado um intervalo de tempo $\Delta t$ infinitamente pequeno de tal modo que podemos considerá-lo um instante. Desse modo:

$$\epsilon = \left|\frac{d\Phi}{dt}\right| = \text{tg } \theta$$

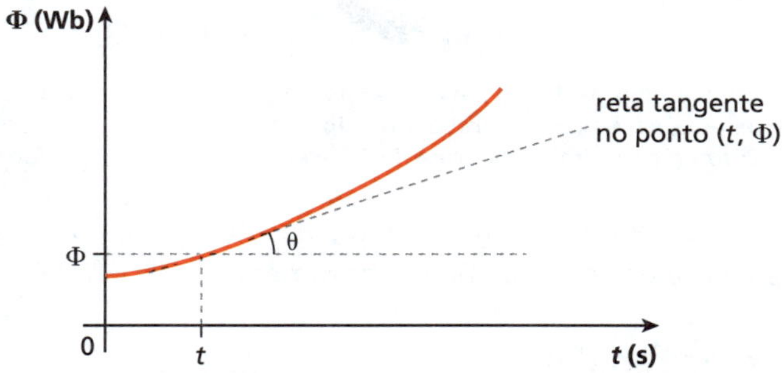


Banco de imagens/Arquivo da editora

### Fluxo magnético constante no decorrer do tempo

No caso descrito pelo gráfico ao lado, não há variação do fluxo magnético com o tempo. Dessa forma:

$$\Delta\Phi = 0 \Rightarrow \epsilon = 0$$

Banco de imagens/Arquivo da editora

# Aplique o que aprendeu

## Exercício resolvido

1. (Uerj) A corrente elétrica no enrolamento primário de um transformador corresponde a 10 A, enquanto no enrolamento secundário corresponde a 20 A.

Sabendo que o enrolamento primário possui 1 200 espiras, o número de espiras do enrolamento secundário é:

a) 600 b) 1 200 c) 2 400 d) 3 600

**Resolução:**

Desprezando perdas de energia na transformação, temos:

$P_p = P_s \Rightarrow U_p i_p = U_s i_s \Rightarrow U_p \cdot 10 = U_s \cdot 20 \therefore U_p = 2\,U_s$

Da relação entre tensão e número de espiras no primário e secundário de um transformador, tem-se:

$$\frac{U_p}{N_p} = \frac{U_s}{N_s} \Rightarrow \frac{2U_s}{1200} = \frac{U_s}{N_s} \Rightarrow \frac{1}{600} = \frac{1}{N_s} \therefore N_s = 600$$

Resposta: A

## Questões

**1.** (AFA-SP)

A figura a seguir mostra um ímã oscilando próximo a uma espira circular, constituída de material condutor, ligada a uma lâmpada.

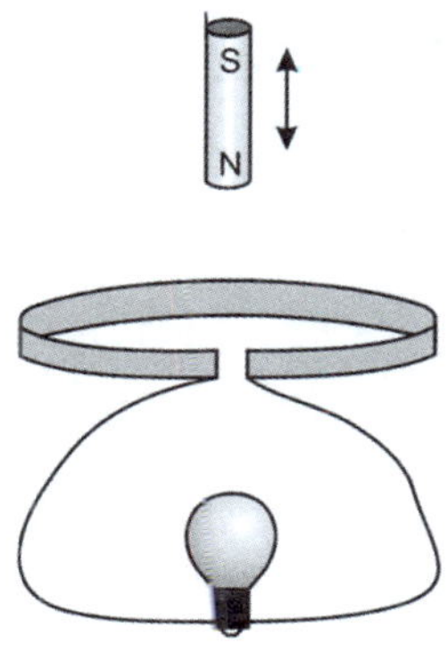


Reprodução/AFA-SP

A resistência elétrica do conjunto espira, fios de ligação e lâmpada é igual a *R* e o ímã oscila em MHS com período igual a *T*. Nessas condições, o número de elétrons que atravessa o filamento da lâmpada, durante cada aproximação do ímã

a) é diretamente proporcional a *T*.

b) é diretamente proporcional a $T^2$.

c) é inversamente proporcional a *T*.

d) não depende de *T*.

**2.** (ITA-SP)

Elétrons com energia cinética inicial de 2 MeV são injetados em um dispositivo (bétatron) que os acelera em uma trajetória circular perpendicular a um campo magnético cujo fluxo varia a uma taxa de 1 000 Wb/s. Assinale a energia cinética final alcançada pelos elétrons após 500 000 revoluções.

a) 498 MeV
b) 500 MeV
c) 502 MeV
d) 504 MeV
e) 506 MeV

**3.** (AFA-SP)

Um gerador homopolar consiste de um disco metálico que é posto a girar com velocidade angular constante em um campo magnético uniforme, cuja ação é extensiva a toda a área do disco, conforme ilustrado na figura abaixo.

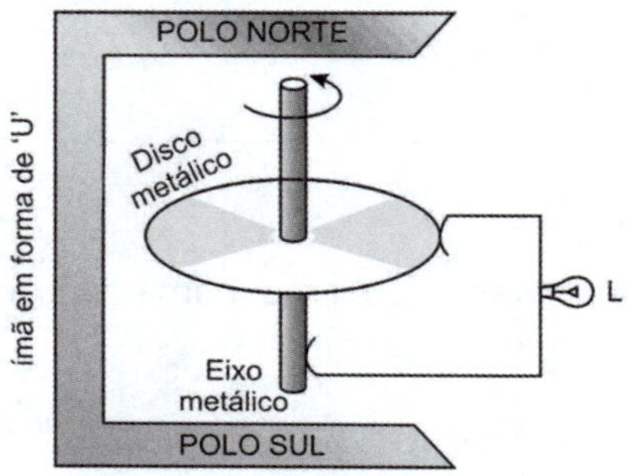


Reprodução/AFA-SP

Ao conectar, entre a borda do disco e o eixo metálico de rotação, uma lâmpada **L** cuja resistência elétrica tem comportamento ôhmico, a potência dissipada no seu filamento, em função do tempo, é melhor representada pelo gráfico

a) 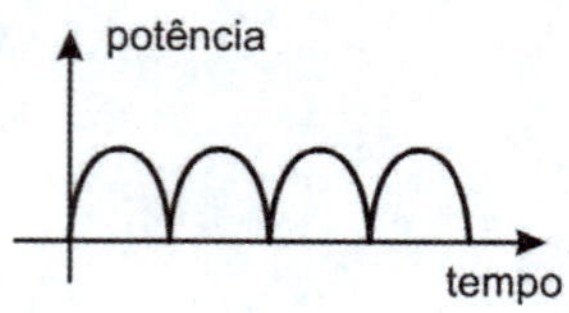


b) 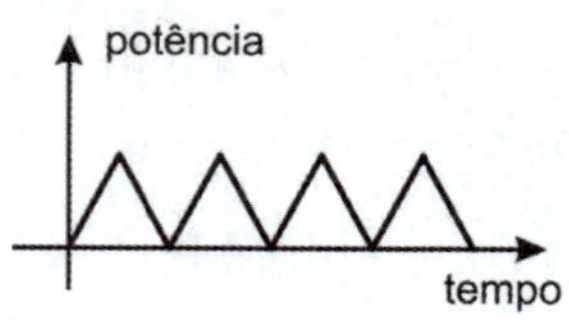


c) 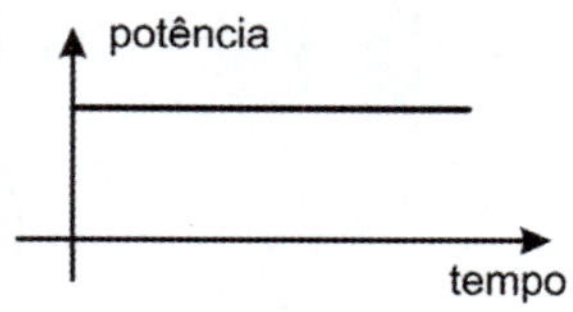


d) 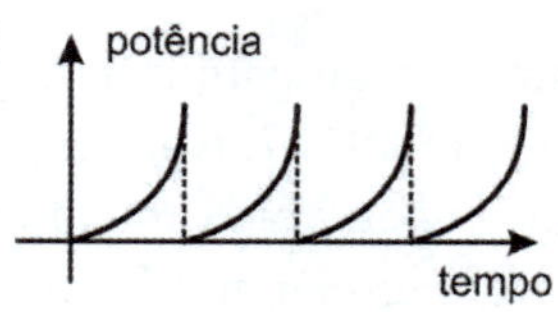


Reprodução/AFA-SP

**4.** (ITA-SP)

Considere um aparato experimental composto de um solenoide com $n$ voltas por unidade de comprimento, pelo qual passa uma corrente $I$, e uma espira retangular de largura $\ell$, resistência $R$ e massa $m$ presa por um de seus lados a uma corda inextensível, não condutora, a qual passa por uma polia de massa desprezível e sem atrito, conforme a figura. Se alguém puxar a corda com velocidade constante $v$, podemos afirmar que a força exercida por esta pessoa é igual a

Reprodução/ITA-SP

a) $\dfrac{(\mu_0 n I \ell)^2 v}{R + mg}$ com a espira dentro do solenoide.

b) $\dfrac{(\mu_0 n I \ell)^2 v}{R + mg}$ com a espira saindo do solenoide.

c) $\dfrac{(\mu_0 n I \ell)^2 v}{R + mg}$ com a espira entrando no solenoide.

d) $\mu_0 n I^2 \ell + mg$ com a espira dentro do solenoide.

e) mg e independe da posição da espira com relação ao solenoide.

**5.** (Enem)

Há vários tipos de tratamentos de doenças cerebrais que requerem a estimulação de partes do cérebro por correntes elétricas. Os eletrodos são introduzidos no cérebro para gerar pequenas correntes em áreas específicas. Para se eliminar a necessidade de introduzir eletrodos no cérebro, uma alternativa é usar bobinas que, colocadas fora da cabeça, sejam capazes de induzir correntes elétricas no tecido cerebral.

Para que o tratamento de patologias cerebrais com bobinas seja realizado satisfatoriamente, é necessário que

a) haja um grande número de espiras nas bobinas, o que diminui a voltagem induzida.

b) o campo magnético criado pelas bobinas seja constante, de forma a haver indução eletromagnética.

c) se observe que a intensidade das correntes induzidas depende da intensidade da corrente nas bobinas.

d) a corrente nas bobinas seja contínua, para que o campo magnético possa ser de grande intensidade.

e) o campo magnético dirija a corrente elétrica das bobinas para dentro do cérebro do paciente.

**TOTAL DE ACERTOS** ____/5

# 13 Introdução à Física Moderna

## Reveja o que aprendeu

**Você deve ser capaz de:**

- Conhecer fenômenos quânticos decorrentes da interação entre luz e matéria.

### Introdução

O conjunto de leis físicas e conhecimentos científicos que eram vigentes até o final do século XIX é conhecido como Física Clássica, enquanto as novas leis, que foram desenvolvidas nas primeiras décadas do século XX, se tornaram a base do que hoje chamamos Física Moderna.

### A radiação térmica

A radiação eletromagnética emitida por um corpo como consequência de seu estado térmico é denominada **radiação térmica**.

### Corpo negro

Corpo negro é definido como um **absorvedor ideal**, que absorve toda a radiação que incide sobre ele, sem refletir qualquer parcela dela. Na realidade, todo bom absorvedor é também um bom emissor, e não se conhece um corpo que se comporte perfeitamente como um corpo negro.

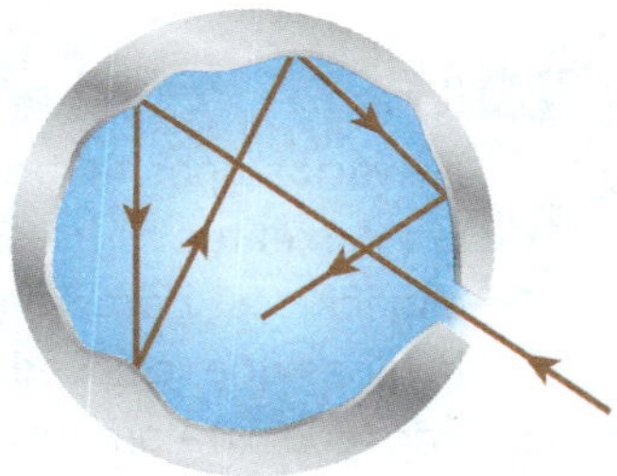

Banco de imagens/Arquivo da editora

### A Lei de Stefan-Boltzmann

A potência total (*P*) emitida é diretamente proporcional à quarta potência da temperatura absoluta (*T*). Essa relação pode ser assim explicitada de uma maneira mais completa por:

$$P = e \sigma A T^4$$

sendo:

- *P*, a potência total irradiada.
- *e*, a emissividade do corpo, um adimensional relacionado ao tipo de superfície ($0 \leq e \leq 1$).
- $\sigma$, a constante de Stefan-Boltzmann. No SI, $\sigma = 5{,}67 \cdot 10^{-8}\ \frac{W}{m^2\,K^4}$.
- *A*, a área da superfície emissora.

Lembrando que a intensidade (*I*) de uma radiação é $\frac{P}{A}$, temos:

$$I = e \sigma T^4$$

## A Lei do Deslocamento de Wien

O físico alemão Wilhelm Wien estudou o espectro da radiação térmica irradiada por um corpo negro e, em seus estudos, foram encontrados os resultados apresentados no gráfico que segue.

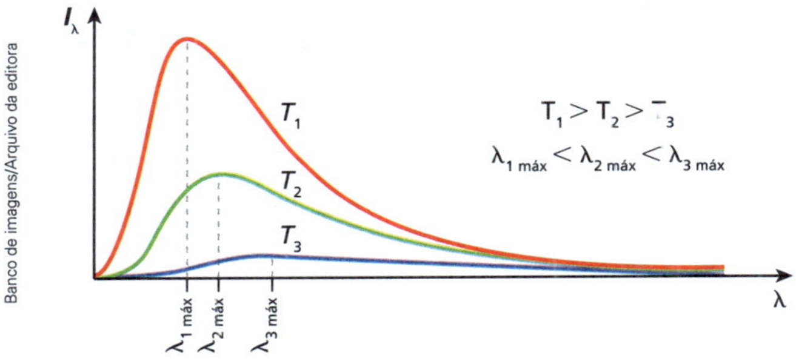


A temperatura $T$ e o valor de $\lambda_{máx}$ são grandezas inversamente proporcionais.

A partir dos dados experimentais obtidos, deduz-se que:

- A curva de radiação apresenta um espectro contínuo, ou seja, o corpo negro emite em todas as frequências (ou em todos os comprimentos de onda).
- Quando aumenta a temperatura, também aumenta a intensidade da radiação emitida para todos os comprimentos de onda; nota-se no gráfico que as curvas não se cruzam.

Em 1893, Wien demonstrou que o comprimento de onda máximo ($\lambda_{máx}$) e a temperatura ($T$) são inversamente proporcionais:

$$\lambda_{máx} T = 2{,}898 \cdot 10^{-3}\ \mathrm{m \cdot K}$$

## A interpretação de Planck

Para enfrentar a incompatibilidade entre previsão teórica e resultados experimentais, Max Planck propôs uma teoria que ele próprio considerou a princípio uma cartada desesperadora. Posteriormente, percebeu que sua proposta era revolucionária. De acordo com o novo modelo, a matéria deveria ser constituída de pequenos osciladores harmônicos (cargas oscilantes) que vibram com frequências específicas, absorvendo e emitindo energia na forma de ondas eletromagnéticas.

Cada um desses osciladores harmônicos só absorveria ou emitiria energia em um valor múltiplo de sua energia básica, energia essa que é diretamente proporcional à sua frequência natural de oscilação.

De acordo com a proposta de Planck, a energia que um oscilador pode absorver ou emitir é:

$$E = n\,h\,f$$

Em que:

- $n$ é um número inteiro denominado número quântico.
- $h$ é uma constante universal denominada Constante de Planck ($h = 6{,}626 \cdot 10^{-34}\ \mathrm{J{\cdot}s}$).
- $f$ é a frequência natural do oscilador.

Quando um oscilador muda de um estado quântico para outro, deve emitir ou absorver certa quantidade de energia, a qual será igual à diferença entre essas energias associadas a cada estado. Diz-se, portanto, que a energia é **quantizada** e será sempre um múltiplo da energia básica "h f".

## O efeito fotoelétrico

O fenômeno conhecido como efeito fotoelétrico ocorre quando a luz incidente em uma placa metálica, sob determinadas condições, consegue extrair cargas elétricas pertencentes a esta.

O efeito fotoelétrico é independente da intensidade da radiação incidente, depende apenas de uma frequência específica dessa radiação denominada **frequência de corte**.

Um conflito entre o experimento do efeito fotoelétrico e as teorias clássicas estabelecidas foi o fato de que a energia cinética com que os elétrons eram ejetados do metal dos eletrodos era independente da intensidade da radiação incidente. Percebeu-se ainda que o campo elétrico estabelecido entre os eletrodos, que gera uma força elétrica que freia os elétrons, é dada por:

$$\frac{1}{2} m_e v_{máx}^2 = e\, U_0$$

em que $v_{máx}$ é a velocidade máxima dos elétrons, $e$ é a carga elementar e $m_e$ é a massa do elétron.

## Resumindo os conflitos e a visão de Einstein

Albert Einstein propôs uma explicação eficiente para o efeito fotoelétrico aplicando a teoria quântica de Planck à luz. O jovem físico propôs, então, que a radiação luminosa também é formada por *quanta* de luz, chamando-os de fótons. A energia de um fóton é descrita pela equação de Planck:

$$E = h\, f$$

## Mecanismo do efeito fotoelétrico em metais

Quando há incidência de luz, o fóton interage com um único elétron, que recebe a energia hf transportada pelo fóton. Essa energia é utilizada para superar a função trabalho $\Phi$, e o que sobra será conservado na forma de energia cinética ($E_c$) do elétron.

Nesses termos, tem-se:

$$E_c = h\, f - \Phi$$

## O elétron mais veloz

Quando a função trabalho assume um valor mínimo ($\Phi_0$), a energia cinética tem valor máximo ($E_{c_{máx}}$), assim:

$$E_{c_{máx}} = h\, f - \Phi_0$$

## Condição para ocorrência do efeito fotoelétrico

Cada metal possui uma frequência mínima característica abaixo da qual não há efeito fotoelétrico, para qualquer valor de intensidade da luz incidente. A frequência mínima é dada por:

$$f_{mín} = \frac{\Phi_0}{h}$$

# Aplique o que aprendeu

## Exercício resolvido

1. (UFJF-MG) O Efeito Fotoelétrico foi descoberto por Heinrich Rudolf Hertz (1857-1894), nos anos de 1886 e 1887. Hertz percebeu que uma descarga elétrica entre dois eletrodos, dentro de uma ampola de vidro, era facilitada pela incidência de radiação luminosa no eletrodo negativo, provocando a emissão de elétrons de sua superfície. A explicação satisfatória para esse efeito foi dada em 1905, por Albert Einstein, e em 1921 deu ao cientista alemão o prêmio Nobel de Física. Analisando o efeito fotoelétrico, quantitativamente, Einstein propôs que a energia do fóton incidente é igual à energia necessária para remover um elétron mais a energia cinética do elétron emitido. Com base nestas informações, calcule os itens abaixo.

   a) Considerando que a energia de um fóton incidente é definida por $E = h\,f$, onde $h = 6{,}6 \cdot 10^{-34}$ J · s é a constante de Planck e que o comprimento de onda de um fóton é dado por $\lambda = 396$ nm, obtenha a energia do fóton.

   b) Sabendo que a massa de um elétron é de aproximadamente $9{,}1 \cdot 10^{-31}$ kg e que a velocidade dos elétrons emitidos de uma placa metálica incidente por uma radiação com $\lambda = 396$ nm é de 900,00 km/s, CALCULE o valor da energia necessária para remover o elétron da placa.

**Resolução:**

a) Temos que $E_{fóton} = h\,f$ e $c = \lambda\,f \Rightarrow f = \frac{c}{\lambda}$, então a energia do fóton é dada por:

$$E_{fóton} = h\,\frac{c}{\lambda} = 6{,}6 \cdot 10^{-34} \cdot \frac{3 \cdot 10^{8}}{396 \cdot 10^{-9}} \therefore E_{fóton} = 5 \cdot 10^{-19}\ \text{J}$$

b) Sendo $E_0$ a energia necessária para arrancar o elétron, de acordo com a equação do efeito fotoelétrico, vem:

$$E_{cin} = E_{fóton} - E_0 \Rightarrow E_0 = E_{fóton} - \frac{mv^2}{2} = 5 \cdot 10^{-19} - \frac{9{,}1 \cdot 10^{-31}(9 \cdot 10^5)^2}{2} \therefore E_0 = 1{,}3 \cdot 10^{-19}\ \text{J}$$

Respostas: a) $5 \cdot 10^{-19}$ J; b) $1{,}3 \cdot 10^{-19}$ J.

## Questões

**1.** (UPF-RS)

A física moderna trata da física desenvolvida no início do século XX e dos conhecimentos por ela gerados advêm muitos dos avanços tecnológicos observados nos dias atuais. Sobre fenômenos, conceitos e teorias abordados pela física moderna, analise as afirmativas que seguem.

I. O efeito fotoelétrico explica como um próton pode ser arrancado de um metal.

II. As leis da física são idênticas para todos os observadores em qualquer referencial inercial.

III. Um elétron salta de uma órbita para outra somente quando perde energia.

IV. A energia de um fóton é diretamente proporcional à sua frequência.

Está correto apenas o que se afirma em:

a) I e III. b) II e III. c) II e IV. d) I e II. e) III e IV.

**2.** (UFRGS-RS)

O gráfico abaixo mostra a energia cinética $E_c$ de elétrons emitidos por duas placas metálicas, I e II, em função da frequência $f$ da radiação eletromagnética incidente.

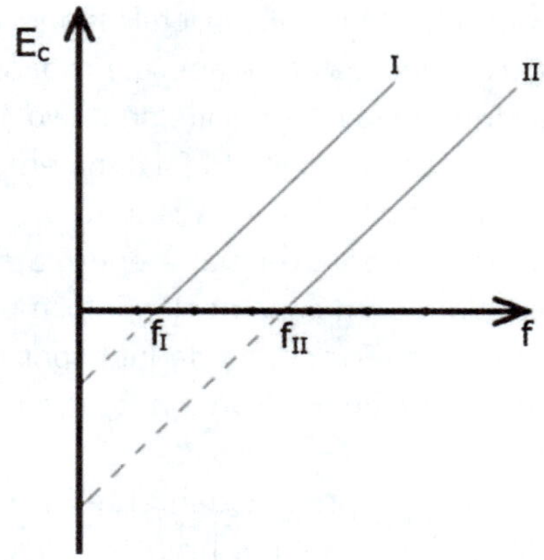




Sobre essa situação, são feitas três afirmações.

I. Para $f > f_{II}$, a $E_c$ dos elétrons emitidos pelo material II é maior do que a dos elétrons emitidos pelo material I.

II. O trabalho realizado para liberar elétrons da placa II é maior do que o realizado na placa I.

III. A inclinação de cada reta é igual ao valor da constante universal de Planck, $h$.

Quais estão corretas?

a) Apenas I.
b) Apenas II.
c) Apenas III.
d) Apenas II e III.
e) I, II e III.

**3.** (Unisc-RS)

A radiação eletromagnética tem uma natureza bastante complexa. Em fenômenos de interferência, por exemplo, ela apresenta um comportamento ____________. Já em processo de emissão e de absorção ela pode apresentar um comportamento ____________. Pode também ser descrita por "pacotes de energia" (fótons) que se movem no vácuo com velocidade de aproximadamente 300 000 km/s e têm massa ____________.

Assinale a alternativa que preenche corretamente as lacunas.

a) ondulatório – ondulatório – nula.
b) ondulatório – corpuscular – nula.
c) ondulatório – corpuscular – diferente de zero.
d) corpuscular – ondulatório – diferente de zero.
e) ondulatório – ondulatório – diferente de zero.

**4.** (UEM-PR)

Quando radiação eletromagnética incide sobre uma superfície metálica, é possível que alguns elétrons do metal sejam removidos. Esse é o efeito fotoelétrico para o qual Einstein estabeleceu a relação quantitativa $(E_c)_{máx} = h\,f - \Phi$. Isto é, a energia cinética máxima para uma dada frequência, $(E_c)_{máx}$, é igual à constante de Planck (h) multiplicada pela frequência da radiação (f) e subtraída da função trabalho do metal utilizado ($\Phi$). O gráfico ao lado mostra uma experiência típica do efeito fotoelétrico para dois metais distintos.

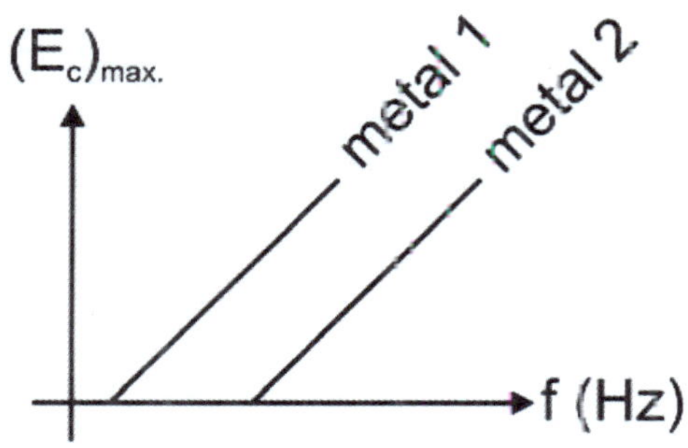



Considerando essas informações, assinale o que for correto.

01) Os coeficientes angulares das retas são numericamente iguais à constante de Planck.

02) Os coeficientes lineares das retas fornecem o valor de $\Phi$.

04) Se a frequência da radiação for aumentada, o número de elétrons emitidos também aumenta.

08) As semirretas não se prolongam abaixo do eixo horizontal porque não existe frequência negativa.

16) Baseando-se no gráfico mostrado, não é possível concluir que aumentando a intensidade da radiação o número de elétrons emitidos cresce.

**5.** (Feevale-RS)

O efeito fotoelétrico foi descoberto por Hertz no final do século XIX, e a explicação do fenômeno foi dada por Einstein no começo do século XX. Com base nessa explicação, são feitas três afirmações.

I. A energia contida no fóton depende da frequência da radiação incidente.

II. A radiação, ao incidir sobre uma superfície, pode arrancar elétrons desta.

III. A energia cinética do elétron arrancado de uma superfície depende da intensidade da radiação incidente.

Marque a alternativa correta.

a) Apenas a afirmação I está correta.

b) Apenas a afirmação II está correta.

c) Apenas a afirmação III está correta.

d) Apenas as afirmações I e II estão corretas.

e) Apenas as afirmações I e III estão corretas.

TOTAL DE ACERTOS ____/5

# 14 Introdução à Física Quântica

## Reveja o que aprendeu

**Você deve ser capaz de:**

- Perceber a evolução dos conceitos de Física a partir do estudo da estrutura da matéria.

### Os modelos atômicos

Banco de imagens/ Arquivo da editora

O átomo de Dalton: maciço, esférico e indivisível.

Na Antiguidade, com a busca pelo entendimento da constituição da matéria, surge a noção da matéria formada por átomos e espaços vazios. Essa ideia é resgatada por John Dalton, com a proposição de que átomos de um mesmo elemento químico têm o mesmo peso atômico.

De acordo com J. J. Thomson, o átomo seria constituído por uma grande esfera positiva na qual se incrustariam partículas negativas que ele chamou de elétrons. A imagem que se tornou representativa do modelo de Thomson foi a de um pudim de passas.

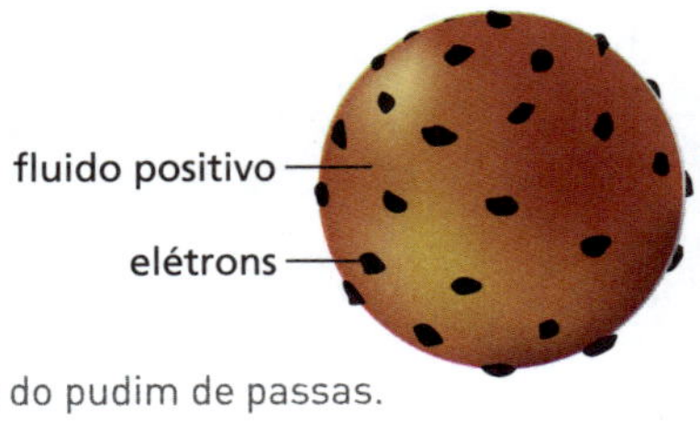


Banco de imagens/Arquivo da editora

O modelo do pudim de passas.

De acordo com Ernest Rutherford, o átomo deveria ser constituído de um núcleo minúsculo em que se concentraria praticamente toda a massa atômica e toda sua carga positiva. Os elétrons girariam ao redor e a certa distância do núcleo. O experimento com uma lâmina de ouro permitiu a Rutherford intuir a existência dos nêutrons, confirmada em 1932 por James Chadwick.

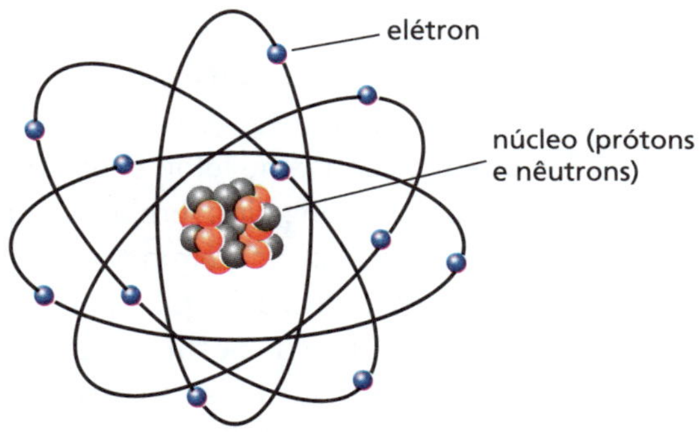


Banco de imagens/Arquivo da editora

Modelo do átomo de Rutherford.

Albert Einstein propôs a seguinte equação, a qual estabelece a relação entre massa ($m$) e energia ($E$):

$$E = m\,c^2$$

onde $c$ é a velocidade da luz no vácuo.

Os conceitos de conservação da massa e de conservação da energia são expandidos para um conceito mais amplo, o de conservação massa/energia.

Essa expressão nos informa que uma variação de massa ($\Delta m$) sempre é acompanhada de uma absorção ou uma emissão de uma quantidade de energia equivalente ($\Delta E$).

$$\Delta E = \Delta m\,c^2$$

Dessa forma, em um sistema isolado, as conservações não são isoladas, de massa nem de energia, mas sim integradas no conjunto massa-energia, que se tornam então equivalentes.

## O Átomo de Bohr

Foi postulado por Niels Bohr com a finalidade de contornar o problema da estabilidade do átomo de Rutherford:

O raio da trajetória não pode ter infinitos valores, apenas algumas órbitas são permitidas. Essas órbitas são denominadas **estados estacionários** ou quânticos. Enquanto o elétron permanecer nessas órbitas estacionárias, não há irradiação de energia. Somente haverá emissão ou absorção de energia quando o elétron transitar de uma órbita para outra.

Elétrons só podem mudar de níveis de energia ao absorver ou emitir radiação com energia igual à diferença de energia ($\Delta E$) entre as órbitas:

$$\Delta E = E_1 - E_2 = hf$$

em que $E_1$ e $E_2$ são a energia das órbitas consideradas, $h$ é a Constante de Planck e $f$ é a frequência da radiação absorvida ou emitida.

É possível expressar a energia do elétron em uma órbita em torno de um núcleo atômico como:

$$E = -\frac{k}{n^2} \qquad n = 1, 2, 3, \ldots$$

No caso do átomo de hidrogênio:

$$E = -\frac{13{,}6}{n^2} \quad \text{(eV)}$$

## Modelo de Bohr e espectros atômicos

Quando um elétron muda de uma órbita ($n_1$) para outra ($n_2$), emite ou absorve um fóton de forma que sua energia coincide com a diferença de energia entre as órbitas. O modelo atômico de Bohr nos permite obter uma expressão que estabelece uma relação entre o comprimento de onda das radiações absorvidas ou emitidas por uma substância com os trânsitos do elétron entre as órbitas diferentes que lhe são permitidas.

$$\frac{1}{\lambda} = R\left(\frac{1}{n_1^2} - \frac{1}{n_2^2}\right)$$

## O raio de Bohr

O raio da órbita ($r_n$) permitido em termos do número quântico $n$ é:

$$r_n = \frac{n^2 h^2}{4\pi^2 m_e K Q e}$$

O menor raio de órbita possível é chamado de **raio de Bohr** e tem valor igual a:

$$r_n = n^2 r_0$$

## A dualidade onda-partícula – A Hipótese de De Broglie

A quantidade de movimento ou momento linear ($Q = m\ c$) de um *quantum* de luz pode ser escrita na forma:

$$Q = \frac{h}{\lambda}$$

O princípio de De Broglie propõe a generalização dessa relação para qualquer partícula. Assim, toda partícula material em movimento tem associada a ela uma onda cujo comprimento de onda pode ser determinado por:

$$\lambda = \frac{h}{Q}$$

## O Princípio da Incerteza de Heisenberg

O produto da indeterminação na medida de posição de uma partícula $\Delta x$, pela indeterminação na medida de momento linear, $\Delta Q$, é, no mínimo, igual à constante de Planck dividida por $4\pi$, ou seja:

$$\Delta x \cdot \Delta Q \geqslant \frac{h}{4\pi}$$

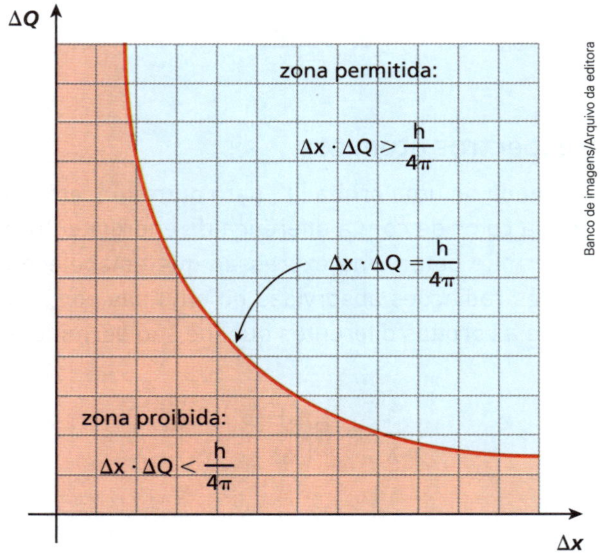


Banco de imagens/Arquivo da editora

Desse modo, quanto maior for a precisão na medida da posição, menor será a precisão na medida do momento linear.

## A Equação de Schrödinger

A Equação de Schrödinger considera que toda partícula (ou sistema quântico de partículas) pode ser representada por uma função $\psi(x, t)$, chamada de **função de onda**, da qual podemos obter qualquer informação sobre o estado quântico dessa partícula, tais como a probabilidade de ela estar localizada em determinada posição, em determinado instante de tempo, ou de possuir certa velocidade ou energia.

# Aplique o que aprendeu

## Exercício resolvido

**1.** (PUC-SP) Um átomo de hidrogênio gasoso, no seu estado fundamental, tem energia de $E_1 = -13,6$ eV. Determine a energia necessária, em eV (elétron-volt), que ele deve absorver para que sofra uma transição para o próximo estado de excitação permitido pelo modelo atômico de Bohr.

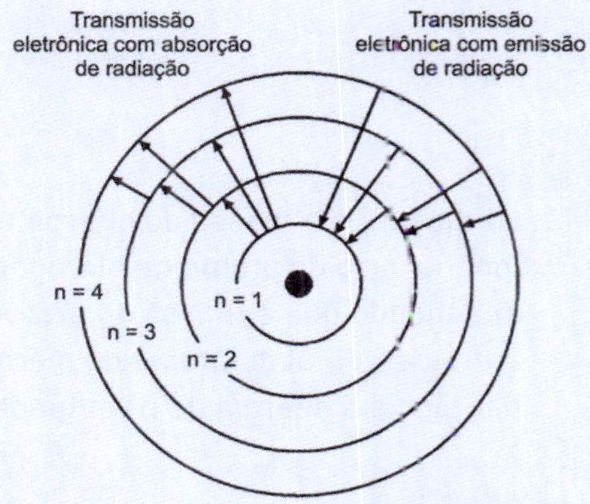


Reprodução/PUC

https://docente.ifrn.edu.br

a) −3,4
b) −17,0
c) 17,0
d) 10,2

**Resolução:**

De acordo com o enunciado, o elétron deve passar do nível fundamental (n = 1) para o nível (n = 2).

A energia absorvida pelo elétron para passar do nível fundamental ($E_1$) para um nível n é dada pela expressão:

$$E_{ab} = E_n - E_1 = \left(\frac{E_1}{n^2} - E_1\right) \Rightarrow E_{ab} = E_1\left(\frac{1}{n^2} - 1\right) = -13,6\left(\frac{1}{2^2} - 1\right) \therefore E_{ab} = 10,2 \text{ eV}$$

Resposta: D

## Questões

**1.** (Enem)

O debate a respeito da natureza da luz perdurou por séculos, oscilando entre a teoria corpuscular e a teoria ondulatória. No início do século XIX, Thomas Young, com a finalidade de auxiliar na discussão, realizou o experimento apresentado de forma simplificada na figura. Nele, um feixe de luz monocromático passa por dois anteparos com fendas muito pequenas. No primeiro anteparo há uma fenda e no segundo, duas fendas. Após passar pelo segundo conjunto de fendas, a luz forma um padrão com franjas claras e escuras.

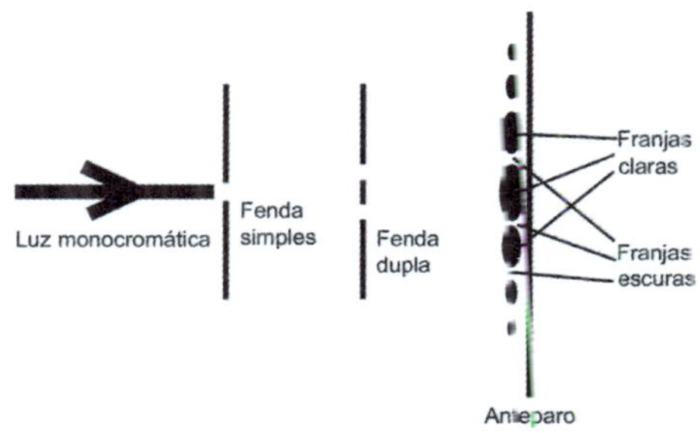


Reprodução/ENEM, 2017.

SILVA, F. W. O. A evolução da teoria ondulatória da luz e os livros didáticos. **Revista Brasileira de Ensino de Física**, n. 1, 2007 (adaptado).

Com esse experimento, Young forneceu fortes argumentos para uma interpretação a respeito da natureza da luz, baseada em uma teoria

a) corpuscular, justificada pelo fato de, no experimento, a luz sofrer dispersão e refração.
b) corpuscular, justificada pelo fato de, no experimento, a luz sofrer dispersão e reflexão.
c) ondulatória, justificada pelo fato de, no experimento, a luz sofrer difração e polarização.
d) ondulatória, justificada pelo fato de, no experimento, a luz sofrer interferência e reflexão.
e) ondulatória, justificada pelo fato de, no experimento, a luz sofrer difração e interferência.

**2.** (UEL-PR)

O positrônio é um átomo formado por um elétron e sua antipartícula, o pósitron, que possui uma carga elétrica oposta e massa igual à do elétron. O positrônio é semelhante ao átomo de hidrogênio, que possui um elétron e um próton. A energia do nível fundamental desses átomos pode ser obtida a partir da equação

$$E = -\frac{13{,}6}{1 + \frac{m_e}{m_p}} \text{ eV}$$

em que $m_e$ é a massa do elétron e $m_p$ é a massa do pósitron, no caso do positrônio, ou a massa do próton, no caso do átomo de hidrogênio. A partir dessas informações, responda aos itens a seguir.

a) Sabendo que a massa do próton é muito maior do que a massa do elétron, estime a energia do nível fundamental do átomo de hidrogênio.

b) Calcule a energia do nível fundamental do positrônio.

**3.** (AFA-SP)

O diagrama ao lado ilustra os níveis de energia ocupados por elétrons de um elemento químico A.

Dentro das possibilidades apresentadas nas alternativas abaixo, a energia que poderia restar a um elétron com energia de 12,0 eV, após colidir com um átomo de A, seria de, em eV,

a) 0

b) 1,0

c) 5,0

d) 5,4

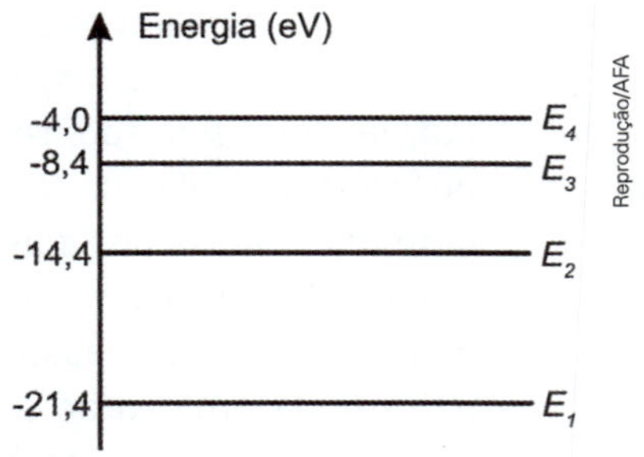

**4.** (Udesc)

Filmes fotográficos para radiografias, do tipo preto e branco, possuem uma emulsão fotossensível. Confeccionou-se um filme neste modelo e constatou-se que, para dissociar moléculas contidas na emulsão fotossensível, é necessária uma exposição a fótons com energia mínima de 0,7 eV.

Assinale a alternativa que apresenta o valor do maior comprimento de onda da luz capaz de impressionar este filme.

a) $1{,}7 \cdot 10^{-9}$ m. b) $1{,}7 \cdot 10^{-6}$ m. c) $1{,}7 \cdot 10^{-14}$ m. d) $0{,}7 \cdot 10^{-6}$ m. e) $0{,}7 \cdot 10^{-9}$ m.

**5.** (ITA-SP)

Num experimento que mede o espectro de emissão do átomo de hidrogênio, a radiação eletromagnética emitida pelo gás hidrogênio é colimada por uma fenda, passando a seguir por uma rede de difração. O espectro obtido é registrado em chapa fotográfica, cuja parte visível é mostrada na figura. Pode-se afirmar que

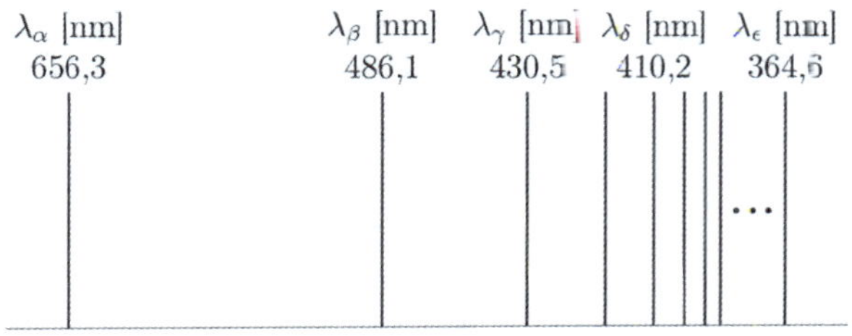

Reprodução/ITA, 2017.

a) O modelo de Bohr explica satisfatoriamente as linhas do espectro visível do átomo de hidrogênio.
b) Da esquerda para a direita as linhas correspondem a comprimentos de onda do violeta ao vermelho.
c) O espaçamento entre as linhas adjacentes decresce para um limite próximo ao infravermelho.
d) As linhas do espectro encontrado são explicadas pelo modelo de Rutherford.
e) Balmer obteve em 1885 a fórmula empírica para o comprimento de onda: $\lambda = R\left(\frac{1}{2^2} - \frac{1}{n^2}\right)$, em que n = 3, 4, ... e *R* é a constante de Rydberg.

TOTAL DE ACERTOS ____/5

# 15 Teoria da Relatividade

## Reveja o que aprendeu

**Você deve ser capaz de:**

- Descrever o movimento e características dos corpos em referências com velocidade próxima à da luz no vácuo.

### Introdução

As considerações sobre a existência ou não do éter como palco dos fenômenos eletromagnéticos separa o eletromagnetismo (incluído a ótica) do resto da Física. A ideia de éter subsidiava a noção de que a velocidade da luz, sobre a qual haviam sido feitas medições muito precisas, só era válida em um sistema de referência em repouso em relação ao éter. Assim, em qualquer outro sistema de referência, a velocidade da luz deveria ser diferente, uma vez que o éter arrastaria a luz em seu movimento.

No entanto, a aberração das estrelas prova que o éter, se existe, não é arrastado pelo movimento de translação do planeta Terra. Essa constatação estimula cientistas a desistirem de propor a existência do éter e abre espaço para uma reformulação conceitual de grandezas invariantes, não previstas anteriormente pela Física Clássica.

### O conceito de relatividade

O princípio da **relatividade** é um enunciado que estabelece em quais sistemas de referência as leis da Física são invariáveis, ou seja, têm exatamente a mesma forma.

A concepção de Galileu Galilei do princípio da relatividade enunciou que, em todos os sistemas de referência que se movem uns em relação aos outros com movimento retilíneo e uniforme (sistemas inerciais), as leis da mecânica são invariáveis.

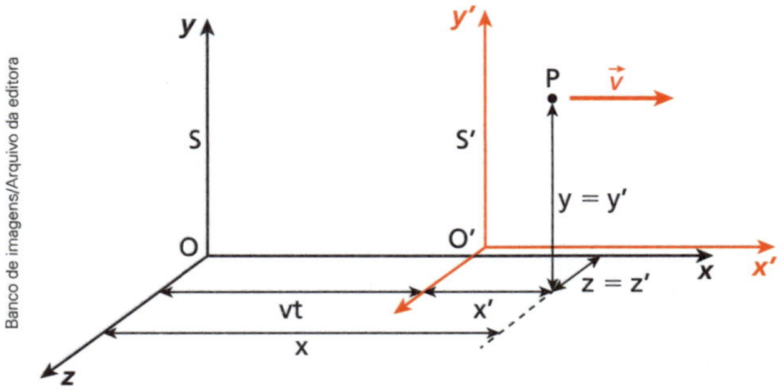


Transformação de Galileu.

### Os postulados da Relatividade Especial

Einstein interpretou o resultado do experimento de Michelson-Morley como uma demonstração da velocidade da luz no vácuo, em relação a um sistema inercial qualquer, ser independente de movimento do sistema. Essa interpretação não era abarcada pela Física Clássica. Dela, há duas implicações. A primeira é que não há fenômeno físico que possa informar sobre o tipo de movimento de um sistema de referência. A segunda implicação é que não é possível conhecer a velocidade absoluta de nenhum móvel.

A conclusão de que não existe nenhum fenômeno físico que permita distinguir um sistema inercial de outro levou Einstein a enunciar seu **1º postulado**, chamado **princípio da relatividade especial**:

Todas as leis da Física, e não somente as da Mecânica, são invariáveis em relação às transformações entre sistemas de referência inerciais.

O **2º postulado** está implícito nas razões que o levaram ao primeiro:

A velocidade da luz no vácuo tem o mesmo valor em todos os sistemas de referência inerciais.

## Simultaneidade de eventos

Uma consequência fundamental do segundo postulado da relatividade especial é:

O tempo não transcorre da mesma maneira em todos os sistemas inerciais de referência, ou seja, o tempo não é absoluto e depende do sistema de referência.

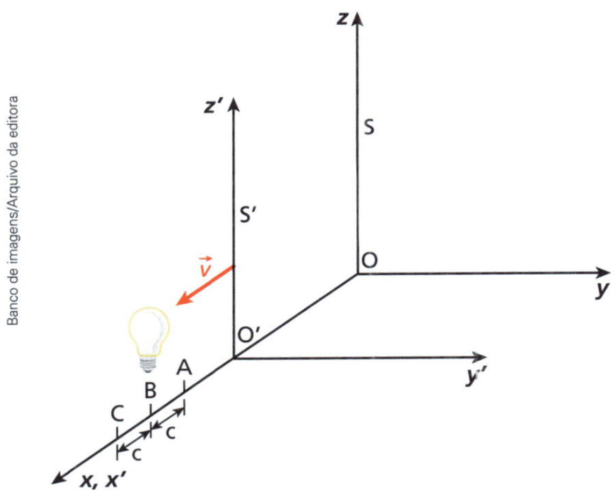


Dois eventos simultâneos em um sistema de referência não o serão em qualquer outro sistema que se mova em relação ao primeiro com movimento retilíneo e uniforme.

## Dilatação do Tempo

Há uma relação quantitativa entre intervalos de tempo em dois sistemas de referência distintos. Considere Felipe e Marina, dois personagens que nos servem como exemplo. Um feixe de luz é emitido, reflete no espelho e volta à fonte, enquanto Marina e Felipe observam, de referenciais diferentes, o ocorrido. Marina vê o feixe de luz se movimentar na direção vertical. Felipe vê o feixe se deslocar em direções diferentes das vistas por Marina.

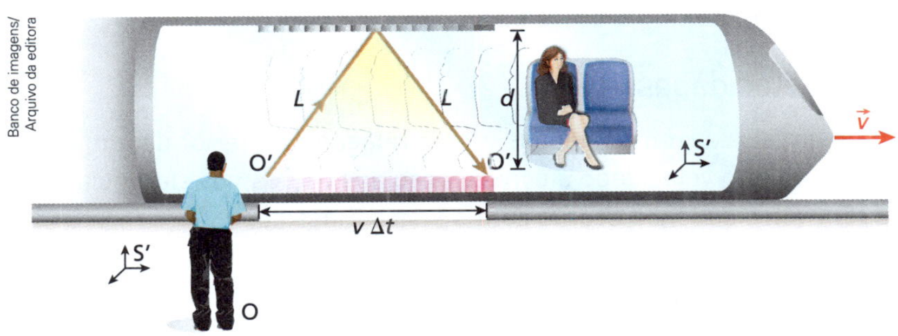

A relação entre os intervalos de tempo medidos por Marina ($\Delta t_0$), que está em um referencial **S'**, e por Felipe ($\Delta t$), que está em um referencial **S**, é dada por:

$$\Delta t = \frac{\Delta t_0}{\sqrt{1 - \frac{v^2}{c^2}}}$$

Esta equação mostra que, para o relógio de Felipe, o tempo entre os dois eventos é maior do que o tempo decorrido no relógio de Marina, simplesmente por eles estarem em referenciais com velocidades diferentes. Este fenômeno é denominado **dilatação do tempo**, uma vez que, para Felipe, o tempo medido é maior do que o tempo medido por Marina.

## Contração do Espaço

Além de o intervalo de tempo entre dois eventos ser relativo dependendo do referencial, os comprimentos medidos a partir de referenciais se movendo com velocidades distintas também apresentam uma diferença.

Considere uma régua no referencial **S'** observada por Felipe em seu referencial **S**.

Banco de imagens/ Arquivo da editora

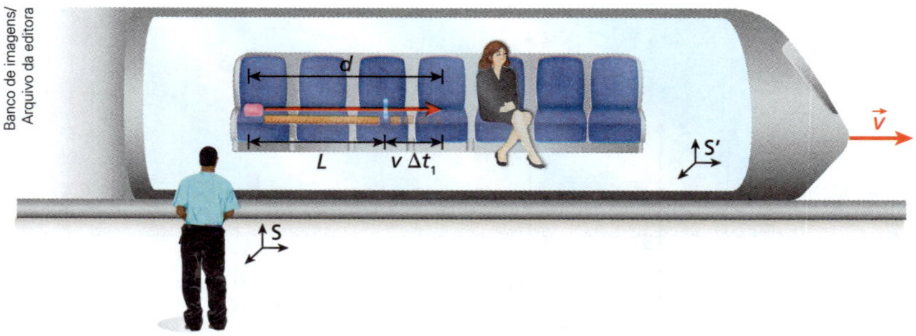


A partir das expressões obtidas para $\Delta t$ e $\Delta t_0$ em função do comprimento $L$ da régua observado por Marina e por Felipe, tem-se que:

$$L = L_0 \sqrt{1 - \frac{v^2}{c^2}}$$

Ou seja, o comprimento $L$ da régua observado por Felipe enquanto o trem se movimenta com velocidade $v$ é menor que o comprimento próprio $L_0$ observado pela Marina, uma vez que $\sqrt{1 - \frac{v^2}{c^2}}$ é sempre menor que 1. Por esse motivo, esse fenômeno é conhecido como **contração do espaço**.

## A adição de velocidades

Considere um atleta com velocidade $v'$ com relação ao interior de um trem em um referencial **S'**. O trem tem velocidade $u$ com relação aos trilhos no referencial **S**. Em relação a **S**, o atleta tem velocidade, de acordo com a Física Clássica:

$$v = v' + u$$

Quando se trata de partículas com velocidades próximas à da luz, não é possível a simples adição da velocidade $v'$ de uma partícula em **S'** com relação a um referencial **S** que, por sua vez, tem velocidade $u$. Essa adição violaria o postulado que estabelece a velocidade da luz no vácuo como a velocidade limite para uma partícula de massa $m$. A expressão que promove a correção relativística nesta adição de velocidades é dada por:

$$v = \frac{v' + u}{1 + \frac{v'u}{c^2}}$$

Conhecendo-se esta expressão, podemos fazer a composição de velocidades para partículas com velocidades próximas à da luz, sem corrermos o risco de chegar a uma velocidade resultante que ultrapasse o valor da velocidade da luz no vácuo ($c$).

## Massa relativística

Sobre cinemática relativística, foi estabelecido um conceito fundamental:

A velocidade da luz é um limite da natureza.

Considere como massa de repouso a massa de um corpo que está em repouso em relação a um determinado referencial.

O que estabelece a relatividade é que, à medida que um corpo aumenta sua velocidade relativamente a um referencial, sua massa também aumenta. Ou seja, um aumento de $v$ implica um aumento de $m$. A expressão que mostra esta relação é dada por:

$$m = \frac{m_0}{\sqrt{1 - \frac{v^2}{c^2}}}$$

em que $m$ é denominada **massa relativística**; $m_0$, massa de repouso; $c$, velocidade da luz no vácuo; e $v$, velocidade do corpo em um instante $t$.

Perceba que, quando se fala em aumento de massa, não há de fato um aumento do número de átomos e partículas que constituem o corpo, mas sim um aumento de sua inércia, da dificuldade de produzir variações na velocidade do corpo em questão.

O gráfico a seguir sugere que na Física clássica não haveria o limite imposto pela teoria da relatividade restrita para velocidade dos corpos.

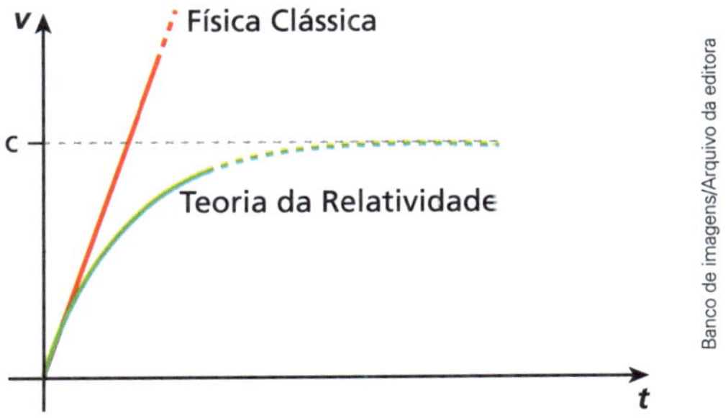


Desse modo, como nenhum corpo pode ter inércia infinita, é simplesmente impossível que um corpo dotado de massa atinja a velocidade da luz no vácuo.

## Quantidade de movimento relativístico

Quando se trata de velocidades muito menores que a velocidade da luz, a quantidade de movimento dada pela Física Clássica para um corpo de massa $m_0$ com velocidade *v* é:

$$Q = m_0 v$$

No entanto, a conservação da quantidade de movimento quando se tem velocidades comparáveis à velocidade da luz impõe que o módulo da quantidade de movimento relativística deve ser dado pela relação:

$$Q = \frac{m_0 v}{\sqrt{1 - \frac{v^2}{c^2}}}$$

## A equivalência entre massa e energia

Seja $E_0 = m_0 c^2$ a energia de repouso de uma partícula e $E_C = \frac{1}{2} m_0 v^2$ a energia cinética dessa partícula. Sabendo-se que $E = mc^2$ e $m = \gamma m_0$, é possível concluir que:

$$E_c = m_0 c^2 (\gamma - 1)$$

e

$$\Delta E = \Delta m \, c^2$$

Essa última relação mostra que a massa inercial de um corpo se altera quando um corpo perde ou recebe energia, ou seja, existe uma equivalência entre massa e energia.

## Relação entre energia e quantidade de movimento relativístico

Ao se relacionar a quantidade de movimento *Q* de uma partícula e sua energia total *E*, é possível determinar que:

$$E^2 = Q^2 c^2 + (m_0 c^2)^2$$

A expressão apresentada acima traz consigo um importante resultado físico da teoria da relatividade. Enquanto a física não relativística previa que a quantidade de movimento deveria ser nula para partículas de massa nula, a equação acima sugere que, mesmo que uma partícula tenha massa de repouso nula ($m_0 = 0$), poderá ter energia total *E* e quantidade de movimento *Q* relacionados por:

$$E = Q c$$

É o caso dos fótons, que se movem com a velocidade da luz e têm massa de repouso nula. Tal resultado nos leva a indagar como a luz se comporta em colisões com a matéria, uma vez que apresenta quantidade de movimento.

## Aplique o que aprendeu

### Exercício resolvido

1. (FGV-SP) A nave "New Horizons", cuja foto é apresentada ao lado, partiu do Cabo Canaveral em janeiro de 2006 e chegou bem perto de Plutão em julho de 2015. Foram mais de 9 anos no espaço, voando a 21 km/s. É uma velocidade muito alta para nossos padrões aqui na Terra, mas muito baixa se comparada aos 300 000 km/s da velocidade da luz no vácuo. Considere uma nave que possa voar a uma velocidade igual a 80% da velocidade da luz e cuja viagem dure 9 anos para nós, observadores localizados na Terra.

Reprodução/FGV, 2017.
(http://goo.gl/oeSWn)

Para um astronauta no interior dessa nave, tal viagem duraria cerca de

a) 4,1 anos. b) 5,4 anos. c) 6,5 anos. d) 15 anos. e) 20,5 anos.

**Resolução:**

Para calcular o tempo próprio para o astronauta dentro da nave, consideramos o paradoxo dos gêmeos, um curioso tema proposto pela Teoria da Relatividade Esse paradoxo fala que, ao separar os gêmeos, fazendo um viajar numa espaçonave a velocidade próxima à da luz enquanto o outro fica na Terra, quando encerrar a viagem e eles se encontrarem novamente, o tempo, para quem ficou na Terra, sofrerá uma dilatação sentida pela idade aparente dos dois gêmeos. Esse paradoxo é explicado pelo fenômeno da dilatação do tempo.

O cálculo baseia-se na equação:

$$\Delta t = \frac{\Delta t'}{\sqrt{1 - \frac{v^2}{c^2}}} \Rightarrow 9 = \frac{\Delta t'}{\sqrt{1 - \frac{(0,8c)^2}{c^2}}} \therefore \Delta t' = 9\sqrt{0,36} = 5,4 \text{ anos}$$

Resposta: B

### Questões

**1.** (UPF-RS)

De acordo com o paradoxo dos gêmeos, talvez o mais famoso paradoxo da relatividade restrita, pode-se supor a seguinte situação: um amigo da sua idade viaja a uma velocidade de 0,999 c para um planeta de uma estrela situado a 20 anos-luz de distância. Ele passa 5 anos neste planeta e retorna para casa a 0999 c. Considerando que $\gamma = 22,4$, assinale a alternativa que representa corretamente quanto tempo seu amigo passou fora de casa do seu ponto de vista e do ponto de vista dele, respectivamente.

a) 20,00 anos e 1,12 ano
b) 45,04 anos e 1,79 ano
c) 25,00 anos e 5,00 anos
d) 45,04 anos e 6,79 anos
e) 40,04 anos e 5,00 anos

**2.** (UFSC)

Em 6 de novembro de 2014, estreava no Brasil o filme de ficção científica Interestelar, que abordou, em sua trama, aspectos de Física Moderna. Um dos fenômenos mostrados no filme foi a dilatação temporal, já prevista na Teoria da Relatividade de Albert Einstein. Além da relatividade, Einstein explicou o Efeito Fotoelétrico, que lhe rendeu o prêmio Nobel de 1921.

Sobre os fenômenos referidos acima, é CORRETO afirmar que:

01) o Efeito Fotoelétrico foi explicado atribuindo-se à luz o comportamento corpuscular.

02) a alteração da potência de uma radiação que provoca o Efeito Fotoelétrico altera a energia cinética dos elétrons arrancados e não o número de elétrons.

04) de acordo com a Teoria da Relatividade, as leis da Física são as mesmas para qualquer referencial inercial.

08) de acordo com a Teoria da Relatividade, a velocidade da luz no vácuo é uma constante universal, é a mesma em todos os sistemas inerciais de referência e não depende do movimento da fonte de luz.

**3.** (UFJF/Pism-MG)

Em um reator nuclear, átomos radioativos são quebrados pelo processo de fissão nuclear, liberando energia e átomos de menor massa atômica. Esta energia é convertida em energia elétrica com um aproveitamento de aproximadamente 30%. A teoria da relatividade de Einstein torna possível calcular a quantidade de energia liberada no processo de fissão nuclear. Nessa teoria, a energia de uma partícula é calculada pela expressão $E = m c^2$, onde em uma residência comum, se consome, em média, 200 kWatt-hora por mês. Neste caso, CALCULE qual deveria ser a massa, em quilogramas, necessária para se manter essa residência por um ano, considerando que a transformação de massa em energia ocorra no repouso.

a) $3{,}6 \cdot 10^{-8}$ kg
b) $6{,}3 \cdot 10^{-5}$ kg
c) $3{,}2 \cdot 10^{-7}$ kg
d) $9{,}6 \cdot 10^{-8}$ kg
e) $5{,}3 \cdot 10^{-5}$ kg

**4.** (ITA-SP)

Enquanto em repouso relativo a uma estrela, um astronauta vê a luz dela como predominantemente vermelha, de comprimento de onda próximo a 600 nm. Acelerando sua nave na direção da estrela, a luz será vista como predominantemente violeta, de comprimento de onda próxima a 400 nm, ocasião em que a razão da velocidade da nave em relação à da luz será de

a) $\frac{1}{3}$
b) $\frac{2}{3}$
c) $\frac{4}{9}$
d) $\frac{5}{9}$
e) $\frac{5}{13}$

TOTAL DE ACERTOS ____/4

# Rumo ao Ensino Superior

**1.** (ITA-SP)

Uma diferença de potencial eletrostático $V$ é estabelecida entre os pontos **M** e **Q** da rede cúbica de capacitores idênticos mostrada na figura.

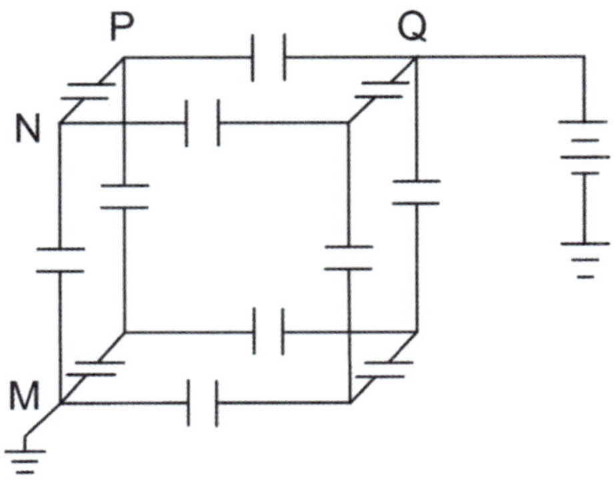



A diferença de potencial entre os pontos **N** e **P** é

a) V/2.

b) V/3.

c) V/4.

d) V/5.

e) V/6.

**2.** (Enem)

Um guindaste eletromagnético de um ferro-velho é capaz de levantar toneladas de sucata, dependendo da intensidade da indução magnética em seu eletroímã. O eletroímã é um dispositivo que utiliza corrente elétrica para gerar um campo magnético, sendo geralmente construído enrolando-se um fio condutor ao redor de um núcleo de material ferromagnético (ferro, aço, níquel, cobalto).

Para aumentar a capacidade de carga do guindaste, qual característica do eletroímã pode ser reduzida?

a) Diâmetro do fio condutor.

b) Distância entre as espiras.

c) Densidade linear de espiras.

d) Corrente que circula pelo fio.

e) Permeabilidade relativa do núcleo.

**3.** (EEAR-SP)

Uma espira circular com $10\pi$ cm de diâmetro, ao ser percorrida por uma corrente elétrica de 500 mA de intensidade, produz no seu centro um vetor campo magnético de intensidade igual a ________ $\cdot 10^{-6}$ T.

Obs. Utilize $\mu_0 = 4\pi \cdot 10^{-7}$ T · m/A

a) 1

b) 2

c) 4

d) 5

**4.** (ITA-SP)

A figura mostra uma bobina com 80 espiras de 0,5 $m^2$ de área e 40 $\Omega$ de resistência. Uma indução magnética de 4 teslas é inicialmente aplicada ao longo do plano da bobina. Esta é então girada de modo que seu plano perfaça um ângulo de 30° em relação à posição inicial. Nesse caso, qual o valor da carga elétrica que deve fluir pela bobina?

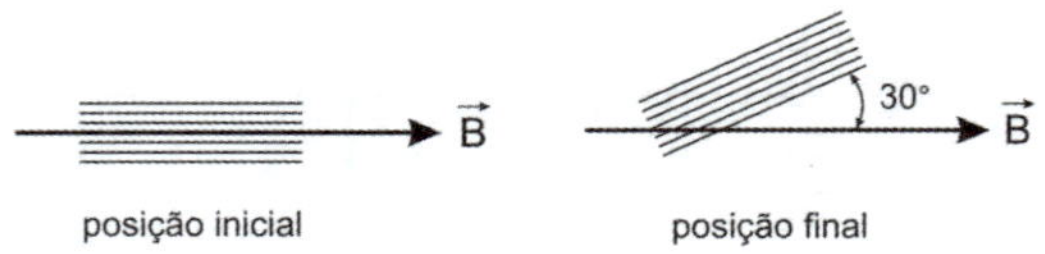


Reprodução/ITA

a) 0,025 C
b) 2,0 C
c) 0,25 C
d) 3,5 C
e) 0,50 C

**5.** (UFRGS-RS)

Na figura ao lado, um fio condutor flexível encontra-se na presença de um campo magnético constante e uniforme perpendicular ao plano da página. Na ausência de corrente elétrica, o fio permanece na posição **B**. Quando o fio é percorrido por certa corrente elétrica estacionária, ele assume a posição **A**.

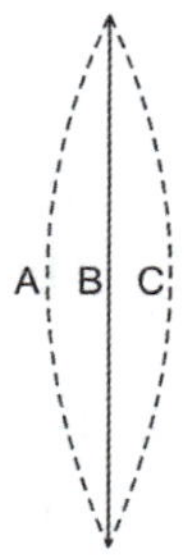


Reprodução/UFRGS-RS

Para que o fio assuma a posição **C**, é necessário

a) inverter o sentido da corrente e do campo aplicado.
b) inverter o sentido da corrente ou inverter o sentido do campo.
c) desligar lentamente o campo.
d) desligar lentamente a corrente.
e) desligar lentamente o campo e a corrente.

**6.** (ITA-SP)

Uma corrente elétrica passa por um fio longo, (**L**), coincidente com o eixo **y** no sentido negativo. Uma outra corrente de mesma intensidade passa por outro fio longo, (**M**), coincidente com o eixo **x** no sentido negativo, conforme mostra a figura. O par de quadrantes nos quais as correntes produzem campos magnéticos em sentidos opostos entre si é

a) I e II
b) II e III
c) I e IV
d) II e IV
e) I e III

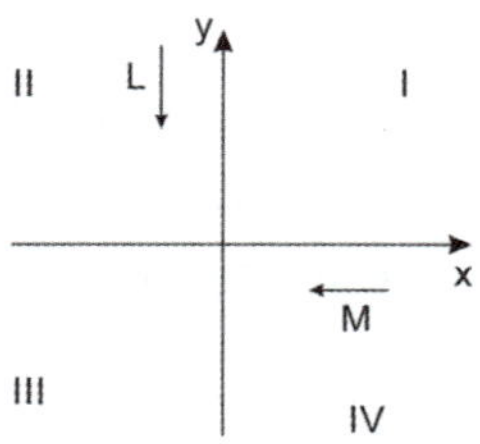


Reprodução/ITA

**7.** (ITA-SP)

Considere uma espira retangular de lados *a* e *b* percorrida por uma corrente *I*, cujo plano da espira é paralelo a um campo magnético *B*. Sabe-se que o módulo do torque sobre essa espira é dado por $\tau = I \cdot B \cdot a \cdot b$. Supondo que a mesma espira possa assumir qualquer outra forma geométrica, indique o valor máximo possível que se consegue para o torque.

a) $IB(a + b)^2/\pi$

b) $IBab$

c) $2IBab$

d) $IBab/2\pi$

e) $IBab/\pi$

**8.** (UFSM-RS)

O campo magnético pode ser produzido pelo movimento de cargas elétricas ou, como ocorre nas ondas eletromagnéticas, pela variação do fluxo de campo elétrico local. Em qual das figuras a seguir está representado corretamente o campo magnético?

Reprodução/UFSM

a)

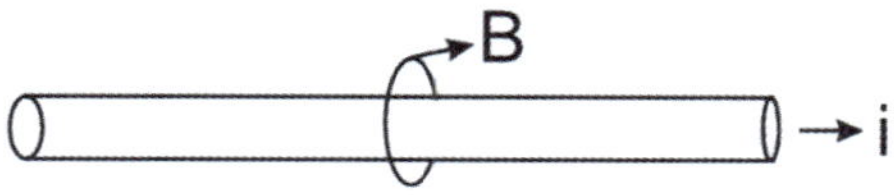


b)

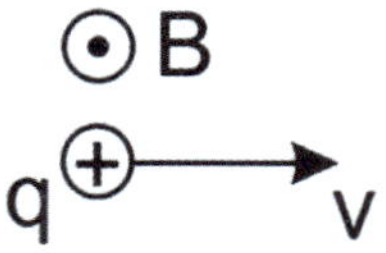


c)

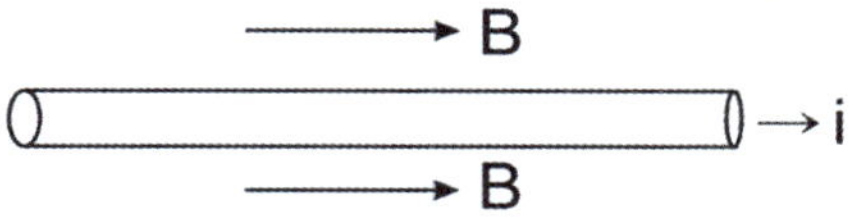


d)

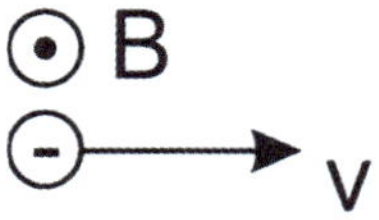


e)

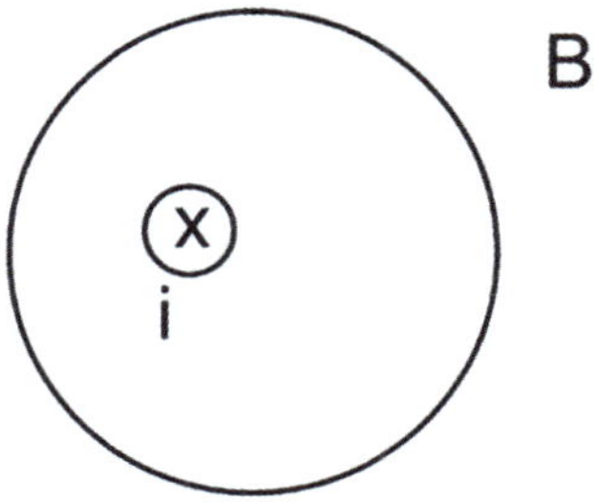

9. (UFSC)

Um dos componentes fundamentais para uma boa qualidade de som é o alto-falante, que consiste basicamente de um cone (geralmente de papelão), uma bobina e um ímã permanente, como mostrado nas figuras abaixo.

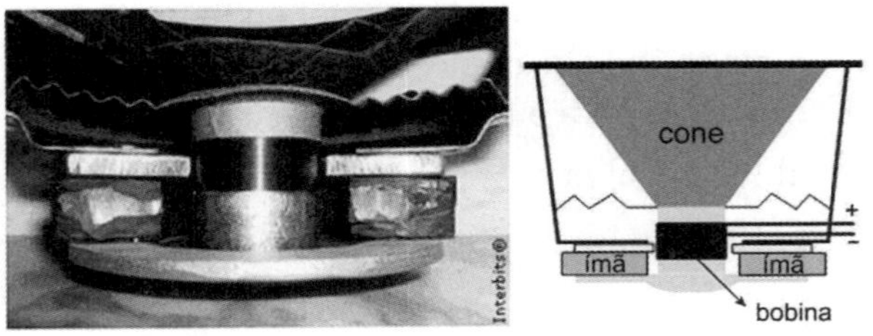


A respeito do funcionamento do alto-falante, assinale a(s) proposição(ões) correta(s).

01) A intensidade do campo magnético criado pela bobina depende unicamente do número de espiras da mesma.
02) O movimento do cone do alto-falante é consequência da lei de Lenz.
04) A vibração do cone cria no ar regiões de altas e baixas pressões, que se propagam na forma de ondas transversais.
08) A altura do som reproduzido pelo alto-falante depende da frequência do sinal elétrico enviado pelo aparelho de som.
16) A intensidade da onda sonora reproduzida pelo alto-falante é proporcional à intensidade da corrente elétrica que percorre a bobina.
32) A corrente elétrica enviada ao alto-falante percorre a bobina, gerando um campo magnético que interage com o ímã permanente, ocasionando o movimento do cone na direção axial da bobina.

10. (UEPG-PR)

Sobre fenômenos relacionados ao campo magnético e à indução eletromagnética, assinale o que for correto.

01) Sempre que uma espira fechada é atravessada por um fluxo magnético variável surge na espira uma corrente elétrica induzida.
02) O polo sul geográfico terrestre corresponde ao polo sul magnético terrestre.
04) Todos os ímãs apresentam dois polos magnéticos, entretanto podem existir polos magnéticos isolados na natureza.
08) O movimento de cargas elétricas origina campos magnéticos.

**11.** (UEG-GO)

A figura a seguir descreve uma regra, conhecida como "regra da mão direita", para análise da direção e do sentido do vetor campo magnético em torno de um fio percorrido por uma corrente elétrica.

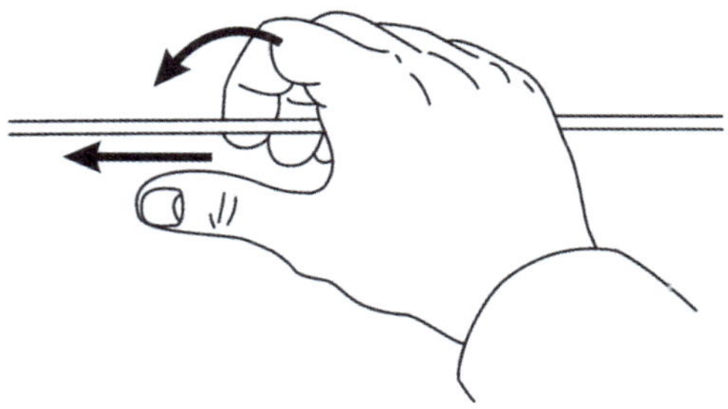

Reprodução/UEG

Analisando a figura, responda aos itens a seguir.

a) O que representam, na figura, as setas que estão ao lado dos dedos polegar e indicador?

b) Faça um esboço (desenho) das linhas de campo magnético em torno desse fio.

c) Faça uma análise qualitativa relacionando a dependência do módulo do vetor campo magnético nas proximidades do fio com a intensidade de corrente elétrica e com a distância em que se encontra do fio.

**12.** (Fuvest-SP)

A figura representa 4 bússolas apontando, inicialmente, para o polo norte terrestre. Pelo ponto **O**, perpendicularmente ao plano do papel, coloca-se um fio condutor retilíneo e longo. Ao se fazer passar pelo condutor uma corrente elétrica contínua e intensa no sentido do plano do papel para a vista do leitor, permanece praticamente inalterada somente a posição

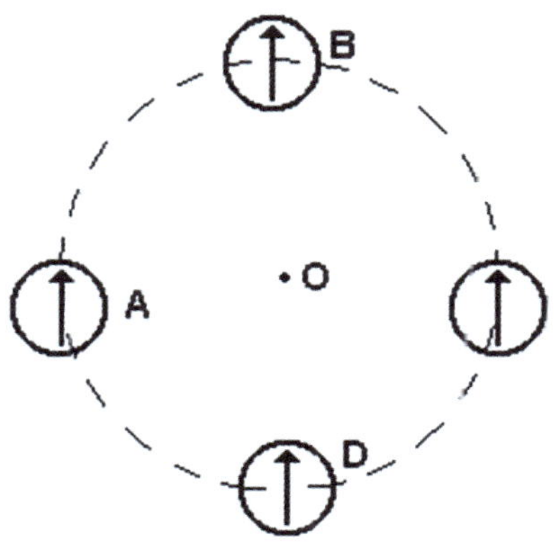


Reprodução/Fuvest

a) das bússolas A e C.
b) das bússolas B e D.
c) das bússolas A, C e D.
d) da bússola C.
e) da bússola D.

**13.** (UFMG)

Um aro metálico com uma certa resistência elétrica desce um plano inclinado. Em determinado trecho, ele passa por uma região onde existe um campo magnético, como mostra a figura.

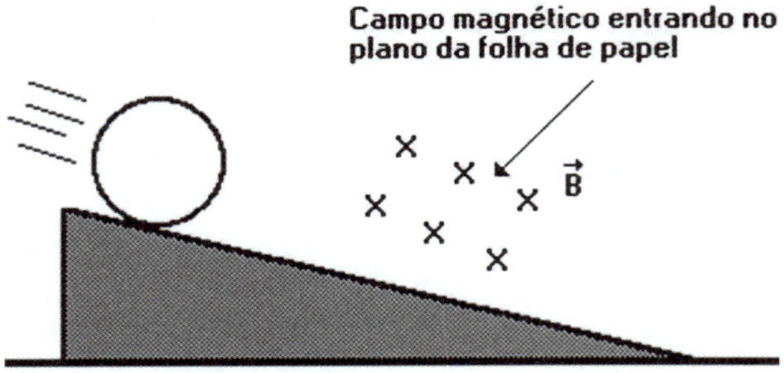


Reprodução/UFMG

Com relação a essa situação, é correto afirmar que

a) nada se pode dizer sobre a influência do campo magnético no tempo de queda, sem conhecer a resistência elétrica de aro.

b) o campo magnético não influenciará no tempo de descida do aro.

c) o tempo gasto pelo aro, para atingir a base do plano, é maior do que o tempo que ele gastaria se o campo magnético não existisse.

d) o tempo gasto pelo aro, para atingir a base do plano, é menor do que o tempo que ele gastaria se o campo magnético não existisse.

**14.** (Unesp-SP)

Parte de uma espira condutora está imersa em um campo magnético constante e uniforme, perpendicular ao plano que a contém. Uma das extremidades de uma mola de constante elástica K = 2,5 N/m está presa a um apoio externo isolado e a outra a um lado dessa espira, que mede 10 cm de comprimento.

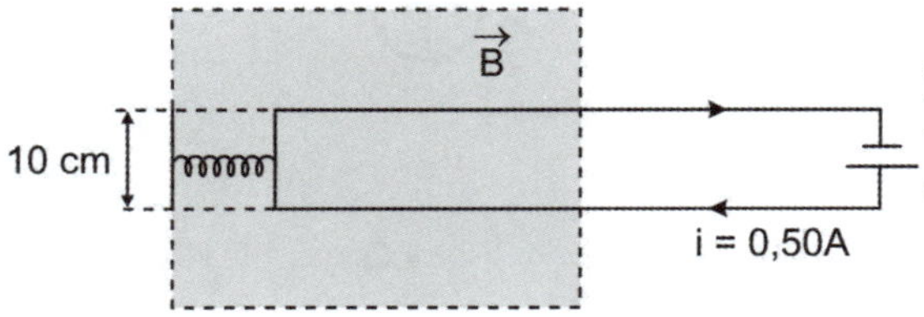


Reprodução/Unesp

Inicialmente não há corrente na espira e a mola não está distendida nem comprimida. Quando uma corrente elétrica de intensidade i = 0,50 A percorre a espira, no sentido horário, ela se move e desloca de 1,0 cm a extremidade móvel da mola para a direita. Determine o módulo e o sentido do campo magnético.

**15.** (Unifesp)

Uma mola de massa desprezível presa ao teto de uma sala tem sua outra extremidade atada ao centro de uma barra metálica homogênea e na horizontal, com 50 cm de comprimento e 500 g de massa. A barra metálica, que pode movimentar-se num plano vertical, apresenta resistência ôhmica de 5 $\Omega$ e está ligada por fios condutores de massas desprezíveis a um gerador **G** de corrente contínua, de resistência ôhmica interna de 5 $\Omega$, apoiado sobre uma mesa horizontal. O sistema barra-mola está em um plano perpendicular a um campo magnético $\vec{B}$ horizontal, cujas linhas de campo penetram nesse plano, conforme mostra a figura.

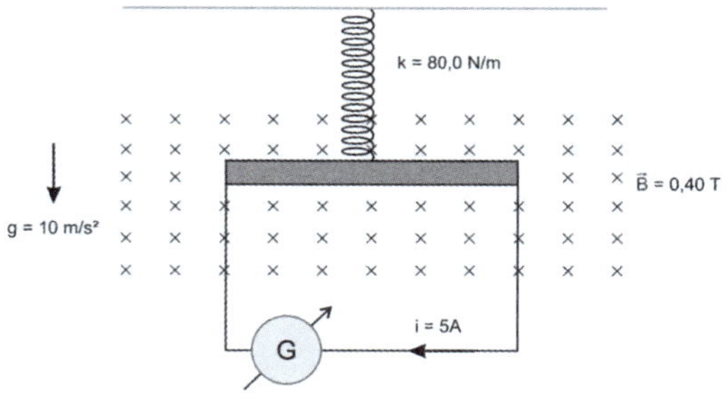




Determine:

a) a força eletromotriz, em volts, produzida pelo gerador e a potência elétrica dissipada pela barra metálica, em watts.

b) a deformação, em metros, sofrida pela mola para manter o sistema barra-mola em equilíbrio mecânico. Suponha que os fios elétricos não fiquem sujeitos a tensão mecânica, isto é, esticados.

**16.** (UEL-PR)

A agulha de uma bússola assume a posição indicada na figura a seguir quando colocada numa região onde existe, além do campo magnético terrestre, um campo magnético uniforme e horizontal. Considerando a posição das linhas de campo uniforme, desenhadas na figura, o vetor campo magnético terrestre na região pode ser indicado pelo vetor

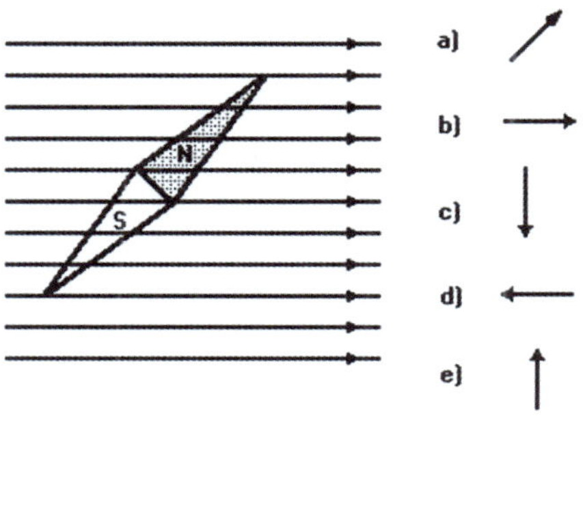

**17.** (Fuvest-SP)

Apoiado sobre uma mesa, observa-se o trecho de um fio longo, ligado a uma bateria. Cinco bússolas são colocadas próximas ao fio, na horizontal, nas seguintes posições: 1 e 5 sobre a mesa; 2, 3 e 4 a alguns centímetros acima da mesa. As agulhas das bússolas só podem mover-se no plano horizontal. Quando não há corrente no fio, todas as agulhas das bússolas permanecem paralelas ao fio. Se passar corrente no fio, será observada deflexão, no plano horizontal, das agulhas das bússolas colocadas somente:

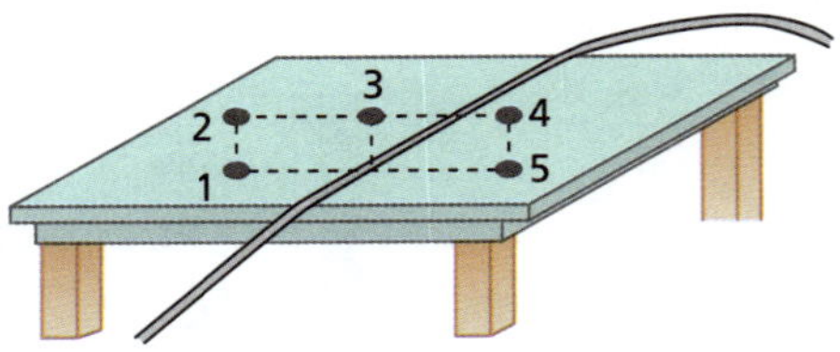




a) na posição 3.
b) nas posições 1 e 5.
c) nas posições 2 e 4.
d) nas posições 1, 3 e 5.
e) nas posições 2, 3 e 4.

TEXTO PARA A PRÓXIMA QUESTÃO:

O ano de 2009 foi o Ano Internacional da Astronomia. Há 400 anos Galileu apontou um telescópio para o céu e mudou a nossa maneira de ver o mundo, de ver o universo e de vermos a nós mesmos. As questões a seguir nos colocam diante de constatações e nos lembram de que somos apenas uma parte de algo muito maior: o cosmo.

**18.** (UEMG)

Um astronauta, ao levar uma bússola para a Lua, verifica que a agulha magnética da bússola não se orienta numa direção preferencial, como ocorre na Terra. Considere as seguintes afirmações, a partir dessa observação:

1. A agulha magnética da bússola não cria campo magnético, quando está na Lua.
2. A Lua não apresenta um campo magnético.

Sobre tais afirmações, marque a alternativa CORRETA:

a) Apenas a afirmação 1 é correta.
b) Apenas a afirmação 2 é correta.
c) As duas afirmações são corretas.
d) As duas afirmações são falsas.

**19.** (FGV-SP)

Da palavra 'aimant', que traduzido do francês significa amante, originou-se o nome ímã, devido à capacidade que esses objetos têm de exercer atração e repulsão. Sobre essas manifestações, considere as proposições:

I. assim como há ímãs que possuem os dois tipos de polos, sul e norte, há ímãs que possuem apenas um.

II. o campo magnético terrestre diverge dos outros campos, uma vez que o polo norte magnético de uma bússola é atraído pelo polo norte magnético do planeta.

III. os pedaços obtidos da divisão de um ímã são também ímãs que apresentam os dois polos magnéticos, independentemente do tamanho dos pedaços.

Está correto o contido em

a) I, apenas.
b) III, apenas.
c) I e II, apenas.
d) II e III, apenas.
e) I, II e III.

**20.** (UFRRJ)

Abaixo, mostramos a figura da Terra onde N' e S' são os polos norte e sul geográficos e N e S são os polos norte e sul magnéticos.

Reprodução/UFRRJ

Sobre as linhas do campo magnético é correto afirmar que

a) elas são paralelas ao Equador.
b) elas são radiais ao centro da Terra.
c) elas saem do polo norte magnético e entram no polo sul magnético.
d) o campo magnético é mais intenso no Equador.
e) o polo sul magnético está próximo ao sul geográfico.

21. (UPM-SP)

Considere as seguintes afirmações.

I. A denominação de Polo Norte de um ímã é a região que se volta para o Norte geográfico da Terra e Polo Sul a região que volta para o Sul geográfico da Terra.

II. Ímãs naturais são formados por pedras que contêm óxido de ferro ($Fe_3O_4$), denominadas magnetitas.

III. Ímãs artificiais são obtidos a partir de processos denominados imantação.

Com relação às afirmações, podemos dizer que

a) apenas I é correta.
b) apenas I e II são corretas.
c) apenas I e III são corretas.
d) apenas II e III são corretas.
e) todas são corretas.

22. (EEAR-SP)

Entre as substâncias magnéticas, aquelas que ao serem colocadas próximas a um ímã, cujo campo magnético é intenso, são repelidas por ambos os polos do ímã, são classificadas como

a) diamagnéticas.
b) paramagnéticas.
c) ferromagnéticas.
d) ímãs permanentes.

23. (IFSP)

Um professor de Física mostra aos seus alunos 3 barras de metal AB, CD e EF que podem ou não estar magnetizadas. Com elas faz três experiências que consistem em aproximá-las e observar o efeito de atração e/ou repulsão, registrando-o na tabela a seguir.

| | | |
|---|---|---|
| A B | C D | Ocorre atração |
| A B | D C | Ocorre atração |
| C D | E F | Ocorre repulsão |



Após o experimento e admitindo que cada letra pode corresponder a um único polo magnético, seus alunos concluíram que

a) somente a barra CD é ímã.
b) somente as barras CD e EF são ímãs.
c) somente as barras AB e EF são ímãs.
d) somente as barras AB e CD são ímãs.
e) AB, CD e EF são ímãs.

24. (Uern)

A agulha de uma bússola ao ser colocada entre dois ímãs sofre um giro no sentido anti-horário. A figura que ilustra corretamente a posição inicial da agulha em relação aos ímãs é

a)

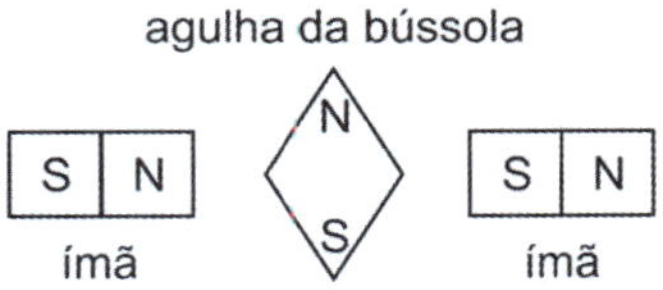


Reprodução/Uern

b)

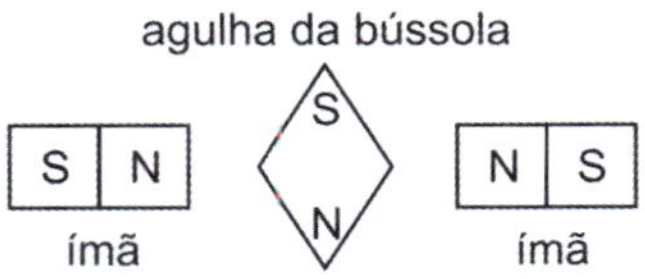


c)

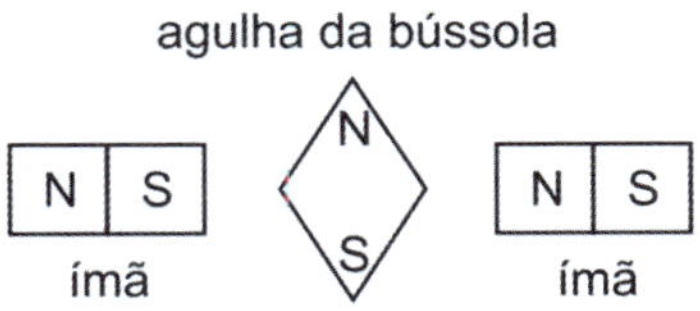


d)

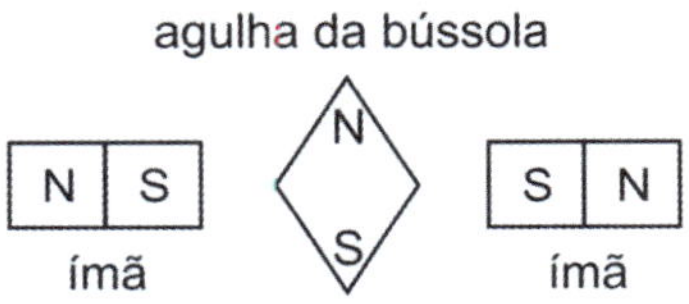


25. (UFMG)

Um ímã e um bloco de ferro são mantidos fixos numa superfície horizontal, como mostrado na figura:

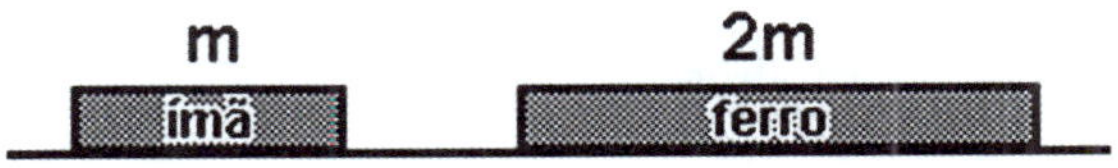


Reprodução/UFMG

Em determinado instante, ambos são soltos e movimentam-se um em direção ao outro, devido à força de atração magnética.

Despreze qualquer tipo de atrito e considere que a massa "*m*" do ímã é igual à metade da massa do bloco de ferro.

Sejam a(i) o módulo da aceleração e F(i) o módulo da resultante das forças sobre o ímã. Para o bloco de ferro, essas grandezas são, respectivamente, a(f) e F(f).

Com base nessas informações, é CORRETO afirmar que

a) F(i) = F(f) e a(i) = a(f).
b) F(i) = F(f) e a(i) = 2a(f).
c) F(i) = 2F(f) e a(i) = 2a(f).
d) F(i) = 2F(f) e a(i) = a(f).

**26.** (FGV-SP)

Os ímãs 1, 2 e 3 foram cuidadosamente seccionados em dois pedaços simétricos, nas regiões indicadas pela linha tracejada.

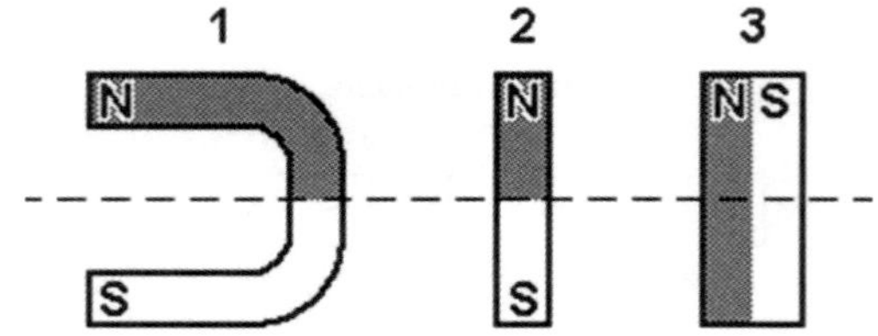




Analise as afirmações referentes às consequências da divisão dos ímãs:

I. todos os pedaços obtidos desses ímãs serão também ímãs, independentemente do plano de secção utilizado;

II. os pedaços respectivos dos ímãs 2 e 3 poderão se juntar espontaneamente nos locais da separação, retomando a aparência original de cada ímã;

III. na secção dos ímãs 1 e 2, os polos magnéticos ficarão separados mantendo cada fragmento um único polo magnético.

Está correto o contido apenas em

a) I.

b) III.

c) I e II.

d) I e III.

e) II e III.

**27.** (Ufpel-RS)

Considere um ímã permanente e uma barra de ferro inicialmente não imantada, conforme a figura a seguir.

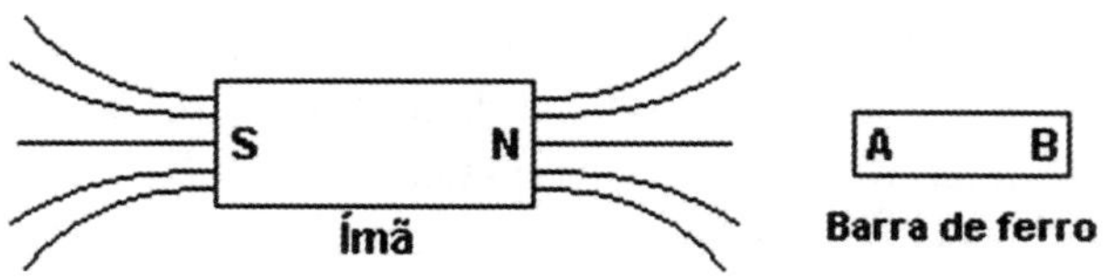




Ao aproximarmos a barra de ferro do ímã, observa-se a formação de um polo ______ em **A**, um polo ______ em **B** e uma ______ entre o ímã e a barra de ferro.

A alternativa que preenche respectiva e corretamente as lacunas da afirmação anterior é

a) norte, sul, repulsão.

b) sul, sul, repulsão.

c) sul, norte, atração.

d) norte, sul, atração.

e) sul, norte, repulsão.

**28.** (UFMG)

Fazendo uma experiência com dois ímãs em forma de barra, Júlia colocou-os sob uma folha de papel e espalhou limalhas de ferro sobre essa folha. Ela colocou os ímãs em duas diferentes orientações e obteve os resultados mostrados nas figuras I e II:

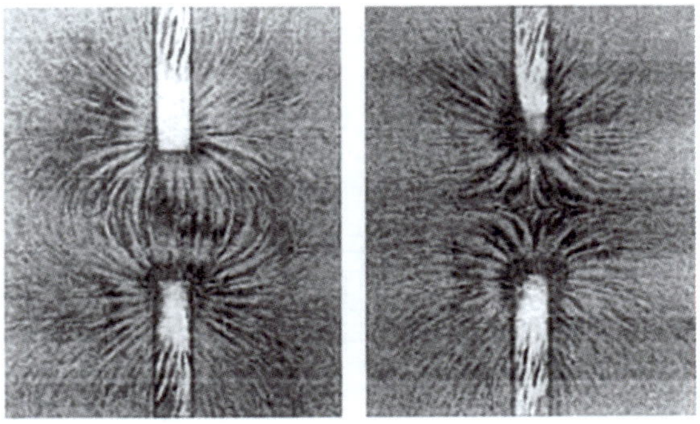



I II

Nessas figuras, os ímãs estão representados pelos retângulos.

Com base nessas informações, é CORRETO afirmar que as extremidades dos ímãs voltadas para a região entre eles correspondem aos polos

a) norte e norte na figura I e sul e norte na figura II.

b) norte e norte na figura I e sul e sul na figura II.

c) norte e sul na figura I e sul e norte na figura II.

d) norte e sul na figura I e sul e sul na figura II.

**29.** (UFMG)

As afirmativas estão relacionadas com forças e campos observados na natureza. Assinale a afirmativa INCORRETA.

a) O campo magnético da Terra possibilita a utilização de bússolas como instrumentos de orientação.

b) A atração de pedacinhos de papel por um pente atritado no cabelo se deve a uma força de natureza elétrica.

c) O movimento dos planetas em torno do Sol é uma manifestação de uma força gravitacional.

d) O fenômeno das marés é devido à atração de grandes massas de água pelo campo magnético da Lua.

**30.** (Fatec-SP)

Uma criança brincando com um ímã, por descuido, o deixa cair, e ele se rompe em duas partes. Ao tentar consertá-lo, unindo-as no local da ruptura, ela percebe que os dois pedaços não se encaixam devido à ação magnética.

Pensando nisso, se o ímã tivesse o formato e as polaridades da figura a seguir, é válido afirmar que o ímã poderia ter se rompido

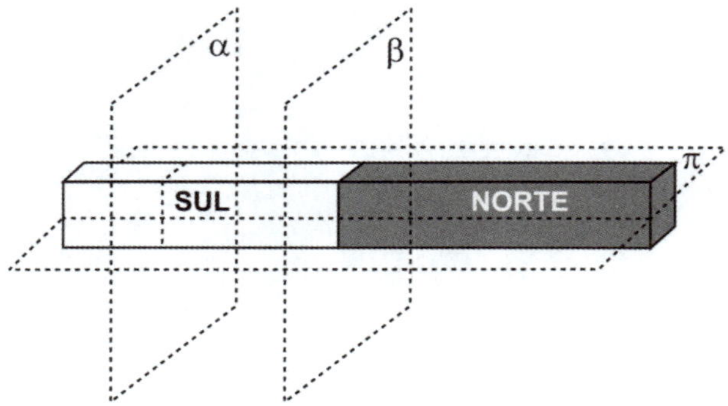


Reprodução/Fatec

a) na direção do plano $\alpha$.

b) na direção do plano $\beta$.

c) na direção do plano $\pi$.

d) na direção de qualquer plano.

e) apenas na direção do plano $\beta$.

**31.** (PUC-MG)

Um ímã permanente, em forma de "ferradura", cujos polos norte e sul estão indicados na figura a seguir, é dividido em três partes.

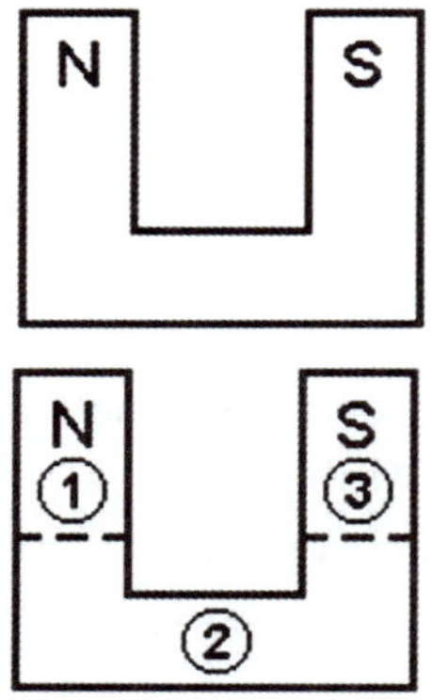


Reprodução/PUC

É CORRETO concluir que:

a) a parte 1 terá apenas o polo norte e a parte 2 terá apenas o polo sul.

b) as partes 1 e 2 formarão novos ímãs, mas a parte 3 não.

c) as partes 1, 2 e 3 perderão suas propriedades magnéticas.

d) as partes 1, 2 e 3 formarão três novos ímãs, cada uma com seus polos norte e sul.

**32.** (Fuvest-SP)

Um objeto de ferro, de pequena espessura e em forma de cruz, está magnetizado e apresenta dois polos Norte (N) e dois polos Sul (S). Quando esse objeto é colocado horizontalmente sobre uma mesa plana, as linhas que melhor representam, no plano da mesa, o campo magnético por ele criado são as indicadas em

Reprodução/Fuvest

a) 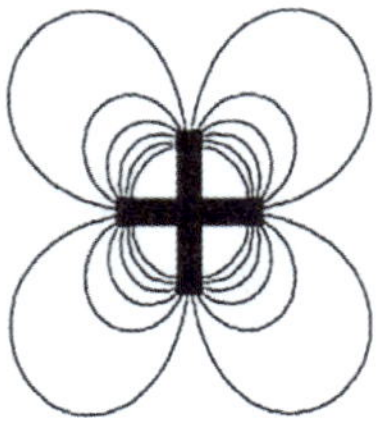

Ilustrações: Reprodução/Fuvest

b) 

c) 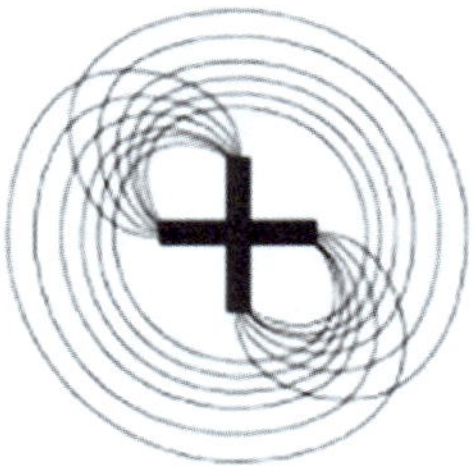

d) 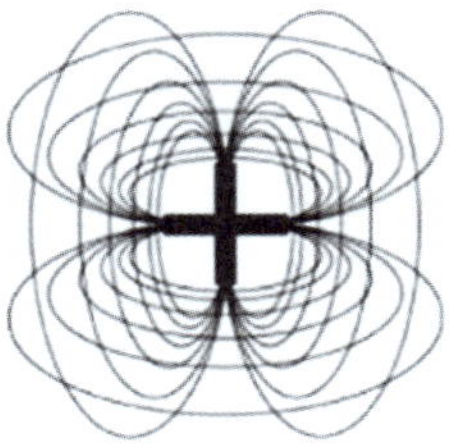

e) 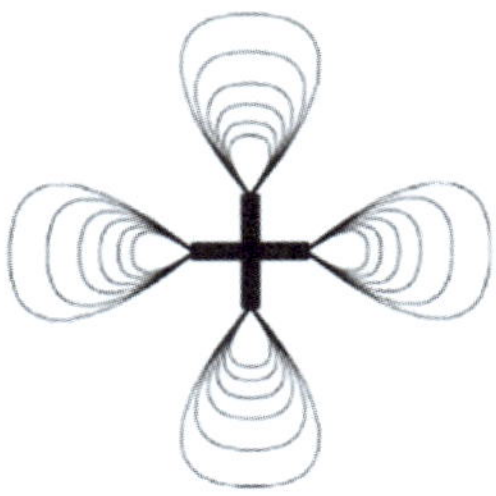

**33.** (PUC-PR)

Um pedaço de ferro é colocado próximo de um ímã, conforme a figura a seguir:

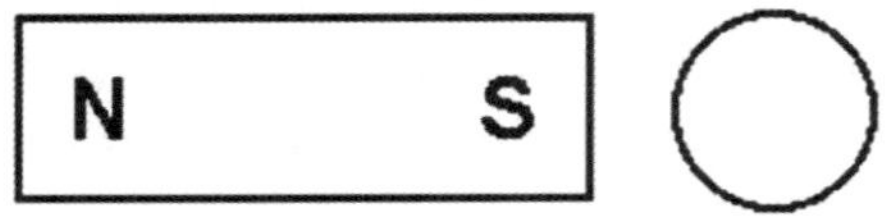




Assinale a alternativa correta:

a) é o ferro que atrai o ímã.
b) a atração do ferro pelo ímã é igual à atração do ímã pelo ferro.
c) é o ímã que atrai o ferro.
d) a atração do ímã pelo ferro é mais intensa do que a atração do ferro pelo ímã.
e) a atração do ferro pelo ímã é mais intensa do que a atração do ímã pelo ferro.

**34.** (Enem)

Os dínamos são geradores de energia elétrica utilizados em bicicletas para acender uma pequena lâmpada. Para isso, é necessário que a parte móvel esteja em contato com o pneu da bicicleta e, quando ela entra em movimento, é gerada energia elétrica para acender a lâmpada. Dentro desse gerador, encontram-se um ímã e uma bobina.

Disponível em: http://www.if.usp.br. Acesso em: 1 maio 2010.

O princípio de funcionamento desse equipamento é explicado pelo fato de que a

a) corrente elétrica no circuito fechado gera um campo magnético nessa região.
b) bobina imersa no campo magnético em circuito fechado gera uma corrente elétrica.
c) bobina em atrito com o campo magnético no circuito fechado gera uma corrente elétrica.
d) corrente elétrica é gerada em circuito fechado por causa da presença do campo magnético.
e) corrente elétrica é gerada em circuito fechado quando há variação do campo magnético.

**35.** (UFC-CE)

O fluxo magnético que atravessa cada espira de uma bobina cilíndrica com 50 espiras, em função do tempo, é dado pela expressão $\Phi = 2t$, entre os tempos $t = 1$ s e $t = 10$ s, em que o fluxo é dado em Wb. Para esse intervalo de tempo, determine:

a) o módulo da força eletromotriz média induzida;

b) o sentido da corrente induzida, considerando que o campo magnético está "entrando" no plano do papel, e o plano transversal da bobina é o próprio plano do papel.

**36.** (UEG-GO)

A figura a seguir representa um ímã preso a uma mola que está oscilando verticalmente, passando pelo centro de um anel metálico.

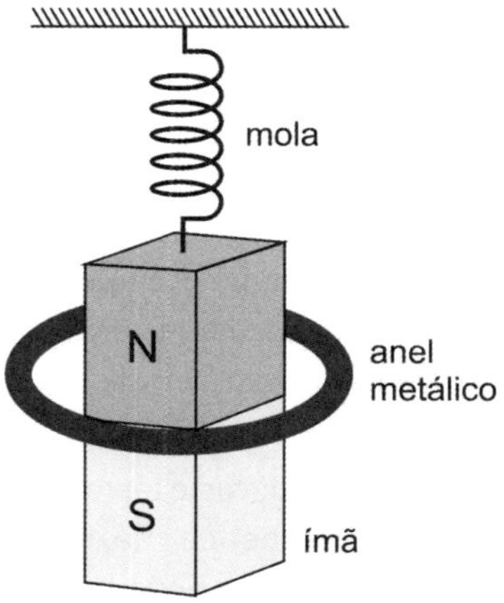




Com base no princípio da conservação de energia e na lei de Lenz, responda aos itens a seguir.

a) Qual é o sentido da corrente induzida quando o ímã se aproxima (descendo) do anel? Justifique.

b) O que ocorre com a amplitude de oscilação do ímã? Justifique.

**37.** (UFT-TO)

De quanto deverá ser a magnitude do choque elétrico (f.e.m. induzida) se segurarmos as extremidades de uma bobina composta por 10 espiras de área $A = 1$ [m²] e deixarmos passar ortogonalmente por esta bobina uma densidade de fluxo magnético constante com módulo dado por $B = 11$ [T]?

a) 0 [Volts]

b) 10 [Volts]

c) 110 [Volts]

d) 220 [Volts]

e) 100 [Volts]

**38.** (UEMG)

O desenvolvimento tecnológico das últimas décadas tem exigido a produção cada vez maior de energia, principalmente de energia elétrica. Além das hidrelétricas, outras fontes como painéis fotovoltaicos, usinas eólicas, termoelétricas e baterias têm sido usadas para produzir energia elétrica.

São fontes de energia que não se baseiam na indução eletromagnética para produção de energia elétrica:

a) pilhas e painéis fotovoltaicos.

b) termoelétricas e usinas eólicas.

c) pilhas, termoelétricas e painéis fotovoltaicos.

d) termoelétricas, painéis fotovoltaicos e usinas eólicas.

**39.** (UEFS-BA)

Os ímãs, naturais ou artificiais, apresentam determinados fenômenos denominados de fenômenos magnéticos.

Sobre esses fenômenos, é correto afirmar:

a) A Lei de Lenz estabelece que o sentido da corrente induzida é tal que se opõe à variação de fluxo magnético através de um circuito que a produziu.

b) Os pontos da superfície terrestre que possuem inclinação magnética máxima pertencem a uma linha chamada Equador Magnético.

c) Sob a ação exclusiva de um campo magnético, o movimento de uma carga elétrica é retilíneo e uniformemente acelerado.

d) Nas regiões em que as linhas de indução estão mais próximas, o campo magnético é menos intenso.

e) As linhas de indução são, em cada ponto, perpendiculares ao vetor indução magnética.

**40.** (UFSM-RS)

O alto-falante, usado na comunicação, em megafones, rádios, televisões, tem o seu princípio de funcionamento ligado à lei de

a) Coulomb.

b) Ohm.

c) Joule.

d) Ampère.

e) Faraday.

**41.** (IMED)
A lei da indução de Faraday é fundamental, por exemplo, para explicarmos o funcionamento de um dispositivo usado em usinas de energia elétrica: o dínamo. Trata-se de um equipamento eletromecânico que transforma energia mecânica nas usinas de energia em energia elétrica. Em relação a esse dispositivo, assinale a alternativa INCORRETA.

a) Segundo a lei de Faraday, a quantidade de energia elétrica produzida por um dínamo pode ser superior à quantidade de energia mecânica que ele consome.

b) A lei de Faraday é importante para explicar o funcionamento dos transformadores de tensão que usamos em nossas residências.

c) É impossível construir um dínamo cujo único efeito seja produzir 200 J de energia elétrica consumindo somente 100 J de energia mecânica.

d) A lei de Faraday relaciona o fluxo de um campo magnético, variando ao longo do tempo, a uma força eletromotriz induzida por essa variação.

e) O dínamo é percorrido por uma corrente elétrica induzida quando rotaciona na presença de um campo magnético externo.

**42.** (UFPE)
O gráfico indica a variação temporal de um campo magnético espacialmente uniforme, B(t), numa região onde está imersa uma espira condutora. O campo é perpendicular ao plano da espira. Em qual dos intervalos de tempo, identificados por I, II, III, IV e V, ocorrerá a maior força eletromotriz induzida na espira?

a) I
b) II
c) III
d) IV
e) V

**43.** (Ifsul-RS)

A figura abaixo mostra um pêndulo com uma placa de cobre presa em sua extremidade.

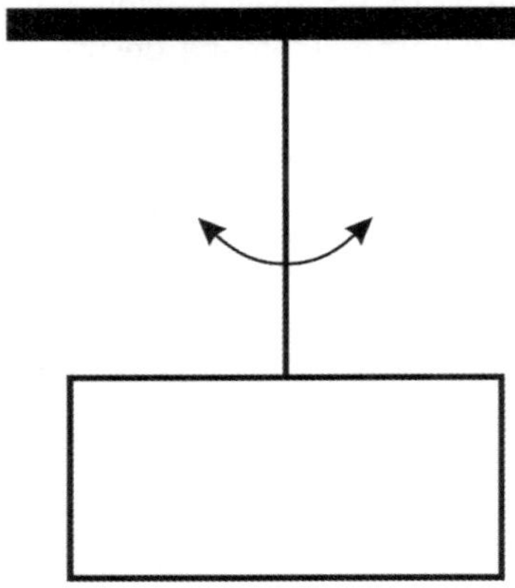


Esse pêndulo pode oscilar livremente, mas, quando a placa de cobre é colocada entre os polos de um ímã forte, ele para de oscilar rapidamente.

Com base nas informações fornecidas acima, pode-se afirmar que isso ocorre porque

a) a placa de cobre fica ionizada.

b) a placa de cobre fica eletricamente carregada.

c) correntes elétricas são induzidas na placa de cobre.

d) os átomos do cobre ficam eletricamente polarizados.

**44.** (UFSM-RS)

A tecnologia das grandes usinas hidroelétricas depende de extensas linhas de transmissão. As linhas de transmissão usualmente transportam energia elétrica em ________________ tensão. O transformador é um dispositivo que permite transformar baixa tensão e ______________ corrente em alta tensão e ______________ corrente e vice-versa. No transformador, o fluxo magnético associado ao campo criado pela corrente ________________ no primário gera uma corrente no secundário, conforme a lei de Faraday.

A alternativa que completa, corretamente, as lacunas é

a) alta – alta – baixa – contínua.

b) alta – baixa – alta – alternada.

c) baixa – baixa – baixa – contínua.

d) alta – alta – baixa – alternada.

e) baixa – baixa – alta – contínua.

**45.** (AFA-SP)

A figura 1 mostra uma espira quadrada, feita de material condutor, contida num plano **zy**, e um fio condutor retilíneo e muito longo, paralelo ao eixo **z**, sendo percorrido por uma corrente elétrica de intensidade *i*, dada pelo gráfico da figura 2.

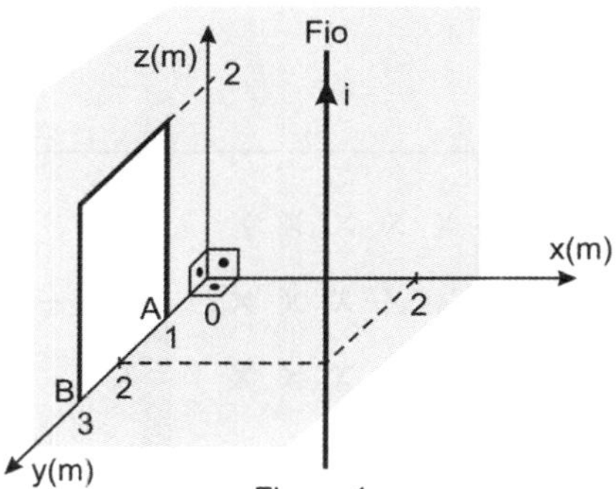


Figura 1



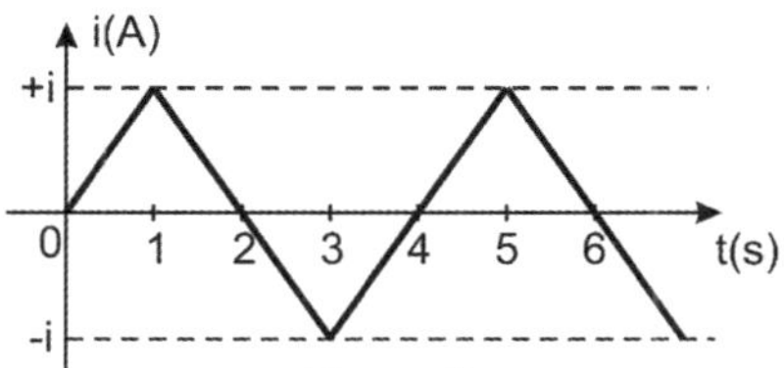


Figura 2

A partir da análise das Figuras 1 e 2, pode-se afirmar que o gráfico que melhor representa a fem induzida $\varepsilon$ entre os pontos **A** e **B** é

a) 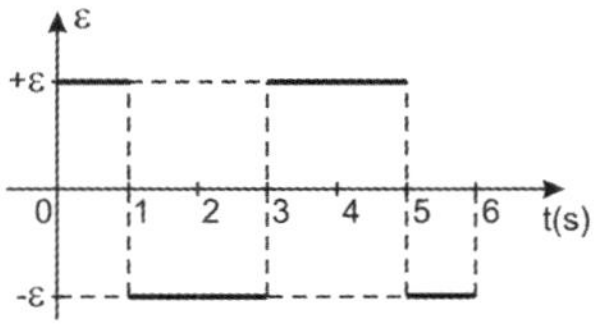




b) 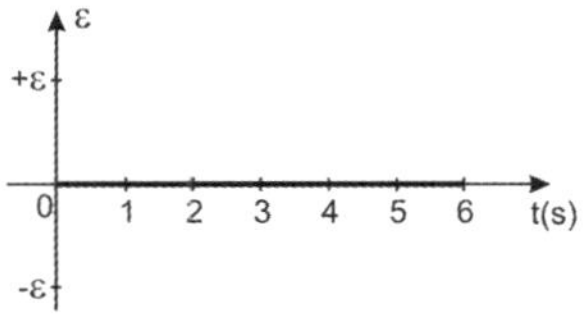


c) 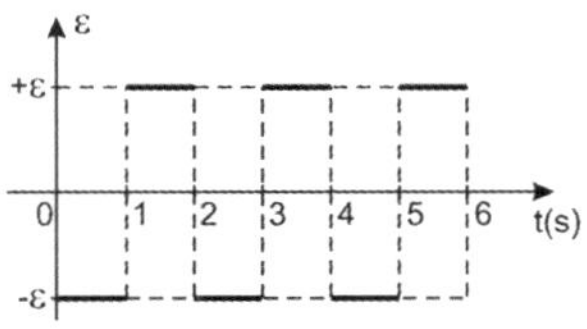


d) 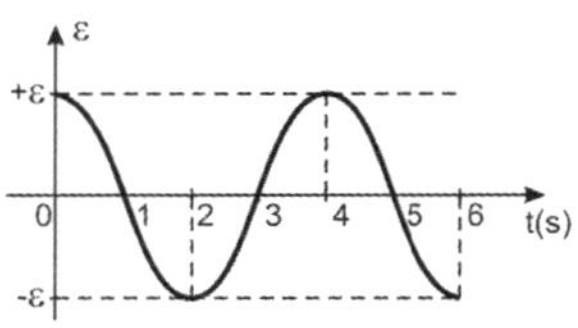

**46.** (Udesc)

Na figura abaixo, a barra feita de material condutor desliza sem atrito, com velocidade constante de 6,0 cm/s para a direita, sobre trilhos de material também condutor, no plano horizontal. A barra partiu da extremidade esquerda do trilho em t = 0 s. Nesta região, há um campo magnético uniforme de intensidade de $10^{-4}$ T, como mostra a figura.

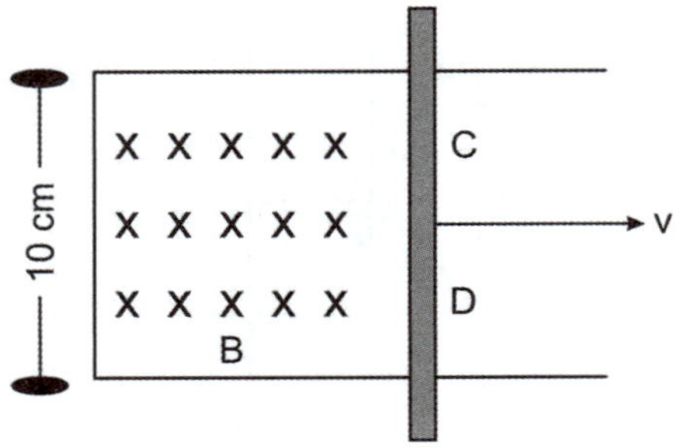




Assinale a alternativa que corresponde ao valor absoluto da tensão induzida, em microvolts, entre os pontos **C** e **D** da barra.

a) 600
b) 6 000
c) 0,060
d) 60
e) 0,60

**47.** (UFU-MG)

Tem se tornado cada vez mais comum o desenvolvimento de veículos de transporte de passageiros que flutuam sobre o solo. Um dos princípios que permite a esses veículos "flutuarem" sobre os trilhos é chamado de levitação eletrodinâmica, que ocorre quando há o movimento de um campo magnético nas proximidades de um material condutor de eletricidade.

Segundo essa tecnologia, a levitação do veículo ocorre porque

a) o movimento relativo de um material condutor gera força elétrica sobre o material magnético, criando um campo elétrico, o qual, com base na Lei de Coulomb, gerará em efeito repulsivo entre trem e trilhos, permitindo a "flutuação".
b) a corrente elétrica gerada pelo material condutor cria um campo magnético sobre o material magnético, que estabelece uma diferença de potencial entre os trilhos e o trem, com base na Lei de Ohm, o que gera a repulsão.

c) o movimento relativo de um material magnético gera correntes em um material condutor, que criará um campo magnético, o qual, com base na Lei de Lenz, irá se opor à variação do campo criado pelo material magnético, gerando a repulsão.
d) a corrente elétrica induzida no material magnético irá criar um campo magnético no material condutor, o qual, com base na Lei de Faraday, gerará uma força elétrica repulsiva sobre o material magnético, permitindo a "flutuação".

**48.** (AFA-SP)
A figura abaixo mostra um ímã **AB** se deslocando, no sentido indicado pela seta, sobre um trilho horizontal envolvido por uma bobina metálica fixa.

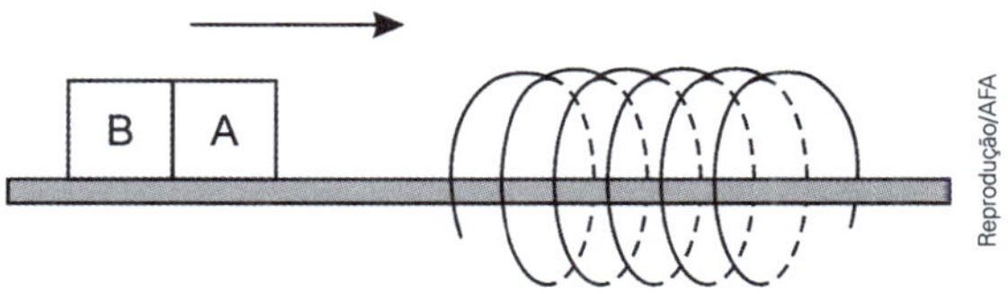


Nessas condições, é correto afirmar que, durante a aproximação do ímã, a bobina
a) sempre o atrairá.
b) sempre o repelirá.
c) somente o atrairá se o polo **A** for o Norte.
d) somente o repelirá se o polo **A** for o Sul.

**49.** (UFV-MG)
Uma bobina composta de 10 espiras circulares, de área *A* cada uma, é colocada entre os polos de um grande eletroímã onde o campo magnético é uniforme e forma um ângulo de 30° com o eixo da bobina (como mostra a figura a seguir). Reduzindo-se o campo magnético com uma taxa igual a 0,5 T/s, o módulo da força eletromotriz induzida na bobina, durante a variação do campo magnético, é:

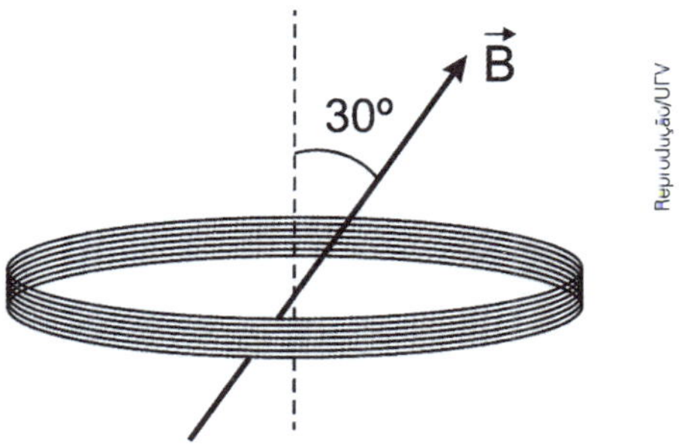


a) $\frac{5A}{2}$  b) $\frac{5\sqrt{3}A}{2}$  c) $\frac{5\sqrt{3}A}{20}$  d) $\frac{5A}{20}$

**50.** (UFSM-RS)

Uma das características fundamentais das ondas eletromagnéticas, como ocorre em todo o movimento ondulatório, é o transporte de energia. A energia das ondas eletromagnéticas que vêm do Sol é um dos fatores que torna possível a vida na Terra.

A energia de cada fóton da radiação eletromagnética que se percebe como a cor verde pode ser calculada pelo produto da ______________ pelo(a) ______________. Essa radiação tem a mesma ______________ que qualquer outra onda eletromagnética no vácuo.

Assinale a alternativa que completa as lacunas.

a) frequência — comprimento de onda — velocidade
b) constante de Planck —frequência — velocidade
c) constante de Planck —comprimento de onda — frequência
d) velocidade — massa do fóton— frequência
e) massa do fóton — frequência — velocidade

**51.** (IFCE)

A energia que um elétron, em um átomo de hidrogênio, possui, em seu enésimo estado (nível de energia = n), é dada por $E_n = -\frac{13{,}6\ eV}{n^2}$ onde eV (elétron-volt) é uma unidade de medida de energia muito utilizada em Física Moderna, para que os cálculos sejam facilitados. Um átomo de hidrogênio possui um elétron que é excitado, a partir do estado fundamental, para o seu terceiro estado excitado. A energia que deve ser fornecida para este elétron, para que esse processo ocorra, deve ser de

a) 13,60 eV.
b) 0,850 eV.
c) 3,400 eV.
d) 14,45 eV.
e) 12,75 eV.

**52.** (UFPE)

A respeito do modelo atômico de Rutherford, podemos afirmar que:

( ) em seu modelo atômico, Rutherford propôs que os elétrons se moviam em órbitas elípticas quantizadas ao redor do núcleo.

( ) Rutherford teve dificuldades em explicar a estabilidade atômica com o seu modelo.

( ) de acordo com o modelo de Rutherford, o Hidrogênio era o único elemento químico a ter as linhas do seu espectro calculadas quantitativamente.

( ) Rutherford elaborou o seu modelo a partir da observação de que partículas alfa incidindo em uma fina folha metálica jamais eram espalhadas em ângulos maiores que 90°.

( ) de acordo com o modelo de Rutherford, o elétron deveria espiralar até o núcleo em um tempo superior ao tempo de vida do Universo.

**53.** (Ufes)

Um telefone celular emite ondas eletromagnéticas monocromáticas (radiação) através de sua antena, liberando uma potência de 10,0 mW. Sabendo que essa antena representa um ponto material e que o telefone celular emite radiação com frequência de 880 MHz (tecnologia GSM), determine

a) o comprimento de onda dessa radiação;

b) a energia de um fóton emitida por essa antena de celular em elétrons-volt;

c) o número de fótons emitidos por essa antena de celular por segundo;

d) a intensidade da onda que chega a um ponto distante 2,00 cm do telefone.

**54.** (UFPE)

O diagrama abaixo representa os 4 níveis de menor energia do átomo de hidrogênio calculados usando o modelo de Bohr. Calcule a energia mínima, em eV, que pode ser absorvida pelo átomo quando ele estiver no estado

| | |
|---|---|
| n = 4 | −0,85 eV |
| n = 3 | −1,51 eV |
| n = 2 | −3,4 eV |
| n = 1 | −13,6 eV |

**55.** (UFRGS-RS)

No texto abaixo, Richard Feynman, Prêmio Nobel de Física de 1965, ilustra os conhecimentos sobre a luz no início do século XX.

"Naquela época, a luz era uma onda nas segundas, quartas e sextas-feiras, e um conjunto de partículas nas terças, quintas e sábados. Sobrava o domingo para refletir sobre a questão!"

Fonte: QED-The Strange Theory of Light and Matter. Princeton University Press, 1985.

Assinale com V (verdadeiro) ou F (falso) as afirmações abaixo.

( ) As "partículas" que Feynman menciona são os fótons.

( ) A grandeza característica da onda que permite calcular a energia dessas "partículas" é sua frequência *f*, através da relação E = h f.

( ) Uma experiência que coloca em evidência o comportamento ondulatório da luz é o efeito fotoelétrico.

( ) O caráter corpuscular da luz é evidenciado por experiências de interferência e de difração.

A sequência correta de preenchimento dos parênteses, de cima para baixo, é

a) F - V – F – F
b) F – F – V – V
c) V – V – F – V
d) V – F – V – F
e) V – V – F – F

**56.** (ITA-SP)

Luz monocromática, com 500 nm de comprimento de onda, incide numa fenda retangular em uma placa, ocasionando a dada figura de difração sobre um anteparo a 10 cm de distância.

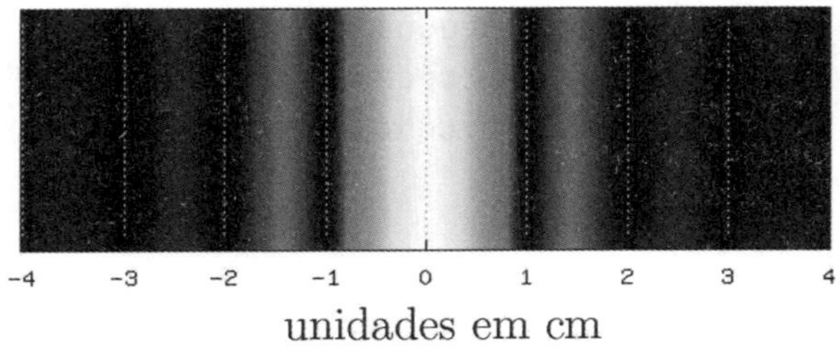



Então, a largura da fenda é

a) 1,25 μm
b) 2,50 μm
c) 5,00 μm
d) 12,50 μm
e) 25,00 μm

**57.** (ITA-SP)

O Raio-X é uma onda eletromagnética de comprimento de onda (λ) muito pequeno. A fim de observar os efeitos da difração de tais ondas é necessário que um feixe de Raio-X incida sobre um dispositivo, com fendas da ordem de λ. Num sólido cristalino, os átomos são dispostos em um arranjo regular com espaçamento entre os átomos da mesma ordem de λ. Combinando esses fatos, um cristal serve como uma espécie de rede de difração dos Raios-X. Um feixe de Raios-X pode ser refletido pelos átomos individuais de um cristal e tais ondas refletidas podem produzir a interferência de modo semelhante ao das ondas provenientes de uma rede de difração. Considere um cristal de cloreto de sódio, cujo espaçamento entre os átomos adjacentes é $a = 0{,}30 \cdot 10^{-19}$ m, onde Raios-X com $\lambda = 1{,}5 \cdot 10^{-10}$ m são refletidos pelos planos cristalinos. A figura (1) mostra a estrutura cristalina cúbica do cloreto de sódio.

A figura (2) mostra o diagrama bidimensional da reflexão de um feixe de Raios-X em dois planos cristalinos paralelos. Se os feixes interferem construtivamente, calcule qual deve ser a ordem máxima da difração observável?

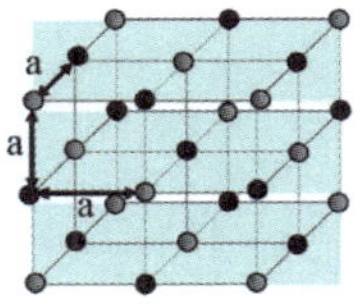

(1)

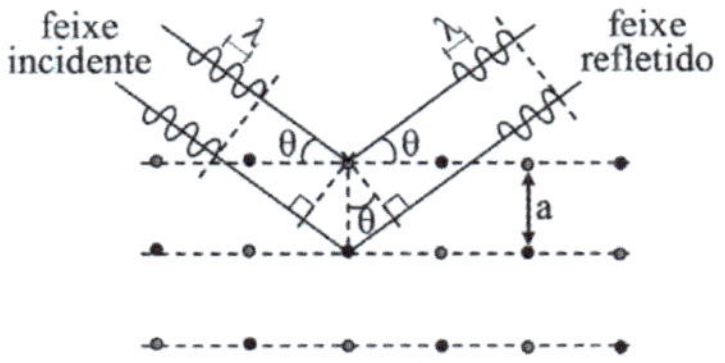

(2)

Reprodução/ITA, 2006.

**58.** (UFSM-RS)

A interferência da luz na experiência de Young mostra que a luz

a) tem comportamento ondulatório.

b) tem comportamento de partícula.

c) é uma onda longitudinal.

d) tem comportamento eletromagnético.

e) é completa de fótons.

**59.** (UFRN)

A técnica de difração é largamente utilizada na determinação da estrutura dos materiais cristalinos. Essa técnica consiste em analisar o feixe difratado de nêutrons ou de raios-X que incide sobre o cristal cuja estrutura se deseja determinar. Observa-se, por meio de detectores apropriados, que a difração dos nêutrons e dos raios-X apresenta máximos e mínimos de intensidade em direções bem definidas. Esses máximos e mínimos de intensidade correspondem às interferências construtivas e destrutivas provenientes da interação dos nêutrons ou dos raios-X com os átomos do cristal. Fazendo-se um estudo da localização desses máximos e mínimos, determina-se, então, a disposição espacial dos átomos no cristal.

Pelo exposto, podemos afirmar que a interação dos nêutrons e a interação dos raios-X com o cristal evidenciam a natureza

a) de partícula para os nêutrons e ondulatória para os raios-X.

b) de partícula para os nêutrons e para os raios-X.

c) ondulatória para os nêutrons e para os raios-X.

d) ondulatória para os nêutrons e de partícula para os raios-X.

**60.** (UPM-SP)

Duas cargas elétricas puntiformes distam 20 cm uma da outra. Alterando essa distância, a intensidade da força de interação eletrostática entre as cargas fica 4 vezes menor. A nova distância entre elas é:

a) 10 cm.
b) 20 cm.
c) 30 cm.
d) 40 cm.
e) 50 cm.

**61.** (Uece)

Uma experiência de interferência de fenda dupla é realizada com luz azul-esverdeada de comprimento de onda igual a 512 nm. As fendas estão separadas, entre si, por uma distância de 1,2 mm. Uma tela é localizada a uma distância de 5,4 m do anteparo que contém as fendas. A distância, em milímetros, que separa as franjas brilhantes consecutivas vistas sobre a tela é, aproximadamente:

a) 2,3
b) 4,0
c) 5,2
d) 1,2

**62.** (UFC-CE)

Duas partículas, $\mathbf{P}_1$ e $\mathbf{P}_2$, com massas $m_1$ e $m_2$, possuem cargas elétricas $q_1$ e $q_2$, respectivamente.

Ambas as partículas são lançadas, simultaneamente, com a mesma velocidade inicial, de módulo $v$, em uma região na qual existe um campo magnético $B$, perpendicular ao plano da página e apontando para fora dela, de acordo com a figura a seguir. Uma possível trajetória das partículas é mostrada na figura. Considere que os raios das trajetórias de ambas as partículas são maiores que a distância $L$ que separa o LADO 1 do LADO 2, conforme a figura.

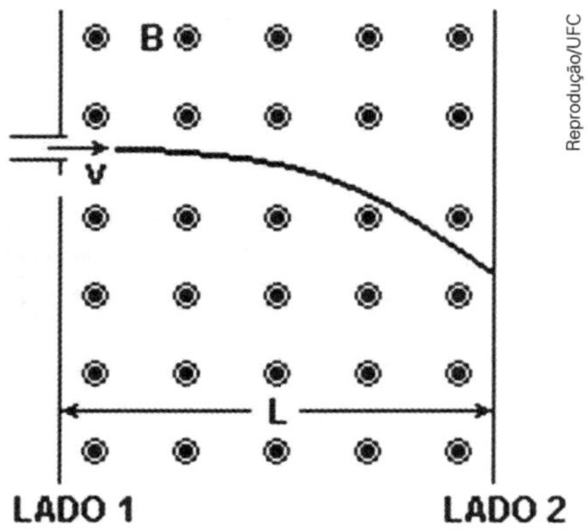


Reprodução/UFC

Sendo $m_1 = 2m$, $m_2 = m$, $q_1 = q/4$ e $q_2 = q$, determine a partícula que atinge primeiro o LADO 2 e o raio $R$ da trajetória descrita por essa partícula.

(Desconsidere qualquer efeito da gravidade.)

a) partícula $P_1$; $R = 8\ \frac{mv}{qB}$

b) partícula $P_2$; $R = \frac{mv}{qB}$

c) partícula $P_1$; $R = \frac{mv}{qB}$

d) partícula $P_2$; $R = 8\ \frac{mv}{qB}$

e) $P_1$ e $P_2$ chegam juntas; $R = \frac{mv}{qB}$

**63.** (UFRGS-RS)

A figura a seguir representa uma região do espaço no interior de um laboratório, onde existe um campo magnético estático e uniforme. As linhas do campo apontam perpendicularmente para dentro da folha, conforme indicado.

Reprodução/UFRGS

Uma partícula carregada negativamente é lançada a partir do ponto **P** com velocidade inicial $v_0$ em relação ao laboratório.

Assinale com V (verdadeiro) ou F (falso) as afirmações a seguir, referentes ao movimento subsequente da partícula, com respeito ao laboratório.

( ) Se $v_0$ for perpendicular ao plano da página, a partícula seguirá uma linha reta, mantendo sua velocidade inicial.

( ) Se $v_0$ apontar para a direita, a partícula se desviará para o pé da página.

( ) Se $v_0$ apontar para o alto da página, a partícula se desviará para a esquerda.

A sequência correta de preenchimento dos parênteses, de cima para baixo, é

a) V - V - F.
b) F - F - V.
c) F - V - F.
d) V - F - V.
e) V - V - V.

**64.** (UFMG)

Um feixe de elétrons entra em uma região onde existe um campo magnético, cuja direção coincide com a direção da velocidade dos elétrons.

Com base nessas informações, é correto afirmar que, ao entrar no campo magnético, os elétrons desse feixe

a) são desviados e sua energia cinética não se altera.
b) não são desviados e sua energia cinética aumenta.
c) são desviados e sua energia cinética aumenta.
d) não são desviados e sua energia cinética não se altera.

**65.** (USF-SP)

A tomografia, por emissão de pósitrons ou PET-SCAN, é um exame de imagem que utiliza uma substância radioativa (18-Fluordesoxiglicose) para rastrear células tumorais no organismo. A técnica ou exame mais utilizado em oncologia é o chamado PET/CT, que consiste na fusão de imagens geradas pelo PET (Tomografia por Emissão de Pósitrons) com as imagens geradas pela Tomografia Computadorizada. Diferentemente de uma radiografia ou tomografia que analisa uma estrutura ou órgão do corpo de uma forma estática, o PET é um exame funcional, ou seja, tem a capacidade de mostrar o funcionamento de um tecido em nível molecular.

Disponível em: <http://www.oncomedbh.com.br/site/?-menu=Informa%E7%F5es&submenu= Fique%20 por%20dentro&i=73&pagina=O%20que%20%E9%20 PET-SCAN?%A0>. Acesso em: 15/5/2017.

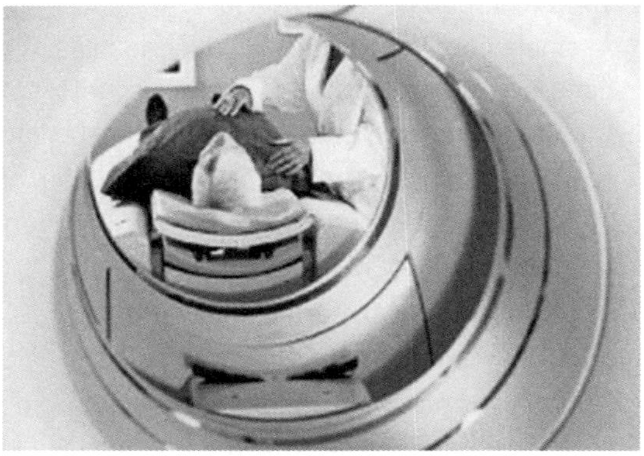

Reprodução/USF

O pósitron usado nesse exame é a antipartícula do elétron e apresenta a mesma massa do elétron, porém carga elétrica positiva. Ele foi descoberto por Paul Dirac em 1928, mas a sua existência foi observada por Andersen em 1936. As partículas eletrizadas como o pósitron interagem com campos magnéticos e isso resulta em várias aplicações práticas importantes, como a descrita no texto acima.

Ao se lançar, com velocidades iguais, um próton, um elétron e um pósitron perpendicularmente a um campo magnético uniforme, essas partículas

a) ficam sujeitas a forças magnéticas de intensidades diferentes, com direção paralela ao campo magnético a que elas estão submetidas.
b) apresentam movimento circular uniforme, sendo todas as partículas com trajetórias de raios com valores distintos.
c) alteram a sua energia cinética enquanto estiverem no interior do campo magnético.
d) descrevem trajetórias circulares, e o próton apresentará a menor frequência no movimento circular, quando comparado com as outras partículas.
e) não terão qualquer variação nos seus respectivos momentos lineares, ou seja, o vetor quantidade de movimento de cada uma das partículas permanecerá inalterado.

**66.** (PUC-RJ)

Duas partículas 1 e 2, idênticas com mesma carga elétrica *q* e massa *m*, atravessam uma região (sem gravidade) onde há um campo eletromagnético constante e uniforme. A partícula 1 entra na região com velocidade na direção *x*, sentido positivo, e a partícula 2 entra perpendicularmente, com velocidade na direção *y*, sentido positivo, como mostrado na figura.

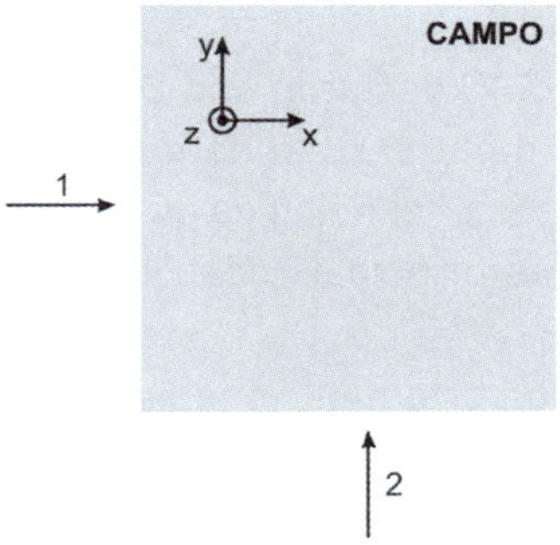




Observa-se que a partícula 1 atravessa a região do campo sem sofrer alteração em sua trajetória, enquanto a partícula 2 é desviada para fora do plano xy.

Com relação aos campos elétrico $\vec{E}$ e magnét co $\vec{B}$ existentes na região, qual das alternativas abaixo é a única possível?

a) $\vec{B} = 0$ e $\vec{E}$ está na direção y.
b) $\vec{B} = 0$ e $\vec{E}$ está na direção z.
c) $\vec{E} = 0$ e $\vec{B}$ está na direção x.
d) $\vec{E} = 0$ e $\vec{B}$ está na direção y.
e) $\vec{E} = 0$ e $\vec{B}$ está na direção z.

**67.** (Cefet-MG)

Um objeto de relação carga-massa igual a $4{,}0 \cdot 10^{-3}$ C/kg desloca-se a 0,25 m/s em um plano horizontal com movimento circular uniforme sob ação de um campo magnético de 100 T perpendicular ao plano. A aceleração desse objeto vale, em $m/s^2$,

a) 0,0010.
b) 0,010.
c) 0,10.
d) 1,0.
e) 10.

**68.** (PUC-MG)

Uma partícula carregada com uma carga positiva está numa região onde existe um campo magnético $\vec{E}$. Assinale a afirmativa correta.

a) Se a partícula estiver em movimento na direção de $\vec{E}$, atuará sobre ela uma força devido ao campo magnético, proporcional ao módulo de $\vec{E}$.
b) Se a partícula estiver inicialmente em repouso, ela será posta em movimento pela ação da força do campo magnético e sua trajetória será um espiral.
c) Em qualquer circunstância, atuará sobre a partícula uma força proporcional ao módulo de $\vec{E}$ e perpendicular à direção do campo.
d) Se a partícula estiver em repouso, nenhuma força devido ao campo magnético $\vec{E}$ agirá sobre ela.

**69.** (UEG-GO)

A UNESCO declarou que 2015 é o Ano Internacional da Luz. Essa data coincide com vários trabalhos e tecnologias associadas à luz. Algumas das principais descobertas são citadas a seguir:

I. o comportamento ondulatório da Luz, por Augustin Jean Fresnel em 1815;
II. a teoria eletromagnética, por James Clerk Maxwell em 1865;
III. o efeito fotoelétrico, por Albert Einstein em 1905.

Em que situação os elétrons são ejetados da superfície de um metal?

a) Com o ajuste de uma frequência moderada e alta intensidade da radiação.
b) Através de controle de baixas frequências para altas intensidades de radiação.
c) A partir de uma frequência mínima da radiação eletromagnética incidente.
d) Com o aumento crescente da intensidade da radiação eletromagnética no metal.

**70.** (Aman-RJ)

Partículas com grande velocidade, provenientes do espaço, atingem todos os dias o nosso planeta e algumas delas interagem com o campo magnético terrestre. Considere que duas partículas **A** e **B**, com cargas elétricas $Q_A > 0$ e $Q_B < 0$, atingem a Terra em um mesmo ponto com velocidades, $\vec{V}_A = \vec{V}_B$, perpendiculares ao vetor campo magnético local. Na situação exposta, podemos afirmar que

a) a direção da velocidade das partículas **A** e **B** não irá se alterar.

b) a força magnética sobre **A** terá sentido contrário à força magnética sobre **B**.

c) a força magnética que atuará em cada partícula terá sentido contrário ao do seu respectivo vetor velocidade.

d) a força magnética que atuará em cada partícula terá o mesmo sentido do vetor campo magnético local.

e) a direção da velocidade das partículas **A** e **B** é a mesma do seu respectivo vetor força magnética.

**71.** (UPF-RS)

Um elétron experimenta a ação de uma força magnética quando se encontra numa região do espaço onde há um campo magnético uniforme. Em relação ao comportamento do elétron, é correto afirmar que

a) o elétron não pode estar em repouso.

b) o elétron se movimenta numa direção paralela à direção do campo magnético.

c) pela ação da força magnética, o elétron experimenta uma desaceleração na direção paralela ao campo magnético.

d) a força magnética independe da carga do elétron.

e) como o campo magnético é uniforme, a força magnética atuante sobre o elétron é constante e independente da sua velocidade.

**72.** (UVA-CE)

Qual deve ser a distância entre dois prótons para que a força eletrostática atuando sobre qualquer um deles seja igual ao seu peso na superfície da terra?

Considere: Constante eletrostática no vácuo: $K_0 = 9 \cdot 10^9 \ N \cdot m^2/C^2$, carga elementar: $1,6 \cdot 10^{-19}$ C, massa do próton: $1,6 \cdot 10^{-27}$ kg e aceleração da gravidade, g = 10 m/s².

a) ( ) 0,03 m.
b) ( ) 0,07 m.
c) ( ) 0,09 m.
d) ( ) 0,12 m.

**73.** (UEPG-PR)

Uma partícula de carga elétrica *q* e massa *m* realiza um movimento circular uniforme, de raio *R*, sob a ação de um campo de indução magnética uniforme *B*. Sobre o assunto, assinale o que for correto.

01) A velocidade angular da partícula é $\frac{qB}{m}$.
02) A aceleração da partícula é nula.
04) A energia cinética da partícula é $\frac{(qBR)^2}{2m}$.
08) O trabalho realizado pela força magnética sobre a partícula é $2\pi RqvB$.
16) O período do movimento é $\frac{2\pi m}{qB}$.

**74.** (IME-RJ)

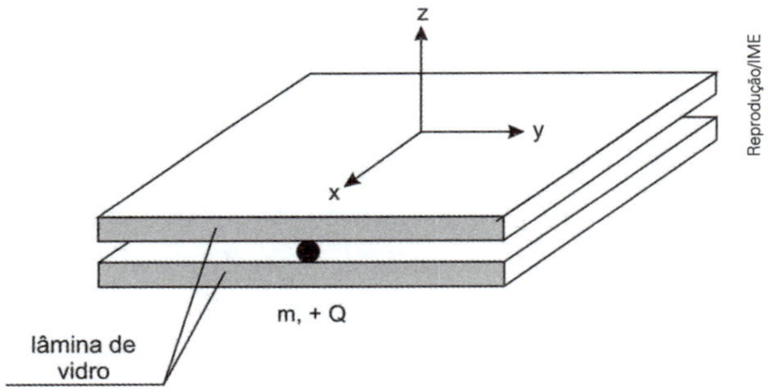


Uma partícula de massa *m* e carga +Q encontra-se confinada no plano XY entre duas lâminas infinitas de vidro, movimentando-se sem atrito com vetor velocidade (v, 0, 0) no instante t = 0, quando um dispositivo externo passa a gerar um campo magnético dependente do tempo, cujo vetor é (f(t), f(t), B), onde *B* é uma constante. Pode-se afirmar que a força normal exercida sobre as lâminas é nula quando *t* é

Consideração:

- desconsidere o efeito gravitacional.

a) $\left(\frac{m}{QB}\right)\frac{\pi}{8}$
b) $\left(\frac{m}{QB}\right)\frac{\pi}{4}$
c) $\left(\frac{m}{QB}\right)\frac{\pi}{2}$
d) $\left(\frac{m}{QB}\right)\pi$
e) $2\left(\frac{m}{QB}\right)\pi$

TEXTO PARA A PRÓXIMA QUESTÃO:

**Dados:**

Aceleração da gravidade: 10 $m/s^2$.

Densidade do mercúrio: 13,6 $g/cm^3$.

Pressão atmosférica: $1{,}0 \cdot 10^5$ $N/m^2$.

Constante eletrostática:

$k_0 = \frac{1}{4}\pi$ $\varepsilon_0 = 9{,}0 \cdot 10^9$ $N \cdot m^2/C^2$

**75.** (UFPE)

Uma partícula carregada eletricamente penetra em uma região do espaço, no vácuo, onde há um campo magnético uniforme e constante. O vetor campo magnético $\vec{B}$ é perpendicular à velocidade inicial da partícula. Neste contexto, podemos afirmar que:

( ) Embora a partícula esteja carregada, não há força sobre a mesma, pois não há campo elétrico na região considerada, somente campo magnético;

( ) Embora não haja um campo elétrico, há uma força sobre a partícula porque ela está carregada e se move na presença de um campo magnético;

( ) Embora haja uma força sobre a partícula, ela não a acelera, pois a força é perpendicular à trajetória da partícula;

( ) Embora haja uma força sobre a partícula, não há trabalho realizado por esta força;

( ) A energia mecânica da partícula cresce à medida que ela se desloca.

**76.** (Udesc)

Uma partícula de massa *m* e carga *q* é acelerada a partir do repouso, por um campo elétrico uniforme de intensidade *E*. Após percorrer uma distância *d*, a partícula deixa a região de atuação do campo elétrico com uma velocidade *v*, e penetra em uma região de campo magnético uniforme de intensidade *B*, cuja direção é perpendicular a sua velocidade. O raio da trajetória circular que a partícula descreve dentro do campo magnético é igual a:

a) $(2mEd/Bq)^{1/2}$
b) $(2mEd/B^2q)^{1/2}$
c) $mEd/Bq$
d) $mE/Bq$
e) $(mE/Bq)^{1/2}$

**77.** (UFC-CE)

Analise as afirmações abaixo em relação à força magnética sobre uma partícula carregada em um campo magnético.

I. Pode desempenhar o papel de força centrípeta.
II. É sempre perpendicular à direção de movimento.
III. Nunca pode ser nula, desde que a partícula esteja em movimento.
IV. Pode acelerar a partícula, aumentando o módulo de sua velocidade.

Assinale a alternativa correta.

a) Somente II é verdadeira.
b) Somente IV é verdadeira.
c) Somente I e II são verdadeiras.
d) Somente II e III são verdadeiras.
e) Somente I e IV são verdadeiras.

**78.** (UFMS)

O acelerador LHC colidiu dois prótons, girando em trajetórias circulares com sentidos opostos, sendo um no sentido horário e o outro no sentido anti-horário, veja a figura. Considere que as trajetórias dos prótons antes da colisão eram mantidas circulares devido unicamente à interação de campos magnéticos perpendiculares ao plano das órbitas dos prótons. Com fundamentos no eletromagnetismo, é correto afirmar:

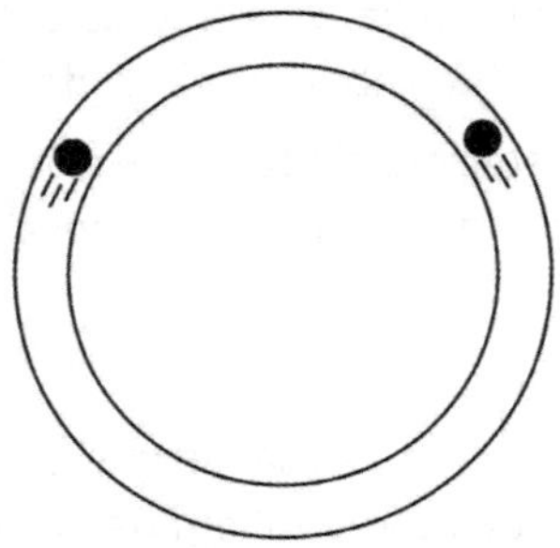



01) A finalidade do campo magnético é apenas mudar a direção da velocidade dos prótons.
02) A finalidade do campo magnético é aumentar a energia cinética dos prótons.
04) O próton que está girando no sentido anti-horário está submetido a um campo magnético que possui um sentido que está entrando no plano da página.
08) A força magnética aplicada em cada próton possui direção tangente à trajetória.
16) A força magnética aplicada em cada próton não realiza trabalho.

**79.** (Unirio-RJ)

Os antigos navegantes usavam a bússola para orientação em alto-mar, devido a sua propriedade de se alinhar de acordo com as linhas do campo geomagnético. Analisando a figura onde estão representadas estas linhas, podemos afirmar que

a) o polo sul do ponteiro da bússola aponta para o polo Norte geográfico, porque o Norte geográfico corresponde ao Sul magnético.
b) o polo norte do ponteiro da bússola aponta para o polo Norte geográfico, porque as linhas do campo geomagnético não são fechadas.
c) o polo sul do ponteiro da bússola aponta para o polo Sul geográfico, porque o Sul geográfico corresponde ao Sul magnético.
d) o polo norte do ponteiro da bússola aponta para o polo Sul geográfico, porque o Norte geográfico corresponde ao Norte magnético.
e) o polo sul do ponteiro da bússola aponta para o polo Sul geográfico, porque o Norte geográfico corresponde ao Sul magnético.

**80.** (UPF-RS)

Com relação ao efeito fotoelétrico, são feitas as seguintes afirmações:

I. Pode ser explicado satisfatoriamente com a adoção do modelo corpuscular da luz.
II. Consiste na emissão de elétrons por uma superfície metálica atingida por radiação eletromagnética.
III. Uma superfície metálica fotossensível somente emite elétrons quando a frequência da luz incidente nessa superfície excede um certo valor mínimo, que depende do metal.

Está correto o que se afirma em:

a) I, II e III.
b) I e III apenas.
c) I e II apenas.
d) I apenas.
e) II e III apenas.

**81.** (UEL-PR)

Uma das contribuições da Física para o bem-estar e a segurança nas cidades é o constante avanço tecnológico aplicado à iluminação pública. Parte das luminárias do século XIX era acesa manualmente por várias pessoas ao entardecer. Hoje, o acionamento das lâmpadas tornou-se automático devido à aplicação dos conhecimentos sobre o efeito fotoelétrico (descrito por Albert Einstein, em 1905) e ao desenvolvimento das células fotoelétricas instaladas nos postes de iluminação pública, capazes de detectar a presença de luz natural.

Sobre o efeito fotoelétrico, considere as afirmativas a seguir.

I. Consiste na emissão de elétrons de uma superfície metálica quando esta é iluminada com luz de determinada frequência.

II. Ocorre independentemente da frequência da luz incidente na superfície do metal, mas é dependente de sua intensidade.

III. Os elétrons ejetados de uma superfície metálica, devido ao efeito fotoelétrico, possuem energia cinética igual à energia do fóton incidente.

IV. Por mais intensa que seja a luz incidente, não haverá ejeção de elétrons enquanto sua frequência for menor que a frequência limite (ou de corte) do metal.

Assinale a alternativa correta.

a) Somente as afirmativas I e II são corretas.

b) Somente as afirmativas I e IV são corretas.

c) Somente as afirmativas III e IV são corretas.

d) Somente as afirmativas I, II e III são corretas.

e) Somente as afirmativas II, III e IV são corretas.

**82.** (UFPE)

As lâmpadas de vapor de sódio usadas na iluminação pública produzem luz de cor laranja com comprimentos de onda iguais a $\lambda_1 = 589{,}0$ nm e $\lambda_2 = 589{,}6$ nm. Essas emissões têm origem em dois níveis de energia dos átomos de sódio que decaem para o mesmo estado final. Calcule a diferença de energia, $\Delta E$, entre estes níveis, em unidades de $10^{-22}$ J. (Dados — constante de Planck: $6{,}64 \cdot 10^{-34}$ Js; velocidade da luz no vácuo: $3{,}0 \cdot 10^8$ m/s)

**83.** (AFA-SP)

Para a construção de uma célula fotoelétrica, que será utilizada na abertura e fechamento automático de uma porta, um pesquisador dispõe de quatro metais, cujas funções trabalho ($\Phi$) estão listadas na tabela abaixo.

| Metal | $\Phi$ (eV) |
|---|---|
| Platina | 6,4 |
| Prata | 4,7 |
| Chumbo | 4,1 |
| Sódio | 2,3 |

Sendo que essa célula deverá ser projetada para funcionar com luz visível, poderá(ão) ser usado(s) somente o(s) metal(is)

Dados: $h = 4,1 \cdot 10^{-15}$ eV · s

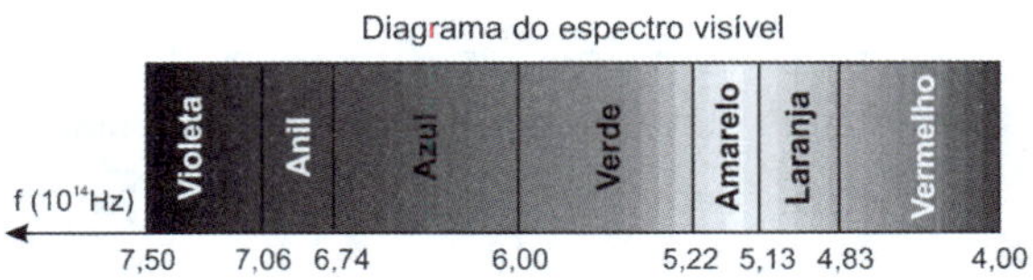



a) platina.
b) sódio.
c) chumbo e prata.
d) chumbo e sódio.

**84.** (PUC-RS)

Analise as afirmativas que seguem, referentes a fenômenos descritos pela Física Moderna.

I. A energia de um fóton é diretamente proporcional à sua frequência.
II. A velocidade da luz, no vácuo, tem um valor finito, considerado constante para todos os referenciais inerciais.
III. No efeito fotoelétrico, há uma frequência mínima de corte, abaixo da qual o fenômeno não se verifica, qualquer que seja a intensidade da luz incidente.
IV. A fissão nuclear acontece quando núcleos de pequena massa colidem, originando um núcleo de massa maior.

Estão corretas apenas as afirmativas

a) I e II.
b) I e III.
c) III e IV.
d) I, II e III.
e) II, III e IV.

**85.** (UFSM-RS)

À medida que a tecnologia invadiu os meios de produção, a obra de arte deixou de ser o resultado exclusivo do trabalho das mãos do artista, por exemplo, a fotografia. Uma vez obtido o negativo, muitas cópias da mesma foto podem ser impressas.

O elemento essencial de uma foto copiadora é um cilindro eletrizado que perde eletrização, nas regiões em que incide luz. Então,

I. o efeito fotoelétrico só pode ser entendido em termos de um modelo corpuscular para a radiação eletromagnética.

II. o número de elétrons arrancados de uma placa metálica pelo efeito fotoelétrico cresce com o aumento da intensidade da radiação eletromagnética que atinge a placa.

III. a energia máxima dos elétrons arrancados de uma placa metálica pelo efeito fotoelétrico cresce com o aumento da intensidade da radiação eletromagnética que atinge a placa.

Está(ão) correta(s):

a) apenas I.
b) apenas II.
c) apenas III.
d) apenas I e II.
e) I, II e III.

**86.** (Fuvest-SP)

Quatro cargas pontuais estão colocadas nos vértices de um quadrado. As duas cargas $+Q$ e $-Q$ têm mesmo valor absoluto e as outras duas, $q_1$ e $q_2$, são desconhecidas. A fim de determinar a natureza dessas cargas, coloca-se uma carga de prova positiva no centro do quadrado e verifica-se que a força sobre ela é $\vec{F}$, mostrada na figura. Podemos afirmar que:

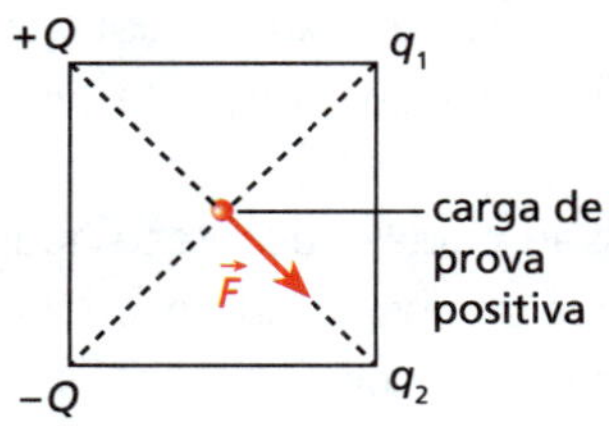


Reprodução/Fuvest

a) $q_1 > q_2 > 0$.
b) $q_2 > q_1 > 0$.
c) $q_1 + q_2 > 0$.
d) $q_1 + q_2 < 0$.
e) $q_1 = q_2 > 0$.

**87.** (UFPE)

Para liberar elétrons da superfície de um metal é necessário iluminá-lo com luz de comprimento de onda igual ou menor que $6,0 \cdot 10^{-7}$ m. Qual o inteiro que mais se aproxima da frequência óptica, em unidades de $10^{14}$ Hz, necessária para liberar elétrons com energia cinética igual a 3,0 eV?

**88.** (PUC-RS)

Após inúmeras sugestões e debates, o ano 2005 foi declarado pela ONU o "Ano Mundial da Física". Um dos objetivos dessa designação é comemorar o centenário da publicação dos trabalhos de Albert Einstein, que o projetaram como físico no cenário internacional da época e, posteriormente, trouxeram-lhe fama e reconhecimento. Um dos artigos de Einstein publicado em 1905 era sobre o efeito fotoelétrico, que foi o principal motivo da sua conquista do Prêmio Nobel em 1921. A descrição de Einstein para o efeito fotoelétrico tem origem na quantização da energia proposta por Planck em 1900, o qual considerou a energia eletromagnética irradiada por um corpo negro de forma descontínua, em porções que foram chamadas quanta de energia ou fótons. Einstein deu o passo seguinte admitindo que a energia eletromagnética também se propaga de forma descontínua e usou esta hipótese para descrever o efeito fotoelétrico.

Em relação ao efeito fotoelétrico numa lâmina metálica, pode-se afirmar que:

I. A energia dos elétrons removidos da lâmina metálica pelos fótons não depende do tempo de exposição à luz incidente.
II. A energia dos elétrons removidos aumenta com o aumento do comprimento de onda da luz incidente.
III. Os fótons incidentes na lâmina metálica, para que removam elétrons da mesma, devem ter uma energia mínima.
IV. A energia de cada elétron removido da lâmina metálica é igual à energia do fóton que o removeu.

Analisando as afirmativas, conclui-se que somente

a) está correta a afirmativa I.
b) está correta a afirmativa IV.
c) estão corretas as afirmativas I e III.
d) estão corretas as afirmativas II e IV.
e) estão corretas as afirmativas III e IV.

**89.** (Uece)

Considere duas massas puntiformes de mesmo valor $m$, com cargas elétricas de mesmo valor $Q$ e sinais opostos, e mantidas separadas de uma certa distância. Seja $G$ a constante de gravitação universal e $k$ a constante eletrostática. A razão entre as forças de atração eletrostática e gravitacional é

a) $\frac{Gm^2}{Q^2k}$.  b) $\frac{Q^2K}{Gm^2}$.  c) $\frac{Q^2G}{km^2}$.  d) $\frac{QG}{km}$.

**90.** (Fuvest-SP)

Três pequenas esferas carregadas com cargas de mesmo módulo, sendo **A** positiva e **B** e **C** negativas, estão presas nos vértices de um triângulo equilátero. No instante em que elas são soltas simultaneamente, a direção e o sentido de suas acelerações serão mais bem representados pelo esquema:

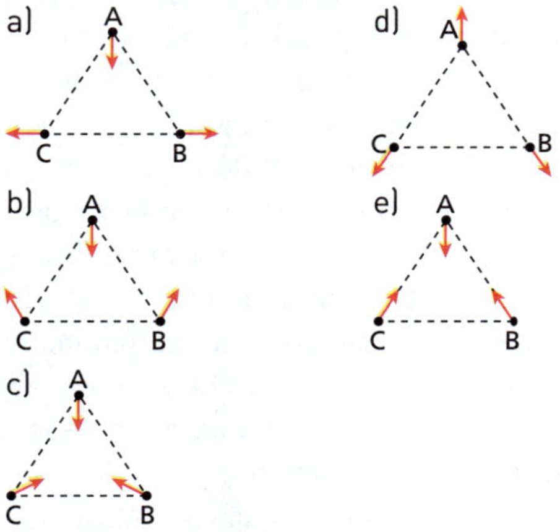


Reprodução/Fuvest

**91.** (CPAEN-RJ)

Observe a figura a seguir.

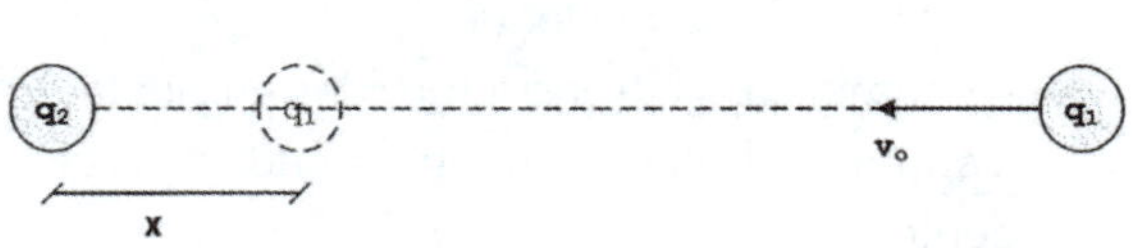


Reprodução/CPAEN, 2014.

A figura acima mostra uma região de vácuo onde uma partícula puntiforme, de carga elétrica positiva $q_1$ e massa $m$, está sendo lançada com velocidade $v_0$ em sentido ao centro de um núcleo atômico fixo de carga $q_2$. Sendo $k_0$ a constante eletrostática no vácuo e sabendo que a partícula $q_1$ está muito longe do núcleo, qual será a distância mínima de aproximação, $x$, entre as cargas?

a) $\frac{k_0 q_1 q_2}{m v_0^2}$

b) $\frac{2 k_0 q_1 q_2}{m v_0^2}$

c) $\frac{k_0 q_1 q_2}{2 m v_0^2}$

d) $\sqrt{\frac{k_0 q_1 q_2}{m v_0^2}}$

e) $\sqrt{\frac{k_0 q_1 q_2}{2 m v_0^2}}$

**92.** (Cefet-MG)

Quatro objetos condutores esféricos e de mesmas dimensões estão inicialmente isolados e carregados com cargas $Q_1 = q$, $Q_2 = 2q$, $Q_3 = 3q$ e $Q_4 = 4q$, respectivamente. A seguinte sequência de ações é executada sobre esses condutores:

I. Os condutores 1 e 2 são colocados em contato e depois separados e isolados.

II. Os condutores 2 e 3 são colocados em contato e depois separados e isolados.

III. Os condutores 3 e 4 são colocados em contato e depois separados e isolados.

Após a execução da sequência descrita acima, seja $F_{ij}$ a força eletrostática que o objeto *j* exerce sobre o objeto *i* quando estes estão separados por uma mesma distância *d*.

Considerando a situação apresentada, pode-se afirmar que

a) $F_{23} < F_{14}$ e $F_{13} > F_{24}$.
b) $F_{41} = F_{13}$ e $F_{34} > F_{23}$.
c) $F_{12} = F_{34}$ e $F_{42} = F_{31}$.
d) $F_{32} > F_{41}$ e $F_{24} = F_{21}$.
e) $F_{14} > F_{31}$ e $F_{13} > F_{32}$.

**93.** (UFPE)

Nos vértices de um triângulo equilátero de lado L = 3,0 cm, são fixadas cargas *q* pontuais e iguais. Considerando q = 3,0 μC, determine o módulo da força, em *N*, sobre uma carga pontual $q_0 = 2,0\ \mu C$, que se encontra fixada no ponto médio do triângulo.

**Dado:** $k = 9 \cdot 10^9$ (SI)

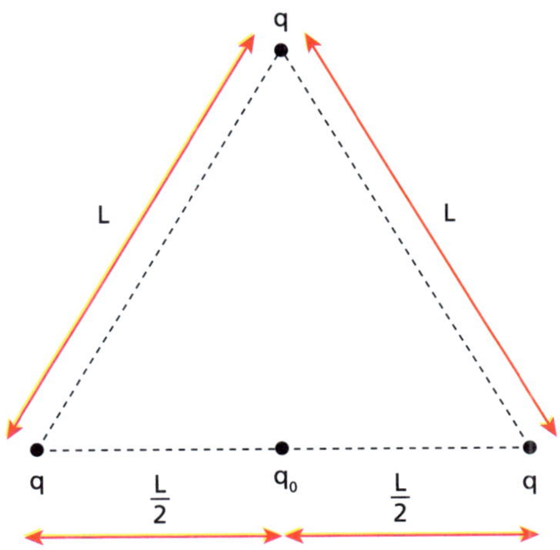

**94.** (Fuvest-SP)

Os centros de quatro esferas idênticas, I, II, III e IV, com distribuições uniformes de carga, formam um quadrado. Um feixe de elétrons penetra na região delimitada por esse quadrado, pelo ponto equidistante dos centros das esferas III e IV, com velocidade inicial $\vec{v}$ na direção perpendicular à reta que une os centros de III e IV, conforme representado na figura.

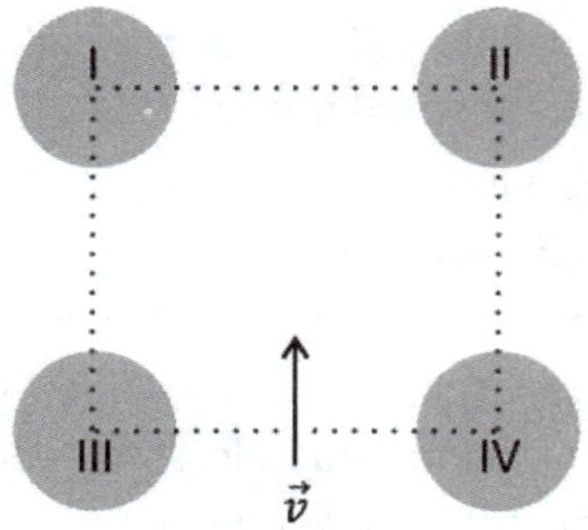




A trajetória dos elétrons será retilínea, na direção de $\vec{v}$, e eles serão acelerados com velocidade crescente dentro da região plana delimitada pelo quadrado, se as esferas I, II, III e IV estiverem, respectivamente, eletrizadas com cargas

a) +Q, −Q, −Q, +Q

b) +2Q, −Q, +Q, −2Q

c) +Q, +Q, −Q, −Q

d) −Q, −Q, +Q, +Q

e) +Q, +2Q, −2Q, −Q

**Note e adote:**

Q é um número positivo.

**95.** (Fuvest-SP)

Um pequeno objeto, com carga elétrica positiva, é largado da parte superior de um plano inclinado, no ponto **A**, e desliza, sem ser desviado, até atingir o ponto **P**. Sobre o plano, estão fixados 4 pequenos discos com cargas elétricas de mesmo módulo. As figuras representam os discos e os sinais das cargas, vendo-se o plano de cima. Das configurações abaixo, a única compatível com a trajetória retilínea do objeto é:



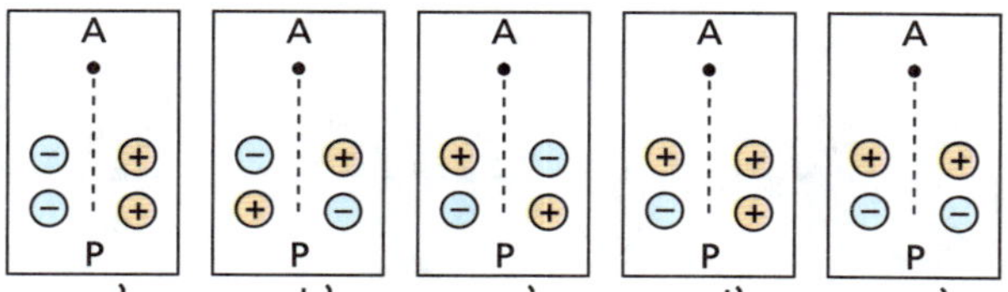


a) b) c) d) e)

96. (Fuvest-SP)

Pequenas esferas, carregadas com cargas elétricas negativas de mesmo módulo $Q$, estão dispostas sobre um anel isolante e circular, como indicado na figura 1. Nessa configuração, a intensidade da força elétrica que age sobre uma carga de prova negativa, colocada no centro do anel (ponto **P**), é $F_1$.

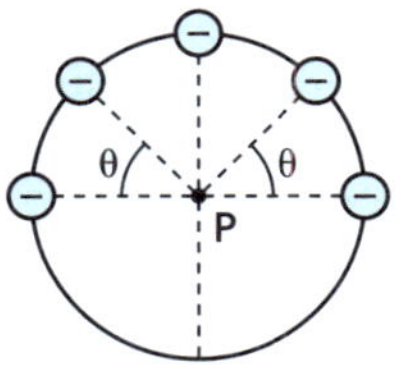

figura 1

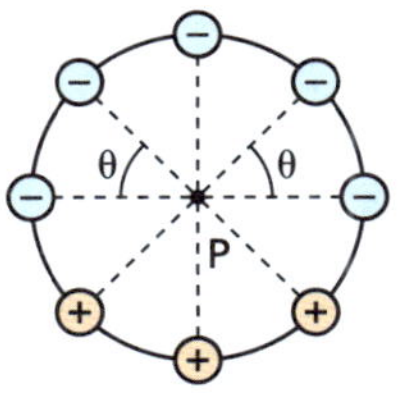

figura 2



Se forem acrescentadas sobre o anel três outras cargas de mesmo módulo $Q$, mas positivas, como na figura 2, a intensidade da força elétrica no ponto **P** passará a ser:

a) zero

b) $\left(\frac{1}{2}\right)F_1$

c) $\left(\frac{3}{4}\right)F_1$

d) $F_1$

e) $2\ F_1$

97. (UEFS-BA)

Três partículas eletrizadas com cargas positivas, $q_A = q_B = q_C$, estão fixas em três vértices de um cubo, conforme a figura.

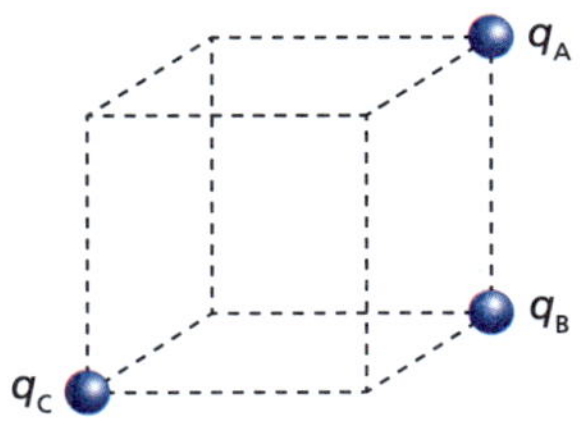




Sendo $F_{AB}$ a intensidade da força de repulsão entre $q_A$ e $q_B$, $F_{BC}$ a intensidade da força de repulsão entre $q_B$ e $q_C$, e $F_{AC}$ a intensidade da força de repulsão entre $q_A$ e $q_C$, é correto afirmar que

a) $F_{AB} = \sqrt{2} \cdot F_{BC} = \sqrt{3} \cdot F_{AC}$

b) $F_{AB} = 1,5 \cdot F_{BC} = 2 \cdot F_{AC}$

c) $2 \cdot F_{AB} = 3 \cdot F_{BC} = 4 \cdot F_{AC}$

d) $\sqrt{2} \cdot F_{AB} = \sqrt{3} \cdot F_{BC} = 2 \cdot F_{AC}$

e) $F_{AB} = 2 \cdot F_{BC} = 3 \cdot F_{AC}$

**98.** (Fuvest-SP)

Duas pequenas esferas metálicas idênticas, inicialmente neutras, encontram-se suspensas por fios inextensíveis e isolantes.

Reprodução/Fuvest

Um jato de ar perpendicular ao plano da figura é lançado durante um certo intervalo de tempo sobre as esferas. Observa-se então que ambas as esferas estão fortemente eletrizadas.

Quando o sistema alcança novamente o equilíbrio estático, podemos afirmar que as tensões nos fios:

a) aumentaram e as esferas atraem-se.
b) diminuíram e as esferas repelem-se.
c) aumentaram e as esferas repelem-se.
d) diminuíram e as esferas atraem-se.
e) não sofreram alterações.

**99.** (UPM-SP)

Três pequenas esferas idênticas **A**, **B** e **C** estão eletrizadas com cargas elétricas $Q_A$, $Q_B$ e $Q_C$, respectivamente, encontram-se em equilíbrio eletrostático sobre um plano horizontal liso, como mostra a figura abaixo.

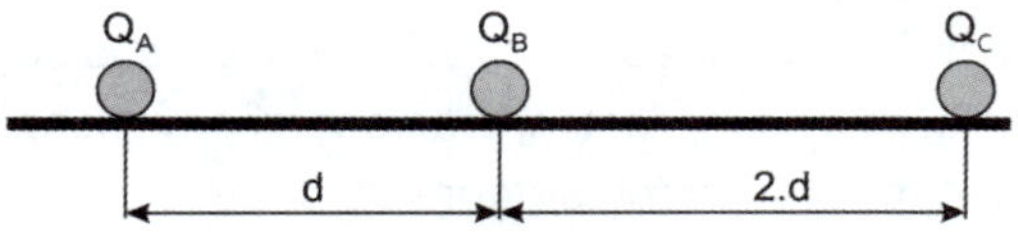


Reprodução/Mackenzie, 2014.

Quanto aos sinais das cargas elétricas de cada esfera eletrizada, podemos afirmar que

a) todas as esferas estão eletrizadas com cargas elétricas de mesmo sinal.
b) as esferas **A** e **B** estão eletrizadas com cargas elétricas positivas e a esfera **C** está eletrizada com cargas elétricas negativas.
c) as esferas **A** e **B** estão eletrizadas com cargas elétricas negativas e a esfera **C** está eletrizada com cargas elétricas positivas.
d) as esferas **B** e **C** estão eletrizadas com cargas elétricas negativas e a esfera **A** está eletrizada com cargas elétricas positivas.
e) as esferas **A** e **C** estão eletrizadas com cargas elétricas positivas e a esfera **B** está eletrizada com cargas elétricas negativas.

**100.** (UFPR)

Uma esfera condutora, indicada pelo número 1 na figura, tem massa m = 20 g e carga negativa $-q$. Ela está pendurada por um fio isolante de massa desprezível e inextensível. Uma segunda esfera condutora, indicada pelo número 2 na figura, com massa M = 200 g e carga positiva Q = 3 $\mu$C, está sustentada por uma haste isolante. Ao aproximar a esfera 2 da esfera 1 ocorre atração. Na situação de equilíbrio estático, o fio que sustenta a esfera 1 forma um ângulo $\theta = 27°$ com a vertical e a distância entre os centros das esferas é de 10 cm. Calcule a carga $-q$ da esfera 1.

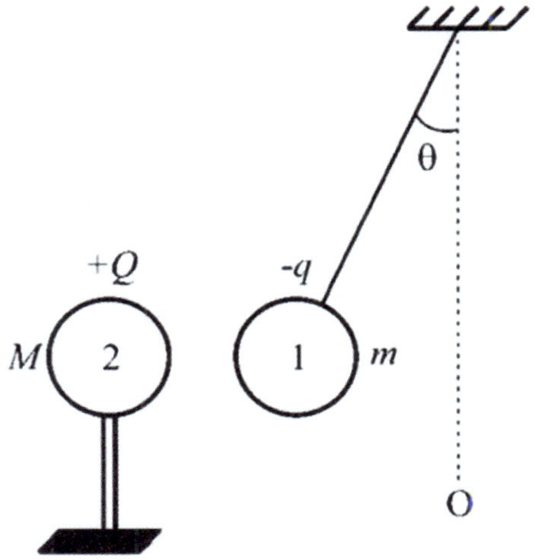




Para a resolução deste problema considere $g = 10$ m/s$^2$, $k = 9 \times 10^9$ Nm$^2$/c$^2$ e tg 27° = 0,5.

**101.** (UPF-RS)

Uma lâmina muito fina e minúscula de cobre, contendo uma carga elétrica $q$, flutua em equilíbrio numa região do espaço onde existe um campo elétrico uniforme de 20 kN/ C, cuja direção é vertical e cujo sentido se dá de cima para baixo. Considerando que a carga do elétron seja de $1,6 \cdot 10^{-19}$ C e a aceleração gravitacional seja de 10 m/s$^2$ e sabendo que a massa da lâmina é de 3,2 mg, é possível afirmar que o número de elétrons em excesso na lâmina é:

a) $3,0 \cdot 10^{12}$

b) $1,0 \cdot 10^{13}$

c) $1,0 \cdot 10^{10}$

d) $2,0 \cdot 10^{12}$

e) $3,0 \cdot 10^{11}$

**102.** (UPE)

Duas cargas elétricas pontuais, $Q = 2{,}0\ \mu C$ e $q = 0{,}5\ \mu C$, estão amarradas à extremidade de um fio isolante. A carga *q* possui massa $m = 10$ g e gira em uma trajetória de raio $R = 10$ cm, vertical, em torno da carga *Q* que está fixa.

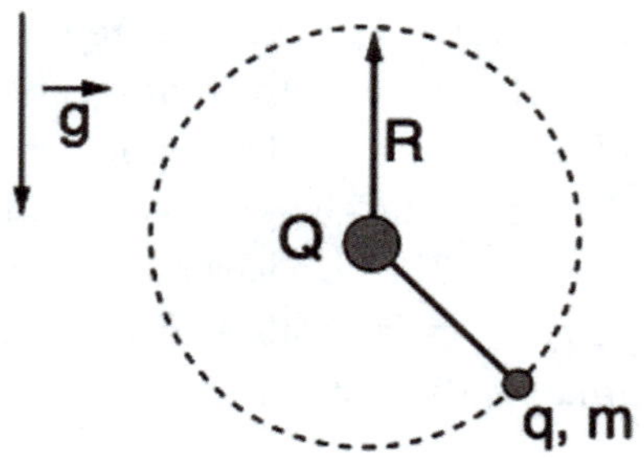


Reprodução/UPE, 2015.

Sabendo que o maior valor possível para a tração no fio durante esse movimento é igual a $T = 11$ N, determine o módulo da velocidade tangencial quando isso ocorre.

A constante eletrostática do meio é igual a $9 \cdot 10^9\ Nm^2/C^2$.

a) 10 m/s
b) 11 m/s
c) 12 m/s
d) 14 m/s
e) 20 m/s

**103.** (Unicamp-SP)

Sabe-se atualmente que os prótons e nêutrons não são partículas elementares, mas sim partículas formadas por três *quarks*. Uma das propriedades importantes do *quark* é o sabor, que pode assumir seis tipos diferentes: *top*, *bottom*, *charm*, *strange*, *up* e *down*. Apenas os *quarks up* e *down* estão presentes nos prótons e nos nêutrons. Os *quarks* possuem carga elétrica fracionária. Por exemplo, o *quark up* tem carga elétrica igual a $q_{up} = +\frac{2}{3}e$ e o *quark down* $q_{down} = -\frac{1}{3}e$, onde *e* é o módulo da carga elementar do elétron.

a) Quais são os três *quarks* que formam os prótons e os nêutrons?

b) Calcule o módulo da força de atração eletrostática entre um *quark up* e um *quark down* separados por uma distância $d = 0{,}2 \cdot 10^{-15}$ m. Caso necessário, use $k = 9 \cdot 10^9\ Nm^2/C^2$ e $1{,}6 \cdot 10^{-19}$ C.

**104.** (Uern)

Os pontos **P**, **Q**, **R** e **S** são equidistantes das cargas localizadas nos vértices de cada figura a seguir:

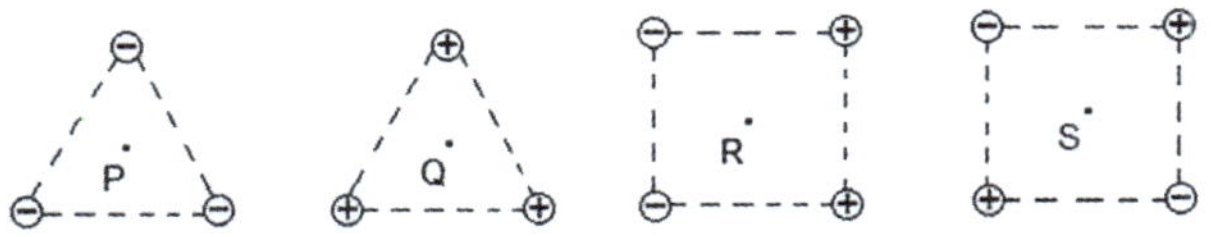




Sobre os campos elétricos resultantes, é correto afirmar que

a) é nulo apenas no ponto **R**.
b) são nulos nos pontos **P**, **Q** e **S**.
c) são nulos apenas nos pontos **R** e **S**.
d) são nulos apenas nos pontos **P** e **Q**.

**105.** (Fuvest-SP)

Duas pequenas esferas, com cargas elétricas iguais, ligadas por uma barra isolante, são inicialmente colocadas como descrito na situação I.

Em seguida, aproxima-se de uma das esferas de **P**, reduzindo-se à metade sua distância até esse ponto, ao mesmo tempo que se duplica a distância entre a outra esfera e **P**, como na situação II.

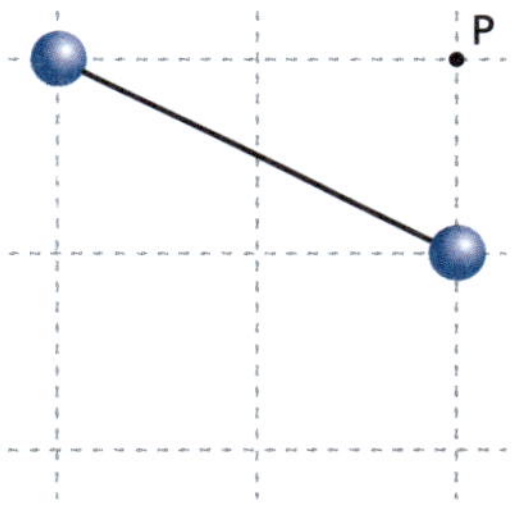




**Situação I**

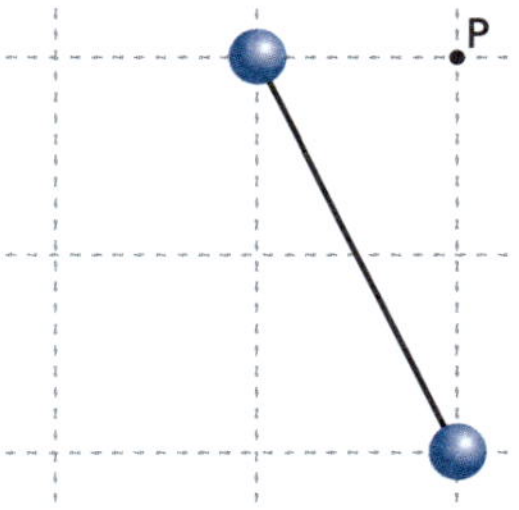


**Situação II**

O campo elétrico em **P**, no plano que contém o centro das duas esferas, possui, nas duas situações indicadas:

a) mesma direção e intensidade.
b) direções diferentes e mesma intensidade.
c) mesma direção e maior intensidade em I.
d) direções diferentes e maior intensidade em I.
e) direções diferentes e maior intensidade em II.

**106.** (Olimpíada Brasileira de Física)

Uma carga positiva $+q$ distribui-se uniformemente ao longo de um anel não condutor de raio **R** (ver figura).

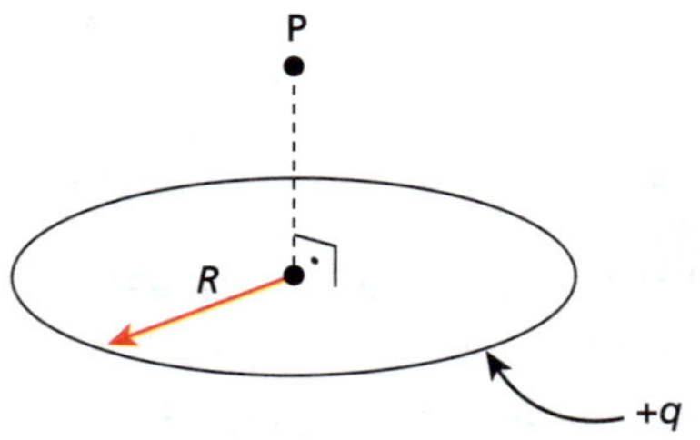




Dentre as alternativas abaixo, indique aquela que representa o vetor campo elétrico resultante $\vec{E}$ no ponto **P**, localizado no eixo perpendicular ao plano do anel e que passa pelo seu centro:

a)

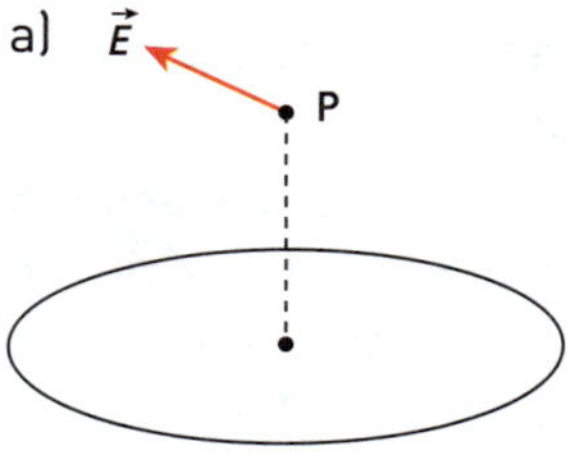

d)

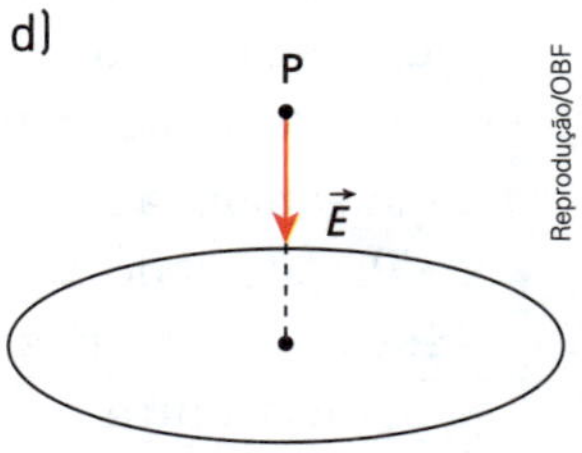

b)

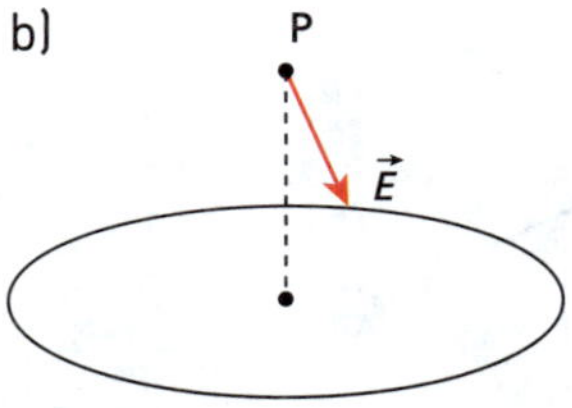

e)

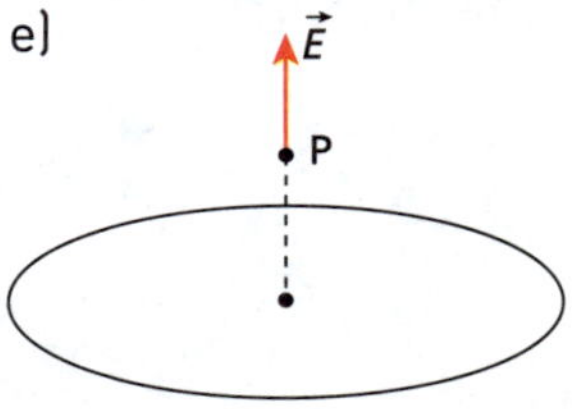

c)

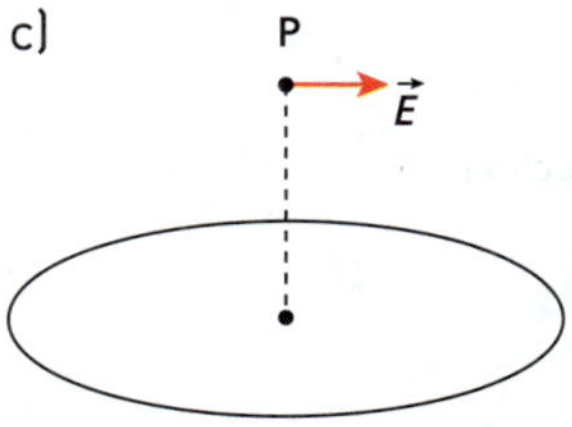



**107.** Em uma região do espaço, isenta da ação de massas e cargas elétricas, imagine um triângulo equilátero **ABC**, de lado igual a 20 cm. Agora, no vértice **A**, vamos colocar uma partícula eletrizada com carga +1,0 nC e, no vértice **B**, outra partícula de carga −1,0 nC. Determine o módulo do vetor campo elétrico resultante nos pontos:

a) **C**, terceiro vértice do triângulo;

b) **M**, ponto médio da base **AB** do triângulo;

c) **N**, ponto simétrico de **M** em relação ao vértice **A** do triângulo.

Dado: $k = 9 \cdot 10^9$ Nm²/C².

**108.** (Enem)

Em museus de ciências, é comum encontrarem-se máquinas que eletrizam materiais e geram intensas descargas elétricas. O gerador de Van de Graaff (Figura 1) é um exemplo, como atestam as faíscas (Figura 2) que ele produz. O experimento fica mais interessante quando se aproxima do gerador em funcionamento, com a mão, uma lâmpada fluorescente (Figura 3). Quando a descarga atinge a lâmpada, mesmo desconectada da rede elétrica, ela brilha por breves instantes. Muitas pessoas pensam que é o fato de a descarga atingir a lâmpada que a faz brilhar. Contudo, se a lâmpada for aproximada dos corpos da situação (Figura 2), no momento em que a descarga ocorrer entre eles, a lâmpada também brilhará, apesar de não receber nenhuma descarga elétrica.

**Figura 1**

Gerador de Van de Graaff

**Figura 2**

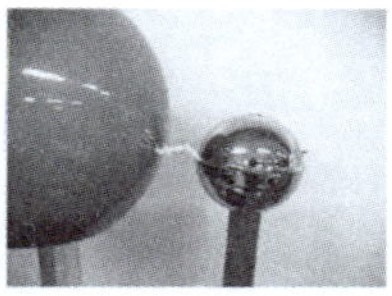

Descarga elétrica no gerador

**Figura 3**

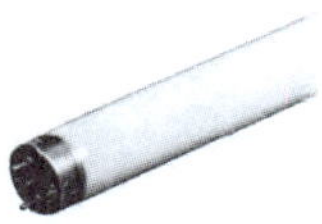

Lâmpada fluorescente



Disponível em: http://naveastro.com. Acesso em: 15 ago. 2012.

A grandeza física associada ao brilho instantâneo da lâmpada fluorescente, por estar próxima a uma descarga elétrica, é o(a)

a) carga elétrica.
b) campo elétrico.
c) corrente elétrica.
d) capacitância elétrica.
e) condutividade elétrica.

**109.** (PUC-SP)

Responda às questões seguintes:

a) Numa certa região da Terra, nas proximidades da superfície, a aceleração da gravidade vale 10 m/s$^2$, e o campo eletrostático do planeta vale 100 N/C, orientado verticalmente para baixo. Determine o sinal e o valor da carga elétrica que uma bolinha de gude, de massa igual a 50 g, deveria ter para permanecer suspensa em repouso, acima do solo.

Considere o campo elétrico praticamente uniforme no local e despreze qualquer outra força atuando sobre a bolinha.

b) Por que nos para-raios são geralmente utilizados metais pontiagudos? Explique.

**110.** (Uespi)

Cinco cargas elétricas pontuais positivas encontram-se fixas no vácuo de acordo com o arranjo da figura a seguir. O campo elétrico resultante sobre $Q_2$ aponta na direção que une as cargas $Q_2$ e $Q_4$. Nessa situação, pode-se afirmar que $\frac{(Q_1D^2)}{(Q_3L^2)}$ vale:

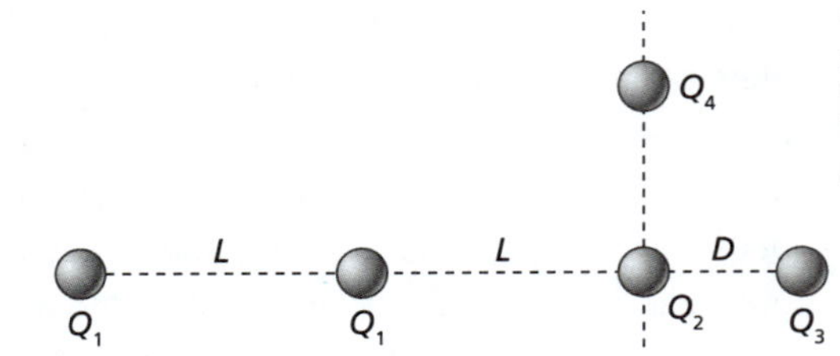


a) $\frac{4}{5}$.

b) $\frac{2}{5}$.

c) 1.

d) $\frac{5}{2}$.

e) $\frac{5}{4}$.

**111.** (Unesp-SP)

Duas pequenas esferas de material plástico, com massas *m* e 3 *m*, estão conectadas por um fio de seda inextensível de comprimento *a*. As esferas estão eletrizadas com cargas iguais a $+Q$, desconhecidas inicialmente. Elas encontram-se no vácuo, em equilíbrio estático, em uma região com campo elétrico uniforme *E*, vertical, e aceleração da gravidade *g*, conforme ilustrado na figura.

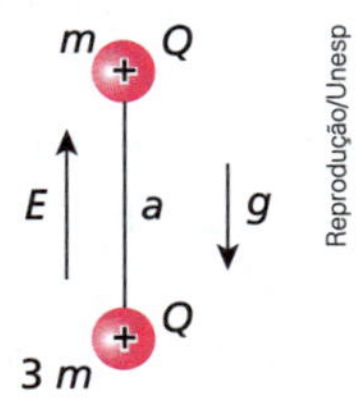


Considerando que, no Sistema Internacional (SI) de unidades, a força elétrica entre duas cargas $q_1$ e $q_2$, separadas por uma distância *d*, é dada por $k\frac{q_1q_2}{d^2}$, calcule:

a) a carga *Q*, em termos de *g*, *m* e *E*.

b) a tração no fio, em termos de *m*, *g*, *a*, *E* e *k*.

**112.** (UFG-GO)

Um capacitor de placas paralelas é formado por duas placas metálicas grandes ligadas a um gerador que mantém uma diferença de potencial tal que o campo elétrico uniforme gerado no interior do capacitor seja E = 20 000 N/C. Um pêndulo simples, formado por um fio de massa desprezível e uma esfera de massa m = 6 g eletricamente carregada com carga $q = \sqrt{3}\ \mu C$, é colocado entre as placas, como ilustra a figura a seguir.

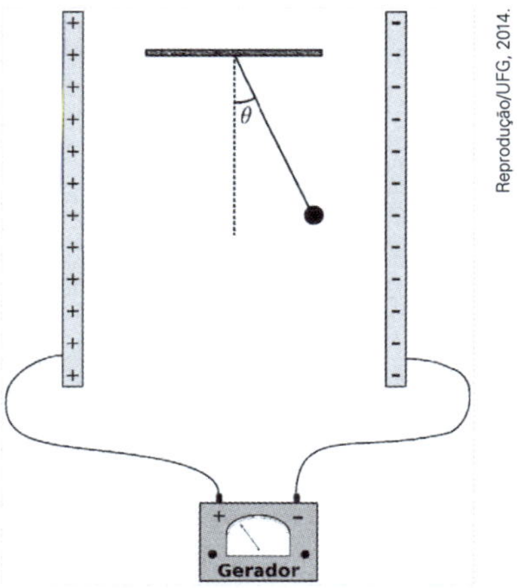


Considerando que a carga *q* não altera o campo elétrico entre as placas do capacitor, responda:

a) para qual ângulo θ entre o fio e a vertical o sistema estará em equilíbrio estático?

b) Se a diferença de potencial fornecida pelo gerador fosse triplicada, para que ângulo θ entre o fio e a vertical haveria equilíbrio estático?

**113.** (Cefet-MG)

Duas cargas elétricas fixas estão separadas por uma distância *d* conforme mostra o esquema seguinte.

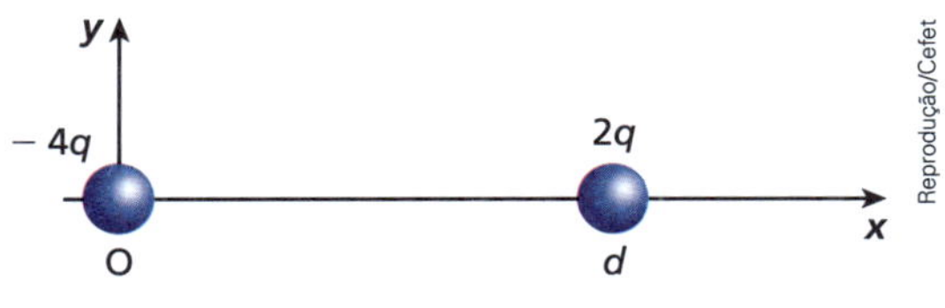


Os pontos sobre o eixo ***x***, onde o campo elétrico é nulo, estão localizados em

a) $x = (2 - \sqrt{2})d$ e $x = (2 + \sqrt{2})d$.

b) $x = -(2 - \sqrt{2})d$ e $x = -(2 + \sqrt{2})d$.

c) $x = -(2 - \sqrt{2})d$ e $x = (2 + \sqrt{2})d$.

d) $x = (2 - \sqrt{2})d$.

e) $x = (2 + \sqrt{2})d$.

**114.** (UEM-PR)

Uma pequena massa *m* com carga *q* se encontra em equilíbrio, como mostrado abaixo.

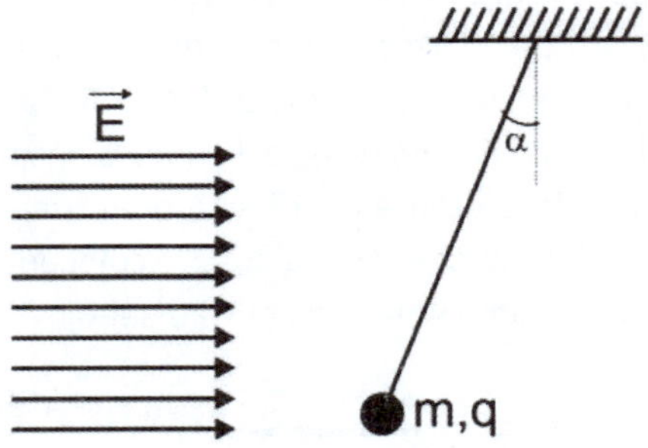


Reprodução/UEM, 2015.

O campo elétrico $\vec{E}$ é uniforme e constante. A aceleração da gravidade é *g*. Assinale o que for correto.

01) A carga *q* é positiva.

02) O ângulo $\alpha$ é dado por $\alpha = \arctan\frac{|q|E}{mg}$.

04) O módulo da tensão no fio vale $T = \sqrt{q^2E^2 + m^2g^2}$.

08) Se quisermos colocar a partícula na horizontal $\left(\alpha \to \frac{\pi}{2}\right)$, devemos aplicar um campo elétrico infinito.

16) Se o fio se romper, a coordenada horizontal da partícula varia linearmente com o tempo *t*.

**115.** (Acafe-SC)

Na figura abaixo temos o esquema de uma impressora jato de tinta que mostra o caminho percorrido por uma gota de tinta eletrizada negativamente, numa região onde há um campo elétrico uniforme. A gota é desviada para baixo e atinge o papel numa posição **P**.

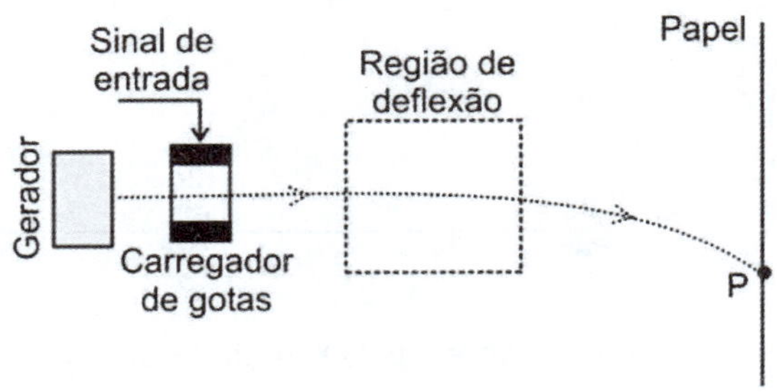


Reprodução/ACAFE, 2016.

O vetor campo elétrico responsável pela deflexão nessa região é:

a) ↑

b) ↓

c) →

d) ←

**116.** (Vunesp)

Uma carga elétrica q = 0,1 μC de massa m = $10^{-6}$ kg é lançada com velocidade $v_0 = 1{,}0 \cdot 10^3$ m/s em uma região de campo elétrico uniforme gerado por duas placas planas e paralelas, distantes 10 cm uma da outra. A carga sai dessa região em um ponto de coordenadas $x_1$ = 5 cm e $y_1$ = 2,5 cm e atinge o ponto **P** em um anteparo situado 10 cm acima do eixo horizontal do tubo.

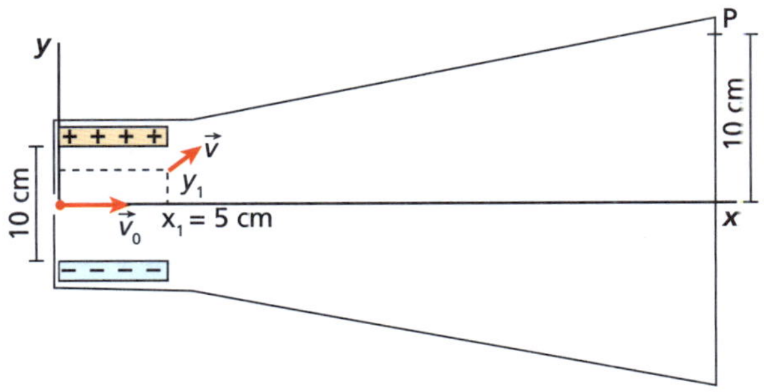


Reprodução/Vunesp

Desprezando-se ações gravitacionais, pede-se:

a) o módulo do vetor campo elétrico nessa região;

b) a velocidade com que a carga *q* chega ao ponto **P**.

**117.** (UFPR)

Um próton é injetado no ponto **O** e passa a se mover no interior de um capacitor plano de placas paralelas, cujas dimensões estão indicadas na figura abaixo.

Reprodução/UFPR, 2014.

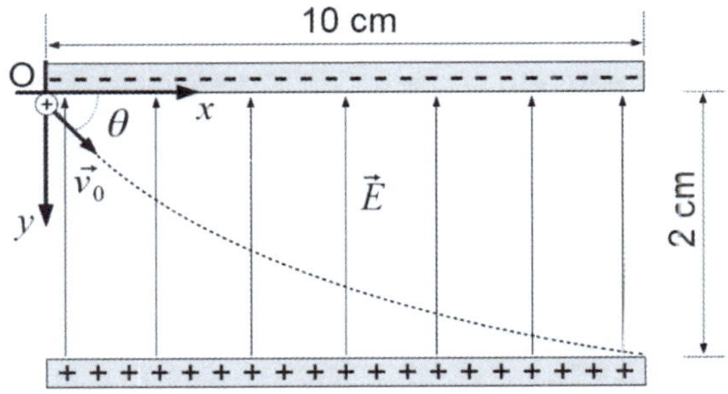


O próton tem velocidade inicial $\vec{v}_0$ com módulo $1{,}0 \cdot 10^5$ m/s e direção formando um ângulo θ igual a 45° com o eixo ***x*** horizontal. O campo elétrico está orientado na direção do eixo ***y*** conforme mostrado na figura. Considere a massa do próton igual a $1{,}6 \cdot 10^{-27}$ kg e sua carga igual $1{,}6 \cdot 10^{-19}$ C. Supondo que somente o campo elétrico uniforme no interior do capacitor atue sobre o próton, calcule qual deve ser o mínimo módulo deste campo para que o próton não colida com a placa inferior.

**118.** (Fuvest-SP)

Um certo relógio de pêndulo consiste em uma pequena bola, de massa M = 0,1 kg, que oscila presa a um fio. O intervalo de tempo que a bolinha leva para, partindo da posição **A**, retornar a essa mesma posição é seu período $T_0$, que é igual a 2 s. Nesse relógio, o ponteiro dos minutos completa uma volta (1 hora) a cada 1800 oscilações completas do pêndulo.

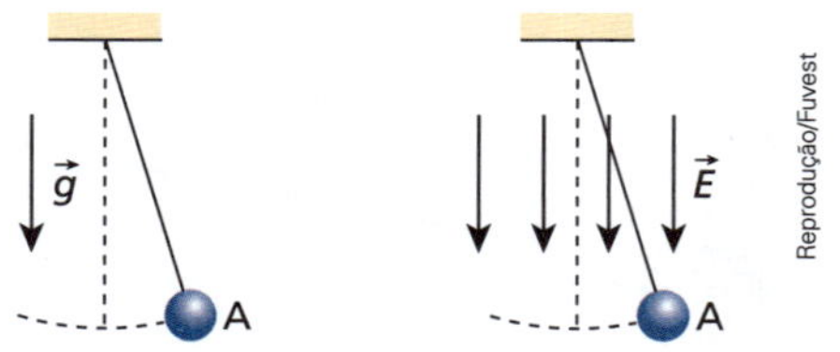


bolinha sem carga | bolinha carregada em presença de $\vec{E}$

Estando o relógio em uma região em que atua um campo elétrico $\vec{E}$, constante e homogêneo, e a bola carregada com carga elétrica $Q$, seu período será alterado, passando a $T_Q$. Considere a situação em que a bolinha esteja carregada com carga $Q = 3 \cdot 10^{-5}$ C, em presença de um campo elétrico cujo módulo $E = 1 \cdot 10^5$ V/m. (Usar: $g = 10$ m/s$^2$.)

Então, determine:

a) a intensidade da força efetiva $F_e$, em N, que age sobre a bola carregada;

b) a razão $R = \dfrac{T_Q}{T_0}$ entre os períodos do pêndulo, quando a bola está carregada e quando não tem carga;

c) a hora que o relógio estará indicando, quando forem de fato três horas da tarde, para a situação em que o campo elétrico tiver passado a atuar a partir do meio-dia.

**Note e adote:**

Nas condições do problema, o período $T$ do pêndulo pode ser expresso por

$$T = 2\pi\sqrt{\frac{\text{massa} \cdot \text{comprimento do pêndulo}}{F_e}}$$

em que $F_e$ é a força vertical efetiva que age sobre a massa, sem considerar a tensão do fio.

**119.** (UPE)

Duas esferas isolantes, **A** e **B**, possuem raios iguais a $R_A$ e $R_B$ e cargas, uniformemente distribuídas, iguais a $Q_A$ e $Q_B$, respectivamente.

Sabendo-se que $5Q_A = 2Q_B$ e ainda que $10R_A = 3R_B$, qual a relação entre suas densidades volumétricas de cargas $\rho_A/\rho_B$?

a) $\frac{100}{9}$

b) $\frac{15}{8}$

c) $\frac{200}{6}$

d) $\frac{400}{27}$

e) $\frac{280}{9}$

**120.** (UFMT)

Indique a aplicação tecnológica do conceito demonstrado por Faraday, na primeira metade do século XIX, na experiência conhecida como gaiola de Faraday.

a) Isolamento térmico do conteúdo de garrafas térmicas.

b) Atração dos raios em tempestades por para-raios.

c) Isolamento elétrico promovido pela borracha dos pneus de veículos.

d) Recobrimento com material isolante em cabos utilizados para transporte de energia elétrica.

e) Bloqueio para chamadas de telefone celular em penitenciárias.

**121.** (PUC-PR)

Um sistema de cargas pontuais é formado por duas cargas positivas $+q$ e uma negativa $-q$, todas de mesma intensidade, cada qual fixa em um dos vértices de um triângulo equilátero de lado $r$. Se substituirmos a carga negativa por uma positiva de mesma intensidade, qual será a variação da energia potencial elétrica do sistema? A constante de Coulomb é denotada por $k$.

a) $\frac{2kq^2}{r}$

b) $\frac{-2kq^2}{r}$

c) $\frac{-4kq^2}{r}$

d) $\frac{4kq^2}{r}$

e) $\frac{kq^2}{r}$

**122.** (UFU-MG)

A Gaiola de Faraday nada mais é do que uma blindagem eletrostática, ou seja, uma superfície condutora que envolve e delimita uma região do espaço. A respeito desse fenômeno, considere as seguintes afirmativas.

I. Se o comprimento de onda de uma radiação incidente na gaiola for muito menor do que as aberturas da malha metálica, ela não conseguirá o efeito de blindagem.

II. Se o formato da gaiola for perfeitamente esférico, o campo elétrico terá o seu valor máximo no ponto central da gaiola.

III. Um celular totalmente envolto em um pedaço de papel-alumínio não receberá chamadas, uma vez que está blindado das ondas eletromagnéticas que o atingem.

IV. As cargas elétricas em uma Gaiola de Faraday se acumulam em sua superfície interna.

Assinale a alternativa que apresenta apenas afirmativas corretas.

a) I e II.

b) I e III.

c) II e III.

d) III e IV.

**123.** (Uema)

O uso do para-raios faz com que o percurso da descarga elétrica, entre a terra e as nuvens, seja mais seguro. O objetivo desse aparelho é proteger certa região, edifícios, residências ou assemelhados da ação devastadora de um raio. O para-raios é um dispositivo composto por uma haste metálica com pontas nas extremidades, que deve ser colocado na parte mais elevada do local a ser protegido. A parte inferior da haste é ligada à Terra por meio de um cabo metálico conectado a uma haste de ferro galvanizado e introduzido profundamente no solo. Isso leva a concluir que o funcionamento de um para-raios é baseado:

a) no Efeito Joule e na indução eletrostática.

b) na blindagem eletrostática e no poder de pontas.

c) na indução eletrostática e na blindagem eletrostática.

d) no Efeito Joule e no poder de pontas.

e) na indução eletrostática e no poder de pontas.

**124.** (UEG-GO)

A figura a seguir descreve um anel metálico, de raio *a*, carregado positivamente com carga *Q*, no ponto **P**, o campo elétrico dado pela expressão.

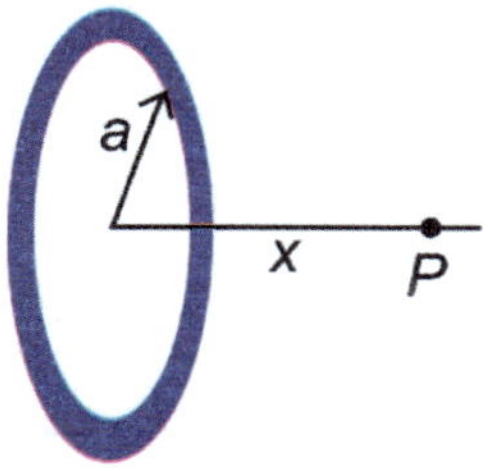


$$E_P = \frac{kQx}{(a^2 + x^2)^{3/2}}$$



No limite de x ≫ a (leia-se *x* muito maior que *a*), a expressão do campo elétrico $E_p$ é equivalente

a) ao campo elétrico de uma carga pontual com a carga do anel.

b) a aproximação de a ≫ x, que leva a um valor nulo nas duas situações.

c) à mesma expressão apresentada no enunciado do problema.

d) à equação $E_p$, salvo uma correção necessária no valor de *Q*.

**125.** (UFSC)

O ato de eletrizar um corpo consiste em gerar uma desigualdade entre o número de cargas positivas e negativas, ou seja, em gerar uma carga resultante diferente de zero. Em relação aos processos de eletrização e às características elétricas de um objeto eletrizado, é correto afirmar que:

01) em qualquer corpo eletrizado, as cargas se distribuem uniformemente por toda a sua superfície.

02) no processo de eletrização por atrito, as cargas positivas são transferidas de um corpo para outro.

04) em dias úmidos, o fenômeno da eletrização é potencializado, ou seja, os objetos ficam facilmente eletrizados.

08) dois objetos eletrizados por contato são afastados um do outro por uma distância *D*. Nesta situação, podemos afirmar que existe um ponto entre eles onde o vetor campo elétrico resultante é zero.

16) o meio em que os corpos eletrizados estão imersos tem influência direta no valor do potencial elétrico e do campo elétrico criado por eles.

**126.** (UFRGS-RS)

Considere que $U$ é a energia potencial elétrica de duas partículas com cargas $+2Q$ e $-2Q$ fixas a uma distância $R$ uma da outra. Uma nova partícula de carga $+Q$ é agregada a este sistema entre as duas partículas iniciais, conforme representado na figura a seguir.

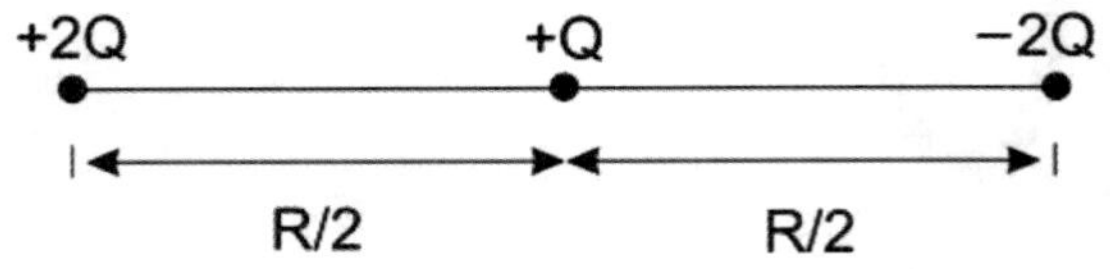


Reprodução/UFRGS, 2012.

A energia potencial elétrica desta nova configuração do sistema é:

a) zero

b) U/4

c) U/2

d) U

e) 3 U

**127.** (Uespi)

Uma carga pontual $Q$ está fixa no vácuo. A linha tracejada na figura corresponde a uma circunferência de raio $R$ e centro em $Q$. Uma outra carga pontual $q$ é levada da posição **A** à posição **B** através da trajetória mostrada na figura em linha sólida. A constante elétrica no vácuo é denotada por $k$. O trabalho da força elétrica entre as posições **A** e **B** é igual a:

a) zero

b) $\frac{kQq}{R}$

c) $\frac{kQq}{(2R)}$

d) $\frac{kQq}{(R\sqrt{2})}$

e) $\frac{kQq}{(2R\sqrt{2})}$

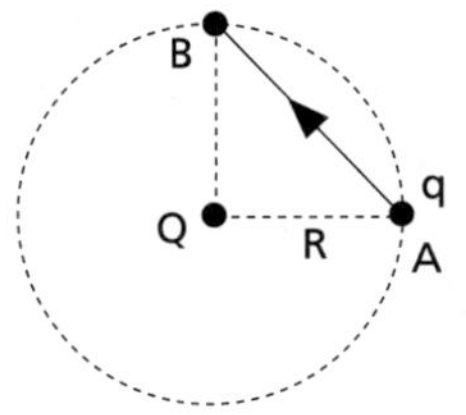


Reprodução/Uespi, 2010.

**128.** (Uerj)

O esquema a seguir representa um campo elétrico uniforme $E$, no qual as linhas verticais correspondem às superfícies equipotenciais. Uma carga elétrica puntiforme, de intensidade 400 $\mu$C, colocada no ponto **A**, passa pelo ponto **B** após algum tempo.

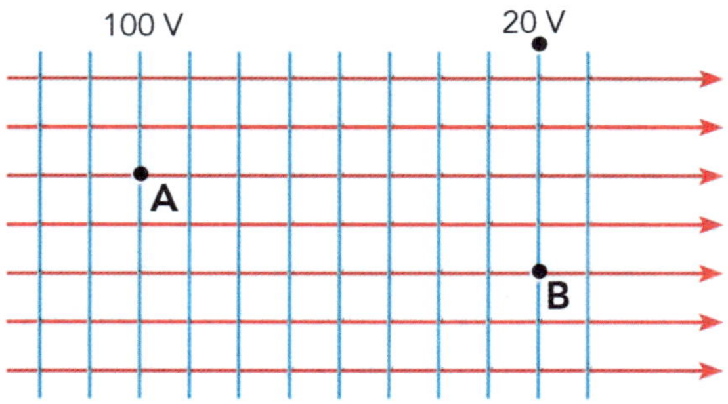



Determine, em joules, o trabalho realizado pela força elétrica para deslocar essa carga entre os pontos **A** e **B**.

**129.** (UPM-SP)

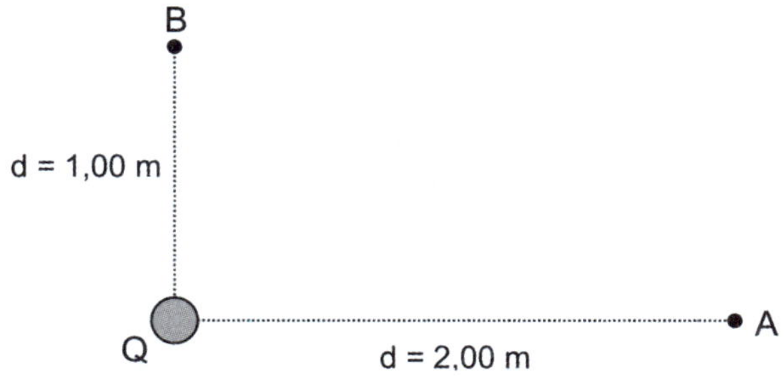



Uma carga elétrica de intensidade $Q = 10{,}0\ \mu C$, no vácuo, gera um campo elétrico em dois pontos **A** e **B**, conforme figura acima. Sabendo-se que a constante eletrostática do vácuo é $k_0 = 9 \cdot 10^9\ Nm^2/C^2$ o trabalho realizado pela força elétrica para transferir uma carga $q = 2{,}00\ \mu C$ do ponto **B** até o ponto **A** é, em mJ, igual a

a) 90,0
b) 180
c) 270
d) 100
e) 200

**130.** A figura representa uma distribuição discreta de cargas elétricas $Q_1 = 15$ nC, $Q_2 = 60$ nC e $Q_3 = -45$ nC no vácuo.

**Dado:** $k_0 = 9{,}0 \cdot 10^9\ N\ m^2/C^2$.

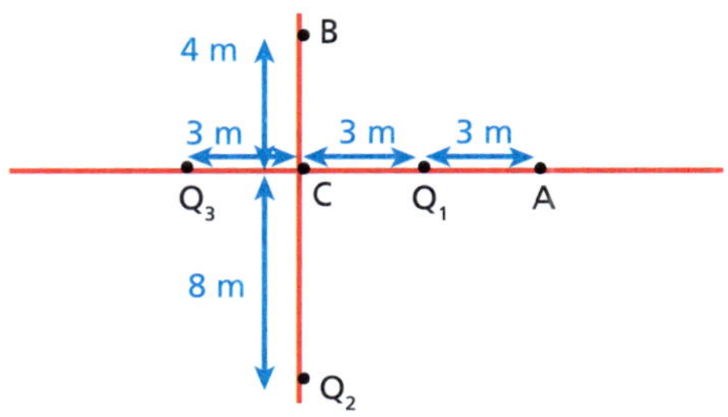



a) Qual a diferença de potencial entre os pontos **A** e **B**?

b) Qual o trabalho necessário para levar uma carga elétrica de 10 mC do ponto **A** para o ponto **B**?

**131.** (UEPG-PR)

Uma carga elétrica puntiforme $Q$ produz um campo elétrico de módulo $36 \cdot 10^3$ N/C em um ponto situado a 1 cm de distância desta carga. Sobre o assunto, assinale o que for correto.

01) A força elétrica sobre uma carga de prova $q = 2 \cdot 10^{-6}$ C, situada a 2 cm da carga $Q$ é 5,4 N.

02) O trabalho da força elétrica atuante na carga de prova quando ela se desloca do ponto situado a 1 cm da carga $Q$ ao ponto situado a 2 cm é $0{,}54 \cdot 10^{-3}$ J.

04) O potencial elétrico produzido pela carga $Q$ num ponto situado a 2 cm de distância da carga é 90 V.

08) O campo elétrico gerado pela carga $Q$ em um ponto situado a 2 cm dela é $9 \cdot 10^3$ N/C.

16) O potencial elétrico produzido pela carga $Q$ num ponto situado a 1 cm de distância da carga é 360 V.

**132.** (UFRGS-RS)

Seis cargas elétricas iguais a $Q$ estão dispostas, formando um hexágono regular de aresta $R$, conforme mostra a figura abaixo.

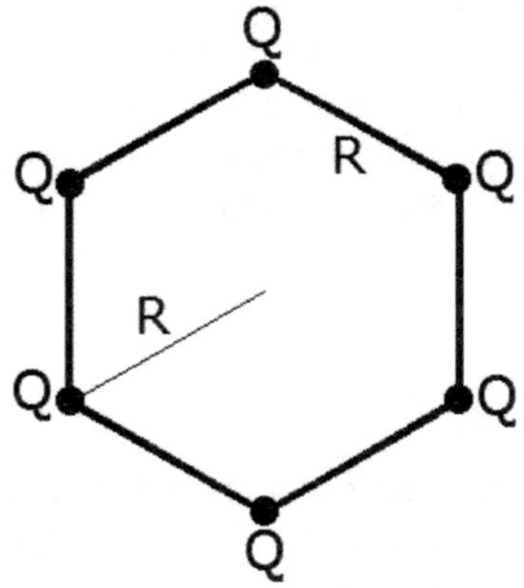




Com base nesse arranjo, sendo $k$ a constante eletrostática, considere as seguintes afirmações.

I. O campo elétrico resultante no centro do hexágono tem módulo igual a $6Q/R^2$.

II. O trabalho necessário para se trazer uma carga $q$, desde o infinito até o centro do hexágono, é igual a $6kQq/R$.

III. A força resultante sobre uma carga de prova $q$, colocada no centro do hexágono, é nula.

Quais estão corretas?

a) Apenas I.
b) Apenas II.
c) Apenas I e III.
d) Apenas II e III.
e) I, II e III.

**133.** (UFPR)

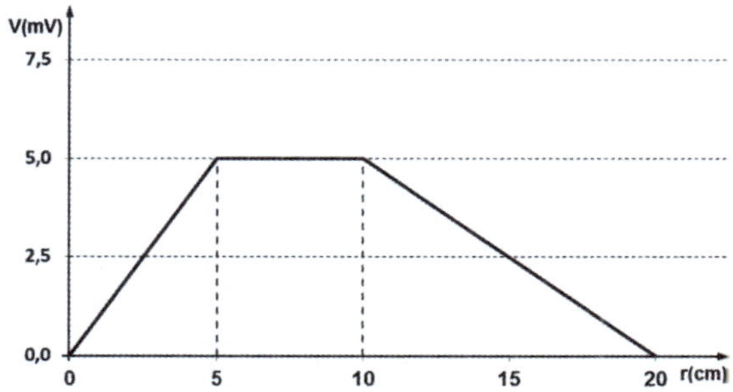




Verificou-se que, numa dada região, o potencial elétrico *V* segue o comportamento descrito pelo gráfico *V* × *r* acima.

(Considere que a carga elétrica do elétron é $21,6 \cdot 10^{-19}$ C)

Baseado nesse gráfico, considere as seguintes afirmativas:

1. A força elétrica que age sobre uma carga q = 4 mC colocada na posição r = 8 cm vale $2,5 \cdot 10^{-7}$ N.
2. O campo elétrico, para r = 2,5 cm, possui módulo E = 0,1 N/C.
3. Entre 10 cm e 20 cm, o campo elétrico é uniforme.
4. Ao se transferir um elétron de r = 10 cm para r = 20 cm, a energia potencial elétrica aumenta de $8,0 \cdot 10^{-22}$ J.

Assinale a alternativa correta.

a) Somente as afirmativas 1 e 3 são verdadeiras.
b) Somente as afirmativas 2 e 4 são verdadeiras.
c) Somente as afirmativas 1, 3 e 4 são verdadeiras.
d) Somente as afirmativas 2, 3 e 4 são verdadeiras.
e) As afirmativas 1, 2, 3 e 4 são verdadeiras.

**134.** (UPF-RS)

Durante uma experiência didática sobre eletrostática, um professor de Física eletriza uma esfera metálica oca suspensa por um fio isolante. Na sequência, faz as seguintes afirmações:

I. A carga elétrica transferida para a esfera se distribui na superfície externa desta.
II. O campo elétrico no interior da esfera é nulo.
III. O campo elétrico na parte exterior da esfera tem direção perpendicular à superfície desta.
IV. A superfície da esfera, na situação descrita, apresenta o mesmo potencial elétrico em todos os pontos.
V. A carga elétrica acumulada na esfera é positiva, pois lhe foram transferidas cargas positivas.

Está correto o que se afirma em:

a) I apenas.
b) I e II apenas.
c) I, II e III apenas.
d) I, II, III e IV apenas.
e) I, II, III, IV e V.

**135.** (UEG-GO)

Considere uma esfera condutora carregada com carga $Q$, que possua um raio $R$. O potencial elétrico dividido pela constante eletrostática no vácuo dessa esfera em função da distância $d$, medida a partir do seu centro, está descrito no gráfico a seguir.

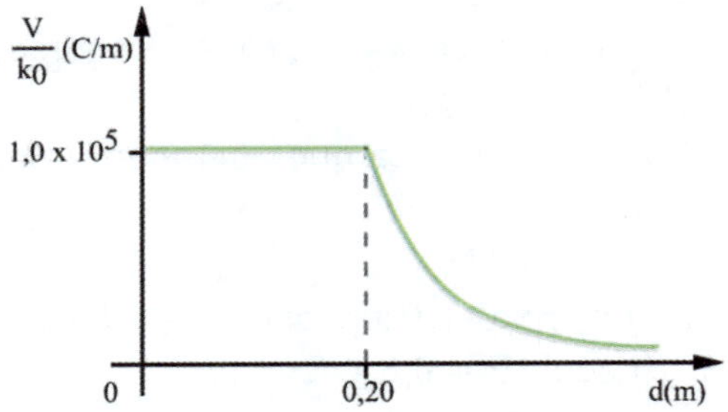


Reprodução/UEG, 2015.

Qual é o valor da carga elétrica $Q$, em coulomb?

a) $2{,}0 \cdot 10^4$
b) $4{,}0 \cdot 10^3$
c) $0{,}5 \cdot 10^6$
d) $2{,}0 \cdot 10^6$

**136.** (PUCC-SP)

Uma esfera metálica oca encontra-se no ar, eletrizada positivamente e isolada de outras cargas. Os gráficos abaixo representam a intensidade do campo elétrico e do potencial elétrico criado por essa esfera em função da distância ao seu centro.

**Dado:** $k = 9{,}0 \cdot 10^9 \ \dfrac{Nm^2}{C^2}$

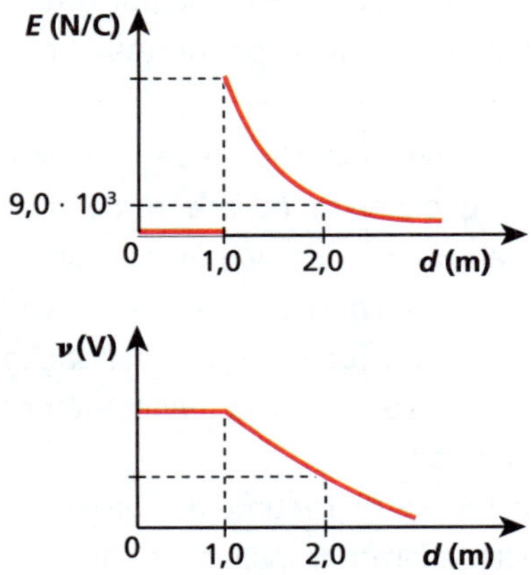


Reprodução/PUCC

Com base nas informações, é correto afirmar que:

a) a carga elétrica do condutor é $4,5 \cdot 10^{-6}$ C.

b) o potencial elétrico no interior do condutor é nulo.

c) o potencial elétrico do condutor vale $3,6 \cdot 10^{4}$ V.

d) o potencial elétrico de um ponto a 2,0 m do centro do condutor vale $9,0 \cdot 10^{3}$ V.

e) a intensidade do campo elétrico em um ponto a 3,0 m do centro do condutor vale $6,0 \cdot 10^{3}$ N/C.

**137.** (UFRGS-RS)

Uma esfera condutora e isolada, de raio *R*, foi carregada com uma carga elétrica *Q*. Considerando o regime estacionário, assinale o gráfico abaixo que melhor representa o valor do potencial elétrico dentro da esfera, como função da distância $r < R$ até o centro da esfera.

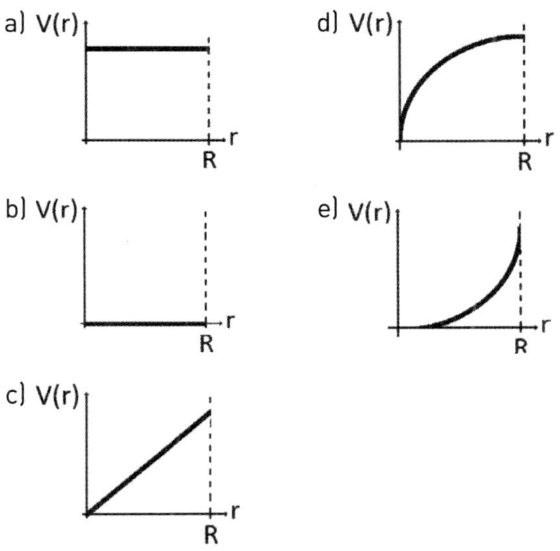




**138.** (Unisc-RS)

Em uma explosão de uma mina de carvão foram utilizadas 1 000 toneladas de explosivo trinitrotolueno (TNT), o que equivale a $1,0 \cdot 10^{12}$ calorias. Qual foi, aproximadamente, a quantidade de massa convertida em energia equivalente a essa explosão? (1 caloria = 4,18 J e $c = 3,0 \cdot 10^{8}$ m/s)

a) $4,6 \cdot 10^{-5}$ kg

b) $4,6 \cdot 10^{-8}$ kg

c) $1,1 \cdot 10^{-5}$ kg

d) $1,1 \cdot 10^{-8}$ kg

e) $1,1 \cdot 10^{-13}$ kg

**139.** (Enem)

A figura mostra o tubo de imagens dos aparelhos de televisão usado para produzir as magens sobre a tela. Os elétrons do feixe emitido pelo canhão eletrônico são acelerados por uma tensão de milhares de volts e passam por um espaço entre bobinas onde são defletidos por campos magnéticos variáveis, de forma a fazerem a varredura da tela.

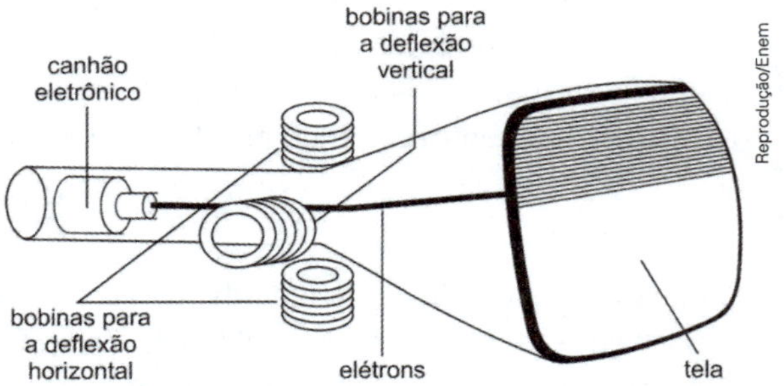


Nos manuais que acompanham os televisores é comum encontrar, entre outras, as seguintes recomendações:

I. Nunca abra o gabinete ou toque as peças no interior do televisor.
II. Não coloque seu televisor próximo de aparelhos domésticos com motores elétricos ou ímãs.

Estas recomendações estão associadas, respectivamente, aos aspectos de

a) riscos pessoais por alta tensão/perturbação ou deformação de imagem por campos externos.
b) proteção dos circuitos contra manipulação indevida/perturbação ou deformação de imagem por campos externos.
c) riscos pessoais por alta tensão/sobrecarga dos circuitos internos por ações externas.
d) proteção dos circuitos contra a manipulação indevida/sobrecarga da rede por fuga de corrente.
e) proteção dos circuitos contra a manipulação indevida/sobrecarga dos circuitos internos por ação externa.

**140.** (UEG-GO)

Antes mesmo de ter uma ideia mais correta do que é a luz, o homem percebeu que ela era capaz de percorrer muito depressa enormes distâncias. Tão depressa que levou Aristóteles – famoso pensador grego que viveu no século IV a.C. e cujas obras influenciaram todo o mundo ocidental até a Renascença – a admitir que a velocidade da luz seria infinita.

GUIMARÃES, L. A.; BOA, M. F. "Termologia e óptica". São Paulo: Harbra, 1997. p. 177.

Hoje sabe-se que a luz tem velocidade de aproximadamente 300 000 km/s, que é uma velocidade muito grande, porém finita. A teoria moderna que admite a velocidade da luz constante em qualquer referencial e, portanto, torna elásticas as dimensões do espaço e do tempo é:

a) a teoria da relatividade.

b) a teoria da dualidade onda partícula.

c) a teoria atômica de Bohr.

d) o princípio de Heisenberg.

e) a lei da entropia.

**141.** (UEG-GO)

2007: ANO HÉLIO-FÍSICO

O ano de 2007 é o Ano Internacional Hélio-Físico e será dedicado a eventos e estudos sobre o astro-rei. O Sol fica a 150 milhões de km da Terra. Todo o dia o sol perde 380 milhões de toneladas transformadas em energia. Seu poder de atração enfraquece gradativamente e, por isso, a Terra se afasta dele 3 mm ao ano. A temperatura da "superfície" solar é de 5,5 mil graus Celsius. A massa do Sol equivale a 330 mil vezes à da Terra e corresponde a 99% da massa do Sistema Solar. Estima-se que daqui a cerca de 5 bilhões de anos o hidrogênio solar, seu principal combustível, vai se esgotar. O Sol se converterá em outro tipo de estrela, modificando as condições físicas no Sistema Solar.

GALILEU, São Paulo, abr. 2007, p. 21. [Adaptado].

Com base no texto acima, é incorreto afirmar:

a) O sol usa a fusão de átomos de hidrogênio para obter outro composto químico: o hélio.

b) A energia diária transformada no Sol por causa da sua perda de massa seria suficiente para manter acesas 100 mil lâmpadas de 100 W por no máximo 300 séculos.

c) A luz emitida pelo Sol demora cerca de 8 minutos para chegar à Terra.

d) Sabendo-se que os pontos de ebulição da água e o ponto de fusão do gelo na escala Réaumur são, respectivamente, 80° R e 0° R, a temperatura da "superfície" solar é de 4,4 mil graus Réaumur.

**142.** Qual das afirmações a seguir é correta de acordo com a Teoria da Relatividade de Einstein?

a) No vácuo, a velocidade da luz depende do movimento da fonte de luz e tem igual valor em todas as direções.

b) Elétrons são expulsos de uma superfície quando ocorre a incidência de uma radiação eletromagnética (luz).

c) Em determinados fenômenos, a luz apresenta natureza de partícula e, em outros, natureza ondulatória.

d) Na natureza, não podem ocorrer interações de velocidades superiores à velocidade da luz.

**143.** (UEL-PR)

Considere o campo magnético nos pontos $\mathbf{P_1}$, $\mathbf{P_2}$, $\mathbf{P_3}$, $\mathbf{P_4}$ e $\mathbf{P_5}$ nas proximidades de um ímã em barra, conforme representado na figura a seguir.

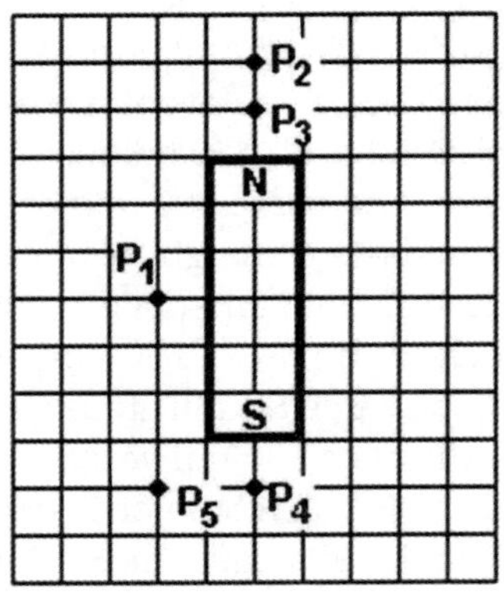




A intensidade do campo magnético é menor no ponto

a) $\mathbf{P_1}$

b) $\mathbf{P_2}$

c) $\mathbf{P_3}$

d) $\mathbf{P_4}$

e) $\mathbf{P_5}$

**144.** (Enem)

Quando a luz branca incide em uma superfície metálica, são removidos elétrons desse material. Esse efeito é utilizado no acendimento automático das luzes nos postes de iluminação, na abertura automática das portas, no fotômetro fotográfico e em sistemas de alarme. Esse efeito pode ser usado para fazer a transformação de energia

a) nuclear para cinética.

b) elétrica para radiante.

c) térmica para química.

d) radiante para cinética.

e) potencial para cinética.

**145.** (Ufla-MG)

Um feixe de partículas eletrizadas $\mathbf{P_1}$ e $\mathbf{P_2}$, de mesma massa, penetra em um campo magnético $\vec{B}$ com mesma velocidade $v$. Observa-se que o feixe, ao penetrar no campo magnético, divide-se em dois, percorrendo trajetórias circulares de raios $R_1 = 2\ R_2$, conforme figura a seguir.

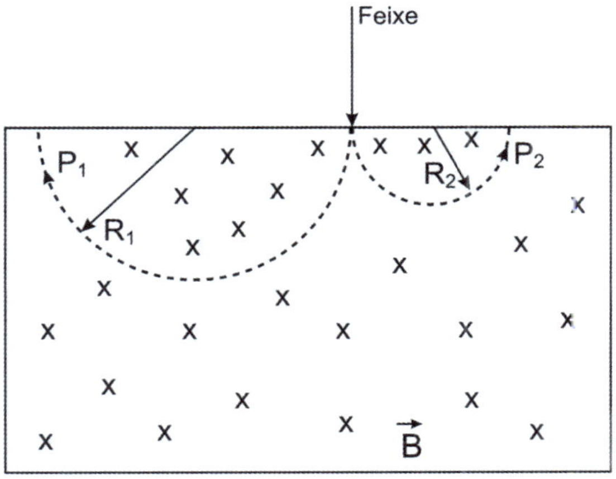


Reprodução/Ufla

É correto afirmar:

a) a força magnética que atua nas partículas eletrizadas $\mathbf{P_1}$ é maior que a força magnética que atua nas partículas eletrizadas $\mathbf{P_2}$, e por isso descrevem uma trajetória de raio $\mathbf{R_1}$ maior que $\mathbf{R_2}$.

b) a força magnética que atua nas partículas eletrizadas $\mathbf{P_2}$ é maior que a força magnética que atua nas partículas eletrizadas $\mathbf{P_1}$, e por isso descrevem uma trajetória de raio $\mathbf{R_2}$ menor que $\mathbf{R_1}$.

c) as cargas elétricas das partículas $\mathbf{P_1}$ e $\mathbf{P_2}$ são de mesmo sinal, sendo a carga da partícula $\mathbf{P_1}$ maior que a da partícula $\mathbf{P_2}$.

d) as cargas elétricas das partículas $\mathbf{P_1}$ e $\mathbf{P_2}$ são de sinais contrários, sendo a carga da partícula $\mathbf{P_2}$ menor que a da partícula $\mathbf{P_1}$.

**146.** (Udesc)

Os fornos de micro-ondas usam um gerador do tipo magnetron para produzir micro-ondas em uma frequência de aproximadamente 2,45 GHz ($2,45 \cdot 10^9$ Hz). Ondas eletromagnéticas desta frequência são fortemente absorvidas pelas moléculas de água, tornando-as particularmente úteis para aquecer e cozinhar alimentos. Em um experimento em laboratório, deseja-se mover elétrons em órbitas circulares com a frequência de 2,45 GHz, usando um campo magnético.

Assinale a alternativa que representa corretamente o valor do módulo do campo magnético necessário para que isso ocorra.

a) $2{,}70 \cdot 10^{21}$ T
b) $8{,}77 \cdot 10^{-2}$ T
c) $2{,}32 \cdot 10^{-20}$ T
d) $8{,}77 \cdot 10^{-21}$ T
e) $2{,}70 \cdot 10^{2}$ T

**147.** (ITA-SP)

Um feixe de luz é composto de luzes de comprimentos de onda $\lambda_1$ e $\lambda_2$, sendo $\lambda_1$ 15% maior que $\lambda_2$. Esse feixe de luz incide perpendicularmente num anteparo com dois pequenos orifícios, separados entre si por uma distância *d*. A luz que sai dos orifícios é projetada num segundo anteparo, onde se observa uma figura de interferência. Pode-se afirmar, então, que

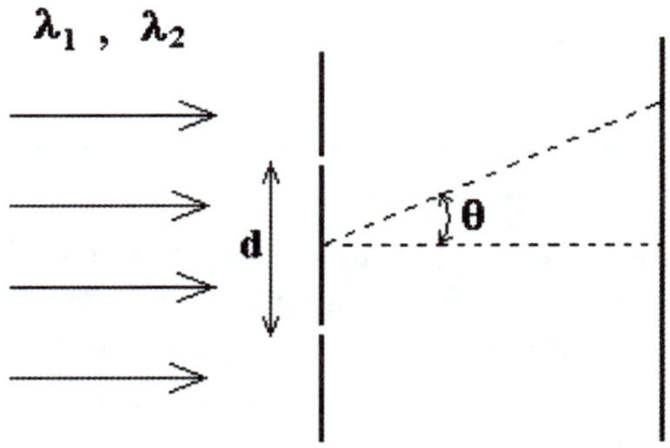



a) o ângulo de arcsen $\left(\frac{5\lambda_1}{d}\right)$ corresponde à posição onde somente a luz de comprimento de onda $\lambda_1$ é observada.

b) o ângulo de arcsen $\left(\frac{10\lambda_1}{d}\right)$ corresponde à posição onde somente a luz de comprimento de onda $\lambda_1$ é observada.

c) o ângulo de arcsen $\left(\frac{15\lambda_1}{d}\right)$ corresponde à posição onde somente a luz de comprimento de onda $\lambda_1$ é observada.

d) o ângulo de arcsen $\left(\frac{10\lambda_2}{d}\right)$ corresponde à posição onde somente a luz de comprimento de onda $\lambda_2$ é observada.

e) o ângulo de arcsen $\left(\frac{15\lambda_2}{d}\right)$ corresponde à posição onde somente a luz de comprimento de onda $\lambda_2$ é observada.

# Respostas

## 1 - Cargas elétricas

1. a
2. a
3. e
4. a
5. 9 m/s²

## 2 - Campo elétrico

1. a
2. d
3. b
4. d

## 3 - Potencial elétrico

1. a
2. d
3. c
4. d
5. c

## 4 - Corrente elétrica, Tensão elétrica e resistência elétrica

1. a
2. a) R = 60 Ω;
   b) 2 resistores.
3. b
4. b
5. c
6. a)

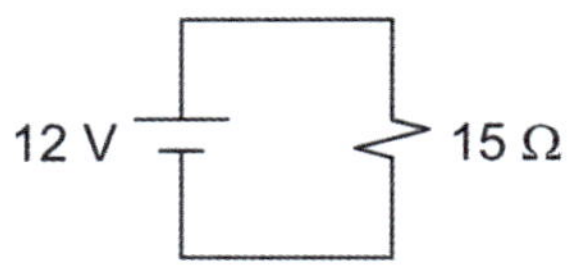


b)

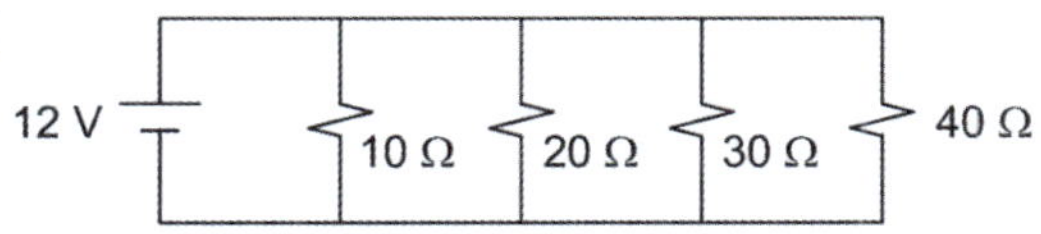


Ilustrações: Banco de imagens/ Arquivo da editora

c) 2,5 A.

## 5 - Geradores elétricos e circuitos simples

1. b
2. b
3. d
4. a) 5 A; b) 2,5 V.
5. c
6. 0,15 A e 6 V.

## 6 - Energia e potência elétrica

1. a) 20 °C; b) 2 m.
2. a
3. d
4. d
5. 08 + 16 = 24.
6. a

## 7 - Leis de Kirchhoff

1. b
2. a
3. c
4. c

## 8 - Capacitores

1. d
2. d
3. a) 100 V/m; b) $2{,}66 \cdot 10^{-11}$ C.
4. a) $1{,}068 \cdot 10^{-14}$ F; b) $1{,}068 \cdot 10^{-12}$ C; c) $1{,}068 \cdot 10^{-6}$ A.
5. a

## 9 - Introdução ao Eletromagnetismo

1. a
2. d
3. b
4. 02 + 08 = 10
5. b
6. b
7. a
8. c
9. c
10. b

### 10 - Corrente elétrica e campo magnético

1. c
2. d
3. a
4. d
5. c

### 11 - Força magnética sobre condutores retilíneos e propriedades magnéticas

1. b
2. c
3. 02 + 08 + 16 = 26
4. c
5. $2 \cdot 10^{-3}$ m

### 12 - Indução eletromagnética

1. d
2. c
3. c
4. e
5. c

### 13 - Introdução à Física Moderna

1. c
2. d
3. b
4. 01 + 02 + 16 = 19
5. d

### 14 - Introdução à Física Quântica

1. e
2. a) −13,59 eV; b) −6,8 eV.
3. c
4. b
5. a

### 15 - Teoria da Relatividade

1. d
2. 01 + 04 + 08 = 13
3. c
4. e

## RUMO AO ENSINO SUPERIOR

1. d
2. b
3. b
4. b
5. b
6. e
7. a
8. b
9. 08 + 16 + 32 = 56
10. 01 + 08 = 09
11. a) Polegar aponta para a direção e sentido da corrente elétrica e o indicador dá a direção e sentido do vetor campo magnético.
    b) As linhas de indução magnética formadas por um fio infinito transportando corrente elétrica são círculos concêntricos ao fio.
    c) O módulo do vetor campo magnético é diretamente proporcional à intensidade de corrente elétrica e inversamente proporcional à sua distância do fio.
12. d
13. c
14. 0,5 T e sentido perpendicular ao plano da página, saindo dela.
15. a) 50 V e 125 W;
    b) 5 cm.
16. e
17. e
18. b
19. b
20. c
21. e
22. a
23. b
24. c
25. b
26. a

27. c

28. d

29. d

30. c

31. d

32. a

33. b

34. e

35. a) 100 V;
    b) Anti-horário.

36. a) A corrente induzida no anel tem sentido horário, pois ela deve ter um sentido tal que cria um campo magnético que gera um fluxo induzido que tende a anular a variação do fluxo indutor.
    b) A amplitude de oscilação do ímã diminui, pois, se há o aparecimento de energia elétrica no anel, deve haver perda de energia mecânica para garantir a conservação da energia total do sistema.

37. a

38. a

39. a

40. e

41. a

42. b

43. c

44. d

45. b

46. e

47. c

48. b

49. b

50. c

51. e

52. F – V – F – F – F.

53. a) 0,34 m;
    b) $5{,}81 \cdot 10^{25}$ J;
    c) $1{,}72 \cdot 10^{21}$ fótons;
    d) Aproximadamente 2 $W/m^2$.

54. 10,2 eV

55. e

56. c

57. 4

58. a

59. c

60. d

61. a

62. a

63. a

64. d

65. d

66. c

67. c

68. d

69. c

70. b

71. a

72. d

73. $01 + 04 + 16 = 21$

74. b

75. F - V - F - V - F.

76. b

77. c

78. $01 + 04 + 16 = 21$

79. e

80. a

81. b

82. Aproximadamente $3{,}4 \cdot 10^{-22}$ J.

83. b

**84.** d

**85.** d

**86.** d

**87.** Aproximadamente $12 \cdot 10^{-14}$ Hz.

**88.** c

**89.** b

**90.** b

**91.** b

**92.** b

**93.** 80 N

**94.** c

**95.** e

**96.** e

**97.** e

**98.** c

**99.** e

**100.** $-\frac{1}{27}\ \mu C$

**101.** b

**102.** a

**103.** **a)** próton = up + up + down e
nêutron = up + down + down;
**b)** $1{,}28 \cdot 10^3$ N.

**104.** b

**105.** b

**106.** e

**107.** **a)** 225 N/C; **b)** 1 800 N/C; **c)** 800 N/C.

**108.** b

**109.** **a)** $-5{,}0 \cdot 10^{-3}$ C; **b)** Poder das pontas. Campo elétrico mais intenso nas regiões pontiagudas.

**110.** a

**111.** **a)** $\frac{2mg}{E}$; **b)** $\frac{4km^2g^2}{a^2E^2} + mg$.

**112.** **a)** 30°; **b)** 60°

**113.** b

**114.** 02 + 04 + 08 = 14

**115.** a

**116.** **a)** $2{,}0 \cdot 10^8$ N/C; **b)** $\sqrt{2{,}0} \cdot 10^3$ m/s

**117.** $5 \cdot 10^2$ N/C

**118.** **a)** 4 N;
**b)** $\frac{1}{2}$;
**c)** 6 horas da tarde.

**119.** d

**120.** e

**121.** a

**122.** b

**123.** e

**124.** a

**125.** 08 + 16 = 24

**126.** d

**127.** a

**128.** $3{,}2 \cdot 10^{-2}$ J

**129.** a

**130.** **a)** 63 V;
**b)** 0,63 J.

**131.** 08 + 16 = 24

**132.** d

**133.** d

**134.** d

**135.** a

**136.** c

**137.** a

**138.** a

**139.** a

**140.** a

**141.** b

**142.** d

**143.** a

**144.** d

**145.** b

**146.** b

**147.** b